中国土木建筑百科辞典

工程材料

（上册）

中国建筑工业出版社

图书在版编目(CIP)数据

中国土木建筑百科辞典.工程材料/李国豪等主编.
北京:中国建筑工业出版社,2005
ISBN 978-7-112-02522-0

I.中... II.李... III.①建筑工程—词典②建筑
材料—词典 IV.TU-61

中国版本图书馆 CIP 数据核字(2005)第 037868 号

中国土木建筑百科辞典
工程材料
*
中国建筑工业出版社出版、发行(北京西郊百万庄)
各地新华书店、建筑书店经销
北京市景煌照排中心照排
北京中科印刷有限公司印刷
*
开本:787×1092 毫米 1/16 印张:59½ 字数:2137 千字
2008 年 1 月第一版 2008 年 1 月第一次印刷
印数:1—1000 册 定价:**198.00** 元(上、下册)
ISBN 978-7-112-02522-0
(9067)

版权所有 翻印必究
如有印装质量问题,可寄本社退换
(邮政编码 100037)

《中国土木建筑百科辞典》总编委会名单

主　　　任：李国豪
常务副主任：许溶烈
副　主　任：(以姓氏笔画为序)
　　　　左东启　卢忠政　成文山　刘鹤年　齐　康　江景波　吴良镛　沈大元
　　　　陈雨波　周　谊　赵鸿佐　袁润章　徐正忠　徐培福　程庆国
编　　　委：(以姓氏笔画为序)

王世泽	王　弗	王宝贞(常务)	王铁梦	尹培桐
邓学钧	邓恩诚	左东启	石来德	龙驭球(常务)
卢忠政	卢肇钧	白明华	成文山	朱自煊(常务)
朱伯龙(常务)	朱启东	朱象清	刘光栋	刘先觉
刘柏贤	刘茂榆	刘宝仲	刘鹤年	齐　康
江景波	安　昆	祁国颐	许溶烈	孙　钧
李利庆	李国豪	李荣先	李富文(常务)	李德华(常务)
吴元炜	吴仁培(常务)	吴良镛	吴健生	何万钟(常务)
何广乾	何秀杰(常务)	何钟怡(常务)	沈大元	沈祖炎(常务)
沈蒲生	张九师	张世煌	张梦麟	张维岳
张　琰	张新国	陈雨波	范文田(常务)	林文虎(常务)
林荫广	林醒山	罗小未	周宏业	周　谊
庞大中	赵鸿佐	郝　瀛(常务)	胡鹤均(常务)	侯学渊(常务)
姚玲森(常务)	袁润章	贾　岗	夏行时	夏靖华
顾发祥	顾迪民(常务)	顾夏声(常务)	徐正忠	徐家保
徐培福	凌崇光	高学善	高渠清	唐岱新
唐锦春(常务)	梅占馨	曹善华(常务)	龚崇准	彭一刚(常务)
蒋国澄	程庆国	谢行皓	魏秉华	

《中国土木建筑百科辞曲》编辑部名单

主　　　任：张新国
副　主　任：刘茂榆
编 辑 人 员：(以姓氏笔画为序)
　　　　刘茂榆　杨　军　张梦麟　张　琰　张新国　庞大中　郦锁林　顾发祥
　　　　董苏华　曾　得　魏秉华

工程材料卷编委会名单

主编单位：武汉工业大学
　　　　　重庆建筑大学（现为重庆大学）
主　　编：袁润章
副 主 编：李荣先
　　　　　徐家保
编　　委：(以姓氏笔画为序)

丁济新(常务)	王善拔	申宗圻	孙复强(常务)	李世普
李荣光	李楠	刘茂榆(常务)	刘柏贤(常务)	刘康时
许超	陈志远	严家佽	沈荣熹	林方辉
赵丕华	姚时章(常务)	高庆全	高琼英	徐家保
徐昭东	袁润章	袁蓟生	龚洛书	萧愉
彭少民	崔可浩	蒲心诚	潘素英	潘意祥

撰 稿 人：(以姓氏笔画为序)

丁济新	丁振华	马祖铭	王仲杰	王建明	王海林	王善拔	水中和
水翠娟	孔宪明	邓卫国	左潘元	龙世宗	叶玉奇	叶启汉	申宗圻
丛钢	冯修吉	冯培植	邢宁	朴学林	西家智	乔德庸	刘茂榆
刘尚乐	刘柏贤	刘继翔	刘康时	刘清荣	刘朝荣	刘雄亚	许伯藩
许曼华	许淑惠	许超	孙文华	孙宝林	孙南平	孙钦英	孙复强
孙庶	严家佽	李文埮	李世普	李武	李荣先	李洲芳	李楠
李耀鑫	杨淑珍	吴中伟	吴正明	吴悦琦	何世全	余剑英	汪承林
沈大荣	沈荣熹	沈炳春	沈琨	宋金山	宋显辉	张立三	张良皋
陆平	陈大凯	陈艾青	陈延训	陈志源	陈晓明	陈嫣兮	陈鹤云
林方辉	岳文海	金树新	金笠铭	郑兆佳	赵建国	闻荻江	洪乃丰
洪克舜	姚时章	姚琏	秦力川	袁润章	袁蓟生	聂章矩	夏维邦
顾同曾	顾国芳	晏石林	徐亚萍	徐应麟	徐昭东	徐家保	高庆全

高琼英 郭光玉 郭柏林 陶有生 萧　愉 曹文聪 龚洛书 崔可浩
彭少民 董金道 曾瑞林 蒲心诚 蔡金刚 谯京旭 潘介子 潘素瑛
潘意祥 魏金照 魏铭鉴

序　言

　　经过土木建筑界一千多位专家、教授、学者十个春秋的不懈努力,《中国土木建筑百科辞典》十五个分卷终于陆续问世了,这是迄今为止中国土木建筑行业规模最大的专科辞典。

　　土木建筑是一个历史悠久的行业。由于自然条件、社会条件和科学技术条件的不同,这个行业的发展带有浓重的区域性特色。这就导致了用于传授知识和交流信息的词语亦有颇多差异,一词多义、一义多词、中外并存、南北杂陈的现象因袭流传,亟待厘定。现代科学技术的发展,促使土木建筑行业各个领域发生深刻的变化。随着学科之间相互渗透、相互影响日益加强,新兴学科和边缘学科相继形成,以及日趋活跃的国际交流和合作,使这个行业的科学技术术语迅速地丰富和充实起来,新名词、新术语大量涌现;旧名词、旧术语或赋予新的概念或逐渐消失,人们急切地需要熟悉和了解新旧术语的含义,希望对国外出现的一些新事物、新概念、新知识有个科学的阐释。此外,人们还要查阅古今中外的著名人物,著名建筑物、构筑物和工程项目,重要学术团体、机构和高等学府,以及重要法律法规、典籍、著作和报刊等简介。因此,编撰一部以纠讹正名,解惑释疑,系统汇集浓缩知识信息的专科辞书,不仅是读者的期望,也是这个行业科学技术发展的需要。

　　《中国土木建筑百科辞典》共收词约6万条,包括规划、建筑、结构、力学、材料、施工、交通、水利、隧道、桥梁、机械、设备、设施、管理,以及人物、建筑物、构筑物和工程项目等土木建筑行业的主要内容。收词力求系统、全面,尽可能反映本行业的知识体系,有一定的深度和广度;构词力求标准、严谨,符合现行国家标准规定,尽可能达到辞书科学性、知识性和稳定性的要求。正在发展而尚未定论或有可能变动的词目,暂未予收入;而历史上曾经出现,虽已被淘汰的词目,则根据可能参阅古旧图书的需要而酌情收入。各级词目之间尽可能使其纵横有序,层属清晰。释义力求准确精练,有理有据,绝大多数词目的首句释义均为能反映事物本质特征的定义。对待学术问题,按定论阐述;尚无定论或有争议者,则作宏观介绍,或并行反映现有的各家学说、观点。

　　中国从《尔雅》开始,就有编撰辞书的传统。自东汉许慎《说文解字》刊行以来,迄今各类辞书数以万计,可是土木建筑行业的辞书依然屈指可数,大型辞书则属空白。因此,承上启下,继往开来,编撰这部大型辞书,不惟当务之急,亦是本书总编委会和各个分卷编委会全体同仁对本行业应有之奉献。在编撰过程中,建设部科学技术委员会从各方面为我们创造了有利条件。各省、自治区、直辖市建设部门给予热情帮助。同济大学、清华大学、西南交通大学、哈尔滨建筑大学、重庆建筑大学、湖南大学、东南大学、武汉工业大学、河海大学、浙江大学、天津大学、西安建筑科技大学等高等学府承担了各个分卷的主要撰稿、审稿任务,从人力、财力、精神和物质上给予全力支持。遍及全国的撰稿、审稿人员同心同德,精益求精,切磋琢磨,数易其稿。中国建筑工业出版社的编辑人员也付出了大量心血。当把《中国土木建筑百科辞典》各个分卷呈送到读者面前时,我们谨向这些单位和个人表示崇高的敬意和深切的谢忱。

  在全书编撰、审查过程中,我们始终强调"质量第一",精心编写,反复推敲。但《中国土木建筑百科辞典》收词广泛,知识信息丰富,其内容除与前述各专业有关外,许多词目释义还涉及社会、环境、美学、宗教、习俗,乃至考古、校雠等;商榷定义,考订源流,难度之大,问题之多,为始料所不及。加之客观形势发展迅速,定稿、付印皆有计划,广大读者亦要求早日出版,时限已定,难有再行斟酌之余地。我们殷切地期待着读者将发现的问题和错误,一一函告《中国土木建筑百科辞典》编辑部(北京百万庄中国建筑工业出版社,邮编100037),以便全书合卷时订正、补充。

《中国土木建筑百科辞典》总编委会

前　言

《工程材料卷》是《中国土木建筑百科辞典》(以下简称《大辞典》)的一个分卷。

本分卷遵循《大辞典》统一规定的编撰方针,力求收词系统、完备、释义正确、精炼,全面反映土木建筑行业所涉及的工程材料专业和学科的基础知识、应用知识及新近发展,使之成为一本具有较高学术水平、检索方便的辞书。

众所周知,从古至今,材料的使用和发展水平,标志着人类进步的里程。工程材料是土木建筑行业技术进步的重要物质基础。准确地了解和把握材料的性能,对正确选择和使用材料、保证工程质量、降低工程造价具有十分重要的意义。因此,土木建筑行业的广大科技人员和管理人员迫切要求获取有关工程材料的基础知识和应用知识。为了满足这方面的需要,我们力图向读者奉献一本质量较好的辞书。经过各方面专家十年多的努力,工程材料卷与读者见面了。本卷共分18个专业,收集词条约6600条,约120万字。有上百名专家参加了编撰工作。所编写的词条均按规定的程序进行了反复的讨论和修改,之后,又请本学科的知名学者进行了译审,最后,经分卷编委会常务编委会讨论定稿。在此,我谨向参与本分卷编撰、评审的所有专家表示深切的谢意。

在本辞书与读者见面的时候,我也深深感到,尽管我们做了很大努力,但是由于工程材料品种繁多、用途各异、涉及的学科十分广泛,新经验、新技术、新理论也还在不断发展,因此,虽有上百名专家参加本辞书的编撰工作,但仍感我们的知识结构和水平还不能与之完全相适应。所以,本辞书的疏漏和错误在所难免,我们恳请广大读者给予批评指正,以便今后作进一步修订。

《工程材料卷》主编
袁润章

凡　　例

组　　卷

一、本辞典共分建筑、规划与园林、工程力学、建筑结构、工程施工、工程机械、工程材料、建筑设备工程、基础设施与环境保护、交通运输工程、桥梁工程、地下工程、水利工程、经济与管理、建筑人文十五卷。

二、各卷内容自成体系；各卷间存有少量交叉。建筑卷、建筑结构卷、工程施工卷等，内容侧重于一般房屋建筑工程方面，其他土木工程方面的名词、术语则由有关各卷收入。

词　　条

三、词条由词目、释义组成。词目为土木建筑工程知识的标引名词、术语或词组。大多数词目附有对照的英文，有两种以上英译者，用"，"分开。

四、词目以中国科学院和有关学科部门审定的名词术语为正名，未经审定的，以习用的为正名。同一事物有学名、常用名、俗名和旧名者，一般采用学名、常用名为正名，将俗名、旧名采用"俗称"、"旧称"表达。个别多年形成习惯的专业用语难以统一者，予以保留并存，或以"又称"表达。凡外来的名词、术语，除以人名命名的单位、定律外，原则上意译，不音译。

五、释义包括定义、词源、沿革和必要的知识阐述，其深度和广度适合中专以上土木建筑行业人员和其他读者的需要。

六、一词多义的词目，用①、②、③分项释义。

七、释义中名词术语用楷体排版的，表示本卷收有专条，可供参考。

插　　图

八、本辞典在某些词条的释义中配有必要的插图。插图一般位于该词条的释义中，不列图名，但对于不能置于释义中或图跨越数条词条而不能确定对应关系者，则在图下列有该词条的词目名。

排　　列

九、每卷均由序言、本卷序、凡例、词目分类目录、正文、检字索引和附录组成。

十、全书正文按词目汉语拼音序次排列；第一字同音时，按阴平、阳平、上声、去声的声调顺序排列；同音同调时，按笔画的多少和起笔笔形横、竖、撇、点、折的序次排列；首字相同者，按次字排列，次字相同者按第三字排列，余类推。外文字母、数字起头的词目按英文、俄文、希腊文、阿拉伯数字、罗马数字的序次列于正文后部。

检　索

十一、本辞典除按词目汉语拼音序次直接从正文检索外，还可采用笔画、分类目录和英文三种检索方法，并附有汉语拼音索引表。

十二、汉字笔画索引按词目首字笔画数序次排列；笔画数相同者按起笔笔形横、竖、撇、点、折的序次排列，首字相同者按次字排列，次字相同者按第三字排列，余类推。

十三、分类目录按学科、专业的领属、层次关系编制，以便读者了解本学科的全貌。同一词目在必要时可同时列在两个以上的专业目录中，遇有又称、旧称、俗称、简称词目，列在原有词目之下，页码用圆括号括起。为了完整地表示词目的领属关系，分类目录中列出了一些没有释义的领属关系词或标题，该词用［　］括起。

十四、英文索引按英文首词字母序次排列，首字相同者，按次词排列，余类推。

目　录

序言 …………………………………………………………… 7
前言 …………………………………………………………… 9
凡例 …………………………………………………………… 11
词目分类目录 ………………………………………………… 1—88
辞典正文 ……………………………………………………… 1—648
词目汉语拼音索引 …………………………………………… 649—712
词目汉字笔画索引 …………………………………………… 713—774
词目英文索引 ………………………………………………… 775—844

词目分类目录

说　明

一、本目录按学科、专业的领属、层次关系编制，供分类检索条目之用。
二、有的词条有多种属性，可能在几个分支学科和分类中出现。
三、词目的又称、旧称、俗称、简称等，列在原有词目之下，页码用圆括号括起，如(1)、(9)。
四、凡加有[　]的词为没有释义的领属关系词或标题。

材料	39
材料科学与工程	39
无机非金属材料	532
建筑材料	230
硅酸盐材料	172
石材	434
[石材岩石]	
花岗岩	190
辉长岩	202
闪长岩	426
花岗闪长岩	189
大理岩	67
白云石大理岩	5
蛇纹石大理岩	429
白云岩	5
石灰岩	442
灰岩	(442)
青石	389,(442)
砂岩	425
砂石	(425)
页岩	571
板岩	6
瓦板岩	(6)
蛇纹岩	429
蛇纹石	428
矽卡岩	538

辉绿岩	202
坚石	228
软石	416
装饰石材	631
水磨石	462
现制水磨石	545
预制水磨石	594
普型水磨石	380
普通水磨石	380
美术水磨石	332
异形水磨石	575
大理石	66
大理石规格板	66
大理石普型板材	66
丹东绿大理石	69
卡腊腊白色大理石	266
大理石异形板材	67
美术大理石	332
大理石薄板	66
人造大理石	407
人造石	(407)
水泥型人造大理石	469
硅酸盐人造大理石	(469)
聚酯型人造大理石	264
树脂型人造大理石	(264)
复合人造大理石	132
烧结型人造大理石	428
石膏人造大理石	438

人造大理石卫生洁具	407	石板	434
石材胶合板	435	石梁	443
花岗石	189	漂石	375
花岗石板材	189	路缘石	312
花岗石磨光板	190	路道牙	(312)
济南青花岗石	221	侧石	(312)
岑溪红花岗石	42	反光缘石	105
花岗石粗磨板	190	平石	377
花岗石剁斧板	190	平埋缘石	377
花岗石机刨板	190	斜式缘石	553
花岗石烧毛板	190	可越式缘石	(553)
石料	443	波形缘石	22
建筑工程石材	231	栏式缘石	282
重岩自然石	624	整体路缘	612
重岩天然石	(624)	L型缘石	(612)
重石	(624)	倒置路缘	72
轻岩自然石	392	**水利工程石材**	462
轻岩天然石	(392)	异形石	575
轻石	(392)	石涵	439
砌筑石材	384	拱石楔块	159
料石	301	拱顶石	159
细料石	540	拱心石	(159)
细条石	(540)	**铸石**	627
细凿石	(540)	**[石材工业技术要求]**	
粗料石	62	石材荒料率	435
粗条石	(62)	石材板材率	434
粗凿石	(62)	石材可加工性	435
毛料石	329	石材镜面光泽度	435
毛凿石	(329)	石材耐磨率	435
毛板石	329	大理石绝缘性能	66
毛石	329	大理石抗风化性能	66
块石	(329)	**[生产工艺及设备]**	
砾石	(323)	石材锯切	435
卵石	323	石材粗磨	435
碎石	487	石材细磨	436
石屑	448	石材精磨	435
色石碴	421	石材抛光	436
白石粉	5	表达面	19
荒料	198	露明面	(19)
道路与桥梁工程石材	73	岩礁面	562
锥形块石	631	隆凸面	311
铺砌拳石	378	网纹面	524
弹石	(378)	锤纹面	59
铺砌方块石	378	打瓦陇	65
铺砌条石	378	锯齿阴阳榫	255

做盒子	642	铝质原料	320
锲割	388	铝土矿	319
锲裂	(388)	铝矾土	(319)
锲劈	(388)	矾土	(319)
石材框架锯	435	明矾石	338
排锯	(435)	硅质校正原料	174
石材双向切机	436	铁质校正原料	511
石材切断机	436	萤石	578
切机	(436)	氟石	(578)
石材研磨抛光机	436	重晶石	623
[饰面石材安装]		水泥混合材料	465
封闭式外墙装饰石材构造连接	125	活性混合材料	212
开敞式外墙装饰石材构造连接	266	非活性混合材料	115
预制法外墙装饰石材构造连接	594	粒化高炉矿渣	298
锥形膨胀螺栓固定	631	水淬矿渣	(298)
开口套管式膨胀螺栓	266	粒化高炉钛矿渣	298
弹性锚固件	492	粒化铬矿铁渣	298
[无机胶凝材料]		矿渣质量系数	279
胶凝材料	236	石膏吸收法	438
胶结料	(236)	火山灰质混合材料	213
无机胶凝材料	532	火山灰	213
水硬性胶凝材料	472	火山灰性	213
气硬性胶凝材料	383	浮石	128
水泥	463	火山凝灰岩	213
[主要原料]		凝灰岩	(213)
石灰质原料	443	沸石岩	117
泥灰岩	357	泡沸石	(117)
贝壳	12	硅藻土	174
白垩	4	煤矸石	331
方解石	107	页岩渣	571
电石渣	87	煤渣	332
文石	529	炉渣	(332)
霰石	(529)	烧黏土	428
黏土质原料	361	硅质渣	174
黄土	200	粉煤灰	122
红土	186	飞灰	(122)
页岩	571	回转窑窑灰	203
河泥	182	窑灰	(203)
高岭石	149	钢渣	146
蒙脱石	335	赤泥	53
胶岭石	(335)	磷渣	304
微晶高岭石	(335)	硅灰	170
伊利石	573	硅粉	(170)
水云母	(573)	化铁炉渣	192
		液态渣	571

稻壳灰	73	双快型砂水泥	(555)
强度对比法	386	快凝快硬硅酸盐水泥	276
火山灰效应	213	双快硅酸盐水泥	(276)
燃料	396	快凝快硬氟铝酸盐水泥	276
[水泥品种]		双快氟铝酸盐水泥	(276)
通用水泥	512	快凝快硬铁铝酸盐水泥	276
纯硅酸盐水泥	59	大坝水泥	65
硅酸盐水泥	173	砌筑水泥	384
波特兰水泥	(173)	特性水泥	505
普通硅酸盐水泥	379	快硬水泥	277
普通水泥	(379)	快硬硅酸盐水泥	277
矿渣硅酸盐水泥	279	快硬水泥	277
矿渣水泥	(279)	快硬硫铝酸盐水泥	277
高炉水泥	149	早强硫铝酸盐水泥	(277)
火山灰质硅酸盐水泥	213	快硬铁铝酸盐水泥	277
火山灰水泥	(213)	早强铁铝酸盐水泥	(277)
沸石水泥	117	铝酸盐水泥	318
粉煤灰硅酸盐水泥	122	Porsal 水泥	645
粉煤灰水泥	(122)	高铝水泥	149
混合硅酸盐水泥	204	矾土水泥	(149)
混合水泥	(204)	特快硬水泥	504
青水泥	389	超早强水泥	(504)
复合硅酸盐水泥	131	特快硬硅酸盐水泥	504
复合水泥	(131)	特快硬水泥	504
高镁硅酸盐水泥	150	快硬高强铝酸盐水泥	277
氧化镁硅酸盐水泥	(150)	调凝水泥	509
高镁水泥	(150)	喷射水泥	369
防潮硅酸盐水泥	108	特快硬调凝铝酸盐水泥	504
防潮水泥	(108)	快凝快硬铝酸盐水泥	(504)
塑化硅酸盐水泥	476	膨胀水泥	371
塑化水泥	(476)	膨胀硅酸盐水泥	370
引气硅酸盐水泥	577	明矾石膨胀水泥	338
引气水泥	(577)	膨胀硫铝酸盐水泥	370
微集料水泥	525	Lossier 水泥	644
磷渣硅酸盐水泥	305	K 型膨胀水泥	644
阿利尼特水泥	1	M 型膨胀水泥	644
稻壳灰水泥	73	S 型膨胀水泥	645
含钡硫铝酸盐水泥	177	石膏矾土膨胀水泥	437
专用水泥	628	氧化镁膨胀水泥	567
油井水泥	583	氧化铁膨胀水泥	568
堵塞水泥	(583)	抗渗膨胀水泥	269
灌浆水泥	165	膨胀性不透水水泥	(269)
道路硅酸盐水泥	72	抗渗无收缩水泥	269
道路水泥	(72)	无收缩水泥	(270)
型砂水泥	555	膨胀矿渣水泥	370

矿渣膨胀水泥	(370)	矿渣硫酸盐水泥	(438)
膨胀铁铝酸盐水泥	371	超硫酸盐水泥	(438)
无收缩快硬硅酸盐水泥	534	赤泥硫酸盐水泥	53
浇筑水泥	(534)	石膏化铁炉渣水泥	437
自应力水泥	636	钢渣矿渣水泥	146
自应力硅酸盐水泥	635	石灰矿渣水泥	441
自应力铝酸盐水泥	636	高钙粉煤灰水泥	148
自应力硫铝酸盐水泥	636	火电站水泥	(148)
自应力铁铝酸盐水泥	636	石灰火山灰水泥	440
抗硫酸盐硅酸盐水泥	269	少熟料水泥	428
抗硫酸盐水泥	(269)	[其他水泥]	
[耐高温水泥]		砂质水泥	425
耐火铝酸盐水泥	350	Ferrari 水泥	643
耐火低钙铝酸盐水泥	349	天然水泥	508
钙镁铝酸盐水泥	134	Kühl 水泥	644
耐火白云石水泥	349	罗马水泥	324
secar 水泥	645	铁矿水泥	510
[装饰水泥]		矿石水泥	(510)
白色硅酸盐水泥	4	地热水泥	80
白水泥	(4)	[熟料矿物组成]	
彩色水泥	40	硅酸盐矿物	173
彩色硅酸盐水泥	40	硅酸三钙	172
彩色铝酸盐水泥	40	阿利特	1
彩色硫铝酸盐水泥	40	A 矿	(1)
中热硅酸盐水泥	620	硅酸二钙	171
中热水泥	(620)	贝利特	13
低热矿渣硅酸盐水泥	77	B 矿	(13)
低热水泥	(77)	布列底格石	37
低热微膨胀水泥	77	斜硅钙石	553
[防辐射水泥]		氟硅钙石	126
钡硅酸盐水泥	14	氟硅酸钙	(126)
钡水泥	(14)	硫硅酸钙	309
锶硅酸盐水泥	474	氟硫硅酸钙	127
锶水泥	(474)	钾硅酸钙	227
含硼水泥	178	硅方解石	170
防菌水泥	111	碳硅钙石	493
防藻水泥	114	硅酸三锶	172
MDF 水泥	644	硅酸二锶	171
宏观无缺陷水泥	(644)	硅酸三钡	172
韧性水泥	(644)	硅酸二钡	171
弹簧水泥	(644)	熔剂矿物	411
高致密超细匀质材料	154	中间物质	620
DSP 材料	(154)	铝酸盐矿物	318
无熟料水泥	534	铝酸一钙	319
石膏矿渣水泥	438	二铝酸一钙	101

六铝酸一钙	311	枪晶石	386
钠铝酸钙	347	氟磷灰石	127
铝酸三钙	318	纳盖斯密特石	347
三铝酸五钙	417	硅磷酸七钙	(347)
七铝酸十二钙	380	蓝硅磷灰石	282
氟铝酸钙	127	硅磷酸五钙	(282)
硫铝酸钙	310	**水泥水化产物**	**468**
铝酸三锶	318	氢氧化钙	393
铝酸三钡	318	水化铝酸钙	460
硫铝酸钡钙	310	水化铝酸一钙	460
硫铝酸锶钙	310	水化铝酸二钙	460
铝酸一钡	318	水化铝酸三钙	460
铝酸一锶	319	水化铝酸四钙	460
六铝酸一钡	311	水化三铝酸四钙	461
铁铝酸盐矿物	511	含水铝氧	178
才利特	38	氢氧化铝	(178)
C矿	(38)	钙矾石	134
铁铝酸四钙	511	水泥杆菌	464
钙铁石	(511)	水化硫铝酸钙	459
铁二铝酸六钙	510	水化氯铝酸钙	460
二铁铝酸六钙	102	水化碳铝酸钙	461
铁铝酸四锶	511	水化硅铝酸钙	458
铁铝酸四钡	510	钙铝石榴石	134
铁酸二钙	511	水石榴石	471
单钾芒硝	69	水化黄长石	459
硫酸钾石	(69)	水化铁酸钙	461
硫酸钾钠	310	水化铁铝酸钙	461
钾芒硝	(310)	水铝钙石	462
硫酸钾钙	310	水化氯铁酸钙	460
钙明矾	(310)	水化硫铁酸钙	459
钙钛石	134	水化碳铁酸钙	461
钙钛矿	(134)	水化硅酸钙	458
褐硫钙石	183	C-S-H凝胶	642
尖晶石	228	特鲁白钙沸石	504
方铁矿	107	白钙镁沸石	(504)
富氏体	(107)	温泉滓石	529
方镁石	107	泉石华	(529)
游离氧化钙	586	白钙沸石	4
游离石灰	(586)	白硅钙石	4
钙铝黄长石	134	硬硅钙石	580
铝方柱石	(134)	奥硅钙石	2
镁黄长石	333	水硅钙石	(2)
镁方柱石	(333)	纤维钙硅酸石	(2)
黄长石	199	硅酸钙石	171
方柱石	(199)	斜方硅钙石	553

氢氧硅酸钙石	393
单斜硅钙石	70
水化硅酸三钙	459
水化硅酸二钙	458
CSH(A)	643
碳硫硅钙石	495
硅灰石膏	(495)
单硅钙石	69
吕白钙沸石	313
涅硅钙石	362
叶沸石	570
水硅灰石	458
球硅钙石	394
粒状硅钙石	298
X 相	(298)
水化钙橄榄石	(298)
基尔卓安石	215
水氟硅钙石	458
水碳硅酸钙	471
片硅钙石	(471)
B-相	642
F-相	643
X-相	647
Y-相	647
Z-相	647
$C_2SH(C)$	643
相 X	(643)

[水泥性能]

水泥浆体硬化	465
水泥硬化速度	470
水泥硬化结晶学说	469
水泥硬化胶体学说	469
水泥硬化巴依柯夫学说	469
水泥水化	468
水泥密度	466
水泥比重	(466)
水泥堆积密度	464
水泥细度	469
比表面积	15
透气法	516
勃氏透气法	33
勃氏法	(33)
筛分析法	425
沉降法	49
沉积天平	49
华格纳浊度计	191
水泥标准稠度用水量	463
水泥胶砂流动度	465
水泥凝结	466
初凝	55
终凝	622
假凝	227
瞬凝	473
缓凝	198
维卡仪	527
吉尔摩仪	217
水泥强度等级	467
水泥抗折强度	466
水泥抗压强度	466
水泥抗拉强度	466
水泥标号	463
快速水泥标号测定法	277
国际水泥强度测定法	176
RILEM-CEMBUREAU 法	(176)
ISO 试验法	(176)
软练胶砂强度试验法	415
软练法	(415)
硬练胶砂强度试验法	581
硬练法	(581)
标准砂	18
克氏锤	272
水化热	460
水化热直接测定法	461
水化热间接测定法	461
绝热量热计	265
水化速率	461
化学减缩	193
干燥收缩	137
碳化收缩	494
硬化水泥浆体	580
水泥石	(580)
水泥凝胶	466
凝胶空间比	363
胶空比	236,(363)
非蒸发水	117
结晶水	241
结构水	240
层间水	42
可蒸发水	272
凝胶水	363

毛细管水	330		熟料	452,(452)
自由水	637		水泥熟料	(452)
游离水	(637)		熟料煅烧	452
吸附水	537		熟料形成	453
硬化水泥浆体孔结构	580		碳酸盐分解	497
硬化水泥浆体孔分布	580		熟料率值	452
硬化水泥浆体过渡孔	580		水硬率	472
硬化水泥浆体层间孔	580		石灰标准值	439
硬化水泥浆体毛细管	581		石灰饱和因数	439
硬化水泥浆体毛细空间	(581)		石灰饱和系数	439
压汞测孔仪	558		饱和比	(439)
表面能	20		硅率	170
水泥体积安定性	468		硅酸率	(170)
水泥安定性	(468)		铝率	318
试饼法	450		铝氧率	(318)
压蒸法	560		铁率	(318)
雷氏夹法	283		**[水泥生产设备]**	
比长仪法	15		回转窑	203
[水泥石的腐蚀]			旋窑	(203)
溶析	410		立窑	291
溶出侵蚀	(410)		粉磨	123
淡水侵蚀	(410)		粉磨站	124
碳酸侵蚀	497		收尘	451
酸侵蚀	485		袋装水泥	69
镁盐侵蚀	333		散装水泥	418
硫酸盐侵蚀	310		散装水泥汽车	419
海水侵蚀	177		散装水泥车厢	418
碱侵蚀	229		散装水泥专用船	419
碱-集料反应	229		水泥库	466
碱-碳酸盐反应	230		**石膏**	436
碱-硅酸反应	229		**[原料]**	
铵盐侵蚀	2		二水石膏	102
抗蚀系数	270		生石膏	431
水泥石抗渗性	468		无水石膏	534
水泥石抗冻性	468		硬石膏	(534)
水泥石耐磨性	468		工业副产石膏	158
水泥风化	464		化学石膏	193,(158)
[水泥生产工艺]			合成石膏	(158)
水泥生产方法	467		工业废石膏	(158)
水泥干法生产	464		氟石膏	127
水泥湿法生产	467		磷石膏	304
生料	431		**石膏胶凝材料**	437
水泥生料	(431)		建筑石膏	232
水泥配料	467		高强石膏	151
生料制备	431		模型石膏	340

高温煅烧石膏	152	石灰熟化	(442)
地板石膏	(152)	加压消化	225
半水石膏	8	干消化	136
熟石膏	(8)	湿消化	434
可溶无水石膏	271,(437)	石灰消解速度	442
硬石膏Ⅲ	(271)	消石灰粉	551
慢溶硬石膏	328	石灰膏	440
[性能]		石灰浆	440
半水石膏硬化	8	石灰乳	441
石膏标准稠度	437	[性能]	
熟石膏陈化	453	有效氧化钙	589
[石膏胶凝材料制备]		活性氧化钙	(589)
石膏变体	437	石灰结合水	441
石膏炒锅	437	石灰水化热	442
蒸炼锅	(437)	石灰浆硬化	440
石灰	439	石灰浆碳化	440
[原料]		石灰产浆量	440
石灰石	442	石灰产出量	(440)
白垩	4	[生产]	
石灰华	440	石灰石煅烧	442
贝壳石灰石	12	正压煅烧	613
鲕状石灰石	100	负压煅烧	130
鱼卵石	(100)	石灰石分解温度	442
生石灰	431	石灰立窑	441
低温煅烧石灰	77	石灰人工竖窑	(441)
正烧石灰	612	镁质胶凝材料	333
正火石灰	(612)	[原料]	
过烧石灰	176	菱镁矿	306
过火石灰	(176)	蛇纹石	428
欠烧石灰	385	菱苦土	305
欠火石灰	(385)	苛性苦土	(305)
磨细生石灰	339	苦土粉	(305)
钙质石灰	135	轻烧菱镁矿	(305)
镁质石灰	334	苛性白云石	271
快速石灰	277	轻烧白云石	(271)
中速石灰	621	氯化镁	321
慢速石灰	328	水氯石	462
建筑石灰	232	硫酸镁	310
化工石灰	192	硫酸亚铁	310
水硬性石灰	472	碳酸镁	497
熟石灰	453	[制品]	
消石灰	(453)	氯氧镁水泥	322
水化石灰	(453)	菱镁混凝土	305
石灰消解	442	菱苦土混凝土	(305)
石灰消化	(442)	返卤	105

菱镁混凝土包装箱	305	水玻璃耐酸砂浆	457
氯氧镁水泥板材	322	耐铵砂浆	347
氯氧镁水泥刨花板	323	酚醛树脂水泥砂浆	(347)
氯氧镁水泥木屑板	323	保温吸声砂浆	11
氯氧镁水泥门窗	323	膨胀砂浆	371
镁质绝热材料	333	膨胀水泥砂浆	(371)
木质纤维菱苦土	346	膨胀硅酸盐水泥砂浆	370
泡沫菱苦土	367	防水砂浆	112
泡沫白云石	366	防火砂浆	109
石棉苦土粉	445	耐碱砂浆	351
石棉白云石	444	[按表现密度分类]	
水玻璃	456	重砂浆	623
泡花碱	(456)	轻砂浆	392
水玻璃模数	456	[按材料分类]	
固体水玻璃	163	石灰砂浆	442
液体水玻璃	572	水泥砂浆	467
钾水玻璃	227	水泥胶砂	(467)
硅酸钾	(227)	石膏砂浆	438
水玻璃涂料	457	混合砂浆	204
水玻璃土壤改进材料	457	树脂砂浆	454
[砂浆与混凝土]		聚合物水泥砂浆	259
砂浆	422	聚合物改性砂浆	(259)
胶砂	(422)	环氧乳液水泥砂浆	196
灰浆	201,(422)	聚酯树脂乳液水泥砂浆	263
灰泥	(422)	聚丙烯酸酯乳液水泥砂浆	256
建筑砂浆	(422)	聚醋酸乙烯乳液水泥砂浆	257
砂浆石	424	膨胀珍珠岩砂浆	372
硬化砂浆	(424)	膨胀蛭石砂浆	372
[砂浆品种]		膨胀蛭石灰浆	(372)
[按功能分类]		蛭石灰浆	(372)
砌筑砂浆	384	水泥蛭石砂浆	470
砌筑胶砂	(384)	水泥石灰蛭石浆	467
抹面砂浆	339	石灰蛭石浆	443
抹面灰浆	(339)	水玻璃矿渣砂浆	456
装饰砂浆	631	重晶石砂浆	623
剁假石	100	水泥重晶石砂浆	(623)
斩假石	601	加硼水泥砂浆	222
水刷石	471	石英砂浆	449
露集料饰面	313	胶质灰浆	237
干粘石	137	胶质砂浆	(237)
特种砂浆	505	铁屑水泥砂浆	511
耐酸砂浆	354	钢屑水泥砂浆	(511)
硫磺耐酸砂浆	310	锯末砂浆	255
硫磺耐酸胶砂	(310)	素灰	476
		[砂浆性能]	

砂浆标号	423	天然砂	507
砂浆强度	424	河砂	182
砂浆强度等级	424	山砂	425
分层度	118	海砂	177
保水性	11	粗砂	62
砂浆稠度	423	中砂	621
砂浆流动性	(423)	细砂	541
流动性	306	特细砂	505
流动度	306	粉砂	124
沉入度	49	人工破碎砂	407
[砂浆设备与测试仪器]		破碎砂	(407)
砂浆搅拌机	423	针片状颗粒	604
灰浆搅拌机	(423)	片状颗粒	374
麻刀灰搅拌机	325	针状颗粒	605
连续式砂浆搅拌机	300	轻集料	390
砂浆稠度仪	423	轻骨料	(390)
砂浆流动性测定仪	(423)	天然轻集料	507
砂浆分层度测定仪	423	人造轻集料	407
流动桌	306	陶粒	502
流动性试验台	(306)	黏土陶粒	361
稠度试验台	(306)	膨胀黏土	(361)
跳桌	(306)	页岩陶粒	571
混凝土	**204,(379)**	膨胀页岩	571
[混凝土原材料]		超轻陶粒	47
拌合水	9	高强陶粒	151
胶凝材料	236	膨胀蛭石	372
胶结料	(236)	膨胀珍珠岩	371
集料	218	碳珠	498
骨料	(218)	膨胀聚苯乙烯珠	370
[集料品种]		工业废料轻集料	157
重集料	622	粉煤灰陶粒	123
粗集料	62	膨胀矿渣	370
粗骨料	(62)	矿渣浮石	(370)
天然粗集料	507	泡沫矿渣	(370)
天然粗骨料	(507)	膨胀矿渣珠	370
卵石	323	碎砖	488
砾石	(323)	烧结料	427
碎石	487	再生炉渣	(427)
矿渣	279	煤渣	332
高炉矿渣	(279)	炉渣	(332)
钢渣	146	免烧粉煤灰轻集料	337
色石碴	421	非煅烧粉煤灰轻集料	(337)
豆石	94	自燃煤矸石	635
细集料	540	木屑	346
细骨料	(540)	锯末	(346)

11

轻粗集料	390	名义粒径	(218)
轻细集料	392	标称粒径	(218)
轻砂	(392)	圆球度	596
有机轻集料	587	浑圆度	(596)
无机轻集料	532	集料坚固性	219
耐酸集料	353	压碎指标	559
耐酸粉料	353	集料含水量	218
耐酸填料	(353)	全干状态	395
耐碱集料	351	气干状态	381
混合集料	204	饱和面干含水率	10
锁结式集料	489	饱和面干状态	10
统货集料	515	有效吸水量	589
连槽砂石	(515)	含水湿润状态	178
[集料性能]		表面含水量	19
集料级配	219	中子测湿法	621
级配	(219)	含泥量	177
连续级配	299	云母含量	596
间断级配	228	轻粗集料强度标号	390
填充率	508	筒压强度	515
集料粒级	219	轻集料粒型系数	391
单粒级	70	轻集料煮沸质量损失	392
连续粒级	299	轻集料铁分解重量损失	391
集料有害杂质	219	轻集料异类岩石颗粒含量	392
砂湿胀	424	轻集料有害物质含量	392
湿胀系数	434	耐酸率	353
棱角系数	283	[集料设备]	
集料筛分析	219	烧结机	427
分计筛余	118	洗砂机	539
分计筛余百分率	(118)	砂石标准筛	425
累计筛余	283	标准筛	(425)
累计筛余百分率	(283)	洗石机	539
细度模数	540	**混凝土外加剂**	**210**
细度模量	(540)	混凝土附加剂	(210)
筛分曲线	425	混凝土添加剂	(210)
砂平均粒径	424	表面活性剂	19,(413)
砂级配区	422	界面活性剂	(19),(413)
通过百分率	512	离子表面活性剂	288
集料级配曲线	219	阳离子表面活性剂	564
泰波级配曲线	491	阴离子表面活性剂	576
泰波级配公式	(491)	两性离子表面活性剂	301
富勒最大密度曲线	132	非离子表面活性剂	116
富勒级配曲线	(132)	[外加剂品种]	
集料最大粒径	219	流化剂	307
最大粒径	(219)	超塑化剂	(307)
集料公称粒径	218	调凝剂	509

速凝剂	476	皂化系数	(599)
缓凝剂	198	碘值	82
早强剂	599	基准水泥	216
泵送剂	15	基准混凝土	216
增稠剂	599	矿物质掺料	278
密实剂	337	[聚合物混凝土原材料]	
引气剂	577	基体	215
微沫剂	526	基材	215
泡沫剂	367	浸渍剂	251
消泡剂	551	水溶性聚合物	470
防水剂	112	水溶性树脂	(470)
阻锈剂	641	乳胶	414
防锈剂	(641)	橡浆	(414)
缓蚀剂	198,(641)	树脂乳液	454
膨胀剂	370	液态聚合物	571
混凝土着色剂	211	聚合物胶结填料	258
碱-集料反应抑制剂	229	焦油改性树脂	237
分散剂	119	[硅酸盐混凝土原材料]	
扩散剂	(119)	钙质材料	135
减水剂	229	硅质材料	174
防冻剂	108	石英砂	449,(171)
发气剂	104	长石砂	45
铝粉发气剂	314	尾矿	528
铝粉膏	314	校正原料	238
铝粉脱脂剂	314	**增强材料**	600
气泡稳定剂	382	硬钢	580
稳泡剂	(382)	软钢	415
加气混凝土调节剂	224	钢筋	141
碱性激发剂	230	规律变形钢筋	170
硫酸盐激发剂	310	变形钢筋	(170),(405)
[外加剂性能]		刻痕钢丝	272
泌水率比	335	钢筋骨架	142
减水率	229	构造钢筋	161
凝结时间差	363	分布钢筋	118
抗压强度比	270	温度钢筋	(118)
匀质性	597	架立钢筋	227
抗冻性比	268	箍筋	161
外加剂固体含量	523	纵向受力钢筋	637
烧失量	428	主筋	(637)
灼减量	(428)	环向钢筋	196
含糖量	178	弯起钢筋	524
起泡性	381	冷轧扭钢筋	286
气泡间隔系数	382	钢纤维	146
电化学效应	84	纤维素纤维	543
皂化值	599	化学纤维	194

合成纤维	180
聚乙烯醇缩甲醛纤维	262
聚丙烯膜裂纤维	256
芳香族聚酰胺纤维	107
芳纶	(107)
石棉	444
耐碱玻璃纤维	351
抗碱玻璃纤维	(351)
被覆玻璃纤维	14
碳纤维	497
石墨纤维	(497)
高模量纤维	150
高弹模纤维	(150)
低模量纤维	76
低弹模纤维	(76)
石棉增强效率	447
钢筋屈强比	144
[钢筋加工工艺]	
钢筋焊接	142
接触对焊	239
接触点焊	239
电弧焊	84
埋弧焊	327
摩擦焊	339
气焊	381
[钢筋冷加工]	
钢筋冷拉	144
单控冷拉	69
双控冷拉	455
冷拉率	285
钢筋冷拔	144
拉拔系数	280
钢筋冷轧	144
钢筋镦头	142
钢丝压波	145
钢筋酸洗	144
[钢筋加工设备]	
钢筋调直切断机	141
拔丝机	3
钢筋弯曲机	144
钢筋弯箍机	144
对焊机	97
点焊机	81
钢筋镦头机	142
混凝土混合料	206
混凝土拌合物	(206)
新拌混凝土	(206)
混合料	(206)
拌合物	(206)
混凝土基相	207
混凝土基料	(207)
混凝土基体	(207)
[混凝土混合料种类]	
新鲜混凝土	554
新浇混凝土	554
未成熟混凝土	528
塑性混凝土	484
低塑性混凝土	77
流动性混凝土	306
流动性混凝土混合料	(306)
大流动性混凝土	67
高流动性混凝土混合料	(67)
自流密实混凝土	634
液态混凝土	(634)
流态混凝土	308
超塑化混凝土	(308)
基体混凝土混合料	215
基体混凝土	(215)
干硬性混凝土	136
特干硬性混凝土	504
半干硬性混凝土	7
混凝土配合比	209
绝对体积法	264
假定密度法	227
假定容重法	(227)
松散体积法	476
质量配合比	617
体积配合比	506
理论配合比	290
基准配合比	(290)
施工配合比	433
用水量定则	581
固定加水量定则	(581)
需水性定则	(581)
水灰比定则	462
达夫·艾布拉姆斯定则	(462)
水灰比	462
灰水比	201
剩余水灰比	433
水胶比	462

集灰比	218	可泵性	271
骨灰比	(218)	泵送性	(271)
灰集比	201,(236)	泌水性	336
灰骨比	(201),(236)	析水性	(336)
灰砂比	201	泌水率	335
水料比	462	泌水速率	336
水固比	(462)	泌水量	335
胶空比	236,(363)	泌水容量	336
胶集比	236	混凝土分层	206
胶骨比	(236)	内分层	355
灰集比	201,(236)	外分层	523
灰骨比	(201),(236)	混凝土离析	208
砂率	424	沉降收缩	49
最优砂率	642	塑性收缩	485
最佳含砂率	(642)	浮浆	128
包裹系数	9	易密性	575
砂浆拨开系数	423	触变性	56
砂浆过剩系数	423	**[混凝土混合料测试]**	
砂浆富裕系数	(423)	重塑仪	54
初步配合比	55	维勃仪	527
实验室配合比	450	混凝土二点试验法	206
水泥等效系数	463	坍落度试验筒	492
胶凝效率系数	(463)	工业黏度计	158
粉煤灰超量系数	122	混凝土含气量测定仪	206
[混凝土混合料性能]		**[混凝土品种]**	
工作性	158	水泥基复合材料	465
和易性	(158)	水泥基材料	(465)
混凝土流动度	208	**普通混凝土**	379
坍落度	491	**[按原料分类]**	
塌落度	(491)	水泥混凝土	465
密实因素	337	钢屑混凝土	146
捣实因素	(337)	铁屑混凝土	(146)
密实系数	(337)	蛮石混凝土	328
重塑数	54	埋大石混凝土	(328)
混合料干硬度	204	毛石混凝土	329
工作度	(204)	片石混凝土	(329)
维勃度	526	乱石混凝土	(329)
维勃稠度	(526)	熟料混凝土	452
凯利球贯入试验	267	再生混凝土	598
沉球试验	(267)	复拌沥青混合料	130
棍度	175	特细砂混凝土	505
坍落度损失	492	细石混凝土	541
插管流动度试验	43	豆石混凝土	(541)
凯氏测管	267	胶质混凝土	237
易抹性	575	硅灰混凝土	170

硅粉混凝土	(170)	冷混凝土	284
粉煤灰混凝土	123	真空混凝土	606
导电混凝土	71	磁化水混凝土	61
玻璃混凝土	27	现浇混凝土	545
活化混凝土	212	整体混凝土	612
[按功能分类]		预制混凝土	594
大体积混凝土	67	负温混凝土	130
水工混凝土	458	升浆混凝土	430
水下混凝土	471	振实混凝土	610
防水混凝土	112	造壳混凝土	599
不透水混凝土	(112)	裹砂混凝土	(599)
水密性混凝土	(112)	裹石混凝土	176
外加剂防水混凝土	523	振碾混凝土	610
道路混凝土	72	碾压混凝土	(610)
路面混凝土	(72)	[按配筋增强方式分类]	
路面混合料	(72)	素混凝土	476
水泥路面混凝土	466	无筋混凝土	(476)
路面沥青混合料	312	增强混凝土	600
海洋混凝土	177	竹筋混凝土	626
海工混凝土	(177)	钢筋混凝土	142
高强混凝土	151	预应力钢筋混凝土	592
高级混凝土	(151)	预应力混凝土	(592)
优质混凝土	(151)	全预应力混凝土	396
快硬混凝土	277	部分预应力混凝土	38
早强混凝土	(277)	预应力钢弦混凝土	593
低热混凝土	77	钢弦混凝土	(593)
补偿收缩混凝土	34	自应力混凝土	635
少裂混凝土	(34)	化学预应力混凝土	194,(635)
引气混凝土	577	钢管混凝土	140
装饰混凝土	631	钢丝网水泥	145
饰面混凝土	450	[按稠度分类]	
露集料混凝土	313	贫混凝土	375
露石混凝土	(313)	富混凝土	132
高性能混凝土	153	**轻混凝土**	390
高效能混凝土	(153)	多孔混凝土	98
[按工艺分类]		泡沫混凝土	367
预拌混凝土	591	加气混凝土	222
商品混凝土	(591)	水泥-石灰-砂加气混凝土	467
热拌混凝土	398	水泥-石灰-粉煤灰加气混凝土	467
泵送混凝土	15	水泥-矿渣-砂加气混凝土	466
喷射混凝土	369	充气混凝土	53
预填集料混凝土	592	大孔混凝土	65
灌浆混凝土	(592)	普通大孔混凝土	379
预填混凝土	(592)	碎石大孔混凝土	487
离心混凝土	287	卵石大孔混凝土	323

轻集料大孔混凝土	391	聚合物胶结混凝土	258
陶粒大孔混凝土	502	树脂混凝土	(258)
无砂大孔混凝土	534	聚酯树脂混凝土	263
无砂混凝土	534	环氧树脂混凝土	197
轻集料混凝土	391	酚醛树脂混凝土	121
多孔轻集料混凝土	(391)	呋喃树脂混凝土	126
人造轻集料混凝土	407	聚合物浸渍纤维混凝土	258
陶粒混凝土	502	**硅酸盐混凝土**	**172**
超轻陶粒混凝土	47	灰砂硅酸盐混凝土	201
黏土陶粒混凝土	361	灰渣硅酸盐混凝土	202
页岩陶粒混凝土	571	湿碾矿渣混凝土	433
膨胀珍珠岩混凝土	371	活化矿渣混凝土	(433)
膨胀蛭石混凝土	372	石灰粉煤灰硅酸盐混凝土	440
聚苯乙烯珠混凝土	256	石灰煤矸石硅酸盐混凝土	441
天然轻集料混凝土	507	石灰炉渣硅酸盐混凝土	441
浮石混凝土	128	石灰黏土硅酸盐混凝土	441
火山渣混凝土	213	碳化石灰混凝土	494
工业废料轻集料混凝土	158	灰土	202
免烧粉煤灰轻集料混凝土	337	**纤维增强水泥复合材料**	**544**
粉煤灰陶粒混凝土	123	纤维增强水泥	544
膨胀矿渣混凝土	370	纤维增强水泥基材料	(544)
膨胀矿渣珠混凝土	370	石棉水泥	445
煤渣混凝土	332	纤维素纤维增强水泥	543
碎砖混凝土	488	玻璃纤维增强水泥	31
自燃煤矸石混凝土	635	聚丙烯膜裂纤维增强水泥	256
木屑混凝土	346	维纶增强水泥	527
烧结料混凝土	427	聚乙烯醇纤维增强水泥	(527)
砂轻混凝土	424	芳纶增强水泥	107
全轻混凝土	395	碳纤维增强水泥	498
保温轻集料混凝土	11	纤维增强混凝土	543
结构轻集料混凝土	240	钢纤维增强混凝土	146
结构保温轻集料混凝土	239	钢纤维增强喷射混凝土	146
高强陶粒混凝土	151	钢纤维增强耐火混凝土	146
收缩补偿轻集料混凝土	451	玻璃纤维增强混凝土	31
适度膨胀轻集料混凝土	(451)	碳纤维增强混凝土	498
微膨胀轻集料混凝土	(451)	聚丙烯纤维增强混凝土	257
聚合物混凝土	**258**	植物纤维增强混凝土	615
浸渍混凝土	250	**[其他特种用途混凝土]**	
聚合物浸渍混凝土	258	耐酸混凝土	353
硫磺浸渍混凝土	309	水玻璃耐酸混凝土	456
石蜡浸渍混凝土	443	耐碱混凝土	351
聚合物水泥混凝土	259	硫磺混凝土	309
聚合物改性混凝土	(259)	耐火轻质混凝土	350
PCC-GRC 复合材料	644	耐火轻集料混凝土	350
纤维增强聚合物水泥混凝土	543	耐火多孔混凝土	349

耐油混凝土	354	预应力混凝土压力管	(593)
防辐射混凝土	108	预应力混凝土管	(593)
屏蔽混凝土	(108)	自应力混凝土管	635
防护混凝土	(108)	水泥压力管	469
水化混凝土	459	玻璃纤维增强混凝土管	31
重混凝土	622	水泥管异型管件	464
特重混凝土	506	水泥管接头	464
含硼混凝土	178	水泥船	463
彩色混凝土	40	无石棉纤维水泥制品	534
白色混凝土	5	非石棉纤维增强水泥制品	(534)
不发火花混凝土	35	玻璃纤维增强水泥制品	32
废料固化混凝土	117	[混凝土制品基本工艺]	
水泥土	468	混凝土搅拌楼	207
混凝土制品	211	搅拌楼	(207)
[混凝土制品品种]		搅拌站	(208)
[构件及配件]		台座法	490
混凝土预制构件	211	流水传送带法	307
预制构件	(211)	流水机组法	307
灰砂加筋构件	201	机组流水法	(307)
混凝土结构构件	208	成组立模	51
建筑构件	231	成对立模	50
盒子构件	182	翻模工艺	104
砌块(参见墙体材料,本目录56页)	383	拉模法	281
钢筋混凝土梁	143	成组立模工艺	51
混凝土板	205	流水节拍	308
钢筋混凝土板	(205)	节拍	(308)
混凝土楼板	208	生石灰工艺(峰前成型)	431
钢筋混凝土楼板	(208)	熟石灰工艺(峰后成型)	453
混凝土屋面板	210	[预应力张拉工艺]	
屋面板	(210)	预应力损失	594
[混凝土墙板](参见墙体材料,本目录56页)		张拉控制应力	601
		张拉应力	(601)
钢筋混凝土柱	143	超张拉	48
钢筋混凝土桁架	143	张拉强度	601
钢筋混凝土电杆	143	放张强度	114
钢筋混凝土轨枕	143	[预应力张拉法]	
钢筋混凝土矿井支架	143	机械张拉法	215
钢筋混凝土桩	143	先张法	541
[管材]		后张法	188
水泥管	464	后张自锚法	188
水泥井管	465	电热张拉法	87
钢筋混凝土管	143	化学张拉法	194
罗克拉管	324,(556)	自应力张拉法	(194)
钢筒芯预应力压力管	145	自张法	(194)
预应力钢筋混凝土管	593	[自应力张拉	

限制膨胀	546	压力灌浆	559
自由膨胀	636	振动密实成型	608
膨胀稳定期	371	压制密实成型	560
自应力值	636	压制成型	(340),(560)
自应力水平	(636)	轧压成型	600
自应力损失	636	模压成型	340
自应力恢复	635	挤压成型	220
强度组分	386	振动加压成型	607
膨胀组分	372	预制平模反打	594
膨胀率	370	正打成型	612
配筋分散性系数	368	反打成型	104
[张拉设备]		离心成型工艺	287
锚具	330	振动真空制管工艺	609
夹具	226	立式振动制管工艺	290
台座	490	径向挤压制管工艺	253
张拉设备	602	悬辊法	556
[混凝土制品单项工艺]		罗克拉法	(556)
石灰单独消化	440	离心挤压制管工艺	287
石灰混合消化	440	整模涂蜡离心制管工艺	611
混凝土搅拌工艺	207	振动挤压制管工艺	607
热拌工艺	398	一阶段制管工艺	(607)
搅拌均化	238	逊他布法制管工艺	(607)
搅拌匀化	(238)	管芯绕丝制管工艺	164
搅拌强化	238	三阶段制管工艺	(164)
搅拌塑化	238	振动抹浆法	608
超声活化	48	辊射抹浆法	175
造壳	599	插捣法	43
水泥裹砂搅拌工艺	464	锤击法	59
水泥裹石搅拌工艺	465	真空密实法	606
出料系数	55	真空作业	(606)
一拌	573	振动制度	609
一盘	(573)	振动烈度	608
一板	(573)	振动强度	(608)
拌内变异	9	振动频率	608
盘内变异	(9)	振幅	610
拌间变异	9	振动加速度	607
盘间变异	(9)	振动速度	609
热拌设备	398	复振	132
搅拌车	238	二次振动	(132)
混凝土搅拌运输车	(238)	重复振动	(132)
混凝土搅拌机	207	高频振动	150
[浇注成型及设备]		多频振动	99
密实成型工艺	336	复频振动	(99)
浇注自密成型	235	振动有效范围	609
浇注成型	(235)	振动有效半径	609

真空脱水有效系数	607	干湿热养护	136
离心制度	287	半干热养护	(136)
离心速度	287	定向循环养护	92
离心时间	287	热介质定向循环养护	(92)
泵送压力	15	无压饱和纯蒸汽养护	535
泵送距离	15	常压湿热养护	46
发泡倍数	103	常压蒸汽养护	(46)
泡沫倍数	(103)	微压养护	526
泡沫稳定性	367	微压蒸汽养护	(526)
发气率	104	高压湿热养护	153
发气曲线	104	高压蒸汽养护	(153)
铝粉盖水面积	314	压蒸养护	(153)
铝粉脱脂	314	红外线养护	187
黏结层	360	太阳能养护	490
混凝土喂料机	210	电热养护	86
混凝土浇灌机	207	微波养护	525
空心楼板挤出机	274	热油养护	404
空心砌块成型机	274	养护制度	565
混凝土泵	205	预养	592
混凝土输送泵	(205)	成熟度	50
振动芯管	609	度时积	95
振动台	609	[养护设备]	
振动器	608	碳化室	494
离心成型机	287	碳化窑	(494)
抽芯机	55	养护窑	565
混凝土切割机	210	间歇式养护窑	228
混凝土模具	209	连续式养护窑	300
混凝土模型	(209)	隧道式养护窑	488
混凝土模板	209	水平式、隧道窑	(488)
吸水模衬	538	折线式养护窑	603
永久性模板	581	折线窑	(603)
预埋件	592	立式养护窑	290
混凝土脱模剂	210	养护池	565
隔离剂	(210)	养护坑	565
养护	565	蒸压釜	611
[养护方法]		养护窑填充系数	565
标准养护	19	养护窑利用系数	(565)
自然养护	635	养护窑负荷率	(565)
薄膜养护	10	[浸渍聚合工艺]	
热养护	404	浸渍	250
干热养护	135	完全浸渍	524
湿热养护	433,(611)	表面浸渍	20
湿热处理	(433)	全干浸渍	395
蒸汽养护	611,(433)	含水浸渍	178
饱和蒸汽	10	自然浸渍	634

现场浸渍	545	预拌法	591
真空浸渍	606	缠绕法	45
真空-加压浸渍	606	挤出法	220
聚填率	261	注射法	627
聚合制度	259	抹浆法	339
常温聚合	46	石棉水泥管标准米	446
化学催化聚合	193,(46)	标米	(446)
热催化聚合	399	石棉水泥波瓦标准张	445
辐射聚合	129	标张	(445)
碳化处理	494	抄取法制板机	47
常压碳化	46	抄取法制管机	47
负压碳化	130	半干法制管机	7
碳化系数	495	干法带式制板机	135
碳化程度	493	石棉水泥板抗折试验机	445
碳化周期	495	水力松解机	462
最佳碳化含水率	641	纤维取向	542
井字堆垛	253	纤维长径比	542
花弧堆垛	190	纤维外形比	(542)
[纤维增强水泥复合材料品种]		纤维体积率	543
石棉砂质水泥制品	445	纤维间距	542
石棉维纶水泥制品	447	纤维间距理论	542
石棉水泥管	446	复合材料理论	131
石棉水泥输轻油管	447	多缝开裂	98
石棉水泥管接头	446	伪延性	528
石棉水泥平板	446	韧性指数	408
石棉水泥挠性板	446	水泥基体-纤维界面	465
硅酸钙板	171	阻裂体	638
石棉水泥电气绝缘板	446	[混凝土及制品性能与测试]	
石棉水泥复合墙板	446	[混凝土组成及结构]	
玻璃纤维增强水泥半波板	31	水化硬化	462
玻璃纤维增强水泥复合墙板	31	水硬性	472
玻璃纤维增强水泥夹芯板	(31)	接触硬化	239
玻璃纤维增强水泥永久性模板	32	高碱性水化硅酸钙	148
纤维水泥瓦	542	低碱性水化硅酸钙	76
石棉水泥波瓦	445	钙硅比	134
石棉水泥半波瓦	445	原料钙硅比	594
石棉水泥脊瓦	446	结晶度	240
钢丝网石棉水泥波瓦	145	结晶水化物	241
玻璃纤维增强水泥温室骨架	31	半结晶水化物	7
[纤维增强水泥工艺及设备]		含碱水化铝硅酸盐	177
抄取法	47	水化硅酸镁	459
湿法	(47)	滑石	192
圆网抄取法	(47)	堆聚结构	97
流浆法	307	凝聚结构	364
喷射法	(368)	凝聚接触点	364

结晶结构	240	表面起砂	20
结晶连生体	(240)	泛霜	106
结晶接触点	240	析盐	(106)
多孔结构	99	盐霜	(106)
微孔微管结构	526	起霜	381,(106)
双微孔微管结构	455	霜白	(106)
混凝土中心质假说	211	蜂窝	125
[混凝土及制品性能]		气蚀	382
渗水系数	430	预应力混凝土管椭圆率	593
抗冻融耐久性指数	268	混凝土特性曲线	210
耐蚀系数	353	混凝土OC曲线	(210)
耐污染性	354	混凝土裂缝	208
负徐变	130	网状裂缝	524
混凝土徐变	210	浅裂	385
徐变系数	555	发裂	103
徐变度	555	D形裂缝	643
比徐变	(555)	混凝土降质	207
混凝土特征强度	210	混凝土劣化	(207)
分位值	119	混凝土变质	(207)
强度保证率	386	崩解	15
初始结构强度	56	畸变	216
结构强度	(56)	结壳	241
混凝土标号	205	泌出	335
混凝土强度等级	209	起坑	381
混凝土比强度	205	爆裂孔	12
混凝土轴心抗压强度	211	冲刷侵蚀	54
混凝土立方体抗压强度	208	碎裂	487
极限拉伸值	218	接缝碎裂	239
受拉极限变形值	(218)	空鼓	272
拆模强度	44	假面	(272)
混凝土破裂模量	209	钟乳石状凸出	622
混凝土抗弯强度	(209)	石笋状凸出	448
自愈性	637	剥落	33
护筋性	189	脱皮	521
混凝土碱度	207	费勒混凝土强度公式	117
加气混凝土抗裂性系数	223	保罗米公式	10
软化系数	415	集料联锁	219
模壁效应	340	临界初始结构强度	303
环箍效应	195	混凝土耐久性	209
端部效应	(195)	石棉水泥波瓦断裂	445
大孔混凝土边角效应	65	石棉水泥制品起层	447
水泥石-集料界面	468	石棉水泥波瓦(板)翘曲	445
生石灰凝结效应	431	石棉水泥制品抗冲击性	447
生石灰临界水灰比	431	石棉水泥波瓦断面系数	445
麻面	325	预应力度	592

脆性系数	64
[混凝土及制品测试]	
混凝土磨损试验	209
回弹仪非破损检验	203
冲锤试验	(203)
硬度	580
混凝土回弹仪	206
斯米特锤	(206)
回弹仪	(206)
拔出试验	3
劳克试验	(3)
钻芯	641
压顶	558
管道漏水量	164
管子外压试验	164
电杆抗弯试验	84
管子水压试验机	164
钢丝张力测定仪	145
混凝土断开试验	205
真空度	605
波美计	22
金属材料	243
金属	243
合金	181
黑色金属	184
铁	510
生铁	432
铸铁	627
灰口铸铁	201
灰铁	(201)
白口铸铁	4
可锻铸铁	271
玛钢	(271)
球墨铸铁	394
特殊性能铸铁	504
合金铸铁	(504)
钢	139
非合金钢	115
碳素钢	495
碳钢	(495)
碳素结构钢	495
普通碳素结构钢	380
普通碳素钢	(380)
普碳钢	(380)

甲类钢	226
乙类钢	574
特类钢	504
优质碳素结构钢	582
碳素工具钢	495
低合金钢	76
低合金结构钢	76
合金钢	181
合金结构钢	181
合金工具钢	181
冷塑性成型钢	285
冷冲压钢	284
冷镦钢	284
铆螺钢	(284)
冷挤压钢	285
弹簧钢	492
轴承钢	624
特殊性能钢	504
不锈耐酸钢	36
不锈钢	(36)
耐热钢	352
耐磨钢	352
建筑工程钢	231
建筑钢	(231)
钢轨钢	140
桥梁结构钢	387
压力容器钢	559
锅炉钢	176
平炉钢	377
马丁炉钢	(377)
转炉钢	630
电炉钢	86
沸腾钢	117
半镇静钢	8
镇静钢	610
有色金属	589
非铁金属	(589)
重金属	623
铜	513
冰铜	21
铜锍	(21)
粗铜	62
紫铜	633
工业纯铜	(633)
电解铜	85

黄铜		200	磷化物	304
青铜		389	铸铁金属基体	628
白铜		5	莱氏体	282
轻金属		392	**钢显微组织**	146
铝		313	钢中金属基体	147
氧化铝		567	铁素体	511
电解铝		85	α-铁	(511)
工业纯铝		157	奥氏体	2
铝合金		314	珠光体	625
变形铝合金		18	贝氏体	13
防锈铝		113	贝茵体	(13)
硬铝		581	马氏体	326
抗拉铝		(581)	钢中化合物	147
锻铝		97	碳化物	495
超硬铝		48	金属间化合物	246
特殊铝合金		504	氮化物	71
贵金属		174	**[铜合金显微组织]**	
半金属		7	铜合金固溶体	514
类金属		(7)	铜合金化合物	514
金属材料热处理		244	**铝合金显微组织**	317
退火		521	铝合金固溶体	316
焖火		(521)	铝合金化合物	316
低温退火		78	**金属材料性能**	245
去应力退火		(78)	冷加工性	285
高温退火		153	热加工性	401
扩散退火		(153)	金属材料时效	244
再结晶退火		598	铸造性	628
软化退火		(598)	切削性	388
正火		612	可切削性	(388)
常化		(612)	焊接性	179
正常化		(612)	可焊性	(179)
淬火		64	缺口敏感性	396
一般淬火		572	淬透性	64
直接淬火		(572)	可硬性	(64)
等温淬火		75	疲劳强度	374
表面淬火		19	冷脆	284
回火		203	脆性转变温度	64
低温回火		77	热脆	399
中温回火		621	蓝脆	282
高温回火		152	**[金属材料检测]**	
固溶处理		162	金相检验	242
化学热处理		193	宏观检验	187
金属材料显微组织		244	低倍检验	(187)
铸铁显微组织		628	光学显微分析	168
石墨		447	高倍检验	(168)

非金属夹杂物	115	卷帘门及钢窗用冷弯型钢	264
弯曲试验	524	钢板	139
金属材料	243	钢带	140
钢材	140	热轧钢板(带)	405
型钢	555	碳素结构钢热轧薄钢板(带)	496
热轧圆钢	406	碳素结构钢热轧厚钢板(带)	496
低碳热轧圆盘条	77	低合金结构钢热轧薄钢板(带)	76
热轧光圆钢筋	405	低合金结构钢热轧厚钢板(带)	76
热轧带肋钢筋	405	合金结构钢薄钢板	181
变形钢筋	(170),(405)	优质碳素结构钢热轧钢板(带)	582
螺纹钢筋	(405)	弹簧钢热轧薄钢板	492
余热处理低合金钢筋	591	不锈钢热轧薄钢板	36
热处理钢筋	398	耐热钢板	352
铆螺用热轧圆钢	330	热轧花纹钢板	405
优质碳素结构钢热轧圆(方)钢	582	[冷轧钢板]	
合金结构钢热轧圆(方)钢	181	碳素结构钢冷轧薄钢板(带)	496
弹簧钢热轧圆(方)钢	492	低合金结构钢冷轧薄钢板(带)	76
碳素工具钢热轧圆(方)钢	495	优质碳素结构钢冷轧薄钢板(带)	582
合金工具钢热轧圆(方)钢	181	不锈钢冷轧钢板	36
热轧方钢	405	热镀锌薄钢板	400
热轧六角钢	406	彩色涂层钢板	41
热轧六角中空钢	406	彩色钢板	(41)
热轧扁钢	404	建筑用压型钢板	233
热轧工字钢	405	冷弯波形钢板	285
热轧槽钢	405	钢管	140
热轧角钢	406	无缝钢管	531
热轧 H 型钢	406	碳素钢无缝钢管	495
热轧异形型钢	406	合金钢(低合金钢)无缝钢管	181
热轧钢板桩	405	碳素结构钢焊接钢管	496
热轧窗框钢	405	钢丝	145
重轨	622	一般用途低碳钢丝	573
轻轨	390	优质碳素结构钢丝	582
钢轨附件	140	冷顶锻用碳素结构钢丝	284
起重机钢轨	381	合金结构钢丝	182
冷弯型钢	286	碳素弹簧钢丝	496
冷弯薄壁型钢	(286)	合金弹簧钢丝	182
冷弯等边角钢	286	预应力混凝土用钢丝	593
冷弯不等边角钢	286	预应力混凝土用普通松弛钢丝	593
冷弯等边槽钢	286	预应力混凝土用低松弛钢丝	593
冷弯不等边槽钢	285	冷拔钢丝	284
冷弯内卷边槽钢	286	冷拔低碳钢丝	284
冷弯外卷边槽钢	286	冷拔低合金钢丝	283
冷弯 Z 形钢	286	中强钢丝	620
冷弯卷边 Z 形钢	286	焊接用钢丝	179
冷弯空心型钢	286	刺钢丝	62

花圆铅丝	(62)	纯铜线	(633)
预应力混凝土用钢绞线	593	黄铜线	200
镀锌钢绞线	95	铆钉用铜线	330
钢丝绳	145	铆钉用黄铜线	330
[铝及铝合金制品]		纯铜板	60
挤压铝棒材	221	紫铜板	(60)
挤压铝合金棒材	221	纯铜带	60
铝合金直角角型材	318	电缆用纯铜带	85
铝合金直角T字型材	317	黄铜板	200
铝合金槽形型材	315	黄铜带	200
铝合金等边等壁工字型材	315	纯铜箔	60
铝合金等边等壁Z字型材	315	紫铜箔	(60)
铝铆钉线材	318	黄铜箔	200
铝合金铆钉线材	316	青铜箔	389
铝板材	313	拉制铜管	281
铝合金板材	314	挤制铜管	221
铝合金压型板	317	拉制黄铜管	281
着色铝合金压型板	632	挤制黄铜管	221
铝及铝合金装饰板	318	黄铜薄壁管	200
铝合金墙板	317	铜焊条	513
铝合金波纹板	315	紫钢焊条	(513)
铝合金瓦楞板	(315)	铜合金焊条	514
铝合金花纹板	316	铜焊丝	513
铝合金微穿孔吸声板	317	铜合金焊丝	514
铝合金跳板	317	铅板	384
铝合金板网	315	青铅皮	(384)
铝合金门窗	317	铅锑合金板	385
门窗用铝合金型材	334	铅管	385
铝合金卷闸门	316	铅锑合金管	385
铝合金管材	316	铅棒	384
铝电焊条	314	铅锑合金棒	385
铝合金电焊条	315	保险铅丝	11
铝电焊丝	314	保险丝	(11)
铝合金电焊丝	315	轴承合金	624
铝合金龙骨	316	易熔合金	575
铝合金楼梯栏杆	316	难熔合金	355
铝粉	314	钢结硬质合金	141
铝合金箔	315	[金属材料腐蚀与防护]	
[铜及铜合金制品]		金属材料腐蚀	244
纯铜棒	60	金属腐蚀形态	245
紫铜棒	(60)	金属全面腐蚀	247
铜合金棒材	513	均匀腐蚀	(247)
黄铜棒	200	腐蚀率	130
青铜棒	389	金属局部腐蚀	247
紫铜线	633	非均匀腐蚀	(247)

金属接触腐蚀	246	金属槽罐防护	245
电偶腐蚀	(246)	铝制品防护	319
贵金属	174		
贱金属	233	**[木材与竹材]**	
金属应力腐蚀	248	**木材**	340
金属腐蚀疲劳	245	[木材树种]	
金属材料氢脆	244	**阔叶树材**	280
氢损伤	(244)	环孔材	195
[金属腐蚀环境]		白榆	5
金属大气腐蚀	245	家榆	(5)
金属水腐蚀	247	苦楮	276
金属土壤腐蚀	247	柞木	642
金属工业介质腐蚀	245	桑树	419
金属微生物腐蚀	248	黄波罗	199
杂散电流腐蚀	597	黄连木	199
漏散电流腐蚀	(597)	水曲柳	470
电腐蚀	(597)	红椎	187
金属材料防护	244	麻栎	325
金属表面预处理	243	檫树	44
修整底材	(243)	臭椿	55
除油	56	香椿	547
脱脂	(56)	红椿	(547)
除锈	56	泡桐	367
化学转换层	194	板栗	6
金属覆层	245	坡垒	378
镀锌层	95	榉树	254
镀铝层	95	刺槐	62
可剥性塑料层	271	洋槐	(62)
镀塑层	95	楝树	301
非金属涂层	116	苦楝	(301)
防锈油	113	花梨	191
金属表面水泥基涂层	243	降香黄檀	(191)
金属表面硅酸盐涂层	243	香红木	(191)
金属表面陶瓷涂层	243	柚木	586
合成树脂涂层	180	楸木	394
防蚀内衬	111	散孔材	418
电化学保护	84	紫檀	632
阳极保护	564	核桃楸	182
阴极保护	576	桦木	195
缓蚀剂	198,(641)	槭木	384
阻蚀剂	(198)	色木	(384)
腐蚀抑制剂	(198)	枫杨	125
钢结构防护	141	杨木	564
混凝土中钢筋防护	211	椴木	96
金属管道防护	246	荷木	183

木荷	(183)	木材吸水性	343
香樟	548	木材导电性	341
楠木	355	木材传声性	341
拟赤杨	358	木材导热性	341
枫香	125	[木材力学性能]	
大叶桉	68	木材抗拉强度	342
针叶树材	605	顺纹抗拉强度	473
红松	186	横纹抗拉强度	185
马尾松	327	木材抗压强度	343
云南松	597	顺纹抗压强度	473
铁杉	511	横纹抗压强度	185
鱼鳞云杉	591	木材剪切强度	342
白松	(591)	顺纹剪切强度	473
鱼鳞松	(591)	横纹剪切强度	185
沙松	422	木材抗弯强度	342
杉木	425	木材硬度	343
广东松	169	木材冲击韧性	341
落叶松	325	抗劈力	269
柏木	6	握钉力	530
华山松	191	木材比强度	340
樟子松	602	**木材缺陷**	343
油松	584	节子	239
柳杉	311	变色	17
[木材构造]		腐朽	130
木材横切面	342	虫眼	55
木材横断面	(342)	虫孔	(55)
心材	554	裂纹	302
边材	17	开裂	(302)
早材	599	树干形状缺陷	453
春材	(599)	树干弯曲	453
晚材	524	尖削	228
夏材	(524)	树瘤	453
晚材率	524	大兜	65
年轮	359	圆兜	(65)
生长轮	(359)	凹兜	2
木射线	345	木材构造缺陷	342
木材纵切面	343	应压木	579
[木材物理性质]		应拉木	579
木材含水率	342	髓心	487
平衡含水率	376	双心	455
纤维饱和点	541	树脂囊	454
木材密度	343	油眼	(454)
木材干缩	341	水层	457
木材湿胀	343	乱纹	323
木材吸湿性	343	涡纹	530

斜纹	553	刨花板	(487)
夹皮	226	纤维板	541
木材锯解缺陷	342	软质纤维板	416
钝棱	97	木丝板	345
锯口缺陷	255	细木工板	540
[木材干燥缺陷]		大芯板	(540)
干裂	135	空心板	274
木材干燥翘曲	342	空心细木工板	(274)
木材干燥皱缩	342	层积材	42
木材干燥蜂窝裂	342	塑料贴面板	483
内裂	(342)	纸质装饰板	(483)
木材干燥表面硬化	342	木材复合板	341
木材干燥扭曲	342	木材干燥	341
圆材	595	生材	430
原条	595	湿材	433
原木	594	绝干材	265
桩木	631	气干材	381
柱材	627	窑干材	569
杆材	137	热空气干燥	401
木脚手杆	345	周期式干燥窑	624
锯材	254	周期式自然循环干燥窑	624
成材	(255)	周期式强制循环干燥窑	624
板材	6	连续式干燥窑	300
方材	106	高频干燥	150
木轨枕	345	石蜡油干燥	443
坑木	272	真空干燥	605
矿柱	279	太阳能干燥	490
木地面	344	木材干燥基准	342
普通木地面	379	木构件接合	345
硬条木地面	581	榫接合	489
拼花木地面	375	直角榫	615
架空木地面	227	圆榫	596
木搁栅	344	燕尾榫	564
毛板	329	指形榫	616
垫木	90	齿形榫	(616)
木踢脚板	345	连接件接合	299
木质人造板材	346	胶接	236
单板	69,(557)	拼接	375
锯制单板	255	斜接	553
刨制单板	11	指形接	616
旋制单板	557	平拼	377
人造薄木	407	裁口拼	39
胶粘剂(见高分子材料,本目录47页)	236	高低缝接合	(39)
胶合板	235	企口拼	381
碎料板	487	槽簧拼	(381)

29

销钉拼	552		阻燃处理	639
夹板拼	225		阻燃剂	639
木材加工机械	342		阻焰剂	(639)
带锯机	68		阻燃涂层	640
圆锯机	596		木材阻燃浸注剂	343
平刨	377		**竹材**	625
压刨	558		[竹材品种]	
四面刨	474		毛竹	330
木工钻床	345		楠竹	(330)
打眼机	65		淡竹	70
开榫机	266		苦竹	276,(44)
木工铣床	344		车筒竹	48
上轴铣床	426		箣楠竹	(48)
木工砂光机	344		硬头黄竹	581
木工压机	344		麻竹	326
木材防腐处理	341		甜竹	(326)
木材防腐剂	341		刚竹	139
油类(木材)防腐剂	583		台竹	(139)
煤焦杂酚油(溶液)	331		光竹	(139)
木材防腐油	(331)		慈竹	61
水溶性(木材)防腐剂	470		茶秆竹	44
氨溶砷酸铜	1		苦竹	276,(44)
ACA 木材防腐剂	(1)		厘竹	(44)
酸性铬酸铜	486		撑篙竹	50
ACC 木材防腐剂	(486)		油竹	(50)
加铬氯化锌	221		花眉竹	(50)
CZC 木材防腐剂	(221)		白眉竹	(50)
加铬砷酸铜	222		粉单竹	121
CCA 木材防腐剂	(222)		白粉单竹	(121)
五氯酚钠	535		双眉单竹	(121)
PCP 钠(盐)	(535)		黑节粉单竹	(121)
油溶性木材防腐剂	584		桂竹	175
油溶性五氯酚	584		五月季竹	(175)
环烷酸铜	196		麦黄竹	(175)
[木材防腐处理方法]			小麦竹	(175)
常压(法木材防腐)处理	46		斑竹	(175)
涂刷(法防腐)处理	519		大金竹	(175)
浸渍(法防腐)处理	250		大叶金竹	(175)
热冷槽法(防腐处理)	401		青皮竹	389
加压法(木材防腐)处理	225		青竹	(389)
满细胞法	328		篾竹	(389)
全吸收法	(328)		黄竹	(389)
空细胞法	273		竹材构造	625
半定量注入法	7		竹材性质	625
定量注入法	92			

玻璃 22
[品种]
建筑玻璃 230
  平板玻璃 376
    窗用平板玻璃 (376)
    窗玻璃 (376)
    板玻璃 (376)
  彩色平板玻璃 40
    本体着色平板玻璃 14
    贴层平板玻璃 509
    镀膜平板玻璃 95
  夹层玻璃 225
    电热丝夹层玻璃 86
    夹天线夹层玻璃 226
    高抗贯穿夹层玻璃 149
    HPR 夹层玻璃 (149)
    防弹夹层玻璃 108
    防弹玻璃 (108)
    带遮阳膜夹层玻璃 68
    导电膜夹层玻璃 71
  压延玻璃 560
    压花玻璃 558
    花纹玻璃 (558)
    滚花玻璃 (558)
    夹丝玻璃 226
    波形玻璃 22
  中空玻璃 620
  空心玻璃砖 274
  毛玻璃 329
    毛面玻璃 (329)
    喷砂玻璃 368
    磨砂玻璃 339
  冰花玻璃 20
  钢化玻璃 141
    强化玻璃 (141)
    弯钢化玻璃 523
  磨光玻璃 339
  浮法玻璃 128
  泡沫玻璃 366
    多孔玻璃 (366)
    绝热泡沫玻璃 265
    低容重泡沫玻璃 (265)
    吸声泡沫玻璃 537
    彩色泡沫玻璃 40
    石英泡沫玻璃 448
    熔岩泡沫玻璃 411
  颜色玻璃 563
    着色玻璃 (563)
    红色玻璃 186
    硒红玻璃 538
    硒红宝石玻璃 (538)
    金红玻璃 242
    金红宝石玻璃 (242)
    铜红玻璃 514
    橙色玻璃 52
    黄色玻璃 199
    绿色玻璃 320
    蓝色玻璃 282
    紫色玻璃 632
    灰色玻璃 201
    中性(暗色)玻璃 (201)
    黑色玻璃 184
    乳白色玻璃 413
    琥珀色玻璃 188
    茶色玻璃 (188)
    混合着色玻璃 204
    铈钛着色玻璃 451
    大理石纹玻璃 66
    斑纹玻璃 (66)
    稀土着色玻璃 539
    分相乳浊玻璃 120
    套色玻璃 503
    镶色玻璃 (503)
    套料玻璃 (503)
  玻璃锦砖 27
    锦玻璃 (27)
    玻璃马赛克 (27)
    金星玻璃马赛克 243
  玻璃微珠 29
    玻璃细珠 (29)
    彩色玻璃微珠 39
    高折射率玻璃微珠 153
    空心玻璃微珠 274
    涂膜玻璃微珠 518
    石英玻璃微珠 448
特种玻璃 505
  光学玻璃 168
  冕玻璃 337
    K 玻璃 (337)
  火石玻璃 213

燧石玻璃	(213)	颜色石英玻璃	(40)
F玻璃	(213)	**玻璃管**	27
有色光学玻璃	588	[玻璃用原料]	
滤光玻璃	(588)	[主要原料]	
透紫外线玻璃	516	砂岩	425
透红外线玻璃	515	砂石	(425)
信号玻璃	554	石英	448
[变色玻璃]		石英岩	449
光致变色玻璃	169	硅砂	171
光色玻璃	167,(169)	石英砂	449,(171)
变色玻璃	(169)	长石	45
卤化银变色玻璃	312	瓷土	61
铜镉变色玻璃	513	高岭土	(61)
电致变色玻璃	88	石灰石	442
电化学变色玻璃	(88)	石灰岩	442
感光玻璃	138	青石	389,(442)
光敏玻璃	(138)	纯碱	59
放射线阻挡玻璃	114	碳酸钠	59
防X射线玻璃	107	曹达灰	(59)
防γ射线玻璃	114	芒硝	328
防中子玻璃	114	硫酸钠	(328)
耐辐射玻璃	348	元明粉	594
耐辐射光学玻璃	348	硫酸钾钠	310
防紫外线玻璃	114	硼酸	369
吸收紫外线玻璃	(114)	硼砂	369
红外吸收玻璃	186	碳酸钡	496
电焊护目眼镜	84	氧化铅	567
激光防护玻璃	216	密陀僧	337
微波防护玻璃	525	黄丹	199
气焊护目玻璃	382	红丹	185,(475),(602)
遮阳玻璃	603	氧化铈	568
热反射玻璃	(603)	氧化镧	566
反射阳光玻璃	(603)	氧化钕	567
[原子能用玻璃]		碳酸钾	497
剂量计玻璃	221	钾碱	(497)
闪烁玻璃	426	碳酸锂	497
参考玻璃	41	蛋白石	70
标准玻璃	(41)	叶蜡石	570
石英玻璃	448	碎玻璃	487
熔融石英	(448)	玻璃碴	(487)
超低膨胀石英玻璃	47	[辅助原料]	
低膨胀石英玻璃	(47)	氧化砷	567
高纯石英玻璃	147	白砒	(568)
抗析晶石英玻璃	270	砒白	(568)
彩色石英玻璃	40	砒酐	(568)

砒霜	(568)	蓄热室	556
氧化锑	568	连通式蓄热室	299
锑白	506,(568)	分隔式蓄热室	118
锑华	(568)	箱式蓄热室	548
亚锑酐	(568)	格子体	155
萤石	578	换热器	198
氟石	(578)	热交换器	(198)
硝酸钠	552	热管换热器	400
冰晶石	21	换向器	198
氟硅酸钠	127	交换器	(198)
氟硅化钠	(127)	燃料	396
氧化锡	569	固体燃料	163
[着色原料]		气体燃料	383
氧化锰	567	液体燃料	571
氧化钴	566	[燃烧]	
氧化亚镍	569	富氧燃烧	133
氧化铜	569	增氧燃烧	(133)
氧化铬	566	浸没式燃烧	249
硫化镉	309	内部燃烧	(249)
镉黄	(309)	接触燃烧	(249)
硒粉	538	火箱	213
硝酸银	552	煤气烧嘴	331
三氯化金	417	煤气喷嘴	(331)
氧化铀	569	煤气燃烧器	(331)
[外加剂]		燃油喷嘴	398
着色剂	632	[熔化工艺]	
离子着色剂	290	玻璃配合料	28
金属胶体着色剂	246	分料	119
硒硫化合物着色剂	538	分层	(119)
[玻璃窑与熔化]		泡界线	366
玻璃熔窑	29	泡切线	(366)
池窑	52	熔化率	410
池炉	(52)	熔化温度制度	411
坩埚窑	138	熔化温度曲线	(411)
坩埚炉	(138)	窑压	570
电熔窑	87	窑炉气氛	570
火焰电热窑	214	玻璃熔化理论热耗	28
火焰-电联合加热玻璃熔窑	(214)	玻璃形成过程有效耗热量	(28)
锡槽	539	玻璃熔化单位耗热量	28
引上室	577	熔窑热效率	411
成型室	(577)	窑炉热平衡	570
引上窑	(577)	退火温度范围	521
玻璃退火窑	29	退火区域	(521)
隔焰式退火窑	156	温度场	528
马弗式退火窑	(156)	温度梯度	529

稳定传热	530	临界水分	303
稳态热传递	(530)	[生产工艺]	
定常传热	(530)	有槽垂直引上法	587
不稳定传热	36	弗克法	(587)
非稳态热传递	(36)	有槽法	(587)
非定常传热	(36)	无槽垂直引上法	531
传热速率	57	匹兹堡法	(531)
热流密度	(57)	无槽法	(531)
热通量	(57)	浮法	128
传导传热	56	平拉法	377
导热	(56)	科尔伯恩法	(377)
热传导	(56)	对辊法	97
热阻	406	旭法	(97)
导温系数	72,(401)	压延法	560
温度传导率	(72)	垂直引上拉管法	59
热扩散率	401,(72)	垂直下引拉管法	59
对流换热	97	玻璃退火	29
对流给热	(97)	玻璃获得率	27
对流换热系数	97	溶胶凝胶法	410
吸收率	537	低温合成法	(410)
反射率	105	化学合成法	(410)
透射率	516	气溶胶法	382
黑体	184	离子交换法	289
绝对黑体	(184)	真空镀膜法	605
灰体	201	离子溅射法	288
绝对灰体	(201)	阴极溅射法	(288)
辐射能力	129	化学镀膜法	193
黑度	184	低熔点玻璃镀膜法	77
发射率	(184)	浇注成型法	235
辐射率	(184)	物理钢化法	535
辐射换热	128	化学钢化法	193
辐射传热	(128)	区域钢化法	395
气体辐射	382	局部钢化法	(395)
辐射角系数	129	显色	545
辐射换热系数	129	反显色	105
辐射传热系数	(129)	感光着色	138
综合传热	637	光致变色	169
空气湿含量	273	扩散着色	280
湿球温度	433	辐射着色	129
露点	312	电浮法着色	83
空气热含量	273	热喷涂着色	402
水分的内扩散	457	表面金属装饰着色	20
水分的外扩散	457	无氢火焰熔融法	534
热湿传导	403	气炼熔融法	382
干燥速率	137	气炼法	(382)

电弧熔融法	84		自然厚度	634
电阻熔融法	89		平衡厚度	(634)
碳棒熔融法	(89)		渣球含量	600
真空熔融法	606		平板玻璃平整度	376
连续熔融法	300		标准箱	19
激光熔融法	217		重量箱	623
组合熔融法	641		[玻璃主要缺陷]	
石英玻璃注浆法	448		玻璃气泡	28
[主要生产设备]			结石	241
排库	365		疙瘩	(241)
塔库	489		玻璃态夹杂物	29
重力式混合机	623		线道	546
转动式混合机	(623)		条纹	509
强制式混合机	386		波筋	(509)
破粉碎系统	378		波纹	(509)
称量	50		结节	240
钢化炉	141		节瘤	(240)
[玻璃性能]			淋子	303
化学稳定性	194		横向筋	185
耐辐照性	348		流动筋	306
耐光性	(348)		裂子	303
平衡透过率	376		口子	(303)
饱和透过率	(376)		压口	559
平衡发暗度	(376)		板弯	6
激活速率	217		轴花	624
变暗速率	(217)		辊花	(624)
激活波长	217		蛤蟆皮	(624)
变暗波长	(217)		雾点	536
半退色时间	8		沾锡	601
半复明时间	(8)		小波纹	552
截止波长	241		波浪边	22
透过界限波长	(241)		花纹伸长	191
内耗	355		花纹变形	(191)
玻璃热稳定性	28		胶合层气泡	235
玻璃抗热震性	(28)		微裂纹	526
玻璃耐热冲击强度	(28)		"格里菲斯"微裂纹	(526)
玻璃热膨胀系数	28		玻璃发霉	23
玻璃应力	32		生物发霉	432
钢化度	141		应力斑	579
色调	420		应力花	(579)
主波长	(420)		热处理虹彩	399
色度图	420		钢化虹彩	(399)
三色图	(420)		钢化自爆	141
色品图	(420)		玻璃管接头	27
双色性	455		平口法兰接头	376

套管法兰接头	503	高强度玻璃纤维	151
玻璃钢缠绕接头	23	S玻璃纤维	(151)
套管填料接头	503	低介电损耗玻璃纤维	76
涨圈接头	602	D玻璃纤维	(76)
塑料套管法兰预制接头	483	耐高温玻璃纤维	348
塑料套管接头	483	玻璃纤维布	30
玻璃纤维	29	玻璃纤维单向布	30
[品种]		无捻粗纱布	534
无碱玻璃纤维	533	方格布	(534)
E玻璃纤维	643	高硅氧布	148
中碱玻璃纤维	620	三向织物	418
高碱玻璃纤维	148	[生产方法]	
A玻璃纤维	642	池窑拉丝	52
耐碱玻璃纤维	351	直接熔化法拉丝	(52)
连续玻璃纤维	299	坩埚拉丝	138
纺织玻璃纤维	(299)	玻璃球法拉丝	(138)
中级玻璃纤维	619	再熔法拉丝	(138)
定长玻璃纤维	92	陶土坩埚拉丝	503
长棉	(92)	垂直喷吹法	59
空心玻璃纤维	274	立吹法	(59)
耐化学侵蚀玻璃纤维	348	盘式离心法	366
C玻璃纤维	(348)	火焰喷吹法	214
超细玻璃纤维	48	棒法	9
贝塔纱	13	舒勒法	(9)
玻璃棉	27	气流吹拉法	382
短棉	(27)	水平喷吹法	470
矿物棉	278	多辊离心法	98
矿棉	(278),(279)	离心喷吹法	287
耐碱矿棉	351	镍铬片孔板平拉法	362
玻璃纤维纱	31	铂漏板拉丝炉拉丝	33
玻璃纤维膨体纱	30	代铂炉拉丝	(33)
玻璃纤维无捻粗纱	31	代铂坩埚拉丝	(33)
光学玻璃纤维	168	非铂漏板拉丝炉拉丝	115
玻璃光纤	(168)	全代铂炉拉丝	(115)
光通信玻璃纤维	167	浸润剂	249
光波导玻璃纤维	(167)	[性能]	
自聚焦玻璃纤维	634	数值孔径	454
单模玻璃纤维	70	纤维计算直径	542
多模玻璃纤维	99	纤维公称直径	542
液芯玻璃纤维	572	纤维名义直径	(542)
光缆	166	原丝系列	594
光导玻璃纤维	165	玻璃纤维布布面不平度	30
高弹性模量玻璃纤维	151	玻璃纤维布布面平整度	(30)
M玻璃纤维	(152)	支数	614
高模量玻纤	(152)	支数不均率	614

捻度	361	洗涤槽	539
织物密度	614	化验槽	(539)
经密	251	洗手盆	539
纬密	528	陶瓷浴盆	502
织物组织	615	配件卫生陶瓷	368
织纹	(615)	存水弯	64
平纹	377	返水弯	(64)
斜纹	553	水箱	471
缎纹	96	高位水箱	152
织物厚度	614	高水箱	(152)
		低位水箱	77
[陶瓷与搪瓷]		低水箱	(77)
陶瓷	500	卫生陶瓷配件	528
[综合]		水嘴	472
陶器	502	建筑陶瓷	232
炻器	450	墙地砖	387
缸器	(450)	陶瓷锦砖	501
瓷器	61	马赛克	(501)
彩陶	41	纸皮砖	(501)
白陶	5	铺地瓷砖	(501)
精陶	252	釉面陶瓷锦砖	590
紫砂	632	挂釉陶瓷锦砖	(590)
宜兴紫砂	(632)	单色锦砖	70
硬质瓷	581	彩色斑点锦砖	39
硬瓷	(581)	精陶锦砖	253
细瓷	539	墙面砖	387
[陶瓷品种]		外墙砖	523
陈设瓷	49	外墙贴面砖	(523)
日用陶瓷	408	毛面墙面砖	329
卫生陶瓷	528	彩釉砖	41
洗面器	539	立体彩釉砖	290
大便器	65	紫金砂釉外墙砖	632
便器	(65)	花斑纹釉外墙砖	189
坐式便器	642	陶瓷大板	500
坐便器	(642)	内墙砖	356
虹吸式坐便器	187	白色釉面砖	5
喷射虹吸式坐便器	368	釉面内墙砖	590
旋涡虹吸式坐便器	557	釉面砖	(590)
冲落式坐便器	54	瓷砖	(590)
蹲式便器	97	有光彩色釉面砖	587
蹲便器	(97)	无光釉面砖	531
小便器	552	花釉砖	191
净身器	253	结晶釉面砖	241
妇洗器	(253)	釉面砖配件	590
配套卫生洁具	368	地砖	81

地面砖	(81)	实心支柱瓷绝缘子	(9)
铺地砖	(81)	高强度电瓷	151
嵌花地砖	386	高硅质电瓷	148
大铺地砖	67	铝质电瓷	319
紫红砂地砖	632	堇青石电瓷	249
仿花岗岩瓷砖	114	长石质电瓷	45
通体砖	(114)	滑石电瓷	192
缸砖	139	锂质电瓷	290
防静电砖	110	铝质电瓷	319
梯沿砖	506	锆质电瓷	154
背纹	13	**釉**	589
陶管	502	陶瓷釉	(589)
化工陶瓷	192	釉料	590
耐酸陶瓷	354	熔块	411
耐酸砖	354	石灰釉	443
耐酸耐温砖	353	长石釉	45
耐酸陶瓷容器	354	铅硼釉	385
耐酸陶管	354	盐釉	563
耐碱陶瓷	351	土釉	520
多孔陶瓷	99	泥釉	(520)
琉璃	308	电瓷釉	83
图案砖	516	半导体釉	7
电瓷	82	透明釉	516
电工陶瓷	(82)	乳浊釉	415
瓷绝缘子	61	颜色釉	563
绝缘子	(61)	色釉	422,(563)
碍子	(61)	单色釉	70
隔电子	(61)	复色釉	132
防污瓷绝缘子	113	花釉	(132)
线路瓷绝缘子	546	低温颜色釉	78
可击穿型绝缘子	271	裂纹釉	302
针式瓷绝缘子	604	碎纹釉	(302)
蝶式瓷绝缘子	90	开片釉	(302)
盘形悬式瓷绝缘子	366	纹片釉	(302)
不可击穿型瓷绝缘子	36	结晶釉	241
横担瓷绝缘子	185	无光釉	531
棒形悬式瓷绝缘子	9	生料釉	431
长棒瓷绝缘子	(9)	熔块釉	411
电站电器瓷绝缘子	88	化妆土	195
针式支柱瓷绝缘子	604	陶瓷颜料	502
空心支柱瓷绝缘子	275	陶瓷色料	(502)
绝缘瓷套	(275)	色料	(502)
套管绝缘子	503	色剂	(502)
绝缘套管	(503)	简单化合物型颜料	229
棒形支柱瓷绝缘子	9	固溶体单一氧化物型颜料	162

尖晶石型颜料	228		隧道干燥	488
钙钛矿型颜料	134		对流干燥	97
硅酸盐型颜料	173		复合热源干燥	131
颜料熔剂	563		红外干燥	186
媒熔剂	(563)		高频干燥	150
陶瓷着色剂	502		工频电干燥	157
[主要工艺与设备]			辐射干燥	128
坯料	373,(358)		微波干燥	525
泥浆	357		雕塑装饰	90
泥浆压滤	357		陶瓷捏雕	501
榨泥	(357)		陶瓷手捏	(501)
泥浆泵	357		陶瓷捏花	(501)
泥浆搅拌机	357		陶瓷堆雕	501
练泥	300		陶瓷浮雕	(501)
陈腐	49		陶瓷凸雕	(501)
陈化	49		陶瓷堆花	(501)
困料	(49)		素烧	476
湿法制粉	433		施釉	433
干法制粉	135		综合装饰	637
粉料造粒	122		颜色釉彩	563
泥浆喷雾干燥	357		色釉加彩	422
轮碾造粒	324		色釉刻花	422
骨料粘接剂	161		色泥加彩	421
成孔剂	50		釉上彩	590
电磁除铁器	83		釉下彩	590
陶瓷压制成型	501		釉中彩	591
干压成型	136		色泥装饰	421
半干压成型	7		色坯	421
陶瓷挤压成型	501		化妆土彩	195
注浆成型	626		大理石纹色泥装饰	66
真空压力注浆系统	607		釉烧	590
石膏模	438		贴花	509
金属模	247		丝网印花	474
湿接成型	433		印贴花	578
刀压成型	71		模印贴花	(578)
旋压成型	(71)		刷花	454
样板刀成型	(71)		喷花	368
车坯成型	48		喷彩	(368)
拉坯成型	281		镂花着彩	(368)
拉坯	(281)		烤花	271
手工拉坯	(281)		烧成	426
坯体	373		窑具	570
干燥	136		间歇式窑	228
室式干燥	451		间歇窑	(228)
链板干燥	300		连续式窑	300

连续窑	(300)	热击穿	401
隧道窑	488	声阻抗	433
倒焰窑	72	[陶瓷性能与测试]	
多通道窑	99	遮盖力	602
多孔窑	(99)	电化学击穿	84
推板式窑	520	绝缘子老化	265
辊底窑	175	陶瓷耐磨性测定	501
辊道窑	(175)	抗热震性	269
熔块窑	411	抗热冲击性	(269)
钟罩式窑	622	热稳定性	404,(269)
高帽窑	(622)	抗热震性测定	269
帽罩式窑	(622)	釉的光泽度	589
梭式窑	489	电瓷电气试验	82
往复窑	(489)	电检	(82)
台车式窑	(489)	工频火花电压试验	157
抽屉窑	(489)	机电联合试验	215
[基础理论]		机电负荷试验	(215)
假颗粒度	227	工频击穿电压试验	157
坯体中压力分布	373	油击穿试验	(157)
酸度系数	485	工频干闪络电压试验	157
坯釉中间层	373	干闪试验	(157)
坯釉适应性	373	工频湿闪络电压试验	157
坯釉应力	373	湿闪试验	(157)
负釉	130	闪络距离	426
正釉	614	绝缘子泄漏距离	265
压缩釉	(614)	电瓷抗剪切强度试验	82
乳浊性能	415	电瓷抗剪试验	(82)
乳浊	(415)	电瓷抗扭强度试验	82
颜料稳定	563	电瓷抗扭试验	(82)
釉熔融表面张力	590	冲击电压试验	54
釉熔融黏度	590	防污能力	113
烧结	427	孔隙性试验	275
液相烧结	572	吸红试验	(275)
二次再结晶	101	液压试验	572
二次重结晶	(101)	内压试验	(572)
异常晶粒长大	(101)	冲洗功能	54
不连续晶粒长大	(101)	吸湿膨胀	537
瓷相	61	后期龟裂	188
陶瓷显微结构	(61)	水封功能	457
陶瓷组织结构	(61)	[陶瓷制品缺陷]	
热应力	404	波浪纹	22
电介质	85	橘釉	254
电击穿	84	毛孔	329
介电损耗	242	棕眼	(329)
介质损耗	(242)	针眼	(329)

斑点	6	发光搪瓷	103
铁点	(6)	荧光搪瓷	578
落渣	325	场致发光搪瓷	47
落脏	(325)	电致发光搪瓷	(47)
缺釉	396	磷光搪瓷	304
秃釉	(396)	吸热搪瓷	537
釉裂	590	红外搪瓷	(537)
炸釉	(590)	标牌搪瓷	18
惊釉	(590)	搪玻璃	499
釉泡	590	钢板搪瓷	140
粘粉	601	铸铁搪瓷	628
麻面	325	铝搪瓷	319
泥釉缕	358	铜搪瓷	514
滚釉	175	不锈钢搪瓷	36
釉薄	589	搪玻璃容器	499
爆花	12	搪瓷釉	500
坯裂	373	瓷釉	(500)
风炸	124	面釉	338
烟熏	561	底釉	79
串烟	(561)	底粉	(79)
吸烟	(561)	边釉	17
色差	420	色釉	422,(563)
陶瓷变形	500	[主要生产工艺]	
搪瓷	499	磨加剂	339
珐琅	(499)	停留剂	512
[搪瓷品种]		密着层	337
自洁搪瓷	634	基体金属	216
微晶搪瓷	525	金属坯体	247
建筑搪瓷	232	金属坯胎	(247)
化工搪瓷	192	基体金属表面处理	216
耐腐蚀搪瓷	(192)	瓷层	60
卫生搪瓷	528	涂搪	519
日用搪瓷	408	搪瓷烧成	499
艺术搪瓷	574	[搪瓷主要缺陷]	
珍宝搪瓷	(574)	爆点	11
景泰蓝	253	剥瓷	32
有线珐琅	(253)	脱瓷	(32)
嵌线珐琅	(253)	鱼鳞爆	591
烧青	(253)	鱼鳞	(591)
浮雕珐琅	127	跳脱	(591)
凹凸珐琅	2	指甲印	(591)
嵌镶珐琅	(2)	结晶鱼鳞	(591)
雕底珐琅	(2)	搪瓷裂纹	499
绘画珐琅	203	头发状裂纹	(499)
绘图珐琅	(203)	线纹	546

头发线	(546)	[原油基属分类]	
瓷层气泡	61	石蜡基沥青	443
玻璃眼	(61)	中间基沥青	620
瘪	20	混合基沥青	(620)
坯体皱褶	195	环烷基沥青	196
发沸	102	沥青基沥青	(196)
铜头	514	[生产工艺分类]	
焦斑	237	直馏沥青	615
边釉不齐	17	残留沥青	(615)
工具痕	157	氧化沥青	566
坯体变形	373	吹制沥青	(566)
露黑	313	半氧化沥青	8
撕裂	474	半吹制沥青	(8)
拉裂	(474)	裂化沥青	302
卷起	(474)	催化氧化沥青	63
失光	433	催化吹制沥青	(63)
瓷面无光	(433)	溶剂(脱)沥青	409
沥青		丙烷(脱)沥青	21
沥青材料	291	丙-丁烷(脱)沥青	21
[产源分类]		调配沥青	509
地沥青	79	酸渣沥青	486
天然(地)沥青	507	混合沥青	204
湖(地)沥青	188	[体态分类]	
地沥青岩	79	黏稠沥青	359
岩沥青	562	固体沥青	163
石油沥青	449	半固体沥青	7
焦油沥青	237	渣油	600
柏油	(237)	液体沥青	571
煤焦油	331	快凝液体沥青	277
焳	(331)	中凝液体沥青	620
低温煤焦油	78	慢凝液体沥青	328
中温煤焦油	621	稀释沥青	539
高温煤焦油	152	轻制沥青	392
煤沥青	331	乳化沥青(见屋面及防水材料,本目	
煤柏油	(331)	录53页)	413
软煤沥青	415	[胶体结构分类]	
筑路沥青	(415)	溶胶型沥青	410
硬煤沥青	581	溶-凝胶型沥青	410
低温煤沥青	78	凝胶型沥青	363
中温煤沥青	621	[用途分类]	
高温煤沥青	152	道路沥青	72
木沥青	345	道路石油沥青	73
木柏油	(345)	普通石油沥青	380
页岩沥青	571	重交通道路沥青	622
页岩柏油	(571)	筑路油	628

建筑石油沥青	232	沥青酸酐	296
防水防潮沥青	111	沥青炭	297
水工沥青	458	碳沥青质	(297)
油漆沥青	583	似炭物	475
防腐沥青	109	炭化物	(475)
电缆沥青	85	[沥青结构]	
光学沥青	168	沥青化学结构	292
钻井沥青	641	沥青胶体结构	295
改性沥青	133	[技术性能]	
树脂改性沥青	454	**沥青相对黏度**	297
聚乙烯沥青	263	沥青条件黏度	(297)
聚丙烯沥青	256	道路沥青标准黏度计	73
环氧(树脂)沥青	197	**沥青绝对黏度**	295
聚氯乙烯煤沥青	260	**沥青剥落度**	291
氯化聚乙烯煤沥青	321	抗剥剂	267
橡胶沥青	550	**沥青感温性**	292
天然橡胶沥青	508	温度敏感性	(292)
氯丁橡胶沥青	320	温度感应性	(292)
丁苯橡胶沥青	91	感温性	(292)
丁基橡胶沥青	91	针入度-温度指数	604
氯磺化聚乙烯沥青	322	针入度率	604
橡胶粉沥青	549	针入度指数	604
SBS橡胶沥青	645	针入度-黏度数	604
SIS橡胶沥青	645	复合流动度	131
硫沥青	310	**沥青劲度模量**	295
炭黑增强沥青	493	**沥青老化**	296
再生沥青	598	羰基指数	498
[沥青组成结构]		沥青老化指数	296
沥青元素组成	297	AAI	(296)
沥青化学组分	293	乳化沥青分裂速度	413
二组分分析法	102	[试验方法]	
沥青质	298	**针入度**	604
软沥青质	415	**软化点**	415
可溶质	(415)	环球法软化点	195
三组分分析法	418	克-沙氏软化点	272
溶剂吸附法	(418)	水银法软化点	(272)
油分	582	**延度**	561
树脂分	453	**加热损失**	225
四组分分析法	475	加热损失后针入度比	225
色层分析法	(475)	**闪火点**	426
饱和分	10	闪点	(426)
芳香分	107	布林肯开口杯闪火点	37
胶质	237	克利夫兰开口杯闪火点	272
多组分分析法	100	潘马氏闪火点	366
沥青酸	296	**燃点**	396

沥青含蜡量	292	沥青混合料组成结构	293
蒸馏法测沥青含蜡量	610	沥青混合料密实-悬浮结构	293
吸附法测沥青含蜡量	536	沥青混合料骨架-空隙结构	293
弗拉斯脆点	126	沥青混合料密实-骨架结构	293
薄膜烘箱试验	10	[技术性质]	
旋转薄膜烘箱试验	557	沥青混合料施工工作性	293
奥氏斑点	2	沥青混合料施工和易性	(293)
二甲苯不溶物含量	101	沥青混凝土高温稳定性	294
[黏度试验]		沥青混凝土低温抗裂性	294
逆流式毛细管黏度试验法	358	沥青混凝土抗滑性	294
真空毛细管黏度试验法	606	沥青混凝土耐久性	294
滑板微膜黏度计试验法	191	[试验方法]	
同轴旋转黏度计试验法	513	稳定度	530
剥落试验	33	哈巴-费尔德稳定度	176
浮漂度	128	哈-费稳定度	(176)
煤沥青蒸馏试验	331	维姆稳定度	527
酚含量	120	维姆黏结值	527
萘含量	355	马歇尔稳定度	327
游离碳含量	586	司密斯闭式三轴法	473
蒸馏残留物	610	流值	308
石料裹覆试验	444	沥青混凝土劈裂试验	295
乳化沥青水泥拌合试验	414	间接抗拉试验	(295)
乳化沥青贮藏稳定性试验	414	沥青混凝土饱水率	294
粒子电荷试验	299	沥青混凝土膨胀率	295
沥青混凝土	294	沥青混合料抽提试验	293
沥青混合料	293		
热拌热铺沥青混合料	398	**[高分子建筑材料]**	
热拌冷铺沥青混合料	398	高分子化合物	148,(149)
冷拌冷铺沥青混合料	284	高分子	(148)
[沥青混凝土分类]		[品种]	
[按结合料分类]		单体	70
石油沥青混凝土	449	预聚物	592
煤沥青混凝土	331	预聚体	(592)
乳化沥青混凝土	413	低聚物	76
[按粒料粒径分类]		聚合物	257
粗粒式沥青混凝土	62	高聚物	149
中粒式沥青混凝土	620	高分子化合物	148,(149)
细粒式沥青混凝土	540	大分子化合物	(149)
砂粒式沥青混凝土	424	共聚物	160
[按集料级配分类]		共聚体	(160)
密级配沥青混凝土	336	线型高分子	546
开级配沥青混凝土	266	链状高分子	(546)
半开级配沥青混凝土	8	支链型高分子	614
连续级配沥青混凝土	299	体型高分子	506
间断级配沥青混凝土	228	网状高分子	(506)

交联高分子	235	二甲苯树脂	(101)
天然高分子化合物	507	脲醛树脂	362
合成高分子化合物	179	尿素甲醛树脂	(362)
功能高分子	158	三聚氰胺-甲醛树脂	417
无机聚合物	532	蜜胺树脂	(417)
互穿聚合物网络	189	聚氨基甲酸酯	255
互贯聚合物网络	(189)	聚氨酯	(255)
热塑性弹性体	404	醇酸树脂	60
[高聚物结构和性能]		呋喃树脂	126
聚合度	257	糠醇树脂	267
高分子结晶度	148	有机硅聚合物	587
交联	234,(309)	聚硅氧烷	(587)
交联度	235	聚硅醚	(587)
分子量分布	120	热塑性树脂	403
平均分子量	376	聚烯烃	261
降解	234	聚氯乙烯	260
解聚	242	氯化聚氯乙烯	320
链节	300	过氯乙烯树脂	(320)
链段	300	聚氯乙烯-偏氯乙烯树脂	260
等规度	74	聚乙烯	262
立体规整度	(74)	氯化聚乙烯	321
聚合物力学状态	258	氯磺化聚乙烯	322
玻璃化转变温度	27	聚丙烯	256
玻璃化温度	(27)	聚苯乙烯	255
黏流温度	360	ABS树脂	642
塑化温度	477,(360)	聚乙烯醇	262
玻璃态	29	聚乙烯醇缩醛树脂	263
高弹态	151	丙烯酸树脂	21
橡胶态	(151)	聚甲基丙烯酸甲酯	259
黏流态	360	聚醋酸乙烯酯	257
流动态	(360)	聚氯乙烯-醋酸乙烯酯	260
高分子化合物黏度	148	乙烯-醋酸乙烯共聚物	574
溶胀	410	聚丙烯腈	256
相容性	547	聚碳酸酯	261
树脂	453	聚甲醛	259
天然树脂	508	聚氧亚甲基	(259)
古马隆树脂	161	氟塑料	127
香豆酮树脂	(161)	尼龙	356,(261)
氧茚树脂	(161)	耐纶	(356)
合成树脂	179	聚酰胺	261
热固性树脂	400	聚酯(树脂)	263
酚醛树脂	121	纤维素树脂	542
环氧树脂	196	赛璐珞	416
不饱和聚酯树脂	35	醋酸纤维素	63
二甲苯改性不饱和聚酯树脂	101	纤维素醋酸酯	(63)

45

羧甲基纤维素	489	脲-甲醛塑料	(362)
[聚合反应种类]		电玉	88
聚合反应	257	感光高分子材料	138
加聚反应	222	**高分子材料添加剂**	147
缩聚反应	489	稳定剂	530
共聚反应	160	盐基性铅盐稳定剂	563
共聚合反应	(160)	铅稳定剂	(563)
定向聚合	92	金属皂类稳定剂	248
等规聚合	(92)	有机锡稳定剂	588
规化聚合	(92)	复合稳定剂	132
嵌段共聚	385	增塑剂	600
镶嵌共聚	(385)	主增塑剂	626
接枝共聚	239	副增塑剂	132
本体聚合	14	次增塑剂	(132)
整体聚合	(14)	辅助增塑剂	(132)
块状聚合	(14)	塑解剂	477
悬浮聚合	556	化学增塑剂	194,(477)
珠状聚合	(556)	助塑剂	(477)
粒状聚合	(556)	石油酯	449
乳液聚合	414	烷基磺酸苯酯	(449)
溶液聚合	410	石油磺酸苯酯	(449)
辐射聚合	129	氯化石蜡	321
离子聚合	289	邻苯二甲酸酯	303
催化聚合	(289)	磷酸酯	304
游离基聚合	586	环氧增塑剂	197
自由基聚合	(586)	填料	508
连续聚合	299	填充剂	(508)
塑料	477	无机填料	532
[塑料分类与品种]		碳酸钙	496
建筑塑料	232	硅灰石粉	170
工程塑料	156	有机填料	587
层压塑料	43	塑料润滑剂	482
蜂窝塑料	125	发泡剂	103
荧光塑料	578	偶氮二甲酰胺	365
发光塑料	103	AC 发泡剂	(365)
磷光塑料	(103)	ADCA 发泡剂	(365)
珠光塑料	625	偶氮二异丁腈	365
钙塑材料	134	ABN 发泡剂	(365)
热固性塑料	400	ABIN 发泡剂	(365)
热塑性塑料	403	发泡剂 N	(365)
氨基塑料	1	发泡灵	103
酚醛塑料	121	发泡助剂	103
电木	86	助发泡剂	(103)
胶木	(86)	交联剂	235
脲醛塑料	362	阻聚剂	638

抗氧剂	270	印花聚氯乙烯地面卷材	578
抗静电剂	268	涂布塑料地板	517
防霉剂	111	地面涂层	(517)
真菌抑制剂	(111)	环氧涂布地板	197
杀菌剂	(111)	环氧地面涂层	196,(197)
防腐剂	(111)	不饱和聚酯涂布地板	35
抗生剂	(111)	不饱和聚酯地面涂层	(35)
脱模剂	521	聚乙烯醇缩甲醛胶涂布地板	262
光稳定剂	167	塑料门	482
紫外线吸收剂	633	整体塑料门	612
光屏蔽剂	166	塑料镶板门	483
塑料着色剂	484	塑料框板门	481
色母料	421	折叠塑料门	603
预混色料	(421)	塑料复合门窗	480
抗冲击改性剂	267	钙塑门窗	134
增韧剂	(267)	塑钢门窗	476
抗冲击剂	(267)	塑料窗	478
驱避剂	395	塑料百叶窗	477
生物老化抑制剂	(395)	塑料门窗密封条	482
防焦剂	110	毛条密封条	329
硫化延缓剂	(110)	防风雨毛条	(329)
增黏剂	599	塑料卫生洁具	483
再生活化剂	598	塑料装饰板	484
脱硫活化剂	(598)	三聚氰胺装饰板	417
抗臭氧剂	268	套色木纹塑料装饰片材	503
防雾剂	113	微薄木贴面装饰板	525
流滴剂	(113)	聚酯树脂贴面板	264
[塑料制品]		保利板	(264)
塑料地板	479	聚氯乙烯薄膜饰面板	260
块状塑料地板	276	防火装饰板	110
塑料地砖	(276)	矿棉装饰吸声板	278
聚氯乙烯石棉塑料地板	261	塑料护墙板	481
半硬质聚氯乙烯块状塑料地板	·8	建筑人造板	232
有基底塑料复合地板	588	人造板	(232)
无基底塑料复合地板	533	华夫板	191
防滑塑料地板	109	维夫板	(191)
抗静电塑料地板	269	塑料天花板	483
钙塑地板	134	塑料贴面板	483
再生橡胶地板	598	纸质装饰板	(483)
再生塑料地板	598	塑料面砖	482
卷材塑料地板	264	塑料挤出异型材	481
地面卷材	(264)	塑料异型材拼装隔断	484
地板革	(264)	塑料管材	480
印花发泡聚氯乙烯地面卷材	577	塑料管件	480
均质聚氯乙烯地面卷材	266	塑料楼梯扶手	481

塑料雨水系统	484	注塑机	(627)
塑料焊条	480	挤出机	220
塑料采光板	478	压延机	560
塑料采光罩	478	液压机	572
塑料波形板	477	压机	(572)
塑料波形瓦	(477)	[性能与测试]	
塑料瓦楞板	(477)	塑料热性能	482
塑料薄膜	478	塑料成型温度	478
充气房屋	53	塑化温度	477,(360)
合成木材	179	聚合物分解温度	258
泡沫塑料	367	马丁耐热温度	326
塑料复合板	480	维卡软化点	527
人造革	407	脆化温度	63
[生产工艺和设备]		耐老化性	352
共混	159	人工加速老化	407
压延成型	560	光老化	166
塑料挤出成型	481	热老化	401
注射成型	626	自然老化	635
注塑成型	(626)	大气老化	(635)
注射模塑成型	(626)	泰勃耐磨性	491
层压成型	42	阿克隆耐磨性	1
模压成型	340	塑料吸水率	483
压缩模塑	(340)	塑料耐化学性	482
压制成型	(340)	塑料地板尺寸稳定性	479
塑料浇铸成型	481	塑料地板耐凹陷性	479
真空成型	605	塑料地板耐烟蒂性	479
吸塑成型	(605)	塑料壁纸湿强度	477
发泡成型	103	**胶粘剂**	**236**
吹塑成型	58	黏合剂	(236)
双向拉伸工艺	455	**建筑胶粘剂**	**231**
塑料焊接	480	**合成树脂胶粘剂**	**179**
熔融对接	411	聚乙烯醇胶粘剂	262
热板焊接	(411)	聚醋酸乙烯胶粘剂	257
高频热合	150	白乳胶	4
高频电焊	(150)	乙烯-醋酸乙烯共聚树脂胶	574
贴胶法	509	聚乙烯醇缩醛胶	262
擦胶法	38	107[#]胶	648
蘸塑	601	环氧树脂胶粘剂	197
蘸浸模塑	(601)	脲醛树脂胶粘剂	362
涂塑法	519	脲醛胶	(362)
塑料印刷	484	聚氨酯胶粘剂	255
塑料机械压花	481	丙烯酸树脂胶粘剂	21
化学压花	194	酚醛树脂胶粘剂	121
塑料电镀	479	α-氰基丙烯酸酯胶粘剂	648
注射机	627	厌氧胶粘剂	564

橡胶胶粘剂	550	建筑涂料	232
氯丁橡胶胶粘剂	320	成膜物质	50
氯化乙丙橡胶胶粘剂	322	漆片	380
丁腈橡胶胶粘剂	91	虫胶	55,(380)
丁苯橡胶胶粘剂	90	紫胶	(55),(380)
丁基橡胶胶粘剂	91	紫梗	(55)
聚硫橡胶胶粘剂	260	紫草茸	(55)
掺合型胶粘剂	45	清油	394,(169)
酚醛-丁腈胶粘剂	121	干性油	136
氯丁-酚醛胶粘剂	320	半干性油	7
环氧-聚酰胺胶粘剂	196	不干性油	35
天然胶粘剂	507	溶剂	409
皮胶	374	香蕉水	547
牛皮胶	(374)	信那水	(547)
骨胶	161	醋酸乙酯	63
酪素胶	282	乙酸乙酯	(63)
酪朊胶	(282)	醋酸丁酯	63
虫胶	55,(380)	乙酸丁酯	(63)
糊精	188	丙酮	21
鱼胶	591	环己酮	195
鳔胶	(591)	甲乙酮	227
黄鱼胶	(591)	丁酮	(227)
血胶	557	苯	14
豆胶	94	甲苯	226
豆蛋白胶	(94)	二甲苯	101
无机胶粘剂	532	乙醇	574
反应型胶粘剂	105	酒精	(574)
结构型胶粘剂	240	轻溶剂油	392
非结构胶粘剂	115	重溶剂油	623
建筑胶粘剂	231	200 号溶剂油	648
塑料地板胶	479	200 号油漆溶剂油	(648)
地板胶粘剂	(479)	200 号石油溶剂油	(648)
壁纸胶粘剂	17	松香水	476
瓷砖胶粘剂	61	白醇	(476)
塑料薄膜复合胶	478	油基漆稀料	(476)
[工艺与施工]		颜料	563
黏料	360	无机颜料	533
基料	(360)	钛白	490
主体材料	(360)	锌白	554
胶粘物	(360)	氧化锌	(554)
水合氧化铝	458	锑白	506,(568)
氧化铝三水合物	(458)	三氧化二锑	(506)
粘接	601	锌钡白	554
涂料	517	立德粉	(554)
油漆	(517)	氧化铁颜料	568

氧化铁棕	568
哈吧粉	(568)
铬黄	156
铅铬黄	(156)
铬绿	156
镉红	156
四氧化三铅	475
红丹	185,(475),(602)
铅丹	(475),(602)
荧光颜料	578
炭黑	493
有机颜料	588
酞菁颜料	491
立索尔宝红	290
群青	396,(125)
云青	(125),(396)
洋蓝	(125),(396)
铁蓝	510
普鲁士蓝	(510)
华蓝	(510)
金属粉末颜料	245
铝粉	314
银粉	576
色浆	420
液体着色剂	(420)
涂料添加剂	518
助剂	(147),(518)
配合剂	(147),(518)
助溶剂	626
催干剂	63
干料	(63)
稀释剂	539
防结皮剂	110
流控剂	307
助流剂	626
防流挂剂	111
防白剂	107
防潮剂	(107),(112)
流平剂	307
乳化剂	413
表面活性剂	19,(413)
界面活性剂	(19),(413)
乳液稳定剂	414
渗透剂	430
润湿剂	(430)
驱水剂	395
涂料消泡剂	518
防泡剂	(518)
去沫剂	(518)
抗泡剂	(518)
[涂料品种]	
有机涂料	587
无机涂料	533
内墙涂料	356
外墙涂料	523
刷墙粉	455
地面涂料	80
地板漆	79
过氯乙烯地面涂料	176
顶棚涂料	91
水性涂料	471
水溶性涂料	470
水性漆	(470)
乳液涂料	414
乳胶漆	(414)
粉末涂料	124
彩砂涂料	41
彩色砂壁状涂料	(41)
多彩涂料	98
复层涂料	130
多层涂料	(130)
轻骨料涂料	390
轻质涂料	(390)
反应固化型涂料	105
氯-偏乳液涂料	322
乙-丙乳液涂料	573
乙-丙乳胶漆	(573)
苯-丙乳液涂料	14
苯-丙乳胶漆	(15)
聚乙烯醇-水玻璃涂料	262
106涂料	(262)
聚乙烯醇缩醛涂料	263
聚醋酸乙烯涂料	257
聚醋酸乙烯乳胶漆	(257)
橡胶涂料	550
氯化橡胶外墙涂料	322
氯化橡胶水泥漆	(322)
丙烯酸酯涂料	22
水玻璃涂料	457
硅溶胶涂料	170

水泥系装饰涂料	469		上光蜡	(426)
天然漆	507		地板蜡	79
生漆	431		油漆抛光剂	583
大漆	(431)		腻子	359
国漆	(431)		[涂料、涂膜性能]	
土漆	(431)		触变性	56
广漆	169		流平性	307
金漆	(169)		展平性	(307)
透纹漆	(169)		匀饰性	(307)
笼罩漆	311,(169)		干燥性	137
清漆	394		干性	(137)
凡立水	(394)		涂料干燥时间	518
油基清漆	583		表面干燥时间	19
硝基清漆	552		表干时间	(19)
腊克	(552)		指触干燥时间	(19)
虫胶清漆	55		失黏时间	(19)
亮光漆	(55)		实际干燥时间	449
泡立水	(55)		实干时间	(449)
洋干漆	(55)		涂刷性	519
调合漆	509		最低成膜温度	641
磁漆	61		最适宜成膜温度	641
硝基漆	552		涂-4 黏度	517
硝基清漆	552		B-4 黏度	(517)
醇酸树脂漆	60		固体分含量	163
面漆	338		不挥发分含量	(163)
底漆	79		涂料沉降率	517
防霉涂料	111		涂料细度	518
防锈涂料	113		遮盖力	602
金属防锈底漆	(113)		涂膜附着力	518
发光涂料	103		耐洗刷性	354
防潮涂料	108		耐擦洗性	(354)
防振涂料	114		耐化学试剂性	348
阻尼涂料	(114)		耐化学性	(348)
防辐射涂料	108		涂膜耐热性	519
耐火涂料	350		涂膜柔韧性	519
防火涂料	110		涂膜耐冲击性	518
非膨胀型防火涂料	116		涂膜硬度	519
膨胀型防火涂料	371		涂膜耐磨性	518
防污漆	113		涂膜耐水性	519
船底防污漆	(113)		[涂膜缺陷]	
高温漆	152		粉化	121
抗热漆	(152)		起霜	381,(106)
弹性涂料	493		鼓泡	162
过氯乙烯防腐漆	176		起泡	(162)
上光剂	426		麻点	325

发笑	(325)	电泳涂装	88
花脸	(325)	化学涂装	193
笑口	(325)	自动沉积涂装	(194)
风蚀斑	124	无电泳涂装	(194)
凝聚沉淀	363	批嵌	372
褪色	521	蛇形压送泵	429
流挂	307	柱塞泵	627
流垂	(307)	挤压泵	220
流痕	(307)	加压罐式喷涂器	225
白化	4	喷枪	368
发白	(4)	复层涂料喷枪	130
泛碱	106	厚涂层喷枪	188
析白	(106)	彩砂涂料喷枪	41
浮色	128	砂粒涂料喷枪	(41)
渗吸	430	多用喷枪	100
结皮	241	砂浆喷枪	423
皱纹	624	**橡胶**	549
起皱	(624)	**合成橡胶**	180
回黏	203	氯丁橡胶	320
剥落	33	聚氯丁二烯橡胶	(320)
刷痕	454	丁腈橡胶	91
露底	312	丁苯橡胶	90
粗粒	62	丁基橡胶	91
咬起	570	异丁橡胶	(91)
[生产设备与施工]		异戊橡胶	574
砂磨机	424	顺丁橡胶	473
胶体磨	236	顺式-1,4聚丁二烯橡胶	(473)
三辊磨	416	聚硫橡胶	260
刷辊	454	硅橡胶	173
布料辊	37	氟橡胶	127
分散辊	(37)	三元乙丙橡胶	418
花样辊	191	**天然橡胶**	508
滚花辊	175	氯化橡胶	322
拉毛辊	281	乳胶	414
刷涂	455	**硫化橡胶**	309
喷涂	369	熟橡胶	(309)
空气喷涂	273	橡皮	(309)
无空气喷涂	533	**再生橡胶**	598
静电喷涂	253	再生胶	(598)
刮涂	163	**废橡胶**	117
滚涂	175	**橡胶地毡**	549
弹涂	492	**合成橡胶地面涂层**	180
揩涂	267	**胶粘带**	236
浸涂	250	[工艺与添加剂]	
淋涂	303	硫化	309

交联	234,(309)	塑料防水卷材	480
熟化	(309)	橡胶防水卷材	549
脱硫	521	油纸	586
橡胶再生	(521)	石油沥青油纸	(586)
防老剂	111,(270)	[油毡原料]	
硫化促进剂	309	油毡胎基	585
补强剂	34	胎基	(585)
补强填充剂	(34)	原纸	595

[屋面及防水材料]

防水材料	111	无机纤维胎基	533
防水卷材	112	黄麻织物胎基	199
油毡	584	合成纤维胎基	180
油毛毡	(584)	无机纤维胎基	533
[油毡品种]		矿物纤维胎基	(533)
石油沥青油毡	449	石棉纸	447
煤沥青油毡	331	石棉布	444
焦油沥青油毡	(331)	矿棉纸	278
改性沥青油毡	133	玻璃纤维基布	30
橡胶改性沥青油毡	549	玻璃纤维薄毡	30
塑料改性沥青油毡	480	浸渍材料	250
粉面油毡	123	涂盖材料	517
粉毡	(123)	热塑性弹性体	404
片毡	374	撒布料	416
砂面油毡	424	隔离纸	155
纸胎油毡	616	[油毡生产与施工]	
矿棉纸油毡	278	氧化釜	565
石棉布油毡	444	氧化塔	568
沥青玻璃布油毡	291	油毡干法生产工艺	584
聚酯纤维油毡	264	油毡湿法生产工艺	585
金属箔油毡	243	纸胎油毡生产机组	616
复合油毡	132	多功能油毡生产机组	98
无胎油毡	535	沥青泵	291
无胎防水卷材	(535)	沥青混合磨	294
带孔油毡	68	全粘贴法	396
带楞油毡	68	浇注法	(396)
阻燃油毡	641	局部粘贴法	254
耐热油毡	353	压顶法	558
耐低温油毡	348	松铺压顶法	(558)
热熔油毡	403	热熔油毡施工机具	403
划线油毡	195	火焰喷枪	(403)
自黏结油毡	634	[油毡性能与测试]	
自黏结卷材	(634)	油毡标号	584
单层屋面油毡	69	浸渍含量	250
叠层屋面油毡	90	浸涂总量	250
		油毡抗水性	585
		油毡不透水性	584

油毡透水仪	585	沥青再生橡胶涂料	298
油毡吸水性	585	防水隔热沥青涂料	112
油毡真空吸水试验	586	冷底子油	284
油毡耐热度	585	沥青胶粘剂	295
油毡柔度	585	沥青胶	(295)
油毡低温柔性	584	热熔石油沥青胶粘剂	402
油毡拉力试验	585	玛琋脂	(402)
耐细菌腐蚀性	354	热熔焦油沥青胶粘剂	402
粒料耐刷性	298	焦油沥青玛琋脂	(402)
剥离区	32	冷黏结剂	285
耐滑性	348	冷玛琋脂	(285)
抗风揭性	268	葱油	100
沥青防水涂料	292	胶泥	236
乳化沥青	413	耐酸沥青胶泥	353
快裂乳化沥青	276	耐碱石油沥青胶泥	351
中裂乳化沥青	620	水玻璃胶泥	456
慢裂乳化沥青	328	硫磺胶泥	309
阳离子乳化沥青	564	呋喃树脂胶泥	126
阴离子乳化沥青	576	沥青呋喃胶泥	292
两性离子乳化沥青	301	环氧树脂胶泥	197
复合离子乳化沥青	131	环氧呋喃树脂胶泥	196
非离子乳化沥青	116	环氧煤焦油胶泥	196
水乳型厚质沥青防水涂料	471	环氧酚醛树脂胶泥	196
水乳型薄质沥青防水涂料	470	聚酯树脂胶泥	263
改性乳化沥青	133	酚醛树脂胶泥	121
水乳型改性沥青防水涂料	(133)	氯磺化聚乙烯胶泥	322
乳化聚氯乙烯煤焦油涂料	413	聚氯乙烯胶泥	260
氯丁胶乳化沥青	320	防水涂料低温柔性试验	112
氯丁胶乳化沥青防水涂料	(320)	防水涂料耐裂试验	112
再生胶乳化沥青	598	建筑密封材料	232
再生橡胶乳化沥青防水涂料	(598)	不定形建筑密封材料	35
乳化沥青冷底子油	414	建筑密封膏	(35)
无机胶体乳化沥青	532	嵌缝油膏	385
石棉乳化沥青	445	油膏	(385)
石棉沥青防水涂料	(445)	防水油膏	(385)
黏土乳化沥青	361	嵌缝材料	(385)
膨润土乳化沥青	369	油基嵌缝膏	583
石灰乳化沥青	441	马牌建筑油膏	326
丁苯胶乳石棉乳化沥青	90	沥青鱼油油膏	297
耐燃乳化沥青	352	沥青桐油油膏	297
溶剂型沥青防水涂料	409	沥青蓖麻油油膏	291
改性沥青涂料	133	渣油油膏	600
聚烯烃沥青涂料	261	防潮油膏	108
沥青酚醛涂料	292	沥青橡胶油膏	297
沥青氯丁橡胶防水涂料	296	沥青再生胶油膏	297

胶粉沥青油膏	(297)	金属止水带	248
沥青合成橡胶油膏	292	止水环	615
沥青树脂油膏	296	[密封材料性能与测试]	
沥青环氧树脂油膏	293	油膏耐热度试验	582
沥青聚乙烯油膏	295	油膏黏结性	582
沥青聚乙烯密封膏	(295)	挥发率	202
沥青香豆酮树脂油膏	297	保油性	11
聚氯乙烯建筑防水接缝材料	260	油膏施工度	582
PVC 接缝材料	(260)	油膏稠度	(582)
塑料油膏	484	低温柔性试验	78
密封膏	336	挤出性	220
有机硅建筑密封膏	587	表面干燥时间	19
硅酮建筑密封膏	(587)	表干时间	(19)
改性硅酮密封膏	133	失黏时间	(19)
聚氨酯建筑密封膏	255	渗出性	430
丙烯酸酯建筑密封膏	22	下垂度	541
聚硫建筑密封膏	259	下垂值	(541)
聚醚橡胶密封膏	261	剥离黏结性试验	32
环氧树脂密封膏	197	可使用时间	272
聚碳酸酯密封膏	261	恢复率试验	202
非下垂型密封膏	117	弹性恢复试验	(202)
非流淌型密封膏	(117)	拉伸-压缩循环试验	281
可注射密封膏	(117)	软化区间	415
自流平型密封膏	634	污染性	530
可灌注密封膏	(634)	粘污性	(530)
背衬材料	13	密封膏耐热老化试验	336
衬垫材料	(13)	防水剂	112
防污条	113	防潮剂	(107),(112)
遮挡条	(113)	抗渗剂	(112)
三面黏结	417	防水粉	111
定型建筑密封材料	92	防水油	113
密封带	336	"四矾"防水油	(113)
密封条	(336)	硅酸钠防水剂	172
嵌缝条	(336)	二矾防水剂	101
弹性密封带	493	快燥精	278
非弹性密封带	116	氯化物金属盐类防水剂	321
橡胶密封带	550	氯化铁防水剂	321
改性沥青密封带	133	防水浆	112
预压缩自粘性密封条	592	避水浆	17
锁紧密封垫	489	堵漏剂	95
压缩密封件	560	瓦	522
止水带	615	青瓦	389
橡胶止水带	550	小青瓦	(389)
止水橡胶	(550)	土瓦	520,(389)
塑料止水带	484	黏土平瓦	360

红平瓦	(360)	风化	124
机制瓦	(360)	陈化	49
水泥瓦	469	泥料	358
[屋顶琉璃瓦件与古瓦件]（见古建筑材料,本目录67页）		坯料	373,(358)
		泥料真空处理	358
纤维水泥瓦	542	泥料蒸汽加热处理	358
石棉水泥波瓦	445	砖坯挤出成型	630
石棉水泥半波瓦	445	软塑挤出成型	416
石棉水泥脊瓦	446	硬塑挤出成型	581
钢丝网石棉水泥波瓦	145	砖坯干燥	629
玻璃纤维增强水泥半波板	31	干燥制度	137
塑料波形瓦	(477)	砖坯干燥曲线	629
玻璃钢瓦	25	码窑	327
菱苦土瓦	305	焙烧	14
金属瓦	247	焙烧曲线	14
脊瓦	221	烧成曲线	(14)
油毡瓦	585	内燃烧砖法	356
墙体材料	387	烧结	427
砖	628	挤泥机	220
普通砖	380	轮窑	324
标准砖	(380)	隧道窑	488
烧结砖	428	塑性指数	485
烧结普通砖	428	干燥敏感性	137
烧结黏土砖	428	临界含水率	303
青砖	390	烧成收缩	427
红砖	187	孔洞率	275
烧结粉煤灰砖	427	空心率	274,(275)
烧结煤矸石砖	427	烧成缺陷	427
烧结页岩砖	428	欠火砖	385
空心砖	275	哑音	561
承重空心砖	51	压花	558
非承重空心砖	115	压印	(558)
楼板空心砖	311	黑心	184
花格空心砖	190	黑头砖	184
花格砖	(190)	砖裂纹	629
拱壳砖	159	面包砖	337
拱壳空心砖	(159)	过火砖	176
挂钩砖	(159)	固结砖	162
八五砖	3	非烧结砖	(162)
微孔黏土砖	525	免烧砖	(162)
劈离砖	374	固结剂	162
劈裂砖	(374)	固结砖土料	162
[古建筑用砖]（见本目录66页）		**蒸汽养护砖**	611
		硅酸盐砖	(611)
烧结砖泥料制备	428	蒸压灰砂砖	611

碳化灰砂砖	494
煤渣砖	332
炉渣砖	(332)
粉煤灰砖	123
矿渣砖	279
尾矿砖	528
蒸压空心灰砂砖	611
轮碾	323
砖坯成型水分	629
二次搅拌	101
轮碾机	323
消化仓	551
消化鼓	551
压砖机	561
层裂	42
大小头砖	67
生砖	432
蒸不透砖	(432)
砖抗压强度	629
砖抗折强度	629
砖标号	628
砖强度级别	630
砖大面	628
砖条面	630
砖顶面	628
砌块	383
空心砌块	274
普通混凝土小型空心砌块	379
混凝土空心小砌块	(379)
企口空心混凝土砌块	381
煤矸石空心砌块	331
沸腾炉渣空心砌块	117
空心率	274,(275)
实心砌块	450
密实砌块	(450)
混凝土联锁砌块	208
粉煤灰硅酸盐混凝土实心砌块	122
粉煤灰实心砌块	(122)
陶粒混凝土实心砌块	502
加气混凝土砌块	224
泡沫混凝土砌块	367
轻集料混凝土砌块	391
饰面砌块	450
石膏砌块	438
[生产工艺]	
粉煤灰脱水	123
混合磨细工艺	204
加气混凝土浇注成型工艺	223
料浆发气	301
料浆稠化	301
浇注成型稳定性	235
浇注稳定性	(235)
加气混凝土钢筋防锈工艺	222
加气混凝土钢筋防锈涂料	223
水泥-酪素-胶乳防锈涂料	466
石灰乳化沥青-砂防锈涂料	442
沥青硅酸盐防锈涂料	(442)
苯-丙乳液防锈涂料	14
加气混凝土坯体切割工艺	223
翻转切割	104
坯体硬化时间	373
加气混凝土蒸压养护工艺	224
釜前静停	129
热室静停	403
蒸压养护制度	611
[生产设备]	
真空过滤机	605
耙式浓缩机	365
加气混凝土浇注车	223
加气混凝土切割机	224
加气混凝土铣槽设备	224
加气混凝土模具	223
加气混凝土真空吸盘	224
空心砌块成型机	274
[性能与施工]	
加气混凝土坯体强度	223
加气混凝土坯体强度测定仪	223
加气混凝土施工专用工具	224
加气混凝土砌块专用砂浆	224
墙板	386
壁板	(386)
大型墙板	67
大型壁板	(68)
大板	(68)
钢筋混凝土大型墙板	142
大孔混凝土墙板	66
大孔混凝土带框墙体	66
振动砖墙板	609
轻集料混凝土墙板	391
轻集料混凝土复合墙板	391

硅酸盐混凝土墙板	173	轻钢龙骨	390
硅酸盐墙板	(173)	非金属龙骨	116
硅酸盐大板	(173)	幕墙	346
粉煤灰硅酸盐大板	122	悬挂墙	(346)
加气混凝土拼装外墙板	223	玻璃幕墙	28
条板	508	金属薄板幕墙	243
加气混凝土条板	224	纤维水泥板复合幕墙	542
石膏空心条板	437	预制混凝土外墙挂板	594
石膏珍珠岩空心条板	438	**地面材料**	80
碳化石灰空心条板	494	地面基层材料	80
粉煤灰硅酸盐条板	123	地基土	79
硅酸盐条板	(123)	原生土	594
挂板	163	残积土	(594)
复合墙板	131	次生土	62
石棉水泥复合墙板	446	运积土	(62)
玻璃纤维增强水泥复合墙板	31	碎石土	487
混凝土岩棉复合墙板	211	砂土	425
空心砖复合墙板	275	黏性土	361
加气混凝土复合墙板	222	液性指数	572
石膏板复合墙板	436	粉土	124
轻质板材	392	填土	508
轻板	(392)	湿陷性土	434
纸面石膏板	615	冻土	93
有纸石膏板	(615)	夯实法	179
石膏板	(615)	碾压法	362
纤维石膏板	542	振动密实法	608
无纸石膏板	(542)	压实系数	559
铝合金压型板	317	灰土	202
纤维增强水泥平板	544	三合土	417
TK板	(544)	地面面层材料	80
刨花板	(487)	砂浆地面	423
水泥刨花板	466	混凝土地面	205
胶合板	235	水磨石地面	463
纤维板	541	混凝土露石地面	209
木丝板	345	钢纤维混凝土地面	146
稻草板	73	铁屑水泥砂浆	511
稻壳板	73	木地面	344
麻屑板	326	普通木地面	379
蔗渣板	603	硬条木地面	581
石膏装饰板	438	拼花木地面	375
石膏装饰吸声板	439	实铺木地面	450
石膏板护面纸	436	架空木地面	227
护面纸	(436)	木搁栅	344
接缝黏结带	239	龙骨	311,(344)
龙骨	311,(344)	地楞	(344)

毛板	329		无规入射吸声系数	532
木踢脚板	345		吸声量	537
垫木	90		等效吸声面积	(537)
地垄墙	79		开放窗	(537)
防潮层	108		降噪系数	234
通风算	512		房间常数	114
扁头钉	17		扩散场	280
暗钉	(17)		多孔吸声材料	99
地板钉	(17)		流阻	308
木模钉	(17)		结构因数	240
塑料地面	479		吸声毛毡	537
运动场塑料地面	597		甘蔗纤维吸声板	137
塑料草坪	478		陶土吸声砖	503
[塑料地面材料品种](见高分子材料,本目录46页)			膨胀珍珠岩吸声板	372
			矿棉装饰吸声板	278
橡胶地面	549		共振吸声构造	160
沥青柔性地面	296		共振频率	160
金属地面	245		穿孔率	56
整体地面	611		穿孔板	56
活动地面	212		穿孔硬质纤维板	56
装配式地面	(212)		穿孔金属板	56
[地面石材](见石材,本目录1页)			石膏穿孔板	437
[陶瓷地面材料](见陶瓷,本目录37页)			石棉水泥穿孔板	446
灌浆材料	165		金属微穿孔板	247
水泥灌浆材料	464		铝合金微穿孔吸声板	317
水泥-水玻璃灌浆材料	468		微穿孔板吸声构造	525
水玻璃灌浆材料	456		薄板共振吸声构造	9
水玻璃-铝酸钠灌浆材料	456		薄膜共振吸声构造	10
水玻璃-氯化钙灌浆材料	456		隔声材料	155
木质素灌浆材料	346		透射系数	516
木铵灌浆材料	340		隔声量	155
铬木素灌浆材料	156		透射损失	(155)
甲凝灌浆材料	227		传声损失	(155)
丙强灌浆材料	21		质量定律(隔声)	616
脲醛树脂灌浆材料	362		吻合效应	529
尿素-甲醛灌浆材料	362		声桥	432
环氧树脂灌浆材料	197		隔声罩	156
氰凝	394		隔声屏	155
丙凝	21		声屏障	(155)
[声热材料]			障板	(155)
声学材料	432		声屏风	(155)
吸声材料	537		隔声室	155
吸声系数	537		隔声间	(155)
正入射吸声系数	612		消声器	551
			清晰度	394

噪声控制	599	热容量	402
隔振材料	156	热扩散率	401,(72)
振动传递率	607	热流计	401
振动传递比	(607)	表面温度计	20
振动传递系数	(607)	露点温度	313
螺旋形钢弹簧	324	干湿球湿度计	136
钢板弹簧	140	光电式露点湿度计	166
橡胶隔振垫	549	氯化锂露点湿度计	321
空气弹簧	273	传热系数	57
气垫	(273)	热电阻温度计	399
阻尼材料	638	陶瓷湿敏电阻	501
损耗因数	488	防护热板法	109
损失因数	(488)	热流计法	401
阻尼防振漆	638	圆管法	596
沥青阻尼浆	298	[主要品种]	
防振绝热阻尼浆	114	矿渣棉	279
746阻尼浆	648	粒状棉	299
声速	432	矿棉毡	278
声压	432	矿棉保温带	278
均方根声压	265	矿棉板	278
分贝	118	矿棉绝热板	278
声能	432	矿棉管套	278
声能密度	432	岩棉	562
声源	432	酸度系数	485
声功率级	432	可压缩性	272
绝热材料	265	岩棉板	562
[性能及测试]		岩棉缝毡	562
蓄热系数	556	岩棉保温带	562
蒸汽渗透	610	石棉	444
蒸汽渗透系数	610	石棉纺织制品	444
隔汽层	155	石棉橡胶板	447
脉冲法热导率测定仪	327	石棉衬垫板	444
热导率快速测定仪	(327)	石棉保温板	444
微波测湿仪	525	泡沫石棉毡	367
温度传感器	529	石棉粉	444
感温元件	(529)	石棉灰	(444)
压力式温度计	559	石棉绒	445
光学高温计	168	膨胀珍珠岩	371
热电偶	399	酸性火山玻璃质岩石	486
热电偶温度计	399	膨胀倍数	369
光电比色高温计	165	珍珠岩焙烧窑	605
双色高温计	(165)	水泥膨胀珍珠岩制品	467
红外测温仪	186	水玻璃膨胀珍珠岩制品	457
全辐射高温计	395	磷酸盐膨胀珍珠岩制品	304
恒温恒湿箱	185	黏土膨胀珍珠岩制品	360

沥青膨胀珍珠岩制品	296	檩子	(305)
石灰膨胀珍珠岩制品	441	桁	185,(305)
石膏膨胀珍珠岩制品	438	封檐板	125
憎水膨胀珍珠岩制品	600	灰板条	201
耐低温膨胀珍珠岩混凝土	347	门窗贴脸板	334
膨胀蛭石	372	贴脸板	(334)
蛭石	619	筒子板	515
膨胀蛭石绝热制品	372	门度头板	(515)
沥青蛭石板	298	挂镜线	164
玻璃棉	27	画镜线	195,(164)
沥青玻璃棉制品	291	木踢脚板	345
酚醛玻璃棉制品	120	窗帘盒	58
高硅氧玻璃棉制品	148	扶手	126
中级玻璃纤维制品	620	窗台板	58
硅酸钙绝热制品	171	[其他装饰]	
软木砖	415	防滑条	109
软质纤维板	416	防滑包口	109
沥青刨花板	296	墙裙	387
铝箔绝热板	313	台度	(387)
碱性碳酸镁绝热制品	230	护角	189
硅藻土	174	[装饰织物]	
硅藻土泡沫制品	174	[纤维材料]	
复合硅酸盐涂料	131	天然纤维	508
窗用绝热薄膜	58	棉纤维	337
建筑装饰材料	233	麻纤维	326
建筑装修材料	233	天然丝	508
[构件]		蚕丝	(508)
[门窗]		化学纤维	194
玻璃门	27	合成纤维	180
镶玻璃门	548	尼龙纤维	356
钢门窗	145	耐纶	(356)
木门	345	锦纶	249
木窗	343	聚丙烯纤维	257
百叶窗	5	丙纶	(257)
木装修	346	聚丙烯腈纤维	256
屋面木基层	531	腈纶	(256)
顺水条	473	人造羊毛	(256)
压毡条	(473)	聚酯纤维	264
挂瓦条	164	涤纶	(264)
椽	57,(265)	特丽纶	(264)
椽条	(57)	聚乙烯醇缩甲醛纤维	262
椽子	(57)	维纶	(262)
檩	305	维尼纶	(262)
檩条	(305)	聚氯乙烯纤维	261
		氯纶	(261)

氯-丙纤维	320	波斯垫	(22)
腈氯纶	(320)	魔毯	(22)
中长纤维	619	古典式地毯	161
聚乙烯纤维	263	阻燃地毯	639
乙纶	(263)	传热地毯	57
人造纤维	408	抗沾污地毯	270
地毯	80	吸尘地毯	536
纯毛地毯	59	香型地毯	548
化纤地毯	192	香味地毯	(548)
合成纤维地毯	180	浴室地毯	591
锦纶地毯	249	地毯性能指标	81
尼龙地毯	(249)	地毯张紧器	81
涤纶地毯	79	膝撑	(81)
丙纶地毯	21	挂毯	164
腈纶地毯	252	壁挂	16
化纤混纺地毯	192	窗帘	57
兽皮地毯	452	卷帘	264
红麻地毯	186	遮帘	603
草垫	42	百叶窗帘	6
方地毯	106	窗户薄膜	57
手工编织地毯	451	窗用绝热薄膜	58
栽绒地毯	597	灯具	74
簇绒地毯	63	照度	602
割绒地毯	154	光	165
切绒地毯	(154)	光源	169
圈绒地毯	395	亮度	301
素凸式地毯	476	光通量	167
素片毯	(476)	光流	(167)
静电植绒地毯	254	发光强度	102
无纺地毯	531	光强	(102)
无纺织地毯	(531)	[照明灯具]	
针刺地毯	604	白炽灯	3
拼接式地毯	375	吊灯	90
组合地毯	(375)	吸顶灯	536
美术地毯	332	壁灯	16
彩花地毯	39	墙灯	(16)
京式地毯	251	床头灯	58
北京式地毯	(251)	工作灯	158
新疆地毯	554	无影灯	535
和田地毯	(554)	荧光灯	578
西藏地毯	536	日光灯	(578)
卡垫	(536)	槽灯	41
波斯地毯	22	碘钨灯	82
波斯毯	(22)	水银灯	471
波斯毡	(22)	汞灯	(472)

钠灯	347		球形门锁	394
汽灯	383		插芯门锁	43
汽油灯	(383)		插锁	(43)
路灯	312		镶锁	548
庭园灯	512		隔离开关锁	155
园林灯	(512)		恒温室门锁	185
广场灯	169		碰珠防风门锁	372
装饰灯	631		碰珠锁	(372)
饰灯	(631)		播音室执手插锁	33
灯彩	73		电子门锁	88
灯笼	74		电子卡片门锁	88
宫灯	158		电子电动两用门锁	88
走马灯	637		节能数控电子门锁	239
霓虹灯	358		执手	615
转色灯	630		拉手	281
特种灯	505		插销	43
防水灯	111		天窗弹簧插销	506
防爆灯	108		天窗插销	(507)
安全行灯	1		翻窗插销	(507)
手提灯	451		羊眼	564
水底灯	457		羊眼圈	(564)
标志灯	18		螺丝鼻	(564)
紫外线灯	633		风钩	124
红外线灯	187		窗钩	(124)
弧光灯	188		碰珠	372
辉光灯	202		弹子珠	70
氙灯	544		窗帘轨	57
信号灯	555		窗帘棍	57
指示灯	616		锁扣	489
探照灯	493		箱扣	(489)
舞台效果灯	535		门搭扣	(489)
聚光灯	257		扣吊	(489)
射灯	429		窗纱	58
泛光灯	106		普通窗纱	379
投光灯	515		镀锌窗纱	95
氖灯	347		涂塑窗纱	519
场致发光灯	47		塑料窗纱	479
原子能灯	595		紫铜纱	633
锢灯	576		铜布	(633)
建筑五金	233		钢丝菱形网	145
［门锁］			闭门器	16
弹子门锁	70		地弹簧	80
弹子复锁	(70)		地龙	(80)
司必令锁	(70)		门地龙	(80)
保险门锁	11		门顶弹簧	335

门顶弹弓	(335)	瓦楞螺钉		522
门底弹簧	334	铆钉		330
地下自动门弓	(334)	螺栓		324
门弹弓	334	地脚螺栓		79
弹簧门弓	(334)	锚栓		(79)
鼠尾弹弓	(334)	底脚螺栓		(79)
鼠尾弹簧	(334)	花篮螺丝		190
撑臂式开关器	50	索螺旋扣		(190)
门定位器	335	螺旋扣		(190)
门扎头	335	塑料小五金		483
磁性定门器	62	壁纸		17
脚踏门制	237	墙纸		(17)
脚踏弹簧门插销	(237)	塑料壁纸		477
橡皮头门钩	550	PVC 发泡壁纸		645
脚踏门钩	(550)	纺织纤维壁纸		114
铰链	237	金属塑料壁纸		247
合页	(237)	特种塑料壁纸		506
尼龙垫圈铰链	356	玻璃纤维墙布		30
尼龙垫圈无声铰链	(356)	装饰墙布		631
无声合页	(356)	无纺贴墙布		531
翻窗铰链	104	建筑塑料(见高分子材料,本目录 46 页)		232
天窗合页	(104)	[建筑胶粘剂](见高分子材料,本目录 47 页)		
弹簧铰链	492	建筑涂料(见高分子材料,本目录 48 页)		232
紧固件	249	装饰石材(见石材,本目录 1 页)		631
钉	91	[陶瓷装饰材料](见陶瓷,本目录 37 页)		
圆钉	596	[装饰玻璃](见玻璃,本目录 30 页)		
普通钉	(596)	**耐火材料**		**349**
钢钉	(596)	[耐火材料品种]		
铁钉	(596)	耐火纤维		350
扁头钉	17	陶瓷纤维		(350)
地板钉	(17)	硅酸铝耐火纤维		171
木模钉	(17)	普通硅酸铝耐火纤维		379
暗钉	(17)	高纯硅酸铝耐火纤维		147
U 形钉	645	含铬硅酸铝耐火纤维		177
骑马钉	(645)	高铝耐火纤维		149
拼钉	375	高铝纤维		(149)
橄榄钉	(375)	多晶氧化铝纤维		98
枣核钉	(375)	氧化铝纤维		(98)
销钉	(375)	多晶莫来石纤维		98
油毡钉	584	混合耐火纤维		204
瓦楞钉	522	混合纤维		(204)
石棉瓦钉	(522)	耐火纤维制品		351
射钉	429	陶瓷纤维制品		(351)
木螺钉	345	耐火砖		351
木螺丝	(345)	耐火制品		(351)

标型耐火砖	18	烧成油浸镁质耐火材料	427
直形砖	(18)	镁钙质耐火材料	332
普型耐火砖	380	高钙镁质耐火材料	(332)
异型耐火砖	575	硅酸钙结合镁质耐火材料	(332)
特型耐火砖	505	稳定性白云石耐火材料	530
不烧耐火砖	36	稳定性白云石砖	(530)
化学结合砖	(36)	半稳定白云石耐火材料	8
酸性耐火材料	486	半稳定白云石砖	(8)
碱性耐火材料	230	镁白云石耐火材料	332
中性耐火材料	621	镁白云石砖	(332)
整体耐火材料	612	焦油白云石耐火材料	237
硅酸铝质耐火材料	171	焦油白云石砖	(237)
黏土质耐火材料	361	石灰耐火材料	441
叶蜡石耐火材料	570	锆质耐火材料	154
蜡石耐火材料	(570)	锆英石砖	154
硅线石耐火材料	173	氧化锆耐火材料	566
莫来石耐火材料	339	氧化锆砖	(566)
高铝耐火材料	149,(621)	锆莫来石耐火材料	154
刚玉耐火材料	139	锆刚玉耐火材料	154
硅质耐火材料	174	锆刚玉砖	(154)
硅砖	174	锆英石叶蜡石耐火材料	154
高密度高热导率硅质耐火材料	150	锆英石叶蜡石砖	(154)
半硅质耐火材料	7	锆英石碳化硅耐火材料	154
再结合熔融石英耐火材料	597	锆英石碳化硅砖	(154)
熔融石英制品	(597)	碳化硅耐火材料	494
烧结石英玻璃制品	(597)	黏土结合碳化硅耐火材料	360
镁质耐火材料	334	黏土结合碳化硅砖	(360)
方镁石质耐火材料	(334)	氮化硅结合碳化硅耐火材料	70
镁砖	(334)	氮化硅结合碳化硅砖	(70)
镁铝质耐火材料	333	Sialon 结合碳化硅砖	645
铝镁质耐火材料	318	再结晶碳化硅耐火材料	598
尖晶石耐火材料	228	自结合碳化硅耐火材料	(598)
镁铬质耐火材料	333	碳质耐火材料	498
预反应镁铬质耐火材料	591	碳砖	498
预反应镁铬砖	(591)	石墨耐火材料	448
电熔再结合镁铬质耐火材料	87	石墨坩埚	447
电熔再结合镁铬砖	(87)	石墨铸模	448
电熔铸镁铬质耐火材料	87	碳结合耐火材料	495
电熔镁铬砖	(87)	镁碳质耐火材料	333
熔铸镁铬砖	(87)	镁碳砖	(333)
铬镁质耐火材料	156	铝碳质耐火材料	319
镁橄榄石耐火材料	333	铝碳砖	(319)
堇青石结合高铝质耐火材料	249	镁钙碳砖	332
堇青石耐火材料	(249)	**电熔铸耐火材料**	87
铬质耐火材料	156	熔铸耐火材料	(87)

熔铸α-氧化铝耐火材料	412	黏土质绝热耐火材料	(393)
电熔刚玉	(412)	轻质硅质耐火材料	393
熔铸β-氧化铝耐火材料	412	硅藻土砖	174
电熔β-氧化铝砖	(412)	硅藻土绝热砖	(174)
熔铸α-β-氧化铝耐火材料	412	[耐火材料性能]	
电熔α-β-氧化铝砖	(412)	耐火度	349
熔铸锆刚玉砖	412	高温锥等值	(349)
电熔锆刚玉	(412)	测温锥	42
白铁砖	(412)	标准锥	(42)
熔铸铬刚玉耐火材料	412	高温锥	(42)
电熔铬刚玉	(412)	火锥	(42)
熔铸莫来石耐火材料	412	体积密度	506,(97)
电熔莫来石	(412)	气孔率	382,(275)
不定形耐火材料	35	孔隙率	275,(382)
散状耐火材料	(35)	真气孔率	(382)
耐火浇注料	349	总气孔率	(382)
耐火混凝土	(349)	显气孔率	545
低水泥耐火浇注料	77	开口气孔率	(545)
超低水泥耐火浇注料	47	闭气孔率	16
无水泥耐火浇注料	534	荷重软化点	183
高铝质耐火浇注料	150	荷重软化温度	(183)
黏土耐火浇注料	360	荷重变形温度	(183)
耐热耐酸浇注料	353	重烧线变化率	623
轻质耐火浇注料	393	永久线变化率	(623)
耐火可塑料	350	残余线变化率	(623)
耐火捣打料	349	抗渣性	270
耐火投射料	350	热震稳定性	406
结合剂	240	耐急冷急热性	(406)
耐火压入料	351	耐崩裂性	(406)
耐火泥	350	耐热震性	(406)
火泥	(350)	**防火材料**	109
耐火喷涂料	350	[基础理论]	
火焰喷涂料	214	建筑物耐火等级	233
耐火涂料	350	建筑构件耐火等级	231
轻质耐火材料	393	火灾	214
绝热耐火材料	(393)	火灾蔓延速度	214
氧化铝空心球耐火材料	567	火灾标准时间-温度曲线	214
氧化锆空心球耐火材料	566	火灾升温曲线	(214)
漂珠砖	375	火灾危险性	215
氧化铝泡沫轻质砖	567	火灾荷载	214
轻质高铝质耐火材料	392	燃烧性	398
高铝质隔热耐火材料	(392)	燃烧	397
轻质莫来石耐火材料	393	氧指数	569
轻质莫来石砖	(393)	极限氧指数	(569)
轻质黏土耐火材料	393	阻燃性	640

发烟性	104
发烟温度	104
发烟起始温度	(104)
释气性	451
燃烧三要素	397
有焰燃烧	589
无焰燃烧	535
灼烧	(535)
焦烧	(535)
阴燃	(535)
熏烧	(535)
闪燃	426
自燃	635
轰燃	185
炭化	493
熔滴	410
残焰	41
余焰	(41)
残灼	41
余辉	(41)
闪点	(426)
燃点	396
着火点	(396)
燃烧热	397
温度指数	529
可燃温度	(529)
燃烧速度	397
烟浓度	561
烟密度	(561)
可燃材料	271
难燃材料	355
阻燃材料	639
不燃材料	36
非燃烧材料	(36)
易燃材料	575
燃烧材料	(575)
透光率	515
减光系数	229
消光系数	(229)
光密度	166
比光密度	16
遮光指数	603
发烟系数	(603)
毒性指数	94
阻燃效应	640

阻燃剂	639
阻焰剂	(639)
磷系阻燃剂	304
赤磷阻燃剂	53
红磷阻燃剂	(53)
磷酸铵阻燃剂	304
聚磷酸铵阻燃剂	259
膦酸酯类阻燃剂	305
磷氮键化合物阻燃剂	303
磷酸酯类阻燃剂	304
含卤磷酸酯类阻燃剂	177
卤代磷酸酯类阻燃剂	(177)
卤系阻燃剂	312
氯化石蜡阻燃剂	321
四溴双酚 A 阻燃剂	475
十溴二苯醚阻燃剂	434
四溴邻苯二甲酸酐阻燃剂	474
十二氯代环癸烷阻燃剂	434
氯茵酸酐阻燃剂	323
硼系阻燃剂	369
锑系阻燃剂	506
铝系阻燃剂	319
镁系阻燃剂	333
反应型阻燃剂	105
添加型阻燃剂	508
无机阻燃剂	533
消烟剂	552
抑气剂	575
有害气体捕捉剂	(575)
阻燃聚合物	639
阻燃热固性塑料	640
阻燃热塑性塑料	640
阻燃聚乙烯	639
阻燃聚氯乙烯	639
阻燃橡胶	640
阻燃纤维材料	640
阻燃毛	639
阻燃棉	640
阻燃合成纤维	639
阻燃木材	640
阻燃纸	641
防火浸渍剂	109
织物阻燃整理剂	614
纸张阻燃处理剂	616
木材阻燃浸注剂	343

防火涂料	110
非膨胀型防火涂料	116
非发泡型防火涂料	(116)
膨胀型防火涂料	371
发泡型防火涂料	(371)
防火密封料	109
阻燃堵料	(109)
耐火腻子	(109)
防火浇注料	109
阻燃封灌料	(109)
[防火材料性能测试]	
燃烧试验	397
氧指数测定仪	569
NBS 烟箱	644
UL 94 塑料燃烧性能试验	646
建筑材料难燃性试验	231
竖炉燃烧法	(231)
建筑材料可燃性试验	230
织物燃烧试验	614
单根电线电缆燃烧试验	69
成束电线电缆燃烧试验	50
耐火电线电缆燃烧试验	349
防火涂料大板燃烧试验	110
防火涂料隧道炉燃烧试验	110
防火涂料小室燃烧试验	110

[古建筑材料]

砖	628
城砖	51
停泥城砖	512
澄浆停泥城砖	75
澄浆砖	75
临清城砖	303
澄浆城砖	75
新样城砖	554
新样陡板城砖	554
旧样城砖	254
尺五加厚(城砖)	52
大新样砖	67
二新样砖	102
大新样开条砖	67
条子砖	(67)
半黄砖	7
大砖	68
庭泥砖	512
停泥砖	(512)
澄浆砖	75
五斤砖	535
金砖	248
黄道砖	199
"八级黄道"砖	(199)
方砖	107
细泥尺四砖	540
尺四砖	(540)
细泥尺七砖	540
尺七砖	(540)
常行尺四方砖	46
行尺四砖	(46)
常行尺七方砖	46
行尺七砖	(46)
常行尺二方砖	46
行尺二砖	(46)
停泥滚子砖	512
沙滚子砖	422
斧刃砖	129
金墩砖	242
夹砖	226
夹五砖	(226)
七两砖	380
望砖	525
异形砖	575
奇形砖	(575)
枳瓤砖	616
橘瓤砖	(616)
楔形砖	(616)
台砖	490
琴砖	388

[砖件]

穿插当	56
小脊子	553,(553)
小脊子象鼻子	553
虎头找	188
搭脑	64
立八字	290
线枋子	546
大叉	65
方砖心	107
八字拐子	3
瓦条	522
割角线枋子	154

博缝砖	33	剑把	233
博风砖	(33)	剑靶	(233)
戗檐砖	387	背兽	13
戗檐	(387)	望兽	524
盘头	366	赤脚通脊	52
枭砖	550	黄道	199
枭儿	(550)	大群色	67
炉口砖	312	相连群色条	(67)
炉口	(312)	群色条	396
混砖	212	正通脊	613,(612)
荷叶墩	183	正脊筒子	612,(613)
马蹄磉	327	垂兽	58
砖柱子	630	兽头	(58)
瓶耳子	378	兽座	452
大枋子	65	连座	300
虎头枋子	(65)	连瓣兽座	(300)
三岔头	416	三连砖	417
博缝头	33	垂通脊	58
垫花	90	垂脊筒子	58
砖挂落	629	戗兽	387
瓦	522	岔兽	(387)
琉璃瓦	308	走兽	638
缥瓦	375	蹲脊兽	(638)
琉璃板瓦	308	蹲兽	(638)
琉璃甋瓦	(308)	小跑	(638)
琉璃底瓦	(308)	撺头	63
耳子瓦	100	搯头	500
续瓦	(100)	咧角盘子	302
折腰板瓦	603	咧角三仙盘子	(302)
琉璃筒瓦	308	三仙盘子	417
筒瓦节	515	灵霄盘子	(417)
罗锅筒瓦	324	仙人	541
罗锅脊件	324	骑鸡仙人	(541)
盖脊瓦	135	冥王骑鸡	(541)
套兽	503	真人	(541)
正吻	613	吻下当沟	529
大吻	(613)	平口条	377
龙吻	(613)	压当条	558
吞脊兽	(613)	压带条	(558)
鸱吻	52	押带条	(558)
鸱尾	(52)	当沟	71
殿吻	(52)	斜当沟	553
蚩吻	(52)	燕翅当沟	(553)
吻座	529	博脊连砖	34
合角吻	180	承奉连砖	51

承风连砖	(51)
承奉连	(51)
承风连	(51)
挂尖	163
博脊瓦	34
博通脊	34
博脊筒	(34)
围脊筒	(34)
满面砖	328
蹬脚瓦	74
蹬脊瓦	(74)
正脊筒子	612,(613)
垂脊筒子	58
螳螂勾头	500
合角剑把	180
瓦当	522,(38)
燕尾戗脊砖	564
燕尾戗脊筒	(564)
钉帽	91
滴珠板	79
博缝板	33
宝顶	10
顶珠	92
[黏土瓦]	
布筒瓦	37
青筒瓦	(37)
黑活筒瓦	(37)
卷筒瓦	264
亮花筒	(264)
布瓦	37
板瓦	(37)
小青瓦	(37),(389)
黑活板瓦	(37)
小南瓦	(37)
底瓦	(37)
瓪瓦	(37),515
瓦条	522
布瓦勾头	38
瓦当	522,(38)
猫头	(38)
铁瓦	511
明瓦	338
盘子	366
天盘	507
陡板	94

圭角	170
规矩	(170)
瓪瓦	515
重唇瓪瓦	53
花边滴水	(53)
窑货花色	570
[古建石材]	
汉白玉	179
青白石	388
艾叶青	1
青砂石	389
青石	389,(442)
紫石	632
花斑石	189
豆渣石	94
雪花白石	557
金山石	242
焦山石	237
武康石	535
诸暨石	625
麻石	326
白粒石	4
白玉石	(4)
太湖石	490
湖石	(490)
宜兴石	573
龙潭石	311
青龙山石	389
岘山石	545
散兵石	418
锦川石	249
松皮石	(249)
石笋	(249)
昆山石	279
灵璧石	305
磬石	(305)
宣石	556
宣城石	(556)
湖口石	188
英石	578
英德石	(578)
黄石	199
六合石子	311
雨花石	(311)
踏跺石	490

踏步石	(490)	青灰	388
阶条石	239	黄米灰	199
阶沿石	(239)	锁口灰	(199)
沿口石	(239)	白灰浆	4
勒脚石	283	白浆	(4)
侧圹石	(283)	桃花浆	500
磉礅	162	月白浆	596
礤礅	(162)	青浆	388
柱础	(162)	烟子浆	561
柱顶石	(162)	红浆	185
碔	(162)	糯米浆	364
礤石	419	铺浆	378
砷石	430	砖面水	629
门枕石	(430)	砖药	630
抱鼓石	(430)	掺灰泥	45
门鼓石	(430)	**古建木构材**	161
砷座	430	［古建木构件］	
石栏板	443	材	38
栏板石	(443)	柱	627
夹杆石	225	楹	579,(627)
旗杆石	(225)	栭	619
石望柱	448	梁	301
石柱头	(448)	栋	93
飞磨石	115	桴	128,(93)
石碡	(115)	檼	577,(93)
灰浆	201,(422)	棼	121,(93)
泼灰	378	甍	(93)
泼浆灰	378	极	(93)
煮浆灰	626	榑	520,(93)
老浆灰	282	檩	305,(93)
大麻刀灰	67	檼	(93)
小麻刀灰	553	槫	520
夹陇灰	226	桁	185
裹陇灰	176	桁梧	185
素灰	476	桷	265,(57)
色灰	420	椽	57,(265)
花灰	190	榱	63,(265)
油灰	582,(359)	橑	282
麻刀油灰	325	枋	107
葡萄灰	379	板	6
纸筋灰	615	栿	127
护板灰	189	枓	94
滑秸灰	192	栱	159
软烧灰	416	梲	632
熬炒灰	2	侏儒柱	(632)

71

浮柱	(632)	枅	217,(18)
上楹	(632)	阂	242
蜀柱	(632)	闉	70
童柱	(632)	闇	280
瓜柱	(632)	闌	362
骑筒	(632)	阅	596
栾	323	阀阅	104
栌	312	伐阅	(104)
櫼栌	229	表揭	(104)
枅	217,(18)	乌头门	(104)
柵	100	櫺星门	(104)
㮇	241	阛	489
桴	128,(93)	庋	198
楣	330	挂落	164
枢	452	斗栱	94
楒	306	枓栱	(94)
槛	267	阑额	282
柎	126	阑楯	282
楯	472	阑槛	(282)
桄	525	阑干	(282)
楔	553,(51)	栏干	(282)
樽	(18),34	钩阑	(282)
楷	490	楯轩	(282)
檼	577,(93)	槛楯	(282)
楪	218,(18)	飞昂	115
栖	299	**彩画**	39
楣	330	油漆	(517)
棼	121,(93)	苏子油	476
荣	408	荏油	(476)
柣	619	二八油	100
帐	51	桐油	513
棍	201	生桐油	(513)
槂	228	生油	(513)
柧棱	161	金胶油	242
觚棱	(161)	灰油	202
桎梏	16	光油	169
行马	(16)	熟桐油	(169)
拒马叉子	(16)	亮油	(169)
柁墩	521	清油	394,(169)
闲	544	广红油	169
闵	187	广红土子油	(169)
阑	282	樟丹油	602
闲	18	绿油	320
楪	218,(18)	黑油	184
樽	(18),34	黑烟子油	(184)

白粉油	4	胭脂	561
粉油	(4)	脂脂	(561)
银朱油	577	燕脂	(561)
硍硃油	(577)	紫粉	632
天然漆	507	茜草	385
生漆	431	茹芦	(385)
广漆	169	牛曼	(385)
有色广漆	588	苏木	476
笼罩漆	311,(169)	苏枋	(476)
宁波金漆	(311)	山榴	425
明光漆	338	红花饼	185
推光漆	520	绛矾	234
退光漆	(520)	硝红	552
银朱漆	576	红土子	186
朱红漆	(576)	石青	448
颜料	563	空青	(448)
大白粉	65	曾青	(448)
白垩粉	(65)	扁青	(448)
铅粉	384	沙青	(125),(448)
中国铅粉	(384)	藏青	(448)
锭粉	(384)	佛青	125
铅白	(384)	佛头青	(125)
胡粉	(384)	群青	396,(125)
韶粉	(384)	沙青	(125),(448)
银朱	576	回青	(125)
硍硃	(576)	云青	(125),(396)
紫粉霜	(576)	石头青	(125)
广银朱	(576)	深蓝	(125)
汞朱	(576)	洋蓝	(125),(396)
朱砂	625	优蓝	(125)
丹砂	(625)	粉紫	124
辰砂	(625)	毛蓝	329
朱丹	625	深蓝靛	(329)
朱华	(625)	石黄	439
朱膘	624	黄金石	(439)
樟丹	602	雄黄	555
红丹	185,(475),(602)	鸡冠石	(555)
桶丹	(602)	雌黄	62
铅丹	(475),(602)	土黄	520
紫铆	632	藤黄	506
紫矿	(632)	月黄	(506)
西洋红	(632)	笔管藤黄	(506)
卡密红	(632)	姜黄	234
赭石	603	黄栌	199
土朱	(603)	栌木	(199)

73

香色	547	桑皮纸	(149)
石绿	444	牛皮纸	364
大绿	(444)	炭条	493
孔雀石	(444)	油满	583
绿青	(444)	油浆	583
沙绿	422	捉缝灰	632
铜绿	514	扫荡灰	419
苋兰	545	通灰	(419)
苋菜	(545)	头浆	515
烟子	561	粘麻浆	(515)
黑烟子	(561)	压麻灰	559
灯煤	(561)	中灰	619
锅烟子	(561)	细灰	540
黑石脂	184	浆灰	234
石黛	(184)	细腻子	541
石黑	(184)	土粉子	520
笔石粉	(184)	银粉子	(520)
石涅	(184)	苎麻	626
画眉石	(184)	麻	(626)
墨	340	苎布	626
贴金	510	粗夏布	(626)
金箔	242	香头	548
库金箔	276	白芨	4
98金箔	(276)	明矾	338
库赤金箔	(276)	白矾	(338)
赤金箔	53	矾水	104
74金箔	(53)	桃胶	500
95金箔	648	**[古建筑五金件]**	
84金箔	648	铁骨戗挑	510
铜箔	513	铁扁担	(510)
铜金粉	514	铁绣花	511
金粉	(514)	戗根钉	387
洋金面	(514)	风铎	124
扫金	419	风铃	(124)
[辅助材料]		墙搭	386
砖灰	629	铁拉牵	(386)
水胶	462	椒图	237
血料	557	铺首	(237)
猪血	625	门鋬	334
青粉	388	门环	(334)
土籽	520	门钉	334
面粉	338	面叶	338
白面	(338)	铁门闩	511
高丽纸	149	铁龙	510
红辛纸	(149)	铁袱	510

吊铁	90	段发电雷管	(562)
闲游	544	导火索	72
羁骨	217	导火线	(72)
鸡骨	(217)	导爆索	71
搭钮	64	传爆线	(71)
铁锭升	510	导爆线	(71)
风圈	124	导爆管	71
窗配	58	塑料导爆管	(71)
插销	43	继爆管	221
如意	412	**炸药**	600
灯座	74	工业炸药	158
古建筑量度单位	161	民用炸药	(158)
攒档	599	铵梯炸药	2
材栔	39	硝铵炸药	(2)
斗口	94,(275)	岩石炸药	(2)
口份	275	铵油炸药	2
柱径	627	浆状炸药	234
木工尺	344	水胶炸药	462
夏尺	541	乳化炸药	414
唐黍尺	499,(541)	乳化油炸药	(414)
唐小尺	499,(541)	硝化甘油炸药	552
商尺	426	胶质炸药	(552)
唐大尺	499,(426)	黑火药	184
唐营造尺	499,(426)	火药	(184)
曲尺	395	黑药	(184)
营造尺	578	液体炸药	572
鲁班尺	312	液态炸药	(572)
爆破材料	12	燃烧剂	397
爆炸材料	(12)	高能燃烧剂	(397)
爆破器材	(12)	无声炸药	534
[爆破材料品种]		胀裂剂	(534)
点火材料	81	无声破碎剂	(534)
起爆材料	381	静力破碎剂	(534)
起爆炸药	381	静态爆破剂	(534)
起爆药	(381)	[爆破材料性能]	
引爆药	(381)	爆力	12
雷管	283	猛度	335
引信	(283)	殉爆距离	557
火雷管	212	殉爆度	(557)
电雷管	85	诱爆距离	(557)
瞬发电雷管	473	爆速	12
即发电雷管	(473)	感度	138
延期电雷管	562	敏感度	(138)
迟发电雷管	(562)	炸药安定度	601
		炸药安定性	(601)

75

爆破地震安全距离	12	玻璃纤维增强毡	32
爆炸地震波安全距离	(12)	短切纤维毡	96
爆破冲击波安全距离	12	连续纤维毡	300
爆炸冲击波安全距离	(12)	碳纤维	497
飞石安全距离	115	玻璃纤维表面处理	30
[爆破施工]		玻璃纤维热处理	30
露天爆破	313	玻璃纤维表面化学处理	30
地面爆破	(313)	偶联剂	365
地下爆破	81	表面处理剂	(365)
井下爆破	(81)	硅烷偶联剂	173
水下爆破	471	钛酸酯偶联剂	491
水中爆破	(471)	沃兰	530
拆除爆破	44	[成型工艺]	
解体爆破	(44)	手糊成型	451
城市控制爆破	(44)	袋压成型	68
复合材料	130	喷射成型	368
纤维增强复合材料	543	喷射法	(368)
弥散增强复合材料	335	层压成型	42
粒子增强复合材料	299	模压成型	340
薄片增强复合材料	10	纤维缠绕成型	541
复合材料理论	131	注射成型	626
塑料基复合材料	481	树脂注射成型	454
增强塑料	(481)	连续成型	299
纤维增强塑料	544	拉挤成型	280
纤维增强热固性塑料	543	反应注射成型	105
纤维增强热塑性塑料	543	冲压成型	54
玻璃纤维增强塑料	32	片状模塑料	374
玻璃钢	(32)	热塑性片状模塑料	403
聚酯玻璃钢	263	团(块)状模塑料	520
环氧玻璃钢	196	预混模塑料	592
酚醛玻璃钢	120	纤维增强热塑性塑料粒料	543
[原材料]		[玻璃钢制品]	
基体	215	玻璃钢地面	23
基料	(215)	玻璃钢瓦	25
增强材料	600	玻璃钢管	24
玻璃纤维布	30	玻璃钢复合墙板	24
玻璃纤维单向布	30	玻璃钢浴缸	26
无捻粗纱布	534	玻璃钢整体卫生间	26
方格布	(534)	玻璃钢混凝土模板	24
高硅氧布	148	玻璃钢门	25
三向织物	418	玻璃钢窗	23
玻璃纤维纱	31	玻璃钢落水管	25
玻璃纤维无捻粗纱	31	玻璃钢集水槽	24
玻璃纤维毡	32	玻璃钢集水斗	24
表面毡	20	玻璃钢屋架	26

玻璃钢薄壳屋顶	23	表观比重	19
玻璃钢折板屋顶	26	假比重	(19)
玻璃钢穹屋顶	25	容重	408
玻璃钢夹层结构板	25	密度	336,(607)
玻璃钢冷却塔	25	真密度	607
玻璃钢化粪池	24	表观密度	19
透光玻璃钢	515	表观体积	19
玻璃钢异型材	26	堆积密度	97
玻璃钢活动房屋	24	体积密度	506,(97)
玻璃钢透微波建筑	25	松密度	(97)
玻璃钢贮罐	26	毛体密度	(97)
玻璃钢温室	26	堆密度	(97)
玻璃钢防水屋面	23	相对密度	547
玻璃钢高位水箱	24	比密度	(547)
碳纤维增强塑料	498	密实度	336
混杂纤维增强塑料	212	紧密度	(336)
有机纤维增强塑料	588	硬度	580
金属基复合材料	246	莫氏硬度	340
陶瓷基复合材料	501	摩氏硬度	(340)
橡胶基复合材料	550	布氏硬度	37
碳-碳复合材料	497	洛氏硬度	324
[水泥基复合材料](见混凝土,17、20页)		洛氏硬度 C	324
核辐射屏蔽材料	182	洛氏硬度 B	324
γ射线屏蔽材料	648	维氏硬度	527
铅	384	金刚石角锥体硬度	(527)
铁	510	肖氏硬度	553
铅玻璃	384	努普硬度	364
溴化锌	555	显微硬度	545
防辐射混凝土	108	细度	540
重混凝土	622	粒度	298
中子屏蔽材料	621	吸水性	538
水	455	吸水率	538,(10)
石蜡	443	含水率	178
含硼聚乙烯	178	饱和含水率	10
水化混凝土	459	平衡含水率	376
含硼混凝土	178	平衡含水量	(376)
木材	340	正常含水率	612
反应堆热屏蔽层材料	105	标准含水率	(612)
硼铝	369	亲水性	388
含硼石墨	178	疏水性	452
"加"硼钢	222	增水性	(452)
[材料性能与测试]		吸湿性	537
[物理性能与测试]		抗渗性	270
比重	16,(547)	不透水性	(270)
		渗透系数	430

抗渗标号	269
抗冻性	268
冻融循环	93
耐热性	353
抗热性	(353)
气密性	382
耐磨性	352
耐磨损性	(352)
耐磨耗性	(352)
耐候性	348
抗气候性	(348)
耐久性	351
耐水性	353
浸析度	250
软化系数	415
抗裂性	269
抗裂系数	269
抗震性	271
抗振性	270
黏度	359
黏滞系数	(359)
黏度计	359
比热	16
比热容	(16)
导热性	72
热稳定性	404,(269)
热膨胀	402
热膨胀系数	402
热导率	399
导热系数	(399)
保温性	11
隔热性	155
绝热性	(155)
收缩	451
干缩	136
冷缩	285
碳化收缩	494
湿胀	434
容胀	408
比长仪	15
相对湿度	547
绝对湿度	264
表面张力	20
颗粒组成	271
颗粒级配	(271)
粒度级配	(271)
分散度	119
空气离析法	273
光扫描比浊法	167
斯托克斯定律	474
斯托克斯沉降速度定律	(474)
表面光泽度	19
白度	3
白度计	4
碳化	493
碳酸化	(493)
碳化系数	495
孔隙率	275,(382)
气孔率	382,(275)
孔隙度	(275)
开口孔隙	266
闭口孔隙	16
空隙率	274

[力学性能与测试]

荷载	183
载荷	(183)
荷重	(183)
静荷载	254
动荷载	93
内力	356
外力	523
应力	579
正应力	614
法向应力	(614)
剪应力	229
切向应力	(229)
应变	579
正应变	614
线应变	(614)
角应变	237
剪应变	229
体积应变	506
位移	528
变位	(528)
线位移	546
角位移	237
比例极限	16
弹性极限	492
弹限强度	(492)
屈服极限	395

屈服点	(395)
屈服强度	(395)
流动极限	(395)
规定屈服极限	170
强度极限	386
极限强度	(386)
强度	386
静强度	254
冲击强度	54
疲劳强度	374
抗拉强度	269
抗张强度	(269)
拉伸强度	(269)
拉伸强度极限	(269)
抗压强度	270
抗压强度极限	(270)
压曲强度	559
屈曲强度	(559)
临界荷载	303
临界应力	303
抗折强度	270
抗弯强度	(270)
弯曲强度	(270)
刚度	138
稳定	530
稳定性	(530)
压曲	559,(530)
弹性	492
弹性变形	492
塑性	484
范性	(484)
可塑性	(484)
塑性变形	484
韧性	408
弹性模量	493
弹性系数	(493)
杨氏模量	565,(493)
杨氏弹性模量	(565)
刚性模量	139
剪切弹性模量	(139)
动弹性模量	93
初期切线模量	55
胡克定律	188
虎克定律	(188)
广义胡克定律	170
泊松比	33
流变特性	306
胡克元件	188
牛顿元件	364
圣维南元件	433
结构黏性	240
非牛顿黏性	(240)
牛顿液体	364
牛顿流体	(364)
完全黏性体	(364)
黏性系数	361
宾汉体	20
宾汉塑性体	(20)
开尔文固体	266
开尔文体	(266)
马克斯韦尔液体	326
马克斯韦尔体	(326)
非牛顿液体	116
非线性牛顿液体	(116)
广义牛顿流体	(116)
脆性	64
延性	562
黏弹性	360
滞弹性	619
弹性滞后	(619)
弹性后效	(619)
高温塑性	153
高温蠕变	153
高温徐变	(153)
高温耐压强度	152
高温抗压强度	(152)
高温抗折强度	152
高温弯曲强度	(152)
高温扭转强度	152
断裂力学	96
格里菲斯理论	155
混凝土断裂假说	205
假断裂韧性	227
应力集中	579
理论应力集中系数	290
应力强度因子	579
断裂韧性	96
断裂韧度	(96)
阻力曲线	638
R 曲线	(638)

裂纹顶端张开位移法	302	冲击韧性	54
COD 法	(302)	内聚力	355
J 积分法	643	黏聚力	(355)
应变能	579	凝聚力	(355)
变形能	(579)	内摩擦力	356
弹性变形能	(579)	附着力	130
应变能释放率	579	黏附力	(130)
临界应变能释放率	303	拉力试验机	281
张开型扩展	601	压力试验机	559
Ⅰ型扩展	(601)	万能材料试验机	524
滑移型扩展	192	万能试验机	(524)
Ⅱ型扩展	(192)	全能试验机	(524)
撕裂型扩展	474	动静态万能试验机	93
Ⅲ型扩展	(474)	电液伺服试验机	(93)
裂纹扩展速率	302	电子万能试验机	(93)
断裂判据	96	硬度试验机	580
断裂准则	(96)	耐磨试验机	352
柔度	412	冲击试验机	54
紧凑拉伸试样	248	扭转试验机	364
三点弯曲试样	416	三轴试验机	418
迸发荷载	15	蠕变及持久强度试验机	413
条件迸发荷载	509	疲劳试验机	374
条件断裂韧性	509	电液伺服控制	88
疲劳	374	电液伺服阀	88
常幅疲劳	45	电阻应变仪	90
变幅疲劳	17	应变片	579
随机疲劳	486	引伸计	577
疲劳极限	374	引伸仪	(577)
持久极限	(374)	位移计	528
持久强度	52	荷载传感器	183
长期强度	(52)	测力传感器	(183)
构件寿命	160	测力元件	(183)
裂纹形成寿命	302	函数记录仪	179
裂纹扩展寿命	302	x-y 记录仪	(179)
松弛	476	构件强度检验	160
应力松弛	(476)	构件刚度检验	160
损伤	488	构件抗裂度检验	160
损伤极限	488	光测弹性仪	165
黏性	361	光弹仪	(165)
黏滞性	(361)	偏振光仪	(165)
裂纹扩展	302	非破损检验	116
蠕变	412	无损检测	(116)
徐变	(412)	共振法非破损检验	160
抗剪强度	268	敲击法非破损检验	387
剪切强度	(268)	超声脉冲法非破损检验	48

声发射探伤法	432
液晶探伤法	571
射线非破损检验	430
全息摄影	395
全息照相	(395)

化学分析   193

定性分析	93
定量分析	92
[常用基本仪器]	
分析天平	119
坩埚	137
滴定分析法	78
容量分析	408, (78)
[基本术语]	
试剂	450
干燥剂	137
基准物	216
标准溶液	18
标定	18
指示剂	616
滴定曲线	78
等物质的量	75
等当点	(75)
化学计量点	(75)
滴定终点	78
酸碱滴定法	485
中和法	(485)
氢离子浓度指数	393
PH值	(393)
缓冲溶液	198
酸碱指示剂	485
氟硅酸钾容量法	127
游离氧化钙的测定	586
碳酸钙滴定值	497
沉淀滴定法	49
容量沉淀法	(49)
吸附指示剂	537
络合滴定法	324
螯合滴定法	(324)
氨羧络合剂	1
螯合物	2
乙二胺四乙酸	574
氨羧络合剂Ⅱ	(574)
乙二胺四乙酸二钠盐	574
氨羧络合剂Ⅲ	(574)
EDTA二钠盐	(574)
酸效应系数	486
金属指示剂	248
络合指示剂	(248)
辅助络合剂	129
掩蔽法	563
掩蔽剂	564
隐蔽剂	(564)
解蔽	242
解蔽剂	242
直接滴定法	615
返滴定法	105
回滴法	(105)
置换滴定法	619
取代滴定法	(619)
依次滴定法	573
氧化还原滴定法	566
氧化还原指示剂	566
高锰酸钾法	150
碘量法	82
重量分析	623
重量法	(623)
沉淀	48
共沉淀	159
分离方法	119
溶剂萃取	409
离子交换	289
离子交换树脂的再生	289
离子交换树脂	289
分析试样	119
试样	(119)
酸分解法	485
封闭分解法	125
加压溶解法	(125)
熔融分解法	411
燃烧分解法	397

[仪器分析]

光谱分析	167
火焰光度分析	214
火焰光度计	214
分光光度法	118
分光光度计	118
比色分析法	16
比浊分析	16
原子吸收分光光度分析	595

原子吸收光谱分析	(595)	反向溶出极谱法	(409)
原子吸收分光光度计	595	示差极谱法	450
原子发射分光光度分析	595	色谱分析法	421
原子发射分光光度计	595	色谱法	(421)
红外吸收光谱分析	186	层析法	(421)
红外吸收光谱仪	187	色层分析	(421)
红外吸收分光光度计	(187)	气相色谱法	383
紫外-可见光谱分析	633	气体色层分离法	(383)
紫外-可见分光光度计	633	气体色谱	(383)
激光拉曼光谱分析	216	气相色谱仪	383
激光拉曼光谱仪	217	色谱峰	421
看谱分析法	267	色谱柱	421
目视分析法	(267)	色谱定性分析	421
摄谱分析法	430	保留值	10
拉曼效应	281	色谱定量分析	421
并合散射效应	(281)	高压液相色谱法	153
联合散射效应	(281)	液-固吸附色谱法	571
电化学分析法	84	液-液分配色谱法	572
电导分析法	83	正相分配色谱法	613
电导仪	83	反相分配色谱法	105
摩尔电导	339	离子交换色谱法	289
电导率	83	离子排斥色谱	(289)
比电导	(83)	离子排阻分配色谱	(289)
电位分析法	87	凝胶渗透色谱法	363
[直接电位法]		体积排斥色谱	(363)
参比电极	41	凝胶过滤色谱	(363)
指示电极	616	分子筛色谱	(363)
玻璃电极	23	质谱分析法	618
PH计	644	质谱	617
酸度计	(644)	质谱仪	618
离子选择性电极	289	质谱计	(618)
离子选择性电极法	290	质谱离子源	618
电位滴定法	87	质量分析器	617
电解分析法	85	离子分析器	(617)
电重量分析法	88	单聚焦分析器	69
汞阴极电解分离法	159	双聚焦分析器	455
电量滴定法	86	四极滤质分析器	474
库仑滴定法	(86)	色谱-质谱联用仪	421
极谱分析法	217	质量分辨率	617
极谱法	(217)	分辨率	(617)
示差极谱仪	450	质量分辨本领	(617)
线性扫描示波极谱法	546	边缘场效应	17
电流滴定法	86	空间电荷效应	273
安培滴定法	(86)	极化效应	217
溶出伏安法	409	无机质谱分析法	533

质谱定性分析	617	二色性	102
同位素丰度	512	三色性	417
质谱定量分析	617	消光	551
标样标定法	18	消光位	551
同位素稀释法	512	全消光	396
有机质谱分析法	588	平行消光	378
有机物结构质谱分析法	588	斜消光	554
二次离子质谱分析法	101	对称消光	97
离子探针法	(101)	快光	276
静态离子质谱分析	254	慢光	328
动态离子质谱分析	93	干涉色	135
图像离子质谱仪	516	白光	4
直接成像离子质谱仪	615	干涉图	135
扫描成像离子质谱仪	419	油浸法	583
离子刻蚀技术	289	浸油	250
离子刻蚀法	(289)	显微化学法	545
离子侵蚀法	(289)	补色法则	34
质谱气体分析	618	消色法则	(34)
质谱表面分析	617	消色器	551
质谱界面分析	618	补偿器	(551)
质谱深度分析	618	补色器	(551)
电子能谱分析	88	试板	(551)
电子能谱仪	89	石膏消色器	438
X 射线光电子能谱分析	646	石膏补色器	(438)
光电定律	165	石膏试板	(438)
真空能级	606	"一级红"消色器	(438)
自由电子能级	(606)	云母消色器	597
费米能级	118	云母试板	(597)
化学位移	194	1/4λ 消色器	(597)
荷电效应	183	1/4 玻片	(597)
伴峰	8	石英楔	449
紫外光电子能谱分析	633	贝瑞克消色器	13
俄歇电子能谱分析	100	椭圆补色器	(13)
俄歇电子	100	[试样制备]	
电子结合能	88	薄片	10
电离能	85,(88)	光片	166
束缚能	(88)	光薄片	165
物相分析	536	岩相定量分析	562
岩相分析	562	[其他光学显微镜分析]	
偏光显微镜分析	375	反光显微镜分析	104
偏光显微镜	375	金相显微镜分析	(104)
测微尺	42	反光显微镜	104
贝克线	12	金相显微镜	(104)
突起	516	立体显微镜分析	291
多色性	99	相衬显微镜分析	548

83

干涉显微镜分析	136	X射线相变分析	646
紫外光显微镜分析	633	X射线貌相术	646
紫外光显微镜	633	透射貌相术	516
高温显微镜分析	153	反射貌相术	105
高温显微镜	153	反常透射貌相术	104
电视显微镜分析	87	双晶貌相术	455
万能照相显微镜分析	524	X射线晶体取向分析	646
万能照相显微镜	524	X射线小角散射分析	647
图像显微镜分析	517	径向分布函数分析	253
图像显微镜	517	扩展X射线吸收精细结构分析	280
显微结构	545	电子显微镜	89
X射线衍射分析	647	扫描电子显微镜	419
X射线分析	(647)	扫描电镜	(419)
X射线衍射仪	647	二次电子像	100
粉晶X射线衍射仪	122	背散射电子像	13
四圆单晶衍射仪	475	电子通道效应	89
X射线双晶衍射仪	646	**透射电子显微镜**	516
X射线应力测定仪	647	透射电镜	(516)
布拉格方程	37	高分辨电子显微镜	147
布拉格定律	(37)	分析电子显微镜	119
X射线衍射束强度	647	衬度	49
吸收系数	538	电子衍射	89
衰减系数	(538)	电子衍射花样	89
X射线衍射花样	647	明场像	338
晶面间距	251	暗场像	2
面网间距	(252)	支持膜	614
X射线定性分析	646	复型技术	132
X射线物相定性分析	(646)	薄晶体技术	10
JCPDS卡片	643	粉末制样	124
X射线定量分析	646	**电子探针X射线微区分析仪**	89
内标法	355	电子探针	(89)
外标法	523	**能量色散谱仪**	356
直接强度对比法	(523)	能谱仪	(356)
基体清洗法	216	微区定点分析	526
K值法	(216)	线分析	546
自清洗法	634	面分析	337
绝热法	(634)	**场离子显微镜**	46
绝标法	(634)	**离子探针分析仪**	289
无标样法	531	二次离子质谱仪	(289)
X射线结构分析	646	**能量损失谱仪**	356
X射线衍射群	647	**热分析**	400
衍射类型	(647)	**热重分析**	406
多晶结构分析	98	失重分析	(406)
粉晶结构分析	(98)	**微商热重分析**	526
单晶结构分析	69	导数热重分析	(526)

热差重量分析	(526)
等压质量变化测定	75
自发气氛热重分析	(75)
逸出气检测	576
逸出气分析	575
射气热分析	429
放射热分析	(429)
热微粒分析	404
加热曲线测定	225
差热分析	44
定量差热分析	92
吸热峰	537
放热峰	114
参比物	41
热膨胀法	402
扭辫分析	364
热发声法	400
热发声分析	(400)
热声学法	403
热声分析	(403)
热光学法	400
热光分析	(400)
热电学法	399
热电分析	(399)
热磁学法	399
热磁分析	(399)
微热量热分析	526
低温热分析	78
高温热分析	152
综合热分析	637
差示扫描量热分析	44
热机械分析	401
静态热力分析	(401)
动态热机械分析	93
动态热力分析	(93)
热电偶	399
热性曲线	404
程序控制温度	52

[其他近代测试技术]

正电子湮没分析	612
穆斯堡尔效应	347
穆斯堡尔谱	346
多普勒速度	99
穆斯堡尔谱仪	346
等速度谱仪	75
速度扫描谱仪	476
光声光谱分析法	167
光声效应	167
扫描超声显微镜	419
扫描隧道显微镜	420
隧道效应	488
隧道电流	488
中子衍射分析	621
中子衍射分析仪	622
核磁共振分析法	182
核磁共振波谱法	(182)
核磁共振仪	182
核磁共振波谱仪	(182)
核磁共振分光计	(182)
连续波谱仪	299
脉冲里立叶变换谱仪	328
顺磁共振分析法	472
顺磁共振波谱法	(472)
电子自旋共振谱法	(472)
顺磁共振仪	473
顺磁共振波谱仪	(473)
孔结构分析法	275
水银压入法	472
压汞法	(472)
水银测孔仪	471

[基础理论]

晶体结构	252
晶体	252
点阵	82
阵点	607
结点	239
空间点阵	272
晶格	251,(272)
格子	(251)
布拉维格子	37
点群	82
宏观对称型	(82)
空间群	273
微观对称型	(273)
费德洛夫群	(273)
圣佛利斯群	(273)
晶轴	252
结晶轴	(252)
晶胞	251
单胞	(251)

点阵常数		82	原子键		(159)
	晶格常数	(82)	定域键		93
	晶胞参数	(82)	离域键		288
晶面符号		251	离域 π 键		288
	晶面指数	(251)	σ 键		648
	密勒符号	(251)	π 键		648
晶族		252	金属键		246
晶系		252	配价键		368
晶带		251	配位键		(368)
面角守恒定律		338	氢键		393
双晶		455	双键		455
	孪晶	(455)	共轭双键		159
晶粒		251	范德华键		106
晶体光学		252	分子间键		(106)
偏振光		375	键能		234
	偏光	(375)	键方向性		234
	线偏光	546	键饱和性		234
	平面偏光	(546)	电离能		85,(88)
	圆偏光	596	电负性		83
	椭圆偏光	521	离子极化		288
常光		45	离子极化力		288
	寻常光	(45)	离子变形性		288
非常光		115	离子晶体		289
光性均质体		168	金属晶体		247
光性非均质体		168	分子晶体		120
双折射		455	分子间力		120
	重折射	(455)	范德华力		(120)
双折射率		455	原子晶体		595
光率体		166	晶格能		251
	正光性光率体	612	点阵能		(251)
	负光性光率体	130	盖斯定律		135
	光轴	169	紧密堆积		249
	光学主轴	168	离子半径		288
	主轴	(168)	配位数		368
	主轴面	626	鲍林规则		11
	一轴晶	573	负离子配位多面体规则		130
	二轴晶	102	电价规则		85
矿物光性		278	硅酸盐结构		173
	正光性晶体	612	岛状结构		72
	负光性晶体	130	链状结构		301
	光性方位	167	层状结构		43
晶体化学		252	架状结构		227
	化学键	193	硅氧四面体		174
	离子键	288	类质同像		283
	共价键	159	类质同晶		(283)

完全类质同像	524		系统	539
不完全类质同像	36		物系	(539)
等价类质同像	75		体系	(539)
异价类质同像	574		组分	641
同质多像	512		组元	(641)
同质多晶	(513)		自由度	636
同质异像	(513)		相律	548
同质二像体	513		相平衡定律	(548)
固溶体	162		相图	549
固体溶液	(162)		相平衡状态图	(549)
固态溶液	(162)		一元相图	573
连续固溶体	299		三相点	418
无限固溶体	(299)		二元相图	102
有限固溶体	589		三元相图	418
不连续固溶体	(589)		四元相图	475
置换固溶体	619		结晶路程	240
取代固溶体	(619)		熔点	410
间隙固溶体	228		低共熔点	75
嵌入固溶体	(228)		低共熔混合物	75
填隙固溶体	(228)		液相线	572,(572)
位错	528		固相线	163
短程有序	95		等温线	75,(75)
近程有序	(95)		杠杆规则	147
长程有序	45		相变	548
远程有序	(45)		相变热	548
分散体系	119		介稳态	242
分散相	119		亚稳状态	(242)
分散介质	119		介安状态	(242)
絮凝作用	555		一致熔融	573
吸附	536		一致熔融化合物	573
脱附	521		相合熔点	547
解吸	(521)		不一致熔融	36
物理吸附	535		不一致熔融化合物	37
化学吸附	194		转熔反应	630
毛细现象	330		不相合熔点	36
溶胶	409,(410)		切线规则	387
凝胶	363		[数理统计及数据处理]	
触变性	56		随机现象	487
悬浮液	556		样本点	569
流变性	306		基本事件	(569)
溶剂化	409		样本空间	569
相图	549		随机事件	486
相平衡	549		事件	(486)
多相平衡	(549)		概率	135
相	548		几率	(135)

或然率	(135)	拟合法	358
随机变量	486	实验曲线光滑法	450
分布函数	118	高斯消去法	151
二项分布	102	常微分方程数值解法	46
贝努利分布	(102)	差分法	44
普阿松分布	379	最优化方法	642
几何分布	220	数学规化	(642)
均匀分布	265	正交试验设计	612
正态分布	613	校准	238
高斯分布	(613)	率定	(238)
指数分布	616	重复性	54
矩	254	再现性	599
数学期望	454	复演性	(599)
期望	(454)	复验性	(599)
均值	(454)	加权平均	225
方差	106	显著性检验	545
均方差	(106)	假设检验	(545)
标准差	18	显著性水平	545
相关系数	547	变异系数	18
标准协方差	(547)	变差系数	(18)
总体	637	离差系数	(18)
母体	(637)	回归方程	203
方差分析	106	最小二乘法	642
回归分析	203	有效数字位数	589
绝对误差	264	随机抽样	486
相对误差	547	统计量	515
精确度	252	优选法	582
精度	(252)	U-检验	645
准确度	631	F-检验	643
标准误差	18	χ^2 分布	648
均方误差	(18)	卡方分布	(648)
均方根差	(18)	χ^2 检验	648
中误差	(18)	误差	536
平均误差	376	t 检验	645
随机误差	487	t 分布	645
概率误差	(487)	学生分布	(645)
插值法	43		

A

a

阿克隆耐磨性 Acron's abrasion resistance
环形试样在一定负荷作用下,以一定倾斜角与砂轮接触进行滚动摩擦来测定材料耐磨耗性的性能指标。用专用的仪器测试。主要用来测定橡胶,特别是轮胎胎面胶的耐磨性。试样尺寸为宽12.7cm、厚3.2mm,沿圆周粘在直径68mm的胶轮上。粘有试样的胶轮以76r/min的速度旋转,用26.66N的压力压在砂轮上,胶轮与砂轮的转动轴之间的夹角为15°。预磨15～20min,正式试验的磨耗行程规定为1.61km。试验结果以磨耗的体积（cm^3/1.61km）表示。 （顾国芳）

阿利尼特水泥 alinite cement
在硅酸盐水泥生料中掺入 $CaCl_2$ 煅烧而制得的含阿利尼特（alinite）矿物的水泥。alinite是一种含氯离子的阿利特为结构主体的矿物,熟料可在1 000～1 100℃烧成,因而节能。水泥有快硬特性,水化产物主要为含氯的水化硅酸钙。由于含氯高,不能用于钢筋混凝土。 （王善拔）

阿利特 alite
又称A矿。是硅酸三钙溶解某些微量金属元素氧化物的固溶矿物。是硅酸盐水泥的主要矿物成分,一般占50%以上,是水泥获得早强、高强的主要来源。工业生产的硅酸盐水泥,阿利特中固溶了微量的 Al_2O_3、MgO、Fe_2O_3。这些氧化物对水泥的强度影响甚微,但可使水泥呈青灰色或灰色。阿利特和硅酸三钙的微观结构基本相同,用0.25% HNO_3 酒精溶液浸蚀光片,在反射光下出现淡灰色菱柱体。都是两轴晶,负光性,硅酸三钙的折射率 $n_p = 1.718$,$n_g = 1.723$,双折射率约为0.005,光轴角很大,阿利特比硅酸三钙的折射率约高0.002,光轴角低到5°。 （冯修吉）

ai

艾叶青
带有艾叶纹青色白云质大理岩。主要化学成分为 $CaCO_3$。纹理细密,质地坚硬,有光泽,密度2.89g/cm^3、抗压强度173.5MPa。古建筑中常用于宫殿内铺路,亦可用作台面石。磨光后可作为现代建筑的装饰板材。主要产于北京房山。
（刘茂榆）

an

安全行灯 safety lamp
一种具备安全措施又便于携带或移动照明的灯具。常以白炽灯为光源。多采用直流电和低于36V的交流电源。外配装金属丝网和电缆线等。常用者有①矿用安全型灯,装有自动断电装置,当玻璃外罩破碎时,便能自动断掉电源,以保安全;②瓦斯检定灯,是根据瓦斯或沼气在灯焰上燃烧所生成的淡蓝色火焰的高度及形状,来判定其毒气的浓度。具有防破、防毒、安全可靠、使用方便等特点。适用于井下作业、露天工地以及隧道工程等处的照明。 （王建明）

氨基塑料 aminoplastics
含氨基官能团的化合物与醛类缩聚所得的树脂为基料的热固性塑料。主要包括脲-甲醛、三聚氰胺-甲醛、苯胺-甲醛以及脲-三聚氰胺-甲醛的共聚树脂等所组成的塑料,最重要的是前两种,一般多指脲-甲醛塑料。是发展历史较早的热固性塑料。具有表面硬度高,耐表面电弧,耐矿物油,耐霉菌作用,表面装饰性好,可以加工成各种外观良好,色彩鲜艳的制品。主要用作日用品、电器用品、装饰板、隔声及保温材料等。 （刘柏贤）

氨溶砷酸铜 ammonical copper arsenate
又称ACA木材防腐剂。是一种不用铬盐固着的水溶性（木材）防腐剂。主要成分:氧化铜49.8%,五氧化二砷50.2%,醋酸1.7%,利用氨液来缓冲亚砷酸铜的沉淀。待药液处理到木材内,氨液挥发,形成的砷酸铜即沉积在木材细胞内。氨液用量约为氢氧化铜重量的1.5～2倍。ACA对木腐菌、昆虫以及海生钻孔动物均有相当好的毒效,对铁金属无腐蚀作用,但对铜片能形成点状腐蚀,也不会被水所流失,无臭味,可用作室内或露天用材的防腐、防虫,用量为4.8kg/m^3,与土壤接触木材的用量为8kg/m^3。 （申宗圻）

氨羧络合剂 complexones
一类以氨基二乙酸 $[-N(CH_2COOH)_2]$ 为基体的衍生物,其化学式通式为

$$R-N\begin{cases}(CH_2)_n\cdot COOH\\(CH_2)_n\cdot COOH\end{cases}$$

R 代表各种不同的基团，n 代表不同的数目。因分子中含有氨氮和羧氧配位原子，它们的络合能力很强，能与多种金属离子形成环状结构的络合物，其中的配位原子好像螃蟹的螯，把中心的金属离子钳起来，故叫螯合物。常用的有：氨三乙酸（NTA）、乙二胺四乙酸及其二钠盐（EDTA）和乙二醇二乙醚二胺四乙酸（EGTA）等。 （夏维邦）

铵梯炸药 ammonium nitrate explosive

又称硝铵炸药或岩石炸药。一种由硝酸铵、梯恩梯和木粉碾混成的工业炸药。硝酸铵 NH_4NO_3 为主要成分，呈白色粉末状，起氧化剂作用；梯恩梯 $C_6H_2(NO_2)CH_3$ 为淡黄片状结晶物，是一种猛炸药，在铵梯炸药中起敏化剂作用；木粉为可燃剂，起松散和防结块作用。中国常用铵梯炸药的成分和主要性能见表：

成分与性能		岩石铵梯炸药		露天铵梯炸药		
		1号	2号	1号	2号	3号
成分（%）	硝酸铵	82±1.5	85±1.5	82±2	86±1	88±1
	梯恩梯	14±1.0	11±1.0	10±1	5±1	3±1
	木粉	4±0.5	4±0.5	8±1	9±1	9±1
性能	水分,<%	0.3	0.3	0.5	0.5	0.5
	爆力,ml	350	320	300	250	230
	猛度,mm	13	12	11	8	5
	殉爆距离,cm	6	5	4	3	2

近年来，中国已制成低梯恩梯的新型铵梯炸药，由于含特效添加剂，故爆炸性能略有提高。铵梯炸药具有威力大、安定性好、原料来源广、成本低等优点，因而普遍用于各类爆破工程中。但它易吸湿和结块，不能在涌水量大的爆破作业地点应用。 （刘清荣）

铵盐侵蚀 ammonium salt attack

铵盐对水泥混凝土的侵蚀作用。环境水中的氯化铵、硫酸铵等与水泥石中的氢氧化钙作用，生成极易挥发的氨，从而使液相 pH 值降低，水泥水化产物分解，导致水泥混凝土强度降低甚至破坏。 （王善拔）

铵油炸药 AN fuel oil explosive

由硝酸铵和燃料油混制成的工业炸药。中国早在抗日战争时期首创应用。20 世纪 50 年代发展很快：一种配比是 94%～95% 多孔粒状硝酸铵和 5%～6% 柴油；另一种是 92% 粉状硝酸铵，柴油和木粉各占 4%。加工简便，成本低，不易结块，流散性好，便于现场配制和机械化装药，广泛用于无水工作面的爆破。 （刘清荣）

暗场像 dark field image

用透射电镜进行电子衍射分析时，只让衍射束通过，经放大后所形成的电子像。调节物镜电流，使试样在第一幅衍射花样出现在物镜的后焦面上，把物镜光阑插入后焦面，挡掉透射斑，只允许某一衍射斑点参与成像，在像平面上形成电子像。其衬度正好与明场像互衬（在双光束条件下），但成像分辨率高得多。研究内容同明场像。 （潘素瑛）

ao

凹兜 flute

靠近根基部的树干凹凸不平，横切面呈多角形的树干形状缺陷。具凹兜的原木难于按要求加工利用，且增加废材量。 （吴悦琦）

凹凸珐琅 champlevé, raised style enamel

又称嵌镶珐琅，雕底珐琅。具有凹凸图案装饰的艺术搪瓷。一般以金、银、铜等贵金属为坯体，上面刻出各式凹凸的花纹图案，在凹坑处填满瓷釉，然后烧成、磨平而成。最初坯体上凹凸花纹图案采用铸成，后来采用工具手工凿出，现在采用酸液蚀刻工艺。制品有画盘、壁画、花瓶等。

（李世普）

熬炒灰 slaked lime

将生石灰堆叠后加水完全消解而得的熟石灰。早期宫廷建筑多用作苫背、筑瓦、墙体砌筑和铺墁地面用灰。 （朴学林）

螯合物 chelate compound

见氨羧络合剂（1页）。

奥硅钙石 okenite

又称水硅钙石、纤维钙硅酸石。化学式为 $3CaO\cdot 6SiO_2\cdot 6H_2O$（简写为 $C_3S_6H_6$）的较高酸性纤维状化合物。相对密度 2.33。在 1 000℃ 左右下脱水主要产生 β-硅灰石（CS）。自然界存在的一种天然水化硅酸钙矿物。 （陈志源）

奥氏斑点 Oliensis spot

检验石油沥青均匀性的一种指标。方法是取沥青样品少许，溶于粗汽油（或粗汽油加二甲苯，或正庚烷加二甲苯）中，使成混合溶液。然后取此混合液，滴一小滴于滤纸上。如果此混合溶液在滤纸上成为褐色（或黄褐色）的斑点，并且斑点中心的颜色较暗且呈固态，此沥青的奥氏斑点为阳性，即表示其性质不均匀；如果成为一个均匀的褐色斑点，则此沥青的奥氏斑点为阴性，表示其性质均匀。 （严家伋）

奥氏体 austenite

以铁原子为主并溶入其他元素形成的面心立方结构的固溶体。为纪念英国科学家 R.奥斯汀（Austen）而命名。一般指碳和其他元素在 γ 铁中的间隙或置换固溶体。碳的最大溶解度为 2.06%。铸铁、碳素钢、低中合金钢只有加热到临界温度（奥氏体化温度）以上方存在，冷却到临界温度以下发生共析分解或过冷转变，因而在室温状态下通常不存在。但在高合金的不锈钢、耐热钢、耐磨钢及合金中，室温能够见到（称过冷奥氏体），故称为奥氏体钢。其硬度、强度较低，塑韧性、冷加工性、耐蚀、耐热性好，无磁性。 （高庆全）

B

ba

八五砖　8½″ brick

长度为 8 英寸半的烧结黏土砖。规格是 216mm×105mm×43mm。过去上海、江苏、浙江一带普通使用，后来改为普通砖，然而原有建筑的维修，尚需要此规格的砖，故江浙一带仍然生产。
（何世全）

八字拐子

用方砖砍制成的一种截面似立八字的曲尺形的砖件。是北方古建黑活廊心墙和落堂槛墙等干摆（磨砖对缝）做法必用饰件之一。位于廊心墙下碱上皮左右两端、落堂槛墙之第一层左右两端，其横向与下槛（核桃楞枋子）相接，竖向与立八字相接。属杂料子类。
（朴学林）

拔出试验　pull-out test

又称劳克试验（Lok test）。由抽拔预埋于混凝土内的钢嵌入件所需的拉拔力以估测混凝土强度的试验方法。属混凝土局部破损检验法。专用抽拔装置由千斤顶、油泵和示力表组成。测试方法见图。V.M. 马尔霍特拉（Malhotra）研究了拔出强度与抗压强度的关系。钢圆盘须按计划好的数量和部位预埋。用估测混凝土强度可判定混凝土施加预应力的时间，以及确定多层房屋框架、桥梁、烟囱、冷却塔、管道等冬季施工时所用混凝土的最短养护时间和脱模时间。这种试验并不需要把嵌入件抽出，只要对预埋杆施加预定的力而未将该杆拔出，就可认为混凝土已达到了所给定的强度。 （徐家保）

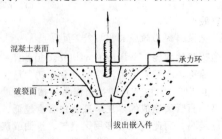

拔丝机　wire-drawing machine

以强力冷拔光圆钢筋，使其直径变小的机械设备。有立式及卧式两种类型。采用立式的较多。可拉拔 6~8mm 的钢筋。钢筋经除锈辊轮除锈后，通过拔丝模的模孔（拔丝模由碳化钨或碳化钼等硬质合金制成），径向压缩，纵向伸长，获得所需直径的冷拔钢丝，然后被卷绕在钢丝架上。亦可多个拔丝模及卷筒联合，进行连续拉拔，直径由粗到细，冷拔速度由慢到快，相互配合，可提高生产效率。
（孙复强）

bai

白炽灯　incandescent lamp

利用灯丝炽热辐射出可见光的灯具。在钠玻璃泡内装入钨丝，并充以适量氩或抽真空，通电后使之灼热到白炽温度而发光。由灯头、玻壳、导线及灯丝等组成。灯头分螺口、卡口及定焦等式；玻壳有荷花、辣椒及梨型等；灯丝常呈单螺旋或双螺旋，靠导线支撑和导电。其发光效率为 6.5~30lm/W，仅有 6% 左右的电能转变为可见光，多呈红或黄色，色温为 2 700~2 900K，使用寿命约 1 000h 左右。是一种常用光源和照明器具。
（王建明）

白度　whiteness

材料表面对白光的反射能力。是白色硅酸盐水泥、陶瓷和搪瓷等的一项重要指标。通常用白度计进行测定。如白水泥应用 BDJ-D 型白度计，水泥试样压成平整的白板，其表面对红、绿、蓝三原色的反射率，以相当于照射氧化镁标准白板表面反射率的百分数表示。白色硅酸盐水泥和陶瓷材料的白度取决于原料中铁、钛等杂质含量及煅烧时气氛性

质。搪瓷的瓷层白度，其涵义为乳浊度，则以漫散射系数表示。　　　　　　　　　（潘意祥）

白度计　whiteness meter

测定试样表面白度的仪器。有多种测定仪器。我国白色硅酸盐水泥白度测定按国家标准采用BDJ-D型白度计进行。仪器配备并标有量值的陶瓷白板或优质纯氧化镁制成的标准白板校正器。每个试样同时压制三块试板，依次用红、绿、蓝三色滤光片进行测定。可按下式计算白度 Y（%），$Y=(R+G+B)/3$，式中 R、G、B 分别为用红、绿、蓝滤光片测定的反射率。　（潘意祥）

白垩　chalk

由海生生物贝壳与残骸堆积而成的沉积岩。主要由隐晶或无定形细粒碳酸钙组成。常为黄白色或乳白色，有的因风化和含不同杂质而呈浅黄色、浅褐色等。多为土状构造，质地疏松轻软，易于采掘和粉碎，高温反应活性好，是水泥干法生产优良的石灰质原料；用于水泥湿法生产时，因制生料浆时需水量大而影响窑的产量与燃料消耗。白垩一般在黄土层下，土层较薄，藏量不大。以色白、发亮的为最纯，含碳酸钙可达90%以上。在建筑上也可用作粉刷材料。在玻璃及陶瓷工业中用作引入氧化钙的原料。此外，也可作为橡胶、涂料的填料等。
（冯培植）

白粉油

又称粉油。是由光油和铅粉调制而成的白色油。传统的调制方法是：铅粉先行过箩，除去杂质。然后用沸水冲漂，待其沉淀后去掉浮水，随即陆续加入光油，使油与颜料混合，混合的过程中，颜料中的水陆续排出，以毛巾吸之排净。最后用光油稀释即成。主要用于板墙油饰。（王仲杰）

白钙沸石　gyrolite

化学式为 $2CaO·3SiO_2·2H_2O$（简写为 $C_2S_3H_2$）的一种天然水化硅酸钙矿物。其中所含3/4的水以分子状态存在，属沸石型结合水，结合力差，很易失水，1/4的水可能以羟基存在。可用人工在150℃下，以 CaO 和无定形 SiO_2 按0.6左右的比率水热合成。其不纯型的矿物为白硅钙石和铅白钙沸石（reyerite）。与特鲁白钙沸石有一定关系，但不相同。　　　　　　　　　　（陈志源）

白光

见干涉色（135页）。

白硅钙石　centrallasite

曾一度指水化硅酸钙的天然晶体。现为不纯晶型的白钙沸石之称谓。（参见白钙沸石）
（陈志源）

白化　blushing, blush

又称发白。挥发性涂料施工或干燥后涂膜光泽减退或表面发白，透明度下降的现象。往往同时出现微孔和丝纹，机械性能下降。主要产生原因是：①空气中湿度太大，空气中水分渗入涂层产生乳化，表面形成白色膜；②溶剂沸点低，挥发速度太快，引起涂膜表面结露；③被涂物表面温度太低；④溶剂中含有水；⑤溶剂和稀释剂配比不当等。预防办法是提高施工环境温度，相对湿度控制在70%以下，选用高沸点溶剂，合理选用稀释剂和溶剂等。容易产生这种现象的涂料有：过氯乙烯涂料、硝化纤维素涂料、磷化底漆及其他挥发型干燥涂料。　　　　　　　　　　　　　（邓卫国）

白灰浆　lime putty

俗称白浆。生石灰加水调成的灰浆。使用前应经细筛过淋。在古建中用途较广：干摆（磨砖对缝）、丝缝（缝子）和淌白等做法的墙体"灌浆"，砖地面铺墁及较讲究的布瓦屋面"座浆"，底、盖瓦"沾浆"，过筛加适量胶水后可作为墙面"刷浆"、墙体瓦饰的"描浆"和屋脊"点浆"等。也可用于石活"灌浆"，但可不过筛。
（朴学林　张良皋）

白芨　hyacinth bletilla

多年生草本植物，主要产于我国东部至西南部，日本也有野生。中医学以块茎入药。由于块茎含黏液质和淀粉等，在彩画中用作糊料，将白芨研细为粉末，渗入颜料用之。　（马祖铭）

白口铸铁　white cast iron

组织中碳几乎全部化合成渗碳体（Fe_3C）的铸铁。断面呈银白色，故名。性硬脆，不易加工。很少直接用于铸造零件。在不要求强度、韧性而要求耐磨的情况下才使用，如用作球磨机的球和衬板。有时为得到局部高耐磨性，亦有将受摩擦部分铸成白口铸铁的。　　　　　　　　（许伯藩）

白粒石

又称白玉石。纯白色细粒结构的碳酸盐类沉积岩或变质岩。在古建筑中常作栏板、望柱、台阶、台明、栏杆、须弥座等，亦可锯切、加工成现代建筑用的装饰板材。主要产在山东掖县。
（谯京旭）

白乳胶

见聚醋酸乙烯胶粘剂（257页）。

白色硅酸盐水泥　white portland cement

简称白水泥。由经淬冷的低氧化铁含量（一般小于0.5%）的白色硅酸盐水泥熟料掺入适量白度较高的石膏磨制成的水泥。氧化铁含量越低，水泥白度越高，因此煅烧时多用天然气、重油或灰分少且氧化铁含量低的优质煤作燃料。在生产过程中须避免着色杂质混入，在用石质或陶瓷质衬板和研磨体的磨机中磨细，物理性能与硅酸盐水泥相似。掺入耐碱颜料可制得各种色彩的水泥。主要用作建筑装饰材料及制品，如墙面、地面、楼板、阶梯、柱等的饰面，也可用作雕塑工艺品。　　（王善拔）

白色混凝土　white concrete, non-staining concrete

由白色水泥和白色（或浅色）集料制成的色白而光亮的混凝土。可用白云石、煅烧过的燧石、白色石灰石等作集料。为了提高亮度，可掺入白色颜料，如氧化锌等。主要用作建筑物的装饰材料、道路和机场的标识材料等。　　（蒲心诚）

白色釉面砖　white pottery glazed tile

用于建筑物内墙装饰的白色有釉精陶质釉面内墙砖。通常采用精选、烧后呈白色的原料，在素烧后得到的白色素坯上施以透明釉；或在劣质原料素坯上施以乳浊釉的方法制得。通常要求白度不小于78%。性能、规格、用途参见釉面内墙砖（590页）。　　（邢　宁）

白石粉　white stone powder

由白色白云石经破碎、磨细、筛分而成的白色粉状物料。用做水磨石面层的填充料可节省水泥用量，同时还可改善面层混凝土的成型性能，提高纯白色水磨石制品的板面白度。　　（袁蓟生）

白陶　white pottery, whitewere

不含熔剂原料的黏土质白色素胎陶器。出现于新石器时代的大汶口文化，所用原料不够纯净，胎带黄色。到殷代（公元前1300～公元前1028年）使用较纯净的瓷土和高岭土作为主要原料，制出了胎色洁白的陶器，器表饰有精美的镂刻图案。说明远在新石器时代，我国就已使用高岭土作为制陶原料。　　（邢　宁）

白铜　white copper

以镍为主要合金元素，含镍量低于50%的铜合金。铜镍二元合金称为简单白铜或普通白铜，牌号用B加镍含量表示，如B16即表示含镍15.3%～16.3%。含有其他元素的白铜称为复杂白铜或特殊白铜，如含有锰的称为锰白铜，牌号用BMn加镍含量和锰含量表示，如BMn40-1.5，表示含40%镍和1.5%锰的锰白铜。根据性能特点，白铜在各种腐蚀介质（如海水、有机酸和各种盐溶液）中有较高的化学稳定性，优良的冷、热变形性。按用途分两类：①结构（耐蚀）用白铜，包括简单白铜（B5、B19、B30）、铁白铜、锌白铜和铝白铜；②仪表和电工用白铜，包括简单白铜（B0.6、B16等）和锰白铜。　　（许伯藩）

白榆　ulmus pumila L

又称家榆。为中国分布较广的榆属树种。从温带一直到亚热带都有生长。是常见的一种速生阔叶用材树种。木材有光泽，纹理直，结构中等，但不均匀。材色浅黄至黄褐色。心、边材区别略明显或不太明显。锯、刨等加工容易，刨面光滑。耐腐性差。气干材密度约为 $0.639g/cm^3$；干缩系数：径向0.191%，弦向0.333%；强度中等：顺纹抗压强度约39.4MPa，静曲强度约87.6MPa，抗弯弹性模量10GPa，顺纹抗拉强度91.6MPa，冲击韧性约 $9.48J/cm^2$；硬度：端面51.8MPa，径面41.6MPa，弦面45.1MPa。适于做家具、室内装修，并可作枕木、坑木、桥梁等构件以及木桩、车厢、船舶等。也适合于生产胶合板。　　（申宗圻）

白云石大理岩　dolomitic marble

由较纯的石灰岩和白云岩经热液变质或区域变质作用形成的富含白云石的大理岩。主要造岩矿物为白云石，含少量（小于5%）方解石、透闪石、透辉石、绿泥石、蛇纹石、硅灰石、石英等。呈纯白、灰白或青灰色，粒状变晶结构，块状或条带状构造。北京房山、掖县黄山后等地出产白云石大理岩，其品种有汉白玉、艾叶青、雪花白等。可用作雕刻原料和建筑装饰材料。　　（郭柏林）

白云岩　dolomite

以白云石为主要组分的碳酸盐类沉积岩。化学式为 $CaMg(CO_3)_2$。1799年首先由多洛米欧（Dolomieu）识别出来，故其英文名词为dolomite。常混入方解石、黏土矿物、石膏等杂质。多呈灰、白、浅红等颜色，粒状结构，致密块状构造，莫氏硬度3.5～4，相对密度2.8～3.1。其外貌与石灰岩很相似，滴稀盐酸（5%）极缓慢地微弱发泡或不发泡（石灰岩则强烈起泡）。在浅海及泻湖中由化学沉积形成，或由碳酸镁交代碳酸钙形成。按成因可分为原生白云岩、成岩白云岩及后生白云岩。按结构可分为结晶白云岩、碎屑白云岩、微晶白云岩等。纯白云岩熔点达2300℃，在冶金工业中可作熔剂和耐火材料。作为玻璃工业、陶瓷工业的配料，能提高玻璃的化学稳定性和坚固性，增加陶瓷的表面光泽。苛性白云石可制造黏结材料，如含镁水泥、气硬白云石灰、水硬白云石灰。广泛用作建筑石料，含镁很高的，还可做炼镁矿石。　　（郭柏林）

百叶窗　louver, shutter

遮挡阳光和视线，兼以通风的窗。传统的做法是在木框内固定多根水平方向的木条板，其外口向下成30°～45°，板间留2～3cm的空隙，以便空气流通，此类称固定百页，亦称硬百页，多用于山墙通风口和盥洗室门的下方。百页部分可借助扭杆（俗称猢狲棒）加以调节其倾斜角度，便于控制进光量的称活动百页，常用于窗扇上。现今常用乙烯

塑料板或铝合金薄板取代传统的木百页板。特别是活动百页，更多为百叶窗帘所取代。　　（姚时章）

百叶窗帘　roll shutter

遮挡阳光和视线，兼以通风的窗帘。参见百叶窗（5页）。常用聚乙烯塑料板或铝合金薄板取代传统的木百页板，以尼龙、金属丝穿吊组织成横向或竖向的软帘。它卷收方便，有的百页还可调节，能以不同的角度反射阳光，或调至完全封闭。可使室内光线柔和宜人，并具有一定的装饰性。

（姚时章）

柏木　Cupressus funebris Endl.

中国南方习见的针叶树种。自然分布广，人工栽培多。分布于浙江、安徽、福建、江西、湖南、湖北、四川、云南中部、广东北部、广西北部、甘肃南部、陕西南部。树干通直，材质优良，坚韧耐腐。边材黄白、浅黄褐色或黄褐色微红，心材草黄褐或微带红色，久则转暗，心边材区别较明显。纹理直或斜。结构细，均匀。木材有光泽，有柏木香气。锯、刨等加工容易，刨面光滑，耐腐性及抗白蚁性均强。气干材密度 $0.534\sim0.600 g/cm^3$；干缩系数：径向 0.141%，弦向 $0.180\%\sim0.208\%$；顺纹抗压强度 $47.2\sim53.3$MPa，静曲强度 $98.2\sim95.6$MPa，抗弯弹性模量 $9.81\sim10.00$GPa，顺纹抗拉强度 $100\sim115$MPa，冲击韧性 $4.18\sim4.49J/cm^2$；硬度：端面 $47.7\sim58.4$MPa，径面 $38.0\sim41.7$MPa，弦面 $36.1\sim41.7$MPa。适宜于做文具如铅笔杆，工艺美术品如雕刻、屏风等。在建筑上做柱子、搁栅、屋架、地板及室内装修，也可做枕木、电杆、车船、木模、家具等。　　（申宗圻）

ban

斑点　speck

又称铁点（iron spot）。制品表面呈现的有色污点。陶瓷表面缺陷之一，尤其影响白色及浅色调制品的外观质量。陶瓷原料中含有铁化合物（如黄铁矿、白铁矿、菱铁矿、褐铁矿、含水赤铁矿和铁云母等）或在原料开采、运输、加工过程中混入了金属铁等含铁杂质时，均会出现此种缺陷。克服的方法是加强原料制备，尤其是除铁工序的质量控制以及采用还原性气氛烧成。　　（陈晓明）

板　board

通版。周代木板，多作建筑工具。《诗小雅·鸿雁·毛传》筑墙者，一丈为板，五板为堵。《诗秦风小戎》在其板屋，《毛传》注曰："西戎板屋"。左思《三都赋序》引此诗，作"在其版屋"，是版筑之屋。《世说·排调》东府客馆是版屋，谢景重诣太傅（谢安），直仰视云：王乃复西戎其屋。注引《诗》作版屋。谢景重所见实物，和注文引诗所指，都是版筑之屋。　　（张良皋）

板材　board

宽度尺寸为厚度尺寸自二倍以上的锯材。

（吴悦琦）

板栗　Castanea mollissima Bluma

中国特产的一种优良干果树种。分布很广，北自吉林省的集宁，最南到广东，东起台湾而西至内蒙、甘肃、四川、云南、贵州等省，但以黄河流域的华北各省以及长江流域各省栽培较集中。心边材区别明显，边材窄，浅褐色或灰褐色，心材浅栗褐色。木材有光泽，纹理直，结构粗，年轮明显，环孔材。气干材密度 $0.689 g/cm^3$；干缩系数：径向 $0.14\%\sim0.149\%$，弦向 $0.283\%\sim0.297\%$；顺纹抗压强度 $53.3\sim58.2$MPa，静曲强度 102.6MPa，抗弯弹性模量 14.0×10^3MPa，顺纹抗拉强度 124.4MPa，冲击韧性 $7.98J/cm^2$；硬度：端面 $53.5\sim69.9$MPa，径面 $43.4\sim52.7$MPa，弦面 $44.0\sim56.2$MPa。材质疏松，干燥易开裂，不耐腐，边材易感染真菌，呈橘黄色，加工容易，胶合及油漆性能好，握钉力中等，但易劈裂。木材可供家具、建筑、农具、车辆、枕木等用。

（申宗圻）

板弯　bend

玻璃原板（含成型时两边部的玻璃板）纵横方向上的弯曲。是平板玻璃的缺陷之一。使玻璃容易产生裂子、炸裂，切裁时损失大。存在于原板边部如同蛇形的称蛇形弯。原板的两个边向同一方向发展呈一大弧状（横向弯曲）的称弓形弯。原板板高上端与下端向同一方向发展（纵向弯曲）的称扣弯。玻璃原板横向一半左右向一面弯曲，另一半向相反一面弯曲（原板截面呈S状）的称扭曲弯。产生原因：玻璃液在板边处温度偏低，引上室边火不够，原板较宽板边处玻璃液供应不足，引上室内主辅冷却器弯曲，两根主冷却器进水量不同或温度不同，冷却器两端的温差太大或高低远近位置不当，槽子砖变形，玻璃液化学组成不均等。

（吴正明）

板岩　slate

俗称瓦板岩。一种板状构造的浅变质岩石。由黏土岩、粉砂岩或中酸性凝灰岩经轻微变质作用而成。原岩因脱水，硬度增高，矿物基本上没有重结晶或只有部分重结晶。故其成分用肉眼不易鉴定。有时在板理面上有少量绢云母、绿泥石等新生矿物，并使板面略显丝绢光泽。颜色灰暗或近似黑色。具有变余结构（指原岩在变质作用过程中，由于重结晶作用不完全而残留下原岩的部分结构特征）和变余构造（指岩石经变质后，仍保留有原岩的构造特征）。按颜色和杂质的不同命名，如黑色碳质板岩、灰绿色钙质板岩等。可沿板理面剥成平整的石板，作为屋瓦、铺路等建筑材料。

(郭柏林)

半导体釉 semiconducting glaze

电阻率比较低的一种釉。通常在釉中引入20%～40%带有导电性的氧化物、碳化物或碳，如 Fe_2O_3、Fe_3O_4、MnO、Cr_2O_3、Cr_3O_4、CaO、TiO_2、SiC、C 等制成。导电性氧化物不溶于釉，埋在其中成为结晶体的网络结构。其表面电阻率通常在 10^4～$10^7 \Omega$ 范围内，具有负电阻温度系数，其电阻随环境温度的升高而降低。由于泄漏电流的发热效应，可以烘干表面潮气，提高电晕电压，以防止污染造成的闪络和对无线电的干扰。适合在高温、沿海、热带地区使用。

(邢 宁)

半定量注入法 lowry process

加压注入防腐剂前，木材内空气维持常压的一种空细胞法。木材装入处理罐中，在大气压下注入防腐剂，处理罐注满后开始加压，迫使防腐剂注入木材内，当预定量的防腐剂进入木材后，解除压力，将防腐油排回贮存罐，抽真空，木材中原来被压缩的空气发生膨胀，迫使过量的防腐剂排出木材。此法利用满细胞法的设备即可进行。

(申宗圻)

半干法制管机 pipe machine for semi-dry process

以浓度为50%～70%的石棉水泥料浆经挤压、真空-挤压或辊压等方法脱水密实制造石棉水泥管的一种设备。与抄取法制管机相比，具有设备简单，并能大量使用短石棉或代用纤维等特点。因石棉在管体中呈三维乱向排列，故纤维利用效率不如抄取法。属于半干法制管机类型的有内真空制管机(inner suction pipe machine)、三轴式挤压制管机(triaxial extruder pipe machine)和希马尼特制管机(Hiamanit pipe machine)等。

(叶启汉)

半干性油 half-drying oil

碘值在100～130，含不饱和双键的脂肪酸甘油酯。是制漆基料的原料，由于脂肪酸碳键上所含的双键较少，在空气中氧化较缓慢，所以干燥速度比干性油慢。特点是变黄性小，适宜制作白色或浅色油漆，常用于制造同氨基树脂并用的短油醇酸树脂漆。典型的有豆油、葵花油、棉子油、鲸脂油等。使用前需精制处理。主要用途是制作油性漆及建筑防水材料、油膏等。

(刘柏贤 陈艾青)

半干压成型 semi-dry pressing

将含水率为8%～14%的粒状粉料，放在模具中直接施加压力而成型的方法。特点是坯料中含有可塑黏土原料，以水为塑化剂，成型时压力较干压成型低。是陶瓷墙地砖生产的主要成型方法之一。成型设备及产品特点与干压成型用设备及产品相同。适合于连续、大批量生产。

(陈晓明)

半干硬性混凝土 semi-stiff concrete

水泥或砂浆含量较少，水灰比较低，粗集料用量较多的混凝土。其混合料的工作性为维勃稠度10～5s。

(孙复强)

半固体沥青 semi-solid asphalt

在常温下，呈半固体状态的沥青材料。其针入度介于40～300（25℃，100g，5s）（1/10mm）范围，通常指道路石油沥青、重交通石油沥青和水工沥青等。主要用于建筑防水材料、道路建筑材料和水利工程。

(严家伋 刘尚乐)

半硅质耐火材料 semi-silica refractory

SiO_2 含量大于65%，Al_2O_3 小于30%的酸性耐火材料。由 Al_2O_3 含量低的黏土、高岭土或叶蜡石制成。原料和制品中都含有石英变体，在烧成过程中产生的膨胀可抵消部分收缩，在使用过程中产生的微量膨胀可提高砌体的整体性，减少熔渣沿砖缝的渗透。同时还可在砖的表面形成一层 SiO_2 含量高、黏度大的釉状物封闭表面气孔，阻止熔渣渗入以提高抗渣性。可用于玻璃窑、盛钢桶及化铁炉等热工设备。

(李 楠)

半黄砖

细泥青灰色城砖。规格一般为520mm×270mm×55mm左右。多用于大宅的墙门、垛头（即墀头）或园林建筑中的门景雕刻用材。制作要求较高，以黏土纯净，火候适当，成品色泽青灰，扣之声音清脆者为上品。另有一类体量略小，称小半黄砖。

(叶玉奇 沈炳春)

半结晶水化物 semi-crystalline hydrate

结晶不良的水化物。如水化硅酸钙中的C-S-H（Ⅰ）、C-S-H（Ⅱ）等。它们的结晶度比本征托贝莫来石（$C_5S_6H_5$、晶格参数 $a=1.13nm$）等结晶水化物的低，比表面积大。这类水化物在硅酸盐水泥硬化体中、在灰砂硅酸混凝土及灰渣硅酸混凝土制品中都大量存在，可形成具有许多接触点的连生体，是形成水泥石强度的主要相之一。收缩较大，抗碳化能力较低。

(蒲心诚)

半金属 semimetal

又称类金属。物理、化学性质介于金属与非金属之间的单质。如硼、硅、砷、硒、碲等。根据各自的特性，具有不同的用途。硅是半导体的主要材料；高纯碲、硒、砷是制造化合物半导体的主要原料；硼是合金

的添加元素,可提高钢材的淬透性或表面的耐磨性。广泛用于无线电、电器、冶金工业中。　　（许伯藩）

半开级配沥青混凝土　semi-open grading bituminous concrete

矿质集料空隙率介于密级配混凝土和开级配混凝土之间（5%～15%）的一种沥青混凝土。按其组成结构和路用特性,仍属于开级配沥青混凝土范畴,常用作沥青混凝土路面的底层。　　（严家伋）

半水石膏　semilhydrate gypsum, plaster of paris

又称熟石膏。以粉状半水硫酸钙为主的气硬性胶凝材料。化学式为 $CaSO_4 \cdot \frac{1}{2} H_2O$。由于脱水温度和条件不同,有α和β型两种形态,在微观结构上均属三方晶系,但二者晶形不同,β型为针状,α型为棒、柱状。α型半水石膏结晶良好,晶体粒度较大,标准稠度需水量小,其硬化体有较高的密实度和强度,故又称高强石膏。β型半水石膏结晶细小,需水量较大,其硬化体中孔隙率较高,强度较低,是建筑石膏的主要成分。由较纯的β型半水石膏组成的气硬性胶凝材料亦称巴黎石膏。

半水石膏硬化　hardening of semihydrate gypsum

半水石膏加水后,由具有塑性的浆体逐渐转变为坚硬固体的过程。在 $CaSO_4 \cdot \frac{1}{2} H_2O - H_2O$ 体系中,其水化产物二水石膏的溶解度（约0.2%）比反应物的溶解度（约1%）小,半水石膏遇水后很快形成对二水石膏为过饱和溶液而使其析晶沉淀,由于水化的继续进行,产物的晶体增加、长大、连生、交织成网而使浆体凝固并具有强度。该过程的反应速度与制半水石膏时的脱水温度、粉磨细度、杂质含量、半水石膏的存放时间及水化温度等因素有关。水化时的温度越高,反应物的溶解度越小,体系建立所需过饱和度的时间延长,因而凝结硬化过程变慢。在使用时可掺入少量外加剂调节凝结速度。缓凝剂可用某些有机酸及其盐类,以及一些生物聚合物（如蛋白质）水解而成的有机胶体,也可用磷酸盐和硼酸盐等。促凝剂有卤化物、硝酸盐、硫酸钾等。此外掺入少量二水石膏因起晶胚作用,亦能加速凝结硬化过程。　　（高琼英）

半退色时间　half fading time

又称半复明时间。光致变色玻璃停照后,从5min透射率（$T_{D(5)}$）恢复到原始透射率（T_o）与5min透射率（$T_{D(5)}$）之和的1/2所需的时间。是衡量退色速率的一个指标,通常为1.5～4.0min左右,快的只有数秒。　　（刘继翔）

半稳定白云石耐火材料　semistable dolomite refractory

又称半稳定白云石砖。用半稳定性白云石熟料生产的耐火制品。多为烧成浸渍制品。主要成分除 CaO 和 MgO 外,还有少量 $2CaO \cdot Fe_2O_3$。显气孔率 18%～23%,体积密度 2.50～2.75g/cm^3,抗压强度 25～65MPa。主要用于修砌电炉、水泥回转窑及炼铜炉内衬。　　（孙钦英）

半氧化沥青　semi-oxidized asphalt

又称半吹制沥青（semi-blown asphalt）。渣油（或直馏沥青）在较低温度、较小风量和适当延长氧化时间的条件下,得到的轻度氧化沥青。由于氧化工艺条件的改变,可使沥青在氧化过程中,化学组分转化时,形成的树脂分相对增加较多,而沥青质相对增加较少。因此它比相同针入度（或软化点）的氧化沥青具有较好的延伸性和低温抗裂性。可用于建筑防水或路面工程。　　（西家智）

半硬质聚氯乙烯块状塑料地板　semi-rigid PVC plastics floor tiles

以聚氯乙烯及其共聚树脂为基料,配以适量增塑剂、稳定剂等助剂以及大量碳酸钙填料经压延、挤出或热压工艺所生产的单层或同质复合的半硬质块材地板。硬度介于软质和硬质聚氯乙烯制品之间。尺寸规格、性能特点与聚氯乙烯石棉塑料地板相近,不同的是填料中不包含石棉。　　（顾国芳）

半镇静钢　semikilled steel

脱氧程度介于镇静钢和沸腾钢之间的钢。偏析比沸腾钢轻微而接近镇静钢,脱氧剂的消耗比镇静钢少得多,钢锭切除损耗接近沸腾钢而比镇静钢大为减少,机械性能超过沸腾钢而接近镇静钢,因而可部分代替镇静钢使用。但是其含氧量、氧化物夹杂含量和半熔解的氮比镇静钢高,影响了冲击韧性。同时由于该钢生产工艺性强,脱氧程度不易控制,所以限制了它的发展。美国20世纪30年代开始生产半镇静钢,50年代开始一些主要产钢国家如日本、英国都有发展,70年代产品已占有相当比例。中国从1960年开始在鞍钢、武钢和包钢先后开展研制并投入生产,但至今其产量不足钢总产量的1%。可应用于建筑结构、农业及一般机械、石油、化工、造船及其他运输部门。产品种类有薄板、带钢、工字钢、无缝钢管。在钢号后面加半字（或小写b）作为标志如 08b 表示含碳量为 0.05%～0.12% 碳素半镇静钢。　　（许伯藩）

伴峰　satellite

在光电子能谱图中,除试样原子或分子受激发而产生的光电子主峰外,由其他物理过程产生的谱峰的总称。它的出现与入射光的单色性、原子在光致电离的同时发生的其他过程（如俄歇态激发）、原子的终态效应及光电子能量损失等因素有关。在电子能谱分析中,要特别注意将它与主峰的化学位移相区别。它的出现提供了关于分子和原子中电子结构的重要信息。研究其出现的原因对试样的分析也很有价值。 (潘素瑛)

拌合水 water for concret

配制混凝土拌合物用水。按水源可分为饮用水、地表水、地下水、海水,以及经适当处理或处置后的工业废水。饮用水可拌制各种混凝土;地表水、地下水首次使用应检验,合格后使用;海水可用于拌制素混凝土,不得用于拌制钢筋混凝土和预应力混凝土;工业废水经检验合格后方可用于拌制混凝土。水的pH值、不溶物、可溶物、氯化物、硫酸盐、硫化物含量应符合下表要求:

项 目	预应力混凝土	钢筋混凝土	素混凝土
pH 值	>4	>4	>4
不溶物 mg/L	<2 000	<2 000	<5 000
可溶物 mg/L	<2 000	<5 000	<10 000
氯化物(以 Cl^- 计) mg/L	<500	<1 200	<3 500
硫酸盐(以 SO_4^{2-} 计) mg/L	<600	<2 700	<2 700
硫化物(以 S^{2-} 计) mg/L	<100	—	—

拌合水所含的物质不应影响混凝土和易性及凝结;不应有损于混凝土强度发展;不应降低混凝土的耐久性,加快钢筋锈蚀及导致预应力钢筋脆断;不应污染混凝土表面。 (刘茂榆)

拌间变异 variation between batch

俗称盘间变异,参见一拌(573页)。

拌内变异 variation in batch

又称盘内变异,参见一拌(573页)。

bang

棒法 rod (drawing) process; drawing from rods

又称舒勒法。加热熔融玻璃棒下端形成的液滴拉成玻璃纤维的方法。通常使用一排玻璃棒,约50~100根,使用煤气或氢氧焰或电阻丝作热源,被加热的玻璃棒下端形成液滴,在自重下形成细流,借浸润剂和气流作用,贴附于高速旋转的大滚筒上拉制成玻璃纤维。拉制的纤维直径为10~14μm。该法起源于18世纪的德国,发明者是舒勒(Schüller),技术设备简单,投资省,见效快,能生产耐高温玻璃纤维,至今仍有企业用以生产石英玻璃纤维等。该法虽经各种改善,但所生产的玻璃纤维质量仍然很差,生产效率很低,一般很少采用。 (吴正明)

棒形悬式瓷绝缘子 long rod porcelain insulator

又称长棒瓷绝缘子。用于交流高压、超高压架空电力线路中绝缘和固定导线的瓷绝缘子。属于不可击穿型绝缘子。绝缘件体近似圆柱形,绝缘件两端具有外胶装或内胶装金属件。运行中不会击穿,不需要从电气方面检测。其瓷质要求同横担瓷绝缘子。断裂时,导体可能落地。 (邢 宁)

棒形支柱瓷绝缘子 solid-core post porcelain insulator

又称实心支柱瓷绝缘子。一种棒形用于工频交流额定电压10~220kV的电器和配电装置上绝缘及固定电力线路的实心电站电器绝缘子。与盘形悬式瓷绝缘子串相比具有对无线电干扰少、耐污性能好、维护工作简单、重量轻、不易发生串级电弧、电压分布均匀的特点。 (邢 宁)

bao

包裹系数 enveloping factor

配制混凝土时砂的松散体积与粗集料自然状态下颗粒间空隙体积的比值。与砂浆拨开系数的概念不完全相同,但在混凝土配合比计算中所起的作用相似,使用中常有混淆。为使水泥砂浆能充分覆裹粗集料表面,充分发挥胶结作用,而避免因砂粒干涉使粗集料空隙加大后水泥砂浆都填入石子空隙,导致粗集料间接触处的砂浆过少过薄,在配合比计算时,应使砂的用量在填满石子原来未加砂前的空隙的条件下,略有富裕。所以此值一般应大于1,通常为1.10~1.40。在配合比设计计算砂率时须乘上此系数。若使用特细砂拌制混凝土,因砂子粒径甚小而颗粒数量甚多,水泥砂浆在粗集料接触处甚薄,粗集料的空隙比自然状态下的空隙增加不多,而包裹了水泥浆后的砂浆体积却大大超过砂的自然松散体积,故此值可用0.90~0.95。 (徐家保)

薄板共振吸声构造 panel absorber

由薄板及其板后一定深度的空气层组成的吸声构造。薄板可用胶合板、木纤维板、塑料板等。当声波入射到薄板结构时,在声波交变压力激发下而振动,由于板边缘被固定,使板发生弯曲变形,产生内部摩擦损耗而将机械能变为热能,在共振频率处消耗声能最大。共振频率多在80~300Hz之间,吸声系数约0.2~0.5,在空气层的边缘一带填充多孔材料,可提高构造的吸声系数。 (陈延训)

薄晶体技术 foil crystal technigue

用透射电子显微镜直接观察材料内部组织而采取的制样技术。其制作方法分两类：一类是直接制样法。即用真空喷镀、电解沉积或化学沉积法而获得一层试样薄膜；另一类是从大块试样上切取厚度为 $0.1\sim0.2$ mm 的薄片，经细磨抛光至 0.1μm 厚，再用电解抛光（只适用于金属材料）或离子轰击法等技术将薄片制成厚度小于 200nm 的薄膜为止。采用薄晶体技术，不仅可直接观察材料内部的微观组织，位错、层错等晶体缺陷，还可以利用微区电子衍射确定基体和析出物的晶体结构。

（潘素瑛）

薄膜共振吸声构造 thin film absorber

本身刚度很小，在受拉力时具有弹性的膜状材料和膜后设置的空气层构成的吸声构造。膜可用聚乙烯薄膜、几乎没有透气性的帆布等。其共振频率通常是 $200\sim1\,000$Hz，最大吸声系数为 $0.30\sim0.40$，主要用作中频范围的吸声材料。

（陈延训）

薄膜烘箱试验 thin-film oven test

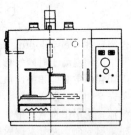

将预制的沥青薄膜置于标准烘箱中加热测其热老化性能的一种试验方法。其法是取沥青试样 50mL 置于内径为 149mm 的铝皿中，摊成厚度约为 3.2mm 的沥青薄膜。然后将皿置于 163℃ 的标准烘箱（如图）中加热 5h，测定其加热后的重量损失百分率；加热前后的针入度（或 60℃ 黏度）比；以及加热后的延度和脆点等指标的变化。此试验方法不同于加热损失，因该法是将沥青制成薄膜，相似于沥青混合料在拌和时，沥青在集料表面形成薄膜时的受热老化的条件。近来，薄膜烘箱试验又发展为旋转薄膜烘箱试验。

（严家伋）

薄膜养护 liquid membrane curing

在混凝土表面喷涂溶液状养护剂，形成薄膜以防止水分蒸发的自然养护方法。薄膜养护剂主要采用合成树脂、植物油类或合成乳液等原料加化学助剂配制而成，有无色、白色和灰色等诸种色泽。白色养护剂可防止吸热，从而减少混凝土的升温。在混凝土表面失水后立即涂布，可分数次进行。喷涂后，经适当养护时间会自行分解消除，或可用水冲刷除去。薄膜养护剂应满足：①具有既能保水又易于除膜的性能；②成膜时间适当；③对混凝土有一定的附着力和耐久性；④无毒，配制使用方便，成本低廉。薄膜养护的优点为：不受施工场地和建筑物或构件的形状、位置、高度的限制，施工方便，节约大量养护用水，有明显的技术经济效益。适用于道路、机场跑道、水工建筑、混凝土制品等的大面积或立面养护及润湿前的初期养护。

（孙复强）

薄片 thin section

试样磨成厚度为 30μm 左右的透光片。主要用于天然岩石、无机非金属材料的岩相分析。对于易碎或孔隙较多的试样需先用树脂胶浸煮后再进行磨制；对于晶体细小的无机材料，须磨得更薄些，以便在偏光显微镜下进行观察分析。

（潘意祥）

薄片增强复合材料 sheet reinforced composite

见复合材料（130页）。

饱和分 saturates

沥青四组分分析法中溶于正庚烷，吸附于 Al_2O_3 谱柱可为脱芳石油醚所洗释的一种化学组分。由直链烷烃及部分环烷烃组成。由于该组分分子中碳原子已达到饱和，化学性质比较稳定。

（徐昭东　孙　庶）

饱和含水率 coefficient of water saturation

又称吸水率。材料在吸水饱和状态时所含水分的质量与材料在绝干状态下质量之比值，以百分率表示。

（潘意祥）

饱和面干含水率 water ratio at saturated surface-dried condition

见集料含水量（218页）。

饱和面干状态 saturated surface-dried condition

见集料含水量（218页）。

饱和蒸汽 saturated water vapor

在锅炉中，气液两相共存达到动平衡状态时的水蒸气。常作为湿热介质用于混凝土制品的蒸汽养护。

（郭光玉）

宝顶 tee

攒尖式屋面的顶端构件。作为攒尖式屋面顶端的收束，封护雷公柱并成为屋面最引人注目的装饰构件。一般为圆形或方形，因为比较高大，所以多为分件组装而成。下部为多层的须弥座，最上边安置顶珠。各层构件和顶珠都是中空的，包着雷公柱。颐和园佛香阁的宝顶，高 3.5m，基座为八方形。一般单层亭式建筑的宝顶，其高度约占建筑总高的九分之一左右。琉璃活及黑活屋面，都有此构件。

（李　武）

保留值 retention

见色谱定性分析（421页）。

保罗米公式 Bolomey's formula

表征混凝土抗压强度 R 与所用灰水比 C/W 呈

线性关系的表达式 $R = AR_c(C/W - B)$。式中 R_c 为所用水泥的实际强度；A、B 为经验系数，随水泥与集料的品种、质量而变。用此式可推算配制某一强度值的混凝土应采用的水灰比，或采用某一水泥强度等级、水灰比可配制出的混凝土强度概值。适用于塑性和低流动性的混凝土，各地区根据使用的原材料特性和不同制作工艺，可经系统试验研究确定专用的 A、B 数值。　　　　（徐家保）

保水性　water retentivity

材料保持水分的能力。是与材料泌水性相反的性能。保水能力大小决定于材料表面积及其与水分子间的附着力。砂浆采用分层度表征其强弱；混凝土则采用泌水量、泌水率、泌水速度等指标作间接的表征。为防止严重泌水而产生分层和泌出水分集中滞留于粗集料与钢筋下方，其水泥浆应具有较好的保水性。　　　　　　　　　　　（徐家保）

保温轻集料混凝土　insulating lightweight aggregate concrete

适用于保温的围护结构或热工构筑物的轻集料混凝土。按中国有关标准规定，表观密度等级小于 $800kg/m^3$，强度等级小于或等于CL5。用膨胀珍珠岩、超轻陶粒、浮石等轻集料配制成的全轻混凝土都属这一类。我国应用最多的是膨胀珍珠岩保温制品。　　　　　　　　　　　　　　　（龚洛书）

保温吸声砂浆　thermo-retaining acoustic absorbing mortar

具有多孔结构、热导率低且吸声效果良好的特种砂浆。多由轻集料与胶凝材料拌制而成，常用者有膨胀珍珠岩砂浆及膨胀蛭石砂浆等。一般用于保温层和室内抹灰，或用于制作吸声砖。
　　　　　　　　　　　　　　　　（徐家保）

保温性　heat preservation properties

冬季采暖房屋外围护结构能保持室内所需的正常温度，减少热量损失的能力。反映外围护结构的保温能力，可由热阻值和热稳定性来表征。
　　　　　　　　　　　　　　　　（潘意祥）

保险门锁　security door lock

锁舌能被保险附件顶住，不用钥匙不能自由伸缩开启的一种弹子门锁。也有在门内锁体壳上另加与门外对称的锁头，以及采用双锁舌形式（见图），这样更安全可靠，故名。　　　（姚时章）

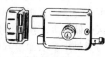

保险铅丝　fuse wire

又称保险丝。由铅锑合金的坯料压制成一定规格的线材。由熔点低、电阻率高的铅锑合金（$Pb \geq 98\%$、$Sb 0.3\% \sim 1.5\%$）制成。分为圆形和扁形两类。其规格以额定电流（安培A）表示，额定电流越大，丝的直径越粗。当发生短路或严重过载时，即自行熔断起保护电路作用。用于交流50、60（Hz）、电压500V以下或直流440V以下各种电器的保护。工作温度环境为 $160 \sim -40℃$。
　　　　　　　　　　　　　　　　（陈大凯）

保油性　oil retentivity

嵌缝油膏在使用、施工过程中油脂成分渗出的程度。试验方法是：取干燥中速定性滤纸5张，叠放在玻璃板上，在滤纸中央压上 $\phi 65 \times 12mm$ 的金属环，环内填满嵌缝油膏，然后在标准状态下（与嵌缝油膏耐热度试验的温度一致）放置1h，以嵌缝油膏中的油分渗透过的滤纸张数及渗油幅度作其指标。一般渗油张数不应多于4张，渗油幅度不应超过金属环外壁5mm。这些指标表征油性嵌缝油膏中油脂成分渗出与迁移状况，质量好的嵌缝油膏在施工和使用过程中其油脂成分渗出和迁移很少。在建筑密封材料试验方法标准中，该指标称渗出性。以渗出张数与渗出幅度二者之和的渗出指数为其指标。其试验方法略有差别。参见渗出性（430页）。　　　　　　　　　　　（孔宪明）

刨制单板　sliced veneer

用刨切机将蒸煮处理过的木方刨切成的单板。表面裂隙小，出材率高，经拼接加工可构成各种花纹图案，作人造板和家具、建筑装修的表面饰面层。　　　　　　　　　　　　　　　（吴悦琦）

鲍林规则　Pauling's rules

由鲍林提出的关于离子晶体结构与其化学组成关系的基本规律。包括五个规则：①负离子配位多面体规则，又称鲍林第一规则，在阳离子周围形成一个负离子配位多面体，正负离子之间的距离取决于离子半径之和，而配位多面体取决于正负离子半径之比，与离子价数无关；②电价规则，又称鲍林第二规则，在一个稳定的离子化合物结构中，每个负离子的电价等于或近似等于相邻正离子分配给这个负离子的静电键强度的总和；③负离子多面体共用棱、顶点和面规则，又称鲍林第三规则，在一个配位结构中，共用棱尤其是共用面会降低这个结构的稳定性，对于高电价和低配位的阳离子则影响更大；④鲍林第四规则，在晶体中有一种以上的阳离子时，电价高，配位数低的阳离子特别倾向于共角连接；⑤鲍林第五规则，在同一晶体中，本质上不同组成的构造单元的数目趋向于最少。
　　　　　　　　　　　　　　　　（潘意祥）

爆点　pop-off

搪瓷烧成时小片底釉弹脱使基体金属裸露的缺陷。主要是由于金属坯体沾有污垢、杂质或金属材

质不佳，烧成温度过低等原因造成。易使基体金属受到腐蚀，损坏制品。　　　　　　　　（李世普）

爆花　decal tissue bursting

陶瓷制品贴花花面在烤花过程中爆裂，形成蚕桑叶状的破裂现象。釉面缺陷之一。花纸黏合剂配制和用量不当、花纸贴于瓷面后包封气泡以及贴花房内气温过高、过于干燥均会造成这种缺陷。此外，烤花的低温阶段升温过快，水气急剧汽化，也会出现这种现象。　　　　　　　　（陈晓明）

爆力　detonation power

爆炸气体产物膨胀作功的能力。它是衡量炸药性能的重要指标。爆力愈大，破坏介质能力愈强。与炸药的爆热和产生气体量成正比。工程上，常用铅铸扩大法测定爆力（见图）：称取 10 ± 0.01 g 炸药，装入直径 24mm 锡箔筒内，插入 8 号雷管，放到铅铸中心孔的底部，用通过 144 筛目石英砂填满小孔。起爆后，小孔扩大的体积以 ml 表示（扣除雷管爆力 28.5ml）即为被测炸药的爆力。
　　　　　　　　（刘清荣）

爆裂孔　popout

由于内压力使混凝土表面破裂掉落一小块而留下的圆锥状浅穴。可分大中小三类：①小孔，孔穴直径在 10mm 以内；②中孔，直径 10～50mm；③大孔，直径在 50mm 以上。损害混凝土制品的美观和不利于混凝土的物理、力学与化学性质。参见混凝土降质（207 页）。　　　　　　（徐家保）

爆破材料　blasting materials

又称爆炸材料、爆破器材。在外界能量作用下，能引起爆燃或爆轰的材料。建筑工程和建材工业用的爆破材料主要有：各类炸药、起爆药、雷管、导火索、导爆索、导爆管及点火材料等。将这些材料按一定的要求组合，可实现对岩基、地坪、混凝土等介质的安全而有效的破碎。该材料属易燃、易爆的危险品，生产、装卸、运输、贮存、使用和销毁过程中，均须严格遵守《爆破安全规程》的有关规定。　　　　　　　　（刘清荣）

爆破冲击波安全距离　safe distance of the explosion wave

又称爆炸冲击波安全距离。爆破冲击波对人员、建筑物、构筑物及设备等不致造成危害和损坏的距爆源最小距离。根据人员和建筑物允许承受的空气冲击波超压，可计算该安全距离。对于药室爆破，计算式为

当 $n\geqslant 1$ 时，$R_k=\dfrac{2(1+n^2)}{\sqrt{\Delta P_k}}\cdot\sqrt{Q}$

当 $n<1$ 时，$R_k=\dfrac{4n^2}{\sqrt{\Delta P_k}}\cdot\sqrt{Q}$

式中 R_k 为爆破空气冲击波安全距离（m）；n 为爆破作用指数；Q 为炸药量（kg），齐发爆破和毫秒延期爆破取总药量；秒延期爆破取最大一段药量；ΔP_k 为人员或建筑物允许承受的空气冲击波超压（Pa）。地下爆破时，对人员和其他保护对象的爆破空气冲击波安全距离由设计确定。在水深大于 30m 的水域内进行爆破时，水中冲击波安全距离由实测而定。　　　　　　　　（刘清荣）

爆破地震安全距离　safe distance of the explosion earthquake

又称爆炸地震波安全距离。爆破地震对人员、建筑物、构筑物及设备等不致造成危害和损坏的距爆源最小距离。计算式为

$$R_d=(K/V)^{1/\alpha}Q^m$$

式中 R_d 为爆破地震安全距离（m）；Q 为炸药量（kg），齐发爆破取总药量，微差爆破或秒差爆破取最大一段药量；V 为地震安全速度（cm/s）；m 为药量指数；K、α 分别为与爆破点地形、地质等条件有关的系数和衰减指数。采用多段毫秒（或秒差）爆破、预裂爆破、不耦合装药结构及挖防震沟等，可有效地减震和防震。　　　　（刘清荣）

爆速　detonation velocity

炸药爆炸时，单位时间爆轰波沿炸药的传播长度，m/s。主要取决于炸药化学性质与纯度，并与装填密度、药包直径、起爆能、炸药粒度、含水量及添加物等因素有关。可用爆速仪、高速摄影法和导爆索对比法等测定。常用工业炸药的爆速介于 2～6km/s。　　　　　　　　（刘清荣）

bei

贝壳　shell

贝类和蛎类生物的外壳。含 $CaCO_3$ 约 90%，可作为生产水泥的一种石灰质原料。产于沿海地区，储量大。捞自海底时一般有水分 15%～18%，需要烘干。表面附有较多的氯化物等有害成分时须用淡水冲洗后再用。　　　　　（冯培植）

贝壳石灰石　shell limestone

由碳酸钙、碳酸镁等矿物粘合贝壳而成的松软岩石。常含一定黏土杂质。表观密度 800～1 800kg/m³，极限抗压强度 10～20MPa。可在回转窑中烧制成生石灰。　　　　（水中和）

贝克线　Backe line

在显微镜单偏光下观察时,两物质(或矿物)相邻接触处的一条细亮带。为贝克(Backe)首先发现而命名。其产生的原因是两物质的折射率不同,光波通过接触界面时,发生折射、反射等作用。光线在折射率较高的一方集中,在接触界面的另一边光线则相对减少。当提升镜筒时,此亮带向折射率大的物质移动;降低镜筒时,则向折射率小的物质移动。根据此移动规律,可测定矿物的相对折射率值。

(潘意祥)

贝利特 belite

又称 B 矿。是硅酸二钙固溶一些金属元素的固溶体。微观结构和性能与硅酸二钙相近。α-硅酸二钙与 $3CaO·P_2O_5$ 是完全互溶的,当后者的质量达 34% 时,固溶体虽可在室温稳定,但没有胶凝性。β-贝利特固溶微量的 Al_2O_3、Fe_2O_3 及 MgO 后,可提高稳定性及强度。它有三种不同结构的晶型:在反光镜下,光片显交叉双条纹的是贝利特－Ⅰ,存在于工艺条件正常情况下烧成的水泥熟料中;显平行单条纹的是贝利特－Ⅱ,存在于烧成温度较低且冷却缓慢的水泥熟料中;显圆形颗粒的是贝利特－Ⅲ,是未溶于高温液相的贝利特。 (冯修吉)

贝瑞克消色器 Berek compensator

又称椭圆补色器。用方解石的垂直光轴切片(厚约 1mm)嵌在金属板圆环中制成的消色器。在正交偏光镜下,圆环由鼓轮带动旋转时,依次产生一至四级干涉色。可用以精确测定光程差、双折射率、矿物光性和延性符号等。应用公式确定矿物光程差 R,$R = c·f(i)$,式中 i 为鼓轮转动度数;c 为消色器常数(与方解石薄片厚度有关),通常附在带有此消色器的偏光显微镜说明书中。

(潘意祥)

贝氏体 bainite

又称贝茵体。加热到临界点以上温度的奥氏体,快速冷到中温(500～M_s 点温度)区域分解成铁素体和碳化物的两相聚合物。为纪念其发现人 E.C.贝茵(Bain)而命名。随分解温度不同,较高温度形成的组织,光学显微镜下观察,呈羽毛状称上贝氏体;较低温度形成的组织,呈针状称下贝氏体。一般来说,下贝氏体的强度较高,韧性也较好,通过等温淬火获得。而上贝氏体强度较低,韧性也较差,实际应用极少。 (高庆全)

贝塔纱 beta yarn

见超细玻璃纤维(48 页)。

背衬材料 back-up materials

又称衬垫材料。在注入密封膏以前嵌入接缝中的一种可压缩的与密封膏不相粘结的材料。其作用是防止密封膏与被密封的基体发生三面黏结,并可控制密封膏进入接缝的深度。一般用多孔的弹性塑料制成。 (徐昭东 孔宪明)

背散射电子像 back scattered image

扫描电镜中检测的背散射电子经放大调制而获得的图像。入射电子束在与试样表层原子相互作用时,发生弹性或非弹性散射而改变运动方向,其中从试样背面反射出来的称背散射电子。其图像的明暗程度与背散射电子的产额有关,物质的原子序数越大,背散射电子数越多,相应的图像区域愈亮,因此可以根据图像的衬度,来分析试样表层(100nm)元素分布情况,反映试样的成分像。

(潘素瑛)

背兽

古建筑屋面正吻背后的小兽头形饰件。安装在正吻全高的十分之三至十分之四之间,使平直的吻后部丰富起来,是一纯装饰型构件。形似一异兽的兽头,鼻、眼、唇、角俱全。辽、金时代即已出现,明代之前以虎头形为最多见,至明、清两代则

明代背兽　　清代背兽

演变为现在常见的异兽头形。因其随时代不同而产生不同的风格特点,所以也是鉴定建筑年代的一个依据。如明代制品,长唇上卷,面有卷须和鳞甲文饰,尾部有一尖锥形阳榫可以插入吻背后的榫眼里;清代制品短唇且不上卷,面部也没有卷须和鳞甲,尾部不带阳榫而是中空的榫槽、安装时以木销使与正吻连接。

琉璃背兽尺寸表　单位:mm

	二样	三样	四样	五样	六样	七样	八样	九样	注
长	317	290	260	180	160	130	80	80	正方
宽	317	290	260	180	160	130	80	80	
高	317	290	260	180	160	130	80	80	

(李　武　左瀋元)

背纹 back side pattern

在砖背面上的凸起或沟槽。主要作用是使砖能与墙体或地面黏结牢固。由于砖的用途和施工使用的黏结剂不同,背纹的形式也有多种,常见的有:蜂窝形、格子形、燕尾槽形等等。通常,地砖和吸水率较大的釉面内墙砖多采用较浅的纹式;外墙砖或吸水率低、尺寸大的内墙砖多采用燕尾槽形;如使用专门黏结剂铺贴,可采用蜂窝形或格子形。

(邢　宁)

钡硅酸盐水泥 barium silicate cement

简称钡水泥。由硅酸三钡或硅酸二钡为主要矿物组成的熟料加适量石膏磨制的水泥。主要原料为碳酸钡（$BaCO_3$）或硫酸钡（$BaSO_4$）和黏土。生产工艺与硅酸盐水泥相同，但煅烧温度较高，一般在1550℃左右。水泥相对密度大，以硅酸二钡为主要矿物者，其相对密度为4.7～5.2。钡水泥混凝土的防辐射能力比普通混凝土强7～9倍。抗海水腐蚀性能好，但热稳定性差，只适用于制作不受热的辐射防护墙等。 （王善拔）

被覆玻璃纤维 coated glass fibre

表面覆盖保护膜层的玻璃纤维无捻粗纱。中碱与无碱玻璃纤维无捻粗纱的抗碱性很差，经掺有增塑剂、固化剂的某些树脂液或掺有阻蚀剂的某些聚合物乳液浸渍处理并经固化或干燥后，在纱的表面形成致密性较好的膜层，因而显著提高其抗碱性。可用以增强水泥砂浆，制作非承重的玻璃纤维增强水泥制品。经上述处理的中碱或无碱玻璃纤维网格布则称为被覆玻璃纤维网。 （沈荣熹）

焙烧 firing

经过干燥的黏土制品坯体，在烧成温度下焙烧为成品的过程。根据黏土质原料的矿物组成、颗粒度组成和助熔料的含量，合理确定烧成温度，一般在950～1150℃之间，同时不允许发生荷重下的过量收缩变形；确定最佳焙烧曲线，正确选定气体介质的气氛，隧道窑和轮窑的气氛是氧化性的，砖瓦呈红色，采用还原性气氛或水蒸气焙烧，砖瓦呈青色。焙烧过程中，坯体经历一系列物理和化学变化，在预热阶段（20～400℃），黏土质矿体排除自由水、吸附水和某些层间水；加热阶段（400～900℃），失去大部分化学结合水，β-石英转变为α-石英，石灰石分解放出CO_2生成CaO；烧成阶段（900～1150℃），发生颗粒熔融、烧结及新结晶相的生成等一系列高温反应，紧邻的固体颗粒通过组分离子的换位和在晶格中重排，形成颗粒间固体键合（即烧结），液相的形成强化了烧结，生成以钙铝硅酸盐为主的新晶体，从而形成产品颜色和强度；冷却阶段（1150℃～室温），应注意避免因降温过快而产生的冷却损害。用于焙烧的设备主要有轮窑和隧道窑等。 （陶有生）

焙烧曲线 firing curve

又称烧成曲线。表示黏土制品、陶瓷、耐火材料坯体的焙烧（烧成）温度和焙烧（烧成）时间关系的曲线。坯体焙烧过程可分为干燥、预热、焙烧、保温和冷却五个阶段。通过焙烧曲线可以获得焙烧周期、各阶段划分、最高焙烧温度和焙烧速率的信息。以高的焙烧速率、烧成无缺陷产品的最短焙烧过程是最佳焙烧过程，相应制定出最佳焙烧曲线。受原料特性、坯体的形状、导温系数、焙烧过程变形与应力等多因素影响，一般应通过多次试烧来合理确定。是设计窑炉和制定焙烧制度的重要依据。 （陶有生）

ben

本体聚合 bulk polymerization

又称整体聚合、块状聚合。在除引发系统（如光、热、引发剂等）作用外，于单体自身中进行的聚合反应。也包括无机溶剂或任何分散介质下的气体和固体的聚合。按单体和聚合物互混时的相态，分均相聚合和非均相聚合。聚合时，散热较困难，聚合物分子量不均匀，但纯度较高。聚苯乙烯、聚甲基丙烯酸甲酯，苯乙烯-丙烯腈共聚物是常用本体聚合法生产的实例。 （闻荻江）

本体着色平板玻璃 body color plate glass

在平板玻璃成分中添加微量着色剂而得的有颜色的平板玻璃。常用的着色剂有氧化钴、氧化锰、氧化铁、硒等。颜色有茶色、宝石蓝、绿色、青灰色等。能大量吸收可见光和红外线辐射能，无论何种色调的6mm玻璃均可吸收40%左右的太阳辐射能，减弱了眩光，减轻了空调设备的负荷。无色平板玻璃的透光率约90%左右，蓝色吸热玻璃约75%，青灰色与茶色玻璃约为58%左右。与彩色的涂膜平板玻璃相比，成本低、色泽均匀，持久不变，玻璃面积大，缺点是颜色品种少，难以小批量生产各种颜色玻璃。广泛用于汽车、商场、体育馆、宾馆、博览会、医院等高中级建筑的门窗及家具。 （许 超）

苯 benzene

分子式C_6H_6，无色易挥发、具芳香气味的易燃液体。一种重要的芳香族烃。有毒性，熔点5.5℃，沸点80.1℃，闪点-10～-12℃，爆炸极限为0.8%～8.6%。不溶于水，能与乙醇、汽油、丙酮和二硫化碳等有机溶剂混溶。燃烧时发生光亮而冒烟的火焰。是染料、塑料、合成橡胶、合成树脂、合成纤维等的重要原料。可用作涂料、橡胶等的溶剂。 （陈艾青）

苯-丙乳液防锈涂料 stgrene-acrylic emulsion anticorrosive paint

以环氧树脂改性苯乙烯-丙烯酸三元乳液为基料的水溶性防锈涂料。用于加气混凝土配筋制品中，具有工艺简单、成膜温度低、涂层薄、附着力大、致密性好、使用安全等优点。 （沈 琨）

苯-丙乳液涂料 styrene-acrylic emulsion coating

又称苯-丙乳胶漆。由苯乙烯和丙烯酸酯类单体共聚乳液为主要成膜物质配制而成的乳液型涂料。分为有光、半光、平光三类。涂膜外观细腻，色彩艳丽，质感好，具有优良的耐碱、耐水、耐湿擦洗性。在耐候性方面，具有高耐光性及涂层不易泛黄的特点，与水泥混凝土基层的附着力好，广泛用于建筑物外墙面装饰。　　　　（陈艾青）

beng

崩解　disintegration

见混凝土降质（207页）。

泵送混凝土　pumped concrete

用混凝土泵管道输送和浇筑的混凝土。为保证泵送顺利，防止离析、泌水和堵塞，要求它必须具有可泵性。因此其配合比的设计，除满足强度和经济性外，要求具有良好的流动性和黏塑性，用于大体积工程，还要设法降低其水化热。坍落度宜为8~18cm，轻集料混凝土可更大些。原材料对可泵性影响很大，应合理选择。一般常用保水性好的普通硅酸盐水泥，采取措施后也可使用矿渣硅酸盐水泥，最小水泥用量约为300kg/m³。粗集料的最大粒径与输送管内径之比，对碎石宜小于或等于1:3，对卵石则宜小于或等于1:2.5。粒径在0.315mm以下的细集料所占的比例不应小于15%。含砂率一般为40%~50%。适量掺用粉煤灰，不但可降低大体积混凝土的水化热，而且还能改善混凝土的黏塑性，有利泵送。常用的泵送剂为木质素磺酸钙减水剂，用量约为水泥质量的0.25%。对轻集料混凝土还应考虑泵送时轻集料的吸水释水特性。可一次连续完成水平和垂直运输，且能直接布料，具有技术先进、工效高等优点，适用于大体积混凝土结构物、高层建筑以及工地狭窄和有障碍物的施工现场。　　　　　　　　　（孙宝林）

泵送剂　pumping admixture

能改善混凝土拌合物在管道中泵送能力的混凝土外加剂。一般减水剂、引气剂、增稠剂均可用作泵送剂。在低水灰比的富混凝土拌合物中为改善其流动性，可采用减水剂；集料级配差或质量差的拌合物，可选择用引气剂；在贫混凝土拌合物中则用增稠剂，目前多采用上述几种材料复合的泵送剂，其性能优于单一材料。　　　　　（陈嫣兮）

泵送距离　conveying distance

混凝土混合料从混凝土泵的输出口至输送管道出口所能达到的距离。水平输送时，指水平输送管道总长（m）。垂直输送时，指机器安装平面至输送管道最高点的垂直距离（m）。是泵送能力的指标，按泵的型号不同，最大水平距离可达100~600m，最大垂直距离可达30~150m，由泵的输送压力和输送管道（包括弯管、锥形管、软管等）的阻力决定。　　　　　　　　　（丁济新）

泵送压力　discharge pressure；delivery pressure

混凝土泵输出口每单位断面积上作用于混凝土混合料的最大压力（MPa），主要由原动机的额定输出功率决定。一般为1.5~4.5MPa，对长距离输送和超高层建筑施工用泵，泵送压力可达6.5MPa以至10MPa。　　　　　　（丁济新）

迸发荷载　pop-in load

在做平面应变断裂韧性试验的加载过程中，最先听到清脆断裂声时的荷载。用此计算的平面应变断裂韧性K_{IC}值，通常认为是材料的真实断裂韧性值。若无明显脆断声，一般根据荷载-位移曲线，按规定以裂纹有效扩展相对增量达到2%的荷载P_Q作为条件迸发荷载，用P_Q计算的K_Q值称为条件断裂韧性。只有当试件的厚度及制备符合规范，求得的K_Q才等于K_{IC}。否则要重新做试验。　　　　　　　　　　　　　（沈大荣）

bi

比表面积　specific surface area

单位质量物料所具有的总表面积。常用单位为m^2/kg或cm^2/g。表面积分外表面积和内表面积两类。理想的无孔物料只具有外表面积，但多孔物料除外表面积外尚有内表面积。测定比表面积的方法常用透气法与气体吸附法。中国标准规定用透气法测定。一般硅酸盐水泥的比表面积为270~350m^2/kg。水泥中微粉量增加，比表面积明显增大。
　　　　　　　　　　　　　（魏金照）

比长仪　comparator

利用与标准长度相比较来测定试件长度的精密仪器。为了高精度测定微小长度，必须要有一个高放大倍数的读数机构。按其放大原理，有机械式、光学式、空气式和电感式等。测定水泥试件的膨胀率时多半采用前两种仪器。　　　　（潘意祥）

比长仪法　extensometer test

测定水泥膨胀率的一种试验方法。根据中国部标准规定，用两端装有球形钉头的一定长度的水泥净浆方柱形试体经养护后，用比长仪测量其长度的变化，然后按$E_x = \dfrac{(L_2 - L_1)}{L} \times 100$公式计算膨胀率。式中$E_x$为膨胀率，%；$L_1$为试体脱模后测得的初始长度，mm；$L_2$为某一龄期试体长度，mm；

L 为试体有效长度，250mm。本方法通常适用于各种类型的膨胀水泥及指定采用本方法的其他品种水泥的膨胀率测定。　　　　　　　（陆　平）

比光密度　specific optical density

单位面积（A）试样产生的烟扩散在单位容积（V）中通过单位光路长度（L）的光密度（D）。记作 D_s：

$$D_s = \frac{V}{AL} D$$

烟浓度常用量度之一。用 NBS 烟箱测定。数值越大，烟浓度越大。最大值称最大比光密度。相应于人眼可以透视 9m 的临界值为 16。到达此值的时间对于逃离火灾现场具有重要意义，记作 t_{16}，用 min 计。　　　　　　　　　　　（徐应麟）

比例极限　proportional limit

材料在受载过程中，应力与应变保持正比例关系时的最大应力值。在这个阶段内，材料变形是弹性的。　　　　　　　　　　　（宋显辉）

比热　specific heat

比热容的简称。在没有相变和化学变化的情况下，加热 1g 物质，使其温度升高 1℃ 所需的热量。以符号 C 表示，单位：J/（kg·K）。它与加热时的条件，如：温度、体积和压力的大小或变化有关。当气体体积恒定时，单位质量的热容为定容比热。以 C_V 表示；压力恒定时称定压比热，以 C_P 表示。对于固体和液体因其体积变化不大，它主要随温度而改变，例如 α-Al_2O_3 在 100℃ 时的平均比热为 0.181J/（kg·K），702℃ 时为 0.219J/（kg·K）。
　　　　　　　　　　　（潘素瑛）

比色分析法　colorimetric analysis

利用被测溶液本身的颜色或加入试剂后呈现的颜色与标准溶液对比而对元素进行定量分析的方法。该法以目测为主，是较老的测试方法，其准确度较差，只适用于可见光范围。但该法所需设备简单，价廉，使用方便快速，在对分析结果要求不高的情况下，仍有广泛应用。　　　（潘素瑛）

比重　specific gravity

材料在绝对密实状态下，单位体积的质量与单位体积 4℃ 水的质量之比。过去工程上又常指绝对密实状态下单位体积的质量。绝对密实状态是指不含气孔的状态。它是材料重要的物理性质。水泥等粉状物料一般采用比重瓶测定。硅酸盐水泥的比重为 3.10～3.20。1982 年后按法定计量单位制将重量改为质量，比重（无量纲）改为相对密度，而比重（有量纲）则改称真密度。　　（潘意祥）

比浊分析　turbidimetry

一种用分光光度计检测悬浊液的光学性质进行定量分析的方法。当光通过的介质含有分散颗粒时，一部分光被颗粒散射，使透射光减弱，测定其透光率，就可检测介质中颗粒的浓度。该方法操作条件要求严格，测定结果的重现性和准确度较差，现很少使用。　　　　　　　（潘素瑛）

闭口孔隙

见孔隙率（275 页）。

闭门器　door-closing device

一种能够自动关闭门扇的装置。品种较多，有的除了能自动关闭门扇外，还兼有铰链或门定位器的作用。常用的有地弹簧（地龙）、门顶弹簧、门底弹簧、门弹弓（鼠尾弹簧）等多种。依其各自特点，分别适用于宾馆、饭店、办公楼、学校、医院、宿舍楼等需要经常启闭的门上。　（姚时章）

闭气孔率　closed porosity，sealed porosity

闭口气孔的体积对材料几何体积的百分率。可由气孔率和显气孔率之差求得。闭气孔一般是在材料的烧结后期形成。它对材料性能的影响与气孔率相同。但闭口气孔降低热导率的作用较开口气孔大。细小而均匀分布的闭口气孔是优质保温材料理想的显微结构。　　　　　　　（李　楠）

桎柜　barricade

又称行马，俗称拒马叉子。《说文》行马也。本为战阵用具，《汉制考》治营垒，则有天罗、武落、行马、蒺藜之具，用以遮阵者也。演变为宫殿禁卫措置，《周礼·天官掌舍》设桎柜再重。再变为官署威仪器仗，《韵会》柜者，交互其木，以为遮阑也；汉魏三公门视行马，又名权子。宋代成为街道分隔交通的设施，《东京梦华录》卷二御街：两边御廊各安立黑漆权子，路心又安朱漆权子两行，中心御道，不得人马行往。　（张良皋）

壁灯　wall lamp

又称墙灯。装在墙壁上的灯具。通常距墙面 9～40cm，距地面 144～265cm。多以白炽灯和荧光灯作光源，配有形式多样的彩色玻璃罩或有机玻璃罩，具有造型美观、光线柔和、装饰性好等特点。广泛应用于门厅、走廊、楼梯、卧室、客厅以及办公室、会议室、餐厅等公共场所。是一种室内的灯饰。　　　　　　　　　　　（王建明）

壁挂　hanging

除水彩画、油画、国画和书法以外，挂在墙上的工艺装饰美术品的统称。一般按形式风格、材料和加工方法分类：①编织壁毯：用丝、毛、棉、化纤、金属丝、竹丝、绳索等经编织而成，或将其织物进行多种切割和组合而成。②雕刻壁挂：用木材、竹材、树根、象牙、兽骨、牛角、砖石等材料经手工雕刻而成。③浮雕壁挂：包括平雕、浅浮雕、高浮雕等形式。④其他：玻璃镶嵌、陶瓷、漆工、挑补、刺绣等。采取多种形式、多种材料和多种加工方法，注重形式和工艺相结合，必要时要强调艺术变形和抽象造型的手法，使其具有浓厚的民族气息和时代气息，强化情调气氛。题材广泛，取材较易，装饰性强，适于不同类别的室内装饰。
(姚时章)

壁纸 wall paper

又称墙纸。用来裱贴内墙面和顶棚的装饰卷材。早期是用施以色彩或图案的纸张裱贴墙壁，故名。我国明清以来就有用洒金或绘制（后用印制）图案的纸张布置裱贴墙面的做法。近代得以发展，除用天然纤维外，又大量采用无机纤维、合成纤维、塑料薄膜、金属薄膜等材料，面层经印花、压花、发泡等工艺处理，仿制出各种肌理效果，甚至可达以假乱真的地步。其图案变化多样，色泽丰富，宜表达出不同的环境气氛，以供室内设计选用。有按装饰效果、功能特性、施工方法和用材类别等多种方法分类，致使一种产品有几个名称。一般按所用材料可分为纸基壁纸、纺织纤维壁纸、塑料壁纸等。贴墙布因使用功能同壁纸，习惯上也将其归入壁纸类。
(姚时章)

壁纸胶粘剂 adhesive for wall paper

粘贴壁纸用的胶粘剂。也可粘贴墙布。主要有溶液状和粉末状两种。前者绝大部分用聚乙烯醇树脂改性或聚醋酸乙烯树脂乳液为基料配制而成。后者有用纤维素醚、聚乙烯醇树脂、聚醋酸乙烯树脂、淀粉等黏料加工成粉状，使用时加定量水搅拌即成，优点是减少运输费用，使用方便。这类胶粘剂的共同特点是以水为溶剂，价格低廉，无臭、无毒，有一定的稠度，施工时减少流淌，与基底粘接较好。粘接强度一般在0.4~1MPa。也有在壁纸背面预涂压敏胶的，但价格较高。
(刘柏贤)

避水浆 water-repellent

能提高水泥砂浆或混凝土的密实性和不透水性的一种防水剂。以硬脂酸、碳酸钠、氢氧化钾、氨水和水配制而成。乳白色浆状液体，属于金属皂类。可掺入水泥中用于拌制防水抹面水泥砂浆或防水混凝土。掺量占水泥重量5%时，初凝不早于1h，终凝不小于8.5h，不透水性提高不小于50%，抗压强度降低不大于15%。用于拌制防水抹面水泥砂浆时，掺量一般为水泥重量的1.5%~5%，拌制混凝土时，掺量为0.5%~2%。
(余剑英)

bian

边材 sap-wood

树干靠近树皮，材色较浅，含水率较心材高，并有生理功能的木质部。在树干断面中所占的比例因树种而异，同一树种由于生长条件不同，往往宽度也不一致。
(吴悦琦)

边釉 beading enamel

用于涂覆坯体边缘部位的瓷釉。比制品其他部位的瓷釉有更多特殊要求。例如：其膨胀系数与基体金属十分接近，否则无法经受来自金属所施加的应力而引起剥瓷或裂纹。同时，有较宽的烧成范围，能经受反复的烧成而不致出现缺陷。此外，要有良好的遮盖力和不同色泽。其着色方法，分为熔加着色法和磨加色素法，两法划分依据是以着色离子的性能而定。如：绿色素 Cr_2O_3 以熔加着色法进入瓷釉则以 Cr^{6+} 存在，使瓷釉呈黄绿色；若以磨加着色法引入，常以 Gr^{3+} 存在，使瓷釉呈鲜绿色。
(李世普)

边釉不齐 irregular beading

搪瓷制品边部的面釉层脱节，色泽不一或呈锯齿形等现象。其产生原因有：滚边操作不当；边釉中加入过量的停留剂，以致在烧成时流淌下来；边釉同面釉相混、重叠及脱节而形成花边和露黑缝隙；瓷釉浆积聚在制品的边下沿，烧成后会呈凹凸不平的锯齿形状。这些缺陷均可通过改进工艺加以克服。
(李世普)

边缘场效应 edge field effect

见质量分辨率(617页)。

扁头钉 flat head nail

又称暗钉，地板钉，木模钉。钉帽要求隐埋于被钉接构件表面内的圆钉。特点是钉帽扁平（也可将普通圆钉的钉帽砸扁），钉接时易使其冲入木材之内，以利被钉接件表面刨光、打磨、油漆。主要用于钉接木构件或木制品，如钉木地板、木制家具、木模等。钉木地板时，要求钉帽冲入板面内3~5mm，斜向拼缝钉入，以促使拼缝进一步靠紧，钉子不易从木板中拔出。为保证结合紧固，一般要求钉长为面层条板厚度的2~2.5倍。

(彭少民)

变幅疲劳 varying-amplitude fatigue

见疲劳(374页)。

变色 stain

除退色外，木材天然颜色的任何改变。往往是因真菌侵袭及化学和生物化学的作用引起的。木材长时间暴露于空气中，由于氧化、紫外线等的所谓风蚀作用材色一般会变深，深度不大，轻刨或砂光即可去除。单宁含量较高的木材，锯解时接触了钢铁等金属也会出现局部变黑，即所谓化学变色。因真菌的侵入而引起的变色，称真菌变色，主要分霉菌变色、变色菌变色和腐朽菌变色三种。有许多树种的生材，其边材部分常因某些真菌的侵害而发生的蓝变（blue-stain），主要由长喙壳属（ceratocystis）、金担子属（aurgobasidium）和从壳霉属（lasiodiplodia）的真菌引起的。其变色深度不大，一般容易刨去和砂磨掉。出现了蓝变即说明木材所处条件已具备被木腐菌侵袭的可能。　　（吴悦琦）

变形铝合金　deformed aluminium alloy

压力加工用的铝合金的总称。一般经过冷压加工或热处理后，强度可进一步提高。根据性能、成分和使用特点分为防锈铝、硬铝、超硬铝、锻铝和特殊铝五类。　　（许伯藩）

变异系数　coefficient of variation

又称变差系数，离差系数。标准差与算术平均值绝对值的比值。表示实测值的相对离散程度。常用的统计特征量如标准误差、平均误差等，都是绝对值。其值的大小和测量量的大小有关。为消除被测量大小的影响，正确反映测值的离散程度，要用相对值，即将特征量除以平均值。如对标准误差 σ，其变异系数为 $\sigma/\bar{x}\%$；对平均误差 M，变异系数为 $M/\bar{x}\%$。$\bar{x}$ 为平均值。　　（魏铭鑑）

阆　capital on doorpost

又称㭼、槉、枅。即斗栱，但专指用于门上者。　　（张良皋）

biao

标定　standardization

用基准物或另一种物质的标准溶液测定某种溶液准确浓度的操作过程。例如，准确称取一定重量的邻苯二甲酸氢钾两份，将其用蒸馏水溶解后，以酚酞作指示剂，用未知浓度的 NaOH 溶液分别滴定至终点。根据 NaOH 溶液的用量和邻苯二甲酸氢钾的重量，可算出 NaOH 溶液的准确浓度。平行测定的两份结果，要求相对误差不大于 0.2%。　　（夏维邦）

标牌搪瓷　sign enamel

制作招牌、路牌、广告牌、交通指示牌等制品的搪瓷总称。金属坯体由钢板冲压制成，为提高制品的强度并减少挠曲，常将其表面压成稍微凸出的形状。一般用浸渍法或喷雾法将其两面均涂底釉，以喷雾法或洒粉法单面涂布面釉。字形涂以陶瓷彩料或彩色搪瓷釉，发光标牌涂布发磷光的搪瓷釉。瓷釉要求色彩鲜艳，耐酸性、耐碱性、耐水性好。　　（李世普）

标型耐火砖　standard square, square

又称直形砖。标准尺寸的长方体耐火材料制品。其尺寸各国规定不同。中国 GB/T 10324 标准规定了黏土质、高铝质、硅质与镁质耐火材料标准砖的尺寸为 230mm×114mm×65mm。日本标准的规定与中国相同。国际标准按厚度分为 64mm 和 76mm 两个系列，尺寸（mm）分别为 230×114×64，230×172×64，345×114×64；230×114×76，230×172×76，345×114×76。　　（李楠）

标样标定法　standard sample standardization method

见质谱定量分析（617 页）。

标志灯　mark lamp

用于传达信息、预防事故的灯具。常以白炽灯或氖灯为光源。多呈黄或琥珀色。灯罩用彩色有机玻璃或涂装表面色的透光材料制成。具有可见度高，信号反馈快，无眩光，安全准确等特点。无论是昼夜还是雾雨天气都能发挥其功能效果。常用于交通工具、港口、机场及道口等处。　　（王建明）

标准差　standard deviation

见方差（106 页）、标准误差。

标准溶液　standard solution

浓度已经准确测知的试剂溶液。精确称取一定重量的基准物，直接配成规定浓度的溶液；或先配成一定浓度的溶液，再用基准物标定其准确浓度制成。在滴定分析法中作滴定剂，根据标准溶液的浓度和用量，可算出被测物质的含量。在光度分析等测定中，用一系列浓度不同的标准溶液可绘出标准曲线，以求出未知液中分析物的浓度。

（夏维邦）

标准砂　standard sand

检验水泥强度专用的细集料。由高纯度的天然石英砂经筛洗加工制成。对二氧化硅含量和粒度组成等有规定的要求。中国的标准砂，是产于福建省平潭县芦泽浦的天然石英海砂，经洗、烘、筛等加工处理，其质量要求符合国家标准的规定。如二氧化硅的含量大于 96%；烧失量不得超过 0.40%；含泥量（不包括可溶性盐类）不得超过 0.20%；粒度应达到规定的要求。国际标准化组织提出的标准砂（ISOR 679-68）是由粗、中、细三级粒度配成。　　（魏金照）

标准误差　standard error

又称均方误差、均方根差、中误差。各误差平方的平均值。定义为 $\sigma = \sqrt{\sum_{i=1}^{n}(x_i - x)^2/n}$，$x_i - x$ 为测量离差。其特点是对测量值中最大或最小误差敏感。常用来表示测量的精确度。当测量次数 n 很大时近似于标准差（参方差）。二者都用 σ 表示。

(魏铭鑑)

标准箱 standard case

中国早期平板玻璃工业用以计算原材料、燃料消耗及成本的产品计量单位。规定以 2mm 厚的平板玻璃 $10m^2$ 为 1 标准箱。其他厚度的平板玻璃通过折算系数换算成标准箱。因与实际出入较大，故从 1986 年起废除"标准箱"计量单位，正式改用"重量箱"计量单位（参见重量箱，623 页）。

(刘茂榆)

标准养护 standard curing

混凝土在温度为 $20±3℃$、相对湿度大于 90% 的标准条件下进行的养护。标准养护条件由恒温恒湿仪自动控制，具备这种条件的养护室称为标准养护室。混凝土进行标准养护时，在其他条件相同的情况下，其强度增长速度主要取决于胶凝材料的活性。一般用于科学研究，使所得研究结果与混凝土生产的控制性质具有可比性。

(孙宝林)

表达面 exposition dressing

又称露明面。安装完毕后暴露在视线之内的一个或数个表面。由加工而得。是充分表现石材光泽、颜色、花纹、质感的表面。有磨光面、粗磨面、烧毛面、岩礁面、网纹面、锤纹面、隆凸面等。当前以磨光面应用最广。

(曾瑞林)

表观比重 apparent specific gravity

俗称假比重。材料单位视实体积的质量与同体积 4℃ 水的质量之比。工程上常用视密度表示材料单位表观体积的质量。视实体积是指含有气孔的形状不规则的密实材料用排水法求得的实体积。砂、石等散粒材料常用此法测定。1982 年后按法定计量单位制将表观比重改称为视密度（参见密度，336 页）。

(潘意祥)

表观密度 apparent density

材料的质量与其在自然状态下表观体积的比值。按下式计算：$\rho_0 = m/V_0$，式中：ρ_0 为表观密度，g/cm^3 或 kg/m^3；m 为材料的质量，g 或 kg；V_0 为材料在自然状态下的体积或称表观体积（包含孔隙体积），cm^3 或 m^3。若材料孔隙内含有水分时，须注明其含水情况。一般是指材料在气干状态或烘干状态下测得的结果。散粒材料的表观比重与之同义。

(潘意祥)

表观体积 apparent volume

见密度（336 页）及表观密度。

表面淬火 surface hardening

通过不同的热源、以最快的速度将工件表面迅速加热到临界点以上的较高温度，然后在水或油等介质中冷却的一种热处理工艺。按加热方式不同，常用的有火焰加热和高、中频感应加热两种。工件表层一定厚度受热淬火获得马氏体，具有高的硬度、疲劳强度和耐磨性，而内层未受热，仍然保持原有的塑性和韧性。可满足在动载荷和强烈摩擦条件下工作的齿轮、曲轴、凸轮轴等零件表面和心部的不同要求。

(高庆全)

表面干燥时间 dust free time, tack free time

简称表干时间，又称指触干燥时间，失黏时间。涂料或密封膏从施工完毕到表面成膜所需的时间。对涂料是在规定的温度、湿度等条件下，用指触法或吹棉球法测定。前者是施工部门最常用的简单方法，以涂刷后，仅在表面形成极薄的膜状，用手指轻触试样表面，稍有发黏但却不粘手指，作为达到表面干燥的界限。对密封膏是在标准条件下（一般是 23℃，相对湿度 50% 左右）将密封膏刮于金属块上，静止一段时间，使已刮好的材料表面所形成的膜有一定的强度，从而对某一类物品（试验条件下选用聚氯乙烯薄膜）不产生黏附。这一段时间的长短可视材料的性质及使用要求而定。

(邓卫国　孔宪明)

表面光泽度 surface glossiness

材料表面对可见光的反射能力。以反射线的强度 I 与入射线的强度 I_0 之比的百分率表示。即光泽度 $G = (I/I_0) \times 100\%$。表面反射光的强弱主要取决于材料表面对光的折射和吸收程度的大小及表面的光滑程度。釉面的光泽度与釉料的组成、制备、施釉以及煅烧工艺等密切相关。搪瓷表面用全反射系数（全反射光线强度（I_1）与入射光线强度（I_0）比率）来表示光泽度，采用特种光泽度仪器测定，对试样表面与已知反射系数的标准板面上照射相同数量的入射光，以它们的反射光的数量相比较，用百分数表示。可以黑色玻璃平板为 100%，或以钡白平板为 0% 作为标准板。

(潘意祥)

表面含水量 surface moisture content

见集料含水量（218 页）。

表面活性剂 surface active agent, surfactant

又称界面活性剂。是由疏水基团和亲水基团所构成的能显著降低两相间界面能的化合物。它能吸附在相互排斥的界面上，从而降低了它们之间的表面能，因此是能显著改变体系界面状态的物质。可按合成方法、化学结构等分类，也可按所采用的主要原料或其组合情况分类。最常用而方便的是按离子的类型分类。溶于水时，其亲水基团在溶液中能电离生成离子的称离子表面活性剂；不能电离生成离子的称非离子表面活性剂。表面活性剂有润湿、乳化、分散、起泡、增溶等作用，可用作洗涤剂、乳化剂、润湿剂、分散剂等。用于水泥混凝土者多

为阴离子和非离子型表面活性剂,如减水剂、引气剂等。　　　　　　　　　　　　(陈嫣兮)

表面金属装饰着色　surface metal decorative coloration

见热喷涂着色(402页)。　　　(许　超)

表面浸渍　surface impregnation

浸渍剂渗入基材表面部分的浸渍处理。浸入深度一般为 10～20mm。用浸泡时间、浸渍剂的黏度、基材的含水量等参数进行控制,也可采用涂渗的方法。主要用于提高基材的耐腐蚀、抗渗、耐磨等性能。　　　　　　　　　　(陈鹤云)

表面能　surface energy

对物质做功形成新表面所具有的能。物质内部分子与其表面分子所处的力场不同,前者所受到的引力相互平衡,而后者则处于不平衡状态。把一个内部的分子迁移到表面就需要对抗这一不平衡的引力,即必须做功,其所消耗的功即转化为表面分子层的势能,故称为表面能。对一定量的物质而言,其比表面积越大则表面能也越大。　　(陈志源)

表面起砂　surface dusting

砂浆或混凝土表面出现露砂的现象。系水泥与砂、石之间的黏结力小,在摩擦作用下发生脱落所形成。其原因为:水泥胶结性能弱;混凝土用水量过多产生泌水;低温施工养护不善;也可能因硬化后受到风吹日晒、干湿循环、碳化作用等所造成。为避免起砂,应将表面压实、抹光。使用掺有较多混合材料的低标号水泥或无熟料水泥时,施工后应特别加强养护。不使用已风化的水泥。　　　　　(孙复强)

表面温度计　surface thermometer

测量物体或设备表面温度的仪表。常用的类型有:(1)热电偶式,将热电偶贴于被测物体表面作感温元件;(2)半导体式,用半导体热敏电阻作感温元件;(3)红外测温仪,非接触式表面温度计。前两类接触式表面温度计适于测量静止表面温度;红外测温仪能连续监测静止或运动物体的表面温度。　　　　　　　　　　　　　　(林方辉)

表面毡　surfacing mat

由没有定向的散乱的定长玻璃纤维或连续纤维黏结而成的一种薄片材。连续玻璃纤维表面毡,国外称覆盖毡(overlay mat),黏结剂含量低,软而柔和,可成型形状复杂的制品;定长玻璃纤维表面毡,粘结剂含量高而显得坚硬,适用于形状简单的制品。国内一般用直径 8～9μm 的单丝纤维制造,按重量分为 20、30、40、60(g/m²) 等规格。按用途分为手糊表面毡和缠绕表面毡。铺覆性和树脂渗透性好,树脂含量可达 90%,但强度低。用以改善增强塑料制品的表面质量,使制品表面光滑美观,并提高制品的耐腐蚀及耐老化性能。　　　　　(刘茂榆)

表面张力　surface tension

作用于液体表面单位长度上的一种力图缩小其表面积的力。方向垂直作用于单位长度的边沿,指向表面内部。若液体表面是曲面,则其方向通过作用点与表面相切。由于这种张力存在,液体总有缩小表面积的倾向,往往使其液滴呈球形。单位为 $N \cdot m^{-1}$。当用 g·cm·s 制时,其单位与表面能的单位一致。　　　　　　　　　　(潘意祥)

bie

瘪　concavity

搪瓷金属坯体加工或输送过程中受到碰撞、挤压而产生的凹坑。主要由外部条件造成。产生原因:坯体成型时模具上沾有砂粒等污垢;坯体在各个工序之间加工搬运时碰伤。　　　　(李世普)

bin

宾汉体　Bingham body

又称宾汉塑性体。在承受较小外力时产生塑性流动,超过屈服极限后按牛顿液体规律产生黏性流动的物体。是 E.C. 宾汉于 1919 年提出的一种理想物体。其流变曲线见图。流变方程为 $\tau = Q_t + \eta \dot{\gamma}$,式中: τ 为剪应力; Q_t 为屈服应力; η 为黏性系数; $\dot{\gamma}$ 为剪切应变速率。从图及方程看出,这种物体是圣维南塑性固体($\tau = Q_t$)和牛顿液体($\tau = \eta \dot{\gamma}$)的混合体。涂料、石膏、面粉团、水泥砂浆等都具有这种流变特性。

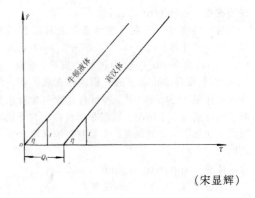

(宋显辉)

bing

冰花玻璃　ice-patterned glass

用氢氟酸溶液侵蚀玻璃表面并形成不规则冰花图案的玻璃。在玻璃板表面敷以不为氢氟酸侵蚀的涂料，经干燥自动干裂成不规则的裂缝，用氢氟酸溶液处理即成冰花状。由于生产效率低，操作繁琐，已为图案繁多的压花玻璃或喷砂玻璃所替代。主要用途同喷砂玻璃（368页）。　　（许　超）

冰晶石　cryolite

分子式为 Na_3AlF_6 的铝氟酸盐。分子量 209.97，是氟化钠和氟化铝的复盐（$3NaF·AlF_3$）。纯品为白色结晶粉末，溶于水，熔点 1 000℃，相对密度 2.97。有天然与人造两种，自然界中冰晶石矿含有大量 SiO_2 及 Fe_2O_3，品位过低，无实用价值；化工产品中的 Fe_2O_3 小于 0.03%，使用价值高。主要用作乳浊剂生产乳白玻璃、乳白搪瓷及乳白陶瓷釉，当加入其他着色剂时则呈彩色乳浊制品。　　（许　超）

冰铜　copper matte

又称铜锍。主要组成为 Cu_2S 和 FeS 的熔体，是提炼粗铜的中间产物和原料。铜矿石大多为硫化铜（CuS 和 Cu_2S）矿，氧化铜（CuO 和 Cu_2O）矿较少，含铜量均很低（1.0%左右）。铜的冶炼分火法与湿法两种。火法是将铜矿破碎、浮选、烧结、造块成铜精矿，含铜 10%～35%，与熔剂一起送入反射炉或鼓风炉中，在高温（1550～1600℃）下进行氧化、脱硫和去除杂质，获得含铜 35%～50%的冰铜。也可不经冰铜而直接炼成粗铜。湿法是在常温、常压或高压下用溶剂（稀硫酸）使铜从矿石中浸出，从浸出液中去除杂质，铜便沉淀出来。火法适应性广，而湿法只适于氧化铜矿和自然铜矿。　　（高庆全）

丙-丁烷（脱）沥青　propane-butane deasphalt

以丙烷和丁烷混合溶剂，经溶剂脱沥青工艺而获得的沥青。性能与丙烷脱沥青相似。

（西家智）

丙纶地毯　Isotactic polypropylene fibre carpet

以丙纶纤维（聚丙烯纤维）为原料制成的地毯。具有重量轻、强度高、保暖性和膨松性好、耐磨、耐腐蚀等性能，但手感不如纯毛地毯，染色性及耐光性亦较差。　　（金笠铭）

丙凝　acrylamide grouting material

由丙烯酰胺为主剂，加入适量的交联剂、氧化剂和还原剂配制而成一种化学灌浆材料。特点是黏度低、渗透性能好、凝胶时间可以控制。通常主剂、交联剂、还原剂一起溶解在水中存放（甲液），氧化剂单独溶解在水中存放（乙液）。使用时将甲液与乙液按比例混合后，注入地层中，发生聚合反应形成不溶于水的弹性凝胶，充填堵塞砂层中的空隙或岩层裂缝，阻止水的通过并可以把松散的砂粒胶结起来，起到堵水和加固地基的作用。灌浆液的初期黏度为 $1.2×10^{-3}Pa·s$，与水相似。渗透系数可达 $10^{-5}～10^{-6}cm/s$，可以渗透到细砂层和细小的裂隙中。凝胶时间可以从几秒到几小时。可用于矿井井筒、隧道、水坝、桥基的堵水与加固。

（余剑英）

丙强灌浆材料　urea-formaldehyde-acrylamide grouting material

混合使用脲醛树脂和丙烯酰胺的灌浆材料。脲醛树脂的强度高，抗渗性差；丙烯酰胺抗渗性好、强度低。两者混合使用后，弥补了各自的不足，具有抗渗性好，强度高的特点。其灌浆液的初始黏度为 $(5～6)×10^{-3}Pa·s$，渗透系数为 $2×10^{-4}～6×10^{-10}cm/s$。凝固时间为几十秒到几十分钟，可灌入到 0.08～0.05mm 的裂缝或孔径中。凝结体的抗压强度为 8～10MPa。采用双浆液注浆法施工，用于水库大坝、矿井的井壁、地下构筑物裂缝的堵水。

（刘尚乐）

丙酮　acetone

分子式 CH_3COCH_3，无色易燃、易挥发液体。系最简单的饱和酮。沸点 56.2℃、闪点 -18℃、自燃温度 600～650℃，爆炸极限 2.55%～12.8%，折光率 1.359%。为高极性溶剂。能与水、甲醇、乙醇、乙醚、氯仿等混合。能溶解脂肪、各种树脂和橡胶等。常用作涂料生产的溶剂和有机合成的原料等。　　（陈艾青）

丙烷（脱）沥青　propane deasphalt

石油经蒸馏后所得的渣油，用丙烷为溶剂，经溶剂脱沥青工艺得到的沥青。利用丙烷在常压下呈液体，在一定温度下与渣油中的油质和蜡质有相当大的溶解度，而沥青质和树脂质几乎不溶，从而使油质和蜡质与沥青质和树脂质分离。溶液经冷却结晶，进一步精制可得石蜡和地蜡，溶剂回收。沥青质和树脂质通过氧化制得性能较好的各种标号沥青。　　（西家智）

丙烯酸树脂　acrylic resins

丙烯酸和甲基丙烯酸及其衍生物（如酯类、腈类、酰胺类）经均聚、共聚、共混等方法而得的一类热塑性树脂总称。无色透明、耐光、耐老化。其优良的光学性能，可与光学玻璃媲美，能透紫外线。有固体、溶液和分散液等。广泛用作采光材料、装饰品、广告招牌、涂料等。　　（闻荻江）

丙烯酸树脂胶粘剂　acrylic resin adhesives

以丙烯酸酯及其衍生物为黏料配制的胶粘剂。大致分成三类：①以甲基丙烯酸甲酯或丙烯酸甲酯聚合物、预聚体或单体为基础的热塑性非结构型胶粘剂。常以乳液、溶液或预聚体浆液形态使用。主要用于玻璃、塑料、金属和混凝土粘接。②α－氰基丙烯酸酯胶粘剂。单组分、固化极快、粘接强度较高，但性脆、耐水耐湿性较差，不适合大面积胶接。主要用于一般要求的金属、塑料、橡胶、玻璃、陶瓷、水泥制品的粘接。③以双甲基丙烯酸酯为基础的厌氧性胶粘剂。单组分，利用氧气的阻聚作用而长期贮存，在隔绝空气时由于表面催化作用迅速固化。耐水、耐油、耐溶剂，有较好抗剪强度，但性脆。主要用于螺栓紧固、管道密封等，也可用于金属、陶瓷的粘接。 （刘茂榆）

丙烯酸酯建筑密封膏 acrylic latex building sealant

以丙烯酸酯树脂为主要材料，掺有表面活性剂、增塑剂、填料和颜料等配制而成的膏状建筑密封材料。有溶剂型、乳液型两类。其性能为：表干时间不大于24h，下垂度不大于3mm，低温－20～－40℃柔性状况良好，最大拉伸强度不小于0.02～0.15MPa，最大伸长率不小于150%～400%，恢复率65%～75%，渗出指数不大于3，拉伸－压缩循环，其粘结和内聚破坏面积不大于25%。是一种单组分中档的弹塑性密封材料。用在砖、砂浆、大理石、花岗石、混凝土等表面上一般不产生污渍。适用于玻璃、陶瓷、石膏板、塑料、钢铁、铝、混凝土等接缝间的防水密封。一般在常温下用嵌缝枪嵌填于各种清洁、干燥的缝内。乳液型产品施工温度不低于5℃。 （洪克舜　丁振华）

丙烯酸酯涂料 acrylate coating

以丙烯酸酯树脂或其乳液为主要成膜物质，配制而成的溶剂型或乳液型涂料。品种较多，根据所用各种丙烯酸酯单体配比的不同，所得的成膜物质性能不同，有软性、中硬性、硬性之分。涂膜具有耐候性优良，在长期光照、日晒雨淋的条件下，不易变色、粉化或脱落，对基层有较好的渗透性，附着力大。可采用刷、滚、喷等涂装方法，施工方便。适用作外墙涂料，是目前国内外建筑涂料工业中主要外墙涂料品种之一。 （陈艾青）

bo

波浪边 curled edge

压延玻璃边部呈波浪形的缺陷。由玻璃的厚薄不均引起。而玻璃的厚薄不均可由沿压辊长度方向上的玻璃液温度不均、压辊间距不均、压辊冷却不均以及压辊对中不好等造成。 （吴正明）

波浪纹 ripple glaze

釉面高低不平的波浪纹样。釉面缺陷之一。严重影响釉面平整度、光滑度、镜面反射及大面积铺砌墙地砖表面的视觉平整度。施釉厚薄不匀、釉的高温黏度过高、表面张力大、烧成温度过低及坯件加工不当均可造成此缺陷。 （陈晓明）

波美计 Baumé meter

用于测定液体密度或相对密度的仪器。系法国人波美（Baumé）所始创。为一封闭的玻璃浮计。其底部填有水银或铅丸，上部的玻璃管内贴有分度纸。能垂直漂浮在液体内。根据其沉入液体中的体积读得分度数，称波美度（Be°）。分重波美计和轻波美计两种。前者用于测比水重的液体；后者测比水轻的液体。由测得的波美度换算为密度（ρ）。重波美度与密度的关系式为：

$$\rho = \frac{145}{145 - Be°}$$

如工程材料中常用的液体水玻璃，波美度为33.5～45.0，密度则为1.3～1.45g/cm³。 （孙复强）

波斯地毯 Persian rug

又称波斯毯、波斯毡、波斯垫、魔毯等。表现阿拉伯图案风格手工编织的地毯。是世界手工地毯三大体系中影响最大的东方地毯体系的主要发源之一。约有五千年历史。选料为西亚或高加索纯羊毛，做工精细。由于受伊斯兰绘画艺术影响，其图案纹样多以几何形为主，没有写实做法。有的还以波斯细密画为主题，具有相当高艺术价值和收藏价值。 （金笠铭）

波形玻璃 corrugated sheet glass

具有波形断面的玻璃。生产过程如图。先把玻璃液经平面对辊1连续压延成平板玻璃，在其硬化前再经波形对辊2压制而成。一般都加夹丝3做成夹丝波形玻璃。有大波和小波之分，小波波高18mm，波距64.5mm，大波波高50mm，波距132mm，具有透光、强度高、自重轻、安全性大等优点。常用于厂房屋面、花房、暖房屋面以及天窗等。 （许　超）

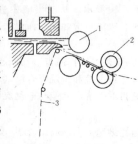

波形缘石 rolled curb

断面呈S形，高度不超过15cm，可使车辆越过的一种路缘石。大部分用于路肩内侧边缘，标出交叉地区的渠化分隔岛或容许车辆在紧急情况下越过的中央分隔带。 （宋金山）

玻璃 glass

融熔物不出现晶体而冷却固化后所获得的是非

晶态无机材料。非融熔法也可制得玻璃（气相沉积、溅射、热分解等。）在周期表中除惰性元素外都可以成为玻璃组成，部分可形成单质玻璃（如石英玻璃）。工业用玻璃和日用器皿玻璃都是以 SiO_2 为主的钠-钙-硅系统，为改善工艺与使用性能常加入其他常用氧化物。此类玻璃总称氧化物玻璃。在特种玻璃中除氧化物玻璃外，还有非氧化物玻璃，如硫化物玻璃、卤化物玻璃、金属玻璃等。习惯上还可以按用途分类，如建筑玻璃、装饰玻璃、光学玻璃、防辐射剂量玻璃、器皿玻璃、仪器玻璃等等。玻璃具有优良的力学、光学、电学、热学、化学、声学等性能。在成型方法上有吹、拉、压、铸、灯工、钻等可以选用，在制品外形上可做成实心、空心、丝形、多孔形、球形、异形、块形等；在色彩上可做成七彩；在应用上还可做成结构材料和功能转换材料。广泛用于日用器皿、建材、光学仪器、电工材料、交通、医学、化工、纺织、航天、原子能、国防、艺术等部门。　　（李荣先）

玻璃电极　glass electrode

传感膜由特定组成的玻璃膜制成的一类指示电极。通常由内参比电极（如 Ag-AgCl 电极）、内参比溶液（如 0.1mol/LHCl 溶液）、电极管和传感膜等部分组成。测定时将它浸在待测溶液中，由于玻璃膜内外的两种溶液都含有待测离子，但其活度（或浓度）不同，因而在玻璃膜的两侧便产生了一定的电位差。膜内溶液是固定不变的，故该电位差随溶液中被测离子的活度（或浓度）而改变。据此可用它来测定溶液内该离子的活度（或浓度）。除对 H^+ 离子具有选择性响应的 pH 玻璃电极外，改变玻璃膜的组成，还可制得能测定溶液中 Na^+、K^+ 或 NH_4^+ 等活度（或浓度）的 pNa、pK 或 pNH_4 等的玻璃电极。　　（夏维邦）

玻璃发霉　mildewing of glass, weathering of glass

玻璃表面产生虹彩或霉丝、霉斑的现象。主要原因有：受大气因素的侵蚀，玻璃表面的碱性组分与空气中的 H_2O 和 CO_2 反应，形成的碱性物附着在表面并进一步腐蚀表面所致；由微生物引起的生物发霉。这类玻璃表面缺陷可通过改进玻璃的化学组成、成型工艺和进行表面处理加以改善。平板玻璃的霉变主要发生在贮存过程中，轻者导致玻璃透明度不均匀下降，严重时整箱玻璃发生粘片，因而装箱时应注意防雨、防潮。　　（刘继翔）

玻璃钢薄壳屋顶　GRP shell roof

用玻璃纤维增强塑料制造的薄壳形屋顶。结构形式分双曲薄壳和筒拱两种。小跨度壳体采用 手糊整体成型；大跨度壳体在工厂预制成方形、长方形或其他形状曲面夹层结构件，现场拼装。构件可着色，也可以制成透光的。与传统材料所制结构相比，自重轻（每米² 重仅有十几公斤），比强度高、耐腐蚀、防水、透光、施工方便，造价低。适用于大跨度展览馆、体育馆、飞机库等建筑，其最大跨度可达 200m×200m（图）。　　（刘雄亚　晏石林）

玻璃钢缠绕接头　FRP winding joint

采用涂有树脂的玻璃纤维带以缠绕法来连接玻璃管的一种接头。在安装时，先将玻璃管 3 管端外表面打毛，管口间填一石 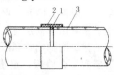 棉垫 1，把 100mm 宽的玻璃纤维带 2 刷上酚醛树脂或环氧树脂，缠绕在玻璃管的接口处，约 10 层。待树脂固化后即可使用。耐各种介质的侵蚀。由于是刚性死接头难于检修或更换。适用操作压力 0.2MPa。　　（许　超）

玻璃钢窗　GRP window

用玻璃纤维和合成树脂制成的窗框和窗扇之总称。一般采用不饱和聚酯树脂，当选用酚醛树脂时，产品具有防火性能。其规格尺寸与铝合金窗相似。一般采用拉挤成型的玻璃钢型材拼装而成，适合推拉窗形式。与钢窗相比，具有重量轻、耐腐蚀、导热率低、密封性好、美观、耐久等特点；与木窗比，强度高、不腐朽、不变形、耐久等；与铝合金窗比，热导率低、价格便宜；与塑料窗比，强度高、耐久。适用于民用及公共建筑，尤其适用于有腐蚀介质的化工厂建筑。　　（刘雄亚　晏石林）

玻璃钢地面　GRP floor

以玻璃纤维毡或布和合成树脂为原料制成的地面。可采用手糊法现场整体成型或用增强塑料板拼铺而成。构造见图。其性能和厚度可按使用要求进行设计，常用不饱和聚酯 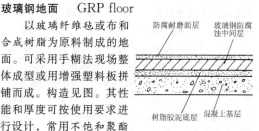 树脂和环氧树脂。具有防水、无尘、绝缘及防腐蚀等特点。一般用于工业建筑的防腐蚀地面或电绝缘地面等。　　（刘雄亚　蔡金刚）

玻璃钢防水屋面　GRP waterproof roofing

用玻璃纤维布或毡和不饱和聚酯树脂在钢筋混凝土屋面上做玻璃钢防水层的屋面。分通用型和阻燃型两种。厚度可根据设计要求铺设，一般为 0.8mm。手糊法现场施工。与传统沥青防水屋面相比，具有强度高、不流淌、防水效果好、能耐

80℃高温和-60℃低温、使用寿命长等优点。缺点是造价高，仅用于防水性能要求高的重点工程和有纪念意义的工程。北京人民大会堂屋面是采用阻燃型玻璃钢防水处理的实例。　　（刘雄亚　晏石林）

玻璃钢复合墙板　GRP compound wall board

用增强塑料薄板和木纤维板、钢板、木板、泡沫塑料或矿棉板等复合而成的夹层结构墙板的统称。生产方法有手糊和机械化两种。根据使用要求，可选择不同材料进行复合，达到承重、隔离、绝热、隔声、防水、保暖、透微波或装饰等不同功能。主要用于高层建筑、临时工程和有特殊功能要求的建筑围护结构和隔断墙板等。用泡沫塑料作夹芯层的复合墙板，重量仅 $7kg/m^2$，比同样保温效果的砖墙轻数十倍。墙板安装时需使用吊装构架，并注意墙板接缝的密封。　　（刘雄亚　蔡金刚）

玻璃钢高位水箱　GRP elevated tank

以玻璃纤维布或毡与对食品无污染的不饱和聚酯树脂制造的工业及民用贮水设施。常安放在建筑物的顶部，故名之。根据水容量大小，分为1.0、2.0、3.0、4.0、5.0、8.0、10.0、20.0、25.0、30.0及大于30.0（m^3）等规格。其外形分球形、圆筒形和矩形三种。一般采用手糊成型，也可以用片状模塑料压制成标准构件组装而成。除强度满足结构要求外，巴氏硬度应大于30，吸水率小于1%，不漏水，满水变形小于1%，无异味，酚含量小于0.05ppm，蒸发残留物小于30ppm等。与钢和钢筋混凝土水箱相比，具有重量轻、不生锈、不污染水质、易清洗、外形美观、施工及维修方便等优点。主要用于建筑物的屋顶贮水及工厂水池等。安装时要严防漏水，严禁使用电焊或气割。运输中要防止硬物碰撞。　　（刘雄亚　晏石林）

玻璃钢管　GRP pipe

以玻璃纤维和合成树脂制成的管子。根据所用树脂不同，分为三类：①热固性玻璃钢管，采用连续纤维增强热固性树脂，采用手糊法、卷制法、离心法、缠绕法或连续成型法制造，最大管径达4m以上；②热塑性玻璃钢管，用短切纤维增强热塑性树脂为原料，挤出法成型，管径一般小于500mm；③复合管，内层为热塑性塑料，外层为热固性增强塑料。采用连续成型法制管，可以在现场边制造边铺设，减少接头和运输量。与钢管和混凝土管相比，具有重量轻、强度高、耐腐蚀、电绝缘、防水、耐久、内表面光滑、不生锈等优点。主要用作流体物质的输送管道，在建筑工业中用于上下水工程，也可用作轻型桁架等结构材料。　　（刘雄亚　蔡金刚）

玻璃钢化粪池　GRP septic tank

用玻璃纤维增强塑料制成的一种处理粪便设施。分为腐败槽式和长期曝气式两种。根据处理对象和厕所使用人数，有5人到100人池多种规格。外形为圆筒形和长方形，内部由消化室、氧化室、药剂筒、消毒室等组成。小型化粪池（图）的外壳是由上下两个玻璃钢壳体构件构成。一般采用手糊和喷射法成型，也可以用片状模塑料模压成型。具

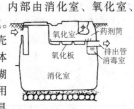

有重量轻、密封性好、容易制造、坚固耐用、经济效益高、易施工等优点。用于没有集中处理厕所污物下水道设施的住宅建筑及办公楼。

（刘雄亚　蔡全刚）

玻璃钢混凝土模板　GRP shutter for concrete

用玻璃纤维及其制品和不饱和聚酯树脂制造的用作混凝土浇注成型的模具材料。需要用耐碱纤维和耐碱树脂为原料，否则需在模板表面加耐碱涂层（如异钛己二酸系树脂）。常加入30%金刚砂以提高模板表

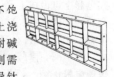

面耐磨性和加5%二硫化钼改善润滑性。模具尺寸根据使用要求设计。最大尺寸可达 $3m×4.5m$。特点为重量轻、不生锈、易脱模、表面光滑、易制造复杂曲面形状，施工安装方便，特别适用于装饰混凝土工程。使用时用卡梢拼接，不宜重摔和钉钉。

（刘雄亚　蔡金刚）

玻璃钢活动房屋　GRP prefabricated house

用金属或玻璃纤维增强塑料型材构架，与玻璃纤维增强塑料复合板组成的临时性建筑物。具有重量轻、防腐蚀、造型美观、密闭性好、搬迁方便等优点。分整体式和拼装式两种：前者是将夹层结构墙板、顶盖、地板及门窗构件等，在工厂牢固的装配在底架上整体出厂，体积小，可以用拖车整体搬迁；后者是把各种预制构件运到现场后拼装使用，体积大，只能拆散搬迁。广泛用于油田、地质的临时性野外用房，也可用作建筑工地的临时工棚和城市楼层加高等。　　（刘雄亚　晏石林）

玻璃钢集水槽　GRP gutter

用玻璃纤维和不饱和聚酯树脂制造的屋檐集水构件。其断面形状分半圆形和槽形两种，产品无统一规格尺寸，大小视屋面排水量而定。与镀锌铁皮集水槽相比，重量轻、美观、不生锈、耐久、不易碰撞变形及施工运输方便等。主要用于建筑物有组织的屋檐集流排水工程。　　（刘雄亚　蔡金刚）

玻璃钢集水斗　GRP raindrop receiver

用玻璃纤维和不饱和聚酯树脂制造的漏斗形集水构件。无统一规定，可根据建筑师设计制造。一

般用手糊法或模压法生产，多采用聚酯增强塑料或其片状模塑料为原料。与镀锌铁皮集水斗相比，外形美观，使用耐久，不易碰撞变形等。主要用作落水管和集水槽的连接件。　　　（刘雄亚　蔡金刚）

玻璃钢夹层结构板　GRP sandwich constructional panel

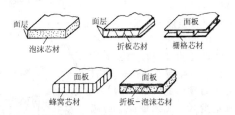

以玻璃纤维增强塑料面板（蒙皮）与轻质芯材组成的复合结构板材（图）。芯材主要有泡沫塑料和由纸、玻璃布或金属材料制成的蜂窝芯、折板芯等，其制品分别称为泡沫夹层结构、蜂窝夹层结构和折板夹层结构板。用手糊成型，也可采用间歇或连续机械化成型。具有重量轻、比强度高、弯曲和扭转刚度大、保暖性好等优点。适宜制造大跨度屋顶、墙板。面板和芯材均用透光玻璃钢时，称透光玻璃钢夹层结构板，透光率可控制在 20%～80% 之间。加入颜料，可制成彩色板，用于采光屋面和墙面。　　　（刘雄亚　晏石林）

玻璃钢冷却塔　GRP cooling tower

由机械通风装置、淋水填料、玻璃钢外壳和金属配件组成的接触式换热装置。利用空气和热水充分接触，使水冷却。根据水、气对流方向不同，分为逆流式和横流式两种。按冷却塔产生的噪声情况，分标准型、

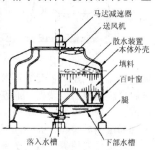

低噪声型、超低噪声型和工业型四种。常用的冷却塔水处理量为 8～1 000t/h，最大可达 3 000t/h。其构造由塔体、布水器、进风百叶窗、风机、填料及塔架组成。玻璃钢在塔体中主要用作壳体和底盘。与传统材料所制相比，体积小、美观、重量轻、耐腐蚀、耐久及施工方便。广泛用于建筑工程、化工、机械、纺织、食品工业的冷冻及空调设备的循环水冷却。　　　（刘雄亚　蔡全刚）

玻璃钢落水管　GRP rain sprout

用玻璃纤维增强塑料制造的薄壁管。其壁厚为 1.5mm，分圆形断面和矩形断面两种。一般采用手糊法或缠绕法成型，长度为 2～6m。具有美观、耐久（比铁皮落水管使用寿命长 5 倍）、不易碰撞变形、重量轻、施工运输方便等特点。施工安装与镀锌铁皮落水管相同，广泛用于建筑物的屋面排水工程。　　　（刘雄亚　蔡金刚）

玻璃钢门　GRP door

用玻璃纤维和合成树脂制成的门框和门板之总称。分防火门和普通门两种。前者多用酚醛树脂制造，后者则用不饱和聚酯树脂。门框一般用拉挤型材拼装，门板用手糊夹层结构板制造。在安装五金配件处，预埋木块或金属件加强。尺寸和规格与木门相同。外门面板应加厚到 2mm 以上。与金属门相比，具有重量轻、隔热保暖、防腐防锈、手感好、美观等优点；与木门相比，具有强度高，防腐，耐久，尺寸稳定，不易变形等优点。主要用于防腐车间、火车、轮船、冷库及民用建筑工程等。　　　（刘雄亚　晏石林）

玻璃钢穹屋顶　GRP dome

外形为球截体的玻璃纤维增强塑料屋顶。由瓜瓣形、多边形或三角形增强塑料夹层结构件组成（如图）。夹层结构件由工厂预制，现场拼装。与传统材料相比，自重轻，比强度高，透微波，透光，保温，防水，防腐，容易施工。适用于展览馆、天文馆、雷达罩及竞技馆等建筑。中国已建成 44m 直径的玻璃钢雷达罩。

　　　（刘雄亚　晏石林）

玻璃钢透微波建筑　microwave penetrable GRP building

用玻璃钢和其他建筑材料建造的微波通讯建筑物。其承重构件采用钢或钢筋混凝土构件，围护构件采用玻璃钢夹层结构板。这种板材具有良好的透微波性能，对微波不反射，不折射，不产生干扰，能保证雷达等通讯设备在建筑物内正常工作。建筑形式多样，一般根据使用环境的建筑要求进行设计。中国在云南建造的直径为 44m 截球形雷达罩和北京长话大楼上的四层微波塔楼是其实例。

　　　（刘雄亚　晏石林）

玻璃钢瓦　GRP corrugated sheet

以玻璃纤维和树脂制成的具有各种断面形状建筑用波形瓦。常以玻璃纤维布或毡和不饱和聚酯树脂为原料，用手糊成型或机械连续成型制造。标准尺寸为 1 800mm×740mm，厚度为 0.8,1.0,1.2,1.6 和 2.0(mm)，波高 20mm，波长 75mm。断面主要为波形，此外尚有梯形、三角形、矩形及复合几何形等多种。按性能分普通型、阻燃型和透光型三种。与石棉水泥瓦比，具有重量轻、强度高，耐冲击、耐腐

蚀、色彩鲜艳、施工简便。广泛用于建筑屋面、墙面、凉棚、遮阳、隔墙等,尤其适用于临时性工棚建筑。

(刘雄亚 蔡金刚)

玻璃钢温室 GRP hot house

以透光玻璃钢为采光材料建造的暖房。建筑形式分单幢和连跨两种,大型连跨温室每幢面积为30～40亩,屋顶形式分拱形和人字形两种,以拱形应用最多。承重结构有钢结构、铝合金结构、钢筋混凝土结构和玻璃钢结构四种,以镀锌钢结构应用最广泛。要求玻璃钢板材的透光率大于85%,寿命保证10年以上。与传统钢架玻璃温室相比,具有采光效率高,透光均匀,透过光光谱有利于农作物生长,可抵抗冰雹打击和碰撞,密封保温效果好,施工运输方便,维修简单。广泛用于农业、林业及水产养殖业,并能促使增产。

(刘雄亚 晏石林)

玻璃钢屋架 GRP roof truss

用玻璃纤维增强塑料制造的屋顶承重结构。分桁架和桁构拱架两种形式(如图)。常用树脂为不饱和聚酯和环氧,增强材料以玻璃纤维为主,也有部分用碳纤维混杂的。一般是先用拉挤法制成型材(常用方管和圆管),然后按设计拼装。选用不同纤维和树脂的型材时,具有不同的物理和化学性能。节点连接是关键,常用连接板和特制盖板以胶粘和螺栓混合连接。与钢及钢筋混凝土屋架相比,重量轻 1/2～2/3,耐腐蚀。适用于有腐蚀介质的化工厂房建筑。

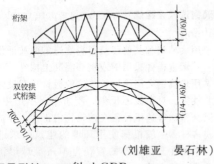

(刘雄亚 晏石林)

玻璃钢异型材 profiled GRP

用玻璃纤维和合成树脂制成各种断面形状的线型制品。有I型、⊓型、O型、L型、●型及门窗工程用型材等。一般用拉挤成型法连续机械化生产,也可以用手糊成型。所用原料为无捻粗纱、连续纤维毡和环氧树脂或不饱和聚酯树脂。特点是比强度大、比模量高(轴向拉伸强度可达1 000 MPa)、耐腐蚀、热导率小及电绝缘好。主要用作防腐结构、门窗构件、电缆支架、油井用抽油杆及楼梯扶手等。

(刘雄亚 蔡全刚)

玻璃钢浴缸 GRP bathtub

以玻璃纤维及其制品和不饱和聚酯树脂为原料而制成的洗澡用卫生洁具。制造方法分手糊和模压工艺两种。分长方形和斜方形两类。与搪瓷和铸铁浴缸相比,重量轻(小于10kg),保温好,肤感舒适,不易破碎及价廉。使用时要注意保养,不宜用盐酸洗涤剂、去垢粉或坚硬物擦洗,须用中性洗涤剂或肥皂清洗。

(刘雄亚 蔡金刚)

玻璃钢折板屋顶 GRP folding roof

是用玻璃纤维和合成树脂制成的折板构件组成的屋面结构。折板一般有2～3个规格,采用手糊成型的夹层结构。除具有重量轻、比强度高、防腐蚀等优点外,特点是造型新颖,构造简单,构件的制造和安装精度要求高,非其他材料所能胜任。主要用于中等跨度的展览厅、竞技馆、游艺厅等。图为20m跨玻璃钢折板屋顶示意图。

(刘雄亚 晏石林)

玻璃钢整体卫生间 GRP whole toilet

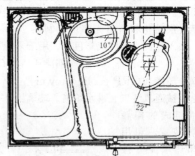

由玻璃纤维及其制品和不饱和聚酯树脂制成的盥洗用盒子式建筑单元(见图)。是由玻璃钢浴缸、洗脸器、坐便器、墙板、地板、天花板及门等构件组成。用手糊成型或片状模塑料热压成型,在工厂或现场组装成整体。特点是重量轻,占地面积小,能快速交付使用等。适用于一般性旅馆、住宅、临时性旅游建筑及火车、轮船等。

(刘雄亚 蔡金刚)

玻璃钢贮罐 GRP tank

用玻璃纤维和合成树脂制成的回转体型低压容器。手糊成型时用玻璃纤维毡和布,缠绕成型时用玻璃纤维无捻粗纱,常用环氧树脂和不饱和聚酯树脂。罐壁结构一般由耐腐、耐磨的防渗内层、承受强度的结构层和防止机械损伤和大气中老化的外表层构成。移动式运输贮罐一般为卧式结构,分汽车贮罐和火车贮罐两种,容积有5、30、50(m³)等级别。固定式贮罐分立式和卧式两种,大容积贮罐一般为立式结构,容积可达100m³以上,目前最大容积为1 000m³。与钢贮罐相比，有重量轻、耐腐蚀、耐低温、不污染装载物质、易维修、耐久等优点。主要用于油罐、化学介质罐及粮仓等。

（刘雄亚　晏石林）

玻璃管　glass pipe, glass tube

玻璃质的管材。常指无机玻璃的管材。管道用的粗径管多用垂直拉管法（有槽和无槽）生产，仪器玻璃用的细径管多用丹纳法或维罗法（都是水平法）生产，石英玻璃管用垂直下拉法生产。材料的组成有：低碱无硼的铝硅酸盐玻璃（管道用管）、钠硼硅酸盐玻璃（仪器玻璃用管）、石英玻璃（仪器用管）。管道用玻璃管一般性能是：耐水压0.2～0.8MPa，使用温度 -30～120℃、耐急热温度70～230℃、线膨胀系数 $39～50×10^{-7}$/℃、热导率0.87～0.93W/(m·K)、相对密度2.5，除氢氟酸、热磷酸、强碱外，对其他酸有良好的耐蚀性。规格：内径25～100mm，壁厚5～10mm，长度1 000～2 000mm，品种有直管、90°弯管、U形管、变径管、直角三通管、直角四通管。广泛用于化工、农业、医药、食品工业的管道，以及用灯工再加工成各种玻璃仪器等。

（许　超）

玻璃管接头　glass tube joint

两根玻璃管连接的部件。分为刚性接头（平口法兰接头、塑料套管接头）及柔性接头（套管法兰接头、橡胶管接头）两类。刚性接头不允许管道有任何挠度，对玻璃管口的质量要求较严；柔性接头允许管道有一定的挠度以补偿管道的一些局部沉陷、伸缩、安装不精确。接头所用材质有铸铁、塑料、橡胶、玻璃钢、沥青布、非金属管材等。在一般情况下，在整条线路上刚性接头和柔性接头应混合使用。玻璃管接头的选用对管道寿命和效果有很大的影响，应根据用途、管径、工作压力、敷设条件、使用要求等选用。

（许　超）

玻璃化转变温度　glass transition temperature

简称玻璃化温度（glass temperature）。无定形或半结晶聚合物从高弹态向玻璃态转变（或相反转变）时的温度，以 T_g 表示。从分子运动机制来看，也可以定义为：链段运动得以开始或被"冻结"的温度。因此影响链段运动的因素：分子链的刚柔性、分子量、共聚物组成、增塑剂量、交联度、结晶度以及压力、延伸等都能影响或改变 T_g。没有很固定的数值，往往随测定方法和条件而改变。常用的测试方法有膨胀法、量热法、形变法、波谱法等。是重要的工艺参数，塑料和纤维使用的工作温度都在 T_g 以下，T_g 愈高，工作温度也愈高。橡胶和弹性体使用的工作温度都在 T_g 以上，T_g 愈低愈好。

（赵建国）

玻璃混凝土　glass concrete

用碎玻璃作集料的水泥混凝土。其抗压强度与抗弯强度均低于以砾石作集料的同样的混凝土。在一定的湿度条件下会发生碱-集料反应，使混凝土产生较大的膨胀。使用高碱水泥时，强度的降低及膨胀更形严重。废玻璃经磨细、加适量的黏土及硅酸钠混合成球后，可烧制（845℃）成轻质空心玻璃轻集料，用它制成的轻集料混凝土表观密度约为1 660kg/m³，抗压强度约可达17.0MPa以上。破碎的玻璃常为针片状，其表面的物理及化学性质并不适宜于作混凝土的集料，国外一般仅作为对大量废玻璃的处理利用。在使用前应做试验，并对玻璃加以清洗，除去沾污物。

（孙复强）

玻璃获得率　glass yield

100kg玻璃生料（不包括碎玻璃含量）与熔制结束后所获得的玻璃液的重量之比。它表明配合料所含的气体量。为加速玻璃熔制，一定的气体量对配合料的熔化、玻璃液的搅拌、去泡有一定的良好作用。对一般日用玻璃，玻璃获得率应在85%～80%间较为合适，即气体率在15%～20%。

（许　超）

玻璃锦砖　mosaic glass

又称锦玻璃，玻璃马赛克。是一种小规格的建筑饰面玻璃。一般尺寸为20mm×20mm、30mm×30mm、40mm×40mm，厚4～6mm的方块。主要有两种生产方法。①熔融法：用压延压制成型，含有大量未熔砂粒表面呈粗糙的不透明体或半透明体。②烧结法：玻璃粉末与黏结剂压型经高温烧结成为表面光滑的不透明体。原料中加入着色剂可制成彩色玻璃锦砖。具有高的机械强度、热稳定性、抗风化性，色泽稳定，是优良的内外墙贴面材料。可拼镶成大型彩色壁画作为内外墙装饰。

（许淑惠）

玻璃门　glass door

门扇全部为玻璃的门。一般采用12mm以上厚度的玻璃制作。上下边一般设金属门夹。具有宽敞、明亮、豪华等特点。用于高级宾馆、影剧院、展览馆、商场、银行等大型公共建筑的大门。多作为采用光电管或触动设施使之沿轨道左右滑行启闭的自动门。

（姚时章）

玻璃棉　glass wool

又称短棉（loose wool）。纤维长度在150mm以下，蓬松絮状的短玻璃纤维。常温热导率为0.03W/(m·K)。按组成分有碱棉、无碱棉、高硅氧棉等。按直径分超细玻璃棉（直径3μm以下）、细玻璃棉（直径3～6μm）、玻璃短棉（直径12μm左右）。超细玻璃棉常用火焰喷吹法生产，用作过滤材料、高级隔热材料、吸声材料。细玻璃棉常用离心喷吹法或火焰喷吹法生产。玻璃短棉常用垂直喷吹法或盘式离心法生产。后两者主要用作建筑及工业隔热、吸声、减震材料。　　　（吴正明）

玻璃幕墙　glass curtain wall

用金属型材为框格骨架，以玻璃等材料封闭而组成的幕墙。要求具有表面装饰艺术，能透光、绝热、隔声、耐气温变化，有足够的水密性和气密性。按结构构造，可分为普通的和抗震的两类，按所用玻璃品种分为热反射玻璃幕墙、吸热玻璃幕墙、中空玻璃幕墙、安全玻璃幕墙等。其颜色有茶色、金色、灰色、蓝色、棕色、古铜色、褐色等。由于玻璃涂有彩色金属膜，视感柔和、清晰如镜，可映照出幻变奇丽的天空和大地景色，丰富了城市景观。1952 年建成的美国纽约利华大厦是第一座玻璃幕墙高层建筑，1983 年建成的北京长城饭店是中国第一幢采用玻璃幕墙的高层建筑。随着现代建筑的发展，得到广泛采用，并逐渐向着控制光线、调节热量、控制室温、节约能源、防止噪声、防射线、防弹等多功能、多品种方向发展。

（何世全）

玻璃配合料　glass batch

在玻璃料方计算结束后，按配料单对各种原料进行称量、加水、混合后所得均匀的混合料。影响其质量的因素有：原料成分波动、原料含水量波动、原料颗粒大小波动、称量精度下降、混合不足、粉料分层等。　　　　　（许　超）

玻璃气泡　bubble of glass, blister of glass, seeds of glass

玻璃中一种可见的气体夹杂物缺陷。按直径（泡径）分一般气泡（泡径大于 0.8mm）和灰泡（泡径小于 0.8mm）；按形状分球形泡、椭球形泡和线形泡；按所含物质分真空泡、空气泡、氧气泡、芒硝泡（气泡内壁附着有芒硝）和毒泡（气泡内壁附着有三氧化二砷，对拉丝工艺中的铂坩埚有危害）；按产生的原因分一次气泡（在玻璃配合料熔化过程中没有完全逸出玻璃体外的残留气泡）和二次气泡（澄清后的玻璃液在温度、压力、气氛等条件变化下再次出现的气泡）；按开口情况分开口泡和闭口泡；按颜色分无色泡和有色泡。产生气泡的原因有：原料中砂子颗粒过细；配合料中芒硝颗粒过大或煤粉加入量不足，火焰气氛不当；配合料和碎玻璃投料温度过低；熔化温度过低，澄清不彻底（亦称低温泡）；全窑温度分布不合理等。用于建筑和其他方面的普通平板玻璃，特选品中不允许有直径在 1mm 以下的集中气泡，直径大于 1mm，小于 6mm 的气泡每平方米面积中不能超过 6 个；一等品中不允许有直径在 1mm 以下的集中气泡，直径大于 1mm，小于 8mm 的气泡每平方米面积中不能超过 8 个。　　　　　　（吴正明）

玻璃热膨胀系数　thermal expansion coefficient of glass

玻璃升高 1℃ 时的相对膨胀率。分线膨胀系数（α）和体膨胀系数（β）两种。通常多采用线膨胀系数，故前者简称为"热膨胀系数"，用 $\alpha = (L_t - L_0)/L_0(t-t_0)$ 表示，L_0 为玻璃在 t_0 温度时的长度（m）；L_t 为玻璃加热到温度 t 时的长度（m）；t_0 和 t 分别为加热前、后的温度（℃）。因玻璃各向同性，故 $\beta \approx 3\alpha$，在转变温度（T_g）以下，α 与温度可视为直线关系，受玻璃化学组成和热历史的影响。其值变化范围可从负值（$-0.5 \times 10^{-7}℃^{-1}$）到高正值（$200 \times 10^{-7}℃^{-1}$）。对电子器件的封接、光学元件的组合和玻璃仪器等的制造工艺有重要意义。是决定玻璃热稳定性的重要因素之一。　　　　　　　　　（刘继翔）

玻璃热稳定性　thermal stability of glass, thermal shock resistance of glass

又称玻璃抗热震性或玻璃耐热冲击强度。玻璃受急剧的温度变化而不发生破坏的能力。是一系列玻璃性质的综合效果。可用下式计算热稳定系数 K：$K = \dfrac{P}{\alpha E}\sqrt{\dfrac{\lambda}{Cd}}$，式中 P 为抗张强度；α 为热膨胀系数；E 为弹性模量；λ 为传热系数；C 为热容；d 为相对密度。在生产上通常采用在急冷条件下，以多个试样破坏时玻璃与冷却介质间的温差（$\theta_1 - \theta_2$）的平均值来度量。这种度量法与试样的几何形状有关。玻璃急热时表面产生压应力、急冷时产生张应力，故玻璃耐急热性优于耐急冷性。

（刘继翔）

玻璃熔化单位耗热量　specific heat consumption for glass-melting

熔窑熔化出每 kg 玻璃液实际所耗的热量。单位：kJ/kg$_{玻璃液}$。包括玻璃熔化理论热耗和各种热损失。是衡量玻璃熔窑生产水平、热能利用状况的重要技术经济指标。与玻璃品种、配合料成分、燃料品种、熔窑结构、操作、产品产质量要求等因素有关，其中尤与熔窑窑体保温状况密切相关。

（曹文聪）

玻璃熔化理论热耗　theoretical heat consumption for glass-melting

又称玻璃形成过程有效耗热量。在无热损失的情况下，配合料熔成玻璃液所耗的热量。单位：kJ/kg$_{玻璃液}$。包括配合料中水分的蒸发、硅酸盐形成、玻璃形成、加热玻璃及挥发产物等所耗用的热量。可根据配合料组成（各粉料及碎玻璃含量）等

计算确定。　　　　　　　　　　（曹文聪）

玻璃熔窑　glass melting furnace

将配合料经高温熔制成适合成形的玻璃液的热工设备。主体结构由耐火材料、保温材料及钢材等构成，按窑温、配合料与玻璃液对该部位窑体的侵蚀状况等选用不同种类的耐火材料。窑内的温度、压力、气氛等热工制度应可控，以便配合料按工艺要求熔化、澄清、均化和冷却，形成所需质和量的玻璃液。分为池窑和坩埚窑两大类。并按作业方式分为连续作业窑和间歇窑；按热源分为火焰窑、电熔窑、火焰电热窑等；按废气余热利用方式分为蓄热式窑、换热式窑等；按火焰流向分为横火焰窑、马蹄形焰窑、纵火焰窑等。火焰窑以气体、液体或固体燃料为热源；电熔窑有直接加热、辐射加热、高频感应加热等形式。　　　　　（曹文聪）

玻璃态　glassy state

低于玻璃化转变温度条件下的过冷液体状态。是非热力学平衡状态。处于这种状态下的聚合物，分子的热运动能量很低，不足以克服主链内旋转势能、激发起链段的运动，大分子链和链段都处于被"冻结"状态。这时聚合物所表现出的力学性能类似于小分子玻璃：弹性模量大（约10^3MPa）；断裂伸长率小于1%；形变可逆；力学性能（如弹性模量）依赖于原子的性质。常温下处于玻璃态的聚合物通常作塑料或纤维使用。　　　　　（赵建国）

玻璃态夹杂物　vitreous inclusion

玻璃基体内所存在的、组成和性质不同于基体的异类玻璃态的外来物。其密度、折射率、黏度、有时颜色，不同于基体玻璃。有线道、条纹、结节等。这类缺陷恶化成型过程，破坏玻璃液及其制品的均匀性和外观，降低制品的机械强度、热稳定性和光学均匀性。在生产过程中应力图避免。产生原因有：①玻璃液均化不充分；②外来物质混入玻璃液中；③分相。　　　　　　　　　（吴正明）

玻璃退火　annealing of glass

为减小或消除玻璃制品在热成型或热加工过程中形成的不均匀永久热应力的工艺。将玻璃制品置于退火炉内加热，在退火温度范围内（相当于玻璃黏度为$10^{12}\sim10^{13.6}$Pa·s时的温度）恒温均热一定时间后，以一定的速率缓慢冷却即可。提高了玻璃的力学强度、热稳定性，同时玻璃的一些物理性质如密度、折射率、热膨胀系数等也随之得到调整。
　　　　　　　　　　　　　　　（许淑惠）

玻璃退火窑　glass lehr; annealing kiln

对刚成形的玻璃制品进行退火处理，以消除不均匀内应力的热工设备。具备退火工艺所需加热、恒温均热、徐冷、冷却的功能。有燃料加热式和电热式，后者能更严格控制和灵活调节所要求的退火制度。燃料加热方式又分明焰式和隔焰式两种，明焰式用于大型厚壁制品退火。按操作方式分间歇式、半连续式、连续式。间歇式又称室式退火窑，制品入窑后不移动，窑温按玻璃退火制度要求而变，退火过程在同一室内完成。与连续式相比：生产能力小，热效率低，窑温分布不易均匀，劳动强度大；但退火制度可随制品种类不同而灵活调节，适用于形状复杂、大型、壁厚不同，或对退火制度有特殊要求的玻璃制品的退火。连续式退火窑主要结构包括：隧道式窑体、运载制品的小车、辊道或金属网传送带、电热或燃烧装置等。制品沿窑长方向完成退火过程。与间歇式相比，生产能力大，热效率高，易实现自动调节控制，退火质量均匀，适于大规模连续生产。　　　　　（曹文聪）

玻璃微珠　glass bead

又称玻璃细珠。是直径从几微米到几毫米的球状玻璃微粒。有高折射率（2.34～2.15）、准高折射率（2.14～1.90）、中折射率（1.80～1.65）、低折射率（1.64～1.50）的微珠；有硬质的、结晶化的、E型的、不规则球状的、薄壁中空球粒的微珠等，品种繁多。制造方法有：①粉末法，将玻璃粉末通过高温气流迅速熔融成球状；②熔融法，将配合料熔融后用高速气流喷吹而成微珠；③煅烧法，玻璃粉料与石墨碳粉等混合加热熔融而成。其特点为光洁度好，有高的定向反射性，抗冲击强度高。可用于交通安全标志、反射屏幕、日用装饰、油漆填料、塑料填料、金属工件的研磨介质、喷抛及清洁处理、体育设施如溜冰场地等。（许淑惠）

玻璃纤维　glass fibre; fibre glass

细而长的丝状玻璃。其直径几微米至几十微米，长度上百毫米至几十千米。人造无机纤维的一种。玻璃熔体经拉制或吹制或甩制而成。拉制法有池窑拉丝、坩埚拉丝（铂坩埚拉丝、铂漏板拉丝炉拉丝等）、棒法。吹制法有垂直喷吹法、水平喷吹法等。甩制法有盘式离心法、多辊离心法。还有吹制与甩制组合的离心喷吹法。纤维抗拉强度大、化学稳定性高，有优良的耐热性、电绝缘性、绝热性、吸声性，吸湿性小，伸长率低；但性脆，不耐磨。可制成纱、毛纱、毡、带、布、套管等，用作增强材料、电绝缘材料、绝热材料、过滤材料、防腐蚀材料、防潮材料、防火材料、防震材料、吸声材料、包装材料、装饰材料等。按成分分无碱玻璃纤维、中碱玻璃纤维、高碱玻璃纤维等。按形态分连续玻璃纤维、定长玻璃纤维、短棉。按直径分超细玻璃纤维、高级玻璃纤维（直径为5～8μm）、中级玻璃纤维、初级玻璃纤维（直径为20～30μm）、特粗玻璃纤维（直径大于30μm）。按性能、用途分

普通玻璃纤维和特种玻璃纤维。　　（吴正明）

玻璃纤维表面处理　surface treatments for glass fiber

为提高玻璃纤维与树脂的黏结能力而进行的改善纤维表面物理或化学性能的过程。通常是在玻璃纤维表面涂覆偶联剂。分①前处理法，将偶联剂直接加入拉丝浸润剂中，并适当改变浸润剂配方，此法生产的玻璃纤维及其制品可直接用于增强塑料生产；②后处理法，先加热除去玻璃纤维表面纺织型浸润剂，再浸渍用偶联剂配制的表面处理液，经烘干、水洗、再烘干，使玻璃纤维及其制品表面被覆一层偶联剂；③迁移法，偶联剂直接加到树脂胶液中，在浸胶过程中，"迁移"到玻璃纤维表面。其中以①法最有发展前途，③法效果最差。上述除加热除去纺织型浸润剂的过程称玻璃纤维热处理外，其余统称玻璃纤维表面化学处理。　　（刘茂榆）

玻璃纤维表面化学处理　surface chemical treatment for glass fiber

见玻璃纤维表面处理。

玻璃纤维薄毡　glass fiber mat

由定长玻璃纤维用相应的胶粘剂粘结而成的无纺织物。有湿法和干法两种生产方法。可在薄毡纵向用加捻的连续玻璃纤维纱增强其抗拉强度。具有尺寸稳定、强度高、耐微生物腐蚀、耐化学介质腐蚀、耐热及绝缘性好等优点。外观要求表面平整、光滑、纤维分散均匀。分屋面毡和特种毡两类。屋面毡用于生产油毡，其幅宽为 1 000～2 080mm，厚度 0.5～1.0mm，单位重量 50～100g/m²。
　　　　　　　　　　　　　　　　（王海林）

玻璃纤维布　glass cloth; woven glass fabric

玻璃纤维织物的总称。一般在织布机上将两组互相垂直的或互成某种特定角度的玻璃纤维纱交叉织成。用玻璃纤维纱的支数、经纬密度、厚度、织纹等作为主要控制的技术指标。按所用玻璃纤维的化学成分分为中碱布、无碱布、高硅氧布等。根据织纹分为平纹布、斜纹布、缎纹布、单向布等。按所用纱线不同又可分为玻璃纤维细布与无捻粗纱布。可以加工成各种工业和民用制品，如各种电绝缘制品、过滤材料、被覆制品及各种基布。是复合材料中主要的增强材料之一。　　（刘茂榆）

玻璃纤维布布面不平度　flatness of glass cloth

又称玻璃纤维布布面平整度。玻璃纤维布布面超过规定最低下垂距离的布长度（即布面不平长度）与整匹布长度之比，以百分率表示。它是在织造过程中，由于部分经纱或纬纱松紧不匀而产生的一项玻璃纤维布外观疵点。通过装有玻璃纤维布平整度检测装置的验布机测定对运行中施加一定张力的玻璃纤维布、在规定距离内测量并累计超过规定最低下垂距离的长度和整匹布长度再计算不平度 ε：$\varepsilon = \dfrac{t_1}{t_2} \times 100$，式中 t_1 为布面不平时间（s）；t_2 为整匹布检验时间（s）。ε 的计算须精确到百分之一。如 ε 值在规定范围值内为合格品；ε 值如超过规定值则为不合格品。　　（刘继翔）

玻璃纤维单向布　glass fiber unidirectional fabric

布的强度在一个方向上大大超过另一方向的一种玻璃纤维布。一般在布的径向具有大量的纺织玻璃纤维纱，而在纬向只有少量并且通常是细的纱。国内常见的有 4∶1 布及 7∶1 布（强度比）。主要用于定向强度要求高的复合材料制品。　　（刘茂榆）

玻璃纤维基布　glass fabrics base

玻璃纤维经捻织加工而成的作油毡胎基用的布。一般采用成本较低的中碱玻璃布，玻璃成分为钠钙硅酸盐，碱金属氧化物的含量为 12%。其外观应限制断径、错径、错纬、经纬圈、经松紧、位移、边不良、拖纱、破洞、轧棱、歪斜、蛛网等疵点。主要技术性能：厚度不小于 0.1mm，幅宽 915 或 1 000mm，重量不小于 105g/m²，单纤维直径不大于 8μm，径向拉力不小于 500N/5cm，浸润剂含量不大于 2%。　　（王海林）

玻璃纤维膨体纱　glassfiber bulked yarn

每根单丝形成一连串随机分布的小圈或呈膨松状态的连续玻璃纤维纱。连续玻璃纤维纱可以是有捻结构的（单丝形成随机小圈），也可以是无捻结构的（单丝呈膨松状态）。一般具有一个密度较大的蕊线部分和一个膨松而密度较小的表面层。可以直接用原丝筒上的原丝制成。也可以用纱筒上的单股纱或合股纱制得。变形过程采用机械方法或气流方法。变形后的玻璃纤维膨体纱兼有连续纤维和定长纤维的优点，具有膨松性，手感柔软，色调柔和，覆盖能力高，过滤阻力小，纱线强度高于定长纤维，伸长率低于定长纤维，在不起毛球和均匀度方面大大优于定长纤维等优点。可作玻璃纤维过滤布、玻璃纤维窗帘等。　　（吴正明）

玻璃纤维墙布　glass wall cloth

以中碱玻璃纤维布为基布，涂以合成树脂糊，经加热塑化、印花、复卷等工序制成的内墙装饰材料。具有坚固耐用，防潮性能好，可以擦洗，不燃无毒等特点。缺点是装饰质感稍差，玻璃纤维被磨损、散失时会引起对皮肤的刺激，在选用时应予以考虑。　　（姚时章）

玻璃纤维热处理　heat cleaning for glass fiber

将含纺织型浸润剂的玻璃纤维，在合适温度下处理一定时间，以除去浸润剂的过程。按加热温度分低温（250～300°C）、中温（300～450°C）和高温（大于450°C）热处理。按处理工艺分间歇法和连续法两种。间歇法一般采用低温处理，处理时间为65～75h。连续法处理温度一般为550～600°C，处理时间几十秒钟。一般以浸润剂的残留量与拉伸强度下降百分率控制处理温度与处理时间。热处理后的纤维易吸附空气中的水分，应立即使用或及时进行表面化学处理。通常在同一机组内连续进行热处理及表面化学处理。　　　　　　（刘茂榆）

玻璃纤维纱　glass yarn

由定长玻璃纤维或连续玻璃纤维组成的、有捻或无捻的适于织造成纺织品的细缕。国内常用的有无碱玻璃纤维纱和中碱玻璃纤维纱。二者又可分为有捻纱和无捻纱。国产有捻纱一般用石蜡乳剂为浸润剂，主要用于纺织；无捻纱一般用增强型浸润剂，除用作纺织外，还可直接用于增强塑料的缠绕、模压、挤拉及连续成型或作短切毡原料。
　　　　　　　　　（吴正明　刘茂榆）

玻璃纤维无捻粗纱　glass roving

连续玻璃纤维原丝不经加捻直接并股而成的玻璃纤维纱。由无捻粗纱络纱机将原丝筒上的原丝络纱而成。也可使用多孔漏板分股集束直接卷绕而成。用途不同，不仅粗纱中股数和每股中单丝根数不同，而粗纱长短也不同。连续无捻粗纱可用于织造玻璃纤维无捻粗纱布（方格布），浸渍树脂缠绕成玻璃纤维增强塑料圆筒体、锥体、球体制品和管道制品，挤拉成玻璃纤维增强塑料棒材、型材。短切无捻粗纱可通过喷射法、预成型法、连续制板法制取玻璃纤维增强塑料、增强水泥等制品，还可制取片状模塑料、散状模塑料、团状模塑料。玻璃纤维无纺织物（毡材）等。　　　　　（吴正明）

玻璃纤维增强混凝土　glass fibre reinforced concrete

以玻璃纤维为增强材料的纤维增强混凝土。使用专门制造的长度为12～25mm的抗碱玻璃纤维，体积率为0.5%～1.5%，集料的最大粒径为10mm，可用以铺设道路、停车场等的路面面层以提高抗裂、耐磨、抗冲击等性能，延长使用寿命，降低维修费用。　　　　　　　　（沈荣熹）

玻璃纤维增强混凝土管　glass fibre reinforced concrete pipe

用玻璃纤维替代钢筋制成的加筋混凝土管。常写作GRC管。20世纪70年代中期英国首先研制成功。在用离心法制造混凝土管的过程中，使连续的抗碱玻璃纤维无捻粗纱按一定角度配置在管的内、外表面，管壁的主要部分是素混凝土，纤维体积率一般在1%以下，可生产内径为300～600mm的下水管。20世纪80年代中期中国用缠绕法制成内径为100～150mm的压力管，工作压力可达0.5MPa。　　　　　　　　　（沈荣熹）

玻璃纤维增强水泥　glass fibre reinforced cement

以抗碱玻璃纤维作为增强材料的纤维增强水泥。写作GRC。20世纪50年代末期中国、前苏联等国最先探索采用中碱或无碱玻璃纤维增强水泥，因存在水泥水化物对玻璃纤维的强烈侵蚀而未获成功。20世纪60年代后期英国研制成抗碱玻璃纤维，推进了此材料的开发。欧美国家主要以硅酸盐水泥作为基体，抗碱玻璃纤维仍受侵蚀。中国则采取抗碱玻璃纤维与低碱度水泥相匹配的措施，显著改善其耐久性，该材料的表观密度为1.7～2.0g/cm^3，抗弯极限强度为20～30MPa，抗拉极限强度为7～12MPa，抗冲击强度为15～25kJ/m^2。可用以制作多种制品，主要采用喷射法与预拌法成型。
　　　　　　　　　　　　　　（沈荣熹）

玻璃纤维增强水泥半波板　glass fibre reinforced cement semi-corrugated sheet, GRC semi-corrugated sheet

用玻璃纤维增强水泥制成的呈半波形截面的板材。用喷射-抽吸法制造，力学性能优于石棉水泥半波板，例如尺寸为2800mm×965mm×7mm、波高为40mm、波距为300mm的板材，其正、反面所承受的横抗折力可分别达到4 000N与1 900N以上，抗冲击强度可达20kJ/m^{2}以上，可替代石棉水泥半波瓦用以铺设屋面与装敷墙壁。　（沈荣熹）

玻璃纤维增强水泥复合墙板　glass fibre reinforced cement sandwich panel, GRC sandwich panel

又称玻璃纤维增强水泥夹芯板。在两层玻璃纤维增强水泥面板中间填充一定厚度的轻质保温材料而制成的墙板。玻璃纤维增强水泥面板用喷射法制成，厚度为8～10mm，表面可呈凸凹形的图案。保温芯材可用矿物棉、玻璃棉、膨胀聚苯乙烯与泡沫混凝土等。墙板总厚度为100～150mm。与厚度为370mm的黏土砖墙相比，热阻大30%～80%，质量轻85%～90%。　　　　　　（沈荣熹）

玻璃纤维增强水泥温室骨架　glass fibre reinforced cement framework for green house, GRC framework for green house

在玻璃纤维增强水泥中配置少量钢筋制成的种植作物用的塑料暖棚的骨架。与钢筋制的骨架相比可节约钢材80%～85%，并可延长使用寿命，降低成本，跨度为4～10m不等。
　　　　　　　　　　　　　　（沈荣熹）

玻璃纤维增强水泥永久性模板 glass fibre reinforced cement permanent formwork，GRC permanent formwork

用玻璃纤维增强水泥制成的一次性模板。厚为8~12mm，表面可呈装饰性的线条或图案，混凝土浇灌后不再拆除而供永久使用，不仅节约木材，便于施工，且有装饰效果。 （沈荣熹）

玻璃纤维增强水泥制品 glass fibre reinforced cement product

用抗碱玻璃纤维作为增强材料的纤维增强水泥制品，记作GRC制品。20世纪70年代初期起英国开发此种制品，由于主要用硅酸盐水泥作为基体，存在使用过程中抗拉与抗弯极限强度下降以及变脆等问题，故欧、美国家仅限于制作非承重制品，如外墙挂板、装饰板与永久性模板等。中国用低碱度水泥作为基体，改善其长期耐久性，不仅用以制造非承重制品，还制造某些次要的承重制品，已用于建筑、土木、农业、渔业等领域。主要用喷射法与预拌法制造，也可应用抄取、流浆、挤出、注射、抹浆与缠绕等法。 （沈荣熹）

玻璃纤维增强塑料 glassfiber reinforced plastics，GRP

俗称玻璃钢。以玻璃纤维或其制品为增强材料、合成树脂为基体的纤维增强塑料。分为玻璃纤维增强热固性塑料和玻璃纤维增强热塑性塑料两类。使用的玻璃纤维主要是无碱玻璃纤维和中碱玻璃纤维，此外，还有耐碱玻璃纤维、高强玻璃纤维、高弹玻璃纤维、高硅氧纤维及高介电玻璃纤维等。其制品形式有布、毡、带、纱等。常用树脂及成型方法见纤维增强塑料（544页）。具有轻质高强，耐腐蚀性好，电绝缘及透微波性能良好、可设计性好，成型容易等特点。广泛用于石油化工、建筑、交通运输、机电、航空、宇航及国防等各部门。 （刘茂榆）

玻璃纤维增强毡 reinforcing glass fiber mat

主要对基体材料起增强作用的玻璃纤维毡。一般较厚。按单位面积重量分为200~900g/m²等多种规格。按制毡工艺分成树脂粘结毡和针织毡两类。后者较前者柔软而有垂附性，仅用于对增强材料的适应性有特殊要求的制品。按使用纤维的长度分连续纤维毡和短切纤维毡两类。连续纤维毡能成型各种复杂形状而不至产生撕裂，短切纤维毡多用于形状比较简单的制品。制毡可采用高溶性或低溶性粘结剂。高溶性黏结剂黏结的毡片适用于手糊工艺，低溶性黏结剂黏结的毡片适用于模压或因树脂胶液冲散纤维而易产生树脂集聚的制品中。 （刘茂榆）

玻璃纤维毡 glass mat

由直径不大于15μm的定长玻璃纤维或连续玻璃纤维单丝或股纱，定向或随机地结合在一起而成的片状制品。按用途分为玻璃纤维增强毡和表面毡两类，前者亦简称玻璃纤维毡。按纤维长度分为连续纤维毡和短切纤维毡。主要用于手糊法、模压法、连续法生产增强塑料制品。 （刘茂榆）

玻璃应力 stress in glass

玻璃内部单位截面上的相互作用力。有张应力和压应力两种。按其形成的原因可分为三类：①因热变化形成热应力，能随玻璃中的温度梯度消失而消除的应力称暂时热应力；当温度梯度消失仍在玻璃中保留的应力称永久热应力，它需经退火处理才能减小或消除；②因化学组成不均导致结构不均匀形成结构应力，属于永久性应力；③受到外力作用在玻璃中引起机械应力，随外力的消失而消失。在工程中通常所指的应力包含着这三种应力成分，其数值的大小和分布状态对玻璃制品和工程质量产生影响。 （许淑惠）

剥瓷 shivering

又称脱瓷。大片的瓷层从基体金属上脱落露出光亮金属表面的现象。产生原因有：在底釉组成中密着氧化物不足，烧成时间短、烧成温度低；金属坯体表面处理不当，存在有氧化皮或污垢，致使底釉对金属表面的浸润性能不良，密着性下降；底釉的膨胀系数过低或弹性差，制品冷却时产生应力过大；面釉熔融温度高与底釉结合性差，瓷釉层过厚及厚度不均匀。克服的方法有：调整瓷釉的成分，增大其膨胀系数，改善坯体的表面预处理及改变烧成制度。 （李世普）

剥离黏结性试验 adhesion-in-peel test

测定密封膏在剪切力作用下与基材黏结性能的试验方法。将用织物增强了的密封膏均匀地刮涂在150mm×75mm的基材上，涂抹面积100mm×75mm，试料厚度1.5mm，然后在标准条件下养护28d，用锋利的刀片把密封膏及织物分割成约25mm宽的两条试料带，两条带间距10mm。将试件在蒸馏水中浸泡7d，取出擦干，在每一条状试体一端用刀片在试件与基材之间剥离出12mm长的切口，将此端夹在拉力试验机上，以180°方向拉伸，使密封膏从基材上剥离，记录剥离时的拉力(N/mm)，取4条试料带的平均值表示剥离强度。 （徐昭东 孔宪明）

剥离区 stripping area

当基材开裂时防水膜受到拉力作用，导致裂缝附近区域的防水膜变薄并从基材上剥离的区域。这一区域面积过小时，防水膜在基材裂缝展开的情况下受到的拉应力就大，易断裂，故在可能的情况下，应减少接缝两边防水膜与基材的粘接，适当扩大剥离区，以保证防水膜有较多的伸缩余地，提高抗裂性。
(孔宪明)

剥落 scaling

混凝土砂浆或涂膜靠近表面部分或新旧层之间的局部片状掉落。对混凝土与砂浆，美国混凝土学会将其分为：①脱皮（peeling），表面砂浆呈现轻微的薄片状掉落；②轻度剥落（scaling light），有砂浆掉落但未露出粗集料；③中等剥落（scaling medium），砂浆掉落厚度在5～10mm之内，有粗集料露出；④严重剥落（scaling severe），表面砂浆损失达5～10mm深，在粗集料周围有深10～20mm砂浆掉落，致使粗集料有明显暴露，突出于混凝土；⑤极严重剥落（scaling very severe），表面砂浆损失深度在10mm以上。参见混凝土降质（207页）。

对于涂膜分为鳞片剥落（直径在5mm以下的小片局部脱落）、皮壳剥落（直径在5mm以上大片脱落）以及脱皮（层间脱落）。造成原因是：①基底有造成脱落的杂质、表面处理不佳或太光滑；②底涂层干燥不充分或烘干温度过高、过长；③腻子在涂刮前未涂底层涂料而直接施工于基底上；④涂料本身疵病。在大面积施工的建筑涂料中，常易产生这种现象，需针对产生原因加以防止。
(徐家保　刘柏贤)

剥落试验 stripping test

测定沥青薄膜自集料表面被水剥落的抵抗性能的一种试验。目前我国常采用方法为水煮法和静态浸水法。水煮法是将洗净烘干的粒径大于10mm的石料用金属丝缚着，在100～105℃烘箱中烘1h，然后浸入热沥青中45s，取出流去多余的沥青，冷却15min后放在煮沸的水中煮3min，根据水煮后石料表面沥青膜剥落的面积，来评价沥青与集料的黏附性。按黏附性的优劣分为5个等级。
(严家伋)

播音室执手插锁 mortice door lock for broadcasing studio

一种用于播音室能使门扇紧闭而隔声的专用门锁。全由执手操作锁舌，在开关时声音极轻。行程较长的锁舌伸进锁扣板上带压紧斜面的孔内，能迫使门扇与门框越压越紧。

(姚时章)

泊松比 Poisson's ratio

受轴向荷载的试样，在其比例极限范围内，横向应变与纵向应变之比值。用符号ν表示，是表征材料性能的常数之一，无量纲，随材料不同而异，由实验测定。由法国物理学家泊松（Siméon Denis Poisson）提出，故名。理论上，材料的三个弹性常数：弹性模量E，刚性模量G和泊松比ν中，只有两个是独立的，它们之间存在如下关系：$G = E/2(1+\nu)$。
(宋显辉)

勃氏透气法 Blaine air permeability method

简称勃氏法。测定水泥及其他非多孔粉状物料比表面积的方法。中国、美国、日本等国定为测试水泥比表面积的标准方法。由美国R.L.Blaine于1943年提出。该方法主要根据一定量的空气通过具有一定空隙率和固定厚度的水泥层时，所受阻力不同而引起流速的变化来测定水泥的比表面积，单位以m^2/kg表示。
(魏金照)

铂漏板拉丝炉拉丝 remelt process by platinum bushing

俗称代铂炉拉丝或代铂坩埚拉丝。以铂铑合金作漏板，以刚玉砖或白泡石等专用耐火材料作埚身砌筑拉丝用电炉（俗称代铂炉或代铂坩埚）的坩埚拉丝。根据电加热原理，可分电熔式代铂炉（以熔融的玻璃液作导电体）拉丝和电阻式代铂炉（以铂铑合金作导电的电阻发热体）拉丝两种。同铂坩埚拉丝相比，该法具有铂用量小、铂耗量小、容量大等优点。但供电设备较多，耐火材料的质量对拉丝作业稳定性的影响较大。参见坩埚拉丝（138页）。
(吴正明)

博缝板 gable board, barge board

硬山、悬山或歇山建筑山面排山脊下部的装饰琉璃构件。一般为平行四边形平面的曲尺形断面平板砖，随屋面琉璃瓦的颜色看面挂釉。在山墙的顶部顺屋面坡度排置，檐口为首的一块，带圆弧形曲线的叫博缝头。在山尖部位，带正脊的屋面，使用梯形平面的叫尖山博缝板；卷棚式屋面，使用圆弧形平面的活页中博缝板，两边接三角形平面的插旗博缝板，均为曲尺形断面。黑活建筑也有此类构件（参见博缝砖）。
(李　武)

博缝头

用方砖砍磨加工成正立面带有凸凹曲线的砖件。是古建黑活硬山建筑封山所用砖件之一。按建筑体量大小有尺七、尺四、大三才（尺四半份）、小三才（尺二半份）和散装博缝头几类。位于山墙外侧，大面向外，前檐博缝头陡立于第二层盘子之上，上与戗檐相连，后博缝头陡立于象鼻之上，上与檐子相连，为砖博缝的第一排砖。此件以干摆（磨砖对缝）做法居多。琉璃建筑该部位用琉璃博缝头。
(朴学林)

博缝砖

又称博风砖。古建硬山建筑封山时博缝处所用砖件。黑活常用尺七方砖、尺四方砖、尺二方砖、大三才(尺四方砖半份)、小三才(尺二方砖半份)等几种，可根据其建筑体量(柱高)大小选择使用。位于山墙外侧上端，大面向外，陡立于山檐子(拔檐)之上、铃铛瓦或披水檐之下。凡用方砖者，以干摆(磨砖对缝)作法居多。若用大开条砖卧砌者，称为散装博缝。琉璃硬山建筑该部位使用琉璃博缝。 (朴学林)

博脊连砖
琉璃瓦歇山屋面博脊的下部构件。分博脊三连砖与博脊承奉连砖两种。博脊三连砖的外观与三连砖相同，博脊承奉连砖的外观与承奉连砖相同，但因为博脊只有一个看面，所以它们和一般连砖不同之处，在于只在一面起棱线、挂釉，另一面为无釉平面。博脊三连砖适用于六样以下屋脊，博脊承奉连砖比博脊三连砖略大并多一道棱线，适用于五样以上屋脊。另一种用途，是当一些重檐建筑的围脊需要降低高度时，常用来代替围脊筒子。

博脊三连砖　　　　博脊承奉连砖

博脊连砖尺寸表　　单位：mm

	二样	三样	四样	五样	六样	七样	八样	九样	注
长				400	400	384	336	304	
宽				272	272	221	220	214	
高				130	80	77	74	70	

(李　武　左滫元)

博脊瓦
异型的琉璃扣脊筒瓦。因主要用于博脊上，故名。当围脊采用与博脊相同的做法时，也用此构件。该瓦与扣脊筒瓦的区别在于，扣脊筒瓦的横断面为半圆形，而此瓦作四分之一圆后即改为平直状向斜上方伸出。这种改变可以避免扣脊筒瓦与墙体(或板枋)相接后形成存水死角。当博脊特别高大，如在四样以上时，为不使因烧制而变形，此瓦分成两件制作，分别叫做蹬脚瓦和满面砖。

博脊瓦尺寸表　　单位：mm

	二样	三样	四样	五样	六样	七样	八样	九样	注
长	528	496	464	432	400	368	336	304	
宽	304	290	272	256	240	224	210	192	
高	51.2	48	45	41	38	35	32	29	

(李　武　左滫元)

博通脊
又称博脊筒、围脊筒。琉璃屋脊饰件之一，是重檐建筑下层屋面围脊的主要构件。因围脊又称

博通脊　　　　雕莲花博通脊

"重檐博脊"或"下檐博脊"，故名。真正用于歇山建筑屋面博脊时，仅限于四样瓦以上的大体量者。因为博脊和围脊都只有一面露明，所以不同于一般脊筒，虽然也类似一块空心砖，但只在一面起线脚并挂釉，另一面为无釉平面。

博通脊(博脊筒)尺寸表　　单位：mm

	二样	三样	四样	五样	六样	七样	八样	九样	注
长	896	832	768	704	560	464	336	320	
宽	320	290	272	240	214	210	192	176	
高	336	320	314	269	240	237	234	234	

(李　武　左滫元)

欂　bracket
欂栌常联属，犹言斗栱；单言欂是栱，栌是枓。 (张良皋)

bu

补偿收缩混凝土　shrinkage compensating concrete
又称少裂混凝土。是一种能适度膨胀而抵消收缩的混凝土。采用膨胀水泥或补偿收缩水泥、明矾石膨胀水泥作胶结材，水泥用量不应少于280kg/m³，拌合水量比同坍落度普通混凝土多10%～15%。其坍落度损失较大，应注意早期养护。硬化过程中体积变化较小，能减免混凝土结构物的收缩开裂，具有密实抗渗、早期强度较高等优点。试配时除进行坍落度、强度等检验调整外，应对膨胀率进行测试并调整。适用于防渗建筑、地下建筑、液气贮罐、屋面、楼板、路面等工程，以及接缝、接头等场所。 (徐家保)

补强剂　reinforcing agent, reinforcer
又称补强填充剂。能提高橡胶、塑料制品物理机械性能的添加剂。分为无机和有机两大类。前者主要有炭黑、白炭黑(活性二氧化硅)、玻璃纤维及织物、金属晶须等。后者有改性合成树脂、合成纤维及织物等。是一种传统的名称，常与复合材料中的增强材料有相同的含义。 (邓卫国)

补色法则　law of compensation
又称消色法则。两个非均质体薄片相重叠并与

上下正交偏光镜呈45°角，光波通过此两矿片后总光程差的增减法则。当两薄片（或称晶体薄片）的光率体椭圆切面的同名轴相平行时，总光程差等于原来两薄片光程差之和，干涉色级序升高；若异名轴相平行时，总光程差等于两矿片光程差之差，则干涉色级序降低，且当两薄片光程差相等时，总光程差为零，发生消光，此时目镜视域中该处矿物变黑暗。应用此法则可测定矿片的光率体椭圆半径名称、干涉色级序等。 （潘意祥）

不饱和聚酯树脂 unsaturated polyester resin, UP

主链上具有乙烯基不饱和键的一大类聚酯与具有共聚能力的单体所组成的混合体。记作UP。以黏稠液体为多见，也有室温下为固态物。通常由二元或多元醇、不饱和二元酸或酸酐、饱和二元酸或酐经热缩聚、脱水、冷却并混入单体而得。常用单体为苯乙烯，也可使用甲基丙烯酸甲酯、邻苯二甲酸二丙烯酯等。树脂与单体的共聚反应可由有机过氧化物热引发或有机过氧化物与促进剂在室温下引发，为自由基共聚反应，无低分子副产物，反应产物为体型结构高分子。根据促进剂及引发剂用量不同，可以改变共聚交联的反应速度。根据合成树脂的原料、配比和制造技术的不同，可分别制得具有耐水、耐腐蚀、耐热、阻燃、透明等不同特性的树脂。广泛用于玻璃纤维增强塑料的接触成型和热成型加工，也用作浇铸体、涂料等。建筑上还用来制造各种夹层墙板面材、芯材，各种平板及模板衬里。 （闻荻江）

不饱和聚酯涂布地板 unsaturated polyester seamless floor

又称不饱和聚酯地面涂层。不饱和聚酯树脂与各种配合剂在现场配制和涂布而形成的整体无接缝地面。主要成分为不饱和聚酯树脂、固化剂、促进剂、封闭剂以及填料、颜料等。混合后的涂布料的固化时间随固化剂和促进剂的种类和加入量以及气温而变，自几小时至一天不等。具有优良的耐磨性、耐凹陷性、耐化学性，与各种基层有较强的附着力。缺点是固化时收缩率较大，大面积施工时要做若干分割条，进行分块施工；施工时有刺激性气体放出。适用于要求耐腐蚀地面的工业建筑以及卫生要求高的建筑物。 （顾国芳）

不定形建筑密封材料 pasty building sealing materials

又称建筑密封膏。是建筑中具有形成密封所需黏结性和内聚性的膏状密封材料。按弹性特点，分为弹性型建筑密封膏和非弹性型建筑嵌缝膏；按固化机理，分为单组分建筑密封膏、双组分建筑密封膏或称反应固化型建筑密封膏；按所用溶剂，分为溶剂型建筑密封膏，非溶剂型建筑密封膏和水乳型建筑密封膏；按主要材料组成，分为油性建筑嵌缝膏，沥青系建筑嵌缝膏，树脂系建筑密封膏和橡胶系建筑密封膏；按施工时期，分为夏季施工型建筑密封膏、冬季施工型建筑密封膏和全年施工型建筑密封膏。按流变性，分为不下垂型建筑密封膏和自流平型建筑密封膏；按允许承受接缝位移能力，分为接缝宽度伸缩率大于±25%，±5%～±12%和小于±5%的大、中、小三个级别。要求具有气密性、水密性或防尘、隔声功能，具有黏结性、耐久性、耐热性、抗裂性、耐低温柔韧性和振动疲劳性。用于屋面板、装配墙板、地下构筑物、公路、桥梁的接缝、伸缩缝、分格缝、变形缝、裂缝的嵌填密封或窗框周围的玻璃安装。 （刘尚乐）

不定形耐火材料 unshaped refractory

又称散状耐火材料。以颗粒状、粉状及泥料等不定形形式直接供现场施工的耐火材料。是耐火浇注料、耐火可塑料、耐火捣打料、耐火喷涂料、耐火泥等的总称。由于耐火泥本身不构成炉子结构体，也有人将它排除在外。通常按材质及施工方法命名，如高铝质耐火浇注料、黏土质可塑料等。这类材料中含有一定数量的结合剂，常见的有铝酸钙水泥、矾土水泥、黏土、磷酸盐、水玻璃、超细粉、某些有机化合物及它们的复合物等。此外，根据施工或性能的需要常添加少量的添加剂，如减水剂、促凝剂、缓凝剂、助熔剂、防缩剂等。这类材料的优点是生产周期短、成本低、节约能源，并可形成整体炉衬，避免了砖缝这类薄弱环节。是一种已被广泛应用且有较好发展前景的耐火材料。但其质量受施工及烘烤的影响很大，使用过程中必须谨慎，严格按规程进行。 （李楠）

不发火花混凝土 spark-proof concrete

受坚硬金属或石块等的撞击或摩擦时不产生火花的混凝土。用水泥、不发火花的集料和水拌制而成。粗细集料由大理石、白云石、石灰石破碎得到，使用前需进行吸铁检查，以除去金属杂质。主要用于严禁产生火花的防爆车间、危险品仓库的地坪和墙裙。 （蒲心诚）

不干性油 non-drying oil

碘值在100以下的脂肪酸甘油酯。由于脂肪酸碳链上很少甚至没有不饱和双键，所以不能和空气中的氧发生氧化反应而自行干燥。典型的有蓖麻油、椰子油、米糠油、橄榄油、花生油等。蓖麻油在酸性介质下，脱去一分子水而成为具有共轭或非共轭二烯的干性油——脱水蓖麻油，可作油漆漆基的原料，但大部分不干性油用来制作合成树脂、增塑剂、不干胶、肥皂等。 （刘柏贤 陈艾青）

不可击穿型瓷绝缘子 un-puncturable porcelain insulator

绝缘体内最短击穿距离大于外部空间中闪络距离一半的瓷绝缘子。使用中不会造成电击穿。包括线路绝缘子中的横担和棒形悬式；电站电器绝缘子中的棒型支柱和容器套管等。　　　　（邢　宁）

不燃材料 non-flammable material

又称非燃烧材料。在空气中不着火、不灼烧、不炭化的材料。如钢、铝、铜等金属材料和石材、砖瓦、混凝土、石棉纤维、玻璃纤维等无机非金属材料。　　　　　　　　　　　　（徐应麟）

不烧耐火砖 unburned brick, chemically-bonded brick

又称化学结合砖。不经烧成，其机械强度为化学结合剂所赋予的耐火材料制品。常见的结合剂有水玻璃、磷酸、磷酸铝、矾土水泥、铝酸盐水泥等无机化合物和酚醛树脂等有机化合物，种类繁多。在加热过程中其自身变化或者与耐火材料组分发生反应，最终形成陶瓷结合或碳结合。由于省去了烧成工序，节约能源，近年来发展很快。但其性能受结合剂用量、成分及烘烤制度的影响很大，烘烤和第一次使用时应谨慎。此外，某些情况下结合剂会带入少量有害杂质。　　　　　　（李　楠）

不完全类质同像 imperfect isomorphism

见类质同像（283页）。

不稳定传热 unsteady heat transfer

又称非稳态热传递，非定常传热。非稳态温度场内的热传递过程。即传热过程中，物体内各点温度随时间而改变，在同一时间内得热量与失热量不平衡。热工设备起动、停机、变工况下运行时，间歇操作的窑炉中砌体、物料及蓄热室格子体所经历的热传递过程属于此类。　　　　　（曹文聪）

不相合熔点 incongruent melting point

见不一致熔融。

不锈钢冷轧钢板 cold-rolled stainless steel sheets（plates）

用不锈耐酸钢冷轧生产的钢板。其厚度为 0.5～8mm，宽度为 600～1 600mm。分铬钢及铬镍钢两大类，钢的牌号很多，性能各异（参见不锈耐酸钢），可根据需要选用。例如，铬钢类的 12Cr13 在室温下耐硝酸、醋酸及其他酸腐蚀，而 30Cr13 则常用于制作切削工具、量具、弹簧等。铬镍奥氏体不锈钢则具有更高的耐蚀性、焊接性能和高温下的强度与塑性等。　　　　　　（乔德庸）

不锈钢热轧钢板 hot-rolled stainless steel sheets（plates）

用不锈钢热轧的钢板（带）。按组织特征可分为奥氏体型、奥氏体－铁素体型、铁素体型、马氏体型、沉淀硬化型等五种，厚度 0.35～60mm。推荐钢号有 40 多种。应检验化学成分、力学性能、耐腐蚀性能、低倍检验、表面质量等。因各品种均有特殊的性能与适宜用途，使用时宜参考中国国家标准《不锈钢热轧钢板》（GB4237）附录 A 选用。　（乔德庸）

不锈钢搪瓷 stainless steel enamel

以不锈钢作为基体金属的搪瓷。一般用不同比例的铬镍合金钢。坯体具有耐热性、耐腐蚀性、耐磨性。适用于无底釉涂搪工艺。常采用热膨胀系数较高的钛釉。其产品主要用于高温部件，如燃烧筒、叶片、喷嘴及内衬材料等。　　（李世普）

不锈耐酸钢 stainless steel

简称不锈钢。在空气、酸、碱性溶液或其他介质中具有高化学稳定性，且不易生锈的高合金低碳钢。钢中加入较高量的铬（$Cr>12\%$）、镍、钼和钛等元素可明显提高其耐蚀性。根据加入合金元素所形成的金相组织可分为：①马氏体型，以 Cr13 型为代表，淬透性好，一般经油淬或空冷后即可得到马氏体组织，经低温回火后可获得较高的强韧性和足够的耐蚀性，广泛用来制造汽轮机叶片、水压机阀以及日用和医用器皿；②铁素体型，如 0Cr17Ti，加热时不发生相变，一般不能用热处理强化，有强的磁性，焊接性较差，主要用于氧化性的腐蚀介质中，如石油化工、化学纤维工业设备等；③奥氏体型，如 1Cr18Ni9 型，不能淬火强化，塑韧性及工艺性良好，耐蚀性最好，一般用于腐蚀性较强的介质中，制作化工、石油、航空等耐蚀设备，还可作低温下工作的压力容器，建筑中用作装饰部件；④奥氏体铁素体型，如 00Cr18Ni5Mo3Si2，耐应力腐蚀破裂性能良好，具有较高强度，用于石油、化工等工业制热交换器、冷凝器等；⑤沉型硬化型，如 0Cr17Ni7Al，用作弹簧、垫圈、计器部件。不锈钢在建筑中主要作内外装饰及厨房用具、餐具等。　（许伯藩）

不一致熔融 incongruent melting

有些化合物熔化时，其液相和原来化合物的固相有不同组成的现象。这种化合物叫不一致熔融化合物，例如 $3CaO·SiO_2$。如附图中的 C 是不稳定的化

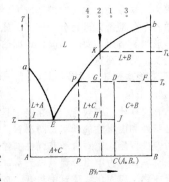

合物。当温度达到 T_p 时,发生转熔反应 $C \rightleftharpoons B + L_p$,式中 B 代表物质 B 的晶体,L_p 表示组成用 p 点表示的液相。p 点称为转熔点,是相图中的一种无变量点。温度 T_p 称为转熔温度。因在此温度下化合物 C 和跟它平衡的液相组成不一样,故 T_p 又叫不相合熔点。 (夏维邦)

不一致熔融化合物 incongruent melting compound

见不一致熔融(36 页)。

布拉格方程 Bragg equation

又称布拉格定律。将晶体点阵平面族看作"反射面"导出的 X 射线衍射方向的方程式,即光程差 $\Delta = 2d\sin\theta = n\lambda$。1912 年由英国物理学家布拉格父子推导而得。式中 d 为晶面间距,θ 为入射线与"反射面"的夹角,亦称布拉格角、掠射角或半衍射角(如图),n 为一整数,叫"反射"级次,λ 为波长。该式指出:当 X 射线入射方向满足布拉格方程时,各平面散射线之间的光程差就等于入射线波长的整数倍,从而相干加强形成衍射线。这个方程式是晶体 X 射线衍射分析的基础,也适用于

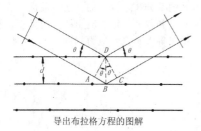

导出布拉格方程的图解

电子和中子在晶体中的衍射。 (岳文海)

布拉维格子 Bravais lattice

见空间点阵(272 页)。

布料辊 distributor roller

又称分散辊。高黏度涂料厚涂层的上料分散用的涂刷辊筒。是滚涂施工工具。由泡沫塑料、泡沫橡胶等多孔材料制成。涂层厚度约为 1mm。可直接进行滚涂,保持其滚涂原样,也可以在布料滚涂的基础上再用拉毛辊、滚花辊滚压出各种花纹式样,使饰面更富有质感和美感。 (邓卫国)

布列底格石 bredigite

C_2S 的 α' 型矿物。在 20 世纪 40 年代初期由 M.A.Bredig 发现,故名。是介稳性晶体,从它的生成温度骤冷下来,可保持其晶型。由于是在高温中生成,又稳定,因而具有较高的水硬性。工业生产的硅酸盐水泥,由于煅烧温度和冷却方法有利于 α'-C_2S 转变成 β-C_2S,往往不含 α'-C_2S,它常存在于平炉渣和碱性电炉渣中。 (冯修吉)

布林肯开口杯闪火点 Blenken open-cup flash point

由布林肯(Бренкен)提出的测定沥青闪火点的一种方法。仪器构造如图。将沥青加热、脱水过滤后注入杯中,加至规定的标线,然后以 10℃/min 的加热速度加热至预计闪火点前 40℃时,加热速度控制为 4℃/min。到达预计闪火点前 10℃时,每隔 2℃用标准火焰的引火管拂过试样

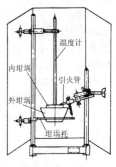

表面,当出现一瞬即灭的蓝色闪火时的最低温度,即为闪火点。 (严家侅)

布氏硬度 Brinell hardness

由瑞典人 J.A. 布里南尔(Brinell)首先提出的表示塑料、橡胶、金属等材料硬度的一种指标,符号为 HB。测定的方法为以一定荷载(一般为 300kgf)把一定直径(一般为 10mm)淬硬的钢球压入被测材料的表面,使产生凹痕,量出凹痕直径计算其面积,以单位凹痕面积上的承压力来表示硬度。计算式为:$HB = 2P/[\pi D(D - \sqrt{D^2 - d^2})]$。式中:HB 为布氏硬度值(kgf/mm²);$P$ 为压入荷载(kgf);D 为钢球直径(mm);d 为压痕直径(mm)。该法测定的硬度值准确可靠,但除橡胶、涂料外只适用于 HB = 8~45 范围的金属材料,不适用于较硬的钢或较薄的板。 (潘意祥)

布筒瓦 round tile

又称青筒瓦,黑活筒瓦,宋《营造法式》中作瓹瓦。半圆长筒状的黏土瓦。因瓦成型时用布筒,其底面带有布纹,故冠以"布"字。色浅灰,一端有一舌片似的榫头称为"熊头",用来与上面的一块筒瓦相搭接。筒瓦与板瓦配合,成为屋面防水的基本构件。

筒瓦

现行布筒瓦尺寸表　　　单位:mm

	特号筒瓦	一号筒瓦	二号筒瓦	三号筒瓦	十号筒瓦
长	305	210	190	170	90
宽	160	130	110	90	70

(李 武　左潜元)

布瓦 flat tile, plain tile

又称板瓦,小青瓦,俗称黑活板瓦,南方称小南瓦。与筒瓦合用时常称底瓦。凹曲形片状陶制品。因瓦成型时用布筒,其底面带有布纹,故名布瓦。是建筑屋面最常用、最基本的防水构件。常见

的屋面防水有如下几种做法：最简单的是自下而上顺屋面坡度叠置布瓦，形成一条条的底瓦陇，每两陇间的陇当（"蚰蜒当"）再用灰泥封护，这样的屋面称为"仰瓦灰梗"。如果陇当也用板瓦凸面向上叠置封护的话，是为"合瓦"做法，在南方极为普遍，而在北方则仅用于民房。一般的官式建筑屋面，是板瓦与布筒瓦配合使用的。不论何种做法，当用于底瓦陇时，布瓦均应以"三搭头"法叠置，防止在个别底瓦破碎时产生渗漏。

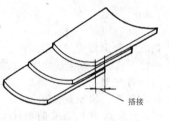

布瓦现行常用尺寸表　　单位：mm

	特号板瓦	一号板瓦	二号板瓦	三号板瓦	十号板瓦
长	225	200	180	160	110
宽	225	200	180	160	110

（李　武　左濬元）

布瓦勾头　　古称瓦当，俗称猫头。布瓦屋面盖瓦（筒瓦）的檐头构件。用于屋面瓦陇的下尽端，是盖瓦陇的领头瓦件。其后部与一般筒瓦无异，只是前端有一圆形（或半圆形）封盖。参见瓦当（522页）。

（李　武　左濬元）

部分预应力混凝土　partial prestressed concrete　预应力度介于普通钢筋混凝土和全预应力混凝土两者之间的预应力混凝土。混凝土的强度等级一般为 C30~C60，如技术经济合理也可高于 C60 或低于 C30，但不得低于 C20。通常采用高强度预应力钢筋和低、中强度非预应力的钢筋混合配筋，非预应力钢筋一般宜布置在构件受拉边的外侧。按使用荷载短期组合作用下构件正截面混凝土的应力状态，部分预应力混凝土构件可以分为 A、B 两类。A 类构件正截面中混凝土的拉应力，对受弯构件和轴拉构件，分别不超过 $0.8f_{tk}$ 和 $0.5f_{tk}$（f_{tk} 为混凝土轴心抗拉标准强度）。B 类构件正截面中混凝土的拉应力可超过上述规定指标，但裂缝宽度应有所限制。可采用不同方法施加部分预应力。而以预应力钢筋来满足预期的抗裂度、刚度和大部分强度要求，以非预应力钢筋来补充极限强度和预应力钢筋不易达到的部分技术性能的方法为最优。兼有全预应力混凝土和普通钢筋混凝土两者的优点，常用于屋架、桥梁等大跨度预应力构件。　　（孙宝林）

C

ca

擦胶法　　用压延法使塑料擦入布基缝隙来生产人造革的一种工艺。预热的布基通过压延机最后两个转速不同的钢辊间的间隙，中辊与下辊的速比为 1.5:1，因此布基前进的速度比塑料慢，相互间产生摩擦作用，在压力下塑化的聚氯乙烯被擦进布基的纤维的缝隙内，两者的结合牢固。缺点是产品较硬，加工时较难控制，易损坏布基。适用于加工较厚实的布基人造革。　　（顾国芳）

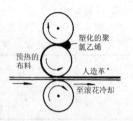

cai

才利特　celite　又称 C 矿。硅酸盐水泥熟料中的铁铝酸钙晶体。化学组成在 $6CaO \cdot Fe_2O_3 \cdot 2Al_2O_3$ 至 $6CaO \cdot 2Fe_2O_3 \cdot Al_2O_3$ 之间，平均为 $4CaO \cdot Al_2O_3 \cdot Fe_2O_3$。透射光下呈暗色（黄褐色至黑色）。通常呈棱柱形。反射光下呈灰白色，反射率比铝酸钙强。有水硬性。

（龙世宗）

材　lumber　①泛指各种材料，但偏义为木材。《周礼·考工记》五材：金、木、水、火、土也；又六材：木工、金工、皮工、设色之工、刮磨之工、搏埴之工也；又《周礼·太宰之职》为工饬化八材：珠、象、玉、石、木、金、革、羽也。引申义为经过加工的木材。《周礼·地官闾师》任工以饬材事；《孟子·梁惠王》材木不可胜用也；《史记·货殖传》千章之材。

②宋代木工术语，以材为模数单位，代表一种等级和尺度。（参见材栔，39页）。

（张良皋）

材料 materials

经过加工制造获得预定的化学成分、结构、性能、形态和用途的物质。它的发展一直成为人类进步的标志，如"石器时代"、"青铜器时代"和"铁器时代"。而现代社会又把材料技术、信息技术和生物技术作为新技术革命的主要标志。材料是人类生产、科学研究和改善生活条件以及其他活动的物质基础。材料的品种繁多，性能各异，人们通常把它分为金属材料、无机非金属材料、有机高分子材料以及由几种材料组成的复合材料。按其性质又可分为结构材料和功能材料。根据其用途还可分为土木建筑材料、信息材料、能源材料、航天航空材料以及生物医用材料等。随着生产和科学技术的发展，要求材料进一步朝着轻质、高强、多功能的方向发展。其品种、数量和质量是衡量一个国家现代化程度的重要标志，在国民经济的发展中具有重大的作用和意义。　　　　　　　　（袁润章）

材料科学与工程 materials science and engineering

研究材料组成、结构、制备工艺与其性能及使用过程相互关系的一门学科。是不断发展的多学科交叉的新兴学科。涉及许多基础学科和应用学科。它们之间相辅相成的关系如图所示。即通过基础科学的研究，指导材料组成、结构与性能的研究，也指导工艺流程的发展，以生产出有用的材料；而材料在使用中所暴露的问题，再反馈回去以改进材料研究和工艺研究，以便得到更好的材料。如此反复，就构成了材料科学与工程的基本内容和任务。

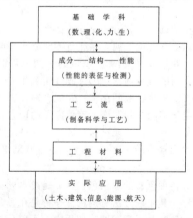

（袁润章）

材栔 standard sectional dimension of lumber

宋《营造法式》的构造模数。宋将材分为八等，各有具体尺寸，但广（高）与厚（宽）之比都是3:2。材广分为15分，材厚分成10分；栔广分成6分，栔厚分成4分。"分""材"（即材之广15分）"栔"（即栔之广6分）就成为大木作中一切构件的量度单位，称为"××分""×材×栔"，例如足材栱广21分，也称"一材一栔"。具体尺寸，再按材属何等来换算。　　　　　　（张良皋）

裁口拼 notched joint

又称高低缝接合。将两块木料的接合边分别加工出相同的裁口，互相搭接胶拼。
该种胶接料耗较大，翘曲度大的木料不易拼接紧密。　　　　　　　　　　　　（吴悦琦）

彩花地毯 floral design carpet

以自然花卉的写实形态为图案，以均衡法则的自由体构图为特点编织的地毯。因旧时主要出口美国而俗称美国路。毯面上散点插枝，以婀娜多姿的花卉为构图重点。其中有对角花、三枝花、四枝花及围城花等多种，如同工笔花鸟画，具有清新活泼的艺术格调。色彩表现为国画的润色，图案纹样全部做凸。适用于欧美式或格调高雅的室内环境。
　　　　　　　　　　　　　　（金笠铭）

彩画 decorative color painting

古建筑的梁枋、斗栱、天花等构件上，以颜料涂绘的装饰画。具有装饰和保护木构件的双重作用，是中国古建筑的重要组成部分。至今已有几千年的历史。早期彩画的纹饰粗陋，色彩简单，多以土红、土黄等暖色为主。宋代已经发展到相当完备。据《营造法式》记载，当时已经有六大类别，纹饰基本定型，色彩也比较丰富，出现了以石青、石绿色为主的彩画品种，这时的基础色调由前期的"暖色调"向着"冷色调"方向转化。元、明、清时期是彩画的发展、定型和程式化的阶段。清代"官式彩画"就有五大门类（即和玺、旋子、苏式、吉祥草、海漫），每一类又有若干种做法，纹饰十分丰富。除主体花纹发展外，还吸收了"文人画"、"宗教画"和"民间画"的成分。色彩空前丰富，突出之处是大量使用"金箔"作装点。明、清时期的基础色调已经完全演变成"冷色调"了。清代的纹饰组合及色彩排列次序都以"法式"或"口诀"形式固定下来，流传至今。　（王仲杰　谯京旭）

彩色斑点锦砖 spotted-colour mosaic

混有一种或多种陶瓷颜料的粉料与不加陶瓷颜料的粉料混合后成型、烧成的无釉陶瓷锦砖。烧成后的制品带有各种所需的彩色小斑点。多用于墙面装饰。　　　　　　　　　　　（邢　宁）

彩色玻璃微珠 colored glass bead

由表面涂覆有机色料或用颜色玻璃制成的玻璃微珠。其着色剂用量比普通颜色玻璃要多几倍至十几倍。主要用于交通标志、宣传画用油漆中的填

料，还用作室内装饰品、艺术品等。　（许淑惠）

彩色硅酸盐水泥　coloured portland cement

用白色硅酸盐水泥熟料、颜料和石膏共同磨细成的水泥。要求颜料的化学组成不受水泥组成的影响，也不对水泥的组成和性能起破坏作用，不含可溶盐类，耐光和耐大气性能好，分散度要细。常用的无机颜料有氧化铁（可成红、黄、褐、黑色）、二氧化锰（黑褐色）、氧化铬、天津绿（绿色）等。另一种生产方法是在白色硅酸盐水泥生料中加入着色剂直接烧制而成，如加入氧化铬可得绿色，加氧化钴在还原焰中可得到浅蓝色、在氧化焰中可得到玫瑰红色等。颜色深浅随着色剂掺量而变化。主要用作建筑装饰材料及制品。在水化过程中析出氢氧化钙覆盖于混凝土制品表面，使颜色失去鲜艳，称为"褪色"，加入白色混合材如硅藻土等可减轻"褪色"现象。若在磨制时加入适量滑石粉、硬脂酸镁等外加剂，可改善水泥浆的保水性和防水性，则称彩色粉刷水泥，可用于混凝土、砖石、水泥石等表面的粉刷、装饰。　（王善拔）

彩色混凝土　coloured concrete

用水泥、颜料和集料配制的具有某种颜色的混凝土。最好用白色水泥，也可用彩色水泥。集料也可使用彩色集料。对颜料的要求是：置于光和大气中不褪色、耐久，不与水泥和集料起化学反应，分散度大。常用的无机颜料有：红、黄、褐、黑色的氧化铁，氧化铬（绿），钴蓝、二氧化锰（黑、褐），群青、炭黑；常用的有机颜料有靛蓝和天津绿等。可以是全部或仅表面部分着色。主要用作建筑物的装饰材料及道路、机场的标识材料。
　（蒲心诚）

彩色硫铝酸盐水泥　coloured sulfo-aluminate cement

由方解石、瓷土、低铁铝矾石和石膏为原料掺入着色剂煅烧得的熟料和石膏磨制成的彩色水泥。着色剂为氧化铬（绿色）、氧化锰（天蓝色）、氧化钴和氧化钛（黄色）等。其煅烧温度为1 250～1 350℃，熟料应鼓风急冷。其主要矿物为硫铝酸钙和贝利特。水化时不析出氢氧化钙晶体，因此制成的水泥制品表面不致"退色"。其他物理性能同快硬硫铝酸盐水泥。　（王善拔）

彩色铝酸盐水泥　coloured aluminate cement

在低铁的高铝水泥生料中加入各种着色剂烧制成的水泥。其物理性能与一般高铝水泥相似。有咖啡、苹果绿、嫩黄、深黄等颜色。色彩鲜艳，因为水泥水化时析出氢氧化钙少，不易产生如彩色硅酸盐水泥所发生的"褪色"现象。　（王善拔）

彩色泡沫玻璃　colored foam glass

有色的普通泡沫玻璃。由所需颜色的基础玻璃粉加入发泡剂而制得；也可以在玻璃粉中引入着色剂发泡而成。不同的发泡剂也可使泡沫玻璃着色。用作影剧院、歌舞厅和大型建筑物墙壁装饰材料，可获得各种花纹、图案的艺术效果和吸声效果。
　（许淑惠）

彩色平板玻璃　colored plate glass

带有颜色的板状玻璃。着色工艺分为二类，①整体着色，在普通的平板玻璃成分中加入少量着色剂，按常规高温法熔制而成。目前市场上销售的茶色玻璃、蓝宝石玻璃、孔雀绿玻璃等即是此类玻璃；②表面着色，采用深加工方法在平板玻璃表面上覆盖一层有色膜，加工方法不同，其视觉效果不同。方法有：物理法（真空镀膜、离子溅射镀膜等）、化学法（溶液镀膜、溶胶凝胶镀膜、气溶胶镀膜等）、物理化学法（离子交换镀膜、电渗镀膜等）、光化学法（激光照射镀膜等）。其中惟有光化学法可在玻璃表面同时生成七彩，其制品称镭射玻璃。其他方法生产的制品均为单一色彩；物理法生产的制品兼有彩色及半透射的镜面反射；化学法可生产半镜面反射或全镜面反射的制品；物理化学法可生产其他方法难以制成的红色平板玻璃或带有花纹图案的制品。半镜面反射的玻璃总称热反射玻璃，亦称单面透视玻璃。目前应用最广泛的是整体着色和表面着色中的物理法。主要用于大厦、博览会、舞厅、机场等高中档建筑物中。目前还有采用彩色透明有机涂料喷涂法生产彩色平板玻璃，但使用年限、牢固度、耐磨度等远不及前述方法制得者。　（许　超）

彩色石英玻璃　coloured silica glass

又称颜色石英玻璃。在纯石英砂或水晶粉料中加入适量着色剂（<1%）制成的不同色彩的石英玻璃。常用的着色剂有：①过渡金属氧化物和稀土氧化物；②硫化物或硒化物；③铜、银、金。色泽深浅决定于熔融物的酸度、着色离子的价态和熔化条件。是一种优良的光学材料，可制各种透镜和滤光片、滤光盒等器件。　（刘继翔）

彩色水泥　coloured cement

具有各种色彩的非白色、也非通用水泥本色的水泥统称。其生产方法有两种。一种是在白色硅酸盐水泥或硅酸盐水泥粉磨或使用中掺入着色剂并混合均匀；另一种是在水泥生料中掺入着色剂直接烧成彩色熟料，然后磨细。按矿物组成，可分为彩色硅酸盐水泥、彩色铝酸盐水泥和彩色硫铝酸盐水泥。水泥的颜色取决于着色剂，可为红、黄、蓝、绿、黑、褐等，着色剂掺量越多颜色越深。主要用于建筑物的粉刷、装饰。　（王善拔）

彩色涂层钢板 coloured paint coat steel plates (strips)

又称彩色钢板。冷轧板或镀锌板上涂敷有机涂料制成的钢板。材质一般为碳素结构钢。按用途分为建筑外用、建筑内用、家用电器用三类；按表面状态分涂层板、印花板、压花板三类；按涂料种类分外用聚酯，内用聚酯、硅改性聚酯、外用丙烯酸、内用丙烯酸、塑料溶胶、有机溶胶等。可配成多种颜色，并因涂料不同性能亦有所区别。在土木工程中可按压型钢板的规格品种选用于屋面、墙面，比使用铝板便宜、美观、可靠。在汽车、铁路车辆、家具等方面均广泛使用。

（乔德庸）

彩砂涂料 (colour) pearl paint

彩色砂壁状涂料的简称。由合成树脂乳液、着色骨料、增稠剂及各种助剂配制而成的涂料。其主要成膜物质为醋酸乙烯-丙烯酸酯共聚乳液、苯乙烯-丙烯酸酯共聚乳液、纯丙烯酸酯共聚乳液等。常用着色骨料是由高温烧结的彩色石英砂、彩色陶瓷粒、天然带色石屑等。涂层色彩丰富，主体质感强，保色性及耐候性好，但易被污染，配制成的涂料易沉淀。可采用喷涂方法施工，适用于建筑物外墙装饰。

（陈艾青）

彩砂涂料喷枪 colour sand coating spray gun

又称砂粒涂料喷枪。用于高稠度多骨料涂料喷涂施工的专用工具。用黄铜制作，较砂浆喷枪略重，约850g左右，枪口直径为4～8mm。为了使料杯中的涂料易于向喷口处喷出，其喷头为略带扁平的圆锥形，空气压缩机功率要求0.75kW以上。

（邓卫国）

彩陶 faience, painted pottery

一般是指在外壁以含铁锰高的矿物或黏土作为彩料绘成几何图案、植物和动物花纹，待在900～1000℃的氧化气氛中烧成后而呈黑彩或红彩的陶器。在中国的新石器时代的仰韶文化、马家窑文化、大汶口文化等都有出土。

（邢 宁）

彩釉砖 colour glazed tile

一种尺寸较大的带釉墙、地面装饰砖。通常使用低质原料制成坯体，表面饰以各种色釉釉面或丝网印花釉面。可用作外墙、内墙或地面装饰。坯体可为同样原料制成，根据不同用途分成不同厚度（通常用作墙面砖厚度小于10mm，用作地砖厚度不小于10mm），施以不同釉。吸水率小于10％，常有 100mm × 200mm； 200mm × 200mm； 200mm× 300mm； 300mm × 300mm； 400mm × 400mm 等规格。

（邢 宁）

can

参比电极 reference electrode

在一定条件下电极电位是恒定的和已知的，用作参考比较的电极。测定时将其与指示电极构成原电池，测出该电池的电动势后就可算出该指示电极的电极电位。常用的有甘汞电极、银－氯化银电极等。

（夏维邦）

参比物 reference

在一定的温度范围内不发生分解、相变、破坏，在热分析过程中起着与被测物质相比较作用的标准物质。物质细微变化引起的微小热效应，用通常的加热法是无法测知。将试样与标准物质放在相同的热条件下，在程序控制温度下加热或冷却，检测并对比二者之间的性质差异就可将微小热效应测出。要求其热容、热导率与试样相等或相近，常用的有 α-Al_2O_3、MgO 或煅烧过的纯高岭土。

（杨淑珍）

参考玻璃 reference glass

又称标准玻璃。紫外光激发下所发出的可见荧光强度相当于一定量核辐射剂量的玻璃。荧光特性稳定，荧光强度与环境温湿度、辐照条件无关，与荧光剂含量成正比。通过在硅酸盐、磷酸盐等基础玻璃中添加一定量的荧光剂（如锰、铈等）制成系列玻璃。是一种用于校正光致发光荧光测试仪工作状态的"永久荧光体"玻璃。

（刘继翔）

残焰 afterflame

又称余焰。离开火源后在固体材料上继续保持着的有焰燃烧。用规定的试验条件和方法测定。难燃材料的阻燃性常用残焰时间表示，以 s 计。

（徐应麟）

残灼 afterglow

又称余辉。离开火源或残焰熄灭后在固体材料上继续保持着的无焰燃烧。用规定的试验条件和方法测定。有灰烬覆盖时，其发出的光不易察觉，遇气流可能转为有焰燃烧，俗称"死灰复燃"。

（徐应麟）

cao

槽灯 trough lamp

利用反光槽内的折射光或光檐照明的灯具。多用荧光灯或白炽灯作为光源。灯管（泡）近距排列交错，可做成发光顶棚、光梁、光带和光块等。其照度均匀，不产生眩光，无

明显阴影区。能达到扩展空间和创造安静环境的效果。常作为会堂、舞厅、剧院及展览厅等处的整体照明。 （王建明）

草垫 straw rug

用天然植物纤维粗织的垫席。用琼麻、海草等脱脂梳理后编织而成。有较好的吸湿性、弹性、阻燃性、抗静电性和热稳定性,可调节室内温湿度。其纹路粗放、色泽天然、脚感轻爽、价格便宜。可以局部或满铺在室内地面上,有浓郁的乡村气息,装饰效果好。多用于住宅的会客厅或居室内。 （金笠铭）

ce

测微尺 micrometer

在显微镜下测量试样中颗粒大小的标尺。是显微镜的一个附件。有物台测微尺和目镜测微尺两种,两者可配合使用。物台测微尺是在有机玻璃板上将 1~2mm 长的线段刻画成 100~200 等分,每小格格值为 0.01mm,用它和目镜测微尺相比较后,求得目镜测微尺每小格的实际长度,这样可利用目镜测微尺直接测量矿物颗粒的尺寸。 （潘意祥）

测温锥 pyrometric cone, standard pyrometric cone

又称标准锥、高温锥,简称火锥。是测量耐火度的标准物。把精确配料的物料混磨至一定细度后制成具有一定几何形状和尺寸的截头小三角锥,其组成可保证在标准条件下加热达到某温度时,其锥尖弯倒至锥台平面。国际标准测温锥牌号为 ISO150~180,相应温度为 1 500~1 800℃,每隔 20℃ 一个锥号。我国测温锥牌号为 WZ158~180(1 580~1 800℃)。美国标准锥为奥顿锥(Orton cone)。日本和欧洲各国多采用塞格锥(Seger cone)。英国采用斯塔福锥(staffor shire cone)。 （李 楠）

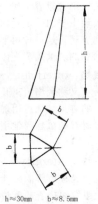

cen

岑溪红花岗石 Cenxi red granite

广西岑溪县出产的红色花岗石。属红色黑云母钾长石花岗岩,粗粒花岗结构。主要由分布均匀的深肉红色正长石(占 50%~65%)、无色或淡乳白色的石英(占 25%~35%)及黑云母等矿物组成。抗压强度 94.7MPa,抗折强度 13.5MPa。磨光板面以红色为基调,色泽艳丽,堪与世界上著名花岗石品种"巴西红花岗石"、"西班牙王妃红花岗石"媲美,为现代高级建筑物室内外装饰的上乘材料。 （曾瑞林）

ceng

层积材 laminated wood

由数层板材基本上按其纹理相互平行铺装胶压而成的一种木质人造板材。作结构用的层积材主要采用间苯二酚甲醛树脂胶和酚醛树脂胶,非结构用的层积材可用脲醛树脂胶胶合,而对于规格尺寸大的构件应选用常温固化型胶粘剂。可压成直形或弯形等多种形状,作建筑上的梁、柱、屋架等构件。 （吴悦琦）

层间水 interlayer water

某些层状结构晶体的格架间有序排列的非蒸发水。属弱结晶水,呈分子状态存在。其含量在矿物中不固定,随外界温度、湿度等条件而异,升高温度(不大于 110℃)或降低湿度均能使晶体脱水,并使相邻结构层间距离缩小,但晶格不被破坏;反之,若吸水则其层间距会胀大。与此同时,相应的某些晶体的物理性质也随之改变。如蒙脱石类矿物结构层间的水,以及硬化水泥浆体中水化硅酸钙晶体中的水即属此水。

在工程上层间水常指埋藏于两个不透水层间含水层中的一种地下水。 （陈志源）

层裂 lamination

砖中平行于条面或顶面产生的层状缝隙。是蒸汽养护砖特别是粉煤灰砖常见缺陷之一。采用盘转式压砖机压制成型砖坯时极易出现。成型时,当硅质材料颗粒过细、加压时间太短、注填混合料过多,易产生过压现象,混合料内残存的空气无法排除,产生弹性膨胀,从而在砖的条面、顶面出现水平裂纹。使砖的强度特别是抗折强度降低,砖的高度偏差过大。 （崔可浩）

层压成型 lamination process

几层塑料薄片或浸有树脂的片状材料在热和压力的作用下互相融合或固化形成板材的加工方法。片状材料可为纸、玻璃布或毡。主要设备为多层平板压机。工艺过程包括叠合、预热、热压、冷却和脱模等。主要工艺参数为层压压力、温度、时间和冷却温度等。压制聚氯乙烯硬板的压力为 4~8MPa,温度必须达到聚氯乙烯的熔合温度,一般为 165℃ 以上,冷却温度在 50℃ 以下。生产酚醛、环氧酚醛层压板,压力为 5~10MPa,温度 160~165℃,冷却温度 50℃ 以下。产品厚度为 0.2~50mm。此外还用来与其他材料的复合，如覆铜箔的酚醛布基层压板等。广义也包括层状管材、棒材及其他形状的成层制品的成型。

（顾国芳　刘雄亚）

层压塑料　laminating plastic

两层或多层浸有树脂的片状材料经叠合、热压结合而成的整体塑料制品。属增强塑料。按形状可分为层压板、层压棒、层压管、层压模制品及其他制品。常用的片状材料有纸张、棉布、木材薄片、玻璃纤维布或毡、石棉纸（毡）、合成纤维织物等。常用的合成树脂多数是热固性的，如酚醛、氨基、环氧、不饱和聚酯、有机硅树脂等。也有用热塑性树脂的。按片材的叠层方式可分为平行层压、交叉层压和缠绕层压。按成型压力大小可分为高压（压力高于7MPa）、低压（压力低于7MPa）和接触层压三种。具有比强度高、绝缘性好、耐化学腐蚀性强、电性能优良等特点，作为工程塑料广泛应用于各工业领域。在建筑工程中多用作装饰材料和轻型承重构件或制品。

（刘柏贤）

层状结构　layer structure

见硅酸盐结构（173页）。

cha

插捣法　rodding compaction cast

用金属捣棒插捣制备大孔混凝土抗压强度试件的一种常用成型方法。混凝土拌合物分两层装入150mm×150mm×150mm试模中，每层用ϕ16mm的圆头金属捣棒进行插捣后拍平。上下层各插捣25次，称为全捣法。插捣次数减半即13次，称半捣法。插捣次数增加为1.5倍即38次，称为倍捣法。国内常用的是全捣法。

（董金道）

插管流动度试验　K-probe test

以混凝土混合料中的砂浆进入插管内的多少来衡量其相对流动性的试验方法。插管仪由凯氏测管（K-probe）、测杆、铝帽、圆盘四部分组成（见图）。测管为一内径16mm，长275mm的不锈钢管，其下端为实心锥体，以便于插入混凝土混合料中。管下部均匀分布4个51mm×8mm的长方形孔和22个直径为6.5mm的圆孔。测杆为一两端封闭的空心塑料管，重13g。试验时将测管垂直插入混凝土混合料中直至圆盘与混合料表面接触为止。经60s后，将测杆放入测管内，读取刻度数，准确至1mm，即为插管流动度值。此法适用于集料粒径小于40mm的流动性混凝土混合料（如集料粒径超过40mm，应用湿筛法剔除之）。被测的混凝土混合料其厚度应大于250mm。如先建立插管流动度与坍落度之间的关系，还可作为估测混凝土坍落度的简易方法。

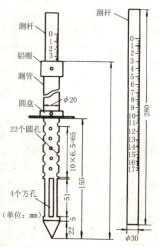

（孙复强）

插销　bolt

用于闩固关闭门窗扇的建筑五金。以铁、铜等金属做成插杆与半圆形或圆形圈套。插杆固定于门窗扇，圈套固定于门窗框上。其长度为50～450mm，可分数种。其他还有弹簧插销，关闭时能自动弹销上，常用于亮窗上。贯穿门扇上下的称通天插销，常用于较考究的门窗之上。

南方古建筑中所用的插销常用青铜或黄铜制作，由插座、插芯、插眼组成。外形如图。

（姚时章　马祖铭）

插芯门锁　mortice door lock

又称插锁。锁体壳装在门扇边梃内的门锁。分单舌、双舌、方舌和斜舌，以及无执手或带各式执手的多种。锁体常选用冷轧薄钢板制成，装有黄铜锁舌。适用于一般建筑不同开启方式的单开或双开木门、钢门上。

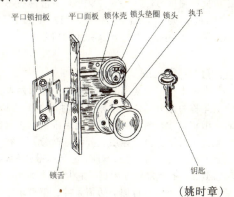

（姚时章）

插值法　interpolation

求离散点之间的函数值的方法。实测的函数$y=f(x)$，都只是测出其一系列x_i点上的函数值y_i。即一系列离散值。而函数$f(x)$是连续的，数据处理时常需找出相邻测量点之间的函数值，即需插值。其方法是依测量的离散值，建立一个函数$\varphi(x)$。使$\varphi(x)$在所有的测量点上，等于测量值y_i，并尽量近似于$f(x)$。所以插值法就是由测量

值建立函数 $\varphi(x)$ 的方法。常用的 $\varphi(x)$ 是个多项式，称插值多项式。如拉格郎日插值多项式、牛顿均差插值多项式等。

（魏铭镒）

茶秆竹 Pseudosasa amabilis (McClure) Keng f.

又称苦竹，厘竹。中国经济价值较高的地下茎复轴混生型竹种之一。竹秆通直，高 6～15m，胸径可达 8cm，节间长 30～40cm，节干、壁厚、光滑、坚韧，材质优良，可制各种竹器、家具，还适于作造纸和纤维原料，劈篾性能好，可编织各种用具。竹秆用砂纸除垢后，称沙白竹，呈象牙色，有光泽，不易被虫蛀、干裂，受到国际市场的欢迎。

（申宗圻）

檫树 Sassafras tzumu (Hemsl)

中国南方主要用材树种之一。落叶乔木，高可达 35m，胸径 1.3m，树干圆满，生长好，材质好，用途广，目前已成为南方丘陵地区广泛栽培的树种，南方十三省区都有分布。边材浅栗褐色，心材为栗褐色或暗褐色，心边材界限较明显。新切的面有香气。纹理直，结构中等，加工容易，耐腐，浸注则较难，是优良船壳、甲板材。适于做家具、屋架、柱子、屋面木基层、搁栅、室内装修、车厢板、枕木、桥梁、码头木桩等。还可生产胶合板。气干材密度 0.532～0.592g/cm^3；干缩系数：径向 0.145%～0.175%，弦向 0.270%～0.293%；顺纹抗压强度 39.9～42.5MPa，静曲强度 80.0～91.3MPa，抗弯弹性模量 11.3～12.0×10^{3}MPa，顺纹抗拉强度 94.3～108.7MPa，冲击韧性 3.9～6.2J/cm^2；硬度：端面 36.0～47.5MPa，径面 26.0～39.2MPa，弦面 29.4～39.3MPa。

（申宗圻）

差分法 difference method

微分方程一种常用的数值解法。相邻两点函数值的差称为差分。两点无限接近时的差分称微分。对离散函数，两离散点不可能无限接近，只能得到差分。对常微分方程用差分代替微分，可将一个微分方程化为差分方程。对有 n 个离散点的函数，可得到 $n-1$ 个差分方程组。它是个有 $n+1$ 个变量的代数方程组。再加上边值条件，就可求出全部解。这就把微分方程的求解化为线性代数求解。在边值问题中常用该法。

（魏铭镒）

差热分析 differential thermal analysis, DTA

测量物质与参比物之间的温度差与温度关系的热分析方法，写作 DTA。根据测量温度不同，差热仪有各种类型，测温范围也可从 -180～2400℃。测量时，试样和参比物分别放在加热炉内的样品室，需要时还可通入一定的气体；若试样在加热过程中发生吸热或放热反应，它与参比物之间便会有温度差，由差热电偶检测该温度差并转换成电动势经记录仪绘制成差热曲线（DTA 曲线），用以研究物质在加热过程中的相态、结构及化学变化，广泛应用于加热过程中物质的脱水、相变和热分解等的研究。

（杨淑珍）

差示扫描量热分析 differential scanning calorimetric analysis, DSC

测量并研究输给物质和参比物的能量差与温度关系的热分析方法。有功率补偿型和热流型两种。热流型的测试原理与差热分析类似，但其检测器的检测效果更好，微热量热仪就是其中的一种。功率补偿型的主要特点是试样和参比物具有独立的加热器和传感器；试样发生吸热时温度低于参比物，加热器则给试样传递热量；试样发生放热时温度高于参比物，加热器则给参比物传递热量；在整个加热过程中，试样和参比物始终保持温度相等，消除了差热分析中二者存在的热传递。仪器的灵敏度和测量精确度都优于差热分析，广泛应用于定量热分析中。

（杨淑珍）

chai

拆除爆破 demolition blasting

又称解体爆破或城市控制爆破。用爆破方法来解体、破碎各类基础、地坪、建筑物和构筑物。中国在 20 世纪 50 年代已开始探索和应用，70 年代该项新技术发展迅速。拆除爆破通常在城镇人口稠密、交通繁忙、建筑物和管线网成群的地段进行，因而要求：严格控制爆破震动、空气冲击波、飞石和噪声等危害；控制破坏范围，做到预期拆除部准确爆除，保留部完整无损；倒向准确；破碎块度适中，便于清除及有效防护等。楼房、烟囱和水塔等高耸结构物可局部爆破其关键支撑部位，形成失稳状态，借自重倾倒或坍塌，撞冲地面而解体破碎。管桩、水池、碉堡等容器状结构物可用水压爆破拆除。基础、桥墩、地坪和路面等可用钻眼等方法爆除。钢柱、钢梁和铸铁管等可用粘贴药包、聚能药包或缠绕导爆索爆除。

（刘清荣）

拆模强度 demolding strength

混凝土结构或制品拆除模板或模型时应具有的最低强度。根据混凝土强度增长情况确定。与水泥品种、混凝土强度等级、水灰比、气温及养护条件密切相关。规范中根据模板的类型和构件种类具体规定了拆模的强度极限。不承重模板应保证混凝土表面及棱角不致因拆模而受损坏、发生裂缝或坍陷（拆预留孔内模时）；承重模板应达到规定的强度值。拆模强度系根据与结构或制品相同条件养护的混凝土试块的抗压强度试验结果来确定。

(孙复强)

chan

掺合型胶粘剂 hybrid adhesive, alloy adhesive

由各种不同的黏料掺合配制的胶粘剂。大多数为热固性结构型胶粘剂。一般有热固性树脂与热塑性树脂、热固性树脂与合成橡胶或不同热固性树脂的掺合。热固性树脂具有硬脆、缺乏弹性、耐冲击性与剥离强度低等缺陷,加入热塑性树脂和合成橡胶可以增加其强韧性、粘接性和耐冲击性。改变组合及配比可得性能不同的胶粘剂。典型品种有酚醛－丁腈、氯丁－酚醛、环氧－聚酰胺、环氧－酚醛、环氧－尼龙、改性环氧等。热塑性树脂、合成橡胶胶粘剂为提高某些性能亦可相互掺合。

(刘茂榆)

掺灰泥 lime slurry

生石灰和黄土或泼灰与黄土和制的泥。其配比为石灰:黄土＝3:7(或 4:6、5:5)。土质以亚黏性土为好。一般将黄土围成锅形的泥塘,放入生石灰(或泼灰),加水闷透(约 8 小时),使用时和均匀即可。常用于民居碎砖墙体砌筑、屋顶笆瓦、调高坡、陇大脊和墁地,若加入滑秸(100:5 重量比)即为滑秸泥,可作为屋面苫泥背用材。

(朴学林　张良皋)

缠绕法 winding process

用水泥浆浸渍的连续纤维缠绕于芯模上以制造纤维增强水泥制品的一种方法。主要用于制玻璃纤维或碳纤维增强水泥制品。在缠绕过程中芯模不停地转动,通过真空抽吸或辊压使缠于芯模上的纤维水泥料层脱水密实。此法适于制作管状制品,纤维的利用率较高。

(沈荣熹)

chang

长程有序 long range order

又称远程有序。指质点有规则排列的范围较大,是整体性的有序现象。晶体内部质点呈周期性地规则排列,所以晶体具有长程有序的内部结构。晶体在不同方向上质点的排列方式一般是不同的,因而晶体的很多物理性质,如硬度、解理性、折射率、导电率和导热率等性质的数值,均随晶体质点方向不同而改变。这种性质称为各向异性。当温度升高时,晶体中的质点(原子或离子等)因热振动或扩散而发生位移,逐渐失去远程有序的规律性。达到熔点时,晶体变为液体。此时液体只存在短程有序的内部结构。即在液体中,每一个中心质点的四周,仍围绕着一定数目的其他质点,且以一定的位置排列,但各中心质点间却无一定的规律性。

(夏维邦)

长石 feldspar

由火成岩分解而成的一种含碱金属氧化物和碱土金属氧化物的铝硅酸盐矿物。化学式是 $R_2O \cdot Al_2O_3 \cdot 6SiO_2$ 或 $RO \cdot Al_2O_3 \cdot 2SiO_2$。分为两类:①正长石系、如钾长石 $K_2O \cdot Al_2O_3 \cdot 6SiO_2$(单斜晶系,相对密度 2.56,熔点 1 220℃)及钡长石 $BaO \cdot Al_2O_3 \cdot 2SiO_2$(单斜晶系,相对密度 3.45,熔点 1 715℃);②斜长石系,如钠长石 $Na_2O \cdot Al_2O_3 \cdot 6SiO_2$(三斜晶系,相对密度 2.605,熔点 1 100℃)及钙长石 $CaO \cdot Al_2O_3 \cdot 2SiO_2$(三斜晶系,相对密度 2.77,熔点为 1 100℃)。在自然界中往往是以几种长石的混合物或固熔体存在,因而它的成分含量波动较大。在玻璃生产中作为引入 Al_2O_3 的原料,也是代碱原料,其中黏土、云母、氧化铁是制造玻璃的有害杂质。在陶瓷生产中,它是硬质精陶的主要熔剂,可提高机械强度、光泽度、白度等。在搪瓷釉料中用于引入氧化钾和氧化铝以调节瓷釉性能。

(许　超)

长石砂 feldspar sand

长石含量超过 90% 的天然砂。可用作硅酸盐混凝土的原料。但长石中的 SiO_2 处于束缚状态,化学活性低,用它制作的硅酸盐混凝土的强度比用石英砂的要低得多。

(蒲心诚)

长石釉 feldspathic glaze

以长石类原料为主要熔剂的透明釉。与石灰釉相比,具有釉面硬度大、高温黏度大、热膨胀系数较大、透明度较低的特点。一般在 1 250℃ 或更高的温度下熔融。若加入部分含铅化合物可适用于所有坯料,且其玻化温度范围也增大。可根据其熔融温度的高低分为低温长石釉和高温长石釉。主要用于瓷器、炻器或精陶制品表面。

(邢　宁)

长石质电瓷 feldspathic electrical porcelain

由黏土、石英、长石配制烧成的普通电瓷。主晶相为莫来石。主要物理性能:孔隙性(60MPa 条件下浸于红墨水中 1h)不吸红,吸水率为零,未上釉试条的抗弯强度为 70～90MPa。主要品种有高低压绝缘子和中小型套管等。

(邢　宁)

常幅疲劳 constant amplitude fatigue

见疲劳(374 页)。

常光 ordinary light

又称寻常光。光波射入一轴晶晶体时,产生双折射的两束偏光中振动方向永远垂直光轴、各个方向折射率相等的一束偏光。而振动方向平行于光轴或平行于光波传播方向与光轴构成的平面，折射率随方向不同而变化的那束偏光称为非常光。

(潘意祥)

常微分方程数值解法 numerical method for ordinary differential equations

用数值方法来解微分方程。实测的函数，只是一系列的数值，不是解析式，有的甚至无法写成解析式。对这类问题需用数值解法。此法主要步骤为：①离散化，将连续函数变为离散函数；②建立差分方程，用差分代替微分；③数值积分，用数值积分解差分方程。求解就是找出微分方程在满足初始条件 $y(x_0) = y_0$ 时，各 x_i 点上的函数值 $y(x_i)$。具体方法是由上三步导出递推公式，再由 y_0 出发逐个求出 $y(x_i)$ 来。用一个值递推的称单步法；用前面多个值递推的称多步法。 (魏铭镪)

常温聚合 polymerization at ambient temperature

又称化学催化聚合。利用促进剂使浸渍剂中的引发剂在常温下分解产生游离基而诱导浸渍剂聚合的方法。该法简单，成本低，常应用于表面浸渍。其剩余浸渍剂不能重复使用。常用的促进剂有萘酸钴、二甲基苯胺等。 (陈鹤云)

常行尺二方砖

简称行尺二砖。用经过风化、困存后的粗黄黏土制坯烧成的尺寸略小于一尺二寸（营造尺）见方的粗泥方砖。早期多产自河北及北京东郊一带，以民窑烧制为多。规格为见方 352mm，厚 48mm，重 10kg。此砖强度较好，密实度差。砍磨加工后可用于小式建筑细墁室内外地面和博缝等部位，也可作为砍制檐料子和杂料子用砖。普通民宅常用此砖作为院落糙墁（不经砍磨加工）地面，同时也是农宅炕面常用砖。目前河北及北京东郊一带仍产此砖。 (朴学林)

常行尺七方砖

简称行尺七砖。用经过风化、困存后的粗黄黏土制坯烧成的尺寸略小于一尺七寸（营造尺）见方的粗泥方砖。清代多产自河北及北京东郊一带。由工部和内务府承办的官窑烧制，民窑也有产出。规格见方 512mm，厚 80mm，重 27.5kg。此砖强度较好，密实度差。砍磨加工后可用于较大型古建细墁室内外地面及博缝等部位，也可作为砍制檐料子和杂料子用砖。目前江苏、河北、山西等省仍产此砖，但规格略有不同。 (朴学林)

常行尺四方砖

简称行尺四砖。用经过风化、困存后的粗黄黏土制坯烧成的尺寸略小于一尺四寸（营造尺）见方的粗泥方砖。清代多产自河北及北京东郊一带。由工部和内务府承办的官窑烧制，民窑也有产出。规格见方 416mm，厚 57.6mm，重 17.5kg。该砖强度较好，密实度差。砍磨加工后可用于中、小型古建细墁室内外地面及博缝等部位，也可作为檐料子和杂料子用砖。普通民宅常用此砖作为院落糙墁（不经加工砍磨）甬路。目前江苏、河北、山西等省仍产此砖，但其规格略有不同。 (朴学林)

常压（法木材防腐）处理 non-pressure (wood preservative) treatments

在常压下，对木材进行的各种防腐处理。是一类浅表处理法，只能使防腐剂渗透到木材的表层。此法的防腐效果有限，但所需的设备简单，操作方便，成本低。通常采用的有：涂喷法、浸渍法、热冷槽法、扩散法等。 (申宗圻)

常压湿热养护 normal pressure hydrothermal curing

又称常压蒸汽养护。以常压蒸汽为湿热介质使混凝土加速硬化的养护方法。是混凝土制品最常用的热养护方法。常在养护窑（室）内进行。介质的温度不超过 100℃，相对湿度大于 90%。养护过程一般分为预养、升温、恒温、降温四个阶段。升温分变速升温和分段升温两种。前者是根据初始结构强度按变速升温曲线自动控制供汽进行升温，后者是将升温分几个阶段以人工供汽进行升温。合理的升温制度可以消除混凝土在升温过程中易造成的结构缺陷。恒温是混凝土制品水化硬化的主要阶段，应持续适当时间俾使水化反应充分进行。降温必须控制一定的速度，以避免混凝土在降温过程中因温度、湿度及压力梯度过大而引起结构损伤。在其他条件相同的情况下，合理的养护制度是决定混凝土质量的重要因素。 (孙宝林)

常压碳化 atmospheric carbonating

在常压（大气压力）下进行制品的碳化处理过程。与负压碳化相比，处理经历的时间（碳化周期）较长，一般为 $24 \sim 48h$。但碳化室构造较简单。 (蒲心诚)

场离子显微镜 field ion microscope

以原子直接成像，显示试样表层的原子排列和缺陷的一种表面分析仪器。由玻璃制的真空系统组成。试样一般采用单晶细丝，通过电解抛光形成曲率半径为 100nm 的尖端作阳极，以液氮或液氢深冷却，成像荧光屏作阴极。仪器工作时，真空度要求达 1.33×10^{-6} Pa（10^{-8} mmHg），并通以惰性气体氦，当试样上加以足够高的电压时，气体原子发生极化，被电场加速并撞击样品表面，发生场致电离。该离子带有试样尖端表层原子的信息，在电场加速下，射向阴极荧光屏而显示亮点，每个亮点就是一个原子像，各亮点组成的像，直接给出表层原子的排列图像。这对研究材料点缺陷、位错、界面缺陷等，有独特的效能。　　　　（潘素瑛）

场致发光灯　electroluminescent lamp

利用电场使电子激发磷光体发光的灯具。在金属板与透明玻璃板之间夹以透明导电薄膜和 $10\sim100\mu m$ 厚的荧光粉层，当接通金属板和导电薄膜的电源时，荧光粉层中便产生电磁场而又激发荧光粉

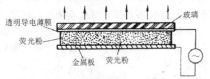

发光（图）。其发光效率约为 $7.5lm/W$（绿光为 $10lm/W$）。具有省电、可调节亮度、寿命长等特点。有陶瓷型、有机型及直流型等。适用作路标、广告、仪器的刻度显示，或做信号灯及用于暗房照明。　　　　　　　　　　　　（王建明）

场致发光搪瓷　electroluminescent enamel

又称电致发光搪瓷。由电场作为发光激发能源，将电能直接转换成光能的发光搪瓷。以金属坯体为一电极，而涂掺有发光体的瓷釉，在其表面热喷透明氧化锡导电薄膜为另一电极，在交变电场的作用下，发光体内的固有电子因受到二电极间电场的激发和跃迁而引起发光。发光体主要有Ⅲ—Ⅴ族的二元和三元化合物，常用硫化锌。发光反应速度为 $10^{-6}\sim10^{-9}s$。具有发光面积大，光线均匀，亮度强弱可通过调节电压频率控制等特点。其产品用于仪表表盘、特殊照明、剧场座位号码牌等。
　　　　　　　　　　　　　　　（李世普）

chao

抄取法　hatschek process

又称湿法（wet process）、圆网抄取法。使低浓度的纤维水泥料浆在旋转的圆网筒表面脱水过滤并转移到一运动着的无端毛布上形成薄料层，然后通过真空脱水和加压密实，成为一定厚度的料坯，以供进一步加工成为多种制品的一种制造某些纤维增强水泥制品的方法。1900 年奥地利人 Ludwig Hatschek 发明用此法制造石棉水泥板，1912 年意大利人 Adolf Mazza 又在此法基础上加以改进制造石棉水泥管。目前可用此法制造若干种无石棉纤维水泥制品。特点是纤维的分布均匀且呈二维取向。
　　　　　　　　　　　　　　　（沈荣熹）

抄取法制板机　hatschek sheet machine

主要由成型筒 1、胸辊 2、毛布 3、打布器 4、挤水辊 5、真空箱 6、网筒 7、网箱 8、伏辊 9 及传

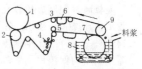

动装置、操纵台等组成（如图）的一种制造石棉水泥平板（瓦）的设备。其工作原理与抄取法制管机相同，但是没有上毛布。当薄料层在成型筒上缠卷成料坯并达到要求的厚度时，扯坯装置将料坯自动扯下，成型筒连续缠卷下一片料坯。毛布在一定范围内可任意调速。（叶启汉）

抄取法制管机　mazza pipe machine

主要由料浆过滤（网箱 1、网筒 2）、料层传递（伏辊 3、下毛布 4）、成型加压（胸辊 5、管芯 6、压力组加压辊 7、上

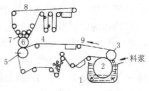

毛布 8）、真空脱水（真空箱 9）、液压控制、清洗、传动等系统组成（如图）的一种制造石棉水泥管的设备。石棉水泥悬浮液在网筒上过滤形成薄料层再黏附于一无端毛布上，经真空箱脱水后，缠绕在管芯上形成管坯，由成型加压系统使管坯加压密实。所有操作集中在操纵台上控制。制管机规格有 3m、4m、5m 与 6m 等四种。　　（叶启汉）

超低膨胀石英玻璃　ultralow-expansion silica glass

又称低膨胀石英玻璃。膨胀系数比普通石英玻璃低一个数量级的玻璃。通过向原料中掺加某些元素化合物（如二氧化钛）熔制而成。它的热稳定性特别好，相对密度低、硬度高、磨光性能好，可满足精密加工要求。宜做高精度的原子钟腔体、大型望远镜、激光器和雷达、彩电用的延迟线玻璃等。
　　　　　　　　　　　　　　　（刘继翔）

超低水泥耐火浇注料　ultra-low cement castable refractory

水泥用量低于 2% 左右的耐火浇注料。配料中通常加入优质结合黏土或超细粉，其生产工艺与普通浇注料基本相同。其性能指标明显优于普通浇注料。多用于各种冶金喷枪、盛钢桶、加热炉等热工设备上。　　　　　　　　　　（孙钦英）

超轻陶粒　super-lightweight ceramisite

堆积密度不大于 $500kg/m^3$ 的陶粒。一般由黏土或页岩等硅酸盐类岩石为原料，与调节其成分和性能的附加剂（如煤粉、热解焦油等），经粉碎、制粒、高温烧胀而成。堆积密度小，具有良好的保温性能。可用它制成绝热保温用的超轻陶粒凝土，或用作保温的松散填料。　　（龚洛书）

超轻陶粒混凝土　ultra lightweight ceramisite concrete

超轻陶粒配制成的轻集料混凝土,其表观密度一般不大于 500~800kg/m³,热导率约为 0.18~0.24W/(m·K),抗压强度 3.0~10MPa。可制成保温用或结构保温用陶粒混凝土小型空心砌块或条板,适用于工业与民用建筑的墙体、屋面等。

(龚洛书)

超声活化 ultrasonic activation

超声波发生器产生的超声波对水泥砂浆进行活化的搅拌过程。常与普通搅拌构成超声搅拌。主要是利用了超声波在液体中传播时的空化作用。超声波对液体的附加压力使局部液体撕开而形成的负压区称为空化气泡,而空化气泡的形成与瞬间爆开对液体产生冲击力则称为空化效应。在液体冲击力、超声波高频振动力和水泥颗粒微裂缝中原有气泡快速外逸膨胀力的作用下,水泥颗粒粉碎,因而加速其水化反应。超声活化时间,一般以 5~10min 为宜。

(孙宝林)

超声脉冲法非破损检验 nondestructive test by ultrasonic method

利用材料及其缺陷的声学特性对超声波传播的影响来检测材料缺陷或某些物理特性的一种非破损检验。通过检测超声脉冲纵波在材料中传播的速度、能量衰减以及接收信号频率波形的变化,可综合评定材料的密实度、均匀性。其方法有观测超声脉冲在材料中反射情况的超声波反射法(装置如图)和观测超声脉冲穿过材料后的入射声波振幅变化的穿透法等。

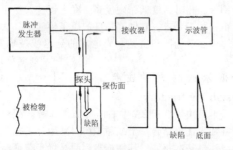

(宋显辉)

超细玻璃纤维 superfine glass fibre

单丝直径 3μm 左右的连续玻璃纤维。国际上称贝塔(Beta)纤维。多股并成的纱称为贝塔纱。纤维直径小,挠曲性好,柔软性好,抗拉强度高,伸长率小(制作的织物尺寸稳定性好),耐化学侵蚀,不燃烧,不易沾污,耐洗,可和其他纤维混纺。用于国防工业和民用工业,制作宇宙飞船、高速飞机、深水容器等纯氧气氛中的防火制品,还可制成帆布、帐篷布、防雨布、均压服、气体过滤织物、传动带、轮胎帘子线、室内装饰织物等。

(吴正明)

超硬铝 super-hard aluminium

铝-铜-镁-锌系铝合金。形变铝合金之一。热处理后强度和硬度高,但塑性与冲压性、抗蚀性差。常用牌号有 LC3、LC4、LC6 等。主要用作受力的结构件,如飞机大梁、桁架、蒙皮、接头和起落架等。

(许伯藩)

超张拉 over-tensioning

对钢筋施行超过张拉控制应力的张拉。用以消除因钢筋应力松弛引起的预应力损失。张拉制度视钢筋应力松弛特点和预应力施工工艺(先张法、后张法)而定。一般均施行超张拉。例如:先张法张拉冷拉Ⅱ、Ⅲ、Ⅳ级钢筋时,σ_k 为张拉控制应力,超张拉值为 $0.05\sigma_k$。张拉制度通常简写成:0→≤$0.1\sigma_k$(初应力)→$1.05\sigma_k$(超张拉、持荷 2min)→$0.9\sigma_k$→σ_k(锚固)。

(孙复强)

che

车坯成型 forming by turning

车削加工真空练泥机挤出的泥段,使其成为所需形状的方法。用于成型回转体状的制品,是电瓷生产的主要成型方法。根据产品的形状、大小和性能要求,可在立式或横式车床上分别采用湿车法和干车法。干车法要求泥段含水率为 6%~11%,其产品精度较高,便于自动化,但刀具磨损大,粉尘多;湿车法要求泥段含水率为 16%~18%,其特点是刀具磨损小,粉尘少。一般套管、棒形、支柱类产品都采用横式或立式干车成型;空心和中孔大小不等的坯件,多采用立式多刀湿车成型,内径为直筒形的多采用横式湿车成型。

(陈晓明)

车筒竹 Bambusa sinospinosa McClure

又称箣楠竹。中国南方及西南各地分布甚广,适应性强的竹种。在广东、广西、四川、贵州等地广泛栽植于村旁、河流沿岸。竹秆高大,高 15~14m,胸径 8~14cm,竹材坚韧,且厚硬,为工业建筑材料。

(申宗圻)

chen

沉淀 precipitation

加入某一试剂,使某种或某些离子生成难溶性化合物,从溶液中分离出的过程,或指从过饱和溶液中析出的难溶物质。例如,将稀硫酸滴加到钡盐溶液中,可产生 $BaSO_4$ 沉淀。按其结构类型,可分为晶形沉淀和胶状沉淀。究竟以何种形式从溶液中析出,取决于物质的本性和沉淀的条件。重量分析对沉淀的要求是:①溶解度必须很小,分离应完全；②颗粒较粗的晶形沉淀，以便易于过滤和洗涤；③应是纯净的，带入的杂质应尽可能地少。产生沉淀的化学反应叫沉淀反应。该类反应除用于重量分析和沉淀滴定法外，还可用来检定、分离和提纯物质。
（夏维邦）

沉淀滴定法 precipitation titration

又称容量沉淀法。以沉淀反应为基础的滴定分析法。用于该法的反应须符合下列条件：①沉淀反应必须迅速、定量地进行完全；②生成的沉淀溶解度应很小；③能够用适当的指示剂或其他方法指示反应的等物质的量点。目前用得较多的是银量法。因确定终点的方法不同，该法又可分为摩尔法与法扬司法等。例如，以 $AgNO_3$ 标准溶液滴定 Cl^- 离子为例，前法以 K_2CrO_4 为指示剂，当滴定到出现砖红色的 Ag_2CrO_4 沉淀为终点；后法可用荧光黄作指示剂，当滴定刚达等物质的量点后，氯化银沉淀表面吸附 Ag^+ 带正电荷，再吸附荧光黄（是一种有机弱酸）的阴离子，溶液由带荧光的黄绿色变为不带荧光的粉红色，指示到达终点。像荧光黄这样能被滴定过程中生成的沉淀所吸附，而改变其颜色的某些有机染料称为吸附指示剂。法扬司法所用的即是。
（夏维邦）

沉积天平 sedimentation balance

用沉降法测定粉状物料粒度分布的一种仪器。一般由天平装置、沉降部分、光电放大装置及自动记录四部分组成。中国标准采用的 KCT-1 型沉积天平的原理示意图如下。其分度值每步 2mg。采用该仪器要求固体颗粒在液体介质中能很好地分散，且不发生化学反应。该法对含空心颗粒的物料不适用。

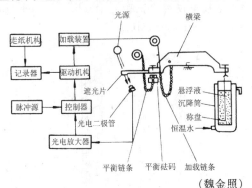

（魏金照）

沉降法 sedimentation analysis

测定同一密度的粉状物料粒度分布的方法。粒度分布是指不同尺寸的颗粒在粉状物料中分布的质量百分比。该法主要依据为大小不同的颗粒在同一流体介质中自由沉降的速度符合斯托克司定律（即颗粒的沉降速度与颗粒大小的平方成比例）。测出不同时间所沉积的物料量，就能算出粒度分布。常用的有空气离析法、沉积天平法、浊度计法等。
（魏金照）

沉降收缩 sedimentating contraction

混凝土混合料浇灌以后到开始凝结期间，由于颗粒沉降而造成收缩的现象。成型好的混凝土混合料，其中固体粒子以不同速度逐渐下沉，致使水分上升析出，在表面产生泌水现象，而混凝土凝结，水分蒸发，体积缩小。
（潘介子）

沉入度 penetration

见砂浆稠度仪（423 页）。

陈腐 ageing

又称陈化，俗称困料。将坯料在适宜温度和高湿度环境中存放一定时间，以改善其成型性能的工艺过程。在可塑法成型工艺中，可使坯泥中水分分布均匀，促使其中有机质分解及黏土颗粒的充分水化，提高泥坯的可塑性，减少成型和干燥过程中坯体的层裂和开裂，降低成型和干燥过程中的破损率。在半干压成型工艺中，可使粉料及压制后的坯体水分均匀，避免干燥时的不一致收缩。在注浆成型工艺中，可使有机质充分分解，电解质与黏土颗粒间的离子交换充分，从而提高泥浆的流动性、悬浮性和空浆性能。一般黏土质泥浆经 3~4d 陈腐后黏度可降至最低数值。
（陈晓明）

陈化 ageing

经过风化、破碎和均匀化处理的烧结砖原料，贮存一段时间的工艺过程。其目的是使黏土质物料中的水分，有足够时间从土粒表层进入内部，分布均匀；使黏土疏解和塑化；有机物形成有机胶体物质，进一步增加原料的塑性。可改善黏土质物料的成型性能和成品性能。此外，还可以保证原料不间断地、均衡地供应。
（陶有生）

陈设瓷 ornamental porcelain

专供陈列观赏用的艺术陶瓷制品。如薄胎瓷、雕塑瓷、花瓶、瓷板画、仿古瓷、园林盆景等。用于室内装饰和园林布置。
（邢　宁）

衬度 contrast

在透射电镜检测中，由于试样不同部位对入射电子的不同散射特性而在电子图像上显示出亮度的差异。按其形成的机制有质厚衬度、衍射衬度和相位衬度三种。质厚衬度是利用试样厚度的差别或相邻部位原子序数的差别，使参与成像的散射电子强度有所差异而造成的，反映了非晶态或晶粒非常小的试样的形貌特征；衍射衬度是由于晶体各部分因满足衍射条件（布拉格方程）的程度不同而引起的，它与薄晶体试样内部存在晶体缺陷和界面结构有关；相位衬度是由入射电子束和照射在极薄晶体试样（小于 10nm）后，形成的透射波和散射波有相位差而在像平面上相互干涉而产生的图像衬度，它直接给出了晶体结构中原子或分子配置情况的结构像和单个重金属原子的原子像，以及晶体晶格一维或二维结构的晶格条纹像。　　（潘素瑛）

cheng

称量　weighing

物料量的度衡。称量的方法有两种。一是每秤只称量一种原料，它适用于排库，选秤的原则应是："大料用大秤，小料用小秤"使称量误差小，但设备投资大。二是用一个秤及一个料斗依次称量各种原料，秤可以固定在塔库下，也可把秤置于轨道上，在排库下往返称量，由于每种原料都不能称至秤的全量，所以有精度误差，且在称量时还有累计误差。故累计秤误差较大，但设备投资少。
（许　超）

撑臂式开关器　brace-switcher

由联动钢管和传动螺杆构成传力杆件，用长、短角钢做撑臂的一种天窗开关器具。有电动和手动两种。长臂的 A 端铰接在传动杆上，B 端铰接在窗扇下梃上。短臂一端连接在支架上，另一端铰接在撑臂的中央 C 点。当电动机开动，传动杆体向左移动时，撑臂移至 $A'B'C'$ 位置，窗扇即开启。如采用手动，可取消电机，在减速齿轮处装上链条来带动。适用于厂天窗的启闭。

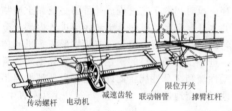

（姚时章）

撑篙竹　Bambusa pervariabilis McClure

又称油竹，花眉竹，白眉竹。中国华南人工栽培的主要用材竹种之一。分布在珠江流域中、下游地区。竹秆笔直，高 7～10m，直径 4～6cm，竹壁厚 10～16mm，节间长 20～45cm。竹秆通直，竹壁坚实，力学性质好，韧性强。是秆、篾两用的竹种，可作棚架、农具、工具等日用竹器，还可以编织，又常用做船上的撑篙，故名。（申宗圻）

成对立模　paired standing mould

见成组立模（51页）。

成孔剂　pore forming agent

制造多孔陶瓷时，在坯料中加入的能在高温下分解产生气体或完全燃烧，从而在坯体中产生气孔或留下空穴（气孔）的添加物。高温下分解产生气体的有碱土金属的碳酸盐、硫酸盐，如碳酸钙、硫酸钙、碳酸镁、硫酸镁、碳酸钡等和某些天然矿物，如石灰石、白云石、石膏等。这些物质一方面分解或发泡形成气孔，另一方面分解产物与铝硅酸盐组分结合，形成本身具有多孔性的硅酸盐网络结构。高温下完全燃烧的有石蜡、煤粉、塑料、焦炭、纤维素聚合体、淀粉、木屑、稻壳、软木粒等，它们高温下燃尽，形成气孔。　（陈晓明）

成膜物质　film forming, film forming material

漆基中能单独形成有一定强度、连续的膜的物质。是决定涂膜主要性能，如：表面光泽、硬度、柔韧性、耐冲击性、耐候性、耐磨性、透明度等的成分。要求在涂料的贮存期内应相当稳定，不发生明显的物理和化学变化，涂布后，在规定条件下，能迅速形成固化膜等。一般由天然油脂、天然树脂、合成树脂等与颜料、体质颜料组成。涂料被涂覆于介质表面由液态（或粉状）变成无定形的固态薄膜的过程称为成膜过程。它主要靠溶剂挥发、熔融、缩合、聚合等物理或化学作用而成膜。
（刘柏贤）

成熟度　degree of maturity

说明混凝土强度随时间和温度而发展的一个指标。通常以混凝土养护时温度与所经历时间的乘积（度时积）表示，单位为小时·度或者天·度。该指标大小取决于水泥性质、混凝土质量和养护制度，只有在混凝土养护时的初始温度为 16～27℃，养护过程中不失水时，强度才与成熟度的对数成线性关系。可利用来估计混凝土的强度。（丁济新）

成束电线电缆燃烧试验　combustion test on bunched wires or cables

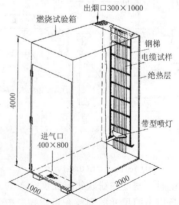

对成束电线电缆在规定的模拟火灾条件下测定其阻燃性的试验。是针对单根电线电缆燃烧试验合格，而在成束敷设条件下却丧失阻燃性的实际情况提出的更严格的大型试验。被试成束电线电缆的试

样数依每米所含非金属材料的体积分为三种类型：A类7.0L/m、B类3.5L/m和C类1.5L/m。试样垂直敷设，用带型喷灯和丙烷-空气混合气供火，燃烧热73.7±1.68MJ/h。A或B类供火40min，C类供火20min。以试样被燃烧而炭化最大长度不超过2.5m为合格。美国IEEE 383法相当于本法的C类。

（徐应麟）

成组立模 grouped standing mould

混凝土制品成组竖直成型及养护的工艺设备。一般由机架、立模组、装拆机构、总成压紧装置等部分组成。立模组包括隔板和蒸养隔板两部分。隔板用厚钢板制成，边缘上固定的角钢构成成型仓的边模和底模。为了便于制品脱模，成型仓下部的宽度比上口小8～10mm。蒸养隔板有一个密封的空腔，可用钢材、钢丝网水泥或钢筋混凝土制成。两种模板总成后，用压紧装置压紧，以消除相互间的缝隙。模板悬挂在机架纵梁钢轨上时称为悬挂式成组立模，支撑在地面纵向轨道上时称为落地式或下行式成组立模，前者应用较广。双仓位和四仓位的通常又称成对立模，前者由两块可倾斜的加热模板和一块活动隔板组成，而后者则由两块可倾斜的加热模板、一块固定加热模板和两块活动隔板组成。采用蒸汽、热水、热油或电能养护，可对制品形成一面或两面干热养护。适于生产内墙板、楼梯段等表面要求光滑的混凝土制品，但混凝土强度沿制品高度方向有不均匀现象。

（孙宝林）

成组立模工艺 grouped standing mould process

利用成组立模生产混凝土制品的方法。制品在竖直状态下的成组立模中成型后，一直放到混凝土获得所需的强度。制品成型操作班组在生产过程中由一组成组立模移至另一组。如果成组立模组数恰当，可实现连续的生产流水。工艺过程有清模、安放钢筋、浇灌混凝土、振动成型、养护、脱模等。一般采用低流动性混凝土，粗集料的最大粒径不超过制品厚度的1/3～1/5。混合料分3～4层浇灌，每层均应振实。为了缩短养护周期，可在制品成型过程中提前升温，将模板预热至30～40℃，成型完毕后，混凝土的温度可达60～65℃，经1～1.5h养护可达95～100℃。由于立模热容量大，冷却时宜采用强制措施加速冷却，以提高模板周转率。采用双仓位或四仓位的成组立模生产时，制品在工具式底板上成型，用电热模板在30～40min内加热至80～90℃后，再重复振动一次。当混凝土达到脱模强度时脱模，用专门吊具将制品连同底板一起吊入保温养护坑继续进行养护。与流水机组法和流水传送带法相比，具有占地少、热耗低、生产效率高、制品尺寸精确、表面质量好等特点，适于生产内墙板、大型板材、楼梯段等表面要求光滑的混凝土制品。

（孙宝林）

承奉连砖

又称承风连砖，简称承奉连或承风连。外形与三连砖相似，但比之略大并多一道棱线的琉璃屋脊构件。使用位置比较灵活，主要有三种用法：当屋脊较为高大时，如四样以上的屋脊，用在垂兽（或戗兽）的前面取代三连砖；当屋脊较为矮小时，如影壁、院墙的屋脊，则用在垂兽（或戗兽）的后面取代脊筒子；用在墙帽正脊或牌楼的夹楼、边楼正脊上，取代正通脊。

承奉连砖尺寸表　　单位：mm

	二样	三样	四样	五样	六样	七样	八样	九样	注
长	528	496	464	432		416	416		
宽	243	240	237	234		144	144		
高	112	106	99	83		80	80		

（李　武　左滪元）

承重空心砖 load-bearing hollow brick

承受建筑物结构荷载的空心砖。砌筑时孔洞方向为竖孔。孔洞率大于或等于15%，高的达35%～40%。按中国标准目前主要生产240mm×115mm×90mm（KP_1）、240mm×180mm×115mm（KP_2）、190mm×190mm×90mm（KM_1）三种规格，未规定孔洞型式。前二种为普通空心砖，后者为模数空心砖。表观密度为1 100～1 400kg/m³，按抗压强度和抗折强度分为MU7.5、MU10、MU15、MU20四个强度等级，外观质量分为一等和二等两个等级。有些国家主要发展孔洞率为15%～40%的高强度竖孔空心砖，强度等级一般为MU20～MU60。随着其强度的提高，对空心砖砌体和配筋空心砖砌体开展了广泛的研究，并研制高强度砂浆，使之在多层和高层建筑上得以应用。

（何世全）

枨 doorjamb

又称楔。门两旁木。《尔雅·释宫》枨谓之楔，疏：枨者，门两旁长木，一名楔：李巡曰，枨谓梱上两旁木。《礼记·玉藻》君入门，介拂阑，大夫中枨与阑之间，士介拂枨；注：枨，门两旁长木。

（张良皋）

城砖 city-wall brick

古代专供垒砌城墙的大规格烧结黏土砖。青灰色。一般长1尺5寸,宽7寸5分,厚4寸(营造尺,等于320mm)。因产地不同,尺寸略有差异,现常见规格有 480mm×240mm×130mm、440mm×220mm×110mm、400mm×200mm×65mm等。按制砖工艺分停泥城砖和澄浆城砖。其中以山东省临清县(现为临清市)烧制的质量最佳。主要用于修复城墙及古建工程。 (朴学林)

程序控制温度 program-controlled temperature

由电子线路自动控制的加热炉温度。可以线性升温、线性降温、恒温或升降温循环;或非线性升温、降温。应用于所有热分析法中。 (杨淑珍)

橙色玻璃 orange glass

透过可见光主波长为600nm的颜色玻璃。常见的为硒硫化镉着色玻璃,即由镉黄玻璃(参见黄色玻璃,199页)成分中引入少量的硒粉而得到。多用于制造信号玻璃、滤光玻璃、器皿玻璃和建筑装饰玻璃制品。也用作博物馆、展览馆、剧场、车站、旅馆等建筑的窗、门装饰材料。

(许淑惠)

chi

鸱吻 owl-tail ridge ornament

又称鸱尾、殿吻、蚩吻。古时建筑屋面正脊两端的兽形饰件。有黑活、琉璃两种制品。早期作鸱尾、后演变为鸱吻,再变而成正吻。宋《营造法式》"鸱尾"条云:"汉记柏梁殿灾后,越巫言海有鱼虬,尾似鸱,激浪即降雨,遂作其象于屋,以厌火祥"。鸱,古书上指鹞鹰。鸱尾演变为鸱吻,大约出现于唐代。鸱尾与正脊结合处本为平接,而从四川乐山凌云寺中唐时期摩崖所刻的形象看,前端已成兽首,张口吞脊,便成"吻"的形式了。封护屋脊交汇处是其功能,而所采用的形象,则是取镇灾防火的意思。

麦积山140窟　　敦煌220窟　　四川邛崃　　福建泰宁宋代
北魏壁画　　　初唐壁画　　晚唐磐陀寺摩崖　　甘露岩吻

四川后蜀(公元　山西大同市华严寺辽代　　山西大同市
934年)孟知祥　　(公元1038年)　　华严寺金代薄
墓门上的吻　　　壁藏上的吻　　伽教藏殿鸱吻

(李　武　左滢元)

池窑 tank furnace

又称池炉。将配合料在有炉盖(或称窑碹)的槽形池内熔制成玻璃液的玻璃熔窑。配合料的熔化、玻璃液的澄清、均化和冷却等作业分别在窑池的纵向相应部位完成。主要结构包括窑池、火焰空间、小炉、蓄热室(或换热器)等。绝大多数为连续作业窑。按热源分为火焰池窑、电热池窑、火焰电热池窑等;按余热回收方式分为蓄热式池窑和换热式池窑;按火焰流向分为横火焰池窑、马蹄焰池窑、纵火焰池窑和联合火焰池窑等。与坩埚窑相比,其结构复杂,造价高;但生产能力大,质量稳定,热效率高,易实现机械化、自动化,适于连续生产数量大、品种单一的玻璃制品。 (曹文聪)

池窑拉丝 direct melt process

又称直接熔化法拉丝。玻璃配合料在池窑中熔化后直接流至通路底部漏板进行拉丝的连续玻璃纤维生产方法。省略了制球等工序,简化了工艺过程。池窑容量大,提高了漏板单台产量。漏板用铂铑合金利用率高,热耗低,有利于回熔废丝,特别是在生产直径较粗、产量较大的玻璃纤维品种时,更能发挥其优点。 (吴正明)

持久强度 long-term strength, creep rupture strength

又称长期强度。材料在给定温度下恒定荷载作用时,经过规定的持续时间不发生破坏的最大应力值。在进行蠕变试验时,通常是指出现蠕变破坏的最低应力值。按应力种类不同,可分为抗拉持久强度,抗弯持久强度等。表示恒定应力 σ 随断裂时间 t_τ 的变化曲线称为持久强度曲线。持久强度一般可用符号 σ_τ^T 表示,这里 T 为试验温度(℃),τ 为规定的持续试验时间(h)。例如 $\sigma_{500}^{1000} = 300$MPa,即表示材料在试验温度为1 000℃,试验持续时间为500h的持久强度为300MPa。

(沈大荣)

尺五加厚(城砖)

用过筛后的细黄黏土制坯烧成的细泥城砖。清代早期产自河北及北京东郊一带。由工部和内务府承办的官窑烧制,民窑亦有产出。规格长480mm,宽240mm,厚128mm,重23.5kg。此砖比明代用砖厚度略有增加,故称尺五加厚。砍磨加工后多用于宫墙干摆(磨砖对缝)及室外细墁地面等露明部位。装饰效果仅次于澄浆城砖。 (朴学林)

赤脚通脊

琉璃瓦屋面组合正通脊的上部构件。仅适用于四样瓦以上的大型屋脊,与黄道配套使用。因为四样以上正通脊构件较大,加工与安装不便,所以将其上身与下脚分别烧制作为两个构件,赤脚通脊即为其上身部分。与正通脊的外形相似,仅缺少底部的半圆线脚,恰似无鞋者,故名"赤脚"。下接"黄道"形成正脊的主要部分,上盖脊瓦。

赤脚通脊　　饰莲花赤脚通脊　　雕行龙赤脚通脊

赤脚通脊尺寸表　　单位:mm

	二样	三样	四样	五样	六样	七样	八样	九样	注
长	896	832	768						
宽	544	480	450						
高	610	540	480						

（李　武）

赤金箔　gold foil (74%)

又称74金箔。含金量74%的金银合金锤成的薄片。色泽黄中偏青白,比库金箔浅,亦很光亮,但耐久程度远不如库金箔。箔面规格83.3mm×83.3mm。古建筑油饰工程中的木雕花饰和线路、彩画的花纹贴金部位,多用赤金箔。因其含金量偏低易变色,为了控制氧化变色可用清漆封护。　　（谯京旭　王仲杰）

赤磷阻燃剂　F.R. red phosphorus

又称红磷阻燃剂。含单质磷的阻燃剂。结构式为 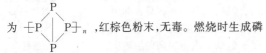,红棕色粉末,无毒。燃烧时生成磷酸而阻燃。暴露在空气中会缓慢氧化生成磷酸和极少量的磷化氢(极毒!),混入氧化抑制剂(如Al(OH)$_3$)和磷化氢捕捉剂(如活性炭、一氧化铜)可使稳定。用氯化石蜡或硅油作润湿处理,可减少粉尘飞扬。适用于橡胶、塑料和织物。　　（徐应麟）

赤泥　red mud

制铝工业的残渣。常因含铁高外观呈红色而得名。矿物组成中50%以上为β-C$_2$S,其次是C$_3$A·2H$_2$O。一般含碱高,含钙并不低,但成分及结构多变,密度为2.80~3.30g/cm³,颗粒粗,熔点1 200~1 250℃,含水量高,易沉降。可作为水泥生料和混合材料以及生产陶粒、烧结砖瓦等。　　（陆　平）

赤泥硫酸盐水泥　red-mud sulfate cement

用制铝工业的废渣赤泥(约30%~50%)、粒化高炉矿渣(约25%~30%)、硅酸盐水泥熟料(约15%~25%)及600~750℃煅烧的石膏(约10%)磨制成的无熟料水泥。水泥抗硫酸盐性能好,抗渗和抗水性能好,水化热低。由于赤泥和矿渣都含有相当数量的β-C$_2$S,长期强度增进率较高。但标准稠度需水量大,湿胀及干缩的敏感性较强,低温硬化能力差。主要用于配制砌筑砂浆或无筋及少筋的混凝土地坪及基础,宜于水中或潮湿养护,不宜用于地上承重或蒸汽养护的预制构件。

（王善拔）

chong

充气房屋　pneumatic architecture

由通过一定压力的空气支承的高分子材料结构膜形成的特殊建筑物。英国工程师F.W.Lanchester在1917年取得的气承野战医院可认为是充气结构的开端。分为气承和气压两种充气结构形式。前者是一个半球性的结构膜,材料有聚氯乙烯、氯磺化聚乙烯人造革、橡胶等,依靠球内空气的压力支撑。结构稳定的要素是保持内部的空气压力,通常需不断向内部补充空气并采取防止泄漏的措施;后者又分为气肋和气被结构,依靠由压缩空气充满的密闭的气管和气被来支撑结构膜。特点是造价低、跨度大、装拆迅速轻便,适宜用作临时性或流动性的建筑物,如展览厅、运动场、演出中心、野外作业的办公、居住用房等。　　（顾国芳）

充气混凝土　air-inflated concrete

靠压缩空气通过微孔材料喷入料浆而形成的一种多孔混凝土。所用原材料与其他多孔混凝土相同;除形成多孔结构的方法外,其他工艺过程与泡沫混凝土雷同。在搅拌机内制成多孔料浆后,浇注入模,蒸压或常压蒸汽养护。一般表观密度为600~800kg/m³,其他各项性能与泡沫混凝土相似,可以用作墙体材料。由于现有的工艺所做成的制品气孔结构不够均匀,因而尚未得到发展。　　（水翠娟）

重唇瓯瓦

又称花边滴水。屋面板瓦下尽端的领头瓦件。其形式为瓦端转边加厚,如厚嘴唇状,故名。是屋面底瓦陇排水的出水口,为防止雨水返回泅湿木构件,所以做出转边。后演变为檐口滴水瓦。

花边滴水　　　滴水

琉璃滴水尺寸表　　单位:mm

	二样	三样	四样	五样	六样	七样	八样	九样	注
长	432	416	400	384	352	320	304	290	
宽	352	320	304	272	240	224	210	192	
高	176	160	152	136	120	112	105	96	

（李　武　左瀞元）

重复性 repeatability

同一物理量多次测量能重复出现的程度。为缩小试验误差，对同一物理量重复多次测量取其平均结果。多次测得的值有个误差范围，它反映测量方法的精度，它直接表现为各次测量值间重复的程度。为定量的表示这种重复性的好坏，引用重复精度 r。设各次测量值分别为 $x_1；x_2……$，规定以 $|x_j - x_g| \leqslant r$ 的概率为 95% 时的 r 值为重复精度。用一设备进行测试，依要求先给一 r 值；再由多次测量结果，来判断在某个可信度内（该设备）能否达到要求的重复精度。　　　（魏铭鑑）

重塑数 remolding jigs

以改变混凝土混合料试样的形状所做的功来评价混合料工作性的一种指标。用重塑仪进行测定。重塑仪由坍落度试验筒、圆柱形筒及跳桌等组成。坍落度试验筒置于一略大的圆柱形筒内，筒内置有

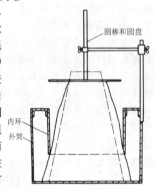

一内环，其下缘至圆筒底的距离可在 67～76mm 之间调整。圆柱形筒固定在跳桌上，测试时，按规定方法将混合料在坍落度筒内成型，将重为 1.9kg 的圆盘置于混合料顶部，跳桌以落差 6.3mm，每秒 1 次的频率跳动。混凝土逐渐沉塌，直至圆盘到达距圆柱筒底 81mm 时为止，此过程所跳动的次数即为重塑数。　　　　　　　　（潘介子）

重塑仪 remolding apparatus

测定混凝土混合料工作性的一种仪器。参见重塑数。　　　　　　　　　　　　　（水中和）

冲击电压试验 impulse voltage test

检验瓷绝缘子耐受剧烈增高电压作用的试验。包括冲击耐受电压试验和 50% 冲击闪络电压试验。前者若采用耐受程序试验时，冲击电压发生器在 60%～80% 的耐受电压值下调整，使之产生所需的冲击波形，然后升高发生器的电压至规定的耐受电压，共施加 15 次的冲击电压，如果闪络次数不超过 2 次，则试件通过本试验。试件经试验后不应有损坏，包括绝缘体击穿，但不包括绝缘件表面上的轻微放电痕迹或胶装物及其他材料的小碎片脱落。此外，还有采用 50% 闪络程序的耐受电压试验。50% 冲击闪络电压试验采用 50% 闪络程序（见 GB775.2）确定 50% 闪络电压。　　（陈晓明）

冲击强度 impact strength

见强度（386 页）。

冲击韧性 impact toughness

材料抵抗冲击荷载的能力。通常以冲断一定尺寸的标准试件所耗的功除以试件断口处的最小截面积所得的商来表示。冲击韧性值可用来评定材料韧性和脆性程度，因为冲击功并非沿着缺口处截面积均匀消耗，所以不能直接用于设计计算。它与温度关系很大，在温度骤然降低至某一区域时，韧性值骤然降低，这种现象称为材料的冷脆性。一般塑性好的材料，其冲击韧性高。　　　（沈大荣）

冲击试验机 impact testing machine

测定材料抗冲击性能的试验机。有两种主要形式，用得最广的是摆锤式冲击试验机，试验时将摆锤扬起，使其具有一定的势能，然后使锤突然下落，冲击安放在机座上的试件，将其冲断。试件冲断所消耗的能量等于摆锤原来的势能与它冲断试件后再扬起时所具有的势能之差。另一种是落球式冲击试验机，用电磁铁将一定质量的钢球吸住，上升到一定高度，再突然断电，让钢球下落，冲击试样，以冲击破坏试样所需冲击次数或消耗的功表征材料的抗冲击性能。　　　　　（宋显辉）

冲落式坐便器 washdown W.C. pan

借冲洗水的冲力直接将污物排出的坐式便器。冲洗时噪声大，水面小而浅，污物不易冲净，易产生臭气，卫生条件差，但构造简单，价格便宜，一般用于装修要求不很高的卫生间。　（陈晓明）

冲刷侵蚀 erosion

见混凝土降质（207 页）。

冲洗功能 washing function

卫生陶瓷自洁的性能。包括冲水功能和刷洗功能两部分。冲水功能系指在有效水量范围内一次冲出乒乓球（其内注满清水）或人造污物的能力；刷洗功能系指在有效水量范围内一次刷洗便器净面的能力。坐便器（包括虹吸式和冲落式）采用"乒乓球法"进行试验；蹲便器采用"人造污物法"进行试验。　　　　　　　　　　　（陈晓明）

冲压成型 TSMC stamping

将纤维增强热塑性片状模塑料在适当温度下预热后，装到冷金属模里快速加压成型的方法。根据模塑料的预热条件，分为热流动冲压成型和固态冲压成型两种：前者是将模塑料加热到熔点以上成型，用以生产带肋或有凸起的制品；后者将成型温度控制在熔点以下，用以成型形状简单的等厚制品。坯料通常用远红外线加热，温度根据模塑料品种确定，冲压时间一般为 20～60s，是当前最快的成型方法。特点是工艺简单，产品尺寸精确，两面

光洁，易实现快速机械化生产，设备投资较大。适用于批量大，产量高的产品，如汽车部件，家电壳体等。在建筑工业中，可用以生产台板、刻花板、座椅及造型简单的卫生洁具等。

（刘雄亚）

虫胶　shellac

又称紫胶、紫梗、紫草茸。南亚热带某种树上寄生的紫胶虫产生的分泌物经精制后的产物。是天然树脂的一种。紫红色，经加工精制的虫胶呈黄色至棕色片状物，主要成分是光桐酸酯。能溶于醇类、酮类及碱溶液中，微溶于酯、烃类。按色素（碘比色计）的指标分为特级、甲级、乙级、丙级四级。传统的虫胶漆是将虫胶溶于乙醇中制得。所制清漆特别光亮，用作木制家具的表面上光漆。虫胶胶粘剂可用于粘接金属、云母、陶瓷及雷管制品。

（刘柏贤）

虫胶清漆　polish

又称亮光漆，俗称泡立水、洋干漆。由棕褐色的虫胶片（或固体颗粒状）溶解在乙醇中而成的棕色半透明涂料。是重要的醇质清漆，漆膜干燥快，坚硬光亮、透明度高、具有涂层干燥后可打磨、抛光的特点。附着力好，有绝缘性，在一般的石油、苯类、酯类溶剂中不溶解，耐热、耐候性差，漆膜较脆，不耐水，遇潮易泛白。用作绝缘漆、封闭漆和涂刷家具、门窗、地板等，不宜室外应用。

（陈艾青）

虫眼　insect hole

又称虫孔。昆虫成虫为了产卵、进出或幼虫取食，在木材（或树皮）中所蛀蚀的孔。根据蛀蚀程度可以分为表面虫眼或虫沟、小虫眼及大虫眼三种。蛀蚀木材深度不足10mm的虫眼或虫沟为表面虫眼或表面虫沟；虫孔最小直径不足3mm的为小虫眼，3mm以上的为大虫眼。原木表面虫眼和虫沟、分散的小虫眼对木材利用影响不大，但深度自10mm以上的大虫眼和密而深的小虫眼破坏了木材的完整性，并降低其力学性质。虫眼也是引起边材变色和腐朽的重要通道。

（吴悦琦）

chou

抽芯机　hole forming machine

混凝土空心制品的成孔设备。由一组或数组芯管及牵引装置组成。芯管中也可安装振动装置，对混凝土混合料起振动密实作用。芯管安装在横梁上，由牵引装置送入模型，混凝土制品密实成型后再从中抽出。

（丁济新）

臭椿　Ailanthus altissima（Mill）Swingle

长江以北、黄土高原、石质山地的造林树种之一。生长快，适应性强，繁殖容易，病虫害少。木材的边材黄白色，易蓝变，心材姜黄至浅黄褐色，纹理直，结构中等，不均匀，锯、刨等加工容易，不耐腐，不抗白蚁，浸注较难。属环孔材。气干材密度 $0.636 \sim 0.672 \text{g/cm}^3$；干缩系数：径向 $0.168\% \sim 0.182\%$，弦向 $0.280\% \sim 0.304\%$；顺纹抗压强度 $37.4 \sim 42.3 \text{MPa}$，静曲强度 $81.2 \sim 90.3 \text{MPa}$，抗弯弹性模量 $10.5 \sim 11.3 \times 10^3 \text{MPa}$，顺纹抗拉强度 $109.3 \sim 115.8 \text{MPa}$，冲击韧性 $5.4 \sim 6.1 \text{J/cm}^2$；硬度：端面 $53.7 \sim 66.4 \text{MPa}$，径面 $43.9 \sim 61.2 \text{MPa}$，弦面 $48.3 \sim 61.0 \text{MPa}$。木材可供房屋建筑、家具等用。木纤维含量占木材干重量的40%，可做上等纸浆，还可做火柴梗、盒、包装箱、单板、羽毛球拍、网球拍等。

（申宗圻）

chu

出料系数　discharge coefficient

搅拌机的出料体积与进机各原材料总堆积体积之比值。由于粗细物料在搅拌过程中互相填充，物料总体积将变小，因而出料体积总小于进料总体积。对混凝土其值一般为 $0.67 \sim 0.70$，在工艺设计中常采用 0.67。对一定工作容量的搅拌机，可用以计算每盘的原材料用量。

（孙宝林）

初步配合比　preliminary proportioning

按照混凝土的设计要求和选用原材料的基本物理性质，根据经验资料、图表、公式直接计算所得的各组成材料用量比例。因未经试验校核修正，故只能作为试拌的基础，不能实际使用。试拌校正工作性和密度后求得理论配合比（基准配合比），经过强度校核满足设计强度要求（配制强度）后成为实验室配合比，再根据现场条件加以修正，才成为实用的施工配合比。

（徐家保）

初凝　initial set

水泥可塑浆体固化的开始。标志着水泥浆体已成为失去流动性但又不具有明显结构强度的介固体状态。有人测算水泥浆体达到初凝时，其剪切屈服极限仅为 0.02MPa。中国标准规定，凝结时间测定仪试针垂直自由沉入净浆，当试针达距底板 $2 \sim 3 \text{mm}$ 停止下沉时，即为达到初凝状态。由加水开始至达到初凝状态所需时间称该水泥的初凝时间。通用水泥初凝时间不得早于 45min。水泥初凝时间过短，难以施工。该项品质指标不合格的水泥为废品。

（魏金照）

初期切线模量　initial tangent modulus

见动弹性模量（93页）。

初始结构强度 initial structural strength

简称结构强度。砂浆或混凝土混合料浇注入模型经振实成型后,混凝土内部结构已定型而尚未硬化时所具有的强度。采用蒸汽养护或蒸压养护的混凝土或水泥制品必须有适当的预养,使混凝土或砂浆具有足够结构强度,以防止升温期混凝土或砂浆结构的破坏。须注意的是此处所说"结构"是指材料内部的组织构造。 (徐家保)

除锈 remove-rust

清除金属表面氧化皮、腐蚀产物的工艺过程。应按规定达到与涂装要求相应的质量等级和表面粗糙度,以使涂层很好的附着。常用方法有:①喷射法,用喷枪喷射各种磨料于金属表面(如喷砂);②火焰喷射法,用火焰喷枪处理金属表面;③化学法,用酸洗处理金属表面;④人工法,用机械或手工打磨金属表面。最高等级要求金属表面达到显露出均匀一致的白色金属光泽。 (洪乃丰)

除油 degreasing

又称脱脂。为提供洁净表面,实施防护措施而清除金属表面油污的工艺过程。主要有:①浸洗法,用溶剂或碱溶液浸泡、冲洗金属表面;②喷洗法,喷射除油剂到金属表面;③刷洗法,用除油剂刷洗金属表面;④蒸气脱脂法,用溶剂的热蒸气(如三氯乙烯)除去油脂;⑤电化学除油法,在除油槽中将金属工件作为阴极,通电处理;⑥超声波处理,在工厂车间,一般用专用设备处理;在野外多采用人工手工处理。 (洪乃丰)

触变性 thixotropy

材料在受外力作用(搅拌和振荡)时,表现黏度降低呈流动状态,去掉外力作用后仍能恢复到原来凝胶状的一种胶体物性。此种物性有利于涂料在贮存过程中,能保持良好的悬浮,不易沉淀。利用该特性发展的触变性涂料及含颜料较多的厚质涂料(如环氧、氯化橡胶等厚质涂料),虽经厚涂或垂直面上涂刷也不会发生流挂弊病,特别适用于垂直防蚀涂装。为使涂料具备此种性能,常加入硬脂酸铝或某些低分子量合成树脂等触变剂。

(刘柏贤 邓卫国 孙宝林)

chuan

穿插当

廊心墙上穿插枋与抱头梁之间填塞的装饰件。结构上亦指廊心墙以外的该部位的空档。其高度等

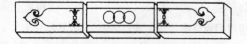

于穿插枋与抱头梁之间的距离。宽度为穿插枋的进深(檐柱与金柱之间的距离),外皮不应超过穿插枋。其做法有二:①使用砖雕。常分成三段,用方砖砍制,上雕对称花饰。俗称硬活做法。②抹灰后刷烟子浆,再镂雕。俗称软活做法。 (朴学林)

穿孔板 perforated panel

在胶合板、石膏板、塑料板等非金属板或钢板、铝板等金属板上穿孔而得的板材。圆孔直径为4~10mm,穿孔率为1%~20%。装于刚性墙前一定距离处,形成无数个共振器系统的吸声构造,具有中、低频率吸声特性;也可以作为超细玻璃棉之类多孔吸声材料的护面层,使具有宽带吸声频率特性。 (陈延训)

穿孔金属板 metal perforated panel

铝板或钢板,经穿孔或穿缝加工后用于吸声构造的板材。厚度一般为0.5~1.0mm,孔直径4~8mm,穿孔率约为9%~22%;穿缝板穿孔百分率还可更大一些。使用时紧靠板后衬超细玻璃棉、岩棉之类多孔吸声材料形成吸声构造,其吸声性能由加衬材料所决定。与其他穿孔板比较,机械强度高,耐火耐潮湿,有金属光泽,常用作高标准吸声装修护面层。 (陈延训)

穿孔率 perforation percentage

板的穿孔面积在总面积中所占的百分比,用 P 表示。通常圆孔直径在4~10(mm)范围内选择,圆孔按正方形排列时 $P=(\pi/4)(d/B)^2$,圆孔按三角形排列时 $P=(\pi/2\sqrt{3})(d/4)^2$,式中 d 为孔直径,B 为两孔中心之间距离。其他孔形和穿孔排列的 P 值可根据定义求算。 (陈延训)

穿孔硬质纤维板 hard perforated fiber panel

硬质纤维板经穿孔处理而成的吸声板材。一般厚度为4.0、5.0、6.5(mm),常用厚度为4mm,穿孔率按设计共振频率要求确定。为防止施工后由于含水率的变动而发生翘曲,在施工前应喷水,然后堆放1~2d,在柔软状态下安装在很干燥的底层上,接合部要兼用钉铺和粘接。特点是兼具木材的弹性,常代替胶合板作墙裙和天棚吸声装修护面层。 (陈延训)

传导传热 heat conduction; heat transfer by conduction

又称导热、热传导。物体各部分间不发生相对位移,仅依靠分子、原子及自由电子等微观粒子的热运动而进行的热量传递。是固体内部传热的主要方式。其规律已通过实验总结为付立叶定律。一维稳态导热表达式为:$q=\lambda\dfrac{\mathrm{d}t}{\mathrm{d}x}$,式中 q 为导热热流量,W/m^2;λ 为热导率,$W/(m\cdot K)$;$\dfrac{\mathrm{d}t}{\mathrm{d}x}$ 为温度

梯度，K/m。传导传热量与物体的热导率、厚度、温差密切相关。 （曹文聪）

传热地毯 transmissive carpet

具有传热功能的地毯。主要是在地毯内有一层氟碳松膜（厚度约 0.7mm），通电后即有传热功能。氟碳松膜粘合的地毯具有普通地毯相同的弹性和柔性，使用时既能传热，又能承受外界的弯曲、张拉、压力和碰撞。耗电省，传热效果比电炉、电热器佳，且防火性好，有良好调温和安全保障；有危险情况时，电源会自动关闭。适用于比较寒冷的地区或医疗、疗养类建筑中。 （金笠铭）

传热速率 rate of heat transfer

又称热流密度、热通量。单位时间内通过单位面积所传递的热量。单位，W/m²。是衡量物体传热过程快慢的参数。在建筑物和热工设备中，有益传热的场合（如加热物料等），应设法提高该值；有害传热的场合（如房屋及窑体散热等），则应设法降低该值。 （曹文聪）

传热系数 heat transfer coefficient

表征固体壁面传热能力的物理量，常用 K 表示，单位为 W/(m²·K)。高温流体通过固体壁面把热量传给低温流体的传热过程，通常由三个串联环节构成：冷、热流体与内外壁面的综合换热和壁的导热。过程的总热阻 R_0 为热流体对壁一侧的热转移阻 R_n、壁面材料层热阻 R 和冷流体对壁另一侧的热转移阻 R_W 之和，即 $R_0 = R_W + R + R_n$。R_0 的倒数即为 K 值，于是热流密度 q：

$$q = \frac{t_{f1} - t_{f2}}{\frac{1}{\alpha_{01}} + \frac{\delta}{\lambda} + \frac{1}{\alpha_{02}}} = K(t_{f1} - t_{f2})$$

式中 t_{f1}、t_{f2} 和 α_{01}、α_{02} 分别为热、冷流体的温度和与相应一侧壁面的综合换热系数；δ 和 λ 分别为壁面厚度和壁面材料的热导率。 （林方辉）

椽 rafter

又称椽条，椽子。设置在檩上承受屋面荷载的木构件。一般用圆木或方木制成。其直径或边长在 40～70mm 之间，间距约为 400mm。椽古代又称桷（265 页），但形状有别。《左传桓十四年》宋伐郑，以大宫之椽，归为卢门之椽。注：圆曰椽，方曰桷。 （张良皋 姚时章）

chuang

窗户薄膜 window membrane

常以不干胶的方式粘贴在窗户玻璃上的薄膜。通常具有热工作用。近三十年应用于建筑上的主要有三种形式：①最简单的染色薄膜，由一层到三层染色聚酯薄膜组成，吸收某些光和热，其主要功能是减少眩光。②反射薄膜，以其主要的金属箔反射热和光。③节能薄膜，以真空溅射法把铝、金、不锈钢、二氧化钛和铂等各种金属沉积在透明的聚酯膜上。它不属高反射型，但兼有染色玻璃的美观外表和较高的热工特性。薄膜的品种正不断改进和增多，如英国的控制阳光膜做成六层，可使窗户的热损失减少 2/3。吸热型薄膜可安装在中空玻璃之中。 （姚时章）

窗帘 window curtains

用于遮蔽窗口的帘状物。有遮蔽、隔声、隔热、保温等实际作用，其质感、形式和色彩又有显著的装饰效果。常用的织物有布料、绒料和绸料等，形式有网扣、竹帘和珠帘等。从层数上看，有单层和双层之分；从启闭方式上看，有单幅或双幅平拉，竖向吊拉；从配件上看，有的设置窗帘盒，有的着意明露电镀之类的窗帘棍；从开启后的形态上看，有的以装饰配件约束后自然垂下，有的束吊成弧形图案。均可视室内设计的整体需要灵活选用。 （姚时章）

窗帘轨 window strap rail track

用作悬挂和启闭窗帘的一种装置。主要由用薄钢板或铝合金板材轧制成的轻型轨道、滑轮和拉绳等组成。装于窗上，可使窗帘的安装和洗换方便，启闭操作灵活轻巧，外形美观。常用的按轨道的制造材料分，有轻钢窗帘轨和铝合金窗帘轨两种。按结构分有工字型和封闭型两种（见图）。工字型的

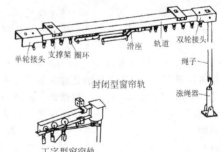

由工字型型钢作轨道，滑轮外露，结构简单，价格低廉；封闭型的滑轮封闭在轨道的金属壳内，外形较美观。就使用特性分，有单轨型和双轨型两种。单轨型窗帘轨只能挂单层窗帘，双轨型的可以悬挂纱帘和绒帘两层窗帘，两者都可以作单向或双向启闭。 （姚时章）

窗帘棍 window strap-rod

用于穿套窗帘环、吊挂窗帘，并兼作滑轨的圆

棍。选用木材或金属管、塑料管制成，两端以铁脚架空固定。　　　　　　　　　　（姚时章）

窗帘盒　window frame

用以遮蔽吊挂窗帘的杆和架的盒子。多以20mm左右厚的木板拼制而成，也可用铝合金、塑料或其他板材制作。它既可防尘护帘，又可美化房间，宜用于建筑级别较高或窗户较多的房间。
（姚时章）

窗配

装钉在窗框上的金属拉手。常用铜或铁制成。外形为长方形底托安装一个装饰环。用来开关窗户兼有装饰作用。
（马祖铭）

窗纱　window screening

用于阻挡蚊、蝇等昆虫通过的网状薄纱。一般可用低碳钢丝、玻璃纤维、塑料丝等编织而成。以孔距及目数作为其型号、规格的主要参数。常用于医院、学校、工厂、餐厅、住宅及办公建筑和农村养蜂箱、养蚕及其他建筑和家具的纱门、纱窗、纱柜、纱罩上。　　　　　　　　　　（姚时章）

窗台板　apron board

设置在窗下横框内侧按装饰或搁置陈设物的需要而铺设的板状构件。其厚度约25～30mm，宽度由建筑设计决定。常以木、水磨石和大理石等材料制成。
（姚时章）

窗用绝热薄膜

贴附于建筑物窗玻璃上的反射热绝缘材料。在12～50μm厚的聚酯薄膜上镀高反射率涂层及保护表面，主要作用是：反射热绝缘，减少能耗，降低紫外线透过率以减轻紫外线引起的室内陈设褪色，增加建筑物美观，并可避免玻璃破碎的碎片飞出伤人的危险。用于工业、商业、公共建筑、宾馆和住宅的窗玻璃内表面，也可在博物馆用作艺术品的紫外线防护。
（丛　钢）

床头灯　bed lamp

专供床位作局部照明的灯具。多以白炽灯和荧光灯作光源。常配有圆球、半圆球和梯形等磨砂玻璃罩或纱罩。具有调控方便、光线柔和等特点。
（王建明）

chui

吹塑成型　blow molding

成型塑料中空制品的一种工艺方法。分注射吹塑和挤出吹塑两种。其成型过程都包括塑料型坯的制造和型坯的再成型（吹塑）。两种方法的不同点是前者用注射方法制造型坯，后者是用挤出方法制造型坯，吹塑过程基本上是相同的。成型的制品均为各种包装物料的容器。用作这类成型的塑料有：聚乙烯、聚氯乙烯、聚丙烯、聚苯乙烯、热塑性聚酯、聚酰胺、聚碳酸酯、醋酸纤维素和聚缩醛树脂等。其中以聚乙烯使用最广。成型过程是将热的型坯放入芯模上，然后乘热使吹塑模合模后，从芯模预设的通道引入0.2～0.7MPa的压缩空气，使型坯吹胀达到模腔的形状，并在压缩空气压力下冷却，脱模后取得制品。成型时型坯温度是关键，太高将形成制品厚薄不均，太低易产生应力破裂。
（郭光玉）

垂脊筒子

垂通脊的俗称。清代工匠多称此名。参见"垂通脊"条。
（李　武）

垂兽

俗称兽头。古建屋面垂脊上的大型兽形装饰构件。其形象特征为：头生兽角，身有龙鳞，卷虬闭

口，鬃毛飘展，鬃毛内雕饰火焰。有琉璃和陶两种制品，中空，安装时套入桩木以使稳定。高度量至眉毛，故有"吻量尾，兽量眉"的说法。装饰于宫殿、寺庙、王府等建筑的琉璃屋面或大型黑活屋面上。其前面的脊身部分称为"兽前"，后面的脊身部分称为"兽后"。

琉璃兽头尺寸表　　单位：mm

	二样	三样	四样	五样	六样	七样	八样	九样	注
长	672	610	580	480	384	320	256	192	
宽	350	320	290	260	220	192	160	130	
高	704	610	580	480	384	320	256	192	

（李　武　左瀞元）

垂通脊

俗称垂脊筒子。琉璃瓦屋面垂脊上使用的一种类似空心砖中型琉璃脊件。两侧为一组对称的装饰

线脚。放在压当条之上，其上即安放扣脊筒瓦。只用在垂兽之后。当垂脊需做得较矮小时，如影壁、墙帽上的垂脊，可用承奉连砖或三连砖代替，但绝

无将其用于兽前之例。

垂通脊（垂脊筒）尺寸表　　单位：mm

	二样	三样	四样	五样	六样	七样	八样	九样	注
长				736	704	704	480	480	
宽				290	272	210	160	130	
高				370	290	272	180	180	

（李　武　左潜元）

垂直喷吹法　vertical blowing process；longitudinal blowing

又称立吹法。利用自上而下高速喷射的气体介质，将玻璃坩埚漏板底部流出的玻璃液喷吹、分散、撕裂，并进一步抽拉、断裂成玻璃棉的方法。气体介质可以是过热蒸气或压缩空气。中国1958年开始研究并建立了自己的玻璃棉工业。玻璃液黏度为 3.16～6.31Pa·s，漏板温度为1350℃，漏孔直径2～3mm，纤维平均直径为8～13μm，长度约50～200mm，喷嘴喷出的气流速度达900～1 000m/s的超音速度。该法生产的玻璃棉含有少量渣球（少于7%），可作保温绝热材料。　　（吴正明）

垂直下引拉管法　down-drawing tube process

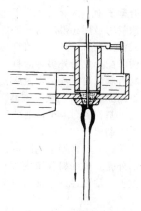

由大窑成形室底部流料孔垂直向下拉制玻璃管的一种方法。玻璃液由固定在成形室底部的料碗开口处顺着固悬在料碗中心处的吹气头由上往下流动，在拉管机把此玻璃液向下拉引的同时，吹气头吹入一定压力的空气而成玻璃管（如图）。设备简单、改换品种规格容易，配上转绕机可直接生产蛇形管，可生产壁厚为 2.5～7.5mm 的玻璃管以及生产外径为 8～100mm 玻璃仪器用管。　　（许　超）

垂直引上拉管法　up-drawing tube process

在大窑成形室内从玻璃液面上垂直向上拉制玻璃管的一种方法。分有槽法（图 a）和无槽法（图 b）两种。两法相同点是在玻璃液面下都设有空心的吹气管；不同点是无槽法是在玻璃的自由液面上拉引玻璃液，经吹气头吹气而成玻璃管；有槽法是在环形槽子砖中拉引玻璃液，经吹气头吹气而成玻璃管，国外也有用调整管内外压力差来控制管径的。主要用来拉制直径为 4～40mm 的薄壁玻璃管，或直径为 50～200mm 的厚壁管。厚壁管主要用于化工管道、农用管道上。

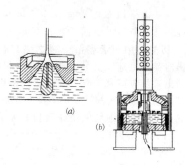

（许　超）

锤击法　tamping method

用锤击捣实大孔混凝土试件的一种成型方法。测定大孔混凝土强度的试模为 150mm×150mm×150mm。分两等层浇灌，每层用总重为 4.8kg 带承力板的捣棒锤击 10 下。该成型方法的试件表面层疏松，集料易掉落，试验数据离散性较大。故需改用专门捣棒。国内尚未普遍采用。　　（董金道）

锤纹面　bush-hammered dressing

由鳞齿锤加工而得、具有很大粗糙度的石质板材表达面。表达面的凸起与凹坑分布均匀，起伏高度只有几毫米，质感强，给人以自然的印象。通常在硬质石材锯割表面上加工这种表达面。宜用于装饰建筑物外墙、立柱、勒脚等部位。　　（曾瑞林）

chun

纯硅酸盐水泥　pure portland cement

由硅酸盐水泥熟料不掺任何混合材料和适量石膏磨制成的水泥。其性能同硅酸盐水泥（173 页）。　　（王善拔）

纯碱　soda ash，sodium carbonate

化学名碳酸钠，俗称曹达灰。分子式 Na_2CO_3。分子量105.99，相对密度2.53，熔点851℃的化工产品。易溶于水，水溶液呈强碱性。主要杂质有氯化钠 $NaCl$（<1%）、硫酸钠 Na_2SO_4（<0.1%）、氧化铁 Fe_2O_3（<0.1%）。分轻碱（微细状白色粉末，堆积密度 0.61）及重碱（白色颗粒状，堆积密度 0.91）。采用重碱可减少车间的碱尘，减轻玻璃窑体侵蚀。极易受潮生成 $Na_2CO_3·10H_2O$，$Na_2CO_3·7H_2O$ 及 $Na_2CO_3·H_2O$ 等含水化合物，在不同温度下结晶水会转化为游离水。纯碱在 700℃ 左右分解并与硅砂生成熔点为 1 088℃ 的硅酸盐，是强助熔剂。是玻璃、陶瓷瓷釉、搪瓷釉的主要原料。天然碱是加工干涸碱湖的沉积盐的产品，常是纯碱的代用原料。　　（许　超）

纯毛地毯　woollen carpet

以纯净的动物毛（羊毛、兔毛、驼毛、狗毛）

编织而成的地毯。以羊毛地毯为主。伊朗、土耳其、印度、巴基斯坦、中国等生产羊毛地毯均有3000多年历史。中国唐朝沿丝绸之路与阿拉伯、波斯等国即有羊毛地毯贸易,自1850年起有大量羊毛地毯出口西方国家。有手工编织及机织两种,前者为高档品。最高级的系采用羊身上背光部位的羊毛制成。手工羊毛地毯采用纯而长的天然羊毛,厚度在10~16mm。如"西宁羊毛"以纤维长、弹性好、光泽强闻名于世。羊毛地毯主要优点:①具天然防水性能,吸湿性好;②具天然阻燃性能;③色泽纯、弹性好、毛感强、膨松性好、脚感舒适;④图案精细、逼真,艺术及收藏价值高;⑤使用寿命长,一般可用几十年。评估其质量要符合国际羊毛局颁布的强制性品质标准(包括绒头羊毛含量及羊毛种类、绒头总重量、表面绒头重量、全室地毯耐用系数、二氯甲烷可溶性物质及防蛀等)。同时要进行建议性测试,包括:色牢度(对日晒、水洗、干湿摩擦等)、阻燃性、外观保持特性、目视测定的品质等。合格者方可使用国际羊毛局的"纯羊毛标志",为国际上认可。羊毛地毯每平方米重约1.6~2.6kg。广泛用于高级民用建筑中,如高档旅馆客房、住宅客厅、医院、办公室、会议厅等。
(金笠铭)

纯铜板 pure copper plate

又称紫铜板。纯铜坯料经平辊轧制成一定规格的板材。按生产方法有热轧板(板厚为40~50mm)和冷轧板(板厚为0.2~10mm);按成分有T2、T3、T4(含铜量分别为99.90%、99.70%、99.50%)。具有高的导电率,耐蚀性极好。广泛用于电气、机械、化工的导电材料,T2可应用于印刷业制作照相铜板(板厚0.8~2.0mm),作电镀和电解用铜阳极板(2.0~15.0mm)。建筑业中主要作装饰材料。
(陈大凯)

纯铜棒 pure copper rod

又称紫铜棒。纯铜坯料经挤压或拉制成的棒材。纯铜含有适量的氧(0.02%~0.06%),杂质被氧化排出,固溶量减少,有利于导电性。按形状分,有圆形、方形和六角形拉制棒,圆形挤制棒(直径30~120mm);材质为T2、T3。T2用于电缆等导体,T3用作铆钉、垫圈等。
(陈大凯)

纯铜箔 pure copper foil

又称紫铜箔。纯铜坯料经冷轧成厚度为0.08~0.05mm,宽度为40~200mm的箔材。按化学成分有T1、T2、T3三种。因其含适量的氧,有害杂质被氧化而排出,有利于提高导电性。广泛用作电气、仪表中的导电材料。一般在冷加工硬化状态下使用,以保持其抗拉强度(σ_b)不小于314MPa。
(陈大凯)

纯铜带 pure copper strip

纯铜坯料经冷轧成厚度在0.05~1.5mm成卷供应的带材。按成分有T2、T3、T4和TUP(磷脱氧铜)四种,随顺序号增大,纯度降低。利用纯铜具有高的导电、导热、耐蚀性,可制成各种用途的铜带,如电气、机械工业上用的一般铜带、电缆用铜带、管用铜带、水箱散热片专用铜带、水箱冷却管专用铜带等。
(陈大凯)

醇酸树脂 alkyd resin, ALK

由多元醇、二元酸和一元酸缩聚而成的一类聚酯树脂,记作ALK。具有热固性。常用原料醇有甘油、季戊四醇、三羟甲基丙烷等;二元酸为邻苯二甲酸酐等;一元酸为脂肪酸、苯甲酸、松香等。常用其他树脂及油类进行改性,有干性油改性醇酸树脂、松香改性醇酸树脂等。广泛用于涂料(清漆、磁漆、烘漆)、油墨等。
(闻荻江)

醇酸树脂漆 lacquer of alkyd resin

以醇酸树脂为基料加工而成的油漆。醇酸树脂系由多元醇、多元酸、脂肪酸三者共同酯化制成,也可采取酯交换的办法直接使用油制成,常用的油有椰子油、蓖麻油、棉子油、豆油等。醇酸树脂在涂料中是用途最广的一种,可以自己的独立系统制成清漆及含有颜料、填料的各种涂料;也可与其他树脂配合成另外多种涂料。用干性油醇酸树脂为基料可制成自干或烘干磁漆、底漆、金属装饰漆、机械用漆、建筑用漆、家具用漆、卡车用漆、油墨、调色基料等。不干性油醇酸树脂可添加于硝酸纤维素中制成硝酸纤维素漆,以及制成氨基醇酸树脂烘漆等,后者常用于电冰箱、车辆、机械、电器设备的外壳。醇酸树脂清漆由于涂膜光亮、硬度大、耐候性、耐油性好,常用做家具漆及作色漆的罩光面漆。
(郭光玉)

ci

瓷层 enamel coating

熔附于基体金属上的搪瓷釉。从搪瓷表面到基体金属表面的距离称瓷层厚度。常采用电磁厚度计、永久磁厚度计测定。在熔烧过程中各层瓷釉经过一系列物理化学反应,生成多种互渗层,从而使基体金属、底釉、面釉牢固地结合。一般可分为五层:①金属与底釉的密着层——第一互渗层,②底釉层,③底釉与面釉的互渗层——第二互渗层,④面釉层,⑤表面层。上述分层结合现象,称作层间互渗现象。互渗现象的存在改变了瓷釉的原始成分

及相应的物理化学性能。　　　（李世普）

瓷层气泡　blister of enamel coating; glass eye

又称玻璃眼。瓷层内因含有未逸出的气体而出现的突起泡粒。起因于气体的析出，如从瓷层的细孔中析出空气；从分解的黏土中析出水蒸气；底釉烧成时水蒸气与铁和碳的氧化物发生反应而析出氢气。这些气体只有极少部分在瓷釉完全熔融前来不及排出，聚集在气泡中。气泡的大小和熔融物的黏度有关。产生的主要原因：金属坯体表面存在脏物；瓷釉浆沾污；电解质过量；金属坯体成型时残留着酸洗溶液和水分。解决措施：排除能形成气泡的各种脏物；改变瓷釉的组成，降低高温黏度。
　　　　　　　　　　　　　　　（李世普）

瓷绝缘子　porcelain insulator

简称绝缘子，旧称碍子、隔电子。用来支持导体并使其绝缘的瓷质或炻质陶瓷材料。与金属附件装配使用。按用途分为线路、电站电器、电信和特种绝缘子；按结构形状分为针式、蝶式、盘形、棒形、横担、套管；按使用场合分为户内、户外；按电压分为低压（低于 1kV）、高压（高于 1kV）和超高压（500kV 以上）。衡量的主要指标为其电性能、机械性能、热性能和防污能力。主要用来架空输配电线路，变电所母线和各种电气设备中带电体的绝缘和支撑。　　　　（邢　宁）

瓷器　porcelain, china

坯体已呈连续玻化，含玻璃态较多，烧结程度高或已基本烧结，吸水率不大于 3%，有一定透光性，断面细腻呈贝壳状，敲击声清脆的一类陶瓷制品。表面施釉或不施釉。坯体一般由晶相、玻璃相及气孔组成。按特征分为普通瓷器和细瓷器。普通瓷器吸水率一般不大于 1%，有一定透光性，断面呈石状或贝壳状，制作较精细。细瓷器吸水率一般不大于 0.5%，透光性好，断面细腻，呈贝壳状，制作精细。按所用主要原料可分为长石质瓷、绢云母瓷、骨灰瓷、滑石瓷等。　　（刘康时）

瓷土　china clay

又称高岭土。主要由高岭石或多水高岭石组成的土状矿物。其成因分为两类①铝硅酸盐类岩石经风化及外生沉积作用而成；②热液对围岩交代蚀变后的产物。纯净的是白色，含杂质时呈灰色或浅黄色。层状结构，三斜晶系，易解理成片状小晶体，遇水不膨胀，相对密度 2.40～2.60，硬度小于 2，熔点 1785℃，易粉碎，可塑性小。一般含铁量较高，影响使用范围。优质瓷土是制造坩埚、搅拌器的耐火原料，也是乳白玻璃、电瓷的重要原料，一般瓷土用于耐火材料及陶瓷坯体和釉料。
　　　　　　　　　　　　　　　（许　超）

瓷相　porcelainous phase

又称陶瓷显微结构（ceramic microstructure）或陶瓷组织结构（ceramic constitutional structure）。各类显微镜下观察到的陶瓷体内部的组织结构和形貌。主要由晶相、玻璃相、气孔、微裂纹、杂质相（包括添加物）及缺陷构成，它们的含量、大小、形状、取向和分布决定给定总化学组成下陶瓷所具有的宏观物理和化学性质，尤其是晶粒间的晶界相的组成和结构对陶瓷的性能有显著的影响。通过改变给定化学组成下陶瓷制备过程的工艺技术条件，可以实现设计和控制陶瓷的显微结构，从而达到控制陶瓷宏观性能的目的。　　（陈晓明）

瓷砖胶粘剂　adhesive for porcelain file

专门粘贴瓷砖、大理石、锦砖等无机材料板材用的胶粘剂。传统均用水泥砂浆进行粘贴，鉴于大多贴于墙、柱立面以及卫生间、厨房等场所，对所用胶粘剂需要有一定的强度、耐水、耐热和适应外界环境变化（气候、温度变化）的能力。一般用耐热性较好的聚硅烷类树脂以及环氧树脂、聚酯树脂、聚醋酸乙烯树脂等配制的胶粘剂。有的也可作为掺合材料加入水泥砂浆中，以达到提高粘接性能的作用。一般粘接强度在 1MPa 以上。
　　　　　　　　　　　　　　　（刘柏贤）

慈竹　Sinocalamus affinis (Rendle) McClure

中国西南地区栽培最普遍的篾用竹种。分布在云南、贵州、广西、湖南、湖北、四川及陕西南部各地；广东及浙江近年亦有引种。秆高 5～10m，胸径 4～8cm，中部节间长可达 40cm，竹壁厚 4～6mm，材质柔韧，不适于作扁担，但可劈篾，启层性好，是编织竹器，扢制竹索、竹缆以及包扎的好材料。四川成都附近都江堰的石笼及竹索桥就是慈竹编制的。　　（申宗圻）

磁化水混凝土　magnetized water mixed concrete

用经过磁化的水拌制的混凝土。水以一定的流速通过磁场，切割磁力线，成为磁化水。生产工艺与普通混凝土基本相同，只是普通拌合水改用磁化水。有关研究报导混凝土的抗压强度与水流经过的磁场强度和通过的速度有关，比未磁化水拌制的混凝土一般可提高 10%～25%，抗渗、抗冻性亦有提高。磁化水提高水泥和混凝土强度的机理，尚未探索清楚，有人研究认为：经磁化的水其分子间增强了电性吸引力，较易进入水泥颗粒内部，促进水泥的深入水化。可节约水泥。具有较好的经济效益。　　　　　　　　　　　（孙复强）

磁漆　enamel

由混合树脂清漆、油性清漆和颜料、加入催干剂、溶剂混合研磨而成的一种能形成特别光亮漆膜、外观类似搪瓷的色漆。表面平整、细腻、坚硬，具有装饰感，富有光泽。加入不同量的消光剂、能制得半光或无光磁漆。其品种以成膜物质命名。主要有醇酸磁漆、酚醛磁漆、环氧磁漆等。广泛用作建筑物装饰性面漆。　　　　（陈艾青）

磁性定门器　magnetic door director

利用强力永久磁铁的吸力，固定开启门扇的装置。采用钡铁氧体与导磁片形成回路产生磁力，外壳有选用 ABS 塑料制成的。总磁拉力为 29～39N 的适用于各种建筑物房门，作固定门扇和防止碰撞墙壁之用；总磁拉力 19.6N 的适用于纱门及橱门等。　　（姚时章）

雌黄　orpiment

化学组成为三硫化二砷（As_2S_3）的橙黄色天然矿物。呈云母石薄片状，半透明，密度 3.4～3.5，含有部分杂质，不含结晶，易碎、易熔，常与雄黄共生。用作玻璃、颜料的原料，在古建筑彩画中用途基本同于石黄（439页）。产于湖南、云南、贵州、台湾等地。　　（谯京旭　王仲杰）

次生土　secondary clay

又称运积土。地壳上原有的岩石，经风化、搬运、沉积作用而形成的土。次生土是相对原生土而言的，随着冰川、河流、风、雨等的不同搬运过程和作用，形成颗粒组成、密实程度、可塑性、强度、成分和颜色等特性各不相同的土。在建材工业中，广泛用于水泥工业、砖、瓦、陶粒及其他烧土制品。　　　　　　　　　　　　（聂章矩）

刺钢丝　barbed wires

俗称花圆铅丝。用不同规格镀锌低碳钢丝经机器绞缠而成。常用规格有二尖和四尖两种（即每隔一段间距有尖刺二个或四个），用 12 和 14 号两种钢丝制成，刺的间距 65～152mm，长度以每 50kg 的米数计量（320～700m）。主要用作围墙、篱笆或障碍物等隔离体。　　　　（乔德庸）

刺槐　Robinia pseudoacacia L.

又称洋槐。中国重要的速生用材树种。原产美洲。20世纪初，从欧洲引入中国青岛，迄今已推广到黄河中下游、淮河流域及黄土高原等地。环孔材或至半环孔材，边材黄白至黄褐色，心材栗褐色。木材有光泽，纹理直，结构中等，不均匀。锯、刨等加工困难。气干材密度 0.792～0.811g/cm^3；干缩系数：径向 0.158%～0.210%，弦向 0.327%；顺纹抗压强度 52.9～63.8MPa，静曲强度 124～146MPa，抗弯弹性模量 12.8×10^3～13.0×10^3MPa，顺纹抗拉强度 145MPa，冲击韧性 14.5～17.0J/cm^2；硬度：端面 67.2～79.3MPa，径面 65.1～89.4MPa，弦面 67.3～81.3。可用作枕木、坑木、桩木、篱柱、桥梁以及水工用材。又可作为工业用材，如工作台、刨架、机座垫板、工具柄等。　　　　　　　　　　（申宗圻）

CU

粗集料　coarse aggregate

又称粗骨料。粒径大于 5mm 的集料。按其堆积密度，可以分为轻粗集料、普通粗集料和重粗集料三大类。按来源，可以分为天然粗集料和人造粗集料两大类。混凝土的品种不同，所采用的粗集料也不同。轻集料混凝土采用的有火山渣、浮石、多孔凝灰岩、陶粒、膨胀珍珠岩等；普通混凝土采用的有碎石、卵石、硬矿渣等，重混凝土采用的有铁矿石、重晶石、钢段、钢块、钢球、铁块等。其规格、级配和质量均应符合有关标准的规定。
　　　　　　　　　　　　（孙宝林）

粗粒　seeding

涂料成膜之后，在整体或局部表面上分布有微细颗粒，影响涂膜表面光泽的现象。是涂膜的弊病。其成因是由于环境中灰尘较多，涂料中混有颗粒状树脂、粉料或结皮碎块，固体成分未充分分散或溶解，性质不同的油漆混合掺兑等。解决办法是保持环境整洁、除尘、涂料进行过滤以及清理和打磨涂层表面后再进行涂刷施工。　（刘柏贤）

粗粒式沥青混凝土　coarse grained bituminous concrete

集料最大粒径为 35（或 30）mm 的一种沥青混凝土。这种沥青混凝土的结构是空隙率较大（6%～10%）、沥青用量较少（4.0%～5.5%）的空隙型结构。主要用于双层式沥青路面的下层，一般厚度 5.0～10.0cm。　　　　（严家伋）

粗料石　rough ashlar

又称粗条石，旧称粗凿石。由岩层或大块岩石劈开并经粗略修凿而得的六面体砌筑石材。其宽度、高度不应小于 20cm，且不应小于长度的 1/4。叠砌面凹入深度不应大于 2cm。一般每 10cm 长度上有顺錾凿痕 3～5 条。常用于砌筑拱圈、墩墙及结构物的重要部位。　　　　（宋金山）

粗砂　coarse sand

见细度模数（540页）。

粗铜　blister copper

将液熔体的冰铜及其熔剂（SiO_2）吹炼成含铜达 98%～99% 的产品。吹炼是在转炉中进行的，首先是 FeS 被氧化，生成 FeO 与 SO_2，使熔体成为

纯的 Cu_2S，又称白冰铜。它与氧继续反应，生成 Cu_2O 再与未氧化的 Cu_2S 反应，形成铜与 SO_2，此时获得的为粗铜。若需去除其中残存的杂质，通过火法精炼进一步使杂质氧化，铜被还原，含铜量达 99.2%～99.7%。可以浇铸成铜阳极，以供电解精炼，也可铸成铜锭，供加工制成板、管、丝、带和型材的使用。

(高庆全)

醋酸丁酯 butyl acetate

又称乙酸丁酯。分子式 $CH_3COOC_4H_9$，无色透明微香的易燃液体。折光率 1.3941，沸点 126.5℃，闪点 38℃，凝固点 -77℃，爆炸极限 1.7%～15%。微溶于水，能与醇、酮、醚等各种碳氢化合物混溶。常作硝基漆的溶剂和稀释剂。为高极性溶剂。也用作制造塑料、人造革、香料等原料。

(陈艾青)

醋酸纤维素 cellulose acetate，CA

又称纤维素醋酸酯。纤维素中的羟基（—OH）被醋酸酯化后的产物，记作 CA。通常由短棉绒或 α-纤维素含量超过 96% 的纸浆得到的纯纤维素与醋酸及醋酸酐在严格控制的条件下作用而得。当与增塑剂等混合配料，可形成坚韧的透明热塑性塑料。溶于丙酮、二氯甲烷，与其他纤维素塑料相比，不易着火。但吸水率高（可达 2.5%），故不宜长期放置室外。用于制备塑料、人造纤维、安全胶片等。

(闻荻江)

醋酸乙酯 ethyl acetate

又称乙酸乙酯。分子式 $CH_3COOC_2H_5$，无色易燃液体，是一种高极性、适用性广的溶剂。具芳香味，易挥发，沸点 77℃，凝固点 -83.6℃，闪点 7.2℃，自燃温度 480～555℃，爆炸极限 2.25%～11.2%。微溶于水，水中溶解度为 8.1%。溶解力较强，能与氯仿、苯、乙醇及乙醚等有机溶剂混溶。常用作油漆溶剂与稀释剂。广泛用于合成树脂、涂料、染料、药物、香料等生产。

(陈艾青)

簇绒地毯 pile up carpet

用簇绒法织成的地毯。即由几百只同时升降的簇绒针在基布上栽以一簇簇绒纱而成。其基布背衬面需涂一层胶料，以防绒纱脱落，再与黄麻布粘合，或另外涂一层泡沫背衬，增加地毯厚度、弹性和稳定性，并改善外观。是 20 世纪 40 年代发展起来的以化纤原料为主的产品，而后各种花色簇绒地毯相继问世，成为现代地毯中主要产品。现今地毯织机生产的地毯，其绒毛多呈簇绒状。其变化品种有圈绒地毯、割绒地毯等。就艺术效果和使用价值看，机织簇绒地毯比不上手工簇绒地毯。

(金笠铭)

cuan

撺头

琉璃瓦屋面垂脊（歇山垂脊除外）、戗脊及角脊下尽端如图形状的装饰构件。位于撺头之上，与撺头配套使用，封护脊的前端。因它比撺头宽出（撺出）一部分，故名。外形与三连砖相似，三个露明面雕刻花饰并挂釉。形似空心砖，中部留有方孔，以备穿桩稳固仙人。

撺头尺寸表　　单位：mm

	二样	三样	四样	五样	六样	七样	八样	九样	注
长	496	496	496	450	404	368	336	272	
宽	272	272	250	240	230	220	210	200	
高	90	83	80	74	67	64	61	58	

(李　武　左滂元)

cui

催干剂 drier

又称干料。加速干性油干燥成膜的物质。为多种重金属的有机酸（如环烷酸）盐，以及它们与油酸、亚油酸等制成的金属皂。常在涂料干燥过程中起促进作用。虽用量极微，但对涂膜的氧化和聚合等作用却十分明显。可溶于油及有机溶剂。常用于油性漆、油基漆及醇酸树脂漆等氧化干燥涂料。

(陈艾青)

催化氧化沥青 catalytic oxidized asphalt

又称催化吹制沥青（catalytic-blown asphalt）。渣油或直馏沥青在氧化过程中，加入催化剂而获得的一种氧化沥青。常用的催化剂有五氧化二磷（P_2O_5）、三氯化铁（$FeCl_3$）等。催化剂不仅可加速氧化过程，而且可提高氧化沥青的质量。与一般氧化沥青相比，由于氧化过程中，沥青组分转化时，所形成的树脂质的相对含量增加较多，而沥青质的相对含量增加较少，在催化剂品种与用量选择适宜时，可获得塑性变形和温度稳定性较好的沥青。

(西家智)

榱

桷（267 页）的异名。

(张良皋)

脆化温度 brittle temperature

以具有一定能量的冲锤冲击试样时，当试样开裂几率达到 50% 时的温度。在此温度下，材料只发生很小的弹性变形，没有延伸或屈服。用以表征材料（多指聚合物材料）低温力学行为的一种量度。是橡胶和某些塑料制品的最低使用温度。一般低于玻璃化温度，在这两个温度之间聚合物受力破坏时发生屈服，或强迫高弹变形，产生较大变形。与聚合物的分子结构、材料的组成等有关。分子中含有非共轭的双键、无刚性基团的柔性聚合物的脆化温度较低。可通过对高分子材料的改性而加以改变。
(顾国芳)

脆性 brittleness
材料受力时只发生很小的不显著的变形而突然破坏或断裂的性质。具有这种性质的材料如水泥、混凝土、玻璃、陶瓷、铸石等，其抗拉能力远低于抗压能力，抗动载或抗冲击能力也很差，因此不用于受拉结构，不能进行模锻、冲压加工。
(宋显辉)

脆性系数 coefficient of brittleness
材料的抗压强度与抗拉强度（或抗折强度）的比值。反映各种材料相对的硬脆性质的程度。一般硅酸盐等脆性材料抗压强度较高，但因晶粒间缺陷多，或内部含有微裂缝、孔隙，受力时发生应力集中，故抗拉强度低，脆性系数就较大。一般建筑材料的脆性系数如天然岩石约为15～40；平板玻璃约为22；普通混凝土约为10；而钢材则约为1；增强塑料约为2。
(孙复强)

脆性转变温度 brittleness transtion temperature
材料由塑性断裂过渡到脆性断裂时的温度。不同成分的金属材料，其转变温度范围并不相同。是用一组冲击试样在室温以上到室温以下不同区段作出的冲击值随温度变化的曲线。冲击值高的为韧性状态（塑性断裂），低的为脆性状态（脆性断裂），两者之间冲击值变化最为急剧的温度区间，定为脆性转变温度。其值越低，材料使用温度范围越宽，

也越安全。材料随使用温度降低而发生的脆化是自然现象，主要取决于材料的化学成分、组织类型和纯净度。
(高庆全)

淬火 quenching
将金属工件加热到临界温度以上、短时间的保温后，以大于临界冷却速度获得马氏体组织的一种热处理工艺。对铸铁和碳素钢制的工件大多用水或盐水作冷却介质；合金钢工件用油冷却。常用的淬火工艺有一般淬火（直接淬火）、等温淬火、表面淬火、分级淬火和局部淬火。在此过程中材料内部均有组织转变，使过冷奥氏体转变为马氏体或贝氏体，因而强度、硬度和耐磨性等均有明显地提高，而塑性、韧性有所降低，工件的内应力和脆性较大。淬火工件通常均需进行回火处理。
(高庆全)

淬透性 hardenability
又称可硬性。钢铁材料制成的工件在淬火时能够获得马氏体的能力。是材料本身所固有的属性，取决于化学成分、奥氏体化温度、未溶第二相的存在和工件的原始组织。通常用标准试样在一定的条件下淬火，获得淬硬的深度或全部淬透的最大直径。在实际应用中，根据钢的化学成分，采用测量硬度的方法，测出从工件表面到50%马氏体硬度的距离，便可确定淬透层的深度。碳素钢淬透层较浅，合金钢较大。
(高庆全)

cun

存水弯 trap
俗称返水弯。内表面有釉，存水防臭的陶瓷质排污管道。主要物理性能须满足卫生陶瓷的技术要求。其作用为排出污物，同时防止气味返回。形状有"S"形和"P"形两种。
(刘康时)

D

da

搭脑
用方砖砍制成的一种曲尺形的砖件。断面大小与形状同八字拐子（3页），用时垂边向下，是北方古建黑活廊心墙、落堂槛墙等细作墙体必用饰件之一。位于廊心墙小脊子勾下左右两端、落堂槛墙榻板下左右两端。其横向与上槛（核桃楞枋子）相接，竖向与立八字相接。属于杂料子种类。
(朴学林)

搭钮
铁制钉圈。和羁骨组成一组固定窗扇用配件。形若开口销，一端为铁圈、一端为尖钉，钉于下槛上，让羁骨攀搭。钉头可以分开拉紧不易拔出。
(沈炳春)

打瓦陇 corrugating

在料石粗糙面上用凿子凿出大致平行条纹的加工工艺。可增加石面摩擦系数。用于桥梁工程、路面和民用建筑用的石料加工。 (张立三)

打眼机 mortising machine

在木制零件上加工方孔或矩形榫孔的机床。切削刀具是内部装有钻头的空心方凿。打眼机有单轴和多轴之分。立式单轴打眼机应用最广，其由床身、主臂、主轴进给机构、移动工作台等几部分组成。 (吴悦琦)

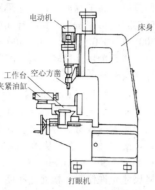

大坝水泥 cement for dam construction

一类中、低热水泥的旧称。因水化热低，适用于水工大坝建筑物而得名。按中国旧标准GB 200—80规定，有硅酸盐大坝水泥、普通硅酸盐大坝水泥和矿渣硅酸盐大坝水泥三种。新修订的GB 200—89已易名为中热硅酸盐水泥和低热矿渣硅酸盐水泥。 (王善拔)

大白粉 chalk powder

又称白垩粉。以$CaCO_3$为主的白色矿物颜料。由白垩经过粉碎、过筛、漂洗、沉淀加工而成。呈粉状或块状，色白或灰白。是常用的刷浆材料，但由于$CaCO_3$遇SO_2或酸雨则变成石膏泛于粉刷墙面之表面，故不宜用作外墙粉刷。在古建筑油饰彩画工程中的主要用途有：①包金土色墙面刷饰的主要材料；②调制沥粉的添加材料；③彩画打谱子的材料。 (谯京旭 王仲杰)

大便器 water closet pan

简称便器。用于承纳并冲走人体排泄物的有釉陶瓷质卫生设备。按照排污口部位分为前排污、后排污和下排污。按使用特点分为蹲式和坐式。按冲水形式分为冲落式、虹吸式、喷射虹吸式和旋涡虹吸式。产品的吸水率平均值：煮沸法不大于3%；真空法不大于3.5%。一般虹吸式、冲落式坐便器排污口外径小于100mm，用水量不超过9L；排污口外径大于100mm，用水量不超过13L。喷射虹吸式、旋涡虹吸式坐便器用水量不超过13L。连体式旋涡虹吸式坐便器用水量不超过15L，一次排出全部污物和卫生纸。蹲式便器用水量不超过11L。 (刘康时)

大叉

①方砖斜对角分成两半的斜方角。用于北方古建黑活影壁墙、看面墙、廊心墙及落堂槛墙等干摆（磨砖对缝）方砖心的上下左右四端（俗称"硬心子"做法）。也是小式地面十字甬路龟背锦做法之中心交叉点必用砖件。

②城砖或四丁砖的大面去掉四分之一斜角后余下的砖件。是古建筑室外铺墁散水转角（俗称"攒角"）时的必用砖件。 (朴学林)

大兜 swell-butted

又称圆兜。树干的根基部分特别肥大，呈圆形或接近于圆形的树干形状缺陷。大兜原木易加工出具有斜纹的锯材，影响锯材质量并增加废材量。 (吴悦琦)

大枋子

又称虎头枋子。用方砖砍磨加工成似木制额枋状的砖件。是北方古建黑活影壁墙和看面墙所用砖饰件之一。安装于墙体左右两侧砖柱子之间，其上口与柱子持平，观其正立面形如木构架之檐枋。此件应用干摆（磨砖对缝）做法。属杂料子类。 (朴学林)

大孔混凝土 hollow concrete

以水泥、粗集料和水拌制而成的一种轻混凝土。因不用砂，其内部含有许多均匀分布的大孔，故又称无砂大孔混凝土（no-fines hollow concrete）或无砂混凝土。按所用粗集料品种，可分为：①普通大孔混凝土，如碎石大孔混凝土、卵石大孔混凝土、矿渣大孔混凝土等；②轻集料大孔混凝土，如黏土陶粒大孔混凝土、浮石大孔混凝土、粉煤灰陶粒大孔混凝土等。常用的大孔混凝土强度等级为CL2.5、CL3.5、CL5.0、CL7.5（CL7.0）、CL10.0。水泥用量、集料品种、集料级配、粒径对其性质有较大影响。采用单一粒级集料的大孔混凝土，与混合粒级集料大孔混凝土相比，表观密度较小，强度较低，质量较均匀。与普通密实混凝土相比，表观密度可减少600~900kg/m³，还具有热导率小、保温性能好、吸湿性较低、收缩率较小等特点。常用于制作小型砌块和各种墙板以及现浇墙体。墙体配筋时，钢筋必须作防腐处理，内外墙面必须作饰面层，还可以制作市政工程的滤水管、滤水板等。 (董金道)

大孔混凝土边角效应 side effect of no-fines concrete

大孔混凝土靠近模板周边处结构被削弱的一种现象。因邻近边界处物料密度相对地减小，强度随之降低。试件或结构截面尺寸愈小，边角效应的影响程度愈大。参见模壁效应（340页）。

（董金道）

大孔混凝土带框墙体　no-fines concrete wall with reinforced concrete frame

用大孔混凝土墙体与普通钢筋混凝土框架现浇而成的一种复合墙体。框架与墙体共同参与结构承载，较大地提高结构侧抗力，且框架断面减小。结构自重较轻，节约材料。框架的柱、梁与墙同厚，房间内墙面平整光洁，有效地增加房间使用率和舒适度。施工时先浇筑墙体，后浇框架。与框架砖墙相比，碎石大孔混凝土墙身重量约减轻14%，陶粒大孔混凝土墙体约减轻35%。墙体捣实采用自由落料压实工艺，施工简便，建筑功能与技术经济效果较好，适用于多层，尤其是高层住宅建筑。

（董金道）

大孔混凝土墙板　no-fines concrete wall panel

用普通集料或轻集料大孔混凝土单一材料预制的墙板。与普通密实混凝土、硅酸盐混凝土墙板相比，制作工艺简单，表观密度较小，保温性能优良。采用轻粗集料可改善大孔混凝土的保温性能和进一步减少表观密度。通常，墙板用立模生产，即先将混凝土料斗吊至浇灌板的上方，卸入墙体模内，依靠自重落料密实。浇注时要使墙体内混凝土上升高度保持均匀，多点卸料，料满拍平后养护，拆模后墙面喷刷砂浆层。主要用于工业厂房或民用建筑之围护结构。

（董金道）

大理石　marble

具有装饰性、可加工性和一定机械物理性能的多种沉积岩和变质岩类岩石的加工石材的统称。因首先在云南大理市点苍山发现而得名。作为商品大理石的涵义远比岩石学中的大理岩更为广泛，包括沉积岩中的碳酸岩及变质岩中的接触变质岩和区域变质岩。主要矿物为方解石、白云石或蛇纹石，常含少量石英、石墨、黄铁矿、绿泥石等，呈白、红、黄、绿、紫、黑等多种颜色及花纹。材质较软，易于加工，磨光后显出美丽的色泽和花纹。其品名可分工艺名称和岩石名称，前者是由其产地和磨光面上颜色花纹特征决定，后者是由其所含主要矿物或成因得名。主要用作室内外地面、墙面装饰和雕刻原料。作为装饰板材，其机械强度要求：抗压强度为70~110MPa，抗折强度为6~16MPa，抗剪强度为7~12MPa。其耐用年限为40~100年。用于室外时，易受侵蚀，特别是空气中含有二氧化硫时，将侵蚀面层，使表面晦暗而逐步破损。

（郭柏林）

大理石薄板　thin marble slab

厚度远小于标准厚度（20mm）的大理石板材。20世纪60年代末建筑业开始应用厚度小于10mm的薄板。加工薄板的石材应质地致密、裂隙少、强度高。规格（mm）主要有$100 \times 200 \times 7$、$150 \times 300 \times 7$、$300 \times 300 \times 10$、$400 \times 200 \times 10$等。其板材率高，单块重量轻，施工容易，安装速度快，适应高层建筑的饰面要求。

（郭柏林）

大理石规格板　marble standard slabs

大理石荒料经锯割、研磨、抛光、按一定尺寸裁切而成的板材。分普型与异型两类。普型板材尺寸（长×宽×厚）从$0.3m \times 0.15m \times 0.02m$至$1.2m \times 0.9m \times 0.02m$。有一定的技术要求，如规格尺寸允许偏差、镜面光泽度、色调与花纹、物理力学性能等。

（郭柏林）

大理石绝缘性能　insulating properties of marble

大理石用作电绝缘材料时的一项性能指标。指大理石的电击穿强度和体积电阻系数。与其组成矿物、结构构造有关。一般白色大理石绝缘性能比有色大理石高，当含有导电包裹体或裂隙时，绝缘性能降低。一般要求电击穿强度为$4 \sim 6.5 kV/mm$，干燥情况下，体积电阻系数为$2 \sim 7 \times 10^{13} \Omega \cdot cm$，自然状态下为$1 \sim 30 \times 10^{10} \Omega \cdot cm$。

（郭柏林）

大理石抗风化性能　anti-erosion properties of marble

大理石对长期风吹日晒、雨水冲刷、生物和化学破坏等作用的抵抗能力。主要用吸水率和抗冻性二项指标衡量。大理石风化后，常表现为色泽变化、光泽消失、颗粒剥落、产生裂纹等。影响美观和强度。用于室外装饰，要求具有较强的抗风化性能。

（郭柏林）

大理石普型板材　normal shape slabs of marble

形状为正方形或矩形的板材。其尺寸（长×宽×厚，mm）从$300 \times 150 \times 20$至$1220 \times 915 \times 20$。其具体技术要求，详见国家建筑材料工业局部标准JC79。

（郭柏林）

大理石纹玻璃　marbled glass

又称斑纹玻璃。具有大理石斑纹的颜色玻璃。在乳白色玻璃液中加入其他颜色的乳浊玻璃，经不充分搅拌、压延而成。斑纹可表现为粗细条纹、螺纹、波纹等各种形状的大理石纹，清晰而易于区分。其上表面可以压花、毛面或抛光，下表面则有细的纵向切槽或网纹以便于粘接固定，可按设计需要加工成一定的规格尺寸，是高级建筑物室内饰面材料。

（许淑惠）

大理石纹色泥装饰　marbleizing mud decoration

将化妆色泥黏附在坯体表面呈天然大理石效果

的色泥装饰。在注浆浆料中滴入少量化妆色泥浆，轻轻调出条纹或色块，注浆时随泥浆流动在坯体上呈现出天然大理石条纹。制得的坯体表面可施以透明釉，也可不施釉。　　　　　　　　　（邢　宁）

大理石异形板材　special-shaped marble slab

形状不是正方形或长方形的大理石板材。一般在异形切机上加工。形状有圆形、椭圆形等，用作圆桌面、浴室洗脸盆面板和其他特殊用途。
（郭柏林）

大理岩　marble

含碳酸盐矿物（方解石、白云石）大于50%的变质岩。由石灰岩、白云岩等类碳酸盐岩经区域变质作用或热接触变质作用而形成，是商品大理石的主要原料。由于原岩所含杂质和变质条件不同，大理岩中可含少量蛇纹石、透闪石、石英、玉髓、石墨、赤铁矿、黄铁矿、绿泥石等。一般具粒状变晶结构及块状构造，有时可具条带状构造。可根据碳酸盐矿物的种类、特征变质矿物、特殊的结构构造及颜色等详细命名。如大理岩、白云石大理岩、蛇纹石大理岩、透闪石大理岩、条带状大理岩、粉红色大理岩等。一般为白色，因含不同杂质而呈灰色、绿色、黑色、玫瑰色等多种色彩和纹理。硬度不高，可加工性良好，板材磨光后非常美观，是建筑物高级装饰材料。也可用作石雕原料。大理岩分布极广，以云南省大理市点苍山最为著名。
（郭柏林）

大流动性混凝土　high fluidity concrete

又称高流动性混凝土混合料。指坍落度大于160mm的混凝土。相当于国际标准 ISO 4103－1979 的 S_4 级。　　　　　　　　（徐家保）

大麻刀灰　long hemp-fibred plaster

泼浆灰或煮浆灰适量加水（或青浆）调制成稠浆状，加入长约60mm 的麻刀搅拌均匀而得的灰浆。灰：麻刀＝100:5（重量比），亦可视工程情况，采用100:4 或 100:3。一般带青灰色的称为月白麻刀灰，多用于室外墙面抹饰及屋面苫背、调脊、宽瓦等。此外也用于砌墙逐皮灌浆之后的"抹线"（即将灌过浆的砖上皮抹住，以防止因上层灌浆往下串而撑开砖）。白色的称之白麻刀灰，用于室内墙面或顶棚抹饰。　　（朴学林　张良皋）

大铺地砖　floor quarry; quarry tile

通常外形尺寸不小于200mm×200mm 的大型炻器质无釉地砖。坯体主要原料为黏土或页岩，可塑挤出成型。由于具有较高的耐磨性和耐工业废水腐蚀的特点，所以广泛用于工厂的地面装修。
（邢　宁）

大群色

又称相连群色条。琉璃瓦屋面正脊的下部装饰构件。形如两个连在一起的群色条。仅适用于四样瓦以上的大型屋脊。其作用是增加正脊的高度并丰富正脊线脚。五样以下正脊应改用普通群色条。

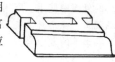

大群色尺寸表　　单位：mm

	二样	三样	四样	五样	六样	七样	八样	九样	注
长	768	768	768						
宽	544	480	450						
高	210	140	130						

（李　武　左滋元）

大体积混凝土　mass concrete

实体积较大的建筑物或构筑物用的现浇混凝土。粗集料的最大粒径较大而水泥用量较少，如蛮石混凝土、毛石混凝土等。由于浇筑的体积巨大，散热不易，其胶结材宜用低热水泥。常用于重型基础和大坝坝体等。大坝混凝土则因不同部位有不同的性能要求，分为内部混凝土和外部混凝土。
（徐家保）

大小头砖

两顶面高度不一的一种有缺陷的砖。压砖机压砖活塞垫板两端磨损不一致、压杆偏心轴位置调不恰当以及加料数量两端不等所致。用这种砖砌筑时，墙面水平灰缝不易控制，影响砌体强度和外观。　　　　　　　　　　　（崔可浩）

大新样开条砖

俗称条子砖。用晾晒后的粗黄土制坯烧成的宽度尺寸为大新样砖一半的细长条粗泥砖。清代后期产自北京东郊一带。由工部和内务府承办的官窑烧制，民窑也有产出。规格长464mm，宽112mm，厚112mm。砍磨加工后作为宫殿建筑室外铺墁地面，称为半柳叶地。也可作为墙体干摆（磨砖对缝）及十字缝砌法的"暗丁"用砖。（朴学林）

大新样砖

用经过风化、困存后的粗黄黏土制坯烧成的尺寸略小于新样城砖的粗泥城砖。清代后期产自北京东郊一带。由工部和内务府承办的官窑烧制，民窑也有产出。规格长464mm，宽233.6mm，厚112mm，重13kg。强度较好，密实度较差。多用于大型古建墙体糙砌或基础等非露明部位。砍磨加工后也可用于干摆（磨砖对缝）和室外细墁地面等露明部位，但装饰效果不及澄浆砖和细泥砖。
（朴学林）

大型墙板　large wall panel

又称大型壁板，简称大板。尺寸以房屋开间或层高或柱距为单位长度的预制墙板。多在装配式建筑的外墙中使用。所用基本材料主要有配筋的普通混凝土、轻集料混凝土及两者与矿棉、岩棉、加气混凝土等的复合体。多以组成的主体材料名称命名，如钢筋混凝土大型墙板、硅酸盐混凝土墙板等。一般饰面装修、门窗、孔洞等都在工厂预安装和预留，预制程度高。和一般混凝土预制构件相比，其质量要求严格，特别对规格尺寸准确、节点接缝严密、废次品率低等方面的要求更为严格。常在施工人员少、气候条件恶劣、建设速度要求快、建筑标准化程度高的情况下应用。其规格、品种随着建筑体系的不同而规定。

（萧 愉）

大叶桉 Eucalyptus robusta smith

引种较早，栽培较广的一种桉树。初期生长迅速，干形粗壮通直。原产澳大利亚，中国四川、广东、广西、福建、浙江南部、江西赣州等地区栽植较多，西南各省也有栽培。边材淡红带灰色，心材赤红色，有光泽，纹理交错，结构略粗，生长轮不明晰，材质坚硬，加工略难，干燥容易开裂与变形，心材耐腐，边材不耐腐，易遭白蚁为害，浸注较难。气干材密度 $0.695g/cm^3$；干缩系数：径向 0.214%，弦向 0.303%；顺纹抗压强度 57.8MPa，静曲强度 90.9MPa，抗弯弹性模量 12.4GPa；硬度：端面 60.2MPa，径面 54.9MPa，弦面 56.7MPa；顺纹抗拉强度 90.7MPa，冲击韧性 $4.44J/cm^2$。木材适于做矿柱、木桩、电杆、桥梁、码头建筑等，板材可做船舰、客、货车、家具、地板等。径级适宜的原条可做屋架、檩条等。木材还是造纸原料。

（申宗圻）

大砖 large-size brick

青灰色、长方形的大型黏土砖。规格多在：长 30~35cm、宽 15~17cm、厚 4~6cm。主要用于砌筑体量较大的建筑物，如宫殿、衙署、寺观及第宅、院堂等的墙体。砌法有空斗或实扁式。

（叶玉奇 沈炳春）

dai

带锯机 band-saw

一边或两边开凿的环状带锯条套在两个锯轮上，作单向高速回转对木材进行锯解的木材加工机械。两锯轮成纵向配置的为立式带锯机。水平横向配置的为卧式带锯机，前者应用广泛。一般以锯轮直径表示锯机的规格，直径在 1 500mm 以上的为重型带锯机，1 000~1 370mm 为中型，900mm 以

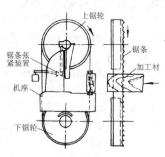

立式带锯机

下为轻型。带锯机包括主机和送料机构两部分，主机由机座、锯轮、锯条张紧装置等部分组成。进料方式有跑车送料、辊筒送料或手工送料等。

（吴悦琦）

带孔油毡 perforated asphalt felt

在普通油毡原纸或无机纤维毡为胎基的油毡上按规定的孔径和孔距打孔的一种防水卷材。打孔工序可在油毡制造过程中进行，也可在胎基上进行。撒布料可以是粉状撒布料，也可用粒状撒布料。孔参数一般为孔径 30mm 以下，孔距 70~200mm，孔率 $0.5\%~8\%$。用于叠层屋面防水层的底层。以点贴方法替代传统的满贴施工法。如果建筑结构发生变形，则对油毡防水层的不利作用可得到缓冲，同时由于水蒸气在防水层和基层之间可自由扩散，避免了油毡防水层的拱鼓、破裂、渗漏等弊病，从而达到更佳的建筑防水效果。

（王海林）

带楞油毡 corrugated asphalt felt

折摺成带楞形状的油毡。其作用与带孔油毡相同。为克服油毡满贴施工防水层容易起鼓和开裂的缺陷，用点贴或线贴方法代替。在施工方法上带孔油毡相当于点贴，而带楞油毡相当于线贴。粘贴面积不小于 33%，以防风揭。用于屋面防水层的底层。

（王海林）

带遮阳膜夹层玻璃 shade laminated glass

能减弱阳光直射强度的夹层玻璃。采用整张蓝色（或其他颜色）膜片，或采用上方有约 150mm 宽的蓝色、下为无色透明的双色膜片作夹层玻璃的中间膜片，按夹层玻璃的生产方法制成。主要用作汽车前风挡玻璃，可防止因阳光眩目而影响司机视线。

（许 超）

袋压成型 bag pressing molding

在刚性模具上，先用手糊成型法制成制品，在其未固化时，用柔性袋均匀加压，经固化、脱模而制造增强塑料制品的工艺方法。特点是制品两面光洁，无气泡，密实度和强度较手糊成型者高。根据施压方式和施压大小，分为：①真空袋法。施加成型压力为 0.05~0.07MPa，适用于制品强度和密

度受压力影响较小的聚酯制品；②加压袋法。成型压力为0.4~0.5MPa，适用于环氧和聚酯制品，施压制度要求严格；③热压釜法。成型压力为1.5~2.5MPa，最高可达15MPa，常用于生产性能要求高的飞机部件等制品。其施压制度、模具及设备要求较高，投资较大。

（刘雄亚）

真空袋法

加压袋法

高压釜加压法

袋装水泥 bag cement

以纸袋或其他织物袋包装出厂的水泥。由包装机完成包装，每袋净重 50 ± 1 kg。包装袋上标明：工厂名称，水泥品种、标号、包装年、月、日，编号及助磨剂、混合材料名称，包装袋两侧也印有水泥名称和标号。英、美等国除了袋装水泥外（每袋94磅），还有桶装水泥（每桶376磅）。袋装水泥消耗纸（或织物）太多，目前正朝着散装水泥的方向发展。

（冯培植）

dan

丹东绿大理石 Dandong green marble

呈绚丽的橄榄绿色带花纹的大理石。因产于辽宁省丹东地区而得名。其花纹颇似蛇纹，按颜色深浅可分为淡绿~绿色、深绿色、黑绿色三类产品。主要矿物为镁橄榄石、叶蛇纹石和白云石，少量的金云母和蛟蛇纹石。片状、粒状变晶结构，质地细腻，物理化学性能良好。经研磨加工后，玉石感很强。常用作高级建筑的厅堂装饰，同时也是雕刻的优良原料，在国际上享有盛誉。 （郭柏林）

单板 veneer

由旋切、半圆旋切、刨切或锯制方法生产的薄片状木材。其厚度一般常在1.2mm以下。用来制胶合板或用作其他人造板材的面板。 （吴悦琦）

单层屋面油毡 single-ply asphalt felt

仅用一层油毡粘贴于屋面基层上就能保证建筑物屋面在规定的期限内不漏水、不渗水。它是相对于叠层屋面油毡而言的。这种油毡的耐水、耐久、耐热、耐寒等性能都高于普通油毡。其涂盖材料一般用改性沥青。规格为10m²/卷，单层厚度在3mm以上。 （王海林）

单根电线电缆燃烧试验 combustion test on a single insulated wire or cable

用规定火焰和时间对单根电线电缆直接燃烧以测定其阻燃性的试验。依试样所处位置分垂直、水平、倾斜燃烧试验三种。中国标准规定的DZ-1、DZ-2法与国际电工委员会标准IEC332-1和IEC332-2方法相同，DZ-3法与美国标准的VW-1法相同，都是垂直燃烧试验法，是较为常用的一种。必须注意：通过单根燃烧试验的电线电缆，并不意味着在成束使用情况下也具有阻燃性。在此种场合，还必须进行成束电线电缆燃烧试验。

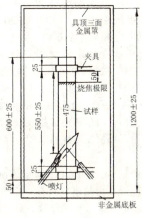

（徐应麟）

单硅钙石 riversideite

结构层间距为0.93nm的托勃莫来石（tobermorite）或C-S-H(Ⅰ)。 （王善拔）

单钾芒硝 arcanite

又称硫酸钾石。化学式 K_2SO_4。斜方晶系。无色，易溶于水。相对密度2.67。水泥中存在的硫酸钾。在水泥原料、燃料中 K_2O 和 SO_3 含量高时，存在于熟料中。常和 Na_2SO_4 形成固溶体。也常见于水泥窑的硫碱圈和后结圈窑皮及水泥窑灰中。熟料中含量低时对水泥无害，含量高时，水泥凝结时间往往缩短，需水量增加，早期强度提高，后期强度倒缩。窑灰中含量高时可作钾肥。 （龙世宗）

单晶结构分析 single crystal structure analysis

用单晶样品测定晶体结构的方法。其步骤一般包括：①晶体的培养和挑选，测量时需直径约为0.05~1.0mm的单晶体；②测定晶胞参数，收集衍射强度；③衍射图的指标化和空间群的测定；④强度的测定、统一、修正和还原；⑤相角的测定；⑥电子密度函数的计算和原子坐标的修正；⑦结构的描述。主要分析设备是四圆单晶衍射仪，它能自动、方便、可靠地获得实验数据，因而是晶体结构分析的最佳手段。 （孙文华）

单聚焦分析器 single focusing mass analyzer

见质量分析器（617页）。

单控冷拉 single control for steel bar stretching

仅以冷拉率作为控制指标的钢筋冷拉加工方法。用按同种钢筋双控（控制冷拉率和冷拉应力）参数中规定的控制应力作拉伸试验，以所得平均伸长率作为该批钢筋的冷拉率。但其数值不得高于规范规定的控制值。钢筋材质不均时，单控不易保证冷拉质量。冷拉时可不用测力计，故设备及操作均较简易。　　　　　　　　　　　　（孙复强）

单粒级　single grading

集料颗粒从最大粒径开始，其下限缺少一级或几个粒级的颗粒。是集料粒级的一种。在中国标准中，将其分为 10~20，16~31.5，20~40，31.5~63，40~80（mm）五个等级，并对其在各筛上的累计筛余重量百分比范围作了规定，如 20~40mm 粒级在 10、20、40（mm）筛上的累计筛余分别为 95~100，80~100，0~10（%）。这种粒级的集料只用在大孔混凝土中，在普通混凝土中，一般不单独使用，而是和连续粒级或其他单粒级集料组合后使用，以便控制集料级配，保证混凝土质量。　　　　　　　　　　　　（丁济新）

单模玻璃纤维　single mode glass fibre

传输分配形式为基模（只有一个波峰的模式）的光波电磁场的光通信玻璃纤维。通常是内芯尺寸很小（几个微米）的阶跃型光通信玻纤。原则上只能传输一种模式的光波。光纤模式单纯，能量集中，时延失真小，传输性能好，频带宽，容量大。但由于芯径小，连接、耦合、制造、加工困难。
　　　　　　　　　　　　（吴正明）

单色锦砖　single colour mosaic tile, monochrome mosaic tile

坯料中均匀混有单一陶瓷颜料或不加陶瓷颜料的无釉陶瓷锦砖。可单独使用，也可按一定色彩图案或随机拼排使用。　　　　　（邢　宁）

单色釉　monochrome glaze, single colour glaze

釉面通体为一种颜色的颜色釉。以石灰釉、长石釉或熔块釉为基础加入单一颜色的色剂，使釉面呈现纯正、均匀、单一色彩。适用于大批量生产和大面积施釉的陶瓷制品，如卫生陶瓷等。
　　　　　　　　　　　　（邢　宁）

单体　monomer

能起聚合反应或参与共聚反应而成为所得聚合物中的结构单元的简单化合物。一般是不饱和的、环状的及含有两个或两个以上官能团的低分子化合物。如苯乙烯聚合为聚苯乙烯，或参与共聚制得 ABS 树脂、SBS 树脂；二氧化硫虽本身不能缩合，但可与各种烯类单体共聚而得聚砜。（闻荻江）

单斜硅钙石　crestmoreite

一种天然水化硅酸钙矿物。首次于美国 Crestmore 发现。结晶程度差。由托勃莫来石和磷灰石矿的碳磷硫酸钙石（wilkeite）的亚显观共生体构成，其中托勃莫来石多为 1.4nm 型的和 1.04nm 型的水化产物的混合物。曾测得其组成为 $CSH_{1.3}$。
　　　　　　　　　　　　（陈志源）

闩　door bolt; doorstop
①门闩。
②闫（362 页）。　　　　　（张良皋）

淡竹　Phyllostachys glauca McClure

中国广泛分布，普遍栽培的中型散生竹种之一。竹秆通直，高 4~15m，胸径 2~7cm，节间长 30~45cm。材质优良，韧性强，用途多，可供劈篾编织各种农具、帘席等，整秆可作农具柄，工具柄等。　　　　　　　　　（申宗圻）

弹子门锁　spring lock

又称弹子复锁，司必令锁。锁头采用弹子结构，锁体固定装置在门扇表面上的锁。锁体外壳以生铁浇铸或铁皮冲压制成，内置由弹簧顶住的锁舌，装在门内；锁头部分以铜、铝等有色金属采用弹子结构组成，装在门外，有一尾巴与锁体相衔接。开启时，将钥匙插入锁芯，旋转 90°，压缩弹簧，使锁舌缩进壳内，门即开启；室内开启只需转动执手即可。钥匙的花牙形式有 2 400~6 000 种，安全性较高，为一般装于门上的常用锁。
　　　　　　　　　　　　（姚时章）

弹子珠　spring ball

一种使橱门及其他小门的门扇在关闭时即可被轧住的小五金。参见碰珠（372 页）。　　　　　　　　（姚时章）

蛋白石　opal

含非晶质或胶质的二氧化硅矿物，化学成分为 $SiO_2 \cdot nH_2O$。呈致密玻璃状块体，颜色不一，纯者无色，往往因含有杂质而呈各种色彩，透明或半透明，玻璃光泽。可作为玻璃、陶瓷的硅质原料，水玻璃原料，水泥混合材料。作为混凝土集料时，应使用含碱量低的水泥，以防其与水泥中碱反应，引起混凝土膨胀破裂。　　　　（郭光玉）

氮化硅结合碳化硅耐火材料　Si_3N_4-bonded silicon carbide refractory

又称氮化硅结合碳化硅砖。以氮化硅为结合组分的碳化硅质耐火材料。主要原料为碳化硅（50%~95%）和硅粉。原料经配料、混合、成型，在电炉中于 1 300~1 350℃ 温度下在氮气气氛中烧成，通过氮气与硅的反应形成氮化硅结合。制品抗压强度高（大于 150MPa），热震稳定性好（大于 100 次，900℃，水冷），荷重软化点高（大于

1 800℃）。抗侵蚀能力强，抗氧化性优于纯碳化硅耐火材料。主要用于高炉内衬。　　（孙钦英）

氮化物　nitride

过渡族金属（Fe、Mn、Cr、Mo、W、V、Ti等）元素与原子半径较小的非金属元素氮所组成的化合物。铁、钛、钒与氮组成的间隙式化合物γ′相（Fe_4N）、TiN、VN，铝与氮组成正常价化合物AlN是钢中常见的型式。中碳碳素钢与合金钢，尤其是氮化钢等制成的工件，经氮化、气体软氮化、离子氮化等热处理方法均可获得氮化物。它比碳化物熔点高、硬度高、稳定性大。广泛用于各种精密的高速传动齿轮、机床的主轴和镗杆，提高工件表面的耐磨性和疲劳强度，并有一定的抗蚀性和热硬性。　　（高庆全）

dang

当沟

①琉璃屋脊位于瓦陇与屋脊的交汇处的首层构件。是琉璃屋脊的基本构件之一。"当"是阻挡、当道之意；"沟"，指瓦陇沟。形容卡在瓦陇间，陇沟至此被阻断。

②黑活屋顶瓦陇与屋脊交汇处，内用砖胎，外用灰堆抹的部分。外轮廓有垂直线和类似半圆形两种，外表面刷黑色浆。

用于正脊下的为正当沟，用于斜屋脊下的为斜当沟。另外还有吻下当沟、托泥当沟等多种形式。

正当沟　　　斜当沟　　　清代托泥当沟

正当沟尺寸表　　单位：mm

	二样	三样	四样	五样	六样	七样	八样	九样	注
长	384	340	320	290	260	224	210	192	
宽	272	256	240	224	210	192	160	160	
高	192	160	192	176	130	160	96	96	

（李　武　左滑元）

dao

刀压成型　template jiggering

又称旋压成型，俗称样板刀成型（template forming）。用型刀使可塑坯料受到挤压、刮削和剪切的作用而展开形成坯体的方法。坯料放置在旋转的石膏模中，所采用的机械设备为旋坯机，分单刀旋坯机和双刀旋坯机两种。用于成型回转体（包括椭圆回转体，如鱼盘）状的制品，坯泥含水率为21%～26%，常用于电瓷及日用陶瓷的生产中。采用阴模时，模型内表面形状和型刀分别决定制品的外形和内形。这种方法成型的坯体受正压力小，生坯密度小，易变形、开裂。因系手工操作，劳动强度大，正逐步被滚压成型所代替。适用于大型深孔制品成型。　　（陈晓明）

导爆管　nonel tube

又称塑料导爆管。一种以1 650±30m/s或1 950±50m/s低爆速传播的塑料软管。它可与起爆元件、连接元件和非电延期雷管组成新型起爆系统。外径3.0±0.1mm，内径1.4mm，内壁涂高威力猛炸药黑索金、铝粉和少量添加剂，每米涂药量为16±1mg或20±1mg。导爆管可用起爆枪、雷管、高压电火花起爆。上述起爆系统从根本上减少了电爆网路由外来电干扰而引起的事故隐患，同时一次引爆的雷管数不受限制，网路连接简便，工效高，成本低。　　（刘清荣）

导爆索　detonating cord

又称传爆线、导爆线。一种控制爆炸速度传递爆轰的索状物。用来引爆工业炸药、雷管或另一根导爆索。外观与导火索相似，故涂红色以资区别。其特点是用猛炸药泰安或黑索金作药芯，每m索药量不小于12g，爆速6500m/s以上。导爆索不能直接用火焰点燃，必须通过雷管或炸药包来起爆。中国已可根据工程爆破的需要，生产强力、低能、抗深水、耐高温和耐高压等系列导爆索。

（刘清荣）

导电混凝土　conductive concrete

电阻率小、具有导电性能的混凝土。由水泥、砂及其他集料为基本原料添加一定量的导电材料（如石墨粉）制成。是较好的导电体。热容量大。混凝土电阻率随导电材料的含量增加而减小。如用石墨材料，含量一般大于10%时就具有较好的导电性。可用于电热电器中作电热元件、电力工业的合闸电阻、接地电阻及工业防静电。由于导电混凝土原料来源丰富，制作成型容易，成本较低，在某些场合显示比现时所用的电工材料有更好的特性，故目前正在进一步深入研究，以期能在更广泛的工业生产领域中得到应用。　　（孙复强）

导电膜夹层玻璃　conductive laminated glass

具有薄膜电加热功能的夹层玻璃。把有透明氧化锡导电膜的平板玻璃按夹层玻璃生产方法制成。光透过率大于75%，使用电压大于100V，通电后的玻璃板面温度可达50～60℃，阻抗6～500Ω/mm^2，由于锡膜作用，受光照射后其反射会产生彩虹现象，因发热元件不是采用钨丝或康铜丝，故不影响视线。其缺点是使用电压较高，因没有钢化处理，安全性较差。一般用作汽车和船舶的前风挡玻璃可防止因车内外温度和湿度相差过大在玻璃上结雾、结露、结冰的现象，另外还可用于防盗橱窗、电屏蔽窗等方面。 （许　超）

导火索　safety fuse

又称导火线。一种按规定速度传递火焰引爆火雷管和黑火药的索状点火器材。由黑火药芯外包棉、麻纤维、牛皮纸和防潮沥青涂层制成。外径5.2～5.8mm，药芯直径不小于2.2mm，喷火强度不低于40mm。要求燃速100～125s/m（0.8～1cm/s），燃烧时不得有断火、透火、外壳燃烧、爆声及速燃现象。 （刘清荣）

导热性　thermal conductivity

依靠物质的分子、原子或电子的运动，将热量由高温处向低温处传递的能力。与物体的热导率、温差、厚度有关。金属材料的热传导主要依靠自由电子的迁移，是优良的导热体；非金属材料的热传导是由晶格的振动将热量逐层传递，热导率很小，为不良导热体。 （潘素瑛）

导温系数　thermal diffusivity

又称温度传导率，热扩散率。表示物体在加热或冷却时，各部分温度趋于一致的能力的热物性参数。是材料传播温度变化能力大小的指标。常用符号 a 表示。$a = \dfrac{\lambda}{\rho C}$ m²/s，式中 λ 为物质的热导率，W/(m·K)；ρ 为物质的密度，kg/m³；C 为物质的热容，kJ/(kg·K)。a 值愈大，物体中温度变化传播得愈迅速，在同样的外部加热或冷却条件下，物体内部各处温差愈小。 （曹文聪）

岛状结构　island structure

见硅酸盐结构（173页）。

倒焰窑　down draft kiln

一种燃烧气体由窑顶向窑底流动而焙烧坯体的间歇式窑。有圆窑和方窑两种。在窑的圆周（或两侧）窑墙上分布燃烧室，窑室底部均匀设置吸烟孔。燃烧气体由燃烧室经挡火墙、喷火口喷至窑顶，然后倒流向坯体，经窑底吸烟孔、烟道、烟囱排走。特点是窑内温度较均匀，易于变更烧成制度，适合于烧成多品种小批量及高大的制品。但窑体蓄热损失大，烟气离窑温度高，余热利用困难，能耗高，生产周期长，劳动强度大、条件差。近代倒焰窑（如梭式窑、钟罩窑等）由于采用了窑车装卸制品及轻质耐火绝热材料，改善了劳动条件，提高了热利用率。 （陈晓明）

倒置路缘　inverted curb

倒装铺置的路缘石，如图所示。

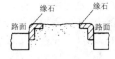

（宋金山）

道路硅酸盐水泥　portland cement for road

简称道路水泥。由道路硅酸盐水泥熟料、0～10%活性混合材料和适量石膏磨制成的专用水泥。道路水泥熟料以硅酸盐矿物为主，铝酸三钙含量不超过5.0%，铁铝酸四钙不少于16.0%。熟料中 fCaO 含量，回转窑生产的不得大于1.0%，立窑生产的不大于1.8%。活性混合材只允许用符合有关标准的一级粉煤灰、粒化高炉矿渣和粒化电炉磷渣。水泥细度 0.08mm 方孔筛筛余不大于10%。烧失量不大于3.0%。初凝时间不早于1h，终凝不迟于10h。强度等级按 28d 抗压强度确定。分42.5、52.5 和 62.5 三个等级。3d 强度与同等级的 R 型硅酸盐水泥的指标相同，28d 抗折强度却高出 0.5MPa。干缩小，28d 干缩率不大于0.10%；耐磨性好，水泥胶砂的磨耗率不大于 3.60kg/m²。适用于修筑道路路面和机场跑道面等，也可用于一般的土木建筑工程。 （王善拔）

道路混凝土　road concrete, pavement concrete

又称路面混凝土或路面混合料（pavement mixture）。作道路路面用的混凝土。分水泥路面混凝土和路面沥青混合料两大类。前者要求极限抗拉强度不低于4.5MPa，28d 抗压强度不低于30MPa，采用强度较高的普通硅酸盐水泥、中砂或粗砂，和Ⅰ、Ⅱ级碎（卵）石配制，水泥用量为300～350kg/m³。后者要求有良好的高温稳定性、低温抗裂性、耐久性、抗滑性，详见石油沥青混凝土（449页）。两者均要求具有不产生弯曲破坏的抗挠性〔对沥青混合料，称柔性（flexibility）〕。 （徐家保）

道路沥青　paving bitumen

供建筑和养护道路用的沥青材料。包括主要成分和性质都符合技术规范的天然沥青、石油沥青、

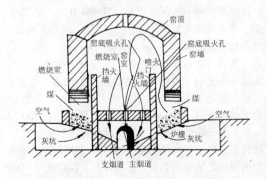

软煤沥青和页岩沥青。　　　　（刘尚乐）

道路沥青标准黏度计　standard viscometer of paving bitumen

测定液体路用沥青标准黏度的一种仪器。该仪器的构造如图。属于流出型黏度计，标准流孔直径有 3、4、5 和 10（mm）四种。标准黏度试验方法是将沥青试样在仪器中保温至规定温度，试样通过规定孔径流出 50mL 所需要的时间，以 s 为单位。测定结果表示为 C_t^d；其中 d 表示流孔直径，t 表示测定温度。例如其沥青在 60℃ 时，通过 5mm 孔径流出 50mL，所需时间为 100s。即可表示为 $C_{60}^5 = 100s$。流出时间越长表示沥青黏度越大。我国液体沥青和软煤沥青都是按标准黏度来划分等级的。　　　　（严家伋）

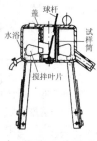

道路石油沥青　pavement of asphalt

符合道路石油沥青技术标准的石油沥青。根据石油部标准（SY 1661）按针入度分为 200、180、140、100 和 60 等 5 个牌号，而 100 和 60 号各按延度分为甲、乙两个牌号。除了针入度、延度外，还有软化点、溶解度、蒸发损失、蒸发后针入度比和闪点等要求。由石油蒸馏后的残留物或经氧化加工而制成的。用于道路建筑、建筑防水和水工防渗等。　　　　（刘尚乐）

道路与桥梁工程石材　stones for road and bridge

用于铺筑道路、桥梁用的石料统称。一般要求石质坚硬，表面清洁，不易风化，极限抗压强度不得小于 29.4MPa。通常按其力学性能分为五级。主要品种有片石、块石、条石、锥形块石、拳石、料石、碎石、卵石等。　　　　（宋金山）

稻草板　straw slab

以稻草或麦秸为主要原料，经原料处理、热压成型、外胶贴面纸等制成的轻质板材。一般用有机或无机胶粘剂作胶结材料，有时不用胶粘剂，采用自胶结工艺生产。板长 1 800～3 600mm，宽 1 200mm，厚 58mm，质轻（18～25kg/m²），绝热性好（热导率 0.108～0.140W/（m·K））易于加工，施工方便。适用于建筑物的内隔墙、吊顶棚、外墙板内衬，可与其他材料组合制成复合墙板、屋面板等。一般只用作内墙，如用作外墙则外面层须作防水处理。　　　　（萧　愉）

稻壳板　rice husk board

利用稻壳为增强材料，用无机胶结剂或合成树脂为胶结材料制成的轻质板材。胶结材料不同，其制造方法、板材性能也不相同。当用合成树脂时，需经辗磨混合、铺料成型、热压固结、裁切整型、调湿处理等生产工序。板长 2 440mm，宽 1 220mm，厚 6～35mm。具有轻质（表观密度 700～800kg/m³）、防蛀、防腐蚀的特点。热导率 0.134～0.155W/（m·K），静弯曲强度 10.3～13.0MPa，冲击强度 4.9～5.6J/cm²，吸水厚度膨胀率 4.6‰～6.8‰，可钉、锯、粘及装饰性良好，适用于一般建筑的内隔墙、壁橱板、吊顶棚、门芯板和制作家具。　　　　（萧　愉）

稻壳灰　rice husk ash

燃烧稻壳后得到的灰烬。1t 稻壳约可得到 200kg 稻壳灰。具多孔结构。密度约为 2.2g/cm³。主要化学成分为 SiO_2，含量约 80%～95%，尚含少量的 Al_2O_3、K_2O、NaO、CaO 及未燃碳等。氧化硅以非晶态存在。容易磨细，比表面积很大（可高达 5.0～6.0m²/g），活性很高，是一种优良的火山灰质材料（参见火山灰质混合材料，213 页）。其活性大小取决于燃烧的温度与时间，当以适当的时间经 500～600℃ 温度燃烧后活性最高，温度过高燃烧时间过长则将产生石英晶体。稻壳灰中的二氧化硅与石灰反应迅速，在水泥浆体中几无游离氢氧化钙的存在。浆体强度高，抗化学腐蚀性好，收缩与普通水泥无甚差别。用作水泥的混合材料或混凝土的掺合料能减少混凝土中碱－集料反应引起的膨胀破坏。用于大体积混凝土中则 7～28d 内部温升较低，而可获得较高的强度。　　　　（孙复强）

稻壳灰水泥　rice husk ash cement

经一定温度煅烧得的稻壳灰与硅酸盐水泥混合制得的一种水泥。稻壳灰主要成分为无定形二氧化硅，它与水泥水化析出的氢氧化钙反应生成水化硅酸钙。水泥水化产物几乎不含固相氢氧化钙。抗硫酸盐性能优于硅酸盐水泥，制成的混凝土的碱－集料反应膨胀较小。　　　　（王善拔）

deng

灯彩　coloured-lantern making

民间传统装饰灯之统称。早始于西汉，历代都有所改进与发展，用材亦各异。各地常利用所产竹、木、藤、麦秸、兽角及金属等制成各式框架，并镶嵌玻璃或由纱绢制成花、禽、鸟、兽等形状，或以骨刻、铜铸、花篮、雕漆等作柱，或用纸做笼，有的还能折叠便于携带。主要有龙灯、走马灯、宫灯及纱灯等类形。具有华丽的民族风格及浓郁的地方特色。多用于室内装饰或节日张灯结彩，以烘托喜庆气氛。　　　　（王建明）

灯具 lamp equipment

以光源、盏、座、架、罩等制成的照明器具。在石器时代，人类便用火把作为照明光源，之后发展有庭燎（古代庭中照明的火炬）、蜡烛等；战国时代用青铜与铁做盏；汉代则以陶、铜、铁造油灯；晋代泛用青瓷灯台；唐代出现三彩灯台；宋代其式样繁多，如走马灯等；在元、明、清三代却沿袭了八角宫灯及各种纱灯等。19世纪40年代，西欧先后出现煤油灯和煤气灯，鸦片战争后传入中国。凡以物质氧化燃烧发光的，属人工照明的初级阶段，从19世纪末人类发明了电光源开始为高级阶段。电光源的发明、发展为四种类型：①白炽灯类，利用热能辐射发光原理，使钨丝通电炽热而发光。1879年T.A.爱迪生和J.斯旺首先分别研制成实用碳丝真空灯泡，仅燃40小时；1906年A.裕司徒和F.哈那曼发明了耗能较大的钨丝灯泡，仅3%～6%的电能转换为可见光。②荧光灯类，即利用电能激发汞蒸气后产生紫外线而刺激荧光粉发光，有30%的电能转换为可见光。1938年问世。③气体放电灯类，利用电能激发石英管内特定气体或金属蒸气而发光。20世纪40年代出现，70年代得到发展应用。④场致发光灯类，即荧光粉层在电场作用下而发光。属冷光源。1938年G.戴斯特略发现，20世纪70年代得到发展。还有20世纪60年代出现的原子能灯等。当代其光源繁多，型式各异，是照明、标志和装饰室内外的重要组成部分。广义的灯具已包括非照明用的器具如紫外线灯、红外线灯等。

(王建明)

灯笼 lantern

具有民间传统特色的灯具。早在宋代便有之，《宋书·武帝记》下："床头有土鄣、壁上挂葛灯笼、麻绳拂。"常用红色的纱、绸、纸、葛等做笼，以竹条或金属丝为经架，架数是据其大小而异，多呈椭圆球形或圆球形，下端悬吊流苏，笼内置燃烛，以防风灭，或装入电光源。有大、中、小之分。具有能撑开和收拢之特点。古时常用于夜间行路照明，今时常在吉庆节日成双论对悬挂于建筑门厅，以增添吉祥欢乐气氛。

(王建明)

灯座

钉在轩梁、桁条、大梁、搁栅等处，供挂吊灯笼的金属附件。材质常见的是青铜或黄铜，其外形一般为圆形，似钹，中间凸出，中心装小圆环，以插灯笼杆，也有雕镂成花瓣形，以增加其装饰作用。

(马祖铭)

蹬脚瓦

又称蹬脊瓦。顶部有仔口（错台）的琉璃筒瓦。因其上面的构件满面砖的下脚是"蹬"在仔口上的，故名。琉璃瓦歇山建筑屋面博脊或重檐建筑下层屋面围脊上，盖压博通脊上口并承托满面砖的构件。一般用于琉璃瓦重檐建筑下层屋面围脊上，也见于使用于四样瓦以上的歇山建筑博脊上。由于主要是与博通脊配套使用，所以当围脊或博脊不用博通脊，而改用博脊连砖时，遂无使用该件的做法。

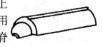

蹬脚瓦尺寸表　　单位：mm

	二样	三样	四样	五样	六样	七样	八样	九样	注
长	400	368	352	336	304	272	240	208	
宽	208	192	176	160	144	128	112	96	
高	104	96	88	80	72	64	56	48	

(李　武　左湑元)

等规度 tacticity

又称立体规整度。立体规整性聚合物（有规聚合物）的含量百分数。是衡量聚合物分子链中构型单元空间排列规整程度高低的量度。例如，烯烃的聚合物的空间排列，取代基有规则地排列在主链同一侧的全同构型（又称等规构型）、取代基有规则地交替排列在主链两侧的间同构型（又称间规构型或交规构型）及取代基无规则排列的无规构型。前两种构型的聚合物即为有规聚合物，其性能比无规聚合物优异。等规度常用核磁共振法、红外光谱法测定，也可通过测定相对密度、熔点和溶解度等间接了解。常用来表示催化剂在聚合反应中的定向能力。

全同构型

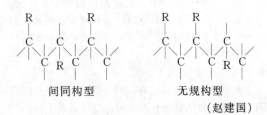

间同构型　　无规构型

(赵建国)

等价类质同像　equivalent isomorphism

见类质同像（283 页）。

等速度谱仪

见穆斯堡尔谱仪（346 页）。

等温淬火　isothermal quenching

将工件加热到临界点以上温度，保持较短时间立即转入到给定温度（500～250℃）的硝盐炉中，长时间等温后在空气中冷却的一种热处理工艺。等温过程过冷奥氏体分解为贝氏体和一定量的残余奥氏体，工件具有较高的硬度和韧性，同时组织应力、热应力大为降低，减小工件的变形和开裂倾向。适用于形状复杂、尺寸不大，要求变形小的一些工件。　　　　　　　　　　　　（高庆全）

等温线　isotherm

在三元立体相图中，通过温度轴所作平行于浓度三角形的等温面与液相面的相交线。将其投影到浓度三角形上，又可得到三元投影图中的等温线（见三元相图（418 页）的附图）。由这些线可以确定熔液开始析晶的温度以及在某温度时与固相平衡的液相组成。另外，在恒温下描述物系某些变量之间关系的曲线也叫做等温线。例如等温下描述吸附量与被吸附气体压力关系的曲线称为吸附等温线或简称为等温线。　　　　　　　　　（夏维邦）

等物质的量　amount-of-substance point

旧称等当点，化学计量点。滴加的标准溶液与待测组分恰好反应完全的这一点。即当其作用完全时，它们的物质的量之间的关系刚好符合反应式所表示的化学计量关系。例如，用 Na_2CO_3 标定 HCl 溶液浓度时，其反应式为：

$$2HCl + Na_2CO_3 = 2NaCl + H_2CO_3$$

当滴定到等物质的量点时，2mol HCl 与 1mol Na_2CO_3 恰好反应完全。该术语的定义是：两反应物的毫克当量数相等的这一点。可利用指示剂颜色的突变来指示该点的到达。当指示剂变色时，应停止滴定。终止滴定的这一点叫滴定终点。指示剂和实验条件的最佳选择是使等当点与滴定终点趋于重合。　　　　　　　　　　　　　（夏维邦）

等压质量变化测定　isobaric mass-change determination

又称自发气氛热重分析。测量并研究物质在恒定挥发物分压下的平衡质量与温度关系的热分析方法。通常采用可进行气氛调节的热天平，利用试样分解挥发的气体作为气氛，控制在恒定的大气压下测量质量随温度的变化。采用自发恒定气氛，可减少氧化过程的干扰。适于研究物质的热分解、蒸馏过程及挥发、气敏、爆破等材料。　（杨淑珍）

澄浆城砖

以黏黄土为原料，经过入池浸泡、沉淀、澄出上面细泥，晾干后制坯烧成的城砖。是宫廷及王府等主要建筑的一种常用砖。早期产于河北及北京东郊一带，清代由工部和内务府承办的官窑烧制，民窑亦有产出。规格为长 464mm，宽 233.6mm，厚 112mm，重 22.5kg。质地细腻，强度较好，但抗折力较小，砍磨加工后，多用于宫墙干摆（磨砖对缝）和室外细墁地面及较高的宫墙檐子等部位。其装饰效果优于细泥城砖和粗泥城砖。

（朴学林）

澄浆停泥城砖

俗称澄浆砖。因存、陈化的黏黄土经过入池浸泡、沉淀，澄出上面细泥，晾干后制坯烧成的城砖。是宫廷及王府等重要建筑的一种常用砖。明代晚期产于河北省武清县，清代多产于京东一带，主要由工部和内务府承办的官窑烧制，民窑亦有产出。规格为长 480mm，宽 240mm，厚 128mm，重 23.5kg。密实度好，但强度及抗折力不及停泥城砖。砍磨加工后，多用于墙体干摆（磨砖对缝）和室外细墁地面等露明部位。其装饰效果好于其他砖种。

（朴学林）

澄浆砖

泛指以黏黄土为原料，经过入池浸泡、沉淀，澄出上面细泥，晾干后制坯烧成的各种砖。质地细腻，强度较好，但抗折力较差。多用于细作工程，如干摆（磨砖对缝）和丝缝（缝子）、细墁地面等，也是砍制檐料子和杂料子及砖雕工程的常用砖。其装饰效果优于细泥砖和粗泥砖。　　（朴学林）

di

低共熔点　eutectic point

相图中表示低共熔混合物的熔点和组成的点。以二元凝聚系统为例，见附图，其中点 E 表示二元低共熔点，是该相图中温度最低的熔点。如将组成为 E 的混合物①缓慢加热到 T_E 温度时，除有 A 和 B 晶体外，还出现组成用 E 点表示的液相，即按低共熔混合物的固体组成，A 和 B 共同熔融成熔液。此时三相共存，自由度数为零，E 点为无变量点。

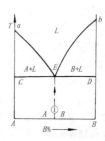

（夏维邦）

低共熔混合物　eutectic mixture

由两种或两种以上的物质形成的、熔点最低、组成一定的混合物。在其熔点熔化时，平衡共存的液相组成与低共熔混合物的固相组成相同。例如，

Bi-Sn-Pb 三元低共熔混合物的组成为 51% 的 Bi，16% 的 Sn 和 33% 的 Pb；其三元低共熔点为 96℃，是该相图中温度最低的熔点。因低共熔混合物的结构致密，性质均匀，强度大，在冶金等工业中有重要的意义。 （夏维邦）

低合金钢 low alloy steels

合金元素含量介于标准规定的含量界限值内的钢。规定含量界限值参见钢（139 页）。按主要质量等级分为普通质量、优质和特殊质量三类。普通质量低合金钢主要包括一般用途低合金结构钢（规定的屈服强度不大于 360MPa）、低合金钢筋钢、铁道用一般低合金钢、矿用一般低合金钢。优质低合金钢主要包括可焊接的高强度结构钢（规定的屈服强度大于 360MPa 而小于 420MPa）；锅炉和压力容器、造船、汽车、桥梁、自行车、铁道、矿用、输油、输气管线用的各类非合金钢；低合金耐候钢等。特殊质量低合金钢主要包括核能用低合金钢；保证厚度方向性能低合金钢；低温用低合金钢和舰船、兵器等专用特殊低合金钢。 （许伯藩）

低合金结构钢 low alloy structural steels

适合于一般结构和工程用的低合金钢。通常在低碳钢（参见碳素钢，495 页）中加入 Mn、Si、V、Ti、Nb、Cu、N 及 RE（稀土）等合金元素制成。加入合金元素，如锰溶于铁素体中起固溶强化作用，钒、钛、铌等强碳化物形成元素既有在冷却时相间沉淀析出产生弥散强化作用，也有细晶强化作用。中国标准共分 17 个牌号，已用于建筑钢结构和桥梁结构的有 16Mn、16MnRE、15MnV、15MnTi、16MNb、15MnVN、18Nb 等，其中使用最早、用量最多的是 16Mn。具有较高的强度、较好的塑韧性和焊接性，用其代替碳素结构钢能使重量减轻 15%～20%，使用寿命延长，特别是大跨度、大柱网结构其效益更佳。 （许伯藩）

低合金结构钢冷轧薄钢板（带） cold-rolled low alloy structural steel plates (strips)

用低合金结构钢板坯经冷轧成厚度不大于 4mm 的钢板（带）。厚度规格为 0.2~4mm，钢号有 17 种，常用 16Mn、15MnV 等。技术条件与碳素结构钢冷轧薄钢板（带）(496 页)同。对供冷冲压用钢板则应进行弯曲试验，取弯心直径（d）= 试样厚度（a）。 （乔德庸）

低合金结构钢热轧薄钢板（带） hot-rolled low alloy structural steel sheets (strips)

用低合金结构钢热轧成厚度不大于 4mm 的钢板（带）。钢号有 09MnV、12Mn、16Mn、15MnV、15MnVN、09MnCuPTi 等 17 种。16Mn 最为常用，含磷钢（最高含磷量不得大于 0.12%）可提高抗腐蚀能力。对钢板（带）的成分、性能、表面质量等均有要求。一般成块交付使用，可根据板宽选用几个长度规格。 （乔德庸）

低合金结构钢热轧厚钢板（带） hot-rolled low alloy structural steel plates (strips)

用低合金结构钢热轧成厚度为 4.5~200mm 钢板（带）的统称。板宽 600~3 000mm（或超过 5 000mm），钢带公称厚度不超过 25mm。钢结构中常用的钢号有 16Mn、15MnV、15MnVN 以及桥梁用低合金钢中的 16Mnq、15MnVq，均为钢结构设计规范中推荐使用的钢号，检验验收等条件与低合金结构钢热轧薄钢板相同。当使用 15MnTi、15MnVN 钢号时，机械性能指标是指热处理状态的性能，若按热轧状态验收则试样需经热处理，并由钢厂提供热处理制度条件。对 16Mn 钢（包括 16MnCu 等）的厚钢板，允许按需方要求，强度降低 20MPa 供应使用。为满足造船、海上采油平台、高压锅炉和压力容器等对钢板的要求，中国已生产"厚度方向性能钢板"，习称 Z 向钢，以满足除对钢板的宽度、长度方向的力学性能外，在厚度方向亦有良好的抗层状撕裂性能，并以厚度方向拉力试验的断面收缩率来评定。分 Z15、Z25、Z35 三个级别，对厚度为 15~150mm 时，采用的屈服点不大于 500MPa。 （乔德庸）

低碱性水化硅酸钙 low-basic calcium silicate hydrate

CaO 与 SiO_2 摩尔比小于 1.5 的水化硅酸钙，如 CSH（B）（C-S-H（I））、$C_5S_6H_5$（托贝莫来石）、C_6S_6H（硬硅钙石）等。此类水化物的共同特征是，耐久性偏低，对水泥石碱度贡献较小。相对于高碱性水化硅酸钙，由于结构中离子键份额减少，共价键份额增多，强度较高。 （蒲心诚）

低介电损耗玻璃纤维 low dielectric loss glass fibre

又称 D 玻璃纤维。具有低介电损耗（介电损耗角正切小于 0.01）、低介电常数（介电常数 2.5~4.0）、低密度（密度小于 2 400kg/m³）的玻璃纤维。采用添加有碱金属氧化物的 $SiO_2-B_2O_3-Al_2O_3$ 玻璃系统。适用于制造电子元件及雷达罩等。 （吴正明）

低聚物 oligomer

指分子量在 1 500 以下和分子长度不超过 5nm 的聚合物。某些文献中规定为重复链节不超过十个的聚合物。常与调聚物（telomer）同义使用。如甲醛的二聚体、三聚体。 （闻荻江）

低模量纤维 low modulus fibre

又称低弹模纤维。弹性模量低于水泥基体弹性模量的纤维的泛称。加入水泥基体中一般对复合材料的抗拉与抗弯强度无显著提高,而韧性与抗冲击强度得以大幅度增高。聚丙烯单丝纤维、尼龙纤维与某些植物纤维等均属之。 （沈荣熹）

低热混凝土 low-heat concrete

水化热低的水泥混凝土。多采用低热矿渣硅酸盐水泥作胶结材,或在水泥中掺相当数量的粉煤灰、烧黏土,同时减小水泥用量等方法,达到减少混凝土硬化过程中的水化热量,降低水化热的目的。适用于大体积的混凝土工程和构筑物,如水坝、大桥桥台座和巨型基础等。 （徐家保）

低热矿渣硅酸盐水泥 low heat portland slag cement

简称低热水泥。以适当成分的硅酸盐水泥熟料加入矿渣和适量石膏磨制成的低水化热的水泥。水泥中矿渣掺量按质量计为20%~60%,允许用不超过混合材总量50%的磷渣或粉煤灰来代替部分矿渣。熟料中铝酸三钙含量不得超过8%,硅酸三钙不得超过55%,游离氧化钙不得超过1.2%;当水泥在混凝土中与集料有可能发生有害的碱-集料反应时,熟料中碱含量（$Na_2O + 0.658K_2O$）以Na_2O计不得超过1.0%。分32.5和42.5两个强度等级。其3d和7d水化热分别不超过如下值:32.5等级水泥,188J/g和230J/g;42.5等级水泥,197J/g和230J/g。适用于大坝或其他大体积建筑物内部以及要求低水化热的工程。 （王善拔）

低热微膨胀水泥 low heat expansive cement

以粒化高炉矿渣为主要组分,加入适量硅酸盐水泥熟料和石膏磨制成的具有低水化热和微膨胀性能的水泥。其熟料用量约占20%,石膏以SO_3计约为5%。其组成和性能均介于矿渣硅酸盐水泥和石膏矿渣水泥之间。主要水化产物为钙矾石和水化硅酸钙凝胶,无固相氢氧化钙和石膏。由于石膏用量比矿渣硅酸盐水泥多,矿渣活性发挥较好,产生微膨胀。其净浆线膨胀率,1d不大于0.05%,7d不大于0.10%,28d不大于0.50%。熟料用量比石膏矿渣水泥多,因而混凝土或砂浆表面起砂现象有明显改善。水化热较低,7d约176~197J/g。抗硫酸盐性能好,可用于大坝和其他大体积混凝土工程以及要求抗渗和抗硫酸盐侵蚀的工程。
 （王善拔）

低熔点玻璃镀膜法 low melting glass coating process

把熔点低于母体玻璃软化点的彩色玻璃粉熔贴在母体玻璃表面形成彩色膜的方法。把低熔点的颜色玻璃研磨成微细粉,调成液状,用喷雾设备将其均匀喷洒在玻璃表面上,经干燥送入焙烧炉,在稍低于玻璃软化温度下,彩色玻璃粉熔粘在玻璃表面而成。可生产彩色玻璃和套色玻璃。与其他方法相比,工艺简单、设备投资少,缺点是色彩的化学稳定性较差。 （许超）

低水泥耐火浇注料 low cement castable refractory

水泥用量约占5%~8%的耐火浇注料。在配料中加入一定量超细粉和减水剂,生产工艺与普通耐火浇注料基本相同。与普通浇注料相比由于CaO含量较低,体积稳定性好,气孔率低,结构致密,热态强度高,耐侵蚀性好。广泛应用于冶金（如高炉铁沟盖、加热炉等）、焦炉、石油化工及建材工业。 （孙钦英）

低塑性混凝土 low fluidity concrete

混合料坍落度10~40mm的混凝土。相当于国际标准 ISO 4103-1979 中的S_1级。 （徐家保）

低碳热轧圆盘条 hot-rolled low carbon steel wire rods

是以普通质量的低碳钢热轧生产的最细圆截面型钢。材质有碳素结构钢Q195、Q215-A、Q215-B、Q235-A、Q235-B。通常由直径5.5到14.0mm呈盘状交付使用。经调直后除直接用于混凝土结构中的钢筋、箍筋外,还作为低碳冷拔钢丝、螺栓、制钉等的原材料。中国已陆续投产的高速线材轧机生产的此种盘条,采用控轧控冷先进技术,使产品的性能均匀、氧化铁皮薄而致密,大大改善了产品的匀质性和拉拔性能。 （乔德庸）

低位水箱 lower cistern

简称低水箱。与坐式便器配套的带盖水箱。有的直接承放在坐便器尾部伸出的部位上（坐式）,直接和便器进水口相连;有的悬挂在墙壁上（挂式）,用管道与大便器连接。连体式坐便器的水箱也属此类型。常见外形尺寸（长×高）有:500mm×290mm;500mm×320mm;500mm×350mm。 （刘康时）

低温煅烧石灰 low-temperature burnt lime

石灰石在1 000℃以下的温度煅烧制成的生石灰。因煅烧温度低,制得的石灰气孔率较高,表观密度一般小于2.20g/cm³,CaO晶体尺寸一般小于2μm。质轻,色淡,断面质地均匀,消化速度较快,消化温度较高。镁质石灰岩和白云石在800~900℃下煅烧,可减少或避免结晶方镁石形成,获得活性较高的含镁石灰。但煅烧时间相对较长。
 （水中和）

低温回火 low temperature tempering

将淬火工件加热到150~250℃,并保持一定时间后在空气中冷却的一种热处理。淬火马氏体在此过程中分解出ε碳化物（Fe_xC），同时马氏体含碳量降低，组织称回火马氏体。它与淬火马氏体硬度相近或稍有降低，但内应力得到部分消除，脆性减小，组织介稳定。用于要求高硬度、耐磨的各种工具、冷作模具、轴承、渗碳件和表面淬火等工件的最终热处理。　　　　　　（高庆全）

低温煤焦油　Low-temperature coal tar

高挥发性烟煤在炼焦时，干馏温度范围为 450～650℃ 获得的冷凝物。黑褐色油状物。有臭味，20℃时密度为 $0.9 \sim 1.2 g/cm^3$。主要化学成分为环烷烃和烷烃。萘和蒽含量较少，酸性油可占 20%～40%，酚含量在 5%～50% 范围内波动，沥青含量为 30%～50%。用于制造各种溶剂油和化学工业原料。　　　　　　（刘尚乐）

低温煤沥青　low temperature coal pitch

软化点为 30～75℃ 的煤沥青。按软化点分为两类：一类软化点 30～45℃；二类软化点 45～75℃。　　　　　　（刘尚乐）

低温热分析　low-temperature thermal analysis

试样加热温度在 800℃ 以内的热分析。分室温型和负温型两种。前者起始温度从室温开始；后者起始温度从负温开始。在普通加热炉外增设金属螺旋管，向管内充入制冷剂（液氮或液氦）；或在加热炉外加一双层罩，在夹层装入制冷剂，可使炉温降至所需负温，再程序升温即可从负温开始测量。包括差热、量热、逸出气、热机械分析等都可在负温下进行。差示扫描量热主要在低温范畴分析。
　　　　　　（杨淑珍）

低温柔性试验　low temperature flexibility test

测定嵌缝油膏和密封膏低温使用性能的一种方法。对于嵌缝油膏，把测定粘结性的试样连同其两面粘结的基材一起取出，直接放入指定的低温环境中 2h，然后对称地放置在 120mm×60mm，两边与水平面成 20°斜角的弓形平台上，在 2s 内使其紧贴平台，弯曲完毕。以油膏本体无裂缝或与基材不剥离为合格。对密封膏则在 130mm×76mm×0.3mm 的铝片上，粘结成型 95mm×25mm×3mm 的试件，按 70±2℃，16h；

油膏低温柔性试验台

$-20±2℃$ 或 $-30±2℃$ 或 $-40±2℃$，8h 的温度周期养护 3 个循环后，1～2s 内用手将试样绕规定直径圆棒弯曲 180° 无开裂、剥离及粘接损坏为合格。
　　　　　　（徐昭东　孔宪明）

低温退火　low temperature annealing

又称去应力退火。将金属材料或其工件加热到临界点以下温度，保持一定时间后缓慢地冷却下来的一种热处理工艺。目的在于消除铸件、锻件、热轧件、焊接件以及机械加工过程中产生的内应力。由于加热温度低，通常无组织变化。而内应力的消除程度，取决于加热温度、保温时间。随温度升高，时间增长，内应力消除越彻底。　　（高庆全）

低温颜色釉　low temperature coloured glaze

釉料在 1 000℃ 以下充分熔化至具有要求性能的颜色釉。釉料中含有易熔原料，如硝石、铅丹、硼砂等，并加入能在釉充分熔化后呈色稳定的着色剂。种类较多，色彩丰富，在陶瓷制品色釉加彩中占有主要地位。　　　　　　（邢　宁）

滴定分析法　titrimetric analysis

又称容量分析。将标准溶液滴加到待测组分的溶液中，根据完成化学反应所用标准溶液的浓度及其消耗的毫升数，算出待测组分含量的方法。根据反应的类型可分为：①酸碱滴定法；②沉淀滴定法；③络合滴定法；④氧化还原滴定法。此法测定的组分含量常在 1% 以上，有时也测定微量组分。操作快速简便；测定的相对误差一般为 0.2% 左右；所用仪器设备又较简单，故应用十分广泛。
　　　　　　（夏维邦）

滴定曲线　titration curve

表示滴定过程中被测溶液的性质随标准溶液的加入量而变化的曲线。溶液的性质如 pH 值、pM、电导率、氧化还原电位等。在等物质的量点附近，该曲线常有明显的突跃。根据突跃的范围，可选出最合适的指示剂与滴定条件。下图是用 $0.100N\ Ce(SO_4)_2$ 溶液在 $1M$ 的 H_2SO_4 溶液中滴定 Fe^{2+} 离子的曲线图。其滴定突跃为 0.86～1.26V。指示剂发生颜色变化时的电极电位应在滴定突跃范围内。在本例中，邻菲罗啉就可能是一种较合适的指示剂。

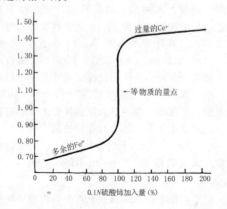

　　　　　　（夏维邦）

滴定终点　end-point of titration

见等物质的量点（75页）。

滴珠板
　　镶嵌于楼阁式建筑平座层木挂檐板的外皮的琉璃挂檐砖。保护木构件，使之免遭雨水侵蚀。矩形平面，曲尺形剖面，正面有云纹饰样，并满挂釉色。安装时利用上面转折挂于檐边木上，用木仁嵌入上端留出半银锭榫中，再与木构架拉结，上用压边石压住上口。板面上有两个钉孔，用二铁钉将其固定于里边的木挂檐板之上。黑活建筑也有此构件，只是常做成平素的大面而没有纹饰。（李　武）

涤纶地毯　Dacron carpet
　　以涤纶纤维（聚酯纤维）为原料制作的地毯。具有优良的耐皱性、弹性和尺寸稳定性，耐日光、耐磨、耐酸、不霉不蛀、易洗易干，但染色性差。（金笠铭）

底漆　primer
　　多层涂装时，直接涂到底材上的涂料。要求与被涂介质表面有良好的附着力，与面层涂料能形成牢固的涂层，并兼具某些功能。可以是清漆，也可为色漆。其成膜基料与面漆应基本相同和性能相近。不同被涂装介质需用不同的底漆。一般以其主要成膜物质命名，如铁红环氧底漆、红丹醇酸防锈底漆、铝粉沥青船舶底漆等。有些兼有特殊功能，如磷化底漆，能与金属表面形成钝化膜。富锌底漆，是锌粉含量较高的防锈底漆，能导电，特别在腐蚀性溶液中能对被涂金属起阴极保护作用。带锈底漆是能直接涂装在带有轻微锈蚀的金属表面，能使锈层发生转化，隔绝外部介质，而起到防腐蚀作用。（陈艾青）

底釉　ground-coat enamel
　　又称底粉。用于在基体金属上形成底釉层的瓷釉。主要作用：能与金属产生良好的密着；与面釉牢固地熔合；具有良好的弹性，当搪瓷制品膨胀时可降低金属或瓷层产生的应力；减少在烧成时，因金属产生的气体而形成的瓷面气泡；保证面釉层有完整而光滑的外观性质。调整底釉的组成和含量，可改变其烧成性能而适应不同基体金属、不同工艺的要求。为扩大烧成温度范围，改善密着层的性能，防止缺陷产生，可采用几种不同组成的底釉混合使用。（李世普）

地板蜡　floor polish
　　保护和装饰地板的上光蜡。通常由主要成分为含少量高级醇的高级脂肪酸与高级一元醇的酯类石蜡或天然蜡和溶剂配制而成。有水乳型、溶剂型和膏糊型等。特点是油腻性小，稳定性好，空气中不易变质，难于皂化。常用于地板与水磨石地面上光。（陈艾青）

地板漆　floor paint
　　装饰、保护室内地面用的涂料。传统用广漆、虫胶漆等天然树脂漆，现由耐磨性好的合成树脂（如过氯乙烯、氯乙烯-偏氯乙烯、聚氨酯等树脂）作为主要成膜物质、掺加一定量的配合剂组成的溶剂型或水性的地面涂料所代替。其漆膜坚硬耐磨、平滑光亮、附着力好、耐水、耐碱、耐油、抗冲击性能优良。主要有酚醛地板漆、聚氨酯地面涂料、过氯乙烯地面涂料、氯乙烯-偏氯乙烯地面涂料等。适用于木材、水泥地面、金属地面等多种基层的涂刷。（陈艾青）

地基土　base soil
　　承受建筑、构筑物基础底面荷载作用的土。按形成条件有：原生土、次生土。在工程Н按土的开挖难易程度分为八类：松软土、普通土、坚土、砂砾坚土、软石、次坚石、坚石和特坚石。作为建筑地基的土（岩），可分为岩石、碎石土、砂土、粉土、黏性土和人工填土等。建筑工程中必须对土体的构造特点和物理力学指标进行勘测和研究，定出分类名称及其强度和变形指标，以便选择地基形式、施工方法和使用条件。一般要求均匀密实。如为填土、淤泥质土、各类高压缩性土或土层结构被破坏时，应予压实、强夯、换填或做复合地基等人工处理。（聂章矩）

地脚螺栓　foundation bolt
　　又称锚栓，底脚螺栓。栓杆一端带有一段螺纹，另一端做成弯钩或焊接有小块钢板的紧固件。可增加锚头埋入混凝土基础中的锚固力。适于连接柱脚和基础、屋架和柱头，以及把机器固定在基础上等。（姚时章）

地沥青　asphalt
　　由石油体系获得的各类沥青的总称。包括石油在地壳中经自然因素作用形成的天然沥青和石油经炼制加工而得到的石油沥青。但是在英国和西欧一些国家（德、荷、葡……）asphalt是指含有矿质材料的天然沥青混合物，或石油沥青与矿质集料的混合料。（严家伋）

地沥青岩　asphalt (-impregnated) stone
　　通常含有5%～20%左右沥青的岩石。使用时可将其破碎为粒状或磨细为粉状而掺于石油沥青混合料中，用于铺筑路面。亦可用水熬煮法或溶剂抽提法获取纯沥青。（严家伋）

地垄墙　sleeper wall
　　支承搁栅而砌筑的矮墙。架空木地面中，当房间平面尺寸较大时，应在搁栅下增设支承砖墩，以减小搁栅的跨度和挠度。砖墩的布置应与搁栅间距一致，一般为400mm。有时墩与墩之间的净距较小，为施工方便将砖墩连续砌筑即形成地垄墙。其标高应符合设计要求，厚度可按架空高度和承载力通过计算确定。

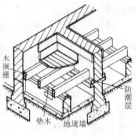

（彭少民）

地面材料　flooring material

建筑物地面和楼面铺筑层所用材料及制品的总称。通常包括面层材料和基层材料。面层材料直接承受物理、化学作用，也是室内装饰效果的重要组成部分，应根据房间和地面的使用要求以及经济条件加以选用。一般居住房屋和公共建筑中常用的面层材料有水泥砂浆、混凝土、大理石、花岗石、水磨石、木地板、铺砖、缸砖、锦砖（马赛克）、塑料、橡胶、地毯等。工业建筑根据生产工艺和某些特殊要求，可采用耐腐蚀地面材料如沥青、油毡卷材、水玻璃、玻璃钢、耐碱砂浆和耐碱混凝土等；耐磨地面材料如铸铁、钢板、钢屑混凝土、钢纤维混凝土等；在有些化工或化纤车间、危险品库等场所，要求使用不发火花的地面材料，如沥青砂浆、沥青混凝土、菱苦土、橡胶等。地面基层是承受并传递上部荷载至基土或楼面结构上的承重层，包括找平层、结构层和垫层。按施工方法，地面可分为整体地面、板块地面和卷材地面。整体地面有：①无机材料地面如水泥地面、现浇水磨石地面、菱苦土地面等；②有机材料地面如环氧树脂沥青地面等。板块地面有：①天然石地面；②水泥板块地面；③陶板地面；④木地面；⑤金属地面等。卷材地面为厚约2～10mm的油地毡、塑料、橡胶、地毯等卷材铺成的地面。（彭少民）

地面基层材料　base course materials

地面面层以下承受地面或楼面荷载并传于基土或楼板的构造层材料。地面基层一般包括找平层、保温绝热层、防水层、垫层、承重层等构造层次。找平层是在垫层上、楼板上或轻质、松散材料（隔声、保温）层上起平整、找坡或加强作用的构造层，常用20mm厚水泥砂浆、混凝土、沥青砂浆或沥青混凝土铺设而成。保温绝热层一般用50～60mm厚轻质材料，如膨胀蛭石、膨胀珍珠岩、炉渣、水渣等。防水层可用油毡和沥青材料。垫层是传递楼地面荷载至基土或楼板的构造层，常用50～100mm厚的灰土、三合土、混凝土、碎（卵）石、砂石、煤渣和水泥或石灰的拌合物等。承重层指承受荷载的基土或楼板。（聂章矩）

地面面层材料　surfacing material of floor

见地面材料。

地面涂料　ground coating

装饰和保护地面的涂料。具有优良的耐磨性、耐水性、耐冲击性和耐沾污性。按使用部位不同可分为室内和室外两大类。前者主要有木地板涂料、塑料地板涂料、水泥砂浆地面涂料等。后者有道路划线涂料、运动场地面涂料等。按涂层型式可分薄质（涂层厚度一般小于1mm，通常在0.3～0.5mm）与厚质（涂层厚度通常在2～12mm）。按涂料采用基料性质可分为溶剂型与水乳型两大类。常用于水泥地面的溶剂型涂料有过氯乙烯水泥地面涂料、苯乙烯水泥地面涂料、石油树脂地面涂料、环氧树脂地面涂料、不饱和聚酯树脂地面涂料、聚氨酯弹性地面涂料等。涂膜耐磨，有一定的弹性。聚合物水泥地面涂料是以水溶性树脂或聚合物乳液与水泥组成有机与无机复合涂料。常用的有聚乙烯醇缩甲醛（107胶）水泥地面涂料（商品名称为777地面涂料），聚醋酸乙烯水泥地面涂料等。（陈艾青）

地热水泥　geothermal well cement

用于固结地热（地下蒸汽和热水）井的水泥。可在油井水泥或普通硅酸盐水泥中加高温性能稳定的缓凝剂或石英粉等强度稳定剂或在贝利特水泥中掺硅质混合材调整 CaO/SiO_2 比例制成。由于井温可达250～360℃，压力达50MPa硅酸盐系列的高温地热水泥的强度开始时会有所下降，但5d后逐渐增长。因生成耐热性水化产物，30d抗压强度可达30MPa。也可用于火山地带的隧道工程、温泉地带的建筑物和地下工程。（王善拔）

地弹簧　sleeper spring

俗称地龙或门地龙。用于比较高级建筑物的重型门扇下面的一种闭门器。由顶轴（装在门顶）、地轴套座（装在门下）和底座（埋于楼地面以下）组成，门扇以上下轴心为枢而旋转。当门扇向内或向外开启不到90°时，它能使门自动关闭，并可调整关闭速度。如门开启到90°位置，即失去自动关闭作用。若再须关闭，仅将门扇略微推动一下，即可恢复自动关闭功能。其主要结构埋于地下，门扇上不需另安铰链或定位器等。朝一个方向开启或两个方向开启的门扇均可应用。（姚时章）

地毯　carpet

经手工或机械工艺编织由毯面（或称绒头层）和毯基（或称底布、背衬）所组成的室内地面装饰织物。地毯面层为一层，毯基分第一毯基和第二毯基。毯面和第一毯基由纺织纤维（天然纤维或化学合成纤维）组成；第二毯基一般由黄麻、丙纶、橡胶、泡沫材料等组成。有些地毯无第二毯基。毯基通常都涂有胶质材料，以加固和延长寿命。中国地毯古称"毛席"，或称"地衣"、"细㲩"、"氍毹"、"㲪登"等，有三千余年历史，手工地毯以艺精工细、图案古雅著称于世。世界地毯主要产地伊朗、印度、巴基斯坦、土耳其、摩纳哥等国，已有3000～5000余年历史，其中以波斯地毯闻名遐迩。按编织方法可分为手工地毯、机织地毯、无纺地毯、簇绒地毯、静电植绒地毯等五类；按材质可分为纯毛地毯、化纤地毯、棉地毯、丝地毯、兽皮地毯、草垫等；按图案花色可分为美术、彩花、京式、素凸及东方、古典、波斯、西藏地毯等；按供应款式及规格可分为整幅整卷地毯、方地毯、花式方地毯、圆地毯、八角形地毯、椭圆形地毯及同一图案配色、尺码由小到大的成套地毯等；按铺设方式可分为满铺地毯和拼接式地毯（组合地毯）；按物理性能可分为传热地毯、阻燃地毯、抗沾污地毯、吸尘地毯、消毒地毯、香型地毯、抗静电地毯等；还有按铺设位置和用途不同的分类。世界手工地毯一般分为三大体系，即东方地毯体系、欧洲地毯体系和非洲地毯体系，其中东方体系影响最大。

（金笠铭）

地毯性能指标　performance index of carpet

鉴别衡量地毯质量的标准。包括剥离强度、黏结力、耐磨性、回弹性、抗静电性、抗老化性、耐燃性、耐菌性，以及染色牢度、碳化距离、含纤量、上胶率、公称质量等指标，主要为前八项指标。剥离强度是衡量地毯面层与背衬复合强度的一项性能数据，也是衡量地毯复合后的耐水性指标，其单位为：N/cm；黏结力是衡量地毯绒毛固着于背衬上的牢度指标，其单位为N；耐磨性是衡量地毯使用的耐久性指标，用耐磨次数表示，即地毯在固定压力下磨损后露出背衬所需要的次数；回弹性是衡量地毯绒面层的回弹性，用地毯在动力荷载下厚度损失的百分率表示；抗静电性能是衡量地毯带电和放电情况的指标，用地毯表面电阻（Ω）和静电压（V）表示；抗老化性是衡量地毯经过一段时间的光照和接触氧气后，其化学纤维老化降解的程度，用光照老化后的耐磨次数、厚度损失及光泽、色泽的变化来表示；耐燃性是衡量地毯不易燃烧的程度，凡燃烧时间在12min内，燃烧面积的直径在17.96cm以内者均具有耐燃性；耐菌性是衡量地毯在受常见霉菌或细菌的侵蚀时是否长菌和霉变的性能，凡能经受八种常见霉菌和五种常见细菌的侵蚀而不长菌和不霉变者为合格地毯。根据耐牢度分级，如按家用可分家居轻耐牢、中耐牢、高耐牢、特别高耐牢及装饰用几类；按商用可分商用轻耐牢、中耐牢、高耐牢及特别高耐牢几类。

（金笠铭）

地毯张紧器　carpet drawing machine

又称膝撑。使地毯向纵、横向伸展拉紧的一种工具。常用于较长地毯的纵向铺设，使地毯在使用过程中遇到较大推力时不至隆起，保证平整。张紧器有脚蹬和手拉两种。张紧方向应呈"V"字形，由地毯中心线向外拉开。其张力应使地毯横向伸长为1.5cm/m，即1.5%；纵向伸长为2cm/m，即2%。

（金笠铭）

地下爆破　underground blasting

又称井下爆破。在地下进行的各种爆破作业。主要有井巷、隧道、地下工程和采矿场等爆破。其特点：爆破作业在地下窄小的空间内进行，通风和照明等条件差；所用炸药产生的有毒气体应符合安全规定；施工机具和设备受开挖断面所限等。常用浅眼和深孔爆破，硐室爆破应用甚少。

（刘清荣）

地砖　floor tile

又称地面砖、铺地砖。地面装饰用的耐磨片状陶瓷材料。有方形、长方形、八边形等形式，分为有釉、无釉和抛光三类，有单色、多色、斑点、渗釉和各种花纹图案。制品为炻质（参见炻器，××页）或瓷质。物理性能：吸水率不大于4%，耐磨性$0.1～0.2g/cm^2$，耐酸度大于95%，耐碱度大于85%。坯体可用天然含铁矿物着色，也可加入金属氧化物着色。常见规格有150mm×75mm×13mm，100mm×100mm×10mm，150mm×150mm×（13、15、20）mm，150mm×100mm×10mm，300mm×300mm×9mm，400mm×400mm×15mm，500mm×500mm×15mm，600mm×600mm×15mm等。施工时可拼成各种图案。　（邢　宁）

dian

点焊机　spot welder

钢筋网片和轻型骨架的焊接设备。主要由电机、变压器、压紧机构、断路器、级数开关等组成。焊接时，将已除锈的两根钢筋交叉叠合在一起，压紧于两电极之间，并通以强大的电流，钢筋接触点由于电阻热而迅速熔融，形成熔核。当周围金属达到塑性状态时，在压力作用下切断电流，使熔核冷凝成焊点。依加压方式的不同，可分为机械式、气动式和液压传动式等类型；根据用途不同，可分为单头、多头、悬挂式和悬臂式等类型。

（水中和）

点火材料　fire material

用以点燃导火索的材料。常用点火绳、点火棒、点火筒和带切口的导火索段。点火绳是用亚麻或棉线在硝酸钾溶液中浸渍制成，燃速为5～

10mm/min。点火棒的一端为惰性不燃物，另一端装燃烧剂，主火剂燃 55～60s，信号剂燃 5～10s。点火筒底部装有黑火药饼，同时可点燃数根到十几根导火索。带切口的导火索段长约 0.3～0.5m，每隔 2～3cm 斜切一切口，被点燃的导火索用铁皮三通固定在切口处。点火时，先将索段点燃，利用切口喷出的火焰依序点燃各导火索。　　（刘清荣）

点群　point group

又称宏观对称型。是相交一点的宏观对称元素（对称中心、镜面、旋转轴和反轴）的集合。这些对称元素通过一个公共点，按一切可能性组合起来又不产生新的对称元素的只有 32 种，称为晶体的 32 种点群。　　（孙文华）

点阵　lattice

是由晶体结构中等同部分抽象出来的一组无限的成周期性分布的几何点。这组点能沿连接其中任意两点的向量进行平移后而复原，因此每个点都必有相同的物理和几何环境。点阵中的点称为阵点或结点，它能代表晶体结构中具有周期性重复的原子、离子、分子或由它们形成的结构基元。依据点阵的性质，把分布在同一直线上的点阵叫直线点阵；分布在同一平面上的点阵叫平面点阵；分布在三维空间的点阵叫空间点阵。　　（岳文海）

点阵常数　lattice constant

又称晶格常数或晶胞参数。是描述晶胞特征的参数。共有六个：三个平移基矢 $\vec{a}$、$\vec{b}$、$\vec{c}$ 的长度 a、b、c（晶胞三个边长）及其夹角 α、β、γ，它们的关系是：

$$|\vec{a}| = a, \vec{a} \wedge \vec{b} = \gamma$$
$$|\vec{b}| = b, \vec{c} \wedge \vec{a} = \beta$$
$$|\vec{c}| = c, \vec{b} \wedge \vec{c} = \alpha$$

（孙文华）

碘量法　iodometric titration method

利用 I_2 的氧化性和 I^- 离子的还原性进行滴定的方法。为氧化还原滴定法的一种。可分为：①碘滴定法，利用碘标准溶液直接滴定还原性较强的物质，如硫化物和硫代硫酸盐等；②滴定碘法，用 I^- 离子还原某些氧化剂，析出等物质的量的 I_2，然后用硫代硫酸钠标准溶液滴定 I_2，以间接测定氧化性物质如 Fe^{3+} 和 Cu^{2+} 离子等的含量。因淀粉与 I_3^- 形成深蓝色吸附化合物，此反应灵敏，故该法中多用淀粉为指示剂。　　（夏维邦）

碘钨灯　iodine tungsten lamp

一种利用卤钨再生循环的灯具。在以石英或高硅氧玻璃制成的灯管内装钨丝，并充有一定量的碘蒸气及惰性气体，通电后钨丝灼热而发出可见光。属白炽灯类。钨在高温时会蒸发，当遇到温度较低的管壁处与碘化合成碘化钨，且呈蒸气状态；在温度高的灯丝处又分解为碘和钨。由于碘的作用，大大减少了钨丝的蒸发和灯泡发黑，因此提高了其光效和使用寿命（约为 18～22lm/W）。常作路灯、聚光灯和广场灯的光源。适用于需要强光照明的场合。　　（王建明）

碘值　iodine number

100g 试样所能吸收碘的克数，表示有机物质不饱和程度的一种指标。主要用于油脂、蜡、脂肪酸等物质的测定。不饱和程度越大，碘值也越大。干性油的碘值在 130 以上；半干性油的碘值在 100～130 之间；不干性油的碘值在 100 以下。测定时用氯化碘或溴化碘作试剂。　　（陈嫣兮）

电瓷　electrical porcelain

又称电工陶瓷。主要由黏土、长石、石英或铝氧原料等铝硅酸盐原料混合配制，经过加工成形，在较高温度下烧成的无机绝缘材料及电力器件。按使用工频交流额定电压分为：低压电瓷（1kV 以下）、高压电瓷（1kV 以上）和超高压电瓷（500kV 以上）。主要用作输配电线路和电站电器设备的绝缘材料，也用作电力系统电容、电阻等电器材料。　　（邢宁）

电瓷电气试验　electrical test of electrical porcelain

又称电检。电瓷产品及其装配瓷件须进行的各项电性能试验。包括工频干闪络电压试验、工频湿闪络电压试验、冲击电压试验、工频击穿电压试验、工频火花电压试验、可见电晕电压试验、壁厚工频击穿电压试验、无线电干扰试验、绝缘电阻率等试验项目及机电联合试验。　　（陈晓明）

电瓷抗剪切强度试验　electrical porcelain shearing strength test

又称电瓷抗剪试验。检验瓷绝缘子承受剪切应力大小的试验。有耐受和破坏两种实验程序。试验时，将试件按接近正常使用情况安装在试验机上，平稳施加剪切应力至标准规定的试验负荷，若试件不破坏则认为通过耐受负荷实验；然后继续施加剪切应力，直至试件破坏为止。其剪切破坏负荷 P_s（N）可用式 $P_s = \tau \cdot S$ 计算，式中 τ 为剪切破坏应力（N/cm^2）；S 为试件危险断面面积（cm^2）。　　（陈晓明）

电瓷抗扭强度试验　electrical porcelain torsion test

又称电瓷抗扭试验。检验瓷绝缘子可承受扭转应力大小的试验。有耐受和破坏两种实验程序。试验时将试件按近似正常使用情况安装在试验机上，并应使试件在试验时受纯粹的扭力而无弯矩。如果试件是由多个元件组成者，可在单个元件上进行；如果是由多种型式元件组成者，则可用强度最低的元件进行试验。耐受负荷试验时施加扭转应力至标准规定的试验负荷，在此负荷下如试件不破坏，则认为通过耐受负荷试验。破坏负荷试验时，在规定的扭转破坏负荷的75%以前，必须平稳而无冲击地增加负荷，其后以每分钟为规定扭转破坏负荷的30%～60%的速率升高至试件破坏为止，此时的负荷值为试件的扭转破坏负荷。用公式 $M_n = \sigma_n W_n$ 计算。式中 M_n 为破坏扭转矩（N·mm）；σ_n 为扭转破坏应力（N/mm²）；W_n 为试件扭转断面模数（mm³）。 （陈晓明）

电瓷釉　glaze for electrical porcelain

用于电瓷的白色或有色釉。施于电瓷表面的主要作用有：提高电瓷绝缘子的电气性能、机械强度、化学稳定性和耐急冷急热性，使瓷体表面光滑美观、便于除尘。经常采用的有四种：高温长石釉、半导体釉、粘接釉和商标釉。高温长石釉又分为白釉、棕釉和天蓝釉。白釉多用于低压和户内瓷件；棕釉多用于高压和户外瓷件，棕釉吸热快，使表面水分容易蒸发，以保持表面干燥减少漏电；天蓝釉多为国外采用，起美化作用。其热膨胀系数为 $4.0 \times 10^{-6} \sim 6.0 \times 10^{-6}$ /℃（20～60℃），釉面莫氏硬度为 6.5～7.5，表面电阻率为 $10^{12} \sim 10^{13}$ Ω（相对湿度70%）。 （邢宁）

电磁除铁器　electromagnetic separator

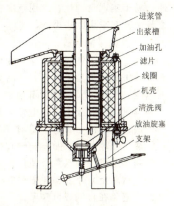

利用电磁力除去陶瓷原料、泥浆或釉浆中的可磁化含铁物质的设备。分干式和湿式两种。干式除铁器有悬型干式除铁器、悬盘干式除铁器、输送带型干式除铁器、滚筒干式除铁器等。适合于除去强磁化物质，如铁质零件、碎屑等。其中滚筒干式除铁器可用作粗细料的除铁，也可用作粉料除铁，是应用范围较广的一种。湿式除铁器多半是过滤式，有回流型（见图）和轴流型两种。湿式电磁除铁器的磁场强、效率高，可除去微细的可磁化含铁物质。 （陈晓明）

电导分析法　conductometric analysis

以测定电解质溶液的电导为基础的电化学分析法。可分为直接电导法和电导滴定法。前者是通过测量溶液的电导，直接测定待测组分含量的方法，例如鉴定水的纯度等。后者利用标准溶液滴定被测物质的溶液，从被测溶液的电导率明显改变以确定终点的方法。电导滴定法主要用于有色溶液的酸碱滴定、强弱混酸的滴定、沉淀反应、络合反应以及氧化还原反应等。 （夏维邦）

电导率　electrolytic conductivity

又称比电导。电阻率的倒数。它的物理意义是：单位长度、单位截面积的导体所具有的电导，其单位可用 $\Omega^{-1} \cdot m^{-1}$ 表示。对电解质溶液而言，是指电极间距为 1m 时，1m³ 溶液所具有的电导。其数值与电解质种类、溶液浓度及温度等因素有关。一般温度升高1℃，电导率约增加 2%～2.5%，所以在电导分析法中，要求温度恒定。 （夏维邦）

电导仪　conductivity apparatus

测量溶液电导的仪器。主要包括测量电源、测量电路、放大器和指示器等四部分。因用直流电源会发生电解，改变溶液的组成和电阻，所以在电导分析法中，须用（50～1 000）Hz 的交流电源。测量溶液电阻常用电桥平衡法和分压法。利用前法的国产仪器有雷磁 27 型电导仪等；用后法的仪器如 DDS-11A 型电导率仪。 （夏维邦）

电浮法着色　electro-float process for coloration

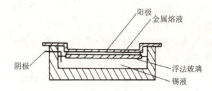

生产颜色浮法玻璃的一种方法。其装置如图所示。在直流电的作用下，处于浮法玻璃上表面和阳极之间的金属熔液中的金属离子扩散入玻璃表层中。如在含氢的保护气体作用下，铜、银类离子还原成金属胶体而着色。呈现的颜色与采用的电极材料及金属熔液有关，常用的如表：

电极材料	Cu	Ag	Co	Ni	Fe
金属熔液	Cu-Bi	Ag-Bi	Co-Bi	Ni-Bi	In
颜色	粉红	黄	蓝	棕	茶

（许淑惠）

电负性　electronegativity

表示原子在分子中吸引电子的能力。元素的电负性 X 与第一电离能 I_1 和电子亲和能 Y 之间有下述关系：$X = 0.18 (I_1 + Y)$。电子亲和能是指一个气态原子得到一个电子形成气态阴离子所放出的能量。一般金属元素的 X 小于 2.0，非金属元素（除硅外）X 大于 2.0。电负性越大，非金属性越强，吸引电子的能力越大。X值相差大的两个元素易用离子键化合；X值相同或相近的非金属元素相互间以共价键结合；X值相等或相近的金属元素间以金属键结合。　　　　　（夏维邦）

电杆抗弯试验　bending test for pole

检验钢筋混凝土和预应力钢筋混凝土电杆强度、挠度和抗裂性时采用的一种试验。锥形杆采用悬臂试验法，等径杆采用简支试验法。进行悬臂试验时，对长10m以内的电杆用一个滚动支座；对长10m以上的电杆用两个滚动支座。有限预应力混凝土电杆和部分预应力混凝土电杆分别按规定的程序逐级加荷或卸荷。分别测量由100%标准检验弯矩卸荷至零时的残余裂缝宽度，100%和200%标准检验弯矩时的裂缝宽度和挠度。其数值应符合产品标准的规定值。　　　　　（水中和）

电焊护目眼镜　electric welding glass

可见光透过率0.1%左右，紫外和红外光截止，电焊时能观察辐射体的玻璃。是强着色的防护滤光片的一种。分吸收式和反射吸收式两种。前者呈绿色或黄绿色，向钠钙硅基础玻璃中引入适量的氧化铁、氧化铜、氧化铬和氧化镍等着色剂以及一定量的能吸收紫外的氯化铈熔制而成；后者在前者基片表面镀合金膜，具有反射和吸收双重作用。用来保护电焊、氩弧焊和等离子切割等操作人员的眼睛。　　　　　（刘继翔）

电弧焊　electrical arc welding

电极和焊件之间造成电弧，利用它所产生的热量将焊接处和填充金属熔化，形成永久接头的一种焊接方法。电极可用焊条、金属或碳棒做成。主要设备为电弧焊机，分交流和直流两类。焊接时焊条与焊件间产生的电弧其弧柱区最高温度可达5 000~8 000K，使熔融的焊条金属过渡到焊件的熔化部位，结合成一体，冷却凝固后，形成焊缝或接头。根据钢材不同的钢号和直径选用焊条。按焊条直径、接头型式、焊缝空间位置选择焊接的电流、电压、速度等参数，是目前应用最广泛的一种焊接方法。在建筑施工和钢筋混凝土制品或构件的生产中常用于焊接钢筋骨架、接长钢筋及预埋铁件等。具有生产效率高、焊接质量好、易实行机械化等优点。　　　　　（孙复强）

电弧熔融法　electric arc melting method

以石墨电极间隙放电产生的弧光为热源熔制石英玻璃的方法。将石英或水晶粉原料装在一个内径与制品外形尺寸相同的钢模内，内装一个比制品内腔略小的同心木质芯模；高速旋转钢模，在离心力作用下钢模内的原料与芯模间形成预期的外形；将芯模抽出后在离心力作用下仍保持原形；再将一对石墨电极棒伸入钢模中通电起弧，并上下移动电极或炉筒使原料熔融，而后切断电源冷却成制品。设备简单，操作简便，熔融速度快。用于制取不透明或半透明空心石英玻璃制品。　　　　　（刘继翔）

电化学保护　electrochemical protection

用电化学极化的方法，通过改变金属的电位达到减缓或停止腐蚀的措施。因为金属在所处介质中的腐蚀状态、腐蚀速度，与其电位的高低密切相关，用施加电流使其阳极极化（电位正向变化）而达到阳极保护的目的；施加电流使其阴极极化而达到阴极保护的目的。实现这种保护都是有条件的，阳极与阴极保护机理不同，因此也有不同的使用范围。　　　　　（洪乃丰）

电化学分析法　electrochemical analysis

根据电化学原理，利用被测物质的电化学性质，测定物质含量的方法。可分为三类：①利用溶液的浓度在特定的条件下，与化学电池的某个电参量（如电导、电位、电量或电流等）之间有直接的定量关系，通过测量这一电参量来测定物质的含量。例如，直接电导法、直接电位法、离子选择性电极分析法、库仑分析法和极谱分析法等；②根据化学电池中某一电参量的突变，确定滴定分析的终点。如电位滴定法、电导滴定和电流滴定等法；③通过电极反应将试液中的待测组分转变成固体析出，再用重量分析或滴定分析加以测定。如电解分析法。电化学分析法准确、灵敏和快速，操作方便，易于实现自动化，应用范围相当广泛，是仪器分析中普遍采用的一类方法。　　　　　（夏维邦）

电化学击穿　electrochemical breakdown

在电场和电场导致的化学变化联合作用下的电介质被击穿的现象。在高温、高湿、直流或低频及高电压的作用下，材料内部及表面电极发生电解、电离及氧化还原等不可逆电化学变化，导致击穿电压降低，最终被电击穿。这种击穿需要较长时间，对于烧结致密度不高的电介质陶瓷，应避免在高温、高湿及腐蚀性气氛下使用；对含有变价金属离子（如钛离子）及表面覆盖银电极的电介质陶瓷产品，应避免在直流或低频条件下使用。

　　　　　（陈晓明）

电化学效应　electrochemical reaction

金属在导电的电解质中因电子流动而引起的化学变化。包括电离、电解、电化学腐蚀等。测定电化学性质的方法有电解分析法、电位滴定法、电导滴定法、电流滴定法、极谱分析法、库仑分析法、库仑滴定法，离子选择电极法等（参阅电化学分析法）。　　　　　（陈嫣兮）

电击穿　electric breakdown

电介质在足够高的电场强度作用下瞬间（$10^{-7}\sim10^{-8}$s）失去介电功能的现象。是电介质击穿形式之一。在电场作用下，电介质内少量自由电子动能增大，当电场强度足够大时，自由电子不断撞击介质内的离子，并把能量传递给离子使之电离，从而产生新的次级电子，这些次级电子在电场中获得能量而加速运动，又撞击并电离更多的离子，产生更多的次级电子，如此连锁反应，如同雪崩，产生"电子潮"，使贯穿介质的电流迅速增大，导致击穿。　　　　　　　　　　（陈晓明）

电价规则　electrostatic valence rule
　　见鲍林规则（11页）。

电解分析法　electrolytic analysis
　　根据电解的原理建立起来的、测定和分离金属元素的一种电化学分析法。可分为：①恒电流电解分析法，即在电流恒定的条件下进行电解，使待测的金属元素以单质在阴极析出或以氧化物在阳极析出，称出其重量，再算出被测物质的含量；②控制电位电解分析法，将阴极电位控制在一定的适当的数值进行电解，可以选择性地使某一种离子在阴极上定量析出；③汞阴极电解分离法，是将溶液中较易还原的金属在汞阴极上析出，使之与其他金属分离，是一种很有效的元素分离法。①和②两法合称为电重量分析法，准确度高，特别适用于高含量成分的分析，但耗时较长。　　　　　（夏维邦）

电解铝　electrolytic aluminum
　　用冰晶石-氧化铝融盐电解法获得的高纯度铝。电解法又称霍尔-埃鲁（Hall-Heroult）法。在电解槽中以槽底为阴极，炭块为阳极，氧化铝、冰晶石、氟化铝等作为电解质，通入150kA以上的直流电，发生化学反应，在槽底的阴极上沉淀铝液，再经净化、澄清、除渣后铸成铝锭，称为原铝，纯度达99.7%～98.0%Al，牌号依此为Al00、Al0、Al1、Al2、Al3。加工成铝材则称工业纯铝。若需更高纯度，可将原铝在750～770℃的坩埚中通入氯气加以精炼，去除杂质，得到纯度99.7%以上的高纯铝。在电力、航空、建筑、冶金、机械等部门有广泛的用途。　　　　　　（高庆全）

电解铜　electrolytic copper
　　用电解方法获得的高纯度铜。以火法精炼产出的精铜（含铜99%）为阳极，电解产出的薄铜（含铜99.95%以上）制成始极片作阴极，以硫酸铜和硫酸的水溶液作电解液均置于电解槽中，通入直流电，阴极表面上合理的电流密度为220～230A/m^2，在高电流密度作用下，阴阳极间铜离子浓度差增大，阳极铜溶解，纯铜在阴极上沉积，杂质和其中有用的其他金属进入电解液中，实现铜和杂质的分离。电解所得纯铜，按其中含氧量的高低分为工业纯铜、脱氧铜和无氧铜三类，含铜量在99.6%～99.95%。是重要的有色金属，导电性好，广泛用于电气等工业部门。　　　　（高庆全）

电介质　dielectric
　　以电场感应传递电的作用和影响的媒质。其特点是在电场中发生极化并在与电场方向垂直的端面出现极化电荷。常见的电介质有空气、变压器油、陶瓷、玻璃、橡胶、云母等。主要用于制造电容器功能器件和作为绝缘材料。其电性能参数有：介电常数、体积和表面电阻率、介电损耗角正切及击穿电场强度等。一般相对介电常数大于9的可作为电容器功能材料，小于9的可作为绝缘材料。电介质的其他有关性能有机械强度、耐热性、热稳定性、化学稳定性等。　　　　　　　　（陈晓明）

电缆沥青　cable asphalt
　　用于动力电缆和通信电缆的绝缘和防护的专用石油沥青。黑色固体。其特点是电绝缘性能好，击穿电压高，黏附面积大，黏附力强，防水和防腐性能好。一般要求软化点为75～90℃，针入度（25℃，100g，5s）25～55（1/10mm），延伸度不小于1cm（25℃），闪点不低于260℃，黏附力不小于0.1MPa，黏附面积不小于95%。0℃时绕ϕ20mm圆棒经冷冻弯曲不脆裂，电流击穿强度（间隙2.5mm，60kV/min）为40～60kV。可以改善电缆的使用条件和延长使用寿命。可由沥青加入变压器油或松香脂混合制得，也可用沥青加入天然橡胶或合成橡胶混合制得。用于动力电缆和通信电缆的绝缘与防护。　　　　　　　（刘尚乐）

电缆用纯铜带　copper strip for cable
　　由纯铜T2（含99.90%Cu）经冷轧成厚度为0.15mm、宽度为40～250mm的专用带材。利用纯铜高的导电性、优良的耐蚀性和塑性，在冷加工硬化状态下使用，并能保持适当强度。用于电气、通信电缆。　　　　　　　　　　（陈大凯）

电雷管　electric detonator
　　利用电引火头来引爆的雷管。其基础部分与火雷管相同。电引火头由绝缘脚线、桥丝和引燃药头构成。桥丝常用的有康铜丝和镍铬丝两种，桥丝直径40～50μm，长度为3～4mm。引燃药剂成分主要有三类：氯酸钾-硫氰酸类；氯酸钾-木炭类；氯酸钾、木炭加15%二硝基重氮酚。通电后，立即起爆者称为瞬发电雷管；迟发起爆者称为延期电雷管。　　　　　　　　　　　　　　（刘清荣）

电离能　ionization energy
　　使基态的气态原子或正离子失去一个电子所需的最低能量。通常用电子伏特数表示。气态原子失去第一个电子所需的能量叫元素的第一电离能,失去第二个电子所需能量称第二电离能,余类推。可以用它衡量原子失去电子的难易程度。金属元素的电离能比非金属元素的小得多,所以金属元素易于失去电子。　　　　　　　　　　　　(夏维邦)

电量滴定法　coulometric titration

又称库仑滴定法。在恒定电流下用电解法产生滴定剂,根据电解反应中所消耗的电量,算出被测物质含量的电化学分析法。测定时在工作电极附近,不断产生一种能与待测组分迅速发生定量化学反应的物质称为滴定剂。通过测量电流和到达终点所需要的时间可算出消耗的电量。该法要求电流效率为100%,电解过程进行到终点为止。可用指示剂、永停法或电位法等指示终点。电量滴定法不需要基准物,测定的准确度高,相对误差为 0.2～0.01%。灵敏度高,相对检出限可达 10^{-7} mol/L。取样量少,又易于实现自动化连续测定。可用于滴定分析法中的各类反应。此外,还可用来测定大气中的 SO_2 和 NO_2 等,又可用于水中生化需氧量(BOD)与化学耗氧量(COD)的测定。主要用于微量分析和超微量分析。　　　　　(夏维邦)

电流滴定法　amperometric titration

又称安培滴定法。是以观察扩散电流的变化来决定终点的滴定分析法。其中包括用一个极化电极作单指示电极的极谱滴定法。原理为:以滴汞电极或铂微电极等为极化电极,饱和甘汞电极

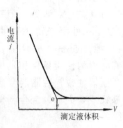

为参比电极。如试液中含有待测离子,于一定的外加电压下,可在滴汞电极上还原(或氧化)。由浓差极化而产生的扩散电流,与溶液中被测离子的浓度成正比。如被测离子与滴定剂发生反应,被测离子浓度减小,扩散电流相应降低。当反应达到等物质的量点时,电流减少至最低值或等于零。以所加滴定剂的体积 V 对相应的扩散电流 i 作图,可找出滴定终点(见图)。只要被测离子或滴定剂中有一个是电极活性的,就可用极谱滴定法。其测定范围为 $0.1\sim10^{-4}$ mol/L,条件合适时可低至 10^{-6} mol/L,扩大了极谱分析和滴定分析法的应用范围。主要缺点是选择性较差。

　　　　　　　　　　　　(夏维邦)

电炉钢　electric-furnace steel

采用电炉冶炼的优质碳素钢和合金钢之总称。按冶炼炉型分为:电弧炉、电渣炉、真空感应炉、真空自耗炉和电子束炉等。1899 年建成世界上第一台单相电弧炉,以后发展为三相电弧炉,二次世界大战后发展迅速。这是因为电弧炉的热效率高(>65%),炉温高,易于控制和调整成分,冶炼品种较多,合金元素烧损少,钢液脱氧完全,其含硫量和非金属夹杂物含量低,优于平炉钢和转炉钢,是冶炼优质钢及合金钢的主要方法。但是电炉钢生产率低及耗电量大,成本较高。目前由于超高功率大容量电弧炉和各种炉外精炼(真空处理,盛钢桶吹氩处理)新设备、新工艺的不断出现,使电炉钢在产量及品种中的比重逐步增长。除电弧炉以外的其余炉型的电炉用于特种冶炼,用来冶炼耐热钢、不锈钢、工具钢、轴承钢等优质合金钢,生产批量小,成本更高。　　　　　　　(许伯藩)

电木　bakelite

又称胶木。参见酚醛塑料(121 页)。

电热丝夹层玻璃　resistance wire laminated glass

具有电热丝电热功能的夹层玻璃。制造方法与夹层玻璃中的干法相同,只是在两层中间膜之间夹入丝径为 15、18、21（μm）的钨丝或康铜丝,以一定丝距平行排列再经热压而成,使用电压 6～220V,耗电量约 30～550W/($m^2\cdot h$),中间膜温度在 60℃ 以下,光透过率约 89%。主要用于汽车、船舶、飞机窗口以防止内外温差过大在玻璃表面产生结雾、结露、结冰的现象而影响视线。

　　　　　　　　　　　　(许　超)

电热养护　electrothermal curing

利用电流生热使混凝土加速硬化的养护方法。根据焦耳-楞次定律,将混凝土作为电阻,通以交流电,将电能转换成热能,使混凝土加热硬化。通电后先加热含有水化产物的水泥浆体,再由其将热量传导给集料。混凝土的电阻率随硬化过程而变化。主要有直接电热法、间接电热法、电磁感应法等。直接电热法是以混凝土或钢筋作加热电阻或另埋设加热电阻,在混凝土两端以金属电极或以钢筋作电极通电加热;间接电热法是以电热模板、台座等传导加热制品;电磁感应法是利用电磁感应现象使钢模及钢筋感应生电,从内外两方面加热混凝土。其养护制度可分为四种:①由升温和保温冷却两个时期组成,适用于密封模养护和表面模数(表面积与体积之比)在 5 以下的大体积构件,特别适用于冷却速度很慢的厚壁轻混凝土制品;②由升温期和恒温期组成,适用于表面模数在 12 以上的普通混凝土制品和现浇混凝土结构;③由升温、恒温和降温三个时期组成,适用于表面模数为 6～12 的普通混凝土制品、轻混凝土制品和现浇混凝土结构;④分段升温制度,先升至 40～50℃,再升至最高温度,适用于预应力混凝土制品。具有加热快、能耗低、生产效率高、便于控制等特点,适于

电力供应充足地区的制品厂使用,为防止钢筋生锈,不能应用于有化学外加剂的混凝土。

(孙宝林)

电热张拉法 electrothermal tensioning method

电流加热以张拉钢筋制作预应力钢筋混凝土制品或构件的工艺方法。利用钢材热胀冷缩的原理,以低电压强电流通过钢筋,因钢筋具有电阻率($0.11\sim0.15\mu\Omega\cdot m$)而发热伸长,达到计算确定的长度时切断电流,立即锚固在台座、模型或制品上,钢筋冷却回缩,获得预拉应力。适用于以冷拉钢筋作预应力筋的先张法及后张法生产工艺。具有张拉速度快、操作方便、设备简单等优点。但耗电量大,易受外界气候及电压不稳的影响而较难准确控制张拉应力。故不宜用于钢筋加热段长、散热快、耗电量大的长线台座等生产工艺。

(孙复强)

电熔窑 electric melting furnace

利用电能作热源的玻璃熔窑。较常见的是利用玻璃液作为电阻发热体,经通电、发热将上层配合料熔制成合格的玻璃液。插入玻璃液内的电极材料曾用过纯铁与石墨电极,目前大都采用钼电极,也有采用特种钢、铂及氧化锡为电极的。与火焰窑相比,其优点是窑体结构简单,热效率高,熔化温度高而均匀,玻璃质量稳定,窑体温度低,侵蚀小。适用于熔制某些难熔玻璃、深色玻璃、晶质玻璃以及含有高挥发成分的玻璃等。也可用于熔制平板玻璃。

(曹文聪)

电熔再结合镁铬质耐火材料 rebonded fused magnesite-chrome refractory

又称电熔再结合镁铬砖。用电熔的镁铬质料为原料,经破碎、配料、成形和烧成制得的耐火砖。它的抗渣性优于普通镁铬质耐火材料,热震稳定性优于电熔铸镁铬质耐火材料。主要用于炉外精炼炉及有色冶炼炉中。

(李楠)

电熔铸镁铬质耐火材料 fusion-cast magnesite-chrome refractory, electro-cast magnesite-chrome refractory

又称电熔镁铬砖或熔铸镁铬砖。以镁砂与铬矿为原料,但镁砂含量较多的电熔铸耐火材料。通常其主要成分为:MgO $50\%\sim60\%$,Cr_2O_3 $15\%\sim20\%$,Al_2O_3 $10\%\sim15\%$,Fe_2O_3 $10\%\sim15\%$。主晶相为方镁石和尖晶石。其耐磨性、抗渣性和强度较普通镁铬质耐火材料好,但热震稳定性较差。主要用于有色冶炼炉、电炉热点部位及炉外精炼炉。

(李 楠)

电熔铸耐火材料 fused cast refractory

简称熔铸耐火材料。用熔铸法生产的耐火材料。1928年美国康哈特耐火材料公司(Conhart Refractories Co.)首先开始研制。所用设备可为旋涡熔化炉、高频熔炼装置等离子炉及电弧炉。生产工艺过程可分为三阶段:熔体的模型准备、熔体出炉和成型铸件、铸件的热处理。主要品种有莫来石、α-Al_2O_3、β-Al_2O_3、α-β-Al_2O_3、锆刚玉、铬刚玉及镁铝、镁铬等熔铸制品。与烧结耐火材料相比,其晶粒较大,结构致密,气孔率低,耐侵蚀性较强,但热震稳定性较差。主要用于砌筑玻璃池窑和金属冶炼炉等。除制成制品外,还可以散料作为再结合制品及不定形耐火材料的原料。

(孙钦英)

电石渣 calcium carbide sludge

化工厂消解电石后排出的主要成分为$Ca(OH)_2$的工业废渣。化学成分:SiO_2 $2\%\sim5\%$,Al_2O_3 $1.5\%\sim4\%$,Fe_2O_3 $0.2\%\sim0.94\%$,CaO $65\%\sim71\%$,MgO $0.22\%\sim1.68\%$,烧失量$22\%\sim26\%$。为细分散的悬浮体,含水量可高达$85\%\sim90\%$,流动性差,正常流动度(70mm)时,水分达50%以上。80%以上颗粒为$10\sim50\mu m$。可作湿法生产水泥的石灰质原料。

(冯培植)

电视显微镜分析 television microscope analysis

在光学显微镜中观察到的图像,用电视装置反映在荧光屏上进行分析的方法。由光学显微镜、电视摄影和接收装置所组成。利用电子计算技术进行物相定量分析,可供多人观察分析。

(潘意祥)

电位滴定法 potentiometric titration

根据滴定过程中电池电动势的变化来确定终点的一种电化学分析法。将一支参比电极和一支指示电极浸入被测溶液中,组成工作电池。随着滴定剂的加入,被测离子的浓度不断发生变化,因而指示电极的电位相应地发生变化。在等物质的量点附近被测离子浓度发生突变,引起电位的突跃。因此,测量电池电动势的变化,就可确定滴定终点。该法可用于滴定分析法的各类滴定,特别适用于有色或浑浊的溶液或无适当指示剂可用的溶液,也可用于滴定的化学反应进行不够完全的情况。由于使用了自动电位滴定仪,可自动连续测定,对生产中的控制分析,尤为方便适用。

(夏维邦)

电位分析法 potentiometry

利用电极电位和浓度的关系来测定被测物质浓度的一种电化学分析法。它包括直接电位法和电位滴定法两种。前者是通过测量电池电动势来确定待测离子浓度的方法。例如,溶液pH值的测定和离子选择性电极法。后者是通过测量滴定过程中电池电动势的变化来确定滴定终点的分析法。它可用于所有的滴定反应中。

(夏维邦)

电液伺服阀 electro-hydraulic servo valve

见电液伺服控制。

电液伺服控制 electro-hydraulic servo control

以电液伺服阀为基本元件组成闭环系统进行自动控制的方法。电液伺服阀是一个能根据预设的电信号作精确而灵敏调整的油阀门，与传感器、控制装置、试样和加载装置组成闭环系统。由传感器测得的试样上的信号（荷载或变形等）与控制装置中预定的指令信号作比较，其偏差值反馈到电液伺服阀上，并自动调整，使能按预定要求控制加载。

(宋显辉)

电泳涂装 electrophoretic painting

将被涂物浸渍在水溶性涂料中作为阳极（或阴极），另设一与相对应的阴极（或阳极），在两极间通直流电，在电场作用下，成膜物质和颜料泳向被涂物而完成涂装的方法。根据被涂物的极性可分为阳极电泳和阴极电泳。优点是：采用水性涂料，无火灾危险；涂料损耗小；涂膜厚度均一，且可定量控制；生产效率高，适用于大量流水线生产，有利于实现自动化和改善劳动条件；涂膜附着力大，质量好。缺点是：设备复杂，投资费用高，耗电量大；生产过程中不能改变颜色，不适用于更新期短的涂装。广泛用于汽车工业、建材、轻工、家电等工业领域。

(刘柏贤)

电玉

见脲醛塑料（362页）。

电站电器瓷绝缘子 station and apparatus porcelain insulator

发电站和变电站（所）输配电装置中用以绝缘或支持电导体的瓷绝缘子。分为可击穿型和不可击穿型。可击穿型又包括针式支柱、空心支柱和套管；不可击穿型包括棒型支柱、容器套管等。通常弯曲强度不低于70MPa，开口气孔率为零，急冷急热温差150℃不损坏，孔隙性（80MPa·h）无渗透，相对介电常数（50Hz，20 ± 5℃）6~7。

(邢宁)

电致变色玻璃 electrochromic glass

又称电化学变色(electrochemichromic)玻璃。在电场作用下显色，去掉电场后颜色不变，再加反向电场颜色消退的玻璃。20世纪70年代才开始研制的一种新功能材料。具有透光率可在10%~80%范围内任意调节、连续变化；驱动变色电源简单、电压低、耗电省；记忆存储功能；受环境条件影响小等特性。多选用 $R_2O - P_2O_5 - WO_3$（R为Li、Na、K）和 $Li_2O - B_2O_3 - WO_3$ 等非硅酸盐系统为基础玻璃，其中 WO_3 为电致变色氧化物，W的价态可变可逆。尚未广泛应用。但可预见，将是建材、运输、电子等行业的新一代功能材料，可制造室内光照和温度可调的高级建筑物的门窗玻璃、汽车挡风玻璃、受光型大面积显示器件、摄像机或激光器等的电子光阀等。

(刘继翔)

电重量分析法 electro-gravimetric analysis

见电解分析法（85页）。

电子电动两用门锁 electron-electric door lock

有卡片开启和控制台远距离开启形式的电子门锁。具有防撬、防拨、电器防水等作用。当门关闭后能自动保险并带有机械总钥匙，以方便宾馆服务管理及预防线路停电等情况。开启卡片信息可随时变换，并采取卡片拔出开启，能有效防止卡片遗忘抽出，利用控制台可集中管理各客房的开启，安全可靠。适于宾馆和高级公寓等处的房门使用。

(姚时章)

电子结合能 electron binding energy

又称电离能、束缚能。用以衡量电子被原子核所吸引紧密程度的量。代表电子从束缚状态转移到无穷远时所做的功。在电子能谱分析中，对于固体试样是以费米能级作为参考能级，电子结合能是指使电子从所在能级跃迁到费米能级所需的能量。

(潘素瑛)

电子卡片门锁 electron-cade door lock

以贮存密码的卡片作钥匙的电子门锁。当锁内的贮存卡片和锁外的开启卡片上的编码信息完全一致时方可开锁。为防止卡片编码失密，卡片上的信息可变换。每一系列产品可编出数亿组互不相同的密码，故保密性强。卡片可分为总卡、分卡、单卡等多种。以宾馆为例：总卡可开启整幢建筑内的门锁，分卡可开启某一楼层，单卡只能开启一个房间。其外形结构与一般球形组合门锁相似，安装使用方便，适于特殊要求的宾馆、饭店、机关等处的房门使用。

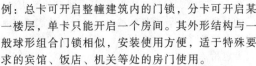

(姚时章)

电子门锁 electronic door lock

用电子元件和机械部件组合的高保密门锁。分卡片式、电子电动两用式、节能数控式等多种。适于特殊要求的宾馆、饭店、高级公寓、办公楼等单位的房门使用。

(姚时章)

电子能谱分析 electron spectroscopy

通过检测试样表面原子或分子受激后射出电子的能量分布等信息来进行表面分析的方法。是X射线光电子能谱、紫外光电子能谱、俄歇电子能谱等多种分析技术的总称。其原理是：在超高真空条件下，用具有一定能量的粒子（光子、电子或离子）激发试样，使试样的原子或分子中的电子受激而发射出来,检测这些电子的能量分布(或强度、角度分布等),可给出深度为 2nm 以内试样表面元素的组成和含量、原子价态、分子结构、化学键、电荷分布等信息。是物质表面分析的有力工具。可分析固体、液体或气体。其应用范围已涉及化学、物理学、生物学、材料科学、微电子学等各学科领域。
(郑兆佳)

电子能谱仪　electron spectrometer

通过测定物质表面受激后发射出电子的能量分布而进行表面分析的仪器。一般包括激发源(X射线源、紫外光源或电子枪等)、能量分析器和检测器。分析通常在 $10^{-7}\sim10^{-8}$Pa 的超高真空环境中进行。由能量分析器将从试样激出的电子按能量大小进行分离,再由检测器检测记录成能谱图。单台仪器可配备一种或几种激发源,从而成为单功能或多功能的能谱仪。通常用计算机控制试验参数、获取谱图及作数据处理。广泛应用于基础理论研究及化工、冶金、材料科学等应用技术领域。
(郑兆佳)

电子探针 X 射线微区分析仪　electron probe X-ray microanalyser

简称电子探针。利用高能电子束与物质相互作用时产生的特征 X 射线来分析试样微区化学组成的一种显微仪器。其工作原理为:聚焦得很细的电子束照射在试样某微区,使该微区原子受激产生特征 X 射线,通过已知晶面间距的分光晶体对不同波长的 X 射线分光,来测量它的波长与强度,从而对微区所含元素进行定性定量分析。该仪器常与扫描电镜配合使用,可在观察试样形貌像的同时,进行成分分析,分析区域在微米级,分析元素可从 $B^5\sim U^{92}$,精度为万分之一,分析感量可达 10^{-14}g,适用于元素的定量分析。对测量基体中的第二相、晶界和基体的组成差别、元素的分布状态非常有用。
(潘素瑛)

电子通道效应　electron channel effect

入射电子在单晶试样表面大角度扫描过程中产生的背散射电子强度,随晶体取向而改变的效应。检测这些电子信号,可得一幅明暗有一定规律的平行线和一定宽度的花样,形状如同隧道一样,称电子通道图。图的平行线方向与晶体取向有关、宽度与布拉格角有关,由此可进行单晶体的结构分析。获得图像的方法有两种:一是扫描法,即电子束在单晶体样品上一个确定的范围内扫描;二是摇摆法,电子束在单晶样品上以一固定点摇摆。前者用于直径为几百微米至几毫米的单晶结构分析。后者用于直径为几微米的选区单晶或多晶体结构分析,是扫描电子显微镜中进行晶体结构分析的一种方法。
(潘素瑛)

电子显微镜　electron microscope

一种以高速运动的电子束作光源,电磁透镜会聚或放大成像而获得试样微观形貌、化学成分和晶体结构信息的现代分析仪器。一般通过检测电子与试样物质相互作用时产生的信息而完成分析。根据检测信息的不同,分为透射电子显微镜、扫描电子显微镜和电子探针 X 射线微区分析仪等电子光学仪器。这些仪器都具有极高的分辨率和放大倍数,透射电镜的点分辨率可达 $0.2\sim0.3$nm,晶格分辨率达 $0.1\sim0.2$nm,仪器的自动化程度高。近代的电子显微镜已发展成具有多种功能的综合性仪器,集透射、扫描、微区分析于一体。若增加拉伸、压缩、冷台和热台等附件,可进行动态下的微观分析。已成为材料微观结构研究不可缺少的工具。
(潘素瑛)

电子衍射　electron diffraction

具有一定波长的高能电子束与晶体物质作用而产生的衍射现象。与 X 射线相类似,亦遵循布拉格方程:$2d\sin\theta=n\lambda$。其中 n 为整数,d 为晶面间距,λ 为电子束波长,θ 是入射束或衍射束与晶面的掠射角。由于电子束的波长极短,衍射角 2θ 一般小于 $3°\sim5°$,其衍射关系可近似表示为:$Rd\cong L\lambda$。其中 L 为相机长度,是作电子衍射时的仪器常数,可通过已知晶面间距的试样来标定,R 是某衍射斑点与透射斑点的距离。配有电子衍射附件的透射电镜可进行电子衍射分析,根据衍射关系,可确定晶体试样中各衍射斑点的晶面间距、晶面指数及有关的晶体学参数,也可对单晶或多晶材料进行物相鉴定。由于电子散射强度远比 X 射线大,在电镜中可作选区衍射,对研究微晶体或局部细小区域(如析出相)很有利。
(潘素瑛)

电子衍射花样　electron diffraction pattern

透射电镜中电子束通过试样后,在荧光屏或感光底板上形成的衍射斑点、环或其他衍射图样的统称。每种晶体物质或其缺陷都有与自身相对应的独特的衍射图,通过对衍射花样的研究,可以确定薄晶体试样的晶体学性质、晶体缺陷和位向。是进行电子衍射分析的重要依据。
(潘素瑛)

电阻熔融法　electric resistance melting method

又称碳棒熔融法。用石墨棒(圆或 U 形)通电发热将原料(石英砂)熔融成不透明石英玻璃的方法。熔炉直径根据石墨棒的直径及石英砂的热导率计算得出,熔化的玻璃层厚度根据石墨棒直径和所加电功率确定。通电后石墨棒发热体温度迅速升高,当升到 $1\,700\sim1\,800$℃时,发热体周围的石英砂层开始熔化,形成石英玻璃,停电后石墨发热体与熔融层立即脱开，提出。将熔好的熔体放入模型内进行吹制或压制成所需制品。该法系中心发热，散热极少，热效率较高。（刘继翔）

电阻应变仪 resistance strain indicator

与电阻应变片配接，测量物体微小应变的仪器。测试前将应变片接入惠斯顿电桥，当构件发生形变时，应变片的电阻也发生变化，电桥输出电压随之改变，经放大后由指示器和记录仪器显示构件的应变值。电阻应变仪分静态和动态两类。分别供静力或动力测试。另有数字式应变仪，属于静态应变仪的一种，测量值可以自动逐点数字显示和打印，或以穿孔纸带方式输出。（宋显辉）

垫花

墀头（俗称"腿子"）"梢子"之下上身的上端安装的砖雕饰件。一般用质地较好的方砖雕制，图案多为花篮、花池和包袱角垫花。一般较讲究的古代府宅大门，如广亮门、如意门等方用此件。凡用带垫花做法者，其墀头上部的"梢子"等也多做砖雕，而其整组建筑的墙体以出土细做法居多。大式建筑和普通宅门不用。（朴学林）

垫木 wood tie

为增加局部支承受压面积将上部荷载均匀传给支承体的木条或木块。木屋架、木梁两端支承处所设置的木垫块尺寸应根据计算确定。作为调整标高或构造措施用的垫木，其尺寸应按构造措施确定。在架空木地面中，为保证搁栅端部传力均匀，在支承搁栅的墙体或地垄墙上增设通长垫木，其厚度一般为50mm。若木搁栅支承在砖墩上，则用50mm×120mm×120mm的木垫块。（彭少民）

diao

雕塑装饰 sculpture decoration

采用镂、捏、雕、镶嵌等工艺技法为主对陶瓷进行装饰的方法。按其制品分为素雕和彩雕两种。其制品多用作为陈列美术品、日用生活器皿及玩具等。（邢 宁）

吊灯 pendent lamp

悬挂在顶棚上的灯具。多以白炽灯为光源。其灯距顶端通常为0.5~1m，多用线、杆、链、管等形式承吊。有单、多头之分，且单火功率应小于200W。罩型或典雅或豪华，千姿百态。具有防爆裂、防滑脱、吊挂安全，能调控亮度等特点。常作公共场所的基本照明及装饰。（王建明）

吊铁

木门背面的斜向加固铁片。厚约5mm，宽约50mm。交叉钉在背面的对角线位置，用来增加体量较大的木门，如库门的牢度。（马祖铭）

die

叠层屋面油毡 built-up asphalt felt

用于多层屋面防水层的油毡。传统的屋面防水层为"二毡三油"或"三毡四油"。特殊的建筑屋面防水层需铺设"四毡五油"，甚至更多（"毡"指各类油毡，"油"指玛琋脂或其他粘结剂）。叠层屋面粗略地可分为底层、中间层和面层三部分。贴近屋面基层的称为底层，暴露于大气中的为面层，余者为中间层。这类屋面一般用纸胎油毡、底层也可用带孔油毡。（王海林）

蝶式瓷绝缘子 shackle porcelain insulator

一种蝶形供户外支撑和绝缘输电线路的可击穿型绝缘子。具有两个或多个伞裙和近似圆柱形的外形，它有一个轴向穿通的安装孔和一个用来固定导线的圆周槽。用于6~35kV输配电线路。（邢 宁）

ding

丁苯胶乳石棉乳化沥青 SBR-asbestos emulsified asphalt

以丁苯胶乳为改性材料的石棉乳化沥青。黑灰色膏状悬浮体。无毒、无味、不燃。其涂膜的耐热性、延伸性和低温柔性比石棉乳化沥青有较大的改善。例如在石棉乳化沥青中掺入15%的丁苯胶乳，延伸率可以提高到65%，甚至达95%，而不掺丁苯胶乳的石棉乳化沥青其延伸率仅为30%。将丁苯胶乳直接掺入石棉乳化沥青中配制而成。冷涂法施工。用于屋面防水和地下构筑物的防潮层。（刘尚乐）

丁苯橡胶 styrene butadiene rubber，SBR

丁二烯和苯乙烯的橡胶状共聚物。分子式为
$$-\!\!-\!\![CH_2-CH=CH-CH_2]_x-[CH_2-CH]_y-\!\!-\!\!$$
$$|$$
$$\bigcirc$$

是产量最大，品种最多，应用最广的合成橡胶。微红色或淡褐色的弹性体，相对密度0.90~0.94。玻璃化温度-60~-75℃，适用温度范围-51~82℃。不完全溶于汽油、苯和氯仿。用硫黄硫化。与天然橡胶相比有较好的耐老化性、耐磨性、耐热性、耐臭氧及耐油性。但弹性、强度、耐寒、耐挠屈龟裂、耐撕裂等性能较差。能与天然橡胶混用。主要用于制造轮胎、胶管、胶鞋、胶带等橡胶制品。（邓卫国）

丁苯橡胶胶粘剂 styrene-butadiene rubber adhesives

以丁苯橡胶为黏料配制的胶粘剂。常用丁苯橡胶-30、丁苯橡胶-10。丁苯橡胶极性较小，黏附性较差，需加入松香、古马隆树脂或多异氰酸酯等增黏剂。采用硫磺硫化体系硫化。常用溶剂有苯、甲苯、环己烷等。耐水性优良，耐油性较差，耐老化性优于天然橡胶胶粘剂。主要用于橡胶、金属、织物、混凝土、木材、纸张等材料胶接。也可用来制压敏胶粘剂。丁苯胶乳亦可配制成乳胶胶粘剂，粘接金属与织物。 （刘茂榆）

丁苯橡胶沥青 SBR (styrene-butadiene rubber)-asphalt

含有丁苯橡胶（丁二烯和苯乙烯的聚合物）的改性石油沥青。黑色，固体或半固体状态。弹性、延伸性、低温柔性、抗裂性、耐磨性较好。其配制工艺为先将丁苯橡胶溶于有机溶剂中制成胶浆，然后再将其掺入石油沥青中混合均匀，再蒸发回收溶剂。通常掺量达沥青用量的 2%～3%，沥青性能即可得到明显改善，可用于道路路面铺筑和制造建筑防水材料。 （刘尚乐）

丁基橡胶 butyl rubber, isobutene-isoprene rubber

又称异丁橡胶。异丁烯和少量异戊二烯共聚制得的合成橡胶。白色或灰白色弹性体，相对密度 0.91，玻璃化温度 -67～-69℃，适用温度范围为 -17～98℃。具有优异的气密性和化学稳定性，其电绝缘性、耐酸碱性、抗氧、抗臭氧和耐候性也较好。缺点是弹性不如天然橡胶，硫化速度慢，与其他橡胶相容性差。主要用来制造轮胎内胎、探测气球、防辐射手套、贮槽衬里、密封材料和电线、电缆外皮以及其他气密要求高的橡胶制品。 （邓卫国）

丁基橡胶胶粘剂 butyl rubber adhesives

以丁基橡胶为黏料配制的胶粘剂。分溶液型和乳液型两类。可用硫磺硫化体系或氧化铅-对苯二肟非硫硫化体系进行硫化。具有优良的化学稳定性和耐老化性能，突出的气密性，用于粘接橡胶、金属及织物等材料。为提高黏附性能，可将丁基橡胶氯化或溴化。氯化丁基橡胶胶粘剂主要用于丁基橡胶制品及丁基橡胶与金属、塑料、织物、皮革等胶接。 （刘茂榆）

丁基橡胶沥青 IIR (isobutylene-isoprene rubber) - asphalt

掺有丁基橡胶（异丁烯和异戊二烯或丁二烯的共聚物）的改性石油沥青。黑色，固体或半固体状态。耐光、热及臭氧老化性能优良，弹性、耐热性、低温抗裂性较好。配制工艺为先将丁基橡胶溶解在有机溶剂中制成胶浆，再加入到 130℃ 的石油沥青中搅拌混合而成。通常橡胶掺量可大于 4%。用于制造建筑防水材料，铺筑大交通量路面。 （刘尚乐）

丁腈橡胶 acrylonitrile butadiene rubber, NBR

丁二烯和丙烯腈共聚制得的橡胶。分子式为：

$$\mathrm{\underset{}{\bigl[CH_2-CH=CH-CH_2\bigr]}_x \underset{CN}{\bigl[CH_2-CH\bigr]}_y}$$

丙烯腈含量 18%～46% 不等。相对密度为 0.91～0.99。玻璃化温度为 -32～-55℃，适用温度范围 -17～121℃。分子链中因含有侧腈基（—CN），所以具有优越的耐油、耐磨、耐老化、耐热、耐透气性等，且随腈基含量的增加而提高。但耐寒性、弹性、塑性较差。可用硫黄硫化广泛用于耐油橡胶制品、真空和减震制品以及胶粘剂、密封制品等。 （邓卫国）

丁腈橡胶胶粘剂 nitril rubber adhesive

以丁腈橡胶或胶乳为黏料配制的非结构型胶粘剂。常用的丁腈橡胶有丁腈-40、丁腈-26、丁腈-18。分溶液型胶粘剂和乳液型胶粘剂。溶液型者耐油性、耐老化性好，耐大多数有机溶剂、剥离强度高，对极性材料有良好粘接力。主要用于极性橡胶、金属、软质聚氯乙烯、木材、织物、皮革等料的胶接。乳液型者无毒、不燃，但水分挥发慢、强度低，主要用于纸张、聚氯乙烯薄膜、织物、木材等材料的粘接。丁腈橡胶可与酚醛、环氧等极性树脂掺合，配制成结构型胶粘剂，用于飞机、汽车制造等领域。 （刘茂榆）

钉 nail

将两个或两个以上的物件主要靠摩擦力连接在一起的紧固件。一般用金属制成。细棍形的物件，一端有扁平的头，另一端尖锐。亦有二端尖锐或成 U 形者。根据钉固对象或相应的外形，分圆钉、扁头钉（地板钉、木模钉、暗钉）、骑马钉（U 形钉）、拼钉（橄榄钉、销钉）、油毡钉、瓦楞钉、瓦楞螺钉、射钉、木螺钉等多种。 （姚时章）

钉帽

封盖琉璃瓦的瓦钉钉头的琉璃构件。有馒头形、塔形及其他造型。在坡屋面上铺置琉璃筒瓦、板瓦，瓦件易下滑，故檐口勾头瓦的筒背上有一小孔，用瓦钉穿过小孔固定于下面的木基层上。瓦钉上部露出于筒瓦背，需扣上钉帽，防止雨水由此渗入。当屋面坡度较长时，还要增加一排或两排瓦钉，固定背上带孔的筒瓦（星星瓦）。 （李 武）

顶棚涂料 ceiling coating

涂饰于建筑物顶棚的涂料。涂层质感强，具有较好的耐水、耐碱、抗渗水等性能。一般胶粘剂基料占涂料的10%~30%，常用的有聚乙烯醇缩甲醛、聚醋酸乙烯乳液。集料有云母粉、膨胀珍珠岩、聚苯乙烯泡沫粒子等。颜料、填料有钛白粉、滑石粉、轻质碳酸钙等。适用于混凝土、石棉水泥板、纸面石膏板等多种顶棚基层，也可用于一般住宅顶棚装饰。
（陈艾青）

顶珠
宝顶最上部的构件。多为圆形，也有见方或其他形式。为一中空薄式构件。套在攒尖式屋顶的雷公柱顶端，作为整个建筑的上部收束。有琉璃件、陶件及金属件等多种做法。颐和园佛香阁宝顶的顶珠，高1.75m，周长5.55m，是铜质鎏金的圆坛状构件。一般见方或多边形的顶珠，在其每一面上常做雕饰。琉璃屋面或黑活屋面都有此构件。
（李　武）

定长玻璃纤维　staple glass fibre
又称长棉。长度有限的玻璃纤维。一般长度为300~500mm。生产方法有气流吹拉法，一次毛纱法等。纺织成的毛纱布是一种理想的气体过滤材料，也可制作高级防水油毡。用以纺成毛纱带可用作管道防腐外包扎材料。所制成的毡片可制作防水、防潮、防腐材料。
（吴正明）

定量差热分析　quantitative differential thermal analysis
由热性曲线峰谷的面积来测定反应物的质量和相转变热或化学反应热的分析方法。根据物质的含量与其在热反应中产生的热量成比例，热量又与曲线上峰谷的面积呈比例关系进行测量。通常用在差示扫描量热法（DSC）和差热分析（DTA）两类分析之中。DSC主要用于热量测定，通过校正仪器，可直接利用峰面积计算热量。DTA或DSC都可用于矿物含量测定。进行矿物含量测定时，可采用标准曲线、单矿物标准或内掺标准等方法进行具体定量。
（杨淑珍）

定量分析　quantitative analysis
测定物质中有关组分含量的分析方法。是分析化学的一个重要分支。可分为化学分析和仪器分析。前者是以物质的化学反应为基础的方法，如重量分析和滴定分析法，通常用来测定含量在1%以上的待测组分。后者是以物质的物理性质或物理化学性质为基础的分析法，包括光学分析、电化学分析、热分析和放射化学分析等。仪器分析灵敏度高，适用于低含量组分的测定，操作简便快速。特别是近年来多机联用，如色谱-质谱联用仪，大大提高了分析效能，成为分析复杂试样的有力工具。电子计算机与分析仪器联用，使分析过程自动化成为可能。在进行仪器分析之前，经常要用化学方法分解试样和除去干扰杂质等，所以化学分析是仪器分析的基础，在分析工作中相辅相成。用定量分析可以检验原料或成品的纯度，测定物质的组成；控制生产过程；确定元素的氧化态、络合态及空间分布；鉴定物质的晶体结构、表面结构及微区结构等，在理论研究和生产实践上都有重大的意义。
（夏维邦）

定量注入法　rueping process
加压注入防腐剂前，木材内空气高于常压的一种空细胞法。其不同于半定量注入法在于，防腐剂未注入处理罐之前，先向罐内压入空气，使木材的细胞腔内充有更多的空气，然后注入罐内防腐剂并进一步加大压力，使防腐剂进入木材细胞内，此时已进入木材细胞腔内的空气，进一步被压缩。当预定量的防腐剂达到后，解除压力，防腐剂回流到贮存罐，继施以真空，木材中的过量防腐剂便被膨胀的空气排出，木材表面不会滴油造成环境污染。
（申宗圻）

定向聚合　stereospecific polymerization, stereoregular polymerization, stereotactic polymerization
又称等规聚合、规化聚合。使单体聚合成具有定向、规则结构排列的聚合物的反应。定向催化剂有齐格勒（Zelglar）催化剂、那塔（Natta）催化剂和离子型催化剂。能进行定向聚合的单体有丙烯、丁烯-1、苯乙烯等。所得聚合物称定向等规聚合物，通常等规度越高，结晶度越大，熔点越高，刚性、抗张强度、模量、硬度等越大。
（闻荻江）

定向循环养护　curing with directional medium circulation
热介质定向循环养护的简称。热介质在养护设施中作定向循环流动、加快热质交换过程使混凝土加速硬化的养护方法。是养护设施供热方式的改进。为保证热介质定向循环，在养护设施内壁适当高度处设置直径为15~25mm的大喷嘴供汽管，喷流在坑内多次快速定向循环，流经所有制品的表面与工艺孔。喷嘴的型式有收缩型、圆筒型、扩张型等，可根据蒸汽压力和所需的喷流射程来选择。与传统的花管供热养护相比，具有热介质不分层、制品受热均匀、耗汽量少，便于自动控制等优点，但升温期混凝土的结构破坏加剧，后期强度损失较大。
（孙宝林）

定型建筑密封材料　shaped building sealing materials
根据密封工程的要求制成的具有特定形状的预制衬垫的建筑密封材料。有密封带、止水带等。其共同特点是：具有良好的弹塑性、防水性、耐热性、耐低温性能和优良的压缩变形性能及回复性能，不致因构件的轻度变形、振动而发生脆裂或脱落。一般由工厂用挤出机制造成型，尺寸精度高。适用于建筑工程各种接缝包括构件接缝、伸缩缝、沉降缝及门窗框等的密封。 （洪克舜　丁振华）

定性分析　qualitative analysis

鉴定组成物质的元素、离子、原子团、官能团或化合物等的分析方法。为分析化学的一个分支。根据分析的对象可分为无机定性分析和有机定性分析。前者要求鉴定无机物试样是由哪些元素、离子、原子团或化合物组成的，有时还要求作物相分析；后者要求鉴定有机物中含有哪些元素和官能团，分子中每种官能团的个数及其在有机化合物中的位置等。定性分析可用化学分析法（常用半微量分析）或仪器分析法（如发射光谱分析、极谱分析和色谱分析等方法）来进行。对不知成分的试样，往往应先作定性分析，然后才能拟出适当的定量分析方法。 （夏维邦）

定域键　localized bond

见化学键（193页）。

dong

动荷载　dynamic load

见荷载（183页）。

动静态万能试验机　dynamic and static universal testing machine

又称电液伺服试验机或电子万能试验机。一种采用电液伺服系统控制的万能材料试验机。可用于金属和非金属材料进行拉伸、压缩、弯曲试验，疲劳试验，高应变率试验和断裂力学试验等。做动态试验时，频率、振幅和波形都可按预定要求调整和变化。有位移、荷载、应变三种控制方式，可精确地控制试样的变形和加在试样上荷载的速率（称加载速度）。应用非常广泛。 （宋显辉）

动态离子质谱分析　dynamic ionic beam mass spectrographic analysis

一次离子束对样品表面不断剥离状态下进行的二次离子质谱分析法。在高真空（1×10^{-8}Pa以上）、高能量（几个 keV 至 20keV）和强束流密度（$5\sim 50$mA/cm^2）的一次离子束轰击样品表面，每秒钟可剥掉表面几个原子层（最大剥离速率约 5μm/h），因而获得的信息并非来自表面单层原子。它一般只用作元素分析，可检测低于 1×10^{-9}g 的痕量元素和分析样品成分随深度的变化规律。已成为半导体工业中检测痕量元素的重要分析方法。 （秦力川）

动态热机械分析　dynamic thermomechanical analysis

又称动态热力分析。测量并研究物质在受振荡性的负荷下动态模数及阻尼与温度关系的热分析方法。按加载方式分自由衰减振荡型和强迫等幅振荡型两种，按加载方向分横向扭转型和纵向拉压型两种。常用于测定工程材料和复合材料的刚性、热固性材料和半固化材料的固化和成型性能、与黏弹性有关的抗冲击性能、与阻尼有关的振动损耗或噪声抑制、低能量相变和黏滞阻尼产生的热量。 （杨淑珍）

动弹性模量　dynamic elastic modulus

在动荷载作用下，材料应力与应变的比值。一般用声学仪器测定。用声学方法（超声脉冲法，共振法等）测定时，是在很小的应力水平和交变荷载作用下进行的，测试结果要高于用静力学方法测得的弹性模量，其值相当于在应力－应变关系曲线上相应于应力接近零时的弹性模量，因此又可称为"初期切线模量"，即通过应力－应变曲线起始点所作切线的斜率。 （宋显辉）

冻融循环　freeze-thaw cycle

见抗冻性（268页）。

冻土　frozen soil

在温度为 0℃ 以下时，孔隙中的水冻结成固体颗粒的土。在多年的持续过程中没有季节性融化的土称为永冻土。由互相凝聚的物体组成的四相体系〔固相（土颗粒骨架）、塑相（冰）、液相（水）、气相（水气和其他气体）〕，随着温度的改变，冻结过程中的物理－力学作用，土体分解为矿物间层和冰间层，体积增大（冻胀），出现裂缝。种类名称仍按非冻土（在其融化后）命名。永冻土地区的建筑应专门设计。 （聂章矩）

栋　ridgepole

又称桴（fú）、檼（yǐn）、棼（fén）、甍、极、槾、檩、櫋（mián）。宋《营造法式》的解释各有偏义或引申义。栋、桴、极的本义都指屋脊，包括正脊和四阿顶的垂脊。栋的偏义为承正脊的檩。《仪礼·乡射礼》序则物当栋，堂则物当楣。《营造法式》注：是制五架之屋也，正中曰栋，次曰楣，前曰庋；相当于清式的脊檩、金檩、檐檩。檼、棼《说文》互训，都是"复屋栋"。徐锴注：复屋皆重梁；《增韵》复屋之栋不可见，故从隐省；则檼、棼应指重檐的博脊和承受博脊的梁。榑、檩义同，都指跨过开间的屋面承重构件，今称桁条，宋式多称榑，清式多称檩，包括了栋、楣、庋。甍训为栋，见李善注《西京赋》凤骞翥于甍标，但偏义指正脊上的瓦件。櫋字在字书上与梐（pí）、梠、楣、槾、棍榍、楠、宇等字转相为训,《说文》徐错注连檐木,在榱之端者;《广韵》桷端连绵木也;此种构造应包括宋式之橑檐枋,或清式之挑檐檩。

(张良皋)

dou

斗口 cap slot

清式有斗栱建筑（大式大木）构件尺寸的基本模数。作为模数的斗口,指平身科坐斗上承受头层的翘或昂的卯口的宽度。例如柱径6斗口,高60斗口;平身科坐斗高2斗口,正面宽3斗口,纵深厚 $3\frac{1}{4}$ 斗口;全攒斗栱,乃至全屋大木的比例,都按斗口而定。清式斗口的具体尺寸分为11等,要按建筑物等级采取适当斗口,再换算成各构件乃至全房屋的具体尺寸。参见口份（275页）。

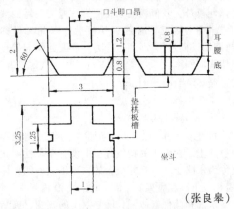

(张良皋)

斗栱 bracket set

又称枓栱。是中国（包括朝鲜、日本、越南等国）传统木构建筑中的一种特有的支承构件。处于柱顶（包括额枋顶）与屋盖（和天棚）之间的过渡部分,主要由斗形木块与弓形短枋纵横交错重叠构成,逐层向外挑出,形成上大下小的托座,支承挑出的屋檐,将其重量集中到柱上,或间接地先纳至额枋上再转到柱上。在楼房中,斗栱也支承各层挑出的平座。由于斗栱的作用,可使屋檐或平座出挑深远,形成中国建筑造型的主要特征之一。

(张良皋)

枓 cap

简作斗。《营造法式》卷四释斗:其名有五:楶、栭、栌、㭼、枓。柱上方木,作为承受柱以上荷重的过渡构件。斗与栱相配,成为中国古建最具特色的斗栱体系。斗栱上的小斗,清代称"升"。

(张良皋)

陡板

①大式黑活屋脊的陡砌的砖或砖件。用于正脊时又称"通天板",用于垂脊或戗脊时又称"匣子板"。方砖或停泥砖砍制而成。直立安装,大面露明,上小面钻孔眼,穿铁丝与另一侧相对的陡板砖拴结牢固。
②墙身中将卧砖砌法改为陡立砌法者。
③石构件陡板石的通称。建筑物石基座的陡立砌筑部分。
④陡板地的简称。指用城砖且大面朝上铺墁的地面做法。

(李 武 左滭元)

豆胶 soybean glue

又称豆蛋白胶。用脱脂大豆粉和氢氧化钙、氢氧化钠、硅酸钠调制而成的植物性胶。为非耐水性胶,可冷压或热压,无毒无臭、胶液活性期较长,但耐腐性差。适用于室内使用的产品胶合。

(吴悦琦)

豆石 pea stone, pea gravel

见细石混凝土（541页）。

豆渣石 beandregs stone

北京、河北一带对黑云母花岗岩类岩石的俗称。呈粉红、淡黄、灰白等颜色,内含黑云母,有较明显的大黑白点和小黑白点之分,面粗糙,石质坚硬,不易雕刻,耐风化。除作驳岸、桥墩外,在古建筑中,用途极广,多作阶石、柱顶石、砌筑台基、墙垣或铺装路面等。主要产于北京西山、山东泰山、崂山、安徽黄山、江苏金山、焦山、湖南衡山、浙江莫干山等地。

(谯京旭)

du

毒性指数 toxicity index

评价材料燃烧产物毒性的参数。记作TI。100g材料在 $1m^3$ 体积中燃烧时释出的各种气体的浓度（C_Q）与分别暴露在这些气体中30min致人死亡浓度（C_f）比值之总和:

$$TI = \Sigma \frac{C_Q}{C_f}$$

毒性指数把各种有害气体对人的综合毒害性作了简

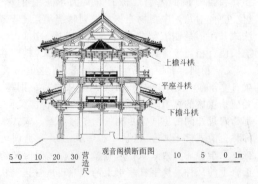

观音阁横断面图

单的加和，可以较为方便地对不同材料燃烧产物的毒性作定量的相对比较。但更接近实际的是用动物直接置于燃烧产物中，用 LC_{50}（试验动物半数致死浓度）或 LD_{50}（试验动物半数致死时间）来作为评价毒性的参数。　　　　　　（徐应麟）

堵漏剂　leakproofing agent

用以堵塞各种刚性防水工程渗漏的防水材料。按化学成分可分为无机堵漏剂和有机堵漏剂两大类。无机堵漏剂是由水泥浆或砂浆与具有促凝作用的防水剂如防水油、硅酸钠防水剂配制而成的防水水泥浆或防水砂浆，具有材料来源广、价格低等优点，一般用于处理局部渗漏。有机堵漏剂主要为化学灌浆材料如氰凝、丙凝，具有黏度低、可灌性好、扩散均匀、堵漏速度快、堵漏效果好等优点，但材料来源少、价格昂贵，一般在对防水有较高要求或大面积严重渗漏时才使用。　　（余剑英）

度时积　product of temperature and time

见成熟度（50页）。

镀铝层　aluminum coating

用热浸、喷等方法在基体金属表面形成的铝覆层。可用于大气中对钢结构的防护。铝在大气中能自钝化，形成较致密的氧化膜，较钢有更好的耐蚀性。同时，在较高温度时铝相对于钢为贱金属，可作为牺牲阳极而对基体起到阴极保护作用。在铝层表面用涂料进行封闭处理或涂其他非金属面层，则防护效果更佳。小型制品也可采用真空镀铝或渗铝的方法。铝为两性金属，对酸、碱均具敏感性，镀铝层的金属应控制在中性或弱碱性环境中使用。　　　　　（洪乃丰）

镀膜平板玻璃　coated plate glass

表面上形成一层氧化物或金属薄膜的平板玻璃。镀膜材料不同，可以形成不同的彩色膜和反射膜。可用溶胶凝胶法、气溶胶法、离子交换法、真空镀膜法、离子溅射法、化学镀膜法、低熔点玻璃镀膜法等方法制造。主要品种有热反射玻璃、彩色玻璃、镜面玻璃、导电膜玻璃、吸热玻璃等。
　　　　　　　　　　　　　　（许　超）

镀塑层　plastic coating

塑料粉末在预热到一定温度的金属制品表面熔融固化所形成的覆层。塑料粉在流动槽中被底部压缩空气吹起呈沸腾状态，使预热制品全面均匀接触成膜的方法称做沸腾床法。常用塑料粉有聚氯乙烯、聚乙烯等，同时加入颜料、光泽剂、防老剂等。较一般涂覆层有更好的防腐蚀性、耐磨、耐老化、美观等特点。用于园林护栏、道路隔栅、建筑栏杆的防护及筐、架、网、片制品的防护与装饰，同时可用于强腐蚀环境中对金属的特种防护。　　（洪乃丰）

镀锌层　zinc coating

用电镀、热浸或喷锌的方法在基体金属表面形成的锌覆层。主要用于防止钢铁在大气中腐蚀。因锌相对于钢为贱金属，可作为牺牲阳极而对基体起到阴极保护作用。其保护能力取决于实施方法、膜层厚度及使用环境。为提高其保护能力，常配有封闭层或其他非金属面层。锌为两性金属，对酸、碱均具敏感性，镀锌层的金属应控制在中性或弱碱性环境中使用。　　　　　　　（洪乃丰）

镀锌窗纱　galvanized window screening

用普通低碳钢丝、铁丝编织，外层镀锌作保护层的窗纱。特点是强度高，耐蚀性好，不怕虫咬，不变形。适用于工业和民用建筑，具有防虫、通风的功能。　　　　　　　　　　　（姚时章）

镀锌钢绞线　galvanized iron strands

由一层或数层钢丝以螺旋状捻绕于股芯上的绞线。材质为优质碳素结构钢镀锌钢丝。按公称抗拉强度分为 1 175、1 270、1 370、1 470 和 1 570（MPa）5 级。捻向为右捻，其最外层钢丝的捻向应与相邻内层钢丝的捻向相反。按断面结构分 1×3、1×7、1×19 三种，并依钢丝直径的不同有各种规格，长度均不得少于 200m。主要用于吊架、捆绑、架空电力线及固定物件、拴系等。中国在预应力结构中已开始应用用镀锌预应力钢丝捻成的镀锌预应力绞线。　　　　　　　　（乔德庸）

duan

短程有序　short range order

又称近程有序。指质点的规则排列只在很小的范围内存在，是局部的有序现象。例如，石英玻璃，每个 Si^{4+} 存在于四个 O^{-2} 为顶点的四面体中心，构成 $[SiO_4]$ 四面体。从每一个硅氧四面体和直接相连的几个硅氧四面体来看，与石英晶体的结构相似（见图）。可是在这范围以外，石英玻璃中离子的排列就不像石英晶体那样有规律性。所以，石英玻璃具有近程有序、远程无序的结构特点。石英玻璃是非晶态固体。凡是非晶态固体都具有短程有序、远程无序的内部结构。它们的物理性质的数值都与观测方向无关，这样的性质称为各向同性。

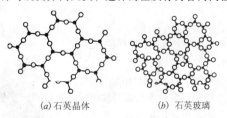

(a) 石英晶体　　　　(b) 石英玻璃

（夏维邦）

短切纤维毡 chopped strand mat
用粘结剂将切短的无捻粗纱或散乱原丝黏结而成的毡片。纤维直径一般 10~13μm，短切长度 25~70mm。一般制成 900~1 000mm 宽，200~900g/m² ，采用聚酯型或环氧型黏结剂。按玻璃成分分无碱和中碱两类。比织物成本低，变形性好，使用方便，用其制造的增强塑料制品具有平面准各向同性，制品树脂含量可达 60%~80%，气密性好。但强度低，一般用来制造强度不高或荷载随机性很大的制品、防腐蚀衬里，如用手糊法或模压法生产的各种板材、低压贮罐、浴缸等。
（刘茂榆）

断裂力学 fracture mechanics
研究具有初始缺陷或裂纹的材料和工程构件中裂纹扩展直至断裂规律的一门学科。是固体力学的一个分支。基本研究内容包括：裂纹的起始条件；裂纹在外部荷载及其他因素作用下的扩展过程及扩展到何种程度物体将发生断裂；带有初始裂纹的构件发生低应力脆断的规律性，并提供防止这种断裂的计算方法。为了工程需要，还研究含裂纹的结构在什么条件下破坏；在一定荷载下，可允许结构含有多大的裂纹；在结构裂纹和结构工作条件一定的情况下，结构还有多久的使用寿命等。按研究方法不同，可分为线弹性断裂力学，弹塑性断裂力学和微观断裂力学等。近年来，已开始将断裂力学中的参量用来描述带裂纹构件的疲劳、蠕变、应力腐蚀等过程中裂纹扩展的规律，并据此判定这类构件的使用寿命。它在金属材料中得到广泛应用，在陶瓷、玻璃、聚合物、混凝土等非金属材料领域中也得到了发展和应用。
（沈大荣）

断裂判据 fracture criterion
又称断裂准则。带裂纹构件发生脆断的临界条件。根据不同的理论和方法，常用的有：在线弹性条件下，应力强度因子 $K_I = K_{IC}$（K_{IC}表示临界应力强度因子或平面应变断裂韧性），能量释放率 $G_I = G_{IC}$（G_{IC}表示临界能量释放率），这些判据适用于高强脆性材料和应力水平较低的结构；在弹塑性条件下，裂纹顶端张开位移 $\delta = \delta_C$（δ_C表示临界裂纹顶端张开位移），适用于中低强度和高韧性材料以及应力水平较高或局部有较大应力集中的结构；全面屈服后的断裂，多用 J 积分，$J = J_{IC}$（J_{IC}表示临界 J 积分）。在线弹性条件下 $J_{IC} = G_{IC}$，二者是等价的。
（沈大荣）

断裂韧性 fracture toughness
又称断裂韧度。含裂纹的材料抵抗裂纹扩展的能力。常用裂纹在张开型扩展条件下，达到临界扩展时的各种参量作为它的指标：如临界应变能释放率 G_{IC}、平面应变断裂韧性 K_{IC}、临界裂纹张开位移 δ_C、临界 J 积分值 J_{IC} 等，这些符号的下标中，I 表示裂纹是 I 型（即张开型）扩展，C 表示是临界值。这些指标和表征材料塑性和韧性的传统指标不同，可以用来定量地进行断裂分析和抗断设计。其值可通过对带有初始裂纹的拉伸或弯曲试样进行试验求得。当试样尺寸符合一定的要求时，用试样测得的断裂韧性值就与试样的几何尺寸及它们之间的比例无关，而是材料固有的力学性能。常用材料的断裂韧性值可从手册中查得。
（宋显辉）

缎纹 satin weave
一个完全组织内，至少有经纬纱各五根，每一经（纬）上只有一个纬（经）组织点，飞数要大于 1，而且和组织循环纱线根数不能有公约数的织物组织。经组织点较多的为经面缎纹；纬组织点较多的为纬面缎纹。一般用分数表示组织，分子表示一个完全组织内的纱线数，俗称枚数；分母表示一个完全组织内，一根经（纬）纱的组织点与前一根经（纬）纱组织点之间的纬（经）纱根数，俗称飞数，如 8/3 纬面缎纹（图 a）、5/2 经面缎纹（图 b）。布面光滑、较蓬松、柔软，渗透性好，强度与铺覆性较斜纹布与平纹布好。宜于制造型面比较复杂的增强塑料制品。

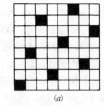

(a)　　(b)
（刘茂榆）

椴木 Tilia spp.
落叶乔木。约有 50 种，分布于北半球温带，中国约有 30 多种，南北各地均有分布。以紫椴（T. amureusis Rupr）为例，系中国东北地区产的优良用材树种，分布于黑龙江、吉林、辽宁、山东、河北、山西等省，其中以长白山和小兴安岭林区最多。木材黄白色或灰黄褐色，心边材区别不明显。散孔材。有光泽，纹理直，结构甚细、均匀，质轻而软，锯、刨等加工容易，刨面较光滑。不耐腐，浸注容易。气干材密度 0.458~0.493g/cm³；干缩系数：径向 0.190%~0.197%，弦向 0.253%~0.260%；顺纹抗压强度 28.4~33.2MPa，静曲强度 59.2~62.4MPa，弯曲弹性模量 $9.32 \times 10^3 \sim 10.98 \times 10^3$ MPa，顺纹抗拉强度 106MPa，冲击韧性 4.6~4.8J/cm²；硬度：端面 20.2MPa，径面 15.7MPa，弦面 15.3MPa。可供建筑上做门、窗、室内装修，乐器等。还是胶合板的常用材。
（申宗圻）

锻铝　forged aluminium

铝-镁-硅-铜-系和铝-铜-镁-镍-铁系多元铝合金。主要用于锻造，故称。是形变铝合金之一，常用牌号前者如 LD2、LD5 等，后者如 LD7、LD8、LD9 等。具有良好的高温塑性、热锻性和较高的机械强度。主要用于制造建筑结构及形状复杂的锻件和模锻件。　　　（许伯藩）

dui

堆积密度　bulk density

又称体积密度，松密度，毛体密度，简称堆密度。散粒材料在堆积状态下，单位体积的质量。按下式计算：$\rho'_0 = m/V'_0$，式中：ρ'_0 为堆积密度，kg/m^3；m 为材料在一定容器内的质量，kg；V'_0 为材料的堆积体积，即装入容器的容积，m^3，是包含颗粒间的空隙和颗粒内部孔隙在内的总体积。按自然堆积体积计算的密度称为松堆密度（loose density）；以振实体积计算则称紧堆密度（tap density）。　　　（潘意祥）

堆聚结构　conglomerate structure

由粒度不等的粒子（分散相）随机堆积分布，并由胶结物质（基体相）将其黏结聚集在一起的固态物质结构。如自然界的砾岩和用各种集料和胶结材制成的混凝土及砂浆等。此结构的力学性能决定于分散相和基体相的力学性能及两者间的界面黏结等因素的综合。　　　（蒲心诚）

对称消光

见消光（551页）。

对辊法　double roll process

又称旭法。从有槽垂直引上法演变而来的又一种生产平板玻璃的方法。1971年由日本旭硝子公司发明。它用一对大小和形状相同、可相向旋转的、耐热钢质的辊子替代槽子砖，半沉入玻璃液中，对辊平行对称地放置在相当于槽子砖的位置，玻璃液通过形状与槽子砖口相似缝隙中连续地被引上机石棉辊拉引而成原板。此种方法的主要优点是避免了由槽子砖口带来波筋、析晶等缺陷。　　　（许　超）

对焊机　butt welder

钢材对接的焊接设备。主要由机身、活动平板、电极、变压器、加压机构等部分构成。焊接钢筋时，使两根钢筋端头接触，并通以低压强电流，产生的电阻热使钢筋端头迅速熔化，再施加轴向压力顶锻，形成对焊接头。成本低，效率高，操作方便，质量好。可用于Ⅰ～Ⅳ级钢筋的接长及预应力钢筋与螺丝端杆的焊接。　　　（水中和）

对流干燥　convective drying

以热空气或热烟气对流传热进行热交换的干燥方法。隧道干燥器、喷雾干燥器和部分室式干燥器的干燥均属于此类。热气流温度越高、流速越大，干燥速度越快。干燥时坯体中的湿度梯度与温度梯度相反，干燥速度慢，效率低。为了加快干燥，可采用高速喷嘴间歇性喷射干燥介质，以使坯体在停吹期热湿传导方向一致，实现快速干燥。　　　（陈晓明）

对流换热　convective heat transfer

又称对流给热。流体与固体表面直接接触所发生的热量传递，是对流与导热同时存在的热传递过程。可用牛顿冷却公式：$q = \alpha \Delta t$ 计算，式中 α 为对流换热系数，$W/(m^2 \cdot K)$；Δt 为壁面温度与流体温度之差，取正值，K；q 为热流密度，W/m^2。由于流体流过壁面的起因不同，可区别为强制对流换热和自然对流换热；换热面几何形状和布置不同，会产生不同类别的流动，其换热规律也不同；流体流动状态有层流、紊流之分，也有各自相应的规律。在计算公式中体现在 α 与多种因素的复杂关系。　　　（曹文聪）

对流换热系数　coefficient of heat convection

对流换热计算式中表示对流换热能力的大小的系数。以 α 表示，单位 $W/(m^2 \cdot K)$。计算式为 $q = \alpha \Delta t$，式中 q 为对流换热量，W/m^2；Δt 为温度差，K。α 与流体种类、流动方式、流动状态、流体物性、流速、接触面形状、位置、尺寸、表面状态、流体与壁面温度等有关。由于影响因素众多，用纯数学分析求解困难，目前仍借助相似原理或因次分析通过实验方法求取。　　　（曹文聪）

dun

蹲式便器　squatting W.C. pan

简称蹲便器。使用时以人体取蹲势为特点的大便器。由便器盆和存水弯组成。其排水口与存水弯相连。便器盆的上部边缘有冲洗圈，也可由进水口直接用自来水冲洗。根据其前部是否带有瓢状凸起挡板分为有挡和无挡两种。　　　（刘康时）

钝棱　wane

整边锯材在宽度或厚度上有部分或全部材棱未着锯，残留的原木的原来圆表面树皮或不带树皮的部分。钝棱以宽材面最严重的缺角尺寸和材宽尺寸之比的百分率表示。钝棱减少了材面的实际尺寸，有时使锯材难以满足使用要求。　　　（吴悦琦）

duo

多彩涂料 multicolour paint

通过一次喷涂，能在建筑物上形成两种以上色彩涂层的涂料。按其介质的分散状况，可分为水中油型、油中水型、油中油型和水中水型。其中贮存稳定性最好，应用最广的是水中油型，一般分为漆相和水相两大部分，前者由硝化纤维素、马来酸树脂及颜料组成，水相由羧甲基纤维素和水组成，将不同颜色的漆相分散在水相中，互相掺混而不互溶，呈不同颜色的粒滴。采用喷涂方法施工。涂层色彩鲜艳、雅致、装饰效果好。涂膜具有弹性、耐磨、耐洗刷等优点。适用于高级内墙面装饰。

(陈艾青)

多缝开裂 multiple cracking

纤维与脆性基体组成的复合材料受拉破坏时基体多处出现裂缝的现象。它改变了脆性材料单缝断裂的突发性破坏形式，使复合材料的延性和韧性得以提高。多缝开裂在纤维掺量大于纤维临界体积率的情况下才会发生。裂缝愈多愈密，则缝隙愈小，表示纤维的增强效果愈好。

(姚 琏)

多功能油毡生产机组 universal asphalt felt prodution set

一种可根据用户需要，灵活更换产品种类，生产不同胎基、不同厚度、不同覆面材料的油毡的生产线。其组成与纸胎油毡生产机组雷同，但电气及机械设备自动化程度较高。一般除生产纸胎油毡外，尚可生产沥青玻璃布油毡，聚酯纤维油毡，黄麻布油毡，铝箔或其他金属箔油毡、热熔油毡、自粘结油毡、沥青油毡瓦等200余种规格产品。生产线配备有改性沥青处理装置，也可以生产橡胶类及塑料类改性沥青。

(西家智)

多辊离心法 multi-roller centrifugal process

借助不同参数钢辊高速旋转时所产生的离心力，将落在辊外缘的熔融物逐级分离、加速甩制成棉状纤维的方法。不用载气体生产纤维。自上而下排列的钢辊直径、转速、线速逐渐增大。要求熔体成分的纤维成形温度低、析晶倾向小。产品纤维直径 $4\sim6\mu m$，长度 $15\sim30mm$，渣球含量 $3\%\sim8\%$。产量大，每台日产量可达 $10\sim40t$。多用于生产矿棉。

(吴正明)

多晶结构分析 polycrystal structure analysis

又称粉晶结构分析。用粉末晶体作试样测定晶体结构的方法。其主要步骤是：①对 X 射线衍射峰进行指标化；②测定晶胞形状及大小；③计算晶胞中的分子或原子数目；④确定晶体的点阵类型及空间群；⑤依据衍射线的强度，测定晶胞中的原子坐标。对复杂结构，可依类质同构关系等提出试用结构模型，计算理论衍射峰强度，与实际测量强度相比较，凡符合者即为所求结构，否则要重新设定模型。与单晶结构分析相比的优点是不需要单晶的培养与挑选，但单凭粉晶衍射图，不易正确指标化，故一般宜用于结构简单或类质同构的晶体结构测定。

(孙文华)

多晶莫来石纤维 polycrystalline mullite fibre

以莫来石（$3Al_2O_3 \cdot 2SiO_2$）为主晶相的晶质纤维。用氯化铝的水溶液加铝粉制得母液，过滤后再加入硅溶胶，经浓缩到一定黏度与浓度后喷吹成丝；经 $100\sim200℃$ 干燥后，再在 $800\sim1300℃$ 的温度下煅烧即得。由于在使用过程中无结晶作用，且莫来石晶粒增长速度不快，氧化气氛下工作温度可达 $1350℃$ 左右。可用作不与炉渣接触且无强气流冲刷的中温炉炉衬、绝热材料及复合材料的增强材料等。

(李 楠)

多晶氧化铝纤维 polycrystalline alumina fibre

简称氧化铝纤维。以 Al_2O_3 为主要成分的晶质纤维。常见品种约含 $95\% Al_2O_3$ 和 $5\% SiO_2$。有人将含 $Al_2O_3 \geq 80\%$ 的晶质纤维也包括在其中。通常先制成前驱纤维（参阅耐火纤维，××页），然后经煅烧而成。例如用硝酸铝、氯氧化铝和碱性醋酸铝等铝盐和硅氧烷与聚乙烯醇为原料制成黏稠液，再喷纺成为含铝及硅的前驱纤维，也可以用 γ-Al_2O_3 微粉、$Al_2(OH)_5Cl \cdot 2.2H_2O$ 以及少量 $MgCl_2 \cdot 6H_2O$ 与硅酸酯等为原料制成泥浆喷纺成丝，然后再经 $1300\sim1400℃$ 温度热处理制成 α-Al_2O_3 多晶纤维。其性能与 Al_2O_3 含量、晶粒尺寸、结晶形态以及纤维长度、直径与表面状态等因素有关。由于在使用过程中无结晶化问题，在氧化气氛中的工作温度可达 $1500℃$，还原气氛中为 $1400℃$，而含 $85\% Al_2O_3$ 的纤维的工作温度较低。可用作高温炉内衬与保温材料，航天飞机及太阳炉的绝热材料、塑料及轻合金的增强材料。

(李 楠)

多孔混凝土 cellular concrete

含有大量均匀分布的封闭气孔或开口毛细孔的轻混凝土。主要有加气混凝土、泡沫混凝土、充气混凝土和微孔混凝土等。表观密度一般为 $300\sim1200kg/m^3$，抗压强度一般为 $0.5\sim20MPa$，热导率 $0.09\sim0.29W/(m \cdot K)$，具有较好的保温性能。抗压强度大于 $2.5MPa$ 的，兼有保温和结构用双重性能；$2.5MPa$ 以下的，主要用作保温材料。按所用原材料和工艺分，有以水泥为主要原料自然养护的；以水泥、石灰和活性硅质材料为原料常压蒸汽养护的；以水泥、石灰、硅质材料（包括活性和非活性的）为原料高压蒸汽养护（简称蒸压养护）的等类。其中以蒸压养护的产品的性能为好，强度高，收缩小。应用广泛，尤其在建筑中应用最广。具有可锯、刨、钉等加工性能，可做成砌块、墙板、屋面板。　　　　　　　　　　（水翠娟）

多孔结构　cellular structure

由于料浆的发气反应或在料浆中混入泡沫等措施，硬化后混凝土中所形成数量众多、分布均匀、孔径大小不等的封闭圆孔的混凝土结构。孔径一般在 0.1～5mm 之间。具有多孔结构的混凝土，称多孔混凝土，如加气混凝土、泡沫混凝土、充气混凝土等。多孔混凝土的表观密度小、热导率低、保温性能良好。　　　　　　　　　　（蒲心诚）

多孔陶瓷　porous ceramics

含有大量闭口气孔和贯通性开口气孔的轻质陶瓷制品。其中气孔的形成主要有两种途径，一是在配料中添加发泡剂，在坯体中形成大量气孔；二是在配料中添加某些可燃烧或高温挥发（或分解）的有机物，在陶瓷烧成过程中燃尽或挥发掉，在坯体中留下大量气孔。常用于绝热、隔声、过滤、催化等用途。用于绝热、隔声的多孔陶瓷要求含有大量的闭口气孔，而用于过滤、催化的多孔陶瓷要求含有大量的开口气孔。通过不同的生产方法和工艺条件，可以达到控制气孔孔径、含量及气孔种类（闭口或开口）的目的。根据多孔陶瓷的用途，除对气孔径、气孔率、气孔种类有一定要求外，还对机械强度、耐化学腐蚀及耐热急变性等性能有相应的要求。此外，多孔生物陶瓷人工骨除对气孔性质有严格要求外，还要求陶瓷有良好的生物学相容性。

（陈晓明）

多孔吸声材料　porous absorbing material

内部有很多与大气相通的微孔和通道，当声波激发微孔和通道中气体运动时能对声波产生阻尼的材料。声波入射到材料表面时，通过空隙传播至材料内部，空隙中的空气分子和构成材料的骨架随之振动。由于空气分子之间的黏滞阻力，空气与骨架之间的摩擦作用，以及空气在声波作用下的膨胀和压缩过程，使相当一部分声能转变为机械能和热能而被吸收。孔隙不贯通的多孔材料可作为绝热材料而无吸声功能。　　　　　　　　　（陈延训）

多模玻璃纤维　multimode glass fibre

传输多种模式电磁波的光通信玻璃纤维。芯径大（一般为 40～100μm），光源光束进入芯料中的角度不同，向前传播的路径也很多，在空间形成的电磁场分布的模式也就很多，有时可以达到同时有几千种模式在一根光通信玻璃纤维中传输。带宽较窄，通话路数较少，性能较差。但容易连接、耦合、制造、加工。　　　　　　　　（吴正明）

多频振动　multifrequency vibration

又称复频振动。对混凝土混合料施加两种或多种频率的振动。不同频率的振动可导致相应粒级颗粒共振而获得较大的振幅，可使混合料中更多的颗粒参与振动，从而达到更好的密实效果。但混合料中颗粒粒级很多，不可能相应施加很多种频率，因此有人提出用 50Hz、100Hz 和 150～250Hz 三种频率分别振动石子、砂子和水泥三种粗细不同的颗粒。试验证明，先施以低频振动作用于粗集料，再以高频振动作用于砂浆，可取得良好效果。但由于工艺较复杂，生产中尚难广泛应用。　　（孙宝林）

多普勒速度　Doppler speed

见穆斯堡尔谱（346 页）。

多色性　pleochroism；polychroism

在单偏光镜下，非均质体矿片在不同的轴向上对光波的选择性吸收不同而产生不同颜色变化的现象。一轴晶矿物有两种主要的颜色，分别与光率体的两个光学主轴 N_e、N_o 相当，称为二色性。如黑色电气石，当其光率体的椭圆半径 N_e 与下偏光镜振动方向平行时，矿片显浅紫色；当 N_o 与下偏光镜振动方向平行时，矿片显深蓝色。二轴晶矿物有三种主要的颜色，分别与光率体三个光学主轴 N_g、N_m、N_p 相当，称三色性。如普通角闪石，N_g = 深绿色；N_m = 绿色；N_p = 浅黄绿色。

（潘意祥）

多通道窑　multi-passage kiln

又称多孔窑。多条小截面通道分层排列的隧道窑。孔数从 2～48 不等。多以推板或辊子作为坯体运输工具，坯体由推进器推入或辊子带入窑

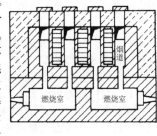

内。一般为隔焰式或半隔焰式，燃烧气体在隔焰通道内流过；用煤气时，可采用明焰式。为使上下温度均匀，隔焰通道内隔一定间距设置挡墙，使烟气上下翻腾，波浪式流动。由于截面小，温度均匀，产品质量好。适合于尺寸小、薄、无还原气氛要求的制品的烧成。广泛用于釉面砖的烧成、日用瓷彩烤等。烧成周期较短，一般为 10h 左右，较短的仅需 1～2h。为了便于余热利用，还可将相邻通道的坯体反向运行，热效率较高，占地面积小，设备简单，投资少，适合于中小厂的生产。其推板易磨损，寿命短。

（陈晓明）

多用喷枪 multipurpose gun

通过改换喷嘴的枪头能适应多种建筑涂料（涂层）喷涂的喷枪。在砂粒涂料喷枪的基础上改进而成，它可适用于砂粒状涂料、厚质涂料、罩面涂料等的喷涂施工。如换用口径为 10～12mm 的喷嘴，可喷涂颗粒状厚质涂料及仿面砖涂料等多种用途。
（刘柏贤）

多组分分析法 multi-component analytic method

将沥青分离为五种以上组分的分析方法。大致分两类，一类根据性质或结构类型，将沥青分为酸性化合物、碱性化合物、中性化合物、芳香族及饱和族等；另一类是根据分子的大小分为许多不同的组分。
（徐昭东　孙　庶）

剁假石 axed artificial stone

见装饰砂浆（631页）。

E

e

俄歇电子 Auger electron

见俄歇电子能谱分析。

俄歇电子能谱分析 Auger electron spectroscopy, AES

通过检测试样表面受电子或 X 射线激发后射出的俄歇电子的能量分布来进行表面分析的方法，写作 AES。是电子能谱分析技术之一。其原理是：用具有一定能量的电子束或 X 射线激发试样，使表面原子内层能级产生空穴，原子外层电子向内层跃迁过程中释放的能量又使该原子核外的另一电子受激成为自由电子，该电子称为俄歇电子，其能量与激发源能量无关并带有特征性。用能量分析器（常用静电型）检测这些电子的能量分布，得到以其动能为横坐标，电子计数率（或一阶导数）为纵坐标的俄歇电子能谱图。它可以检测除氢和氦以外的所有元素，更适于轻元素的定性定量分析；根据谱峰位置与峰形可推测表面原子的种类和化学状态；探测深度小于 2nm。若入射电子束沿试样表面扫描可进行二维表面元素分析；结合离子溅射剥蚀，可研究试样沿深度方向的成分变化，获得三维的元素分布信息。
（潘素瑛）

en

蒽油 anthracene oil

蒽、菲、咔唑等的混合物。绿黄色油状液体。可分离得蒽、苊、菲、咔唑等产品。由高温煤焦油在 300～360℃ 分馏而得，用于制造炭黑和木材防腐。在建筑防水业中常作溶剂型冷粘沥青胶溶剂，其掺量约 25%。
（王海林）

er

鲕状石灰石 oölitic limestone

又称鱼卵石。卵状、球状碳酸钙颗粒经亮晶方解石或灰泥等胶结物黏结而成的岩石。因形似鱼卵而得名。鲕粒大小一般为 0.25～0.20mm。具有多孔结构，表观密度 1 800～2 200kg/m³，极限抗压强度 16～20MPa。可烧制成石灰或作为砌筑石材。
（水中和）

枓 abacus

枓的别称。偏义指栱末端的小枓，《说文》屋枅上标也。
（张良皋）

耳子瓦 half glazed plain tile

又称续瓦。一半长的琉璃板瓦。用在排山勾滴的滴水瓦后面底瓦陇最上端的部位。因那里只能放下半块瓦，而琉璃构件又不能像布瓦那样截切，所以就产生了这一构件。
（李　武）

二八油

二成苏子油、八成桐油混合熬炼而成的光油。有时也泛指非纯桐油熬炼的光油。详见光油（169页）。
（谯京旭）

二次电子像 secondary electron image

扫描电镜中入射电子束与试样作用时产生的二次电子经检测放大调制而获得的图像。电子束在试样内部穿过或散射过程中，将核外电子轰出原子系统而射出试样表面形成二次电子，其能量一般小于 50eV（大多属价电子），仅在表面 10nm 层内产生，作用区直径只比电子束斑稍大一些，可表征扫描电镜的分辨率。二次电子的发射效率与试样表面的凹凸不平有关，形成的衬度反映了试样的微观形貌，立体感强，分辨率高，是扫描电镜中主要成像方式。
（潘素瑛）

二次搅拌 secondary mixing

对已消化完的蒸汽养护砖混合料进行再次搅拌的工艺过程。主要用于蒸压灰砂砖生产工艺中。经第一次搅拌后的灰砂混合料，在消化过程中，因生石灰产生消化热，使水分蒸发，混合料变干、结块，砖坯成型时塑性差。二次搅拌可补充水分，松解结块物料，提高混合料均匀性及可塑性，改善压制成型性能。搅拌设备多用双轴搅拌机。

(崔可浩)

二次离子质谱分析法 secondary ionic mass spectrometry

又称离子探针法。利用高能一次离子束轰击样品表面溅射出二次离子，然后对二次离子进行检定的一种质谱分析法。样品受到能量为几千电子伏特的一次离子束轰击时，从样品表面溅射出中性原子、激发态原子和二次离子。把二次正、负离子引出，经质量分析器按质荷比不同进行分离后得到二次离子质谱图，从而实现对样品表面元素、元素的同位素、化合物、分子结构以及一些晶体结构的鉴定。结合离子显微镜和电视扫描技术可观察分析元素的分布状态。分析用的仪器称为二次离子质谱仪或离子探针。以一次离子束对样品表面状态影响程度不同分为静态离子质谱分析和动态离子质谱分析；按分析内容不同可分为质谱气体分析、质谱表面分析、质谱界面分析和质谱深度分析。其微区分辨本领与电子探针相似，最小线度为 $1\sim 2\mu m$，元素探测灵敏度为 $10^{-18}g$；整体分析灵敏度为 $10^{-19}g$，接近无机质谱分析法。已成为材料科学、微电子学、表面科学、固体物理、化学化工、环境科学等研究中的一种重要分析方法。

(秦力川)

二次再结晶 secondary recrystallization

又称二次重结晶，异常晶粒长大 (abnormal grain growth)，不连续晶粒长大 (discontinuous grain growth)。指大晶粒通过消耗基本上不再长

异常大晶粒

大的均匀细晶粒基质而过分长大的过程。在烧结末期，当某一晶粒的边界数大于相邻各晶粒的边界数时，这些晶界的曲率增大，晶界迁移的推动力相应增大，该晶粒的长大要比周围小晶粒快，因此小晶粒被吞没而大晶粒迅速长大，其晶界能越过气孔并将其包入内部，这些被包入的气孔不仅不易排除，而且其气压会随着气孔缩小而增大，当气压增大到与界面张力平衡时，会影响烧结过程的正常进行，导致致密度降低。一般生产中要求把二次再结晶限制在最小的程度。这可通过控制原料制备及成型工艺，使坯料颗粒大小和组分均匀、生坯密度一致；控制烧成制度，避免烧成温度过高、保温时间过长来实现。工艺上还常用外加晶粒长大抑制剂阻碍晶界的迁移，以获得均匀的细晶基质。 (陈晓明)

二矾防水剂 two vitriol waterproof agent

以硅酸钠为基料加入硫酸铜（胆矾）、重铬酸钾（红矾）和水配制而成的一种液体防水材料。按质量计其配比约为：硅酸钠∶硫酸铜∶重铬酸钾∶水＝400∶1∶1∶60。按此配比掺入水泥砂浆中即可用于堵塞局部渗漏的修补工程。 (郭光玉)

二甲苯 xylene

分子式 $C_6H_4(CH_3)_2$，无色透明，具芳香气味的液体。常用的二甲苯是三种异构体和少量乙苯的混合物。沸点 $136\sim 144℃$，凝固点 $-25℃$，闪点 $17.2℃$，爆炸极限 $1.1\%\sim 6.4\%$，电阻值 $400M\Omega$。由煤干馏、汽油热裂、石油重整制得，为非极性溶剂。属低毒类。微溶于水。用于制造染料、香料和合成纤维等。广泛用作油漆、橡胶的溶剂和稀释剂。常作短油度醇酸、乙烯类涂料、氯化橡胶涂料、聚氨基甲酸酯涂料的溶剂。因其溶解力较大，蒸发速度适中，故适用于烘干型涂料及喷涂施工涂料中。 (陈艾青)

二甲苯不溶物含量 xylene insoluble content (of coal pitch)

评价煤沥青材料匀质性的一种指标。其测定方法是称取煤沥青样品约 1g，置于有盖的盛样器中，将盛样器放于抽提仪中，用热的二甲苯抽提约 18h，然后将盛样器和二甲苯的不溶物在 $105\pm 5℃$ 的烘箱中烘 60min，准确称出盛样器和不溶物的合重，按下式计算不溶物含量：

$$XI = [(B-A)/C]\times 100$$

式中 XI 为二甲苯不溶物含量（%）；A 为盛样器重（g）；B 为盛样器与二甲苯不溶物的合重（g）；C 为煤沥青样品重（g）。 (严家伋)

二甲苯改性不饱和聚酯树脂 dimthyl benzene modified unsaturated polyester

俗称二甲苯树脂。在碱性条件下，二甲苯与甲醛制得的不饱和聚酯，加入苯乙烯后所得的黏性液态树脂。具有与不饱和聚酯类似的固化特性。固化产物的耐热性高、硬度高、耐磨性好、成本低。用以制备玻璃纤维增强塑料。 (闻荻江)

二铝酸一钙 calcium dialuminate

化学式为 $CaO\cdot 2Al_2O_3$，简写成 CA_2。曾被误认是 $3CaO\cdot 5Al_2O_3$。有二种晶型。α 型是单斜晶系，呈针状或纤维状，相对密度 2.90，硬度 6.5，1 300℃ 开始生成，熔点 1 762℃。β 型是斜方晶系，不稳定，硬度 $5.5\sim 6.0$，纯 CA_2 几乎没有胶凝性，但固溶一些 CA 后，大幅度提高胶凝性。是高铝水

泥和耐火铝酸盐水泥的主要组分之一。在后期发挥很高的强度，凝结时间较慢。　　　　（冯修吉）

二色性　dichroism
见多色性（99页）。

二水石膏　dihydrate gypsum
含有二个结晶水的硫酸钙。化学式 $CaSO_4 \cdot 2H_2O$。如石膏、再生石膏、工业副产石膏等。它们的化学性质相同，只是成因不同。再生石膏是熟石膏与水反应后的最终产物，具有质轻、绝热、耐火等优良性能。天然的二水石膏矿称为生石膏，其结构特征参见石膏（436页）。性脆、热稳定性差，是制备各类热石膏的主要原料。　　（高琼英）

二铁铝酸六钙　hexacalcium aluminodiferrite
化学式 $6CaO \cdot Al_2O_3 \cdot 2Fe_2O_3$，简写为 C_6AF_2。铁铝酸钙系列固溶体之一。铝氧率低的硅酸盐水泥熟料中生成。水化活性比铁铝酸四钙低，水化慢。
　　　　（龙世宗）

二项分布　binomial distribution
又称贝努利（Bernoulli）分布。大批量有效回抽样中，记事件 A 出现的概率为 P，不出现的概率为 $q = 1 - p$，贝努利证明在 n 次独立试验中，事件 A 出现 k 次的概率 $p(A_k) = C_n^k \cdot p^k \cdot q^{n-k}$。这正是二项式 $(p+q)^n$ 的展开式中 p^k 项的系数，故名二项分布，记为：$\xi \sim B(n, p)$。
　　　　（许曼华）

二新样砖
用经过风化、困存后的粗黄黏土制坯烧成的尺寸略小于大新样砖的粗泥城砖。清代后期产自北京东郊一带。由工部和内务府承办的官窑烧制，民窑也有产出。规格长416mm，宽208mm，厚86.4mm，重17.5kg，为城砖中最小规格。其强度较好，密实度较差。多用于基础或垫层部位。砍磨加工后常作为室外细墁柳叶地面和墙体下碱干摆（磨砖对缝）用砖，但不及澄浆砖和细泥砖装饰效果好。　　　　（朴学林）

二元相图　binary system phase diagram
二组分系统的相平衡状态图。硅酸盐体系是凝聚系统，可不考虑压力的影响，其二元相图用温度－组成图表示。二元凝聚系统的相图可分为：①具有一个低共熔点的；②生成一个化合物的；③具有多晶转变的；④形成固溶体的等基本类型。硅酸盐体系和铁－碳体系等的相图虽比较复杂，但大都是基本类型相图的不同组合。二元相图是研究多元系统相平衡的基础。　　（夏维邦）

二轴晶　diaxial crystal
见一轴晶（573页）。

二组分分析法　two-component analytic method (of asphalt)
基于沥青在低碳正构直链烷烃中的溶解和沉淀而分离为软沥青质和沥青质两个组分的一种沥青化学组分分析方法。常用的低碳正构直链烷烃为正戊烷、正庚烷等。在正构直链烷烃中，可溶的组分称为软沥青质；不溶而沉淀的组分称沥青质。
　　　　（徐昭东　孙　庶）

F

fa

发沸　boiling
搪瓷烧成中由于底釉层的过渡沸腾而在面釉层表面出现的聚集的气泡、针孔、黑点、坑点或海绵状的斑痕。在面釉烧成时出现，瓷面呈现明显的失光。产生的原因有：金属坯体含有气孔、熔渣、表面处理不净；底釉的熔融温度太低；涂搪好底釉烧成后的半成品搁置时间过久；涂搪不均匀；干燥不充分；烧成的温度过高和时间过短；金属坯体表面吸收水分、氢气。消除发沸的措施：降低瓷釉的高温黏度；降低瓷釉的烧成温度，延长烧成时间。
　　　　（李世普）

发光强度　luminous intensity
简称光强。通过单位立体角的光通量。是表征光源发光本领的一个量。即光源在立体角内传播的光通量与该立体角之比。常以 I_α 表示：

$$I_\alpha = F/\omega$$

式中 I_α 为发光强度，cd；F 为光通量，lm；ω 为球面度立体角 sr；α 表示180°内某角度值。当总立体角为 4π，则为该光源的平均光强；以光源的部分发光面在某一方向上立体角元内所发射的光通量除以该立体角元，为该方向的光强。并表示光源在一定方向范围内发出可见光辐射强弱的物理量。不同光源向周围发射的光通量是不同的，即光强不同。　　　　（王建明）

发光塑料 luminescent plastics

又称磷光塑料。经外来光照射之后，在黑暗或光亮中能产生显发效应的塑料。20世纪80年代原联邦德国Bayer公司最早开发的产品。常以热塑性塑料为基料。其发光作用是通过①在塑料中添加碱土金属硫化物（含有微量重金属和碱金属的硫化钙、硫化锶、硫化钡等）的晶体色料；②在色料中掺入少量镭或钍等放射性元素，当受到光线照射后，色料受放射性物质所放出的射线激发后，能在黑暗中持续发光。发光时间长短各不相同，与温度有密切关系，长者可达数小时以上，短者在 10^{-8} s以上，温度升高，时间减少。用于建筑桥梁、隧道、机场、工厂等标志、铭牌、广告招牌等特殊场合。 （刘柏贤）

发光搪瓷 luminescent enamel

在外界能源激发下能产生可见光的搪瓷。依发光特征可分为荧光搪瓷、磷光搪瓷。按激发能源不同而称光致发光搪瓷、放射发光搪瓷、场致发光搪瓷。通常在瓷釉中加入发光物质制成。常用的发光物质有硫化锌、硫化镉、硫化钙、硫化锶、硫化钡，以及稀土元素化合物等。致使发光的激发能源有放射性元素、光、电场等。为避免在高温下烧成时破坏荧光剂，发光基釉常采用易熔釉，并能透过紫外线。广泛用作交通指示标志、广告牌、招牌、仪表盘及装饰性的照明灯具等。 （李世普）

发光涂料 luminous paint

夜间或暗处能发生荧光或磷光的涂料。由发光颜料和中性清漆（达玛清漆、聚醋酸乙烯酯清漆、丙烯酸清漆等）配制而成。按使用的发光颜料不同可分为蓄光性和自发光性两类。前者需受日光或人工光线的照射而发光，使用的发光颜料为锌、镉或碱土金属的硫化物，配入少量的助熔剂和微量的活化剂经煅烧而成。发光时间的长短、亮度及颜色随发光颜料的成分和活化剂的性质而定。后者使用的发光颜料中含有少量的放射性物质，由其辐射的α射线激发硫化物晶格而发光，不需要外加光源。二者均具有发光、耐候、耐油、透明等特点。用于道路交通等需要发光的标志及仪表盘、广告牌、钟表等特殊场合。 （陈艾青）

发裂 hairline cracking, crazing

见混凝土裂缝（208页）。

发泡倍数 coefficient of foaming; foam factor

又称泡沫倍数。最佳泡沫剂用量下所产生的泡沫体积与泡沫剂体积之比。是衡量用于泡沫混凝土时泡沫剂质量的一项指标。每一种泡沫剂有其最佳发泡倍数范围，在此范围内的泡沫弹性好，形成的气孔小、均匀，泌水量和沉陷距亦小，泡沫稳定性好。 （水翠娟）

发泡成型 foaming

指泡沫塑料的发泡方法。可分以下三种，1. 物理发泡，指利用物理原理发泡，包括有：①将惰性气体在加压下使其溶于熔融聚合物或糊状复合物中，然后经减压放出溶解气体而发泡；②利用低沸点液体蒸发气化而发泡；③在塑料中加入中空微球后经固化而成泡沫塑料等。2. 化学发泡，包括有：①利用化学发泡剂加热分解出的气体而发泡；②利用原料组分间相互反应放出气体而发泡。3. 机械发泡，是利用机械搅拌作用，混入空气而发泡等。这三种方法的共同特点都是待发泡的复合物必须处于液态或黏度在一定的范围内的塑性状态。泡孔的形成是依靠添加能产生泡孔结构的固体、液体或气体，或是几种物料的混合物的发泡剂。几乎所有的热固性和热塑性塑料都能制成泡沫塑料。但根据不同塑料的特性其发泡方法不同，所形成的产品泡孔结构各异。 （郭光玉）

发泡剂 foaming agent

能使处于一定黏度范围的液态或塑性状态的塑料、橡胶等高分子材料形成微孔结构的物质。可以是固体、液体或气体。根据气泡的产生方法不同，可分为物理和化学发泡剂两大类，前者包括压缩气体、挥发性液体以及可溶性固体等化合物，如烷烃类（正戊烷、己烷、庚烷、环己烷等），芳香烃（苯、甲苯等），醇类（甲醇、乙醇等），丙酮等。后者是无机或有机的热敏性化合物，在一定的温度下受热分解而产生气体。无机化合物有碳酸盐类（碳酸铵、碳酸氢铵、碳酸氢钠等），亚硝酸盐类（亚硝酸铵等），硼氢化物（硼氢化钾、硼氢化钠等），过氧化氢等。有机化合物有偶氮化合物（偶氮二异丁腈、偶氮二甲酰胺等），亚硝基化合物，磺酰肼类等。使用最广泛的品种有十几种，主要发展方向是：扩大使用温度范围，改善在聚合物中的分散性，提高在分解点时的分解速度，减少分解残渣及由其所造成的污染等。 （刘柏贤）

发泡灵

聚硅氧烷-聚烷氧基醚共聚物的发泡剂商品名称。由甲基三氯硅烷和二甲基二氯硅烷共水解法制成聚氧烷，再与聚丁基乙氧丙氧基醚在特定的催化剂下缩合而成的淡黄色或橙黄色的透明油状黏稠液体。专门用于聚醚型聚氨酯泡沫塑料一步发泡工艺中的泡沫稳定剂，用量在1%左右。 （刘柏贤）

发泡助剂 auxiliary foaming agent

又称助发泡剂。可以降低发泡剂的分解温度，改善发泡剂的分散性或提高发气量的一类能活化发泡剂的物质。是泡沫塑料制品中的添加剂。目前广泛使用的有有机酸类（水杨酸等）和尿素类化合物

等。 （刘柏贤）

发气剂 gas-forming agent
在加气混凝土料浆中因化学作用产生气泡，使之体积膨胀成为多孔结构的外加剂。有铝、锌、镁等金属粉末、双氧水、电石和漂白粉等。要求发气均匀，易调节发气速度适应工艺需要，气体无害，不损伤设备。铝粉的发气速度适中，易于控制，适应工业化生产，因此在加气混凝土生产中被广为采用。 （水翠娟）

发气率 gas forming rate
铝粉膏在碱溶液中经一定时间的发气量和最终发气量之比。是衡量铝粉膏质量的技术要求之一。《加气混凝土用铝粉膏》标准中规定 4min 时不小于 50%、16min 时不小于 80%、30min 时不小于 99%。 （水翠娟）

发气曲线 gas foaming curve
见铝粉发气剂（314 页）。

发烟温度 smoking temperature
又称发烟起始温度。加热材料至开始发烟时的温度。准确测定相当困难。常指透光率降低至 95% 时的温度。不同材料的发烟温度不同，如聚乙烯薄膜为 392℃，聚氯乙烯薄膜为 242℃，软泡沫聚氨酯为 185℃，环氧树脂为 364℃，硬聚氯乙烯为 440℃，榆木片为 264℃。发烟温度高的材料，一般发烟速度较低。对遇难人员逃离火场具有重要意义。 （徐应麟）

发烟性 smoking property
材料热分解或燃烧时产生烟雾的特性。其大小用烟浓度表示。烟雾是悬浮在空气中可见的固体和液体微粒，粒径在 0.01～10μm 之间。因妨碍视野并造成呼吸困难，是造成火灾伤亡的重要原因之一。烟雾数量依材料不同而异，与材料的分子结构、组成和燃烧条件等有关。 （徐应麟）

阀阅 gateposts of merit
又称伐阅、表揭、乌头门、棂星门。《四府元龟》正门伐阅一丈二尺，二柱相去一丈，柱端安瓦筒，墨染，号乌头染。我国自古有在门上揭举标志（表）以表彰功德的风俗，《史记·留侯世家》表商容之闾。《洛阳伽兰记》有"乌头门"之称。唐以后形成制度，《唐六典》六品以上，仍用乌头大门。宋元因之。《正字通》元朝品制，有爵者，其门为乌头阀阅。 （张良皋）

fan

翻窗铰链 scuttle hinge
又称天窗合页。能使翻窗前后转动灵活的专用铰链。由两块分别带轴和轴承孔的页板组成。为了装卸方便，应配对使用。主要用在工厂车间、仓库、住宅和公共建筑的活动翻窗上。

（姚时章）

翻模工艺 turnover form process
混凝土预制构件成型后通过翻转模板进行脱模的生产工艺。采用流水传送带法生产混凝土墙板时，常用翻转机进行脱模。模板通过横移机构回到清模工段，而制品则由吊车或专用车送到装修工段。采用简易工艺生产时，模板组装、钢筋布置、混合料浇灌、振动成型、表面抹平等都在翻转架上进行。然后将翻转架翻转 180°，使带模制品倒在铺有砂子的平地上，拆去模板让制品在原地养护，而模板及翻转架则移动位置，重新组装。其特点是一副模板可生产许多构件，但所得制品的几何尺寸较难保证，占地面积较大。适用于生产各种小型混凝土构件。 （孙宝林）

翻转切割
加气混凝土坯体以长边为轴、旋转 90° 后进行切割的方法。是加气混凝土翻转式切割机的切割特点。这样，纵向切割钢丝成水平排列（即纵向切割变为水平切割），使模具和切割装置简化，利用加气混凝土板坯体铣槽。但由于坯体翻转，容易造成损伤，对切割机技术要求较高。 （沈 琨）

矾水
明矾、胶液和水兑成的水溶液。常用来固定彩画颜色，如盒子内画花卉、走兽时，均过一道矾水覆盖，以防上色时将底色咬混。旧彩画在刷油护封前，为防颜色层年久脱胶，也应先刷矾水 1～2 道加固。矾水兑法：先将明矾砸碎，倒入桶内，以开水化开，然后加入适量胶液即可，一般胶与明矾的配比为 1∶1.5～2（重量比），浓度为 2%～5%。

（马祖铭）

反常透射貌相术 anomalous transmission topography
见 X 射线貌相术（646 页）。

反打成型
见装饰混凝土（631 页）。

反光显微镜 reflecting microscope; incident-light microscope
又称金相显微镜。参见反光显微镜分析（104 页）。 （潘意祥）

反光显微镜分析 incident-light microscope analysis; reflecting microscope analysis
又称金相显微镜分析。利用反光显微镜进行物相分析的一种分析技术。主要仪器是反光显微镜，又称金相显微镜，它装有能够观察不透明标本表面的垂直照明器和反射器。基本原理是利用试样磨光的表面对光线的反射作用来观察试样中的物相。通常用来鉴定金属、不透明矿物及硅酸盐材料的物相和显微结构。例如鉴定水泥熟料矿物、中间相、游离石灰等的含量、形态及分布等。　　　（潘意祥）

反光缘石　reflecting curb, light-reflecting curb

正面或顶面具有反光效应的路缘石。通常在表面上涂以黄、白色反光材料或嵌上玻璃、镜片等反光构件，用来反射车灯光束。其作用有利于夜间行车或多雨多雾地区的行车。　　　　　　（宋金山）

反射率　reflectivity

见吸收率（537页）。

反射貌相术　reflection topography

见 X 射线貌相术（646页）。

反显色　inverse color development

玻璃在显色后偶尔出现颜色转变的反常现象。如硒硫化物着色玻璃在显色后出现由红色转变为橙黄色，主要原因是玻璃中镉含量不足，造成显色后 CdSe/CdS 比值降低，光吸收极限向短波方向移动，与正常情况相反。　　　　　　　　（许淑惠）

反相分配色谱法　reversed phase partition chromatography

见液-液分配色谱法（572页）。

反应堆热屏蔽层材料　thermal shielding material of reactor

能有效减少进入主屏蔽的辐射能量，保护反应堆主屏蔽层（生物屏蔽层），不致因吸收辐射能量后产生大量热量引起屏蔽层内巨大的热应力，而导致屏蔽层损坏的材料。应满足下列要求：①具有良好的热中子吸收性能，同时不产生 γ 射线或只产生低能量的 γ 射线；②具有良好的 γ 射线衰减性能；③在辐照下是稳定的；④具有良好的热导性能；⑤价廉、易加工。常用的有硼铝、加硼钢和含硼石墨等。热屏蔽层的结构有：①分层结构，分别衰减中子和 γ 射线；②单层结构，既能衰减中子又能衰减 γ 射线。设置在芯堆和主屏蔽层之间。

（李耀鑫　李文埮）

反应固化型涂料　reaction curing coating

涂刷于建筑物表面后，通过涂层内部化学反应形成交联型涂膜的涂料。按其固化温度可分为常温固化与烘烤固化两类，在建筑上常采用常温（5～35℃）固化型涂料。按主要成膜材料分，主要类型有环氧树脂系及聚氨酯系等。通常为双组分包装，使用时按规定比例混合搅拌均匀，采用刷、喷、刮等方法施工。涂层具有优良的耐水、耐碱、耐酸、耐磨、耐沾污等性能。适用于建筑物防腐及内外墙面高级装饰等保护工程。　　　（陈艾青）

反应型胶粘剂　reaction type adhesive

单体或预聚物等低分子化合物通过化学反应形成高分子化合物而固化的胶粘剂。一般为无溶剂型，不可逆反应。可利用空气中的水分（聚氨酯树脂胶粘剂、硅酮、α-氰基丙烯酸酯胶粘剂等）、添加固化剂或催化剂（环氧树脂胶粘剂、聚氨酯树脂胶粘剂、脲素等双组分或多组分胶粘剂）、加热（酚醛树脂胶粘剂、环氧树脂胶粘剂等单组分胶粘剂）、隔绝空气（厌氧胶粘剂）以及照射紫外线、射线等方法固化。固化速度从数秒到数十小时不等，但大多属短时固化型。多数为结构型胶粘剂。

（刘茂榆）

反应型阻燃剂　reactive-type flame-retardant

在聚合或缩聚过程中参加化学反应而结合到高聚物材料的主链或侧链中使呈阻燃效果的阻燃剂。是合成阻燃材料中比较理想的阻燃剂。因系化学键合，故稳定性好，对材料的固有性能影响较小。但加工工艺较复杂，不及添加型阻燃剂的应用广泛。主要有溴化苯乙烯、氯茵酸酐、氯代桥环酸二芳酯、四溴邻苯二甲酸酐、四溴双酚 A、环氧氯丙烷、二溴季戊四醇以及含溴和磷的多元醇等，多用于热固性树脂。　　　　　　　　（徐应麟）

反应注射成型　FRP injection moulding with reaction

将含有增强材料的两种以上树脂组分，高速拌成混合胶液，注入模具内，快速反应固化成型制品的方法。主要以聚氨酯树脂和玻璃纤维为原料，反应速度很快，成型周期为 2～3min，成型压力只需几十牛顿，纤维增强材料的加入量为 5%～8%，长度为 1.5～3mm，也可以加入 30% 磨碎玻璃纤维粉。　　　　　　　　　　　　（刘雄亚）

返滴定法　back titration

又称回滴法。以过量的试剂 A 的标准溶液将被测物质完全作用后，再用试剂 B 的标准溶液返滴定剩下的 A，以求出被测物质含量的方法。如在碳酸钙滴定值的测定中，先加入过量的盐酸标准溶液，使试样中的碳酸盐完全分解，然后用 NaOH 标准溶液滴定过剩的盐酸。由盐酸和氢氧化钠的浓度与用量可算出碳酸钙的含量。当被测物质与试剂 A 的反应慢，或无合适的指示剂时常用此法。

（夏维邦）

返卤　hygroscopicity

菱镁混凝土内部向外迁移的水分中所含的可溶性碱和金属盐在其表面沉积的过程。沉积物呈白色。此过程会降低菱镁混凝土的强度和耐久性。用氯化镁作调和液时，因氯盐吸湿性大、晶格溶解度高，返卤现象较严重；用硫酸镁、硫酸亚铁作调和液可减轻这一现象。　　　　　　　　（孙南平）

泛光灯 floodlight

利用光源的直射与反射而扩大照射范围的舞台效果灯。常以白炽灯与卤钨灯等为光源。有泛光和投光泛光之分，包括排灯、脚光灯、天幕灯、地排灯及带状灯等。其各种光色通过滤光片获得。具有光线柔和均匀，照射范围广，无明显的光斑及边缘痕迹等特点。是一种应用较多的舞台效果灯具。
　　　　　　　　　　　　　　（王建明）

泛碱 efflorescence

又称析白。涂料在施工过程中或成膜以后呈现黏糊状白斑缺陷的现象。涂料涂刷在含水率高的新建房屋墙体上或在新墙面上施工时，在涂料尚未干透，就急于涂刷罩面层涂料，致使水分及氢氧化钙向外渗透、析出，涂膜呈现不规则变色泛白。使用水泥系涂料，在未充分硬化之前如遭雨、雪侵袭，也会产生这种现象。这是外界施工条件而引起涂膜质量缺陷，所以墙体保持干燥，施工现场通风良好，按涂料施工操作规程施工，可以避免这种缺陷发生。　　　　　　　　　　（邓卫国）

泛霜 efflorescence

又称析盐、盐霜、起霜、霜白等。在建筑物表面析出一层白色薄霜状物质的现象。建筑材料如含有可溶的金属钾、钠、钙、镁等的盐类或碱类时，当其随所溶的水分向外渗析到表面、水分蒸发后即行结晶，形成白色沉淀物。其分布部位及数量因所溶物质、材料孔隙构造及表里致密程度而有差异。水泥混凝土由于水泥中含钙矿物水化后生成的氢氧化钙的溶析，黏土砖中硫酸盐的析出，均可发生这种现象。常影响建筑物的外观。严重的将破坏材料表层结构或使砂浆抹面层疏松脱落；涂刷在建筑物表面的油基漆或乳胶漆膜也会因此而产生回黏、起泡、剥落等。　　　　　　　　（孙复强）

范德华键 van der waals bond

又称为分子间键。由范德华力所产生分子之间的结合。这种键没有方向性和饱和性。其键能由取向能、诱导能和色散能三部分所组成。键能很小，故分子晶体的结合力很弱，熔点很低，硬度也很小。高压低温条件下实际气体分子之间、分子晶体中的分子间、层状晶体如石墨和滑石的层间都存在着范氏键。它与离子键、共价键和金属键合称为键的四种型式。因范德华力只有约 20kJ/mol，比一般的化学键能小很多，所以在很多化学书刊上不把它算成是化学键，这是另一种看法。
　　　　　　　　　　　　　　（夏维邦）

fang

方材 square

宽度尺寸小于厚度尺寸二倍的锯材。
　　　　　　　　　　　　　　（吴悦琦）

方差 variance

又称均方差。观测值偏离算术平均值的平均平方差。表示随机变量与均值的偏离程度。数学上定义为 $E\{[X-E(x)]^2\}$。其中 $E(x)$ 表示变量 X 的平均值；$X-E(x)$ 为 X 偏离平均值的大小，称为离差。方差即离差平方的平均值，记为 $D(x)$。对离散型随机变量，若出现离差 $X_k - E(x)$ 的概率为 p_k，则有：$D(x) = \sum_{k=1}^{\infty}[X_k - E(x)]^2 p_k$；对连续型随机变量，若出现离差 $X - E(x)$ 的概率为 $f(x)$，则有 $D(x) = \int_{-\infty}^{\infty}[X - E(x)]^2 f(x)dx$。方差的开方称标准差，记为 $\sigma(x) = \sqrt{D(x)}$，它比方差能更准确地反映复演性的好坏。　　　　　　（许曼华）

方差分析 variance analysis

通过试验数据，分析出各个因素和各因素之间的交互关系，推断其影响是否显著的一种分析试验结果的统计方法。生产或试验中影响结果的因素很多，要研究某个因素对指标的影响是否显著，可将试验数据总的偏差平方和分解成由因素影响产生的平方和与由误差引起的平方和两部分，然后加以比较、若因素引起的平均平方和大于误差引起的平均平方和时，就认为因素对指标的影响显著；否则，就影响不显著。这种推断常由显著性 F 检验作出、影响显著表明因素各水平之间有显著差异、改变因素水平可使指标值发生明显的变化。试验的目的是求最优条件，显著因素的最高水平便是最优条件。影响因素只有一种的，称单因素方差分析，否则为多因素方差分析。　　　　（刘朝荣　许曼华）

方地毯 rug

铺在地板上但不粘牢不满铺的地毯。手工编织的约有近五千年历史，以中国、印度、伊朗、土耳其、巴基斯坦为主要生产国。古代用以交易经商、红白喜事、宗教朝拜，故又按用途称为拜毯、结婚地毯、葬送地毯、壁炉地毯、鞍囊地毯、浴用地毯和样品包角等。其花纹特征简朴自然、色调柔和、光泽自然。东方国家多用立经式地毯织机织成。已成为地毯生产中的一个重要品种。除手工编织外，用机织织成的也称闪光方地毯。由于其具有闪光特色常用于住宅客厅和餐厅。为使色彩整体协调，用最新研制出的消光纤维,并对之进行化学处理,如薄涂醋酸等,使色调更柔和。绒毛组织主要有天鹅绒、卡拉洛克、花毯、雪尼尔等。外形有大小多种规格。可起形成房间中心的作用,也可放在门厅中、楼梯上、沙发前、睡椅前、壁炉前、浴盆前等处,或悬挂作装饰用。主要适用于会客厅、大厅、餐厅、会议厅或书房中。　　　　　(金笠铭)

方解石 calcite

天然无水碳酸钙类晶体矿物,化学式 $CaCO_3$。属三方晶系,晶体呈菱面体或复三方偏三角面体,常见双晶,解理完全。集合体呈晶簇状、粒状、钟乳状、鲕状、致密块状等。质纯的无色或白色,有玻璃光泽。常含有镁、铁、锰等杂质而呈其他颜色。莫氏硬度3,相对密度2.71~2.73。在自然界中分布很广,是组成石灰岩的主要矿物。较纯的方解石,虽然碳酸钙含量很高,但因其结构致密、结晶完整粒大(晶粒常达 $100\mu m$ 以上),不易磨细与煅烧,影响窑的产量与热耗,通常水泥生产中少用,而多用于生产白水泥和彩色水泥。无色透明的纯方解石称冰洲石,有高的双折射率,可用于制作特种光学仪器元件。　　　　(冯培植)

方镁石 periclase

高温下形成的氧化镁晶体。化学式 MgO。等轴晶系。硬度 5.5~6,相对密度 3.56~3.65,折射率 $n=1.736$,熔点 $2800℃$。存在于氧化镁含量高的水泥熟料中。与水反应生成 $Mg(OH)_2$,同时体积增大 118%。水化速度随它的煅烧温度升高而减慢。经 1500~1600℃ 煅烧的方镁石水化极慢,可延续若干年之久。水泥中含量高时会因其缓慢水化膨胀而使硬化的水泥石产生裂纹甚至破坏,因此要限制其含量。　　　　　　(龙世宗)

方铁矿 wüstite

又称富氏体。化学式 FeO。等轴晶系,呈六方放射状或骨骼状雏晶。在透射光下黑色不透明,$n=2.32$。有磁性。见于还原气氛下的冶金炉渣中。在强碱条件下与水生成 $Fe(OH)_2$,在空气中可氧化为 $Fe(OH)_3$。　　　　　　(龙世宗)

方砖 square paving brick

青灰色,呈正方形的一种室内铺地砖。多用于官署、寺庙及民居中的厅堂部分。铺设工艺颇为讲究,正面刨平磨光、四周边缘做净;砌法有平列和顶角两式,底部用细砂填实。亦常用来砍制砖件(砖料子)。　　　　　　(叶玉奇　沈炳春)

方砖心

泛指北方古建黑活影壁墙、看面墙、廊心墙和落堂槛墙等中间部位。一般用方砖陡砌,四周用大叉、虎头找等找齐(俗称硬心子)。须用干摆(磨砖对缝)砌法。实际制作时也可用抹灰的方法代替。　　　　　　(朴学林)

芳纶增强水泥 aramid fibre reinforced cement

以芳香族聚酰胺纤维作为增强材料的纤维增强水泥。20世纪70年代后期起由英、日等国开发,主要使用长度为 6~10mm 的短纤维,有时也使用网格布。纤维的体积率为 2%~3%。基体用水泥浆或砂浆。若用磨细石英砂替代三分之一水泥时,则采用压蒸养护。用喷射、流浆、模压、挤出等法制造。表观密度为 $1.6~1.8g/cm^3$,抗弯极限强度为 20~30MPa,抗拉极限强度为 8~10MPa,抗冲击强度为 $2~2.5kJ/m^2$。可用以制造多种轻质薄壁制品。　　　　　　(沈荣熹)

芳香分 aromatics of asphalt

沥青四组分分析法中溶于正庚烷,吸附于 Al_2O_3 谱柱可为苯所洗释的一种化学组分。分子结构特点是分子中含有苯环或其他芳香环,能够溶解于苯、萘等芳香化合物溶剂中,对沥青的延伸性能有较大影响。　　　　　(徐昭东　孙　庶)

芳香族聚酰胺纤维 aromatic polyamide fibre, aromid fibre

又称芳纶。含有酰胺基和芳香环的一类化学纤维。20世纪60年代中期美国杜邦(Dupont)公司最先开发,嗣后日、苏、荷兰等国相继制造并有多种商品名称。其中性能较好的是凯夫拉(kevler)纤维,其相对密度为 1.45 左右,抗拉极限强度为 2850~2900MPa,弹性模量为 70~130GPa,耐酸、碱性好,热稳定温度为 160~170℃,热分解温度为 425℃,可与聚合物,水泥等制成复合材料。　　　　　　(沈荣熹)

枋 tie beam

较小于梁的辅材。常用作两柱之间起联系作用的横木,断面一般为矩形。　　　(张良皋)

防X射线玻璃 X-ray protective glass; X-ray shielding glass

对X射线有较大吸收能力的玻璃。吸收X射线的能力随玻璃密度增加而提高,多采用 PbO、Bi_2O_3 等重金属氧化物含量较高的铅硅酸盐玻璃制作。受X射线辐射时显色,经日照或加热可消色,过程可逆。使用时可根据射线的铅当量确定玻璃的厚度。主要用于原子能工业、核医学和X射线实验室作屏蔽材料。　　　　　(刘继翔)

防白剂 anti-whitening agent

又称防潮剂。在相对湿度较高的空气中喷刷涂料时,能防止涂料因水分凝结于涂层表面,导致涂膜混浊发白而添加的一种高沸点的混合溶剂。具有减缓溶剂挥发,防止涂膜泛白的作用。如将它加入硝基漆、过氯乙烯漆等挥发性涂料中可以避免涂膜泛白及发生针孔等。常用的有酯、酮和醇类化合物。
（陈艾青）

防爆灯 explosion-proof lamp

一种不受外部引爆气体影响的灯具。常以白炽灯为光源。多采用硬质玻壳作灯罩，并配有金属防护丝网和标准化开关。具有结构密封好、能耐压、安全可靠等特点。有顶棚式、墙壁式和携带式之分。常用于燃点低于65℃的油轮和油库等处照明。
（王建明）

防潮层 damp-proof course

防止地面水渗透和地下水侵蚀墙身和地面的隔离层。为地下室外墙和底板、底层的墙身和地面都需采取的防水或防潮措施。其构造措施有隔水法、降排水法以及两种方法的综合处理。防潮系指防止由毛细管水形成的地下潮湿和自由渗透的无压水。当设计最高水位低于地下室底板标高、无滞水形成且地基渗透性好，可按防潮处置，否则采取防水措施。防水、防潮材料分柔性防水材料（沥青卷材、塑料、橡胶及薄钢板等），刚性防水材料（防水混凝土、防水砂浆等）以及防潮涂料（沥青涂料，氯偏共聚乳液涂料等）。在架空木地板下的地表面常用防水砂浆、灰土、碎砖三合土或混凝土防潮，在实铺地面中，用卷材或沥青涂料。
（彭少民）

防潮硅酸盐水泥 hydrophobic portland cement

简称防潮水泥。在磨制硅酸盐水泥时掺加少量防潮剂而制成的水泥。防潮剂常用脂肪酸、松脂酸类有机表面活性物质，如脂肪酸钠皂、松香、油酸、环烷酸皂等。掺加量以干基计一般不超过水泥重量的0.5%。具有防潮性、可塑性好的优点，能延长储存期，宜于水路运输。制成的混凝土具有较好的抗渗性和抗冻性。用途和普通硅酸盐水泥相同，中国很少生产。
（冯培植）

防潮涂料 moisture-proof coating

能降低（阻隔）潮湿气体对基层渗透率的涂料。以透气率低，透湿性小的共聚乳液为基料，掺加颜料、填料及配合助剂组成。无臭、无毒、不燃，能在稍潮湿基底上施工。适用于地下洞库、防潮工程，可防止和减少潮湿气体的渗透。氯-偏防潮涂料已广泛的应用于地下防潮工程中。
（陈艾青）

防潮油膏 moistureproof ointment

以黏稠石油沥青、桐油等配制而成的具有防潮功能的沥青油性油膏。具有较好的黏结性。其性能为：软化点不低于83℃。针入度不小于88（0.1mm）。延度不小于50mm。施工时，要求基层干燥无杂物，且油膏温度应保持在180℃以上方可使用。与其他材料配合用于工业与民用建筑的屋面防水。
（洪克舜 丁振华）

防弹夹层玻璃 armoured laminated glass

简称防弹玻璃。在一定的冲击力内，有防止弹头击穿能力的多层夹层玻璃。用聚乙烯醇缩丁醛或其他高强度薄膜分填在多片玻璃之间，经热压胶合而成。根据冲击力大小设计所须夹层玻璃的层数，有时可达6～8层，由于制品厚度较厚以及用途特殊，应选用光畸变小、透光度高的无缺陷钢化玻璃。主要用于坦克车窥视窗、防弹汽车用玻璃窗、飞机用风挡玻璃、潜水器用窥视窗等。
（许 超）

防冻剂 anti-freezing admixture

能使混凝土在负温下硬化，并在规定时间内达到足够防冻强度的混凝土外加剂。为便于应用，按有无氯盐分类。氯盐类防冻剂，如氯化钙、氯化钠；氯盐阻锈类防冻剂是氯盐与阻锈剂复合防冻剂。无氯盐类防冻剂如亚硝酸钠、硝酸盐、碳酸盐、尿素、乙酸钠等。防冻剂常与减水剂、早强剂、引气剂复合使用，以发挥更好的防冻作用。减水剂使混凝土拌合物减少用水量，以减少含冰量，早强剂使混凝土在有液相存在的条件下加速水泥水化，提高早期强度，使混凝土尽早获得抗冻临界强度，引气剂则可增加混凝土的耐久性，减少冻胀应力的破坏。一般宜少掺，并结合蓄热法进行冬季施工，以确保混凝土质量。
（陈嫣兮）

防辐射混凝土 radiation shielding concrete

又称屏蔽混凝土或防护混凝土。能屏蔽各种放射性射线（如X、γ、中子射线等）的混凝土。主要用于原子能反应堆、粒子加速器及其他含放射源装置上。γ射线及中子流的能量最大，穿透能力最强，故防护问题主要是针对这两种射线。对γ射线，物质的密度愈大，屏蔽能力愈强。对于中子流，不但需要含重元素的物质以阻止快速中子，还需含充分多轻元素的物质以俘获中速中子。氢是最轻的元素，水中最多。因此，此种混凝土应同时具备表观密度大和含结合水多两个特征。常采用密度很大的重晶石、褐铁矿、赤铁矿、磁铁矿、废钢块、铁砂作为集料。一般用硅酸盐水泥作胶结材，也可采用密度大的锶水泥或钡水泥。为了增大结合水含量，可采用高铝水泥、石膏矾土水泥、镁质水泥等。此外，为减少内部应力，混凝土的热导率要大，热膨胀系数和干燥收缩应小，不允许存在空洞和裂缝等缺陷。
（蒲心诚）

防辐射涂料 radiation shielding coating

能吸收或消散辐射能，对人或仪器起防护作用的涂料。由耐辐射能量、防止在辐射能下分子交联和降解的聚合物（如环氧树脂、脲醛树脂、聚苯乙烯等）作主要成膜物质，加入能吸收和消散辐射能力的颜料、填料（如钛、铬、钡等化合物）及其他助剂组成。有耐较高辐射剂量的射线的穿透、吸收和消散γ射线的能力，对污染介质有良好的耐腐蚀性和耐电离射线的辐射等性能。主要用于核装置工程及研究有关辐射能，如X、γ射线的实验室和附近构筑物的涂装。由于射线照射物体时间较长，一般要求厚涂层，且使用一段时间后，应经常更新复涂。

（陈艾青）

防腐沥青 antiseptic asphalt

用于防止金属腐蚀的保护涂层专用石油沥青。黑色固体状态。其特点是防腐性能较好，黏附力强，耐冻裂性好。一般要求黏结力不小于0.15MPa（50℃），含蜡量不大于7%，低温脆裂点为-30℃以下。针入度（25℃，100g，5s）在5～10（1/10mm）之间，软化点为115～130℃，延伸度不小于1.0cm（25℃）。闪点不低于250℃，在四氯化碳中溶解度不小于95%。用于输油、输气以及上下水用金属管道的防腐保护。 （刘尚乐）

防护热板法 guarded hot plate apparatus

使用防护热板装置测定板状试件稳态热性质的方法。在稳态条件下，防护热板装置的中心计量区域内，在具有平行表面的均匀板状试件中，建立类似于以两个平行匀温平板为界的无限大平板中存在的一维恒定热流。防护热板装置由加热单元、冷却单元、试件和防护单元组成，有两种型式：双试件（两试件中夹一个加热单元）和单试件式。加热单元分为在中心的计量单元和环绕计量单元的防护单元，并有足够的边缘绝热，以保证在中心计量单元建立一维热流和准确测定热流量 Q。测量计量单元面积 A 及试件冷、热表面温差 ΔT，即可计算出试件的热阻 R（$R = \frac{\Delta T \cdot A}{Q}$）。具有试件制备容易，测试准确度较高和试验温度高等特点，应用广泛（包括仲裁检验），缺陷是测试时间偏长，不能检验潮湿试件。 （林方辉）

防滑包口

光滑踏步面层上L形的防滑设施。一般做法：在水磨石或磨光花岗石面层的踏步口上，以专用的缸砖、铸铁或铜包口。选材常以使用的人流量大小和建筑装修级别而定，在高级建筑中多用铜包口。 （姚时章）

防滑塑料地板 non-slip plastics floor

表面经特殊处理或经压花后具有防滑性能的塑料地板。主要用于游泳池、浴室、机场、车站等要求防滑的公共场所以及车、船等内部的地面。最常见的是表面压有凸出颗粒状、条纹状、有规则的菱形和圆形图案的块材或卷材地板及表面贴有增塑剂含量较多的聚氯乙烯面层的软质卷材地板。

（顾国芳）

防滑条 antiskid lath

光滑踏步面层上条状的防滑设施。通常是在踏步近边缘处镶入一至二道条状物，并略突出面层。其长度一般按踏步长度每端减去150mm。材料可用水泥铁屑、水泥金刚砂、橡皮或塑料条、锦砖、金属条等。 （姚时章）

防火材料 fireproof materials, materials of fire prevention

具有防止或阻滞火焰蔓延性能的材料。用于防火。有不燃材料和难燃材料两类。不燃材料不会燃烧。难燃材料虽可燃烧，但具阻燃性，即难起火、难炭化，在火源移开后燃烧即可停止，故又称阻燃材料。在难燃材料中，除少数本身具有阻燃功能外，在多数场合，都是采用阻燃剂、防火浸渍剂或防火涂料等对易燃材料进行阻燃处理而制得的。从防火安全出发，在土木建筑中应尽量采用防火材料代替易燃材料，以减小火灾荷载和降低火灾蔓延速度。其防火性能依不同使用要求由相应的燃烧试验予以认定。 （徐应麟）

防火浇注料 flame-retarding pouring compound

又称阻燃封灌料。具有阻燃性的浇注剂。氧指数大于30。防火作用及用途与防火涂料和防火密封料相似。多为二液型，使用时混合，适用于小空隙的灌注填充，施工较为方便。 （徐应麟）

防火浸渍剂 flame-retarding soaker

用于对纤维材料及其制品进行阻燃处理的浸渍剂。由阻燃剂、助剂、溶剂等组成。如织物阻燃整理剂、纸张阻燃整理剂、木材阻燃浸渍剂等。主要要求是：渗透性好，不损害材料固有的性能，耐久性如耐洗、耐熨烫、耐气候性能良好，毒性小或无毒性，处理工艺简单，价格便宜。 （徐应麟）

防火密封料 flame-retarding sealing

又称阻燃堵料或耐火腻子。耐焰并具密封作用的材料。由无机材料加少量无机或有机黏合剂组成。氧指数60以上。常温下不硬化、不流淌，高温或火焰中固化而不熔融，即使炭化也不变形。用于堵塞建筑物中墙壁、天花板、地板等的贯穿孔洞，以阻止火焰蔓延和烟雾、有害气体的扩散。

（徐应麟）

防火砂浆 fire retarding mortar

含有膨胀蛭石、空心玻璃微珠或膨胀珍珠岩等集料有防火性能的特种砂浆。参见防火涂料（110

页）。　　　　　　　　　　（徐家保）

防火涂料　flame-retarding paint

能够阻止或延缓火焰燃烧的涂料。由成膜物质、分散介质、阻燃剂、助剂（增塑剂、稳定剂、防水剂、催干剂、表面活性剂等）等组成。按主要成膜物质不同可分无机防火涂料和有机防火涂料；按分散介质不同可分水性防火涂料和有机溶剂性防火涂料；按燃烧性状不同可分膨胀型防火涂料和非膨胀型防火涂料。用作可燃材料表面的涂饰。除良好防火性能外，还必须根据使用条件的要求具备可挠性、黏附性、热稳定性、耐水性、耐候性、耐磨性、着色性和一定的机械强度等。　（徐应麟）

防火涂料大板燃烧试验　combustion test on flame-retardant paint in board

在特定基材和特定燃烧条件下测定涂覆在基材表面的防火涂料的耐燃特性的试验。基材为5层胶合板，尺寸为 900mm×900mm×6mm，把涂有防火涂料一面朝下平放，用火焰强度为 1672±25kJ/min 的喷灯供火并按火灾标准温度时间曲线升温，测定试件背火面温度达到220℃或出现烧透、裂缝的时间 t。$t \geq 30\min$ 为防火1级；$t \geq 20\min$ 为防火2级；$t \geq 10\min$ 为防火3级。　（徐应麟）

防火涂料隧道炉燃烧试验　combustion test on flame-retardant paint in tunnel-furnace

在实验室条件下用小型隧道炉测试涂覆在基材表面的防火涂料的火焰蔓延特性的试验。小型隧道炉由角钢架和陶瓷纤维板等构成。按试验结果计算火焰传播比值（r）。$r=0\sim25$ 则该防火涂料为防火1级，$r=26\sim50$ 为防火2级，$r=51\sim75$ 为防火3级。

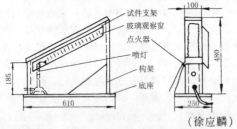

（徐应麟）

防火涂料小室燃烧试验　combustion test on flame-retardant paint in small-chamber

在规定的小型燃烧箱内对涂覆在基材表面的防火涂料的阻燃性进行评定的试验。箱体内部尺寸 337mm×229mm×464mm，试样与水平面成45°倾角置于燃烧箱内，用5mL无水乙醇在试样下方点燃，测定试样燃烧后的失重量 W 和基材的炭化体积 V。如 $W \leq 6$g/板或 $V \leq 25$cm³/板，则为防火1级；$W \leq 10$g/板或 $V \leq 50$cm³/板为防火2级；$W \leq 15$g/板或 $V \leq 75$cm³/板为防火三级。

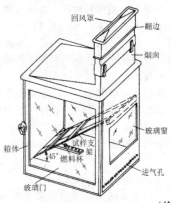

（徐应麟）

防火装饰板　fire retarding decorative sheet

泛指在树脂中加有阻燃剂经防火处理的三聚氰胺装饰板。外观和普通三聚氰胺装饰板相似，可制成高光泽度或平光的各种花色图案，如仿皮革、仿珍贵木纹、仿织物、贴金属箔等。厚度为0.9～1.1mm，性能优良，硬度高，耐磨耐热、防火、耐化学腐蚀，耐燃等级可达2级，烟蒂灼烫无变化。美国的"雅美家""富丽雅"，意大利的"爱伯特"都是这种板材的商品名。广泛用于建筑室内外装饰、各种标牌、卫生间、车厢船舱、机舱的内装饰及防火、绝热、隔声复合板。　（刘柏贤）

防焦剂　antiscorching agent

又称硫化延缓剂。能防止和延缓胶料在加工及贮存过程中发生焦烧，过早硫化的物质。在性能上应满足①延长焦烧时间，防止焦烧发生；②不影响硫化时间；③本身不具有交联作用；④对硫化胶在性能上无不良影响。按化学结构可分为：①亚硝基化合物（N-亚硝基二苯胺、N-亚硝基-N苯基-2-萘胺等），②有机酸类（乙酰水杨酸、苯甲酸、顺丁烯二酸等），③次磺酰胺类化合物（N-环己基硫代酞酰亚胺等，防焦效果比前两种明显高，具有用量少、无污染、不发泡、还能提高其他性能。一般加量在0.2%～1%。）　（刘柏贤）

防结皮剂　anti-skinning agent

防止涂料在贮存过程中表面结皮而添加的助剂。一般为能良好地与涂料混溶，不影响涂料的黏度和流平性，并有适当的挥发性，便于在成膜过程中从膜内逸出，而不影响涂层的干性、光泽和耐久性的物质。常用的有甲基乙基甲酮肟、丁基二肟、环己酮肟、正戊基苯酚等。　（陈艾青）

防静电砖　antistatic tile

用于防静电地面装饰的陶瓷地面砖。坯中含有碳或其他导电物质以清除静电荷，可防止电火花的产生。主要用于易燃、易爆环境的建筑地面装修。主要性能要求为：相距30.48cm两点的电阻小于

1MΩ。 （邢　宁）

防菌水泥　anti-bacterial cement

由硅酸盐水泥熟料和适量抗菌剂（如五氯酚等）以及石膏磨制成的水泥。主要用于制作防菌混凝土，建筑游泳池、食品工业构筑物等，可阻止微生物的发酵和细菌繁殖，以防止或减轻其对地面和壁面的腐蚀破坏。 （王善拔）

防老剂　antiager, age resister

用于橡胶的抗氧剂的习惯名称（参见抗氧剂，270 页）。 （刘柏贤）

防流挂剂　anti-sag agent

通过次价键使聚合物分子链连接成网状结构，使颜料悬浮，涂料增稠，涂膜增厚以防止涂料在施工过程中发生垂直面上纵向流淌和贮存中颜料沉淀的一种添加剂。常用的有烷基磺酸盐等金属盐、二聚酸及二聚酸酯、聚合亚麻子油等。 （陈艾青）

防霉剂　fungicide, fungistat

又称真菌抑制剂、杀菌剂、防腐剂、抗生剂。能杀灭真菌（霉菌）或防止真菌的侵入和生长的药剂。适用于高分子材料的主要品种有酚类化合物（苯酚、氯代苯酚及其衍生物），有机金属化合物（有机汞、有机锡、有机铜化合物）以及有机砷、有机硫、有机磷、有机卤化物、氮杂环化合物等。大部分有毒性。一般要求与树脂有一定的相容性和不影响材料的其他性能。广泛应用于塑料、橡胶、纤维、造纸、木材、胶粘剂、涂料、皮革、缆绳、织物等。 （刘柏贤）

防霉涂料　fungicidal coating

能够防止霉菌生长的一种功能性涂料。以合成树脂（乙烯基树脂、酚醛树脂、丙烯酸酯类树脂等）为基料。加入低毒高效阻止微生物繁殖的防霉剂（有邻苯基苯酚、百菌清等）、抑菌剂（8-羟基喹啉等）、填料、颜料、助剂等原料、经一定的工艺配制而成。具有耐水、耐擦洗、防霉菌等特点，又具有良好的装饰效果。适用于易霉变的建筑物表面涂装。涂膜对人畜无害。常用的防霉涂料有丙烯酸乳胶外用防霉涂料、氯乙烯-偏氯乙烯共聚乳液防霉涂料等。可按普通涂料的施工方法施工，基层需严格铲除霉斑，可用 7%～10% 磷酸三钠溶液刷1～2 遍，不能留有霉菌残余和污染，以达到杀菌效果。 （陈艾青）

防蚀内衬　lining coating protection

以衬砌形式在金属表面形成的防腐蚀覆层。多用于强腐蚀介质中容器的内衬，如槽、罐等的内防腐。常用的有橡胶衬里、塑料衬里、玻璃钢衬里。均用胶粘剂粘贴在容器内表面，并形成整体、完全隔绝介质与容器内壁的接触，以达防护目的。玻璃钢衬里常用树脂材料有环氧树脂、不饱和聚酯、呋喃树脂、酚醛树脂等。在现场制作时，通常是刷一层树脂贴一层玻璃布，直到满足厚度或层数要求为止。大量用于化工、冶金等的设备防腐。 （洪乃丰）

防水材料　waterproof materials

使建筑物不渗水、不漏水，并具有气密性的建筑功能材料。包括防水卷材、防水涂料、建筑密封材料、各种瓦、防水混凝土及砂浆、防水粉剂等。按物理力学性能可分为刚性和柔性两类。刚性防水材料以瓦、金属、天然板块、防水的水泥制品为代表，主要是无机材料，耐久性好、不燃、硬度大。除瓦以外，这类材料还可用于地下及围护结构的防水。柔性防水材料均为有机材料，目前以沥青基材料和高分子聚合物为主，包括防水卷材、防水涂料及密封材料。弹塑性好、柔韧、抗冲击，对基层变形有较好的适应性，但机械强度低、硬度小、易刺穿、易燃且耐老化性差。可用作屋面和地下的防水工程。 （刘尚乐）

防水灯　water-proof lamp

装有防水密封罩的灯具。常以白炽灯为光源。其外罩多为玻壳，有的还装配金属丝网等。具有防潮湿及水溅渗、防爆裂、使用安全等特点。常应用于有潮湿环境的地下工程、隧道工程以及捕捞作业等处的照明。 （王建明）

防水防潮沥青　dampproof and waterproof asphalt

用于建筑防水和防潮涂层或黏结材料的石油沥青。包括三种类型。A 型：针入度 50～100（1/10mm），软化点 46～63℃，为自愈型软沥青，易于流动，适用于地下工程，如地基、隧道和地下构筑物等。B 型：针入度 25～50（1/10mm），软化点 63～77℃，有良好的黏结性和自愈性能，温度稳定性差。用于地面以上不超过 50℃ 的部位，如涵洞、水坝、喷水池等。C 型：针入度 20～40（1/10mm），软化点 82～93℃，具有良好的黏结性，温度稳定性较好，适用于地面以上阳光照射部位，或温度大于 50℃ 的部位。 （刘尚乐）

防水粉　water proofing powder

用于阻止各种水泥砂浆或混凝土工程渗水并能阻抗水的渗透压力的粉状防水剂。可与水泥拌制成防水砂浆或混凝土，用于屋顶、地面、桥梁、水塔、水井等防水工程及挡土墙、护壁等防潮工程。使用时直接与水泥拌合，但必须搅拌均匀。常用的一种是以硬脂酸铝、氢氧化钙、硫酸钙（二水）等配制而成。属于金属皂类。不溶于水，耐酸碱性好。掺入水泥中可制成防水及耐酸碱的水泥砂浆或混凝土。掺量为水泥重量的5%时，初凝不早于2h，终凝不迟于8h，不透水性可提高120%以上，抗压强度降低不超过6%。其用量一般为水泥重量的3%～7%。　　　　　　　　　　（余剑英）

防水隔热沥青涂料　asphalt coating for heat-insulated and waterproof

具有防水和隔热功能的沥青防水涂料。由沥青、填料和有机溶剂所组成。属于厚涂层溶剂型沥青防水涂料。黑色或黑棕色黏稠液体。黏度较大，固含量较高。其特点是涂层较厚，加入反射阳光的填料可对阳光起反射及屏蔽作用，达到隔热保温的效果，增加了涂膜的硬度，提高了耐热性和耐候性，延缓沥青的老化，常用的填料有蛭石粉、石棉粉、滑石粉、云母粉、石棉绒等，掺量20%左右。用涂刷法施工。主要用于屋面隔热和防水保护。
　　　　　　　　　　（刘尚乐）

防水混凝土　waterproof concrete

又称不透水混凝土、水密性混凝土。抗渗能力大于0.60MPa的混凝土。一般分为以调整配合比为手段配制的普通防水混凝土、掺用外加剂的外加剂防水混凝土和使用膨胀水泥的防水混凝土三种，各具有某些不同特点，但都有密实性较好、疏水性或抗渗性较强等优点，适用于地下防水工程、储水和取水构筑物、屋面防水，以及处于干湿交替作用和冻融循环的工程。对耐蚀系数小于0.80的受侵蚀防水工程，应另采取相应的防腐蚀措施。用于表面温度高于100℃的部位时，应采取绝热保护措施。　　　　　　　　　　（徐家保）

防水剂　water proofing additive

又称防潮剂或抗渗剂。能降低水泥浆、砂浆或混凝土在静水压力下的透水性的外加剂。有液状、浆状或粉状三种。可与水泥一起拌制成防水水泥浆，防水砂浆或防水混凝土，用于屋面、地下室、地下沟道、水池、水塔等各种防水工程。按其化学成分可分为硅酸盐类、金属皂类和氯化物金属盐类。硅酸盐类以硅酸钠为主要成分，具有促凝作用，适用于堵漏。金属皂类以脂肪酸盐为主要成分，能提高砂浆的不透水性，适用于刚性防水。氯化物金属盐类以氯化物金属盐为主要成分，可提高砂浆的抗渗性并有促凝作用，适用于刚性防水或堵漏。　　　　　　　　　　（余剑英）

防水浆　water proofing paste

用氯化铝、氯化钙和水配制而成的一种能使水泥砂浆或混凝土具有促凝、早强、抗渗作用的防水剂。属于氯化物金属盐类。为一种淡黄色浆状液体。使用时将其掺入拌和水内拌制防水水泥砂浆或防水混凝土，适用于屋面、地下室等各种工程的防水或堵漏。其用量一般为水泥重量的3%～7%。
　　　　　　　　　　（余剑英）

防水卷材　waterproofing roll-roofing

具有建筑防水功能的卷状或片状材料。包括以原纸、织物、纤维毡或金属箔等为胎基，经浸涂沥青或焦油等制成的各种油毡以及以橡胶、塑料及其他高聚物为原材料制成的无胎防水卷材。按沥青及撒布料种类，胎基材质，功能特点进行分类又可分为：石油沥青油毡、煤沥青油毡、耐低温油毡、粉面油毡、砂面油毡、彩砂面油毡、矿棉纸胎油毡、沥青玻璃布油毡、金属箔油毡、热熔油毡、冷贴油毡、自粘接油毡、阻燃油毡、聚氯乙烯卷材、三元乙丙橡胶卷材、氯化聚乙烯橡胶卷材等品种。工程上常用作建筑物屋面防水及地下工程防水。
　　　　　　　　　　（王海林）

防水砂浆　water-proof mortar

制作防水层用的特种砂浆。主要有掺防水剂的水泥砂浆和用膨胀水泥或无收缩性水泥配制成的两种。前者将防水剂溶于拌合水中，与事先拌匀的水泥、砂混合料再次拌和均匀，即可涂抹使用。一般分五层涂抹，每层厚约5mm，第一、三层可用防水水泥净浆，在每层初凝前用木抹子压实，最后对面层进行压光。适用于不受振动和具有一定刚度的混凝土或砖石砌体工程以及水塔、水池、储液罐、地下室等防水部位。此外，以水泥和硅酸钠为基料配制的促凝灰浆（可用于地下工程的堵漏防水）和掺防水粉的水泥浆也可作为防水砂浆用。
　　　　　　　　　　（徐家保）

防水涂料低温柔性试验　low-temperature flexibility of waterproof coating

表征防水涂料在低温下柔性指标的试验方法。将涂料按规定重量涂在牛皮纸上，按规定温度、时间烘干后，裁取3条80mm×25mm试片，在指定低温下放置2h，然后绕在直径φ10mm的圆棒上，3～4s内弯曲完毕。以无裂纹、断裂等现象为合格。其指标以温度表示。　　（徐昭东　孔宪明）

防水涂料耐裂试验　crack-resistance test of waterproof coating

建筑防水涂料性能检验法之一。表征在基材开裂时涂层仍具有防水性能的一种指标。其方法是将涂料在20℃左右的温度下涂于标准尺寸的水泥砂浆板上，厚约0.3～0.4mm，待涂料成膜后将此板由下部加荷顶弯，并以读数放大镜观测砂浆板裂缝展开情况，裂缝每发展0.02mm持荷静止10min，并观测涂层是否开裂，至涂层出现裂纹时停止加荷并记录此时砂浆板的裂缝宽度。此检测法主要应用于沥青基防水涂料，一般在砂浆板裂缝宽度小于

0.2mm时涂膜不应开裂。　　（徐昭东　孔宪明）

防水油　water proofing liquid

又称"四矾"防水油。对水泥具有促凝作用的一种液态防水剂。以硅酸钠为基本原料，掺入硫酸铜（蓝矾）、硫酸铝钾（明矾）、重铬酸钾（红矾）和铬钾矾（紫矾）等四种矾类材料和水配制而成。属于硅酸盐类。可和水泥拌制成防水水泥浆、防水砂浆或防水混凝土，用以堵塞地下室、水池等构筑物漏水的缝、洞。拌制好的防水水泥浆或砂浆，在使用时不能再加水稀释，否则会产生黏结脱离现象。　　（余剑英）

防污瓷绝缘子　antipollution type porcelain insulator, pollution proof insulator

其外形按污秽大气地区使用要求而设计的瓷绝缘子。污秽种类不同，其结构亦不同。与普通同类型绝缘子相比，其线漏距离较大，有较多较大的伞裙。对于工业污秽地区用绝缘子应考虑有良好的自洁性能，即应有充分被风雨清洗的表面部分。对于盐雾地区用绝缘子应具有较大的保护空间，以避免整个表面被污秽覆盖。防污瓷绝缘子可施半导体釉。　　（邢　宁）

防污能力　pollution proof capacity

瓷绝缘子抵抗大气污染表面的能力。在工业污秽地区或接近海岸、盐湖和重雾的地区，要求瓷绝缘子有良好的自洁能力，即能充分利用风雨清洗自身的表面，防止污物积累而导致表面漏导。因此，要求绝缘子表面光滑，不易结露不玷污。防止结露的方法之一是采用半导体釉，利用其漏导发热，使绝缘子表面温度高于大气温度 $1\sim5℃$，保持表面干燥和不易沾灰尘。　　（陈晓明）

防污漆　anti-fouling paint

又称船底防污漆。防止海洋生物附着污损，保持浸水结构光洁无物而使用的一种油漆。由主要成膜物质（如沥青、乙烯基树脂、氯化橡胶等）、松香（为渗毒助剂）、毒料、（有 Cu_2O、HgO、三丁基氟化锡、双对氯苯基三氯乙烷、六氯化苯）、颜料（有 ZnO、TiO_2、Fe_2O_3）等组成。涂刷后，涂膜中毒剂向海水渗出，在漆膜表面形成毒液薄层，用以抵抗或杀死停留在漆膜上的海洋生物孢子或幼虫，起防污效果。根据防污漆内部结构及毒剂渗出机理，可分溶解型、接触型、扩散型。适用于船舶水线以下部位、水下建筑物、码头、浸水构筑物的防污、防蛀等。主要有沥青防污漆、松香防污漆、氯化橡胶防污漆等。　　（陈艾青）

防污条　masking tape, antistain strip

又称遮挡条。在嵌填密封膏的施工过程中，为防止接缝周围的构件被密封膏等材料污染并保持嵌缝的整齐美观而事先粘铺于接缝两边的胶条。其材料可以是纸、塑料薄膜等。对其要求是：易于粘铺和剥离，不受施工使用的溶剂侵蚀，施工完后剥离胶条时不应把被黏结面上的涂料一起剥掉，并不得留有胶条粘贴痕迹。　　（孔宪明）

防雾剂　antifogging agent

又称流滴剂。为防止雾害而使用于透明塑料上的一类助剂。透明及采光材料，在潮湿环境中，当温度达到露点以下时，水蒸气在材料表面凝成微细水滴，造成表面雾化，有碍光的透过，从而大大降低透明度、减少光照强度、妨碍视线等。防雾剂是一类带有亲水基的表面活性剂，化学组成多是脂肪酸与多元醇的部分酯化物，如 $C_{11}\sim C_{22}$ 的饱和酸或不饱和酸，甘油、山梨糖醇等多元醇。有内加型和外涂型两种，前者不易损失，效能持久，但对于结晶性较高的聚合物难以获得良好的防雾性。后者使用方便，成本较低，但耐久性差，短期效果明显，易被洗除。　　（刘柏贤）

防锈铝　anti-rust aluminium

不能用热处理强化，只能用冷压力加工（冷作硬化）方法来提高其强度和硬度的铝-锰和铝-镁系合金。比纯铝有较高的强度和硬度，良好的塑性，抗蚀性好，压力加工性及焊接性好。牌号常用LF两字母及一组顺序号表示，常用的有LF21、LF2、LF3、LF5、LF6等，其中LF21为铝锰合金，含锰 $1.0\%\sim1.6\%$，其余为铝镁合金，含镁量在 $0.8\%\sim7.5\%$ 之间。广泛应用于航空工业，制造承受焊接的零件、管道、油箱及在 $70℃$ 以下腐蚀环境中工作的壳体、容器和管道等。在建筑中用作各种门窗及装饰材料。　　（许伯藩）

防锈涂料　anti-rust coating

又称金属防锈漆。用作钢铁基底涂层防止自然腐蚀及酸、碱等化学药品侵蚀的涂料。以有机高分子聚合物为成膜物质，加防锈颜料、填料等组成。具有附着力强、防水、防锈性能好，涂膜干燥快等特点。适用于钢铁制品表面涂饰。有红丹醇酸防锈漆、水性氯-偏防锈漆等。　　（陈艾青）

防锈油　anti-rust oils

由矿物油和植物油为基料加入防锈剂等添加剂所制成的起防锈作用的油性涂料。多用于工件或制品的贮存防护。可分为水膜置换型、溶剂稀释型、水溶型、防锈润滑型及厚膜型（如防锈脂）等。可采用浸、喷、刷、涂等施工方法，在工件或制品表面形成油膜，以达防锈目的。优点是原材料来源丰富、价格低廉、施工工艺简单，但油膜膜层易损伤、易污染和不耐久，故使用范围受到限制。

　　（洪乃丰）

防藻水泥　anti-weeds cement

高铝水泥熟料中掺入适量硫磺（或含硫物质）及少量促硬剂（如消石灰）磨制成的水泥。具有防止藻类附着、减轻藻类破坏作用的性能，主要用于潮湿背阴结构的表面。　　　　　（王善拔）

防振绝热阻尼浆　vibration isolation and thermal insulation damp pulp

以橡胶为基料制成的兼具绝热功能的阻尼防振涂料。由氯丁胶乳、环氧树脂、胡麻油醇酸树脂、膨胀珍珠岩、石棉粉、萘酸钴液、萘酸铅液、萘酸锰液等配成。损耗因数 η 值 $(3\sim5)\times10^{-2}$。防振绝热效果良好。用于燃气轮机和机车顶篷或各类机车车体防振及降低噪声辐射。　（陈延训）

防振涂料　anti-vibration coating

又称阻尼涂料。能减弱振动、降低噪声的特种涂料。由黏弹性聚合物（如氯丁橡胶、聚丙烯酸酯共聚物、不饱和聚酯树脂等）、填料（如蛭石、珍珠岩、石棉、二硫化钼等）、溶剂、增塑剂等组成。一般可分为单组分防振涂料和多组分防振涂料两类。适用于振动的平板状壳体，如航天器壳体、飞机壳体、汽车壳体、汽车底盘以及振动机械壳体等部位，以抑制壳体结构的振动及噪声发射。
　　　　　　　　　　　　　　　（陈艾青）

防中子玻璃　neutron protective glass; neutron shielding glass

对中子辐射（一般指热中子和慢中子）有较大吸收能力的玻璃。中子对玻璃作用特征决定于中子的能级，在实验条件下中子的能级范围波动很大，虽然热中子能与玻璃中的 Li^+、B^{3+}、Cd^{2+} 等离子反应而被俘获，但对能级高穿透性极强的快中子，就难于阻挡。因此通常先用含氢物质（水或石蜡等）使快中子速度减慢，然后用含大量 CdO、In_2O_3、Gd_2O_3 等对中子吸收截面积较大的氧化物玻璃有效吸收中子。　　　　（刘继翔）

防紫外线玻璃　document glass; UV-absorbing glass

又称吸收紫外线玻璃。有较大能力吸收波长 360nm 以下的紫外线而透过可见光线的玻璃。Fe^{3+}、Ce^{3+}、Ti^{4+}、V^{5+}、Cr^{6+}、Pb^{2+} 等离子具有紫外吸收性质。通常在铅硅酸盐玻璃中引入适量的 CeO_2，于氧化气氛中熔制。主要用于文物保护以及制作照相、电影、电视摄影时滤去紫外波长部分的滤光镜片。　　　　　　（刘继翔）

防 γ 射线玻璃　γ-ray protective glass

对 γ 射线有较大吸收能力的玻璃。吸收能力随玻璃密度增大而提高，为此多采用 PbO、Bi_2O_3 和 WO_3 等重金属氧化物含量较高的铅硅酸盐玻璃熔制。其密度均在 $4.5g/cm^3$ 以上。受辐射后的玻璃显色可经日照或加热而消色，其过程可逆。使用时可根据 γ 射线铅当量确定玻璃厚度，在总放射剂量不变情况下，随选用玻璃密度的增加厚度相应减薄，并延长辐射变黑时间。中国常用 ZF 玻璃，其中 ZF_7 密度为 $5.19g/cm^3$，已开始使用密度为 $6.2\sim6.5g/cm^3$ 的玻璃。主要用于 γ 射线照射室，热核裂变的试验箱和加速器（电子回旋和线性加速器）窥视窗等的屏蔽材料。　　（刘继翔）

房间常数　room constant

表征一个房间活跃程度或沉寂程度的量值。用符号 R 表示，单位为 m^2。其值为：$R=S\bar{\alpha}/(1-\bar{\alpha})$，式中 S 为房间总表面积（m^2）；$\bar{\alpha}$ 为房间内表面的平均吸声系数。R 愈大房间愈沉寂。
　　　　　　　　　　　　　　　（陈延训）

仿花岗岩瓷砖　artificial granite porcelain tile

又称通体砖。无釉、炻质或瓷质具有天然花岗岩装饰效果的片状陶瓷饰面材料。加入各种陶瓷颜料的粉料与不加陶瓷颜料的粉料混合，经半干压成型后烧成。整个坯体均有颜色，表面亦可印有约 1mm 深的结晶花纹或其他图案。外表面可为平面或毛石面，平面制品可像加工天然花岗岩一样抛光。其性能要求为：莫氏硬度 7，抗折强度大于 50MPa，吸水率小于 1%。主要用于机场、宾馆、展览馆、学校、办公楼、住宅等地面或墙面装修。
　　　　　　　　　　　　　　　（邢　宁）

纺织纤维壁纸　yarn wall paper

用丝、毛、棉、麻等纤维制成色泽、粗细各异的线，按一定花色图案复合于专用纸基上制成的内墙装饰材料。它给人一种柔贴、和谐和舒适的高雅华丽感，不褪色，无反光，无毒无害，防静电，装饰效果好，但价格偏高，不易清扫。宜作高级建筑的饰面材料。　　　　　　　　（姚时章）

放热峰　exothermic peak

见吸热峰（537页）。

放射线阻挡玻璃　radiation resistant glass

能使通过玻璃的放射能降低到对人体无害且具有一定透视度的玻璃。对高能放射线辐照时能发生散射、减速、吸收并转变为热能。有相对密度约为 2.50 的掺铈的钠钙玻璃；相对密度为 3.20～3.60 的掺铈的铅玻璃；相对密度为 4.20～5.20 的掺铈高铅玻璃；相对密度为 6.50 的无铈高铅玻璃四种。可根据辐射强度和使用条件选择一种或两种玻璃组合使用。　　　　　　　　　　（刘继翔）

放张强度　releasing strength of prestressed concrete

先张法制作预应力钢筋混凝土制品或构件，放张预应力钢筋时要求混凝土应达到的抗压强度。必须符合设计要求,如无设计要求,不得低于设计强度的70%。提前放张将由于预应力钢筋的回缩而引起较大的预应力损失,放张顺序亦应符合设计要求。

(孙复强)

fei

飞昂 cantilever

《营造法式》卷四释飞昂之异名有五:櫼、飞昂、英昂、斜角、下昂。在出檐的斗栱构造中,外跳层层跳出的构件有两种,一种是水平放置的华栱,一种是头(外)低尾(内)高的斜置的下昂。五异名中,斜角应指四阿屋顶之角昂,即宋式转角铺作,櫼亦偏指角昂,参见櫼栌(229页)。英昂应指重昂。《尔雅·释山疏》山形两重者名英。

(张良皋)

飞磨石 stone rammer

又称石碾。四周系绳的鼓形打夯石。用以打实土壤。使用时一人领号并掌握方向,若干人拉绳,反复地提起并向下冲击,将松散材料夯实。

(马祖铭)

飞石安全距离 safe distance of the flying stone

个别飞石或破碎飞散物对人员、建筑物、构筑物及设备等不致造成危害和损坏的距爆源的最小距离。地面爆破时,会有个别飞石或破碎飞散物脱离主爆堆飞散很远,易引起事故。飞散距离与飞石的初速度、发射角、地形、风向和爆破参数等因素有关。中国常用的经验式为

$$R_f = 20 K_f n^2 w$$

式中 R_f 为飞石安全距离(m);K_f 为安全系数;n 为爆破作用指数;w 为最大一个药包的最小抵抗线(m)。避免过量装药、精确计算爆破参数和提高堵塞质量是减少个别飞石的重要措施。

(刘清荣)

非铂漏板拉丝炉拉丝 remelt process by non-platinum bushing

俗称全代铂炉拉丝。电炉坩埚中电极、漏板和埚身均采用非铂铑合金材料的坩埚拉丝。坩埚中的电极材料常为钼或钼合金,漏板材料为镍基合金。所使用的玻璃球多为中碱低拉丝温度玻璃成分。该法不用铂铑合金,便于小型玻璃纤维企业采用。

(吴正明)

非常光 extraordinary light

见常光(45页)。

非承重空心砖 non load-bearing hollow brick

只承受自重而不承受建筑物结构荷载的空心砖。孔洞率在30%以上,高的可达60%或更大,表观密度为800~1 100kg/m³,强度为5~10MPa,主要规格(mm)为290×290×115、290×290×150、240×115×115、240×115×240等。主要用于非承重墙或作为钢筋混凝土预制空心砖墙板、空心砖楼板和空心砖檩条的填充材料。砌筑时孔洞方向为水平孔。

(何世全)

非合金钢 non-alloy steels

合金元素含量低于标准规定含量界限值的钢。规定含量界限值参见钢(139页)。按主要质量等级分为普通质量、优质和特殊质量三类。普通质量非合金钢包括一般用途碳素结构钢、碳素钢筋钢、铁道用一般碳素钢和一般钢板桩型钢;优质非合金钢包括机械结构用优质碳素钢、工程结构用碳素钢、冲压薄板的低碳结构钢、镀层板和带用的碳素钢、锅炉和压力容器用碳素钢、造船用碳素钢、铁道用优质碳素钢、焊条用碳素钢、用于冷锻、冷挤压、冷冲击、冷拔的对表面质量有特殊要求的非合金钢棒料和线材、非合金易切削结构钢、电工用非合金钢板和带、优质铸造碳素钢等;特殊质量非合金钢包括保证淬透性和厚度方向性能非合金钢、铁道用特殊非合金钢、航空和兵器专用非合金钢、核能用非合金钢、特殊焊条用非合金钢、碳素弹簧钢、特殊盘条钢及钢丝、特殊易切削钢、碳素工具钢和中空钢、电磁纯铁和原料纯铁等。

(许伯藩)

非活性混合材料 inactive additives

活性指标不符合标准要求的潜在水硬性或火山灰性水泥混合材料以及石灰石和砂岩等。将其磨细与石灰加水拌合,一般很少或不能生成具有胶凝性的水化产物。在普通硅酸盐水泥中,可用它代替部分活性混合材料以降低成本。在某些情况下还能改善水泥性能,例如石灰石中的 $CaCO_3$ 能与熟料矿物 C_3A 作用生成 $3CaO \cdot Al_2O_3 \cdot CaCO_3 \cdot 11H_2O$,使普通水泥早期强度提高;在油井水泥中,井内的高温使石英能与 $Ca(OH)_2$ 作用生成胶凝性水化产物等。

(陆 平)

非结构胶粘剂 non-structural adhesive

粘接强度较低,一般用于非主要受力部位的胶粘剂。通常指剪切强度15MPa以下、不均匀扯离强度3MPa以下的胶粘剂。一般的天然胶粘剂、热塑性高分子胶粘剂及橡胶胶粘剂等均属于非结构胶粘剂。用各种材料的粘接。

(刘茂榆)

非金属夹杂物 nonmetallic inclusions

金属材料中非金属元素氧、氮、硫与金属元素

铁、锰、铝、钛等组成的氧化物、氮化物、硫化物和硅酸盐、尖晶石等复合氧化物的总称。它们不溶解于金属基体，独立地存在，分割和破坏基体金属的连续性，降低材料的机械性能和工艺性能。在夹杂物与基体的界面间常易引起应力集中，产生裂纹源，使裂纹扩展，大多被认为是有害的。因此夹杂物含量和分布是评定钢质量的一个重要指标，是优质钢和高级优质钢，尤其是轴承钢常规检验项目之一。国家标准规定应限制在一定级别范围内。

（高庆全）

非金属龙骨 non-metal keel

以非金属材料如木材、石膏条板、纤维增强水泥板等为原材料制成的龙骨。按材料种类有木龙骨、纸面石膏板龙骨、浇注石膏加筋龙骨、泡沫塑料纤维水泥龙骨、石棉水泥板龙骨等。断面形状有矩形、工字形。可采用粘结和钉锚相结合方式与墙面板材构成整体，改善墙体变形、隔声、防火性能。具有金属用量少、造价低廉、墙体刚度较好等优点，但材料脆性较大、复合工艺较复杂。

（萧愉）

非金属涂层 non-metallic coating

由非金属材料构成的涂覆层。主要用于金属防护，也用于耐磨、装饰、标志等多种目的。可分为无机和有机两类，无机类有水泥基涂层、硅酸盐涂层、陶瓷涂层等；有机类包括油基、天然与合成树脂基的各类涂料。一般均需要制成底涂层、面涂层和中间层。用浸、喷、刷、涂、电泳和静电喷涂等方式在制品表面成膜。可依据使用环境和目的选用不同品种的涂层材料和涂装方法。建筑物、桥梁、管道槽罐及小型设备、部件等所采用的防护涂层中，涂料占据重要地位。

（洪乃丰）

非离子表面活性剂 nonionic surfactant, nonionic surface active agent

在水中不离解成离子的表面活性剂。其亲水基主要由具有一定数量的含氧基团（一般为醚基和羟基）构成。有聚氧乙烯型、多元醇型，如多元醇脂肪酸酯，聚氧乙烯脂肪醇醚，聚氧乙烯烷代酚醚等。常用作乳化剂、润湿剂、洗涤剂，也可用作混凝土外加剂。对酸和碱都较稳定，可与阴离子型或阳离子型表面活性剂一起使用。

（陈嫣兮）

非离子乳化沥青 non-ionic emulsified asphalt

用非离子乳化剂配制而成的乳化沥青。褐色或深棕色乳状液体。无毒、无味、不燃。由沥青、非离子乳化剂、水和辅助材料所组成。非离子乳化剂溶于水后，不产生电离，沥青微粒表面分子保护膜不带电，稳定性较差。需增加分散介质的黏度，以减缓沥青微粒碰撞速度和强度，防止聚析。常用的非离子乳化剂有二氧乙烯脂肪醇醚、烷基苯酚环氧乙醚等。增黏剂有聚乙烯醇、羟乙基纤维素等。用于建筑防水、铺筑路面。

（刘尚乐）

非牛顿液体 non-Newtonian liquid

又称非线性牛顿液体，广义牛顿流体。剪切应变速率与相应的剪应力之间不满足线性关系的液体。其流变曲线如图所示。一般黏性较大的液体，如油脂、涂料、牙膏、动物血液、泥浆等都属于这种液体。

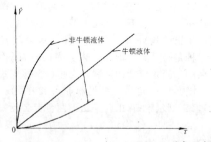

（宋显辉）

非膨胀型防火涂料 non-expansive flame-retarding paint

又称非发泡型防火涂料。涂层受热不发泡不膨胀的阻燃涂料。有两类：①不燃性涂料：由无机黏合剂（如硅酸钠）和无机阻燃剂等组成。涂层不燃烧、不发烟，受火生成釉状保护层以隔绝氧气而起防火保护作用。适用于混凝土、石材、金属等无机建材和木材及其复合制品的表面涂饰；②防火漆，即阻燃漆：由清漆或磁漆中加入卤系阻燃剂和锑系阻燃剂等而制成。适用于各种建材，装饰效果好，但对基材的防火保护不理想。

（徐应麟）

非破损检验 nondestructive inspection, nondestructive testing

又称无损检测。是以不损坏被检验对象为前提的一门检验技术。以物理学、力学、电子学和材料科学为基础，通过不同的检测手段（如射线、超声波、磁粉、渗透、涡流、激光、着色、声发射、红外光、微波等）及时准确地判断工程材料及其构件的各项性能指标，如几何性能、机械性能、热性能、电磁性能、物理性能、内部缺陷等。为保证材料及其构件在安全可靠的基础上经济、有效地使用提供依据。是保证产品质量、使用安全的重要手段，也是设备运行的重要监察手段。在材料研究使用，建筑施工等很多领域内得到广泛应用。

（宋显辉）

非弹性密封带 nonelastic sealing tape

以聚丁烯、聚丙烯或丁基橡胶等为基料制成的密封带。具有良好的耐臭氧老化性，耐热性，耐酸性。透气性小，弹性较低。适用于建筑工程非变形

缝的密封。　　　　　　（洪克舜　丁振华）

非下垂型密封膏　non-sag sealing caulk

又称非流淌型密封膏，可注射密封膏。在规定温度条件下涂于竖向缝时，下垂度不大于3mm的密封膏。将密封膏填入100mm×20mm×10mm的，两端开口的金属槽内，在50±2℃或70±2℃恒温器中垂直吊悬5h，其下垂值小于3mm视为不下垂型。单组分或多组分密封膏均可做成非下垂型的。按施工季节可分为夏季施工型和冬季施工型。是一种应用范围很广的密封材料。金属、混凝土、玻璃及内、外砖墙等基体的接缝均可以应用。常见的有聚氨酯类、聚硫橡胶类、聚醚类、硅酮橡胶类、聚丙烯酸酯类等，可用于建筑物的竖向接缝的密封防水或防风尘。　　　　　　（徐昭东　孔宪明）

非蒸发水　non-evaporable water

在人为规定的条件下，硬化水泥浆体干燥至恒重后仍保留的水。常采用的测试条件为：大气压下在105℃下干燥；在-78℃的干冰上真空（气压小于0.001Pa）干燥；或在$Mg(ClO_4)_2 \cdot 2H_2O - Mg(ClO_4)_2 \cdot 4H_2O$ 上真空（气压小于0.001Pa）干燥。非蒸发水量可近似地作为化学结合水的量度，因干燥时硫铝酸钙和六方水化铝酸钙和水化硅酸钙在此蒸气压下将失去部结晶水。在完全水化的硬化硅酸盐水泥浆体中非蒸发水量最大约可达水泥干重的23%左右。　　　　　　（陈志源）

废料固化混凝土　hazardous waste filled concrete

用水泥对有害废料进行处理硬化而成的混凝土块体。一些含有有害物质的泥浆状液体或固体的工业废料或放射性废料，经成型为混凝土固化后，以便弃置于海洋或陆地。处理过程较为复杂。根据废料的成分、性状及其变化以确定所用的水泥品种、混合料配比及外加剂种类。处理方法有搅拌机法、滚筒法、注入法等多种。前者和普通混凝土制品的制作过程相似。把废料、水、水泥等经配合、搅拌后装入容器内或脱模后制成块体。对固化混凝土的技术要求为须具有所要求的强度和弹性模量等物理力学性能；不再溶出有害物质，污染生态环境；运输放置过程中不会破损，可迅速沉降堆积在海底，耐水压力及海水的侵蚀。　　　　　　（孙复强）

废橡胶　scrap rubber; waste rubber

橡胶的边角料和不再使用的旧橡胶制品的总称。主要来源于废旧轮胎以及胶鞋、管、板等杂胶。其中大部分经切胶、洗涤、粉碎、脱硫和精炼加工，制成再生胶。轮胎类废胶需去除纤维类杂质。经粉碎处理后的废胶粉也可直接加入胶料配方中作填料或作沥青的改性材料。　　（刘柏贤）

沸石水泥　zeolite cement

以沸石为混合材料的火山灰质硅酸盐水泥。由硅酸盐水泥熟料和沸石、适量石膏磨细制成。沸石的掺量按质量百分比计为20%～50%。具有火山灰质硅酸盐水泥(213页)的性能和用途。　　（冯培植）

沸石岩　zeolite

又称泡沸石。沸石族矿物的总称。包括一系列含水的钾、钠以及钙、钡的铝硅酸盐矿物。化学式可用$M_{2/n}O \cdot Al_2O_3 \cdot xSiO_2 \cdot yH_2O$ 表示，式中M为碱或碱土金属阳离子，n为阳离子价数，$x = 2 \sim 10$，$y = 2 \sim 7$。有30多种沸石矿物，如斜发沸石、丝光沸石、菱沸石等。常呈浅色、玻璃光泽，硬度3.5～5，相对密度1.92～2.80。矿物具有硅酸盐架状结构，有很多大小均一的空洞和孔道，它们被离子和水所占据，受热时部分或全部脱水而不破坏结晶格架，具有可逆脱附自由沸石水的特性。另外，其阳离子与格架的联系较弱，可被其他阳离子所交换，具有阳离子交换性质。每种沸石有一定直径的空洞和孔道，可筛除大小不同的分子。主要用作分子筛、离子交换剂、造纸、煤气净化、氧氮分离、石油化工催化剂等。也可用作水泥活性混合材料，但活性较低。　　　　（陆　平　王善拔）

沸腾钢　rimming steel

采用弱的脱氧剂、锰铁和硅铁，使发生碳氧反应钢液脱氧不完全的钢。当钢液在锭模的凝固过程中发生碳氧反应放出一氧化碳而使液面形成沸腾现象，故得名。常用来轧制各种不同厚度的低碳薄钢板（如深冲板，锅炉钢板和焊接钢管）和线材。生产操作简单，金属收得率高，其产品钢板表面质量好，成本低，获得广泛使用。但偏析大，化学成分不均匀，机械性能较差，含氧量高，低温和时效脆性大，一般限于低碳普通钢，不宜做低温构件和重要的构件。在其钢号后面加沸字（或F）表示。
　　　　　　（许伯藩）

沸腾炉渣空心砌块

用沸腾炉渣硅酸盐混凝土制成的空心砌块。由于沸腾炉渣类似于自燃后的煤矸石，因此其生产工艺和各项性能及用途均与煤矸石空心砌块相同。
　　　　　　（沈　琨）

费勒混凝土强度公式　Feret expression

表征混凝土强度R与其水泥、水、空气含量绝对体积c、e、a关系的表达式：$R = K[c/(c+e+a)]^2$。式中K是一个常数。是法国费勒（Feret）在1896年建立的一个水泥混凝土普遍适用的公式，阿勃拉姆斯（Duff Abrams）在1919年所建立的水灰比定则实质上可看作此式的一个特例。
　　　　　　（徐家保）

费米能级　Fermi level
　　温度为绝对零度时固体能带中充满电子的最高能级。常用 E_F 表示。对于固体试样，由于真空能级与表面情况有关，易改变，所以用该能级作为参考能级。电子结合能就是指电子所在能级与费米能级的能量差。
（潘素瑛）

fen

分贝　decibel
　　贝〔尔〕（Bel）的十分之一，单位符号为 dB。贝〔尔〕是一个量（如声压、声强、声功率等）与同类基准量的比的对数，对数的底是 10。分贝表示相对量，使用时应加注基准量，如 $L_W=80dB$，意思是该声源声功率比基准声功率 $W_0=10^{-12}$（W）高 80dB。
（陈延训）

分布钢筋　distribution reinforcement
　　又称温度钢筋。一种配置在钢筋混凝土板内的非受力钢筋。沿板的横向配置，与纵向受力钢筋相垂直，放在其内侧。其功用为：能更好地将结构构件所受的集中荷载均匀地分布到受力钢筋上去；浇筑混凝土时，保持受力钢筋规定的间距；抵抗混凝土硬化时因收缩和温度变化而引起的拉应力。
（孙复强）

分布函数　distribution function
　　若随机变量小于某值的概率，设 ξ 是一个随机变量，x 为任一实数、函数 $F(x)=P(\xi<x)$ 称为随机变量 ξ 的分布函数。分布函数充分描绘了随机变量的统计规律，由它可以决定随机变量取各种值的概率。对于离散随机变量，常用分布列 $P(\xi=x_i)=P(x_i)=p_i$，$i=1,2,\cdots\cdots$ 来描述其概率分布，如质点系的质量分布。对于连续随机变量，则用密度函数 $f(x)$ 描述其概率分布，$f(x)$ 满足：$f(x)\geq 0$，$\int_{-\infty}^{+\infty}f(x)dx=1$，如棒材的质量密度。离散随机变量的分布函数可表示为 $F(x)=\sum_{x_i<x}p_i$；连续随机变量的分布函数可表示为 $F(x)=\int_{-\infty}^{x}f(t)dt$。
（许曼华）

分层度　stratification; stratified depth
　　表征砂浆保水性的指标。用砂浆分层度测定仪按规定方法测出刚拌制好时砂浆的沉入度 S_1，然后静置 0.5h，测出容器下半节内砂浆的沉入度 S_2，算出差值 S_1-S_2（以 cm 计），即为所测的分层度值。此值愈大说明砂浆的保水性愈差，一般以 1~2cm 为宜；小于 1 接近于 0 的砂浆用以砌筑砖、石时可不必预湿，但用于抹面时易干裂；大于 2 的砂浆容易泌水离析，难于施工。
（徐家保）

分隔式蓄热室　partitioned regenerator; divided regenerator
　　横火焰池窑每侧各小炉单独拥有的煤气蓄热室和空气蓄热室。与连通式蓄热室相比，优点是：调节闸板位于低温处，较易调节各小炉的气流量和易于实现窑内纵向温度制度和气氛性质的调节；可减少气流死角，提高容积利用率；便于热修。但结构复杂，占地面积大，烟道长，气流阻力大。用于对窑内温度制度和产品质量要求较高的窑炉。
（曹文聪）

分光光度法　spectrophotometry
　　研究和测定物质对单色光的吸收特性，进行成分分析的方法。将光源光经棱镜或光栅色散后的单色光投射到试样上，测量试样对不同波长单色光的吸收程度，获得以波长为横坐标，吸收率（或透过率）为纵坐标的吸收光谱曲线。若与已知物质的标准吸收谱相对照可进行定性分析；用标准曲线法（配制三个或三个以上已知准确浓度的试样溶液，预先制作浓度-吸收率标准曲线，在同一条件下测量被测试样的吸收率，由标准曲线查出相应元素的浓度）可进行定量分析。根据光源波长，可分为紫外可见分光光度法和红外分光光度法。该法使用了单色光作光源，灵敏度、准确度、选择性和应用范围都超过比色法，有代替比色法的趋势。
（潘素瑛）

分光光度计　spectrophotometer
　　以单色器获得的不同波长单色光作入射光源照射物质，测量物质对辐射光的吸收程度的分析仪器。主要有光源、单色器（棱镜或光栅）、试样槽、检测记录系统等部分组成。由于应用了单色器分光获得波长范围很窄的单色光（数纳米至零点几纳米），又采用了光电倍增管等高灵敏度的检测放大元件，其灵敏度、精密度和选择性高，可应用的波长范围大。按适用的波长范围，可分为可见分光光度计、紫外-可见分光光度计和红外分光光度计。根据显示结果的方式，分为读出式、自动记录式和数字显示式，按光束数分为单光束型和双光束型。能同时提供两种不同波长光的称为双波长分光光度计，它可消除非特征吸收对测定的干扰，使准确度提高。近年来，新型产品不断出现，如用激光作光源，扩大了使用的波长范围，仪器灵敏度也大大提高，特别是采用计算机控制和数据处理，构成完善的自动化分析装置。
（潘素瑛）

分计筛余　separative percentage retained
　　分计筛余百分率的简称。集料试样经过按规定方法筛分后各号筛上的筛余量除以试样总质量的百

分率。用于计算累计筛余。对于细集料尚可用来计算其平均粒径。 （孙宝林）

分离方法 separation methods

为使待测组分与干扰组分分离以便进行定量测定所用的方法。消除干扰的办法有多种，如利用生成络合物的掩蔽作用，借助于氧化还原反应预先改变共存离子的价态，严格控制测定的条件等。但在不少的情况下，使用上述诸法不能解决干扰问题，常需采用下面的分离方法：①沉淀分离法，加入适当的试剂把干扰离子转化成沉淀，然后将其滤去。为了取得彻底分离，常需小心地控制 pH 值。它主要包括无机沉淀剂、有机沉淀剂与共沉淀三种分离法；②溶剂萃取；③离子交换；④色谱分析法，分离效率高，能把各种性质极相类似的组分彼此分离，然后分别加以测定；⑤控制阴极电位的电解分析法，在分析化学中是一种很重要的分离手段。有时为了测定试样中的微量成分，在进行分离时也进行富集。例如，可用共沉淀分离法富集微量成分。
 （夏维邦）

分料 segregation, batch segregation

又称分层。均匀料产生同粒度料、同密度料、同成分料的富集。分为粉状料分层和熔化料分层两类。粉状原料因运输中的振动、高度上的落差产生同粒径原料富集和密度相近原料的富集，粉状料分料的产生与料粒间存在粒度差、密度差、粉料过于干燥、静电荷、流动能力、休止角等有关。按粉状料分料机理分有落差分料、振动分料、搅拌分料等。熔化料分层指在高温熔化料时，易熔料流动较早而造成分料，料堆越陡峭，分料越严重。凡分料都导致成分变化，不利于配合料与玻璃液的均化。
 （许　超）

分散度 degree of dispersion

在分散系统中，被分散的物质的分散程度。分散粒子愈小，则分散度越高，系统内的界面面积愈大，系统也愈不稳定，通常以单位体积（或重量）的物质粒子的表面积来表示分散程度。
 （孙复强）

分散剂 dispersant

又称扩散剂。能促使絮凝的固体粒子或液滴分散为细小粒子悬浮于液体中的物质。多数为表面活性剂，主要能降低粒子间的吸附力，防止粒子的絮凝。可用作乳化剂、稳定剂。用于混凝土可防止水泥加水搅拌时形成絮凝团，从而改善其水泥浆的流动性。用于涂料工业可分散涂料、降低稠度、提高遮盖力和颜色着色力，改善涂料的流平性。
 （陈嫣兮）

分散介质 dispersing medium

见分散体系。

分散体系 dispersion system

一种或几种物质分散在另一种物质中所形成的体系。其中被分散的物质称为分散相，它存在的介质称为分散介质。例如，颜料分散在油中形成涂料，颜料是分散相，油为分散介质。如按分散相粒子的大小分类，可分为：①低分子分散体系，被分散的物质，以分子、原子或离子的大小均匀地分散在分散介质中，可形成均相的混合气体、液态溶液或固态溶液，被分散粒子的半径小于 1nm。②高分子溶液，高分子化合物以单分子的形式分散在溶剂中形成单相的溶液，高分子的半径为 1～100nm。③胶体分散体系，分散相粒子是由很多分子、原子或离子组成的集合体，粒子半径介于 1～1 000nm 之间，为多相、高度分散、热力学上不稳定的体系。④粗分散体系，分散相粒子半径约在 100～10 000nm 的范围，为多相热力学不稳定体系。可分为泡沫（气体分散在液体中）、乳状液（液体分散在液体中，如乳化沥青）和悬浮液（固体分散在液体中，如混浊的泥浆水等。） （夏维邦）

分散相 dispersed phase

见分散体系。

分位值

见混凝土特征强度（210页）。

分析电子显微镜 analytical electron microscope, AEM

一种兼有传统透射电子显微镜功能和扫描透射电子显微技术（STEM）观察扫描透射像，进行微区分析和微衍射等方面研究的电子显微镜。包括扫描透射电子显微系统、能量色散谱仪（EDS）或电子能量损失谱仪（EELS）。是在透射电镜中附加扫描线圈，使电子束在薄膜试样表面扫描，探测器在试样的上方可探测二次电子，获得二次电子像；探测器在试样下方可探测透射电子，经电子放大系统获得与质量、厚度有关的形貌像，即扫描透射像。其衬度优于一般透射电镜的形貌像，分辨率优于扫描电镜，达 1.5nm。可以在进行晶体结构分析的同时进行微区成分分析，估计试样中杂质含量，扩大了透射电镜的应用范围。 （潘素瑛）

分析试样 analytical sample

简称试样。由大量物料制备的、能代表全部物料平均组成的、供分析实验用的少量物质。应根据物料的情况，按一定的操作规程制成有代表性的样品。否则，试验结果不能反映整个物料的平均组成。 （夏维邦）

分析天平 analytical balance

准确称量物体质量（或重量）的一种仪器。根据杠杆原理制成，有等臂式和不等臂式两类。前者如电子分析天平，后者如单盘读数天平。为使称量快速方便，一般装上空气阻尼器、机械加码和光学读数装置等。按照感量的大小可分为：普通分析天平（感量为 10^{-4}g），微量天平（感量是 10^{-6}g），超微量天平（感量可达 10^{-8}g）。电子分析天平是一种新型天平。它借助于电传感器和调节放大器，以测定砝码的小数部分，测量结果在数字显示器上显示。如连有打印元件，能自动记录称量结果。此外，还有电天平（electrobalance）等，如 Cahn 电天平的感量为 $0.1\sim0.02\mu g$。　　　（夏维邦）

分相乳浊玻璃　phase separated opal glass

玻璃中含有均匀分散着的微小球状液滴（玻璃粒子）的乳白色玻璃。基础玻璃中含有两种玻璃形成氧化物且含量高，在冷却或热处理过程中易产生相分离形成无定形液滴结构，其折射率不同于主体玻璃，呈现乳白色。具有较低的热膨胀系数，优异的耐热和耐蚀性，透光适中，常用来制造耐热玻璃炊具，也应用于建筑、照明和装饰等方面。
（许淑惠）

分子间力　intermolecular forces

又称范德华力。存在于分子之间的一种较弱的相互作用力，是取向力、诱导力和色散力的总称。所谓取向力是两个具有永久偶极的极性分子间的相互作用力。由于非极性分子在极性分子的作用下产生诱导偶极矩，极性分子的偶极矩和非极性分子的诱导偶极矩间的相互作用力叫诱导力。因分子在运动过程中电子云不是绝对球形分布的，故产生瞬间偶极矩，而在相邻分子中产生诱导偶极矩，其间的相互作用力称为色散力。分子间相互作用能的数量级为 1kJ/mol，比化学键的键能小很多。它一般没有方向性和饱和性。其作用范围约有几十个 nm。通常表现为吸引力，但当分子彼此非常接近时，由于电子云之间，以及原子核之间的互相排斥而变成斥力。分子间力对由共价型分子所组成的物质的一些物理性质，如熔点、沸点、熔化热、气化热、溶解度和表面张力等都有较大的影响。（夏维邦）

分子晶体　molecular crystal

依靠分子间力将分子联结起来形成的晶体。在其晶格结点上排列着分子。由于分子间力较弱，分子晶体的硬度较小，熔点较低，固态与熔融态都不导电。很多非金属单质、非金属元素所组成的化合物，以及大部分有机化合物都能形成该类晶体。
（夏维邦）

分子量分布　molecular weight distribution

组成聚合物中不同分子量聚合物的相对量。聚合物经过分级并测定各级分的量（分数）和各级的平均分子量（或平均聚合度）即可用曲线来描述其分布的状况。此曲线称为分子量分布曲线（或聚合度分布曲线）。分级的方法常用沉淀法、溶解法和凝胶渗透色谱法。$\overline{M}_w/\overline{M}_n$（参见平均分子量，376 页）称为非均匀指数，用来衡量分子量分布的宽窄，比值越大的聚合物，其分子量分布越宽，多分散性就越大。分子量分布的宽窄决定于聚合反应机理、副反应、后处理、降解、老化等因素。不同的生产工艺要求不同的分子量分布宽度，如注塑、吹塑工艺要求使用分子量分布较宽的聚合物，而拉丝、挤拉工艺则要求使用分子量分布较窄的聚合物。平均分子量分布对强度、弹性、韧性和抗磨等性能起着决定性作用。　　　（赵建国）

酚含量　phenol content

软煤沥青中含有酚的数量，以体积百分率表示。酚能溶于水，会引起煤沥青路面的强度降低，同时酚有毒，故对其在煤沥青中的含量必须加以限制。酚含量的测定是基于煤沥青的中油馏分中的酚能在氢氧化钠（NaOH）溶液中形成水溶性的酚钠（C_6H_5ONa）的原理，根据酚钠体积计算得煤沥青中酚含量。　　　　　　　　（严家伋）

酚醛玻璃钢　glass fiber reinforced phenolio plastics

以玻璃纤维及其制品和酚醛树脂制成的增强塑料。主要采用热压法成型，成型温度为 180℃ 左右，压力为 5～50MPa，固化过程有小分子物质产生。特点是耐热性好，可在 150～200℃ 范围内长期使用，耐化学介质腐蚀，吸水性小，难燃烧，耐烧蚀，电绝缘，尺寸精确稳定，价格便宜。缺点是成型压力大，有挥发性副产物。用模压、层压法生产各种强度要求不太高的耐热、耐水及电绝缘产品，如建筑五金、管道阀门、耐酸泵、电绝缘材料和层压板等。　　　　　　　（刘雄亚）

酚醛玻璃棉制品　phenolic resin glass wool product

以玻璃棉为主要原料，酚醛树脂为胶结材制成的绝热制品。有普通玻璃棉板、管套，其表观密度约 120～150kg/m³，常温热导率约 0.041W/(m·K)，使用温度不高于 300℃；普通超细玻璃棉毡、板、管套，其表观密度小于 20kg/m³（毡）和小于 60kg/m³（板、管套），常温热导率约 0.035W/(m·K)，使用温度低于 350℃，吸声系数（50mm 厚）100～1 000Hz 平均为 0.65，1 000Hz 以上为 0.85～0.90；无碱超细玻璃棉毡的表观密度和常温热导率及吸声系数与普通超细玻璃棉毡相同，使用温度一般为 -120～600℃，并且耐腐蚀性强。
（丛　钢）

酚醛-丁腈胶粘剂 phenolic-nitril adhesive

丁腈橡胶改性的酚醛树脂胶粘剂。兼有酚醛树脂的热稳定性和丁腈橡胶的高弹性，故柔韧性好，耐温等级高，粘接力强，抗老化性好，是最重要的金属结构胶之一。配制的好坏取决于酚醛树脂本身的固化速度与酚醛树脂和丁腈橡胶的反应速度是否协同。常用的酚醛树脂是甲酚甲醛树脂、线型酚醛树脂及烷基酚甲醛树脂，常用的丁腈橡胶是丁腈-40和丁腈-26。主要用于金属结构件的胶接，也可用于非金属材料高温部件的胶接。 (刘茂榆)

酚醛树脂 phenol-formaldehyde resin, phenoxy resins, PF

由酚类和醛类缩聚而成的一类树脂的总称。记作PF。早在1909年就已经工业化生产。通常指由苯酚或其同系物（甲酚、二甲酚等）与甲醛反应得到的液态或固态产物。根据原料类型、配比、催化剂的不同，可以得到热塑性和热固性两类树脂。前者也称诺伏拉克树脂（novolac resin），受热后可以熔化，当有固化剂（如六亚甲基四胺）存在时，则能转变为热固性。后者受热后变为不溶不熔状态，其转变过程可分为甲、乙、丙三个阶段。甲阶段酚醛树脂又称可溶性酚醛树脂，是组成不固定的混合物，可以是液态、半固态或固态，能溶于乙醇、丙酮、碱溶液等。乙阶段酚醛树脂又名半熔酚醛树脂，由甲阶段酚醛树脂继续加热而得，是组成不固定的固态混合物，不溶于碱溶液，在乙醇、丙酮中溶胀，加热能软化，并能转变成不溶不熔的固体物质，即丙阶段酚醛树脂。这是一种结构复杂的三向网状结构的酚醛树脂，耐热、耐酸，具有一定的机械强度。广泛用作电绝缘材料、塑料、胶粘剂、复合材料。 (闻荻江)

酚醛树脂混凝土 phenolic resin concrete

以掺或不掺固化剂的液态酚醛树脂作胶结剂制成的一种聚合物胶结混凝土或砂浆。在加热或不加热条件下固化。具有较好的耐腐蚀及电绝缘性能，对酸类能耐浓度：70%的硫酸、30%的盐酸、10%的硝酸与20%的醋酸溶液。耐汽油、苯的侵蚀。可用作耐腐蚀的砌筑、接缝和勾缝材料。

(陈鹤云)

酚醛树脂胶泥 phenolic daub

以酚醛树脂为胶结剂，添加固化剂、耐酸粉料及辅助材料配制而成的防腐粘贴材料。常用的酚醛树脂牌号有2130、2124、2126、213等，固化剂有对甲苯磺酰氯、苯磺酰氯、硫酸乙酯等。要求密度$1.6\sim1.7g/cm^3$，抗压强度不小于75MPa，抗拉强度不小于6MPa，黏结强度不小于0.8MPa，体积收缩率小于0.32%，吸水率不大于0.1%。耐酸性较强，耐热性较高（<150℃），用于酸性较强的腐蚀工程中，铺砌耐酸陶瓷砖、板，嵌填陶瓷砖、板缝隙。 (刘尚乐)

酚醛树脂胶粘剂 phenolic resin adhesives

以酚醛树脂为黏料配制的胶粘剂。国内通用的纯酚醛树脂胶粘剂有三类：①钡酚醛胶。由钡酚醛树脂、石油磺酸及丙酮、酒精等配成。可室温固化，对木材的胶接强度不低于130MPa，但胶液带酸性，游离酚含量高达20%左右。②醇溶性酚醛胶。性能类似钡酚醛胶，亦可加入石油磺酸等酸性催化剂在室温下固化，游离酚含量低于5%。③水溶性酚醛胶，游离酚含量低于2.5%，是最重要的一类胶粘剂。用于室外用胶合板、木屑板及木构件等粘接。纯酚醛胶因性脆，剥离强度低，常用橡胶、聚乙烯醇缩醛、聚酰胺等改性。 (刘茂榆)

酚醛塑料 phenolic plastics

以酚醛树脂为基料的热固性塑料。在酚醛树脂中加入填料、颜料等加工而成。主要有层压塑料和模压塑料两种形式，前者以纤维织物增强热压而成，后者，一般先制成压塑粉（料）再模压成制品。常分为粉状压塑粉（以木粉、云母粉、炭粉经磨细后与树脂相混而成）和碎屑状压塑粉（由浸渍过A阶段酚醛树脂的小布块、木片及纸片等制成）。因其耐热、耐磨、耐蚀性均好，电气绝缘性能优良，机械强度高，所以广泛用来制作电绝缘制品、日用品、集成电路板、刹车片等。以木粉作填料的模压塑料因早期多加工成电器绝缘材料，故俗称"电木"或"胶木"。 (刘柏贤)

棼 purlin; beam haunch

①栋的异名。
②替木的异名，参见枻（126页）。

(张良皋)

粉单竹 lingnania chungii McClure

又称白粉单竹，双眉单竹，黑节粉单竹。中国南方特产竹种。分布于广东、广西、湖南等地区，普遍栽培在溪流、河岸、林旁。秆直或较直，高8～10m，最高可达16～18m，胸径6～8cm，竹壁厚3～5mm，节间长而节平，为中、上等劈篾用竹，可供精细编织、制竹板、绞竹缆之用。也可做造纸原料。 (申宗圻)

粉化 chalking

涂膜在大气的作用下表层呈粉状脱落同时光泽度下降的现象。主要原因是受大气中的紫外线、水和氧气的作用造成表面树脂老化。测试方法目前主要均采用手指擦摸进行目测评级，一般分为五级。预防方法是选择抗老化性好的树脂及加强表面维护保养。易产生粉化的涂料有酚醛类、环氧类及硝基类涂料。在建筑用外墙涂料中,也有利用其粉化作用而制成厚层涂料,让雨水经常冲刷粉化层而保持墙面清新的品种。　　　　　　　　　(刘柏贤)

粉晶X射线衍射仪　X-ray powder diffractometer

采用粉末状晶体或多晶体为试样的X射线衍射仪。主要由X射线发生装置、测角仪、探测记录装置和水冷却系统组成,新型的还带有条件输入和数据处理系统。测角仪是主要部分(见图)。做成平板状的试样,置于测角仪中心的样品架上,探测器(计数管)安装在测角仪圆周上。X射线管是固定的。X射线经由发射狭缝S_1照射到样品上时,晶体中与样品表面平行的面网在符合布拉格条件时即可产生衍射,通过狭缝S_2和接收狭缝S_3被计数管接收。计数管在平面内扫描时,样品与计数管以1:2的速度同步转动,衍射线被依次记录并转换成电脉冲信号,经放大处理后,通过记录仪描绘成衍射图。此种仪器的优点是快而准确,是X射线分析的重要设备。

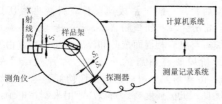

(岳文海)

粉料造粒　granulation of body

将陶瓷粉料加工成具有一定形状、含水率和假颗粒度分布的工序。用于制备压制成型用粉料。这种粉料要求具有一定的假颗粒度分布和流动性,以获得较高的粉料体积密度和良好的充模性能。当造粒后的粉料粗颗粒约50%、中颗粒约10%、细颗粒约40%时,粉料体积密度较高。颗粒呈球形时粉料流动性最好,这是喷雾干燥粉料流动性好的原因之一。有三种工艺:①干燥泥饼轮碾造粒;②干粉加水轮碾造粒;③喷雾干燥造粒。其中③较为先进。　　　　　　　　　　　　(陈晓明)

粉煤灰　fly ash

又称飞灰。火电厂沸腾炉烟气中收集下来的微细灰渣。是水泥的一种火山灰质混合材料。呈浅色或黑色,相对密度为1.90~2.80,其堆积密度为550~800kg/m³,化学成分主要为SiO_2和Al_2O_3,接近高铝黏土。结构以玻璃体为主(50%~70%),含有少量莫来石、α-石英、方解石、β-C_2S等晶态矿物,尚含有未燃碳。其活性主要取决于玻璃体及无定形氧化铝和氧化硅含量以及粉煤灰细度。含碳量高的粉煤灰宜作烧结砖或水泥的原料。含碳量低者则可作水泥的混合材料,生产粉煤灰水泥;拌制混凝土的掺合料或硅酸盐混凝土制品的原料。干排的粉煤灰比湿排的活性高。　　　　　(陆 平)

粉煤灰超量系数　fly-ash excessive substitution coefficient

设计粉煤灰混凝土配合比,粉煤灰超量取代部分水泥时的掺量系数。按粉煤灰质量分为三级:Ⅰ级为1.0~1.4,Ⅱ级为1.2~1.7,Ⅲ级为1.5~2.0。普通混凝土(基准混凝土)配合比设计,根据其强度等级及水泥品种掺入一定百分率的粉煤灰以取代水泥(如普通硅酸盐水泥,C20混凝土为10%~15%)。设计粉煤灰混凝土配合比时,粉煤灰超量增加,一部分取代等体积的水泥,一部分取代等体积的砂。根据基准混凝土计算需用的水泥量乘以取代水泥百分率及超量系数,求得1m³混凝土的粉煤灰总掺量。水泥及砂的用量相应减去。就此所获致的强度增加效应,可弥补因粉煤灰取代水泥后而降低的早期强度,且仍能保持所要求的工作性。　　　　　　　　　(孙复强)

粉煤灰硅酸盐大板　fly ash silicate concrete large panel

以粉煤灰为硅质材料所制成的硅酸盐混凝土墙板。按其用途分有工业厂房用和民用建筑用两类。其混凝土配制时,可采用煤渣、膨胀矿渣、陶粒、膨胀珍珠岩以及石子等作集料。近年来注意改进胶凝材料制备、采取原材料预处理和预均化、掺外加剂等工艺措施,改善了制品性能。一般采用常压蒸汽养护,也可采用高压蒸汽养护。采用表观密度小于1 000kg/m³的轻质泡沫粉煤灰硅酸盐墙板,对减轻建筑物自重,提高围护结构的保温性能,节约水泥等有良好的效果。一般采用超细粉磨石灰-粉煤灰混合料、成组立模工艺生产。　(萧 愉)

粉煤灰硅酸盐混凝土实心砌块　lime-flyash solid block

简称粉煤灰实心砌块。由粉煤灰硅酸盐混凝土制成的实心砌块。常采用炉渣等轻集料,其表观密度在1 600~1 800kg/m³,按强度分10MPa和15MPa两级。一般采用成组立模或平模成型,经振动台振实,蒸汽养护而成中、小型砌块。适用于民用与工业建筑的墙体和基础。　　　(沈 琨)

粉煤灰硅酸盐水泥　portland fly-ash cement

简称粉煤灰水泥。由硅酸盐水泥熟料和粉煤灰、适量石膏磨细制成的水泥,代号为P·F。按中国标准,粉煤灰的掺量按质量计为20%~40%。分32.5、32.5R、42.5、42.5R、52.5、52.5R六个强度等级。是通用水泥品种之一,能大量利用工业废渣。性能和火山灰质硅酸盐水泥相似,但需水量及干缩性比较小，早期抗干缩开裂性较好，水化热较低，早期强度较低。适用于大体积水工建筑，也可用于一般工业和民用建筑。（冯培植）

粉煤灰硅酸盐条板 fly ash silicate slab

简称硅酸盐条板。以粉煤灰、生石灰、石膏和炉渣为基本材料，配有钢筋和预埋件所制成的条板。一般规格为宽600mm，厚200～240mm，长2 800～6 000mm，表观密度1 900kg/m³，常用振动成型、常压蒸汽养护、流水机组工艺生产。制品的物理力学性能与硅酸盐混凝土材性相关，应特别注意其耐久性、干缩和钢筋防锈蚀等问题。用于工业厂房和民用建筑。（萧愉）

粉煤灰混凝土 fly ash concrete

掺入一定量的粉煤灰以取代部分水泥或水泥与细集料而配制成的水泥混凝土。粉煤灰用作混凝土的掺合料，可节约水泥约10%～25%，且大为改善混凝土的耐化学腐蚀性，降低水化热，提高密实性和抗渗性。其收缩小，但抗碳化性能稍差。由于粉煤灰易黏结成团，故须与水泥同时搅拌，并适当延长混凝土的搅拌时间和湿润养护时间。这种混凝土的应用范围和结构设计时力学指标取值与普通混凝土（379页）同。如按普通混凝土设计方法进行配合比设计，粉煤灰以等体积取代部分水泥，称等量取代法，则早期强度低，且随掺量的增加而急剧下降，在后期，强度始能赶上。如掺量大于所扣除的水泥量，其超量部分以取代细集料，则称为超量取代法。对不同强度等级的混凝土，根据水泥品种按规定选择替代水泥的百分率，并按粉煤灰的级别选用粉煤灰超量系数，计算粉煤灰的总用量。这样得到的配合比能使粉煤灰混凝土早期强度及工作性与不掺粉煤灰的混凝土取得等效，若与减水剂同时使用，称"双掺"，效果更显著。大量利用粉煤灰有助于解决排灰侵占土地及污染环境等问题，具有显著的技术和经济效益，是一种有发展前途的混凝土品种。（孙复强）

粉煤灰陶粒 coarse aggregate of sintered pulverized fuel ash

以粉煤灰与少量黏土为原料加工而成的陶粒。按焙烧方法分烧结型和烧胀型两种。前者在烧结机上烧结而成，堆积密度700～900kg/m³；后者在回转窑中烧胀而成，堆积密度600～700kg/m³；筒压强度3.0～5.0MPa；吸水率不大于22%。在中国生产应用较多，主要用以配制结构用和结构保温用轻集料混凝土。（龚洛书）

粉煤灰陶粒混凝土 sintered pulverized fly ash concrete

粉煤灰陶粒配制成的轻集料混凝土。因粉煤灰陶粒呈圆球型，其水泥用量较少，表观密度1 400～1 900kg/m³，抗压强度10.0～25.0MPa。用高强粉煤灰陶粒配制成者强度可达CL30以上。主要用以生产墙板和承重建筑构件。（龚洛书）

粉煤灰脱水 flyash dewatering

从粉煤灰灰浆中排除水分的过程。湿排粉煤灰，由于采用大量水（粉煤灰与水之质量比为1:20～1:50）冲送，灰浆浓度很低，在使用时，需将多余水分除去。有两种方法：一是自然脱水，如利用重力作用使灰水分离或风干、日晒等进行脱水，简单易行但效率不高；二是机械脱水，如利用耙式浓缩机、真空过滤机等，脱水后粉煤灰含水率可降至30%～40%。（沈琨）

粉煤灰砖 fly-ash brick

以石灰、粉煤灰为主要原料，掺加适量石膏和集料制成的蒸汽养护砖。表观密度1 500～1 700 kg/m³；根据强度分为MU20、MU15、MU10和MU7.5四个强度级别，根据尺寸和外观质量分为一等和二等两个等级；呈青灰色。用于民用与工业建筑的墙体和基础；在易受冻融和干湿交替作用的建筑部位必须使用一等砖；用于易受冻融作用的部位时要经抗冻性检验合格，并用水泥砂浆抹面或采取其他适当措施，以提高其耐久性；应当增设圈梁及伸缩缝或采取其他措施，以避免或减少收缩裂缝；不得使用于长期受热高于200℃、受冷热交替作用或有酸性侵蚀的部位。（崔可浩）

粉面油毡 powder surfaced asphalt felt

简称粉毡。用滑石粉或其他矿物粉状材料作为撒布材料制成的油毡。撒布粉料时可采用干法撒布和湿法涂布。其目的是为了防止在生产和贮存时卷材发生相互黏结。在油毡铺设施工时撒布材料会影响卷材的黏结性能和降低防水层的整体性，但粉面油毡表面易于清除且影响较小，故应用较广。对滑石粉或其他矿物粉料的性能要求是：相对密度不大于3；水分不大于0.5%；细度140目；筛余量不大于0.5%；无游离酸和碱。（王海林）

粉磨 grinding

破碎后的物料，喂入磨机研磨成细粉（<100μm）的过程。水泥生产中，有两次粉磨过程。一次是各原料按比例配合进入磨机粉磨成细度合格、成分均匀的生料，有干法粉磨（包括烘干兼粉磨及先烘干后粉磨）与湿法粉磨两种；另一次是熟料烧成后，配以适量石膏或再加入混合材料，粉磨成一定细度的水泥。燃料为煤粉时，还要进行煤的粉磨。粉磨工艺流程有闭路和开路两种。粉磨影响水泥生产的质量与能耗，是水泥生产中电耗最多的一个环节。（冯培植）

粉磨站 station of grinding, grinding section

一种专门磨制水泥的工厂或车间。由水泥熟料生产基地提供熟料，配以适量石膏、混合材料，粉磨制成水泥。一般建在水泥消费量大、接近市场、水泥运输方便或供应商品混凝土和混凝土制品的地区。
（冯培植）

粉末涂料 powder coating

不含溶剂和分散介质的粉末状涂料。其成膜机理不同于液态涂料，涂装后呈固体粒子状，不存在溶剂的挥发，不需要晾干过程。而是靠热熔融、流平、浸润、反应固化成膜。已获得工业应用的涂装法有：流动床浸渍法、熔射法和喷射法，涂膜均是通过熔融附着成膜的；静电粉末喷涂法、静电流动床法、静电粉末振荡法等，涂膜是通过静电引力附着成膜的。主要品种有热塑性型（乙烯树脂系、聚酰胺系、纤维素系、聚酯系及烯烃树脂系等）及热固性型（环氧、聚酯及丙烯酸酯系等）。主要优点是节省溶剂、防止污染、安全、回收利用率高，涂膜性能优良，可进行自动化涂装。主要应用于能加热的金属器材表面，如汽车、机械部件、输油管道、化工防腐、电器仪表、建筑装饰材料、家具、自行车等等。目前已扩大应用到玻璃、陶瓷、纤维等工业的表面涂装。
（刘柏贤）

粉末制样 preparation of powder specimen

制备可在透射电镜下直接观察粉末样品的制样技术。有悬浮法、喷雾法、超声波振荡分散法等。其关键是必须使粉末样品有良好的分散性而又不过分稀疏。经分散后的悬浮液，滴一滴在黏附有支持膜的铜网上，静止干燥后，即可进行颗粒大小、外观形态、晶态与非晶态的鉴别和电子衍射，进行粉末的晶体结构与物相分析等研究工作。
（潘素瑛）

粉砂 silty sand

细度模数小于0.70的砂子。粒径几乎全部小于0.315mm，呈粉状，表面圆滑，与特细砂相比，其堆积密度更小，空隙率更高，比表面积更大，级配更差。可用于生产加气混凝土、灰砂硅酸盐混凝土等硅酸盐建筑制品。
（孙宝林）

粉土 mo, silt

塑性指数 I_P（参见黏性土，361页）小于或等于10的土。其性质介于砂土和黏性土之间。其承载力基本值根据孔隙比和含水量介于 $100 \sim 410$ kPa。
（聂章矩）

粉紫

将调好的银朱、铅粉和佛青混合调配的浅紫颜色。其色比紫色浅一个色阶。用于古建彩画工程中的紫色撺退纹饰的底色和椽条涂饰。
（谯京旭　王仲杰）

feng

风铎

俗称风铃。挂在殿庭、宝塔戗角下面的铜铃或铁铃。最早记录见于《南史·齐本记》东昏侯（499～501年）为潘妃起神仙、永泰、玉泰三殿，"饰以金壁……橡桷之端悉垂铃佩"。迟至唐代已有"风铎"之名。现多见为铁制，有圆形、方形、六角形等。主要起装饰作用，兼有驱赶鸟雀之功能。
（马祖铭）

风钩 window catch

又称窗钩。用于木窗开启后定位的建筑五金。由一固定于窗槛的钩子，与另一安装于窗扇上的羊眼螺丝组成。其钩件均选用优质碳素钢制成，表面经镀锌钝化处理，色泽光亮。
（姚时章）

风化 weathering

黏土质物料、岩石等在自然条件下，经受大气反复作用的变化。在阳光、雨、雪、冰冻等作用下，由于冻结膨胀产生机械破裂作用；吸水膨胀、干缩、软化、松解产生物理作用；碳质、硫化物的氧化、硅酸盐和氧化物的水解和水化以及可溶物质的溶解等产生化学作用，从而使物料的性质发生一系列变化。对烧结砖原料而言，这些变化有利于改善黏土的工艺性能，提高成品质量。许多砖瓦厂强调使用"隔年土"，当年采掘的黏土露天堆置，令其风化，第二年再用于生产。
（陶有生）

风圈

钉于窗扇或器具上的带托的环形金属圈。用铜或铁制成。底托有长方形、圆形、海棠形、葫芦形诸式。用作拉手，以便开关。

（马祖铭）

风蚀斑 efflorescent chipping

涂膜在受到自然气候环境强烈风化的影响下，产生大小不等的黑灰色鳞片状斑纹的现象。是涂膜表面受老化侵蚀的现象之一，尤其是在海拔较高，臭氧密度大，紫外线强烈，气温低，温差变化大的特定环境下，容易发生，严重的会导致片状龟裂及丧失黏结力而酥松脱落。防止办法是在配方中加入防老化剂、紫外线吸收剂、抗臭氧剂及光屏蔽剂等。
（刘柏贤）

风炸 dunting

因快速风冷却造成制品局部或全部炸裂的现象。包括釉裂和坯裂。在坯釉冷却刚化后的冷却过程中（800～400℃），因结构上的显著变化和石英、方石英的晶型转变，产生较大的热应力，当热应力超过产品强度极限时即产生开裂。对大件、厚壁产品，尤其应注意冷却速度。在实际工作中，由于抽热风孔安排不合理和闸板开度不合理，出窑温度过高（大于100℃，尤其在冬季），均会导致风炸。

（陈晓明）

枫香 Liquidamber formosana Hance

落叶大乔木，高可达 40m，胸径 1.5m，树干通直，生长较快，产于长江流域各省及台湾。西至四川，西南至贵州，云南东南部，南至广东、广西等地均有分布。木材红褐色，或浅黄色或浅红褐色，容易感染蓝变色菌致呈灰红褐至灰褐色。散孔材，心边材区别不明显，光泽弱。纹理交错，结构甚细，均匀，不耐腐，但防腐浸注容易，胶粘也容易，握钉力较好，不劈裂。气干材密度 $0.588\sim0.612g/cm^3$；干缩系数：径向 $0.180\%\sim0.153\%$，弦向 $0.289\%\sim0.360\%$；静曲强度 $80.8\sim97.3MPa$，抗弯弹性模量 $9.61\sim10.89GPa$，顺纹抗压强度 $41.9\sim47.1MPa$，冲击韧性 $5.15\sim10.18J/cm^2$，硬度：端面 $51.2\sim62.5MPa$，径面 $43.1\sim50.7MPa$，弦面 $41.9\sim47.8MPa$。木材适于镟切生产胶合板，防腐处理后可做枕木、坑木、桩木等。板材可供室内装修、家具、包装箱（如茶叶）。

（申宗圻）

枫杨 Pterocarya stenoplera C. DC.

落叶乔木，高可达30m，胸径 $1\sim2m$。平原湖区的一种主要绿化树种。生长迅速，$10\sim15$ 年可以成材，材质优良，用途亦广。华北、华中、华南、华东及西南各地均有分布。在长江流域和淮河流域最为常见。半环孔材至散孔材。材色浅黄褐或灰褐色，心材边材区别不明显，有光泽，纹理常交错，结构细，略均匀，轻而软，锯、刨等加工容易，刨面光滑。稍耐腐。气干材密度 $0.371\sim0.467g/cm^3$，干缩系数：径向 $0.115\%\sim0.141\%$，弦向 $0.184\%\sim0.236\%$；静曲强度 $60.1\sim77.7MPa$，抗弯弹性模量 $7.75\times10^3\sim9.32\times10^3MPa$，顺纹抗压强度 $30.4\sim37.5MPa$，顺纹抗拉强度 $90.4MPa$，冲击韧性 $2.12\sim4.10J/cm^2$；硬度：端面 $26.2\sim34.8MPa$，径面 $14.1\sim24.5$，弦面 $16.7\sim24.8MPa$。可用以制造家具、包装箱盒、农具等。

（申宗圻）

封闭分解法 method of decomposition with acid in sealed vessel

又称为加压溶解法。在密闭容器中，在高压下以无机酸加热分解试样的方法。酸煮解器可用不锈钢作容器，聚四氟乙烯作衬垫制成，可加热到 $150\sim180℃$，能经受 $8\sim9MPa$ 的压力。在此条件下耐火材料的分解，45min 内就可完成。很多需要用酸熔法分解的试样，都可用此法将其溶解在无机酸中。比酸熔法省时快速，可不使用昂贵的铂器皿，所得溶液不含大量碱金属。

（夏维邦）

封闭式外墙装饰石材构造连接 closed joints of decorative stone walls

外墙装饰石材之间缝隙较小的一种构造连接形式。用连接件将装饰石材与墙身锚固。为避免墙身与连接件之间的安装误差，连接件本身的变形以及墙身结构与石材之间的温度变形可能导致破坏装饰石材，故在安装时应在石材之间留出 6mm 缝隙，在每层楼之间应留出 $15\sim20mm$ 的缝隙。

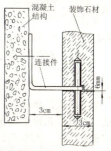

（汪承林）

封檐板 gutter board；gutter plank

钉置在坡屋顶檐口或山墙外侧挑檐处的木板。它既增加了檐部的美观，又使椽端部及木望板端部免受雨水的侵袭。一般以宽 $150\sim250mm$，厚 $20\sim25mm$ 的木板做成。亦可用钢筋混凝土条板取代。

（姚时章）

蜂窝 honeycomb in concrete

混凝土施工中常见的一种裸露粗集料的质量缺陷。局部混凝土因缺少砂浆，使粗集料露出，形成蜂窝状相连通的孔隙，甚至在配筋部位钢筋裸露，严重影响混凝土的强度及其他性能。产生的主要原因为：混凝土工作性差；粗集料过多，砂浆过少；漏振；构件截面窄小，钢筋布置稠密，振捣不密实；卸料不当，造成混凝土离析；模板严重漏浆等。

（孙复强）

蜂窝塑料 honeycomb plastic

由合成树脂浸渍的薄片制成蜂窝形芯材，与上下两片面板复合而成的夹层结构塑料。面板由层压塑料板、金属薄板、胶合板或增强塑料板等制成。芯材用片材为纸、布或金属箔。蜂窝形状一般为正六边形。浸渍树脂常用环氧、酚醛、不饱和聚酯等热固性树脂。具有较大的比强度、弯曲及扭转刚度并有良好的绝热、隔声性能，在航空、交通、建筑等部门均得到广泛应用。在建筑中可用作大型屋面板、墙板、门板、地板、家具及简易房屋等。

（刘柏贤）

fo

佛青 ultramarine blue

又称佛头青，群青，俗称沙青、回青、云青、石头青、深蓝、洋蓝、优蓝。主要成分为含硫的硅酸铝钠络合物（$Na_6Al_4Si_6S_4O_{26}$）的粉状蓝色无机颜料。也有以天然的石蓝矿制成的。色泽鲜艳，不溶于水，具有消除及减低白色或其他白色材料中含有的黄色色光的功能。着色力及遮盖力较低。耐光、耐碱、耐热、耐气候，但遇酸变黄。系中国的主要传统颜料。主要产地为天津、上海等地。用于颜料、涂料、建材等工业部门。在古建筑油饰彩画工程的用途：①彩画的基础纹饰及斗栱等构件的涂饰。②彩画工人配制"二青"、"三青"等色阶颜色的主体材料。③调制青色油的色料。古代采用产自四川、西藏、新疆的青金石磨细制成，因内含硝质，用前应先除硝，方法见樟丹，而后再入胶液，方法见银朱。入胶后，如当日用不完，易变质发黑，故应将剩余物出胶，方法是将剩余色料加热水搅拌，待沉淀，将水倒出，如此二三次即可除净胶，次日用时再兑入胶液。现已用工业法生产。

(谯京旭　王仲杰)

fu

呋喃树脂　furane resin

主要由糠醇或糠醛在强酸作用下经缩聚而制得的、分子链上含有呋喃环（$\begin{smallmatrix} & O & \\ HC & \!\!-\!\! & C- \\ HC & \!\!-\!\! & CH \end{smallmatrix}$）的热固性树脂。常见的有糠醇树脂、糠醛树脂、糠酮树脂和糠酮-甲醛树脂。暗褐色至黑色的黏性液体至黏稠体。在强酸作用下可固化为高度交联的脆性固体。有优良的耐化学腐蚀性、抗溶剂性、耐热性，有较好的机械强度和电绝缘性。用作胶粘剂、耐腐蚀涂料、防腐建筑中的砂浆、混凝土、胶泥及玻璃纤维增强塑料。

(闻荻江)

呋喃树脂混凝土　furan resin concrete

用呋喃树脂作为胶结料制成的一种聚合物胶结混凝土。其抗压强度达50～70MPa，抗拉强度达6～10MPa，抗折强度达16～20MPa，对酸类能耐浓度：60%的硫酸、20%的盐酸、10%的硝酸、20%的醋酸、75%的磷酸、20%的氢氟酸。耐各种盐的溶液、各种有机溶剂的腐蚀。由于呋喃树脂脆性大，黏结力低，施工性能差，因此通常不单独使用，而与其他树脂混合使用，如与环氧树脂一起制成环氧呋喃树脂混凝土。主要用作耐腐蚀材料。

(陈鹤云)

呋喃树脂胶泥　furan resin daub

由呋喃树脂液和呋喃树脂粉为胶结剂，添加辅助材料配制而成的防腐粘贴材料。棕黑色，抗压强度高达70MPa，拉伸强度可达60MPa，与瓷砖粘结强度不小于1MPa，最高使用温度可达140℃，对盐酸、硫酸、氢氧化钠等酸、碱介质有良好的耐腐蚀性能。施工时环境温度以20℃左右为佳，不得低于10℃。主要用作各种耐腐蚀工程中砖、板、天然石材的砌筑和勾缝。

(洪克舜　丁振华)

栭　beam hounch；column cap

①梁下替木。《营造法式·看详》列举三种异名：栭、复栋、替木。卷二释棼引《义训》复栋谓之棼，注：今俗谓之替木。梁下替木通常即枓上横木，是栱的雏型。《鲁灵光殿赋》狡兔跧伏于栭侧，《营造法式》卷二注：栭，枓上横木，刻兔形，致木于背也。

②枓的别名。《说文》释枓：柱上栭也。

(张良皋)

弗拉斯脆点　Fraass brittle point

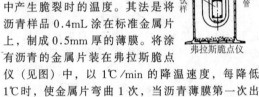

弗拉斯脆点仪

是沥青试样在弗拉斯脆点仪中产生脆裂时的温度。其法是将沥青样品0.4mL涂在标准金属片上，制成0.5mm厚的薄膜。将涂有沥青的金属片装在弗拉斯脆点仪（见图）中，以1℃/min的降温速度，每降低1℃时，使金属片弯曲1次，当沥青薄膜第一次出现1个或多个裂缝时的温度，即为试样的脆点，以℃计。脆点愈低，表征其抗裂性愈好。

(严家伋)

扶手　hand rail

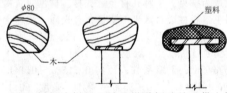

位于栏杆或栏板上端及梯道侧壁处，供人攀扶的构件。其形式和选材既要满足人们攀扶的要求和舒适的手感，又要满足作为装饰构件的要求。常用硬木、塑料、钢筋混凝土、水磨石、大理石、金属型材制作。其形式尚无统一标准，具体作法由建筑施工详图决定。

(姚时章)

氟硅钙石　calcium fluoro-silicate

又称氟硅酸钙。硅酸二钙或硅酸三钙固溶氟化钙而生成的矿物。化学式为$(2CaO·SiO_2)_2·CaF_2$或$(3CaO·SiO_2)_3·CaF_2$。用CaF_2做矿化剂煅烧硅酸盐水泥熟料时，烧成温度降低100～200℃，常生成这两种岩相，它们的水硬性都比相应的硅酸盐弱。在950℃时生成$(2CaO·SiO_2)_2·CaF_2$，在1 040℃时分解成$α'-2CaO·SiO_2$及CaF_2；在1 100～1 185℃时生成

$(3CaO \cdot SiO_2)_3 \cdot CaF_2$，1185℃以上不一致溶地分解成$3CaOSiO_2$，$\alpha'$-$2CaOSiO_2$及液相。因为这两岩相的生成和分解温度都较低，而且产生的α'-$2CaO \cdot SiO_2$较活泼，所以在熟料中容易生成较多的阿利特，有利于高质量熟料的生成，当熟料烧成温度高于它们的分解温度时，这两种过渡相都基本不存在，熟料的强度不受影响。 （冯修吉）

氟硅酸钾容量法 volumetric potassium fluorosilicate method

测定硅酸盐中SiO_2含量的一种酸碱滴定法。其原理是：先将试样中的SiO_2完全转变为可溶性的硅酸盐，然后，在强酸性溶液内，与过量的K^+离子和F^-离子作用，定量地生成氟硅酸钾沉淀。将沉淀过滤洗涤后，加入沸水使沉淀完全水解，生成的氢氟酸，用NaOH标准溶液滴定。由其浓度和用量，计算试样中SiO_2的含量。该法比重量分析法快速简便，且在准确性与重现性方面可与之媲美。 （夏维邦）

氟硅酸钠 sodium silicofluoride

又称氟硅化钠。分子式Na_2SiF_6，分子量为188.08。是生产过磷酸钙化肥的副产品，或由碳酸钠加氟硅酸而得。相对密度2.75，外观呈白色（略带黄）的粉末，微溶于水。用它来代替冰晶石作乳浊剂时，为加强乳浊效果必须加入含氧化铝原料，如长石、黏土等。在玻璃生产中用来制造乳白玻璃，在精陶釉中加入1%～2%氟硅酸钠起强助熔剂作用，提高釉料的高温流动性。加热分解得SiF_4，挥发逸出污染大气。 （许 超）

氟磷灰石 fluorapatite

化学式$3(3CaO \cdot P_2O_5) \cdot CaF_2$或$3[Ca_3(PO_4)_2] \cdot CaF_2$。六方晶系，针状。无色。相对密度3.2。存在于含磷较多的平炉钢渣中，亦见于含氟磷的硅酸盐水泥熟料中，与阿利特共生。没有水硬性。 （龙世宗）

氟硫硅酸钙 flworelle stadite

硫酸钙及氟化钙和贝利特合成的岩相。化学式为$(2CaO \cdot SiO_2)_3 \cdot 3CaSO_4 \cdot CaF_2$，没有水硬性，生成温度为1000～1150℃，1150℃以上就分解。煅烧硅酸盐水泥熟料，用$CaSO_4$及CaF_2作矿化剂时，在熟料形成过程中，可生成这个过渡相，由于分解产物是新生态的，有利于阿利特的生成，从而提高了熟料的产量和质量。在氟硫硅酸钙生成时，若生料中CaF_2/SO_3质量比值小于0.158，不能生成$(2CaO_2SiO_2)_2 \cdot CaSO_4$及$(3CaOSiO_2)_3 \cdot CaF_2$，大于0.158则能生成，而且还生成$(2CaO \cdot SiO_2)_2CaF_2$。 （冯修吉）

氟铝酸钙 calcium fluoroaluminate

含氟铝酸钙矿物。与水泥有关的主要有两种矿物：一种化学式为$3CaO \cdot 3Al_2O_3 \cdot CaF_2$，有快硬早强性能。一种化学式为$11CaO \cdot 7Al_2O_3 \cdot CaF_2$，属等轴晶系，呈树枝状、粒状或四方形。折光率1.601，在1050～1300℃，CaO的一个氧离子被两个氟离子置换生成，新生钙离子有利于离子交换。纯的$11CaO \cdot 7Al_2O_3 \cdot CaF_2$的分解温度为1577℃，但在掺$CaF_2$煅烧的硅酸盐水泥熟料中，由于其他组分的存在和高温液相的出现，$11CaO \cdot 7Al_2O_3 \cdot CaF_2$在1350℃就分解了。在含氟多而烧成温度偏低（1300℃以下）的水泥熟料中，往往发现这个晶型。水化速度很快，几分钟内就有相当高的强度，是快凝快硬水泥的主要矿物。 （冯修吉）

氟石膏 flour-gypsum

萤石和硫酸制取氢氟酸时的废渣。由于残渣中常含有1%～3%的氟化物，故名。白色粉状，主要成分为二水硫酸钙，常含有氟化钙和硫酸等杂质。经中和处理后，可做硅酸盐水泥的缓凝剂及硅酸盐建筑制品的外加剂。也可制备性能良好的石膏胶凝材料。 （高琼英）

氟塑料 fluoroplastics

含氟原子的树脂或塑料的总称。属烷烃聚合物。分子中全部氢原子或部分氢原子为氟原子取代，但分子中可同时包含氯原子。重要的有聚四氟乙烯、聚三氟乙烯、氟塑料-24、氟塑料-40、氟塑料-46等品种。化学惰性高，能耐王水，耐热耐寒性优良，不易着火，电性能优良，摩擦系数低，具有自润滑性，渗透性低，吸湿性接近于零，有"塑料王"之称。主要用作高级耐腐蚀、耐热、高耐磨的密封、绝缘材料。还可制作医用生物制品（人造血管、人工器官）、阀门、填片、仪表、轴承及脱模剂等。 （闻荻江）

氟橡胶 fluororubber

在分子中含有氟原子的橡胶状共聚物。现有四种类型：氟硅橡胶；含氟聚脒橡胶；偏氟乙烯与六氟丙烯的共聚物（26型氟橡胶）及偏氟乙烯与三氟氯乙烯共聚物（23型氟橡胶）。目前大量应用的是后两种。由于分子中结合有氟原子，因而具有耐高温、耐油、耐多种化学药品侵蚀等性能，是惟一能耐发烟硫酸的橡胶。其气密性、耐老化、耐燃、耐磨等性能也十分优良，但耐寒性较差，价格较贵。主要用于制造航空、宇航、火箭、汽车、化学工业以及特殊工程上所用的橡胶制品。 （邓卫国）

栿 girder

通称梁。梁栿常相连为文，义同。宋代专指顺间缝轴线放置的梁为栿。 （张良皋）

浮雕珐琅 basse-taille enamel, relief enamel

在金属坯体上作浮雕镂刻，然后施涂瓷釉的艺术搪瓷。为显示出金属基底上的浮雕，一般使用无色或有色的透明釉。也有随雕刻出的图案、人物或风景的轮廓，薄涂各色不透明瓷釉。制品主要有盘、花瓶、壁画等室内陈设艺术品。　（李世普）

浮法　float process
浮在锡液面上的玻璃液完成展薄、平整、经连续拉引和退火窑退火而成板状玻璃的一种方法（图）。1962 年英国皮尔金顿兄弟玻璃公司完成工业性试验，中国 1981 年在洛阳玻璃厂首次完成工业性试验。其工序为：池窑玻璃液（$1\,050℃$、$10^3 Pa·s$）经流槽流入有 $N_2 + H_2$ 保护气体的锡槽中后，向四周扩展，在拉引力牵引下向前移动，在锡槽中玻璃液完成展薄、平整、冷却，到 $600℃$（$10^{10} Pa·s$）经活动平台进入退火窑，经切割而成平板玻璃原片。在产品质量、产量、能耗、自动化程度、劳动生产率、成形作业周期等方面都优于其他各种平板玻璃生产方法。投资费用高于其他生产方法。
　　　　　　　　　　　　（许　超）

浮法玻璃　float glass
用浮法生产的平板玻璃。表面平整度高，厚薄公差小，无波筋、斑点，有优良的透光性能，透视及镜反射图像不扭曲，具有磨光平板玻璃的表面质量，而成本低于磨光玻璃，抗霉性能强。除无色浮法玻璃外，尚有着色玻璃、吸热玻璃、热反射玻璃等。广泛用于建筑、交通等部门，尤其适宜用于大面积的橱窗玻璃、镜子玻璃及各种涂膜玻璃等。　（吴正明）

浮浆　laitance
混凝土浇注成型后，在其表面浮起的一层浆体。一般为水灰比较大、工作性较差的混凝土中，因随水上泌而沉积在表面的颗粒，由已水化凝结的水泥及砂中细微颗粒所组成，含有多量的水分。水分蒸发后，遗留下多孔的疏松层。易引起表面起砂、裂纹，影响混凝土的强度和抗渗性。当混凝土需进行继续浇注或接缝时，必须将其清除，以增强新浇与先浇混凝土之间的黏结性。　（孙复强）

浮漂度　float
是表示煤沥青（或液体沥青蒸馏后残渣）稠度的一种指标。用浮漂度仪（如图）测定，其法是将沥青样品熔化后注入浮漂嘴中，在 5℃ 的温度中保温 15min，然后将浮漂嘴旋入浮碟口上，将浮碟置于规定温度（50℃ 或 32℃）的水中，试样受热软化，逐渐挤出浮漂嘴，直至温水自浮漂嘴冲破试样浸入浮碟内时，所经过时间（以 s 为单位）即为该沥青的浮漂度。浮漂度愈大，表示沥青愈稠。　（严家伋）

浮色　flooding
干燥涂膜表面和下层的颜料分布不匀，各断面的色调有差异的现象。主要产生原因是各种颜料粒子的大小、形状、相对密度、分散性、内聚性等相差悬殊，对基料的润湿和分散性不一致，涂层溶剂不均匀挥发，颜料在其中发生对流现象等。解决办法是加入少量表面活性剂（甲基硅油等）和润湿剂（萘酸锌等）以降低颜料的表面张力，促进颜料的润湿并对涂料充分研磨分散。　（刘柏贤）

浮石　pumice；pumicite
一种多孔玻璃质酸性火成岩。火山喷出的熔岩在冷却过程中迅速排出大量气体，由于起泡形成多孔状物质，孔隙率达 60%，密度 $0.3 \sim 0.4 g/cm^3$，能浮于水故称浮石。呈白色或浅灰色。其成分和性能与火山灰相同，可作火山灰质混合材料，也可作为轻混凝土的集料。在化学工业部门可用作过滤器、干燥器的填充料和催化剂载体。　（陆　平）

浮石混凝土　pumice concrete
浮石配制成的天然轻集料混凝土。其表观密度为 $600 \sim 1\,400 kg/m^3$，热导率为 $0.23 \sim 0.36 W/(m·K)$，抗压强度 $3.5 \sim 10.0 MPa$。适用于制作保温的或结构保温的轻集料混凝土砌块或其他构件。
　　　　　　　　　　　　（龚洛书）

桴
栋的别称。《尔雅·释宫》栋谓之桴，注，谓屋脊也。　（张良皋）

辐射干燥　radiation drying
利用辐射能使坯体发热的干燥方法。有红外干燥、微波干燥等方法。干燥速度快，但耗电量大。
　　　　　　　　　　　　（陈晓明）

辐射换热　heat transfer by radiation
又称辐射传热。物体间以辐射方式进行的热量传递。物体因热的原因而发出辐射能，称为热辐射。它可以在真空中传播而不依靠任何介质；遵循光波的反射、折射、吸收的规律。自然界中各个物体都在向空间作热辐射，同时也吸收其他物体辐射的热量，其最终结果是高温物体辐射给低温物体以净热量。计算公式为：

$$Q_{固-固} = C_0 \varepsilon_n \left[\left(\frac{T_1}{100}\right)^4 - \left(\frac{T_2}{100}\right)^4 \right] F_1 \varphi_{12} \quad W$$

式中 C_0 为黑体辐射系数，即 $5.67 W/(m^2·K^4)$；ε_n 为固体间的相当黑度；T_1、T_2 为物体 1、2 的温度，K；F_1 为物体 1 的辐射换热面积，m^2；φ_{12} 为物体 1 和 2 的辐射角系数。

$$Q_{气-固} = C_0 \varepsilon_{固} \left[\varepsilon_{气} \left(\frac{T_{气}}{100} \right)^4 - A_{气} \left(\frac{T_{固}}{100} \right)^4 \right] F \quad W$$

式中 $\varepsilon_{固}$ 为固体表面的有效黑度;$\varepsilon_{气}$ 为气体的黑度;$A_{气}$ 为气体的吸收率;$T_{气}$、$T_{固}$ 为气体、固体的温度,K;F 为固体参与辐射换热的面积,m^2。工业窑炉中火焰空间、炉墙砌体、物料之间大量存在这种热交换。 (曹文聪)

辐射换热系数 radiation heat transfer coefficient

又称辐射传热系数。符合热交换计算通式的辐射换热计算式中,反映辐射换热能力大小的系数。常以 α_R 表示,单位 $W/(m^2 \cdot K)$,与参加辐射换热双方的黑度、温度有关。如:气体对固体的辐射换热计算式为

$$q_{gw} = \varepsilon_{gw} C_0 \left[\left(\frac{T_g}{100} \right)^4 - \left(\frac{T_w}{100} \right)^4 \right] \quad W/m^2$$

$$设 \quad \alpha_R = \frac{\varepsilon_{gw} C_0 \left[\left(\frac{T_g}{100} \right)^4 - \left(\frac{T_w}{100} \right)^4 \right]}{t_g - t_w}$$

$$则 \quad q_{gw} = \alpha_R (t_g - t_w)$$

式中 ε_{gw} 为相当黑度,与气体、固体双方的黑度有关;C_0 为黑体的辐射系数,$5.67W/(m^2 \cdot K^4)$;t_g、t_w 和 T_g、T_w 分别为气体、固体的摄氏温度和绝对温度,℃,K。它的引出来源于综合传热计算,因同时存在着流体与壁之间的对流换热与辐射换热,为计算方便故将两种换热计算式统一成同一形式,即

$$q = q_c + q_{gw} = (\alpha_c + \alpha_R)(t_g - t_w) \quad W/m^2$$

式中 q_c 为对流换热量,W/m^2;q_{gw} 为辐射换热量,W/m^2;α_c 为对流换热系数。 (曹文聪)

辐射角系数 radiation angular coefficient; radiation angle factor

某表面(F_1)的辐射能量落到另一表面(F_2)上的份数。常以符号 φ_{12} 表示。是一个纯几何量,其值仅取决于两表面的形状、相对位置等几何因素,而与两表面的温度、黑度无关。用数学分析方法求解较复杂。但利用简单的几何关系导出一些规律,可以对复杂问题进行简化,并用简单的代数方法求解。如:两无限大平行平面 $\varphi_{12} = \varphi_{21} = 1$;一平面或凸面被另一表面全部包围时,$\varphi_{12} = 1$,$\varphi_{21} = F_1/F_2$;两凹面组成一封闭体系时,$\varphi_{12} = \frac{F_2}{F_1 + F_2}$,$\varphi_{21} = \frac{F_1}{F_1 + F_2}$。它是辐射换热计算中的重要参数之一。 (曹文聪)

辐射聚合 radiation polymerization

利用射线(如 γ 射线等)的能量来激发引发单体分子成离子或游离基而进行的连锁聚合反应。所得聚合物纯度较高。浸渍混凝土常用 Co^{60} 辐射的 γ-射线引发浸渍剂聚合。一般在常温下进行,可减少单体挥发,剩余浸渍剂易保存,可重复利用。但聚合速度慢。在热水中进行可加快聚合速度,减少辐射剂量。现场需有严密的防护射线的设施,投资大,成本高。 (闻荻江 陈鹤云)

辐射能力 emissive power

物体在单位时间单位表面积上辐射出的总辐射能。常用符号 E 表示。单位 W/m^2。其中某波长时的单位波长的辐射能力称为单色辐射能力,或称辐射强度,单位 W/m^3。当需强化辐射换热时,如高温窑炉内火焰、砌体对物料的辐射换热,应提高高温物体的辐射能力;欲减小辐射换热的场合,如热工设备外墙与环境的辐射换热,应减小其辐射能力。 (曹文聪)

辐射着色 coloration by radiation

玻璃在太阳光、紫外线及高能射线照射下呈现出的着色和变色现象。可分为两类①高能辐射着色:在高能射线(如 X 射线、γ 射线、中子、α 和 β 粒子射线等)照射下玻璃结构发生破坏作用形成的色心,使玻璃着色,其着色深度与辐射的能量、剂量、玻璃组成和结构有关。②曝光着色:在太阳光或紫外线照射下,从玻璃结构中或从其变价离子中击出电子,为另外的结构缺陷或变价离子所俘获而着色。例如,含有锰和铁的玻璃在太阳光照射下,产生下列光化学反应:

$$Fe^{3+} + Mn^{2+} \xrightarrow{h\gamma} Fe^{2+} + Mn^{3+}$$

玻璃由淡黄绿色转变为淡紫色。上述两类着色均有可逆性,经热处理这种变色又复原。 (许淑惠)

斧刃砖

用经过风化、困存后的粗黄土制坯烧成的最小规格粗泥砖。早期多产自北京东郊一带,多为民窑烧制。规格长 240mm,宽 120mm,厚 41.6mm,重 1.75kg。为北方古建用砖中最小的一种。砍磨加工后适用于古建小式墙体丝缝(缝子),也是砍制檐料子、杂料子及民宅院落糙墁地面等常用砖。 (朴学林)

釜前静停 delaying curing before antoclave

加气混凝土蒸压养护工艺中的一个预养步骤。在入釜蒸压养护前,为提高坯体强度,避免在养护中开裂,提高升温速度和高压釜的利用率,需将坯体在釜外静置一段时间。环境温度增高,可使静置时间缩短,为此,常采用模具加罩、热室静停等方法。 (沈琨)

辅助络合剂 auxiliary complexing agent

络合滴定中,除起滴定剂作用的氨羧络合剂外,所加入的其他络合剂。通常它们起阻沉剂、掩

蔽剂和缓冲剂的作用。即：①使被测的金属离子在调节溶液 pH 值时，不致和 OH⁻ 等阴离子生成沉淀；②掩蔽某些离子使不干扰测定；③为保持溶液的 pH 值而加入的某些缓冲溶液。因辅助络合剂可降低金属离子的原始浓度，使滴定终点不够明晰，所以在它们能起到应有作用的前提下，加入的数量应尽可能少。
(夏维邦)

腐蚀率 rate of corrosion
见金属全面腐蚀 (247 页)。

腐朽 decay
木材被真菌或其他微生物侵蚀致使细胞壁分解，败坏成筛孔状或粉末状，失去原有的物理－力学性质，且组织结构和材色都起了变化的一种缺陷。按类型和性质可分为褐腐与白腐，前者主要侵蚀木材中的纤维素，最终使木材败坏或色变为浅褐色到暗褐色性脆的残余物。白腐同时侵蚀木材中的纤维素和木素，最后败坏成一种色白的海绵状或丝片状的残余物。
(吴悦琦)

负光性光率体 optically negative indicatrix
见光率体 (166 页)。

负光性晶体 optically negative crystal
见正光性晶体 (612 页)。

负离子配位多面体规则 anionic coordinating polyhedron rule
见鲍林规则 (11 页)。

负温混凝土 below freezing placed concrete
在负温条件下，采用热拌法或蓄热法等进行施工的混凝土。粗细集料和水则进行保温或加热。成型后，混凝土在养护过程中不用外部热源加热促硬。用草席、矿棉被、塑料薄膜及在模板外附保温层予以保温防护，依靠成型前所具有的热量以维持正温养护条件。采用化学外加剂，使水的冰点下降，以使有足够的液相自由水存在与水泥进行水化作用。强度发展较慢。用于冬期施工。
(孙复强)

负徐变 negative creep
材料在恒荷作用下发生的与受力方向相反的徐变。聚甲基丙烯酸甲酯等浸渍的聚合物浸渍混凝土在较低的持续荷载作用下会出现负徐变。与基材干燥程度有关。对后张法预应力混凝土构件的设计有重要意义。
(孙宝林)

负压煅烧 negative pressure calcination
通过机械抽风或烟囱自然抽风使石灰立窑窑顶气体压力低于大气压力的煅烧方法。自然抽风立窑结构简单，省投资，省电，但风量风压小，难以强化煅烧过程，石灰产量低；机械抽风立窑，煅烧带长，污染小，石灰质量较好，且便于收集 CO_2 气体。但风机能耗大，漏风严重。使用液体或气体燃料时，多用此工艺。
(水中和)

负压碳化 vacuum carbonating
使制品坯体内部孔隙处于负压条件下，再进行碳化处理的过程。碳化室为密闭型的。碳化过程是先抽真空，再送入 CO_2 气（石灰窑气），直至碳化反应减弱，随后抽出浓度变低的 CO_2 气，达到最大负压，再次送入窑气，如此反复循环。此法可利用真空排潮及反应所产生的热量进行坯体干燥，缩短碳化前的干燥过程。如果送入的窑气有一定压力，由于提高了单位体积中 CO_2 的含量，碳化速度大大加快。负压碳化可使碳化周期从常压碳化的 $24\sim48h$ 缩短到数小时。
(蒲心诚)

负釉 negative glaze
见正釉 (614 页)。

附着力 adhesion
又称黏附力。由分子力引起的两种不同物质接触部分之间所产生的引力。仅在两种物质的分子十分接近时，才能产生使一种物质依附于另一物质上的趋向，显示出一定的黏附作用。如水泥净浆和集料之间、涂层与被涂物表面间、镀膜与被镀物间就具有较大的附着力。
(沈大荣)

复拌沥青混合料 reclaimed asphaltic mixture
见再生混凝土 (598 页)。

复层涂料 multiple coating
又称多层涂料。由底涂层、中涂层、表涂层三层材料构成的涂料。底涂层材料具有使基层与中涂层（主体材料）黏附的媒介作用。中涂层材料具有花纹图案饰面和质感等。表涂层材料具有颜色、光泽等外观及防水、耐候等性能。从品种上分有水泥系、聚合物水泥系、硅酸盐系、反应固化型、合成树脂乳液系及合成树脂溶液系等。复合涂层质感好，通常采用刷涂－喷涂－滚涂联合施工方法。主要用作外墙面装饰，也可用于室内大厅墙面和楼梯间、走廊等部位。
(陈艾青)

复层涂料喷枪 double coating spray gun
复层涂料喷涂施工的专用机具。特点是枪头突出，为便于喷涂高稠度的厚质涂料常附有操纵杆。建筑上多用于环状装饰面喷涂施工。
(邓卫国)

复合材料 composite material; composite
由粘结材料（基体）和粒料、纤维或片状材料所组成，具有两个或两个以上独立物理相的一种固体材料。特点是不改变各组分材料的物理化学性能的情况下，提高了材料的综合性能，其性能优于各单独的组分材料。按其使用特性分为结构复合材料和功能复合材料。根据其分散材料的形态，大致分为纤维增强复合材料、细粒增强复合材料和薄片增强复合材料三类。纤维增强复合材料是由纤维状增强材料和基体材料组成。其纤维材料有玻璃纤维、石棉纤维、天然纤维、合成纤维以及碳纤维、硼纤维、陶瓷纤维、晶须等。常用的基体材料有塑料、橡胶、水泥、陶瓷、金属等。当前产量最多、用途最广的是玻璃纤维增强塑料。细粒增强复合材料,其粒料粒径在 $0.1\sim0.01\mu m$ 者称作弥散增强复合材料;粒径在 $1\sim50\mu m$ 者称作粒子增强复合材料。细粒增强复合材料和纤维增强复合材料的增强机理有显著差别,前者强度主要取决于分散粒子阻止基体位错的能力;后者基体几乎只是传递和分散荷载,强度主要取决于纤维强度、纤维同基体的界面粘接强度和基体的剪切强度。薄片增强复合材料主要用纸、云母片和玻璃薄片与基体材料复合,增强效果介于纤维增强和粒子增强之间。复合材料因其比强度高、抗疲劳性和减振性好、耐高温、易成型及性能可按使用要求设计等特点而广泛应用于宇航、航空、国防、机电、建筑、化工、交通等各部门。

(袁润章)

复合材料理论 composite materials mechanism

以混合律为依据,推算纤维复合材料初裂抗拉强度的理论。混合律(law of mixtures, rule of mixtures)是指混合物由各组分按比例混合组成的法则,复合材料的某些弹性性能可按此法则推算。例如,一维定向连续纤维增强的复合材料沿纤维方向的弹性模量 E_c,遵从 $E_c=E_fV_f+E_mV_m$ 混合律公式。式中 E_f 和 E_m 分别为纤维和基体的弹性模量;V_f 和 V_m 分别为纤维和基体的体积率,$V_f+V_m=1$。对纤维混凝土,在利用此公式时,由于短纤维随机取向的影响,V_f 应乘以修正系数。

(姚 琏)

复合硅酸盐水泥 composite portland cement

简称复合水泥。由硅酸盐水泥熟料、两种或两种以上规定的混合材料、适量石膏磨细制成的水泥。水泥中混合材料掺加量按质量计应大于15%,不超过50%,掺矿渣时混合材料掺量不得与矿渣硅酸盐水泥重复。允许用不超过8%的窑灰代替部分混合材料。混合材料分活性和非活性两类,前者如粒化高炉矿渣、粉煤灰、火山灰质混合材料,以及化铁炉渣、精炼铬铁渣、增钙液态渣等;后者指活性不符合标准要求的潜在水硬性或火山灰性的混合材料和石灰石、砂岩,以及钛渣等。采用石灰石时其中的 Al_2O_3 含量不得超过2.5%。分32.5、32.5R、42.5、42.5R、52.5、52.5R 六个强度等级。与普通水泥比较,3、7d 强度指标不变,而28d 强度指标要提高 $0.6\sim1.2MPa$。该种水泥扩大了混合材料的利用,且使水泥性能得到改善。其性能取决于以主要的混合材料,如以火山灰质混合材为主则类似于火山灰质硅酸盐水泥。

(冯培植)

复合硅酸盐涂料 composite silicate coating

以含水镁、铝硅酸盐矿物为基料,各种轻质硅酸盐材料为填料,掺入适量添加剂和复合高温胶粘剂制成的糊状膏体绝热材料。质轻、绝热、使用温度650℃ 以下,绝干堆积密度小于 $170kg/m^3$,常温热导率小于 $0.053W/(m·K)$,黏结力强,可直接涂刷、浇注,不用捆扎包裹,适宜于冷、热施工,使用方便。用于热工设备及管道,尤其适用于球体、锥体、阀门等的绝热。

(丛 钢)

复合离子乳化沥青 compound ionic emulsified asphalt

应用两种(或两种以上)不同品种的乳化剂配制而成的乳化沥青。褐色或黑棕色乳状液体。无毒、无味、不燃。如乳化剂选择得当,可赋予其具有特殊性能,如延缓分离速度,提高拌和效率、增加与集料的黏附力等。可冷态施工。用于建筑防水,铺筑路面。

(刘尚乐)

复合流动度 degree of complex flow

表征沥青流动变形特性的一种指标。由沥青流变曲线可得下式:

$$c = \frac{\Delta \lg \tau}{\Delta \lg \dot{\gamma}}$$

式中 c 为复合流动度;τ 为剪应力(Pa);$\dot{\gamma}$ 为剪切变形速率(s^{-1})。c 值随温度而变化。在25℃ 时,c 值等于1.0者为牛顿流型沥青;c 值大于1.0者为滞胀流型沥青;c 值小于1.0者为假塑性流型沥青。沥青 c 值与其流变性、耐久性等有密切关系。

(严家伋)

复合墙板 composite wall panel

用多种材料分层组合制成的墙板。一般以组成材料的名称命名,例如混凝土岩棉复合墙板等。可以充分发挥不同组成材料的特长,使之具有高效综合性能。多用作外墙板。可分为结构承重层、绝热隔声层、防水装饰面外层和饰面内层。结构承重层材料多为钢筋混凝土;绝热隔声层材料多用矿棉、岩棉、玻璃棉、加气混凝土等;防水装饰面外层材料多用带饰面混凝土、纤维增强水泥、金属板等;饰面内层材料多为纸面石膏板等。采用流水机组法、流水传送带法以及机械化台座法制造。与用单一材料制成的墙板比较,具有合理利用材料,建筑功能好等优点,但生产工艺较复杂,造价较高。

(萧 愉)

复合热源干燥 complex heat source drying

同时利用多种热源及热传导方式进行热交换的干燥方法。例如同时利用对流干燥、电热干燥、红外干燥、高频干燥和微波干燥之中的两种或两种以上方法。特点是各种干燥方法取长补短、效率高、干燥质量好、速度快，但设备较复杂。

(陈晓明)

复合稳定剂 complex stabilizer

有机金属盐类、亚磷酸酯、多元醇、抗氧剂和溶剂等多组分复合而成的液体稳定剂。一般以金属盐类为主体成分。按金属种类的配合来分，有镉/钡/锌（通用型）、钡/锌（耐硫化污染型）、钙/锌（无毒型）以及其他复合类型。抗氧剂常用双酚A。溶剂有矿物油、高级醇、液体石蜡或增塑剂等。其特点是与树脂、增塑剂相容性好，透明性好，用量少，不易析出，使用方便，耐候性好。配制增塑剂糊时黏度稳定性好。主要缺点是润滑性较差，会使制品软化点降低，长期贮存稳定性差。主要用作软质或透明制品，如薄膜、挤出透明软制品、注射模塑软制品（鞋类）、人造革、搪塑制品等。

(刘柏贤)

复合型人造大理石 compound artificial marble

黏结剂由无机材料和有机高分子材料所组成的人造大理石。用无机材料将填料黏结成型后，再将坯体浸渍于有机单体中，使其在一定条件下聚合。这类板材分底层和面层两部分，底层用价廉而性能稳定的无机材料，面层用聚酯和大理石粉制作。无机黏结材料可用快硬水泥、超快硬水泥、白水泥、粉煤灰水泥、矿渣水泥以及熟石膏等。有机单体可用苯乙烯、甲基丙烯酸甲酯、醋酸乙烯、丙烯腈、二氯乙烯、丁二烯等。这些单体可单独使用或组合使用，也可与聚合物混合使用。其产品具有聚酯型人造大理石和水泥型人造大理石的优点，物理性能良好，成本也较低。在制作面层时，每一种原料必须分批投入，决不可一次全部加入搅拌，以免引起爆炸。

(郭柏林)

复合油毡 composite roll roofing

由不同胎基的油毡或各种塑料、橡胶防水卷材在工厂复合而成的防水卷材。其型式多种多样，如纸胎油毡与石棉布油毡叠合、玻纤胎（布）油毡与纸胎油毡叠合、聚丙烯或聚乙烯膜两面覆以玻纤油毡、塑料防水卷材覆以铝箔、聚酯纤维油毡覆以铝箔、聚酯胎油毡与无胎油毡复合、麻布油毡与玻纤油毡叠合一面再覆以铝箔等，其目的是取各种材料所长，以获得更好的防水效果，并能使叠层屋面的防水施工标准化，减少浪费，保证质量。

(王海林)

复色釉 fancy glaze; multicoloured glaze

又称花釉。釉面呈多种色彩交混、花纹各异的颜色釉。其基础釉多为石灰釉、长石釉或熔块釉。釉面色彩绚丽、变化丰富、对比鲜明。

(邢宁)

复型技术 replica technique

把块状试样表面的显微组织浮雕、复制到薄膜上，然后在透射电镜中进行观察的技术。是一种间接分析的方法，要求复型材料本身是非晶态的，成像时不显示任何结构细节，不干扰被复制材料表面的形貌观察。常用的复型材料有塑料和碳膜两种。方法有：碳一级复型、火棉胶一级复型、塑料－碳二级复型、萃取复型。复型技术能较简单地复制和显示试样表面的形貌细节，且不损坏原始试样，被广泛应用于金属及硅酸盐固体材料的制样。

(潘素瑛)

复振 revibration, repeated vibration

又称二次振动，重复振动的简称。混凝土混合料振动成型后隔一定时间再振动的成型方法。可以消除沉降引起的裂缝及泌水通道引起的微管，提高混凝土的密实度、强度和与钢筋的黏结力。适用于大型混凝土构件和大体积混凝土工程，也可用于真空作业的混凝土。但须在水泥浆初凝前而混合料尚有触变性时进行，过迟将损坏混凝土的结构，影响混凝土的性能。

(孙宝林)

副增塑剂 secondary plasticizer

又称次增塑剂、辅助增塑剂。与聚合物的亲和力较差，不能单独使用的增塑剂。这类增塑剂与聚合物的相容性难以符合工艺或使用上的要求，使用目的主要是代替部分主增塑剂以降低成本，用量一般不超过增塑剂用量的1/3。

(刘柏贤)

富混凝土 rich concrete

水泥含量较多的水泥混凝土。富混凝土一般每立方米混凝土中的水泥用量多于300kg。水泥用量多少根据工程或制品的种类和施工方法而定，取决于混凝土混合料的水灰比、工作性、粗细集料的性质及级配、外加剂的使用和掺量及对混凝土抗冻性的要求等因素。(参见贫混凝土，375页)。

(孙复强)

富勒最大密度曲线 Fuller's max. density curve

又称富勒级配曲线（W.B.Fuller's grading curve）。根据实验提出的一种集料理想级配曲线。用某筛孔尺寸 d（mm）粒径的集料通过百分率 p（%）的计算公式 $p=100\ (d/D)^{\frac{1}{2}}$ 绘制而成的 p-d 关系曲线，式中 D 为测试集料的最大粒径。凡集料的颗粒组成愈接近此抛物线型曲线，可认为其密实度愈大。采用最大密度级配的集料理论上可拌制得水泥用量较少的优质混凝土，但若无适当富余的基相（matrix）浆体时会造成混合物干硬，显得流

动性较差。　　　　　　　　（徐家保）

富氧燃烧　oxygen-enriched combustion

又称增氧燃烧。以氧气掺入助燃空气内来改善燃烧过程的技术措施。一般富氧助燃空气中含氧量为23%～25%或更高。因减少了空气带入的氮气等不助燃组分量，故能提高火焰温度，减少烟气生成量，提高窑炉生产能力和热效率。常用于要求窑炉作业温度较高，而一般燃烧又难于达到的场合。也可用于窑炉生产后期，作为提高技术经济指标的应急措施。当氧气来源充裕时（如浮法玻璃厂氧气为制氮过程的副产品）也可考虑长期使用。应用时须综合考虑氧气来源、价格，以及对火焰长度、火焰覆盖面、燃烧室热强度等的影响。　（曹文聪）

G

gai

改性硅酮密封膏　modified silicone sealants

以含有机硅氧烷的聚合物为主要成分，掺有改性材料的有机硅建筑密封膏。常用改性材料为聚丙二醇等。有湿气固化单组分型和反应固化双组分型两类。与有机硅建筑密封膏相比具有以下特点：①对基材的污染性和生产成本均有所降低；②与建筑涂料等的相容性较好，表面可再装饰；③单组分型和双组分型的固化机理相同；④单组分型的固化速度和均匀性均有所提高。其性能、用途、使用方法与有机硅建筑密封膏近似。　（洪克舜　丁振华）

改性沥青　modified bitumen

通常指与聚合物材料共混而改善了物理或化学特性的沥青材料。黑色，固体或半固体状态。与普通沥青相比，有较高的耐热性，较大的黏附性，较低的冷脆性，较好的弹韧性和耐候性，并增强抗老化性能。常用的聚合物改性材料有天然橡胶或合成橡胶、天然树脂或合成树脂等。用于生产防水材料、铺筑高等级公路路面。　　　　（刘尚乐）

改性沥青密封带　modified asphalt sealing tape

以石油沥青为基料，用橡胶或树脂等改性材料制成的密封带。由改性沥青制成的自粘带为主体，一面覆盖同样宽度的铝带，另一面覆盖防粘塑料薄膜组成。其改性沥青带中含有吸湿剂，吸收湿气；铝带起隔离作用，造成一定的空间。具有良好的保温隔热、防潮、耐热、抗冻、抗震、耐老化、耐腐蚀性能及粘结性能，并对建筑物起到美化装饰作用。可根据用户要求制成各种规格与形状。专用于建筑物夹层玻璃的安装与维修。

（洪克舜　丁振华）

改性沥青涂料　modified asphalt coating

用树脂或橡胶改性沥青作主要成膜物质的溶剂型沥青防水涂料。由沥青，树脂或橡胶、颜料（包括体质颜料和着色颜料）、溶剂和助剂所组成。黑色液体，有味，易燃。具有树脂和橡胶某些特性。弹性、抗裂性、粘结性、耐热性、低温柔性较好，能更好地适应基层运动变化。将树脂或橡胶、沥青材料分别用溶剂溶解配制而成，也可将热塑性树脂或橡胶熔融在沥青中，然后再用溶剂溶解配制而成。常用的改性材料有聚氨酯、丙烯酸树脂、聚氯乙烯、氯丁橡胶、苯乙烯-丁二烯-苯乙烯三元共聚橡胶（SBS橡胶）、丁基橡胶和丁苯橡胶等。冷涂法施工。用于屋面防水和防腐工程。

（刘尚乐）

改性沥青油毡　modified asphalt felt

用改性沥青做涂盖材料而制得的油毡。通常所说的改性沥青指掺入橡胶或塑料类材料而制作的软化区间较宽、性能优良的沥青。改性材料的加入明显地增加沥青的弹性或塑性。与普通石油沥青油毡相比，有较好的抗裂性、耐热度、低温柔性、不透水性等。也可在某些方面具有特殊的性能。常用的改性材料有：丁苯橡胶、氯丁橡胶，丁基橡胶或顺丁橡胶，天然橡胶，再生胶，热塑性弹性体，无规聚丙烯，聚乙烯及聚氯乙烯树脂等。这类油毡大多数是单层使用，可用于屋面及地下防水工程。

（王海林　孔宪明）

改性乳化沥青　modified emulsified asphalt

又称水乳型改性沥青防水涂料。添加橡胶或树脂等改性材料配制而成的乳化沥青。黑色或黑褐色乳状液或膏状体。具有橡胶或树脂的某些特性，其耐热性、抗裂性、柔韧性较好。常用的改性材料有天然胶乳，丁苯胶乳，氯丁胶乳，再生胶浆，丙烯酸乳液，乙烯-醋酸乙烯乳液，苯乙烯-丁二烯-苯乙烯橡胶（SBS橡胶）等。可将胶乳或树脂乳液直接加入乳化沥青中，也可将未硫化橡胶或热塑性树脂直接熔化在沥青中，再经乳化配制而成。用涂刷或机械喷涂法施工。用于工业与民用建筑屋面、阳台、厕所、地下构筑物防水、防腐及铺筑路面。

（刘尚乐）

钙矾石 ettringite

高硫型水化硫铝酸钙，化学式 $3CaO \cdot Al_2O_3 \cdot 3CaSO_4 \cdot 30\sim32H_2O$，简写为 $C_3A \cdot 3C\bar{S} \cdot H_{30\sim32}$。三方晶系，假六方针状或柱状晶体，有双晶，密度 $1.73g/cm^3$ ($25℃$)。有天然矿物存在，可用饱和石灰水加等体积硫酸铝和硫酸钙合成，或由水化铝酸钙和石膏反应生成，以及无水硫铝酸钙和石膏水化生成。用 $CaCl_2$ 干燥，其结合水可降至 $26H_2O$ 和 $18H_2O$；加热至 $105\sim110℃$ 再减至 $7\sim8H_2O$；$145℃$ 为 $4\sim6H_2O$；$200℃$ 为 $2\sim3H_2O$；$1000℃$ 生成无水 $C_4A_3\bar{S}$、$CaSO_4$ 和 CaO。它形成于硅酸盐水泥水化初始阶段，在石膏用完之后，转化为单硫型水化硫铝酸钙。该矿物的形成和长大，对水泥凝结硬化有很大影响，对强度发展也有帮助。在硫铝酸钙型快硬水泥和氟铝酸钙快硬水泥水化硬化时，它成为硬化水泥浆体产生早期强度的主要成分。

(魏金照)

钙硅比 calcia-silica ratio

硅酸钙类及水化硅酸钙类矿物中 CaO 与 SiO_2 的摩尔比。对此两类矿物的结构及性能影响很大。其值越大，矿物的碱性（碱度）越高。对于硅酸钙类，此值为 $1\sim3$，随着碱度的降低，水硬性降低；对于水化硅酸钙类，此值为 $0.5\sim3$，可区分为高碱性水化硅酸钙与低碱性水化硅酸钙。在灰砂制品和加气混凝土生产中，常将原料中有效 CaO 和磨细硅质材料中的 SiO_2 之质量比称为原料钙硅比，是控制生产的重要参数。

(蒲心诚)

钙铝黄长石 gehlenite

又称铝方柱石。化学式 $2CaO \cdot Al_2O_3 \cdot SiO_2$，简写为 C_2AS。立方晶系。无色柱状、有时呈片状、薄板状晶体。硬度 $5\sim6$，相对密度 3.04，熔点 $1590℃$。是高炉矿渣、煤渣中的主要矿物。硅酸盐熟料煅烧过程中（$900\sim1100℃$）可能形成这个矿物，温度再高时分解。铝酸盐和硫铝酸盐水泥熟料中也有十字形、骨骸形 C_2AS 晶体。无水硬性。在碱性溶液激发下有水化活性。矿渣的化学成分若处于相图中 C_2AS 区域时，矿渣水泥的早期和后期强度较高。

(龙世宗)

钙铝石榴石 grossularite garnet, grossularite

化学式为 $3CaO \cdot Al_2O_3 \cdot 3SiO_2$，简写为 C_3AS_3。属水石榴石系列之一。结构紧密，相对密度 3.53，硬度 $6.5\sim7.5$，折射率 1.735。常与 C_3FS_3（钙铁石榴石 andradite）、C_3AH_6、C_3FH_6 形成固溶体（参见水石榴石，471 页）。

(陈志源)

钙镁铝酸盐水泥 calcium magnesium aluminate cement

以二铝酸一钙（$45\%\sim60\%$）和尖晶石（$35\%\sim50\%$）为主要矿物组成的一种铝酸盐水泥。由于有尖晶石存在，耐火度较高（可达 $1750℃$），耐熔渣及金属熔融体的化学侵蚀性较耐火低钙铝酸盐水泥强；需水量较少，硬化后孔隙率较低，高温收缩小；加热到 $1100℃$ 脱水的强度损失少。可与电熔白刚玉等集料配制耐火混凝土，作水泥回转窑和其他工业窑炉的内衬。

(王善拔)

钙塑材料 calcium-plastic material

以聚烯烃为基料，加入大量钙盐填料和其他添加剂加工而成的复合材料。20 世纪 70 年代初由日本狮子油脂公司开发，名为 Calp（咖儿噗），1972 年开始，中国也有同类材料问世并命名为钙塑材料。原料采用中、低压聚乙烯和 EVA（乙烯-醋酸乙烯共聚体）改性树脂，按不同的制品要求加入不同比例的粒径为 $2\sim3\mu m$ 的亚硫酸钙 $\left(CaSO_3 \cdot \frac{1}{2}H_2O\right)$，最高掺量可达到 90% 以上（重量比）。具有耐水、变形小、难燃、燃烧时发烟量小、能和木材一样做二次加工等特性，因大量利用了无机材料，成本较低。产品有板、管、异形材、地板、门窗、踢脚板、挂镜线、合成木材、合成纸等。钙塑纸箱及部分制品已工业化生产。因所用原材料已扩大了范围，逐渐成为多填料塑料的同义词。

(刘柏贤)

钙塑地板 calcium plastics floor tile

以较多量碳酸钙作为填料的聚氯乙烯塑料地板。组成和性能与半硬质聚氯乙烯块状塑料地板基本相同，属钙塑材料制品。

(顾国芳)

钙塑门窗 calcium plastics door or window

用钙塑材料制成的挤出异型材生产的门窗。主要原材料为聚氯乙烯、抗冲改性剂、稳定剂和碳酸钙填料。碳酸钙加入量较多，价格较低。通常由单孔挤出异型材拼装而成，多为小尺寸窗和内门。目前已较少生产和使用。

(顾国芳)

钙钛矿型颜料 pigment of perovskite type

着色氧化物与钙钛矿母体固溶构成的颜料。分为灰钙石颜料和灰钛石颜料。着色氧化物固溶于钙钛矿母体中后呈色稳定，不易在使用过程中发生变化。

(邢宁)

钙钛石 perovskite; perofskite

又称钙钛矿。化学式为 $CaTiO_3$。等轴晶系，立方体结晶。晶面有平行晶棱的条纹。褐黑色、灰黑色、褐棕色、半透明至不透明，金刚石光泽。硬度 5.5，相对密度 4，折射率 $n=2.34\sim2.36$。常以副矿物存在于碱性岩和基性岩中。在石灰岩与火成岩的接触带以及绿泥石片岩、滑石片岩中也见到。也存在于含钛高的铝酸盐、硫铝酸盐水泥熟料中, 以及高炉矿渣中。易与 R_2O、CaO、MgO、Al_2O_3、Fe_2O_3 形成固溶体。无水硬性。

(龙世宗)

钙质材料 calcareous material

硅酸盐混凝土原料中含有氧化钙的一类材料, 如石灰、电石渣、水泥等。在硅酸盐制品的水热反应过程中, 主要提供 $Ca(OH)_2$, 以生成水化硅酸钙类的胶凝物质或其他含钙水化物。 (蒲心诚)

钙质石灰 calcium lime

主要成分为 CaO 且 MgO 含量不大于 5% 的生石灰。质地较均匀, 应用时易于控制质量。是建筑工程及硅酸盐制品行业最常用的石灰品种。

(水中和)

盖脊瓦

琉璃屋脊封顶用的筒瓦。用于屋面正脊、垂脊或戗脊的最上部。不论正脊筒、垂脊筒或是戗脊筒, 都是中空的, 安装后上面敞着口, 在这里扣上盖脊瓦, 就是起到封护的作用, 所以被也称作"脊帽子", 形状同一般筒瓦, 但二者的规格及使用部位完全不同。 (李 武)

盖斯定律 Hess law

见晶格能 (251页)。

概率 probability

又称几率, 或然率。随机事件出现的可能性。常用 $P(A)$ 表示事件 A 出现的概率。确定概率大小的一种方法是做试验。如果在相同条件下进行 n 次试验, 事件 A 出现 m 次, 则称 m/n 为事件 A 发生的频率。当 n 很大时频率具有稳定性, 故取其稳定值作为 A 事件的概率。显见必然发生事件的概率为 1, 不可能发生的事件概率为零, 一般事件的概率介于零与 1 之间。概率接近于 1 的事件极易发生, 概率接近于 0 的事件几乎不会发生, 称为小概率事件原理, 是统计推断的依据。

(许曼华)

gan

干法带式制板机 belt type sheet machine for dry process

适用于含水量为 20% 左右的石棉水泥混合料制造石棉水泥平板的一种设备。由铺料装置、传送带、加压装置、稳压系统、传动装置等组成。铺料装置将水泥混合料均匀地铺在传送带上, 至一定厚度, 经加压辊压成板坯。若将加压上辊表面雕刻成花纹, 即可制得表面带有花纹的石棉水泥板坯。

(叶启汉)

干法制粉 dry body preparation

在无水介质条件下研磨并制备陶瓷粉料的方法。制备压制成型用坯料的工艺方法。常有两种方法: ①雷蒙磨粉磨后加水轮碾造粒; ②气流粉碎后加水轮碾造粒。特点是工艺简单、产量大, 但粉尘大, 易带入铁质。此外, 还可用辊筒式造粒机造粒。

(陈晓明)

干裂 seasoning check

木材干燥不当发生裂纹的统称。在干燥的各个阶段, 木材不同部位上会产生表面开裂、内裂和端裂。干燥初期表层水分蒸发使其先于内层产生收缩, 但受到内层木材的限制而发生拉伸应力, 当拉伸应力超过木材的强度时, 出现表面开裂。内裂多发生在干燥后期, 此时内层木材水分蒸发产生收缩, 受到表层木材硬化的限制而形成裂纹。干燥时水分从端部剧烈蒸发, 木材不均匀干缩就形成端裂。提高干燥窑内相对湿度, 进行喷蒸处理, 端面涂防水涂料可以防止和消除表面开裂、内裂及端裂的发生。

(吴悦琦)

干热养护 dry-thermal curing

混凝土在养护升温阶段不增加湿度或少增湿甚至以水分蒸发过程为主的养护方法。可以克服湿热养护时湿热膨胀对混凝土结构的破坏作用, 改善混凝土性能, 缩短制品养护周期, 是加速混凝土硬化的重要方法。分全干热养护和干湿热养护两种。按所用能源的不同, 可分蒸汽养护、太阳能养护、红外线养护、电热养护、微波养护、热油养护等。全干热养护是混凝土在整个养护过程中都处于低湿介质状态, 虽然升温阶段破坏作用小、养护周期短、制品表面质量好, 但却存在着失水过多、水泥水化条件差、后期强度损失大、降温速度慢等弊端, 因而应采取掺入早强促硬剂、制品存放时适当洒水湿润等措施以减小强度损失。采用干湿热养护则可避免全干热养护时存在的缺点。 (孙宝林)

干涉色 interference color

在正交偏光镜下, 由于白光干涉的结果, 非均质体矿片所呈现的色彩。白光又称为混合光, 是由七种不同波长的色光所组成, 其中红色光波长最长, 紫色光波长最短。根据光波干涉原理, 对于某一定的光程差, 只能相当或接近于白光中部分色光的半波长的偶数倍, 使这部分色光抵消或减弱, 同时它又相当于另一部分色光的半波长的奇数倍, 使其加强; 所有未被抵消的色光混合起来, 便构成了与该光程差相应的特征色彩, 即干涉色。这种干涉色与单偏光镜下矿片的颜色不同, 两者不可混淆。

(潘意祥)

干涉图 interference figure

在偏光显微镜的锥光系统下, 聚敛偏光通过非均质体矿片、上偏光镜后发生的消光和干涉现象的总和所构成的各种特殊图形。其形象特点随晶体的轴性及切片方位而异（见图）。它可用来识别晶体的轴性、切片方位、测定光性符号及光轴角。

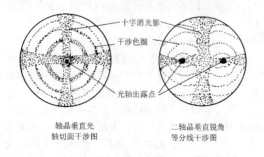

轴晶垂直光　　　　二轴晶垂直锐角
轴切面干涉图　　　等分线干涉图

（潘意祥）

干涉显微镜分析　interference microscope analysis

利用干涉显微镜进行岩相分析的一种分析技术。将被测试样平面与参考平面（标准光学镜面）相比较，以光波波长为尺度来测定试样表面的显微形貌。主要仪器是干涉显微镜，是由光学显微镜与干涉术的组合，有双光束干涉显微镜和多光束干涉显微镜两种类型。主要用于金属表面粗糙度测量、晶体表面形貌及晶体缺陷的观察以及显微硬度试验压痕引起材料变形的研究等方面。　（潘意祥）

干湿球湿度计　psychrometer

利用水分蒸发吸热降温而出现干、湿球温差来测定空气相对湿度的仪表。由两支相同的水银温度计组成，一支的水银球用浸于蒸馏水中的湿纱布包裹，称为湿球温度计；另一支的水银球不包湿纱布，称为干球温度计。如果空气未饱和，湿纱布上的水温因水分蒸发耗热而降低。当蒸发耗热等于从周围空气中得到的热量时，湿球温度计的示值称为湿球温度。空气的相对湿度越低，干、湿球温度的差值越大。据相对湿度与干、湿球温度之间的一定函数关系，可求得相对湿度。构造简单，使用方便，但精确度不够高，周围气流速度的变化对测定值影响较大。　（林方辉）

干湿热养护　dry-hydrothermal curing

又称半干热养护。干热养护与湿热养护相结合的养护方法。养护在台座上或水平隧道窑中进行，先干热养护，再湿热养护。除具有低湿介质升温的一般优点外，还具有水泥水化条件合理，混凝土结构致密以及养护后的混凝土无严重失水现象、后期强度仍可继续增长等特点。试验证明，干湿热养护后的混凝土强度比湿热养护者提高15%~24%，而28d时的强度则与标准养护者很接近。如与微压养护综合应用，效果更佳。通常适用于混凝土墙板、楼板等裸露表面较大的薄壁构件。

（孙宝林）

干缩　drying shrinkage

见收缩（451页）。

干消化　dry slaking

见石灰消解（442页）。

干性油　drying oil

碘值在130以上的含不饱和双键的脂肪酸甘油酯。制造油漆涂料的基料。涂料的干燥成膜是依靠脂肪酸碳键上的不饱和双键自动氧化聚合，使之成为体型结构而固化成膜，固化后的涂膜不软化，很少被溶剂所溶解。干性的差异程度取决于不饱和脂肪酸结构中双键的个数和位置的不同，不饱和度愈大愈易干燥。制造涂料的漆基需在280~290℃下加热聚合后使用。典型的有亚麻油、梓油、桐油、脱水蓖麻油、大麻油（线麻油）等。广泛用作油漆、防水油膏、油墨的原料。

（刘柏贤　陈艾青）

干压成型　dry pressing

将含水率低于6%的粒状坯料，放在模具中直接施加压力而成型的方法。某些特种陶瓷成型用坯料基本上不含水分，加入少量黏合剂与坯料均匀混合，便于成型和获得适当生坯强度。常用的黏结剂有聚乙烯醇、糊精、羧甲基纤维素、聚醋酸乙烯酯、聚苯乙烯、桐油、液化石蜡等。成型设备主要有摩擦压力机、液压机及自动液压机。摩擦压力机压力小、生产率低、劳动条件差，正逐渐被液压机取代。根据模具和压机的变化，可生产不同形状的产品，效率较高，易于自动化，通常用来成型较薄或厚薄均匀、形状简单的制品，如陶瓷墙地砖。等静压成型也可归类于此，成型模具为橡胶等弹性模具，压力传递介质为液体，其特点是施压均匀、压强高。

（陈晓明）

干硬性混凝土　stiff concrete

水泥或砂浆含量较少，粗集料较多，水灰比较低，其维勃稠度为20~11s的混凝土。施工时必须采用强力振捣密实，否则易产生较多孔隙而影响混凝土质量。其混合料工作性可用维勃稠度指标表示，不产生离析及泌水现象，硬化较快，强度较高，常用于预制强度要求较高的混凝土制品及构件。

（潘介子）

干燥　drying

排除物料中自由水，降低其含水率至一定要求的过程。对陶瓷原料的作用是便于粉碎及运输，对陶瓷生坯的作用是提高生坯强度，便于检查、修坯、搬运、施釉和烧成。除某些特种陶瓷原料采用冷冻真空干燥外，一般均采用加热干燥，泥浆还广泛采用喷雾干燥。按照热量来源可分为自然干燥和人工干燥,前者生产周期长,受气候影响大,生产不稳定,工厂中一般采用后者。按照操作方式可分为间歇式和连续式;按照生坯被加热的方式可分为对流加热式、内热式、辐射加热式及联合加热式。其过程可分为预热阶段、等速干燥阶段、降速干燥阶段及平衡状态阶段。 (陈晓明)

干燥剂 desiccant

能强烈吸收水分的物质。例如无水氯化钙、硅胶、浓硫酸和五氧化二磷等。如在硅胶中加入氯化钴,以指示吸湿程度,这样的硅胶叫变色硅胶。当它吸湿后由蓝色变为粉红色,须在150~180℃下加热,使之转变为蓝色具有吸湿功能。

(夏维邦)

干燥敏感性 drying sensitivity

黏土砖瓦坯体在干燥过程中产生收缩裂缝的倾向性。其强弱以干燥敏感指数 K_c 表征。K_c 定义为初始成型含水率与临界含水率(均为干基含水率)之差与后者的比值。K_c 愈大,黏土对干燥愈敏感,坯体愈容易在干燥过程中产生层裂。一般 $K_c<1.2$ 为低干燥敏感性黏土,$K_c=1.2\sim1.8$ 为中等干燥敏感性黏土;$K_c>1.8$ 为高干燥敏感性黏土。 (崔可浩)

干燥收缩 drying shringkage

硬化水泥浆体的毛细孔及凝胶孔中水的蒸发和溢出所引起整个体积的收缩。温度和湿度等外界因素的改变是收缩的外因。水存在的形态有多种,对收缩的影响亦各异。当干燥收缩受到限制时,硬化水泥浆体(或混凝土)会出现干缩裂缝。混凝土的干燥收缩可以下式估算:

$$(\varepsilon_{sh})_t = \frac{t}{35+t}(\varepsilon_{sh})_{ult}$$

式中 $(\varepsilon_{sh})_{ult}$ 为相对湿度40%的最大收缩值;$(\varepsilon_{sh})_t$ 为混凝土潮湿养护7d后,任何龄期 t 的收缩。

(陈志源)

干燥速率 drying rate

干燥过程中,单位时间、单位干燥表面积物体所除去的水量。单位 $kg/m^2 \cdot h$。其值取决于传热速率、水分的内扩散速率和外扩散速率。影响因素有:物料或坯体的性质、结构、几何形状、尺寸、温度和水分含量;干燥介质的温度、湿度、流速和方向;加热方式;干燥设备的结构尺寸、自动化程度等。在干燥过程的不同阶段中,呈现出不同的特点。加热阶段:物料获得热远大于水分蒸发所需热,干燥速率迅速增加;等速阶段:物料或坯体内部水分向表面扩散与表面水分蒸发达到平衡,产生的体积收缩与水分减少成直线关系,在干燥设备操作中应以较低的干燥速率进行,并严格控制干燥介质条件;降速阶段:物料内部水分减少,向表面扩散速度(内扩散速率)小于表面水分蒸发速率(外扩散速率),表面变干,干燥速率逐渐降低,其数值受内扩散速率控制,直至物料中的水分与干燥介质的湿度达到平衡,干燥速率降为零,此时物料水分达到在一定干燥条件下的平衡水分。

(曹文聪)

干燥性 drying property

简称干性。液态涂料涂布于物体表面,经物理或化学变化,形成固体涂膜快慢的特性。用涂料干燥时间来进行量度。不同的涂料,有不同的干燥类型,如挥发型、氧化聚合型、烘干聚合型、固化剂固化型等,其干燥条件亦不同,通常按温度分为室温干燥、强制干燥(60℃左右)和烘干(100℃以上)。干燥时间可从几秒钟至几十小时不等,按不同涂料的要求而定。 (刘柏贤 邓卫国)

干燥制度 drying schedule

材料干燥过程中各项工艺参数的规定。干燥过程包括加热、恒速干燥、降速干燥和平衡等阶段。加热阶段内坯体温度增高至湿球温度,干燥速度增至最大值;恒速干燥阶段内坯体表面水分不断蒸发,内部水分不断补充,内外扩散速度相等,干燥速度恒定,坯体温度不变,等于湿球温度,坯体排出大量水分;降速干燥阶段内干燥速率随时间减慢直至终止;平衡阶段内坯体水分为定值,坯体温度不变,干燥速度为零。干燥制度用以确定干燥过程中干燥介质的温度、湿度、压力和流速,坯体温度的变化和干燥时间等。它的合理选用是黏土制品、陶瓷、耐火材料生产中实现优质低耗的重要保证,否则坯体易产生程度不同的裂缝,严重影响制品的性能和质量。 (崔可浩)

干粘石 chipped marble finish

见装饰砂浆(361页)。

甘蔗纤维吸声板 cane fiber sound absorption panel

甘蔗渣经过清洗、切碎、软化、打浆、加压而制成的软质纤维板。具有较好的中高频吸声性能,经半穿孔或穿孔处理后,则低、中、高频范围均有较好的吸声性能。价格低廉,施工方便,但耐久性、防火性能较差。用途参见软质纤维板。

(陈延训)

杆材 pole

较锯材原木直径小并具一定长度的任何圆材。无须加工即可使用。用于架设电线或简易的建筑工程。常用的树种有杉木、云杉、落叶松、冷杉、马尾松等。 (吴悦琦)

坩埚 crucible

化学实验室中熔融或灼烧物质的一种杯形容器。用瓷、银、铁、镍或铂等材料制成,容量常为几毫升到 50mL。使用时可参考下表:

名　称	适用熔剂	常用温度（℃）
瓷坩埚	$K_2S_2O_7$ 或 $KHSO_4$	800～1 000
银坩埚	KOH、NaOH、Na_2O_2	600～700
铁坩埚	NaOH、Na_2O_2	600～700
镍坩埚	NaOH、Na_2O_2	600～700
铂坩埚	Na_2CO_3、K_2CO_3 或 $K_2S_2O_7$	900～1 000

工业上也指熔化金属或其他物料（如玻璃等）的容器。多用耐火黏土、石墨或其他耐火材料制成。　　　　　　　　　　　　　　（夏维邦）

坩埚拉丝　remelt process; marble melt process

又称玻璃球法拉丝或再熔法拉丝。玻璃球（或玻璃块、玻璃棒）经熔化、再进行纤维成形的连续玻璃纤维制造方法。将玻璃配合料于球窑中熔化,制取玻璃球并置于铂铑合金坩埚或用耐火材料砌筑埚身的代铂坩埚中加热熔化,经金属漏板形成纤维丝根,由拉制设备拉制成丝。特点是与配合料熔体变成玻璃纤维需经过制球及玻璃球的再熔化阶段。该法设备简单,易于控制,便于更换纤维品种。
　　　　　　　　　　　　　　（吴正明）

坩埚窑　pot furnace

又称坩埚炉。在窑内坩埚中熔化玻璃配合料的一种小型间歇作业的玻璃熔窑。分为以燃料为热源的多坩埚火焰窑和以电能为热源的单坩埚电窑两类。常用的多坩埚火焰窑的结构主要包括:火箱、喷火筒、存放若干坩埚的炉膛、漏料坑、换热器（或蓄热室）等部分。按熔制制度,配合料在坩埚中熔化成均匀、纯净、透明的玻璃液。与池窑相比,结构简单,投资少,建造快,工艺适应性强,适宜生产小批量、多品种,质量要求高及具有某些特殊性能的玻璃制品,如光学玻璃、颜色玻璃、晶质玻璃、铅玻璃等。缺点是产量低,能耗高,热效率低,劳动强度大等。电坩埚窑能灵活调节并严格控制熔制工艺制度,适用于对气氛与工艺制度要求严格的高质量产品或电能特别丰富的地区。
　　　　　　　　　　　　　　（曹文聪）

感度　sensitiveness

又称敏感度。炸药在外界能量作用下发生爆炸的难易程度。通常以引起炸药爆炸所需的最小外界能量来表示其高低:所需外界能量愈小,感度愈高;反之则低。机械能（冲击、摩擦、振动、针刺等）、热能（加热、火花、火焰等）、电能、光能和爆炸能均能引起炸药爆炸。工业炸药和起爆药常用的感度可划分为冲击感度,摩擦感度,热感度,爆轰感度和射击感度。要求工业炸药的感度适中,既保证生产、运输、贮存、使用过程的安全,又能被普通雷管可靠起爆。　　　　　（刘清荣）

感光玻璃　photosensitive glass

又称光敏玻璃。经曝光和加热显影处理可呈现影像的玻璃。在硅酸盐玻璃中添加适量的感光金属（Au、Ag、Cu）、光敏剂（CeO_2）和热还原剂（Sn 和 Sb 的氧化物）熔制而成。可分两类:一是因生成胶体金属粒子着色的,影像着色而透明;二是因生成晶体而成半透光的乳浊玻璃,又称结晶显像玻璃（crystalized photoform glass）。后者因受辐照部分耐氢氟酸的侵蚀度小于未辐照部分,故可进行化学蚀刻,又称化学切削光敏玻璃（chemical machinable photosensitive glass）。可用于科学与人像摄影、高分辨率的分光镜、显示灰度的屏幕、显微胶片、大幻灯板以及刻度盘、标准花纹和建筑装饰材料等。　　　　　　　　　　　　　　（刘继翔）

感光高分子材料　photosensitive polymer

在光的作用下,能迅速发生光化学反应而引起化学或物理变化的高分子材料。通常按照所发生的光化学反应分为五种类型:①光交联型,这类产物已广泛应用于光致抗蚀剂（光刻胶）、半导体集成电路;②光分解型,用于正性光刻胶、平板感光层等;③光致变色型,用于各种涂层、护目镜、信息记录材料等;④光收缩型,制品长度受光照而发生明显收缩;⑤光裂构型,制品由于受光照而分解,可用以解决高分子垃圾的处理问题,防止高分子材料对环境的污染,是国际上发展研究的新型高分子材料。　　　　　　　　　　　　　（刘柏贤）

感光着色　photosensitive coloration

含有感光剂和光敏剂的玻璃在紫外线或 X-射线照射后经热处理而显色。可制得金红、银黄、铜红感光玻璃,也可使玻璃得到有色图案,或成为带有影像的照相,还可以对玻璃进行雕刻、打孔、印刷、彩饰等加工。　　　　　　（许淑惠）

gang

刚度　stiffness

材料在外力作用下抵抗弹性变形的能力。数值上等于使材料产生单位变形所需的外力值。常用弹性模量和刚性模量来衡量。它的倒数称为柔度。结构物或构件的刚度通常以其抵抗位移变形的能力来衡量，其大小与构件的材料性质、几何形状、边界支承情况以及外力作用形式有关。计算刚度是决定构件形状、尺寸和所选用材料的重要条件之一，也是振动理论和结构稳定性分析的基础。

（宋显辉）

刚性模量 modulus of rigidity; modulus of elasticity in shear

又称剪切弹性模量。材料处在剪切弹性变形范围内剪应力 τ 与对应的剪应变 γ 的比值。用符号 G 表示，则 $G=\tau/\gamma$。是一个材料常数。计量单位是 MPa（N/mm^2）。在剪应力一定时，其值越大，变形越小，因而材料越接近刚体。 （宋显辉）

刚玉耐火材料 corundum refractory

主要由刚玉相构成的高铝耐火材料。通常 $Al_2O_3 \geqslant 90\%$。用烧结氧化铝、电熔刚玉等为原料制得的烧成与不烧耐火制品及不定形耐火材料。它们具有良好的高温力学性质、抗渣性和耐磨性。主要用于石油化工、炉外精炼等设备及高温烧结炉。参见熔铸 α-氧化铝耐火材料（412 页）。

（李 楠）

刚竹 Phyllostachys viridis (Young) McClure

又称台竹，光竹。中国经济价值较大的中型散生竹种之一（另外有桂竹、毛金竹等）。在长江流域一带普遍栽培，平原、河滩和低山丘陵都有分布。秆高 10～14m，直径 4～9cm，中部节间长 20～45cm。竹材坚硬，而韧性较差，不适于劈篾编织，可供小型简易建筑及各种农具柄把使用。

（申宗圻）

缸砖 stoneware tile, floor quarry

炻器质单色无釉陶瓷地砖。常在坯体中加入各种金属氧化物着色，为致密烧结产品，具有吸水率较低，耐磨、耐酸、耐碱腐蚀性能较高的特点。坯体上亦压有凸凹线条以防滑。主要用于工厂及人流较多的公共场所地面装修。 （邢 宁）

钢 steel

以铁为主要元素，含碳量一般在 2% 以下，并含有其他元素的黑色金属材料。按化学成分为非合金钢、低合金钢和合金钢三类。任一种合金元素的含量处于表中所列的非合金钢、低合金钢或合金钢相应元素的界限值范围内时，这些钢分别为非合金钢、低合金钢或合金钢。按冶炼方法还可分为平炉钢、转炉钢、电炉钢。按脱氧程度分为沸腾钢、半镇静钢、镇静钢。也可按用途分类。各类又按主要质量等级和使用特性分为若干品种。

合金元素	合金元素规定含量界限值，%		
	非合金钢	低合金钢	合金钢
Al	<0.10	—	≥0.10
B	<0.0005	—	≥0.0005
Bi	<0.10	—	≥0.10
Cr	<0.30	0.30～<0.50	≥0.50
Co	<0.10	—	≥0.10
Cu	<0.10	0.10～<0.50	≥0.50
Mn	<1.00	1.00～<1.40	≥1.40
Mo	<0.05	0.05～<0.10	≥0.10
Ni	<0.30	0.30～<0.50	≥0.50
Nb	<0.02	0.02～<0.06	≥0.06
Pb	<0.40	—	≥0.40
Se	<0.10	—	≥0.10
Si	<0.50	0.50～<0.90	≥0.90
Te	<0.10	—	≥0.10
Ti	<0.05	0.05～<0.13	≥0.13
W	<0.10	—	≥0.10
V	<0.04	0.04～<0.12	≥0.12
Zr	<0.05	0.05～<0.12	≥0.12
La 系（每一种元素）	<0.02	0.02～<0.05	≥0.05
其他规定元素（S、P、C、N 除外）	<0.05	—	≥0.05

注：La 系元素含量，也可为混合稀土含量总量。

钢的机械性能主要决定于碳和合金元素的含量，并可用热处理加以改善。 （许伯藩）

钢板 steel plates

由各种钢号热轧或冷轧生产的平板状、矩形的钢材。厚度小于 4mm 的称薄钢板；厚度大于 4mm 的称厚钢板。厚钢板习惯将 4～25mm 厚的称中板、26～60mm 称厚板、60mm 以上的称特厚板。可直接轧制或由宽度大于 600mm 的钢带剪切而成。钢带与钢板的区别仅在于供应方式不同，前者是不切成块而成卷供应；后者以矩形平板状态供应。

(乔德庸)

钢板弹簧 plate spring

由几块合金弹簧钢作成的钢板条经叠合固定后制成的隔振器。利用钢板之间的摩擦获得一定的阻尼比，只在一个方向上有隔振作用，多用于火车、汽车的车体减振和受垂直冲击的锻锤基础隔振等。

(陈延训)

钢板搪瓷 sheet steel enamel

以钢板作为基体金属的搪瓷。要求钢板化学性质和金相结构均匀；酸洗和净化处理快而均匀；烧成时，其上应生成均匀的氧化皮层；成型时不应产生裂缝和断裂；气体含量低；膨胀系数应与瓷层的膨胀系数相匹配；构形适当的制品在高温下不应挠曲、延伸和收缩。薄钢板搪瓷可制作厨房炊具、日用器皿、招牌、冷藏箱，厚钢板搪瓷用来制作反应釜、管道、槽罐及卫生设备。

(李世普)

钢材 steels

钢锭或钢坯经过轧制后的成品。一般分为型钢、钢板和钢带、钢管、钢丝和钢丝绳四类。建筑中使用的型钢主要有钢筋混凝土用的热轧圆钢、盘条、带肋钢筋等，钢结构用的角钢、槽钢、工字钢、H型钢等。钢板包括中厚板与薄板，中厚板广泛用于建造房屋、塔桅、桥梁、压力容器、海上采油平台、建筑机械等建筑物、构筑物、容器与设备；薄板经压制成型后广泛用于建筑结构的屋面、墙面、楼板等。钢管主要用于钢结构中的桁架、钢管混凝土柱、塔桅等构件或结构。钢丝中的低碳钢丝主要用作塔架拉线、绑扎钢筋和脚手架，制作钉子等，此外还有供钢丝网或中小型预应力构件用的冷拔低碳钢丝。预应力钢丝及钢绞线是预应力结构的主要材料。建筑用复合材料主要使用以薄钢板为基底的有机涂层钢板（或称彩色钢板），镀锌层的镀层钢板，或二层涂层压型钢板间胶合有机保温材料而成的复合夹心板。使用时需注意产品性能。

(乔德庸)

钢带 steel strips

由各种钢号热轧或冷轧生产的平板状成卷供应的钢材。习惯上将宽度小于600mm的称窄钢带、宽度大于600mm称宽钢带。公称厚度一般为1.2～25mm。钢带与钢板的区别仅在于供应方式不同，前者是不切成块而成卷供应；后者以矩形平板状态供应。

(乔德庸)

钢管 steel tubes

具有空心截面而长度远大于外径（或周长）的钢材统称。材质为碳素钢和合金钢。按截面形状分圆钢管、矩形钢管（方管）以及品种繁多的异形钢管；按生产工艺分无缝钢管和有缝钢管（又称焊接钢管）。无缝钢管又有热轧和冷轧（或冷拔、挤压）之分。焊接钢管按焊接方法有电焊钢管（高频电阻焊为主）、气焊和炉焊钢管之分；按焊缝形式分有直缝和螺旋焊缝；按用途则有输送管道、地质勘探、石油化工、工程结构等多种分类。可根据使用特点选用不同品种和加工方法。土木工程钢结构中，主要用于承压构件，当管径较小时采用高频焊接管，管径较大时可采用冷弯焊接直缝管，对轧制无缝管因价格贵而一般不用。圆形钢管是承受径向内、外压力的最好构件，而矩形钢管的偏心受压承载力较强，轴心受压则以圆和方形管为最佳。为提高承载能力和稳定性，还采用钢管内浇灌混凝土的钢－混凝土组合结构，用于承载力较大的受压构件中时使用效果更佳。此外，建筑工程中的水、煤气及采暖系统大量使用焊接钢管。

(乔德庸)

钢管混凝土 steel tubular concrete

钢管与核心混凝土组合而成的结构材料。将混凝土浇灌在焊接钢管或无缝钢管内，然后加以振捣密实制成。由于钢管对混凝土产生的紧箍作用，使混凝土处于三向压应力状态，提高其抗压强度。在承受外荷载时，两者形成的组合截面共同工作，使结构的承载能力大为提高，从而可减少截面积。主要优点为能充分利用两种材料的性能，构件的强度高，延性好，不需用模板，可节约大量水泥。与普通钢筋混凝土相比较，约可节省水泥混凝土50%～80%。使用在承受较大轴向压力的构件中则经济效益更为明显。多用于地下铁道车站柱、高炉或锅炉构架、工业厂房柱子等。

(孙复强)

钢轨附件 accessories of rails

连接每节钢轨和轨枕形成连续轨股的零件。属热轧型钢类的有鱼尾板、垫板和轨距挡板等。其中，鱼尾板是钢轨接头连接的主要零件，要求其强度、韧性等必须与所相连的钢轨一致。形式有双头、角式和特种接头用异形三种，分别用于重轨、轻轨和连接截面不同的钢轨。要求检验尺寸、表面及两端缺陷、弯曲度、力学性能等，用于重轨时尚需检验热处理后的机械与工艺性能；垫板是垫于钢轨与轨枕之间的长方形钢板。按底面形状分平底及格底两种，按顶面形状分平顶、拱顶、单肩、双肩、钩肩等，多数采用平底单肩或双肩型。材质为普通碳素钢；轨距挡板是铁路用轨距连接钢板，适用于50kg/m及以上的钢轨，材质为普通碳素钢。

(乔德庸)

钢轨钢 rail steel

专供轨道运输制造钢轨用的钢。要求在动载荷下能产生一定弹性弯曲，并承受冲击和磨损，具有足够的强度和耐疲劳强度、耐大气腐蚀能力。通常采用平炉或转炉冶炼的碳素镇静钢，含碳量为0.6%～0.8%，含锰量为0.6%～1.1%。其钢轨规格按国家标准以每米长的公称重量表示,重轨有70、60、50、45、43和38(kg/m)等,小于24kg/m的为轻轨。应用最多的钢号为U71和U74两种普通碳素钢。近来为提高其强度和寿命,广泛采用普通低合金钢,典型的有高硅钢(U70MnSi),含硅量达0.8%~1.15%,耐大气腐蚀的高硅含铜钢(U71MnSiCu),含铜量为0.15%~0.40%。 (许伯藩)

钢化玻璃 tempered glass, pre-straining glass

又称强化玻璃。表面呈压应力、内部呈张应力的玻璃。有两类钢化工艺方法:①物理钢化法有风钢化法、油钢化法、金属粉末钢化法、区域钢化法等;②化学钢化法有高温处理的离子交换法和低温处理的离子交换法。按制品形状分有平钢化玻璃和弯钢化玻璃;按区域分有区域钢化玻璃和全钢化玻璃;按颜色分有彩色钢化玻璃和无色钢化玻璃等品种,其深加工制品有钢化夹层玻璃。钢化后的玻璃提高了强度和热稳定性,但不能再进行切裁与钻孔。广泛用于汽车、飞机、船舶、玻璃大门、桌面、家具、高层建筑上的窗门等。钢化玻璃的边部强度比中部弱,所以在施工安装时必须避免边部与硬件直接接触。
(许 超)

钢化度 strengthened degree

表征钢化玻璃中钢化应力大小和分布状态的指标。其值大小可由玻璃破碎后的颗粒尺寸来衡量,钢化度越高,碎片越小。在钢化玻璃中存在着较高的应力带(区)、中等的应力带、低的应力带,当较低的应力带与较高的应力带呈交错分布状态,可得不同钢化度的玻璃。 (许淑惠)

钢化炉 toughening furnace

玻璃在加热、淬冷的钢化过程中的加热设备。按热源有电加热、液化气加热、电-气混合加热。按作业方式有①间歇式:玻璃板的预热、升温、均热、热弯成形都在一个单室内完成;②连续式:玻璃板依次进入预热室、升温室、均热室、热弯室而成连续作业。按输送方式有①采用链式输送机牵引垂直吊挂玻璃的吊钩(图a)传送板玻璃;②用气垫床传送板玻璃(图b);③用水平辊道传送板玻璃。按热弯方式有:槽沉式和挠辊式。吊挂式的缺点是钢化面积少,板面弯度大、有吊钩痕、产量低,优点是投资少。水平式则相反。

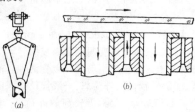

(许 超)

钢化自爆 spontaneous cracking; self cracking

钢化玻璃在无外力或有小于允许应力的外力作用下,发生突然整块玻璃完全破碎的现象。它对安全生产和工程质量产生不良的影响。自爆的原因较多,如玻璃中存在结石、节瘤,或边部和表面有较深的划痕,或其他损伤等。防止的方法主要是加工时严格选用没有缺陷的原片玻璃,不采用有缺陷的制品。 (许淑惠)

钢结构防护 protection of steel structures

对钢结构实施的防腐蚀的处理措施。常采用表面涂层的方法,可依据不同的使用环境、结构特点、耐久性等要求选择不同的涂层体系、预处理方法及涂覆工艺。对大气中的独立建筑、构筑物(如电视塔、输电塔等),多采用金属覆层;一般工业建筑多采用非金属涂层;处在地下、水下的建筑、构筑物,常采用表面覆层加阴极保护的双重措施。 (洪乃丰)

钢结硬质合金 steelwork hard alloy

以碳化钛、碳化钨作硬质点,以工具钢、不锈钢等作为胶结相,用粉末冶金法制得的一种工具材料。具有一般工具钢的可加工性、可热处理性、可焊性;又具有硬质合金的高硬度(淬火后)、高耐磨及耐腐蚀性,是一种介于工具钢和硬质合金之间的一种新型工具材料。可分为两大类,一类是TiC-钢结合金,包括GT-35,即TiC含量为35%,基体为中铬钼合金钢;R5,含TiC为30%~40%,基体为高碳高铬钢。另一类为WC-钢结合金,包括有TLM50,含WC为50%,基体为低铬钼合金钢。主要用于制作各种工模具及耐磨件。要求韧性较高的可选含碳量较低的钢结硬质合金;要求硬度高耐磨性好的可选含碳量较高的钢结硬质合金。 (陈大凯)

钢筋 steel bar

热轧成条状的主要用于钢筋混凝土结构或制品中作增强材料的钢材。一般由普通碳素钢和普通低合金钢轧制而成,按其断面形状分为圆钢筋、方钢筋等;按外观分为光面钢筋、变形钢筋,后者又分螺纹形、人字纹、月牙形等;按供应形式分为直条和盘条(或称盘圆)。盘条钢筋直径通常小于10mm。热轧钢筋经冷加工成为冷拉钢筋、冷拔钢丝,其屈服强度及抗拉强度提高。钢筋广泛用于钢筋混凝土及预应力钢筋混凝土结构中,根据其在结构中功能,有受力钢筋、架立钢筋、分布钢筋和箍筋等名称。中国国家标准中钢筋混凝土用热轧钢筋按其屈服强度划分为HPB235、HRB335、HRB400、RRB400四个等级,HPB235钢筋由碳素结构钢轧制,其他各级都是由合金结构钢轧制,其公称直径在8~50mm。
(孙复强)

钢筋镦头 end upset of steel bar

将钢筋端头挤压成半圆球状的加工方法。分热镦和冷镦。前者采用类似于对焊机的加工设备,一端装有模具,另一端夹持着钢筋,通电加热钢筋端部使成塑性状态,施加顶锻力在模具内镦压成直径比原钢筋大的粗头,适用于直径 12mm 左右的钢筋;冷镦采用以液压为动力的冷镦设备,将端部挤压镦粗,宜用于直径 4~12mm 的不宜加热镦压的钢材,如冷拔低碳钢丝、热处理调质钢筋等,与热镦比较,则镦头强度高、质量好、工效高。是制作预应力钢筋锚固端的常用方法。

(孙复强)

钢筋镦头机 bar upsetter

将钢筋端部镦粗的设备。钢筋头镦粗后可作为预应力钢筋的锚固头。分热镦机与冷镦机。冷镦机按驱动方式,又可分为机械式和液压式两种。热镦机由手动对焊机增加一紫铜棒和一镦头模具而成。在强电流作用下,钢筋端部发热变软,在压力作用下,端头被压成生蒜头形,某些粗钢筋(如Ⅵ级钢筋)适于此法。机械式镦头机中,电机经减速箱带动主轴转动,主轴上带有加压和顶锻凸轮,加压凸轮使加压杠杆和压模将钢筋夹紧,顶锻凸轮推动滑块及镦模向前移动,挤压钢筋端头,使其变粗。此设备适用于低碳冷拔钢丝。液压式镦头机,由电机驱动油泵,压力油经换向阀供给镦头器,夹紧活塞推动夹具夹紧钢筋,镦头活塞推动镦头压模向前移动,将钢筋挤压镦粗。此设备适用于高强钢丝和冷轧热处理钢筋。

(水中和)

钢筋骨架 reinforcement cage

配置在混凝土结构或构件内的经绑扎或焊接而成的受力钢筋支架。骨架所用的钢筋数量及规格均根据设计上满足结构需要承受的荷载并使受力均匀分布,通过计算确定。可由钢筋弯曲成型后在模内组合绑扎或整体预制。制作工艺分为绑扎骨架和焊接骨架,绑扎法用于成型尺寸较大构造复杂的骨架,但整体刚度和接合质量较差。一般均优先采用焊接法,其优点是改善结构受力性能,提高工效,节约钢材及降低成本。按形状分为平面骨架(钢筋网)和立体骨架。

(潘介子)

钢筋焊接 steel bar welding

两钢筋或钢筋与铁件接触部位加热至塑性或熔融状态,使金属原子间联系和质点间扩散以形成整体的连接方法。焊接可用或不用填充材料。最常用方法有气焊、电弧焊、接触对焊、点焊及埋弧焊等。制作钢筋混凝土结构及制品时,在配筋工艺中,常将钢筋用焊接连接或接长,成型钢筋骨架或钢筋网片,固定铁件代替人工绑扎。焊接的接头组织具有连续性、质量好、焊接工序简单、操作方便、工效高、又能充分利用钢筋的短头余料,故得到广泛的应用。

(孙复强)

钢筋混凝土 reinforced concrete

用钢筋作增强材料的增强混凝土。混凝土的抗拉强度很低,合理配置钢筋可充分发挥混凝土抗压强度高和钢筋抗拉强度高两者的优点,提高构件或结构的承载力。钢筋和混凝土能结成一体共同承担外力,主要是由于:混凝土硬化后能与钢筋牢固地黏结在一起,受力时变形一致,不产生相对滑移;钢筋和混凝土的温度线膨胀系数大致相同,不致因温度变化而破坏两者的整体性;混凝土包住钢筋可使钢筋免遭锈蚀。广义的钢筋包括钢弦、钢丝、钢丝网、钢绞索、钢管和型钢。按配筋方式,可以分为普通钢筋混凝土、预应力钢筋混凝土、钢弦混凝土、钢管混凝土、钢丝混凝土、钢丝网水泥等,是工程结构中使用最多的一种结构材料。与其他结构材料相比,主要优点是可就地取材,便于造型,抗震性、耐火性、整体性好,不需特殊维护。缺点是自重较大、抗裂性较差、施工受气候条件限制、结构拆修比较困难。

(孙宝林)

钢筋混凝土大型墙板 reinforced concrete large wall panel

以钢筋混凝土为基本材料制造的大型墙板。构造较单一,开发较早,使用较多。多用成组立模生产工艺制造承重内墙板,用流水机组法或台座法制造外墙板。由于外墙板要具有围护、装饰、预装门窗以及连接接缝等功能,故其构造与生产方法较复杂。普通混凝土自重较大,绝热等性能尚不理想,故常与其他材料复合,以改善功能。其使用应具备相应的大型运输、安装手段,并注意不同规格的配套。

(萧 愉)

钢筋混凝土电杆 reinforced concrete pole

用于架设输电线路或通信线路的钢筋混凝土杆状制品。按配筋方式,有普通钢筋混凝土电杆和预应力钢筋混凝土电杆两种。按截面形状,有环形、方形、工字形、双肢形电杆等。圆环形钢筋混凝土电杆按直径又可分为等径电杆(直径 30~40cm,长度 4.5~9.0m)和锥形电杆(锥度 1:75,梢径 15~35cm,长度 6~15m)。采用离心密实成型或振动密实成型工艺进行生产。预应力钢筋混凝土电杆多用钢模作承力架整体张拉预应力钢筋。代替木电杆可以节约大量木材,延长使用寿命,降低线路维修费用。

(孙宝林)

钢筋混凝土管 reinforced concrete pipe

以水泥混凝土配置普通钢筋制成的管。分为轻型钢筋混凝土管和重型钢筋混凝土管两种。前者管壁较薄,能承受较低的外荷载,一般埋设的深度小于 3m。后者管壁较厚,能承受较高的外荷载,埋设的深度 3~6m。管子的截面有圆形、多边形或其他形状等,以圆形为最多。普通钢筋混凝土压力管,亦能承受一定的内压力。管体配置的钢筋骨架由纵向钢筋和环向钢丝构成。一般用离心法、悬辊法或挤压法制作。用于排泄雨水、污水、废水及农田灌溉。但不能用以排除有严重侵蚀性的污水和废水。

(孙复强)

钢筋混凝土轨枕 reinforced concrete sleeper

用于固定铁路钢轨并承受钢轨及列车荷载的钢筋混凝土制品。铺设在道床上,使荷载均匀传布,同时保持钢轨的方向和轨距。按结构形式,可以分为整体式、双铰式和组合式三种。按配筋方式,可以分为普通钢筋混凝土轨枕和预应力钢筋混凝土轨枕两种。后者是目前在中国应用很广的一种轨枕。一般采用先张法在承力模具上施加预应力成型。采用规律变形高强钢丝制作的预应力钢筋混凝土轨枕称为预应力钢弦混凝土轨枕,强度高,抗裂性好。采用高强钢筋制作的预应力钢筋混凝土轨枕称为预应力高强钢筋混凝土轨枕,其生产工艺较预应力钢弦混凝土轨枕简单。供铁路道岔用的钢筋混凝土轨枕称为钢筋混凝土岔枕。宽度一般比钢筋混凝土轨枕大的轨枕称钢筋混凝土轨枕板,用于高速繁忙线路上、隧道内或客货站场,可降低道床应力,减少道床变形,提高轨道稳定性,确保列车安全行驶。用以代替木质轨枕可节省大量木材,延长使用寿命,降低线路维修费用。

(孙宝林)

钢筋混凝土桁架 reinforced concrete truss

用钢筋混凝土制作的以三角形或四边形为单元组成的平面杆件结构。用以承受桁架平面内的荷载。其上缘杆件称上弦,下缘杆件称下弦,上下弦之间的杆件称腹杆,杆件的连接点称节点。以三角形为单元的桁架杆件主要承受轴向力,受拉的为拉杆,受压的为压杆,节点视为铰接,不受弯矩作用。以四边形为单元组成的桁架称"空腹桁架",其节点为刚接,受弯矩作用。在房屋建筑中支承屋顶的桁架称屋架,一般为三角形桁架。上弦为拱形或折线形的桁架,称为"拱形桁架"。由钢材与钢筋混凝土组合而成的桁架称为组合桁架。由平行桁架和联结系统组合成的空间体系称为空间桁架。与钢筋混凝土梁相比,可节约材料,减轻自重,能适用于更大跨度的建筑。

(孙宝林)

钢筋混凝土矿井支架 reinforced concrete mine support

用于矿井巷道支护的钢筋混凝土制品。一般由一梁二柱组成。在两榀支架间密铺钢筋混凝土或预应力钢筋混凝土背板,起保护和传力作用。按配筋方式,可以分为普通钢筋混凝土支架和预应力钢筋混凝土支架两种,前者的横截面一般为矩形,后者的横截面有T形、工字形等。一般在矿区组织生产,为了就地取材,也可采用煤矸石作粗集料来配制混凝土。主要用于压力稳定的矿井巷道中。代替坑木可以节省大量木材,减少支护的维修费用并延长使用寿命。

(孙宝林)

钢筋混凝土梁 reinforced concrete beam

水平或倾斜放置的主要用于承受来自横向的垂直荷载的长条形混凝土结构构件。按其功能,有钢筋混凝土基础梁、过梁、圈梁、楼梯梁、吊车梁、屋面梁及支承楼板的梁等。钢筋混凝土基础梁支承在基础、牛腿或桩上,用于承受墙体的荷载。钢筋混凝土过梁承受门窗上部砌体传来的荷载,有带雨篷的和不带雨篷的。钢筋混凝土圈梁在楼板下面沿建筑物外墙四周和部分内横墙按规定设置,与楼板配合可提高建筑物的空间刚度和整体稳定性,增强抗风、抗震能力。钢筋混凝土屋面梁用于屋顶结构,既承受屋顶荷载,又可提高整个结构的稳定性。钢筋混凝土吊车梁(即钢筋混凝土行车梁)用于承受桥式吊车的荷载。钢筋混凝土楼梯梁承受楼梯段和平台传递的荷载。钢筋混凝土梁按截面形状,有矩形梁、T形梁、Γ形梁、L形梁等。按外形,有薄腹梁、鱼腹梁、空腹梁等。按配筋方式,有普通钢筋混凝土梁、预应力钢筋混凝土梁等。

(孙宝林)

钢筋混凝土柱 reinforced concrete column

主要承受轴向压力的竖直混凝土结构构件。用于支承梁、桁架、楼板等。按截面形状,有圆形柱、矩形柱、方形柱、H形柱、多边形柱等。按构成肢数,有单肢柱和双肢柱。用于工业厂房的钢筋混凝土柱常具有支承吊车梁的牛腿。可以预制,也可以现浇。

(孙宝林)

钢筋混凝土桩 reinforced concrete pile

埋入地层以增加地基承载力的混凝土结构构件。由桩身和桩尖组成。按设计要求埋设在建筑物下部的地基中,与承接上部结构的承台组成桩基础。根据它在地下工作的情况,可以分为钢筋混凝土单桩和群桩两种,以群桩应用较广。根据制作方式,可以分为灌注桩和打入桩两种。前者是先钻孔(有时加以爆破)放入钢筋骨架后再灌注混凝土,孔径大小不等,长度可在一定范围内随机定取。后者是用打桩机将预制钢筋混凝土桩(简称预制桩)打入地基中。按截面形状,预制桩又可分为方桩、圆桩等,方桩采用振动密实成型工艺生产,截面边长一般为250～550mm,现场预制者桩长一般为25～30m,工厂预制者桩长一般不超过12m,可在沉桩过程中加以接长;圆桩多做成空心的管桩,采用离心密实成型工艺生产,直径一般为300、400和550(mm),每节长度为2～12m,用法兰或焊接连接可接长为16～50m。所承受的荷载可由桩侧摩擦力和桩尖阻力传给地基,仅由桩侧摩擦力承受荷载者称为摩擦桩,仅靠桩尖阻力承受荷载者称端承桩。用高强预应力混凝土制作的称为高强混凝土桩，直径为1200mm的大口径高强混凝土桩可用离心振动辊压法成型，用钢绞线后张法组装张拉。　　　　　　(孙宝林)

钢筋冷拔　steel bar cold drawing

直径6～8mm的光圆钢筋在常温下以强力拉拔成较细的钢丝的冷加工方法。主要设备为拔丝机。钢筋通过拔丝机的硬质合金拔丝模孔，产生塑性变形，使其直径缩小0.5～1.0mm，长度增加，总体积保持不变。由于拉拔过程中发生冷作强化，钢丝的抗拉强度提高40%～90%，塑性降低，无明显的屈服点，材质变脆，呈硬钢性质。对截面压缩率(钢筋经冷拔处理后的截面积较原截面积缩小的百分率)较大、需经多次拉拔的细钢丝，为保持一定的塑性，需在两次冷拔中间作退火处理。采用冷拔钢丝可节约钢材，充分利用钢材强度，在钢筋混凝土和预应力钢筋混凝土结构及制品中得到广泛的应用。
(孙复强)

钢筋冷拉　steel bar cold stretching

热轧钢筋在常温下，以超过钢材屈服强度的作用力加以拉伸的冷加工方法。钢筋调直、除锈则可在一道工序中同时完成。钢材经冷拉的强化作用和塑性变形，按钢材的不同，其屈服强度可增加25%～30%，抗拉强度亦略有提高。但材质变脆，屈服阶段缩短，伸长率降低。冷拉后钢筋的长度可增加约2%～8%。控制冷拉质量的参数为冷拉应力和冷拉率。冷拉工艺分为单控冷拉和双控冷拉两种。冷拉设备由卷扬机、滑轮组、夹具及测力计等组成。亦可用液压冷拉设备。冷拉常用于钢筋混凝土结构和制品的生产上，可以节约钢材。　(孙复强)

钢筋冷轧　steel bar cold rolling

光圆钢筋在常温下轧成规律变形钢筋的一种冷加工方法。采用冷轧机。钢筋按一定间距、深度在相互垂直方向有规律地交替轧成凹凸表面。钢筋冷轧后，长度可增加5%左右。机械性能得到强化，屈服强度有所提高，大大地增强了与混凝土之间的黏结力。可节约钢材用量。　　　(孙复强)

钢筋屈强比　ratio of yield to tensile strength

钢筋的屈服强度(屈服点)与抗拉强度的比值。其值大小反映两者的接近程度。对钢筋混凝土结构构件的安全和经济具有重要意义。钢筋混凝土结构构件设计以钢筋的屈服强度作为设计依据。钢筋屈强比越大，则构件因局部突然超载而防止其发生破坏的强度贮备越小，结构不安全；但比值过小，则钢筋强度的利用率偏低，不够经济，最好比值保持在0.60～0.75之间。　　　　　　　(孙复强)

钢筋酸洗　acid cleaning of steel bar

以酸溶液浸洗，除去钢筋表面铁锈的方法。在一定浓度的硫酸溶液中，将钢筋浸洗适当时间。硫酸对钢筋表面的铁及铁氧化物($FeO \cdot Fe_2O_3 \cdot Fe_3O_4$)发生化学反应，将铁锈除去。在较高的温度下，生成的硫酸亚铁溶于水。酸洗后用水冲洗，再以石灰肥皂乳液进行中和处理，以彻底去除沉积于钢筋表面的酸液和铁盐。除硫酸外，也可用盐酸作酸洗液，其化学反应和酸洗方法与用硫酸的类似。酸洗除锈质量虽高，但目前钢筋混凝土制品厂已很少采用。
(孙复强)

钢筋调直切断机　bar straightening-cutting machine

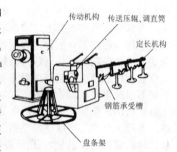

将弯曲的钢筋调直并按定长切断的机械设备。可加工2～14mm直径的低碳钢筋，并截成所需的长度。由盘条架、传动机构、传送压辊、调直筒、定长及切断机构及钢筋承受槽等组成。调直切断的原理为：上下传送压辊转动时，牵引钢筋使它通过高速旋转的调直筒，筒内的调直块使钢筋弯曲部分反向受力，矫直原先的塑性变形，再沿钢筋承受槽前进，当到达要求长度时，剪切机构将钢筋切断，落入承受槽中。主要用于钢筋混凝土制品工厂及建筑工地的钢筋加工。
(孙复强)

钢筋弯箍机　stirrup bender

见钢筋弯曲机。

钢筋弯曲机　steel bar bending machine

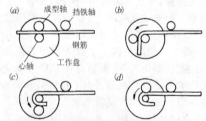

将钢筋弯曲成型为不同形状的机械加工设备。可制作直径6～40mm的弯起钢筋、箍筋及钢筋的端部弯钩，由传动机构、工作圆盘及机架等部分组成。工作圆盘上插有心轴及成型轴，根据所弯曲的钢筋直径大小可换用不同的心轴及成型轴。钢筋置于该二轴之间，工作盘转动，成型轴就绕心轴扳动钢筋弯成所需的角度(工作原理见图)。用于弯制箍筋的弯曲机则称钢筋弯箍机。传动方式有机械和液压两种。具有结构简单，操作方便，工效高等优点，广泛

应用于钢筋混凝土制品工厂及建筑工地。

（孙复强）

钢门窗 steel doors and windows

用钢材制作的门窗。常用材料为型钢和薄壁空腹型钢两种，又有多种规格。可根据有关标准图按需要拼装。在坚固、耐久、耐火和密闭等性能上都较木门、木窗优越，且能节约木材，透光面积较大；各种开关方式均可适应，宜作建筑的外围护构件。

（姚时章）

钢丝 wires

用热轧光圆盘条经冷拉（拨）加工而成的金属制品。可按横截面形状、尺寸、化学成分、最终热处理方法（交货状态）、表面加工状态、抗拉强度和用途进行分类。因其材质、冷加工工艺和热处理制度不同，性能与使用范围有很大差异，需根据产品标准规定合理选用。土木工程中，用于混凝土结构的钢丝主要有：冷拔低碳钢丝、预应力混凝土用钢丝（碳素钢丝、刻痕钢丝）、镀锌钢丝，以及近年来研制成的中强钢丝、冷轧钢丝。还用于绑脚手架、制钉等。

（乔德庸）

钢丝菱形网 rhombus steel wire grid

以丝号 10～18 的钢丝编织成孔径为 50～20mm 的菱形孔网。主要作防护窗、门及栏杆之用。

（姚时章）

钢丝绳 steel wire ropes (steel cables)

由一定数量，一层或多层的钢丝或股绕成螺旋状而形成的绳状金属制品。股是钢丝绳的基本元件，由一定形状和大小的多根钢丝，拧成一层或多层螺旋状而形成的结构。钢丝绳的制造工艺复杂和使用性能要求高，因而品种繁多，分类也多。单股钢丝绳由一层或数层钢丝以螺旋状捻绕于股芯上，常用者有 $1×7$、$1×19$ 两种，多股钢丝绳则由 6 股以上的单股绳绞捻而成，常用者有 $6×19$、$6×24$、$6×37$ 三种。其分类体系，按钢丝的公称抗拉强度分 1 400、1 550、1 700、1 850 及 2 000（MPa）五种；按钢丝绳中每组钢丝抗拉强度的允许差值分特号、Ⅰ号、Ⅱ号等三种；按钢丝表面情况分光面与镀锌；按钢丝断面形状分开启式、密封式；按绳股断面形状分圆形、三角股等。均各自规定了技术条件与验收规则。广泛用于各行各业的提升、牵引、绑扎和设备中。

（乔德庸）

钢丝网石棉水泥波瓦 wire-mesh reinforced asbestos cement corrugated sheet

用抄取法制得石棉水泥料坯，在两层料坯中间夹入一层钢丝网片、经合坯、加压、养护而成的波形瓦。其外形尺寸类似石棉水泥波瓦。可用短石棉纤维以及部分石棉代用纤维生产。抗裂、抗冲击性较石棉水泥波瓦好，不会脆断。施工、使用、维修时较安全。适用于高温、有振动且保温隔热要求不高的屋面或作非承重隔墙。

（孔宪明　金树新）

钢丝网水泥 ferro-cement

由水泥砂浆、钢丝网和钢筋组成的薄壁结构的水泥制品。钢丝网水泥结构由砂浆中叠置数层钢丝网构成，且常在钢丝网层之间填夹一定数量的细钢筋。如对钢筋施加预应力，则成为预应力钢丝网水泥。钢丝网由直径为 0.6～1.2mm 的细钢丝编织而成。常用的砂浆强度等级为 M40～M50。采用较高强度等级的普通硅酸盐水泥和优质砂。砂浆的水泥含量较高，水灰比较小（0.3～0.45），收缩较大。由于钢丝均匀稠密地分布在砂浆中，改善了不匀质性，使钢丝网水泥具有较高的抗裂性能，抗冲击能力强，抗渗性好。预应力钢丝网水泥更具有自重轻、节约钢材、水泥等优点，用于制造水泥船、管子、波瓦、大型楼板、薄壳结构及水工建筑的闸门、渡槽等。但施工质量较不易控制。

（孙复强）

钢丝压波 steel wire corrugating

钢丝沿长度方向压制成具有一定波形的加工方法。适用于直径 5mm 以下的高强钢丝。应选择合宜的波长与波高。如在钢弦混凝土轨枕生产中，将直径 3mm 的钢丝编组后，通过压波机压成波形。波长和波高分别为 40mm 和 1.5～2mm。压波后的波形钢丝，不应出现劈裂或伤痕，否则将会降低抗拉强度。波形钢丝大大地增强了与混凝土的握裹力，在预应力钢弦混凝土制品如轨枕的生产中得到广泛的应用。

（孙复强）

钢丝张力测定仪 steel wire dynamometer

测量已张紧的钢丝的张力的一种仪器。种类很多。有机械式张力计、音频测力计等。常用的机械式双表钢丝张力测定仪，系按横向力与位移来测定钢丝的张力。使用时，将两个挂钩钩住钢丝，旋动加力旋钮，使触头对钢丝施加横向力，直至测挠度的位移计指示到一定值时，即可从测力位移计中读出张力值。适用于测定直径 2～5mm 各种预应力钢丝。

（孙复强）

钢筒芯预应力压力管 prestressed concrete cylinder pipe

钢筒芯管并缠以预应力钢丝制作的能承受高压的预应力管。其制作方法为先将 1.5～2mm 厚的钢板带卷焊成钢筒芯体，再通过离心法在筒内做一层密实的水泥砂浆保护层，在筒外缠绕直径为 5～8mm 的环向预应力钢丝，喷涂一层一定厚度的砂浆保护层。并予以养护。可制成直径最大达到 6m、长 9～12m 的管子，能承受内压 1～2.5MPa，管壁较薄,重量较轻。因有一层封闭的薄钢板,可不渗透所输送的物质。强度高,质量可靠。制作时不需成型管模和配置纵向钢筋,机械化自动化程度高。铺设管道时接头少。可用作高压输水、输油、输气管。

(孙复强)

钢纤维 steel fibre

直径在 1mm 以下,长度在 70mm 以下,材质为钢的金属纤维。按钢材品种可分为普通碳钢纤维与不锈钢纤维。按截面形状有圆形、矩形、弯月形、不规则形等。按长度方向外形有长直形、波形、变截面形等。按端部形状有平头、粗头、弯钩状等。制造方法有钢丝冷拔切断、薄钢板剪切、厚钢板切削与熔融钢水抽制等。直径为 0.2~0.8mm 的钢纤维主要用以制作钢纤维增强混凝土。直径为 0.08mm 以下的钢纤维主要用以制作纤维增强塑料等。

(沈荣熹)

钢纤维混凝土地面 steel fiber reinforced concrete floor

将短的钢纤维均匀、乱向分布于混凝土中搅拌、浇注而成的地面。钢纤维形状、种类很多,常用的碳钢纤维和不锈钢纤维,直径为 0.3~0.8mm,长度约 25~50mm,长径比为 40~100,一般情况体积含量 0.5%~2.5%,混凝土的粗集料粒径不大于 20mm。施工时先加入钢纤维与细集料干拌,以免结团。由于钢纤维混凝土具有抗拉、抗折、抗冲击、耐疲劳、耐磨、抗冻,开裂后的延性好,广泛用于工业建筑地面、机场跑道、公路路面及桥面。

(彭少民)

钢纤维增强混凝土 steel fibre reinforced concrete

以钢纤维作为增强材料的纤维增强混凝土,记作 SFRC。20 世纪 60 年代中期由美国最先开发,最初使用圆截面的长直钢纤维,目前主要使用各种异形钢纤维以改善其与基体的界面黏结,所用纤维的长径比一般为 50~100,体积率为 1%~2%。通常纤维与混凝土在强制式搅拌机内拌合后再经振捣成型。与素混凝土相比,其抗弯极限强度提高 50%~150%。抗拉极限强度提高 50%~80%,韧性提高 20~50 倍。主要用以浇筑桥梁、道路、机场跑道的面层等,也可用以制造某些制品。

(沈荣熹)

钢纤维增强耐火混凝土 steel fibre reinforced refractory concrete

以不锈钢纤维作为增强材料、耐火混凝土作为基体的纤维增强混凝土。不锈钢纤维含有铬、镍、钛等,其长径比为 50~80,体积率为 0.5%~1.5%,与普通耐火混凝土相比,可提高抗裂、耐磨、抗热震、抗冲击等性能,使用温度为 1 000~1 400℃,主要用以制作窑炉衬砌、炉门等,可延长窑炉的使用寿命。

(沈荣熹)

钢纤维增强喷射混凝土 steel fibre reinforced shotcrete

以钢纤维为增强材料的喷射混凝土。20 世纪 70 年代中期瑞典、挪威等国最先开发。钢纤维的长径比一般 50~80,体积率为 0.5%~1.5%,集料最大粒径为 10mm。可采用干法或湿法施工,与普通混凝土相比,其抗弯极限强度提高 40%~100%,抗拉极限强度提高 30%~50%,抗冲击力提高 10~30 倍,韧性提高 10~40 倍,可用以喷筑隧道与地下巷道的衬砌,稳定岩坡和修补裂损的桥梁与建筑物等。

(沈荣熹)

钢显微组织 microstructure of steel

钢中由不同金属基体与一种或两种以上化合物所组成的微观形貌。其中不同类型的固溶体和化合物,取决于钢的化学成分和热处理工艺。成分决定了结构的类型,而加工工艺尤其热处理可改变结构存在的状态、大小和分布,因而影响钢的最终使用性能。

(高庆全)

钢屑混凝土 steel chips concrete

又称铁屑混凝土。以除去油污后的钢材机加工碎屑作为一部分集料的水泥混凝土。耐磨性强,抗压强度较高,热导率较大,适用于受磨严重的地面、路面、楼面、楼梯踏步以及筒仓的衬里。不用粗集料,以细钢屑与水泥浆拌制的称钢屑水泥砂浆或铁屑水泥砂浆,性能、用途与之相同。

(徐家保)

钢渣 steel slag

炼钢过程中产生的废渣。按炼钢方法,可分为转炉渣、平炉渣和电炉渣。按出渣次序则可分为早期渣、中期渣和后期渣。与矿渣相比,钢渣 CaO 含量较高,而 SiO_2、Al_2O_3 含量较低,还有较多 FeO、MgO 和一定量 P_2O_5。矿物组成为:钙镁橄榄石($CaO \cdot MgO \cdot SiO_2$)、镁蔷薇辉石($3CaO \cdot MgO \cdot SiO_2$)、RO 相(R 为 Mg^{2+}、Fe^{2+}、Mn^{2+} 等)、硅酸二钙($2CaO \cdot SiO_2$)、硅酸三钙($3CaO \cdot SiO_2$)、纳盖斯密特石($7CaO \cdot P_2O_5 \cdot 2SiO_2$)、铁酸钙($2CaO \cdot Fe_2O_3$)及游离氧化钙等。电炉渣中还可能有 $CaO \cdot Al_2O_3$、$12CaO \cdot 7Al_2O_3$ 等。通常平炉初期渣为以氧化铁和氧化硅为主的酸性渣,胶凝性很弱,只宜做钢渣砖、瓦等;中期及后期渣含 CaO 较高,成分接近于硅酸盐水泥,加工处理后可用于制钢渣矿渣水泥。转炉渣 CaO 比平炉渣高,$3CaO \cdot SiO_2$ 也稍多,其活性比平炉渣稍高些。钢渣尚能用于生产钢渣混凝土。

(陆平 王善拔)

钢渣矿渣水泥 steel and iron slag cement

由平炉或转炉钢渣和粒化高炉矿渣为主要组分加入适量硅酸盐水泥熟料和石膏磨成的水泥。钢渣含量不少于 30%,钢渣和高炉矿渣的总含量不少于60%。其物理力学性能与矿渣硅酸盐水泥相似，并具有后期强度高、水化热低、耐蚀性好、抗渗和抗冻性好、微膨胀以及大气稳定性好等优点。但早期强度较低，且水泥质量常随钢渣质量而波动。适用于一般工业与民用建筑、地下工程和大体积混凝土工程、要求抗渗、抗硫酸盐侵蚀和对耐磨性有一定要求的混凝土工程。不宜用于抢修工程和早期强度要求高的工程。　　　　　　　　　（王善拔）

钢中化合物　compound in steel

金属与金属或与非金属原子之间按一定比例组成的固相结构。其晶体结构与原来两个组元的晶体结构均不相同。有正常价化合物、电子化合物和间隙式化合物三类。钢中常见的为碳化物、氮化物和金属间化合物，特性是熔点高、硬度高、脆性大。钢中有少量存在而又细小均匀分布时，有利于提高强度和耐磨性，是重要的强化相。反之，粗大、聚集和不均匀分布将导致脆断。可通过热加工和热处理工艺改善其晶粒大小和不均匀分布。　（高庆全）

钢中金属基体　metallic matrix in steel

钢中以铁原子为主的晶格中溶有少量碳和其他原子组成的各固溶体的统称。按化学成分、工艺条件和热处理方式不同，可获得铁素体、珠光体、贝氏体、马氏体和奥氏体等几种。不同基体因晶体结构不同，其机械性能、物理和化学性能也不相同。铁原子（或离子）组成的晶格，具有同素异晶转变，随加热或冷却的温度不同，晶格类型改变，即固溶体的名称也相应改变。　　　　　　　（高庆全）

杠杆规则　lever rule

计算系统中两平衡共存相相对数量关系的规则。例见附图。设以组分 B 的重量百分数表示组成时，原物系 C 的组成为 $C\%$。在一定

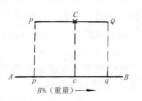

的条件下，由 C 形成平衡的 P 相和 Q 相，其重量百分数分别为 $p\%$ 和 $q\%$，其重量分别用 W_P 和 W_Q 表示，则 $W_P(c\%-p\%)=W_Q(q\%-c\%)$，或 $W_P \times \overline{pc} = W_Q \times \overline{CQ}$。与支点在中间的杠杆相似，故名。也可用 B 的摩尔分数表示组成，则需用摩尔数表示 P 相和 Q 相的量。杠杆规则可用于二元系统和三元系统的多相平衡。结合相图可以预测产品的质量和性能。

（夏维邦）

gao

高纯硅酸铝耐火纤维　high purity aluminosilicate fibre

杂质含量低的硅酸铝耐火纤维。通常以工业氧化铝和石英砂为原料用熔融－喷吹（或离心）法制得。（$Al_2O_3+SiO_2$）含量在98%甚至99%以上。在使用过程中的结晶速度较普通硅酸铝耐火纤维慢，加热收缩较小，使用温度可达1 100℃左右。

（李　楠）

高纯石英玻璃　high purity silica glass; super pure silica glass

金属杂质总含量小于50ppm的石英玻璃。生产工艺有：①以高纯四氯化硅为原料，用化学气相沉积法制造的人造合成石英玻璃；②以提纯的水晶为原料，用无接触法制造。因羟基在波长2 700nm附近有一强吸收峰并起降低高温黏度和耐温性的作用，故将人造合成石英玻璃分含羟基和无羟基两种，前一种紫外和可见光光谱区域有极好的透过率；而后一种在近红外光谱区也有极高的透过率。由于纯度高，无染色现象而具有抗射线特性，可用作核反应堆的窗口材料和放射物质的容器等。其他性能（如机械性能、化学稳定性、电学性能等）与普通石英玻璃基本相同，广泛的应用于电子工业的多晶制造、单晶制造、大规模集成电路及各种分离元件和可控硅、整流器的制造；石英型光导纤维的包皮管；各种精密光学仪器和分析仪器的光学零部件以及各种窗口材料。　　（刘继翔）

高分辨电子显微镜　High resolution electron microscope

直接观察固体试样中原子级微观结构的电子光学仪器。其加速电压约为500～1 000kV，分辨率在0.2nm左右，可给出晶体中小到零点几纳米或几纳米的结构，观察单个晶胞和固体中原子的排列；还可对单个空位、位错、层错等晶体缺陷、晶界、畸变清晰成像。直观性好。由此它自20世纪70年代问世以来，促使生物和有机化学的研究取得了突破性的进展。在金属、半导体、硅酸盐及矿物等无机质方面的应用也取得了重大成就。

（潘素瑛）

高分子材料添加剂　additive for polymer

又称配合剂、助剂。高分子材料在生产和加工成制品的过程中，为改善工艺、提高性能和降低成本而添加的少量辅助剂。主要包括：①稳定剂：光、热稳定剂、抗氧剂、防霉剂等，②增强剂：交联剂、偶联剂、填料、抗冲击改性剂等，③加工助剂：润滑剂、脱模剂、软化剂、塑解剂等，④其他：增塑剂、发泡剂、着色剂、抗静电剂、防雾剂、驱避剂、阻燃剂等。通过各种添加剂的适当配合，可以赋予高分子材料各种特性。是加工和应用

技术中不可缺少的组成部分。　　　（刘柏贤）

高分子化合物　macromolecular compound, high molecular compound

简称高分子。由许多原子以主价键结合而成的、分子量很大（数千至数百万以上）的化合物。最大特点是具有分子量多分散性（即是同系混合物）和结构多分散性（即具有多种多样的结构）。根据来源分天然高分子化合物和合成高分子化合物。根据主链中结合的元素，分为有机高分子化合物、元素高分子化合物、无机高分子化合物。参见高聚物（149页）。　　　　　　（闻荻江）

高分子化合物黏度　viscosity of macromolecule compound

流体内部抵抗流动的阻力，用对流体的剪切应力与剪切速率之比表示。单位为泊（Pa·s）。对于非高分子物质小分子的牛顿流体其比值为常数，称为牛顿黏度；对于高分子物质大分子的非牛顿流体其比值随剪切应力而变化，所得黏度称在相应剪切应力下的"表观黏度。"在高分子溶液的场合，溶液黏度 η 与纯溶剂黏度 η_0 之比称为黏度比 η_r。$\frac{\eta-\eta_0}{\eta_0}=\eta_r-1$ 称为增比黏度 η_{sp}。η_{sp} 与浓度 C 之比称为比浓黏度 η_c，其数值随浓度的表示法而异。当浓度趋于零时的极限比浓黏度称为特性黏数〔η〕。黏度与聚合物分子量（M_n）有〔η〕=KM_n^α 的函数关系，可以通过测定溶液的黏度来计算相对分子量，即黏均分子量。聚合物材料大多是熔融成型（或成型过程中有熔融流动过程）。熔融物黏度称为熔融黏度，其大小与分子量及熔融温度有关。不同的成型加工方法，要求有不同的聚合物黏度，一般通过聚合物的分子量加以控制。黏度也可通过加入溶剂或其他添加剂的办法调节。常用毛细管法、黏度计、旋转黏度计和黏度杯法测定。　　　（赵建国）

高分子结晶度　degree of crystallinity, crystallinity

结晶性聚合物中晶体部分所占的重量百分比。聚合物链状结构的分子不易规整排列，因此，除特殊情况外，不能形成单晶，结晶聚合物总是含有非结晶部分。结晶度不仅与聚合物的种类和结构有关，而且随外力、冷却速度、结晶温度、熔融温度及时间而异。其大小直接影响聚合物性能，一般讲，结晶度提高，聚合物的密度、折光指数、强度、刚度、硬度、软化温度及耐久性增加，高弹性、断裂伸长率、冲击强度下降。可采用 X 射线衍射分析、红外光谱、核磁共振仪、比热法、密度法测定。由于聚合物结晶区与非结晶区边界难以区分，因此结晶度不是确定值，而随测定方法和条件而异。　　　　　　　　（赵建国）

高钙粉煤灰水泥　high calcium fly-ash cement

又称火电站水泥。由 CaO 含量较高的粉煤灰掺入少量石膏和食盐制得的无熟料水泥。粉煤灰中高 CaO 含量来自煤本身或在煤粉中掺入一定量石灰石粉在锅炉中燃烧而得。水泥中 CaO 含量一般小于 25%。强度较粉煤灰硅酸盐水泥低，且因含食盐会引起钢筋锈蚀。只能用于地面及地下的一般无筋混凝土工程及砌筑砂浆。　　　（王善拔）

高硅氧玻璃棉制品　high-silica glass wool product

以高硅氧玻璃棉为主要原料，掺入适量胶粘剂制成的绝热制品。有毡、缝毡、布和带等品种。具有耐高温、质轻、绝热、化学稳定性好、耐酸（除氢氟酸外）碱侵蚀等特点。用作塑料增强材料和高温绝热材料及电绝缘材料。　　　（丛钢）

高硅氧布　vitreous silica fabric; high silica glass fabric

由钠硼硅酸盐玻璃纤维布经酸萃取后烧结制得的二氧化硅含量在 95% 以上的耐高温玻璃纤维布。不能直接由高硅氧纱纺织而成。长期耐 900℃，短期耐 1 200℃ 高温，但强度较低。常用作耐烧蚀材料或高温绝热材料。　　　（刘茂榆）

高硅质电瓷　high-silica electrical porcelain

瓷坯的化学成分中 SiO_2 含量为 72%～75%，相组成中含有 10～30μm 石英微粒在 30% 以上，抗弯强度较高的电瓷。主要物理性能：孔隙性（60MPa·h 条件下浸于红墨水中）不吸红，吸水率为零，未上釉试条的抗弯强度为 90～115MPa。主要用作高压或超高压绝缘子。　　　（邢宁）

高碱玻璃纤维　high-alkali glass fibre

以 SiO_2-CaO-Na_2O 三元系统为基础，碱金属氧化物重量含量在 14% 以上的玻璃制成的纤维。重量组成范围：$SiO_2$71%～73%，$Al_2O_3$0.5%～3%，CaO6%～10%，MgO2%～5%，Na_2O14%～17%，Fe_2O_3<0.4%。由于含碱量高，国际上称 alkali glass，故俗称 A 玻璃纤维。纤维成型温度 1 100℃ 左右。不耐水、不耐潮气侵蚀，耐酸性好，机械强度不如无碱玻璃纤维、中碱玻璃纤维。用于制作耐酸制品和低级的玻璃纤维增强塑料制品，如蓄电池隔离片，电镀槽，酸贮罐，硫酸厂酸雾或酸性气体的过滤材料，沥青油毡的基材，可编织管道包扎布。可用平板玻璃碎料作原料，用陶土坩埚拉丝。原料来源方便，成本较低。　（吴正明）

高碱性水化硅酸钙　high-basic calcium silicate hydrate

CaO 与 SiO_2 的摩尔比等于和大于 1.5 的水化硅酸钙。如 C_2SH（A）（α-水化物）、C_2SH（B）（β-

水化物)、C_2SH (C)(γ-水化物)、C_2SH_2 (C-S-H (Ⅱ))等。此类水化物的共同特点是碱性较高、耐久性较好,对水泥石的碱度贡献较大。相对于低碱性水化硅酸钙,由于结构中离子键份额增多,共价键份额降低,强度偏低。 (蒲心诚)

高聚物 high molecular polymer, high polymer

又称高分子化合物或大分子化合物。分子量高达数千万至数百万的聚合物。绝大多数是以分子量不同的同系混合物存在。至今未有完整的命名法。根据来源可分为天然的和合成的两类。根据生成反应可分为加聚物(或聚合物)和缩聚物。由分子的主链可分为均链或杂链聚合物。以无定形者为多,也有与晶态共存的,但很少全部是晶态的。它与低分子物的区别,特别显著地表现在其固体及溶液的力学性能上,如它是固体弹性和液体黏性的综合,即黏弹性体,而且在一定条件下具有高弹性;一定条件下制成的纤维、薄膜及模塑制品,会呈现高度各向异性;在溶剂中表现出溶胀特性,并形成固态和液态之间的一系列中间体系;溶液黏度远高于同浓度的低分子溶液。在热、光、化学品等作用下,可引起降解、交联等反应,导致其性能的变化。根据组成分子的原子或基团的本性、数量(分子量)、空间排列(几何结构)、分子形态以及聚集态结构,显示不同的特性。用于制造纤维、塑料、橡胶等产品,是国民经济各部门和人民生活必不可少的重要原材料。 (闻荻江)

高抗贯穿夹层玻璃 HPR (high penetration resistance) laminated glass

又称HPR夹层玻璃。在一定的冲击力内,有防止撞击物击穿能力的夹层玻璃。与一般夹层玻璃相比,HPR夹层玻璃的膜厚增加一倍达0.76mm,膜与玻璃间的黏着力稍低,中间膜的抗张强度约22Pa,胶合后的剪断强度约8.5Pa,耐冲击强度大于3.66m(贯穿高度,21℃,钢球重2.27kg)。当发生冲击时,膜与玻璃间产生位移,同时膜又较厚,因而不易切断,可避免乘员头部冲破前风挡玻璃而受重伤。主要用于汽车前风挡玻璃中。 (许 超)

高丽纸 Korean paper

又称红辛纸、桑皮纸。以桑树皮制成的一种绵纸。色灰、半透光,其性强韧,遇水不破断。在古建筑彩画中用作画活时起谱子。现多用牛皮纸替代。 (谯京旭)

高岭石 kaolinite

构成高岭土、黏土主要成分的铝硅酸盐矿物。化学式为$Al_2[Si_2O_5](OH)_4$。由长石、云母等受酸性介质作用、风化、分解而成。常含氧化铁、氧化镁、氧化钙、三氧化硫、氧化钾、氧化钠等杂质。属单斜晶系。多为土状、致密块状、疏松鳞片状集合体。白色或灰白色,光泽暗淡,有杂质时可有不同的颜色。莫氏硬度近于1,相对密度2.58~2.60,易用手捏成粉末。潮湿时具有可塑性。结构水含量增多时,则称多水高岭石,其化学式为$Al_2[Si_2O_5](OH)_4 \cdot 4H_2O$。高岭石或多水高岭石是陶瓷和耐火材料的重要原料。 (冯培植)

高炉水泥 blast furnace cement

西欧一些国家生产的矿渣硅酸盐水泥。德国为Hochofenzement,法国和比利时为ciement de Haut-Fourneau,其矿渣含量为:德国36%~85%,法国65%~75%,比利时30%~70%。其性能与矿渣硅酸盐水泥相似。在中国为矿渣硅酸盐水泥的又一名称。 (王善拔)

高铝耐火材料 high alumina refractory, bauxite refractory

氧化铝含量高于煅烧过的纯高岭石的硅酸铝质耐火材料的统称。各国对Al_2O_3含量的具体规定不一。中国规定不低于48%。按用途分为一般高铝砖及高炉用、热风炉用、炼钢电炉顶用、盛钢桶用高铝砖等品种。根据Al_2O_3/SiO_2比,主晶相可分为莫来石-氧化硅、莫来石、莫来石-刚玉及刚玉-莫来石等几个类型。主要杂质为Fe_2O_3、TiO_2、CaO、MgO、Na_2O和K_2O。其中Fe_2O_3与TiO_2在莫来石与刚玉中的固溶量较大,对其使用性能危害较小。CaO和MgO的含量不高。Na_2O和K_2O是非常有害的杂质,应严加控制。优质高铝砖的荷重软化点、抗渣性、热震稳定性等性能都较好。是冶金、建材、化工、机械等行业窑炉上使用范围最广的耐火材料之一。 (李 楠)

高铝耐火纤维 high alumina refractory fibre

简称高铝纤维。氧化铝含量在60%~65%之间的硅酸铝耐火纤维。用熔融-喷吹(或离心)法生产。属非晶质纤维。其热导率较普通硅酸铝耐火纤维低。使用过程中析出莫来石晶体多、方石英晶体少。因而重烧线变化率小。在氧化气氛下的工作温度可达1200℃。 (李 楠)

高铝水泥 high alumina cement, aluminous cement

又称矾土水泥。由铝酸一钙为主要矿物,氧化铝含量约50%的熟料磨制成的水泥。按GB4131—84《水泥命名原则》,可称为铝酸盐水泥。粉磨时不加任何缓凝剂。有快硬高强特性,1d强度可达3d强度的80%,以3d强度确定标号。分425、525、625和725四个标号。耐高温性能好,抗硫酸盐性能优于抗硫酸盐水泥；抗渗性好，对碳酸水和稀酸（pH不小于4）也有很好的稳定性，但对浓酸和碱溶液的耐蚀性不好。主要水化产物 $CaO \cdot Al_2O_3 \cdot 10H_2O$ 很不稳定，即使在常温，后期也会转变为 $3CaO \cdot Al_2O_3 \cdot 6H_2O$；前者密度为 $1.72g/cm^3$，后者为 $2.52g/cm^3$，使孔隙率增加，强度降低，因此法国、英国、德国等禁止用作建筑工程结构材料。主要用作耐火混凝土和生产膨胀水泥以及自应力水泥。也可大量用于非结构如修补和低温工程等，但在设计中必须提高混凝土强度等级。不得与石灰、硅酸盐水泥以及能析出 $Ca(OH)_2$ 的胶凝材料混合使用，以免产生急凝和强度下降；不得与未硬化的硅酸盐水泥混凝土接触使用；不得用于蒸汽养护或温度超过30℃的施工环境；不宜用于大体积混凝土工程和与碱性溶液接触的工程；水泥贮存中应注意防潮。　　　　　　　　　　（王善拔）

高铝质耐火浇注料 high alumina castable refractory

以高铝质原料为骨料及细粉的耐火浇注料。Al_2O_3 含量通常不小于45%。常见的结合剂有耐火黏土、硅酸盐水泥、矾土水泥、铝酸钙水泥、磷酸盐、水玻璃、超细粉等。根据结合剂及使用要求经105～110℃烘烤后的最低耐压强度3～25MPa，最低抗折强度0.5～5MPa。最高使用温度在1 300～1 650℃。对于原料组成、耐火度以及浇注料的体积稳定性都有一定要求。实际应用的品种很多，如高致密、低铁、抗剥落等品种。广泛应用于冶金、建材等各工业部门的窑炉。　　　　（李　楠）

高镁硅酸盐水泥 high magnesia portland cement

又称氧化镁硅酸盐水泥，简称高镁水泥。由氧化镁含量高的硅酸盐水泥熟料，加入适量石膏磨细制成的水泥。按有关技术规定，熟料氧化镁含量不超过8%，制成水泥时允许掺15%以下的粒化高炉矿渣。水泥体积安定性除雷氏法检验须合格外，还须经压蒸试验合格。可用于地上和具有防水层的地下工程。但对水中工程，特别是需要抗折强度较高的以及蒸汽养护的钢筋混凝土构件和制品不宜使用。掺加20%～50%粒化高炉矿渣的称为矿渣高镁硅酸盐水泥，其性能及用途与之类似。

（冯培植）

高锰酸钾法 potassium permanganate method

用高锰酸钾滴定还原性物质含量的方法。为氧化还原滴定法的一种。也可间接测定某些不具氧化还原性，但能与另一还原剂或氧化剂定量反应的物质。例如，Ca^{2+} 离子可以形成 CaC_2O_4 沉淀，用 $KMnO_4$ 标准溶液滴定草酸钙中 $C_2O_4^{2-}$ 的量，就可间接测定 Ca^{2+} 离子的含量。在酸性溶液中以 $KMnO_4$ 作滴定剂，可利用等物质的量点后微过量的 MnO_4^- 离子使溶液呈粉红色，指示终点的到达。$KMnO_4$ 氧化能力强，能与许多物质起反应，应用范围广。例如可用于滴定过氧化氢、亚铁盐、钙盐、草酸盐和甲酸等有机物。　　（夏维邦）

高密度高热导率硅质耐火材料 high bulk density and high thermal conductivity silica refractory

气孔率低和热导率高的硅质耐火材料制品。通过调整粒度组成、选用合适的矿化剂和采用高压成形方法以提高其密度，并采用加入 CuO、Fe_2O_3 和 TiO_2 等添加物来提高其热导率。通常显气孔率应小于18%，热导率应大于 $1.8W/(m \cdot K)$。主要用于焦炉碳化室隔墙以缩短结焦时间。　　（李　楠）

高模量纤维 high modulus fibre

又称高弹模纤维。弹性模量高于水泥基体弹性模量的纤维的泛称。加入水泥基体中一般可制得抗拉强度与抗弯强度较高的并有一定韧性的纤维水泥复合材料。石棉、钢纤维、玻璃纤维、碳纤维、高模量聚乙烯醇纤维、芳香族聚酰胺纤维等均属之。

（沈荣熹）

高频干燥 high frequency electric drying

利用高频电场的作用使物料内分子、离子及电子产生极化损耗而导致物料升温，完成干燥的方法。运用这种方法，物料的热湿传导方向一致，干燥速度快。物料含水越多，介电损耗越大，产生的热量越多。一般加热程度取决于单位体积所吸收的功率，加热所需时间与材料厚度无关。但由于设备复杂，耗电多，在陶瓷工业中只限于干燥形状复杂、壁厚的坯体；在木材工业中除用以干燥特殊用材外，更适合于小料拼宽、接长的胶合以及薄板成型胶压等的加热干燥。　　（吴悦琦　陈晓明）

高频热合 high frequency welding

又称高频电焊。叠合的两片塑料膜片在交变电磁场作用下发热熔融、在压力下互相熔接的一种焊接方法。一般仅适用于极性聚合物如聚氯乙烯、聚酰胺、纤维素塑料等的焊接。通用高频电焊设备的功率为0.25～6kW，特殊用途的达50kW。焊接用的电压范围为4 000～10 000V，电频范围为 $(2 \sim 100) \times 10^6 Hz$。在交变电磁场作用下极性高分子频繁地改变方向而发生摩擦，电能转变为热能使聚合物熔融。非极性或极性小的聚合物如聚乙烯、聚丙烯可以夹在极性材料之间焊接。焊接速度快，焊接强度高。　　（顾国芳）

高频振动 high-frequency vibration

对混凝土混合料施加频率在100Hz以上的振

动。频率高低的划分尚无公认的界限，通常把频率为 50Hz 以下的振动称为低频振动，50～100Hz 的称为中频振动，100～250Hz 的称为高频振动。外界强迫振动频率接近混凝土混合料颗粒固有频率而产生共振时，颗粒振幅为最大。颗粒愈小，固有频率愈大，因此，这种振动对细小颗粒振动特别有利。可加强水泥和细集料的相对振动，其有效作用半径大，振动衰减系数小，适合于细颗粒干硬性混凝土密实成型。

（孙宝林）

高强度玻璃纤维 high strength glass fibre

又称 S 玻璃纤维。单丝强度一般比无碱玻璃纤维高 30% 以上的玻璃纤维。此类纤维一般都采用 SiO_2-Al_2O_3-MgO 系统。美国在 20 世纪 60 年代研制的 S-994 是 S 玻璃纤维的一种典型成分：SiO_2 65%，Al_2O_3 25%，MgO 10%（重量百分数）。其抗拉强度为 43～49MPa。中国 20 世纪 70 年代中期将高强#1 和高强#2 高强度玻璃纤维投入工业生产。高强#2 的成分为：SiO_2 52%～57%，Al_2O_3 20%～25%，MgO 10%～14%，B_2O_3 < 5%，Fe_2O_3 < 1.2%，CeO_2 1%～2%，Li_2O 0.8%～1.2%（重量百分数）。熔化温度 1 550℃，拉丝温度 1 330℃，单丝强度 4 100MPa。主要用于强度要求较高的玻璃纤维增强塑料制品及国防工业。

（吴正明）

高强度电瓷 high strength electrical porcelain

用于电压等级较高、输电容量较大的高机电强度的电瓷。在较高使用电压下与普通电瓷相比具有机械强度高、体积小、重量轻的特点，可以缩小输电线路塔高，简化结构，节约附件金属。通常，悬式绝缘子的机械破坏强度为 120～500kN；棒形支柱绝缘子的弯曲破坏负荷高于 30kN/m；套管绝缘子耐破坏内压力为 150MPa。主要有高硅质和铝质两大类。

（邢 宁）

高强混凝土 high strength concrete

又称高级混凝土或优质混凝土（quality concrete）。强度等级不低于 C60 的混凝土。应采用优质集料，强度不低于 41.7MPa（标号 425）的水泥，并用较低的水灰比。可掺用适量的高活性掺料、早强剂、高效减水剂，或采用高频加压振捣、真空作业、离心振动辊压成型、喷射工艺，或辅以湿热处理，以及综合工艺处理，以达到提高强度的目的。应采用强制式搅拌。适用于重载大跨结构和高层建筑。可减小结构断面，节约材料，减轻建筑物自重以及地基和基础负荷。

（徐家保）

高强石膏 high strength gypsum

以 α-$CaSO_4$·$\frac{1}{2}H_2O$ 为主要成分的粉状石膏胶凝材料。由二水石膏经饱和蒸汽介质蒸制而成，或在有晶型转换剂的过热液体中形成。相对密度为 2.72～2.76。热分析曲线上有 230℃ 的放热特征峰。折光率 n_g = 1.584，n_p = 1.559。由于热处理中脱出的水是以液体状态析出，制得的 α-$CaSO_4$·$\frac{1}{2}H_2O$ 结晶度良好，有柱、棒、粒状等晶形，以短柱状晶形的强度最高。晶体的平均粒度较大，总比表面积较小，标准稠度的需水量较低，拌水后其硬化体的强度较高。可用于生产模具、石膏粉和各种石膏制品。

（高琼英）

高强陶粒 high strength ceramisite

由氧化铝含量较高的黏土为原材料加工而成的强度较高的陶粒。堆积密度 600～700kg/m³ 时，其筒压强度可高达 5.0～6.0MPa 以上，其他性能一般优于普通陶粒。用它可制成强度等级为 CL35 以上的高强陶粒混凝土。

（龚洛书）

高强陶粒混凝土 high strength ceramisite concrete

用高强陶粒配制成的强度等级大于 CL35 的轻集料混凝土。表观密度不大于 1 950kg/m³。很多物理力学性能，特别是耐久性能优于一般轻集料混凝土。适用于高层和大跨的工业与民用建筑，或桥梁和海洋工程的承重结构。在中国研究与应用尚少。

（龚洛书）

高斯消去法 Gauss elimination methool

逐步消去未知数求解方程组的方法。方程组中每个方程都包含有多个未知数，18 世纪德国数学家高斯用代数方法，每次消去一个未知数，最后得到一只含一个未知数的方程，从而可解出此未知数。再逐步反代回去，就求得全部的解。对 n 个未知数的 n 个方程组，用矩阵表示，可将方程组写作 $Ax = b$。A 是 $n \times n$ 的方阵，称为系数矩阵。高斯消去法逐步进行，就是将矩阵 A 化为三角矩阵。是解方程组的基本方法。

（魏铭镪）

高弹态 elastomeric state

又称橡胶态。无定形或半结晶聚合物在玻璃化温度以上，具有高度弹性变形能力的力学状态。处于这种状态下，聚合物链段运动是大分子的主要运动形式，而整个分子质心不移动。因此，高弹形变仅与链段有关，而与整个分子无关。此时，聚合物表现出弹性模量低（约 1MPa）、断裂伸长率大（100%～1 000%）、形变可逆并有明显的松弛现象（即弹性形变需要一定时间才能完成）、力学性能依赖于链段的性质等。常温下处于高弹态的聚合物能作橡胶或弹性体使用。高弹态所表现出的高弹性是聚合物材料所特有的性能。

（赵建国）

高弹性模量玻璃纤维 high modulus glass fibre

又称 M 玻璃纤维。简称高模量玻纤。所制成的增强塑料的弹性模量比无碱玻璃纤维制增强塑料的弹性模量高 20% 以上的玻璃纤维。此类纤维一般都采用 $SiO_2-Al_2O_3-MgO$ 系统。能显著提高弹性模量的氧化物有 BeO、Y_2O_3、ZrO_2、TiO_2、La_2O_3、CeO_2 等。中国曾研制出 M_1 和 M_2 两种型号,其 M_2 型的重量组成为: SiO_2 48%～54%,Al_2O_3 16%～22%,MgO 18%～23%,CeO_2 1%～3%,ZrO_2 0～4%,TiO_2 0～4%。熔化温度 1 550℃,拉丝温度 1 320℃,弹性模量 9.5×10^4 MPa。主要用于对弹性模量要求较高的玻璃纤维增强塑料制品及国防工业。

(吴正明)

高位水箱 upper cistern

简称高水箱。安装在蹲式大便器后部上方一定高度墙壁上的水箱。其出水口用管道与便器入水口相连。按外形尺寸(上口外径长度×上口外径宽度×高度)有两种常见的规格: 420mm×240mm×280mm; 440mm×260mm×280mm。

(刘康时)

高温煅烧石膏 high temperature burned anhydrite

俗称地板石膏。以高温型无水石膏Ⅱ为主要成分的粉状石膏胶凝材料。由生石膏经 800～1 000℃ 煅烧,磨细而得。在高温下,二水石膏除脱水为无水石膏外且部分硫酸钙分解为氧化钙而使原结构致密的无水石膏密度下降,而所得氧化钙在水化硬化过程中又起激发作用,因此高温煅烧石膏又具有凝结硬化能力,其硬化体的抗水性、耐磨性、耐久性较好,宜制作地板。也可配制砌筑和抹灰砂浆等。

(高琼英)

高温回火 high tempering

将淬火工件加热到 500～650℃,并保持一定时间后在空气中冷却的一种热处理工艺。淬火马氏体在此过程中转变为等轴铁素体和均匀分布的颗粒状碳化物,组织称回火索氏体。具有较高的硬度、强度和较好的塑性和韧性配合,即综合机械性能好。通常将淬火加高温回火两个工序的联合操作称为调质处理。对于合金结构钢工件,加热保温后可在油中冷却以免脆性。适用于中碳钢、中碳合金结构钢制的齿轮、轴、曲轴、连杆等零件。

(高庆全)

高温抗折强度 bending strength under high temperature

又称高温弯曲强度。材料在高温下抵抗弯曲破坏的能力。材料在一定温度下按规定速率施加荷载,直至破坏,所能承受的极限折断应力。计量单位是 MPa(N/mm^2)。是材料重要的高温力学性能之一。

(宋显辉)

高温煤焦油 high-temperature coal tar

煤在炼焦或制煤气时,干馏温度范围为 800～1 200℃ 获得的冷凝物。按其产源可分为焦炉煤焦油和煤气煤焦油。黑至黑褐色油状物,在 20℃ 时密度为 $1.10\sim1.25g/cm^3$,其主要化学成分为芳香烃,其中含有少量的酚、萘、蒽和吡啶。游离碳含量较高,沥青含量为 45%～65%。用于制造建筑防水材料、防腐材料、油漆、染料及路面建筑材料。

(刘尚乐)

高温煤沥青 high-temperature coal pitch

软化点大于 95～120℃ 的煤沥青。水分含量不大于 5%。

(刘尚乐)

高温耐压强度 crushing strength under high temperature

又称高温抗压强度。材料在高温下抵抗轴向压缩破坏的能力。可用实验方法测定。在一定的高温下按规定速率施加压力于试样,直至破坏时,单位截面面积上所能承受的极限压力。计量单位是 MPa(N/mm^2)。

(宋显辉)

高温扭转强度 torsional strength under high temperature

材料在高温下抵抗扭转破坏的能力。由于一般材料在高温下的扭转试验都是因受剪切而破坏,故高温扭转强度表征材料在高温下抵抗剪切应力的能力。计量单位是 MPa(N/mm^2)。它主要取决于材料的性质及结构特征。是判别耐火材料质量的一项指标。

(宋显辉)

高温漆 severe heat resistant paint

又称抗热漆。由耐高温聚合物(有机硅树脂、有机钛树脂、聚四氟乙烯树脂及无机高聚物等)掺加耐高温填料(陶瓷粉)及金属颜料(铝粉、锌粉)与有机溶剂混合制成的涂料。能耐高温 400～2 000℃。有硅氮高聚物漆、有机硅铝粉漆、有机钛耐高温漆、硅硼、氮硼高聚物耐高温漆等。用于涂覆高温设备的钢铁零件、烟囱、烘箱、高温炉以及国防、军工等特殊工程上。

(陈艾青)

高温热分析 high-temperature thermal analysis

指试样加热温度在 1 200℃ 以上的热分析。有高温型和超高温型,前者加热温度在 1 200～1 500℃,后者加热温度在 1 500℃ 以上。在高温情况下,加热炉及热电偶的材料要求耐火度很高,热电偶电路的绝缘屏蔽性能要良好。常用的高温差热仪最高使用温度 1 500℃ 左右。广泛用于矿物煅烧冶炼和各种人工材料如水泥、玻璃、陶瓷等的制成过程研究。

(杨淑珍)

高温蠕变 high-temperature creep

又称高温徐变。材料在恒定的高温和荷载的长期作用下，变形随时间而缓慢增加的过程。按施加荷载的方式不同，可分为高温压缩蠕变、高温拉伸蠕变、高温扭转蠕变和高温弯曲蠕变等。可以用材料的变形率与时间的关系曲线来描述，但更多的是用达到某一变形率所需的时间表示。是材料的重要力学性能之一，能有效地预示在高温条件下长期使用过程中的应变趋势和工作寿命。　　（沈大荣）

高温塑性 pyroplasticity

材料在高温下具有的塑性。主要取决于材料组成中杂质所形成的低共熔物的性质、数量、分布及晶体的结合状态等。高温塑性好有利于缓冲材料的热应力，但对高温体积稳定性和高温强度有不利影响。　　（宋显辉）

高温退火 high-temperature annealing

又称扩散退火。把钢加热到远高于上临界点以上温度，保持一定时间后缓慢地冷却下来的一种热处理工艺。通常采用的温度为1 100～1 200℃，保持10～20h，利用高温下原子具有较大的活动能力进行充分扩散，消除钢锭或铸钢件中化学成分和组织的不均匀性。但温度高、时间长，晶粒严重长大，对性能不利，常需再次进行完全退火或正火。一般只用于高合金钢铸锭和大型铸件。
　　（高庆全）

高温显微镜 high temperature microscope

见高温显微镜分析。

高温显微镜分析 high temperature microscope analysis

利用高温显微镜观察试样在高温加热过程中的物相变化。主要仪器是高温显微镜，是由光学显微镜、加热物台及温度控制系统组成。用以研究材料的高温特性，如水泥熟料的烧结机理、相变特征等。　　（潘意祥）

高性能混凝土 high performance concrete （HPC）

又称高效能混凝土。在施工、硬化及在所处环境条件下使用等各阶段都能满足技术要求及性能的混凝土。为近年新提出的混凝土品种。其确切涵义学者尚有不同认识，但一致认为它应具备良好的施工性、高体积稳定性、高抗渗性、高耐久性以及足够的力学强度（C60以上），更强调混凝土结构的耐久性能。采用传统的配合、拌和、浇注、养护方法已难以制成。必须采用高性能水泥（如球状水泥）及高效外加剂，使水灰比降低而具有高流动性，采取新配合比设计及施工工艺，以获得高致密度的混凝土。目前很多国家已作为21世纪的新材料进行研究开发，开始用于核反应堆、桥梁、海港建筑、高塔（电视塔）及高速公路等重要的混凝土结构。　　（孙复强）

高压湿热养护

又称高压蒸汽养护，简称压蒸养护。以高压饱和蒸汽为湿热介质使混凝土加速硬化的养护方法。在高压釜中进行，一般蒸汽的压力不低于0.8MPa，温度不低于174.5℃。常用于硅酸盐混凝土制品的生产。分为升压、恒压和降压三个阶段。升压是将高压饱和蒸汽送入釜内并升至给定的最高值。可采用排气、抽真空和早期快速升压三种方法：排气法是升温开始时就用高压饱和蒸汽将釜内空气排除，保证恒温时介质压力与温度的对应性；真空法是在关釜后立即用真空泵抽出釜内的空气和混凝土中的大部分气体，使升温时蒸汽能迅速渗入制品内部，减少截面温差应力的破坏作用；早期快速升压法是先关闭与外界连通的阀门，再送入大量饱和蒸汽，使釜内迅速建立起超出混凝土体内气相压力的介质工作压力，以利于混凝土结构的形成。恒压是介质温度和压力保持最高值，混凝土逐渐达到完全加热，是结构形成和强度增长的主要阶段。降压是将釜内压力逐渐降为0.1MPa，温度下降。为了防止制品开裂，降压速度应尽可能使混凝土蒸发出来的蒸汽体积在整个降压过程中均匀一致。开釜时制品的温度为100℃左右，出釜后送至保持一定温度的冷却间继续冷却。　　（孙宝林）

高压液相色谱法 high-pressure liquid chromatography

以高压液体作为流动相的一种高效、高速色谱分析法。在色谱柱内紧密充填细颗粒硅胶吸附剂或固定液或化学键合填料（固定相），以不相混溶的溶剂（流动相）和被测样品混合，通过高压泵作用将混合物按一定速度连续流入色谱柱，样品中各组分在两相之间连续地分配而逐渐分离，并以不同时间从柱内流出，经检测记录得到色谱图。按固定相状态分为液－固吸附型和液－液分配型。分析用的设备称为高压液相色谱仪，主要由贮液槽、输液泵、进样装置、色谱柱、监测记录系统组成。仪器的柱压达到10MPa以上，泵压在15～30MPa以上，分析速度为1～5ml/min、线速3cm/s。广泛应用于高沸点的染料、高聚物、天然产物、表面活性剂以及热不稳定的氨基酸维生素等的分离、分析。
　　（秦力川）

高折射率玻璃微珠 high-refractive glass bead

折射率在2.15～2.34间的玻璃微珠，反射率较一般玻璃微珠高数倍，反射光亮度很高，用于路标时在300m处能清楚看到路标符号，800～1 000m处可看到路标的外形轮廓。有一微弱灯光即作强烈的反射而不眩眼。是高速公路路标、市内夜行路标、高效反射屏幕必不可少的材料。大粒径的微珠用于阴雨天有回归反射特性的路面区划线和机场的起落路道、导航路道的区划线及标记。

(许淑惠)

高致密超细匀质材料 densified system containing homogeneous arranged ultrafined particles

又称DSP材料。用不同粒径的颗粒最紧密堆积而成的超高强水泥基复合材料。用不锈钢粉、水泥、硅灰和超塑化剂等制备的DSP材料，通过颗粒最紧密堆积和控制微结构组分，其抗压强度可达350MPa。可应用于浇铸试模、加工工具等高技术领域中。

(陆 平)

锆刚玉耐火材料 zirconia-corundum refractory

又称锆刚玉砖。在氧化铝配料中加入适量的氧化锆，用烧结法制成的耐火材料。矿物组成为刚玉以及斜锆石、玻璃相和少量莫来石。通常在1 700～1 750℃制成。其性能与熔铸锆刚玉砖相近，但显气孔率稍高，热震稳定性较好。主要用于玻璃窑和感应炉内衬。

(孙钦英)

锆莫来石耐火材料 zirconia-mullite refractory

以莫来石和斜锆石为主要成分的耐火材料。可用莫来石和氧化锆及稳定剂制成，也可用锆英石和刚玉或矾土通过反应烧结成锆莫来石熟料，然后再制成定形或不定形耐火材料。制品具有良好的热震稳定性、抗渣性。主要用于玻璃窑和感应炉内衬等方面。

(孙钦英)

锆英石碳化硅耐火材料 zircon-silicon carbide refractory

又称锆英石碳化硅砖。在锆英石砖配料中，加入碳化硅而制成的锆质耐火材料。碳化硅的加入可提高制品的抗渣性。在锰钢盛钢桶中使用，寿命较长。(参见锆英石砖)。

(孙钦英)

锆英石叶蜡石耐火材料 zircon-pyrophyllite refractory

又称锆英石叶蜡石砖。组成和性质介于锆英石砖和叶蜡石耐火材料之间的锆质耐火材料。用作盛钢桶内衬时，挂渣和沾钢液的程度都比锆英石砖轻，使用末期也不剥落。在真空脱气处理设备内和连铸盛钢桶中作衬砖较好，也可用在普通盛钢桶的渣线部位和作袖砖使用。

(孙钦英)

锆英石砖 zircon brick

以锆英石为主要成分的耐火砖。包括纯锆英石和加有其他组分的锆英石制品，以及锆英石与其他材料制成的复合砖。以烧结法制得的制品称锆英石砖；以熔铸法制得的称熔铸锆英石砖。锆英石砖是以锆英石精矿粉加入少量结合剂，混练后压制成团块，在低于锆英石分解温度（小于1600℃）下进行预烧，再将预烧后的团块粉碎成工艺要求的颗粒，加入结合剂，半干法成型，干燥后于1 550～1 600℃烧成。此外，还可根据使用要求的不同，采用泥浆浇注法或挤压法生产。主要化学成分和性能指标如下：ZrO_2 65%左右，SiO_2 32%左右。耐火度大于1 790℃，荷重软化点为1 620℃左右，真相对密度为4.63左右，体积密度3.51～3.67g/cm^3，显气孔率20.4%～24.0%，抗压强度115～118MPa，热膨胀率0.42%左右。若用黏土结合，烧成温度为1 410～1 430℃。多用于钢铁工业连续铸锭、炉外精炼和玻璃窑等处。

(孙钦英)

锆质电瓷 zirconic electric porcelain

主要原料为氧化锆、锆英石、黏土的电瓷。具有线膨胀系数小、耐急冷急热性好、机械强度较高（抗弯强度140～210MPa）的特点。主要用作为高温、高强及高频线路的绝缘。

(邢 宁)

锆质耐火材料 zirconic refractory

以锆英石（$ZrSiO_4$）或氧化锆（ZrO_2）为主要成分的耐火材料。以其原料、加入物和生产方法的不同，一般可分为锆英石砖、氧化锆砖、锆莫来石耐火材料、锆刚玉砖、锆英石叶蜡石砖、锆英石碳化硅砖、锆英石－氧化铝砖、锆英石－氧化铝－氧化铬砖以及锆质不定形耐火材料。原料经煅烧、粉碎、配料、加入结合剂（有机或无机结合物）后混练、成型、干燥、烧成。主要用做铸锭用砖、高温炉炉衬、熔炼难熔金属的坩埚以及玻璃窑用砖。

(孙钦英)

ge

割角线枋子

端头切成45°角的线枋子。一般用大开条或停泥砖砍磨成长约260mm，宽、厚各65mm左右，似木枋子状的砖条，并将其一侧砖角做出（起）窝角线脚，再将端头切去一角，呈45°。用于方砖心的外圈的合角处。是北方古建黑活廊心墙、影壁墙、看面墙和落堂槛墙等干摆（磨砖对缝）做法必用砖饰件之一。属杂料子类。

(朴学林)

割绒地毯 cut pile carpet

又称切绒地毯。用割绒刀切开面绒的地毯。属簇绒地毯的一种。由簇绒针引导绒头纱穿过基布，在基布下面形成毛圈后用割绒刀把毛圈割开，再进行基布背面的处理而成。它与圈绒地毯相比只是绒毛形状不同。

(金笠铭)

格里菲斯理论 Griffith theory

英国科学家 A.A. 格里菲斯 1920 年提出的脆性材料断裂理论。是线弹性断裂力学的物理基础。其要点是指明：①脆性材料的断裂破坏是由于已经存在的裂纹扩展的结果；②断裂强度取决于施加荷载前就存在于材料中的裂纹大小和使其中的裂纹失稳扩展的应力；③当外力所做的功（应变能）刚刚大于裂纹扩展形成新表面所需的表面能时，裂纹将自行扩展而断裂。据此，对一个受均匀拉伸的无限大板中的一条贯穿裂纹，导出如下的格里菲斯公式：$\sigma_f = [2E\gamma/\pi a]^{1/2}$ 式中：σ_f 为断裂应力，E 为弹性模量，a 为裂纹长度的一半，γ 为表面能。它成功地解释了为什么实际晶体的强度远低于理论强度的原因。 （宋显辉）

格子体 checker work

由耐火砖砌成的蓄热与放热的载体。有西门子式、李赫特式、卡乌彼尔式、编篮式、垂直通道式等多种砌筑形式。常用的材料有黏土砖、高铝砖、镁砖、镁橄榄石砖、铬镁砖和锆刚玉等。按高度可分段采用不同砖材，以改善其使用性能。使用的材质、砌筑形式、体积和受热面积都关系到蓄热室的热回收率、气体预热温度及使用寿命。应满足以下工艺要求：足够的受热面积和蓄热能力；气体预热温度高而波动小；气流分布均匀，传热效率高；耐高温和化学侵蚀，结构稳固，寿命长；便于清扫和检修等。 （曹文聪）

隔离开关锁

一种配电间的安全用锁。伸出锁舌能阻止电闸开关的合闸动作，即起隔离作用，故名。以此防止误操作而发生安全事故。

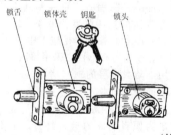

（姚时章）

隔离纸 release paper

防止自黏结油毡或自粘制品成卷和叠放时相互粘结而在其表面铺贴起暂时隔离作用的纸或薄膜。一般用经有机硅树脂表面处理的纸或塑料薄膜制作。施工时揭去这层纸或薄膜即可贴于被粘贴介质表面，起到粘贴、密封及防水等作用。 （王海林）

隔汽层 vapour barrier

阻止水蒸气迁移的隔离层。通常设于围护结构绝热层的蒸汽流入一侧，用以增大蒸汽渗透阻力，消除或减少围护结构内部蒸汽凝结。由蒸汽渗透系数低的阻汽材料，如沥青、沥青油毡、涂料和铝箔等构成。在施工和使用中应注意保证其整体性和严密性。 （林方辉）

隔热性 heat insulation properties

又称绝热性。材料具有的不同程度阻滞传热的性质。房屋外围护结构阻抗室外热量的传入，减小室外综合温度对室内表面温度影响的能力。当外围护结构室内表面能保持较稳定的温度时，表明房屋的隔热性能好。自然通风的房屋，室内温度随室外气温变化而变化，外围护结构的隔热，主要是控制外围护结构内表面的热辐射，要求外围护结构对温度波的传播具有一定的衰减值和时间的迟延值。围护结构的隔热指标包括外围护结构的总热阻值 R_0、衰减倍数 ν、迟延时间 ξ 等。 （潘意祥）

隔声材料 sound insulation material

用于隔绝空气中传播的声波，减弱从结构背面发出的透射声波强度的材料。常用的有木板、玻璃、金属板和墙体等。通常将其和吸声材料或阻尼材料等组合成隔声门、窗、屋面及隔声屏等。并可组装成不同形式和用途的隔声结构，如隔声控制室、机器隔声罩等。其作用是隔绝邻室传来的噪声干扰，防止噪声源的噪声逸散，或作为隔绝强大水流和气流噪声的管道外壁材料。其隔声频率特性要和噪声的频率特性相吻合，才能取得良好的效果。其力学性能，防火、防水和防潮性能等也应满足使用要求。 （陈延训）

隔声量 noise insulation factor

又称透射损失（transmission loss）或传声损失，为墙或其他隔声构件一侧的入射声能与另一侧的透射声能相差的分贝数，用符号 R 表示。$R = 10\lg(1/\tau)$，式中 τ 为透射系数。 （陈延训）

隔声屏 acoustic barrier

又称声屏障，障板，俗称声屏风。为声源与接收点之间设置的有足够面密度的板或墙。其作用是使声波在传播中有一个显著的附加衰减量。构造材料可用钢板、木板、塑料板、玻璃板、混凝土板等，正对声源一面最好贴附吸声材料。置于工厂车间或开敞式办公室中，可以减少各部分相互之间的噪声干扰。 （陈延训）

隔声室 attenuating booth

又称隔声间。在噪声强烈的环境中用隔声结构围蔽出的一相对安静的场所。适用于机器很多，只需少数人控制的车间，所有控制和监察都可以在隔声室中进行。其门窗、墙壁采用有一定隔声量的装配式构件，通风设备要通过消声管道，以防止噪声

隔声罩 acoustical enclosure

将噪声源包围封闭在一个小的隔声空间内,使声音在传播途径中受到障碍的设施。其隔声性能有别于建筑结构,不单从(隔声)质量定律来考虑,而主要受罩壳应变消耗声能的劲度控制。因此设计尽量选用隔声好而质轻的材料,罩内必须作吸声处理。如用金属板,内壁涂敷阻尼材料,各壁面不得互相平行。　　　　　　　　　　　(陈延训)

隔焰式退火窑 muffle lehr

又称马弗式退火窑。制品不与火焰或加热元件直接接触,通过间接加热退火的退火窑。有燃气、燃油、电热等加热方式。火焰通过隔板(又称马弗板)的热辐射加热玻璃制品。隔板可采用钢板、铸铁板或用薄壁耐火材料砌筑。与明焰式退火窑相比,制品受热较均匀,不受火焰污染,退火质量较高,但热效率低,适用于要求精密退火或不宜与火焰直接接触的玻璃制品,如光学玻璃等的退火。
　　　　　　　　　　　(曹文聪)

隔振材料 vibration isolation material

能减少振动能量传递,有一定承载能力和良好弹性的材料或装置。工业上常用金属弹簧、软木、橡胶、超细玻璃棉板、聚氨酯泡沫塑料及毛毡等。为降低振动传递率,要求其静态压缩量大,但要兼顾其承载力及耐久性、稳定性和维护使用方便等。金属弹簧由于自振频率低,静态压缩量大,施工维护方便,价格适中而应用较多。近年来出现的空气弹簧,因其固有频率最低,隔振效率高,横向稳定性好而受到重视。但价格稍高,应用还不方便。工程上常将几种隔振材料复合使用,使之具有较宽频率范围的隔振性能,如钢弹簧-橡胶减振装置。
　　　　　　　　　　　(陈延训)

镉红 cadmium red

由硫化镉和硒化镉混合组成的人工合成无机颜料。分子式 $CdSe \cdot nCdS$。具有着色力强,色彩鲜艳,遮盖力、耐光、耐热、耐碱性皆十分优良。不受硫化氢污染。不溶于水、有机溶剂、酸和碱。但价贵,有毒性。为塑料、涂料、橡胶工业中的常用颜料。　　　　　　　　　　　(刘柏贤)

铬黄 chrome yellow

又称铅铬黄。由碱色醋酸铅和重铬酸钠为主要原料,经化学反应而生成以铬酸铅($PbCrO_4$)为主要成分的黄色颜料。按照生产方法不同,可得颜色深浅不同的品种,如:柠檬铬黄($PbCrO_4 \cdot PbSO_4$);浅铬黄($5PbCrO_4 \cdot PbO_4$);中铬黄($PbCrO_4$);深铬黄($PbCrO_4 \cdot PbO + PbCrO_4$);橘铬黄〔$PbOCrO_4 \cdot PbO$ 或 $PbCrO_4 \cdot Pb(OH)_2$〕等。是黄色颜料中着色力和遮盖力最佳之一种。色越深,遮盖力越大。耐热性、耐光性尚好。遇酸溶解,遇碱成碱式铬酸盐呈橘红色。遇硫化氢变黑。大量用于高分子材料工业,还可和铁蓝制成各种颜色深浅的铅铬绿。　　　　　　　　　　　(陈艾青)

铬绿 chrome green

由铅铬绿和氧化铬绿混合组成的绿色颜料。铅铬绿是铅铬黄和铁蓝的混合物。颜色变动由两种组分的比例决定。遮盖力、耐气候、耐光、耐热等性能良好。不耐酸和碱。在污染环境中易发暗,有时还会发生浮色和发花现象。用于油漆、油墨和搪瓷等工业。氧化铬绿(Cr_2O_3)由铬酸酐(CrO_3)在 $800 \sim 900$℃ 焙烧 5 小时左右制得。色泽不光亮,遮盖力和着色力较低。但具良好的耐光、耐热、耐酸和耐碱、无毒、质硬难研磨等性能。常用于高度耐化学腐蚀和耐气候的涂料中。　　　　(陈艾青)

铬镁质耐火材料 chrome-magnesite refractory

以铬矿为主由死烧镁砂与铬矿混合料制成的耐火材料。可以为烧成或不烧耐火制品、熔铸制品以及不定形耐火材料。主晶相为尖晶石和方镁石。其性能介于镁铬质耐火材料与铬质耐火材料之间。其热震稳定性明显高于镁质耐火材料。荷重软化点较高,重烧线变化率较小。主要用于有色冶炼炉上。
　　　　　　　　　　　(李　楠)

铬木素灌浆材料

用亚硫酸盐纸浆废液和重铬酸盐配制而成的灌浆材料。为了缩短凝胶时间,可加入三氯化铁促进剂,使凝胶时间控制到十几秒到几小时范围内。灌浆液的初始黏度为 $(3\sim4) \times 10^{-3} Pa \cdot s$。可灌入到 $0.08\sim0.05mm$ 的裂缝或孔径中。渗透系数为 $5 \times 10^{-3} \sim 10^{-5} cm/s$,凝固时间可控制到十几秒到几十分钟。凝胶体的抗压强度为 $0.4\sim2MPa$。因灌浆液中含有铬离子而有毒,在施工中应注意防护,成凝胶体后,就不再有毒性。采用单液或双液注浆法施工。用于动水地层的封水堵漏,矿井、堤坝、地下建筑物的补强堵水。　　　　　(刘尚乐)

铬质耐火材料 chrome refractory

由铬矿为原料制成的耐火材料。主要物相为 $(Fe \cdot Mg)O$、$(Cr \cdot Al_2O_3)_2 \cdot O_3$ 尖晶石。属中性耐火材料。常用作为既可能受到酸性渣作用又可能受碱性渣作用部位的炉衬材料及酸、碱性耐火材料的过渡带。不宜用于直接与熔铁接触及气氛经常变化的部位。主要用于有色冶炼工业中。由于烧结困难及污染环境等原因,产量不大。　　(李　楠)

gong

工程塑料 engineering plastics

一般是指应用于工程结构、机械零部件、化工设备等方面，具有较高强度和特殊性能的塑料。有较高的机械性能（比强度高、蠕变小）、物理性能（尺寸稳定、耐磨、消声隔音）、化学性能、电性能或其他特殊性能。主要品种有 ABS、聚甲醛、聚碳酸酯、聚酰胺（尼龙）、聚砜、聚苯醚、氟塑料及各种纤维增强塑料。其中不少已用于建筑工程和构件上，如塑料小五金、门窗构件及轻型承重构件（挂镜线、天花吊顶四缘、异型材墙板等）、波形瓦、盒式或整体卫生洁具、混凝土模板（壳）、通风管道、水池、水塔、板、管材及管件、暖棚和人行天桥等。　　　　　　　　　　（刘柏贤）

工具痕 tool mark

成型或烧成工具在搪瓷制品表面造成的明显印痕缺陷。可分为：在搪烧时因操作不慎由工具造成瓷面印痕，包括叉印、钳印、铁台印、整形工具印（即称压塔印）；制品被工具和设备所玷污，造成铁锈印；在烧成过程中，当搪瓷釉软化时烧架造成的架眼深痕；烧成时烧架的移动和震动而造成的冷架印。小心谨慎地装卸和搬运、保持工具和设备的表面洁净，可防上述缺陷产生。　　（李世普）

工频电干燥 industrial frequency electric drying

工频电流通过坯体，使其发热干燥的方法。干燥过程热湿传导方向一致、干燥速度快。适合于厚壁大件小批量坯体的干燥，但导电电极的铺设排布较困难，尤其是对于复杂形状的生坯，必须考虑到电流密度的均匀性问题。电极常由石墨泥浆贴敷铝电极组成。干燥过程中，随着水分的排除，必须逐渐升高电压。　　　　　　　　（陈晓明）

工频干闪络电压试验 power frequency dry flashover voltage test

又称干闪试验（dry flashover test）。测定瓷绝缘子表面干燥时沿表面放电电压值的试验。试验时先施加约75%的规定闪络电压，然后以每秒2%试验电压的速率上升至闪络，干闪络电压以5个连续测定的闪络电压值的算术平均值计算。该5次的各个电压值与平均值之差不应超过平均值的5%。干闪络电压值应按式 $U_0 = U \cdot K_h / K_d$ 进行校正。式中 U_0 为标准大气条件下的电压（kV）；K_d 为空气密度校正系数；K_h 为空气湿度校正系数；U 为试验时大气条件下所测的或应施加的电压（kV）。
　　　　　　　　　　（陈晓明）

工频火花电压试验 power frequency sparking test

在工频电压下，通过火花放电检查瓷绝缘子瓷件内部有无缺陷的试验。在试验回路中给每只试件串联一个 7~12mm 的火花间隙，以鉴别被击穿的试件；试验时把工频电压（50Hz 的交流电压）升到一定的数值，试验变压器高压侧串联适当限流电阻，以保护变压器和使试件表面在试验时能产生频繁的火花而非闪络。施加电压的时间为连续 5min。如果试验过程中有试件被击穿或其他不正常现象而使试验中断时，则应在剔除被击穿试件或消除不正常现象后，重新进行连续 5min 试验。试验时被击穿的或异常发热的（不包括由于火花通道造成的局部发热）试件应作废品。　　　　（陈晓明）

工频击穿电压试验 power frequency puncture voltage test

又称油击穿试验（oil-puncture test）。检验瓷绝缘子耐受工频电压性能的试验。试验时将干燥洁净的试件完全浸入绝缘油（按GB507规定）中，浸入时避免带入空气。在规定试验工频电压的75%之前尽快升高电压，但应与测量仪表指示相一致，其后以每秒2%规定击穿电压的速率上升至规定的击穿电压，如试件不被击穿，可认为通过本试验。
　　　　　　　　　　（陈晓明）

工频湿闪络电压试验 power frequency wet flashover voltage test

又称湿闪试验（wet flashover test）。测定瓷绝缘子表面受雨淋时沿其表面放电电压值的试验。试验时先将试件置于人工雨（见 GB775）中 15min，再施加约75%的试验电压，然后以每秒2%试验电压的速率上升至闪络，湿闪络电压以5个连续测定的闪络电压值的算术平均值计算。该5次的各个电压值与平均值之差不应超过平均值的8%。湿闪络电压值按式 $U_0 = U/K_d$ 进行校正。式中 U_0 为标准大气条件下的电压（kV）；U 为试验时大气条件下所测得的或应施加的电压（kV）；K_d 为空气密度校正系数。　　　（陈晓明）

工业纯铝 commercial pure aluminium

含有0.3%～2%杂质（如铁、硅）的铝。铝材牌号用 L 加上顺序号表示，共分七级，如 L1、L2、L3 等，L 后数字愈大，杂质含量愈多，纯度愈低。纯铝的强度很低，但塑性很高，能承受各种冷、热加工处理，适宜制作电线、电缆，以及要求导电、导热和抗大气腐蚀性好而对强度要求不高的一些制品及生活用品。若含铝纯度大于99.71%，则称为高纯铝，常用来制造特殊的化学器皿、电容器及军工、科研产品等。　　（许伯藩）

工业废料轻集料 lightweight aggregate made with industrial waste

用粉煤灰、矿渣、煤渣等工业废渣加工而成的轻集料。由于原材料的来源不同，加工方法各异，品种很多，性能差别较大。主要有粉煤灰陶粒，膨胀矿渣，膨胀矿渣珠，烧结料，煤渣，免烧粉煤灰轻集料，自燃煤矸石等。可用以配制结构用或结构保温用轻集料混凝土。 （龚洛书）

工业废料轻集料混凝土 lightweight concrete with industrial waste aggregate

工业废料轻集料配制成的轻集料混凝土。品种很多，有粉煤灰陶粒混凝土、膨胀矿渣混凝土、煤渣混凝土、自燃煤矸石混凝土等。性能与天然轻集料混凝土（507页）相似，但具有变废为材，利于环境保护，价格低廉等优点，是一个很有发展前途的轻集料混凝土品种。 （龚洛书）

工业副产石膏 industrial by-product gypsum, chemical gypsum

又称化学石膏，合成石膏，工业废石膏。工业生产过程中通过化学反应生成的以硫酸钙为主要成分的副产品或废渣。主要有磷石膏、氟石膏、排烟脱硫石膏、柠檬酸石膏、盐石膏等。主要成分为二水硫酸钙或无水硫酸钙。常含某些杂质，是一种重要的石膏资源，经适当处理后可用于水泥工业的调凝剂和膨胀剂以及硅酸盐建筑制品的外加剂。也可用于生产石膏胶结料及制品。 （高琼英）

工业黏度计 technical viscometer

测定干硬性和低塑性混凝土混合料工作性的仪器，设备形状似重塑仪。参见混凝土干硬度（204页）及重塑数（54页）。 （水中和）

工业炸药 industrial explosives

又称民用炸药。用于矿业、铁道、水利水电、建材、地质等部门破碎矿岩等的炸药。要求安全性好、威力大、原料来源广、成本低、加工工艺简单，爆炸生成的有毒气体符合安全规定。中国在6～7世纪发明了黑火药，13世纪末，传入欧洲。1867年瑞典诺贝尔发明了以硅藻土为吸收剂的硝化甘油炸药，继之又制成胶质炸药。与此同时，还出现以硝酸铵为主要成分的粉状炸药。20世纪50年代推广应用铵油炸药和浆状炸药；70年代研制成乳化油炸药。目前工业炸药主要分成两类：以硝酸铵为主成分的硝铵类炸药和以硝化甘油为主成分的硝甘类炸药。此外，还有液体炸药等。 （刘清荣）

工作灯 work lamp

固定在工作台面上的照明器具。多采用聚光型灯泡，灯罩用金属或塑料制成圆盘、圆锥体或梯形等，灯架具有可折叠、易拉伸、能旋转和调整灵活等特点。

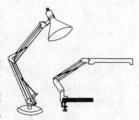

常供设计室、办公室、机床、仪表装配等处作局部照明。 （王建明）

工作性 workability

又称和易性。是混凝土混合料在搅拌、运输、浇灌、捣实、抹平等过程中能保持均匀、密实而不发生分层、离析现象的性能。包含流动性、可塑性、稳定性、易密性等的综合性能。迄今国内外提出的定义有：①为确定混凝土混合料浇灌难易程度和抵抗离析能力的性能。②克服内摩擦达到完全密实所耗的功。③混凝土在一系列操作过程中，消耗一定的能量情况下，达到稳定和密实的程度。至今尚无一种定量试验方法和物理量能确切表征它。坍落度、流动度、贯入度、密实因素、重塑数、干硬度、维勃稠度等指标，均为对它的工作性在一定程度上的反映。 （潘介子）

功能高分子 functional macromolecule

在高分子主链、侧链或端基上带有某种功能的（包括带有某种功能的反应性基团的）一类高分子材料。有反应性高分子、高分子试剂、离子交换树脂、络合树脂、氧化还原树脂、光敏树脂、医药高分子和固定化酶等多种。按功能分类，可分为具有物理、化学和生物功能的三大类。具有物理功能的有如半导体高分子、导电高分子、光照变色的光敏高分子，后者有如聚乙烯咔唑的变色光敏高分子，可用于自动调节光线明暗的目镜、太阳镜和窗玻璃。具有化学功能的高分子有高分子试剂、高分子催化剂。具有生物功能的高分子如将青霉素分子通过其中的—NH$_2$、—COOH引到聚乙烯醇和乙烯胺共聚物的分子链上制得高分子化青霉素，可使药物在体内作用时间延长30～40倍。 （闻荻江）

宫灯 palace lantern

宫廷用装饰灯。即张以彩绢之灯笼。《楚辞》曰："兰膏明烛华铜错。"《艺文类聚》注："灯绽尽铜、琢禽兽、有华英也。"早在战国时期就以铜制之，并雕琢各种动物纹饰；西汉出现鎏金"长信"宫灯；到了南北朝则已发展到用葛麻编织而成；明代以象牙雕作骨架，绫绢作面料精制而成；清代多呈六角形，配裱各式画屏图案。到现代其品种更繁。常以红木、紫檀、花梨及楠木等材料为框，用各色纱、

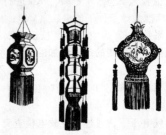

葛、绢、绫等作饰面,下悬挂流苏,有的镶嵌金银珠宝。其后演变流传到民间的则多用剪纸、刺绣、麦秸、贝壳等制成斗形、心形、葫芦形、花篮形及钟形等等。古今分别以燃烛和电灯为光源。讲究成双论对。具有浓厚的民族风格,古朴典雅,光线柔和等特点。现多作装饰用灯。 (王建明)

汞阴极电解分离法 electrolytic separation of metals with mercury cathode

见电解分析法(85页)。

拱顶石 key stone

又称拱心石。石砌拱桥拱券上的最高一块石料。位于拱的中心,在拱券上最后安砌并嵌紧拱券。其作用是撤除拱架后拱券不致松动变形。
(宋金山)

拱壳砖 hollow brick for arches or shells

又称拱壳空心砖,挂钩砖。拱壳结构专用的带钩、槽的空心砖。用于建造楼盖和屋顶。主要规格(mm)有 $120\times105\times90$、$120\times105\times120$、$240\times120\times90$(图)。要求平行孔洞方向抗压强度在 7.5MPa 以上,垂直孔洞方向在 3.5MPa 以上。砖顶面上的一边伸出"挂钩",另一边上部呈槽形,施工时,钩槽互相搭接咬合,由样架控制拱的曲线,方便灵活,可以省去大量支撑模板,节约木材和钢材。 (何世全)

拱石楔块 voussoir

组成拱身的楔形石料或混凝土块。根据拱的曲线形状及其本身在拱券内的位置,由石工细凿加工或用混凝土预制而成。 (宋金山)

栱 bracket

枓上横木,与枓共同作用,以均匀传递梁枋荷重。《营造法式》卷四释栱异名有六:闲、槉、樽、曲枅、枈、栱。 (张良皋)

共沉淀 coprecipitation

当一种难溶物质沉淀时,溶液中的某些可溶性杂质也同时沉淀下来的现象。产生的原因有:①溶液中带相反电荷的离子,被沉淀表面离子吸引而形成表面吸附层;②如沉淀颗粒长大很快,被吸附在沉淀表面的杂质离子来不及离开,就被沉积下来的离子所覆盖,陷入沉淀内部,这种现象称为包藏(吸留);③如溶液中的杂质离子与构晶离子,它们的半径相近,所形成的晶体结构相同,则它们易生成混晶或固溶体;④沉淀对溶剂的吸附。欲减免其发生,可降低易被吸附的离子浓度;选用适当的沉淀条件;必要时进行再沉淀。它常使重量分析产生误差;但有时利用它可富集分离溶液中某些微量组分,使之较易测定。例如极微量的 Co^{2+},能用 $ZnHg(SCN)_4$ 沉淀带下来,形成混晶 $ZnHg(SCN)_4 - CoHg(SCN)_4$。 (夏维邦)

共轭双键 conjugated double bond

是两个双键为一个单键隔开的化学键。例如,丁二烯-1、3(CH_2=CH—CH=CH_2)分子中有两个双键共轭。应当指出,其中的单键要比普通的单键如乙烯分子中的短些;双键要比普通的双键长些。表明它不包含两个独立的双键,这是由于发生了键的平均化的结果。具有该种键的化合物容易聚合,并能发生1、4-加成反应。例如,

$$Br_2 + CH_2=CH-CH=CH_2 \longrightarrow$$
$$BrCH_2-CH=CH-CH_2Br。$$

(夏维邦)

共混 blending

两种或两种以上的聚合物用各种方法混合,以求改进其性能或寻求新的特性的一种聚合物改性方法。与其他改性方法相比简单易行、改性途径广。主要包括机械法、溶液法、胶乳法、生成互穿网络和渐变聚合物等方法。机械法是使两种聚合物在熔融状态下用机械力的作用,如用塑炼机、挤出机加工时的剪切力、压力,均匀地混合分散;溶液法和胶乳法是使聚合物在溶液和胶乳状态下混合;互穿网络是使两种聚合物的网络互相贯穿;渐变聚合物是剖面上两种聚合物组成比例逐渐变化的一种共混聚合物。共混聚合物的性能不仅决定于各组分的性质、比例,而且还决定于它们在共混物中的混合状态、界面状态和相态结构。常用动态力学方法、热分析、电子显微镜等加以研究。两种聚合物完全相容形成单相体系或完全不相容形成两个完全分离的相都不能得到性能好的共混物。只有在半互溶的情况下形成分相而不分离的两相结构才有较好的改性效果。 (顾国芳)

共价键 covalent bond

又称原子键。原子间通过共用电子而形成的化学键。可分为①双原子共价键,它是由两个原子共用若干电子构成的。如分布于两个原子之间的成键电子云对于键轴(联结两个原子核的直线)是圆柱形对称的,这种键称为σ键。凡有一个通过键轴的对称结面(在结面上成键电子云密度等于零)的分子轨道叫π轨道,在π轨道上的电子称为π电子,由成键的π电子构成的键叫π键。例如在 N_2 分子中有一个σ键和两个π键,即其中的键为三重键,两个N原子间共用三对电子。②多原子共价键,是由两个以上的原子共有若干电子所构成的键,又叫离域键。如多个原子之间形成的π型键称为离域π键,又称大π键,是离域键中的一种。例如苯分子中有遍及六个碳原子的大π键,还有C—C和

C—H间的σ键，这是存在于两个原子之间的定域键。共价键有饱和性与方向性，是它不同于离子键的特点。它存在于单质分子、大多数有机化合物分子以及原子晶体等物质中。　（夏维邦）

共聚反应　copolymerization

又称共聚合反应。由两种或两种以上单体分子进行聚合，形成产物分子链中含有所有单体链节的聚合过程。包括通常所指的是共聚连锁反应及共缩聚反应。根据各种单体在生成的共聚物链中的排列，可分为无规共聚、交替共聚、接枝共聚和离子共聚等。对高分子材料的改性及扩大应用范围有重要的作用。　（闻荻江）

共聚物　copolymer

又称共聚体。分子中含有两种或两种以上结构单元的高聚物。通常由两种或两种以上单体经共聚反应而得。如丁腈橡胶是丁二烯和丙烯腈共聚而得的产物。根据单体在分子链中的排列特征，分单体在主链上不规则排列的无规共聚物、单体在主链上规则排列的有规共聚物（又称交替共聚物）、单体单元在主链上成段存在的嵌段共聚物（又称镶嵌共聚物）和单体经接枝共聚而得到的接枝共聚物等多种类型。由于共聚物的性能取决于分子中结构单元的性质、相对数量和排列方式，故它的形成对聚合物的改性有重要作用。　（闻荻江）

共振法非破损检验　nondestructive test by resonance

利用外源激发试样产生纵向、横向或扭曲的谐振，测定材料的固有频率或振幅特性以检定材料性能的方法。根据材料固有振动频率以及试样的尺寸、密度，依据一定的数学关系式可计算材料的动弹性模量、刚性模量、泊松比及对数衰减率等。通常只能在实验室内对一定形状的试样进行测定。敲击法非破损检验的原理与共振法相同，还可以激发成吨重的构件进行谐振试验，用以测定材料的弹性和滞弹性。由于检测精度不高，一般只作定性分析。　（宋显辉）

共振频率　resonance frequency

质量弹簧系统在受迫振动时，和系统的固有频率相一致的外力激励频率。在该频率附近，激励的任何微小频率变化都将使响应减小。板状材料与后面空气层，穿孔板材料与后面空气层等也是质量弹簧系统。外面入射声波频率和系统的固有频率一致时产生共振而吸收声音能量。该固有频率为系统后面空气层厚度和板材面密度、刚度、板材穿孔百分率等因数的函数。　（陈延训）

共振吸声构造　resonant sound-absorbing construction

在胶合板、石膏板、石棉水泥板、铝板等板材背后设置空气层所形成的构造。板材分穿孔或不穿孔两种，当入射到构造上的声波频率与吸声共振系统的固有频率一致时产生共振现象，此时系统具有最大吸声系数，其吸声性能具有明显的选频性，通常用以吸收中低频声音。如果在板后空气层中填充多孔吸声材料，可以在峰值附近拓宽吸声频率范围，提高吸声能力。　（陈延训）

gou

构件刚度检验　stiffness test of structural member

构件在标准荷载作用下的实际挠度值是否低于设计要求的允许挠度值的检查与验证。是结构构件的一个检验项目。对于构件，除强度必须满足要求外，其变形也不能过大，否则将影响使用功能。因此，对于一些梁、板、桁架构件的挠度在规范上要求保持在规定允许值以内。检验时，须模拟构件实际承载情况，测定构件在荷载作用下的实际挠度值。　（宋显辉）

构件抗裂度检验　crack resistance test of structural member

检验混凝土结构、构件产生初始裂纹时所承受的荷载与设计标准荷载的比值能否达到设计上要求的抗裂安全系数值。是钢筋混凝土构件的一个检验项目。规范对不同使用条件下的钢筋混凝土构件有不同的抗裂度要求。检验时，给构件加载，使其弯曲到一定程度，观察构件表面有无裂纹。
　　　　　　　　　　　　（宋显辉）

构件强度检验　strength test of structural member

构件实际破坏荷载与设计标准荷载的比值能否达到设计要求的强度安全系数值的检查与验证。是构件的一项主要力学性能检验项目。由于构件材料可能存在的差异、荷载的可能超载、施工质量的波动以及设计假定与实际情况的出入，不同类型的构件要求有不同的强度储备。因此，规范规定有各类不同构件应达到的强度安全系数。检验时，须测定构件实际破坏荷载并进行计算比较。　（宋显辉）

构件寿命　service life of structural element

构件在工作中，其裂纹形成、扩展一直到完全断裂的总服役时间，常以工作小时计算。构件在出现工程裂纹（约0.2~1.0mm）以前的服役时间称为裂纹形成寿命或裂纹起始寿命；从工程裂纹扩展到完全破坏的服役时间，称为裂纹扩展寿命。一般前者要比后者长得多。通常所说的疲劳寿命是指在

循环加载下，产生疲劳破坏时所需的应力或应变的循环周数。　　　　　　　　　　（沈大荣）

构造钢筋　structural bar

在钢筋混凝土结构构件中，因构造上需要而配置的钢筋。有各种形式。如简支板的板端有砖墙压住时，为抵抗由此引起的负弯矩，在板上部配置的钢筋；在梁中为保证受力钢筋与箍筋所构成的整体骨架的稳定，以及承受构件中部因混凝土收缩及温度变化而引起的竖向裂缝，在梁的两侧设置的纵向腰筋。构造钢筋亦可包括架立钢筋和分布钢筋等。
（孙复强）

gu

箍筋　stirrup, hooping

一种配置在钢筋混凝土结构构件中的箍状受力钢筋。其主要作用为：固定其他受力钢筋的设计位置，使钢筋形成坚固的整体骨架；防止其他受力钢筋因受力而变形。在钢筋混凝土梁内负担因剪力引起的拉力。一般用Ⅰ级钢筋或冷拔低碳钢丝制作。有开口式、闭口式及螺旋式等形状。　　（孙复强）

柧棱　polygon, octagon, octagonal post, arris

又称觚棱。原义为正多边形，但有偏义。《说文》段注引《通俗文》木四方为棱，八棱为柧。建筑上指八边形柱。宁波保国寺正殿现存宋代八边形木柱实物，八边并非直线而作瓜棱状，或系柧从"瓜"之本意。柧棱的用途为装饰屋顶。《说文》柧棱，殿堂上最高之处也；《营造法式》卷一引《义训》阙角谓之柧棱；又将柧棱释作阳马（角梁），是用泛义，凡两面相交之棱皆称柧棱。《西都赋》设璧门之凤阙，上觚棱而栖金爵（雀），指建章宫阙顶上施觚棱柱以栖铜凤，可能是最显赫的用途。近年绍兴越墓出土铜屋攒尖顶上有八边形柱上栖一鸟，可作为觚棱金爵的实物证据。　　（张良皋）

古典式地毯　classical design carpet

以表现中国古典式图案为主的地毯。取材于中国历代有考古价值的战国青铜艺术、两汉画像石刻、唐代蔓草花纹、宋代花鸟、明清锦绣等。可分为：青铜类、画相类、蔓草类、花鸟类、锦绣类等。也有取材于敦煌石窟艺术或佛教、伊斯兰教图案纹样的，相应地称为敦煌式、佛古式、伊斯兰式等。多为120道手工打结式。多用在体现中国不同历史时期古典气氛的室内。　　（金笠铭）

古建木构材　ancient construction lumber

古建木构的材与料。二者涵义有别，材有经过加工之义，包括经过粗加工的构配件坯料；料是未经加工的原木料。　　　　　　　　（张良皋）

古建筑量度单位　scale system of ancient construction

尺寸制与模数制并行的制度。中国古建度量两者的基础都是人的尺度（human scale）。《说文》释尺：周制，寸、尺、咫、寻、常，诸度皆次人体为法。寻在商代甲骨文中即已出现。一寻之长，恰为身高，故有"度深"的单位曰"仞"。历代尺的长度变化甚大，但仞（寻）是基本不变的。仞有八尺、七尺、五尺六寸、四尺等说法，都表示尺变而仞不变。《周礼·正义》卷八十四：室中度以几，堂上度以筵，宫中度以寻，野度以步，涂度以轨，随场合而变动单位的名称，但长度有严格的相等或倍分关系。其中堂上度以筵，就是中国古代建筑的平面模数。甲骨文一筵之长，就是一寻。南北朝以后，席居不再流行，此制遂废；但在日本流行至今，称为"叠敷"。宋代以后，出现各种构造模数，详见攒档、材栔、斗口、口份、柱径。
（张良皋）

古马隆树脂　coumarone resin

又称香豆酮树脂，氧茚树脂。由煤焦油的160～185℃馏分所含香豆酮和茚或它们的同系物及其衍生物聚合或共聚而成的热塑性树脂。透明至黑色黏性液体或固体。固体脆而硬。加热熔融，色变深。耐酸、碱，溶于醚、酮、硝基苯等有机溶剂和大多数脂肪油。主要用以代替天然树脂或酯化松香，作橡胶软化剂（兼有增黏增强作用）、陶瓷黏结剂、油墨、油毡、人造革等的辅助加工剂、增光剂、增塑剂等。在建筑中可用来制作地面块材。
（闻荻江）

骨胶　bone glue

利用次等畜骨及结缔组织提取的天然胶粘剂。属硬蛋白质胶。有胶片、胶粒等。金黄色，半透明，质量逊于皮胶。平均含水量11%～18%。配制胶粘剂的方法、性能、用途同皮胶，但加水量一般为干胶重量的150%～200%。古建彩画工程的胶水比同皮胶。　　　　　　　（刘茂榆）

骨料粘接剂　aggregate binder

在高温时包覆骨料颗粒表面，使颗粒在接触的部分互相粘接成为多孔整体的物质。某些多孔陶瓷的原料之一。常用的有：瓷釉、黏土、水玻璃、磷酸铝、玻璃粉等。其中某些在低温时还可赋予生坯一定的强度。用注浆法或可塑法成型时，一般以黏土为粘接剂；半干压或捣打成型时，一般以水玻璃、磷酸铝溶液为粘接剂；玻璃粉在高温下液化，具有粘接作用，但低温时无粘接作用。因此，用其作为粘接剂的陶瓷坯料中还需加入其他粘接剂，以便成型。
（陈晓明）

鼓泡 blistering

又称起泡。涂膜的一部分从基层或底涂层上浮起气泡的缺陷。泡中包藏气体或液体，其大小由小米粒状到大块不等。形成原因主要是基层含水率过大、涂面有油污杂物、涂层固化干燥不充分、涂膜在高温下长期放置、涂料耐水性差成膜后透气性又不足等。预防措施是合理选用耐水性和透气性优良的涂料，保持涂面清洁和干燥，避免在高湿度环境下放置。容易产生这种现象的涂料有长油度醇酸树脂涂料、过氯乙烯涂料以及在木质件上涂氨基漆，在烘干时易引起大泡。 （邓卫国）

碶礅 drum-shaped column base

又称礩礅，柱础，柱顶石，碩。柱底与礩石间的鼓状柱础。常为石质，木质者称楖。用于各类房屋建筑物的柱子基部，承受由柱传递下来的建筑物荷载，通过礩石，传递到地基上去。除保护柱子免受地湿腐烂和增加柱的稳定功能外（有些碶礅中间凿有洞孔，嵌入柱头榫卯），还起到装饰建筑物的作用。上刻各种图案纹饰，如莲花、牡丹、麒麟、狮子、仙人等。一般高按柱径七折，面宽或径按柱每边各出走水一寸，并加胖势各二寸计。形状随柱，有圆、方、六角、八角等。石材多用武康石、青石、花岗石。 （叶玉奇　李洲芳）

固结剂 consolidating agent

制造固结砖用以固结土料的胶结料。一般为水泥、石灰或水泥与石灰的混合料。固结剂水化后，生成水化硅酸钙凝胶及氢氧化钙。氢氧化钙进一步与黏土矿物产生物理化学作用，形成含水铝酸钙、含水硅酸盐等胶凝物质，从而在颗粒接触处形成化学键结合，使接触点具有水稳定性，提高固结砖强度和耐久性。 （崔可浩）

固结砖 consolidated brick

又称非烧结砖，俗称免烧砖。采用适宜成型工艺及养护措施，不经烧结或蒸压养护而制成的砖。固结砖土料或其他硅质材料和少量固结砖固结剂混合，加入少量水，采用压制成型，使混合料颗粒紧密接触。由于土料中次生矿物组分与极性水分子的水合作用，砖坯具有初始结构强度，在自然养护或低温（50～70℃）养护条件下，固结剂水化，在颗粒表面及毛细管充水空间形成水化产物，产生化学键结合，形成较稳定的结构强度。为改善强度性能，提高耐久性，可掺入少量无机或有机外加剂。与烧结黏土砖相比，外观质量好，表观密度（1850～2050kg/m³）较大，抗压强度（7.5～10MPa）大体相当，抗冻性基本合格，耐水性较差，干燥收缩偏大，可节约能源40%，建厂一次投资低。可作为农村或低层建筑墙体材料。 （崔可浩）

固结砖土料 soil for consolidated brick

配制固结砖的黏土原料。一般约占固结砖原材料总量的80%以上。红壤土、黄土、砂质土、风化页岩等劣质黏土均可用。土料质地的差别很大，有些须通过合理配制，使其具有较好的粒径级配，以符合配制固结砖的要求。土料中黏粒是粒径小于0.005mm的次生矿物部分，粒间以结合水连接，透水性弱，有塑性，压缩变形很大，团聚能力较强，在压力作用下，具有一定的自胶结能力，并能将其他粒子黏结起来；与水泥、石灰等固结剂共同作用，形成连接点。含量不宜过多，以10%左右为宜。土料中砂粒是粒径2～0.05mm的原生矿物碎屑，大多为石英、长石、云母、角闪石等，以石英为主，粒间无连接或毛细管连接，透水性差，无塑性，压缩变形很小，是固结砖的集料组成，含量应占50%以上。土料中粉砂粒是粒径0.05～0.005mm部分，是原生矿物与次生矿物的混合体，粒间以毛细水连接，透水性差，无塑性，压缩变形大，其性能与作用介于黏粒与砂粒之间，含量以15%～25%为宜。 （崔可浩）

固溶处理 solution treatment

将工件加热到固态下的较高温度，保持一定时间后在水中冷却的一种热处理工艺。固溶温度随材料种类不同而异，多用于奥氏体不锈钢、耐热钢及铝合金，它们在固态加热温度下无组织变化，仍为α-固溶体或γ-固溶体的面心立方结构，但随固溶温度升高，溶入的其他合金元素增多，溶解度增大，成为过饱和或饱和的单一固溶体。不锈钢、耐热钢和合金的固溶处理在于冷却过程抑制第二相（化合物）的析出，提高抗晶间腐蚀倾向的能力；铝合金在于为随后的时效强化处理做准备。 （高庆全）

固溶体 solid solution

又称固体溶液、固态溶液。在固态条件下一种组分内"溶解"了其他组分而形成单一而均匀的晶态固体。其中含量较高的组分可看作溶剂，其他组分作为溶质。溶质均匀地"溶解"于固体溶剂的晶格中。硅酸盐晶体如长石、辉石、橄榄石等和大多数水泥熟料矿物都是固溶体。根据溶质在溶剂晶格中所占位置的不同，一般可分为置换固溶体和间隙固溶体；根据溶质在溶剂晶格中的溶解度可分为连续固溶体和有限固溶体。 （潘意祥）

固溶体单一氧化物型颜料 pigment of solid solution

简单着色氧化物与另一种耐高温氧化物生成稳定固溶体的陶瓷颜料。其固溶体虽然由两种氧化物组成，但只有一种氧化物晶格。分为刚玉型、金红石型和萤石型。通常耐高温，对气氛与熔体的化学

稳定性取决于所形成的固溶体。　　　（邢　宁）

固体分含量　solid content

又称不挥发分含量。涂料试样在一定温度下加热干燥之后，除去挥发成分后所剩余物重量与试样重量的比值。用百分数来表示。是涂料生产中正常的质量控制指标之一。不同的涂料因其组分不同，固体分含量也不同，溶剂型涂料中如丙烯酸酯涂料为10%～40%，过氯乙烯、硝基树脂涂料为20%～40%，环氧、聚氨酯、有机硅等涂料达50%～60%，而无溶剂涂料、辐射固化涂料达90%～95%以上，粉末涂料达100%，水溶性、水乳性涂料为40%～60%。固体分含量高则涂膜厚度厚，可节约大量稀释剂、溶剂及涂装次数，减少污染，降低成本。　　　　　　（刘柏贤　邓卫国）

固体沥青　solid asphalt

在常温下呈固体状态的沥青材料。其针入度小于40（25℃，100g，5s）（1/10mm）。通常为天然沥青、氧化沥青。　　　　　（严家伋　刘尚乐）

固体燃料　solid fuel

燃烧时放出大量热能或产生动力的固态可燃性物质。天然的有木柴、煤、油页岩等，最常用的是煤，根据其有机物质碳化程度不同，又可分为泥煤、褐煤、烟煤和无烟煤；经过加工的有焦炭、木炭等。主要化学成分有：碳（C）、氢（H）、氧（O）、氮（N）、硫（S）及灰分、水分等。C和H含量愈高，热值愈高。常用工业分析方法以挥发分、固定碳、灰分、水分四项来评价其质量，已能满足一般工业性要求。与气体燃料、液体燃料相比，来源丰富，燃烧设备较简单，但操作过程自控和环境保护较困难。　　　　　　　　（曹文聪）

固体水玻璃　solid water glass

透明凝固玻璃态的碱金属硅酸盐。化学式为$R_2O \cdot nSiO_2$，式中R_2O为Na_2O或K_2O，多为Na_2O。由干法生产，即将磨细石英砂与纯碱按一定比例混合，经高温熔融、冷却后而得。颜色随所含杂质不同而异，含铁时呈绿色，含硫呈黄色，含锰呈淡紫色。有玻璃光泽，性脆，冲击韧性低。导电率低，但随温度上升而增高。导热差，对急冷急热敏感，受这种作用时裂成不规则小块。水玻璃模数低者较稳定，高者表面会碳化和水解。除氢氟酸外，一般不与酸起作用。溶于水及碱溶液，氯气能使其分解。形状有块状、粒状或粉状。溶于水为液体水玻璃。用途参见水玻璃(456页)。　　　　　　（孙南平）

固相线　solidus curve

二元相图中当固相与熔液平衡时，表示固相的组成与温度的关系曲线。如液相线(572页)附图中的t_ADt_B线。在该线以下为固相区。液相线与固相线包围的面积为固、液二相共存区。　　（夏维邦）

gua

刮涂　knife-coating, spread coating

用金属或非金属刮刀在物面上进行手工涂刮的一种涂装方法。常用于厚浆涂料、腻子或油性清漆等的涂装。根据不同的涂料和被涂物需选用不同种类的刮刀，常用的有木制刮刀、塑料刮刀、牛角刮刀、金属刮刀、橡胶刮刀、竹刮刀等。在大面积墙面及地面上施工常采用橡胶及塑料刮刀。施工时需注意每次刮涂厚度不大于0.5mm，在第一次刮涂干燥后才能进行第二次刮涂，不能往返多次刮涂，刮刀和物面的倾斜度以50°～60°角较好。主要特点是简便，省料，质量较易控制，但费工、费时、效率低，劳动强度较大，需要有一定的熟练技巧。　　　　　　（刘柏贤）

挂板　hanging wall panel

以悬挂方式固定安装的条板。可由混凝土、玻璃、金属、纤维增强复合材料等材料及其复合装配制成。高度多为一个或数个层高。主要功能是围护和装饰，不承受上部结构传递的荷重；要求轻质、绝热、防水、耐久、气密性好。通过几种不同功能材料的复合，可以达到多种性能的高效综合。具有施工速度快、工业化程度高、劳动生产率高等特点。　　　　　　　　　　　　（萧　愉）

挂尖

如图的一种异型琉璃博脊构件。一端为尖头，用于歇山屋面博脊的两端，可以使得博脊两端伸入歇山屋面两山瓦檐（或用勾头、滴水）内。分为博脊筒挂尖、博脊三连砖挂尖、博脊承奉连砖挂尖几种，视博脊的结构选用一种作为博脊两端的收束。如博脊三连砖挂尖只能与博脊瓦头配套使用，而博脊承奉连砖挂尖则只有在选用博脊承奉连砖作脊身时，才用来与之配套。

博脊筒挂尖　　博脊三连砖挂尖　　博脊承奉连砖挂尖

挂尖尺寸表　　　单位：mm

	二样	三样	四样	五样	六样	七样	八样	九样	注
长	528	496	464	432	400	368	336	304	
宽	243	240	237	234	240	221	218	214	
高	112	106	100	83	80	77	74	70	

（李　武　左潘元）

挂镜线　wall wooden moulding

又称画镜线。环内墙装设,一般与窗框顶或门框顶平齐而稍突出墙面的条板。其上外侧沿凸起,用以承挂悬字画、镜框等物的吊钩。一般用宽度约40～80mm 的木条加工而成,有时还与钉盖电线的槽板合而为一制作。亦可用塑料或铝合金型材等取代。其线除挂镜之功能外,还有助于室内顶棚与墙面的完整,便于交接处的构造处理。　(姚时章)

挂落　latticed screen with gate

又称罩。用于内檐,作为隔断的一种构造,只在感觉上划分空间区域,但不遮隔视线、光线、空气、交通。挂于梁下的称天罩,落到地上的称落地罩,局部有栏杆的称栏杆罩,雕花者称花罩,通道为圆形的称圆光罩,用于坑沿者称坑罩。

(张良皋)

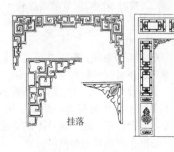

挂落　　　　　门罩

挂毯　tapestry

挂在室内的一种艺术织品。从原料上看,有羊毛、丝织和棉织的,近年又出现人造纤维的。从工艺上看,有手工织的和机器织的,以及将织物进行多种切割和组合的。各种编织方法可以表现多种纹理和质感,其色彩和图案多受民族文化的影响,给人以亲切感。中国多喜欢狮虎、花鸟、松鹤等图案;西方民族多采用装饰性的植物叶片图样和几何图案。规格无定论,长、宽由一米至几米或几十米。还有单面和可供双面观赏的两种。前者挂在墙壁上,亦称壁挂或壁毯;后者既作室内悬挂的饰品,又是空间的分隔物。中国生产挂毯的历史悠久,唐代兽纹挂毯珍品于1959年在新疆若羌县米兰故城出土。　(姚时章)

挂瓦条　tiling batten

平行于屋檐,钉于屋面的顺水条上,用以吊挂机制平瓦的木条。其截面约为20mm×25mm,间距依瓦的长度而定。用不易钉裂的松木或软杂木制作。　(姚时章)

guan

管道漏水量　amount of water leakage

管道进行严密性检验时,在一定时间内所渗漏的水量。以 L/min 或 kg/min 表示。铺设后的压力管道,在一定长度内作水压试验,按规定的操作方法充水加压,根据测定的数据进行计算,每千米管道的允许漏水量不应大于规定的数值。

(孙复强)

管芯绕丝制管工艺　core type prestress process of pipe making

又称三阶段制管工艺。为先制作管芯再缠绕预应力钢丝制造预应力混凝土输水管的一种工艺方法。制作分为三个工序阶段完成。第一阶段采用离心、振动或其他复合成型工艺方法制作配有纵向预应力钢筋的管芯,其混凝土强度不应低于40MPa;第二阶段在已经蒸汽养护硬化的混凝土管芯上以机械张拉法或电热张拉法等缠绕环向预应力钢丝;第三阶段在预应力钢丝外用喷浆法、振动抹浆法或辊射抹浆法等方法制作水泥砂浆或混凝土保护层,再予养护。可制造管内使用静水压力为0.4～1.2MPa、管径公称直径为400～3 000mm 的输水管。是较常用的一种制管方法。　(孙复强)

管子水压试验机　hydraulic pressure testing machine

检验水泥压力管抗渗、抗裂性能的试验设备。分卧式及立式两种。前者较常用。卧式水压试验机一般由机架、进水加压装置、两端堵板及管子移动和升降装置等部分组成。试验时管子平放,两端各以模拟的承、插口堵板封住,充水排气后,继续加压进行试验。亦常将二根管子连接同时检验(见图)。立式为内套筒试验机,由内钢筒、承口压盖、千斤顶等组成。管子套在直立的内钢筒外,加承口压盖密封,以千斤顶顶住。向钢筒与管子之间的空腔内进水加压进行试验。此法因堵板与水的接触面积小,降低水的推力,且充水量少,缩短水压时间,故适用于大直径的管子的水压试验。

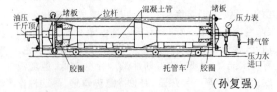

(孙复强)

管子外压试验　external loading test for pipes

检验混凝土管、钢筋混凝土管及石棉水泥管等管子承受外载能力的试验。混凝土管、钢筋混凝土管多按"三点法"进行。上支点以工字钢,下支点由 U 型硬木与橡皮垫层组成。下支点与管子接触处为半径12.5mm 的圆弧。试验时,按每分钟不大于5 000N/m 的加荷速度自上支点向管子施加荷载并按要求静停。到达规定的安全荷载时,管内表面不应出现裂缝;到达裂缝荷载时,内表面裂缝不应大于0.25mm；发生破坏时，相应的荷载应不小于规定的破坏荷载。此法适用于离心成型的混凝土和钢筋混凝土排水管。振动挤压成型及管芯绕丝工艺制作的预应力混凝土输水管也可采用类似的方法。石棉水泥输水管进行外压强度试验时，取30cm长的管段置于150°的V形托架上，沿管子纵向以400～600N/s的速度均匀加荷，直至破坏，以发生破坏时抗压强度的计算值作为评定依据。

（水中和）

灌浆材料 grouting material

在压力作用下注入地层、岩石或构筑物的缝隙、孔洞，固化后能达到增加承载力、防止渗漏、提高整体性能的液态（流体）材料。分为固粒类与化学类两系列。固粒类是以固体颗粒和水组成的悬浮液，有时掺入适量塑化剂和/或促凝剂，有黏土浆、水泥浆、水泥黏土浆和水泥粉煤灰浆四种，取材方便，施工简单，其填缝宽度受固体颗粒的尺度限制。化学类是由化学剂制成流动性好的液体：①无机液，多以硅酸钠为主要原料，常与氯化钙溶液先后压入，用于渗透系数为2～80m/d的砂质土的加固与防渗；②有机液，常用的有环氧树脂灌浆材料、甲基丙烯酸甲酯堵漏浆液（简称甲凝）、丙烯酰胺堵漏浆液（简称丙凝）和聚氨酯灌堵浆液（简称氰凝）。化学类的可用以灌注较细的、固粒类不易注入的微小缝隙，其凝结时间易于调节，是用于结构物的补强、防渗和堵漏的优质材料。

（徐家保）

灌浆水泥 cement for grouting cement for injection

用适当矿物组成的硅酸盐水泥熟料加缓凝剂和塑化剂磨细成的水泥。颗粒细，一般不超过$50\mu m$，甚至只达到$30\mu m$。其净浆或加高炉矿渣、粉煤灰、砂等磨细掺料的料浆，强度高、凝结时间长、流动性好、析水性小。适用于大体积混凝土工程的帷幕灌浆（水闸、水坝等防渗的压力灌浆）、固结灌浆（加强坝基整体性的压力灌浆）、坝身灌浆和溶洞处理，也可用于密封收缩缝和修补裂纹等。

（王善拔）

guang

光 light

具有一定波长的电磁波。当波长在380～760nm时，能引起视觉为可见光，波长在该范围外，如红外线和紫外线等属不可见光。含多种波长、单一波长的电磁波分别称多色光、单色光。并具有波粒二象性，波动光学认为光是在空间中传播的一种电磁波；量子光学认为其辐射，并与物质相互作用都是光子的振动。一般将物像的亮度控制在10^{-4}～10^{-5}cd/m^{2}时，视觉器官就能感觉到。可见光多用于照明和信号显示，不可见光常作工业、医疗、通讯等特殊用途。

（王建明）

光薄片 polished thin section

具有光亮的表面又能透光的试样薄片。同时符合光片和薄片的要求，可用于偏光显微镜、反光显微镜或偏反光两用显微镜下进行矿物岩相分析。

（潘意祥）

光测弹性仪 photoelasticity polariscope

简称光弹仪或偏振仪。测量光弹性模型受载时所产生的等差线和等倾线干涉条纹以研究受力构件中应力分布情况的实验装置。有透射式光弹仪、反射式光弹仪、散光光弹仪和全息光弹仪等，其中以透射式和反射式光弹仪用得较为普遍。透射式光弹仪由灯箱（设有白炽灯或汞灯）、隔热玻璃、聚光透镜、平行透镜、起偏镜、1/4波片、检偏镜、照相装置或投影屏等部件组成。先用环氧树脂或聚碳酸酯等光弹性材料制成同构件相似的模型，受力后，以偏振光透过模型，由于应力的存在产生光的双折射现象，再透过检偏振器产生光的干涉现象，在屏幕或感光底片上显示出具有条纹的映像，根据它可推算出构件内的应力分布情况。

（宋显辉）

光导玻璃纤维 optical glass fibre

非通信用的光学玻璃纤维。按性能和用途分为四大类：传光束、导光缆、传像束、纤维面板。传光束用于照明、装饰；导光缆用于照明、车辆直流输电设备；传像束于医疗、工业上用作内窥镜；纤维面板用于摄像管、印刷管。

（吴正明）

光电比色高温计 photoelectric colorimetric pyrometer

又称双色高温计。根据物体在两个波长下的辐射强度的比值随物体温度而变化的原理，用光电元件制成的高温测量仪表。有双通道和单通道两种。双通道是用两个光电元件，分别接受两个波长的辐射能后产生两个电信号，用仪表求其比值并指示记录；单通道则是用装有滤色片的调制盘，将两个波长下的辐射能交替地送到一个光电元件上，电信号经放大，求比值，送至显示仪表。测温范围900～2 000℃。反应速度快，受中间介质影响小，适于测量高温固体和液体的表面温度，如水泥窑烧成带、玻璃窑物料、窑衬的温度。

（林方辉）

光电定律 photoelectric law

描述入射光子的能量与试样受激后发射的光电子的能量之间关系的定律。其关系式为：$E_b = h\upsilon - E_k$。其中$h\upsilon$为入射光子的能量；E_b为原子能级中电子的结合能；E_k是从该能级上射出的光电子的动能。这里未考虑电子动能的相对论修正值和发射电子的原子的反冲能，因通常情况下可忽略不计。　　　　　　　　　　　　　　　　　(潘素瑛)

光电式露点湿度计　photoelectric dew-point humidometer

利用光电原理控制反射镜面露点温度来测定空气湿度的仪表。被测气体与一光滑反射镜面接触，用一定方法使镜面温度逐渐降低，至

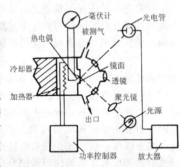

镜面出现一层水雾时即为露点温度。由露点温度和干球温度查得相应的饱和水蒸气分压值，即可求得相对湿度。光源的光线经聚光镜后射到镜面，镜面上的反射光线为光电管接收，光电流大小随镜面反射能力而变化，光电流的变化经放大后控制加热器或冷却器，使镜面温度常保持在露点温度附近，由热电偶温度计测量并供记录。测量范围一般为−80～50℃。　　　　　　　　　　　　　(林方辉)

光缆　optical fibre cable

由几根到几千根光通信纤维与加强芯（金属或非金属）绞合，外裹塑料或橡胶保护外皮，用以传递光信息的绳缆。类似有线电气通信中的电缆。结构形式有层状光缆、单元型光缆、衬架型光缆及带状光缆。与电缆相比，具有容量大、损耗低、抗电磁干扰、保密性好、不串话、直径小、重量轻、施工较简单等优点。　　　　　　　　(吴正明)

光老化　photoaging

在光的作用下聚合物的化学结构破坏，原有性能恶化的现象。主要由光氧化造成。氧化是聚合物老化的主要原因，而光会促进氧化的进行，其加速作用较热的作用更大。光氧化的结果是高分子的降解，分子结构破坏，同时亦可造成交联，表面发黏或发脆，物理机械性能恶化。研究证明阳光中波长为290～400nm的近紫外光对光氧化有强烈的促进作用。对不同的聚合物引起老化的有效辐射波长称为敏感波长，它决定于聚合物的分子结构和杂质等因素。防止光老化的方法是在聚合物材料中加入紫外光吸收剂或光屏蔽剂。前者对紫外光有强烈的吸收作用，如苯并三氮唑；后者具有吸收或直接反射紫外光的能力，如炭黑、氧化锌等。　　(顾国芳)

光率体　indicatrix

表示光波在晶体中传播时，光波振动方向与相应折射率值之间关系的一种光性指示体。是从晶体光学现象中抽象出来的立体几何图形。能反映晶体光学性质中最本质的特点，用以解释晶体的各种光学现象，其形状和性质随各类晶体的光学性质而不同：①均质体矿物

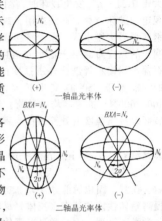

的光率体为圆球体，任意方向的切面为圆切面，半径代表其折射率值；②非均质体矿物有一轴晶和二轴晶之分。一轴晶光率体为旋转椭球体，其旋转轴为光轴方向，有两个主折射率，以N_e、N_o表示。二轴晶光率体为三轴椭球体，有互相垂直的大、中、小三个主折射率，分别以N_g、N_m、N_p表示，且又有正光性光率体（$BXA = N_g$，$BXO = N_p$）和负光性光率体（$BXA = N_p$，$BXO = N_g$）之分（见图）。BXA为二轴晶光率体的光轴锐角等分线；BXO为二轴晶光率体的光轴钝角等分线。　　　　　　　　　　　　　　　　(潘意祥)

光密度　optical density

入射光强度（I_0）与透射光强度（I）比值的常用对数。等于透光率（T）常用对数的负值：

$$D = \log \frac{I_0}{I} = -\log T$$

式中，D为光密度。光学测定烟浓度之一种。其值越大，烟浓度越大。最大值称最大光密度。
　　　　　　　　　　　　　　　　　　(徐应麟)

光片　polished section

经过磨平抛光后具有光亮表面、可在反光显微镜下进行金相、岩相分析的试样。对于疏松多孔、细粒和粉末状试样需先黏结成型后再行磨制。在进行分析时，应对光亮的表面用适当的化学试剂进行处理，显现出矿物的结构特征后再在反光显微镜下进行观察分析。它广泛应用于金属材料及无机非金属材料的显微结构分析。　　　　　(潘意祥)

光屏蔽剂　light screening agent

能够反射、阻挡和吸收紫外光的一种光稳定剂。主要作用是屏蔽紫外光波、减少紫外线的透射，延长材料的使用寿命。多是一些无机颜料及填料，如炭黑、氧化锌、镉红、镉橙、氧化铁颜料、钴蓝、钛白、酞菁颜料等。其中炭黑效能最高，尤以粒度为15～25μm的为佳。氧化锌对聚乙烯、聚

丙烯的防光老化有较好的效果。使用颜料作光屏蔽剂时，要考虑到其他光稳定剂、抗氧剂、炭黑等助剂的相辅效应。在高分子建筑材料中，广泛得到应用。
(刘柏贤)

光谱分析　spectral analysis

利用特征光谱研究物质结构或测定化学成分方法的统称。当辐射光照射试样时，试样中的原子或分子会选择吸收其中特定波长的光，导致原子或分子中的电子、核子或分子本身的运动状态发生变化引起能级跃迁。从基态跃迁到激发态将吸收一定波长的能量；处于激发态的分子极不稳定，会以发射（或散射）一定波长电磁波的方式释放能量。记录被测物质吸收或发出来的电磁波的波长和强度形成的发射光谱、散射光谱（拉曼光谱）和吸收光谱（包括原子吸收光谱，紫外、可见、红外光谱，穆斯堡尔谱，X荧光光谱、顺磁共振谱和核磁共振谱等），可以反映了物质原子和分子的特征性。通过对谱图的解析，可以对物质的化学组分进行定性定量分析，对基团或官能团、分子结构及其化学状态进行全面的剖析和研究。是现代材料结构分析中不可缺少的方法。
(潘素瑛)

光扫描比浊法　scanning turbidimetry

用平行于液面的光束沿悬浮体深度方向快速扫描、按透射光的强度变化来测算粉状物料颗粒组成的方法。由于在悬浮体中颗粒自由沉降，在不同深度上颗粒浓度不同，对光波的吸收不同，使透射光的强度发生变化，以此来计算物料的颗粒组成。
(潘意祥)

光色玻璃

见光致变色玻璃（169页）。

光声光谱分析法　photoacoustic spectrometry

通过仪器检测物质的光声效应（物质吸光后经无辐射衰减放出热能再转化为压力变化的声波现象）获得光声光谱以确定物质组分、结构及其变化的一种光谱分析法。被测样品放置在密闭的充气室，光源发射的光经单色器调制成不同脉冲频率、能量和波长的单色光对样品周期性地辐照，样品周期性地吸收特定波长的光后产生分子无辐射振动，并将能量迅速转化为热能释放出来，使样品周围的介质被周期性地加热而产生周期性的压力变化（声波），用微音器或压力换能器将声信号转换为电信号输出记录得到光声光谱图，从而实现测定分析。可以对样品进行定性分析、定量分析、表面分析以及分子对称性、结构及其变化的分析。分析用的仪器称为光声光谱仪。仪器适应性强，气体、液体和固体样品无需复杂的处理；可检测其他光谱仪难以检测的不透明、高发射和高散射物质及多层结构物质；检测灵敏度高，可测ppt级痕量气体；仪器结构简单，易于微机化和与其他仪器联用。广泛应用于物理、化学、材料科学、环保、冶金等领域。
(秦力川)

光声效应　photoacoustic effect

见光声光谱分析法。

光通量　luminous flux

又称光流。光源射向各向发光能量之总和。即能引起视觉的辐射能量等于单位时间内每波段辐射能量和相对视见率的乘积。常以 F 表示：

$$F = 683\Sigma V(\lambda)P_\lambda$$

式中 F 为多色光的光通量，lm；$V(\lambda)$ 为 λ 的光谱光效率函数；P_λ 为 λ 的光的辐射功率，W。由于人眼对波长555nm的黄绿光感觉最亮，如它的辐射功率为1W时，其感觉量为683lm。人眼对不同波长的光的相对视见率不同，当波长为555nm与650nm的光辐射功率相等时，黄绿光的光通量为红光的10倍。
(王建明)

光通信玻璃纤维　optical communication glass fibre

又称光波导玻璃纤维（optical waveguide fibre）。能传递载有信息的激光的光学玻璃纤维。以可见光或红外光波长的激光作光源传递信息，以光学玻璃纤维传输激光。按折射率分阶跃型纤维（从折射率高的芯子突变到折射率低的包皮）、梯度型纤维（从纤维中央高折射率逐渐变化到包皮的低折射率）、环状型纤维（光纤内芯作成环状，内芯折射率大于中心和包皮）和单一材料纤维（芯料、皮料均采用一种材料）。按传输模式（光波电磁场沿纤维的分配形式）分单模玻璃纤维和多模玻璃纤维。按纤维材料分石英玻璃掺杂纤维、多组分玻璃纤维和石英玻璃单材料纤维等。与金属线通信相比，光导通信具有通信容量大，光缆质轻、占据空间小，敷设使用方便，传输线路损耗低（衰减常数可达1dB/km），抗干扰性强，保密性好等优点，而且原料储量丰富，制造能耗很小（1万公里单管同轴光缆可节能27.2TJ），在现代通信工程中应用发展迅猛，前景宽广。
(吴正明)

光稳定剂　light stabilizer

添加于塑料或其他材料中，能抑制或减弱光降解作用，提高材料耐光性的物质。根据其作用机理大致可分为：①光屏蔽剂，②紫外线吸收剂，③猝灭剂，④自由基捕获剂四类。在高分子材料中，为了达到阻止及延缓阳光中最具有破坏作用的紫外线（波长为290～400nm）对材料的老化降解作用，常常在设计配方时，同时使用几种类型的光稳定剂。
(刘柏贤)

光性方位　optical orientation

光率体在晶体中的位置。以光率体的光学主轴与晶体结晶轴间的关系表示。中级晶族晶体,光率体的旋转轴(光轴)与晶体的晶轴(Z轴)一致。低级晶族晶体有:①斜方晶系,晶体光率体三个主轴与晶体的三个晶轴平行;②单斜晶系,光率体只有一个主轴与晶体的晶轴平行,其余两个主轴与晶轴斜交;③三斜晶系,光率体三个主轴与晶体的三个晶轴均斜交,其斜交角度因矿物而异。 (潘意祥)

光性非均质体 anisotropic substance
见光性均质体。

光性均质体 isotropic substance
光波从任意方向入射不产生双折射现象、其传播速度不因振动方向不同而改变、只有一个折射率值的一类物质。例如等轴晶系矿物及一切非晶质固体均是。与之相对,光波射入后除特殊方向外,均产生双折射现象、传播速度随振动方向不同而变化、折射率值不只一个的一类物质称为非均质体,如中级晶族和低级晶族的矿物均是。 (潘意祥)

光学玻璃 optical glass
具有高度透明性、均匀性和特定光学常数(主

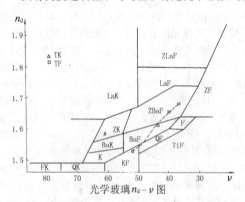
光学玻璃 $n_d - \nu$ 图

要是折射率 n_d、阿贝数 ν),满足光学成像要求的玻璃。适于制造光学仪器或机械系统的透镜、棱镜、反射镜和窗口等。可分为:①无色光学玻璃(简称光学玻璃),按阿贝数又分为两类,$\nu > 50$ 为冕玻璃,用 K 表示;$\nu < 50$ 为火石玻璃,用 F 表示;用拉丁字母表示品种,品种内玻璃以阿拉伯数字表示序号;按折射率大小各又有"轻"、"重"之分,分别用"Q"、"Z"表示;根据化学组成特征,又用化学元素符号表示,如 Ba(钡)、La(镧)、P(磷)、F(氟)等;用"T"表示有特殊色散。各种光学玻璃以 n_d 和 ν 为特征性质,在 $n_d - \nu$ 图中各处于不同位置(见图);②有色光学玻璃;③具有其他特殊性能的特种光学玻璃,如原子技术玻璃(耐辐射光学玻璃、防辐射光学玻璃)、石英光学玻璃、红外光学玻璃和激光玻璃等。
(刘继翔)

光学玻璃纤维 optical glass fibre
简称玻璃光纤。能导光的玻璃纤维。由纤维芯料和纤维皮料(包皮)所组成。芯料的折射率高于皮料的折射率。通过全内反射,光被约束在纤维内向前传播。成型方法有内淀积法、外淀积法、轴向淀积法、双坩埚法。按用途分为通信用光导玻纤(光通信玻璃纤维)和非通信用光导玻纤(一般光导玻璃纤维)。光纤具有能改变光线的传递方向,能移动光源的位置,能改变图像的形状、大小和亮度,传输损耗低,频带宽,线径细,重量轻,可挠性好,无感应,无串话,节省资源等优点,可用于光通信(传递巨大的信息容量)、医学(如激光手术刀、光纤内窥镜)、传输能量(如传输激光进行机械加工)、传输光源、图像(可把阳光传输到暗场,可应用于各类潜望镜、计算机、装饰广告)、制作各种传感器(测量压力、流量、温度、位移和产品缺陷)、像转换器等。 (吴正明)

光学高温计 optical pyrometer
利用受热物体的单色辐射强度随温度升高而增长的原理制作的非接触式高温测量仪表。由光学系统和电测系统组成。通过光学系统在一定波长 (0.65μm) 范围内比较灯丝与被测物体的表面亮度,调节流过灯丝的电流,使灯丝与被测物体的表面亮度相均衡,此时仪表的示值为物体的亮度温度,经修正后即为被测温度。测温范围宽,使用方便,有一定的准确度。需用肉眼观察,人为误差大,易受灰尘、烟雾和二氧化碳等气体影响造成误差。 (林方辉)

光学沥青 optical asphalt
研磨光学玻璃用的沥青材料。多为普通石油沥青或高软化点石油沥青与松香及稀释剂等配制而成的沥青研磨膏。研磨出的光学玻璃光洁度高、光学性能好。 (刘尚乐)

光学显微分析 photo-micro analysis
又称高倍检验。在光学金相显微镜下对试样进行观察、辨认和分析金属的显微组织状态和分布情况的检验方法。观察的试样需经磨制、抛光和侵蚀后置于放大倍率 50~2 000 倍的金相显微镜下观察。主要检查显微组织的形态、大小、分布和相对量的定性鉴别。对钢的晶粒度、脱碳层深度和非金属夹杂物等项目依据国家标准规定的级别和图样进行评定。金相分析方法已有一百多年的历史,比较成熟,仪器简单,操作方便,目前仍是生产和科研的主要检验工具。 (高庆全)

光学主轴 principal optical axis
简称主轴。二轴晶光率体中三个互相垂直的轴向,代表三个主要的光学方向。通常以 N_g(最大

折射率）、N_m（中等折射率）、N_p（最小折射率）来表示。包含两个主轴的面称为主轴面（主切面），即 N_g-N_p 面、N_g-N_m 面、N_m-N_p 面。

（潘意祥）

光油

又称熟桐油、亮油、清油。桐油加入密陀僧、土籽经过熬炼而成的干性油。另有加入不同分量的苏子油，可制成二八油（苏子油 20%，生桐油 80%），或三七油、四六油。传统光油以二八油为普遍。其重量配比春、秋季为桐油∶苏子油∶土籽∶密陀僧＝80∶20∶4∶2.5；夏季为 80∶20∶3∶2.5；冬季为 80∶20∶5∶2.5。常用的熬炼方法：先将苏子油入锅熬炼至八成开（160℃）时，再将土籽放入铁勺中浸入油内颠翻浸炸，俟土籽炸透后倒入锅内，油沸后将土籽捞出，然后取二成经过熬炼的苏子油配以八成桐油混合熬炼，油沸后不断地用铁板蘸取少量油，浸入冷水中，以手检验，当油聚合至一定稠度视为成熟，立即将油掏入容器内，待油接近常温时加入密陀僧。光油在古建油饰彩画工程中用途有：①调配各种色油；②罩面油；③调配金胶油；④调制细灰、沥粉。
（谯京旭　王仲杰）

光源　light source

能发出一定波长的电磁波的物体。通常指能发可见光的发光体。其种类有：①氧化燃烧发光体，如油灯、烛光等；②热辐射发光体，含白炽灯、卤素灯等；③低气压放电发光体，如荧光灯等；④高压放电发光体，有高压汞灯、高压钠灯、金属卤化物灯等；⑤超高压放电发光体，多为超高压汞灯和超高压金属卤化物灯等。还有激光源、原子能发光体及场致发光体等。常以玻璃、陶瓷、金属、惰性气体、金属蒸气及能源等材料组成。
（王建明）

光致变色　photochromism

在短波光辐照下产生着色或透光度变化，停止光照后又自动地恢复到原有的透明状态的现象。光致变色玻璃能经受长期的光色互变而无疲劳老化。广泛用于制造变色眼镜片、建筑物调光窗玻璃、强光防护装置、信息显示、风挡玻璃等。
（许淑惠）

光致变色玻璃　photochromic glass

又称光色玻璃，简称变色玻璃。具有在一定波长光的激励辐照下产生色心而变暗，激励光停止辐照后色心破坏而复明的玻璃。分两类：一是均相的由结构缺陷成为色心的还原硅酸盐玻璃，因有疲劳现象无实用价值；二是含卤化银、卤化铜、卤化镉等光敏剂的硼酸盐、硼硅酸盐、碱铝硼硅酸盐以及磷酸盐玻璃，能经受长期的光色互变而无疲劳老化，其中含卤化银的玻璃已商品化，含铜镉卤化物的玻璃尚处研制阶段。广泛用于制造变色眼镜，特殊要求的高级车辆、船舶和高级建筑物的窗玻璃以及图像贮存、信息显示等方面。
（刘继翔）

光轴　optical axis

光波射入非均质体矿物不产生双折射的方向。中级晶族的矿物只有一个这种方向，即只有一根光轴，称为一轴晶矿物，四方晶系、三方晶系和六方晶系的晶体属之。低级晶族矿物有两个这种方向，即有两根光轴，称为二轴晶矿物，斜方晶系、单斜晶系和三斜晶系的晶体属之。
（潘意祥）

广场灯　lamp for square

露天场地照明的专用灯具。常以高压水银灯、荧光灯、白炽灯及碘钨灯等为光源，并镶嵌乳白色圆球或半椭圆形等灯罩。灯体高大，多用镀锌钢管、铝合金管等制成。可由多排灯组成组灯，其光通量大，照射面广。具有防水、防尘、防腐、防爆等特点。适用于广场、运动场、交通要道等露天活动和施工场地照明。
（王建明）

广东松　Pinus kwangtungensis chun et Tsiang

产于广东、广西、海南岛一带的松属树种。构造与性质和红松、华山松等很接近。系华南的重要商品材。边材黄白色或浅黄褐色，有光泽，松脂气味浓，纹理通直，结构中等，均匀，锯、刨等加工容易，刨面光滑，耐腐，边材蓝变较少，防腐处理困难，稍抗白蚁。树脂道多，分布均匀。气干材密度 $0.501g/cm^3$；干缩系数：径向 0.131%，弦向 0.270%；顺纹抗压强度 31.4MPa，静曲强度 89.9MPa，抗弯弹性模量 9.90GPa，顺纹抗拉强度 96.2，冲击韧性 $3.88J/cm^2$；硬度：端面34.4MPa，径面 27.2MPa，弦面 24.7MPa。优良的建筑与包装材，主要用于房屋建筑，室内装修，采煤用的贯道木、甲板、桅杆、铸造木模、水泥模板。原木可做电杆、枕木、造纸材等。因木材重而硬，强度等较其他松木大，更适于做工程用材，但钉钉稍难。
（申宗圻）

广红油

又称广红土子油。用光油、广红土子调制而成的土红色油。调制方法：先将漂洗过的广红土子入锅焙炒，除净水分，过箩筛去粗粒，注入适量光油调匀，用牛皮纸将色油表面封盖严实，置阳光下曝晒数日，使杂质沉底，上层者称"油漂"，使用末道油最好。以丝头搓于彩画地仗上，干后油亮饱满，油皮耐久，永不变色。用作低等级古建筑的椽子、望板、柱框等装修的油饰材料。
（谯京旭　王仲杰）

广漆　Chinese lacquer-tung oil blend

又称金漆、透纹漆、笼罩漆。由熟漆或生漆和熟桐油调制而成的天然漆。呈棕黑色。因源产于广东而名之。涂刷于物体表面，在空气中干燥成膜，坚韧光亮透明，耐热水，耐久性优良。适用于涂刷木地板、门窗、家具及工艺美术器具等表面装饰。

(陈艾青)

广义胡克定律 generalized Hooke's law

见胡克定律（188 页）。

gui

圭角

①俗称规矩。布瓦屋面垂脊、戗脊或角脊下尽端的装饰构件。城砖砍制而成，形为上宽下窄的长条块，三个露明面略作雕饰。位于屋脊转角处的勾头之上、盘子之下。

②黑活屋脊清水脊端头的装饰构件。平面矩形，如前端做成向斜上边凸弧的轮廓，则称"鼻子"。

③砖、石或木制须弥座的下部线脚。表面多略作雕饰、简单的也可为平素的表面，但上棱均呈圆弧状。

(李 武 左潜元)

规定屈服极限 specified yield limit

见屈服极限（395 页）。

规律变形钢筋 deformed bar

简称变形钢筋。表面加工成具有规律形状的钢筋。如①有两条纵肋和人字形、螺旋形、竹节形或树枝形横肋的普通热轧钢筋；②由光面圆钢筋按一定间距轧扁而成的冷轧钢筋；③由方形、矩形、椭圆形断面钢材冷扭而成的扭转钢筋；④由二根直径相同的钢筋在冷态下扭结在一起的扭结钢筋等。后两种目前已很少采用。经冷加工后的钢筋，钢材的屈服强度及抗拉强度均能有所提高。这种改变了形状的钢筋与混凝土的黏结力较强，改善了两者协同工作的条件。因一般强度较高，断面较大，故多用于高强混凝土中。

(孙复强)

硅方解石 spurrite

化学式为 $4CaO \cdot 2SiO_2 \cdot CaCO_3$ 的非胶凝性矿物。简写成 $2C_2S \cdot C\bar{C}$。属单斜晶系，无色透明粒状，相对密度 3.014。于 942℃ 分解成 $2CaO \cdot SiO_2$ 和 CaO。在 900℃ 左右，由 $2CaO \cdot SiO_2$ 和 $CaCO_3$ 经过固相生成，由于它具有相当强的黏结性能，易使生产过程中形成结皮或结圈。由硅方解石粘集成的物料，酥松而不耐火，需及时消除，方可不妨碍生产。

(冯修吉)

硅灰 silica fume

又称硅粉。硅铁合金和其他硅合金冶炼过程中排放的以无定形氧化硅为主的超微颗粒。平均粒径约为 0.1μm。比表面积极高，约为普通水泥的 100 倍，相对密度约为 2.20，具有极高的活性。它与 $Ca(OH)_2$ 进行化学反应很快，可用作水泥混凝土的掺合料而大大改善其微观结构，提高其力学性能，宜制作高强混凝土。

(陆 平)

硅灰混凝土 silica fume concrete

又称硅粉混凝土。为掺加冶金副产品硅灰制成的混凝土。硅灰有很高的无定形氧化硅成分和比表面积，细度小，分散度大，因此，其火山灰效应与填充效应显著。混凝土中掺入适量的硅灰，能改善水泥石的孔结构和水泥石与集料间的界面性状，毛细孔数量减少，提高密实度。1～14d 前的早期强度可能发展较缓，28d 后的后期强度发展快而显著提高。耐久性好。硅灰适宜的掺量约为 5%～12%。混凝土用水量增大，掺量过多则坍落度明显下降，超过 15% 会导致混凝土混合料变成干硬而难以操作，故须与高效减水剂同时配合使用，以弥补此缺点并取得增进强度的良好效果。可配制高强混凝土。

(孙复强)

硅灰石粉 powdered wollastonite

天然硅酸钙（$CaSiO_3$）矿石碎的白色粉末。理论组成为 48.3% 的 CaO 和 51.7% 的 SiO_2。适用于涂料的白色填料。在白色的乳胶涂料中，可代替 10%～40% 的钛白粉，遮盖力并不下降，而其价格远低于钛白粉。此外，还可作为涂料的平光剂、悬浮剂、增强剂等。是建筑涂料中部分代替白颜料的廉价粉料。主要技术指标为细度 325 目筛余 0.15，白度 94.4%，水分 0.1%，水溶物 0.455%。

(刘柏贤)

硅率 silica modulus

又称硅酸率。硅酸盐水泥生料、熟料中 SiO_2 与 Al_2O_3、Fe_2O_3 之和的质量比值，以 SM（或 n）表示。即 $SM = \dfrac{SiO_2}{Al_2O_3 + Fe_2O_3}$。反映熟料中硅酸盐矿物（$C_3S + C_2S$）与熔剂矿物（$C_3A + C_4AF$）的比例。SM 高，熟料中硅酸盐矿物多，熔剂矿物少，熟料质量好，强度高，但 SM 过高则煅烧困难，热耗高；SM 低，熟料中熔剂矿物多，液相量多，煅烧时易出现结大块、结圈等现象，影响窑的正常生产，且强度也较低。一般 SM = 1.7～2.7。对白水泥熟料 SM 可超过 4。

(冯培植)

硅溶胶涂料 silica gel coating

以胶体二氧化硅（俗称硅溶胶）为主要成膜物质调制而成的水溶性涂料。常加入少量有机胶粘剂（聚醋酸乙烯乳液或苯乙烯-丙烯酸酯乳液）改性，以提高柔、弹性。无毒、无味、不污染环境，施工方便，对基层渗透力强。形成的无机聚合物涂膜具

有致密、耐磨、耐酸碱、耐温等优良性能。适用于建筑外墙装饰。　　　　　　　　　　（陈艾青）

硅砂　silica sand

又称石英砂。主要成分为 SiO_2 的砂子。分人工砂及天然砂两类。人工砂是硅质类岩石经粉碎、筛选而成。天然砂是由长石或其他岩石经自然界长期风化、分解、冲刷而剩下的石英颗粒集合而成。有山砂、河砂及海砂之分。含铁、钛、铬氧化物量少的优质硅砂是制造玻璃、陶瓷、耐火材料、电瓷、熔融石英砖、单晶硅的基本原料。在建筑工程上，普通硅砂可作为细集料与胶凝材料（水泥、石灰、石膏）配制成砂浆、混凝土，较好的硅砂则用于配制耐蚀砂浆、耐火胶泥等。还可用于冶炼、喷砂、过滤、磨料、型铸、补炉等。　　（许　超）

硅酸二钡　dibarium silicate

化学式为 $2BaO \cdot SiO_2$，简写成 B_2S，是粒状晶体，无解理和双晶，相对密度 5.21，生成温度 1 250 ℃，熔点为 1 820 ℃，与少量 Al_2O_3、Fe_2O_3 或 MgO 固溶后，可提高热稳定性，凝结快，有较好的水硬性和抗硫酸盐侵蚀及防 γ 射线的性能。

（冯修吉）

硅酸二钙　dicalcium silicate

化学式是 $2CaO \cdot SiO_2$（Ca_2SiO_4），简写 C_2S。是硅酸盐水泥的主要组分之一，其强度的增长主要在后期，C_2S 有许多晶型，关于晶型的改变及其温度有不同的见解，目前得到公认的，可表示如下：这些晶型的晶系，对不同的固溶杂质有不同的记载。有三斜、单斜及斜方系的，其相对密度在 2.97~3.40。除 γ 型几乎是惰性的外，其余晶型都是水硬性矿物。在工业生产的水泥熟料中，常为 β 型，是介稳性的。当煅烧温度偏低，或在它的变型温度停留太久，就生成相对密度为 2.97 的 γ 型。由于体积膨胀，熟料粉化，硅酸二钙水化、凝结硬化较慢，早期强度较低，但 28d 后强度增长快，1 年后可赶上甚至超过硅酸三钙，是硅酸盐水泥后期强度的主要来源，水化热低，抗硫酸盐性能较好。

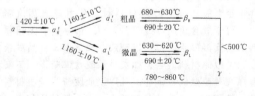

（冯修吉）

硅酸二锶　distrontium silicate

化学式为 $2SrO \cdot SiO_2$，生成温度为 1 350 ℃，熔点为 1 870 ℃，具有水硬性及强度。它和少量 Al_2O_3、Fe_2O_3 或碱金属氧化物固溶后，可提高热稳定性。由它制得的水泥耐火度高。　（冯修吉）

硅酸钙板　calcium silicate board

以硅质材料（如硅藻土、石英粉等）、钙质材料（如消石灰等）和石棉、纤维素纤维等为主要原料，成型后经高压蒸养而制成的板材。具有质轻、强度高和体积稳定性、耐火性及可加工性好等特点。主要用作船舶的耐火壁板与工业用加热炉、干燥炉的绝热材料以及建筑物的墙板与吊顶板等。

（叶启汉）

硅酸钙绝热制品　calcium silicate insulation

经蒸压养护形成的水化硅酸钙为主要成分，并掺有增强材料的绝热制品。由粉状硅质材料（如硅藻土）、钙质材料（如消石灰）、纤维增强材料及水经搅拌、凝胶化、成型、蒸压养护及干燥等过程制成。按密度可分为 240 号、220 号和 170 号，形状有平板、弧形板及管壳。主要矿物成分水化硅酸钙是在 0.8~1.5MPa 饱和水蒸气中水热合成的，水化硅酸钙为托贝莫来石时，表观密度约 250kg/m³，热导率约 0.041~0.049W/(m·K)，最高使用温度 650 ℃；为硬硅钙石时，表观密度约 100kg/m³，热导率约 0.036W/(m·K)，最高使用温度 1 000 ℃。用于电力、化工、冶金、船舶等设备和热力管道作高温绝热材料及建筑围护结构的绝热材料。　　　　　　　　　　（丛　钢）

硅酸钙石　afwillite

硅酸盐水泥熟料中硅酸三钙和硅酸二钙矿物在一定条件下水化生成的矿物。化学式为 $3CaO \cdot 2SiO_2 \cdot 3H_2O$，简写为 $C_3S_2H_3$。密度 2.63g/cm³。呈棱柱晶型。可用水热合成法制备，亦存在于天然矿物中。　　　　　　　　　　　（陈志源）

硅酸铝耐火纤维　aluminosilicate refractory fibre

用硅酸铝质耐火材料经熔融-喷吹（或离心）法制得的非晶质纤维。按 Al_2O_3 含量不同可分为低温型（Al_2O_3，40% 左右）、标准型（Al_2O_3，50%）和高温型（Al_2O_3，60%）。按化学成分可分为普通硅酸铝纤维、高纯硅酸铝纤维、含铬硅酸铝纤维及高铝纤维等。有良好的绝热与化学稳定性。但使用过程中析出莫来石与方石英晶体而失去强度，并伴随着体积收缩。根据成分不同，工作温度在 1 000~1 350 ℃ 之间。不宜在还原气氛下长期使用。此外，纤维长度、直径、喷吹（或离心）过程中产生的渣球含量等对其热导率及制品的拉伸强度、压缩率、回弹率及高温荷重变形曲线有较大影响。

（李　楠）

硅酸铝质耐火材料　aluminosilicate refractory

以 Al_2O_3 和 SiO_2 为主要成分的耐火材料的总

称。包括 Al_2O_3-SiO_2 二元系中一系列 Al_2O_3/SiO_2 比不同的品种。主要有半硅质（含蜡石质，Al_2O_3 15%～30%）、黏土质（Al_2O_3 30%～48%）、高铝质（Al_2O_3 > 48%，含硅线石质、莫来石质）等耐火材料。莫来石（$3Al_2O_3 \cdot 2SiO_2$）为本系统中惟一的稳定化合物，Al_2O_3/SiO_2 比小于 2.57 时，材料中存在有游离石英变体，属酸性耐火材料。反之，若材料中的固相组分为莫来石和刚玉，则属中性耐火材料。主要杂质 TiO_2、Fe_2O_3、CaO、MgO，特别是 Na_2O 和 K_2O 对材料的组成和性能影响很大。杂质含量高则高温液相量大，黏度低，材料的荷重软化点等高温性能变坏。是耐火材料中产量最大、应用最广的一种。可以制成烧成制品、不烧制品、熔铸制品及不定形耐火材料等。　（李　楠）

硅酸钠防水剂　以硅酸钠为主要成分的能使水泥砂浆或混凝土起到促凝作用的一种液态防水剂。以硅酸钠为主要原料，掺入硫酸铝钾、硫酸铜、重铬酸钾、硫酸亚铁和水配制而成。属于硅酸盐类。为一种绿色液体，波美度为 Bl38°±0.5°。主要用途是掺入水泥内拌合成防水水泥砂浆或混凝土，用于堵塞水池、水塔、引水渠道等各种防水工程的局部涌水。
　（余剑英）

硅酸三钡　tribarium silicate　化学式为 $3BaO \cdot SiO_2$，简写成 B_3S，由硅酸二钡和氧化钡在 1 350℃ 经固相反应而成，熔点或分解温度为 1 880℃，有几种晶型，除低温型是惰性外，其余均有水硬性能，其固溶体的胶凝性能更好。B_2S 和 B_3S 是钡硅酸盐水泥的主要组分，该水泥适用作耐火、抗硫酸盐侵蚀及防 γ 射线的材料。B_2S 尤其是 B_3S 与水反应很快，水化时析出的 $Ba(OH)_2$ 在 18℃ 水中的溶解度为 3.36%，其溶液有很强的吸收 CO_2 特性，生成 $BaCO_3$。
　（冯修吉）

硅酸三钙　tricalcium silicate　化学式是 $3CaO \cdot SiO_2$ 或 Ca_3SiO_5，简写 C_3S。有七种多晶变型，转变次序：$T_I \xrightleftharpoons{620℃} T_{II} \xrightleftharpoons{920℃} T_{III} \xrightleftharpoons{980℃} M_I \xrightleftharpoons{990℃} M_{II} \xrightleftharpoons{1060℃} M_{III} \xrightleftharpoons{1070℃} R$。T 代表三斜型，M 代表单斜型，R 代表三方型。七种晶型的微观结构很相似，都有水硬性，往往以 M 型生成在水泥中。硅酸盐水泥中的硅酸三钙常固溶一些微量氧化物。其热稳定范围是 1 250～2 050℃，温度间隔较宽，有利于煅烧操作的控制。是硅酸盐水泥物理强度最高的组分，水化较快，水化热较大，其强度主要发挥在早期，后期强度也比较高，凝结时间正常，但抗硫酸盐性能差。因此，在快硬水泥中要求硅酸三钙含量高，而在抗硫酸盐水泥和中、低热水泥中要求其含量低。
　（冯修吉）

硅酸三锶　tristrontium silicate　化学式为 $3SrO \cdot SiO_2$，由硅酸二锶和氧化锶在 1 475℃ 通过固相反应而生成。熔点为 1 980℃，它与 Al_2O_3、Fe_2O_3 或碱金属氧化物反应生成固溶体。具有水硬性和强度。硅酸二锶和硅酸三锶是锶水泥的主要组分，它的强度虽然不如硅酸盐水泥高，但其耐火性较好，可用作某些耐火材料，而且其相对密度较大，可作高密度油井水泥的掺合料或用于防 γ 射线。但锶的资源较少，价格贵，不宜进行大量生产应用。
　（冯修吉）

硅酸盐材料　silicate materials　以硅酸盐矿物为主要原料，一般经配料、高温加工而制成的无机非金属材料。原指传统的水泥、玻璃、陶瓷、耐火材料等以硅酸盐为主要组成的材料。多是以离子键和共价键为主要结合力，一般均具有良好的机械性能，耐高温性和化学稳定性。在现代，这种材料的广义概念已扩大为整个无机非金属材料，与国际上广义的"ceramic"几乎具有同一含义。广义的硅酸盐材料其物质状态包括单晶体、多晶体及非晶体；其化学组成包括纯元素（如碳、硼等），氧化物（单一的和复合的），非氧化物（如氮化物、碳化物、硅化物、硼化物、硫化物、卤化物等），几乎包括所有的无机非金属固体材料。由于其组成范围广，结构多种多样，各具优异的性能，使其在高温、高强、电子、光学以及其他功能性材料中得到广泛的应用和发展。其应用领域也从生活日用、建筑材料、化工冶金设备等扩展到各工业部门和尖端科学技术及国防工业。　（李荣先）

硅酸盐混凝土　lime-silicate concrete　以石灰等钙质材料和硅质材料为胶结材，用水热处理方法制成的混凝土。因主要胶凝物质为水化硅酸盐得名。用河砂、山砂、尾矿粉等结晶态硅质材料时，常需蒸压养护；用粉煤灰、炉渣、矿渣等含无定型氧化硅的硅质材料时，常用普通蒸汽养护。可制成含重质（或轻质）粗、细集料或无粗集料的密实混凝土，也可以制成多孔混凝土。品种繁多，常以原材料命名，如灰砂硅酸盐混凝土、石灰粉煤灰硅酸盐混凝土等。凡以工业废渣为硅质材料的，统称为灰渣硅酸盐混凝土。因原料品质和工艺方法不同，性能变化较大。可制作多种建筑制品，如砖、砌块、墙板、各种配筋构件和保温绝热材料。优点是可以利用大量的工业废料和丰富的地方资源，不用水泥，节约能源，成本低廉。社会经济效益和环境效益显著。
　（蒲心诚）

硅酸盐混凝土墙板 silicate concrete wall panel

简称硅酸盐墙板或硅酸盐大板。用配筋硅酸盐混凝土为基本材料制成的大型墙板。一般以所用硅质材料的特征命名，例如粉煤灰硅酸盐墙板、灰砂硅酸盐墙板等。需经常压或高压蒸汽养护进行水热合成而制得。其特点是可大量利用工业废渣与地方资源、节省能源、减轻自重和降低建筑造价。由于硅酸盐混凝土的碱度较低，所配钢筋和预埋件需进行防锈蚀处理。其制造方法多采用流水机组法、成组立模和流水传送带法等工艺。近年来采用掺加部分水泥、硅质材料与石灰混合磨细、超细粉磨等措施，改善了材料性能。　　　　　　　（萧　愉）

硅酸盐结构 structure of silicates

含有硅酸根和金属阳离子的化合物结构。可认为是由氧离子作紧密堆积，阳离子填充其空隙，硅氧结合起着骨干作用。构成硅酸盐结构的基本单元是硅氧四面体$[SiO_4]$，每个Si^{4+}离子存在于4个氧离子O^{2-}为顶点的四面体中心。两相邻近的四面体$[SiO_4]$之间只共点而不共棱或共面相连接。根据四面体在空间结合情况可分为下列几类：①岛状结构（island structure），由单个的硅氧四面体$[SiO_4]^{4-}$或有限的硅氧团（$[Si_2O_7]^{6-}$、$[Si_3O_9]^{6-}$等）相互间由其他金属阳离子联系起来的结构；②链状结构（chain structure），单个硅氧四面体在一度空间由共用氧离子连接而成无限延伸的结构类型，分单链$[SiO_3]_n^{2n-}$（single chain）和双链$[Si_4O_{11}]_n^{6n-}$（double chain）结构；③层状结构（layer structure），硅氧四面体彼此以公共氧连成的无限的二维结构，按组合方式可分为单层和双层两种，层间由阳离子连接；④架状结构（framework structure），硅氧四面体在空间组成三维网络结构，如硅石$[SiO_2]$，硅氧四面体中的Si^{4+}可被Al^{3+}代替，形成架状铝硅酸盐结构，如长石等。可用以阐明硅酸盐物质具有化学稳定性、脆性等共性的原因。　　　　　　　　　　（潘意祥）

硅酸盐矿物 silicate mineral

硅酸根与金属元素如钙、铝、镁、铁、钾或钠等化合而成的矿物。是构成多数岩石和土壤的主要组成。其大多数熔点较高、化学稳定性好，少数有水硬性。是硅酸盐工业的主要原料。玻璃、硅酸盐水泥、陶瓷、搪瓷、耐火材料、石棉、砖瓦，都是由硅酸盐矿物所组成。　　　　　　　（冯修吉）

硅酸盐水泥 portland cement

又称波特兰水泥。以硅酸钙为主要成分的水泥总称。按中国标准，它又是以硅酸盐水泥熟料、0%～5%石灰石或粒化高炉矿渣、适量石膏磨细制成的一个水泥品种。分两种类型，不掺水泥混合材料的称Ⅰ型硅酸盐水泥（代号为P·Ⅰ）；掺加不超过水泥质量5%石灰石或粒化高炉矿渣的称Ⅱ型硅酸盐水泥（代号为P·Ⅱ）。分42.5、42.5R、52.5、52.5R、62.5、65.2R六个强度等级。水泥中烧失量Ⅰ型不大于3.0%，Ⅱ型不大于3.5%；细度以比表面积表示，必须大于$300m^2/kg$；水泥凝结时间：初凝不得早于45min，终凝不得迟于6.5h。适宜于配制高强快硬的或抗冻性好的混凝土。　　　　　　　　　　　　（冯培植）

硅酸盐型颜料 pigment of silicate type

着色氧化物与硅酸盐母体固溶形成的颜料。按硅酸盐母体分为柘榴石（通式为$3RO·R_2O_3·3SiO_2$）型颜料、榍石（通式为$CaO·TiO_2·SiO_2$ 或 $CaO·SnO_2·SiO_2$）型颜料和锆英石（$ZrSiO_4$）型颜料。呈色稳定，鲜艳纯正，适用范围广。
　　　　　　　　　　　　　　　　（邢　宁）

硅烷偶联剂 silane coupling agent; silane finish

对有机聚合物和无机材料具有化学结合能力的硅烷或其他硅化合物。化学通式为R_nSiX_{4-n}。R为有机官能团（乙烯基、氨基、环氧基等），与有机聚合物反应；X为易水解基团，与无机材料（玻璃、无机填料、金属、金属氧化物）表面反应，从而起到偶联作用。一般预先配成适当浓度（1%～3%）的水溶液，在合适的pH值下，使其充分水解，形成稳定性较好的溶液，然后浸涂在无机材料表面。溶液需随配随用，不得存放太久。也可添加在树脂中，通过"迁移"作用达到偶联效果，用量一般不超过树脂重量的1%。　　　　（刘茂榆）

硅线石耐火材料 sillimanite refractory

以硅线石族矿物为主要原料的耐火材料。这类矿物除了硅线石外还有红柱石、蓝晶石，化学组成都是$Al_2O_3·SiO_2$。当它们分别被加热到1 550℃、1 350℃和1 300℃时开始转变为莫来石和游离SiO_2，并伴随着发生不同程度的膨胀。硅线石和红柱石的膨胀小，可直接用于制砖。蓝晶石的膨胀大，常用作为不定形耐火材料的膨胀添加剂。制品的主晶相为莫来石，还含有少量石英变体和一定量的玻璃相，后者取决于杂质品种与含量。制品具有较高的荷重软化点和好的热震稳定性。用作高炉、热风炉、混铁车、均热炉、玻璃窑及盛钢桶的内衬材料。　　　　　　　　　　　　　　（李　楠）

硅橡胶 silicone rubber

由极纯的双官能团硅氧烷单体经水解缩聚而成的线型结构的合成橡胶。平均分子量在40～80万。

化学式为 $OH-\underset{R}{\overset{R}{Si}}-O-[\underset{R}{\overset{R}{Si}}-O]_n-\underset{R}{\overset{R}{Si}}-OH$

在加入过氧化物或加温下，生成网状硅橡胶分子。品种和特性随所用单体的化学结构不同而不同。分高温硫化型和室温硫化型两类，前者主要有甲基硅橡胶，甲基乙烯基硅橡胶，甲基苯基乙烯基硅橡胶，氟硅橡胶等。其中以甲基乙烯基硅橡胶应用最广。硅橡胶是介于有机、无机之间的聚合物弹性体，是目前耐高、低温最好的品种，工作温度范围在$-100 \sim +350℃$，在耐老化，电绝缘性方面也十分优良，并具有疏水及隔黏性，但强度及耐磨性较差。主要可用作密封材料，垫圈，隔热减震材料，飞机、火箭发动机喷口处的烧蚀材料，医用高分子材料（人工心脏瓣膜、人工胆管等）。

（刘柏贤）

硅氧四面体 silicon-oxygen tetrahedron

见硅酸盐结构（173页）。

硅藻土 diatomaceous earth; diatomite

由极细微的硅藻介壳等聚集沉淀而成的生物沉积岩。呈浅黄色或浅灰色，含铁时则呈红色，质轻、多孔、松软、易磨细，吸水性强，密度$0.4 \sim 0.9 g/cm^3$，活性成分主要是无定形氧化硅。是水泥的一种天然火山灰质混合材料。可用作活性混合材料或无熟料水泥的原料。

硅藻土是热、电及声的不良导体。可直接用作砌砖耐火泥及涂抹绝热层，煅烧后的熟料用于耐火绝热填充层，大量用作硅藻土制品的原料，还用作硅质原料和助滤剂及吸附剂、催化剂的载体。

（陆 平 王善拔 丛 钢）

硅藻土泡沫制品 foamed diatomite product

以优质硅藻土和适量泡沫剂（常用松香皂）制成的多孔绝热制品。由制备好的泥浆和泡沫剂在混合机中制泡沫状料浆，然后用浇注法成型，经干燥、烧成等工艺制成。工艺简单，设备费用少。应控制泡沫剂用量，以保证产品的表观密度和强度指标。表观密度约为$240 \sim 450 kg/m^3$，常温热导率约$0.071 \sim 0.077 W/(m·K)$，常用于工业窑炉和建筑物的绝热。

（丛 钢）

硅藻土砖 diatomite brick

又称硅藻土绝热砖。以硅藻土制成的轻质绝热砖。中国标准GB/T 3996根据体积密度从$0.7 \sim 0.4 g/cm^3$分为6个牌号。耐压强度在$2.5 \sim 0.8 MPa$之间，热导率$(300 \pm 10℃)$在$0.21 \sim 0.13 W/(m·K)$范围内。900℃的温度下保温8h的重烧线变化不大于2%。工作温度为900℃。常作为各种工业炉及容器的保温材料。

（李 楠）

硅质材料 siliceous material

硅酸盐混凝土原料中主要含有氧化硅（有的同时也含有Al_2O_3、Fe_2O_3等氧化物）的一类材料，如砂、砂岩、亚砂土、黄土、浮石、页岩、粉煤灰、炉渣、烧煤矸石、矿渣、尾矿等。在硅酸盐制品的水热反应过程中，它主要提供SiO_2（有的也同时提供Al_2O_3、Fe_2O_3等），用以生成水化硅酸钙类的胶凝物质或其他水化物。

（蒲心诚）

硅质耐火材料 silica refractory, siliceous refractory

以二氧化硅为主要成分的耐火材料。通常SiO_2含量不小于93%。可以为定形也可以为不定形耐火材料。主要品种是硅砖。以硅石为原料经$1350 \sim 1430℃$烧成，使硅砖中的主要相转变为鳞石英、方石英和玻璃。真密度须达$2.31 \sim 2.42 g/cm^3$范围内。具有热导率及荷重软化点高，抗酸性渣侵蚀能力强等优点。但由于石英的晶型转变（600℃以下），热震稳定性差，在温度变化大的间歇式窑炉中不宜使用。中国标准按用途分为一般硅砖、焦炉用硅砖及玻璃窑用硅砖等品种。还可应用于热风炉上。

（李 楠）

硅质校正原料 siliceous correcting material

补充水泥生料中SiO_2成分不足的原料。常用砂岩、河砂、粉砂岩等。一般要求其SiO_2含量为$70\% \sim 90\%$，大于90%时，由于结晶石英含量过高，难磨难烧，很少采用。河砂的结晶石英更为完整粗大，只有在无砂岩等矿源时才用，且要求石英粒度小于0.5mm。

（冯培植）

硅质渣 siliceous waste

制造硫酸铝或制取三氯化铝留下的含硅废渣。化学成分以氧化硅为主，矿物组成主要为$\beta-C_2S$和C_3A，活性较高，可作为水泥的火山灰质混合材料。

（陆 平）

硅砖 siliceous refractory brick

见硅质耐火材料。

贵金属 noble metal

①地壳中储量较少、价格昂贵的金属统称。大多具有很强的化学稳定性和良好的延展性和耐熔性。除常见的金、银、铂有独生矿物，可以从矿石中直接提炼外，其余如铱、钯等大部分贵金属要从铜、铅、锌、镍等冶炼的副产品（阳极泥）中回收。金的符号为Au，原子序数79，呈黄色，相对密度19.32，熔点1 064.43℃，不溶于酸和碱，在宇航、原子能及半导体工业中有特殊用途。银的符号为Ag，原子序数47，呈白色，可用作高载荷与高速度的轴承、电工材料、电镀和制造硝酸银及其他银的化合物。金、银均可用于铸币和作装饰品。铂的符号为Pt，原子序数78，俗称"白金"，性软，易加工处理，熔点高达1 772℃，常用于制作生产无碱玻璃纤维的坩埚、漏板，耐高温的化学器

皿和热电偶等。

②在金属接触腐蚀中,两种不同电位的金属在同一电解质中偶接,具有较高电位者亦称贵金属(见金属接触腐蚀,246页)。　　　(许伯藩　洪乃丰)

桂竹　Phyllostachys bambusoides sieb. et. zucc

又称五月季竹,麦黄竹,小麦竹,斑竹,大金竹,大叶金竹。为中国三大主要竹种之一(另为毛竹和淡竹)。中型散生竹中较大者,秆粗。较直,高可达16m,径可达14cm,中部节间长40cm,材质坚韧,劈篾性仅次于毛竹。分布甚广,东自江苏、浙江,西至四川,南自两广北部,北至河南、河北。适生范围大,能耐-18℃的低温,是"南竹北移"的优良竹种。适于制作工艺品,在中国,通常小者作篱围、棚栈,稍大者作农具柄,也常劈篾编物。　　　　　　　　　　(申宗圻)

gun

辊底窑　roller-hearth kiln

又称辊道窑。以互相间隔且平行的转动辊子作为坯体运载工具的小截面隧道窑。有单层和多层。多层辊底窑的底层可进行干燥,上层实施烧成,热效率高。高温区的辊子用陶瓷材料(如高铝瓷)制成;低温区的辊子用耐热合金钢制成,由链条或齿轮驱动。可用重油、煤气作燃料,也可用电加热。有隔焰式和明焰式两种。窑内上下温差小,温度均匀,适合于快速烧成。广泛用于各种建筑装饰砖的烧成。易于与前后工序连成自动生产线,自动化程度高。占地面积小。但对筑窑材料及安装技术要求较高。

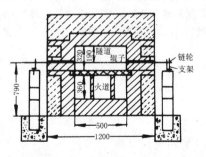

(陈晓明)

辊射抹浆法　injecting mortar coating

以高速旋转的辊筒射浆,制作预应力钢筋混凝土管保护层的一种工艺方法。所用的砂浆辊射机由料斗、胶带喂料机、一对高速旋转的辊筒组成,并安装在可沿混凝土管芯平行移动的小车上。制作保护层时,已缠上环向预应力钢丝的管芯缓慢旋转,放入料斗中搅拌均匀的水泥砂浆送至接近高速旋转的辊筒时,由于转动摩擦和真空吸附作用,即以一定的喷射角度高速射向管芯表面,做成保护层(图)。为保证砂浆与管芯黏结良好,可先喷一层浓水泥浆。达到规定的厚度时,亦可再喷一层水泥浆以增加表面光滑。可分数次喷射。约有20%的砂浆散落,可回收使用。设备较简单,保护层密实度高,生产效率较高。

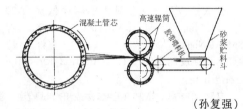

(孙复强)

滚花辊　design roller

辊筒上刻有花纹图案,用于涂料、灰浆滚涂施工的专用工具。用以对涂料进行滚花的装饰或代替传统用抹子对砂浆、石膏灰泥、灰泥浆进行抹灰施工。一般是由聚氨酯泡沫塑料、化学纤维或橡胶等材料按不同花纹加工而成。滚花涂布一般要求涂布料厚在2mm以上,对涂料滚花以厚质涂料效果较佳。在辊筒表面用硅油处理,可防止产生粘辊现象。　　(邓卫国)

滚涂　roller coating

用带涂料的辊筒在平整的物面上滚过,而使物面涂装的施工方法。分为手工和机械两种。优点是设备工具简单,操作方便,能用于高黏度的涂料,可节省部分稀释剂,涂装质量较好,可进行花纹、图案的大面积涂装。缺点是被涂物必须是平面,不适于几何图形复杂的物体,不适于高装饰性面漆的涂装。按涂料及花纹要求,辊筒可采用刷辊、布料辊和花样辊。机械施工主要用压送式滚涂器,它是采用压送式涂料罐或柱塞泵自动供给辊筒涂料来完成,辊筒的转速在20~40r/min。适用于水乳性涂料、合成树脂涂料。建筑上主要用于大面积墙面及地面涂装。　　　　　　　　(刘柏贤)

滚釉　crawling

釉面两边滚缩形成中间缺釉。参见缺釉(396页)。　　　　　　　　　　(陈晓明)

棍度　rodability

以棍棒插捣新拌混凝土时的难易程度。作混凝土坍落度试验时,按规定的操作方法以铁捣棒分层捣实混凝土,根据捣实的难易程度可评分为三级。"上"为极易插捣,不觉有石子阻滞;"中"为插捣时略感有石子阻碰;"下"为虽用力也不易插入到每层的底部。混凝土的砂石级配良好,砂浆丰富,则棍度良好。干硬性混凝土则很差。是混凝土工作性指标之一。　　　　　　　　(孙复强)

guo

锅炉钢　boiler steel

适用于制造锅炉及锅炉重要附件的碳素结构钢和普通低合金结构钢之总称。钢号后标 g。具有良好的焊接性能，一定的高温强度和耐碱性腐蚀、耐氧化性。含碳量在 0.10%～0.26% 范围内，常用钢号依其抗拉强度从小到大的顺序依次为 20g、22g、12Mng、16Mng、15MnVg、14MnMoVg、18MnMoNbg。　　　　　　　　（许伯藩）

国际水泥强度测定法　ISO method for cement strength test

又称 RILEM-CEMBUREAU 法或 ISO 试验法。国际标准化组织(ISO)TC74 委员会于 1964 年推荐的一个《水泥塑性胶砂抗压和抗折强度试验法》(R679)。此法采用 1:3 软练胶砂，固定加水量，水灰比为 0.50。用 40mm×40mm×160mm 三联式试模，特制的叶片式搅拌机搅拌，悬臂式振动台振实成型。试体在相对湿度大于 90%，温度为 20±1℃ 的养护箱中养护 24h，然后脱模，放入温度为 20±1℃ 的水中养护至规定龄期。每龄期取出 3 条，先作抗折强度试验，再用 6 个断块做受压面积为 40mm×40mm 的抗压强度试验。中国标准水泥胶砂强度检验方法，与该法原理相近但检测结果有一定差异。　　　　　　　　（魏金照）

裹陇灰　tile imitating plaster

泼浆（青浆泼制）灰加水调制成稠浆状后，加入麻刀（100:4 重量比）调制均匀而得的灰浆。主要用作筒瓦屋面的裹陇用灰，也可作为驼背灰及挑脊用灰，亦可用于墙体抹饰或抹馅用灰。此灰也可用煮浆灰调制，但其质量不及用泼浆灰调制者。

（朴学林　张良皋）

裹石混凝土　cement paste envelope coarse aggregate concrete

见造壳混凝土（599 页）。

过火砖　overfire brick

呈暗红色且翘曲的烧结砖。过火是在焙烧砖坯时，由于超过烧结温度或由于保持烧结温度的时间过长而造成的一种烧成缺陷。砖呈清脆音，强度虽可提高，但严重影响外观质量。　　（崔可浩）

过氯乙烯地面涂料　perchlorovinyl ground coating

以过氯乙烯树脂为主要成膜物质配制而成的装饰耐磨的溶剂型水泥地面涂料。由底涂料、腻子、面涂料三部分组成。是我国早期合成树脂系地面涂料之一。具有涂膜干燥速度快，耐磨性和化学稳定性及地面的整体装饰效果好的特点。缺点是施工顺序多，施工时需防火。广泛用于学校、医院、工厂、宾馆、住宅等工业和民用建筑地面。　　（陈艾青）

过氯乙烯防腐漆　chlorinated polyvinyl chloride anti-corrosive paint

以过氯乙烯树脂为主要成膜物质，掺加防腐剂、酮、酯、苯类等混合溶剂制成能保护化工设备、建筑物等免受酸、碱、盐及各种有机物质侵蚀的涂料。对腐蚀介质不溶解、不溶胀，具有良好的稳定性、耐酸、耐碱、耐化学药品、防火、防霉、防潮等性能。可用作化工设备、厂房、石油储罐等构件的涂装。尤其适用于沿海有盐雾地区、热带、亚热带潮湿地区的防腐。　　（陈艾青）

过烧石灰　overburnt lime

又称过火石灰。烧制过程中因煅烧温度偏高或煅烧时间过长而活性较低的一种石灰。表面呈黑灰色，坚硬有裂缝。氧化钙晶体尺寸较大，体积收缩明显，表观密度 2.20g/cm³ 以上。消化缓慢。用在建筑物抹灰层和硅酸盐制品中，因继续消化而产生体积膨胀，致使表面剥落或发生胀裂破坏。　（水中和）

H

ha

哈巴-费尔德稳定度　Hubbard-Field stability

简称哈-费稳定度。由哈巴和费尔德创建的沥青混合料稳定度的一种表示方法。该法可用于细粒式沥青混合料组成设计。将混合料制成直径 50.8mm 和高度 25.4mm 的试件，经保温 60℃，置于哈-费稳定仪（如图）的试模中，将模子一起放于哈-费稳定仪的水槽中，以 61mm/min 的速度加荷，试件破坏时的荷重即为哈-费稳定度。

（严家伋）

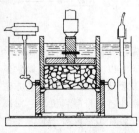

hai

海砂 sea sand

由海滩或海底采集的天然砂。由于受到海水的冲刷，颗粒较圆滑，质地坚硬，但含有盐分、贝壳等杂质。砂中的氯盐对混凝土和钢筋混凝土危害很大，须用淡水冲洗，使其含量不超过有关标准的规定。砂中的贝壳对混凝土的强度和工作性有不利影响，也应予以限制。 （孙宝林）

海水侵蚀 sea water attack

海水中硫酸盐、镁离子和碳酸对水泥混凝土的综合侵蚀。海水成分复杂，除含相当数量的NaCl外，还有$MgCl_2$、$MgSO_4$和K_2SO_4等。其SO_4^{2-}可与水泥水化产物作用生成石膏和钙矾石而使水泥石膨胀破坏。但Cl^-离子的存在，使硫酸盐膨胀得到一定程度缓解；而硫酸镁使氢氧化钙转变为石膏和氢氧化镁，并将部分水化硅酸钙分解或转变成水硬性极差的水化物，产生镁盐侵蚀。不过，氢氧化镁沉淀在混凝土孔隙中，也会使硫酸盐侵蚀缓解。在碳酸的作用下，钙矾石会进一步转变成硅灰石膏，同样产生膨胀应力。实际海工混凝土除了受化学侵蚀作用外，还受冻融、海浪冲击及干湿循环、钢筋锈蚀等物理破坏作用，而这些往往是海工混凝土破坏的更为重要的原因。 （陆 平）

海洋混凝土 marine (offshore) engineering concrete

又称海工混凝土（concrete in sea water）。海洋工程所用的混凝土。包括有海水影响施工的海岸工程、近海工程、海洋平台、海底构筑物，以及经常受到浪花溅击的岸结构用混凝土。所处部位不同，对混凝土的性能要求亦各有差异，除要求抗硫酸盐侵蚀外，对海洋平台等工程结构既要求承受反复的波浪荷载，在浪溅区和潮际区又要求能承受冻融循环的破坏作用，因而它应选用抗硫酸盐水泥和低渗透性的硅质集料，拌制成匀质密实的混合料。为改善工作性和耐久性应采用小水灰比并掺入适量加气剂，配制成具有较强的抗硫酸盐腐蚀、抗疲劳、抗冲击、抗冲刷性能和较高抗渗性和抗冻性（D200～D350）的混凝土。 （徐家保）

han

含钡硫铝酸盐水泥 calcium barium alumino sulfate cement

以硫铝酸钡钙$3CA·BaSO_4$和硅酸二钙为主要矿物的水泥。其适宜矿物组成为$3CA·BaSO_4$ 50%～75%，C_2S 15%～40%，铁相5%～25%。烧成温度为1 280～1 380℃。水化产物主要为$BaSO_4$、水化铝酸钙、氢氧化铝凝胶和CSH凝胶。水泥具有快硬高强特性，1d抗压强度为24～48MPa，3d为55～84MPa，28d达60～90MPa。初凝时间大于45min，终凝6～8h。随着$3CA·BaSO_4$含量增加和$\beta-C_2S$含量下降，早期和后期强度均提高，凝结时间缩短。水泥抗辐射能力比硅酸盐水泥高一倍。特别适用于抢修工程、防辐射工程。 （王善拔）

含铬硅酸铝耐火纤维 aluminosilicate fibre with chromium additive

含有少量Cr_2O_3的硅酸铝耐火纤维。Cr_2O_3的添加量通常在3%～6%之间。Cr_2O_3可抑制莫来石从非晶质纤维中析晶和阻碍晶粒长大，从而提高其工作温度。根据Cr_2O_3及其他杂质含量不同，工作温度在1 200℃至1 350℃之间。Cr_2O_3含量高，其他杂质含量低的纤维的工作温度高。 （李 楠）

含碱水化铝硅酸盐 alkali aluminosilicate hydrate

在化学组成中含有碱金属氧化物的水化铝硅酸盐。如方沸石（$Na_2O·Al_2O_3·4SiO_2·2H_2O$）、钠沸石（$Na_2O·Al_2O_3·3SiO_2·2H_2O$）、水霞石（$Na_2O·Al_2O_3·2SiO_2·2H_2O$）等。这类水化物在水中的溶解度很低，具有优良的抗水性，可在碱矿渣水泥的水化反应中生成，并赋予这种水泥以优良的物理力学性能。用石灰和含长石的砂进行蒸压处理的灰砂硅酸盐混凝土中亦可生成。 （蒲心诚）

含卤磷酸酯类阻燃剂 F.R. halogenous phosphate ester

又称卤代磷酸酯类阻燃剂。分子中含有卤族元素的磷系阻燃剂。主要有六种。①磷酸三（β-氯乙基）酯（$ClCH_2CH_2O)_3PO$，记作TCEP，无色油状液体。适用于各种塑料、织物和纸，可制得阻燃透明产品。②亚磷酸三（2-氯乙基）酯$(CH_2ClCH_2O)_3P$。淡黄色液体，适用于聚氯乙烯、聚氨酯、聚酯。③磷酸三（β-氯丙基）酯$(ClC_3H_6O)_3PO$，记作TCPP。无色透明液体，适用于现场发泡的硬质聚氨酯。④磷酸三（2-溴乙基）酯，$(CH_2BrCH_2O)_3PO$，无色液体，适用于丙烯酸酯等。⑤磷酸三（1,3-二氯丙基）酯，$(CH_2ClCH_2CHClO)_3PO$，透明液体，适用于聚氯乙烯、环氧树脂。⑥磷酸三（2,3-二溴丙基）酯$(CH_2BrCHBrCH_2O)_3PO$，记作TDBPP，透明黏稠液体，适用于各种塑料和合成纤维。 （徐应麟）

含泥量 clay content

集料中颗粒粒径小于 0.080mm 的黏土、淤泥和尘屑的总含量。黏土粒径小于 0.005mm，主要矿物为高岭石、水云母和蒙脱石。淤泥和尘屑颗粒粒径一般为 0.005～0.050mm，前者存在于集料矿床中，主要成分为石英和难溶的碳酸盐矿物，后者在破碎石料时产生。这些极细物质在集料颗粒表面形成包裹层，妨碍与水泥石的黏结；或以松散颗粒出现，大大增加了表面积，从而增加了需水量。特别是黏土颗粒，干燥时收缩，潮湿时膨胀，体积不稳定，对混凝土有很大的破坏作用。中国标准规定，砂、石的含泥量，按质量计，对高于或等于 C30 的混凝土分别不大于 3% 和 1%，对低于 C30 的混凝土分别不大于 5% 和 1%，对有抗冻、抗渗或其他特殊要求的混凝土分别不大于 3% 和 1%，对 C10 和 C10 以下的混凝土可酌情放宽。对特细砂的含泥量也有明确规定。   （孙宝林）

含硼混凝土　boracic concrete

为提高屏蔽中子能力而掺入含硼物质的混凝土。硼能有效的俘获中子，含硼 1% 的混凝土，吸收中子的能力提高 100 倍。含硼物质有硼钙石、硼玻璃、硼砂、硼的碳化物等。硼有较大的延缓混凝土凝结和降低力学性能的作用。　（蒲心诚）

含硼聚乙烯　borated polyethylene

加硼处理的聚乙烯。纯聚乙烯是硬质、半透明白色蜡状物质，软化温度 115°C，易加工成所需形状。密度 $0.92g/cm^3$，单位体积含氢原子数 $7.8～8.0×10^{22}$ 个$/cm^3$，含氢量比水多，慢化中子能力比水强，是极有效的中子屏蔽材料。为降低聚乙烯中碳和氢俘获热中子后放出二次 γ 辐射的强度，需加硼处理。通常加入 325 目的硼酐（B_2O_3）粉末，但因其有吸水性，制片时能形成泡沫状蒸气，现已用碳化硼（B_4C）代替。含 8%（重量）天然 B_4C 的聚乙烯可使俘获的 γ 射线强度减少 100 倍。含硼聚乙烯需着色，以区别未含硼聚乙烯。因其软化温度低，不宜在反应堆受热部位作中子屏蔽材料用。
　　　　　　　　　　　（李耀鑫　李文堎）

含硼石墨　borated graphite

石墨中掺入纯硼或硼化物制成的热屏蔽材料。石墨具有慢化中子性能，产生的二次 γ 射线很少，而且导热性能不亚于金属，熔点 3 000°C 以上，在高温下其物理、化学、机械能性能均稳定，质软、易加工。是一种很好的中子慢化和反射材料。加入硼可以提高其中子吸收能力，且剩余活性很小。厚度为 25.4mm 的含 4% 硼的石墨，热中子衰减倍数达 400。现已用于唐瑞快中子实验反应堆中，作为堆芯与热交换器之间的第一屏蔽层。
　　　　　　　　　　　（李耀鑫　李文堎）

含硼水泥　boron-containing cement

在高铝水泥熟料中加入适量硼镁石和石膏磨制成的水泥。早期强度增长较快。组分中含有一定量的三氧化二硼及较多的化学结合水。硼元素能吸收热中子、大量减少辐射热和屏蔽层的发热。可与含硼集料、重质集料配制成密度较高、含硼较多的混凝土，可防混合辐射（γ 射线和中子）。适用于对快中子和热中子防护的屏蔽，如核反应堆、粒子加速器和中子应用实验室的生物屏蔽及防原子辐射的国防工程。　　　　　　　　（王善拔）

含水浸渍　impregnation on partially dried basis

基材含有部分自由水状态下进行的浸渍处理。剩余自由水一般控制在 2%～4%。由于孔隙内自由水未完全被排除，因此用此法制得的浸渍混凝土的聚填率低，强度提高不大，主要用于提高基材的抗渗性及耐腐蚀性。　　　　　　　（陈鹤云）

含水铝氧　alumina hydrate

又称氢氧化铝。化学式 $Al_2O_3 \cdot nH_2O$。氧化铝的水化物或高铝水泥水化初期的水解产物，以 $Al_2O_3 \cdot 3H_2O$ 最为常见。天然矿物有三水铝石 $Al(OH)_3$，单斜晶系，鳞片状，硬度 2～3，密度 $2.43g/cm^3$；一水硬铝石 $HAlO_2$，斜方晶系，常呈片状或鳞片状集合体，硬度 6～7，密度 $3.3～3.5g/cm^3$；一水软铝石 $AlO(OH)$，斜方晶系，通常呈隐晶质块状或胶体，硬度 3.5，密度 $3.01～3.06g/cm^3$。这些矿物主要形成于风化矿床和沉积矿床。是制造高铝水泥和耐火材料的主要原料之一。在高铝水泥水化产物中有三水铝石型水铝氧出现，它在 CAH_{10} 和 C_2AH_8 晶体转变时可与 C_3AH_6 伴生。　　　　　　　　　　（魏金照）

含水率　percentage of moisture content

表征材料吸湿后含水状态的参数。以质量含水率和体积含水率表示。材料中所含水分的质量（或体积）占材料干燥质量（或体积）的百分数。可用下式计算：$W_Z = [(G_1 - G_0)/G_0] \times 100\%$；$W_T = [(G_1 - G_0)/V_0] \times 100\%$。式中：$W_Z$ 为材料质量含水率（%）；W_T 为材料体积含水率（%）；G_1 为湿材料的质量（g）；G_0 为材料干燥时质量（g）；V_0 为整个材料的体积（cm^3）。材料含水率的大小对其物理力学性能和耐久性有很大的影响。　（潘意祥）

含水湿润状态

见集料含水量（218 页）。

含糖量　sugar content

减水剂中还原糖的百分含量。糖蜜类、木质素磺酸盐类减水剂中所含纤维素中有木糖、甘露糖、果糖、分解乳糖、葡萄糖、阿拉伯糖等，具有还原性质，通称为还原糖分。对水泥水化起缓凝作用。
(陈嫣兮)

函数记录仪 function recorder

又称 X-Y 记录仪。可在直角坐标轴上自动绘制两个电量的函数关系曲线的一种笔录式记录仪器。在结构或材料试验中常用来描绘试样的荷载-位移（或应力–应变）曲线。有的函数记录仪可以描绘一个变量的两、三个函数关系以及变量随时间变化的规律。它主要由衰减器、测量电路、放大器、直流电动机、测速电机、滑动架、记录笔和记录平台等组成。
(宋显辉)

汉白玉 white marble

产于北京房山县的质地纯白的白云岩。因其颜色洁白光泽如玉而得名。主要矿物组成为白云石。石纹细腻，质地柔而致密，稍差者微带杂点和脉纹。宜雕琢磨光，多用于宫殿建筑的须弥座、踏跺、栏板、望柱、台明、石碑和石雕小品等。宋人杜绾所著《云林石谱》中写道："燕山石，出水中，明夺玉，莹白坚而温润，士人琢为器物，颇似真玉。"近年来各地多将颜色洁白，主要矿物成分为方解石的大理石亦称之为汉白玉。
(谯京旭)

焊接性 weldability

又称可焊性。在给定的结构和工艺条件下使结构获得预期质量要求的焊接接头的性能。低碳钢有优良的可焊性，适宜一般焊接工艺。高碳钢、高合金钢和铸铁较差，须用特定的工艺进行焊接。应防止熔接区合金成分改变，不形成冷热裂纹、气孔、夹渣等缺陷，并防止接头附近的热影响区组织改变和晶粒长大趋势。焊接后接头强度应与母材相近。
(高庆全)

焊接用钢丝 steel wires for welding

用于电焊的冷拉钢丝。直径范围通常为 0.4～9mm。材质有碳素结构钢（焊 08、焊 15 锰等 7 种）、合金结构钢（焊 10 锰 2、焊 08 锰 2 等 18 种）、不锈耐酸钢（焊 1Cr5Mo 等 19 种），品种繁多各有技术条件规定。土木建筑结构工程中主要采用前两种焊丝（条）于电弧焊、气焊、埋弧自动焊、电渣焊和气体保护焊等。
(乔德庸)

hang

夯实法 ramming method

用夯锤下落的冲击力夯实土的方法。常用木夯、石硪、蛙式打夯机及其他机具等进行作业。蛙式打夯机因轻巧灵活，构造简单，在小型土方工程中使用最广。一般夯实厚度在 20cm 以内。强夯施工：用重型机具，如 1t 以上的重锤，夯实厚度可达 1m 以上，施工时应作专门设计。
(聂章矩)

he

合成高分子化合物 synthetic macromolecular compound

由单体经聚合或缩聚反应而得的高分子化合物。例如合成树脂、合成橡胶等。常在聚合物所用原料（单体）名称前面加上"聚"字命名，如聚丙烯、聚甲基丙烯酸甲酯；缩聚物也是在链节名称前面加上"聚"字，如聚己二酰己二胺（尼龙—66）等。结构复杂或结构未定的聚合物，则在原料名称后加"树脂"二字，如酚醛树脂等。在许多场合下也采用商品名称，如涤纶、丙纶、丁苯橡胶等。一般具有较天然高分子优越的某些性能，如物理机械性能、化学性能。常加工成塑料、橡胶、合成纤维、涂料等。是农业、工业、交通运输业、建筑业、医药卫生、尖端技术不可缺少的原材料。参见高聚物（149 页）、功能高分子（158 页）。
(闻荻江)

合成木材 synthetic timber

具有与木材密度接近并有类似加工性能的低发泡泡沫塑料。早期以聚乙烯、聚丙烯为原料，以亚硫酸钙、碳酸钙为填料加工而成。目前包括多种具有木材的密度和性能、可锯可刨可钉的低发泡泡沫塑料，如聚氯乙烯泡沫塑料、聚苯乙烯泡沫塑料等。生产方法有模压法和挤出法，前者生产平板或模制品，后者生产异型材。建筑中以挤出异型材的形式用作楼梯扶手、挂镜线等来取代断面形状复杂的木材制品。
(顾国芳)

合成树脂 synthetic resin

由单体经人工聚合或缩聚反应而成的分子量较大的聚合物。有时与合成高聚物同义。具有天然树脂类似的性质，而且往往可加工出比天然树脂性能优越的制品。通常按加工性能的不同，分为热塑性树脂和热固性树脂两大类。前者如聚氯乙烯树脂，后者如酚醛树脂等。广泛用于制造塑料、合成纤维、合成橡胶、涂料、胶粘剂、绝缘材料和复合材料等，其重要性和发展都远胜于天然树脂。
(闻荻江)

合成树脂胶粘剂 synthetic resin adhesives

以合成树脂为黏料配制的胶粘剂。根据树脂结构和化学性质特点可以分为热固性和热塑性两类。前者主要有环氧、酚醛、脲醛、聚氨酯、不饱和聚酯等胶粘剂；后者主要有聚醋酸乙烯、聚乙烯醇、聚乙烯醇缩醛、聚丙烯酸酯等胶粘剂。多数热固性树脂可配制成结构胶粘剂，为提高其韧性和胶接强度，可加入热塑性树脂或弹性体改性。热塑性树脂胶粘剂具有良好的弹性，但耐热性较差，一般用作非结构型胶粘剂。

（刘茂榆）

合成树脂涂层　synthetic resins coating

以合成树脂为基本成膜材料构成的涂覆层。所用树脂包括醇酸树脂类、脲醛树脂类、醋酸乙烯树脂类、氯化乙烯树脂类、聚酯树脂类、丙烯酸树脂类、环氧树脂类及聚氨酯树脂类等，是用途最广、发展迅速的涂层种类。绝大多数所谓"漆"属于此类。大多属溶剂型，新近也发展有水溶型、乳液型涂料，以减少污染。涂层的性能取决于树脂品种、颜料、填料、添加剂等，应依据使用环境和耐久性要求选择使用，其中防锈蚀涂层也有若干品种，特点是颜料中包含阻锈剂成分，如红丹（氧化铅）、锌黄（铬酸锌）钡黄（铬酸钡）等，还添加锌粉、铝粉等构成具有阴极保护作用的涂层。广泛用于钢结构、管道、槽罐、桥梁、船体及生产设备的防护。

（洪乃丰）

合成纤维　synthetic-fibers（synthon）

以合成高分子化合物为原料加工而成的化学纤维。问世于20世纪30年代。主要品种有锦纶（尼龙纤维）、涤纶、丙纶、氯纶、腈纶、维纶等。原料来源于从石油、天然气、煤中分离出的低分子脂肪烃、芳香烃和其他有机化合物。根据其大分子主链元素的组成不同，可分为杂链纤维（聚酰胺纤维、聚酯纤维、聚甲醛纤维等）和碳链纤维（聚氯乙烯纤维、聚乙烯纤维、聚丙烯腈纤维等）。它比人造纤维强度、弹性均好，但较难染色，吸湿性差。除用作织物原料外，广泛用作化工、交通运输、医疗器械、建筑材料、通讯、国防等工业的工程材料。

（刘柏贤）

合成纤维地毯　synthetic fibre carpet

以合成纤维为原料制成的地毯。属化纤地毯的主要分支。其主要产品有：锦纶地毯、腈纶地毯、涤纶地毯等，比天然纤维地毯具有更好的耐磨性。

（金笠铭）

合成纤维胎基　synthetic fiber base

用合成纤维为原料制作的做油毡胎基用的布或毡。主要有聚氯乙烯纤维、聚丙烯腈纤维、聚丙烯纤维、聚乙烯醇缩甲醛纤维、聚酰胺纤维（尼龙）和聚酯纤维等的布或毡。其特点是强度大、韧性好、延伸率大、吸湿性较小。以这种胎基所制得的油毡其低温柔性、抗裂性、耐久性及防水性能均比纸胎油毡优良。

（王海林）

合成橡胶　synthetic rubber

各种单体经聚合或缩合反应而生成具有不同化学结构及组成的橡胶。按用途不同可分成通用型和特种型两类。前者是指性能与天然橡胶相似，物理机械性能和加工性能较好，能广泛用于轮胎和其他一般橡胶制品的橡胶，主要品种有：丁苯橡胶、顺丁橡胶、异戊橡胶、乙丙橡胶、丁基橡胶、氯丁橡胶等。后者是指用于制作耐热、耐寒、耐化学物质腐蚀、耐溶剂、耐辐射等特种制品的橡胶，主要品种有：丁腈橡胶、硅橡胶、氟橡胶、聚氨酯橡胶、丙烯酸酯橡胶、氯磺化聚乙烯橡胶等。已成为天然橡胶无法替代的主要橡胶资源。

（刘柏贤）

合成橡胶地面涂层　synthetic rubber floor coat

以合成橡胶胶乳为基料，加入硫化剂等有关助剂加工成浆料涂布于地面的涂层。常用的胶乳有丁苯、氯丁、丁腈等。具有优良的耐磨性、防火性、耐腐蚀性以及良好的施工性能和装饰效果。可以作成各种图案、构成整体性地面面层。常用于轮船甲板、防腐蚀车间、实验室、仪表车间等地面。

（邓卫国）

合角剑把

又作合角剑靶。合角吻顶背上的剑柄形装饰构件。明代的作法，合角吻上的两个剑把是分离独立的，而清代的作法则将两个剑把拼接连成一体，对拼成90°角，故两剑把交接处各抹出45°角。

明代合角吻剑把　　清代合角吻剑把

合角剑把尺寸表　　单位：mm

	二样	三样	四样	五样	六样	七样	八样	九样	注
长	304	304	240	224	192	96	64	54	
宽	61	58	55	51	48	45	42	39	
高	21	20	19.2	17.6	16	16	12.8	10	

（李　武　左滪元）

合角吻

两条屋脊平面交接时用于交接处的吻兽。用于重檐建筑下层屋面围脊或盝顶建筑正脊。两脊相交，脊端各有一正吻，两吻后部相接，组合在一起即是。形似两面兽，在两个方向分别吞住两条脊身，同时下接屋面角脊，其功能是既封护三脊交汇处，又装饰屋脊使之更为华美。

明代合角吻之一　明代合角吻之二　合角剑靶　合角吻

琉璃合角吻尺寸表　单位：mm

	二样	三样	四样	五样	六样	七样	八样	九样	注
长、宽	864	672	672	544	416	224	157	134	
高	1088	896	896	768	608	320	224	192	

（李　武　左滽元）

合金　alloy

由两种或多种化学元素（其中至少一种是金属）所组成的具有金属特性的物质。由两种元素组成的合金称为"二元合金"，如铁碳合金（碳钢等）；由三种元素组成的称为"三元合金"；由三种以上元素组成的通称为"多元合金"。其结构和性质决定于组成合金的各组元素的含量及相互间作用的特性。由于合金的机械、物理和化学等综合性能往往远优于纯金属，因此工业上应用的金属材料中大多是合金，如钢、黄铜、青铜和硬铝等。

（许伯藩）

合金钢　alloy steels

合金元素含量超过标准规定含量界限值的钢。规定含量界限值参见钢（139页）。按主要质量等级分为优质和特殊质量两类。优质合金钢主要包括一般工程结构用合金钢、合金钢筋钢、电工用硅钢、铁道用合金钢、地质和石油钻探用合金钢、硫、磷含量大于0.035%的耐磨钢和硅锰弹簧钢等；特殊质量合金钢主要包括压力容器用合金钢、经热处理的合金钢筋钢和地质石油钻探用合金钢、合金结构钢、合金弹簧钢、不锈钢、耐热钢、合金工具钢、高速工具钢、轴承钢、高电阻电热钢和合金、无磁钢、永磁钢等。　（许伯藩）

合金钢（低合金钢）无缝钢管　alloy (low alloy) steel seamless tubes

合金钢（低合金钢）制成的无缝钢管。产品包括一般用途、地质钻探用两端内、外加厚钻杆、锅炉高压用和不锈耐酸钢无缝钢管等，品种繁多，一般按用途分类，技术条件和验收规则均不一致，需根据专门用途合理选用。断面除圆形外还有矩形（方形）和异形（平椭圆形等）。　（乔德庸）

合金工具钢　alloy tool steel

含一种或几种合金元素（如铬、锰、钨、硅、钒等）的高碳合金钢。按用途可分为量具刃具用钢、耐冲击工具用钢、热作模具钢和冷作模具钢、无磁模具钢和塑料模具钢。为适应不同用途的需要，碳和合金元素的含量变化较大，量具刃具和冷作模具钢含碳量分别在0.75%～1.45%和0.55%～2.30%范围内，合金总量不超过5%，典型的钢号如9SiCr，加入铬、硅提高钢的淬透性和回火稳定性，淬火变形小，适宜制作尺寸大、形状复杂的刃具、量具和模具，如扳牙、丝锥、铰刀、冷冲模等，其他常用钢号还有9Mn2V，CrWMn等。热作模具钢的碳含量大多在0.3%～0.85%之间，加入的合金含量相对较多，淬透性好，既要有较高的硬度和强度，更要有较好的热疲劳性能和耐冲击性能，如常用的5CrMnMo钢，含碳量为0.50%～0.60%，3Cr2W8V钢，4Cr5MoV1Si钢，含碳量均小于0.5%，可用来制作承受很大压力和在较高温度下工作的热作模、压铸模等。　（许伯藩）

合金工具钢热轧圆（方）钢　hot-rolled alloy tool round (square) steels

用合金工具钢热轧生产的条状圆（方）形型钢。材质分6组31个钢号。按用途可分为量具刃具钢条、耐冲击工具钢条、热作模具钢条、冷作模具钢条、无磁模具钢条、塑料模具钢条等型材。对硬度、淬透性、断口等均有严格要求。主要用作直接压力加工或切削加工件的坯料，用于前者时还要求表面不裂。　（乔德庸）

合金结构钢　alloy structure steel

在优质碳素结构钢的基础上加入一种或数种合金元素制成高强度、高韧性的钢。按冶金质量分优质钢、高级优质钢、特级优质钢三类；按使用加工方法分压力加工用钢和切削加工用钢。品种较多，标准规定达81种。通常制成零件后需经过调质处理（淬火后高温回火）、化学热处理（渗碳、渗氮）、表面火焰淬火或高频淬火等热处理。主要用作机械产品中重要的、尺寸较大的零部件。土木建筑中主要用来制作工程机械和高强度连接件。

（许伯藩）

合金结构钢薄钢板　alloy structural steel sheets

用合金结构钢冷轧或热轧生产的薄钢板。厚度不大于4mm。材质为优质合金结构钢、高级优质合金结构钢等共31个钢号。由于钢类钢号繁多，其性能各异，往往限定热处理状态，要求保证化学成分、力学性能、脱碳、杯突、带状组织等。为特殊用途用钢板。　（乔德庸）

合金结构钢热轧圆（方）钢　hot-rolled alloy structural round (square) steels

由合金结构钢热轧生产的条状圆（方）形型钢。钢类有Mn、MnV、MnMoW、SiMn、B、

CrNiMo 等，可分为 26 个钢组、81 个钢号。其直径或厚度可达 250mm。主要用于机械制造，土木建筑工程中主要用于工程机械的制造。可根据用途提出热处理条件、机械性能、淬透性、低高倍组织等要求。
(乔德庸)

合金结构钢丝 alloy structural steel wires
用合金结构钢拉制的圆钢丝。规格 2～10mm。按用途分一般用途和特殊用途两类；按交货状态分冷拉、退火两种。规格 $\phi2 \sim \phi10$mm。所用钢的牌号有 15CrA 等 18 个，分别按交货状态规定其性能指标，对低倍组织、高倍组织、非金属夹杂物等有较严格要求。
(乔德庸)

合金弹簧钢丝 alloy spring steel wires
用含碳量 0.4%～0.70% 的合金弹簧钢（参见弹簧钢，492 页）制作的钢丝。钢种有硅锰钢、铬钒钢、铬硅钢、不锈钢等。通常直径范围 0.8～12mm。一般用于制造圆形弹簧，当绕成弹簧后需进行（淬火和回火）热处理。
(乔德庸)

河泥 river mud
江河、湖泊的沉积泥。流水中所夹带的泥砂，因流速不同而产生分级沉降，流速较低处细颗粒不断淤积成泥。其成分决定于流域内表土。有的地区河泥藏量丰富，化学成分稳定，颗粒级配均匀，可作水泥湿法生产的黏土质原料。有不占农田、疏浚江河的优点。
(冯培植)

河砂 river sand
由河底或河床采集的天然砂。由于在形成过程中受到水的冲刷，颗粒较圆滑，质地坚硬，砂中泥土、云母等杂质的含量较山砂少，质量较海砂、山砂为优，是普通砂浆和混凝土最常用的细集料。
(孙宝林)

核磁共振分析法 nuclear magnetic resonance spectroscopy
又称核磁共振（NMR）波谱法。用核磁共振仪检测处于外磁场中物质的原子核数目和它们在分子中的位置以及与邻近原子或基团相互关系的一种光谱分析法。把具有核磁矩的被测物质放进外磁场中，由于外磁场对物质中原子核不同能级的核磁矩施加作用力而具有不同能量，当在垂直外磁场方向施加用的射频波（约为 10^6Hz）与核磁矩发生作用时，就使处于低能级的核磁矩吸收射频波的能量形成核磁共振，用仪器检测各种核磁共振频率变化经记录得到谱图，从而实现鉴定原子核的性质和分子化学结构。是迄今研究分子化学结构的有效方法之一，广泛用于确定分子结构，进行定性、定量分析，研究反应过程、反应机理及化学键的性质；研究溶液中的动态平衡、测定物质的黏度、含水量、固体和活体的结构等。
(秦力川)

核磁共振仪 nuclear magnetic resonance spectrometer
又称核磁共振波谱仪，核磁共振分光计。利用核磁共振作质子与原子核分析，研究化学和物理量在宽频率范围内变化的分光计。是进行核磁共振分析用的仪器。主要由外磁场（永磁铁、电磁铁和超导磁体）、射频振荡器、检测探头、射频接收器、扫描发生器和记录系统组成。射频振荡器产生的射频波经调制后进入探头，探头中装有样品管和向样品发射及接收射频波的线圈，将得到的信息经接收器检测、放大，送入记录器得到核磁共振谱图。仪器分为两种：①连续波谱仪，射频振荡器产生的射频波按频率大小有顺序地连续照射样品，可得到频率谱；②脉冲傅立叶变换谱仪，射频振荡器产生的射频波以窄脉冲方式照射样品，得到的时间谱经过傅立叶变换得出频率谱。
(秦力川)

核辐射屏蔽材料 radiation shielding materials
能有效地衰减各类射线辐射强度的材料。主要用于原子反应堆、粒子加速器等含辐射源的各类实验室、医学诊断治疗室及有关仪器设备。射线辐射源产生不同能量的各种类型的核辐射，其中主要是中子和 γ 射线。为使这些射线辐射衰减到在其周围工作人员可接受的、安全的水准，需要对各种类型的射线进行屏蔽。按射线的类型大致可分为 X 射线屏蔽材料、γ 射线屏蔽材料、中子屏蔽材料等。
(李耀鑫　李文垵)

核桃楸 Juglans mandshurica maxim.
中国东北地区产的一种珍贵用材树种。主要分布在东北小兴安岭和长白山，此外，大兴安岭林区东南部、河北、河南、山西、甘肃等地也有少量分布。半环孔材。边材浅黄褐色或栗褐色，心材红褐或栗褐色，有时带紫色条纹，久露空气中材色转深，呈巧克力色。木材有光泽，纹理直或斜，结构细，略均匀。气干材密度 $0.526 \sim 0.528$g/cm^3；干缩系数：径向 0.190%，弦向 0.291%；顺纹抗压强度 36.0～43.4MPa，静曲强度 75.3～85.3MPa，抗弯弹性模量 $11.5 \times 10^3 \sim 11.8 \times 10^3$MPa，顺纹抗拉强度 105～125MPa，冲击韧性 5.13～5.18J/cm^2；硬度：端面 32.3MPa，径面 27.4MPa，弦面 26.4MPa。核桃楸木材用途广，经济价值高，为军工用材，亦是珍贵家具、建筑、船舶、车辆装修、乐器制造的优良材料，还可生产胶合板。
(申宗圻)

盒子构件 space-unit element
盒子建筑体系的组成单元。盒子建筑体系指以承重盒子构件或由轻质盒子构件和骨架以各种不同方式组合而成的建筑物。构件形状犹如盒子，每个盒子都可根据使用功能的不同作出不同的内部分隔和布置，形成一个或数个完整的房间。在工厂以专门的机械设备成型，然后进行内部装修，安装门窗、电气和卫生设备。盒子构件可用钢筋混凝土、钢材、塑料预制作。钢筋混凝土罩式盒子构件采用钟罩形成型设备成型，首先移开外侧模，放好钢筋，然后将外侧模移回，浇灌盒子侧墙和顶盖的混凝土，自然养护或通过加热芯模使构件就地养护。脱模时，只需将芯模降下，外侧模移开，即可起运。在工地安装就位后，接通管线。需要时，也可做成带有阳台的盒子。装配化程度高，建筑中使用可大大缩短现场工期，减少劳动强度和湿作业。但需要完备的大型设备以完成制造、运输和吊装工作，投资大。　　　　　　　　　（孙宝林）

荷电效应　charging effect

在电子能谱分析中，由于大量受激电子脱离试样从而使试样表面正电荷积累而引起的效应。其结果使谱峰向低动能方向位移，影响电子结合能的准确测量。消除或校正的方法有：①对金属试样，只需使它与仪器保持良好的电接触；②对非导体样品，可利用电子枪来中和试样表面的正电荷，或把试样薄薄地涂在金属导体衬底上，或利用校正法对测量结果加以修正。　　　　　　　　　（潘素瑛）

荷木　Schima superba Gardn.

立木称木荷，中国珍贵用材树种，树干通直，木材坚硬，为纺织工业中特种用材。在中国南部分布很广，包括江苏、安徽南部、台湾、福建、江西、浙江、湖南、四川、云南、贵州、广东、广西等省（区）。木材黄褐色至浅红褐色，心边材区别不明显，有光泽，纹理斜或交错，结构细。气干材密度 $0.611\sim0.638g/cm^3$；干缩系数：径向 $0.164\%\sim0.173\%$，弦向 $0.270\%\sim0.310\%$；顺纹抗压强度 $43.8\sim46.6MPa$，静曲强度 $91.1\sim95.7MPa$，弯曲弹性模量 $11.4\sim12.8\times10^3MPa$，顺纹抗拉强度 $93.8\sim152.3MPa$，冲击韧性 $5.99\sim6.82J/cm^2$；硬度：端面 $51.9\sim64.2MPa$，径面：$41.4\sim44.7MPa$，弦面 $40.6\sim45.3MPa$。木材是做纺织器材，如纱管、线心和胶合板的好材料。亦可用于房屋结构、室内装修。还可做茶叶包装箱。树皮内有草酸盐类的白色针状晶体，能刺激皮肤，既发痒，又痛，应注意防范。　　　　　（申宗圻）

荷叶墩

用方砖砍磨加工成一边呈如图断面的砖件。是北方古建黑活砌筑墀头（俗称"腿子"）上部"梢子"及墙体冰盘檐子（头层檐）使用的第一层砖件。宽度同墀头，以干摆（磨砖对缝）做法居多。

荷叶墩
约同砖厚

讲究的建筑可雕花饰。普通民宅多用直檐。属檐料子类。琉璃建筑该部位用直檐琉璃檐子砖。　　　　　　　　　　　　　（朴学林）

荷载　load

又称载荷或荷重。是施加在工程结构上使工程结构或构件产生受力效应的各种性质的外力的统称。常见的有：永久荷载（如结构自重）和活荷载（也称可变荷载，包括楼面活荷载、车辆荷载、设备动力荷载及风、雪、冰等荷载）。按其分布情况分，有体积荷载（如构件自重）和表面荷载，表面荷载又分为分布荷载（如水库蓄水）和集中荷载（如桥面上的车辆）。按其作用性质分，有大小、方向和位置不变的静荷载和大小、方向或位置随时间而变化的动荷载，动荷载又分为冲击荷载，交变荷载等。　　　　　　　　　　　　　（宋显辉）

荷载传感器　load cell

又称测力传感器或测力元件。一种将物体所受荷载转换成电信号的装置。按所用敏感元件不同分为电阻应变片式、压磁式和差动变压器式多种。常用的电阻应变片式传感器，是把一组联成电桥的 4、8 或 16 片应变片粘贴在一个合金钢弹性物体上，弹性体受拉或受压变形时，应变片电阻值相应发生变化，通过调节电桥输出电信号，即可显示荷载大小。特点是输出信号精度高，线性好，抗侧载能力强。得到广泛应用。压磁式和差动变压器式传感器的输出功率较大，精度较低，线性误差较大。　　　　　　　　　（宋显辉）

荷重软化点　refractoriness under load

又称荷重软化温度或荷重变形温度。耐火材料在一定荷重下加热达到某特定软化压缩程度时的温度。是表征耐火材料抵抗荷载和温度共同作用的重要指标。各国规定不尽相同。中国 GB/T 5988 标准规定 $\phi50mm$ 试块在 $200\pm4kPa$ 压力下按一定速度升温至最大膨胀后压缩变形为 0.5%、1.0%、2.0% 及 5% 的对应温度 $T_{0.5}$、$T_{1.0}$、$T_{2.0}$ 及 $T_{5.0}$ 为其表征温度。国际标准规定的变形量为 0.5%、2% 和 5%。西欧标准（PRE）规定的变形量为 0.5%、1.0%、5.0% 和 10%。日本标准则规定荷重软化曲线上最高温度为软化开始温度，同时还规定了变形量为 2% 及 20% 时的温度为表征温度。对于在加热过程中可能突然溃裂或破裂的硅质、镁质耐火材料，则可直接记录溃裂点或破裂点。它主要取决于材料的相组成及显微结构。通常主晶相晶粒大、基质中高熔点组分多、高温下生成的液相黏度大、气孔率低的材料荷重软化点高。　（李　楠）

褐硫钙石　oldhamite

化学式 CaS。等轴晶系。小球状、串珠状或立方体结晶。硬度4。相对密度2.58。无色。折射率2.137。存在于还原气氛下烧成的水泥熟料和高炉矿渣中。在大气中易吸水生成 $Ca(OH)_2$ 和 H_2S 气体，使水泥体积增大并有臭味。在碱度低的水泥石中会加速钢筋锈蚀。含量适当能激发矿渣活性。

(龙世宗)

hei

黑度 blackness; emissivity

又称发射率，辐射率。物体的辐射能力与同温度下黑体的辐射能力之比。也是物体的吸收率与同温度下黑体的吸收率之比。常用符号 ε 表示，即 $\varepsilon = \frac{E}{E_0} = \frac{A}{A_0}$，其中，$A_0 = 1$。某一波长的黑度称为单色黑度，即物体的单色辐射能力与同温度下黑体的单色辐射能力之比。黑度数值取决于物体的内部结构和表面状态，是辐射换热计算中的重要参数。

(曹文聪)

黑火药 black powder

又称火药，俗称黑药。由硝酸钾 KNO_3、硫磺和木炭粉混制成的低威力炸药。早在6~7世纪，中国发明了黑火药，并作为古代四大发明之一而长存史册。1627年匈牙利和1689年英国才首次用于采矿爆破。直至19世纪中叶，曾是惟一的工业炸药。目前，虽已被现代硝铵类工业炸药等所代替，但在开采大理石、花岗岩等料石和制作导火索药芯、点火药和烟火器材时，仍广泛应用。开采石材黑火药的成分是：硝酸钾75%、硫磺10%和木炭15%。黑火药的冲击感度和摩擦感度均高，特别对火花和火焰极敏感，在应用时必须注意安全。

(刘清荣)

黑色玻璃 black glass

均匀地、高度地吸收入射白光中所含各单色光而呈现黑色的颜色玻璃。如①铁-铬-铜-镍混合着色玻璃，仅透过少量的可见光，基本上全部吸收了紫外和红外光的能量；②锰-铬混合着色制得黑色透红外线玻璃；③钴-镍混合着色制得透紫外光而不透可见光的玻璃；④硫-铁着色可制得最廉价的黑色玻璃。用于制造劳动护目用具、滤光片、黑色高压汞灯玻璃壳等，也是一种高级建筑装饰材料，用于地铁车站、商业建筑、体育建筑等墙面装饰。

(许淑惠)

黑色金属 ferrous metal

通常指铁、锰、铬及铁基合金。三种元素均位于元素周期表中第四周期，原子序数分别为26、25、24。纯铁相对密度7.86，熔点1 535℃。铁在地壳中分布比较集中，储量丰富，在地壳中的含量约占5%左右，仅次于铝。重要的铁矿石有磁铁矿、赤铁矿、褐铁矿和菱铁矿等，适于大量开采和大规模冶炼，故在所有工业用金属中价格最廉、产量最多。以铁和碳为主制得的钢或铸铁经不同热处理之后，可获得适应各种用途要求的性能，因此成为工业中应用最广泛的金属材料，在国民经济中占有极其重要的地位。

(许伯藩)

黑石脂

又称石黛、石黑、笔石粉、石涅、画眉石。致密块状土状石墨。通常产于变质岩中，是煤或碳质岩石（或沉积物）受区域变形或岩浆侵入作用的影响而成。化学成分为C，六方和三方晶系，晶体呈六方板状或片状集合体，为鳞片状。铁黑色至钢灰色，条痕呈光亮的黑色，片状解理极完全。硬度1，表观密度2.25，有滑感，能导电，化学性质不活泼，具有耐腐蚀性。主要产于湖南。建筑彩画中主要用作黑色颜料。

(马祖铭)

黑体 black body

又称绝对黑体。能全部吸收投射辐射能量的物体。在同温度下的所有物体中，它具有最大的辐射能力，即黑度等于1；也具有最大的吸收能力，即吸收率等于1。在自然界中不存在，但可以人工制造，以作为研究和计算辐射传热的基准。

(曹文聪)

黑头砖 chuff brick

外表面局部呈黑色的烧结砖。黑色是因焙烧时砖坯局部表面被未燃尽的煤或炉灰埋盖，供氧不足所造成。影响外观质量但不影响强度。

(崔可浩)

黑心 black core

烧结黏土砖外表面呈红色，内部呈灰黄色或深灰色的一种烧成缺陷。砖心呈灰黄色是由于欠火，内燃物质未充分燃烧造成的缺陷，影响强度；呈深灰色则由于缺氧，内部形成还原性气氛所致，不影响强度。

(崔可浩)

黑油

又称黑烟子油。由光油和黑烟子调制而成的黑色油。传统的调制方法是：将箩置于瓷盆之内，然后将黑烟子轻轻倒入箩中，上面覆盖一层柔软的纸，以手隔纸揉搓使黑烟子落于盆内，以除去杂质。随即把软纸覆盖于黑烟子之上，以白酒浇于纸上，再以沸水浇之，至润透黑烟子为止，将纸取出陆续加入光油，使油与颜料混合，混合的过程中，颜料中的水陆续排出，以毛巾吸之排净，最后用光油稀释即成。主要用于牌匾和民居的门、柱油饰。

(王仲杰)

heng

恒温恒湿箱 constant temperature and humidity cabinet

能调节温度、湿度以模拟气候环境的试验设备。由干球导电计和湿球导电计通过继电器分别控制电加热器和蒸汽加湿器，调节箱内的温度和相对湿度。在允许的调温、调湿范围内，可以按试验要求，较准确地控制恒温、恒湿，灵敏度较高。适用于各种中小型电器、仪表和材料等受不同温度、湿度影响而引起性能变化的试验。　　（林方辉）

恒温室门锁 door lock for constant temperature room

保温室门上的专用锁。由宽锁壳、双锁舌、单锁头、弯执手等组成锁体。特殊的锁扣板上有一个压紧斜面，在锁闭时，斜面起到压紧门户的作用，使之密闭保温。适合安装于厚度为65~70mm的门上。

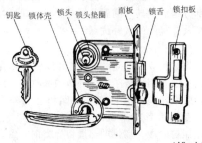

（姚时章）

桁 purlin

跨过开间承屋顶椽桷的构件。《玉篇》屋桁，屋横木也。参见栋（93页）。　　（张良皋）

桁梧 roof frame

泛指梁以上的构造，亦借指斗栱。《景福殿赋》桁梧复叠。李善注：桁，梁上所施也，桁与衡同；梧，柱也。《营造法式》卷一释铺作注：桁梧，斗栱也。　　（张良皋）

横担瓷绝缘子 cross-arm porcelain insulator

既起横担作用又能绝缘的一种实心棒型瓷绝缘子。属不可击穿型绝缘子。它通过绝缘件或附件上的安装孔可以刚性地安装在电杆上。有降低杆塔高度、简化杆塔结构的优点。弯曲强度不低于100MPa，开口气孔率为零，孔隙性（180MPa·h）无渗透，急冷急热温差150℃不损坏。

（邢　宁）

横纹剪切强度 shear strength perpendicular to grain

剪力与纹理方向垂直，而剪切平面与纹理方向平行时的最大抗剪能力。木材横纹理方向抗剪强度是顺纹抗剪强度的3~4倍。但垂直纹理的剪切应力在结构设计上实际是很少用的。　　（吴悦琦）

横纹抗拉强度 tensile strength perpendicular to grain

木材垂直于纤维方向承受拉伸载荷的最大能力。一般仅为顺纹抗拉强度的3.5%~7%左右，其中径向横纹抗拉强度略大于弦向。如广西大苗山产的杉木，平均顺纹抗拉强度为71MPa，而横纹方向只有2.3MPa，所以在任何木结构的部件中，都要尽量避免产生横纹受拉，木材在干燥过程中也常常会发生开裂而丧失横纹抗拉强度。

（吴悦琦）

横纹抗压强度 compression strength perpendicular to grain

木材垂直于纹理方向承受压缩载荷到达比例极限时的应力。分为全部抗压强度和局部抗压强度，前者是整个材面上承受载荷，后者只是局部面积上受压。因难以测定木材横纹受压时的最大应力，通常也有用压缩率达到试件厚度2.5%时的抗压强度值表示的。横纹材面分为径向和弦向，一般径向抗压强度高于弦向。木材越致密，材质越均匀，则顺纹方向与横纹方向的抗压强度差别越小，例如栎木的比值为0.294，而愈疮木的比值为0.895。局部载荷的抗压强度值大于全部载荷的抗压强度，横纹抗压允许应力是设计梁、托梁及搁栅等受压构件的参数。　　（吴悦琦）

横向筋 transverse cord

玻璃上走向与引上方向垂直、由原板边部向中部稍微向上飘移的条纹。这种条纹分布较密而不显著。　　（吴正明）

hong

轰燃 flashover

火灾时可燃材料表面在瞬间全部被卷入火灾而发生猛烈燃烧的迅变状态。由有限空间内材料受热分解释出可燃气体积聚突发燃烧所致。可造成火灾中心温度急剧上升和严重缺氧，对消防和救护人员的生命安全威胁极大。　　（徐应麟）

红丹 trilead tetroxide

见氧化铅（567页）。

红花饼 safflower cake

鲜明的猩红色染料。以菊花科含红色素的花加工成饼而得名。在古建彩画中作红色花卉的渲染与勾勒。　　（谯京旭）

红浆 laterite paste

红土子加水溶胀后，再加胶水或血料调制成的浆状物。现常以氧化铁红兑水加胶料代用。主要用于宫墙或寺庙墙体上身抹灰的赶轧刷浆，也可用于黄琉璃瓦屋面夹陇灰等部位轧浆。

（朴学林　张良皋）

红麻地毯　ambari hemp carpet

是将黄麻及槿麻杆上剥下的麻皮经脱胶处理后取得的纤维制成的地毯。黄麻的长果种俗名黄头麻，印度、孟加拉国称红麻。槿麻的俗称也是红麻。纤维具有良好的吸湿性和抗静电性能。比化纤地毯有更好的抗静电性能和耐烫、阻燃的性能，而且可对室内温湿度起良好调节作用，提高安全感和舒适度。其透气性良好，而且断裂强度高。可用于对室内温湿度有较高要求的房间内。亚麻地毯与此近似。

（金笠铭）

红色玻璃　Red glass

透过可见光主波长为650nm的颜色玻璃。常见的有硒红玻璃、金红玻璃、锑红玻璃和铜红玻璃。以硒红玻璃纯度高、色调鲜艳、透光率高为最佳。用于制造信号玻璃、滤光玻璃、器皿玻璃、艺术装饰玻璃等，是博物馆、影剧院、教堂、宾馆等高级建筑物的常用装饰材料。

（许淑惠）

红松　Pinus koraiensis sieb. et zucc.

中国重要珍贵用材树种之一，主要产于东北，北起小兴安岭北坡孙吴县，南至辽宁省宽甸县，东起黑龙江省饶河县，西界于辽宁省本溪县。树干通直、圆满，材质好，出材率高，且耐腐。边材黄白色或浅黄褐色，心材红褐色，间或浅红褐色。木材有光泽，松脂气味较浓，纹理通直，结构中等，均匀，锯、刨等加工容易。气干材密度 $0.440g/cm^3$；干缩系数：径向 0.122%，弦向 0.321%，顺纹抗压强度 32.8MPa，静曲强度 64.0MPa，抗弯弹性模量 9.81GPa，顺纹抗拉强度 96.0MPa，冲击韧性 $3.43J/cm^2$，端面硬度 21.6MPa。系建筑与包装用良材，主要做房屋建筑和室内装修，军工用品，甲板，桅杆和船舱用料，运动器材如平衡木等。原木做电杆、枕木，也可生产胶合板。

（申宗圻）

红土　laterite

致密黏土状的铁铝质岩石。是玄武岩等富含铝质岩石经强烈风化分解作用而成，形成于第三纪。红褐色。主要矿物是高岭石和伊利石，还有铝土矿、褐铁矿、针铁矿、方解石、白云母、长石、石英等。化学成分中 Al_2O_3、Fe_2O_3 含量较高，SiO_2 较低，硅率 1.4～2.6，铝率 2～5。粒度以黏粒级（小于0.05mm）为主，占 40%～70%，故可塑性较高，塑性指数为 18～27。相对密度 2.4～3.2。具有遇水不崩解特性，故风干后可直接用作建筑材料。中国江西、湖南、湖北、福建等省分布量较多，是水泥和砖瓦的主要原料之一。（冯培植）

红土子　natural red iron oxide

主要成分为三氧化二铁（Fe_2O_3）的粉状土红色颜料。即天然氧化铁红。遮盖力和着色力强，耐光，耐高温和大气影响。主要产地广东、山东等。中国的主要传统颜料之一。因产地的不同和加工的精粗，可分为三个品种：①广红精（亦称漂广红），色鲜，质细；②广红土子（亦称霞土子），色较鲜，质较细；③红土子，色暗，质粗。在古建工程中：广红精和广红土子主要用于调制红土子油和彩画颜料。红土子主要用于墙壁刷饰和调制红色麻刀灰。

（王仲杰）

红外测温仪　infrared thermometer

利用物体的红外辐射特性（辐射能的大小及其按波长的分布）与物体温度的关系制成的测温仪表。根据斯蒂芬-波尔兹曼定律（Stefan-Boltzman-rule），测定物体的红外辐射能量，即可确定物体的温度。主要由传感元件、光学系统、调制器和放大显示部分组成。具有测温范围宽、反应速度快、准确度高及非接触测量等优点。　（林方辉）

红外干燥　infrared ray drying

利用波长 $0.75\sim40\mu m$ 的红外线辐射传热进行干燥的方法。因水分子对红外线的吸收性很强，所以干燥效率较高。有近红外干燥和远红外干燥两种，前者比后者效率低。采用间歇性辐照方法，在停止照射阶段，坯体的热湿传导方向一致，可加快干燥速率。适用于薄壁坯体的干燥。干燥均匀、速度快、能耗低。红外线可由红外灯产生，也可用高温加热热辐射材料获得。性能良好的辐射材料有碳化硅等陶瓷及其涂层或复合材料。辐射元件有灯状、管状和板状。

（陈晓明）

红外吸收玻璃　IR-absorbing glass

具有吸收红外光谱性能的玻璃。Fe^{2+} 在近红外区 1050nm 处有强吸收带，通常在硅酸盐或磷酸盐玻璃中加入适量铁的化合物和硅粉等还原剂，在还原气氛的条件下进行熔制。为提高耐热性，防止玻璃吸收红外致热引起炸裂，应进行钢化处理。用于医疗灯具、电影、电真空器件的红外封接与封割等技术中。

（刘继翔）

红外吸收光谱分析　infrared-absorption spectrophotometry

根据物质对红外光具有的吸收特性而确立的分析方法。试样被红外光（波数为 $14\,000\sim20cm^{-1}$ 范围的电磁辐射）照射时，导致分子中振动能级和转动能级的跃迁而有选择地吸收某些波长的红外光，形成红外吸收光谱。一般以波数（cm^{-1}）为横坐标，透过率（%）或吸收率为纵坐标。红外吸收光谱具有高度的特征性，每种化合物都各有其红外特征光谱，因此可用于官能团和分子结构的鉴定。分析速度快，试样量少，对固态、液态、气态物质均可测定，已成为常规分子结构分析中不可缺少的方法。

（潘素瑛）

红外吸收光谱仪 infrared spectrometer

又称红外吸收分光光度计。进行红外光谱分析的仪器。有色散型和干涉型-傅里叶变换红光光谱仪二大类。前者由光源、单色器、检测器和放大记录系统四部分组成。光源（硅碳棒、能斯特灯或碘钨灯等）发出的红外光，经反射镜组分成二束光，分别通过试样池和参比池；切光器匀速运动，使二束光交替到达检测器，当二束光不平衡，检出器将有信号输出，经放大并记录，绘出吸收强度随波数变化的红外光谱图。该法可消除来自光源和检测器带来的误差和大气中水、CO_2 的干扰。在 $1\,000$ cm^{-1} 处分辨率可达 $0.2cm^{-1}$，设备简单，是目前普遍采用的仪器。干涉型-傅里叶变换红外光谱仪（FT-IR）由光源、迈克尔逊干涉仪、探测器和计算机四部分组成。光源发出的红外辐射，通过迈克尔逊干涉仪，由于光的相干涉原理，获得强度随光程差变化的光信号，通过试样后，其信号强度带有试样信息，经放大系统输入计算机进行快速傅立叶变换，最后获得以透过率为纵坐标，波数为横坐标的红外光谱图。与色散型仪器相比有很高的分辨率（可达 $0.005cm^{-1}$）波数精度高，扫描速度快，光谱范围宽、灵敏度高。

（潘素瑛）

红外线灯 infrared lamp

发射电磁波长为 $0.77\sim1\,000\mu m$ 的灯式器具。其波长是位于红光和微波间的电磁辐射，属不可见光。灯头常用陶瓷做圆锥形灯芯，周围绕以镍铬合金线圈制成，通电后灯丝灼燃温度约 $500℃$，并放出大量红外线。按波长可分为近红外区（$0.77\sim3.0\mu m$）、中红外区（$3.0\sim30.0\mu m$）和远红外区（$30.0\sim1\,000\mu m$）。具有热效率高的特点。主要应用于医学理疗、食品烘烤及油漆烘干等方面。

（王建明）

红外线养护 ultrared curing

利用红外线热辐射使混凝土加速硬化的养护方法。主要设备为红外线辐射器，能源可用天然气、液化气、重油、电等。红外线是波长为 $0.72\sim1\,000\mu m$，介于可见光和微波之间的一种电磁波。用作加热养护的远红外线（波长大于 $4\mu m$）被物体吸收后可使其内部分子产生剧烈旋转和振荡而生热。由于混凝土组成材料对红外线的吸收率高（$60\sim100℃$ 时约为 90%），因而热效率高。分直接辐射法和间接辐射法两种，前者是红外线直接辐射到混凝土表面使其受热，所需加热时间短，但易引起混凝土失水过多；后者是红外线辐射到由金属板、水玻璃等红外线穿透率高的物质制成的覆盖层上，使混凝土间接受热，也可向金属模板辐射加热，使其成为热源，再传导给混凝土。优点是设备简单、加热均匀、节省能源、养护周期短、混凝土的物理力学性能较蒸汽养护的好。

（孙宝林）

红砖 red brick

见烧结黏土砖（428 页）。

红椎 Castanopsis hystrix DC

椎木属中四类商品材之一（其余三类为黄椎、白椎、苦槠），分布于中国南部广东、广西、云南、贵州、湖南、江西、福建等省，西藏的墨脱县亦有分布。木材为半环孔材，边材浅红褐色，心材为红褐色或鲜红褐色。木材光泽弱，纹理直，结构细至中等，不均匀，锯、刨等加工容易，耐腐性强，有抗蚁性。气干材密度 $0.733g/cm^3$；干缩系数：径向 0.206%，弦向 0.291%；顺纹抗压强度 $53.1MPa$，静曲强度 $98.4MPa$，抗弯弹性模量 12.2×10^3MPa，顺纹抗拉强度 $124.5MPa$，冲击韧性 $9.62J/cm^2$；硬度：端面 $54.8MPa$，径面 $47.4MPa$，弦面 $47.5MPa$。木材可做渔轮的船壳，龙骨、龙筋等，以及高档家具、文具及工艺美术品，还可做房屋建筑的柱子、搁栅、屋架、木桩等。

（申宗圻）

闳 gate to a lame; doorstop

①巷门、里曲之门。《说文》巷门也。《左传成十七年》乘辇而入于闳，注：巷门。又《昭二十年》使华齐御公孟，宗鲁骖乘，及闳中，注：闳，曲门中。

②止扉之门橜。《尔雅·释宫》所以止扉谓之闳，注：闳，长杙，即门橜也。参见阒（362 页）。

（张良皋）

宏观检验 macrographic examination

又称低倍检验。用肉眼或在不大于十倍的放大镜下检查金属表面或断面以确定其组织中存在缺陷的方法。常见的钢材缺陷有缩孔（或缩孔残余）、疏松、偏析、裂纹、折叠、外来非金属夹杂物和白点等。又分为酸蚀、断口、塔形车削发纹检验和接触印痕等不同方法，前两种方法应用最广，优质钢和合金钢均需按照国家制定的标准级别图，对照检查并注明各项缺陷的级别作为质量的判据。

（高庆全）

虹吸式坐便器 siphonic W.C. pan

借冲洗水在排水道所形成的虹吸作用将污物排出的大便器。排污能力强，存水面积较大。噪声较小,卫生条件较冲落式坐便器有较大改善,但构造较复杂,价格较高。

(陈晓明)

hou

后期龟裂 post crazing

陶瓷产品在使用过程中,由于坯釉膨胀或收缩不一致造成的釉面网状开裂。是精陶等多孔上釉制品的缺陷之一。吸湿膨胀是釉面砖等精陶制品产生此缺陷的主要原因。由于釉的吸湿膨胀小,坯体吸湿膨胀后,釉层处于张应力状态,当张应力超过釉的抗张强度极限时,釉面就发生"龟裂"。此缺陷严重的釉面砖应避免在多水或潮湿环境使用。

(陈晓明)

后张法 post-tensioning method

制作预应力钢筋混凝土制品或构件在混凝土硬化后张拉钢筋的一种工艺方法。混凝土成型硬化后,达到规定要求的强度(一般不低于设计强度的70%),在制品的预留孔道内穿入钢筋,然后在一端张拉,或在两端同时张拉并锚固。再进行孔道灌浆。通过锚具或其他方法将应力传递给混凝土,使其获得预压应力。后张法不需专用台座。多用于制作组合式构件,或者在现场生产大跨度构件。钢筋两端需配置专用锚具,构件端部须加强配筋。操作较先张法复杂,造价较高。

(孙复强)

后张自锚法 self-anchoring method of post-tensioning

一种采用自锚头的后张法制作预应力钢筋混凝土构件的工艺方法。钢筋张拉前施工工序与一般后张法相同。其特点为在构件上张拉,利用混凝土自锚。构件的预留孔道在端部扩大成锥形孔。通过承力架和张拉夹具对钢筋施加预应力后,在锥形孔中浇灌细石混凝土自锚头,当其达到一定强度时(不低于28MPa),切断钢筋,取下夹具和承力架,其拉力由承力架传给自锚头。制作简便,无须台座,无工作锚具留在构件上,节约钢材。其缺点为要多次浇灌混凝土;自锚头削弱了构件端部,处理不善易发生裂缝。

(孙复强)

厚涂层喷枪 build spray gun

高黏度多骨料涂料的厚涂层喷涂施工的专用机具。其特点是料斗体积较大,喷嘴为特殊的扁平形式。涂层的厚度可由调换喷嘴的型式加以调节,多用于建筑装饰内、外墙饰面的施工。

(邓卫国)

hu

弧光灯 arc lamp

利用两端电极或炭精间通电后产生弧光放电而发光的灯具。其光谱近似于全辐射体光源。亮度高达 $2 \times 10^9 cd/m^2$,与日光相近,色温达6000K,但须由调整器来稳定弧长。常有炭精灯,长、短弧氙灯以及金属卤素的铟灯与镝灯等。多作为探照灯、信号灯、放映灯和制版等处的光源。

(王建明)

胡克定律 Hooke's law

又称虎克定律。在小变形情况下,描述固体的变形与所受的外力成正比关系的定律。在应力低于比例极限的情况下,固体中的应力 σ 与应变 ε 的关系为 $\sigma = E\varepsilon$,式中比例系数 E 是弹性模量。这个定律由英国科学家胡克(Robert Hooke)于1678年首先发表,故名。后来被推广到三向应力－应变状态,则称为广义胡克定律。

(宋显辉)

胡克元件 Hookean element

见流变特性(306页)。

湖(地)沥青 lake asphalt

呈湖状存在的一种天然沥青。可以是纯净状态存在,亦可混有岩石碎屑、砂和土等。前者可直接作为沥青混合料使用;后者可经提纯后使用或轧碎后作为沥青混合料使用。美洲特立尼达湖(Trinidad-lake)为世界著名的沥青湖。我国新疆冷湖亦为沥青湖。

(严家伋)

湖口石 Hukou stone

江西省九江市湖口县产出的盆景石。采自水中或水边,有的呈峰峦、岩壑或其他形状;有的扁薄嵌空,穿眼通透,似木板经利刃剜刻之状。石色青而微润,纹理如刷丝,敲之有声,宜作盆景。

(谯京旭)

糊精 dextrine

淀粉的不完全水解产物。主要成分 $(C_6H_{10}O_5)_n \cdot xH_2O$。由焙烧法、加酸焙烧法或发酵法水解制成。白色或淡黄色无定形粉末,完全溶于温水而成为高粘接性的透明胶粘剂。加入无机碱式盐、硼砂或苛性钠能增加其初期粘接力,掺加亚硫酸钠可降低碱性,消除特异臭气。用于纸制品加工、服装、制鞋等,建筑中用于裱糊作业。

(刘茂榆)

虎头找

城砖或四丁砖四分之一斜方角。是古建室外铺墁散水转角时不可缺少的砖件之一。也指方砖对角分成四块的斜方角,用于黑活廊心墙、影壁墙、看面墙、落堂槛墙等干摆方砖心的四角。

(朴学林)

琥珀色玻璃 amber glass

俗称茶色玻璃。吸收紫外线能力很强,色泽似琥珀棕色的颜色玻璃。常用着色方法有:①硫碳着色，在还原条件下熔制，生成硫化物（S^{2-}）和三价铁离子（Fe^{3+}）共存使玻璃着色，色泽鲜艳，透明度高；②铁锰着色，在氧化条件下熔制，色泽暗淡不鲜艳，透明度较差；③硒硫着色，比硫碳着色略红，在中性和弱还原性气氛中熔制。用于制作滤光玻璃、瓶罐和器皿等日用玻璃，在建筑上主要用作窗、门玻璃，玻璃幕墙，屏风，照明灯具及其他工艺美术装饰玻璃制品等。　　　（许淑惠）

互穿聚合物网络 interpenetrating polymer network

又称互贯聚合物网络。是两种聚合物分子相互贯穿、以网络形式结合的高分子化合物的总称。其中至少有一种聚合物在另一种聚合物存在下进行合成或交联，或者既合成又交联。可以用两种方法与简单的聚合物混合物、嵌段物、接枝物区别：（1）在溶剂中溶胀，但不溶解；（2）不能蠕变和流动。按照网络形成的过程、原聚合物分子结构及网络形成的方法，可分为顺序互穿聚合物网络、同时互穿网络、互穿弹性体网络、半互穿聚合物网络等。是一种复相聚合物材料，也是高聚物改性的重要产物结构。　　　　　　　　　　　（闻荻江）

护板灰 roof board filler

泼浆（青浆泼制）灰加入适量的水和制成稠浆状，加入（100∶3 重量比）麻刀，调制而得的灰。属大麻刀灰范畴。适用于在屋顶望板上苫第一层背，厚度为 15mm 左右，主要是保护望板，起防腐作用。　　　　　　　　（朴学林　张良皋）

护角 corner bead

为增加墙、柱和门窗洞口等处阳角的粉刷底层强度而采取的措施。其做法是在离地面上 1.2～1.5m 处用水泥砂浆、铁皮或木角线做成保护角，以防止撞击成为缺角而有损美观。（姚时章）

护筋性 protection of reinforcement in concrete

混凝土保护钢筋不受侵蚀的性能。混凝土密实度愈高，抗渗性越好，水分及侵蚀介质越难达到钢材表面，护筋性越高；碱性环境能使钢材表面的钝化膜（由 $\gamma\text{-}Fe_2O_3 \cdot nH_2O$ 构成的致密薄膜，厚约 1～10nm）稳定存在，因之，混凝土碱度越高，对保护钢筋越有利，一般 pH 值不应低于 11.5。氯离子能加剧钢材的锈蚀，混凝土中不允许含有过量的氯化物。掺入阻锈剂（如亚硝酸钠等）可提高混凝土的护筋性，多孔混凝土使用的钢筋则应涂以防锈剂。　　　　　　　　　　　（蒲心诚）

hua

花斑石

各种黄褐色并带有斑纹的沉积岩和变质岩的泛称。质较硬，在宫殿建筑中多用作阶石、铺装地面。磨光后华丽美观，用作装饰板材。如产于北京及河北唐山的"晚霞"，即属此类。（谯京旭）

花斑纹釉外墙砖 marbling glazed tile

饰以大理石纹理、斑点的陶瓷外墙砖。通常是在坯体上施一层底釉，以遮盖坯体本色，而后用丝网印花的方法或在底釉上抛、蘸上斑点的方法制出各种天然石材纹样。为炻质（参见炻器，450 页）制品，外形尺寸一般大于 200mm×200mm，用作外墙面的装饰。　　　　　　　　（邢　宁）

花岗闪长岩 granodiorite

花岗岩向闪长岩过渡的一种中酸性深成岩。与花岗岩相比，斜长石含量多于碱性长石，石英含量更少（15%～20%），深色矿物如角闪石、辉石及黑云母含量更多（约 15%），颜色更深，呈灰绿、灰黑及暗灰色。其他特性及用途与花岗岩（190 页）相近。　　　　　　　　　（曾瑞林）

花岗石 granite

具有装饰性、可加工性和一定机械物理性能的各种岩浆岩类岩石的加工产品。名称虽源于岩石学中的花岗岩，但其含义更广泛，包含的岩石种类更多。根据 SiO_2 含量多少，可分为花岗岩类（大于 65%）、闪长岩类（55%～65%）和辉长岩类（45%～55%）等三类。主要由长石、石英、黑云母、角闪石、辉石等矿物组成。随着 SiO_2 含量减少及深色矿物含量的增加，其颜色由浅灰、肉红、灰白过渡到深灰乃至黑色。抗压强度 90～280MPa，表观密度 2 500～3 100kg/m³，吸水率 0.15%～0.30%，抗冻性能为 100～200 次冻融循环，耐用年限 75～200 年。主要制品有饰面板材、石雕工艺品、建筑工程石材等。由于其抗风化能力强，尤宜用于修建纪念性建筑物，其碎石可用于筑路及用做拌制混凝土的粗集料。SiO_2 含量大于 55% 者，可用做耐酸槽、池及地坪等，SiO_2 含量越高，则越耐酸。花岗石蕴藏量大，分布极广。
　　　　　　　　　　　　　　（曾瑞林）

花岗石板材 granite slabs

花岗石荒料经加工得到的板状产品。按形状分为普型板材和异形板材。按表面加工程度分为细面板材（表面平整、光滑的板材，如粗磨板）、镜面板材（表面平整、具有镜面光泽的板材，如磨光板）和粗面板材（表面平整、粗糙，具有较规则的加工条纹，如机刨板、剁斧板、锤击板、烧毛板）。当前以磨光板产量最大，应用最广。花岗石板材坚硬耐磨，抗风化性能及装饰性能好，宜作建筑物墙面、柱面、地面等饰面材料。
　　　　　　　　　　　　　　（曾瑞林）

花岗石粗磨板　granite rough grinding slabs

经锯割、粗磨和切割加工，表面平滑而无光泽的花岗石板材。通常有一定尺寸要求，标准厚度为20mm。色调柔和，不易打滑，宜做建筑物室内外地面、墙面、柱面、台阶、勒脚等部位饰面材料。

（曾瑞林）

花岗石剁斧板　granite impact working slabs

经剁斧加工，表面粗糙，具有规则条状斧纹的花岗石板材。尺寸无统一规定，但较花岗石磨光板和粗磨板为厚。表面起伏高度可达数毫米，形成明显的阴暗面或多种花纹图案，质感强，给人以粗犷、自然的印象。宜做建筑物室外墙面、柱面、地面、台阶、勒脚等部位饰面材料。

（曾瑞林）

花岗石机刨板　granite planing slabs

经刨石机加工，表面平整且具有相互平行刨纹的花岗石板材。尺寸无统一规定。表面刀痕深度可达数毫米，线条流畅，清新悦目，宜做建筑物外墙面、柱面、台阶、勒脚等部位的饰面材料。

（曾瑞林）

花岗石磨光板　granite grinding and polishing slabs

经锯割、研磨、抛光和切割加工，表面光亮的花岗石板材。晶体裸露，色泽鲜明，有镜面感，装饰性能极佳。标准厚度为20mm，小于10mm的称为薄板，一般为规格板材，有普型及异型两类。与大理石磨光板相比，耐磨损、抗风化能力强，光泽保留时间长，用途更广。宜作高级建筑物室内外墙面、柱面、地面、台阶、腰线、勒脚等部位饰面材料。中国花岗石磨光板有100多个品种，著名的有"中国红花岗石"、"岑溪红花岗石"、"济南青花岗石"等；国际著名品种有"印度蓝花岗石"、"巴西红花岗石"等。

（曾瑞林）

花岗石烧毛板　granite scorching slabs

以火焰喷射法加工而得，表面粗糙的花岗石板材。通常石英含量15%以上。由烧毛机加工可获得多种形状的花纹。表面起伏高度不超过1～1.5mm。质感较强，宜做建筑物室外饰面材料，多用于墙面、柱面、地面、台阶等部位。

（曾瑞林）

花岗岩　granite

一种深成酸性岩浆岩。主要由长石、石英（20%以上）及少量以黑云母为主的深色矿物组成。SiO_2含量达70%以上。全晶质半自形花岗或似斑状结构，块状构造。按所含深色矿物不同分为：黑云母花岗岩、白云母花岗岩、二云母花岗岩、角闪石花岗岩等。常呈灰白色或肉红色。表观密度2 500～2 700kg/m³，抗压强度90～240MPa，孔隙率0.5%～2.0%，吸水率小于0.5%，能耐除氢氟酸、氟硅酸以外的绝大多数酸、碱、盐介质的腐蚀，可用于制作耐腐蚀反应槽、溶解池、贮藏池、废液池、地坪等。常用作房屋、闸坝、桥梁、地基、台阶、路面等工程砌筑石材。由于耐磨损、抗风化能力强，其制品尤宜于修建纪念性建筑物，其碎石可作混凝土的良好粗集料。易加工、装饰性好的，可用来雕刻工艺品或制成建筑饰面板材。

（曾瑞林）

花格空心砖　lattice brick

又称花格砖。主要用于建筑立面和园林艺术处理的空心砖。可用多种材料制成多种形式（图），以黏土制品、水泥制品居多，亦有根据设计形状焙烧的琉璃制品，其表面呈黄、绿、蓝、灰、白等颜色。按照有规律变化的图案可组砌成带透空花格的墙，有分隔空间、遮阳和通风的功能，富有艺术装饰性。常用于围墙、屏风、门厅、栏杆、梯间、花坛、花园等。

（何世全）

花弧堆垛

石棉水泥波瓦堆放时使上面一张瓦的弧底与下面一张瓦的弧顶相接触的一种堆放方式。当周围环境空气的温湿度发生变化时，可以减少瓦体因不均匀干缩而造成的断裂。堆放占地面积比井字堆垛小。

（叶启汉）

花灰　slaked lime with peat putty not fully mixed

用青浆泼制的泼浆灰适量加入素灰稍加调制，颜色青、白可分的灰。是北方古建黑活屋顶瓦面挑脊安装（下）混砖和瓦条（软）子不可缺少的传统胶接用灰。也可用于抹灰不易"曝"（qì，晒干）的部位，例如正脊当沟墙"胎子砖"上就用大麻刀花灰抹成半圆或三角雏形，等宽瓦完毕以后再修整。

（朴学林　张良皋）

花篮螺丝　turn buckle screw

又称索螺旋扣，螺旋扣。用于拉紧钢丝，并起调节松紧作用的紧固件。由两端带钩或环的丝杆 （正反螺纹成对）和起螺母作用的中段组成。分中段封闭的闭式和露出丝杆端的开式两种。两端被其连接的线、绳限制后，只须旋转中段，整个螺丝长度就随之伸缩，起到调节松紧的作用。一端带环的用于固定连接；两端带钩的用于临时连接。常用于建筑施工、电气、机械安装等工程。

（姚时章）

花梨 Dalbergia odorifera T. Chen

又称降香黄檀，香红木。海南岛特有树种，落叶乔木，高可达15m，胸径可达80cm。心材极坚重，花纹美丽，为珍贵家具用材。半环孔材。边材黄褐或浅黄褐色，心材红褐色，久则变为深红褐或紫红褐色，深浅不均匀，常杂有黑褐色条纹。木材有光泽。纹理交错，结构细，均匀。锯、刨等加工极难。径面上常呈现深浅相间的条纹，切面光泽油润，新切面有辛辣芳香气味，久则消失，锯解时锯屑可能会使皮肤产生过敏现象。气干材密度0.94g/cm³；干缩系数：径向0.22%，弦向0.35%。干燥后不易变形和开裂。静曲强度126.3MPa，顺纹抗压强度64.0MPa，端面硬度101.3MPa。心材极耐腐，是制造名贵家具、乐器和雕刻、美工装饰的上等材。木材经蒸馏可得降香油。花梨木与进口的越南红木（D. cochinchinensis Pierre）和泰国红木（D. spp）等在工厂统称"香红木"。　　　　　　　　（申宗圻）

花纹伸长 pulled pattern

又称花纹变形。压花玻璃表面花纹图案被拉长而失去原来形状的缺陷。严重影响制品的外观质量。产生的原因：花辊氧化或被砂子压坏，成型温度过高或过低，退火窑辊道线速度大于压延辊线速度过多，玻璃带中央与边部前进速度过分不一致等。　　　　　　　　　　　　（吴正明）

花样辊 pattern roller

为涂饰多种花纹、图案，达到多种质感效果而设计使用的各种涂刷辊筒的总称。是滚涂的施工工具。它包括滚花辊和拉毛辊两类。制作的材料有橡胶、塑料、合成纤维织物、羊毛及其他多孔性、吸附性强的材料。因施工效率高，操作方便，设备工具简单，不需特别的技术，可代替刷涂而获得良好的装饰效果，广泛用于建筑物内、外墙涂料的装饰施工。　　　　　　　　　　　（邓卫国）

花釉砖 decorated glazed tile

带有各种釉面装饰的釉面内墙砖。用贴花、丝网印、彩绘、描金等装饰方法装饰。可以按照预先设计拼成图案。斑纹釉面砖（speckled tile）是在施有一种色釉的坯体上，用抛釉机均匀地施以另外一种或几种色釉斑点的釉面内墙砖，制品表面带有各种色点或阴影，具有花岗石的装饰效果。大理石釉面砖（marbled tile）是用几种不同颜色的釉浆不均匀地混合后施在坯体表面所烧成的釉面内墙砖，烧成后的制品表面呈现大理石斑纹。主要性能同白色釉面砖，多用于卫生间、内墙壁画和大型建筑的大面积内墙装修。　　　　　　　　　（邢宁）

华夫板 waffle sheet

又称维夫板。以大片刨花为主要原料、树脂为胶粘剂，经施胶、铺装、热压等工序加工而成的人造板。20世纪60年代加拿大着手研制生产，70年代美国大量生产，中国在80年代初开始研制。胶粘剂多为酚醛或脲醛树脂。其特点是强度高，防水性能好，用胶量少，成本低，生产自动化程度高，板材可进行二次加工。广泛应用于屋面板、墙板、天花板、地板基层及包装板等。　（刘柏贤）

华格纳浊度计 Wagner turbidimeter

测定粉状物料比表面积和粒度分布的一种通用仪器。将粉状物料分散在液体介质中构成悬浮液，在一定高度以一定强度的平行光线水平射入悬浮液，光线碰到固体颗粒被吸收或反射；遇液体介质时，则透过而到达光电感应板上，使光电池产生电流并在微安培计上显示出来。在光照面上固体颗粒愈多，悬浮液的浑浊度就愈大，微安培计上的读数就愈小。据此可按斯托克司定律计算出不同沉降时间在光照面上相应的颗粒粒径，并由相应时间的悬浮液浊度的变化，计算物料的粒度分布和比表面积。采用此仪器的要求与沉积天平同。
　　　　　　　　　　　　　　（魏金照）

华山松 Pinus armandi Franch.

中国西部地区一种分布范围广，更新繁殖容易，生长比较迅速的重要针叶树种。心边材区别明显，边材黄白色或浅黄褐色，心材红褐色，木材有光泽，结构中而匀，锯、刨等加工容易，刨面光滑，性耐腐，稍抗白蚁，浸注略难。气干材密度0.430g/cm³；干缩系数：径向0.181%，弦向0.330%；顺纹抗压强度30.1MPa，静曲强度58.1MPa，抗弯弹性模量9.02GPa，顺纹抗拉强度80.3MPa，冲击韧性3.48～4.52J/cm²；硬度：端面24.7MPa，径面20.4MPa，弦面19.4MPa。木材主要用于房屋建筑、室内装修、包装箱等，还适于做甲板、桅杆、船舱、混凝土模板、电杆、枕木等。　　　　　　　　　　（申宗圻）

滑板微膜黏度计试验法 test method for sliding-plate microviscometer

采用滑板微膜黏度计测定沥青材料绝对黏度的一种试验方法。该黏度计构造示意如下图。沥青试样在两块玻璃板（或金属板）中，制成厚度为10～50μm的沥青薄膜。经过保温后夹在黏度计的试验架上，置于试验温度的水浴中，一块板是固定在一定的位置上，另一块板是通过杠杆荷重使其滑动，滑板受到已知的剪应力τ，滑板移动的剪切变形速率$\dot{\gamma}$可由自动记录仪测得。由此可得沥青的黏度$\eta = \tau/\dot{\gamma}$。这种仪器不仅可测得沥青的黏度，还

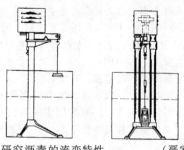

可用来研究沥青的流变特性。 （严家伋）

滑秸灰 straw plaster

石灰加滑秸（压碎后的麦秆）调制的灰。其配比为：石灰：滑秸 = 100:15。制法是：将生石灰围成锅状放入滑秸后再覆生石灰，然后加水，待石灰消解后滑秸也随之软化（亦称烧滑秸灰），使用时将其调制均匀。此灰多用于民屋苫背。
（朴学林）

滑石 talc

化学式为 $3MgO \cdot 4SiO_2 \cdot H_2O$，结构式为 $Mg_3[Si_4O_{10}](OH)_2$ 的水化硅酸镁。单斜晶系，相对密度为 $2.6\sim 2.8$，呈鳞片状，自然界常见，其结构特征是外部为两层硅氧层和中间一层水镁石层的层叠结构，易于解理、熔融温度为 $1\,550℃$，可在 $600℃$ 下水热合成。工业用途很广，常用作陶瓷工业及电瓷工业的原料。 （蒲心诚）

滑石电瓷 steatite electrical porcelain

以天然滑石（$3MgO \cdot 4SiO_2 \cdot H_2O$）为主要原料，主晶相为原顽辉石（$MgSiO_3$）的电瓷。主要特点是具有较高的机械强度，较低的介质损耗，绝缘强度高。是一种高强度电瓷。主要性能：相对介质常数（1MHz，$20\pm5℃$）不大于 9，介质损耗角正切值（1MHz，$20\pm5℃$）$3\sim 7\times 10^{-4}$，体电阻率（$100\pm 5℃$）大于 $10^{12}\Omega \cdot cm$，击穿强度不小于 20kV/mm，线膨胀系数（$20\sim 100℃$）不大于 $8\times 10^{-6}/℃$。主要用作高频装置中的绝缘子，电热绝缘器零部件等。 （邢 宁）

滑移型扩展 propagation mode of plane-slide

又称Ⅱ型扩展。在平行于裂纹平面而垂直于裂纹前缘的剪应力作用下，使裂纹滑开而扩展，其扩展方向与剪应力平行。裂纹表面位移在裂纹平面内，并与裂纹前缘垂直。在裂纹体中如有一条与均布拉力的方向成某一角度的斜裂纹，这个裂纹的扩展就是张开型与滑移型扩展的复合。

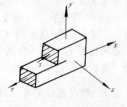

（沈大荣）

化工石灰 lime from chemical industry

由化工生产的副产品或废料制得石灰的统称。如以消化电石所得的电石渣（主要成分为 $Ca(OH)_2$）和氨碱法制碱的残渣（主要成分为 $CaCO_3$）等为原料，可制得有使用价值的石灰。 （水中和）

化工搪瓷 chemical enamel

又称耐腐蚀搪瓷。对酸、碱、盐等化学介质具有良好耐腐蚀性的各种搪瓷制品的总称。在金属胎材表面搪烧具有较强防腐蚀和耐温、抗压性能、同时组分中二氧化硅含量在 65% 以上的搪玻璃釉或耐酸釉。制品可用于化工、医药、食品等行业。如压力容器、反应罐、泵、阀等。 （李世普）

化工陶瓷 chemical ceramic

用于化学工业及耐化学腐蚀场合的陶瓷材料。品种有各种不同型号的砖、管、阀、容器、泵和风机等等。按瓷质可分为：耐酸及耐碱陶器、耐酸及耐碱瓷器和耐酸及耐碱炻器。具有优异的耐腐蚀性能（除氢氟酸和热浓碱外）。广泛用于石油化工、化肥、制药、食品、造纸、冶炼、化纤等工业强腐蚀环境中使用的部件、内衬和墙地面装修。
（邢 宁）

化铁炉渣 cupola slag

在化铁炉中熔化生铁做炼钢原料时排出的废渣。由于在熔化生铁时加入石灰石和萤石等熔剂，其化学成分与矿渣相比，一般 CaO、氟含量较高，而 SiO_2 和 MgO 含量较低。按出渣次序，早期渣氧化钙含量低而氟含量较高，后期渣两者含量均较高。矿物组成有硅酸二钙及铝方柱石等，后期渣中还有硅酸三钙及枪晶石等。经水淬后化铁炉渣具有水硬性，可用作水泥的活性混合材料及化铁炉渣水泥的原料。 （陆 平）

化纤地毯 chemical fibre carpet

以化学纤维（涤纶、腈纶、丙纶、尼龙等）为原料，经机织法、针刺法、簇绒法等制作面层，再与背衬进行复合处理而制成的地毯。化学纤维可有不同的混纺形式，并可处理成耐污染、消毒及抗静电的等。其面层有卷曲、起圈、长毛绒、中空异形等多种形式。按加工工艺可分为化纤机织地毯、化纤无纺织针刺地毯、化纤缝编地毯等。其主要优点：①耐磨；②质轻；③防虫、防潮、抗酸、碱、抗氧化；④易裁剪；⑤可进行抗静电、阻燃等特殊处理；⑥制造易、流程短、产量高、成本低、价格廉，如采用无纺针刺工艺更佳。广泛适用于各类民用与工业建筑（包括防尘、防潮、防火、防酸碱、防静电、高洁度的工业厂房）及车、船、飞机等交通设施中。 （金笠铭）

化纤混纺地毯 chemical fibre carpet

以两种以上化学纤维为原料混纺交织制作，或以化纤原料为主，与毛、棉、麻等其他纤维混纺交织的地毯。混纺交织地毯的手感、色泽、耐磨、保暖、强度、耐光、静电等性能均比化纤纯纺有不同程度的改善，可满足不同用途的需要。（金笠铭）

化学催化聚合 polymerization with chemical catalyst

见常温聚合（46页）。

化学镀膜法 chemical coating process

应用氧化还原反应在玻璃表面上获得薄膜的一种方法。玻璃经表面清洗、敏化、活化、化学镀、镀后处理等工序获得薄膜。应用最广的是通过"银镜反应"在玻璃表面镀银用于制造镜面玻璃及保温瓶。也是制造热反射玻璃和彩色玻璃方法之一。

（许 超）

化学分析 chemical analysis

以化学反应为基础，确定物质化学成分或组成的分析方法。可分为定性分析和定量分析。前者鉴定物质是由哪些元素、离子、基或官能团所组成；后者测定物质中有关组分的含量。根据试样用量的多少，又可分为：①常量分析，一般取样 0.1～1g；②微量分析，取样 1～10mg；③半微量分析，取样介于微量和常量分析之间；④超微量分析，通常取样少于 1mg。近二十年来，由于使用特效试剂与掩蔽剂等，提高了测定的特效性与灵敏度，也加快了分析的速度。在工农业生产中，原材料和产品的质量检验，生产过程的控制以及涉及化学现象的科学研究，经常都要用到化学分析。（夏维邦）

化学钢化法 chemical tempering process

采用碱金属离子交换法使玻璃表面层产生压应力内层产生张应力的方法。有两种生产工艺：①低温法，在玻璃转变温度以下，熔盐中

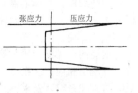

的大离子置换玻璃中的小离子；②高温法，在玻璃转变温度以上，熔盐中的小离子置换玻璃中的大离子。把玻璃浸没在熔盐中，通过离子交换在玻璃表层形成压应力，内层形成张应力（图）。此法可提高玻璃强度 10～15 倍，可钢化薄壁玻璃制品，无自爆现象，缺点是成本高，工艺复杂，破坏时碎片伤人，使用年限短（1～2 年后因应力松弛强度自动下降）。（许 超）

化学减缩 autogenous shrinkage

水泥浆总体积在水化过程中不断减小的现象。因收缩由化学反应所致故称之。水泥熟料矿物与水反应生成水化产物，因水化前后反应物与生成物的平均密度不同，其固相体积比水化前增大，但从水泥各矿物加水的总体积而言反而缩小，导致孔隙率增大。以 C_3S 为例，C_3S、$C_3S_2H_3$ 和 CH 的相对密度分别为 3.14、2.44 和 2.23，若 C_3S 加水后的总体积为 253.54cm^3，而反应后则为：240.09cm^3，体积缩减 13.45cm^3，占原有绝对体积的 5.31%。按硅酸盐水泥中矿物减缩量的大小可排列为 $C_3A>C_4AF>C_3S>C_2S$。100g 水泥缩减总量约为 7～9cm^3。因化学缩减是化学反应的结果，故可以其各龄期的减缩量研究水泥水化速度和水化程度。减缩量是不可逆的，脱水不能使水泥浆体体积恢复。

（陈志源）

化学键 chemical bond

分子中相连的两个或多个原子之间的、比较强的结合。可分为离子键、共价键和金属键三种基本类型。本质上都是电磁力的作用。离子键是依靠正、负离子间的静电引力形成的，例如氯和钠以离子键结合成 Na^+Cl^- 分子。共价键是两个或几个原子通过共有电子产生的吸引作用而形成的。只存在于两个原子之间的共价键叫定域键。由多个原子共有电子形成的多中心键称为离域键。如苯分子中遍及六个碳原子的大 π 键便是离域键。依靠金属正离子与自由电子之间的吸引力形成金属键，可以看成是高度离域的共价键。此外还有过渡类型的化学键如极性键和配价键。硅酸盐中的 Si—O 键，离子键和共价键的成分各占一半。使键断裂所需的能量称为键能。通常键能约在 125～628kJ/mol 的范围内。键能越高，化学键越不易断裂。键的类型与键能是决定物质性质的重要因素。（夏维邦）

化学热处理 chemical treatment

将钢制工件置于化学活性介质中加热到一定温度并保持一定时间，随后进行热处理的工艺。广义地应包括表面扩散渗入及表面合金覆层，通常按渗入元素对钢表面性能的作用，分为①提高硬度和耐磨性（渗入碳、氮、硼、铬、钒、钛等）；②提高零件间的减摩性、抗咬合性（渗硫、磷化、蒸汽处理等）；③提高工件在高温下的抗氧化性（渗入铝、铬等）；④提高抗大气和介质的腐蚀性（渗硅、铬、锌等）。固态、液态或气态的化学活性介质，在高温下发生分解，产生活性原子被工件表面吸收，随着表面浓度增高，向内层扩散，使表层化学成分改变获得预期的机械或物理化学性能，因而工件的表面和心部具有显著不同的两种性能，以满足使用要求。广泛用于钢制的各种机械构件。（高庆全）

化学石膏 chemical gypsum

见工业副产石膏（158页）。

化学涂装 chemical coating

又称自动沉积涂装或无电泳涂装。被涂物金属在槽液中，界面生成多价金属离子而使乳液聚合物颗粒失去稳定性沉积于被涂物表面的涂装方法。由于槽液由酸、氧化剂、乳液、颜料等组成，浸入金属被涂物时，表面被酸浸蚀，使表面处理及涂装一次完成，不耗电，不需严格控温，能源消耗低，涂膜厚度均匀，防蚀性优良。但对槽液的组成要求严格控制，只有在高产量下适用。典型的工序是去油、冲洗、化学泳涂、冲洗、铬酸盐溶液处理、烘烤等。此法是近年来发展的新工艺，在美、日等国已有一定范围使用。　　　　　　　（刘柏贤）

化学位移　chemical shift

因原子内层电子结合能的变化而引起电子能谱图上谱峰位置的移动。不同的化学环境主要指原子价态的变化、与不同电负性的原子或原子团相结合等。这些因素会造成原子核内电荷和核外电荷的分布发生变化，使电子结合能改变零点几至十几个电子伏特，从而使谱峰位置变化。在电子能谱分析中，常用来研究原子的化学成键及分子结构等。
　　　　　　　　　　　　　　（郑兆佳）

化学稳定性　chemical durability; chemical stability

材料抵抗各种侵蚀介质（水、大气中的湿气和二氧化碳、酸、碱和各种盐类溶液以及金属蒸气等）腐蚀的能力。通常分耐水性、耐酸性和耐碱性。影响的主要因素有：材料的化学组成和结构状态、热历史和表面状态；侵蚀介质的种类、性质、状态以及环境等（温度和压力）。对材料的加工和使用均有重要意义。提高玻璃化学稳定性的措施有：改进化学组成，适当的热处理，表面镀膜或涂层等。　　　　　　　　　　　（刘继翔）

化学吸附　chemisorption

见吸附（536页）。

化学纤维　chemical fiber

通常指由天然或合成高分子化合物经化学方法加工而成的纤维总称。可分为人造纤维（再生纤维素纤维、纤维素酯纤维、再生蛋白纤维等），合成纤维（碳链纤维：乙纶、丙纶、氯纶等。杂链纤维：锦纶、涤纶等）两大类。加工方法常将高分子化合物制成溶液或熔体，从喷丝头细孔中喷出，再经凝固纺丝而成。根据纤维的长度和细度，可分为长丝、丝束、短纤维、中长纤维等。其规格、白度、颜色、光泽等性质，均可在生产加工过程中控制掌握。对化学纤维的商品，中国暂行规定，合成短纤维一律命名为"纶"（如锦纶、涤纶等），纤维素中短纤维一律命名为"纤"（如黏纤、铜铵纤等），长丝则在末尾加"丝"或将"纶"、"纤"改为丝。其性能特点是具有耐磨、耐光、耐化学药品，不霉不蛀，易洗易干，织物挺括不皱，共同的缺点是怕火。广泛用于制造衣着、滤布、运输带、水龙带、绳索、渔网、医用线、电绝缘线、轮胎帘子布、降落伞、复合增强材料、建筑装饰织物（地毯、窗帘、墙布、沙发布）等，已成为国民经济、人民生活不可缺少的组成部分。　　　（刘柏贤）

化学压花　chemical embossing

不依靠机械压力而通过化学方法使塑料制品表面产生深浅不一的纹理、图案的方法。适用于发泡聚氯乙烯制品，如印花发泡聚氯乙烯地面卷材、发泡塑料壁纸等。常用的方法是采用发泡抑制剂。在含有尚未分解的化学发泡剂的聚氯乙烯层表面进行多色套印，在其中一个或两个颜色的印刷油墨中加入发泡抑制剂，加热时印有含发泡抑制剂的油墨部分发泡受到抑制成为凹下去的部分，产生凹凸花纹的效果。此外还有采用发泡促进剂的方法。在一个或两个颜色的油墨内加入发泡促进剂，印有这种油墨的部分表面在受热时发泡倍率高于其他部分，成为凸起的部分，产生压花效果。特点是能形成压花图案与印刷图案完全吻合的多色印花制品，但压花深度不大。　　　　　　　　　　（顾国芳）

化学预应力混凝土　chemically prestressed concrete

见自应力混凝土（635页）。

化学增塑剂　chemical plasticizer

见塑解剂（477页）。

化学张拉法　chemically tensioning method

又称自应力张拉法，简称自张法。利用自应力水泥的膨胀能张拉钢筋制作自应力混凝土制品或构件的工艺方法。自应力水泥水化时，其膨胀组分产生膨胀能，使混凝土发生一定程度的膨胀，借混凝土与钢筋间的黏结力张拉钢筋，使其伸长产生拉应力，混凝土相应产生压应力。混凝土强度同时亦增长。与机械张拉法及电热张拉法相比较，具有工序简单，不需张拉设备、工具，可张拉任何方向的钢筋造成多向应力等优点。特别适用于混凝土压力管等制品。其缺点为自应力较低，影响自应力值的因素较多，控制不当易影响产品的质量。（孙复强）

化学转换层　chemical conversion coating

金属同选定介质反应于表面生成的自身转化产物膜。是在化学、电化学和物理化学等多种反应过程中产生的受控金属腐蚀过程的产物。具有一定防护能力，主要用于多元防护体系的底层，以改善金属表面状态和增强与涂层的附着力。通常有①氧化物膜，通过化学氧化或阳极化方法在金属表面生成氧化膜；②磷酸盐膜，用特定磷化液处理所生成的磷化层；③铬酸盐膜，用铬酸盐处理所生成的钝化膜；④草酸盐膜，经草酸处理所生成的表面膜。一般是在工厂槽体中制作，近来发展的"无槽刷镀"技术，也可在现场对制品进行转化层处理。

(洪乃丰)

化妆土 engobe

专指古代敷施在陶瓷坯体表面和釉下的白色土料。用以掩盖坯体的灰色，增加瓷器的白度或改善釉的颜色。烧成后不玻化，早在隋唐时代就开始使用。现代则多用作装饰，作为釉下层。可用于日用陶瓷和建筑陶瓷材料。如琉璃瓦、大型卫生陶瓷、釉面墙地砖等。单独使用时可用于美术工艺陶瓷、建筑陶瓷制品等。

(邢 宁)

化妆土彩 engobe coating; decorating with engobe

古代用化妆土增加瓷胎的白度，近代用化妆土在坯体表面进行装饰的方法。通常采用浸渍、浇注或喷涂覆盖化妆土层，化妆土层上也可施以透明釉。是我国宜兴地区精陶制品常用的一种装饰方法。常见的化妆土彩有天蓝、粉绿、中黄、桃红、深黑等色。

(邢 宁)

划线油毡 line marked asphalt felt

表面画有规定尺寸标线的油毡。目的是为施工时裁剪和搭接提供方便，使施工操作规范化，从而提高防水施工效率。

(王海林)

画镜线 wall wooden moulding

见挂镜线（164页）。

桦木 Betula. spp.

桦木属商品材统称。树种很多，用途都很广，例如硕桦、光皮桦、红桦等。现以白桦（B. platyphylla Suk.）为例。白桦产于东北及山西、河南等地。边材黄褐色，心材暗黄褐色。木材有光泽，纹理直，结构甚细，均匀，锯、刨等加工容易，刨面光滑。不耐腐，不抗白蚁，防腐浸注容易。气干材密度 $0.570 \sim 0.634 g/cm^3$；干缩系数：径向 $0.227\% \sim 0.262\%$，弦向 $0.305\% \sim 0.336\%$；顺纹抗压强度 $40.5 \sim 41.2MPa$，静曲强度 $85.8 \sim 96.7MPa$，抗弯弹性模量 $11.0 \times 10^3 MPa$，顺纹抗拉强度 $124MPa$，冲击韧性 $8.23 \sim 9.41 J/cm^2$；硬度：端面 $31.4 \sim 35.6MPa$，径面 $35.4 \sim 33.1MPa$，弦面 $25.9 \sim 34.1MPa$。木材可做枪托等军工器材，飞机、船舶等用的高强度的胶合板，又可做车辆、纺织器材，以及门、窗、地板、家具等。

(申宗圻)

huan

环箍效应 end effect

又称端部效应。试验机上下承压板约束试块横向变形的作用对试块强度测值产生的影响。由于压力试验机的钢承压板的弹性模量比混凝土试块的弹性模量大，在相同压应力下前者横向应变较后者小，由此压板与试块接触面产生的摩擦力约束试块受压面及附近区域横向膨胀（图 a），对试块强度测值有提高的作用。这种效应的大小，与承压板的材质、厚度、表面光洁度以及试块的表面平整度、断面尺寸和形状等因素有关。随着试件接触面的距离加大而减小，其影响高度约为 $\sqrt{3}d/2$（d 为试块横向尺寸）。试块破坏后残存的棱锥体（图 b）说明试块上下端的效应大而中部的效应小。

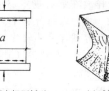

(a)压力机压板对试块的约束作用　(b)试块破坏后残存的棱锥体

(徐家保)

环己酮 cyclohexanone

分子式 $CH_2(CH_2)_4CO$，有酮类气味的无色或淡黄色油状液体。密度 0.9478，熔点 $-16.4℃$，沸点 $155.7℃$，闪点 $43 \sim 47℃$。微溶于水，易溶于有机溶剂，较易溶于乙醇与乙醚。蒸气和空气能形成爆炸性混合物。属强溶剂，但蒸发速度较慢。可用作涂料的溶剂和清洗剂等。

(陈艾青)

环孔材 ring porous wood

在生长季节初期形成的早材导管其直径显著地大于生长季节后期形成的晚材导管的直径，即早、晚材区别明显的阔叶树材的统称。大多为落叶乔木。生长的快慢或年轮的宽窄主要取决于生长轮中的晚材率多少。环孔材树种产于温带及其以北的地区为多。阔叶树材的木射线宽窄、导管直径的大小，以及它们的分布对材质与用途有很大的影响，例如栎木，导管在早材中几乎相互紧挨着，而大量的纤维细胞都集中在晚材部分，故早、晚材的物理-力学性质相差很大。

(申宗圻)

环球法软化点 ring and ball softening point

利用环球法软化点仪测定沥青的软化温度点，以℃表示。用环球法软化点仪（见图）来测定。其法是将沥青样品注于规定的尺寸的铜环内，经保持规定温度

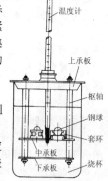

环球法软化点

(5℃或32℃)后,在试样上放置规定重量的钢球,然后将试样放在盛有规定温度的液体(5℃水或32℃甘油)中,以每分钟上升5℃的加热速度加热,由于沥青试样受热软化,在钢球重量的作用下,下垂25.4mm的距离(即与底板接触)时的温度,即为环球法软化点。　　　　　(严家伋)

环烷基沥青　naphthenic base asphalt

又称沥青基沥青。由环烷基原油炼制而成的石油沥青。含蜡量小于2%,其特点是黏滞度高,延伸性能好。　　　　　　　　　　(刘尚乐)

环烷酸铜　copper naphthenate

石油化工综合利用产品。绿色、常温下为半固体黏稠物,有特殊气味,溶于柴油、煤油等有机溶剂。主要用于细木工、园艺及造船用材的防腐处理。一般采用浸渍或涂刷法。常与杂酚油混合处理造船材。用环烷酸铜与杂酚油(3:7)混合液防止船蛆有良好的效果。　　　　　(申宗圻)

环向钢筋　circular reinforcement, hooped reinforcement

环形截面的钢筋混凝土制品中,沿环向配置的受力钢筋。呈连续螺旋状时,即称螺旋筋。在混凝土压力管、混凝土贮罐等制品中,用以承受径向压力所引起的拉应力,其钢筋一般均采用预加应力。在混凝土电杆或管柱等制品中,则仅起箍筋的作用。　　　　　　　　　　(孙复强)

环氧玻璃钢　glass fiber reinforced epoxy plastics

用玻璃纤维和环氧树脂制成的增强塑料。可采用手糊、模压及缠绕法成型,能在常温和加热条件下固化。与聚酯玻璃钢相比,其力学性能优越,电绝缘性好,固化收缩小,但价格较贵。适用于制造各种比强度高的受力构件。如压力管道、压力容器、宇航构件、火箭发动机壳体及电绝缘器材等。在建筑上主要用来制造各种承重结构,如桁架杆件、节点盖板、承重板材、桥梁构件等。

(刘雄亚)

环氧地面涂层　epoxy floor coating

见环氧涂布地板(197页)。

环氧酚醛树脂胶泥　epoxy-phenolic daub

以环氧改性酚醛树脂为胶结剂,添加固化剂、耐酸粉料和辅助材料配制而成的膏状防腐粘贴材料。环氧树脂可以提高酚醛树脂的黏结性。同样,酚醛树脂可提高环氧树脂的耐热性。环氧树脂和酚醛树脂的比例为7:3。密度为1.6~1.7g/cm³,抗压强度不小于40MPa,黏结强度不小于2MPa,体积收缩率小于0.26%,吸水率不大于0.1%。在建筑防腐工程中,铺砌耐酸板、砖,嵌填耐酸板、砖隙缝。　　　　　　　　　　(刘尚乐)

环氧呋喃树脂胶泥　epoxy-furan resin daub

以环氧树脂改性呋喃树脂为胶结剂,添加固化剂及辅助材料配制而成的膏状防腐粘贴材料。环氧树脂可以提高呋喃树脂的黏结性,呋喃树脂可以改善环氧树脂的耐酸耐碱性能。环氧树脂与呋喃树脂的比例为7:3。密度为1.7~1.8g/cm³,抗压强度不小于50MPa,抗拉强度不小于120MPa,黏结强度不小于1.5MPa,体积收缩率小于0.14%,吸水率小于0.1%。用于酸性或碱性介质的防腐工程中铺砌耐酸或耐碱瓷板、砖。　　(刘尚乐)

环氧-聚酰胺胶粘剂　epoxy-polyamide adhesive

以低分子聚酰胺作环氧树脂固化剂配制的胶粘剂。低分子聚酰胺是亚油酸二聚体或桐油酸二聚体与脂肪族胺(二乙烯三胺、三乙烯四胺等)反应生成的一种琥珀色黏稠状树脂。与双酚A环氧树脂的比例一般为40/60~60/40。聚酰胺用量多,体系柔性及抗冲击性好,双酚A环氧树脂比例高,高温下胶接强度较高,耐化学试剂作用好。常用作金属非结构件、热固性塑料、玻璃、陶瓷的粘接与修补。　　　　　　　　　　(刘茂榆)

环氧煤焦油胶泥　epoxy-coal tar daub

以环氧树脂为胶结剂,添加煤焦油、固化剂、耐酸粉状材料配制而成的膏状防腐粘贴材料。选用的煤焦油为高温煤焦油,可以降低成本,提高耐酸性能。环氧树脂和煤焦油的比例为50:50。密度为1.6~1.7g/cm³,抗压强度不小于20MPa,黏结强度不小于2MPa,体积收缩率小于0.04%,吸水率不大于0.1%。在建筑防腐工程中,铺砌耐酸瓷板、砖,嵌填陶瓷砖、板隙缝。

(刘尚乐)

环氧乳液水泥砂浆　epoxy resin emulsion cement mortar

由环氧树脂乳液和水泥作胶结料配制而成的聚合物水泥砂浆。工作性好,与水泥砂浆和混凝土、石材、瓷砖等黏结性好(压剪强度2.0~3.0MPa)、耐蚀性强。抗渗、耐磨与力学性能(抗折强度9~10MPa,抗拉强度4.0~5.0MPa)等优于普通水泥砂浆。可用作黏结、抗渗、耐磨与耐腐蚀材料。　　　　　　　　　　(徐亚萍)

环氧树脂　epoxy resin, EP

分子中含有环氧基 $\overset{O}{\underset{}{C-C}}$ 的一类树脂的总称,记作EP。主要有由环氧氯丙烷与双酚A缩聚而成的双酚A型环氧树脂,由双酚A的低分子量缩水二甘油醚经改性的树脂及氧化烯烃树脂(脂环族环氧树脂)。根据其结构及分子量不同,呈黄色或琥珀色高黏度透明液态或固态。溶于丙酮、甲苯、环己酮、乙二醇等。与多元胺、有机酸酐或其他固化剂在室温或加热时反应,可成为坚硬的体型高聚物。固化产物无臭、无味、耐碱和耐大部分溶剂。具有良好的黏结性、耐热性、绝缘性、硬度和韧性。广泛用作胶粘剂、涂料、绝缘材料和复合材料。 (闻荻江)

环氧树脂灌浆材料 epoxy grouting material

以环氧树脂为主剂,加入固化剂、促进剂、稀释剂等助剂材料配制而成的灌浆材料。常用的环氧树脂为 E—44,A—54(三聚氰酸环氧树脂),固化剂为酮亚胺(A),促进剂为 2,4,6-三(二甲氨基甲基)苯酚,稀释剂为乙二醇二缩水甘油醚,二甲苯等。灌浆液初始黏度为 66.24×10^{-3}Pa·s,可灌性好。凝固体的抗压强度达 37.5MPa,与混凝土粘结强度达 1.2MPa 以上,体积收缩率小于 6%,采用单液注浆法施工。可用来修补地下建筑物的潮湿混凝土裂缝,起到封水和补强的作用。

(刘尚乐)

环氧树脂混凝土 epoxy resin concrete

用环氧树脂和固化剂混合液与填料、粗细集料制成的一种聚合物胶结混凝土。根据施工和使用要求可加入一定量的助剂如稀释剂、偶联剂等。其抗压强度达 80~120MPa,抗拉强度达 10~11MPa,抗折强度达 15~35MPa,抗渗压力不小于 5.0MPa,能耐各种酸、碱、盐溶液及有机溶剂的腐蚀。可用作耐腐蚀、抗渗、黏结、修补、耐磨等材料。 (陈鹤云)

环氧树脂胶泥 epoxy daub

以环氧树脂为胶结剂,添加固化剂、耐酸粉料及辅助材料配制而成的防腐粘贴材料。常用的环氧树脂有 E—44、E—42、E—35 和 E—20。耐酸粉料有石英粉、辉绿岩粉、安山岩粉等,耐酸率不小于 94%。要求密度 1.6~1.7g/cm^3,抗压强度不小于 90MPa,抗拉强度不小于 16MPa,黏结强度不小于 1MPa,体积收缩率小于 0.08%,吸水率不大于 0.1%。使用温度小于 100℃,耐一般酸碱。在防腐建筑工程中用于铺砌陶瓷砖、板或嵌填陶瓷砖、板的缝隙。 (刘尚乐)

环氧树脂胶粘剂 epoxy resin adhesive

以环氧树脂和固化剂为黏料配制的胶粘剂。多数属结构胶粘剂。成品分为低温或室温固化型、中温固化型、高温固化型、快速固化型、单组分型及其他特种用途胶粘剂等。建筑中可选用室温及中温固化型。多数场合需自行配制,以双组分室温固化胶为主。常用 E51、E44、E42 等低黏度环氧树脂,固化剂有胺类、酸酐类、高分子化合物类、潜伏性固化剂和改性固化剂。现场多数采用脂肪胺及其改性物。其他组分有稀释剂、增塑剂、增韧剂和填料等。常掺入其他高分子化合物改性。用于粘接金属、木材、玻璃、陶瓷、硬塑料、石材和新老混凝土,也可用于修补混凝土构件裂缝。 (刘茂榆)

环氧(树脂)沥青 epoxy asphalt

以环氧树脂为改性材料的改性沥青。黑色固体。由沥青、环氧树脂、固化剂及其他助剂所组成。对沥青的黏结性、高温稳定性、抗疲劳性能、耐磨性和耐久性等均有所改善。用于桥梁、机场、大交通量道路等路面,还可用于建筑防水、化工防腐。 (刘尚乐)

环氧树脂密封膏 epoxy resin sealants

以液态环氧树脂为基料,掺有固化剂、稀释剂、增韧剂和填充料等配制而成的不定型建筑密封材料。对大气、潮湿、化学介质等具有很强的抵抗力,对混凝土、玻璃等多种材料具有很好的黏结性,100~250℃时耐热性能良好,抗拉强度不小于 16MPa,但弹性较差。按性能不同可分为室温固化型、热固化型、改性型和水下型等。适用于钢铁、铝、木材、玻璃、陶瓷、混凝土、砖、石等金属和非金属材料的黏结密封,其中水下型可用于水下工程的黏结密封补漏。 (洪克舜 丁振华)

环氧涂布地板 epoxy seamless floor

又称环氧地面涂层。环氧树脂与各种配合剂在现场配制和涂布而成的整体无接缝地面。主要成分为低黏度液体环氧树脂,室温固化用的多胺类固化剂如二乙烯三胺,以及稀释剂、增塑剂、填料和颜料等。加入固化剂的涂布料只有一定的可涂布时间,每次配制的数量要适当。涂布料有一定流动性,表面的抹痕会流平。具有优良的耐磨、耐污、耐凹陷和耐化学性,强度高,不易受损。与各种基层的附着力很强。特点是固化时收缩小,固化后无内应力。表面致密平滑,没有接缝,适用于要求耐化学腐蚀地面的工业建筑以及卫生要求高的建筑,如医院手术室、食品加工车间等,也适用于仓库通道等遭受强烈磨损作用的地面。 (顾国芳)

环氧增塑剂 epoxy plasticizer

分子中含有环氧基 $\mathrm{-CH-CH-}$ 的增塑剂。
$\qquad\qquad\qquad\qquad\quad\mathrm{O}$
主要用于聚氯乙烯塑料,包括:①环氧化油类,如环氧化大豆油、环氧化亚麻仁油等,环氧值较高,为 6%~7%,特点是耐热、耐光性好,但相容性较差,容易产生渗出,用来改善制品的耐热、耐光性;②环氧化脂肪酸单酯,环氧值大多在 3%~5%,如环氧油酸丁酯、环氧油酸辛酯、四氢糠醇酯、环氧棉籽油脂肪酸酯和环氧妥尔油脂肪酸酯等，特点是耐寒性良好，用于耐寒、耐候制品中；③环氧化四氢邻苯二甲酸酯，环氧值较低，在3％～4％，如环氧化四氢邻苯二甲酸二辛酯、环氧化四氢邻苯二甲酸二异癸酯等，特点是相容性好、耐热稳定性好，是其最好品种，可作主增塑剂用。其余大部分均作为有耐热、耐寒、耐候要求制品的副增塑剂，在工业上用于制作涂料、薄膜、建筑装饰板、天花板、电器零件材料。　　（刘柏贤）

庑　split-tube tile
　　筒瓦。《说文》屋牡瓦也。（从段注校改。）
　　　　　　　　　　　　　　　　（张良皋）

缓冲溶液　buffer solution
　　加入少量的酸、碱或加水稀释，pH值基本上保持不变的溶液。通常是弱酸及其盐、或弱碱及其盐的混合溶液。因很多化学反应和生理过程，需在一定的pH值范围内才能正常进行，所以缓冲溶液得到广泛的应用。　　　　　　　（夏维邦）

缓凝　set retarding
　　减慢凝结速度。水泥熟料磨成细粉，加水拌和会很快凝结。通常加入适量石膏以调节凝结时间。加石膏的缓凝机理一般认为，导致快凝主要是C_3A迅速水化并形成网状结构。而C_3A在石膏、石灰的饱和溶液中则生成溶解度极低的钙矾石。这些小晶体在水泥颗粒表面形成一层薄膜，起封闭作用，从而延缓了水泥组分特别是C_3A的继续水化。以后随着扩散作用的进展，钙矾石薄膜局部破裂和再封闭，使水泥凝结速度变慢。　　（魏金照）

缓凝剂　retarder
　　能延缓混凝土凝结时间并对后期强度发展无不利影响的调凝剂。兼有缓凝和减水作用的称为缓凝减水剂。90％的缓凝剂都有减水作用。缓凝剂的分子吸附于水泥表面，使水泥延缓水化反应。用作缓凝剂的原料有糖类（如糖钙），未经脱糖的木质素磺酸盐及其衍生物，羟基羧酸及其盐类，一般为己二酸、葡萄糖酸、酒石酸、丁二酸、柠檬酸、苹果酸等。无机盐类有磷酸盐、氧化锌或钡，硼砂和镁盐的无机化合物。中国用得较多的是糖钙。主要用于炎热高温地区的混凝土施工、高温环境下浇注或运输、大体积混凝土施工、大面积混凝土施工以及露集料混凝土板的表面除浆处理。　　（陈嫣兮）

缓蚀剂　inhibitors
　　又称阻蚀剂、腐蚀抑制剂。加入少量于介质中能防止或显著减缓金属腐蚀的物质。种类繁多。按化学组成可分为无机缓蚀剂，多半能使金属表面生成不溶性钝化膜或反应膜；有机缓蚀剂，主要是吸附于金属表面，改变其活性状态。按作用机理可分为阳极型、阴极型及混合型。按介质或状态可分为水溶型、油溶型及气相挥发型。水溶型广泛用于酸洗液、管道及工业循环水、防锈水；油溶型多用于防锈油及防腐蚀涂料中；气相挥发型多用于制品的封存包装中。钢筋阻锈剂是专用于加入混凝土中防止钢筋锈蚀的，常用于海洋工程、工业建筑及其他腐蚀性环境中。　　　　　　　（洪乃丰）

换热器　recuperator
　　又称热交换器。利用高温介质通过器壁向低温介质传递热量进行热交换的热工设备。工程材料行业中，常指利用高温废气加热助燃空气的余热回收设备。与蓄热室相比，其传热过程稳定，空气预热温度不随时间而改变；但因器壁气密性问题，一般不用作预热低热值燃料。可分为顺流式、逆流式和错流式；陶质和金属质换热器等。陶质换热器由黏土质、高铝质、碳化硅等标准耐火砖或异形耐火砖、管砌成。有卧式、立式结构，也可砌成上下多层。通常分为砖砌通道式和筒型砖式两种。器壁最高容许温度可达1 300℃（根据材质也可更高），空气预热温度一般为700～900℃。但气密性差，换热效率低。金属换热器用合金钢或耐热铸铁材料制成。按结构分为管状、针状；辐射式及对流式等。与陶质换热器相比，换热效率高，气密性好，体积小；但耐高温及耐蚀性差，空气预热温度一般低于600℃。　　　　　　　　　　　　（曹文聪）

换向器　reversal device; reversal valve
　　又称交换器。使气体改变流道的设备。在蓄热式窑炉中，用于使燃烧后废气和待预热气体定时改变流道，交替流经蓄热室。对其结构要求是：换向迅速、操作方便；气密性和耐热性好；结构简单、气体流动阻力小；检修方便。常用的煤气换向器为跳罩式。常用的空气换向器有闸板式、翻板式等。
　　　　　　　　　　　　　　　　（曹文聪）

huang

荒料　block
　　采自石材矿床，具有直角平行六面体形状用来加工装饰石材的原料。大面应与岩石的节理面或花纹走向平行。其外形是否规整，是否具有一定的块度，有无缺角、缺棱，有无内伤裂纹，色调花纹是否美观和稳定，构成评价质量的主要条件。国际上要求一块荒料的规格一般为4～6m³，长度一般为3m。中国标准规定按体积分为三类：大理石荒料Ⅰ类大于或等于3m³、Ⅱ类小于3m³、大于或等于1m³、Ⅲ类小于1m³、大于或等于0.35m³；花岗石荒料Ⅰ类大于或等于4m³、Ⅱ类小于4m³、大于或等于1m³、Ⅲ类小于1m³、大于或等于0.5m³。

(郭柏林)

黄波罗 Phellodendron amurense Rupr.

黄檗属，落叶乔木。中国东北地区产的一种珍贵用材树种。主要分布于东北小兴安岭南坡，长白山区和华北燕山山地北部。环孔材。边材浅黄褐色，心材栗褐色。木材有光泽，纹理直，结构中等，不均匀，锯、刨等加工容易，稍耐腐，防腐浸注较难。气干材密度$0.449g/cm^3$；干缩系数：径向0.128%，弦向0.240%；顺纹抗压强度30.5MPa，静曲强度74.5MPa，抗弯弹性模量0.88×10^3MPa，冲击韧性$4.19J/cm^2$；硬度：端面32.5MPa，径面23.4MPa，弦面21.1MPa，适用于制作家具、船舶、车辆、胶合板、枪托等。

(申宗圻)

黄长石 melilite

又称方柱石。化学式$m(2CaO \cdot Al_2O_3 \cdot SiO_2) \cdot n(2CaO \cdot MgO \cdot 2SiO_2)$，简写为$m(C_2AS) \cdot n(C_2MS_2)$。是含有不同比例的钙铝黄长石和镁黄长石的一系列连续固溶体。常含有一定数量的Fe^{2+}和Fe^{3+}，也可含少量K或Mn等元素。立方晶系，四方短柱状或板状晶体。是高炉矿渣的主要成分，也存在于贫硅富碱的基性岩中。在碱性激发剂作用下有水硬性。

(龙世宗)

黄丹 lead monooxide

见氧化铅（567页）。

黄道

琉璃瓦屋面组合正通脊的下部构件。仅适用于四样瓦以上的大型屋脊。外形与正通脊的底部相同，与赤脚通脊组合后形同正通脊。因四样以上正通脊构件较大，制作与安装不便，所以将其下脚与上身分别烧制作为两个构件，黄道即为其下脚部分。形如两面带线脚的空心砖，下面压住大群色，上接赤脚通脊。

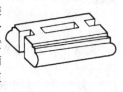

黄道尺寸表　单位：mm

	二样	三样	四样	五样	六样	七样	八样	九样	注
长	768	768	768						
宽	544	480	450						
高	210	180	180						

(李　武　左濬元)

黄道砖 brick for imperial road

又称"八级黄道"砖。青灰色、长方形的铺地砖。规格多在长170mm、宽70mm、厚35mm左右。据传，该砖为清代苏南地区的官吏为恭迎皇帝南巡时所铺设的"人字"或"万字"形图案御道使用的街砖。砖亦以此得名。现用来铺墁地面、天井、道路，亦可用来砌单砖墙。

(叶玉奇　沈炳春)

黄连木 Pistacia chinensis Bunge

木本油料及用材树种。种子含油率42.46%，出油率20%～30%，所含油是一种不干性油，供工业用，经处理后也可食用。原产中国，分布很广，北自河北、山东，南至广东、广西，东至台湾，西至西南的四川及云南。环孔材。边材浅黄褐色，心材金黄褐色。木材有光泽，纹理多为斜纹，结构细至中等，不均匀，锯、刨等加工容易，切面光滑，油漆后光亮性好，胶粘性能优良，握钉力颇强，质地坚硬，可作为室内装修、工艺美术品、家具等用材。气干材密度$0.764g/cm^3$；干缩系数：径向0.187%，弦向0.286%；静曲强度97.5MPa，顺纹抗压强度51.6MPa，硬度：径面50.3MPa，弦面62.3MPa。

(申宗圻)

黄栌 Smoke tree (Cotinus coggygria)

又称栌木。漆树科落叶乔木。因含黄色素，可作黄色系染料，用于彩画中，但北方多不用。

(谯京旭)

黄麻织物胎基 jute fabric base

由黄麻纤维经加工纺织而制成的做油毡胎体用的平纹织物。具有较高的抗拉强度，要求外观平整，无明显缺陷，网孔的开孔度应保证涂盖材料上下紧密黏结。每平米重量视需要可分别为235g，240g，300g。吸湿性最大为12%。

(王海林)

黄米灰 glutinous millet plaster

又称锁口灰。石灰和黄米配制的灰浆。其制法为生石灰3份、粉好的黄米7份，放入容器内加水煮至黄米熟烂，将其研为稠粥状，并不得带有颗粒为止。在砌筑干摆（磨砖对缝）墙体时，将此灰细而又均匀地抹挂在前口的砖楞上，可避免砖楞受损（俗称崩楞）。锁口灰由此而得名。

(朴学林)

黄色玻璃 yellow glass

透过可见光主波长为580nm的颜色玻璃。常见的有：①镉黄玻璃，加入适量的硒粉和硫化镉熔制而成的玻璃；②银黄玻璃，胶体银着色的玻璃（生产工艺不如镉黄玻璃简单），颜色变化较复杂；③铈钛黄玻璃，氧化铈和氧化钛混合着色的玻璃，呈金黄色或黄色。用于制造信号玻璃、滤光玻璃、艺术玻璃及建筑装饰玻璃制品。是教堂、博物馆、展览馆、影剧院、商业建筑等良好的装饰材料。

(许淑惠)

黄石 yellow stone

黄色假山石。成分因地而异，一般因表面有含铁物质包裹而成黄色。质坚实，石纹古拙，堆作假山，粗犷而富野趣。很多地区均有产出，但以常州市黄山、苏州市尧峰山、镇江市圌山、马鞍山市采石矶一带产出者最为著名。　　　　　（谯京旭）

黄铜 brass

含锌量不超过50%的铜锌合金。具有良好的铸造性能、耐蚀性能及机械性能。强度和塑性随含锌量而变化。根据化学成分一般分为只含铜和锌的简单黄铜，以及含有一定数量其他元素的复杂黄铜，但其加入量不应使内部组织中出现新相，只相当于变更锌含量，如铅黄铜、锡黄铜、铝黄铜、铁黄铜、镍黄铜、锰黄铜和硅黄铜等。广泛地用于制造弹壳、管道支架、建筑五金、阀门、导管、螺钉、钟表和医疗器械等。　　　　　（许伯藩）

黄铜板 brass plates

黄铜坯料经平辊轧制成一定规格的板材。代号H××，H表示普通黄铜，后附两位数字表示含铜量百分率。按生产方法有热轧板，厚度为5~50mm和冷轧板，厚度为0.2~10mm。按化学成分有简单黄铜板和复杂黄铜板，其中H96板具有足够的强度和美丽的金黄色，适于制造各种奖牌和美术工艺品，利用它的高热导性作热交换器片。H68板塑性最高，适用于冷冲压加工成形状复杂的工件。H59板有良好热变形能力，用于制造机械构件。复杂黄铜板中的锡黄铜板，具有抗海洋大气和海水的侵蚀，用于造船工业，铅黄铜板具有易切削、强度高的特点，用于机械制造，锰黄铜和铁黄铜板，有良好机械性能和耐蚀性，应用在海轮制造业。　　　　　（陈大凯）

黄铜棒 brass rods and bars

黄铜坯料经压力加工成一定规格的棒材。按生产方法可分为拉制棒（直径5~80mm）和挤制棒（直径10~160mm）；按形状可分为圆形、方形、六角形和异形等；按材质特点可分为简单黄铜棒和复杂黄铜棒，后者还可细分为铅黄铜、锡黄铜、铁黄铜、铝黄铜、锰黄铜和硅黄铜等棒。简单黄铜棒具有一定的强度和抗蚀性；铅黄铜棒具有良好的切削性和耐磨性；锡黄铜棒具有优良抗大气和海水腐蚀性；铁黄铜棒具有高强度和韧性；铝黄铜棒具有高强度和抗蚀性；锰黄铜棒具有高强度和抗海水腐蚀性；硅黄铜棒有较高机械性能和优良的抗蚀性。简单黄铜棒应用于机械构件或用作焊条；铅黄铜棒用作易切削加工件；其他黄铜棒应用于造船及耐蚀件等。　　　　　（陈大凯）

黄铜薄壁管 sheet brass tube

黄铜坯料经拉制成一定规格的薄壁管材。外径为3.0~30mm，壁厚为0.15~0.90mm。按材质有简单黄铜（H96、H68、H62）管，冷加工性好，易于制作薄壁管，常在冷加工硬化或退火状态下使用。H96管有足够的强度和抗蚀性，用于无线电、导电体和冷凝管。H68管有良好抗蚀性和切削性能，易焊接，可制造各种散热器外壳、波导管和波纹管等。H62管易切削和焊接，应用于仪器仪表、热工工业。　　　　　（陈大凯）

黄铜箔 brass foil

由黄铜（H62、H68）坯料经冷轧成厚度为0.01~0.05mm，宽度为40~250mm的箔材。H62铜箔以其优良的抗蚀性，用于石油、化工使用的零件，如滤油器箔片。H68铜箔导电性虽较纯铜低，但其抗疲劳性、弹性极限值较高，作为仪表弹簧材料，应用于机电、仪表工业。　　　　　（陈大凯）

黄铜带 brass strips

黄铜合金坯料经平辊冷轧成厚度为0.05~1mm的卷材。按成分有简单黄铜带（H96、H68、H62、H59）和复杂黄铜带（HSn62-1、HPb63-3、HMn58-2）。H96带因其美丽的金黄色，适于制造工艺装饰品，并因导热性好而用作双金属带；H68具有较高的强度和韧性，用于制造弹壳、雷管、垫圈、散热器外壳等；H62、H59带有良好的热变形能力，应用于机械制造。HSn62-1带以其抗海洋大气、海水腐蚀应用于船舶制造；HPb63-3带有足够的强度、耐磨性和抗蚀性，适于冷变形，应用于钟表、汽车、拖拉机和印刷工业；HMn58-2带以其高强度、抗海水腐蚀性好用于舰船制造和精密电器制造工业。　　　　　（陈大凯）

黄铜线 brass wires

黄铜坯料经拉制而成直径为0.02~6.0mm的线材。按化学成分分，有简单黄铜线和复杂黄铜线，后者可细分为锡黄铜线、铅黄铜线等。简单黄铜线具有一定的机械性能、抗蚀性和切削性，H68、H65、H62用于制作冷镦螺钉、铆钉等紧固件、自行车条幅和飞机、汽车胎等气门心。锡黄铜线具有优良的抗大气和海水腐蚀性，用于抗蚀零件及焊条。铅黄铜线具有优良的切削加工性，在仪器、仪表等工业中用于制造切削加工零件、圆珠笔芯、制销，在建筑上用作建筑五金，如地弹簧等。　　　　　（陈大凯）

黄土 loess

由花岗岩、玄武岩等经风化分解、搬运残积而成的土壤。以风成为主，也有冲积、坡积、洪积和淤积的，形成于第四纪。呈黄色。粒度以粗粉砂粒（0.05~0.1mm）为主，约占25%~50%；黏粒（<0.05mm）占20%~40%。矿物成分复杂，以

伊利石为主，蒙脱石和拜来石次之，还有石英、长石、白云母、方解石等。化学成分 SiO_2 55%～70%，Al_2O_3 10%～15%，Fe_2O_3 4%～6%，MgO 2%～3%，CaO 5%～10%，含碱（Na_2O、K_2O）较高，一般 3.5%～4.5%。硅率 3.5～4.0，铝率 2.3～2.8，相对密度 2.6～2.7，塑性指数较低，一般为 8～12。是水泥、砖瓦的主要原料之一。在中国北方分布广且层厚，成分均匀稳定。

（冯培植）

幌 silk window

一作䙀，用帛糊牕（窗）以采光，张协《七命》交绮对幌，谢惠连《雪赋》月承幌而通晖，李善均引《文字集略》注曰：以帛明牕也。《广韵》引《晋惠起居注》有云母幌，则"次帛明牕"即后世以帛糊窗的做法。《玉篇》释幌为帷幔，可备考。

（张良皋）

hui

灰板条 wood lath

钉在需要抹灰的木隔墙或顶棚上，用以挂灰浆的木条。厚 30～50mm，宽 30mm。用不易钉裂的松木或软杂木制作。

（姚时章）

灰集比 cement-aggregate ratio

又称灰骨比。见集灰比（218页）及胶集比（236页）。

灰浆 lime mortar

以石灰为惟一或主要的胶凝材料，按照一定的工艺程序调制，或按各种配比加入掺合料调制的灰膏和刷浆。用于中国传统建筑之砌筑、粉刷、填充、封固等。与现代建筑砂浆的基本区别在于较少用砂作为骨料，"砂子灰"之使用仅限于较粗糙的活。

（张良皋）

灰口铸铁 gray cast iron

又称灰铁。组织中碳全部或大部分以片状石墨的形式存在的铸铁。断口呈灰色，故名。基体组织分三种类型：铁素体、珠光体及铁素体珠光体的混合体。熔点低，流动性好，凝固时收缩小，可以铸造形状复杂的薄壁件。在液态时向铸铁中加入硅铁和硅钙合金，使铸铁中片状石墨变细且均匀分布，从而改善其性能，称其为孕育铸铁或变质铸铁。根据中国国家标准 GB976 按强度分为七个牌号，其代号由 HT 和两个两位数组成，例如 HT10—26，两组数字分别表示抗拉强度和抗弯强度的最低值，即最低抗拉强度为 100MPa，最低抗弯强度为 260MPa。由于抗压强度高，良好的消震性，所以最适合制造承受压力和一定震动的支架、底座、结构复杂的箱体和罩壳等。产量约占铸铁全部产量的 70% 以上。

（许伯藩）

灰色玻璃 grey glass

又称中性（暗色）玻璃。对可见光各波段无选择地均匀吸收呈暗灰色的颜色玻璃。其透光曲线几乎与横坐标相平行。需用两种或三种着色剂混合着色而制得，如铁－钴混合着色玻璃，铬－锰－铜混合着色玻璃等。用于定量调节光的透过率，平均透过率可在 2%～70% 范围内选择使用，以限制光量，可作为高级建筑物的调光窗或窥视窗。

（许淑惠）

灰砂比 cement-sand ratio

砂浆或混凝土中水泥和砂子的质量比。一般砌筑砂浆和抹面砂浆为 1:2.5～3.0；钢丝网水泥制品为 1:1.5～2.0。

（徐家保）

灰砂硅酸盐混凝土 lime-sand silicate concrete

将磨细石灰或石灰－砂磨细胶结材、自然砂（河砂、山砂等）及水的混合料成型后经蒸压处理制成的混凝土。一般不含粗集料，表观密度在 1 700～2 200kg/m³ 之间。性能稳定，强度高，一般为 10～70MPa。弹性模量较低，徐变小。抗渗性、抗冻性、抗碳化性能良好。可以制成灰砂砖、砌块、墙板、配筋构件及中小型预应力构件、制品色泽美观、棱角整齐、外表光洁。可以代替黏土砖及中小型水泥混凝土构件用于一般工业与民用建筑。

（蒲心诚）

灰砂加筋构件 reinforced lime-sand concrete element

用钢筋和灰砂硅酸盐混凝土制成的承重建筑构件。主要工艺过程是：灰砂胶结材磨细、混合料拌制、钢筋加工与放置、构件成型及蒸压养护。常用的混凝土强度等级为 C20～C50。主要品种为用于民用建筑中的中小型构件。其优点是成本较低、不用水泥、节约能源。

（蒲心诚）

灰水比 cement-water ratio

水泥浆、砂浆或混凝土中的水泥与水用量的质量比。与水灰比相反，在混凝土混合料可振实条件下，与抗压强度成正比。

（徐家保）

灰体 grey body

又称绝对灰体。单色黑度（或单色吸收率）与波长无关的物体。即对各种波长的辐射能都具有相同的单色黑度（或单色吸收率）。表达式为 $\varepsilon = \varepsilon_\lambda =$ 常数，$A = A_\lambda =$ 常数。式中 ε、A 为物体的黑度、吸收率；ε_λ、A_λ 为物体对应于某一波长的黑度、吸收率。灰体是一种理想物体，自然界中不存在。在工程计算中，将众多工程材料当作灰体处理，引起的误差一般可以容许。

（曹文聪）

灰土 lime-soil

熟石灰和黏性土搅拌均匀分层夯实而成的地基土。具有一定的强度（28d强度可达100Pa），不易透水。土料可采用地基基槽中挖出的土。凡有机物杂质含量不大的黏性土均可作灰土的土料。表面耕植土不宜采用。土料应过筛，粒径不宜大于15mm，熟石灰中不得夹有生石灰块。体积比一般为2:8（又称二八灰土）或3:7（又称三七灰土），后者质量优于前者。施工时应拌和均匀，过筛，颜色一致，适当控制含水量。工地检验方法是用手将灰土紧握成团，手指轻捏即碎为宜，如土料水分过多或不足时应晾干或洒水润湿，及时铺好夯实，不得隔日夯打。主要用作低层房屋基础、地面垫层和简易路面等，是中国传统建筑材料。

（聂章矩　蒲心诚）

灰油

桐油加入土籽灰、樟丹经过熬炼而成的调制地杖所用油灰、油浆专用油。其重量配比，春、秋季为桐油:土籽灰:樟丹＝100:7:4；夏季为100:6:5；冬季为100:8:3。熬炼方法：将土籽灰、樟丹粉一并放入锅内炒之，待水分消尽，注入桐油熬炼，不间断地搅拌，避免樟丹、土籽灰沉底，油温接近180℃时，用勺扬油放烟，并随时观察、试油。试油方法是取少量油滴入水中凝结成珠状即熬熟，需立即撤火，继续扬油放烟。出锅凉后需加盖，防止结皮。灰油是调制油满的主要材料。

（谯京旭　王仲杰）

灰渣硅酸盐混凝土 lime-slag silicate concrete

用石灰（或电石渣）为钙质材料和工业废渣为硅质材料以蒸汽养护或蒸压养护制成的混凝土。废渣成分较复杂，除含有SiO_2以外，尚含有Al_2O_3、Fe_2O_3等化学成分，有时在其混合料中还掺有石膏，所以，在硬化后，除水化硅酸钙外，尚含有水化铝酸钙、水化硅铝酸钙或水化硫铝酸钙等胶凝物质。由于废渣的品种及品质差异很大，故其性能也有很大的变化。可以制作砖、砌块、墙板等墙体材料，也可以制作配筋建筑构件，是变废为材、保护环境的重要途径。

（蒲心诚）

挥发率 volatility

嵌缝油膏试样中的轻组分在试验条件下挥发出的成分的重量与原始试样重量的百分比。该指标可反映材料处于高温使用环境中的稳定性，测定方法是将20±0.5g试样填入干燥至恒重的培养皿中，该皿深12mm，内径65mm。然后在80±2℃的环境中放置5h，然后在干燥器中冷却30h，测其重量，按下式计算挥发率（%）。

$$W = \frac{Q_1 - Q_2}{Q_1 - Q_0} \times 100$$

式中W为挥发率（%）；Q_1为加热前培养皿和油膏的重量（g）；Q_2为加热后培养皿和油膏的重量（g）；Q_0为培养皿重量（g）。此值应小于2.8%。

（徐昭东　孔宪明）

恢复率试验 elastic resurgence test

又称弹性恢复试验。测定弹性密封膏受到拉力变形及拉力消失后恢复原状的能力的一种试验方法。一般是将密封膏注入截面为12mm×12mm，长70mm，两端隔离垫块封住的开口槽内，制备成两面黏结的条状试件。24h后，除去隔离块，使两黏结面以5~6mm/min的速度拉伸到原宽度的125%、160%或200%，并注意勿使黏结面发生脱落。然后保持这种规定宽度、水平放置24h后再将试件放松，使其自由回复1h，测其宽度。拉伸后的最大宽度与回复后的宽度之差，除以拉伸后的最大宽度与原宽度之差即得恢复率。其值为百分数。

（徐昭东　孔宪明）

辉长岩 gabbro

主要由含量相近的辉石和基性斜长石组成的基性深成岩。次要矿物为角闪石、橄榄石、黑云母等。全晶质半自形等粒结构或辉长结构。按次要矿物不同可分为橄榄辉长岩、角闪辉长岩等。一般呈深灰、黑灰、灰绿等色。表观密度2 800~3 100kg/m³，抗压强度160~280MPa。可作地基、闸坝、路面等砌筑石材。颜色深、色调一致、磨光性好的可制作建筑室内外饰面板材，如我国著名花岗石磨光板"济南青花岗石"。

（曾瑞林）

辉光灯 glow lamp

一种利用冷阴极放电的灯具。它是通过正离子的撞击并从金属表面释放出电子而发光。常见的为辉光指示用灯，其泡内装有两个圆柱电极，并串联一个电阻，充入适量的氖，通电后多呈橙红色光，光效为0.31~2lm/W。若充入氩可发出360nm紫外线，辐射所涂不同的荧光粉获得各色彩光；有100~120V和200~250V两种使用电压。其作用能指示电源通否。

（王建明）

辉绿岩 diabase

主要由基性斜长石和普通辉石组成的一种基性浅成侵入岩。矿物成分与辉长岩相近。致密块状构造。全晶质细至中粒结构，常具辉绿结构，即在肉眼或偏光显微镜下，岩石中斜长石呈自形板条状分布，而它形粒状辉石则充填在斜长石板条状晶粒构成的三角形空隙中。新鲜的辉绿岩呈深灰、墨绿等色，风化后颜色变浅。表观密度2 800~3 000kg/m³，抗压强度可达200MPa。常用作道路、基础、闸坝等砌筑石料，还可作为铸石原料。以辉绿岩为主要原料制成的铸石具有高耐磨性、耐酸耐碱性及不导电等特性。一些易于磨光、装饰性能好的，可加工成板材，用作建筑物室内外墙面、地面装饰材料。
(曾瑞林)

回归方程 regression equation

用回归分析建立的方程。回归分析是由随机变量的观测数据出发，找出变量间的关系。由于变量是随机的，故找出的关系也不是严格的函数关系，而是统计的相关关系。表示这种关系的方程为回归方程。常用方法是将两相关变量的各测量值（x_i；y_i)。标在以 x 和 y 为轴的坐标图上，称为散布图。若图上各点近似的沿直线分布，就用最小二乘法求出此直线，称回归直线；若不是直线，就用变量的某个函数作散布图，使其呈直线分布，这种方法又称线性回归，是回归分析中用得较多的方法。
(魏铭鉴)

回归分析 regression analysis

研究一个随机变量与其他一些变量关系的统计方法。根据试验或观测数据可以建立起变量之间的近似函数表达式——回归方程。通常用最小二乘法确定回归方程的系数，再用相关性检验确认方程有无意义，即可确定这个回归方程是否成立。利用回归方程，可预测因变量的取值或取值范围；也可借助回归方程的极值找出使因变量达到最优的条件等。回归分析在生产和科研中都有广泛的应用，如求经验公式，找出产量或质量与生产条件的关系，确定最优生产条件，气象、水文和虫情预报，制定自动控制中的数学模型等。
(许曼华)

回火 tempering

将经过淬火或冷加工变形的钢及零件，加热到临界点以下的温度（150～650℃），保持一定时间后空冷到室温的一种热处理工艺。按加热的温度不同，分为低温、中温和高温三类回火。随回火温度的升高，材料的组织由非稳定态向稳定态转化，内应力降低或消除，并可根据需要调整工件的机械性能。
(高庆全)

回黏 after-tack

已固化的涂膜重新软化和带黏着性的现象。是涂膜的弊病之一。产生的原因是：①涂料的基料中含鱼油、半干性油；②干燥后，环境湿度过高，通风不良；③油性涂料涂装于水泥、混凝土介质等具有碱性的基底上，使涂膜产生皂化反应；④底层涂料中挥发成分向表面渗透。防止办法是更换涂料，加强环境通风干燥，对碱性介质的基底避免用油性涂料涂装或预先涂上耐碱的封闭底漆。易产生这种现象的涂料有油性涂料、清漆及合成树脂调合漆。
(刘柏贤)

回弹仪非破损检验 non-destruction test by rebound hammer

又称冲锤试验（hammer test）或硬度计试验（sclerometer test）。用回弹仪对混凝土进行强度的非破损检验方法。将回弹仪在混凝土制品或构件表面压紧冲击，测得回弹值，再查事先建立的混凝土回弹值－强度关系曲线，换算出该混凝土的强度值。回弹值实质上反映了被测部位混凝土的硬度，与混凝土的强度之间并非单值关系。混凝土表面层硬度受原料性质、配合比、表面饱水程度、碳化深浅等许多因素的影响而变动，故上述关系曲线只在一定范围内适用。实际多用此评定混凝土匀质性、现场确定拆模时间和检验整个结构的材料质量。也可用于石制品和砖的测试。
(徐家保)

回转窑 rotary kiln

又称旋窑。一种用来煅烧水泥熟料，低速旋转、内衬耐火材料的钢制圆筒形热工设备。依靠筒体上的滚圈安装在数对托轮上，有一定斜度，由电动机或液压传动设备使筒体旋转。生料自高端（窑尾）喂入，向低端（窑头）运动。燃料自窑头吹入，将生料烧成熟料，经冷却机卸出。烟气由窑尾排出。回转窑筒体几经变革发展，主要型式是直筒型和各种局部扩大型。按工艺的不同又分为干法窑、立波尔窑和湿法窑。湿法窑又分为湿法长窑与带料浆蒸发机、过滤机、料浆喷雾装置的短窑。干法窑又分为干法长窑、带余热锅炉窑、带悬浮预热器窑和窑外分解窑等。
(冯培植)

回转窑窑灰 kiln dust

简称窑灰。水泥回转窑窑尾高温含尘烟气中收集的微细颗粒物质。化学成分主要为 CaO，其次为 SiO_2，还有 Al_2O_3，SO_3，碱等。主要矿物为碳酸钙、脱水黏土、玻璃物质和游离氧化钙。它既不是熟料，也不同于矿渣、火山灰材料和粉煤灰，也不同于非活性混合材料。由于生成碱的硫酸盐在煅烧中最易挥发，经冷凝后积聚在窑灰中，使窑灰的碱含量很高。通常通过旁路放风所得的窑灰，不再回到窑中，可作为水泥混合材料，掺入量少，水泥性能基本不变。普通窑灰也可重新喂入窑内，提高窑的产量。
(陆 平 王善拔)

绘画珐琅 painted enamel, limoge

又称绘图珐琅。用各种彩色瓷釉，在金属坯体上绘制所需图案后，经一定工艺过程而制得的艺术搪瓷。历史上在法国里玛日（limoge）所制的这类珐琅较为著名，故外文以里玛日地名命名。所用彩色瓷釉料具有颗粒细、着色力强、颜色均匀、色调柔和、光亮等特点。属于这类制品有建筑装饰用的大型壁画等。
(李世普)

hun

混合硅酸盐水泥 mixed portland cement

简称混合水泥。由硅酸盐水泥熟料、非活性混合材和适量石膏磨制成的水泥。水泥中非活性混合材的重量至少要大于10%，但不超过50%。可用活性混合材代替，但其非活性混合材数量仍大于10%。水泥的性能受所用混合材性质影响。水化热低，早期强度比同强度等级的矿渣水泥、火山灰水泥和粉煤灰水泥高，这是非活性混合材促进水泥中C_3S的水化，加速水化产物形成之故。后期强度增进率不及矿渣水泥等。分22.5、27.5、32.5、42.5四个等级。可用于大体积混凝土工程的填充部分，也可用于强度等级C25以上的工业民用建筑混凝土、构件及砌筑砂浆等，但不宜用于耐腐蚀工程。现在，它已被复合硅酸盐水泥所代替。

（王善拔　冯培植）

混合集料 blended aggregate

由粗细不同的两种或两种以上的集料按一定的要求混合而成的集料。如砂子与石子、石屑与石子、细砂与石屑等，其级配称为混合级配。混合的目的是为了得到最佳级配或特定级配的集料。混合的原则是较细的集料颗粒在完全填充较粗集料的空隙体积后能略有剩余。各种集料所占的比例，可根据各自的级配和所要配制混凝土的工作性，通过理论计算、作图或试配而得。具有堆积密度大、空隙率小、级配好等特点，可制得性能良好的混凝土。

（孙宝林）

混合沥青 mixed bitumen

以石油沥青和煤沥青（或煤焦油）混合配制而成的沥青。由于石油沥青和煤沥青二者的化学特性（芳香度等）和物理常数（如密度等）的差异，很难调配成一种均质的分散体系。但当选料适宜，配合得当时，它可综合石油沥青和煤沥青的优点，主要表现在黏结力、热稳性和延伸性等均较好，同时对酸性矿料具有良好的黏附力。混合方法主要有热熔混合法、溶剂混合法、乳液或悬浮液混合法和干混合法等。

（西家智）

混合料干硬度 mixture stiffness

又称工作度。测定低塑性混凝土或干硬性混凝土混合料工作性的一种技术指标。可用工业黏度计测定。将黏度计固定在振动频率为3 000±200次/min、负荷时的振幅为0.35mm的标准振动台上，按规定的操作方法，在坍落度试验筒内成型，提起该筒，将测杆上的圆盘置于顶面开始振动，混凝土由截头圆锥体状变成圆柱体状时所需的振动时间(s)作为其指标。

（潘介子）

混合磨细工艺 technology of mixed grinding

加气混凝土生产中采用的将两种或几种原料一起共同磨细的技术。有不加水干磨和加水湿磨两种方法。与各种原料分别单磨后再混合相比，可使硅质材料和钙质材料混合更为均匀，能改善加气混凝土生产时料浆稳定性，在蒸压过程中获得均匀分布的水化生成物；提高制品强度、降低其收缩值。特别适用于粉煤灰加气混凝土的生产。

（沈　琨）

混合耐火纤维 mixed refractory fibre, blend of aluminosilicate and polycrystalline fibre

简称混合纤维。非晶质硅酸铝耐火纤维和多晶纤维按一定比例配合而成的耐火纤维。多晶纤维使用温度高但价格昂贵，硅酸铝纤维使用温度低，价格较低；两者按一定比例混合可得到经济与性能相对合理的产品。其性能取决于两种纤维的配比和加工方式。多晶纤维的含量一般不超过60%，工作温度在1 200～1 400℃之间。可用作不与熔渣接触及不受高速气流冲刷的窑炉内衬。参见多晶氧化铝纤维（98页）及硅酸铝耐火纤维（171页）。

（李　楠）

混合砂浆 composite mortar

两种或两种以上胶凝材料与砂拌制的砂浆。常以所用胶凝材料命名，通常前一胶凝材料为主要成分，第二或后列的胶凝材料视为改变主要胶结材料性能的掺合料。如水泥石灰砂浆、水泥黏土砂浆中的水泥为主要胶结材料，而石灰或黏土则作为掺料调节砂浆的和易性与塑性，并节约水泥。与水泥砂浆相比，耐水性与抗冻性较弱。石灰石膏砂浆、石灰黏土砂浆则以石灰为主要胶凝材料，适用于抗水性要求不高的砌筑工程和抹面。拌制时须将两种胶凝材料彻底拌匀之后再加入砂子拌匀，才能获得较匀质的材料。

（徐家保）

混合着色玻璃 mixing coloration glass

同时使用二种或二种以上的着色剂进行着色的颜色玻璃。比单一着色剂制造的玻璃有更鲜艳的颜色，可创造出堪与天然色彩相媲美的各种色调，绚丽多彩，种类甚多。例如铈钛黄玻璃有着令人满意的金黄色，适于制作滤光玻璃和高级建筑物装饰制品；锰钴混合着色玻璃可以有紫和蓝间的系列色调，适于作为艺术装饰玻璃制品；锰铬混合着色玻璃几乎不能透过整个可见光范围的光谱，用来制作黑色装饰玻璃或黑色透红外线玻璃。作为建筑装饰材料可满足各种类型建筑设计选用。（许淑惠）

混凝土 concrete

由胶凝材料将集料胶结成整体的工程材料体系

的统称。通常指水泥混凝土和普通混凝土。古代用黏土、石灰、石膏、火山灰或天然沥青作胶结材与砂、煤渣、石子混合的材料可认为是原始的混凝土，19世纪20年代波特兰水泥制成后正式问世。19世纪中叶以后出现了钢筋混凝土。20世纪初发表了水灰比学说，奠定其强度理论基础。广泛应用于土木工程的各领域。它的兴起与砖瓦的出现和近代钢材的大量应用，成为土木建筑工程的三次飞跃发展的标志。具有原料易得、能耗较少、造价低廉、造型容易、品种多样的特点。广义的定义，包括其凝结前塑性状态的混合物（拌合物）和凝结硬化后的坚硬固态物质，前者可称为未结硬混凝土或新拌混凝土、新浇混凝土、新鲜混凝土（fresh concrete），后者称为硬化混凝土（hardened concrete），并将未硬化透的称为未成熟混凝土（young concrete）。狭义的定义则仅指硬化后的固态物质。分类极多：①按使用功能分，有结构、保温、装饰、防水、耐火、水工、道路、防辐射等混凝土；②按胶凝材料品种分，有水泥、石膏、硅酸盐（石灰-硅质胶结材）、水玻璃、沥青、聚合物等混凝土；③按表观密度分，有重、普通、轻三种混凝土；④按其施工工艺、配筋方式或混合料的工作性等分类。性能随不同类别而变化。是现代最重要、用途最宽广的大宗工程材料。　　　　　（徐家保）

混凝土板　concrete slab

钢筋混凝土板的简称。用钢筋混凝土制作的平板形结构构件。按配筋方式，可以分为预应力混凝土板和非预应力混凝土板。按功能可以分为混凝土楼板、混凝土屋面板、混凝土墙板、混凝土天沟板等。常在混凝土制品厂预制，广泛应用于工业与民用建筑。混凝土墙板按保温要求可以分为保温墙板和不保温墙板，按截面形状可以分为槽形墙板、空心墙板、实心墙板，按材料可以分为普通混凝土墙板、轻混凝土墙板、复合墙板等，按承载能力可以分为承重墙板和非承重墙板，主要用于建筑物的内墙和外墙。混凝土天沟板呈槽形，置于相邻两榀屋架的端部，用于屋面排水。　　　　（孙宝林）

混凝土泵　concrete pump

又称混凝土输送泵，是一种利用压力将混凝土混合料用管道输送的装置。由进料机构、泵体、驱动机构、管道等组成。按驱动方式有：①活塞式，依靠往复运动的活塞驱动，其中又可分为由原动机通过曲柄连杆机构推动活塞的机械式（见图）及用水或油作用在活塞上使之作直线运动的液压式；②挤压式，采用挤牙膏方式对胶管进行挤压，将其中混合料挤向管道。按移动方式有：①固定式；②装在台车上的拖挂式；③安装在汽车底盘上的自行式。其泵送能力一般由每小时最大排量和最大泵送距离表示。
　　　　　　　　　　　　　　　　（丁济新）

混凝土比强度　strength-density ratio of concrete

混凝土抗压强度与其气干表观密度的比值。是对高层和大跨建筑等技术经济指标有显著影响的参数。　　　　　　　　　　　（徐家保）

混凝土标号　concrete strength mark

根据边长为20cm的混凝土立方试块，在标准条件（温度20±3℃，相对湿度大于90%）下养护28d所测得抗压强度平均值（以 kgf/cm^2 计）划分成的等级。通常有75，100，150，200，250，300，400，500及600九个标号。一般不标注单位。是设计、配制、检验质量等工作中常用技术术语，现已用混凝土强度等级取代。　　　（徐家保）

混凝土地面　concrete floor

以混凝土做面层的地面。常有两种做法，一种是30～40mm厚的细石混凝土；另一种是C15混凝土提浆抹面层兼垫层。细石混凝土是由1∶2∶4的水泥、砂和石子配合而成。水泥可用硅酸盐水泥、普通硅酸盐水泥，标号不低于325号；砂宜用中砂或粗砂；石用碎石或卵石，粒径应不大于15mm或面层厚度的2/3。可直接铺在夯实的基土上或直接铺在楼板上。浇捣C15混凝土面层兼垫层时，可采用随捣随抹方法，必要时加适量1∶2～1∶2.5水泥砂浆抹平压光。该地面刚度大、防水性好，可以克服水泥砂浆地面干缩较大的缺点。用于一般工业与民用建筑地面。　　　　　　　（聂章矩）

混凝土断开试验　concrete break-off test

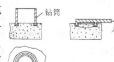

确定混凝土的弯曲抗拉强度的一种方法。将一圆管插入新鲜混凝土中，混凝土硬化后抽出管子使混凝土构件中形成一圆柱形体，用千斤顶对一定龄期的此柱形"试件"施加横向力使之折断，用折断时的横向力除以试件断面得混凝土断开强度。试验证明断开强度与断裂模量的相关性良好，但值偏高。对早期混凝土的强度测试较为适用，但其试验结果变异较大，不宜用于干硬性混合料（不易插入管子）混凝土。
　　　　　　　　　　　　　　　　（徐家保）

混凝土断裂假说　hypothesis for concrete fracture

M.F.卡普兰（Kaplan）1961年应用断裂力学的概念来研究混凝土断裂而提出的假说。其要点是：水泥石中裂纹的扩展所需能量要比形成新表面的表面能大一个数量级。J.格昌克利希指出，这种过多的能量是由于在一定的应力阶段在裂纹顶端附近区域需要形成许多微裂纹所致。L.詹姆斯和E.K.克莱德指出混凝土中的原始裂纹存在于水泥石中及其与集料的界面上，并在水泥石中扩展。在集料弹性模量高于水泥石的情况下，集料对原裂纹的扩展有阻碍作用。集料与水泥石弹性模量的比值越高、原裂纹顶端离集料表面越近、集料粒度越大，集料的阻裂作用越大。用匀质材料断裂力学分析而得的混凝土断裂韧性，称为假断裂韧性。

（宋显辉）

混凝土二点试验法 two-point test

根据流变学原理测定新拌混凝土两个参数以确定其工作性的试验方法。由英国G.H.Tattersall于1969年提出。因混凝土混合料为近似的宾汉体，可以基本参数屈服应力及塑性黏度来确定其在外力作用下的变形速度。采用一种类似于食品搅拌机的黏度测定仪。仪器的搅拌钵中装有一可自转并绕钵旋转的搅拌桨，混凝土置入后搅拌桨旋转，使混凝土作匀速运动。改变旋转速度，从而改变剪切速率，反映混凝土所受外力的变化，测定消耗功率及不同转速下的阻力扭矩，由下式确定其流变性。

$$T = g + hN$$

式中 T 为扭矩；N 为转速；g 与 h 各为相应于屈服剪应力及塑性黏度的常数。该法比单点试验法，如坍落度测定等更能反映混凝土组分变化时对流变性能的影响，较完善的检验出和表征其工作性。现尚在不断地对测试装置及方法作研究改进，以适于实际应用。

（孙复强）

混凝土分层 concrete stratification；concrete separation

流动性混凝土混合料在运输、浇灌、成型过程中，不能保持其原有的均质稳定状态而产生层状离析的现象。主要由于混凝土各组成材料粒度及密度的不同，它们受重力及外力的作用时相继沉降而引起的，分为外分层与内分层。如混合料成型时过度振捣会使砂浆或水泥浆上浮及离心混凝土在离心力作用下发生水泥浆、砂浆向内壁离析而分层等。

（潘介子）

混凝土含气量测定仪 air entrainment meter

测定成型后混凝土中空气含量的仪器。基于波义耳定律，由空气的压力与体积之间的相互变化关系来确定混凝土的空气量，以控制适宜的含气量范围，保证混凝土质量。所测混凝土试样的集料最大粒径不超过40mm。分为水压式含气量测定仪和气压式含气量测定仪两种类型（图）。水压式主要由容器、盖体、压力表、玻璃管、刻度标尺及其他附件等组成。测定时，先向容器内已成型的混凝土注水，然后打气施加一定的工作压力，测出水柱高度，即可求得含气量。气压式主要由容器、盖体、压力表等组成，测试时直接向容器内混凝土打气加压，读表值，并以此值从预先率定好的含气量与压力表读数的关系曲线中查得相应的测定含气量。所测得的值均需减去集料的含气量，方为混凝土含气量（均以百分率表示）。

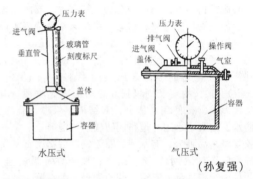

（孙复强）

混凝土回弹仪 concrete rebound hammer

又称斯米特锤（Schmidt hammer），简称回弹仪。用作非破损检验混凝土表面硬度以反映强度的一种仪器。由斯米特·E（Ernst Schmidt）发明。通过一个弹击重锤对试件或制品、构件的表面冲击后所产生的回弹值（rebound number），按经验图表，查出被测物的强度。其构造如图所示，当撞杆头部向试体表面压紧时，拉住重锤的弹簧伸长到一定行程而具有固定势能，在脱钩后势能释放，一方面撞击试体使表面混凝土形成浅凹印痕，同时使重锤回弹至一定距离，此值与弹簧伸长值之比，即为回弹值。按冲击能量可分重、中、轻三种类型，适用于不同材料（如各种混凝土、水泥制品、砖等）。参见回弹仪非破损检验（203页）。

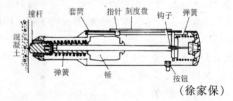

（徐家保）

混凝土混合料 concrete mix

又称混凝土拌合物，新拌混凝土，简称混合料、拌合物。混凝土的各组成材料按一定的比例搅拌均匀而得的尚未凝结的材料。可以认为是由水和带有分散粒子组成凝聚结构的液体。具有塑性、黏性和弹性，其流变特性接近于宾汉姆（Bingham）体。中国标准将混合料按其坍落度分为：低塑性混凝土、塑性混凝土、流动性混凝土、大流动性混凝土。按其维勃稠度分为：特干硬性混凝土、干硬性混凝土和半干硬性混凝土。混合料的所用材料质量和配比是影响施工工作性和硬化后混凝土性能的主要因素。　　　　　　　　　　　（潘介子）

混凝土基相　concrete matrix

又称混凝土基料，混凝土基体。指混凝土成分中水泥浆与细集料构成的砂浆。系构成混凝土的基本部分，而粗集料则是分散于基相中的分散相。是用复合材料概念分析研究混凝土组成结构和性能时常用的术语。　　　　　　　　　　（徐家保）

混凝土碱度　basicity of concrete

见护筋性（189页）。

混凝土降质　concrete deterioration

又称混凝土劣化，混凝土变质。混凝土的表面或整体由于组分的离析、分离，使正常的力学性质和理化性质呈现的不利变化。包括：①崩解，指分裂为小的碎屑或颗粒；②畸变，原来的形状发生不正常的形变；③起霜，又称析盐，由内部物质迁移至表面形成的白色盐类；④结壳，表面形成的硬壳；⑤泌出，通过孔缝渗出液体或黏性胶状物；⑥起坑，由于腐蚀、局部分解表面形成较小凹穴；⑦爆裂孔；⑧冲刷侵蚀，因水流和其中的固体粒子的动摩擦作用而导致质量降低；⑨剥落；⑩碎裂，由于打击、气候变化、压力或大体积的混凝土内部膨胀作用从本体脱落的薄块；⑪接缝碎裂，沿着接缝延展的凹坑破裂；⑫空鼓，又称假面，敲击时发生空洞声响的结构缺陷；⑬钟乳石状凸出；⑭石笋状凸出；⑮起砂；⑯腐蚀，因水的浸析作用和腐蚀性介质的化学作用对混凝土产生的侵蚀或钢筋因电化作用产生的锈蚀。　　　　　　　　（徐家保）

混凝土浇灌机　concrete placer

用来将混凝土混合料浇灌并摊铺在模型内的设备。一般由料斗、喂料机构、行走机构及机架组成。按喂料机构分，有：依靠无端环形胶带输送混合料的胶带式（见图）；由带螺旋叶片的转轴旋转而将物料推向出料口的螺旋式；靠料斗出料口附近安装的振动器振动而下料的振动式；以及由料斗出料口下所安装的活动抽板开合来控制下料的抽板式。用于生产混凝土管的螺旋式、胶带式等浇灌机通常称混凝土喂料机。

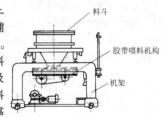

（丁济新）

混凝土搅拌工艺　concrete mixing process

利用搅拌机使组成混凝土的两种或多种不同的物料互相分散而达到均匀混合的工艺过程。搅拌除混合成均匀混合料外，还要使之强化和塑化，但对不同的混凝土混合料目的各有所侧重，如在搅拌过程中，有搅拌均化、搅拌强化、搅拌塑化、超声活化等作用。按投料顺序，有普通搅拌工艺、水泥裹砂搅拌工艺、水泥裹石搅拌工艺等。普通搅拌工艺用于普通混凝土，投料方法有一次投料和分组投料两种。前者是将砂子、水泥、石子一次投入搅拌筒，在投料的同时加入全部用水量进行搅拌。后者是将石子和部分用水量投入搅拌筒，以清除前一盘黏附于筒壁的残浆，然后再加入水泥、砂和剩余的用水量。从原材料全部投入时起，到混合料开始卸出时为止，所经历的时间称为搅拌时间，其值可根据搅拌机的类型、集料的品种和粒径，以及混凝土混合料的工作性等因素综合确定。使用外加剂或矿物质掺合料时，搅拌时间应增加0.5～1倍。普通搅拌工艺在混凝土生产中应用最广。（孙宝林）

混凝土搅拌机　concrete mixer

用于将混凝土组成材料拌和成均匀混合料的设备。根据搅拌作用原理，有自落式和强制式。自落式是在水平安置的鼓筒内装有径向布置的叶片，鼓筒旋转时，能将其中物料提升到一定高度，靠自重下落而搅拌。鼓筒有鼓形、双锥形、梨形及由两个半球组成的球形。出料是由①可翻转出料槽伸入搅拌筒；②搅拌筒反转；③搅拌鼓筒倾翻；④两个半球形筒从中间分开等方式而实现的。强制式是在圆盘或圆槽容器内，通过装有叶片的立轴或卧轴旋转，对物料进行剧烈搅动，使之形成交叉物流而快速均匀搅拌。立轴式可分为圆盘中央回转轴的臂架上装有若干组搅拌叶片的涡桨式及圆盘中装有两根回转轴，分别带动几组搅拌叶片的行星式；卧轴式可分为单轴圆槽式和两根水平轴旋转方向相反的双轴圆槽式（图示为行星强制式）。按工作制度，有装料、搅拌和卸料按一定周期进行的周期作用式及可连续不断进行的连续作用式。还可以分为固定式及由汽车牵引或装在汽车底盘上的移动式。

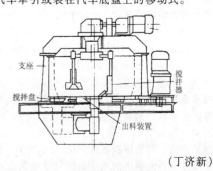

（丁济新）

混凝土搅拌楼　concrete mixing plant

简称搅拌楼，又称搅拌站。具有拌制混凝土混合料全套工艺设备的车间。配有供料、贮料、给料、称量、搅拌、出料、控制系统等工艺设备。有时只作配料或初搅拌使用。按车间竖向布置和材料提升次数，分为单阶式和双阶式两种。单阶式是将材料一次提升到车间最高点的贮料斗中，其给料、称量、搅拌直至混合料制成，均靠材料重力自上而下流经各工序的垂直工艺流程。其特点是机械化程度高，输送环节少，劳动条件好，生产效率高，占地面积少，但钢材用量较多，一次投资较大，适用于大中型混凝土制品厂或商品混凝土厂。双阶式是将材料分为两次提升，第一次提升到贮料斗，经过称量配料后再第二次提升进入搅拌机搅拌，其设备较简单，厂房结构标准低，土建投资少，但劳动条件较差，占地面积大，适用于中小型混凝土制品厂。工地选用搅拌站的规模，视工期长短和混凝土日用量大小而定，一般可以采用可拆迁的临时性混凝土搅拌站。　　　　　　　　　　（孙宝林）

混凝土结构构件　concrete structural element

钢筋混凝土结构的组成单元。钢筋混凝土结构系指建筑物的主要承重结构均采用钢筋混凝土材料建成。结构部位不同，构件的名称、尺寸、形状和作用也各不相同。常用的结构构件有各种钢筋混凝土梁、钢筋混凝土板、钢筋混凝土柱等。一般采用工厂化生产，运到工地进行安装，但也常在施工现场预制。由于构件重量较大，需配备大型起重运输设备。　　　　　　　　　　（孙宝林）

混凝土离析　segregation of concrete

混凝土混合料内某些组分产生分离析出的现象。这是由于混合料组分中的固体粒子大小、密度不同而发生不同的运动和位移引起的。通常表现为两种形式：①粗集料比细集料更易沿着斜面下滑或在模内下沉。②流动性大的混合料中，稀水泥浆从混合料中淌出。离析会使混凝土的结构不均匀和失去连续性，导致混凝土产生蜂窝、麻面、浮浆、裂缝等缺陷，选择适宜的配合比和注意施工操作可减少这种现象的发生。　　　　　　　　（潘介子）

混凝土立方体抗压强度　cube crushing strenght of concrete

以标准方法，制成混凝土 150mm×150mm×150mm 的立方体试件测得的抗压强度。试件标准养护 28d 后进行试验。在试验机上放置时，承压面应与成型时的顶面垂直，用规定的速度连续均匀地加荷，直至试件破坏，然后记录破坏荷载 P（N）与试件承压面积 A（m²）之比值，取三个试件的算术平均值，即为该组试件的抗压强度值。用其他尺寸试件测得的强度值均应乘以尺寸换算系数，如 200mm×200mm×200mm 的立方体试件其系数为 1.05；100mm×100mm×100mm 的立方体试件其系数为 0.95。测定混凝土立方体的抗压强度，可以检验混凝土材料质量，确定和校核混凝土配合比，为控制施工质量提供依据。（郭光玉）

混凝土联锁砌块　interlocking concrete block

侧面具有相互啮合形状的铺路用混凝土砌块。有振动加压成型、振动成型和纯加压成型三种生产方法。采用道路水泥制作其面层可提高耐磨性。用以铺修车行道、人行道、街道、停车场、广场路面和建筑物周围及园林的阶地、花坛、引道等，具有施工简便快捷、易于修补复原等优点。是一种新型路面铺设材料。　　　　　　　　（徐家保）

混凝土裂缝　concrete cracks

混凝土不完全的分离。可按其方向（纵向、横向、竖向、斜向和不规则）和宽度、深度分类，一般以宽度小于 1mm 者为细裂缝，缝宽 1～2mm 者为中等裂缝，大于 2mm 者为宽裂缝。按裂缝形式可分为①网状裂缝，位于表面呈小的开口孔隙，是因近表面和表面以下混凝土体积变化不同所致；②浅裂，又称幅裂，表面间隔很近、间距不规则、不贯穿到底的浅缝；③发裂，因干燥而引起的不均匀收缩和温度分布不均引起不均匀变形所产生的混凝土外露面微细而不整齐的裂纹；④D 形裂缝，因受反复冰冻作用，混凝土表面逐渐形成一些不整齐的间隔较密的细裂缝，随后又为大量碳酸钙的暗色沉积物填塞，多发生在公路板上与外露板边和接缝相平行，以弧形曲线穿过板角。裂缝是由混凝土内部的和外部的破坏因素或使用荷载的作用而产生，它影响混凝土结构物的抗拉、抗剪强度，降低耐久性及使用寿命，破坏美观。　　　　（徐家保）

混凝土流动度　flow table spread of concrete

表示混凝土混合料的流动性能和离析程度的一种指标。主要测试仪器为跳桌（流动桌）。混凝土混合料在截头圆锥筒中分两层捣实成型后，跳桌以每秒 1 次的速度以一定的高度跳动 15 次。混凝土在桌面上作径向扩展，量取其直径。

$$F = \frac{D - 254}{254} \times 100\%$$

式中：F 为流动度（%）；D 为扩展后的直径（mm）；254 为截头圆锥筒的下口直径（mm）。跳动使混凝土流动并发生离析。如混凝土黏聚性差，集料将离向桌边；对于稀混凝土则水泥浆从中心流开而留下集料。流动度试验尚不能完全反映混凝土混合料的工作性，具有相同流动度的混凝土其工作性可能不同。　　　　　　　（孙复强）

混凝土楼板　concrete floor slab

钢筋混凝土楼板的简称。楼层中承重的钢筋混凝土板。支承在楼层之间的墙、梁或柱上，不仅承受楼板层上的各种荷载，而且还对墙身有水平支撑作用，帮助墙身抵抗因风或地震等而产生的水平力。按截面形状和尺寸大小，有混凝土槽形楼板、密肋楼板、空心楼板、大型楼板等。常在混凝土制品厂预制，广泛应用于工业与民用建筑。混凝土槽形楼板截面呈槽形，可以组合成密肋楼板，但楼板底面不平整，隔声性能较差。混凝土密肋楼板由薄板和间距较密的小梁组成，可预制也可整浇。混凝土空心楼板沿跨度方向有多个圆形、椭圆形或方形贯通的孔洞，与实心板比较重量轻，保温绝热性能较好。混凝土大型楼板的尺度为整个房间大，多采用双向或单向预应力混凝土密肋板中填以空心砌块或轻质吸声材料的构造方式制成，按配筋方式，有预应力混凝土楼板和非预应力混凝土楼板。

(孙宝林)

混凝土露石地面 exposed aggregate concrete floor

粗集料暴露在外的一种混凝土地面。按设计图案需要配制加有缓凝剂的混凝土拌合物，半凝固后，通过射流水冲掉表面的砂浆层，使石子外露。不加缓凝剂者，可在混凝土硬化后用酸蚀法把水泥砂浆清蚀掉。也可在混凝土垫层上，依图案铺砌卵石或彩色石，以加强装饰的效果和提高抗风化能力。多用于风景点、公园、庭院、花园等的道路或林荫小道。

(聂章矩)

混凝土模板 formwork for concrete

混凝土结构施工或混凝土制品生产时，为使其具有一定形状、尺寸，且在其浇注、硬化过程中做临时支承的构件。由木材、钢材等制成。在混凝土浇注前进行拼装、固定、涂脱模剂、放置钢筋等，浇注成型后，待其养护到一定强度时拆除。

(丁济新)

混凝土模具 mould for concrete

又称混凝土模型。使混凝土制品成型后获得一定形状与尺寸的设备。按制作材料分为：木模、金属模、混凝土模及复合材料模等。对模具的要求是：形状、尺寸准确，合缝严密，有足够的刚度，表面光洁，构造简单，装拆方便，温湿度作用下变形小。

(丁济新)

混凝土磨损试验 concrete abrasion test

检定混凝土在给定的某种磨损下抵抗能力（耐磨性）的方法。常用试件的磨损质量即磨损值作为量测指标。评定混凝土对重轮和重型履带车等严重磨损的耐磨性时常用3种试验方法：①旋转平磨盘（revolving disc test），有三个圆平盘表面以12r/min的速度作圆形轨迹的旋转，而每个平盘以280r/min自转，盘上装有硅碳合金作研磨体；②研磨轮（dressing wheel test）；③钢球磨损（steel ball abrasion test），将荷载施加于旋转压头，压头与试件间以钢球作研磨旋转，用循环水排除磨蚀材料。评定混凝土在流水冲刷时的易磨情况用喷丸试验（shot-blast test），以2 000颗尺寸为850μm的碎钢丸在0.62MPa气压下从一个6.3mm的喷口射向相距102mm的混凝土试件。各种试验方法的测值不能作定量比较，但磨损值均与混凝土抗压强度成反变关系。钢球磨损试验值尤为明显。

(徐家保)

混凝土耐久性 durability of concrete

混凝土在使用过程中，抵抗环境各种破坏因素作用、保持原有性能和状态的能力。破坏作用有①冻融循环；②环境水的浸溶与侵蚀；③干湿、冷热循环（风化）；④中性化（液相碱度降低引起混凝土组分分解）；⑤钢筋锈蚀引起的膨胀；⑥碱-集料反应；⑦磨损、气蚀、冲击。孔隙和裂缝是上述破坏作用由表及里的途径，故提高混凝土密实性和强度，有利于提高耐久性（如抗渗性与抗冻性）。采用适量外加剂、掺入或浸渍聚合物、使用涂层材料以及正确选用水泥和集料，都有利于延长混凝土工程的安全使用期。目前除采用快速模拟试验外，尚无精确预测、准确测试和评价它的方法和标准。

(徐家保)

混凝土配合比 concrete mix proportion

混凝土各组成材料间按质量或体积配合的比例。配合比常以水泥为1作为基数，按水泥：砂：石的质量比方式表示，如1:3.1:5.6，水和水泥则以水灰比表示。如掺有外加剂则其用量以与水泥的质量百分率表示。配合比的设计原则根据对硬化后混凝土的性能要求（抗压强度和耐久性等）、混凝土混合料的工作性、工程技术要求和经济性等来确定，配合比设计方法可用绝对体积法或假定表观密度法。施工时则根据配合比计算出每立方米混凝土中各组分材料的用量。

(潘介子)

混凝土破裂模量 concrete modulus of rupture

又称混凝土抗弯强度。指产生破折的荷载下在横向受力的素混凝土小梁试件最外边缘的计算拉应力（公称抗弯强度）。是测定混凝土抗拉能力的指标，其值较8字形试块直接受拉或劈裂抗拉的试验测值高。路面和机场跑道用混凝土对此值有特定的要求。

(徐家保)

混凝土强度等级 concrete strength grade

根据混凝土特征强度大小划分的等级。在其数值前标以大写英文字母C，如为轻混凝土，则在数值前标以CL。划分有C7.5、C10、C15、C20、C25、C30、C35、C40、C45、C50、C55、C60十二个等级，不标注单位。一般把大于和等于C60的混凝土称为高强混凝土，适用于预应力钢筋混凝土结构、吊车梁、大跨度结构及特种结构。C20～C30 的混凝土适用于普通钢筋混凝土结构中的梁、板、柱、楼梯、屋架等。C10～C20 的混凝土则适用于垫层、基础、地坪及受力不大的构件、砌块。混凝土强度等级的选用应与结构或构件受力情况和重要性相适应，过小会引起不安全事故，过大则造成浪费。　　　　　　　　　　　　（徐家保）

混凝土切割机　concrete cutting machine

用来切割已硬化混凝土制品的设备。由电动机带动锯片转动进行切割，通常装在移动装置上。锯片为一金属薄圆片，其圆周上镶有金刚石等，有不同直径，可根据所需切割混凝土制品的厚度选用。
　　　　　　　　　　　　　　　　（丁济新）

混凝土特性曲线　concrete operating characteristic curve（OC curve）

又称混凝土 OC 曲线。当混凝土产品的质量水平为（μ/f_{cuk}）时，用规定的抽样检验方案检验产品批（inspection lot）被接收的概率 L（μ/f_{cuk}）的函数曲线，如图所示。也即接受原假设概率与参数值之间的关系曲线。μ 为混凝土试样强度的均值，f_{cuk} 为混凝土的立方体强度等级值。图中 AQL 为合格质量水平；LQ 为拒收的质量水平；α 为生产者承担的风险；β 为使用者承担的风险；α、β 值随抽样方案而异。可用以确定抽样检验方案，或对整批产品质量情况作出判断。

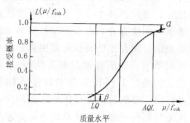

　　　　　　　　　　　　　　　　（徐家保）

混凝土特征强度　concrete characteristic strength

按标准方法制作和养护的边长为 150mm 立方体混凝土试块，28d 龄期时测得的强度总体分布的 0.05 分位值。它等价于作为强度等级的特征强度，具有不低于 95% 的保证率。分位值是统计总体各单位按其在某一标志上数值的大小顺序排列，并分为若干相等部分时，在各个分界点上的变量值。
　　　　　　　　　　　　　　　　（徐家保）

混凝土脱模剂　release agent for concrete form

又称隔离剂。用来防止混凝土与模具黏结，使混凝土制品成型硬化后易于和模具脱离的材料。有利用物理作用的，在模具表面形成疏水性或低强度的粉末隔离层，或形成与模具黏结力大的光滑薄膜，常用的有油性、石蜡物质（矿物油、石蜡等），粉状物质（滑石粉、石灰、黏土等）、皂类物质（肥皂、皂脚）及树脂（丙烯腈-丁二烯-苯乙烯、甲基硅油等）；也有利用其与水化时的水泥发生化学反应而形成隔离层，如妥尔油等。脱模剂应有良好的稳定性和较宽的温度适应范围，无毒、无恶臭，且不影响制品质量，价格低廉。（丁济新）

混凝土外加剂　admixture for concrete

又称混凝土附加剂、混凝土添加剂。在砂浆、混凝土拌合时或拌合前掺入的、掺量一般不大于水泥重量 5%，能按要求改善砂浆、混凝土性能的材料。按化学成分分类有①无机物类。包括各种无机盐、一些金属单质、少量氧化物和氢氧化物，大多用作早强剂、速凝剂、着色剂及加气剂等；②有机物类。种类很多，其中极大部分属于表面活性剂，有阴离子、阳离子、两性离子、非离子型表面活性剂。按主要功能分为四类：①改善混凝土混合料流变性能，如各种减水剂、引气剂和泵送剂等；②调节混凝土凝结时间、硬化速度，如缓凝剂、早强剂和速凝剂等；③改善混凝土耐久性，如引气剂、防水剂和阻锈剂等；④改善混凝土其他性能，如膨胀剂、防冻剂、着色剂等。　　　　　（陈嫣兮）

混凝土喂料机　concrete feeder

见混凝土浇灌机（207 页）。

混凝土屋面板　concrete roof slab

简称屋面板。承受屋顶荷载的混凝土板。民用建筑用的屋面板与混凝土楼板基本相同。工业厂房用的大型钢筋混凝土槽形密肋板称为大型屋面板，其长度相当于柱距，一般为 6m，宽 1.5～3.0m，多采用预应力混凝土预制。轻集料混凝土或加气混凝土屋面板兼有保温作用。直接铺在屋架上，与屋架焊接构成屋面结构。　　　　（孙宝林）

混凝土徐变　creep of concrete

混凝土在长期恒荷作用下随时间而增加的变形。可以用徐变系数或徐变度表示。根据混凝土受力状态的不同，可以分为受压徐变、受拉徐变、扭转徐变等。由于干燥作用而增加的徐变称为干燥徐变，而没有受到干湿影响的徐变则称为基本徐变或真徐变。包括可复徐变和不可复徐变两部分，前者是荷载除去后能逐渐恢复的变形；后者是不能恢复的永久变形。影响混凝土徐变的因素有环境湿度、温度、混凝土原材料、配合比、试件尺寸、应力大小等，其中以应力大小为最重要。徐变产生的原因有各种假说，一般以渗出机理和黏流机理来解释。前者认为，水泥石受压后，凝胶颗粒的吸附水和层间水从应力高的区域向应力低的区域流动。水分渗出速度取决于压应力和毛细管道阻力。作用应力越大，水分的渗出速度和变形速度越快，相应的徐变也越大。高强度混凝土的水泥石密实度大，其毛细管通道阻力较大，水分的渗出速度和变形速度较小，相应的徐变较小。黏流机理认为徐变是由于凝胶粒子的黏性流动或滑动而引起的，可以解释渗出机理难以解释的某些现象。　　（孙宝林）

混凝土岩棉复合墙板　concrete rock-wool composite wall panel

以钢筋混凝土作结构层、岩棉作绝热隔声层的复合墙板。由于岩棉具有轻质、低热导率、不燃、不霉、化学稳定性高、耐腐蚀性好等特点，与普通混凝土复合后，使墙板具备优良的承重、绝热、隔声、防水等综合功能。多用作整间承重外墙构件。厚度常为250mm，高度常为2 690mm，宽度2 500～3 880mm，表观密度约为500kg/m³，平均热阻值1.01m²·K/W。采用台座法和平模流水法生产工艺制造。为保证墙板之间连接，在混凝土结构承重层的两侧立缝部位均设有销键和锚环。　（萧　愉）

混凝土预制构件　precast concrete member

简称预制构件。装配前用混凝土做好的建筑物或构筑物的基本单元。包括混凝土结构构件和建筑构件两大类。前者如钢筋混凝土梁、板、柱等，后者如钢筋混凝土挂板、条板等。采用台座法、流水传送带法或流水机组法在构件厂按照规定的工艺进行生产，被运到工地后再进行装配。它的使用能加快施工速度，提高工程质量，是建筑工业化的重要途径。　　　　　　　　　　　　　　　（孙宝林）

混凝土制品　concrete products

以混凝土制成的各种预制产品系列的总称。品种繁多，性能和用途也各不相同。按胶结材料，可分为水泥混凝土制品、硅酸盐混凝土制品、石膏混凝土制品、碱-矿渣混凝土制品、聚合物混凝土制品等。按集料，可分为普通混凝土制品、轻集料混凝土制品、重混凝土制品、无砂大孔混凝土制品、细颗粒混凝土制品、多孔混凝土制品等。按制品形状，可以分为板状混凝土制品、块状混凝土制品、管状混凝土制品、杆状混凝土制品、箱形混凝土制品、罐形混凝土制品、混凝土船等。按配筋方式，可分为素混凝土制品、普通钢筋混凝土制品、钢丝网混凝土制品、纤维混凝土制品、预应力混凝土制品等。按生产工艺，可分为振实混凝土制品、离心混凝土制品、真空混凝土制品、压制混凝土制品、挤压混凝土制品、浸渍混凝土制品等。此外，按用途还可分为结构、墙体、保温绝热、装饰等混凝土制品。采用台座法、流水传送带法或流水机组法组织生产，运到工地进行装配，施工速度快，工程质量高，在建筑中已得到广泛应用。一些制品正向复合、轻质、高强、多功能、大型化方向发展，其生产工艺则力求采用综合措施，以达到高效、优质和低耗。　　　　　　　　　　　　（孙宝林）

混凝土中钢筋防护　protection of reinforcement in concrete

对混凝土中的钢筋实施的防腐蚀措施。混凝土中的高碱度环境能使钢筋处于钝化状态，一般不需再进行防护处理，但有害离子的侵入（如Cl^-、SO_4^{2-}等）及中性化过程，常导致钢筋锈蚀、混凝土胀裂乃至使结构过早破坏。主要防护措施有：①采用特种钢筋（耐蚀钢筋）；②采用涂层钢筋（如镀锌、静电喷涂环氧树脂层等）；③采用钢筋阻锈剂；④提高混凝土自身防护能力（如提高密实性、抗渗性、防裂性；增加保护层厚度等）；⑤在混凝土表面涂覆外涂层；⑥对地下或水下建筑实施阴极保护等。　　　　　　　　　　　　　（洪乃丰）

混凝土中心质假说　centra hypothesis of concrete

根据各组分尺度将混凝土中的分散相分别命名为大、次、微中心质，将对应各层次的连续相分别命名为大、次、微介质，以便于对混凝土组成结构进行分层次研究的设想。由中国吴中伟教授于1956年提出。以混凝土中各种凝胶、非蒸发水为微介质，结晶度较高的水化产物为微中心质，并与两者的界面共作为第三层次；微中心质和微介质组成的次介质，与未水化的水泥微粒、活性掺合料等次中心质以及两者的界面作为第二层次；次介质和次中心质组成的大介质，与集料、非活性掺合料、增强材等大中心质，水、气及一切孔缝等P中心质，以及它们之间的界面作为第一层次。此假说特点是重视界面与界面区的研究，注意组分因时间与环境条件引起的转化及其对性能的影响，并提出了"中心质效应"新概念，较深刻地解释了混凝土的整体结构、构造与性能，指出提高整体性的方向。
　　　　　　　　　　　　　　　　（徐家保）

混凝土轴心抗压强度　axial compressive strength of concrete

以标准方法，将混凝土制成150mm×150mm×300mm的棱柱体标准试件测得的抗压强度。试件标准养护28天后，直立放置在试验机上。以规定的速度连续均匀地加荷，直至试件破坏，然后记录破碎荷载P(N)，它与试件承压面积A(m^2)之比值即N/m^2，取三个试件的算术平均值，称轴心抗压强度。它是检验混凝土是否符合结构设计要求的指标。　　　　　　　　（郭光玉）

混凝土着色剂　coloring agent for concrete

能制作具有稳定色彩的砂浆或混凝土的外加剂。要求对混凝土性能无不良影响，着色后在空气中日晒下不褪色。一般分天然或合成颜料两类。按成分分无机颜料和有机颜料两类。无机颜料作着色剂，其遮盖力强，密度大，耐热性和耐候性好，但颜色不够鲜艳，着色力低；有机颜料作着色剂，颜色鲜明，有良好的透明度和着色力，耐化学腐蚀性比无机颜料好，但耐热性、耐候性较差。主要用于外建筑物等的装饰。 　　　　　　（陈嫣兮）

混杂纤维增强塑料　hybrid fiber reinforced plastics

用两种或两种以上纤维及其制品增强同一种树脂基体的纤维增强材料。常用的增强材料有玻璃纤维、碳纤维和芳纶纤维。基体材料主要是环氧树脂、双马来酰亚胺树脂、聚碳酸酯、尼龙、聚醚醚酮等。纤维的混杂方式有：单向纤维混杂，单向预浸料角铺层混杂，不同纤维织物混杂，三向编织物混杂和短切纤维无规混杂等。其成型方法与玻璃纤维增强塑料的相同。性能可以按使用要求进行设计。一般情况下，其性能介于两种增强材料单独使用时的复合材料性能之间。最早研究成功的是碳纤维和玻璃纤维混杂复合材料，充分利用了玻璃纤维的高强和廉价，碳纤维的高模量及低密度，达到提高制品刚度和降低成本之目的。主要应用在航天工业中，其次为船舶、汽车、体育用品等。在建筑工业中，主要用作结构材料，如引水渡槽、桥梁构件等。 　　　　　　（刘雄亚）

混砖

方砖砍磨加工成一边呈凸圆断面的砖件。有圆混、半混、连珠混、鸡胸混之分。是北方古建黑活砌筑墀头（俗称"腿子"）时上部"梢子"和墙体冰盘檐子等使用的砖件。其中以半混砖最为常用。宽度同墀头，位于荷叶墩（头层檐）之上、枭砖或炉口砖之下。以干摆（缝砖对缝）做法居多。此件也可用大开条等小砖砍制，但其做法以"架灰"糙砌为多。琉璃建筑该部位用琉璃半混。 　　　　　　（朴学林）

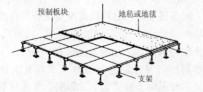
混砖

huo

活动地面　sectional floor

又称装配式地面。由面板、桁条、可调支架拼装而成的架空地面（见图）。特点是地板标高可按设计使用要求调节，活动地板与地面基层之间所形成的架空空间，可敷设纵横交错的电缆和管线，还可根据设计满足静压送风等空调要求。面板块的做法很多，最普通是在支架上放置 500mm×500mm 见方铝合金板或钢板，上铺地毡或地毯。也可做成复合面板，以金属材料或特制刨花板、木板为基材，表面塑料贴面；还可在塑料贴面材料中加入抗静电剂以增加地面的防静电性能。具有重量轻、强度高、表面平整、尺寸稳定、防火、面层质感好、便于安装检修等优点。适用于电子计算机房、通讯中心、控制中心、升降舞台等装饰要求较高的地面。 　　　　　　（彭少民）

活化混凝土　activated concrete

某些具有活性的材料加石灰、石膏（促凝剂）或水泥等经湿碾活化而制成的混凝土。活化的原材料有高炉矿渣（主要为粒化的）、燃料炉渣、煅烧黏土质岩及其他冶金废渣等。采用矿渣者亦称湿碾矿渣混凝土或活化矿渣混凝土。活性材料在轮碾机中被压碎、搓磨，其表面的凝胶层被剥离，新露的表面又继续不断水化剥离，凝胶量增加，材料潜在活性得到激发，故有"活化"之称。混凝土碾磨至一定细度，其细颗粒起胶凝材料作用，中等的和较粗的颗粒起细、粗集料的作用。也可另加粗集料，或掺用塑化剂以改善混凝土的和易性及强度。各组分的配合比和用水量对混凝土质量有很大影响。最宜采用蒸汽养护。混凝土强度可达 5~20MPa。具有一定的抗冻性，C20 混凝土抗冻标号约为 D50。可用于制作楼板、小梁、砌块或其他民用建筑构件或制品。能充分利用工业废料。因需用轮碾机轮碾，生产率较低，能耗较大，故甚少使用。 　　　　　　（孙复强）

活性混合材料　active additives

生产水泥时掺入的具有火山灰性或潜在水硬性的水泥混合材料。将其磨成细粉，与石灰或与石灰、石膏一起加水拌合后在常温下能生成具有胶凝性的水化产物，既能在空气中又能在水中硬化。此类物质主要包括粒化高炉矿渣、火山灰质混合材料、磷渣等。它们一般使水泥凝结时间延长、早期强度降低、抗冻性变差，但使水化热降低、抗硫酸盐性能改善。 　　　　　　（陆　平）

火雷管　plain fuse detonator

利用点燃导火索产生的火焰来引爆正副起爆药的雷管。由管壳、正副起爆药、加强帽和聚能穴组成。常用铜、铝、塑料和纸作管壳材料，它具有一定的强度，既避免起爆药直接与外界接触，又提高雷管的防潮能力，减小正副起爆药爆炸时所受的侧向扩散作用，保证充分发挥起爆能力。火雷管结构简单，生产效率高，使用方便，价格便宜，不受各

种杂电、静电及感应电的干扰,故广泛用于起爆工业炸药、导爆索或导爆管等。　　　(刘清荣)

火山灰　pozzolana

火山喷出的岩浆细粒沉积在地面或水中的松软物质。是一种天然的火山灰质混合材料。化学成分主要是氧化硅和氧化铝。由于喷出后即骤冷,含有一定量的玻璃体,使火山灰具有活性。岩浆骤冷条件好,玻璃体多,活性就大。　　　(陆　平)

火山灰效应　pozzolan effect

火山灰类物质与氢氧化钙和水反应生成胶凝性水化产物的作用。当氢氧化钙是由硅酸盐水泥水化产生时,这种作用可使硬化水泥浆体孔隙率减少、大孔变细、结构变致密、性能改善,此时该类火山灰物质在水泥中即具有火山灰效应。　(陆　平)

火山灰性　pozzolanicity

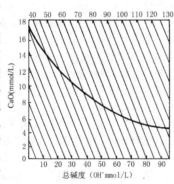

一种材料磨成细粉,单独不具有水硬性,在常温下与石灰一起和水后能形成具有水硬性的化合物的性能。也是评价混合材料是否有火山灰活性的方法之一。此方法是将掺 30% 火山灰材料的水泥 20g,与 100mL 水制成悬浮液,在 40 ± 2℃ 养护 7d 或 14d,然后测其滤液的 CaO、OH^- 浓度,以 CaO 量为纵坐标,OH^- 量为横坐标,在火山灰活性图（图）上画点。若试验点落在曲线下方,则该材料能与熟料水化析出的 $Ca(OH)_2$ 起反应,具有火山灰性;反之,试验点落在曲线上方,则不具有火山灰性。

(陆　平　王善拔)

火山灰质硅酸盐水泥　portland pozzolan cement

简称火山灰水泥。由硅酸盐水泥熟料和火山灰质混合材料、适量石膏磨细制成的水泥。代号为 P·P。按中国标准,火山灰质混合材的掺量为 20%～50%。分 32.5、32.5R、42.5、42.5R、52.5、52.5R 六个强度等级。是水泥主要品种之一。与硅酸盐水泥比较,它的密度较小,水化热较低、早期强度较低;由于水化产物中 $Ca(OH)_2$ 浓度较低,水化硅酸钙凝胶较多,因而水泥石致密度高,后期强度较高,抗渗性、抗淡水溶析性和抗硫酸盐性一般比硅酸盐水泥好;但由于调和时需水量增加,因而干缩性较大、抗冻性较差。其某些特性还与混合材料种类与成分有关,当用凝灰岩时水泥需水量与硅酸盐水泥相近,但当用硅藻土、硅藻石时,由于其高分散性与松软多孔,而使水泥需水量增加;当火山灰质混合材料中含活性氧化铝较高时,由于水泥石中水化铝酸钙增加,其抗硫酸盐性则变差。适用于地下、水中及潮湿环境的混凝土工程,不宜用于干燥、受频繁冻融循环和干湿交替以及要求早期强度高的工程。国际标准化组织 1969 年 ISO/R597 中规定,该种水泥按火山灰质混合材料掺量分为小于 20% 和小于 40% 两类。

(冯培植)

火山灰质混合材料　pozzolanic additives

本身不具有胶凝性,但与石灰加水拌和后可生成水硬性水化产物的一类活性混合材料。化学成分主要为氧化硅、氧化铝。其比表面积大,需水量大,活性一般比粒化高炉矿渣低。可分为天然的（火山灰、凝灰岩、硅藻土等）和人工的（如烧黏土、烧页岩、粉煤灰等）两类,天然的活性比人工的高。　　　(陆　平)

火山凝灰岩　tuff

简称凝灰岩。火山灰沉积形成的火山碎屑岩。颗粒直径小于 2mm,呈浅红、灰白、灰绿、灰褐等色,其化学成分和性能均与火山灰（213 页）相似,是一种天然的火山灰质混合材料。

(陆　平)

火山渣混凝土　scoria concrete

火山渣配制成的天然轻集料混凝土。与浮石混凝土相比,其表观密度较大（$1200\sim1800kg/m^3$）,抗压强度较高（$5.0\sim20.0MPa$）,热导率较大 $[0.37\sim0.87W/(m·K)]$。适用于制作结构保温用的轻集料混凝土砌块及其他承重构件。

(龚洛书)

火石玻璃　flint glass

又称燧石玻璃,F 玻璃。阿贝数（ν）基本上小于 50 的含 PbO 的一类光学玻璃。按折射率的高低和化学组成特征分为:冕火石（KF）、轻火石（QF）、火石（F）、钡火石（BaF）、重钡火石（ZBaF）、重火石（ZF）、镧火石（LaF）、重镧火石（ZLaF）、钛火石（TiF）、特火石（TF）,每个品种中还分很多牌号,在国外还有 TaSF、NbSF、NbF 等新牌号。普通 F 玻璃成分以 $R_2O - PbO - SiO_2$ 三元系统为基础（R_2O 以 K_2O 为主,也有 K_2O-Na_2O 共用）,随 PbO 含量增加折射率上升,阿贝数下降。与冕玻璃制成组合透镜可以消除光学系统的象差和色差。　　　(刘继翔)

火箱　fire box; fire chamber

燃烧固体燃料的箱室式装置。主要结构包括加煤口、炉膛、炉栅、灰坑、挡火墙及喷火口等。炉栅有板状和梁状两类；又分水平、倾斜及阶梯式几种。根据需要可采用完全燃烧或半煤气燃烧。优点是投资少，建造快，对燃料适应性强。缺点是加煤、清灰为间歇操作，造成窑炉温度波动大，劳动强度大。用于小型玻璃熔窑、退火窑、陶瓷及砖瓦等窑炉。 （曹文聪）

火焰电热窑　flame electric furnace

火焰-电联合加热玻璃熔窑的简称。以燃料燃烧为主要热源，并在某些部位采用电能作为补充热源的玻璃熔窑。电热方式大多为直接加热。插入玻璃液的电极可根据需要设置在熔化部、通路及成形部等部位。优点是：提高了深层玻璃液的温度，改善了玻璃液的热均匀性，有利于熔制深色玻璃；熔化率、成品率和热效率都高于火焰窑。缺点是控制不当时，玻璃液易产生气泡，电耗较大。
（曹文聪）

火焰光度分析　flame photometry

以火焰为激发光源的光谱分析。它是将试样溶液用喷雾器以气溶胶形式引入火焰中，靠火焰的热能将试样原子化，并激发出特征光谱，然后利用光电检测系统测量待测元素的特征波长及强度。主要用于定量分析。由于火焰提供的能量较低，能分析的元素较少，仅限于碱金属和部分碱土金属，如钾、钠、钙、镁、锶等元素。 （潘素瑛）

火焰光度计　flame photometer

火焰光度分析所用的仪器。由燃烧系统、色散系统和检测系统三部分组成。燃烧系统提供火焰光源，使试样溶液中待测元素原子化并被激发而发出辐射线。常采用的火焰以空气作助燃气，形成空气-乙炔、空气-石油气火焰。色散系统有分光滤光片和棱镜（或光栅）单色器二种类型。其仪器分别称火焰光度计和火焰分光光度计。检测系统一般用光电池或光电管将光信号转变为电信号，并由记录系统记录下来。可对碱金属或碱土金属进行定量分析。其构造简单，价廉，适用于工厂作生产控制、质量检测的工具。 （潘素瑛）

火焰喷吹法　burner blowing process

利用燃气将从漏板流出的玻璃液所形成的一次纤维，进一步加热熔化、撕裂、抽拉成二次纤维的方法。一次纤维的直径为 200～500μm，燃气温度约 1 500～2 000℃，喷出速度约 200～600m/s，二次纤维的直径小于 6μm，长度小于 50mm。用于生产细玻璃棉或超细玻璃棉。所用原料为玻璃球（中碱或无碱成分）或碎玻璃。该法设备简单，纤维细而柔软。但产量低，成本高。制成的产品及其制品用作高级绝热保温材料、隔声材料及超纯气体过滤或原子尘埃过滤。 （吴正明）

火焰喷涂料　flame spraying refractory

用火焰喷射方式施工用的耐火喷涂料。常见碱性喷涂料的原材料由 65%～70% 镁砂、5%～35% 的焦炭粉或无烟煤粉和 5%～20% 的铝粉组成。喷涂料采用氧气输送，喷出后的氧气与喷涂料混合，并使料中的可燃物充分燃烧，从而将耐火物料加热至塑性状态，喷射到热工设备内衬上，形成牢固的黏结层。主要用于转炉内衬、电炉、焦炉和盛钢桶内衬的喷涂。 （孙钦英）

火灾　fire

违背人们意志而发生并失去控制的燃烧所造成的灾害。根据经济损失大小和人员伤亡情况，分火灾、重大火灾和特大火灾三类。损失不足火灾标准的称火警。建筑火灾的起火原因多，且为突发性，但其发展过程一般可分为三个阶段：第一阶段为火灾初起，此时燃烧在局部地区进行，火势不够稳定，室内温度也不高，是扑灭的有利时机；第二阶段为猛烈燃烧，火势蔓延到整个房间，室温升到 1000℃ 左右，燃烧稳定，扑灭困难；第三阶段为衰减熄灭，此时可燃物已基本烧光。建筑火灾的大小取决于火灾危险性、火灾荷载、火灾蔓延速度、建筑构件耐火极限和建筑物耐火等级，并与建筑结构、气象条件、消防设施等因素密切相关。
（徐应麟）

火灾标准时间-温度曲线　standard time-temperature curve of fire

又称火灾升温曲线。根据建筑火灾特点而规定的室内火灾中心温度随时间上升的标准曲线。其与实际火灾

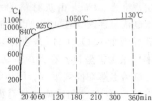

有所不同。实际火灾的时间-温度曲线从室温始，经火灾初起、猛烈燃烧和衰减熄灭三阶段再降至室温，且随起火原因及蔓延条件不同而异。规定火灾标准时间-温度曲线的目的是为了实验，以作为供火控温的依据。 （徐应麟）

火灾荷载　fire load

空间内所有可燃物完全燃烧释放出热能的总和 (J)。其大小取决于内容可燃物的数量和性质。单位地板面积的火灾荷载称为火灾荷载密度 (J/m^2)。实用上常把单位地板面积上的可燃材料按发热量换算成木材质量 (kg/m^2) 来表示。用于建筑设计时推算建筑构件所需的耐火程度和消防所需的灭火剂数量等。 （徐应麟）

火灾蔓延速度　spread speed of fire

火灾时火焰前沿向外扩展的速度。取决于建筑物耐火等级和火灾荷载。建筑结构、气象条件和消防手段是重要影响因素。在火灾初起阶段，如扑救不及时，便会迅速发展到猛烈燃烧阶段，此时火灾蔓延速度极快；当可燃物基本烧光时，速度迅速降低而进入自行熄灭的最后阶段。高层建筑火灾蔓延途径多、烟囱效应十分强烈，火灾蔓延速度很快，扑救非常困难，是造成重大伤亡和损失的主要原因。

（徐应麟）

火灾危险性 fire risk

各种材料或物资可能引起建筑物火灾的危险程度。依燃烧和爆炸性质分为五类：甲类为易燃易爆危险品，火灾危险性很大，如炸药、强氧化剂、闪点（闭杯法）小于28℃的液体、在空气中引起爆炸的气体含量下限小于10%的气体；乙类为易燃品，火灾危险性较大，如氧化剂、在空气中缓慢氧化而自燃的物品、闪点（闭杯法）在28～60℃的液体、爆炸下限大于10%的可燃气体；丙类为有机可燃物，有一定火灾危险性，如竹、木、纸、闪点（闭杯法）大于60℃的可燃液体；丁类为火灾危险性较小的难燃物；戊类为无火灾危险性的不燃物。用于建筑防火设计时确定建筑物耐火等级和消防措施。

（徐应麟）

J

ji

机电联合试验 combined mechanical and electrical strength test

又称机电负荷试验。瓷绝缘子在机械应力和电场同时作用下的综合质量试验。常用于盘形或棒形悬式绝缘子性能检查。包括1h机电负荷试验和机电破坏负荷试验。前者是将洁净干燥的试件串接安装在试验机上，沿试件轴线方向施加拉伸负荷，电压加在每只试件的两金属附件之间，为易于鉴别被击穿的试件，在试验回路中给每只试件串联一个7～12mm的火花间隙。试验时先以均匀而无冲击的速率升高负荷至额定1小时机电负荷值，然后施加工频电压（其值为工频击穿电压值的1/2），在此机电负荷下保持1h，如果试件不损坏或击穿，则为通过本试验。后者的试件安装与前者基本相同，试验时先施加工频电压（其值为工频击穿电压的1/2），拉伸负荷在75%的机电破坏负荷之前应迅速而平稳升高，其后以每分钟为规定机电破坏负荷的35%～100%的速率升高至试件破坏（能观察到破坏现象、击穿或试验机指针停止不前时）为止。此时负荷值为试件的机电破坏负荷。（陈晓明）

机械张拉法 mechanical prestressing method

制作预应力钢筋混凝土制品或构件时，借助张拉机械或机具来张拉钢筋的方法。主要的生产设备有：台座、锚具、夹具、张拉设备、测力设备等。钢筋以机械力张拉，达到要求的张拉应力值后，加以锚固。用于先张法、后张法生产工艺。是最常用的张拉方法。

（孙复强）

基材 base material

制浸渍混凝土时在浸渍前已硬化的材料。按组成可分为（1）普通基材，如普通砂浆和混凝土；（2）特殊基材，如钢筋混凝土和轻集料混凝土等。要求有适当的孔隙，能为浸渍剂浸填；有一定强度，能承受干燥、浸渍和聚合等过程中的物理和力学作用，并对浸渍液的聚合固化和冷却硬化无不良影响。

（徐亚萍）

基尔卓安石 kilchoanite

苏格兰产的一种结构式为$Ca_6[SiO_4][Si_3O_{10}]$的天然水化硅酸钙矿物。化学式为$9CaO·6SiO_2·H_2O$，简写为C_9S_6H，加热到1090℃变为C_3S_2，与粒状硅钙石混合，在160～300℃时可生成C_2SH（C）。

（王善拔）

基体 matrix

又称基料。多相体系的材料中对分散相起黏固作用的连续相。如塑料中的树脂系统、涂料中的黏结材料、耐火材料中的玻璃相、普通混凝土中的水泥砂浆、纤维增强混凝土中的水泥混凝土等。在复合材料中指将增强材料黏固在一起的黏结剂系统。如塑料基复合材料中的树脂系统、金属基复合材料中的金属、水泥基复合材料中的水泥浆。基体材料的性能直接影响复合材料的性能，特别是层间剪切性能、压缩性能、耐热性能和耐化学介质性能等，基体材料的工艺性直接影响复合材料的成型方法与工艺参数的选择。

（刘茂榆 徐亚萍）

基体混凝土混合料 base mix

简称基体混凝土。流态混凝土未掺流化剂前坍落度中等的混凝土混合料。一般坍落度为100～150mm，用后添加流化剂法，可使其坍落度增大至

180～230mm，而硬化后的物理力学性能基本不变。基体混凝土须与流态混凝土的坍落度之间有合理的匹配，才能保证混合料具有良好的工作性。轻集料流态混凝土比同坍落度普通流态混凝土所要求的基体混凝土坍落度大。 （徐家保）

基体金属 metal substrate

制作搪瓷成型件坯体的金属材料。搪瓷用金属材料分为黑色金属和有色金属两大类。金属不同，搪瓷的工艺也不相同。日用搪瓷制品大部分都用钢板，特别是用薄钢板制成。浴盆、洗衣盆、泄水盆和炉灶等用铸铁。化工设备如反应釜、蒸发釜等可用铸铁，也可用厚钢板制成。工业机械高温部件和耐蚀部件如燃烧筒、喷嘴、叶片、内衬材料；食具以及工艺美术品等用镍-铬-铁系统的不锈钢。指示器、招牌、字盘等用铜和铜合金较为适宜。工艺制品和装饰制品专用银、金、铂等贵金属。航空工业的某些部件、艺术建筑配件、家具、照明灯具等广泛应用铝作为金属坯体（由金属坯料制成或铸成的成型件）。 （李世普）

基体金属表面处理 surface treatment of the metal substrate

对搪瓷的金属坯体表面进行的除污、除锈及沉积膜层等工艺过程。瓷层上出现绝大多数缺陷往往与金属坯体表面预处理不当有关。金属坯料在成型过程中表面总沾有油层、锈斑、尘砂和各种污垢。金属表面常覆盖着氧化皮或铁锈，在涂搪瓷釉前必须除去这些油污或铁锈，才能获得高质量制品。处理内容主要包括：用化学或热处理方法除去金属坯体表面油污的过程，即脱脂；消除成型时产生的应力和除掉油脂等有机杂质进行的生烧；用一定浓度的酸溶液或以金属坯体和酸洗槽作电极、酸溶液作为电解质、除去金属坯体表面氧化物锈斑进行的酸洗；清除铁锈、锈皮、石墨以及黏附在金属表面的有害物质进行的喷砂处理；使坯体表面氧化物还原、除掉污垢的表面脱碳；消除应力进行的光亮退火等。在一次涂搪工艺中，为改善密着性能还采用浸镍处理（金属坯体在镍盐溶液中产生电化学反应使坯体表面镀上镍膜的过程）。 （李世普）

基体清洗法 matrix-flushing method

俗称 K 值法。一种改进了的内标法。它克服了内标法中 C_S^I 依赖于标样掺入量 X_S 的缺点，测量简便，应用极广。在混合物中引入内标作清洗剂消除基体吸收效应，则试样中第 j 相和标样 S 的强度比是两者含量比的线性函数，即：

$$\frac{I_j}{I_S} = K_S^j \cdot \frac{X_j}{X_S} \quad \text{或} \quad X_j = \frac{X_S I_j}{K_S^j I_S}$$

$$X'_j = \frac{X_j}{1 - X_S}$$

式中 $K_S^j = \left(\dfrac{I_j}{I_S}\right)_{1:1}$ 为常数，可用 j 相纯样和标样 S 按 1:1 配样测定。X_j 和 X_S 分别为 j 相和标样 S 在被测样品中的含量，X'_j 为 j 相在原混合物中的含量。若混合物中有非晶相 α，则其含量 $X'_\alpha = 1 - \sum_{j=1}^{n} X'_j$。 （孙文华）

基准混凝土 control concrete

专门用于检验混凝土外加剂性能，按试验条件规定配制的不掺外加剂的混凝土。配合比设计应符合下列规定，即水泥用量采用卵石时 310 ± 5kg/m³，采用碎石时 330 ± 5kg/m³，砂率 36%～40%，用水量应使混凝土坍落度保持在 6 ± 1cm。 （陈嫣兮）

基准水泥 control cement

专门用于检验混凝土外加剂性能的水泥。水泥品质除满足 525 号硅酸盐水泥技术要求外，铝酸三钙（C_3A）含量应在 6%～8%，硅酸三钙（C_3S）含量 50%～55%，游离氧化钙含量不超过 1.2%，碱（$Na_2O + 0.658K_2O$）含量不超过 1.0%，水泥比表面积 $3\,200 \pm 200$cm²/g。 （陈嫣兮）

基准物 primary standard substance

化学分析中用作基本标准的纯物质。用它直接配制标准溶液或标定某一溶液的浓度。它须符合下列要求：①杂质的总量通常不超过 0.02%；②组成与化学式应完全符合；③性质稳定，在称量和储存过程中不变质；④同标准溶液反应须是化学计量的，并且实际上是瞬时完成的；⑤具有较大的摩尔质量；⑥在使用条件下应当是易溶的。 （夏维邦）

畸变 distortion

见混凝土降质（207 页）。

激光防护玻璃 laser shielding eye glass

能防护高能量激光对人眼危害的玻璃。对人眼视觉敏感的光谱峰值有较高的光透过率，而对可见光谱范围和 1.06μm 处或各种特定波长激光具有较强的窄带吸收或反射特性。分反射和吸收式两种。前者在表面镀对 532nm、694nm、1 060nm 等波长的激光具有反射率大于 99.5% 的金属膜；后者在基质玻璃中分别或混合加入适量的 Fe^{2+}、Er^{3+}、Cu^{2+} 等化合物，对上述波长的激光可全部吸收。用以制成眼镜、面罩和封闭式或半开闭式的护目镜，保护从事激光工作人员的眼睛，可抵御激光武器致盲的侵害。 （刘继翔）

激光拉曼光谱分析 laser Raman spectroscopy analysis

以激光作光源照射样品时发出的散射光谱，研究物质分子结构和鉴别分子基团的光谱分析。这种散射光谱是由印度物理学家拉曼于1928年首先发现的，故称拉曼光谱，波数范围在25～4 000cm^{-1}之间，相当于近红外到远红外区域，对应于分子中转动能级或振动－转动能级的跃迁。与红外光谱分析极为相似，只是产生的机理不同。红外光谱的吸收强度与分子振动时偶极矩的变化有关，在拉曼光谱中谱线的强度与极化度（见拉曼效应，281页）有关。但都反映了分子能级的跃迁，与基团频率的关系基本一致，因此也可根据谱带频率、形状、强度来研究物质的分子结构官能团及其化学状态。但同一种物质的红外和拉曼光谱，由于振动引起的偶极矩和极化度的变化不同，其红外与拉曼谱带的位置是各不相同的，二者只能互为补充，不可互相代替。二者结合，将使分子结构的信息更为完备。

（潘素瑛）

激光拉曼光谱仪　laser Raman spectrometer

用激光作光源的激光拉曼光谱分析仪器。主要由光源、试样装置，单色器和检测器四部分组成。结构同一般分光光度分析仪器。主要特点是用激光器作光源，单色性和方向性好、能量集中、强度远远高于普通光源，使拉曼谱线比较简单，灵敏度高，易于分析。目前常用的光源有氦氖激光器、氩离子激光器等。若配上激光探针，可进行物质表面微区的分子结构研究，具有在不破坏试样的情况下研究基体内杂质包裹体分子结构的独特功效。

（潘素瑛）

激光熔融法　laser melting method

以激光为热源熔融石英玻璃的方法。多采用大功率二氧化碳激光束，生产时不会引起污染，是一种效率高，成本低，生产高纯石英玻璃的新工艺。可用以生产拉制光导纤维用的石英玻璃包皮管等。

（刘继翔）

激活波长　activating wavelength

又称变暗波长。在指定温度下，辐照光致变色玻璃时，能使其变暗的有效光波波长。随玻璃化学组成的不同，一般在紫外光到可见光的短波部分的范围内变化，如含卤化银的变色玻璃，因卤素种类不同在300～410nm之间变化，溴或碘比氯的激活波长要长。可用来确定测试光色玻璃光色性能光源的依据，因氙灯的发光光谱曲线较接近太阳光谱，能包括所有的激活波长，中国国家标准规定用10万 lx（勒克司）照度的氙灯为激励光源。

（刘继翔）

激活速率　activating rate

又称变暗速率。在激励光辐照下，光致变色玻璃在单位时间内色心浓度增加的速率。对含单一卤化银的光色玻璃，理论计算公式为：

$$\frac{dc}{dt} = K_d I_d A - (K_f I_f + K_t) C$$

式中：C 为色心浓度；t 为时间；K_d 为变暗速率常数；I_d 为激励光强度；A 为卤化银晶体浓度；K_f 为光退色速率常数；I_f 为退色光强度；K_t 为热退色速率常数。是评定光色玻璃光色性的技术指标。一般很少进行理论计算，而是通过测定的原始透过率 T_d、平衡透过率 $T_{D(X)}$、达到平衡透过率时间 $\tau_{D(X)}$，代入 $S = \dfrac{T_d - T_{D(X)}}{\tau_{D(X)}}$ 式计算出激活速率 S。

（刘继翔）

羁骨

俗称鸡骨。铁制搭扣。长约100mm、宽15mm、厚3mm的长形扁铁，略弯，二头有孔，一端连有圆环状铁钉。钉于窗梃下端，窗户关闭时用以和下槛上的搭钮攀搭。

（沈炳春）

枅　capital

柱上垫在梁下的替木，是枓与栱尚未明确分工以前较原始的构造。《说文》徐锴注：柱上横木承栋者，横之似笄也。《营造法式》将"曲枅"归入栱之一类，未说明"曲枅"与枅有何异同。《尔雅·释宫》栭谓之楶，注：柱上欂也，亦名枅，又曰樗。枅用于门上。按《营造法式》，栭、栭、欂，属栱，而楶则属枓。《仓颉篇》枅，柱上方木，义偏于枓。按汉画像石、画像砖和明器陶屋中，每见柱上梁下有过渡构件，很难判其是枓是栱，或可姑定为枅。

（张良皋）

吉尔摩仪　Gillmore needle

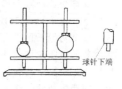

测定水泥初凝和终凝时间的一种仪器。世界各国常用。由一个质量为113.0±0.5g 的小金属球和直径为 2.10±0.05mm 的试针以及一个质量为 454.0±0.5g 的大金属球和直径为 1.10±0.05mm 的试针组成。小球针测初凝，大球针测终凝。均以球针不能沉入试饼，并在试饼表面不再显出明显痕迹时计算凝结时间。仪器结构示意如图。该法在中国虽未列为标准方法，但因设备简单、试验方便，故常用于生产控制。

（魏金照）

极化效应　polarization effect

见质量分辨率（617页）。

极谱分析法　polarographic analysis

简称极谱法。在作阴极的滴汞电极上产生浓差极化的情况下，通过测定电解过程中所得的电流－电压曲线，来确定溶液中的待测组分及其浓度的电化学分析法。它与伏安法的区别在于极化电极的不同。前者使用滴汞电极或其他表面能够周期性更新的液体电极；后者使用表面静止的液体或固体电极如微铂电极等。普通极谱法用一个表面积很小，充分极化的滴汞电极作工

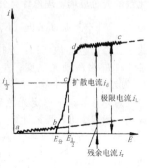

作电极，另一个是完全不极化的参比电极（例如饱和甘汞电极）。将其浸入被测溶液中，在逐渐增大外加电压的条件下进行电解。测量每一外加电压 E 相对应的电解电流 i 作出 i-E 曲线。根据所得的曲线可求出扩散电流 i_d（见图）。在给定条件下，扩散电流 i_d 与被测物质的浓度成正比，故可由 i_d 进行极谱定量分析。当电流为 i_d 的一半时，在极谱波上相应点的电位叫半波电位 $E_{\frac{1}{2}}$。在一定条件下，半波电位由被测离子的性质所决定，与其浓度无关，故可由此进行极谱定性分析。极谱分析应用范围广，凡是能被还原或氧化的无机物或有机物都可应用；灵敏度高，近代极谱法可测得 10^{-11} mol/L 的溶液；选择性好，可同时测定几种组分；分析速度快，可在数分钟内完成。常用于微量分析和超微量分析。近年来各类新型极谱法不断出现，且有自动化和电子计算机化的极谱仪，该法已成为一种重要的近代电化学分析法。　　　　　（夏维邦）

极限拉伸值　ultimate elongation
　　又称受拉极限变形值。材料或构件在轴向拉力作用下，达到断裂时所出现的长度变形值。常以 mm/m 或对原长的百分比表示之。水泥混凝土等脆性材料的极限拉伸值甚小，约为受压极限变形值的 1/10～1/20。在荷载与收缩作用下，变形达到此值时，即产生裂缝。在钢筋混凝土中，钢材被利用的程度也与混凝土此值有关。变形测定值与混凝土材料本身的性质、测试方法，特别是与荷载的持续时间有关。　　　　　　　　　　　（孙复强）

栔　capital
　　同枅（217页）。

集灰比　aggregate-cement ratio
　　又称骨灰比。混凝土中粗细集料总质量与水泥用量的比值。当混凝土混合料的水灰比不变情况下，此值减小意味着单位用水量增大，其流动性提高，反之亦然。是影响混凝土工作性的重要因素。其倒数称为灰集比或灰骨比。　　（徐家保）

集料　aggregate
　　又称骨料。在混凝土或砂浆中主要起填充和骨架作用的材料。在混凝土总体积中至少要占四分之三，是混凝土的重要组成材料。在技术上，既影响混凝土的强度和其他力学性能，又赋予混凝土比纯水泥石更高的体积稳定性和更好的耐久性。在经济上，由于价格比胶结料便宜得多，可降低成本，有的还可使混凝土自重减轻。集料的粒径范围可从零点几毫米至几十毫米，有时甚至更大。一般把粒径为 0.15～5mm 的集料称为细集料，而大于 5mm 的集料称为粗集料。按堆积密度可以分为轻集料、普通集料和重集料三种。普通集料用以配制普通混凝土，如天然砂、碎石、卵石等，其堆积密度约为 1 500kg/m³ 左右，颗粒表观密度约为 2 500～2 750kg/m³。按来源，可以分为天然集料或人造集料两种。前者由天然岩石经破碎或自然条件作用而成，如碎石、卵石、浮石、天然砂等。这类集料除颗粒形状、大小、表面状态等由加工条件或自然条件决定外，其化学成分、矿物组成、密度、强度、孔结构等性能均取决于母岩。后者由工业生产而得，如矿渣、钢渣、陶粒、膨胀珍珠岩等。这类集料的密度或者与普通集料相当，或者更小，可用于配制普通混凝土和轻集料混凝土。其规格、级配和质量均应符合有关标准的规定。　　　（孙宝林）

集料公称粒径　nominal size of aggregate
　　又称名义粒径，标称粒径。集料颗粒的最大粒径的数值。在规范或集料说明中，指全部集料都能通过的筛子系列中最小的筛孔尺寸。　　（孙宝林）

集料含水量　moisture content of aggregate
　　集料中所含水的质量。以占干集料质量的百分数表示时称为含水率。其值与含水状态有关。集料中存在着许多孔径范围很大的毛细孔，大的孔能用肉眼看到，最小的孔只比水泥石的凝胶孔大。

全干状态　气干状态

饱和面干状态　湿润状态

它们有的被封闭在集料内部，有的与表面连通，根据气候条件，集料可形成各种含水状态。经人工干燥（105±5℃）达到恒重时称为全干状态。在大气中干燥至含水率相对稳定时称为气干状态。它不仅与孔隙结构和初始含水率有关，而且还与空气的温度和相对湿度有关。集料颗粒表面干燥而内部毛细孔饱水时称为饱和面干状态。此时的含水率称为饱和面干含水率。集料饱和面干状态时的含水量减去气干状态时的含水量称为有效吸水量。集料颗粒内部毛细孔饱水而表面湿润时的含水状态称为含水湿润状态。附着在颗粒表面上的水量称为表面含水量，以占饱和面干集料质量的百分率表示。在混凝土配合比设计时，常以饱和面干的

集料为基准。　　　　　　　　　　（孙宝林）

集料级配　aggregate gradation, aggregate grading

简称级配。集料中各级颗粒在数量上的分配。对混凝土的工作性和强度有很大的影响。分连续级配和间断级配两种，以集料试样在各号筛上的累计筛余（可绘成级配曲线）表示。在混凝土中，细集料的空隙由水泥浆填充，而粗集料的空隙则由砂浆填充。为了减少水泥用量，提高混凝土强度，粗集料的级配应使本身空隙率最小。粗细集料混合后的级配为混合级配。粗细集料在配合中所占比例，可根据各自的级配和所要配制的混凝土混合料的工作性来确定。良好的集料级配可用较少的加水量制得工作性和密实度都令人满意的混凝土。
　　　　　　　　　　　　　　　　（孙宝林）

集料级配曲线　grading curve of aggregate
　　见通过百分率（512页）。

集料坚固性　soundness of aggregate

集料抵抗因冻融循环、干湿交替、冷热变化等自然界物理作用而引起破坏的能力。它影响混凝土的耐久性。可用集料配制混凝土作冻融试验直接判断，但需时很长。为简便起见，可采用硫酸钠溶液浸泡法对集料做检验。硫酸钠饱和溶液渗入集料颗粒孔隙结晶时产生胀力使集料发生破坏。根据标准规定方法，经数次浸泡、干燥循环后，以筛孔为粒径下限的筛筛除破碎颗粒，求出总质量损失的百分率。标准中按混凝土所处环境条件，对粗集料规定了不同的质量损失指标。同一产地的集料已有可靠的使用经验时，可不作坚固性试验。　（孙复强）

集料粒级　nominal size of aggregate

表明集料颗粒大小范围的指标。由两个粒径表示，称公称粒级，其上限为该粒级集料的最大粒径，如 5～20mm, 20～40mm 粒级。按级配分，有连续粒级和单粒级，由集料通过标准筛分析，根据各筛上的累计筛余重量百分比确定。在中国标准中，将连续粒级和单粒级各分为五个等级，对各种粒级集料，其在各个筛上累计筛余重量百分比的范围有明确规定。　　　　　　　（丁济新）

集料联锁　aggregate interlock

混凝土接缝、裂缝或某一截面处，集料颗粒由一侧伸入另一侧所形成的联结。能在混凝土受压或受剪时起传递荷载的作用。是使混凝土各部分保持联合承受和传递荷载的有益效应。　（徐家保）

集料筛分析　sieve analysis of aggregate

用标准筛将集料按粒径大小分级以测定其粗细程度和颗粒级配的方法。将一定质量的干集料置于按筛孔大小顺序排列的一套筛的最上一个筛上进行筛分，直至每分钟各筛的通过量不超过试样总量的 0.1% 为止，然后称其留在各号筛上的试样质量，以百分率表示其分计筛余和累计筛余。细集料可用摇筛机摇筛 10min 后再用手摇筛，也可全用手摇筛。粗集料以第一个累计筛余不大于 5% 的筛子孔径为其最大粒径。将筛分结果绘制成级配曲线，可以直观地分析和判断集料的级配是否符合要求。
　　　　　　　　　　　　　　　　（孙宝林）

集料有害杂质　deleterious substances in aggregate

集料中存在的对混凝土质量有害的物质。天然砂、碎石、卵石等天然集料常含有泥土、云母、轻物质（如表观密度小于 $2.0g/cm^3$ 的煤、褐煤等）、硫化物及硫酸盐、有机物质、氯盐等有害物质。它们有的妨碍水泥的水化，有的对水泥石有腐蚀作用，有的削弱集料与水泥石的黏结，有的与水泥的水化产物反应产生有害的体积膨胀，对混凝土的强度、耐久性等性能有不利影响，因而中国有关集料标准对其含量均予以限制。例如砂的轻物质含量按质量计不宜大于 1%，石子的硫化物及硫酸盐含量（折算为 SO_3）按质量计不大于 1%。石子的有机质含量用比色法试验，颜色不得深于标准色，否则应以砂浆或混凝土进行强度对比试验，予以复核。海砂的氯盐含量，对素混凝土、水下或干燥条件下使用的钢筋混凝土可不予限制，对位于水上或水位变动区以及在潮湿条件下使用的钢筋混凝土不应大于 1%，对预应力钢筋混凝土结构则更从严要求。当集料中含有无定形二氧化硅而可能引起碱-集料反应时，应根据使用条件，进行专门试验，以确定其是否可用。
　　　　　　　　　　　　　　　　（孙宝林）

集料最大粒径　maximum aggregate size

简称最大粒径。粗集料中公称粒径的上限。用标准筛对粗集料试样筛分时，以累计筛余不超过 5% 的筛孔尺寸表示。集料的粒径越大，需要润湿的表面积愈小，因此提高集料的最大粒径可降低混凝土的需水量，在一定工作性和水泥用量的条件下，可降低水灰比，提高强度。但当最大粒径超过 40mm 时，其强度的提高则被较小的总黏结面积和很大集料造成的混凝土不连续性等不利影响所抵消，特别是水泥用量多时，则更为明显。在许可条件下，最大粒径应尽量选用得大些。根据有关规范规定，混凝土粗集料的最大粒径不得超过结构截面最小尺寸的 1/4，同时也不得大于钢筋间最小净距的 3/4。对于厚度在 100mm 和 100mm 以下的混凝土板，可允许采用一部分最大粒径达 1/2 板厚的集料，但其数量不得超过 25%。对于大体积混凝土，埋入毛石的最大尺度一般为 300～500mm。
　　　　　　　　　　　　　　　　（孙宝林）

几何分布　geometric distribution

概率分布为 $P(\xi=k) = (1-p)^{k-1} \cdot P$，$k=1, 2, \cdots, 0<p<1$ 的分布。记为 $\xi \sim G(p)$。因为 $P(\xi=k)$ 是几何级数 $\sum_{k=1}^{\infty} P(1-p)^{k-1} = 1$ 的相应项，故名。若事件 A 发生的概率为 P，则重复试验时 A 首次出现在第 k 次的概率服从几何分布。如有 n 把钥匙，不知哪把能开门。每次试开成功的概率为 $\frac{1}{n}$，则第 k 次能开成功的概率为 $G(k, \frac{1}{n})$，服从几何分布。　　　　(许曼华)

挤出法　extrusion process

用挤出机制造某些纤维增强水泥制品的一种方法。最初用于制石棉水泥制品，后也用于制无石棉纤维增强水泥制品。长度在 20mm 内的短纤维、水泥、细集料、塑化剂与水均匀混拌后喂入挤出机内，通过螺杆使拌合料由模口挤出成为断面形状一定的制件。纤维在其中呈三维分布，适用于制空心墙板、窗台板等。　　　　　　(沈荣熹)

挤出机　extruder

在加热条件下使塑料充分混合和塑化并通过口模挤出成为有一定断面形状的连续型材的一种成型机械。规格按螺杆的直径分类。按结构分有单螺杆和双螺杆两种，后者有较强的塑化能力。由加料装置、料筒、螺杆和挤出机头（口模）等组成。螺杆是最重要的部件，它对塑料产生挤压和剪切作用并推动物料向口模前进。塑料在沿螺杆向前推进时，温度、压力和黏度是变化的，通常把螺杆分为加料段、压缩段、均化段。用于热塑性塑料的挤出成型、挤出吹胀成型、挤出复合、为压延机塑化供料、挤出造粒等。

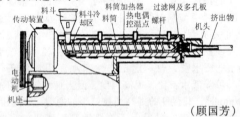

(顾国芳)

挤出性　extrusion property

嵌缝油膏及密封膏在筒状施工器具中被挤出的难易程度。可用已知体积的该材料在一定压力下通过一固定直径的小孔所需的时间表示。密封膏的可使用时间亦可以此方法确定。标准规定在 177 或 400mL 的活塞筒中装填一定量的被测材料，在 200±2.5kPa 的压力下推动活塞，使被测材料由顶部的小孔中挤出，小孔直径可以是 $\phi 2$、$\phi 4$、$\phi 6$ 或 $\phi 10$mm。记录挤出材料的体积和挤出时间，算出挤出速率作为其指标，单位为 mL/min。

(孔宪明)

挤泥机　extruder

将松散泥料挤压成致密的、具有一定断面或孔洞的连续泥条的设备。普通挤泥机由受料斗、打泥板、泥缸、螺旋绞刀、机头、机口以及传动系统组成。经过加工的泥料加入受料斗，在打泥板或压力辊作用下进入泥缸，被螺旋绞刀推动前进并稍予拌合，通过机头被挤压密实，由机口挤出符合规定尺寸和形状的连续矩形泥条，供切割使用。真空挤泥机增设专用真空室和真空排气泵，可以排出泥料内部的空气，增加颗粒间接触面积，提高结合性能和可塑性，改善成型性能。双级真空挤泥机是在真空挤泥机前增加双轴搅拌机，可进一步提高泥料的均匀性。生产空心砖坯，必须采用真空挤泥机，并在机口内安装产生孔洞的芯具，对机头、泥缸等应作适当修改，以减少阻力，降低动力消耗。

(陶有生)

挤压泵　extrusion pump

由旋转的挤压轮压挤压管，连续吸入并压出材料进行喷涂施工用的泵。特点是没有阀机构，结构简单，泵内堵塞情况少，能压送贫灰比的坍落度低的材料；施工后清理容易。缺点是脉动比较明显，不适宜用作稀薄材料（低黏度涂料）的施工，多用于压送砂浆和厚质涂料的喷涂。

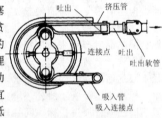

(邓卫国)

挤压成型　extrusion moulding

靠挤压力使混凝土混合料密实成型的工艺方法。制品不同，其生产工艺和设备也不同。空心楼板采用挤压机，其工艺过程是，将混凝土混合料从挤压机的上料斗连续喂入，由一排螺旋铰刀或往复式推板将其推送并挤压，在振动器的振动作用下，通过一定形状的挤出口而成型于台座上，而挤压机则靠反力作用继续前进。制品达一定强度时按要求长度用混凝土切割机进行切断。适于长线台座用干硬性混合料生产预应力混凝土空心板。一阶段预应力混凝土管采用胶囊挤压成型，其工艺过程是，先将混凝土混合料浇入由内模和外模组成的管模内，施以振动使其初步密实，然后将水送入囊胶套和内模壁间的空腔内，压力水扩张胶囊，使混凝土各向受压并从中排出 12%～15% 的水分，再进行湿热养护。设备简单，制品密实性好，生产效率高。

(孙宝林)

挤压铝棒材 extruded aluminium rods and bars

工业纯铝坯料通过一定孔型的模孔，经挤压而制成的棒材。按形状有圆棒（公称直径 5.0～630.0mm）、方棒和六角棒（内切圆直径 5.0～200.0mm）。因纯铝的强度较低（$\sigma_b < 110$MPa），不宜作结构材料，常用于代替铜作导线、电缆、电容器等，或用作不承受载荷，但要求耐蚀，或导热、导电性能高的构件和零件。 （陈大凯）

挤压铝合金棒材 extruded aluminium-alloys rods and bars

铝合金坯料通过一定孔型的模孔、经挤压而制成的棒材。棒材指长度较宽度长得多的直条、带或线。按其材质可分为：防锈铝、硬铝、超硬铝及锻铝；按形状分为：圆棒（公称直径 5.0～630.0mm）、方棒和六角棒（内切圆直径 5.0～200.0mm）。可在退火、热挤压、淬火后再经自然时效或人工时效后使用。退火或热挤压状态下其抗拉强度（σ_b）为 170～230MPa、伸长率（δ_5）为 10%～20%；淬火及人工时效后，σ_b 为 300～540MPa，σ_5 为 5%～12%。退火状态者塑性高，焊接性良，可用于焊接件和深加工的零件、低载荷构件等。淬火及人工时效状态者可用作铆钉，承受中、高载荷的构件和零件。 （陈大凯）

挤制黄铜管 extruded brass tube

黄铜坯料经拉挤压制成的管材。外径为 21～280mm，壁厚为 1.50～42.5mm。具有优良的热加工性能，可挤制成厚壁管。其材质有简单黄铜 H96、H62 和复杂黄铜 HPb59-1、HFe59-1-1。简单黄铜管，抗蚀性极好，导热性高，用于汽车、造纸、制糖、热工和化工制造的耐蚀管件。铅黄铜 HPb59-1 管中含 1.0%～1.5%Pb，切削性提高，机械工业制造各种零件和标准件，铁黄铜 HFe59-1-1 管含 0.5%～0.8%Mn 和 0.6%～1.2%Fe，强度和抗蚀性显著提高，用于船舶制造和电信工业。 （陈大凯）

挤制铜管 extruded copper tube

纯铜坯料经挤压而成的管材。外径为 30～300mm。壁厚为 5～30mm。按材质有韧铜管 T2、T3，无氧铜管 TU1、TU2，脱氧铜管 TUP 等多种。在挤制状态下使用，其抗拉强度不小于 190MPa。韧铜管有良好导电、导热、耐蚀和加工性好，用于电气元件、油管、垫圈。无氧铜管以其高的导电率和导热性，用于电真空器件。脱氧铜管有良好的冷弯性能和焊接性能，用作汽油及气体管道，排水管和水雷用管等。 （陈大凯）

脊瓦 ridge tile

覆盖屋脊，并与屋脊两边斜屋面上的瓦相搭接的槽形瓦。通常可做成人字形、马鞍形、圆弧形，并与黏土瓦、琉璃瓦、塑料瓦、石棉水泥瓦等类型的屋面配套使用。如与聚酯玻璃钢瓦配套的玻璃钢脊瓦的长度达 850mm，每边宽 230～240mm，夹角 120°；与石棉水泥瓦配套的石棉水泥脊瓦长 780mm，每边宽 180～230mm，夹角 125°；用于黏土平瓦类屋脊的脊瓦长度 300～425mm，宽度 180～230mm，最小抗折荷重应大于 686.5N。

（孔宪明）

剂量计玻璃 dosimeter glass; dosimetry glass

能反映和记录放射线辐射场强的玻璃。它是用磷酸盐、硅酸盐和硼酸盐等基础玻璃加入适量的银、锰、钴等激活剂制成。具有与放射线相互作用能产生"色心"或"荧光中心"，其光密度或荧光量与辐射量在一定范围内呈良好的线性关系。可用作剂量探测元件，测量 10^{-2}～10^9 伦琴范围的放射线辐射场强。使用时可根据放射种类和辐射剂量选用不同品种的玻璃。 （刘继翔）

济南青花岗石 Jinan black granite

山东济南出产的黑色花岗石。属辉长岩，为辉长结构。主要由斜长石、辉石、橄榄石等矿物组成。表观密度 3 070kg/m^3，抗压强度 262MPa，抗折强度 37.5MPa，肖氏硬度 79.8。磨光板面呈灰黑色，光泽明亮，色调庄重典雅，属于国际流行的黑色系列花岗石，宜作高级建筑物室内外墙面、柱面、地面装饰材料。 （曾瑞林）

继爆管 relay primacord tube

一种与导爆索配套使用，实现导爆索毫秒延期起爆的管状物。有单向和双向两类。双向继爆管作用原理是先起爆的主动端导爆索爆轰，引起该端起爆药爆轰，该端延期药瞬即迅速爆燃、爆轰，产生的高温、高压、高速射流通过阻闸孔衰减后，点燃被动端延期药，进而使雷管爆炸并引爆被动端的导爆索。这种起爆系统延期时间准确，精度高，起爆可靠，但由于价格高，段数少，故应用不甚广泛。 （刘清荣）

jia

加铬氯化锌 chromated zinc chloride

又称 CZC 木材防腐剂。它含 80% 的 ZnO 和 20% CrO_3 的水溶性（木材）防腐剂。可以用 $ZnCl_2$ 代替 ZnO 和用 $Na_2Cr_2O_7$ 代替 CrO_3 使用。这种防腐剂处理在土壤中或在潮湿环境中使用的木材，效果不很好，宜于处理在干燥环境中使用的木材，其优点是价格便宜。CZC 如果含 80% 的加铬氯化锌，10% 的硼酸和 10% 的 $(NH_4)_2SO_4$ 就可以成为阻燃剂。吸入量达到 $2.2\sim4.4kg/m^3$ 就有防止木材腐朽、抗白蚁和阻燃的效果。　　（申宗圻）

加铬砷酸铜　chromated copper arsenate

又称 CCA 木材防腐剂。主要成分为氧化铜（CuO），铬酸酐（CrO_3）和五氧化二砷（As_2O_5）的水溶性防腐剂。有 A 型、B 型和 C 型三种配方，系美国木材保存协会（AWPA）1969 年规定。三种配方中氧化铜大致都占 19% 左右，A 型中铬化物含量高，B 型中砷化物含量高，C 型中各种成分约为 A 与 B 型中的平均值。流失试验的结果认为，当（铜+砷）与铬的比值大于 1.5 时，砷未被铬固定而流失。对于固定机理，认为反应是铬的还原与酸碱度的增加，从而形成铬酸铜与砷酸铬而固着。CCA 是一种快速固着型的防腐剂，注入木材后不易受潮流失，有较高的毒性（$1.3\sim3.0kg/m^3$）。抗白蚁与船蛆效果好，不危害人畜，大多用来处理杆材、柱材及枕木等，还可处理刨花板和胶合板。是世界上最广泛使用的水溶性木材防腐剂。
　　（申宗圻）

加聚反应　addition polymerization

由单体聚合成为高聚物而无水或其他低分子副产物生成且所生成聚合物的元素成分与原用单体相同的反应过程。按单体品种可分为均聚（反应）和共聚（反应）；按反应历程可分为逐步聚合（反应）和连锁聚合（反应）。加聚反应特点是：绝大多数为不可逆反应和连锁反应；反应过程中迅速生成高分子化合物；分子量与转化率及时间的关系不大，在达到定值后一般变化不大，反应时间增加，转化率增大。几个相同的分子相互作用而生成较大分子也称聚合，如甲醛生成三聚甲醛；干性油（半干性油）加热变成较大分子的黏稠液体等。大多数热塑性树脂均为加聚产物。　　（闻荻江）

"加"硼钢　boron steel

含有一定量硼元素的热屏蔽用钢材。钢长期以来被用作为热屏蔽材料，其缺点是要发射 7.7MeV 的俘获硬 γ 射线，成为新的 γ 射线源。硼能强烈吸收热中子，只产生 0.5MeV 的软 γ 射线和易被吸收的 α 粒子，不产生大的剩余的感生放射性元素。在钢中加硼后既能减少硬 γ 射线的产生，又增加了热中子的吸收效果，所以"加"硼钢组成的热屏蔽层，其热流量明显减少。但钢中硼含量不宜过多，不然钢变脆且不易加工。一般含硼量以 2%（重量）为限。　　（李耀鑫　李文埮）

加硼水泥砂浆　boric cement mortar

在普通水泥砂浆中加入一定数量的硼化物拌制成的特种砂浆。属于抗中子射线砂浆。常用硼化物有硼砂、硼酸、碳化硼、硼酸钙等，硼原子量较小，抗中子辐射的能力较强。为防止中子与水作用产生的强烈 γ 射线，加入高密度的重晶石粉。参考配合比：水泥、石灰、硼酸钙粉、重晶石粉依次为 9:1:4:31。凝结时间较长，较易泌水，宜掺入纸浆废液等塑化剂改善其保水性与流动性。硼化物易溶于水，可能引起砂浆强度下降、凝结时间延长等不利作用。用于射线防护工程。　　（徐家保）

加气混凝土　aerated concrete

利用发气剂与料浆中的物质起化学反应产生气体而制成的多孔混凝土。发气剂常用铝粉，主要原料为石灰、水泥和磨细含硅材料。其生产工艺包括混合搅拌、浇注发泡、坯体静停、切割、高压蒸汽养护（目前主要采用的）或常压蒸汽养护等工序。按主要原材料可分为：水泥－石灰－砂加气混凝土；水泥－矿渣－砂加气混凝土；水泥－石灰－粉煤灰加气混凝土和石灰－粉煤灰加气混凝土等。含有大量均匀而细小的气孔，具有表观密度小（$300\sim1000kg/m^3$）、保温性能好［热导率 $0.07\sim0.29W/(m\cdot K)$］、强度较高（$1\sim15MPa$）、防火性能好（符合一级防火标准）等优点，是一种理想的节能材料。易于加工，可用一般木工工具钉、锯、刨、钻孔、开槽等。制成砌块和配筋条板，可用作工业与民用建筑的墙体、屋面板、楼板和各种保温块。采用加气混凝土制品，可减轻建筑物自重，提高抗震性能，节约建筑材料用量，提高施工效率，降低工程造价。　　（水翠娟）

加气混凝土复合墙板　aerated concrete composite wall panel

以钢筋混凝土作结构承重层、加气混凝土块作绝热层的复合墙板。加气混凝土表观密度较小，热导率较普通混凝土低，但强度较低，与普通混凝土组合后可具有轻质、高强、保温的综合功能。但复合生产工艺较复杂，造价较高，且其肋部由单一普通混凝土构成，使用中易形成"冷桥"现象。
　　（萧愉）

加气混凝土钢筋防锈工艺　anticorrosive technique for steel bars in aerated concrete

加气混凝土配筋制品生产中，在钢筋表面涂敷防锈涂料的技术。包括涂料涂敷和干燥等工序，按所选用涂料种类，采用不同的方法。一般采用浸涂法：将预先焊好的钢筋骨架（网片）浸入装有涂料的槽中，可多次浸渍、涂敷，使钢筋表面达到要求的涂层厚度（涂层表面到钢筋表面的距离。根据不同的涂料，厚度为 $0.4\sim0.8mm$），再进行干燥，使涂料中的溶剂蒸发，涂层变硬，具有足够的强度，保证在以后的工序中，涂层完整，厚度均匀，

不受损坏。　　　　　　　　　　　（沈　琨）

加气混凝土钢筋防锈涂料　anticorrosive paint for steel bar in aerated concrete

涂敷于配筋加气混凝土的钢筋表面以防止其锈蚀的涂料。由于加气混凝土是一种多孔材料，各种介质易于透过而对其中钢筋侵蚀。因此，在加气混凝土配筋制品中，必须使用防锈涂料。根据制品生产工艺的特点，它需要耐高湿、高温和高碱介质，本身强度高，与钢筋和加气混凝土的粘接力强，便于工厂连续生产等。有水溶性涂料（如水泥-酪素-乳胶防锈涂料）、溶剂型涂料（如改性聚乙烯防锈涂料）、无溶剂涂料（如热沥青防锈涂料）三大类。　　　　　　　　　　　　（沈　琨）

加气混凝土浇注车　movable aerated concrete mixer

用于流动浇注的加气混凝土搅拌和浇注的设备。主要由搅拌筒、装在其上的铝粉贮存搅拌箱、浇注臂、行走车组成。搅拌筒内有带叶片的竖轴，由电机驱动，可高速旋转。其作用是将计量好的各种原、辅料在要求时间内搅拌均匀，由行走车送至模位，浇注入模。根据搅拌叶形状、出料方式的不同，有多种型式。　　　　　　　（沈　琨）

加气混凝土浇注成型工艺　technique of foaming for aerated concrete

借助于加气混凝土料浆自重与流动性，经发气膨胀使其充满模具的成型技术。各种原、辅料经加气混凝土搅拌机搅拌成糊状料浆，浇入大型模具中，经发气、膨胀、凝结、硬化等各种反应，形成坯体。要求料浆发气凝结正常、不塌模，坯体不沉陷，气孔结构良好。是生产中的重要工序，技术难度很大。有搅拌设备固定，模具移动的定点浇注法和采用能移动的加气混凝土浇注车，模具固定的流动浇注法两种。　　　　　　　（沈　琨）

加气混凝土抗裂性系数　crack resistance coefficient of aerated concrete

加气混凝土原始抗折强度与在空气中存放一段时间后的最小抗折强度之比值。即 $K=$（最小抗折强度）／（原始抗折强度）。在大气条件下，加气混凝土经日晒雨淋，数年后会在表面出现纵横交错的裂纹。主要由于干湿交替作用，混凝土截面上含水率不同而收缩不均所引起，这直接导致抗折强度的降低。故通常以抗折强度的变化来表征其抗裂性。可用降低出厂含水率、表面作憎水及饰面处理、掺入纤维、改善孔结构，以及提高水化物的结晶度等措施来提高其抗裂性能。　　（蒲心诚）

加气混凝土模具　mould for aerated concrete

加气混凝土料浆发气和成型坯体的设备。由侧模和底板两部分组成，都由钢材制作。由于生产工艺的特点，要求其密封性好，保证不漏料浆；刚度大、精度高，须与加气混凝土切割机很好配合，保证切割并得到尺寸精确的制品；便于拆装、维修保养等。根据切割方法和切割机不同而有多种形式，如侧模有四面连成一体的整体模框和四面可以拆开的分体式；底板有整块和多块组合式等各种。须按工艺和与之配合的吊运、切割等设备要求，做专门设计。　　　　　　　　　　　（沈　琨）

加气混凝土坯体强度

加气混凝土坯体在外力作用下抵抗破坏的能力。是坯体性能的重要参数，生产中据之确定坯体吊运、切割、养护的开始时间。与加气混凝土原料品种和质量、配比、工艺条件诸多因素有关。随静置时间延长而增长，环境温度高，其增长速度快。其相对数值可用各种加气混凝土坯体强度测定仪测定。　　　　　　　　　　　　（沈　琨）

加气混凝土坯体强度测定仪

测定加气混凝土坯体强度相对值的仪器。根据测定值不同，主要有两种类型：一种是测定坯体表面硬度，如落球式硬度计，用一定重量的球体，在固定高度落向坯体，测量其深入坯体的距离或其压痕的直径，表示强度的相对值。一种是测定贯入坯体所需的力，如圆杆式坯体测定仪，以一定直径、重量的试杆和弹簧组成，以试杆插入坯体一定深度所需的力的大小，表示强度的相对值。

　　　　　　　　　　　　　　　　（沈　琨）

加气混凝土坯体切割工艺　cutting technique of aerated concrete

将加气混凝土坯体分割成所要求的形状、尺寸的工艺过程。包括将坯体运送到位、脱模、切除"面包头"（切除坯体上部多余部分）、沿坯体宽度方向进行横向切割和沿坯体长度方向进行纵向切割，以及废料输送等工序。有机械和人工两种方法。机械切割是借助加气混凝土切割机完成各个工序。人工切割是预先将切割用的钢丝按规定尺寸要求埋置在模板上，用简单工具辅助，人力拉动钢丝切割坯体。　　　　　　　　　　（沈　琨）

加气混凝土拼装外墙板　jointed aerated concrete panel

按照一定方式将加气混凝土条板连接装配而成用作外墙的大型墙板。连接方式为拼缝粘接和拉杆锚固相结合，拼装方法有水平和垂直组合两种。多在工厂预装配门窗，并做外饰面层处理，其性能与加气混凝土性能一致。具有建筑物自重轻、保温性能好、施工速度快、用钢量少等特点。建立专用工厂化预加工生产线，可制得质量优良、尺寸准确、饰面多样的制品；在施工现场进行拼装可以降低造

价。　　　　　　　　　　　　　（萧　愉）

加气混凝土砌块　aerated concrete block

由加气混凝土制成的一种轻质砌块。根据养护方法和主要原材料命名。由于生产多采用蒸压养护，因此对蒸压养护的砌块，常略去蒸压二字，如蒸养石灰－粉煤灰加气混凝土砌块、水泥－矿渣－砂加气混凝土砌块等。生产工艺参见加气混凝土（222 页）。以混凝土的表观密度和强度分级。干表观密度在 400～800kg/m³ 之间，抗压强度为 1.0～7.5MPa，热导率为 0.09～0.29W/（m·K）。主要用作非承重墙体，高强度的亦可做承重墙体，低表观密度的可做绝热材料。　　　　（沈　琨）

加气混凝土砌块专用砂浆　mortar for laying aerated concrete block

为适应加气混凝土砌块特性专门配制的砌筑、抹灰用砂浆。具有粘接力强、保水性好的特点。由于加气混凝土砌块质轻、绝热性能好、外形尺寸精确、强度及弹性模量低、吸水速度慢，使用专用砂浆可避免用普通砂浆砌筑、抹灰时可能发生的灰缝过厚产生"热桥"、墙面抹灰起壳、裂缝等弊端，而且可简化施工，充分发挥加气混凝土砌块的优越性。　　　　　　　　　　　　　（沈　琨）

加气混凝土切割机　cutting machine for aerated concrete

将加气混凝土坯体切割成制品所要求的形状和尺寸的设备。有坯体不经翻转进行切割和经翻转后进行切割的两大类型。每类又有多种型式。主要组成部分为横切装置和纵切装置。其上挂有钢丝（直径为 0.4～0.8mm），对坯体做横向、纵向切割和"面包头"、边皮的切除。有些带有刮刀，可刮出凹槽和倒角。改变钢丝之间距离，可将坯体切成各种所需尺寸。另有废料输送装置，将切除的"面包头"和边皮废料运走。有的还包括脱模装置。加气混凝土坯体体积大（一般为 6 000mm×1 500mm×640mm）、重量大（约 3.5t）、强度低，要求机器刚度大、精度高，因此机构比较复杂。　（沈　琨）

加气混凝土施工专用工具　tools for laying aerated concrete product

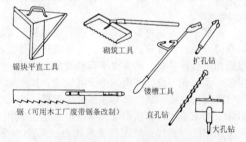

根据加气混凝土特性进行施工的特殊工具。加气混凝土质轻、呈多孔结构，有可用手工刨、锯、钉的加工特性，因此，在建造时应使用与之相适应的施工工具，保证工程质量，提高施工效率。包括：用于分割砌块的板锯、直角靠尺，墙面开槽用的镂槽器，钻孔、扩充用的钻孔器等。

（顾同曾　沈　琨）

加气混凝土条板　aerated concrete slab

用加气混凝土制成的条板。按安装的方式可分为垂直安装和水平安装两类；按加气混凝土品种的不同，有水泥－矿渣－砂；水泥－石灰－砂和水泥－石灰－粉煤灰加气混凝土条板等三种；按表观密度（干）和标号不同，在中国有 500kg/m³、30 号和 700kg/m³、50 号两个等级。具有自重轻、绝热、防火、易于加工等优点，是现代迅速发展的一种墙体材料。其缺点为性脆、抗裂性较差；与钢筋锚固、护筋性较差。建筑物的基础或处于浸水、高温和化学侵蚀时不得采用；用作外墙时应做饰面防护。　　　　　　　　　　　　　　（萧　愉）

加气混凝土调节剂　regulator for gas concrete

调节加气混凝土料浆性能的外加剂。有各种作用不同的调节剂，如调节发气和稠化时间的水玻璃；调节凝结硬化速度的石膏、纯碱和硼砂等。它可以使加气混凝土料浆发气和稠化时间相适应，改善气泡结构，防止料浆塌陷，提高制品性能。是加气混凝土不可缺少的原料。其质量需满足工业用要求。　　　　　　　　　　　　（水翠娟）

加气混凝土铣槽设备　grooving machine for aerated concrete slab

专门对加气混凝土制品或构件的表面和凹槽、倒角进行机械加工的设备。根据建筑和使用要求，加气混凝土板的侧面需要有凹槽和倒角，有些制品需要有高平整度和尺寸精度。为了保证它们的精度要求，需用专门设备在蒸压养护后进行机械加工。设备原理和基本构造与通用铣床相同，只是针对加气混凝土具有良好的可加工性，采用专用的铣削刀具。由于在切削时，部分加气混凝土形成粉尘，要有收尘装置。　　　　　　　（沈　琨）

加气混凝土真空吸盘

用真空形成负压吸取加气混凝土坯体或其废料进行作业的一种设备。主要由吸盘、吸风机、吊运装置等组成。可用来移除已被切割的"面包头"和坯体周边废料，也可用于坯体的吊运。作业时，使吸盘和要运走的物体贴紧。开动吸风机造成负压，则可将废料或坯体吸起，运至一定位置。

（沈　琨）

加气混凝土蒸压养护工艺　autoclaving technique of aerated concrete

对切割后的加气混凝土坯体采用高压蒸汽养护处理,使制品达到所需性能的工艺。加气混凝土中的硅质和钙质材料在高温、高湿下能加速水化和水热合成反应,形成稳定的水化产物,而具有强度和其他性能。这个过程在高压釜内进行,包括入釜、釜内蒸压养护和出釜冷却等步骤。是生产过程中占用时间最长的一道工序,而且对制品质量影响很大。如养护不当,会造成制品强度低、干燥收缩值大、耐久性差、产生裂缝等问题。 (沈 琨)

加权平均 weighted means

加上权重计算平均值的一种方法。在计算多个量的平均值时,常是各种量对总量有不同的影响。因此平均时就要权衡各量影响的大小,给以权重。如计算不同半径球的平均半径时,设半径为 r_i 的球有 n_i 个,则平均半径为 $\bar{r} = \Sigma r_i n_i / \Sigma n_i$。这里 n_i 为权重。当 n_i 和 r_i 无关时,即为算术平均。
(魏铭鑑)

加热曲线测定 heating-curve determination

测量物质在加热过程中的温度与程序温度或时间关系的热分析方法。测量时,试样放在加热炉中升温,用热电偶测量试样的温度并由记录仪或人工绘制成加热曲线。在加热过程中,若试样无热效应,曲线呈直线型;若试样有热效应,曲线突变或转折。据此可测定物质的熔点、凝固点等。与此相应还有冷却曲线测定,二者一起可用于金相学研究相图。 (杨淑珍)

加热损失 loss on heating

用加热前后重量差来表征沥青热致老化的一种指标。测定方法是取沥青试样 50g,盛于规定尺寸的盛样皿中,在 163℃ 的标准烘箱中加热 5h 后,测定其重量损失和加热损失后的针入度比等。沥青在使用时,由于加热易引起沥青性质的变化,为了预测沥青经长时间加热后性质变化的程度,一般沥青技术标准均规定需做此项试验,但近年已为薄膜烘箱试验所取代。 (严家伋)

加热损失后针入度比 penetration ratio after loss-on-heating test

沥青试样经过加热损失试验后,其残留针入度占原针入度之比。以百分率表示,按下式计算:

$$P_p = \frac{P_a}{P_s} \times 100\%$$

式中 P_p 为加热损失后的针入度比(%);P_a 为沥青试样加热损失试验后的针入度(25℃,100g,5s)(1/10mm);P_s 为沥青试样原来的针入度(1/10mm)。加热损失后针入度比常用以评价沥青由于加热老化而引起的性质变化程度。
(严家伋)

加压法(木材防腐)处理 pressure process

在密闭的容器中,将防腐剂或阻燃剂在大于一个大气压的压力下,注入木材内部的木材处理方法。有各种加压的方法,真空加压法是先抽真空,然后加压,而空细胞法是先加压后抽真空,但满细胞法和加压真空交替法,则抽真空加压交替进行。
(申宗圻)

加压罐式喷涂器 pressure container spreader

对料罐加压,将材料压送到喷枪而使材料与加压空气一起喷射出去的简易喷涂设备。由加压罐、喷枪、耐压胶管等组成。特点是设备简单,操作方便,具有灵活性,但不能连续装料,不适用于大规模的连续作业。适于喷涂珍珠岩、蛭石等一类轻骨料为填料的涂料以及室内顶棚等小面积喷涂施工。
(邓卫国)

加压消化 pressure slaking

见石灰消解(442页)。

夹板拼 fished joint

两块木料的接合边分别加工出相同的凹槽,嵌入涂了胶的实木板条或胶合板条使其接合的方法。该法加工简单,材料消耗较少。凹槽加工精度高时可获得平正的表面。

(吴悦琦)

夹层玻璃 laminated glass

用有机物胶合两片平板玻璃而成整体的玻璃制品。属安全玻璃类。制造工艺有干法和湿法两种。湿法是把能在常温固化的液体有机物注入两片平板玻璃之间的间隙,待固化即成。干法是在两片平板玻璃间夹入透明塑料膜片、经加热、加压、胶合而成。常用的膜片是厚 0.38mm 的聚乙烯醇缩丁醛。热压胶合的方法有四种:真空袋法、橡胶带法、辊子法、真空蒸压釜法。所用玻璃有窗玻璃、钢化玻璃、热反射玻璃等,单片厚度 2.0~2.5mm。经紫外线辐照后的光透过率大于 70%,弯曲强度约 40MPa,耐冲击强度提高 2.5 倍,一旦玻璃破损,碎片粘于中间膜上而不飞离伤人,不影响视线。夹层玻璃的制品有:平夹层玻璃、弯夹层玻璃、电热丝夹层玻璃、高抗贯穿夹层玻璃、防弹夹层玻璃、带遮阳膜夹层玻璃、导电膜夹层玻璃等。常用于汽车风挡玻璃、铁路车厢玻璃、防弹玻璃、大型水槽、海中构筑物的观察窗、舷窗、飞机用风挡玻璃、建筑用窗玻璃等。 (许 超)

夹杆石 stone of clamping column

俗称旗杆石。旗杆或木牌楼柱根部的围护石。由相同的两块旗杆石合成一对,也有整块雕制,中间插入木质旗杆或牌楼柱。旧时,多设置在官署、府第、寺庙等建筑物的正门两侧，一般有两到四对，左右排列，作为权力、地位的标志。牌楼多设置在都市街衢起端、中段或交汇处，以及寺观、苑囿、离宫、陵墓前面、著名桥梁两端。石呈长方形柱状，宽为柱径的两倍，明高约为1.8倍自身宽。每块石的上端都刻有莲花图案，上下两端各凿一个圆形洞孔，作为插入铁梢的榫卯，起到固定旗杆、牌楼的功能。中间朴素无纹，下面基部埋入地下。材料多系武康石、青石、花岗石。

（叶玉奇　李洲芳）

夹具　clamp, grip

制作预应力钢筋混凝土构件时，在张拉过程和张拉后锚夹预应力筋的部件。作为工具，制作后可拆下重复使用的称为夹具，一般用于先张法；而只使用一次，附在构件上成为构件组成部分的称为锚具，用于后张法。夹具和锚具的种类很多。一般按构造和外形命名。根据锚夹预应力钢筋的原理可分为摩阻、握裹、承压等三种类型。①摩阻型。主要依靠摩擦阻力来锚夹预应力筋，按构造形式又可分为楔片式、锥销式、夹片式和波浪式等几种；②握裹型。主要依靠握裹力锚夹预应力筋，按握裹力形成方式可分为挤压式和浇铸式两种；③承压型。主要依靠承压力和抗剪力来锚夹预应力筋，按构造分为螺杆式、镦头式、帮条式、插销式等数种。对锚、夹具要求锚夹可靠、构造简单、取材加工容易、使用方便而耐用。可根据预加应力方法、预应力钢筋品种来选用合适的类型。目前正出现和应用一些使制备工作简化的锚、夹具，而使制备工作量大的种类逐渐淘汰。

（孙复强）

夹陇灰　tile joint caulking

泼浆（青浆泼制）灰适量加水，调制成稠浆状后，加入麻刀（100:4重量比）调制均匀得到的灰浆。主要用作布瓦屋面的夹陇用灰，同时也可作为筒瓦的驼背灰及挑脊用灰。若用水泼制的泼浆灰，加入麻刀、红土子（100:4:2.5重量比），调制后可作为黄琉璃瓦屋面的夹陇及挑脊用灰。此灰也可用煮浆灰调制，但其质量不及用泼浆灰调制者。

（朴学林　张良皋）

夹皮　bark pocket

树木的形成层局部受到机械损伤或鸟、昆虫等的伤害后，形成层的其余部分继续生长将受伤的全部或局部包入木质部中形成的一种木材构造缺陷。受伤部分隐藏在树干内部，在树干断面上呈弧状或环状裂隙的为内夹皮。受伤部分暴露在树干外部，树干侧面呈条沟状为

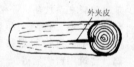

外夹皮。夹皮破坏木材的完整性，并使其附近年轮发生弯曲。有时还伴有腐朽和虫蛀。（吴悦琦）

夹丝玻璃

中间夹有金属丝或金属网的玻璃。在制造压延玻璃时，把金属丝网压入正在成形过程中的玻璃板中而成（如图）。品种有：光面的、磨光的、压花的、彩色的、吸热的夹丝玻璃。在受到机械力和热冲击时，

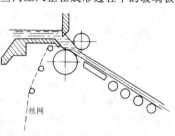

玻璃虽会破裂，因有金属丝网，玻璃碎片不会散落伤人以及防止火焰侵入或外出，故具有防火性和安全性两大功能。在使用时应注意：其金属丝网与玻璃在热学性能上有明显的差别（热膨胀系数、热传导系数），因而应尽量避免用于两边温差太大、局部受热、冷热变化频繁的部位。多用于厂房屋面、采光天窗、暖房屋面、须防盗的仓库门窗等。

（许　超）

夹天线夹层玻璃　aerial laminated glass

具有电信功能的夹层玻璃。制造法与夹层玻璃中的干法相同。只是在合片之前，把直径为0.1～0.15mm的铜线在有电加热的笔的压力下，把铜线压入中间膜内。铜天线布置在汽车前风挡夹层玻璃的周边上，其外接头直接与电信设备相连，由于天线埋入夹层玻璃内，故不腐蚀，经久耐用，可避免拉杆天线在使用上的麻烦。

（许　超）

夹砖　brick with groove

俗称夹五砖。中间带切痕的普通砖。是苏南一带特有的品种。类似于北方的大开条砖。青灰色，多由南窑烧制（即今上海市郊青浦、朱家角等地的窑厂）。其特点：在制坯烧造时，中间虽经切割为两，但并不将其分开。工匠在使用时根据建造上的要求，可以把砖劈开使用。多作砌灶及内墙用。规格：长21～25cm、宽11～12cm、厚3.5～4cm。

（沈炳春）

甲苯　toluene

分子式$C_6H_5CH_3$，带甜味及芳香味，无腐蚀性的无色易挥发液体。密度0.866，沸点110.8℃，凝固点-94.5℃，爆炸极限为1.27%～7.0%。属非极性溶剂，电阻值400MΩ。不溶于水，能与乙醇、丙酮和乙醚等混溶。为低毒类物质。用作二异氰酸甲苯酯、酚、油漆生产中溶剂和稀释剂，也可作染料、纤维、炸药、药物等原料。　（陈艾青）

甲类钢　first type steel

按旧国家标准 GB700—79 规定，保证机械性能而供应的普通碳素结构钢。现已废除（参见碳素结构钢，495 页）。基本保证条件是拉伸强度、伸长率及化学成分中的硫、磷含量及铜、氮残余含量。根据机械性能指标分为 A1～A7 共七种钢号，数字愈大，则强度和硬度愈高，塑韧性和焊接性愈差。例如 A1 钢和 A7 钢，抗拉强度分别为 320～400MPa 和不小于 700MPa，而延伸率分别不小于 28% 和 8%。A1 和 A2 钢常用作螺钉、地脚螺丝、螺母、炉体部件和农业机具等。A3～A5 钢大量轧制成各种型钢、钢管和钢板，用于建筑结构件。A6 和 A7 钢强度高，用作工具、轧辊和农业机械零件等。　　　　　　　　　　（许伯藩）

甲凝灌浆材料　methyl methacrylate grouting material

以甲基丙烯甲酯、甲基丙烯酸－丁酯的单体为主剂，加入引发剂，促进剂等助剂配制而成的灌浆材料。常用的引发剂为过氧化苯甲酰。促进剂有二甲基苯胺和抗氧促进剂对甲基亚磺酸等。灌浆液黏度比水小，在混凝土中渗透能力强，扩散半径大，可以灌入 0.15mm 的微细裂缝。凝固时间为 1～2h。黏结性好，能与混凝土及钢筋牢固黏结，和混凝土黏结强度达 3.0MPa，抗剪强度达 3.5MPa，凝固后抗压强度达 20MPa，灌入构件裂缝可以恢复构件的整体性。延伸率大，能承受混凝土的热胀冷缩的变形，且对钢筋无腐蚀作用。采用单液注浆法施工。用于修补大坝、混凝土涵管、船坞等裂缝。起到封水和补强的作用。　　　　（刘尚乐）

甲乙酮　methyl ethyl ketone

又称丁酮。分子式 $CH_3COC_2H_5$，具特殊辛辣味的无色透明易燃液体。沸点 80℃，闪点 －7℃，自燃温度 550～615℃，爆炸极限 1.81%～11.5%。易溶于水和有机溶剂。属低毒类溶剂。用作环氧漆、硝基漆、乙烯漆和聚氨酯漆的溶剂等。
　　　　　　　　　　　　　　　　（陈艾青）

钾硅酸钙　calcium potash-silicate

硅酸二钙固溶微量氧化钾的固溶体。$K_2O \cdot Al_2O_3$ 与硅酸二钙或硅酸三钙通过离子交换也生成这个化合物。化学式为 $K_2O \cdot 23CaO \cdot 12SiO_2$。煅烧水泥熟料时，若生料中的 K_2O 分子数大于 SO_3 分子数，$\alpha'\text{-}C_2S$ 与 K_2O 就合成这个固溶体。由于 K_2O 置换硅酸钙中的 CaO，熟料将含较多的游离 CaO。钾硅酸钙和贝利特的性质很相近，是一轴晶，$W = 1.695$，$\varepsilon = 1.703$。圆形表面显粗条纹，与贝利特－Ⅰ相似，但水硬性较弱。　（冯修吉）

钾水玻璃　potassium water glass

又称硅酸钾。含碱金属钾的水玻璃。化学式为 $K_2O \cdot nSiO_2$。其特性及用途与钠水玻璃相似，惟其透明度及黏度高于钠水玻璃，稳定性稍差（参见水玻璃，456 页）。　　　　　　（孙南平）

架空木地面　aerial timber floor

由架空设置的搁栅、水平撑、面层条板等组成的木地面。搁栅两端支承于墙、梁、地垄墙（或砖墩）上。为了增加稳定性和整体性，在搁栅之间沿跨度每隔 1.2～1.5m 用截面为 35mm×35mm 的木条交叉钉成剪刀状水平撑（俗称剪刀撑）。面层条板铺钉在搁栅上，既可单层也可双层铺钉。这种地板架空所形成的空间具有通风良好、防潮、便于敷设管线、易检修等优点。　　　　（彭少民）

架立钢筋　supporting reinforcement

一种配置在钢筋混凝土结构构件内起架立和构造作用的构造钢筋。用以保持受力钢筋的设计位置，在混凝土浇筑时不致移动；使箍筋能绑扎成型并保证其规定的间距；使整个钢筋骨架具有良好的稳定性。如在钢筋混凝土梁的上部沿纵向布置的直线形钢筋。　　　　　　　　（孙复强）

架状结构　framework structure

见硅酸盐结构（173 页）。

假定密度法　proportioning on estimated unit weight basis

又称假定容重法。根据经验资料假定混凝土表观密度（旧称容重）为混凝土各组分用量之和的配合比设计方法。在按设计要求条件和选用原材料确定混凝土的用水量、水灰比和水泥用量之后，以假定混凝土表观密度，即单位体积重量减去水与水泥重量得集料的总重，按砂率分别算出砂重和粗集料重。此法必须通过试配测得实际混凝土的混合料表观密度，并对各组分用量进行校正。因计算较绝对体积法简便，应用较广。　　　（徐家保）

假断裂韧性　pseudo-fracture toughness

见混凝土断裂假说（205 页）。

假颗粒度　pseudo-granularity, pseudo-grain size

由微细颗粒（通常粒径小于 0.06mm）组成的团聚体粒度。有一定的分布，常以假颗粒度分布表示，一般通过筛分确定其分布。粉磨后的粉体粒度微细，具有较高的表面能，颗粒间常发生物理结合，产生团聚，以降低表面能。此外，在陶瓷粉料（经研磨后的干燥或半干燥的细粉状陶瓷坯料）压制成型工艺中，为了提高粉料的体积密度、流动性和填充系数，常用轮碾、喷雾干燥等方法造粒（假颗粒）。　　　　　　　　　　（陈晓明）

假凝　false set

水泥用水调和几分钟内发生的一种不正常的快

凝现象。其特征是无明显放热，不再加水而继续搅拌，仍可恢复塑性，且以后对强度无明显影响。这一现象产生的主要原因一般认为是水泥粉磨过程中温度过高，使部分二水石膏变成易溶的脱水石膏（如半水石膏），遇水后立即水化并产生了石膏析晶。此外，熟料的组成与结构对假凝也有一定影响。　　　　　　　　　　　　（魏金照）

jian

尖晶石 spinel

由二价金属氧化物和三价金属氧化物按摩尔比1:1形成的矿物的总称。化学通式为 $MO \cdot R_2O_3$（MR_2O_4），其中 M 可以是 Mg^{2+}、Fe^{2+}、Zn^{2+}、Mn^{2+}等，R 可以是 Al^{3+}、Fe^{3+}、Cr^{3+}等。根据组成中三价离子的不同，分为尖晶石系列（铝尖晶石）、磁铁矿系列（铁尖晶石）、铬铁矿系列（铬尖晶石）等三个系列。狭义的尖晶石指镁铝尖晶石（$MgAl_2O_4$），见于含 MgO 高的铝酸盐水泥和高炉矿渣中，无水硬性。铬尖晶石（$FeCr_2O_4$）耐火度高，可作耐火材料。铁尖晶石又称磁铁矿（$FeO \cdot Fe_2O_3$），有强磁性。　　　　　　（龙世宗）

尖晶石耐火材料 spinel refractory

以镁铝尖晶石 $MgO \cdot Al_2O_3$ 为主要成分的耐火材料。通常先由 MgO 和 Al_2O_3 或矾土通过反应烧结或者电熔制成合成尖晶石，然后再经粉碎、配料、成形、烧成等工序制成尖晶石制品。荷重软化点高、热震稳定性好，且有很强的抗 SO_3 及碱性硫酸盐侵蚀的能力。可用于水泥回转窑、玻璃窑蓄热室及冶金工业炉。　　　　　　　　（李　楠）

尖晶石型颜料 pigment of spinel type

具有类似尖晶石化学通式 $AO \cdot B_2O_3$ 构成的颜料。同一类型的尖晶石或不同类型的尖晶石可以形成固溶体构成复合尖晶石。结构稳定，具有耐高温、对气氛敏感性小、化学稳定性好的特点。分为完全尖晶石型颜料、不完全尖晶石（A:B≠1:2 时）型颜料、类尖晶石（A 为四价而 B 为二价时）型颜料、复合尖晶石颜料四类。用于陶瓷的通常有钴青（$CoO \cdot Al_2O_3$）、钴蓝（$CoO \cdot 5Al_2O_3$）、锌钛黄（$2Zn \cdot TiO_2$）、孔雀蓝〔$(Co \cdot Zn)O \cdot (Cr \cdot Al)_2O_3$〕等。
　　　　　　　　　　　　　　（邢　宁）

尖削 taper

树干或原木大、小头的直径相差比较悬殊的一种木材缺陷。尖削度用大小头直径之差与材长的百分比率表示。尖削度大的原木锯解时，锯口平行于外表面，而不是大致平行于纵轴，这种下锯法与大致平行于纵轴的毛板下锯法相比，可以得到较多的具有直纹理的成材，但出材率低。　　（吴悦琦）

坚石 hard stone

内聚性特强、切成垂直面仍能壁立不至于分裂崩解的岩石。地质上的分类术语，其他行业较少引用。主要岩种有白云岩、大理岩、石英岩、花岗岩等。一般需爆破开采，抗压强度大于 29.42MPa。
　　　　　　　　　　　　　　（宋金山）

间断级配 gap grading, jump grading

颗粒尺寸缺中间一个粒级或几个粒级的集料级配。大颗粒的空隙由很小的颗粒填充，可以使集料的堆积密度增加。从理论上讲，集料颗粒如为球形，当相邻粒级的粒径比为 8 时，只要有 3 个颗粒分级，其空隙率就可减至 11%，比连续级配空隙率的降低要快得多。用以配制混凝土可节约水泥，但其混凝土混合料容易产生离析，工作性较差，只可用于强力振动的低流动性或干硬性混凝土。
　　　　　　　　　　　　　　（孙宝林）

间断级配沥青混凝土 gap grading bituminous concrete

颗粒尺寸缺中间一个粒级或几个粒级的集料配制的一种沥青混凝土，其结构组成为骨架-密实结构。　　　　　　　　　　　　（严家伋）

间隙固溶体 interstitial solid solution

又称嵌入固溶体、填隙固溶体。溶质质点嵌入溶剂质点之间的空隙中而形成的固溶体。溶质质点半径较溶剂质点半径小得多时才能形成。在金属键的物质中较为普遍，如添入的氢、碳等都处在晶格的间隙位置。在无机非金属材料中，一般发生在阴离子或阴离子团所形成的空隙中。可以改变原晶体的物理化学性质，如可使晶格结构偏离低能量的稳定状态和提高晶体活性。　　　　（潘意祥）

间歇式养护窑 intermittent steam curing chamber

见养护窑（565 页）。

间歇式窑 intermittent kiln, periodic kiln

简称间歇窑。以装窑、连续焙烧和冷窑、出窑为一个工作周期的一类窑炉。被焙烧物静止不动，窑内各点的温度随焙烧时间变化。优点是可灵活变更烧成制度，以焙烧不同类型的制品或物料，且投资少，易建造。缺点是蓄热损失大，余热利用率低，劳动强度大。适用于多品种、高大制品及小批量制品的生产，常被中小厂所采用。由于轻质耐火绝热材料的出现，产生了一些较先进的间歇式窑，如梭式窑、钟罩窑等，它们在缩短生产周期，改善劳动条件及余热利用方面都有很大的改进。
　　　　　　　　　　　　　　（陈晓明）

槛 doorpost

相当于清式门窗边的抱框、抱柱。《唐韵》牖旁柱。《营造法式》卷二释槏柱引《义训》牖边柱谓之槏，注：今梁或额及栿之下，施柱以安门窗者，谓之恏柱，盖语伪也，恏，俗音蘸（zhàn），字书不载。

（张良皋）

槏栌 bracket set

泛指斗栱构件。槏即昂。《景福殿赋》槏栌各落以相承，栾栱夭蟜而交结。李善注：槏即柳也。柳读若昂，或作栭，是斗栱所承昂之本字。栌、栾、栱都属斗栱构件。《景福殿赋》飞柳鸟踊，双辕是荷。李善注：飞柳之形，类鸟之飞，又有双辕，任承檐以荷众材，今人名屋四阿栱曰槏昂也。是槏柳偏指翼角飞昂。《营造法式》卷一释飞昂引赋及注，柳均作昂。参见飞昂（115 页）。

（张良皋）

减光系数 coefficient of light reduction

又称消光系数（extinction coefficient）。烟雾对光强度的衰减系数。根据兰伯特 - 比尔（Lambert-Beer）定律：

$$I = I_0 e - C_s l$$

式中，I 为有烟时的光强度；I_0 为无烟时的光强度；l 为光源至受光面的距离；C_s 为减光系数。常用测定透光率方法求减光系数：

$$C_s = \frac{2.3}{l} \log \frac{T_0}{T}$$

式中，T 为有烟透光率；T_0 为无烟透光率。C_s 越大，烟浓度越大。与可见距离 S（m）有如下关系：

$$S = 2.7/C_s$$

在火灾时，对建筑物通道熟悉的人，C_s 允许临界值为 1.0；对不熟悉者，应在 0.2 以下。

（徐应麟）

减水剂 water-reducing admixture

在维持混凝土坍落度不变的条件下，能减少拌合用水量的混凝土外加剂。大多属于阴离子表面活性剂，有木质素磺酸盐、萘磺酸盐甲醛缩合物等。加入混凝土拌合物后对水泥颗粒有分散作用，能改善其工作性，减少单位用水量，使混凝土强度增加并改善耐久性；或减少单位水泥用量，节约水泥。根据其减水率的大小可分为普通减水剂和高效减水剂，普通减水剂减水率在 5% ～ 10%，提高强度 10% ～ 20%，高效减水剂减水率在 10% ～ 15%，提高强度 15% ～ 30%。与其他外加剂复合有引气减水剂、早强减水剂、缓凝减水剂等。

（陈嫣兮）

减水率 water reduction ratio

表征混凝土掺用外加剂后达到相同坍落度时用水量减少的指标。其值为坍落度基本相同时掺外加剂混凝土和基准混凝土单位用水量之差与基准混凝土用水量之比。用下式表示：

$$W_R = \frac{W_0 - W_1}{W_0} \times 100$$

式中　W_R 为减水率（%）；W_0 为基准混凝土单位用水量（kg/m^3）；W_1 为掺外加剂混凝土单位用水量（kg/m^3）。

（陈嫣兮）

剪应变 shearing strain

见应变（579 页）。

剪应力 shearing stress

又称切向应力（参见应力，579 页）。

简单化合物型颜料 pigment of simple compound

单纯用过渡金属氧化物着色的陶瓷颜料。有氧化铁、氧化铬、氧化锰等，有的是用它们的氯化物、氢氧化物、碳酸盐或硝酸盐来获得相应的氧化物。通常不耐高温、抵抗还原气氛与耐酸碱能力较弱，目前使用较少。

（邢宁）

碱-硅酸反应 alkali-silicate reaction

见碱-集料反应（229 页）。

碱-集料反应 alkali-aggregate reaction

混凝土水泥浆体中的碱与集料中的有害组分反应而产生膨胀的一种破坏作用。其反应的条件是水泥中 K_2O、Na_2O 等含量较多，集料中含有有害成分以及潮湿的反应环境。碱与含活性氧化硅的集料如蛋白石、玉髓等的反应为碱 - 硅酸反应。水泥的含碱当量小于 0.6%，一般不会出现恶性膨胀，对于给定的活性集料，有时存在最大膨胀的危险含量百分率，例如，对蛋白石约为 5%。掺混合材料可抑制碱 - 集料反应，因它与氢氧化钙反应而降低孔隙中溶液的 pH 值；另外，火山灰质混合材料的掺入还减少水泥的含碱量，使与活性集料作用的有效碱减少。此外尚有碱 - 碳酸盐反应（230 页）。测定碱 - 集料反应常用岩相法、化学法及测长法。

（王善拔　陆平）

碱-集料反应抑制剂 alkali-aggregate reaction reducing admixture

抑制碱 - 集料反应的混凝土外加剂。水泥中的碱（Na_2O、K_2O）与某些集料（如蛋白石、玉髓等）中的活性氧化硅作用产生碱 - 集料反应，引起膨胀而使混凝土开裂。用低碱水泥或掺用粉煤灰可避免此种现象发生，使用引气剂、减水剂、缓凝剂以及锂盐和钡盐对这种破坏也有抑制作用。

（陈嫣兮）

碱侵蚀 alkali attack

水泥混凝土长期处于较高浓度的碱溶液中所发

生的侵蚀。主要包括化学作用和析晶作用。强碱如氢氧化钠与水化硅酸钙和水化铝酸钙发生化学反应，生成胶结力弱、易为碱溶析的产物，而氢氧化钠渗入孔隙后经碳化作用析出含有大量结晶水的晶体又会引起体积膨胀，均导致水泥石结构开裂和破坏。侵蚀作用随温度的提高而加速。　　（陆　平）

碱-碳酸盐反应　alkali-carbonate reaction

混凝土水泥浆体中的碱类（Na_2O 等）与集料中的细粒状泥质白云质灰岩作用发生膨胀的反应。其反应机理尚未完全查明。有人认为，在有碱存在时发生如下的脱白云石反应：

$$CaCO_3 \cdot MgCO_3 + 2NaOH = CaCO_3 + Mg(OH)_2 + Na_2CO_3$$

使白云石晶体中的黏土质包裹物暴露出来，发生吸水肿胀破坏作用。还有人认为，反应生成的 $Mg(OH)_2$ 和 $CaCO_3$ 为结晶度差的细小多晶体和无定形物，具有很高的表面积，能吸水而引起体积肿胀；另外，有部分水镁石和方解石晶体长大重排产生结晶压力。Na_2CO_3 通过与水泥浆体中 $Ca(OH)_2$ 反应，重新产生 NaOH，使反应能循环进行，对混凝土造成危害。　　（王善拔）

碱性激发剂　alkali activator

见湿碾矿渣混凝土（433 页）。

碱性耐火材料　basic refractory

含碱土金属氧化物（MgO，CaO）量大的耐火材料。其中镁质、白云石质、石灰质等耐火材料属强碱性；铬镁质、镁铬质、镁橄榄石质以及尖晶石质等耐火材料属弱碱性。它们抗酸性渣侵蚀的能力差而抗碱性渣侵蚀的能力较强。广泛应用于钢铁工业及有色金属冶炼炉、水泥回转窑等热工设备。
　　（李　楠）

碱性碳酸镁绝热制品　alkali magnesium carbonate thermal insulating product

以碱性碳酸镁为主要成分的多孔绝热制品。碱性镁质材料 $Mg(OH)_2$ 加入其他材料（如石棉）、混合注模成型后，吹入二氧化碳气体使氢氧化镁碳化而制成。形状多为筒状或块状，气孔率达 80%，表观密度 $200 \sim 300 kg/m^3$，热导率约 $0.069 W/(m \cdot K)$，耐酸能力较弱。用于管道及建筑物的绝热。　　（丛　钢）

建筑玻璃　building glass

建筑物用的室内外玻璃材料。根据建筑物构件所要求的使用功能来选择各种玻璃材料。属透视与采光的有：无色及各种彩色的窗玻璃、压花玻璃；属装饰的有：玻璃马赛克、微晶玻璃花岗岩、镭射玻璃、玻璃釉面砖、镀膜玻璃、玻璃彩砂、蚀刻彩色玻璃；属节能的有：中空玻璃、玻璃棉与毡、泡沫玻璃、热反射玻璃，以及目前正在开发的电子变色及铜镉变色的窗用玻璃；属安全的有：钢化玻璃门、夹丝夹网玻璃、单面透视玻璃、夹层玻璃、高折射率的玻璃微珠（路标用）；属分隔的有：空心玻璃砖、磨砂玻璃；属家具材料的有：台、桌、穿衣镜、柜。　　（许　超）

建筑材料　building materials, construction material

土木建筑工程中应用的具有各种成分、形态、性能的材料和制品的统称。品种多，用量大。按来源分天然材料，如石材、木材、土等；人造材料，如金属材料、水泥、混凝土、陶瓷、合成高分子材料等。按化学组成分①无机材料，又可分金属材料，如钢铁、铝、铜、各种合金及制品；非金属材料，主要为矿物质的，如水泥、混凝土、玻璃、陶瓷、砖瓦、石材、无机涂料等；②有机材料，主要为合成高分子材料，如塑料、合成橡胶、合成纤维、有机涂料、胶粘剂；沥青材料，如石油沥青、煤沥青；植物材料，如木材、竹材；③复合材料，由无机与有机或金属与非金属材料多相复合构成，如玻璃钢、钢纤维增强混凝土等。根据材料在建筑物或构筑物中所起作用和使用性能分①结构材料，构成建筑结构的受力构件及满足构造需要；②墙体材料，在建筑物中占很大比例，分承重与非承重两种；③建筑功能材料，在建筑物中具有某些特殊功能的材料，如绝热保温、吸声、防水及装饰等。在土建工程中，材料费用占很大比例，合理选材，对于降低成本、延长使用年限、减少维修支出、提高工程建设的技术经济效益具有重大意义。为适应建筑工业化的发展，降低能耗，节约资源，提高劳动生产率，建筑材料的发展趋势为：预制构件大型化，减轻自重，提高强度和耐久性，开发高效能、多功能材料，利用工业废渣。　　（李荣先）

建筑材料可燃性试验　test of flammability for building materials

测定建筑材料是否具有可燃性能的一种试验方

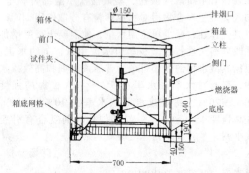

法。试验装置主要包括燃烧箱、燃烧器及试件支架

三部分。燃烧箱尺寸为700mm×400mm×810mm。燃烧器火焰长度为20mm，用95%以上丙烷作燃料。供火时间15s。如试件烧损超过规定范围则判为可燃。否则应再做建筑材料难燃性试验，以确定其是否为难燃建筑材料。　　　　　（徐应麟）

建筑材料难燃性试验　test of flame-retardant for building materials

简称竖炉燃烧法。用于测定建筑材料难燃性的一种方法。试验装置由竖炉和气控温控系统两部分组成。竖炉燃烧室内腔尺寸为800mm×800mm×

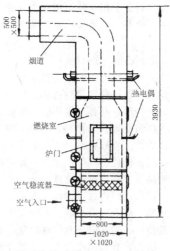

2 000mm。用4个尺寸均为190mm×1 000mm×实际厚度的试件组成方形烟道垂直置于燃烧室中，试件相对间距为250mm。在试件下方用200mm×200mm的方形燃烧器供火，燃料为35±0.5L/min甲烷和17.5±0.2L/min空气的混合气，供火时间10min。若试件燃烧后剩余长度平均值大于150mm且无任一试件为零和烟气温度不超过200℃为合格。　　　　　　　　　　　　（徐应麟）

建筑工程钢　building steels

简称建筑钢。建筑工程结构用钢之统称。一般为非合金钢和低合金钢，常用钢种有Q235-A、20MnSi、20MnSiV、20MnSiNb、20MnTi、K20MnSi、25MnSi、40Si$_2$MnV和45SiMnV、16Mn等。根据形状不同分为钢筋钢、型钢和钢板材三类：①钢筋钢是用量最大的品种之一，按外形分为光面钢筋、螺纹钢筋、钢丝和钢铰线，根据直径大小分为钢筋丝（直径3~5mm），盘圆钢筋（直径5~9mm）、中粗钢筋（直径10~20mm）、粗钢筋（直径大于20mm）。热轧钢筋按强度分HPB235、HRB335、HRB400、RRB400四个等级，主要用于配制钢筋混凝土结构，钢丝和钢铰线用于预应力混凝土结构。②型钢中有工字钢、槽钢和角钢等，主要用于工业厂房和大型建筑物的金属骨架，如柱、梁、屋架及桥梁、塔桅结构等。③钢板按外形分为平钢板、压型钢板和花纹钢板三种，平钢板用途最广，用于制造各种建筑机械、建筑结构以及加工成各种预埋件等；压型钢板均为厚度在4mm以下的薄钢板，用机械冲压成横截面为波纹型、V型、W型等各种形状，可用作屋面瓦、墙板和楼板等；花纹钢板是厚度为2~10mm的钢板表面被轧成菱形和扁豆形成凹凸状的花纹，可作踏步板、操作平台和地沟盖板等。使用时承重结构用钢应具有足够的抗拉强度、屈服强度、延伸率并限制钢中硫、磷的极限含量。焊接结构用钢应限制碳的极限含量，必要时还应保证冷弯试验合格。　　　（许伯藩）

建筑工程石材　building stone

用于建筑物及构筑物的石材。主要形态：天然成材的散粒状类有砂、卵石等；人工成材的块状类有毛石、料石及板材；石制品有窗台、栏杆、扶手等。强度等级分10、15、20、30、40、50、60、80、100等级别。耐磨性、耐久性好，有的还有美丽的色泽及纹理。散粒状的常做砂浆和混凝土的集料，块状的在古今建筑中常做基础、墙体、过梁、柱及阳台、栏杆、台阶等构配件。　（宋金山）

建筑构件　architectural element

建筑物的非承重构件。常指挂板、条板、栏杆、门窗等。从广义上讲，包括建筑物的所有构件。一般在专门工厂生产，运到工地进行安装。
　　　　　　　　　　　　　　（孙宝林）

建筑构件耐火极限　fire-resistant limit of building component

按照火灾标准时间-温度曲线对建筑构件进行耐火试验，从受到火的作用时刻起到建筑构件失去支持能力或完整性被破坏或失去隔火作用时为止的这段时间，用h表示。常用于确定建筑物耐火等级。　　　　　　　　　　　　（徐应麟）

建筑胶粘剂　adhesives for building

建筑工程中使用的胶粘剂的总称。主要用于室内装修和密封，也用于结构件的胶接与修补。粘贴大理石、瓷砖、天花板、地板、护墙板、玻璃、壁纸等多采用非结构胶粘剂，主要有聚醋酸乙烯胶粘剂（溶液）、聚乙烯醇缩醛胶、环氧树脂胶粘剂、丙烯酸树脂胶粘剂、氯丁橡胶胶粘剂和沥青胶等；地下工程及构配件的防水密封主要使用低模量的密封胶，常用的有聚硅酮、聚硫、聚氨酯胶粘剂、丙烯酸树脂胶粘剂等；混凝土构件、新旧混凝土的粘接及裂缝的修补与加固则需采用结构胶粘剂，主要有环氧树胶胶粘剂、聚酯和丙烯酸树脂胶粘剂等。建筑中使用的胶粘剂应满足结构安全性、火灾安全性和功能上的要求，此外，还要求常温固化、无

毒、价廉易得等。目前多使用水乳型或水溶型胶粘剂。　　　　　　　　　　　　　　（刘茂榆）

建筑密封材料　building sealing materials

为了水密、气密或防尘的目的而填充在建筑物体、构件或零部件的接缝中的材料。按外观形状，分为不定形密封材料和定形密封材料；按弹性特点，分为弹性型密封材料和非弹性型密封材；按组成成分，分为油性嵌缝材料、沥青系嵌缝材料、树脂系密封材料和橡胶系密封材料。要求能够牢固而耐久的保护建筑物体、构件或零部件的接缝，使之不透水、不透气，或能防尘、隔声；具有耐热、隔热、耐久性好，耐低温柔性、抗裂性、抗振动疲劳性好。主要用于屋面板、装配墙板、地下构筑物、公路、桥梁、堤坝、水池的接缝、变形缝、施工缝、伸缩缝、裂缝，以及窗框周围填缝和玻璃安装等。　　　　　　　　　　　　　　（刘尚乐）

建筑人造板　building artificial panels

简称人造板。以合成树脂或无机胶凝材料为胶粘剂，以植物纤维为基material并加入少量化学助剂加工而成的板材。合成树脂胶粘剂大多采用脲醛树脂、酚醛树脂、呋喃树脂、异氰酸酯等热固性树脂。无机胶凝材料胶粘剂大多使用水泥。植物纤维多为农作物的废料，如稻草、麻秆、棉秆、蔗渣、稻壳、麦秸、花生壳、木屑、刨花、竹丝（篾）等。一般经材料预处理、喷胶、热压加工而制成。农业废料具有原料来源广、价格低廉、质轻，加工成板材之后又具有良好的绝热、隔声、防潮、防蛀及可加工性。根据不同基材加工而成的板材，在建筑中用作门芯板、天花板、内外隔墙、屏风、壁柜隔板、活动房屋隔板、建筑模板、隔断及隔热吸声防震板等。是具有代木、节木、保护森林资源等社会意义的建筑材料。　　　　　　　　　　（刘柏贤）

建筑石膏　plaster of paris, calcined gypsum

以 $\beta\text{-}CaSO_4 \cdot \frac{1}{2}H_2O$ 为主要成分的粉状石膏胶凝材料。由生石膏经200℃左右煅烧后磨细而得。相对密度为2.50～2.80。加水后拌制的浆体具有良好的可塑性。凝结硬化快，硬化时体积略有膨胀。硬化体主要由二水石膏晶体组成。由于标准稠度的需水量大，硬化体内孔隙率较高，热导率较小，强度较低。其制品不耐水、不抗冻，但加入某些外加剂或进行表面处理后，可改善其耐水性和抗冻性。主要用于制造建筑装饰制品、内墙板及石膏砌块等。　　　　　　　　　　　　　　（高琼英）

建筑石灰　building lime

用于建筑工程的生石灰、熟石灰的总称。主要品种有钙质石灰、镁质石灰、钙质消石灰粉、镁质消石灰粉。钙质、镁质石灰分别按活性组分 ($CaO + MgO$) 含量及未消化残渣含量分为三等；钙质、镁质消石灰粉按活性组分及细度分别分为三等。　　　　　　　　　　　　　　（水中和）

建筑石油沥青　petroleum bitumens for architecture

用于建筑工程防水、防腐的高软化点石油沥青。按国标（GB 494）规定分为10和30二个牌号。针入度分别为10～25和25～40（1/10mm）范围，软化点分别在90℃和70℃以上。黑色，有光泽，常温下呈固体状态。由原油蒸馏后的重油经氧化加工而制得的。用于建筑工程作屋面及地下防水的胶结料、涂料，制造油毡和防腐绝缘材料。　　　　　　　　　　　　　　（刘尚乐）

建筑塑料　building plastics

在建筑工程中所应用的塑料制品的总称。几乎所有塑料均可制作成建筑塑料制品。与传统的建筑材料相比具有轻质、高强、多功能、耐腐蚀、易加工等特点，能满足现代新型建筑工程的多种要求。大部分用作装饰、装修材料，如地面材料、防水片材、管材、门窗构件、配件、壁纸、装饰板、异型材、泡沫制品等。部分纤维增强塑料（大部分为热固性塑料）可用作结构材料，如大型屋盖、全塑房屋、高位水箱、商亭、冷却塔、人行天桥等。为了充分发挥其特性，正在向与其他材料复合的方向发展，如复合墙板、复合屋面板、夹层复合板、复合人造装饰板、涂塑复合钢板等。　　　（刘柏贤）

建筑搪瓷　architectural enamel

用作建筑方面的搪瓷制品的总称。一般以钢板或铝为底材，正面搪以单色面釉或彩饰成各种图案。主要品种有搪瓷墙板、壁面、屋顶、门窗和管道等。如制成墙板、天花板等需在背面底釉上黏附一层矿渣棉、泡沫塑料等保温、隔声材料。具有耐腐蚀、易洗刷、自重较轻、施工快速等优点。　　　　　　　　　　　　　　（李世普）

建筑陶瓷　architectural pottery

用于建筑物饰面或作为建筑构件的陶瓷制品。广泛采用的品种有墙地砖、彩釉砖、陶瓷锦砖、陶管、琉璃等。有的施釉、有的不施釉；可属于陶器、炻器或瓷器。用半干压法成型的砖类产品共同性能要求是尺寸偏差小、表面平整、强度符合使用要求。根据使用部位与地区的不同还要求有一定的耐磨性、抗冻性、化学稳定性和低的吸湿膨胀。　　　　　　　　　　　　　　（刘康时）

建筑涂料　building coating

对建筑物具有保护、装饰及其他功能的涂料。传统使用溶剂型油性漆为主，近年来以合成树脂及其他胶凝材料为基料的水性涂料作为主要发展方向。按主要成膜物质的原料不同，可分为油脂类、天然树脂类、合成树脂类和无机类四种。按用途可分为建筑装饰涂料（主要用于内、外墙、顶棚、屋面、地面等），建筑防腐蚀涂料（主要用于金属、木材、混凝土等介质的防腐）以及特殊功能要求的涂料（减振消声阻尼涂料、光敏涂料、容器内壁用涂料、防火、阻燃、防水等涂料）。根据施工的不同部位又可分为墙面、地面、顶棚、门窗、金属防腐、管道用涂料等。由于品种多，应用面广，常需大面积涂装，施工效率要求高，所以除了对金属构件进行静电喷涂、电泳涂装、粉末涂装、浸涂、淋涂之外，主要采用刷涂、喷涂、滚涂、刮涂、弹涂等施工方法。　　　　　　　　（刘柏贤）

建筑五金　architectural hardware

用于建筑上的金属配件和器材。包括门窗配件、家具配件、卫生间的五金器材和各种嵌条装潢等配套产品。其发展经历了一般实用阶段后，现正进入到既要满足功能完善，又要富有装饰效果的新阶段。　　　　　　　　　　　　（姚时章）

建筑物耐火等级　fireproof grade of building

建筑物耐受火灾能力的等级。由构成建筑物的墙、柱、梁、楼板等主要构件的燃烧性能及其耐火极限所决定。由于同一建筑物所需建筑构件耐火极限并不相同，故通常以楼板的耐火极限为基准把建筑物耐火等级分为四级：一级建筑物的楼板耐火极限为 1.50h；二级为 1.00h；三级为 0.50h；四级为 0.25h。与楼板比较，如果其他构件在建筑结构中更重要，则其耐火极限应高于楼板，反之则可予适当降低。根据建筑物常用的几种结构形式，一般而言，一级耐火等级建筑为钢筋混凝土结构楼板、屋顶和砖墙组成；二级与一级基本相似，但所用材料耐火极限可较低；三级用木结构屋顶、钢筋混凝土楼板和砖墙组成的砖木结构；四级是木屋顶、难燃烧体楼板和墙组成的可燃结构。（徐应麟）

建筑用压型钢板　roll-profiled steel sheet for building

薄钢板经辊压冷弯，其截面成 V 形、U 形、梯形或类似这几种形状的波形板。代号为 YX，规格以波高、波距和有效覆盖宽度表示。共有 27 个型号。其截面尺寸应符合波数的模数为 50、100、150、200、250、300 或符合有效覆盖宽度的尺寸 300、450、600、750、900、1 000 系列。原板可采用冷轧板、镀锌板、彩色涂层板。对镰刀弯、不平度、斜切及表面质均有一定要求。主要用作屋面板、楼板、墙板及装饰板，也可用作其他用途。
　　　　　　　　　　　　　　（乔德庸）

建筑装饰材料　architectural decoration material

指主体结构工程完成之后进行装饰和美化建筑物为主要目的又常兼有某些使用和保护功能的材料。发展历史久远，从山顶洞人的原始壁画到古代的神庙、宫殿、墓穴、洞窟的彩绘、画像砖、石刻、藻井图案、雕塑、漏窗、帛画、琉璃等，除了其精神因素是为了烘托出至高无上的神权、君权之外，在建筑上极大部分只起到装饰美化的作用，对建筑结构本身并不是必不可少的。现代建筑装饰材料，几乎可用所有金属、非金属以及高分子材料所制造的制品。其品种在中国已达 3 000 余种，包括金属制品（被覆材、型材等）、石材、人造石材、石膏制品、陶瓷、玻璃、水泥制品、涂料、壁纸、墙布、地面材料、塑料、复合材料、纤维织物等。其发展，标志着建筑材料、建筑施工、建筑技术进入到一个新的水平。　　　　　（刘柏贤）

建筑装修材料　architectural finish material

指建筑主体结构工程完成之后，以满足建筑功能要求为主的材料。古时品种较少，如胶粘材料，水道，防腐油漆（以桐油为基料）以及早期的防水材料等，没有美化装饰的作用。现代装修材料除了不外露部分，一般也都已要求有一定的装饰效果，如彩色嵌缝材料，防水卷材，管道，门窗，五金件，密封材料，保温绝热材料，胶粘剂，卫生洁具等等。建筑装饰材料和建筑装修材料在建筑工程中，发展趋向于合二为一，在建筑工程中已形成既有装饰效果又有良好功能的不可缺少的独立的材料体系。　　　　　　　　　　　　（刘柏贤）

贱金属　less-noble metal

见金属接触腐蚀（246 页）。

剑把

又称剑靶。古建筑屋脊正吻顶背上的剑柄形构件。正吻顶背上有一小孔，当其拼装就位后由此孔填充灰浆以使稳固，该构件的作用即是封盖这个孔洞的。至于它因何做成剑柄形，民间有这样的传说：脊兽原为嘴朝外，背对正脊，年久成精，掉转身要吃掉正脊，幸有仙人拔剑插入其背部，才将正吻定于脊端。明代以前的正吻上多无此件，而明、清两代的做法也不尽相同，如明件带阳榫而清件有凹槽，所以也能凭此来参照鉴定建筑物的修建年代。

明代剑把

清代剑把

琉璃剑把尺寸表 单位：mm								
	二样	三样	四样	五样	六样	七样	八样	九样	注
高	1040	864	770	480	380	300	208	208	
宽	570	510	420	310	220	128	110	110	
厚	112	96	89	86	83	67	58	50	

(李 武 左滯元)

键饱和性 saturate property of bond

一个原子有几个未成对的电子，便可和几个自旋相反的电子配对成键，即每个原子成键的总数或以单键联结的原子数目是一定的性质。例如，在 NH_3 分子中，N原子有3个未成对的价电子，形成3根键，以单键联结的H原子数目是3。根据共价键的饱和性，可以决定分子中各种原子化合的数量关系。在 NaCl 晶体中，一个 Na^+ 周围不只吸引一个 Cl^-，而是吸引六个 Cl^-，所以离子键没有饱和性。金属与合金中配位数随结构型式可以改变，故金属键也无饱和性。 (夏维邦)

键方向性 directionality of bond

形成共价键的电子，必须在各自电子云密度最大的方向上重叠成键，故共价键有一定的方向性，即一个原子与相邻原子形成共价键有一定角度的性质。例如，H_2S 分子中，S 原子的 $3P_x$ 和 $3P_y$ 轨道夹角为 90°，因此 H_2S 分子为三角形，其键角为 92°。因离子键和金属键没有共价键这些特性，所以都没有方向性。由键的方向性可以估计一些分子的空间结构。 (夏维邦)

键能 bond energy

分子中两个原子之间形成一个化学键时所释放出的能量或将这个键拆散时所需的能量。以双原子分子 AB 为例，即在 25℃ 和 101325Pa（1标准大气压）下，将一摩尔的气态 AB 分子中的化学键断开，使每个 AB 分子离解成两个中性气态原子 A 和 B 所需的能量，也是使分子 AB 解离所需的解离能。对于多原子分子，键能与解离能在概念上不相同。多原子分子中全部键能的总和，等于把一个分子分解为组成它的各种单原子气体时所需要的能量。根据这个原则，可用热化学方法或光谱数据求得。其数值约在 125～628kJ/mol 之间。对于由定域键构成的各种分子，实验表明在不同分子中同一类型化学键的键能是近似相等的。一般说来，它的数值越大，该键就越牢固。 (夏维邦)

jiang

姜黄 turmeric

多年生姜科草本植物提取的天然黄色系染料。因根茎香气如姜，干后研细之粉末为橙黄色而得名。在古建彩画中应用极少。 (谯京旭)

浆灰

由细砖灰加血料调合而成的古建地仗制作中找补细灰层缺陷的一种细灰。适用于细灰层表面的局部龟裂纹和斑孔的修补。 (王仲杰)

浆状炸药 slurry explosive

以硝酸铵为主要成分的含水塑性炸药。1956年首次在加拿大露天铁矿应用。它的出现是硝铵类炸药发展史上的重大突破。浆状炸药由水、氧化剂、敏化剂、胶粘剂、起泡剂、交联剂等组分制成。氧化剂为硝酸铵和硝酸钠；敏化剂为梯恩梯、铝粉或二硝基甲苯磺酸钠等；胶黏剂有聚丙烯酰胺、槐豆胶或田菁胶等；起泡剂为亚硝酸钠；交联剂用重铬酸钾或硼砂。该炸药具有抗水性强、安全性好、密度高和体积威力大等优点，普遍用于坚硬岩石和有水炮孔爆破。 (刘清荣)

降解 degradation

由物理因素（光、热、机械能、辐射等）或化学因素（氧、酸、碱等）作用后引起的大分子链断裂或化学结构发生变化的反应。分①无规降解，主链随意发生断裂，聚合物分子量迅速下降，但单体收率很低；②解聚反应，聚合物末端联锁分解，迅速产生单体，而剩余物分子量变化不大；③为以上①与②两种反应同时发生的反应。降解使聚合物原有的性能降低，影响材料的使用。但人们早已有效利用降解过程发展生产工艺，如从纤维素或淀粉制取葡萄糖。合成高分子方面，利用降解回收单体、制取新型聚合物。目前制取自然降解性的聚合物，以解决高分子公害，已成为聚合物学科中的热门课题。 (赵建国)

降噪系数 noise reduction coefficient

吸声材料 250、500、1 000、2 000（Hz）四个频率吸声系数的平均值（NRC）。以 0.05 为最小倍数。表示该材料吸声特性的单一值。降噪系数 NRC＝$(α_{250}+α_{500}+α_{1000}+α_{2000})/4$，式中 $α_{250}$、$α_{500}$、$α_{1000}$、$α_{2000}$ 分别为材料 250、500、1 000、2 000（Hz）的吸声系数。 (陈延训)

绛矾

天然赤色矾石。六面体结晶。红色系颜料，但颜色较暗，用于彩画中。 (谯京旭)

jiao

交联 crosslinking

线型聚合物在加热、高能辐射或通过添加交联剂等化学作用下，形成具有桥键的体型结构的高分子化合物的过程。交联的过程是在一定的条件下，分子链上产生高度活泼的游离基，在碳链上生成活性点，在链－链之间形成交接状态，从而使线型分子结构变成三向网状结构。由于分子结构的这种变化，使聚合物多种化学、物理性能有了明显的改变，如提高聚合物的不溶、不熔性、耐热性、抗拉强度、硬度等。在实际应用中常利用控制交联度来制成特定性能要求的材料。　　　　（刘柏贤）

交联度　degree of crosslinking

线型聚合物自身或通过交联剂交联形成体型结构分子的表征交联程度的物理量。是交联点数对全部结构单元数的比例。有时指交联密度（crosslinking index），是平均每一交联前的分子中交联后产生交联点的数目，即产生交联的结构单元的数目。常用高弹性区的应力－应变曲线法或溶胀度法测定，是研究聚合物交联反应的重要方法。
　　　　　　　　　　　　　　　　（赵建国）

交联高分子　crosslinked macromolecule

在加热、高能射线或交联剂作用下线型高分子形成的具有桥键体型结构的高分子化合物。交联程度的大小对交联产物的性能有很大影响。交联后通常可使聚合物的耐热性、强度有所提高，降低可溶性（甚至不溶）、延伸率。如聚乙烯可以用高能辐射的方法使之交联。　　　　　　（闻荻江）

交联剂　cross-linking agent

能使聚合物在分子主链间生成化学键的物质。在橡胶工业中称硫化剂，在塑料工业中又称固化剂、硬化剂。作为商品生产而用于塑料、橡胶的种类有：①硫、硒、碲等元素；②含硫化合物；③有机过氧化物；④醌类化合物；⑤金属氧化物；⑥胺类化合物；⑦树脂类等。此外，酸酐类、咪唑类、三聚氰酸酯、丙烯酸酯以及某些乙烯类单体如苯乙烯单体也可作为某些聚合物的交联剂。经过交联的高分子材料，其刚度、耐热性、机械强度等性能都有明显的改善。　　　　　　　　（刘柏贤）

浇注成型法　casting process

把熔炼好的玻璃液浇注在已预热的模具内的一种成形方法。把在坩埚中熔化、澄清、均化后的玻璃液降温到成型黏度（500Pa·s左右），刮去表面有条纹等的玻璃液，将坩埚移出熔窑使其口部与预热模具的水平面成45°倾斜角，让玻璃液连续平稳地流入模具，待坩埚内还剩留适量的玻璃液后回转并移去坩埚，玻璃液固化后立即置入退火窑内。它能获得大尺寸的质量好的玻璃毛坯。如浇注操作不当毛坯内会产生浇注气泡和浇注条纹。主要用来制造光学玻璃和艺术雕刻玻璃等。　　　（刘继翔）

浇注成型稳定性　foam formation stability of slurry

简称浇注稳定性。加气混凝土料浆在发气、稠化过程中，保持发气平稳，形成均匀而大小合宜的气孔结构的性能。与发气剂性能、料浆性能、稳泡剂性能和环境温度等因素有关。浇注后，发气剂在料浆中形成无数细小的气泡，同时料浆稠化。在整个过程中，气孔结构支撑上部浆体的重量，而不沉降；气泡壁有足够的弹性及强度，使气泡不破裂，亦即发气与稠化过程相互适应时，才能最终形成良好的气孔结构。否则会发生冒泡（气体由料浆中逸出）、沉陷（料浆部分塌落）、憋气（发气不畅，气泡形状不良或坯体发生裂缝）、坯体达不到预定高度，甚至塌模（气孔结构全部破坏，整体塌落）等现象。　　　　　　　　　　　（沈琨）

浇注自密成型　pour self-compacting moulding

简称浇注成型。混凝土混合料浇注后依靠自重充满模型而自行密实的成型工艺。主要用于流态混凝土、多孔混凝土等的成型。①流态混凝土在搅拌过程中或在已拌好的混合料中加入流化剂（非引气型高效减水剂），使坍落度增至20cm以上，用混凝土泵加压输送浇注入模，混合料可不加振捣，自行布料成型。因所用混合料的流动性很大，可不采用人工或机械手段密实。省去成型设备，节约劳动力，能耗低，施工速度快，生产效率高。②生产加气混凝土时，各种原材料在搅拌浇注车的搅拌罐中均匀搅拌成料浆，以一定高度浇入模型内，经发气膨胀充满模型，再经预养、切割、压蒸养护而成制品。　　　　　　　　　　　　　　　（孙复强）

胶合板　plywood

奇数片单板以纹理方向相互垂直配置并胶压成的板料。这种单板组坯可以调合木材物理力学性质的各向异性程度，增加板料的幅面尺寸，提高木材利用率。常用胶粘剂有脲醛树脂胶粘剂、酚醛树脂胶粘剂、血胶、豆胶等。按其胶粘性能分为室外用胶合板和室内用胶合板；按用途分为普通胶合板和特种胶合板。建筑上主要应用普通胶合板，按其性能分为四类：Ⅰ类胶合板，即耐气候胶合板；Ⅱ类胶合板，即耐水胶合板；Ⅲ类胶合板，即耐潮胶合板；Ⅳ类胶合板，即不耐潮胶合板。广泛用于室内装修、家具、车船、包装等。

（吴悦琦　萧愉）

胶合层气泡　air lock of laminating film

残留于夹层玻璃胶片与玻璃层间的气泡。这种气泡及其扩大，会影响夹层玻璃的清晰度。因玻璃板或胶片上的尘埃、脏物、擦布纤维、油渍、手指印纹等残留物降低了胶片与玻璃间的黏着强度所

致。　　　　　　　　　　　　　（吴正明）

胶集比　cement-aggregate ratio

又称胶骨比、灰集比、灰骨比。混凝土中胶结材料（如水泥）用量与粗细集料总量之比。常以质量计。这一参数反映了混凝土中胶结用量的多少。在普通水泥混凝土中，主要影响混凝土的工作性；在硅酸盐混凝土中，对强度的影响也较大。
　　　　　　　　　　　　　（蒲心诚）

胶接　glued joint

用各种胶粘剂将几个构件粘合连接。按胶粘剂的种类和性能分冷压胶合或热压胶合。木材工业中胶接通常用于短料接长、窄料拼宽及厚度上的胶合等，能节约木材，提高构件的质量。　（吴悦琦）

胶空比　gel space ratio

已水化水泥所产生的水泥凝胶体积对该体积与毛细管空腔体积总和之比。水泥凝胶体积与非蒸发水的含量相关，约为水泥的两倍多。毛细管空腔体积是拌和用水的体积减去水化水泥所增加的空间之差。胶空比的物理意义比水灰比更为明确。水泥石的强度与之密切相关，胶空比大，表示水泥石中凝胶多，孔隙少，抗压强度高。T.C.鲍威尔士建立的水泥石抗压强度（R_c）与胶空比（X）之间的关系式为 $R_c = AX^n$，式中：n 为取决于水泥石的特性常数，在 2.5～3.0 之间，A 为水泥凝胶的固有强度，约在 200～300MPa 之间。　（蒲心诚）

胶泥　daub

以硫磺、水玻璃、合成树脂或沥青材料为胶结剂，加入辅助材料配制而成的防腐粘贴材料。按组成成分，分为无机胶泥和有机胶泥两大类。无机胶泥主要以硫磺、水玻璃为胶结剂；有机胶泥主要以沥青材料和合成树脂为胶结剂。常用的合成树脂有环氧树脂、酚醛树脂、呋喃树脂、聚酯树脂和氨基树脂等。常用的耐酸粉料有石英粉、辉绿岩粉、瓷粉和安山岩粉，要求耐酸率在94%以上；常用的碱性填充料有滑石粉、石灰粉、石棉粉等。加入矿物填充料可以改善耐热性、硬度，减少体积收缩性，增大其体积量，使胶泥能适应不同的用途。胶泥同嵌缝膏和密封膏的最大区别，在于弹性小，塑性差，刚性强，硬度大，黏结力高，耐碱或耐酸性能好。主要起黏结和防腐作用。用于建筑防腐工程粘贴耐酸块材或板材。　（刘尚乐）

胶凝材料　binding material, cementitious material

又称胶结料。在物理化学作用下能胶结其他材料并从浆状体变成坚硬的具有一定机械强度的物质。可分为无机胶凝材料和有机胶凝材料两大类。无机胶凝材料按硬化条件可分为水硬性胶凝材料和非水硬性胶凝材料两种。前者通常称为水泥，它拌水后既能在空气中又能在水中硬化，如硅酸盐水泥、铝酸盐水泥、硫铝酸盐水泥、氟铝酸盐水泥、无熟料水泥等；后者只能在空气中硬化，故又称气硬性胶凝材料，如石灰、石膏、镁质胶凝材料、耐酸胶结料等。有机胶凝材料如沥青和各种树脂等。是工程建设中品种数量多、应用面宽的最基本的重要建筑材料。　　　　　　（王善拔）

胶体磨　colloid mill

通过高速旋转的转盘与定盘之间的研磨对物料产生剪切作用而达到磨碎分散的机械设备。转盘与定盘之间的间距可调节。最大为 $50\mu m$，大型胶体磨一般为 $100\sim 200\mu m$。它与砂磨机不同的是没有研磨介质。其优点是使用方便，能连续生产，效率高，体积小。缺点是所磨浆料不宜过稠，转盘易磨损，分散细度不宜要求过细。可作涂料、色浆、油墨、乳胶、沥青及食品的研磨分散设备。
　　　　　　　　　　　　　（邓卫国）

胶粘带　adhesive tape

各种不同宽度的基材上涂上胶粘剂制成带状材料，基材有纸、布、塑料薄膜、金属箔、橡胶薄膜等。胶粘剂由合成树脂、橡胶、沥青为基料并添加增黏剂、增塑剂、稳定剂、防老剂等添加剂组成。可分为再湿型（胶粘剂用骨胶、糊精及水溶性合成树脂为基料）、压敏型（胶粘剂用天然橡胶、聚乙烯醚等混合物、纤维素类、聚丙烯酸酯类等为基料）、热封型（胶粘剂用聚乙烯、醋酸乙烯共聚物、乙烯-醋酸乙烯共聚物、聚氯乙烯等为基料）。广泛用于包装纸箱的封口，绝缘包覆，商标、铭牌的粘贴，小型制件的临时固定，医用橡皮膏，电镀、喷漆、喷砂时非加工部分的保护，建筑防水、密封等。　　　　　　　　　　　（刘柏贤）

胶粘剂　adhesives

又称黏合剂。因表面键合和内力（黏附力和内聚力等）的作用，能使一固体表面与另一固体表面结合在一起的非金属材料的总称。对其基本要求是：具有流动性、润湿被粘物表面和能够固化。按主要组分的化学性质分为有机胶粘剂和无机胶粘剂；按来源分为天然胶粘剂和合成胶粘剂，合成胶粘剂又可分为合成树脂胶粘剂、合成橡胶胶粘剂和掺合型胶粘剂；按胶接接头受力情况分为结构型胶粘剂和非结构型胶粘剂；根据工艺特性分为低温固化胶粘剂、常温固化胶粘剂和高温固化胶粘剂等。此外，根据外观形态，又可分为胶液、胶糊、胶膜和胶粘带等。根据固化方式，可分为溶剂挥发型、化学反应型和热熔融型等。大量用于航空、航天、机电、建筑、木材加工、轻工、电子、医学等国民经济各个部门和日常生活。　（刘茂榆）

胶质

见树脂分（453页）。

胶质灰浆 colloidal grout

又称胶质砂浆。水、水泥和粒度3mm或5mm以下的砂通过专用胶质搅拌机所获得具有保持悬浮状态的浆体。水和水泥在搅拌机中以2000r/min的速度通过一狭缝而呈悬浮状。常用以制作胶质混凝土，比一般搅拌法的同配比混凝土强度约提高10%。　　　　　　　　　　　　　（徐家保）

胶质混凝土 colloidal concrete, gelled mortar intrusion concrete

利用一种流动性良好的胶质砂浆（gelled mortar）灌筑于铺排好的粗集料间的空隙中形成的混凝土。所用胶质砂浆是在特制搅拌机内用水泥、水和粒度3mm或5mm以下的砂经高速搅拌而成。适用于修补工程和道路基层，以及建造埋设件密集的构筑物。参见灌浆混凝土（592页）。
　　　　　　　　　　　　　　　　　（徐家保）

椒图

又称铺首。钉在大门上口衔门环的兽头形金属配件。据《太平御览》引《风俗通》中记载，"铺首像蠡"，"昔公输班见水上蠡，谓之曰：开汝户、见汝形、蠡适出头，般以足画图之。蠡引闭其户，终不可开。设之门户，欲使闭藏，当如此固密也。"现其形象逐渐沿变成兽头。古为铜制，后一般建筑多改为铁制。为扣门和开关门户的拉手，兼有装饰作用。　　　　　　　　　　　（马祖铭）

焦斑 burning-off

搪瓷底釉层边或釉层局部过薄处烧成后形成的熔渣状斑痕缺陷。其产生的主要原因有：底釉或面釉局部涂搪过薄，烧成时容易烧过和烧焦；坯胎的边部、环钮等有棱角的部位或焊接处易使瓷釉涂搪不良，烧成时容易烧过和烧焦，形成"焦边"——线状的斑痕，"焦点"——点状的斑痕；瓷釉浆的流动性太大；瓷釉的烧成范围窄。克服缺陷的方法：制品的边部、棱角部位的造型须适应瓷釉浆的停留性（瓷釉浆在坯体表面排流及滞留的特性）；焊接部位不可焊焦，有利瓷层遮盖住焊接斑点；选择烧成范围大的瓷釉，并控制其涂搪性能；烧成温度不宜过高，烧成时间不宜过长。　　（李世普）

焦山石 Jiaoshan stone

产于江苏镇江焦山的带黑云母花岗岩。色淡黄，有较多云母黑点，其内含长石颗粒多，故石纹较粗，石中有细小孔隙，较金山石柔，宜作墙面、柱面、礤磴、台阶等。　　　　　（谯京旭）

焦油白云石耐火材料 tar-bonded dolomite refractory

又称焦油白云石砖。以烧结白云石为主要原料、由焦油沥青结合的耐火制品。白云石熟料，经粉碎、加热混炼、成型（机压或振动）及热处理而成。热处理是提高制品质量的主要措施。制品在还原或保护性气氛中，在250～400℃的温度下，焙烧8～12h后，再在150℃左右的焦油或沥青中浸渍的过程称低温热处理；若在1 000～1 200℃的温度下热处理则称中温热处理。热处理后，制品气孔率降低，体积密度增大，抗渣性提高。处理后的油浸砖，可达如下指标：体积密度大于2.90g/cm³，显气孔率小于5.1%，抗压强度大于48MPa，含碳量7.0%～7.50%左右。主要用于炼钢转炉和电炉炉衬。　　　　　　　　　　（孙钦英）

焦油改性树脂 tar modified resin

由焦油、天然树脂或合成树脂按用途以不同比例混合而成的树脂混合物。具有焦油的耐酸、耐碱、耐水性和价廉及树脂的黏结力大、机械强度高和韧性好等性能。常用来制备焦油环氧胶泥及其砂浆、焦油环氧防腐涂料、焦油聚氯乙烯防水油膏等。主要用于防腐和防水工程。　　（徐亚萍）

焦油沥青 tar

旧称柏油。干馏燃料或其他有机物得到的焦油，再经蒸馏加工后的残留物。色黑而有光泽，呈黏稠的液体或固体。有臭味，熔化时易燃，有树脂特征。同石油沥青相比，芳香烃含量高，防腐性能好，但对气候稳定性差。包括煤沥青、页岩沥青和木沥青等。用于道路铺面、建筑防水、化工防腐，也用于制造油漆、电极、炭黑、碳纤维等。
　　　　　　　　　　　　　　　　　（刘尚乐）

角位移 angular displacement

见位移（528页）。

角应变 angular strain

见应变（579页）。

铰链 hinge

又称合页。使门窗能灵活旋转启闭的枢纽。用两块金属页板犬牙相接，在连接处为圆圈状，并于圈内插一销轴，页板即能绕轴转动。品种繁多，选用不同金属材料经冲压成型。有各种普通铰链、轻型铰链（薄型铰链）、H型铰链、抽心方铰链、扇形铰链、无声铰链、翻窗铰链、脱卸铰链、弹簧铰链、钢窗铰链等。表面处理有本色、喷漆和镀锌、镀铜等。依其各自的特点，被广泛选用于各类建筑、家具及交通运输工具等的相应部位。
　　　　　　　　　　　　　　　　　（姚时章）

脚踏门制 foot bolt

又称脚踏弹簧门插销。用来固定门扇，使门扇停留在任意位置的建筑五金。将其装在门扇下梃的一侧,当门扇开启到预定位置时,把销杆顶端踏下,带橡皮头的下端便紧压楼地面,销杆被只能下行的制动片同步卡住,门扇即被销定不动。如要关闭门扇时,将制动片踏下,销杆即被放松,随之由壳内弹簧顶上复位,下端离地,门扇即可转动。因全用脚操作而得名,使用方便。适用于各种建筑物的房门。

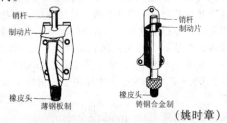

(姚时章)

搅拌车 truck mixer

又称混凝土搅拌运输车。一种在汽车底盘上配有搅拌机的混凝土混合料运输设备(图)。搅拌机装料后,能在车子运行中低速旋转,对混凝土混合料不断进行搅拌。搅拌筒有重力式的卧筒型、斜筒型及强制式的立筒型。其容量自 $1.6\sim10m^3$ 不等,常见的为 $6m^3$ 的。驱动方式有机械式和液压式。

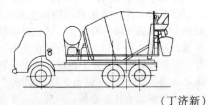

(丁济新)

搅拌均化 mixing uniformization

又称搅拌匀化。搅拌多种材料使其互相分散并达到一定均匀程度的过程。固体与固体的混合,常以分布均匀程度表示;细小固体颗粒与液体的混合或液体与液体的混合,常以浓度均匀程度表示;温度不同物质的混合,常以温度均匀程度表示。对普通混凝土一般用分布均匀程度表示;对加气混凝土料浆用浓度均匀程度表示;对热拌混凝土用分布均匀程度和温度均匀程度表示。普通混凝土混合料只有总体的均匀性,若按规定从中取样分析,只要其混合料中砂浆体积密度的相对偏差 $\Delta P\leq 0.8\%$ 和粗集料质量的相对偏差 $\Delta M\leq 5\%$,就可以认为是搅拌均匀的。使材料均匀混合的基本作用机理包括扩散、剪切和对流三种,实际上是几种机理的综合作用,只是因搅拌机的种类、构造、搅拌方式不同而每种作用的程度不同而已。 (孙宝林)

搅拌强化 mixing strengthening

以不同搅拌方式加速水泥水化反应、提高混凝土的均匀程度和强度的搅拌工艺。按搅拌方式的不同,强化方法有均匀强化、破碎强化、加热强化等。普通搅拌机只能使混凝土混合料达到宏观均匀混合,而不能使水泥颗粒和拌合水均匀混合。振动搅拌是均匀强化的一种方法,它可以破坏水泥凝聚团,使水泥颗粒均匀分布,从而使混凝土混合料接近微观均匀混合;可以加速水泥水化,净化集料表面,因而可以改善混合料的流动性,提高混凝土的强度。破碎强化可以通过超声搅拌或轮碾来实现。前者是先以超声波发生器对水泥砂浆进行超声活化,再用普通混凝土搅拌机将已被活化的水泥砂浆与粗集料搅拌成混凝土混合料,从而可加速水泥的水化反应。加热强化采用热拌工艺,不仅可以消除热养护过程中升温期对混凝土结构造成的破坏作用,还能加速水泥的水化反应,使混凝土的早期强度得到提高。若综合运用均匀强化、破碎强化、加热强化等,可取得更好的强化效果。 (孙宝林)

搅拌塑化 mixing plasticization

使松散体变成可塑体的搅拌过程。混凝土混合料在未加水搅拌时是松散体,加水搅拌后才具有一定的可塑性。可塑性好的混凝土混合料,可以保证密实成型,提高强度。按混凝土品种的不同,有润湿塑化、陈放塑化、碾压塑化等多种方法。混凝土的润湿塑化有一个最佳含水量范围,在该范围内的混合料经充分搅拌可使所有的颗料都被适量厚度的水膜包裹润湿,因而可以提高其可塑性。陈放塑化是生石灰在均匀搅拌后的硅酸盐混凝土混合料陈放过程中充分消解,使石灰浆均匀地分布于硅质材料的表面,渗透到多孔集料的内部,因而可改善混合料的可塑性。碾压塑化是借助碾轮的碾压和碾磨作用,一方面使多孔集料失去棱角,挤出孔中部分水分和空气,释放出浆体凝聚结构所包裹的水分,另一方面使胶结材浆体包裹多孔集料颗粒的表面,填入孔中,因而可改善混合料的可塑性,提高混凝土的密实度。 (孙宝林)

校正原料 corrective raw material

用以校正硅酸盐混凝土配比的原料。一种原料中某化合物的含量不足,可用含该化合物较多的另一种原料加以补充校正,使配料中该化合物总量达到配比要求。如用某些 SiO_2 含量不足的工业废渣生产硅酸盐制品时掺入的磨细砂。 (蒲心诚)

校准 calibration

又称率定。用已知准确的量或标准仪器对测量设备进行校验。一般测量的量值都是间接显示出来的。如压力机的压力是由指针的位置显示的;热电偶用毫伏值表示温度的,而指示值和实际值常会发生偏离,这就需要校正以得到准确值。一般设备在使用过程中,都应定期加以校准才能保证测量的准

确。　　　　　　　　　　（魏铭锪）

jie

阶条石　rectangular ston slab

俗称阶沿石，沿口石。房屋台基四周的沿口处铺设的长方形条石。体型随其主体建筑的大小而异，但一般比踏跺石稍大。因其使用位置不同，名亦有别。凡对着台阶的称"尽间阶沿石"，下面一级称"副阶沿石"。台基其他包沿部位，则称"阶沿石"。材料多为武康石、青石、花岗石。

（叶玉奇　李洲芳）

接触点焊　spot welding

焊件在搭接接触点上利用电流通过产生的电阻热，连接焊件的一种电阻焊接方法。将装配成搭接接头的焊件，紧压在点焊机上下两电极之间，在一定的压力下，接通电流，使焊件接触部分及其邻近区域产生大量热量集中的电阻热，使金属熔化，形成熔核。切断电流，焊件便牢固地焊接。在建筑施工及制品生产中可用接触点焊方法加工钢筋网和钢筋骨架，其整体性好，可提高钢筋与混凝土间的黏结力，节约绑扎、搭接部分的钢材和铁丝，并提高工效。

（孙复强）

接触对焊　butt welding

利用焊接电流加热，然后加压，使两焊件连接的一种电阻焊接方法。采用对焊机。分为电阻对焊与闪光对焊两种工艺。电阻对焊要求焊件端面平整。焊时压紧，接通电流后，依靠端面及邻近区域的电阻热加热端面，然后迅速施加顶锻力，使两焊件牢固地连接。宜焊接截面较小的焊件。闪光对焊对端面要求可不甚严格。两焊件端面稍微接触，通以电流，借接触电阻热使端面熔化，送进焊件，少量熔化金属以及端面氧化物被挤出，形成闪光，随焊件的送进和拉开将端面加热到一定温度和深度时，再快速施加顶锻力，使焊件连接。可对接截面积较大的焊件。在建筑施工及制品生产中常用于钢筋的焊接。

（孙复强）

接触硬化　contact hardening

在压力作用下，分散粒子相互紧密接触、因触点产生连生桥而形成具有强度和抗水性硬化体的过程。物质的接触硬化能力与其结构的有序化程度呈负相关。无定形物质与亚微晶物质才具有接触硬化能力，结晶态物质不具有这种能力。分散状无定形物质和亚微晶物质可通过胶凝材料与水反应获得。接触硬化原理已用于硅酸钙绝热材料等的生产工艺中。

（蒲心诚）

接缝黏结带　joint binding tape

用于轻质隔墙板接缝之间的专用粘贴材料。有接缝纸带和玻璃纤维接缝带两种。具有连接、横向增强、密封、隔声作用。一般规格厚度为 0.2mm，宽度 50mm，横向抗张强度大于 5.33N/mm，与嵌缝材料黏结剥离强度 0.2~0.6N/mm，湿变形：纵向小于 0.4％，横向小于 1.2％。纸带上穿有小孔，以利排湿干燥。玻璃纤维接缝带具有横向抗张强度高、化学稳定性好、吸湿性小、尺寸稳定、不燃烧等特点。

（萧愉）

接缝碎裂　joint spall

见混凝土降质（207 页）。

接枝共聚　graft copolymerization

在一种或几种单体聚合而成的聚合物主链上，接上由另一种单体组成的支链的共聚反应。例如 A、B 分别为两种单体，则其分子链可表示为

$$\cdots AAAAAAAAA\cdots \begin{array}{c} BBB \\ | \\ \\ | \\ BBB \end{array}$$

。所得的高聚物兼有主链和侧链特性。

（闻荻江）

节能数控电子门锁　electronic lock with energy saving control

将宾馆房间的节能设备与电子门锁融为一体的装置。客人进房开锁，室内电源立即自动接通；离房锁门时，室内所有非必要电源即自动切断。该锁采用密码控制，由客人自己编码，进门时按对密码即可开锁，错码报警，并有限时功能，客人在房内休息时用另一机构锁门，不控制电源。当客人忘记密码或控制部分发生故障时，服务人员可用万能钥匙开锁。

（姚时章）

节子　knot

包含在树干或主枝木材中的枝条部分。与周围组织紧密连生、质地坚硬、构造正常的称为活节；在树木继续生长过程中，被包在树干中的枝条残余部分，与周围木材大部或全部脱离、质地坚硬或松软的称为死节。在锯材面上形成圆形、椭圆形、条状、掌状等各种断面形状，其大小、形状除取决于枝条本身的直径外，还与锯剖面所形成的方位有关。各种节子的存在使附近的纹理绕行而不通直，从而影响木材的物理－力学性质，当节子位于构件边缘时影响抗弯强度。板材上的死节，当木材干燥收缩时，其不连生部分会脱落形成节孔（knot hole）。

（吴悦琦）

结点　node

见点阵（82 页）。

结构保温轻集料混凝土　structural insulating lightweight aggregate concrete

适用于墙体等围护结构的轻集料混凝土。按中国有关标准规定，表观密度等级为800～1400kg/m³；强度等级为CL5～15，用各种轻集料配制成的全轻混凝土或砂轻混凝土都可能达到这些指标的要求。主要用于建筑砌块和屋面板。　（龚洛书）

结构黏性　structural viscosity

又称非牛顿黏性。黏性液体在外力作用下会改变其黏性的现象。它部分地依赖于液体的结构状态。某些黏性液体在静止状态时，其悬浮分散系统形成较复杂而致密的结构，显示较大的黏度；但在搅动后，液体结构随剪应力的增加而变得稀疏，阻力减小，显示黏度降低。搅动停止后，又恢复致密结构，黏度又提高。与触变性的区别是：触变性的可逆转变缓慢，而结构黏性则瞬间互变。涂料、黏土和很多胶体溶液都有这种现象。　（宋显辉）

结构轻集料混凝土　structural lightweight aggregate concrete

适用于承重的配筋混凝土结构、构件或构筑物的轻集料混凝土。按中国标准规定，表观密度等级为1400～1950kg/m³，强度等级为CL15～CL50，用各种轻集料配制成的砂轻混凝土都属于这一类。中国用各种陶粒配制的这种混凝土应用最多。
　（龚洛书）

结构水　structure water

见结晶水（241页）。

结构型胶粘剂　structural adhesive

在各种环境条件下能长期承受大载荷的高强度胶粘剂。通常指能承受15MPa以上的剪切荷载和3MPa以上的不均匀扯离荷载的胶粘剂。一般要求胶接接头所能承受的应力与被粘物本身相当。另外还必须具有优良的耐热性、耐介质、耐大气老化、抗冲击等性能。一般用热固性聚合物为主体配制而成。主要品种有环氧树脂胶粘剂、酚醛树脂胶粘剂、改性丙烯酸树脂胶粘剂、聚氨酯胶粘剂、有机硅胶粘剂、α-氰基丙烯酸酯胶粘剂、厌氧胶粘剂等。主要用于胶接金属、混凝土、塑料、玻璃、陶瓷、木材等受力结构的制品。　（刘茂榆）

结构因数　structure factor

表示多孔材料内部微观结构（如孔隙形状、方向、分布等）对声学特性影响的一个无因次量。在吸声理论研究中，假设微小间隙为沿厚度方向纵向排列的毛细管的模型，但实际上材料中细小间隙的形状和排列是很复杂和不规则的，为使理论与实际符合，需要考虑此修正因数，一般材料在2～10之间，也有高达20～25的。　（陈延训）

结合剂　binder, bond

加入到非塑性颗粒材料中，使之具有和易性，并具有湿态或干态强度的物质。耐火材料结合剂应符合两方面的要求，即便于成形或施工，使砖坯获得足够的强度；在高温下不生成大量低熔物而影响其使用性能。种类繁多，依耐火材料的材质、品种及成形方式而异。常见的有软质黏土、水玻璃、亚硫酸纸浆废液、石灰乳、磷酸盐、硫酸铝、矾土水泥、铝酸钙水泥、超细粉，以及树脂等有机化合物。正确选用结合剂对耐火材料生产和性能有很大影响。　（李　楠）

结节　knot

又称节瘤。玻璃态团块缺陷。在高温下结石与周围玻璃液长期作用而成。参见玻璃态夹杂物（29页）。　（吴正明）

结晶度　crystallinity

物质的结晶程度。例如，托贝莫来石族的水化硅酸钙是从未结晶的C-S-H凝胶、半结晶（结晶不良）的CSH（Ⅰ）和CSH（Ⅱ）、直到结晶良好的本征托贝莫来石（$C_5S_6H_5$、晶格参数 $a = 1.13nm$）的连续相。一般可用X射线衍射峰的相对强度确定，但并不准确。托贝莫来石族水化物的比表面积（氮吸附法）与其结晶度直接相关。结晶度越高，其比表面积越小。　（蒲心诚）

结晶接触点　contact of crystals

见结晶结构。

结晶结构　crystalline structure, crystalline texture

又称结晶连生体。水泥石中胶凝物质水化物的微小晶粒由于彼此之间连生所形成的不规则空间网状结构的习惯称谓。晶粒间彼此连生处称为结晶接触点。此结构赋予水泥石以高的强度和弹性，但塑性很小。在水泥制品专业中常表征相对于凝聚结构而言的一种结构形态，与一般矿物学中的结晶结构涵义不同。　（蒲心诚）

结晶路程　crystallization path

组成一定的熔体或溶液，在缓慢冷却时的析晶过程。根据相图可以知道结晶开始和结束时的温度，所析出晶体的种类，平衡共存相的相对数量，以及液相组成的变化情况等。

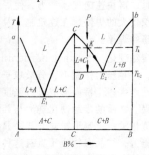

如相图不同或相图虽同，但溶液或熔体的原始组成不同，结晶过程中的相变化情况则不相同。以附图中点 P 为例说明结晶过程。当熔体温度缓慢下降到 T_K 时，开始析出化合物晶体 C，与之平衡的液

相以 K 点表示。随着温度的降低，除继续析出 C 外，液相组成沿 $C'E_2$ 曲线从 K 点向 E_2 点变化。当温度冷却到 T_{E_2} 时，又析出晶体 B，液相组成以 E_2 点表示。此时三相平衡，自由度数为零，温度与液相组成不变。直到液相全部转变为晶体 B 和 C 后，结晶在 T_{E_2} 温度以下结束。

(夏维邦)

结晶水 crystalline water

以中性水分子或离子形式参加到结晶结构中去的一定量的水。有强结晶水和弱结晶水之分。前者又称晶体配位水或称结构水，以 H^+ 和 OH^-，或 H_3O^+ 离子状态占有晶格上的固定位置，结合力强，脱水温度较高，脱水后其晶格会遭到破坏，材料物性随之改变，如 $Ca(OH)_2$ 中的水；后者系水化矿物晶格中占固定位置的中性水分子，由氢键和晶格上质点的剩余键相结合，但不如配位水牢固，脱水时温度也较低且不破坏晶格结构。在胶体矿物和水泥水化物中较重要的是晶体配位水，许多含水硅酸盐矿物中所含的水都属此类。

(陈志源)

结晶水化物 crystalline hydrate

结晶良好的水化物。如水化硅酸钙中的本征托贝莫来石（$C_5S_6H_5$，晶格参数 $a = 1.13nm$）、单硅钙石、温泉滓石、硬硅钙石等。相对于 C-S-H 凝胶、C-S-H（Ⅰ）和 C-S-H（Ⅱ）等非结晶或半结晶水化物而言，其结晶度高、收缩小、抗碳化性能良好。

(蒲心诚)

结晶釉 crystalline glaze

釉层内含有明显可见晶体的陶瓷釉。釉层可为透明釉也可为颜色釉。在陶瓷烧成过程中，釉中的易析晶组成经过成核生长而形成晶体。通过人为控制结晶方向，还可以定方向结晶成各种图案。其原料主要为：结晶剂、熔剂和着色剂。所用的结晶剂主要为锌、钛、锰、铁、镁、钙、钼、铅及稀土金属的氧化物或矿化物。按结晶特征可分为巨晶釉、矿金石釉、金星釉等。可用于陈设瓷、日用瓷及建筑陶瓷等。

(邢 宁)

结晶釉面砖 tile with crystalline glaze

釉层内含有明显可见晶体的釉面内墙砖。以小鳞片状或小片状悬浮在釉表面下结晶，在阳光照射下呈细小金属光点。表面被粗大结晶所覆盖的釉具有独特的结晶构图。制品具有独特的艺术装饰效果。属精陶质内墙砖，性能同白色釉面砖。主要用于高档建筑的内墙装修。

(邢 宁)

结壳 incrustation

见混凝土降质（207页）。

结皮 skinning

油性漆、油性腻子和自干型合成树脂涂料等氧化干燥型涂料，因表面氧化、固化而呈皮状的现象。其形成原因是在涂料中钴锰催干剂添加过量，容器不密闭造成与空气接触，贮存温度高或受到阳光照射。常在贮存过程中发生。解决办法是：①将涂料装满容器及封盖以隔绝空气流入；②施工前再加催干剂；③适量加入抗结皮剂（如邻甲氧基酚、苯酚、邻苯二酚、松木油、丁醇、丁基乙醇酸盐、环己酮肟等）。在容器内通入二氧化碳、氮气或在涂料上贴纸加适量稀释剂等均可减缓结皮。结皮涂料，可清除结皮层，经搅拌、过滤后使用。

(刘柏贤)

结石 stone

俗称疙瘩。玻璃中的一种晶体或未熔耐火材料夹杂物缺陷。它破坏玻璃制品的均匀性和外观，恶化制品的光学均一性，降低制品的机械强度、热稳定性，常常成为大量废品产生的原因，因而，不应允许存在于制品中。根据其产生的原因，分成：①原料结石，因原料颗粒过大、颗粒度分布过散、结团，配合料混合不均、结块、组分配比不当，配合料向大窑加料不当，熔化制度不当等均能使玻璃熔化发生困难，在玻璃液中形成未及反应、溶解的原料颗粒而发生；②耐火材料结石，当熔窑拱顶或池壁、池底等耐火材料受到侵蚀、剥落在玻璃液中而形成，如碹滴、莫来石结石等；③析晶结石，是玻璃液析晶的产物，是一种不同形状、不同大小的石英变体或晶体群组成。可通过偏光显微镜、电子显微镜、X 射线衍射仪观察分析对其进行鉴定，判断其成因。对于建筑所用平板玻璃，在特选品中不允许有结石；在一等品中，非破坏性的、波及范围直径不超过 3mm 的结石，每平方米面积中不允许超过 1 个。

(吴正明)

㮤 capital

斗的别称。字或作节，音义同。《鲁灵光殿赋》云㮤藻棁，李善注引郭璞曰，节，栌也，节与㮤同。《说文》樽栌也，合枅栱而言，义较宽泛。

(张良皋)

截止波长 cut-off wavelength

又称透过界限波长。在规定玻璃厚度条件下，光谱透过曲线上透过率为最大透过率的 50% 处的波长，以 λ_{jx} 表示。表示截止型滤光玻璃性能的一个主要指标。滤光玻璃是对特定波长光具有选择性吸收或透过性能的玻璃，在紫外到红外的范围内其透过率曲线有一段很陡的斜线部分，在某一波段上截止，即小于此波长的光不透过，大于此波长的光透过率迅速上升到最大值。同一牌号玻璃的 λ_{jx} 值将因玻璃熔炼及热处理条件不同而出现差异，滤光玻璃目录中规定了与标准值的允许偏差。

(许淑惠)

解蔽 demasking
　　见掩蔽法（563页）。

解蔽剂 demasking agent
　　见掩蔽法（563页）。

解聚 depolymerization
　　聚合物受物理因素（光、热、机械能、辐射等）或化学因素（氧、酸、碱、催化剂、解聚剂等）作用后，极度降解生成低聚物或单体的过程。是聚合反应的逆过程。实施方法有块状解聚、溶液解聚、接触解聚等。生成单体比例随聚合物种类而异。聚四氟乙烯几乎得到等量单体；聚甲基丙烯酸甲酯、聚苯乙烯可得 60%～80% 单体；聚丁二烯、聚异戊二烯生成 30%～40% 单体，余是二聚体、三聚体为主的低聚物；聚乙烯、聚丙烯几乎得不到单体，只生成不同分子量烯烃；聚氯乙烯在主链断裂前就进行脱氯化氢反应而不能解聚。解聚是研究高分子结构的主要手段，工业上用解聚来回收单体。
　　　　　　　　　　　　　　（赵建国）

介电损耗 dielectric loss
　　又称介质损耗。介质在电场作用下因发热造成的电能消耗。主要损耗形式有漏导损耗、电离损耗、极化损耗和结构损耗等。与介质的组成、显微结构、工作电压和频率、环境的温度和湿度、负载大小及工作时间等因素有关。一般在高温、高湿、高压、高频下有较大的损耗。用介质损耗角正切值 $tg\delta$ 评价其大小。一般要求电介质的 $tg\delta$ 值越小越好。但高频加热及某些振荡电路元件正是利用了介质的这种性质。
　　　　　　　　　　　　　　（陈晓明）

介稳态 metastable state
　　又称亚稳状态或介安状态。与给定条件下系统的平衡态相比，具有较高能量，又有一定稳定性的状态。过饱和蒸气、过热液体、过冷液体、过饱和溶液和玻璃态等都是介稳状态。它们在热力学上是不稳定的，能自发地向稳定的平衡态转变。但往往因新相种子难以生成，转变速度太慢，系统仍能保持其状态相当长时间不变。例如，玻璃态是硅酸盐中常见的状态。因硅酸盐熔体的黏度较大，质点移动排列成晶体就很困难，所以过冷而成玻璃态。又如金属经过淬火，可以保持其在高温时的某种结构，从而改善金属制品的性能。
　　　　　　　　　　　　　　（夏维邦）

闩 door panel
　　门扇。　　　　　　　　　　（张良皋）

jin

金箔 gold foil
　　黄金加入少量的白银、铜等金属熔炼成合金后锤成之方形薄片。由于含金量和产品规格的不同，分为若干品种。常见有库金箔（含金量 98%）、大赤金箔（含金量 85%，93.3mm×93.3mm）、中赤金箔（含金量 77%，83.3mm×83.3mm）、赤金箔（含金量 74%）等几种。明清两代主产地在苏州，目前主产地还有江苏南京，广东佛山等地。金箔用途很广，古建筑的油饰彩画工程只使用库金箔和赤金箔两种。
　　　　　　　　　　　（蒋京旭　王仲杰）

金墩砖
　　用经过风化、困存后的粗黄黏土制坯烧成的短而厚的粗泥砖。清代早期多产自北京东郊一带。由工部和内务府承办的官窑烧制。规格长 416mm、宽 208mm、厚 112mm。其强度较好，密实度差。多用于古建糙砌墙体或基础等部位。砍磨加工后也可用于墙体干摆（磨砖对缝）和室外细墁地面用砖。
　　　　　　　　　　　　　　（朴学林）

金红玻璃 gold ruby glass
　　又称金红宝石玻璃。胶体金着色的颜色玻璃。在含有适量 SnO_2 的钾钙硅酸盐玻璃或铅硅酸盐玻璃中加入金化合物，于充分氧化条件下熔制成无色玻璃，经热处理而显色。有多色调变化的特性，一般呈现美丽的玫瑰红，随熔制气氛及金的溶解状态不同可以有淡红、玫瑰红、蓝、紫等一系列变化。多用于制作套色器皿、磨刻器皿、滤光玻璃及建筑装饰品。
　　　　　　　　　　　　　　（许淑惠）

金胶油
　　以光油为基料，加入适量糊粉（经过焙炒的铅粉）调制的淡黄色贴金专用油。以前一天下午配好，第二天仍有黏性者为佳。因批头大，黏度大，在古建筑彩画中是粘贴金箔或扫金的粘接材料。用其粘贴之金，光亮足、金色鲜。如出现"滑脱"（即粘不上金），则必须重配。近代改用黄色脂胶调和漆代替糊粉调制。
　　　　　　　　　　　（蒋京旭　王仲杰）

金山石 Jinshan stone
　　产于江苏镇江金山的花岗岩。色略白，微带青或淡红。石性坚，且稍脆，手工不易琢磨，但石纹较细，宜作墙面、柱面、磉墩、台阶等。
　　　　　　　　　　　　　　（蒋京旭）

金相检验 metallographic examination
　　应用金相学方法检验金属材料的宏观组织、显微组织及其内部缺陷的方法。包括宏观分析（低倍酸蚀、断口检验、塔形车削发纹检验和硫印试验等）、光学显微分析及电子显微分析三大类。前两类常用于检查原材料或零件的质量和进行废品分析，后一类具有更高的分辨率和放大倍数，适于科学研究和对某些特殊的微观结构和缺陷进行检验。
　　　　　　　　　　　　　　（高庆全）

金星玻璃马赛克 mosaic glass of aventurine; aventurine mosaic

由能析出金属闪光结晶颗粒的玻璃（金星玻璃）制成的玻璃锦砖。有金黄色闪光晶粒的称铜金星玻璃马赛克；有绿色闪光晶粒的称铬铁金星玻璃马赛克；有银白色闪光晶粒的称铬金星玻璃马赛克。用作建筑装饰材料，犹如群星闪烁，可获得比普通的玻璃锦砖更好的艺术装饰效果。

（许淑惠）

金属 metal

具有良好的延展性、导电性和导热性，有一定光泽但不透明，除汞之外在常温下都是固态的物质。依靠正离子和共有化电子云之间的库仑力而结合成单质晶体。原子最外层电子数多数少于4，易失去电子，多是还原剂，但活动性相差很大。元素周期表中共有86种金属元素，常见的有铁、铜、铝、金、银、锡等。晶格中原子力求排列成最紧密的晶体结构，如面心立方、密排六方和体心立方结构，经滚压、锤击等形变加工即可制成各种器具。习惯分为黑色金属和有色金属两大类，除铁、铬、锰外均称为有色金属。有色金属按其相对密度的大小可分为重金属、轻金属，按蕴藏量多少分为稀有金属、贵金属。物理、化学性质介于金属与非金属之间的物质称半金属（类金属）。（许伯藩）

金属表面硅酸盐涂层 silicate-base coating

以硅酸盐化合物为基料构成的涂覆层。常用硅酸钠、硅酸钾、硅酸锌等基料，加入固化剂、增韧剂、颜料、填料等构成。尤其是无机硅酸锌类涂料，具有良好的防腐蚀、耐热性能，可用于钢结构、桥梁、船体等的防护。硅酸钠、钾，还可进一步制作成胶泥、砂浆等，可做建筑墙面、地面厚涂层，具有良好的耐酸、耐热性，但耐水性差。

（洪乃丰）

金属表面水泥基涂层 portland cement base coating

以水泥为基料添加一定外加剂构成的涂覆层。利用水泥水化所产生的高碱度防止钢铁锈蚀，加入密实剂、胶合剂及防锈剂等外加剂可改善成膜性，提高密实性、附着力及耐久性，增强防锈性能。常用喷射法施工，也可用刷涂或抹面的方法施工。可用于管道、贮罐等的内涂层，钢结构、混凝土表面涂层等。价格低廉、无溶剂污染，但不适用于酸性、强碱性及较严酷的腐蚀环境。（洪乃丰）

金属表面陶瓷涂层 ceramic coating

用陶瓷、陶土为基料在常温或高温条件下形成的覆层。具有良好的耐腐蚀性、耐热、耐火、隔热性能好，能抗高温气流。用于小型金属制品、器皿等的防护与装饰，也可经烧结制成具有陶瓷层的板、砖，用于建筑防腐、防水、装饰等，还可用于火焰喷管的内壁、炉衬等。因质脆易碎，耐撞击性能差，使其应用范围受到限制。（洪乃丰）

金属表面预处理 surface preparation of metal

又称修整底材。为金属材料进一步作防腐蚀涂装而预先进行的表面清理与精整。是涂装技术的前步工序，包括除油、除锈、化学氧化、阳极化、磷化、发蓝、钝化处理等。对涂装层与基体金属的良好结合起着关键作用，直接影响到各类镀层、涂层的质量、防护能力及耐久性。（洪乃丰）

金属薄板幕墙 plate curtain wall

外表层用金属薄板做的幕墙。金属面板常用钢、铝、铜、不锈钢、低合金耐候钢等，以卡具、螺钉或其他锚固件固定在钢龙骨上。为提高其防腐蚀性能和满足建筑装饰的要求，表面可电镀、搪瓷、上漆或同塑料复合，其中以彩色涂层钢板在世界各国发展较快，金属薄板还可轧成各种凹凸形状，以增强刚度和装饰效果。美国匹兹堡1953年建成的阿尔考大楼，高30层，全部采用3.18mm厚的预制轧角锥形铝板幕墙。（何世全）

金属箔油毡 metal foil base (or surfaced) asphalt felt

以金属箔作胎体材料或覆面材料的油毡。分两类：①以金属箔为胎基两面涂以沥青涂盖材料制成，表面覆盖一层聚合物薄膜或撒布砂粒；②在生产纸胎或纤维胎油毡时将金属箔覆贴在涂层的一面，金属箔表面常预制成波形、浮雕形等形状。常用的金属箔为铝箔或铜箔。具有反射阳光能力强、防水性能好的特点，从而提高了防水层对大气的稳定性。中国生产的铝箔面油毡幅宽1 000mm，卷长10m，卷重30或40kg。其主要技术指标：拉力不小于400N，断裂延伸率不小于2%，不透水性（动水压法，30min）0.5MPa，耐热度85℃，柔度0~10℃（绕 $r=35mm$ 弯板，无裂纹）。可作屋面和地下防水层、屋面防蒸发的隔离层、地下洞库的防水防潮层，也可用于隧道、地基和桥梁工程的防水。可用热沥青粘结法施工。施工时将200℃以上的热熔沥青浇涂在底层上，然后滚动油毡，使其粘结牢固，防止虚接和气泡，以形成一个完好的防水层。（王海林）

金属材料 metallic material

液态金属或合金凝固成铸件或铸锭，再经过锻造、轧制或挤压等加工而成板、管、丝、带等型材之总称。中国是最早发现和使用铜器和铁器的国家之一。1949年后结合资源情况，研制出许多性能优良的金属材料。一般分为两大类：①黑色金属材料（钢铁材料），如碳素钢、合金钢、耐热合金和铸铁等加工制品；②有色金属材料，如青铜、黄铜和硬铝等加工制品。具有良好的综合机械性能，不仅有足够的强度与硬度，而且还具有良好的塑性和韧性，此外还具有特殊的物理性能（例如导电性、导热性、磁性等）和化学性能（例如抗腐蚀性、耐热性），可用于制造电线、传热器、磁铁、船舶及化工容器等。在建筑业中用于制造屋架、梁柱等承重结构及门窗、建筑机械、脚手架、钢筋等。无机非金属材料一般虽然较耐蚀合金稳定，更耐热，但导热性、导电性极低。陶瓷型的非金属材料一般很脆。所以，在许多情况下难以代替金属材料。　　　　　　　　　　（许伯藩）

金属材料防护　anti-corrosion of metal

减缓或阻止金属材料腐蚀的措施。视材料性质与使用环境而定，主要有以下措施：①制成耐蚀合金，提高金属自身抗蚀能力（如各类耐蚀钢、不锈钢）；②通过化学、电化学或渗镀等方法，使金属表面形成防护膜；③表面涂层，分为金属覆层（如锌、铝等）与非金属涂层（如各类漆、涂料、瓷釉等）；④采用缓蚀剂，减缓金属在腐蚀环境与介质中的腐蚀速度；⑤电化学保护、阳极保护或阴极保护。在建筑上，还应从设计与选材方面采取措施，如留有腐蚀裕量、防止不同金属的直接接触、防止积水积尘和造成缝隙等。

金属材料腐蚀　corrosion of metal

金属材料与其所处环境发生物理化学作用或电化学作用，导致金属材料性能改变或遭到破坏的过程。通常情况下主要是电化

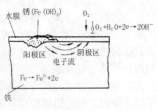

学腐蚀，机械因素、生物因素也able促进作用。腐蚀的电化学过程，是伴有电流现象的氧化、还原反应，应具备阳极、阴极及阴、阳极间的电子通路和离子通路（电解质溶液）。以钢铁在湿气中生锈为例（图），其中

阳极氧化反应：$Fe \rightarrow Fe^{2+} + 2e$（腐蚀）
阴极还原反应：$1/2 O_2 + H_2O + 2e \rightarrow 2OH^-$
综合反应：$Fe + H_2O + 1/2 O_2 \rightarrow Fe(OH)_2$（铁锈）

最重要的腐蚀环境是水、土壤、大气和干燥气体（主要是高温气体）。金属材料耐久性取决于自身的耐蚀性和与所处环境介质的腐蚀性。主要防止腐蚀的方法有：①防止产生或减缓电化学反应过程，如电化学保护；②隔绝环境，如涂层；③减少介质的侵蚀度，如缓蚀剂；④提高材料自身的耐腐蚀性。
　　　　　　　　　　　　　　　（洪乃丰）

金属材料氢脆　hydrogen embrittlement of metal

又称氢损伤。由氢引起的金属材料变脆、开裂。通常是氢原子或分子在金属内部聚积，产生巨大内应力，使晶格发生应变，从而导致材料脆化。一般说来，它与金属应力腐蚀断裂的机制是不同的，它不一定伴有腐蚀过程发生。只有当腐蚀过程所产生的氢引起材料脆化的情况下，才能既视为氢脆又视为应力腐蚀断裂。高强钢、钛合金在海水中，可能发生该类脆化破坏。　　　（洪乃丰）

金属材料热处理　metal material heat-treatment

将金属及其合金加热到给定温度并保持一定时间，用选定的速度和方法使之冷却以得到所需要的显微组织和性能的一种工艺。可分为普通热处理（含退火、正火、淬火和回火）和表面热处理（含表面淬火和化学热处理）两大类。此外，近代还派生了可控气氛、化学和物理气相沉积、辉光离子氮化、真空和激光等热处理。是机械零件加工制造过程中一个重要的中间工序或最终工序，可最大限度地挖掘和发挥金属材料性能潜力。　　（高庆全）

金属材料时效　metal material ageing

金属材料经冷加工变形或固溶处理后在室温下随放置时间的延续，工件外形尺寸和内部性能发生改变的现象。分为①自然时效，即在室温下放置；②人工时效，即人为地将材料或工件加热到一定温度并保持较长时间后在空气中冷却。通过此种处理，铝合金或马氏体时效钢获得强化，而冷变形的低碳钢经人工时效得到软化，强度降低，塑韧性提高。两者的组织和工件尺寸均趋于稳定。
　　　　　　　　　　　　　　　（高庆全）

金属材料显微组织　microstructure of metallic materials

在较高放大倍数的显微镜下观察到的金属材料内部各个组成物的微观形貌。组成物可由单一相，即由成分、结构都相同的同一种晶粒构成，或多相（成分、结构互不相同的几种晶粒所构成）组合的具有独特性能、形态或花样。取决于材料的成分和生产工艺（尤其是热处理方式）。成分决定了组织（工艺也有重大影响），组织决定了最终使用性能，三者紧密相联。鉴别显微组织，常用的光学金相显微镜，放大倍率小于2 000倍，分辨率小于或等于0.20μm；电子显微镜可放大100万倍，分辨率0.2～0.3nm。被观察的试样，从材料中切取并按规定的方法程序进行制备。显微镜下观察的组织，大多属于定性，少数检验内容可以定量。

　　　　　　　　　　　　　　　（高庆全）

金属材料性能　metal material properties

　　金属材料的使用性能和工艺性能的总称。使用性能是指反映材料在使用中所表现的特性，包括机械性能（强度、弹性、塑性、冲击韧性、硬度和疲劳强度等）、物理（电、热、磁等）及化学（抗氧化、腐蚀等）性能。工艺性能是指反映材料在制作过程中所表现的特性，包括铸造、压力加工、切削、焊接和热处理的各种性能。　　　（高庆全）

金属槽罐防护　protection of metal tanks

　　为防止金属槽罐腐蚀而采取的保护措施。常用的有金属材料衬里层防护、各类涂层、搪瓷、玻璃钢防护和一定条件下的电化学保护。金属槽罐中以钢制品为多，其外部防护以各类涂层为主；内部防护取决于所盛介质的性质、浓度、使用温度等。特种腐蚀条件下的金属槽罐内部，可用耐腐蚀板、砖或花岗岩等砌筑，以隔离介质与金属的接触和起保温、耐热作用。储存酸、碱、盐介质槽罐的渗漏是造成工业建筑腐蚀破坏的主要根源，其防护措施的可靠性与生产、安全及环境污染密切相关。

（洪乃丰）

金属大气腐蚀　atmosphere corrosion of metal

　　空气中的水、氧及其他侵蚀性成分的化学、电化学作用对金属材料所引起的腐蚀破坏。大气是最常见和最重要的腐蚀环境，可分为四种基本类型：工业大气、海洋大气、乡村大气和室内大气。工业大气中含多种侵蚀成分，其中硫化物占据主要地位（如SO_2），它形成的酸水、酸雾、酸雨等，均具强腐蚀性；含海盐微粒的海洋大气也具有较强的腐蚀性。乡村大气的腐蚀性相对最小；室内大气的腐蚀性取决于所含有害物性质、浓度、温湿度及其交变情况，经常结露的情况下能进一步促进腐蚀。金属被腐蚀的总量中，50%以上发生在大气环境中。

（洪乃丰）

金属地面　metal plank floor

　　面层用金属板块铺设的地面。适用于承受高温、强烈冲击和磨损作用部位的工业地面。常用的有：①铸铁板或钢板，板面可浇铸成带凸纹或带孔以防滑；板块规格根据产品型号不同而异，如带孔铸铁板为 300mm×300mm×6mm，六角形带锚脚钢板的对径为 173mm，厚为 3mm；②金属混合板，即在浇注的细石混凝土或沥青砂浆内配置孔径为 100~300mm 的蜂房状钢带。　　（彭少民）

金属粉末颜料　metal powder pigment

　　由金属熔化后喷雾所得的小颗粒，在润滑剂（如硬脂酸）存在下碾压而成的微小箔片。主要有"银粉"和"金粉"两大类。银粉是以铝粉为主要原料的片状颜料，遮盖力强，有金属光泽，稳定性好，能反射光和热，活性较小，耐候性好，耐硫化氢，但易氧化。可与黄色油溶性染料并用，呈金黄色，加入涂料中，具防腐作用。其质轻，易在空气中飞扬，遇火易发生爆炸，通常加入 30% 以上的 200 号溶剂油、调成浆状贮存。金粉由铜、锌、铝合金制成的鳞片状粉末，配比不同，色泽不一，也可被有机染料染成红、黄、橙、青、蓝等色。它对聚合物的稳定性有影响。　　　（陈艾青）

金属腐蚀疲劳　corrosion fatigue of metal

　　金属材料在腐蚀介质与重复或交变应力联合作用下引起的腐蚀破坏。与金属应力腐蚀的区别是它不需要特定的腐蚀介质，表现为表面裂缝短粗，多半穿越晶粒发展，只有主干没有分支。断裂时间与载荷值和交变次数有关，通常用疲劳极限或疲劳强度表示。对应力腐蚀敏感的材料，其疲劳极限值低。降低载荷、交变次数或减少腐蚀介质的作用，有利于抑制该类破坏作用。　　（洪乃丰）

金属腐蚀形态　form of metal corrosion

　　金属在其相关因素下所造成的不同类型的破坏形式和状态。因素主要指内部因素（金属或合金的性质、结构组织的均匀性、表面夹杂物及状态等）和外部因素（环境介质的性质、浓度、温湿度及物理、机械、生物等的作用）根据不同腐蚀起因及破坏形貌，可分为金属全面腐蚀与金属局部腐蚀，并可细分为缝隙腐蚀、选择腐蚀、晶间腐蚀、冲刷蚀、磨振腐蚀、金属接触腐蚀、金属应力腐蚀、金属腐蚀疲劳、金属材料氢脆、杂散电流腐蚀等。

（洪乃丰）

金属覆层　metallic coating

　　在基体金属表面用作防腐蚀、耐磨或装饰目的而镀装的金属膜层。主要有：①电镀层，通常在镀槽中完成，根据表面所镀材料不同，可分为铬、镍、铜、锌、镉、银等数十种常用镀层及几种金属的复合镀层；②喷金属层，将熔融金属喷射到被保护的金属表面，如钢结构表面的热喷锌、铝层等；③热浸法，将制品浸于熔融金属中，如热浸锌等；④渗金属法，用加热方法使基体金属表面渗入另外金属或合金元素，形成表面合金化防护层，如钢表面渗铝等；⑤气相沉积层，将有机金属（如有机铝）气化、电离并沉积于被保护金属表面。按保护机理可分为阳极型和阴极型金属层，前者相对于基体为贱金属（如钢上锌、铝层），对基体起阴极保护作用；后者为贵金属层（如钢上镀镍层），主要靠膜自身的耐蚀性和隔离作用保护基体金属，当不能完全屏蔽基体金属时，膜层将作为阴极而加速基体金属的局部腐蚀。

（洪乃丰）

金属工业介质腐蚀　industrial medium corrosion of metal

工业生产介质及排放、污染介质对金属材料引起的腐蚀破坏。可分为气相、液相、固相及熔盐腐蚀等。主要气相介质包括 SO_2、H_2S、HCl、HF、NH_3、NO、NO_2、CO_2 等；主要液体介质有各类酸、碱、盐溶液，工业循环水或排放水；主要固态物质包括各类盐、气溶胶和工业粉尘等。介质的腐蚀性取决于种类、性质、浓度及环境温、湿度等。是量大面广的重要腐蚀类别，对建筑物、管道、生产设备等的使用寿命与安全具有决定性影响。

（洪乃丰）

金属管道防护 protection of metal pilelines

对金属管道实施的防腐蚀处理措施。包括管道内、外表面的防护。主要方法有：①表面涂层，常用的是合成树脂涂层，沥青类或环氧煤焦油类涂层及水泥基涂层，水泥基涂层多用于管道内表面防护；②用玻璃纤维增强塑料缠绕管道，形成玻璃钢隔离层；③用塑料制成管套套在管道上（俗称"夹克"）；④对于地下或水下管道，除表面涂层外，酌情实施阴极保护。在特种腐蚀介质中，需用特种耐蚀管道；在轻腐蚀条件下使用铸铁管时，也可不作防护处理。重要管线，如输油管、热力管道、工业及城市主要汽、水管道等，均需采取可靠防护措施，以保证耐久性与安全。

（洪乃丰）

金属基复合材料 metallic composite meterial

以金属材料为基体，用其他材料增强或改性的复合材料。分：①纤维增强金属基复合材料。分晶须增强和连续纤维（硼、碳、碳化硅等）增强两种，是高强度、高刚度和耐高温结构材料。主要用于飞机喷气部件和火箭发动机等要求耐高温结构件；②粒子增强金属基复合材料，亦称金属陶瓷。以铁、镍、钴、铬、钛等金属基与耐高温氧化物、碳化物、硅化物、硼化物、氮化物等复合而成。具有不生锈、硬度高、耐热等优点，同时又保留了金属材料耐冲击特性。主要用作切削工具，耐腐蚀、耐高温的结构材料。尚未工业化生产，开发中的制造方法有扩散接合法、液体浸透法、喷镀法、电析法、挤出滚压法、冷压及烧结法等，都必须在高温下复合。

（刘雄亚）

金属间化合物 intermetallic compound

金属与金属之间按一定原子比形成的化合物。金属元素 A 与金属元素 B 之间可形成 AB、AB_2 和 AB_3 的三种类型。金属元素之间的联结为金属键结合，保持金属特性。高温下使用的耐热钢及其合金通常利用 AB_2 和 AB_3 的熔点高、稳定性大，使钢和合金的软化趋势大为减小，因而可显著提高蠕变强度和持久强度。近十多年来，各国竞相研究以金属间化合物为基的高温结构材料，如 Ni_3Al、Ni_3Ti 和 Ni_3Nb 等。

（高庆全）

金属键 metallic bond

依靠带正电荷的金属离子与自由电子之间的吸引力而形成的化学键。从金属原子上脱离下来的价电子，不是固定在某一金属原子或离子的附近，而是在整个金属晶体中自由运动的自由电子，或者说金属中的电子是离域的。多个金属原子或离子，共用一些自由电子。所以金属键是一种特殊的、离域的多中心键。没有饱和性与方向性。存在于金属、合金及其熔融体中。由于它的存在，赋予金属与合金许多特殊优良的性能（如导电、导热及延展性等。）（夏维邦）

金属胶体着色剂 metal colloidal colorant

能在玻璃中分解还原成金属原子，并相互结合成均匀分散的胶体状态的金属粒子而使玻璃着色的着色剂。主要是金、银、铜等氧化物或化合物。同类金属胶粒着色与胶粒的大小、浓度有关。不同的金属胶粒对各种单色光具有不同程度的选择性吸收能力，呈现不同的颜色。可用来制造艺术装饰用的金红玻璃、银黄玻璃和铜红玻璃，制造工艺较为复杂。

（许淑惠）

金属接触腐蚀 galvanic corrosion of metal

又称电偶腐蚀。两种不同电位的金属，在同一电解质中偶接，组成原电池所引起的腐蚀。其腐蚀的倾向与速率取决于金属材料的电位序或电偶序、阴阳极面积比，表面膜状态，介质的电导率等。主要金属的电位序见表。一般说，两种金属相对具有较高电位者，被称为贵金属，具有较低电位者，被称为贱金属，如铜相对于镁为贵金属，镁相对于铁为贱金属。双金属接触时，贱金属为阳极而受腐蚀。实用中应避免不同金属直接偶接，以防止构成电偶腐蚀的条件。

金属种类	标准电位（V）	偶接关系
镁（Mg）	−2.28	贱金属（阳极）
铝（Al）	−1.66	↑
锌（Zn）	−0.76	
铁（Fe）	−0.44	
铅（Pb）	−0.17	
氢（H）	0	
锡（Sn）	+0.15	
铜（Cu）	+0.34	
银（Ag）	+0.80	↓
金（Au）	+1.42	贵金属（阴极）

（洪乃丰）

金属晶体 metallic crystal

依靠金属键结合而成的晶体。在其晶格结点上排列着正离子和中性原子。在它们之间存在着可以在整个晶体中自由运动的自由电子。由于自由电子的存在和晶体的紧密堆积结构,使金属晶体获得下述共性:有金属光泽,是电和热的优良导体,有良好的机械加工性能,多数金属的熔点、沸点高,密度和硬度较大。 (夏维邦)

金属局部腐蚀 local corrosion of metal

又称非均匀腐蚀。在金属表面很小区域内发生的腐蚀。是常见的破坏形式。不能用平均腐蚀率来表示其损伤程度,此类腐蚀常导致突然破坏或灾难性事故。点腐蚀、晶间腐蚀、接触腐蚀、应力腐蚀、腐蚀疲劳、氢脆、杂散电流腐蚀等均可归为此类。 (洪乃丰)

金属模 metal mold

用各种金属按结构设计、加工制成的陶瓷成型用模具。主要用于石蜡浆料(粉料与石蜡混合并加热熔融的料浆)的压力注射成型、粉料的加压成型及可塑泥料成型中。模具常由多块组成,要求其表面硬度高、耐磨损、表面光洁、结构合理、便于脱模。磨损面常可更换,其表面须进行热处理。尤其是粉料加压成型用模具,表面磨损大,必须进行热处理。特点是成型坯体精度高,寿命长。 (陈晓明)

金属坯体 metal body

又称金属坯胎。待涂搪瓷釉的金属成型件。其制造方法有冲压、焊接、铸造及手工成型等。所用的金属材料有铸铁、钢板、铝、铜、金、银等。其造型必须适合涂搪烧成的要求,一般以圆形为宜。通常将金属坯体上涂搪瓷釉但未高温烧制的半成品称粉坯,表面的干燥涂层称粉层;没有装饰花纹图案的粉坯称素坯;在素坯上用彩色瓷釉装饰花纹图案后得到半成品称花坯。 (李世普)

金属全面腐蚀 general corrosion

又称均匀腐蚀。在整个金属表面以大体相同的速率进行的腐蚀。腐蚀程度可用单位时间内单位面积的失重〔$g/(m^2 \cdot h)$〕或年平均减厚率(即腐蚀率,$\mu m/a$)表示,是材料可用性的重要指标。在确认属该类腐蚀的基础上,对于建筑金属的耐蚀性,可按表列进行区分。

腐蚀率($\mu m/a$)	耐蚀性等级	耐蚀性评定
小于100	1	耐蚀
100~1 000	2	尚耐蚀
大于1 000	3	不耐蚀

(洪乃丰)

金属水腐蚀 aqueous corrosion of metal

金属在水介质中的腐蚀破坏。水介质包括地面自然水、地下水、雨水和工业与民用污水等。水作为电解质是腐蚀的必要条件,同时,其腐蚀性还取决于所含侵蚀性成分与浓度(如酸、碱、盐等)、温度、溶解氧量等。其中淡水的腐蚀性取决于pH值、氧浓度、硬度及HCO_3^-、Cl^-和SO_4^{2-}浓度;海水大约含3.5%的盐,具有较强的腐蚀性,最大腐蚀部位多发生在干、湿交替的地方,如潮汐区和飞溅区。海洋生物及微生物能进一步促进腐蚀,它们在金属表面沉积或结瘤、分泌有害物质,造成腐蚀电池的条件。 (洪乃丰)

金属塑料壁纸 battery plastic wall paper

在塑料基层上涂布、复合金属膜制成的内墙饰面材料。其特点是耐老化、不燃烧、防水、耐脏、有一定的镜面效果,给人以一种金碧辉煌的豪华感。价格偏高,适合使用于气氛热烈的场所,如高级建筑的厅堂之内。 (姚时章)

金属土壤腐蚀 soil corrosion of metal

金属在土壤介质中的腐蚀破坏。主要受下列因素影响:土壤种类、含水含氧量、氧化还原电位、pH值、土壤电阻率、微生物活性(也是评估土壤腐蚀性的主要指标)等。其中土壤电阻率最为重要,电阻率低的土壤,通常含水量高或含有害离子(如Cl^-、SO_4^{2-}等),促进电化学腐蚀的进行,故具有强的腐蚀性;微生物,特别是硫酸盐还原菌的存在,能加速金属腐蚀;不同土壤间能形成宏观电池,土壤中还可能存在杂散电流,这些因素均能导致地下金属结构、管道、电缆等的腐蚀破坏。

(洪乃丰)

金属瓦 metal tile

由金属薄板压制成型的轻质屋面材料。板厚一般在1.5mm以下,板宽在1m以下,板长可视建筑与运输的要求取不同的规格,一般小于3m。分彩色压型钢板和铝合金压型板两类。前者以镀锌钢板为基材,经成型机轧制,并敷以防腐涂层或彩色烤漆制成,厚度有0.5、0.6、0.8、1.2(mm)四种;后者以铝合板压制成型,通常为银白色,经阳极氧化处理者也可为黄色或绿色,表面勿需涂料涂覆,厚度有0.5、0.6、0.7、0.8、0.9、1.0、1.2(mm)数种。金属瓦可用于屋面、屋脊及隔断墙。质轻、抗冲击、耐久性好、施工容易,但不具备保温隔热性能。 (孔宪明 金树新)

金属微穿孔板 metal microperforated panel

金属板上按规定要求进行穿微孔加工而成的吸声板材。板厚1mm以下,孔直径不超过1mm,穿孔率为1%~3%。装置在刚性壁前形成微穿孔板吸声构造，因其孔细而密，比普通穿孔板声阻大得多，不需要另加多孔吸声材料。其优点是结构简单，防火，吸声频带宽。适用于高速气流、潮湿、渗水和高温等特殊环境。 （陈延训）

金属微生物腐蚀 microbiological corrosion of metal

金属材料在微生物生命活动参与下的腐蚀破坏。主要是细菌类，如硫酸盐还原菌能生成有腐蚀性的硫并能加速阴极过程；硫氧化菌能产生硫酸从而促进腐蚀；而铁细菌则加速铁的阳极过程并能在金属表面结瘤，乃至使管道内水质恶化变成"红水"。凡是同土壤、水和湿润空气相接触的金属，均有此类腐蚀破坏的可能，最常见的是多种微生物共生，其危害性较单一微生物更大。约有50%以上的金属地下管道腐蚀与此类腐蚀有关。
（洪乃丰）

金属应力腐蚀 stress corrosion of metal

金属材料在拉应力与特定腐蚀介质协同作用下引起的腐蚀。裂纹深窄、有分支，常出在与最大抗拉应力垂直的平面上。常在无明显腐蚀产物的情况下发生脆断。发生应力腐蚀的典型体系见表。氢脆、腐蚀疲劳、空腔腐蚀、冲击腐蚀、微动腐蚀等，也是与应力有关的腐蚀形式。消除应力或腐蚀环境是防止该类破坏的措施原则。

材料名称	腐蚀介质
低碳钢	NH_4NO_3、$Ca(NO_3)_2$、$NaOH$
低合金结构钢	$NaOH$
高强钢	H_2S、海水、雨水
奥氏体不锈钢	含Cl^-热浓溶液
黄铜	NH_4^+
高强铝合金	海水
钛合金	N_2O_4（液态）

（洪乃丰）

金属皂类稳定剂 metallic soap stabilizer

含8~18个碳原子的脂肪酸金属盐。是含氯聚合物（如聚氯乙烯）的热稳定剂。芳香族酸、脂肪族酸以及酚及醇类的金属盐类亦归入此类。它们是液体复合稳定剂的主要成分。金属皂类稳定剂主要是在聚氯乙烯热加工时起"氯化氢的接受体"作用，即中和作用。一般，脂肪酸根中碳数多的，其热稳定性和加工性较好，但相容性差，易出现喷霜现象，使制品的热合性和印刷性下降。这类稳定剂中，除镉和铅皂之外，大多无毒。常用的有硬脂酸钡、镉、锌、钙等，用于聚氯乙烯硬质不透明板、硬质注射制品，吹塑包装膜，无毒薄膜，食品包装容器（真空成型片），泡沫人造革等。
（刘柏贤）

金属止水带 metal waterstop tape

以不同规格、不同厚度的金属材料加工制成的止水带。常用金属材料有26号镀锌铁皮、2~3mm厚钢板、0.2~0.3mm厚皱纹铜片、2mm厚镀锌钢板和紫铜片等。有可卸式和预埋式两种。可根据具体要求加工。取材较易，施工方便，但适应变形性能较差。当采用预埋式时，若两侧混凝土产生变形，金属与混凝土的黏结易被破坏，常导致渗漏水。主要用于地下防水工程变形缝处防水，目前使用较少。
（洪克舜 丁振华）

金属指示剂 metal ion indicator

又称络合指示剂。络合滴定法中用来指示滴定过程中金属离子浓度变化的一类指示剂。为显色剂，大多数是有机染料。该种指示剂与待测金属离子所生成的指示剂络合物的颜色，与在同一pH值下，指示剂本身的颜色有明显的不同。因指示剂络合物的稳定性，比氨羧络合剂（例如EDTA）与该金属离子生成的络合物的稳定性稍低些。故用EDTA滴定时，EDTA先与金属离子逐渐络合，滴定到等物质的量点附近时，EDTA便从指示剂络合物中夺取金属离子，游离出指示剂，溶液的颜色发生突变，指示滴定终点的到达。金属指示剂须在合适的pH值范围内使用，才能正确地指示滴定终点。
（夏维邦）

金砖

专供宫殿和王府铺墁地面用的一种细料方砖。早期产于江苏苏州吴县。以运河冲积泥土制坯烧成，并以运河水路运至北京，当地人称京砖。其尺寸有长宽各640mm、厚96mm、重62.5kg和长宽各704mm、厚112mm、重85kg及长宽各768mm、厚128mm、重107.5kg三种规格。其制作工艺极为复杂，从取土制坯到焙烧出窑的整个过程，约须一年时间。砍磨加工后，再经十几道工序铺墁完的地面，以光泽似墨玉、不滑不涩而闻名，是古建中珍贵建筑材料之一。

金砖之名的来源有种种说法：一是说，此砖质地极细，强度也好，敲之铿然有金属声，断之无孔而得名；二是从京砖之称演变出来；三是出自工匠之说，此砖从选土、制坯、焙烧、运输、加工到铺墁完全过程，每块砖价折合一两黄金而称金砖。
（朴学林）

紧凑拉伸试样 compact tension specimen

断裂韧性试验用的如图示的带缺口标准试样。插上销轴施加拉伸荷载。和其他具有同等测试功能的试样相比，体积较小，尺寸紧凑。另一种常用的为三点弯曲试样,用单边缺口梁进行三点加载弯曲试验。

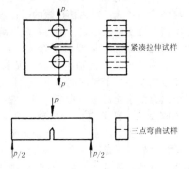

(沈大荣)

紧固件 fastner

把两个或两个以上的构件连接在一起的机械零件。一般都用金属材料制成。按连接方法不同,分为可拆卸和不可拆卸两类,铆钉属不可拆卸连接件;螺栓与键等属可拆卸连接件。为使其生产和使用便于通用互换,对应用量大的实行了标准化,故又分标准件和非标准件两类。品种包括铆钉、螺栓、螺钉、螺帽、垫圈、开口销、键、木螺钉等。

(姚时章)

紧密堆积 close packing

在晶体结构中,质点之间趋于尽可能地相互靠拢,使空间最小的排列方式。原子和离子具有一定的有效半径,在离子化合物晶体中,离子的极化不大。在金属晶体中,原子不存在极化问题,因此可将金属原子和离子看做具有一定大小的球体,而金属键和离子键没有方向性和饱和性,从几何角度,可将原子和离子间的相互结合看做球体相互堆积。球体间作最紧密堆积,使晶体具有最小的内能。通常有三种堆积方式:①面心立方堆积(face-centered cubic packing);②六方堆积(hexagonal packing);③体心立方堆积(body-centered cubic packing),在离子化合物晶格中,半径较大的阴离子近似地作最紧密堆积,阳离子则填充其中空隙。

(潘意祥)

堇青石电瓷 cordierite electrical porcelain

主晶相为堇青石($2MgO \cdot 2Al_2O_3 \cdot 5SiO_2$)的普通电瓷。以滑石、黏土、氧化铝、长石作为主要原料。主要特性是线膨胀系数小($10 \sim 31 \times 10^{-7}/\text{℃}$),耐急冷急热性好,但介质损耗大。目前生产较少。

(邢宁)

堇青石结合高铝质耐火材料 cordierite-bonded high-alumina refractory

简称堇青石耐火材料。以堇青石质材料为基质的耐火材料。通常以高铝熟料为骨料。堇青石($2MgO \cdot 2Al_2O_3 \cdot 5SiO_2$)的耐火度不高,但热膨胀系数小而且受温度的变化小,因而这种耐火材料具有良好热震稳定性,但烧成范围较窄,烧成时应严格控制烧成温度。常用做匣钵等陶瓷烧成窑具及用于工业炉中温度变化大的部位。

(李楠)

锦川石 Jinchuan stone

又称松皮石,俗称石笋。辽宁省锦州市小凌河一带产出的假山石。锦川即小凌河之古称。有五色和纯绿之分,其纹如松皮状如笋,高3m以内者多见,高3m以上、宽0.3m左右者为贵,插立于花间、树下,颇为清逸、雅观。亦可堆作假山的劈峰(辅石)。现不易得。

(谯京旭)

锦纶 polyamide fiber

见尼龙纤维(356页)。

锦纶地毯 Nylon carpet

又称尼龙地毯。以尼龙6纤维(聚酰胺6纤维)及尼龙66(聚酰胺66纤维)为原料生产的地毯。在化纤地毯中占主导地位。优点是强度高、回弹性好,抗污、抗磨、抗皱性等均在纺织纤维中属最高,可加工成防静电、防污地毯。最新研制的以碳酸氟为整理剂处理的尼龙纤维具有阻油性、阻污性、抗湿性,称为第四代尼龙纤维地毯。英国研制的重分量萨克森尼龙地毯,使毛圈具有金丝装饰效果,更加富丽高雅。最新研制用尼龙/亚麻混纺纤维编织出兼有尼龙、亚麻两者优点的地毯,有更好性能和更广用途。

(金笠铭)

浸没式燃烧 immersion combustion; interior combustion

又称内部燃烧,接触燃烧。在熔窑熔化池底部同时引入高热值燃料和空气,经无焰喷嘴燃烧后的高温气体喷入玻璃液内部的加热方式。使玻璃液剧烈翻腾,同时获得辐射热和对流传热,从而提高熔窑的熔化能力、熔化质量和热效率。但熔融玻璃液呈泡沫状,需另设澄清池消除残留气泡,气体冲刷部位对耐火材料侵蚀较快。

(曹文聪)

浸润剂 size

在连续玻璃纤维拉丝过程中赋予单丝、原丝润滑、黏结、柔软、抗静电等性能,以利于拉丝、纺织或玻璃钢成型工艺过程的乳剂。按用途分为纺织型浸润剂(使玻璃纤维适合纺织工艺要求的浸润剂)和增强型浸润剂(适合于直接制造各种复合材料,有利于成型工艺和性能的浸润剂)。前者配方如(重量%):石蜡1.2~1.7,凡士林1.5~2.0,矿物油2.0~2.2,硬脂酸0.6~1.0,平平加0.6~1.1,固色剂3.0~4.0,水——余量。石蜡、硬脂酸为成膜剂,使纤维结成光滑耐磨的薄膜;硬脂酸还作助乳化剂；凡士林、矿物油使纤维柔软、富有弹性；平平加为乳化剂，还具有防静电作用。固色剂是黏结剂，拉丝时，使单根纤维黏结成一束纤维。增强型如"811浸润剂"配方（重量%）：环氧型水溶性聚酯树脂0.3～0.7，偶联剂A（A174）或偶联剂N（ND8）2～6，调节剂0.1～0.6，水——余量。　　　　　　　　　　　（吴正明）

浸涂　dip coating

将被涂物件全部浸没在涂料槽中，使表面浸上涂料而进行涂装的方法。生产效率高，操作简单，涂料损失少，适用形状复杂的骨架状被涂物的涂装。但涂膜容易造成上薄下厚、流挂等厚薄不匀的缺陷，只适用底面同一颜色及品种的涂料涂装，不适用于挥发型快干涂料（如硝基清漆等）的涂装。对所用涂料需具备：①在低黏度时，颜料不发生沉淀；②不结皮；③在槽中长期使用稳定、不变质、不胶化。涂料的黏度直接影响涂膜的外观及厚度，是主要工艺参数，一般要求用涂-4黏度计在20℃下测定黏度在20～30s内。建筑上常用于金属门窗及金属骨架的涂装，另外还用于线材、结构比较复杂的仪器、仪表和绝缘材料的涂装。　（刘柏贤）

浸涂总量　total bitumen content

单位面积的油毡所含浸渍材料和涂盖材料两者重量之和。检测方法是将100mm×100mm的油毡试件刷去撒布料后进行称量，用滤纸包扎试件放入脂肪萃取器中，以四氯化碳或苯作回流溶剂冲洗试样，待油毡试件中的沥青全部冲洗干净后，烘干滤纸包，除去原纸上的粉料进行称量，再将粉料筛分，筛余物为隔离材料，筛下物为填充材料，将筛余物称量后以下列公式计算出浸涂材料总量A（g/m²）。

$$A = (W - P_1 - S) \times 100$$

W为100mm×100mm试件萃取前的重量（g）；P_1为被测的干原纸重量（g）；S为被测面积的隔离材料重量（g）。　　　　　　　　　　　（西家智）

浸析度

见耐水性（353页）。

浸油　immersion liquid

用油浸法测定矿物折射率值时所用的液体介质。通常要配制两套已知折射率的浸油，一套为低折射率$N=1.40～1.74$，其相邻间隔大多采用0.003，约100瓶；一套为高折射率浸油，$N=1.74～2.00$，其间隔多为0.01或0.05。配制好后，用折射率仪测定其折射率大小，须注明配制时的温度。在使用时要进行校正。对于折射率特别高的矿物，需用固体介质，测定时将固体介质熔融与矿物碎屑粘合，在光学显微镜下比较两者的折射率值。　　　　　　　　　　　（潘意祥）

浸渍　impregnation

使浸渍剂渗入基材内部孔隙的过程或工艺。是制作浸渍混凝土的工序之一。按孔隙被填充的程度分为：①完全浸渍，即浸渍剂渗入内部所有的孔隙；②表面浸渍，即浸渍剂仅渗入基材表层的孔隙。按浸渍前基材干燥程度分为：①全干浸渍，即基材内的自由水全部被排除后浸渍；②含水浸渍，即孔隙内保留一部分自由水浸渍。按浸渍方法分为：①自然浸渍，即常压下浸渍；②真空浸渍，即干燥的试件先在一定真空度下抽真空，然后通入浸渍剂常压浸渍；③真空-加压浸渍，即试件抽真空后通入浸渍剂，再加一定的压力进行浸渍。　　　　　　　　　　　（陈鹤云）

浸渍材料　saturant

油毡生产工艺过程中浸渍原纸用的沥青或改性沥青的总称。油毡生产中原纸的浸渍过程是使浸渍材料充分浸入原纸中，使油纸达到最大的饱和度和最小的孔隙率，以达到防水的目的。影响原纸浸渍饱和度的因素很多，主要有原纸的材质、浸渍时间、浸渍温度、浸渍材料的黏度等。应选用既利于原纸吸收又能保证油毡防水性能的沥青。石油沥青纸胎油毡的浸渍材料为60号道路沥青，其软化点45～55℃，针入度41～80（1/10mm），延伸度大于40cm。浸渍温度190～230℃，浸渍时间不少于20s。煤沥青纸胎油毡的浸渍材料，其软化点不小于32℃，游离碳含量不大于20%，水分含量不大于0.5%，含萘量不大于3%。　　（王海林）

浸渍（法防腐）处理　dipping

一种将木材浸泡在防腐剂溶液（浸渍液）中约10s到10min的表面防腐处理。主要用以处理窗框、窗扇和其他装配件，通常浸渍于防腐油内几分钟，使所有表面及裂隙中都能被浸涂上防腐剂，渗入度比涂刷法大一些。　　　　　（申宗圻）

浸渍含量　impregnation content

表征原纸吸收沥青能力的一个指标。与原纸疏松度有关，高疏松度原纸比低疏松度原纸浸油率一般要高30%左右。而浸油率的高低直接影响油毡的抗水性及耐久性。疏松度包括原纸的吸油速度和吸油量两项技术指标，原纸标准吸油量为125mL/100g，吸油速度为50s。在油毡生产过程中，一般要求沥青含量占干原纸重量的120%，方可达到原纸浸渍饱和。　　　　　　　　　（西家智）

浸渍混凝土　impregnated concrete

将浸渍剂浸入混凝土或砂浆的孔隙，并在其中聚合固化或冷却固化而制得的高性能混凝土。按浸渍剂种类可分为：聚合物浸渍混凝土、硫磺浸渍混凝土、石蜡浸渍混凝土等。按基材可分为：浸渍素混凝土、浸渍钢筋混凝土、浸渍钢丝网水泥、浸渍纤维混凝土等。主要工艺流程为：基材制作、干燥、抽真空（或略去）、浸渍、固化。聚合后浸填的化学物质含量一般为 5%～10%（质量计）。其物理力学性能比普通混凝土有显著提高，如强度一般提高 1～4 倍，抗冻性能提高 10 倍左右。可用作轻质高强结构材料，高抗渗材料与耐腐蚀材料等。

（陈鹤云）

浸渍剂 impregnant

能渗入基材孔隙内，并在其中聚合固化或冷却硬化，使基材改性的物质。由一种或几种有机单体、预聚物及其助剂（引发剂如过氧化苯甲酰、偶氮二异丁腈；阻聚剂如对苯二酚；促进剂如二甲基苯胺、萘酸钴等）组成的混合液，如掺引发剂和阻聚剂的甲基丙烯酸甲酯、苯乙烯 – 丙烯酸酯、苯乙烯 – 不饱和聚酯树脂等；也可以是某种熔融状态的物质，如熔融石蜡和硫磺。其种类与组成对浸渍混凝土的性能有很大影响。 （徐亚萍）

jing

京式地毯 Beijing carpet

又称北京式地毯。以象征吉祥如意的中国传统写实图案为主编织的地毯。因早期主要出口英国而俗称英国路。图案特点是以龙凤、白象、狮子、蝙蝠、寿字、博古瓶、卍字、如意、四艺（琴、棋、书、画）、八仙（八仙人所执宝物：剑、葫芦、板、荷花、笛、扇、花篮、鱼鼓）、八吉祥（又称八宝，为佛教图案纹样：法螺、法轮、宝伞、白盖、莲花、宝瓶、双鱼、盘肠）等为中心，以夔龙、角云、大小边、地插花等为边框组成的全对称格律体构图。色彩以国画润色手法为主。色调典雅、庄重古朴。编织方式为 90 道手工打结式。主要原材料用 3.5 支机纺毛纱和 10 支一等一级棉纱。因具有严谨古雅的中国宫廷彩画风格，常铺设于仿古环境气氛的室内。 （金笠铭）

经密 warp density

见织物密度（614 页）。

晶胞 cell

又称单胞（unit cell）。反映晶体结构周期特征的最小重复基元（即平行六面体）。如兼顾晶体结构的周期性和对称性两者，则 14 种布拉维点阵可分成两大类：初基（或简单）晶胞和非初基（或复杂）晶胞。前者只含一个结点，后者含一个以上的结点，其结点数 N 可按公式算出：$N = N_i + N_f/2 + N_c/8$，式中 N_i 是位于晶胞内的结点数，N_f 是在表面中心的结点数，N_c 是晶胞顶点的结点数。

（孙文华）

晶带 crystal zone

晶棱相互平行的一组晶面的组合。平行于晶棱并通过晶体中心的直线称为晶带轴，每个晶带有一个符号，以晶带轴的符号〔uvw〕表示。例如晶面 (100)、(010)、(110)、($\bar{1}$00)、(0$\bar{1}$0)、($\bar{1}$10)、($\bar{1}$10) 和 ($\bar{1}\bar{1}$0) 构成一个晶带，其符号为〔001〕。依晶带定律，晶面族 (hkl) 属于〔uvw〕晶带的条件是 $hu + kv + lw = 0$；两族平面 ($h_1k_1l_1$) 和 ($h_2k_2l_2$) 确定晶带符号的条件为：$u:v:w = (k_1l_2 - k_2l_1):(l_1h_2 - l_2h_1):(h_1k_2 - h_2k_1)$。

（孙文华）

晶格 crystal lattice

又称格子。参见空间点阵（272 页）。

晶格能 lattice energy

又称点阵能。将 1mol 的离子晶体中各离子拆散至气态时所需的能量。也即 1mol 离子晶体中的离子从气态结合成为离子晶体时所释放出的能量。是离子化合物中离子间结合力的一个度量。可从静电吸引理论导得晶格能的理论计算公式，也可根据热化学原理利用反应热、气化热等试验数据和盖斯（Гecc）定律（化学反应的热效应仅与反应物的最初状态及生成物的最终状态有关，而与反应过程的途径无关）求出。 （潘意祥）

晶粒 crystalline grain

大小约零点零几毫米的晶格方位不同的小晶体。在每个晶粒内部，晶格取向一致，而晶粒之间则取向不同，各晶粒之间的界面叫晶粒界，简称晶界。实际上，各晶粒内还是存在各种破坏晶格规则性的缺陷，例如：在某些晶格结点上出现空位，在某些局部呈现位错，甚至晶粒是由许多彼此取向只差 10′～20′ 的小块嵌镶而成等。 （孙文华）

晶面符号 crystal plane symbol

又称晶面指数或密勒符号（Miller indices）。标志晶面族空间方位和晶面间距特征的符号。一般用 (hkl) 表示。其中 h、k、l 分别是该面族中任一平面在三个基矢 $\vec{a}$、$\vec{b}$、$\vec{c}$ 上截距（以基矢长度为单位）的倒数比而化成的互质整数。在 X 射线晶体学中，常将 h，k，l 定义成该平面族截三个基矢所得的段数，于是它们的倒数就是 (hkl) 平面族中最靠近原点的平面的截距。凭借对称联系的等效点阵平面族叫一个共面族（或晶面单形），可用 {hkl} 表示。例如立方晶系的 (100)、(010)、(001)、($\bar{1}$00)、(0$\bar{1}$0) 和 (00$\bar{1}$) 是晶面单形 {100} 中各个平面族。 （孙文华）

晶面间距 interplanar distance

又称面网间距。是某一平行晶面族（或面网族）中相邻两晶面（或面网）间的垂直距离。通常将属于（hkl）晶面族中的晶面间距用 d_{hkl} 表示。简写为 d。它与点阵常数具有确定关系，是晶体 X 射线衍射分析的重要数据。
（岳文海）

晶体 crystal

由原子（或离子、分子）在空间作周期性排列而成的固态物质。具有自限性（能自发形成多面体外形）、均一性（各部分宏观性质相同）、异向性（晶体中不同方向上有不同物理性能）、对称性（相同性质在不同方位上作有规律地重复）和固定熔点等特性。如果整个晶体中原子的周期排列不发生方位改变，则称为单晶体，假若一个晶体是由数个不同取向的小单晶体组成，则称为多晶体。
（孙文华）

晶体光学 crystal optics

研究可见光通过晶体时产生的折射、双折射、偏振、干涉和吸收等光学现象及其规律性的一门学科。是结晶学的一个分支，不同的晶体其光学特征亦不相同。晶体光学的主要内容为用偏光显微镜来观察、研究结晶物质光学性质的基本原理和方法，从而鉴定矿物。在矿物岩石学、硅酸盐材料科学等方面被广泛的应用。
（潘意祥）

晶体化学 crystal chemistry

研究晶体的化学组成、内部结构与其性质之间相互关系和规律的学科。晶体结构不同，性质不一。例如，水泥熟料中的硅酸二钙，如是 β-C_2S，因其中 Ca^{2+} 的不规则配位而相当活泼，能与水反应；但 γ-C_2S 中的 Ca^{2+} 配位相当规则，比较稳定没有胶凝性质。适当改变晶体的组成和结构，有可能制出具有规定性能的材料。例如，在高纯度的锗晶体中，掺入少量的镓或砷原子，就可以制成 p 型或 n 型半导体。它对半导体、超导、激光、荧光和超硬等材料近年来所取得的重大成就，做出不少的贡献。晶体化学对物质结构理论研究、材料科学的发展，及其对工程技术的应用，起着重要的作用。
（夏维邦）

晶体结构 crystal structure

是晶体内部相同质点（原子、离子、分子或它们的集团）在空间排列的方式。若在空间点阵中的结点上放置了具体的原子、离子或分子（即结构基元）时，就得到晶体结构。每种晶体都有自身独特的晶体结构，它在原子种类、数量、排布、联结、对称性、重复方式及晶格参数等可与其他晶体相区别。晶体的性质就决定于晶体结构。晶体结构测定主要包括晶胞参数（晶胞的轴长和轴角）、空间群、晶胞内各原子的坐标参数和键长、键角等。
（岳文海）

晶系 crystal systems

见晶族。

晶轴 crystallographic axis

又称结晶轴。相交于晶体中心平行晶棱的坐标轴。一般可用右手坐标系 X、Y、Z 表示（对三方和六方晶系要增加一个 U 轴）。其方向能用晶向指数〔uvw〕描述，u，v，w 是三个互质整数。负方向则在数字上方加一横线表示。如〔$\bar{u}\,\bar{v}\,\bar{w}$〕表示与〔$uvw$〕相反的方向。由对称性联系的各等效晶向之组合称为一个晶向单形，并写成〈uvw〉。例如〈100〉代表立方晶系三个晶轴〔100〕、〔010〕、〔001〕及其三个相反方向〔$\bar{1}$00〕、〔0 $\bar{1}$ 0〕和〔00 $\bar{1}$〕。
（孙文华）

晶族 crystal family

根据晶体是否有以及有一个或多个高次对称轴的分类。这样把 32 种对称型归纳为低级、中级、高级三个晶族。在各晶族中，再依据对称特点划分晶系，共七个，见表：

晶族	晶系	对称特点
低级晶族 （无高次轴）	三斜	无 L^2（二次轴），无 P（对称面）
	单斜	L^2 或 P 不多于 1 个
	斜方	L^2 或 P 多于 1 个
中级晶族 （只有一个高次轴）	三方	有一个 L^3（三次轴）
	四方	有一个 L^4（四次轴）
	六方	有一个 L^6（六次轴）
高级晶族 （有数个高次轴）	立方	必有 4 个 L^3

（孙文华）

腈纶地毯 acrylic fibre carpet

以丙烯腈纤维（人造羊毛）为原料制成的地毯。其手感极似羊毛地毯，具有质轻、高强、膨松、不霉、不蛀、耐腐蚀、保温和耐光等性能。但耐腐性比丙纶地毯差，且易起静电而沾灰。
（金笠铭）

精确度 precision

俗称精度。表示测量数据重复性好坏的量。用同样条件，对一个量作多次测量，其结果是处在其平均值附近的一批数据。数据值越接近，重复性越好，精度也就越高；反之则精度低。重复性的好坏和测量仪器的质量有关，它常用来表示仪器的精密程度或灵敏度。
（魏铭鑑）

精陶 fine pottery; fine earthenware

胎体颗粒细而均匀，施以熔块釉，呈白色或浅色，烧结程度差、吸水率高的陶器精品。按坯体性质可分为硬质精陶（长石质精陶）和软质精陶（石灰石质精陶）。硬质精陶吸水率为6%～15%，软质精陶吸水率为15%～20%。强度比瓷器低，敲击声沉哑。多为两次烧成，也有一次烧成，素坯烧成为主要烧成过程，素烧温度为1 180～1 250℃，素烧坯体经上釉后进行釉烧，釉烧温度比素烧温度约低100～150℃。建筑中主要用作内墙砖。

（邢　宁）

精陶锦砖　fine pottery mosaic tile

有釉或无釉精陶质小片建筑装饰材料。主要用于墙面装饰。表面积小于3 900mm²，厚度为8～9.5mm，吸水率不大于15%。通常为可塑成型而成，有多种表面、边缘形式，富有艺术效果。预先拼排在铺贴衬材上以便于施工。　　（邢　宁）

井字堆垛

使单张或两张石棉水泥波瓦垛合后排列成"井"字形的堆放方式。这种堆放方式通风良好，当周围环境空气的温湿度发生变化时，瓦体不会因不均匀干缩而造成断裂。但堆放占地面积大。

（叶启汉）

景泰蓝　cloisonné, cloisonné enamel

又称有线珐琅、嵌线珐琅，俗称烧青。一种在铜胎或银胎上镶珐琅的工艺品。创始于土耳其"君士坦丁"，元朝时由阿拉伯传入中国，到景泰年间（公元1450～1458年）大量制造，流行于北京，当时以蓝釉最为出色，故名。清朝开始销往国外。制作工序为：打胎——将铜、银或金敲打成形；掐丝——将铜、银或金线带盘成各种花纹，焊在胎面上；点蓝——将多种颜色的瓷釉料填入花纹空隙处；烧蓝——点蓝后在电炉或煤气马弗炉中焙烧，由于瓷釉冷却后体积收缩，需再填再烧，直至完全填充；磨光——烧蓝后进行研磨，使掐丝花纹露出，并抛光表面。产品有各种装饰品、首饰、灯具、花瓶、碗、盘等。　　（李世普）

径向分布函数分析　radial distribution function analysis

依靠非晶态物质的径向分布函数（RDF）来确定原子配位数和原子壳层平均距离等结构参量的方法。按德拜（Debye）理论，非晶态原子系统在θ角处的散射强度I（电子单位）为：

$$I = \sum_m \sum_n f_m f_n \frac{\sin sr_{mn}}{sr_{mn}}$$

式中$s = 4\pi\sin\theta/\lambda$，$\lambda$为辐射波长（nm），$f_m$和$f_n$分别是第$m$和$n$个原子的散射因数，$r_{mn}$是这两个原子间的距离。因此把实测强度函数与各种原子模型计算的函数相比较，便可建立正确的原子组态图形。例如，对于只含一种原子的非晶态物质，虽然相对固定原点没有确定结构，但相对处于平均原子中心的原点是有确定结构的，这种结构可用径向分布函数$4\pi r^2 \rho(r)$来描述，Zernicke和Prins对此

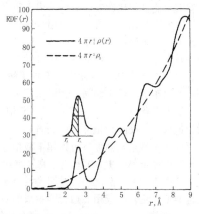

推导出以下方程式：

$$4\pi r^2 \rho(r) = 4\pi r^2 \rho_0 + \frac{2r}{\pi}\int_0^\infty s[I(s)-1]\sin sr ds$$

式中$\rho(r)$是距离原点为r处的平均原子密度，ρ_0为试样的平均原子密度；$I(s)$可由X射线散射强度求得，故可算出径向分布函数$4\pi r^2 \rho(r)$。该曲线是随着r增大而在$4\pi r^2 \rho_0$曲线附近振荡的（如图），所以曲线上第一峰下的面积就是最近邻原子壳层内原子数目（最近邻配位数），其余峰依此类推，而峰位则是原子壳层距中心原子的距离。

（孙文华）

径向挤压制管工艺　packer-head process of pipe making

立式的沿直径方向挤压成型水泥管的一种工艺方法。制管机的动力主轴上装有叶片及辊压头。混凝土混合料加入与底板组合的管模内。成型时，旋转的叶片将混合物分布在管模的内壁上，辊头旋转并提升，混凝土经辊压头上的小辊和辊头的挤压，逐渐成型密实。成型完毕立即可脱模养护。具有产量高，质量稳定，劳动强度低，经济效益好等优点。可制作直径为200～2 500mm、长度为1～4m的素混凝土管或钢筋混凝土管。　　（孙复强）

净身器　bidet

又称妇洗器。供人体坐下洗涤排泄器官的施釉陶瓷质卫生设备。和坐便器形式相似，但冲洗池较长、较浅。有喷水和排水系统。按洗涤水喷出方向有斜喷式和上喷式之分。斜喷式的洗涤水喷嘴安装在冲洗池前后部的下方，有交错对喷结构；上喷式的洗涤水喷嘴安装在冲洗池正下方，洗涤水垂直上喷。

（刘康时）

静电喷涂　electrostatic spraying

将涂料雾化成带电微粒在电场作用下被吸附到带异性电荷的工件上完成涂装的方法。其优点是涂料利用率可高达80%~90%；自动化程度高，不污染环境；生产率高；被涂物的端部、角部等凸出部位及背面均能良好地涂装。缺点是用于凹陷部分及不良导体的涂装比较困难；对所用溶剂有特定的要求和选择。要求涂料的电阻率在 $5\sim50M\Omega\cdot cm$。适用的品种有氨基烘漆、沥青类、醇酸树脂类、硝基漆类、过氯乙烯涂料、环氧及丙烯酸类涂料等。广泛用于交通车辆、轻工制品、金属家具、建筑五金制品、机电设备等。　　　　　　（刘柏贤）

静电植绒地毯　electrostatic pile carpet

带电的微小绒毛在静电场力作用下栽植在地毯背衬上而制成的地毯。是20世纪以来，静电理论在纺织工业中应用的产品之一。其耐磨性及牢度均不如其他类型地毯。一般用在通行不频繁的室内地面。　　　　　　　　　　　　　　（金笠铭）

静荷载　static load

见荷载（183页）。

静强度　static strength

见强度（386页）。

静态离子质谱分析　static ionic beam mass spectrometry analysis

在分析期间一次离子束轰击样品表面时基本上不改变表面状态下进行的二次离子质谱分析法。它要求样品室的真空度大于 10^{-7}Pa，样品不受环境干扰，并要求一次离子束流密度不超过 $10nA/cm^2$，最好是 $1nA/cm^2$ 或更低（最小剥离速率约为 $0.1nm/h$），以保持样品表面的完整性。它能对固体表面和本体进行广泛分析，能检测到浓度为 10^{-9}（原子浓度）的杂质和痕量元素以及表面化学结构分析。　　　　　　　　　　（秦力川）

jiu

旧样城砖

清代早期用经过风化、困存后的粗黄土制坯烧成的粗泥城砖。产自河北及北京东郊一带。由工部和内务府承办的官窑烧制，民窑亦有产出。规格为长480mm，宽240mm，厚128mm，重23kg。强度及密实度较好，多用于墙体糙砌或基础及垫层等非露明部位及修筑城墙。砍磨加工后也可用于墙体干摆（磨砖对缝）和室外细墁地面等露明部位。制砖坯用"死模"工艺，即将泥用布包好后放入砖模内，按实、刮平后将模提起，待砖坯硬固后再将坯子撤出即可。　　　　　　　（朴学林）

ju

局部粘贴法　part bonding method

防止因基层开裂而引起油毡防水层开裂的一种施工方法。分点粘贴法和线粘贴法。点粘贴：沿纵、横方向，相隔一定距离涂刷面积约 $10cm^2$ 的黏结材料，并立即将油毡滚动粘贴。线粘贴：沿纵向涂刷宽约10cm的黏结材料3~4条，并立即将油毡滚动粘贴。这两种施工方法均应将油毡搭接处牢固粘结、密封，保证不漏水。局部黏结的范围约占总面积的30%~40%。此法由于有较宽的剥离区，对基层开裂造成的防水层的应力有缓解作用，增加了防水层的整体抗裂性。　　　　（西家智）

橘釉　orange peel

釉面类似橘皮状的缺陷。当釉料组成不适当，釉的高温黏度过大；坯料内碳酸盐、硫酸盐和有机物在氧化阶段分解不完全；釉料未充分熔融；坯体干湿不匀；高温阶段升温过快或窑内局部温度过高均会产生此种缺陷，严重影响产品的表面光泽度。
　　　　　　　　　　　　　　（陈晓明）

矩　moment

随机变量某些函数的数学期望值，其广泛的定义为 $\mu_k = E(x-a)^k$。称 μ_k 为 x 对 a 的 k 阶矩（k 为整数，a 为实数）。在概率论中是广泛的一种数字特征。常用的有两种：原点矩和中心矩。当 $a=0$ 时，$E(X)^k$ 称 k 阶原点矩；当 $a=E(x)$ 时，$E[X-E(x)]^k$，称 k 阶中心矩。显见，期望是一阶原点矩，方差是二阶中心矩。利用矩可以表示分布的更多特性。　　　　　　　（许曼华）

榉树　Zelkova schneideziana Hand.-Mazz.

中国珍贵硬阔叶用材树种之一。材质优良，抗病虫害能力较强，寿命亦较长，分布在淮河、秦岭以南，长江中、下游各地，南至两广，西至贵州以南，以江、浙、皖、鄂、湘等省较多。环孔材。边材黄褐色，心材暗褐至浅栗褐色，有光泽、纹理直，结构细，不均匀。锯、刨等加工比榆木类稍难，刨面光滑。材重且硬。气干材密度 $0.791g/cm^3$；硬度：端面81.9MPa，径面71.4MPa，弦面70.4MPa；干缩系数：径向0.209%，弦向0.362%。强度高，顺纹抗压强度47.8MPa，静曲强度128MPa，抗弯弹性模量 12.4×10^3MPa，顺纹抗拉强度149.8MPa，冲击韧性 $15J/cm^2$。用途甚广，可用于造船、桥梁、建筑、车厢、上等家具，并可制木梭及打梭板、龙骨、舵杆等，亦可用以生产胶合板。　　　　　　　　（申宗圻）

锯材　saw-lumber

又称成材。原木纵剖或再经裁边、横截所得的产品。锯材分为适用于工业、农业、建筑及其他用途的《针叶树、阔叶树》的普通锯材和特等锯材》；铁路用《枕木》；维修铁路货车车厢用的《铁路货车锯材》；载重汽车车厢用的《载重汽车锯材》；矿山竖井专用的《罐道木》以及油田、地质部门钻机垫木用的《机台木》等。　　　　　　（吴悦琦）

锯齿阴阳榫　sawtooth tenan and mortise

用手工凿子在石料端部凿出的锯齿形榫卯。凸为阳，凹为阴，分别在两块石上加工出。阴阳相合连接，以增加石料间锁结能力。多用于桥梁、水坝等工程用的大型石料加工。　　　（张立三）

锯口缺陷　defects of saw cut

锯材面不平整或呈偏斜现象。锯割刀具在材面上留下高低不平的深痕称为瓦棱状锯痕。下锯时锯口不成直线，使材面上成波浪状不平的为波状纹。锯割时纤维被强烈撕裂或扯离，表面十分粗糙的称毛刺糙面。锯口相对材面不平行，相邻材面不垂直称为锯口偏斜。这些锯口缺陷的存在使锯材厚薄和宽窄不均，材面粗糙，影响锯材的质量。
　　　　　　　　　　　　（吴悦琦）

锯末砂浆　saw-dust mortar

由水泥与锯木屑或胶合板碎末按一定比例拌制成的轻砂浆。常用比例为水泥：石灰：锯末 1：1：(4～5)，表观密度为 730～810kg/m³，湿热导率（湿度 75%）为 0.20～0.23W/(m·K)。水泥：胶合板碎末 = 1：4，表观密度约 980kg/m³，热导率 0.14W/(m·K) 至 0.15W/(m·K)。可用于室内抹灰。　　　　　　　　　　（徐家保）

锯制单板　sawn veneer

用圆锯将厚板或木方锯制成的单板。具有强度大、表面无裂纹等优点，但出材率低，只用于特殊需要的产品上，目前很少生产。　　　（吴悦琦）

聚氨基甲酸酯　polyurethane, PU

简称聚氨酯。由含二元或多元异氰酸酯与二元或多元羟基化合物作用而得的高分子化合物，记作 PU。是一类性能可广泛变化有广泛用途的一大族聚合物。分子链中含有多个重复的 —NH$_2$—$\overset{\text{O}}{\overset{\|}{\text{C}}}$—O— 基团。随所用的原料不同，可制取线型的热塑性树脂或体型的热固性树脂。后者的用途较广，一般可分为聚酯型和聚醚型两大类。用于制造塑料、耐磨合成橡胶、合成纤维、人造革、软质与硬质泡沫塑料、胶粘剂和涂料等。在建筑上可用作变形缝的嵌缝材料，或制作墙板芯材、保温板芯材等。　　　　　　　　　（闻荻江）

聚氨酯建筑密封膏　polyurethane sealants for building

以聚氨基甲酸酯聚合物为基料的一种弹性膏状建筑密封材料。按固化机理分单组分型和双组分型两类。按流变性分为 N 型——非下垂型和 L 型——自流平型两类。具有弹性模量易调整、伸长率大、弹性高、黏结性好、耐低温、耐油、耐酸碱、抗疲劳、使用寿命长、可配制不同颜色等特点。其性能为：表干时间不大于 24～48h，适用期不小于 3h，下垂度不大于 3mm，低温 -30℃～-40℃ 柔性状况良好，最大拉伸强度不小于 0.2MPa，最大伸长率不小于 200%～400%，恢复率不小于 85%～95%，渗出指数不大于 3，拉伸—压缩循环，其黏结和内聚破坏面积不大于 25%。广泛用于各种装配式建筑的屋面板、楼板、阳台、窗框、卫生间等部位的接缝、施工缝的密封，给排水管道、贮水池、游泳池、引水渠及土木工程等的接缝密封，混凝土裂缝的修补。　　　（洪克舜　丁振华）

聚氨酯胶粘剂　polyurethane adhesive, urethane adhesive

以多异氰酸酯、多羟基化合物或二者的预聚体为黏料配制的胶粘剂。大体分多异氰酸酯型、封闭多异氰酸酯型和预聚体型三类。多异氰酸酯型主要有甲苯二异氰酸酯（TDI）、4,4′二苯基甲烷二异氰酸酯（MDI）、1,6 六亚甲基二异氰酸酯（HDI）及多亚甲基多苯基多异氰酸酯（PAPI）等单组分胶粘剂，或与多羟基化合物如端羟基聚酯、聚醚、多元醇、环氧树脂、蓖麻油等配制成双组分胶粘剂。前者依靠被粘材料所含的活泼氢固化。封闭异氰酸酯型是用苯酚等暂时封闭异氰酸酯基，以与多羟基化合物混合配制单组分胶粘剂，使用时加热游离出苯酚，异氰酸酯迅速与多羟基化合物反应固化。预聚体型是一类最重要的聚氨酯胶粘剂，高异氰酸酯基预聚体与多羟基化合物配制成双组分结构型胶粘剂，低异氰酸酯基预聚体可配制成湿固化型单组分胶粘剂。粘接力强，初粘力大，胶层柔软，耐低温性突出，抗挠曲性好，可常温接触压固化，但耐热性较差。用于金属、塑料、橡胶、玻璃、陶瓷、织物、木材、水泥制品等材料的粘接。
　　　　　　　　　　　　（刘茂榆）

聚苯乙烯　polystyrene, PS

由苯乙烯均聚而成的热塑性树脂，记作 PS。化学式为 $-\!\!\!\!-\!\!\text{CH}_2-\!\!\!\!\!\begin{array}{c}\\\bigcirc\\\end{array}\!\!\!\!\!-\text{CH}_2\!\!-\!\!\!\!-_n$。无色、透明、有光泽的玻璃状固体。吸湿性低，耐水性好，加工性能良好，有优良的电性能，良好的尺寸稳定性和抗污染性。溶于芳香烃、氯化烃、脂肪族酮和酯等，但在丙酮中只能溶胀。耐化学腐蚀性好，缺点是耐热性差，易燃并放出黑烟，强度低，性脆，易脆裂及老化。常掺加其他物料进行改性。易进行挤出、注塑和压制加工，也易于发泡制备泡沫塑料。建筑上常用于制作夹层墙板芯材、泡沫塑料板、墙面装饰的块材和卷材、顶棚的装饰板材、临时围护设施等。　　　　　　　　　　　　（闻荻江）

聚苯乙烯珠混凝土　expanded polystyrene concrete

膨胀聚苯乙烯珠配制成的轻集料混凝土。表观密度 $300\sim1\,000\text{kg/m}^3$，热导率 $0.08\sim0.30\text{W/(m·K)}$，抗压强度 $1.0\sim10.0\text{MPa}$。与一般轻集料混凝土相比，弹性模量很低（约 2GPa），收缩率较大（达 $1\sim2\text{mm/m}$），但并不引起收缩裂缝。主要用于制作无筋的保温绝热制品。由于造价较高，国内外应用尚少。　　　　　　　　（龚洛书）

聚丙烯　polypropylene, PP

由丙烯聚合而得的热塑性树脂，记作 PP。化学式为 $\text{\textit{+}CH}_2\text{—CH}\text{\textit{+}}_n$，侧基为 CH_3。随制备方法不同，有等规、间规和无规三类，目前获得大量应用的是等规聚丙烯。白色无味蜡状固体，比聚乙烯更透明、更轻（密度 0.90g/cm^3），规整度高，耐热性良好，使用温度可达 140℃，耐化学腐蚀性和电性能好。缺点是脆化温度高，抗低温冲击性差，对紫外线较敏感，比聚乙烯易氧化，可添加抗氧剂和紫外线吸收剂改善其防老化特性。可以制成板材、型材、合成纤维和薄膜，用以制作包装袋、地毯、脸盆、水槽、淋浴用品、绳索、小五金、墙板等。无规聚丙烯为前者的副产物，熔点及硬度低，可用作防水油膏等改性剂，也用作沥青防水材料的沥青改性剂。
　　　　　　　　　　　　　　　　　（闻荻江）

聚丙烯腈　polyacrylonitlrile, PAN

由丙烯腈聚合而得的高分子化合物，记作 PAN。化学式为 $\text{\textit{+}CH}_2\text{—CH}\text{\textit{+}}_n$，侧基为 CN。白色粉末，溶于二甲基甲酰胺或硫氢酸盐等溶液。耐老化、强度高、绝热性好。主要用于制造丙烯腈纤维（腈纶），俗称人造羊毛。建筑中常见的如腈纶地毯。
　　　　　　　　　　　　　　　　　（闻荻江）

聚丙烯腈纤维　polyacrylonitrile fiber

俗称腈纶、人造羊毛。由丙烯腈单体（$\text{CH}_2\text{=CH}$，侧基 CN）共聚而成的高分子化合物经湿法或干法纺丝制成的合成纤维。20 世纪 40 年代由美国杜邦公司研制成功。商品名为"奥纶"（Orlon）。因分子链上含有带极性的腈基（—CN），故透气性差，有一定的毒性，不宜用于经常接触食品的场合。一般制成短纤维，手感柔软、温暖，弹性好，耐光和耐候性良好，有羊毛质感，可纯纺或混纺成纺织品、针织品，多用来制成毛毯、毛线、窗帘布、装饰布、沙发布和滤布等。　（刘柏贤）

聚丙烯沥青　polypropylene (PP)-asphalt

以聚丙烯树脂为改性材料的改性沥青。黑色，固体或半固体状态。用于改性沥青用的聚丙烯有：等规聚丙烯和间规聚丙烯，以及无规聚丙烯等，其中以无规聚丙烯应用最广泛。聚丙烯可提高沥青的耐热性、黏结性、耐久性。在技术指标上表现出软化点提高、脆化点降低、黏度增大。对低黏度沥青，针入度减小；对高黏度沥青，针入度增大。其掺加工艺是在搅拌下，将聚丙烯树脂加入熔融的石油沥青中，经塑化拌和而成。熔融温度一般为 $180\sim220\text{℃}$，掺入量 $17\%\sim50\%$。用于制造沥青防水卷材和建筑密封材料。　　　（刘尚乐）

聚丙烯膜裂纤维　polypropylene fibrillated film fibre

用聚丙烯作主要原料制成的一种束状化学纤维。相对密度为 $0.9\sim1.0$，抗拉极限强度为 $500\sim800\text{MPa}$，弹性模量为 $9\sim18\text{GPa}$，抗碱性好，在紫外线与氧气作用下较易老化，热稳定性温度为 150℃。其纤维束拉开后呈网状，有利于与水泥砂浆、混凝土的黏结，可切成一定长度（$6\sim24\text{mm}$）掺入砂浆、混凝土中起防裂与增韧等作用。也可制成网片供制作聚丙烯膜裂纤维增强水泥瓦、板。
　　　　　　　　　　　　　　　　　（沈荣熹）

聚丙烯膜裂纤维增强水泥　fibrillated polypropylene film reinforced cement

以聚丙烯膜裂纤维作为增强材料的纤维增强水泥。20 世纪 70 年代中，英国人 D. J. Hannant 最先研制成功。其制作原理为使若干层聚丙烯膜裂纤维网以水泥浆浸透再经真空脱水与多次辊压形成一定厚度的薄板，其断面可制成波形。纤维的体积率约为 8%，该材料的抗弯极限强度为 $30\sim35\text{MPa}$，抗拉极限强度为 $12\sim15\text{MPa}$，抗冲击强度为 $50\sim100\text{kJ/m}^2$。　　　　　　　　　　（沈荣熹）

聚丙烯酸酯乳液水泥砂浆　acrylic polymer emulsion cement mortar

由丙烯酸酯乳液或丙烯酸酯与其他单体的共聚乳液、水泥、细集料、水和助剂（消泡剂与稳定剂等）按一定比例混合制成的一种聚合物水泥砂浆。是 20 世纪 70 年代才发展起来的。与普通水泥砂浆相比，冲击强度约可提高 $3.0\sim4.0$ 倍，与旧混凝土的黏结强度提高 $1.0\sim3.0$ 倍，耐磨能力及抗酸能力可大幅提高，抗裂系数可增长 10 倍左右。

主要用作防水、耐磨、粘接和防腐蚀材料。

（徐亚萍）

聚丙烯纤维 polypropylene fiber (PPF)

俗称丙纶。由丙烯单体聚合成高分子量的等规聚丙烯加工而成的合成纤维。聚丙烯的制造技术和工业生产始于1957年的意大利。聚丙烯具有良好的成纤性，纤维的相对密度小而强度高，具有浮力，无吸湿性，原料来源广，价格低廉，耐热性较好。但其耐低温性和耐老化性较差。主要做绳缆、渔网、地毯、衣着用品、运动用品、滤布、防水布等。

（刘柏贤）

聚丙烯纤维增强混凝土 polypropylene fibre reinforced concrete

以切短的聚丙烯膜裂纤维作为增强材料的纤维增强混凝土。20世纪70年代中期英国最先研制。纤维的长度为40~70mm，体积率在1％以下，混凝土的集料最大粒径为10mm。与素混凝土相比，有较高的抗裂性与抗冲击性，主要用以浇筑路面和加固河堤等，也可用以制造桩帽等。 （沈荣熹）

聚醋酸乙烯胶粘剂 polyvinyl acetate adhesive

以聚醋酸乙烯酯为黏料配制的胶粘剂。分溶液型和乳液型。溶液型者一般用聚合度1500左右的聚醋酸乙烯酯溶于二氯乙烷、丙酮、甲醇等溶剂中制得。加入乙二醛、氧化锌、氯化铁等固化剂能配制成反应型胶粘剂。主要用于粘接木材、混凝土和金属。乳液型者以醋酸乙烯乳液聚合制得，乳白色，俗称白乳胶。无毒、无腐蚀性、价廉、粘接性较好，建筑中主要粘接木器家具、粘贴饰面板、壁纸、织物、玻璃、陶瓷等。亦可用作水泥增强剂。为改进乳液耐久性和粘接性能，已制成多种共聚乳液。

（刘茂榆）

聚醋酸乙烯乳液水泥砂浆 polyvinyl acetate emulsion cement mortar

由聚醋酸乙烯乳液、水泥、细集料和水按一定比例混合制成的一种聚合物水泥砂浆。其抗拉、抗弯、抗冲击强度及耐磨性比普通水泥砂浆高2.0~3.0倍以上。对大理石、旧混凝土、钢板及玻璃等材料的黏结力提高5.0~10.0倍。该乳液本身耐水性差和成膜温度高，故常用醋酸乙烯与乙烯及其衍生物的共聚乳液代替该乳液以提高其性能。主要用作铺面材料、黏结材料及修补材料。 （徐亚萍）

聚醋酸乙烯涂料 polyvinyl acetate coating

又称聚醋酸乙烯乳胶漆。由醋酸乙烯均聚乳液为基料配制而成的乳液涂料。涂膜透气性好、细腻、平滑、色彩鲜艳、装饰效果好。但耐水性、耐碱性、耐候性较其他共聚乳液涂料差，施工方便，可用刷、滚涂施工。广泛用于内墙面装饰，不宜用于外墙。

（陈艾青）

聚醋酸乙烯酯 polyvinyl acetate, PVAC

由醋酸乙烯酯经聚合而成的热塑性树脂，记作PVAC。化学式为 $+CH_2-CH+_n$ 。
$\qquad\qquad\qquad\qquad\qquad\quad |$
$\qquad\qquad\qquad\qquad\quad OCOCH_3$
用不同聚合方法可得无色透明的黏稠液体、乳液或乳胶。固体软化点45~90℃。无臭、无味。吸水性大（2％~5％）。耐稀酸及稀碱。由于其玻璃化温度低（约28℃），耐水、耐化学性差，故不能作为塑料制品应用，主要用于乳胶、水溶性涂料、黏合剂、织物整理剂，也用作制造聚乙烯醇及其缩醛类树脂等原料。建筑上还用作嵌缝材料、涂布地板、修补水泥砂浆等。

（闻荻江）

聚光灯 spotlight

光源经反射镜集聚成近于平行光束的灯具（见图）。多以卤钨灯或金属卤化物灯等为光源。主要由壳体、光源、反射镜、透镜、滤光器支架等组成。舞台用者常分柔光型、平凸透镜型和轮廓型等多种。具有光线较强，光照范围及光圈边缘明显，能自由调控投光强弱、角度及光色等特点。是舞台上的效果灯具之一。

（王建明）

聚合度 degree of polymerization

组成聚合物分子的链节数目。例如聚氯乙烯的分子式是 $+CH_2-CHCl+_n$，n 即为聚合度。是聚合物分子量的量度，通过聚合物分子量除以链节分子量求得。一般聚合物是不同分子量的同系混合物，分子量用统计方法平均而得，因此聚合度也是平均值，又可称做平均聚合度。常用符号 $\bar{P}$ 或 DP 表示。平均分子量有数均、重均、Z均、黏均分子量之分，计算而得的聚合度也有数均、重均、Z均、黏均聚合度之别。一般聚合度增加，聚合物熔点升高，溶解度下降，机械强度增加。

（赵建国）

聚合反应 polymerization

由单体分子经化学反应而连在一起生成大分子的化学反应。有两种最基本的聚合反应：加成聚合反应（简称"加聚"）和缩合聚合反应（简称"缩聚"）。它们各有多种变异反应。有时仅指加成聚合反应。

（闻荻江）

聚合物 polymer

由单体经聚合反应而得的具有重复链节的产物。由一种单体聚合而得的产物称均聚物、单聚物；由两种或两种以上单体经聚合并包含在同一分子中的产物则称共聚物。分子量较低的称低聚物，如二聚体、三聚体等；分子量较高的称高聚物、高分子化合物，如聚苯乙烯是苯乙烯的聚合物。聚合物、高聚物、高分子化合物、树脂等词相互间有一定差别，但在工程技术上常作同义应用。

（闻荻江）

聚合物分解温度 decomposition temperature of polymer

聚合物在受热时大分子链开始裂解或某些基团从大分子中分解出来时的温度。是鉴定聚合物耐热性的指标之一。一般高于聚合物的加工温度，个别聚合物如聚氯乙烯很接近加工温度，加工时需加入抑制分解的稳定剂。用热失重法、差热分析法等测定。

（顾国芳）

聚合物混凝土 concrete-polymer composite

用不同方法使单体或聚合物与混凝土或砂浆材料有效结合的一种有机、无机复合材料。按其组成及制作工艺可分为：聚合物浸渍混凝土（记作PIC）、聚合物胶结混凝土（又称树脂混凝土，记作PC）、聚合物水泥混凝土（又称聚合物改性混凝土，记作PCC）。20世纪20年代初就出现了PCC材料，50年代初原苏联、原联邦德国、日本、美国等开发和应用了PC材料，60年代后期美国研制成功了PIC材料，使它进入了一个新的发展阶段。中国20世纪50年代开始研究聚醋酸乙烯乳液水泥砂浆等PCC材料，60年代研制成以环氧树脂、不饱和聚酯树脂为胶结材的PC材料。70年代初研制成PIC材料。聚合物在其中约占2%～20%（质量计），对混凝土起填孔与增强作用，可使强度、抗渗、抗冻、耐腐蚀、耐磨等物理力学性能比普通混凝土提高1～5倍。可用作特种工程的结构材料、公路、机场、桥梁等的耐磨面层及防渗、耐腐蚀材料等。

（陈鹤云）

聚合物胶结混凝土 polymer concrete

又称树脂混凝土(resin concrete)。用聚合物作为胶结料，与填料、粗细集料制成的一种聚合物混凝土。常用的聚合物为热固性树脂如环氧树脂、不饱和聚酯树脂、呋喃树脂等。将聚合物和固化剂、外加剂（如防老化剂、增韧剂等）混匀，然后和集料混合，经化学催化或热催化固化而成。美、日、原联邦德国及中国在20世纪60年代先后开始研究与应用。具有良好的耐磨、耐腐蚀性能与较高的力学性能。主要用于公路、桥梁、化工容器、地坪铺面，也用作装饰、装修、修补材料等，如制造耐酸泵底座、减震机床的机座及机架、电缆线路的人孔等。

（陈鹤云）

聚合物胶结填料 filler for polymer concrete

填充聚合物胶结混凝土中粗细集料间空隙的惰性物质。其粒径范围为0.05～0.10mm。可改善聚合物的物理力学性能，如减少固化收缩率，降低热膨胀系数，提高耐磨性等，并可降低成本。常用的有石英粉、滑石粉、碳酸钙粉、铸石粉与瓷土粉等。

（徐亚萍）

聚合物浸渍混凝土 polymer impregnated concrete

将聚合物或单体渗入混凝土的孔隙制得的浸渍混凝土。所用聚合物或单体种类有：苯乙烯、甲基丙烯酸甲酯、苯乙烯-不饱和聚酯树脂、苯乙烯-环氧树脂、甲基丙烯酸甲酯-不饱和聚酯树脂等。由于聚合物填充了混凝土内部的孔隙和微裂缝，提高了混凝土的密实度，增加了组分界面间的黏结力，受力时应力集中程度减小，因而其抗压强度达100～200MPa，抗拉强度达9～13MPa，抗折强度达19～25MPa，其耐腐蚀、抗渗、抗冻、耐磨等性能均比普通混凝土有明显提高。可作为特种工程的结构材料、海工与海洋构筑物材料，以及用作腐蚀地区的管、柱、桩、路面、桥面材料等。也可用于紧急修补路面、桥梁。

（陈鹤云）

聚合物浸渍纤维混凝土 polymer impregnated fiber reinforced concrete

将单体浸入纤维增强混凝土的孔隙中，并在其中聚合、固化而成的水泥基复合材料。它同时发挥了聚合物和纤维各自的增强作用。与未浸渍的纤维增强混凝土相比各项强度指标、抗渗、抗冻融、耐腐蚀等性能均有明显提高。可用作抗爆、抗冲击等结构材料。

（陈鹤云）

聚合物力学状态 mechanical state of polymer

聚合物在不同的温度范围内所呈现的一种物理状态。反映出聚合物形变的发生、发展直到破坏的规律、特征和力学性能。常通过热-机械曲线加以研究。线型无定型聚合物的热-机械曲线如图，随着温度升高，聚合物发生由玻璃态向高弹态、高弹态向黏流态的转变，其转变温度分别为玻璃化转变温度(T_g)和黏流温度(T_f)。一般橡胶应处于高弹态下使用($T_g \sim T_f$)，塑料需处于玻璃态下使用，而成型加工则利用它的黏流态进行。体型高分子呈网状结构，不熔不溶，没有黏流态。随交联密度的增加，玻璃化转变温度提高，高弹区变小，直至完全消失。结晶聚合物主要转变为结晶熔融，不出现玻璃化转变和高弹态，但半结晶聚合物中非晶区受热时仍可出现玻璃态、高弹态。开始玻璃化转变到结晶熔融之前，聚合物介于玻璃态与高弹态之间，表现出硬而韧、流动性差的特性，称为"皮革态"，处于这种状态的聚合物可作为韧性塑料使用，但加工中应避免出现。上述各种性能是由聚合物中的原子位移、链段位移和大分子链整体位移所决定的。

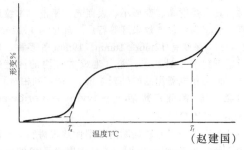
(赵建国)

聚合物水泥混凝土 polymer cement concrete

又称聚合物改性混凝土（polymer-modified concrete）。用聚合物水分散液代替部分水泥胶结料而制成的一种聚合物混凝土或砂浆。在干拌好的混凝土混合料中加入由一定量的聚合物、消泡剂或固化剂等助剂和水组成的混合液（聚合物用量约为水泥质量的10%～15%），成型硬化而成。常用的聚合物有天然和合成胶乳、热塑性和热固性树脂乳液和水溶性聚合物等。与普通水泥混凝土相比有较高的抗拉、抗折和抗冲击强度及对瓷砖与大理石等材料的黏结力，较好的耐磨、耐蚀与抗渗等性能。可用作化工厂和仓库的铺面材料和地板材料、屋面、地下工程及水池的防水防渗材料，防腐蚀衬里，修补与黏结材料等。　　　　　　　　　　（陈鹤云）

聚合物水泥砂浆 polymer cement mortar

又称聚合物改性砂浆。参见聚合物水泥混凝土。

聚合制度 system of polymerization

使浸渍剂在基材孔隙中转化为聚合物的工艺制度。聚合方法可分为：常温聚合、热催化聚合和辐射聚合等。具体制度应根据聚合方法、浸渍剂种类、基材性能和用途而定。如基材为混凝土、浸渍剂为甲基丙烯酸甲酯，用热催化聚合制作高强浸渍混凝土，聚合制度宜采用55℃水中预聚合1～2h，升温至70℃并保持2～4h。　　（陈鹤云）

聚甲基丙烯酸甲酯 polymethyl methacrylate, PMMA

由甲基丙烯酸甲酯聚合而成的热塑性塑料，记作PMMA。化学式为 $-[CH_2-\underset{COOCH_3}{\underset{|}{\overset{CH_3}{\overset{|}{C}}}}]_n-$。丙烯酸树脂的主要品种之一。具有特殊光学性能和良好防水性的透明固体。由本体聚合而得的固体成型物俗称有机玻璃。由悬浮聚合物而得的树脂主要用于制造压塑粉、牙托粉、假牙等。由乳液聚合而得的乳胶可用于制造皮革或纹理织物，也用作涂料。由溶液聚合而得的树脂液，用于涂料工业。在建筑上主要利用其光学特性，用作透明板材、塑料玻璃、采光材料、装饰材料，也可用以制作多种卫生洁具。
　　　　　　　　　　　　　　　　（闻荻江）

聚甲醛 polyoxymethylene, polyformaldehyde, POM

又称聚氧亚甲基。由甲醛聚合而得的热塑性树脂，记作POM。化学式为 $H-[CH_2-O]_n-OH$。为主要的工程塑料之一。透明或不透明固体，强度高，有良好的疲劳寿命、回弹性、低湿敏感性。根据聚合工艺不同，分均聚甲醛和共聚甲醛两种。前者由三聚甲醛或聚合级甲醛制得，密度略大，结晶度高些、机械强度高些，但热稳定性差，成型困难；后者以三聚甲醛与少量二氧五环共聚而得。强度不如前者，但热稳定性好，化学稳定性好，加工范围宽，易成型，故目前工业应用以后者为主。可代替有色金属及合金制造多种机械零件。
　　　　　　　　　　　　　　　　（闻荻江）

聚磷酸铵阻燃剂 F.R. ammonium polyphosphate

用作阻燃剂的磷酸铵的无分枝长链聚合物。记作APP。结构式为：

$$NH_4-O-\underset{\underset{NH_4}{|}}{\overset{\overset{O}{\|}}{P}}-O-[\underset{\underset{NH_4}{|}}{\overset{\overset{O}{\|}}{P}}-O]_n-\underset{\underset{NH_4}{|}}{\overset{\overset{O}{\|}}{P}}-O-NH_4$$

$n=10\sim20$ 的短链结构为水溶性APP，$n>20$（最高可达20 000）的长链结构为水难溶性APP。含氮14.4%，含磷32%。受热分解生成氨气和磷酸，使材料表面脱水炭化，起稀释及覆盖阻燃效应。水溶性APP适用作天然纤维材料和织物的防火浸渍剂。水难溶性APP适用作木板（胶合板、木屑板、刨花板）的阻燃胶粘剂、聚烯烃的添加型阻燃剂以及防火涂料等。　　　　　　　（徐应麟）

聚硫建筑密封膏 polysulfide sealants for building

以液态聚硫橡胶为基料的膏状建筑密封材料。常掺有增塑剂、颜料、增黏剂、下垂防止剂、氧化锌、硫化调节剂和填料等。按成分组成，分单组分型和双组分型两类。按流变性分为不下垂型和自流平型两种类型。具有良好的耐候性、耐燃油性、耐湿热性、耐水性、耐低温和黏结性能，抗撕裂性强，无溶剂，使用安全可靠。可根据不同要求，如流平性、抗下垂性等，进行配制。使用温度范围为-40～+90℃。其性能合格指标为：表干时间不大于34h，适用期不小于2～6h，下垂度不大于3mm，低温-30～-40℃柔性状况良好，最大拉伸强度不小于0.2～1.2MPa，最大伸长率不小于

100%～400%，恢复率不小于80%～90%，渗出指数不大于3，拉伸-压缩循环，其黏结和内聚破坏面积不大于25%。适用于混凝土墙板，楼板，金属幕墙，玻璃窗，钢、铝窗结构，游泳池，贮水槽，上下管道，冷藏库等接缝的密封以及广场、公路、桥面和机场的伸缩缝的密封。

（洪克舜　丁振华）

聚硫橡胶　polysulfide rubber

由有机二卤化合物与碱金属、碱土金属的多硫化物缩聚而成的合成橡胶。分固态胶、液态胶和胶乳三类。有优异的耐油性能、耐溶剂性、耐臭氧性，低的透气性，良好的低温挠屈性和对其他材料的黏附性。但耐热性和机械性能较差。可用氧化铅、氧化锌作硫化剂，以胍类、噻唑类、秋兰姆等促进剂作软化剂。主要用来制造耐油、耐溶剂（苯等）管、泵的垫圈和油库、油槽储罐的零件，建筑上用作密封材料、胶粘剂、涂料以及树脂改性剂。

（刘柏贤）

聚硫橡胶胶粘剂　polysulfide adhesives

以液态聚硫橡胶为基料，加入某些合成树脂、填料和硫化剂配制成的胶粘剂。耐油、耐溶剂，用来粘接金属、织物、玻璃、陶瓷、木材等材料，建筑上亦用来制备嵌缝密封材料，也可制胶粘带。加入二异氰酸酯、其他橡胶或合成树脂可以提高胶粘剂的黏附性能。

（刘茂榆）

聚氯乙烯　polyvinyl chloride, PVC

由氯乙烯在引发剂作用下聚合而得的热塑性树脂，记作PVC。化学式为 $+CH_2-CH+_n$。是乙
　　　　　　　　　　　　　　　　　　$\underset{Cl}{|}$
烯基聚合物中最重要的一种，也是建筑上使用最多的一种树脂。一般为白色或微黄色的粉末。低分子量的溶于酮类、酯类和氯代烃类，高分子量的则难溶解。具有良好的耐化学腐蚀性，但热稳定性和耐光性略差。在140℃时开始分解出氯化氢，故在制造塑料时需加稳定剂。电绝缘性优良，有自熄性。实际应用中加入不同的增塑剂量制备硬质和软质制品。硬质制品可用来制作百叶窗、墙面板、管材、封檐板、踢脚板、门、窗、扶手等。软质的制品有薄板、薄膜、管材等。易与其他树脂掺混改性。根据树脂的制法，有悬浮法聚合得到的粉状树脂及乳液聚合法得到的糊状树脂，后者多用以制造人造革、织物涂装（如壁纸、窗纱）和泡沫塑料。

（闻荻江）

聚氯乙烯薄膜饰面板　polyvinyl chloride membrane decorative sheet

面层由套印木纹的聚氯乙烯薄膜，基材由人造板、刨花板、胶合板或纤维板等复合而成的装饰板材。具有强度高、变形小、表面光洁平滑、木纹逼真、质感强、装饰效果好等特点。规格为1.22m×2.44m，厚度有12mm，16mm，19mm等多种。广泛用于制造家具，车、船、建筑物室内的内壁装饰，也可作电器用品的外壳装饰。

（刘柏贤）

聚氯乙烯-醋酸乙烯酯　polyvinyl-chloride-acetate, VC-VA

氯乙烯与醋酸乙烯酯的热塑性共聚树脂。氯乙烯含量常为80%～98%。是改性聚氯乙烯的一个重要品种，白色粉末，比聚氯乙烯柔韧和易溶于溶剂。性质和用途取决于共聚物的两种单体比及分子量大小。含氯乙烯较少时，性能接近于聚醋酸乙烯酯、溶解性好，用作涂料和胶粘剂。氯乙烯含量高时，性能接近于聚氯乙烯，适于真空成型薄片，加工成各种塑料，用于包装材料、绝缘材料等。

（闻荻江）

聚氯乙烯建筑防水接缝材料　waterproofing polyvingl chloride building jointing material

简称PVC接缝材料。以聚氯乙烯树脂为基料，同煤焦油和辅助材料配制而成的建筑密封材料。分为热塑型PVC接缝材料，又称聚氯乙烯胶泥和热熔型PVC接缝材料，又称塑料油膏。两者的主要区别在于聚氯乙烯胶泥组成中不含稀释剂，需在现场进行施工时加热塑化，以黏稠状液态供给，而塑料油膏中除聚氯乙烯树脂外，还可用废旧聚氯乙烯塑料制品，含有稀释剂，在出厂时已塑化完善，成弹性块状供给。在施工时，只需加热熔化即可施工。根据耐热度和低温柔性分802和703两个标号。802在80℃下，703在70℃下，其下垂值≤4mm，802在-20℃下，703在-30℃下弯曲时，不开裂；要求粘结延伸率≥250%，浸水黏结延伸率≥200%，回弹率≥80%，挥发率≤3%。主要用于建筑物和构筑物的防水接缝。

（刘尚乐）

聚氯乙烯胶泥　polyvinyl chloride daub

见聚氯乙烯建筑防水接缝材料。

聚氯乙烯煤沥青　PVC-coal tar

掺有聚氯乙烯树脂的改性煤沥青。黑色，固体或半固体状态。这种改性煤沥青可使煤沥青的耐热性、低温柔韧性、延伸性和弹性等大大提高。由聚氯乙烯树脂、增塑剂、稳定剂和煤沥青等组成。可通过捏和、塑炼等工艺，使之充分塑化。捏和温度为80℃，塑炼温度为110～150℃。聚氯乙烯掺入量为煤沥青的10%～40%。用于制造优质防水卷材。

（刘尚乐）

聚氯乙烯-偏氯乙烯树脂　polyvinyl-vinylidene chloride

一种由氯乙烯、1,1-二氯乙烯共聚而得的热

塑性树脂。常用的聚合物中含氯乙烯15%或更多一些。广泛用作包装薄膜、建筑涂料。

(闻荻江)

聚氯乙烯石棉塑料地板 vinyl asbestos tile

以聚氯乙烯为基料，配以增塑剂、稳定剂等助剂以及大量石棉绒和碳酸钙填料制成的块状地板。一般为单色或有杂色花纹（仿大理石花纹），颜色品种较多。常见的尺寸规格为303mm×303mm和333mm×333mm，厚度自1.2～2.5mm不等。填料含量很高，可为树脂量的2～4倍，因而较硬，无弹性，较易折断。需用胶粘剂粘贴施工。具有耐磨、易保养清扫等优点，特别是耐燃性较好，烟头踩灭时的损害较轻；耐凹陷性好，受静止负载作用不会形成永久性的凹陷。缺点是耐刻划性差、脚感硬。适宜用于公共建筑，如商店、车站、文化娱乐场所等。由于石棉对人体有害，近年来已较少采用，改用碳酸钙作为填料。

(顾国芳)

聚氯乙烯纤维 polyvinyl chloride fiber

俗称氯纶。由氯乙烯聚合而成的高分子化合物经湿纺或干纺而成的一种聚烯烃纤维。1930年首先由德国工业化生产合成树脂，1949年生产纤维名为"佩采鸟"。1950年法国投产，名为"罗维尔"。原料来源广，成本比其他合成纤维低，化学稳定性、隔热性、绝缘性、耐磨性、耐腐蚀性均好，有自熄性，不耐热，不能经受煮沸或在高温下染色。加工时易产生静电。产品有复丝、短纤维和较粗的棕丝等。广泛用于制造工业织物，如防水布、滤布、劳保服，也用于制造帆布、帐篷、毛毯、地毯、沙发布、床垫布和其他室内装饰用布。

(刘柏贤)

聚醚橡胶密封膏 polyether rubber sealants

以聚醚橡胶为主要原料的不定型建筑密封材料。具有弹性、黏结性、抗疲劳性和化学稳定性。适用于建筑工程的接缝嵌填，起密封、防腐作用。

(洪克舜 丁振华)

聚碳酸酯 polycarbonate, PC

在分子链中含有碳酸酯基的一类热塑性树脂总称，记作PC。常用的为2,2-双(-4-羟基苯基)-丙烷聚碳酸酯，化学结构式为：

$$\left[O - \underset{\underset{CH_3}{|}}{\overset{\overset{CH_3}{|}}{C}} - O - \overset{O}{\underset{\|}{C}} \right]_n$$

为重要的工程塑料之一。无色至浅黄色透明固体，熔点大于或等于220℃。软化点高，耐低温。溶于二氯甲烷和对二噁烷，稍溶于芳香烃和酮等，在甲醇中溶胀。吸水率低。具有高冲击强度和良好的电性能。缺点是制品易开裂。可注射成型。成型精度高，特别适于制造外形复杂的摩擦件，如齿轮、电子元件、精密仪器零件。加入玻璃纤维可得到玻璃纤维增强塑料，也可制作防护玻璃、大型灯罩，以及耐120℃的绝缘薄膜。

(闻荻江)

聚碳酸酯密封膏 polycarbonate sealants

以聚碳酸酯为主要原料，掺入助剂、填料等配制而成的不定型建筑密封材料。具有优异的抗冲击韧性、抗蠕变性、耐热性、耐寒性、黏结性、耐紫外线性和耐候性。使用温度范围为-29～+93℃。使用寿命在10年以上。施工时不需打底。适用于砖结构、塑料门窗、金属板和沾油产品等的黏结密封，也适用于仪表零件、灯具、冷冻装置、电器等密封防水。

(洪克舜 丁振华)

聚填率 percentage of polymer loading

衡量基材的孔隙被聚合物填充程度的指标。常用质量百分数表示。即$P(\%) = 100(G_1 - G_2)/G_2$，式中：$P$为聚填率；$G_1$为浸渍聚合后混凝土的干质量；$G_2$为基材混凝土的干质量。

(陈鹤云)

聚烯烃 polyolefin

烯烃类聚合物的总称。包括含有C_2、C_3、C_4、C_5的不饱和烯烃等的聚合物及其共聚物。热塑性树脂的一个大类，品种有数十种，如聚乙烯、聚丙烯、聚苯乙烯、聚丁二烯、乙烯-丙烯酸乙酯共聚物及改性树脂等。作为通用塑料、工程塑料、橡胶、纤维而广泛用于各工业领域。

(闻荻江)

聚烯烃沥青涂料 PO-asphalt coating

用聚烯烃树脂改性沥青作主要成膜物质的沥青防水涂料。由沥青、热塑性聚烯烃树脂和体质颜料所组成。为无溶剂型厚涂层沥青防水涂料。具有较好的柔韧性、弹性和耐热性。常用的聚烯烃树脂有聚乙烯、聚丙烯、聚异丁烯等，体质颜料有膨润土、高岭土等。将石油沥青（软质）、聚烯烃树脂在一定温度下熔融混合，再加入体质颜料搅拌均匀而成。热熔刮涂法施工，用于屋面和地面防水涂层。

(刘尚乐)

聚酰胺 polyamide, PA

俗称尼龙。主链上具有许多重复酰胺基的热塑性高分子化合物，记作PA。化学式通常为

$$\left[NH - R - \overset{O}{\underset{\|}{C}}O \right]_n 或$$

$$\left[NH - R - NH - \overset{O}{\underset{\|}{C}}O - R - \overset{O}{\underset{\|}{C}}O \right]_n.$$

主要由二元酸与二元胺或氨基酸经缩合聚合而得。白色至淡黄色不透明固体。熔点180～280℃。不

溶于醇、酮、醋酸乙酯和烃类，但溶于酚类、硫酸、甲酸和某些无机盐溶液。耐矿物油和水，但吸湿性强。高温和压力下会水解，干燥物有一定的绝缘性，易于聚集静电。耐磨性好，机械性能优良。主要用作合成纤维，多种机械、化工和电器的塑料零件，涂料和胶粘剂。建筑上用以制备浸涂的卷帘、推拉门的滑轮、通风机和格栅、绳索、小五金件等。

(闻荻江)

聚乙烯 polythylene，PE

由乙烯加聚而成热塑性树脂，记作 PE。化学式为 $+CH_2-CH_2+_n$。按聚合时的压力可分为高压、中压和低压三种。高压聚乙烯又称低密度聚乙烯，由自由基引发剂引发使乙烯聚合而得。分子链上支链多，规整性差，结晶度低，分子量较低，密度低，机械强度差，柔性好、电性能及透明性好，耐溶剂性差，软化点低，易加工。常制作薄膜及注射件。低压聚乙烯又称高密度聚乙烯，用齐格勒(Ziegler)催化剂进行乙烯的阴离子配位聚合而得，产物分子量高，分子规整性好，支链少，结晶度高，密度大，树脂的强度高，刚性高，透明性差。中压聚乙烯是以金属氧化物为催化剂在乙烯溶液中聚合而得，性能介于高、低压聚乙烯之间。聚乙烯质轻、无毒，性能优良，易制成板、型材、薄膜、纤维等制品，可制取蒸汽隔离膜、水箱、溢水管、浮球、通风器械等多种建筑制品。

(闻荻江)

聚乙烯醇 polyvinyl alcohols，PVA

由聚醋酸乙烯酯经碱醇解或水解而得的水溶性热塑性树脂，多记作 PVA。一般不能完全醇解，其醇解的程度用醇解度表示。全部醇解后的化学式为 $+CH_2-CH+_n$。白色粉末，相对密度 1.26～
         $|$
         OH
1.31。根据醇解程度不同，产物或溶于水或仅能溶胀。耐油和耐火及耐部分有机溶剂。能透过水蒸气，难透醇蒸气，不透有机溶剂蒸气、惰性气体及氢气。用于制造薄膜，用作织物上浆剂、纸张涂层、胶粘剂、脱模剂、保护胶体、建筑涂料，也可用来制造聚乙烯醇缩醛、耐油管道和维尼纶(纤维)等。

(闻荻江)

聚乙烯醇胶粘剂 polyvinyl alcohol adhesive

以聚乙烯醇水溶液为黏料配制的胶粘剂。制备胶粘剂的聚乙烯醇的聚合度为 500～3 000，醇解度为 87%～99%。常加入填料(淀粉、羧甲基纤维素)、增塑剂(甘油、聚乙二醇)、防腐剂等改性。亦可与聚醋酸乙烯乳液等量混合使用。无色透明，对纸张、织物有较好的粘接力，但耐热性、耐水性和耐老化性较差。用作木材、织物、纸张、皮革的粘接。

(刘茂榆)

聚乙烯醇-水玻璃涂料 polyvinyl alcohol-water-glass coating

俗称 106 涂料。以聚乙烯醇树脂(醇解度98%，聚合度1 700)水溶液和水玻璃(模数>3.0)为基料配制而成的水溶性内墙涂料。由于生产工艺简单、价格低廉，所以曾是国内用量最多的民用涂料。具有无毒、无味、不燃，与墙面有一定的黏结力、涂层干燥快、涂膜光洁平滑、色调柔和、装饰效果好，能在稍潮湿的墙面上施工等特点。缺点是耐水擦洗性差，不耐水。适用于民用建筑物的内墙装饰。

(陈艾青)

聚乙烯醇缩甲醛胶涂布地板 polyvinyl formal seamless floor

聚乙烯醇缩甲醛胶(俗称107胶)与水泥及水配制成的浆料涂抹后形成的整体无接缝地面。聚乙烯醇缩甲醛胶与水泥混合后水泥水化凝结，聚乙烯醇缩甲醛同时也凝结成膜。与水泥砂浆和混凝土基层的附着力较好。颜色和厚度可按需要选定。表面比普通水泥砂浆致密光滑，不会起灰。造价较低，但耐磨耗性较差。有时在它的表面罩以氯偏清漆等涂料以增加表面的平整光洁性。

(顾国芳)

聚乙烯醇缩甲醛纤维 polyvinyl formal fiber

又称维纶、维尼纶。以聚乙烯醇通过缩醛化、苄叉化等作用生成的高分子化合物加工而成的合成纤维。其长丝纤维与棉花相似，有棉花的质感，但强度、耐磨性、耐化学性都比棉花好，热导率小，吸湿性、保暖性均优。普通聚乙烯醇缩甲醛纤维的抗拉极限强度为 600～650MPa，弹性模量为 5～7GPa。若在制造过程中使原丝拉伸至原长的 6 倍左右，可制成抗拉极限强度为 800～850MPa，弹性模量为 12～14GPa 的改性聚乙烯醇缩甲醛纤维；拉伸至 12 倍左右，则可制成抗拉极限强度为 1 200～1 400MPa，弹性模量为 25～30GPa 的高模量聚乙烯醇缩甲醛纤维。后两种纤维均可以代替石棉制造纤维增强水泥制品。普通纤维除用于衣着织物外，还可以织造渔网、绳索、帆布、滤布、水龙带、轮胎帘子线等，在建筑工程材料中用作装饰布、合成树脂复合板的增强纤维以及牛皮纸增强纤维。

(刘柏贤 沈荣熹)

聚乙烯醇缩醛胶 polyvinyl acetal adhesives

聚乙烯醇缩醛化制得的胶粘剂。性能取决于聚乙烯醇的聚合度、醇解度、醛的种类和缩醛度。常用聚乙烯醇的聚合度为 500～3 000，醇解度 87%～99%，缩醛度为 50%～80%。主要产品有聚乙烯醇缩丁醛和缩甲醛。前者胶膜透明、强韧，抗低温冲击性好，主要用来制夹层安全玻璃及防潮涂料的基料，也可胶接金属、木材、混凝土及作其他胶粘剂的增韧剂。后者俗称107胶，其韧性不如缩丁醛胶，但耐热性好，在建筑中主要用于内装修及墙、地面涂料的基料，也可掺入水泥砂浆中增其黏附力。　　　　　　　　　　（刘茂榆）

聚乙烯醇缩醛树脂　polyvinyl aldehyde

由聚乙烯醇与醛类缩合而成的一类树脂总称。缩合时，可以由醛类部分或全部取代聚乙烯醇中的羟基，其取代程度常用缩醛度表示。具有热塑性。重要的有聚乙烯醇缩甲醛、聚乙烯醇缩乙醛、聚乙烯醇缩甲乙醛、聚乙烯醇缩丁醛。主要用作胶粘剂、涂料、薄膜及合成纤维。　（闻荻江）

聚乙烯醇缩醛涂料　polyvinyl acetal coating

以聚乙烯醇缩醛树脂为基料与填料、颜料等添加剂加工而成的涂料。聚乙烯醇缩醛树脂主要有缩甲醛、缩乙醛、缩丁醛、缩丙醛等树脂，由于在分子键上所接的醛基种类和数量不同，所得树脂的性质各异。在建筑上用得较多的是聚乙烯醇缩甲醛涂料，为了使涂料具有较好的水溶性，常使分子键上保留相当数量的乙酰基，这种涂料，一般用作内墙装饰，掺入水泥中可制成地面涂层。由聚乙烯醇缩丁醛制成的涂料，以乙醇作为溶剂，建筑上用作防潮涂料。聚乙烯醇缩醛树脂还可与其他合成树脂混合制成漆包线涂料、防锈涂料、木材涂料、耐油涂料等。　　　　　　　　　　　　（郭光玉）

聚乙烯沥青　polyethylene (PE) -asphalt

以聚乙烯树脂为改性材料的改性沥青。黑色，固体或半固体状态。常用于配制聚乙烯沥青的树脂有：高压聚乙烯、中压聚乙烯、低压聚乙烯以及废旧聚乙烯制品等。改性后的沥青其耐热性、耐冻性、不透水性和化学稳定性等都有所提高。通常在技术指标上，掺加聚乙烯后可使沥青黏度增加，但延伸率减小。其制造方法是在搅拌下，将聚乙烯加入熔融的石油沥青中，经塑化拌和而成。熔融温度在140℃左右，聚乙烯掺入量为5%～15%。用于生产沥青防水卷材、建筑密封材料及铺筑路面。
　　　　　　　　　　　　　　（刘尚乐）

聚乙烯纤维　polyethylene fiber

又称乙纶。由乙烯聚合成高分子化合物，经熔融纺丝而成的一种聚烯烃纤维。大部分制造纤维的聚乙烯为中低压聚乙烯，少量用高压聚乙烯，其相对密度在0.925～0.965。吸湿性较差，耐光性好，除了特殊的强氧化剂外，可耐一般化学品，无毒、不霉、不蛀，电绝缘性好，高密度聚乙烯纤维强度比低密度聚乙烯的高，而后者比较柔软。一般用以制作窗帘、渔网、滤布、绳索和工作服等。
　　　　　　　　　　　　　　（刘柏贤）

聚酯玻璃钢　glass fiber reinforced unsaturated polyester plastics

以玻璃纤维和不饱和聚酯树脂制成的增强塑料。由于不饱和聚酯树脂的黏度小，浸透力强，能在常温及加热条件下固化，其工艺性能优于其他品种玻璃钢，产量占纤维增强塑料总产量的80%以上。常用手糊法制造大型产品，如船、汽车壳体、整体卫生间、大型采光罩、冷却塔、贮液槽、薄壳屋盖、复合墙板、桥梁等。也可用连续法、缠绕法生产各种板材、管材、异型材或模压法生产各种小型产品。　　　　　　　　　　（刘雄亚）

聚酯（树脂）　polyester (resin)

主链链节含有酯基的一类聚合的总称。由二元醇或多元醇和二元或多元酸（或酐）缩聚而成。有时仅指聚对苯二甲酸乙二醇酯。由其制成的纤维俗称涤纶。根据分子中是否含有不饱和双键，分为不饱和聚酯和饱和聚酯。工业上在很多场合下指饱和聚酯，包括塑料、纤维、橡胶。具有高的压缩弹性、抗皱性、绝缘性和强度，透明且有良好的耐光性，所得的薄膜可加工成玻璃上的遮光隔膜。
　　　　　　　　　　　　　　（闻荻江）

聚酯树脂混凝土　unsaturated polyester resin concrete

用不饱和聚酯树脂、引发剂和促进剂组成的混合液与填料、粗细集料等制成的一种聚合物胶结混凝土或砂浆。树脂含量一般为10%～20%（质量计）。其抗压强度可达80～160MPa，抗拉强度为9～14MPa，抗折强度为14～35MPa。对酸类能耐浓度：60%的硫酸、30%的盐酸、30%的醋酸、20%的氢氟酸。耐汽油及各种盐溶液的侵蚀，抗渗压力达3.0～5.0MPa，抗冻融循环大于100次，磨耗量不大于0.01g。　　　　　　（陈鹤云）

聚酯树脂胶泥　unsaturated polyester daub

以不饱和聚酯树脂为胶结剂，添加交联剂、阻聚剂、引发剂、促进剂和粉状耐酸材料配制而成的膏状防腐粘贴材料。常用的不饱和聚酯树脂有771、711、306、3301等不同牌号，交联剂有苯乙烯，阻聚剂有对苯二酚和引发剂为过氧化物。密度1.8～1.9g/cm³，抗压强度不小于70MPa，抗拉强度不小于15MPa，体积收缩率小于0.82%，吸水率不大于0.1%，耐酸性较好，耐碱性差，3301不饱和聚酯树脂可用于酸性或碱性介质，在建筑防腐工程中，用于铺砌天然石材、耐酸陶瓷板和砖、铸石板等，或嵌填这些砖、板的缝隙。　（刘尚乐）

聚酯树脂乳液水泥砂浆　polyester resin emulsion cement mortar

由不饱和聚酯树脂乳液、水泥、细集料、水及助剂（引发剂与促进剂）按一定比例混合制成的聚合物水泥砂浆。20世纪70年代末起由美、日等国先后研制成。与普通水泥砂浆相比，抗拉强度提高1.0倍、抗压强度提高1.5倍、抗弯强度提高6.0倍、耐磨性也显著提高。可用于海洋与护岸构筑物。

（徐亚萍）

聚酯树脂贴面板 polyester decorative sheet

俗称保利板。以不饱和聚酯树脂浸渍的薄片作基材与表面为覆盖树脂的图案花纹纸压制成的装饰板材。基材由纸质复合薄片组成，也有由纤维板、刨花板等板材组成。表面光亮美观，有较好的耐水、耐热性，常用于家具饰面及车、船、建筑内壁装饰。

（刘柏贤）

聚酯纤维 polyester fiber

俗称涤纶、特丽纶。由饱和二元酸和二元醇经缩聚反应生成线型聚酯（如聚对苯二甲酸乙二醇酯）再经加工而成的纤维。有优良的弹性、尺寸稳定性和耐皱性，良好的电绝缘性，耐摩擦和耐化学试剂性，能耐弱酸弱碱。可纯纺或混纺，织物坚牢挺括，易洗易干，宜制作各类衣服、室内装饰织物、地毯，纤维还可作为复合材料的增强材料。

（刘柏贤）

聚酯纤维油毡 polyester fiber base asphalt felt

由聚酯纤维布或聚酯纤维毡经浸涂沥青或改性沥青制成的油毡。一般卷长10m，幅宽1 000mm，厚4mm，卷重45kg。有良好的延伸性、抗冲击性、耐热性和耐候性，并具有较高的抗拉强度和耐撕裂强度。其外观要求是厚度均匀，无孔洞，无裂口和裂纹。可适用于屋面单层防水，尤其适用于高级建筑与高层建筑的屋面防水，也可用于地下管道、地基和基础、游泳池、电缆、管道、桥梁防水。施工方法可采用焰炬烘烤法、热油浇注法或热风黏结法。

（王海林）

聚酯型人造大理石 polyester artificial marble

又称树脂型人造大理石。以不饱和聚酯树脂为黏结剂制成的人造大理石。不饱和聚酯树脂与石英砂、大理石、方解石粉及固化剂等搅拌混合、浇注成型，固化后经脱模、烘干、抛光等工序制成。产品的物理和化学性能好，光泽度高，可调制成不同颜色。主要用于制造卫生洁具、工艺品以及建筑物的室内装修。

（郭柏林）

juan

卷材塑料地板 plastics floor sheet

又称地面卷材、地板革。以聚氯乙烯为基料制得的片状成卷的地面装饰材料。种类有均质聚氯乙烯地面卷材、印花聚氯乙烯地面卷材、印花发泡聚氯乙烯地面卷材等。常见的规格为长20～25m，宽1.8～2.4m，厚1.2～2.5mm。与块材塑料地板相比，优点是粘贴速度快，比较厚的卷材可以不粘贴，铺设后地面接缝少。缺点是局部损坏不易修复，故不宜用于通行频繁的场所。

（顾国芳）

卷帘 roller

悬挂在窗外，由室内控制起遮阳作用，向上卷收的窗帘。既起隔热作用，又可保护玻璃。常用帆布、竹片或金属制成。

（姚时章）

卷帘门及钢窗用冷弯型钢 cold forming sectional steel for folding gate and sash-window

由连续辊式冷弯机组弯曲成型制作而成的卷帘门及钢窗的专用冷弯型钢。材质为普通碳素钢。按用途分为卷帘门用、天窗用、固定式纱窗用、连接用的四种异形空心型钢，其代号分别冠以"LB""TX""SX"和"YX"，前三种为开口型钢。均有截面尺寸、长度允许偏差、弯曲度和扭转等缺陷检查规定。每种专用产品有各种规格，可根据需要选用。

（乔德庸）

卷筒瓦 small gauge semicylindrical tile

又称亮花筒。布瓦屋脊空漏部分使用的筒瓦。常对合砌成金钱、锭、圆形等漏空纹样。大的称七寸筒，长150mm、宽120mm；小的称五寸筒，长130mm、宽120mm。也用于园林院墙、小式建筑院墙的墙帽及漏花窗等。

（沈炳春）

jue

绝对湿度 absolute humidity

每立方米空气中所含水蒸气的质量。一般用$f(g/m^3)$表示。饱和状态下的绝对湿度则用饱和蒸汽量f_{max}（g/m^3）表示。

（潘意祥）

绝对体积法 absolute-volume method

按照混凝土的密实体积等于所有各组分的绝对体积之和的假说进行混凝土配合比设计的方法。是应用最广泛、最基本的计算混凝土各组分用量和相互比例关系的方法。通常根据设计要求的强度、工作性、耐久性和经济的要求，以及所选用材料的基本物理性质，确定用水量和水灰比，求出水泥用量，然后由混凝土总体积减去水与水泥的密实体积得剩余体积即集料的密实体积，再按选定的砂率算出砂用量和粗集料用量。有时在混凝土总体积中要考虑混合料中所含空气的体积（不用引气剂的混凝土按体积1％计算）。

（徐家保）

绝对误差 absolute error

用测量值和准确值之差的绝对值来表示的误差。每个量都有其固有的客观大小，称准确

值。实测的是个近似值，称测量值。二者的差值，称离差。表示误差的方法有很多种。若用 x_i 表示第 i 个测量值，x 表准确值，定义 $l=|x_i-x|$ 为绝对误差。l 的最大值称绝对误差限，常记作 η。工业上常用来表示测量的误差，记作 $x=x_i\pm\eta$。

（魏铭鑑）

绝干材 oven-dry wood

在温度 103 ± 2℃ 的烘箱内干燥到重量不变时的木材。其含水率在理论上等于 0。暴露在空气中立刻会从周围空气中吸收水分。仅应用于试验研究中。

（申宗圻）

绝热材料 thermal insulating material

对热流具有显著阻抗性的材料或材料复合体的总称。将其加工成至少有一面与被覆盖表面形状一致的各种成品称为绝热制品。在实际工作中有时将绝热制品也作为广义的绝热材料。主要作用是保证生产和生活要求的温度条件及节约能源。通常要求其常温热导率小于 $0.233W/(m\cdot K)$。用于工业设备及管道的保温层，当平均温度小于 623K 时，其热导率不得大于 $0.12W/(m\cdot K)$，用于工业设备及管道的保冷层，当平均温度小于 300K 时，热导率不得大于 $0.064W/(m\cdot K)$。按绝热原理可分为热阻型多孔材料及反射热绝缘材料；按材质可分为无机的、有机的、金属的和复合的。按形态和组织结构可分为纤维聚集状（石棉、矿棉和其制品等）、多孔块状（软木制品、泡沫制品等）和层片状（铝箔热绝缘板等）。热阻型纤维、松散多孔材料（如岩棉、膨胀珍珠岩等）热传递由通过固相的导热和通过气孔内气体的传热（含辐射、对流和孔内气体导热）所组成，封闭于孔隙中的空气传热性较小，使这类材料有好的绝热性能，通常要求其密度较小，孔隙率较大，孔径小且多为闭口孔隙。反射热绝缘材料（如铝箔热绝缘板）对辐射具有很高反射能力，从而减小辐射传热。热导率是其主要材性指标，此外，要求吸水率低并且力学性能、防火性能和耐火性能等也要满足使用要求。通常制成卷材、板材和预制块用于建筑物和热工设备及管道的绝热，有时也可松散填充和现场浇筑整体绝热层。

（林方辉）

绝热量热计 adiabatic calorimeter

一种与周围环境不发生热交换，即在绝热状态下测定水泥水化热的装置。一般采用跟踪自动加热的方法使量热计内外温升速率完全相同。在内外基本不发生热交换的条件下，测定水泥胶砂的温度升高数值，从而计算出水化热。试验结果与大体积混凝土中实际情况相近。但不适用于测定较长龄期的温度上升。

（魏金照）

绝热泡沫玻璃 thermal insulating foam glass

又称低容重泡沫玻璃。由分立的泡状结构构成的低热导率泡沫玻璃。通常用碳素作发泡剂，在高温下发泡而得。特点是闭口气孔多，表观密度小（$120\sim200kg/m^3$），热导率低（$0.035\sim0.087W/(m\cdot K)$），不吸湿吸水，保冷时不因吸水结冰引起组织破坏，抗冻性好，膨胀系数小（约为 8×10^{-6}/℃），使用温度范围宽（$-270\sim+430$℃），且易于成型或加工成各种形状。用作烟道、烟囱内衬、屋面、天花板、冷藏库、地下工程、超低温管道以及化工生产装置、液化燃气储罐等绝热材料，施工方法应按专业要求进行。

（许淑惠）

绝缘子老化 insulator ageing

瓷绝缘子在使用过程中随时间延长其质量指标逐渐降低直至不能继续使用的现象。老化受烧结密度、热稳定性、化学组成及表面光洁程度等材质内因影响，也受使用环境温度、湿度、气氛及荷载等外界条件的影响。改善的途径主要从改进材质着手，尤其是提高烧结密度和防止有害杂质混入原料中。

（陈晓明）

绝缘子泄漏距离 insulator leakage distance

瓷绝缘子电极间沿绝缘体表面的最短距离。包括水泥胶装面和半导体釉表面的长度。

（陈晓明）

桷 square rafter

又称椽、棱。架在桁上的构件。承受屋面瓦件的重量。《说文》椽方曰桷；又：秦名曰屋椽，周谓之榱，齐鲁谓之桷。

（张良皋）

jun

均方根声压 root-mean-square sound pressure

见声压（432页）。

均匀分布 uniform distribution

处处均匀的概率分布。对连续型随机变量，在有限区间 $[a,b]$ 上有值，则密度函数为

$$f(x)=\begin{cases}\dfrac{1}{b-a} & a\leqslant x\leqslant b\\ 0 & 其他\end{cases}$$

的分布，称随机变量 x 在区间 $[a,b]$ 上的均匀分布。记为 $x\sim U[a,b]$。这种分布 x 取值在 $[a,b]$ 中任一点的概率是相等的，或落在 $[a,b]$ 中任一区 $[c,d]$（$a<c<d<b$）的概率和 cd 的长度成正比。即 $p(c<x<d)=\int_c^d\dfrac{1}{b-a}dx=\dfrac{d-c}{b-a}$。如向 $[a,b]$ 区间均匀地掷随机点，以 ξ 表示随机点落点的坐标，则 ξ 服从均匀分布。均匀

分布在随机模拟中有广泛的应用。（许曼华）

均质聚氯乙烯地面卷材 PVC homogeneous floor sheet

以聚氯乙烯为基料制得的材质均匀一致的单层地面卷材。在卷材的整个厚度上材料的成分和组成相同，因而铺设后比较平伏，不会发生翘曲现象。品种有单色、杂色花纹和表面压花等几种。通常用压延成型和挤出成型生产。填充料加入量较少，增塑剂含量较高，因而质地较软，有一定弹性，脚感较好。耐凹陷性、耐污染性和耐燃性介于半硬质聚氯乙烯块状塑料地板和印花发泡聚氯乙烯地面卷材之间。应用于保养较好的各种建筑，表面压花的特别适用于大客车、火车车厢的地面。（顾国芳）

K

ka

卡腊腊白色大理石 carrara white marble

产于意大利卡腊腊地区的著名的白色大理石。色泽均匀，硬度较低，工艺性能稳定，易于加工。抗压强度约133MPa，抗折强度12.3MPa，体积密度2 770kg/m³，与中国的汉白玉比较（其抗压强度约156MPa，抗折强度19.1MPa，体积密度2 870kg/m³），各项指标均略低。常用作雕刻材料和装饰板材。（郭柏林）

kai

开敞式外墙装饰石材构造连接 open joints of decorative stone walls

外墙装饰石材之间的缝隙较大（15～20mm）的一种连接形式。当连接件与装饰石材与墙身锚固时，其允许安装误差（包括饰面石材的尺寸误差）较封闭式构造连接的大。缝隙间常用氯丁橡胶和硅酮等密封膏嵌缝（见图）。

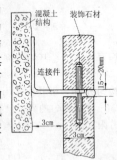

（汪承林）

开尔文固体 Kelvin solid

又称开尔文体。内部结构由坚硬骨架及填充于空隙中的黏性液体所组成的一种理想的固态黏弹性物体。由W.T.开尔文于1890年首先提出。可用胡克元件和牛顿元件相并

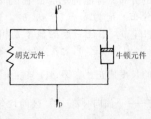

联的流变学模型进行模拟，其流变方程为 $\tau = G\gamma + \eta \dot{\gamma}$，式中：$\tau$ 为剪应力；γ 为剪切应变；$\dot{\gamma}$ 为剪切应变速率；G 为刚性模量；η 为黏性系数。这种物体受力时，变形须在一定时间后才能逐渐增加到最大弹性变形，而卸载后变形也须在一定时间后才能趋于消失。一般非匀质材料，如水泥混凝土具有这种结构特征。

（宋显辉）

开级配沥青混凝土 open grading bituminous concrete

矿质集料空隙率大于15%的一种混凝土。相对于密级配沥青混凝土而言，矿质骨架具有较大的空隙率，在矿料组成中，含有较多的粗集料，而较少的细料和粉料。与沥青组成沥青混合料经压实后，密实度较小，仍留有较大的孔隙率，通常用作沥青混凝土路面的底层。但是另一种开级配防滑层，是采用耐磨光石料和优质沥青组成，并经专门设计的开级配沥青混合料，具有表面耐磨、纹理粗糙和孔隙率大的特点，可使雨水从层内排除，故有优良的防滑效果。（严家伋）

开口孔隙

见孔隙率（274页）。

开口套管式膨胀螺栓 split ring-type expander bolt

用以与墙身固定的一种外端有螺纹，内端带锥形膨胀螺栓的紧固件。在靠近锥尾的圆杆部分装有一个有开口的套管，当螺栓向外转动

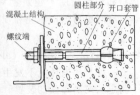

时，套管胀开与混凝土孔洞表面挤紧，紧固程度可用扭力扳手测出，常用于装饰石材与墙身的安装固定。

（汪承林）

开榫机 tenoner

用于加工各种榫头的机床。按用途和所加工榫

头形状分为木框榫开榫机、箱接榫开榫机和指形榫开榫机。木框榫开榫机用于在方材零件上加工出单榫或双榫，有手工进给的单面开榫机和机械进给的双面开榫机。后者可同时在工件的两端开出榫头，生产效率高。箱接榫开榫机用于对板件作多榫加工，有直角箱接榫开榫机和燕尾形箱接榫开榫机两种，可以是单刀轴或多刀轴、立式或卧式等多种形式。指形榫开榫机用于加工指接榫。

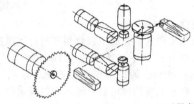

（吴悦琦）

揩涂 french polish, swabbing

用纱布或油麻布包裹脱脂棉球、旧尼龙纤维等蘸漆后在物体表面手工揩拭的涂装方法。不需要任何特殊工具和设备即可进行操作，可涂装外形不规则的小物体，尤其适宜于要求得到美丽花纹和表面光洁的中高档木器家具的涂装。也可用于船舶、建筑、管道等金属表面的底漆涂装，缺点是涂装效率低，费工时，污染大。适用的涂料有虫胶清漆、硝基清漆及防锈底漆等。

（刘柏贤）

凯利球贯入试验 Kelly ball penetration test

又称沉球试验。测定混凝土混合料的稠度的一种方法。试验由凯利（J.W.Kelly）提出，故所用设备也称凯利球（Kelly ball）。试验方法为：用直径为152mm，重13.6kg的半球体置于混合料表面，藉自重沉入试料中，其沉入的深度（mm）作为评价混合料稠度的指标。它可直接在施工现场，用于运输车或模板内的混合料测试，方法简便、迅速。为了避免边界的影响，试验时混合料的深度不得小于200mm，最小的横向尺寸不得小于460mm。同一混合料的贯入度和坍落度两者的数值呈线性关系，每沉入2.5cm相当于5cm坍落度。

凯利球

（潘介子）

凯氏测管 K-probe

见插管流动度试验（43页）。

kan

槛 screen; balustrade

本义为房屋的通透隔断。《说文》栊也，房室之疏也；《玉篇》楯也。狭义指窗下的通透构造；《说文》徐锴注轩窗下为梐曰阑，以板曰轩、曰槛。上无窗而下有通透构造，即钩阑（栏杆）；《楚辞·招魂》坐堂伏槛，临曲池些；此槛即钩阑。《营造法式·看详》列钩阑之异名有八：梐槛、轩槛、桼、桎牢、阑楯、柃、阶陛、钩阑。槛在通透构造中特指垂直构件，《楚辞·招魂》高堂邃宇，槛层轩些；王逸注：槛，楯也，纵曰槛，横曰楯。至宋代，槛已有横向构件意义。《营造法式》钩阑注：今殿钩阑，当中两栱不施寻杖，谓之折槛；是水平构件寻杖的代替物，亦可称槛。

（张良皋）

看谱分析法 visual spectroscopy analysis

又称目视分析法。以发射光谱进行元素分析的一种方法。其基本原理是：试样被激发所发射的光，经色散器（棱镜或光栅）分光成偏向角不一的单一平行光，聚焦在焦平面上，以目镜观测这些谱线来测定试样的组成。该法所用设备简单，便于携带、分析速度快；主要用于冶金及机械制造工厂的现场监测控制。完成元素的定性及半定量分析。

（潘素瑛）

kang

糠醇树脂 furfuryl-alcohol resin

由具有呋喃环的糠醇缩合而得的树酯。呋喃树脂的一种。深褐色至黑色黏液或固体。在酸作用下能固化为体型结构。产物耐热、耐酸、耐碱及有优良的抗溶剂性。主要用以制备耐腐蚀玻璃钢、塑料、涂料、多孔物质的浸渍液、胶泥及胶粘剂。

（闻荻江）

抗剥剂 anti-stripping agent

抵抗水对沥青与集料剥落作用的添加剂。使用抗剥剂可提高沥青与酸性集料和潮湿集料的黏附性，同时可延长沥青使用寿命。目前最常用的抗剥剂有带长链的极性物和胺类、酰胺类、咪唑啉等。某些有机酸及其皂类、盐类也有一定效果。

（严家伋）

抗冲击改性剂 impact modifier

又称增韧剂、抗冲击剂。通过共混方法改进高分子材料抗冲击性能的一种添加剂。通常是指用于改进聚氯乙烯冲击性能的共混材料。其性能应满足：①与树脂有适度的相容性；②本身分子量高，用量少、效果大；③不致大幅度降低其他性能；④有尽可能低的玻璃化温度（T_g），在低温下也能增进抗冲击性能；⑤加工使用方便；⑥耐候性好。多是改性树脂如：ABS（丙烯腈-丁二烯-苯乙烯共聚树脂）、MBS（甲基丙烯酸甲酯-丁二烯-苯乙

烯共聚树脂)、乙烯-醋酸乙烯共聚树脂、氯化聚乙烯及弹性体等。　　　　　　　(刘柏贤)

抗臭氧剂　antiozidant, antiozonant

能够防止或延缓高分子材料遭臭氧老化破坏的助剂。大气中臭氧浓度大约在0～10pphm(亿分之一),不同地区的气象条件及自然环境有不同的浓度。防止破坏的方法有:①物理防护法,在聚合物中加蜡或表面涂上树脂或蜡,使臭氧不能通过表面层,此法的缺点是不能保护动态环境下的破坏作用;②化学防护法,是在聚合物中添加抗臭氧剂,自1953年应用6-乙氧基-1,2-二氢化-2,2,4-三甲基喹啉开始,陆续出现了醛胺、酮胺的缩合物,脲类、硫脲类以及对苯二胺的衍生物等,极大地提高和改善了抗臭氧性能。加量一般为基料的1%～5%(重量)。在各种高分子材料及橡胶制品中广泛使用。　　　　　　　　　(刘柏贤)

抗冻融耐久性指数　factor of durability to freezing and thawing test

评价混凝土抗冻性的一种指标。混凝土试件经过若干次冻融循环后,测定其动力弹性模量的变化,按公式 $DF=P\cdot N/300$ 公式进行计算,DF 为试件的抗冻融耐久性指数,P 为 N 次冻融循环后的相对动力弹性模量的百分率,通常以达 60% 为准,若不到 60%,则以循环次数持续到 300 次时的实测数计算。N 为相对动力弹性模量达到 60% 时的循环次数,若不到 60%,则以 300 次计算。一般 $DF<40$ 的抗冻性差,$DF=40\sim60$ 时可能有问题,DF 在 60 以上抗冻性好。　(潘介子)

抗冻性　frost resistance

材料抵抗冻融循环作用的能力。是用以表达材料耐久性的一项重要性能。冻融循环作用是混凝土常见的破坏因素,冰冻时混凝土中产生内应力,促使裂缝发展、结构疏松,直至表层剥落或整体崩溃。对于水泥混凝土和在室外使用的陶瓷制品等均需作抗冻性试验。评价混凝土的抗冻性能,是将水饱和的试件浸没在盛有水的容器中,置冰箱内冻至温度 -17 ± 2℃ 后再在 8 ± 2℃ 水中融化,反复冻融循环,每次循环历经 2～4h,以强度损失 25%、质量损失 5% 前的最大冻融循环次数作为指标。有时也可用相对动力弹性模量或抗冻融耐久性指数作为抗冻性指标。混凝土的密实度和孔隙特征是决定其抗冻性的重要因素。一般密实的和具有均布封闭微孔的材料其抗冻性较高。　　　　(潘意祥)

抗冻性比　frost resistance ratio

掺外加剂混凝土抗冻性能的指标。表示方法有两种。一是以掺外加剂混凝土与基准混凝土的动弹性模量降至 80% 时的冻融循环次数之百分比表示,即:

$$R_d = \frac{E_t}{E_c} \times 100$$

式中　R_d 为相对耐久性指标,(%);E_t 为掺外加剂混凝土动弹性模量降至 80% 时冻融循环次数;E_c 为基准混凝土动弹性模量降至 80% 时冻融循环次数。二是以掺外加剂混凝土冻融 200 次后,动弹性模量降低值,直接用以评定外加剂的质量。
　　　　　　　　　　　　　(陈嫣兮)

抗风揭性　wind resistance

油毡瓦防水层在施工及使用期间抵抗风揭的能力。试验方法如下:速度为 97km/h 的空气流由 914mm×305mm 的矩形出气口流出,该出气口下装有可调节坡度的试验台。油毡瓦按规定的施工方法铺设于面积大于 1.27mm×1.68m 的试板上。施工环境温度为 27±8℃,然后将试板放在 57～60℃ 的环境中 16h,再取出试板,仍保持环境温度 27±8℃,将试板置于矩形出气口下的试验台上。调节坡度、固定风速、吹风 2h 或 2h 内试件破坏为止。将试验前后防水层的变化记录并照相,以防水层不松脱或掀起为合格。　　　　　　(西家智)

抗剪强度　shear strength

又称剪切强度。材料产生剪断时的极限强度。反映材料抵抗剪切滑动的能力,在数值上等于剪切面上的切向应力值,即剪切面上形成的剪切力与破坏面积之比。分单剪和双剪两种形式,在双剪的情况下,破坏面积是试件横截面积的两倍。计量单位是 MPa(N/mm²)。

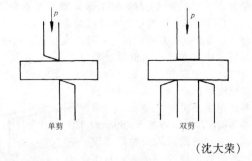

　　　　　　　　　　　　　(沈大荣)

抗静电剂　antistatic agent

能防止或消除塑料、合成纤维等高分子材料表面静电的物质。其作用是将一般高分子材料所固有的表面电阻率降低到 $10^{10}\Omega$ 以下,从而减轻其在加工和使用过程中,由于静电积累所带来的触电、起火、爆炸、引力、斥力等的危害。主要有胺的衍生物、季胺盐、磷酸酯、硫酸酯和聚乙二醇的衍生物等。又可按使用方法和化学结构分为外部和内部使用的或离子型、非离子型和两性离子型的抗静电剂。外部使用的常配成 0.2%～2% 浓度的溶液,涂布于表面，效果好但耐久性差，也常称为"暂时性抗静电剂"。内部使用的是在制品加工过程中，添加到树脂组成中，加量为树脂量的0.1%～3%，耐久性好，故又称"永久性抗静电剂"或"混炼型抗静电剂"。品种已达100余种。此外，导电性良好的炭黑、金属粉末、金属盐类、金属氧化物等偶尔也作为抗静电剂使用。已广泛用于塑料、纤维、电影胶卷以及建筑装饰、装修材料中。

(刘柏贤)

抗静电塑料地板 anti-static plastics floor

含有抗静电剂，表面电阻较低的一种塑料地板。除具备塑料地板的共性外，特点是表面电阻小，一般在$10^{10}\Omega$以下，因而表面积集的静电较少，具有抗静电性。常用的抗静电剂有磷酸酯类，如三月桂基磷酸酯；季胺类，如月桂基二甲基羟乙基硝酸铵等。适用于计算机房、手术室等要求防止静电危害的场所。

(顾国芳)

抗拉强度 tensile strength

又称抗张强度、拉伸强度或拉伸强度极限。材料在轴向拉力作用下达到破坏前所能承受的最大拉应力。由标准试样的拉伸试验确定。计量单位是MPa（N/mm²）。一般脆性材料的抗拉强度远小于其抗压强度。

(宋显辉)

抗裂系数 cracing resistance coefficient

见抗裂性。

抗裂性 cracking resistance

材料抵抗开裂的能力。水泥混凝土在干湿交替等的外界条件下，内部产生的收缩应力超过混凝土的抗拉极限强度时会出现裂缝。一般将水泥混凝土试件制成环形连同内芯置于干燥环境下，以出现开裂的时间来表示其抗裂性。加气混凝土用抗裂系数（棱柱体试件原始抗折强度与试件在空气中存放一定时间后的最小抗折强度的比值）来评价其抗裂性能。

(潘意祥)

抗硫酸盐硅酸盐水泥 sulphate-resisting portland cement

简称抗硫酸盐水泥。用限制硅酸三钙和铝酸三钙含量的硅酸盐水泥熟料加适量石膏磨制成的一种特性水泥。根据中国标准规定：熟料中硅酸三钙含量不大于50%，铝酸三钙含量不大于5%，铝酸三钙和铁铝酸四钙含量不大于22%。具有较高的抗硫酸盐性能，可抵抗SO_4^{2-}离子浓度不超过2500mg/L的纯硫酸盐侵蚀。适用于同时受硫酸盐侵蚀、冻融和干湿作用的海港工程、水利工程及地下建筑工程。对有特殊要求的高抗硫酸盐水泥，要求铝酸三钙含量小于2%，硅酸三钙含量不大于35%。

(王善拔)

抗劈力 cleavage resistance

木材抵抗沿纹理方向楔开的能力。与木材被劈开的难易、握钉的牢固程度、切削时的阻力大小以及其他木材工艺性质都有密切的关系。木材弦切面的抗劈力大于径切面，一般径面约为0.4～2.3MPa，弦面为0.6～3.4MPa，试件的劈开面应在其厚度中心线的两侧。抗劈力受纹理方向、密度以及试件尺寸等的影响很大，故所测数据并不很精确，为相对值。

(吴悦琦)

抗热震性 thermal shock resistance

又称抗热冲击性，俗称热稳定性。材料及其制品抵抗温度激烈变化不至损坏或破坏的性能。材料及其制品承受温度激烈变化而引起内部温度梯度时，在材料内部会因收缩或膨胀受阻产生热应力，当热应力超过材料强度极限时，产生开裂、破坏和机械强度降低等现象。抗热震性与材料的机械强度、弹性模量、热膨胀系数、热导率、比热容、体积密度、结构均匀性及表面传热系数有关；对于制品来说，还与形状、厚薄有关。

(陈晓明)

抗热震性测定 thermal shock resistance determination

测定脆性材料及其制品抵抗温度激烈变化而不致损坏或破坏能力的方法。不同的材料（如陶瓷、玻璃、搪瓷、耐火材料及铸石等）及其制品有不同的测定方法。归纳起来有三种：①以一定的升温速度将试件加热到某一指定温度，然后在一定温度的水或其他介质中淬冷，以破坏前能承受的反复淬冷次数作为抗热震性指标；②以一定的升温速度加热试件至某一温度后放入一定温度的介质（如水）中淬冷，逐次提高淬冷前的加热温度，取反复淬冷至试件破坏时的温度作为抗热震性指标；③以一定升温速度加热试件至一定温度后放入一定温度的介质中淬冷，测出抗折强度或弹性模量的损失百分率作为抗热震性指标。前两者常用于日用陶瓷、建筑陶瓷、卫生陶瓷、玻璃及搪瓷等的评价，后者常用于高温结构陶瓷的评价。

(陈晓明)

抗渗标号

见抗渗性（270页）。

抗渗膨胀水泥 impermeable expansive cement

又称膨胀性不透水水泥。由高铝水泥、高强石膏（或建筑石膏）及高碱性铝酸钙粉末按一定比例混合而成的膨胀水泥。高碱性铝酸钙是由铝酸盐水泥和石灰按比例加水调和并置于较高温度下获得的水化物经粉磨而成。这种水泥具有快凝早强、抗渗性好等特点，曾用于修补、接缝、喷射防水层等。但由于工艺复杂，现已不生产。

(王善拔)

抗渗无收缩水泥 impermeable non-shrinkage

cement

简称无收缩水泥。由一定比例的高铝水泥、建筑石膏和消石灰制成的膨胀水泥。具有快凝、早强特点。曾用于修筑在坚固无沉陷土壤上的喷射防水层及湿度较大的钢筋混凝土地下构筑物的喷射防护层。由于其他优质膨胀水泥的相继出现，现已很少使用。　　　　　　　　　　　　　（王善拔）

抗渗性　impermeability

又称不透水性。材料抵抗压力水渗透的性能。可用渗透系数 K_0 来表示。$K_0 = Qd/FHt$，式中 K_0 为渗透系数（cm/h）；Q 为渗水量（cm³）；d 为试件厚度（cm）；H 为静水压力水头（cm）；t 为时间（h）。即在单位时间内，单位水头作用下，通过单位面积及厚度的透水量。K_0 愈小，表示材料的抗渗性愈好。它与材料的密实度、孔隙率及孔隙特征密切相关。对于混凝土材料可用抗渗标号 S 来表示，$S = 10H - 1$。式中 H 为 6 个试件 3 个渗水时的水压力（MPa）。　　　　　（潘意祥）

抗蚀系数　coefficient of sulfate resistance

衡量水泥抗硫酸盐类侵蚀性能的一种指标。根据中国标准规定，以两组经 7d 养护的 1∶2.5 水泥胶砂棱柱体试样（10mm×10mm×60mm）分别在含硫酸盐侵蚀性溶液中浸泡 28d 与在淡水中养护 28d 的抗折强度之比表示。抗蚀性系数小，则该水泥的抗蚀性能差。　　　　　　　　（王善拔）

抗析晶石英玻璃　devitrification-resistant silica glass

在 1 200℃ 以上的高温下不易析晶的石英玻璃。普通石英玻璃从 1 200℃ 开始从表面层产生方石英晶体的晶核，随使用时间延长晶核长大，使石英玻璃失透而影响其使用范围和寿命。一般在真空条件下将掺有适量硅粉的二氧化硅混合物加热至 1900℃ 熔制成 SiO_{2-X}（X 值约为 10^{-4}）的缺氧石英玻璃，另外也可提高石英玻璃纯度而得。可作抗强烈热震的光学窗或结构材料以及在含水蒸气、氧气的高温条件下长期使用的器件。（刘继翔）

抗压强度　compressive strength

又称抗压强度极限。材料在轴向压力作用下达到破坏前所能承受的最大压应力，由标准试样的压缩试验确定。计量单位是 MPa（N/mm²）。砖、石、水泥、混凝土、砂浆等建筑材料，据此划分强度等级。　　　　　　　　　　　　（宋显辉）

抗压强度比　compressive strength ratio

掺外加剂混凝土与基准混凝土同龄期抗压强度之比。用下式表示：

$$R_S = \frac{S_t}{S_c} \times 100$$

式中 R_S 为抗压强度比，（%）；S_t 为掺外加剂混凝土的抗压强度，（MPa）；S_c 为基准混凝土的抗压强度，（MPa）。R_S 大于 100%，表示掺外加剂混凝土强度高于基准混凝土，小于 100%，表示低于基准混凝土强度。　　　　　　（陈嫣兮）

抗氧剂　anti-oxidant

能防止聚合物材料因氧化而引起变质的物质。其作用是减缓高分子材料自动氧化反应速度，抑制或延缓聚合物的氧化降解，延长使用寿命。习惯上橡胶中用的抗氧剂也称防老剂。按其作用可分为主抗氧剂和辅助抗氧剂，前者主要有胺类、酚类，后者包括含硫化合物、含磷化合物、有机金属盐类等。除用于塑料、橡胶中外，也广泛用于石油、油脂及食品工业，以防止燃料油，润滑油酸值和黏度的上升及油脂、肉类和饲料的酸败等。
　　　　　　　　　　　　　　　（刘柏贤）

抗渣性　slag resistance, resistance to slag corrosion

高温下材料抵抗炉渣侵蚀和冲刷的能力。主要测定方法有撒渣法、滴渣法、坩埚法及回转法等等，但精度都不高，各方法测定结果之间的可比性较差。中国 GB/T 8931 规定用回转法测定。将试块镶砌成回转圆筒炉的内衬，加热到试验温度，并按规定承受选定炉渣的侵蚀与冲刷作用，测定试验前后砖样厚度的变化，计算平均侵蚀深度。它取决于材料与渣的组成和性质及材料的显微结构。通常材料抵抗与其组成和性质相似的渣的侵蚀能力较强，气孔率，特别是显气孔率低的致密材料的抗渣性较好。　　　　　　　　　　（李　楠）

抗沾污地毯　smearproof carpet

具有抗污性能的地毯。在地毯纤维表面涂上一薄层有抗沾污屏蔽性能的有机硅材料，使面层具有抗污性能。某些容易造成污迹的食品，如食物油、饮料、酒、菜汤等掉在这种地毯上不会渗透固着在地毯纤维上，而只在表面形成小珠状，用布或纸吸抹掉即可。24h 以上的污迹也能清除干净。广泛用于住宅餐厅、酒吧等民用建筑中。　　（金笠铭）

抗折强度　bending strength

又称抗弯强度或弯曲强度。材料或构件受到弯曲荷载的作用达到破坏前所能承受的极限应力。表现为材料抵抗弯矩作用的能力，用 σ_W 表示，计量单位是 MPa（N/mm²），计算公式为 $\sigma_W = M_{max}/W$，式中 M_{max} 为达到破坏前的最大弯矩（N·mm），W 为破坏截面的抗折截面模量（mm³）。
　　　　　　　　　　　　　　　（宋显辉）

抗振性　vibration resistance

材料抵抗相对于某一中心位置作长期快速往复

运动产生的破坏能力。如抵抗机械振动力的破坏。

（潘意祥）

抗震性 shock resistance

材料抵抗外力引起的颤动破坏的能力。例如抵抗地震力或冲击荷载的破坏等。根据材料不同的使用要求，可用动负荷、冲击、爆破等试验方法进行测定。

（潘意祥）

kao

烤花 decorating firing

将经过釉上彩饰的陶瓷半成品在一定温度下烤烧的工艺。瓷器和精陶制品的烤烧温度多为 700～850℃。合理的烤烧制度可以缩短彩烤周期并获得釉面光泽好、色泽鲜艳的效果。烤烧窑主要有连续烤花窑（隧道式、辊道式、推板式）和间歇烤花窑两种。

（陈晓明）

ke

苛性白云石 caustic dolomite

又称轻烧白云石。由白云石原料（主要成分为 $CaCO_3 \cdot MgCO_3$）煅烧、分解所得的产物。主要组分为 MgO 和 $CaCO_3$。由于 CaO 对胶结性有不良影响，所以煅烧时既要使 $MgCO_3$ 充分分解，又要避免 $CaCO_3$ 分解产生 CaO，煅烧温度的控制就很重要。纯净白云石在 735℃ 左右煅烧，复盐分解为 $MgCO_3$ 和 $CaCO_3$，同时 $MgCO_3$ 分解为 MgO 和 CO_2 气体。为白色粉末，质地疏松，气孔率达 40%～50%，具有较高的化学活性。可生产含钙较高的氯氧镁水泥，但凝结较慢、强度较低。尚可生产气硬白云石灰、水硬白云石灰等镁质胶凝材料。

（孙南平）

颗粒组成 particle size composition, particle size-distribution

又称颗粒级配、粒度级配。不同粒度的颗粒在物料中的含量。测试方法主要有筛析法、空气离析法、沉降法、浊度计法和显微镜观察等。

（潘意祥）

可泵性 pumpability

又称泵送性。混凝土混合料通过管道输送时具有摩阻小、不离析、不堵塞而能保持流动良好的性能。是混合料多种性质的综合表现，是泵送混凝土的重要工艺性能。根据流变学原理，混凝土泵送基本上可视为宾汉体在泵送压力作用下沿管道全截面"柱塞"流动，而"柱塞"内的混合料具有紊流特征。因此，泵送混凝土应具有良好的流动性和黏塑性，以防因紊流而产生离析。与原材料、配合比、砂率、水泥用量等多种因素有关，是流动性与稳定性（保水保浆性）的统一。流动性可以用坍落度或扩散度来表示，而用泌水量反映其稳定性。当坍落度为 16～20 cm、泌水量为 20～100 mL 时，可泵性较佳。

（孙宝林）

可剥性塑料层 plastic coating of peeling

以塑料为基料制成的可剥离型覆盖层。通常是将塑料溶解或熔融，以浸蘸或涂刷方式在制品表面成膜。因具有可剥性，启封容易，用于制品短期贮存及在运输过程中起防护作用。溶剂型塑料所用的树脂主要有聚乙烯醇树脂、过氯乙烯树脂、聚苯乙烯树脂等；热熔型塑料所用的树脂主要有乙基纤维素、醋酸丁酸纤维素等。常加入增塑剂、稳定剂、颜料及防锈剂等，以获得好的综合性能。

（洪乃丰）

可锻铸铁 malleable cast iron

俗称玛钢。由白口铸铁经长时间石墨化退火处理得到具有团絮状石墨的高强度铸铁。与其他铸铁相比具有良好的塑性。铸造性能比灰口铸铁差，不能锻造。根据国家标准 GB978 按强度分为 8 个等级的牌号，按基体组织分为铁素体和珠光体，分别标为 KT 和 KTZ，再加上两个两位数字组成。两组数字分别表示抗拉强度和延伸率的最低值。例如 KT37—12，其基体组织为铁素体，最低抗拉强度为 370 MPa，最低延伸率为 12%。KTZ70—2，基体组织为珠光体，最低抗拉强度为 700 MPa，最低延伸率为 2%。前者适用于形状复杂，不易锻造的零件及构件，如各种管接头、窗铁件、销栓配件、脚手架零件和扳手等。后者适于制作连杆、曲轴、齿轮等。

（许伯藩）

可击穿型绝缘子 puncturable porcelain insulator

绝缘体内最短击穿距离小于外部空气闪络距离一半的瓷绝缘子。使用中会造成电击穿。包括线路绝缘子中的针式、蝶式和盘形悬式三类；在电站电器绝缘子中分为针式支柱、空心支柱和套管三类。

（邢宁）

可燃材料 flammable material

能够着火燃烧的材料。依燃烧的难易程度分为易燃材料和难燃材料两类。所有天然的或人工合成的有机材料都是可燃材料。

（徐应麟）

可溶无水石膏 soluble anhydrite

又称硬石膏Ⅲ。主要成分为 $CaSO_4$ Ⅲ，当 α 型半水石膏加热到 230℃，β 型半水石膏加热到 360℃，可分别得到 α 型和 β 型硬石膏Ⅲ。两者的物理机械性能很接近，相对密度为 2.58，水化很快，标准稠度需水量大，硬化体强度较低，一般不宜直接作为胶凝材料使用。由于其吸湿能力强，经陈化处理逐渐转变为半水石膏后，又可用于制作石膏制品。

(高琼英)

可使用时间 application life

多组分密封膏在混合以后至交联固化以前保持其塑性粘流状态从而便于施工的一段时间。表示多组分密封膏流变行为的变化。测定方法是：将多组分密封膏的各组分混合后，装入聚氯乙烯活塞筒内，放置3h后测挤出速率。若非下垂型密封膏或自流平型密封膏满足各自挤出速率要求，则可以认为此多组分密封膏满足 3h 的可使用时间。试验方法参见挤出性（220页）。

(孔宪明)

可压缩性 compressibility

棉丝状纤维材料在荷载作用下产生压缩变形大小的性能指标。主要取决于材料的表观密度和荷载，通常用压缩率（试件负荷时厚度与原始厚度的百分比）和回弹率（减荷后厚度与原始厚度的百分比）来评定。纤维材料由于压缩变形导致堆积密度和热导率增大，故在绝热设计和施工中必须考虑此指标。

(林方辉)

可蒸发水 evaporable water

在人为规定的条件下，硬化水泥浆体干燥至恒重时所脱去的水。常用的规定测试条件参见非蒸发水（117页）。主要包括毛细管水、凝胶水以及水化硫铝酸钙、水化铝酸钙等在测定条件下失去的部分结晶水。随着水化的进行，非蒸发水量不断增加，但蒸发水量则因部分毛细管已为水化产物所填充，随着毛细空隙体积减小而降低。

(陈志源)

克利夫兰开口杯闪火点 Cleveland open-cup flash point

由克利夫兰提出的测定重质油类和道路沥青闪火点的一种试验方法。该法是将沥青加热熔化后注于克利夫兰杯中（如图）至规定的标线为止，将沥青继续加热，待温度到达距离预估的闪火点前28℃，以 5～6℃/min 的速度加热，每隔2℃，用引火管从沥青的试样上拂过时，发生一瞬即灭之火花时的最低温度即为闪火点。

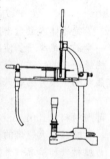

(严家伋)

克-沙氏软化点 Kramer-Sarnow softening point

又称水银法软化点。用克列米尔-沙尔诺夫软化点仪测定的沥青软化温度点，以℃表示。方法是将沥青试样注于玻璃管的底部，然后将玻璃管通过软木塞固定于盛有水的烧杯中，在玻璃管的沥青上部各加水银 5g，将烧杯放在石棉网上，以 2℃/min 的上升速度加热，至水银落下时的温度，即为水银法软化点。水银法软化点较环球法低，它们之间的关系可按下式换算：

水银法软化点 = 环球法软化点 - 0.1905（滴落点 - 硬化点）。

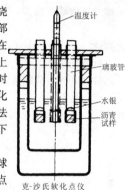

克-沙氏软化点仪

(严家伋)

克氏锤 Klebe hammer

水泥硬练胶砂强度试验法所用的一种成型机。是将一定重量的铁锤，垂直提升至规定高度，自由下落时锤击装有胶砂的试模模盖，锤击一定次数，使胶砂密实成型。此设备因系奥地利人 Klebe 所创造而得名。

(魏金照)

刻痕钢丝 indented steel wire

在表面刻有浅痕的钢丝。常由直径 3～5mm 的高强碳素钢丝加工而成。采用刻痕机加工。钢丝通过一对轧辊，其相对的两面即被刻压成具有一定间距与深度的凹坑。刻痕钢丝与混凝土的黏结力比光圆钢丝高约 2～4 倍。刻痕越深，黏结力也越大，但其深度不得影响钢丝的质量。抗拉强度和塑性比光圆钢丝有所降低。故一般宜再经低温回火处理。用于制作预应力混凝土制品，如电杆、轨枕、楼板等，可提高预应力混凝土中钢丝的自锚能力。

(孙复强)

keng

坑木 pitwood

支撑矿井巷道顶棚的木料。要求木材具有高的韧性和抗压强度，需经防腐处理以提高耐久性，通常较矿柱的尺寸大且沉重。落叶松、铁杉、云杉、马尾松、榆木和水曲柳等均可作坑木用材。

(吴悦琦)

kong

空鼓 dummy area

又称假面。见混凝土降质（207页）。

空间点阵 space lattice

结点在三维空间的分布。连接分布在三维空间内的结点就构成空间格子，也称晶格。一般将空间点阵和空间格子视为同义词。空间格子可按一定原则划分成无数个相互平行叠置的平行六面体。根据选择原则和结点分布规律，布拉维在1848年推导得出符合晶体对称性的空间点阵在七大晶系中共有14种型式（见图），也称14种布拉维子（Bravais lattice）。按结点在六面体中的分布情形可分为原始格子（P），体心格子（I），面心格子（F）和底心格子（C）四类。它是空间格子的基本重复单位，只要知道格子的形式和参数，就能确定整个空间格子的特征。

（岳文海）

空间电荷效应 space-charge effect

见质量分辨率（617页）。

空间群 space group

又称微观对称型、费德洛夫群（Fedorov group）或圣佛利斯群（Schoenfies group）。在视为无限图形的晶体结构中，其一切宏观对称元素（对称中心、镜面、旋转轴和反轴）和微观对称元素（平移轴、滑移面和螺旋轴）的集合。理论和实践都证明，一切可能的集合只有230种，称为230种空间群，分别隶属于32种点群。 （孙文华）

空气离析法 air elutriation method

利用气流分离粉状物料来测算颗粒组成的一种方法。用一定速度的气流吹扬粉状物料时，由于颗粒大小不同，重力不同，而使大小颗粒分离。分别采用几种不同速度的空气流测试，便可按颗粒大小分级，计算出颗粒组成。 （潘意祥）

空气喷涂 air spraying

利用压缩空气经喷枪将涂料雾化而均匀分散涂到被涂物表面上的一种涂装方法。优点是效率高、作业性好，每小时可涂装150～200m²（约为刷涂的8～10倍），涂膜均匀美观，可适用各种涂料及被涂物。缺点是涂料损耗大，漆雾分散多，涂料利用率只有50%～60%，需备有整套喷涂装置，包括喷枪、空气压缩机、储气罐、油水分离器、输气管（钢管或胶管）、输漆装置以及备有排风及清除漆雾的喷漆室等。根据涂料的供给方式，喷枪分为吸上式、重力式和压送式三种。在操作中，喷涂距离、喷枪运行方式和喷雾搭接是喷涂的技术基础。根据温度的不同，又可分为热喷涂和冷喷涂。一般稀释剂用量多的硝基漆及乙烯、氨基树脂系涂料可用热喷涂；油性涂料、易起皱的涂料以及水性涂料则用冷喷涂。 （刘柏贤）

空气热含量 heat content of air

湿空气中，单位质量干空气及其所带有的水蒸气的热含量之和。它随空气的温度及湿度而变化。常以符号 I 表示。

$$I = C_a t + (2\,490 + C_s t) x$$
$$= (C_a + C_s x) t + 2\,490 x \quad \text{kJ/kg}干气$$

式中 C_a、C_s 分别为干空气和水蒸气的平均比热，kJ/(kg·℃)；t 为湿空气温度，℃；x 为空气的湿含量，kg/kg干气；2 490 为0℃时水的汽化潜热，kJ/kg。干燥作业中能利用的只是空气的显热。

（曹文聪）

空气湿含量 moisture content of air

湿空气中，单位质量（kg）绝对干燥空气所含的水蒸气质量（kg）数。表示湿空气中含水蒸气数量的多少。通常以符号 x 表示。

$$x = \frac{m_s}{m_a^d} = 0.622 \frac{P_s}{P_a^d} = 0.622 \frac{P_s}{P - P_s}$$
$$= 0.622 \frac{\varphi p_s^s}{P - \varphi p_s^s}$$

式中 m_s、m_a^d、p_s、P_a^d 分别为湿空气中水蒸气和干空气的质量及分压，kg、Pa；p 为湿空气的总压，Pa；p_s^s 为饱和水蒸气分压，Pa；φ 为湿空气的相对湿度。x 的最高值为该温度下空气的饱和湿含量。 （曹文聪）

空气弹簧 air spring

又称气垫。在橡胶制的密闭囊式空腔内压进一定压力的空气，利用其体积弹性起隔振作用的隔振装置。一般附设有自动调节机构，当负荷改变时，可调节橡胶腔内的空气压力，使之保持恒定的静态压缩量。固有频率可做到0.7～3.5Hz，有一定黏性阻尼，也能隔绝高频振动，隔振效率高，但构造复杂，只有单向负荷能力，造价亦高。可应用于压缩机、气锤、精密仪器、汽车、火车等的隔振。

（陈延训）

空细胞法 empty-cell process

限制一定量的药液注入木材内部的一种加压/真空处理法。其方法是加压注入防腐剂之前，木材内空气维持在常压（半定量注入法）或高于常压（定量注入法）的状态，防腐剂注入加压后再抽真空，既可抽出木材细胞中的液体防腐剂，又可确保木材表面不会滴出防腐剂（油类防腐剂或油溶性防腐剂)。特点是减少和控制防腐剂的净吸入量,但能保证防腐剂渗入木材的深度。多用油类防腐剂或油溶性防腐剂处理柱材、桩木、坑木、枕木等。

(申宗圻)

空隙率 void content

散粒材料在自然堆积状态下,颗粒之间的空隙体积占堆积体积的百分数。反映其堆积的密实程度。用下式表示:$P' = (V'_0 - V_0)/V'_0 = 1 - V_0/V'_0 = (1 - \rho'_0/\rho_0) \times 100\%$,式中:$P'$ 为空隙率;V'_0 为材料的堆积体积,m^3;V_0 为材料的表观体积,m^3;ρ'_0 为堆积密度,kg/m^3;ρ_0 为表观密度,kg/m^3。

(潘意祥)

空心板 hollow-core board

又称空心细木工板。用具有空隙或密度小的材料作芯层,两面覆以胶合板、硬质纤维板或类似材料胶压成的轻质板。芯层可以是框架状、格状、蜂窝状等多种结构。空心板质轻、吸声性及隔热性良好,但平面抗压强度低,适用于作建筑的隔墙板、活动房屋的墙板、顶棚以及家具的立面部件。

(吴悦琦)

空心玻璃微珠 hollow glass bead

有直径几十微米到几毫米微细空心的玻璃微珠。制造方法有:①熔融喷射法,熔融后的原料利用高压气体喷吹而成空心微珠的工艺方法。是制造氧化铝空心微珠的常用方法;②加热发泡法,含有发泡剂粒径相同的物料经短时间焙烧发泡而得,大部分空心微珠都采用此法生产;③芯柱分解法,以泡沫聚苯乙烯微珠等低熔物质为芯料,周围覆盖所要求的物料粉末,使芯料熔融或分解,外壳物料部分烧熔而得空心微珠,轻质高强、热导率低,也作轻质绝热保温材料,用于宇航、潜水技术方面作为增强材料和填料,也可用来清除海面油类污染等。

(许淑惠)

空心玻璃纤维 hollow glass fibre

整体呈管状、截面呈环状的玻璃纤维。用双层铂铑合金坩埚制作。生产设备漏嘴截面呈环状,坩埚内层与漏嘴内管相连,通压缩空气;坩埚外层与漏嘴外管相连,流玻璃液。一般为无碱玻璃成分。漏嘴数可为 30、50、100 等。其纤维外径 10～70μm。空心率(一股空心纤维原丝中空心单纤维根数所占该股单纤维根数的百分率)为 90%～100%,空心度(空心玻璃纤维单纤维截面上空心部分面积占总面积的百分率)为 10%～65%。特点是重量轻,介电常数小,介电损耗低,抗弯刚度大,抗压强度大。主要制作玻璃纤维增强塑料,用于航空工业及深水容器。其外层可镀锌或镀铝从而获得良好的电磁波反射性能。可在空中长时间飘浮,扩散面积大,在军事上可作无源干扰材料。

(吴正明)

空心玻璃砖 hollow glass block

带有密封空腔的建筑用块状玻璃制品。用模压成形法制成一定壁厚的凹形半砖,而后把两块半砖对接熔封而成。按材质的强度分钢化和退火;按连接分熔接和胶合;按性能分吸热、反光、散光、不散光;按颜色分无色和彩色;按形状分长方、圆、角、方形;按结构分单腔和多腔等品种。散射光时玻璃砖的透光率为 65%,垂直光时为 88%;单腔与双腔的热导率分别为 3.02 及 2.21 W/(m·K),隔声性能为 38～40dB,传声系数 0.00003(砖厚 6.3mm),任意表面的冲击强度 2MPa,抗压强度 22.7MPa。主要用于透光墙体和楼板、装饰性隔墙、建筑小品等高中档建筑物中。

(许 超)

空心楼板挤出机 hollow slab extruder

利用挤压作用制造混凝土空心楼板的设备。由螺旋绞刀、传动机构、振动器、料斗、成型芯管等组成(见图)。混凝土混合料由料斗进入螺旋绞刀附近,由旋转的绞刀对其挤压并推向挤出机后面,经成型芯管周围的空间,从模口连续地挤出成品。混合料除受到挤压外,还由振动器振动使之密实。在工作过程中,由挤压混合料的反作用力推动挤出机前进。

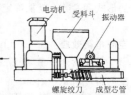

(丁济新)

空心率 percentage of hole

见孔洞率(275 页)。

空心砌块 hollow block

空心率等于或大于 25% 的砌块。按在其宽度方向孔洞的排数,分单排孔和多排孔两类。多排孔又分双排孔、三排孔、四排孔。孔洞的形状有圆、椭圆、方、长方等,有贯通的、不贯通的。多排孔者孔在平行于墙面的方向错开排列,可避免造成"热桥"。绝热性能较好。重量轻,能减轻墙体自重。根据强度高低,可用以砌筑承重墙、非承重墙或填充墙。

(沈 琨)

空心砌块成型机 hollow block making machine

用于成型混凝土空心砌块的设备。有移动式(见图)与固定式。其主要成型部件是模箱与模芯。由喂料机构将一定量的混凝土混合料送入模箱,经模芯振动密实后,再由上部加压装置对砌块坯体加压振动,使其进一步密实,并平整表面。成型完毕后,砌块坯体由推出机构推出(固定式)或脱模后成型机移动一个模位后再工作(移动式)。前者生产率高,用于工厂传送带法生产;后者多用于流动性预制构件厂或现场露天生产。　　　(丁济新　沈琨)

空心支柱瓷绝缘子　hollow post porcelain insulator

又称绝缘瓷套(insulating porcelain envelope)。一种支柱式用于频率100Hz以下交流额定电压6~35kV的电器和配电装置上绝缘及固定电力线路的空心瓷绝缘子。性能要求同电站电器瓷绝缘子。
　　　　　　　　　　　　　　(邢宁)

空心砖　hollow brick

孔洞率等于或大于15%,孔的尺寸大而数量少的砖。按砌筑时孔洞的方向分竖孔及水平孔两种,按用途分为承重空心砖、非承重空心砖、花格空心砖、楼板空心砖、拱壳砖等,按原材料分为黏土空心砖、煤矸石空心砖、灰砂空心砖、粉煤灰空心砖。其优点是表观密度小,保温绝热性能较好,节省原料和能源,造价低。在春秋战国早期已能生产大型空心砖,在今河北易县等地发现有公元前475年建造的夯土高台(台榭)建筑使用非承重黏土空心砖做的砌体和平砖铺地。世界各国都十分重视空心砖,正向着高强度、高孔洞率、大块和采用全自动化生产线的方向发展,世界发达国家产量已占砖产量的50%~90%,承重空心砖抗压强度普遍达30~40MPa,有些国家已达50~80MPa,孔洞率高达40%以上。　　　(何世全)

空心砖复合墙板　hollow brick composite wall panel

以钢筋混凝土作结构承重层、空心砖作绝热层的复合墙板。复合方式有两种,两层钢筋混凝土中间夹一层空心砖;或者两层空心砖中间夹一层钢筋混凝土。由于采用最普通的材料制作,易于组织生产,但自重较大,用钢量较多。　(萧愉)

孔洞率　percentage of hole

又称空心率。砖和砌块孔洞和槽的体积总和占按外廓尺寸算出的体积的百分率。反映了砖和砌块空心化程度。砖常用孔洞率,砌块常用空心率。有关标准明确规定,空心砖的孔洞率必须等于或大于15%;空心砌块的空心率必须等于或大于25%。
　　　　　　　　　　　　　(崔可浩)

孔结构分析法　pore structure analysis

研究固体材料内部孔隙大小、数量、形状、分布及其连通或密闭情况的分析方法。各种多孔材料所呈现的强度、吸附、渗透、抗冻及声热绝缘性能等与其孔隙和表面积的大小密切相关。通常采用气体吸附法、偏光显微镜法、电子显微术、水银压入法等。偏光显微镜法可测定孔径约$10\mu m$以上大孔的形状、大小及其分布;电子显微术可观测小至纳米级的小孔形状、大小及其分布,检定范围较宽;气体吸附法(低温氮吸附容量法)可测定60nm以下的孔;水银压入法可测定5~750nm范围的中孔和大孔的孔径分布。工业上广泛用于硅胶、活性炭、树脂、分子筛等各种吸附剂孔隙大小的测定,以及建材、纤维、塑料、冶金、陶瓷等部门的材料检测分析。还可以用以鉴定多相催化剂表面积变化,以判断催化剂连续使用后活性降低的原因。
　　　　　　　　　　　　　(秦力川)

孔隙率　porosity

又称气孔率、孔隙度。是衡量材料多孔性或紧密程度的一种指标。以材料中孔隙体积占总体积的百分数表示。$P=(V_0-V)/V_0=(1-\rho_0/\rho)\cdot 100\%$ 即 $P+D=1$,式中:P为孔隙率;D为密实度;V_0为材料在自然状态下的体积,或称表观体积,cm^3或m^3;V为材料在绝对密实状态下的体积,cm^3或m^3;ρ_0为表观密度,g/cm^3;ρ为密度,g/cm^3。材料中的孔隙体积包括开口孔隙(与外界相连通)和闭口孔隙(与外界相隔绝)的体积。孔隙尺寸、形状、孔分布及孔隙率的大小对材料的性能,如表观密度、强度、湿胀干缩、抗渗、吸声、绝热等的影响很大。对散粒材料而言,在自然堆积状态下,颗粒之间尚有空隙存在,为反映其堆积的密实程度,常用空隙率表示。　(潘意祥)

孔隙性试验　porosity test

又称吸红试验(ink test)。利用显色液体在毛细管力和外界压力作用下对瓷件坯体的渗透,鉴定瓷件是否生烧的试验。将瓷件试样置于含1%(重量)品红的酒精溶液中,在其液压不小于20MPa下保压适当时间,使时间(h)乘压力(MPa)之积不小于180h·MPa,然后取样烘干,击碎并观察断面品红渗透现象,渗透越深,则烧结致密度越低。不同的产品要求不同的烧结程度,其渗透深度有不同的标准。　　　　(陈晓明)

kou

口份　cap slot

又称斗口。清雍正十二年(1734)颁布清工部《工程做法》,规定以"口份"作为标准单位,成为清式建筑的基本模数。它是从宋代"材分"制度演变而来的，但清代改用材厚为模数。材厚就是口份，是平身科坐斗上皮垂直于面宽方向的刻口的宽度，或者说是第一层向外挑出的翘或昂的宽度，这个宽度的实际尺寸，在不同规模的建筑中各不相同。清式规定斗口分为11等，最大的口份是6寸，最小1寸（营造尺）。各等材之间，以半寸递减，级差划一，较宋制简化。参见斗口（94页）。

(张良皋)

ku

苦楮 Castanopsis sclerophylla (Lindl) Schott

在锥木属中利用率较高的一种商品材。木材为浅黄至浅褐色。纹理直，结构细至中等。产于福建、安徽、湖南等省。气干材密度 $0.508 \sim 0.597 g/cm^3$；干缩系数：径向 $0.106\% \sim 0.143\%$，弦向 $0.188\% \sim 0.230\%$；强度：顺纹抗压强度 $32.6 \sim 42.4 MPa$，静曲强度 $67.7 \sim 82.8 MPa$，抗弯弹性模量 $(7.65 \sim 9.60) \times 10^3 MPa$，冲击韧性 $2.9 \sim 4.5 J/cm^2$；硬度：端面 $38.9 \sim 48.9 MPa$，径面 $27.9 \sim 35.1 MPa$，弦面 $27.7 \sim 35.0 MPa$。较耐腐，适于做屋架、檩条、桁条、檐板、屋面板、门窗、柱子、墙壁板、扶手、桥梁、家具等。还可生产胶合板。

(申宗圻)

苦竹 Pleioblastus amarus Keng f.

苦竹属。与茶秆竹同属地下茎复轴混生型竹种。生长特性与造林技术等与茶秆竹相似。产长江流域，东起江苏、浙江，西至四川、贵州、云南等广大地区均有产出：秆高可达4m，胸径 $1 \sim 3cm$，节间长 $25 \sim 40 cm$。竹秆通直，壁厚，质坚硬有弹性，可作伞柄、帐竿、支架、篱笆等。亦可用于造纸，笋味苦，不能食用，故名。

(申宗圻)

库金箔 gold foil (98%)

又称98金箔、库赤金箔。含金量98%的金银合金锤成之薄片。纯金色，色泽黄中透红，沉稳而辉煌。品质稳定，耐晒、耐风化、耐污浊气体，用于室外，其金色数十年无大减。箔面规格 $93.3 mm \times 93.3 mm$。在古建筑油饰工程中的木雕花饰和彩画花纹的贴金部位中，常与赤金箔配合使用，以丰富金色的层次。

(谯京旭 王仲杰)

kuai

块状塑料地板 plastics floor tile

又称塑料地砖。以聚氯乙烯为基料制得的块状地面装饰材料。种类有聚氯乙烯石棉塑料地板、半硬质聚氯乙烯块状塑料地板等。常见的尺寸规格为 $303 mm \times 303 mm$ 和 $333 mm \times 333 mm$，厚度自 $1.2 \sim 2.5 mm$ 不等。此外还有梯形和三角形等特殊规格。与地面卷材相比，优点是施工简单，一人就能独立铺设；局部损坏后修补方便；可拼成多种图案，常用在步行较频繁的公共建筑中。缺点是必须粘贴，粘贴速度慢，地面的接缝多。

(顾国芳)

快光 fast rays

光波射入非均质体晶体后，发生双折射分解成的两束偏光中传播速度较快、折射率较低的一束偏光。传播速度较慢、折射率较高的另一束偏光则为"慢光"。

(潘意祥)

快裂乳化沥青 rapid setting emulsified asphalt

分裂速度指标在50%以上的乳化沥青。采用的乳化剂为快裂型乳化剂。采用粒料拌合稳定试验判定时，其混合料呈松散状态，沥青裹附不均，有的粒料上没有黏附沥青，有的凝聚成团块。还可用水泥拌和试验来判定。主要用于贯入式路面、表面处治养护和黏层。

(刘尚乐)

快凝快硬氟铝酸盐水泥 quick setting and rapid hardening fluoaluminate cement

又称双快氟铝酸盐水泥。由氟铝酸钙为主要组成、硅酸二钙为次要组成的熟料，加适量硬石膏、粒化高炉矿渣和激发剂磨制成的水泥。特点是凝结快、硬化快。常温凝结时间仅几分钟，可用缓凝剂按所需时间调节；早期强度高，可配制4h抗压强度约20MPa、28d 强度 40MPa 左右的混凝土。用途和使用注意事项同快凝快硬硅酸盐水泥。

(王善拔)

快凝快硬硅酸盐水泥 quick setting and rapid hardening cement

又称双快硅酸盐水泥。由硅酸三钙和氟铝酸钙为主要矿物组成的熟料，加入适量硬石膏和激发剂磨细成的水泥。因凝结和硬化快而得名。常温凝结时间仅几分钟，但可用缓凝剂调节；早期强度高，水泥标号以 4h 抗压强度表示；用以配制混凝土，抗压强度 4h 可达 $15 \sim 20 MPa$，28d 可达 40MPa 左右；在 $-2 \sim +6°C$ 的环境仍能正常凝结硬化；抗冻性好，与钢筋黏结力强；抗渗性、耐磨性优于普通硅酸盐水泥。主要用于工程抢修、堵漏和冬期施工，以及铸造中作型砂黏结剂。使用时混凝土拌合量要少，随拌随用，运输距离要短；注意及时浇水养护；不得与其他水泥混合使用。

(王善拔)

快凝快硬铁铝酸盐水泥 quick setting and rapid hardening ferroaluminate cement

由矿物组成为无水硫铝酸钙、铁相、β型硅酸二钙的铁铝酸盐水泥熟料加入石膏和少量早强剂磨

细成的水泥。特点为快凝快硬。用途同快凝快硬硅酸盐水泥。　　　　　　　　　　（王善拔）

快凝液体沥青　rapid-curing liquid asphalt

用沸点为170℃以下的碳氢化合物作为稀释剂稀释黏稠沥青而得的液体沥青。其凝固速度较快。常用的稀释剂有汽油、苯、甲苯、二甲苯等。将稀释剂掺入温度不超过80~90℃的熔融沥青中搅拌均匀即成。根据黏度分为A(R)-1和A(R)-2两个牌号，要求标准黏度分别为$C_{25}^5 < 20s$和$C_{60}^5 = 5~15s$，闪点不低于30℃，水分小于0.2%，用于铺筑贯入式路面。　　　　　　　　（刘尚乐）

快速石灰　slaking fast lime

见石灰消解速度（442页）。

快速水泥标号测定法　accelerated test for cement strength

以快速测试方法预测水泥标号的方法。按水泥强度标准检验方法鉴定水泥标号需经28d龄期才能确定。故常用快速方法预测标号，以加强水泥生产和使用的质量控制。中国专业标准ZBQ 11004—86规定本法在"水泥胶砂强度检验方法"的基础上，采用55℃湿热养护24h获得的强度来预测水泥28d抗压强度，借以推断水泥标号。此外，还有按水泥组成检测结果或早期强度测试结果推算水泥标号的方法。但各种方法的准确性都有一定局限性。都不能作为产品标号的最终鉴定依据。　　（魏金照）

快硬高强铝酸盐水泥　rapid hardening and high early strength aluminate cement

以铝酸一钙为主要成分的熟料加入适量石膏磨制成的具有快硬高强性能的铝酸盐水泥。以28d抗压强度确定标号，分62.5、72.5、82.5和92.5四个强度等级。水泥比表面积不小于$400m^2/kg$，SO_3含量不超过11.0%。快凝而不急凝，不需掺缓凝剂，初凝时间不早于25min，终凝不迟于3h。只规定1d和28d两个龄期的强度，若用户有要求，6h抗压强度应不低于20MPa。后期强度不降低，仍有较好的增长率。主要水化产物为钙矾石和氢氧化铝凝胶，浆体结构致密。具有快硬高强、抗渗、抗冻和耐蚀耐磨等优点。主要用于早强高强、抗渗、抗硫酸盐及抢修等特殊工程。使用时至少应保湿养护3d，不得用于耐热工程或温度常处于100℃以上的混凝土工程；不得与其他品种水泥混合使用。但可与已硬化的其他品种水泥混凝土接触使用。贮运中严防混入石灰和碱性物质。　（王善拔）

快硬硅酸盐水泥　rapid hardening portland cement, high early-strength portland cement

简称快硬水泥。由硅酸三钙和铝酸三钙含量较高的硅酸盐水泥熟料磨细成的早期强度增长率较高的水泥。其石膏掺量可稍多，SO_3最大含量为4.0%。细度较细，比表面积一般在$330~450m^2/kg$。3d强度可达一般硅酸盐水泥28d的水平，以3d抗压强度确定其标号。后期强度仍有一定增长。水化热较高，水泥石比较致密，不透水性和抗冻性较好，但早期干缩率较大。主要用于紧急抢修工程、冬期施工以及生产混凝土预制构件。不适用于大体积混凝土工程。水泥易风化，贮存期不宜过长，并需注意防潮。　　　　　　（王善拔）

快硬混凝土　rapid-hardening concrete

又称早强混凝土（high-early strength concrete）。在标准养护条件下1d龄期强度可达到其28d强度40%~50%的混凝土。硬化早期强度发展较快。以选用快硬硅酸盐水泥或高强度等级的水泥，掺用早强剂，或用减水剂减小水灰比等方法加速混凝土的早期强度发展。适用于紧急工程、冬期施工及预制构件等。若用铝酸盐水泥作为胶结材，须注意其长期强度有很大的退缩，且抗冻、抗渗和耐侵蚀性均有明显减退。　　　（徐家保）

快硬硫铝酸盐水泥　rapid hardening sulphoaluminate cement

又称早强硫铝酸盐水泥。由无水硫铝酸钙（约60%~63%）和β型硅酸二钙（23%~25%）为主要矿物的硫铝酸盐水泥熟料加约10%的石膏磨细成的水泥。主要水化产物为钙矾石、氢氧化铝凝胶和CSH凝胶。早期强度高，12h强度可达28d强度的50%~70%。有微膨胀特性，无后期强度降低现象；抗硫酸盐侵蚀、抗冻和低温硬化性能优良。适用于抢修、锚固、地下防渗和冬期施工等工程。水泥水化时液相碱度低，可用于制造低碱水泥以生产耐久性良好的玻璃纤维增强水泥制品。早期对钢筋有轻微锈蚀，但以后不继续发展，没有危害。混凝土表面易产生"起砂"现象，应加强抹面和养护。　　　　　　　　　　（王善拔）

快硬水泥　rapid hardening cement

早期强度高、以3d抗压强度确定其标号的一类水泥。也是快硬硅酸盐水泥的简称。中国有：硅酸盐、铝酸盐、硫铝酸盐、铁铝酸盐、氟铝酸盐等5大系列。主要用于紧急抢修工程、冬期施工工程等。　　　　　　　　　　　　（王善拔）

快硬铁铝酸盐水泥　rapid hardening ferroaluminate cement

又称早强铁铝酸盐水泥。由无水硫铝酸钙（约30%~45%）、铁相（20%~30%）和β型硅酸二钙（约15%~25%）为主要矿物的铁铝酸盐水泥熟料加入约10%的石膏磨制成的水泥。有快硬和高强特性。磨制时加一定量石灰石则无后期强度降低现象。水化产物除钙矾石、氢氧化铝凝胶外,还有氢氧化铁凝胶,因而耐海水侵蚀和耐铵盐侵蚀性能很好。水泥水化时液相碱度比硫铝酸盐水泥的高,做砂浆或混凝土时无"起砂"现象。用途同快硬硫铝酸盐水泥。　　　　　　　　(王善拔)

快燥精
以硅酸钠为基料,掺入适量的硫酸钠、荧光粉与水配制而成的一种绿色液体。适用于地下室、水池等构筑物的防水堵漏工程。　　　　(郭光玉)

kuang

矿棉板 mineral wool slab
在矿渣棉中加入适量胶粘剂,经压制成型、加热聚合或干燥制成的板材。常用胶粘剂有沥青、淀粉、合成树脂、高岭土、膨润土、水玻璃等。板厚为 20～100mm。可分为刚性板、硬质板和半硬质板,表观密度 70～500kg/m³,常温热导率约 0.040～0.070W/(m·K)。可单独应用或与石棉水泥板、石膏板复合作为建筑物内外墙,也可用在允许使用温度内的设备的绝热,或用以减振或吸声。
(林方辉)

矿棉保温带 mineral wool heat-retaining belt
具有一定抗拉强度的带状复合矿棉卷材。是将矿棉席、毯或毡切割成宽 25～100mm 的细带,用胶粘剂连续地粘于玻璃布包层上而成。热导率不大于 0.054W/(m·K),适用于管道、大型罐塔、热工设备的保冷、绝热。施工快,绝热效果好。
(林方辉)

矿棉管套 mineral wool pipe section
在矿渣棉中加入适量胶粘剂(树脂或淀粉),用模压法或卷取法制成的管状或半管状制品。长度和内径可按需加工。酚醛树脂矿棉管壳的表观密度不大于 200kg/m³,常温热导率小于 0.044W/(m·K),最高使用温度 600℃,用于热工管道绝热,使用简便。
(林方辉)

矿棉绝热板 mineral wool insulation slab
以矿渣棉、石英砂、纸渣等为原料,酚醛树脂为胶粘剂,经压制成型、干燥而成的绝热材料。表观密度约 800～1 000kg/m³,常温热导率约 0.23W/(m·K),抗折强度不小于 1.2MPa,耐火度可达 1 650℃,主要用于高温绝热,如钢锭铸模的绝热。
(林方辉)

矿棉毡 mineral wool felt
在矿渣棉中加入适量胶粘剂辊压而成的柔性毡状材料。以沥青为胶粘剂的防水性能良好,耐热和耐火性差;以合成树脂为胶粘剂的表观密度较小,热导率较低。贴一层牛皮纸、波纹纸即为贴面毡。表观密度一般为 100～120kg/m³,常温热导率小于 0.049W/(m·K),用于建筑物屋面、墙面及各种热力设备的绝热。
(林方辉)

矿棉纸 mineral wool paper
以矿棉为主要原料经造纸工艺过程制成的油毡胎基用纸。由于矿棉纤维为无机纤维,纤维长度较短,因而胎基浸油率低和抗拉力小,必须掺加一定比例的棉、麻等植物纤维来改善。矿棉纤维与棉麻纤维的比例为 6:4。
(王海林)

矿棉纸油毡 mineral wool paper base asphalt felt
以矿棉纸为胎基,低软化点石油沥青为浸渍材料,高软化点石油沥青为涂盖材料所制得的一种油毡。根据原纸成分中所含无机矿物纤维量(不小于 60%),中国矿棉纸油毡定为"矿毡-60"一种标号。每卷卷重不小于 31.5kg,幅宽 915mm,总面积为 20±0.3m²。运输与保管方法同石油沥青油毡。矿棉纸油毡宜作铺设地下或平屋面防水层之用,也可用于铺设其他构筑物防水层和金属管道耐腐蚀的保护层。
(王海林)

矿棉装饰吸声板 decorated mineral wool acoustic board
以矿棉为基材,加入胶粘剂、防腐剂等添加剂,表面贴覆塑料薄膜(片)加工而成的吸声装饰材料。相对密度为 0.40～0.50,吸声系数约 0.4～0.9,耐热且具有良好的隔声、保温绝热性能。表面薄膜(片)经印花或打孔,具有良好的装饰效果,常用于宾馆、厅堂、办公室、播音室、计算机房、剧场等顶棚装饰。
(刘柏贤)

矿物光性 optical properties of minerals
光波通过矿物所产生的一系列光学特性的统称。如颜色、多色性、干涉色、正负光性、延性、轴性、光轴、折射率、双折射等。是用光学显微镜鉴定矿物时的重要依据。
(潘意祥)

矿物棉 mineral wool
简称矿棉。由矿物或矿渣作原料生产的疏松絮状玻璃态短纤维。有岩石棉和矿渣棉两类。将天然岩石或冶金矿渣在冲天炉或其他设备中熔化后用离心法或喷吹法生产。隔热、吸声性能好,热稳定性高,不燃烧,能耐 500～600℃ 高温,不霉不蛀。可做成毡、毯、垫、带、板、管壳等制品。主要用作建筑物和工业设备的绝热、吸声和减震材料。
(吴正明)

矿物质掺料 mineral addition
由矿物质材料磨细而成的粉料。用于混凝土称为掺合料;用于水泥生产者称为混合材料。分活性掺料和非活性掺料两种。前者又称水硬性矿物质掺料，有粒化高炉矿渣、炉渣、粉煤灰、轻烧黏土、烧页岩、浮石、火山灰等，不能自行硬化，但能与水泥水化析出的氢氧化钙或加入的石灰相作用而生成具有胶凝性能的水化产物，即能在水中硬化，又能在空气中硬化。后者又称非水硬性矿物质掺料，由石灰岩、砂子、黏土、砂岩等磨细而成，与石灰和水拌合后不能或很少能反应生成具有胶凝性的水化产物，在混凝土中只起填充作用。使用掺料可节约水泥、改善混合料的工作性及硬化混凝土的某些性能。掺量一般为水泥用量的5%~20%。作为活性掺料使用时，其活性指标不能低于有关规定，细度也不应大于水泥的细度。作为填充材料使用时，应采用不显著提高需水性的材料。 （孙宝林）

矿渣 blast furnace slag

高炉矿渣的简称。高炉冶炼生铁时排出的废渣。主要成分为硅酸钙、硅铝酸钙、铝酸镁和硅酸镁。按冶炼生铁的种类，可以分为铸造生铁矿渣、炼钢生铁矿渣、特种生铁矿渣和合金钢生铁矿渣四种。按化学成分，可以分为碱性矿渣、酸性矿渣和中性矿渣三类。碱性系数或碱度 M_0 [（CaO + MgO）/（SiO_2 + Al_2O_3）] 的变化范围一般为0.7~1.2；M_0 大于1时为碱性矿渣，小于1时为酸性矿渣，等于1时则为中性矿渣。按冷却方式，可以分为高炉硬矿渣和粒化高炉矿渣两种，前者又称高炉重矿渣，由熔融矿渣自然冷却而成，呈灰、棕或黑色，基本上没有水硬性，不宜作为水泥的混合材料，但经破碎、筛分后，可用作普通混凝土或耐热混凝土的集料，也可用作生产铸石的原材料。粒化高炉矿渣是熔融矿渣经空气或水急冷所得的粒状物料，又称水淬矿渣。呈灰、黄或棕色，疏松多孔，易于磨碎，其矿物组成大都呈无定形玻璃质结构，具有较高的潜在活性，在石灰、石膏、水泥、碱等激发剂作用下，易与水化合产生胶凝物质。可作水硬性混合材料用来生产矿渣硅酸盐水泥、石灰矿渣水泥、石膏矿渣水泥、碱矿渣水泥以及矿渣砖、湿碾矿渣混凝土等。 （孙宝林）

矿渣硅酸盐水泥 portland blastfurnace-slag cement

简称矿渣水泥。由硅酸盐水泥熟料和粒化高炉矿渣、适量石膏磨细制成的水泥。代号为P·S。按中国标准，粒化高炉矿渣掺量按质量计为20%~70%。允许用不超混合总量8%的其他混合材料的一种代替矿渣，替代后水泥中矿渣不得少于20%。分32.5、32.5R、42.5、42.5R、52.5、52.5R六个强度等级。是水泥主要品种之一。颜色较淡，密度较小、水化热较低、早期强度较低、后期强度增进率较大、泌水性和干缩性较大、抗冻性较差，但耐侵蚀性好。可用于地面、地下、水中各种混凝土工程，最宜用于蒸汽养护的混凝土或构件的生产。但不宜用于需要早期强度高和反复冻融循环、频繁干湿交替的工程。国际标准化组织1967年ISO/R597中规定，矿渣水泥按矿渣掺量分为小于20%、20%~35%、35%~80%、大于80%四个等级。有些国家以不同的矿渣掺量给以不同的命名。 （冯培植）

矿渣棉 slag wool

又称矿棉。用以工业废料矿渣（主要为炼铁、磷、铬、铜、钛的矿渣）为主要原料的熔融物制成的棉丝状纤维材料。成棉工艺有离心法、喷吹法和离心喷吹法。堆积密度≤150kg/m³，常温热导率≤0.044W/(m·K)。具有质轻、绝热、不燃、防蛀、化学稳定性好和吸声等特点，是一种性能良好、价格低廉的绝热吸声材料。可松散填充或加工成各种制品。 （林方辉）

矿渣质量系数 quality coefficient of slag

粒化高炉矿渣中的CaO、Al_2O_3、MgO同SiO_2、MnO、TiO_2含量的比值。用K表示：

$$K = \frac{CaO\% + Al_2O_3\% + MgO\%}{SiO_2\% + MnO\% + TiO_2\%}$$

用作水泥混合材料时，要求K值不小于1.2。K值越大，矿渣活性越高。但K值不是反映矿渣活性的惟一指标，活性大小还与矿渣成粒条件有关。成粒温度高，冷却速度快，则活性高。 （陆 平）

矿渣砖 slag brick

以石灰和粒化高炉矿渣或重矿渣为主要原料制成的蒸汽养护砖。为激发矿渣活性可加入少量石膏。以粒化高炉矿渣为硅质材料制成的称为粒化高炉矿渣砖，简称矿渣砖；以重矿渣为硅质材料制成的称为重矿渣砖。表观密度2 000~2 100kg/m³。砖强度级别有MU15、MU10和MU7.5三级。可用于一般民用与工业建筑墙体。 （崔可浩）

矿柱 pit prop

矿井巷道内接近工作面处，作为底板与顶棚间临时支护用的支撑物。需承受垂直载荷，通常使用落叶松、云杉、马尾松、榆木等树种的小方材、圆材和半圆材。 （吴悦琦）

kun

昆山石 Kunshan stone

江苏省昆山县产出的假山石。其色洁白，质粗而不平，虽形状奇突透空，但无高耸的峰峦姿态，敲之无声，取其奇巧之材，置于小树旁或溪荪（极

似石菖蒲的植物）处，或点放于器皿中作为盆景，不能作为大用。　　　　　　　（谯京旭）

阃　threshold, doorstop, city gate

①门限（门下通长的木槛，即梱）和门橛（门中止扉的短橛，即阃的通称）。《南史·沈演之传》颛（演之兄孙）送迎不越阃；此指家居门槛。本作梱。异名散见各书者甚多：《尔雅》橛、杙、闃、闑，《情雅》丞、梱、檃、机、阎、枿，《义训》阃、闑、闑橑、闬，《说文》閫、橛、樧。

②引申为城门。《史记·冯唐传》阃以内者，寡人制之，阃以外者，将军制之；注：此郭门（城门）之阃也。《说文》释阃曰"门橛也"，徐锴注："古者多乘车，门限必去之也。"说明不用门限，采用门橛的理由。　　　　　　　（张良皋）

kuo

扩散场　diffuse field

在空间中声能量密度分布均匀，在各个传播方向形成无规分布的声场。在其任何一点所接收到的各方向声能相等，是一种理想的声场分布状态，实际上并不存在。　　　　　　　（陈延训）

扩散着色　diffusion coloration; staining

通过离子交换使着色离子扩散，在玻璃表层还原成金属胶体而使玻璃表面着色的一种方法。常用的有：涂覆法、金属熔盐浸渍法和金属盐蒸气法。着色后玻璃仍然透明，表面不发生变化，颜色永不脱落。这种着色玻璃经刻磨加工可代替部分套色玻璃。用于玻璃的艺术彩饰和加工，其制品可作为建筑艺术装饰用。　　　　　　　（许淑惠）

扩展 X 射线吸收精细结构分析　extended X-ray absorption fine structure analysis

用扩展 X 射线吸收精细谱确定吸收原子近邻结构参量的方法。通常在 X 射线吸收曲线上，除在 K、L 等吸收限处发生突变外，其余部分随入射波长的增加而平滑单调上升。实际上，任何物质的吸收曲线在吸收限高能侧附近都出现程度不同的振荡现象。人们将高于吸收限 30～1 000eV 的振荡部分称作扩展 X 射线吸收精细结构，简称 EXAFS 谱。该谱振荡频率、振幅及其衰减特征等都与试样中吸收原子近邻配位原子的种类、数目、距离及无序度有关。因此测得样品吸收曲线，经数学处理便得各参量。测量方法有直接法（X 射线透射和电子能量损失法）和间接法（X 射线荧光和俄歇电子法）两类。　　　　　　　（孙文华）

阔叶树材　hardwood

被子植物（angiosperms）的双子叶植物（dicotyledons）中的乔木树种所产生的木质部，作为商品材的统称。由于在其结构中的导管，在木材的横切面上肉眼或借放大镜可见到管孔，故又称有孔材（porous wood），按管孔的分布可分为环孔材和散孔材。阔叶树种在全世界远多于针叶树种，但纯林少，混交林多。阔叶树材的构造与性质变异性大，但许多树种的木材，具有美丽的花纹与颜色，主要作为家具、室内装修等用材，也是建筑、工程等方面的重要材料。　　　　　　　（申宗圻）

L

la

拉拔系数　coefficient of cold drawing

冷拔钢丝每次拉拔前后其直径的比值。以 K 表示之。

$$K = \frac{D_0}{D}$$

D_0 为冷拔前钢丝直径；D 为冷拔后钢丝直径。K 值大，钢丝截面压缩率大，可减少拉拔次数，提高生产率；但 K 值过大则钢丝通过拔丝模孔时因外力超过钢丝的抗拉强度，将发生断裂。故 K 值及拉拔次数必须根据钢丝的强度和塑性而确定，一般可取 1.15。（参见钢筋冷拔，144 页）。
　　　　　　　（孙复强）

拉挤成型　pultrusion

将纤维连续地经过浸胶、集束、模具口挤压、加热定型后进一步固化的制造纤维增强塑料型材的连续成型方法。特点是生产过程全部实现机械化和自动化，生产效率高（线速度为 1～2m/min），产品质量稳定，成本低，单向拉伸强度可高达 700～1 000MPa。缺点是产品横向强度低，设备投资大。主要用于生产各种断面形状的防腐及绝缘工程用的结构型材。其产品断面尺寸可小到直径为 1.5mm 棒材和大到 200mm×760mm 的型材。
　　　　　　　（刘雄亚）

拉力试验机 tension testing machine

测定材料在受拉状态下力学性能的试验机。一般用于金属、塑料、纤维、纸张等延性好的材料。加载可以通过手动，也可以由电机和机械传动装置强迫试件伸长，使试件受到拉力的作用。所能施加的荷载通常都比压力试验机为小。（参见万能材料试验机，524页）。　　　　　　　　　（宋显辉）

拉曼效应 Raman effect

又称并合散射效应、联合散射效应。单色光通过试样，其分子在振动时发生极化度变化而产生的效应。所谓极化度，就是分子在电磁场（如光波）作用下，分子中电子云变化的程度。它与拉曼谱线的强度成正比。当光子与试样分子发生碰撞，除产生弹性散射（亦称瑞利散射）外，还发生光子与分子之间的非弹性散射，引起能量交换，光子把一部分能量给予分子或从分子获得一部分能量。光子能量的减小或增加，在瑞利散射线两侧有一系列低于或高于入射光频率的散射线，即拉曼散射。其波长对应于分子中的转动能级或振动能级的跃迁，与物质分子结构有关，可作定性分析的依据，其强度可作定量分析的依据。　　　　　　（潘素瑛）

拉毛辊 alsgraffits roller

专用于涂层表面拉毛施工的滚涂工具。一般在辊筒上按不同尺寸打眼或雕刻以及通过不同形状的辊轴起伏而制成。材料一般为聚氨酯泡沫塑料、人造纤维类纺织品等。经拉毛辊滚涂的涂层表面，能产生不规则的浮雕状饰面，达到较柔和协调的大面积整体装饰效果，涂层厚度不小于1mm。在辊筒表面涂上硅油可防止粘辊。　　（邓卫国）

拉模法 dragged-form method

在长线台座上采用拉模生产混凝土预制构件的方法。拉模由模板和牵引机构两部分组成。由于构件与台座之间的摩阻力远大于构件与模板之间的摩阻力，因而混凝土密实成型后，通过牵引机构可将侧模板从混凝土内外侧缓缓拉移到下一个模位而留下构件。适于多孔板、挂瓦板、桁条等钢筋混凝土构件的生产。设备简单、生产效率高，但制品易被拉裂，几何尺寸较难保证，占地面积较大。
　　　　　　　　　　　　　　　（孙宝林）

拉坯成型 throwing forming

简称拉坯，俗称手工拉坯（hand throwing）。在转动的辘轳车上，用手工拉制出坯体的成型方法。古老的陶瓷可塑成型方法之一。操作时将可塑泥团放在快速旋转的辘轳车操作台上，用手将坯泥拉上压下，反复捏练，再按要求拉成一定形状的粗坯，待稍干后，精修成所要求的坯体。特点是不用模具，可随意造型，但要求熟练的操作技术；劳动强度大，只适合于小批量生产。目前辘轳车的动力已多采用电力。多用于成型回转体状坯体，如电瓷制品、花瓶、碗、盆等日用陶瓷和陈设瓷。
　　　　　　　　　　　　　　　（陈晓明）

拉伸-压缩循环试验 stretching-comprasion cyclic test

反映密封膏在长期动、静荷载下材料本体的内聚力及其与基材黏结能力的试验方法。要求在两块75mm×25mm×12mm（或50mm×50mm×12mm）基材间灌填50mm×12mm×12mm密封膏，其中50mm×12mm为黏结面。然后将试样固定在夹具上浸水（50±1℃）24h，标准条件下放置24h，然后缓慢压缩到标准规定宽度、固定、置于要求的温度下加热168h，解除固定状态，在标准状态下放置24h后，缓慢拉伸到规定宽度，在-10℃冰箱中放置24h，如此反复一次，然后在标准条件下拉伸和压缩2 000次，检查试件黏结或内聚破坏情况。一般以黏结和内聚破坏面积不大于25%为合格。
　　　　　　　　　　　　　　　（孔宪明）

拉手 handle

安装在门扇、窗扇或抽屉上作执手用的一种建筑五金。品种繁多，根据各自特点和装饰要求，可分为门窗拉手、大门拉手和家具拉手三大类。用于普通门窗扇上的可用铸铁、薄钢板或有色金属制造，侧面形状一般呈弓形，但头部和把部的形式很多，有方头、圆头、蝴蝶形、弓背、空心等多种；用于公共建筑双扇门上的尺寸都比较大，常见的有底板拉手、方形拉手和管子拉手等，外表为镀铬或包橡胶、塑料等饰面；家具拉手取材广泛，造型小巧玲珑，更具装饰性。　　　　　（姚时章）

拉制黄铜管 drawn brass tube

黄铜坯料经冷拉制成的管材。外径为3～200mm，壁厚为0.5～10.0mm。其材质有简单黄铜 H96、H68、H62和复杂黄铜 HSn70-1、HSn62-1。因冷加工性能好，可采用冷变形硬化，提高其强度。简单黄铜管有一定耐蚀性和高的导热性，用于热交换器、冷凝管等热工设备。复杂黄铜管，含少量Sn，显著地提高在海洋大气和海水中的抗蚀性，应用于舰船部件制造。　　　　（陈大凯）

拉制铜管 drawn copper tube

纯铜坯料经穿孔后拉制成一定规格的管材。壁厚为0.5～10.0mm，外径为3～360mm。按材质有纯铜管 T1、T2、T3和无氧铜管 TU1、TU2、TUP。具有高的导电、导热、耐蚀，易于变形，广泛用于机械和电气等工业部门，如作汽油、气体供应管、排水管、冷凝管、水雷用管、冷热交换器和电真空器件等。
　　　　　　　　　　　　　　　（陈大凯）

lai

莱氏体 ledeburite
　　铁碳系中奥氏体和渗碳体组成的两相混合物。为纪念德科学家 A.莱德堡（Ledebur）而得名。铁碳合金结晶时发生共晶反应即从液相中同时析出这两个固相，其中奥氏体在缓冷到某一临界温度又分解为珠光体，而原渗碳体不变。为了区别而把临界温度以下存在的，称为变态莱氏体。是生铁或白口铁的重要组成相，高合金工具钢中也存在，塑韧性极低，脆性较大。它不存在于灰口铸铁和球墨铸铁中，可锻铸铁中它是通过石墨化退火而消失。
　　　　　　　　　　　　　　（高庆全）

lan

栏式缘石 barrier curb
　　高约 15～25cm，正面较陡，能阻挡车辆越过，起安全保护作用的路缘石。主要用于危险段路面的两侧。还可围绕桥台、较窄的中央分隔带四周设置。断面也有做成双层阶梯式的，用于街道或桥梁两侧起护栏作用。（宋金山）

阑 door screen, baluster, to bar
　　门口的格栅门，用以阻拦出入。引申为遮拦物及椸檩的通称，如栅阑、井阑、牛阑。作为动词，遮隔之义。《战国策》晋国之去梁也，千里有余，有河山以阑之。栏杆之栏从阑，用其阻拦之意。古代战车上的栏杆，兼作兵器架，故称"兵阑"。
　　　　　　　　　　　　　　（张良皋）

阑额 lintel
　　即额枋。檐柱与檐柱之间左右相连的构件。上皮与柱顶平，两端出榫入柱，宋式称为阑额，清式称为（大）额枋。（张良皋）

阑楯 barrier, railing
　　又称阑槛、阑干、栏杆、钩阑、楯轩、槛楯。王逸《楚辞》注：纵曰槛，横曰楯。参见槛。
　　　　　　　　　　　　　　（张良皋）

蓝脆 blue brittleness
　　钢在 300℃ 左右使用时，由于应变时效，其塑性及韧性明显降低或基本消失的现象。主要是氮在高温过饱和溶入固溶体，其后随温度下降溶解度降低，在 300℃ 附近，氮以极微细的氮化物（γ-Fe_4N）从固溶体中沉淀，发生应变时效硬化，导致塑韧性下降。同时在该温度下钢的表面受热氧化，形成蓝色的氧化膜，因而得名。（高庆全）

蓝硅磷灰石 silicocarnotite
　　又称硅磷酸五钙。化学式 $5CaO \cdot P_2O_5 \cdot SiO_2$ 或 $Ca_3(PO_4)_2 \cdot Ca_2SiO_4$。是硅酸二钙和磷酸三钙的复盐。熔点 1 700～1 850℃。相对密度 3.084，硬度 4～5。存在于含磷的碱性转炉渣中，有水硬性。
　　　　　　　　　　　　　　（龙世宗）

蓝色玻璃 blue glass
　　透过可见光波长为 440～500nm 范围内的颜色玻璃。常见的有：①Fe^{2+} 离子着色的玻璃，呈浅蓝绿色，具有吸收紫外线和红外线的特性，多用于生产护目镜片；②Co^{2+} 离子着色的玻璃，呈漂亮的深蓝色，在高能辐射下变色，变色程度与高能辐射的剂量成一定比例，多用于生产剂量玻璃、信号玻璃和器皿玻璃；③Cu^{2+} 离子着色的玻璃，呈天蓝色，多用于信号玻璃制品的生产。上述玻璃还可作为航空港、车站、图书馆、体育建筑等装饰材料。
　　　　　　　　　　　　　　（许淑惠）

lao

老浆灰 peat putty with quick-slacked lime
　　深灰色的煮浆灰。一般用青灰八成、生石灰二成，放入"灰锅"或铁锅内加水，搅拌成浆状，过滤，凝结成膏状的灰浆。青灰与生石灰的比例视所需颜色深浅，可从 8:2 到 5:5 不等。是古建墙体丝缝（缝子）砌法必用的传统材料。加入锯末或小麻刀可作为淌白墙体勾抿（打点）缝子用材，也是黑、绿、紫琉璃砌体及瓦面灰陇等常用材料。
　　　　　　　　　　　　（朴学林　张良皋）

酪素胶 casen glue
　　又称酪朊胶。乳酪素溶于稀碱溶液中配制而成的非结构型胶粘剂。常用的碱有硼砂、硅酸钠、碳酸钠、氨水、石灰水等，用量为 5%～15%。无毒，抗震性好，可在室温（≥0℃）下操作和固化，在干燥的室内条件下耐久性好，但耐水性、防腐性差，固化时间稍长。胶接面涂刷 4% 甲醛溶液可提高接头的耐水性和防腐性。用于制胶合板，粘接木材、皮革、棉布及硬纸板等，也可作其他胶粘剂的改性剂。
　　　　　　　　　　　　　　（刘茂榆）

橑 ceiling
　　通轑，本义为车前遮阳的弓形盖。《淮南子·说林训》盖非橑不能蔽日。建筑上的转义为天花板。《前汉·张敞传》张敞搜捕罪犯"得之殿屋重轑中"。注：苏林曰，轑，橑也；重轑，重棼中。苏林注中，轑之偏义指橑，此橑乃是承受天花板之橑。说"重轑""重棼"，即后世之"承尘""平闇""平棊"，亦即现代的"吊天花板"。《营造法式》卷二释平棊；《山海经图》作平轑并注："古谓之承

尘……于明栿背上，架算桯方，以方椽施版，谓之平闇；以平版贴华，谓之平棊。" （张良皋）

le

勒脚石 plinth stone

俗称侧圹石。用于建筑物的外墙基础部位或阶台的驳坎间的薄型条石。石厚与宽之比，约 1:2 以上，且侧砌在各类建筑物的基部。其向外的一个面，一般加工较细，平整无凹凸手感，其余的五个面，加工较粗。材料多为武康石、青石、花岗石。
（叶玉奇　李洲芳）

lei

雷管 detonator

又称引信。能准确可靠地按规定时间要求和顺序起爆炸药、炮弹或导爆索等的起爆材料。由管壳、正副起爆药、加强帽和聚能穴等构成。起爆时，首先由外能引燃正起爆药，瞬时地引爆副起爆药，继而引爆炸药或导爆索等。按引燃方式可分为火雷管、电雷管、继爆雷管和特种雷管等。根据雷管内的起爆药量，工业雷管分为 10 种，用号码表示。通常用 6 号和 8 号雷管，相当于 1g 和 2g 雷汞的起爆能力。几种典型雷管见图。

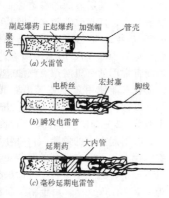

在实践中，雷管的起爆能力常用铅板穿孔法来检验：将其聚能穴端置于厚为 5±0.1mm、直径为 50mm 的铅板中央，起爆后铅板被击穿的孔径大于管壳外径为合格产品。雷管属易爆的危险品，在生产、装卸、运输、贮存和使用过程中，必须严格遵守《爆破安全规程》的有关规定。 （刘清荣）

雷氏夹法 Le Chatelier soundness test

国际上检验水泥熟料中游离氧化钙影响水泥安定性较常用的方法。采用法国 Le·霞特利（Chatelier）所设计的雷氏夹（图）。将标准稠度的水泥净浆填满雷氏夹的圆柱环中，经常温养护并沸煮一定时间，使熟料中游离氧化钙迅速水化。测定雷氏夹二根指针尖端沸煮前后距离的变化，判断水泥安定性是否合格。此法以水泥浆体体积膨胀为依据，人为影响因素较少，量值概念比较清楚，对水泥体积安定性判别容易，因此中国水泥标准规定用试饼法判别有争议时以雷氏夹法为准。
（陆　平）

累计筛余 cumulative percentage retained

累计筛余百分率的简称。集料试样经过按规定方法筛分后某号筛上的分计筛余与大于该号筛的各号筛上的分计筛余之总和。以累计筛余为纵坐标，各号筛的筛孔尺寸为横坐标可绘制集料的级配曲线，尚可用来计算集料的细度模数。
（孙宝林）

类质同像 isomorphism

又称类质同晶。物质结晶时晶体中某种质点（原子、离子或分子）的位置被性质类似的其他质点所占据，共同结晶成均匀的单一相的混合晶体（简称混晶），而能保持原有晶体结构类型的现象。根据两种组分在晶格中能以任意比例无限地相互替代组成混晶的称为完全类质同像。例如镁橄榄石 $Mg_2[SiO_4]$－铁橄榄石 $Fe_2[SiO_4]$ 系列中，Mg^{2+} 与 Fe^{2+} 离子间能以任意比例在晶格中相互替代。若两组分只能在有限范围内以不同比例组成混晶的称为不完全类质同像。根据晶格中相互替代的离子电价是否相等，分为等价类质同像和异价类质同像。前者如 $Mg_2[SiO_4]$－$Fe_2[SiO_4]$ 系列中 $Mg^{2+} \rightleftharpoons Fe^{2+}$；后者如钠长石 $Na[AlSi_3O_8]$ 与钙长石 $Ca[Al_2Si_2O_8]$ 系列中 $Ca^{2+} + Al^{3+} \rightleftharpoons Na^+ + Si^{4+}$，相互替代总电价不变。研究类质同像，有助于掌握矿物的物理化学变化规律，推测矿物形成时的物理化学条件以及合理地利用各种矿产资源和寻找矿物。　（潘意祥）

leng

棱角系数 angularity number; angularity index

表示集料颗粒形状影响其堆实程度（空隙率）的一个特征数。集料整体颗粒形状及其对堆积密度的影响很难描述，因此取较为简便的方法是：以 67 代表理想圆球形卵石按规定方法填充容器所得的固体体积所占百分数，与以同样方法测定的实际集料（非圆球形）体积分数之差数即表示超过圆球形卵石的空隙率的百分数。其值愈大，表示集料颗粒的棱角愈多，堆积时的空隙率也愈大，堆积密实度也愈小。
（孙复强）

冷拔低合金钢丝 cold drawing low alloy steel

冷拔低碳钢丝 cold drawing low carbon steel wire

见冷拔钢丝（284页）。

冷拔钢丝 cold-drawing wires

冷拔低碳钢丝和冷拔低合金钢丝（又称中强钢丝）的总称。冷拔是使热轧圆盘条通过锥形硬质合金拔丝模，在纵向受到拉伸，径向受到压缩。钢材内部结构发生变化，晶格错位，表现为塑性减少，脆性增加，强度大幅度提高，且没有明显的屈服现象。常用的低碳钢有 Q235－A、Q235－B。常用低合金钢有 B20MnSi、24MnTi、21MnSi 等。影响冷拔钢丝质量的因素是原料盘条的强度和冷拔总压缩率。冷拔总压缩率 β 指冷拔时截面的缩减率：

$$\beta = \frac{d_0^2 - d_1^2}{d_0^2} \times 100\%$$

式中 d_0 为盘条直径（mm）；d_1 为冷拔钢丝直径。冷拔低碳钢丝宜用 ϕ8mm 盘条拔制成 ϕ5mm 的钢丝、ϕ6.5mm 盘条拔制成 ϕ4mm 钢丝；冷拔低合金钢丝宜用 ϕ6.5mm 盘条拔制成 5mm 钢丝。分甲乙二级，甲级主要用于一般工业与民用建筑中的中小型普通混凝土和预应力混凝土构件的主筋，乙级主要用于焊接网。不宜用于直接承受动荷载作用的吊车梁、楼面板等构件。处于侵蚀环境、结构表面温度高于 100℃ 或有生产热源且结构表面温度经常高于 60℃ 的结构不得采用冷拔钢丝预应力构件。

（乔德庸）

冷拌冷铺沥青混合料 cold-mix (cold-laid) bituminous mixture

在不加热的冷态下进行拌和、摊铺和压实的一种沥青混合料。采用稠度较低、凝固较慢的慢凝液体沥青、软煤沥青或乳化沥青为结合料。用于沥青路面的养护和维修。 （严家伋）

冷冲压钢 cold pressed steel

可在常温下进行冲、压制成形状复杂，互换性好的零件或零件毛坯的钢。用量最大的是低碳钢，如 Q215－A、Q235－A、Q235－A·F、08F、08Al 等牌号的冷轧深冲薄钢板。冲压件用钢分两类：一类是形状复杂，但受力不大，如汽车驾驶室覆盖件和机器外壳，只要求钢板具有良好的冲压性和表面质量，普通或优质低碳钢便可满足需要；另一类是形状比较复杂，且受力较大，如汽车大梁、车架、横梁和保险杠等，要求钢板既有良好的冲压性，又有一定的强度，多采用冲压性能良好的热轧低合金钢板，如 12MnL、16ML 等。 （许伯藩）

冷脆 cold brittleness

某些钢在低温时，其塑性和韧性显著降低而发生脆性断裂的现象。随温度降低，材料的缺口韧性下降，屈服强度增高。主要是钢中磷分布不均所致。高温时磷易在奥氏体晶界偏聚，低温时在外力作用下促使磷从固溶体内以磷化铁（Fe_3P）的薄膜在晶界上析出，导致晶界脆化，塑韧性降低。为此，钢中含磷量 P 不宜过高，如普通碳素钢 P≤0.045%，优质钢 P≤0.04%，高级优质钢 P≤0.03%，随含磷量降低，冷脆倾向减小。用于制造船舶、桥梁、压力容器和低温结构件的材料，应特别注意冷脆断裂问题。 （高庆全）

冷底子油 cold primer-oil

用在沥青防水材料作防水层施工时基层涂刷的冷用沥青防水涂料和改性沥青防水涂料。黑色液体。因有机溶剂和稀释剂含量较大，黏度较小，渗透力强，对基层表面的渗透达 1～3mm，对基层无遮盖能力，仅起改善防水层同基层黏结作用。常用的有 10 号或 30 号石油沥青，用量为 30%～40%；软化点为 50～70℃ 的焦油沥青，用量为 50%。石油沥青常用的有机溶剂有汽油、煤油、轻柴油；焦油沥青只能使用蒽油或苯。溶剂可单独或混合使用，以达到所需的挥发速度。快干型 5～10h，慢干型为 12～48h。同乳化沥青冷底子油相比，有味，有引起火灾的危险，污染环境，价格较高，耗费能源大，不能在潮湿的基层上施工，但可在 0℃ 以下施工，施工季节长。冷涂法施工，施工用量约为 $0.2～0.3kg/m^2$。用于粘贴沥青防水卷材，嵌填沥青密封材料的底层涂料。 （刘尚乐）

冷顶锻用碳素结构钢丝 carbon structure steel wires for cold heading

用优质碳素结构钢拉制的钢丝。材质为冷镦钢的 ML10～ML45 钢号，规格 1～16mm。有化学成分、力学性能、顶锻、低倍组织、高倍组织、表面质量等要求。用于制造铆钉、螺钉等。

（乔德庸）

冷镦钢 cold heading steel

又称铆螺钢。可在常温下采用冷镦工艺生产互换性较高的标准件的优质碳素结构钢及合金结构钢之总称。应具有较高的塑性和表面光洁度，在冷镦过程中易于成型。常用直径为 5.5～40mm 的热轧圆钢，冷镦成螺钉、销钉、螺栓、螺母和圆头螺钉等。 （许伯藩）

冷混凝土 cold concrete

仅采用防冻剂而完全在寒冷条件下施工的混凝土。除拌和水外，混凝土其他组成材料均不加热。成型后也不采取保温保护措施。拌制时掺用防冻外加剂，使混凝土中水的冰点下降，以保证混凝土在达到规定的允许受冻强度前不致冻结。但用大量氯盐类外加剂时，如不同时使用阻锈剂或采取其他防锈措施，则易引起钢筋的锈蚀，强度发展相当缓慢。一般只适用于浇筑地坪、垫层、基础等素混凝土工程及经常处于水下的钢筋混凝土结构。施工简便，减小能耗，降低施工费用。　　　（孙复强）

冷挤压钢　cold-extrusion steel

可在常温下用模具将毛坯挤压制成具有一定形状、尺寸和性能的零件用钢之统称。由于冷挤压时变形量大，大多一次成型，因而要求钢具有很高的塑性，低的加工硬化速度和低硬度，含碳量均低于0.5%。常用钢种有：①优质碳素结构钢，10、15和20号钢；②优质深冲钢，S10A、S15A、S20A，由于含硫、磷和锰量低，使塑性提高；③合金结构钢，15Cr、20Cr、40Cr；④不锈钢，1Cr13、2Cr13等。由于冷挤压工艺具有生产量高、尺寸精度高、耗料少和成本低等优点，被广泛采用。如生产发动机活塞销、球头销、管接头螺母和不锈钢壳体等。　　　（许伯藩）

冷加工性　cold workability

在不开裂前提下，金属在其再结晶温度以下受力时发生尺寸和形状改变的能力。即金属接受冷塑性变形的性能。在冷加工变形过程中，金属不断受到加工硬化或形变硬化，使晶格发生扭曲及晶粒碎化，变形阻力增大，通常均需采用中间退火（加热到再结晶以上温度）使硬化现象消失，恢复加工性能。在常温下冷加工，工艺过程易于进行。一些脆性转变温度较高的金属材料，冷加工也需在较高温度下进行。低熔点金属如铅与锡，室温加工已是热加工，因而没有冷加工性的问题。　　　（高庆全）

冷拉率　coefficient of cold stretching

见单控冷拉（69 页）。

冷黏结剂　cold adhesive

俗称冷玛琋脂。在常温下能将防水卷材层与屋面找平层黏结在一起，形成一个完整的防水密封层的材料。在屋面施工温度下相当容易形成一个连续薄膜。分溶剂型和水乳型两大类。主要由沥青、橡胶、树脂、稀释剂、填料及改性材料组成。与所有黏结剂一样，应具有对气候的稳定性、热稳定性、足够的弹性及良好的黏结能力。其优点是施工操作简便安全，沥青耗量少，屋面防水层的质量高。　　　（王海林）

冷塑性成型钢　cold forming steel

可在常温下经塑性变形（如冷冲压、冷镦压、冷拉等）制成形状复杂且互换性好的坯件或零件的低碳钢与普通质量低合金钢之总称。具有良好的塑性加工能力，其含碳量低（小于 0.20%），其金相组织中的铁素体基体上分布少量碳化物。要求晶粒度适中，过粗则塑性加工时易引起开裂，过细则强度增高难以加工。通常加入 0.02%～0.07% 的铝可改善塑性。常用碳素钢中的钢号有 Q215 A 级、Q235 A 级、15、20、0BF 及 08Al 等。加入一定量的锰可提高强度，承受较大载荷；加入钒、钛和稀土元素，则能改善硫化物的形态，提高钢板的塑性变形能力。常用普通质量低合金钢有 12Mn、16Mn、16MnRe 及 13MnTi 等。　　　（许伯藩）

冷缩　cooling shrinkage

见收缩（451 页）。

冷弯波形钢板　cold forming corrugated sheets

薄钢板（平板或卷板）经冷压或冷轧成型的各种截面形状波纹板的通称。原材料为普通碳素钢板、有机涂层钢板（或称彩色钢板）、镀锌钢板、耐候性结构钢板等。按截面形状分为 A、B 两类，按截面边缘形状又分 K、L、N、R 四类。板型有单波形、肋形、加劲型、双向加劲型及局部压痕型等。加工成型可在工厂或建设现场进行，有材性、各种偏差及缺陷的检验要求。因其具有单位面积重量轻、强度高、抗震性能好、施工速度快等使用优点，已广泛用于屋面、墙面及其他围护结构和承重结构。屋面、墙面结构中一般使用厚度为 0.4～1.6mm，承重结构中可达 2～3mm。当用作工业厂房的屋面板和墙板时，若在现场加工应尽量采用通长板，此时屋面坡度可仅为 2%～5%，在无保温要求时每平米用钢量仅为 5～11kg；有保温要求时，可用矿棉板、玻璃棉等作绝热材料，也可采用由二层压型板与其间的有机保温材料胶合、固化成复合板使用。当在其上浇筑混凝土形成钢－混凝土组合楼板时，不仅代替部分受力钢筋，又可当模板，为多、高层建筑立体交叉施工提供了条件。常用压型钢板的波型见图。

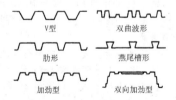

（乔德庸）

冷弯不等边槽钢　cold forming channel steel with unequal leg

断面呈⊏形、两腿边长不等的冷弯型钢。规格为 $30 \times 20 \times 10 \times 3.0 \sim 150 \times 60 \times 50 \times 3.0$，计 15 种。尺寸表示为 H（腰高）$\times B$（长腿边长）$\times b$（短腿边长）$\times t$（厚度），以 mm 计。主要用于轻

钢结构的屋面、墙体结构或柱子。（乔德庸）

冷弯不等边角钢 cold forming unequal angle

断面呈匚形边长不等的通用开口型冷弯型钢。表示符号为匚，规格有27种，从 $25\times15\times2.0 \sim 120\times80\times6.0$，型号表示方法同热轧角钢。主要用于轻钢屋盖结构。（乔德庸）

冷弯等边槽钢 cold forming channel steel with equal-leg

断面呈匚形两腿边长相等的通用开口型冷弯型钢。表示符号为匚，两边腿长相等，规格为 $20\times10\times1.5 \sim 200\times80\times6.0$，尺寸表示为 H（腰高）$\times B$（腿长）$\times t$（厚度），以 mm 计，主要用于轻钢结构的屋面、墙体结构或柱子。（乔德庸）

冷弯等边角钢 cold forming equal angle

断面形状呈匚形边长相等的通用开口型冷弯型钢。表示符号为匚，规格有35种，边长为 $20 \sim 100$ mm（常用 $25 \sim 75$ mm）。主要用于轻钢屋盖结构。（乔德庸）

冷弯卷边Z形钢

两腿边长相等，平行相反弯曲后再向内弯呈90°的冷弯型钢。断面呈Z形，规格由 $100\times40\times20\times2 \sim 250\times75\times25\times4$，计19种。尺寸表示为 H（高度）$\times B$（中腿边长）$\times C$（小腿边长）$\times t$（厚度），以 mm 计。因其尺寸比较高大，适用于轻钢结构的檩条、墙梁等。（乔德庸）

冷弯空心型钢 cold forming hollow sectional steel

外边封闭内部空心的冷弯型钢。按外形形状分方形空心型钢和矩形空心型钢两种，分别以 F、J 作代号。规格分别为边长 $25 \sim 160$ 和 $50\times25 \sim 200\times100$ mm，共101种。材质主要为普通碳素钢和低合金结构钢。按尺寸偏差分普通和较高精度两种；以其定尺精度又分普通定尺和精确定尺两种。主要用于轻钢结构的承重构件或机械制造结构用钢。（乔德庸）

冷弯内卷边槽钢

两腿平行达到规定宽度后向内平行弯曲的冷弯型钢。断面呈匚形，上下两腿平行段宽度称中腿，向内弯曲平行段长度称小腿。规格由 $40\times40\times9\times2.5 \sim 400\times50\times15\times3.0$，计30种。尺寸表示为 H（高度）$\times B$（中腿边长）$\times C$（小腿边长）$\times t$（厚度），以 mm 计。主要用于轻钢结构的屋面、墙架，或组焊柱子。（乔德庸）

冷弯外卷边槽钢

两腿平行达到规定宽度后向外平行弯曲的冷弯型钢。断面呈匚形，规格为 $30\times30\times16\times2.5 \sim 100\times30\times15\times3.0$，计六种。尺寸表示方法同冷弯内卷边槽钢（286页）。主要用于汽车、机车车箱制造等，结构工程用得不多。（乔德庸）

冷弯型钢 cold forming sectional steel

又称冷弯薄壁型钢。用碳素结构钢和低合金钢的钢带，于其再结晶温度以下在连续辊式冷弯机上生产的型钢的通称。依断面形状分为冷弯开口型钢和冷弯空心型钢两类。规格有数百种，大多为碳素结构钢，常用厚度为 $1.5 \sim 5$ mm。已列入标准的品种有等边角钢、不等边角钢、等边槽钢、不等边槽钢、内卷边槽钢、外卷边槽钢、Z形钢、卷边Z形钢等8种。还有冷弯工字钢、不等边Z形钢等。冷弯型钢属经济型材，可根据设计使用需要直接加工成薄壁、形状合理的复杂截面形状，与由热轧型钢组合的截面相比，相同截面积下惯性距增大 $0.5 \sim 3$ 倍，回转半径增大 $50\% \sim 60\%$，具有合理利用材料强度、节约材料、明显减轻结构自重、减少安装工作量等优点，是制作轻钢结构的主要材料。一般不检验材料力学性能，对成品的尺寸、弯曲等有规定指标。建筑业是主要使用部门之一，广泛用于制作轻钢结构、钢门窗、内装修的各种龙骨及建筑小五金件等。低合金钢冷弯型比碳素结构钢冷弯型钢有更高的强度和耐大气腐蚀性，可根据需要选用。（乔德庸）

冷弯Z形钢 cold forming Z-sectional steel

两腿边长相等，弯曲方向相反，且平行的冷弯型钢。断面呈Z形，规格为 $80\times40\times2.5 \sim 100\times50\times3.0$，计4种，尺寸表示为 H（高度）$\times B$（腿边长）$\times t$（厚度），以 mm 计。主要用于轻钢结构的屋面、墙梁等构件。中国有的厂家还生产冷弯不等边Z形钢，高度 $40 \sim 180$ mm。（乔德庸）

冷轧扭钢筋 cold twisted bar

由光圆钢筋先经轧扁，再扭转成具有一定螺距的冷加工钢筋。一般用直径为 $6.5 \sim 10$ mm 的 Q235-A 光圆钢筋加工制作。轧扁后的厚度约为原钢筋直径的 1/2。冷轧并扭转后，钢筋的抗拉强度随压缩量的增大而提高。如压缩量一定，则取决于原钢材的强度。拉伸时无明显的屈服点。伸长率较小。由于钢筋扭成螺旋形曲面，增强了与混凝土的握裹力。螺距越小，握裹力越大，但冷扭也越难，故应根据原材钢筋的不同直径选择适宜的螺距。如 Q235-A 冷轧扭钢筋比原来的 Q235-A 光圆钢筋抗拉设计强度可提高近一倍，与混凝土有较强的握裹力，故应用时无须弯钩，用于普通钢筋混凝土可提高制品的强度和刚度，可节约钢材 35% 左右。（孙复强）

离心成型工艺 centrifugal compacting process

利用旋转离心力来密实成型混凝土制品的一种工艺。成型设备常用托轮式离心成型机。采用塑性混凝土。成型时，管模平置在离心成型机的托轮上。托轮旋转由慢速增至中速，过渡到快速。托轮最高速度依据制品管径大小而不同，一般控制在 600r/min 以下。向管模内投料时慢速旋转，在离心力作用下混凝土混合料沿模壁均匀分布，转速增至快速时则被挤压密实。约 20%～30% 的水分被挤出排去，混凝土水灰比降低为 0.30～0.40。成型好的制品的密实性较好，强度较高，内壁光滑。但因混凝土各组成材料的密度不同，产生的离心力及所受阻力各异，故易发生分层现象（分为混凝土层、砂浆层和水泥浆层）。离心速度过大或时间过长则更形严重，故需掌握合宜的离心成型工艺参数（离心制度）。可用于制作不同直径和长度的管状制品，如管子、柱、桩、电杆等。离心可与振动、辊压等工艺相结合，构成不同类型的复合成型工艺，则其密实效果更佳。　　　　　（孙复强）

离心成型机 centrifugal machine for pipe making

利用旋转离心力成型混凝土制品的机械设备。分为托轮式、轴式及胶带式三种。①托轮式离心成型机，由传动轴及成对托轮等部件组成，分为单座式及多座式。按同时离心的管模数量分为单管式及多管式。托轮对数随管模的长度及数量而定。其中有一对为主动轮，其余均为从动轮。管模自由支承在托轮上，两者的中心连线成 80°～110° 角度。依靠管模上的滚圈和托轮间的摩擦力使管模旋转。转速由调速装置调节。设备构造简单，加工容易。但工作时噪声大。滚圈、托轮磨损时易发生剧烈振动。常用于成型混凝土管、管柱、电杆等圆孔制品（见图 a）。②轴式离心成型机，用卡盘在两端卡紧管模，以电动机带动旋转。因离心过程中管模不能自由振动，故转速可提高，离心时间缩短。噪声较小。但设备构造较复杂，操作不便，使用不普遍（见图 b）。③胶带式离心成型机，通过传动轮及胶带带动管模旋转，因管模只与胶带接触且有保护罩，故噪声小，较安全。

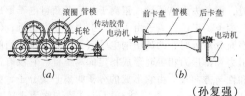

(a)　　　　(b)

（孙复强）

离心混凝土 spun concrete

利用离心旋制方法成型的混凝土。采用各种离心成型机制作。常用托轮式离心成型机。混凝土混合料注入模型旋转，在离心力作用下，混凝土沿模壁被挤压，部分水分在制品内表面排出。水灰比降低，从而提高了密实度和强度。在离心过程中也可能出现混凝土外分层现象；当离心速度过大或时间过长，还会产生内分层现象，影响质量，故应严格掌握离心工艺制度。广泛用于制作各种混凝土管、电杆、管柱、管桩等空心制品。　　（孙复强）

离心挤压制管工艺 centrifugal hydropressing process of pipe making

由离心及挤压两个工艺阶段完成的制作预应力钢筋混凝土管的工艺方法。混凝土先经离心成型，排出一部分游离水。离心时间比一般离心法制管工艺的短。成型完毕后，管模吊出平放。如同振动挤压制管工艺（607 页）向内模钢筒与橡胶套之间的空腔内充水加压，达到稳压。在充水加压时，游离水继续排出并张拉钢筋，建立预应力。因离心时间短并经挤压，可消减分层现象，密实性得到提高。
　　　　　（孙复强）

离心喷吹法 TEL process, combined centrifuging and gas attenuating process

综合利用离心力和气流喷射抽拉作用生产细玻璃纤维的方法。离心力产生于高速旋转的离心器。流入其中的玻璃液借离心力从器壁小孔（孔径约 1mm，孔数 4 000～8 000）或沟槽甩出，形成许多细小流股，然后被同心布置的环形燃气喷嘴喷出的高温高速气流进一步伸成纤维。是生产玻璃棉的一种方法。综合了盘式离心法和喷吹法的优点。生产效率高，质量好，产量大。产品纤维细（直径可在 2～12μm 范围内调节），长度比多辊离心法短 15%～20%，直径均匀，渣球极少。当生产的纤维直径为 5～8μm 时，单台离心喷吹设备小时产量可达 150～250kg。离心器转速为 3 000～7 000r/min。用来生产保温绝热的玻璃棉制品、玻璃棉纺织毛纱以及玻璃棉－有机纤维混纺毛纱。是一种有发展前途的方法。　　　　　（吴正明）

离心时间 centrifugal time

见离心制度。

离心速度 centrifugal speed

见离心制度。

离心制度 centrifugal schedule

指离心法成型混凝土制品时各阶段离心速度和相应所需的离心时间两参数的组合规定。是保证混凝土成型质量的重要工艺因数。①离心速度。布料阶段管模慢速旋转，使混凝土混合料能均匀分布，并初步成型。过渡阶段采用中速,为由慢到快的调速过程,以避免增速时混凝土产生内、外分层现象,还可继续布料。最后密实阶段,增至快速以充分密实混凝土。②离心时间。离心过程中各阶段的延续时间。慢速阶段所需时间随管径大小、投料方式及混凝土坍落度大小而变化。中速阶段时间应尽可能缓和乃至克服离心力的突增,使混合料能很好的分布就位。快速阶段时间应合理选择,以利提高混凝土的密实性、强度和生产效率,这阶段时间比慢速和中速的长。离心制度需通过试验来确定。

(孙复强)

离域键 nonlocalized bond

见化学键(193页)。

离域π键 delocalized π bond

见共价键(159页)。

离子半径 ionic radius

从离子中心到其作用力所及的有效范围的距离。也就是晶体结构中,正、负离子间的静电引力和斥力互相作用达到平衡时,离子所占有的电磁场作用范围的有效半径。对于普通金属,其数值分布在 $0.01 \sim 1nm$ 之间。它决定着离子晶体的大小,是晶体最基本的参数之一,对晶体的性质有很大影响。

(潘意祥)

离子变形性 ionic deformation

在相邻离子的电场作用下,离子的电子外层结构发生改变的性质。它与离子的电荷、半径和外电子层的结构有关。一般言之主要是负离子变形。最容易变形的离子,是体积大的负离子(如 I^- 和 S^{2-} 离子等);以及18电子外壳或不规则外壳且电荷少的正离子(如 Ag^+ 和 Hg^{2+} 离子)。最不易变形的离子是半径小、电荷数大、惰性气体型的正离子(如 Be^{2+}、Al^{3+} 和 Si^{4+} 等离子)。

(夏维邦)

离子表面活性剂 ionic surfactant,ionic surface active agent

溶于水时,其亲水基团在溶液中能电离成离子的表面活性剂。按生成离子种类不同可分为阴离子表面活性剂、阳离子表面活性剂及两性离子表面活性剂。

(陈嫣兮)

离子极化 ionic polarization

在电场作用下,离子中的外层电子与核发生相对位移,产生诱导偶极的现象。正离子的电荷越大,半径越小,它使负离子极化的能力越大;相反它的变形性越小,即正离子的外电子壳结构变化越小。由于电荷少、半径大以及8电子外壳,负离子使正离子极化的能力通常很小,相反负离子较正离子容易变形。因此,往往只考虑正离子对负离子的极化作用。如正、负离子的变形性都较大,则正、负离子中都会产生诱导偶极,发生离子的相互极化。由于正、负离子间增加了额外的诱导力和色散力,可能使离子键向共价键转变,例如 AgI 和 HgS 中的键。离子的极化能影响无机化合物的一些性质如颜色、溶解度和配位数等。

(夏维邦)

离子极化力 ionic polarization force

离子极化中使离子发生极化的能力。与起极化作用的离子的电荷、半径和电子外层结构有关。一般说来正离子半径较小、电价较高,极化能力较大,本身不易被极化;而负离子则与此相反。所以通常只考虑正离子对负离子的极化作用。正离子使负离子极化的能力,大致和 z^2/r 成正比,其中 z 和 r 分别是正离子的电荷数和半径。

(夏维邦)

离子溅射法 ion sputtering process

又称阴极溅射法。用稀有气体正离子轰击溅射材料使射出的粒子在衬底凝结成薄膜的方法。原理如图。工作起始时抽成真空,使起始压强达

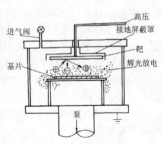

$10^{-4}Pa$,而后充入氩气使达到放电压强 $0.1 \sim 1Pa$,通电形成辉光放电,离子化的氩气加速冲击靶源,被击出的中性粒子 M 逐个沉积在衬底上形成薄膜。靶源有高熔点的非磁性的金属、合金、卤化物、氧化物、硫化物、半导体。产生辉光放电的方式有:直流放电、高频放电、磁控放电等。衬底材料有:玻璃、塑料、金属等。溅射膜的质量取决于:靶源质量、靶的温度、衬底温度与电位、等离子体能量、真空条件和设备的几何形状等。在玻璃制品上主要用于导电玻璃(Au、In_2O_3)、集成电路用的感光板(Cr、Fe、Co 等氧化物)、热反射玻璃、镜子玻璃、光学玻璃减反射层及防潮层等。其他用途有:遮阳塑料薄膜、塑料薄膜金属化、铝反射器的保护等。

(许 超)

离子键 ionic bond

依靠正离子和负离子之间静电引力所形成的化学键。当电负性很小的原子(如第一类主族元素)和电负性很大的原子(如第Ⅶ类主族元素)接近时,前者失去电子形成正离子,后者获得电子形成负离子。正、负离子由于静电引力而相互靠近;但当充分靠近时,两离子的电子云又互相排斥。当吸引力和排斥力相等时形成稳定的离子键。它没有饱和性与方向性。由它形成的分子叫离子型分子,如 NaCl 蒸气分子。靠它结合而成的晶体称为离子晶

体，如氯化钠晶体。　　　　　　　（夏维邦）

离子交换　ion exchange

离子交换剂和溶液中的离子之间发生交换反应的过程。可分为两类：①阳离子交换，如 $RSO_3H + Na^+ \rightleftharpoons RSO_3Na + H^+$；②阴离子交换，如 $RN(CH_3)_3^+OH^- + Cl^- \rightleftharpoons RN(CH_3)_3^+Cl^- + OH^-$。由于各种阳离子（或阴离子）在阳离子交换剂（或阴离子交换剂）上交换能力不同，交换能力大的首先进行离子交换。利用此种性质，可将某些离子依次分离。交换过程是可逆的，如用盐酸处理已交换过的 H^+ 型阳离子交换树脂，它将恢复原状。此过程称为再生或洗脱过程。离子交换法广泛用于去离子水的制备、干扰组分的分离、痕量组分的富集以及离子交换层析法等。　　　　　　　（夏维邦）

离子交换法　ion exchange process

金属熔盐与玻璃在高温下进行离子交换以改变玻璃表面结构与性质的一种方法。离子交换程度与玻璃成分、熔盐的化学组成、热处理温度和时间等有关。采用银盐与铜盐可制得银黄与铜红玻璃；银盐与含铜玻璃可制得光致变色玻璃；采用铊盐可制得梯度折射率的自聚焦光学玻璃纤维；采用钾盐可制得化学钢化玻璃。该法用于表面着色时优点是设备简单、表面光洁，缺点是生产效率低。该法用于钢化时，强度比物理钢化的大 2～5 倍，热稳定性好，且能用金刚石刀切割，缺点是成本高，离子交换层厚度小，随时间延续表面应力松弛及强度下降。　　　　　　　　　　　　（许　超）

离子交换色谱法　ion exchange chromatography

又称离子排斥色谱、离子排阻分配色谱。采用离子交换剂作为固定相的一种高压液相色谱法。将酸性或碱性基团离子交换剂填充在色谱柱内，流动相的离子电性与固定相电性相反，相互间可组成离子对；当样品被溶剂带入柱内时，各溶质离子和流动相离子争夺交换剂上离子的位置。由于样品各溶质离子与交换剂离子基团相互作用的强弱差异，导致不同溶质离子流出柱外的时间不同，从而实现各组分的分离。是分离离子型化合物的主要分析方法。应用于分离无机的阴、阳离子、稀土、锕系元素、碱土金属，测定氨基酸、核甙酸等物质和在溶液中能离解成离子的物质及生物化学物质。

（秦力川）

离子交换树脂　ion exchange resin

有能进行离子交换的活性基团的一类具有网状结构的高分子聚合物。树脂的骨架部分，一般很稳定，加热不熔化，也不溶解于任何介质。根据活性基团的性质可分为：①阳离子交换树脂，含有酸性基团如磺酸基、羧基和酚基等，其中的 H^+ 离子可与溶液中的阳离子进行交换；②阴离子交换树脂，含有碱性基团如季胺基的树脂，水合后生成 $RN(CH_3)_3^+OH^-$，其中的 OH^- 离子可与溶液中的阴离子交换；③电子交换树脂，含有氧化还原基团，能与溶液中的还原剂或氧化剂起反应。主要用于水的软化、制备去离子水和分离提纯回收物质等方面。　　　　　　　　　　（夏维邦）

离子交换树脂的再生　regeneration of ion exchange resin

见离子交换。

离子晶体　ionic crystal

依靠离子键结合而成的晶体。在晶格结点上交替地排列着正离子和负离子。整个晶体可以看做是一个巨大的分子。离子晶体的硬度较大、熔点高、延展性很小，熔融后能导电，很多离子晶体易溶于极性溶剂（如水）中。　　　　　　　（夏维邦）

离子聚合　ionic polymerization

又称催化聚合。一般在离子引发剂作用下，按离子型反应历程进行的一种聚合反应。反应通常是在加有液体稀释剂的溶液中进行。根据离子电荷特性，可分为阳离子型和阴离子型两种。前者有如聚异丁烯、聚乙烯醚等的聚合，后者有如碱金属催化剂作用下制备的聚丁二烯。　　　（闻荻江）

离子刻蚀技术　ion etching technique

又称离子刻蚀法、离子侵蚀法。用高能离子束（1～20keV）轰击固体样品表面以除去表面吸附物或使表面原子层不断剥离的方法。一束高能离子轰击样品时，一次离子渗入固体内部，经过一系列级联碰撞而导致原子的溅射并使表面原子层不断被剥离。溅射（剥蚀）速度受样品表面化学状态和离子束能量影响。应用于清洁样品表面和进行样品深度方向剥离，以满足所有表面分析方法和深度分析的需要。　　　　　　　　　　（秦力川）

离子探针分析仪　ion probe analyser

又称二次离子质谱仪。把惰性气体激发电离并聚焦成细离子束轰击样品表面，溅射出二次离子，经过加速和质谱分析来进行表面元素分析的仪器。其空间分辨率为 1～2μm，分析深度小于 5nm，可以分析所有元素（He, Hg 元素的分析灵敏度较差）。如果以初级离子轰击试样表面溅射剥层，可获得元素浓度随深度变化的资料。但定量分析精度较差。　　　　　　　　　　（潘素瑛）

离子选择性电极　ion-selective electrode

由传感膜构成的膜电极。它的电极电势与溶液中某给定的离子活度的对数成线性关系，因而可用来测定该离子的活度或浓度。这类电极的膜电势是由电极膜表面的离子交换平衡产生的。其构造与玻璃电极相似,但内参比溶液与传感膜,因被测离子不同而异。到目前为止已研制出三十多种这类电极,其中如气敏电极在环境监测方面有重要意义。近期来出现的离子场效应晶体管(简称 ISFET),是一种微电子离子选择性敏感元件,可用于高温,适应温度范围广。用离子选择性电极作指示电极的电位分析法称为离子选择性电极法。用该法测定离子时,快速简便,灵敏度高,检出限可达 10^{-7} mol/L。可直接测量不透明溶液和某些黏稠液。如使用特制的电极,所需试液仅要几微升。近年来该法发展迅速,广泛用于环境监测、水质和土壤分析以及工业流程控制等领域。 (夏维邦)

离子选择性电极法 analytical method with ion-selective electrode

见离子选择性电极(289 页)。

离子着色剂 ionic colorant

以离子状态存在于玻璃中引起对可见光选择性吸收,导致着色的着色剂。包括钛、铬、锰、铁、钴、镍、铜等过渡金属氧化物以及镧、镨、钕、铒等稀土金属氧化物。随着其离子价态及其配位体的电场强度和对称性的变化,使玻璃着成不同颜色。是颜色玻璃中用途最广的一类着色剂。 (许淑惠)

理论配合比 reference proportioning

又称基准配合比。混凝土初步配合比经试拌调整使其混合料工作性、表观密度均符合设计要求的各组成材料间的比例。供试验室检验混凝土强度调整水灰比确定实验室配合比之用。 (徐家保)

理论应力集中系数 theoretical stress concentration factor

见应力集中(579 页)。

锂质电瓷 lithia electrical porcelain

主要原料为碳酸锂、黏土、石英和氧化铝,主晶相为锂霞石($Li_2O \cdot Al_2O_3 \cdot 2SiO_2$)和锂辉石($Li_2O \cdot Al_2O_3 \cdot 4SiO_2$)的电瓷。由于膨胀系数可调至微正、微负或零,耐急冷急热性好,温度变化从 1090～-190℃一百次不裂,所以多用作高频温度恒定介电器件和航天飞行器材。 (邢 宁)

立八字

方砖砍磨成宽约 200mm,长约 400mm 左右的八字形砖条。其里侧砖角作出窝角线脚,外侧砍磨成 60°八字转角,故称立八字。是北方古建黑活廊心墙和落堂槛墙等干摆(磨砖对缝)作法必用砖件之一。属杂料子类。 (朴学林)

立式养护窑 vertical curing chamber

竖向连续式常压湿热养护的设施。由窑体(分为上升区、下降区两部分)、模具、升降机构、横移机构、蒸汽管道等部分组成。由于蒸汽上升冷空气下流的热工特性,使窑内的温度分布由下而上逐渐增高。制品按规定节拍从窑的上升区一侧底部入窑,通过上升、横移至下降区下降,自动完成升温、恒温、降温三个阶段的养护历程,从窑的下降区底部出窑。适用于品种单一而产量较大的混凝土板材养护。工艺布置紧凑,自动化程度高,蒸汽耗量少,占地面积小。但其结构复杂,设备耗钢量大,造价高,应用较少。 (孙宝林)

立式振动制管工艺 vertical vibrating process of pipe making

直立式振动成型预应力钢筋混凝土管的工艺方法。管模垂直放在成型台上,浇灌混凝土后,在强烈振动力作用下,使混凝土密实。施振方式有:用安装在管模的外模或内模上的附着式振动器振动(风动或电动),前者称外模振动法,后者称内模振动法;管模固定在振动台上振动;通过做成整体的带有偏心块装置的振动芯模在内模上振动等三种(图)。均适用于制作大直径的预应力钢筋混凝土管。

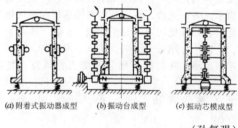

(a)附着式振动器成型 (b)振动台成型 (c)振动芯模成型

(孙复强)

立索尔宝红 lithol treasure red

一种带洋红色的着色粉末颜料。单偶氮类色淀。分子式为:

$$\left[H_3C-\underset{}{\underset{}{\bigcirc}}-\underset{SO_3^-}{\underset{}{}}-N=N-\underset{}{\underset{OH}{\underset{}{\bigcirc\bigcirc}}}-COO^- \right] Ca^{2+}$$

色泽鲜艳,不溶于水、乙醇、二甲苯、石蜡等。耐酸、耐碱及耐光性能良好,耐热性中等。是对甲苯胺邻磺酸经重氮化后,与乙-羟基-3-萘甲酸偶合、加入松香及氯化钙、使其成盐后,再升温转化而成。常用作油墨、油漆、乳胶漆、橡胶,聚氯乙烯塑料、壁纸、刷墙粉等生产中的有机着色颜料。 (陈艾青)

立体彩釉砖 stereogram glazed-colour tile

一种坯体正面压有凹凸纹样,并施以单色釉的陶瓷墙面砖。由于釉在凹凸纹样上的厚度不同,所以呈立体感。为精陶或炻质（参见炻器，450页）制品，常见规格为 100mm×100mm、150mm×150mm、200mm×200mm。主要用于外墙装饰。

（邢 宁）

立体显微镜分析 stereomicroscope analysis

利用立体显微镜进行岩相分析的一种分析技术。使实物放大以便观察分析，一般放大倍数为160倍左右，适用于重砂分析，混凝土的孔洞、裂缝等的观察以及硅酸盐材料的岩相分析等。

（潘意祥）

立窑 shaft kiln

一种填满料球（块）的立式圆筒状煅烧水泥熟料或石灰的热工设备。圆筒为钢铁或混凝土、红砖制造，固定不动，内衬耐火材料，为适应料球煅烧后收缩，圆筒上部有一扩大喇叭口。用来煅烧水泥熟料的有普通立窑和机械化立窑两种。机械化立窑由窑体、窑罩、烟筒、加料装置、卸料装置、鼓风与密封装置等部分组成。含煤生料球由窑顶喂入，空气从窑下用高压鼓风机鼓入，物料借自重自上而下运动，在窑内经预热、分解、烧成等一系列变化，形成熟料并从窑底卸出，废气经窑罩、烟囱排出。具有热耗较低、构造简单、占地面积小、单位投资少、建厂较快等优点，但因其煅烧温度不易均匀、熟料质量不够稳定、劳动生产率较低、水泥成本较高等缺点，只适于地方小规模生产。用于煅烧石灰的立窑有机械、半机械、人工立窑三种类型，除加、卸料装置与煅烧水泥熟料时稍有差别外，其余基本相同。

（冯培植）

沥青 bitumen

是由多种极其复杂的高分子碳氢化合物及其非金属（氧、硫、氮……）的衍生物所组成的混合物。这些碳氢化合物在沥青中的化学结构，是由一些带有不同长短侧链的不同聚合度的芳香环烃及环烷烃所组成。通常还含有一些微量金属元素（钒、镍、锰、铁等）的碳氢化合物。它们几乎完全能溶于二硫化碳等有机溶剂。外观颜色呈辉亮黑色以至黑褐色。在常温条件下，呈固态、半固态或液态。在受力作用时，它呈现不同程度的黏-弹性、黏-塑性和触变性。沥青是沥青材料的主要组成成分。

（严家伋）

沥青泵 asphalt pump

一种输送热沥青的齿轮泵。泵体内有一对互相啮合运动的齿轮，其运行原理与构造同一般齿轮泵，仅泵体罩有蒸汽加热夹套，以保持相应温度，保证沥青的黏度不致过大。常用的一种沥青泵的主要参数为：主轴转速为 350r/min，流量 30t/h，工作压力 60Pa。

（西家智）

沥青蓖麻油油膏 asphalt castor oil ointment

以蓖麻油为改性材料的沥青油性油膏。具有较强的黏结性和抗老化性。70～80℃时不流淌，-20℃时保持良好的柔韧性。表面成膜快。所用蓖麻油为经高温熬炼、脱水聚合而成的胶油，因其脱水聚合后，分子量增大，分子链中不饱和度提高，成为具有结膜性的干性油，提高了抗老化性能，并具有一定的弹性；也可直接掺入蓖麻油，此时需增加沥青和蓖麻油混合物的加热熔炼时间，以提高其聚合度、成膜性和保油性。适用于建筑工程接缝防水。

（洪克舜 丁振华）

沥青玻璃布油毡 glass fabric base asphalt felt

以玻璃纤维布为胎基，用石油沥青涂盖材料浸涂玻璃纤维布的两面制成的一种沥青防水卷材。每卷卷重不小于 14kg，按幅宽可分为 900mm 和 1 000mm 两种规格。每卷油毡总面积为 $20±0.3m^2$。具有抗拉强度高、柔软、耐腐蚀性能好等优点。0.3MPa 水压 15min 不透水，单位面积浸涂材料总量不小于 $500g/m^2$，纵向拉力不小于 800N/50mm。适宜作地下防水、防腐层以及震动、变形较大和气候变化较大地区的防水工程，也可作平屋面的防水层及除热管道外的金属管道的防腐保护层。存放时，油毡应按同一方向平放堆成三角形，其层数不得多于 10 层，并应在 40℃ 以下保管，避免雨淋、日晒，防止潮湿，注意通风。

（王海林）

沥青玻璃棉制品 asphalt glass wool product

以玻璃棉为主要原料，沥青为胶结材制成的绝热制品。可制成板、管、毡及异型制品。沥青玻璃棉毡、缝毡的表观密度约 $80kg/m^3$，常温热导率约 $0.041W/(m·K)$，吸湿率≤0.5%，使用温度小于 250℃，吸声系数（50mm 厚）100～1 000Hz 平均为 0.60，1 000Hz 以上为 0.90。沥青玻璃棉半硬板表观密度约 105～$135kg/m^3$，常温热导率小于 $0.049W/(m·K)$，使用温度 60～110℃。用于热力管道及设备的绝热和运输设备与建筑物的绝热。

（丛 钢）

沥青剥落度 stripping of asphalt

沥青与集料黏附后，由于水的置换作用，沥青从集料表面剥落的程度。通常通过剥落试验确定剥落面积占集料总表面积的百分率来表示。一般认为沥青与亲水的酸性集料黏附性差，遇水易剥落。为防止剥落，宜采用疏水的碱性集料，或掺加抗剥剂以改善黏附性。

（严家伋）

沥青材料 bituminous materials

是以沥青（bitumen）为主要成分的一种有机胶凝材料。按其产源，可分地沥青和焦油沥青两大类。地沥青又可分为天然沥青和石油沥青两类。而焦油沥青按其加工的有机物而命名，如煤沥青、木沥青、泥炭沥青、页岩沥青等。此外，还可以按不同角度进行分类。如按体态分为：黏稠沥青（包括固体、半固体沥青）和液体沥青（包括乳化沥青……）等。按用途分为道路沥青（包括重交通沥青等）、建筑沥青、水工沥青、专用沥青（包括油漆沥青、防腐沥青、光学沥青……）等等。沥青材料具有很强的黏结性和黏附性，是一种优良的结合料，与矿质材料组成沥青混合料，广泛用于各类土建工程结构。同时，它具有良好的抗水性，也是一种防水、防渗、防潮材料。此外，它具有较好的耐腐蚀性，常作耐蚀、防腐材料。沥青材料在土建工程中，主要用于公路与城市道路路面、机场跑道道面、工业与民用建筑防水防潮、地下建筑防水抗渗、水工建筑防水抗渗、木材金属的防腐防锈等。此外，还应用于橡胶工业、电器工业和涂料工业等。　　　　　　　　　　　（严家伋）

沥青防水涂料　asphalt waterproof coating

以沥青或改性沥青为主要成膜物质、与溶剂、稀释剂及辅助材料所组成的涂覆施工的防水材料。按分散介质不同可分为溶剂型沥青防水涂料、水乳型沥青防水涂料（乳化沥青）和无溶剂型沥青防水涂料。溶剂型沥青防水涂料含有机溶剂，易挥发污染环境，有引起火灾和中毒的危险，要求施工基层必须干燥，否则影响防水涂层与基层的黏力；其优点是可以冷施工，施工季节长，涂膜比较致密光亮。水乳型沥青防水涂料是以水为分散介质，价格较低，不污染环境，操作安全，劳动强度低，可在潮湿的基层上使用，可用于对防止环境污染及防火要求的屋面或地下构筑物防水层、防潮层及防腐保护涂层；其缺点是低于 5℃ 的条件下不宜施工，施工季节较短。无溶剂型沥青防水涂料，不含溶剂和水。施工时要加热熔融施工。有引起烧伤、烫伤和火灾的危险，要求基层必须干燥，施工劳动强度大，还污染环境；其优点是可长期保存，不易变质，施工季节长，成本较低，施工速度快。主要用于工业与民用建筑的防水层，化工建筑的防水、防腐保护涂层。　　　　　　　（刘尚乐）

沥青酚醛涂料　asphalt coating with phenolic resin

用酚醛树脂改性沥青作主要成膜物质的溶剂型沥青防水涂料。常用的酚醛树脂为醇溶性热塑性酚醛树脂、油溶性热塑性酚醛树脂和醇溶性热固性酚醛树脂。黑色均质液体，有味，易燃。涂膜强度高，耐热性能好，可在高于 100℃ 的条件下使用。有良好的防水、防腐性能，耐微生物腐蚀性能，涂刷法施工。用于管道外壁防腐保护涂层、金属制品防锈保护涂层。　　　　　　　　　　（刘尚乐）

沥青呋喃胶泥　furan asphalt daub

以呋喃树脂改性沥青为胶结剂，添加固化剂、稀释剂和耐酸粉料配制而成的防腐粘贴材料。沥青应符合 10 号石油沥青规定指标，呋喃树脂的固含量不应小于 70%，黏度（涂-4 黏度计）为 600～1 300s。常用的耐酸粉状填料有石英粉、辉绿岩粉、瓷粉等，耐酸率在 94% 以上，沥青呋喃胶泥的抗压强度、黏结强度，耐热性随呋喃树脂的用量增加而增加。用于粘贴瓷砖、陶板、岩石铸板等作耐腐蚀地面面层，也用来粘贴踢脚板、墙裙、明沟及设备基础覆面等。　　　　　　（刘尚乐）

沥青感温性　temperature susceptbility of asphalt

又称温度敏感性或温度感应性，简称感温性。沥青材料的性能随温度而变化的程度。常用的表示方法有：针入度率、针入度-温度指数、针入度指数和针入度-黏度数等。　　　　　（严家伋）

沥青含蜡量　paraffin content of bitumen

沥青试样在规定温度（例如-20℃）下，以指定溶剂（例如 1∶1 的乙醚和乙醇）为脱蜡剂时，分离得的固态烷烃含量占原试样的百分率。蜡在沥青中含量对沥青的使用性能有显著的影响，一般研究认为，含蜡量增高会导致沥青的温度感应性增大，低温脆性增加，特别是使沥青路面抗滑性降低。因此，对沥青中的含蜡量必须加以限制。但是有的学者认为，蜡对沥青性能的影响，不仅决定于蜡的数量，而更重要的是决定于蜡的结构及其在沥青中的存在状态。含蜡量测定方法有：蒸馏法、硫酸法和吸附法等。　　　　　　　　　　（严家伋）

沥青合成橡胶油膏　asphalt synthetic rubber ointment

以合成橡胶为主要改性材料的沥青橡胶油膏。通常加有填料及溶剂，采用不同的工艺参数配制而成。常用合成橡胶有氯丁橡胶、丁基橡胶、丁苯橡胶和苯乙烯-丁二烯-苯乙烯橡胶（SBS 橡胶）等。常用溶剂有脂肪烃溶剂和芳香烃溶剂。具有良好的耐热性、耐候性、低温柔性、黏结性、耐久性和延伸性。适用于各种混凝土屋面板、墙板等建筑构件节点的嵌缝防水。　　　（洪克舜　丁振华）

沥青化学结构　chemical structure of bitumen

以平均结构图表示的沥青化学组成结构单元。沥青是一种极其复杂的有机化合物，很难用一种确切的化学结构表示，一般通过元素分析、分子量、红外吸收光谱和核磁共振等方法分析沥青组成，根据必要的假设，然后采用电算求解的方法，计算出沥青的结构参数，并绘出沥青的平均结构图。这种

分析方法可以较深入地解释沥青材料的技术性能特征。　　　　　　　　　　　　　（严家伋）

沥青化学组分　chemical component of bitumen

沥青中化学组成相近，并且与应用性能有一定联系的组成成分。根据沥青组分分析采用的方法不同，所分离得到的组分数量亦不相同，目前常用的沥青化学组分分析法有：三组分法、四组分法、五组分法和多组分法等。每个组分均为若干化学结构相近、应用性能相似的化合物的混合物。
　　　　　　　　　　　　　（徐昭东　孙　庶）

沥青环氧树脂油膏　asphalt epoxy resin ointment

以环氧树脂为改性材料的沥青树脂油膏。由石油沥青、环氧树脂、松香、木质磺酸钙、环烷酸钴（或铅）、不干性蓖麻油、磺化菜籽油或磺化蓖麻油和甲苯等组成。其性能为：高温80℃时下垂值小于4mm。低温-20℃时黏结状况良好。黏结性大于15mm。浸水黏结性大于15mm。保油性为：渗油幅度小于5mm，渗油张数小于4张。挥发率小于2.8％。施工度大于22mm。适用于填嵌建筑物的接缝防水。　　　　　（洪克舜　丁振华）

沥青混合料　bituminous mixture

见沥青混凝土（294页）。

沥青混合料抽提试验　extration test of bituminous mixture

测定新拌沥青混合料或旧有路面中沥青含量的一种试验。按仪器构造和原理不同，常用的方法有：抽提法、离心法和分光光度法等。抽提法是将沥青混合料用滤纸包好，放在抽提仪中，以三氯乙烯为溶剂，经加热循环洗释，使沥青混合料中的沥青全部洗释下来，经过滤使石粉分离，然后回收溶剂，烘干即可得到用量沥青，然后计算出沥青混合料中沥青含量。这一方法试验操作复杂，且试验所需时间较长，但准确度较高。离心法是将沥青混合料先用溶剂溶解，然后移于离心机中，用溶剂离心冲洗，直至洗出溶液无色为止，收集离心机中集料，烘干后称出重量，然后根据集料重量计算混合料中的沥青用量。这一方法较抽提法省时，无燃烧的危险，较为安全，但精确度较低。最近发展起来的分光光度法，是通过测定沥青溶液的光密度，即可快速测定沥青溶液浓度；与电子计算机联合应用，即可精确、快速确定沥青含量。
　　　　　　　　　　　　　　　　　　（严家伋）

沥青混合料骨架-空隙结构　frame-void structure of bituminous mixture

沥青混合料的粗集料能形成骨架但沥青砂浆不足以填满其空隙的一种组成结构。当采用沥青与连续型开级配矿质集料组成的沥青混合料时，其矿质集料中粗集料含量较多，可形成骨架；但因细集料和矿粉含量过少，不足以填满粗集料的空隙，因此，成为一种"骨架-空隙"结构。这种结构的沥青混合料相对密实-悬浮结构和密实-骨架结构而言，它具有较大的内摩擦角，但黏聚力较低。

沥青混合料密实-骨架结构　dense-frame structure of bituminous mixture

沥青混合料的粗集料能形成骨架且密实的沥青砂浆足以填满其空隙的一种组成结构。当采用沥青与间断型密级配矿质集料组成沥青混合料时，由于粗集料含量多，可以互相接触而形成空间骨架；同时，又有相当数量的细料和粉料，足以填满粗集料的空隙。因此成为一种"密实-骨架"结构。这种结构的沥青混合料，与密实-悬浮结构和骨架-空隙结构相比，它不仅具有最大密实度，还具有较高的黏聚力和大的摩擦角。　　　　　（严家伋）

沥青混合料密实-悬浮结构　dense-suspension structure of bituminous mixture

沥青混合料的粗集料悬浮于密实的沥青砂浆中的一种组成结构。当采用沥青与连续型密级配矿质集料组成的沥青混合料时，虽可形成密实的结构；但因粗骨料含量较少，不足以形成骨架，而悬浮于细集料、矿粉和沥青组成的沥青砂浆中，因此成为一种"密实-悬浮"结构。这种结构的沥青混合料相对骨架-空隙结构和密实-骨架结构而言，它具有较高的黏聚力，但内摩擦角较小。
　　　　　　　　　　　　　　　　　　（严家伋）

沥青混合料施工工作性　workability of bituminous mixture

又称沥青混合料施工和易性。是沥青混合料适应拌合、运送、摊铺和辗压等施工操作要求的性能。影响因素很多，诸如当地气温、施工条件和混合料组成等。就沥青混合料组成而言，首先矿质集料级配，如粗细料颗粒大小相距过大，缺乏中间尺寸颗粒，混合料容易产生分层层积；如细料太少，沥青不易均匀分布在粗颗粒表面；如细集料太多，则使拌和困难。此外，当沥青用量过少或矿粉用量过多时，混合料容易产生疏松，不易压实。反之，如沥青用量过多或矿粉质量不好时，则混合料容易黏结成团，不易摊铺。目前，生产上对沥青混合料施工工作性判断，主要凭目力鉴定。有的研究者曾以流变理论为基础，提出过一些沥青混合料施工工作性的测定方法，但还未为生产上普遍采用。
　　　　　　　　　　　　　　　　　　（严家伋）

沥青混合料组成结构　constituent structure of

bituminous mixture

沥青混合料是由沥青和粗细集料及矿粉所组成，这些材料在混合料中的比例不同，可以形成不同的组成结构。按其组成结构可分为：密实－悬浮结构、骨架－空隙结构和密实－骨架结构等三种。

(严家伋)

沥青混合磨 asphalt mixing mill

使粒状橡胶材料与热沥青均匀熔融混合的一种高剪切力混合设备。即胶体磨（236页）。外形与离心泵类似。加热后的沥青和粒状橡胶沿轴向进入磨的内部，在快速旋转并与定子间隙很小的多齿槽的转子的作用下，又沿切线方向流出磨体。这一过程使粒状橡胶受到强烈拉伸和研磨，被分散成微米（μm）级的细小颗粒，这些细颗粒均匀分散于沥青中，可以有效地改善沥青的宏观物理力学性能。

(西家智)

沥青混凝土 bitumen concrete

用沥青材料与石子、砂子和矿粉，经适当的配合、拌匀、压实而成的密实混合物。未压实前称沥青混凝土混合料，简称沥青混合料。按沥青材料种类分石油沥青混凝土、煤沥青混凝土、乳化沥青混凝土等；按所用粒料粒径分粗粒式、中粒式、细粒式、砂粒式等沥青混凝土；按集料级配分密级配、开级配、半开级配，或连续级配、间断级配等沥青混凝土；按拌制和施工工艺分热拌热铺、热拌冷铺、冷拌冷铺等沥青混凝土。一般要求具有足够的强度、稳定性和耐久性。主要用于沥青混凝土路面，也用作耐酸、耐碱和防爆车间的地面材料。

(刘茂榆)

沥青混凝土饱水率 percentage of saturation of bituminous concrete

标准成型的沥青混凝土试件，在真空饱水条件下，进入剩余孔隙的水重量占试件起始重量的百分率。按下式计算：

$$W = \frac{m_3 - m_1}{m_1 - m_2} \cdot 100$$

式中 W 为沥青混凝土试件的饱水率（%）；m_1 为试件在空气中的重量（g）；m_2 为试件在水中的重量（g）；m_3 为饱水后试件在空气中的重量（g）。饱水率表征沥青混凝土的孔隙结构，是沥青混凝土质量检验的一项技术指标。对密实型沥青混凝土的饱水率要求为1%～3%；空隙型沥青混凝土的饱水率要求为3%～6%。

(严家伋)

沥青混凝土低温抗裂性 low temperature crack resistance of bituminous concrecte

沥青混凝土在冬季低温时，抵抗由于温度应力引起裂缝的能力。是评价沥青混凝土低温抗裂性的试验方法，目前还处于研究阶段。常被采用的方法是，根据实测的沥青混凝土收缩系数、劲度模量和温度梯度等参数计算出不同温度条件下的温度应力；以不同温度条件下的温度应力与实测的不同温度条件下的沥青混凝土的抗拉强度对比。当温度应力超过材料强度时的温度，即为该沥青混凝土材料的断裂温度。此温度均发生在低温，故以断裂温度来表征沥青混凝土的低温抗裂性。近年来，以拟定各种流变模型，考虑应力松弛的温度应力，通过电算求解的方法来研究沥青混凝土低温抗裂性。

(严家伋)

沥青混凝土高温稳定性 high temperature stability of bituminous concrete

沥青混凝土在夏季高温（通常为60℃）条件下，经长期交通荷载重复作用后，不产生车辙、推挤和拥包等病害的性能。通常采用各种经验的稳定性指标来评价，最常采用的有哈－费稳定度、维姆稳定度、马歇尔稳定度和司密斯闭式三轴等。我国现行规范采用马歇尔稳定度法来评价沥青混凝土的高温稳定性。例如对交通量大于5 000辆/日（后轴重60kN）的细粒式沥青混凝土，稳定度应不小于6 000N，流值为20～40dm。稳定度和流值符合规定的沥青混合料虽可排除不稳定的组成，但并不能保证路面不产生永久变形而出现车辙。近年来，沥青混凝高温动态蠕变特性的研究，可以对沥青混合料的永久变形予以控制，以保证在设计交通密度下，不超过预期的车辙深度。

(严家伋)

沥青混凝土抗滑性 skid-resisting capability of bituminous concrete

沥青混凝土材料对其所修筑的路面，能提供一定的摩擦系数，以保证安全行车不产生滑移失控现象的性能。路面抗滑性能主要取决于其纹理状况、抗磨光性和磨耗性能等。这些性能与沥青混凝土组成材料中集料的微观和宏观的粗糙度、磨光值和级配组成，以及沥青的化学特性和用量等因素有关。目前对沥青混凝土材料抗滑性的室内测定，尚处于研究阶段。方法是制成沥青混凝土试件，经磨光性试验后，测定其摩擦系数的衰降速度；此外，还可测定开级配沥青混凝土试块在人工降雨条件下的透水率，以保证沥青混凝土材料应用于路面时，不致由于表面水膜而产生飘滑现象。

(严家伋)

沥青混凝土耐久性 durability of bituminous concrete

沥青混凝土材料在路面中，经长期自然因素和车辆荷载的作用下，在一定的使用年限内，能保持路面具有必要的技术品质的性能。影响因素除日照（光）、空气（氧）、雨雪（水）、温度（热）和车辆荷载（应力）等外因外，从沥青混凝土材料组成的内因分析，主要为：沥青的化学性质（抗老化性）、集料的矿物成分（耐磨、耐蚀性和抗压碎性等）、级配组成（矿质集料空隙率）和沥青用量（沥青填隙率）等。从抗滑性考虑，在保证沥青混凝土高温稳定性的前提下应留有一定的残留空隙率（通常为3%~6%）；而从耐久性的角度出发，希望尽量减少沥青混凝土的空隙率，以防止水的渗入和日光紫外线的影响。　　　　　　　　　　（严家伋）

沥青混凝土膨胀率　percentage of expension of bituminous concrete

标准成型的沥青混凝土试件，经真空饱水后所增加的体积占试件原体积的百分率。按下式计算：

$$H = \frac{(m_3 - m_4) - (m_1 - m_2)}{(m_1 - m_2)} \cdot 100$$

式中 H 为沥青混凝土试件的膨胀率（%）；m_1 为试件在空气中的重量（g）；m_2 为试件在水中的重量（g）；m_3 为饱水后试件在空气中的重量（g）；m_4 为饱水后试件在水中的重量（g）。膨胀率是沥青混凝土质量检验的一项技术指标，表征沥青混凝土的抗水性，通常要求不大于 0.5%。

（严家伋）

沥青混凝土劈裂试验　indirect tensile test of bituminous concrete

又称间接抗拉试验，是沥青混合料的一种强度试验。该试验是将沥青混合料通过加压成型（成型压力为 30MPa）的方法，制备成直径与高度相等的圆柱形试件（试件尺寸根据沥青混合料最大粒径决定），将试件在恒温水浴（或冷冻机）中保温至规定试验温度，将试件侧放于压力机上，在试件上下各加置一压条（采用专用劈裂设备时，试验机上下承压板各有一压条），以 2mm/min 的加荷速度进行压试，并测定其垂直向和侧向变形。按下式计算试件的间接抗拉强度：

$$R_T = \frac{200P}{\pi Dh}$$

式中 R_T 为试件在规定温度条件下的间接抗拉强度（MPa）；P 为极限破坏荷载（N）；D 和 h 为试件的直径和高度（cm）。

（严家伋）

沥青胶体结构　colloidal structure of bitumen

将沥青材料作为一种胶体分散系时，其各组分之间的构成关系。沥青三组分胶体学说认为，沥青是由沥青质为分散相，在沥青质的周围吸附有胶质吸附层而形成胶团，而胶团又分散在油分的分散介质中形成胶体。按胶体结构中胶团在分散介质中分散状态的不同，可分为：溶胶型沥青、溶胶凝胶型沥青和凝胶型沥青等三种类型。　（严家伋）

沥青胶粘剂　bitumen adhesive

简称沥青胶。用沥青或改性沥青配制而成的具有一定黏结强度的胶粘材料。属于非结构胶粘剂。常用的改性材料有环氧树脂、呋喃树脂、聚烯烃树脂和苯乙烯-丁二烯-苯乙烯三元共聚橡胶（SBS橡胶）等。其特点是耐候性、防水防腐性好，凝固速度快，热熔沥青胶粘剂的凝固速度仅仅几分钟就可达到所需的黏结强度，材料易得，价格低廉，是建筑上广为采用的胶粘剂之一。纯沥青胶粘剂的缺点是耐热度低，使用温度在 60℃ 以下；黏结力小，一般在 0.2MPa 以上，只能用于粘敷，而不能用于受力部位，但通过改性后，性能可以得到改善。主要包括热熔沥青胶粘剂、冷粘沥青胶粘剂、耐酸沥青胶粘剂、耐碱沥青胶粘剂、溶剂型沥青胶粘剂和不含溶剂成分的无溶剂型沥青胶粘剂、焦油沥青胶粘剂、树脂沥青胶粘剂和橡胶沥青胶粘剂等。用于粘贴沥青防水卷材，化工建筑上用于粘贴耐酸或耐碱的瓷砖、瓷板等块材。

（刘尚乐）

沥青劲度模量　stiffness modulus of asphalt

沥青材料抗变形计算时，以荷载作用时间（t）和温度（T）为函数的应力（σ）与应变（ε）之比值，即 $S = \left(\dfrac{\sigma}{\varepsilon}\right)_{T,t}$。由于沥青材料的黏-弹特性，劲度模量计算较为复杂。现代许多研究根据荷重作用时间（t）、路面温度（T）和沥青的针入度指数（PI）等参数做成各种沥青劲度模量诺模图可供计算。根据沥青的劲度模量和矿质集料的空隙率等，可计算出沥青混合料的劲度模量。沥青混合料的劲度模量是计算沥青混凝土路面高温稳定性和低温抗裂性的重要参数。　　　　　　　（严家伋）

沥青聚乙烯油膏　asphalt polyethylene ointment

又称沥青聚乙烯密封膏。以聚乙烯树脂为主要改性材料的沥青树脂油膏。加入的油料物质通常为半渣油，以经过表面处理的纤维为其填料。其特点是：低温下有较好的柔韧性，高温时有较小的流动性，能满足建筑物因在板与板间的密封防水要求。适用于屋面板嵌缝防水，也可作冷贴防水卷材的胶粘剂。　　　　　　　　（洪克舜　丁振华）

沥青绝对黏度　absolute viscosity of bituminous material

采用质量、长度和时间等量纲表示的沥青黏度。表示方法有二种：一为动力黏度，假定为牛顿流体沥青，其沥青层间相对运动时，其内摩擦力 τ 与流速梯度 $\dot{\gamma}$ 成正比，即动力黏度 $\eta = \tau/\dot{\gamma}$；如为非牛顿流体沥青，则动力黏度 $\eta = \tau/\dot{\gamma}^c$，其中 c 称为复合流动系数。动力黏度单位为 Pa·s。另一为运动黏度，它是动力黏度 η 与密度 ρ 的比值，即运动黏度 $\nu = \eta/\rho$，单位为 cm^2/s。常采用的方法有：逆流式毛细管黏度计法、真空毛细管黏度计法、同轴旋转黏度计法和滑板微膜黏度计法等。

(严家伋)

沥青老化 ageing of bitumen

沥青材料在大气（氧）、日照（光）、温度（热）和雨雪（水）等各种自然因素的影响下产生"不可逆"的性能劣化现象。沥青路面由于沥青材料的老化会使路面黏结性降低，脆性增加，最终导致路面产生开裂、松散等病害。评价沥青材料抗老化的性能可通过自然老化试验或室内加速老化试验的方法确定。为快速测定沥青材料抗老化的性能，可通过室内加速老化箱试验或薄膜烘箱试验后的沥青老化指数或羰基指数来评价。

(严家伋)

沥青老化指数 asphalt ageing index

简称AAI。用沥青黏度变化来表征沥青材料抗老化性能的一种指标。沥青材料经室内加速老化试验或薄膜烘箱试验后，黏度随时间变化规律可表示为：

$$\eta = bt^m$$

即 $m = \dfrac{\lg\eta - \lg b}{\lg t}$

式中 η 为沥青黏度（Pa·s）；t 为老化时间（h）；b 为常数（即 $\lg\eta - \lg t$ 关系曲线截距）；m 为老化指数（即 $\lg\eta - \lg t$ 关系曲线的斜率）。通常取 $t=100h$ 时的 m 值为AAI。另有一种简化方法，即以沥青试样薄膜烘箱试验（163℃，5h）前后的表观黏度比，作为老化指数。沥青材料的抗老化指数 m 值愈小者表示其抗老化性能愈好。此外，亦可采用羰基指数表示抗老化性能指标。

(严家伋)

沥青氯丁橡胶防水涂料 CR-asphalt waterproof paint

沥青和氯丁橡胶为主要成膜物质的溶剂型沥青防水涂料。由沥青、氯丁橡胶、助剂和有机溶剂所组成。黑色均匀液体，有味，易燃。常用的有机溶剂有溶剂汽油、甲苯等。氯丁橡胶的含量在20%以上。由于氯丁橡胶的加入，其涂膜的弹性、抗基层开裂性、低温柔韧性、防水性均较好。涂料贮存时间长，施工季节长。缺点是价格较高，涂层较薄，施工基层必须干燥，并有引起火灾的危险。配合聚酯无纺布、玻璃纤维布等用于屋面防水、地下管道防腐。

(刘尚乐)

沥青刨花板 asphalt chip board

以沥青为黏结剂，将锯末和刨花黏结在一起而制成的保温板材。可将锯末及刨花浸渍在熔融态的10号沥青中然后压制成型；也可用乳化沥青为黏结剂，待压制成型后再脱水，以减少成型过程中热沥青气体的污染。此板易于锯刨加工和施工安装。规格一般是500mm×500mm×70mm，每立方米质量小于500kg，热导率小于0.14W/（m·K）。

(金树新　孔宪明)

沥青膨胀珍珠岩制品

以沥青为胶结材，膨胀珍珠岩为集料制成的绝热制品。可用熔化的沥青与膨胀珍珠岩拌合、成型的方法，也可以采用乳化沥青与膨胀珍珠岩拌合、成型及干燥的方法进行生产。后一种制品强度较高，生产的劳动条件较好。表观密度250~400kg/m³，抗压强度0.23~0.51MPa，常温热导率约0.065~0.077W/（m·K），24h吸水率5%左右，使用温度不超过70℃，适于低温、潮湿环境中的绝热，如冷库、冷冻设备、管道及屋面等。

(林方辉)

沥青柔性地面 soft bitumen floor

面层以沥青材料为胶结料做成的地面。分为沥青砂浆地面和沥青混凝土地面。沥青砂浆是将粉状集料和砂预热后与已热熔的沥青拌合而成，铺设厚度为20~30mm。沥青混凝土是在填料中按比例加入碎石或卵石，铺设厚度为40~50mm。为便于与混凝土垫层粘结，应涂冷底子油一道。沥青须用建筑石油沥青或道路石油沥青。普通石油沥青因含蜡量较高，须加催化剂等改性后方能使用。这种地面表面平整，有一定的弹性、耐磨、消声、不起尘。原料来源方便，施工操作和维修保养容易，价格低廉，在常温下对酸碱有一定的耐蚀能力，但不耐高浓度强氧化性酸，温度敏感性大，受重物堆压和温度影响易变形，易老化，颜色较暗，光反射性差。适用于工具室、乙炔站、电镀车间等工业建筑地面。

(彭少民)

沥青树脂油膏 asphalt resin ointment

以天然树脂或合成树脂为主要改性材料，加有油性物质的嵌缝油膏。与沥青油性油膏相比，区别在于组分中添加有树脂成分，提高了油膏的塑性和黏结性。对石油沥青的要求和采用的油性物质的种类，与沥青油性油膏相同。具有良好的弹性、塑性、耐热性、黏结性和低温柔性。主要品种有沥青环氧树脂油膏、沥青聚乙烯油膏和沥青香豆酮树脂油膏等。适用于建筑工程接缝处嵌缝防水。

(洪克舜　丁振华)

沥青酸 asphaltic acid

沥青中含有羧基的一种组分。由于它能被碱皂化，在组分分析时是采用KOH的乙醇溶液使其皂化，从而测定其含量。它在沥青中的含量很少，但其为沥青中最具有活性的组分之一。它的存在可提高沥青与石料的黏附性和沥青的易乳化性。通常，天然沥青和环烷基原油炼制的石油沥青中地沥青酸含量较高，而石蜡原油炼制的石油沥青沥青酸含量较低。

(严家伋)

沥青酸酐 asphaltic acid anhydride

沥青中含有二个羧根而失去一个水分子的一种组分。它能为碱所皂化，但其较沥青酸更难皂化，所以在测定其含量时，需要采用较高浓度的KOH乙醇溶液才能使其皂化。它在沥青中的含量很少，但是它的存在，可以提高沥青与石料的黏附性和沥青的易乳化性。通常天然沥青和环烷基石油沥青较石蜡基石油沥青的沥青酸酐含量为高。

（严家伋）

沥青炭 carbene

又称碳沥青质。沥青组分分析中溶于二硫化碳，不溶于四氯化碳的一种化学组分，为颜色深黑的固态物，可视为沥青质高度聚合的产物。沥青中该组分含量较少，它的存在会增加沥青的低温脆性，所以其含量应予限制。 （徐昭东 孙 庶）

沥青桐油油膏 asphalt tung-oil ointment

以桐油为主要改性材料的黑色热用的沥青油性油膏。其改性材料中通常可掺入废机油或机械油。具有与基层牢固黏结，冬天不硬化、不开裂，夏天不流淌，耐碱性好等特点。其性能为：温度为50 ± 3℃时下垂度在3mm以内。温度为20 ± 3℃时，收缩率在2%以内；硬化率23.9%以内；黏结延伸率110%以上；保油性为：渗油幅度在3mm以内，渗油张数在2张以内。施工时要求基层干燥无杂物，加热时尽可能避免采用明火。一般多用于屋面、墙体及地下工程的防水嵌缝。

（洪克舜 丁振华）

沥青相对黏度 relative viscosity of bituminous material

又称沥青条件黏度。根据经验的方法在规定条件下所测得的沥青黏度。采用单位的量纲并不能表征黏度的物理意义，仅能作为黏度的相对比较。例如常采用的流出型黏度计法，即沥青流经规定流孔所需的时间（以s计）表示，其流出时间愈长，表示沥青黏度愈大。常用的条件黏度有：恩氏黏度、赛氏黏度和道路沥青标准黏度等。 （严家伋）

沥青香豆酮树脂油膏 asphalt coumarone resin ointment

以香豆酮树脂、废橡胶粉为改性材料的沥青树脂油膏。对混凝土、金属、木材、塑料等有良好的粘结性，在$-30\sim+100$℃之间具有稳定的塑性。可用于建筑物外墙拼缝、刚性屋面伸缩缝及地下工程的防水。 （洪克舜 丁振华）

沥青橡胶油膏 asphalt rubber ointment

以橡胶为改性材料的嵌缝油膏。由石油沥青、橡胶、油性物质和矿物填料等组成。与沥青油性油膏相比，其区别在于组分中添加有橡胶成分。对石油沥青的要求和采用的油性物质的种类同沥青油性油膏。其特点是：低温下有较好的延伸性、黏结性，高温下不流淌，耐候性较好，为弹塑性冷用嵌缝的防水材料。分沥青再生胶油膏和沥青合成橡胶油膏两类。在常温下冷施工。适用于各种混凝土屋面板、大板、轻板、天沟、渡槽等结构处的接缝嵌缝。

（洪克舜 丁振华）

沥青鱼油油膏 asphalt fish oil ointment

以硫化鱼油为主要改性材料的黑色冷用的沥青油性油膏。通常加有重松节油、松焦油、滑石粉、石棉绒等。高温$80\sim85$℃不流淌，低温-20℃保持柔韧性，可与各种建筑材料牢固黏结，耐酸碱，但耐溶剂性差。其性能为：温度为50 ± 3℃时下垂度在1.3mm以内。温度为20 ± 3℃时，收缩率$4.0\%\sim4.9\%$；硬化率$14.6\%\sim17.0\%$；黏结延伸率226%以上；保油性为：渗油幅度在0.1mm以内，渗油张数在2张以内。可在常温下冷施工。如遇室外温度过低或油膏过稠时，可用温水浴加热使用。主要用于屋面板接缝防水。

（洪克舜 丁振华）

沥青元素组成 elemental composition of bitumen

组成沥青各种元素的百分率。通过元素分析获得。沥青是多种复杂烃类及其衍生物组成的混合物，其组成元素主要有碳、氢、硫、氧、氮等非金属元素，此外还有镍、钒、铁、铅等痕量金属元素。其中，碳和氢是最主要的两种元素，碳含量约$70\%\sim85\%$，氢含量约小于15%。碳氢比例在一定程度上反映沥青结构单元中组成烃类基属含量的大致比例，可以间接了解沥青组成结构的概貌。沥青中碳氢以外的原子称为杂原子，杂原子含量一般小于5%，但对沥青性质有很大影响。

（徐昭东 孙 庶）

沥青再生胶油膏 asphalt regenerated rubber ointment

又称胶粉沥青油膏。以废橡胶粉为主要改性材料的沥青橡胶油膏。通常加有硫磺粉、松焦油、重松节油、机械油、滑石粉、石棉绒等填料与油性物质。配制时通常是将废橡胶粉直接加入沥青中，在高温下混合。具有炎夏不流淌，寒冬不脆裂，黏结力强，延伸性、耐久性、弹塑性好及常温下冷施工等特点。其性能为：高温$80\sim90$℃时下垂值$1\sim4$mm。低温柔性$10\sim-30$℃时黏结状况良好。常温黏结性$15\sim30$mm，浸水黏结性$15\sim20$mm。保油性为：渗油幅度$0\sim5$mm，渗油张数$2\sim4$张。挥发率不大于0.5%。施工度在25mm以上。适用于预制混凝土屋面板、墙板等构件及各种轻质板材的板缝嵌填；桥梁、涵洞、地下工程建筑节点的防水、防渗及防潮。

（洪克舜 丁振华）

沥青再生橡胶涂料 regenerated rubber asphalt paint

以沥青和再生橡胶为主要成膜物质的溶剂型沥青防水涂料。由沥青、再生橡胶、填料、助剂和有机溶剂所组成。黑褐色液体，有味，易燃。常用的有机溶剂有溶剂汽油、煤油、甲苯等。再生橡胶在涂料中可溶部分很少，大量的是呈溶胀的微小颗粒状态而悬浮在沥青溶液中。涂膜具有一定弹性和抗冲击性，耐热性和低温柔韧性较好，施工季节长。但污染环境，有引起火灾的危险。常用涂刷法施工。配合玻璃纤维布用于屋面防水。 （刘尚乐）

沥青质 asphaltene

沥青中不溶于正戊烷或正庚烷的一种化学组分。黑褐色至深黑色易碎的粉末状固体，无固定熔点，硬而脆，有光泽，相对密度大于1，分子量一般大于1 000，加热至300℃以上也不熔化，只分解为气体与焦炭，其主要元素是碳和氢，碳氢原子比约 0.8～1.0，还含有氧、硫等杂原子。沥青中沥青质的含量决定沥青的胶体的胶体结构。沥青质是胶团的核心，沥青质含量对沥青的感温性有显著的影响。 （徐昭东 孙 庶）

沥青蛭石板 asphalt exfoliated vermiculite chip board

以外观密度小于 $120kg/m^3$ 的膨胀蛭石与热沥青拌和、压制成型而制得的保温板材。一般做成 $300mm×200mm×(50,60,70)mm$ 几种规格。制品的外观密度 $300～400kg/m^3$，抗压强度大于 0.3MPa，热导率为 $0.08～0.13W/(K·m)$，具有质轻、防水、保温、隔声、耐腐蚀的特点。
（金树新 孔宪明）

沥青阻尼浆 asphaltic damp pulp

以沥青为黏合基料的阻尼防振涂料。由沥青、胺焦油、熟桐油、蓖麻油、石棉绒和适量汽油配制成。损耗因数 η 值为 $(3～4)×10^{-2}$，配制方便，成本低廉。用于汽车车体或隔声罩内壁，可降低噪声 5～15dB。 （陈延训）

粒度 particle size

表示粒子大小的数值。广义的粒子包括固体颗粒、液滴和气泡。固体粉碎后颗粒粒子呈不规则形状，内部含有裂纹，故须用多种方法表示不同粒形粒子的大小：①球状均匀颗粒的大小可用直径来表示；②立方体可用一边长度来表示；③复杂形状粒子可按其照片取一定方向的两边平行线间的距离表示；④根据颗粒沉降速度，以球形直径来表示；⑤用表征粒子群颗粒特征的粒度分布曲线表示。此外还可用比表面积或平均直径等方法表示。
（潘意祥）

粒化高炉矿渣 granulated blast-furnace slag

又称水淬矿渣。高炉冶炼生铁所得以硅酸钙和铝酸钙为主要成分的融熔物经淬冷后的粒状活性混合材料。因常用水淬冷，故又称水淬矿渣，俗称水渣。主要化学成分为氧化钙和氧化硅、氧化铝，与硅酸盐水泥熟料组成相似，但氧化硅含量偏高而氧化钙含量偏低。其中氧化铝是主要活性组分、氧化钙和氧化镁也对活性有利，氧化硅则降低其活性。按各氧化物相对含量可分为碱性矿渣和酸性矿渣，通常碱性矿渣活性较高。粒化高炉矿渣为玻璃体结构，有较高的潜在活性，能单独水化或在石灰、水泥熟料和石膏激发下生成水硬性水化产物。是制造矿渣水泥、石膏矿渣水泥等的主要组分，亦可作为黏土质原料生产硅酸盐水泥熟料。 （陆 平）

粒化高炉钛矿渣 granulated blast-furnace slag containing titanium

用钒钛磁铁矿冶炼生铁时熔融渣淬冷而得的细颗粒渣。作为非活性混合材料用于水泥时，要求矿渣质量系数不小于 0.9，MnO 含量不超过 4%，TiO_2 不超过 25%，氟含量不大于 2%。堆积密度不大于 $800kg/m^3$。 （王善拔）

粒化铬铁渣 granulated slag containing chromium

粒化精炼铬铁渣和粒化碳素铬铁渣的总称。前者为电炉精炼铬铁的熔渣淬冷而得的粒状物；后者为电炉冶炼碳素铬铁时的熔渣淬冷得到的粒状物。用作水泥混合材时其潜在水硬性或火山灰性试验必须合格，水泥胶砂 28d 抗压强度比不低于 80%。其 Cr_2O_3 含量不得大于 4.5%，水溶性铬（Cr^{+6}）含量按中国标准 GB4911 试验，Cr^{+6} 浸出液浓度应小于 0.5mg/L。其堆积密度不得大于 1.3kg/L。
（王善拔）

粒料耐刷性 brushing resistance of grains

砂面油毡表面的砂粒承受风吹雨淋时不脱落的性能。可参考以下方法测试：在 50mm×150mm 面积、已知重量的试样上，用固定规格的铁丝刷往复移动，待擦刷若干次后，将刷掉的砂粒称重，以试验前后的重量差表示耐刷性指标。 （西家智）

粒状硅钙石 calcio-chondrodite

又称 X 相或水化钙橄榄石。$3CaO·SiO_2$ 在 600～700℃ 或在饱和蒸汽压下于 250℃ 水化得到结构式为 $Ca_5(SiO_4)_2·(OH)_2$ 的产物。化学式为 $5CaO·2SiO_2·H_2O$，简写为 C_5S_2H，属 $nCa_2SiO_4-Ca(OH)_2$ 固溶体系列。结晶成棱柱状。晶胞参数 $a=1.14nm$，$b=0.505nm$，$c=0.90nm$，$\beta=108.4°$。脱水后成为 γ-C_2S。热谱和 X 射线谱与 $C_2SH(C)$ 非常相近。 （王善拔）

粒状棉 granulated wool

经梳棉、去渣、粒化而成的颗粒状或带状松散矿渣棉。粒径 5～15mm，可用风力输送。堆积密度和热导率比矿渣棉略小，用于制造吸声板和用作热工设备及建筑物围护结构的绝热。亦可作绝热防火喷涂材料的原料。　　　　　　　　（丛　钢）

粒子电荷试验 charged particle test

判断乳化沥青离子类型的一种试验。方法是取通过 1.2mm 圆孔筛的乳化沥青试样 150mL，注入烧杯中。将两电极板置于盛样烧杯中，浸入乳化沥青不小于 30mm。将两电极板接于 6V 直流电源的正负极上。接通电路，3min 后取出电极板观察，如在负极板上吸附有大量沥青微粒，表明乳化沥青微粒带正电荷，该乳化沥青为阳离子型；反之，则为阴离子型。　　　　　　　　　（严家伋）

粒子增强复合材料 particulate composite

见复合材料（130 页）。

栅 beam

梁栋别名。《列子汤问》雍门鬻歌，余音绕梁栅，三日不绝。注：栅，屋栋也。（张良皋）

lian

连接件接合 connector joint

用金属或塑料连接配件将木构件连接而形成的固定或活动接合。固定接合的连接件有平金属板、带齿金属板、螺钉、螺栓。活动接合有各种合页、挂钩等。　　　　　　　　　　　（吴悦琦）

连通式蓄热室 united regenerator

横火焰池窑每侧的各小炉所共有的连通的煤气蓄热室和空气蓄热室。结构简单，烟道阻力小，换向时煤气损失少。但调节闸板位于高温处，难于正确调节各小炉的气体分配量和窑纵向温度分布，横断面上气流分布不易均匀，容积利用率低，热修不便。用于规模较小，占地面积受到限制，对纵向温度分布和产品质量要求不甚严格的窑炉。

（曹文聪）

连续波谱仪 continuous wave NMR spectrometer

见核磁共振仪（182 页）。

连续玻璃纤维 continuous glass fibre

又称纺织玻璃纤维。长度连续不断可达几万米、单纤维排列彼此平行的玻璃纤维。用拉制法生产。通常都要经过纺织加工。按化学成分无碱玻璃纤维、中碱玻璃纤维、高碱玻璃纤维、特种玻璃纤维等。纤维直径不同，用途各异。直径 2.5～9μm 的纤维能纺织成纱、绳、带、布、套管等。直径 10～20μm 的纤维能制成各种无纺或少纺制品，如无捻粗纱、无捻粗纱布、短切原丝毡、湿法薄毡、连续原丝毡、针刺毡等。连续玻璃纤维及其制品可作增强材料、电绝缘材料、防腐防潮材料、过滤材料、包装材料、装饰材料等，可代替棉、毛、丝、麻，广泛应用于电气、化学、建筑工程以及机械、石油、交通运输和国防尖端工业中。

（吴正明）

连续成型 continuous molding

在同一机组上，将纤维浸胶、模制定型、加热固化、定长切割等工序连续起来制造增强塑料制品的方法。根据产品形状不同，分为连续制板、连续缠管及拉挤型材等三种。其特点是机械化和自动化程度高，产品质量稳定，生产效率高，劳动条件好，产品成本低。缺点是设备投资大，仅适用于市场稳定的大批量定型产品如各种板材、管及型材等的生产。　　　　　　　　　　　（刘雄亚）

连续固溶体 continuous solid solution

又称无限固溶体。两种或两种以上的固体能以任何比例相互固溶。一般说来互溶的质点半径差不超过 15% 时才可能形成。例如 FeO 与 MgO，$FeCO_3$ 与 $MgCO_3$，Fe_2SiO_4 与 Mg_2SiO_4 等都是。Fe^{2+} 半径为 0.086nm，Mg^{2+} 半径为 0.08nm。其化学式为 $(Fe,Mg)O$，$(Fe,Mg)CO_3$ 及 $(Fe,Mg)_2SiO_4$。

（潘意祥）

连续级配 continuous grading

颗粒尺寸从某一最大粒级到最小粒级逐级都有的集料级配。级配良好的集料，其空隙率应当最小。从理论上讲，集料颗粒如为球形，当相邻粒级的粒径比为 2 时，只要有 6 个分级，其空隙率就可减至 30%。是配制混凝土最常用的级配。

（孙宝林）

连续级配沥青混凝土 continuous grading bituminous concrete

颗粒尺寸从某一最大粒级到最小粒级逐级都有的集料配制的一种沥青混凝土。其组成结构根据矿质材料的分布情况，可以是悬浮－密实结构或骨架－空隙结构。　　　　　　　　（严家伋）

连续聚合 continuous polymerization

单体连续加入反应器及聚合物连续移出的一种聚合技术。如己内酰胺连续聚合并纺丝制备尼龙-6 纤维。生产连续，产品质量稳定，但技术难度高。　　　　　　　　　　　　　（闻荻江）

连续粒级 continuous grading

集料粒级的一种，指集料颗粒从某一最大粒径开始，其下依次有各粒级的颗粒。在中国标准中，将其分为 5～10mm，5～16mm，5～20mm，5～

25mm、5~31.5mm、5~40mm 六个等级，并对各粒级在各筛上的累计筛余重量百分比范围作了规定。如 5~20mm 粒级在 2.5mm，5mm，10mm，20mm 筛上的累计筛余分别为 95%~100%，90%~100%，40%~70%，0%~10%。如集料不符合规定，应通过试验证实能确保混凝土质量或调整到规定要求后方可使用。 （丁济新）

连续熔融法 continuous melting method

投料、熔融、成型全部工艺过程连续进行的方法。原料是粒度均匀的（3~5 或 5~8mm）、经严格处理的天然水晶，投料前通过温度为 800~1400℃ 的预热炉进行脱气处理，以加速熔融速度并减少玻璃中气泡；电炉加热体和坩埚常用金属钨制作，为防止高温下氧化和腐蚀，必须通入保护气体，如纯氢或氮氢混合气体，原料颗粒间的气体和高温熔制过程中的挥发物被保护气体及时带走排出炉外，常用于生产高质量的透明石英玻璃管材或棒材。优点是机械化程度高、产量大、产品规格一致性好、原材料消耗低、炉龄长等。 （刘继翔）

连续式干燥窑 progressive kiln

木材堆装入窑、干燥处理、干料卸出等干燥作业是连续进行的隧道式干燥窑。窑内各段的干燥条件根据干燥过程的各个阶段进行调节，气流均用通风机作强制循环。适用于同一树种、同一规格材料的大量干燥。材堆前进方向和热空气方向相同的为并流式连续干燥窑，相反的为向流式连续干燥窑。建筑成本较低，热、电消耗比较少，但室内介质参数分段变化不易作灵活调节，干燥不均匀。适用于铅笔板等薄料，极少用作成材干燥。 （吴悦琦）

连续式砂浆搅拌机 continuous mortar mixer

见砂浆搅拌机（423 页）。

连续式养护窑 continuous steam curing chamber

见养护窑（565 页）。

连续式窑 continuous kiln

简称连续窑。连续焙烧坯体或物料并装、出窑的一类窑炉。常用的有隧道窑、辊底窑、推板窑等。被焙烧物连续或间歇运动，窑内各点的温度基本稳定，窑室常分为预热、烧成、冷却三带。焙烧物由不同的运输工具或系统输入。特点是蓄热损失小，余热利用率高，可以连续化生产，自动化程度高，产量大，质量稳定，劳动强度低。但操作制度不易变更，只适用于烧成制度相同、高产量制品的生产，且一次性投资量大。 （陈晓明）

连续纤维毡 continuous strand mat

连续玻璃纤维原丝或股纱不切短、无定向排布，由黏结剂黏合而成的毡片。一般由池窑拉丝连续纤维或股纱经机械装置的作用均匀分布在金属网带上喷上黏结剂黏合固化而成。黏结剂用量一般占毡重的 2%~4%。特点是生产工艺简单，生产效率高，质量均匀。毡的力学强度大，适用于手糊制品及热塑性片状模塑料的生产。 （刘茂榆）

连座

又称连瓣兽座。垂兽座和一段垂脊筒烧制在一起的琉璃构件。垂兽底座的一种。用于垂脊的下尽端，封护两坡瓦陇的交汇点，上面稳装垂兽。中空方槽形，三个露明面部雕有花饰并挂釉色。一般只在六样以上的大型琉璃屋面垂脊上使用。

连座尺寸表　　单位：mm

	二样	三样	四样	五样	六样	七样	八样	九样	注
长	1184	896	864	704	672	416	290	290	
宽	352	320	290	260	224	160	130	96	
高	512	464	370	290	272	176	144	112	

（李　武　左瀞元）

练泥 pugging

对可塑成型的坯料进行捏练，使气体逸散、水分均匀、提高可塑性的工序。用真空练泥机或其他方法进行。一般先在无真空设备的练泥机中粗练，然后在真空练泥机中除去空气，完成精练。也可以用真空练泥机一次完成。对泥料质量要求较高时，可进行反复处理。若在真空练泥机嘴端装上模具，可使练泥与挤压成型一次完成，此时真空练泥机称为真空挤压成型机。一般练泥时坯料含水率为 19%~26%。 （陈晓明）

链板干燥 chain-plate drying

陶瓷原料或坯料在由链条传动的翻板上连续快速干燥的方法。其干燥器由隧道式干燥窑和活动链板运输机组成。待干燥的物料在窑的一端落入链板上，水平通过全窑完成干燥过程，在窑的另一端由链条旋转、链板倾斜、将干燥后的原料卸掉。如此循环，形成连续式快速干燥。其优点是劳动强度低，干燥质量和效率高。 （陈晓明）

链段 chain segment

聚合物分子链中可以独立运动的基本单元。由若干个到上百个链节所构成。根据聚合物分子链段的多少，决定了分子链的刚柔性。例如聚氯乙烯的链段是由若干个链节—CH_2—CHCl—所构成。

（赵建国）

链节 mer, monomeric unit

构成聚合物分子链的最小重复结构单元（简称重复单元）。聚合物是由单体合成的，每种单体形成了聚合物分子的结构单元。对某些聚合物，链节与结构单元相同，如聚氯乙烯$\text{-}(\text{CH}_2\text{-CHCl})_n\text{-}$均为—CH₂—CHCl—，有些聚合物链节可以包含几个结构单元，如聚酯 $\text{-}(\text{OR'O-CRC})_n\text{-}$（其中C上带双键O）是由二元醇的结构单元（—OR'O—）与二元酸的结构单元（—CRC—，C上带双键O）组成。其链节为—OR'O—CRC—。结构单元与单体的化学组成可以相同（如聚氯乙烯），也可以不同（如聚酯，单体为 HOR'OH 与 HOCRCOH）。对共聚物则很难指出确切的重复结构单元。聚合物中的链节数称为聚合度。不同链节结构的聚合物具有不同的性质。

（赵建国）

链状结构 chain structure

见硅酸盐结构（173页）。

楝树 melia azedarach L.

又称苦楝。为黄河流域以南，低山平原地区，特别是江南地区的重要绿化树种。分布较广，山西南部、河南、河北南部、山东南部、陕西、甘肃南部、长江流域各地、福建、两广以及台湾都有栽培或野生。生长快，材质好、用途广。环孔材，边材灰红褐色，心材暗黄至栗褐色，有光泽。纹理交错，结构细至中，不均匀，锯、刨等加工容易，刨面光滑，心材略耐腐，抗蚁性弱。气干材密度 $0.456 \sim 0.543 \text{g/cm}^3$；干缩系数：径向 $0.154\% \sim 0.157\%$，弦向 $0.228\% \sim 0.247\%$；顺纹抗压强度 $35.6 \sim 40.8 \text{MPa}$，静曲强度 $68.8 \sim 92.5 \text{MPa}$，抗弯弹性模量 $8.83 \times 10^3 \sim 9.22 \times 10^3 \text{MPa}$，顺纹抗拉强度 87.5MPa，冲击韧性 $5.26 \sim 7.45 \text{J/cm}^2$；硬度：端面 $34.4 \sim 57.5 \text{MPa}$，径面 $22.6 \sim 44.3 \text{MPa}$，弦面 $24.5 \sim 52.0 \text{MPa}$，（产地不同，强度差异较大）。宜作家具、农具、屋架、门窗及室内装修（地板除外）、胶合板等。

（申宗圻）

liang

梁 beam

水平承重木构件，参见栿（127页）。本义是跨水之桥；《说文》水桥也。古代亦称隄、堰为梁。

（张良皋）

两性离子表面活性剂 zwitterionic surfactant

同时具有两种离子性质的表面活性剂。亲水基团一端既有阳离子又有阴离子。有羧酸盐型和磺酸盐型，羧酸盐型又可分为氨基酸型、甜菜碱型等。多易溶于水，在较浓酸、碱以及无机盐浓溶液中也可溶解，还具有防金属腐蚀和表面抗静电作用。

（陈嫣兮）

两性离子乳化沥青 amphiprotic emulsified asphalt

用两性离子乳化剂配制的乳化沥青。褐色或深棕色乳状液体。无毒、无味、不燃。黏结力强，贮存稳定性好。由沥青、两性离子乳化剂、水和辅助材料所组成。用匀化机或胶体磨等乳化机械制作。两性离子乳化剂的特点是在同一分子内存在着阳离子和阴离子两种离子基团，可在带正电荷或带负电荷的集料或基层上涂覆均有良好的粘结性。常用的乳化剂有氨基酸型和甜菜碱型。用于铺筑路面和建筑防水。

（刘尚乐）

亮度 luminance

单位面积的光源表面在法线方向的发光强度。即发光强度与立体角、投影面积乘积之比。常以 B 表示：

$$B = I/S\cos\alpha$$

式中 B 为亮度，单位为 cd/m^2；I 为发光强度，单位为 cd；S 为投影面积，单位为 m^2；α 为法线夹角。当发光面在某方向的发光强度除以相应的视面积时，则为该方向的 B 值。B 值愈大，视感光愈亮。超过 $16 \times 10^4 \text{cd/m}^2$ 时，人眼就不能忍受。

（王建明）

liao

料浆稠化 coagulation of slurry

料浆逐渐失去流动性，极限剪应力和塑性黏度逐渐增大的过程。是加气混凝土浇注成型工艺中的关键工序。是由于料浆中的胶凝材料在化学和物理化学作用下，不断分散，固相表面增加，水分被吸附造成的。其速率与料浆中各物料的性质、外加剂的掺入与掺量、料浆温度与外界环境温度等有关。

（沈 琨）

料浆发气 foam forming of slurry

发气剂在加气混凝土料浆中产生气泡的过程。是加气混凝土浇注成型工艺中的关键工序。分散在料浆中的发气剂，由于化学和物理作用，产生气体，形成无数细小的气泡，使料浆体积膨胀，形成多孔结构。不但与发气剂的种类、掺量、质量有关，也与料浆的组成、性能及稳泡剂的种类、性能有关，并受环境温度的影响。

（沈 琨）

料石 chipped stone, squared stone

经加工符合规定尺寸和形状的砌筑石材。按表面加工程度分毛料石、粗料石和细料石。按加工后形态分方正石和异形石。一般由致密均匀的砂岩、石灰岩、花岗岩中选料。其加工流程为：选取毛料—划线—截边—修边—清凿成形。主要用于墙体、踏步、地坪、纪念碑、砌拱等。

（宋金山）

lie

咧角盘子 咧角三仙盘子的简称。硬山或悬山建筑屋面垂脊下尽端檐口处，向山墙一侧折转四十五度的三仙盘子。不论琉璃屋面或布瓦黑活屋面，凡硬山或悬山的建筑都有此构件，只是"凸"琉璃件的平面呈形，而"凸"黑活件的平面呈形。参见三仙盘子（417页）。

咧角盘子尺寸表　　　单位：mm

	二样	三样	四样	五样	六样	七样	八样	九样	注
长						380	336	272	
宽						220	210	200	
高						77	61	58	

（李　武　左濬元）

裂化沥青 cracked asphalt
石油重质馏分经高温高压裂化所得的残留物。化学组分中含碳质、沥青质和油分较多，而含树脂质较少。表现为脆硬而缺乏黏结力。与直馏沥青和氧化沥青相比，在技术性质上表现为针入度相同时，软化点较高，延伸度较低，而耐久性亦差。可以通过调配、氧化工艺，使其符合使用技术要求。可用于建筑防水或路面工程。（西家智）

裂纹 check
又称开裂。木材纤维与纤维之间的分离所形成的裂隙。按类型和特点分径裂、轮裂、冻裂和干裂四种。前三种为立木生长时期因环境或生长应力等因素所形成的开裂；后一种为木材干燥过程中形成的开裂。径裂是在心材或熟材内部，从髓心沿半径方向开裂的裂纹，分单径裂与复径裂（星裂）两种。轮裂系沿年轮方向开裂的裂纹，分环裂和弧裂两种。冻裂是在严寒低温作用下，立木从边材到心材径向开裂的裂纹。干裂系由于木材干燥不均而产生的径向裂纹，断面、材身均可发生。出现在端面的又称端裂，位于材身顺纹理方向的称纵裂。按裂纹在木材上的位置，可分为侧面裂、端面裂和贯通裂三种。贯通裂是指相对材面或相邻材面贯通的裂纹。裂纹，特别是贯通裂能破坏木材的完整性，影响木材的利用和装饰价值，降低木材的强度，尤其是顺纹抗剪强度。（吴悦琦）

裂纹顶端张开位移法 crack tip opening displacement method
又称COD法。弹塑性断裂力学中研究裂纹体断裂条件的一种近似的工程方法。以A.A.威尔斯1963年提出的一个半经验理论作为这种方法的理论基础。以裂纹顶端张开位移 δ 来描述裂纹顶端附近的应力和应变场，以裂纹在开始扩展前测得的最大张开位移，即临界裂纹张开位移 δ_C，作为材料断裂韧性的一种度量，采用 $\delta = \delta_C$ 作为断裂判据。（沈大荣）

裂纹扩展 crack propagation
一条裂纹随着外力的增加而逐渐扩展直至使构件断裂的过程。主要分为稳定扩展和失稳扩展。稳定扩展指在加载过程中，裂纹随荷载的逐渐增加而相应地逐渐延长的缓慢过程。其扩展速度取决于加载速度，荷载停止增加，裂纹也停止扩展。裂纹的稳定扩展不降低构件的承载能力。当外力达到一定程度以致某些断裂力学参量（如应力强度因子等）超过其临界值时，荷载不增加，裂纹仍自行继续扩展并以音速增长，直至构件断裂，此即为裂纹的失稳扩展。至于在循环荷载，长期荷载及腐蚀介质的单独或联合作用下，裂纹所发生的缓慢扩展（包括疲劳扩展、应力腐蚀扩展、蠕变扩展以及它们的联合扩展）则称为亚临界扩展。（沈大荣）

裂纹扩展寿命 crack propagation life
见构件寿命（160页）。

裂纹扩展速率 crack propagation rate
裂纹长度在一个疲劳荷载循环过程中的扩展量。在线弹性断裂力学中，裂纹在疲劳荷载下的扩展速率 da/dN（即每个荷载循环引起的裂纹亚临界扩展量）可近似地表示为如下的Paris关系式：$da/dN = C(\Delta K)^m$，式中：C, m 为与加载条件及试验环境有关的材料常数，ΔK 为应力强度因子幅度。Paris指出：应力强度因子 K_I 既然表示裂纹顶端的应力场强度，可以认为 K_I 值是控制裂纹扩展速率的重要参量。（沈大荣）

裂纹形成寿命 crack formation life
见构件寿命（160页）。

裂纹釉 crackle glaze
又称碎纹釉、开片釉、纹片釉。釉层呈现清晰裂纹而使制品具有独特艺术效果的陶瓷釉。利用坯和釉或釉中的玻璃和晶体的膨胀系数不一致而产生所需裂纹，并在裂纹中渗入色料以增强艺术效果。根据裂纹的疏密和图形不同称为冰裂纹、鱼子纹、蟹爪纹等。（邢　宁）

裂子　craze, crack, crizzle

俗称口子。在拉引过程中玻璃原板上出现的裂纹。大裂纹称裂口、小裂纹称压口、小裂子。产生的原因：石棉辊子不直、压力过大；石棉辊子上沾有夹杂物或夹有碎玻璃；引上室和机膛内温度分布不当；玻璃局部变厚等。在玻璃中不允许存在。

（吴正明）

lin

邻苯二甲酸酯　phthalate, phthalic ester

大多由苯酐与带有支链的一元醇发生酯化反应而成的无色有特殊气味的油状液体。分子结构式为：

$$\text{C}_6\text{H}_4(\text{COOR}_1)(\text{COOR}_2)$$

R_1 和 R_2 为 $C_1 \sim C_{13}$ 的烷基或环烷基、苯基、苄基等。品种多，性能优良（相容性、耐油性、电绝缘性、耐寒性、加工性等均好），常用作塑料的主增塑剂，生产量占增塑剂总量的80%左右。其中又以邻苯二甲酸二辛酯（DOP）、二异辛酯（DIOP）、二丁酯（DBP）为最多。主要用于聚氯乙烯塑料。在聚醋酸乙烯、醇酸树脂、乙基纤维素、氯丁橡胶等生产的制品中也常使用。

（刘柏贤）

临界初始结构强度　critical initial structure strength

混凝土能抵抗热养护过程中内应力的破坏作用、获得应有密实度和强度所需最低的初始结构强度。达到这一强度所需的制品预养时间是经济合理的最佳预养期。

（徐家保）

临界含水率　critical moisture content

砖瓦坯体干燥过程中，由恒速干燥阶段（自由水蒸发）过渡到降速干燥阶段（大气吸附水蒸发）转变点时的平均含水量（干基含水率）。达到该转变点后，坯体的干燥收缩基本结束，仅在表层有微量收缩，继续干燥只增加内部孔隙，可以采取加速干燥的措施，坯体不致开裂。其大小取决于黏土的结构与特性、初始含水率、制品厚度及干燥制度等。

（陶有生）

临界荷载　critical load

见压曲强度（559页）。

临界水分　critical moisture content

物料干燥过程中，等速干燥阶段终了或开始转入降速干燥阶段时物料的水分含量。是指物料整体中所含的平均水分，其数值不是固定不变的，与干燥速率、物料厚度及水分内扩散阻力大小有关。当干燥速率大、物料厚、水分内扩散阻力大时，临界水分值较高。

（许超）

临界应变能释放率　critical strain energy release rate

见应变能释放率（579页）。

临界应力　critical stress

见压曲强度（559页）。

临清城砖

以胶坚土为原料，经过入池浸泡、沉淀，澄出上面细泥，晾干后制坯烧成的城砖。产自山东省临清县（现为临清市），故名。规格为长448mm，宽237mm，厚102.4mm，重24kg。颜色较浅，质地细腻，其强度和耐磨力等均佳。经砍磨加工后多用于宫墙干摆（磨砖对缝）和室外细墁地面等主要建筑部位，其装饰效果优于其他各地所产之砖。

（朴学林）

淋涂　flow coating

用喷嘴将涂料淋在被涂物上形成涂层的方法。是浸涂法的改进。适用于大量流水线生产方式，其优点是用料省，能得到比较厚而均匀的涂层，尤其适用于中空容器（油桶、气瓶等）或形状复杂而有"气包"的被涂物件、浸涂时易产生漂浮的物件。缺点是溶剂消耗量大。装置一般由淋漆室、滴漆室、涂料槽、泵、加热器或冷却器、自动灭火装置等组成。主要工艺参数是黏度，并要求漆温控制在20～25℃之间。分高压法和低压法两种。主要适用于初期干燥较慢的烘烤型涂料以及油性磁漆、合成磁漆。随着水性涂料及消泡技术的发展，已推广使用于水性涂料的涂装。

（刘柏贤）

淋子　fine cord, fine ream, fine wave

见条纹（509页）。

磷氮键化合物阻燃剂　F.R. P—N bonding compound

含有磷氮键化合物为主剂的阻燃剂。主要有两种。①磷酰胺。磷酸上的羟基由 NH_2 或 NHR 或 NRR' 基逐次取代所得的各种产物。如磷酰三胺

$$H_2N-P(=O)(NH_2)_2$$

；三（氮丙啶）氧化膦（记作 APO）

APO 与四（羟甲基）鏻化氯

（HOCH$_2$）$_4$PCl（简称 THPC）结合，可作为织物阻燃整理剂，防水性能良好。②磷氮化合物。如氯化磷腈三聚物（PNCl$_2$）$_3$；三聚（1，1，3，3，5，5-六丙氧基）磷腈

$$\begin{array}{c}
\text{C}_3\text{H}_7\text{O} \quad \text{OC}_3\text{H}_7 \\
\diagdown \text{P} \diagup \\
\text{C}_3\text{H}_7\text{O} - \text{N} \quad \text{N} - \text{OC}_3\text{H}_7 \\
| \quad \quad | \\
\text{P} \quad \text{P} \\
\diagup \diagdown \text{N} \diagup \diagdown \\
\text{C}_3\text{H}_7\text{O} \quad \text{OC}_3\text{H}_7
\end{array}$$

适用于纤维素和黏胶纤维的阻燃处理。

（徐应麟）

磷光搪瓷 phosphorescent enamel

余辉持续时间超过 $10^{-6} \sim 10^{-8}$s 的发光搪瓷。发光体主要有钙、钡、锶等的硫化物。在光、热、电波的激发下，在暗处能发出青绿色光。参见荧光搪瓷（578页）。

（李世普）

磷化物 phosphide

磷与较为电正性的元素或基的二元化合物。在钢铁材料中常指磷与铁原子形成的化合物。在铁磷系中有四种，最常见的为 Fe$_3$P。合金耐磨铸铁中含磷量高达 0.8％，Fe$_3$P 可与铁素体、珠光体形成二元或三元的磷共晶，呈断续的网状分布，形成坚硬的骨架，构成高硬度的组成物，显著提高耐磨性。同时磷共晶熔点低，铸造时流动性也好。钢中含磷过高则易导致冷脆现象发生。

（高庆全）

磷石膏 phosphogypsum

是用硫酸处理磷酸盐矿石生产磷酸和磷肥时所排出的废渣。主要成分为二水硫酸钙，常含有硅、铁、铝、镁等氧化物杂质及 P$_2$O$_5$、氟、有机物等有害杂质。经过处理后可代替天然石膏做某些化工原料，也可作水泥调凝剂和石膏胶凝材料及制品。

（高琼英）

磷酸铵阻燃剂 F.R. ammonium phosphate

含磷酸铵盐的阻燃剂。主要有磷酸铵（NH$_4$）$_3$PO$_4$·3H$_2$O、磷酸二氢铵 NH$_4$H$_2$PO$_4$ 和磷酸氢二铵（NH$_4$）$_2$HPO$_4$ 三种。燃烧时释出结晶水或分解生成氨气和磷酸等，起吸热、稀释和覆盖等阻燃效应。无色或白色粉末，易溶于水，适用作木材、纸张和织物的防火浸渍剂。

（徐应麟）

磷酸盐膨胀珍珠岩制品 phosphate expanded pearlite product

以膨胀珍珠岩为集料，磷酸铝和少量硫酸铝、纸浆废浆为胶结材，经配料、搅拌、成型、焙烧制成的耐高温绝热材料。表观密度约为 $200 \sim 250$kg/m^3，常温热导率约 $0.044 \sim 0.052$W/（m·K），抗压强度 $0.6 \sim 1.0$MPa，最高使用温度 1 000℃。具有轻质、绝热和使用温度较高等特点。主要用于高温下的管道、设备等绝热。

（林方辉）

磷酸酯 phosphate

分子结构式为：

$$O=P\begin{array}{l} -O-R_1 \\ -O-R_2 \\ -O-R_3 \end{array}$$

其中 R$_1$、R$_2$、R$_3$ 可以分别为烷基、卤代烷基及芳基。与聚氯乙烯、聚乙烯、聚苯乙烯、纤维素塑料和合成橡胶有良好的相容性，并有阻燃性和抗菌性。除了磷酸二苯一辛酯（DPOP 或 ODPP）允许用于食品包装制品外，其他均有毒性。以磷酸三甲苯酯（TCP）的产量最大，磷酸甲苯二苯酯（CDP）次之，磷酸三苯酯（TPP）第三。大多用于有难燃性要求的制品中。主要用作电线、塑料制品、涂料的阻燃配方成分，也可作某些涂料的消泡剂。

（刘柏贤）

磷酸酯类阻燃剂 FR. phosphate ester

含磷酸酯的一类阻燃剂。主要有三种：①磷酸三苯酯，记作 TPP。无臭无色或白色粉末。适用于纤维素、热塑性塑料、泡沫聚氨酯。②磷酸三甲苯酯，记作 TCP。无色液体。聚氯乙烯的阻燃型增塑剂，也用于纤维素。③磷酸三乙酯，记作 TEP。无色液体，适用于纤维素、聚酯树脂等。磷酸酯类阻燃剂与树脂的混溶性较好，但耐寒性较差。

（徐应麟）

磷系阻燃剂 phosphorated flame-retardant

泛指含磷化合物的一类阻燃剂。燃烧时生成磷酸酐或磷酸促使材料脱水炭化以阻燃。与含氮化合物并用时有协同效应。分无机化合物和有机化合物两类，前者主要有粉磷、磷-氮基化合物和各种磷酸盐，后者主要有磷酸酯、亚磷酸酯、膦酸酯、磷酰胺、有机磷盐和氧化膦。此外还有含多种取代基的化合物如含卤磷酸酯、含磷多元醇，以及磷-氮键化合物等。适用于橡胶、塑料、织物和配制防火涂料及防火浸渍剂。但有一定毒性，发烟量也较大。

（徐应麟）

磷渣 phosphorous slag

电炉生产黄磷所得的废渣。化学成分以氧化硅、氧化钙为主，两者总含量一般可在 80％ 以上。尚有氧化铝、氧化铁、氧化镁及少量五氧化二磷。水淬磷渣的玻璃含量可在 80％ 以上，还有一定量假硅灰石（α-CaO·SiO$_2$）、β-2CaO·SiO$_2$、5CaO·3Al$_2$O$_3$、硅钙石（3CaO·2SiO$_2$）、枪晶石（3CaO·2SiO$_2$·CaF$_2$）等，是水泥的活性混合材料。性能与粒化高炉矿渣相似。但掺量相同时，掺磷渣的水泥早期强度偏低，凝结时间延长，主要是其中的 P$_2$O$_5$ 所致，故要求 P$_2$O$_5$ 含量少，一般以小于 2.5％ 为宜。CaO 含量高，磷渣

活性高。可用于生产普通水泥、复合水泥和磷渣水泥，以及作硅酸盐建筑制品、膨胀轻集料和矿棉的原料。　　　　　　　　　　　　（陆　平　王善拔）

磷渣硅酸盐水泥　portland phosphorous slag cement

由硅酸盐水泥熟料、粒化电炉磷渣和适量石膏磨细制成的水泥。磷渣占水泥重量 20%～40%。允许用矿渣、火山灰质混合材、石灰石和回转窑窑灰代替部分磷渣，但代替量须符合有关标准规定。其性能与矿渣水泥相近。耐磨性、抗风化性、干缩性及后期强度等优于矿渣水泥，但凝结时间较长、早期强度较低，抗硫酸盐性能比矿渣水泥稍差。用途同矿渣水泥。使用时应加强养护。　（王善拔）

檩　purlin

又称檩条，檩子，桁。纵向设置在屋架或山墙及横隔墙上，用以支撑椽子或屋面板的小梁。在房屋檐部的称檐檩；在房屋脊部的称脊檩。按受力情况，又分简支檩和连续檩。一般采用木、钢或钢筋混凝土等材料制作。其用材及截面尺寸与间距，依建筑设计和结构计算而定。　　　　　　（姚时章）

膦酸酯类阻燃剂　FR. phosphonate ester

含膦酸酯的阻燃剂。主要有：①O,O－二甲基－N－羟甲基丙酰胺基膦酸酯，结构式为：

$$(CH_3O)_2-\overset{\overset{O}{\|}}{P}-CH_2CH_2-\overset{\overset{O}{\|}}{C}-NHCH_2OH$$

。商品名有：Pyrovatex CP, CFR-201, FRC-2, 棉 3031, TLC-512 等，为含氮有机膦酸酯类化合物，具有耐久性的反应型阻燃剂，适用于天然纤维织物的后整理；②双（氯乙基）乙烯基膦酸酯，记作 CEVP，

$$(ClCH_2CH_2O)_2\overset{\overset{O}{\|}}{P}-CH=CH_2$$

，反应型阻燃剂，适用于织物、纸和不饱和聚酯；③Fylol76（商品名），

$$\underset{H_3C}{RO}\overset{\overset{O}{\|}}{P}-O[CH_2O-\overset{\overset{O}{\|}}{P}-OCH_2O-\overset{\overset{O}{\|}}{P}-O]_xR$$
$$CH=CH_2\quad CH_3$$

R 为烷基或 HOCH₂CH₂—，适用于棉、涤棉混纺织物；④FRC-1，又称 Antiblaze19（商品名），

$$(CH_3O)_n-\overset{\overset{O}{\|}}{P}[OCH_2-\underset{\underset{C_2H_5}{CH_2}}{\overset{\overset{CH_2O}{|}}{C}}-\overset{\overset{O}{\|}}{P}-CH_3]_{2-n}$$

（n 等于 0 或 1），适用于纯涤纶织物。　（徐应麟）

ling

灵璧石　Lingbi stone

又称磬石。安徽省灵璧县产出的假山石。有白、黑、绿和杂色等，石质坚，如玉质，有蜡状光泽，无吸水性。其石与土共存，形象各异，有的形似某物体，有的形如峰峦，外形险峭透空，多用于堆筑假山。少数形状奇妙者，稍加修琢，并使底部平稳，可置几案之上，作石玩观赏，也可制成小盆景；形状扁平或带有云气纹者，敲之铿然有声，可挂在空中作为磬。
　　　　　　　　　　　　（谯京旭）

菱苦土　magnesia

又称苛性苦土、苦土粉、轻烧菱镁矿等。由菱镁矿低温煅烧、经分解所得的具有较高化学活性的氧化镁。化学式 MgO。白色或浅黄色粉末，相对密度 3.20 左右，松堆密度 800～900kg/m³。煅烧温度对氧化镁的结构和水化反应速度影响很大。在 600～800℃煅烧，其水化活性最大，温度升高，结构渐趋致密，水化反应速度降低，当温度达 1 200℃，MgO 渐渐烧结。将菱苦土与氯化镁、硫酸镁或其他盐类溶液调和，掺入适量填料，可制成具有较高强度的菱镁混凝土，用以生产包装材料及临时性建筑的某些构件。
　　　　　　　　　　　　（孙南平）

菱苦土瓦　magnesite tile

以菱苦土为主要胶结材料，配以细骨料后与氯化镁水溶液拌和，然后成型、养护而制得的瓦。具有较高的强度，但耐水性较差，不宜在潮湿环境中长期使用，与其接触的铁件容易锈蚀。一般用于临时性建筑。　　　　　　　　　（金树新　孔宪明）

菱镁混凝土　magnesite concrete

又称菱苦土混凝土。用菱苦土粉、集料和氯化镁溶液配制成的混凝土。在常温干燥环境中养护和硬化。28d 强度可达 30MPa 以上。集料可用多种有机及无机材料，如木屑、刨花、木丝、竹筋、亚麻纤维、苇筋、砂、石屑、滑石粉、石棉等。调和液也可用硫酸镁、硝酸镁、硫酸亚铁等盐类的溶液。其吸湿性强，耐久性差，不宜在潮湿环境中使用。与其接触的铁件易锈蚀，应做防锈处理。但有一定的耐高温能力。以刨花、石棉、浮石等导热不良材料为集料或在其内部加入封闭气泡，可制成保温绝热材料，在各种干燥环境中使用；以有机纤维质材料如刨花、木丝、竹筋、苇筋等为集料，制成的混凝土强度较高，且可加工，可制成板材、横梁、檩条、门窗框、窗台、楼梯扶手等制品。代替木材作包装材料或用于临时性建筑；此外还可用于制造地板、翻砂模、人造大理石、装饰材料的基体、墙面拉毛粉刷层等。　（孙南平）

菱镁混凝土包装箱　packing case form magnesium oxygen

用菱镁混凝土制成的包装机电产品等的容器。用以代替木材包装箱。一般由端面、侧面、顶盖和底

菱镁矿 magnesite

镁的菱面体碳酸盐中的方解石族矿物之一。主要成分为 $MgCO_3$。常含有铁、锰、钙等杂质。有晶质和非晶质两种形态。单晶呈菱面体，很少见。通常为粒状集合体。纯净的为白色，含有不同杂质时可为灰色、黄色、褐色等颜色。晶体完整、清晰、有玻璃光泽，三方晶系，硬度 3.5～4.5，相对密度 2.90～3.48，性脆。非晶质体晶粒细微、有序度低，一般呈白色瓷土状，含杂质时也可带色。与稀盐酸作用常温下不起气泡，加热剧烈起泡。在 600～1 000℃ 下煅烧，部分 CO_2 放出，成为轻烧菱镁矿，又称轻烧镁、苛性镁、菱苦土、苦土粉、α镁等，具有较高的化学活性，可用以制造镁质胶凝材料。煅烧温度升高，放出的 CO_2 增多，烧成物结构渐趋致密，化学活性下降。在 1 400～1 800℃ 下煅烧，CO_2 完全溢出，氧化镁形成方镁石，成为硬烧菱镁矿，又称硬烧镁、死烧镁、过烧菱镁矿、β镁等，具有很高的耐火性。冶金工业中用作重要的耐火材料。在轻工、军工、化工、医药等工业中用于提取金属镁和制造镁盐，还可用作油漆填料等。 （孙南平）

棂 cornice, lattice window

①檐的别称。《营造法式·看详》诸作异名释檐，其名有十四：宇、檐、楣、櫋、屋垂、梠、棂、联櫋、橝、序、庪、楀、檐櫋、庮。

②窗棂。《说文》棂，楯间子也。 （张良皋）

liu

流变特性 rheological behavior

反映与时间因素有关的应力及应变现象的一种材料特性。可以用力学模型来模拟。基本的力学模型为图示的三种流变元件：①胡克元件（弹簧），用一物理常量表述弹性体应力 σ、τ 与应变 ε、γ 的线性关系，$\sigma = E\varepsilon$，或 $\tau = G\gamma$。E、G 为弹性常数。②牛顿元件（阻尼器），在黏性流体中，应力与应变速率 $\dot\varepsilon$ 或 $\dot\gamma$ 用另一物理常量来表述其线性关系，$\sigma = \eta \dot\varepsilon$ 或 $\tau = \eta' \dot\gamma$，η、η' 为黏性系数。③圣维南元件（摩擦体），理想塑性固体以滑块表示，$\tau = Q_t$ 或剪应力 τ 小于摩擦力 Q_t 时，元件不发生变形，只有当 τ 大于 Q_t 时，才发生变形。材料的流变性能常用这三种元件以不同的并联或串联的形式组合而成。

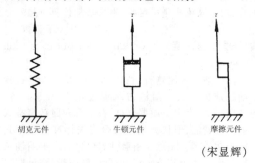

胡克元件　牛顿元件　摩擦元件

（宋显辉）

流变性 rheological property

物质在外力作用下发生流动与变形的性质。例如黏度、流型、可塑性、屈服值和触变性等性质。研究物质的流变性质的学科称为流变学。可用数学方法描述物体的流变性质，或通过实验，从物体所表现出来的流变性质联系物体内部结构的实质问题来研究流变学。对流变性质的研究很重要，如涂料、橡胶、塑料和硅酸盐材料等工业产品的质量或工艺流程的设置，经常取决于产品和原材料的流变性质。参见流变特性。 （夏维邦）

流动度 fluidity, flow

见流动桌。

流动筋 mobile cord

玻璃上位置不固定、随时间的变化而呈现某种规律移动的条纹。 （吴正明）

流动性 flowability

水泥浆、砂浆或混凝土混合料在自重或外力作用下发生黏塑性变形的性能。受水泥浆、砂浆或混凝土的黏度（为液体黏度和固体粒子形状、大小、化学组成及数量等的函数）影响而变化，分别用水泥浆流动度、砂浆沉入度和混凝土坍落度作为指标。

（徐家保）

流动性混凝土 fluid concrete

又称流动性混凝土混合料。流动性较好、坍落度为 100～150mm 的混凝土。是与干硬性混凝土相对的术语。相当于国际标准 ISO 4103 - 1979 中的 S_3 级。 （徐家保）

流动桌 flow table

又称流动性试验台、稠度试验台、跳桌。测定砂浆或混凝土流动性指标流动度的仪器。由带有凸轮的水平横轴与下部接有纵向顶杆的水平圆盘组成。在横轴转动一周的过程中，由凸轮借顶杆逐渐将圆盘连同盘上的截头圆锥形试样抬高到一定高度（例如混凝土流动桌为 12.7mm），随后突然下落，对试样产生一次跳动。经规定跳动次数后测出试样扩展直径值 D，按下式计算试样的流动度 $F(\%)$：

$$F = \frac{D - D_0}{D_0} \times 100$$

式中 D_0 为圆锥形试模底部内径,单位与 D 相同,混凝土试样为 254mm。　　　　　　　(徐家保)

流挂　sagging

又称流垂、流痕。涂布在垂直表面上的涂料在重力作用下,产生不均匀的条纹、流痕或涂膜厚薄不均的现象。是涂料在施工时发生的一种缺陷。其原因是溶剂挥发过慢,黏度过低,施工环境温度过低,环境中溶剂蒸气含量过高,一次涂刷过厚,喷涂时距离过近、喷涂角度不当,涂料中含有重质颜料及填料,在陈旧涂膜上施涂等。根据 Asbeck 经验公式可算出流挂涂料数量:

$$Q = \frac{\rho \cdot g \cdot \Delta^3}{\eta}$$

式中 Q 为流挂涂料的总量(g/s);ρ 为涂料的密度 g/cm^3;g 为重力加速度(m/s^2);η 为黏度(s);Δ 为涂料厚度(cm)。此公式近似地反映了流挂的难易程度。　　　　　　　　　　　(刘柏贤)

流化剂　fluidizing agent

又称超塑化剂(superplasticizer)。使混凝土拌合物流动性显著增大且坍落度在一定时间内损失很小的混凝土外加剂。其作用是抑制水泥的物理凝聚和化学凝聚。常用的有高效减水剂及其与缓凝剂等的复合物。颗粒状流化剂、反应性高分子材料流化剂在水泥浆中缓慢作用,不断吸附水泥颗粒,补充阴离子强度而使坍落度不随时间而显著损失。主要用于制作商品混凝土、大流动性混凝土或泵送混凝土。
　　　　　　　　　　　　　　　(陈嫣兮)

流浆法　flow-on process

使一定浓度的纤维水泥料浆通过布料系统流至运动着的无端毛布上,再经真空脱水使之形成薄料层,然后加压使薄料层黏结成为一定厚度的料坯,以供进一步加工成多种制品的一种制造某些纤维增强水泥制品的方法。20 世纪 70 年代中期挪威、芬兰两国开始用此法制造纤维素纤维增强水泥板,其后发展成为制造石棉水泥板与无石棉纤维增强水泥板,纤维在制品中基本上呈二维分布。
　　　　　　　　　　　　　　　(沈荣熹)

流控剂　flow control agent

控制和调节涂料流动性质的助剂。包括:能增进涂层形成初期和中期的流动性以消除可能发生的皮膜弊病的助流剂;防止因流动性过大而发生流坠现象的防流挂剂;通过表面张力作用利于消除涂料刷涂痕迹的流平剂等。　　　　(陈艾青)

流平剂　levelling agent

能增加涂料的流动性,消除涂料刷痕、改善涂膜的"橘皮"、辊痕和起泡等弊病使涂料形成光滑表面而添加的助剂。主要通过降低表面(或界面)张力,提高涂料对被涂物体的浸润性和涂料系统内的分散性达到流平的目的。常用的有聚乙烯醇缩丁醛和聚丙烯酸酯类等。　　　　　　　(陈艾青)

流平性　leveling property

又称展平性、匀饰性。涂料经刷涂或喷涂于物体表面所留下的刷痕,在一定时间内自动消失的特性。按从涂刷到刷纹消失痕迹,形成平滑涂膜表面所需的时间(min)来评定。刷痕或"橘皮"消失得越彻底,涂层表面越平整,时间越少则流平性越好。影响因素,主要有涂料的组成(包括挥发分和不挥发分),涂料的表面张力、黏度、触变性以及流动性、喷涂雾化性能、涂刷性能等,是反映涂料装饰效果的一个物理指标。　　　　　(刘柏贤　邓卫国)

流水传送带法　continuous convey-belt method

工艺流程为闭环式流水生产线的混凝土制品生产组织方法。工艺设备和操作人员固定在有关工位上,而模型和被加工的制品在传送带上则按同一流水节拍依次由一个工位移至下一个工位,并在每一流水节拍内完成各工位规定的清模、布筋、浇灌、成型、养护、脱模等工序。流水方式是强制性的,可为脉动式流水传送或连续式流水传送,以前者应用较广。用振动器或专门设备成型,采用立式养护窑、隧道式养护窑、折线式养护窑等连续式养护窑养护。成型工段与养护窑在同一个平面上的工艺布置称为平面流水,养护窑在成型工段上面或下面的工艺布置称为竖向流水。与流水机组法相比,其工艺布置紧凑、机械化自动化程度高、生产效率高、但设备较复杂、投资费用较大,当产品种类和工艺改变时,不易调整生产线。只适用于钢筋混凝土内墙板、外墙板、楼板、屋面板等批量较大的定型产品生产。
　　　　　　　　　　　　　　　(孙宝林)

流水机组法　consecutive machine method

又称机组流水法。由各工位上固定的机组(完成一个工序组的机械设备)依次完成相应工序的混凝土制品生产方法。生产线划分为若干工位,清模、布筋、浇灌、成型、养护、脱模等。机组及操作人员按工艺流程分别固定在相应的工位上,而模型和被加工的制品则由一个工位移至下一个工位,并在各工位上完成相应的操作。运输设备一般为桥式或梁式吊车。流水方式是非强制性的,可为空间流水或地面流水。流水节拍各不相同,为使全线生产保持平衡,应在某些工位设置中间贮存场地。采用振动加压、振动真空、离心、离心振动等方法成型,用养护坑进行养护。特点是机组设备不复杂,便于实现生产机械化和专门化,产品种类改变时能灵活调整生产线,适用于生产各种不同规格的混凝土制品。
　　　　　　　　　　　　　　　(孙宝林)

流水节拍 production beat

简称节拍。流水生产中模型由一个工位移向另一工位的时间间隔或生产线出产成品的时间间隔。流水传送生产组的基本参数,单位为min。采用流水传送带法组织生产时,工艺过程可按工艺流程分解为在不同工位上同时完成的基本过程。制品在生产过程中由一个工位移至另一个工位,每一工位均有固定的小组进行操作。整个流水线的节拍称为总节拍或平均节拍,它等于规定时间除以该时间内应出成品量所得之商。各基本过程完成其操作的持续时间均相等,称为工艺过程节拍。一般情况下,为遵守流水生产的组织原则,必须使完成每一基本过程的时间消耗等于全过程的平均节拍,即必须使各基本过程达到同步化。为了缩短流水传送线的节拍,可采用现代化的混凝土密实成型工艺,必要时可向各工位供以所需的物料和半成品。可用来计算流水线的工位数及各工位完成基本过程操作的频繁程度。　　　　　　　　　　　　　　(孙宝林)

流态混凝土 flowing concrete

又称超塑化混凝土(super-plastic concrete)。在坍落度为100~150mm的混凝土混合料中掺入一定量的流化剂使坍落度达到180~230mm的混凝土。配制与使用时须注意减少坍落度经时损失(即混合料的坍落度随拌和后经历的时间而减小)。适用于泵送、管道输送、钢筋密集或构件断面深窄等施工条件,可提高浇灌效率,加快施工进度。流化剂有与基体混凝土同时添加和在混凝土拌合后添加两种方法,对坍落度的增大值影响较大而对强度则无明显影响。其他物理力学性能,与其基体混凝土相比无明显变化。　　　　　　　　　　　　　　(徐家保)

流值 flow value

马歇尔稳定试验中,最大荷载时沥青混合料试件的变形量,以0.1mm为单位表示。变形量可由流值计直接读出;亦可由荷重-变形图中,图解求得。是采用马歇尔法设计沥青混合料组成的一个指标。　　　　　　　　　　　　　　(严家伋)

流阻 flow resistance

在稳定气流状态下,吸声材料内部压力梯度与气流在材料中线流速之比,单位为$Pa·sm^{-1}$。是反映多孔材料吸声性能的重要参数,此值接近空气的特征阻抗时,则材料具有较高的吸声系数,此值过大或过小,吸声系数都较小。　　　(陈延训)

琉璃 colour-glazed terra-cotta, liu li

表面有各种颜色低熔点玻璃质半透明物的陶瓷建筑材料。我国公元4世纪初制成琉璃瓦用于建筑,早期只有绿色,后增加黄、蓝、褐、翡翠、紫、大红、黑、白等色。主要分为琉璃砖和琉璃瓦两大类。琉璃瓦的种类较多,名称复杂;且多用旧时术语命名,难以分类。基本可分为:瓦件、屋脊部件和屋脊装饰件。共分二~九样八种规格。每样的吻、兽、脊、砖、瓦等构件相配成套。一般常用的为"五样"、"六样"和"七样"三种。采用可塑成型,石膏模印坯或注浆成型。目前我国生产的瓦、屋脊、花窗、栏杆等,多用以建造纪念性宫殿式房屋及园林中的亭、台、楼、阁等。　　　　　　　　　　　　　　(邢 宁)

琉璃板瓦 glazed plain tile

又称琉璃瓪瓦、琉璃底瓦。用于琉璃屋面的凹曲长方形片状防水构件。与琉璃筒瓦配套使用,是琉璃瓦屋面最基本也是用量最大的一种构件。施工中,凹面(釉面)朝上,顺屋面坡度自下而上以"三搭头"法坐灰泥叠置,形成一条条略有间隙的底瓦陇,而这间隙(蚰蜒当)就由筒瓦来封盖。其规格为二至九样,常用的是五至七样三种。

琉璃板瓦尺寸表　　单位:mm

	二样	三样	四样	五样	六样	七样	八样	九样	注
长	432	400	384	368	336	320	304	290	
宽	352	320	304	272	240	224	192	192	
高	88	80	76	68	60	56	48	48	

(李　武　左濬元)

琉璃筒瓦 glazed cylindrical tile

半圆长筒状琉璃瓦。外形同布筒瓦(37页),一端有"熊头",以与另一块瓦搭接。与琉璃板瓦配套使用,用作盖瓦覆盖于两列板瓦的缝隙之上,形成瓦陇。是琉璃屋面最基本、用量最大的一种构件。有黄、绿、黑、蓝等多种颜色,按定制使用。其规格为二至九样,常用的是五至七样。

琉璃筒瓦尺寸表　　单位:mm

	二样	三样	四样	五样	六样	七样	八样	九样
长	400	368	352	336	304	288	272	256
宽	208	192	176	160	144	128	112	96
高	104	96	87.5	80	71	63	55	48

(左濬元)

琉璃瓦 glazed tile

表面敷以琉璃釉的陶瓦。一般泛指用于建筑屋面的各种琉璃构件。包括板瓦、筒瓦、脊件以及吻、兽、小跑等饰件。以黄、绿为主,还有黑、蓝、白、翡翠绿、孔雀蓝等十余种颜色。规格分为二至九样八种。

琉璃的吸水率近于零，是很好的屋面防水材料，加之颜色鲜艳，流光溢彩，皇家宫殿、陵寝、寺庙等建筑多用之。亲王、世子、郡王的府邸只能用绿琉璃或绿剪边，一般贵族不能擅用琉璃瓦。布衣百姓，即使腰缠万贯，也不得使用，否则就有僭越之罪。离宫别馆和皇家园林建筑，常用黑、蓝、紫、翡翠等颜色，或是用几种颜色组成的"琉璃集锦"。

(李武 左滘元)

硫硅酸钙 calcium sulfo-silicate

硅酸二钙或硅酸三钙固溶硫酸钙生成的矿物。分子式为 $(2CaO \cdot SiO_2)_2 \cdot CaSO_4$ 或可能是 $(3CaO \cdot SiO_2)_3 \cdot CaSO_4$。前者在900℃生成，固溶1.1% SO_3 分子，在1 280℃分解为 $\alpha\text{-}CaSO_4$ 及 $\alpha'\text{-}2CaO \cdot SiO_2$。后者在1 310℃生成，最多固溶2.9% SO_3 分子。两者的强度下降与 SO_3 固溶量成正比。煅烧硅酸盐水泥熟料时，$CaSO_4$ 作矿化剂常产生这两种硫硅酸钙，降低熟料的烧成温度(约100℃)和黏度，对煅烧优质熟料起着良好作用。$(2CaO \cdot SiO_2)_2 \cdot CaSO_4$ 常存在于烧成温度低的硫铝酸盐水泥熟料中，亦见于回转窑的结圈料和结皮以及旋风预热器的结皮中。

(冯修吉)

硫化 vulcanization

又称交联、熟化。在橡胶中加入硫化剂和促进剂等交联助剂，在一定的温度、压力条件下，使线型大分子转变为三维网状结构的过程。由于最早是采用硫磺实现天然橡胶的交联的，故称硫化。但要实现理想的硫化过程，除选择最佳硫化条件外，配合剂的选择，特别是促进剂的选用具有决定意义。随着合成橡胶的品种的增加，硫化方法和硫化剂研究的深入，已发现有许多非硫化合物也有硫化效果。因此，现在这个名词是具有延伸意义的工业术语。经过硫化后的橡胶，改变了固有的强度低、弹性小、冷硬热粘、易老化等缺陷，耐磨性、抗溶胀性、耐热性等方面有明显改善，扩大了应用范围。 (刘柏贤)

硫化促进剂 vulcanization accelerator

配合到胶料中，少量使用能缩短硫化时间，降低硫化温度，减少硫化剂用量并能改善硫化胶物性的物质。有无机和有机两大类，目前有机促进剂已占居主要地位，无机促进剂已成为辅助的活性剂(如一直沿用至今的氧化锌、氧化镁等)。按照物质的化学结构，可分为：①二硫代氨基甲酸盐类；②秋兰姆类；③黄原酸盐类；④噻唑类；⑤次磺酰胺类；⑥硫脲类；⑦醛氨类；⑧胍类；⑨胺类；⑩其他特殊的及混合类等。其中消耗量最大的是④、⑤两类，两者的总用量占整个促进剂的70%~75%。 (刘柏贤)

硫化镉 cadmium sulfide

又称镉黄。分子式为 CdS 的硫化物。分子量 144.48，橘红色粉末，相对密度 4.50。制取黄色玻璃的重要着色剂。与镉红 CdSe 共用时随两者比例不同可得到由黄到红的系列彩色，为了减少硒的挥发，常加有适量的氧化锌 ZnO。镉化合物都有毒性，使用时应加注意。 (许超)

硫化橡胶 vulcanized rubber

又称熟橡胶，俗称橡皮。塑态胶料(生胶)加入硫化剂后制成的高弹性橡胶的总称。不同的橡胶，在硫化的过程中其物理机械性能的变化都不相同，但其大部分性能的变化基本一致。硫化的天然橡胶，可塑性明显下降，强度与硬度显著增大，伸长率、溶胀程度则相应减小。对于带有侧乙烯基结构的橡胶，如丁苯橡胶、丁腈橡胶等，也有类似变化，但变化在较长时间内比较平缓，不甚明显，起伏小。与未硫化的橡胶比较，降低了可溶性、透气性，提高了热稳定性、化学稳定性。现在应用的橡胶制品，绝大部分均是硫化橡胶。 (刘柏贤)

硫磺混凝土 sulphur concrete

以硫磺为胶结材，加入适量的增塑剂和粗细集料混合后，经加热并冷却固化制成的混凝土。硫磺性脆，常用双环戊二烯、双戊烷、苯乙烯等增塑剂增加其塑性。制作混凝土时，将混合料加热至140~170℃，使硫磺完全熔化以胶结集料，冷却后，硫磺固化而具有强度。数小时内达到最高值，抗压强度在20~70MPa之间。优点是：硬化快、强度高、耐酸性好、抗渗性大、绝缘性优良、抗折强度较高(折压比约为1∶6)、抗疲劳性能优良；缺点是：收缩与徐变较大、不耐火，温度变化对强度影响大，长期置于水中或高湿条件下其耐水性较差、抗冻性低。常用于滤池、电解槽、耐酸池及槽、桥面、耐酸地坪和墙裙等。

(蒲心诚)

硫磺胶泥 sulphide daub

以硫磺为胶结剂，耐酸橡胶为增韧剂，添加耐酸粉料，经加热熬制而成的防腐粘贴材料。常用的耐酸粉料有石英粉、辉绿岩粉、安山岩粉。要求所用硫磺的含硫量不小于94%，含水量不大于1%。抗拉强度不小于4MPa，急冷急热残余抗拉强度不小于2MPa，粘结强度在0.7MPa以上，浸酸后，抗拉强度降低率不大于20%，密度在 $2.2\sim2.3g/cm^3$ 之间，使用温度低于90℃。在防腐建筑工程中，采用热熔浇注法粘贴耐酸板材或块材。不宜作面层的嵌缝材料。 (刘尚乐)

硫磺浸渍混凝土 sulphur impregnated concrete

将熔融硫磺浸入混凝土内部的孔隙经冷却固化而制得的一种浸渍混凝土(记作 SIC)。一般进行局部(表层)浸渍，以提高混凝土的抗渗及耐腐蚀性能。

用于制造防腐蚀、抗渗的制品及修复桥面等损坏的混凝土。与聚合物浸渍混凝土相比,工艺简单,成本低,但对混凝土基体性能的改善程度较小。

(陈鹤云)

硫磺耐酸砂浆 acid-proof sulphuric mortar

又称硫磺耐酸胶砂。以硫磺作胶结材、聚硫橡胶为增韧剂制成的耐酸砂浆。参考配合比为硫磺:石英粉:聚硫橡胶=(58~59):40:(1~2),并配以适量石英砂。密实性好,抗压强度较高,耐硫酸、盐酸、磷酸、铵盐性能好,对硝酸可耐浓度小于40%,醋酸可耐浓度小于50%,铬酸可耐浓度小于30%,氢氟酸、氟硅酸可耐浓度小于40%。不耐强碱、丙酮、苯,但耐乙醇的侵蚀。加热调制成型后硬化快,但其胶结材硫磺冷却凝固时收缩较大,性脆,耐热性较差,不宜用于温度高于90℃及冷热交替频繁、温度急变的部位。主要用以灌注管道接口,制作硫磺混凝土。也可制作贮槽和地面的耐酸层。其耐磨性较水泥砂浆弱,故不宜用于面层嵌缝或受冲击的部位。

(徐家保)

硫沥青 sulfurized asphalt

用硫磺或含硫化合物进行硫化的石油沥青。黑色,固体或半固体状态。硫化使石油沥青发生部分聚合作用。其耐热性提高,但脆性增加。在技术指标上表现为软化点升高,针入度降低,延伸度减少。可将硫磺直接熔融后加入石油沥青制成,其他常用的硫化物还有一氯化硫、二氯化硫等。用于低黏度石油沥青提高其稠度。

(刘尚乐)

硫铝酸钡钙 calcium-barium sulphoaluminate

化学式 $3CaO \cdot 3Al_2O_3 \cdot BaSO_4$。是含钡硫铝酸盐水泥的主要矿物。立方晶系,晶胞参数 $a=0.9303nm$,折射率 $n=1.5759$,1390~1400℃分解。与水反应迅速生成水化铝酸钙、硫酸钡和氢氧化铝凝胶。有很好的水硬性,早期强度和后期强度都很高。硬化水泥石抗辐射能力强。

(龙世宗)

硫铝酸钙 calcium sulphoaluminate

化学式为 $3CaO \cdot 3Al_2O_3 \cdot CaSO_4$,简写成 $C_4A_3\bar{S}$,属等轴晶系,折光率1.568,相对密度2.61。在950~1300℃生成,1350℃分解,是水泥的快凝早强和体积膨胀的组分。

(冯修吉)

硫铝酸锶钙 calcium-strontium sulphoaluminate

化学式 $3CaO \cdot 3Al_2O_3 \cdot SrSO_4$。是含锶硫铝酸盐水泥的主要矿物。立方晶系,晶胞参数 $a=1.8495nm$。折射率 $n=1.5730$,1390~1400℃分解。与水反应迅速形成水化硫铝酸锶钙和氢氧化铝凝胶。有很好的水硬性,早期和后期强度都很高。硬化水泥石抗辐射能力强。

(龙世宗)

硫酸钾钙

俗称钙明矾。化学式 $2CaSO_4 \cdot K_2SO_4$。是一种复盐。存在于水泥熟料中,也存在于水泥窑外分解炉的结皮中。能溶于水。水泥中含量低时对性能无害。含量高时与单钾芒硝(69页)的影响同。

(龙世宗)

硫酸钾钠 aphthitalite, aphthalose

又称钾芒硝。化学式 $K_3Na(SO_4)_2$。是一种复盐。晶体为板状、柱状,解理完好。相对密度2.69。白色,溶于水。存在于含碱和 SO_3 高的水泥熟料和窑灰中。熟料中还有高温型的 K_2SO_4-Na_2SO_4 系列固溶体。水泥中含量低时对性能无害。

(龙世宗)

硫酸镁 magnesium sulfate

$MgSO_4$ 及其水合物的统称。为无色针晶或干粉状的镁盐。自然界以 $MgSO_4 \cdot 7H_2O$ 和 $MgSO_4 \cdot H_2O$ 的形式存在。$MgSO_4$,无色斜方晶系晶体,相对密度2.66,熔点1124℃,易潮解,溶于水,微溶于乙醇;$MgSO_4 \cdot H_2O$,又称硫镁矾、水镁矾,单斜晶系棱柱状晶体,相对密度2.445,水中溶解缓慢;$MgSO_4 \cdot 7H_2O$,又称苦盐、泻盐,无色单斜晶系或斜方晶系针晶,有苦咸味,相对密度1.68,在低于48℃的湿空气中稳定,在干燥空气中风化。150℃失水为 $MgSO_4 \cdot H_2O$,200℃失水为 $MgSO_4$。易溶于水、乙醇。可由碳酸镁、氧化镁或氢氧化镁与硫酸作用而得,也可从盐卤制造食盐的副产品中得到。三者均可用作酿酒调料、发酵营养源、水硬度调节剂。$MgSO_4 \cdot 7H_2O$ 多用于制革、炸药、肥料、纸张、印染、陶瓷的生产中,也可用作镁质胶凝材料的调和剂以改善硬化物的耐水性。

(孙南平)

硫酸亚铁 ferrous sulfate

$FeSO_4$ 及其水合物的统称。$FeSO_4$,白色粉末,相对密度3.40,加热分解,与水作用生成七水合物;$FeSO_4 \cdot H_2O$ 又名水铁矾,白色单斜晶系晶体,相对密度2.97,溶于水,加热至156℃以上分解;$FeSO_4 \cdot 5H_2O$ 又名纤铁矾,白色三斜晶系晶体,相对密度2.20,溶于水,不溶于乙醇,加热至300℃脱去结晶水;$FeSO_4 \cdot 7H_2O$ 俗称绿矾,蓝绿色单斜晶系晶体,风化为块晶或粉晶。相对密度1.90,熔点64℃。溶于水和甘油,不溶于乙醇。硫酸亚铁可用作镁质胶凝材料的调合剂。此外可广泛用于铁盐、媒染剂、净化剂、保鲜剂、颜料等的生产。

(孙南平)

硫酸盐激发剂 sulphate activator

见湿碾矿渣混凝土(443页)。

硫酸盐侵蚀 sulphate attack

介质中的 SO_4^{2-} 与水泥石起化学反应而使结构破坏的过程。其原因在于 SO_4^{2-} 与水泥水化产物中的氢氧化钙、水化铝酸钙等反应生成石膏和（或）水化硫铝酸钙，使固相体积增加很多，产生结晶应力。阳离子的种类对侵蚀性的大小也有影响。硫酸镁和硫酸铵，除了对水泥石能产生硫酸盐侵蚀外，还能产生独有的镁盐侵蚀和铵盐侵蚀，因而具有比一般硫酸盐更强烈的侵蚀作用。

（陆 平 王善拔）

柳杉 Cryptomeria fortuicei Hooibrenk ex Otto et Dietr

中国速生优良用材针叶树种之一。产于浙江、福建、湖南、湖北、四川、贵州、云南、广东、广西、安徽、山东、河南等省。边材黄白色或浅黄褐色，心材浅鲜红褐色带微紫色，久则变暗，木材有光泽，有香气，纹理直，结构中等，不均匀。锯、刨等加工容易，纵断面光滑，早、晚材硬度悬殊，横切面不易刨光，耐腐、抗白蚁性强。气干材密度 $0.320\sim0.416g/cm^3$；干缩系数：径向 $0.111\%\sim0.180\%$，弦向 $0.250\%\sim0.308\%$；顺纹抗压强度 $31.6\sim40.7MPa$，静曲强度 $44.0\sim73.5MPa$，抗弯弹性模量 $8.92\sim10.0GPa$，顺纹抗拉强度 $63.1\sim84.5MPa$，冲击韧性 $1.80\sim3.06J/cm^2$；硬度：端面 $21.0\sim29.8MPa$，径面 $11.7\sim18.1MPa$，弦面 $13.4\sim20.2MPa$。木材可供房屋、桥梁等建筑用，又可做家具及室内装修用。

（申宗圻）

六合石子 Liuhe pebble

又称雨花石。是江苏省六合县、南京市雨花台产出的玛瑙质观赏石。采自沙土之中或水边等处。带五色花纹，石形浑圆，石质温润莹澈，纹彩斑斓，有蜡状光泽。可用来点缀案头、水盂，如置于涧壑和流水之处，自然清白，备受人爱。

（谯京旭）

六铝酸一钡 barium hexa-aluminate

化学式 $BaAl_{12}O_{19}$ 或 $BaO\cdot6Al_2O_3$。立方晶系。折射率 $n_g=1.694$，$n_p=1.702$。相对密度 3.69。熔点 2 446℃。有很好的耐火性能，常见于以铝酸一钡为主的耐火水泥中。

（龙世宗）

六铝酸一钙 monocalcium hexa-aluminate

化学式为 $CaO\cdot6Al_2O_3$，简写成 CA_6。1937 年被误认为 $3CaO\cdot16Al_2O_3$，1946 年公认为 $CaO\cdot6Al_2O_3$。六方晶系，呈片状，相对密度 $3.54\sim3.90$，约于 1 848℃ 不一致熔融，能固溶少量 SiO_2、TiO_2 或 Fe_2O_3，常在耐火低钙铝酸盐水泥熟料中生成，无水硬性。

（冯修吉）

long

龙骨 keel

支撑、承载轻板的骨架构件。在轻质内隔墙体和吊顶棚结构中，多用镀锌钢材、铝合金薄壁型材经冷加工轧制而成；也有用非金属材料如木材、石膏板条等制成的。按承载能力分有上人龙骨和不上人龙骨两类；按外形分有 U 型和 T 型两类；按用途分有大、中、小龙骨及边龙骨四类。根据其受力大小、承载方式，选用不同的材料品种、断面形式和规格尺寸。

（萧 愉）

龙潭石 Longtan stone

南京市龙潭所产的假山石。常见品种有：①色青、质轻、透空而有纹理，与太湖石相似的，用于装叠假山；②色微青、质坚，但稍觉顽笨的，宜用于假山起脚或盖顶；③色纹古拙，无洞窍的，可堆垒假山，但只宜单用；④色青有纹，石面起伏多姿的，以皱如核桃壳者最佳，为堆假山之佳品。

（谯京旭）

笼罩漆

又称宁波金漆。浙江、福建省等沿海地区生产的广漆。有时亦指一般广漆。配比一般为净生漆 $30\%\sim40\%$，紫坯油 $70\%\sim60\%$。色泽透明淡黄，有光彩，稠度适中，用其调配的色漆色彩较鲜艳，但漆层比一般广漆需要更长的干燥时间。建筑中主要用作糅漆房屋装修、门窗、地板、木器家具等。紫坯油是将过滤生漆时所得的漆渣放入净桐油中长期浸泡后再与桐油一起熬炼、去渣而成的坯油，色紫，故名。

（马祖铭）

隆凸面 scabbed dressing

由凿切加工而得，具有均匀分布凸出块与凹陷坑的石质板材表达面。隆凸块与凹陷坑间的距离为 $20\sim70mm$，起伏高度 $3\sim15mm$，使表达面出现明显的阴暗面，增加了观赏价值，给人以粗犷自然的美感。通常在砂岩或致密的石灰岩板材上加工这种表达面。用于建筑物外装饰，如外墙、立柱等部位。

（曾瑞林）

lou

楼板空心砖 floor hollow tile

制作楼板的空心砖。孔洞率一般在 50% 以上，强度一般为 $5\sim10MPa$。根据 建筑结构设计，有多种构造型式，有承重和非承重之别，有的支撑在钢筋混凝土小梁上，有的在空心砖上部两边空槽内配置预应力冷拔低碳钢丝制成单条空心砖楼板，具有楼板的功能，楼面荷载由砖传到小梁上；有的在整体钢筋混凝土密肋楼板中作为填充材料，改善隔声效果，可减少混凝土用量，节约水泥和模板，施工简易，为农村建筑提供了方便。
（何世全）

lu

炉口砖
俗称炉口。用方砖砍磨加工成如图一边微有凹状的砖件。是北方古建黑活砌筑墀头（俗称"腿子"）时上部"梢子"及墙体冰盘檐子六盘头（即六层檐）所用砖件之一。宽度同墀头，位于半混砖与枭砖之间，此件以干摆（磨砖对缝）做法居多。属檐料子类。琉璃建筑该部位用琉璃炉口砖。
（朴学林）

栌 echinus
枓（94 页）之别称。《说文》柱上枅也。栭是花蕚或子房，像柱上枓之形。（张良皋）

卤化银变色玻璃 silver halides sensitized photochromic glass
以卤化银为光敏剂的光致变色玻璃。碱铝硼硅酸盐、硼酸盐和磷酸盐为基础玻璃，加入光敏剂及适量的铜离子等增感剂，经熔融、成型和热处理制成。热处理使玻璃中的 AgX 形成 8~15nm 的晶粒，激励光辐照分解成银原子（Ag°）和卤素（X°），在可见光谱区产生吸收，使透光率下降而变暗；当激励光停照后又结合成 AgX 而复明，即：

$$AgX \xrightarrow[h\nu_2 (复明)]{h\nu_1 (变暗)} Ag° + X°$$

过程可逆无疲劳现象。具有图像贮存、信息显示等性质，广泛用于制作变色眼镜片，特殊要求的高级车辆、船舶和高级建筑物的窗玻璃以及图像贮存、信息显示等方面。（刘继翔）

卤系阻燃剂 halogenous flame-retardant
泛指含卤素化合物的一类阻燃剂。受热或燃烧时分解生成不燃性卤化氢气体而阻燃，但有毒性和腐蚀性，释烟也较多。在卤系阻燃剂中，碘化物不稳定，在一般加工温度下即分解，而氟化物的结合能高，又难以分解生成氟化氢，故实际使用的是含氯和含溴的阻燃剂，如氯化铵、氯化石蜡、十二氯代环癸烷、氯化萘、四溴乙烷、四溴双酚 A、十溴二苯醚、四溴邻苯二甲酸酐、氯茵酸酐、六溴环癸烷以及含卤磷酸酯等。含溴的阻燃剂比含氯的阻燃剂阻燃效果好，毒性低。与锑系阻燃剂配合有协同阻燃效应。适用于各种高聚物、合成纤维的阻燃及配制防火涂料和防火浸渍剂。
（徐应麟）

鲁班尺 Luban scale
①木工用尺之通称。
②特指门广尺（门光尺）。刻度有神秘色彩，木工用以量取门的尺度，趋吉避凶。长度相当于曲尺 1 尺 4 寸 4 分，1 尺分为 8 寸，所以 1 寸相当于曲尺 1 寸 8 分。鲁班尺 1 尺 = 1.44 营造尺 = 1.44 × 32cm = 46.08cm。鲁班尺 1 寸 = 1.8 营造寸 = 1.8 × 3.2cm = 5.76cm。
（张良皋）

路灯 road lamp
道路照明的专用灯具。常以白炽灯、水银灯、荧光灯和碘钨灯等为光源。灯体有大、小型两种，多用钢管、铝合金管、塑料管与混凝土电杆等制成。分单头及多头、带罩和敞开等多种，造型各异，光线分布宽而均。具有防水、防锈、防爆及安装维修方便等特点。适合于大街小巷和广场桥梁照明。
（王建明）

路面沥青混合料
见道路混凝土（72 页）。

路缘石 curb, kerb
又称路道牙，俗称侧石。路面边缘处与其他结构物分界的标石。如人行道边的缘石，中央分隔带、交通岛，安全岛等四边的缘石，路面边缘与路肩分界的边缘石等。按作用和形态分反光缘石、平埋缘石、斜式缘石、波形缘石、整体路缘等。一般用石条或混凝土预制块制作。
（宋金山）

露底 naked substrate
涂膜干燥之后，仍能凭肉眼见到基底的固有色的现象。除了清漆以外，一般涂膜厚度是 25μm 左右为观察标准。其成因是：①涂料中使用了透明性颜料或颜料比例少（尤其是白色颜料），导致遮盖力低；②涂料分层沉淀，未作充分搅拌；③涂料未经充分研磨，颜料分散不良；④涂布不均匀或过薄；⑤基底颜色过深与涂料色差太大等。在建筑涂料（墙面涂料）中，尤其低档涂料加入体质颜料过多，白色颜料过少，往往造成墙面发花，整体效果差的弊病。
（刘柏贤）

露点 dew point
保持湿空气（或其他气体）的湿含量不变，使其冷却至水蒸气达到饱和状态而结露时的温度。当湿空气（或气体）的总压固定不变时，露点的饱和蒸汽压仅与该空气（或气体）的湿含量有关，即露点高低决定于湿含量高低，湿含量高者，露点较高。通常，窑炉及干燥设备的排气温度至少高出露点 10~20℃，以防在排气系统结露腐蚀设备。
（曹文聪）

露点温度 dew-point temperature

湿空气在水蒸气分压保持不变的情况下，冷却到饱和时的温度。湿空气冷却时，由于温度降低，饱和水蒸气分压也相应降低，使空气的相对湿度 φ 增大，至 φ 达到100%时，即出现结露。在绝热材料的干燥过程及使用过程中，均应防止结露。露点温度可用多种仪表测量。　　　　（林方辉）

露黑 blue enamel

搪瓷面釉层过薄或被擦损而隐显底釉层黑影的缺陷。瓷釉浆的表观密度和稠度太小，或涂搪的厚度达不到要求，经烧成后造成露黑；乳浊性能不强的面釉，常常在制品的边角凸出部位上被烧成黑影。消除露黑的措施：改进瓷釉的成分、熔制制度、磨加物的种类、研磨细度及烧成制度等，提高乳浊度（瓷层表面对可见光的漫反射能力）及在生产过程中避免碰坏瓷层。　　　　　　（李世普）

露集料混凝土 exposed aggregate concrete

又称露石混凝土。用表面处理方法使其表面集料显露的装饰混凝土。按粗集料显露程度不同，分为三等：①浅露（light exposure），只把表面水泥和砂子去掉，仅显露接近表面的粗集料的小部分；②中露（medium exposure）所显露粗集料面积与胶结料面积大致相等；③深露（deep exposure），去掉表面层全部水泥和细集料，使粗集料成为表面主要特征。多用于建筑物的表面装饰。做法常有两种：①在混凝土表面全硬化前用水冲刷去表层的砂浆；②混合料硬化后对表面进行酸蚀、喷砂或抛丸处理。其石子露出的深浅不同，给人以不同的质感，用不同颜色的胶结材或集料可呈现出不同色彩，产生不同的装饰效果。　　　　　　　（徐家保）

露集料饰面 exposed aggregate finish

见装饰砂浆（631页）。

露天爆破 surface blasting

又称地面爆破。在地面进行的各种爆破作业。根据开采矿物和开挖工程等需要，可采用浅眼爆破、深孔爆破、硐室爆破、药壶爆破及裸露爆破等。浅眼爆破是将炸药装在直径小于50mm、深度小于3～5m的炮眼内进行爆破。此法操作简单、灵活方便，破碎块度小，适用于小规模爆破作业。深孔爆破是将炸药装在直径大于50mm、深度大于3～5m的炮孔内进行爆破。该法适用于大型穿孔设备和机械化装药，效率高、成本低，一次爆破量可达数十万吨。硐室爆破是将炸药装在药室（硐室）或装药巷道内进行爆破。硐室爆破规模大，一次爆破总炸药量可达千吨至数万吨。主要用于露天矿基建剥离、定向筑坝和平整场地等。露天爆破产生的震动、飞石和冲击波对周围环境影响极大，在设计和施工中应加以控制。　　　（刘清荣）

lü

吕白钙沸石 reyerite

格陵兰产的一种结构式为 $(Na,K)_2Ca_{14}(Si_8O_{20})(Si_{14}Al_2O_{33})(OH)\cdot 6H_2O$ 的水化硅酸钙天然矿物。化学式为 $6CaO\cdot 10SiO_2\cdot 3H_2O$，常含少量碱和铝。六方板状晶体。其6个水分子是不对称的，像沸石水一样很容易失去或得到。与特鲁白钙沸石相似，但X射线图谱略有差别。　　　　（王善拔）

铝 aluminium

元素周期表中第Ⅲ族主族元素，原子序数13，相对密度2.6986，银白色的有色轻金属。符号Al，具有良好的塑韧性，易进行铸造和机械加工。除镁、铍外，它比其他工程金属都轻，有良好的导电性和导热性，其导电性虽为铜的60%，但由于铝的密度小，单位质量导电率要比铜高。具有良好的抗大气腐蚀能力，但不耐酸和碱的腐蚀。它占地壳重量的8%，是自然界中最多的金属。1825年用还原氧化铝的方法首先在实验室中获得，1886年由马丁·霍耳公布了用电解法在融盐中把氧化铝矿还原为铝的专利，使制取铝成本大幅度降低，得以广泛使用。　　　　　（许伯藩）

铝板材 aluminium sheets

铝坯料经平辊轧制成厚度为0.3～80mm的各种板材。材质为高纯铝LG4～LG1和纯铝L1～L6；按生产方法分为热轧板（厚度5～150mm）和冷轧板（厚度0.3～10.0mm），前者的尺寸精度、表面质量和强度通常低于后者。按尺寸可分为薄板（厚度0.3～4.0mm），厚板（厚度大于4.0mm）、大规格板（宽度大于1 500mm或长度大于4 000mm）和变断面板（厚度沿板材长度方向均匀变化）等四类。其性能特点：退火状态下L1～L6的 $\sigma_b\leqslant 110MPa$，$\delta_{10}>20\%$；热轧状态下L1～L6的 $\sigma_b>65MPa$，$\delta_{10}>10\%$。用于制作各种面板、装饰件、标牌、单面花纹板和波纹板等。　　（陈大凯）

铝箔绝热板 aluminium foil covered insulation board

由若干层铝箔组成夹有薄空气层的反射热绝缘材料。利用铝箔较小的辐射黑度系数 ε（设计时可取为0.2），增大以辐射换热为主的封闭空气间层的热阻以达到绝热目的。应采用含铝量不低于99.6%的软质退火铝箔，表面平整、光滑、无皱褶和无蒙尘污染。用铝箔或铝箔与依托材料构成的复合材料组成若干个薄的封闭空气间层。铝箔空气间层厚度和层数可按要求设计。具有绝热、隔汽、吸

铝电焊丝 welding wires for aluminium

焊接时直接作为填充焊缝金属或同时作为电极的纯铝专用线材。其牌号有SAl-2、SAl-3、SAl-4。纯铝焊丝中，铁与硅之比应大于1。例如SAl-2中，Fe≤0.25，Si≤0.2，Al为99.6%，杂质总量小于0.4%，以防止形成热裂纹。对具有一定耐腐蚀性能要求的纯铝接头应选用纯度比基体金属高一级的纯铝焊丝。 （陈大凯）

铝电焊条 coated electrodes for aluminium material

用纯铝坯料拉制的线材作焊芯，表面涂有盐基药皮的电焊条。用符号T××-×表示。T后面的××表示熔敷金属化学组成，最后一个×表示药皮类型。例如TAl-1表示含Al大于99%的纯铝焊条，其药皮类型为含氧化钛大于35%的酸性药皮。用于焊接纯铝板及铝容器等。 （陈大凯）

铝粉 aluminium powder

用纯铝作原料，经球磨或喷雾的方法产生粒度为80~2 200μm的粉末。具有很高的比表面积及高的活性。有供炼钢和化工用的工业铝粉，供防腐涂层、化工催化和日用装饰等用的涂料铝粉，供火药、炸药、农药用的易燃细粉和加在混凝土中作发气剂的发气铝粉等。用作涂料颜料时俗称银粉。质轻、遮盖力强、稳定性好及具有反射光和耐热等性能。在涂料中，能飘浮在涂膜表面形成均匀膜层，阻隔了水汽及锈蚀性气体的渗入。同时有高度的反射紫外线能力、能阻止日光对涂膜的破坏，起到屏蔽及反射效果。常作防锈漆及银色漆的填料和颜料。 （陈大凯 陈艾青）

铝粉发气剂 aluminium powder gas-forming agent

由铝粒或铝箔磨细而成的银灰色粉末状发气剂。与加气混凝土中碱性物质反应能产生氢气，从而使混凝土料浆体积膨胀，形成均匀多孔结构。其质量与活性铝含量、细度有关，活性铝含量高者，发气量大。中国标准规定活性铝含量不小于85%。生产用的铝粉，还要求有合适的发气速度、开始发气和结束发气的时间。盖水面积（单位质量的铝粉在水面上单层排列时所占有的面积）和发气曲线（表示发气反应时间与发气量的关系）均是评定其质量的指标，前者要求4 000~5 000cm^2/g。 （水翠娟）

铝粉盖水面积 covering area of aluminium powder

见铝粉发气剂。

铝粉膏 aluminium paste

铝经过湿法磨制而成的膏状物。是加气混凝土生产中的一种发气剂。有以水为介质湿法磨制的水剂型和以油（如煤油等）为介质湿法磨制的油剂型两种。具有发气稳定、不需脱脂、使用安全、卫生等优点。其技术要求项目有固体分含量、固体分中活性铝含量、细度、发气率及水分散时间等。 （水翠娟）

铝粉脱脂 degreasing of aluminium powder

去除铝粉表面覆盖的硬脂酸的工艺。在磨细制备铝粉的过程中，为防止氧化和爆炸，常掺入硬脂酸，以包裹铝粉表面，从而影响铝粉与加气混凝土料浆的化学反应，应用前需先脱脂。有烘烤法和采用脱脂剂等两种方法。烘烤法易引起爆炸，不甚安全，较少采用。 （水翠娟）

铝粉脱脂剂 degreaser for aluminium powder

去除铝粉表面硬脂酸的物质。常用的有洗涤剂、松香皂泡沫剂、平平加（聚氧乙烯脂肪醇醚）、拉开粉（烷基萘磺酸钠）和皂荚粉等表面活性剂。它与铝粉在水中共混，由于降低水的表面张力并发生润湿、乳化、分散和起泡等物理化学作用，达到脱脂的目的。 （水翠娟）

铝合金 Aluminium alloy

以铝为基础，在冶炼时加入Mg、Si、Mn、Cu等合金元素形成的合金。可以单独加入一种元素，也可复合加入多种元素，以提高强度。可分为铸造铝合金及变形铝合金两大类。铸造铝合金包括Al-Si系、Al-Cu系、Al-Mn系和Al-Zn系。代号为ZL102，Al-Si-Mg（ZL101）、Al-Si-Cu（ZL107）、Al-Si-Mg-Mn（ZL104）、Al-Si-Mg-Cu（ZL110、ZL105）、Al-Si-Cu-Mg-Mn（ZL103、ZL108）、Al-Si-Mg-Cu-Ni（ZL109）。形变铝合金又分为防锈铝：型号有LF21、LF5、LF11；硬铝：型号有LY1、LY3、LY11、LY13；超硬铝：型号有LC4、LC6；锻铝：型号有LD5、LD10、LD7。形变铝合金一般含合金元素较少，易形成单相固溶体，适于形变；而铸造铝合金一般具有共晶组织，适合于铸造。 （陈大凯）

铝合金板材 aluminium alloy sheets

铝合金坯料经平辊轧制成厚度为0.3~80mm不同规格的板材。按材质主要有防锈铝LF2、LF3、LF5、LF6、LF11、LF21，锻铝LD2、LD10，硬铝LY6、LY11、LY12、LY16和超硬铝LC4、LC9。按生产方法分为热轧板（厚度为5~150mm）和冷轧板（厚度为0.3~10.0mm），前者的尺寸精度、表面质量和强度通常低于后者。由于硬铝、超硬铝及锻铝耐蚀性较低，冷轧板表面要包覆铝。按尺寸可分为薄板（厚度为 0.3～4.0mm）、厚板（厚度大于 4.0mm）、大规格板（宽度大于 1 500mm或长度大于 4 000mm）和变断面板（厚度沿板材长度方向均匀变化）等板材。其材质性能特点：退火状态下 $\sigma_b \geqslant 170\text{MPa}$，$\delta_{10} > 15\%$；热轧状态下 $\sigma_b > 160\text{MPa}$，$\delta_{10} > 6\%$；淬火及人工时效状态下 $\sigma_b > 300\text{MPa}$，$\delta_{10} > 8\%$。主要用于制作各种面板、建筑、车辆、飞机等工业上的防滑、装饰单面花纹板、波纹板等。 （陈大凯）

铝合金板网 expanded aluminium alloy lath

将铝合金薄板在专门设备上经加工制成的格子状的网板。材质有纯铝、防锈铝和硬铝等。按加工工艺分，有拉制（板材开槽后拉成网状）和冲制（将金属冲胀成网格）。按孔形有菱形、人字形和三角形。网板的刚度超过原金属板材，有的表面经过电化处理，提高其表面防护能力及美观性。用于制作各种防护罩、通风散热罩、过滤网、飞机场导流栅；在建筑上，用于增强混凝土或石膏墙结构的强度，也可用于制造栅网、板网门以及要求刚度与轻质相结合的制品，如托盘之类。 （陈大凯）

铝合金波纹板 aluminium alloy corrugated sheets

又称铝合金瓦楞板。用铝合金薄板压制成 W 型或 V 型规律变化的轻型屋面、墙面材料。材质有 L1～L6 和防锈铝 LF21，在冷作硬化状态下使用，其尺寸规格见图。具有质轻、强度较高、耐蚀、美观大方、反射阳光能力强和安装方便等特点。适用于屋面、墙面。用该板作屋面时，由于板面银白色光泽，夏季可反射阳光，室温可比其他瓦楞板低 3～5℃，冬季由于板密封性好，能增高室温。

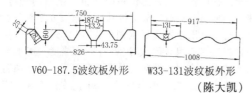

V60-187.5波纹板外形　　W33-131波纹板外形

（陈大凯）

铝合金箔 aluminium alloy foils

用 0.35～0.80mm 厚的合金板经冷轧成厚度在 200μm 以下，宽度为 5～1 000mm 的薄片材。按成分可分为纯铝箔和铝合金箔。按用途有一般工业用箔材，包括 L1～L6、LF2、LF21、LY11、LY12、LT3。用于食品包装的纯铝箔，其中有毒元素 Pb、Cd、As 不得大于 0.01%。制造电解容器用的铝箔有高纯铝 LG1～LG5 和特殊铝 LT75，厚度为 30～200μm 共 12 种规格。制造电力和一般有机介质电容器有厚度为 6～16μm 的共 8 种规格。铝箔呈银白色，具有对热和光反射能力高，易于压花、染色和印花，且有良好的防潮性以及保香、保臭、防虫、无毒和耐菌等性能。建筑中主要用作保温隔热、隔蒸汽材料、防水材料的膜层，也可用作装饰材料。 （陈大凯）

铝合金槽形型材 aluminium alloy channel

铝合金坯料通过"凵"型模孔，经挤压成薄壁型材。其材质有防锈铝、硬铝、超硬铝和锻铝。其腿宽为 13～128mm、高度为 13～60mm、壁厚为 1.3～9mm。常用以制作门窗、货柜、家具等。 （陈大凯）

铝合金等边等壁工字型材 I-shaped aluminium alloy with equal side and wall

铝合金坯料通过"工"型模孔、经挤压而成等边等壁的薄壁型材。其材质有防锈铝、硬铝、超硬铝和锻铝。其截面特点是，上下腿宽相等，为38～60mm，均匀壁厚为 1.2～6mm、高度为 23～86mm。在建筑上用作墙体、屋面等材料。

（陈大凯）

铝合金等边等壁 Z 字型材 Z shaped aluminium alloy with equal side and wall

铝合金坯料通过"Z"型模孔，经挤压成等边等壁的薄壁型材。其材质有防锈铝、硬铝、超硬铝和锻铝。Z 字型两端边宽相等为 14～40mm，高度为 12.7～100mm，壁厚为 1.2～4mm。用以制作门窗，货柜、配电柜、家具等构件。 （陈大凯）

铝合金电焊丝 welding wires for aluminium alloy

焊接时直接作为填充焊缝金属或同时作为电极的铝合金专用线材。按成分可分为铝镁、铝铜、铝锰、铝硅合金焊丝。用 S 表示焊丝，数字表示序号，随着序号的增加，杂质含量增加。常用牌号为 SAl-2、SAl-3、SAl-4、SAlMg2、SAlMg3、SAlMg4、SAlMg5、SAlMg5Ti、SAlCu6、SAlMn1、SAlSi5。按使用特性可分为同质焊丝和异质焊丝。采用氩弧焊、气焊、碳弧焊方法焊接铝合金时，需用同质焊丝。对具有一定耐蚀性要求的纯铝接头，应选纯度比基体金属高一级的纯铝丝；铝镁合金焊接时，应选比基体高 1%～2% Mg 的铝镁合金焊丝以弥补 Mg 的烧损；采用 SAlSi5，焊件具有优良的抗裂性能和较高接头强度，但不能用来焊接铝镁合金，以免形成 Mg_2Si 脆性相。为提高接头强度，需用同质焊丝，为提高焊件的抗裂性常采用异质焊丝。

（陈大凯）

铝合金电焊条 coated electrodes for aluminium alloy

用铝合金坯料拉制的线材作焊芯，表面涂有盐基型药皮组成的电焊条。材质有铝硅、铝锰、铝镁等合金。用符号 T 表示焊条，后列化学符号表示主加元素，序号表示药皮类型。盐基型药皮序号为9，由碱金属和碱土金属的氯盐及氟盐组成。常用牌号铝电焊条 TAl-9，含 Al 99%，用于焊接纯铝板及容器；铝硅电焊条 TAlSi-9 含硅 5%，用于焊接纯铝板、铝硅铸件及一般铝合金，但不宜焊接铝镁合金；铝锰电焊条 TAlMn-9 含 Mn1%～1.5%，焊接铝锰合金、纯铝及其他铝合金；铝镁电焊条 TAlMg-9 含 Mg5%，用于铝合金的焊接、焊补或堆焊工作。

(陈大凯)

铝合金固溶体 aluminum alloy solid solution

以铝原子为主的晶体点阵中有限地溶入部分其他合金元素（Zn、Mg、Cu、Mn、Si 等）组成的面心立方 α-固溶体。溶入元素不影响铝的原有晶体结构。由于置换原子尺寸不同，致使晶格发生畸变，硬度、强度略有提高，即所谓固溶强化。单纯的固溶强化效果虽不明显，但能保持纯铝的主要特性（高的塑性、导电、导热性，扩大气腐蚀性），还可通过冷变形加工硬化、热处理时效、过剩相强化以提高其强度。

(高庆全)

铝合金管材 aluminium alloy tubes

铝合金坯料经压力加工成一定规格的管材。早期用轧制法生产，现在主要用挤压法。材质为纯铝、防锈铝、硬铝、锻铝和超硬铝。按生产方法可分为拉制管和热挤压管。按形状分为拉制圆管（公称外径 6～120mm，壁厚 0.5～5.0mm）、正方形管（公称边长 10～70mm，壁厚 1.0～5.0mm）、矩形管（公称边长 14mm×10mm～70mm×50mm，壁厚 1.0～5.0mm）、滴形管（长轴 27～114.5mm，短轴 11.5～48.5mm，壁厚 3～50mm）。广泛用于飞机、导弹、火箭、雷达及一般工业用耐蚀管道，航空和交通运输工业中要求刚度大、重量轻的结构件。热挤压管其机械性能对 L2、L3、L4、L6 的 $\delta_b>120$MPa、$\delta>20\%$；铝合金管 $\delta_b>170\sim520$MPa、$\delta>15\%$；冷拉管 L2、L3、L4、L6 的 $\sigma_b=70\sim110$MPa，$\sigma>4\%\sim5\%$，特种铝合金 $\sigma_b>140\sim250$MPa，$\delta>8\%$，还可进行淬火及时效进一步强化。

(陈大凯)

铝合金花纹板 aluminium alloy tread sheet

退火的铝合金坯料经有图案刻痕的工作轧辊轧成单面花纹的板。板厚为 1.0～7.0mm、宽为 1 000～1 600mm、长为 2 000～10 000mm。材质有硬铝和防锈铝两种，花纹图案有方格形、扁豆形、五条形、三条形、针形、菱形等。具有质轻，刚度高（为相应板材的 2～4 倍），防滑，图案美观等特点。用于建筑、车辆、船舶、飞机等的防滑走道和建筑装饰。

(陈大凯)

铝合金化合物 aluminum alloy compound

铝与其他金属（Zn、Mg、Cu、Mn、Si 等）原子间按一定原子比形成的化合物。分为正常价化合物和电子化合物两类。在铝合金中不能单独存在，只有通过加热时使化合物溶于固溶体中，快冷后获得过饱和固溶体，再经时效处理使它析出，弥散地分布在 α-固溶体上，强度可显著提高。如含铜 4% 的铝合金，固溶处理后强度为 $\sigma_b=250$MPa，若经自然时效 4～5d 后从固溶体中析出 $CuAl_2$，其 σ_b 可达 400MPa。

(高庆全)

铝合金卷闸门 aluminium alloy shutter

用铝合金型材作帘面和卷筒框架，与弹簧盒、导轨等组装而成的门。按性能有普通型、防火型和抗风型。按传动方式有电动、遥控电动、手动、电动加手动四种。由于采用卷轴结构，可安装于建筑物的空间位置，具有体积小、结构紧凑、不占使用面积、造型美观、操作简便、坚固耐用，以及防风、防尘、防火、防盗等特点。适用于商店橱窗、宾馆、银行、医院、车库、仓库码头等建筑。

(陈大凯)

铝合金龙骨 aluminium alloy joists

以铝合金型材作支承结构件，与配件组装成的金属骨架。配件有吊挂件、支托、连接件。按承载能力有载人龙骨和不载人龙骨。按外形有冂型、T型和L型。按用途分为隔墙和吊顶龙骨。前者多用于室内隔断墙，后者作室内吸声吊顶骨架。具有自重轻、刚度大、防火、抗震性能好、安装方便、装饰美观等优点。

(陈大凯)

铝合金楼梯栏杆 aluminium alloy stair railings

铝合金型材经加工组装后，安装于梯段外侧作安全防护的构件。常用的由防锈铝和硬铝的管材、棒材、型材及板材制成。按其构造方法分为空花栏杆、栏板（用铝板或板网制成）、组合式栏杆（空花栏板与栏板组合而成）。具有一定强度，能承受人流的水平推力，构造简单，造型美观，且耐蚀防火、防潮、施工方便等特点。用于高层建筑、宾馆、礼堂、学校和民用建筑。

(陈大凯)

铝合金铆钉线材 aluminium alloy wires for rivet

铝合金坯料经拉制成直径 1.60～10.00mm 供制作铆钉用的线状型材。铆钉主要承受剪切、挤压作用力，须具有较高的剪切抗力和良好的塑性。有加工型防锈铝合金 LF2、LF6、LF10、LF11、LF21，在冷拉硬状态下使用，其抗剪强度不小于 68.6MPa；热处理强化型硬铝和超硬铝合金 LY1、LY4、LY8、LY9、LY10、LC3 等，具有冷态塑性好和时效速度慢的特点，经淬火时效强化后使用，其抗剪强度不小于186.2MPa。前者用于低强度结构件铆接，后者尤其是LY1、LY10适用于高强度结构的铆接，而超硬铝LC3用作125℃以下铆接承力构件，可代用LY10。 （陈大凯）

铝合金门窗 aluminium alloy gates and windows

将表面处理的铝合金型材经一定工序制成所需构件，并与相应配件组装而成的门窗。表面处理可着银白色、古铜色、暗红色、黑色等不同颜色或做成带色的花纹。制作工序包括下料、打孔、铣槽、攻丝等。配件有连接件、密封件和开闭五金件。较木门窗、钢门窗具有质轻、气密、水密、防火、隔声、抗蚀、不变形、色调美观、加工易实现自动化等特点。按结构与开门方式有推拉窗（门）、平开窗（门）、固定窗、悬挂窗、回转窗（门）、百叶窗、纱窗等品种。适用于高级饭店、医院、候机楼、车站、商场和民用建筑。 （陈大凯）

铝合金墙板 aluminium alloy wall panel

以铝合金压型板为面层、岩棉板或纸面石膏板为中间保温层，复合而成的轻质保温墙板。常用轻钢龙骨为骨架。由于铝合金板面反射阳光能力强且密封性好，兼起保温作用。按构造分为带空气间层板（即压型板大波向外）和不带空气层间板（即小波向外）两种。按作业方式分，预制外墙板和现场组装外墙板。具有重量轻、保温好、墙薄、安装方便、没有湿作业、施工进度快等特点。用于多层或高层建筑的围护墙和填充墙，亦可用于工业和民用建筑的非承重外挂板。 （陈大凯）

铝合金跳板 aluminium alloy gangplank

铝合金坯料经轧制成厚度为50～120mm，宽度为250～1 300mm的细长活动踏板。材质有防锈铝、硬铝、超硬铝及锻铝等。铝合金弹性模量小（$E=66 640～70 560$MPa，$G=26 460$MPa，相当于钢材的三分之一），受到冲击时，所吸收的弹性变形能高，不易破坏，并有比强度高、耐蚀等特性。常用于港口、码头的跳板及建筑工程的脚手板。 （陈大凯）

铝合金微穿孔吸声板 aluminium alloy microperforated panel

板厚在1mm以下的板面上穿孔直径不超过1mm，穿孔率为1%～5%的细而密微孔的铝合金板材。装置在刚性壁前形成微穿孔吸声构造。比普通穿孔板声阻大，具有宽带吸声频率特性。按材料加工特点有防锈铝板、电化铝板；按孔型有圆孔、方孔、长圆孔、长方孔、三角孔、大小组合孔等。具有质轻、美观、耐蚀、防火、防潮、化学稳定性好、声阻大、声质量小、吸声频带较宽、构造简单、易加工、组装简便等特点。用于宾馆、饭店、剧场、影院、播音室等公共建筑和民用建筑，也可用于各类车间厂房、机房、人防地下室，是近年来发展的一种降低噪声新产品。 （陈大凯）

铝合金显微组织 aluminum alloy microstructure

以铝原子为基的单一固溶体，或铝和其他化合物组成的微观形貌。单一的铝基固溶体组织，其强度、硬度较低，配合一种或两种以上的化合物可显著提高强度、硬度，又能保持铝合金的原有特性，即密度小，耐蚀性好的优点。 （高庆全）

铝合金压型板 profiling sheets of aluminium alloy

用铝合金板材经压制成型的轻型墙面、屋面材料。材质有L1～L6和LF21；厚度为0.5～1.0mm，共九种板形（图），其中1、3、5型断面相同，1型3波；3型5波；5型7波；2型和4型断面相同，2型4.5波；4型6.5波。具有质轻、耐蚀、耐久、安装容易、施工方便等特点。主要性能：抗拉强度为100～200MPa，伸长率2%～6%，弹性模量71GPa，剪切模量27GPa，一般规格厚度为0.5～1.0mm，宽度570～1 170mm，长度2 500mm，适用于复合墙板的面板、屋面板和室内装饰板等。九种板形各具用途，1、3、5型横向连接需借助于6型扣接；2和4型可直接搭接；7型用于窗台及屋檐的防雨泛水板；8型用于房屋建筑的外包角；9型用于屋面排水板。

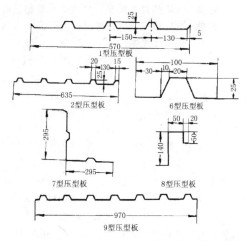

（陈大凯 萧 愉）

铝合金直角T字型材 tee aluminium alloy

铝合金坯料通过"T"型模孔，经挤压而成薄壁型材。其材质有防锈铝、硬铝、超硬铝和锻铝。其宽度为25～77mm、高度为15～90mm、壁厚为1～10mm。用以制作建筑门窗、货柜等构件。 （陈大凯）

铝合金直角角型材 aluminuim alloy (right) angle

铝合金坯料通过"L"型模孔，挤压成的带肋薄壁型材。具有良好塑性和截面效应，可弥补其弹性模量不足。其边厚和边宽相等，为12～90mm，壁厚δ为1～12mm。常用作门窗、货框、家具等结构件。　　　　　　　　　　　（陈大凯）

铝及铝合金装饰板 aluminium and aluminium alloy sheet for ornaments

在铝及铝合金薄板上采用光电制板技术、彩色阳极氧化工艺制成各种图案花纹的板材。材质有L1～L6，L5—1和特殊铝LT66（含Mg1.5%）。其规格为厚度0.3～6mm、宽度1 000～1 500mm、长度2 000～5 000mm。图案可为名人字画、古币、湖光山色等，其深度为5～8μm及10～12μm，颜色有铝本色、金黄色、淡蓝色、褐色等。具有防蚀、耐热、抗震、抗裂、抗晒、立体感强、色泽鲜艳、美观大方等特点。常用于屋面、外墙、顶棚、壁柱、内墙、门窗等室内外的装饰。　　（陈大凯）

铝率 alumina modulus

又称铝氧率或铁率（iron modulus）。硅酸盐水泥生料、熟料成分中Al_2O_3与Fe_2O_3之质量比值。以IM或P表示，即$IM=\frac{Al_2O_3}{Fe_2O_3}$。反映熟料熔剂矿物中$C_3A$与$C_4AF$的比例以及熟料液相的黏度。IM高，熟料中$C_3A$多，水泥凝结快、水化热大、干缩变形大、抗硫酸盐性能差，且煅烧时液相黏度高、生成C_3S速度慢。反之，液相黏度低，熟料易于烧成，但烧成温度范围易变窄，易结圈、结大块等。一般IM＝0.8～1.7，白水泥熟料可超过10。
　　　　　　　　　　　　　　　　　　（冯培植）

铝铆钉线材 aluminium wires for rivet

工业纯铝棒经拉制成直径为1.6～10.0mm供制作铆钉用的线状型材。铆钉主要承受剪切、挤压作用力，须具有较高剪切抗力、适当的强度和良好的塑性。大多采用含铝量99.3%的L4，在冷拉硬化状态下使用，其抗剪强度不小于58.8MPa，适于低强度结构件的铆接，且应与被铆接材料成分一致或相近，以防因膨胀系数大小不同而产生应力和电化学腐蚀。　　　　　　　　　　　（陈大凯）

铝镁质耐火材料 alumina-magnesite refractory

含少量MgO的高铝耐火材料。MgO含量一般在8%～10%。主晶相为刚玉。铝镁尖晶石分布在基质中。通常以刚玉或矾土和镁砂为原料制成。常为不定形耐火材料或不烧耐火制品。与相应的高铝耐火材料相比，抗渣性与热震稳定性较好。主要用作盛钢桶内衬。　　　　　　　　　　（李　楠）

铝酸三钡 tribarium aluminate

化学式为$3BaO·Al_2O_3$，简写成B_3A。是钡硅酸盐水泥的一种矿物组成。烧成温度是1 630℃，在1 750℃熔融及分解，相对密度4.54，呈放射状或圆片状晶体。水溶性较大，由于水溶生成的气硬性$Ba(OH)_2$吸收CO_2而生成$BaCO_3$，故强度较低。钡化合物的比重较大，钡硅酸盐水泥防X-射线或γ-射线的性能较强。　　　　　　　　（冯修吉）

铝酸三钙 tricalcium aluminate

化学式是$3CaO·Al_2O_3$，简写成C_3A。等轴晶系，立方体，结构式可写成$Ca_8(Ca^{IV}Al_6^{IV,VI})O_{18}$（结构式中IV，VI是配位数），相对密度3.04，折射率1.710，硬度6，烧成温度1365℃，熔点1 539℃，不稳定，可分解为$C_{12}A_7$和Al_2O_3。C_3A是硅酸盐水泥的主要组分之一，由于它的结构有较多的空隙，与水反应很快，能提高硅酸盐水泥的早期强度，有C_3S共存时，能互相促进，更好地发挥早强性能。但须掺用适量石膏，延缓它的凝结时间。C_3A能与少量Fe、Mg、Si或Na结合成固溶体，提高它的热稳定性。容易被硫酸盐溶液侵蚀。
　　　　　　　　　　　　　　　　　　（冯修吉）

铝酸三锶 tristronitium aluminate

化学式为$3SrO·Al_2O_3$，属等轴晶系，生成温度是1 680℃，在1 870℃分解，水化性能与C_3A相似，早期强度较高，是锶硅酸盐水泥的主要矿物组分之一。　　　　　　　　　　　　　（冯修吉）

铝酸盐矿物 aluminate mineral

铝酸钙类矿物的总称。与水泥有密切关系的是$CaO-Al_2O_3$系统所产生的矿物，目前得到公认的有铝酸三钙、七铝酸十二钙、铝酸一钙、二铝酸一钙及六铝酸一钙。后四种矿物是高铝水泥的矿物，不同的配料，其熟料可生成其中某些种矿物。铝酸三钙不是高铝水泥的组分，而是硅酸盐水泥的主要组分之一，七铝酸十二钙有时候也出现在硅酸盐水泥熟料中。氟铝酸钙和硫铝酸钙也可归在铝酸盐矿物的范畴内。　　　　　　　　　（冯修吉）

铝酸盐水泥 aluminate cement

以铝酸矿物为基本组成的一类水泥。主要包括高铝水泥、耐火低钙铝酸盐水泥、特快硬调凝铝酸盐水泥和快硬高强铝酸盐水泥。高铝水泥是开发最早的最重要的一个品种，主要矿物为铝酸一钙（CA）和二铝酸一钙（CA_2），因此也将高铝水泥称为铝酸盐水泥。低钙铝酸盐水泥的主要矿物为二铝酸一钙（CA_2）。低钙铝酸盐水泥水化硬化慢，主要用于配制耐火混凝土，其余的铝酸盐水泥均具有早强特性。　　　　　　　　　　（王善拔）

铝酸一钡 monobarium aluminate

化学式 $BaAl_2O_4$。不规则的或六角形的晶体。折射率 $n=1.683$，相对密度 3.99，熔点 2 376℃。与铝酸一钙相似，凝结时间正常，水化迅速，1h 水化达 20%，24h 达 80%。最终水化产物为氢氧化铝凝胶和六水铝酸钡白色小晶体。因水化铝酸钡溶解度较大，故只能在空气中硬化而不抗水。是气硬性矿物。有很好的耐火性能。 （王善拔）

铝酸一钙 monocalcium aluminate

化学式为 $CaO·Al_2O_3$，简写成 CA。是高铝水泥的主要矿物。于 1 100℃ 开始生成，最佳生成温度是 1 400℃，在 1 600℃ 时不一致熔融，产生 $CaO·2Al_2O_3$ 和液相。烧结法制成的熟料中，CA 在偏光镜下显出微晶粒状或骨架状晶核，无多色性，有定向排列。熔融法制成的熟料中，它呈短方柱状。其 $n_g=1.663$，$n_m=1.655$，$n_p=1.643$，$n_g-n_p=0.020$，$2V=56°$。能同 Fe、Ti、Si、Al 或 Ca 结合成固溶体，它水化快，水化热大，凝结时间正常，强度高，水化产物为 CAH_{10}，在后期往往转变成 C_3AH_6，导致水泥强度下降。 （冯修吉）

铝酸一锶 monostrontium aluminate

化学式 $SrO·Al_2O_3$。是锶水泥的矿物之一。熔点 1 790℃。有很好的水硬性。1℃ 时与水反应生成铝酸一锶水化物 $SrO·Al_2O_3·10H_2O$，这种水化物在常温下转变为立方形的铝酸三锶水化物 $3SrO·Al_2O_3·6H_2O$。以它为主的锶水泥用于制造高级耐火混凝土。 （龙世宗）

铝碳质耐火材料 alumina carbon refractory

又称铝碳砖。以高铝材料及碳材料为主要原料制成的碳结合耐火材料。高铝材料主要有刚玉，高铝矾土等。碳材料主要为鳞片状石墨。结合剂通常采用酚醛树脂、沥青等。其配比为：高铝材料 60%~80%，石墨 8%~20%，酚醛树脂 7%~9% 及少量添加剂（如 Si、SiC）。混练后经困料、成型、再经热处理即成不烧砖。若在还原气氛下于 1 350~1 550℃ 烧成即为烧成砖。制品可再经 250~300℃ 温度下焦油浸渍处理。气孔率 3%~10%，体积密度大于 2.80g/cm^3，抗压强度约 140MPa。主要品种有滑板、浸入式水口及盛钢桶内衬砖等。用于钢铁冶金铸锭及有色冶炼的热工设备。 （孙钦英）

铝搪瓷 aluminium enamel

以铝材或铝合金作为基体金属的搪瓷。铝及其合金应满足以下要求：熔点尽可能高；光滑的表面；适当的制品外形；为保证瓷釉与其间的密着强度，在其上应形成一层氧化物薄层。其产品有锅、盘、器皿、饰面材料及建筑板材。在宇航、原子能、太阳能等领域中也得到应用。 （李世普）

铝土矿 bauxite

又称铝矾土或矾土。以三水铝石、一水硬铝石、一水软铝石为主，包含赤铁矿、高岭石、蛋白石等多种矿物的混合物。化学成分变化很大，除主要含 Al_2O_3 外，还有 SiO_2、Fe_2O_3、TiO_2、CaO 等杂质。通常呈致密块状、豆状、鲕状等集合体。因胶结物质不同而呈灰白、灰黄、黄褐、暗红等色，且常有棕色斑点，无光泽。利用 Al_2O_3 含量不很高的铝土矿可生产各种铝酸盐水泥、膨胀水泥。可作耐火混凝土集料和掺料等。作铝酸盐水泥原料时，除要求 $Al_2O_3>60\%$ 外，还限制 SiO_2、Fe_2O_3、TiO_2 含量，通常以铝硅比（Al_2O_3/SiO_2）衡量其质量。 （冯培植）

铝系阻燃剂 aluminium family flame-retardant

分子中含有铝元素的一类无机阻燃剂。最常用的是氢氧化铝 $Al(OH)_3$，又称三水合氧化铝 $Al_2O_3·3H_2O$，白色粉末，价廉。是用量最大用途最广的添加型阻燃剂。每分子含结晶水 34.6%。200℃ 开始分解。在差热曲线上相应于 230℃、300℃ 和 500℃ 左右有三个吸热峰，表明三个结晶水释出的不同阶段。全部脱去结晶水的吸热量为 1.97J/g，起吸热和稀释阻燃效应，并有抑烟效果。适用于各种高聚物。大量添加须用硅烷偶联剂等作表面活性处理，以改善产品的加工性能和物理机械性能。与氢氧化镁并用有协同效果。 （徐应麟）

铝制品防护 protection of aluminum products

为防止铝制品腐蚀所采取的保护措施。铝在大气中能生成有保护作用的氧化膜（自钝化膜），有较好的耐蚀性。广泛用于铝质轻型结构、门窗、航空航天器等。为进一步提高铝制品的耐蚀性、装饰性，常采取以下措施：①阳极化处理，在氧化性介质中以铝为阳极，在直流电流作用下表面生成较自钝化膜更厚实的氧化膜，提高了抗蚀性、耐磨性，增加表面涂漆层的附着力；②着色处理，用化学、电化学方法使铝表面生成金黄色、红铜色、绿色、银白色、黑色等彩色膜，以增加装饰性和防护效能；③表面涂层，铝制品在中性或弱碱性环境中是耐蚀的，在其他条件下需用涂层保护。 （洪乃丰）

铝质电瓷 alumina electrical porcelain

瓷坯的化学成分中 Al_2O_3 含量大于 40%，机械强度较高的电瓷。通常按瓷坯中 Al_2O_3 的含量分类（如 Al_2O_3 含量为 75%，则称为 75 瓷）。具有机械强度高、绝缘性能好、介质损耗小、导热性好、电性能稳定的特点。主要物理性能：吸水率为零，孔隙性（60MPa·h 条件下浸于红墨水中）不吸红，未上釉试条抗弯强度为 120~170MPa。 （邢 宁）

铝质原料 aluminous raw material

Al_2O_3 含量较高的水泥原料。用于生产铝酸盐水泥时，其 Al_2O_3 含量要大于60%，一般有铝土矿（铝矾土）、铁矾土等；用于硅酸盐水泥的铝质校正原料，其 Al_2O_3 含量不低于30%，一般有低品位铝矾土、粉煤灰、煤矸石等。 （冯培植）

绿色玻璃 green glass

透过可见光波长为500～570nm范围内的颜色玻璃。常见的有 Cr^{3+} 离子着色及 V^{3+} 离子着色的绿色玻璃等，用于制造器皿、艺术装饰、信号玻璃、建筑装饰玻璃制品。为大型建筑物如宾馆、展览馆、音乐厅、体育建筑、商业建筑以及公园亭阁等良好装饰材料。 （许淑惠）

绿油

由光油和洋绿调制而成的翠绿色油。传统的调制方法是：先用沸水冲漂洋绿二三次，除去盐碱硝等杂质。然后用石磨反复研磨，将其磨细。待其沉淀后去掉浮水，随即陆续加入光油，使油与颜料混合。混合的过程中，颜料中的水陆续排出，以毛巾吸之排净。最后用光油稀释即成。多用于游廊、亭榭的柱门和重要宫殿的飞椽底面油饰。

（王仲杰）

氯-丙纤维 acrylonitrile-vinyl chloride fiber

又称腈氯纶。由氯乙烯和丙烯腈单体经乳液聚合成共聚物，再经湿法或干法纺丝而成的纤维。因在分子链上具有氯乙烯和丙烯腈的两种分子基团，使纤维具有比氯纶好的耐热性，比腈纶好的弹性和耐燃性等特性。织物可用作室内装饰布、防寒衣服、工业用滤布及绳索等。 （刘柏贤）

氯丁-酚醛胶粘剂 phenolic-Neoprene adhesive

酚醛树脂改性的氯丁橡胶胶粘剂。加入酚醛树脂可以提高耐热性，改善对金属材料的黏附性能。因苯酚甲醛树脂与氯丁橡胶不互溶，故需使用油溶性酚醛树脂，如叔丁基酚醛树脂、萜烯改性酚醛树脂配制。固化温度低、初黏力强、柔韧性好，是一种重要的非结构型胶粘剂。常用于皮革、橡胶、织物、塑料、玻璃和金属的胶接。 （刘茂榆）

氯丁胶乳化沥青 CR-emulsified asphalt

又称氯丁胶乳化沥青防水涂料。由石油沥青、氯丁胶乳、乳化剂、辅助材料和水所组成的改性乳化沥青。属薄质沥青防水涂料。黑灰色或黑褐色乳状液。其耐热性、低温柔韧性、抗基层开裂性较好，防水性能好。根据所用乳化剂的离子电荷，可分为阳离子、阴离子和非离子型。可将离子电荷相同的氯丁胶乳直接掺入乳化沥青中配制而成。在建筑上应用最多的为阳离子氯丁胶乳化沥青。用涂刷或机械喷涂法施工。用于屋面、地下构筑物、厕所、阳台防水层。也可冷拌法施工用于铺筑路面。

（刘尚乐）

氯丁橡胶 chloroprene rubber

又称聚氯丁二烯橡胶。氯丁二烯橡胶状聚合物。分子式：$\left[CH_2-\underset{Cl}{C}=CH-CH_2 \right]_n$。浅黄至暗褐色弹性体，物理机械性能与天然橡胶接近，且在耐老化、耐燃、耐热、耐油、耐化学腐蚀等方面较天然橡胶优越。在非极性溶剂中不溶，仅溶胀。缺点是分子结构规整、低温下有明显的结晶倾向，贮存时易发生预交联，相对密度大（1.15～1.25），耐寒性较差（玻璃化温度-45℃）。常用氧化锌、氧化镁等金属氧化物作硫化剂，用于制造胶带、管、设备防腐衬里等工业制品及电线、电缆、胶鞋等。建筑中主要用作涂料、胶粘剂、防水材料等。

（刘柏贤）

氯丁橡胶胶粘剂 polychloroprene adhesive, Neoprene adhesive

以氯丁橡胶为黏料配制的非结构型胶粘剂。大致分填料型、树脂改性型和室温硫化型三类。一般配制成固体含量20%～30%，黏度0.2～5Pa·s的溶液。常用氧化镁与氧化锌为硫化剂，其他组分有促进剂、防老剂、补强剂、增黏剂及溶剂等。耐燃、耐臭氧、耐老化、耐油、耐水、耐化学试剂等性能优于其他橡胶胶粘剂，但耐寒性及贮存稳定性差。用于橡胶、皮革、织物、木材、水泥、金属及塑料的粘接。氯丁胶乳也可直接配制成胶粘剂。

（刘茂榆）

氯丁橡胶沥青 CR（chloroprene rubber）-asphalt

含有氯丁橡胶（氯丁二烯聚合物）的改性石油沥青。黑色，固体或半固体状态。耐候性、耐水性、耐燃性、低温柔性、弹性较好。配制工艺是先将氯丁橡胶溶于有机溶剂中，然后掺入到沥青里。通常掺量可达3%。施工温度不宜超过230℃。用于制造建筑防水材料，铺筑大交通量路面。

（刘尚乐）

氯化聚氯乙烯 chlorinated polyvinyl chloride

又称过氯乙烯树脂。由聚氯乙烯经后氯化而制得的一种热塑性树脂。含氯量为61%～68%。白色疏松状颗粒。不易燃烧。耐浓酸、碱、矿物油等。较聚氯乙烯易溶于酯、酮、芳香烃等。根据不同的聚合度，可制得由高至低的不同黏度型树脂。高黏度者有较好的耐候性、耐化学腐蚀性和弹性；低黏度者则较易溶于植物油类。用以制造涂料、胶粘剂和合成纤维。

（闻荻江）

氯化聚乙烯　chlorinated polyethylenes CPE

用光照或自由基引发剂引发，在聚乙烯线型主链上用氯原子取代某个氢原子而完成氯化反应的改性树脂，记作CPE。含氯量为40%～45%（重量）的是白色细粒状无定形固体。与聚氯乙烯的互溶性好，可用作硬聚氯乙烯的抗冲改性剂。含氯量45%的是弹性体，不仅可增加聚氯乙烯的抗冲性，而且可以降低脆化点，改进耐火性和耐油性。含氯量超过60%的是硬质半结晶材料，性能稳定，可注射模塑。含氯量低于55%的可用作聚氯乙烯的稳定剂。含氯量低于23%的，加入氧化锑、稳定剂和填料等添加剂，可制得阻燃制品，在阻燃型建筑塑料品种中得到广泛应用。　　（闻荻江）

氯化聚乙烯煤沥青　chlorinated polyethylene coal tar

掺有氯化聚乙烯树脂的改性煤沥青。黑色，固体或半固体状态。氯化聚乙烯树脂为饱和烷烃，含有氯活性基团，为弹性的非结晶型无规氯化物。掺入煤沥青以后，可提高煤沥青的耐候性、耐热性和耐燃性。由氯化聚乙烯树脂、增塑剂、硫化剂和煤沥青等所组成。采用塑炼机进行塑炼，使其塑化完全、混合均匀。塑炼温度为140～170℃。用于制造优质沥青防水卷材。　　（刘尚乐）

氯化锂露点湿度计　LiCl dew-point humidometer

以氯化锂（LiCl）露点测量元件为基础所组成的测量空气湿度的仪表。由铂电阻温度计、玻璃丝套、加热铂丝、电源和胶木圆构成（见图）。加热丝间涂有饱和的氯化锂溶液，加热丝上通25V的

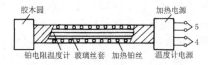

交流电。氯化锂液在被测气体中吸水引起加热丝间电阻及电流的变化，使氯化锂液的温度上升，直到氯化锂的蒸气分压与被测空气的水蒸气分压相等，测得平衡温度。由于平衡温度与露点温度有对应关系，故可测得露点温度。若将露点温度与干球温度信号输入双电桥网络，用适当指示记录仪表，即可直接指示记录空气的相对湿度。　　（林方辉）

氯化镁　magnesium chloride

$MgCl_2$和$MgCl_2·6H_2O$的统称。$MgCl_2$相对密度2.32，熔点707℃，沸点1 412℃。六方晶系，无色。易潮解，味苦咸。溶于水、乙醇，微溶于丙酮。由氯化镁铵（$NH_4Cl·MgCl_2·6H_2O$）加热脱水而得或将$MgCl_2·6H_2O$加热至175℃脱水而得。多用于提取金属镁；$MgCl_2·6H_2O$又名水氯石，无色单斜晶系晶体，相对密度1.56，熔点712℃。由盐酸和氧化镁作用可得。可用于镁盐、陶瓷、灭火剂、氧化剂等的生产。固态氯化镁的水溶液称氯化镁溶液（有时称为卤水），其浓度在12～30°Bé范围内时可用作镁质胶凝材料的调和剂。　　（孙南平）

氯化石蜡　chloroparaffin

石蜡烃经氯化后得到平均分子链在C_{11}～C_{17}，含氯量为40%～55%的卤化烃。在塑料工业中，既可作增塑剂，又可作润滑剂。价廉、电绝缘性好，具有阻燃性及耐寒性，但相容性、热稳定性、塑化效率较差。常用作塑料板材、电线、装饰材料中的副增塑剂，对透明制品，加量应在0.3PHR以下为好，过量会影响制品透明度。作润滑剂使用时，润滑效果在成型中期较好，初期及后期较差，所以常与其他润滑剂并用。　　（刘柏贤）

氯化石蜡阻燃剂　F.R. chlorinated paraffin

含有氯化石蜡的阻燃剂。按含氯量可分为42%、48%、52%、70%多种，前三者为淡黄色或琥珀色黏稠液体，后者为白色粉末。以含氯量高者为佳。价格低廉，混溶性尚可。常与锑系阻燃剂并用，广泛用于软质聚氯乙烯、聚乙烯、聚苯乙烯等。　　（徐应麟）

氯化铁防水剂　iron chloride water proofing admixture

以三氯化铁、氯化亚铁为主的能增加水泥砂浆或混凝土密实性、显著提高抗渗性（抗水和抗汽油）的一种防水剂。以三氯化铁、氯化亚铁为主并加入少量的氯化钙、氯化铝、盐酸等配制而成。属于氯化物金属盐类。为一种深棕色液体，相对密度不小于1.30，呈酸性，对金属有腐蚀作用，在钢筋混凝土中掺量不宜过多，以掺入水泥重量的0.75%～1.5%为宜。在一般防水水泥砂浆或混凝土中掺量可为水泥重量的3%，但最大不应超过5%。使用时先与水搅拌均匀，然后再拌和砂浆或混凝土，适用于屋面、地下室、水池、水塔等工程的防水或堵漏。　　（余剑英）

氯化物金属盐类防水剂　metallic chlorinate water proofing agent

以氯化物金属盐为主要成分，掺入水泥中可增强水泥砂浆或混凝土的密实性，提高抗渗性并有促凝作用的一类防水剂。掺入水泥中后，因氯化物金属盐在水泥中能水化生成不溶于水的氢氧化物胶凝体和复盐，堵塞硬化后砂浆或混凝土内各种毛细孔隙，故可显著提高砂浆与混凝土的密实性和不透水性。掺量占水泥重量的5%时，初凝不早于35min，终凝不迟于6h，提高不透水性不小于70%，提高抗压强度不小于10%。可用于拌制防水水泥砂浆

和防水混凝土，适用于屋面、地下室、水池、水塔及设备基础的刚性防水和堵漏。主要品种有：氯化铁防水剂、防水浆。　　　　　　　（余剑英）

氯化橡胶　chlorinated, rubber

将经塑炼的天然橡胶（或聚异戊二烯橡胶）溶解于四氯化碳或二氯乙烷溶剂中，通入氯气后所生成的橡胶。含氯量在 40% ～ 65%，含氯量越高，化学稳定性越好。白色或乳黄色粉末，相对密度 1.5～1.7。在 135～140℃ 时软化而逐渐分解。易溶于有机溶剂中，常作涂料和胶粘剂，用于化工、建筑、冶金工业的防腐设备及工程。（邓卫国）

氯化橡胶外墙涂料　chlorinated rubber exterior wall coating

又称氯化橡胶水泥漆。以氯化橡胶为主要成膜物质配制而成的溶剂型外墙饰面材料。涂料黏附性好，对水泥、混凝土、钢铁表面有良好的附着力。基料具有化学惰性，成膜性好。水蒸气和氧对涂膜的渗透率小，耐化学气体、耐水、耐碱、耐磨等性能良好。涂膜干燥快，物化性能变化小，化学稳定性、耐候性好。因涂膜内含氯量较高，在温湿条件下，不宜霉菌繁殖，且有阻燃防火性。零下 20℃ 低温至高温 50℃ 环境中均可施工。适用于高层、多层建筑外墙的水泥或石灰质墙面的防护装饰。
　　　　　　　　　　　　　（陈艾青）

氯化乙丙橡胶胶粘剂　chlorinated ethylene-propylene rubber adhesive

以氯化乙丙橡胶为黏料，配合补强剂、交联剂和软化剂等溶于甲苯中配制而成的胶粘剂。常温硫化，粘接全乙丙橡胶防水卷材的剥离强度 32～40N/cm，耐候性、耐臭氧性、耐水性、耐化学介质性、防霉性等优良。用于乙丙橡胶防水卷材的防水工程。　　　　　　　　　　（刘茂榆）

氯磺化聚乙烯　chloro-sulfonated polyethylene

由氯和二氧化硫与聚乙烯作用而得的一种橡胶状树脂。白色疏松态胶粉。分子链上的氯磺酰基可用适当的硫化剂进行交联。常用硫化剂为碱金属氧化物，可与其他橡胶掺用而保持其特殊性能。经硫化后，化学稳定性能好、耐氧和臭氧，耐磨、耐油、抗挠折。耐寒性差。用于制造胶管及其他橡胶制品。也用于制造建筑密封材料。（闻荻江）

氯磺化聚乙烯胶泥　chlorosulfonated polyethylene daub

以氯磺化聚乙烯橡胶为胶结剂添加适量的助剂、填料，经过配料、混炼、研磨等工艺加工制成的防腐粘贴材料。水密性、气密性、耐酸碱性、着色性和弹性良好，能适应一般基层伸缩变形，耐候性能优异，在 -20～+100℃ 情况下长期保持柔韧性，黏结强度高。其性能为：断裂伸长率大于 100%，拉伸强度大于 0.6MPa，黏结强度大于 0.6MPa。适用于混凝土、金属、木材、胶合板、天然石材、砖、砂浆、玻璃、瓦及水泥制品之间的密封防水。常温下用嵌缝枪施工。　　　　　（洪克舜　丁振华）

氯磺化聚乙烯沥青　chlorosulfonated polyethylene-asphalt

含有氯磺化聚乙烯橡胶的沥青。软化点高，玻璃化温度低，富有塑性和弹性。含有 5% 氯磺化聚乙烯橡胶的石油沥青软化点，约比纯石油沥青高 1.3～1.5 倍。一般是将氯磺化聚乙烯橡胶溶于有机溶剂中制成胶浆，再加入到熔融的石油沥青中搅拌混合而成。通常橡胶掺量大于 4%。用于制造建筑防水材料。　　　　　　　（刘尚乐）

氯-偏乳液涂料　vinyl chloride-vinylidene chloride emulsion coating

以氯乙烯-偏氯乙烯共聚乳液（含固量≥45%）为主要成膜物质制成的乳液型涂料。无毒、无味，能在稍潮湿水泥基层上涂装。适用于混凝土基层表面的涂饰，可用作地面耐磨、防腐、墙面防潮、防霉、防火等功能涂料。可采用喷、涂施工，装饰质感强。涂膜具有良好的防潮、防水、耐磨、耐碱、阻燃等性能。尤其对各种气体、水蒸气等有极低的透过率。　　　　　　　　（陈艾青）

氯氧镁水泥　magnesium oxychloride cement

由菱苦土粉加浓氯化镁溶液调和而成的一种镁质气硬性胶凝材料。索勒尔水泥（Sorel-cement）的一种。索勒尔水泥的调和液除可用氯化镁溶液外，尚可用硫酸镁、硫酸亚铁、盐酸、氯化亚铁、硝酸镁等溶液。在 MgO-$MgCl_2$-H_2O 三元体系中，当 MgO 与 $Mg(OH)_2$ 摩尔比在 4～6 范围内，其水化产物为较稳定的氧氯化镁 [$5Mg(OH)_2\cdot MgCl_2\cdot 8H_2O$] 和氢氧化镁，呈弱碱性。硬化后强度可达 40～60MPa。与普通硅酸盐水泥相比，吸湿性大，晶格溶解度高，潮湿条件下强度大大下降，抗冻融及抗磨蚀性也较差。酸性介质对其有一定的侵蚀性。该水泥凝结硬化快、强度较高、黏结力强，可较好地黏结多种有机和无机填料，成型较方便，养护条件简单，但耐水性差、返卤、刚度低、长期使用挠曲较严重，目前只用于生产镁质绝热材料及各种机电设备的包装箱材料，如梁、底板、侧板和盖板等，是近期很有希望的代木包装材料之一。
　　　　　　　　　　　　　（孙南平）

氯氧镁水泥板材　magnesia cement board

以氯氧镁水泥为胶凝材料，加有机填料，经热压成型、硬化得到的板材。按加入的有机填料不同，可分为①氯氧镁水泥刨花板：使用木刨花、亚麻皮或其他纤维状有机物为填料；②氯氧镁水泥木屑板：使用锯木屑为填料。可适当加入石棉、滑石、硅藻石、石英石和颜料以改进板材的性能。氯氧镁水泥板材质量轻、抗折强度高、加工性能好。填料配比的变化可改变上述性能。按其表观密度、抗折强度和表面形状的不同，分别用作保温绝热板、内墙板、装饰板、天花板、包装用板等。但耐水性差，不宜用于长期潮湿的环境。　（孙南平）

氯氧镁水泥门窗　magnesia cement door and window
用菱镁混凝土制成的门框、窗框等建筑构件。用以代替同类木质构件，以节约木材。但刚度低、变形大、吸湿返卤大、耐久性差，永久性建筑中不宜使用。　（孙南平）

氯氧镁水泥木屑板　magnesia cement wood chip board
见氯氧镁水泥板材（322页）。

氯氧镁水泥刨花板　magnesia cement shaving board
见氯氧镁水泥板材（322页）。

氯茵酸酐阻燃剂　F.R. chlorendic anhydride
含氯茵酸酐的阻燃剂。氯茵酸酐又称氯桥酸酐，含氯量57.2%，白色结晶粉末。反应型卤系阻燃剂之一。使用较安全。用作环氧树脂的阻燃型固化剂和配制织物阻燃整理剂。　（徐应麟）

luan

栾　bracket
栱（159页）的别称。《情雅》曲枅谓之栾。《吴都赋》栾栌迭施。栾栌即斗栱。　（张良皋）

卵石　gravel
又称砾石。由于自然条件作用而形成的粒径大于5mm的集料。常用于配制普通混凝土。表面光滑，多呈圆球形或椭球形，与水泥石的黏结力不如碎石的大。在配合比相同的情况下，卵石混凝土的强度较碎石混凝土的低，但前者的流动性则较后者大。一般都含有尘屑、淤泥、黏土等杂质，有时还含有有机物质和砂子。当含砂量较大时，称为砂卵石或卵石砂。按来源可以分为山卵石、海卵石和河卵石。山卵石从矿山开采而得，常含有较多的杂质。海卵石从海底或海岸滩地开采而得，常混有贝壳，含盐较多。河卵石从河床开采而得，较前两种洁净。强度可用其压碎指标表示。压碎指标值（%），对 C60~C40 和 C30~C10 的混凝土其值一般相应为 9%~18% 和 12%~30%。卵石的规格、级配、针片状颗粒含量、有害物质含量、坚固性等，均应符合其质量标准的规定。　（孙宝林）

卵石大孔混凝土　no-fines concrete with gravel
用水泥、卵石和水拌制而成的大孔混凝土。与碎石大孔混凝土相比，水泥用量较低，约 120~150kg/m³，工作性较好，强度较高。表观密度一般为 1 750~1 900kg/m³，抗压强度为 3.5~10.0MPa，热导率与砖砌体相近。适用于预制和现浇墙体，以及市政工程滤水管、滤水板等。
　（董金道）

乱纹　burl figure
木材纤维呈交错状或杂乱排列的纹理。影响木材某些力学性能，使抗拉、抗压和抗弯强度降低，但使抗劈、抗剪强度有所增加。对建筑结构用木材而言，是一种构造缺陷，但因常构成美丽的花纹，作表面装饰材，可提高制品的外观质量和利用价值。　（吴悦琦）

lun

轮碾　rolling
几种原材料在轮碾机上加水碾练制备混合料的过程。在碾轮压力和剪力作用下，对混合的材料进行细碎、混合、压实和活化。提高混合料的均匀性、密实性和可塑性，增加坯体密实度，促进水化反应，提高制品强度。　（崔可浩）

轮碾机　edge runner
进行轮碾制备混合料的设备。由碾轮、碾盘、传动装置和刮板等组成。依转动方式，分为盘转式轮碾机和轮转式轮碾机两种。前者为间歇进出料，碾盘、碾轮多为铁制，碾盘主动旋转，直径应大于 2 000mm，转速 20~25r/min，碾轮横轴固定，轮与盘之间留有一定距离，混合料在其间，碾轮随着碾盘转动而从动自转，物料分批进入，经碾练一定时间后卸出。后者为连续进出料，碾盘、碾轮多为石制，碾盘固定，直径应为两碾轮宽度与碾轮间距之和，碾轮间距应大于 700mm，碾轮直接压在碾盘上，并绕中心立轴旋转，转速 24~30r/min，物料由碾轮之间不断加入，经碾练后由碾盘周边不断卸出。两种轮碾机的碾轮质量均应大于 1.5t，宽度大于 400mm。
　（崔可浩）

轮碾造粒　granulation with pan mill

通过轮碾机制备压制成型用坯料的方法。用碾轮粉碎、挤压、揉搓一定含水率（约小于14%）的泥饼或坯粉，经筛分获得一定假颗粒度分布的坯料。此方法获得的坯料体积密度高，但充模性较差，工艺较为落后，正在逐渐被喷雾干燥造粒所取代。常用于中小厂和有色多品种墙地砖厂。

（陈晓明）

轮窑　annular kiln, circular kiln

焙烧砖瓦的椭圆环形连续式窑炉。用红砖和砖坯砌筑，窑侧设窑门，相邻两个窑门之间的窑道为一个窑室，堆码坯垛。环形窑的中心设有总烟道，每个窑室的内墙或外墙下部设有排烟孔（俗称哈风孔），通过窑室底部的一条小隧道（俗称哈风道）与总烟道相连，相连处设置哈风闸，控制窑内气体流动，总烟道上设烟囱或风机以排出烟气，窑顶设有许多火眼，用以投煤和观察窑内火焰。焙烧过程中，坯垛在窑室内不动，火焰不断向前移动，形成预热、焙烧、保温和冷却四带，从而使装码窑、焙烧、冷却、出窑在同一窑室内不同时间连续运行。同一座窑内仅有一条焙烧带焙烧的称为一部火，有二条或三条焙烧带同时焙烧的称为二部火或三部火。部火越多，窑门越多，一般为16~60门，烧1~3部火。该窑结构简单，用钢量少，投资省，产量高，为砖瓦厂普遍采用，但劳动强度大，操作条件差。

（陶有生）

luo

罗锅脊件

纵向呈弧线的琉璃垂脊构件。用于卷棚式屋面的垂脊。卷棚式屋面垂脊，是一条由前坡直接过渡到后坡的完整屋脊，屋脊的顶部是马鞍形的弧线，这个部位所用的脊件，如垂脊筒、三连砖、承奉连砖、平口条、压带条，以及当沟瓦等，都作拱腰驼背状，所以前面就冠以"罗锅"二字。其下安装纵向弧度较小的脊件，即"续罗锅脊件"，以顺接及延续垂脊的弧度使其过渡到直线形。作用与同类脊件相同。

（李　武）

罗锅筒瓦

纵向呈弧线形的筒瓦。卷棚屋面琉璃瓦构件。与折腰板瓦配套使用。安装在卷棚式屋面正中，前后两坡瓦陇的交汇线上，用来封护两坡交汇点。因其两端下垂，拱腰驼背，故名。瓦背满挂釉色，无熊头。其下安装纵向弧度较小的筒瓦，即"续罗锅筒瓦"，以顺接并延缓筒瓦陇的弧度。黑活卷棚式屋面也有上述瓦件。

（李　武）

罗克拉管　Rocla pipe

用悬辊法成型的钢筋混凝土管。参见悬辊法（556页）。

（孙复强）

罗马水泥　Roman cement

用天然泥灰岩或磨细的石灰石黏土混合料经1 000~1 100℃煅烧磨制成的水泥。发明于18世纪末，因其棕色与罗马时代的石灰火山灰胶凝材料相似而得名。19世纪中期曾广泛用于土木建筑工程。主要矿物为C_2S、CA、$C_{12}A_7$和C_2F。因成分复杂，凝结速度不尽相同，一般初凝快而终凝慢。标准稠度用水量较大，硬化慢，强度低。为调节其性能可加入5%以下的石膏或15%以下的混合材。用于地面及地下建筑及砌筑砂浆或制造低标号混凝土。因性能较差，现已不生产。

（王善拔）

螺栓　bolt

把两个或两个以上的构件连接在一起的可以拆卸的金属紧固件。一端带有一段螺纹的栓杆与螺母配合使用。帽状的螺母呈六角形、方形或其他形状。常用于钢结构、木结构、机器和仪表中。用于建筑工程的多为胀锚螺栓和地脚螺栓。

（姚时章）

螺旋形钢弹簧　coil metal spring

由弹簧钢丝或钢带卷绕成为具有一定弹性和承载能力的隔振元件。常用硅锰钢丝、合金钢丝或碳素弹簧钢丝卷绕成型为直径5~10cm的圆柱螺旋形，经淬火、退火等热处理而成。可和支座、盖板等组成系列化螺旋钢弹簧隔振器，特点是固有频率低，承载力大，耐高温，但阻尼比小，容易传递高频振动。

（陈延训）

洛氏硬度　Rockwell hardness

由美国冶金学家S.P.洛克威尔（Rockwell）首先提出的表示材料硬度的一种指标，符号为HR。以一定荷重将淬硬的钢球或顶角为120°圆锥形金刚石压入试样表面，以材料表面上凹坑的测定深度来计算硬度的大小。用金刚石的称为"洛氏硬度C"（HRC）；用钢球的称为"洛氏硬度B"（HRB）。适用于测定极薄或极硬的金属材料，但对组织不均匀的材质，其测量值不如布氏硬度准确。

（潘意祥）

洛氏硬度B　Rockwell hardness B

见洛氏硬度（324页）。

洛氏硬度C　Rockwell hardness C

见洛氏硬度（324页）。

络合滴定法　complexation titrations

又称螯合滴定法。利用形成稳定络合物的反应来进行滴定分析的方法。用络合剂（例如氨羧络合剂）的标准溶液滴定被测物质的溶液，借助金属指示剂的变色或其他方法指示滴定终点。该法简便快速，准确度高。由于采用了直接滴定法、返滴定法、置换滴定法和间接滴定法等滴定方式，提高了络合滴定的选择性，使其能直接或间接测定周期表中大多数元素，在化学分析中应用很广泛。

(夏维邦)

落叶松 Larix gmelinii (Rupr.) Rupr.

中国东北林区的主要采伐利用的优良树种之一，森林面积较大，蓄积量也多，分布于大兴安岭，小兴安岭北部和西部。边材黄白至黄褐色，心材黄红褐色。木材有光泽，有松脂气味，纹理直，结构中等，不均匀，耐腐，浸注极难，稍抗白蚁。气干材密度 $0.641 \sim 0.696 g/cm^3$；干缩系数：径向 $0.169\% \sim 0.187\%$，弦向 $0.393\% \sim 0.408\%$；顺纹抗压强度 $51.7 \sim 56.5 MPa$，静曲强度 $111 \sim 108 MPa$，抗弯弹性模量 $12.7 \sim 14.2 GPa$，顺纹抗拉强度 $127 \sim 129 MPa$，冲击韧性 $4.44 \sim 4.81 J/cm^2$；硬度：端面 $37.0 \sim 40.7 MPa$，径面 $31.8 MPa$，弦面 $31.4 MPa$。适用于做矿柱、枕木、电杆、木桩、桅杆、桥梁，以及柱子、屋架、径锯地板、木梯、船舶，由于耐腐性好可做水工或地下建筑材，并可用于制造硫酸盐法纸浆。

(申宗圻)

落渣 dropping grog

又称落脏（ash contamination）。陶瓷制品釉面粘有外部杂质或灰尘等渣粒形成的缺陷。影响制品表面的光滑度和光泽度。产生的原因是半成品存放时落灰，装窑时没有扫净；耐火材料剥落及窑内气流运动扬灰等。克服的方法是防止半成品落灰；匣钵顶盖内表面涂釉；使用抗热冲击棚板（承托坯体的耐火平板或搭架耐火板）和匣钵以及优质燃料等。

(陈晓明)

M

ma

麻刀灰搅拌机 hemp-fibred plaster mixer

见砂浆搅拌机（423页）。

麻刀油灰 oil putty with oakum

用生桐油泼生石灰，过筛后加麻刀（100:3 重量比）再加适量面粉和水，然后用重物反复锤砸成膏状的油灰。早期用于山石堆积和粘接。现已用水泥和环氧树脂取代。

(朴学林　张良皋)

麻点 pock mark, pocking mark

俗称发笑、花脸、笑口。涂料涂装之后，表面出现局部（斑点状）收缩，露出点状底层的缺陷。产生的主要原因是溶剂中所含高沸点、低沸点的成分过多、硅油等表面活性剂过量，物体表面沾有油垢、蜡、金属皂、残酸、碱等杂质以及施工不当（施工中带入油和水、喷枪压力过大间距太近、涂料黏度过高或过低、在过分光滑表面施工等）。容易产生这类弊病的涂料有：喷涂用水性涂料、丙烯酸酯涂料、环氧树脂涂料、氨基醇酸树脂涂料及聚氨酯涂料等。

(刘柏贤　邓卫国)

麻栎 Quercus accutissima Carruth

麻栎属三种商品材（麻栎、槲栎、高山栎）之一。前两种为环孔材，后一种为散孔材。麻栎边材为黄褐色，心材红褐色。木材有光泽，纹理直、结构粗，不均匀。锯、刨等加工较难，耐腐，抗白蚁，但浸注防腐处理较难。材质重且硬，强度大，干缩率大，易开裂。气干材密度 $0.830 \sim 0.916 g/cm^3$；干缩系数：径向 $0.152\% \sim 0.213\%$，弦向 $0.310\% \sim 0.420\%$；顺纹抗压强度 $51.1 \sim 66.3 MPa$，静曲强度 $105.2 \sim 126.1 MPa$，抗弯弹性模量 $13.6 \sim 14.9 \times 10^3 MPa$，顺纹抗拉强度 $148.0 \sim 152.4 MPa$；硬度：端面 $72.3 \sim 93.5 MPa$。在我国分布很广，辽宁、河北、山东、山西、陕西、江苏、浙江、四川、云南、西藏东部等省区都有生长。木材适用于做柱子、船坞、码头等水工用材，亦可做车辆、枕木、家具、体育器材等。

(申宗圻)

麻面 pitting, pock-marked surface

①在混凝土中，指成型后的表层成片缺乏水泥浆或砂浆而形成小孔隙的表面质量缺陷。在混凝土施工中较为常见。影响混凝土的外观质量、强度及耐久性。产生的主要原因为：混凝土发生离析；浇捣时混凝土靠近模板处未振实或漏浆；多次使用的模板粘在它表面的旧水泥浆未经清除干净，板面粗糙；拆模过早，混凝土表面砂浆与模板粘连。

②在陶瓷中，指无釉产品或半成品表面较大面积的凹陷小坑群。表面缺陷之一。常出现在压制成型的制品中。产生的主要原因有模具磨损；模具未擦干净，脱模剂涂刷不匀，压型后坯体表面被粘掉。

(孙复强　陈晓明)

麻石 gunny-bag stone

中国南方某些地区对包括花岗岩类岩石在内的粗粒状结构的岩浆岩的俗称。有时也混指沉积岩中的砂岩。有黑、红、白、青、绿等色,以石英含量多的(即通常谓之有明显大黑白点的)花岗岩为最硬。主要用于基础、桥墩、堤坝、地面、勒脚、基座等。　　　　　　　　　　　　　(谯京旭)

麻纤维 hemp fibre

从麻类植物茎叶等部分取得的供纺织用的韧皮纤维和叶纤维的统称。中国早在公元前4000年前的新石器时代已采用苎麻作纺织原料。其纤维强度一般很高,不易腐烂,是纺制夏令衣着、帆布、麻袋、绳索、安全网的重要原料。　　　(姚时章)

麻屑板 flax board

以麻秆茎为纤维材料,合成树脂为胶结材的轻质板材。一般配入适量外加剂,经热压等工序制成。板长1 220~2 000mm,宽610~1 000mm,厚4~16mm。具有轻质、吸声、抗水性好;可钉、锯、钻和良好装饰性等特点。表观密度700~800kg/m³,静弯曲强度18~30MPa,吸水率14.5%,热导率0.133W/(m·K)。适用于一般建筑的内隔墙面、吊顶棚、门芯板、装饰板及绝热、隔声围护层。　　　　　　　　　　(萧愉)

麻竹 Sinocalamus latiflorus (munro) McClure

又称甜竹。中国南方主要笋用竹种。笋干与笋罐头畅销国内外市场。普遍栽培于广东、广西、云南、福建、台湾和香港等省(地区)。高20~30m,直径10~30cm,节间长约47cm。竹秆粗大,坚硬,可作建筑材料及造纸原料。　　(申宗圻)

马丁耐热温度 Marten's temperature

塑料试样在受一定的弯曲力矩作用下加热时达到规定的弯曲变形时的温度。是检验塑料耐热性的一项物理指标。试样尺寸为10mm×15mm×120mm,一端固定,另一端用横杆夹持,横杆上加上重物使试样受4.9MPa的弯曲应力。以50℃/h的升温速度加热,当离试样240mm的横杆顶端处下垂6mm时的温度即为马丁耐热温度。适用于测定热固性塑料如酚醛、氨基塑料以及硬质的热塑性

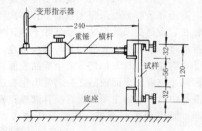

塑料的耐热性、对产品的质量进行控制以及进行改善耐热性的研究等。　　　　　　　(顾国芳)

马克斯韦尔液体 Maxwell liquid

又称马克斯韦尔体(Maxwell body)。J.马克斯韦尔于1868年首先提出的一种液态黏弹性体。为内部结构由弹性和黏性两种成分组成的聚集体,可用胡克元件和牛顿元件串联的流变学模型来模拟。因为作用在两个流变元件上的应力相同,所以总应变 γ 是弹性应变 γ_1 和黏性应变 γ_2 的叠加,即 $\gamma = \gamma_1 + \gamma_2 = \frac{\tau}{G} + \frac{\tau}{\eta}t$,或写成 $\dot{\gamma} = \frac{\dot{\tau}}{G} + \frac{\tau}{\eta}$,式中,$\dot{\gamma}$ 为应变速率,τ 为剪应力,$\dot{\tau}$ 为剪切速率,G 为刚性模量,η 为黏性系数,t 为时间。这种黏弹性体可用来描述那种随时间而按稳定速率增长的蠕变过程,还能描述变形一定时,应力随时间而逐渐减小的松弛现象。

(宋显辉)

马牌建筑油膏 Horse Brand building ointment

蓖麻油在催化剂(铁粉)作用下,经热炼聚合并加入适量稳定剂和填料等配制而成的棕黄色膏状的油性防水油膏。高温70~80℃不流淌。低温-30℃以上保持良好的柔韧性,不硬脆、不开裂。温度为20±3℃时,黏结延伸率197%以上;硬化率在24%以内;收缩率在1.4%以内;保油性为:渗油幅度0mm,渗油张数1张。与混凝土、砖、砂浆黏结性好,不脱落、不裂缝。耐老化性能较好。但耐碱性差。适用于屋面板、墙板嵌缝密封防水和地下工程、水池、水塔以及冷冻、通风设备管道等变形缝嵌缝。　　(洪克舜　丁振华)

马氏体 martensite

过冷奥氏体通过无扩散型相变转变成的亚稳定相。为纪念冶金学家A.马丁(Martens)而命名。是碳在α-铁中过饱和的间隙式固溶体,与原始奥氏体成分相同,晶格不同。晶体具有体心四方结构。组织形态有多种,其中主要的有两种:低碳钢为板条状,在显微镜下为一束束平行的细长板条;高碳钢为片状,在显微镜下呈针状或隐针状。在同一成分钢的组织中,是最硬的一种组织,并随碳含量增加硬度增高。因此,淬火后高碳钢的片状或针状组织,硬而脆;低碳钢的板条状组织,硬度不很高,但强度和韧性均好。奥氏体的比容最小,马氏体的比容最大,转变后工件的体积增大,易产生变形、开裂,应通过淬火的冷却方式的选用加以避免。

(高庆全)

马蹄礤

用城砖砍磨加工成上下窄中间宽近似马蹄状的方形砖件。是北方古建黑活砌筑影壁墙和看面墙所用砖饰件之一。位于墙体左右两侧、须弥座或下碱之上、砖柱子之下。以干摆（磨砖对缝）做法居多。属杂料子类。琉璃建筑该部位及花门等用方、圆两种带下槛的琉璃马蹄礤。

（朴学林）

马尾松 Pinus massoniana Lamb.

中国松树中分布最广，数量最多的主要用材树种。南方各省木材蓄积量中占50%以上。木材经防腐处理，可做矿柱、枕木、电杆等，适用于建筑、家具、包装箱、胶合板、水工用材等，亦是造纸和人造丝纤维的主要原料。产于秦岭以南，至广东、广西南部，东自东南沿海、台湾省，西达贵州中部及四川大相岭以东，分布全国十五个省区。边材黄褐色或浅黄色，通常易发生蓝变，心材红褐色。木材有光泽，松脂气味浓厚，纹理直，结构粗，不均匀。气干材密度 $0.449\sim0.648\text{g/cm}^3$；干缩系数：径向 $0.123\%\sim0.199\%$，弦向 $0.258\%\sim0.338\%$；顺纹抗压强度 $30.8\sim51.5\text{MPa}$，静曲强度 $65.2\sim111.2\text{MPa}$，抗弯弹性模量 $8.73\sim15.99\text{GPa}$，顺纹抗拉强度 $65.5\sim127.5\text{MPa}$，冲击韧性 $3.69\sim4.30\text{J/cm}^2$；硬度：端面 $29.0\sim41.4\text{MPa}$，径面 $2.8\sim31.6\text{MPa}$，弦面 $23.1\sim32.6\text{MPa}$。

（申宗圻）

马歇尔稳定度 Marshall stability

采用马歇尔法设计沥青混合料的稳定度指标。按规定的标准夯实方法制成直径为101.6mm，高度为 $63.5\pm0.13\text{mm}$ 的圆柱体试件，保温至60℃，置于马歇尔稳定度仪（如图）的夹具中，以 $50\pm5\text{mm/min}$ 的加荷速度施压，试件破坏时的荷重（以 kgf 计）即为稳定度。同时还应测定流值。

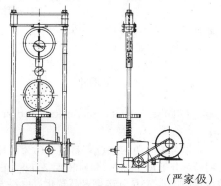

（严家伋）

码窑 stacking in a kiln

将黏土制品坯体按一定的形式，在窑内或窑车上码成坯垛以进行焙烧的工艺过程。码窑密度和形式直接影响燃料在窑内的燃烧条件、气流阻力、通风量和坯垛各部位的均匀性，内燃烧砖更是这样。码窑是决定窑的产量、制品质量和燃料消耗的重要工艺环节。码窑密度是一个综合性指标，减少码窑密度可以改善通风条件，同时降低窑的产量，本着上密下稀、中密边稀（外燃烧砖）、边密中稀（内燃烧砖）和火眼脱空的原则，合理处理窑断面各部位的码窑密度，力求整窑内气流平衡，焙烧均匀。码窑密度的稀密取决于码窑形式，不同部位应码成不同形式的坯垛，任何坯垛均可分为炕腿、垛身和火眼三部分，其中，垛身形式有直横条码法、直斜条码法和大洞码法等数种，可以根据燃烧条件，在不同部位合理选定。

（陶有生）

mai

埋弧焊 submerged arc welding

在焊剂的覆盖下，看不到明弧的电弧焊。焊接时焊件埋在具一定大小颗粒的焊剂层下，通电后，电极与母材金属之间产生的电弧使电极末端与母材金属熔化，形成熔池，然后在熔融的焊剂保护下凝固，完成焊接。由于焊剂熔化排开熔渣，形成一封闭的空间，电弧与外界空气隔绝，焊接的质量好。可用于如钢筋与钢板作丁字形的连接等处。

（孙复强）

脉冲法热导率测定仪 thermal conductivity measuring apparatus by pulse method

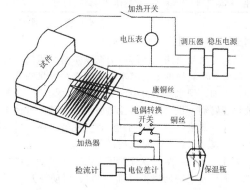

又称热导率快速测定仪。用功率平面热源法测定材料的热导率的一种仪器。主要由试件夹具、加热系统和测温系统三部分组成。需三块试件，中间一块较薄，两侧试件较厚。对试件以短时间加热，使其温度发生变化，将试验测定值代入相应公式，即可求得热导率 λ、热扩散率 a 和比热 c 的值。主要优点是：实验装置较简单，测试周期短，可同时得到热导率、热扩散率和比热三个热物性值，干、

湿材料均可测试。它的测试精度不易提高，数据处理比平板法热导率测定仪复杂。 （林方辉）

脉冲傅立叶变换谱仪 pulsed Fourier transform NMR spectrometer

见核磁共振仪（182页）。

man

蛮石混凝土 cyclopean concrete

又称埋大石混凝土。每块重45kg或更大的蛮石或圆砾石稀排埋入混凝土中形成的大体积混凝土。蛮石块间距为15cm左右，离混凝土外露表面不得小于20cm。适用于大体积构筑物或厚大的混凝土基础，可节约水泥、降低混凝土的水化热。 （徐家保）

满面砖

琉璃瓦歇山屋面博脊或重檐建筑下层屋面围脊上的盖面构件。封护博脊或围脊与山花板以及其他木构件间的缝隙，起防水作用。形如方砖，一边上有仔口以与下边的蹚脚瓦接合。用于歇山博脊时，仅限于四样瓦以上的大型屋脊。该件黄色的称为"满面黄"，绿色的称为"满面绿"。

满面砖尺寸表　　单位：mm

	二样	三样	四样	五样	六样	七样	八样	九样	注
高	320	320	320	320	320	320	320	290	
宽	320	320	320	320	320	320	320	290	
厚	48	48	48	48	48	41	41	38	

（李　武　左潜元）

满细胞法 full cell processes

又称全吸收法。使防腐剂充满木材细胞的一种加压法处理。目的是要求木材能吸入最大量的防腐剂，例如处理水工用材中的桩木。通常用煤焦杂酚油作防腐剂，也可用水溶性防腐剂，以其浓度调节吸入量。此法包括真空/加压/真空几道工序，进行前先抽真空以排除木材内的部分空气，在保持真空的条件下注入防腐剂，施加压力，最后再抽真空以排除木材外表的防腐剂（油类的），以防止过多的防腐剂滴出。此法早在1838年由John Bethell获得了专利，故又称贝色尔法（Bethell process）。 （申宗圻）

慢光 slow rays

见快光（276页）。

慢裂乳化沥青 slow setting emulsified asphalt

分裂速度指标在25%以下的乳化沥青。采用慢裂型乳化剂配制。采用粒料拌和稳定试验判定时，乳化沥青分布均匀，尚未完全破乳，混合料呈糊状物。慢裂乳化沥青又分为慢裂快凝型和慢裂慢凝型乳化沥青。一般在用慢裂乳化沥青进行路面稀浆封层以后，在1h内凝固并能开放交通的，称作慢裂快凝型乳化沥青；在1h以上凝固并能开放交通的，称作慢裂慢凝型乳化沥青。主要用于细粒式路拌沥青混合料、稀浆封层。 （刘尚乐）

慢凝液体沥青 slow-curing liquid asphalt

为天然沥青，或用高于300℃的高沸点碳氢化合物作为稀释剂稀释黏稠沥青而得的液体沥青。其凝结速度较慢。常用的稀释剂有重柴油、燃料重油、蒸馏残渣等。将稀释剂掺入到温度为130～140℃的熔融沥青中搅拌均匀即成。按黏度分为A(S)-1、A(S)-2、A(S)-3、A(S)-4、A(S)-5和A(S)-6等六个牌号。要求标准黏度分别为$C_{25}^5<20s$，$C_{60}^5=5\sim15s$，$C_{60}^5=16\sim25s$，$C_{60}^5=26\sim40s$，$C_{60}^5=41\sim100s$，$C_{60}^5=101\sim180s$，闪点分别为A(S)-1和A(S)-2不低于70℃，A(S)-3、A(S)-4不低于100℃，A(S)-5和A(S)-6不低于120℃，水分含量不大于0.2%。用于修筑拌和式路面或路面封层结合料。 （刘尚乐）

慢溶硬石膏 slowly soluble anhydrite

二水石膏加热至400～800℃所得无水石膏。主要成分$CaSO_4 II$。在此温度范围内，由于煅烧温度不同，所得$CaSO_4 II$的溶解速度也不相同。煅烧温度为400～500℃时得到S型无水石膏II，其溶解速度很慢。当煅烧温度升至500～800℃时，得到U型无水石膏II，其晶体结构紧密、稳定，相对密度达2.99，几乎不溶于水。但加入某些激发剂混合磨细后可具有水化硬化能力，其硬化体的强度可高于建筑石膏。常用的激发剂有石灰、粒化高炉矿渣、各种硫酸盐等。当煅烧温度为800～1000℃时，得到E型无水石膏II又具有水化硬化能力，称为高温煅烧石膏，俗称地板石膏。 （高琼英）

慢速石灰 slaking slowly lime

见石灰消解速度（442页）。

mang

芒硝 Glauber's salt, salt cake, sodium sulfate

化学名硫酸钠Na_2SO_4。精制后的无水芒硝称元明粉，分子量142.2，相对密度2.698，白色或浅绿色晶体，235℃时产生多晶转化，由斜方晶系转为单斜晶系，熔点884℃，沸点1420℃，热分解开始温度1220℃。分有海硝（产自盐田）、岩硝

（坚硬石块状）及人造芒硝（人造纤维工业及制盐酸工业的副产品），其中海硝为含水芒硝 $Na_2CO_3 \cdot 10H_2O$，温度高于 32.4℃ 开始析出结晶水，在 100℃ 析出全部结晶水。在玻璃生产上是优良的高温澄清剂，可替代部分纯碱，使用时必须同时加入碳粉还原剂，可加速与 SiO_2 的化学反应，当用量过大时，会使玻璃产生硫碳着色，用量过少时，使玻璃液面产生硝水，加剧对耐火材料的侵蚀。

(许 超)

mao

毛板 plank floor

双层木地板的下层铺板。用于承受荷载或冲击力较大的地面，以增加承载能力和抵抗冲击。用料为普通木料，如松木、杉木制成的条板，截面约为 20mm×100mm。一般采用与搁栅斜向满铺，拼缝不必太严密，允许 2～3mm 的缝隙，但表面要求平整。

(彭少民)

毛板石 rubble flag

由成层岩中采得，形状不很规则，但大致有两个面平行的砌筑石材。表面一般不加工。最小厚度不小于 20cm。长、宽方向尺寸不限。可作石砌体材料。

(宋金山)

毛玻璃 frosted glass

又称毛面玻璃。表面因有微细凹凸不平而产生光漫射、呈透光不透明的玻璃。大面积的常采用操作简便、效率高的喷砂方法制得；衣镜上的字画的毛玻璃则采用氢氟酸侵蚀法加工而得；如瓶塞、瓶口类局部毛玻璃则在加砂浆情况下两者相互研磨而成；在工艺美术玻璃上的人物花鸟的局部毛玻璃则是采用砂轮研磨而得。

(许 超)

毛孔 pin-hole

又称棕眼、针眼。釉面呈现的小孔状缺陷。高温融熔釉中气泡逸出或多孔坯体吸釉过度时产生。当坯釉中含过高水分、高温分解物（如有机物、碳酸盐、硫酸盐、碳素等）时，由于升温速度过快、保温时间过短，致使水蒸气和分解产生的气体，从釉层中排出时的温度延迟到高温釉融化阶段，此时若釉融化黏度过大，流动性差，则易形成此种缺陷。此外，上釉时坯体过干过热；注浆时石膏模过干过热；素坯欠烧多孔等也易产生此种缺陷，严重影响釉的光泽度。

(陈晓明)

毛蓝

又称深蓝靛。块状矿物质蓝色系颜料。进口品产于西欧。用时将其以水释之，兑入少量胶液调成水性颜色。在古建彩画工程中用途是：①写生画蓝色部分的渲染方面。②与藤黄混合调成绿色（彩画工人称草绿），用于山水画的山石树木及花卉枝叶的渲染及线条勾勒。毛蓝的色调质感近于中国的花青，一度曾取代了花青。

(谯京旭　王仲杰)

毛料石 block stone

又称毛凿石。外形大致方正并具有两个大致平行铺砌面的块状砌筑石材。一般由成层岩经爆破后不加或稍加修整而得。高度不应小于 20cm，叠砌面凹入深度不应大于 2.5cm，长度不超过高度的 3 倍。主要用作基础、勒脚、桥墩、涵洞及砌体材料。

(宋金山)

毛面墙面砖 rough surfaced tile

表面为粗糙面的一种无釉墙面砖。具有天然、粗犷的装饰效果。主要用于外墙装饰的炻质（参见炻器，450 页）或瓷质砖，外形尺寸通常大于 200mm×200mm。常为半干压成型，成型模具须按粗糙面的图案进行特殊设计和加工。

(邢 宁)

毛石 rubble

又称块石。从岩体中经爆破或其他方法开采直接得到的形状各异的砌筑石材。按其形态分乱毛石和平毛石。乱毛石形状极不规则。平毛石基本上有六个面并有两个面大致平行。建筑用一般要求高度不小于 15cm，一个方向的尺寸可达 30～40cm，重约 20～50kg。抗压强度应大于 10MPa，软化系数不小于 0.75。砌筑各种基础和灌筑毛石混凝土等可采用致密的沉积岩类，用作堆石坝、挡土墙和驳岸工程的材料时可采用岩浆岩类。

(宋金山)

乱毛石

平毛石

毛石混凝土 rubble concrete

又称片石混凝土或乱石混凝土。采用一个人可搬动的毛石铺埋在浇灌的混凝土混合料中形成的大体积混凝土。也指用拆毁建筑的乱石（粗石，毛石）作集料所做成的混凝土。一般多用乱毛石，不用平毛石，毛石块间距和离混凝土外表面的距离均不应小于 10cm，性能与功用与蛮石混凝土（328 页）相近。

(徐家保)

毛条密封条 brush weather strip

又称防风雨毛条。用于塑料及铝合金窗的挡风雨毛状窄条。由有机硅树脂处理后的绒毛纤维结合在聚丙烯塑料的背衬上组成。同时具有滑行密封、擦拭密封、压缩密封，以防止渗漏空气、雨水、灰尘、噪声、烟雾等功能。产品规格有宽度 4.8～12.7mm，高度 3～13mm，长度不限。突出优点是气密性好,在 200Pa 空气压力下,每小时·米接缝空气泄漏率不超过 10m³;水密性好,在 240Pa 的试验压力下,不产生重大漏水现象;窗户开关起动力不大于 43N。是窗缝密封的理想新材料。

(刘柏贤)

毛细管水 capillary water

硬化水泥浆体毛细管中所含的可蒸发水。可用水泥浆体的可蒸发水总量与其凝胶水量之差计算其含水量。由于水灰比及养护时间等的不同,其含量不同。当水化开始时其量为原始水的用量,随水化进程毛细管水逐渐减少,到达极限时所有毛细管均为固体的水化产物所填充则降为零。用标准的热力学方法测定得毛细管水的比容是常数,在 1.0 左右。毛细管水的结合力较弱,脱水温度也较低(一般在 105℃ 下即易失去)。随水化程度的增加,即随水化物填充增加,而逐渐减少,相应会提高浆体的强度和降低其渗透性。

(陈志源)

毛细现象 capillary phenomenon

开口毛细管内的液面高于或低于管外液面的现象。如某液体能润湿毛细管内壁,则该液体在管中呈凹形液面。弯曲液面上的表面张力所产生的附加压力使液面上升,直到液柱的静压力与附加压力相等时为止。如液体不能润湿管内壁,则液体在管中呈凸形液面,所产生的附加压力使液面下降,直到下降的液柱重量能抵消附加压力为止。在一定温度下,对于一定的液体来说,毛细管的半径越小,液体在管内上升得越高或下降得越低。根据这个原理,可用毛细管法测定液体的表面张力。也可用毛细现象解释水在材料中的移动等现象。

(夏维邦)

毛竹 Phyllostachys pubescens Mazel ex H de Lahaie

又称楠竹。生长快,材质好,用途广,是中国经济价值最高的竹种。占全国竹林总面积的 70% 左右。分布广,东起台湾,西至云南东北部,南自广东与广西中部,北至安徽北部、河南南部。浙江、江西、湖南等地是毛竹分布的中心,约占全国竹林总面积的 3/5。竹秆高大通直,高 6~15m,最高可达 20m,胸径 6~15cm,最粗可达 20cm,节间长达 45cm。竹材坚韧,纤维纵向排列,弹性、割裂性高,而收缩率小,顺纹抗拉强度 190.9MPa,约为杉木的 1.6 倍。毛竹用以做梁、柱、椽、壁等已有千年以上历史。现代建筑工程中可用于搭工棚与脚手架。根据实践经验,约 50 株毛竹可顶替一立方米木材。也是北方打井、沿海捕鱼必不可少的材料。同时纤维含量高,长度达 2mm,是造纸的好原料。

(申宗圻)

锚具 anchorage

见夹具(226 页)。

铆钉 rivet

用以连接金属构件的一种不可拆卸的紧固件。常为圆柱形,一端预制的钉帽有半圆头、沉头和平头三种形式。使用时将钉烧红后(或冷铆)插入钉孔,用气压力或水压力以铆钉枪或压铆机压制另一端,形成相应的钉帽,即把构件紧密连接。常用于钢结构与轻金属结构的连接。

(姚时章)

铆钉用黄铜线 brass wire for riveting

黄铜(H62)坯料经拉制成一定直径的(1~6mm)供作铆接用的线材。H62 具有 α 与 β 两相组织,适于热变形或冷变形,有较高的抗剪切强度。用于铆接铜合金,制作螺钉等。

(陈大凯)

铆钉用铜线 copper wire for rivet

纯铜坯料经拉制成直径不同(1~6mm)供铆接用的线材。铆钉材料主要承受剪切、挤压作用力,须具有适当的抗剪强度和良好的塑性。纯铜 T1(含 99.95% Cu)、T2(含 99.90% Cu)具有面心立方结构,塑性好,经冷变形后具有一定抗剪强度。用于导电体铆接、导电螺钉。在建筑上用于铜装饰材料的铆接。

(陈大凯)

铆螺用热轧圆钢 hot-rolled round steels for rivets and screws

热轧生产的铆钉、螺钉、螺母用圆形断面型钢的通称。材质通常为普通碳素钢,其钢号为 ML_2 和 ML_3,轧成条钢(直径 8~40mm)或盘条(直径 6~16mm)。按使用性能又有冷顶锻用与热顶锻用铆螺圆钢之分。为保证使用性能要求,除检验常规力学性能、化学成分外,还必须根据使用要求选定进行冷或热顶锻、冷或热状态下的铆钉头锻平试验。用以制造铆钉、螺钉、螺帽等。当采用优质碳素结构钢、合金结构钢的热轧铆螺用圆钢时,尚可对热处理状态提出要求。

(乔德庸)

楣 lintel

门枢上的横梁。相当于清式门上的连楹。《营造法式》卷一释门引《义训》门之梁谓之楣。

(张良皋)

mei

楣 lintel, purlin

除脊檩(栋)以外的檩或榑皆称楣。参见栋(93 页)。《仪礼·乡射礼》序则物当栋,堂则物当楣;注:五架之屋,正中曰栋,次曰楣;此楣相当于金檩。《仪礼·乡饮酒礼》宾升,主人阼阶上,当楣北面再拌；注：楣，前梁也；此楣泛指正脊以下之檩。《说文》秦名屋橑联也，齐谓之檐，楚谓之梠；此楣指挑檐檩。又徐锴注引《尔雅·释宫》楣谓之梁，谓门上横梁也；此楣泛指门上之梁。

（张良皋）

煤矸石 colliery waste, coal spoil, coal gangue

煤层中的碳质页岩。采煤时排出的废料。矿物组成主要为高岭石和水云母等硅铝质黏土矿物。可作燃料的煤矸石呈黑色，含碳量20%～30%，灰分60%～80%，热值8 360～12 540J/g，煅烧后可作水泥活性混合材料。还可作立窑水泥厂的黏土质原料，也可制砖、砌块等。　　（陆 平）

煤矸石空心砌块 coal gangue hollow block

由煤矸石硅酸盐混凝土制成的空心砌块。空心率在40%左右。有中、小型之分。一般采用砌块成型机成型，经蒸汽养护制成。由于煤矸石需经破碎、磨细等工序，原料制备工艺比较复杂。块体抗压强度3.5～15.0MPa，表观密度1 200～1 500kg/m³。主要用做民用与一般工业建筑的墙体。

（沈 琨）

煤焦油 coal-tar

旧称潜。煤在炼焦或制气时，排出的挥发物质经冷凝而得的副产品。褐色至黑色的油状物。有臭味。由极其复杂的化合物组成，所含化合物达一万种以上。主要为芳香烃类的碳氢化合物。因干馏温度不同，分为低温煤焦油、中温煤焦油和高温煤焦油。在分馏时可得到轻油、酚油、萘油、甲基萘油、蒽油及残留煤沥青等。可用于制造油毡、建筑密封材料、防水防腐涂料，也是重要的化工原料。　　　　　　　　　　　　　　（刘尚乐）

煤焦杂酚油（溶液） coal-tar-creosote（solution）

又称木材防腐油（溶液）。煤焦油（coal tar）和杂酚油（creosote）的混合木材防腐剂。通常煤焦油占20%～50%。煤焦油为高温炼焦时从煤气中冷却所得的黑色黏稠状液体，因其黏度大，杂质多，作为木材防腐剂不易浸注、涂刷，而且毒性也偏低。杂酚油是分馏高温煤焦油所得的分馏物，其主要成分为液体和固体芳香族化合物，并含有相当数量的焦油酸（tar acids）和焦油碱（tar bases）。杂酚油对木腐菌、昆虫和海生钻孔动物均具有毒效，通用1∶1的配合比混合液处理枕木和电杆，凭借杂酚油作为毒性剂，煤焦油作为保护层。处理后的木材褐黑色，还不洁净，故只适于处理室外用材，通常采取加压浸注、热冷槽、涂刷等方法处理。　　　　　　　　　　　　（申宗圻）

煤沥青 coal-pitch

旧称煤柏油。煤焦油经蒸馏而得到的残留物。黑色而有光泽。有焦油气味，由不饱和碳氢化合物及其衍生物所组成。主要元素是碳和氢，碳含量大于90%。还含有少量的氧、硫、氮等元素。最突出的特征是几乎只含有缩合芳香烃和杂环化合物。其中有四环烃类（萤蒽、芘、䓛）、五环烃类（苯并萤蒽、芘和䓛）、七环的晕苯、八环的苯并晕苯等。通常按稠度分软煤沥青和硬煤沥青两类。用于铺筑路面，建筑防水，制作电极、碳纤维等。

（刘尚乐）

煤沥青混凝土 tar concrete

以煤沥青为结合料的沥青混凝土。它与石油沥青混凝土相比，力学强度、水稳定性和温度稳定性等技术性能均较差。在使用过程中，夏季易推挤，冬季易脆裂。同时，在自然因素（氧、光、水和热）的作用下老化较快，并且煤沥青的挥发物对人体有毒害，一般用于路面的底层。　（严家伋）

煤沥青油毡 coal-tar felt

又称焦油沥青油毡。以普通原纸为胎基，低软化点煤沥青为浸渍材料、高软化点煤沥青为涂盖材料而制得的一种纸胎油毡。根据原纸g/m²确定标号。中国煤沥青油毡有200号、270号、350号三种标号。按油毡表面所用撒布材料种类的不同，可分为粉毡和片毡。粉毡表面撒布滑石粉，200号卷重不小于16.5kg，270号不小于19.5kg，350号不小于23kg；片毡表面撒布云母片，200号卷重不少于19kg，270号不小于22kg，350号不小于25.5kg。每卷面积20±0.3m²。适用于地下防水，建筑防水，建筑防潮及包装等。　　（王海林）

煤沥青蒸馏试验 distillation test of tar

测定煤沥青在规定装置内加热至规定温度范围时所蒸馏出的馏分含量的一种试验。该试验方

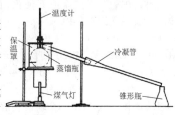

法是将煤沥青试样100g，装于蒸馏装置（如图）蒸馏瓶中，在规定的加热速度下，当到达规定温度范围（0～170℃，170～270℃，270～300℃）时，分别截取其馏分，计算出各温度范围的馏分占原试样的重量百分率。为了解蒸馏残渣的性质，可进行软化点等试验。　　　　　　　　　（严家伋）

煤气烧嘴 gas burner

又称煤气喷嘴，煤气燃烧器。将气体燃料喷出、点燃的燃烧装置。按烧嘴内煤气与空气的混合

及产生火焰的状况，分为长焰烧嘴、短焰烧嘴及无焰烧嘴三种类型。结构有单管式、双管式、涡流式、喷射式及高速等温烧嘴等型式。无焰喷射式烧嘴，煤气与空气在烧嘴内充分混合，由喷嘴喷出立即完全燃烧，几乎看不到火焰。高速等温烧嘴是指煤气与空气在烧嘴内的燃烧室中完全燃烧，在混合室中掺入适量二次空气，达到所需温度，以100m/s以上高速喷入窑内，可强化对流，使窑内温度均匀，用于陶瓷焙烧窑。 （曹文聪）

煤渣 cinder

又称炉渣。块煤燃烧后的残渣。常呈疏松状或团块状。是一种火山灰质材料。其成分因煤种和燃烧程度不同而有较大变异，主要为氧化硅和氧化铝。活性与煤中黏土矿物组成、燃烧温度和煤渣含碳量等有关，故波动范围较大。一般说来，由于煅烧温度较高，活性比矿渣和火山灰低，但比粉煤灰高，可作水泥活性混合材料。也可用作煤渣砖、瓦和煤渣硅酸盐混凝土制品等的主要原料以及混凝土的轻集料。用作轻集料时，对其有害物质含量应严加控制，以免对混凝土产生不良影响。在建筑中用作屋面保温隔热层及地面垫层。

（陆　平　龚洛书）

煤渣混凝土 cinder concrete

煤渣配制成的轻集料混凝土。因煤渣成分复杂和外形呈极不规则碎石状，其水泥用量高，工作性差，强度也较低。性能与火山渣混凝土相近，表观密度 $1\,200\sim1\,950kg/m^3$，抗压强度 $4.0\sim25MPa$，热导率 $0.40\sim0.90W/(m\cdot K)$。主要用以铺路、作屋面保温松散料或制作建筑砌块。 （龚洛书）

煤渣砖 cinder brick

又称炉渣砖。以石灰（或电石渣）和炉渣为主要原料，在常压蒸汽养护下硬化而成的蒸汽养护砖。为提高强度应掺入少量石膏。表观密度 $1\,600\sim1\,800\,kg/m^3$；砖强度级别有MU7.5、MU10、MU15和MU20四级；产品规格（mm）除普通砖尺寸外，尚有 $290\times190\times92$、$240\times190\times92$、$190\times90\times43$ 等多种。适用于一般民用与工业建筑墙体，低于MU15级砖不宜用于基础或勒脚部位。 （崔可浩）

美术大理石 artistic marble

图案别致、色彩绚丽的大理石。经研磨、抛光后，常用于拼制画屏、花盆、桌面、椅背，还可用于雕刻花瓶、砚台、笔筒、笔架、镇纸、台灯、烟缸等工艺品。我国云南大理所产美术大理石久享盛誉，其品种有"绿花"、"秋花"、"水墨花"等。

（郭柏林）

美术地毯 esthetic design carpet

以法国古典宫廷图案为主编织的地毯。因其由法国传入中国并销往法国，故俗称法国路。构图特点与京式地毯近似，但夔龙、角云、边角互相联系，且曲折多变、活泼自由。大多由掌状叶、忍冬花、变形勾叶和月季花、盛开的玫瑰花、郁金香等花卉为主组成各种花团锦簇的图案。主花做成凸状，表现为侧光截色效果。其编织方式及主要原料同京式地毯。多用在豪华的法国式或欧式客厅和卧室内。 （金笠铭）

美术水磨石 artistic terrazzo

用白水泥加颜料或用彩色水泥为面层胶结料制成的水磨石。其花色品种主要依靠不同品种、规格、形状、比例的天然彩色组合石碴和不同颜色的面灰配制而成，使之能体现设计意图，增强装饰效果。

（袁蓟生）

镁白云石耐火材料 magnesite-dolomite refractory

又称镁白云石砖。MgO含量高的半稳定性白云石耐火材料。含有一定数量的游离CaO，以钙的硅酸盐为主要结合成分。含MgO 75%左右，CaO 20%左右。通常用合成方法先制备出富镁白云石熟料，以无水有机物如：沥青、石蜡等为结合剂成型后经过1 600℃烧成。制品有较强的抗渣性，其他性能指标为：常温耐压强度 $40\sim75MPa$，气孔率 $11.0\%\sim12.5\%$，体积密度 $3.00\sim3.15g/cm^3$，荷重软化点 $1\,650\sim1\,730℃$。主要品种有烧成油浸镁白云石砖等，油浸方式与烧成油浸镁砖相同。制品主要用于炼钢转炉内衬。 （孙钦英）

镁钙碳砖 magnesia-calcia carbon brick

以MgO、CaO及石墨为主要成分的块状碳结合耐火材料。主要原料为镁砂、高纯度石灰或MgO-CaO合成砂。以沥青、焦油或树脂为结合剂。生产工艺方法与其他碳结合耐火材料相同。特性为：化学成分（wt%）：MgO $60\sim85$，CaO $5\sim25$，固定碳 $10\sim16$；体积密度 $2.90g/cm^3$ 左右，显气孔率 $4\%\sim6\%$ 左右，常温抗压强度400MPa左右，抗渣性好。主要用于炼钢转炉内衬及有色冶炼工业炉。 （孙钦英）

镁钙质耐火材料 magnesite-calcite refractory

又称高钙镁质耐火材料，硅酸钙结合镁质耐火材料。以方镁石为主晶相、硅酸钙为结合物的镁质耐火材料。这类材料包括镁钙熟料和镁钙砖。制备熟料时，配料中应控制 $CaO/SiO_2=2.2\sim3$、$Al_2O_3<2\%$。同时加入约0.3%的磷灰石作稳定剂、$0.5\%\sim0.7\%$ 铁精矿粉为矿化剂。高钙菱镁矿、滑石、磷灰石和铁精矿经粉碎、成球煅烧成为熟料。熟料粉碎后，按一般镁砖生产工艺制砖。镁

钙砖的主要化学组成一般为：MgO 80%～87%，CaO 6%～10%。荷重软化点大于1 700℃，常温耐压强度大于100MPa，热震稳定性较差。可用于钢铁工业冶炼炉。 （孙钦英）

镁橄榄石耐火材料　forsterite refractory

以镁橄榄石（$2MgO \cdot SiO_2$）为主要成分的耐火材料。MgO含量为35%～62%，MgO/SiO_2为0.94～2.00。次要成分为铁酸镁等矿物。属弱碱性耐火材料。荷重软化点较高，热震稳定性好。抗碱性渣侵蚀能力较强，但抗CaO侵蚀的能力弱。含方镁石的制品称为橄榄石方镁石砖，镁砂加入有利于低温物相转变为高温物相，可提高耐火度等高温性能。镁橄榄石耐火材料可用于平炉蓄热室、玻璃窑、水泥回转窑及有色冶炼炉。 （李　楠）

镁铬质耐火材料　magnesite-chrome refractory

由死烧镁砂与铬矿为原料制成，但镁砂含量较多的一种耐火材料。含MgO55%～80%，$Cr_2O_3 \geqslant$8%。可以为烧成砖、不烧砖及熔铸制品。主晶相为方镁石和尖晶石。基质主要由镁橄榄石、钙镁橄榄石和镁蔷薇辉石等构成。若杂质含量低，方镁石以及尖晶石颗粒之间的硅酸盐量很少，靠固相烧结结合起来的砖，称为"直接结合砖"，需经高温烧成，性能较好。镁铬质耐火材料高温强度大、抗渣性、热震稳定性及体积稳定性都好。可用于电炉、转炉、炉外精炼设备、有色冶炼炉及水泥回转窑的重要部位。但铬会产生一定程度的污染。 （李　楠）

镁黄长石　akermanite

又称镁方柱石。化学式$2CaO \cdot MgO \cdot 2SiO_2$，简写为$C_2MS_2$。立方晶系，无色柱状晶体。硬度5～6，相对密度2.95，熔点1 458℃，存在于含MgO高的高炉矿渣中，有水硬性。在自然界中常产于贫硅富碱的基性岩如黄长石玄武岩、霞石黄长石玄武岩、黄长石白榴岩中。天然镁黄长石总含有一定数量的铝。 （龙世宗）

镁铝质耐火材料　magnesia-alumina refractory

以氧化镁为主要成分并含有部分氧化铝的碱性耐火材料。20世纪50年代在中国首次研究成功，在平炉顶上使用获得良好效果。通常MgO含量在85%左右，Al_2O_3在5%～15%。以方镁石为主晶相，镁铝尖晶石为次晶相。由于基质中含有大量镁铝尖晶石，使制品有较好的抗渣性和热震稳定性。采用预合成或电熔镁铝尖晶石及高纯氧化镁为原料制得的制品性能更好。可用于钢铁及有色冶炼炉及水泥回转窑等热工设备。 （李　楠）

镁碳质耐火材料　magnesia carbon refractory

又称镁碳砖。以氧化镁和碳为主要成分的碳结合耐火材料。氧化镁含量为60%～90%，碳10%～40%。用镁砂粉粒、石墨为主要原料，酚醛树脂或沥青为结合剂，经混合成型后，再经300℃左右或1 000℃左右热处理而成。显气孔率3%～10%，体积密度2.5～3.0g/cm³。热震稳定性、热导性和抗渣性都好。用于砌筑炼钢转炉及电炉炉墙高温区、渣线部位，特别是与水冷炉壁配合砌筑时，使用效果良好。 （孙钦英）

镁系阻燃剂　magnesium family flame-retardant

分子中含有镁元素的一类无机阻燃剂。常用的是氢氧化镁$Mg(OH)_2$，每分子含结合水31.0%，340℃时分解为MgO和H_2O，吸热量为0.77J/g。起吸热和稀释阻燃效应，并有抑烟效果；与氢氧化铝并用有协同效果。适用于多种高聚物，特别是加工温度较高的制品。用油酸钠等作表面处理可提高充填和改善产品的物理机械性能。此外，碱式碳酸镁$3MgCO_3 \cdot Mg(OH)_2 \cdot 3H_2O$也可作为阻燃剂，在290℃和414℃左右释出结晶水，在502℃释出CO_2。起吸热和稀释效应。适用于聚烯烃、聚酰胺、乙丙橡胶。 （徐应麟）

镁盐侵蚀　magnesium salt attack

介质中可溶性镁盐对水泥混凝土的侵蚀作用。镁盐与水泥石中的氢氧化钙作用，生成溶解度小、强度低的氢氧化镁，它的饱和溶液的pH值仅为10.5，低于水化硅酸钙和水化硫铝酸钙稳定的pH值，导致水泥石中各水化产物分解，使水泥混凝土破坏。镁盐对水泥的侵蚀比一般的硫酸盐侵蚀要严重得多。 （陆　平）

镁质胶凝材料　magnesite binding material

主要成分为活性氧化镁的一种气硬性胶凝材料。由菱镁矿、天然白云石、蛇纹石或其他含镁原料经煅烧磨细而成。常用的是菱镁矿经低温煅烧、分解所得的具有较高活性的菱苦土。一般用氯化镁、硫酸镁或其他盐类调和。凝结时间要求初凝不早于20min，终凝不迟于6h，可用调整氯化镁等盐类的用量加以控制。与植物纤维具有很好的黏结性，而且碱性较弱，不会腐蚀纤维。建筑工程中常用来制造各种板材（木屑板、木丝板、刨花板）或与木屑拌合铺设无缝地面。也是配制氯氧镁水泥和菱镁混凝土的主要原料。 （孙南平）

镁质绝热材料　magnesite thermal insulating material

用镁质胶凝材料将适量导热不良填料胶结起来得到的保温绝热材料。其吸湿性大，易潮解，仅适于在干燥环境中使用。主要有：①木质纤维菱苦土：以木刨花、木屑、竹筋等纤维质为填料制成的保温绝热材料，改变表观密度可改变其热导率，可用于一般建筑工程；②泡沫菱苦土和泡沫白云石：内部有均匀分布球形密闭气泡的菱镁混凝土，起泡剂可用松脂、动物胶等溶液，表观密度在600kg/m³以下，可用于一般建筑工程；③石棉苦土粉：由菱苦土粉和15%磨细石棉混合而成，用时加调和剂，用作保温绝热填充料，也可制成与被包裹物体外形相同的制品或板材，用于350℃以下各种机械设备、管道的保温绝热；④石棉白云石：10%以下的松散石棉与苛性白云石粉溶液混匀，经成型、养护和干燥而得，可制成或切割成任意形状，在500℃以下使用，用途同石棉苦土粉。　　　（孙南平）

镁质耐火材料　magnesite refractory

又称方镁石质耐火材料，简称镁砖。以氧化镁为主要成分的碱性耐火材料。主晶相为方镁石，其他为少量硅酸盐矿物及玻璃相。当原料中CaO/SiO₂>2时，主要生成熔点高的硅酸二钙，有利于提高制品的高温强度及抗渣性。主要原料为由菱镁矿或海水氧化镁煅烧得到的镁砂。前者的主要有害杂质为Al_2O_3、SiO_2和Fe_2O_3，后者的主要有害杂质为B_2O_3。方镁石晶粒大和纯度高的镁砖的荷重软化点和热震稳定性远比普通制品好。镁砖是最重要的碱性耐火材料。广泛用于钢铁及有色金属冶炼炉及水泥回转窑上。某些分类法将镁铝、镁铬及镁橄榄石耐火材料等含MgO的材料统称镁质耐火材料。中国有丰富的菱镁矿资源，是发展该材料的良好基础。　　　　　　　　　　（李　楠）

镁质石灰　magnesium lime

氧化镁含量高于5%的生石灰。在通常的煅烧条件下，氧化镁组分往往因过烧而呈方镁石形态，消化速度缓慢，甚至不能消化。用于生产硅酸盐制品及抹面砂浆时，常在养护过程中继续消化，使制品开裂破坏或使表面局部脱落。可采用适当的化学外加剂或矿物掺合料或加压消化等措施抑制或减轻这种破坏作用。　　　　　　　　　（水中和）

men

门铍

俗称门环。钉在大门上，形似铍，中带环的金属配件。外缘多为圆形或六角形，亦可镂制各种花饰，中央凸起并安环，为扣门和开关门户的拉手。

（马祖铭）

门窗贴脸板　stile edging board

简称贴脸板。加盖在门樘、窗樘与砖墙接合处的木盖板。用于门樘处的又称门头线；用于窗樘处的称窗头线。板厚20～25mm。既有盖缝的作用，又具装饰效果。　　　　　　　　　（姚时章）

门窗用铝合金型材　aluminium alloys for gate and window

用于制作门窗框料构件的铝合金型材。材质有防锈铝、硬铝、超硬铝和锻铝。具有强度高、刚性好、耐腐蚀、表面经氧化着色处理可成柔和颜色或彩色花纹，表面光洁，密封性能好，产品易于实现设计标准化和系列化等特点，广泛用于建筑上的门窗制作。　　　　　　　　　　（陈大凯）

门弹弓　door spring bow

又称弹簧门弓，俗称鼠尾弹弓或鼠尾弹簧。装在门扇中部的一种闭门器。选用优质低碳钢、铸铁弹簧钢制成。能使内开或外开的木门扇在开启后，借管内弹簧的扭力使之自动关闭。规格200～300mm者适用于轻便门，400～450mm者适用于一般门扇。如门扇不需自动关闭时，可将臂梗垂直放下，弹簧即失去自动关闭作用。适宜装在一个方向开启的门扇上。

（姚时章）

门底弹簧　door-bottom spring

又称地下自动门弓。安装在门扇底部的一种闭门器。分直式和横式两种，性能与双管式弹簧铰链相似。当门扇开启后，能使门自动关闭，并依靠其地轴和顶轴的轴心与门框连接，而不需另用铰链。适用于内外开启的弹簧木门。

（姚时章）

门钉

钉于门上的泡头形装饰钉。原为门板结构上的一种加固设施，因显露钉痕影响观瞻，所以又将钉帽做成泡头形状，遂由结构应用而变成装饰物，使门面庄严，显出凛然不可侵犯的样子。门钉首见于《洛阳伽蓝记》的永宁寺记载中："魏灵太后起永宁寺浮屠，有四门，面有三户六窗，户皆朱漆，扉上有五行金钉，合五千四百枚，复有金环铺首。"此后，历代建筑的板门、砖石塔的浮雕绝大多数都用门钉，但到明代仍无定制。门钉一般都是纵横三至七路，每路六至七枚。清代有了严格的规定，乾隆《大清会典》记载："宫殿门庑皆崇基，上覆黄琉璃，门设金钉。坛庙圜丘壝外内垣门四，皆朱漆金钉，纵横各九。亲王府制，正门五间，门纵九横七。世子府制，正门五间，金钉减亲王七之二。郡王、贝勒、贝子、镇国公、辅国公与世子府同。公门钉纵横皆七，侯以下至男递减至五五，均以铁。"

（马祖铭）

门顶弹簧　door-upper spring

又称门顶弹弓。装于门顶上的一种油压式闭门器。内装可调节的缓冲油泵,能使门扇开启后自动而缓慢地关闭,以便行人能从容通过。门扇与框接触时没有碰撞声,主要用于机关、医院、学校、宾馆等比较高级的房门上。用于内开门扇时,应装在门内;用于外开门时,则装在门外。不适用于双向开启的门。　　　　　　　　(姚时章)

门定位器　door-director

用来固定开启的门扇,使之停留在所需位置的建筑五金。品种有橡皮头门钩(脚踏门钩)、门扎头、脚踏门制、磁性定门器等。分横式和立式两种,装于门扇的中部或下部以固定开启的门扇。选用时应根据使用要求而定。　　　　　(姚时章)

门扎头　door-binder

由扎头和卡座组成的一种门定位器。其特点是使用方便,开门时将门扇向墙壁方向一推,门扇上的扎头就被装在墙壁(横式)或靠近墙壁的地板(立式)上的卡座扎住,即被固定。关闭门扇时,只需将门扇稍用力一拉,即可使钢皮扎头与簧片卡座分开。

横式　　　立式
　　　　　　　　(姚时章)

meng

猛度　brisance

炸药爆炸动力作用初阶段的强度。反映炸药功率和爆炸应力波强度的大小。它主要取决于炸药的爆压 P:

$$P = \frac{1}{4}\rho D^2$$

式中 ρ 为炸药密度;D 为炸药爆速。爆破坚硬岩石或要求块度小时,应选用高猛度炸药。工程上采用铅柱压缩法(图)测定猛度:在钢板中央放置 $\phi 40 \times 60$mm 铅柱,上垫 $\phi 40 \times 10$mm 钢片,称取炸药 50 ± 0.02g,装入 $\phi 40$mm 纸筒内,将8号雷管插入药筒中心 15mm。起爆后,铅柱压缩平均值,即为猛度,以 mm 表示。

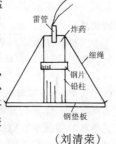

　　　　　　　　(刘清荣)

蒙脱石　montmorillonite

又称胶岭石或微晶高岭石。一种结晶细小的黏土矿物。由喷出岩,特别是火山凝灰岩经风化作用而成,是膨润土和漂白土的主要矿物。单斜晶系,常呈土状隐晶结构,化学通式为 $(Al,Mg)_2[Si_4O_{10}](OH)_2 \cdot nH_2O$,含水量变化较大。白色,有时带浅红、浅绿色,光泽暗淡,硬度1,相对密度2.0。加水膨胀,并成胶体;可塑性强、塑性指数高,正常流动度需水量大;有强的吸附力与阳离子交换性能。以该矿物为主的黏土能使水泥生料易于成球而有利于立波尔窑和立窑的煅烧;但由于它使料浆水分加大而不利于湿法生产。用在陶瓷工业能使坯件强度提高。　　　　　　　　(冯培植)

mi

弥散增强复合材料　dispersion strengthened composite

见复合材料(130页)。

泌出　exudation

见混凝土降质(207页)。

泌水量

见泌水率。

泌水率　bleeding percent

混凝土混合料泌出水量对其含水量之比。是表示泌水特征的基本参数。设泌出水量为 $W_b(cm^3)$,含水量为 $W(cm^3)$,则泌水率 $=(W_b/W)100(\%)$。表示混合料泌水特性的其他特征参数还有①泌水速率,指析出水的速度,以单位面积上每秒泌释多少水量表示,单位时间泌释水量为 $Q(cm^3/s)$,A 为泌水面积(cm^2),则泌水速率为 $Q/A(cm/s)$;②泌水量,指单位面积泌出的水量,即 $W_b/A(cm)$;③泌水容量,指混合料单位厚度的平均泌水深度 H_b,设混合料的体积为 $V(cm^3)$,厚为 $H(cm)$,泌水断面上析出水量为 $W_0(cm^3)$,则泌水容量 $= H_b/H = W_b/V$。泌水率须与上述泌水特征参数一起才能全面反映混合料的泌水性。　　　　　(徐家保)

泌水率比　bleeding rate ratio

表示掺外加剂的混凝土拌合物或水泥浆泌水性能的指标。泌水率比大表示拌合物或水泥浆析出水量多,容易离析。可用下式表示:

$$B_R = \frac{B_t}{B_c} \times 100$$

式中 B_R 为泌水率比,(%);B_t 为掺外加剂混凝土泌水率,(%);B_c 为基准混凝土泌水率,(%)。

　　　　　　　　(陈嫣兮)

泌水容量
见泌水率（335页）。

泌水速率 bleeding rate
见泌水率（335页）。

泌水性 bleeding
又称析水性。混凝土混合料或砂浆表面析出水的性能。在制作混凝土混合料或砂浆时，拌合用水超过混合料或砂浆保水能力时，在运输、浇灌、静置后到开始凝结前，因固相组分下沉，水分上升而析出多余的拌和水，严重的泌水现象会使混凝土表层含水量增加很多，导致大量浮浆，影响硬化后面层强度及层间黏结力；或使水分集积在粗集料及钢筋下方，硬化后形成孔隙，降低混凝土强度、抗渗性和抗冻性。通常用泌水率（泌出水量对混合料含水量之比%）、泌水速率（泌出水的速度cm/s）来表征。影响泌水性的主要因素有水泥品种、细度、混合材料的种类和掺量、加水量及温度等。
（潘介子）

密度 density
物体（材料）的质量 m 和其体积 V 的比值。工程上常按材料的聚集形态和其体积的密实状态不同，分为几种：①真密度，常简称密度，材料的质量与其实体积（又称绝对体积，无孔隙与游离水分）之比（参阅比重）；②表观密度，材料的质量与其表观体积（含有孔隙体积，孔隙内或表面可能有水分）之比；③视密度，散粒材料的质量与其视实体积（不含粒间空隙，但含有闭口孔隙的体积）之比；④堆积密度，散粒材料的质量与堆积体积（包括颗粒间和颗粒与容器壁间的空隙体积及颗粒内的孔隙体积）之比；⑤相对密度，材料的真密度与水密度之比（无量纲）。各种密度的单位视使用要求而定，常用的有 g/cm^3、kg/L，或 kg/m^3、t/m^3。材料密度的计算通式为 $\rho = m/V$，式中 m 为材料质量（g）；V 为体积（cm^3）。（潘意祥）

密封带 sealing tape
又称密封条、嵌缝条。具有预制形状，在受压条件下使用于建筑结构中的定型建筑密封材料。可分为弹性型和非弹性型两类。弹性型有聚氯乙烯系、氯丁橡胶系、氯磺化聚乙烯系、三元乙丙橡胶系、沥青聚氨酯系密封带等；非弹性型有聚丁烯系、聚丙烯系、丁基橡胶系、橡胶沥青系密封带等。其中嵌缝密封带具有良好的压缩回弹性；贴缝用密封胶带具有良好的黏结性、延伸性和弹性。具有不需要溶剂，贮存期长，安装方便等优点。应用于建筑工程屋面、墙板、门窗、地下变形缝的密封防水。
（洪克舜　丁振华）

密封膏 sealants
用来填充建筑物接缝、具有防水和气密功能的弹性膏状建筑密封材料。主要包括树脂系建筑密封材和橡胶系建筑密封材料。特点是弹性大，塑性小，对变形恢复能力强，抗拉强度高，黏附性好，使用年限长。同嵌缝膏的主要区别在于弹性大，变形恢复能力强。可用于接缝伸缩率在±12%或±25%以上的建筑物接缝防水和防尘。
（刘尚乐）

密封膏耐热老化试验 test of heat aging of sealing caulk
模仿并预测密封膏在高温气候作用下老化失效的人工加速试验法。主要适用于单组分或多组分的弹性密封材料。其方法一般是：将混合好的密封膏置于 $23±2℃$，相对湿度50%的环境中7d，再置于 $70±2℃$ 的环境中21d，测其失重率，并观测其失效、粉化、开裂状况。（徐昭东　孔宪明）

密级配沥青混凝土 dense grading bituminous concrete
矿质集料空隙率小于5%的一种沥青混凝土。相对开级配沥青混凝土而言，矿质骨架具有较高的密实度。砂质集料按最佳配理论配合而成，在矿料组成中，含有较少的粗集料，而含有较多的细料和粉料，与沥青组成沥青混合料经压实后，具有较高密实度和强度，通常用作高等级沥青路面的面层。
（严家伋）

密实成型工艺 compacting moulding process
借助重力或外力使混凝土混合料密实并形成一定形状的方法。新拌的混凝土混合料含有大量空气，结构松散而不稳定，经过密实成型，才具有一定的外形和密实的内部结构。成型是混合料向模型四周流动，充满模型而获得所需的外形。密实是混合料向其内部空隙流动，填充空隙而达到结构密实。对密实混凝土来说，密实与成型是同时进行的，而对于多孔混凝土来说，成型则是主要的，因为细小而均匀的气孔是其结构的组成部分，不属于流动所要填充的。按混凝土混合料的特点、流动性和作用力，可分振动密实成型、压制密实成型、离心密实成型、真空密实成型、浇注自密成型等。若采用复合密实成型，效果则更好。（孙宝林）

密实度 denseness
又称紧密度。材料体积内固体物质充实的程度。按下式计算：$D = (V/V_0) \times 100\%$，或 $D = (\rho_0/\rho) \times 100\%$，式中：$D$ 为密实度；V 为绝对体积；V_0 为表观体积；ρ、ρ_0 分别为材料的密度、表观密度。含有孔隙的固体材料的密实度小于1。它与材料的技术性能如强度、耐久性、抗冻性、导热性等都有密切关系。
（潘意祥）

密实剂 densibier

能减少混凝土和砂浆毛细管孔隙，增加其密实性的混凝土外加剂。减水剂、膨胀剂、防水剂都可用作密实剂。减水剂的作用是减少拌合物中水量，从而减少混凝土中毛细管孔隙。膨胀剂能使混凝土在硬化过程中产生一定体积膨胀而使混凝土密实。防水剂的作用是减少混凝土孔隙和堵塞毛细通道。也可加硅灰、优质磨细粉煤灰等作密实剂。

(陈嫣兮)

密实因素 compacting factor

又称捣实因素，密实系数。对混凝土混合料作一定量的功后，所能达到的密实程度。是测定混凝土混合料工作性的一种指标。由英国道路研究试验室提出，已列入英国标准。用密实因素仪（图）测定时，将混合料装满上面料斗，打开料斗底部门，落入下面较小的料斗至料溢出，再用同法使混合料落入圆筒中，至溢出后将料刮平，称料重，按 $P = G_1/G_0$ 计算所得的数值即为密实因素。式中 G_1 为圆筒中混合料的质量，G_0 为同体积最大密度混合料的质量。它对低流动性混凝土混合料的反应较为敏感。

(潘介子)

密陀僧 lead monooxide

见氧化铅（567页）。

密着层 adhesive layer

搪瓷烧成后基体金属和底釉层之间形成的过渡层。其性能决定于搪瓷釉与金属结合强度的大小，用密着强度（使瓷层从试件的试点处全部脱离金属所需的力）表示。一般采用间接方法测定。如弯曲法，即将试样弯曲到 90°～180°，测定金属被弯曲到密着层尚未受到破坏时的角度，或者判断金属脱瓷后表面的状态。如底釉呈细针状脱落并显出暗色金属表面，则表示密着良好；如脱落了的瓷层的金属呈银灰色的光亮表面，则表示密着不良。冲击法，将一定重量的钢球在可调节的高度落下，冲击瓷面直至破坏，按球重及下落高度来估算，此外还有针入法、撕开法等。搪瓷釉的表面张力、浸润性；金属表面状态、纯净度等因素都会影响密着强度的大小。

(李世普)

mian

棉纤维 cotton fibre

锦葵目锦科棉属植物的种子上的纤维。化学成分几乎是纯棉纤维素。是纺织工业的重要原料，中国至少在 2000 年前在现今广西、云南、新疆等地区已被采用。主要品种有海岛棉、陆地棉、亚洲棉和非洲棉，以陆地棉种植最广，海岛棉品种最优。其制品吸湿性和透气性好，柔软而保暖，可制多种衣着和工业纺织品。在建筑中主要用作装饰织物、墙布等。

(姚时章)

免烧粉煤灰轻集料 non-sintered fly-ash lightweight aggregate

又称非煅烧粉煤灰轻集料。以粉煤灰为主要原料，与少量水泥和固化剂混合、成球、养护而成的轻粗集料。因不用高温焙烧而得名。其堆积密度 800～900kg/m³，吸水率 25%～32%，筒压强度 6.0MPa，可用以制作 CL20 以上的轻集料混凝土。主要用以生产轻集料混凝土小砌块。

(龚洛书)

免烧粉煤灰轻集料混凝土 non-sintered fly ash lightweight aggregate concrete

用免烧粉煤灰轻集料配制成的轻集料混凝土。与陶粒混凝土相比，表观密度和收缩率较大，成分较复杂。某些免烧粉煤灰轻集料的硫酸盐含量（按 SO_3 计）较高，对钢筋有一定锈蚀作用，而且碳化后强度降低。主要用于制作轻集料混凝土砌块，在配筋构件中应用较少。在国内外尚处于研究与应用的初期。

(龚洛书)

冕玻璃 crown glass

简称K玻璃。阿贝数（ν）基本上大于 50 的一类光学玻璃。多以硼硅酸盐和铝硼硅酸盐系统为基础玻璃成分。按折射率的高低和化学组成特点分：氟冕（FK）、轻冕（QK）、冕（K）、磷冕（PK）、钡冕（BaK）、重冕（ZK）、镧冕（LaK）、钽冕（TaK）和特冕（TK）等品种。在每个品种中还有很多牌号。与火石玻璃制成组合透镜可消除光学系统的象差和色差。

(刘继翔)

面包砖 bloated brick

烧结砖表面鼓胀呈面包状的一种烧成缺陷。砖坯中内燃料过量、升温过快、表面急剧玻璃化而致密，但内部产生气体的反应尚未结束，气体无法逸出，导致显著膨胀，从而使砖变形。影响砖的外观质量，砌筑时不易控制灰缝的厚度。

(陶有生)

面分析 area analysis

用电子探针或能谱仪对试样某一区域、某种元素的分布情况进行分析的一种方法。入射电子束在样品表面某一区域进行面扫描，检测待测元素的特征X射线信号，在荧光屏上获得由许多亮点组成的图像。根据亮点的疏密和分布，可确定该元素在试样表面的分布情况。当谱仪调整到探测其他元素的特征X射线状态时，可获得其他元素在该区域的面分布图。

(潘素瑛)

面粉 wheat flour, flour

俗称白面。小麦磨制的细粉。建筑中用来配制火碱面胶大白粉刷浆材料，用量为大白粉∶面粉∶火碱∶水＝100∶2.5∶1∶150～180。配制方法为，面粉和火碱分别用水稀释，将火碱液缓慢加入面粉悬浊液中，随加随搅，面粉在火碱作用下成为浅黄色火碱面粉胶。按比例将其兑入大白粉料浆中即可使用。在古建油饰工程中用其与生石灰水、灰油调制油满（即调制油灰的混合黏结剂）。参见油满（583页）。
（谯京旭　王仲杰）

面角守恒定律 conservation law of interfacial angle

同种物质的所有晶体，不论外形和大小如何，其对应晶面间的角度保持不变的定律。例如方解石，解理菱面体的晶体表面之间夹角恒定为74°55′。根据这一定律，通过对晶面夹角的测量和投影，可以揭示晶体固有的对称性，绘制出晶体的规则形态，鉴定出晶体的种类。
（孙文华）

面漆 finish, top coat

多层涂装时，涂于最上层的色漆或清漆。性能决定于所使用的主要成膜物质。主要有过氯乙烯树脂防腐面漆、聚氨酯耐磨面漆、氯乙烯－偏氯乙烯防潮面漆、丙烯酸酯耐候保光面漆等。由于该涂层为可见层，对颜色和光泽等有较高的要求。
（陈艾青）

面叶

较大槅扇或槛窗边梃看面四角安装的铜制饰件之总称。依部位不同分双拐角叶、单拐角叶、双人字叶、单人字叶、看叶等。上可冲压云龙花饰。用泡钉钉于边梃与上下梃（上下榻头）交接处，具有加固榫卯节点和装饰作用。看叶又称梭叶，两端做云头，钉于边梃上，中可安环，以供按摸或加锁。
（马祖铭）

面釉 cover-coat enamel

用于在底釉层上形成面釉层的瓷釉。赋予制品以光滑美观的表面和一系列优良的物理化学性能。要求与底釉软化温度范围相互适应。按其用途不同，制品表层可采用不同性能的瓷釉。如日用搪瓷常采用装饰性良好的乳白面釉和彩色面釉。化工搪瓷用耐酸面釉。
（李世普）

ming

明场像 bright field image

用透射电镜，对薄晶体试样进行电子衍射分析时，只让透射束通过，经放大后形成的电子像。将试样在物镜后焦面上出现的衍射花样，用足够小的物镜光阑把衍射束挡掉，只让透射束通过，在像平面上形成一幅电子图像。这幅图像反映了材料的晶体学性质，可以研究晶体缺陷、位错、层错以及相变等细节。
（潘素瑛）

明矾 alum

又称白矾。含有结晶水的硫酸钾和硫酸铝复盐。分子式是 $K_2SO_4·Al_2(SO_4)_3·24H_2O$。由天然明矾石经过煅烧、萃取、结晶而得。味涩，半透明状。因具有短时防水作用，故在古建筑彩画工程中用于固定颜色。将其用水溶化，兑入少量胶水，涂于底层颜色之表。防止再上色和渲染时，底层颜色溶化而咬色。在给水工程中可用作净水剂（混凝剂）。
（谯京旭　王仲杰）

明矾石 alunite

化学式为 $KAl_3[SO_4]_2(OH)_6$ 的一种含水钾铝硫酸盐矿物。常含 Na_2O。三斜晶系，晶体细小，常呈细粒状、土状或致密块状。白色或浅褐色，常带浅黄、浅灰、浅红等色。玻璃光泽。莫氏硬度 3.5～4.0，相对密度 2.6～2.8。与石英、高岭石等矿物共生。可用于生产某些快硬水泥或膨胀水泥和提取硫酸钾、硫酸铝或明矾。
（冯培植）

明矾石膨胀水泥 expansive alunite cement

由硅酸盐水泥熟料、明矾石、石膏和粒化高炉矿渣（或粉煤灰）磨制成的硅酸盐型膨胀水泥。膨胀组分为煅烧或未煅烧的明矾石和石膏。由于形成钙矾石而膨胀。水泥净浆在水中养护28d膨胀率为0.35%～1.0%。抗裂性好，强度高且后期强度持续增长，与钢筋黏结力强。主要用于收缩补偿混凝土的结构工程、防渗工程、混凝土后浇缝、构件接缝、梁柱和管道的接头、浇注地脚螺栓以及作修补和补强材料。
（王善拔）

明光漆

生漆低温脱水，加入松香粉末制成的天然漆。有时亦指广漆。褐黑色、半透明，有光泽，稠度适中。炼制方法是将熬漆锅在火上加热，倒入滤好的生漆（切忌将生漆倒入冷锅内），用文火慢慢熬炼，同时将事先准备好的黑松香粉末均匀地分批洒在生漆面上，边洒边用木棍不停地搅拌，使松香受热熔化与生漆充分化合。松香加入量为生漆量的40%～60%，达到火候时要及时起锅除烟，冷却后过滤即成漆料。漆料不能单独使用，涂刷时还必须加入生漆。一般配比（重量）为漆料3份、生漆2份。建筑中主要用来髹漆木器家具、古建筑装修工程等。
（马祖铭）

明瓦 translucent clam shell tile

装在窗棂上状若云母的银白色半透明的蚌壳加工制品。其大小根据窗棂间距，一般为 70mm×

70mm左右，厚度在1mm左右。镶嵌于两片竹篾叠制成近于窗棂图案的框架内，固定在窗上或屋顶上，用作采光材料。　　　　　　　（沈炳春）

mo

摩擦焊　friction welding

两焊件的结合面作相对旋转，借摩擦生热并加压而连接的一种压力焊接方法。所用摩擦焊机由机架、传动机构、转动和加压部件组成。焊接时，焊件高速旋转并作轴向移动，使端面接触，加一定压力，从而产生相对摩擦，摩擦发生的热能作用于焊接面，使焊件接触部金属达到塑性状态，接触面增大，然后快速施加顶锻力使表面金属原子结合、扩散，形成共同晶体，两焊件即行焊合。主要用于钢筋等的圆棒（柱）形工件的对接。　　（孙复强）

摩尔电导　molar conductivity

含有一摩尔电解质的溶液，在电极间距为1m的电导池中所表现的电导。以λ_m表示，其单位是$s·m^2·mol^{-1}$。用mol作单位时，必须指明电解质基本单元的化学式。例如，基本单元为$[KCl]$、$[CuSO_4]$和$[\frac{1}{2}CuSO_4]$，对$CuSO_4$而言，则有$\lambda_{m[CuSO_4]}=2\lambda_{m[\frac{1}{2}CuSO_4]}$。对于强电解质，$\lambda_m$值随溶液稀释而增大。　　　　　　（夏维邦）

磨光玻璃　polished plate glass

表面不平整的平板玻璃经研磨、抛光成表面平整无光畸变的玻璃。研磨的目的在于获得平整的表面，抛光的目的在于把研磨后所得毛玻璃重新成为具有透明和光泽的性能。研磨材料一般是硅砂，抛光材料是红粉（α-氧化铁）或氧化铈粉。研抛后的玻璃表面存在着大量视觉不可观察到的微裂纹，因而它的强度低于磨光前的玻璃。主要用作衣镜、有机玻璃的成形模具、汽车与船舶的门窗、盥洗室整容镜等。由于浮法玻璃的表面质量可达到机械磨光玻璃的水平，大部分产品已为之替代。
　　　　　　　　　　　　　　　（许超）

磨加剂　mill addition

研磨熔块时添加的能调整搪瓷釉性能的物质。主要有悬浮剂（黏土、水和电解质组成）；乳浊剂和着色剂。　　　　　　　　　（李世普）

磨砂玻璃　ground glass

玻璃板在不断供应石英砂浆和带有钢刷的磨盘回转磨削下形成的毛玻璃。毛面粗糙度取决于钢刷的硬度、磨盘的压力与回转速度、砂浆的浓度、用量及砂子的粒径等，由于成本高于喷砂玻璃，目前已不再用此法生产大面积的毛面玻璃。其用途与喷砂玻璃（见368页）相同。　　　　（许超）

磨细生石灰　ground burnt lime

由块状生石灰磨细而得的细粉。有时也加入硅质灰渣、浮石等混磨而成。用于建筑工程时，要求900孔筛筛余不大于5%；4 900孔筛筛余不大于25%。生产硅酸盐制品时，一般要求全部通过900孔筛，且4 900孔筛筛余不大于15%。较高的细度，可加快水化硬化，减小消化时的体积膨胀，改善制品性能。为避免凝结速度过快，常采用二水石膏等作缓凝剂。广泛用于硅酸盐制品和碳化石灰制品。也可拌制建筑砂浆及配制无熟料或少熟料水泥。　　　　　　　　　　　　　（水中和）

抹浆法　lay-up process

将连续的纤维纱、纤维毡片或网布一层层地铺放在模型内并抹水泥净浆或砂浆以制造纤维增强水泥制品的一种方法。每铺一层，即用压辊或振动抹刀使水泥净浆或砂浆浸入纤维中，如此反复地使料层达到一定厚度。此法可控制纤维在制品中的取向，并且纤维体积率也较高，适于制形状复杂的制品。　　　　　　　　　　　　　（沈荣熹）

抹面砂浆　finishing mortar, mortar for coating

又称抹面灰浆。建筑物表面以薄层状涂抹用的砂浆。其功用为保护墙体、地面、屋面和梁柱结构等不受风雨或有害介质直接侵蚀，提高防潮、防腐、抗风化等耐久性能，并使表面平整美观。按操作工艺一般先用1:3水泥砂浆填孔刮平作基层处理以后，抹灰分底层、中（间）层和面层三道。底层、中层灰宜用1:3石灰砂浆或按设计要求定，底层较厚，一般7～9mm，应与基层牢固黏结，抹中层灰应由下向上刮平，补灰搓平（找平）。待中层灰六七成干时抹面层灰，厚度在用麻刀石灰时不大于3mm，若用纸筋石灰、石膏灰不得大于2mm；石膏灰面层不得涂抹在水泥砂浆面层上。面层要求易于涂平、光洁细腻、色泽均匀。按其功用可分为普通抹面砂浆（简称抹面砂浆）和装饰砂浆两种，前者兼具防护与装饰作用，后者则主要满足装饰要求。　　　　　　　　　　　　　（徐家保）

莫来石耐火材料　mullite refractory

主要由莫来石构成的高铝耐火材料。莫来石为$Al_2O_3-SiO_2$系中惟一的化合物。通常所制得的莫来石材料中Al_2O_3/SiO_2分子比在3:2及2:1之间。可以制成烧成制品、不烧制品、熔铸制品及不定形耐火材料。它们具有良好的热震稳定性、耐侵蚀性及高荷重软化点，是优质耐火材料。广泛应用于高炉、热风炉、玻璃窑、铁水预处理、炉外精炼等热工设备上，也常用作陶瓷窑具材料。　　（李楠）

莫氏硬度 Mohs' hardness

又称摩氏硬度。用抵抗刻划能力来表示的硬度，符号为 HM。1812 年由 F.Mohs 提出。以十种具有不同硬度的矿物作为标准，构成莫氏硬度计 (Mohs hardness scale)，按软硬程度排列成十级：①滑石、②石膏、③方解石、④萤石、⑤磷灰石、⑥正长石、⑦石英、⑧黄玉、⑨刚玉、⑩金刚石。被测矿物的硬度是与莫氏硬度计中标准矿物互相刻划比较来确定。此方法的测值虽然较粗略，但方便实用。常用以测定天然矿物的硬度。 （潘意祥）

墨 China ink

书画所用的黑色颜料。有松烟墨、油烟墨、漆烟墨之分。松烟墨由松烟、桐煤、骨胶制成。以中国徽州产的墨为上品。彩画中常用来打画稿，一般采用油烟墨。 （马祖铭）

mu

模壁效应 wall effect

试模壁部对混凝土混合料填实性的影响。为填满粗集料颗粒与模壁间空间所需砂浆数量，总是大于填实试模心部粗集料之间的空隙所需的砂浆量（图）；试件小而粗集料粒径大时两者的差值较大，该效应较显著。为减小此影响，一般规定混凝土立方体试模内边长不宜小于 100mm，试件最小尺寸与集料最大粒径之比不宜过小（不小于3）。 （徐家保）

模型石膏 moulding plaster

用于制模用的 α- 或 β- 半水石膏粉。它与建筑石膏相比，纯度高、粒度细、硬化体强度较高。用于粗、细陶瓷，机械制造，医学和其他工业制作模具和模型。 （高琼英）

模压成型 compression moulding of plastics

又称压缩模塑、压制成型。在封闭的模腔内，借助压力和温度（振动）成型制品的方法。设备为液压的单层压机。主要用于热固性塑料如酚醛、脲醛、蜜胺、不饱和聚酯等塑料与增强塑料的加工，它们在热压时发生固化反应，其分子从线型或支链型结构变体型结构，同时可能放出低分子的气体，热压时需卸压排出，固化后的产品可热脱模。加工热塑性塑料时，它们在模具内熔化充满模腔，成型后必须冷却至一定温度才能脱模，生产周期长。优点是尺寸精确，表面光洁，可利用多槽模进行大量生产。主要用于制造机械零部件、卫生洁具、建筑小五金、管件阀门、电器开关、车用零件和日用品等。对混凝土的模压成型，还要配备振动压模。混凝土混合料灌入钢模后，振动压模边振边沉，在振动和压力的作用下，使混凝土液化、密实，表面被压成与模底相应的几何形状。适合用于硬性混凝土生产表面形状复杂的大型混凝土制品。 （顾国芳 孙宝林）

木铵灌浆材料

用亚硫酸盐纸浆废液、尿素、甲醛和固化剂配制而成的灌浆材料。常用的固化剂有硝酸铵、硫酸。灌浆液的初始黏度为 $(3\sim4)\times10^{-3}$Pa·s，可灌入 $0.08\sim0.03$mm 的裂缝或孔径中。渗透系数为 $10^{-3}\sim10^{-5}$cm/s，凝胶时间为瞬间至数十分钟。固化后凝胶体不收缩、不干裂、抗压强度为 $2\sim10$MPa。灌浆液中因含有甲醛，挥发时有刺激性臭味，施工时应注意防护。可采用单液或双液注浆法施工。用于矿井、堤坝、地下构筑物的封水堵漏，井壁的封水加固。 （刘尚乐）

木材 wood

树干、树枝和树根的髓 (pith) 与形成层 (cambium) 之间的部分。在植物学中称之为木质部 (xylem)，作为建筑或工业材料时泛称木材。商品材主要取自针、阔叶树材的主干。树木高生长所形成的组织称为初生组织 (primary tissue)，直径生长，由形成层分生的组织称为次生组织 (secondary tissue)，向外分生的为次生韧皮部，向内分生为次生木质部，即我们所利用之木材。其利用与人类文明史是并行的，从距今约 6 000 年的浙江余姚河姆渡新石器时代的遗址中出土大量木建筑构件来看，木材作为一种建筑材料具有悠久的历史，迄今仍是建筑、铁路交通、军工、纸浆、纤维及日常生活等不可缺少的重要资源。作为建筑木材具有：①易于加工，用简单的手工工具就能进行锯、刨、铣、钻、钉、粘等加工；②强度重量比值高；③具有吸收能量的特性；④属弹塑性体，损坏时往往有一定预兆或讯号，给人以安全感；⑤有较好的热绝缘性和电绝缘性；⑥有天然的花纹、光泽、颜色等装饰价值等优点。其缺点是：①有湿胀干缩性，易变形，尺寸稳定性差；②易遭受生物性的败坏（腐朽、虫蛀、海生钻孔动物的侵蚀）而失去使用价值；③易着火燃烧，需作阻燃处理；④属非均质材料，变异性大。木材资源短缺，节约和合理利用木材是一项重点研究课题，还包括开展无损应力分级方法的研究，借以精确测定每件木材的强度值。 （申宗圻）

木材比强度 specific strength

木材强度与其密度之比或与密度的乘方之比，随其所考虑的强度性质而定，是反映木材质量的一个参数。 （吴悦琦）

木材冲击韧性 toughness or shock resistance of wood

木材吸收能量和抵抗反复的冲击荷载或抵抗超过比例极限的短暂应力的能力。韧性值按标准冲击试验方法确定,用摆锤式冲击试验机冲击木材抗弯试件,以击断时单位面积所吸收的能量(J/cm^2)来表示。 (吴悦琦)

木材传声性 acoustical conductivity of wood

木材吸收、扩散和透射声波的能力。传声性与木材的密度、弹性模量、含水率、纹理方向等有关。顺纹理的传声速度大于横纹理,近似于一般金属。木材的密度、含水率与传声速度成反比,而弹性模量越大,传声越快。在礼堂、剧院和音乐厅的内装修中,可利用木材的传声性以提高厅堂的音质效果。 (吴悦琦)

木材导电性 electric(al) conductivity of wood

木材通过电流的能力。常用电阻率的倒数表示。干木材是电绝缘体,随含水率增加绝缘性降低,当接近纤维饱和点时,在室温条件下的木材电阻率约为 $10^4 \sim 10^5 \Omega \cdot cm$,全干材在室温条件下的电阻率约为 $10^{17} \sim 10^{18} \Omega \cdot cm$,木材电阻率受含水率的影响很敏感,故可借电阻率的大小测定其含水率(电阻式木材水分测定仪)。 (吴悦琦)

木材导热性 thermal conductivity of wood

热量在木材中从高温一侧向低温一侧移动的性能。在单位时间内通过木材单位面积和单位厚度,保持木材两相对面温度相差1℃所需的热量,即为热导率,木材热导率随纹理方向、密度及含水率而发生变化,密度为 $350 \sim 700 kg/m^3$ 的木材,顺纹理的热导率为 $(4 \sim 21) \times 10^{-4} J/cm \cdot K \cdot s$,横纹理约为 $(10 \sim 52) \times 10^{-4} J/cm \cdot K \cdot s$,弦向和径向纹理的热导率差别很小。湿材由于含有很多水分,所以热导率较大,而干木材的热导率很小,主要是有一部分热需要通过木材中的空隙。干材是良好的保温材料。 (吴悦琦)

木材防腐处理 preservative treatment of wood

为使木材在使用过程中免受木腐菌、昆虫、海生钻孔动物等的危害,延长其使用年限,用木材防腐剂对木材进行的处理。所用的处理方法有加压处理法和常压处理法。根据木材使用的客观环境、防护主要目标、技术与经济条件等等,以及木材的树种,选择恰当的防腐剂并确定处理方法,防腐处理的效果通常按防腐剂的透入度、保持量、毒效持久性等来评定。常压法主要处理室内用材和作表浅防腐处理。加压法处理非室内用材和要求防腐剂有较大的透入度和保持量的用材,例如码头桩木、枕木等。 (申宗圻)

木材防腐剂 wood preservatives

毒化木材使之失去作为生物营养或栖居条件的一类物质。其含义不限于防腐,还包括防虫、防止海生钻孔动物的侵害。木材是生物性的天然有机材料,会受到真菌、细菌、昆虫以及海生钻孔动物的侵害,使木材中的物质降解或毁坏,降低或失去使用价值。生物侵害木材的客观条件:温度适宜、一定含水率与空气含量充足、木材本身物质可供这些生物作为营养物。这三个条件缺一不可,其中比较容易控制的条件,是使木材对这些生物有毒杀或抑制其生长的能力。防腐剂除了具有毒杀或抑制的能力以外,还必须对人、畜无害,或便于防范;注入木材后不易流失或挥发失效;无气味,无色,不污染环境;对金属等无腐蚀性;不降低木材的物理-力学性质;无助燃性,最好还兼有阻燃性;供应充沛和成本低。目前的防腐剂大致分为油类的、水溶性的和油溶性的三类。 (申宗圻)

木材复合板 wood composite board

由木材与其他材料组合胶压而成的复合板材。饰面刨花板、细木工板、空心板以及由金属箔与木材、竹材与木材胶压成的板均属于此类,可根据使用要求混合组坯加压制成。作室内装修材料。 (吴悦琦)

木材干缩 shrinkage of wood

当木材中含水率低于纤维饱和点时,其体积或尺寸随含水率降低所发生的收缩。体积干缩率以湿材体积与绝干材的体积之差与绝干材体积之比的百分率表示,每改变含水率1%的体积干缩率称体积干缩系数(但实际上含水率与干缩率并非成直线关系)。由于木材是各向异性材料,顺纹理方向和径向、弦向的干缩程度不相等,故线性干缩率又分为顺纹干缩率、径向干缩率和弦向干缩率。顺纹干缩率很小,仅 0.1%~0.3%,可忽略不计。径向干缩率为 3%~6%,弦向干缩率 6%~12%,体积干缩率 9%~14%。 (吴悦琦)

木材干燥 wood drying

将生材中的水分排除,使之达到加工或使用时所规定含水率的处理过程。分为大气干燥和人工干燥两类。大气干燥是把原木或板、方材堆积在空旷的贮木场或板院内,也可置于棚下,依靠大气的自然条件使木材逐渐干燥,干燥条件受当地自然环境的制约,很难控制,只能凭借材堆的堆集方式来调节;此法简单易行,但受场地、季节和气候条件的支配,干燥时间较长。人工干燥是借干燥介质的温度、相对湿度和空气循环速度等的调节,使木材能在较短时间内干燥到规定的含水率。有热空气干燥、真空除湿干燥及高频干燥等方法。人工干燥质

量好,但成本较高。 (吴悦琦)

木材干燥表面硬化 casehardening

干燥过的木材中的一种应力状态,其特征为表层受拉而内层受压存在着相反的应力。根据干燥应力的发展,表面硬化分为两个阶段,第一阶段是在干燥初期出现的,此时木材外层水分已蒸发到纤维饱和点以下,开始收缩,而内层水分仍处于纤维饱和点以上,仍无收缩,致使表层受拉应力,内层受压应力。如果继续干燥不当,表面已硬化,而内层水分蒸发和收缩受到阻碍,使内层受拉应力而表层受压应力,形成第二阶段的逆表面硬化。选择合适的干燥基准,并在干燥后期进行喷蒸处理(即蒸汽处理),可以防止和消除。 (吴悦琦)

木材干燥蜂窝裂 honeycombing, internal check

又称内裂。干燥不均匀,木材表层已干燥发生表面硬化,内部水分蒸发收缩受到表层硬化的抑止,而沿木射线所发生的内部开裂。蜂窝裂多发生于干燥后期,控制好干燥介质的温度、湿度可以避免。 (吴悦琦)

木材干燥基准 wood drying schedule

控制木材干燥过程中各阶段介质温度、湿度变化的程序表。通常用干球温度、湿球温度和干湿球温度差来表示。可分为按时间阶段操作的时间基准和按含水率变化阶段操作的含水率干燥基准。根据材料的树种、厚度和用途不同,每一类基准又可作更细的编制。干燥基准可依据经验和在实验室作干燥试验相结合来制订。合理的干燥基准应在保证质量的前提下使干燥时间最短。 (吴悦琦)

木材干燥扭曲 twisting

干燥板材时,同时发生横向弯曲和纵向弯曲所形成

扭曲

的干燥缺陷。扭曲多发生于纹理不规整的薄板上。用饱和空气作适当处理可使扭曲程度减轻。
 (吴悦琦)

木材干燥翘曲 warp

干燥不当的板材上横纹或顺纹方向出现的拱形。按翘曲方向分为翘弯(瓦形弯)、顺弯和横弯。控制干燥温度,在堆垛时正确放置隔条以及在材堆顶部放置重物等可以防止翘曲的发生。
 (吴悦琦)

木材干燥皱缩 collapse

湿材在高温下急剧干燥,在材面上出现搓板状的凹陷。其成因是水分迅速向外扩散,瞬间空气不能进入细胞腔,造成局部真空形成内外压力差。适当降低干燥介质的温度和提高湿度可以控制皱缩的发生。 (吴悦琦)

木材构造缺陷 defects of wood structure

树木生长过程中,因环境条件或受到伤害等所造成的不正常组织构造。如斜纹、应压木、髓心、双心、树脂囊、水层等等。这些缺陷对木材的利用和物理力学性能均有一定影响。 (吴悦琦)

木材含水率 percentage of wood moisture content

木材中所含水量与木材重量之比的百分率。通常用绝对含水率或相对含水率表示。木材所含水量占绝干材重量的百分率称为绝对含水率,含有水量占原重量的百分率称为相对含水率。 (吴悦琦)

木材横切面 transverse section, cross section

又称木材横断面。垂直于树干长轴的切面。用肉眼或借助于放大镜可见到的特征有近似同心圆状的生长轮(年轮)、心材、边材及木射线等。根据断面上有无管孔,可以将木材分为无孔材(针叶树材)和有孔材(阔叶树材),按其管孔的分布有孔材又可分为环孔材与散孔材。 (吴悦琦)

木材加工机械 woodworking machinery

以木材或木质材料为加工对象,改变其形状或物理、力学性能的各种加工机械的统称。除锯、刨、铣、钻、开榫、砂磨等各类切削加工机床外,还有压机、装配机及油漆涂饰机械等。
 (吴悦琦)

木材剪切强度 shear strength of wood

木材抵抗剪切的最大能力。分顺纹剪切与横纹剪切,横纹剪切常出现于构件榫接合处,顺纹剪切常见于梁弯曲的中心附近,顺纹剪切强度约比横纹剪切强度大4~5倍。剪切强度大小受木材密度、木材含水率、纹理方向以及节子、腐朽等木材缺陷的影响很大。 (吴悦琦)

木材锯解缺陷 defects of wood sawing

制材时,因下锯操作不当和刀具修磨不良等原因在锯材上留下的缺陷。主要包括钝棱和锯口缺陷两类。 (吴悦琦)

木材抗拉强度 tensile strength of wood

木材受外力拉伸而产生的最大抵抗力。分为顺纹抗拉强度和横纹抗拉强度,前者约比后者大40倍。 (吴悦琦)

木材抗弯强度 bending strength of wood

木材(梁)承受横向弯曲载荷的最大能力。一般指的是静曲强度,承受载荷可以在弦面上,也可以在径面上,但强度差别不大,而载荷的方式可以是集中的或均布的,木材的静曲强度 σ 取决于构件的断面模量 I/C 和跨距中任何一点处的力矩 M。

$$\sigma = M \cdot C / I$$

式中 C 为中性轴离材面的距离；I 为梁断面的转动惯量，其取决于受力构件的断面。抗弯强度是进行木屋架、地板、木桥梁、长桁架等构件设计时的重要参数。　　　　　　　　　　　　　　（吴悦琦）

木材抗压强度 compression strength of wood
　　木材受压力载荷而产生的最大抵抗力。分为顺纹抗压强度和横纹抗压强度，后者约为前者的 $1/3 \sim 1/8$，甚至 $1/11$。　　　　（吴悦琦）

木材密度 wood density
　　单位体积内木材的质量。木材的体积随纤维饱和点以下含水率的变化而变化，通常以绝干材的质量与生材体积之比表示，称之为基本密度。以气干时的体积为基准的称为气干密度，以绝干体积为基准的称为绝干密度。如果以湿材重量与湿材体积之比表示的则称为湿材密度，它只在特殊条件下才用，例如计算运输费用等。　　（吴悦琦）

木材缺陷 defects in wood
　　木材组织结构的不规则性与畸形，或因受机械损伤与病虫害侵蚀，致使木材外观、强度、加工与某些使用性能等方面受到不良影响的各种缺点的统称。分为：树木在生长过程中，受环境条件影响而形成的节子、不规则纹理、夹皮、应力木等木材构造缺陷与不正常的树干形状缺陷；受生物危害导致青变、腐朽和虫蛀等缺陷以及干燥不适当和加工过程中所产生的翘曲、开裂、缺棱等缺陷。缺陷在某种意义上是相对的，例如扭曲纹理在建筑材中认为是严重的缺陷，影响到力学强度等，但作为装饰材料，可以加工出具有美丽花纹的单板或板材。
　　　　　　　　　　　　　　　　（吴悦琦）

木材湿胀 swelling of wood
　　干木材在潮湿空气中或浸入水中，因吸湿或吸水而发生的线性膨胀和体积膨胀。实际上湿胀仅发生在由绝干到纤维饱和点的范围内，木材的湿胀率以生材的尺寸与绝干材的尺寸之差与绝干材尺寸之比的百分率表示。膨胀系数是含水率改变百分之一所产生的膨胀率，木材为各向异性材料，顺纹湿胀率很小，仅 $0.1\% \sim 0.3\%$，可忽略不计，径向湿胀率约 $3\% \sim 6\%$，弦向湿胀率 $6\% \sim 12\%$，体积湿胀率约为 $9\% \sim 14\%$。　　　（吴悦琦）

木材吸湿性 hygroscopicity of wood
　　干木材在潮湿空气中吸收水气的能力。木材细胞壁的主要化学组分是纤维素、半纤维素和木素，它们都有不同数目的亲水性羟基，所以具有吸湿性。在一定的大气温度和相对湿度下，木材吸收水气后达到该条件下的平衡含水率，最大的平衡含水率可以接近于纤维饱和点，但此时细胞腔中不会有水。干材的吸湿必然伴随着湿胀现象，这在木材加工利用中是一个重要的问题。　　（吴悦琦）

木材吸水性 water absorption of wood
　　木材浸入水中吸收水分的能力。由于木材细胞壁的吸附和细胞腔的毛细作用，最大的吸水量可达到使细胞壁和细胞腔都饱和，其量取决于木材的密度与木材中空隙的体积。　　　　　　（吴悦琦）

木材硬度 hardness of wood
　　木材抵抗其他刚体压入的能力。因测定方法不同表示的数值也不同，故是相对值，只能作为比较时的参考，不能在设计中使用。随树种、密度、含水率等不同而不同。其值端面最大，弦面和径面略有差别。木材硬度在我国通常采用金氏（Janka）硬度测定法，用直径为 11.28mm 的钢质半球作压头，其截面积约为 $1cm^2$，以压入木材所用的静荷载值（MPa）表示。　　　　（吴悦琦）

木材纵切面 longitudinal section
　　顺着树干轴向的切面。切于年轮的纵切面为弦切面，通过髓心垂直于生长轮的纵向切面为径切面。径切面上年轮呈现条状的花纹，木射线发达的栎木等树种

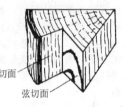

的径切面上常构成银光似的花纹。弦切面上年轮呈现出类似 ∧ 字形的花纹，可根据室内装修需要选用，以取得协调的效果。　　　　　（吴悦琦）

木材阻燃浸注剂 fire retarding impregnating agents for wood
　　用浸注法进行木材阻燃处理的用剂。无机的阻燃浸注剂有以磷酸铵为主的磷－氮系列，以硼化物为主的硼系列，含卤素化合物的卤素系列等。20世纪70年代，新发展的液体聚磷酸铵（APP）是有效的木材阻燃剂。无机阻燃浸注剂多数不抗流失，浸注后，木材表面会起霜，影响外观，故不适合处理室内装修材和室外用材。最近有将无机阻燃剂掺入脲醛等树脂，用以浸注木材，树脂固化成不溶状态，木材中的阻燃剂的抗流失性借以提高。
　　　　　　　　　　　　　　　　（申宗圻）

木窗 wood window
　　用木材制作的窗。形式多种，最常见为活动窗扇的玻璃窗。由窗框与窗扇两部分组成。窗框又称窗樘，一般由两根窗边框和上下框组成，带亮窗的窗还有中横框，两扇以上的窗还有中竖框。窗扇由窗边梃、上下梃、窗芯组成框子，其内铲口，装入玻璃后，嵌以油灰或木条。所用玻璃的厚度与窗扇的分格大小有关，一般厚度为 2mm 和 3mm。如面积过大，可采用 5mm 或 6mm 厚的玻璃。

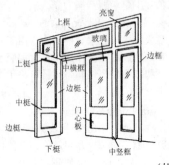

（姚时章）

木地面 timber floor

面层由木板铺钉或粘贴而成的地面。按面层所用木条板规格、材质及拼合方式可分为：普通木地面，硬条木地面，拼花木地面；依构造方式可分为架空木地面和实铺木地面。根据地面承受荷载和冲击力的大小，可做成单层或双层。其主要特点是弹性好、行走脚感舒适、表面刨光后、可涂漆、色泽美观、便于维护清洁、不老化。由于木材热导率小，给人以温暖的感觉。缺点是易霉烂，易燃，施工复杂，所用木材受资源限制，造价高。常用于高级住宅、宾馆、剧院舞台、室内运动场等高级地面。
（彭少民）

木搁栅 wood joist

又称龙骨或地楞。固定和支承木地板的小梁。两端直接搁在墙或梁上，当底层房间尺寸较大时，为了减小搁栅的挠度，充分利用短小木料，常在房间地面下增设地垄墙（或砖墩）作支承。搁栅用料为圆木或方木，截面尺寸为：圆木直径 φ100～120mm，方木（50～60）mm×（100～120）mm，中距一般为 400mm。在实铺式地面中，直接放置在地面找平层上，搁栅截面可相应减为 50mm×50mm。
（彭少民）

木工尺 carpenter's scale

古代由于城郭、居室、兵事、农事的需要，兴起了攻木之工，至周代已分工为七（轮、舆、弓、庐、匠、车、梓），提出了高度技术要求，需要统一的尺度。木工建筑之尺，自成系统，曰木工尺。世称鲁班为木工之圣，故又称鲁班尺。按近人吴承洛《中国度量衡史》的论述，木工为社会自由职业，师传徒受，代代相承，少受政治影响，自古以来只有一变。吴氏引明人朱载堉说："夏尺一尺二寸五分，均作十寸，即商尺也；商尺者，即今木匠所用曲尺，盖自鲁班传至于唐，唐人谓之大尺，由唐至今（明）用之，名曰今尺，又名营造尺。"本辞典据吴氏研究，取朱载堉说。
（张良皋）

木工砂光机 wood sanding machine

对已加工的工件表面进行砂磨的木工机械。按砂磨工具的结构形式分为带式、辊式、盘式和刷式等几种（见图）。宽带式砂光机的砂带宽度一般为 650～1 130mm。主要用于平面部件以及胶合板、刨花板等大幅面材料的表面修正。立式单辊砂光机用于环形零件内表面和凹曲面的砂磨，卧式多辊砂光机适用于拼板及平面框架等部件的修正。盘式砂光机因砂盘上各点切削速度不相等，只适于砂光小面积的平面零件。刷式砂光机由刷子和砂纸交替组

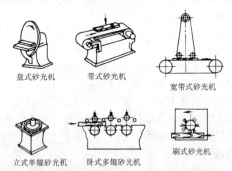

成砂磨头，用作复杂外形工件的修正。
（吴悦琦）

木工铣床 wood milling machine

能对直形或曲形零件作平面或成型铣削，并能进行裁口和开榫等多种加工的木工机床。木工铣床按工作主轴数及其位置分为单轴、双轴、下轴、上轴等等。单轴的立式下轴铣床应用最广。双轴铣床适用于具有顺纹切削段和逆纹切削段工件的加工，以防止木纤维的劈裂。按进料方式又可分为手工进料和机械进料，机械进料方式中的链条进给用于外形为直形或曲形零件的加工。回转工作台进给适用于曲线外形零件的铣削。除上述铣床外，还有加工复杂外形的仿型铣床。

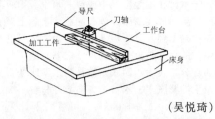

（吴悦琦）

木工压机 press for woodworking

压制各种人造板、成型木构件以及覆面胶贴用的加压机械。类型繁多，以多层热压机应用最广，加压同时进行加热，主要用于人造板生产。单层热压机广泛使用于木制部件的饰面胶贴。冷压机只能加压，常用于人造板热压前的预压和木制构件的冷胶压，但加压周期较长，为提高压机使用效率，可将胶压后的板坯用拉紧螺栓卡紧后从压机中卸出，在压力下保持到胶液固化。压板呈各种形状的成型压机主要是压制成型合板或胶压曲形木制零部件。
（吴悦琦）

木工钻床 drilling machine for wood

在木制零、部件上加工出圆孔的机床。按主轴位置和数目不同有立式、卧式、单轴、多轴及单排、多排等多种形式。根据工艺需要，对平面、侧边、端面作单孔或多孔加工。立式单轴钻床是最常见的一种。由床身、主轴、工作台、控制刀轴进料等部分组成。

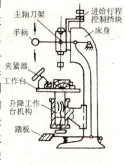

(吴悦琦)

木构件接合 joint of wooden members

木结构中各零、部件之间的连接。常用的接合方式有榫接合、胶接合、连接件接合、螺栓与螺钉接合以及钉接合等。 (吴悦琦)

木轨枕 sleeper, railway tie

支承铁轨用的横木。用以固定铁轨并起分散载荷和缓冲振动的作用。枕木分普通枕木、道岔枕木和桥梁枕木。适用于作普通枕木、道岔枕木的树种有榆木、桦木、栎木、槠木、枫香、落叶松、马尾松、云南松、云杉、冷杉、铁杉及其他适用的阔叶树种。桥梁枕木用落叶松、华山松、思茅松、高山松、云南松、云杉、冷杉、铁杉、红松等树种，并经防腐处理。普通枕木用于轨距为 1 435mm 的铁路标准轨，近年来，部分已被混凝土轨枕代替。

(吴悦琦)

木脚手杆 scaffolding pole

建筑施工中，搭建脚手架所用的支架木材。一般使用具有一定韧性、强度、尖削度小和去除树皮的杉原条，或杆形适宜的云杉、冷杉等针叶树原条。

(吴悦琦)

木沥青 wood tar

旧称木柏油。木材干馏时得到的木焦油，再经蒸馏加工而得到的残留物。黑色或褐黑色。呈黏稠半固体、固体以至脆性固体。从明亮到无光泽。在丙酮中比在二硫化碳中容易溶解。对温度稳定性差，抗水性差，在空气中易氧化变成硬而脆的物质。特点是脆性大，便于粉碎成粉末状。主要用作防水材料、涂料、燃料及增黏剂等。在铸造工业上，亦可用作型砂的粘结材料。 (刘尚乐)

木螺钉 wood screw

又称木螺丝。把多种材料制品固定在木质制品上的带螺纹的钉。种类很多，因用途不同，其钉帽略有差异，主要有沉头、半沉头和半圆头三种。根据适用和需要，选择适当形式，以沉头木螺丝应用最广。

(姚时章)

木门 wood door

用木材制作的门。形式多样，常用为镶板门、玻璃门、纱门和百页门。由门框和门扇两部分组成。门框又称门樘，一般由两根边框和上框组成，有亮窗的另有中横框，多扇门的还有中竖框。门扇的骨架由上下梃、一条或数条中梃和两根边梃组成框子，其内开槽镶装门芯板（木板、多层胶合板或硬质纤维板）、镶玻璃、窗纱或"百页"，组成镶板门、镶玻璃门、纱门和百页门。一般纱门的厚度可比镶板门薄 5～10mm。玻璃门芯板及百页还可根据需要组合。 (姚时章)

木射线 wood-ray, xylem ray

木质部中沿径向延生的带状细胞的集合。起源于初生组织的称初生木射线，起源于形成层的称为次生木射线。在横切面上观察，针叶树材的木射线是单列的，阔叶树材有单列、多列与聚合等几种。在径切面上呈横行的短带，色浅并具光泽。在弦切面上顺纹理方向呈梭形或线条状，颜色略深。木射线的宽度和其细胞组织是识别木材树种的很重要依据之一。阔叶材中全由径向延长的横卧状细胞或全由方形直立状细胞组成的称为同胞木射线；而在针叶材中全由射线薄壁组织组成的也称同胞木射线。若在阔叶材木射线中，横卧和直立两类细胞都存在，或针叶材中薄壁组织和管胞二者都有，称为异胞木射线。 (吴悦琦)

木丝板 excelsior board

用木丝机将短料刨成木丝，拌以氧化铝、入模加压、置于烟气窑内固化而成的一种轻质板。在窑内氧化铝变为碳酸铝与木丝牢固结合。其绝热性、隔声性和保温性良好，在建筑中作隔墙和顶棚材料。 (吴悦琦)

木踢脚板 timber skirting

沿地板边缘的墙面上装设的狭长木条板。用以遮盖墙面与地板的接缝，保护墙脚免受污损并增加室内装饰效果。一般选用与木地板相同材料做成，厚约 20～25mm，高约 100～150mm，钉固在间距为 1.2～1.5m 的预埋木砖上，踢脚板与地板折角处须加钉截面为 15mm×15mm、倒角成扇形的盖缝木压条。为了保证搁栅层的通风，常在踢脚板上开通风口（见图）。一般用色较深，

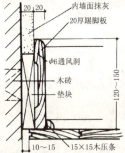

木屑 woodchip

又称锯末。木材加工工业的副产品。经矿化改性处理后可作为轻集料。堆积密度一般为200～500kg/m³，吸水率大。用它可制成保温性能良好的轻集料混凝土，但强度较低。　　（龚洛书）

木屑混凝土 woodchip aggregate concrete

以木屑作轻集料配制成的轻集料混凝土。用普通水泥或氯氧镁水泥（菱苦土）作胶结料，一般不掺用粗集料。表观密度较小（600～900kg/m³），保温性能较好［热导率0.15～0.30W/(m·k)］，但吸水率和变形性能较大。主要用作保温或包装材料。　　（龚洛书）

木质人造板材 wood-based panels

以木材或其他木质纤维或碎料为原料，加胶粘剂和其他添加物而制成的板料或板材产品的统称。胶合板、纤维板、刨花板以及其他木材复合材料均属于此类，是建筑装修和家具等的重要材料。
　　（吴悦琦）

木质素灌浆材料

以亚硫酸盐纸浆废液为主剂，添加凝结剂配制而成的灌浆材料。亚硫酸盐纸浆废液同凝结剂发生化学反应，生成凝胶体，可以堵塞隙缝或孔道，起到加固和堵水作用。包括铬木质素灌浆材料和木铵灌浆材料。具有黏度小，可灌性好，黏着力强，凝固体抗渗性能高的特点。但灌浆液中含有铬离子而有毒或含有的甲醛挥发而有刺激性臭味。可采用单液或双液注浆法施工。在矿山建设中，用于探井、斜井和竖井的砂层固砂，井壁壁内裂缝封水，或水工建筑、地下构筑物封缝堵水。　　（刘尚乐）

木质纤维菱苦土 wood fibre magnesia

见镁质绝热材料（333页）。

木装修 wooden decoration

具有一定建筑功能并常兼有装饰作用的各种木制构件。一般是指木门窗、门窗贴脸板、窗台板、窗帘盒、挂镜线、踢脚板、挂落、罩、隔断、隔扇、顶棚、木地面、栏杆与扶手等。据其功能和所处位置，可用油漆或彩画饰面，还可雕刻各种纹饰。　　（姚时章）

幕墙 curtain wall

又称悬挂墙。悬挂并固定在建筑物主体结构上的外围护墙。因似挂幕而得名。其构造一般由外表面层、填充层、内表面层和支架等部分组成（图）。其外表面层要求有一定的强度和耐久性，能防止风、雨、霜、雪的侵袭，耐气温变化，防止太阳热辐射，并满足建筑物外饰面的艺术要求。常用的材料有特种玻璃、金属饰面薄板、纤维水泥板、塑料板等。金属饰面薄板有不锈钢板，经过钝化染色的铝合金板等，还有用搪瓷、合成树脂或涂料饰面处理的薄钢板。填充层要求有较高的保温、绝热和隔声性能，常用材料有矿棉、玻璃棉、泡沫塑料、膨胀珍珠岩、膨胀蛭石和加气混凝土等。内表面层须有一定强度，常用材料有石膏板、硬质纤维板、胶合板和塑料板等。支架形式与主体结构和安装方法有关，有现场组合和预制装配式两种，常用材料有金属型材、木材或混凝土。现代建筑常用带有装饰艺术的轻质幕墙，常见的有玻璃幕墙、金属薄板幕墙、纤维水泥板复合幕墙、复合材料幕墙，重型的有钢筋混凝土外墙挂板等。　　（何世全）

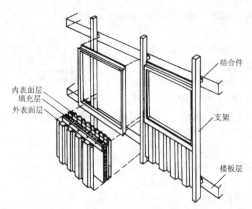

穆斯堡尔谱 Mössbauer spectrum

利用穆斯堡尔谱仪检测放射源与吸收体（样品）相互作用时透过吸收体的γ射线强度和放射源相对吸收体运动的瞬时速度（多普勒速度）之间的函数关系所得到的图谱。测量时，样品置于γ辐射源与探测器之间，通过驱动器使辐射源和吸收体处于相对运动使辐射源辐射出来的γ射线能量在一定范围内连续变化，由探测器接收透过吸收体的γ射线强度变化，即得到以γ射线计数率为纵坐标和以多普勒速度作横坐标的关系谱图。对谱线分析可得出穆斯堡尔参数（谱线宽度、同质异能移动、四极分裂和磁超精细分裂等），能反映核能级的相对位置和核外电荷配置以及自旋密度分布的详细情况。
　　（秦力川）

穆斯堡尔谱仪 Mössbauer spectrometer

利用穆斯堡尔效应对物质微观结构进行分析用的仪器。它是利用多普勒效应（辐射源相对接收器运动时接收频率或强度发生改变的现象）来调制γ射线能量，记录吸收体的γ射线透射率与源的多普勒速度的函数关系。分为两种类型：①等速度谱仪，由速度驱动装置、γ射线探测系统、定标器和定时器组成。驱动装置提供一预定系列不连续的等速度；定标器记录每一个速度下在固定时间内探测到的γ射线总数；定时器用来固定每次测量的时间和标定速度。②速度扫描谱仪，主要由电动换能器、核脉冲处理系统、多道分析器、参考波形发生器和反馈系统组成。参考波形发生器产生的速度扫描电压波形经电动换能器和反馈系统用来控制驱动装置的速度扫描，透过吸收体的γ射线在核探测系统转变为电脉冲并经多道分析器同时分别累计各种速度下的γ射线计数，通过示波器直接显示速度谱。　　　　　　　　　　　　　　（秦力川）

穆斯堡尔效应　Mössbauer effect

固体中原子核跃迁时辐射的γ射线无反冲发射及共振吸收现象。自由原子核发射或吸收γ射线时，由于反冲能耗引起观测的困难。1957年德国物理学家穆斯堡尔（Rudolf. L. Mössbauer）将发射和吸收γ射线的原子核置入固体晶格，使它们受到晶格束缚，从而有效地观测到无反冲的γ射线共振散射和吸收。迄今已观察到40多种元素、80种同位素和103种γ跃迁存在这种效应。它为直接研究原子核与核外环境超精细相互作用以确定物质微观结构的学科（穆斯堡尔谱学）奠定了基础。它的主要特点为：①谱线能量分辨本领极高，可以反映出10^{-13}数量级的能量变化率；②由于是特定核的共振吸收，不受其他核和元素的干扰；③对核外环境的改变十分灵敏，适用于研究固态物质的价态、化学键性、阳离子占位和有序无序分布、配位结构、磁性及相分析等精细结构；④受核外环境影响范围小于2nm，适用于研究细晶和非晶态物质；⑤分析用的设备简单，测量方便。已经成为核物理、固体物理、化学、材料科学、地质、冶金、环保等学科基础研究的重要方法。　　　　（秦力川）

N

na

纳盖斯密特石　nagelschmidtite

又称硅磷酸七钙。化学式$7CaO·2SiO_2·P_2O_5$或$2(2CaO·SiO_2)·3CaO·P_2O_5$。是硅酸二钙和磷酸三钙的复盐。无色板状或粒状晶体。相对密度3.065，熔点1 800～1 900℃。见于含磷平炉钢渣中。有水硬性，和硅酸盐水泥熟料中的B矿相似。
　　　　　　　　　　　　　　（龙世宗）

钠灯　pressure sodium lamp

一种利用钠蒸气放电的灯具。即在真空玻璃管里的石英管内充以含少量氩的氖和钠，通电后氖首先放电，使钠逐渐蒸发，并参与放电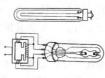
而发出黄色光源。其启动时间约为5～10min，终达额定光通量则需20min。按所充气压可分两种：约0.53Pa属低压类，其光效为41～80lm/W，属单色光，平均寿命约4 000h；13.3～40.0kPa为高压类，光效为90～1 110lm/W，寿命高达9 000h。具有光效高，寿命长，灯头安装方向应向上或水平等特点。多用作街道、水运、机场和工厂等处的照明。　　　　　　　　　　　　（王建明）

钠铝酸钙　calcium natrium aluminate

化学式为$Na_2O·8CaO·3Al_2O_3$，简写成NC_8A_3，由Na_2O在C_3A的晶格置换CaO而生成。属斜方晶系，有时呈双晶条纹，于1508℃分解，其结构和光学性与C_3A相似，也有水硬性。在含钠稍多的硅酸盐水泥熟料中，经常检查到它以棱柱状生成在暗色中间相中。　　　　　　　　（冯修吉）

nai

氖灯　neon lamp

利用阴极辉光放电发光的灯。在装有两电极灯泡内充入适量的氖和少量的氩，灯头处缠绕附加电阻丝，通电后使阴极辉光放电而发出橙色光。其输入功率为0.1～3W，光通量约为0.03～1.5lm，寿命在1 000～5 000h。若在泡内壁涂以不同荧光粉，可获各色彩光。常用来作指示灯、标志灯、信号灯，或作为走廊、卧室及病房等处照明。
　　　　　　　　　　　　　　（王建明）

耐铵砂浆　ammonia-resistant mortar

又称酚醛树脂水泥砂浆。一种能耐铵盐侵蚀的聚合物水泥砂浆。通常由掺适量氧化镁、细集料的铝酸盐水泥与复合酚醛树脂混合，经热处理制成。能耐各种铵盐、氨水及水的侵蚀，可用作铵盐车间的地坪与其他建筑结构的防腐层，但不能作为耐酸及耐碱材料使用。　　　　　　（徐亚萍）

耐低温膨胀珍珠岩混凝土　low temperature resistant expanded pearlite concrete

以膨胀珍珠岩为集料，水泥为胶结料，掺入适量泡沫剂和水，经搅拌、浇注而成的耐低温绝热结构材料。当水泥与膨胀珍珠岩体积比为 1:3 时，这种混凝土的干燥表观密度约为 740kg/m³，抗压强度约 6.2～9.5MPa，常温热导率约 0.174W/(m·K)。具有低温绝热性能和抗冻性能良好的特点。用于某些低温装置（如空气分离装置）的基础工程。 (林方辉)

耐低温油毡 low temperature resistant asphalt felt

具有适应高寒地区使用和冬季施工特性的油毡。油毡的耐低温性能以柔度来衡量。普通纸胎油毡的柔度为 18±2℃ 时绕 φ20mm 圆棒无裂纹，耐低温油毡的柔度为 -10℃ 绕 φ20mm 圆棒无裂纹。通常在沥青中添加高分子材料或增塑材料制得。 (王海林)

耐辐射玻璃 radiation resistant glass

在各种高能放射线辐照下不易着色的又能起屏蔽作用的玻璃。普通玻璃受高能射线辐照时发生光化学反应产生电子和空穴，被缺陷俘获产生色心而显色。玻璃中含有适量的铈、锑等变价离子时，当受辐射时所产生的电子和空穴首先被不同价态的离子所俘获（如：Ce^{4+} 和 Ce^{3+} 分别俘获电子和空穴）不产生色心，起稳定剂作用。因 Ce^{3+} 和 Ce^{4+} 离子的光谱吸收带均在紫外区，在可见光区域无吸收峰不会导致透过率下降，常用适量的 CeO_2 做稳定剂制备耐辐射玻璃。主要用于屏蔽高能辐射的光学材料或窥视窗等。 (刘继翔)

耐辐射光学玻璃 radiation resistant optical glass

兼具耐辐射玻璃与光学玻璃双重特性的一种玻璃。根据耐辐射性能的要求，在光学玻璃中加入适量的氧化铈（0.25%～1.50%），不含澄清剂，其制造工艺与普通光学玻璃相同。按耐辐射性能大小和光学常数命名序列和牌号，如：K_{509}、K_{709} 都分别为耐 10^5 和 10^7 伦琴剂量辐射而光学常数与 K_9 相同。主要用作在高能辐射场使用的各种光学仪器的光学材料。 (刘继翔)

耐辐照性 irradiation stability

又称耐光性。安全玻璃耐光照作用的性能。主要取决于所用材料的种类和性质。如夹层玻璃所用的有机黏结料长期受紫外线辐射有产生老化和分解的可能，致使夹层玻璃变色、浑浊和起泡。规定按 GB5137.7 的方法，试样经紫外线辐照一定时间，按其透光度的降低和变色程度来评定。要求不产生显著变色、气泡及浑浊现象。同时对夹层玻璃的可见光透过率的相对减少率要求不大于 10%，即 $\frac{a-b}{a} \times 100\% \leq 10\%$，其中 a 为紫外线照射前的可见光透过率；b 为紫外线照射后的可见光透过率。 (刘继翔)

耐高温玻璃纤维 refractory glass fibre

能长期使用在 900℃ 以上的玻璃纤维。大都为高硅或高铝硅酸盐玻璃。熔化温度高，成型温度高。品种有石英玻璃纤维（含 SiO_2 99.9% 以上）、高硅氧玻璃纤维（含 SiO_2 95% 以上）和其他高铝硅酸盐纤维（例如 Al_2O_3 71.83%，SiO_2 28.17%）等。用作高温保温、隔声、电气绝缘和高温过滤等材料。 (吴正明)

耐候性 weatherability

又称抗气候性。材料在自然环境条件下，受光、热、风、雨及大气污染等气候的综合作用下而能保持其原有性质的能力。一般建筑材料暴露在大气条件下，物理力学性能会发生变化，若在材料的生产或施工过程中采用添加剂、表面涂层或包裹胶衣等措施，可提高其耐候性。检验方法随材料品种而异。可将试样直接暴露在实际大气中进行测定，但需较长时间才能得出结果。通常采用模拟气候条件，并予以强化、加速试验的方法。 (潘意祥)

耐滑性 slide resistance

油毡防水层抵抗夏季高温而不发生滑动的能力。检验方法是将 300mm×300mm 油毡试样粘在混凝土板上，置于 45°坡度位置上，试样整个表面保持在 70℃ 温度下，7 昼夜，以不发生油毡滑移为合格。为增强防滑能力，应按当地气温条件选择合适的油毡及玛琋脂，施工时，粘结材料厚度不应超过 2mm，铺贴油毡向前推动时应用力滚压，将多余的粘结材料向两侧挤出。屋面坡度大于 15% 时，油毡应垂直于屋脊方向立铺。屋面坡度小于 15% 时，油毡应由檐口平铺向屋脊。拱形屋面坡度大于 25% 时，中间遇有短边接头时，应在接头处用钉子钉入找平层内固定，防止下滑。 (西家智)

耐化学侵蚀玻璃纤维 chemical glass fibre

又称 C 玻璃纤维。化学稳定性高的玻璃纤维。比无碱玻璃纤维有更好的耐酸性。重量组成范围：SiO_2 64%～66%，Al_2O_3 4%～5%，CaO 13%～14%，MgO 3%～4%，B_2O_3 4%～6%，$Na_2O + K_2O$ 8%～10%，Fe_2O_3 < 0.5%。与中国的中碱#5 成分相似，但有 B_2O_3，碱金属氧化物含量低一些。适于作蓄电池隔离片、耐酸过滤材料。可制作表面毡，用于耐酸侵蚀的玻璃纤维增强塑料制品，如电镀工业的电镀槽。 (吴正明)

耐化学试剂性 resistance to chemicals

简称耐化学性。涂膜抵抗酸、碱、盐、溶剂等各类化学物品的腐蚀、污损的能力。常用作选用涂料的依据。测定方法是将标准试样，浸泡于欲试之药品溶液中，按期观察是否发生失光、变色、斑点、气泡、剥落或全部腐蚀等变化，并记录温度、浓度、时间、程度等。　　　（邓卫国　刘柏贤）

耐火白云石水泥　refractory dolomite cement

由白云石配以蛇纹石、滑石等煅烧而成的熟料磨细而成的水泥。矿物组成主要为方镁石、硅酸三钙和硅酸二钙。其化学成分以 CaO、MgO 和 SiO_2 为主，耐火度达 1 790℃。经破碎的耐火白云石水泥熟料可作为耐火混凝土集料。用它和白云石水泥按适当比例配制的白云石耐火混凝土能代替镁砖和镁质耐火材料，但抗冻性和热稳定性等稍差。

（王善拔）

耐火材料　refractory, refractory material refractory product

耐火度不低于限定温度的非金属材料或制品（不排除含有一部分金属）。各国标准对限定温度的规定不同。国际标准 ISO/R836—1968 规定为 1 500℃。1985 年 9 月 ISO/TC33/SC2 曼彻斯特会议上作出决议将限定温度改为 1 000°F（538℃），与美国标准相同。中国与前苏联标准的限定温度为 1 580℃。日本标准规定定形耐火材料的限定温度为 1 580℃，而不定形耐火材料及绝热耐火材料的限定温度为 800℃。除耐火度外，耐火材料还应具有一定的常温与高温强度、高温体积稳定性、热震稳定性和抗渣性等。耐火度主要取决于化学成分，而其他性能受相组成及显微结构的影响较大。按成分，耐火材料可分为酸性、碱性与中性三类；按形态可分为定形与不定形耐火材料两大类。前者按形状的复杂程度又可分为普型、标型、异型、特型制品四类。通常将预先经过高温煅烧的熟料及其他原料按一定粒度与组成配比混合均匀制成泥料后再经成形、干燥及烧成等工序制成烧成制品。不经烧成而直接使用的称为不烧耐火制品。若不经成形、干燥及烧成等各工序，而是以颗粒及粉料形式供现场浇注、捣打、涂抹或喷射用的称为不定形耐火材料或散状耐火材料。传统耐火材料主要以天然矿物为原料，随冶金、建材及其他工业的进步，耐火材料向高质地、高纯度方向发展，人工合成及精选天然原料已被广泛应用。中国耐火材料原料，如菱镁矿、铝矾土等贮量丰富、质地优良，为耐火材料发展奠定了良好的基础。　　　　　（李　楠）

耐火捣打料　ramming refractory

由粉粒状耐火物料与结合剂组成采用捣打方式施工的不定形耐火材料。耐火物料的材质依使用要求而定，如锆英石、白云石、镁质、叶蜡石和碳质等。结合剂通常为硅酸钠、硅酸乙酯、硫酸盐、磷酸盐及焦油沥青等。主要使用于钢铁工业的热工设备。

（孙钦英）

耐火低钙铝酸盐水泥　refractory low calcium aluminate cement

以二铝酸一钙为主要矿物（60%～70%）的一种铝酸盐水泥。耐火度在 1 650℃以上。其化学成分一般为：Al_2O_3 70%～75%，CaO 19%～23%，$SiO_2<4\%$，$Fe_2O_3<1.5\%$。与铝酸盐水泥相比，有 Al_2O_3 含量高、CaO 含量低、耐火度高、高温体积收缩小和高温结构强度高等优点，但早期强度较低。与耐火度 1 770℃以上的耐火集料（如煅烧矾土、高铝砖碎块等）配制成的耐火混凝土，可用于水泥回转窑和其他工业窑炉的内衬。　　（王善拔）

耐火电线电缆燃烧试验　test on fire-resisting characteristics of wire or cable

用以测定电线电缆耐火特性的试验。耐火电线电缆与阻燃电线电缆不同，除要求具有一定的阻燃性外，还要求在火焰中具有一定时间正常运行的特性。试样水平固定，用火焰不低于 750℃以上的管形喷灯供火 90min，在此期间施加在试样上的额定电压应不导致试样击穿（以 3A 熔丝是否熔断为标志）。该法尚有进一步严酷化的动向，如把供火温度提高到 950～1 000℃，并对试样进行机械冲击或喷水雾等。

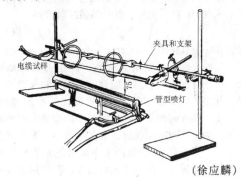

（徐应麟）

耐火度　refractoriness

又称高温锥等值。耐火材料耐高温的性能。按 GB/T 7322 把由被测材料所制得的试验锥和标准测温锥放在同一圆锥台上放入规定的炉子内按规定制度升温，当试验锥与某一测温锥同时弯倒至尖端触及锥台面时，该测温锥的号数即为试验锥的耐火度。主要取决于材料的化学成分和矿物组成，涵义不同于熔点。　　　　　　　　（李　楠）

耐火多孔混凝土　refractory cellular concrete

见耐火轻质混凝土（350 页）。

耐火浇注料　castable refractory

又称耐火混凝土。具有较好的流动性适用于浇注成型的不定形耐火材料。可用各种耐火原料制成颗粒和细粉，加结合剂和水制成混合物，采用浇灌或振实的方法施工。常用来制造外形复杂或整体耐火材料。常见结合剂有铝酸盐水泥、硅酸钠、矾土水泥、磷酸和磷酸盐、硫酸铝、聚合氯化铝及超细粉等。根据结合剂的硬化特点，采用不同的干燥、烘烤制度。可用于多种窑炉、热工设备及盛钢桶内衬。
(孙钦英)

耐火可塑料 plastic refractory, mouldable refractory

一种制备好的其中含有保证低温硬化的固化剂并呈塑性膏泥状的耐火材料。其中集料和粉料约占70%～85%，可由各种耐火原料（如硅石、刚玉、锆英石、碳化硅、镁质料等）制成，但一般以硅酸铝质为主。可塑黏土约占10%～25%。外加剂多为气硬性和热硬性结合剂（如硅酸钠、磷酸、磷酸盐、硫酸盐等）。常以密封包装形式贮存，采用捣打法施工。其性能随材质不同而异。主要使用于均热炉（如炉盖，炉口，炉墙）、加热炉、退火炉及其他热工设备。随耐火浇注料的发展，其用量大大减少。
(孙钦英)

耐火铝酸盐水泥 refractory aluminate cement

由耐火低钙铝酸盐水泥熟料和高铝水泥熟料混合磨细而成的一种耐火水泥。前后两种熟料的质量比例通常为4:1。其耐火度和用途与耐火低钙铝酸盐水泥（349页）相同，但早期强度较高。
(王善拔)

耐火泥 refractory mortar refractory cement

简称火泥。砌筑耐火砖的一种耐火的磨细泥浆。按硬化方式可分为气硬性、水硬性和火硬性三种。其主要成分为与砌筑的耐火砖相匹配的细粉。结合剂主要有磷酸铝、硅酸钠等无机盐类和可塑黏土等。为了改善施工性能，常加入一些外加剂（如促凝剂、缓凝剂等）。在施工中要求泥浆有较好的铺展性、涂抹性、失水性和粘结性。在使用过程中应能形成稳定的陶瓷结合相以保证砌体在高温下的完整性与抗侵蚀能力。
(李 楠)

耐火喷涂料 spraying refractory

用喷涂方法对热工设备进行修补或施工时使用的一种不定形耐火材料。其组成一般包括具有一定颗粒级配的耐火集料（如镁质、白云石质、高铝质耐火物料等）、化学结合剂（如硅酸钠、磷酸、磷酸盐、硫酸盐等）、增塑剂。施工方法比较多，通常分为干法、湿法和火焰喷法。主要用于喷涂和修补各种热工设备内衬。
(孙钦英)

耐火轻集料混凝土 refractory concrete with lightweight aggregate

见耐火轻质混凝土。

耐火轻质混凝土 refractory lightweight concrete

由轻质耐火集料、耐火粉料和胶结材制成的耐火轻集料混凝土与不用轻集料而加入发气剂或泡沫剂制成的耐火多孔混凝土的统称。常用的轻集料有陶粒、膨胀蛭石、轻质耐火砖碎块、膨胀珍珠岩、氧化铝空心珠等，常用的耐火粉料有黏土熟料粉、轻质高铝砖粉、工业氧化铝粉、陶粒粉、粉煤灰等。常用的胶结料有硅酸盐水泥、火山灰质硅酸盐水泥、高铝水泥、水玻璃、磷酸、磷酸铝和硫酸铝等。耐火轻集料混凝土的表观密度500～1 600kg/m^3。使用温度500～1 600℃。多孔耐火混凝土的干表观密度600～1 300kg/m^3，使用温度700～1 600℃。耐火轻质混凝土可直接使用在与火焰接触的部位或作绝热衬里。亦可制成承重构件。由于显气孔率较大，一般不用在与液态金属和熔渣直接接触的部位。其优点是能减轻设备自重，由于热导率低，可减少窑炉热损失20%～80%。
(蒲心诚)

耐火投射料 gunning mix

用投射方式施工的不定形耐火材料。投射是靠高速旋转的运载机进行的。物料为配比合理的耐火集料颗粒、细粉以及结合剂。主要用于盛钢桶内衬。因施工复杂，目前已不常采用。
(孙钦英)

耐火涂料 refractory coating

由耐火粉料和结合剂组成，适于涂覆的不定形耐火材料。粉料可为各种耐火物料，通常为硅酸铝质、镁质、碳化硅质等。常以喷涂或涂抹方式，使其覆盖于耐火材料或其他材料表面，对材料起保护作用。如中间包涂料是覆于永久衬表面的工作衬。
(孙钦英)

耐火纤维 refractory fibre, ceramic fibre

又称陶瓷纤维。能作为炉窑内衬或绝热材料用的无机非金属纤维。按结构分为非晶质与晶质两大类。前者由熔融-喷吹（或离心）而制得，如各种硅酸铝耐火纤维。由于在使用过程中出现结晶化现象，使用温度受到限制。晶质纤维是由前驱纤维经煅烧而制得的。前驱纤维是含耐火材料组分的有机或无机纤维，如制多晶氧化铝纤维时，由铝盐与聚乙烯醇混合黏稠液或由γ-Al_2O_3微粉与碱性氯化铝混合泥浆喷射所得的纤维。由于不存在加热过程中的结晶现象，因而晶质纤维的使用温度较高。耐火纤维及其制品的热导率低、热容小、热震稳定性好。是优质绝热炉衬材料，但不能与熔融金属及炉渣直接接触，也不宜用于受火焰或高速气流冲刷的部位。还可用作吸声、密封、过滤、衬垫及复合材料中的增强材料。
(李 楠)

耐火纤维制品 refractory fibre product, ceramic fibre product

又称陶瓷纤维制品。由耐火纤维加工而成的毡、毯、纸、绳及砖等制品。干法生产时是以空气为介质,将纤维叠积成层状再压合而成。通常需加入少量结合剂。湿法生产是将纤维制成水悬浮液经过滤、抄选、干燥而成。为提高强度和延伸率,可用针刺机对毡进行针刺而得到针刺毡。还可进一步将毡堆叠成更适于施工的预制块。热导率、强度、压缩率、回弹率、延伸率、工作温度等使用性能取决于纤维的组成、长度、直径、加工方式、结合剂的性质及制品的体积密度等。 (李楠)

耐火压入料 pressue-grouted refractory

用于压入法施工的不定形耐火材料。原料通常为 Al_2O_3-SiO_2 系材料,粒度组成大致为:大于 1mm 55%~60%,小于 0.074mm 40%~42%。物料由耐火集料、细粉、结合剂和外加剂组成,调成膏状物使用。主要用于修补工业炉内衬,如高炉内衬。其操作程序是在高炉休风时,从炉壳外面钻孔,插入喷嘴,用活塞式泥浆泵压入膏状耐火泥料,使之充满炉壳与砖衬之间孔隙,以及砖衬与炉料间的孔隙,形成炉衬保护层。 (孙钦英)

耐火砖 refractory brick, refractory product

又称耐火制品。适于构筑窑炉及其他高温下使用的具有各种形状的耐火材料。按形状的复杂程度可分为标型砖、普型砖、异型砖和特型砖。根据制造工艺的不同可分为烧成砖、不烧砖与熔铸砖等。按体积密度的不同可分为重质耐火砖及轻质耐火砖等。也可以按材质称为硅砖、半硅砖、镁砖等。 (李楠)

耐碱玻璃纤维 alkali-resistant glass fibre, AR-glass fibre

又称抗碱玻璃纤维。用化学成分一定的具有耐碱侵蚀的玻璃料拉制成的玻璃纤维。20 世纪 60 年代后期英国最先研制成功,嗣后美、日、中、前苏等国也相继制造。直径为 12~14μm,抗拉极限强度为 2 000~2 500MPa,弹性模量为 75~80GPa。成分中一般含有 14%~20% 的氧化锆 (ZrO_2),故其抗碱能力优于中碱与无碱玻璃纤维,主要用于制作玻璃纤维增强水泥制品。 (沈荣熹)

耐碱混凝土 alkali-fast concrete

能耐碱性介质侵蚀的混凝土。由强度等级较高的硅酸盐水泥(32.5 以上)及耐碱性能较好的石灰石、白云石、辉绿岩、花岗岩的粉料和粗细集料拌制而成。抗压强度应大于 20MPa,抗渗性应大于 1.2MPa。因此,水泥及粉料之和应大于 400kg/m^3。为了提高密实性,可掺入密实剂,如 $FeCl_3$ 及 $Fe(OH)_3$ 等。在充分捣实的情况下,水灰比愈小,其耐碱能力愈强。能抵抗氢氧化钠、铝酸钠、碳酸钠等碱性溶液侵蚀。常用于受碱性液体腐蚀的地面、池、槽等。不用粗集料的耐碱砂浆,可用于耐碱抹面和砌体。 (蒲心诚)

耐碱集料 alkali-resistant aggregate

能抵抗碱性介质侵蚀的集料。耐碱率不低于 90%,不含或少含胶质(无定形)SiO_2,且应符合混凝土的通用集料的性能标准。常由石灰岩、白云岩、花岗岩、辉绿岩等破碎而成。 (徐亚萍)

耐碱矿棉 alkali-resistant mineral wool

以天然岩石或工业废渣为主要原料制得的能耐碱液,特别是耐饱和 $Ca(OH)_2$ 溶液、硅酸盐水泥浸出液侵蚀的矿物棉。在成分中含有较高的 TiO_2、ZrO_2 或其他耐碱组分。可以在一定程度上代替石棉作水泥制品的增强材料。参见耐碱玻璃纤维。 (吴正明)

耐碱砂浆 alkali resistant mortar

常温下能抵抗 330g/L 以下的氢氧化钠浓度的碱类侵蚀的特种砂浆。以硅酸盐水泥或普通硅酸盐水泥作胶结材,选用耐碱性能好的石灰岩、白云岩作细集料和粉料加水拌制而成,有时掺加石棉绒作增强材料。 (徐家保)

耐碱石油沥青胶泥 alkali-proof asphalt daub

以石油沥青为胶结剂,添加耐碱粉状矿物填料,经加热熔融配制而成的防腐粘贴材料。属于无溶剂型沥青胶泥。石油沥青应符合规定指标。其用量在 30%~35%,常用的耐碱粉状填料有滑石粉、石灰石粉、石棉粉等,要求细度 1 600 孔/cm^2 筛余不大于 5%,4 900 孔/cm^2 筛余为 10%~30%。胶泥的稠度为 4~7mm。凝结时间:初凝不小于 30min,终凝不大于 6h;抗拉强度大于 2MPa;耐热度:100℃,2h 不下滑。其缺点是:溶于汽油,低温柔性差,耐热性差,使用温度低(70℃ 以下)。用于粘贴瓷砖、陶板、沥青浸渍砖作耐碱腐蚀地面面层,粘贴油毡作耐碱腐蚀隔离层。 (刘尚乐)

耐碱陶瓷 alkali-resisting porcelain

在有碱性物质腐蚀环境中使用的具有抗碱腐蚀性陶瓷制品。通常带有耐碱釉层。主要用来防止肥皂、洗涤剂、清洗剂和其他碱性物质的腐蚀。主要品种有砖、管、槽等。耐碱度不小于 98%。用作化工、轻工生产中的衬里材料,化学实验仪器等。由于陶瓷本身化学稳定性好,化工陶瓷同时具有耐酸耐碱性,因而除另有特殊要求外,它与耐酸陶瓷有互代使用的情况。 (邢宁)

耐久性 durability

材料在正常使用过程中经受各种破坏因素的作

用，而能保持其使用性能的能力。材料在使用过程中的逐步变质失效，与材料本身的组分和结构的不稳定、使用中所处的环境和条件（如日晒雨淋、干湿循环、介质侵蚀、机械磨耗等）密切相关。对于金属材料主要是电化学腐蚀；无机非金属材料如水泥混凝土等主要是冻融循环、干湿交替、中性化、钢筋锈蚀等作用。高分子材料主要由于气候、热、光和氧等作用使材料老化，逐步变质而丧失其使用性能。耐久性是一项长期性能，其破坏过程非常复杂，要准确地测定和定出评价指标尚有困难，目前只能把材料处在比实际使用情况强化得多的模拟环境和条件中进行快速试验，研究一个或几个因素作用下的性能变化，以确定对比性的评价指标。

(潘意祥)

耐老化性 aging resistance

材料对于造成性能恶化的各种长期作用的外界因素的抵抗能力。引起老化的外界因素包括热、光、高能辐射和机械应力等物理因素，氧、臭氧、水、酸碱等化学因素，微生物、昆虫等生物因素等。聚合物材料较易老化是它的一个主要缺点。聚合物老化的机理主要有光老化、热老化、水解降解等，它们或造成聚合物的降解、分子结构的破坏、机械性能恶化；或造成分子间交联、聚合物材料变脆、丧失弹性或产生龟裂现象。测定方法有热老化试验、自然老化试验和人工加速老化试验等。评价的方法是根据研究目的，观察外观的变化或测定某一项物理机械性能的变化。

(顾国芳)

耐磨钢 wear-resistant steel

通常指在冲击载荷作用下发生加工硬化而具有高耐磨性能的高锰铸钢。主要成分是含1.0%～1.3%碳、11%～14%锰，锰碳比控制在9～11，牌号是ZGMn13。该钢因加工困难，基本上是铸造成型，但铸态下硬而脆，耐磨性也差，不能直接使用。为了呈现良好的耐磨性和韧性，必须进行水韧处理以获得全部奥氏体组织，在较大冲击或接触应力的作用下，其表面层将迅速产生加工硬化，从而形成高耐磨的表面层，而内层仍保持优良的冲击韧性。通常用于承受较大冲击负荷并要求高耐磨性的零部件，如球磨机的衬板、锤式和反击式破碎机的锤头、颚式破碎机的齿板、挖掘机的斗齿、拖拉机和坦克的履带板、铁路道岔等。

(许伯藩)

耐磨试验机 wear resistance testing machine

用来确定各种外界因素对材料摩擦、磨损性能影响的试验机。按照接触方式、运动方式、运动速度、温度、压力、周围环境介质、润滑方式等又分成不同种类。在试验过程中，主要测量的参数是：摩擦温度、摩擦系数和磨损量。它的主要用途是：用以研究新的耐磨、减摩及摩阻材料和评定各种耐磨表面处理材料的摩擦、磨损性能。

(宋显辉)

耐磨性 abrasion resistance

又称耐磨损性、耐磨耗性。材料抵抗外界机械磨损的能力。它与材料的组成、结构、硬度、强度和孔隙等因素有关。混凝土路面、铺地砖、耐火砖、地面涂料等经常受到磨损的制品，都需要进行耐磨性试验。试验的方法较多，一般以一定荷重和磨损条件下材料单位面积上的磨耗量（g/cm^2）来表示其强弱。

(潘意祥)

耐燃乳化沥青 flame resistant emulsified asphalt

涂层具有阻止或延缓燃烧功能的乳化沥青。在乳化沥青中添加耐燃材料或阻燃剂而制成。耐燃材料可阻止或延缓燃烧；阻燃剂则分解产生不能燃烧的气体、泡沫或多孔性碳化物绝热层，可阻止或延缓燃烧，从而保护涂层下面的物体。常用的耐燃材料有石棉、硅藻土、高岭土等；阻燃剂有含磷、卤素、硼、锑等元素的有机物或无机物。如：磷酸盐类、三氧化二锑、氢氧化铝、溴化物、含氯树脂或橡胶乳液等。以涂刷或抹压法施工。用于木结构屋面或易着火屋面作防水层。

(刘尚乐)

耐热钢 heat resistant steel

高温下长期工作时能抗氧化并保持高的抗蠕变能力和持久强度的钢。含碳量低，具有良好的工艺性能和耐高温性能。加入铬、硅、铝等能在表面形成致密的氧化膜、提高其抗氧化性；加入钨、钼、钒、铌、钛等强碳化物形成元素，能使钢保持较高的蠕变强度。根据其金相组织可分为三大类：①铁素体型，合金元素总量不超过5%，在500～600℃有良好的热强度和抗氧化性，工艺性好，比较经济，常用钢号有1Cr17，2Cr25N等，主要用作锅炉过热器、汽缸和管道等；②马氏体型，含铬9%～13%，在650℃左右仍有较好的抗氧化性，典型钢号是1Cr13、1Cr12，常用作汽轮机和燃气轮机的叶片、转子等；③奥氏体耐热钢，含有较高的镍、铬，高温下有较好的热强度和组织稳定性，通常在600℃以上使用，常用钢号是1Cr18Ni9Ti，主要用作食品化工、原子能工业等；④沉淀硬化型，常用钢号0Cr17Ni7Al，用作高温弹簧、膜片、固定器、波纹管等。

(许伯藩)

耐热钢板 heat-resisting steel plates (sheets)

用耐热钢冷轧或热轧生产的钢板。所用钢号按组织状态分为奥氏体型、铁素体型、马氏体型、沉淀硬化型等四类26个牌号，分厚板和薄板。检验项目较多，并随组织特征和钢种的不同而要求各异。使用时宜参考中国国家标准《耐热钢板》（GB4238）标准附录A所列特性和用途选用。

(乔德庸)

耐热耐酸浇注料　heat and acid resistant castable

以耐热耐酸材料为集料的耐火浇注料。通常所用集料为石英石、花岗石、安山石、辉绿岩、黏土砖碎块等。生产工艺与普通耐火浇注料相同。主要用于冶金厂烟囱内衬、各种工业用酸洗槽、硫铵饱和器和浓酸罐内衬等。

（孙钦英）

耐热性　heat resistance

又称抗热性。材料耐热作用的能力。不同材料的耐热性含义不同。例如水泥混凝土指抵抗在较高温度作用后强度降低或结构破坏的能力。混凝土中的水化产物氢氧化钙、水化硅酸钙、水化铝酸钙等受热时脱水分解，致使混凝土强度下降，温度越高，下降越为剧烈。周期受热时，使已脱水分解的产物遇到水分再次水化，产生膨胀应力，强度降低更甚。沥青混凝土的耐热性是指抵抗受热变形的能力。目前材料的耐热性尚无明确的统一测定方法和指标。

（潘意祥）

耐热油毡　heat resistant asphalt felt

可在较高环境温度下使用的油毡。其特点是具有高的耐热度和抗热稳定性。耐热度应达100℃左右（普通油毡的耐热度为85℃）。可通过提高沥青软化点、掺和橡胶、加大涂盖材料中填充料比例达到目的。主要用于环境温度较高的炼钢炉、热轧车间和其他有耐热要求的屋面作防水层使用。

（王海林）

耐蚀系数　corrosion resisting factor, coefficient of chemical resistance

在侵蚀水中养护的水泥混凝土试块抗折强度与在可食用清水中养护的水泥混凝土试块抗折强度的比值。通常养护时间为6个月。值愈大说明水泥混凝土的耐蚀性愈强，是衡量在受侵蚀介质作用下是否要采取防蚀措施的指标。

（徐家保）

耐水性　water resistance

材料长期在吸水饱和条件下不破坏、强度也不显著降低的性质。一般材料的耐水性用软化系数K表示。即

$$K = \frac{材料在吸水饱和状态下的抗压强度}{材料在干燥状态下的抗压强度}$$

K值在0～1之间，是选择材料时判定其是否耐水的重要指标。受水浸泡或处于潮湿环境中的重要建筑物用材料，K值不得低于0.85。一般K值大于0.85的材料被认为是耐水的。搪瓷材料的耐水性专指对热水作用的抵抗能力，用浸析度（试样在一定温度与时间内用定量水浸析后的失重百分数）计算；玻璃的耐水性则指抵抗水侵蚀的能力。

（潘意祥）

耐酸粉料　acid-resistant powder

又称耐酸填料。能抵抗酸性介质侵蚀的粉料。是耐酸混凝土或砂浆的填充料。常用的有铸石粉、石英粉、耐火黏土砖粉与石墨粉等。其用量与性能会影响混凝土的各项性能。要求其耐酸率不小于94%；含水率不大于0.5%；细度为0.16mm筛筛余不大于5%，0.085mm筛筛余为10%～30%。

（徐亚萍）

耐酸混凝土　acid-resisting concrete

能抵抗酸类介质侵蚀的混凝土。由耐酸的胶结材、掺料和粗细集料制成。按胶结材分类有水玻璃耐酸混凝土、硫磺耐酸混凝土、聚合物耐酸混凝土、沥青耐酸混凝土等。常用的耐酸掺料有石英粉、辉绿岩粉、安山岩粉及磨细瓷粉等。通常采用的细集料为石英砂，粗集料为破碎的石英岩、花岗岩、碎瓷片、碎耐酸砖片等，粗细集料的级配应符合普通混凝土的有关要求。主要用于冶金工业、化学工业、石油工业、轻工业中受酸性液体和气体侵蚀的结构物，如耐酸塔、储酸池、烟囱、设备基础和地坪等。与其他耐酸材料相比，具有施工较简便、造价较低廉等优点。

（蒲心诚）

耐酸集料　acid-resistant aggregate

能抵抗酸性介质侵蚀的集料。要求耐酸率不小于94%、含水率不大于1%，不得含有泥土、石灰石、铁屑等不耐酸的杂质。要求有一定粒度组成。常由石英岩、花岗岩、安山岩、辉绿岩等破碎而成，也可采用石英质河砂、卵石等。

（徐亚萍）

耐酸沥青胶泥　acidproof asphalt daub

以石油沥青为胶结剂，添加耐酸粉状矿物填料、经加热熔融配制而成的防腐粘贴材料。属于无溶剂型沥青胶泥。石油沥青应符合规定指标要求，用量为27%～67%。常用的耐酸粉料有石英粉、安山岩粉、辉绿岩粉、瓷粉、角闪石棉等。胶泥的稠度为4～7mm；密度约为1.7g/cm³；凝结时间：初凝不小于30min，终凝不大于6h；抗拉强度不小于2MPa；浸酸后抗拉强度下降不大于25%；煤油吸收率不大于15%；耐热性：100℃，2h不下滑。其缺点是：不耐强酸，溶于汽油、煤油等有机溶剂，低温性脆等。用热熔法施工。用于粘贴耐酸瓷砖、缸砖、铸石板、耐酸陶板、沥青渍砖等作防腐面层，铺贴沥青油毡隔离层或涂覆耐酸隔离层。

（刘尚乐）

耐酸率　ratio of acid-resistance

系指集料试样在一定量浓硫酸中煮沸1h后，再经800℃灼烧后所得残渣的质量与原试样质量之比值。

（徐亚萍）

耐酸耐温砖　acid-resisting refractory brick and tile

具有较高热稳定性的耐酸砖。为一种半瓷化的黏土质耐火材料。除具有一般耐酸砖的物理性能外，还应具有如下性能：使用温度不低于240℃，耐急冷急热性450～20℃反复二次不裂，水压0.8MPa下半小时不致渗透，使用压力0.65MPa。用作轻工、化工的耐腐蚀衬里材料。如酸法造纸工业中高压釜、回收锅、大容量贮槽等的内衬。

（邢　宁）

耐酸砂浆　acid-proof mortar

用耐酸胶结材、耐酸细集料和耐酸粉料按一定比例配制而成的特种砂浆。常用耐酸胶结材为水玻璃或硫磺；耐酸细集料有陶瓷碎料或石英砂，要求耐酸率不小于94％，含水率不大于2％；耐酸粉料的粒径小于0.16mm，须干燥、不含有泥土及有机杂质；为提高硬化速度可加适量促凝剂，并掺加增韧剂以提高韧性。多应用于储酸槽、酸洗槽、耐酸车间地坪，以及耐酸器材的粘接、表面防护、面层嵌缝和管道接口。不耐强碱侵蚀。　　（徐家保）

耐酸陶瓷　acid-resisting ceramic

在有酸性气体或液体侵蚀环境中使用，具有抗酸腐蚀性的陶瓷制品。按照瓷质可分为耐酸陶器、耐酸炻器和耐酸瓷器。按用途可分为耐酸砖、耐酸板、耐酸陶管、瓷粉等。耐酸瓷器的物理性能要求为：相对密度2.20～2.60，耐磨率不大于0.15g/cm²，吸水率不大于2％，抗弯强度15MPa，抗压强度200MPa，350℃急冷至12℃两次不裂，耐酸度不小于98％；耐酸陶器的物理性能要求为：相对密度2.20～2.30，耐磨率不大于0.16g/cm²，吸水率5％～8％，抗弯强度400～600MPa，抗压强度800～1 200MPa，200℃急冷至12℃两次不裂，耐酸度不小于94％。　　　　　（邢　宁）

耐酸陶瓷容器　acid-resisting stoneware container

化工生产中贮存或收集各种腐蚀性液体或气体的陶瓷容器。耐酸度不小于99.8％的瓷质或炻质（参见炻器，450页）容器，根据使用方式可分为敞口和密闭两种形式。用以进行反应、吸附、过滤等。有平底型、锅底型和球型之分。平底型多在常压或较低真空度下使用，真空度较高时则用锅底型或球型容器。　　　　　　　　　　（邢　宁）

耐酸陶管　acid-resisting pottery pipe

用以输送具有腐蚀性液体及排污的陶质（参见陶器，502页）管。表面施有耐酸釉。按其接头形式可分为承插式与法兰式两种。主要物理化学性能要求：公称直径小于300mm的管抗压强度不小于16MPa，吸水率3％～10％，69kPa水压下保持5min不渗漏，耐酸度90％～99％。公称直径100mm、长度不小于1m的管抗弯强度不低于5.9MPa；公称直径为150mm，长度不小于1m的管抗弯强度不低于6.9MPa。　　（邢　宁）

耐酸砖　acid-resisting brick and tile

在温度波动不大条件下，用以防止酸性气体或液体侵蚀的片状或块状耐酸陶瓷。按吸水率可分为三类，1类其吸水率不大于0.5％，2类其吸水率不大于2.0％，3类其吸水率不大于4.0％；按工作面分为有釉和无釉两种。通常，带有1mm以上的背纹。其主要物理性能要求：1类耐酸砖的抗弯强度不小于39.2MPa、耐酸度不小于99.8％、100℃急冷急热一次不裂；2类耐酸砖的抗弯强度不小于29.4MPa、耐酸度不小于99.8％、100℃急冷急热一次不裂；3类耐酸砖的抗弯强度不小于19.6MPa、耐酸度不小于99.7％、100℃急冷急热一次不裂。主要用于使用温度低于100℃的反应塔罐、防腐容器、沟槽等设施的内衬，耐酸地面及墙裙等。使用在垂直面时不宜过高，以防脱落。

（邢　宁）

耐污染性　resistance to fouling

混凝土对各种污染源作用引起表面污染的抵抗能力。污染源有尘埃、动植物分泌物、雨水、化学浸出物、铁锈和盐类化学物质等。常用污染前和污染后的60度镜面光泽度计算出污染率（％）来衡量。污染率＝［1−（污染后的光泽度）/（污染前光泽度）］×100％。　　　　　　　（徐家保）

耐洗刷性　scrub resistance

又称耐擦洗性。干燥涂膜在潮湿的状态下抵抗磨蚀和擦拭的性能。通常将涂有涂料的样板（底板可用玻璃、马口铁皮或石棉水泥板），采用洗刷仪进行测试，经洗刷仪上的毛刷往返洗刷之后，检查涂膜是否褪色、脱粉、失光、脱落、露底，以数字仪上显示出露底时的洗刷次数作为度标准。是地板漆、乳胶漆或内、外墙装饰涂料的一项重要性能指标。　　　　　　（邓卫国　刘柏贤）

耐细菌腐蚀性　antifungal property of asphalt felt

油毡在使用过程中抵抗大气或土壤中各种微生物侵蚀的能力。有二种测试方法：①人工培养细菌法——将油毡置于消过毒并装入琼脂为主的培养基的培养皿中，把各菌种接种于覆有油毡的培养基上，在一定的环境中使细菌侵蚀试件，对不同的侵蚀后试件进行性能测定及比较；②土壤埋设法——将试件置于土壤中，利用天然微生物进行腐蚀，该试验周期可能达0.5～3年，测其拉力及重量变化，求出变化百分率。　　　　　　（西家智）

耐油混凝土　oil proof concrete

能阻止矿物油类渗透并不与其发生化学作用的混凝土。由普通混凝土掺入密实剂（如氢氧化铁 Fe(OH)$_3$、三氯化铁 FeCl$_3$ 等）制成。某些矿物油类，如轻油等，因相对密度小、黏度低、渗透力强、易破坏水泥石与集料的黏结，因此要求此种混凝土的密实度大、抗渗性好。一般用于制作各种石油制品的储罐及耐油地坪等。 （蒲心诚）

萘含量 naphthalene content

软煤沥青中含有萘的数量，以重量百分率表示。萘在软煤沥青中，当低温时易结晶析出，使沥青失去塑性；同时，在常温下易升华，亦能使沥青变硬。此外，萘有毒易污染环境，故其含量必须加以限制。 （严家伋）

nan

难燃材料 flame-retardant material

在空气中难着火、难燃烧、难炭化，在离开火源后火焰传播仅在局部范围内且能自行熄灭的材料。氧指数大于 22，并称氧指数 27 以上的为高难燃材料。如聚氯乙烯、氯丁橡胶、氟塑料、氯纶、聚酰胺、羊毛和水泥刨花板等。在实用上，有时把本身固有阻燃性的材料称难燃材料，而把通过阻燃处理才具阻燃性或阻燃性更高的材料称为阻燃材料。 （徐应麟）

难熔合金 refractory alloys

由熔点特别高的钨、钼、钽和铌等难熔金属或高熔点金属为基所组成的合金。有钨合金、钼合金、铌合金和钽合金等。具有高熔点、高的耐热强度、抗蠕变、耐腐蚀，尚可在其表面涂覆硅化物或铝化物涂层，使其性能进一步提高。广泛用于宇航工业作火箭喷嘴叶片，原子能包壳材料，电子工业中作阴极热丝、对阴极、栅极、耐高温灯丝、加热元件、高负荷的电接触材料等。 （陈大凯）

楠木 Phoebe bournei (Hemsl.) Yang

中国珍贵用材树种之一。素以材质优良闻名国内外。在古老建筑中，如北京郊区十三陵就有二合抱的楠木柱，经久不腐。分布于四川、贵州、湖南、江西、福建等省。散孔材，边材黄褐或灰黄褐色，微绿，心材绿黄褐色至深黄褐色，带丝。木材光泽性好，纹理斜或略交错，结构甚细，均匀。气干材密度 0.537～0.562g/cm^3；干缩系数：径向 0.130%～0.135%，弦向 0.230%～0.239%；顺纹抗压强度 40.7～43.0MPa，静曲强度 77.2～91.2MPa，抗弯弹性模量 9.41～10.40GPa，冲击韧性 2.20～5.81J/cm^2；硬度：端面 41.2～50.2MPa，径面 31.4～42.3MPa，弦面 35.4～35.9MPa。可用于房屋建筑结构，如柱子、屋架，亦可用于屋面板、门、窗、室内装修、墙壁板、扶手、地板等。还可用于生产胶合板，以及家具等。 （申宗圻）

nei

内标法 internal standard method

对试样中加入定量标准物质（是试样中不含有的纯物质）所构成的混合试样进行测算，以求原试样中各物相含量的方法。其表达式为：

$$I_J/I_S = C_S^J X_J/X_S$$

式中 C_S^J 是与待测相 J、标准物质 S 相的晶体结构和实验条件有关的常数；X_S 为加入试样中标准物质的质量百分数，是已知量；因此 J 相与 S 相的某根衍射线强度之比 I_J/I_S 是与原试样中 J 相质量百分数 X_J 成线性关系。分析时，通常需预先配制一系列 X_J 不同的参考样品，内加等量的 S 相，混匀后测定各试样的 I_J 和 I_S，绘制 $I_J/I_S - X_J$ 的标准曲线。欲测定试样中的 J 相含量，只要在试样中加入与标准曲线相同的 X_S，并以相同的实验条件测算 I_J/I_S，利用标准曲线即可求得 X_J。 （岳文海）

内分层 inner separation

在混凝土内部材料发生的局部离析分层的现象。常发生在置有钢筋的混凝土中钢筋的下部及粗、细集料之间。分层后（图）形成充水①，正常②，密实③三个区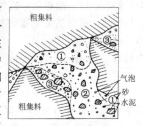域，在充水区，粗集料颗粒的底面将形成水膜，因而会破坏水泥石的黏结力。内分层对混凝土的强度，抗渗性均产生不利影响。 （潘介子）

内耗 internal friction

自由振动的固体（如玻璃），因内部原因而使其机械能转变成热能，并随之发生振动衰减的现象。玻璃的内耗包括弹性后效、应力松弛、黏滞流等。产生的原因为玻璃中微不均匀；热扩散；网络修饰体的扩散和结构基团的迁移或偏转。影响因素有温度、振动频率和玻璃的化学组成等。通过测量玻璃内耗可研究其结构变化。在转变温度以下，一般玻璃内耗小于 200kJ/mol。 （刘继翔）

内聚力 cohesion

又称黏聚力，凝聚力。物体中构成分子（原子、离子）之间形成聚集状态时的相互吸引力。在宏观上表现为没有正应力的面积上的抗剪强度，即该面积上不存在因内摩擦力而造成的抗剪阻力，所以只代表该材料抗剪强度的一部分。 （沈大荣）

内力 internal force

物体受到荷载作用而发生变形时，其内部各部分之间的相对位置发生改变而引起的各部分之间的相互作用力。是研究结构件的强度、刚度等问题的基础。由外部对物体所作用的力则称为外力。
（宋显辉）

内摩擦力 inner friction force

材料剪切破坏时，在剪切面上由正应力所造成的摩擦阻力。由于破坏面上颗粒相互摩擦，使部分机械能转变为热能而散失。其值与剪切面的粗糙程度有关，与正应力成正比关系。 （沈大荣）

内墙涂料 interior wall coating

起保护、装饰、美化建筑物内墙的涂料。中国最早使用的内墙涂料是以石灰粉、白垩粉或白土粉等配制的有色浆料。随着石油化工的发展，20世纪60年代开始有以聚乙烯醇配制的内墙涂料，到70年代高分子合成树脂内墙装饰涂料获得大量推广应用。常用的有溶剂型涂料、乳胶漆（聚醋酸乙烯涂料，乙丙有光乳胶漆等）、水溶性涂料（聚乙烯醇水玻璃内墙涂料，聚乙烯醇缩甲醛内墙涂料）等。其共同的特点：色彩丰富、细腻、调和，装饰效果好，耐碱、耐粉化、透气性良好。这类涂料因价格便宜，耐自然老化和耐水性差，所以专门用于内墙而命名。 （陈艾青）

内墙砖 interior wall tile

用作内墙面装饰的精陶或炻器质片状建筑材料。可分为正方形、矩形、异形配件等品种。多采用半干压成型而后施釉烧成。其主要物理性能要求：耐急冷急热性，一次不裂；吸水率不大于22％；弯曲强度不低于17MPa。具有防火、易清洁、保护墙面、美观等特点。施工时用水泥或专用胶粘贴。 （邢宁）

内燃烧砖法 brick fired with inner combustion

主要依靠掺入砖坯内部可燃物质的热量焙烧砖坯的方法。针对外投煤烧砖需耗用优质固体燃料、燃烧速度慢、焙烧周期长的缺点，近年来多采用部分内燃焙烧法、全内燃烧法或超热烧法焙烧砖坯，其所需热量一部分、全部或超量由坯体中内燃料供给。超过部分的热量可以引出，作为干燥坯体的热源。由于燃料在坯内燃烧，其坯体表面温度既高于内部温度，更高于气体温度，因此大大缩短烧成时间；煤炭、煤矸石、劣质煤及含未燃尽物的工业废渣（粉煤灰、煤渣等）均可作为内燃料，可以节约优质煤。 （陶有生）

neng

能量色散谱仪 electron dispersion X-ray spectrometer

简称能谱仪（EDX）。利用特征X射线能量不同，进行微区成分分析的显微仪器。其工作原理是：由高能电子束激发试样产生的特征X射线，通过锂漂移硅半导体探测器，使硅原子电离而产生大量电子空穴对，经场效应前置放大器转变为电流脉冲，放大器放大为电压脉冲，再输入多道脉冲高度分析器鉴别，得X射线能量与强度的关系曲线，从而对试样中某一微区所含元素进行定性定量分析。还可以将能量分布打印或以显像管显示出来。分析元素可从 $Na^{11} \sim U^{92}$，探测极限为 0.1％～0.5％，分析速度快，对试样要求不严格，特别适用于定性分析。常与扫描电镜配合使用。是研究材料微观形貌及微区成分分析极有效的工具。
（潘素瑛）

能量损失谱仪 electron energy loss spectroscope, EELS

在透射电镜中，电子束透过试样，测量从试样下表面逸出的透射电子能量而进行微区分析的仪器。由于接受的透射电子中，有非弹性散射电子，其中部分电子激发原子内层电子而能量损失，能量损失值具有特征性，从而可以获得元素的化学成分信息、试样的结构和电子状态数据。对轻元素的测定和非晶态结构的研究非常有用。 （潘素瑛）

ni

尼龙 nylon

又称耐纶。聚酰胺的音译商品名。常指聚酰胺纤维，也指聚酰胺树脂。所制得的纤维在国内又称锦纶。这类纤维有多种，已工业化生产的有尼龙－6、尼龙－7、尼龙－9、尼龙－11、尼龙－66、尼龙－610、尼龙－612、尼龙－1010等，其中大量的是尼龙－6、尼龙－66（参见聚酰胺，261页）。
（闻荻江）

尼龙垫圈铰链 noiseless hinge

又称尼龙垫圈无声铰链、无声合页。在两页片间的连接处加了尼龙垫圈的铰链。启闭门窗时，不会因铰链页片间的摩擦而发出声音。适于建筑标准较高的门窗上使用。 （姚时章）

尼龙纤维 Nylon-fiber

俗称耐纶。由尼龙加工而成的合成纤维。1889年首先由 Gabriel 和 Maass 两人合成成功。1935年最先制成尼龙66,1939年制成尼龙6。由美国联邦贸易委员会(U.S.Federal Trade Commission)命名。种类很多,其中最重要的有尼龙6、尼龙66、尼龙610等。尼龙6纤维(学名为聚己内酰胺纤维,俗称锦纶)用途最广。其优点是轻量、强韧、耐磨、耐药品、耐热、耐寒、无毒。其除了用来制造织物以外,还广泛用以制作地毯、搭扣、拉链、绳缆、输送带、降落伞、轮胎帘子线、安全网等。

(刘柏贤)

泥灰岩 marl

由碳酸钙和黏土物质同时沉积而形成的均匀混合的沉积岩。属石灰岩和黏土的中间类型。颜色多样,质软易采掘,抗压强度小于100MPa。中国很多地质年代均有泥灰岩分布,以寒武纪、三迭纪出现较多。因含有的石灰岩和黏土已呈均匀状态,易于煅烧,有利于提高窑的产量、降低燃料消耗,是很好的水泥原料。其CaO含量超过45%、石灰饱和系数大于0.95时,称为高钙泥灰岩,配料时应加黏土配合;CaO含量小于43.5%、石灰饱和系数小于0.80时,称为低钙泥灰岩,配料时应加高品位石灰石配合;若CaO含量在43.5%~45%,成分接近水泥生料,可不经配料,直接粉磨、煅烧而制得水泥,故常称为天然水泥岩。 (冯培植)

泥浆 slip

微细陶瓷黏土等矿物原料与水混合形成的悬浮液。其制备方法通常有三种:①将陶瓷原料和水一同加入球磨机中研磨形成;②将干法粉碎的陶瓷原料加水搅拌形成;③通过陶瓷原料的淘洗和筛分形成。不同用途的泥浆常冠以不同的名称,如注浆成型用泥浆称为注浆料;施釉用泥浆称为釉浆等。通常注浆料要求通过10 000孔/cm²筛后的筛余量不大于1%,而釉浆的相应筛余量要求不大于0.2%。注浆料含水率通常为30%~40%。 (陈晓明)

泥浆泵 slurry pump

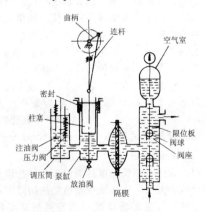

加压输送泥浆的设备。有往复式和离心式等型式。陶瓷厂多采用往复式隔膜泵(图)和陶瓷(多为高铝瓷质)柱塞泵。柱塞泵有单缸与双缸之分。隔膜泵(diaphragm pump)的特点是用弹性隔膜将工作液体与输送液体(泥浆)隔离,以免输送液中的固体颗粒进入活塞部分而产生磨损。隔膜泵用清水或油作工作液体,其工作压力较低,生产能力较小。柱塞泥浆泵利用陶瓷柱塞的优良耐磨性,省去了隔膜,以输送液作为工作液体,工作压力高,生产能力大,常与压力喷雾干燥塔配套。

(陈晓明)

泥浆搅拌机 slip agitating machine

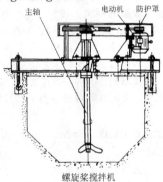

使粉状物料与水混合均匀的机械设备。其作用:①粉料及回坯料加水化浆;②防止泥浆贮存时固体颗粒沉淀或发生分层现象;③搅拌泥浆,进行真空脱气。按方式分,有机械式和压缩空气式等;按搅拌工作件的运动特点分,有定轴转动和行星运动两种,后者其工作件既绕行星架中心公转,又绕主轴自转,能激起泥浆激烈的湍流,有利于防止沉淀。按工作件的形状可分为桨式、框式、螺旋桨式、锚式、涡轮式等,它们使物料产生不同特性的运动。常用的螺旋桨搅拌机(图)由动力传动部分、搅拌部分、浆池组成。泥浆真空搅拌机由贮器及真空泵等组成。压缩空气搅拌器则配有空气压缩机,适用于较深贮浆池的搅拌。 (陈晓明)

泥浆喷雾干燥 spray drying of slip

采用喷雾干燥器连续使泥浆脱水和粒化的方法。泥浆由雾化器(喷嘴或离心盘)雾化成细小液滴,并立即与热气流充分接触而迅速干燥。根据雾化方法分为压力式、气流式和离心式;根据热气流和雾化泥浆流向分为逆流式、顺流式和混合式。调节泥浆流量与排风温度可灵敏调节粉料含水率,生产稳定,自动化程度高,可与自动液压压砖机配合组成生产线,但一次性投资大,能耗较高。常用于墙地砖生产。 (陈晓明)

泥浆压滤 filter pressing

俗称榨泥。采用压滤机使泥浆脱水的操作。压滤机由若干片两侧面凹进并带沟纹的滤板和滤板间的滤布等组成,可将含水率为55%~65%的泥浆水分降至18%~28%,形成泥饼,经真空练泥或干燥后，可供可塑成型及轮碾造粒使用。泥饼含水率随着进浆压力的提高而降低，进浆压力一般为 0.7~7MPa，常用 0.7~2.1MPa。开始操作时用较低的压力，以免泥层颗粒间的毛细管减少和滤布孔隙堵塞。待滤布附着一层泥饼后，再逐渐提高至最高压力。提高泥浆温度能加快脱水速度，一般采用蒸汽将泥浆加热至 40~60℃。压滤周期约 60~90min。压滤脱水与喷雾干燥脱水比较，虽然能耗低，但劳动强度大，不易实现自动化连续生产。

（陈晓明）

泥料 mixed clay

又称坯料。对黏土制品原料进行加工处理制成适宜成型的物料。按含水率大小，可分为干泥料（干基含水率 10% 以下）、半湿泥料（干基含水率 10%~30%）和湿泥料（干基含水率 30% 以上）。不同的产品、不同的工艺要求采用不同含水率的泥条。要求配比准确、搅拌充分。泥料颗粒级配、含水率、均匀性等对成型和制品性能有很大的影响。

（崔可浩）

泥料真空处理 vacuum degasification of mixed clay

采取真空手段排除泥料内部空气的工艺过程。黏土质物料在采掘和加工过程中以及被水润湿搅拌成为泥料后，常带有大量空气，它们大部分溶解于水或以小气泡形式被水封闭，小部分自由空气充填于大气孔和裂缝中。这部分空气如不排除，将妨碍泥料均匀密实，降低水气扩散速率，甚至使从挤泥机挤出的泥条发生膨胀。采取真空处理，可以提高半成品及成品的密实度，改善泥料成型性能和干燥性能，提高制品强度。主要应用于烧结黏土砖和空心砖的生产。

（陶有生）

泥料蒸汽加热处理 steam-heating of mixed clay

向泥料喷射蒸汽，以提高温度实现热挤出成型的工艺过程。具有改善泥料可塑性，提高挤出机挤出泥条的稳定性（连续性、抗变形性），降低成型机械动力消耗，节约干燥时间，提高制品性能等效果。可以在给料机中、陈化仓中，或在联合搅拌机组的单、双轴搅拌机中喷射蒸汽。喷射时间取决于机器种类和产量，为 2~3min 直至 20min；蒸汽压力以 0.4~0.6MPa 为宜；加热泥料温度一般以 45~55℃ 为佳。

（陶有生）

泥釉缕 thread-like surface flaw

釉面局部凸起的缕状物。陶瓷制品表面缺陷之一。产生的主要原因是施釉不匀、釉料堆积或施釉过厚；立装釉烧时釉高温黏度偏低或烧成温度偏高，使釉熔体向下端流淌形成缕状等。克服的方法是改善施釉质量；调整组成以提高釉的高温黏度，如减少熔剂含量，增加 SiO_2、Al_2O_3 的含量。

（陈晓明）

霓虹灯 neon tubing

利用气体放电发光的装饰灯。即在直径为 7~35mm 经抽真空的玻璃管内分别充以各种惰性气体和涂上不同荧光粉，通电后使两端电极放电而发出各种彩光。一般灯管长度不超过 2 500mm，其电压为 1 000V/m，平均寿命为 10 000~20 000h。若充氖则发红橙光，充氪和汞蒸气可发绿光。常用于广告牌、剧场、酒吧、餐厅等处作宣传装饰。

（王建明）

拟赤杨 Alniphyllum fortunei (Hemsl.) Perk

落叶乔木。高可达 25m，胸径 75cm。木材浅红褐色或黄褐色，心边材区别不明显，光泽弱，纹理直，结构甚细、均匀。锯、刨等加工容易，但刨面略起毛。不耐腐，不抗白蚁。散孔材。分布于广东、广西、湖南、湖北、江西等省。气干材密度 $0.431~0.469g/cm^3$；干缩系数：径向 0.117%~0.119%，弦向 0.256%~0.284%；顺纹抗压强度 27.4~33.2MPa，静曲强度 55.7~65.5MPa，抗弯弹性模量 7.94~8.43GPa，顺纹抗拉强度 73.9~78.5MPa，冲击韧性 $3.33~5.31J/cm^2$；硬度：端面 27.9~33.4MPa，径面 18.2~19.4MPa，弦面 19.6~21.6MPa。木材可供室内装修（地板除外）、家具、游艇、铅笔杆、火柴梗、盒以及胶合板。

（申宗圻）

拟合法 fitting

逐步调整函数的参数，使其接近测量函数的方法。选取适当的函数 $\varphi(x)$，逐步调整其参数，使 $\varphi(x)$ 近似于测量函数 $f(x)$。和插值法不同的是：①插值法中的测量值认为是无误差的，插值函数经过测量点，拟合法则可不考虑具体的点；②插值函数是未知的，故多用插值多项式插值，而拟合法则可由其物理机制来判断或测量函数的可能型式。当测量点数 n 较大时，插值多项式的幂次会很高，用拟合法可免去高次方程的计算。具体拟合的方法很多，用离差的平方和 $\Sigma [\varphi(x_i) - f(x_i)]^2$ 为最小作为判据来选取拟合函数时，称为最小二乘拟合。

（魏铭鑑）

逆流式毛细管黏度试验法 test method for reverse-flow viscometer

采用逆流式毛细管黏度计测定沥青材料运动黏度的一种试验方法。该法是在精确加热和严密控制温度的条件下，测定沥青试样流经逆流式毛细管（如图）校准体积所需的时间，以 s 计，按下实验公式求出沥青的运动黏度：
$$\nu = c \cdot t$$
式中 ν 为运动黏度（mm^2/s）；c 为校准常数（mm^2/s^2）；t 为流经时间（$\dot{s}$）。该法适用于测定液体沥青在60℃和黏稠沥青在135℃时的运动黏度。黏度范围为 $30 \sim 100\,000 mm^2/s$。

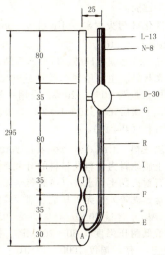

（严家侃）

腻子 putty

俗称油灰。用于消除涂漆前较小表面缺陷的厚浆状涂料或镶装玻璃的膏状物。一般在基料（胶结料）中添加大量填料，经过拌合或研磨而成。传统使用的有桐油石灰、猪血石膏等，因机械性能差，易引起涂层早期开裂和起泡而渐被淘汰，目前常用的主要种类有油性、硝基、环氧、氨基、聚氨基甲酸酯、过氯乙烯及不饱和聚酯等腻子。常用的填料有碳酸钙、石膏粉、滑石粉、沉淀硫酸钡等。根据色彩要求也可加入少量颜料。其性能的好坏，常用涂刮性、干燥性、填平性、收缩性、附着力、打磨性等方面的指标加以评定，是决定涂装材料整体质量的重要材料之一。对镶装玻璃的腻子还要求能用手搓成条；长期保持弹性，不污染表面等。

（刘柏贤　邓卫国）

nian

年轮 annual ring (growth ring)

又称生长轮。一年内所形成的木质部。包括早材与晚材。在温、寒带地区年轮代表全年的生长量，许多树种由于有早、晚材之分，在横切面上现出的年轮很容易辨别出来。在热带和亚热带地区的树种早、晚材往往不明显，年轮不易分辨。在一年中由于干旱与湿润季节交替往往会形成两个或几个生长轮，则称为双轮或复轮（double or multiple (growth) rings），其中一轮为假年轮（false annual (growth) ring）。

（吴悦琦）

黏稠沥青 asphalt cement

固体沥青和半固体沥青的总称。可以由直接蒸馏、氧化等工艺获得，通常针入度在 $10 \sim 300$ （25℃，100g，5s）（1/10mm）之间。需热法施工，经加工为乳化沥青或液体沥青后，亦可冷法施工。建筑石油沥青、道路石油沥青、普通石油沥青、水工沥青和重交通道路沥青均属这类沥青。

（严家侃）

黏度 viscosity

又称黏滞系数。量度流体黏滞性大小的物理量。流体中相距 dx 的两平行液层，由于内摩擦，使垂直于流动方向的液层间存在速度梯度 dv/dx，当速度梯度为1个单位，相邻流层接触面 S 上所产生的黏滞力 F（亦称内摩擦力）即黏度，以 η 表示：$\eta = \dfrac{F/S}{dv/dx}$，单位：$Pa \cdot s$。其大小与物质的组成有关，质点间相互作用力愈大，黏度愈大。组成不变时，固体和液体的黏度随温度的上升而降低（气体与此相反），其关系可粗略地用式：$\eta = \eta_0 \mathrm{Exp}(E/KT)$ 表示，式中 η_0 为常数，E 为激活能，K 为波尔兹曼常数，T 为绝对温度。对玻璃来说，同一黏度值其化学组成不同对应的温度值也不同，但它所处的状态及物理性能基本相同，为此通常以黏度数据来表征玻璃的某些特征点，如应变点、转变温度、软化点、流动温度等，对应的黏度值分别为 $10^{13.5}$，10^{12}，4.5×10^6，$10^4 Pa \cdot s$，是玻璃工艺中的重要参数。

（潘素瑛）

黏度计 viscometer

量度流体黏度的仪器。通常有下列几种：①拉丝型，测定丝状试样在加热炉内，在恒定的负载作用下，以丝的伸长速度 v 来计算黏度 η：$\eta = \dfrac{LF}{3\pi r^2 \cdot v}$，式中 L 为丝长度，F 为拉力，r 为丝的半径。测量范围为 $10^{6.65} \sim 10^{13} Pa \cdot s$。②压痕型，以半径为 R 的圆柱压头或刚体球在负荷 P 作用下压入被测物软化层深度 L 来量度：$\eta = 0.5135 Pt/\sqrt{RL^3}$。式中 t 为负荷时间，测量黏度范围为 $10^7 \sim 10^{12} Pa \cdot s$。③毛细管型，基于泊肃叶公式，通过测定流过毛细管的流动速率 Q 和毛细管二端的压力差 ΔP 来量度：$\eta = C\Delta P/Q$。C 为与毛细管尺寸相关的常数，测量黏度范围为 $5 \times 10^{-2} \sim 10^3 Pa \cdot s$。④旋转型，通过测量流体中旋转物体（或称转子）所受到的黏滞力矩来量度，其值：$\eta = \dfrac{G \cdot M_d}{n}$，式中 G 为仪器因子，n 为转子速度，M_d 为黏滞力矩，测量黏度范围为 $10 \sim 10^5 Pa \cdot s$。⑤落球型（或拉球型），基于斯托克斯定律测定流体（或熔体）中下落铂球的速度来量度，其值：$\eta = K(W - W_0)/(\Delta z/\Delta t)$ 式中：K 为仪器常数，W 为天平砝码质量，W_0 为平衡时砝码质量，$\Delta z/\Delta t$ 为砝码质量为 W 时铂球的平均速度。

(潘素瑛)

黏结层 bonding layer

浇灌新鲜混凝土前在潮湿的清理好的硬化混凝土表面所铺垫的一层 3～13mm 厚的砂浆层。其作用在改善新老或先后浇灌混凝土之间的黏结和连接。

(徐家保)

黏料 binder

又称基料，主体材料，胶粘物。胶粘剂中起粘接作用并赋予胶层一定机械强度的物质。如各种热固性树脂、热塑性树脂、合成橡胶等合成高分子材料，淀粉、酪素、皮胶、骨胶、天然橡胶等天然高分子材料及硅酸盐、磷酸盐等无机化合物。按形态分有固体、液体及胶体。胶粘剂性能及配制方法主要取决于其黏料。

(刘茂榆)

黏流态 viscous state

又称流动态。高于黏流温度，聚合物料熔融（或受到外力时），达到能流动的状态。处于这种状态下，聚合物链段的运动足够强烈，以致能使大分子整体发生相对位移。此时聚合物表现出：弹性模量很小，形变率很大，形变不可逆，力学性能（如黏度）依赖于整个分子链的性质。提高温度、增大作用力或作用时间，可使聚合物变成黏性液体而流动。常用熔融指数来衡量聚合物熔体的流动性。分子链结构、分子量及分布、温度、外力、添加剂等均影响聚合物熔体的流动性。大多数聚合物加工，如塑料成型、熔融纺丝等均在此状态下进行。聚合物熔体与低分子液体的区别是前者在流动的同时还夹杂有弹性变形，即具有弹性效应。

(赵建国)

黏流温度 viscous flow temperature

又称塑化温度。无定形或半结晶聚合物从高弹态向黏流态转变（或相反转变）时的温度，以 T_f 表示。从分子运动机制来看，也可定义为聚合物分子链整体位移得以开始或被"冻结"时的温度。无固定值，随测试条件及方法而变化。聚合物分子间的作用力、分子链的刚柔性及结晶性、分子量及外力的大小及作用时间都会影响 T_f 的高低。增塑剂是降低 T_f 的有效措施，但有损其性能。是重要的工艺参数之一，在 T_f 以上，聚合物受外力作用会发生不可逆的黏性流动（塑性变形），成为流动的黏性液体，塑料与纤维在此状态下加工。

(赵建国)

黏弹性 viscoelasticity

材料在外力作用下，既有黏性又有弹性的双重特性。一般材料都具有这种性能，但以高聚物最为显著。由于其长链分子运动的松弛特性，表现出力学行为强烈地依赖于温度和外力作用的时间，在施加应力时，应变只能缓慢地变化，最后达到平衡。表征这种性能的基本现象有三种：蠕变，应力松弛和动态力学性能。

(宋显辉)

黏土结合碳化硅耐火材料 fireclay-bonded silicon carbide refractory

又称黏土结合碳化硅砖。以黏土为结合剂的碳化硅质耐火材料。主要原料为碳化硅和结合黏土。结合黏土加入量为 10%～20%，采用可塑法和半干法成型，干燥后在 1 350～1 420℃烧成。参见碳化硅耐火材料 (494 页)。

(孙钦英)

黏土耐火浇注料 fire clay castable refractory

以黏土质原料为骨料及粉料的耐火浇注料。结合剂主要有耐火黏土、水泥（铝酸钙水泥、矾土水泥及硅酸盐水泥等）及无机盐结合剂（磷酸盐、水玻璃等）。Al_2O_3 含量 30%～45%。经 105～110℃烘烤后的最低耐压强度在 30～200MPa，抗折强度在 5～40MPa。使用温度 1000～1350℃，在使用温度下保温 3h 的烧后线变化率不大于 1%。实际使用中的黏土浇注料的 Al_2O_3 含量变化较大，适合不同使用要求的品种也较多，如致密高强度黏土浇注料、耐剥落黏土浇注料、低铁黏土浇注料等。是应用范围最广泛的一种不定形耐火材料。

(李 楠)

黏土膨胀珍珠岩制品 clay expended pearlite product

以膨胀珍珠岩和磨细塑性黏土为原料，经高温焙烧而制成的耐高温绝热制品。为制得高温绝热性能优良的制品，要求膨胀珍珠岩堆积密度为 70～120kg/m³，颗粒级配好。黏土胶结材的用量应尽量减少，通常占制品体积的 10% 以下，可预先制成泥浆。生产工艺与普通陶瓷雷同，表观密度约 200～400kg/m³，常温热导率约 0.07～0.14W/(m·K)，允许使用温度 900℃。用于高温管道和热工设备的绝热。

(林方辉)

黏土平瓦 clay plain tile

又称红平瓦，机制瓦。以黏土为主要原料，经模压或挤出成型后焙烧而成的平瓦。由瓦头、瓦脊、瓦尾三部分构成。瓦腹有四爪：前两爪，后两爪。前爪的尺寸须保证挂瓦时爪与瓦槽搭接合适，后爪有效高度不小于 5mm。瓦的最小抗折强度应大于 600N，覆盖 1m² 屋面的瓦吸水后重量不应超过 55kg。实际尺寸为 360mm×220mm～400mm×240mm。此类瓦大部分在氧化气氛中烧成，呈红色，制作过程是机械化连续操作，故又称红平瓦、机制瓦。

（徐昭东　孔宪明）

黏土乳化沥青　clay emulsified asphalt

黏土凝胶体为乳化剂的无机胶体乳化沥青。由石油沥青、胶质黏土和水组成。黑褐色膏状悬浮体。无毒、无味、不易燃。固体含量不小于50%。涂层厚度在4mm以上，属于水乳型厚质沥青防水涂料。常用的黏土为高塑性黏土或塑性黏土。塑性指数在12以上，有的高达44，黏土颗粒含量40%~85%，砂粒含量小于10%。乳化后的沥青颗粒平均直径为4~100μm，以8~20μm为佳。膨润土乳化沥青是典型的黏土乳化沥青。可用搅拌法生产。施工用量在8kg/m²以上，用涂刷方法施工。其缺点是涂层干缩较大易于开裂。掺入适量的玻璃纤维或石棉纤维可提高其抗裂性能。用于工业与民用建筑屋面防水。

（刘尚乐）

黏土陶粒　coarse aggregate of expanded clay

又称膨胀黏土。由易熔的黏土、亚黏土和加入适量调节其矿物成分的附加剂（如重油、铁粉等），经制粒、焙烧而成的陶粒。按其原材料的不同性能，可采用塑化法、泥浆成球法或粉磨成球法加工，而后在回转窑或立波尔窑内烧胀而得。堆积密度为400~900kg/m³，筒压强度为0.5~6.0MPa，吸水率不大于10%。调节其原材料的矿物成分和生产工艺参数，还可制成超轻陶粒或高强陶粒。是生产和应用较多的一种轻粗集料。

（龚洛书）

黏土陶粒混凝土　expanded clay concrete

黏土陶粒配制成的轻集料混凝土。由于黏土陶粒品种和性能的差异，其表观密度为500~1800kg/m³，抗压强度3.0~50MPa。可以制成保温性能很好的超轻陶粒混凝土；或强度很高的高强陶粒混凝土。是国内外应用较多的一种陶粒混凝土，适用于各种工业与民用建筑及桥梁建筑。

（龚洛书）

黏土质耐火材料　fireclay refractory

以耐火黏土及具有类似化学成分的原料为主制得的硅酸铝质耐火材料。Al_2O_3含量各国规定不同，且因品种而异，如国际标准规定致密定形制品30%≤Al_2O_3<45%，而对不定形耐火材料有10%≤Al_2O_3<45%。我国标准按用途分类，可分为高炉用、热风炉用、玻璃窑用、浇铸用及盛钢桶用黏土砖等。Al_2O_3含量下限在28%~42%之间。美国标准则根据热震稳定性、抗渣性等性能的好坏分为特级黏土砖（superduty fireclay brick）、高级黏土砖（highduty fireclay brick）、中级及低级黏土砖等。主要矿物组成为莫来石、石英变体和玻璃相，杂质中特别是K_2O和Na_2O对其质量的影响很大。是使用范围大、性能差别大的一种耐火材料。但普通品种已逐渐被优质品种所取代。

（李楠）

黏土质原料　argillaceous raw material

提供水泥熟料成分中SiO_2、Al_2O_3、Fe_2O_3的原料总称。天然黏土质原料有黄土、黏土、页岩、泥岩、粉砂岩、河泥等。其中以黄土和黏土用得最多，其主要矿物是高岭石、蒙脱石、伊利石、水云母中的一种或多种。工业废渣如铝厂的赤泥、电厂的粉煤灰、炼铁厂的高炉矿渣、煤矿的煤矸石等，也可作水泥生产的黏土质原料。为便于配料，一般要求其硅率为2.5~3.5（最好为2.7~3.1），铝率为1.5~3.0。此外，还对碱、镁、粗砂等含量有一定的限制。

（冯培植）

黏性　viscosity

又称黏滞性。流体抵抗剪切变形的性质，表现为流体分子间的内摩擦阻力。是阻碍流体内部各部分之间以及与加入到流体中的固体之间产生相对运动的一种宏观属性。流体由于黏性作用，动能转化为热能，在无外界能量补充的情况下，其运动将逐渐静止下来。黏性随温度而变化，其大小用黏度表示。

（沈大荣）

黏性土　clayey soil

塑性指数I_p大于10的黏土。根据塑性指数大小分为黏土（I_p>17）和粉质黏土（10<I_p≤17）。塑性指数$I_p = W_L - W_P$。式中W_L为土的液限，即土由固态变到塑性状态时的分界含水量，%；W_P为土的塑限，即土由塑性状态变到流动状态时的分界含水量，%。按液性指数I_L可将黏性土分为坚硬状态（I_L≤0）、硬塑状态（0<I_L≤0.25）、可塑状态（0.25<I_L≤0.75）、软塑状态（0.75<I_L≤1）和流塑状态（I_L>1）五类。液性指数：

$$I_L = \frac{W - W_P}{W_L - W_P} = \frac{W - W_P}{I_P}$$

式中W为土的天然含水量，%。黏性土承载力基本值按孔隙比和液性指数介于105~475kPa。

（聂章矩）

黏性系数　viscosity factor

见牛顿液体（364页）。

捻度　twist

纱线沿轴向一定长度内的捻回数。一般以捻数/m表示。纱线每扭转360°角称一个捻回。按单纱中的原丝或股纱中的单纱呈现的捻向（倾斜方向）可分：S捻（又称右捻或顺手捻）；Z捻（又称左捻或反手捻）。一般玻璃纤维原丝采用Z捻；股纱采用S捻。加捻的目的是为了增加玻璃纤维的耐磨性和股纱的光泽等。

（刘继翔）

碾压法　rolled-on method

借助滚动的辊筒或轮子的压力，压实土的方法。常用的有平滚碾、羊足碾和气胎碾等（羊足碾只用于压实黏性土）。此法适用于大面积的填土，如大型车间、广场平整、堤坝工程等。压实填土时，铺土应均匀一致，每层厚度20～35cm，碾压方向应从填土两边逐渐向中心，每次碾压应有15～20cm重叠。辊轮重量多在5～10t，用轻型辊碾压实土层的厚度不宜过大，但土层上部比较密实。如先用轻辊，后用重辊，效果较好，如直接用重辊碾压松土，则土层产生明显起伏现象，效果较差。　　　　　　　　　　　　　　（聂章矩）

niao

尿素-甲醛灌浆材料　urea-formaldehyde grouting material

直接用尿素、甲醛和固化剂配制而成的灌浆材料。常用的固化剂为硫酸铵、三氯化铁、硝酸铵等。灌浆液的凝固速度可用固化剂用量来调节，一般控制十几秒到几十分。初始黏度为 $(5～10) \times 10^{-3}$ Pa·s，可灌入0.05～0.08mm的孔径或裂缝中，渗透系数为 10^{-3} cm/s，凝固体的抗压强度为2～8MPa。缺点是因含有甲醛刺激性大，对设备有腐蚀性。用单液或双液灌浆法施工。用于冲积层堵水，井壁的加固和堵水。　　　（刘尚乐）

脲醛树脂　urea-formaldehyde resin, UF

又称尿素甲醛树脂，由尿素（脲）与甲醛缩合而得的热固性树脂，记作UF。氨基树脂中的一个重要类别。低分子量的为能溶于水的无色透明至浅白色液体；高分子量的为白色固体。用适当的催化剂可以固化，产物为无味、耐光性良好的固体。耐水性、耐老化性及机械强度略次于酚醛树脂。在未固化的浆料中加入填料等可制得压塑粉，因着色性好，可制造色彩鲜艳的日用品而著称。主要用作塑料、涂料、胶粘剂、日用品、织物和纸张处理剂。　　　　　　　　　　　　　　　（闻荻江）

脲醛树脂灌浆材料　urea formaldehyde resin grouting material

是以水溶性脲醛树脂为基料，加入酸性固化剂配制而成的灌浆材料。固化剂多采用工业硫酸，摩尔浓度为0.4～1.2M。脲醛树脂液的固体含量为40%。脲醛树脂与硫酸溶液的体积比为2∶1。灌浆液的凝固速度可用酸的浓度大小来调节，一般凝结时间为十几秒到几十分钟；黏度为 $(5～6) \times 10^{-3}$ Pa·s，可灌入0.05～0.08mm的裂缝或孔径中；渗透系数为 10^{-3} cm/s。凝结体的抗压强度为2～8MPa。用单液或双液注浆法施工。用于冲积层堵水、矿井井壁的封水和加固。　　（刘尚乐）

脲醛树脂胶粘剂　urea resin adhesive

简称脲醛胶。以脲醛树脂为黏料配制的胶粘剂。分液状和粉状两类，后者系前者经喷雾干燥后制得，存放期较长，一般可存放1～2年。脲醛胶色浅，耐光性好，毒性较小，对木材有较高的粘接强度，但耐水性较差，常加入三聚氰胺甲醛树脂改性。使用时一般加入氯化铵固化剂，常温固化时，用量为树脂量的1%～2%。粘接时需加压，可常温或加热固化。常温固化的压制时间夏季12h，冬季24h。大量用于木材工业和家具制作。
　　　　　　　　　　　　　　（刘茂榆）

脲醛塑料　ureaformaldehyde plastics

又称脲-甲醛塑料。以线型脲醛树脂为基料的热固性塑料。是重要的氨基塑料之一。一般能在加有变定剂和其他添加剂的酸性介质中变定。主要有模压塑料、层压塑料、浇铸塑料和泡沫塑料四类。模压塑料常以纸浆为填料，无色透明，可加入颜料，制成色彩鲜艳的制品，俗称电玉，主要制作电器用品及日用品。层压板能耐弱酸、弱碱、油脂等，但易吸水翘曲，用于制造贴面板、家具、建筑装饰板等。脲醛泡沫塑料抗燃性优于酚醛泡沫塑料，吸震性极佳，且具耐腐蚀性，但对水及水汽的作用不够稳定。建筑中主要用作隔声、保温绝热材料。　　　　　　　　　　　　　　（刘柏贤）

nie

涅硅钙石　nekoite

化学式为 $3CaO·6SiO_2·8H_2O$（简写为 $C_3S_6H_8$）的一种天然水化硅酸钙矿物。结构式为 $Ca_3(Si_6O_{15})·8H_2O$，其硅氧四面体排列方式与奥硅钙石相同。三斜晶系，纤维状。晶胞参数为 $a=0.760$nm, $b=0.732$nm, $c=0.986$nm；相对密度2.21。在730℃左右失水生成 $\beta\text{-}C_2S$ 和石英。
　　　　　　　　　　　　　　（王善拔）

镍铬片孔板平拉法　horizontal drawing process by nichrome alloy bushing

以陶土作坩埚埚体，以垂直安装的镍铬片孔板作漏板，水平拉出连续玻璃纤维的方法。20世纪50年代后期由中国上海斯美玻璃纤维厂研制成功。优点是投资省，生产的玻璃纤维质量较陶土坩埚法高（可生产纺织玻璃纤维）。缺点是不能生产无碱玻璃纤维。　　　　　　　　　　（吴正明）

闑　doorstop

或作臬、槷。阃的一种。《正韵》门中橛为闑。

通行车辆的大门不能设通长的门限,因此在中央设短橛以止扉(阻挡门扇)。阈的高度不能超过车轮轴的最低点。《史记·孙叔敖传》楚俗好庳车(低矮之车),王欲下令使高之,相(孙叔敖)教闾里使高其梱,居半岁,民悉自高其车。特别巨大的门,中央有设通高之阒者,《礼记·玉藻》公事自阒西,私事自阒东;甚至门有二阒,二阒之间,谓之中门,唯君行中门,臣由阒外,见《仪礼·聘礼贾疏》。阒之以石材为之者曰碶(别作硕、阁、輆),即《营造法式》卷三之止扉石和城门心之将军石。

(张良皋)

ning

凝胶 gel

由高分子或某些胶体粒子相互连接成立体网状结构,并在其结构空隙中充满液体或气体分散介质所形成的半固体状态物质。它没有流动性,却有一定的弹性、强度和屈服值等固体的力学性质。在改变温度、介质成分或外加作用力等条件下,其结构常受破坏,从而发生流动。凝胶的性质介于固体和液体之间。根据分散相质点的性质,可分为:①刚性凝胶(又称脆性凝胶),如硅胶等,因其质点本身和网状骨架具有刚性,当吸收或放出液体时,形状和体积变化都极小,通常具有多孔性结构,只要液体能润湿它,都能被其吸收。②弹性凝胶,由柔性的线型高分子所形成,有弹性,变形后能恢复原状。当吸收或放出液体时,其体积常常发生变化。对液体的吸收有选择性,例如橡胶吸收苯,体积膨胀,但在水中不膨胀。高分子溶液或溶胶形成凝胶的过程称为胶凝作用。有些凝胶(如$Fe(OH)_3$凝胶、可塑性黏土与混凝土注浆等)的立体网状结构不稳定,可因振动而受到破坏,出现流动性,静置后又可恢复成凝胶。这种性质称为触变性。在自然界和工农业生产中常会遇到凝胶,例如,在水泥水化过程中生成的水化硅酸钙凝胶,是水泥石中起胶结作用的物质。

(夏维邦)

凝胶空间比 gel-space ratio

简称胶空比。表示硬化水泥浆体中凝胶固相在其总体积中所占的比例。可以下式表示:

$$凝胶空间比(x) = \frac{凝胶体积}{凝胶体积 + 毛细孔体积}$$

胶空比实质上反映硬化水泥浆体的密实度,它与抗压强度f_c有密切关系,也有一定规律。例如有人从实验得数据归纳为下列关系式

$$f_c = f_c^0 \cdot x^n$$

式中f_c^0为凝胶的固有强度;n为取决于水泥特性的常数;x值在0~1之间。胶空比x大,浆体密实,强度就高,反之则低。

(陈志源)

凝胶渗透色谱法 gel permeation chromatography

又称体积排斥色谱或凝胶过滤色谱、分子筛色谱。以多孔凝胶作为固定相的一种高压液相色谱法。在色谱柱内填充软性或刚性凝胶小颗粒(如硅胶),当有机溶剂带着样品进入柱内时,由于样品各溶质分子尺寸大小不同,尺寸大的分子不能渗入凝胶颗粒微孔,而尺寸小的分子却能渗入凝胶颗粒微孔,导致样品各溶质流出柱外的时间不同从而实现分离。主要用于物质的相对分子质量大于2 000的高分子材料的分离和物质的相对分子质量分布的测定以及高分子降解、聚合动力学、聚合组成分析、聚合物产品质量控制等。

(秦力川)

凝胶水 gel water

水泥凝胶所含的可蒸发水。包括凝胶微孔内所含的水以及受凝胶表面强烈吸附而呈高度定向排列的水,属于不起化学反应的吸附水。其数量随水化延续时凝胶量的增加而增加。加热时会蒸发脱去,脱水温度则视结合强弱而有较大差别。脱水后留下相互直接接触的胶粒及无水胶孔,孔宽约1.5~3nm,并使硬化水泥浆体的弹性模量降低。

(陈志源)

凝胶型沥青 gel type bitumen

沥青质含量较高,胶团形成空间网络结构的一种沥青胶体结构类型。通常具有较高的C/H比。当受力时,其流动曲线有明显的屈服值(τ_0)。当剪应力(τ)超过τ_0后,剪应力与剪变率(γ)成正比,黏度(η)为一常数(有时黏度亦可随剪应力而变化,形成伪黏度)。这类沥青具有明显的弹性。有时,还具有触变性,即黏度与剪切时间和停息时间有关,当剪变率由低至高,经停息后再由高至低时,流动曲线有明显的滞后环。这类沥青具有较低的温度感应性;但低温时具有较大的脆性。针入度指数(PI)大于+2。深度氧化的石油沥青多属这类胶体结构类型。

(严家伋)

凝结时间差 setting time difference

掺外加剂混凝土的凝结时间与基准混凝土凝结时间之差。表示掺外加剂混凝土的凝结性能指标。用下式计算:

$$\Delta T = T_t - T_c$$

式中ΔT为凝结时间差;T_t为掺外加剂混凝土的初凝或终凝时间,(min);T_c为基准混凝土的初凝或终凝时间,(min)。ΔT为正值,表示外加剂有缓凝作用;为负值,表示外加剂有促凝作用。

(陈嫣兮)

凝聚沉淀 coacervate precipitation

高分子胶黏体和涂料在反应或贮存过程中发生增稠、絮凝、析出、分层、结块沉淀等化学或物理变化的现象。对于高分子胶黏体来说是指系统黏度增大，产生凝胶化，此时系统中生成不溶于溶剂的巨型网状结构的凝胶和可以溶解而分子量较小的溶胶。对于涂料来说，除上列情况外，因涂料为有机高分子的胶黏体和颜料等组成的悬浮体，所以这种现象主要是指涂料的贮存稳定性。凝聚沉淀的产生反映材料发生了变质。为防止产生此现象，必须从材料配方、反应条件、贮存条件等全面考虑。

（刘柏贤）

凝聚接触点 coagulative contact

见凝聚结构。

凝聚结构 coagulative structure

水泥（或其他胶凝材料）浆体中的粒子或水化生成物微小晶粒通过包围它们的水膜（溶剂化层）的最薄处以吸附力相互作用形成的互相连接的不规则空间网状结构。粒子之间的接触点称为凝聚接触点。包围在网状结构中的水分无流动性。在外力作用下，此结构可以被破坏，大量的水分被释放出来，体系的黏度降低，流动性增加。但外力除去后，网状结构恢复，重新失去流动性。

（蒲心诚）

niu

牛顿液体 Newtonian liquid

又称牛顿流体或完全黏性体。I. 牛顿首先于1687年提出的黏滞性不随流速改变的一种理想黏性液体。液体任一点上的剪应力 τ 都同剪切应变速率 $\dot{\gamma}$ 呈线性函数关系，可以用基本流变元件之一的牛顿元件来模拟。其流变方程为 $\tau = \eta \dot{\gamma}$，式中比例系数 η 为黏性系数。性质不同的黏性体有不同的 η 值。它还随温度而变化，温度升高，液体的 η 值随着减小。 （宋显辉）

牛顿元件 Newtonian element

见流变特性（306页）。

牛皮纸 kraft paper

色泽黄褐似牛皮的包装纸。古建筑彩画工程用其起谱子。以150磅为宜。用时将花纹绘于纸上，用针锥沿花纹的边线扎成有一定间隔的小孔（孔距0.2~1cm），谓之谱子。彩画之前把谱子按实在地杖之表，在谱子的背面以粉包扑打，白粉透过小孔落在地杖之表，花纹就凭借此法印在上面，然后照此描绘彩画。 （王仲杰）

扭辫分析 torsional braid analysis

用扭辫分析仪测定液体试样动态热学性质的分析方法。是动态热机械分析的一种特殊情形。通常测定扭转振动频率，并记录自由衰减扭转振动的振幅随时间的变化或记录相对剪切模量随温度的变化。测量时，先用玻璃纤维或碳纤维等材料编织的辫子浸渍液体试样，再进行扭转振动测定。根据扭转振幅的变化或相对剪切模量的变化，可研究聚合物的固化、交联过程及最佳固化条件的选择、老化及防老化以及水对复合材料动态力学性能的影响等。其特点是测量精度高，试样用量少，且不需制成具体形状尺寸，分辨率优于差示扫描量热分析。

（杨淑珍）

扭转试验机 torsion testing machine

一种专门对试样施加扭矩，并能测出扭矩大小的试验机。由加载和测矩两个基本部分组成。加载部分有机械和液压两种，扭矩由摆锤式机构或传感器测量。测定不同材料抗扭强度的试验机各不相同。 （宋显辉）

nu

努普硬度 knoop hardness

美国F.努普（Knoop）等1939年提出的表示涂料、橡胶、矿石和金属等材料硬度的一种指标。符号为HK。是用相对棱角为172°30′和130°的金刚石四棱锥压入试样表面，印痕为菱形，设印痕长对角线为 d，mm，则 $HK = 14.23 p/d^2$，式中 HK 为努普硬度值（kgf/mm²）；p 为加在四棱锥上的荷重（kgf）。其特点是金刚石菱面锥体压入头硬度极高，可视为不会变形，压入材料表面的压痕为菱形，可以避免压痕的弹性回复引起的误差。（潘意祥）

nuo

糯米浆 glutinous rice paste

生石灰6份、粉好的糯米4份放入容器内加水煮至糯米熟烂而得的胶浆。多用在大型古建基础部位及干摆（磨砖对缝）等较高级墙体灌浆。加入糯米的主要作用是增强石灰浆的粘接性，并使之长期保持黏润。 （朴学林　张良皋）

中国土木建筑百科辞典

工程材料

（下册）

中国建筑工业出版社

O

ou

偶氮二甲酰胺 azodicarbonamide (AC) (ADCA)

又称 AC 发泡剂、ADCA 发泡剂。分子结构式为 $H_2N-\overset{O}{\underset{\|}{C}}-N=N-\overset{O}{\underset{\|}{C}}-NH_2$ 塑料、橡胶工业中最常用的化学发泡剂，橙黄色结晶粉末，熔点 230℃ 左右，相对密度 1.65，空气中分解温度为 195～210℃，主要放出氮气，发气量为 250～300ml/g。不助燃、有自熄性、无毒、无臭味、不污染、不变色。加入金属氧化物等活化剂可降低并控制其分解温度。主要用于聚氯乙烯泡沫塑料及聚乙烯、聚丙烯、聚苯乙烯、ABS、橡胶等的发泡。可在常压或加压下使用。　　　　（刘柏贤）

偶氮二异丁腈 azodiisobutyronitrile (ABIN)

又称 ABN 发泡剂或 ABIN 发泡剂、发泡剂 N。分子结构式为：

$$NC-\underset{\underset{CH_3}{|}}{\overset{\overset{CH_3}{|}}{C}}-N=N-\underset{\underset{CH_3}{|}}{\overset{\overset{CH_3}{|}}{C}}-CN$$

塑料、橡胶工业中常用的化学发泡剂。白色结晶粉末，熔点 105℃，相对密度 1.10～1.13，空气中分解温度 100～115℃，发气量 130～155ml/g，放出氮气。不助燃，有自熄性，发气量低，但分解温度低且分解放热小，因此，受分解压力、增塑剂、稳定剂等的影响小，所得泡孔结构良好，特别适用于制备高发泡倍率的制品。在分解时有极微量氢氰酸形成，其残渣四甲基丁二腈均有毒，用途因而受到限制。主要用于聚氯乙烯、聚乙烯、聚苯乙烯、聚丙烯、环氧树脂和橡胶的发泡，也可作聚合引发剂。　　　　（刘柏贤）

偶联剂 coupling agent

又称表面处理剂。在树脂基体与增强材料界面上，促进或建立较强结合的物质。按化学成分主要有铬络合物、硅烷、钛酸酯三类。其分子两端有性质不同的反应官能团，能分别与合成树脂和增强材料表面结合，通过物理或化学作用，形成"桥键"，使树脂与纤维牢固结合成整体，提高复合材料强度、耐候性、耐水性、耐化学性和电性能等。对不同树脂应选用不同偶联剂。　　　　（刘茂榆）

P

pa

耙式浓缩机 harrow concentrator

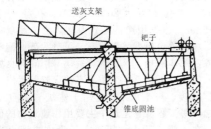

一种利用重力使固液分离，使浓缩物汇集的连续作业的沉淀浓缩设备。主要用于选矿厂浓缩矿浆，亦用于浓缩池脱水法对湿排粉煤灰悬浮液的浓缩脱水。由钢筋混凝土锥形底圆池和耙子（金属架）构成。耙子绕中心轴缓慢旋转。浆体由上部入口注入，固体颗粒借重力作用下降，池底浆体逐渐变浓，转动的耙子将其汇于池底部中央的出料口排出，泌出的清水则由池上部的溢流槽流出。

　　　　（沈 琨）

pai

排库 banks of batch bin

储存各种合格粉料的料仓按一字形排列的库。称量原料往往采用一库一秤的分别称量法，在其下设置皮带输送机把称量后的原料送入混合机。这种按原料重力顺流的工艺布置是采用排库的典型立体布置形式。与塔库相比，工艺较易控制，但占地面积大。　　　　　　　　　　　　　(许　超)

pan

潘马氏闪火点　Presky-Martens flash point

用于测定轻质油类和液体沥青材料的闪火点。该闪火点是采用一种闭口杯式的闪火点仪（如图）。　　　　　　(严家俶)

盘式离心法　disk centrifugal process

借离心盘高速旋转时所产生的离心力，将流入其中的熔融物甩制成棉状纤维的方法。离心盘可用耐火材料（生产玻璃棉）或铸铁（生产玄武岩棉）制成，盘面上具有许多呈辐射状的小沟槽，转速为 3 800～4 000转/分。形成的纤维较粗（直径 15～25μm），产量较低，但设备简单，容易投产，渣球少。可以用来生产玻璃棉、玄武岩棉和其他耐高温岩石棉。

潘马氏闪火点仪

(吴正明)

盘头

方砖对角分为两块后再经砍磨加工成如图断面的砖件。有头层和二层之分，是古建黑活砌筑墀头（俗称"腿子"）上部"梢子"必用砖件之一。该件位于枭砖之上、戗檐砖之下，其外侧与拔檐（山檐子）相接，故在加工时应根据拔檐所需尺寸要"打山出"，里侧要"掏碗口"，便于续砌随后砖。此件以干摆（磨砖对缝）做法居多。讲究的建筑可雕花饰。普通民宅也有采用"架灰"糙砌做法的。属檐料子类。

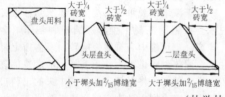

(朴学林)

盘形悬式瓷绝缘子　disc and pin type porcelain insulator

一种盘形悬式用于交流高压架空电力线路中绝缘和固定导线的可击穿型绝缘子。由一个盘状或钟状的绝缘体与沿着轴线布置的附件——帽和脚组成，帽胶装在绝缘件外面，脚装在绝缘件孔内。可串成任意长度，绝缘体损伤时导线不落地。弯曲强度不低于 70MPa，开口气孔率为零，孔隙性（140MPa·h）无渗透。急冷急热温差为150℃时不损坏。用于高压、超高压输电线路。　　(邢　宁)

盘子

①黑活屋面垂脊、戗脊或角脊前端的盘状装饰构件。用方砖加工而成，安装后其上部较屋脊的宽度宽出一些。侧面为上宽下窄，作凹进的弧线状。多与另一构件"规矩"（圭角）配套使用，故又合称为"规矩盘子"。用于与山面平行的屋脊，如硬山屋面的垂脊时，盘子的平面应加工成"冂"形，叫咧角盘子。用于与山面呈角度的屋脊，如庑殿屋面垂脊时，其平面为矩形，叫直盘子。带有透雕花饰的，基本为上下同宽，且不作凹曲状，因刻有花鸟图案，故称花盘子。凡不作雕刻的，则相对称为素盘子。

②黑活屋脊清水脊端头的盘状装饰构件。平面矩形，用停泥砖或开条砖加工而成。有"规矩盘"、"鼻子盘"之分。下面为规矩（圭角）者，合称规矩盘；若规矩的前端做成斜上方凸曲弧线的，合称鼻子盘。

(李　武　左潜元)

pao

泡界线　foam line

又称泡切线。在连续式玻璃池窑的熔化部，因玻璃液热对流作用，表层玻璃液向投料池方向回流所形成的一条有泡沫玻璃液和无泡沫玻璃液间的明显分界线。影响玻璃液流的诸因素，如：温度制度及温度波动、投料状况、产量、火焰长度、形状及性质等都影响其形状和位置。其位置稳定和清晰程度是熔窑热工制度稳定的标志，是熔窑优质、高产、低消耗的重要条件。　　(曹文聪)

泡沫白云石　foamed dolomite

见镁质绝热材料（333页）。

泡沫玻璃　foam glass, cellular glass

又称多孔玻璃。多孔而质轻的玻璃。将玻璃粉或其他粉基原料与发泡剂按一定比例混合后在高温下烧成。气孔率可达 80%～95%；孔径大小为 0.5～5mm。根据用途，可分为绝热泡沫玻璃和吸声泡沫玻璃等。根据基础原料，可分为普通泡沫玻璃、石英泡沫玻璃、熔岩泡沫玻璃等。具有良好的隔热、吸声、不燃、不变质、不怕鼠咬等优点。可割锯、粘接、易于加工。应用于建筑、化工、造船、国防等工程。在建筑中主要用作建筑物的保温材料。在大型工程上，用于露天设施或埋设在地下，如屋面隔热、超低温下管道隔热，施工方法必

须与不同的用途相适应。　　　　（许淑惠）

泡沫混凝土　foam concrete

用泡沫剂以机械方法使料浆形成多孔结构的轻混凝土。常用的泡沫剂有松香皂、石油磺酸铝、水解血、皂素等。混凝土中形成泡沫的方法有两种：一种是将泡沫剂在泡沫搅拌机或喷泡装置中先制成泡沫，然后加到料浆中混合成多孔料浆；另一种是将泡沫剂与料浆在专用的搅拌机中混拌成多孔料浆。早期的泡沫混凝土以水泥为主要原料，经搅拌、浇注入模、自然养护或普通（常压）蒸汽养护而成，表观密度一般为 $300\sim500kg/m^3$，强度较低，只要求大于 0.5MPa，以满足施工的要求。以后为节约水泥，采用水泥、石灰和活性含硅材料为原料，普通蒸汽养护；也有采用高压蒸汽养护的，则其强度高，性能好。可用于房屋建筑。

（水翠娟）

泡沫混凝土砌块　foam concrete block

由泡沫混凝土制成的轻质砌块。在泡沫混凝土搅拌机中，经泡沫剂搅拌成泡沫、料浆搅拌及二者混合等步骤制备成泡沫混凝土后，单块注模成型或大模浇注切割成块。根据所用原料，采取不同养护方法：水泥泡沫混凝土可用自然养护，石灰－粉煤灰泡沫混凝土采用蒸汽养护或蒸压养护等。其性能决定于泡沫混凝土。可用于绝热工程和砌筑非承重或承重墙体。

（沈　琨）

泡沫剂　foamer, foaming agent

加在液体（水）中能降低其表面张力，并通过机械和物理的方法可制成均匀而稳定泡沫的混凝土外加剂。用于制造泡沫混凝土。常用的有松香皂泡沫剂、石油磺酸铝泡沫剂、水解血泡沫剂和皂素泡沫剂。以发泡倍数、泡沫稳定性作为衡量其质量的指标。松香皂泡沫剂是由碱中和松香中的松脂酸，生成松香皂，并以骨胶或皮胶溶液作泡沫稳定剂，共同熬制而成；石油磺酸铝泡沫剂是由氢氧化钠和煤油促进剂作用制得石油磺酸钠溶液，再加入硫酸铝制成；水解血泡沫剂是由动物血和氢氧化钠水解制得；皂素泡沫剂是由含皂素的植物果实或根茎浸取制得。

（水翠娟）

泡沫菱苦土　foamed magnesia

见镁质绝热材料（333 页）。

泡沫石棉毡　foamed asbestos felt

以石棉为主要原料，掺入胶粘剂和表面活性剂经发泡而制成的毡状绝热材料。有质轻、绝热、吸声、耐高温、耐腐蚀和施工简便等特点，常温热导率约 $0.044\sim0.052W/(m\cdot K)$，使用温度约为 $-50\sim500℃$，工艺及设备较简单，主要有搅拌、成型、干燥等，价格适中。用于热力设备、管道和建筑围护结构的绝热。

（丛　钢）

泡沫塑料　cellular plastics

含有许多均匀分布的小气孔的塑料。按材料的不同有聚氯乙烯、聚乙烯、聚苯乙烯等热塑性制品以及聚氨酯、酚醛、脲醛等热固性制品。按发泡孔结构的不同有开孔与闭孔之分，前者小气孔互相连通，后者互相独立。按发泡程度不同有高发泡和低发泡之分，前者表观密度仅 $10\sim100kg/m^3$，后者可与木材接近。按刚性不同有软泡和硬泡之分。生产方法有机械法、物理法和化学法。闭孔的聚氨酯硬泡和聚苯乙烯硬泡具有很好的绝热隔声性，用作建筑物墙面和屋面、地面的绝热材料。缺点是耐热性、耐燃性较差。硬低发泡塑料，常可作为合成木材。软质的聚氯乙烯泡沫制品在建筑中作装饰材料，如塑料壁纸、地板等。

（顾国芳）

泡沫稳定性　foam stability

泡沫静置在空气中长时间不破裂的性质。以泡沫沉陷距和泌水量作为衡量指标。泡沫沉陷距是指泡沫在一定容器中静置一定时间后，部分泡沫破裂下沉的距离（以 mm 计）；泡沫泌水量则是泡沫静置一定时间后，因泡沫破裂而分泌出的液体体积数量（以 mL 计）。

（水翠娟）

泡桐　Paulownia sieb. et Zucc.

中国特产的速生、优良用材阔叶树种。生长快，成材早，经济价值高，质量好，用途广。在中国各地栽植的主要有六类：兰考泡桐（P. elongata S. Y. Hu），楸叶泡桐（P. catalpifolia Gong Tong），毛泡桐〔P. tomentosa (Thumb.) Steudel〕，白花泡桐〔P. fortunel (Seem.) Hemsl.〕，四川泡桐（P. fargesii Franch）和台湾泡桐（P. kawakamii Ito）。泡桐分布很广，北至辽南，南至两广，东起台湾，西至云、贵、川等省。半环孔至环孔材。材色浅灰褐至浅灰红褐色。心、边材无区别（新切面），有光泽，纹理直，结构中等至粗，不均匀，锯、刨等加工容易，刨面光滑。不耐腐，不抗白蚁。气干材密度约 $0.309g/cm^3$；以白花泡桐为例，干缩系数：径向 0.110%，弦向 0.21%；强度较低：顺纹抗压强度 $18.4\sim25.5MPa$，静曲强度 $39.7\sim46.9MPa$，抗弯弹性模量 $6.08\sim6.18\times10^3MPa$，顺纹抗拉强度 $49.2\sim55.2MPa$，冲击韧性 $2.0\sim3.2J/cm^2$。由于泡桐木材共振性好，是传统的乐器，如月琴、琵琶、七弦琴的音板材料。因隔热性好，建筑上用做墙板、天花板、屋面板、室内装修及门窗等。膨胀性小，尺寸稳定性较好，适用于制作模型。亦可供胶合板生产和制作家具等。

（申宗圻）

pei

配价键 coordination bond

又称配位键。由一个原子单独提供共用电子对而形成的共价键。该种键通常以 A→B 表示之，其中 A 是电子供给者，B 是电子承受者。例如，一氧化碳的结构式可写为 C≡O。式中有独对电子的氧原子是电子对供给者，有空轨道的碳原子是电子对的承受者。氧原子的独对电子进入碳原子的空轨道构成配价键。配价键具有极性，在络离子的形成过程中，起着重要的作用。 （夏维邦）

配件卫生陶瓷 sanitary assembly articles

供卫生间配套的有釉陶瓷质器件。包括用于悬挂衣物、帽子的衣帽钩，盛放卫生纸用的手纸盒，盛放浴皂用的皂盒，承托毛巾架杆用的毛巾架托，用于放置化妆用品的化妆台板等。 （刘康时）

配筋分散性系数 dispersion coefficient of reinforcement

表示钢丝网水泥的钢材用量与配筋分散程度的相对关系的指标。对钢丝网水泥的力学性能，如抗裂强度等起重要作用。单位体积钢丝网水泥中用钢量相同时，钢丝直径越小，则其表面积越大，与砂浆黏结越好，其对砂浆变形的影响也越强。计算方法有配筋率与钢丝直径的比值；含钢量与钢丝直径的比值；单位体积的钢丝表面积含量等数种。 （孙复强）

配套卫生洁具 complete sanitary ware

装配同一卫生间，配有必备卫生陶瓷配件的整套卫生器具。要求式样一致，色调协调。通常配有洗面器、便器（坐便器或蹲便器）和浴盆。高档者还配有净身器。 （邢　宁）

配位数 coordination number

在晶体结构中，某个原子（或离子）最邻近的同种原子（或异号离子）的个数。例如在 NaCl 晶体结构中 Cl^- 按面心立方最紧密堆积方式排列，每 1 个 Na^+ 周围有 6 个 Cl^-，因此 Na^+ 的配位数为 6。在离子晶体结构中，阳离子配位数取决于结构中阳离子与阴离子半径的比值。 （潘意祥）

pen

喷花 spray decoration, colour-spraying

又称喷彩、镂花着彩。借气流将陶瓷颜料雾化喷于套有镂空模版的坯面或制品釉面上的彩饰方法。为唐山等瓷区生产中大量使用的装饰方法之一。可进行多版套色。从简单的色边、色地，到复杂的山水、人物、花鸟等各种图案都可用此法。花色种类十分丰富，具有纹样层次清晰、转折柔和、色彩艳丽、画面统一、制作方便等特点。 （邢　宁）

喷枪 spray gun, spraying pistol

借助压缩空气或压力能把涂料和浆料进行雾化、分散喷涂到物面上的机具。种类很多，按物料供给方式可分为吸入式、压入式和自流式三种。在建筑装饰上用的一般按其所喷物料的不同要求来分的，如砂浆喷枪、厚质涂料喷枪、砂粒涂料喷枪、多用喷枪、复层涂料用喷枪等。各种类型的喷枪其料杯容量、喷孔结构、喷孔尺寸以及形状等均各有特点，应按不同的材料和施工要求选用。 （刘柏贤）

喷砂玻璃 sand-blast glass

用高速气流把细粒石英砂或金刚砂喷吹到玻璃表面而形成透光不透明的毛玻璃。若喷砂前在玻璃表面覆盖有图案的盖板，则喷砂后得到喷花玻璃。玻璃毛面的粗糙度取决于气流速度、砂的硬度、粒径、用量等。主要用于须透光而不透明的门窗、玻璃黑板、装饰性柜门、用灯检查产品质量的检查台等。 （许　超）

喷射成型 spray moulding

又称喷射法。将切碎的玻璃纤维无捻粗纱，与配好的树脂胶液或水泥砂浆同时喷射到模具上制造制品的方法。最早用于增强塑料，后经改进和发展用于制造纤维增强水泥制品，一般切碎的纤维长度为 40mm 左右，对增强塑料在喷射铺层过程中，用压辊压实，排除气泡，直至达到设计厚度后，再进行室温或加热固化、脱模等工序。属手糊成型范畴，为半机械化操作，生产效率较一般手糊成型高，产品无接缝，整体性好。缺点是成品的树脂含量高，强度较低，现场粉尘大等。主要用于生产大尺寸、小批量及形状不太复杂的制品，如浴盆、船身、机器罩、异型板等。对于生产水泥制品一般分直接喷射法（direct spraying process）与喷射-抽吸法（spray-suction process）。前者使短切纤维由气流喷出，再与雾化了的水泥砂浆相混喷落于模具上，直至模具表面的纤维水泥料层达到一定厚度。后者的喷射方法与前者相同，在模具表面的纤维水泥层喷至一定厚度后，即通过真空抽吸以降低料层的水灰比并使之密实，从而获得具有一定强度的板坯，再用真空吸盘吸出板坯并模塑成一定形状。两法均适于制作大尺寸、薄壁的制品，纤维在其中呈二维分布。 （刘雄亚　沈荣熹）

喷射虹吸式坐便器 siphon jet W.C. pan

在水封下设有喷射道，借喷水流而加速排污的虹吸式坐便器。与单纯的虹吸式坐便器比较，噪声小，冲洗效率高，卫生条件好，常用于要求较高的卫生间。

（陈晓明）

喷射混凝土 shotcrete

用喷射方法施工的混凝土。整套的喷射设备包括空气压缩机、喷射机、喷嘴及各种输送管道等。分为干式及湿式两种喷射方法。干式喷射混合料水灰比约为 0.10～0.20，输送至喷嘴处增水加压喷出，施工时尘灰较多，回弹量大。湿式喷射混合料水灰比约为 0.45～0.50，输送至喷嘴处加压直接喷出，但易于堵塞输送管。喷射混凝土水泥用量较多，须掺加速凝剂或采用喷射水泥、超早强水泥以加速凝结。其石子最大粒径应小于管道最小直径的 1/3～2/5；砂率较高。特点为：硬化快，强度和抗渗性好，与岩石等黏结力强，可不用模板，施工简便，速度快。适用于平巷竖井、隧道、涵洞和各种地下建筑的支护、衬砌、各种结构物的修补增强等。

（孙复强）

喷射水泥 jet cement, jet set cement

用于隧道、坑道等工程中喷射防水层或防护层的水泥。具有凝结快（终凝不迟于10min）、后期强度高、抗渗和抗冻性好、喷射时落灰少、收缩裂缝小等特点。一般有以下几种：①硅酸三钙含量低而铝酸三钙含量高的硅酸盐水泥；②含有一定数量氟铝酸钙的硅酸盐水泥；③以氟铝酸钙和钙铝黄长石为主要矿物的磷渣掺适量石膏磨制成的水泥。快凝膨胀水泥也曾用作喷射水泥。

（王善拔）

喷涂 spray painting

使涂料雾化成雾状，在气流的带动下进行涂装或在密闭容器内以高压泵压送涂料进行涂装的方法。特点是省工、省时、效率高，涂膜均匀质量好，能适应多种涂料和各种被涂物表面的涂装，但需有喷枪等各种附属设备。有空气喷涂和无空气喷涂（高压无空气喷涂）两种。在建筑、桥梁、造船、机车、机械制造、汽车、石油化工等行业得到了广泛的应用。

（刘柏贤）

peng

硼铝 boral

碳化硼（B_4C）弥散在铝中制成的热屏蔽材料。B_4C 体积含量可达 50%。含有 35% B_4C 的硼铝，厚为 3.1～6.3mm 时可使热中子流强度减少 10^4～10^8 倍。加工性好，可剪、锯、焊、冲压、钻孔、切削、碾压、热压等加工。导热性能优于钢。为减弱 γ 射线，其后需配置铅屏蔽。

（李耀鑫　李文埭）

硼砂 borax

化学式 $Na_2B_2O_7 \cdot 10H_2O$。分子量 381.4，相对密度 1.694，坚硬白色菱形结晶，易溶于水，加热到 200℃ 左右熔融膨胀失去部分结晶水，加热到 400～450℃ 得无水硼砂 $Na_2B_2O_7$（分子量 201.2，相对密度 2.367，熔点 732℃，易溶于水）。在贮存中也会失去部分结晶水。在熔制玻璃时，无水硼砂中 B_2O_3 的挥发量比有水硼砂要小，熔融玻璃液中的 B_2O_3 挥发量低于配合料中的挥发量。用途同硼酸。

（许　超）

硼酸 boric acid

化学式 H_3BO_3。分子量 61.8，熔点 184～186℃，加热脱水成 B_2O_3，相对密度 1.44，白色鳞片状三斜结晶，有特殊光泽，触之有脂肪感，易溶于水，加热到 100℃ 失去部分水而成白色粉末状的偏硼酸 HBO_2，在 140～160℃ 转为白色脆块状的焦硼酸 $H_2B_4O_7$，继续加热全部脱水后为半透明玻璃态硼酐 B_2O_3，它与空气接触吸收湿气后其表面呈暗白色。用来制造彩色玻璃、彩色釉面砖、彩色陶瓷锦砖等建筑装饰材料，或用来制造搪瓷、铝珐琅、医用安瓿玻璃、仪器玻璃；有一半以上的光学玻璃中都含有氧化硼，用来制造具有特殊折射率及色散的光学玻璃，也可用来制造防核辐射玻璃、透紫外及 X 射线玻璃等特种玻璃。硼酸还是较好的助熔剂。

（许　超）

硼系阻燃剂 boron family flame-retardant

泛指分子中含有硼元素的一类阻燃剂。用途最广的是硼酸锌。依结晶水的不同，有 $ZnO \cdot B_2O_3 \cdot 2H_2O$，$2ZnO \cdot 3B_2O_3 \cdot 7H_2O$，$3ZnO \cdot 2B_2O_3 \cdot 5H_2O$，$2ZnO \cdot 3B_2O_3 \cdot 3.5H_2O$ 多种。热稳定性较好，一般不需表面处理。常与卤系阻燃剂并用，燃烧时生成气态卤化硼、卤化锌并释放出结晶水，在物面生成玻璃状保护层，起吸热、覆盖等阻燃效应。适用于橡胶、塑料和涂料。此外，还有硼酸 H_3BO_3、偏硼酸钠 $Na_2O \cdot B_2O_3 \cdot 4H_2O$、硼酸钠 $Na_2B_4O_7 \cdot 10H_2O$，以及有机硼系阻燃剂，如三（2，3-二溴丙基）硼酸酯等。

（徐应麟）

膨润土乳化沥青 bentonite emulsified asphalt

膨润土胶体为乳化剂的无机胶体乳化沥青。属黏土乳化沥青类型。由于膨润土遇水后体积膨胀率高，其膨胀系数有的高达 15 倍之多，故制得的乳化沥青可长期贮存而不沉淀或破乳。缺点是防水涂层干缩较大，易于开裂。加入适量的短玻璃纤维或石棉绒可提高其抗裂性。用涂刷方法施工。用于工业与民用建筑的屋面防水及膨胀珍珠岩保温隔热制品的胶结材料。

（刘尚乐）

膨胀倍数 expansive ratio

物体膨胀后与膨胀前的松散体积之比值。用K_0表示。是鉴别天然酸性火山玻璃质岩石、蛭石一类矿石膨胀性能的主要指标。K_0值愈大，矿石膨胀质量愈好。我国专业标准膨胀珍珠岩用矿砂（ZBQ25002）规定用实验室膨胀倍数作为划分矿石等级的指标之一。生产中是鉴别原料质量及控制工艺参数的重要依据。 （林方辉）

膨胀硅酸盐水泥 expansive portland cement

由硅酸盐水泥熟料和膨胀剂按一定比例混合磨细成的膨胀水泥。常用的膨胀剂由高铝水泥和石膏组成，膨胀机理是在水泥硬化过程中形成钙矾石所致。由于钙矾石在高碱度液相中形成，膨胀激烈，在3d内基本上达到稳定。线膨胀率一般在0.3%～0.7%。有些国家用无水硫铝酸钙或用石灰、煅烧白云石、方镁石作膨胀剂。主要用作防水层、浇灌机器底座、接缝和修补工程。 （王善拔）

膨胀硅酸盐水泥砂浆 expansive portland cement mortar

见膨胀砂浆（371页）。

膨胀剂 expansive agent

能使混凝土在硬化过程中产生一定体积膨胀的混凝土外加剂。按化学反应的生成物可分为硫铝酸钙类（包括明矾石膨胀剂）、氢氧化钙（或镁）类、铁氧化物类。膨胀值较小的用于配制收缩补偿混凝土，适用于加固结构，浇灌机器底座或地脚螺孔，堵塞和修补漏水的裂缝、接缝及管道接头，制作地下建筑物的防水层等。膨胀值较大的用于配制自应力钢筋混凝土，生产自应力水泥压力管等。 （陈嫣兮）

膨胀聚苯乙烯珠 expanded polystyrene

含发泡剂的聚苯乙烯颗粒经蒸汽加热膨胀而成的球状有机人造轻集料。粒径4～6mm，堆积密度12～14kg/m³，热导率0.034W/(m·K)左右，吸水率极小，绝热保温性能良好，主要用以配制保温砂浆和制作保温制品。 （龚洛书）

膨胀矿渣 expanded blastfurnace slag

又称矿渣浮石或泡沫矿渣。熔融高炉矿渣在有限水分作用下急剧冷却形成的轻集料。具有玻璃质结构，外观呈蜂窝状，带有不规则的棱角，堆积密度为600～900kg/m³。中国应用很少。 （龚洛书）

膨胀矿渣混凝土 expanded blastfurnace slag concrete

膨胀矿渣配制成的轻集料混凝土。由于膨胀矿渣外表多孔，水泥用量较高。与同等水泥用量的其他人造轻集料混凝土相比，拌合物的工作性较差，抗压强度较低，收缩率较大，其性能与天然轻集料混凝土（507页）相近。主要用于制作建筑砌块，我国生产与应用很少。 （龚洛书）

膨胀矿渣水泥 expansive slag cement

又称矿渣膨胀水泥。以粒化高炉矿渣为主加入无水石膏、硅酸盐水泥熟料以及少量高铝水泥熟料制成的膨胀水泥。具有抗渗性好、耐硫酸盐侵蚀性强、与旧混凝土黏结力强等优点。但抗冻性差，早期强度较低，宜加强养护。不能作堵水材料，不宜冬季施工和用于寒冷地带。水泥贮存期不宜过长。严禁与其他品种水泥混合使用，但可与已硬化的任何水泥混凝土接触使用。 （王善拔）

膨胀矿渣珠 pelletized slag

熔融的高炉矿渣被旋转的滚筒中喷出的水冲碎，甩出、膨胀而成的轻集料。与膨胀矿渣相比，颗粒较小，呈球状，粒径为5～9mm，具有玻璃质的光滑外壳，内部多孔，堆积密度1000～1200kg/m³。可制成结构用和结构保温用轻集料混凝土。 （龚洛书）

膨胀矿渣珠混凝土 pelletized slag concrete

膨胀矿渣珠配制成的轻混凝土。由于集料的堆积密度较大，其表观密度可能大于1950kg/m³。与同等表观密度的其他轻集料混凝土相比，水泥用量较低，工作性较好，抗压强度和弹性模量较高，热导率较低。主要用以制作建筑砌块或其他墙体构件。 （龚洛书）

膨胀硫铝酸盐水泥 expansive sulphoaluminate cement

由无水硫铝酸钙和β型硅酸二钙为主要矿物组成的熟料加入适量二水石膏（一般为15%～25%）磨制成的膨胀水泥。分微膨胀和膨胀硫铝酸盐水泥两种。其净浆在水中养护后的线膨胀率为：1d分别不小于0.05%和0.10%，28d分别不大于0.50%和1.00%。水泥水化时液相碱度低，钙矾石的膨胀特性缓和，加上氢氧化铝凝胶的垫衬作用，膨胀与强度发展协调，水泥浆体结构致密，抗渗性和抗冻性好。适用于堵漏、防水工程、连接结构和抢修、补强工程等。 （王善拔）

膨胀率 percentage of expansion

自应力水泥膨胀时引起的试体相对伸长值，以百分率表示。据以确定自由膨胀率及计算自应力值。膨胀率计算公式为：

$$\varepsilon_f (\varepsilon_r) = \frac{L_x - L}{L_0} \times 100$$

式中ε_f为自由膨胀率（%）；ε_r为限制膨胀率（%）；L_0为试体净长（mm）；L为试体脱模后测得的初始长度（mm）；L_x为任一龄期的试体长度（mm）。制管用自应力硅酸盐水泥其混凝土（或砂浆）的自由膨胀率应不大于3%。 （孙复强）

膨胀砂浆　expansive mortar

又称膨胀水泥砂浆。以膨胀水泥或浇筑水泥、或水化过程中体积微有膨胀的胶结材料与水、砂子制成的特种砂浆。常用的有：①膨胀硅酸盐水泥砂浆，由水泥熟料、膨胀剂与石膏按一定比例混磨后加砂和水拌合制得，在水中硬化时体积增大，在湿气中硬化不收缩或有微膨胀，主要用作防水层或加固结构、浇灌机器底座、地脚螺栓、接缝以及修补工程；②石膏矾土膨胀水泥砂浆，有快硬早强、不透水性，膨胀值随水泥用量增加、水灰比减小而增大，以在水中养护为最大，若不预养护一直放于干空气中则不会膨胀而产生一定收缩，主要用于紧急补强、局部加固、管道接头和防水抹面；③自应力水泥砂浆，在水中养护 5~7d 即可达到充分膨胀，7d 以后膨胀甚微，主要用于水池的防水面层、防渗工程和堵漏填缝；④浇注水泥砂浆，用于装配式钢筋混凝土框架结构拼装时构件之间的连接处。

（徐家保）

膨胀水泥　expansive cement; expanding cement

硬化过程中由于化学反应而能产生体积均匀膨胀的水泥。按不同的化学反应可分为：形成钙矾石的膨胀（如膨胀硅酸盐水泥和膨胀硫铝酸盐水泥、膨胀铁铝酸盐水泥等）、经一定温度煅烧的 CaO 和 MgO 水化形成 $Ca(OH)_2$（如无收缩快硬硅酸盐水泥）和 $Mg(OH)_2$（如氧化镁膨胀水泥）的膨胀以及金属铁氧化成氧化铁的膨胀（如氧化铁膨胀水泥）三类。按主要矿物组成可分为硅酸盐型、铝酸盐型、硫铝酸盐型和铁铝酸盐型膨胀水泥。国外的补偿收缩水泥（shrinkage compensating cement）和无收缩水泥（non-shrinkage cement）均属此类。美国 ACI 将膨胀水泥分为 K 型、S 型和 M 型三类。中国一般将膨胀值大，用于生产自应力混凝土的水泥另称为自应力水泥。主要用于配制收缩补偿砂浆和混凝土。可用于防渗、防裂、接缝和锚固等工程。

（王善拔）

膨胀铁铝酸盐水泥　expansive ferro-aluminate cement

快硬铁铝酸盐水泥熟料与 15%~25% 的二水石膏磨制成的膨胀水泥。膨胀值可由再外掺的石膏量调节。净浆试样在水中养护的膨胀，1d 不小于 0.1%，28d 不大于 1.0%。膨胀机理是由于形成钙矾石。水泥抗渗性良好，适用于做屋面、地下防水混凝土和防水抹面等。

（王善拔）

膨胀稳定期　stable stage of expansion

自应力水泥的膨胀作用基本稳定时的一段时间。是自应力水泥的一项重要的技术指标。自应力硅酸盐水泥自由膨胀试体在水中养护，连续三个龄期中一龄期的膨胀率与前一龄期的膨胀率相差均在 0.05% 以内时，则该龄期称为试件的膨胀稳定期。自应力水泥中膨胀组分在允许的膨胀期内应基本耗尽。膨胀稳定期过短，则自应力值低；过长，则会导致混凝土在后期结构的破坏。如制管用自应力硅酸盐水泥膨胀稳定期不迟于 28d，其长短与水泥品种、组分、细度及养护条件相关。

（孙复强）

膨胀型防火涂料　expansive flame-retarding paint

又称发泡型防火涂料。涂层受热膨胀发泡的阻燃涂料。由炭化剂（如淀粉、葡萄糖等碳水化合物或季戊四醇等多元醇）、炭化促进剂（如磷酸铵）、发泡剂（如尿素、三聚氰胺）、黏合剂（如聚乙烯醇、聚醋酸乙烯、聚氨酯、过氯乙烯树脂）、稀释剂（如水、有机溶剂）和颜料等组成。因涂层受热达一定温度时发泡膨胀而形成含有非燃性气体的炭化层，起隔热和切断火源的作用，故对基材有较好的防火保护效果。适用于各种有机建材的涂覆。

（徐应麟）

膨胀珍珠岩　expanded pearlite

酸性火山玻璃质岩石经破碎、筛分、预热、焙烧膨胀而制成的粉状多孔绝热材料。按堆积密度可分为小于 80、80~150 和 150~250（kg/m^3）三级，常温热导率分别为小于 0.042、0.042~0.064 和 0.064~0.076 $W/(m·K)$。具有质轻、热导率小、吸声、不燃、不腐烂、化学稳定性好、无毒无味、吸湿率小（相对湿度为 100%，24h 吸湿率一般小于 0.1%）而吸水率大（质量吸水率达 400%）等特点，使用温度范围为 -200~800℃，主要用作绝热及吸声材料、轻混凝土集料、深冷工程保冷材料、化工及食品工业助滤剂等。

轻混凝土中主要用粒径大于 2.5mm、小于 5mm 的膨胀珍珠岩砂和粒径大于 5mm 膨胀珍珠岩粗轻集料。前者堆积密度为 200~300kg/m^3，主要用作轻细集料；后者俗称大颗粒膨胀珍珠岩，其堆积密度 300~500kg/m^3，筒压强度较低，仅 1.0~2.0MPa，可制成表观密度小于 1 000kg/m^3 的保温用或结构保温用轻集料混凝土。

（林方辉　龚洛书）

膨胀珍珠岩混凝土　expanded pearlite concrete

膨胀珍珠岩配制成的轻集料混凝土。可制成大颗粒膨胀珍珠岩混凝土或无轻粗集料的膨胀珍珠岩混凝土。表观密度较小，一般仅为 300~1 000kg/m^3，热导率 0.08~0.30$W/(m·K)$，抗压强度 0.3~5.0MPa。前者主要用于高温窑炉的内衬；后者主要用于热力管道和构筑物的保温。在建筑工程中应用较少。

（龚洛书）

膨胀珍珠岩砂浆 expanded pearlite mortar

以膨胀珍珠岩砂为集料，用水泥或石灰膏作胶结材拌制成的轻砂浆。作为现浇保温绝热层，水泥与膨胀珍珠岩的体积比约为 1∶12；作为粉刷灰浆或抹面砂浆，其胶结材与膨胀珍珠岩砂的体积比为 1∶3～1∶4。表观密度小，热导率低，吸声效果较好。多用于建筑内墙、顶棚粉刷和管道抹灰。

(徐家保)

膨胀珍珠岩吸声板 inflated pearlite sound absorption panel

由膨胀珍珠岩与胶结剂经搅拌成型、热处理、整边、表面处理而成的轻质装饰吸声板。具有防火、保温、绝热、不霉烂等优点。可做成不同穿孔率和不同厚度的板。具有良好的中高频吸声性能，吸声系数约 0.70 左右。

(陈延训)

膨胀蛭石 exfoliated vermiculite

蛭石经破碎、筛分，高温烧胀而制成的具有薄片层状结构的颗粒绝热材料和轻集料。因蛭石在 800～1 100℃ 高温作用下，其层状结构脱水，产生剥离膨胀现象，比原体积膨胀 10～20 倍。烧胀时，外观呈水蛭状而得名。其堆积密度为 60～300kg/m³，热导率为 0.046～0.09W/(m·K)，质轻、绝热保温、吸声、耐化学性好、耐火性能好。主要用作保温、绝热、吸声制品和砂浆，或作保温的松散填料。最高使用温度 1 000℃，主要缺点是吸水率大。

(龚洛书 林方辉)

膨胀蛭石混凝土 exfoliated rermiculite concrete

膨胀蛭石配制成的轻集料混凝土。表观密度 400～550kg/m³，热导率 0.06～0.16W/(m·K)，抗压强度 0.15～1.0MPa，吸水率 60%～90%。主要用以制作无筋保温制品，适用于热力管道或热工构筑物。在房屋建筑工程中很少应用。(龚洛书)

膨胀蛭石绝热制品 expanded vermiculite thermal insulating product

以膨胀蛭石为主要原料，掺入胶结材和适量其他辅助材料制成的轻质绝热材料。常用的胶结材有水泥、水玻璃、沥青、乳化沥青等，相应有水泥膨胀蛭石制品、水玻璃膨胀蛭石等品种。为提高其抗拉强度可掺入石棉、矿棉等，为提高其耐火性，可掺入耐火黏土等，此外也可掺入膨胀珍珠岩、硅藻土、云母等。以水泥、水玻璃为胶结材的制品表观密度、常温热导率及最高使用温度分别为：300～500kg/m³，0.076～0.105W/(m·K)，600℃ 和 300～400kg/m³，0.079～0.084W/(m·K)，900℃。用途参见水泥膨胀珍珠岩制品（467 页）和沥青膨胀珍珠岩制品（296 页）。 (林方辉)

膨胀蛭石砂浆 exfoliated vermiculite mortar

又称膨胀蛭石灰浆，简称蛭石灰浆。以膨胀蛭石为细集料所配制成的轻砂浆。具有表观密度小，保温、绝热和吸声性能好的特点。按不同胶结材分为水泥蛭石浆（体积比 1∶4～8）、水泥石灰蛭石浆（水泥∶石灰膏∶蛭石的体积比为 1∶1∶5～8）、石灰蛭石浆（石灰膏与蛭石的体积比为 1∶2.5～4）三种。用机械喷涂时应加入灰浆总量 3% 的烧碱松香塑化剂稀释溶液。可用作屋面或夹层墙等处的现浇绝热保温层或顶棚和内墙抹灰。用于湿度较大房间的粉刷，有防止凝结水的功用。

(徐家保)

膨胀组分 expansion component

膨胀水泥或自应力水泥中起膨胀作用的组成成分。这种水泥的膨胀，主要是由其水化时生成的钙矾石（$3CaO·Al_2O_3·3CaSO_4·32H_2O$）所产生的。故在自应力硅酸盐水泥中的高铝水泥熟料和石膏；自应力硫铝酸盐水泥中的硫铝酸钙（$4CaO·3Al_2O_3·CaSO_4$）熟料和石膏；自应力铝酸盐水泥中的高铝水泥和石膏都属于膨胀组分。后二种水泥中的高铝水泥与石膏，水化时在形成钙矾石的同时还产生氢氧化铝胶体，共同起增进强度作用，所以既是膨胀组分也是强度组分。氧化钙、氧化镁、某些金属粉末，也可作为膨胀组分使用。

(孙复强)

碰珠 bumping ball

一种使门扇在关闭时即可被轧住的建筑五金。球形、圆柱形或纺锤形的珠体部分突出页板外，板后薄铁壳内装的弹簧能使珠体在外施压力消失后即刻复位。安装后，页板面与门扇边梃外侧面平齐，壳体镶于其内。当门扇关闭时，其上突出的珠体部分随之自动嵌入在门框上与之对应的凹坑内，即被轧住。

(姚时章)

碰珠防风门锁 bumping ball lock

又称碰珠锁。一种专起防风作用的门锁。锁体装入门边梃上，锁舌为黄铜碰珠。只要稍用力推拉门扇，即可开启。一般装于内门或加装在已有弹子门锁的门扇上。

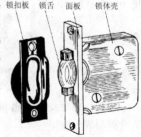

(姚时章)

pi

批嵌 caulking

对被涂物表面的细孔、小洞、缝隙、凹陷等缺陷，用腻子进行填平、嵌补以消除坑洼的施工工序。主要目的是美化涂层的外观，打磨后可获得平滑的表面效果，但不能提高涂层的保护性能。被涂物表面缺陷较大、凹陷较深时，需待第一次批嵌腻子干燥之后，再作二次批嵌，充分干燥并经打磨后再作面层涂料的涂装，否则将会产生局部裂缝。因腻子中的体质颜料浓度较高，缺乏弹性，容易造成开裂而导致破坏整个涂层，所以被涂物表面尽量不要造成缺陷，做到不刮或少刮腻子。 （刘柏贤）

坯料 body, body materials

经加工精制后用于制造陶瓷坯体的物料。根据采用的成型方法来决定坯料的形态：在注浆法中为泥浆；可塑法中为塑性泥团；半干法中为有一定粒度与水分的粉状颗粒。其性能也要适应成型方法的要求。 （刘康时）

坯裂 checking

烧成后陶瓷制品开裂的产品缺陷。常造成废品。包括烧裂和炸裂两种。前者在坯体烧结前形成，裂缝较大，裂口粗糙发黄并伴随着变形发生；后者在坯体冷却过程中形成，裂缝较细，裂口锋利。预热干燥过程升温速度过快，坯体中水分排出太急；坯体干燥强度过低，水分分布不均匀，均会造成烧裂。573℃左右冷却过快，残余石英晶型转化常造成炸裂。 （陈晓明）

坯体 body

经过成型后的陶瓷半成品的通称。是构成陶瓷制品的陶瓷质主体。生产中常将成型后未煅烧的制品称为生坯（green body）。未经加工修整的表面较粗糙的生坯称为白坯（white body）、毛坯、粗坯。粗坯经过修坯或其他精细加工，尚未素烧与施釉的称为精坯（finished green body）。经素烧后的坯件称为素坯（biscuit body）。经施釉后的坯件称为釉坯（glazed body）。 （刘康时）

坯体变形 metal strain

搪瓷成型或烧成过程中坯体原有形状的局部改变。是搪瓷缺陷之一。表现为制品的边部呈高低不平形状，称波浪边；制品的口部变形，称口径不圆；制品底部高低不平，称底变形。其产生原因为金属坯体各个部位厚薄不均，边缘的曲率半径过小，在烧成时产生局部应力；坯体在生烧时并未均匀消除应力；搪瓷釉同金属的膨胀系数相差较大；制品在烧成时，温度过高、受热不均、放置不平。 （李世普）

坯体硬化时间 hardening time of block

由加气混凝土料浆浇注入模开始至坯体达到最佳切割状态时的时间间隔。与原料品种、配比、工艺条件、切割方式和设备等有关，料浆浇注入模后，随时间增加，逐渐失去流动性而越来越硬。切割过早，会造成坯体切割缝粘连；过晚，坯体硬化会使切割钢丝绷断，无法切割。 （沈琨）

坯体中压力分布 pressure distribution in body

压力在陶瓷坯体中的传递状态。压制成型时，粉料颗粒移动和重排，颗粒之间产生内摩擦力；颗粒与模壁之间产生外摩擦力。这两种摩擦力妨碍压力的传递，坯体中离加压面的距离愈远，则受到的压力愈小。摩擦力对坯体中压力、密度分布的影响随 H/D 值（H 为与加压方向平行的坯体高度，D 为与加压方向垂直的坯体宽度）变化。H/D 值愈大，不均匀分布现象愈严重。不同加压方式（如单面加压、双面加压），压力分布不同。压力分布不均匀会造成坯体密度和烧成收缩不均匀，因此 H/D 值大的制品不宜采用压制成型工艺成型。采用等静压成型则可获得较均匀的压力分布。 （陈晓明）

坯体皱裥 waviness of metal body

搪瓷金属坯体在机械成型过程中表面产生的波浪形条痕和褶皱深痕。有"直皱痕"和"横皱痕"两种形状。成因是：钢板弯曲不平、结构疏松以及坯体存在局部应力；冲压模的尺寸太小或装配得太松，造成坯体的"直皱痕"；研光模太松，滚轮装置不当；研光车速没有按坯体直径大小调整；研光操作时，滚轮对坯体的压力不均匀，速度不同造成坯体的"横皱痕"。 （李世普）

坯釉适应性 glaze-fit, glaze-body fit

决定坯、釉结合牢固程度的性质。与坯、釉化学组成、热膨胀系数、坯釉中间层及釉的弹性有关。当釉的热膨胀系数分别大于或小于坯体的热膨胀系数时，釉面经高温冷却刚化后，在釉层中分别出现张应力或压应力。前者常造成釉面开裂甚至剥落，出现严重的坯釉不适应；后者坯釉适应性好，并可提高制品的弯曲强度。产生这种结果的原因是釉的抗压强度比抗张度大若干倍。坯釉中间层的性质介于坯釉之间，在一定程度上改善了两者的结合性能，使之能承受两者之间的较大差异。因此，坯釉适应的条件是坯釉应力小或釉处于压应力状态，并能生成良好的坯釉中间层。 （陈晓明）

坯釉应力 body-glaze stress

分别存在于陶瓷坯和釉中而方向彼此相反的应力。平行于坯釉界面切线方向。是因坯和釉热膨胀系数不同，在烧成冷却阶段，釉凝固后坯釉收缩不等而产生。当釉的热膨胀系数大于或小于坯体的热膨胀系数时，分别在釉中产生张应力和压应力，相应地称为"负釉"和"正釉"。陶瓷生产中一般采用正釉，以防止釉裂，提高产品抗弯强度；而生产裂纹釉产品时，则适当使用负釉。 （陈晓明）

坯釉中间层 body-glaze intermediate layer

化学组成和微观结构介于坯釉之间的中间过渡层。是高温下坯釉反应的产物。能调和坯釉间的性质差异，起缓冲坯釉应力的作用，使坯釉牢固结合。对坯釉结合性能的作用大小，与其厚度、性质及坯釉种类有关。　　　　　　　　（陈晓明）

劈离砖　split tile

又称劈裂砖。薄板形烧结黏土铺贴材料。生产时，两块较薄的砖原连接在一起，烧成后，借助于某种机械的劈裂作用，分离成两块，由此得名（见图）。主要用作外墙贴面砖和地面砖。其劈离面为铺贴面，自然形成的数条残留砖筋，增强了与砂浆的黏结力。通常尺寸有：(194~240) mm×(52~194) mm×(6~40) mm。具有生产工艺简单、表面呈自然红砖色调、不退色、强度较高、黏结性能好等优点，一般不需外饰面。　　　　　　　　（崔可浩）

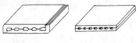

皮胶　hide glue

又称牛皮胶。以制革（牛皮、猪皮等）下脚料和明胶下脚料熬制而得的胶。属硬蛋白质胶。干胶有胶片、胶粒，黄色到棕色，半透明或不透明，平均含水量 11%~18%。配制胶粘剂时，应先在冷水中浸泡 24h，待充分溶胀后，隔水加热到 60℃ 溶解即成。加水量一般为干胶重量的 200%~250%。对木材有较好的粘接力，粘接层对机油、汽油和有机溶剂较稳定。粘接件可在 -40~60℃、相对湿度 90% 条件下使用。但不耐水、易长霉，常加入甲醛、脲醛树脂、苯酚等。主要用于木材工业及家具制作。古建彩画工程用其调制颜色和沥粉，胶水比在春夏秋季为 1:5，冬季为 1:7。
（刘茂榆）

疲劳　fatigue

材料长时间承受随时间交替变化的应力或应变作用时，所发生的局部结构变化的发展过程。一般可分为疲劳裂纹的形成、裂纹的扩展和瞬时断裂三个阶段。通常将等幅定频循环荷载下材料的疲劳，称为常幅疲劳。变幅定频循环荷载下材料的疲劳，称为变幅疲劳。而把构件承受变幅变频随机荷载而引起的疲劳，称为随机疲劳。材料疲劳会产生强度降低和提前破坏的现象。工程中常以疲劳研究的结果作为估算材料使用寿命的依据。　　　（沈大荣）

疲劳极限　fatigue limit

又称持久极限。材料经受无限次应力循环而不发生破坏的最大交变应力值。即当应力值小于它时，材料能经无限次应力循环而不发生破坏。其大小与材料性质、疲劳应力种类、平均应力水平、应力集中等因素有关，一般远低于静力强度极限。在疲劳试验中，通常规定某一循环次数来代替无限次循环，称为循环基数，认为材料超过此规定循环不会发生破坏。不同的材料规定不同的循环基数，如对于钢铁材料取 10^7 次，对于纤维增强塑料取 $5×10^6$ 次。　　　　　　　　（沈大荣）

疲劳强度　fatigue strength

材料在小于屈服强度的重复或交变应力作用下，经一定循环周次后断裂时所承受的最大应力。以符号 σ_N 表示。钢铁材料的循环周次通常规定为 $10^6~10^7$，有色金属规定为循环 10^8 周次。在循环周次最大时仍未发生断裂的最大应力，称作疲劳极限。疲劳断裂时无明显的塑性变形，易造成严重事故。它源于材料的成分或组织的不均匀、加工过程产生的缺陷和结构设计不当等因素。（高庆全）

疲劳试验机　fatigue testing machine

测定材料在交变荷载作用下力学性能的试验机。一般由激振源、加载装置和控制器三部分组成。激振方式有三种：①电磁激振，频率高，设备简单，但荷载控制不够精确，一般荷载较小；②电液激振，可以产生很大荷载，其加载频率不高；③电机激振，应用较少。控制装置可控制加在试样上的应力水平和频率，并能自动记录加载周次。
（宋显辉）

pian

片毡　mica surfaced asphalt felt

用片状材料作为撒布材料而制成的油毡。中国石油沥青片毡有 200 号、350 号、500 号三种规格；煤沥青片毡有 200 号、270 号、350 号三种规格。建筑上用于单层防水或多层防水的面层。施工铺贴时应尽量将表面撒布材料清除，以避免降低防水效果。　　　　　　　　（王海林）

片状颗粒　flaky particle

见针片状颗粒（604 页）。

片状模塑料　sheet molding compound, SMC

以加有填料、增稠剂、引发剂等组分的不饱和聚酯树脂糊浸渍纤维或毡片制成的片状混合料，记作 SMC。表面覆盖塑料薄膜，储存期一般为 3 个月，用于模压成型。分为：①通用型——纤维无定向分布，长 40~50mm，含量 20%~30%；②高强度型——用连续纤维增强，含量 70% 以上；③低密度型——用中空玻璃微珠代替高密度填料；④混杂型——用玻璃纤维和碳纤维混合增强，提高刚度；⑤电磁波屏蔽型——用导电纤维或填料增强，具导电性。树脂用量控制在 30% 左右。正在研究开发用聚氨酯和乙烯基酯树脂生产 SMC。可用于生产中小型建筑构件、卫生洁具、防腐零件、汽车部件及电气开关柜等。优点是生产操作方便，无粉尘，成型压力较小，成型温度低。　　（刘雄亚）

偏光显微镜　polarizing microscope

利用偏振光来鉴定矿物光性的显微镜。是岩相分析的主要仪器。它的构造与普通生物显微镜相似，主要区别是具有两个偏光镜。并具有可旋转的载物台，可观察各方向光波射入后的晶体光学现象，并可使任意方向振动的自然光变为一个振动方向的偏振光。　　（潘意祥）

偏光显微镜分析　polarizing microscope analysis

根据材料在偏振光下所呈现的光学特性利用偏光显微镜对材料进行定性、定量分析及显微结构研究。是岩相分析常用的分析技术。主要包括：①单偏光下的分析，观察材料晶相的形态、颜色及多色性、解理、突起、贝克线、气孔结构以及测定解理角的大小等；②正交偏光下分析，观察消光类型、干涉色、双晶，测定消光角、干涉色级序及延性符号等，若是玻璃相和气孔则为全消光；③聚敛偏光下分析，根据干涉图的形象特点可以确定晶相是一轴晶或二轴晶、切面方向并进行光性符号测定，二轴晶干涉图可测定光轴角的大小；④油浸法测定晶相的折射率；⑤定量分析，测定晶相、玻璃相、气孔的百分含量及孔径的大小等内容。在岩石学、材料科学研究中已被广泛地应用。　　（潘意祥）

偏振光　polarized light

简称偏光。自然光经过反射、折射、双折射和选择性吸收等作用后，转变为只在一个方向上振动的光波。一般可分为：①线偏光（平面偏光），振动方向单一的光；②圆偏光，平面偏光在一定条件下叠加后，合成振动矢量的末端沿光波传播方向作圆形旋转；③椭圆偏光，合成振动矢量末端沿光波传播方向作椭圆形旋转。在光测弹性试验、偏光显微镜岩相分析等科学实验中得到广泛应用。

（潘意祥）

piao

漂石　float stone, boulder

岩石经水流或冰川搬运而成的略具圆形的石块。粒径为200～800mm。　　（宋金山）

漂珠砖　floating particle brick

以漂珠为主要原料的块状轻质耐火材料。主要原料为粉煤灰中的漂珠（通过洗矿，从粉煤灰中选出的以Al_2O_3和SiO_2为主要成分的中空微球）、耐火熟料、结合黏土以及添加剂。经充分混练，成型，干燥后入窑烧成。烧成温度为1 100～1 200℃，保温时间为2～4h。制品的主要化学成分为：Al_2O_3 30%～35%，SiO_2 50%～55%。体积密度0.7～1.0g/cm³左右，抗压强度10～15MPa。主要用于各种热工设备隔热层。　　（孙钦英）

缥瓦

即琉璃瓦。《鸡跖集》：琉璃瓦一名缥瓦。

（刘茂榆）

pin

拼钉　puttogether nail

又称橄榄钉，枣核钉，销钉。木板拼合时作销的专用钉。因两头呈尖形，貌似橄榄或枣核，故名。一般用金属材料制成。民间制作木质桶、盆、锅盖时，也常取竹销钉拼板，以免锈蚀。　　（姚时章）

拼花木地面　parquet floor

面层用硬质木条拼设成各种花纹图案的木地面。通常做成双层，拼花形式可按设计意图通过不同方向的组合创造出多种拼板图案，常见的有方块纹、人字纹、席纹等形式。其拼花木选用柞木、水曲柳、桦木等硬质木材加工而成，规格按设计要求，一般厚为18～23mm，宽30～50mm，长250～300mm的短木条，铺钉在毛板上。也可采用单层做法，直接粘贴在找平层上。铺设后再经刨光、打磨、涂漆、上蜡等工序加工。特点是地面纹理美观、经久耐磨，有一定弹性，脚感舒适，但施工操作复杂，工艺要求高，造价较贵。常用于高级住宅、宾馆、体育馆等地面。　　（彭少民）

拼接　jointing

用短小材料拼接成宽大料。能充分利用小材，并改善构件的质量。可以用平拼、裁口拼、企口拼、销钉拼、夹板拼等多种接合方式。

（吴悦琦）

拼接式地毯　combined carpet

又称组合地毯。由若干块小地毯任意拼接，块与块之间靠锯齿啮合成不同大小的地毯。主要采用无纺针刺工艺制作。其优点是：拆装灵活，搬运方便，清洁便利，装饰多变，可根据使用人爱好变化随时改变排列形式，组成各色图案。常用在住宅居室、客厅内。　　（金笠铭）

贫混凝土　lean concrete

水泥含量较少的水泥混凝土。贫混凝土一般每立方米混凝土中水泥用量少于150kg。对于配制这种混凝土应注意细集料与粗集料的比例及集料的级配，以能获得具有一定黏性的无离析的混凝土混合料，利于施工操作，保证成型混凝土的质量（参见富混凝土，132页）。

（孙复强）

ping

平板玻璃 plate glass

又称窗用平板玻璃，简称窗玻璃、板玻璃。透明板状玻璃的总称。包括主要用垂直引上法（有槽和无槽）、平拉法、压延法、浮法等制成的无色或着色的透明平板玻璃。切裁前一般称玻璃原板，切裁后称平板玻璃。经深加工可制得：钢化玻璃、中空玻璃、夹层玻璃以及由各种涂膜法制成的有色透明玻璃或不透明的彩色釉面玻璃、导电玻璃，喷砂与磨砂玻璃等。无色透明平板玻璃的主要性能：透光率90%，热膨胀系数 $9 \times 10^{-6} \sim 10 \times 10^{-6} /$℃，莫氏硬度6，单面反射率4%，折射率1.52，相对密度2.50，表面抗张强度50MPa，导热系数0.791W/(m·K)。常用规格是厚2、3、5、6（mm），其他规格按需定做。广泛用于住宅、商店、建筑物、家具、温室、交通运输等方面。

（许 超）

平板玻璃平整度 flat glass leveling

平板玻璃两表面凹凸不平和厚度不均程度的总称。表面不平整的玻璃，相当于存在若干大小不一、方向不同的"楔角"，平行光通过时能发生程度不同、方向不规则的偏离而产生物象畸变。用"平板玻璃平整度测定仪"进行检验，按自动测试的波动曲线偏离基准线的振幅和频率大小划分等级。在各种拉制平板玻璃方法中，浮法玻璃的平整度最佳。

（刘继翔）

平衡含水率 percentage of equilibrium moisture content, equilibrium moisture content

又称平衡含水量。材料随环境的温湿度变化而吸湿或解湿，达到与周围环境湿平衡时的含水率。木材的平衡含水率随不同地区、不同季节或环境温、湿度的变化而有所增减。在同一个大气温、湿度条件下，生材干燥达到的平衡含水率高于已干燥到较低含水率的木材由于吸湿而达到的平衡含水率，这是木材吸湿和解吸产生的滞后现象，中国各地区年平均平衡含水率大约在8%～20%范围内。

（潘意祥 吴悦琦）

平衡透过率 equilibrium transmissivity

又称饱和透过率，平衡发暗度。光致变色玻璃在激励光辐照下，着色中心的产生和消失达到动态平衡时的透过率。取决于玻璃的化学组成和热处理工艺制度，以及变色速率和退色速率的平衡关系、激励光的强度和环境的温度。是评定光色玻璃光色性的技术指标之一。按国家标准（GB9105）规定：在 25.0 ± 0.5℃ 的条件下，用氙灯作激励光源的光色性能测试仪测试试样在激励光辐照 5min 时透射比〔$\tau_{D(5)}$〕，要求 $\tau_{D(5)}$ 必须在15%～50%范围内。

（刘继翔）

平均分子量 average molecular weight

相对大小不同的聚合物分子量平均而得到的统计数值。依据不同测定试验的统计方法，可以得出不同的平均分子量。常见的有数均分子量（$\overline{M}_n$）、重均分子量（$\overline{M}_w$）、Z均分子量（$\overline{M}_z$）、黏均分子量（$\overline{M}_\eta$）、凝胶渗透色谱平均分子量（$\overline{M}_{GPC}$）。若以 M 表示分子量，N 表示分子数，那么：

$$\overline{M}_n = \sum N_i M_i / \sum N_i$$
$$\overline{M}_w = \sum N_i M_i^2 / \sum N_i M_i$$
$$\overline{M}_z = \sum N_i M_i^3 / \sum N_i M_i^2$$
$$\overline{M}_\eta = (\sum N_i M_i^{\alpha+1} / \sum N_i M_i)^{1/2}$$
$$\overline{M}_{GPC} = \sum N_i M_i^{\alpha+2} / \sum N_i M_i$$

一般 $0.5 < \alpha < 1$。对应的测定方法：$\overline{M}_n$——端基分析法，沸点升高法，冰点下降法，渗透压法，蒸汽渗透法；$\overline{M}_w$——光散射法，扩散法，超离心法；$\overline{M}_z$——超离心沉降平衡法；$\overline{M}_\eta$——黏度法；$\overline{M}_{GPC}$——凝胶渗透色谱法。对同一聚合物有：$\overline{M}_z > \overline{M}_{GPC} > \overline{M}_w > \overline{M}_\eta > \overline{M}_n$。$\overline{M}_w / \overline{M}_n$（或 $\overline{M}_z / \overline{M}_n$）的大小表征聚合物分子量的多分散程度（参见分子量分布，120页）。平均分子量及分子量分布直接影响聚合物材料加工及使用性能。

（赵建国）

平均误差 mean error

离差（测量值 x_i 和期望值 $\overline{x_i}$ 的差）绝对值的平均值，记作 η。它只给出平均结果，无法估计测量值的分散情况。如一组测量值很集中，另一组较分散，但二者的平均误差则可能相同。因计算简单，常用在大批量的多次测量中。

（魏铭镒）

平口法兰接头 flange joint

用法兰等把两个玻璃管相连接的部件。构造见图。由法兰1（铸铁）、胶圈2（橡胶）、T形垫或平板垫3（有石棉纸板、软聚氯乙烯塑料、软聚乙烯塑料、聚四氟乙烯塑料、橡胶等）及螺栓4、玻璃管5所组成。属刚性接头。法兰与玻璃管的结合牢度靠胶圈2的摩擦力来保证，因此要求胶圈严格地垂直于玻璃管的轴线。其特点是安装灵活性较大，密封性好，有较高的耐压强度：公称直径40、75（mm）时为0.1～0.3MPa；公称直径100、125

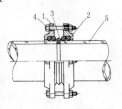

(mm)时为0.1~0.2MPa。　　　（许　超）
平口条
　　一侧挂釉的窄长薄片。是一种小型的琉璃脊件。位于歇山、硬山以及悬山屋面垂脊下。因用于找平，故名。歇山、硬山、悬山屋面垂脊下的瓦陇特点为：一侧是坡身瓦陇，一侧为排山勾滴，当排山勾滴安放正当沟后，即高出里侧瓦陇，为不使垂脊倾斜，需垫平，平口条即由此产生。平口条还是"大式小作"作法中的代用构件：当屋脊需要降低高度时，如影壁、墙帽、牌楼的夹楼与边楼的垂脊（或戗脊），兽后要用三连砖或承奉连砖取代脊筒子，兽前就要将三连砖改为平口条。

平口条尺寸表　　　单位：mm

	二样	三样	四样	五样	六样	七样	八样	九样	注
长	352	320	320	290	240	224	210	192	
宽	100	93	86	80	73	64	54	45	
高	160	110	64	29	16	16	16	16	

（李　武　左滞元）

平拉法　colburn sheet process
　　又称科尔伯恩法。直接从玻璃液的自由液面上垂直拉引后又转为水平向拉制板玻璃的方法（图）。1910年由美国科尔伯恩发明，1916年用于工业生产。玻璃原板从成形室内的自由液面上连续地向上拉引，在拉边器及冷却器的作用下，成为一定宽度的玻璃带，当上升到一定高度时（约1m左右），借助转向辊转为水平方向，随即进入退火窑，出窑后经切割而成原板。板宽可达4m，厚度0.8~8mm，2mm厚时的拉制速度可达270m/h，其质量优于有槽垂直引上法，低于浮法。

（许　超）

平炉钢　open-hearth steel
　　又称马丁钢。采用平炉冶炼的碳素钢和低合金钢之总称。1865年由马丁父子（Emile Martin和Pierre Martin）首创酸性平炉炼钢法。它是利用重油、人造燃气为热源，应用蓄热原理，获得高温火焰，熔化生铁和废钢，实现精炼的目的。直到1879年才成功地采用碱性平炉，由于它对炉料要求不严格，并可配入大量废钢，生产品种较多，加之炉体容量大，在出现不到20年内，便取代底吹、侧吹转炉成为世界上主要的炼钢方法，100年间，平炉钢占世界年产钢量的85%左右。1950年后出现氧气顶吹转炉，平炉由于其生产率、钢锭成本、基建投资和自动控制等方面无法与之相比而逐渐衰退。在日本，1977年起平炉就完全取消，其他国家、平炉钢所占比例也显著下降。　（许伯藩）

平埋缘石　flush curb, shoulder curb
　　设在行车道与路肩、机动车道与非机动车道或两种不同等级的路面之间，顶面与路面齐平的一种路缘石。其作用为标出界线使道路有整齐的路容和防止路面边缘豁口。这类缘石通常还与边沟组合在一起，成为道路纵向排水系统的一部分。
（宋金山）

平刨　planer

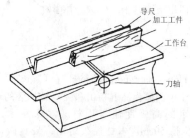

　　对木料作精确刨削，使其构成平整的基准面，还可将相邻边刨平，并与基准面成一定角度的刨床。按最大刨削宽度分为轻型（200~400mm），中型（500~700mm）和重型（800~900mm）三类。平刨由床身、前后工作台、刀轴和可倾斜的导尺等主要部分组成。大部分平刨为手工送料，为安全操作，对于薄、小的工件借助手压板、推杆等工具加工，也有用履带、辊筒等进料机构作为机械进料的。
（吴悦琦）

平拼　board joint
　　将两块木料的接合边刨平后涂胶拼接。方法简单，节省材料，拼接强度取决于胶粘剂的种类和拼接面的加工质量。
（吴悦琦）

平石　curb and gutter
　　路面与人行道交接处平铺的路缘石。与设在行车道两侧露出路面部分的缘石共同组成街沟，称缘石街沟，起排泄地面水的沟道作用。街沟的缘石高度不宜过低，并应具有便于排水的纵坡，相隔一定间距还应设置雨水口。

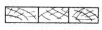

（宋金山）

平纹　plain weave
　　经纱和纬纱一上一下相互浮沉交错的织物组织。一个完整组织内，经纬纱各有两根。可以织成不同的厚度和密度。组织密实，变形量小，具有均匀定向性。但由于玻璃纤维弯曲多，织物强度较斜纹布或缎纹布为低。无捻粗纱布以及 0.025~0.35 厚的玻璃布大都是平纹组织。
（刘继翔）

平行消光
见消光（551 页）。

瓶耳子
用小砖砍磨加工成带有瓶耳状断面的砖件。是北方古建黑活影壁墙和看面墙所用砖饰件之一。安装在墙体两侧砖柱子正立面上端，以干摆（磨砖对缝）做法为宜，属杂料子类。琉璃建筑该部位及花门用琉璃耳子。
（朴学林）

po

坡垒 Hopea hainanensis Merr. et Chun
产于中国海南岛五指山和尖峰岭林区的珍贵用材。有名的高强度建筑用材。常绿乔木，高达 25m，胸径 50cm。木材经久耐用，最宜做渔轮的内外龙骨、外龙筋，因含树脂，油润性好，减少摩擦，宜做轴套及尾轴筒，还可做桥梁、码头柱材及其他建筑、枕木、电杆等。房屋建筑中可用做楼梯、地板、檩条、屋柱及搁栅（地枕）等。又可制造高级家具、车轴、车轮、工具台、机器及汽锤垫板、铺地木块等。边材黄褐色、心材深褐色、心边材区别明显，有光泽。散孔材、结构细至甚细。木材难干燥，易开裂和变形，锯解难，油漆后光亮，不易胶粘，钉钉困难，但握钉力强，气干材密度 $1.00g/cm^3$；干缩系数：径向 0.29%，弦向 0.45%；静曲强度 154.2MPa，顺纹抗压强度 72.1MPa，冲击韧性 $6.77J/cm^2$，硬度：端面 101.0MPa。
（申宗圻）

泼灰 slaked lime
泼水消解的粉状石灰。其操作工艺是将生石灰块批量摊开后，适量将水反复均匀地泼洒其上，与此同时用三尺子（一种安有木把的三齿灰耙）反复搂动，然后将其重叠堆放，闷发成粉状的灰面后过筛即可。主要用于配制泼浆灰及其他灰浆。
（朴学林 张良皋）

泼浆灰 slaked lime with peat putty
泼灰过筛后分层用青（灰）浆（或水）泼洒、重叠堆放闷发的石灰。一般泼灰与青浆的比例约为 100:13。闷发时间约 15d。使用时适当加水调制。主要用于配制各种灰浆，多用于古建墙体砌筑，加入麻刀后可用于墙面抹灰或屋面苫背及筒瓦裹陇、夹陇等。
（朴学林 张良皋）

破粉碎系统 crushing-grinding system
把块状原料连续进行粗碎、细碎、筛分的各种设备的组合体系。可分为单系统、多系统及混合系统三类。单系统是指各种原料共用一个破粉碎系统，它适用于原料处理量较少的生产；多系统指每种原料单独使用一套破粉碎系统，它适用于原料处理量较大的生产；混合系统指把用量较多的原料单独使用单系统，而把原料用量较少、原料成分相近的几种原料共用一个破粉碎系统。单系统投资少、投资利用率高，但极易因清扫不周而混杂。多系统则相反。混合系统介于二者之间，各厂大都采用该系统。
（许 超）

pu

铺浆 paving plaster
生石灰加水浸泡而成的稠浆。不必清除颗粒灰渣。主要用作宫廷院落铺墁地面垫层砖的坐浆和灌浆。
（朴学林）

铺砌方块石 pitching square stone
形似正立方体，上下面平行，底面不小于顶面的四分之三的料石。顶面和顶面边缘紧靠平板时其间隙不大于 0.5cm。原料以玄武岩、辉绿岩和花岗岩为主。按高度分两级（见表）。抗压强度一般不低于 100MPa。常用于铺砌高级路面、交叉道口、桥头和广场等地点。

级别	高度 (cm)	长度 (cm)	宽度 (cm)
矮的	8~9	7~10	7~10
高的	9~10	8~11	8~11

（宋金山）

铺砌拳石 pitching blockage
又称弹石。形似棱柱体，顶呈四边形或多边形的粗打石料。按高度分四级（见表）。顶面与底面平行，底面不呈尖楔状，侧面不得有显著尖锐突出，以免妨碍铺砌时挤紧。常用于中级路面及桥涵和其他加固工程的铺砌。

级别	高度 (cm)	顶面直径 (cm)	底面/顶面 (%) 不小于
矮的	12~14	10~16	40
中的	16~18	12~18	60
高的	20~22	12~20	60
特高的	22~25	15~25	60

（宋金山）

铺砌条石 pitching block stone
经劈砍及粗琢加工而成的长方形六面体，上下面平行，表面平整的料石。按高度分三级（见表）。表面紧靠平板时其间隙不大于 1cm，四边紧靠平板时其间隙也不大于 1cm（也有规定不大于 0.3cm 或 0.5cm 的）。抗压强度不低于 100MPa，耐磨率不大于 1%。用于铺砌高级路面的面层，特别是重型交通工具、履带车等通行的道路。

级别	高度（cm）	长度（cm）	宽度（cm）
矮的	7～10	15～30	12～15
中的	11～13	15～30	12～15
高的	14～16	15～30	12～15

（宋金山）

葡萄灰 red hemp-fibred plaster

泼灰、霞土、麻刀调制的抹饰红灰。其制法为：泼灰面加水和制成稠浆状后，加麻刀、霞土（100:4:3 重量比）调制均匀即可，主要用作宫殿及寺庙等墙面抹饰工程的打底灰，若用作面层需刷红浆赶轧。近有用氧化铁红代替霞土者，其用量为白灰:氧化铁红=1:0.03。（朴学林 张良皋）

普阿松分布 Poisson distribution

概率分布为：$p(\xi=k)=\frac{\lambda^k}{k!}e^{-\lambda}$，$k=0,1,2……$，$\lambda>0$ 的分布。记为：$\xi-p(\lambda)$。多用来描述大量试验中稀有事件出现的概率分布。即当随机变量 ξ 服从二项分布，且 n 很大，p 很小，$\lambda=np$ 大小适当时用的近似公式。例如放射性物质射出的 α 质点数、事故、故障及灾害性事件等都服从普阿松分布。（许曼华 刘朝荣）

普通窗纱 common window screening

以直径为 0.25mm 的铁丝编织的窗纱。外涂色漆作保护层，多用绿漆，故又称绿铁纱。用途参见窗纱（58 页）。（姚时章）

普通大孔混凝土 no-fines concrete with coares aggregate

由水泥、普通粗集料（碎石、卵石或矿渣等）和水拌制而成的一种大孔混凝土。与普通混凝土相比，表观密度较小，连通孔隙较大，强度较低。按集料品种可分为碎石大孔混凝土、卵石大孔混凝土、矿渣大孔混凝土等。抗压强度一般为 3.5～10MPa，强度增长速度较普通混凝土慢，弹性模量和钢筋黏结强度也偏低。用于墙体时，施工靠自由落料压实。因混凝土的水分易蒸发，影响水泥水化，故早期养护尤为重要。收缩与徐变变形比普通混凝土小且完成较快，热导率与砖墙相近。表观密度为 1 500～1 900kg/m³，比普通混凝土轻 1/4 左右。主要用作预制墙板、住宅建筑的现浇墙体和市政工程用的滤水管等。（董金道）

普通硅酸铝耐火纤维 ordinary aluminosilicate fibre

以天然原料生产的杂质含量较高的硅酸铝耐火纤维。常用黏土熟料通过熔融-喷吹法制得。按 GB/T 3003 标准，其化学成分应符合下列指标：$(Al_2O_3+SiO_2)\geqslant 96\%$，其中 $Al_2O_3\geqslant 45\%$，$Fe_2O_3\leqslant 1.2\%$，$(Na_2O+K_2O)\leqslant 0.5\%$。工作温度不高于 1 000℃。（李楠）

普通硅酸盐水泥 ordinary portland cement

简称普通水泥。由硅酸盐水泥熟料、6%～15% 水泥混合材料、适量石膏磨细制成的水硬性胶凝材料。代号为 P·O，也可用外文缩写 OPC 表示。掺活性混合材料时，最大掺量不得超过 15%，其中允许用不超过水泥质量 5% 的窑灰或不超过 10% 的非活性混合材料来代替；掺非活性混合材料时，最大掺量不得超过水泥质量 10%。分 32.5、32.5R、42.5、42.5R、52.5、52.5R 六个强度等级。水泥烧失量不得超过 5.0%；细度以 80μm 方孔筛筛余表示，不得超过 10%；水泥凝结时间：初凝不得早于 45min，终凝不得迟于 10h。其性能与硅酸盐水泥近似，广泛用于各种混凝土或钢筋混凝土工程。（冯培植）

普通混凝土 normal concrete

简称混凝土。用水泥作胶结材料，普通砂、石子作集料配制的混凝土。常有密实的水泥混凝土的涵义。组织结构较密实，不同于多孔混凝土。在工程中用量最大。其原料价廉易得，可使用外加剂调节有关性能，施工方法多样、方便，耐久性良好，强度可按需要加以调节。广泛应用于房屋建筑、水利、交通和海洋等工程建设。其品种繁多，按集料种类、使用功能、生产工艺方法、配筋增强方式、混合料稠度等加以分类，有五十种以上，在性能和使用条件方面各具有特色，因而它的应用范围非常宽广。（徐家保）

普通混凝土小型空心砌块 normal concrete small hollow block

简称混凝土空心小砌块。用水泥混凝土制成的小型空心砌块。通常采用小型砌块成型机成型，经自然养护或蒸汽养护制成。可在工厂中生产，也可在露天预制厂或现场预制。常用主规格尺寸为 390mm×190mm×190mm，空心率约为 40%，每块重量约为 18kg。砌块按强度等级分，有 3.5、5.0、7.5、10.0、15.0 等各级。强度低者砌筑填充、隔断等非承重墙，强度高者可砌筑承重墙。（沈琨）

普通木地面 common timber floor

采用松木或杉木做成条板铺设的木地面。一般单层铺设。面层条板厚 18～25mm，宽 75～150mm，长大于 800mm，用黏合剂直接贴在地面找平层上。也可在找平层上增设搁栅层，再将木条板用暗钉沿拼缝斜钉在木搁栅上，以增加地板的弹性。条板的拼缝有平口、裁口（错口）、企口和销板等形式。对于要求减震及整体弹性更好的地面，如舞台、比赛场地，可在搁栅下加衬橡胶垫块、橡胶带、扁担形木弓或钢弓支承搁栅。为使地面经久、耐磨，面层条板可采用硬质木板，双层铺钉成硬条木地面。在湿度较大的地区，为防止木板受潮、变形，可采用架空式结构。（彭少民）

普通石油沥青 ordinary petroleum asphalt

含蜡量较高、延度较低的一种石油沥青。根据原石油部标准（SY 1665）规定，按针入度分为：油—75、油—65、油—55 等 3 个牌号。目前多数厂家已不生产此类产品。（严家伋 刘尚乐）

普通水磨石 ordinary terrazzo

用普通硅酸盐水泥及矿渣硅酸盐水泥等（俗称青水泥）为面层胶结料的水磨石。由于青水泥本身的颜色较深，只宜以红、蓝、棕、黑等深色颜料配制面灰，石碴多为白色。（袁蓟生）

普通碳素结构钢 plain-carbon structural steels

又称普通碳素钢，简称普碳钢。按旧国家标准 GB700—79 规定的含硫、磷量分别小于 0.055% 和 0.045% 的碳素钢。一般属于低碳和中碳钢。按出厂保证条件的不同分为甲类钢、乙类钢和特类钢三种。新国家标准 GB700—88 则称碳素结构钢，并按屈服点数值分为 5 个牌号。详见碳素结构钢（495 页）。（许伯藩）

普通砖 common brick

又称标准砖。尺寸为 240mm×115mm×53mm 的实心和孔洞率小于 15% 的砖。按工艺分烧结普通砖、固结砖、蒸汽养护砖等。（何世全）

普型耐火砖 normal shape brick

重量不大，外形比较复杂的耐火材料制品。中国标准 GB/T 10324 规定，对黏土质、高铝质和镁质耐火材料，凡具有下述分型特征之一者，定名为普型耐火制品：①重量不大，黏土质为 2～8kg，硅质为 2～6kg，镁质为 4～10kg；②厚度尺寸为 55～75mm；③不多于 4 个量尺；④大小尺寸比不大于 4；⑤不带凹角、沟、舌、孔、洞或圆弧。（李 楠）

普型水磨石 common terrazzo

地面、墙面装饰用的只有一个大面经过加工的正方形或长方形水磨石板材。分普通水磨石及美术水磨石两大类。面层集料采用粒度为 3.5～15mm 的尖形石碴或圆形石碴的水磨石分别称为小尖石碴水磨石及小圆石碴水磨石，面层集料采用粒度为 16～30mm 的尖形石碴或圆形石碴的分别称为大尖石碴水磨石及大圆石碴水磨石。（袁蓟生）

Q

qi

七两砖

重约 7 市两的青灰色小型薄砖。主要用于筑脊。较小者有六两砖。（沈炳春）

七铝酸十二钙 "12:7" calcium aluminate

化学式为 $12CaO \cdot 7Al_2O_3$，简写成 $C_{12}A_7$。有两个晶型：①稳定型 $C_{12}A_7$，于 1 450℃ 从熔融物结晶出来，呈圆形颗粒，没有一定的玻璃光泽晶界，也没有一定的裂面，硬度 5，相对密度 2.70，立方晶系，折光率 $n=1.608$，是高铝水泥的组分之一，在 CaO 偏高或欠烧的熟料中，往往可发现这种晶型，晶体中铝和钙的配位很不规则，结构有很多空隙，吸水性很强，于 950℃ 时吸水量最大，很难制成干燥的 $C_{12}A_7$。实际化学式应该是 $11CaO \cdot 7Al_2O_3 \cdot Ca(OH)_2$ 或 $Ca_{12}Al_{14}O_{32}(OH)_2$。②不稳定型 $C_{12}A_7$，制成的高铝水泥，经过骤冷，经常发现这种晶型，它没有一定的熔点，也没有真正稳定的温度范围，属斜方晶系，常呈针状或片状，有明显的多色性，n_g 面为青灰色，n_p 面为蓝绿色，硬度 5，相对密度 3.10～3.15。常含有 SiO_2、MgO、TiO_2、FeO 等杂质。主要存在于低温烧成且略有还原气氛的高铝水泥中，在钢渣和电炉渣中亦可见。$C_{12}A_7$ 的微观结构既极缺对称性，又有很多空洞，因而水化很快，凝结快，凝结时间太短，早期强度高，它的含量偏多时，导致水泥的后期强度下降。（冯修吉）

漆片 shellac sheet

又称虫胶、紫胶。热带地区虫胶树上的紫胶虫分泌物经加工而成的天然树脂。呈棕红色。一般加工为片状,含有1%～5.5%的蜡质,软化点≥74℃,不溶于水,可溶于醇类、酮类及碱溶液中。常用乙醇作溶剂将漆片溶解而制成虫胶漆。漆膜干燥快,光泽好,坚硬而富有弹性,耐油、耐酸、防腐。干膜不溶于一般的石油系、苯类和酯类溶剂中。主要用于制造虫胶清漆,也用于电器、印刷、造纸等方面。 (陈艾青)

企口空心混凝土砌块 grooved concrete hollow block

由石子最大粒径为6mm的干硬性混凝土在模具中经振动加压制成带有空腔的联锁砌块。经专门设计只需3~4种砌块,不必用砂浆(干砌)可建造5层和5层以下的房屋承重墙。此种砌块的水泥用量小于300kg/m³(C25~C30),砌块抗压强度约为8MPa,墙体的抗压强度可达2.75MPa,干砌墙体的热导率约为2.8W/(m·K),砌块的表观密度约为1.45kg/cm³,比砖墙轻24%。在北欧、法国、中东和东南亚地区采用无砂浆企口型混凝土砌块体系。可在墙的纵向空腔中填充粒状保温材料以增强体系的绝热性能。 (徐家保)

企口拼 matching joint

又称槽簧拼。将两块木料的接合边分别加工出榫槽和榫簧后互相拼接, 可以施胶或不施胶。拼接的板面较平正,但材料消耗较平拼大6%～8%,一般用于地板、隔板等的拼接。 (吴悦琦)

起爆材料 initiating material

激发炸药爆炸反应的材料。工业炸药用的起爆材料有导火索、导爆索、火雷管、电雷管、导爆管和继爆管等。1831年毕克弗德(W.Bickford)发明导火索;1867年诺贝尔(A.Nobel)发明火雷管。19世纪70年代,出现普通电雷管。1895年制成秒延期电雷管;1946年出现毫秒延期电雷管。1919年制成以猛炸药泰安(季戊四醇四硝酸酯)为药芯的导爆索,它可以直接起爆炸药。1967年,瑞典诺贝尔炸药公司(Nitro Nobel AB)首先获得导爆管专利。1986年,中国发明无起爆药雷管。对起爆材料的共同要求是:安全可靠;有足够的起爆能力和传爆能力;延时准确和精度高、段数多;化学安定性好;在有效贮存期内,不变质。
(刘清荣)

起爆炸药 initial explosive

又称起爆药、引爆药。用以起爆各类工业炸药和军用炸药。其基本特点是感度高、爆速增长快,易于由爆燃瞬时地转化为爆轰,故常用来制作工业雷管。装填工业雷管用的起爆药分为正起爆药和副起爆药:前者有雷汞$Hg(CNO)_2$、叠氮铅$Pb(N_3)_2$、二硝基重氮酚(DDNP)等;后者主要有特屈儿$C_6H_2(NO_2)_3·NCH_3NO_2$、黑索金$C_3H_6N_3(NO_2)_3$和泰安$C(CH_2ONO_2)_4$等。 (刘清荣)

起坑 pitting

见混凝土降质(207页)。

起泡性 blister performance

外加剂溶液因外力作用形成泡沫的特性及其稳定性。包括起泡力、消泡时间、剩余泡沫百分率。起泡力指外加剂溶液在恒定外力作用下形成泡沫的能力,用最大泡沫体积(mL)表示;消泡时间是泡沫从最大体积降至刚显出液面的时间(min或s);剩余泡沫百分率是从形成最大泡沫体积起,经一段时间消泡后,剩余的泡沫体积占最大泡沫体积的百分数。以消泡时间及剩余泡沫百分率表示泡沫稳定性。 (陈嫣兮)

起霜 efflorescence

涂膜表面出现失光及白色粉末层的现象。是涂料施工后产生的"病态"。在下列环境及情况下易产生:①清漆成膜不久,在高湿度环境下,表面吸附空气中的水分。②挥发性涂料溶剂挥发太快,使周围空气温度降至露点以下,引起表面结露。③一些涂料中的添加剂配制不当等,在上面情况下经一定时间后,涂膜表面会出现"升华"起霜。解决办法是选用合适原料和设计正确配方,控制环境条件。善后解决常采用热水洗涤。在建筑涂料中,也有专门利用它来生产灭虫、防虫型涂料。
(邓卫国)

起重机钢轨 crane rails

起重机大车及小车轨道用的特种截面热轧钢轨。外形与铁路钢轨相仿,材质为高碳含锰钢(U71Mn),分QU70、QU80、QU100、QU120四个型号(型号中的数字代表轨头宽,以mm计),其检查验收等要求与重轨相同。 (乔德庸)

气干材 air-seasoned timber

生材或湿材自然干燥到与周围大气温度、湿度相平衡时的木材。气干材的含水率随地区、季节和树种等而异,一般为10%～20%。 (吴悦琦)

气干状态 air-dried condition

见集料含水量(218页)。

气焊 gas welding

利用可燃气体与助燃气体混合燃烧时产生的高热以熔化焊丝和焊件,将焊件连接的焊接方法。是一种用化学能转变为热能的熔化焊。可燃气体可用乙炔、天然气、液化石油气、煤气、氢气等,也可用混合气体。常用乙炔,助燃气体为氧气。两种气体在焊炬中按一定比例混合，从喷嘴中喷出燃烧，产生高热（温度达3 000～3 200℃），使熔化的焊丝金属与焊件表面金属熔合，冷却后形成牢固的接头。焊炬上的调节阀，可根据不同的焊接金属来调节气体的混合比。火焰一般为还原性、中性或略带氧化性。与电弧焊相比较，热量较分散，金属变形较大，热影响区宽，生产效率较低，不易焊接较厚的工件。其优点为焊接设备较简单，操作灵活方便，不需电源，能焊接多种金属。主要用于焊接薄钢板、钢管、低熔点金属、铸铁件和有色金属等。建筑施工及制品生产中用作钢筋的连接及铁件的固定等。
（孙复强）

气焊护目玻璃　autogenous welding glass
气焊观察工作物时为防护紫外光、红外光等对眼睛损伤用的玻璃。可见光透过率1%以下，紫外光全部吸收，红外光少量通过。防护滤光片的一种。色深为5～6号，呈黄绿色，向钠钙硅基础玻璃中引入适量的氧化铁、氧化铬、氧化钴等着色剂熔制而成。
（刘继翔）

气孔率　porosity, true porosity
又称孔隙率、真气孔率、总气孔率。材料中气孔体积对其几何体积的百分率。等于显气孔率与闭口气孔率之和。可根据体积密度 D_b 与真密度 D_t 按 $P_t(\%) = \dfrac{D_t - D_b}{D_t} \times 100$ 计算得到，式中 D_t 是指多孔材料的质量与固体材料体积（不包含气孔体积）之比。是表征耐火材料致密程度的重要指标。通常随气孔率降低，材料的强度、荷重软化温度、抗渣性提高，但热导率增大，绝热效果降低。国际标准规定把气孔率≥45%的耐火材料称为绝热耐火材料。
（李　楠）

气炼熔融法　flame melting method
简称气炼法。在气炼车床上，通过石英喷灯，利用燃气的热量，逐层熔化水晶原料熔制透明石英玻璃的方法。1837年用以熔制出世界上第一块石英玻璃，至今仍是熔制石英玻璃的主要方法之一。分一次气炼法、气炼二次拉管法、气炼槽沉法等。可用氧气燃烧氢气、焦炉煤气、液化石油气和天然气等多种方法。在氢气中加入适量的乙炔气可提高热值。因熔制时玻璃不与耐火材料接触，故制品的气泡、气线、金属杂质含量少，外观质量高，紫外线透过性好；但羟基（OH）含量高，在波长1.4、2.2、2.4、2.73（μm）处均有不同吸收峰。
（刘继翔）

气流吹拉法　blast attenuating process
借助自上而下高速喷射的气体介质与固化纤维间的摩擦力，将从漏板处流出的玻璃细流股拉拔成长棉的方法。成形原理基本同连续玻璃纤维而不同于短棉。所用气体介质为过热蒸汽或压缩空气，气流速度大于500m/s，漏板处的漏嘴100个，其直径1.8～2.0mm，可生产的纤维直径4～18μm。可用来生产无纺或可纺过滤材料、防水防潮材料以及玻璃纤维增强塑料制品。
（吴正明）

气密性　air tightness
材料阻止气体渗透作用的能力。与原材料的质量、施工方法等密切有关。可用空气渗透系数或蒸汽渗透系数表征其大小。水泥混凝土的气密性直接影响其耐久性。
（潘意祥）

气泡间隔系数　spacing factor
表示混凝土中气泡间距离的指数。它随气泡增大而变大。间隔系数越小，小于50μm的气泡越多，混凝土的抗冻性越好。一般认为要获得良好耐久性，该系数应在250μm以下。掺外加剂混凝土的气泡间隔系数与外加剂品种有关，掺木质素减水剂的混凝土为220～270μm，掺非离子型减水剂的为400～500μm。
（陈嫣兮）

气泡稳定剂　bubble stabilizer
简称稳泡剂。在多孔混凝土料浆中，能降低固－液－气相界面张力以保持气泡稳定的外加剂。常用的有可溶油、皂荚粉、洗涤剂、氧化石蜡皂和拉开粉等表面活性物质，主要用以防止料浆的塌陷。
（水翠娟）

气溶胶法　gasified sol process
无机盐类的醇溶液或水溶液在灼热玻璃表面受热分解形成氧化物薄膜的方法。把溶解于乙醇或蒸馏水中的金属盐类的溶胶液以雾状喷涂于已加热到玻璃软化点稍下的表面上，受热分解而得吸热、吸光的彩色玻璃。金属盐类不同，其色彩也不相同，如氧化钴的蓝色膜（光反射系数35%～40%）、氧化铟的棕色膜（光反射系数33%、紫外透过率10%～30%）、氧化铁的彩色膜（金黄色、紫色、紫红色）、氧化铬的绿色膜（紫外线透过率10%～25%）。缺点是，涂层的厚度与均匀度难以控制，使色泽不均；优点是，适宜于多品种小批量生产，工艺简单。
（许　超）

气蚀　cavitation erosion
在水流发生急剧变化情况下，混凝土发生空穴状剥落的现象。在沟渠或管道中，水的流速变大时，压力降低，当局部压力降至介质温度下的水蒸气压力时，则形成大量气泡，被水流带到高压区，立即被冲击而崩碎，在极短时间内产生很大压力，当这个过程反复发生时，导致使混凝土一小部分剥落，形成空穴。
（孙复强）

气体辐射　gaseous radiation
气体向外界的辐射。在常见的工业温度范围

内，空气、H_2、O_2、N_2 等分子结构对称的双原子气体的辐射和吸收能力极弱，可认为是热辐射的透过体。CO_2、H_2O、SO_2、CH_4、CO 等三原子、多原子及结构不对称的双原子气体，具有相当大的辐射能力。混合气体辐射能力与各组分分压有关。气体辐射对波长有强烈的选择性，只在某些波段内（称为光带），具有辐射能力和吸收能力，在光带以外，既不辐射，也不吸收。气体的辐射和吸收在整个容积内进行，与气体容器的形状和容积有关。气体辐射能力的表达式近似写作：

$$E_g = \varepsilon_g C_0 \left(\frac{T_g}{100}\right)^4$$

式中 E_g 为气体的辐射能力，W/m^2；C_0 为黑体辐射系数，$W/(m^2 \cdot K^4)$；T_g 为气体的温度，K；ε_g 为气体黑度，取决于气体成分、分压、温度、辐射层厚度，可根据实验结果绘出的计算图求出。

(曹文聪)

气体燃料　gaseous fuel

燃烧时放出热能或产生动力的气态可燃性物质。主要成分有：CO、H_2、分子量较低的碳氢化合物等可燃性气体及 CO_2、N_2、水蒸气等不可燃性气体。按来源不同有：天然气、焦炉煤气、水煤气及发生炉煤气等；石油气及石油加工气；高炉煤气等。发热值取决于它所含的可燃气体的发热值及含量，并可用加和法则相当精确地计算。几种常见可燃气体的发热值为：CO: 12 703kJ/$(Nm)^3$（以下单位同）；H_2: 10 760；H_2S: 23 555；CH_4: 35 839；C_2H_6: 62 425；C_3H_8: 83 527；C_2H_4: 58 364；C_3H_6: 86 583。与固体燃料相比，不含灰分，便于管道输送及操作过程自动控制，有利于环境保护。

(曹文聪)

气相色谱法　gas chromatography

又称气体色层分离法，简称气体色谱。采用气体作为流动相的一种色谱分析法。从仪器的进样系统注入被分析样品，在气化室瞬时气化的样品由载气流带入色谱柱（由不锈钢管或玻璃管制成直形、螺旋形或U形等形状，管内装填不同的固定相）被固定相吸附或溶解，由于载气不断冲洗使不同组分的移动速度产生差别而达到相互分离并先后流出柱外，进入鉴定器，将各组分的数量或浓度转换成一定的电信号，经检测记录得到色谱图。在图上各组分浓度随时间变化的曲线称色谱峰，通过对峰高或峰面积的测量可以确定相应组分和含量。它包括气固和气液两种类型。分析用的设备称为气相色谱仪，由气路系统、进样系统、色谱柱、温控系统、监测记录系统组成。用气体作流动相的优点是气体黏度小、渗透力强、在柱内流动阻力小；气体扩散系数大，组分在两相中传质快并与固定相互相作用次数多，有利于快速、高效分离；仪器操作简便等。广泛应用于分析气体、液体和包含在固体中的气体以及确定某些物质的分配系数、吸附等温线等。

(秦力川)

气相色谱仪　gas chromatograph

见气相色谱法。

气硬性胶凝材料　air-hardening binding material

加水拌成浆体后，只能在空气中硬化，而不能在水中硬化的无机胶凝材料。如石灰、石膏、耐酸胶结料和氯氧镁水泥等。可用于调制砌筑砂浆、粉刷、室内装修及工艺品等各种制品，氯氧镁水泥制品还可代替木材，制作各种板材和包装箱。

(冯培植)

汽灯　gas lamp

又称汽油灯。利用煤油蒸气在纱罩上燃烧发出可见光的灯具。其灯体常以金属薄板做成，内装有管子系统、灯芯附上经人造丝浸硝酸钍溶液的纱罩。使用时，先将管系统预热，再打进 0.20～0.30MPa 气压（点燃后，其压力由高热火焰预热管内的煤油蒸气自行补充）。把煤油压入管内形成蒸气喷向纱罩，点燃后可生成具有发射光线特性的二氧化钍，在高热火焰燃烧下发出白炽光。一般光强为 200～600cd。有挂、提式之分。通常供无电或缺电等处照明。

(王建明)

砌块　block

符合一定尺寸规定的人造块材。其外形一般为直角六面体，也有异形的。与砖的区别在于，各系列中主规格砌块的长度、宽度或高度有一项或一项以上相应大于 365mm、240mm 或 115mm。但高度不大于长度或宽度的 6 倍，长度不超过高度的 3 倍。按其高度尺寸大小分小型、中型、大型三种：系列中主规格的高度大于 115mm 而又小于 380mm 的称小型砌块；高度 380～980mm 的称中型砌块；高度大于 980mm 的称大型砌块。分实心砌块和空心砌块两类。根据所用原材料命名，如普通混凝土小型空心砌块、粉煤灰硅酸盐混凝土实心砌块等。对于采用特殊工艺生产、具有特殊形状和特定用途的，还以这些特点命名，如烧结粉煤灰砌块、楔形砌块、窗台砌块等。采用自然养护或蒸汽养护，一般在工厂生产，也可在现场预制。其性能主要由所用材料决定，如用轻质的多孔混凝土制作则具有较好的绝热性能，用普通混凝土制作则具有较高的强度等。与砖比较，由于其高长比（高度与长度之比）大，其砌体强度与块体强度比高，能充分发挥材料的强度性能，可节约砂浆，劳动生产率高。主要用于各种墙体。

(沈琨)

砌筑砂浆 masonry mortar

又称砌筑胶砂。将砖、石材、砌块等黏结成整体以承受荷载的砂浆。其强度大小影响所砌成砌体的承载能力。常用的有混合砂浆、石灰砂浆和水泥砂浆，其强度等级为 M2.5、M5.0、M7.5、M10、M15 及 M20。　　　　　　　　（徐家保）

砌筑石材 masonry stone

砌体中主要承受垂直荷载的建筑工程石材。依其外形分毛石、块石和条石等。规则的块状或条状料常用于砌石工程，如建筑物及构筑物的基础、地沟、桥墩、挡土墙和护岸等；不规则的常用于堆石工程，如堆石坝、防波堤等。砌石工程中的用料强度不低于 20～50MPa，堆石工程不低于 60～80MPa。古代作为主体建材，现代多作为辅助材料。　　　　　　　　（宋金山）

砌筑水泥 masonry cement

以活性混合材料加入适量硅酸盐水泥熟料和石膏磨细制成的，主要用于配制砌筑砂浆的低标号水泥。活性混合材料可用粒化高炉矿渣、火山灰质混合材料、粉煤灰等，根据作为水泥主要组分的混合材料名称对水泥命名。中国标准规定，矿渣砌筑水泥中矿渣含量不少于 70%；火山灰砌筑水泥中火山灰质混合材料含量不少于 50%；粉煤灰砌筑水泥中粉煤灰含量不少于 40%。矿渣、火山灰质混合材料、粉煤灰可以部分互相代替，当代替量不超过混合材料总量 1/3 时，水泥名称不变；超过 1/3 则在砌筑水泥名称前冠以两种混合材料的名称。分 125、175、225 三个标号，其工作性、保水性好，但强度较低。宜用作砌筑、抹灰、饰面等砂浆及生产砌块，一般不用于混凝土，且不得用于钢筋混凝土等承重结构中。　　　　　　　　（冯培植）

槭木 Acer mono Maxim.

又称色木。产于我国东北、华北、长江流域，以及贵州等省。木材浅黄色，微红或红褐色，有光泽，纹理直，结构甚细，均匀。锯、刨等加工稍难，因有矿质条纹易损刀具，刨面甚光滑，不甚耐腐，防腐浸注较难。散孔材。气干材密度 $0.709\sim 0.830g/cm^3$；干缩系数：径向 $0.196\%\sim 0.208\%$，弦向 $0.316\%\sim 0.340\%$；顺纹抗压强度 47.9～54.0MPa，静曲强度 107～131MPa，弯曲弹性模量 $13.1\times 10^3\sim 13.4\times 10^3$MPa，顺纹抗拉强度 120～137MPa，冲击韧性 $8.3\sim 11.9J/cm^2$；硬度：端面 66.0～106.7MPa，径面 52.2～92.0MPa，弦面 49.2～95.0MPa。木材可用以生产家具、车厢、门、窗及室内装修，制作木梭、打梭棒等。亦适合做乐器，如小提琴背板。也可用于生产胶合板、鞋楦及运动器材。　　　　　　　　（申宗圻）

qian

铅 lead

周期系第Ⅳ类主族（碳族）元素。原子序数 82，密度 $11.35g/cm^3$，易加工。光电效应截面和电子对形成截面均很大，对 X 射线、γ 射线屏蔽能力强。但质软，不能用它本身作结构体；熔点低，易被碱侵蚀，使用时受到一定限制。
　　　　　　　　（李耀鑫　李文埭）

铅板 lead sheet and plate

又称青铅皮。常用 2～6 号纯铅坯料经平辊碾压成厚度为 0.5～25mm、宽度为 1 000～2 500mm 板材。纯铅有六种：Pb1～Pb6（99.99%～99.5% Pb），其中杂质 Ag、Cu、As、Sb、Zn、Bi 都能增加强度，降低铅的熔点和塑性。铅是极软的一种金属，强度很低，塑性很高，延伸率为 45%，断面收缩率为 90%。用以包裹电缆及制造水管接头垫圈、仪表及货车的封印铅丸、蓄电池的内衬板、正负电极板，具有极好的吸收 X 射线和 γ 射线特性，是重要的辐射防护材料。在古建筑中作屋面"锡背"之用。铅是有毒性金属，不宜与食品接触。
　　　　　　　　（陈大凯）

铅棒 lead rods and bars

纯铅坯料经压力加工制成直径为 6～100mm 棒材。有 Pb2～Pb6（99.99%～99.5% Pb），随纯度降低，强度、硬度增高。利用其密度大制造弹丸及用于仪表及设备的封印铅丸。由于它的熔点低，可配制焊锡、易熔合金和印刷合金。　（陈大凯）

铅玻璃 lead glass

含大量氧化铅的玻璃。典型的化学成分是 SiO_2 27%，PbO 71%，K_2O 2%，密度 $6.2g/cm^3$，黄绿色，透明，折射系数 1.85，厚 25.4mm 的铅玻璃对白光的透过率为 80%～90%，在强辐照下易变色，但加入一种具有几种原子价态元素的氧化物可以防止其变色。如用铈稳定的铅玻璃，在硬 γ 辐射到 2.58×10^4C/kg（10^8R）时，透明度仍无明显变化。用于 γ 辐射，其屏蔽能力与钢相当。常在热室或 γ 辐射场所作为观察窗用。
　　　　　　　　（李耀鑫　李文埭）

铅粉 lead powder

又称中国铅粉、锭粉、铅白、胡粉、韶粉。主要组成为碱式碳酸铅（$2PbCO_3\cdot Pb(OH)_2$）的白色矿物颜料。主要产于广东韶州（今韶关市）。粉状或伴有颗粒，密度 6.14，不溶于水和乙醇，有良好的耐候性。遇硫变黑，故不能与银朱、镉黄、群青等含硫颜料并用。是中国主要传统颜料之一。因有毒，除古建筑外，其余已限制使用。在古建筑油饰彩画工程中的用途：①涂绘白色纹饰的材料。②彩画工自配"三青"、"三绿"等色阶颜色的主要添加材料。③调制白色油、灰色油的色料。

（谯京旭　王仲杰）

铅管　lead pipe

纯铅坯料经压力加工成内径为 4～210mm 的管材。常用牌号为 Pb4～Pb6（99.95%～99.50% Pb），随铅纯度降低，其强度、硬度增高。铅在空气中能形成 Pb_2O 保护膜，在大气、海水和污水中有极高的稳定性，特别是在硫酸中能形成 $PbSO_4$ 保护膜，抗蚀性极高。内径在 60mm 以下的盘成圆圈供应，内径在 60mm 以上的则以直条成捆供应。

（陈大凯）

铅硼釉　lead-boron glaze

以含铅化合物和含硼化合物为主要熔剂的陶瓷釉。具有熔融温度低（900～1 200℃）、光泽好、弹性强、使釉下彩呈色鲜艳的特点。适用于精陶、彩色陶瓷等多孔坯体表面，但抗酸碱腐蚀性差。

（邢宁）

铅锑合金板　lead antimony alloy sheets and plates

以铅锑合金为坯料，经压力加工成厚度为 1～25mm 板材。随含锑量增加，其强度、硬度、蠕变强度和疲劳强度增加，并保持有良好的耐蚀性。常用牌号有 PbSb0.5、PbSb2、PbSb4、PbSb6、PbSb8。其中含 6% Sb 的 PbSb6 合金板的综合性能最好，可作耐硫酸腐蚀和防辐射的材料。

（陈大凯）

铅锑合金棒　lead antimony alloy rods and bars

铅锑合金坯料经压力加工成直径 6～100mm 棒材。由于 Sb 的加入，其强度、硬度显著提高，还能保持良好的抗蚀性。PbSb8 棒和 PbSb12 合金棒用于制造连接构件。PbSb6 棒综合性能好，适于制造耐酸、耐蚀的化工设备零件。

（陈大凯）

铅锑合金管　lead antimony alloy pipes

铅锑合金坯料经压力加工成一定内径（10～200mm）和壁厚（4～14mm）的管材。铅中加入 1%～12% Sb，能提高强度、硬度、疲劳强度和再结晶温度，还能细化晶粒，保持良好的耐磨性。含 5%～7% Sb 的铅锑合金具有良好的综合性能。其牌号有 PbSb4、PbSb6 两种适于化学工业耐酸管道。Pb-Sb 合金中加入微量 Cu 和 Sn（PbSb4-0.2-0.5、PbSb6-0.2-0.5、PbSb8-0.2-0.5）者可进行时效硬化，又称"硬铅合金"，用以作化学纤维工业中的耐酸、耐蚀管道材料。

（陈大凯）

浅裂　checking

见混凝土裂缝（208 页）。

欠火砖　underfired brick

未完全烧结的砖。焙烧时未达到烧结温度或保持烧结温度的时间不足而造成的烧成缺陷称为欠火。敲击时发哑音，表面呈黄色，砖心呈灰黄色。强度低、抗冻性能差。

（崔可浩）

欠烧石灰　underburnt lime

又称欠火石灰。煅烧温度低或煅烧时间不足、没有烧透的生石灰。内部有未分解的生核，断面质地不均匀。表观密度较大，活性组分含量小，产浆量低，使用性能差。

（水中和）

茜草　rubia cordifolia

又称茹芦、牛曼。多年生茜草科草本植物。其根外观色黄，内含红色素汁，古代用黄根与花加工成红色染料，现代已不多用。

（谯京旭）

嵌段共聚　block copolymerization

又称镶嵌共聚。由两种或两种以上的单体共聚合，形成不同链段分段连接起来的均聚链段共聚物的反应。其产物称嵌段共聚物或镶嵌共聚物。主链中的"嵌段链"可以是有规则交替排列，也可以是无规则的。以 A、B 表示两种单体，则共聚产物可表示为…AAA—BBBBB—AAA—BBB…。如乙烯、丙烯嵌段共聚的产物为"聚异质同晶物"，保持两种链段的结晶性，与一般共聚而成的乙丙橡胶不同，不再是弹性体而可制备塑料。

（闻荻江）

嵌缝油膏　caulking compound

简称油膏，又称防水油膏，嵌缝材料。用于嵌填建筑缝隙的塑性膏状建筑密封材料。包括油性建筑密封材料和沥青系建筑密封材料。油性建筑密封材料是用不饱和脂肪酸的植物油或动物油经加热缩合，或氧化、硫化聚合后，添加粉状填料和辅助材料配制而成的油质膏状材料，简称油膏。以防风尘和漏水。后来这一名称又沿用到以沥青、树脂或橡胶改性沥青为基料、添加粉状填料和辅助材料配制而成的沥青系建筑密封材料上。同密封膏的区别是弹性小、塑性大、变形恢复能力差。优点是价格便宜，应用较广。根据耐热和低温性能，分为 701、702、703、801、802、803 六个标号。701、702、703 的耐热度在 70℃ 以上，801、802、803 耐热度在 80℃ 以上，下垂值都不大于 4mm；黏结延伸值不小于 15mm；保油性的渗油幅度不大于 5mm，渗油张数不多于 4 张；挥发率不大于 2.8%；施工度，即落锥深度不小于 22mm；701 和 801 在 -10℃ 下、702 和 802 在 -20℃ 下、703 和 803 在 -30℃ 以下弯曲时，表面无裂纹，与黏结砂浆面不剥离，浸水后黏结延伸率不小于 15mm。适用于接缝伸缩率小于±5%，或±12%的建筑工程接缝的防水和防风尘。施工时应向基层涂刷冷底子油，以增加同基层的黏结性。用挤枪法和刮刀法施工。主要用于填充建筑物的缝隙或接缝，以及地下室、洞库、冷库、水池密封部位的防水防渗。

(刘尚乐)

嵌花地砖　inlaid floor tile

手工在坯体上嵌以各种图案的陶瓷地砖。分为有釉和无釉两种。有釉制品常施以透明釉。图案具有立体感，层次丰富，有独特的装饰效果。

(邢宁)

qiang

枪晶石　cuspidine, cuspidite

化学式 $3CaO·2SiO_2·CaF_2$。单斜晶系。有楔形双晶、矛形双晶或聚片双晶。相对密度2.95。存在于含氟较高的电炉炼钢还原渣和被侵蚀的耐火材料中。在煅烧含氟水泥熟料时，它是一种过渡相。也可能存在于低温煅烧的含氟硅酸盐水泥熟料中。有弱水硬性。

(龙世宗)

强度　strength

材料在经受外力或其他作用时抵抗破坏的能力。在工程中，常用材料的某种极限应力值（如屈服极限，持久极限或强度极限）来表示。计量单位是MPa（N/mm²）。按对材料施力方向的不同，可分为抗压强度、抗拉强度、抗剪强度等。按抵抗外力的作用形式，可分为抵抗静外力的静强度、抵抗冲击外力的冲击强度、抵抗交变外力的疲劳强度等。按环境温度，可分为常温强度、高温强度或低温强度等。在设计中，保证各个构件有足够的强度，是最基本的要求，为此，必须在给定的环境下对构件进行强度计算或强度试验。

(宋显辉)

强度保证率　acceptance percentage of strength

混凝土强度总体中大于和等于设计强度等级值的概率。重要的工程应配用高值的混凝土，一般工程用混凝土常用85%，亦即强度不合格率为15%。可用公式表示：

$$P = \frac{1}{\sqrt{2\pi}} \int_{t_d}^{\infty} e^{-\frac{t^2}{2}} dt$$

式中 P 为强度保证率；t_d 为信度界限，俗称概率度，$t_d = (R_d - \overline{R})/\sigma$；$R_d$ 为设计强度值；$\overline{R}$ 为平均强度值，即配制强度值；σ 为标准差；t 为变量，$t = (R - \overline{R})/\sigma$；$R$ 为强度测值。确定了 P，R_d 和 σ 以后，就可算出配制强度值 $\overline{R} = R_d - t_d\sigma$，有时称之为保证强度。信度界限 t_d 可从统计书籍查得。

(徐家保)

强度对比法　method of strength comparison

表征火山灰质混合材料活性大小的力学性能试验方法。用含30%火山灰质混合材料的水泥胶砂与对比用硅酸盐水泥胶砂的28d抗压强度的比值进行评定。作为火山灰质混合材料，其比值不得小于62%。比值越高，则表示活性越大。

(陆平)

强度极限　ultimate strength

又称极限强度。材料在外力作用下达到破坏前，截面上所能承受的最大应力。是进行静强度校核的重要数据。

(宋显辉)

强度组分　strength component

膨胀水泥或自应力水泥中起强度作用的组成成分。以硅酸盐水泥为基本组成的自应力硅酸盐水泥，其中硅酸盐水泥（标号不低于425号）主要起产生强度的作用，是强度组分。以高铝水泥为基本组成的自应力铝酸盐水泥，其铝酸盐矿物与石膏水化后形成的主要产物钙矾石晶体（$3CaO·Al_2O_3·3CaSO_4·32H_2O$），不仅起膨胀作用，而且与同时水化析出的超塑性衬垫及密实作用的氢氧化铝胶体共同使水泥石强度提高，故石膏和高铝水泥既是膨胀组分又是强度组分。

(孙复强)

强制式混合机　forced mixer

强制原料在机内产生涡流运动达到物料混合的设备。主要有：盘式混合机（动盘式的艾立赫式和定盘式的KWQ式）和桨叶式混合机两类。盘式混合机是利用底盘和耙间相反旋转使原料沿着复杂的螺线运动，促进原料间的强烈混合，混合效率高，是目前大中型玻璃厂广泛采用的设备。桨叶式混合机是利用桨叶刮板在作回转运动时所产生的搅拌作用进行混合。与盘式相比，结构简单，混合质量较差。

(许超)

墙板　wall panel

又称壁板。在房屋建筑中具备墙体功能的板形构件。其尺寸规格与房屋的开间、层高、进深模数相适应，其一般高度相当于一个层高。按受力状态可分为承重的和非承重的；按制品的构造可分为单一的和复合的；按其在房屋中的部位可分为外墙板和内墙板；按使用特点有保温的、结构-保温的、结构的；按建筑物类别有工业的、民用的等。是随着建筑工业化而发展起来的预制构件。一般系根据建筑体系的标准设计，在工厂预制，在工地装配。在建筑中应用具有施工机械化程度高、劳动生产率高、建设速度快、干法作业等特点。其发展目标为降低造价，提高功能，加强结构整体性，开发复合型制品。

(萧愉)

墙搭

又称铁拉牵。由长钉和一块菱形铁片组成的连接构件。长钉穿过铁片的中心孔和墙体，钉于柱子上，用来加强墙体与柱子的联系。在清代晚期之后的房屋中常见。菱形铁片亦可做成蝙蝠、仙鹤等，兼有装饰作用。　　　（马祖铭）

墙地砖　wall and floor tile

用作墙面或地面装饰的片状陶瓷建筑材料。分为墙面砖和地砖，墙面砖又分为外墙砖和内墙砖。根据使用要求的不同，通常外墙砖和地砖为炻质（参见炻器，450页）或瓷质制品，内墙砖多为精陶质制品，也有炻质制品。墙面砖通常施釉，地砖因需防滑故多不施釉或施以防滑釉。具有坚固耐用、色彩鲜艳、易于清洁、防火、抗水、耐磨、耐腐蚀等特点。施工中用水泥浆或黏结剂进行铺贴。若为非陶瓷类的墙地砖，常冠以材质名称，如塑料地砖。　　　　　　　（邢　宁）

墙面砖　wall tile

用于建筑墙面装饰的陶瓷小片状饰面材料。不仅可以使建筑物立面美观，而且还具有防止建筑物表面被大气侵蚀、耐磨、防火、耐腐蚀、经久耐用、不退色、易于清洁等优点。通常为半干压或干压成型，形状为矩形或其他简单几何形状，正面通常施以各种釉，也有无釉或涂有化妆土的。按用途可分为外墙砖和内墙砖，外墙砖为炻质（参见炻器，450页）或瓷质制品，主要用于建筑物的外表立面装饰，内墙砖多为精陶制品，也有炻质制品，主要用于建筑物的内表立面装饰。常与用在边缘和拐角处的配件砖配套使用。　（邢　宁）

墙裙　dado

又称台度。室内墙面或柱身下部外加的表面层。常用水泥砂浆、水磨石、瓷砖、大理石、木材或涂料等材料做成。离地高度为1.2～1.5m，借以保护墙面和柱身免受污损，清洁方便。在层高较低的起居室、卧室内不宜设墙裙，因为它容易把墙面沿高度方向划分为尺寸相近的两个条带，会使房间显得低矮。　　　　　　　　　（姚时章）

墙体材料　wall materials

用作房屋建筑工程围护或兼作楼面、屋面支承的材料。成本约占建筑物总成本的1/3，重量约占1/2。依其功能可分为承重墙体材料和非承重（亦称自承重）墙体材料。前者除作为围护结构外还要以横墙或纵墙承重形式支承楼面、屋面；后者仅作为围护结构，支承自重，楼面、屋面由框架支承。品种有砖、砌块、墙板和幕墙等多种。传统墙体材料是烧结黏土砖，不仅自重大、强度低、能耗高，而且毁坏大量农田。因此，充分利用工业废料，推广黏土空心砖、蒸汽养护砖、各种砌块、墙板等新型墙体材料是墙体改革的方向。高层建筑亦可适当考虑配置幕墙。　　　（崔可浩）

戗根钉

钉于戗根的长钉。每只重1.25kg左右，长约40cm，截面一般为方形，用来固定嫩戗（即仔角梁）和老戗（即老角梁）。　　　（马祖铭）

戗兽

俗称岔兽。古建筑屋面戗脊或角脊上的大型兽形装饰构件。其形制与垂兽完全相同，但其规格比同屋面的垂兽略小。装饰在琉璃屋面或寺庙、王府等大式黑活屋面上。参见垂兽（58页）。
　　　　（李　武　左滭元）

戗檐砖

俗称戗檐。方砖砍磨成一端带坡棱的正方或扁方形砖件。位于古建黑活墀头（俗称"腿子"）最上端，于第二层盘头之上，连檐黑棱大面向前，上部略向前。高度约等于博缝砖高，宽为墀头宽加二层山墙拔檐尺寸减去博缝砖在拔檐砖上所占尺寸。一般多用一块方砖，若遇较大建筑，一块方砖不能满足其宽度所需时，可在其外侧与博缝头相接处再加一条砖。此件以干摆（磨砖对缝）做法居多。讲究的建筑，砖上可雕花饰。普通民宅也有采用"架灰"糙砌做法的。属檐料子类。　（朴学林）

qiao

敲击法非破损检验　nondestructive test by beating

见共振法非破损检验（160页）。

桥梁结构钢　bridge structrural steel

适用于制造桥梁结构件，承受车辆冲击荷载的热轧碳素结构钢和低合金结构钢的总称。在钢号后标记q。这些钢的有害杂质少，硫、磷含量低，晶粒细，组织紧密，抗冲击与疲劳性能好，保证项目多，对钢材表面质量和焊接性能要求较高，表面不得有气泡、结疤、裂纹和夹杂，在钢板边缘不得有分层。常用加铝脱氧的细晶粒镇静钢。使用最多的碳素结构钢是16q。为提高承载能力，在钢中适当加入锰、钒等元素，例如加锰1.2%～1.7%时，抗张强度可从380MPa提高到500～540MPa。常用的普通低合金钢有16Mnq、16MnCuq、15MnVq和15MnVNq等，用得最多的是16Mnq。为适应低温下使用，还要求测定在-40℃时的冲击值α_k不得低于35～40J/cm^2。　　　　　　　（许伯藩）

qie

切线规则　rule of tagent line

判断相图中界线性质的一个规则。其内容举例说明如下（见图）：过两个初晶区之间的界线（如 e_1E）上任一点作切线，它将与两晶相组成点的连线 $\overline{AS}$ 相交。

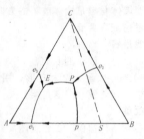

因交点在两组成点连线之间，e_1E 界线为低共熔线。在线上进行低共熔过程 $L \rightleftharpoons A+S$。式中 A 表示组分 A 的晶体；S 代表一个不一致熔融二元化合物 A_mB_n 的晶体；L 表示熔液。如作 pP 界线上任一点的切线，与相应的两晶相组成点的连线 $\overline{BS}$ 的延长线相交，pP 界线是转熔线。在线上进行的是转熔过程 $L+B \rightleftharpoons S$，式中 B 表示组分 B 的晶体。

（夏维邦）

切削性 machinability

又称可切削性。材料被切削加工的难易程度。材料的原始硬度是其决定性的主要内在因素，而切削速度、切削功耗、表面光洁度及刀具寿命对它有一定影响。铸铁的切削性优于钢。碳素钢当其硬度在 HB150～250，特别在 HB180～200 时，具有良好的切削性。钢中含硫量高至 0.2% 为易削钢，含硫量 0.3% 的为增硫钢，加入硒、碲等元素均可提高钢的切削性。硬度过低，钢太软，切屑不易断、粘刀，切削速度提不高；硬度过高，钢太硬，刀具易磨损、寿命短，有的甚至无法切削。

（高庆全）

锲割 wedge away

又称锲裂、锲劈。利用钢锲开采及加工石料的工艺方法。石块从岩体分离或大块岩石分割成小块时，先用凿岩机或凿子在分离或分割部位钻凿出排眼或锲窝，然后在眼窝中放置钢锲，再用大锤轮流锤击各锲，直至石料裂开。因钢锲放置位置不同而名称各异，平处为劈锲；直处为錾锲；兜底横处为抬锲。钢锲又称铁锲、铁楔，外形呈圆脑扁嘴，上宽下窄。

（张立三）

qin

亲水性 hydrophilicity

材料表面能为水分所润湿的性质。是一种界面现象，润湿过程的实质是物质界面发生性质和能量的变化。当水分子之间的内聚力小于水分子与固体材料分子间的相互吸引力时，材料被水润湿，此种材料为亲水性的，称为亲水性材

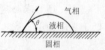

料；而水分子之间的内聚力大于水分子与材料分子间的吸引力时，则材料表面不能被水所润湿，此种材料是疏水性的（或称憎水性），称为疏水性材料。水分子与不同固体材料表面之间的相互作用情况是各不相同的。在水（液相）、材料（固相）与空气（气相）三相的交点处，沿水滴表面的切线与水和材料接触面所形成的夹角 θ 称为接触角（见图），θ 角在 $0°\sim180°$ 之间，由 θ 角的大小可估计润湿程度。θ 角越小，润湿性越好。如 $\theta=0°$，材料完全润湿；$\theta<90°$（如玻璃、混凝土及许多矿物表面），则为亲水性的；$\theta>90°$（如水滴在石蜡、沥青表面）为疏水性的；$\theta=180°$ 时，则为完全不润湿。

（孙复强）

琴砖 brick for guqin tabletop

置于琴桌上的青灰色长方形的空心大砖。上置以琴，故名。抚琴时能发出的共鸣声，增强琴的乐感。此砖初以汉墓中出土的古砖充当，嗣后产品尤以江苏吴县陆墓御窑为佳。规格：长 1 200mm、宽 500mm、厚 120mm 左右。（叶玉奇　沈炳春）

qing

青白石

青带灰白色碳酸盐类沉积岩和变质岩的统称。石纹细，质地较汉白玉坚硬，不易风化，次者有脉络浅纹，宜雕刻磨光。多用作古建筑柱顶石、阶条石、铺地石、台基、栏板和雕刻石碑、石兽等。主要产于北京市房山县及河北省曲阳县等地。

（谯京旭）

青粉 bluish white stone powder

一种经过粉碎、研磨、沉淀加工而成的青白色石粉。常浇铸成块状。其质近于大白粉和土粉子。色略青，手感滑腻。北京地区产品，为我国的传统材料。在古建筑油饰彩画工程中的用途是：①油工贴金箔时，用其搽敷手及工具以免粘覆金箔。②画工调制沥粉时适量加入以使沥粉线条光滑圆润。该材料现已被土粉子所代替。　（王仲杰）

青灰 peat powder

青灰色具有一定胶凝性的泥煤粉。产于我国北方沼泽地带的煤层之下。古建施工中常用作配制青浆、老浆灰、月白浆及月白灰的主、辅材料。青灰与石灰混用，除调整灰浆色泽，使其与青砖、青瓦一致外，尚能改善石灰的脆性，增加石灰的黏稠度。民间用其加入缸砂又可做搪炉灶和搪炉子的耐火用材。

（朴学林）

青浆 peat putty

青灰加水浸泡、溶胀、搅拌成浆状过细筛而得

的稀灰浆。好的青浆在面层常见有似油状的物质，故古建业内有句俗话称之："要酽不要稠，光要青浆油。"主要用于屋面青灰背及碎砖墙面抹灰等"赶光出亮"用的刷浆。也是合瓦（阴阳瓦）屋面用浆。此外，也用于筒瓦屋面檐头纹脖、黑活屋顶眉子、当沟刷浆等。若与石灰配合使用，能改善石灰脆性，是古建中不可缺少的传统建筑材料。

(朴学林 张良皋)

青龙山石 Qinglongshan stone

南京市郊青龙山所产的假山石。为碳酸盐类沉积岩，其色青，有大而曲的岩溶孔洞，形态怪异，因系由整体岩体上凿取而得，故其形态只有一面可观赏。用于堆叠假山主峰颇为壮观，或点放于竹、树之下，但不宜高叠。 (谯京旭)

青皮竹 Bambusa textilis McClure

又称青竹，篾竹，黄竹。华南地区广泛栽培的优良丛生竹之一。生长迅速，成材快，产量高，收益大，是群众乐于种植的篾用竹种。竹秆笔直，高 8~12m，胸径 5~6cm，节间 35~50cm，竹壁薄，厚 3~5mm。竹节平滑，竹篾坚韧，抗拉力很强，伸缩小。宜劈篾编竹缆、打索、编织农具及生活日常用器。竹秆用于建筑、围篱，亦可用以造纸。其变种有绿篱竹（B. textilis var. albostriata），绿竹（var. fusca），黄竹（var. glabra），崖州竹（var. gracilis）等。 (申宗圻)

青砂石

豆青色凝灰质砂岩。主要化学成分为 SiO_2 和 Al_2O_3。呈片状层理，石质较软，较易风化。在建筑中，多用在阶条石和民间牌坊的花枋、字碑等处。主要产于北京市房山、门头沟地区。

(谯京旭)

青石

①色青带灰白的石灰岩。主要化学成分为 $CaCO_3$。分布极广，但质量相差甚大，选用时需特别注意。表观密度 1 000~1 600kg/m³，抗压强度 22~140MPa。在古建筑中常用作须弥座、栏杆、台阶等，其上可作浅雕。在现代建筑中，既可作墙身、基础、桥墩等，亦可作石灰、水泥、粉刷材料的原料。

②青砂石的别称，参见青砂石。

(谯京旭)

青水泥 grey cement

除白色和彩色水泥以外的水泥统称。因水泥石的颜色近似青灰色而得名。为中国建筑业及人造石材业对普通常用水泥的俗称。 (冯培植)

青铜 bronze

原指铜锡合金，现在工业上已成为除黄铜、白铜以外的铜合金之总称。有锡青铜、硅青铜、铝青铜、锰青铜、铍青铜等类。中国以 Q 表示青铜，Q 后字母表示除铜以外的主要元素，数字表示各字母所代表元素的含量百分数，例如 QSn4-3 表示成分为 4% Sn、3% Zn、其余为铜的锡锌青铜。锡青铜的铸造性能、减摩性能和机械性能好，耐蚀性好。适于制造轴瓦、轴承、蜗轮和齿轮等；铅青铜有高的疲劳强度和较高的导热性，是现代发动机和磨床广泛使用的轴承材料；铝青铜是以铝为主要合金元素的铜合金，强度高，耐磨性和耐蚀性好，常用于铸造高载荷的齿轮、轴套、船用螺旋桨等；铍青铜（铍含量为 1.7%~2.5%）和磷青铜的弹性极限高，导电性好，适于制造精密弹簧和电接触元件。

(许伯藩)

青铜棒 bronze rods (bars)

青铜坯料经压力加工成一定规格的棒材。按生产方法可分为拉制棒（ϕ、a、$S=5~80mm$）和挤制棒（ϕ、a、$S=10~160mm$）；按形状分圆形（ϕ）、方形（a）、六角形（S）和异形等；按材质可分为：锡青铜（Cu-Zn）、铝青铜（Cu-Al 系）、铍青铜（Cu-Be）、硅青铜（Cu-Si 系）、镉青铜（Cu-Cd）等棒。锡青铜棒有良好的耐蚀性和耐磨性，用于制造耐磨零件。铝青铜棒的综合性能极佳，用于制造弹簧及要求耐蚀的弹性元件和高耐磨性轴承、齿轮、蜗轮等。铍青铜棒具有高的强度、弹性极限、疲劳强度、耐蚀性，受冲击时不起火花，无磁性，用于制作重要的弹性元件、抗磁元件以及高速、高压下工作的轴承及衬套，如钟表发条、压力表游丝、指南针等。硅青铜棒具有抗海水腐蚀性、用于制作在腐蚀条件下工作的零件，如蜗轮、衬套、制动销以及发动机中零件。镉青铜棒的导电性好，用于制作重要的导电零件。

(陈大凯)

青铜箔 bronze foil

青铜合金坯料经冷轧成厚度为 0.005~0.050mm，宽度为 40~200mm，长度不小于 5 000mm 的箔材。按材质有锡青铜箔 QSn6.5-0.1 和硅青铜箔 QSi3-1。前者含磷 0.1%，磷能提高强度、疲劳极限、弹性极限和耐磨性，又称磷锡青铜箔，用于制造仪器上的耐磨零件、弹性元件、抗磁元件。后者含硅 3%、含锰 1%，具有高的强度和弹性，耐磨性好，碰击时不产生火花，在大气、淡水和海水中耐蚀，用于制造各种弹性元件、耐磨件和耐蚀性元件。 (陈大凯)

青瓦 blue roofing tile

又称小青瓦、土瓦。一种弧形小瓦，长 200~250mm，宽 150~200mm。主要原料为黏土，一般手工成型，待干燥后送入间歇窑中焙烧。窑温在烧成温度（约1 000℃）以下时，窑内为氧化气氛；当达到烧成温度时使窑内缺氧燃烧，然后将水由封闭的窑顶中缓慢渗下，使窑内形成富CO和H_2的还原气氛，并处于正压状态，杜绝窑外冷空气进入，在水蒸发的过程中使窑温缓慢下降，冷却到300℃以下出窑。这类瓦外形及制作工艺较简单，其耐久性不如黏土平瓦，在中国农村中广泛使用。 （徐昭东 孔宪明）

青砖 blue brick

见烧结黏土砖（428页）。

轻粗集料 lightweight coarse aggregate

粒径为5mm以上的轻集料。按其粒型可分为①圆球型：如粉煤灰陶粒；②普通型：如干法生产的页岩陶粒；③碎石型：如浮石、火山渣等。用于结构轻集料混凝土时，其最大粒径不宜大于20mm；用于保温轻集料混凝土时，不宜大于40mm，空隙率不应大于50%。 （龚洛书）

轻粗集料强度标号 grade of strength of lightweight coarse aggregate

表示轻粗集料颗粒在混凝土中的真实强度的一种较直观的指标。按特定试验方法，通过该集料配制的混凝土和相应砂浆组分的抗压强度值确定。按中国有关标准规定，划分为：50、75、100、150、200、250、300、350、400等九个标号。标定方法较复杂，仅适用于圆球型和普通型的人造轻粗集料。 （龚洛书）

轻钢龙骨 lightweight steel keel

以镀锌钢带和薄壁冷轧退火钢卷带，经冷加工成型的龙骨。按用途可分为沿顶沿地、竖向、横向、加强和通贯横撑（穿过竖向龙骨横向支撑）龙骨等多种。按不同类型、规格可组成不同的轻质内隔墙骨架构造。一般规格为宽50～150mm，高40～50mm，厚0.63～1.5mm，一般用沿地、沿顶龙骨与沿墙、沿柱龙骨构成隔墙边框，中间立若干竖向龙骨，形成主要承重支架。为保证轻质内隔墙的稳定性，应按墙的高度选择合适的龙骨断面、刚度、间距、墙体厚度、轻质面板层数等。在与地、顶面接触处必要铺设橡胶条或沥青泡沫塑料条，并按规定间距用射钉或膨胀螺栓与楼地面固定。 （萧愉）

轻骨料涂料 light weight aggregate coating

简称轻质涂料。在主要成膜材料中加入蛭石、珍珠岩等轻质骨料（填料）加工而成的涂料。用以达到吸声、隔热、防结露及防火等作用。主要成膜材料以水泥、石膏、膨润土及硅酸盐系等无机质材料为主，也有以水溶性高分子、合成树脂乳液等有机材料为基料。施工方法一般采用喷涂、抹涂。其特点色彩丰富、涂层无接缝、质感强，且具有轻量、吸声、保温、耐火等特性。主要用于室内顶棚及墙面的装饰。 （刘柏贤）

轻轨 light rails

质量38kg/m以下的热轧钢轨。截面形状及组成同热轧重轨。每米大致重量分5、8、11、15、18、24（kg/m）六个规格。材质有碳素钢及低合金钢两类。土木工程中主要用于临时运输线或施工机具。 （乔德庸）

轻混凝土 lightweight concrete

表观密度不大于1 950kg/m^3的多孔轻质混凝土。按其孔隙结构可分为：①多孔混凝土、如加气混凝土、泡沫混凝土等；②大孔混凝土，如普通碎石大孔混凝土、陶粒大孔混凝土等；③轻集料混凝土，如人造轻集料混凝土、天然轻集料混凝土等。早在古罗马时期出现的以石灰-火山灰作胶结料制成的浮石混凝土是轻混凝土的雏形。为减轻混凝土结构自重和改善保温性能，20世纪初相继出现了轻集料混凝土和多孔混凝土，并在20世纪50年代后得到迅速发展。与普通混凝土相比，轻混凝土的表观密度小、自重轻、保温性能好。其中多孔混凝土的表观密度最小，保温性能最好，但强度较低，主要用于非承重或自承重的、保温性能要求较高的围护结构；轻集料混凝土的表观密度较大，保温性能较差，但强度较高，主要用于承重结构或既承重又保温的墙体或屋面结构；无砂大孔混凝土的性能则介于两者之间，主要用于工业与民用建筑的墙体。在满足建筑物使用强度的条件下降低表观密度，是今后轻混凝土发展的主要方向。 （龚洛书）

轻集料 lightweight aggregate

又称轻骨料。堆积密度小于1 200kg/m^3的多孔轻质集料的统称。粒径在5mm以上、堆积密度小于1 000kg/m^3者称为轻粗集料；粒径小于5mm、堆积密度小于1 200kg/m^3者称为轻细集料。按其形成条件分为天然轻集料和人造轻集料。按其材料性质分为有机轻集料（如膨胀聚苯乙烯珠、碳珠等）和无机轻集料（如陶粒、浮石、煤渣等）。按其原材料来源分为：①天然轻集料，如浮石、火山渣；②人造轻集料，如陶粒、膨胀珍珠岩等；③工业废料轻集料，如粉煤灰陶粒、自燃煤矸石等。与普通集料相比，具有堆积密度小、保温和耐火性能好等特点，但强度和弹性模量较低，吸水率较大，价格也较高。主要用来配制轻集料混凝土、保温砂浆和耐火混凝土，还可用作保温松散填充料。 （龚洛书）

轻集料大孔混凝土 no-fines concrete with lightweight aggregate

由水泥、轻粗集料和水拌制而成的大孔混凝土。按轻粗集料品种，可分为陶粒大孔混凝土、浮石大孔混凝土、炉渣大孔混凝土、自燃煤矸石大孔混凝土、碎砖大孔混凝土等，与普通大孔混凝土相比，表观密度较小、水泥用量较多、抗压强度较低、收缩值略大、热导率较小、防火性较好等。以强度等级为 CL5.0、CL7.5 陶粒大孔混凝土（黏土陶粒密度等级为 800 级）为例，表观密度 1 150～1 200kg/m³，抗压强度 5.8～8.3MPa，热导率为 0.393W/(m·K)。所用轻集料各项指标均应符合有关标准规定。混凝土拌合前，轻集料应经预湿，浇捣时拌合物自由落差不宜过大，以防离析。主要用于现浇或预制墙体、砌块或制作复合墙板。

（董金道）

轻集料混凝土 lightweight aggregate concrete

又称多孔轻集料混凝土。用轻集料配制而成的、表观密度不大于 1 950kg/m³ 的轻混凝土。按轻粗集料种类分为：人造轻集料混凝土、天然轻集料混凝土、工业废料轻集料混凝土。按细集料种类分为：全轻混凝土、砂轻混凝土。按使用功能分为：保温轻集料混凝土、结构保温轻集料混凝土、结构轻集料混凝土。按绝干表观密度级差 100kg/m³ 划分为 800、900、1 000、1 100、1 200、1 300、1 400、1 500、1 600、1 700、1 800、1 900 级等 12 个密度等级。按标准养护 28d 的立方体抗压强度标准值（以 MPa 计）划分为 11 个强度等级，数字前用符号 CL 表示：即 CL5.0、CL7.5、CL10、CL15、CL20、CL25、CL30、CL35、CL40、CL45、CL50 等。立方体抗压强度标准值系指按标准方法制作和养护的边长为 150mm 的立方体试件，在 28d 龄期测得的保证率不低于 95% 的抗压强度值。与同强度等级的普通混凝土相比，自重可减轻 20%～30%；热导率可减小 30%～80%；弹性模量约低 25%～65%。主要用于工业与民用建筑的围护结构和承重结构，少量用于高层和桥梁建筑以及热工构筑物。

（龚洛书）

轻集料混凝土复合墙板 lightweight aggregate concrete sandwich wall panel

用轻集料混凝土与高效能保温材料复合，或轻集料混凝土保温基材与普通混凝土复合而成的预制大型墙板。前者保温性能较好，但成本较高；后者成本较低，但保温性能较差。在中国应用尚少。

（龚洛书）

轻集料混凝土砌块 lightweight aggregate concrete block

用轻集料混凝土制成的建筑砌块。有密实和空心两种。按其尺寸可分为：①大型砌块：一般尺寸为 300mm×1 800mm×2 750mm；②中型砌块：一般尺寸为 200mm×400mm×800mm；③小型砌块：标准块尺寸为 190mm×190mm×190mm。与普通混凝土砌块相比，重量较轻，保温性能好，多排孔砌块保温性能更好。主要用以建筑独户或多层住宅建筑。大、中型砌块自重较大、砌筑时需用吊装设备，应用较少；小型砌块重量较轻，一个人可以搬动，砌筑方便，国内外生产与应用较多。

（龚洛书）

轻集料混凝土墙板 lightweight aggregate concrete wall panel

用配筋轻集料混凝土制成的大型墙板。墙板的自重较轻，改善了绝热、防火等性能，提高了建筑功能。按所采用的轻集料种类的不同，有多类品种。常按粗集料分类。常用的粗集料有浮石、火山渣、炉渣、膨胀矿珠、粉煤灰陶粒、膨胀珍珠岩、页岩陶粒、黏土陶粒等。近年有以膨胀（泡沫）聚苯乙烯颗粒作轻集料制造墙板的。按细集料可分为全轻和砂轻两类。主要用于高层房屋建筑的外墙。除要求具有一定保温性能外，其混凝土抗压强度不应小于 15.0～20.0MPa；厚度因各地区保温要求不同而异，一般为 15～30cm。用全轻混凝土制成的墙板，其保温性能优于砂轻混凝土的墙板，但成本较高。

（萧　愉　龚洛书）

轻集料粒型系数 particle shape index of lightweight aggregate

单粒轻粗集料的长向最大尺寸与中间截面最小尺寸之比值。是评定轻集料粒型合理程度的一个指标。按中国有关标准规定，天然轻集料中粒型系数大于 2.5 的颗粒允许含量不大于 15%；黏土陶粒和页岩陶粒中粒型系数大于 3.0 的颗粒含量相应地不应大于 25% 和 20%。超过规定粒型系数的颗粒含量越大，其混凝土拌合物的工作性越差，混凝土的强度和变形性能也将变劣。

（龚洛书）

轻集料铁分解重量损失 weight loss on decomposition of ferrous compounds in lightweight aggregate

用浸泡法检验轻粗集料安定性的一种指标。用按标准方法浸泡 30d 后，该集料各粒级小于相应筛孔的颗粒质量与总质量的百分比率的总和来表示。轻粗集料中可能含有某些氧化铁或硫铁化合物，长期浸泡在蒸馏水中，氧化后产生体积膨胀而崩裂成小颗粒。质量损失越大，其安定性越差。按中国有关标准规定，轻粗集料的铁分解质量损失不应大于 5%。

（龚洛书）

轻集料异类岩石颗粒含量 foreign rock particle content of lightweight aggregate

评定天然轻集料质量的一个指标。由于火山喷发或在水中沉积而成的天然轻集料，常夹杂有碎石、卵石、火山弹等密实的异类岩石，对轻集料的密度等性能有较大影响。中国有关标准规定，用挑选法测定天然轻集料中异类岩石颗粒的含量，按重量计不应大于10%。　　　　　　　（龚洛书）

轻集料有害物质含量 deleterious substance content in lightweight aggregate

轻集料中影响水泥混凝土或钢筋耐久性的有害物质含量。有害物质常指硫酸盐、氯盐、有机物及某些对水泥安定性有不良影响的氧化物。中国有关标准规定，轻集料中硫酸盐（按SO_3重量计）含量不应大于0.5%～1%；氯盐（按Cl^-计）不大于0.02%；含泥量不大于3%；烧失量不大于4%～5%；有机杂质用比色法检验不得深于标准色。
　　　　　　　　　　　　　　（龚洛书）

轻集料煮沸质量损失 weight loss on boiling of lightweight aggregate

用煮沸法检验轻粗集料安定性的一个指标。以按标准方法煮沸4h后，该集料各粒级小于相应筛孔的颗粒质量与总质量的百分比率的总和来表示。轻集料中可能含有某些过烧的生石灰或易分解的硅酸盐等物质。煮沸质量损失越大，其安定性越差。中国有关标准规定，人造轻集料和天然轻集料的煮沸质量损失相应地不应大于2%和5%。
　　　　　　　　　　　　　　（龚洛书）

轻金属 light metal

相对密度小于5的金属。分为有色轻金属和稀有轻金属两类。有色轻金属有铝、镁、钙、钛、钾、锶、钡等，前四种在工业上多用作还原剂，铝、镁、钛及其合金相对密度较小，强度较高，抗蚀性较强，广泛用于飞机制造和宇航等工业部门。稀有轻金属有锂、铍、铷、铯等，铍主要用于配制铍青铜，由于铍的热中子俘获截面小，又可用作原子核反应堆的结构材料。锂用作金属冶炼时的脱氧剂和除气剂，并作为热核反应材料。（许伯藩）

轻溶剂油 light solvent oils

由粗苯经分馏后得到的二甲苯、乙苯等混合溶剂油。无色或淡黄色液体。密度（d_4^{20}）0.845～0.910，馏程135～200℃。在石油工业中，指铂重整抽余油和直馏油经分馏或其他炼制方法制得而用作溶剂的油类。在焦化工业中，指由粗苯经分馏而制得作溶剂的油类。常作涂料的溶剂或稀释剂等。
　　　　　　　　　　　　　　（陈艾青）

轻砂浆 lightweight mortar

表观密度小于$1500kg/m^3$的砂浆。热导率较重砂浆小，保温绝热性能较好，多用于抹面和饰面。　　　　　　　　　　（徐家保）

轻细集料 lightweight fine aggregate

又称轻砂。粒径小于5mm的轻集料。按其生产方式可分为：人造轻砂（如陶砂）和天然轻砂（如浮石砂）。因品种和形成条件不同，其堆积密度和吸水率差别很大。如陶砂堆积密度较大，吸水率较小；浮石砂堆积密度较小，吸水率较大。用于全轻混凝土的轻砂，其细度模数不宜大于4.0。
　　　　　　　　　　　　　　（龚洛书）

轻岩自然石 light natural stone

又称轻岩天然石，简称轻石。表观密度小于$1800kg/m^3$的天然岩石。主要岩类有贝壳石灰岩、凝灰岩等。抗压强度低于10MPa，容易加工，热导率小。作外墙砌体材料时，要求其软化系数不低于0.6，用作贴面层时不低于0.7。（宋金山）

轻制沥青 cutback asphalt

黏稠石油沥青用稀释剂稀释而成的液体沥青。用汽油作为稀释剂的轻制沥青，在路面施工时，稀释剂很快挥发，沥青很快结硬，属于快凝液体沥青，如用煤油作为稀释剂的轻制沥青，由于稀释剂挥发较慢，沥青凝结也稍慢，属于中凝液体沥青。慢凝液体沥青不属于轻制沥青。轻制沥青用于沥青路面的冷态施工，或用做路面的黏层油、透层油。　　　　　　　　　　　　（严家伋）

轻质板材 lightweight slab

简称轻板。泛指房层建筑中使用的各类表观密度低于$1000kg/m^3$、厚度较薄的板形制品。主要有纸面石膏板、纤维增强水泥板、植物纤维板、铝合金板、热镀锌薄板、涂塑薄钢板、硅钙板、石棉水泥板等。与绝热、隔声材料如矿棉、岩棉、玻璃棉、泡沫塑料等组合可构成复合轻板。多用作内隔墙、顶棚、吊顶棚、装饰面板和复合墙板的组合材料。可大幅度降低建筑物自重，减少运输量，加快施工速度，改善劳动条件，提高劳动生产率，其应用是现代建筑材料重要的发展。　　（萧愉）

轻质高铝质耐火材料 lightweight high-alumina refractory, insulating high-alumina refractory

又称高铝质隔热耐火材料。气孔率高、体积密度低的高铝质耐火材料。Al_2O_3含量应不低于48%。按体积密度分为1.0、0.9、0.8、0.7、0.6、0.5和0.4（g/cm^3）几个品种。抗压强度在4～0.8MPa范围内。重烧线变化率不大于2%，热导率（350±5℃）在0.5～0.2W/（m·K）之间。根据品种与质量不同，工作温度在1300～1600℃

之间。可用作不与熔体接触的炉子的内衬及各种工业窑炉的绝热层。　　　　　　　　　　（李　楠）

轻质硅质耐火材料　lightweight silica refractory

气孔率不小于45%的硅质耐火材料。化学成分为：SiO_2大于93%，Fe_2O_3 1.0%～3.0%，以及少量的CaO、TiO_2等成分。主要组成为鳞石英、方石英和玻璃相等。用可燃物加入法或气体发生法生产。烧成温度一般为1 350～1 400℃。其性能依密度不同而不同，耐火度大于1 670℃，荷重软化点大于1 450℃。最高使用温度在1 200～1 550℃左右。主要使用于不接触碱性耐火材料和熔渣的热工设备上。不宜用于可能冷却至600℃以下的间歇式窑炉中。　　　　　　　　　　（孙钦英）

轻质莫来石耐火材料　insulating mullite refractory

又称轻质莫来石砖。以莫来石为主要原料的轻质耐火材料。主要原料为莫来石、结合（软质）黏土和添加剂。多采用泡沫法生产，生产工艺过程与高铝轻质砖相同。其性能随制品的密度不同而不同，耐火度大于1 770℃。主要用于均热炉、加热炉等冶金炉窑及梭式窑等陶瓷工业窑。
　　　　　　　　　　　　　　　　（孙钦英）

轻质耐火材料　lightweight refractory

又称绝热耐火材料。体积密度小，热导率及热容量低的耐火材料。其生产方法通常分为掺入可燃性加入物法和气体法。前者系在泥料中加入适量可烧尽的加入物，如煤粉、锯木屑等。制品烧成时，上述加入物被烧掉，形成气孔；后者系在成型用泥浆中加入能产生气泡的外加物。加入泡沫剂（如松香皂）的称泡沫法，加入化学物（如碳酸盐）通过化学反应产生气体称化学法。还可用轻质集料，如漂珠、氧化铝空心球等加结合剂生产。制品用浇注、可塑和半干法成型，干燥后烧成。性能随所选材质及生产方法不同而不一样。多用于窑炉及热工设备的保温绝热层。　　　　　（孙钦英）

轻质耐火浇注料　light weight castable refractory

以轻质材料为集料的耐火浇注料。轻集料系指堆积密度为100～1 000kg/m³的集料，主要有陶粒、膨胀蛭石、膨胀珍珠岩、硅藻土、普通黏土多孔熟料、特种多孔熟料、耐热多孔熟料等。结合剂的选用及生产工艺与普通耐火浇注料相同。结合剂主要有矾土水泥、生黏土和磷酸。材料性能随选用的集料和结合剂的不同而异。在冶金加热炉及化工、建材等热工设备上用作隔热材料。
　　　　　　　　　　　　　　　　（孙钦英）

轻质黏土耐火材料　lightweight fireclay refractory, insulating fireclay refractory

又称黏土质绝热耐火材料。气孔率高、体积密度低的黏土质耐火材料。通常Al_2O_3含量为30%～46%。耐火度不低于1 580℃。按体积密度大小从1.5～0.4g/cm³分为10个品种。常温耐压强度在6～1MPa之间，热导率（350±25℃）在0.70～0.20W/(m·K)之间。规定温度下的重烧线变化率不大于2%。工作温度在1 200～1 400℃之间。是使用得最广泛的绝热耐火材料。　　（李　楠）

氢键　hydrogen bond

化合物分子中，与电负性较大的原子（如F、O、N等）以共价键相连的氢原子，还可能再与同一分子或另一分子内的另一电负性大的原子相连接而形成的附加键。例如，邻-硝基苯酚中OH基内的H原子，可与同一分子内硝基中的氧原子形成氢键，如图所示。能形成此种键的原子，都应是电负性较大，原子半径较小，且有未共用电子对的原子。这种键的键长较长，键能较小，与范德华力的数量级相同。具有饱和性与方向性。它的存在对化合物的性质有显著的影响，例如使熔点和沸点升高；溶质与溶剂之间形成氢键，使溶解度增大。　　　　　　　　（夏维邦）

氢离子浓度指数　hydrogen ion exponent

简称pH值。是氢离子浓度常用对数的负值，即pH=－lg〔H^+〕，用来表示溶液的酸度。同理，溶液的碱度可用pOH=－lg〔OH^-〕来表示。22℃时水的离子积K_W=〔H^+〕〔OH^-〕=$1.0×10^{-14}$，所以pH+pOH=14。当〔H^+〕=〔OH^-〕，溶液显中性，如在室温下pH=7；当pH>7，显碱性；pH<7，显酸性。pH值越小酸性越强，它在0～14间应用。如pH值超过此范围，氢离子浓度常用摩尔浓度表示。　　　　　　　　　（夏维邦）

氢氧硅酸钙石　hillebrandite

水化硅酸钙的纤维状矿物，化学式为2CaO·SiO_2·1.1～1.5H_2O（简写为$C_2SH_{1.1～1.5}$），或以$C_2SH(B)$、C_2S的β型水化物表示。碱性较斜方硅酸钙石更高。密度2.66g/cm³。加热脱水只产生β-C_2S。能水热合成，亦可从天然矿物中找到。
　　　　　　　　　　　　　　　　（陈志源）

氢氧化钙　calcium hydroxide

化学式$Ca(OH)_2$，是氧化钙与水化合的产物。

是消石灰的主要成分,也是硅酸盐水泥主要水化产物之一。常温下在水中的饱和浓度为1.48g/L,呈碱性,温度升高溶解度降低。属三方晶系,晶体构造为彼此连接的钙氧八面体构成的层状构造。由显微镜观察可见其为六角片状或板状晶体。由氧化钙水化成氢氧化钙,放出大量热量,体积约增大1倍。　　　　　　　　　　　　　　(魏金照)

清漆　varnish

又称凡立水。不含颜料的透明涂料。由树脂与溶剂组成。涂布于物体表面,能形成透明的薄膜,呈现出物体原来的花纹。干燥快,涂膜硬,耐水、耐油、酸和碱。常用的有油基清漆、虫胶清漆、酚醛清漆、醇酸清漆、硝基清漆、聚氨酯清漆等。适用于木器、金属制品等的表面装饰。亦可用于制造磁漆和有色清漆等。　　　　　　(陈艾青)

清晰度　articulation, difinition

一个或几个讲话人所说的经过通讯系统而被一个或几个听者所确认的语言单位的百分数。计算时,必须说明语言材料的类型以及它所分成的单位,这些单位可能是基本语言、音节、词或句子等,相应称为语言清晰度(元音、辅音)、音节清晰度、词清晰度、句可懂度等。室内清晰度指脉冲响应中有益声能(对清晰度有帮助的声能,取直达声能和50ms以内的反射声能)占全部声能的比例。　　　　　　　　　　　　　　(陈延训)

清油　boiled oil

熟炼油或热聚合油。干性油、半干性油或两者混合物,经热炼加工并加入少量催干剂而成的浅黄色至棕黄色的黏稠液体。原料来自于植物油或鱼油。可直接涂于物体表面,由空气干燥成膜,涂膜耐磨、耐水、坚韧。可作为厚漆、底漆、腻子或油墨的原料。用于木器罩光、织物(油伞、帆布)的防水。　　　　　　　　　　　　(陈艾青)

氰凝　low-polymerized polyurethane grouting material

以异氰酸酯与聚醚制成的预聚体为主体,加入适量的促进剂等配制而成灌浆材料。使用时将预聚体与促进剂混在一起,灌注于渗漏水的工程中,共混物遇水后立即反应,黏度逐渐增加,生成不溶于水的凝胶体,同时放出二氧化碳气体,使浆液产生膨胀,向四周渗透、扩散,直至反应完全结束为止。除具有黏度低、可灌性好、凝胶时间可在几秒至几十分钟内调节的特点外,还具有其他化学浆液所没有的二次渗透性能,能产生较大的渗透半径和凝固体积并最终形成抗压强度高、抗渗性能好的凝固体。灌浆液的初期黏度为$(100\sim800)\times10^{-3}$Pa·s,凝结体的抗压强度$6\sim8$MPa。采用单液注浆法施工。可用于地下建筑物的施工缝、变形缝及结构缝的修补与堵漏。　　　　　　(余剑英)

qiu

楸木　Catalpa bungei C. A. mey.

与滇楸(C. duclouxii Dode)和梓木(C. ovata Don)等同属梓木属。分布于长江和黄河流域,以江苏、山东、河北、陕西中南部最为普遍。环孔材。边材黄褐色,心材黄褐或深褐色,心边材界限不太分明,有光泽,纹理直,结构中等至粗,不均匀。锯、刨等加工容易,刨面光滑。略耐腐。气干材密度$0.617g/cm^3$;干缩系数:径向0.104%,弦向0.230%;顺纹抗压强度47.1MPa,静曲强度96.7MPa,抗弯弹性模量10.1GPa,顺纹抗拉强度95.1MPa,冲击韧性$14.8J/cm^2$;硬度:端面51.8MPa,径面43.4MPa,弦面47.9MPa。可用以制作屋架、搁栅、柱子、门、窗、室内装修、坑木、枕木、桩材、船舶、车辆、桥梁、家具、胶合板。古代帝王用其做棺材,称之为"梓宫"。　　　　　　　　　　　　　　(申宗圻)

球硅钙石　radiophyllite

结构式为$Ca_3[Si_3O_9]\cdot3H_2O$的一种天然水化硅酸钙矿物。化学式为$CaO\cdot SiO_2\cdot H_2O$,简写为CSH。成分与C_3S、C_2S常温水化形成的水化硅酸钙相似。　　　　　　　　　(王善拔)

球墨铸铁　nodular cast iron

在浇铸前加入少量球化剂和石墨化剂(通常为硅铁)进行球化处理,使石墨呈球状分布的铸铁。球化剂通常为镁、稀土镁合金或主要含铈的稀土合金。根据国家标准GB1348分为七个等级牌号,由QT和两个两位数字组成,例如QT80—2,分别表示抗拉强度和延伸率的最低值为800MPa和2%。与灰口铸铁相比具有相当高的强度,较好的铸造性、切削加工性、耐磨性和减震性,在一定范围内兼有灰口铸铁和钢的性能,如疲劳强度与中碳钢相近,耐磨性优于表面淬火钢等,还可通过热处理进一步改善其性能。已广泛用来代替铸钢、锻钢,有色金属和可锻铸铁制造一些受力复杂、强度、韧性和耐磨性要求较高的零件。　　　(许伯藩)

球形门锁　door lock with knobs

锁两头均以球形执手代替拉手的门锁。外执手中有弹子锁头,内执手中有按钮。平时用执手开锁,亦作防风关闸;如在室内将按钮揿进,室外须用钥匙才能开锁,室内仍可转动开启。执手多用不锈钢或黄铜加硬膜涂层,外形

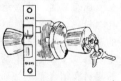

美观，使用简易、方便，适用于一般办公室、起居室等门上。　　　　　　　　　　（姚时章）

qu

区域钢化法　partial tempering process

又称局部钢化法。使玻璃板上的各区域具有不同钢化度的方法。在玻璃淬冷时，用防护屏挡住某些区域，或局部减弱喷嘴分压，或在进入钢化炉前在玻璃表面涂覆保护层，经加热、骤冷而成。当玻璃破裂后，钢化程度弱的区域仍能保持足够的透明度，不影响驾驶员视线。碎片呈圆棱角不伤人。用作汽车前风挡玻璃。　　　　　　　　（许　超）

曲尺　carpenter's square

L形的木工用尺，长短边交接成为90°，即古所谓"矩"。短边为营造尺1尺，长边各地不等，最长者为短边的两倍即营造尺2尺。（张良皋）

驱水剂　water-repellent

能使涂膜表面形成憎水基团或憎水膜，使介质表面具有防水作用的材料。通常用有机硅树脂溶液（如烷基三氯硅烷 $RSiCl_3$），加水稀释后直接加到涂料中或喷于涂膜表面，以形成透明薄膜，提高憎水性，并具防污染性能。常用于建筑涂装等。

（陈艾青）

驱避剂　antifungal agent

又称生物老化抑制剂。用于防止塑料在贮存、使用过程中，产生生物劣化或生物降解而加入的添加剂。塑料制品除了会受到环境因素所造成的自然老化的破坏作用以外，还可受到如霉菌、细菌、昆虫、蚊蚁、啮齿动物以及海生蛀虫等的侵害，使制品变色、发霉、显斑、穿孔或粉化。防霉剂、避鼠剂、防蚁剂、杀菌剂均属此类。常用的避鼠剂有：有机锡类、抗菌素类、硫脲系有机物、三硝基苯胺络合物和氰化三酚吡嗪等。常用的防蚁剂有氯丹、林丹、七氯、狄氏剂（$C_{12}H_3Cl_6O$）及艾氏剂（$C_{12}H_8Cl_6$）等。常用的杀菌剂有正汞盐和四元碱式盐等。在日用品、医疗卫生、建筑装饰、电器绝缘、农业及海洋开发等方面得到开拓及应用。大多有毒性，使用时要注意安全。　　　（刘柏贤）

屈服极限　yield limit

又称屈服点、屈服强度或流动极限。材料在受载过程中，其应力超过弹性极限后，在外力几乎不增加的情况下，产生显著塑性变形时的最小应力值。有些材料没有明显的屈服阶段，通常规定对应于残余应变为0.2%时的应力值为规定屈服极限，用 $\sigma_{0.2}$ 表示，以便在工程设计中应用。

（宋显辉）

quan

圈绒地毯　carpet with looped pile

面绒呈圈绒状的地毯。是簇绒地毯的一种。由簇绒针引导绒头纱穿过基布，基布下面的成圈钩钩住绒头纱形成毛圈，然后进行基布背面的处理而成。绒头纱可用单色的，也可用双色或三色合股的复色纱。圈绒可高低错落，组成格调新颖、有韵味的图案。广泛用在住宅、旅馆、办公室中。

（金笠铭）

全辐射高温计　total radiation pyrometer

将物体的全部辐射能量转变为热电势的非接触式高温测试仪表。由辐射感温器、辅助装置和显示仪表组成。辐射感温器将被测物体辐射的全部能量，通过物镜、光阑聚集于热电偶的热端，热电偶回路即产生相应的热电势，将此热电势引入显示仪表（如毫伏计或电位差计），测得物体辐射温度，即相当于黑体的某一温度 T_P。物体实际的表面温度为：$T = T_P \sqrt[4]{1/\varepsilon_T}$，式中 ε_T 为物体的全辐射吸收系数。测温范围800～3 000℃。　　（林方辉）

全干浸渍　impregnation on dried basis

基材完全干燥后进行的浸渍。排去水分有利于浸渍剂进入基材的孔隙内，与含水浸渍相比，浸渍剂的浸填量高，所制得的浸渍混凝土机械强度高，抗冻融性、抗渗性、耐腐蚀性好。　　（陈鹤云）

全干状态　dry state

见集料含水量（218页）。

全轻混凝土　all-lightweight concrete

用轻砂和轻粗集料配制成的轻集料混凝土。其表观密度为 $300 \sim 1\,400 kg/m^3$。与同等水泥用量的砂轻混凝土相比，工作性较差，强度和弹性模量较小，吸水率较大，热导率较低。主要用于保温的或结构保温的结构和构件。　　　　（龚洛书）

全息摄影　holography

又称全息照相。一种利用波的干涉记录被摄物体反射（或透射）光波中全部信息（振幅和相位）的摄影技术。光波是一种电磁波，它在传播中带有振幅和相位的信息。普通摄影是用透镜成像系统（如相机）使物体在感光材料（如照相底片）上成像，它所记录的只是来自物体的光波的强度分布图像，即振幅的信息，而无相位的信息，只能摄取二维（平面）图像。全息摄影则将照明的激光分成两束，一束相干的参考光直接射向感光片，而另一束物光经被摄物体反射或透射叠加在感光片上，同时记录光波的振幅和相位，显现物体的三维（立体）图像。全息照片（全息图）并不直接显示物体的图像，但以光学编码的形式记录下物体反射（或透射）光波振幅和相位的全部信息。在无损检验中，可用来检测材料或构件的内部缺陷和微小裂纹。是一种有发展前途的测试方法。 （宋显辉）

全消光
见消光（551页）。

全预应力混凝土
见预应力钢筋混凝土（592页）。

全粘贴法 all bonding method
又称浇注法。是油毡全部粘贴在基层上的一种防水层施工法。做法是将黏结材料按油毡幅宽浇注或涂刷在基层上，立即将油毡向前推动，滚压贴实。适于施工两毡三油或三毡四油。此施工法可取得良好防水效果。但当基层受气温度变化开裂时，防水层极易随之开裂。 （西家智）

que

缺口敏感性 notch sensitivity
衡量在静载荷下带有缺口或缺陷的材料，抵抗裂纹扩展倾向和能力大小的指标。钢铁材料经切削成型时因结构需要而带有缺口，它在受力情况下通常都产生应力集中，形成三维应力状态，导致性能降低的倾向。为此，常用带缺口和无缺口试样的冲击值的比值来判断。比值越小，材料对缺口越敏感。铸铁的缺口敏感性小于钢，钢材的强度越高，缺口的敏感性越大。 （高庆全）

缺釉 glaze-peels
又称秃釉。陶瓷制品表面局部无釉的缺陷。包括压釉（glaze-lacking at joint，坯体接头凹下处细条状脱釉）和滚（缩）釉（crawling，釉面两边滚缩形成中间脱釉）。影响制品外观及使用性能。产生的原因有施釉前坯体上的灰尘、油污、蜡没有除净，坯体不吸水；釉浆中釉料太细，釉的高温黏度过大，表面张力过大及釉与坯的润湿性不良；坯面潮湿，窑内温度高及生釉层的擦、碰剥落等。 （陈晓明）

qun

群青 ultramarine
又称云青或洋蓝。主要成分为含硫的硅酸铝钠络合物的蓝色无机颜料。分子结构众说不一，一般是以 $Na_{6\sim8}AlSi_6O_{24}S_{2\sim4}$ 表示。其组成，各成分比大致为：SiO_2 30%~48%；Al_2O_3 23%~29%；Na_2O 19%~23%；S 8%~14%。过去采用天然矿产物加工制成。我国西藏所产，品质优良。现在均为人工合成，其原料为高岭土、石英、纯碱、硫黄、炭等。具有耐光、耐热等性能，不溶于水，半透明，着色力、遮盖力较差。耐碱不耐酸。在白色中有提色作用，可消除黄色，使白漆带有蓝色的色光，增强洁白感。常在涂料、油墨、搪瓷、造纸等工业作为颜料或增白剂。 （陈艾青）

群色条
琉璃屋面正脊或围脊下部的如图形状的装饰构件。其作用是增加脊的高度并丰富脊身线脚。适用于五样瓦以下的屋面正脊，以及四样瓦以上的重檐建筑屋面围脊。当正脊的高度需要降低时，如牌楼、影壁的正脊，则多不用此构件。

群色条尺寸表　单位：mm

	二样	三样	四样	五样	六样	七样	八样	九样	注
长					416	416	352		
宽					96	80	64		
高					130	80	40		

（李　武　左濨元）

R

ran

燃点 firing point
又称着火点。可燃性液体受热蒸发或固体受热分解产生的可燃性气体与空气混合可以用火点燃并维持有焰燃烧的最低温度。用规定的试验条件和专用仪器测定。其值越低，火灾危险性越大。
（徐应麟）

燃料 fuel
用以产生热量或动力的可燃性物质。其常用分类：

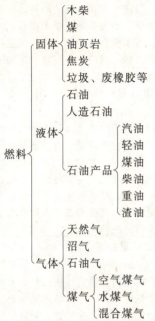

水泥工业及砖瓦工业多用固体燃料中的煤、液体燃料中的重油或渣油、气体燃料中的天然气或石油气。而最常用的是煤，回转窑要求挥发分较高的烟煤，立窑则要求挥发分较低的无烟煤。液体或气体燃料主要用于煅烧白色、彩色水泥等特种水泥及玻璃、陶瓷等。为节约能耗、充分利用资源，还可将劣质燃料、垃圾、废橡胶等作为窑外分解炉的燃料。
（冯培植）

燃烧 combustion

物质产生剧烈的氧化反应而发出热和光的现象。通常指材料在较高温度下与空气中的氧剧烈化合而发出热和光。可燃气体能在空气中直接着火燃烧。可燃液体或固体材料则需先受热蒸发或分解成可燃气体后才能燃烧，前者称蒸发燃烧，如酒精、汽油等的燃烧，后者称分解燃烧，如木材、橡胶、塑料等的燃烧。有些可燃固体材料如木炭、焦炭等不能生成可燃气体而只能在高温下与氧直接化合而燃烧，称为表面燃烧。实际常是几种类型的综合。此外，以燃烧时是否生成火焰，尚可分为有焰燃烧和无焰燃烧。
（徐应麟）

燃烧分解法 method of decomposition of sample by combustion

将试样放在特别构造的燃烧炉内，使其在空气或氧气等高温气流中灼热分解或燃烧分解的方法。分解温度通常为 900~1 350℃。此法主要用来分解含碳或硫等的生铁、碳素钢和有机物等试样。经分解后，试样中的碳转变成 CO_2，可被 KOH 溶液吸收，根据吸收前后 CO_2 体积之差，可求出碳的含量。试样中的 S 燃烧生成二氧化硫，被水吸收，可用碘标准溶液滴定生成的 H_2SO_3，由此可算出硫的含量。为了降低分解温度，使试样分解完全，常加入细铜屑、纯锡粒或氧化铜粉等作为助熔剂。
（夏维邦）

燃烧剂 incendiary agent

又称高能燃烧剂。几种金属氧化剂和可燃剂混制的混凝土或软岩破碎剂。常用的氧化剂有铅丹 Pb_3O_4、氧化铜 CuO、二氧化锰 MnO_2 等。可燃剂有铝粉、镁粉等。它不用雷管或导爆索引燃，而采用电引火头、点火药或导爆管燃烧产生高温使被破碎介质胀裂。用于城市改造和扩建中清除废旧砖、混凝土基础和障碍物。由于该剂成本高、对火花、火焰极敏感，必须经有关部门批准后方准使用。
（刘清荣）

燃烧热 heat of combustion

单位质量物质在纯氧中完全燃烧时所产生的热量。常指 1g 材料完全燃烧所释出的热。单位为 J/g。用热量计测定。是材料维持燃烧的重要因素。
（徐应麟）

燃烧三要素 three essentials of combustion

物质着火并维持燃烧必须同时具备的三个必要条件：可燃、空气（氧）和热。据此，选择不燃材料或难燃材料，断绝空气补给和隔热保温是建筑结构防火设计、研制防火材料和消防的重要方法。
（徐应麟）

燃烧试验 combustion test

在限定条件下用火焰或热对材料及其制品的燃烧特性进行评价的试验。按试验对象分材料试验和制品试验两类。前者以物理的和化学的特性为主，如分解温度、燃点、燃烧热、氧指数、烟浓度、毒性指数等；后者则以使用上的安全性为目标，测定制品在模拟试验条件下的燃烧特性，如建筑材料难燃性试验、建筑材料可燃性试验、织物燃烧试验、单根电线电缆燃烧试验、成束电线电缆燃烧试验、耐火电线电缆燃烧试验、防火涂料大板燃烧试验等。按有关标准方法进行。其结果仅表明供试材料或制品在可控实验条件下对火焰和热的反应特性，而不能用以说明其在实际火灾中的着火危险性。 （徐应麟）

燃烧速度 rate of combustion

材料燃烧过程的快慢程度。主要取决于氧化反应的速度。对可燃性气体，取决于与空气混合的速度；对可燃性液体，取决于气化或雾化的速度；对可燃性固体，取决于热分解的速度。有不同的表示方法：①面积燃烧速度：单位时间材料被烧着的面积；②质量燃烧速度：单位时间材料被燃烧后的质量损失（失重）；③释热速度：单位时间材料燃烧释放出的热量；④火焰传播速度：单位时间火焰前

沿移动的距离。　　　　　　　　(徐应麟)

燃烧性　combustibility

材料燃烧的可能性和难易程度。与材料的热导率、燃点、燃烧热等物理性质和氧指数、温度指数、燃烧速度、阻燃性、炭化等燃烧特性有关。按燃烧的可能性可把材料分为不燃材料和可燃材料两类。可燃材料按燃烧的难易程度又可分为易燃材料和难燃材料两类。　　　　　　　　(徐应麟)

燃油喷嘴　oil burner

将液体燃料雾化、喷出，经外部点燃，能形成一定方向、形状、长度的火焰的燃烧装置。按雾化方式分机械雾化和介质雾化；按雾化介质压力分高压雾化、中压雾化和低压雾化；按结构分直流式、涡流式、外混式、内混式、多级雾化式、比例调节式等型式。机械雾化式结构简单，不需雾化介质，火焰长，常用于水泥回转窑。低压雾化式中的大部分助燃空气由喷嘴导入，易于调节，但受助燃空气预热温度和喷嘴生产能力限制，常用于隧道窑、退火窑等。高压雾化式的结构紧凑，生产能力大，易于调节，但动力消耗大，常用于玻璃熔窑、倒焰窑等。涡流式较直流式、内混式较外混式、多级雾化较一级雾化，可不同程度地改善雾化和燃烧，提高火根温度，使火焰变短，扩散角加大。比例调节式喷嘴能将油与空气量成比例调节，有利于完全燃烧和节省燃料。　　　　　　　　(曹文聪)

re

热拌工艺　hot-mixing process

搅拌过程中通入蒸汽使混合料加热或集料在料仓中预热后再加热水搅拌的混凝土搅拌工艺。常采用压力为 0.1MPa、温度为 100℃ 的非过热饱和蒸汽，因这种蒸汽凝结快，热效率高，不经减压就可使用。所制备的混凝土，称为热拌混凝土，温度一般为 50℃ 左右。特点是制品成型后硬化快，不经预养就可直接加热养护，因而可大大缩短养护周期，加快模板周转。但混凝土稠化快，允许操作时间短，应采取有效措施，确保能密实成型。

(孙宝林)

热拌混凝土　hot concrete

用加热搅拌方式制得的混凝土。采取专门的热搅拌机。在搅拌过程中，喷入蒸汽加热混合料，或者集料在料仓中预热后再用热水搅拌。以各种形式的保温或加热措施进行养护。混合料出料温度与水泥品种及加热温度有关，一般为 40～70℃。此种混凝土凝结硬化快，成型后混凝土不需经过预养，可缩短升及恒温时间，缩短了养护周期，提

高早期脱模强度，加快模板的周转，有利于冬期施工。物理力学性能与普通混凝土相近。因混合料稠度变化快，施工操作时间短。故须注意控制搅拌温度和加水量。施工时应采取有效的振捣措施，以保证混凝土成型密实。

(孙复强)

热拌冷铺沥青混合料　hot-mix cold-laid bituminous mixture

在加热下沥青与矿质集料拌和，在冷态下进行摊铺和压实的一种沥青混合料。通常采用稠度较低的沥青作为结合料。在热态与矿质集料进行拌合，特点是可以在仓库贮存一段时间（不超过3个月），不产生结块现象，摊铺和压实后，经行车碾压，强度可逐步提高。这种沥青混凝土初期强度较低，多用于沥青路面的维修和养护。　　　(严家伋)

热拌热铺沥青混合料　hot-mix (hot-laid) bituminous mixture

将粗、细集料加热，与热沥青和矿粉在专用的拌合设备中热态拌和，并且趁热运至现场进行摊铺和压实的沥青混合料。这种方法拌制的沥青混合料由于可以采用稠度较高的黏稠沥青，所以制成的沥青混凝土一般都具有较好的稳定性和耐久性。高等级路面用沥青混合料均采用这种施工方法。

(严家伋)

热拌设备　hot concrete mixer

生产热拌混凝土的设备，除增加蒸汽供应系统及喷射系统外，其结构与普通混凝土搅拌机基本相同。可分为逆流强制式、涡轮强制式、自落式和单轴及双轴叶片强制式。按喷射装置不同，有：①搅拌鼓筒外安装带喷嘴环形蒸汽管的环管式；②搅拌盘中央法兰盘上转子空心轴内安装蒸汽管，蒸汽最后由搅拌铲后喷嘴射出的中空式；③搅拌机中部装有蒸汽分配系统，蒸汽也由搅拌铲后喷嘴射出的分配器式（图示为分配器式）。

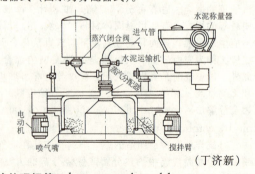

(丁济新)

热处理钢筋　heat-treated steel bar

热轧后经淬火、回火调质处理具有回火索氏体的钢筋。材质为中碳低合金钢。规格有 6.2、8.2、10（mm）三种。外形分有纵肋、无纵肋两种，一律以盘状供应。为保证使用时开盘后自直，规定盘

的直径不小于250d（d为钢筋直径，mm），以控制盘内钢筋应力在弹性极限以内。主要用于预应力混凝土轨枕和民用板类构件。由于无明显屈服点，一般仅检验抗拉强度和伸长率。使用时需有专用设备开盘，为避免因电焊火花导致强度降低或脆断，不得以电焊切割。在运输、储存及使用过程中，还应避免雨淋、氧化物或酸性介质侵蚀、预应力筋孔道积水或灌浆不满等情况，以防止低应力脆断或滞后断裂。
(乔德庸)

热处理虹彩 tempering colors; tempering bloom

又称钢化虹彩。浮法玻璃在600℃以上的氧化气氛中进行热处理时，玻璃表层内的氧化亚锡氧化成氧化锡，体积膨胀形成微皱纹，在光照下产生的浅蓝色干涉色的霜花。是浮法玻璃的缺陷之一。产生的原因是：锡槽中保护气体含氧量过多或锡槽密封不严，锡被氧化成氧化亚锡，扩散到与锡液接触的玻璃表层内。
(吴正明)

热磁学法 thermomagnetometry

俗称热磁分析。测量并研究物质的磁学特性与温度关系的热分析方法。通常用热磁天平，把试样放于磁铁形成磁场内程序升温，测量物质的磁化率、居里点等磁性参数，用于研究无机化合物的热分解和鉴别物质的磁性。若热天平附有热磁测量装置，可进行热重测量和热磁测量，为物质研究提供多种信息和补充数据。
(杨淑珍)

热催化聚合 thermo-catalytic polymerization

通过加热使浸渍剂中的引发剂分解产生游离基而诱导浸渍剂聚合的方法。其热源有热水、热空气和蒸汽等。适用于厚壁异型的大体积制品。与辐射聚合相比，方法简单，成本低，剩余浸渍剂经适当处置后可重复使用。制作浸渍混凝土时通常用此法。
(陈鹤云)

热脆 red brittleness

金属在热变形温度或高温长期停留使用时性能变脆的现象。主要由于一些元素在晶界的析集或以新相析出所引起。如钢内的硫与铁形成硫化铁（FeS）在晶界上析出时又形成二元或三元的共晶体，熔点较低（980~940℃），当钢受热（1 100℃左右）变形，晶界发生局部熔化而引起破裂。为此，应限制钢材硫含量或加入适量的锰，组成高熔点（1620℃）的硫化锰（MnS）取代硫化铁，以避免这种脆性。
(高庆全)

热导率 thermal conductivity

旧称导热系数。表征物质导热性的物理量。常用λ表示，单位：W/(m·K)，其值等于单位时间内通过该物质单位横截面的热量Q（单位：J），Q

$= \dfrac{\lambda S \Delta t}{\delta}$。式中$S$为与热流方向垂直的物质横截面面积（m²）；$\Delta t$为物体两相对平行表面的温差（K）；$\delta$为物体的厚度（m）。它与物体的湿度、结构和孔隙率有关，对于纯金属和大多数液体，它随温度的升高而下降（水例外），对于非金属材料和气体它随温度的升高而增大，一般含水量大的物体热导率大。
(潘素瑛)

热电偶 thermocouple

利用热电效应的原理制成的一种温度检测元件。是将两种材质不同的导体或半导体（热电极）丝的一端焊接或绞接而成。将热端（焊接端）插入被测介质中，如果两端温度不等，在回路中将产生热电势。当热电极材料及冷端（未焊接端）温度T_0一定时，热电势只是被测温度T的函数。测得热电势即得出被测温度。常用的有：铂铑-铂热电偶，长期使用温度1 300℃，短期可测1 600℃；镍铬-镍硅（镍铝）热电偶，适于900℃以下；铜-康铜热电偶，350℃以下。还有可以测2 400℃的钨铼超高温热电偶，测-271℃的金铁-镍铬低温热电偶、快速反应的薄膜热电偶等特殊热电偶。广泛应用于工业生产和实验室中。若将两支热电偶的参考端反向连接并与控制仪表连成一个闭合回路，则构成温差热电偶，可检测两测量端的温度差，广泛用于差热仪、量热仪等热分析仪中检测试样与参比物之间的温度差。
(杨淑珍　林方辉)

热电偶温度计 thermocouple thermometer

用热电偶作感温元件的测温仪表。由热电偶、测温仪表和连接导线组成。与热电偶配套使用的测量仪表有毫伏计、动圈式温度显示仪及电子电位差计等。测量范围广，准确度高，热惯性小，可远距离测量和自动记录，应用较广。

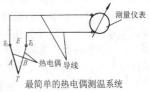

最简单的热电偶测温系统

(林方辉)

热电学法 thermoelectrometry

俗称热电分析。测量并研究物质的电学特性与温度关系的热分析方法。进行热电分析的仪器由加热炉、程序控温系统、电性能检测系统及记录仪组成。通常测量电阻、电导或电容。通过物质在加热过程中电阻率或介电性能的突变来研究物质的纯度、物理、化学变化及电气特性，如聚合物的极化、非极化性能。
(杨淑珍)

热电阻温度计 resistance thermometer

用热电阻作感温元件的测温仪表。通常由热电阻、显示仪表以及连接它们的导线所组成。热电阻测温是根据导体（或半导体）的电阻随温度变化而变化的性质，将电阻值的变化用显示仪表反映出来，以达到测温目的。对热电阻材料的要求是：电阻温度系数和电阻率要大，热容小，在测温范围内有稳定的物理化学性质，电阻与温度的关系最好近于线性，易加工，复现性好，价格便宜。常用热电阻为铜电阻和铂电阻，近年来在低温和超低温测量中开始采用铟电阻、锰电阻和碳电阻等。精度高，适于测较低温度，广泛用于 -200~500℃ 的温度测量，缺点是体积和热惯性较大，不适于动态测温。

(林方辉)

热镀锌薄钢板 hot-dip zinc-coated carbon steel sheets

用溶剂法进行热浸镀锌的热轧薄钢板。材质为碳素结构钢，厚度为 0.35~1.5mm，宽度和长度由 710mm×1 420mm~1 000mm×2 000mm，共 12 种规格。按用途分供冷成型用（代号 L）和供一般用途用（代号 Y）两类。钢板上的镀锌层重量规定不小于 275g/m^2。有尺寸偏差、工艺性能（反复弯曲、镀锌强度、双层咬合试验等）、表面质量、试验方法等规定要求。土木工程中的屋面、墙体广泛使用一般用途用钢板，具有良好防腐性能。也可作为制作彩色涂层钢板的基板。此外，还有连续热镀锌薄钢板和钢带（平板状供应称板，卷状供应称带），材质由供方选择，厚度 0.25~2.5mm，宽度 700~1 500mm，长度：钢板为 1 000~6 000mm，钢带卷内径 450mm 与 610mm。 (乔德庸)

热发声法 thermosonimetry

又称热发声分析。测量并研究物质的声发射与温度关系的热分析方法。物质在某特定温度时，可能会因发生机械断裂、包裹体爆破、夹杂物喷出、体积膨胀或塑性变形等变化而产生振动噪音发声。用热声分析仪测量声强随温度的变化，能准确判断试样发声时的温度及其变化的程度。常用于研究矿物包裹体的爆裂温度、成分、性质和理化条件以及一些微量物质的鉴别。 (杨淑珍)

热分析 thermoanalysis

在程序控制温度下，测量物质的质量、温度、热量、结构、尺寸等物理性质的变化并确定其与加热或冷却温度间关系的分析方法。包括差热、量热、热重、逸出气及热力、热声、热光、热电、热磁等分析技术。根据所测物理性质不同使用各种类型的仪器，如差热仪、量热仪、热天平、热机械分析仪等；通常都由加热炉、温度控制器、样品支持器、检测装置及记录装置组成。有的热分析仪设有气氛控制系统和数据处理系统。通过测量和记录得出热性曲线，用以鉴定原料的矿物组成、相变、烧成过程中的物理化学变化及制品的物理性能等。广泛地应用于化工、地质、冶金、材料及医药等部门的科研和生产中。 (杨淑珍)

热固性树脂 resinoid

在热、光、辐射线或固化剂等作用下能固化成为不溶不熔性物质的一类树脂。在制造、加工过程中的某些阶段常是液态物，固化反应过程常称为固化。固化产物一般为体型结构，充分固化后具有一定机械强度，再次受热时不会软化，高温时则分解破坏，不能多次塑制。如酚醛树脂、环氧树脂等。有时单指树脂固化后的产物。常作为增强塑料、涂料、塑料、胶粘剂的主要原料，在建筑上可作混凝土模板、复合墙板、装饰材料的原料。 (闻荻江)

热固性塑料 thermosetting plastics

以热固性树脂为基料，在受热或其他条件下能固化成为不熔不溶性物料的塑料。一般分子具有网状体型结构，受热不再软化，高温下会分解破坏，不能反复塑制。主要品种有酚醛、环氧、聚酯、氨基、呋喃、有机硅树脂等配制的塑料。具有良好的耐热性和刚性，通过各种工艺途径，可加入填料和增强材料提高强度及其他性能，某些品种的特定性能甚至超过金属。主要用以制造纤维增强塑料、绝缘材料、浇铸材料等，广泛用于军工、交通运输、机电、建筑、化工等。 (刘柏贤)

热管换热器 heat pipe recuperator

利用热管作为传热元件的换热器。热管的工作原理是：在密闭的管内充以工质，在热端工质受热汽化流向冷端，并在冷端凝结成液体放出潜热，冷凝的工质依靠重力或毛细管力等回流到热端再度汽化，如此往复循环，可将热量连续地由热端传递到冷端，达到用热流体加热冷流体的目的。设备结构简单、体积小、质量轻、无运动部件；传热系数高（当量热阻极小）、单位体积传热能力大；工作温度范围广（可选用不同工质，适应不同温度需要）；特别是具有在小温差下传递大热流的特点。在建筑、材料、化工、能源等工程领域获得应用，主要用于热工设备的余热回收以及空调系统中。 (曹文聪)

热光学法 thermophotometry

俗称热光分析。测量并研究物质的光学特性与温度关系的热分析方法。按测定的内容和方法不同有不同的用途：测定透光强度变化的热光度法和测定特殊波长透光强度变化的热光谱法，可用于试样的结晶、熔融和玻璃化转变的研究；测定折射率变化的热折射法和测定反射光强度变化的热反射法及测定消偏正光强度变化的热消偏正法，可用于固态材料的热分解、相变、多晶转变及复杂形态变化研究；测定发光强度变化的热发光法，可用于物质的氧化与抗氧化性能研究；用显微镜观察物质光学特性变化的热显微镜法，可观察物质熔化、结晶时的形态、颜色变化，还可用来研究物质的燃烧特性及试样产生的烟雾浓度等。

（杨淑珍）

热击穿　thermal breakdown

电介质在电场作用下，将电能转化为热能，自身温度升高，从而导致开裂、玻化或熔化、绝缘性能破坏的现象。电介质发热是由于漏电流损耗、极化损耗、气体电离损耗、结构损耗等介电损耗造成的，与介质内部的缺陷、杂质、气孔、玻璃相多少有关。击穿的过程是一个积聚热能的过程，因此不能瞬时完成。积热引起升温，升温引起更大的介电损耗，损耗又造成进一步的升温，如此恶性循环，造成击穿。影响电介质热击穿现象的因素还有电介质的形状、散热条件、周围介质的温度等。

（陈晓明）

热机械分析　thermomechanical analysis，TMA

又称静态热力分析。测量并研究物质在受非振荡性的负荷下所产生的形变与温度关系的热分析方法。测量时，对具有一定形状的试样施加外力，根据所测试样的形变温度曲线求算试样的力学参数。施加外力的方式有压缩、扭转和拉伸等。可用于测定纤维的收缩应力、黏弹性材料的松弛模数、黏性材料的低切变黏度、热膨胀系数、玻璃化转变温度、拉伸压缩模量及蠕变等。

（杨淑珍）

热加工性　hot workability

在不开裂前提下，金属材料在其再结晶温度以上受力时发生尺寸和形状改变的能力。即金属接受热塑性变形的性能。取决于材料的成分、组织、加工温度、变形速度和工件形状等影响。所谓热加工，指加工前的加热温度必须在材料的再结晶温度以上。高温时材料的强度低，塑性高，变形量和加工速度大，加工硬化的现象消失或不严重，热加工生产效率高，还可改善金属内部组织的缺陷，但晶粒粗大，内应力增加，通常尚需进行退火处理。

（高庆全）

热空气干燥　hot-air drying

在干燥窑内利用热空气循环使木材中的水分逸散的过程。以蒸汽作载热体的称为蒸汽干燥；用炽热炉气与空气混合进入干燥窑内的称为炉气干燥。按干燥基准调节各阶段热空气的温度、湿度，使热空气在材堆内作均匀循环。其干燥窑按介质循环特性分为自然循环干燥窑和强制循环干燥窑；按干燥方式又分为周期式干燥窑和连续式干燥窑。

（吴悦琦）

热扩散率　thermal diffusivity

又称导温系数。表征物体在加热或冷却过程中各部分温度趋向于一致的能力的综合参数。用来说明在不稳定的导热过程中温度变动速度的特性。在同样的外部加热或冷却条件下，物体的热扩散率越高，内部温度的传播速度就越快，各点温差值就越小。$a = \lambda / (c\gamma)$，式中 a 为热扩散率，m^2/s；λ 为热导率，$W/(m \cdot K)$；c 为质量比热，$J/(kg \cdot K)$；γ 为表观密度，kg/m^3。

（林方辉）

热老化　thermal aging

由于热的作用引起聚合物结构破坏、性能恶化的现象。机理主要是热氧化反应，热起加速氧化的作用。热氧化具有自由基连锁反应的特征，先生成过氧化基团，再按自由基反应分解引起连锁反应，从而造成聚合物降解或支化，反应往往是自加速过程。防止的方法：①防止连锁反应的开始，即加入过氧化物的分解剂，使过氧化物变为稳定的化合物；②加入能终止连锁反应的防老剂，多是酚类和胺类化合物，它们能吸收自由基，使连锁反应终止。

（顾国芳）

热冷槽法（防腐处理）　hot and cold bath process

将干燥过的木材放在装有防腐液的槽或容器中进行加热处理数小时后再在防腐液中冷却，或立即移到同样的冷液槽中冷却的处理方法。尽管属常压处理，实际上是一种低压处理。在热槽中木材与防腐剂同时加热或后者先加热，使木材内的空气受热膨胀，部分被排出，木材加热也会促进防腐剂（通常为煤焦杂酚油或五氯酚的重石油溶液）的渗入。移入冷槽后，木材中的空气冷缩，形成了负压，防腐剂因大气压力作用注入了木材。在热槽中木材就已吸收了一些防腐剂，但大部分是在冷槽中进入木材的。热冷槽法适用于处理圆材，例如电杆、枕木、坑木等。热槽温度一般为 32~65℃，浸注 2~3h。

（申宗圻）

热流计　heat flow meter

直接测定热流量的仪表。热流计的感应部分是一组热电偶堆，外形为方形或条形，厚度以薄为佳。将热流计紧密粘贴在围护结构表面，当有热流通过时，在热电偶堆的两表面之间存在温差，热电偶堆即产生热电势 E，测定此值，并按式 $q = CE$ 计算热流量 q，式中 C 为热流计系数，可用防护热板法加以标定。宜在稳定传热条件下应用。

（林方辉）

热流计法　heat flow meter apparatus

使用热流计装置测定板状试件稳态热性质的方法。热流计装置由加热单元，一个（或两个）热流传感器，一块（或两块）试件和冷却单元组成。当热板和冷板在恒定温度的稳态条件下，热流计装置在热流传感器中心测量部分和试件中心部分建立类似于无限大平壁中存在的单向稳态热流。假定测量时具有稳定热流密度 q、平均温度 T_m 和温差 ΔT。用标准试件测得的热流量为 Q_s、被测试件测得的热流量为 Q_u，则标准试件热阻 R_s 和被测试件热阻 R_u 的比值 $R_u/R_s = Q_s/Q_u$，即可确定 R_u，进而可算出试件热导率。标准试件的热性质用热防护板法测定。适于测定干燥匀质试件，试件的热阻应大于 $0.1 \mathrm{m^2 \cdot K/W}$。测定准确度可达 $\pm 3\% \sim \pm 5\%$，主要取决于测量参比材料的准确度，同时要特别注意测试时通过试件和热流传感器边缘的热损失。

（林方辉）

热喷涂着色 thermal spraying coloration

常指气溶胶表面着色法。将金属盐类溶于乙醇或蒸馏水雾化成气溶胶液喷涂于灼热玻璃表面上的着色方法。高温下盐类分解形成一层牢固的金属氧化物薄膜而使玻璃表面着色。可制得如透紫外线的、对可见光有选择性吸收的、遮阳光的、半透明镜面的镀膜玻璃等。与本体着色相比有设备简单、工艺简化、成本低廉、换色方便等优点。

（许淑惠）

热膨胀 thermal expansion

温度升高时，在压强不变情况下物体发生可逆的长度、体积增加的现象。是物体中原子（或分子）在热能增加时平均振幅随之增大，导致原子平均间距增加的宏观变形反映。其膨胀大小与离子之间的键力、配位数、电价以及离子间的距离有关。常以热膨胀系数表示。

（潘素瑛）

热膨胀法 thermodilatometry

测量与研究物质在可忽略的负荷下尺度与温度关系的热分析方法。分体积热膨胀法和线性热膨胀法两种。前者常用于液体和气体试样或固体试样的烧结过程；后者是测量固体试样某一方向长度的变化，常用热膨胀仪直接测量试样的绝对伸长或差动测量试样和参比物自由端位置之差，一般用于金属、陶瓷或玻璃等坚硬试样的膨胀系数测定。

（杨淑珍）

热膨胀系数 coefficient of thermal expansion

量度固体材料热膨胀程度的物理量。是单位长度、单位体积的物体，温度升高 1℃ 时，其长度或体积的相对变化量。可用平均线膨胀系数 α 或平均体积膨胀系数 β 表示：$\alpha = \dfrac{\Delta L}{L(t_2 - t_1)}$ 或 $\beta = \dfrac{\Delta V}{V(t_2 - t_1)}$。式中 L、V 分别为试样原始长度 mm 和原始体积 $\mathrm{mm^3}$，ΔL、ΔV 分别为温度由 t_1（℃）上升到 t_2（℃）时试样的相对伸长和体积的变化量。在一般情况下，$\beta \approx 3\alpha$，因此实用上采用线膨胀系数 α 来表示。它随材料的组成和温度的变化而异，是固体材料受热冲击时反映其性能变化的物理参数。

（潘素瑛）

热容量 heat capacity

物质温度变化 1K 时所吸收或放出的热量，单位为 kJ/K。其数值为材料的质量比热和质量的乘积。对于由各种物质组成的混合物，则按加和性原理求取。热容值大的材料能在外界温度变化时，极大地减小和延缓设备、建筑物室内温度的变动；反之，对间歇加热设备等则要求内侧使用热容值小的材料，以缩短升温时间和节约能耗。它是评价和选用材料（尤其是绝热材料）的重要依据，也是对热过程和热系统进行热计算及热设计的重要参数。

（林方辉）

热熔焦油沥青胶粘剂 heat-melting tar adhesive

俗称焦油沥青玛琋脂。由焦油沥青、矿物填充剂所组成的热熔融法黏结施工的无溶剂沥青胶粘剂。根据工程需要还可加入适量的添加材料，如：煤焦油、中油和桐油等，以提高其低温条件下的柔韧性。常用的矿物填充剂有滑石粉、板岩粉、石棉粉、石棉绒等。掺量一般为 20%～35%。根据耐热度、柔韧性和黏结力可分为 J—55、J—60、J—65 三个标号。以适应不同地区气候条件和屋面坡度对胶粘材料的要求。其中 J 代表焦油沥青，数字代表耐热度（℃）。标号越高，柔韧性越低，即变脆。各种标号的焦油沥青胶粘剂都要求被粘焦油沥青油纸撕开后黏结面积大于 50%。粘贴焦油沥青油毡每层涂刷厚度为 1.0～1.5mm，最厚不超过 2mm。用热熔法施工。在屋面或地下构筑物的防水层、地面防潮层中用来粘贴煤沥青油毡、涂刷面层和铺砾砂。

（刘尚乐）

热熔石油沥青胶粘剂 heat-melting asphalt adhesive

俗称玛琋脂。由石油沥青和矿物填充剂所组成的热熔融法粘结施工的无溶剂沥青胶粘剂。常用的矿物填充剂有滑石粉、板岩粉等。掺量一般为 10%～25%；纤维状填充剂有石棉粉、石棉绒等，掺量一般为 5%～10%。根据耐热度，黏结力和柔韧性的不同可分为 S—60、S—65、S—70、S—75、S—80 和 S—85 六个标号。以适应不同地区气候条件和屋面坡度对胶粘材料的要求。其中 S 代表石油沥青，数字代表耐热度（℃）。标号越高，柔韧性越低即变脆。各种标号的沥青胶粘剂都要求被黏结的石油沥青油纸撕开后，黏结面积大于50%。通常在北方地区选用S—70，南方地区选用S—80，地下防水工程选用S—60。粘贴沥青纸胎油毡每层涂刷的厚度一般在1~1.5mm，最厚不超过2mm。用热熔融法施工。在屋面或地下构筑物防水层、地面防潮层中用来粘贴石油沥青油毡、涂刷面层和粘铺砾砂等。

(刘尚乐)

热熔油毡 flame-fused asphalt felt

可采用热熔融法施工的厚涂盖层油毡。其厚度一般在4mm以上。典型的施工方法是以喷灯或喷枪的火焰熔化油毡表面被加厚了的沥青涂盖层，边熔化边使油毡与屋面混凝土找平层或底层油毡粘接，这样避免了传统的热沥青浇铺时易产生烫伤、污染环境、施工条件恶劣、工序烦琐等弊病，既安全又快捷。为提高加厚的涂盖材料的弹塑性，往往掺加增塑剂和稳定剂。其胎基可以是纸胎，也可以是麻布或玻纤毡。主要用于屋面防水和地下防水。

(王海林)

热熔油毡施工机具 construction machinery for flame-fused asphalt felt

俗称火焰喷枪。喷射高温气体以熔化热熔油毡表面沥青以便粘贴油毡的一种工具。由贮存可燃气体的燃气罐和火焰喷枪两大部分组成。喷枪顶部装有筒形火焰喷头，依靠手柄部的调节阀可调节火焰的长度。种类较多，基本结构略有差异，但大致相同。为保证油毡表面熔化均匀迅速，亦可将多个喷枪组成一排，共同喷射高温气体。

(西家智)

热声学法 thermoacoustimetry

又称热声分析。测量并研究通过物质的声波特性与温度关系的热分析方法。在加热过程中，随着物质发生的物理、化学变化会伴随出现物质的声速、声阻抗率等声学特性的变化。由声源发生器产生声波通过物质，测量其声学参数随温度的变化，用以研究物质的成分、状态、结构和性质。

(杨淑珍)

热湿传导 thermo-hydro conduction

物料内因存在温度差和湿度差而引起水分子移动的传质过程。不同于纯粹因湿度差而引起的湿传导。其中温度差使水分子由高温处向低温处移动，湿度差使水分子由湿度高处向湿度低处移动。二者同向时，对干燥有利；反之，对干燥过程不利。用热气体干燥物料时，温度差使水分子由表面向内部移动，成为湿传导的阻力。用间歇照射红外线干燥时，其停止照射阶段，热、湿传导同向，可提高干燥速率。

(曹文聪)

热室静停 delaying curing at hot room

加气混凝土生产中提高坯体静停温度的一种方法。用于切割前坯体静停和釜前静停。坯体放入专门的养护室中，使其能在40~50℃或更高温度的环境中，在较短时间内获得所需的强度，内外温度均匀，整体温度提高。切割前采用可缩短坯体硬化时间，保证切割时制品质量，提高成品率。入釜前采用可加快养护升温速度，缩短养护时间，避免开裂。

(沈琨)

热塑性片状模塑料 thermoplastics sheet molding compound (TSMC)

用热塑性树脂和纤维增强材料制成的片状模塑料。常用的纤维为玻璃纤维，也可用碳纤维或芳纶纤维。树脂为聚丙烯、聚乙烯、聚碳酸酯、聚氯乙烯、尼龙等。制造方法分湿法和干法两种：①湿法生产是先将粉状树脂、短纤维（15~20mm）和水制成混合料浆，然后经制板、脱水、干燥、热压等工序制成片状模塑料；②干法生产是将塑料薄片和连续纤维毡或布交替叠合，再加热、加压制成片状模塑料。干法又分连续成型法和层压成型法两种，前者机械化程度高，能耗省；后者则容易改变纤维在模塑料中的铺设方向。产品分片材和卷材两种，厚、宽等可按设计要求尺寸制造。与热固性片状模塑料相比，力学性能相似，贮存期长，其废料可回收利用，成型周期短（30~50s），易实现快速机械化生产。广泛用于生产各种汽车部件、化工防腐设备、家电壳体及建筑器材等。

(刘雄亚)

热塑性树脂 thermoplastic resin

可反复受热软化（或熔化）和冷却变硬的线型高分子化合物。是树脂的一大类。可呈非晶态或半结晶态，在软化（或熔化）状态能进行成型加工，在冷却后能保持加工后的形状。例如聚乙烯、聚苯乙烯、尼龙等。在加入其他添加剂后可以制得热塑性塑料。是建筑上用得最多的一类树脂。根据所制得塑料的不同特性，可分别制作楼梯扶手、门窗、管材及管件小五金件、隔热材料及装饰、采光材料等。

(闻荻江)

热塑性塑料 thermoplastics

在特定温度范围内能反复加热软化和冷却硬化的塑料。一般以线型热塑性树脂为基料，加入各种助剂塑制而成。主要品种有聚氯乙烯、聚乙烯、聚丙烯、聚苯乙烯、ABS、尼龙、聚碳酸酯、聚甲醛、氯化聚醚以及近期发展的聚砜、聚苯并咪唑、聚苯醚等。氟塑料比其他品种更具优越的耐高低温、耐腐蚀、耐老化、电绝缘性、不吸水及低的摩擦系数等特性。热塑性塑料加工成型简便，除耐热性和刚性较差外，机械、物理、化学性能良好，广泛应用于各工业部门，在建筑工程中主要作为装饰材料、装修材料，如壁纸、地板、楼梯扶手、挂镜线、踢脚板、装饰板材及门窗构件，以及绝热材

料、隔声材料，防水材料等。　（刘柏贤）

热塑性弹性体　thermoplastic elastomer

在玻璃化温度以上具有热塑性和弹性的不需硫化的橡胶类物质。最重要的是苯乙烯－丁二烯－苯乙烯嵌段共聚物（SBS），其次是苯乙烯－异戊二烯－苯乙烯嵌段共聚物（SIS）。SBS 结构特征是大分子链两端为苯乙烯嵌段，中间为丁二烯嵌段。根据两种单体的比例和嵌段的长短，可以大幅度变化其软硬程度。在建筑防水材料中，利用 SBS 使沥青改性，可以明显改善沥青材料的针入度和延伸率。

在防水材料中，除上述外，亦指由热塑性树脂掺加天然橡胶或合成橡胶组成的材料，用于制作高分子防水卷材、密封材料或作沥青、防水涂料、胶粘剂等改性材料。　（闻荻江　王海林）

热微粒分析　thermoparticulate analysis

测量并研究物质所放出的尺寸小于 $0.1\mu m$ 的微粒物质与温度关系的热分析方法。分析仪由热反应室及温度控制系统、载气过滤器及热交换器、冷凝核检测器及记录仪组成。测量时，试样在加热过程中分解的热微粒由载气带入热交换器，热交换器中的过饱和蒸气或氟三氯甲烷冷凝附着在微粒上产生散射光。微粒的数目和散射光的强度成正比，检测散射光的强度可反映微粒数目之变化。常用于测量聚合物的分解温度和逸出物的浓度。

（杨淑珍）

热稳定性　thermostability

表征材料抵抗温度剧变和突变的能力。它是一系列物理性能如热膨胀系数 α、弹性模量 E、热导率 λ、比热 C、抗张强度 P 等的综合表现，也与制品的几何形状、大小、壁厚的均匀程度、表面局部区域散热均匀性、杂质、表面损伤情况等因素有关。在保持制品完整无损的条件下，一般以制品承受的温度差大小来衡量。玻璃制品的热稳定性主要取决于热膨胀系数，可近似以式：$\alpha \cdot \Delta t = 1\ 150 \times 10^{-6}$ 表示。热膨胀系数愈小，试样能承受的温差愈大，热稳定性也愈好。热膨胀系数分别为 92×10^{-7}、86×10^{-7} 和 35×10^{-7}（1/℃）的窗玻璃、镜玻璃和派勒克斯玻璃，它们的热稳定性相应为 90℃、115℃ 和 375℃。　（潘素瑛）

热性曲线　thermoproperty curve

所有在热分析过程中测量记录的物质的热性能随温度变化的各种关系曲线的统称。包括差热曲线、差示扫描量热曲线、热重曲线、热膨胀曲线、综合热分析曲线等等。分析其性质、质变与量变，可确定物质组成、结构及与热性能有关的各种参数，如温度、热量、比热等热力学参数和动力学参数。　（杨淑珍）

热养护　thermal curing

利用外界热源加热混凝土以加速水泥水化反应的养护方法。按热介质湿度的不同，可以分为湿热养护、干热养护和干湿热养护。对水热合成材料，只能采用湿热养护。按所用能源的不同，可以分为蒸汽养护、电热养护、太阳能养护、热油养护、红外线养护等。是混凝土快速养护的主要方法，但应尽量降低能耗。　（孙宝林）

热应力　thermal stress

材料在其温度变化时，因变形受到抑制所产生的应力。由温度变化产生应变的原因有：①相变；②多晶多相系统中各相的不同膨胀或收缩；③晶体的各向异性膨胀；④升降温时内外温差造成的不一致膨胀或收缩；⑤包层（或夹层）材料中不同材料的膨胀或收缩。前三点是造成材料内局部微观应力、微裂纹的主要原因；后两点是材料出现宏观应力、宏观裂纹的主要原因。它对陶瓷的生产有利有弊，如陶瓷的正釉、开片釉、微裂纹增韧等利用了它的作用。其值 σ 可用数学式计算：$\sigma = -E \cdot \alpha_l (T_2 - T_1) / (1 - \mu)$。式中 E 为弹性模量；α_l 为线膨胀系数；T_2 为最终温度；T_1 为起始温度，μ 为泊松比。当 σ 为正时为张应力，σ 为负时为压应力。产生张应力是有害的，常使材料开裂破坏。

（陈晓明）

热油养护　hot oil curing

以矿物油为热介质的一种养护方法。有两种养护方式。①热油加热：将空气压缩机油等加热至约 110～140℃，用油泵压送至混凝土生产台座或模型内的管道系统，不断循环，将制品加热（温度控制在 100℃ 以内）。热能损耗小、节约燃料、缩短养护时间。但需设油泵站、加热器、管道、安全装置等专用成套设备。②热油浸渍：混凝土经短时间一般热养护后，以配制好的熔融石蜡油浸渍之，油渗入混凝土孔隙中，使它加热。热能利用率高于蒸汽养护，并可做成表面防水层，提高混凝土的耐久性。　（孙复强）

热轧扁钢　hot-rolled flats steel

热轧生产的扁形断面型钢的通称。截面形状为长方形并稍带钝边，其厚度 3～60mm，宽度 10～150mm。根据宽度大小分为小型（＜60mm）、中型（60～100mm）和大型（＞100mm）。扁钢对长度、弯曲度、扭转、切斜及截面形状不正等均规定了允许偏差。根据材质及工艺不同，除热轧外还有结构钢锻制扁钢、工具钢热轧和锻制扁钢、热轧弹簧扁钢等。土木工程中主要用于钢结构和设备制造等。

（乔德庸）

热轧槽钢　hot-rolled channel steel

热轧成断面呈[型的结构型钢。材质为碳素结构钢 Q235-A 或低合金钢。有普通型与轻型之分。其型号表示法和大、中型规格的划分，以及使用时的注意点，均与热轧工字钢相同。

（乔德庸）

热轧窗框钢　hot-rolled sash steel

专供制造钢门窗用的异型钢材。材质为碳素结构钢 Q215-B，Q235-B（国际上已采用防腐蚀钢）。断面形状复杂，有 T 型、⊥型、槽型等二十几种截面形状，按高度分为 20、22、25、32、35、40、50、55、68（mm）九类，26 个规格。加工钢窗所需钢窗料的数量、规格与钢窗的形式、面积有关，一般按每平方米钢窗用料 26kg 估算。型号表示比较特殊，例如 $\underline{25\ 07\ a}$，25 表示截面高度（mm），07 表示按截面形状的分类，a 表示截面形状相同时，因宽度不同又分 a、b 两种。长度通常为 3~8m。

（乔德庸）

热轧带肋钢筋　hot-rolled ribbed steel bars

又称变形钢筋或螺纹钢筋。表面带有两条纵肋和沿长度方向均匀分布横肋的钢筋。直径 8~50mm，长 3.5~12m，分Ⅱ、Ⅲ、Ⅳ三个级别，其强度等级代号分别 RL335、RL400、RL540。常用钢号为 20MnSi、20MnNbb、20MnSiV、20MnTi、25MnSi、40Si$_2$MnV、45SiMnV、45Si$_2$MnTi 等。外形分两种，一种是纵横肋不相交的月牙肋钢筋，用于Ⅱ、Ⅲ级钢筋；另一种为纵横肋相交等高肋钢筋，主要用于Ⅳ级钢筋。为保证与混凝土间黏结性能可靠，钢筋表面形状的各项几何参数均有明确规定，包括：横肋与钢筋轴线的夹角与方向、横肋间距、横肋侧面与钢筋表面的夹角、相对肋面积等。混凝土构件中的主筋、箍筋等主要用Ⅱ、Ⅲ级钢筋，经冷拉后也可用作预应力筋；Ⅳ级钢筋是预应力钢筋，使用时必须冷拉。为顾及"时效硬化"的影响，保证使用安全，在保证规定冷拉应力的同时，必须控制冷拉伸长率。由于Ⅳ级钢筋的碳当量、含碳量均较高，使用时只允许采用闪光对焊，其规格多数为 12mm。为便于辨认，规定在钢筋表面应轧有级别标志，并常兼有规格、厂名或商标等。

（乔德庸）

热轧方钢　hot-rolled square steels

热轧生产的方形断面型钢的通称。材质为普通碳素钢、合金结构钢、优质碳素钢等。边长为 5.5~250mm。小断面的方钢称条材，大规格的则称型材。土木工程上主要用于井下工程或铁道铺轨用道钉。根据成型工艺不同，除热轧方钢外还有锻制和冷拉方钢，边长分别为 50~120mm 和 3~100mm。冷拉方钢的尺寸精度要求较高，有 4~7 级之分。

（乔德庸）

热轧钢板（带）　hot-rolled steel plates (strips)

由钢坯经热轧生产的钢板（带）。材质除碳素结构钢、低合金钢外，还有优质碳素结构钢及其他钢种。热轧钢板按厚度分厚钢板和薄钢板两种，4mm 以下为薄钢板，4mm 以上为厚钢板。厚钢板中习惯将 4~25mm 厚的称中板，26~60mm 称厚板，60mm 以上的需在专门轧机上轧制，又称特厚板。钢板的屈服点按厚度分级，并随厚度增大而逐渐下降，对化学成分、机械性能、尺寸偏差、表面缺陷（气泡、结疤、拉裂、折叠、夹杂、边缘分层等）均有要求。土木工程中，薄板主要用于屋面、墙面等围护结构，或经镀锌处理后作为彩色钢板的基板；钢带主要用于制造冷弯型钢、建筑五金以及焊接钢管的原材料；中厚板用于各种钢结构承重构件；高大、重型建筑结构及大跨度桥梁、高压容器、海洋平台等可使用厚板或特厚板。

（乔德庸）

热轧钢板桩　hot-rolled steel pile plank

由大型轧机热轧成断面形状为一折形钢板的异形型钢。其一端带有承插口，另一端带有插头。一般板腹宽度在 400mm 以上。常用 2 块或 3 块组合拼成组桩，或相邻板桩企口相锁形成板墙，主要用于挡土、护坡、闸水围堰等工程。

（乔德庸）

热轧工字钢　hot-rolled beam steel

热轧成断面形状呈工字形的型钢。材质一般为碳素结构钢 Q235-A 或低合金结构钢。分普通型和轻型两种，在相同高度下，轻型工字钢的腿窄、腰薄、重量轻。其型号以高度 h 的 cm 数表示，$h \geqslant 180$mm 的为大型，$h < 180$mm 的为中型。同一型号数字后面的 a、b、c，表示高度相同、腿宽 b 和腰厚 d 不同，因此，断面特征值亦不同，使用时不应相互代用。它与槽钢、角钢一样均有弯曲度（波浪弯与镰刀弯）和高度、腿宽、腰厚、平均腿厚 t、腿的外缘斜度、腿端纯角等尺寸及重量偏差要求。

（乔德庸）

热轧光圆钢筋　hot-rolled plain reinforcement bars

混凝土结构配筋用的热轧光圆条形型钢。材质为碳素结构钢 Q235-A、直径范围 8~20mm，是混凝土结构设计规范中的Ⅰ级钢筋，主要用于混凝土结构中的箍筋、主筋，钢木结构中的拉杆。

（乔德庸）

热轧花纹钢板　hot-rolled corrugated steel plates with lath and lenticlform

表面带有菱形或扁豆形、圆豆形或其他凸棱花纹的热轧钢板。材质通常为碳素结构钢、船体用结构钢、高耐候性结构钢或低合金结构钢。按凸棱形状还分为菱形花纹、扁豆形花纹、圆豆形花纹或其他形状花纹。基板厚度 2.5～8mm，宽 600～1 800mm，长 2 000～12 000mm，纹高 1～2.5mm。对尺寸、表面质量等有要求。主要用于有防滑要求的工作平台和井架、工业栈桥、安全梯、地沟板等防滑地段。

（乔德庸）

热轧角钢　hot-rolled angle steel

热轧成断面呈∟型的结构型钢。材质为碳素结构钢 Q235－A 或低合金钢。按其两边宽度是否相等分等边角钢与不等边角钢两种。其型号以边宽的 cm 数表示，因而等边角钢型号数以一个数值表示，例如 10 号角钢表示边长为 100mm 的等边角钢；不等边角钢型号数以分子式数值表示，例如 10/8 表示长边 100mm 短边 80mm 的不等边角钢。它与热轧工字钢、槽钢、均是土木工程钢结构中梁、柱、屋面结构等基本构件和支撑构件的主要用材。

（乔德庸）

热轧六角钢　hot-rolled hexagonal steel bars

断面呈正六边形的热轧条状型钢。材质有普通碳素钢和优质钢，规格（对边距离划分）从 8～70mm。对弯曲度、扭转及端头正直度有要求，但对圆角要求不甚严格。除六角钢外还有八角钢，规格 16～40mm。建筑工程中主要用于制作钎、凿及其他工具。

（乔德庸）

热轧六角中空钢　hot-rolled hexagonal hollow steel bars

中心有圆孔外边呈正六边形的热轧条状型钢。材质有 ZKT8、ZK8Cr、ZK55SiMnMo 等，规格分 B22（22 指对边距离）、B25 两种，中孔内径分别为 6.5 及 7mm。适用于制作手持式、气腿式和向上式凿岩机的钎杆。为保证可靠使用，规定不得有裂缝、结疤、夹杂、折叠等缺陷，还对脱碳层、淬火后硬度有检验规定。除热轧者外，还有正火状态下的冷拉材。此外，还有中空圆钢，有 D32、D38 两种规格，材质为 ZK35SiMnMoV。适用于制作重型导轨式凿岩机的钎杆。

（乔德庸）

热轧异形型钢

复杂截面的热轧型钢。是相对于简单断面热轧型材（如角钢、槽钢等）而另定的类别。主要有建筑用的热轧窗框钢、钢板桩，汽车轮挡圈用型钢，以及犁铧钢、球扁钢等。其产品标准的名称不冠以"异形"字样，在产品分类、技术条件中反映。

（乔德庸）

热轧圆钢　hot-rolled round steels

热轧生产的圆形断面型钢的通称。因钢质不同，可分为碳素结构钢、低合金钢、合金结构钢、优质碳素结构钢的各种圆钢。按截面尺寸习惯上分为小型（直径 5.5～36mm）、中型（直径 38～80mm）和大型圆钢（直径 85～250mm）三种型号。在建筑中一般用于混凝土工程以及制作螺钉、铆钉、链条、轴等。

（乔德庸）

热轧 H 型钢　hot-rolled H-section steel

热轧成断面呈 H 型的结构型钢。材质为碳素结构钢 Q235－A。其轧制工艺与工字钢等不同，用万能轧机生产，以保证 H 型的两腿内侧无斜度，使金属在断面上分布更合理，并便于同其他构件组合和连接。又因其翼缘较工字钢宽，具有截面模数大、省钢材的优点，属于经济型材之列，根据其翼缘与腹板尺寸的比例，又可分为宽翼缘（HK）、窄翼缘（HZ）和 H 型钢桩（HU）三类，型号以公称高度表示，其后标注 a、b、c……表示该公称高度下的相应规格。是多层和高层钢结构的主要用材，适用于梁式和柱构件，往往占全部钢结构构件用量的 40% 以上。此外，还有焊接 H 型钢和轻型焊接 H 型钢，可作为热轧 H 型钢产量不足时的补充。

（乔德庸）

热震稳定性　thermal shock resistance

又称耐急冷急热性，耐崩裂性，简称耐热震性。耐火制品承受温度急剧变化而不破坏的能力。在制品骤然受热或冷却时，会因内部产生的热应力过大而破坏。通常用经若干次急冷－急热循环后强度或重量的损失或者其破损情况来测定。美国等国则采用模拟炉墙受热情况的"镶板法"测定。通常热导率高、热膨胀系数小、强度大及弹性模量小的材料热震稳定性较好。气孔率较高的材料的抗热震稳定性较好。在加热过程中发生相变或者玻璃相含量过大的材料其热震稳定性差，不宜用于温度变化大的炉子。

（李　楠）

热重分析　thermogravimetric analysis, TG

俗称失重分析。测量并分析物质的质量变化与温度的关系的热分析方法。有静态法和动态法两种类型，通常都用热天平来称量质量。静态法是间歇式称重法，即每隔一定温度恒温至物质恒重；动态法是连续式称重法，即在程序控制温度下边升温边称重。记录的质量与温度由记录仪或人工绘制成热重曲线（TG 曲线），用以计算物质的质量变化及变化速率。其特点是定量性强。用于无机、有机物的热分解、金属腐蚀、矿物煅烧冶炼、固相反应、脱水吸湿、蒸馏汽化、吸附解吸、氧化还原、催化挥发等过程的研究。

（杨淑珍）

热阻　heat resistance, thermal resistance

热流的阻力。与电流欧姆定律类似，热流密度 q 与热阻 R 成反比，与温差 Δt 成正比，$q = \dfrac{\Delta t}{R}$。三种基本传热方式的热阻计算式为：

导热热阻：$R = \dfrac{S}{\lambda F}$

对流换热热阻：$R = \dfrac{1}{\alpha_C F}$

辐射换热热阻：$R = \dfrac{1}{\alpha_R F}$

式中 S 为导热物体厚度，m；F 为热流面积，m^2；λ 为热导率，$W/(m \cdot K)$；α_C 为对流换热系数，$W/(m^2 \cdot K)$；α_R 为辐射换热系数，$W/(m^2 \cdot K)$，其数值大小，在建筑物和热工设备的传热过程和传热计算中具有关键作用。　　　　　（曹文聪）

ren

人工加速老化　accelerated aging

在人为的强化环境里研究材料耐老化性的方法。按强化的环境因素的不同，有热老化、臭氧老化、光老化、人工气候老化等。人工气候老化通常在人工气候箱内进行，模拟大气条件中五个主要因素，即阳光、空气、温度、湿度和雨量，并加以强化，目的是寻求与自然大气老化之间的关系，从而在短期内预测自然老化的结果。模拟阳光的设备为碳弧灯和氙灯。碳弧灯有紫外光型和阳光型两种，前者以紫外线成分为主，加速倍数高，但模拟性较差；后者则相反。氙灯中高压氙灯的光谱与阳光极相似，是模拟性最好的光源。老化温度一般为35～70℃。雨量与强化的紫外辐射一致，即等于与总紫外辐射相当的大气老化时间内的总雨量。用于研究老化机理、改善耐老化性的试验、预测使用寿命等。　　　　　　　　　　　　（顾国芳）

人工破碎砂　crushed sand

简称破碎砂。由天然岩石专门破碎加工而成的细集料，或加工粗集料（碎石）时所得的副产品。含有全部母岩中的矿物。含较多长石、云母和其他不坚固的、层状的以及易于磨碎成粉的岩石均不宜于加工。破碎砂多棱角，表面粗糙，有较多的针片状颗粒和粉砂。用于制作混凝土时应注意其级配、颗粒形状、表面特性及耐磨性。采用未经洗选的破碎砂将使混凝土的水泥用量增大，并会降低强度。可与天然砂配合使用。　　　　　　（孙复强）

人造薄木　man-made veneer

将许多层经染色或不经染色处理的单板平行胶合成木方后，再用垂直于胶层的刨切方法或用旋切方法制成的薄板。可具径向或弦向纹理的形态，幅面尺寸较大，建筑上作室内装修材及家具表面的饰面材料。　　　　　　　　　　　　（吴悦琦）

人造大理石　artificial marble

简称人造石。外观上具有天然大理石的纹理、色彩的人造制品。以有机高分子聚合物或无机材料为黏结剂，将不同粒径的大理石集料、粉料、颜料以及各种特定的添加剂，经混合、搅拌、注模、固化，再经适当加工而成。按所用材料，一般分水泥型、聚酯型、复合型和烧结型四类。其花纹图案可以人为控制，制作工艺较简单，产品表观密度小、强度高、抗腐蚀、耐污染。用于制作工艺品、卫生洁具以及现代建筑物的装饰材料。（郭柏林）

人造大理石卫生洁具　artificial marble sanitary fittings

以不饱和聚酯树脂、石碴为主要原料，经成型、固化、研磨、抛光等工序制成的仿天然大理石卫生洁具。品种主要有洗脸盆、浴缸、大便器等。产品颜色花纹美观，表面光泽度高，物理化学性能好。　　　　　　　　　　　　　　　（郭柏林）

人造革　artificial leather, leather cloth

仿皮革的塑料涂层制品。1920年有硝化纤维漆布是最早的产品。1948年以后出现了聚氯乙烯人造革，20世纪60年代初，工业上又以尼龙、聚氨酯及氨基酸系树脂等代替聚氯乙烯作为涂层原料，所制得的制品在性能上与天然革更为相近，产品具有一定的透气性和透湿性。其分类方法较多，通常分别以基材、结构、表观特征和用途等为根据进行分类，按基材来分有纸基、布基和无基（无衬）人造革。按结构来分有单面、双面、泡沫及透气人造革。按表观特征来分有贴膜、涂饰、印花贴膜、套色革等。按用途分有家具用、衣着、箱包、鞋、地板、墙壁覆盖人造革等。由于聚氯乙烯人造革价格便宜，产量仍占首位，聚氨酯人造革由于性能好，大量用于较高档的制品。主要加工方法有压延法、涂覆法、层合法。建筑工程上大量用作装饰材料。　　　　　　　　　　　　（郭光玉）

人造轻集料　man-made lightweight aggregate

用人工方法加工而成的多孔轻质集料。按材料性能可分为：①有机人造轻集料：如碳珠、膨胀聚苯乙烯珠等；②无机人造轻集料：如黏土陶粒、页岩陶粒、膨胀珍珠岩等。与天然轻集料相比，具有原材料来源广泛，生产工艺多样，外形规则，物理力学性能较好等特点，而且可选用不同原材料和生产工艺，加工出超轻的或高强的轻集料，但能耗较大，价格较高。中国有机人造轻集料应用很少，无机人造轻集料应用较多，主要用于配制保温或承重结构用的轻集料混凝土。　　　　　（龚洛书）

人造轻集料混凝土　manufactured lightweight

aggregate concrete

用人造轻集料配制成的轻集料混凝土。按原材料品种分为黏土陶粒混凝土、页岩陶粒混凝土、膨胀珍珠岩混凝土、膨胀蛭石混凝土和聚苯乙烯珠混凝土等。与天然轻集料混凝土相比，具有水泥用量少，拌合物工作性较好等特点，主要用于工业与民用建筑的绝热保温或承重结构。 （龚洛书）

人造纤维　artificial fiber

以某些天然高分子化合物（纤维素、蛋白质等）及其衍生物为原料经化学加工而制得的化学纤维。纤维素大多从木材和棉短绒中取得，蛋白质一般从大豆及花生中取得。这类纤维与合成纤维相比，一般强度较低，但吸湿性较好，易染色。按其化学组成和原料、结构等不同可分为纤维素纤维（黏胶纤维、铜铵纤维、醋酸纤维、纤维素酯纤维等）、蛋白质纤维（酪素纤维、花生蛋白纤维、大豆蛋白纤维、玉米蛋白纤维、石油蛋白纤维等）和其他纤维（海藻纤维）。主要用于衣着用品（纯纺或混纺的织物、丝织品、针织品、人造羊毛等）、工业用品（输送带、轮胎帘子布、高压管道、消防水管等）、复合材料的增强材料、建筑内装饰织物等。 （刘柏贤）

韧性　toughness

材料在外力作用下，在断裂前能吸收能量的性能。是材料强度和塑性的综合表现，破坏时，材料吸收能量越多则韧性越好，通常可用冲击韧性和断裂韧性的指标来衡量。其值越低，则表明材料产生脆性破坏的倾向性越大。其测试时的影响因素有：加载方式、加载速度、测试温度和试样形状等。
（宋显辉）

韧性指数　toughness index

评价纤维增强混凝土韧性的指标。美国混凝土协会（ACI）提出：采用荷载-挠度曲线下端点挠度为 1.9mm 时和初裂点时的面积比值，作为韧性指数。美国材料试验协会（ASTM）则提出 I_5、I_{10} 和 I_{30} 三个韧性指数，它们是端点挠度分别为 3δ、5.5δ 和 15.5δ 时和初裂点时的面积比值，δ 为初裂点挠度。日本混凝土工程协会（JCI）提出抗弯韧度 T_b 和抗压韧度 T_c 两种评价方法。前者用荷载-挠度曲线下端点挠度为试件跨度的 1/150 时的面积求得；后者用荷载-变形曲线下端点压应变为 0.75% 时的面积求得。各韧性指数的测定，均有各自规定的标准方法。 （姚 琏）

ri

日用搪瓷　domestic enamel

日常生活用的搪瓷制品总称。主要品种有面盆、口杯、烧器、食具等。一般以薄钢板冲压成坯，也可用铸铁铸成薄胎。经一定的工艺处理，涂瓷釉烧制而成。具有易清洁、耐腐蚀、耐热震性好等特点。因这类制品直接与食物接触，要求瓷釉不含有铅、锑、砷、镉、锌、铜等毒性物质。制品的毒性检验一般采用测定瓷层耐酸性后的醋酸溶液，以加入 K_2CrO_4 无铅反应，加入 $Na_2S_2O_3$ 无锑反应为合格。 （李世普）

日用陶瓷　domestic ceramics; household ceramics

供日常生活使用的各类陶瓷制品。包括餐具、茶具、咖啡具、酒具、文具、容器、炊具等。专供观赏用的陶瓷美术陈列制品也属此系列。按种类分，有瓷器、陶器、精陶、炻器等。 （刘康时）

rong

荣　eave

挑檐，特指翼角翘起之檐，或挑山之博风。《上林赋》曝于南荣，郭注：屋南檐也。《说文》屋栭之两头起者为荣，段注：栭，楣也；楣，齐谓之檐，楚谓之梠；檐之两头轩起为荣，故引申凡扬起为荣，卑污为辱。《经籍籑诂》引《仪礼·士冠礼》设洗直于东荣，《乡射礼》《特牲馈食礼》《乡饮酒礼》东西当东荣，《礼记·丧大记》皆升自东荣，降自西北荣，《乡饮酒礼》洗当东荣，各注文皆言：荣，屋翼也。《甘泉赋》列宿乃施于上荣兮，李善注引韦昭：荣，屋翼也。《仪礼·士冠礼》设洗直于东荣，贾疏：云"荣屋翼也"者，即今之博风，云荣者，与屋为荣饰，言翼者，与屋为翅翼也。《营造法式》卷二引《义训》博风之谓荣，注：今谓之博风板。 （张良皋）

容量分析　volumetric analysis

即滴定分析法（78 页），是定量分析的一种方法。因其含义可能会与化学反应中放出或吸收气体体积的测定法（容量分析法 volumetry）相混淆，故此术语现多用能表示滴定过程的"滴定分析法"代替之。 （夏维邦）

容胀

见湿胀（434 页）。

容重　volume weight, volume density, bulk density

材料在自然状态下，单位体积（内含空隙）的质量。以 g/L 或 kg/m^3 表示。在潮湿状态测定时，须注明其含水量。一般是在气干状态（长期在空气中干燥）或烘干状态下测定。砂、石子等粒状物料松堆体的单位体积重量称为松堆容重。在建筑工程上习用比重、容重的数据来计算材料的用量、构件自重、配料计算及材料堆放的空间等。1982年后按法定计量单位制将容重改称表观密度，松堆容重改称松堆密度。参见表观密度（19页）及堆积密度（97页）。

（潘意祥）

溶出伏安法 stripping voltammetry

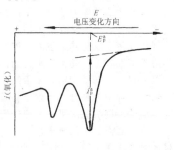

又称反向溶出极谱法。是将电解法与极谱法结合起来的一种电化学分析法。先在一定的电压下，将被测物质电解沉积在工作电极（如悬汞电极）上，金属进入小汞滴中形成汞齐而受到富集。然后改变电极的极性，进行电压扫描，使富集在电极上的金属重新溶出。从溶出过程中，电流 i 随电压 E 变化的 $i-E$ 曲线，可得出峰值电流 i_p^a 和峰值电位 E_p^a。（溶出极谱波的形状如图。）在一定条件下，i_p^a 与汞齐中金属浓度成正比，因而也与原来溶液中金属离子的浓度成正比，这是定量分析的基础。E_p^a 是被测离子的特征数据，是定性分析的根据。该法的灵敏度高，检测下限可达 $10^{-8} \sim 10^{-10}$ mol/L；能测元素周期表中大多数元素。广泛用于超纯金属、半导体材料和环境污染等方面的测定，是一种重要的痕量分析法。

（夏维邦）

溶剂 solvent

能溶解其他物质的液体。广义的是指在均匀的混合物中含有的一种过量存在的组分。可降低黏度和增加被溶解物质的可湿度。最普通的溶剂是水。在涂料工业中常使用有机溶剂，其溶解能力、挥发速率、闪点、着火点的高低、毒性等会影响涂料中涂膜形成的质量、成本、运输安全与劳动保护措施。芳香烃、酯、醇、酮类为基本的溶剂和重要的助剂。

（陈艾青）

溶剂萃取 solvent extraction

以某些物质在有机溶剂中的溶解度远大于它在水中的溶解度为基础的分离方法。即往水溶液中，加入一种与它不相混溶的有机溶剂，经摇荡后静置，得水层和有机溶剂层。被萃取的物质大部溶在有机溶剂内；不被萃取的物质不溶。将两液层分开，即可达到分离浓缩的目的。为了萃取金属离子，可用适当的有机试剂，将其转变为金属内络合物与离子缔合物，它们易溶于有机溶剂，故可用于从水溶液中萃取出某些金属离子。溶剂萃取是一种简单、快速、应用相当广泛的分离方法。

（夏维邦）

溶剂化 solvation

溶质的离子或分子与溶剂分子之间所起的化合作用。如溶剂是水，则称为水化。一个离子周围结合的水分子数不是固定的。由于离子的水化，溶液中自由的水分子数减少，离子的浓度稍微增大；水化后离子的体积变大，运动速度相应减小；活度系数也发生改变等。因离子周围的水分子是定向排列的，在较高浓度下，溶质可影响溶剂的介电常数等性质。可见，溶剂和溶质离子间是互有影响的。在胶体溶液中，胶粒的紧密层和扩散层内的离子是溶剂化的，即在胶粒的周围形成了溶剂化层。因它具有定向排列的结构，当另一胶粒靠近时，溶剂化层被挤压变形，由于它有恢复原结构的能力，遂成为胶粒聚结的机械阻力，防止了溶胶的聚沉。胶粒带电和溶剂化层的存在，是溶胶能在相当长时间内保持稳定的原因。

（夏维邦）

溶剂（脱）沥青 solvent deasphalt

石油经常、减压蒸馏得到的重油，在溶剂抽提塔中，用各种溶剂（如丙烷、丁烷等）脱去轻质组分（如润滑油原料和蜡等）后，得到的沥青。改变溶剂的品种，调节抽提温度等工艺条件，可以改变沥青的化学组分而得到不同技术要求的沥青。特别是石蜡基原油的渣油，可以通过这种工艺而获得优质沥青。

（西家智）

溶剂型沥青防水涂料 asphalt waterproof paint with solvent-type

用沥青或改性沥青作主要成膜物质，溶解或分散在有机溶剂中，能形成具有防水和保护功能的涂料。由沥青或改性沥青、颜料（包括着色颜料和体质颜料），助剂和有机溶剂组成。涂于物质表面后靠溶剂挥发而形成连续性的防水涂层。其特点是渗透力较强，粘结力大，涂层密实光洁，耐水性、耐化学腐蚀性好，施工季节长。因涂料中含有机溶剂，有引起火灾的危险，溶剂挥发污染环境，且造价较高。根据组成可分为沥青涂料和树脂或橡胶改性沥青涂料。在建筑上应用最多的是改性沥青涂料。纯沥青涂料多用于粘贴沥青防水卷材，嵌填沥青密封材料的打底材料或金属制品的保护。用涂刷法施工。用于建筑屋面防水和防腐工程。

（刘尚乐）

溶胶 sol

半径在 $1 \sim 100$ nm 之间的分散相粒子，均匀地分布在分散介质中所形成的分散体系。其粒子是由很多分子、原子或离子组成的集合体。根据分散介质和分散相的聚集状态，可分为：①气溶胶，分散介质为气体，分散相为固体或液体的溶胶，如烟尘和云雾。②液溶胶，分散介质为液体，分散相为固体，如氢氧化铁溶胶。③固溶胶，分散介质和分散相都是固体，如有色玻璃。液溶胶具有溶胶的典型性质，故常简称为溶胶。由于溶胶是多相、高度分散、热力学上不稳定的体系，所以它有丁铎尔效应(Tyndall effect)、布朗运动、电泳以及稳定和聚沉等性质。
(夏维邦)

溶胶凝胶法 sol-gel process
又称低温合成法，化学合成法。以金属醇化物或金属盐溶液为基础原料制作非晶态无机玻璃的一种方法。在常温下或近似常温下把金属醇化物加水分解、缩聚而成凝胶，再进一步反应形成凝胶，将其加热排除水分和有机物而制成无机玻璃。该方法的优点是：与常规熔融法相比，能制造高纯度、高均匀度玻璃，或制造难熔难形成玻璃态的玻璃，或与其他材料组成复合材料。用此法制造特种玻璃、涂膜玻璃、玻璃纤维、超细粉等。若涂覆玻璃可提高耐酸、耐水、耐碱性，调整反射率、着色、导电性、保持机械强度等；若涂覆金属可提高耐蚀性、耐酸性及绝缘性；若涂覆塑料，可使基板表面得到保护并调整反射率。
(许 超)

溶胶型沥青 sol type bitumen
胶团数量较少，且在分散介质中可以自由移动的一种沥青胶体结构类型。当受力时，流动曲线表现为纯黏性流态，没有弹性。剪应力(τ)与剪变率(γ)成正比，黏度(η)为一常数。这类沥青具有较好的低温柔韧性，但温度感应性较大。针入度指数(PI)小于-2。直馏(石油)沥青和软煤沥青多属这种胶体结构类型。
(严家伋)

溶-凝胶型沥青 sol-gel type bitumen
介于溶胶型沥青与凝胶型沥青之间的一种中间类型。沥青质含量较为适中，并有相当数量的胶质形成胶团，而分散于油分介质中。它不同于溶胶型沥青之处，在于它具有弹性；但又没有明显的屈服点，故亦不同于凝胶型沥青。在剪应力(τ)作用下，剪变率(γ)随应力增加而迅速增加，因而黏度(η)随应力增加而降低，形成伪黏度，通常用表观黏度表示。这类沥青具有较好的温度敏感性和低温脆性。针入度指数(PI)在$+2$至-2之间。丙烷(脱)沥青或再经芳烃油调配的人造沥青多属这种胶体结构类型。
(严家伋)

溶析 leaching
又称溶出侵蚀或淡水侵蚀。水泥混凝土中水化产物受到淡水不断渗滤时，按溶解度大小依次被水溶解带走的现象或过程。氢氧化钙溶解度最大，最易溶出，增加混凝土的孔隙率，并导致水化硅酸钙和水化铝酸钙因液相碱度降低而分解，最终生成无胶结能力的物质（硅酸凝胶、氢氧化铝和氢氧化铁），使混凝土强度下降。水的暂时硬度越大，溶析作用越小。提高混凝土的致密度是降低溶析的重要措施之一。
(陆 平)

溶液聚合 solution polymerization
将单体或单体混合物溶于溶剂，加入引发剂进行聚合的方法。通常在溶剂回流温度下进行，可借溶剂蒸发带走反应热，控制温度效果好。当聚合物不溶于溶剂时，则随反应进行而不断析出，此法也称沉淀聚合，新得产物分子量高、均匀性好，如氯乙烯在甲醇中的聚合。当聚合物溶于溶剂时，则产物为溶液。用沉淀法可将溶液中聚合物析出，也可蒸发溶剂而得。产物分子量不高、均匀性差。若用聚合物作涂料、胶粘剂，则此法最好，可直接使用。
(闻荻江)

溶胀 swelling
固体在液体或蒸气中，由于单纯的吸收作用，而使其尺寸增大的现象。对聚合物来讲，主要指溶剂分子侵入聚合物分子链段之间的空隙，造成聚合物体积增大。溶胀是否发生，决定于聚合物和溶剂的性质。对线型聚合物在良溶剂（溶解性好的溶剂）中先溶胀后溶解，在不良溶剂中不溶胀、溶解。如橡胶在苯中溶胀，而后溶解形成溶胶，但不能在水中溶胀。交联聚合物只溶胀不溶解。晶体聚合物由于分子排列规整，其溶胀与溶解过程比无定形聚合物困难。如何缩短溶胀时间，加快溶解速度是生产聚合物溶液的重要课题之一。使用合适的溶剂和分散剂、升高温度、利用机械方法是加速溶胀和溶解的有效措施。
(刘茂榆)

熔滴 melt drip
固体材料受热或燃烧时所产生的熔融滴落物。如熔滴有焰，则有可能引燃附近的易燃材料而导致火灾扩大。
(徐应麟)

熔点 melting point
纯物质的晶态和其液态平衡共存时的温度。在一定外压下，纯晶体物质的熔点和凝固点相同。对同一种晶体，其数值的高低除主要决定于晶体的类型外，还受外压与分散度的影响。例如，外压每增加101 325Pa（1标准大气压），冰的熔点约下降0.0075K。晶体颗粒越小，其熔点就越低。非晶体（如玻璃）熔化时，无固定熔点，只有一定的软化温度范围。
(夏维邦)

熔化率 melting rate; specific melting efficiency
窑池内每平方米熔化面积每昼夜能熔化的玻璃

液量。常用单位 kg/（m²·d）或 t/（m²·d）。与玻璃品种、料方、原料组成、熔化温度、燃料种类和质量、耐火材料品种和质量、产品质量要求、窑容量、窑结构、投料方式及新技术措施等一系列因素有关。是判断窑熔化能力，反映整个熔窑设计和作业水平的重要技术经济指标。确定或计算熔化率时，要注意熔化面积的计算方法必须采用统一标准。 （曹文聪）

熔化温度制度 temperature program for glass-melting, temperature curve of melting
又称熔化温度曲线。为保证玻璃熔化过程各阶段的正常进行，要求熔窑各区域提供相应的温度条件。根据熔窑结构、玻璃组成、原料和熔制要求、燃料种类及加热方式等因素确定。连续式池窑按窑池纵向规定各区域的温度，并应保持稳定。间歇式窑按工艺进行时间规定相应的温度。 （曹文聪）

熔剂矿物 fluxing mineral
水泥熟料中的熔融矿物。煅烧硅酸盐水泥熟料时，C_3A、C_4AF 与 K_2O、Na_2O、MgO、SO_3^{2-} 等在 1 250～1 280℃ 开始逐渐熔融成为液相，在工业生产的冷却速度下，一部分成为晶体，一部分以玻璃状态出现。一般约占熟料的 24%，由于有液相生成，可借助固液相反应，促进 C_3S 的顺利形成，提高熟料的产量、质量。 （冯修吉）

熔块 frit
用于瓷釉配料中的部分组分均匀混合，经高温熔融，形成玻璃态后水淬激冷，碎裂形成的块体和碎粒。制备的目的一是使某些具有毒性或水溶性的组分熔融形成无毒和非水溶性物质；二是使釉料中的乳浊剂在淬冷过程中析出大量微晶，成为乳浊釉中的散射相，有助于制备高性能的乳浊釉。
（陈晓明）

熔块窑 frit kiln
用于生产陶瓷釉用熔块的窑炉。制备熔块的目的主要是将水溶性原料、毒性原料与其他物料熔制成玻璃状物质，以避免原料加工中的流失和危害人体健康，乳浊釉也常需要将乳浊剂制成熔块，以提高乳浊性能。其由窑室、淬冷水池及燃烧设备等组成。窑型有池窑、坩埚窑和回转窑等。常采用重油作燃料。熔化的熔块经窑底部的漏孔落入冷水池中淬冷，激碎形成颗粒或碎片状的熔块。
（陈晓明）

熔块釉 fritted glaze
将水溶性原料、毒性原料与其他配料熔融后经水淬制成熔块（frit），以熔块为主加适量生料制成的陶瓷釉。通过制熔块可将 Na_2CO_3、K_2CO_3、硼酸、硼砂等可溶性的熔剂料以及铅、钡、铍等毒性料转变成低溶性、低毒性或无毒性硅酸盐，以防止施釉时工人中毒和熔剂被坯体吸收，从而扩大釉用原料的种类，并预先排除部分原料中的挥发物和分解气体，以减少釉面缺陷。制熔块成本较高，故通常只将釉用原料中水溶性和有毒性部分的原料制成熔块。具有釉烧温度较低（900～1 200℃）的特点，适用于精陶、彩陶等制品。 （邢宁）

熔融对接 butt welding
又称热板焊接。使两个塑料被焊件在断面处熔融贴合的一种焊接方法。用电热板（或其他热板）加热被焊件的断面直至表面有足够的熔融层，然后移除热板，立即将两焊件的断面在一定压力下贴合，熔融层冷却后牢固地熔合为一体。用来焊接有机玻璃、硬聚氯乙烯、高密度聚乙烯、ABS 塑料等热塑性塑料。特点是焊接强度高，可接近母材强度；焊接速度快，不需焊条、焊接面不需加工成斜面。用于板材、管材和异型材的焊接。
（顾国芳）

熔融分解法 method of decomposition of sample by fusion
将熔剂与试样混合熔融以分解试样的方法。熔剂分为酸性熔剂和碱性熔剂。前者有焦硫酸钾和硫酸氢钾，适用于分解碱性或中性试样。后者有碳酸钠（或钾）、氢氧化钠（或钾）、过氧化钠或其混合熔剂，适用于分解酸性试样，如长石或酸性炉渣等。熔融时应根据试样和所用熔剂的性质，选用适当的坩埚和熔融温度。 （夏维邦）

熔岩泡沫玻璃 lava foam glass
用天然熔岩或工业废料（矿渣等）为原料制成的泡沫玻璃。表观密度约 300～500 kg/m³，抗压强度 3.43～4.90 MPa，耐蚀性好。可用作建筑及热工设备的保温材料。 （许淑惠）

熔窑热效率 heat efficiency of furnace
玻璃熔窑有效利用的热量占总收入热量的百分比，或玻璃熔化理论耗热量占玻璃单位耗热量的百分比。可用公式表示为：
$$\eta = \frac{玻璃熔化理论耗热量}{玻璃熔化单位耗热量} \times 100\%$$
或
$$\eta = \frac{有效利用热量}{总收入热量} \times 100\%$$
它是熔窑一项重要技术经济指标。当配合料和玻璃成分不变时，其数值主要与窑的规模、熔化率、窑的结构、窑体保温及气密性、燃料燃烧及废气余热利用状况有关。降低窑体散热，提高对配合料及玻璃液的传热效果，减少玻璃液对流热损失和燃料不完全燃烧热损失，回收废气余热等，有利于这项指标的提高。 （曹文聪）

熔铸α-β-氧化铝耐火材料　fused cast α-β-alumina refractory

又称电熔α-β-氧化铝砖。以α-Al_2O_3和β-Al_2O_3为主要成分的电熔铸耐火材料。矿物组成为α-Al_2O_3、β-Al_2O_3及少量玻璃相。以工业氧化铝为主要原料，在电弧炉中熔融（2 000～2 200℃），浇铸后经热处理和机械加工制得成品。同熔铸β-氧化铝耐火材料相比，抗玻璃液的侵蚀能力较强，在高温下抗碱蒸汽的作用也较好。主要在玻璃熔窑上使用。　　　　　　　　　　　（孙钦英）

熔铸α-氧化铝耐火材料　fused cast α-alumina refractory

又称电熔刚玉。以α-Al_2O_3为主要成分的电熔铸耐火材料。以工业氧化铝作原料在电弧炉中熔融、浇铸后经热处理和机械加工制得成品。制品体积密度、耐火度、强度都很高，抗侵蚀性好。主要用于玻璃熔窑及有色金属熔炼等热工窑炉。除浇铸成制品外，还可作为再结合制品及不定形耐火材料的原料。　　（孙钦英）

熔铸β-氧化铝耐火材料　fused cast β-alumina refractory

又称电熔β-氧化铝砖。以β-Al_2O_3为主要成分的电熔铸耐火材料。以工业氧化铝为主要原料，并配入少量碱金属氧化物（常用Na_2O），用电弧炉在2 000～2 200℃温度熔融，浇铸后经热处理和机械加工制得成品。制品性能与熔铸α-氧化铝耐火材料相近，具有高强度、高耐火度、抗侵蚀性好等特点；密度略低于α-Al_2O_3（β-Al_2O_3密度为3.3）。一般适用于砌筑玻璃熔池上部结构。　　（孙钦英）

熔铸锆刚玉砖　fused cast zirconia-corundum brick

又称电熔锆刚玉，俗称白铁砖。主要由斜锆石和刚玉组成的电熔铸耐火材料。以锆英石（或工业氧化锆）和氧化铝为主要原料配成的混合料，经电弧炉熔化、浇铸、退火而制成。其化学成分为：ZrO_2 30%～50%，Al_2O_3 40%～50%，SiO_2 10%～17%。矿物组成主要为刚玉斜锆石共晶体，少量斜锆石、刚玉及玻璃相。体积密度3.25～3.70g/cm^3，显气孔率0.5%～7%，抗压强度200～500MPa，荷重软化点1 720～1 760℃。主要用于玻璃窑。除浇铸成制品外，还可以作为再结合制品及不定形耐火材料的原料。　（孙钦英）

熔铸铬刚玉耐火材料　fused cast chrome-corundum refractory

又称电熔铬刚玉。以熔铸法制成的、主要成分为Al_2O_3和Cr_2O_3固溶体以及少量尖晶石的电熔铸耐火材料。主要原料为工业氧化铝或铝含量高的高铝矾土和铬铁矿。其配料中视原料种类不加或少加还原剂（如无烟煤），在电弧炉中2 200℃以上的高温熔融，然后注入模型，经热处理和机械加工制成制品。强度高，特别是抗玻璃液侵蚀性强。主要使用于玻璃熔窑内衬。除浇铸成制品外，还可作为再结合制品及不定形耐火材料的原料。　　　　　　　　　　（孙钦英）

熔铸莫来石耐火材料　fused cast mullite refractory

又称电熔莫来石。以莫来石为主要组成的电熔铸耐火材料。由硅铝系原料经电熔并浇铸而成。主要原料为高铝矾土、工业氧化铝及耐火黏土。另外加入少量还原剂（木炭、细晶焦炭或木屑）。在电弧炉中熔融，熔融温度为1 900～2 200℃左右。熔液注入模型，成为铸块，经热处理和机械加工后成为制品。其特点为强度高，耐磨性好，耐侵蚀性强。主要用于玻璃窑和炼铁高炉内衬。除浇铸成制品外还可以作为再结合制品及不定形耐火材料的原料。　　　　　　　　　　　（孙钦英）

rou

柔度　compliance

材料在线弹性阶段，受力点的位移与荷载的比值（即单位荷载下的位移）。反映材料的变形能力，为刚度的倒数。物体含有裂纹时，它的柔度是裂纹长度的函数，随着裂纹增长，柔度增加。在断裂力学试验中，通过柔度的标定而求得应力强度因子K值等参量的方法，称为柔度法。　（沈大荣）

ru

如意

头作灵芝或云叶形的金属件。铁或铜制成，用来承托匾额或固定楹联挂对，并具有装饰作用。

（马祖铭）

蠕变　creep

又称徐变。材料在一定温度和恒定荷载的持续作用下，变形随时间延续而缓慢增加的不平衡过程。是一个由应力引起的应变随时间变化的现象；是由于周围环境的影响，使材料结构及性质发生变化的过程。所有固体材料像金属、混凝土、塑料等都会在一定程度上产生蠕变，例如拧紧的螺栓发生松动，长跨度电缆逐渐下垂，预应力混凝土梁变形，承载能力降低等等。蠕变变形可在应力小于弹性极限的情况下出现，与时间密切相关，在外力除去后不能立即消失。有四种类型：①滞弹性蠕变，在加一恒应力时,应变有一瞬时增值,然后缓慢增加趋于平衡。②低温蠕变,在很低的温度下,外加应力大于屈服极限时产生的蠕变。③扩散蠕变,在高温极低应力下,由应力梯度引起原子定向扩散流动所产生的蠕变。④高温蠕变或回复蠕变,在较高温度下发生,不但产生加工硬化,还发生回复软化。不同材料的蠕变机制不同,多晶体(如金属)材料蠕变的原因是原子晶间位错引起的点阵滑移以及晶界扩散等;混凝土徐变主要是结晶体的滑动,凝胶体水分缓慢地挤出,水泥石的黏性流动,微细裂纹的产生、扩展等各种因素的叠加;而聚合物则是高聚物分子在外力长时间作用下发生的构形和位移变化。 (沈大荣)

蠕变及持久强度试验机 creep and long-term strength testing machine

测定材料在恒温和固定荷载作用下的变形及强度的试验机。用砝码加载,并有测量试样变形的装置。须安装在尽量少受声、光、热及振动等干扰的场所。蠕变及持久强度对温度很敏感,一般还带有高温炉(对金属材料炉内温度为 100~900℃),以研究温度的影响。 (宋显辉)

乳白色玻璃 opal glass, opaque glass

玻璃中均匀分散着的无色微小粒子(晶体或玻璃体)的折射率与主体玻璃不同产生光的散射而呈乳白色的颜色玻璃。习惯上又称乳浊玻璃(乳浊玻璃亦可泛指各种带色的乳浊玻璃)。当粒径比可见光波长还小,则发生选择性的散射而得不到纯白的玻璃。所含粒径为 400~1 300nm 的称为乳白玻璃;所含粒子大于 1 300nm 的称为雪花玻璃。所谓乳白,多少有些选择性的散射,从反射光看来呈纯白色,而透射光则稍带橙色。常用的乳浊剂有氟化物、磷酸盐、硫酸盐等。由玻璃分相(参见分相乳浊玻璃,120 页)也可制得。多用于仪器仪表、医疗器械、工艺美术、日用器皿、照明灯具等。用外套各种颜色玻璃可得光线柔和的彩色灯具,装饰效果明显。 (许淑惠)

乳化剂 emulsifier

又称表面活性剂、界面活性剂。能降低分散相的表面张力,阻止微滴的相互凝聚,促使两种互不相溶的液体(如油和水)形成稳定乳浊液的物质。按活性基团性质分:有阴离子型(常用的有十二烷基硫酸钠 $CH_3(CH_2)_{11}OSO_3Na$)、阳离子型(常用的有十六烷基三甲基溴化铵)和非离子型(常用的有聚氧乙烯蓖麻油)表面活性剂。用于涂料、医药、合成橡胶等工业中,起乳化或稳定作用,也可作农药辅助剂。 (陈艾青)

乳化聚氯乙烯煤焦油涂料 water-dispersed PVC-tar coating

聚氯乙烯树脂改性煤焦油为主要成膜物质的水乳性悬浮液。属于水乳型厚质沥青防水涂料。由煤焦油、聚氯乙烯树脂、增塑剂、稳定剂、乳化剂和水组成。用搅拌法生产。黑色膏状悬浮液。其黏结回弹性、耐热稳定性、低温柔韧性、抗基层开裂性较好,可在潮湿的基层上用涂刷法施工。施工温度不低于 5℃,施工用量在 $8kg/m^2$ 以上。用于屋面、地下构筑物防水、防潮和防腐保护工程。
(刘尚乐)

乳化沥青 emulsified asphalt

将沥青微粒(粒径 $0.1~1.5\mu m$)稳定地分散在水中,形成水包油(O/W)型的乳浊液或悬浮液;或将微小的水滴稳定地分散在沥青中,形成油包水(W/O)型的乳浊液。应用最多的为水包油(O/W)型的乳浊液或悬浮液。黑褐色或棕色液体或膏状体,无臭、无毒、不燃。由沥青、乳化剂、水和必要的辅助材料所组成。可用胶体磨、匀化机或搅拌机等乳化机械制作。沥青通过乳化机械的高速剪切成细小微粒分散在水中,很快被溶解在水中的带亲水和亲油集团的有机乳化剂分子或有亲水和亲油性的无机胶体粒子所包封,形成有一定机械强度的乳化剂分子或无机胶体粒子保护膜,使憎水的沥青微粒带有亲水性而分散在水中,形成稳定的乳状液或悬浮液。根据乳化剂的类型可分为阳离子乳化沥青、阴离子乳化沥青、非离子乳化沥青、两性离子乳化沥青和无机胶体乳化沥青。一般沥青含量为 50%~60%。沥青在水中分裂后即凝结为沥青膜,从而恢复了沥青的黏结作用和憎水性。可冷态施工,用于铺筑路面和建筑防水。 (刘尚乐)

乳化沥青分裂速度 emulsified asphalt crackup rate

表示乳化沥青同矿物粒料拌合后,存留在被冲洗矿物粒料上的沥青重量与存留在未冲洗的矿物粒料上的沥青重量之比。以重量百分数表示。是判断乳化沥青分裂快慢的指标。快裂乳化沥青分裂速度指标在 50% 以上;中裂乳化沥青,分裂速度指标在 50%~25% 之间;慢裂乳化沥青,分裂速度指标在 25% 以下。在我国多采用粒料拌合稳定试验来确定。该试验是在规定的级配矿料同乳化沥青拌合后,在一定时间内所形成混合料的均匀程度来判定的。该方法的特点是试验快捷。 (刘尚乐)

乳化沥青混凝土 emulsified bituminous concrete

以乳化沥青为结合料的沥青混凝土。这种混凝土可以冷态施工,具有节约沥青、操作方便、不污染环境和操作安全等优点。但这种沥青混凝土的强度和稳定性较热拌热铺沥青混凝土差，目前仅用于修筑中等以下交通量的道路路面或用于沥青路面维修、养护。　　　　　　　　　　　　（严家伋）

乳化沥青冷底子油　emulsified asphalt of cold primer-oil

代替冷底子油使用的乳化沥青。黑色或黑褐色乳状液体。无味、无毒、不燃。沥青含量一般在40%左右；干燥时间5~10h；黏度较小，渗透力强，对基层没有遮盖力，只能改善防水层同基层的黏结力。由乳化沥青用水或离子类型相同的乳化液稀释而成的。根据乳化剂电离后所带电荷，可分为阳离子、阴离子或非离子稀释乳化沥青。同溶剂型冷底子油相比，价格比较低廉，不污染环境，施工操作安全。一般用量0.30kg/m^{2}左右，用涂刷或机械喷涂施工。可用于建筑、化工的防水、防腐工程，黏结沥青防水卷材，嵌填沥青密封材料的底层涂料；道路及水工建筑中的沥青混凝土底层涂料。
　　　　　　　　　　　　（刘尚乐）

乳化沥青水泥拌合试验　cement mixing test of bituminous emulsion

测定阳离子乳化沥青的分裂速度，用以确定是否属于快裂乳化沥青的试验。试验方法是取通过180μm筛孔的早强水泥50±0.1g，在25℃条件下加入100mL乳化沥青，以60r/min的搅拌速度拌和1min，最后加入150mL蒸馏水，继续拌合3min。迅将拌合物倒于1.2mm孔径的圆孔筛上，用蒸馏水冲洗，存留物在100~105℃烘箱中烘1h，冷却后称重计算筛上残留物占乳化沥青中沥青含量和水泥用量之和的百分率。通常快裂乳化沥青要求筛上残留物应小于5%。　　　　　（严家伋）

乳化沥青贮藏稳定性试验　storage stability test of bituminous emulsion

测定乳化沥青经长时间贮藏后，其是否有沉淀或分离现象的试验。试验用特定的量筒中放入500g数量的乳化沥青试样，在20±5℃的温度下，静置5d，然后由量筒的上部和下部的取样口，各取出试样50g，分别将水分蒸发，求出二者残留物重量百分率之差，即为贮藏稳定性。
　　　　　　　　　　　　（严家伋）

乳化炸药　emulsifying explosive

又称乳化油炸药。以氧化剂水溶液与油类物经乳化制成的炸药。是继水胶炸药之后发展起来的优质抗水硝铵炸药。1969年美国布鲁姆（H.F.Bluhm）公布该炸药专利后，20世纪80年代已在世界各国推广。主要成分为：氧化剂硝酸铵、硝酸钠等；燃烧剂柴油、石蜡等；乳化剂可用失水山梨醇及水等。爆炸性能好，32mm直径药卷的爆速为4000~5000m/s，猛度15~19mm，殉爆距离7~12cm，抗水性好，成本较低，故在各类工程爆破中大量使用。
　　　　　　　　　　　　（刘清荣）

乳胶　latex

又称橡浆。橡胶微粒在水中的胶体分散体。传统均指在橡树乳管中流出的橡浆。可加工制成橡胶、胶乳制品等。分天然与合成胶乳两类。天然胶乳中的橡胶分子式是$(C_5H_8)_n$，分子量由5万至几10万。合成胶乳是丁二烯及其衍生物的均聚乳胶或与乙烯衍生物的共聚乳胶，有丁苯、丁腈、氯丁、顺丁、丁基胶乳等。可用以制备胶粘剂、涂料、聚合物水泥砂浆、沥青防水材料的改性剂、乳胶制品等。　　　　　　　　（徐亚萍）

乳液聚合　emulsion polymerization

利用乳化剂将不溶于水的单体分散在水中呈乳液状态而进行的一种聚合方法。不需要悬浮聚合那样剧烈搅拌。反应速度快，散热容易，所得聚合物分子量较本体聚合和悬浮聚合高，但常含有少量杂质。聚合物呈乳胶态，必须以凝结法或化学沉析法回收。这种聚合方法广泛用于丁二烯与苯乙烯共聚以及其他单体（如氯乙烯）的聚合，以制造合成橡胶、合成树脂。所得乳胶产品可直接用于浸涂织物，用作涂料和胶粘剂，或制作薄膜。
　　　　　　　　　　　　（闻荻江）

乳液涂料　emulsion paint；latex paint

又称乳胶漆。以聚合物乳液为主要成膜物质配制而成的一种水性涂料。其他成分包括色浆、填料、增稠剂、保护胶体，增塑剂，消泡剂、防冻剂等。聚合物乳液是在乳化剂存在下，由乳液单体，通过水性引发剂（过硫酸铵、过氧化苯甲酰等）聚合而成的高聚物水分散体。聚合物分子量的大小对成膜过程有直接影响。分子量大，涂膜坚韧，成膜时间长。反之，则相反。乳液粒度愈小，涂膜光泽好，成膜速度快。常用的有聚醋酸乙烯乳胶漆、聚丙烯酸酯乳胶漆等。特点是以水为分散介质，无污染、安全无毒，涂膜干燥快，施工方便；透气性和保色性好；耐水、耐溶剂性较差。在建筑装饰中广泛使用，已成为建筑用涂料的主要品种。
　　　　　　　　　　　　（陈艾青）

乳液稳定剂　emulsion stabilizer

能增强乳液中的胶粒表面电荷、保护层和水合度，以提高其化学、机械稳定性和冻融稳定性而添加的物质。多数是表面活性物质，具有较大的亲水性。其作用可以减缓反应速度、保持化学平衡、降低表面张力或防止光、热或氧化等作用。有酪素、明胶、硫酸盐、磺酸盐、羧酸盐、环氧乙烷与脂肪醇的缩合物（平平加O）、胺化合物及混合甘油皂

等。常用于防止单体或乳液在贮存、机械操作及运输中的凝聚。　　　　　　　　　　（陈艾青）

乳浊性能　opacifying property

简称乳浊。使釉或玻璃呈现不透明的性质。评价陶瓷、玻璃和搪瓷工业用乳浊釉和乳浊玻璃性能好坏的性质。与釉和玻璃中所含的分散相（即散射相）的性质、大小、数量及分类有关。散射相分散在基质（玻璃相）中，常是细小晶粒、微气泡和组成不同于基质的另一种玻璃相。当可见光射入分散系统时，在相界面上发生折射、衍射和反射，且在无数分散相之间反复进行，以致发生散射使瓷釉和玻璃呈现乳浊。分散相与玻璃基质之间的折射率相差愈大，此性能愈好；分散相的粒径接近可见光波长时，效果最佳。乳浊方法有三种：固相乳浊，分散相为晶体；气相乳浊，分散相为气泡；玻璃相乳浊，即在瓷釉或玻璃中发生玻璃分相。前者效果好，易控制，得到广泛应用，后二者因难于控制，很少使用。要获得良好的效果，需选择适当的乳浊剂或矿化剂。此外，它还与工艺等因素有很大关系，如釉料的制备工艺和温度制度等。　（陈晓明）

乳浊釉　opaque glaze

乳浊状不透明的陶瓷釉。用以掩盖坯体的颜色和缺陷以及产生玉石感。釉的玻璃相中形成折射率不同的第二相，光的通道受到阻碍而散射，故在玻璃相中出现乳浊。第二相由透明釉中引入的具有不溶性、重结晶或分相等作用的乳浊剂产生。通常采用的乳浊剂有：锆英石、二氧化锡、二氧化钛、二氧化铈、氧化锶等。乳浊性取决于釉基础相和第二相的折射率比，以及第二相粒子大小和形态。可为表面光泽或表面无光，亦可为白色或彩色。此外，釉层中含有大量微细气泡时也可形成乳浊。主要用于坯体颜色较差的墙地砖和卫生陶瓷。

（邢　宁）

ruan

软钢　soft steer

塑性好、具有明显屈服点的钢材。软钢进行拉伸试验时，在应力-应变曲线图上可看出有明显的屈服点（σ_s），拉断时伸长率大。一般低碳钢如热轧钢筋、冷拉热轧钢筋等均属于软钢。（参见硬钢，580页）。　　　　　　　　　　　（孙复强）

软化点　softening point

沥青在规定条件下，达到规定稠度时的温度。通常假设沥青在软化点时的针入度约为800°。软化点愈高，表示沥青愈稠硬。沥青软化点测定通常采用的有环球法、克-沙氏法等，我国现行标准是采用环球法（参见环球法软化点，195页）。

（严家伋）

软化区间　softening interval

由硬化点至软化点之间的温度区间。沥青材料软化点以环球法测定；针入度值在 $0\sim2$ (1/10mm)时的温度为其硬化点。沥青在使用过程中要求高温不流淌低温不脆裂，该区间的长短反映了沥青材料的可使用温度范围。　　　　　　　（孔宪明）

软化系数　softening coefficient

材料饱水状态下的抗压强度和其绝干状态下的抗压强度之比值。所有天然石和人造石在饱水后，由于水分子的楔入劈裂作用，其强度都有所降低。因此，软化系数在 $0\sim1$ 之间。它表征砖、石、混凝土等含孔材料的耐水性能。一般认为，大于0.85的属耐水材料。对用于水中或潮湿地方的材料应大于0.80。　　　　　　　　　（蒲心诚）

软沥青质　malthene

又称可溶质。沥青中除沥青质以外的另一种化学组分，决定沥青的塑性。其含量决定于采用的溶剂及分离条件，可继续分离为胶质、芳香分和饱和分等组分。　　　　　　　（徐昭东　孙　庶）

软练胶砂强度试验法　plastic mortar strength test

简称软练法。用塑性水泥胶砂按规定操作程序测试水泥强度的方法。其特点是胶砂的水灰比较硬练法大（一般为 $0.40\sim0.60$），用手捣或振动成型，与塑性混凝土的情况较接近，且操作简便，所以在国际上使用较普遍。中国标准规定用此法测定水泥强度，硅酸盐水泥、普通水泥和矿渣水泥水灰比为0.44；火山灰水泥、粉煤灰水泥为0.46。掺有火山灰质混合材料的水泥有时需通过测定水泥胶砂流动度以决定其加水量。灰砂比为1:2.5，机械搅拌，振动成型，用 40mm×40mm×160mm 三联试模。试验室温度为 $17\sim25$℃，相对湿度大于50%。试件先放入温度 20 ± 3℃，相对湿度大于90%的养护箱内养护24h，再脱模放入温度 20 ± 2℃的水中养护至规定龄期。试件每龄期3条，先做抗折强度试验，用折断后的6块断块做受压面为 40mm×62.5mm 的抗压强度试验。　（魏金照）

软煤沥青　soft coal pitch

俗称筑路沥青。煤焦油蒸馏过程中沸点超过300℃以后的残留物。色黑而有光泽。其软化点在80℃以下。含有较多的油分，如蒽油。按其黏度可分为 T-1 至 T-9 等9个牌号，而 T-1 又分为 $T-1_1$ 和 $T-1_2$ 两个牌号。牌号越大，表示其黏度越大。用于道路路面、建筑防水。　　（刘尚乐）

软木砖　cork brick

栓皮栎或黄菠萝树皮经切皮粉碎、筛选、压缩成型及干燥制成的绝热制品。质轻、富有弹性、耐腐蚀性及耐水性均好，遇火只阴燃不起火焰，是良好的绝热、吸声、防振材料。按物理性能、尺寸公差及外观质量分为三级：一级品规格、性能如下：1 000mm×500mm×（25、50、100）mm，表观密度 180kg/m³，抗弯强度 0.15MPa，常温热导率 0.049W/（m·K），用于冷库、冷藏车的绝热。价格高，应用范围受到限制。　　　　　（丛　钢）

软烧灰　quick lime putty

生石灰浇入适量青浆，待石灰全部消解后，加入适量麻刀调制均匀而得的灰浆。适用于应急，量小的修缮工程。　　　　　　　　　（朴学林）

软石　soft stone

内聚性弱，易受大气作用而分解的岩石。地质上的分类术语，其他行业较少引用。泥质页岩、泥质砂岩、千枚岩、云母片岩等均属此类。有些可用撬棍或十字镐直接由岩体上开采。抗压强度一般为 5～30MPa，也有少数在 5MPa 以下。（宋金山）

软塑挤出成型　plastic extrusion

见砖坯挤出成型（630 页）。

软质纤维板　soft fibre board

表观密度小于 400kg/m³ 的纤维板。表面不做特殊处理的称本色软质纤维板；表面贴钛白纸或钻孔的称装饰吸声板。热导率约 0.041～0.052W/（m·K），具有良好的高中频吸声性能。用于影剧院、礼堂、播音室的墙壁、顶棚及冷藏库、恒温室等。　　　　　　　　　　　　　（丛　钢）

S

sa

撒布料　surfacing

撒布于油毡或卷材表面，防止油毡或卷材在生产和贮运过程中互相粘结的材料。可分为粉状撒布料、片状撒布料、粒状撒布料和彩色撒布料四类。粉状撒布料是沥青防水卷材应用最多的一类，主要有滑石粉、板岩粉、白云石粉、白垩粉、石灰石粉等。广泛应用的是滑石粉、板岩粉，其粒径范围 0.125～0.145mm。片状撒布料外形呈薄片状，应用最多的是云母鳞屑和蛭石屑。粒状撒布料按颗粒大小分为细粒状和大粒状撒布料。细粒状的粒径范围为 0.42～0.84mm，大粒状的粒径为 1.0～3.0。彩色撒布料有天然和人造两类，其粒径为 1.2～3.0mm。天然彩色撒布料由天然彩色矿石经粉碎加工而成，人造彩色撒布料则由天然矿石经粉碎加工再涂色而成。　　　　　　　（王海林）

sai

赛璐珞　celluloid

在硝酸纤维素中加入增塑剂（主要是樟脑）等助剂后加工成的热塑性塑料。角质状，坚韧而近透明。在 80～90℃ 软化，耐水、耐稀酸、弱碱、盐溶液、烃类、油类。浓酸、强碱和许多有机溶剂可使其溶解或破坏。缺点是易燃、受光变色、脆化和不能干法成型。因其抗冲击性优良及着色性好，可作各种日用品及其他美观的塑料制品，并可制得仿象牙制品。　　　　　　　　　（闻荻江）

san

三岔头

用方砖砍磨加工成呈图示曲线的砖件。是北方古建黑活影壁墙和看面墙所用的砖饰件之一。安装在墙体左右两侧砖柱子山面上端。此件应用干摆（磨砖对缝）做法。

（朴学林）

三点弯曲试样　three-point bending specimen

见紧凑拉伸试样（248 页）。

三辊磨　roller mill

由三个转速不同的平行辊筒提供剪切作用对浆料进行研磨的机械。是生产涂料、色浆的常用研磨设备。有水平式、斜式与直立式三种类型。中辊常为定辊，不能移动，前后辊为调节辊，用来调节辊距，以控制研磨浆料的粒径大小，三个辊筒的旋转方向相反，速比有 1∶3∶9 及 1∶2∶4 等。其优点是换色、清洗，操作都较容易，适应小量多品种生产，研磨及分散效果好。缺点是效率不高，安全性差；因是开放式，对溶剂型涂料尤其是挥发快干型涂料，在生产时环境污染比较严重。常用于色浆及水性涂料的加工。

（邓卫国）

三合土　lime-sand-brick concrete

消石灰、砂和碎砖加水拌合铺筑夯实而成的混凝土。石灰：砂：碎砖按1:2:4或1:3:6配合均匀。用于墙体基础和地面垫层等。　　　（聂章矩）

三聚氰胺-甲醛树脂　melamine-formaldehyde resin, MF

又称蜜胺树脂（melamine resin）。三聚氰胺（蜜胺）与甲醛经缩聚而得的一类热固性树脂，记作MF。是氨基树脂的一个重要类别。具有热固性。低分子量的未固化树脂为水溶性浆液。具有较强的耐热性、耐水性、抗电弧性。用于浸渍纸张、织物，制备层压材料、涂料、胶粘剂等。用以制得的装饰板材，广泛用作建筑、车辆、家具、缝纫机台板等饰面。高分子量树脂为粉料，用于制作塑料餐具。　　　　　　　　　　（闻荻江）

三聚氰胺装饰板　melamine decorative laminate

面层为三聚氰胺-甲醛树脂浸渍的图案装饰纸，底层为多层酚醛树脂浸渍的牛皮纸，经热压加工而成的装饰层压板。其特点是耐热、耐磨、耐刻划性好，表面硬度高，光洁、美观，装饰效果好，是目前用量最多的塑料装饰板。广泛用于车、船内壁，家具贴面，缝纫机台板贴面及建筑内装护墙板等。　　　　　　　　　　　　（刘柏贤）

三连砖

类似两侧面带线脚空心砖的一种中型琉璃脊件。线脚的轮廓特征为：底部作半圆，遂向上、向内收进三直棱（安装后只露出两道直棱）。是琉璃屋面垂脊、戗脊和角脊的常用构件之一。主要用在垂兽或戗兽之前；当屋脊较矮小时，也可用于兽后取代脊筒子，兽前则改用平口条。或是用在墙帽、牌楼等较为矮小的屋脊上充当脊身。

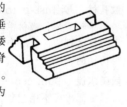

三连砖尺寸表　单位：mm

	二样	三样	四样	五样	六样	七样	八样	九样	注
长				416	384	352	320	290	
宽				250	224	192	160	130	
高				83	80	77	74	71	

（李　武　左滙元）

三铝酸五钙　pentacalcium trialuminate

化学式为$5CaO \cdot 3Al_2O_3$，简写成C_5A_3，于1909年在$CaO-Al_2O_3$系统发现此矿物，但对CaO与Al_2O_3的比值，有分歧意见。1941年有人把C_3AH_6进行加热，得到$C_{12}A_7$，按$C_{12}A_7$的分子比合成单矿，在性质上经过精密测试，与C_3AH_6脱水后所产生的$C_{12}A_7$完全一致，目前公认的所谓C_5A_3实际上是$C_{12}A_7$。　　（冯修吉）

三氯化金　gold trichloride

化学式$AuCl_3$，红色小叶状体，溶解于水及乙醇，约在300℃时分解成金与氯气。纯金与王水反应得$AuCl_3$溶液。在彩色玻璃中属胶体着色剂，熔制后的玻璃为无色，经热处理才能得红色玻璃，称金红玻璃。为使金的胶体粒子均匀分布，须在配合料中加入0.2%～2%的二氧化锡。在配合料中加入0.01%金（由$AuCl_3$折合）就可制得玫瑰红玻璃。在陶瓷生产中，釉上彩与釉下彩常用三氯化金的水溶液或金水制取红色釉彩。　　（许　超）

三面黏结　three-surface adhesion

嵌于接缝中的密封膏与接缝两个相对的面及底面均发生黏结而形成3个黏结面的现象。接缝的底面与密封膏黏结后，当接缝两面的构件因气候变化等原因发生移动时，会使密封膏内部产生较大的应力，甚至造成密封材料的断裂，失去密封性能。为使密封材料在使用过程中与接缝两面的构件保持同步伸缩，应仅使接缝的两个相对的面与密封膏相黏结。两面黏结时，密封膏的设计允许伸缩率与接缝的宽度、构件伸缩率、密封材料种类、接缝深度、施工季节等因素有关。一般弹性密封材料的设计允许伸缩率为10%～40%。　　（徐昭东　孔宪明）

三色性　trichroism

见多色性（99页）。

三仙盘子

又称灵霄盘子。用于屋面垂脊（歇山建筑垂脊除外）、戗脊、角脊的端部的扁长方形琉璃瓦饰件。中部有长方孔槽，三个侧立看面上起棱线并挂釉。其中用于建筑转角处屋脊的，平面为矩形，称直盘子；用于硬山、悬山屋面垂脊的，平面"冂"形，称为咧角盘子。一般情况下，琉璃屋面垂脊（歇山建筑垂脊除外）、戗脊、角脊的端头部位，安放掷头和揣头，但当屋脊高度需要降低时，如六样瓦以下屋脊或牌楼、影壁等小型屋脊，脊的层数就要相应减少（此为"大式小作"），脊端的饰件也随之减少，于是，掷头和揣头即由此构件代替。

三仙（灵霄）盘子尺寸表　单位：mm

	二样	三样	四样	五样	六样	七样	八样	九样	注
长						380	336	272	
宽						220	210	200	
高						77	61	58	

（李　武　左滙元）

三相点 triple point

见一元相图（573页）。

三向织物 three dimensional weave

垂直于经纬纱的第三方向也布置有纤维的立体结构的玻璃纤维织物。用这种织物制作的增强塑料整体性好，抗拉、抗剪、耐磨和抗热震性均较层压材料好。对每个方向的材料强度、刚度等性能可通过采用不同规格的纱线、编织密度和材料的类型来随意变化。适用于三向应力型结构件和耐烧蚀制品。

（刘茂榆）

三元相图 ternary system phase diagram

三组分系统的相平衡状态图。三元凝聚系统的立体相图为三棱柱形。棱柱的底面是表示组成的等边三角形，它的顶点代表纯组分，边表示二元组成，三角形内每

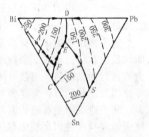

一点代表确定的三元组成。与底面垂直的纵坐标轴表示温度，侧面代表二元系统的相图。最上面是相交在一起的几个曲面。在曲面以上为液相区。曲面上析出与液相呈平衡的晶体。因立体相图很复杂，常用其投影图。即将其无变量点（自由度数为零的点，如熔点和低共熔点等）、界线（两曲面相交得的曲线）、等温线以及表示温度降低方向的箭头，都投影到浓度三角形上。例如，最简单的三元低共熔相图如 Bi-Sn-Pb 相图的投影图。其中 D 点、C 点和 S 点为二元低共熔点；E 点为三元低共熔点；DE、CE 和 SE 三条曲线都是界线。

（夏维邦）

三元乙丙橡胶 tribasic ethylene-propylene rubber

由乙烯、丙烯和二烯类第三单体共聚而制得的侧链带有不饱和基的合成橡胶。二烯类单体主要有双环戊二烯、乙叉降冰片烯、1,4-已二烯等。为白色或乳黄色弹性体。由于不饱和双键的引入，可用硫黄、醌肟、树脂及过氧化物硫化，但硫化需高温长时间。具有耐老化、耐臭氧、耐热、耐电、耐化学腐蚀等特性。用于制造电缆、胶带、密封制品、浅色橡胶制品及彩色建筑防水材料等。

（邓卫国）

三轴试验机 triaxial testing machine

测定材料在三轴加载状态下的力学性能的试验机。一般脆性材料，如混凝土、砖材、岩石等，在三轴压力状态下，都会出现某种程度的塑性变形，同时为了模拟地壳深处的受力状况，都要借助三轴试验机进行试验研究。分为两类，一类是假三轴试验机，是把试样放在一个可调围压的密封室中，再在一个方向施加荷载。另一类是真三轴试验机，三个方向的荷载是各自独立地施加在试样上。

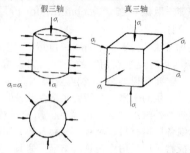

（宋显辉）

三组分分析法 three-component analytic method

又称溶剂吸附法。采用溶剂沉淀和选择性吸附方法，将石油沥青分为油分、树脂分和沥青质三个组分的一种化学组分分析方法。该法采用正戊烷或正庚烷沉淀沥青质，再将可溶部分用硅胶吸附，再用苯-甲醇抽提树脂，最后用戊烷抽提油分。

（徐昭东　孙　庶）

散兵石 Sanbing stone

安徽巢湖一带产出的假山石。因其地是汉张良用楚歌惊散楚兵之处而得名。青黑色、质坚实，有的表面皱纹遍布，古朴典雅，颇值观赏，有的与太湖石相似。宜堆作假山。

（谯京旭）

散孔材 Diffuse-porous wood

年轮的早、晚材中的导管直径大小在横切面上无明显区别，而且分布又相当均匀的阔叶树材中一类树种的统称。

散装水泥 bulk cement

水泥出厂不用包装，而从水泥库直接装入专用运输工具和设施的装运方法。如采用散装水泥汽车、散装水泥车厢、散装水泥船等。可提高劳动生产率，改善劳动条件，减少水泥损失，对大型混凝土工程、商品混凝土基地及水泥制品企业实现生产机械化提供良好条件，同时可节约大量包装用纸（或织物）和包装费用，降低生产成本。一些发达国家的水泥散装率已达80%。

（冯培植）

散装水泥车厢 bulk cement car

用于铁路装运散装水泥的专用车厢（罐）。装车由水泥库侧或库底卸料器通过橡胶软管装入密闭车厢，用轨道衡进行计量。卸车有重力卸车和气力卸车两种。重力卸车车厢每车载水泥65t，装、卸货口均为4个；气力卸车车厢每车载水泥60t，装、卸货口均为3个。以气力卸车较为优越。车厢外形

符合中国铁路标准的车辆限界。　　（冯培植）

散装水泥汽车　bulk cement truck

用于公路装运散装水泥的专用汽车。一般可由各种载重汽车改装。水泥由水泥库底或库侧通过橡胶软管装入车内。卸车形式有重力式和气力式两种，气力卸车密封性好，不易漏灰扬尘，卸车迅速，能把水泥卸到一定距离与高度，因而经常采用，但要装设空压设备。　　（冯培植）

散装水泥专用船　bulk cement barge

用于水路装运散装水泥的船舶。水泥由靠近码头的水泥库或散装水泥汽车运送装船。卸载时以压送式空气输送为主，吨位大的船在船底装有空气斜槽，以低压流态化方法使水泥流入螺旋输送泵或其他高压气力输送泵，直接吹送到岸上的水泥库；吨位较小的船可把水泥容仓当作压力容器，用压缩空气直接卸送。　　（冯培植）

sang

桑树　morus alba L.

桑树属，落叶乔木。树高可达 20m，胸径可达 1m，品种甚多，因叶用以饲养蚕，故每年需修剪，树实际不高大。树生长快，适应性强，分布较广，北起黑龙江哈尔滨以南，内蒙古南部，南达广东、广西。东起台湾，西至四川、云南、新疆，而以长江流域和黄河流域中下游各地栽培最多。木材质坚硬，耐久，抗白蚁，纹理美丽，刨面有光泽，环孔材，边材黄白色或黄褐色，心材橘黄色至金黄色，久露于空气中色变深，呈暗褐色，纹理直，结构中等，不均匀。气干材密度 $0.671g/cm^3$；干缩系数：径向 0.142%，弦向 0.266%；顺纹抗压强度 47.4MPa，静曲强度 97.6MPa，抗弯弹性模量 $10.2×10^3$MPa，顺纹抗拉强度 141.9MPa；硬度：端面 68.0MPa，径面 59.7MPa，弦面 60.0MPa。桑木可做家具、乐器、农具柄把、装饰用材，枝条可编箩筐，桑皮可造纸，桑葚可入药、食用或酿酒。　　（申宗圻）

磉石　square-shaped column base

设置在磉礅下面的正方形石材。起到垫基石或土衬石的作用。其每边的长度约为柱径的 3 倍，主要承受由磉礅上传递下来的荷载，使重量扩散到地基上去，促使建筑物稳固，基础不下陷，有着奠基的功能。材料多为青石、花岗石。

　　（叶玉奇　李洲芳）

sao

扫荡灰

又称通灰。由油满、血料、大籽砖灰调和而成的古建地仗制作中的第二遍粗油灰。在大木地仗中其重量配比是油满∶血料∶大籽砖灰（大籽砖灰 70%，细灰 30%）＝1∶1∶1.5。也可加大血料量。其状如膏，干后坚固密实。施于捉缝灰之上和木构件之表，是使麻的基础，须衬平刮直，干后磨平，擦净。层厚约 $0.2\sim 0.3cm$。　　（王仲杰）

扫金

用金胶油将金粉粘覆在装饰面上的施工作业。首先将金箔用"金筒子"揉制成粉状，然后把扫金部位涂刷一道至二道金胶油，待油膜初步固化尚有一定黏度时，用羊毛排笔将金粉轻轻扫于表面，使之均匀一致，随即手执棉花团轻揉之，使金粉完全粘覆于油膜之上。最后把多余的浮金粉扫掉，即成。优点是没有金箔接头痕迹，但耗金量大，一般要超出贴金做法的 3 倍（俗称一贴三扫）。扫金多用于重要殿堂的平面匾额。　　（谯京旭　王仲杰）

扫描超声显微镜　scanning ultrasonic microscope

采用超声辐射和图像显示的一种显微镜。由激发源辐射一定频率的电磁能量进入压电薄片，产生高频超声波，通过声学晶体系统聚焦于样品上使其产生的共振声束经第二透镜重新聚焦为平面波，再经压电换能器转换为电信号输出，经放大后用来调制电视监视器的电子束强度，最后在荧光屏上显示出实物图像。应用于工业无损检测、超声显微分析和医学诊断。　　（秦力川）

扫描成像离子质谱仪

见图像离子质谱仪（516 页）。

扫描电子显微镜　scanning electron microscope（SEM）

简称扫描电镜。利用聚焦电子束在试样表面扫描产生的电子信息，研究物质表层形貌特征的电子光学仪器。由镜筒、真空系统和电器系统三部分组成。工作原理见图，电子枪产生的电子束、经会聚

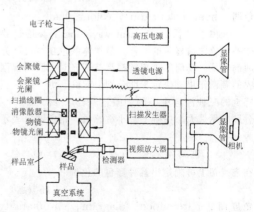

镜和物镜聚焦成细束后，在试样表面扫描，产生二次电子、背散射电子、吸收电子、透射电子等信息经探测器分别接收并放大输入显像管栅极，调节其亮度，最终获得一幅与试样表面结构有关的电子图像，可用以对试样表面形貌、颗粒大小、电位分布及表面元素分布进行研究。若配有 X 射线能谱仪附件，在获得形貌像的同时可对该微区进行成分分析。具有立体感强、分辨率高（6nm）、放大倍数从 20 倍～30 万倍连续可调、制样简便等特点，被广泛应用于各学科研究领域和工业部门。

（潘素瑛）

扫描隧道显微镜 scanning tunnel microscope

根据隧道效应（金属中部分自由电子穿透金属表面形成电子云）原理制成的一种显微镜，常用 STM 表示。在检测分析的整个过程中，或保持隧道电流（两种金属相距在几纳米以下时，两种金属表面的电子云将互相渗透，当施加适当的电位时出现的电流）恒定，或保持仪器探针的针尖与样品的距离恒定。将测量得的隧道电流用于控制和调整探针与样品表面之间的高度，探针在样品表面上方的扫描位置和高度变化的信号经记录成像。这样，STM 图像就显示出样品原子微观实体的三维结构状态。其横向分辨率可达 0.2nm，垂直方向分辨率达到 0.01nm，是现代重要的表面分析仪器。

（秦力川）

se

色差 colour difference

批量或成套陶瓷产品间的颜色差异。包括一套产品内（如一套餐具等）不同瓷件间的颜色差异。产生的原因有色釉组成、烧成温度、烧成气氛的波动及釉层厚薄不匀等。对于斑点花色的锦砖，色料与坯料的混合不均匀也会产生此缺陷。

（陈晓明）

色调 hue, colour tone, colour shade

又称主波长（dominant wave-length）。透过物体的光色中最显著的波长。是物体颜色在"质"方面的特征。任何颜色感觉都是基于光对人眼内视网膜的刺激作用。决定于能分别引起红、绿、蓝三色感觉的三种神经中心的刺激量。若以 x_1、x_2、x_3 分别表示最大、中等、最小敏感量，则色调可表示为

$$色调 = (x_1 - x_3)/(x_2 - x_3)$$

在色度图上可确定出某种颜色的色调。

（许淑惠）

色度图 chromaticity diagram, chromaticity chart

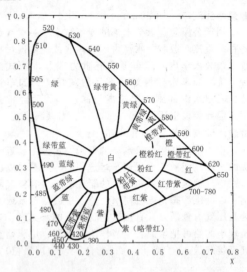

又称三色图、色品图。是标定颜色所采用的图标。颜色应采用色调、纯度、亮度三个量加以区别。色调可由三个原色按照不同比例调配而得。国际照明学会（CIE）规定它们之间的百分比用 X、Y、Z 来表示，三者相加等于 1。横坐标 X 值是对应于红色刺激量，纵坐标 Y 值是对应于绿色刺激量，另一个与 X 和 Y 相垂直的坐标系是对应于蓝色刺激量。色调实际上只要用 X、Y 二值表示即可。图中愈接近中心部分，愈近于白色，饱和度愈低；愈近边缘，饱和度愈高。 （许淑惠）

色灰 pigmented plaster

白灰膏或泼灰面加水和色料调制而成的灰。常用色料有青浆、烟子、红土子、霞土粉等。若加入青浆或烟子称为月白素灰，可用于古建带刀缝墙体砌筑，屋顶调脊、宽瓦、瓦面"挂瓦脸"、勾抿"打点瓦脸"用灰以及砌糙砖墙、室外抹灰等。加入红土子可作为黄琉璃瓦屋顶的瓦面用灰及黄琉璃砖砌体的胶接用灰。 （朴学林·张良皋）

色浆 paste color

又称液体着色剂。将颜（染）料以适当的液体及其他添加剂处理后所得到的高黏度液体着色剂。主要成分是：①颜（染）料；②液体成分，如酯类增塑剂、石蜡类液体、液体聚合物以及非离子型表面活性剂等；③分散剂，如硬脂酸的碱土金属盐、重金属盐及酰胺类润滑剂等；④触变剂等。优点是防止操作环境的污染；简化着色工艺，降低操作成本；更换产品的色泽比较简便；计量准确，着色浓度稳定，且易调整。其颜料含量最高可达 60%～70%，也可在其中掺入发泡剂、抗静电剂等，常温下一般黏度为 2～6Pa·s，可用计量泵自动计量供

料。20世纪70年代开始工业化生产，适用于聚乙烯、聚丙烯、聚氯乙烯（软质）、聚苯乙烯、ABS等塑料的挤出、注射、中空成型等。　（刘柏贤）

色母料　colors masterbatch

又称预混色料。由树脂和较大量颜料混合后再加工成颗粒状的塑料色料。是颜料在树脂中高浓度分散的形式，颜料浓度可达5％～50％。使用时，以适当的配比将其与未着色的树脂混合，然后成型。特点是分散性优良，使用方便，适用性广，特别适用于聚烯烃、聚苯乙烯、ABS和聚氯乙烯的着色。　（刘柏贤）

色泥加彩　painting on coloured body

在色泥制品上彩绘的综合装饰。一种是在色泥坯体表面彩绘后施以透明釉经高温烧成；另一种是在色泥制品素坯上加绘釉上彩烤烧。　（邢　宁）

色泥装饰　coloured mud decoration

在制作坯体用的泥料中掺入着色剂或用两种以上不同色的泥料以制得多色坯体的一种陶瓷装饰。一般在可塑成型工艺中使用。所成制品具有颜色稳定、色调均匀、适于配套产品生产的特点。
　（邢　宁）

色坯　body colouration

使陶瓷坯体整体着色的装饰方法。用天然着色黏土或人工制造的高温颜料使坯体着色，颜料加入量随颜料的发色能力与色调深浅要求而异，一般为1％～10％。加入的颜料可为一种也可为多种，混合均匀后着色坯料呈单一色调。着色坯料通常用注浆或半干压成型为坯体，坯体可施透明釉，也可不施釉。　（邢　宁）

色谱定量分析　chromatography quantitative analysis

确定被分离物质在样品中相对百分含量的色谱分析法。按不同分析方式分为：①当样品中各组分都能从色谱柱中流出且都有检测信号时可采用归一化定量；②当样品各组分不能全部从色谱柱中流出或某些组分在鉴定器上没有信号时可采用内标法定量；③样品各组分不能全部流出色谱柱且又无适合内标物时，可将被测组分的纯样品配成不同浓度的标准样后定量进行色谱分析，分析结果作出组分含量或浓度标准曲线；然后进入同样量的被分析样品，所得结果与标准曲线对照求出组分的浓度。
　（秦力川）

色谱定性分析　chromatography qualitative analysis

确定色谱图上每个色谱峰所代表的物质组分及性质的分析方法。通常有：①利用保留值（描述色谱峰位置或相应体积值，在一定的固定相和操作条件下，任何物质都有其确定的保留值）特性定性；②结合质谱、红外光谱、紫外光谱和核磁共振等其他物理化学方法定性；③利用预处理或柱上处理等化学反应或物理吸附原理定性；④利用鉴定器对某类化合物的选择性（如火焰光度检测器判别含硫、磷化合物；氮磷检测器判别含磷、氮化合物）定性等。　（秦力川）

色谱分析法　chromatography

又称色谱法、层析法、色层分析。利用物质在相对运动的两相（固定相和流动相）构成的体系中具有不同的分配系数（在一定的温度压力下物质组分在两相中的浓度比值）的原理，对被测组分进行鉴定和分离的分析方法。按流动相物态分为气相、液相和超临界流体色谱；按物理化学作用原理分为吸附、分配、凝胶渗透、离子交换和亲和力色谱；按物理特征分为平板、纸、柱、薄层和程序升温色谱；按色谱动力学过程分为冲洗、顶替和迎头色谱。与化学分析、光谱分析法和质谱分析法相比较，具有分离效能高、分析速度快、样品用量少等特点。可测定物质的相对分子质量很低的常量或痕量气体和物质的相对分子质量达百万的天然或合成材料；可分离性质很接近的同位素、同分异构体和自旋异构体以及大分子和生物活性物质如氨基酸、酶等的测定。已经成为有机物和一些无机物分离测定的重要方法。　（秦力川）

色谱峰　chromatographic peak

见气相色谱法（383页）。

色谱-质谱联用仪　chromato-mass spectrometer

以色谱仪作为被测样品的进样分离系统而以质谱仪对被分离组分进行分析鉴定的组合仪器。为实现联用，两种仪器的连接部件是一个性能优良的分子分离器。它可以对一个复杂混合样品通过一次操作就完成组分分离与结构鉴定两个过程，具有色谱与质谱两种分析方法的长处。广泛应用于石油、化工、高分子材料、环境科学、地球化学等一系列与有机化学相关的科学领域。　（秦力川）

色谱柱　chromatographic column

见气相色谱法（383页）。

色石碴　color broken stone

由天然大理石及其他岩石破碎筛分而成小规格石粒。有尖形、圆形、片状及粒状等，同种石碴颜色要求基本一致，不宜含有其他杂石，常用颜色有白、黑、绿、红、紫、棕等，常用粒度规格为三分（27～18mm），二分（15～10mm），一分（10～3.6mm），米粒石（2～6mm）等，一分石碴中粒度约8mm的又称大八厘石碴，粒度约6mm的又称中八厘石碴，粒度约 4mm 的又称小八厘。供做水磨石、人造大理石、水刷石、干粘石、斩假石等。

(袁蓟生)

色釉 colored enamel glaze

具有明显色彩的搪瓷釉。作彩色搪瓷的面釉和饰花釉。瓷釉的着色，主要是由于瓷釉中的着色离子、胶体着色质点和色素固溶体的微粒对可见光的选择性吸收的结果。离子着色，即分子中阳离子着色，离子以氧化物或其他化合物方式引入瓷釉配料中，并溶解于瓷釉的熔体，使瓷釉着色。胶体着色，分为金属胶体着色和化合物胶体着色两种。前者可引入粉料，经熔融而均匀地分散于瓷釉中，也可不经熔融作为辅助剂磨加于釉浆中。后者主要是以辅助剂磨加于釉浆中，一般不参与瓷釉形成时的高温反应。色素着色，把两种或两种以上元素或化合物按一定配比在特定工艺制度下预先造成混合着色剂，即称色素，将其在釉浆研磨时添加，并以细分散状态分布于瓷釉中。着色程度，取决于色素和瓷釉本身的折射率之差及色素的分散度，其值越大着色性能越好。但需注意不少色素在瓷釉熔制温度下，容易分解或挥发，而改变色素的颜色。

(李世普)

色釉加彩 painting on glazed body

在施有颜色釉的烧后坯体上进行彩绘的综合装饰。分釉下和釉上两种：色釉釉下彩是在色釉釉坯上彩绘再施透明釉烧成的方法；色釉釉上彩是在色釉釉坯上直接彩绘烧成的方法。

(邢 宁)

色釉刻花 incising and painting decoration

在坯体上刻划纹样并采用多种颜色釉填绘的综合装饰。所成画面色调变化丰富。

(邢 宁)

sha

沙滚子砖

用经过风化、困存后的粗黄黏土制坯烧成的粗泥砖。清代多产自北京东郊一带。由工部和内务府承办的官窑烧制，民窑也有产出。规格长 504mm，宽 150.4mm，厚 64mm，重 4kg。此砖质地粗糙，强度较低，多用于干摆（磨砖对缝）或丝缝等细作墙体的背里或填馅等非露明部位。

(朴学林)

沙绿

深绿色矿物颜料。产自中国西藏等地，因呈沙粒状故名。毒性大，色比洋绿深暗。很少直接使用，一般于沙绿中加足佛青后使用。亦常用洋绿与佛青自行配兑替代。

(马祖铭)

沙松 Abies holophylla maxim

冷杉属中的一种，是我国东北地区树种中生长最高大的常绿乔木，干形通直、圆满，生长迅速，是优良的用材树种。主要分布在吉林省长白山地区，南至辽宁省丹东，北至松花江地区。沙松多产大材，用于建筑、桥梁、枕木，也是造纸的上好材料。木材黄白到黄褐色，心边材无区别，光泽弱，纹理直，结构细、均匀，不耐腐。气干材密度 $0.390g/cm^3$，干缩系数：径向 0.122%，弦向 0.300%，顺纹抗压强度 32.0MPa，静曲强度 65.1MPa，抗弯弹性模量 9.12GPa，顺纹抗拉强度 72.2MPa，冲击韧性 $3.0J/cm^2$；硬度：端面 25.4MPa，径面 14.5MPa，弦面 16.1MPa。

(申宗圻)

砂级配区 grading zone of sand

根据 0.63mm 筛的累计筛余对细度模数为 1.6~3.7 的普通混凝土用砂划分的级配区域。各国大都根据本国资源情况制定关于集料级配的标准范围。中国的标准将砂的级配划分为三个区（见图），凡筛分曲线落在级配区范围内的砂子都适合配制混凝土。除 5mm 和 0.63mm 筛孔外，其余各条界限都允许稍有超出，但其超出总量不应大于 5%。对细度模数为 0.70~1.5 的特细砂，由于其配制混凝土具有一定的特点，应按有关标准规定使用。对细度模数小于 0.70 的粉砂，若通过大量实验证明确能保证工程质量，亦可用来配制混凝土。

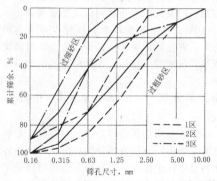

(孙宝林)

砂浆 mortar

又称胶砂、灰浆、灰泥，建筑砂浆的简称。由水泥、石灰或石膏等胶凝材料和砂、炉渣等细集料加水拌合而成的工程材料的统称。有时将硬化态砂浆称为砂浆石。一般可看作一种无粗集料的细集料混凝土。按其功能分为砌筑砂浆、抹面砂浆、装饰砂浆、特种砂浆等。按其表观密度分重砂浆与轻砂浆两类。按所用胶结材分有水泥砂浆、石灰砂浆、混合砂浆、树脂砂浆、沥青砂浆等多种。广义的砂浆包括石膏、石灰膏或黏土等掺加纤维增强材料（纸筋、麻刀、玻璃纤维等）与水配制成的物料，称为泥或灰、胶泥、薄浆（grout），如掺灰泥（黏土中掺少量石灰和麦秸或稻草）、石膏灰、麻刀灰、纸筋灰等。在土木建筑工程中多以薄层塑性状态使用，起黏结作用，有时则用以涂抹于建筑结构表层，起垫衬、保护和装饰作用，其应用面广量大。按照其平均抗压强度值（以 MPa 为单位）划分砂浆强度等级，20 世纪 50 年代至 80 年代常用砂浆标号来划分其强度级别。对于流动性（稠度）和保水性等技术要求较混凝土为高。 （徐家保）

砂浆标号　mortar mark，number

以 kgf/cm² 表示的砂浆抗压强度分级。按 7.07cm×7.07cm×7.07cm 立方试件经标准养护 28d 抗压强度区分的指标，强度单位以 kgf/cm² 计，一般分为 0、2、4、10、25、50、75、100、150、200 十个级别。现已被砂浆强度等级代替。
（徐家保）

砂浆拨开系数　mortar surplus coefficient

又称砂浆过剩系数或砂浆富裕系数。指混凝土混合料内砂浆体积与粗集料自然状态下空隙体积的比值。在首先确定混凝土混合料粗骨料用量的配合比计算方法中，用此系数乘粗骨料的空隙体积即可算出水泥砂浆的体积。粗集料间接触处包裹了砂浆后使粗集料颗粒拨开，粗集料间的空隙体积比粗集料自然状态下的空隙体积增大，故此值通常应大于 1，一般为 1.05～1.35，砂子较细时上述拨开作用较小，此值可取小值。 （徐家保）

砂浆稠度　consistency of mortar

又称砂浆流动性（fluidity of mortar）。砂浆在自重或外力作用下的流动能力或相对流动性。以砂浆稠度仪测得的沉入度为指标。沉入度大，表示砂浆稠度小、流动性好。它受胶凝材料品种，砂子粒形、粒度与级配，以及掺用外加剂品种、数量等因素的影响而变化；在原材料一定时，则取决于用水量的多少。通常砌块用砂浆的沉入度采用 7～10cm，砌石砂浆采用 5～7cm，炎热干燥季节采用较大的沉入度，寒冷潮湿季节则采用较小的沉入度。 （徐家保）

砂浆稠度仪　consistometer of mortar

又称砂浆流动性测定仪。测定砂浆流动性能的仪器。主要由带滑杆的圆锥体（高为 145mm，锥底直径为 75mm，重 300±2g）和截头圆锥形金属筒容器组成。将搅拌好的砂浆一次装入容器，至距容器上口约 1cm 时按规定测试法捣实，使圆锥体自砂浆表面中心处自由下沉，经 10s 测读下降距离，以 cm 计（精确至 0.5cm），即为该砂浆的稠度值（又称沉入度）。 （徐家保）

砂浆地面　mortar floor

以砂浆做面层的地面。分单层和双层两种做法。单层为 20mm 厚 1:2 水泥砂浆；双层为 12mm 厚 1:2.5 水泥砂浆、13mm 厚 1:1.5 水泥砂浆面层。水泥可采用硅酸盐水泥、普通硅酸盐水泥，标号不低于 325 号；砂宜用中砂或粗砂，含泥量不大于 3%。可直接铺在垫层或找平层上。地面干缩较大，当地面面积较大时，宜在表面分格。用于一般工业与民用建筑地面。 （聂章矩）

砂浆分层度测定仪　apparatus for determining stratification of mortar

测定砂浆保水性指标分层度用的仪器。由两节金属圆筒组成，与砂浆稠度仪中的圆锥体配合使用。上筒高 200mm，下筒有底，高 100mm，内径均为 150mm。将拌匀的砂浆装入叠接的金属圆筒中用圆锥体测出沉入度 S_1，静置 0.5h，割除上筒砂浆后测出下筒砂浆沉入度 S_2，S_1 减 S_2 的差值（以 cm 计），取两次试验的平均数即为分层度 S。S 值愈小说明砂浆的保水性愈好，泌水性愈小。
（徐家保）

砂浆过剩系数　mortar surplus coefficient

见砂浆拨开系数。

砂浆搅拌机　mortar mixer

又称灰浆搅拌机。将胶结材料、水和细集料按预定配合比例拌合均匀的设备。由搅拌筒与搅拌叶片、电动机、传动装置及机架构成。一般为卧式，顶敞口，可倾转筒身卸料。其型号以搅拌筒容量升数标示，例如 UJW200 表示搅拌筒容量为 200L，其生产效率可达 3m³/h，搅拌周期为 1.5～2.0min。有的带有钢磨头结构称麻刀灰搅拌机，可将石灰中的颗粒研细以增加抹灰白度，也可掺入麻刀等纤维材料，拌制各种抹面用麻刀灰，如 PHB100 型麻刀灰搅拌机，生产效率约 1m³/h。除周期式的卧轴砂浆搅拌机和制备小量砂浆的立轴砂浆搅拌机外，尚有连续式砂浆搅拌机，主体为一长形分仓圆筒，水平通轴上与每个仓的对应位置分别装有供料叶片、计量螺旋叶片和搅拌叶片，预拌好的干料由进料口加入，经搅拌仓入口处计量、均匀加水，拌匀后的砂浆送出料口，出口可与吊罐或灰浆泵相连。
（徐家保）

砂浆喷枪　gunite

一种口径为 2～6mm，多用于细粒型涂料、净浆及罩面涂层等喷涂施工的最常用喷枪。一般多为黄铜制造，重约 800g，枪头为圆锥形，空气压缩机功率只要 200W 左右即可，料斗较大，可用拇指进行操纵。一般高黏度及混入骨料等相对密度较大的涂料比较容易沉降分层，灰浆等水泥涂料（层）加水后须立即使用，所以用这类喷枪施工须配备手

持式搅拌器。　　　　　　　　　　（刘柏贤）

砂浆强度　mortar strength

砂浆按规定方法拌合、制成 7.07cm×7.07cm×7.07cm 立方试件 6 块，标准养护 28d 抗压强度的平均值。是确定砂浆强度等级或砂浆标号的数据。决定于砂浆所用胶结材的强度外，主要决定于所用水泥或其他胶结材的数量；在多孔基面上使用的砂浆，因基底材料具有很大的吸水能力，砂浆拌合时的水灰比大小不会直接影响其强度。

（徐家保）

砂浆强度等级　mortar strength grade

以 MPa 表示的砂浆抗压强度分级，在数字前用 M 标示。按边长 70.7mm 立方试块经标准养护 28d 的抗压强度值（以 MPa 为单位）区分成若干等级；常用的有 M2.5、M5、M7.5、M10、M15、M20 等，便于设计、施工和科研工作选用或计算。

（徐家保）

砂浆石　mortar stone

又称硬化砂浆。参见砂浆（422 页）。

砂粒式沥青混凝土　sand grained bituminous concrete

集料最大粒径为 5mm 的一种沥青混凝土。这种沥青混凝土都是密实型的结构，空隙率较小（2%～5%），沥青用量较大（7.0%～9.0%）。主要用于双层式沥青混凝土路面的上层，或旧沥青路面的磨耗层。

（严家伋）

砂率　sand percentage

混凝土中细集料含量对粗细集料总量的百分率。是混凝土配合比设计中的一个重要参数。以砂率＝〔砂质量／（砂质量＋石质量）〕×100% 的公式表示。在保证混凝土的工作性和强度要求的条件下，使用水量或水泥用量为最小时的砂率则称为最优砂率或最佳含砂率。选择最优的砂率可达到用较少的水量制得流动性适宜的混合料，便于施工操作，离析泌水少，得到密实均匀的混凝土。在配合比设计中，一般根据水泥用量、粗集料的种类（碎石、卵石等）及其最大粒径、细集料的粗细程度、混凝土的工作性等要求确定最优砂率，可查表选用或通过试验加以确定。

（潘介子）

砂面油毡　sand surfaced asphalt felt

以各种规格的细砂、粗砂、彩砂、天然轻砂等作撒布材料的油毡。一般只在油毡单面撒布。用砂作撒布料除防止油毡成卷时粘连外还对屋面防水层具有保护和装饰作用。通常用作多层屋面防水层的面层。

（王海林）

砂磨机　sand grinder

物料通过分散筒体内的研磨介质，被高速转动的分散盘强烈搅动而达到分散研磨的专用机械。有开放式和密闭式两大类，根据筒体的安装位置又可分为立式与卧式，规格根据筒体容量的大小而定，生产效率从 50kg/h 到 1 000kg/h 以上不等。常用的研磨介质有直径为 1～2.5mm 的玻璃细珠、石英砂、陶瓷球、人造玛瑙珠等。优点是占地面积小，生产效率高，可连续生产，分散效果好，清洗方便，被加工物的研磨质量比较稳定。缺点是换色较困难（尤其是深色换成淡色产品），不适宜用于高黏度材料的研磨。可用作涂料、油墨、染料、乳胶、色浆等材料的研磨设备。　　（邓卫国）

砂平均粒径　average size of sand

表示砂子粗细程度的一种指标。可根据砂子筛分析结果按 $d = \frac{1}{2}[G/(9.33a_1 + 1.19a_2 + 0.15a_3 + 0.019a_4 + 0.0024a_5)]^{\frac{1}{3}}$ 计算而得。式中 d 为砂子的平均粒径（mm）；a_1、a_2、a_3、a_4、a_5 分别为 0.16mm、0.315mm、0.63mm、1.25mm、2.50mm 各号筛上的分计筛余；G 为各号筛上的分计筛余的总和。其值大于或等于 0.50mm 的称为粗砂，0.35～0.50mm 的为中砂，0.25～0.35mm 为细砂，0.15～0.25mm 为特细砂，小于 0.15mm 的通常称为粉砂。

（孙宝林）

砂轻混凝土　sand-lightweight concrete

用普通砂或部分普通砂作细集料和轻粗集料配制成的轻集料混凝土。与全轻混凝土相比，水泥用量较小，工作性较好，表观密度 1 400～1 950kg/m³，强度和弹性模量较高，吸水率较低，收缩与徐变较小，热导率较大。细集料的品种和含量对其性能影响很大。主要用于承重结构和构件。

（龚洛书）

砂湿胀　bulking of sand

由于水膜推开砂颗粒而引起已知质量的砂体积的增加。在以体积量取时会导致混合料缺砂，使混凝土有可能产生离析和蜂窝现象。湿胀的程度取决于砂的含水量和细度。面干饱和状态下砂的体积随含水量的增加而增大。砂的含水量增加到 5%～8% 时其表观体积将增加 20%～30%，再增大含水量时则因水膜消失反而使总体积减小，完全饱和时砂的体积几乎相等于原干砂的松堆体积。细砂的湿胀要比粗砂大得多，且达到最大湿胀时的含水量也比粗砂要高。若 V_m 为砂样的最初体积，V_s 为饱和状态时砂的表观体积，则湿胀为 $(V_m - V_s)/V_s$，V_m/V_s 称为湿胀系数。按体积进行混凝土配料时，考虑到湿胀的影响，必须增加所用湿砂的总体积，因此体积 V_s 须乘以湿胀系数。湿胀系数也可由干砂和湿砂的堆积密度求得。　　（孙宝林）

砂石标准筛 standard sieves of sand-stone

简称标准筛。测定砂、石集料粗细、粒度和颗粒大小分布的标准规格的筛子。分砂子标准筛和石子标准筛两种。砂标准筛包括圆孔筛和方孔筛两部分，前者用厚度为 1mm 的穿成圆孔的金属板制成，而后者则用金属丝编成。石子标准筛用厚度为 2mm 的穿成圆孔的金属板制成。筛孔面积与筛子总面积的百分比称为筛子有效面积，其变化范围分别为 34%～53% 和 44%～65%。砂石集料粒度分级时，根据所要求的粒度范围，可采用一组规格不同的标准筛进行筛分。筛号常以筛孔孔径尺寸或单位长度上的孔数、单位面积内的孔数表示。中国砂子标准筛的孔径尺寸为 10、5、2.5、1.25、0.63、0.315 和 0.16（mm），对特细砂作分析时须增加孔径为 0.08mm 的圆孔筛一个。石子标准筛的孔径尺寸为 100、80、63、50、40、31.5、25、20、16、10、5 和 2.5（mm）。 （孙宝林）

砂土 sandy soil

粒径大于 2mm 的颗粒含量不超过全重 50%、粒径大于 0.75mm 的颗粒含量超过全重 50% 的土。按粒组含量分为砾砂（粒径大于 2mm 的颗粒占全重 25%～50%）、粗砂（粒径大于 0.5mm 的颗粒超过全重 50%）、中砂（粒径大于 0.25mm 的颗粒超过全重的 50%）、细砂（粒径大于 0.075mm 的颗粒超过全重 85%）、粉砂（粒径大于 0.075mm 的颗粒超过全重 50%）。其密实度按标准贯入试验的锤击数 N 分为松散（$N \leqslant 10$）、稍密（$10 < N \leqslant 15$）、中密（$15 < N \leqslant 30$）、密实（$N > 30$）四级。承载力标准值约 140～500kPa。 （聂章矩）

砂岩 sandstone

俗称砂石。砂粒经胶结变硬形成的碎屑沉积岩。其中粒径 0.625～2mm 的砂粒含量占 50% 以上，其余为基质或胶结物。矿物成分主要为石英、长石、云母、岩屑等。胶结物质为硅质、铁质、泥质及钙质等。按砂岩中碎屑主要颗粒的大小可分为粗粒、中粒、细粒、不等粒砂岩。按砂粒与黏土杂基的含量可划分为砂屑岩与杂砂岩二大类，前者黏土含量小于 15%，可细分为石英砂岩、长石砂岩、岩屑砂岩等；后者黏土含量大于 15%，可细分为石英杂砂岩、长石杂砂岩、岩屑杂砂岩等。按成因可分为海成、湖成、河成及风成四种。在水泥生产中，可作硅质校正原料，以弥补二氧化硅的不足。硅质砂岩是玻璃的主要原料。根据 Fe_2O_3 的含量高低可分别用于低中高档的玻璃制品中，如深色瓶罐玻璃、平板玻璃、光学玻璃。在陶瓷生产中用作瘠化料，以降低坯体的干燥收缩，提高陶釉的耐磨性及化学稳定性等。在建筑工程上砂岩称青条石，主要用于基础、墙身、阶石、栏杆、人道。纯白色砂岩俗称白玉石、白粒岩，用于纪念碑、浮雕及其他艺术制品。 （郭柏林 许 超）

砂质水泥 sandy cement

由硅酸盐水泥熟料和石英砂（一般为 30%～40%）加入适量石膏磨细成的水泥。可以共同磨细，也可分别磨细再混匀，但要有足够细度，以便使石英砂能与水泥的水化产物充分反应。此水泥必须蒸压养护。用于生产混凝土制品时，可节约水泥熟料，改善制品耐蚀性和减少干湿变形等。用于生产石棉水泥制品，成型时脱水过滤性能好，蒸压养护时间短，生产周期大大缩短，但吸水率较高，且制造管材时加工比较困难。 （王善拔）

shai

筛分曲线 sieve-analysis curve, screen analysis curve

集料按检验标准方法筛分后以各号筛上的累计筛余百分率为纵坐标、以筛孔尺寸（常以其 2 为底的对数分格）为横坐标绘成的曲线。与标准允许的筛分曲线范围对比，可以直观地判断集料的级配是否符合要求。如不合适，可用人工方法按混合集料予以调整。 （孙宝林）

筛分析法 sieve analysis

测定粉状或粒状物料的细度或粒度的一种方法。可用于物料粒度的分级。此方法系采用特定筛孔尺寸的标准筛，按规定筛法操作法测出不能通过筛网的筛余物质量，并以此质量占试样质量的百分数表示细度。中国标准规定用该方法检验水泥细度。包括负压筛法、水筛法和干筛法。负压筛法使用负压筛析仪，负压可调范围 4～6kPa，筛 2min；水筛法使用水压为 0.05 ± 0.02MPa 的喷头连续冲洗 3min；干筛法为手工操作。三种方法测定结果如有争议，以负压筛法为准。 （魏金照）

shan

山榴

石榴科植物。古代用其花汁制成胭脂及红色染料。着色力较紫铆为次。在古建筑彩画中应用极少。 （谯京旭）

山砂 rock weathering sand

由岩石风化后在原地沉积而成的天然砂。颗粒多有棱角，表面粗糙，易与水泥石黏结，但砂中含有黏土、软弱颗粒、有机物质等有害杂质，需经试验才能用作混凝土的细集料。 （孙宝林）

杉木 Cunninghamia lanceolata (Lamb.)

Hook.

中国特有的针叶树种。生长快，质量好，用途广，木材产品占全国商品材的 1/5～1/4。杉木是速生树种，分布在浙江、福建、台湾、云南南部、四川盆地、广东、广西、江西、湖南、贵州等十六个省（区）。边材浅黄色或浅灰褐色微红，心材浅栗褐色或浅灰红褐色。木材有光泽，有特具的杉木气味，纹理直，结构细至中等，均匀，锯、刨等加工容易，刨面欠光滑。耐腐。气干材密度 $0.320\sim 0.416g/cm^3$；干缩系数：径向 $0.100\%\sim 0.180\%$；弦向 $0.260\%\sim 0.308\%$；顺纹抗压强度 $29.1\sim 40.7MPa$，静曲强度 $48.9\sim 71.1MPa$，抗弯弹性模量 $6.47\sim 10.00GPa$，顺纹抗拉强度 $66.4\sim 81.5MPa$，冲击韧性 $1.76\sim 2.88J/cm^2$；硬度：端面 $21.0\sim 28.4MPa$，径面 $11.7\sim 17.0MPa$，弦面 $18.3\sim 19.1MPa$。原木或原条适于做电杆、坑木、木桩、桥梁、脚手架、捆栅、柱子、屋架。板材可做门、窗、地板等。

（申宗圻）

闪长岩 diorite

主要由中性斜长石、普通角闪石、少量辉石及黑云母组成的中性深成岩。SiO_2 含量约 $55\%\sim 60\%$，深色矿物含量约占 $1/3$，以半自形粒状结构为主，块状构造。呈灰白、深灰、浅绿等色。表观密度 $2750\sim 2920kg/m^3$，抗压强度 $100\sim 250MPa$，孔隙率 0.25%。可用作基础、桥梁、台阶、路面等建筑石料。颜色美观、磨光性好的可加工成板材作建筑物室内外墙面、地面等饰面材料。

（曾瑞林）

闪火点 flash point

又称闪点。沥青在规定的闪点仪中加热至产生一瞬即灭的闪火时的最低温度。最常采用的布林肯开口杯闪火点、克利夫兰开口杯闪火点和潘马氏闭口杯闪火点等。我国现行标准采用布林肯开口杯闪火点。

（严家伋）

闪络距离 flashover distance

瓷绝缘子表面放电路程的长度。分干闪络距离与湿闪络距离。前者指瓷绝缘子电极间通过周围空气的最短距离；后者指瓷绝缘子电极间通过其湿表面的最短距离。

（陈晓明）

闪燃 flash

可燃性液体材料表面上的蒸气或固体材料热分解产生的可燃性气体和空气的混合物与火焰接触所产生的一闪即灭的燃烧现象。产生闪燃的最低温度称闪点（flash point）。闪燃虽不足以维持持续的有焰燃烧，但可引起爆炸，故闪点越低，火灾危险性越大。

（徐应麟）

闪烁玻璃 scintillating glass

能将射线的辐射能量转变成光子的玻璃。在 $SiO_2-BaO-Li_2O-B_2O_3$（其中 Li_2O 需用同位素 Li）等系统的基础玻璃中添加 CeO_2 等激活剂制成。与晶态 NaI 等闪烁体相比，其化学稳定性、耐温度变化、耐潮湿等性质更好。根据所测射线的种类和要求可大范围地改变组成和体积。用作探测各种射线能谱和强度的闪烁计数器上的闪烁体的元件。

（刘继翔）

shang

商尺 Shang scale

①又称唐大尺、唐营造尺。长度为开元通宝钱平列十二枚半之长。开元通宝直径为 $2.469cm$，故商尺 $=2.469cm\times 12.5=30.8625cm$。

②近人郭沫若从商代甲骨中考得商尺 $=29cm$。见郭著《殷契粹编》考释 173 页第 1 324 片。

（张良皋）

上光剂 brush polish, polishing wax

又称上光蜡。是蜂蜡、巴西蜡等溶解于松节油中的膏状物。在涂膜表面涂装之后，可增强表面的光亮度，起到防水和保护材料、延长使用寿命、增加表面美观的作用。广泛用于各种喷漆器具表面的上光。

（陈艾青）

上轴铣床 router

主要用于作轻型的仿型铣削、浮雕加工、开槽和钻孔等加工的木工铣床。由主轴、立臂、导向定位销、可升降的工作台及床身等部分构成。切削刀具是小直径的各种端铣刀。靠模沿着伸出工作台面的导向定位销移动，端铣刀在工件的内或外表面作仿型加工。除手工操作外，还可通过数字控制或光电控制方式进行加工。

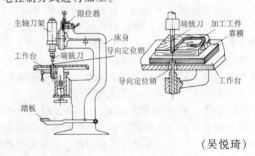

（吴悦琦）

shao

烧成 firing

将坯体焙烧成制品的工艺过程。在这一过程中坯体中发生一系列的物理、化学变化，最终使坯体获得一定的物相组成、微观结构和所需的性能。必须按照规定的制度（包括烧成温度、压力和气氛）进行。焙烧的止火温度称为烧成温度，是使制品得到合适使用性能的最高温度，必须严格加以控制。通过一次焙烧获得成品的过程称为一次烧成。在生产中，产品常需几次焙烧，如二次烧成，常见于建筑陶瓷生产中的素烧（无釉坯焙烧过程，常生产半成品）和釉烧（素烧半成品施釉后的焙烧过程，产生成品）。采用超细、低热膨胀系数及在烧成温度范围内无有害体积相变（产生较大的相变弹性应力）和大量气体（如水蒸气及有机物、碳酸盐、硫酸盐等氧化和分解产物）放出的原料；添加适当助烧剂以及采用先进的加热方法（以降低坯体的内外温差），可使坯体在远远低于常规烧成时间内烧成，称为快速烧成。　　　　　　　　　（陈晓明）

烧成缺陷　defect on firing

烧结砖、瓦在焙烧过程中产生的外观或性能缺陷的总称。通常有欠火（参见欠火砖，385 页）、哑音、压花、黑心、黑头（参见黑头砖，184 页）、裂纹、变形等。主要由于干燥或焙烧制度不合理、烧窑操作不当造成。　　　　　　　　　（崔可浩）

烧成收缩　firing shrinkage

焙烧过程中坯体产生的体积收缩。通常以烧成线收缩率表征其大小，即干燥坯体焙烧前与烧成后的长度之差与焙烧前原长度之比，以百分率表示。用以研究原料的焙烧性能。　　　　　　　（陶有生）

烧成油浸镁质耐火材料　impregnated burned magnesite refractory

经过沥青浸渍的烧成镁砖。浸渍工艺除常压浸渍外，多采用真空加压法，一般是一次浸渍，也可多次浸渍。制品浸渍后，体积密度、抗渣性、抗水化性均有所提高。可用于炼钢电炉炉墙、转炉炉衬和盛钢桶内衬。　　　　　　　　　　（孙钦英）

烧结　sintering

一种或混合均匀的多种固体粉状物料经成型、加热到低于熔点的一定温度下变成致密、坚实、具有一定机械强度的整体的过程。无液相参与时称为固相烧结；有液相参与时称为液相烧结。随着温度的升高及时间的延长，粉料颗粒黏结、晶粒长大、空隙（气孔）逐渐消失；通过高温传质过程，坯体总体积收缩，密度增大，最后成为具有一定强度的坚实整体。其致密化过程的推动力是粉料表面自由能的自发降低。伴随致密化过程，还发生固相反应、晶型转变、再结晶等物理化学变化，称为"烧结现象"。通过烧结和上述物理化学变化，烧结物形成一定的矿物组成和显微结构，从而获得相应的物理化学性能。烧结物的显微结构及性能与其原料、制备工艺、烧结制度、烧结气氛及烧结方法有关。按烧结方法分类有常压烧结、反应烧结、活化烧结、气氛烧结、热压烧结、热等静压烧结、超高压烧结、微波烧结、爆炸烧结等。凡对烧结物施加压力的烧结方法称为加压烧结，可提供额外的烧结推动力，使致密化过程加速。是陶瓷、耐火材料及粉末冶金制品等必需的重要生产环节。
　　　　　　　　　　　　　　　　　　（陈晓明）

烧结粉煤灰砖　sintered fly ash brick

以粉煤灰为主要原料，经配料、成型、干燥和焙烧而制成的烧结砖。由于粉煤灰的可塑性差，故常加黏土或煤矸石等粘结料及增塑剂，以增强配合料的团聚力。产品规格主要为 240mm×115mm×53mm，表观密度为 1 400～1 500kg/m³，按抗压和抗折强度分为 MU7.5，MU10，MU15，MU20 四个强度等级，按耐久性能和外观质量指标分特等、一等和二等三个等级，砖的颜色介于淡红和深红之间。能经受 15 次以上冻融循环而不破坏。可以利废、节能、节土。　　　　　　　　　（何世全）

烧结机　sinter strand

生产烧结粉煤灰陶粒、烧结料等人造轻集料的一种焙烧设备。由台车、环形轨道、机架和传动机构等组成。满装生料（球）的台车在环形轨道上连续运行，运行速度 0.25～0.27m/min。用天然气、重油或煤粉作燃料，最高温度可达 1 300℃，足以使生料烧结。因生料中含有煤粉，可改善燃烧条件，节约能源，生产效率也较高。中国主要用来生产粉煤灰陶粒。　　　　　　　　　（龚洛书）

烧结料　agglomerated furnace clinker

又称再生炉渣。以粉煤灰、煤渣与少许黏土为原料，经搅拌混合，高温烧结，破碎筛分而得的轻集料。外观多孔，呈蜂窝状。堆积密度 600～1 000kg/m³。与煤渣相比，其有害物质含量较少，强度和耐火度较高。可用它制成一般用途的或耐热的轻集料混凝土。　　　　　　　　　（龚洛书）

烧结料混凝土　agglomerated furnace clinker concrete

以烧结料为集料配制成的轻集料混凝土。性能与膨胀矿渣混凝土相似，表观密度1 100～1 900kg/m³，抗压强度 5.0～20MPa，热导率 0.30～0.9W/(m·K)。主要用以制作建筑砌块。在我国研究很少，未见应用。　　　　　　（龚洛书）

烧结煤矸石砖　sintered brick of colliery waste

以煤矸石为主要原料，经选料、粉碎、成型、干燥、焙烧而成的烧结砖。产品规格主要为 240mm×115mm×53mm，按抗压和抗折强度分为 MU7.5、MU10、MU15、MU20 四个强度等级，表观密度为 1 400～1 650kg/m³，根据耐久性能和外观质量指标分为特等、一等和二等三个等级。根据煤矸石品质配以少量黏土，可以挤压法、半压法、捣打法成型。对各种砖窑均能适应，煤矸石成分不同，最佳煅烧温度也不同。原料煤矸石是中国数量极大的工业废渣之一，又可利用其热能，故可节煤、节土和减少环境污染，用以发展制砖工业有着广阔的前景。 （何世全）

烧结黏土砖 sintered clay brick
以黏土为主要原料，经选料、成型、干燥和焙烧而成的烧结砖。一般称黏土砖即指烧结黏土砖。按外形分为普通黏土砖，规格为 240mm×115mm×53mm；空心黏土砖（孔洞率大于 15%）两种。按烧成的气氛不同分为红砖和青砖两种，前者在氧化气氛中烧成，呈红色，目前普遍使用的是这种砖；后者在还原气氛中烧成，呈青色，一般采用间歇窑焙烧，在窑内温度达到 900℃ 左右时，减少空气的供给，加入少量水分，使窑内形成强烈的还原气氛，黏土中的高价氧化铁还原为低价氧化铁，颜色由红变青，加速冷却而成。两种颜色的砖，质量上无大差异。 （何世全）

烧结普通砖 fired common brick
尺寸为 240mm×115mm×53mm 的实心和孔洞率不大于 15% 的烧结砖。按抗压和抗折强度，分为 75、100、150 和 200 四个标号；根据标号、耐久性和外观质量分为特等、一等和二等三个等级。 （何世全）

烧结型人造大理石 sintered artificial marble
经高温烧结而成的人造大理石。将斜长石、石英、辉石、方解石粉和赤铁矿粉以及部分高岭土混合，一般配比为：黏土 40%，石粉 60%，用泥浆法制备坯料，用半干法压制成型，在窑炉中以 1 000℃ 左右的高温焙烧而成。优点是只需用黏土作黏结剂，耐候性能好。缺点是需高温焙烧，能耗大，造价高，且产品破损率高。主要用作建筑物的面砖和地砖。 （郭柏林）

烧结页岩砖 sintered shale brick
以泥质页岩或碳质页岩为主要原料，经粉碎、成型、干燥和焙烧而成的烧结砖。有实心砖和空心砖。实心砖尺寸主要为 240mm×115mm×53mm，按抗压和抗折强度分为 MU7.5、MU10、MU15、MU20 四个强度等级，根据耐久性能和外观质量指标分为特等、一等和二等三个等级。与普通黏土砖相比，需增加爆破、粉碎和筛分等生产工序。砖形规则，强度等级较高，一般抗压强度为 10～20MPa，高的可达 40MPa 以上，其砌体强度亦高。宜做成承重空心砖、楼板和墙板用的异形空心制品等。 （何世全）

烧结砖 fired brick
以黏土、页岩、煤矸石、粉煤灰等为主要原料，经焙烧而成的砖。外形多为直角六面体，属粗陶产品。生产过程包括原料制备、挤出成型、切坯、干燥和焙烧等。在烧成温度 900～1 150℃ 下，产生结晶相（钙长石、硅灰石、钙黄长石、石英等）、玻璃相和气相，从而具有强度及其他性能。产品质量高低取决于原料的矿物组成和化学成分、混合料的组成、烧结体的亚微组织以及生产工艺等。按原料可分为烧结黏土砖、烧结粉煤灰砖、烧结煤矸石砖和烧结页岩砖等；按规格可分为烧结普通砖、空心砖和八五砖等。根据生产工艺特点，还有微孔黏土砖、劈离砖和缸砖等。 （何世全）

烧结砖泥料制备 brick mixed clay preparation
对烧结砖原料（黏土、粉煤灰等）进行加工处理，使其成为宜于成型的泥料的过程。通常包括风化、剔除杂质、破碎和粉碎、陈化、加工搅拌、泥料加热处理及泥料真空处理等工序。此过程极为重要，其加工质量直接影响成型坯体及烧成品的质量。 （陶有生）

烧黏土 burnt clay
经 600～800℃ 煅烧后的黏土。其所含主要黏土矿物高岭土质矿物脱水分解为无水偏高岭土（$Al_2O_3·2SiO_2$）或无定形的氧化硅和氧化铝，具有活性，可作为水泥的火山灰质混合材料。煅烧温度过低或过高，均会使活性降低。 （陆 平）

烧失量 loss on ignition
又称灼减量。试样经高温灼烧后减少的质量。主要是试样中化合水、有机物及易分解的化合物在高温时的挥发，但也有因低价氧化物的氧化，而使质量增大，因此，烧失量实质上是高温灼烧后试样减小质量与增加质量的代数和。 （陈嫣兮）

少熟料水泥 cement with less portland clinker
以活性混合材料为主，加入少量熟料和石膏磨制成的水泥。如低热微膨胀矿渣水泥等。标号较低，但生产工艺简单，可就地取材，利用工业废渣。水化热低。由于含有少量熟料，其水泥性能比无熟料水泥有所改善。 （王善拔）

she

蛇纹石 serpentine
化学式为 $Mg_3Si_2O_5(OH)_4$ 的一种镁质含水硅酸盐。有时含有少量镍。单斜晶系，无完整的晶体，常成叶片状、纤维状集晶块体，晶体结构为三八面体。呈油脂、蜡状或绢丝光泽。相对密度 2.50～

2.65，硬度 2.5～4.0。蛇皮状青、绿色斑纹为其特征，有绿、深绿、墨绿、黄绿、黄色等各种色调。恒与白云石、菱镁矿或方解石混生。种类很多，主要有：①贵蛇纹石（precious serpentine）；②脂光蛇纹石（retinalite）；③硬绿蛇纹石（Bowenite），又称鲍温玉；④叶蛇纹石（antigorite）；⑤白蛇纹石（marmolite）；⑥硬绿蛇纹石（picrolite）；⑦玉蛇纹石（williamsite），又称威廉玉；⑧纤维蛇纹石（chrysotile）等。纤维蛇纹石又称温石棉，空心圆柱状结构，易松解，吸附力强，耐碱不耐酸，弹性模量及抗拉强度较高，长纤维用于纺织石棉织品，短纤维用于生产石棉水泥制品。贵蛇纹石、脂光蛇纹石、硬绿蛇纹石、玉蛇纹石等品种是生产优质玉石的原料，其他种类的蛇纹石也可用作普通装饰品。此外，蛇纹石可用于生产耐火材料、镁质胶凝材料、镁盐和建筑装饰石材。

（孙南平　郭柏林）

蛇纹石大理岩　ophicalcite

镁质碳酸盐类岩石（白云岩或白云质灰岩）经富含 SiO_2 的热液作用形成的富含蛇纹石的大理岩。矿物成分以方解石（约占 65% 以上）和蛇纹石（20%～30%）为主，并含少量云母、磁铁矿，偶见滑石、绿泥石等。呈黄绿、灰黑等色，粒状或斑状变晶结构，致密块状构造。其色彩花纹美丽者，可作为建筑装饰用石材或工艺品的原料。

（郭柏林）

蛇纹岩　serpentinite

一种主要由蛇纹石组成的变质岩石。由超基性岩主要经中低温热液交代作用或中低级区域变质作用，使原岩中的橄榄石和辉石发生蛇纹石化而形成。主要由各种蛇纹石（叶蛇纹石、纤维蛇纹石、利蛇纹石等）组成，其次有磁铁矿、钛铁矿、铬铁矿、水镁石、镁铁碳酸盐矿物等，有时可含少量透闪石、金云母、滑石等。呈绿色、暗绿色及黑中带绿色等蛇皮颜色。致密块状，油脂光泽，略具滑感。硬度为莫氏 3 左右。可作耐火材料及钙镁磷肥、蛇纹石水泥和提炼金属镁的原料。结构致密细腻、颜色花纹好的可作工艺品或建筑装饰石材。

（郭柏林）

蛇形压送泵　snake take away pump

由一个旋转的蛇形金属管和外面的硬橡胶套管组成，由螺旋推进器将料斗中的涂料推至蛇形管和套管之间，通过蛇形管的旋转而

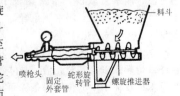

将涂料压出的喷涂机械。这种泵出现较早，已被广泛采用。优点是喷涂时没有脉冲现象可满足均匀喷涂的需要，形体较小，易于压送黏稠、糊状流体。缺点是蛇形金属管和套管为易损件，必须定时更换，不宜输送溶剂系涂料。可按泵的扬程、喷出量、喷出压力等参数选择。

（邓卫国）

射灯　shoot lamp

为突出物品特征做局部照明的专用灯具。常以白炽灯和卤素灯为光源。其灯泡多用磨砂玻璃制成，上半部涂有水银反射膜（图），属小型聚光灯，外罩型体各异，具有聚光效果好、光通利用率高、小巧玲珑、结构灵活多样、方位角度调节自由等特点。常见有万向型、固定型、导轨型和活动型等。常作为展览厅、博物馆、商场等处以突出各种重点物品的照明。

（王建明）

射钉　shoot nail

由"射钉枪"射入混凝土、砖墙、钢板等材料的专用钉。分带螺丝扣和不带螺丝扣的两种，其直径有常规的 8、10、12（mm）三种，另可按需要加工。钉被弹筒（半自动步枪"7.62"弹壳）内火药的爆发力钉入以后，其总拉力荷载可达 10～30kN，还可将钢板直接固定在墙上或水泥地上，亦可代替人工操作，将 10 或 10mm 以下的钢板（Q235）直接穿孔。最大直径可达 21.5mm。以此施工，可以减轻作业强度，提高工程质量，加快进度，降低成本；而且携带方便，不用电源。因此被广泛用于国防建筑、水利电力工程、工矿企业，以及建筑安装工程和架设各种临时军用设施、地下隧道的开掘、野外地质勘探等临时设施的安装工程。

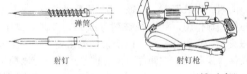

射钉　　　　射钉枪

（姚时章）

射气热分析　emanation thermal analysis, ETA

又称放射热分析。测量物质中放出的放射性物质并研究其与温度关系的热分析方法。放射性物质是试样物质及其变化的痕量指示剂，可以是试样本身释放的，或者是在测量前加入试样（如加入具有较高灵敏度的放射性气体氡、氙等）在加热过程中又释放出来的，释放的量与试样的物理、化学性质有关。测量记录的射气热曲线，其纵坐标为放射性气体的放射能，横坐标为温度。物质射气能的变化可反映固体结构或表面积、介质环境或扩散条

件的变化。特别适宜于研究无热效应的结构变化、微小结晶或无定形相的形成。

(杨淑珍)

射线非破损检验 nondestructive test by ray

利用电磁辐射 X 射线和 γ 射线, 对材料内部质量进行检查的一种非破损检验。X 和 γ 射线的波长短, 具有高穿透能力, 能够穿过一定厚度的物质, 并且与其内部的原子发生相互作用, 引起辐射强度的衰减, 衰减程度又同材料的厚度、密度和化学成分有关, 材料内部存在某种缺陷而使其局部的有效厚度、密度和化学成分改变时, 就会在缺陷处和周围区域之间引起射线强度衰减的差异。用感光的底片将这种差异记录下来或用示波管显示出来, 就能确定材料内部缺陷的种类、大小和分布情况。

(宋显辉)

摄谱分析法 spectrograph analysis method

用照相方法记录发射光谱的分析方法。以电弧或电火花作发热源激发试样, 产生的辐射光经棱镜或光栅色散后的光谱摄录在感光板上, 根据谱板上所记录的光谱图, 借助映谱仪(亦称光谱投影仪)将分析试样和标准试样的光谱图同时放大投影, 用光谱比较法进行定性分析; 用测微光度计测量谱线的相对黑度进行定量分析。该方法分析过程长而慢, 但价格低廉宜于普及。

(潘素瑛)

shen

砷石 bearing stone

俗称门枕石, 抱鼓石, 门鼓石。设置在旧式房屋建筑的大门门框两侧, 左右对称安置的石构件。由整块石材凿制成形, 可区分为前、中、后三部分。前端方形叫"门枕石"(明代以前的式样)、圆形的叫"抱鼓石"、"门鼓石"(清代的式样), 起结构和装饰作用。其上往往刻有麒麟、仙鹤、狮子、梅花鹿、喜鹊、牡丹、山茶花、葵花等吉祥图案或其他纹式花样; 中间部分凿有榫槽, 若"金刚腿", 可以安装活络门槛; 后部凿有门楗, 是"户枢"的安装部位。石材以青石为多, 也采用武康石或花岗石。其体型大小、雕刻繁简, 往往随主体建筑物的等级而定。建筑物宏大豪华, 砷石的体型巨大, 制作精细; 反之, 体型小, 制作也简朴, 甚至素面无纹饰。

(叶玉奇 李洲芳)

砷座 base of bearing stone

设置在砷石下面充当土衬石作用的长方形石材。体量按砷石的大小为转移, 一般四周各出砷石五至七寸, 有稳定砷石的功能。材料一般为青石、花岗石。

(叶玉奇 李洲芳)

渗出性 permeability

密封膏在使用、施工过程中配合剂组分渗出的程度。试验方法是取 10 张经 105 + 2℃ 干燥 5～8h 的滤纸, 叠放在玻璃板上, 在滤纸中央压上 $\phi 20mm \times 20mm$ 黄铜环, 环内填满密封膏, 在标准条件下放置 72h, 测出渗透滤纸张数和渗出幅度, 以二者之和的渗出指数为其指标。嵌缝油膏中指该指标称保油性, 以渗油张数和渗油幅度为其指标。其试验方法略有区别。参见保油性 (11 页)。

(孔宪明)

渗水系数 permeability coefficient

单位时间内, 在单位水头作用下渗透过单位面积及单位厚度材料的渗透水量。值愈大表明材料的抗渗性能愈差。

(徐家保)

渗透剂 permeate agent

又称润湿剂。能降低液体表面张力或界面张力, 使固体物料更易浸润的物质。由于降低表面或界面张力, 水能在固体物料上展开或渗入, 将其润湿。常在颜料色浆、乳胶漆、色漆的制备中使用, 有时也可作乳化剂、分散剂或稳定剂。

(陈艾青)

渗透系数 permeability coefficient

见抗渗性(270 页)。

渗吸 infiltration

涂料不规则地透吸入被涂物的表面微孔中, 导致涂膜表面光泽不均的现象。是涂料施工中的缺陷。形成原因是被涂物表面有众多毛细孔、杂质; 涂料的黏度过小; 成膜物质的聚合度低; 底层涂料的封闭性差; 腻子含油(树脂)量少等, 使用煤焦油系统的溶剂也易产生这种现象。合理选择底层涂料, 调整腻子配方, 妥善处理多孔表面可防止和减少这种现象的发生。

(刘柏贤 邓卫国)

sheng

升浆混凝土 preplaced-mortar concrete

先注入砂浆后加粗集料, 使砂浆上升而成型的混凝土。将预先拌合好的稠度适宜的水泥砂浆, 注入模型内, 然后在振捣过程中, 将粗集料逐渐加入, 借振动力和自重, 粗集料下沉, 砂浆上升遍布粗集料表面, 形成密实的混凝土体。与普通混凝土相比较, 用水量较少, 水灰比较小, 粗集料用量多, 节约水泥用量。泌水现象轻。

(孙复强)

生材 green wood

立木或树木刚伐倒时的木材。其含水率一般都在纤维饱和点以上甚至几倍, 具体数值随树种和季节及木材在树干中的位置等条件而异, 且变异性极大。

(申宗圻)

生料　raw meal

水泥生料的简称。由石灰质原料、黏土质原料及少量校正原料按比例配合，粉磨制成成分合适、均匀的粉末状物料。立窑生产时还常掺有煤粉。其化学成分随水泥品种、原料、燃料、生产方法及其他生产条件而有所不同。干法生产用的生料粉含水量一般不超过1%；湿法生产用的生料浆含水量约35%；立窑或立波尔窑用的生料球，含水量为12%～15%；湿法料浆脱水后的生料块含水量为15%～20%。通常是通过测定和调整生料的碳酸钙（或氧化钙）、三氧化二铁含量、细度、对立窑全黑或半黑生料还有煤含量等实现对生料质量控制。生料的高质量是水泥生产优质、高产、低消耗的前提。

（冯培植）

生料釉　raw glaze

全部为生料，不含预先熔制料的陶瓷釉。由不溶于水的原料配成。具有烧成温度高，机械强度大，透光性、光泽性较好的特点。适用于瓷质、炻质（参见炻器，450页）各类陶瓷产品。

（邢宁）

生料制备　preparation of raw meal

生产水泥时，制得化学成分符合要求、细度合格的生料的过程。包括原料破碎、原料预均化、原料配合、生料粉磨与均化等工序。为保证入窑生料质量均匀稳定，除应严格控制原料、内含燃料的化学成分进行精确配料外，出磨生料应在生料库内进行调配并搅拌均化。当干法生产的原料成分波动较大（如石灰石碳酸钙含量波动大于4%，煤的灰分波动大于5%）时，原料入磨前应在预均化堆场进行预先均化。生料粉磨可采用开路或闭路球磨机系统、挤压粉磨系统或球磨、立窑烘干兼粉磨系统，湿法生产时，多采用球磨系统或棒球磨系统。

（冯培植）

生漆　lacquer

又称大漆、国漆、土漆。是我国特产之一。为优良的传统涂料。是生长着的漆树上割切的乳白色黏性树汁，经滤去杂质加工而成。主要成分为漆酚

（化学结构为 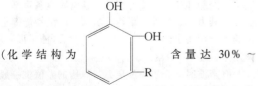 含量达30%～70%）、漆酶（约占10%），其他为水分和树胶质。呈浅黄色。涂刷于物体表面，在空气中干燥变为黑色。漆膜坚韧耐久，富有光泽，还具有独特优良的耐久、耐磨、耐油、绝缘等性能。不耐强碱和强氧化剂。干燥前对皮肤有刺激性，引起过敏性皮炎。适用于木材建筑物、日用家具的装饰和配制熟漆、广漆等。

（陈艾青）

生石膏　raw gypsum

见二水石膏（102页）。

生石灰　quick lime

由石灰石、白云石质石灰岩、白垩、贝壳等碳酸钙含量高的原料经900～1 300℃高温煅烧分解，释放出CO_2而得的产物。主要成分为氧化钙。白色固体，含杂质时可呈褐色、灰色。莫氏硬度2～3。按煅烧程度可分为正烧石灰、过烧石灰和欠烧石灰；按MgO含量多少，可分为钙质石灰、镁质石灰和白云石质石灰；按胶凝性质可分为气硬性石灰和水硬性石灰，按消化速度大小可分为快速石灰、中速石灰和慢速石灰。随煅烧程度不同，表观密度为1.51～2.44g/cm³，气孔率为34%～50%。有强烈吸水性和吸湿性，与水反应生成氢氧化物。大量用于建筑工程，也是制作硅酸盐建筑制品、碳化石灰制品的主要原料。在冶金、化工、农业等方面也有广泛用途。

（水中和）

生石灰工艺（峰前成型）　technology with quick lime（forming before temperature peak）

石灰的消化过程主要在成型后的模具中进行的硅酸盐制品生产工艺。因石灰消化，混合料温度随时间逐渐升高，达到峰值后，又逐渐降低。峰值的到来标志着消化过程基本结束。制品在这之前成型，称峰前成型。磨细生石灰在适宜加水量的消化过程中，除伴有放热现象外，尚有不大的体积膨胀和重要的凝结现象，峰前成型可利用生石灰的凝结能，成型越早，利用的越多，制品的强度越高。成型方法主要为振动成型和浇注成型。模具应有一定的刚度以抑制混合料的体积膨胀。这种工艺比用熟石灰工艺（峰后成型）制得的制品的物理力学性能优良，但控制要求较严。

（蒲心诚）

生石灰临界水灰比　critical water-lime ratio

能使磨细正烧生石灰粉加水拌合后产生凝结效应的最小和最大水灰比。小于最小水灰比时，石灰-水体系急剧膨胀，甚至沸腾，石灰消化成粉状熟石灰，因而不凝结；超过最大水灰比时，消化后的氢氧化钙粒子在体系中相距甚远，亦不凝结，变成石灰乳膏。以有效氧化钙计，能产生凝结效应的水灰比范围大致为1.0～1.5。

（蒲心诚）

生石灰凝结效应　setting effect of lime

磨细的正烧生石灰粉在适当的水灰比（临界水灰比）范围内加水拌合后，石灰-水体系能产生凝结的作用。此时，消化过程放热平稳，体系体积膨胀甚微或无膨胀。随着过程的进行，水逐渐被消耗、体系逐渐稠化、新生的熟石灰晶粒逐渐增多，

并相互靠近、黏结、连生，最后形成具有一定强度的空间网状结构。利用此效应生产以石灰为基础的硅酸盐制品或其他材料时，其物理力学性能比用熟石灰的有显著的提高。　　　　　　　（蒲心诚）

生铁　pig iron

由铁矿石等在高炉内冶炼而成，含碳量在2.0%以上的铁碳合金。除碳外，还含有硅、锰和少量的磷、硫，有时还含有其他元素。其冶炼和铸造技术在中国发展很早，远在春秋时代已用生铁铸造农具等。高炉生铁按用途可分为三类：炼钢生铁、铸造生铁和用作脱氧剂或合金加入剂的特种生铁（铁合金）。　　　　　　　　　（许伯藩）

生物发霉　microorganism corrosion

微生物在玻璃表面滋生和侵蚀而形成霉斑的现象。在加工、储存和使用过程中引起的霉菌滋生，与玻璃组成、环境温度、湿度、清洁度有关，是生物 - 化学过程。多发生在光学玻璃零件表面上，其中高铅玻璃尤为严重。轻则影响成像质量，重则可使仪器报废。可在玻璃成分中引入适量具有杀菌能力的金属离子、表面覆以杀菌涂层、表面涂膜前进行杀菌预处理、在存放和使用时保持合适的湿度等措施来防止和减轻霉变。　　　　　（刘继翔）

生砖

俗称蒸不透砖。钙质材料与硅质材料反应不完全，生成水化产物少的一种有缺陷的蒸汽养护砖。系养护恒温时间不够、饱和蒸汽温度偏低、蒸压釜内冷空气未排尽形成混合气体使釜内温度偏低或釜内冷凝水未及时排除积聚在小车底部使近处的温度偏低所致。大大降低砖的强度及耐久性。

（崔可浩）

声发射探伤法　sound emission nondestructive testing

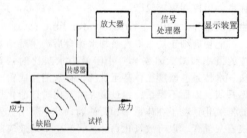

利用固体材料受力产生声发射现象研究材料的动态性能，评价结构的完整性的一种非破损检验方法。根据所发射声波的特点及诱发条件，推知发声部位，了解缺陷的现状，形成的过程和发展的趋势。由于缺陷能提供声发射信息，可连续监测缺陷产生的先兆，以防患于未然。广泛用于材料塑性变形、裂纹扩展、应力腐蚀、焊接、壳体耐压、结构件安全度和疲劳、冶金相变、地震及地质学、土石材料力学性能等的检测和监控。　　（宋显辉）

声功率级　sound power level

某声源的声功率（W）与基准声功率（W_0）之比取以 10 为底的对数后再乘 10。单位为分贝（dB），符号 L_W，即 $L_W = 10\lg(W/W_0)$，式中 $W_0 = 10^{-12}$（W）。　　　　　　（陈延训）

声能　sound energy

由于声的扰动使弹性介质产生压缩和膨胀过程，介质由此获得的振动动能和形变能。单位为 J。室内声学中常用单位容积内的声能，即声能密度（J/m^3），它可用声强计测出声强（W/m^2）后算出。　　　　　　　　（陈延训）

声能密度　sound energy density

见声能。

声桥　sound bridge

双层隔声墙之间构成声能传递捷径的刚性连接物，使空气间层提高隔声量的作用减弱或消失。刚性连接物可以是施工时不慎落入间层中的砖、石或木头，也可以是双层墙的共同立柱等。

（陈延训）

声速　sound velocity

声波振动在介质中的传播速度。随介质和温度的不同而异，例如在 20℃ 的水中为 1 480m/s，在铁中为 5 000m/s，在 20℃ 的空气中为 344m/s。在空气中传播时，温度每升高 1℃，约增加 0.6m/s。

（陈延训）

声学材料　acoustics material

用于改善声环境质量（如提高房间清晰度和丰满度），降低环境噪声和振动的产生及传播的材料。按声学功能的不同可分为：吸声材料、隔声材料、隔振材料和阻尼材料四大类。20 世纪初美国开始有厅堂和音质设计，当时主要是为改善房间混响状况应用吸声材料，随着建筑声学、噪声控制和振动控制技术的发展，以后逐渐延伸到隔声材料，并进一步扩展包括隔振材料和阻尼材料。其用途突破了改善房间音质的范围，而广泛用于机械制造、航天航空、船舶和铁路运输等部门。通常除具备声学功能外，其力学、防火、耐热、防水及防潮性能等也应满足使用要求。　　　　　　（陈延训）

声压　sound pressure

有声波时，介质中的压力与静压的差值。一般使用时是指在一段时间内瞬时声压的均方根值，即为均方根声压（或有效声压）的简称。用符号 P 表示，单位是帕（Pa）。　　　　（陈延训）

声源　sound source

向介质空间辐射声波的发声体。声音产生的原因可分为两类，第一类是物体振动发声，振动的原因有打击、冲撞、旋转及摩擦等。第二类是直接因空气中的涡流和紊流及压力突变引起的声音，如乐器中笛音、气流喷注、燃烧等。根据声源尺寸与其发声声波波长的相对尺度，可分为点声源、线声源和面声源。
（陈延训）

声阻抗 acoustic impedance

介质中波阵面上某一特定面积处的声压 P 与透过这一面积的体积速度 U（即质点速度乘以面积）的复数比值。即 $Z_A = P/U$，Z_A 为声阻抗，其实数分量称为"声阻"，虚数分量称为"声抗"。单位为 $Pa \cdot s/m^3$。
（陈晓明）

圣维南元件 St. Venant element

见流变特性（306页）。

剩余水灰比 remaining water-cement ratio

混凝土混合料经离心、真空抽吸或挤压等工艺处理，排除了原有的部分水分后其剩余水量与水泥质量的比值。其值愈小，则混凝土的表观密度愈大、质量愈高。
（徐家保）

shi

失光 chalky

又称瓷面无光。瓷层表面呈粉状且光泽极差的一种缺陷。产生原因有：大量结晶化合物所引起的熔融物过度结晶；瓷釉的组成不适宜；瓷面被硫酸盐污染，炉气中存在氯化物或二氧化硫，黏土用量不适宜，瓷釉浆悬浮性差。
（李世普）

施工配合比 in-situ mix proportion

根据工地测出的现场粗细集料含水率等情况，对以干燥材料为基准的混凝土试验室配合比进行修正后所得的各组成材料用量的比例。修正的方法是①按集料的含水量增加粗、细集料用量，相应地在用水量中扣除集料的含水量；②现场材料发生临时变动时作相应的调整，例如砂的细度模数每变动 ±0.20，则细集料应变动 $±30kg/m^3$，粗集料则相应变动 $\mp 30kg/m^3$；③为弥补混合料在运输、浇捣过程中的损失，避免集料离析，常增加混凝土中的砂浆数量，为此，实际施工时采用的砂率常比试验室配合比选定的砂率略增 1%～2%；④施工时为达到需要的坍落度，混合料水灰比允许有 0.02 的变化，否则须以原定水灰比为基础作现场配合比调整。
（徐家保）

施釉 glazing

使陶瓷釉料附着于陶瓷坯体表面的操作。根据坯体的形状、大小、厚薄及工艺上的要求，可采用不同的施釉方法，如浸釉、荡釉、喷釉、浇釉、压釉、静电施釉等。一般形状、色调简单，器形小的制品适合于机械施釉，反之多采用人工施釉。若施釉操作不当，易引起许多釉面缺陷，如缺釉、釉缕、色调不均等。
（陈晓明）

湿材 wet wood

长期贮存于水中的木材。其含水率高于生材，最大值取决于木材的孔隙度或密度，常随树种而异。
（申宗圻）

湿法制粉 wet body preparation

以水为介质研磨并制备陶瓷细粉料的方法。用于制备陶瓷压制成型用的坯料。主要有湿法球磨—压滤—泥饼干燥—轮碾造粒工艺和湿法球磨—喷雾干燥工艺两种。前者设备投资少，制备的坯料体积密度高，但坯料充填模具的能力较差，自动化程度低；后者制备的坯料体积密度较小，但坯料充填模具的能力强，自动化程度高，可与自动液压压砖机联合组成自动化生产线。但设备一次投资量大。
（陈晓明）

湿接成型 wet sticking process

将分别成型好的湿坯部件用粘接泥浆粘成一完整坯体的操作。许多形状复杂或高大制品，如带嘴、把等附件的产品及某些大型瓷套的成型，很难一次完成，必须采用此作业。其关键在于掌握好坯体的干湿、软硬程度，小件坯体的含水率以 15%～19% 为宜，大件坯体含水率以 14%～17% 为宜。待粘接的两部分干湿程度相差不应过大(不大于 0.5%)；粘接泥浆中的熔剂成分较坯料中的稍多，以烧成时两部分不开裂为前提；粘接泥浆的相对密度应大些，一般在 1.9 以上，使用时应调和均匀。
（陈晓明）

湿碾矿渣混凝土 wet rolled granulated slag concrete

又称活化矿渣混凝土。用粒化高炉矿渣掺入碱性激发剂（石灰、水泥）或硫酸盐激发剂（石膏）在加水湿碾后经成型和养护制成的混凝土。可用于制砖和混凝土预制构件及现浇工程。但由于工艺复杂，应用较少。
（蒲心诚）

湿球温度 wet-ball temperature

在湿棉纱包裹酒精温度计的测温球处所测得的温度。它并非空气的真实温度，而是反映湿空气相对湿度大小的物理量。湿棉纱水分蒸发所需热量与空气传给它的热量达到平衡，故湿球温度总是低于空气的干球温度（真实温度），空气的相对湿度越低，湿球温度与干球温度的差值越大。只有当空气的相对湿度为 100% 时，湿球温度才与干球温度相等。
（曹文聪）

湿热养护 hydrothermal curing

又称湿热处理或蒸汽养护。以相对湿度 90%以上的饱和蒸汽为介质，使混凝土加速硬化的养护方法。混凝土在湿热介质作用下加速了化学反应及内部结构的形成，获得快硬早强的效果。养护过程一般分为预养、升温、恒温、降温四个阶段。由于升温阶段只有冷凝而无蒸发过程发生，可避免制品发生早期干裂，但也能造成内部结构的破坏。养护温度越高，升温速度越快，破坏也越严重。蒸养混凝土的抗压强度随混凝土的配合比、水泥品种及养护制度的不同而变化，比标准养护混凝土28d的抗压强度约低10%~15%，最高甚至可降低30%~40%，但大都在继续后期养护中可获得增补。根据介质压力的不同，可以分为常压湿热养护（常压蒸汽养护）、微压养护和高压湿热养护（高压蒸汽养护）等。而高压湿热养护为硅酸盐混凝土水热合成所必需的。　　　　　　　　　　（孙宝林）

湿陷性土　collapsible soils

在浸水作用下，引起土的结构发生根本变化而具有附加加密特性的黏性土。最常见的是黄土、类黄土。通常具有肉眼可见的气孔（大孔）和较高的孔隙率（45%~55%），透水性较强，土在干燥状态下，有较大强度和较小的压缩性，在外部荷载和自重作用下，保持不变的应力状态，但遇水时，土的结构迅速破坏发生显著湿陷变形（压实）。在勘察、设计、施工和使用时，必须考虑这一特性。　　　　　　（聂章矩）

湿消化　wet slaking

见石灰消解（442页）。

湿胀　swelling

材料吸收水分而产生体积膨胀的现象。例如当砂子含有水分时，颗粒表面产生水膜层，引起一定重量的砂子体积显著增加，称为砂子的容胀。当含水率达到一定值（约5%~8%）时，砂的体积将增加20%~30%，含水量再增加时，砂粒表面的水膜层增厚，水的自重重力超过砂粒表面对水的吸附作用而发生流动，水分流入砂粒间空隙，砂粒表面的水膜层消失。在进行混凝土配料时应注意砂子的容胀。　　　　　　　　　　　　（潘意祥）

湿胀系数　bulking coefficient

见砂湿胀（424页）。

十二氯代环癸烷阻燃剂　F. R. dodecachlorocyclodecane

含十二氯代环癸烷的阻燃剂。十二氯代环癸烷又名全氯环二戊烷或全氯戊环癸烷。商品名 Decrorane,

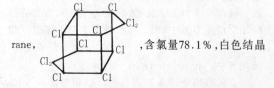

含氯量78.1%，白色结晶粉末。其改进品为双（六氯环戊二烯）环辛烷，商品名 Decrorane Plus, 含氯量65.1%，白色结晶粉末。无毒，低烟且无损材料电性能。常与锑系阻燃剂并用。适用于聚烯烃、ABS、聚苯乙烯、乙丙橡胶、丁基橡胶、三聚氰胺、苯酚树脂等。　　　　　（徐应麟）

十溴二苯醚阻燃剂　F. R. decabromodiphenyl oxide

含十溴二苯醚的阻燃剂。十溴二苯醚又称十溴联苯醚，记作 DBDPO，结构式为：

。含溴83.3%。白色粉末。添加型阻燃剂。热稳定性好，阻燃效能高。适用于聚苯乙烯、ABS、聚烯烃、聚酯、聚酰胺等热塑性塑料和环氧树脂、酚醛树脂、不饱和聚酯等热固性塑料。　　　　（徐应麟）

石板　flag stone, slate

用致密岩石凿平或锯割成厚度不大的扁长形石料。一般两个大面比较平整，厚度为100~150mm，宽度300~400mm，长度1 500~4 000mm。多用于建筑物外墙面、柱面、台阶、勒脚、路面、桥面及重要广场地面的镶铺。　　（宋金山）

石材　stone materials

天然岩石经开采加工而成的石质材料及人造石之总称。按用途可分为装饰石材及石料两大类。它是人类使用最早的材料之一，在人类文明史上，几乎每一个主要文化发展繁荣时期无不留下应用石材的伟大历史篇章，著名的古埃及金字塔、古希腊大理石雕塑、古罗马建筑廊柱等伟大建筑，经历了数千年历史，至今犹存。中国历代的庙宇、宫殿、佛塔、石碑、桥梁建筑、房屋建筑以及农田水利建设等方面均留有广泛应用天然石材的遗迹。中国石材资源丰富，品种繁多，目前生产的品种已有数百种。装饰石材主要利用岩石矿物所特有的色彩、纹理及光泽，使建筑物显得庄重、典雅、华丽，给人以美的感受；而石料则主要利用岩石本身的坚固性，使建筑及工程结构经久耐用。　　（袁蓟生）

石材板材率　produced slab rate of stone

由石材荒料加工成标准厚度为20mm板材或薄板的成品率。用公式计算为：

$$\text{板材率} = \frac{\text{锯成的板材面积 } A}{\text{荒料体积 } V} \quad m^2/m^3$$

式中 A 为荒料产出折合标准厚度为 20mm 的板材或薄板的面积。板材率的高低除与荒料的质量及加工性能有关外,还受生产厂家所用设备、刀具、生产技术水平诸因素的影响。　　(郭柏林)

石材粗磨　rough grinding of stone

利用磨料、磨具在研磨机上校准板材厚度及平面度的工序。绝大部分研磨加工裕量在此工序除去。可采用金刚石磨具、碳化硅磨具或红砂、钢砂等磨料进行粗磨。毛板质量差的工作量大,好的则工作量小以至省去这道工序。　　(郭柏林)

石材荒料率　quarrying rate of block

在开采范围内,采出能满足荒料规格的石材体积与开采矿、岩总体积之比。用百分率表示,即:

$$n = \frac{V}{\overline{V}} \times 100\%$$

式中 n 为荒料率; V 为荒料的体积 (m^3); $\overline{V}$ 为采出的矿岩总量 (m^3)。荒料率与节理裂隙有关。一般石材矿山建设和开采时,应考虑允许最低荒料率:

$$RM_{min} = \frac{C}{V - P} \times 100\%$$

式中 RM_{min} 为最低荒料率; C 为剥采总成本 (元/m^3); V 为荒料售价 (元/m^3); P 为所希望的最低利润 (元/m^3)。当石材矿床的实际荒料率小于 RM_{min} 时,矿山不应建设与开采。　(郭柏林)

石材胶合板　veneer stone slab

石材与金属或其他材料组合而成的复合板材。面层为 3～4mm 厚的大理石或花岗石薄板,背面粘以泡沫聚氨酯片或铝质蜂窝结构。与相应的实心板材相比,其重量可减轻 80%,且强度较高,富有弹性,保温隔热性较好,能平装,有利于运输和储存,特别适用于现代高层建筑物墙面及地面装饰。
　　(郭柏林)

石材精磨　fine grinding of stone

对细磨后的板材作进一步磨光的工序。通常利用碳化硅磨料或磨具在研磨机上进行。加工后的表面光亮平滑,光泽度一般可达 50 度以上,是抛光前的准备工序。　　(郭柏林)

石材镜面光泽度　specular gloss of stone

在规定几何条件下,石材磨光面反射光通量与相同条件下标准黑玻璃镜面反射光通量之比乘以 100 的值。通常采用光电光泽度计测定。主要取决于石材表面粗糙度、造岩矿物种类和含量、矿物晶体的排列方式和结晶程度。装饰石材成品的镜面光泽度多半在 75～110 光泽单位之间。　(郭柏林)

石材锯切　sawing and cutting of stone

将石材荒料加工成毛板的工序。在各种型式的锯机、切机上进行。其成本耗费约占制成品成本的 20% 以上。锯切设备好坏及锯切技术水平的高低影响产品质量、能耗和板材率。　　(郭柏林)

石材可加工性　processing properties

石材锯、切、磨加工的难易程度。一般可用肖氏硬度及耐磨率大致预测,在很大程度上取决于石材中矿物的成分和 SiO_2 含量。花岗石中石英 (SiO_2) 和长石硬度较高,其含量越高越难加工。大理石主要造岩矿物为方解石和白云石,其硬度较低,易加工。岩石的结构构造对可加工性也有影响,颗粒均匀比不均匀的易于加工、细粒比粗粒磨光质量要高、致密型比疏松型板材率高。可加工性很难按单一指标进行简单分类。　　(郭柏林)

石材框架锯　block fram-saws

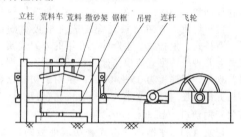

立柱　荒料车　荒料　撒砂架　锯框　吊臂　连杆　飞轮

又称排锯 (gang saws)。在作往复运动或摆式运动的锯框上安装几十到一百多根锯条将荒料锯成毛板的设备 (见图)。种类繁多,通常按照锯框运动轨迹及锯条不同分类,有金刚石框架锯、摆式砂锯、平动砂锯、复摆式砂锯等几种。前一种采用以金刚石结块为锯齿的锯条,锯框作水平直线或垂直直线往复运动,用于锯割大理石;后三种均以带钢作锯条,一般以钢砂为磨料,通过锯条带动磨料对荒料产生的研磨、滚压、冲击作用进行锯割,主要用于加工花岗石。锯框可安装 50～120 根锯条,每分钟往复运动 70～120 次,行程 340～500mm,多用于锯割标准厚度的大板。　　(曾瑞林)

石材耐磨率　wear-resisting rate of stone

石材抵抗磨损的能力。计算公式为:

$$M = \frac{m_0 - m_1}{A}$$

式中 M 为耐磨率; m_0 为研磨前试件质量 (g); m_1 为研磨后试件质量 (g); A 为试件被磨端面积 (cm^2)。试验是在道道式石料硬度机上进行,试件为 4 个经干燥后的 $\phi 25mm \times 60mm$ 的石料圆柱件,以福建平潭标准砂作为助磨材料,至圆盘转 1 000 次时止。耐磨率是衡量石材质量优劣的一项标准,也是决定石材加工效率的一项指标。耐磨率小的石材抗磨损能力强,但研磨加工效率低。

(郭柏林)

石材抛光 polishing of stone

将精磨后的板材表面加工使达到镜面光泽的工序。可使石材的装饰性能充分表达出来。常用的抛光方法大致可分为四类：第一类为毛毡-草酸法，仅适于抛光大理石，如汉白玉（白云岩）、雪花白（白云岩）、螺丝转（白云岩）、芝麻白（浅灰色白云岩）、艾叶青（白云质大理岩）、桃红（大理岩）等；第二类为毛毡-氧化铝法，适于抛光晚霞（石灰岩）、墨玉（鲕状石灰岩）、紫豆瓣（竹叶状石灰岩）、杭灰（石灰岩）、东北红（石灰岩）等石材；第三类为磨石法，适于抛光金玉（蛇纹石大理岩）、丹东绿（蛇纹石化橄榄岩）、济南青（辉长岩）、白虎涧（黑云母花岗岩）等石材；第四类为磨石-草酸法，通常采用含草酸磨石，仅用于抛光大理石，有较好的抛光效果。　　（郭柏林）

石材切断机 cut-off saw

简称切机。将石材板坯裁切成规格板材的设备。有桥式、手摇式、生产线上专用的单刀式及多刀式等几种结构形式。以高速旋转的金刚石圆锯片进行切割，线速度为 25~40m/s，多用于切割已研磨抛光的板坯（即毛光板）。　　（曾瑞林）

石材双向切机 block saw

以垂直和水平圆锯片将荒料切成毛板的设备。有单臂式、双立柱和四立柱几种结构形式。通常装有一片小直径（小于 600mm）水平锯片及一片至几十片大直径（900~2 500mm）垂直锯片，可同时切出一块或多块毛板（见图）。与石材框架锯相比，切割线速度高（约 30m/s），可生产薄板，毛板表面平整，出材率及生产率高。适于生产中、小规格板材。

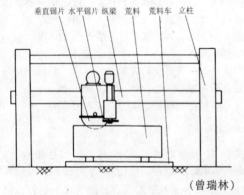

（曾瑞林）

石材细磨 fine grinding of stone

对粗磨后的板材进行细研磨的工序。通常利用碳化硅磨料或磨具在研磨机上进行。通过细磨除去粗磨板面粗而深的痕迹，使板面能清晰地显露出石材的颜色和纹理。　　（郭柏林）

石材研磨抛光机 grinding and polishing machine

研磨、抛光石材毛板的设备。可校正板材厚度、抛光板面，使其天然花纹、色彩和光泽充分表达出来。主要有小圆盘式、大圆盘式、摇臂式、桥式、步进式和传送带式等多种。前几种为间歇作业式，通过更换磨料磨具可依次完成从粗磨到抛光多道工序，应用广泛；步进式及传送带式具有传送装置和多个磨头（6~15 个），能以流水作业方式同时连续完成全部工序，生产率高。　　（曾瑞林）

石膏 gypsum

以二水硫酸钙（$CaSO_4 \cdot 2H_2O$）为主要成分的矿石。纯粹的 $CaSO_4 \cdot 2H_2O$ 属单斜晶系，晶体呈板状、块状、粒状、纤维状或土状等集合体，常形成燕尾状双晶。莫氏硬度为 2，相对密度为 2.20~2.40；解理平行于 {010} 面网极完全、平行于 {100} 和 {011} 面网为中等。纯晶体无色透明。有杂质时呈灰色、淡黄色、淡红色等。根据结晶形态及所含杂质又可依次分为透明石膏，呈玻璃光泽；雪花石膏，为白色细粒块状半透明体；纤维石膏，为具有丝绢光泽，其晶束呈纤维状的集合体；普通石膏，含杂质较多，光泽暗淡，呈致密块状；土石膏，含泥质较多者。资源丰富，广泛用于建材、化工、冶金、造纸及医疗等方面。在建材工业中可作硅酸盐水泥的调凝剂、无熟料水泥的硫酸盐激发剂、膨胀水泥及自应力水泥中的重要组分之一，在水泥熟料煅烧中可作矿化剂或与萤石等组成复合矿化剂等。在实际使用中，其广义涵义是泛指以 $CaSO_4$ 为主体的含有不同结晶水含量、不同形态的各种石膏变体、工业副产石膏及其制品。其熟石膏（半水石膏）是一种气硬性胶凝材料，是生产各种石膏制品的主要原料。　　（高琼英）

石膏板复合墙板 plaster board composite wall panel

以石膏板为面层，用轻钢龙骨或其他龙骨为框架制成的一种复合墙板。按面板分纸面石膏板和纤维石膏板两种；按隔声性能分空心的和填芯的两种；按用途分一般的和固定门框用的两种；按龙骨分金属龙骨的和非金属龙骨的两种。一般非隔声空心墙板的规格，长为 1 500~3 000mm，宽为 800~1 200mm，厚为 50~92mm，板重 27~30kg/m²，隔声指数约 36dB，可用作建筑物对防火无特殊要求的隔墙。设有门窗的隔墙，一般要选用门窗固定用墙板。　　（萧 愉）

石膏板护面纸 paper for gypsum plaster board

简称护面纸。贴于纸面石膏板面上的专用纸。用以增加石膏板的强度、韧性，改善绝热、隔声性能。分内、外两种。纸厚度一般为 0.4~0.6mm，重量为250~300g/m²。外面层纸要求具有一定的强度、韧性和透气性，与石膏接触的一面要求有较好的吸水性和黏结性。内面层纸要求施附一定粘胶，防止在生产过程中湿透断裂。（萧愉）

石膏变体 modification of gypsum

二水石膏经不同条件热处理后制得的结晶水含量或形态不同的各种石膏的总称。同一石膏的不同脱水相之间，其密度、结晶结构、光学常数和物理性质等均不相同。在$CaSO_4-H_2O$系统中，目前一般认为有五个相、七个变体。①二水石膏（$CaSO_4 \cdot 2H_2O$），其结构稳定、无胶凝能力；②半水石膏，根据脱水条件又分为α型（$\alpha\text{-}CaSO_4 \cdot \frac{1}{2}H_2O$）和β型（$\beta\text{-}CaSO_4 \cdot \frac{1}{2}H_2O$），具有水化硬化能力，属气硬性胶凝材料；③硬石膏Ⅲ（$CaSO_4 Ⅲ$），又称可溶无水石膏，也可分为α型和β型，分别由其相应的半水石膏经200~400℃脱水而得。二者都很容易和空气中的水汽反应而成半水石膏；④硬石膏Ⅱ（$CaSO_4 Ⅱ$），经400~1000℃煅烧而得。溶解较慢，只能在有激发剂作用下具有胶凝能力；⑤硬石膏Ⅰ（$CaSO_4 Ⅰ$），仅在温度高于1180℃时才存在。（高琼英）

石膏标准稠度 normal consistency of gypsum

表征熟石膏需水量的一个技术指标。为石膏浆体达到规定稠度时所需用水量，以水质量占石膏质量百分数表示。石膏稠度仪由内径为5cm、高10cm的内表面抛光的不锈钢或铜质无底圆筒及边长约20cm的玻璃板组成，板下画有直径为6~20cm的同心圆。将圆筒放在玻璃板的中心圆环上。称量300±1g熟石膏倒入水中搅拌成浆，注入筒内，然后将圆筒提起，当浆体向四周扩展的直径达到12±0.5cm时的稠度即为标准稠度。建筑石膏一般为60%~80%，高强石膏为35%~45%。（高琼英）

石膏炒锅 gypsum calcining kettle

又称蒸炼锅。以间接加热的方式使粉状二水石膏脱水形成半水石膏的设备。有连续式和间歇式两种。主要由立式金属圆筒形的锅体、生石膏喂料机、熟石膏卸料机、调节和控制器、排气排烟及烟气净化装置等组成。锅内设有搅拌器及火管，受热均匀，产品质量良好。连续式石膏炒锅可与熟石膏预制构件生产线联合，生产效率高，应用较广。（高琼英）

石膏穿孔板 gypsum perforated panel

在石膏板上按一定要求进行穿孔加工而成的吸声板材。板厚约7~9mm，穿孔率6%左右；板后贴铺原纸、棉布之类的加衬材料，它的有无及种类对吸声特性影响很大。在低频共振频率处有较大吸声系数。虽机械强度稍差，但美观价廉，施工方便，常用作兼具吸声性能的顶棚装饰材料。（陈延训）

石膏矾土膨胀水泥 gypsum aluminate expansive cement

由适当成分的高铝水泥熟料、石膏和少量助磨剂磨制成的膨胀水泥。石膏加入量一般约为30%。具有快硬早强和膨胀特性，后期强度不降低，抗渗性好，但抗冻性差。膨胀机理是由于水泥硬化时形成钙矾石。可用于加固、紧急补强、连接结构和防渗等工程。水泥凝结较快，需随拌随用，混凝土前7d必须加强浇水养护；不得与石灰或其他硅酸盐水泥混合使用；不得用于与碱接触的工程、环境温度高于80℃的工程以及寒冷地区的露天工程。（王善拔）

石膏化铁炉渣水泥 cupola slag sulfated cement

以化铁炉渣和12%~19%的石膏以及3%~5%的硅酸盐水泥熟料和约2%的石灰磨制成的无熟料水泥。其性能和用途与石膏矿渣水泥相似，但强度一般较石膏矿渣水泥低，且化铁炉渣的成分波动大，常使水泥质量不稳定。当化铁炉渣氟含量过高时，应注意钢筋的防锈。（王善拔）

石膏胶凝材料 gypsum binding material

以粉末状半水硫酸钙（$CaSO_4 \cdot \frac{1}{2}H_2O$）为主的气硬性胶凝材料。如建筑石膏、高强石膏、模型石膏等。与水拌合后的浆体能自行水化硬化并形成具有强度等物理力学性质及所需形状的二水石膏制品。根据粉末材料在筛孔为0.2mm的筛上之最大筛余量可分为：粗磨15%~30%；中磨2%~15%；细磨≤2%。根据凝结硬化的快慢可分为：①快硬的，初凝不小于2min，终凝不大于15min；②正常硬化的，初凝不小于6min，终凝不大于30min；③缓硬的，初凝大于20min。根据抗压强度极限（MPa）又可分为2~25等若干强度等级。制作各种石膏建筑制品时，可用强度等级为2~7的各种硬化期和粉磨程度的；制作薄壁建筑制品和装饰配件时，可用强度等级为2~7细磨和中磨的快硬或正常硬化的；用于抹灰工程施工、嵌缝和专门用途时，宜选用强度等级为2~25、正常硬化和慢硬化的中磨或细磨的。（高琼英）

石膏空心条板 gypsum hollow slab

以石膏为主要原料，顺长度方向具有贯穿孔洞的条板。在石膏浆中掺加适量无机添加材料如水泥、粉煤灰、膨胀珍珠岩、陶粒等，并配入少量纤维材料，经浇注成型、抽芯、脱模、干燥等工序制成。厚度为60~100mm，一般与内隔墙厚度相当；

长度为 2 500～3 000mm，一般与建筑层高相当；宽度多为 600mm；孔洞体积占板总体积约为 30%～40%。厚度为 80mm 的，隔声指数一般大于 30dB，耐火极限约 16h。具有表面平整、自重轻、施工简便等优点。但耐水性较差，应注意使用的环境条件。一般均用作非承重内隔墙。墙面可作喷浆、油漆、贴壁纸等各种饰面。 （萧 愉）

石膏矿渣水泥 supersulfated cement

又称矿渣硫酸盐水泥或超硫酸盐水泥。由粒化高炉矿渣（一般为 80% 左右）、经 600～750℃ 煅烧的无水石膏或天然无水石膏（15% 左右）和少量硅酸盐水泥熟料（一般不超过 8%）或石灰（一般不超过 5%）磨制成的一种无熟料水泥。矿渣在碱性激发剂 $Ca(OH)_2$ 和硫酸盐激发剂 $CaSO_4$ 的共同作用下，生成钙矾石、水化硅酸钙、水化铝酸钙和水化硅铝酸钙而凝结硬化。这种水泥抗硫酸盐性能好，水化热很低，抗渗性好。但硬化慢，早期强度低，水泥强度等级一般为 32.5、42.5；表面容易起砂，抗冻性差。对养护温度和湿度比较敏感，低于 5℃ 或高于 70℃ 均使强度下降。抗风化能力差，不宜长久储存。适用于一般民用和工业建筑工程，最宜用于大体积混凝土工程，不适用于要求早期强度高的以及冻融交替的工程。不能与其他品种水泥混合使用。 （王善拔）

石膏模 plaster mold

用模型石膏浆按结构设计、浇注成型制成的陶瓷成型用模具。具有较强的吸水性，其吸水性可由石膏浆含水率及模型的干湿程度来调节。主要用于陶瓷注浆、可塑法成型，适合于陶瓷坯体的大批量生产。模型吸水后经烘干可重复使用。生产中要求模型质地均匀、结构合理、工作面光滑平整、吸水迅速、易于脱模、使用寿命长。 （陈晓明）

石膏膨胀珍珠岩制品 gypsum expanded pearlite product

用建筑石膏作胶结材，膨胀珍珠岩作集料制成的绝热制品。可用浇注法、振捣法和半干法压制成型。宜在干燥环境或湿度不高的条件下应用，高温下应用时应注意石膏脱水对制品外形和性能的影响。允许使用温度应通过试验确定。表观密度约 300～400kg/m³，抗压强度 0.3～0.4MPa，常温热导率约 0.093～0.116W/(m·K)。主要用于建筑物围护结构的绝热。 （林方辉）

石膏砌块 gypsum block

以石膏为主要原料制成的砌块。有实心、空心和泡沫；小型和中型等各种。常制成中型空心砌块。采用单块定型模具或成组立模浇注成型，硬化后脱模，经 100℃ 左右干燥处理即成。工艺简单，能耗低。但强度较低，耐水性较差。为提高耐水性，可加入外加剂改性。多用做内隔墙。 （沈 琨）

石膏人造大理石 plaster artificial mable

以石膏为胶结材料的人造大理石。其表面的纹理系颜料与石膏不均匀拌和所致。板材可一次在模具中加压成型，不需修整，生产效率较高。具有表观密度小、热工性能好、色泽及纹理清晰等特点，可制成浮雕及花饰。 （郭柏林）

石膏砂浆 gypsum mortar

用石膏、砂与水按适当比例调制成的砂浆。由于石膏凝结时一般无收缩，故胶砂比较大，有时不用砂子而用纸筋、玻璃纤维等调制成石膏灰（gypsum plaster）用于装饰抹灰或抹灰层裂缝的修补。由于石膏的凝结时间短，须加入适量有机胶体或磷酸盐作缓凝剂。一般强度不高，表观密度较小，耐水性差。石膏掺有水泥、玻璃纤维或石棉纤维时，可用作吸声材料粉刷在墙面或喷涂在钢丝网板条（板条后面有 15cm 空气层）上。 （徐家保）

石膏吸收法 method of gypsum absorption

测试粒化高炉矿渣活性的一种方法。粒化高炉矿渣的氧化铝，同石灰、石膏作用生成具有胶凝性的水化产物，因此，将一定量磨细矿渣置于一定浓度的石灰-石膏溶液中，经加热煮沸后，测量溶液中石膏的减少数量，即为与粒化高炉矿渣的反应数量，减少数量大，矿渣活性高，但此法仅以活性氧化铝来反映活性。 （陆 平）

石膏消色器 plaster compensator

又称石膏补色器、石膏试板、"一级红"消色器。在正交偏光镜下产生一级紫红色的干涉色，光程差为 575nm 左右。一般是将石膏晶体切片嵌在一块长方形的金属板中制成。快光 N_p、慢光 N_g 的方向注明在试板上。在矿物薄片上加入此试板，可使薄片光程差增减 575nm 左右，则干涉色按色谱表顺序升高或降低一个级序。它适用于干涉色较低的薄片。 （潘意祥）

石膏珍珠岩空心条板 gypsum expanded pearlite hollow slab

以建筑石膏作为胶结材料、膨胀珍珠岩颗粒为集料、浇注成型制成的石膏空心条板。一般规格长为 2 400～3 000mm，宽为 600mm，厚为 60mm、80mm，表观密度 600～650kg/m³，板重 40～55kg/m²，抗折强度 1.5～2.5MPa，隔声指数单层约 30dB，由于使用了膨胀珍珠岩，板的热导率有所改善。多用于非承重内隔墙。 （萧 愉）

石膏装饰板 gypsum decorative panel

具有装饰效果的石膏平板。可通过板面带孔、印花、贴砂、压花、浮雕、镀膜和贴纸等多种方法，形成不同的图案和多样化的装饰效果，并利用板面的盲孔、穿透孔以及背面组合吸声材料和采用一定深度浮雕花纹等措施，获得消声效果。吊顶板材规格一般为 500mm×500mm×9mm，或600mm×600mm×11mm，可采用螺钉、平放、粘贴和企口咬接等安装法，将板材与龙骨、墙面结合在一起，板的单位面积质量为 $6.5\sim7.5kg/m^2$，声音的频率为 $250\sim2\,000Hz$ 时的吸声系数为 $0.14\sim0.34$，使用中应注意防止潮湿而变形。　　　　　　（萧　愉）

石膏装饰吸声板　gypsum decorative sound absorption panel

对声能有一定吸收作用的石膏装饰板。利用板面穿孔，背面附加吸声材料，以特制的纸板为护面等方法达到吸声的效果。孔型可分为圆孔和长孔两类。一般板长 600mm，宽 600mm，厚 9、12mm，开孔率（板面孔洞面积与板面积之比）为 5.5%～8.7%，隔声指数 26～28dB，适用于住宅、办公楼、旅馆、剧院、宾馆、商店、车站等建筑的室内顶棚和墙面装饰。表面可喷涂或油漆各种花色，应用技术与装饰石膏板相同。　　　　　　（萧　愉）

石涵　masonry-stone culvert

由块石、片石或条石砌筑而成的石盖板涵或石拱涵。有的以泄水为主，有的以通过车辆为主。广泛用于盛产石料的地方。　　　　　　（宋金山）

石黄

又称黄金石。主要成分为三硫化二砷（As_2S_3）的天然矿物质的明黄色颜料。为天然产出的雌黄或共生矿物。其外层色暗，弃之不用，中心部分最佳。主产地湖南。为中国传统颜料之一。在古建筑彩画工程中的用途：①绘制黄色纹饰的材料。②贴金的底层铺垫颜料。③彩画工自配"香色"等颜色的主要添加材料。该颜料传统加工技术现已失传。　　　　　　（谯京旭　王仲杰）

石灰　lime

生石灰、熟石灰的统称。可按原料来源及用途而分类，如化工石灰、建筑石灰等。广义的石灰泛指以 CaO 为主要成分的气硬性无机胶凝材料，是人类应用最早的胶凝材料。中国早在公元前 8 世纪已使用，至今仍是价廉量大用途广泛的土木建筑材料，也是很多建筑制品特别是硅酸盐建筑制品的重要原料。　　　　　　（水中和）

石灰饱和系数　lime saturation coefficient

又称饱和比。表示熟料中 SiO_2 生成硅酸钙（C_3S+C_2S）所需的 CaO 量与全部生成硅酸三钙（C_3S）所需的 CaO 量的比值，即熟料 SiO_2 被 CaO 饱和成 C_3S 的程度，以 KH 表示。是硅酸盐水泥生产中控制生熟料适宜石灰含量的系数之一。中国与前苏联等国普遍采用。前苏联学者 B.A.金德和 B.H.容克认为，生产中 Al_2O_3 和 Fe_2O_3 始终为 CaO 所饱和，惟独 SiO_2 不能完全为 CaO 饱和成 C_3S，而存在一部分 C_2S，否则就会出现游离氧化钙。因此，石灰的适宜含量应在最大石灰含量式中乘一系数 KH 在 SiO_2 的前面，即 $CaO = KH \cdot 2.8SiO_2 + 1.65Al_2O_3 + 0.35Fe_2O_3$，KH 即为石灰饱和系数：

$$KH = \frac{CaO - 1.65Al_2O_3 - 0.35Fe_2O_3}{2.8SiO_2}$$

（IM≥0.64 时）；

$$KH = \frac{CaO - 1.10Al_2O_3 - 0.70Fe_2O_3}{2.8SiO_2}$$

（IM＜0.64 时）。

熟料中有游离氧化钙、游离氧化硅与 SO_3 时，还要在分子分母减去相应的数值。生产中，一般 $KH = 0.82\sim0.92$，有矿化剂时可更高一些。KH 高，熟料中 C_3S 高，熟料质量就好；但过高将会使熟料煅烧困难，游离氧化钙增加，降低熟料质量。

（冯培植）

石灰饱和因数　lime saturation factor

石灰的实际含量与按 $CaO\text{-}SiO_2\text{-}Al_2O_3\text{-}Fe_2O_3$ 四元相图确定的极限含量的比值。是硅酸盐水泥生产中，控制生料、熟料适宜石灰含量的系数之一。F.M.李和 T.W.派克根据对 $CaO\text{-}SiO_2\text{-}Al_2O_3\text{-}Fe_2O_3$ 四元相图的研究，认为硅酸盐水泥熟料中，虽可形成硅酸三钙、铝酸三钙和铁铝酸四钙，但不应直接按这些矿物成分确定石灰极限含量。因实际生产中熟料冷却很快，不可能达到平衡，故会出现游离氧化钙。因此要限制石灰含量于较低的数值，提出石灰饱和因数：

$$LSF = \frac{CaO}{2.8SiO_2 + 1.18Al_2O_3 + 0.65Fe_2O_3}$$

考虑到 MgO 固溶取代部分 CaO，德国人 E. 斯波恩对 LSF 进行修正：

$$LSF = \frac{CaO + 0.75MgO}{2.8SiO_2 + 1.18Al_2O_3 + 0.65Fe_2O_3}$$

（当 MgO≤2.0 时）；

$$LSF = \frac{CaO + 1.50}{2.8SiO_2 + 1.18Al_2O_3 + 0.65Fe_2O_3}$$

（当 MgO＞2.0 时）。

LSF 与 KSt 很相似，硅酸盐水泥熟料 $LSF = 0.66\sim1.02$，通常生产控制在 $0.85\sim0.95$。英、美等国普遍采用。

（冯培植）

石灰标准值　lime standard value

熟料中石灰实际含量与极限含量的比值。是硅酸盐水泥生产中，控制生料、熟料适宜石灰含量的一个系数。在假定熟料最高碱度矿物为硅酸三钙、铝酸二钙和铁酸二钙时，得到石灰极限含量为 $CaO = 2.8SiO_2 + 1.1Al_2O_3 + 0.7Fe_2O_3$。德国人H.库尔(H.kühl)认为熟料石灰实际含量应比极限含量小，将前者与后者之比值称为石灰标准值，用KSt表示：

$$KSt = \frac{100CaO}{2.8SiO_2 + 1.1Al_2O_3 + 0.7Fe_2O_3}$$

F.M.李和T.W.派克认为，熟料在实际冷却过程中不可能达到平衡冷却，不应直接按最高碱度矿物来计算石灰极限含量，而应按 $CaO - SiO_2 - Al_2O_3 - Fe_2O_3$ 四元系统相图来确定。E.斯波恩基于F.M.李和T.W.派克的研究，并考虑MgO对CaO的取代，对KSt进行修正，提出KStⅡ、KStⅢ：

$$KSt\,Ⅱ = \frac{100CaO}{2.8SiO_2 + 1.18Al_2O_3 + 0.65Fe_2O_3};$$

$$KSt\,Ⅲ = \frac{100(CaO + 0.75MgO)}{2.8SiO_2 + 1.18Al_2O_3 + 0.65Fe_2O_3},$$
（当 MgO≤2.0 时）；

$$KSt\,Ⅲ = \frac{100(CaO + 1.5)}{2.8SiO_2 + 1.18Al_2O_3 + 0.65Fe_2O_3},$$
（当 MgO>2.0 时）。

生产中，一般 KSt = 90~102，在保证良好煅烧的前提下，KSt 高则 C_3S 含量高，水泥熟料的强度就高。
（冯培植）

石灰产浆量　yield of lime putty

又称石灰产出量。一定量的生石灰加水消化并制成含少量自由水的浆体时所具有的体积。以每千克石灰所形成的浆体升数（L）表示。与石灰品质、煅烧程度有关。杂质少、煅烧温度适宜、气孔率高的石灰产浆量较高，其浆体通常具有优良的流变特性。L数大于2.0者称为富石灰；低于此值者为贫石灰。可作为衡量石灰经济性及灰浆和易性的指标。
（水中和）

石灰单独消化　separated slaking of lime

用熟石灰工艺（峰前成型）生产硅酸盐制品时，石灰不先与硅质原料混合而单独进行消化的工艺方法。块状生石灰可以不预先磨细而只需破碎成细粒即可。为了消化彻底，常置于消化鼓中用0.3~0.4MPa的蒸汽进行。消化后的石灰呈极细的疏松粉末。然后用此粉状熟石灰与硅质原料混合并加水拌制混合料。
（蒲心诚）

石灰粉煤灰硅酸盐混凝土　lime fly-ash silicate concrete

用石灰（或电石渣）和粉煤灰为胶结材（有时也掺入石膏）制成的混凝土。使用天然、人工和工业废渣等轻集料，也可使用砂、碎石等普通集料。一般都需要水热处理，在蒸压条件下，抗压强度可达15~30MPa，蒸养时，可达10~25MPa。可制成砖、砌块、墙板及其他建筑构件。
（蒲心诚）

石灰膏　lime putty

生石灰与水经消解反应，除去表层澄清水后所得的膏状氢氧化物。约含30%~50%质量的自由水。
（水中和）

石灰华　calcareous tufa

一种碳酸钙含量高、质轻的石灰石。由含钙泉水和河水沉积或碳酸氢钙分解而成。主要矿物成分为霰石。可作为砌筑石材，也可在回转窑中烧制成生石灰。
（水中和）

石灰混合消化　mixture slaking of lime

用熟石灰工艺生产硅酸盐制品时，石灰与硅质原料相混合并加水进行消化的工艺方法。块状生石灰需破碎并磨细到一定细度，再与硅质原料及适量的水相混合后，送到消化仓中进行储存和消化，时间约为2~3h。因石灰分散在大量的硅质材料中，可以有效地避免磨细生石灰在单独消化过程中的结团现象。消化后的混合料呈松散状态而稍带湿润。
（蒲心诚）

石灰火山灰水泥　lime pozzolanic cement

由火山灰质混合材料与10%~30%的生石灰或消石灰磨制成的一类无熟料水泥。可掺25%以下的硅酸盐水泥熟料或5%以下的石膏。品种很多，取决于火山灰质混合材料的种类。有石灰火山灰水泥、石灰烧黏土水泥、石灰粉煤灰水泥、石灰凝灰岩水泥等。这类水泥相对密度约为2.1~2.8，标准稠度用水量大，为硅酸盐水泥的2倍以上。水泥强度较低，尤其是早期凝结硬化慢，宜于蒸汽养护。适用于潮湿环境和地下或水中的无筋混凝土工程，也可用于一般砌筑砂浆及粉刷抹面，不宜用于要求早期强度高的或抗冻的工程。
（王善拔）

石灰浆　lime slurry

生石灰与过量水经消解反应而制得的氢氧化物悬浮液。约含60%~75%质量的自由水。
（水中和）

石灰浆碳化　carbonation of lime slurry

石灰浆体中 $Ca(OH)_2$ 在一定湿度条件下吸收 CO_2 转化成 $CaCO_3$ 的过程。反应先在暴露的表面进行，并极缓慢向内部渗透。经硬化碳化的浆体，其密实度、强度、抗水性等有一定提高。据此原理，可利用工业 CO_2 废气生产碳化板、碳化砖等制品。
（水中和）

石灰浆硬化　hardening of lime slurry

石灰浆体由塑性状态转化为固态并形成强度的过程。氢氧化钙在其饱和溶液中析出晶体，晶体彼此搭接和连生形成结晶骨架，此为结晶硬化；浆体硬化过程中水分蒸发，产生毛细管压力，促进了石灰粒子之间的密实，此为干燥硬化。浆体的强度由

以上两种硬化及碳化作用共同提供。（水中和）

石灰结合水 bound water of quicklime

生石灰水化过程中转化为氢氧化物 OH^- 基团的那部分水。由生石灰水化前后的干质量之差与水化前干质量的百分比表示。纯 CaO 的结合水量为其质量的 32%。石灰中活性组分含量高，结合水量就大。用以反映生石灰的煅烧质量、存放过程中的风化程度及消解程度。（水中和）

石灰矿渣水泥 lime-slag cement

由粒化高炉矿渣、10%～30% 的生石灰或消石灰和 5% 以下的天然石膏磨制的一种无熟料水泥。可掺 25% 以下经 600～800℃ 煅烧的烧黏土。水泥强度等级较低，一般都在 32.5 以下。水化产物主要为水化硅酸钙 CSH（I）、水化铝酸钙（1～3）$CaO \cdot Al_2O_3 \cdot aq$ 和水化硫铝酸钙。抗水性及抗侵蚀介质的能力较强，但凝结硬化较慢，对养护温度和湿度比较敏感，抗大气性及抗冻性差，储存时易风化而失去强度。适用于地下及水中的低强度等级混凝土工程、做房屋基础。许多国家已停止生产这种水泥。（王善拔）

石灰立窑 vertical lime kiln

又称石灰人工竖窑。煅烧石灰石的一种设施。窑体多为直筒形、截圆锥形。由耐火材料内衬、保温层和外层构成。主要有普通立窑和机械立窑两类。前者多以人工加料和卸料，生产能力 10～70t/d；后者则以机械加料和卸料，生产能力 30～350t/d。生产时，气流与物料相向运动。石灰石从窑上部进入窑内，经预热带到煅烧带分解，放出 CO_2 气体，尔后经冷却带冷却卸出。煅烧过程连续进行。投资少，结构简单，操作方便，热耗低。在中国得到广泛应用。（水中和）

石灰炉渣硅酸盐混凝土 lime boiler-slag silicate concrete

用石灰和炉渣或掺入少量石膏加水轮碾，经成型和养护制成的混凝土。用蒸汽养护或自然养护，强度可达 7～15MPa，一般用以制砖和砌块等墙体材料。用作道路垫层的石灰炉渣碎石三合土，亦属此种混凝土。（蒲心诚）

石灰煤矸石硅酸盐混凝土 lime colliery-spoil silicate concrete

用石灰和烧煤矸石或掺入适量石膏，加水轮碾、经成型和蒸汽养护制成的无粗集料混凝土。抗压强度可达 15～30MPa，表观密度较小，弹性模量较低。蒸养后的后期强度有较大增长，碳化系数达 0.9 以上，可以制成砌块及各种中小型配筋构件。（蒲心诚）

石灰耐火材料 lime refractory

以 CaO 为主要成分的耐火材料。CaO 含量为 96%～99%，其他成分为 SiO_2、Al_2O_3、Fe_2O_3、TiO_2、MgO 等。石灰石或氢氧化钙经轻烧（1100～1200℃）和压球，再经高温（1600～2000℃）煅烧成体积密度为 3.1～3.2g/cm³ 的熟料；将熟料颗粒、细粉配入少量无水有机物（如石蜡、沥青等），经混合、成型、烧成（1600～1700℃）制成制品。制品耐火度很高（熔化温度大于 2000℃）、抗碱性渣侵蚀能力强，但极易水化，给生产、贮存和使用带来困难。主要用于真空冶炼或热处理设备。用高纯轻烧石灰或电熔的 CaO 加无水介质（如乙醇）细磨成泥浆，浇注成型，干燥后烧成坩埚，用于熔化金属。（孙钦英）

石灰黏土硅酸盐混凝土 lime-clay silicate concrete

以石灰为钙质材料、黏土为硅质材料，经破碎、粉磨、搅拌、消化、成型和蒸压制成的混凝土。抗压强度可达 15MPa，可以用来制砖和砌块等墙体材料。其黏土原料，宜采用亚黏土、砂质黏土、黄土、砂质页岩等。某些黏土在使用前需预先进行干燥。（蒲心诚）

石灰膨胀珍珠岩制品 lime expanded pearlite product

以石灰作胶结材，膨胀珍珠岩作集料制成的绝热制品。可用熟石灰和生石灰。膨胀珍珠岩砂与熟石灰经搅拌、压制成型，若用蒸压养护可制成硅酸盐膨胀珍珠岩制品；若用碳化处理，可制成碳酸盐膨胀珍珠岩制品，碳化可用石灰窑或其他热工设备排出的二氧化碳含量不低于 12%～15% 的废气，这种工艺较简单，成本较低。硅酸盐膨胀珍珠岩制品的表观密度约为 350～1000kg/m³，抗压强度约 1～5MPa，常温热导率约 0.105～0.232W/(m·K)；碳酸盐膨胀珍珠岩制品表观密度约 200～350kg/m³，抗压强度约 0.3～0.8MPa，常温热导率约 0.651～0.907W/(m·K)。（林方辉）

石灰乳 lime cream

生石灰与大量水进行消解反应而得到的乳状氢氧化物悬浮液。消石灰固体质量含量约为 1%～20%。建筑工程中常作为面层粉刷。（水中和）

石灰乳化沥青 emulsified asphalt with lime paste

石灰膏为乳化剂的无机胶体乳化沥青。根据其组成的不同，又称为飞利沥青、捷罗克和抹压乳化沥青。由石灰膏、石油沥青和水组成的称作飞利沥青；添加一定量的石棉绒后，称为捷罗克；抹压乳化沥青是在捷罗克的基础上加大了石棉绒的含量，以提高其抗裂性。属水乳型厚质沥青防水涂料。呈深灰色或褐色膏状悬浮体。无毒、无味、不易燃。其优点是材料来源广，价格较低，耐候性好，缺点是石灰易于沉淀，贮存期较短，抗基层开裂性较差。用抹压法施工。用于工业与民用建筑的屋面防水或作膨胀珍珠岩保温隔热制品的胶结材料。

（刘尚乐）

石灰乳化沥青-砂防锈涂料 sand-lime-emulsified asphalt anticorrosive paint

又称沥青硅酸盐防锈涂料。以沥青、石灰、砂粉为主要原料的一种水溶性防锈涂料。先将石灰与沥青制成石灰沥青悬浮液（乳化沥青），再与一定细度的砂混合，加入甲基硅醇钠制成。原料来源广、成本低。主要用于加气混凝土配筋制品中。

（沈 琨）

石灰砂浆 lime mortar

用石灰膏、砂与水按适当比例调制成的砂浆。和易性较好，耐水性差，强度不高。适用于砌筑在干燥环境中使用的砌体，或用于墙面、顶棚抹灰。

（徐家保）

石灰石 limestone

石灰岩开采、分碎而成的一种矿物原料。主要矿物成分为方解石。化学成分主要是$CaCO_3$，常混有石英、黏土、碳酸镁、氧化铁等杂质，呈灰色、淡黄色或浅红色，相对密度$2.60\sim2.80$，莫氏硬度$3\sim4$，易被盐酸侵蚀，难溶于水，500℃开始分解（$CaCO_3 \xrightarrow{\triangle} CaO + CO_2\uparrow$），热分解后得氧化钙（称生石灰，熔点2 572℃，一般因掺有杂质，熔点降为1 910℃左右）。在玻璃、陶瓷生产中是引入CaO的主要原料，一般要求石灰石成分稳定，含Fe_2O_3不大于0.2%。在耐火材料生产中作矿化剂，加速石英转化为鳞石英和方石英过程。在水泥生产中是硅酸盐水泥的主要原料一般要求CaO含量不低于45%。石灰石经$800\sim1\,000$℃高温煅烧而成气硬性胶凝材料——石灰，可代替低强度等级的水泥和石膏粉，生石灰遇水则成为熟石灰$[Ca(OH)_2]$。

（许 超）

石灰石煅烧 calcination of limestone

石灰石在高温下分解，排出CO_2气体，转化成为以CaO为主要成分的生石灰的过程。石灰石分解温度为900℃左右。但为提高产量，实际煅烧温度为$1\,000\sim1\,300$℃。石灰石多以块状在立窑中煅烧，此法投资省，操作简便，能耗较低，但质量不稳定。用回转窑烧制石灰，可改善质量，且适宜于烧制松软的石灰石。用沸腾炉煅烧石灰石粉（粒度$0.2\sim3.0$mm），可在较低温度和较短时间制得活性很高的石灰，尤其适用于煅烧镁质和白云石质石灰。理论上 $1kgCaCO_3$ 完全分解需耗热1 780.6kJ，实际生产中远高于此值。现代立窑最低热耗约为$3\,500\sim4\,000$J/g石灰；回转窑为$4\,800\sim6\,300$J/g石灰；沸腾炉为$4\,600\sim6\,000$J/g石灰。石灰石化学成分、晶质结构、块度（粒度）、煅烧设备类型、燃料类型、煅烧制度等对制得的石灰质量都有很大影响。

（水中和）

石灰石分解温度 decarbonating temperature of limestone

石灰石分解过程中，当CO_2气体分压为1大气压时碳酸钙转化为氧化钙时的温度。普通石灰石为900℃左右。石灰石在大约600℃时即开始分解，但分解速度极慢。实际生产中，为提高产量，常在$1\,000\sim1\,300$℃下煅烧。

（水中和）

石灰水化热 hydrating heat of lime

石灰与水反应时放出的热量。常温下纯石灰完全水化可放出热量6.49×10^4J/mol。实际石灰放热量约为该值的50%~70%，因石灰中惰性组分含量而异。生产过程中合理利用此部分热量可降低能耗，提高产品质量。

（水中和）

石灰消解 slaking of quicklime

又称石灰消化，石灰熟化。生石灰与水反应生成氢氧化物的过程。常温下，水化热为6.49×10^4J/mol。固相体积明显膨胀，表面积显著增大。石灰与少量水在反应器中混合消化，制得自由水含量很小的粉状氢氧化物，称为干消化。石灰与过量水或大量水混合反应，得到膏状或浆状氢氧化物，称为湿消化。难于消解的石灰，如白云石质石灰，可加入理论需水量约两倍的水，在密闭容器中，借助石灰反应所产生的$0.2\sim0.8$MPa的压力促进消化，或送入高压釜中与热蒸汽反应消化，称为加压消化。采用钙、镁等金属的氯盐、硝酸盐以及硼砂等外加剂可促进某些低活性石灰的消解。生产硅酸盐砖时，常将石灰与硅质材料加水混合，在连续式或间歇式消化仓中进行消解。消解速度及程度与石灰的化学成分、粒度、煅烧度、消解温度、压力、时间等密切相关。

（水中和）

石灰消解速度 slaking rate of quicklime

衡量生石灰与水反应快慢程度的技术指标。以在确定的标准条件下，从生石灰开始加水到温度上升至最高时所需的时间表示，小于10min者称为快速石灰；$10\sim30$min者为中速石灰；30min以上者为慢速石灰。与石灰品质及煅烧程度有关。为生产硅酸盐制品确定配方及控制工艺参数的依据之一。

（水中和）

石灰岩 limestone

俗称灰岩或青石。以方解石为主要组分的碳酸盐岩。含白云石、菱镁矿、石英、含铁矿物和黏土矿物等。化学成分主要为碳酸钙（$CaCO_3$），通常呈方解石出现，有时也以文石或文石的亚种出现。纯净的石灰岩为白色，通常为灰白、淡黄、浅红、褐红等色，当含有机质多时，则呈黑灰至黑色。相对密度约 2.60～2.80，硬度为莫氏 3～4，抗压强度 20～150MPa。滴稀盐酸会剧烈起泡。按成因可分为碎屑石灰岩、生物石灰岩、化学石灰岩等。按所含成分不同可分为硅质石灰岩、黏土质石灰岩和白云质石灰岩等。由于石灰岩易溶蚀，所以在其发育地区常形成石林、溶洞。用途广泛，在冶金工业中用作熔剂；在化学工业中是制电石、碱和漂白粉的重要原料或作橡胶、油漆等的填料；在建材工业中主要用作生产水泥、玻璃和石灰的原料；色彩花纹美丽者可作装饰石材。　　　　　（郭柏林）

石灰釉　lime glaze

以钙质原料为主要熔剂的陶瓷釉。具有硬度大、光泽、透明度高、弹性好、膨胀系数低的特点。成熟温度为 1 250～1 260℃，适合于硬质瓷和硬质精陶制品。南方陶瓷生产采用较多。
　　　　　　　　　　　　　　　（邢　宁）

石灰质原料　calcareous raw material

提供水泥生料碳酸钙成分的原料总称。主要成分是碳酸钙（$CaCO_3$）。分天然石灰质原料和工业废渣两类。常用的天然石灰质原料有石灰石、泥灰岩、白垩、贝壳、珊瑚、钙质料姜石、石灰质卵石等，其共同特征是将稀盐酸滴在上面都有起泡现象；在 1 000℃ 以上煅烧都有石灰（CaO）生成。工业废渣有化工厂的电石渣、制糖厂的糖滤泥、造纸厂的白泥、氯碱法制碱厂的碱渣等，它们煅烧后的主要成分是 CaO，使用时应注意采用适当的工艺条件及其中杂质的影响。　　　　（冯培植）

石灰蛭石浆　lime exfoliated vermiculite mortar

见膨胀蛭石砂浆（372 页）。

石蜡　paraffin

C_nH_{2n+2}，固体石蜡烃混合物。密度 0.87～0.91g/cm³，单位体积含氢原子数为 7.8～8.0×10^{22} 个/cm³，比水中含氢原子数还多，是一种极有效的中子屏蔽材料。熔点 40～60℃，易注塑成任何形状。常用于实验室或反应堆生物屏蔽层外，水平孔道周围，屏蔽中子。　　（李耀鑫　李文垵）

石蜡基沥青　paraffin base asphalt

由含大量烷烃成分的石蜡基原油提炼而成的石油沥青。黑色。固体或半固体状态。含蜡量一般大于 5%。软化点高、针入度低、延伸度小、黏结性差。耐热稳定性不好，但其冷脆点低、韧性好。根据含蜡量的多少，可分为高蜡沥青（含蜡量大于 20%）、中蜡沥青（含蜡量介于 7%～20% 之间）、低蜡沥青（含蜡量介于 5%～7% 之间）。用于建筑防水，道路铺面。　　　　　　（刘尚乐）

石蜡浸渍混凝土　wax impregnated concrete

将熔融石蜡浸入混凝土的孔隙中，经冷却固化而制得的一种浸渍混凝土。一般进行局部浸渍，以改善混凝土的抗渗性和耐腐蚀性。与聚合物浸渍混凝土相比，工艺简单，成本低，但强度提高幅度较小。　　　　　　　　　　　　　（陈鹤云）

石蜡油干燥　paraffin drying

木材放入高温疏水性的石蜡油中，使其中水分蒸发从而达到干燥。石蜡油的温度根据树种和材料规格而定，通常控制在 140℃ 左右。一般采用的石蜡油密度为 800～950kg/m³，凝固点 55～60℃，着火点 250～280℃，此法生产率高，设备投资少，干燥后增强了木材的防腐性能，降低吸湿性和干缩率，但木材强度有所下降，木材中的含水率分布不均，易燃性增加，适用于干燥硬木和强度要求不高的木材。　　　　　　　　　　（吴悦琦）

石栏板　stone railing panel

俗称栏板石。石栏杆的裙板。由整块岩石凿制而成。上刻寻杖、落盘子、净瓶荷叶云子等，下做盒子心。亦有整块栏板做浅浮雕。和望柱、地栿组成栏杆，设置在殿宇台基周围，或石桥两侧的边缘处，形成一道护栏。也有仅由一块块在一端凿出一个望柱头的石栏板，组成的"平台钩阑"。或桥面上的护栏。清制尺寸规定：栏板高度是望柱高的 5/9，厚度是望柱高的 2/15，长度为望柱高的 11/10。石材使用上有明显的时代特点：武康石多在元代之前，青石多使用在元、明之间，清代以后多用花岗石。　　　　　　（叶玉奇　李洲芳）

石梁　stone beam

高宽比大于等于 1，长度大于 200cm 的细长石料。横截面以矩形为主。方形截面和圆截面者又称石柱或石杆。矩形截面梁抗弯性能好，在桥梁工程和民用建筑中常作承重构件。　　（宋金山）

石料　stones

天然岩石经风化或人工开采而得的散粒状、块状石材的统称。一般不包括装饰石材和石工艺品。分天然成材和人工成材两类。天然成材的有砂、卵石、漂石等，人工成材的有石碴、碎石、料石、条石、板石等。原料分布广泛，品种繁多。按成因不同分为①火成岩类，包括花岗岩、辉绿岩、玄武岩、凝灰岩等；②沉积岩类，包括石灰岩、白云岩、砂岩、贝壳岩等；③变质岩类，有大理石、蛇纹石、石英岩、板岩等。一般利用岩石本身的坚固性。按用途大致可分为建筑工程石材、道路与桥梁

工程石材、水利工程石材等几类，但无严格区分，常交叉使用。　　　　　　　　　　（宋金山）

石料裹覆试验　stone coating test

测定乳化沥青与潮湿集料黏附性和工作性的一种方法。其法是，取规定粒径和数量的级配集料（如5～2.5mm的碎石335g和2.5～0.6mm的粗砂130g），烘干冷却后，加水10g，拌合均匀，再加乳化沥青35g，按规定方法拌和2min，观察乳化沥青能否均匀裹覆集料，并无结块或粗粒者，即认为裹覆性合格。　　　　　　　　　（严家伋）

石绿　malachite

又称大绿，孔雀石，绿青。组成为碱式碳酸铜〔$CuCO_3·Cu(OH)_2$〕的石质粉状绿色颜料。为天然铜的化合物。产于湖北、河南等地。系中国主要传统颜料之一。密度3.8～4.0，颜色鲜艳，晶体有玻璃光泽，半透明。经研磨、漂洗、沉淀，浮于上层色淡部分称之为绿华，其下颜色逐层加深，称为三绿、二绿，最深者称为大绿。原为古建彩画中的主体颜料，用于木构件及主要花纹的涂饰，后被洋绿一类颜料所取代。彩画工程所使用的石绿已失传。　　　　　　　　　（谯京旭　王仲杰）

石棉　asbestos

一种具有纤维结构的硅酸盐矿物。按其成分结构主要分为蛇纹石石棉（又称温石棉）与角闪石石棉（包括阳起石石棉、铁石棉、青石棉等）两大类。自然界储量、产量最大，用途最广的温石棉，系纤维状含水镁硅酸盐，分子式为$3MgO·2SiO_2·2H_2O$，相对密度为2.49～2.53。未松解的温石棉呈绿、黄、褐等颜色，易松解、吸附力强、抗碱性好、弹性模量和抗拉强度较高，但不耐酸。角闪石石棉具有较好的耐酸性与滤水性，其中有工业生产价值的主要是青石棉和铁石棉。温石棉主要用以制造①石棉水泥制品（如石棉水泥管、瓦、板等）；②石棉沥青制品（如沥青石棉布、纸等）；③石棉增强塑料制品；④石棉纺织制品（如石棉布、石棉绳等）；⑤石棉制动制品（如刹车片、离合器片等）；⑥保温材料和低电压电器的绝缘材料等。某些角闪石石棉可用以制作过滤材料等。世界主要石棉生产国为加拿大、前苏联、中国和南非。
　　　　　　　　　　　　　　　（叶启汉）

石棉白云石　asbestos dolomite

见镁质绝热材料（333页）。

石棉保温板　asbestos insulation slab

以石棉为主要原料，掺入胶粘剂和填充料制成的板状绝热材料。厚度1mm时，每m²质量约1.3kg，热导率约0.15～0.17W/(m·K)，使用温度600℃，抗拉强度不小于1.4MPa，用于工业炉和建筑物的绝热。　　　　　　　（丛　钢）

石棉布　asbestos fabric

由石棉纤维和棉纤维混合纺织而成的做油毡胎基用的布。有良好的耐酸碱、耐腐蚀性，并具有较高的抗拉力。其经向拉力为800N，纬向拉力为400N，含水率应不大于3.5%。织纹结构为平纹。由于石棉纤维的长度及黏合性都远比人造纤维及植物纤维差，为改善其纺织性能需掺加棉、麻等植物纤维，掺入量不大于16%，并根据掺入量划分等级。　　　　　　　　　　　　　（王海林）

石棉布油毡　asbestos fabric base asphalt felt

用石棉布浸涂沥青制得的油毡。具有较好的耐酸碱、耐腐蚀性和较高的抗拉强度。由于石棉布在加工生产过程中纤维对环境污染和人体健康的伤害，其生产与应用已日趋减少，渐被成本低、原料易得、耐蚀性好的玻璃纤维布油毡取代。　（王海林）

石棉衬垫板　asbestos liner board

以石棉、胶粘剂和填充料制成的薄板状衬垫材料。表观密度约1 100～1 450kg/m³，抗拉强度1.5～2.5MPa，尺寸为900mm×500mm×1.6mm。用于各种机电设备绝热、防火和衬垫。
　　　　　　　　　　　　　　　（丛　钢）

石棉纺织制品　asbestos textile fabric

由石棉掺入一定量植物纤维、玻璃纤维、合成纤维或钢丝制成的石棉线、石棉绳、石棉带、石棉布等制品的总称。通常采用三级以上石棉纺织。常用品种有：①石棉线（asbestos thread），由两根或两根以上石棉纱捻合而成；②石棉绳（asbestos rope），以石棉纱为芯，表面编结一层或多层石棉线；③石棉带（asbestos ribbon），由两组垂直的石棉纱（或线）交织而成；④石棉布（asbestos cloth），由石棉纱（或线）在织机上经纬交织而成。近年用石棉短纤维织制成无纺石棉布（non-woven asbestos cloth）可充分利用短纤维石棉和消除生产过程中的粉尘。用作绝热材料、密封材料、绝缘材料、化工过滤材料以及塞垫材料等。
　　　　　　　　　　　　　　　（丛　钢）

石棉粉　asbestos compound

又称石棉灰。由胶结料和石棉混合而成的粉状绝热材料。常用的有碳酸镁石棉粉（碳酸镁80%，石棉纤维20%）、硅藻土石棉粉（硅藻土85%，石棉纤维15%）和重质石棉粉（由85%～90%的轻质耐火土及镁钙类细粉和10%～15%石棉纤维组成）。硅藻土粉、轻质耐火土等既有绝热作用又是石棉粉的胶结料。可直接施工，也可预制成绝热制品。用于蒸汽管道、锅炉和热工设备的表面绝热。
　　　　　　　　　　　　　　　（丛　钢）

石棉苦土粉　asbetos powdered magnesite

见镁质绝热材料（333页）。

石棉绒　asbestos wool

石棉经机械松解，并除去杂质后的一种绒状纤维材料。具有质轻、绝热、吸声和防火等特点。用于工业炉、机电设备和化工设备等的填充绝热，也可作过滤材料和密封衬垫材料，还可制作其他石棉制品。　　　　　　　　　　　（丛　钢）

石棉乳化沥青　asbestos emulsified asphalt

又称石棉沥青防水涂料。磨细石棉粉为乳化剂的无机胶体乳化沥青。由石油沥青、石棉粉和水所组成。黑色膏状悬浮体。无味、无毒、不易燃。固体含量不小于50%，涂层厚度在4mm以上，属于水乳型厚质沥青防水涂料。优点是材料来源广，易生产，设备投资少，成本低，贮存期较长。耐候性、防水性好，施工用量在8kg/m²以上，用涂刷方法施工。用于屋面防水、地下构筑物防水、防潮和化工建筑防腐工程。　　　　　（刘尚乐）

石棉砂质水泥制品　asbestos-sand cement product

用石棉和砂质水泥为主要原材料制成的瓦、板、管等制品的总称。砂质水泥系由30%～40%磨细石英砂与60%～70%的硅酸盐水泥熟料并掺适量石膏共同粉磨，或用硅酸盐水泥与磨细的石英砂混合而成。石棉砂质水泥制品必须蒸压处理，生产此种制品，可节省水泥，减少生产场地面积，并显著缩短生产周期。与普通石棉水泥制品相比，可改善耐蚀性能和减少干湿变形，但抗冲击性有所下降。　　　　　　　　　　　（叶启汉）

石棉水泥　asbestos cement

石棉作增强材料、水泥净浆为基体组成的纤维增强水泥。石棉在其中起增强作用。石棉和水泥的质量比一般为10:90～20:80。石棉通常用3～6级的温石棉，有时也使用某些角闪石石棉。水泥一般用强度等级不低于42.5的普通硅酸盐水泥。此种材料质轻，有较高的抗拉、抗折强度，较好的耐蚀性与机械加工性，干燥状态下有较好的电绝缘性，缺点是抗冲击强度较低。可用抄取法、流浆法、挤出法、注浆法、干法等成型工艺制成管子、波瓦、平板与其他异形制品。　　　　　（叶启汉）

石棉水泥板抗折试验机　bending test machine for asbestos-cement sheet

测定石棉水泥板（瓦）抗折力的试验设备。主要由液压系统、承压装置、杠杆系统、表盘、指示仪表等组成。加荷方式通常采用液压或机械两种。前者加荷较平稳，测定较准确。　　　（叶启汉）

石棉水泥半波瓦　asbestos-cement semi-corrugated sheet

横截面呈半波形的石棉水泥波瓦。其受拉区断面大于受压区，故受弯时的承载能力高于石棉水泥波瓦。　　　　　　　　　　　（叶启汉）

石棉水泥波瓦　asbestos cement corrugated sheet

以石棉纤维和水泥为主要原料，经抄取制板、压模、养护而制成的，用于屋面防水的板状材料。具有防火、防潮、防腐、耐热等性能。可进行锯、钉、钻孔等加工，施工方便。但抗冲击性差。除作屋面防水外，还可用于临时性隔墙。适用于厂房、工棚、库房的轻型、非保温屋面。按波形尺寸可分为大波瓦、中波瓦、小波瓦。其平面尺寸（mm）分别为2 800×994，1 800（或1 200、2 400）×745，1 800×720。按颜色不同，可分为素色波瓦以及整体着色或表面着色的彩色波瓦。

（金树新　孔宪明）

石棉水泥波瓦（板）翘曲　warping of asbestos-cement corrugated sheet

石棉水泥波瓦（板）在单面受潮吸水或单面干燥失水时所发生的起拱现象。石棉水泥波瓦（板）的面积较大、厚度较小并含有孔隙，吸水时会引起膨胀，失水时会收缩，当沿其厚度方向的含水率分布不均匀时，即会发生翘曲变形，当变形受限制时，就产生内应力，此应力超过其抗拉强度时会导致瓦（板）的断裂。　　　　　　（叶启汉）

石棉水泥波瓦标准张　nominal asbestos-cement sheet

简称标张。统计石棉水泥波瓦产量用的一种计量单位。为了便于产品的计算与统计，规定以宽为720mm、厚度为6mm、长为1 800mm的石棉水泥波瓦作为一标准张。其体积为0.0078m³。其他规格的石棉水泥波瓦按体积（m³）折算成标准张，其计算公式为 $\frac{长×宽×厚}{0.0078}$。　　（叶启汉）

石棉水泥波瓦断裂　cracking of asbestos-cement corrugated sheet

石棉水泥波瓦边缘出现的贯穿瓦厚度的裂纹。当裂缝垂直于瓦长度方向时称为"横断"，平行于瓦长度方向时称为"顺断"。横断常发生于室外存放期间，采取花弧堆垛法或井字堆垛法可以减少或防止这种裂纹的生成。顺断常发生在石棉水泥波瓦使用期间。为防止顺断，除应保证瓦有足够的纵向抗折强度外，还应在施工上采取适当措施，允许安装后的石棉水泥波瓦仍可发生一定的翘曲变形。

（叶启汉）

石棉水泥波瓦断面系数　section modulus of asbestos-cement corrugated sheet

表示石棉水泥波瓦断面特征的数值。一般当材料强度一定时，波瓦的断面系数愈大，则其承载能力也愈大。横向断面系数的计算公式为 $W_{横} = \frac{0.38n}{h+s}[(b+2.6s)(h+s)^3 - (b-2.6s)(h-s)^3]$，式中 $W_{横}$ 为波瓦的横向断面系数（cm^3）；n 为波数（个）；h 为波高（cm）；s 为波瓦的平均厚度（cm）；b 为波距（cm）。纵向断面系数计算公式为 $W_{纵} = \frac{1}{6} a \cdot s^2$，式中 $W_{纵}$ 为波瓦的纵向断面系数（cm^3）；a 为波瓦的宽度（cm）。是计算石棉水泥波瓦抗折强度必要的数值。 （叶启汉）

石棉水泥穿孔板 asbestos-cement perforated panel

在石棉水泥板上按规定进行穿孔处理而成的吸声板材。穿孔加工可用冲床或钻床。穿孔率约6%～20%。穿孔尺寸根据要求的吸声特性及装饰处理选择。施工时通常与各种加衬材料或多孔吸声材料等底层材料组合应用。与石膏穿孔板比较具有机械强度高、耐潮湿等特性，多用于地下建筑和地下消声风道作护面材料。 （陈延训）

石棉水泥电气绝缘板 asbestos cement electrical insulating board

以石棉和水泥为基本原材料（或掺适量电绝缘性好的辅助材料）经加工压制成的电绝缘板材。可在石棉水泥料浆中掺入乳化沥青等经加压制成，也可先制成石棉水泥加压板再经沥青浸渍处理制得。按抗折强度分为一类板、二类板、三类板和四类板。按尺寸偏差分为一等品和合格品。具有致密性高、吸水率小、强度高、电绝缘性能好等优点。可用作电气开关底板、电气控制屏、灭弧室壁板及电器底板等电绝缘材料。 （叶启汉）

石棉水泥复合墙板 asbestos-cement sandwich panel

用石棉水泥平板作内、外面层，中间用矿棉、玻璃棉等声热绝缘材料作内芯复合而成的一种轻型墙体材料。主要用作隔墙和外墙。所用石棉水泥平板多为加压板。 （叶启汉）

石棉水泥管 asbestos-cement pipe

用石棉和水泥为主要原材料制成的非金属管。可采用抄取法和半干法等工艺制造。一般为平口式，也有承插口式。按其能否承受内压可分为压力管与无压管。压力管按工作压力分为3、5、7.5、9、12、15（MPa）六个级别。一般生产口径为75～500mm，最大可达1 000mm。管子长度一般为3～5m。压力管除大量用于城乡输水外，还用于输送具有一定压力的盐卤、轻油、煤气和热水等介质。无压管可广泛用作落水管、排污管、电缆管、通风管、烟囱管以及打机井用的深井管和花管等。具有强度较高、质轻、内壁光滑摩阻小、抗渗性、耐蚀性和机械加工性好等特点，但抵抗冲击能力较差。故在搬运、施工、使用过程中应防止受强烈振动和碰撞。 （叶启汉）

石棉水泥管标准米 nominal meter of asbestos-cement pipe

简称标米。统计石棉水泥管产量用的一种计量单位。为了便于产品的计量与统计，规定以内径为189mm，壁厚为16mm，长度为1m的石棉水泥管作为1标准米。其他规格的石棉水泥管可按管壁体积相等的原则折算成标准米。计算公式为：$K = \frac{S(D+S)}{3\,280}$，式中 K 为1m长不同规格管子折算标准米管的m数；S 为管壁厚度mm；D 为管子内径mm。 （叶启汉）

石棉水泥管接头 joint for asbestos-cement pipe

连接石棉水泥管的连接管件。分为刚性接头和柔性接头两类。刚性接头主要用于平口管，系用石棉水泥或膨胀水泥砂浆作密封填料，因无柔性，一般应与柔性接头搭配使用。套管式柔性接头是石棉水泥管道中最常用的，又可分为双面柔性接头和单面柔性接头两种。前者石棉水泥套管的两端各用一个橡胶圈连接，后者石棉水泥套管一端用橡胶圈，另一端用密封填料连接。法兰式柔性接头由铸铁法兰盘（或钢筋混凝土法兰盘）、石棉水泥套管、橡胶圈和螺栓等组成。 （叶启汉）

石棉水泥脊瓦 asbestos-cement ridge tile

铺设屋面时，屋脊处所用的石棉水泥的脊瓦。其品种按设计要求，有不同夹角的人字形、铰接式等。可用抄取法制得石棉水泥料坯再经手工制作，也可用注浆法直接制得。 （叶启汉）

石棉水泥挠性板 asbestos-cement flexible board

经高压成型的石棉含量高的石棉水泥平板。具有挠曲变形大和抗冲击性能好（比普通石棉水泥板高30%～40%）等特点。主要用作建筑物的墙板和天花板等。 （叶启汉）

石棉水泥平板 asbestos-cement flat sheet

以石棉和水泥为基本原材料制成的轻型板材的总称。按成型条件可分为加压平板与非加压平板。按物理力学性能指标可分为一类板、二类板与三类板。按尺寸偏差分为优等品、一等品和合格品。按着色情况可分为素色的、整体着色的与表面着色的三种。成型工艺主要有抄取法、流浆法、模压法等。质轻、抗折强度较高，防火性能与机械加工性能好，但抗冲击性较差。广泛用作各种民用和工业建筑物的内墙板、外墙板、卫生间墙板、装饰板、吊顶板、楼梯板、窗台板、通风道板、永久性模板以及建筑构、配件等。　　　　　　　（叶启汉）

石棉水泥输轻油管　asbestos-cement pressure pipe for light oil

能承受内压、用于输送轻质石油制品（汽油、煤油、柴油）的石棉水泥管。常用的管子内径为100～150mm，一般使用压力为0.3～0.6MPa。要求管材具有高致密度，抗油渗透性强，并应有足够的内压强度和抗折强度。管道连接应用柔性接头，并要有静电处理设施，以保证安全使用。

（叶启汉）

石棉水泥制品抗冲击性　impact resistance of asbestos-cement product

石棉水泥制品抵抗冲击、振动和碰撞作用的能力。常用摆锤式冲击机或落锤式抗冲击试验机测定该性能。抗冲击强度可用试件断裂时单位面积上所消耗的能量表示。石棉水泥制品的脆性大，其抗冲击强度较低，故在搬运、施工、使用中必须防止冲击、振动并严禁抛掷。　　　　　　（叶启汉）

石棉水泥制品起层　delamination of asbestos-cement product

抄取法制成具有多层结构特点的石棉水泥制品断面出现的分层现象。不仅会降低制品的强度与抗冻性，还会缩短其使用寿命。主要由于水泥质量差，成型工艺过程不稳定，成型压力过小，以及蒸养时升温太快等因素所致。　　　　　（叶启汉）

石棉维纶水泥制品　asbestos-polyvinyl alcohol fibre cement product

用石棉、维纶纤维和水泥为主要原材料制成的瓦、板、管等制品的总称。维纶纤维代替全部中、长石棉与部分短石棉，一般一份质量的维纶纤维可代替3～5份质量的石棉。此类制品的成型方法与石棉水泥制品基本相同。与普通石棉水泥制品相比，显著提高制品的韧性与抗冲击强度，从而增加使用的安全性。使用温度在120℃以下为宜。

（叶启汉）

石棉橡胶板　asbestos rubber slab

以石棉和橡胶为主要原料制成的密封衬垫材料。具有耐热、耐油和密封性好等特点。可分为普通石棉橡胶板和耐油石棉橡胶板。普通石棉橡胶板用于450℃以下、压力不超过6MPa的水、饱和蒸汽、空气和煤气等介质的密封，耐油石棉橡胶板用于机械设备、输油管道接头处的密封。应在温度为0～30℃的室内保管并避免日光照射。

（丛　钢）

石棉增强效率　reinforcing efficiency of asbestos

石棉对水泥石增加强度的效率。不同产地、品种、级别、结构的石棉，由于抗拉强度、弹性模量、纤维长度、粉尘含量、松解性等的差异，对水泥石的增强效果不同。为比较其增强效率，将各种石棉按同一配比分别掺入同一种水泥中，在给定的统一的制作条件下，制备一定规格的石棉水泥试体，测定其在同一龄期时的抗折强度，以其中某种石棉制成的试体的强度为1，则用其他石棉制成的试件强度的相对比值，即为石棉增强效率。它对制定石棉水泥制品的配方有一定的参考价值。

（叶启汉）

石棉纸　asbestos paper

以70%纤维长度为4～6mm的五级石棉和30%棉纤维制成的油毡胎基用纸。为防止自然分层宜采用单层长网造纸机生产。纸面应均匀平整，无孔洞、折皱和边缘裂口，在纸的一面上允许留造纸毛毡的痕迹，纸卷应无里进外出现象。纸厚0.65mm，含水量不大于3%，每平方米克重为400，纵向拉力为100N。　　　　（王海林）

石墨　graphite

化学元素为碳（C）的一种层片状矿物。有天然和人造两种。天然的矿物中杂质含量大，不易精选。人造的通过加热使碳转化或石墨化处理而得到同素异构体。它的晶体结构为简单六方体，呈片状，层片之间距离大，结合力弱，硬度、强度低，塑韧性差，而导电、导热性大，润滑性好，耐腐蚀。原子反应堆中作减速剂，机械构件作密封圈、活塞环，电池、电弧炉和弧光灯的电极，电器上的电刷。加入催化剂，在高温高压下可制成人造金刚石。在铸铁中是重要组成相，是铸铁中的碳经处理或高温长期停留石墨化而获得。其组织形态有球状、团絮状和片状三种，取决于成分或工艺条件。白口铸铁中大多碳以渗碳体Fe_3C存在，脆性大，抗拉强度极低。碳转化为石墨后，强度提高，脆性降低。当它以球状存在最好，片状较差，团絮状居中。　　　　　　　　　　　　（高庆全）

石墨坩埚　graphite crucible

以石墨为主要成分的耐高温容器。根据结合剂和添加剂的不同，分为石墨黏土坩埚，石墨碳化硅坩埚和人造石墨坩埚。主要原料为鳞片状石墨、可塑黏土和熟料。其生产工艺为配料后进行干混，再加水混合，按成型方法不同其加水量不同，半干坯料加水量为9%～10%，可塑坯料为17%～18%，然后困料15～20d，再挤泥。湿坯修坯后进行干燥，并在填满碳粉的匣钵内或还原气氛中烧成。根据使用要求,有时用有机结合剂(如焦油、沥青)替代可塑黏土。主要用于熔炼各种金属。也可用来熔制玻璃。　　　　　　　　　　(孙钦英)

石墨耐火材料　graphite refractory
　　以石墨或以石墨与黏土为主要原料的碳质耐火材料。根据制品的要求,有时加入少量的碳化硅。一般制品主要成分如下:石墨35%～50%,黏土30%～40%,熟料10%～30%。可采用可塑法、半干法及手工成型。干燥后置于填满碳粉的匣钵内或在还原气氛中,在1 000～1 150℃温度下烧成。制品的热导率高,耐高温,不与金属熔体作用,热膨胀系数小,热震稳定性好。主要用于有色金属冶炼。　　　　　　　　　　(孙钦英)

石墨铸模　graphite mould
　　以石墨为主要成分的铸造模具。用细结晶高密度人造石墨加工制造。耐高温,不被金属液浸润。用于钢铁、有色冶金工业的铸造(如离心浇铸、连续铸造等),玻璃器皿浇注成型以及热压铸等。
　　　　　　　　　　(孙钦英)

石青　azurite
　　又称空青、曾青、扁青、沙青、藏青。主要组成为碱式碳酸铜[$2CuCO_3 \cdot Cu(OH)_2$]的石质粉状青色颜料。为天然铜的化合物。产于四川、河北、西藏等地。色泽鲜艳美丽,遮盖力强,经久不褪色。系中国主要传统颜料之一。经研磨、漂洗、沉淀,浮于上层色淡部分称四青。其下颜色逐层加深,称三青、二青,最深者称大青(头青)。原为古建彩画中的主体颜料,用于木构件及主要花纹的涂饰,后被佛青一类颜料所取代。彩画工程所使用的石青已失传。　　　(譙京旭　王仲杰)

石笋状凸出　stalagmite
　　在混凝土表面指向上方的生成物。参见混凝土降质(207页)。

石望柱　stone baluster column
　　俗称石柱头。柱身的断面呈正方形,镶嵌在两块石栏板之间或两端的石柱。设置在殿宇台基周围或石桥两侧的边缘处,构成护栏。也有从整块石材上凿制柱头和栏板。石望柱由柱头和柱身两部分组成,柱头的高度与柱身长度之比约为3/5。柱头上多刻祥云纹或莲花图案,柱身多素面。材料使用与石栏板相同。　　　　　　(叶玉奇　李洲芳)

石屑　stone chip
　　岩石破碎后筛出的5mm以下的细集料。颗粒多棱角,针片状含量大。经加工后的石屑可代替天然砂,用作砂浆、混凝土和建筑制品的集料。石英岩、砂岩、石灰岩的石屑和石粉可用作碳化建筑制品的原料或填充料。　　　　(宋金山)

石英　quartz
　　SiO_2的天然矿物。三方晶系,晶体呈六方柱体。硬度7。相对密度2.65。玻璃光泽,无解理,贝壳状断口,是石英岩、砂岩等岩石的重要组成部分。颜色不一,无色透明的晶体称水晶。可用作制造玻璃、搪瓷和耐火材料的原料。　(郭光玉)

石英玻璃　silica glass; quartz glass; fused glass; fused quartz
　　又称熔融石英。单一SiO_2组分的工业技术用玻璃。以天然水晶、优质硅石和四氯化硅等硅化物为主要原料。通常采用电熔法和气炼法熔制,新近还有化学气相沉积法、高频感应等离子炬熔融法、激光熔融法和电弧离心熔融法等新工艺。按其纯度分高纯石英玻璃、普通石英玻璃和掺杂石英玻璃三类;按透明度又分透明和不透明两类。制品有空芯、块状、板状和纤维状等几十个品种,上千种规格并可二次冷、热加工。具有比一般玻璃高500℃左右的耐热性、热膨胀系数低[(5～7)×10^{-7}/℃],其耐热震性特别好、高低温电绝缘性和耐酸性(磷酸和氢氟酸除外)良好,还具有介电损失小,对紫外、可见和近红外光有很高的透过率等特性。既是一种重要的工业基础材料,又是不可缺少的重要元、器件和结构材料。广泛用于半导体、新型光源、光学、仪表、热工、冶金、化工和建材工业以及激光技术、空间技术、天文工程、核工程、光导通信等高科技领域。　　(刘继翔)

石英玻璃微珠　quartz glass beads; silica glass beads
　　由石英玻璃制成的直径为几微米到几毫米的微珠,以SiO_2含量99.9%以上的水晶为原料,经破碎、筛分(要求颗粒度与微珠大小相近)。在重力作用下通过感应炉产生的4 000℃的等离子火焰熔融,液滴因表面张力而形成细珠。机械性能和化学稳定性比普通玻璃微珠好。可用作色谱仪载体及增强塑料的填料等。　　　　　　(刘继翔)

石英玻璃注浆法　silica glass slip casting
　　将碎石英玻璃制成料浆,注入石膏模内形成坯体,经干燥、烧结成石英玻璃制品的工艺。工艺过程是:在洁净条件下,对碎石英玻璃经过挑选、清洗、酸泡、去离子水洗、烘干、粉碎、球磨制浆、浇注成型、干燥和烧成。可生产大型和异型不透明制品,如坩埚、气体燃烧辐射体等。制品抗热震性和电性能较好。　　　　　(刘继翔)

石英泡沫玻璃　quartz foam glass
　　以石英或石英玻璃粉制成的泡沫玻璃。表观密度约150kg/m³左右,化学稳定性高,耐热冲击,使用温度范围宽自-270℃至1 280℃。用作耐酸建筑材料和热冲击大的设备保温、绝热材料。

（许淑惠）

石英砂 quartz sand

石英含量超过90%的天然砂。是生产灰砂硅酸盐混凝土制品的优质原料。但产地较少，一般在灰砂硅酸盐制品生产中，使用的是以含石英为主兼含其他矿物（如长石等）的混合砂。纯度很高的石英砂（98%以上）主要作为玻璃工业的原料。

（蒲心诚）

石英砂砂浆 silica sand mortar

以石英砂为集料拌制成的砂浆。一般用硅酸盐水泥作胶凝材料，耐磨性能较好，用于煤仓、贮仓、漏斗的耐磨层或受磨损较大的地坪和墙面。若用耐酸水泥与石英砂配制则具有良好的耐酸性，可用于受酸性侵蚀的蓄电池室、矿灯房等的地面面层。所用石英砂分天然、人造和机制三种，其物资代号为"S"，按二氧化硅含量不同分为4类：1S，$SiO_2 \geqslant 97\%$；2S，$SiO_2 \geqslant 96\%$；3S，$SiO_2 \geqslant 94\%$；4S，$SiO_2 \geqslant 90\%$。

（徐家保）

石英楔 quartz wedge

沿石英光轴方向从薄至厚磨成一个楔形，用树脂胶粘在两块玻璃板之间制成的消色器。光程差可从0到1680nm左右，在正交偏光镜间，由薄至厚可依次产生一级至三级干涉色。当载物台上有薄片时，缓缓插入石英楔，若光率体同名轴平行时，薄片干涉色不断升高；若异名轴平行时，薄片干涉色不断降低，直至出现黑带。常用以测定晶体的光性符号、延性符号及干涉色级序。

（潘意祥）

石英岩 quartzite

由砂岩或化学硅质岩重结晶而成，主要矿物成分为石英。一般为浅色或白色，质地坚硬，为很好的建筑石料。并可作为玻璃和耐火材料的原料，又可作为水泥硅质成分的校正原料，还可作为陶瓷坯料的瘠化料，以降低可塑性，减少坯体在干燥和煅烧中的收缩。

（郭光玉）

石油沥青 petroleum asphalt

天然原油加工而制得的沥青。黑色或棕褐色，呈黏稠状态或固体状态。一般没有特殊气味或略带松香气味。能溶于二硫化碳、三氯甲烷、苯、四氯化碳等有机溶剂。由极其复杂的碳氢化合物及其衍生物所组成。元素组成主要是碳和氢，少量的氧、硫、氮，以及微量的铁、镍、钒、钙等金属元素。组分含量主要是油质、树脂质和沥青质，少量的沥青酸和沥青酸酐、沥青碳和碳化物。各组分含量的多少直接决定着物理性质和化学性质。按照原油的种类可分为石蜡基沥青、沥青基沥青和混合基沥青；按加工方法可分为：残留沥青、蒸馏沥青、氧化沥青、裂化沥青、催化沥青、溶剂脱沥青；按常温下的状态可分为：液体沥青、黏稠沥青；按用途可分为建筑石油沥青、道路石油沥青、橡胶沥青、油漆沥青、水工沥青和防水防潮沥青等。用于建筑防水、水工防渗、道路铺面、化工防腐、油漆、印刷油墨、机械润滑、电气绝缘等。

（刘尚乐）

石油沥青混凝土 petroleum asphalt concrete

以石油沥青为结合料的沥青混凝土。相对煤沥青混凝土而言，具有较高的力学强度、温度稳定性和水稳定性。同时，在自然因素的作用下，具有较好的抗老化性能，故常用于沥青混凝土路面面层。

（严家伋）

石油沥青油毡 asphalt felt

以氧化沥青为浸涂材料的有胎油毡。胎基材料不同生产工艺也不同。例如用玻璃纤维布或玻璃纤维毡制防水油毡，可以使胎基直接进入涂油槽，将高软化点沥青涂覆在胎基两面；如用纸胎、黄麻胎等吸油性较大的胎基，则必须使胎基先在低软化点的沥青中浸透后再用高软化点石油沥青涂覆油纸两面并撒以撒布料。胎基的选用对卷材的抗拉强度、吸水性、延伸性、耐腐蚀性均有很大影响。使用改性氧化沥青可以生产厚质的氧化沥青油毡，一般成品规格为$10m^2$/卷。普通石油沥青油毡为$20m^2$/卷。可视工程要求选用。主要用于屋面防水和包装。

（王海林　孔宪明）

石油酯 petroleum ester

又称烷基磺酸苯酯、石油磺酸苯酯。由$C_{12} \sim C_{18}$的重液体石蜡经氯磺酰化反应之后，再与苯酚（或甲酚）酯化而成的淡黄色透明油状物质。代号为M—50或T—50。分子结构式为：

$$R-S\begin{smallmatrix}O\\\|\\O\end{smallmatrix}-\!\!\!\bigcirc$$

其中R为$C_{12}H_{25} \sim C_{18}H_{39}$之烷基。主要特点是挥发性低，介电性能高，耐候性好，但耐寒性差，高温时要变色。在塑料中一般不单独使用，常与邻苯二甲酸酯类配合用作聚氯乙烯的增塑剂，用于制造人造革、壁纸、薄膜、电缆料等。

（刘柏贤）

实际干燥时间 actual drying time

简称实干时间。涂料涂刷之后，涂膜表里全部形成固体涂膜所需要的时间。以h或min计。在规定的温度、湿度等条件下，用压滤纸法、压棉球法和刀片法测定。前二法是在试样表面轻放滤纸（或脱脂棉球），并在其上放上干燥试验器，30s之后，移去干燥试验器，翻转试样，滤纸（或脱脂棉球）能自由落下，试样表面不沾纤维，此时即被认为实际干燥，从涂刷开始至实际干燥所需的时间即是。涂料干燥的快慢直接影响施工速度和涂层的保护性能，如在室内预制作业还会占用场地消耗能源，所以干燥性能在施工应用中有一定的经济意义。

(刘柏贤 邓卫国)

实铺木地面 solid wood floor

直接铺设在实体基层上的木地面。分为搁栅式和粘贴式两种。搁栅式木地面是将木搁栅放在结构基层上，因而截面可减小至 50mm×50mm，搁栅的固定借预埋在结构层内的嵌固件，面层条板再铺钉在搁栅上。粘贴式木地面是在结构层找平后直接粘贴面层条板，省去搁栅层和毛板可节省木材。黏结剂种类、品种较多，可根据基层和面层材料选用，常用的有改性沥青胶粘剂、聚醋酸乙烯乳液、氯丁胶及环氧树脂胶等。

(彭少民)

实心砌块 solid block

旧称密实砌块。不带孔洞或空心率小于25%的砌块。可用各种混凝土制作。一般无特殊要求时，为了减轻块体重量，多用多孔混凝土或轻集料混凝土制成，如陶粒混凝土实心砌块等。生产工艺和其性能主要决定于所采用的混凝土。主要用于民用与工业建筑的墙体。

(沈 琨)

实验曲线光滑法 method of experimental-curve smoothing

将实测点修匀使之落在一条光滑的曲线上的一种数据处理方法。由于各种偶然误差，实测点总是无规地分布在真实曲线的两边。光滑处理是消除这类误差，得到个光滑曲线，使它和实测曲线的离差平方和为最小。具体做法是将每个实测点的测量值 y_i，和它左右的几个点的值，用最小二乘方法连在一起，取连线上相应的值 y'_i，作为修正后的函数值。这样逐点进行，修正所有的 y_i 值。若用直线连接的称直线滑动平均法，用抛物线连接的称二次抛物线滑动平均法。

(魏铭鏳)

实验室配合比 laboratory proportioning

基准配合比的混合料经强度复核后加以调整，其工作性和混凝土强度等都满足设计要求的混凝土配合比。所用集料一般是以干燥状态下的质量计算，而科研工作中多以饱和面干状态下的质量计算，使用时须按集料含水量换算为施工配合比。对有抗渗标号和抗冻标号要求的，除复核强度外，尚需增添抗渗与抗冻试验进行检验并调整配合比，使所拌混凝土在实验室条件下满足全部设计要求。

(徐家保)

炻器 stoneware

又称缸器。一种胎体（又称坯体，构成制品的陶瓷主体）部分玻化、质地较致密、透光性差、断面呈石状、带任意颜色、吸水率不大于3%的一类陶瓷。烧成温度在 1 200~1 250℃，具有抗冲击、耐酸碱腐蚀（氢氟酸除外）以及热稳定性好的特点。常分为有釉和无釉两大类。主要用作化工陶瓷和建筑陶瓷制品。具有炻器组织的材料性质称为炻质。

(邢 宁)

示差极谱法 differential polarography

消除大量前期还原物质和一切非信号电流干扰的极谱分析法。它是利用电极间的补偿作用来提高分辨能力和准确度的。可用两支性能完全相同的滴汞电极，分别插入两个极谱池。一个池盛试液，另一个盛的溶液与前者仅差被测成分。两支滴汞电极连接于同一个贮汞瓶，调整汞滴滴下的时间，使其以相同的速率滴落。这样只测量由于试液中的被测成分引起的电流，即只记录被测成分的微分电流。该法的灵敏度为 10^{-6}mol/L。

(夏维邦)

示差极谱仪 differential polarograph

示差极谱法所用的分析仪器。可用任何型号的极谱仪，再加上一个能排除残余电流及前期电流干扰的简单装置，便可进行示差极谱分析。

(夏维邦)

饰面混凝土 face concrete, veneer of concrete

见装饰混凝土（631页）。

饰面砌块 decorative block

带有装饰面的砌块。包括呈现各种颜色的彩色砌块、表面带有纹理或凹凸花纹的砌块等。装饰面一般在成型过程中形成，也有在砌块具有强度后加工造成，例如劈离砌块（split block）就是将砌块沿高度方向用外力劈成两半，裂开的表面，视砌块不同，呈粗糙纹理或高低不平的花纹。砌筑成墙体，能使墙面产生装饰效果，常用于外墙。

(沈 琨)

试饼法 pat test

利用加热煮沸使熟料试饼中游离氧化钙迅速水化以显示水泥体积安定性是否合格的检验方法。是检验水泥熟料中游离氧化钙对水泥安定性影响的方法之一。其方法是将标准稠度的水泥净浆制成试饼。试饼直径 70~80mm，中心厚约 10mm，边缘渐薄，表面光滑。经养护 24±2h 再沸煮 3h±5min 后，进行检验，以试饼是否弯曲、开裂为判据。此法操作简单，但缺乏数量指标，对处于安定性合格与不合格边缘状态的试饼，则判断界限不清，因此中国标准规定试饼法与雷氏夹法并存，有争议时以雷氏夹法为准。

(陆 平)

试剂 reagent

为作化学实验或分析测定而使用的纯物质。我国国家标准分为：①优级纯（又称保证试剂，

G.R.），杂质含量很少，用于精密分析和科研；②分析纯（A.R.），纯度比优级纯稍差，用于一般的分析和科研；③化学纯（C.P.），杂质较多，用于控制分析和教学实验；④实验试剂（L.R.），杂质更多，在分析中常作辅助试剂。此外还有：光谱纯试剂（S.P.），其中杂质含量用光谱分析法已测不出或低于某一限度，用作光谱分析中的标准物质；基准试剂，含量应是 99.9%～100.1%，其纯度相当于或高于优级纯，多用作滴定分析法中的基准物。
（夏维邦）

室式干燥 chamber drying
干燥坯体静止不动，干燥热工参数随时间变化的一种间歇干燥方法。当湿坯或坯料等放入干燥室后，关闭室门，开始送热（送入热空气或烟气、烧热地炕传热等）排潮（自然或机械抽风），按预定干燥制度进行干燥作业。坯体或泥料干燥后，打开室门运走。然后进行下一周期的干燥作业。此法便于控制和改变干燥制度，适合于多品种生产和不易机械化输送的高、重、薄及形状复杂的制品干燥。缺点是机械化程度和效率低。
（陈晓明）

铈钛着色玻璃 cerium titanium colored glass
玻璃中加入适量的氧化铈和氧化钛着色剂熔制而成的混合着色玻璃。铈、钛均强烈吸收紫外线，依铈、钛比例和基础玻璃成分不同，可以制成淡黄、黄、金黄、棕红等系列颜色玻璃。制造工艺简便，着色稳定，是一种色美的建筑装饰玻璃，也可制造高质量的滤光玻璃。
（许淑惠）

释气性 gas evolving property
材料燃烧时释放出气体的特性。固体材料的燃烧是分解燃烧。其释气过程可分为热分解和着火燃烧生成气体两阶段。热分解因聚生成单体或分解生成低分子有机化合物，为可燃气体和不可燃气体。其中可燃气体随温度升高而着火燃烧，生成 CO_2、CO、H_2O 和依材料而异的其他气体。如含氯、氟、氮、硫的材料，燃烧时将释出 Cl、HCl、$COCl_2$、HF、HCN、NH_3、SO_2 等具毒性和腐蚀性的气体。
（徐应麟）

shou

收尘 dust collection
含尘气体中粉尘收集和空气净化的过程。是消除环境污染和公害的重要技术之一。是水泥厂必不可少的设施，其投资占工厂总投资的 10%～20%。水泥厂产生粉尘的设备很多，如水泥窑、磨机、烘干机、破碎机、包装机等。收集的粉尘都是水泥生产的原料、燃料、混合材料、半成品或成品，可直接用于生产水泥，提高经济效益。常用的收尘设备有旋风收尘器、袋式收尘器、静电收尘器、水收尘器等。
（冯培植）

收缩 shrinkage, contraction
材料由于受物理化学作用发生体积缩小的现象。按其产生原因可分为干缩、冷缩和碳化收缩等。混凝土水泥浆体中毛细孔和凝胶孔中的水分蒸发散失而引起的收缩称为干缩；由于温度下降而引起的称为冷缩；混凝土中水泥水化物在 CO_2 作用下，碳化分解而引起的收缩称为碳化收缩。当制品收缩受到限制时，会出现裂缝，影响强度和耐久性。
（潘意祥）

收缩补偿轻集料混凝土 shrinkage-compensating lightweight aggregate concrete
又称适度膨胀轻集料混凝土或微膨胀轻集料混凝土。用掺有适量膨胀组分的水泥为胶结料配制而成的轻集料混凝土。由于轻集料吸水率较大，其膨胀性能较用普通集料配制成的收缩补偿混凝土可大大减少结构的温度－收缩应力或裂缝，在地下或空气相对湿度较大的承重结构中使用效果良好。
（龚洛书）

手工编织地毯 knit carpet handicraft
用色泽不同的起绒纱（多为天然纤维）手工编结出各种图案花色的地毯。有栽绒地毯，平针地毯、绳条盘结毯、手工雕花、手工平绒、手工拉绞、手工抽绞地毯、盘金地毯等，其中以栽绒地毯使用最多。比化学合成纤维的机织地毯具有更好的防火、保温、隔潮、抗静电、弹性、透气性和染色牢度。大多工艺精、图案美、色泽艳、价格高、艺术性好，多用在豪华建筑的室内地面铺垫或墙壁装饰。
（金笠铭）

手糊成型 hand laying method
用手工操作制造纤维增强塑料制品的生产方法。在预涂脱模剂的模具上，先涂胶衣层树脂，凝胶后再刷一层树脂，铺一层增强材料，用刮板或压辊加压使纤维浸透树脂，排除气泡，然后再刷一层树脂，铺一层增强材料，重复操作，直至达到设计厚度，在室温或加热条件下固化，脱模后获得制品。特点是设备简单，成型方便，投资少，上马快，制品尺寸大小和形状不受限制，能按照设计要求，在制品的任意部位铺放不同规格和不同数量增强材料。能现场施工，适用于制造尺寸大、批量小的产品。缺点是成型周期长，效率低，劳动条件差，制品只有单面光洁。喷射成型及袋压成型是此法的改进。
（刘雄亚）

手提灯 portable lamp
一种持有柄把的照明灯具。常以白炽灯为光

源。一般采用蓄电池或交流电源。壳体多为塑料制成，内装有反光镜片。具有光线集中，使用方便以及密封好、防水、防爆等特点。常作为检修设备和施工时的临时照明或交通信号用灯。　（王建明）

兽皮地毯　skin carpet

用处理过的动物皮直接做成的地毯。如羊皮、山羊皮、狗皮、虎皮和熊皮等，经脱脂去污、鞣制梳理缝合而成，常呈动物皮毛固有颜色，形状各异或呈动物本身形态。缺点是易脱毛、易变色或霉变，且价格昂贵。可在豪华型客厅中做高级装饰品用。　（金笠铭）

兽座

①琉璃屋面垂兽或戗兽的底座。分为垂兽座和戗兽（截兽）座两种。垂兽座用于歇山建筑屋面垂脊的下尽端，因有三个看面露明，所以三面都作雕饰并挂釉；戗兽座用于歇山建筑屋面戗脊或庑殿、硬山、悬山等建筑屋面垂脊和重檐建筑下层屋面角脊上。外形如一块有雕饰的空心砖，不同之处是戗兽座的前脸不雕饰也不挂釉。兽座的尾部若添制一段脊筒时，叫联瓣兽座，简称联座或连座。

②黑活屋面垂兽或戗兽的底座。用城砖或方砖加工而成。前口略高，宽同兽，两侧或三侧雕刻卷草图案。

琉璃垂兽座尺寸表　单位：mm

	二样	三样	四样	五样	六样	七样	八样	九样	注
长	352	320	290	260	224	190	160	130	
宽	71	64	58	51	45	39	32	26	
高	640	580	512	450	384	320	260	224	

（李　武　左滯元）

shu

枢　pivot

门扇启闭时旋转的中心为枢。　（张良皋）

疏水性　hydrophobicity

又称憎水性，参见亲水性（388页）。
　　　　　　　　　　　　　　（孙复强）

熟料　clinker

水泥熟料的简称。物料经高温烧至部分或全部熔融再冷却而获得的块粒状半成品。水泥生料煅烧成的水泥熟料常简称为熟料。硅酸盐水泥熟料的主要化学成分是氧化钙（CaO）、氧化硅（SiO_2）、氧化铝（Al_2O_3）和氧化铁（Fe_2O_3）；其主要组成矿物是硅酸三钙（C_3S）、硅酸二钙（C_2S）、铝酸三钙（C_3A）和铁铝酸四钙（C_4AF），前二者约占75%，合称为硅酸盐矿物，后二者约占22%，合称为熔剂矿物。铝酸盐水泥熟料主要矿物是铝酸一钙（CA）、二铝酸一钙（CA_2），二者含量占75%以上，其次还有七铝酸十二钙（$C_{12}A_7$）、钙铝黄长石（C_2AS）、六铝酸一钙（CA_6）等。熟料加入适量石膏或必要时加入部分混合材料共同粉磨后即制得水泥，其质量决定着水泥的质量。优质熟料应具有合适的矿物组成和岩相结构，控制熟料化学成分与烧成制度，是水泥生产的中心环节。
　　　　　　　　　（冯培植　冯修吉）

熟料煅烧　burning of clinker

水泥生料在煅烧设备里经高温烧成熟料的过程。生料起物理、化学反应，生成要求的熟料矿物（如硅酸盐水泥熟料的C_3S、C_2S、C_3A、C_4AF等）。煅烧设备可采用立窑或回转窑，立窑适于规模较小的工厂，大、中型厂则宜采用回转窑，悬浮预热、窑外分解新型干法回转窑是当前发展的趋势。回转窑在1 300～1 450～1 300℃区域为烧成带，当熟料温度降到1 300℃以下时，液相凝固，结成块粒状，经冷却机卸出。目前，各国正在研究沸腾式、电热、激光、低温、速烧等新式煅烧熟料的方法与设备。
　　　　　　　　　　　　　　（冯培植）

熟料混凝土　clinker concrete

用水泥的熟料作集料与水泥、水配制成的混凝土。用铝酸盐水泥熟料与铝酸盐水泥、水可配制成快硬的高强混凝土，水灰比为0.50时，24h强度可达100MPa左右，在温度较低的条件下其28d龄期时强度约为120MPa。由于集料具有高活性，故强度很高，但其能耗大、成本高，难于广泛采用。
　　　　　　　　　　　　　　（徐家保）

熟料率值　modulus of clinker

表示水泥熟料主要成分中各氧化物之间质量比例的无量纲系数。不同种类水泥有不同率值。硅酸盐水泥的率值有石灰饱和系数KH（或水硬率HM，石灰标准值KSt，石灰饱和因数LSF），硅率SM，铝率IM等。中国大多数水泥厂是同时控制KH、SM、IM三个率值，也有个别厂用HM、或KSt、或LSF代替KH进行控制。熟料是多矿物集合体，如硅酸盐水泥是由四种主要氧化物（SiO_2、CaO、Al_2O_3、Fe_2O_3）化合而成四种主要矿物（$3CaO \cdot SiO_2$、$2CaO \cdot SiO_2$、$3CaO_2 \cdot Al_2O_3$、$4CaO \cdot Al_2O_3 \cdot Fe_2O_3$），性能各有差异，在生产中不仅要控制各氧化物的含量，还应控制各氧化物之间的比例。率值可方便地表示化学成分和矿物组成之间的关系，以及对熟料性能和煅烧的影响。因而作为生产控制的一种指标。　　　　　　　　　　　（冯培植）

熟料形成　formation of clinker

水泥生料在煅烧设备里受热升温，发生一系列物理、化学反应，最后形成以 C_3S、C_2S、C_3A、C_4AF 等固溶体为主的过程。可概括如下：100℃，自由水蒸发；450～600℃，黏土矿物脱水；700～1000℃，碳酸盐分解；800～900℃，CA、C_2F、C_2S、$C_{12}A_7$ 等开始生成；900～1100℃，CaO 达最大值，C_3A 和 C_4AF 开始生成，C_2AS 生成后又分解；1100～1200℃，大部分 C_3A 和 C_4AF 形成，C_2S 达最大量；1260℃ 以上，液相开始出现；1300～1450℃，借助液相，C_2S 与 CaO 结合生成 C_3S。游离氧化钙逐步消失，即可开始降温。小于 1300℃，熟料降温冷却与液相凝固，C_3A 和 C_4AF 的固溶体一部分从液相析出，另一部分凝固为玻璃体，存在于中间相。　　　　　　（冯培植）

熟石膏陈化　ageing of plaster of paris

新制的熟石膏经历能改善其物理性质的存放过程。新制的熟石膏中常含有一定量的无水石膏Ⅲ和少量性质不稳定的残存及再生的二水石膏，其需水量大、强度低、凝结时间不稳定。若经过约半月左右的储存（即陈化），使部分无水石膏Ⅲ（硬石膏Ⅲ）吸取空气中水分及夺取二水石膏（包括残存的与再生的）的结晶水转变为半水石膏，同时，二水石膏也因无水石膏Ⅲ夺取其水分转变成半水石膏。陈化后的熟石膏其标准稠度需水量下降，凝结时间及强度等性能也得到相应改善。　　　（高琼英）

熟石灰　hydrated lime

又称消石灰，水化石灰。由生石灰加水消解而成的氢氧化物。主要成分为氢氧化钙 $Ca(OH)_2$。强碱性。不同氧化镁含量的生石灰消解后分别生成钙质消石灰（MgO 含量不大于 4%）、镁质消石灰（MgO 含量大于 4%）。依石灰消解时加水量的不同，分别可以形成熟石灰粉、石灰膏、石灰浆、石灰乳等。白色或乳白色。在水中的溶解度，10℃ 时为 1.33gCaO/L，随温度升高而降低。$CaCl_2$、$Ca(NO_3)_2$、甘油等可提高其溶解度；$CaSO_4$、NaOH、Na_2CO_3 等可降低其溶解度。540℃ 时发生分解。用于配制建筑灰浆和砂浆，也可作为生产硅酸盐制品的原料。　　　　　　（水中和）

熟石灰工艺（峰后成型）　technology with hydrated lime (forming after temperature peak)

石灰的消化过程在成型之前即已基本完成的硅酸盐制品生产工艺。即成型在生石灰消化温度峰值之后，故称峰后成型。此时，生石灰已转化为熟石灰，混合料无体积膨胀。最适宜于快速脱模的压制成型工艺（如制硅酸盐砖）。为了使石灰彻底消化，在混合料的制备中，设有消化工序。也可用这一工艺和振动成型方法来生产大型硅酸盐制品，但性能不如用生石灰工艺（峰前成型）的好。工艺控制较易。　　　　　　　　　　　　　（蒲心诚）

树干弯曲　sweep

树干或原木的轴线不在一直线上，沿着长度向任意方向偏离所形成的一种树干形状缺陷。有向一个方向弯曲的单向弯曲和同时存在几个不同方向弯曲的多向弯曲。弯曲度以最大拱高与内曲面水平长度之百分比率表示。树干弯曲影响木材的力学性质和利用率，原木弯曲超过一定限度时，加工出的锯材多具斜纹，强度和出材率降低。　　（吴悦琦）

树干形状缺陷　defects of bole shape

树木生长过程中，受环境条件的影响，使树干形状不通直或畸形。主要包括弯曲、尖削、大兜、凹兜、树瘤等。　　　　　　　　　（吴悦琦）

树瘤　burr, burl

树干上局部木材组织不正常增大所形成的赘生物。造成局部纹理方向发生改变，大的树瘤可能使木材的顺纹抗压、顺纹抗拉及抗弯强度降低。但从带树瘤的木材上可锯取特殊扭曲的花纹，有时包含多数小的节状生长物，是珍贵的覆面装饰材料。　　　　　　　　　　　　　　　（吴悦琦）

树脂　resin

分子量不定的黏胶状、半固状或固态的，通常具有高分子量的一类有机物质。熔化后发黏，无固定熔点，但往往具有软化或熔融温度范围。根据来源不同，可分为天然树脂、合成树脂和人造树脂；根据受热后的性能变化，可分为热塑性树脂、热固性树脂。还可根据其他特性分类。有时与塑料、聚合物同义使用。在工业上广泛用以制造塑料、涂料、胶粘剂、绝缘材料、合成纤维等。环氧树脂、不饱和聚酯树脂、聚氯乙烯等树脂是建筑工程及建筑材料中常用的原材料。　　　　　　（闻荻江）

树脂分　resin

石油沥青中溶于正庚烷，吸附于 Al_2O_3 谱柱可为苯–甲醇洗释的一种化学组分。在三组分分析法中称树脂，在四组分分析法中称胶质或树脂质。红褐色的黏稠状半固体物质。相对密度约为 1.0。平均分子量约为 500～1000。能溶于苯、醚、氯仿等大部分有机溶剂。碳氢（原子）比约为 0.7～0.8，有很强的着色能力，化学稳定性差，很容易转化为沥青质。其分子结构中含有相当多的稠环芳香族和杂原子化合物，在沥青中属强极性组分，对沥青的黏附性、黏弹性具有重要作用。

(徐昭东 孙 庶)

树脂改性沥青 resin modified bitumen

掺有天然树脂或合成树脂的沥青材料。黑色，固体或半固体状态。与普通沥青相比，其耐冲击性、黏附性、热稳定性等都有明显的提高。要求树脂与沥青相容性好，易于生产。常用的改性树脂多为热塑性树脂，如聚乙烯、聚丙烯、聚醋酸乙烯、聚氯乙烯、氯化聚乙烯、聚乙烯-醋酸乙烯等。用于建筑防水和防腐、铺筑路面。

(刘尚乐)

树脂囊 resin pocket, pitch pocket

俗称油眼。含有液体或固体树脂物质的一种界限分明的胞间隙。在某些针叶树材中可见，在圆材横断面上表现为充满树脂的弧形裂隙；在径切面上表现为短小的缝隙；在弦切面上表现为充满树脂的椭圆形浅沟槽。存在于成材中会降低木材的强度，并影响制成品的油漆装饰质量。

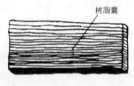

(吴悦琦)

树脂乳液 resin emulsion

树脂微粒（粒径 $0.1\sim10.0\mu m$）均匀分散在水中而形成的一种多相体系。它可由单体借助于乳化剂，在机械搅拌过程中聚合而成树脂微粒并分散在水中的聚合乳液，或由树脂与乳化剂经强烈搅拌或研磨而分散在水中形成的分散乳液。有热固性树脂乳液（如环氧树脂和有机硅树脂乳液等）和热塑性树脂乳液（如聚醋酸乙烯及其共聚物、聚丙烯酸酯及其共聚物乳液等）。主要用于配制胶粘剂、涂料、聚合物水泥砂浆，还可用作脱模剂和养护剂等。

(徐亚萍)

树脂砂浆 resin mortar

见聚合物混凝土（258页）。

树脂注射成型 resin injection molding

将纤维增强材料预先铺放在密闭对模内，注入低黏度树脂胶液，经浸渍、排气、固化、脱模等过程制造增强塑料制品的方法。常用于以不饱和树脂的连续纤维毡及短切纤维毡等为原料的制品成型；成型的产品树脂含量较高，占70%左右。主要用于成型两面光洁的制品，其工艺简单，作业条件好，材料损耗少。缺点是设备和模具投资较大，对模具精度要求高。

(刘雄亚)

数学期望 mathematical expectation

又称期望或均值。随机变量取值的加权平均值，用 $E(x)$ 表示。对离散型的随机变量 $E(x) = \sum_{k=1}^{\infty} x_k p_k$，对连续型的随机变量 $E(x) = \int_{-\infty}^{\infty} xf(x)dx$。$f(x)$ 为分布密度。可见它是随机变量取值的概率加权平均。如将概率分布比作全班学生的成绩分布，那么期望就相当于平均成绩，它刻画了随机变量取值的平均水平和波动中心。可以证明对普阿松分布有 $E(x) = \lambda$；对正态分布有 $E(x) = u$，即分布中的参数 λ 和 u 恰是它们的期望。

(许曼华)

数值孔径 numerical aperture

光学玻璃纤维或光学透镜孔径角（进入光学纤维或光学透镜中能够传递的光线的最大入射角）正弦值与光线入射前所在媒质的折射率的乘积。以符号"N.A."表示。$N.A. = n_0 \cdot \sin\theta_a = \sqrt{n_1^2 - n_2^2}$。式中 n_0、n_1、n_2 分别为光线入射前所在媒质、纤维芯料、皮料的折射率；θ_a 为孔径角。数值孔径表示光学玻璃纤维或光学透镜的集光能力，它越大，则表示光学玻璃纤维或光学透镜接受的光通量越大。

(吴正明)

shua

刷辊 brush roller

用于低黏度涂料底层滚涂施工的具有一定长度刷毛的辊筒。以前常以动物毛皮卷贴在辊轴上制成，至今仍用于高质量工程的施工，现在广泛采用合成纤维长毛织物（多用丙烯酸纤维），卷贴在辊轴上制成的辊筒。按毛的长度分为长毛（25mm左右）、中毛（13mm左右）、短毛（6mm左右）等规格。施工时为保持长时间均匀布料，要注意不要过分滚压，保持刷辊中一定的涂料量。对黏度较高的涂料宜采用硬毛辊，黏度低的涂料宜用软毛辊。用此辊滚涂施工可以达到均匀涂刷的目的，效率高于刷涂。

(邓卫国)

刷痕 brush marks

随着刷涂和滚涂的方向，在干燥后的涂膜表面上残留有凹凸不平的线条或痕迹。是涂料在施工过程中产生的弊病。产生原因是：①涂料中颜料含量过多、溶剂挥发过快，流平性差；②环境气温太低；③所用刷子或滚筒太硬等。防止措施是选用高沸点挥发慢的溶剂和流平性好的涂料，环境温度控制在10℃以上，改用合适的涂刷工具。一般使用的水乳性涂料及硝基漆易产生这种弊病。

(刘柏贤)

刷花 brushing decoration

用特制的瓷用刷笔将颜料在贴有模版的坯或瓷面上通过筛网漏刷的一种装饰方法。所制成品具有形象概括、简练，色彩丰满鲜艳，色泽细腻均匀的

刷墙粉　calcimine distemper

室内墙面和顶棚饰面用的一种粉质涂刷材料。分以骨胶、植物胶、颜料、填料等配制成的水质刷墙粉和以酪素、树脂和油质胶粘剂，加入颜料、填料及助剂组成的油质刷墙粉。是我国传统墙面装饰材料。价格低廉，但附着力和耐水性较差。涂刷时，用水稀释至适当稠度，需涂刷两道以上，才有较好的遮盖力。用于一般建筑装饰。
（陈艾青）

刷涂　brushing

用漆刷在物体的表面涂装成一均匀涂层的涂装方法。一般指用人工方法施工。优点是简单、方便、适应性强，除了几种挥发性快和特种涂料外，几乎所有涂料都能用此法施工，涂料的渗透好，附着力强，省料。缺点是费工，涂装效果与施工人员的技术有关，装饰性较差，挥发性快的涂料不宜用此法施工。刷涂的方法一般按先难后易、先里后外、先左后右、先上后下、先边后面的五个原则进行。所用工具有扁刷、板刷、圆刷、歪脖刷、羊毛排笔、底纹平笔等。
（刘柏贤）

shuang

双键　double bond

相互化合的两个原子，依靠二个共用电子对形成的共价键。通常以两条短线表示，例如丙烯 $CH_3—CH=CH_2$ 分子中 C 与 C 间的双键。它是由一个 σ 键和一个 π 键所组成。因 π 键不如 σ 键牢固，较易断裂，故含双键的化合物易起加成反应和聚合反应。
（夏维邦）

双晶　bicrystal

又称孪晶。是两个或两个以上的同种晶体按一定对称规律形成的规则连生晶体。相邻两部分可借助对称操作（旋转180°或反映），使其彼此重合或平行。常见的类型有接触双晶（简单、聚片、环状等）和穿插双晶两大类。
（孙文华）

双晶貌相术　double crystal topography

见 X 射线貌相术（646页）。

双聚焦分析器　double focusing mass analyzer

见质量分析器（617页）。

双控冷拉　dual control for steel bar stretching

同时控制冷拉率和冷拉应力两个指标的钢筋冷拉加工方法。如钢筋已达到控制应力而冷拉率未超过允许值，则为合格。而钢筋达到允许冷拉率而其应力尚小于控制应力时，则该钢筋应予降低强度使用。与单控冷拉比较，双控冷抗较易保证冷拉质量，故常用于预应力混凝土制品生产的钢筋冷拉加工。
（孙复强）

双色性　dichroism

在两种不同光源下物体显示出不同颜色的特性。如氧化钕着色的玻璃在黄光（586nm）和绿光（530nm）部分有强烈的光吸收，因而在日光和荧光灯下分别呈现柔和优美的紫红和蓝紫色的双色效应。
（许淑惠）

双微孔微管结构　dual pore-capillary structure

见微孔微管结构（526页）。

双向拉伸工艺　biaxial extension

薄膜或薄片在成型过程中纵向和横向都进行拉伸的工艺。分为平膜法和管膜法两种。平膜法是将由挤出机挤出的厚片在一定温度下先在纵向拉伸，达到预定拉伸比后再在横向拉伸机（扩幅机）内进行横向拉伸。管膜法又称为挤出吹胀法、吹塑法，是在挤出机挤出的熔融塑料管内吹入压缩空气使管子吹胀，达到一定的横向拉伸，管膜同时在纵向也受到拉伸。管膜法用来生产聚乙烯、聚丙烯等的双向拉伸薄膜，平膜法用来生产聚丙烯、聚酯的薄膜和薄片，产品的透明度高，强度高，片材撕裂强度的方向性较小，尺寸稳定。
（顾国芳）

双心　double-heart

树干同一横断面上具有两个髓心，形成两个年轮系统，而外围被共同年轮所围绕的一种构造缺陷。多见于树枝分岔的基部，增加了木材构造的不均匀性，并能引起锯材的翘曲和开裂。
（吴悦琦）

双折射　birefringence

又称重折射。光波射入非均质体物质，分解为振动方向互相垂直、折射率值不等的两束偏光的现象。两束偏光的折射率之差称为双折射率，其数值随晶体及晶体切片方向而异，是晶体的特征参数。
（潘意祥）

双折射率　birefringent index

见双折射（455页）。

shui

水　water

H_2O，最易获得而又廉价的材料。密度小而氢原子密度大，单位体积含氢原子数为 6.7×10^{22} 个/cm^3，是一种极有效的中子屏蔽材料。但地下水或地表水中含有杂质，它们被中子辐照后活化成为新的放射性杂质，故常采用蒸馏水或去离子水。另外，在辐照下水要分解为氢和氧，必须排除这些爆

炸性气体，以确保安全。　　（李耀鑫　李文垲）

水玻璃　water glass

俗称泡花碱。由碱金属硅酸盐组成的一种透明玻璃状固态熔合物或黏稠液体。化学式为 $R_2O \cdot nSiO_2$，式中 R_2O 为 Na_2O 或 K_2O，多为 Na_2O。$Na_2O \cdot nSiO_2$ 称钠水玻璃。SiO_2 与 R_2O 的摩尔比 n 可在很大范围内波动。常见为液态。将石英砂和苛性钠溶液在 2～3 大气压的压蒸锅内用蒸汽加热、搅拌、反应后制得。因含杂质不同，可呈无色、青绿色或黄棕色。能与水按任意比例混合。和一些碱或碱土金属氧化物反应生成水化硅酸盐结晶和难溶氢氧化物凝胶；一些溶于水的酸可置换其中的 SiO_2，析出硅胶。硅胶脱水聚合硬化，故为一种气硬性材料。其黏结性和胶凝性较强，并能很好地润湿被覆物表层，进入表层毛细孔隙，硬化后形成覆膜。硬化物不燃，高温下强度不降低，耐酸性强。在许多行业被用作黏结剂，如陶瓷、玻璃器皿及石材黏结剂。还被用来浸渍和涂覆人造及天然多孔性建材，配制耐酸、耐热砂浆及混凝土，也可用作水泥的促凝剂、生石灰的缓凝剂。用作胶凝材料时，模数 n 在 2.6～2.8 范围为宜。此外，在涂料、造纸、纺织、制革、选矿、食品加工等行业中也有广泛的用途。　　（孙南平）

水玻璃灌浆材料　sodium silicate grouting material

用水玻璃和凝结剂配制而成的灌浆材料。常用的有水玻璃-氯化钙灌浆材料、水玻璃-铝酸钠灌浆材料。将水玻璃和凝结剂灌入地下以后，由于水玻璃和氯化钙或铝酸钠发生化学反应而生成凝胶物质，起到黏结、加固和堵水的作用。采用双液注浆法施工。优点是凝结时间易控制，结石体稳定，在粒径大于 0.1mm 砂层中可灌性很好；缺点是粒径小于 0.1mm 的粉砂难以灌入。可用于水工、矿山、地下建筑的流砂层固结和堵水、井壁加固和堵水，以及细小缝隙的堵水。　　（刘尚乐）

水玻璃胶泥　sodium silicate daub

是以水玻璃为黏结剂，氟硅酸钠为固化剂，添加耐酸粉料配制而成的防腐粘贴材料。要求水玻璃模数为 2.6～2.8，密度 1.40～1.45g/cm³。常用的耐酸粉料有石英粉、辉绿岩粉、瓷粉和安山岩粉。凝结时间：初凝不小于 30min，终凝不大于 8h；抗拉强度不小于 2.5MPa，与耐酸瓷砖或花岗石黏结强度不小于 1.0MPa；煤油吸收率不大于 15%，浸酸安定性好。在防腐建筑工程中用于铺砌耐酸砖、板，嵌填耐酸砖、板的缝隙或结构表面的整体涂抹面层。　　（刘尚乐）

水玻璃矿渣砂浆　water glass slag mortar

以水玻璃作胶结材和磨细矿渣粉、砂配制成的特种砂浆。一般先用砂和细度为 4 900 孔每平方厘米筛筛余 10%～20% 的矿渣粉以 1:2 配比拌成干料，另将硅氟酸钠（占水玻璃 8%～15%）加入不高于 60℃ 温水化成糊状，倒入液体水玻璃内拌匀，然后与干料共同拌合而成。可用于修补砖墙裂缝和黏结加气混凝土与碳化石灰条板。　　（徐家保）

水玻璃-铝酸钠灌浆材料　sodium silicate-sodium aluminate grouting material

用水玻璃和铝酸钠配制而成的灌浆材料。水玻璃和铝酸钠反应后可生成硅胶和硅铝酸盐凝胶物质，黏结砂或土壤，堵住隙缝，起到加固和堵水作用。要求水玻璃模数为 2.4～2.8，浓度为 40°波美度，铝酸钠溶液中 Al_2O_3 含量在 16%～19%，二者体积比为 1:1。灌浆液的初始黏度为 $(3～4) \times 10^{-3}$Pa·s，可灌入 0.5～0.1mm 的裂缝与孔径中，凝固时间控制为十几秒到几十分钟，渗透系数为 100cm/s。凝固体抗压强度为 2～3MPa。采用双液注浆法施工。用于水工、矿山、地下建筑物的缝隙加固和堵水。　　（刘尚乐）

水玻璃-氯化钙灌浆材料　sodium silicate-calcium chloride grouting material

用水玻璃和氯化钙配制而成的灌浆材料。要求水玻璃的模数为 2.5～3.0。浓度为 43°～45°波美度。氯化钙溶液的相对密度为 1.26～1.23，浓度为 30°～32°波美度。水玻璃与氯化钙用量之比为 45:55。灌浆液的初始黏度为 $(3～4) \times 10^{-3}$Pa·s，可注入 0.5～0.1mm 的裂缝或孔径中，渗透系数为 100cm/s，凝结时间可控制到十几秒至几十分钟。凝固体的抗压强度为 2MPa。采用双液注浆法施工。用于水坝、矿山及地下构筑物灌注流砂、裂缝，进行加固和堵水。　　（刘尚乐）

水玻璃模数　water glass modulus

水玻璃中二氧化硅与碱性氧化物（氧化钠或氧化钾）摩尔数的比值。一般在 1.5～3.5 之间。它表示水玻璃碱性的大小，是影响水玻璃性能的重要参数。其值增大，胶体组分比例增大，水玻璃溶解度减小，黏度增大。其他物理性能，如相对密度、折射率等，也随模数的变化而变化。　　（孙南平）

水玻璃耐酸混凝土　water glass acid-resisting concrete

以水玻璃为黏结剂、氟硅酸钠为硬化剂并加入耐酸掺料(如石英粉、铸石粉、辉绿岩粉、安山岩粉、磨细瓷粉)和耐酸粗细集料(如石英砂、石英岩碎石、花岗岩碎石等)按一定比例制成的混凝土。水玻璃与氟硅酸钠反应生成硅酸凝胶 $Si(OH)_4$ 使混凝土硬化。抗压强度为 20～40MPa。能耐大多数无机酸、有机酸的侵蚀，如硝酸、硫酸、盐酸、醋酸等，尤其能耐强氧化性酸的腐蚀，但不能耐碱、热磷酸（300℃以上）、氢氟酸、油酸和高级脂肪酸的侵蚀。主要用于耐酸池、槽、罐的外壳和内衬，以及耐酸地坪、设备基础和烟囱等。由于氟硅酸钠有毒性，不能用于食品工业。需在低温和常温条件下（10~30℃）硬化，严禁与水接触和烈日曝晒。养护后，还需用硫酸刷涂表面，进行酸化处理，以提高耐酸、耐水和抗渗能力。 （蒲心诚）

水玻璃耐酸砂浆 acid-proof water glass mortar

以水玻璃作黏结剂，氟硅酸钠作促硬剂，与耐酸粉料和耐酸细集料按一定比例配合而成的耐酸砂浆。参见水玻璃胶泥（456页）及水玻璃耐酸混凝土（456页）。 （徐家保）

水玻璃膨胀珍珠岩制品 water glass expanded pearlite product

以水玻璃为黏结剂，膨胀珍珠岩为集料，按一定比例配合，经搅拌、筛分、成型、干燥和焙烧制成的绝热或吸声制品。表观密度约为200~300kg/m³，常温热导率约0.056~0.065W/（m·K），抗压强度0.6~1.2MPa，96h吸水率约120%~180%，当频率为125、250、500、1 000、2 000及3 200（Hz）时，吸声系数分别为0.3、0.47、0.36、0.76、0.75和0.82，最高使用温度650℃，用途参见水泥膨胀珍珠岩制品（467页）。 （林方辉）

水玻璃涂料 water glass coating

以水玻璃为主要成膜物质的无机涂料。水玻璃溶液加入固化剂、粉状填料通过一定工艺配制而成，无毒、无味，涂于物品表面凝结成光亮、平滑的薄膜，兼有防护和装饰作用。硅酸钾涂料耐水性大于硅酸钠涂料，硅酸钠涂料黏结性大于硅酸钾涂料。可涂于多种材料表面，特别适用于硅酸盐材料，如混凝土、玻璃、陶瓷、石材等，提高被覆材料表面的致密度和抗腐、抗风化能力以及化学稳定性。也可掺入具有某些特定功能的填料，制成具有特定用途的涂料，如耐火涂料、防水涂料、防腐涂料等。 （孙南平 陈艾青）

水玻璃土壤改进材料 water glass soil modifier for consolidating

以水玻璃为主要灌浆材料的松质土壤加固材料。这种土壤加固称硅化加固，有单液硅化加固和双液硅化加固两种方法。①单液硅化加固：由模数为2.5~3.3的液体水玻璃和适量的浓度为10%的氯化钙溶液混合，用外压将其通过插入土壤中的带孔眼管道注入土壤中；②双液硅化加固：将模数为2.5~3.3的液体水玻璃和浓度为10%的氯化钙溶液按一定比例轮番压入土壤中，经过化学反应，在土壤颗粒表面形成硅酸凝胶薄膜，增强颗粒间的黏结，填塞颗粒间孔隙，使土壤具有较好的抗水、稳固、不湿陷性能，提高土壤的抗压、抗剪强度和地基的承载能力；松质砂土加固后无侧限抗压强度可达1.5~3.0MPa；渗透系数大于10^{-5}mm/s的湿陷黏土加固后可达0.3~0.6MPa。土壤颗粒较细时，靠外压难以将浆料注入土壤，可采用电渗将浆料扩散入土壤中，称电动硅化加固。硅化加固工期短，效果显著，不受气候影响，且可用于已建工程的地基加固。但成本高，目前只在特殊工程中应用。 （孙南平）

水层 water stain

新采伐树干的心材或熟材中含水量较多的深色部分。在横切面上呈不同形状的斑点，纵切面上为条状。经干燥后水层的深色或多或少消失，但表面常出现细裂纹，冲击韧性低。 （吴悦琦）

水底灯 underwater lamp

一种具有防水装置的灯具。常以反射型白炽灯、汞灯及金属卤化灯等为光源。其照度约为50~200lx，光色即通过滤光片的透射系数使光束变化而成红、蓝、黄、绿等色，或以彩色玻壳变色。有密封型、简易型及调光型之分。其外壳体由金属壳、玻璃、滤光片以及防水压盖、密封圈等组成。具有密封性好、耐水压性高、安全可靠等特点。多作为公园、校园、商业中心以及广场中的各种音乐喷泉或喷水池底的效果装饰灯等。 （王建明）

水分的内扩散 interior diffusion of water

物料内部水分移动的传质过程。在物料干燥过程中，是指物料内部的水分以液态或气态向物料表面扩散移动的固体内部传质过程。主要基于物料内存在湿度梯度、温度梯度以及温度较高时物料内部水分局部汽化产生的蒸汽压力梯度引起水分迁移。其中湿传导和热湿传导的动力和规律各不相同：湿传导主要靠扩散渗透和毛细管力作用，遵循扩散定律，其扩散速率与物料的性质、结构、含水率及形状尺寸有关；热湿传导主要靠分子动能和毛细管内水的表面张力差别，使水分由高温处流向低温处，其方向与加热方式有关。干燥过程采用内热源时，热湿传导与湿传导方向一致，有利于干燥速率的提高。 （曹文聪）

水分的外扩散 external diffusion of water

物料表面水分汽化并通过气层膜向外界扩散的过程。是物料表面水分蒸发，水汽向干燥介质中移动的气相传质过程。主要与干燥介质的温度、湿度、流动速度、接触条件等有关。 （曹文聪）

水封功能 water seal function

便器内储存一定量水，封闭上下通道的隔臭能力。坐式便器、净身器等具有水封结构，而蹲便器等无水封结构，需配套水封排污管件存水弯。

(陈晓明)

水氟硅钙石　bultfonteinite

南非产的一种结构式为 $Ca_4(SiO_3·OH)_2F_2·2H_2O$ 的天然水化硅酸钙矿物。简写化学式为 $C_4S_2H_2(OH,F)_4$。结构类似硅酸钙石。三斜晶系，有沸石水。莫氏硬度4.5，相对密度2.73。

(王善拔)

水工混凝土　hydraulic structural concrete

经常或周期性地受环境水作用的水工建筑用的混凝土。按照水工建筑物和水位的关系，受水压、水流冲刷的情况以及在大体积建筑物中的位置分为若干种类。大型水工构筑物如水坝等各部位的混凝土对强度、抗渗性、抗冻性、抗冲刷性、抗侵蚀性以及水化热的要求各不相同，应按照特殊要求和规定，选择原材料并设计配合比。共同的要求是水化热低、收缩小、抗冻性强。掺入适量减水剂、塑化剂或引气剂可提高耐久性。

(徐家保)

水工沥青　hydraulic engineering asphalt

水工建筑物用沥青。按中国水工沥青技术标准要求，水工石油沥青分90、70、50三个标号。针入度在40～100（1/10mm）范围，软化点在45～60℃范围，延伸度大于60cm或100cm。用于堆石坝的混凝土心墙或斜墙、海岸护堤、渠道防渗、蓄水池防渗等。

(刘尚乐)

水硅灰石　foshallasite

结构式为 $Ca_3(Si_2O_7)·3H_2O$ 的一种天然水化硅酸钙矿物。化学式为 $3CaO·2SiO_2·3H_2O$，简写为 $C_3S_2H_3$。成分与硅酸钙石相似，但一般含3%～8%的氟。斜方板状晶体，莫氏硬度2.5～3.0，相对密度为2.5。

(王善拔)

水合氧化铝　hydrated alumina

又称氧化铝三水合物。分子式为 $Al_2O_3·3H_2O$ 的精选矿物填料。实际组成为结晶状的 $Al(OH)_3$。无毒，化学惰性，莫氏硬度3，具有低到中度的耐磨性，吸油率较低，不溶于水。加热到205℃，开始缓慢脱水分解，220～600℃之间释放出34.6%（重量）的水，吸收大量热量，故可作为聚合材料的阻燃剂，并赋予塑料以抗电弧性和消烟性。主要用来代替碳酸钙作合成橡胶地毯的衬垫、胶粘剂和玻璃纤维增强聚酯（SMC、BMC）及其他塑料的阻燃性填料。要求加工温度低于205℃。

(刘茂榆)

水化硅铝酸钙　calcium silicoaluminate hydrate

硅酸盐水泥水化产物中的一类矿物。除 C_3AH_6-C_3AS_3 系列的含硅水石榴石外，还有水化黄长石 C_2ASH_8（有时亦称钙铝黄长石水化物）。可以烧黏土和石灰水作用，或以 C_3A 与硅胶溶液和石灰水共同振荡，或以 C_3S 和 C_3A 长期在水中作用而制得。用 C_2AS 玻璃体、氧化铝－氧化硅胶体、某些天然火山灰和黏土矿物分别与石灰溶液作用也可生成，但难控制得到纯的 C_2ASH_8。C_2ASH_8 在室温的饱和石灰溶液中，或者在50℃稀石灰溶液中均不稳定，要转为含硅水石榴石。能被 $MgSO_4$ 和石灰－石膏溶液所分解，但在饱和石膏溶液和0.15M的 Na_2SO_4 溶液中则稳定。此外还有两种水化硅铝酸钙，即六方板状的 $C_3A·C\bar{S}·H_{12}$ 和针状的 $C_3A·C\bar{S}_3·H_{32}$，前者的存在尚有疑问，而后者可能是同时含 CO_2 和 SiO_2 的五元化合物。在 C_2ASH_8 中少量 Fe_2O_3 可替代 Al_2O_3 而形成固溶体 $C_2(A_{0.7}, F_{0.3})SH_8$，似乎并无化合物 C_2FSH_8。

(陈志源)

水化硅酸二钙　dicalcium silicate hydrate

化学式为 $2CaO·SiO_2·nH_2O$，简写为 C_2SH_n。其含水量与结构随生成条件不同而异。可分为五种类型：① $C_2SH(A)$，组成为 $C_2SH_{0.9～1.25}$，密度 $2.8g/cm^3$，可用饱和石灰水与石英粉在100～200℃下水热合成，呈片状棱柱体，尺寸可达 $0.5mm×0.15mm$。如用 $β-C_2S$ 在140～160℃下水热处理14d很易得纯的 $C_2SH(A)$；② $C_2SH(B)$，组成为 $C_2SH_{1.1～1.5}$，实质上即氢氧硅钙石，密度 $2.66g/cm^3$，以 $β-C_2S$ 或石灰和二氧化硅在高于180℃下水热处理可得，呈纤维状结晶；③ $C_2SH(C)$，组成为 $C_2SH_{0.3～1.0}$，密度为 $2.67g/cm^3$，以 $γ-C_2S$ 在160～300℃下水热处理可得；④ $C_2SH(D)$，组成为 $C_2SH_{0.67}$，密度为 $2.98g/cm^3$，属高温相，以上述制备水化硅酸钙系列物料在350～800℃下水热处理可得；⑤ C_2SH_2，组成为 $C_{1.5～2.0}SH_2$，其组成可变，故现又定名为 C-S-H（Ⅱ），以 C_3S 在常温至110℃间水热合成制得。

(陈志源)

水化硅酸钙　calcium silicate hydrate

由硅酸和氧化钙在一定条件下（温度、水灰比）合成的含水盐类。其主要水化产物的重要特性列表如下：

化合物	组成	形成温度,℃	形貌	密度,g/cm^3
C-S-H（Ⅰ）或 CSH(B)	$C_{0.8～1.5}S·aq$	<100	卷箔状	—
C-S-H（Ⅱ）或 C_2SH_2	$C_{1.5～2.0}S·aq$	<100	纤维束状	2.40～2.46

化合物	组成	形成温度,℃	形貌	密度, g/cm³
CSH(A)	$CSH_{1.1}$	150~300	板条状	—
$C_2SH(A)$	$C_2SH_{0.9~1.25}$	100~200	矩形片状	2.80
$C_2SH(B)$	$C_2SH_{1.1~1.5}$	140~350	针状	2.66
$C_2SH(C)$	$C_2SH_{0.3~1.0}$	160~300	—	2.67
水化硅酸三钙	$C_6S_2H_3$	150~500	板条状	2.61

除常温下能得到结晶很差的C-S-H(Ⅰ)与C-S-H(Ⅱ)外,其余矿物常用氧化钙和氧化硅混合物在表列相应高温的饱和蒸汽压下水热合成法生成。除表列者外,还有结晶的托勃莫来石,包括60℃形成的$C_5S_6H_9$、110~140℃的$C_5S_6H_5$、250~450℃的C_5S_6H、450~650℃的C_5S_6;120~200℃形成的白钙沸石$C_2S_3H_2$;200~300℃形成的特鲁白钙沸石$C_6S_{10}H_3$以及涅硅钙石$C_3S_6H_8$、奥硅钙石$C_3S_6H_6$、硬硅钙石和Ⅰ相CS_2H_2等。 （陈志源）

水化硅酸镁 magnesium silicate hydrate
镁质硅酸盐的水化物。如滑石（$3MgO·4SiO_2·H_2O$）、蛇纹石（$3MgO·2SiO_2·2H_2O$）、直闪石（$7MgO·8SiO_2·H_2O$）、镁山软木（$5MgO·8SiO_2·9H_2O$）、海泡石（$4MgO·6SiO_2·7H_2O$）等。用含氧化镁的石灰,特别是用镁质石灰和白云石质石灰制造蒸压灰砂制品时,有水化硅酸镁的生成,所赋予制品的强度不逊于水化硅酸钙,但其生成速度较慢。 （蒲心诚）

水化硅酸三钙 tricalcium silicate hydrate
硅酸三钙的水化物。化学式为$6CaO·2SiO_2·3H_2O$,简写为$C_6S_2H_3$。早先曾认为是C_3SH_2。将C_3S或CaO/SiO_2比值与之相近的物料经150~500℃水热处理可制得。C_3S在常温到110℃之间水热处理水化生成C-S-H(Ⅰ)或C-S-H(Ⅱ)。继续提高温度至120℃以上生成$C_2SH(A)$,在150℃以上生成$C_6S_2H_3$,在此过渡阶段还能出现C-S-H(Ⅰ)或C-S-H(Ⅱ)。至180℃时还出现稳定相$C_2SH(B)$。$C_6S_2H_3$似乎在200℃以上才能真正稳定。若在空气中加热至420~550℃则脱水生成γ-$2CaO·SiO_2$和CaO。 （陈志源）

水化黄长石 gehlenite hydrate
化学式$2CaO·Al_2O_3·SiO_2·8H_2O$,简写为C_2ASH_8。是水化硅铝酸钙的一种。由黄长石矿物以其一系列固溶体（从镁黄长石$2CaO·MgO·2SiO_2$到钙铝黄长石$2CaO·Al_2O_3·SiO_2$）水化而成。很难制得纯的,常夹杂有硅酸钙水化物、水石榴石,可能还有碳铝酸盐水化物。常见于矿渣的水化物中,硅酸盐水泥水化产物中亦有。在高铝水泥中C_2AS可能与β-C_2S共存。碱性矿渣中微晶矿物以C_2AS和C_2S为主时所制备的矿渣水泥水化后早期强度和后期强度均较高。以C_2AS为主的矿渣制造石膏矿渣水泥时,其水化活性比制造矿渣硅酸盐水泥为高。高铝水泥中β-C_2S可与反应中生成的Al_2O_3反应生成水化钙黄长石。C_2ASH_8在250℃水热处理下分解成勃姆石（又称一水软铝石,$Al_2O_3·H_2O$）和石榴石,350℃生成一种近似于C_2ASH的立方相,其X射线衍射图谱与光学性质与$C_4A_3H_3$很相似。 （陈志源）

水化混凝土 hydrated concrete
含化学结合水特别多的混凝土。用于屏蔽中子辐射。结合水含量越多,屏蔽能力越强。采用能结合较多水分的水泥（如铝酸盐水泥、石膏矾土水泥等）作胶结材以及含结晶水较多的褐铁矿和蛇纹石等作集料。 （蒲心诚）

水化硫铝酸钙 calcium sulphoaluminate hydrate, calcium aluminate sulphate hydrate
硫铝酸钙的含水矿物。分高硫型和低硫型。高硫型又称三硫型水化硫铝酸钙,化学式$C_3A·3C\bar{S}·H_{30~32}$（参见钙矾石,134页）;低硫型又称单硫型水化硫铝酸钙,化学式$C_3A·C\bar{S}·H_n$,以$C_3A·C\bar{S}·H_{12}$最常见,为假六方板状或针状晶体,密度1.99g/cm³,常与C_4AH_{13}形成一系列连续固溶体。在25℃时,可由CA、CH、$C\bar{S}$溶液反应制得。另外还有一些含水量不同的低硫型水化硫铝酸钙。$C_3A·C\bar{S}·H_{12}$的热谱与C_4AH_{13}相似,在200℃有强烈的热效应。硅酸盐水泥水化过程中随着石膏被消耗完毕,水泥中尚有未水化的C_3A,可与钙矾石继续反应生成单硫型水化硫铝酸钙。对水化硫铝酸钙的研究有助于了解石膏在硅酸盐水泥和矿渣水泥中的作用机理。 （魏金照）

水化硫铁酸钙 calcium sulphoferrite hydrate
石膏作缓凝剂所配制的水泥的水化产物。在水泥水化的液相中Fe_2O_3可以和Al_2O_3获得类似的平衡。在石灰溶液中$CaSO_4$与C_4AF的水化产物作用生成细针状的高硫型水化硫铁酸钙$3CaO·Fe_2O_3·3CaSO_4·32H_2O$晶体和高硫型水化硫铝酸钙,或两者的固溶体$C_3(A·F)·3C\bar{S}·H_{31}$。当局部硫酸钙不足或水泥中石膏耗尽时,则生成低硫型水化硫铁酸钙$3CaO·Fe_2O_3·CaSO_4·10~14H_2O$,其晶形呈针状、球状或六方板状,同时亦可获得低硫型水化硫铝酸钙或两者的固溶体 $C_3(A \cdot F)$、$C\bar{S} \cdot H_{12}$。水化硫铁酸钙与水化硫铝酸钙由于二者的结晶与晶胞参数非常相近，故可以形成固溶体。这种矿物亦可用人工合成方法制备。
(陈志源)

水化铝酸二钙 dicalcium aluminate hydrate

化学式 $2CaO \cdot Al_2O_3 \cdot 8H_2O$，简写为 C_2AH_8，其含水量为 $7 \sim 9H_2O$。是高铝水泥和硅酸盐水泥的一种水化产物。六方晶系，板状，与 C_4AH_{19} 的晶格间距和结构相似，可以互相固溶。C_2AH_8 脱水时逐步变为 $C_2AH_{7.5}$、C_2AH_5 及 C_2AH_4，密度、折射率随之逐步升高。此水化物常温为介稳相，会逐步转变成 C_3AH_6 稳定相和 AH_3，温度在 30℃ 以上，转化速度加快。这一转变对水泥强度发展不利。
(魏金照)

水化铝酸钙 calcium aluminate hydrate

由铝酸钙水化形成的，或者由铝酸钙和氢氧化钙化合而成的含水盐类。硅酸盐水泥常温下水化时，开始形成介稳状态的 C_4AH_{19}、C_4AH_{13} 和 C_2AH_8，均为六方片状晶体，并易转化为稳定的 C_3AH_6 等轴晶体。随温度升高水化产物的转化加速。高铝水泥在常温下水化，主要形成 CAH_{10} 和 C_2AH_8，都属六方晶系，在温度大于 30℃ 的条件下会转变为 C_3AH_6，是高铝水泥长期强度下降的主要原因。
(魏金照)

水化铝酸三钙 tricalcium aluminate hydrate

化学式 $3CaO \cdot Al_2O_3 \cdot 6H_2O$，简写为 C_3AH_6，是硅酸盐水泥中 C_3A 等矿物的水化产物。也可由 C_4AH_{19}、C_2AH_8、CAH_{10} 等水化产物转变而成。等轴晶系，偏方二十四面体，立方体心型格子。C_3AH_6 在 $20 \sim 225$℃ 范围内稳定，不论是用 P_2O_5 或在 105℃ 下干燥均不脱水。通常认为 C_3AH_6 的结构中无沸石型结合水。加热至 275℃ 失去部分水生成 $C_3AH_{1.5}$，继续加热出现游离氧化钙，至 $550 \sim 950$℃ 转变为 $C_{12}A_7$ 和游离 CaO，1 050℃ 又化合成 C_3A。C_3AH_6 能与水化铁酸三钙形成固溶体。
(魏金照)

水化铝酸四钙 tetracalcium aluminate hydrate

化学式 $4CaO \cdot Al_2O_3 \cdot xH_2O$，简写为 C_4AHx，氢氧化钙浓度近饱和时 C_3A 的水化产物。常见的有 C_4AH_{19} 和 C_4AH_{13}，均为六方片状晶结。硅酸盐水泥在常温水化时，开始先生成 C_4AH_{19}，在相对湿度低于 85% 时，C_4AH_{19} 失水而成 C_4AH_{13}，两者在常温下都处于介稳状态，有向 C_3AH_6 等轴晶体转化的趋势。
(魏金照)

水化铝酸一钙 monocalcium aluminate hydrate

化学式 $CaO \cdot Al_2O_3 \cdot 10H_2O$，简写为 CAH_{10}，一种铝酸钙的水化产物。可由 CA 水化形成。六方晶系。当温度、湿度变化时其结合水量有所变化，如加热至 $100 \sim 105$℃ 时转变为 $CAH_{2.5}$；在 600℃ 时全部脱水，故其混合物的平均化学组成表示为 $CAH_{7 \sim 10}$。是高铝水泥于 20℃ 以下水化时的主要产物，温度大于 30℃，可转化为 C_3AH_6 和 AH_3，同时析出大量水，固相量减少，孔隙率增加，使水泥强度降低。
(魏金照)

水化氯铝酸钙 calcium chloroaluminate hydrate

掺加氯化钙后水泥浆体中生成的水化产物。有高氯型和低氯型两种。高氯型的化学式为：$3CaOAl_2O_3 \cdot 3CaCl_2 \cdot 30H_2O$，于 -10℃ 时 C_3A 与 $21\% \sim 23\%$ 的 $CaCl_2$ 溶液作用可得；在 20℃ 也能得到但不稳定，在饱和石灰水或 $1.5\% \sim 10\%$ $CaCl_2$ 溶液中转变成 $3CaO \cdot Al_2O_3 \cdot CaCl_2 \cdot 10H_2O$。高氯型的形成与温度和氯化钙浓度有关，在正常条件下水化的水泥中似乎没有可能生成。当混凝土在低于 0℃ 时掺入大量 $CaCl_2$ 可以生成并导致混凝土破坏。低氯型的化学式为 $3CaO \cdot Al_2O_3 \cdot CaCl_2 \cdot 10H_2O$，将氯化铝与石灰溶液反应，或 $CaCl_2$ 与石灰和铝酸钙溶液反应，或 $CaCl_2$-$AlCl_2$ 混合与 $NaOH$ 溶液反应均可制得。有两种晶型：一种是 28℃ 以下稳定的单斜晶系的 α-$3CaO \cdot Al_2O_3 \cdot CaCl_2 \cdot 10H_2O$，另一种是高温下形成三方晶系的 β-$3CaO \cdot Al_2O_3 \cdot CaCl_2 \cdot 10H_2O$。这一化合物不一致地溶于 $CaSO_4$ 溶液、石灰和碱溶液中。它在含氯化物的浓度相当于 30g $CaCl_2$/L 的碱溶液中是稳定的。$3CaO \cdot Al_2O_3 \cdot CaCl_2 \cdot 10H_2O$ 与 $3CaO \cdot Fe_2O_3 \cdot CaCl_2 \cdot 10H_2O$ 可以形成有限固溶体。在海水中有硫酸盐存在优先生成钙矾石，而氯铝酸钙很难生成，即使生成也是以结晶良好的六方板状存在于孔中并不引起强度损失。
(陈志源)

水化氯铁酸钙 calcium chloroferrite hydrate

存在硬化水泥浆体中的 $CaCl_2$ 与铁酸钙生成的水化产物。有高氯型和低氯型两种。前者化学式为 $3CaO \cdot Fe_2O_3 \cdot 3CaCl_2 \cdot 30H_2O$，后者为 $3CaO \cdot Fe_2O_3 \cdot CaCl_2 \cdot 10H_2O$。用 $2CaO \cdot Fe_2O_3$、CaO 和 $CaCl_2$ 在 -10℃ 下混合可得高氯型水化氯铁酸钙。低氯型水化氯铁酸钙，呈六方片状晶型，能与 $3CaO \cdot Al_2O_3 \cdot CaCl_2 \cdot 10H_2O$ 形成有限固溶体，它与 $3CaO \cdot Al_2O_3 \cdot CaCl_2 \cdot 10H_2O$ 一样，不一致地溶于水和各种溶液，但未发现 $3CaO \cdot Fe_2O_3 \cdot CaCl_2 \cdot 10H_2O$ 形成 α 和 β 多晶形。
(陈志源)

水化热 heat of hydration

水泥和水之间化学反应放出的热量。通常以 J/kg 表示。测定方法有直接法和间接法。是冬季施工和大体积混凝土工程对水泥要求的一项重要性能。是中热硅酸盐水泥和低热矿渣水泥的主要品质指标。该值的高低主要决定于水泥熟料的矿物组成、水泥细度及其混合材料的种类和掺加量。如硅酸盐水泥熟料矿物中 C_3A 水化热最高，C_2S 水化热最低。硅酸盐水泥的3天水化热（Q_{3d}）可近似地用下式计算：

$$Q_{3d} = 2400C_3S + 500C_2S + 8800C_3A + 2900C_4AF$$

（魏金照）

水化热间接测定法 indirect determination of heat of hydration

测得未水化和水化一定龄期水泥样品的溶解热来确定水化热的方法。该方法是依据热化学的盖斯定律，即化学反应的热效应只与体系的初态和终态有关，而与反应的途径无关提出的。它是在热量计周围温度一定的条件下，用未水化的水泥与水化一定龄期的水泥分别在一定浓度的标准酸中溶解，测得溶解热之差，即为该水泥在规定龄期所放出的水化热。该方法对测定水泥长久龄期的水化热较为适用。中国标准对测定方法有具体规定。

（魏金照）

水化热直接测定法 direct determination of heat of hydration

按规定直接测定水泥水化时放出热量多少的方法。即在量热计周围温度不变的条件下，直接测定量热计内水泥胶砂温度的变化，计算量热计内积蓄和散失热量的总和，从而求得在一定时间内水泥的水化热，通常以 J/kg 表示。中国标准规定了具体试验方法。一般要求测定 7d 龄期的水化热，但也可用经验公式按 3d 龄期测定的结果推算其 7d 的水化热。如遇争议，则以实测值为准。 （魏金照）

水化三铝酸四钙 tetracalcium trialuminate hydrate

化学式 $4CaO \cdot 3Al_2O_3 \cdot 3H_2O$，简写为 $C_4A_3H_3$，低碱度的水化铝酸钙。属斜方晶系，呈片状。在温度为 1℃ 时溶于水，在半饱和石灰水中转化为 C_2AH_8。由 C_4AH_7 于 150～300℃ 经过部分分解而生成。耐火水泥水化后在高温下亦会形成。700～750℃ 脱水后转化为 $C_{12}A_7$ 和 CA_2。 （魏金照）

水化速率 rate of hydration

单位时间内水泥的水化程度或水化深度。常以在一定水化龄期内发生水化作用的量和完全水化量的比值（百分率）表示；或以在一定水化龄期内水泥颗粒外表水化层的厚度（μm）表示。可以用岩相或 X 射线分析等矿物鉴定方法直接测量；也可以通过测定水泥浆体的非蒸发水量、内比表面积、水化热等间接计算得出。硅酸盐水泥熟料各矿物以 28d 前的水化程度衡量，其顺序为：$C_3A>C_4AF>C_3S>C_2S$。水泥细度较细，水化温度较高，水化速率增大。

（魏金照）

水化碳铝酸钙 calcium carboaluminate hydrate

水化铝酸钙与空气中或水中的 CO_2 作用，或与碳酸盐作用所形成的含水矿物。有高碳型（$3CaO \cdot Al_2O_3 \cdot 3CaCO_3 \cdot 30H_2O$）或低碳型（$3CaO \cdot Al_2O_3 \cdot CaCO_3 \cdot 11H_2O$）两种。此外，还以 $4CaO \cdot Al_2O_3 \cdot \frac{1}{2}CO_2 \cdot 12H_2O$ 的形式存在，它作用于碳酸盐集料，对集料表面有侵蚀作用，并生成 $3CaO \cdot Al_2O_3 \cdot CaCO_3 \cdot 11H_2O$ 使之粗糙不平，有利于降低水泥浆－集料界面区内氢氧钙石的取向生长，其侵蚀作用的程度与侵蚀产物的数量与温度、碳酸盐矿物的结晶状态和水化铝酸盐的数量有关。在 $4CaO \cdot Al_2O_3 \cdot \frac{1}{2}CO_2 \cdot 12H_2O$ 与 $3CaO \cdot Al_2O_3 \cdot CaCO_3 \cdot 11H_2O$ 之间生成的固溶体其 X 射线图谱从 0.82nm 移向 0.76nm。 （陈志源）

水化碳铁酸钙 calcium carboferrite hydrate

类似于低碳酸盐型的一种碳铁酸盐水化物。在 81% 相对湿度下干燥后，组成近似于 $3CaO \cdot Fe_2O_3 \cdot CaCO_3 \cdot 12H_2O$，其 X 射线衍射图谱与 C_4AH_{13} 非常相似，仅最大底面间距稍大于 $3CaO \cdot Al_2O_3 \cdot CaCO_3 \cdot 11H_2O$ 的。在 C_4FH_{13} 和 $3CaO \cdot Fe_2O_3 \cdot CaCO_3 \cdot 12H_2O$ 之间有可能生成固溶体。一定条件下亦可生成半碳铁酸盐 $4CaO \cdot Fe_2O_3 \cdot \frac{1}{2}CO_2 \cdot 12H_2O$。碳铁酸盐和碳铝酸盐间很容易生成固溶体。 （陈志源）

水化铁铝酸钙 calcium alumino-ferrite hydrate

铁铝酸钙的水化物。有一系列固溶体，如在 5℃ 以下 C_6A_2F 到 $C_{12}AF_5$ 在 $Ca(OH)_2$ 溶液中生成六方板状的 $C_4AH_x - C_4FH_x$ 固溶体。在较高温度下转变为立方的 $C_3AH_6 - C_3FH_6$ 系列。其水化受温度、溶液中钙离子浓度等影响，也和矿物中 Al_2O_3/Fe_2O_3 比有关。Al_2O_3 多则固溶体水化速度增大，反之则减缓。铁铝酸钙用大量水调和时会完全分解为 $Ca(OH)_2$、$Al_2O_3 \cdot aq$ 和 $Fe_2O_3 \cdot aq$；用少量水调和后不久，主要生成六方板状薄晶片（组成与 C_2AH_8 和 C_4AH_{19} 相似，仅其中部分 Fe^{3+} 取代了 Al^{3+}）与氢氧化铁或无定形 $\alpha-Fe_2O_3$；在饱和石灰水中，水化缓慢，生成 $C_4A \cdot aq - C_4F \cdot aq$ 的六方板状固溶体，属亚稳产物，温度大于 15℃ 时会转变成 $C_3AH_6 - C_3FH_6$ 固溶体，并析出氢氧化钙。这种固溶体与硫酸钙溶液反应速度远低于铝酸钙水化物与之作用的速度，故其抗硫酸盐性能较纯的水化铝酸钙好。 （陈志源）

水化铁酸钙 calcium ferrite hydrate

铁酸钙的水化产物。纯的呈白色，如被水化氧化铁污染则呈棕色。由于含铁水化物的溶解度小，且不能获得亚稳铁酸钙的溶液，制备纯的化合物较难，即使将无水铁酸钙直接水化，或以氢氧化铁凝胶和石灰溶液发生反应，进行亦慢。一种等轴晶系 C_3FH_6 与 C_3AH_6 属类质同晶型，可形成一个完全的固溶体，密度为 $2.77g/cm^3$。C_3FH_6 在水化石榴石系列 C_3FH_6-C_3FS_3 中结构才稳定。此外还存在 C_4FH_{19}、C_4FH_{13} 和 C_4FH_{11}。与 C_4AH_{19} 相比，C_4FH_{19} 在25℃溶液中是不稳定的，只在1~15℃形成。在25~45℃的溶液中生成 C_4FH_{13}，但在60℃以上的溶液中要分解成 $Ca(OH)_2$ 和 α-Fe_2O_3 赤铁矿。铝酸四钙水化物和铁酸四钙水化物间也存在完全固溶体系列，但相对 C_3FH_6-C_3AH_6 系列来说属亚稳状态。 (陈志源)

水化硬化 hydration hardening
矿物胶凝材料与水起化合作用，从无水状态转化为含结合水状态，使胶凝材料-水系统逐渐地由浆体转化为具有强度的固体的过程。凡具有这种水化硬化性能（水硬性）的胶凝材料，都称为水硬性胶凝材料。如硅酸盐水泥、铝酸盐水泥、硫铝酸盐水泥、碱-矿渣水泥等都具有良好的水硬性。 (蒲心诚)

水灰比 water-cement ratio
水泥浆、水泥砂浆或混凝土混合料中水与水泥的质量比值。是影响浆体和混合料流变特性、凝聚结构和硬化后密实度、强度、耐久性以及其他物理性能的重要参数。混凝土混合料的拌合水，有一部分为集料吸收和吸附，余下的水量与水泥质量之比称为净浆水灰比或净水灰比，对上述各种性质起关键作用，其值愈小（不低于水泥标准稠度用水量），则水泥石愈密实，强度和耐久性愈高，某些工程技术性能也愈好。其倒数称为灰水比。在灰砂硅酸盐制品专业中灰-水体系的水与生石灰的质量比值也称为水灰比（water-lime ratio），与上述涵义不同。 (徐家保)

水灰比定则 Abrams water-cement ratio law
又称达夫·艾布拉姆斯定则（Duff Abrams' law）。当同原料的混凝土充分密实时，其强度与水灰比成反比。用以确定混凝土强度，是配合比设计确定水灰比或选择水泥强度等级的重要依据。 (徐家保)

水胶
以动植物胶加水按比例配合而成的稀胶液。常用广胶（即黄明胶）或阿胶、桃胶等加水配成。其配合比随季节而异，一般春、夏、秋三季为胶:水为1:5，冬季为1:7，在古建筑彩画中作调色材料和沥粉色胶用。 (谯京旭)

水胶比 water-binder ratio
混凝土混合料中水与胶结材（包括水泥与混凝土搅拌时掺入的掺合料二者之和）的质量比值。 (徐家保)

水胶炸药 water-gel explosive
一种含水溶性物质作为敏化剂的浆状炸药。是20世纪70年代推广的新型抗水塑性硝铵炸药。中国采用甲胺硝酸盐 $CH_3NH_2 \cdot HNO_3$ 作为敏化剂制成，密度为 $1.1~1.3g/cm^3$，爆力大于350ml，猛度大于15mm，爆速不小于3 500m/s，殉爆距离大于7cm。该炸药适用于有水工作面坚硬岩石爆破作业。 (刘清荣)

水力松解机 hydraulic defibring machine
用以松解石棉，并制备石棉浆的设备。由内壁镶有挡料板的筒体、锯齿形翼轮、泵体和传动装置等组成。石棉浆在筒体中由于高速旋转的翼轮所产生强烈的离心冲击作用，使石棉得以松解，松解好的石棉浆由泵体送出。松解石棉效果较好，但动力消耗较大。 (叶启汉)

水利工程石材 irrigation works stone
为控制和利用地表水和地下水而兴建的各项工程中所用石料。一般要求质地均匀，无裂缝，无明显的风化迹象。不含软弱夹层、黏土夹杂物及黄铁矿等。使用前应进行物理性能和化学指标检测。其主要指标有：抗压强度不低于40MPa；抗冻标号不低于D25；软化系数不小于0.75。在治河防洪、农田水利、水力发电、航运码头及城市的给排水工程中广泛采用。 (宋金山)

水料比 water-solid ratio
又称水固比。加气混凝土料浆中水与固体干料的质量比。料浆的流动性、黏度、膨胀性能、浇注稳定性、稠化性能等均与之密切相关，是生产工艺中的一个重要参数。视加气混凝土的品种不同，变化于0.5~0.7之间。 (蒲心诚)

水铝钙石 hydrocalumite
铝酸钙的水化物，化学式 $4CaO \cdot Al_2O_3 \cdot 12H_2O \cdot \frac{1}{2}CO_2$。此矿物沾染了1.8%二氧化碳成为假六方体，具有单斜晶胞。其成分和结构相似于 C_4AH_{13}。属 $3CaO \cdot Al_2O_3 \cdot Ca(OH)_2 \cdot 12H_2O$ - $3CaO \cdot Al_2O_3 \cdot CaCO_3 \cdot 11H_2O$ 固溶系列。相对密度2.15。 (陈志源)

水氯石 magnesium chloride
$MgCl_2 \cdot 6H_2O$ 的别称。与 $MgCl_2$ 一起被统称为氯化镁。参见氯化镁（321页）。 (孙南平)

水磨石 terrazzo

用水泥或其他胶结材料与石碴一起经加水、搅拌、成型、养护、研磨等主要工序制成一定形状的人造装饰石材。按生产方式，分工厂预制及现制两种；从色彩上按面层所用水泥可分为用白水泥或彩色水泥胶结石碴制成的美术水磨石及用普通水泥胶结石碴制成的普通水磨石。主要用于室内外地面装饰。其生产技术于19世纪中叶传入中国，已有一百余年历史。它的色彩丰富，质感强，对建筑物的外表美观起着重要作用，是现代建筑工程中常用的装饰材料。　　　　　　　　　　（袁蓟生）

水磨石地面　terrazzo floor

以水泥和大理石碴及适量耐碱颜料配合，加水拌合、成型、养护、研磨、抛光而成的地面。水泥与石粒的比例通常为质量比 $1:1.5 \sim 1:3.5$。可以在工厂预制成水磨石板铺设，也可现场浇筑，施工顺序：①按设计要求制作样板；②分格弹线和按图翻样；③镶分格条，以素水泥浆固定嵌条；④装填配合料；⑤养护固化；⑥研磨抛光；⑦酸洗；⑧上蜡。具有美观、防水、坚固耐久、耐磨性较好的特点。多用于盥洗室、厕所、实验室、门厅、走道等需要冲洗和耐磨的地方。　　　　（聂章矩）

水泥　cement

加水拌和成塑性浆体后，能胶结砂石等材料，并能在空气中和水中硬化的粉末状水硬性胶凝材料。种类很多，按其用途和性能可分为三大类：①通用水泥，大量用于一般的土木建筑工程，如硅酸盐水泥、普通硅酸盐水泥、矿渣硅酸盐水泥、火山灰质硅酸盐水泥和复合硅酸盐水泥等；②专用水泥，具有专门的用途，如油井水泥、砌筑水泥等；③特性水泥，具有某种比较突出的性能，如快硬硅酸盐水泥、中热硅酸盐水泥、抗硫酸盐硅酸盐水泥、膨胀硫铝酸盐水泥、自应力硫铝酸盐水泥、防辐射钡水泥等。19世纪初（1810～1825年），就已开始了水泥工业生产，1924年英国J.阿斯普丁获波特兰水泥生产的专利权。因凝结后的制品具有与英国波特兰地方的岩石相似的颜色，故国际上称为波特兰水泥。160多年中，水泥生产发展迅速，到现在品种已达一百余种；产量不断增大，1996年世界水泥总产量13.5亿吨，中国达4.5亿吨。用水泥制成的砂浆和混凝土，坚固耐久，适用于多种环境，是极重要的建筑材料，广泛用于工业与民用建筑、水利、海港、公路、铁路、国防等工程。水泥工业将朝着低能耗、高强度、耐久等特种性能及利用工业废渣的方向发展。　　（冯培植　冯修吉）

水泥标号　strength grading of cement

根据水泥强度的高低划分水泥产品质量的等级。通用水泥的标号依水泥胶砂 28d 龄期的抗压强度而定；快硬水泥以 3d 抗压强度表示标号；特快硬水泥以若干小时（不大于24h）抗压强度表示标号。同时其他规定龄期的抗压强度和抗折强度也必须达到标准中规定的相应指标。中国标准还规定425、525、625水泥按早期强度分为普通型与早强型（后标R）。早强型3d龄期的抗压强度和抗折强度比普通型有较高的要求。2000年后标准规定五大通用水泥及其他水泥陆续采用强度等级来划分水泥产品质量的等级不再采用水泥标号。
　　　　　　　　　　　　　　　（魏金照）

水泥标准稠度用水量　normal consistency water demand for cement

按标准方法测得水泥净浆达到一定稠度时的用水量。中国标准规定可采用调整水量和不变水量两种方法的任一种测定，有争议时以前者为准。调整水量法是当测定仪的试锥（锥底直径40mm，高50mm）在净浆中下沉深度 28 ± 2mm 时的拌合水量为标准稠度用水量，以水泥质量的百分数表示。不变水量法是500g水泥试样用142.5mL拌合水，测定试锥在净浆中下沉深度 S（mm），按下式计算标准稠度用水量 P（%）：

$$P = 33.4 - 0.185 S$$

水泥细度愈细，或含多孔疏松的混合材料时，该数值将增大。　　　　　　　　　　（魏金照）

水泥船　cement boat, concrete ship

用水泥砂浆或混凝土、钢丝网、钢筋作为船体结构基本材料建造的船舶。按所用的材料及工艺的不同，可分为钢丝网水泥船、钢筋混凝土船、预应力钢筋混凝土船等。按用途的不同，可分为①水泥农船，种类较多，用于运输、副业加工；②水泥渔船，配置有专门的捕捞工具设备，有淡水渔船和海洋渔船两类；③水泥运输船，运送旅客和货物，小中型船舶，分机动、非机动、风帆等种；④水泥工作船，用于各种水上作业，线型和结构较简单，大多数是非机动的或为固定式漂浮构筑物。建造方法有整体法、装配整体法、预制装配法等。水泥船建造容易、造价低廉、维修简便、耐蚀性好。可节约大量钢、木材，但自重较大，船体局部冲击能力较差。　　　　　　　　　　　　　（孙复强）

水泥等效系数　cement equivalent coefficient

又称胶凝效率系数。混凝土中所含的掺合料（混合材料），折合为具有等效胶凝能力时的水泥量的换算系数（K）。例如粉煤灰混凝土中如取 K 值为 0.3（28d 龄期）则 $n$kg 的粉煤灰仅具有等于 $0.3n$kg 水泥所起的胶凝作用。亦即它对 28d 龄期混凝土的强度贡献只相当于普通水泥的 30%。水泥品种、混凝土配合比和取代的水泥量不同，则同一种掺合料的 K 值将会有变化，而且随养护龄期的增长而增大，后期 K 值较高。
　　　　　　　　　　　　　　　（孙复强）

水泥堆积密度 cement bulk density

水泥质量与其堆积体积（包括真实体积与颗粒内孔隙体积以及颗粒间空隙体积）的比值，以 kg/m³ 表示。由于堆积体积与堆积状态有关，故常分疏松状态堆积密度和紧密状态堆积密度。前者测定时，一般用漏斗法或斜面法，固定水泥粉下落高度，装入一定体积的容器中，称其质量而求得；后者是在一定机械振动的条件下测得的。硅酸盐水泥前者约为 900～1 000kg/m³；后者约为 1 400～1 650kg/m³。实用计算中，大型水泥库中取 1 450kg/m³，小容量仓中取 1 300kg/m³，产生气化的条件下取 750～1 050kg/m³。同一品种水泥其细度较细，则堆积密度较小。 （魏金照）

水泥风化 weathering of cement

水泥中的活性矿物与空气中的水分、二氧化碳作用而使水泥变质的现象。水泥越细，越易风化。风化的水泥常结块、凝结时间不正常、强度降低。 （陆　平）

水泥干法生产 dry process of cement

将配合好的原料磨制成干生料粉入窑煅烧成熟料的水泥生产方法。干生料的制备方法可以是先烘干后粉磨，也可以是同时烘干兼粉磨。其优点是熟料热耗低。生料粉的均化技术及悬浮预热、窑外分解技术出现后，世界各国竞相发展新型干法生产或改湿法为干法生产。将生料粉加水成球后再进入立窑或立波尔窑煅烧成熟料的半干法，亦可归入干法生产。 （冯培植）

水泥杆菌 cement bacillus

具有破坏性的钙矾石的形象化术语。钙矾石在硬化水泥浆体中以局部反应形成时，会产生膨胀应力使硬化水泥浆体（或混凝土）遭受破坏，犹如杆菌为害，因此而得名。当混凝土处在硫酸盐侵蚀介质中，硫酸盐与硬化水泥浆体中的高碱性水化铝酸钙反应生成钙矾石，它含有较多的结晶水，其体积比原有的水化铝酸钙增大 2.5 倍，因此产生很大的破坏作用。但在水泥硬化过程中，如果钙矾石的形成控制得当，对水泥强度增长是有利的。 （魏金照）

水泥管 cement pipe

以水泥作胶凝材料制成的各种管的统称。是品种多应用极广的管材。按所用的原材料可分为素混凝土管、大孔混凝土管、钢筋混凝土管、预应力混凝土管、自应力混凝土管、钢丝网水泥管、石棉水泥管、浸渍混凝土管等。按承受内压的能力及用途可分为压力管，如用于输水、输油、输气等各种水泥压力管；无压管，如排水管、农田灌溉管、井管、电缆管等。根据管子种类不同，制作工艺方法很多。水泥管与钢管或铸铁管相比较，耐腐蚀性好、使用寿命长、输送能力强。可节约大量金属材料。其缺点为自重较大，脆性，抗冲击能力较差。 （孙复强）

水泥管接头 joint for cement pipe

连接水泥管构成整体管道的接头。按构造形式分承插式、企口式、砂浆抹带式、法兰式、套管式等多种。按工作性能分为：①刚性接头，相邻两根管子连接后不能产生相对转角和自由伸缩，以石棉水泥、膨胀水泥或沥青麻绳等作密封填料的平口管的套管式接头均属此类，一般用于无压管上；②柔性接头，相邻两根管子连接后允许有一定的相对转角和纵向伸缩位移，如用橡胶圈密封的承插式管的承插口连接的接头即属此类。水泥压力管宜用柔性接头。对接头要求为密封性能好、耐压、耐腐蚀、抗震、使用安全。 （孙复强）

水泥管异型管件 cement pipe fittings

铺设水泥管管道应用的各种不同形状的管形配件。连接水泥管以变更其输送的流体流动方向及形式的接头，如丁字管、十字管、弯头、渐缩管、叉管等。用石棉水泥、预应力混凝土或自应力混凝土制造。以振动法等工艺成型。以代替金属管件。 （孙复强）

水泥灌浆材料 cement grouting material

用水泥和水泥外加剂配制而成的灌浆材料。因纯水泥灌浆效果差，需添加外加剂提高灌浆效果。常用的外加剂有速凝剂、速凝早强剂、塑化剂、悬浮剂及惰性材料。根据灌浆技术要求进行选择。属于颗粒性灌浆材料。灌液的初期黏度为 $(5\sim10)\times10^{-3}$ Pa·s，可注入 1～0.6mm 的裂缝和孔径，渗透系数为 $10^{-1}\sim5\times10^{-5}$ cm/s，凝结时间为 8～12h。凝结体抗压强度为 10～20MPa。灌浆液的优点是灌浆工艺设备简单，操作方便，结石强度高。缺点是可灌性差，凝结时间长，早期强度低，易沉降析水，结石率低，在动水条件下易冲稀流失。采用单液注浆施工法。用于水工建筑、矿井和地下构筑物中，堵大裂缝、破碎带、断层、岩溶地层或基岩裂缝的堵水加固。也用于建筑物稳定地基和沉降加固。 （刘尚乐）

水泥裹砂搅拌工艺 mixing process with sand enveloped in cement

改变一般投料顺序使砂子颗粒表面先包裹一层低水灰比水泥净浆的混凝土搅拌工艺。其过程是先投入形成水泥净浆层（称为造壳）所需的表面含水量和经过含水量调节器处理的全部砂子进行搅拌，再投入水泥搅拌，使砂子颗粒表面包裹一层水灰比约 15%～35% 的水泥净浆，形成水泥浆壳，最后再投入石子和剩下的水继续进行搅拌，使砂浆包裹石子颗粒表面并填充其空隙。采用这种工艺制备的混凝土称裹砂混凝土或造壳混凝土。由于水泥浆壳的作用，粗细集料相互紧密地黏结在一起，形成骨架，把水灰比较大的水泥浆约束在集料颗粒之间的空隙里，没有松散的水泥颗粒和大块水泥团，能防止泌水，减少集料的分层和离析，混凝土的工作性好，密实度增加。在水灰比相同的情况下，与常规搅拌工艺相比，混凝土的强度可提高 5%～15%。但加料程序较复杂，搅拌时间较长，不宜采用自落式搅拌机，只有在搅拌机生产能力较富裕并配有专门砂浆搅拌机时才使用。 （孙宝林）

水泥裹石搅拌工艺 mixing process with coarse aggregate enveloped in cement

改变一般投料顺序使石子颗粒表面先包裹有一层低水灰比水泥净浆的混凝土搅拌工艺。其过程是先将形成一层水泥净浆（称为造壳）所需的表面含水量和经过处理的全部干石子投入搅拌机进行搅拌，再投入水泥搅拌，使石子颗粒表面包裹一层水灰比很低的水泥净浆，形成水泥浆壳，最后再投入砂子和剩余的水继续搅拌，使砂子颗粒包裹一层水泥净浆并填充石子的空隙。采用这种工艺制备的混凝土称为裹石混凝土。由于石子表面形成一层水灰比很低的水泥净浆层，能有效地防止自由水向石子与水泥浆界面集中，界面强度显著增加，因而可大幅度地提高混凝土的早期和后期强度。可以克服一般搅拌工艺不能使石子颗粒表面形成一层水灰比很低的水泥净浆硬壳的缺点，且不需另外增加搅拌设备。 （孙宝林）

水泥混合材料 additives of cement

在生产水泥过程中为改善水泥性能、调节水泥强度等级而掺入的矿物材料。其天然的有火山灰、凝灰岩、沸石岩、硅藻土、石灰石、砂岩等；人工的多为工业废渣，有高炉矿渣、粉煤灰、煤渣、磷渣等。按能否起化学反应可分为活性混合材料和非活性混合材料两大类。前者能与水泥熟料水化析出的$Ca(OH)_2$起化学反应而生成水硬性的胶凝物质，改善水泥性能；而后者则不能或几乎不能与$Ca(OH)_2$起反应，主要起填充作用，调节水泥强度。无论掺哪一类混合材料，均可提高水泥产量、降低成本。 （王善拔）

水泥混凝土 cement concrete

以水泥为胶结材的混凝土。包括密实的普通混凝土、重混凝土（表观密度大于 2 600kg/m³）和轻混凝土三类。用与不同胶结材的沥青混合料、聚合物混凝土、硫磺混凝土、硅酸盐混凝土等相区别。性质与用途参见普通混凝土（379 页）和轻混凝土（390 页）。应用范围宽广，常简称混凝土。 （徐家保）

水泥基复合材料 cement-based composite materials

简称水泥基材料。以水泥为基体的各种复合材料的统称。20 世纪 80 年代初期国际上开始通用此名词。包括普通砂浆与混凝土、钢筋混凝土、预应力与自应力钢筋混凝土、纤维增强水泥与混凝土、钢丝网水泥、聚合物混凝土、加气混凝土、轻集料混凝土以及某些特种混凝土等。 （吴中伟）

水泥基体-纤维界面 fibre-cement matrix interface

纤维与水泥基体之间的接触面。是影响纤维混凝土性能的关键部位。改善该部位的结构、组分和性能，对提高纤维混凝土的性能有显著效果。 （姚　琏）

水泥浆体硬化 hardening of cement paste

水泥浆体固化后构成的结构具有一定的机械强度的现象。其产生原因说法不一。一种认为主要是C-S-H 凝胶呈纤维状或网络状，具有巨大的比表面积，储有大量的表面能，有从外界吸引其他离子以达到平衡的倾向，因此彼此相互强烈吸引从而构成空间网架而具有强度，其本质上是由范德华力构成；另一种说法则认为，强度来源于无数晶体相互交叉连生，又受到颗粒间表面引力或化学键的影响，成为无数晶体交织成的"毛毡"构成结晶刚架结构而具有强度，本质上是由化学键产生强度。 （陈志源）

水泥胶砂流动度 fluidity of cement mortar

表示水泥胶砂流动性的一种技术指标。作为确定水泥胶砂适宜水量的依据。中国标准规定了测试的仪器和试验方法。将一定用水量的水泥胶砂装入平放在跳桌上的截锥圆模内，抹平后提起圆模，跳桌按落距为 10mm，在 30s 内均匀振动 30 次后，测量水泥胶砂底部扩散的直径，为该水量时的流动度，用 mm 表示。掺有火山灰质混合材料的水泥，进行胶砂强度检验时，其胶砂流动度应不小于 116mm。 （魏金照）

水泥井管 cement well pipe

垂直安置在地下并深入到含水层用以汲取地下水的水泥管。有混凝土井管、钢筋混凝土井管、大孔混凝土井管、石棉水泥井管等。用于非含水层起加固井壁作用的称井壁管；用于含水层起采水及滤水作用的称滤水管，其管身分布有滤水孔，滤水孔的孔隙率根据进水面积的要求而定。根据不同的井深，井管应具有一定的轴向抗压强度。成本较低、强度及耐久性好。 （孙复强）

水泥抗拉强度 cement tensile strength

水泥试体在轴向拉力作用下达到断裂前单位面积上所能承受的最大应力。单位以MPa表示。水泥是一种脆性材料,其抗拉强度远小于抗压强度。1977年前中国标准的硬练胶砂强度试验法,用"8"字形试件作抗拉强度试验。一般以此法测得的水泥抗拉强度要比实际抗拉强度低,主要原因是应力集中。该值较敏感地反映水泥中游离氧化钙的破坏作用。 (魏金照)

水泥抗压强度 cement compressive strength

水泥试体在压力作用下达到破坏前单位面积上所能承受的最大应力。单位以MPa表示。抗压强度测定结果与所用试体形状尺寸有关。中国标准规定用1:2.5软练胶砂制成40mm×40mm×160mm试体,在一定条件下养护至要求龄期,进行抗折试验后的2个断块,用以进行抗压试验,试体受压面为40mm×62.5mm。 (魏金照)

水泥抗折强度 cement bending strength

水泥胶砂试件在承受弯曲载荷时达到断裂前单位面积上的最大应力。单位以MPa表示。按照中国标准规定的水泥胶砂强度试验方法,用1:2.5的软练胶砂制成40mm×40mm×160mm试体,在规定条件下养护至要求龄期测试,其计算式为:$R_f = 3PL/2bh^2 = 0.00234P$。式中$R_f$为抗折强度MPa;$P$为破坏载荷N;$L$为支撑圆柱中心距(即100mm);$b$、$h$为试体断面宽及高,均为40mm。若采用杠杆比为1:50的抗折试验机时,系数0.00234应乘以50,即R_f为$0.117P$。 (魏金照)

水泥库 cement silo

储存水泥的圆筒状构筑物。水泥必须经过一定龄期的物理检验,合格后方能出厂,因此水泥厂必须设置一定容量的水泥库,最少应能储存7d的产量。一般为钢筋混凝土结构,小库也可为钢板或砖石结构。在库底或库侧卸料,用充气或机械方法使水泥卸出。 (冯培植)

水泥-矿渣-砂加气混凝土 cement-slag-sand-aerated concrete

用水泥、磨细粒化高炉矿渣和磨细砂为原料,经蒸压养护制成的加气混凝土。具有节约胶凝材料——水泥和石灰的优点。但由于不能较大的提高强度,以及粒化高炉矿渣的紧缺,难以大量发展。常用的表观密度为500kg/m³,抗压强度约3.0MPa,收缩率小于0.5mm/m。用作配筋屋面板、墙板和建筑砌块。 (水翠娟)

水泥-酪素-胶乳防锈涂料

以水泥、酪素与天然胶乳为主要原料的一种水溶性防锈涂料。将酪素加水浸泡、胶乳稀释后与水泥、水及其他添加剂一起搅拌制成。涂层坚实,与钢筋附着性能好,用于加气混凝土配筋制品中,与加气混凝土有高的粘接强度。 (沈琨)

水泥路面混凝土

见道路混凝土(72页)。

水泥密度 cement density

旧称水泥比重。水泥的质量与其实体积的比值,以g/cm³表示。通常用密度瓶(旧称比重瓶)测试,称取一定量的水泥,放入装有给定液体(对水泥能浸润而不发生反应)的密度瓶中,测出被水泥排除的液体体积,计算水泥密度。该值大小主要决定于熟料矿物组成,以及混合材料的种类和掺加量。硅酸盐水泥密度一般介于$3.05 \sim 3.20 \text{g/cm}^3$。水泥储存期延长,密度变小。该性质对砂浆或混凝土的浇灌下沉速度和密实度,以及防辐射等性能有一定影响。 (魏金照)

水泥凝胶 cement gel

水泥所含矿物溶解于水形成的溶胶逐渐增多而凝聚成的凝胶状物质。主要组成为C-S-H凝胶,呈结晶度极差的无定形胶粒,或粒径属于胶粒尺寸(小于10nm)的微晶粒,其中含有许多微孔(称胶孔),空隙率约为28%,故可看作是这些胶粒聚集而成的多孔固体粒子,比表面积约200m²/g,其形如薄纸,厚只3~4nm而另外两个方向可延伸达厚度的100倍或更长,所以可彼此交叉连生而具胶体性质。在硬化水泥浆体中,其数量占很大比例,故对其性质有很大影响,此量可用非蒸发水来表征。 (陈志源)

水泥凝结 cement setting

水泥可塑浆体逐渐固化的过程。水泥加水拌合开始形成具有流动性的粗分散体系,随着水化反应的进行,水化产物不断增多,逐渐形成凝聚结构而固化。它分初凝和终凝两个阶段,从加水开始至达到初凝、终凝状态的相当时间,称初凝时间和终凝时间。中国标准规定了凝结时间的检测方法。凝结时间的长短直接影响混凝土的施工操作,是水泥的主要品质指标。硅酸盐水泥中铝酸三钙含量的多少对该性能影响较大。 (魏金照)

水泥刨花板 cement wood shavings board

以水泥、木刨花及碎木屑粒为主要原料制得的轻质板材。一般加入适量水和附加剂,经搅拌、布料、加压成型、养护而成。规格厚度为6~14mm,长度1400~2850mm,宽度600、900mm。具有自重较轻(表观密度1100~1200kg/m³)、抗折强度较高(9~12MPa)、防水、防火、抗冻、耐腐蚀、防蛀等特性。适用于建筑物的内隔墙面、复合墙板内面层、吊顶棚、壁橱板等。使用时应注意板缝处理、隔声措施、墙面平整和干缩裂缝等问题。

(萧 愉)

水泥配料 raw mix proportioning of cement

根据水泥熟料化学成分要求,将各种原料按要求的比例配合,制得符合熟料成分要求的生料过程。原料成分的稳定、合理的配料及准确的配比,是稳定生料成分、保持窑的正常工作、保证熟料高质量的重要因素。原料预均化、微机配料、生料空气搅拌等技术可取得较好的效果。 (冯培植)

水泥膨胀珍珠岩制品 cement expand pearlite product

以水泥为胶结材,膨胀珍珠岩为集料,按一定比例配合,加水搅拌、成型、养护而制成的绝热制品。表观密度 $200 \sim 350 kg/m^3$,抗压强度 $0.3 \sim 0.5 MPa$,常温热导率约为 $0.056 \sim 0.087 W/(m \cdot K)$,24h吸水率 $110\% \sim 130\%$,24h吸湿率 $0.87\% \sim 1.55\%$。具有质轻、绝热、吸声、经济耐用等特点。用于较低温度的热力管道、热工设备的绝热和建筑物围护结构的绝热与吸声。一般制成板、砖和管瓦。采用普通硅酸盐水泥的其最高使用温度 $600℃$,采用高铝水泥者为 $800℃$。 (林方辉)

水泥强度等级 cement strength grade

根据按规定方法制成水泥胶砂试件,经一定龄期养护后所测得的28d抗压和抗折强度来划分的水泥质量等级。水泥和标准砂按 $1:3$,用0.5的水灰比拌制的胶砂制成 $40 \times 40 \times 160$(mm)试样,在标准条件下养护,测定3d及28d的抗折和抗压强度,以28d抗压强度(MPa)并参考抗折强度(MPa)决定水泥强度等级。按3d强度确定的为早强型,强度等级后加R,如 42.5R、52.5R。为了加强水泥生产和使用的质量控制,可用 $55℃$ 湿热养护24h测得的快速强度预测28d强度。各种强度数值的大小和发展速度的快慢,受水泥熟料的矿物组成、水泥细度、用水量、环境温度和湿度,以及混合材料和外加剂的种类、质量、用量等因素影响。 (魏金照)

水泥砂浆 cement mortar

又称水泥胶砂。用水泥、砂与水按适当比例调制成的砂浆。耐水性强、强度较石灰砂浆高而和易性较差。适于砌筑处于潮湿环境或水中的砌体,以及地面和湿度较大的房间的墙面与顶棚抹灰,在墙面作水泥砂浆抹灰饰面(plastering)时先用 $1:3$(水泥:砂)水泥砂浆打底或分层找平,再用 $1:2.5$ 配比的水泥砂浆罩面压光或搓成毛面。也可用以制作钢丝网水泥制品、水泥瓦等。 (徐家保)

水泥生产方法 process of cement

用水泥原料通过一系列工序与物理化学变化制成为水泥的方法。硅酸盐水泥生产一般分为三个阶段(简称两磨一烧——生料粉磨、熟料煅烧、水泥粉磨):石灰质原料、黏土质原料与少量校正原料经破碎后,按一定比例配合、磨细,制成成分合适、质量均匀、细度合格的生料;然后生料喂入水泥窑内煅烧至部分熔融得到以硅酸钙为主要成分的熟料;将熟料再加入适量石膏,根据品种需要还可加入适量混合材料或外加剂共同磨细。按照生料制备方法不同,可分为水泥干法生产与水泥湿法生产两种。对于铝酸盐水泥的生产,按烧成方法的不同,可分为烧结法与熔融法两种,烧结法与硅酸盐水泥生产方法基本相同,生料在回转窑中烧至部分熔融再冷却为熟料,然后磨细;熔融法是生料不必细磨,配合好的原料入电炉、高炉、反射炉、转炉或化铁炉中全部熔融成液态再冷却为熟料,经磨细而成。 (冯培植)

水泥湿法生产 wet process of cement

将配合好的原料加水粉磨成生料浆后入窑煅烧成熟料的水泥生产方法。其优点是生料易于均化,成分均匀,熟料质量较高且稳定,电耗较低,扬尘较少。缺点是熟料热耗高,生产效率低,有逐步为悬浮预热窑窑外分解新型干法生产取代的趋势。将生料浆脱水、制成生料块再入窑煅烧的半湿法,亦可归入湿法生产。将脱水生料块烘干破碎后入预分解窑等干法回转窑煅烧者,一般称为湿磨干烧。

(冯培植)

水泥-石灰-粉煤灰加气混凝土 cement-lime-fly ash aerated concrete

用水泥、生石灰和粉煤灰为原料制成的加气混凝土。生石灰需经磨细,可单独粉磨,或与部分粉煤灰混合磨细。采用蒸汽养护或蒸压养护。蒸压养护制品的收缩率较小,因而应用更广泛。常用产品的表观密度有两种:$500 kg/m^3$ 和 $700 kg/m^3$,抗压强度 $3.0 \sim 7.0 MPa$。主要用于制作建筑砌块,也可作墙板和屋面板。在中国应用较多。

(水翠娟)

水泥-石灰-砂加气混凝土 cement-lime-sand aerated concrete

用水泥、磨细生石灰和磨细砂为原料,经高压蒸汽养护制成的加气混凝土。常用的养护温度为 $180 \sim 200℃$。水化产物主要为托贝莫来石。其制品具有较高的强度和较小的收缩率。常用的表观密度为 $350 \sim 700 kg/m^3$,抗压强度 $2.5 \sim 7.0 MPa$,收缩率小于 $0.5 mm/m$。是国内外应用最广的一种加气混凝土。用以制作配筋屋面板、墙板和建筑砌块等。 (水翠娟)

水泥石灰蛭石浆 cement-lime exfoliated vermiculite mortar

见膨胀蛭石砂浆（372页）。

水泥石-集料界面 cement-aggregate interface

混凝土中水泥石与集料之间的接触面。是混凝土内部的薄弱环节。在界面区的水泥石一侧存在一个过渡区，区内的组成和结构如水泥水化产物的分布、晶体的尺寸、结晶取向以及孔的分布与尺寸等，与区外的水泥石本体有显著的不同。由于此过渡区具有不均匀、多孔等缺点，因此荷载、侵蚀等因素所引起的混凝土的破坏，多在此发生和发展。减少界面过渡区的范围并改变其组成与结构是改善混凝土性能的主要途径之一。 （吴中伟）

水泥石抗冻性 frost resistance of hardened cement paste

水泥石抵抗冻融循环破坏的能力。饱水的水泥石在环境温度低于冰点时，所含水分将结冰，体积膨胀9%，产生膨胀应力。当温度升高时，内部的冰融化。如此反复冻融，就会破坏水泥石内部结构。根据凯尔文（Kelvin）公式，毛细孔内水的冰点下降，孔径越小，冰点则越低。因此提高密实度或改善孔结构、降低大孔数量，以及在混凝土中掺入引气剂以产生微小均布气泡来缓冲结冰时的应力，均可提高水泥石的抗冻性。 （陆 平）

水泥石抗渗性 impermeability of hardened cement paste

水泥石抵抗水、油等各种介质渗入内部的能力。抗渗性与材料内部孔隙率、孔分布及孔形状有关。材料密实度越高，则抗渗性越好。降低水灰比、改变孔分布以及尽量减少连通孔等均可提高水泥石的抗渗性。混凝土的抗渗性用抗渗标号表示，如 S_4 表示28d龄期的混凝土标准试件用规定方法作抗渗试验，承受0.4MPa水压后无渗透现象。

（陆 平）

水泥石耐磨性 abrasion resistance of hardened cement paste

水泥石抵抗外界机械磨耗的能力。它与材料强度和密实度有密切关系，强度高则耐磨性好。提高水泥熟料中铁铝酸四钙和硅酸三钙的含量以及减小水灰比、减少泌水等均可提高水泥石的耐磨性。以一定形状的试件经磨损试验后的重量损失值表示，损失越少，耐磨性则越好。 （陆 平）

水泥-水玻璃灌浆材料 cement-sodium silicate grouting material

用水泥、水玻璃和水泥外加剂配制而成的灌浆材料。常用42.5、32.5强度等级的普通硅酸盐水泥，模数为2.4~2.8，波美度30°~45°的水玻璃。在水泥和水玻璃胶凝时间不能满足时，需加速凝剂或缓凝剂加以调节。例如，加入水泥质量15%的石灰，就有显著的速凝效果；加入水泥质量3%的磷酸二氢钠则有较好的缓凝效果。将水泥和水玻璃分别配制成灌浆液，按一定比例采用双液注浆法施工。属于颗粒性灌浆材料。灌浆液的初期黏度为 $(5\sim10)\times10^{-3}$Pa·s，可注入1~0.6mm的裂缝和孔径中，渗透系数为 $10^{-2}\sim10^{-3}$cm/s，凝结时间可调节到十几秒至几十分钟。凝结体的抗压强度为5~20MPa。灌浆液的优点是凝结时间易控制，结石率高。缺点是可灌性差，对细砂、粉砂及细小裂缝难以灌入。在水工建筑、矿井及地下构筑物中，用于基岩裂缝堵水加固，岩溶地层堵水、冲积层堵水加固，以及稳定和加固地基。 （刘尚乐）

水泥水化 cement hydration

水泥和水的化合、水解等化学反应。即水泥组分从无水状态转变到含水状态（生成水化矿物）的反应。如硅酸盐水泥加水后，其中硅酸三钙发生如下水化反应：

$$3CaO\cdot SiO_2 + nH_2O = xCaO\cdot SiO_2\cdot(n+x-3)H_2O+(3-x)Ca(OH)_2$$

水泥硬化浆体的性能在很大程度上取决于水泥水化作用、水化产物及其所形成的结构。

（魏金照）

水泥水化产物 cement hydration product

水泥与水发生化学反应形成的各种含水化合物。其组成和结构都与水泥熟料矿物组成、水化条件、龄期长短等有关。例如硅酸盐水泥，经充分水化后形成的水化产物有：C-S-H凝胶（约70%左右），结晶Ca(OH)$_2$（约20%左右），以及钙矾石和单硫型水化硫铝酸钙。而高铝水泥的水化产物则以六方晶系的CAH_{10}、C_2AH_8 和 $Al(OH)_3$凝胶为主。硬化水泥浆体的工程性质，如力学强度、耐久性等，与水化产物的组成和结构有着非常密切的关系。 （魏金照）

水泥体积安定性 soundness of cement

简称水泥安定性。水泥浆体硬化过程中体积变化的均匀性。是评定水泥质量的重要指标之一。水泥含有过多的游离氧化钙、方镁石或硫酸盐则安定性不良。各国水泥标准均规定有安定性测试的方法及合格标准。最常用的有试饼法、雷氏夹法和压蒸法等。 （陆 平）

水泥土 soil cement

以土料为主，加入少量水泥，加水拌合、压实而成的建筑材料。土料为包含砂粒、粉粒、黏粒乃至砾石在内的粗细颗粒混合物。不得含有机质。常用普通水泥和矿渣水泥，用量约5%~18%。土料不仅起骨架作用，其细微颗粒能与水泥起物理化学反应。故水泥土具有一定的物理力学性能。抗压强度约为 2~18MPa。且随水泥用量增加而提高。但因强度、抗冻性较低，软化系数小，干缩较大，故未能大量广泛应用。目前主要用于道路基层、坝面护坡、渠道衬砌、地下输水管道及民用建筑物。

(孙复强)

水泥瓦 cement plain tile

以水泥、砂为主要原料，加水拌和，经模压成型、养护而成。其外形与黏土平瓦相似。实际尺寸为：360mm×200mm~400mm×240mm。瓦背面有四爪：两个前爪、两个后爪。前爪的外形和规格须保证挂瓦时与瓦槽搭接合适；后爪有效高度不少于 12mm。瓦槽深度不小于 12mm，边筋高度不低于 5mm。单片瓦最小抗折荷重不得低于 600N。覆盖 $1m^2$ 屋面的瓦吸水后重量不得超过 55kg。

(徐昭东 孔宪明)

水泥系装饰涂料 cement series architectural coating

是以水溶性树脂或聚合物乳液（掺量一般为水泥重量的 20%~30%）与水泥组成的胶凝材料，添加颜料、填料、助剂等经搅拌混合而成的涂料。由于主要成分为水泥，是碱性材料，要求使用耐碱性颜料。涂布于水泥基层和抹灰墙上，呈不同形状，能硬结形成无缝彩色涂层，起装饰作用。常用的有聚乙烯醇缩甲醛水泥涂料、聚醋酸乙烯聚合物水泥涂料等。在彩色复层凹凸花纹涂层中，也有采用其作中间涂层材料。适用于民用住宅装饰。

(陈艾青)

水泥细度 cement fineness

水泥颗粒粗细的程度。通常以标准筛的筛余百分数、比表面积或粒度分布表示。通用水泥的细度，以 0.080mm 方孔筛为标准筛，其筛余不得超过 12%。水泥细度细，水化快，早期强度发展快，泌水性小，但标准稠度用水量增加，干缩增大，较易风化。

(魏金照)

水泥型人造大理石 cement artificial marble

又称硅酸盐人造大理石。以水泥或磨细石灰为黏结剂制成的人造大理石。以砂为细集料，经配料、搅拌、成型、加压蒸汽养护、磨抛加工而成。常用黏结剂为硅酸盐水泥、铝酸盐水泥。其价格低廉、色彩耐久，抗风化、耐火、防潮性能好，且生产过程不污染环境。但耐腐蚀性能较差，容易出现龟裂，适于作装饰板材而不适于作卫生洁具。

(郭柏林)

水泥压力管 cement pressure pipe

通常指以水泥为胶凝材料配有增强材料的能承一定内压力的管子。大体上可分为石棉水泥管、普通钢筋混凝土压力管、预应力混凝土管和自应力混凝土管等四类。主要用于输水、输油、输气及输送其他流体物质的管道中。代替钢管或铸铁管，可节约大量金属材料。具有耐腐蚀性能好，使用寿命长，输送能力强等优点。其缺点为自重大，脆性，抗冲击能力较差。已得到广泛的应用。

(孙复强)

水泥硬化巴依柯夫学说 Baikov's (Байков) theory for setting and hardening of cement paste

20 世纪初由 A.A.巴依柯夫提出新拌水泥浆经凝结、硬化转成硬化水泥浆体的理论。该理论认为，水泥的凝结、硬化可分为三个时期：首先是溶解期，水泥颗粒拌水后表面开始水化，所生成的可溶性物质水解和溶解于水中至溶液达过饱和状态为止；其次为胶化期，从过饱和溶液中固相生成物析出并沉淀如胶体颗粒，或直接在固相表面发生局部反应而成胶体颗粒，此时相当于凝结期。最后为结晶期，此时胶体逐渐转化为晶体，并交叉生长，从而产生强度，此期相当于水泥的硬化过程。

(陈志源)

水泥硬化胶体学说 colloid theory for setting and hardening of cement paste

以胶体学说阐明新拌水泥浆经凝结、硬化转为硬化水泥浆体的理论。19 世纪 90 年代由 W. 米哈埃里斯首先提出，故又称 Michaelis 理论。水泥与水拌合后生成大量胶体物质（主要为水化硅酸钙凝胶），随后这些凝胶因外部干燥而失水，或因内部未水化水泥颗粒的继续水化而吸水，使胶体致密，提高了内聚力而变硬，使强度不断增长。在此过程中虽亦生成氢氧化钙、水化硫铝酸钙和水化铝酸钙等晶体，亦有一定强度，但若非上述大量硅酸钙凝胶填充其间，则硬化水泥浆体的整体强度就难以构成，故认为水泥强度主要是胶体起作用。现代理论认为水泥浆体中这些所谓的胶体其实也是尺寸非常小的晶体所组成，从而使与说明水泥浆体硬化的晶体学说开始有统一的趋势。

(陈志源)

水泥硬化结晶学说 crystalline theory for setting and hardening of cement paste

以结晶学说阐明新拌水泥浆经凝结、硬化转成硬化水泥浆体的理论。此学说于 19 世纪 80 年代由 Le·Châtelier 首先提出，故又称 Le·Châtelier 理论。认为拌水后水泥所含矿物先溶解于水，与水反应成水化物，因生成物的溶解度小于反应物，从而从过饱和溶液中结晶析出，此后水泥矿物再继续溶解并沉淀析出水化产物，如此连续不断地溶解-沉淀反应，生成大量结晶体，交叉生长，形成无数接触点而产生巨大的内聚力使之凝结、硬化，产生强度。

（陈志源）

水泥硬化速度 hardening rate of cement paste

硬化水泥浆体强度增长的速度。是水泥熟料中各矿物水化后强度的综合反映。硅酸盐水泥熟料中C_3S的早期强度最高；$\beta\text{-}C_2S$次之，其强度持续而缓慢地发展；C_3A和C_4AF的强度很低。其强度发展见图。但若改变各矿物的制备条件，如煅烧温度、冷却速度等则其硬化速度、强度发展可以明显改变。各矿物间相互作用也有一定影响，如15%C_3A和85%C_2S混合其3d强度比100%C_3S为高，但C_3S和C_2S混合后其强度随C_2S量的增加而减少。故强度的发展不是单矿物强度的简单叠加，而是彼此影响的综合结果。提高熟料矿物的水化活性、选择合适的养护制度、掺加一定量外加剂等都可提高水泥的硬化速度。

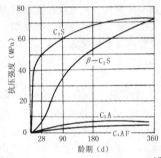

（陈志源）

水泥蛭石浆 cement exfoliated vermiculite mortar

见膨胀蛭石砂浆（372页）。

水平喷吹法 horizontal blowing process

利用从水平方向或与水平方向成一角度的高速喷射出的气体介质将垂直流下的熔体流股分裂、牵伸成纤维的方法。除气流方向、喷嘴结构不同于垂直喷吹法外，玻璃成分要求、其他设备与垂直喷吹法相似。所用气体介质为压缩空气或过热蒸汽，产品纤维直径$15\sim25\mu m$。方法简单，不用白金，渣球较多。制取玻璃短棉或矿棉。（吴正明）

水曲柳 Fraxinus mandshurica Rupr.

中国东北林区的主要用材的阔叶树种之一。分布于小兴安岭南坡，经完达山延伸到长白山和燕山山地，以小兴安岭最多。在阔叶树种中生长较快，适应性较强，用途广，材质好，经济价值高的优良珍贵树种。树干通直、圆匀、纹理直，花纹美丽，结构粗，锯、刨加工容易，刨面光滑，难钉钉，易开裂，油漆费工，易翘曲和皱缩，较耐腐，是胶合板的主要原料之一。环孔材。边材黄褐色或黄白色，心材褐色或栗褐色，木材有光泽。气干材密度$0.642\sim0.686g/cm^3$；干缩系数：径向$0.171\%\sim0.197\%$，弦向$0.322\%\sim0.352\%$；顺纹抗压强度$48.5\sim51.5MPa$，静曲强度$106.0\sim116.3MPa$，抗弯弹性模量$(11.8\sim14.3)\times10^3MPa$，顺纹抗拉强度$129.8\sim136.0MPa$，冲击韧性$6.40\sim6.95J/cm^2$；硬度：端面$58.7MPa$，径面$45.4MPa$，弦面$44.9MPa$。目前主要用于生产胶合板、运动器材、室内装修、家具等。（申宗圻）

水溶性聚合物 water-soluble polymer

又称水溶性树脂。是能在水中溶胀、溶解形成溶液或分散液的亲水性高分子材料。其分子链上含有一定数量的亲水基团（如羧基、羟基、胺基、醚基、酰胺基等）。分子量可由几百至几十万。按其来源可分为三大类：天然水溶性聚合物（淀粉、干酪素等）、半合成（各种纤维素）和合成水溶性聚合物（聚乙烯醇、聚丙烯酰胺、脲醛树脂和水溶性环氧树脂等）。可用于污水处理、造纸、采油，以及配制涂料、黏结剂等。（徐亚萍）

水溶性（木材）防腐剂 waterborne (-type) preservatives

一种或几种有毒盐类组成的水溶性木材防腐剂。常用有毒盐类有硫酸铜、氟化钠、砷酸钠等。为使防腐剂固定在木材中可掺入重铬酸钠Na_2CrO_4或重铬酸钾K_2CrO_4，例如加铬砷酸铜（CCA）。

（申宗圻）

水溶性涂料 water soluble coating

又称水性漆。以水为溶剂的涂料。可分为自干型或烘干型两大类。自干型以聚乙烯醇、聚乙烯醇缩甲醛等水溶性树脂为主要成膜物质，掺入颜料、填料、水、添加剂等经溶解、分散配制而成。价廉、装饰性好，但耐水性较差，广泛用于建筑物内墙的涂装。烘干型通常由水溶性树脂（聚丙烯酸酯、醇酸树脂、环氧树脂）、添加剂和颜料等制成。大多数需烘干，有些还可用电泳的工艺施工。常用作钢、铝门窗等金属制品的烘漆。（陈艾青）

水乳型薄质沥青防水涂料 water-dispersed thin asphalt waterproof coating

指以有机表面活性剂为乳化剂的乳化沥青和改性乳化沥青。常温时为液体，固体含量不小于47%，施工用量不小于$2.5kg/m^2$，防水涂层厚度在2mm以上。氯丁胶乳化沥青，再生胶浆乳化沥青，丁苯胶乳化沥青，以及其他以表面活性剂为乳化剂配制的乳化沥青或改性乳化沥青都属于这一类型。其优点是粘结力强、耐热性、流平性、低温柔性和抗基层开裂性好。但贮存期短。配合玻璃纤维布用刷涂或机械喷涂法施工，广泛用于屋面、阳台、厕所及地下构筑物防水。

（刘尚乐）

水乳型厚质沥青防水涂料 water-dispersed thick asphalt waterproof coating

指以无机胶体为乳化剂的无机胶体乳化沥青和改性无机胶体乳化沥青。常温为膏状体或黏稠液体，固体含量不小于50%，施工用量不小于8kg/m²，防水涂层厚度在4mm以上。膨润土乳化沥青、石棉乳化沥青、石灰乳化沥青、黏土乳化沥青和乳化聚氯乙烯煤焦油涂料等，都属于这一类型。其优点是耐候性、防水性好，贮存期长，设备投资小，成本低，易于生产，但流平性差。用涂刷法施工。广泛用于工业与民用建筑的屋面防水、旧屋面防水层的维修、化工建筑防腐工程。 （刘尚乐）

水石榴石 hydrogarnet

化学式为 $3CaO(Al_2O_3, Fe_2O_3)\cdot 6H_2O$ 的矿物。晶体形状似石榴子，存在 SiO_2 时有吸入 SiO_2 的强烈趋势，使之并入晶体成 C_3AS_3 到 C_3FS_3 的连续固溶体，其中的关系为：

$$3CaO\cdot Al_2O_3\cdot 6H_2O \longrightarrow 3CaO\cdot Al_2O_3\cdot 3SiO_2$$
$$\times$$
$$3CaO\cdot Fe_2O_3\cdot 6H_2O \longrightarrow 3CaO\cdot Fe_2O_3\cdot 3SiO_2$$

其中每个化合物都能和其他三个化合物形成固溶体。Fe_2O_3 和 Al_2O_3 可以互换，而一个 SiO_2 可代替两个 H_2O，但要稳定立方型结构至少必须含一个 SiO_2。是相当于水泥熟料液相组成的各种玻璃体在 150~250℃ 饱和蒸汽处理下的主要产物。室温时可在 C_3A 和铁酸钙水化物固溶体中形成。含有一定量 SiO_2 和 Fe_2O_3 时，其抗硫酸盐溶液侵蚀能力较 C_3AH_6 为好。为此，在熟料冷却过程中可急冷 C_3A 含量高的水泥熟料以增加其玻璃体含量；含铁高的水泥熟料不须急冷以提高 C_4AF 的晶体量。二者都可提高水泥的抗硫酸盐性能。 （陈志源）

水刷石 granitic plaster

见装饰砂浆（631页）。

水碳硅酸钙 scawtite

也称片硅钙石。美国蒙大拿州产的一种化学式为 $6CaO\cdot 6SiO_2\cdot 2H_2O\cdot 0.8CaCO_3$ 或 $Ca_{14}(OH)_4(Si_{16-x-y}C_{4x/3}H_{4y})O_{44}$ 的天然水化硅酸钙矿物。其中 1 mol SiO_2 可被 3/4mol CO_2 或 2molH_2O 所代替。还有一种是无水的，化学式可写成 $6CaO\cdot 4SiO_2\cdot 3CO_2$ 或 $3CaO\cdot 4SiO_2\cdot CaCO_3$。可以看作是碳化了的硬硅钙石，加热至约 850℃ 转变为 β-CS。单斜晶系，板状，无色，有玻璃光泽。 （王善拔）

水下爆破 underwater blasting

又称水中爆破。在水下进行的各种爆破作业。用于建设港坞、疏浚航道、开挖新河道、拆除桥墩及水下拆船等。其主要方法有水下裸露爆破、水下钻孔爆破、水下硐室爆破和水下抛掷爆破等。特点是：爆破在水下进行，钻孔、装药和连线难度大；爆破材料必须具备良好的抗水、抗压性能；爆破产生的水中冲击波强度大、衰减慢，对游泳人员、潜水员、水生物和水工建筑物影响大。采用气泡帷幕和优选爆破参数和降低一次起爆药量等措施能有效地阻碍水中冲击波的传播。 （刘清荣）

水下混凝土 underwater concrete

直接灌注于水下结构并就地成型与硬化的混凝土。一般采用富混凝土（rich concrete），水泥和砂用量较多，坍落度较大，为改善工作性适量掺用减水剂、引气剂或聚合物。浇筑方法有垂直导管法、泵送法、麻袋装填法、开底吊桶法等。

（徐家保）

水箱 cistern

与大便器配套，用以盛放冲洗水的有釉陶瓷容器。多为瓷质或炻质制品。盛水的容积要求能够每次将排泄物冲洗干净。内部安置有浮阀以控制水面高度。根据配套的大便器不同分为高位水箱和低位水箱。 （刘康时）

水性涂料 water paint

完全或主要以水为介质的涂料。常用的有水溶性涂料和乳胶漆（又称水乳性涂料）两种。前者包括电泳涂料、水溶性烘漆、水溶性自干漆和无机涂料。后者有聚醋酸乙烯、丙烯酸系、醋酸乙烯-丙烯酸系、苯乙烯-丙烯酸系以及沥青系等。优点是改善劳动保护条件，有利于环境保护，防止火灾，节省能源，降低成本。尤其适合在建筑上的大面积施工，是建筑涂料的发展方向。 （刘柏贤）

水银测孔仪 mercury porosimeter

水银压入法用的检测仪器。根据施加压力不同分为两种类型：①低压（0.147Pa）装置，由容器、真空泵、水银贮槽和刻度毛细管组成。样品放入容器并抽真空达到 $10^{-1}\sim10^{-2}$Pa 时，由水银槽放入水银至毛细管，然后从入气孔入大气或氮气直至所需压力，并由刻度毛细管相应记录水银压入体积。②高压（490Pa）装置，由油压系统、泵倍加器、测量压力表、高压钢筒、膨胀计以及电桥测量系统组成。将装有水银和样品的膨胀计置于高压钢筒内密封，并将连接膨胀计的白金丝外接至电桥，由充气口压入氮气至所需压力，把水银在毛细管内体积的变化换算成白金丝电阻的变化，通过测定的电阻变化并经水银本身压缩性校正后求出压入水银体积。两种装置可测量材料孔径为 1.5~5 000nm。通过连续操作并测定一系列不同压力下压入样品内的水银体积，便可求出其孔径分布和总孔隙体积。

（秦力川）

水银灯 mercury vapor lamp

又称汞灯。利用电极在汞蒸气中放电发光的灯具。在真空硬质玻璃泡里的石英管内充以汞和氩气，通电后先是主、辅电极间放电，导致氩气放电，使汞逐渐蒸发，诱发主电极间放电而发出可见光。当汞蒸气压增大后，电弧集中于管子中心，使发光效率提高，其光效为30~50lm/W。按汞蒸气压力可分低压（1.333Pa）、高压（0.10MPa）、超高压（0.50~0.80MPa）三类。若高压管壁内涂有荧光粉的灯，称荧光高压水银灯；在外管内将灯丝和发光管串联后通电，且不用镇流器而发出可见光的灯，为自镇流型汞灯。汞灯外壳多以铸铝或钢材冲压而成，常配装透光率高、照射面大、布光均匀的磨砂玻璃罩。有单头或多头两种形式。具有亮度高、使用寿命长、美观大方、防水、防腐、防爆等特点。适用于室内外公共场所照明。（王建明）

水银压入法 mercury intrusion method
又称压汞法。测定多孔材料的孔径大小、孔隙体积及孔径分布的一种孔结构分析法。由于水银对固体材料表面的不可润湿性，在压力作用下水银才能挤入材料的毛细孔中，其关系式表示为

$$r = \frac{2\sigma\cos\theta}{P}$$

式中 r 为毛细孔半径（nm）；σ 为水银表面张力（N/m）；θ 为材料与水银的润湿角；P 为压入水银的压力（kPa）。根据施加的压力和水银的压入量便可求出孔径尺寸及对应尺寸的孔体积，进而算出孔体积随孔径变化的曲线，得到样品的孔径分布图。（秦力川）

水硬率 hydraulic modulus
硅酸盐水泥生产中，控制生料、熟料适宜石灰含量的一个系数。以 HM 表示，是熟料中氧化钙与酸性氧化物（SiO_2、Al_2O_3、Fe_2O_3）之和的质量比值，即 $HM = \frac{CaO}{SiO_2 + Al_2O_3 + Fe_2O_3}$，其值一般为1.8~2.4。计算较简单，但反映意义不够明确，控制配料具有同样的水硬率，并不能保证烧成的熟料有同样的矿物组成。只有同时控制各酸性氧化物间的比例，才能保证熟料成分与矿物组成的稳定。一般来说，水硬率高则熟料强度也高，但煅烧也相对困难。日本等国用得较多。（冯培植）

水硬性 hydraulicity
见水化硬化（462页）。

水硬性胶凝材料 hydraulic binding material
加水拌制浆体后，既能在空气中硬化，又能在水中硬化的无机胶凝材料。这类材料又通称为水泥，如硅酸盐水泥、铝酸盐水泥、硫铝酸盐水泥、氟铝酸盐水泥等。广泛用于工业与民用建筑、地下、海洋、原子能工程及国防工程等。（冯培植）

水硬性石灰 hydraulic lime
以 CaO 为主并含有一定量水硬性矿物的胶凝材料。由含黏土矿物大于8%的泥灰质石灰石经900~1250℃煅烧后磨细而得，具有水硬性。水硬活性大小主要取决于原料中黏土矿物的含量及煅烧温度。产品的主要矿物成分为 CaO、MgO、$2CaO \cdot SiO_2$、$CaO \cdot Al_2O_3$、$2CaO \cdot Fe_2O_3$ 以及未反应完的黏土矿物。依水硬性矿物的多少，可分为强水硬性石灰及弱水硬性石灰。前者硬化较快、强度较高，在空气中经3~5d养护后即可浸入水中，其28d的抗压强度可达0.2~0.5MPa。可用于砌筑及抹灰工程或生产硅酸盐制品。（高琼英　水中和）

水嘴 faucet; tap
卫生洁具的水源开关。用铸造铜合金或其他铜材制造，表面镀镍、铬。适应不同用途，有多种形式和规格，如冲洗用水嘴、洗涤用冷热水嘴和单柄调温水嘴等。要求在0.59MPa压力下密封良好，在0.0147MPa压力下全开洗量不小于0.2L/s。（邢　宁）

shun

楯 railing
《说文》阑槛也。即阑楯的省称。《营造法式》列钩阑之八种异名，其五曰阑楯。狭义指钩阑的横构件，参见槛（267页）。（张良皋）

顺磁共振分析法 electron paramagnetic resonance spectroscopy
又称顺磁共振波谱法、电子自旋共振谱法。研究处于外磁场中的顺磁物质内或抗磁物质的顺磁中心内的未成对电子与电磁微波相互作用以确定物质性质和结构的一种光谱分析法。处于外磁场中的顺磁物质，其未成对电子自旋磁矩取向由随机取向变成有序排列，其能量分裂为两个不同能级，当电磁微波垂直于外磁场方向照射样品时，处于低能级的未成对电子便吸收微波能量产生共振效应。其原理和检测方法与核磁共振分析相似，只是电子磁矩较核磁矩大三个数量级，因而在相同磁场强度下，电子顺磁共振频率较核磁共振频率大三个数量级，相应的波长（λ）为1~10cm。主要检测分析具有未成对电子的物质，如自由基的测量以确定分子结构；确定固体经各种高能粒子或射线辐照后产生的缺陷损伤；鉴定过渡金属元素的价态、电子组态及其离子的配位结构等，广泛应用于物理学、化学、材料科学、地质、土壤、生物学和医学等领域。（秦力川）

顺磁共振仪 electron paramagnetic resonance spectrometer

又称顺磁共振波谱仪。进行顺磁共振分析用的仪器。主要由辐射源（速调管或耿氏振荡器）、样

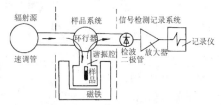

品系统（位于磁场中）和检测记录系统组成（见图）。由速调管产生的单色微波辐射在谐振腔内聚集，经处于外磁场中的样品吸收电磁能后使样品原子中的电子在不同能级之间产生跃迁。透过的微波用硅二极管接收并转换为电信号，经放大、记录得到顺磁共振谱。仪器配备有电子计算机和双共振（核-电子和电子-电子）装置，使检测信息更加清晰、准确。 （秦力川）

顺丁橡胶 cis-1,4-polybutadiene rubber

顺式-1,4聚丁二烯橡胶的简称。由丁二烯经定向聚合制得的顺式-1,4聚丁二烯橡胶。根据顺式结构的含量分为高顺丁橡胶（顺式结构占90%）、中顺丁橡胶（顺式结构占65%）和低顺丁橡胶（顺式结构占35%）三种，绝大多数为高顺丁橡胶。低顺丁橡胶具有最好的耐寒性，其他性能大致相似。相对密度0.91，玻璃化温度-110℃，适用温度范围-85~80℃。性能特点是弹性好，耐磨性优良，耐寒性和耐老化性等都优于天然橡胶。缺点是有冷流性，加工性能较差，黏着性不好，抗撕裂、耐刺穿性也差，在潮湿情况下易打滑。主要制造轮胎，还可制作其他橡胶制品，如耐寒、防震材料及塑料的改性剂等。 （邓卫国）

顺水条 rain-water lath

又称压毡条。在屋面的防水层上，沿屋面流水方向所钉的薄木条。其截面厚3~5mm，宽约30mm，间距40~60cm。用不易钉裂的松木或软杂木制作，也可用灰板条代替。 （姚时章）

顺纹剪切强度 shear strength parallel to grain

木材沿纹理方向抵抗剪切的最大能力。剪切的面可以是顺纹的径切面，也可以是顺纹的弦切面，前者抗剪强度略低于后者。一般值很小，只是顺纹抗压强度的15%~30%，顺纹剪切关系到扭转强度，因而在木结构构件设计中，应首先考虑顺纹理方向低的剪切强度。 （吴悦琦）

顺纹抗拉强度 tensile strength parallel to grain

木材沿纤维方向承受拉伸载荷的最大能力。取决于木材中纤维或管胞的强度以及这些细胞的长度和排列的方位。尽管平行于纹理的抗拉强度很高，一般树种气干材（含水率为12%），可达到294MPa，但在实际工程建筑上并不能全部利用，因为木材的顺纹剪切强度特别低，只有它的6%~10%，受力后往往会在固定点和结合点处产生剪切破坏。此外，纹理通直与否、有无节子等因素的影响很大，所以实际强度值比文献中所列无疵木材的数据要低。 （吴悦琦）

顺纹抗压强度 compression strength parallel to grain

木材沿纤维方向承受压缩载荷的最大能力。气干材约为顺纹抗拉强度的50%，并受木材含水率、节子、斜纹等很多因素影响而发生变化。其强度值一般是用无疵短柱材试件来测定的，即长、宽比$L/d<11$，但即使在短柱材的范围内也会影响试件的侧面应变，一般建议试件的长宽比为4。顺纹抗压强度是设计和确定立柱、桩木等受压构件尺寸的主要参数。 （吴悦琦）

瞬发电雷管 direct-action electric detonator

又称即发电雷管。通入足够电流，能瞬时（小于5ms）引起爆炸的电雷管。2m铁脚线成品管的全电阻：康铜桥丝不大于4Ω；镍铬桥丝不大于6.3Ω。安全电流：通0.05A恒定直流电5min不爆炸；发火电流：单发电雷管的发火直流电流不大于0.7A；20发串联准爆直流电流不大于2A。瞬发电雷管广泛用于爆扩桩、浅眼爆破、深孔爆破和药室爆破等工程中。在规定的贮存条件下，有效期为2年。 （刘清荣）

瞬凝 flash set

水泥加水后立即发生的一种不正常的快凝现象。特征是放出大量热量，迅速结硬，无法进行施工。发生的原因往往是由于熟料中铝酸三钙等水化很快的矿物含量过多，铁铝酸四钙含量过低，缓凝剂掺加量不足、加水后迅速形成了铝酸盐水化物。在上述情况下，如果水泥中超细微粉含量较多，会使这种现象更易出现。 （魏金照）

司密斯闭式三轴法 Smith closed system triaxial method

由司密斯提出的设计沥青混合料组成的一种试验方法。该法是将配制好的沥青混合料制备成直径为100mm和高为200mm的圆柱体试件。加热至60℃，置于一闭式三轴仪（如图）中，不断增加垂直压力（σ_v），同时测定相应的侧向压力（σ_H），根

据垂直压力和侧向压力的关系曲线，求出截距 I 和斜率 S，按下式求出沥青混合料的黏聚力 c 和内摩阻角 φ。根据沥青混合料评质图来评定沥青混合料的质量。

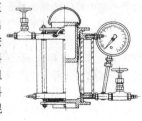

$$c = \frac{I}{2\sqrt{S}}$$

$$\varphi = 2(\mathrm{arctg}\sqrt{S} - 45°)$$

（严家伋）

丝网印花 silk screen printing, screen printing decoration

用调制印刷色料的调料油与陶瓷颜料调和后通过印刷丝网版直接漏印在坯体或瓷面上的彩饰方法。印刷丝网版是用铜丝网或尼龙筛布将设计的图案用感光方法制成的。最初采用真丝网刻蚀的方法制版，现多采用照相制版。可用不同颜色套印出多色图案。可用于釉下、釉中或釉上彩饰。适用于平面或表面弧度不大的制品。具有工艺简单、易于掌握、成本低廉、效率高的特点。 （邢宁）

斯托克斯定律 stoke's law

又称斯托克斯沉降速度定律。当密度为 ρ_1 的圆球状颗粒，在密度为 ρ_2、黏度为 η 的流体介质中以很低的速度自由沉降，则球体颗粒沉降速度 V（cm/s）与颗粒大小的平方成比例。用下式表示：$V = [d^2 (\rho_1 - \rho_2) g]/18\eta$，式中 d 为颗粒直径（cm）；ρ_1 为颗粒的密度（g/cm³）；ρ_2 为流体介质的密度（g/cm³）；g 为重力加速度（cm/s²）；η 为流体介质的黏度（N·s/cm²）。该定律是沉降法、离析法、光扫描法等测定物料颗粒组成的理论基础。 （潘意祥）

锶硅酸盐水泥 strontium silicate cement

简称锶水泥。由以硅酸三锶为主要矿物组成的熟料加入适量石膏磨制的水泥。其原料为碳酸锶（SrCO₃）或硫酸锶（SrSO₄）和黏土、铁粉等。其化学成分为 SrO 71%～76%、SiO₂ 10%～15%、Al₂O₃ 4%～7%、Fe₂O₃ 3%～6%、MgO 0%～2%。相对密度大，可与重质集料配制防辐射混凝土。抗海水侵蚀性能好，防辐射性能较钡硅酸盐水泥稍差。 （王善拔）

撕裂 tearing

又称拉裂、卷起。搪瓷烧成时粉层开裂，烧成后呈现未愈合纹路的一种缺陷。一般产生在制品干燥过程中，粉层已开裂，烧成时由于表面张力的作用，裂开的部位迅速收缩卷起。缺陷部位多在制品的底部，严重时会蔓延其他部位。其产生的原因：釉浆中黏土用量不足、黏性差；釉浆的稠度过大，研磨细度太细；干燥温度过高，粉层收缩太剧烈；涂层太厚，未待全部干燥即送去烧成；坯体上沾有油污，烧成时涂层卷起。 （李世普）

撕裂型扩展 propagation mode of anti-plane-slide

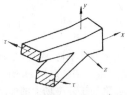

又称Ⅲ型扩展。在平行于裂纹平面且平行于裂纹前缘的剪应力作用下，使裂纹撕开而扩展，其扩展方向与剪应力垂直。裂纹表面位移在裂纹平面内，并与裂纹前缘平行。这是一个三维问题，研究较少。 （沈大荣）

四极滤质分析器 quadrupole mass analyzer

见质量分析器（617页）。

四面刨 matcher

将工件的四个面同时作平面刨削或成型铣削的机床。分为轻型、中型和重型三类。轻型具有4～5根刀轴，加工工件的宽度为80～300mm；中型具有5根刀轴，第5根刀轴作成型加工，加工宽度250～300mm；重型具有6～8根刀轴，加工最大宽度达350mm，最大厚度达150mm。四面刨由上下水平刀轴和左右立刀轴构成的切削机构以及工作台、进给机构、导向和压紧装置等部分组成，结构

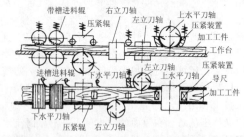

比较复杂，但生产效率高，适用于地板、门窗等构件的大批量生产。 （吴悦琦）

四溴邻苯二甲酸酐阻燃剂 F.R. tetrabromophthalic anhydride

含四溴邻苯二甲酸酐的一种卤系阻燃剂。四溴邻苯二甲酸酐的结构式为

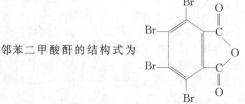

含溴量 68.9%。黄白色粉末。是重要的反应型阻

燃剂。主要用于制备阻燃聚酯和不饱和聚酯,也是环氧树脂的阻燃型固化剂。此外,也可作为聚乙烯、乙烯-醋酸乙烯共聚物、聚碳酸酯等的添加型阻燃剂。

(徐应麟)

四溴双酚 A 阻燃剂 F.R. tetrabromobisphenol A

记作 TBA。含四溴双酚 A 的阻燃剂。四溴双酚 A 是双酚 A 的溴化衍生物,结构式为

HO—[Br,Br,苯环]—C(CH₃)(CH₃)—[Br,Br,苯环]—OH,含溴量 58.8%,白色或浅黄色结晶粉末。用作含溴环氧树脂和含溴聚碳酸酯的中间体,是最有实用价值的反应型阻燃剂之一。也可作为聚酯、不饱和聚酯、聚苯乙烯、ABS、聚烯烃、聚酰胺、聚丙烯腈、聚甲基丙烯酸甲酯、聚砜、聚苯醚、酚醛树脂等的添加型阻燃剂。

(徐应麟)

四氧化三铅 lead tetraoxide

又称红丹、铅丹。化学式 Pb_3O_4。鲜橘红色重质有毒粉末状碱性颜料。在 500℃ 分解成一氧化铅和氧。不溶于水,溶于热碱溶液和过量的水醋酸中,具氧化作用。易与油中的游离脂肪酸作用生成铅皂,使漆膜趋于紧密,并可中和水中的酸性物(CO_2、NO_2、SO_2 等)增加防水性,起到保护金属作用。还具有强的氧化能力,能和钢铁表面接触氧化,生成四氧化三铁(Fe_3O_4)的均匀薄膜,使表面钝化,阻止腐蚀。用于制造玻璃、陶器、搪瓷等。并用作防锈颜料和铁器的防护面层及有机合成的氧化剂。不宜作铝等轻金属表面的防锈颜料。

(陈艾青)

四元相图 quaternary system phase diagram

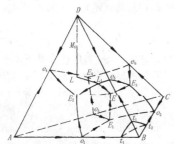

四组分系统的相平衡状态图。可用正四面体表示四元凝聚系统的相图。四面体的四个顶点分别代表四个纯组分,六条棱分别表示六个二元系统,四个等边三角形相当于四个三元系统。四面体内的任一点表示四元系统的组成点,可按一定的方法读出该点 A、B、C、D 的百分含量。温度可用界线上的箭头表示的温度下降方向或以等温曲面来表示。四面体中每一点也可同时表示温度,对于无变量点和熔点的温度常以数字标出。四元系统熔度图中最简单的相图如附图。从图中可以看出只有二元、三元和四元低共熔点。四元相图对玻璃和水泥等的生产有重大的指导意义。

(夏维邦)

四圆单晶衍射仪 four circle single crytal diffractometer

采用单晶样品测定晶体结构的一种自动化程度较高的 X 射线衍射仪。它是由一台精度极高的四圆测角仪,即 Φ 圆、χ 圆、ω 圆及 2θ 圆装置所组成。通过 Φ 圆、χ 圆的转动,可以调节晶体的取向,实现晶格中某一 HKL 面网的衍射处于水平面上,ω 圆和 2θ 圆的作用是使晶体绕垂直轴旋转而使 HKL 面网达到产生衍射的位置,并使计数器准确接收到三维衍射点的强度。借助计算机控制,可准确完成晶体衍射的自动寻峰、计算晶胞参数、收集晶体的衍射强度以及根据消光条件确定晶体的空间群和原子坐标等。因此是当前测定单晶体结构的最好设备。

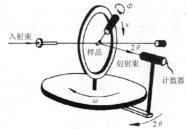

四圆单晶衍射仪基本结构示意图

(岳文海)

四组分分析法 four-component analytic method

又称色层分析法。采用溶剂沉淀和冲洗色谱法将石油沥青分成饱和分、芳香分、胶质和沥青质四个化学组分的分析方法。应用较为广泛。其方法是,先用正庚烷沉淀沥青质,可溶质用 Al_2O_3 吸附,再分别采用脱芳石油醚、苯、苯-乙醇依次淋洗,先后得到饱和分、芳香分和胶质。

(徐昭东 孙庶)

似炭物 carboid

又称炭化物。沥青中已经碳化的物质。为无定型的黑色粉粒,与游离碳相似。不溶于任何有机溶剂,在沥青中含量极少。它的存在会增加沥青的低温脆性,所以其含量应予限制。

(徐昭东 孙庶)

song

松弛 relaxation

应力松弛的简称。材料在维持总应变恒定的情况下，应力随时间延续而逐渐变小的现象。是材料蠕变变形逐渐增加，弹性变形相应地逐渐减小而引起的材料内力随时间延续而逐渐减小的过程。从热力学观点分析，物体受外力作用而产生一定的变形，如果变形保持不变，则贮存在物体中的弹性势能必将逐渐转变为热能。这个转变过程，亦即能量消散的过程。它和蠕变都是材料的应力应变关系随时间而变化的现象，两者在物理意义上有密切联系。　　　　　　　　　　　　（沈大荣）

松散体积法 method of computation by loose volume

先确定每立方米混凝土中粗、细集料的松散体积的总值，然后根据选定的体积砂率求出粗集料用量和细集料用量的计算方法。适用于轻集料混凝土的配合比计算。　　　　　　　（徐家保）

松香水 thinner for oleoresinous paint

又称白醇，俗称油基漆稀料。以沸点范围介于汽油与煤油之间的石油溶剂油为主体，并含10%左右的二甲苯的混合溶剂。为无色透明液体。闪点大于32℃，酸值小于0.05。常作油基漆稀释剂，可起到降低涂料黏度便于喷、刷施工等作用。
　　　　　　　　　　　　（陈艾青）

su

苏木

又称苏枋。豆科植物。由枝干芯材中提取的红色染料。在古建筑彩画中应用不多。（谯京旭）

苏子油 perilla oil

又称荏油。从白苏的种子（苏子）榨取的干性油。密度 0.930~0.937(15/15℃)，碘值 193~208，折射率 1.4810(20℃)，酸值小于2，溶于乙醚、氯仿、二硫化碳，不溶于乙醇，用于油漆、人造皮革、印刷油墨等。可作为亚麻仁油代用品，亦可食用。在古建油饰彩画工程中用途是熬炼光油的配合油脂，以弥补桐油熬制后易起皱的弊病。产于我国东北及河北等地。　　　　（谯京旭　王仲杰）

素灰 plain lime putty, net paste, plain paste

古建筑中指各种不加入麻刀的煮浆灰或泼灰，主要用于古建淌白墙体砌筑及其他需要现出白色抹面处，例如抹灰花饰的"镂活"须以素白灰抹面，刷一层烟子浆，干后镂画，显现出素白底色。也可用来配制各种色灰及花灰。

现代工程中指由石灰膏或水泥不加砂子只加水拌合而成的净浆体。水泥的某些试验如凝结时间、安定性测定的试件用其制作，在工程上因体积较大，浆体易产生收缩裂缝，应用较少，有时作为找平修补用。　　　　　（朴学林　张良皋）

素混凝土 plain concrete

又称无筋混凝土。无钢筋、钢丝、纤维等增强材料的水泥混凝土。其抗拉强度很低，不能用于结构的受拉部位，但可广泛用于基础、道路、地坪、垫层等。　　　　　　　　　　　（孙宝林）

素烧 biscuit firing

坯体施釉前进行的焙烧工艺过程。主要作用是赋予坯体适当的强度，以利于装饰、施釉等加工过程；减少破损并提高釉烧的质量及成品率。中国古代许多名瓷如唐三彩、钧红等均采用先素烧再釉烧的二次烧成方法。此外，当坯与釉的烧成温度相差较大（如骨灰瓷、精陶制品等）以及在釉形成温度范围坯内有大量分解气体排除（如部分低温快烧釉面砖）时，常用以保证坯体良好的烧结和避免产品产生釉面缺陷。　　　　　　　（陈晓明）

素凸式地毯 relief plain colour rug

又称素毛毯。由单色纤维做成凸花的地毯。其图案经剪片后清晰悦目，犹如浮雕。一种做法是在单色纹样的素色毯面上用剪片工艺剪出凸纹；另一种做法是织毯时将花纹处毛纱织出毯面约3mm，再剪片成纹。构图形式多取京式、美术、彩花等地毯，编织方式和原料同京式地毯。（金笠铭）

速度扫描谱仪

见穆斯堡尔谱仪（346页）。

速凝剂 flash setting admixture

能使混凝土迅速凝结硬化的调凝剂。用作速凝剂的材料有硅酸钠、碳酸盐、铝酸盐、硫铝酸钙类、天然明矾石及氧化钙类。市售的产品多是几种成分复合而成。其掺量为水泥重量的 2.5%~4%，水泥初凝应在 5min 以内，终凝在 10min 以内，能显著提高早期强度，28d 强度通常低于不掺者，为减少喷射混凝土的回弹率可与黏结剂复合使用。主要用于喷射混凝土、堵漏、抢险工程等。
　　　　　　　　　　　　（陈嫣兮）

塑钢门窗 plastics and steel door or window

塑料挤出型材用钢型材增强后拼装成的门窗。参见塑料门（482页）和塑料窗（478页）。
　　　　　　　　　　　　（刘柏贤）

塑化硅酸盐水泥 plasticized portland cement

简称塑化水泥。在磨制硅酸盐水泥时掺加少量塑化剂而制成的水泥。常用的塑化剂是含有木质素磺酸钙的亚硫酸纸浆废液。掺加量以干基计一般为水泥质量的 0.15%～0.25%。具有较好的可塑性与流动性，在拌制混凝土时，可降低水灰比与水泥用量，并可改善抗冻性等。用途与普通硅酸盐水泥相同。中国目前很少生产。　　　　　（冯培植）

塑化温度 plastication temperature

塑料或塑料混合料开始由多相的固体状态变为可流动的均匀连续的熔融体时的温度。决定于塑料的性质以及其组成。是塑料可进行加工成型从而得到具有一定物理机械性能的制品的最低温度。

（顾国芳）

塑解剂 catalytic plasticizer, peptizing agent, peptizer

又称化学增塑剂、助塑剂。通过化学作用增强生胶塑炼效果，缩短塑炼时间的物质。其塑化机理有二，一是塑解剂产生游离基使橡胶大分子裂解；二是封闭塑炼时生胶分子断链端基，使其丧失活性，不再重新结聚。目前应用最广的是芳香族硫醇衍生物，如萘硫酚、五氯硫酚等，塑化效果好，无毒，无污染性，对物性无不良影响。其次是二芳基二硫化物，在高温下有良好塑解效果，宜在 120℃下使用，适用于高温密炼加工。用量随对橡胶黏度的要求及塑炼温度而异，塑炼温度高者用量宜少，要求低黏度者用量宜多。合成橡胶与天然橡胶的分子结构及塑化机理不同，需通过试验慎重选用。

（刘柏贤）

塑料 plastics

以树脂为基料，在一定的工艺条件下可塑制成型，在常温下保持形状不变的高分子材料。大多是在合成树脂中加入填料、颜料、稳定剂、增塑剂等添加剂组成，有些是由单纯的合成树脂组成。按其树脂的组成不同，可分为纤维素塑料、蛋白质塑料和合成树脂塑料。按受热后性能变化，可分为热塑性塑料和热固性塑料。按其性能，可分为通用塑料、工程塑料等。具有质轻、比强度高、化学稳定性好、绝缘、热导率小、摩擦系数低等特点，但耐热性差（一般仅能在 100℃ 以下使用）、易产生蠕变、热膨胀系数大、不耐老化、不耐燃。可通过对树脂采取共聚、接枝、镶嵌、共混及增强等化学、物理方法提高和改性。可用层压、挤出、注射、压延、吹塑、发泡、真空（或压差）、搪塑、蘸塑等方法加工成型。代替金属、木材、纤维等多种材料，广泛应用于建筑、机电、国防、交通运输、轻工等工业部门。　　　　　（刘柏贤）

塑料百叶窗 plastics shutter

由塑料挤出异型材拼装成的卷帘式窗。起遮阳作用。主要用改性的硬质聚氯乙烯制造。图示为典型的结构形式。由百叶窗主体、导轨和窗帘箱三部分组成。百叶窗主体由许多挤出中空异型材互相连接而成。每个型材宽约 50mm，厚约 10mm。百叶窗主体卷在窗帘箱的转轴上，由特殊的机构定位，可保持在任意位置，操作灵活方便。

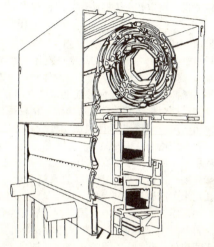

（顾国芳）

塑料壁纸 plastic wall paper

以聚氯乙烯塑料为面层的壁纸。在专用纸基上涂布或压延一层塑料，经印刷、压花、发泡等工序加工而成。按生产工艺可分为涂布法和压延法两种，前者以乳液法聚氯乙烯或氯乙烯-乙酸乙烯共聚物为主要原料，后者以来源广、成本低的悬浮法聚氯乙烯为主要原料。有单元压花、发泡压花、沟底压花、单色及双色印花等数种，均具有耐拉耐拽、表面不吸水、可以擦洗、施工方便、装饰效果好等特点。适于作内墙面、顶棚、梁柱等处的贴面装饰。　　　　　（姚时章）

塑料壁纸湿强度 wet strength of plastics wallpaper

塑料壁纸处于湿润状态时的强度。是塑料壁纸性能标准中的一项指标。测试方法是将尺寸为 1.5cm×2cm 的试条在清水中浸泡 5min，吸干表面的水分后用 200mm/min 的拉伸速度作抗拉试验，结果用断裂强度（N/1.5cm）表示，要求断裂强度大于 1.96N/1.5cm 为合格。　　　　　（顾国芳）

塑料波形板 plastics corrugated sheet

又称塑料波形瓦、塑料瓦楞板。带有波形的有一定刚性的塑料板材。原材料主要有两种。一种是抗冲改性的硬聚氯乙烯，用挤出成型法生产，先挤出平板，再用定型模定型成波形。另一种是玻璃纤维增强塑料，通常用手糊成型和连续成型法生产，表面不及硬聚氯乙烯的光滑平整，但抗冲强度高。

波的走向有两种，与板材长度方向一致的称为纵波板，垂直的称为横波板，后者可以卷起来。波的形状有圆形、方形和异形。有透明和彩色不透明的，前者主要用作屋面采光板，或兼作墙面和屋面，如连成一体的游泳池的墙面和屋面；后者主要用作墙面板，配合绝热材料可构成复合墙板。采用柔性安装固定方式，固定孔应为椭圆形，以便有伸缩的余地。 （顾国芳）

塑料薄膜 plastics film

用热塑性塑料制成的软而薄的膜片。种类很多。聚乙烯薄膜外观蜡状半透明，柔性好。线性低密度聚乙烯薄膜透明性较好，强度较高，很柔软。聚丙烯薄膜透明性极好，类似玻璃纸，比较硬，揉搓时发出响声。聚氯乙烯薄膜透明性较好、柔软。聚乙烯醇薄膜透明性很好又柔软。主要生产方法有挤出吹胀法，可生产厚度在 0.1mm 以下的聚乙烯、聚丙烯薄膜；压延法可生产较厚的聚氯乙烯薄膜；流涎法用来生产聚乙烯醇薄膜；双向拉伸法用来生产聚丙烯薄膜等。此外还有几层不同塑料复合而成的复合薄膜，用 T 形模挤出复合的方法制造。在建筑工程中用作防潮层，混凝土施工时的垫层和养护膜，施工现场的临时性围护等。 （顾国芳）

塑料薄膜复合胶 adhesive for plastics film composite

用于塑料薄膜之间黏合用的胶粘剂。传统都用热塑性树脂（聚醋酸乙烯酯、氯乙烯－醋酸乙烯共聚树脂）、橡胶等组成的胶粘剂，由于这类胶粘剂的软化点低，常引起薄膜收缩产生膜间剥离等缺点，目前均用双组分热固性树脂（丙烯酸酯、环氧、聚酯、聚氨酯等树脂组成的胶粘剂）。尤其是聚酯型聚氨酯胶粘剂，因耐热性好、剥离强度高，对煮沸、加热杀菌、热成型和热封均有出色的耐受性，在建筑装饰及食品包装方面均有广泛应用。 （刘柏贤）

塑料采光板 plastics glazing sheet

用来代替普通玻璃采光的透明塑料板材。材料主要有两种，一种是有机玻璃板，它耐冲击，透光率可达92%，缺点是表面硬度低，易磨毛；另一种是透明或半透明的玻璃纤维增强塑料平板或波形板，耐冲击，强度高，透光率比有机玻璃低，透明的可达90%，半透明板透过的光较柔和。用于较易受机械冲击和振动的场所代替普通玻璃，屋面采光，暖房等。 （顾国芳）

塑料采光罩 plastics roof lighting hood

用透明或半透明塑料制造的用于屋面采光的半球形或盆形罩盖。材料主要为有机玻璃和玻璃纤维增强塑料。前者通常用差压成型法生产，后者用手糊成型或喷射成型法生产。耐冲击，透光率高，有机玻璃的可达92%。用半透明玻璃纤维增强塑料时，室内光线较柔和。主要用于大跨度工业厂房在屋面上采光。 （顾国芳）

塑料草坪 plastic grass

面层用绿色栽绒塑料地毯铺筑的运动场塑料地面。场地基本结构与普通运动场相同，面层厚约90mm，用胶粘剂将塑料地毯粘贴在混凝土或沥青混凝土基层上。为了减震可采用泡沫栽绒地毯。簇绒高约 10～13mm。特点是富有弹性，观感似草坪，广泛用于足球、曲棍球、橄榄球等室外运动场地。亦可用来装饰室内外地面。 （彭少民）

塑料成型温度 moulding temperature of plastics

使塑料成为有适当流动性、均匀连续的熔体可进行加工成型的温度。应高于塑料的塑化温度，低于分解温度。不同塑料的成型温度相差很大，相同的塑料因其中聚合物的分子量或组成不同其成型温度也不同。例如含增塑剂较多的软聚氯乙烯在160℃左右成型，而无增塑剂的硬聚氯乙烯则需190℃以上。加工成型方法也影响成型温度，因为聚合物熔体为非牛顿流体，大多呈现假塑性，不同加工方法的剪切作用对它的流动性有很大影响。 （顾国芳）

塑料窗 plastics window

用塑料挤出异型材经锯切、焊接或拼装而成的窗。中国于 20 世纪 60 年代开始研制，国外在 60 年代开始工业化生产，最早起于德国。主要原材料为聚氯乙烯树脂，多用氯化聚乙烯（CPE）、乙烯－醋酸乙烯共聚体（EVA）、丙烯酸酯（PAE）等改性。具有自熄性，适应建筑防火要求；有平开式、推拉式等各种形式，有单层玻璃和双层玻璃窗。与窗框间用密封条（橡塑密封条、橡胶密封条、毛条密封条）密封，以保证良好的气密性、水密性和隔声性。耐水、耐腐蚀、隔热、隔声性均

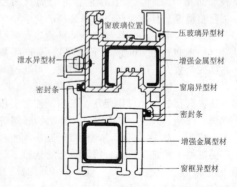

好，不需涂装，用双色共挤的窗框型材，制成的窗有内、外两种不同颜色，装饰性好，安装采用柔性连接固定的方式，适应塑料的热伸缩特性。

（刘柏贤　顾国芳）

塑料窗纱　plastic window screening

用塑料丝编织制成的窗纱。色泽鲜艳，耐腐蚀性较好，但刚度、强度和耐老化较差，应用日久易变色发脆和龟裂。主要用于纱门、纱窗上，也可在工业上作过滤用，但工作温度不得超过50℃。

（姚时章）

塑料地板　plastics floor

以合成树脂为基料制成的地面装饰及保护用材料。分为两大类。一类是预制的块状或卷状的薄板，主要用聚氯乙烯及其共聚物树脂配以增塑剂、稳定剂和填料等加工而成，具有较好的耐燃性、自熄性，并可调整配方改变软硬程度。块状的多为素色或有杂色花纹的半硬质材料，适用于商店、办公室等建筑。卷状的多为印花和发泡有弹性的软质材料，适用于住宅。另一类是在现场施工整体涂布的地板，主要以不饱和聚酯和环氧树脂为基料，能形成无接缝的地面保护装饰层，适用于卫生要求高和防腐蚀的地面。优点是装饰性好、耐磨、施工方便、易于保养清扫。缺点是耐燃性差，燃烧时会发出有害气体；耐热性差，易受热的物体（如烟蒂）的损害。

（顾国芳）

塑料地板尺寸稳定性　dimension stability of plastics floor

塑料地板，特别是块材地板在使用过程中尺寸变化的大小。是半硬质聚氯乙烯块状塑料地板质量标准中的一项性能指标。塑料地板在长期使用过程中由于内应力的松弛通常会发生收缩，使接缝变宽，影响美观和卫生。通常用加热和吸水后尺寸的变化率（%）来表示。前者系试样在80℃的温度下保持6h，冷却后其尺寸的变化率，一般要求小于或等于0.2%（单层）或0.25%（同质复合）；后者系试样在23±2℃的蒸馏水中静置72h后的尺寸变化率，一般要求小于或等于0.15%（单层）或0.17%（同质复合）。　（顾国芳）

塑料地板胶　adhesive for plastics floor

又称地板胶粘剂。主要用于块状半硬质聚氯乙烯塑料地板与水泥地面或其他材质基底粘接的胶粘剂。20世纪60年代初多用以沥青为基料的胶粘剂，因施工较复杂，粘接强度低等缺陷，至70年代初，被以氯丁橡胶为基料的胶粘剂所取代。品种较多，一般为溶剂型单组分胶，主要有氯丁-酚醛树脂改性胶、聚氨酯胶、环氧树脂胶等。用得最多的是以氯丁橡胶为基料的改性胶。具有耐水、耐油、粘接力强、低毒等特点。粘接强度在0.7MPa、抗剪强度在1MPa左右。在施工时必须注意基底的干燥。　　　　　　　（刘柏贤）

塑料地板耐凹陷性　indentation resistance of plastics floor

塑料地板对静止负载造成凹陷的抵抗能力。与塑料地板的组成与结构有关，含填料较多的半硬质塑料地板优于发泡的塑料地板。用23℃凹陷度、45℃凹陷度和残余凹陷（mm）表示，是塑料地板性能指标。测定方法为前二者在凹陷试验机上装上直径ϕ6.35mm的钢球压头，分别在规定温度下，加规定负载（初负载9N，总负载136N，保载1min后，测定凹入的深度，即为规定温度下的凹陷度。用一根直径ϕ4.5的钢柱压头，加上规定的负载（360N）压在试样上，经规定的时间后卸载，静置规定的时间后测量凹入的深度（mm），即为残余凹陷度。　　　　　　　　　　　　　（顾国芳）

塑料地板耐烟蒂性　resistance to cigarette burns of plastics floor

塑料地板对燃着的烟蒂至自熄后遭破坏的抵抗能力。对于公共建筑中使用的塑料地板是较重要的性能。与塑料地板的组成及结构有关。半硬质聚氯乙烯块状塑料地板含填料量大，烟蒂的危害较轻，表面略发黄，可用细砂纸除去。软质和发泡的聚氯乙烯卷材地板危害较严重，可有烧焦、凹陷发生，难以修复。测定用目测法，根据表面破坏的程度分级。　　　　　　　　　　　　　　（顾国芳）

塑料地面　plastic floor

以合成树脂为基料制成地板材料所敷设的地面。是发展最早、最快的建筑装修塑料制品。其色彩鲜艳，装饰效果好表面可印花或压花，施工简便，可拼成各种图案，易维修保养，步行时噪声小，脚感舒适，有弹性，耐磨。按使用的树脂分，有聚氯乙烯塑料地板，聚乙烯、聚丙烯塑料地板。按材性分为单层、多层；弹性发泡和不发泡的。按产品的外形和施工方法分为：①粘贴塑料地板砖和卷材，其中应用最广泛的是聚氯乙烯塑料地板砖，可按设计构成不同的图案，用于住宅地面的厚约1.3～2.3mm，用于公共建筑或工业建筑地面的厚约2～3mm，常规尺寸为305mm×305mm，较大的可达500mm×500mm；施工时用胶粘剂铺贴于地面基层上，对于宽幅卷材地板可直接干铺；②涂布塑料地板，用树脂、溶剂、填料、颜料或固化剂等搅拌混合后，在现场涂布浇注、养护硬化而成，其表面光洁无缝，有弹性，抗腐蚀，防渗。适用于卫生间和耐蚀性要求较高的地面。　　（彭少民）

塑料电镀　electroplating of plastics

在塑料表面通过电解，镀上一层金属的方法。使塑料制品既有质轻、耐腐和易加工的优点又有金属的光泽、耐磨、耐老化、耐刻划等优点。ABS、聚丙烯、聚酰胺、聚苯乙烯等塑料都可进行电镀。加工过程包括表面处理、制导电层、化学镀铜和电镀。表面处理包括磨平、净化和粗化，目的是使金属镀层光洁、与塑料结合牢固；制导电层过程为用氯化亚锡等使表面敏化和用硝酸银活化，在表面形成一层导电的银膜；化学镀铜的目的是加强导电层。广泛应用于电信、仪表零件以及建筑五金件等。
(顾国芳)

塑料防水卷材 plastic sheets for waterproofing

以合成树脂为基料加入增塑剂、稳定剂、紫外线吸收剂、填料等添加剂，用压延成型方法加工而成的片状防水卷材。一般宽度为900～1500mm，厚度为1.0～2.5mm。主要品种有聚氯乙烯，聚乙烯，氯化聚乙烯等防水卷材。一般均无胎体。特点是防水性好，可冷施工，铺设方便，施工劳动强度低，屋面承受荷载轻。可用于新屋面的大面积防水层铺贴和旧屋面的防水层修复，也能用于防空洞、地下室及设备基础的防潮层，用专用的黏结剂冷施工。
(刘柏贤)

塑料复合板 plastics sandwich hoard

塑料与其他材料复合制成的建筑板材。一般具有夹层结构，由面板和芯材构成。面板有覆塑金属板、玻璃纤维增强塑料板、三聚氰胺装饰层压板、装饰石膏板等。芯材为多孔性的具有绝热性的材料，如硬质聚氨酯和聚苯乙烯泡沫塑料、矿棉板、泡沫混凝土、加气混凝土以及纸质或布质的蜂窝结构等。常见的有面板为压型的覆塑金属板，复合硬质聚氨酯泡沫塑料芯材以及面板为玻璃纤维增强塑料，复合加气混凝土芯材。特点是质轻，既具装饰性又满足墙体要求的绝热隔声性，是框架结构的新型墙体材料。
(顾国芳)

塑料复合门窗 laminated plastics door and window

用不同种类塑料或塑料与其他材料复合制成的门窗。有各种不同的结构形式。塑钢门窗是在硬聚氯乙烯门窗异

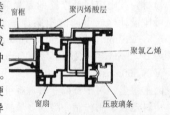

型材内用型钢增强的制品；共挤出塑料窗是用共挤出技术在硬聚氯乙烯门窗框的外表面复合一层耐老化性优良、色彩鲜艳的丙烯酸类树脂（见图）；聚氨酯窗以型钢为芯材外面包覆聚氨酯硬质泡沫塑料。通过复合可充分发挥塑料和其他材料的特长，以改善一般塑料门窗在力学、耐老化性能方面的不足，获得特殊的性能。
(顾国芳)

塑料改性沥青油毡 plastic modified asphalt felt

用塑料改性沥青作为浸涂材料而制成的油毡。在沥青中通过特定的工艺方法掺入合成树脂和其他添加剂制得的塑料改性沥青，提高了沥青的耐候性、黏结性、耐水性和耐酸性。所制得的油毡各项性能均较普通油毡为好。所用的合成树脂可以是树脂或以树脂制成的塑料，通常用热塑性树脂，如聚氯乙烯、无规聚丙烯、聚乙烯、乙烯-醋酸乙烯酯共聚物等。主要用于屋面防水、地下防水和防腐保护工程，或在高寒、高温环境条件下作防水层。
(王海林)

塑料管材 plastics pipes

用塑料制成的管状材料。聚氯乙烯、聚乙烯、聚丙烯、ABS塑料等热塑性塑料，常用挤出成型法制成小口径管。硬聚氯乙烯外缠热固性玻璃纤维增强塑料可制成大口径管。优点是质轻，施工安装方便，劳动强度小；管内壁光滑，流动阻力小，不易结垢生苔，容易疏通；耐腐蚀性好，适用于输送腐蚀性液体；维修方便，不需涂装，外观清洁美观。缺点是热塑性塑料的管材耐热性差，刚性较小，不宜输送热水；热收缩较大，安装时需要安装足够的伸缩接头及较多的支撑点。
(顾国芳)

塑料管件 plastics pipe fittings

用于塑料管道连接、变向、分支和固定用的塑料零配件。包括弯头、三通、四通、存水弯、承插连接管、伸缩接头、异径管等。材料一般与所配合的管材相同，有硬聚氯乙烯、聚乙烯、聚丙烯等。与管材的连接方法主要有两种。一种是承插式的溶剂粘接法，适用于硬聚氯乙烯管道，黏结剂为溶有少量聚氯乙烯的溶剂，如环己酮。另一种是螺纹连接法，适用于硬聚氯乙烯、聚乙烯和聚丙烯管道。用于塑料给水排水系统、雨水系统等。
(顾国芳)

塑料焊接 plastics welding

塑料部件在热的作用下熔融接合的作业。是塑料二次加工中重要的方法之一。仅用于热塑性塑料如聚氯乙烯、聚乙烯、ABS塑料等的焊接，以制造大型设备、容器、复杂的构件以及管道、零部件的连接，薄膜薄片的连接，修残补缺等。根据加热方法的不同有热风焊接、热板焊接（熔融对接）、高频电焊、感应焊接、摩擦焊接和超声焊接等。
(顾国芳)

塑料焊条 filler rod for hot-gas welding

用热风焊接法焊接塑料制品时使用的塑料条。其化学组成与被焊件基本相同。最常见的是硬聚氯乙烯焊条，用挤出成型工艺生产。直径一般小于3.5mm，焊条太粗焊接时不易塑化均匀，影响焊缝质量。截面形状除圆形外，还有三角形和梯形。此外还有双条并联有槽的，其受热面及截面积大，有利提高焊缝强度。

（顾国芳）

塑料护墙板 wainscot of plastics

覆盖于内、外墙表面以保护墙体功能为主兼有装饰效果的塑料板材。有下列几类：①聚氯乙烯硬质、半硬质塑料，通过挤出成型的槽型或中空异型插接的板材；②接缝处用铝合金条或其他嵌条镶嵌的三聚氰胺装饰板；③仿木低发泡硬质塑料板；④硬质塑料波形板；⑤以塑料为面层的复合板材；⑥涂塑钢板；⑦玻璃纤维增强塑料板。根据不同的建筑要求和部位选用不同的类型。色彩丰富，可采用不同的加工方法满足不同建筑部位的要求，且可以获得不同质感和良好的装饰、防潮、卫生、保护墙面的效果，常用于中、高级的建筑中。（刘柏贤）

塑料机械压花 mechanical embossing of plastics

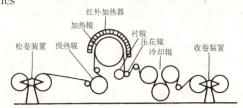

熔融塑化后的塑料及涂层制品通过一对由钢制压花辊和橡胶辊共同组成的压花装置使制品的表面产生花纹的方法。分为单元压花和沟底压花。设备是压花机，主要部分是一个刻有立体图案的钢制的压花辊和一个橡胶衬辊，还有松卷、预热、冷却和收卷等装置；沟底压花时还有给压花辊上油墨的装置。单元压花是受热的塑料通过压花辊和橡胶衬辊之间的间隙，在压力作用下表面产生立体花纹（见图）。沟底压花是在压花辊的凸面上涂上油墨，在压花时凸面上的油墨转移到塑料表面，在凹处带上油墨的色彩。主要用来在人造革、塑料壁纸、塑料地板等制品的表面轧花。

（顾国芳）

塑料基复合材料 composite with resin matrix

又称增强塑料。以合成树脂为基体的复合材料。常用的基体有环氧、不饱和聚酯、酚醛、蜜胺、呋喃、有机硅等热固性树脂和聚乙烯、聚丙烯、聚苯乙烯、ABS塑料、聚碳酸酯等热塑性树脂。按增强材料形态可分为纤维增强塑料、薄片增强塑料和细粒增强塑料三类，其中产量大、用途广的是纤维增强塑料。

（刘茂榆）

塑料挤出成型 extrusion of plastics

塑料在挤出机加热的机筒内受旋转螺杆的剪力和压力的作用而熔融塑化，然后通过挤出口模成为有一定断面形状的连续长条制品的成型方法。工艺过程包括原材料混合、挤出、冷却定型、牵引和切割等。主要的工艺参数包括挤出温度、挤出机螺杆转速、牵引速度等。主要用来生产管、棒及异型材。配合必要的辅助机械，可生产较厚的板材，特别是异型板材如波形板，以及与其他材料复合的制品，如电线、复合薄膜等。用特殊的机头和定型设备还可以生产网、竹节管、波纹管等产品。

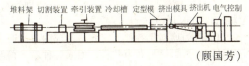

（顾国芳）

塑料挤出异型材 extruded plastics profile

用挤出成型法生产的具有不规则断面形状的长条形塑料制品。按断面形状的不同分为开放异型材和单孔或多孔的中空薄壁异型材，此外还有由不同材料组成的复合异型材和有金属嵌条的异型材等。用挤出法生产，效率高，可生产出断面形状很复杂的型材。最常用的是软质和硬质聚氯乙烯塑料异型材，其综合性能良好，具有自熄性，适合建筑上的要求。用来制作塑料门窗，拼装简易建筑及室内空间的隔断；也被直接用作护墙板，各种装修用线材如挂镜线、踢脚板、楼梯扶手、楼梯踏步防滑条等，是用途广泛的多功能材料。

（顾国芳）

塑料浇铸成型 cast moulding of plastics

将可聚合或可固化的液状物料注入模具，在无压或很小压力下物料聚合或固化成模制品的成型方法。特点是所用设备简单，不需加压，对模具强度的要求较低，可用各种材料制造。可浇铸的物料主要有两种：一种是热塑性塑料的单体或其预聚物、聚合物在单体中的溶液，如有机玻璃平板的成型；另一种是液体状态的热固性树脂，加入固化剂或通过加热在模具内固化成型，如酚醛树脂、不饱和聚酯、环氧树脂。方法有静态浇铸、离心浇铸、滚塑、搪塑等。

（顾国芳）

塑料框板门 plastics frame door

门框由异型材拼成，门扇由门扇框和门心板构成的塑料门。主要原材料为抗冲改性的硬质聚氯乙烯。具有塑料门的各种优点。结构上的特点是门扇框用异型材拼装，型材内有金属型材增强，刚性好；门心板用中空异型材拼成或用玻璃，采用干法固定；门扇与门框之间有密封条保证有较好的气密、水密性和隔声绝热性。用作室外门。

（顾国芳）

塑料楼梯扶手 plastics stair handrail

用挤出塑料异型材制成的楼梯扶手。材料主要有软质、半硬质聚氯乙烯，低发泡聚氯乙烯等。断面形状有开放式的、中空形的等。图示为典型的断面。色彩可随意选择，表面比木材光洁美观，不需涂装，维修费省，手感舒适，耐磨性好。施工安装方便，可直接固定在铁栏杆上，不需黏结。冬天安装时用电吹风加热扶手的内侧，软化后包到铁栏杆上去，必要时在反面焊接一些桥式接头，防止变形脱落。楼梯弧度较小的转弯处做接头必须加以焊接。

（顾国芳）

塑料门 plastics door

以塑料为原料用各种加工方法制成的门。通常指的是以聚氯乙烯树脂为基料，加入各种添加剂经挤出成型或拼装加工而成的门。泛指的也包括用热固性树脂及其他塑料制作的门。其综合性能较好，具有自熄性，适应建筑防火的要求。基料常用氯化聚乙烯（CPE）、乙烯-醋酸乙烯（EVA）、聚丙烯酸酯（PAE）等树脂进行改性，以提高抗冲等性能。加工方法按所用的塑料种类不同而异，热塑性塑料多用挤出、焊接、拼装成型。热固性塑料以手糊成型为主（此类门在特殊场合用）。就结构而言分为塑料镶板门、框板门、折叠门、整体门和卷帘门等。特点是生产效率高，不需涂装，不锈不腐，维修简单费用低，装饰效果好，耐水耐腐蚀性好，可用于民用建筑内门，尤其是卫生间、厨房等用门。对于高湿度环境以及有耐腐蚀要求的工业厂房，更适合使用。 （刘柏贤 顾国芳）

塑料门窗密封条 sealing strip for plastics door and window

塑料门窗的扇与框之间及玻璃与扇框之间密封用的塑料或橡胶条形异型材。常用的原材料为软质聚氯乙烯塑料和三元乙丙橡胶（EPDM）等。用挤出法生产。图示为典型的截面。使用时直接嵌入窗（门）扇框异型材上的凹槽内。起密封和固定玻璃作用，提高塑料门窗的气密性、水密性和隔声性。

窗扇和窗框的密封条　玻璃密封条

（顾国芳）

塑料面砖 plastics tile

用塑料块材或用合成树脂涂料涂刷于其他块材表面所制成的面砖。主要有两种类型：①在热塑性塑料（聚氯乙烯、聚乙烯、聚丙烯等）中加入多量填料而成型的硬质、半硬质块材；②在混凝土块材、增强石膏板及其他纤维增强板材表面涂上热固性树脂（聚酯、环氧）涂层。可制成152mm×152mm×5mm等多种规格。表面光洁美观，色彩丰富有瓷砖质感。但耐火性较差，用于室内墙面、地面装饰。

（刘柏贤）

塑料耐化学性 chemical resistance of plastics

塑料对于各种化学物质的抵抗能力。包括对各种酸、碱、盐的溶液、有机溶剂的抵抗能力。主要决定于塑料中聚合物的性质和它的组成。大部分聚合物对酸、碱、盐溶液有很好的抵抗性，部分主链上含C—O、C—N等键的高分子易受酸碱的影响发生水解、胺解而引起降解。各种聚合物对有机溶剂的抵抗性不同。结晶的非极性聚合物耐溶剂性最好，如聚乙烯在室温时几乎耐一切溶剂；极性的无定形聚合物较易被溶解度参数相近的极性溶剂溶解。塑料中有的填料和颜料会受酸碱的侵蚀。评定时将试样浸泡在各种化学物质中，然后测定有关的物理机械性能以及随浸泡时间性能和外观等的变化。

（顾国芳）

塑料热性能 thermal properties of plastics

塑料在高、低温时或温度变化时的性能及性能变化。包括热膨胀系数、热导率、耐燃性、耐热性、耐寒性等。耐燃性包括自熄性和氧指数等。耐热性常用马丁耐热和维卡软化点和热变形温度等表示。耐寒性包括低温抗冲击性、脆化温度等。主要决定于塑料中聚合物的分子结构及其组成。柔性好的分子如含有非共轭双键、主链上有C—O、C—N键的分子耐低温性较好，而主链上带有共轭双键、环状结构等刚性结构的分子则有较好的耐热性，特别是具有梯形、片形结构的分子，如聚酰亚胺、聚苯并咪唑，耐热性优良。塑料中的填料通常有降低热膨胀系数、改善耐热性和耐燃性的作用。

（顾国芳）

塑料润滑剂 plastic lubricant

为改善塑料成型加工时的流动性和易于脱模而加入的添加剂。其主要作用是降低塑料（特别是热塑性塑料）与加工机械之间的相互摩擦（外部润滑作用）和塑料材料内部分子之间的相互摩擦（内部润滑作用）。按此作用机理可分为外润滑剂和内润滑剂。按化学成分不同可分为烃类（石蜡、卤代烷等）、脂肪酸类（高级脂肪酸等）、脂肪酸酰胺类、酯类（脂肪酸低级及高级醇酯等）、醇类（高级脂肪醇、多元醇等）、金属皂类（硬脂酸盐类）以及复合润滑剂等七大类。主要用在硬质聚氯乙烯制品的加工，在其他塑料及橡胶制品加工时也使用，一般加量为基料的1%～2%质量比。选用时要对聚合物的种类、加工机械、成型方法、加工条件、配合剂之间的影响以及最终制品的性能等综合效果作全面考虑。

（刘柏贤）

塑料套管法兰预制接头

把预制成的塑料法兰套管粘接在玻璃管的两端而成接合件（见图）。使用时只须对接即成一对法兰接头。属刚性接头。可耐 0.3MPa 压力，用于温度低于 40℃ 的管道上，安装与检修方便。

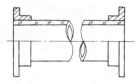

（许 超）

塑料套管接头 plastics sleeve joint

用塑料套管来连接玻璃管的一种接头。选用与玻璃管 1 外径相同，长 180～200mm 的聚氯乙烯塑料管 2，用温火烤软后

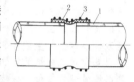

把玻璃管插入，为更好地密封用 10～12 号铁丝 3 或卡箍箍紧，冷却后即可使用。此种接头属刚性接头，若选用橡皮管则为柔性接头。结构简单、造价低、便于安装，适用于操作压力为 0.15MPa 以下的管道上。 （许 超）

塑料天花板 plastics ceiling board

以塑料为主要原料或面层用塑料复合的顶棚装饰板材。主要品种有：①以真空成型法加工成立体图案的低发泡聚乙烯钙塑板、聚氯乙烯片材；②聚氯乙烯中空异型拼装板材；③面层用塑料薄膜覆贴的复合板材；④根据采光及折射效果需要的透明、半透明的有机玻璃、聚碳酸酯、聚乙烯等塑料片材。其主要优点是质轻、色彩丰富、装饰效果好、安装施工方便。缺点是易老化、变形、褪色，对有特殊防火要求的场合一般不采用。 （刘柏贤）

塑料贴面板 paper plastic overlay board

又称纸质装饰板。多层纸浸渍合成树脂胶后热压固化而成的一种表面装饰材料。纸分表层纸和底层纸，表层纸浸三聚氰胺树脂，底层纸浸酚醛树脂。塑料贴面板表面可具有各种花纹和图案，色泽鲜艳，耐磨性、耐热性和耐燃烧性均较高，用作车厢、船舶和建筑物等的内部装修材料。亦可用作各种人造板材的贴面层。 （吴悦琦）

塑料卫生洁具 plastics sanitary ware

用塑料制造的洗面器、大便器及其高低位水箱、浴盆和净身器等盥洗室用具。常用的材料有聚丙烯、ABS塑料、有机玻璃等热塑性塑料，特点是质轻，安装方便，手感好，但刚性、耐热性、耐污性不及陶瓷制品。生产方法多为注塑成型和差压成型。以不饱和聚酯树脂为基料的人造大理石，其中配以较多量石英砂类填料在常压和室温下浇铸成型，可制造整套的卫生洁具。玻璃纤维增强塑料制造的浴盆，刚性、耐热性较好，但耐污性较差，在其表面复合一层有机玻璃的浴盆，既具有较好的刚性又美观、耐污。盒子卫生间通常用玻璃纤维增强塑料制造，可在施工现场整体吊装，是发展方向。 （顾国芳）

塑料吸水率 water absorption of plastics

规定尺寸的试样浸入一定温度的蒸馏水中经一定时间后所吸收的水量与原试样质量之比。即：

$$W_{pc} = \frac{G_2 - G_1}{G_1} \times 100(\%)$$

式中 W_{pc} 为吸水率，G_2 为吸水后的质量，G_1 为吸水前的质量。塑料吸水率与塑料制品的变形湿含量、电气机械性能等直接有关。 （顾国芳）

塑料镶板门 plastics panel door

门框由挤出异型材拼成，门扇由多孔薄壁挤出异型材借企口槽镶嵌而成的塑料门。主要原材料为

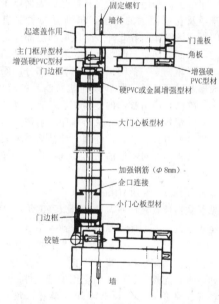

抗冲改性的硬质聚氯乙烯。图示为典型的剖面结构。构成门扇的门心板异型材带有企口槽，宽度根据建筑模数而定，厚度一般为 40mm。在两边的门心板内纵向插入硬聚氯乙烯或金属的型材增强，以便固定铰链和门锁。门扇的上下在横向各有一根直径 8mm 的钢筋以提高门扇的刚性。四周用门边框包边封闭。具有塑料门的各种优点。特点是结构简单，原材料省，但比较单薄，一般用作室内门。

（顾国芳）

塑料小五金 plastic hardware

以塑料取代部分或全部金属做成的建筑五金小制品。如执手、插销、定门器、铰链、碰珠、钩环、窗帘棍、浴帘棍、毛巾架、手纸架等。常用聚酰胺、聚甲醛、ABS塑料、有机玻璃和纤维增强塑

料等工程塑料制成。可在塑料表面电镀金属，或在金属上喷涂塑料。表面光滑、手感舒适、色泽多样。比金属容易加工，且耐腐蚀。在建筑、化工等工程中作配件或装饰品。 （姚时章）

塑料异型材拼装隔断 partition assembled with plastics profiles

用塑料异型材拼装而成的室内空间分隔构件。常用硬聚氯乙烯挤出异型材拼装。根据室内空间分隔的要求和型材的尺寸规格进行设计。框架由断面较大的异型材焊接而成，主体为薄壁多孔中空异型材，采用企口形式互相连接，大面积的可带有塑料门窗。特点是安装方便、隔声性好、清洁美观、保养方便、不需涂装。广泛用于工厂的控制室、办公室的分隔等。 （顾国芳）

塑料印刷 printing of plastics

将印版上的油墨转移到塑料制品的表面赋予色彩、符号及花纹图案的方法。印刷方式主要有凸版、凹版、丝网印刷等几种。凸版的凸出部分是上油墨的印刷面。凹版与凸版相反，着墨部分是凹进去的。丝网印刷是一个网板或圆网，一部分网眼被堵，油墨通过开放的网眼转移到塑料制品的表面。油墨中的胶结材料应与被印的塑料相容、有较强的附着力。某些塑料如聚乙烯、聚丙烯印刷前需对表面进行处理，如电火花和化学处理，使油墨在其表面有较强的附着力。对不同的塑料要选用适应的印刷油墨。 （顾国芳）

塑料油膏 plastics ointment

见聚氯乙烯建筑防水接缝材料（260页）。

塑料雨水系统 plastics rainwater system

用塑料管材、管件拼接成的收集、排泄雨水的管道系统。包括集水槽、集水斗、落水管及用于集水槽和落水管连接和转向、固定用的管接件。常用的材料有硬聚氯乙烯、聚乙烯和玻璃纤维增强塑料。外形有两种，一种是半圆形的集水槽配圆形的雨水管，另一种是梯形集水槽配矩形的落水管。集水槽的连接采用承插式，用橡胶密封条密封。落水管连接也用承插式，不必粘接密封。连接处应留足够的伸缩缝。特点是清洁美观，不锈不腐，不易破碎，使用寿命长，表面光滑，流动阻力小。安装连接用干法，简易方便。 （顾国芳）

塑料止水带 plastic waterstop tape

以聚氯乙烯树脂为基料的止水带。常加有增塑剂、稳定剂等助剂，经塑炼、造粒、挤出、加工而成。具有原料易得，成本低廉，耐久性好，可节约橡胶及紫铜片等特点。其性能为：拉伸强度不小于12MPa，100%定伸拉伸强度不小于4.5MPa，断裂伸长率不小于300%，邵A硬度为60～75，低温对折耐寒温度不小于$-40℃$，经$70±1℃$、360h热老化，拉伸强度和断裂伸长率保持率为95%以上。用于工业与民用建筑的地下防水工程、隧道、涵洞、坝体、溢洪道、沟渠等水工构筑物的变形缝防水。 （洪克舜 丁振华）

塑料装饰板 decorative plastics sheet

以合成树脂为基料加工成以装饰效果为主要目的而兼有一定保护功能的板材。传统的是指广泛用于建筑室内装饰、家具表面、车船内壁装饰的三聚氰胺－甲醛装饰板，用作广告招牌的透明及彩色的有机玻璃板。目前因品种繁多，已泛指具有上述功能以合成树脂为主要原料的塑料板材、复合板材、挤出异型材拼装板等，如聚氯乙烯中空异型材、聚氯乙烯薄膜饰面板、脲醛树脂复合板、玻璃纤维增强塑料板、聚酯树脂人造大理石以及发泡或不发泡的吊顶装饰板等。 （刘柏贤）

塑料着色剂 colorant of plastics, coloring agent of plastics

使塑料呈现各种色彩的物质。在高分子材料中主要包括有机颜料、无机颜料及某些染料。有机颜料主要有酞菁颜料（酞菁绿、蓝等）及偶氮颜料（耐晒黄、永固红、立索尔宝红等），其特点是色相鲜明，着色力大，分散性好。无机颜料有金属氧化物（钛白，锌白，氧化铁颜料等），金属硫化物（镉黄，镉红，硫化钡等），铬酸盐（铬黄等），亚铁氰化物（华蓝等），金属元素及其合金粉末（银粉——铝粉，金粉——铜、锌、铝的合金粉），其特点是遮盖力大，耐光性好，耐热、耐迁移、耐溶剂、耐药品性好，但着色力小且不鲜艳。染料有靛蓝（溴靛蓝），硫靛类（还原桃红等），蒽醌类（还原金橙3G等）以及芘类等，其特点是耐热、耐光性好，色谱较全，色彩鲜艳，着色力高，透明性好，大多用于透明性塑料，如有机玻璃、聚苯乙烯塑料等。常是将颜料（染料）经加工之后，以颗粒状（着色母料）、粉状、膏状（或液状）三种形态加入，以提高其分散性和改善加工性。

（刘柏贤）

塑性 plasticity

又称范性或可塑性。材料在承受荷载或其他作用时，出现不可逆变形的性能。当卸除荷载或其他作用后，变形只能部分复原而一部分不能消失，这种不能消失的变形为塑性变形。反映材料塑性性能的参量有屈服极限、延伸率和截面收缩率等。黏土、塑料等明显地具有塑性。 （宋显辉）

塑性变形 plastic deformation

见塑性。

塑性混凝土 plastic concrete

混合料中水泥砂浆含量较多、坍落度为50~90mm，流动性较好的混凝土。相当于国际标准ISO 4103-1979的S_2级。可塑性好，多用于浇筑钢筋密集或断面狭窄的混凝土结构。比较容易浇筑、振动成型，在建筑工程中应用较为普遍。

(徐家保)

塑性收缩 plastic shrinkage

成型后混凝土在未充分硬化前所产生的收缩。混凝土表面水分的蒸发快于内部水分的析出，蒸发面就渐深入到内部。由于毛细孔水弯月面引起的微管压力、固体粒子间引力作用形成的凝聚及水泥-水体系由水化反应所产生的化学减缩，均使混凝土产生收缩，而这种收缩均发生在混凝土尚未充分硬化而呈塑性状态之时，故称塑性收缩，因收缩引起的裂缝，称塑性收缩裂纹。

(孙复强)

塑性指数 plasticity index

评价黏土可塑性的指标。不同的研究工作者从不同的角度，根据经验、模拟工艺过程，或从理论上设计来描述可塑性。对砖瓦生产实践较为重要的指标有两种。普菲费尔科恩塑性指数，由德国人K.普菲费尔科恩于1920年提出，以直径33mm、高（h_0）40mm的圆柱体泥料，受到一块质量为1192g的平板，自186mm的高度自由下落的冲压，被压缩至标准高度h_1，当$h_0:h_1=3.3$时泥料的含水率，作为评价泥料塑性的指标，含水率愈大，泥料塑性愈大。此后，经原联邦德国砖瓦研究所大量试验后，发现当$h_0:h_1=2$时，圆柱体泥料的含水率接近正常生产时挤泥机工作状态下的水分，故定义泥料$h_0:h=2$时的含水率为普菲费尔科恩拌合水率。阿特伯格塑性指数I_p，由瑞典人A.阿特伯格于1911年提出，以黏土呈塑性状态时的含水率范围来表示，其值等于塑性上限含水率（简称液限或流限）W_L与塑性下限含水率（简称塑限）W_P之差。即$I_p=W_L-W_P$。按I_p大小可将黏土分为：高塑性黏土$I_p>15$，中塑性黏土$I_p=7~15$和低塑性黏土$I_p<7$。数值越低，挤出成型越困难（参见黏性土，361页）。

(崔可浩)

suan

酸度系数 coefficient of acidity, acid ratio

①坯式或釉式中酸性氧化物的摩尔数与碱性氧化物加中性氧化物摩尔数和的比值。按式$RO_2/(R_2O+RO+3R_2O_3)$计算，其中RO_2为SiO_2、TiO_2、SnO_2等的摩尔数，R_2O为碱金属氧化物的摩尔数，RO为碱土金属氧化物的摩尔数，R_2O_3为Al_2O_3、Fe_2O_3等的摩尔数。可衡量坯和釉的性质，酸性系数增大，则坯或釉的烧成温度提高。如软瓷（较低烧成温度的瓷）釉的酸度系数为1.4~1.6，烧成温度1250~1280℃；硬瓷（较高温度烧成的瓷）釉为1.8~2.5，烧成温度1300~1450℃。

②矿物棉化学组成中氧化硅及氧化铝和氧化钙及氧化镁百分含量之和的比值，用MK表示，即$MK=(SiO_2\%+Al_2O_3\%)/(CaO\%+MgO\%)$。矿物棉是用熔融状无机非金属矿物制成的纤维状松散材料的总称，包括矿渣棉、岩棉、玻璃棉和硅酸铝棉等。MK值越高，矿物棉化学稳定性越好，但物料难熔。是评价矿物棉纤维质量的主要指标之一。

(陈晓明 林方辉)

酸分解法 method of decomposition with acid

以无机酸分解试样的方法。常选用盐酸、硝酸、硫酸、磷酸、氢氟酸或其间的混合酸等。该法适用于分解钢铁、有色金属、碳酸盐类矿物和某些含碱性氧化物的硅酸盐等。应按试样的成分，选用合适的酸。

(夏维邦)

酸碱滴定法 acid-base titration

又称中和法。是以质子传递反应为基础的一种滴定分析法。根据质子理论，凡能给出质子（H^+）的物质是酸，凡能接受H^+的物质是碱。可用酸标准溶液例如盐酸测定碱性物质，或用碱标准溶液例如NaOH测定酸性物质的含量。此法在生产实际中有不少的应用。如钢铁及某些原材料中碳、硫、磷、硼、硅和氮等元素的测定；用氟硅酸钾法测定硅酸盐试样中的SiO_2等。特别是采用非水溶剂的酸碱滴定法，在有机分析中获得了广泛的应用。

(夏维邦)

酸碱指示剂 acid-base indicator

酸碱滴定法中用的一类指示剂。常为有机弱酸或有机弱碱，其分子或离子处于相互转变的平衡中。它们的颜色不同，颜色的转变由溶液的pH值决定。例如甲基橙的变色范围是pH3.0~4.4，由红色变为黄色。不同的指示剂，变色的pH范围不同。当溶液的pH值发生突变时，指示剂的颜色也发生突变，故可由溶液颜色的突变，知道滴定终点的到达。为了减小滴定误差，所选指示剂的变色范围应处于或部分处于等物质的量点附近的pH突跃范围内。

(夏维邦)

酸侵蚀 acid attack

各种酸对水泥混凝土的化学溶解和溶析双重作用所引起的侵蚀。酸类离解的H^+离子和酸根分别与水泥浆体中$Ca(OH)_2$的OH^-和Ca^{2+}结合成水和盐。侵蚀作用的强弱通常取决于H^+离子浓度，pH值越小，侵蚀越强烈。当H^+离子达到足够高浓度时还能直接与其他水泥水化产物作用，使浆体结构严重破坏。酸根与钙离子生成的盐若易溶于水而被水带走则侵蚀更加严重,若生成不溶于水的盐,堵塞在毛细孔中,则侵蚀发展缓慢。碳酸和硫酸的侵蚀另具独特形式。 (陆 平 王善拔)

酸效应系数 coefficient of pH effect

H^+离子与络合剂 Y 发生副反应的副反应系数。它表示未络合的络合剂的总浓度〔Y′〕与同金属离子能起络合作用的 Y 的平衡浓度〔Y〕的比值。对于乙二胺四乙酸(EDTA),该系数可用 $\alpha_{Y(H)}$ 表示。在水溶液中 EDTA 有六级电离平衡,故以 H_6Y^{2+}、H_5Y^+、H_4Y、H_3Y^-、H_2Y^{2-}、HY^{3-} 和 Y^{4-} 七种形式存在。EDTA 的总浓度〔Y′〕为七种形式浓度之和。〔Y〕表示能与金属离子络合的 Y^{4-} 离子的平衡浓度。络合剂 EDTA 的酸效应系数 $\alpha_{Y(H)} =$〔Y′〕/〔Y〕,在一定温度下,可从 EDTA 的各级电离常数和溶液中的 H^+ 浓度算出。其值随溶液 pH 值的减小而增大;$\alpha_{Y(H)}$ 值越大,〔Y〕越小,说明由 H^+ 引起的副反应越严重。当 pH≥12 时,$\alpha_{Y(H)} \simeq 1$,Y^{4-} 离子的浓度〔Y〕才几乎等于总浓度。不同的金属离子与 EDTA 反应,需要不同浓度的 Y^{4-} 离子,即各需一定的 pH 值。故络合滴定某种金属离子时,可由 $\alpha_{Y(H)}$ 求出合适的 pH 值。 (夏维邦)

酸性铬酸铜 acid copper chromate

又称 ACC 木材防腐剂。以硫酸铜、重铬酸盐和醋酸的混合物为主要成分的水溶性(木材)防腐剂。此剂原为铜铬防腐剂(celcure),加入重铬酸盐是为了降低铜的腐蚀作用和使溶解的铜盐转化为不溶解的铬酸铜。英国有一个干状混合物的配方:重铬酸钾($K_2Cr_2O_7$) 45% + 硫酸铜($CuSO_4 \cdot 5H_2O$) 50% + 醋酸铬 5%。若要调成溶液可按配方配成约为 40%~50% 浓度的溶液,但在温度 10℃ 以下会出现结晶。这种防腐剂可用来处理杆材、柱材等,其缺点为对少数耐铜的真菌无毒效。目前使用不广泛。 (申宗圻)

酸性火山玻璃质岩石 acidic volcanic glassy rock

化学成分相当于流纹岩的天然玻璃熔岩。属天然玻璃质硅酸盐。包括珍珠岩、松脂岩和黑曜岩等。三种矿石的矿物组成基本相同,主要为酸性火山玻璃质,另有不等量透长石或石英斑晶、微晶。珍珠岩以珍珠裂隙得名,松脂岩具有松脂光泽,黑曜岩具有贝壳断口、色黑。含水量差异大,通常以含水量多少加以划分。含水量指标各研究者意见不一,中国有人建议如下:黑曜岩含水量小于 2%,珍珠岩为 2%~6%,松脂岩含水量大于 6%。高温焙烧时,玻璃质由固态软化为黏稠状态,内部结构水剧烈气化为水蒸气向外逸散,使黏稠状玻璃质膨胀,从而形成白色多孔材料——膨胀珍珠岩。按实验室膨胀倍数划分为三级。其各项指标应符合 ZBQ25002 的规定。此外还可用作水泥、玻璃马赛克等的原料。 (林方辉)

酸性耐火材料 acid refractory

SiO_2 等酸性氧化物含量高的耐火材料。如硅质、半硅质、熔融石英及再结合熔融石英耐火材料等。各国规定的 SiO_2 含量不同。下限通常在 65%~80% 之间。它对酸性渣有较强的抗侵蚀能力,但易被碱性炉渣所侵蚀。 (李 楠)

酸渣沥青 acid-sludge asphalt

精制石油重质产品时,经酸洗而得到的残渣再经精制而得的沥青。这种沥青中含有较多二烯烃等不饱和的胶质和硫酸,可用碱渣中和后直接使用,或再经适度氧化后,得到稠度较高的沥青。这种沥青与集料的黏附性较差,一般只能应用于低级路面。 (西家智)

sui

随机变量 random variable

随机事件的数量化或样本点的实数函数。为研究随机事件,将样本空间的每一个点定义一个实数和它对应。常用 ξ;η…… 表示。例如,随机抽取几件产品,用其中不合格的产品数作变量。它可取 0、1、2…… n 个值。再如,每 5 分钟来一趟车,在车站等车的时间可能是介于 0~5 分钟之间,这都是随机变量。随机变量可分为两类;样本点是离散的称为离散型随机变量,如不合格的产品数;样本点是连续的则称连续型随机变量,如等车的时间。随机变量每次取值都是偶然的,但多次重复会有某种规律。 (许曼华)

随机抽样 random sampling

用同等概率,随机的进行抽样。人们很少能对总体进行研究,只能从总体中抽取一定量的样本进行研究,来推断总体的性质。因此抽样的方式直接影响推断的正确性。随机抽样要求每次抽样都是独立进行,同时每个抽取的样本都有和总体相同的概率分布。这样就可由理论上导出:用抽样的统计量推断出总体的性质。 (魏铭鉴)

随机疲劳 random fatigue

见疲劳(374 页)。

随机事件 random event

又称事件。样本点的某个集合。含义比样本点更广泛,既可是一个样本点,又可是样本点的某个集合。如掷骰子时出现的每一个结果都是一个事件；出现点数大于3的，也是一个事件。前者只有一个样本点，后者则包括三个样本点。

(许曼华)

随机误差 random error

又称概率误差。用概率来表示的误差。取一个数 r，使得在测量中绝对值大于 r 的误差出现的概率等于绝对值小于 r 的误差出现的概率。即都等于 $1/2$。用概率表示为 $P(|$随机误差$|\geqslant a|$随机误差$|\leqslant r) = \frac{1}{2}$。具体作法是：将各次测量的绝对误差，按大小排序。则序列的中位数就是 r。用 r 表示概率误差。这种误差只在测量次数很大时才较可靠，且确定工作较麻烦，应用较少。

(魏铭鑑)

随机现象 random phenomenon

在一定条件下，可能发生，也可能不发生的现象。在相同条件下，个别试验或观察，时而会出现这种结果，时而会出现那种结果，表现出偶然性，大量重复试验或观察则呈现出某种规律性。例如，在一批成品中进行抽样检查，一次抽查可能得到正品，也可能得到次品，多次反复抽检抽到正品或次品的比率却是一定的。

(许曼华)

髓心 pith

在树干和枝中心直径约 2～5mm 呈圆形或椭圆形，较周围材色浅或成褐色的松软部分。基本是薄壁细胞组织，属初生组织，尽管其位于木质部的中心，但并非木质部，锯解时通常尽可能去除，只有径级小的原木锯成方材时，有可能成为函心材。髓心干燥时易开裂。

(吴悦琦)

碎玻璃 glass cullet

又称玻璃碴。玻璃生产中的废品、碎块、社会上的玻璃废弃物等的统称。一般均含有15%左右的氧化钠，回收作玻璃原料可替代工业纯碱。用量恰当时，有利于玻璃配合料的熔制、降低热耗、提高生产率，反之，将恶化玻璃制品的性能等。使用厂外来的碎玻璃应经清洗、选别、除杂等工序。回熔时因有 Na_2O 的二次挥发和耐火材料的二次蚀溶，应调整配方，否则将使玻璃脆性增大，破损率增加。

(许　超)

碎料板 particleboard

又称刨花板。主要以木材加工或采伐剩余物，或其他非木质植物纤维（例如蔗渣等）为原料，经削片或粉碎、拌胶、热压等工序制成的一种人造板。它不同于纤维板，是碎料借热固性树脂黏合而成的板料，而纤维板是借木材中固有的木素在热压条件下自我黏合的。碎料板的密度介于软质纤维板（绝缘板）与硬质纤维板之间。制造方法有：挤压法（extruded process）和平压法（platen-pressed process）。前者现已基本被淘汰。平压法生产的碎料板又可称为板坯式碎料板（mat-formed particleboard），按其结构可分为三类：①单层的或均匀结构的；②渐变（三层）结构的——碎料是一起制备的，在板坯铺时将粗粒的碎料铺在中心，逐渐把细碎粒的向表面铺装；③三层结构的——碎料按粗与细分别制备，板坯的表层与芯层分别铺装，三层板的密度界线分明，表面的密度大，含胶量多，芯层的密度低，含胶量少。碎料板的质量取决于原料的类型（树种、碎料的几何形状等等）、板坯的结构、铺装技术、施胶量与胶种、添加剂（石蜡乳剂等）、热压条件（温度、压力、时间等）等因素。用途甚广，可供家具制造业、建筑业以及火车客车车厢、轮船船舱等装修用。是发展最快、最有前途的人造板。

(申宗圻　吴悦琦)

碎裂 spall

见混凝土降质（207页）。

碎石 crushed stone

由天然硬质岩石破碎、筛分而得的粒径大于5mm 的集料。呈多角形，一般不含有机杂质，比卵石干净，常用于配制普通混凝土。其强度可用 $5cm \times 5cm \times 5cm$ 的立方体确定。由于表面粗糙，水泥用量较高，与水泥石的黏结性能比卵石好，在配合比相同的情况下，碎石混凝土的强度较卵石混凝土的高，但前者的流动性则较后者的低。其规格、级配、针片状颗粒含量、含泥量、有害物质含量、强度、坚固性等各项技术要求与卵石一样，均应符合有关质量标准的规定。

(孙宝林)

碎石大孔混凝土 no-fines concrete with crushed stone

用水泥、碎石和水拌制而成的大孔混凝土。在国内外起源最早、应用最广。允许碎石粒径为 5～40mm，宜采用 10～20mm 或 10～30mm 单一粒级和粒径较小的碎石。常用强度等级为 CL5.0、CL7.5。表观密度一般为 1 750～1 850kg/m³，弹性模量约 $(13～15) \times 10^3$MPa，抗冻性比砖好。与同强度等级的卵石大孔混凝土相比，水泥用量较多，水灰比较小。主要适用于多高层框架建筑的现浇墙体和预制墙板，以及市政工程的滤水管、滤水板等。

(董金道)

碎石土 break stone soil

粒径大于 2mm 的颗粒含量超过全重 50% 的土。按颗粒形状和粒组含量分为漂石、块石、卵石、碎石、圆砾和角砾。漂石指颗粒形状以圆形和亚圆形为主，块石以棱角形为主，二者粒径大于200mm 的颗粒均超过全重的 50%；卵石和碎石，前者以圆形和亚圆形为主，后者以棱角形为主，二者粒径大于 20mm 的颗粒均超过全重的 50%；圆砾和角砾其粒径大于 2mm 的颗粒均超过全重的 50%，颗粒形状圆砾以圆形和亚圆形为主，角砾以棱角形为主。按骨架颗粒含量和排列状态，并参照可挖性和可钻性分成密实、中密和稍密三类。其承载力标准值约为 150～1 000kPa。 （聂章矩）

碎砖 crushed bricks

废旧砖瓦或烧结黏土碎块，经破碎、筛分而成的散粒材料。呈碎石状，可用作轻集料。其堆积密度 800～900kg/m³，筒压强度较低，吸水率较大，可作为耐火混凝土的集料，或用它生产轻集料混凝土砌块及其他构件。 （龚洛书）

碎砖混凝土 crushed brick concrete

碎砖配制成的轻集料混凝土。因碎砖呈碎石状，其水泥用量高，工作性较差，表观密度 1 500～1 800kg/m³，抗压强度 7.0～20MPa。主要用以制作建筑砌块。第二次世界大战后，原联邦德国等国应用较多，在城市恢复建设中起了较大作用。中国应用很少。 （龚洛书）

隧道电流 tunnelling current

见扫描隧道显微镜（420 页）。

隧道干燥 tunnel drying

干燥室结构类似隧道的连续式干燥方法。干燥器可由单条隧道或多条隧道并联组成，内设钢轨和干燥车。干燥时，将被干燥的坯体码放在干燥车上，由推车装置将干燥车按照一定的干燥制度，定期由隧道的一端推入，由另一端推出。为了避免重复装卸车，一般陶瓷工厂将隧道窑窑车与干燥车统一规格，大大减轻了劳动强度，降低了生坯的破损率。热源可以是热空气、热烟气和远红外辐射器等。干燥热气体一般从隧道的末端分散或集中进入，于前端排出，装有湿坯体的干燥车与热气体作反方向移动。其特点是干燥制度稳定、热效率高、便于自动化生产。 （陈晓明）

隧道式养护窑 tunnel curing chamber

又称水平式隧道窑。窑体的纵轴线呈水平的常压湿热养护设施。由窑体、轨道、蒸汽管道等组成。对于连续隧道式养护窑，混凝土制品在窑车上按规定节拍从一端进入，通过窑中的升温段、恒温段和降温段，由另一端卸出。各段可用气幕、水幕、挂帘等分隔。窑中制品可放置数层，适用于流水传送带法生产工艺。间歇隧道式养护窑又称养护室，窑体较短，无分隔措施，适用于流水机组法生产工艺。 （孙宝林）

隧道效应 tunnelling effect

见扫描隧道显微镜（420 页）。

隧道窑 tunnel kiln

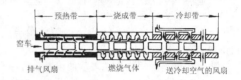

形如隧道的连续式窑。一种按逆流原理工作的横焰式窑。由窑室、燃烧设备、通风设备及运输设备等组成。按运载工具分为窑车式、推板式、辊底式、输送带式、步进梁式等。通常专指单通道窑车式隧道窑，这种窑的窑车和沙封（由沙和插入沙中的钢板构成）将窑室分为上下两个隔离空间，上面的高温区焙烧制品，下面的低温区可避免因高温损坏窑车。可烧煤、重油、煤气，也可用电加热。按火焰与坯体的接触方式分为明焰式、隔焰式和半隔焰式；按通道数目分为单通道式、双通道式和多通道式。窑室由预热、烧成、冷却三带组成，焙烧物由运输工具从预热带端进入，由冷却带端出窑。适合于品种单一或烧成制度相近的多品种的大批量生产。窑的上下温度差较大，影响产品的质量，不适用于高大制品的烧成。 （陈晓明 陶有生）

sun

损耗因数 loss factor

又称损失因数。一个弧度中平均损失的能量与总振动能量的比值。是衡量阻尼材料阻尼大小的物理量，以 η 表示。$\eta = W'/2\pi W_0$，式中 W' 为每一振动周期的能量损失，W_0 为总的振动能量。大多数材料在噪声干扰的主要频率（30～500Hz）范围内 η 值接近常数，η 值越大说明材料的阻尼性能越好。大多数金属材料 η 的数量级为 $10^{-5}～10^{-4}$，木材为 10^{-3}，软橡胶为 $10^{-2}～10^{-1}$。 （陈延训）

损伤 damage

材料由于承受荷载及其他作用的影响，使其力学性能逐步劣化的现象。由于冷热加工过程，荷载与温度的变化，化学和射线的作用以及其他多种环境因素的影响，使材料内部产生微观的以致宏观的缺陷，使强度减弱，寿命缩短，在一定程度上还使材料的刚度发生变化，引起内力重新分布。这些都会使材料力学性能变差。目前开展的研究主要有：疲劳损伤、塑性损伤和蠕变损伤。 （沈大荣）

损伤极限 damaging limit

对已知材料容许作用的临界损伤状态。材料内部损伤发展，达到这个临界损伤状态时，材料发生断裂破坏，或从工程使用意义上讲已经失效。

（沈大荣）

榫接合 tenon (and mortise) joint

两零件上分别开出榫头和榫孔后互相连接。通常须施胶以增加接合强度。按榫头的基本形状可分为直角榫、燕尾榫和圆榫。依榫头数目又有单榫、双榫和多榫之分。单、双榫用于方材间的接合，多榫用于板材间的接合。　　　　　　　（吴悦琦）

suo

梭式窑 shuttle kiln

又称往复窑、台车式窑（platform car kiln）、抽屉窑。一种窑底可往复移动的倒焰窑。其窑底为窑车式，窑车上砌有吸烟孔、支烟道和主烟道，可与窑体上的排烟道衔接起来，通往烟囱。其装窑和出窑均在窑外进行，改善了劳动条件。若采用两座窑底往复交替生产，可缩短生产周期。

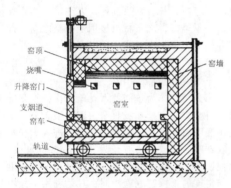

（陈晓明）

羧甲基纤维素 carboxymethyl cellulose

由碱纤维素和一氯醋酸在烧碱溶液中制得的纤维素醚类树脂。通常用其钠盐。白色粉末，吸湿性强，能溶于水中形成黏性溶液。在橡胶工业中作胶乳稳定剂；陶瓷工业中作粉料黏合剂；建筑工程中主要用作粉刷材料的黏结添加剂及壁纸等的胶粘剂。　　　　　　　（闻荻江）

缩聚反应 polymerization, polycondensation condensation

生成聚合物的同时析出水或其他低分子副产物聚合反应。反应特点是：大多数为可逆的和逐步的反应；生成物分子量随反应时间增加而逐渐增大，但转化率却基本与时间无关。根据反应条件，可分为熔融、溶液、界面和固相缩聚四种。根据反应单体，可分为均缩聚、混缩聚、共缩聚三类。根据缩聚产物可分为线型（二向）缩聚和体型（三向）缩聚。由此法制得的热固性树脂有酚醛树脂、不饱和聚酯树脂、环氧树脂等，热塑性树脂有聚酰胺、聚酯树脂等。　　　　　　　（闻荻江）

锁结式集料 macadam aggregate

尺寸相近、压实后空隙很大，用以修筑嵌锁式路面的粗集料。是碎石路面混合料常用的集料。用作泥结碎石路的铺筑层。　　　　　　　（徐家保）

锁紧密封垫 lock sealing washer

以氯丁橡胶、异丁橡胶或三元乙丙橡胶等为主要原料，挤出成型的对镶装物体起支撑密封作用的定型建筑密封材料。有H型、键槽型等。由工厂预制。其宽度可根据建筑工程的要求加工制作。具有寿命长，维修少，施工时清洁，本身可兼有密封和固定作用，隔热性能好，抗臭氧等优点，但温度低时，装配较困难，对被密封部位间隙公差要求严格。其性能为：扯断强度不小于 14MPa，扯断伸长率不小于 175%，撕裂强度不小于 21 000N/m，压缩永久变形不大于 35%，脆性温度为 -40℃。适用于金属幕墙、混凝土幕墙、门窗框、镶装玻璃等工程接缝的密封。　　　（洪克舜　丁振华）

锁扣 chains

又称箱扣、门搭扣、扣吊。装于门、柜、橱、箱、抽屉等上供挂锁用的建筑五金。用薄铁皮冲压制成。常用的有普通型和宽型两种。有多种规格的面板和不同的厚度供选用。　　　　　　（姚时章）

T

ta

塔库 batch tower

储存各种合格粉料的料仓按圆形排列的库。由此相应的称量往往采用累计秤，有时也采用分别称量法。与排库相比，占地面积小，操作空间小。

（许　超）

阘 door, window on upper story

《说文》楼上户也，段注：阘即今闼字。《西京赋》形容神明台：上飞闼而远眺；《西都赋》形容井幹楼：排飞闼而上出。此二闼，皆楼上户，在高处，故谓之曰飞。　　　　　　　（张良皋）

踏跺石　step stone

俗称踏步石。用作踏步的长方形条石。由其层层叠涩，组成阶级。其名称按它依附的主体建筑物或构筑物的不同类别而定。如用于河港埠头的称河桥石，石桥上的称桥跺石，建筑物台阶上称踏跺石。与主体建筑的组合形式有平行、垂直、曲折于河埠驳岸，也有单向、双向、联合式的。其体量也是随主体建筑物的大小而定。踏跺石的四个面，是暴露在外面，多凿制平整，其余藏在里面的2个面，仅作粗加工。苏南地区在使用石料上，有其明显的时代特点。如元代以前的建筑物，多采用武康石；元明之间，多用青石；清代以后，多用花岗石。　　　　　　（叶玉奇　李洲芳）

楷　capital

枓的异名。《类篇》柱斗谓之楷。《尔雅·释宫》注：柱上欂，亦名枅，又曰楷；楷又归入栱之一类。　　　　　　　　　　　（张良皋）

tai

台砖　brick for tabletop

用作桌（台）面的大型黏土砖。青灰色，密实、细腻，有正方形、长方形、六角形和圆形等。以江苏吴县御窑产品为佳。常见规格：正方形，长宽各800mm，厚120mm；长方形，长1200mm、宽500mm、厚120mm左右。上置台砖的桌俗称砖台或"石台"，多存放在民间书房和园林中的亭、榭内，四周配以瓷鼓，作为室内、庭院点缀。
　　　　　　　　（叶玉奇　沈炳春）

台座　casting bed

其上固定模具，成型混凝土构件或制品的设施。按生产功用可分为：普通通用台座、预应力制品台座及专用台座。生产预应力混凝土的台座为先张法工艺张拉预应力钢筋的承力设备，通常由台面、承力架或台墩、横梁、定位板等组成。应具有足够的强度和稳定性，以免施工时发生变形、倾覆、滑移而引起预应力损失。按构造形式可分为简易台座、墩式台座和槽式台座。台座的长度及宽度取决于制品或构件的类型、尺寸及成型件数。台面须平整，设置必要的伸缩缝及排水系统。要求便于生产，节约材料，占地面积少，可供生产多种制品使用。　　　　　　　　（孙复强）

台座法　stand method

混凝土制品在台座上进行生产的工艺方法。制品在一固定台位上完成清模、布筋、成型、养护、脱模等全部工序，而操作人员、工艺设备和材料则顺次由一个台位移至下一个台位。按台座长度方向同时容纳制品的数量，可以分为长线台座法和短线台座法，前者能同时生产多个制品，适用于生产预应力混凝土多孔板、吊车梁、屋架等；后者一次只能生产1～2个制品，适用于生产钢筋混凝土桥梁、墙板、屋面板、薄壳等。采用振动器或专门设备成型，可以自然养护、蒸汽养护或其他养护。具有工艺布置灵活、设备简单等优点，但占地面积较大，劳动条件较差。　　　　　　　　（孙宝林）

太湖石　Taihu stone

又称湖石。产于太湖洞庭山的假山石。质坚，形态玲珑，轮廓柔润，表面纹理起伏纵横，宛转多变，布有大小深浅不同、形状各异的"弹子窝"凹孔，内部则嵌空穿眼，宛转，险怪，叩之微有声。常见颜色有白、灰、青黑三种，以纯白者为贵，是园林假山不可多得之石材。适用于轩堂之前，或点放在乔松奇卉之下堆置假山。以高大者为上品。
　　　　　　　　　　　（谯京旭）

太阳能干燥　solar drying

利用太阳能作为热能的木材干燥。按太阳能干燥设备可分为温室型和吸收型。温室型太阳能干燥窑是用透明的建筑材料建成，太阳光进入干燥窑后被接收器吸收，放射出波长为3～30μm的红外线，从而使窑内的空气温度升高。吸收器型的太阳能干燥窑与常规的干燥窑原理相同，只是利用平板吸收器，将窑内水暖加热器中的水加热到50～60℃，但此只能作为干燥窑中的辅助能源，因而常配备热泵等其他热能供应设备。此法对日照长的季节具有良好效果，适用于干燥一些难干木材的坯料。
　　　　　　　　　　　（吴悦琦）

太阳能养护　solar energy curing

利用太阳辐射能使混凝土加速硬化的养护方法。制品覆盖一透光率高、透射波谱广的密封罩，以最大限度聚集太阳辐射能。透光罩有紧贴和架空两种覆盖方法。覆盖空间介质的相对湿度随混凝土水分的蒸发而逐渐提高，最高温度一般可达60～75℃，形成干湿热养护条件。具有节约能源、设备简单、投资少、收效快、台座周转率高、制品质量好等优点，适合于日照时间长、高湿度地区的中小型混凝土制品厂使用。　　　　（孙宝林）

钛白　titanium dioxide

以二氧化钛为主要成分的无机白色颜料。化学式为TiO_2。是着色力最好的白色颜料之一。无毒，和其他白色颜料相比，具有色泽纯，遮盖力和着色力强、耐光、耐热、耐稀酸、耐碱等性能优良的特点。有金红石型和锐钛型两种晶形结构。前者结构（针形）紧密，折光指数高（2.72），稳定性和耐久性好，并具有优良的耐光性和抗粉化性能。后者结构锥形，具有一定的光化学活性，耐光性差，易粉化，故常在室内制品中使用，但与前者相比，有白度高，着色力强之特点。广泛用于塑料、涂料、橡胶、造纸、油墨、搪瓷及医药等工业。

（陈艾青）

钛酸酯偶联剂 titanate coupling agent

能与无机物表面的氢离子或水反应，并能与聚合物发生交联或酯化作用，形成单分子层"桥键"的有机钛化合物。能降低填料的表面能，提高填料与树脂间的亲和性，从而可以增加塑料的填料用量，改善冲击韧性。按化学结构分为①单烷氧基型，通式为 RO—Ti(OX′—R$_2$—Y)$_3$；②单烷基-焦磷酸酯型，

$$RO-Ti(P(O)(O)-P(O)(O)-O-R_2-Y)_3$$

；③螯合型，

$$\begin{matrix}O=C-O\\CH_2-O\end{matrix}Ti(OX'-R_2-Y)_2$$

；④配价型，(RO)$_4$Ti(OX′—R$_2$—Y)$_2$ 四类。适用于热固性或热塑性塑料。

（刘茂榆）

泰波级配曲线 Talbol grading curve

又称泰波级配公式（Talbol grading equation）。A.N.泰波将富勒最大密度曲线计算式中幂次 1/2 改为 n 时描绘成的级配曲线。$p = 100(d/D)^n$，式中 p 为最大粒径 D（mm）的集料中欲计算的某级集料粒径 d（mm）的较理想的通过百分率（%），n 为根据试验求得的密实度较好时的系数，0.3～0.6 时较为密实。为计算方便也可改为对数方程表示：$\lg P = (2 - n\lg D) + n\lg d$，用以算出理想级配曲线各级粒径的通过百分率。

（徐家保）

泰勃耐磨性 Taber's abrasion resistance

旋转的试样，带动一定负荷的一双砂轮进行滚动摩擦来测定材料耐磨耗性的性能指标。常用来表征塑料地板、涂膜等材料在使用过程中对磨耗的抵

抗性。测定方法为用规定的两个砂轮，加上 500g 的负荷，压在试样上，试样旋转 1 000 转后测定其失重，以每平方厘米的磨耗量（g/cm^2）表示。对塑料地板约为 0.001～0.020，与其组成结构有关。是塑料地板、涂膜耐磨性的标准测试方法。

（顾国芳）

酞菁颜料 phthalocyanine pigment

由四个异吲哚基（C$_6$H$_4$C$_2$N）组成的具有下列酞青结构有机颜料的总称。一般是含有铜、锌、铬、镍、锰等金属离子的络合物。最重要品种是酞菁蓝和酞菁绿两个品种。前者由邻苯二甲酸酐、氯化亚铜、尿素在催化剂存在下加热精制而成。着色力很强、耐晒、耐热、耐酸、耐碱，与芳香族有机溶剂长期接触有晶体增大的倾向。后者是由酞菁铜在熔融的三氯化铝和食盐解质中通入氯气制得，具有优异的耐光、热、碱、酸、溶剂等性能。它们共同的特点为色彩鲜艳，化学结构稳定，有很好的遮盖力，耐高温（达 500℃），不耐强酸，无毒性。是重要的有机颜料中的一大类。广泛用于各种涂料、塑料等工业中。

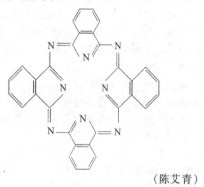

（陈艾青）

tan

坍落度 slump

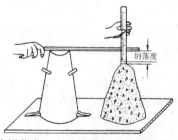

又称塌落度。表示塑性混凝土混合料工作性的一种普遍采用的指标。用坍落度试验筒按规定进行测试。试验时将坍落度筒放置在光滑不吸水的平板上，混合料分三层装填（每层装料体积大致相等），每层用直径为 16mm、长度为 650mm 的圆头金属捣棒均匀插捣 25 次，最后括平顶面，将筒垂直提起，混合料因自身重力而变形坍落，其坍落下来的垂直距离（mm）即为坍落度。因测试设备及方法简便，故应用甚广，但它并不能完善地反映混合料的工作性，对水泥浆丰富的混合料较敏感，不适用于测量干硬性混凝土的工作性。

（潘介子）

坍落度试验筒 slump cone

测定混凝土混合料工作性指标坍落度的截头圆锥型试验设备。筒体（图）上口内径为100mm，下口内径为200mm，高度300mm。用此法测定坍落度的方法是1918年由美国阿布拉姆斯（D.A.Abrams）提出的。

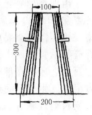

（潘介子）

坍落度损失 slump loss

新拌混凝土随时间的延长，坍落度减小，工作性变差的现象。主要发生在输送、施工过程中。其原因为一部分水蒸发或被集料吸收、部分水与水泥起化学反应。随水泥品种、水泥浆量、外界温湿度、混凝土本身温度及最初的流动性等因素而变化。在热天坍落度损失较大，故为保持一定的工作性，须比冷天增加较多的用水量。 （孙复强）

弹簧钢 spring steel

能用以制作承受长时间、周期性的弯曲、扭转等交变应力下工作的弹簧构件用钢。属优质钢。纯洁度及均匀度高，非金属类杂质少，表面质量好。具有较高的弹性极限、疲劳强度和足够的塑韧性，以及一定的淬透性。按成分可分为优质碳素弹簧钢（含碳量0.60%~0.90%）和合金弹簧钢（含碳量为0.40%~0.70%）。常用的合金元素有硅、锰、铬、钒和硼等。锰、铬和硼主要是用以提高其淬透性，硅可提高其弹性极限，钒则可细化奥氏体晶粒等。按生产方法可分为热轧弹簧钢和冷拉弹簧钢，前者主要用作汽车、火车上的板簧和卷簧，汽缸安全阀簧和仪表弹簧等，制作时需经淬火与中温回火处理。后者用于制作直径较细的弹簧钢丝和厚度较薄的弹簧钢片。主要根据钢的淬透性高低来决定零部件的尺寸。常用钢号有65、65Mn、60SiMn、55SiMnVB和50CrVA等。 （许伯藩）

弹簧钢热轧薄钢板 hot-rolled spring steel sheets

用弹簧钢热轧成厚度0.7~4mm的薄钢板。所用钢号有85、65Mn、55Si2Mn等7种，都规定了力学性能要求。对表面质量、低倍组织、脱碳、石墨碳等均属必检项目。主要用于机车、汽车与工程机械制造等。 （乔德庸）

弹簧钢热轧圆（方）钢 hot-rolled spring round (square) steels

用弹簧钢热轧生产的条状圆（方）形型钢。材质分碳素钢及合金弹簧钢两类，前者有65、70、85号钢，后者有65Mn等17个钢号。可有力学性能要求，或有淬透性要求（此时钢的牌号后加字母Z，如60MnMoAZ）。通常由需方提出脱碳、硬度、热处理状态等工艺性能附加要求。 （乔德庸）

弹簧铰链 spring hinge

使门扇在开启后能自行关闭的铰链。在页板连接处的圆柱形管中安置一个两端带弯脚的螺旋形弹簧，依赖管内所装的弹簧扭力来自动关闭门扇。按其结构不同，分为单筒式和双筒式。单筒式只能单向开启；双管式里外都能开启。适于装置在开关频繁的门上。 （姚时章）

弹涂 shoot-coating

用弹力器将不同色彩的厚质涂料弹射到被涂物表面，形成彩色点状涂层的施工方法。该法施工的涂层，根据色彩的调配，可以形成具有水刷石、干粘石的装饰效果，主要用于内、外墙的建筑装饰。外墙立面大，为达到远视的整体效果、弹点宜大，而内墙弹点宜小。常用于以水泥、聚乙烯醇缩甲醛胶及颜料等配制的水泥系厚质涂料的施工。用有机硅溶液等憎水材料罩面保护，可获更佳效果。弹力器有手摇及电动两种。 （邓卫国）

弹性 elasticity

发生变形的物体能恢复其原来大小和形状的性能。在变形不大的范围内，一般物体都具有这种性能。物体在承受荷载或其他作用过程中会产生变形，当变形不超过一定范围时，荷载或其他作用卸除后变形即可消失，这种可消失的变形称为弹性变形。 （宋显辉）

弹性变形 elastic deformation

见弹性。

弹性极限 elastic limit

又称弹限强度。材料在受载过程中，未产生残余变形的最大应力值。由实验得知，材料的弹性范围较比例阶段还要大一些，尽管其中有一区段的应力和应变不再成正比关系，但撤除外力或其他作用后，变形仍能完全消除。 （宋显辉）

弹性锚固件 flexible anchors

将石材固定在墙身上的专用锚固件（如图）。其方法是先将这种弹性锚固件与预埋在钢筋混凝土中的型钢框架连接，装饰石材再通过固定装饰石材的连接件连接到弹性锚固件上。这种锚固件适应性强，对墙面的平整度要求不高，即使墙身表面凹凸不平都不影响装饰石材的安装。

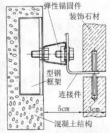

（汪承林）

弹性密封带 elastic sealing tape

以聚氯乙烯树脂、氯丁橡胶或氯磺化聚乙烯等为基料制成的密封带。呈现明显的弹性,当接缝位移时,在密封带中引起的残余应力几乎与应变量成正比例。耐臭氧性、耐热性和耐老化性能良好。施工时不用清理表面,可粘于沾油金属。适用于屋顶的一些关键部位,满足其伸缩变形的要求。

(洪克舜　丁振华)

弹性模量 modulus of elasticity

又称弹性系数。材料在弹性变形范围内,应力增量对相应的应变增量的比值。是一个材料常数,在单向应力状态下,通过应力-应变实验曲线求得。在试样承受拉压轴向荷载时,称为拉压弹性模量,又称为杨氏模量(Young's modulus),为材料处于拉压弹性范围内正应力 σ 对正应变 ε 的比值,用符号 E 表示,$E = \sigma/\varepsilon$,计量单位是 MPa(N/mm^2)。从微观上来说,弹性模量反映了微观组织抵抗变形的能力,是材料内原子结合力的一种度量。

(宋显辉)

弹性涂料 elasticity coating

涂膜富有柔软性、弹性,并具有一定程度的基层开裂随动性的涂料。按其主要成膜材料的形态,可分为乳液系和溶液系两大类。主要采用延伸性(弹性)优良的丙烯酸系、聚氨酯系及氯丁二烯系树脂作为主要成膜材料配制成涂料。可采用喷涂、刮涂等施工方法。涂膜具有良好的抗裂性、抗冲性、耐水性、耐候性等优点。适用于建筑物外墙面防水与弹性地面涂层。

(陈艾青)

炭黑 carbon black

烃类物质经碳化后形成细而疏松的黑色碳质粉末。是重要的黑色颜料。根据原料来源,所含杂质和制造方法的不同,使炭黑的性质略有差异,用作颜料的为色素炭黑,分高级、中级、通用、低级、特殊(导电)、调色用炭黑等。具有很好的耐光牢度、耐酸、耐碱、耐溶剂以及遮盖力和着色力强等性能。黑度和着色力是重要性能指标。黑度随粒径减小而增大,着色力在粒径 20nm 左右时为最佳。碳含量较高的炭黑,质地细密,色泽纯正,遮盖力强。主要在涂料、油墨、塑料工业中作颜料和橡胶工业中作补强剂和防紫外线的屏蔽剂等。

(陈艾青)

炭黑增强沥青 carbon black reinforced asphalt

以炭黑为改性材料的共混石油沥青。炭黑不能直接加入沥青中,需要先经预处理,才能在沥青中形成均匀分散体系。炭黑可以提高沥青的高温劲度,又不降低(或很小降低)沥青低温柔韧性,还可提高沥青的耐候性。可用于修筑高等级公路路面和制造建筑防水材料。

(严家伋　刘尚乐)

炭化 charring

固体材料受热分解或不完全燃烧而生成碳质残渣的过程。碳质残渣称为炭(char),表面炭化称烧焦(scorch)。可减小材料燃烧所失重量,对降低材料发烟性有利,且具覆盖效应而可提高材料的阻燃性。

(徐应麟)

炭条 charcoal sticks

条形木炭。通常用柳枝烧成。其状酷似半截方形竹筷。画工起彩画谱子时,用它在纸上草绘花纹轮廓,如需改动用布揩去炭痕即可再绘。

(王仲杰)

探照灯 search light

具有万向远射程的灯具。利用高亮度光源经抛物线的镜面反射出强烈的近似于平行光束。19世纪初问世。由强光源、抛物面镜、底座、外壳及转动机构等组成。有竖向型与水平型之分。常以碳弧灯和氙灯为光源。使用功率常有 1、2、3.6 及 5(kW)等。具有发光面积小,亮度高,射程远(约为 10～20km),射向角度灵活,照射效果好等特点。常应用于航空、交通、军事以及大型展览会等处。

(王建明)

碳硅钙石 scawtite

化学式为 $2CaO·3SiO_2·2CaCO_3$ 或 $3CaO·4SiO_2·3CaCO_3$,简写成 $C_2S_3·C_2\bar{C}_2$ 或 $C_3S_4·C_3\bar{C}_3$。属单斜晶系,呈片状,硬度 4.5～5.5,相对密度 2.77。在回转窑后圈料中有时候生成。水泥或水泥石英混合物在 160～200℃ 蒸汽养护可能吸收 CO_2 生成水化物为 $7CaO·6SiO_2·CO_2·2H_2O$。

(冯修吉)

碳化 carbonation

又称碳酸化。一般指大气中的 CO_2 与混凝土中水泥的水化物发生作用,生成碳酸盐的过程。是混凝土特别是硅酸盐混凝土耐久性的一项重要指标。碳化后会降低混凝土的原始碱度,致使钢筋锈蚀;会引起碳化收缩,致使表面产生微裂缝。CO_2 与混凝土中 $Ca(OH)_2$ 作用生成 $CaCO_3$ 的同时,也能侵蚀和分解水化硅酸钙和水化铝酸钙等,生成水化氧化硅凝胶和水化氧化铝凝胶,使制品的早期强度有所提高。通常混凝土的耐碳化性以碳化系数(混凝土全部碳化后的强度与碳化前强度的比值)表示,它与 CO_2 浓度、环境湿度、混凝土硬化条件、密实度及水泥品种等因素有关。它与炭化是概念完全不同的两个术语。

(潘意祥)

碳化程度 degree of carbonation

在碳化处理中,$Ca(OH)_2$ 与 CO_2 化合的充分程度。用已和 CO_2 结合的 $Ca(OH)_2$ 数量与 $Ca(OH)_2$

总量的比率表示，可由测定制品碳化前后的有效氧化钙含量作定量计算。亦可用酚酞酒精的显色反应来定性判断，已碳化部分无色，未碳化部分呈红色。

（蒲心诚）

碳化处理 carbonating

碳化石灰制品坯体中的$Ca(OH)_2$与CO_2（石灰窑气）反应生成$CaCO_3$使制品获得强度的过程。$Ca(OH)_2 + CO_2 + nH_2O \rightarrow CaCO_3 + (n+1)H_2O$。随着过程的进行，制品的密实度和强度逐渐提高。碳化的速度取决于CO_2的浓度、坯体含水率、坯体内外气压差和反应温度。CO_2进入坯体必须通过毛细管，含水率过高，毛细管堵塞，碳化速度降低，但碳化反应又必须有一定的水分存在才能进行，水分过少，反应速度亦慢。故存在一个最佳碳化含水率。坯体应先适当干燥，使含水率达到此值。有时也用于水泥混凝土的表面处理，以提高其抗侵蚀能力。

（蒲心诚）

碳化硅耐火材料 silicon carbide refractory

以碳化硅为主要原料制成的耐火材料。根据SiC含量以及结合剂的种类和加入量，制品分为：①氧化物结合，以黏土、SiO_2为结合剂；②氮化物结合，以氮化硅或含氧氮化硅为结合剂；③Sialon（硅、铝、氧、氮四元化合物）为结合剂；④自结合，利用碳化硅的再结晶作用。SiC含量小于50%称半碳化硅耐火材料，如高铝、莫来石、刚玉、锆英石以及石墨碳化硅制品。依品种之不同，用半干法、可塑法、注浆法等成型，干燥后在1 350~2 200℃烧成，也可用热压法、反应烧结等方法制造。其化学成分除SiC外，还有各种氧化物，其中最重要的有SiO_2、Al_2O_3和Fe_2O_3，特殊产品中还含有BaO、Fe_nSi_m、Si_3N_4、Si、C和B等。黏土、SiO_2、氮化硅、氮氧化硅结合的制品，最高使用温度（氧化气氛）依次约为：1 450℃、1 550℃、1 600~1 650℃、1 550~1 600℃。主要用于冶金铸锭、高炉炉底和内衬、出铁槽、出钢口、有色冶炼、陶瓷窑具、试验炉内衬、化学工业油气发生器以及航天航空工业的喷嘴等。

（孙钦英）

碳化灰砂砖 carbonated lime-sand brick

以石灰和砂为主要原料，在人工碳化条件下硬化而成的建筑用砖。原料中也可掺入少量石膏。利用石灰窑废气中的CO_2，使砖坯中氢氧化钙碳化，生成碳酸钙（$CaCO_3$）晶体，与砂黏结在一起，获得碳化强度。强度大小决定于砖内氢氧化钙和碳酸钙晶体数量和生长状况以及颗粒级配。由于空气中含有碳酸气体，碳化作用继续进行，砖的后期强度有较大幅度增长，收缩较小，抗冻性能良好。砖强度级别有MU7.5、MU10和MU15三级，分别适用于工业与民用建筑不同墙体和不同部位，不得使用于长期受热高于200℃、在水流冲刷及严重化学侵蚀的建筑部位。

（崔可浩）

碳化石灰混凝土 carbonated lime concrete

以磨细生石灰为胶结材，砂、石屑、炉渣等为集料，经配料、搅拌（或轮碾）、消化、二次搅拌、成型、干燥、碳化等工序制成的混凝土。取决于混合料中有效氧化钙含量、成型含水量、成型方法及碳化程度，抗压强度变化于7~20MPa之间，软化系数在0.60~0.90之间。主要用作砖及砌块等墙体材料。石灰的碳化反应$Ca(OH)_2 + CO_2 + nH_2O \rightarrow CaCO_3 + (n+1)H_2O$所产生的$CaCO_3$将集料固结成整体而产生强度。$CO_2$可利用石灰窑的尾气。在大气中由于在碳化工序中未来得及碳化的石灰的继续碳化，强度相应增长。同类产品有：①用磨细生石灰掺入纤维并增大水料比（至1.2左右）制成的碳化纤维微孔混凝土，表观密度为700~900kg/m^3，强度在3MPa以上，热导率约为0.23W/(m·K)，可以制成砌块和空心条板；②用石灰制成碳化石灰泡沫混凝土，表观密度约为400~1 000kg/m^3，抗压强度约为0.5~5MPa，可作轻质绝热材料。

（蒲心诚）

碳化石灰空心条板 carbonated lime hollow slab

以磨细生石灰为主要原料，经碳化处理而制成的条板。在石灰料浆中配以少量纤维材料，经成型、干燥、抽芯和碳化处理而制成。经碳化处理制品的密实度和强度得到提高。生石灰中有效氧化钙的含量、细度和处理时二氧化碳的浓度控制是保证质量的关键。制品宽度多为600mm，顺长度贯穿孔洞的孔洞率一般为30%~40%。常用作非承重内隔墙。具有良好的可加工性（锯、刨、钉等）。

（萧愉）

碳化室 carbonating chamber

又称碳化窑。用CO_2气体对石灰制品进行人工碳化处理的设施。含适宜水分的石灰制品（例如内隔墙、吊顶板等）进行碳化处理，使其中的$Ca(OH)_2$与CO_2发生反应生成$CaCO_3$，以提高制品的密实度和强度。其型式有室式、坑式、隧道式等多种。前两种为间歇式，而后一种则为连续式。可对制品进行负压或正压碳化处理，这时需采用能承受压力的密闭式碳化室。生产中一般利用石灰窑的废气（二氧化碳浓度约为30%~40%）。碳化处理的时间称为碳化周期，一般为24~48h。

（孙宝林）

碳化收缩 carbonation shringkage

因CO_2与水泥水化产物反应、释放出水分子所造成的体积收缩。湿度对碳化收缩的影响很大，相对湿度100%时不产生碳化收缩，随着湿度降低，收缩增大，55%时为最大，小于25%时几乎停止。混凝土在潮湿条件下暴露于CO_2中可产生表面"龟裂"的微细网纹开裂，影响美观，且因pH值降低使其中钢筋易于锈蚀。碳化收缩可达总收缩值的1/3。
（陈志源）

碳化物　carbide

过渡族金属（Fe、Mn、Cr、Mo、W、V、Ti等）元素与原子半径较小的非金属元素碳所组成的化合物总称。由于碳原子间隙在金属原子的晶格中，又称间隙相或间隙式化合物。是钢中重要的组成相和强化相，但脆性较大，通常含量在10%以下，而高速工具钢和某些模具钢可高达20%左右。碳素钢中常见的类型为渗碳体Fe_3C，合金钢中随加入元素的不同有M_7C_3、$M_{23}C_6$、M_6C、M_2C和MC等类型，M代表上述过渡族金属原子，C代表碳原子，数字表示原子数。钢中往往同时存在几种金属原子，按亲和力大小与碳原子形成多种碳化物和复合碳化物型式，对提高钢的硬度，尤其是耐磨性较为有利。
（高庆全）

碳化系数　coefficient of carbonation

混凝土类材料全部碳化后的强度与碳化前强度的比值。是此类材料耐久性指标之一。石灰膏体、以石灰为胶结材的砂浆和混凝土碳化后强度大大提高，硅酸盐水泥混凝土碳化后强度亦能有所提高。硅酸盐混凝土的碳化系数随品种和养护方法而异，一般灰砂硅酸盐混凝土大于1；灰渣硅酸盐混凝土小于1。蒸压养护可提高制品的碳化系数。
（蒲心诚）

碳化周期　carbonating time

见常压碳化（46页）。

碳结合耐火材料　carbon-bonded refractory

以含碳材料为结合剂，热处理后在制品内部形成碳网络结合的耐火材料。材料由集料、碳素材料和结合碳组成。集料通常为电熔和烧结镁砂、白云石砂、矾土熟料等。碳素材料为鳞片状石墨、电极屑、沥青焦等。结合剂为焦油或树脂（如酚醛树脂，甲酚树脂等）。制品中碳含量一般为10%～40%。经配料、混合和成型后，再经220～300℃固化处理或1 000℃以上在还原气氛中碳化。品种有镁碳砖、铝碳砖、镁钙碳砖及含碳火泥和捣打料等不定形耐火材料。制品有较高的抗渣性和热震稳定性。主要用于炼钢转炉、电炉、铸锭用砖以及铁水沟、出钢槽等。
（孙钦英）

碳硫硅钙石　thaumasite

又称硅灰石膏。一种晶体结构和形貌与钙矾石近似的水化硅酸钙复盐。产于阿塞拜疆外高加索石灰岩接触带中，在已破坏的砖砌体的抹灰和砂浆中也有发现。CO_2和活性SiO_2作用于钙矾石时也可生成。化学式为$CaSiO_3 \cdot CaCO_3 \cdot CaSO_4 \cdot 15H_2O$，结构式$\{Ca_3[Si(OH)_6 \cdot 12H_2O]\}(SO_4)(CO_3)$。六方晶系，针状晶体。晶胞参数为$a = 1.090nm$，$c = 1.029nm$。在受硫酸盐腐蚀和碳酸盐化的共同作用的混凝土或砂浆中形成，使混凝土或砂浆严重变酥或开裂。
（王善拔　陈志源）

碳素钢　carbon steel

简称碳钢。含碳量少于2.06%的铁碳合金。一般还含有少量的硅、锰、硫和磷等杂质元素。属非合金钢。根据含碳量不同可分为低碳钢（含碳小于0.25%），中碳钢（含碳0.25%～0.60%）和高碳钢（含碳大于0.60%）。又根据硫和磷杂质的含量多少可分为普通碳素钢、优质碳素钢和高级优质钢。根据用途分为碳素结构钢、碳素工具钢和易切削结构钢等。价格低廉，便于生产，易于加工。广泛应用在机械制造、建筑工程、铁道工程等部门。
（许伯藩）

碳素钢无缝钢管　carbon steel seamless tubes

以碳素钢制成的无缝钢管。材质为碳素结构钢或优质碳素结构钢。分热轧和冷轧（冷拔）两种，其外径、壁厚、长度、尺寸偏差等要求均不同。根据用途分为三类，对化学成分、机械性能、水压试验等均有具体规定，根据使用者需要，还可作扩口、压扁、卷边检验其中的一项或几项工艺试验。用于输水、输气（汽）管道和钢结构承重件等一般用途，亦可作为制造锅炉等专用钢管。
（乔德庸）

碳素工具钢　carbon tool steel

含碳量在0.65%～1.35%范围内的高碳钢。经淬火并低温回火（150～200℃）后硬度值HRC不小于62，具有高的硬度和耐磨性，加工性能良好，价格低廉。常用钢号从T7～T13共8种，随钢中含碳量增加，硬度提高但塑韧性有所下降。按使用条件要求，选择不同钢号的钢制造各种刃具、模具和量具。由于淬透性低和热硬性差，只宜制作工件尺寸较小、工作温度不高、形状简单、不受大的冲击载荷的工具，如切削刀具、锉刀、斧、凿、带锯和日用刀剪等。
（许伯藩）

碳素工具钢热轧圆（方）钢　hot-rolled carbon tool round (square) steels

用碳素工具钢热轧生产的条状圆（方）形型钢。钢号有T7、T8、T8Mn等8个。对硬度、断口、酸浸、低高倍组织等均有严格要求。主要用于制造锉刀、钻头、木工工具等。
（乔德庸）

碳素结构钢　carbon structural steels

含硫、磷量分别小于 0.050% 和 0.045% 的碳素钢。按钢的屈服点数值分为 Q195、Q215、Q235、Q255、Q275 五个牌号。按质量分为 A、B、C、D 四级。与 GB700-79 的旧牌号对应关系为：Q195 化学成分同 B1，力学性能同 A1；Q215-A 级同 A2、Q215-B 级同 C2；Q235-A 级同 A3、Q235-B 级同 C3、Q235-C 级与 D 级作为重要焊接结构用，旧标准无对应牌号；Q255-A 级同 A4、Q255-B 级同 C4；Q275 同 C5。适用于热轧型钢及钢板，产量约占钢总产量的 70%～80%。由于冶炼比较容易，工艺性能较好，价格较低廉且性能能满足一般工程结构和日常生活用品的要求，大部分用作钢结构件（如桥梁、船舶、建筑用钢），少部分用于制造机器零件（如齿轮、螺钉、螺母、曲轴、连杆等）。　　　　　　　　（许伯藩）

碳素结构钢焊接钢管　plain carbon steel welded pipe

用碳素结构钢钢带经过成型、焊接、精整加工成的钢管。材质为易焊接的碳素结构钢 Q195、Q215-A，Q235-A。按外表质量分为不镀锌（黑铁管）和镀锌（白铁管）两种；按管端形式分不带螺纹管（光管）和带螺纹管；按壁厚分普通和加厚钢管。焊管用炉焊或电焊方法。公称口径（近似内径的名义尺寸，但不表示公称外径减去 2 倍公称壁厚得的内径）6～150mm，对水压、冷弯和压扁试验、镀锌层均匀性试验等检验方法均有规定。主要用于一般较低压力（2.5～3MPa）的流体输送和结构件、脚手架等。材质为优质碳素结构钢（08、10 号钢等）的电焊钢管，管径可达 5～152mm，承受流体输送压力 3～6MPa，可根据需要选用。

（乔德庸）

碳素结构钢冷轧薄钢板（带）　cold-rolled plain carbon steel sheets (strips)

用热轧碳素结构钢板坯经冷轧而成的薄钢板（带）。材质为碳素结构钢，厚度不大于 4mm（最薄为 0.2mm）。冷轧钢带的厚度更薄（0.05～3.0mm）。产品的技术条件、检验等与热轧板雷同。碳素结构钢的冷轧钢带按拉伸强度和伸长率分软钢带、半软钢带和硬钢带，还有按制造精度、表面质量、边缘状态（切边和不切边）之分，均相应有技术条件规定，可根据需要选用。因其表面较热轧板光亮而平整，尺寸精度高，用途更广泛。

（乔德庸）

碳素结构钢热轧薄钢板（带）　hot-rolled plain carbon steel sheets (strips)

用碳素结构钢热轧成厚度小于或等于 4mm 的钢板（带）。厚度由 0.35～4mm，板宽 500～1500mm，长度按相应厚度的规定切成定尺，也可成卷供应（习称热带）。对化学成分或机械与工艺性能，表面质量，试验方法等均有要求。屈服点一般不作为保证条件，伸长率允许随板的厚度增大而有所降低。

（乔德庸）

碳素结构钢热轧厚钢板（带）　hot-rolled plain carbon steel plates (strips)

厚度 4.5～200mm 热轧普通碳素结构钢板（带）的统称。宽度 600～3000mm，钢带厚度不超过 25mm。除对化学成分、机械性能有要求外，对尺寸公差、不平度、镰刀弯、切斜等均有要求。除此之外还有适于桥梁和钢结构承重构件中用的桥梁用碳素结构钢和低合金钢热轧钢板，钢号有 16q、12Mnq、16Mnq 等 6 种，其技术条件和验收规定均严于碳素结构钢和低合金结构钢热轧钢板。

（乔德庸）

碳素弹簧钢丝　carbon spring steel wires

用优质碳素钢热轧盘条拉制的圆形钢丝。钢号有 25～80 和 40Mn～70Mn，直径 0.08～13mm。按用途分为三级，B 级用于低应力弹簧，C 级用于中等应力弹簧，D 级用于高应力弹簧，抗拉强度 D 级要求最高。除一般力学性能检查外，还要求扭转及缠绕试验，以保证其工艺性能。主要用于制造冷状态下缠绕成形而不经淬火的弹簧。（乔德庸）

碳酸钡　barium carbonate

分子式 $BaCO_3$。分子量 197.4。天然矿物称毒重石，相对密度 4.20～4.30，黄色或绿色的六角形晶体。人造碳酸钡是用重晶石 $BaSO_4$ 还原成白色粉末的碳酸钡，熔点 795℃，1450℃ 热分解得 BaO（熔点 1923℃）。BaO 增加玻璃的折射率、光泽度，提高吸收 X 射线与 γ 射线的能力、提高玻璃化学稳定性。常用于制造光学玻璃、仪器玻璃、器皿玻璃、防辐射玻璃。在陶瓷生产中是制造高温钡釉及钛酸钡陶瓷及无光釉的原料。含钡原料对耐火材料的侵蚀较大。

（许　超）

碳酸钙　calcium carbonate

分子式 $CaCO_3$。天然的矿物有石灰石、方解石、白垩和大理石等。工业上常指以天然石灰石为原料经机械或化学处理方法加工后再经分级或提纯而得到的白色粉末。由机械粉碎所得的为重质碳酸钙，相对密度为 2.70，平均粒径约为 1.8μm，pH 值为 8.8。用化学方法分解、提纯、沉淀而得的为轻质碳酸钙，相对密度为 2.60，平均粒径 1.4μm，pH 值为 9.2。经表面活性物质处理的超细活性碳酸钙，相对密度为 2.50～2.60，粒径在 0.1μm 以下，pH 值为 8～9，其分散性特别好。贝壳粉、白垩粉也均为此类。主要用作塑料、橡胶、涂料中的填料和物性改良剂。色白、细度小、惰性，作为体质颜料填充，可使制品获得良好的表面效果。是高分子材料中消耗量最大的填料。在水泥、陶瓷等其他工业部门也得到广泛应用。　　　　　(刘柏贤)

碳酸钙滴定值　calcium carbonate titrating value

是水泥生料中碳酸钙、碳酸镁和其他极少量耗酸物质含量的总和。因石灰石中碳酸镁含量一般很少，为方便计以 $CaCO_3$ 的百分含量表示。它是控制水泥生料中石灰石配比的一项重要指标。测定的原理如下：向生料试样中，加入过量的盐酸标准溶液，加热使其中的碳酸盐完全分解。以酚酞为指示剂，用氢氧化钠标准溶液回滴过剩的盐酸。将盐酸的实际消耗量全部换算成碳酸钙的百分含量。

(夏维邦)

碳酸钾　potassium carbonate

又称钾碱。化学式为 K_2CO_3 的碳酸盐。分子量138.2，相对密度2.30，白色结晶粉末。含杂质较多的称草碱，含结晶水时称水化碳酸钾 $K_2CO_3 \cdot 1.5H_2O$，或珍珠灰。常含有少量的 Na_2CO_3、K_2SO_4、KCl 杂质，在空气中极易潮解，溶于水后溶液呈碱性，不溶于乙醇和乙醚，熔点891℃，高温时碳酸钾中的 K_2O 的挥发量为其加入量的12%左右。在玻璃中 K_2O 与 Na_2O 的作用相似，但在降低玻璃析晶能力、增加光泽上前者较强。K_2O、Na_2O、Li_2O 组合使用时在性能上出现双碱效应，有利于降低玻璃导电性、介电损失、热后效应，提高化学稳定性。在陶瓷生产中作为颜色釉的原料。

(许超)

碳酸锂　lithium carbonate

化学式为 Li_2CO_3 的碳酸盐。分子量73.9。用化学法从含锂矿物中制得。外观呈白色单斜晶体或白色粉末，相对密度2.11，具碱性，溶于稀酸，微溶于水，其溶解量随温度增加而减少，熔点618℃，1310℃分解成 Li_2O 及 CO_2，Li_2O 的熔点大于1 700℃。热分解产物 Li_2O 是微晶玻璃的重要晶核剂，在陶瓷生产中是精陶釉及彩釉的重要组分。

(许超)

碳酸镁　magnesium carbonate

化学式为 $MgCO_3$ 的无色或白色粉末状碳酸盐。三方晶系晶体，相对密度2.95～3.04。难溶于水，溶于酸。加热至350℃开始分解，700℃左右分解成 MgO 和 CO_2 气体。自然界以菱镁矿形式存在。工业产品常为碱式碳酸镁（$4MgCO_3 \cdot Mg(OH)_2 \cdot 4H_2O$）。可用以生产耐火材料、保温绝热材料和镁质胶凝材料，也常用作食品、药品、化妆品、橡胶等的添加剂。

(孙南平)

碳酸侵蚀　carbonic acid attack

天然水中碳酸对水泥混凝土的侵蚀作用。当水中碳酸含量超过水质本身暂时硬度平衡的值时，其超量的碳酸首先与水泥石中氢氧化钙作用生成碳酸钙，然后再进一步与碳酸钙反应生成可溶性的碳酸氢钙，加剧了水泥石的溶析作用。使混凝土强度降低。水的暂时硬度越大，所需的平衡碳酸越多，碳酸侵蚀越弱。

(陆平)

碳酸盐分解　decomposition of carbonates

生料中的碳酸盐（$CaCO_3$、$MgCO_3$）在煅烧过程中受热分解、放出 CO_2 的过程。其反应式为：

$$MgCO_3 \xleftrightarrow{600℃} MgO + CO_2 \quad 吸热约 1\,200J/g;$$

$$CaCO_3 \xleftrightarrow{900℃} CaO + CO_2 \quad 吸热约 1\,645J/g.$$

为可逆反应，受温度和周围介质中的 CO_2 分压影响较大。要使分解顺利进行，须保持较高的温度，足够的生料细度，同时加强通风以降低 CO_2 分压。硅酸盐水泥生料中 $MgCO_3$ 很少，主要是 $CaCO_3$，分解热耗很大，约占干法窑熟料烧成热耗的一半。预分解窑把 $CaCO_3$ 分解移到窑外的悬浮预热器和分解炉内进行，使入窑生料的 $CaCO_3$ 分解率达85%～90%，大大提高了热效率和窑的产量。

(冯培植)

碳-碳复合材料　carbon-carbon composite material

以碳纤维或石墨纤维增强碳或石墨所制成的复合材料。其成型方法有：①用有机基体浸渍碳纤维或石墨纤维做成制品要求形状，固化后经热解而成制品；②先用纤维制成产品要求形状，浸渍有机基体，经固化、热解而成制品；③用增强材料做成坯型，经化学气相沉积直接渗入碳而得制品。其密度低，化学稳定性好，强度高，刚度高，尺寸稳定，能承受极高温度和极高加热速度，且力学性能不变，载荷变形为假塑性，具有极高的耐热冲击能力。缺点是孔隙率高达10%～30%。主要用于高温技术领域，如航空、宇航工业中的飞行器鼻锥、前缘，高温化学反应设备，核调节器和反应器，热压模具，高温炉热挡板等。　　　(刘雄亚)

碳纤维　carbon fibre

又称石墨纤维（graphite fibre）。一种化学成分是碳的人造无机纤维。某些有机纤维经高温碳化后经石墨化处理而制成。耐酸、耐碱性及电绝缘性好，并耐高温（在300℃时也不软化），按所用原料可分为①聚丙烯腈系碳纤维（PAN carbon fibre），相对密度为1.90，抗拉极限强度为2 500～4 400MPa，弹性模量为230～460GPa；②沥青系碳纤维（pitch carbon fibre），用石油沥青或煤沥青制成,相对密度为 1.63,抗拉极限强度为 600～800MPa,弹性模量为 29～31GPa。可用作高温绝缘材、密封材、燃料电池、摩擦材料等,并可与树脂、金属、水泥等制成多功能复合材料。

(沈荣熹)

碳纤维增强混凝土 carbon fibre reinforced concrete,CFRC

以碳纤维作为增强材料的纤维增强混凝土。一般用碳纤维与水泥预先混合组成干燥的水泥与碳纤维混合物——碳纤维预混水泥(记作 CFPMC)并以袋装销售,使用时与砂、小石子、水等在全方位拌和机中混匀而成。它可在现场浇筑或制成型材,现代化大量制造时在 180℃、10 个大气压下高压养护 5h,即可硬化。具有优异的抗拉性能和很高的弹性模量值:采用聚丙烯腈碳纤维时可较普通混凝土提高 10 倍,而以价廉的沥青基碳纤维时可提高 1 倍;较普通混凝土的韧性有明显提高,其耐碱性和化学稳定性也较钢筋混凝土好。按纤维长短可分多种规格,短切碳纤维增强的混凝土主要用于屋面、外墙、内墙、地面,长纤维者已在承重构件方面试用。用以制作幕墙可作为高层建筑的外墙装修材料。此种材料在国外发展甚快。参见碳纤维增强水泥。

(徐家保)

碳纤维增强水泥 carbon fibre reinforced cement

以碳纤维作为增强材料的纤维增强水泥。写作 CRC。20 世纪 80 年代初美、日等国最先开发。可使用长度为 6～10mm 的短纤维,体积率为 2%～3%,采用预拌-模压、抄取、挤出等法制造。表观密度为 1.2～1.3g/cm³,抗弯极限强度为 20～25MPa,抗冲击强度为 1.5～2.0kJ/m²。当使用连续的长干维时,体积率为 4%～6%,采用抹浆法成型,抗弯极限强度可达 40～50MPa,抗冲击强度为 3.5～4.5kJ/m²。具有较高的耐磨性与电波吸收能力。可用以制作墙板、楼板、船用隔仓板等。由于造价高,尚未广泛使用。

(沈荣熹)

碳纤维增强塑料 carbon fiber reinforced plastics

以碳纤维及其制品与合成树脂制成的纤维增强塑料。常用的热固性树脂有环氧、酚醛和不饱和聚酯树脂;热塑性树脂有尼龙、聚碳酸酯、聚苯硫醚等。生产工艺同玻璃纤维增强塑料。特点是相对密度小,强度和弹性模量高,耐疲劳性好;线膨胀系数和低温热导率小;具有导电性、非磁性、电波屏蔽性;X 射线透过性高,摩擦系数小,耐磨损性好,耐腐蚀性好;其性能和选用树脂关系极大。缺点是断裂延伸小,耐冲击性低,能产生电腐蚀,价格贵。主要用于宇航、航空工业以及制作体育运动器材、人造骨等。在建筑工业中很少单独使用,但与玻璃纤维混杂后制成的混杂纤维增强塑料,可用于建筑结构件、承载板材和桥梁构件等。

(刘雄亚)

碳质耐火材料 carbon refractory

主要成分为碳的耐火材料。可细分为碳质、石墨质、石墨黏土质等耐火材料。主要原料为天然石墨、人造石墨、煤焦、煤沥青焦、石油沥青焦和无烟煤等。以焦油、沥青、蒽油以及其他含碳量较高的有机物或黏土材料为结合剂。如以石油焦为原料,焦油、沥青为结合剂,经混练、成型,于 1 000℃ 隔绝空气烧成制得碳砖;在石墨化炉中经 2 500～2 800℃ 保温,使之石墨化则成为石墨制品;与黏土配合制得的称黏土结合碳质制品,可以为烧成砖、不烧砖,也可以为不定形耐火材料。性能特点是热导率高,耐火度高,热膨胀系数低,热震稳定性好,不易被金属液和熔渣侵蚀。主要用于高炉炉底、炉缸、炉身下部炉衬及出铁槽等,还可用于化学工业反应槽及反应釜的内衬以及有色冶炼工业炉上。

(孙钦英)

碳珠 carbon beads,carbonizel cereal grains

将小麦、玉米、稻米等用爆胀法使之膨胀,再加热除去挥发性物质而成的一种有机人造轻集料。它较原料膨胀约 20～25 倍,但保持了原来的粒形,成分为惰性碳,具有轻质、不吸水、耐化学腐蚀、耐高温(1 500℃)等特点。主要用以配制永冻地区建筑用的保温轻集料混凝土。

(龚洛书)

碳砖 carbon brick

以无烟煤、焦炭和石墨等碳素材料为主要原料在 1 000℃ 隔绝空气烧成的块状碳质耐火材料。常用的结合剂有煤沥青、煤焦油和蒽油等。坯料在加热条件下进行混练,通常以机压或振动成型。烧成的制品,一般须经机械加工,以求符合尺寸要求。性能为:显气孔率 13%～20%,体积密度 1.56～1.69g/cm³,抗压强度 28.4～105.4MPa,灰分 1.0%～8.0%。主要用于砌筑高炉以及化学、石油化工、电镀、铁合金等工业炉或设备的内衬及冶炼有色金属的炉衬。

(孙钦英)

tang

羰基指数 carbonyl index

用红外吸收光谱确定的光密度来表征沥青材料抗老化性能的一种指标。沥青材料经室内加速老化试验或薄膜烘箱试验后,用红外吸收光谱,确定在 1 700cm^{-1} 和 1 400cm^{-1} 处的光密度,按下式求得相对羰基指数:

$$CI = \frac{\left(\frac{\lg I_0}{\lg I}\right)_{1700}}{\left(\frac{\lg I_0}{\lg I}\right)_{1400}} = \frac{A_{1700}}{A_{1400}}$$

式中 CI 为相对羰基指数；I_0 和 I 为入射光和通过样品后光的强度；A 为光密度。根据沥青试样老化前和老化后的相对羰基指数变化来评价沥青抗老化的性能。通常表示为：

$$\Delta A = A_t - A_0$$

式中 ΔA 为相对羰基指数差；A_0 和 A_t 为老化前和老化后的相对羰基指数。在相同老化时间 (t) 条件下，ΔA 值愈小者表明其抗老化性能愈好。在早年曾采用一种近似方法，即按老化前后红外吸收光谱在 1 700 cm^{-1} 处的光密度差值作为羰基指数。

（严家伋）

唐大尺 Tang major scale

①即商尺，长度 = 30.8625cm。

②唐大尺与唐小尺之比，正规是 125∶100 (5∶4)，但也有释为 100∶120 (5∶6)，例如 5 大尺 = 6 小尺 = 1 步。如果按 6 小尺 (6 × 24.69 = 148.14cm) 均分为 5 大尺，则唐大尺之长可能被释为 29.628cm。

（张良皋）

唐黍尺 Tang millet scale

即夏尺（541 页）。《唐六典》依《汉书·律历志》说法："凡度，以北方秬黍中者，一黍之广为分，十分为寸，十寸为尺，一尺二寸为大尺"。但唐代未曾作实际考定，大致沿用隋以前制度。1 唐黍尺 = 24.69cm。

（张良皋）

唐小尺 Tang minor scale

①即夏尺，长度 = 24.69cm。《唐六典》规定："凡积秬黍为度量权衡者调钟律、测晷景、合汤药及冠冕之制则用之，内外官司悉用大者"。《古今图书集成》对此作了解释："唐时权量是大小并行，太史、太常、太医，用古。"

②唐小尺与唐大尺之比，正规是 100∶125 (4∶5)，但也有释为 100∶120 (5∶6)，例如 6 小尺 = 5 大尺 = 1 步。如果按 5 大尺 (5 × 30.8625 = 154.3125cm) 均分为 6 小尺，则唐小尺之长可能被解释为 25.71875cm。

（张良皋）

唐营造尺 Tang building scale

即商尺。长度 = 30.8625cm。

搪玻璃 glass lining, glass-coated steel, glassed steel

涂有近似玻璃组成的瓷釉的搪瓷制品。瓷釉属硼硅酸盐玻璃，但硅含量高达 65% 以上。以钢或铸铁为坯体。制品具有良好的化学稳定性、耐酸（除氢氟酸）、碱腐蚀；能在 200～500℃ 下长期使用；具有表面光滑、耐磨损、易于洁净等特点。主要用作搅拌器、反应釜、分馏塔、结晶槽的衬里等。用于制药、化工、食品等工业，作不锈钢器械的代用品。

（李世普）

搪玻璃容器 glassed steel vessels

表面涂搪玻璃釉的金属容器。坯体材料主要是低碳钢，厚度为 6～16mm。釉层能经受高于 6MPa 压力。容器具有高化学稳定性、耐高温性和机械强度高等性能。容积一般为 2 000～3 000L，油槽的容积达 14×10^4 L。其产品主要用于蒸发和分离液体的圆筒形器具、分馏塔、反应罐等。

（李世普）

搪瓷 vitreous enamel, porcelain enamel

旧称珐琅。无机玻璃质材料熔凝于基体金属上并与金属形成牢固结合的复合材料。据考证，最早生产的国家是古埃及、希腊。中国约在公元 8 世纪就掌握了铜上搪瓷技术。明代景泰年间著名的"景泰蓝"就是一种优良的铜搪瓷。"珐琅"起源于日语，系日本"七宝"梵语名称，由佛菻嵌→佛菻→发兰→佛郎嵌→法郎→珐琅，逐步演变而成。日本的"七宝"又称"七宝烧"，类似中国景泰蓝的一种贵金属艺术制品。按金属坯体材料分，有钢板、铸铁等黑色金属搪瓷，铜、铝、金、银等有色金属搪瓷，不锈钢、铝镁等合金搪瓷；按制品用途分，有日用搪瓷、医用搪瓷、建筑搪瓷、化工搪瓷、艺术搪瓷等；按瓷釉特性分，有耐热搪瓷、发光搪瓷、耐腐蚀搪瓷、耐磨搪瓷、微晶搪瓷等；按工艺分，有一次搪瓷、两次搪瓷、多次搪瓷等。具有耐腐蚀、易清洁、光滑美观、绝缘、耐热等性能。

（李世普）

搪瓷裂纹 crazing, heat craze

又称头发状裂纹。搪瓷烧成后瓷层表面受张应力作用而出现的裂缝。竖的裂纹称直裂；平的裂纹称横裂；环形的裂纹称圆裂；有时呈聚集状不规则裂纹，其形如龟背纹或鳄鱼皮纹，称龟裂或鳄鱼皮裂。产生原因是：①坯体的造型设计不符合搪瓷工艺的要求，引起瓷层上局部应力；②搪瓷釉弹性差，膨胀系数过大，在烧成和冷却后引起局部应力；③瓷层涂搪过厚，烧成次数过多，冷却过速及操作不慎。裂纹的形状并不决定于瓷釉的成分，只与瓷层的厚度、热处理和冷却过程有关。

（李世普）

搪瓷烧成 firing of vitreous enamel

粉层（参见金属坯体，247 页）在一定温度下熔烧成搪瓷的过程。在此过程中，磨细的瓷釉熔块、黏土和其他磨加剂的颗粒一起形成一个均匀的薄层。底釉黏着在金属坯体上，而面釉黏着在底釉瓷层上。底釉和面釉的性能不同，它们的烧成温度和烧成时间也不同，但特殊地选择底釉和面釉的组成也可使两者一起同时烧成。为提高产品质量及对于造型复杂的制品，一般采用"低温长烧"的烧成方法。根据热源不同可分：①直接火烧成，即粉坯或花坯（参见金属坯体，247页）与火焰直接接触的烧成方法；②间接火烧成，即粉坯或花坯与火焰互相隔离的烧成方法；③感应烧成，即粉坯或花坯在以电磁感应热源作用下进行烧成的方法；④辐射管烧成，即粉坯或花坯在金属辐射管产生的辐射热作用下进行烧成的方法。在搪瓷工业中，涂搪和烧成常连说成"搪烧"，亦有专指搪瓷的"烧成"的。
(李世普)

搪瓷釉 enamel glaze
简称瓷釉。涂覆于金属坯体上的硅酸盐浆料。有时兼指瓷层（enamel coating）。主要是玻璃相及少量晶体。其化学组成常以 SiO_2、Al_2O_3、CaO、Na_2O 四类氧化物为基础，并在基础成分中加入密着剂、乳浊剂、着色剂等。按工艺性能，可分为底釉和面釉。其命名方法：可按使用性能命名（如耐酸釉）、或按特征成分命名（如钛白釉）或按基体金属（表面涂覆瓷釉的金属材料）命名（如铝瓷釉）。
(李世普)

螳螂勾头
琉璃屋面檐口转角处的勾头瓦。用于封护檐角部位屋脊最前端，代替两个斜当沟覆盖脊两侧部位。其形制是在勾头的两侧面各多做出一个形似斜当沟的舌片，因状似螳螂肚子，故称。
(李 武 左满元)

揾头
琉璃瓦屋面垂脊（歇山垂脊除外）、戗脊或重檐建筑下层屋面角脊下尽端如图形状的装饰构件。位于屋面转角处的勾头之上，与摈头配套使用，封护脊的前端。形似空心砖，中部有稳安仙人桩的方孔，三个露明面雕花、挂釉。

揾头尺寸表　　单位：mm

	二样	三样	四样	五样	六样	七样	八样	九样	注
长	496	480	450	365	320	304	300	298	
宽	272	272	250	240	230	220	210	200	
高	90	83	80	80	70	67	64	61	

(李 武 左满元)

tao

桃花浆 peach blossom putty, slaked lime with clay
生石灰和黏黄土（3:7质量比）加水调制成的灰浆。根据需要，稀稠不等，多用于民居"淌白"、"带刀缝"及碎砖墙体砌筑"灌浆"。也可用于屋顶瓦面"座浆"。
(朴学林 张良皋)

桃胶
桃树枝干上分泌出来的天然树脂。是多种糖和糖尾酸的复杂缩聚物，通常带有钙、镁、锂等金属离子。浅黄色透明固体，外似松香，用2～3倍水调开即为桃胶胶粘剂。黏性强，可代替阿拉伯胶，用于印刷、纺织、胶粘剂、水彩颜料等。建筑中主要用于彩画调色，但不宜兑大色。
(马祖铭)

陶瓷 ceramics
以黏土及其他天然硅酸盐矿物为原料，经过粉碎、混练、成型及烧成等过程而制成的上釉或不上釉硅酸盐制品。欧美一些国家广义定义为：经原料研磨、混合、成型及烧成而制成的无机非金属材料。在中国有悠久的历史，远在新石器时代早期就有了陶器，东汉时期首先发明了瓷器，使我国拥有世界上独一无二的长达万年的陶瓷工业发展史。按成瓷程度分为陶器、炻器和瓷器三大类；按性能分为普通陶瓷和特种陶瓷；按作用分为结构陶瓷和功能陶瓷；按用途分为日用陶瓷、建筑陶瓷、卫生陶瓷、化工陶瓷、电瓷等。广义定义除含有上述内容外，还包括耐火材料、玻璃、搪瓷、磨料、水泥等经高温烧成的无机非金属材料。它和金属材料、有机高分子材料并列成为三大固体材料。
(刘康时)

陶瓷变形 deformation of ceramics, warpage of ceramics
制品呈现不符合规定设计形状的质量缺陷。其成因：①坯料制备不均匀，石膏模各部位干湿不等造成坯体密度、含水率不均匀分布，致使干燥收缩不一致；②干燥时温度不均、速度过快以及坯体干燥收缩受阻；③烧成时升温速度过快、烧成温度过高及软化阶段保温时间过长；④装窑不当等。此缺陷的成因贯穿产品生产的始终，必须严格全面质量管理。
(陈晓明)

陶瓷大板 big size wall tile
大尺寸陶瓷墙面装饰材料。制品用可塑法辊压成型，施以各种釉，在辊道窑内烧成。为精陶或炻质（参见炻器，450页）制品，外形尺寸通常大于295mm×197mm。主要规格有595mm×295mm、

295mm×295mm、295mm×197mm 等，厚度有 4、5.5、8（mm）等多种，用作建筑物内墙或外墙装饰。　　　　　　　　　　　　（邢　宁）

陶瓷堆雕　ceramic piling sculpture

又称陶瓷浮雕（ceramic embossing sculpture），陶瓷凸雕或陶瓷堆花。在坯体或釉坯表面上蘸取同样性质泥浆、色泥或釉浆堆出凸于坯体表面的纹样装饰方法。可使制品上花纹形象具体，图案远近分明，层次清晰，具有立体感。分为堆泥和堆釉两种。堆泥多用于陶质建筑材料的装饰，如影壁、檐等处的花砖；堆釉多用于日用瓷和陈设瓷。
（邢　宁）

陶瓷基复合材料　ceramic composite material

以陶瓷材料为基体与其他材料复合而成的非均质复合材料。根据所用增强材料不同，分为：①纤维增强陶瓷基复合材料，主要指用碳纤维、石墨纤维、碳化硅纤维、氮化硅纤维、氧化锆纤维等增强氧化镁、氧化硅、氮化硅、氧化铝、氧化锆等制成的复合材料。具有高温抗压强度大、弹性模量高、耐氧化性强、耐冲击性能好等特点，是一种耐高温结构材料，已被试用于各种燃气轮机和内燃机的部分零件；生产方法有：泥浆法、热压法和浸渍法等；②粒子改性陶瓷复合材料，以粉状材料与陶瓷复合，借以改善陶瓷的某些性能，研究成功的有导电粒子碳与绝缘陶瓷制成的复合材料，称固体电阻，具有耐热、坚硬、稳定等特点。陶瓷基复合材料尚处于研究开发阶段。　　　　　（刘雄亚）

陶瓷挤压成型　extrusion

将可塑性坯料加压，使其产生塑性流变而充模成型的方法。有两种：①将塑性坯料置于两块多孔模型中（常为石膏模），挤压，快速脱水而形成坯体；②应用挤压成型机将塑性坯料挤制成棒状、管状等横截面相同的长条形坯体。①法常用于浮雕砖、艺术陶瓷等的成型。②法常用于生产棒、管状坯体，配合切割、压制工序，还可生产块、板状坯体。电瓷生产过程中热压、冷压、车坯、旋坯等所需的各种大小泥段均由②法获得，所采用的设备为机头端装有模具的真空练泥机和挤管机。挤压成型机可分为螺旋式和活塞式两种。按机嘴的布置形式可分为卧式和立式。其形式的选择取决于泥料性质、制品形状和尺寸的大小。一般空心管等采用立式，制砖坯采用水平卧式。优点是产量大、效率高、操作简便、质量好。　　　　　　（陈晓明）

陶瓷锦砖　ceramic mosaic tile

又称马赛克（mosaic），纸皮砖，铺地瓷砖。边长一般不大于 40mm，具有多种几何形状的小瓷片。可以按一定图案、纹样拼排在牛皮纸或网状铺贴衬材上，用于墙面或地面的装饰。英文名 mosaic 源于希腊艺术女神缪斯（Muse）的名字。半干压成型。厚度为 4～4.5mm，吸水率不大于 0.2％，耐磨性（指磨损值）不大于 1kg/m²。粘排在 305.5mm×305.5mm 的牛皮纸或网状铺贴衬材上，施工时用水泥浆粘贴，通常贴在表面的铺贴衬材施工后要去掉，贴在背面的铺贴衬材在施工中埋在下边。制品大多不施釉。有单色锦砖、彩色锦砖、斑点锦砖等多种形式。也有釉面陶瓷锦砖。用于墙面和地面装修，也可用以拼铺成壁画。　（邢　宁）

陶瓷耐磨性测定　wear resistance determination of ceramics

检验陶瓷材料抵抗机械摩擦能力的方法。耐磨性用磨损度 r 表示，测定方法是以水为介质，一定尺寸（$\phi18^{+0.1}_{-0.2}$mm）的试样置于 JZ7502 型砂轮湿法耐磨试验机上，采用 TL80 号 $R_2A·B250$ 大气孔组织绿碳化硅砂轮，在荷重为 40±1N 下以 98±1r/min 的转速经 300 转的磨程磨削后，测定其单位面积上的磨损量，用下式计算：$r = (M_1 - M_2)/S$，其中 M_1 为试样的磨前质量（g）；M_2 为试样的磨后质量（g）；S 为试样的受磨面积（cm²）。试验值以测定几组试样的算术平均值和方差表示。凡使用过程中表面经常受到摩擦的陶瓷制品（如铺地砖、锦砖等）均需进行此检验。
（陈晓明）

陶瓷捏雕　ceramic sculpture

又称陶瓷手捏或陶瓷捏花。以手捏塑为主将可塑泥料捏成制品的各个部件，干后粘接成整体的雕塑装饰。其彩饰有用高温颜色釉或釉上彩装饰的，也有用颜色釉与釉上彩结合装饰的。多用来制作花卉、草虫等特种手工艺品。　　　　　（邢　宁）

陶瓷湿敏电阻　ceramic moisture sensitive resistor

用多孔半导体陶瓷材料制成的感湿元件。与其他湿敏电阻，如氯化锂露点湿度计等的测湿原理相同，即由湿敏电阻材料含水量的变化引起其电阻值的变化，根据电阻值与介质相对湿度的关系，测出介质的相对湿度。陶瓷多孔材料具有一定吸湿能力，这种吸湿能力是由于水分子在半导体陶瓷元件表面及界面附着，从而显著改变了表面层载流子浓度或迁移率，使其电阻发生变化。其特点是：不老化，不因温度变化而分解，克服了其他湿敏电阻的应用受介质温度、湿度制约的缺陷，是一种应用范围广的新型感湿元件。在混凝土热养护设备中，介质温度、湿度高，宜用此元件组成的陶瓷湿敏电阻测湿仪测定介质的相对湿度。　　　　（林方辉）

陶瓷压制成型　press forming of ceramic

将陶瓷坯料置于模具中，加压使之密实、成型的操作。按坯料性质的不同，可分为塑压成型、半干压成型及干压成型三种。塑压成型使用可塑坯料，要求可塑性好，若以水为塑化剂，其含水率一般大于18%；半干压成型和干压成型用坯料应流动性好、体积密度大，其含水率分别为5%～9%和小于5%，坯料中可加入少量黏结剂，以提高坯体强度。多采用金属模具或石膏模具，成型的坯体尺寸精确，生产效率较高，但不适用于成型形状复杂、高宽比大的制品。 （陈晓明）

陶瓷颜料 ceramic pigment

又称陶瓷色料，俗称色料、色剂。以高温显色物质经配制煅烧而得的陶瓷着色材料。煅烧的目的在于使原料相互反应呈色，并使之稳定化。可分为用于色泥和颜色釉的两种。用于色釉的又可分为釉上和釉下，用于色泥的要求不受压坯加工的影响；用于釉下的要求在釉烧温度下不与釉发生反应、不流动、不使纹样模糊；用于釉上的要求在较低的烤烧温度（700～900℃）下坚固地附着在釉面上，不渗入釉中、不流动。按所能经受的温度高低分为易熔（1 000℃以下）和难熔（1 000℃以上）。按矿物结构分为简单化合物型、刚玉型、金红石型、尖晶石型、石榴石型、楣石型等。按反应类型分为固溶体型、悬浮体型、分散载体型等。 （邢　宁）

陶瓷浴盆 porcelain bath

专供洗浴用的有釉陶瓷质卫生设备。笨重、易破损、生产较困难，已逐渐被搪瓷和玻璃钢等材质的浴盆所取代。 （陈晓明）

陶瓷着色剂 ceramic colouring agent

使陶瓷坯体、釉料、颜料呈现色彩的物质。一般采用呈色的金属氧化物或盐类。根据需要的色调所常用的金属氧化物有：钴化物（蓝色）、锰化物（褐色及紫色）、镍化物（绿、蓝及红色）、铀化物（黄、红及黑色）、铬化物（红及绿色）、铁化物（黄、红褐及红色）、铜化物（绿色）、钛化物（黄色）、金化物（黄绿色）等。一般极少单独使用上述金属化合物，而绝大部分使用上述几种金属化合物或其他无机化合物，按一定比例混合、煅烧、粉碎，制成所要色调的色料。显色状态除色料组成外，还与烧成温度和窑内气氛有关。 （刘康时）

陶管 pottery pipe, vitrified clay pipe, stoneware pipe

具有不渗水性，内外表面都带釉的陶质管。分为直管、弯管、三通管、四通管。接口多为承插式，承插口有2～3圈约3mm的环形沟槽。常见直管规格直径为100、150、200、250、300、400、500（mm）。最大直径可达1 000mm，管子有效长度为500、600、700、800、1 000（mm）。主要物理化学性能要求：公称直径在100～300mm的抗外压强度不低于15.7kN/m，公称直径为400、500、600的抗外压强度分别不低于17.2、20.6、22.6（kN/m）；吸水率不大于11%；在69kPa水压下保持5min不渗漏；耐酸度不小于94%。在长度不小于1m时，对公称直径为100、150（mm）的管抗弯强度分别不低于5.9MPa和6.9MPa。主要用于排输污水、废水、雨水或灌溉用水。 （邢　宁）

陶粒 ceramisite

用硅酸盐类岩石（如页岩、黏土等）或粉煤灰为主要原材料，经制粒、焙烧加工而成的无机人造轻粗集料的统称。内部结构呈多孔状，有些陶粒的外壳密实坚硬。主要有黏土陶粒、页岩陶粒、粉煤灰陶粒等品种，是国内外应用最多的一种轻粗集料。 （龚洛书）

陶粒大孔混凝土 no-fines concrete with ceramisite

用水泥、陶粒和水拌制而成的轻集料大孔混凝土。目前应用较广。按陶粒品种，可分为黏土陶粒大孔混凝土、粉煤灰陶粒大孔混凝土等。采用密度等级为800级黏土陶粒时，大孔混凝土的表观密度为1 150～1 200kg/m³，抗压强度5.8～10.0MPa，热导率约0.393W/（m·K）。收缩值稍大于碎石大孔混凝土。防火性能较好。适用于现浇墙体、预制墙板、砌块以及制作复合墙板等。 （董金道）

陶粒混凝土 ceramisite concrete

陶粒配制成的轻集料混凝土。一般按陶粒品种命名，如粉煤灰陶粒混凝土、黏土陶粒混凝土、页岩陶粒混凝土等；也有按其特殊性能命名的，如超轻陶粒混凝土、高强陶粒混凝土等。与同强度等级的天然轻集料混凝土相比，其水泥用量较少，表观密度较小，收缩与徐变也较小。是国内外应用最多的一种轻集料混凝土，广泛应用于各种建筑物和构筑物。 （龚洛书）

陶粒混凝土实心砌块 ceramisite concrete solid block

用陶粒混凝土制成的实心砌块。其性能主要决定于陶粒混凝土。为了减轻块体重量，也可采用无砂大孔陶粒混凝土制作。多在工厂中生产，也可在现场预制。适用于承重和非承重墙体。

（沈　琨）

陶器 earthenware, pottery

坯体基本未烧结、不具有连续玻化、不致密、吸水率大于3%、无透光性、断面粗糙无光泽、敲击声沉浊的一类陶瓷制品。表面施釉或不施釉。按其特征分为粗陶器(crude pottery)、普通陶器(ordinary pottery)和精陶

器(fine earthenware;fine pottery)。　　　　(刘康时)

陶土坩埚拉丝　remelt process by pottery clay crucible

以陶土泥料作坩埚，以碎玻璃或玻璃球作原料，以铁作电极，利用电熔原理加热玻璃，以玻璃液本身为电阻发热体，玻璃液通过陶土坩埚漏板拉成连续玻璃纤维的再熔法拉丝。是中国20世纪50年代玻璃纤维工业建立初期发展起来的一种方法。技术装备简单，投资省，见效快，至今仍被有的小型企业所采用。其缺点是产品质量差、坩埚寿命短、不适合拉制无碱玻璃纤维。　　　　(吴正明)

陶土吸声砖　pot clay sound-absorbing brick

以黏土陶砂和胶结料为主要原料，经搅拌成型、高温焙烧而成的吸声材料。具有强度较高、热稳定性好、耐潮、耐腐蚀及防火等性能。适用于高温、高速气流、潮湿及腐蚀性介质的消声结构，施工方便。　　　　(陈延训)

套管法兰接头　flange and sleeve joint

用套管连接留有缝隙的两个玻璃管的法兰接头。构造如图示，由螺栓1、法兰2、套管3、胶圈4、玻璃管5组成。所用材质与平口法兰接头相同(见376页)，属柔性接头。

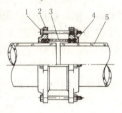

根据管道内输送物料的性质、温度、压力来选择套管的材质(金属、玻璃钢、塑料、玻璃)。套管与胶圈均直接与输送介质相接触，接口处缝隙会有介质积存，因此不能输送易腐物料。套管不宜过长，否则将减少挠度许可量。管口断面的质量要求不高，可现场切割加工，主要用于伸缩性比较大的管线上作伸缩补偿接头。可适用的操作压力：公称直径40、50、75mm为$-0.1\sim0.4$MPa，公称直径100、125mm为$-0.1\sim0.3$MPa。　　　　(许　超)

套管绝缘子　bushing porcelain insulator

又称绝缘套管。导体穿过隔板时用作绝缘和机械支撑的管状电站电器绝缘子。按装置场所分为户内、户外两个系列；按导体材料分为铜导体和铝导体；按预定电压分为6、10、20、35(kV)四个等级。输电线路电压等级越高，其体型越大。中国现生产有直径0.8m、高3m的套管，日本和美国可生产直径1.5m，高约8m的套管。性能要求同电站电器瓷绝缘子(88页)。　　　　(邢　宁)

套管填料接头　sleeve and fill joint

采用水泥浆浇灌套管间隙法来连接玻璃管的一种接头(如图)。用内径比玻璃管3大20mm的套管1套在玻璃管的接口处，用填料2填充空隙捣实而

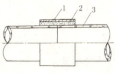

成。套管可选用金属、非金属管材，填料通常采用细砂和硅酸盐水泥，配比为1∶1，水量酌情而定，待填料固化后即可使用。在敷设长管道时应与活接头混合使用以便检修。主要用于农田灌溉,适用操作压力0.15MPa。属刚性接头。(许　超)

套色玻璃　casing glass

又称镶色玻璃、套料玻璃。两种以上的颜色玻璃用吹制成型法相互镶套在一起的一种玻璃。经磨、刻冷加工，可制得多层次颜色和复杂图案、造型的艺术制品，既有使用价值又有一定的艺术价值。建筑装饰设计中用于宫殿、教堂的顶棚画制作和门框、墙面装饰。　　　　(许淑惠)

套色木纹塑料装饰片材　woodlike rigid plastics sheet

由塑料片材表面套印成各种木纹图案并辊压纹痕专作表面装饰用薄片。所用原料主要为聚氯乙烯树脂及其改性树脂。用压延印花工艺加工。一般厚度在0.1~0.2mm。色彩及纹理均酷似真木，又具防潮、耐水、耐化学品、不易玷污、表面不必再行涂装、易于清洗等特点。常用作家具表面装饰及建筑内装饰。　　　　(刘柏贤)

套兽

建筑物屋檐转角部位套在仔角梁端头上的兽形构件。可封护仔角梁头并起装饰作用。只用于宫殿、王府、庙宇等大式建筑。关于它的传说很多，其中最有趣的，说它是与正脊大吻(螭龙)配对的母龙，因雄龙欲逃窜而被仙人用符剑定于脊端、雌龙藏匿于殿角之下，既不能飞腾又舍不得离去。将此一龙形饰物安于殿角，用意主要是消灾防火，庇佑平安，并避免仔角梁头雨湿腐烂。

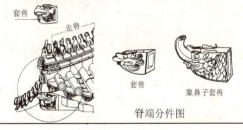

琉璃套兽尺寸表　　单位：mm

	二样	三样	四样	五样	六样	七样	八样	九样	注
高	304	240	224	210	192	175	160	130	
宽	304	240	224	210	192	175	160	130	
长	304	240	224	210	192	175	160	130	

(李　武　左滏元)

te

特干硬性混凝土 very stiff concrete

水泥或砂浆含量少,水灰比较低,粗集料用量较多的混凝土。其混合料的工作性为维勃稠度30~21s。 (孙复强)

特快硬调凝铝酸盐水泥 ultra-rapid hardening regulated set aluminate cement

旧称快凝快硬铝酸盐水泥。由铝酸一钙为主要成分的熟料加入适量硬石膏和促硬剂磨制成的水泥。主要水化产物为水化硫铝酸钙。强度增长迅速,以2h抗压强度确定其标号。现仅有225号一个标号。水泥凝结快,初凝时间不早于2min,终凝不迟于10min,可加酒石酸等缓凝剂调节。主要用于抢建、抢修、喷射及负温施工等工程。需随拌随用,以防结块。不得用于温度长期处于50℃以上的环境。不能与其他品种水泥混合使用,但可与已硬化的普通水泥混凝土接触使用。水泥贮运时应注意防潮。 (王善拔)

特快硬硅酸盐水泥 ultra-rapid hardening porHand cement

简称特快硬水泥。硅酸三钙含量比快硬水泥更高或含有一定量氟铝酸钙的硅酸盐水泥。水化快,凝结快,初凝和终凝时间的间隔较短;硬化很快,早期强度很高。1d抗压强度相当于快硬水泥的3d强度。后期强度仍能继续增长。大气中养护与水中养护的强度相差极小;在2~5℃养护强度也可很好发展。早期放热较集中。其他性能与普通硅酸盐水泥相似。主要用于紧急和抢修工程、国防工程以及制造预应力钢筋混凝土构件等。使用时要注意掌握混凝土浇捣、抹面以及续浇时间。中国的快凝快硬硅酸盐水泥、日本的超速硬水泥、一天水泥(one-Day cement)、英国的 swiftcrete 水泥和德国的Dreifach 水泥均属此类。 (王善拔)

特快硬水泥 ultra rapid hardening cement

又称超早强水泥。水化硬化很快、早期强度很高的一种水泥。以小时(不大于24h)强度表示标号。品种颇多,主要有特快硬硅酸盐水泥、特快硬铝酸盐水泥、特快硬调凝铝酸盐水泥等。也是特快硬硅酸盐水泥的简称。适用于要求早期强度高的紧急和抢修工程、国防工程和制造预应力混凝土构件。 (王善拔)

特类钢 specific type steel

按旧国家标准 GB700—79 规定,同时保证化学成分和机械性能供应的普通碳素结构钢。现已废除(参见碳素结构钢,495 页)。基本保证条件是屈服点、抗拉强度、伸长率、冷弯及化学成分。其钢号用 C 字加上数字表示,分 C1~C5 共五级。其化学成分与数字相同的乙类钢一致,其机械性能与数字相同的甲类钢一致,大多根据用户要求生产,用作比较重要的机械零件和焊接结构件,部分代替优质碳素钢使用。如 C3 相当于 15~20 号钢,C4 相当于 20~30 号钢,C5 相当于 35~40 号钢。 (许伯藩)

特鲁白钙沸石 truscottite

又称白钙镁沸石。化学式为 $6CaO \cdot 10SiO_2 \cdot 3H_2O$(简写为 $C_6S_{10}H_3$)的一种天然水化硅酸钙矿物。与白钙沸石有一定关系,但不相同,其六角晶胞或三角晶胞含有 12 个单位的 $CS_2H_{0.5}$。故有时用 $CS_2H_{0.5}$ 表示。因此其实际组成变动于 C_2S_4H 和 $C_6S_{10}H_3$ 之间。相对密度在 2.36~2.48 之间。 (陈志源)

特殊铝合金 special aluminium alloy

防锈铝、硬铝、超硬铝和锻铝以外的形变铝合金的总称。是在特定条件下使用的铝合金。常用合金牌号为 LTC,系铝硅合金(含硅量 4.5%~6.0%),具有良好的耐蚀性和工艺性能,用于制造焊条和铝合金焊接填料。 (许伯藩)

特殊性能钢 special steel

具有特殊的化学、物理和力学性能之钢的总称。有不锈耐酸钢、耐热钢、耐磨钢等。一般是在钢的冶炼中,加入一定量的提高特殊性能的元素,以获得预期的组织结构。如加入铬、镍有利提高耐蚀性;加入铬、硅提高抗氧化性;加入锰提高耐磨性。有时还需进行特殊的处理,如为了消除奥氏体不锈钢的晶间腐蚀,采用固熔处理;耐磨钢为获得全部奥氏体组织,还须进行水韧处理等。该类钢属高合金优质钢,要求含极少的夹杂物和气体,一般采用电炉冶炼,有时还要进行炉外精炼或真空冶炼等。 (许伯藩)

特殊性能铸铁 special cast iron

又称合金铸铁(alloy cast iron)。在铸铁中加入合金元素,以提高其在腐蚀介质中,高温条件下,或剧烈摩擦、磨损等场合下抵抗能力的铸铁。按其特性分为耐蚀铸铁、耐热铸铁和耐磨铸铁等。耐蚀铸铁内加入大量的硅、铝、铬、镍或铜等合金元素改善基体组织,常用的有高硅耐蚀铸铁、高铝耐蚀铸铁和高铬耐蚀铸铁,广泛地应用于化工部门,制作管道、阀门、泵类、反应锅和盛贮器等。耐热铸铁内加入硅、铝、铬等合金元素提高其耐热性,代替耐热钢用作加热炉炉底板、马弗炉、坩埚、废气管道、换热器和钢锭模等。耐磨铸铁中常用的有两种系列,一种是具有较好冲击韧性和强度的中锰球墨铸铁（含锰5%～9.5%），可用于制作在干摩擦条件下工作的犁铧、轧辊和球磨机零件等；另一种是高磷合金铸铁（含磷0.40%～0.65%），用于制作在润滑条件下工作的机床导轨、汽缸套、活塞环和轴承等零部件。　　　　　　　　（许伯藩）

特细砂　superfine sand, veryfine sand

细度模数在1.5～0.70或平均粒径在0.25mm以下的天然砂。用这种砂配制的混凝土称为特细砂混凝土。与粗砂、中砂和细砂相比，其特点是堆积密度小，空隙率大，比表面积大，因而使混凝土的流动性减小，强度有所降低。为了保持混凝土的强度和流动性不变，可采取降低含砂率、掺用减水剂、增加水泥用量等措施，用于配制特细砂混凝土时，0.15mm筛的通过百分率不得大于30%或平均粒径不得小于0.15mm。用于配制C25或C30的混凝土时，其细度模数应等于或大于0.90且通过0.15mm筛的量不大于15%或平均粒径不大于0.18mm。其含泥量的要求与粗砂、中砂相同。用于钢筋混凝土时，所用水泥的标号不得低于325号。在缺少粗砂、中砂和细砂而产有特细砂的地区，可用于工业与民用建筑。　　　　（孙宝林）

特细砂混凝土　superfine sand concrete

用细度模数为0.70～1.50，0.16（mm）筛号的通过百分率不大于30%的特细砂所配制的水泥混凝土。宜采用低砂率拌制低流动性混凝土。干缩率较大，应特别注意早期养护。除耐磨性较差外，其他基本使用技术性能接近同强度等级的中、细砂混凝土。若掺用适量石灰岩石屑，则可改善性能，可拌制出高强抗渗的特细砂石屑混凝土。适用于缺乏普通中、细砂资源而有特细砂地区的房建、道桥和水利工程。若用细度模数很小（例如在0.70以下）的砂子拌制成的混凝土称粉砂混凝土，尚无技术规程，不能用于重要工程。　　　　（徐家保）

特型耐火砖　special shape brick

形状特别复杂的耐火材料制品。按GB/T 10324标准，对黏土质、高铝质、硅质与镁质耐火材料，凡具有下述分型特征之一者定为特型制品：①重量规定为黏土质1.5～30kg，高铝质1.5～35kg，硅质1.5～25kg，镁质3～35kg；②厚度尺寸为35～135mm；③大小尺寸比不大于8或6（对硅质材料）；④凹角、圆弧的总数不多于4个；⑤沟、舌总数不多于4个（硅质和镁质耐火材料）或8个（黏土及高铝质耐火材料）；⑥一个30°～50°的锐角；⑦不多于一个或三个（镁砖）孔或洞。
　　　　　　　　　　　　　（李　楠）

特性水泥　special cement

有某种较突出的特性的水泥。特性包括：快硬和特快硬性、中等水化热和低水化热、膨胀和产生自应力、高抗硫酸盐性等。常见的有快硬水泥、特快硬水泥、中低热水泥、膨胀水泥、自应力水泥和抗硫酸盐水泥等。其性能差别很大，取决于其主要矿物组成。有些可作通用水泥使用，如快硬硅酸盐水泥；有些可作专用水泥使用且使用范围比专用水泥还广，如快凝快硬硅酸盐水泥既可作型砂水泥使用，又可用于抢修、冬期施工和堵漏工程等。
　　　　　　　　　　　　　（王善拔）

特种玻璃　special glasses

在成分、性能、制造工艺上与普通的玻璃有所区别的具有特定功能的玻璃。是从20世纪50年代开始研究、发展起来的现代高技术发展中不可缺少的重要新材料。其物质状态有：无定形物质、玻璃、玻璃或无定形物质的晶化物质、玻璃或无定形物质的复合材料等；其化学组成有：氧化物（SiO_2含量大于85%或小于55%的硅酸盐、硼酸盐、锗酸盐、磷酸盐等）、卤化物、硫系化物等；其形状有：块状、纤维、膜、多孔体和粉末等；其功能领域有：光学（光的传输、激光发射、光存储、光控制、感光等）、电磁学（光电导、快离子导电、电致变色等）、热学（耐热、低膨胀等）、机械（高杨氏模量、高韧性、可机加工等）、化学（化学分离、催化剂载体、熔解固化等）、生物（生物接合、生体亲和、人工齿等）。其制造工艺除部分采用从熔体冷却的传统方法而外，还采用了化学气相沉积、溶胶凝胶、真空蒸发和阴极溅射等新工艺方法。在处理上有物理法、化学法、光化学法等。主要应用于光学、电子学、光电子学、通信技术、机械、能源技术、生物工程等高技术领域。
　　　　　　　　　　　　　（刘继翔）

特种灯　special type lamp

特殊场所的专用灯具。常以不同形式的灯罩聚光来实现照明。光源各异，造型有别。如拍摄电影多用汞灯或钠灯；照相用碘钨灯；广告则用霓虹灯；运动场常用碘钨灯或弧光灯；指示用灯多为氖灯；还有由壳体、防水压盖、玻璃、滤色片及光源等组成的水底灯；以及具有防爆、防尘、防水和防振等功能的生产用灯。　　　（王建明）

特种砂浆　special mortar

除一般砌筑、抹面和装饰砂浆外具有较强的某种特殊使用性能的砂浆。其原材料的化学成分、矿物组成或硬化后的组织构造方面具有特殊的技术要求和性能。包括耐腐蚀砂浆（耐酸砂浆、硫磺耐酸砂浆、耐铵砂浆、耐碱砂浆），防水砂浆，防辐射砂浆（重晶石砂浆、加硼水泥砂浆），保温吸声砂浆（膨胀珍珠岩砂浆、膨胀蛭石砂浆），防火砂浆以及聚合物砂浆（树脂砂浆、聚合物水泥砂浆），

膨胀砂浆等。　　　　　　（徐家保）

特种塑料壁纸　special type plastic wall paper

具有耐水、防火、防霉、防结露、抗静电等特性的壁纸。用玻璃纤维作基材的耐水壁纸，适用于卫生间、浴室等墙面的装饰；在聚氯乙烯树脂中加入防霉剂的壁纸防霉效果很好，适于在潮湿地区使用；防结露壁纸的树脂层上有许多细小的微孔，可防止结露，即使产生结露现象，也只会整体潮湿，而不会在墙面上形成水滴；在聚氯乙烯树脂中加入抗静电剂的壁纸具有抗静电性能，宜作实验室、仪表装配及建筑标准较高的室内装饰；防火壁纸则一般用石棉纸作基材，并在树脂涂布料中掺有阻燃剂，使壁纸具有一定的防火性能，适用于防火要求较高的建筑和木制面板的装饰。　　（姚时章）

特重混凝土　superheavy concrete

见重混凝土（622页）。

teng

藤黄　gamboge, Garcinia hanburyi

又称月黄，俗称笔管藤黄，为天然柠檬黄色植物染料。呈圆柱形中间有孔。系热带金丝桃科常绿落叶乔木——海藤树经切割树皮引出黄色胶质树脂自然凝固而成的染料。为传统颜料之一。耐光性差，有剧毒，操作时切不可入口。用时以水溶之。在古建筑彩画工程中的用途：①渲染黄色花朵，以加水多少呈深浅不同色阶。②加入花青或毛蓝调成绿色（俗称草绿），用于山水画的山石树木及花卉枝叶的渲染、线条勾勒。　　（谯京旭　王仲杰）

ti

梯沿砖　staircase edge tile

用在楼梯、台阶边缘的一种地砖配件。具有与相配合使用地砖相同的性能。要求具有较好的耐磨性，上表面压有凹凸线条以防滑。　　（邢宁）

锑白　antimony trioxide

三氧化二锑的俗称。分子式 Sb_2O_3。白色无臭结晶粉末。熔点 656℃，沸点 1425℃，吸油量 10%～16%，遮盖力 90g/m²。不溶于水、酒精和硝酸，溶于浓硫酸、酒石酸、浓盐酸或浓碱溶液。系两性氧化物。耐候性、耐光性好，粉化性小，且耐热。加热至熔融时为黄色液体，冷却后返白色。在高温下能和含氯树脂反应生成氯化锑，能阻止火焰蔓延而达到防火作用。主要用作制造防火涂料、阻燃塑料的阻燃剂及颜料，也用于制造药物、搪瓷、媒染剂、催化剂及玻璃脱色剂等。
　　　　　　　　　　　　（陈艾青）

锑系阻燃剂　antimony family flame-retardant

分子中含有锑元素的一类无机阻燃剂。须与卤素化合物并用方有阻燃效果。最常用的是三氧化二锑 Sb_2O_3，俗称锑白，燃烧时生成三卤化锑，起稀释和覆盖阻燃效应。阻燃效果受卤素与锑的比例、卤素化合物的性质和分解产物所支配。一般卤素与锑的原子比应为 3:1 或大些。适用于橡胶、塑料者，平均粒度为 1～2μm；用于涤纶、尼龙等纤维须在 0.1μm 以下，最大不超过 0.5μm。此外还有三氯化锑 $SbCl_3$。为解决产品的透明性，也用某些锑酯和锑化物作为添加型阻燃剂。　　（徐应麟）

体积密度　bulk density

多孔材料的质量与总体积之比。是耐火材料常温下的重要性能。取决于材料的组成和气孔率。通常体积密度大的同种材料强度高、抗渣性好，但热震稳定性较差。根据我国标准 GB/T 2997 与 GB/T 2998，可用液体静力称量法及量尺法测定。前法的计算式为 D_b (g/cm³) $= \dfrac{m_1 \cdot D_L}{m_3 - m_2}$，式中 m_1 为干燥试样的质量（g），m_2 为液体饱和后试样的表观质量，m_3 为饱和试样在空气中的质量（g），D_L 为试验温度下浸渍液体的密度（g/cm³）。量尺法的计算公式为 $\dfrac{m}{V_b}$，m 为试块质量，V_b 为根据量得的尺寸计算出来的体积（参阅堆积密度，97页）。
　　　　　　　　　　　　（李楠）

体积配合比　proportioning by volume

混凝土各组成材料自然松散体积之间的比例关系。配量不易准确，一般适用于轻集料混凝土、次要工程、用量较少的混凝土的配制。其施工投料精确度不如质量配合比。　　（徐家保）

体积应变　volumtric strain

见应变（579页）。

体型高分子　space network macromolecule

又称网状高分子（network macromolecule）。以共价键形式在三个方向上连接起来的长链网状立体结构高分子。可以由两个以上官能团的单体经反应而成，或由线型高分子链上可相互作用的官能团交联及带有可反应的官能团的线型高分子与其他单体交联而成。也可由线型聚合物用其他方法交联而得，如乙烯、丙烯共聚物经热处理产生活性点后，用离子辐射交联而取得。常见的热固性树脂在固化交联后即是这类分子。通常是不溶不熔的，在外力作用下，无明显的分子间滑移。　　（闻荻江）

tian

天窗弹簧插销　scuttle-night bolt

又称天窗插销、翻窗插销。工厂、仓库、住宅等高处翻窗上的专用插销。当翻窗关闭时，销梗套内的弹簧能使销头自动闩固窗扇；若在下面用绳拉插销的尾环，即能使窗开启。 （姚时章）

天盘

黑活屋面建筑中位于正吻之下，形如盘状的构件。方砖砍制而成，将方砖的三个边砍成枭口（成凹状曲线），中部凿一方眼以使吻（兽）桩穿过。常与天混配套使用，合称天地盘。

（李　武　左漰元）

天然粗集料　natural coarse aggregate

又称天然粗骨料。天然形成的或由天然岩石破碎而成的粗集料。按其堆积密度，可以分为天然普通粗集料、天然轻粗集料和天然重粗集料三种。天然普通粗集料即普通粗集料，如碎石、卵石等，常用于配制普通混凝土。天然轻粗集料，如火山渣、浮石、多孔凝灰石、珊瑚岩、石灰质贝壳岩等，堆积密度不大于1 000kg/m³，热导率低，可用于配制轻集料混凝土。天然重粗集料，如重晶石、铁矿石等，堆积密度特大，可用于配制重混凝土。其规格、级配和质量均应符合有关标准的规定。

（孙宝林）

天然（地）沥青　natural asphalt

石油在地层中受地球物理、化学作用，以及受空气、温度和矿物介质的影响，轻质组分逐渐挥发、氧化和缩聚而得到的天然产出的沥青。这种沥青可呈湖状、泉状等纯净状态存在；亦可渗透于岩石中；或者与岩石、砂混合存在。纯净状态存在的地沥青，可直接使用；非纯净存在的天然沥青，可用水熬煮法或溶剂抽提法而获得纯沥青，亦可直接将其轧碎，铺筑一般性道路。

（严家伋）

天然高分子化合物　natural macromolecular compound

存在于动物、植物或矿物内的高分子化合物。一般根据来源或性质而有其专用名称，如纤维素、淀粉、蛋白质、天然橡胶、石棉、云母等。常含有矿物杂质。广泛用于工业、农业、交通运输业、国防和人民生活中（参见高聚物，149页）。

（闻荻江）

天然胶粘剂　natural glue

以天然物质为黏料配制的胶粘剂。有些品种已有三千多年使用历史。属于矿物的有硫磺胶粘剂、沥青胶粘剂和蜡质胶粘剂；属于动物的有皮胶、骨胶、鱼胶、酪素胶、血朊胶黏剂（血胶）及虫胶等；属于植物的有糊精、淀粉胶粘剂、植物蛋白胶粘剂、天然树脂胶粘剂、天然橡胶胶粘剂等。价廉，使用方便，具有一定粘接力，属非结构型胶粘剂，用于木材、布、纸、玻璃、陶瓷等粘接。目前某些品种有被合成树脂胶粘剂取代的趋势。

（刘茂榆）

天然漆　natural paint

以漆树液汁为原料加工而成的涂料。主要成分为有两个羟基并有较长烃链的多元酚（漆酚）和漆酶，还含有水分、含氮物质、树胶质及油分等。我国特产。可不加催干剂在温湿环境（一般在20～30℃和80%～90%相对湿度）中固化成膜。分生漆（漆树汁除去部分水分并滤去杂质制成），熟漆、广漆、推光漆、揩漆和漆酚树脂漆等。漆膜坚硬，色泽雅致，富有光泽，耐磨，耐化学腐蚀性极好，但涂装工艺较复杂。用于房屋建筑、木器家具、工艺美术，以及海底电缆、纺织机械、化工等方面。

（陈艾青）

天然轻集料　natural lightweight aggregate

火山喷发形成的或在水中生物沉积形成的多孔轻集料，如浮石、火山渣、珊瑚岩等。外观呈蜂窝状，颜色从灰白色、红褐色至灰褐色。颗粒表观密度变化范围较大，轻者可浮于水，称为浮石；重者状如煤渣，称为火山渣。与人造轻集料相比，吸水率较大，筒压强度较低。中国火山喷发形成的天然轻集料资源十分丰富，东北、华北地区和海南岛等地蕴藏量大、开采方便、生产能耗小、价格低廉。主要用于配制结构保温轻集料混凝土和结构轻集料混凝土，或用作绝热保温的松散填充料。

（龚洛书）

天然轻集料混凝土　natural lightweight aggregate concrete

天然轻集料配制成的轻集料混凝土。有火山渣混凝土、浮石混凝土等。与人造轻集料混凝土相比，水泥用量较大，拌合物的工作性较差，混凝土的物理力学性能变化较大。适用于制作保温用或结构保温用的轻集料混凝土砌块或其他构件。

（龚洛书）

天然砂　natural sand

由自然条件作用而形成的粒径在5mm以下的岩石颗粒。主要化学成分为石英，质地坚硬，是普通砂浆和混凝土常用的细集料。按产源可以分为河砂、海砂、山砂和风集细砂四种，以河砂的质量为最好。风积细砂系风力携带重新堆积而成，颗粒细小而均匀，杂质含量较少，适用于生产硅酸盐建筑制品和碳化石灰制品。按细度模数，可以分为粗砂、中砂、细砂、特细砂和粉砂五种，配制混凝土以采用中砂最合适。其规格、级配、坚固性、有害物质含量等均应符合有关标准的规定。

（孙宝林）

天然树脂 natural resin

由某些动物、植物的分泌物所得的一类树脂。种类很多。可根据特性、来源、产地等分类。如化石树脂和近代树脂、珀珀树脂和达玛树脂等。常见的有松香、琥珀、珐珀、木沥青、松焦油、加拿大香脂、虫胶等。主要用于涂料工业，也用作塑料改性剂及纸张、医药、绝缘材料和胶粘剂等方面。

(闻荻江)

天然水泥 Natural cement

由天然水泥岩（黏土含量20%～25%左右的石灰石）煅烧磨制得的水泥。组成和性能均介于水硬性石灰和硅酸盐水泥之间。水泥生产发展的早期曾生产使用，由于天然水泥岩的成分波动较大，水泥的质量往往不稳定。现已不生产。 (王善拔)

天然丝 natural silk

又称蚕丝。蚕在结茧时吐出的丝液凝固而成的丝缕。有家蚕丝和柞蚕丝等数种。其光泽良好，柔软而富有弹性。蚕丝业起源于中国，公元前三世纪就以盛产丝织物而闻名于世，被称为"丝国"。蚕丝是优良的纺织原料，可纺制夏令衣着和作高级装饰装修材料。 (姚时章)

天然纤维 natural fibre

取自植物、动物和天然矿物的纤维。如棉纤维、麻纤维、天然丝和羊毛、石棉纤维等。是各种纺织制品的重要原料。 (姚时章)

天然橡胶 natural rubber

天然植物中采集加工而成的高弹性高分子化合物。主要来源于三叶橡胶树制取的胶乳。主要成分为橡胶烃、蛋白质、树脂、水等。橡胶烃为异戊二烯的顺式聚合物。胶乳经稀释、过滤、凝聚、挤压、干燥等加工而成胶片，根据不同的制取方法，有烟片胶、风干胶片、白皱片、褐皱片等。相对密度为0.93，不含杂质的天然橡胶为透明或淡黄色高弹体。具有良好的电绝缘性、气密性和防水性，能溶于松节油、汽油、苯等。主要用于制造胶鞋、轮胎、胶带、胶管、电线、胶粘剂等。此外，杜仲橡胶、古塔波胶、巴拉塔橡胶、银菊胶、青胶及天然橡胶的衍生物亦属天然橡胶范畴。 (刘柏贤)

天然橡胶沥青 NR (natural rubber)-asphalt

掺天然橡胶的改性石油沥青。黑色，固体或半固体状态。特点是低温时的柔韧性、弹性较好。配制工艺有：一、先将天然橡胶溶解在溶剂里，然后利用这种胶浆来稀释石油沥青至所需要的针入度，这种工艺特点是掺入的橡胶较多；二、将石油沥青和天然橡胶在混炼机上直接进行混合，但橡胶掺量难以超过4%，故难以制得达到要求针入度的改性沥青。施工温度不宜超过270℃，否则易引起天然橡胶解聚，影响改性效果。用于制造优质沥青防水卷材、防水涂料。 (刘尚乐)

添加型阻燃剂 additive-type flame-retardant

以物理混合状态掺合在材料中而不与材料起化学反应的阻燃剂。与反应型阻燃剂比较，因加工工艺简单而被广泛应用。主要有卤系阻燃剂如氯化石蜡、十溴二苯醚、十二氯代环癸烷，磷系阻燃剂如粉磷、磷酸酯、聚磷酸铵、含卤磷酸酯，无机阻燃剂如三氧化二锑、氢氧化铝、硼酸锌等。适用于橡胶、塑料、天然纤维、合成纤维和配制防火涂料、防火密封料、防火浸渍剂等。 (徐应麟)

填充率 filling percentage

散粒材料在某堆积体积中其颗粒填充的程度。计算式为填充率 $F = (V/V') 100\%$，式中 V 为散粒材料的颗粒体积（大粒材料常含有孔隙，粉状材料视作无孔），V' 为散粒材料的堆积体积。表示散粒材料的颗粒互相填充的致密程度，恒小于1，与空隙率互为余数。其含义与块体材料的密实度相似。 (徐家保)

填料 filler

又称填充剂。为了提高材料的性能、改善制品成型特性或降低成本而添加的惰性物料。按化学组成分类，可分为有机填料和无机填料两类；按来源不同可分为矿物、植物和合成填料三类；按形状结构不同可分为粉状、片状、纤维状、中空微球及织物状等。通常是按其作用分为增强性和增量性两类。前者常以纤维状填料为主，组成增强复合材料，后者常以粉状、颗粒状填料为主，起降低成本或改性作用。品种很多，有碳酸盐，硫酸盐，金属氧化物，碳素化合物，含硅化合物，纤维，天然有机物等。一般选用要求是分散性好，吸"油"量少，呈惰性，在加工条件下不分解、不吸湿、不产生气泡，不影响加工性能，填充之后明显提高某种性能或降低成本等。 (刘柏贤)

填土 filled soil

经挖掘、搬运过的土。按其组成和成因分为素填土、杂填土和冲填土。素填土应为碎石土、砂土、粉土、黏性土等组成的填土；杂填土应为含有大量建筑垃圾、工业废料和生活垃圾等杂物的填土；冲填土应为水力冲击泥砂形成的填土。这种土都经过搬运、掏动，其稳定性差，在建筑工程中应用时，需经过压实、注入外加剂等处理。

(聂章矩)

tiao

条板 strip plank

规格尺寸与建筑模数相适应的长条形板，多指墙板。竖向安装时，其长度一般为一个层高；横向安装时，其长度一般为一个柱距；宽度一般为0.6～1.5m。与大型墙板的主要区别为宽度较窄。常用加气混凝土、硅酸盐混凝土、石膏、碳化石灰、纤维增强水泥等材料制成。其构造形式有密实、空心、复合等类。一般均需用钢筋网片、纤维材料增强，以提高制品的抗折和抗冲击性能。

（萧　愉）

条件迸发荷载　conditional pop-in load
见迸发荷载（15页）。

条件断裂韧性　conditional fracture toughness
见迸发荷载（15页）。

条纹　cord, ream, wave
又称波筋，波纹。玻璃态夹杂物在液流作用下和搅拌过程中被分散而尚未扩散均化的细小条带缺陷。产生的原因：玻璃液组成或温度不均、成型时冷却不均、槽子砖槽口不平整等。条纹与基体玻璃对光的折射或反射产生差异，使物像变形。可用肉眼从不同角度观察物像变形的程度，或用仪器进行检查。细条纹俗称淋子或筋。宽条纹俗称岗子。

（吴正明）

调合漆　ready-mixed paint
其组分中含有较高颜料或填料，能充当面漆使用的色漆。由熟油或树脂、颜料、催干剂、稀释剂等混磨而成。它的原意是已调和完毕，开桶后不需添加任何材料，即可供涂刷的漆。相对于开桶不能立即应用的色漆而命名的。其品种可根据所用的主要成膜物质，分为油性调和漆（成膜物质以干性油为主）、磁性调和漆（成膜物质为松香酯衍生物与干性油的混合物，如酯胶调和漆）、醇酸调和漆（成膜物质为醇酸树脂）等。并分平光、有光、半光三类。漆膜坚硬、平整，涂刷性好，价格较廉。适用于木材、金属等表面的涂装。　（陈艾青）

调凝剂　set controlling admixture
调节水泥及混凝土凝结时间的混凝土外加剂。是早强剂、速凝剂和缓凝剂的总称。早强剂（促凝剂）促进混凝土凝结，提高早期强度；速凝剂能使混凝土在几分钟内迅速凝结硬化；缓凝剂能延缓混凝土凝结时间并对后期强度发展无不利影响。根据凝结时间及强度的要求，广泛用于缩短混凝土脱模时间、滑模施工、喷射混凝土施工，以及地下工程和大体积混凝土工程等。　（陈嫣兮）

调凝水泥　regulated set cement
由氧化铝含量较高的硅酸盐水泥生料掺入1%～2%的氟化物烧成的熟料加适量石膏磨制成的或将磨细的氟铝酸钙与硅酸盐水泥混匀而得的水泥。凝结快，凝结时间可由缓凝剂调节而得名；硬化很快，由于迅速形成钙矾石，1h强度达5～10MPa，长期强度稳定增长，后期强度高，低温下强度发展良好，抗渗性和抗冻性好，但抗硫酸镁和硫酸钠溶液的性能差；在空气中养护强度低。适用于早强和负温度工程。日本的超速硬水泥也属此类。

（王善拔）

调配沥青　blended asphalt
相同基属不同稠度的沥青，按一定比例调配成符合要求技术指标的沥青。通常用稠度指标（例如针入度或软化点）来控制，两种沥青调配时，可用下列公式计算：

$$\begin{cases} P_M = P_1^\alpha \cdot P_2^\beta \\ \alpha + \beta = 1 \end{cases}$$

式中P_M为调配沥青的针入度；P_1和P_2为两种沥青原始针入度；α、β为两种沥青的用量比例。按计算结果通过实验校核其比例。对于不同基属或不同品种的沥青互相调配时，不服从上式规律，必须通过系统实验确定。为了不使调配后的沥青胶体结构破坏，应尽量选用化学性质相近的沥青进行调制。如三种沥青调配可用三角形法或先求出两种沥青的配比，然后再与第三种沥青进行调配。

（严家伋　西家智）

tie

贴层平板玻璃　coat plate glass with glass

由两股色彩不同的玻璃液层相贴而成的彩色平板玻璃。它是把有槽垂直引上窑中的槽子砖1的一侧制成与槽口等长的成形凹槽2，通过流槽3把有色玻璃液4引入成形凹槽中，有色玻璃液以薄层与原板5相贴，随原板上升而成（见图）。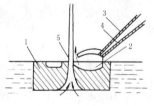是早期生产彩色平板玻璃的方法，与彩色涂膜法相比，生产工艺复杂，颜色品种少，成本高，生产效率低，现已为各种涂膜法所替代。

（许　超）

贴花　decalcomania
将设计的图案用陶瓷颜料印刷成花纸，再移印于坯体或制品釉面上的彩饰方法。烤烧时纸膜被烧掉，陶瓷颜料按花纸图案烧制在制品表面。花纸可贴在釉面上，也可贴在坯体上再施以釉，因此分为釉上贴花和釉下贴花两种。　（邢　宁）

贴胶法

用压延法使塑料与布基贴合生产人造革的一种工艺。预热的布基通过压延机最后两个转速相同的钢辊间的间隙，塑化的聚氯乙烯与预热的布在钢辊的压力下贴合。产品较柔软，加工时对布的损伤较小。缺点是塑料与布基结合不及擦胶法牢固，且因塑料与布基对金属的摩擦系数不同，在贴胶过程中易使制品表面产生横形条纹。适用于生产较薄布基的人造革。

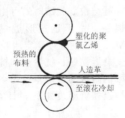

（顾国芳）

贴金 paste gold foil

用金胶油将金箔粘覆在装饰面上的施工作业。古建筑油饰彩画工程中的贴金方法是：先在贴金部位底层涂一道黄色调合漆，以衬垫金箔贴覆后色泽饱满。其上再涂一至二道金胶油，待其油膜初步固化，尚有一定黏度时，把金箔撕成与贴覆面积近似尺寸，用竹制金夹子将金箔连同衬纸一并夹起，贴覆于金胶油膜之上，然后用手指在衬纸上轻压，使金箔粘实，衬纸随即去掉，边角不实处，用羊毛笔展平，最后用棉花擦拭使金箔全部粘实即成。为防止金箔被风吹跑，可在贴金部位用布制成的"金帐子"围起，并做到金到哪里，手到哪里，否则会有"绽口"。用清漆封护，可避免金箔氧化变色和触及损伤，但金箔的色泽、质感有所减弱。

（谯京旭　王仲杰）

铁 iron

周期系第Ⅷ类（铁族）元素。原子序数 26，密度 $7.8g/cm^2$。工业上指以铁为主要元素，含碳量一般在 2% 以上并含其他元素的材料。由铁矿石、焦炭和助熔剂（如石灰石）在高炉中冶炼而得。一般包括生铁和铸铁。在各领域得到广泛应用。铁与钢也是一种优质的 γ 射线屏蔽材料，适用于结构体长期不变形的屏蔽 γ 辐射场所，但屏蔽效果不如铅。也可和其他材料混合使用，如将铁屑（块、丸）加入混凝土中，提高混凝土屏蔽 γ 辐射和中子辐射的能力；与水配合，组成铁-水多层结构层，用来屏蔽 γ 辐射和中子辐射。

（李耀鑫　李文埉）

铁锭升

用熟铁打制的状如锭升的石材连接铁件。镶嵌在石块、石板、石条之间的窝穴中，再用明矾或铁水灌严，以此来增强石料的整体性和防止移位。常见规格为长约 80~100mm，厚约 50~20mm。

（马祖铭）

铁二铝酸六钙 hexacalcium dialuminoferrite

化学式 $6CaO \cdot 2Al_2O_3 \cdot Fe_2O_3$，简写为 C_6A_2F。铁铝酸钙系列固溶体之一。斜方晶系，板状晶体。$n_g = 2.02$，$n_p = 1.94$。相对密度 3.74。1 365℃ 分解。存在于硅酸盐水泥熟料中。水化活性比铁铝酸四钙高。

（龙世宗）

铁袱

木门背面的水平加固铁片。厚约 5mm，宽约 70mm。上下钉二道，用于加强木门的牢度。

（马祖铭）

铁骨戗挑

又称铁扁担。位于戗端，长约 3.3m 或 4m，宽约 50mm，厚约 10mm 的弧形扁铁。敷设在老戗（即老角梁）和嫩戗（即仔角梁）上，是瓦工制作戗角的骨干。

（马祖铭）

铁矿水泥 iron ore cement

又称矿石水泥。用铁矿石代替黏土生产的一种硅酸盐水泥。铝率小于 0.64，氧化铁可高达 8%，而氧化铝只有 2% 左右。颜色从浅褐至深褐，取决于熟料中氧化铁含量。相对密度 3.3，大于硅酸盐水泥。矿物组成为 C_3S、C_2S、C_2F 和 C_4AF。性能与 Ferrari 水泥相似，但凝结更慢些。且烧成时易在窑内结圈、结成大块。此水泥曾在原联邦德国生产，后来为 Ferrai 水泥所代替。 （王善拔）

铁蓝 iron blue

又称普鲁士蓝、华蓝。由黄血钾和钠与硫酸亚铁作用后经氧化而制得的一种亚铁氰化铁类颜料 $(Fe_4[Fe(CN)_6]_3 \cdot xH_2O)$。颜色变动于带有铜色闪光的暗蓝到亮蓝色。有青光铁蓝和红光铁蓝之分。华蓝（Chinese blue）属青光铁蓝。普鲁士蓝（Prussian blue）属于红光铁蓝。其特点：耐光、耐热、耐气候、耐弱酸，不溶于水、乙醇和乙醚，着色力好，遮盖力差。不耐碱，不能和碱性颜料配合使用。亦不能使用于带碱性的物面上。由铁蓝与铅铬黄配成的铬绿，有易燃性，使用时需加以注意。

（陈艾青）

铁龙

如图用铁打制的安装在大门上的门闩，因形似龙，故名。常见规格尺寸为长 400mm 左右。

（马祖铭）

铁铝酸四钡 tetrabarium aluminoferrite

化学式 $4BaO \cdot Al_2O_3 \cdot Fe_2O_3$。存在于钡水泥中。对它的研究甚少。据认为最佳形成温度为 1 350℃，

1 450℃熔融或分解。有水硬性。

（龙世宗）

铁铝酸四钙　tetracalcium aluminoferrite, brownmillerite

又称钙铁石。化学式 $4CaO·Al_2O_3·Fe_2O_3$，简写 C_4AF，结构式 $Ca_2[Fe_{0.76}Al_{0.24}]·(Al_{0.76}Fe_{0.24})·O_5$。铁铝酸钙系列固溶体之一。斜方晶系。$a=0.534nm$；$b=1.450nm$；$c=0.558nm$；晶形呈棱柱状、薄片状、圆柱状。相对密度 3.77，折射率 $n_g=2.04$，$n_p=1.96$。熔点 1 415℃。是硅酸盐水泥熟料的主要矿物之一。与 MgO 形成的固溶体颜色黑，可改善水泥颜色。有良好的水硬性。含 C_4AF 高的水泥，抗硫酸盐性能好，水化热低，耐磨和抗冲击性能好。

（龙世宗）

铁铝酸四锶　tetrastrontium aluminoferrite

化学式 $4SrO·Al_2O_3·Fe_2O_3$。存在于锶水泥中。对它的研究甚少。据认为，最佳生成温度为 1 325℃，1 430℃熔融或分解。有良好的水硬性。

（龙世宗）

铁铝酸盐矿物　aluminoferrite mineral

由氧化铁、氧化铝及碱土金属氧化物形成的一系列固溶体。铁铝酸钙常见于硅酸盐水泥熟料中，组成可由 $6CaO·Al_2O_3·2Fe_2O_3$ 变到 $6CaO·2Al_2O_3·Fe_2O_3$，其中 CaO 与 $Al_2O_3+Fe_2O_3$ 的摩尔比接近 2，通式可写作：$2CaO·xAl_2O_3·(1-x)Fe_2O_3$（$0.7 \geqslant x > 0$），通常出现的组成接近 $4CaO·Al_2O_3·Fe_2O_3$。铁铝酸钡和铁铝酸锶见于钡水泥和锶水泥熟料中，主要有 $4BaO·Al_2O_3·Fe_2O_3$ 和 $4SrO·Al_2O_3·Fe_2O_3$ 等。铁铝酸盐矿物都有水硬性。

（龙世宗）

铁门闩

钉在木板门后面，如图用熟铁板敲制的门闩。常见规格为：长约 300~400mm，宽约 50mm，厚约 10mm。

（马祖铭）

铁杉　Tsuga chinensis (Franch.) Pritz.

松科常绿乔木。产于四川、贵州、湖北、江西、陕西、甘肃、河南等省。木材浅褐带红、晚材带紫红色，心边材区别不明显。纹理直，结构中等，不均匀。锯、刨等加工容易，耐腐，浸注困难。气干材密度 $0.508~0.560g/cm^3$；干缩系数：径向 0.149%~0.190%，弦向 0.273%~0.290%；顺纹抗压强度 39.2~49.4MPa，静曲强度 81.1~104.6MPa，抗弯弹性模量 10.3~13.4GPa，顺纹抗拉强度 101~106MPa，冲击韧性 3.73~4.87J/cm^2；硬度：端面 25.0~32.2MPa，径面 25.0~32.4MPa，弦面 25.8~34.7MPa。适于做电杆、坑木、枕木，房屋建筑，如屋架、檩条、椽子、搁栅、柱子、门、窗，以及室内装修，家具，车厢，木梯，包装箱等，也是生产胶合板的好材料。

（申宗圻）

铁素体　ferrite

又称 α-铁。以铁原子为主并溶有其他元素形成的体心立方结构的固溶体。在钢铁中专指溶碳量在 0.22% 以下的铁碳固溶体。包括高温存在的 δ 相和临界点以下的 α 相两类。碳和其他元素溶入时，根据与铁原子大小的不同，组成间隙或置换（代位）固溶体。它的硬度、强度较低，塑、韧性较好，在金相显微镜下呈白色发亮的晶粒。随溶入元素增多或经冷加工变形，均可得到固溶强化或加工硬化。

（高庆全）

铁酸二钙　dicalcium ferrite

化学式 $2CaO·Fe_2O_3$，简写为 C_2F。斜方晶系，$a=0.5599nm$；$b=1.4771nm$；$c=0.5249nm$。棱柱形晶体。黑色或黄褐色。$n_g=2.29$，$n_p=2.22$。密度 4.01~4.06g/cm^3。1 436℃分解为 CaO 和液相。存在于铝氧率 0.64 左右的硅酸盐水泥熟料和石灰中。在铝氧率大于 0.64 的硅酸盐水泥熟料煅烧过程中，它是形成铁铝酸钙的过渡相。水硬性差，凝结慢。

（龙世宗）

铁瓦　iron tile

用生铁浇铸的瓦。形状、规格同一般的筒瓦、板瓦。常盖于地处高山顶端的寺观殿宇的屋面，用来抵御大风。现峨眉山的庙宇常用。 （马祖铭）

铁屑水泥砂浆　steel chips mortar

又称钢屑水泥砂浆。用除去油污后的钢屑作为部分集料，再与水泥、砂混合配制而成。具有较高的抗压强度、耐磨性和导热性。主要用作耐磨地面、踏步上的防滑条、筒仓的衬里等。加入粗集料的称铁屑混凝土或钢屑混凝土。鉴于金属集料生锈后易产生膨胀，故宜用于干燥的场合。

（聂章矩）

铁绣花

哺鸡头上所插的铁花。起着装饰作用，在一定程度上兼有避雷功能。

（马祖铭）

铁质校正原料　iron correcting material

补充水泥生料中 Fe_2O_3 成分不足的原料。常用低品位铁矿石（粉）、炼铁厂尾矿、硫酸厂的硫铁矿渣以及铜矿渣、铅矿渣等。铜矿渣与铅矿渣含 FeO，兼有矿化作用。该类原料 Fe_2O_3 含量不应低于 40%。

（冯培植）

ting

庭泥砖

又称停泥砖。泛指用经过风化、困存后的黄黏土制坯烧成的砖。现指用过筛后的细黄黏土制坯烧成的比城砖规格小的黏土砖（又称细泥砖）。若用未经过筛的粗黄黏土制坯烧成的砖称为假庭泥砖（又称粗泥砖）。多产自北京东郊一带。清代由工部和内务府承办的官窑烧制，民窑亦有产出。规格为长288mm，宽144mm，厚64mm，重3.8kg。砍磨加工后多用于小式建筑墙体小干摆下碱，或丝缝砌法，也可作为地面及檐料子或杂料子用砖。假庭泥砖常作为随后背里用砖。　　（朴学林）

庭园灯　garden lamp

又称园林灯。专为房屋周围的绿地、庭院、花园及公园照明并兼作装饰的灯具。多以白炽灯或荧光灯为光源。灯体造型常有柱式和亭式之分。柱式一般较高，多分布在路边、池塘畔、草坪旁等处，灯罩常采用彩色玻璃或有机玻璃等制成方、圆、扁、棱以及各种花形；亭式多数低矮，常位于座椅边的花木丛中或亭台楼阁旁，其造型有梯形、圆球、圆筒形及四、六、八角柱形等，还配有各式灯座。要求与建筑风格和环境相协调。具有光线柔和、古朴典雅、艺术性高以及防水、防爆等特点。　（王建明）

停留剂　setting-up agent

调整釉浆流变性能的物质。为使陈化（经过磨制的釉浆或釉粉存放一定时间以稳定其性能的过程）后的釉浆达到工艺要求的稠度，必须加入专门的电解质调整到所需的稠度。调整稠度还便于涂搪操作并使釉层均匀，对增加瓷釉粉层干燥强度也有一定效果。如用量过多会带来瓷面无光、针孔等缺陷。底釉多用硫酸镁、纯碱之类中性或碱性盐类。面釉则用碳酸钾或氯化钡等盐类。　　（李世普）

停泥城砖

用经过风化、困存后的粗黄黏土制坯烧成的一种粗泥城砖。清代早期称旧样城砖，晚期称新样城砖。多产自河北及北京东郊一带。清代由工部和内务府承办的官窑烧制，民窑亦有产出。规格为长480mm，宽240mm，厚128mm，重约23kg。现在河北、陕西等省仍有产出。强度高，抗折力大，但密实度差。多用于城墙修复、大型建筑基础或垫层及墙体糙砌等非露明部位。砍磨加工后，也可用于墙体干摆（磨砖对缝）及室外细墁地面等露明部位，但其装饰效果不及澄浆城砖和细泥城砖。
　　（朴学林）

停泥滚子砖

用经过风化、困存后过筛的细黄黏土制坯烧成的细泥砖。清代多产自北京东郊一带。由工部和内务府承办的官窑烧制，民窑也有产出。规格长304mm，宽150.4mm，厚64mm，重4.25kg。该砖密实度和强度较好。砍磨加工后多用于古建墙体小干摆（磨砖对缝）和丝缝（缝子），若利用砖的大面作为室外铺地砖，称做"小陡板"地面。
　　（朴学林）

tong

通风箅　ventilating grate of floor

安装在通风洞口上的漏空格栅。为使地板下的空间获得良好的通风，在外墙勒脚处开设通风洞口（又称出风口），小开间房设一个，大开间房每隔3~5m设一个，面积约0.06~0.15m²，洞口用生铁箅或混凝土箅相隔；室内靠墙的四角或踢脚板上则用60~100mm见方，厚2~3mm的铝或铜质漏空箅相隔。箅可防止虫鼠类从通风口钻进地板下。

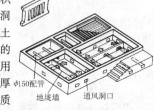
φ150配管　地垄墙　通风洞口

　　（彭少民）

通过百分率　passing percentage

对集料作筛分析时通过某一标准筛筛孔d（mm）的颗粒重量占集料总重的百分数（%）。与累计筛余之和为100。通常以它为纵坐标，以筛孔尺寸（mm）的对数值（以2为底）为横坐标，可绘制集料级配曲线。　（徐家保）

通用水泥　cements for common use

一般土木工程建筑均可应用的水泥。实际是硅酸盐水泥及掺各种混合材和外加剂的硅酸盐水泥。其差别主要在于混合材的种类和掺量。主要水化产物均为CSH凝胶。其矿物组成和基本性能很相似，但随混合材料种类和掺量不同也会有所差异。一般说来，随混合材料掺量增加，其密度变小，凝结时间延长，早期强度降低，但后期强度增进较大；水化热降低，抗冻性差，抗硫酸盐性能提高。常用的有硅酸盐水泥、普通硅酸盐水泥、矿渣硅酸盐水泥、火山灰质硅酸盐水泥、粉煤灰硅酸盐水泥和复合硅酸盐水泥。　　　　　（王善拔）

同位素丰度　isotope abundance

见质谱定性分析（617页）。

同位素稀释法　isotopic dilution method

见质谱定量分析（617页）。

同质多像　polymorphism

又称同质多晶、同质异像。同种化学组成在不同的热力学条件下结晶成两种或多种不同晶体结构的现象。例如金刚石和石墨,成分都是碳,是碳的同质二像体;硅酸二钙能形成α-、β-、γ-等同质多像变体。每种变体都有一定的热力学稳定范围,具备其特有的形态和物理性质,当外界条件(温度、压力、溶液酸碱度等)变化时,同质多像变体间可以互相转变。转变可分为可逆的和不可逆的两种,取决于变体间晶体结构差异大小。如α-石英⇌β-石英的转变在573℃时瞬时完成,是可逆的;$CaCO_3$的斜方变体文石在400℃时转变为三方变体方解石,当温度降低时,不再形成文石,是不可逆的。研究矿物的同质多像,可以推测其形成时的热力学条件,在工业上利用同质多晶转变关系,用石墨制造人造金刚石以及消除α-石英晶体中的双晶等。

(潘意祥)

同质二像体

见同质多像(37页)。

同轴旋转黏度计试验法 rotating cylinder viscometer test method

通过同轴旋转黏度计测定沥青材料绝对黏度的一种试验方法。该黏度计构造示意如图,是由2个同轴圆筒所组成。其外筒为固定的,半径为R,其内筒为绕轴旋转的,半径为r,长度为l,旋转角速度为ω,旋转力矩为M。按此可导得剪应力$\tau = M/2\pi r^2 l$,和剪切变形速率$\dot{\gamma} = \omega R^2/(R^2 - r^2)$。由此可求得沥青的黏度$\eta = \tau/\dot{\gamma}$。这种仪器可以测定很宽广黏度范围($10^2 \sim 10^6 Pa·s$)和温度范围($-60 \sim +300$℃)的黏度。并且可以用来研究沥青的流变特性。

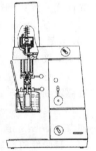

(严家伋)

桐油 china tung oil

又称生桐油,生油。是由桐树的果实(桐子)榨取的干性油。我国特产,主要产于南方各省。桐树品种有:三年桐、四年桐、罂桐等,以前两种为优。油色呈金黄者为上品,密度0.925~0.945(15/15℃),碘值160~170,折光率1.5185(20℃),酸值小于6。浸润性好,油膜干燥比其他干性油快,涂膜坚韧致密、耐水、耐碱、耐腐。缺点是抗氧性差,贮存时应密封。用于制油漆和油制品。在古建筑油饰彩画工程中用途有二:①地杖表层(细灰层)的浸润加固材料(钻生材料);②熬炼光油、灰油的主要原料。 (谯京旭 王仲杰)

铜 copper

化学元素周期表第Ⅰ族中原子序数为29的副族元素。符号Cu,淡红色金属,高延展性,导电、导热性强,是最早的工程用金属之一。在自然界里大多以矿石形式存在,主要含铜矿有黄铜矿、辉铜矿和孔雀石等,地壳中贮量不多,铜矿中最高含铜量(重量计)仅为5%。所以,提取成本高,至少为低碳钢的5倍。主要用于制造导线、电工器材及铜合金,如黄铜、青铜和白铜等。建筑中主要用作装饰五金件。

(许伯藩)

铜箔 copper foil

用铜锌合金(锌含量占40%左右),锤成的薄片。色泽接近库金,强度和硬度较大,延展性差,不耐腐蚀,在大气环境下极易变色。古建筑油饰彩画工程中极少使用,近年在次要古建筑的油饰彩画工程和民族形式建筑装饰中有所使用。但一定要用耐候性能良好的清漆封护,否则很快变色。

(谯京旭 王仲杰)

铜镉变色玻璃 copper-cadmium photochromic glass

以铜和镉混合卤化物为光敏剂的光致变色玻璃。碱铝硼硅酸盐为基础玻璃,加入光敏剂和适量的还原剂经熔融成型和热处理制成。因变暗和复明速度不如卤化银变色玻璃而未能实用。但因可节省贵金属银,成本较低,很有发展前途。

(刘继翔)

铜焊丝 welding wire for copper

焊接时直接作为填充焊缝金属或同时作为电极的纯铜丝。按化学成分有SCu-1、SCu-2两个牌号。焊接时应采用同质焊丝,用于氩弧焊时,氩纯度大于99.9%;作气焊、碳弧焊时应采用由硼砂、硼酸、碳酸钾、氯化钠、氟化钠、木炭粉、石英粉等组成的气体保护剂,以除去氧化膜Cu_2O及其他杂质。用于铜的焊接、焊补或堆焊。有导电性要求的紫铜焊件,不宜选择含磷的焊丝,一般选择纯度较高的紫铜焊丝。

(陈大凯)

铜焊条 coated electrodes for copper

又称紫铜焊条。纯铜线材作焊芯,表面涂有低氢型药皮组成的电焊条。低氢型药皮由碳酸钾、氯化钠、白垩、锰矿石、长石、萤石、大理石、石英、钛白粉、木炭粉等组成,具有良好的熔渣流动性、电弧稳定性,一定的机械性能和耐蚀性。常用牌号为TCu-7,T表示焊条类,Cu表示含铜量>99%,尾数-7表示低氢型药皮、适用直流电源。对大气及海水介质具有良好耐蚀性,常用于脱氧铜及无氧铜材料的焊接。

(陈大凯)

铜合金棒材 copper alloy bars

铜合金坯料经压力加工成一定规格的棒材。按生产方法可分为挤制棒和拉制棒；按形状可分为圆形、六角形、方形和特殊形状；按化学成分分为黄铜棒、青铜棒和白铜棒。黄铜棒具有优良的机械性能和耐蚀性，用作冲击件、易切削件和装饰件；青铜棒具有良好的耐磨性、耐热性和高的弹性极限，主要用作弹性元件、耐磨件和耐蚀件；白铜棒具有优良的耐蚀性和高电阻率，用作耐蚀件和电工材料。　　　　　　　　　　　　　（陈大凯）

铜合金固溶体　copper alloy solid solution

以铜原子为主的晶体点阵中有限地溶入部分其他合金元素（Zn、Al、Sn、Mg、Pb、Ni等）组成的面心立方 α-固溶体。溶入元素不影响铜的原有晶体结构。由于置换原子尺寸不同，致使晶格发生畸变，硬度、强度略有提高，而导电、导热、耐蚀和塑性仍可保持。欲进一步提高其强度，可采用冷塑性变形的加工硬化、时效硬化和过剩相强化等工艺。　　　　　　　　　　　　　（高庆全）

铜合金焊丝　welding wires for copper alloys

焊接时直接作为填充焊缝金属或同时作为电极的铜合金丝。有黄铜焊丝（SCuZn-1～SCuZn-5，随顺序号增加，Cu 含量降低）和青铜焊丝（SCuSn、SCuAl、SCuSi）两类。SCuZn-5 焊丝中含 0.3%～0.7%硅（又称硅黄铜焊丝）可防止 Zn 的蒸发，提高焊缝金属流动性、抗裂性及耐蚀性。SCuZn-4 焊丝中含有 0.35%～1.2%铁，提高焊缝金属强度和硬度，流动性较好。SCuAl 焊丝中含有 7%～9% Al（又称铝青铜焊丝），细化晶粒，提高接头强度和塑性。具有良好的抗裂性，硅青铜焊丝中 Si 有效地控制 Zn 的蒸发，获得满意的机械性能。在气焊、碳弧焊时，需用硼砂、硼酸等组成的气剂，以除去杂质和缺陷。在选择使用时，应尽量选用同质焊丝，用于铜合金的焊接、焊补和堆焊，也可用于气焊黄铜和钎焊铜、灰口铸铁和钢，还可用于镶嵌硬质合金刀具。　　　　（陈大凯）

铜合金焊条　coated electrodes for copper alloy

以铜合金线材作焊芯，表面涂有低氢型药皮组成的电焊条。按材质分锡青铜（TCuSn-2-7）焊条和铝青铜（TCuAl-7）焊条两种，前者为通用焊条，具有一定的强度、良好的塑性、韧性、耐磨性及耐腐蚀性，可用于磷青铜、黄铜等材料焊接，也可用于耐腐蚀、耐磨工件的堆焊；后者的强度很高，用于铜合金制造的各种化工机械、海水散热器、阀门的焊接，也可用于水泵、气缸堆焊及船舶螺旋桨修补，还可用于易产生裂纹的铸铁件的焊补。　　　　　　　　　　　　　　（陈大凯）

铜合金化合物　copper alloy compound

铜与其他金属（Zn、Si、Al、Sn、Mg等）原子间按一定原子比形成的化合物。其结构大多为电子化合物，如黄铜中的 β 相（CuZn）；青铜中的 Cu_5Sn、$Cu_{31}Sn_8$；铝青铜中的 Cu_9Al_4、Cu_3Al 等。多为硬而脆的金属间化合物，数量少时可使强度提高，塑性降低；数量多时，强度和塑性同时降低，例如黄铜中含锌量大于 45%（原子）时，出现大量的 CuZn，强度开始下降，而塑性却显著降低。　　　　　　　　　　　　　（高庆全）

铜红玻璃　copper ruby glass

胶体铜着色的颜色玻璃。硅酸盐玻璃中引入氧化亚铜或氯化铜等着色剂，并加入适量的还原剂和二氧化锡熔制而成，一次显色一般呈现色泽不均、色浅。经热处理二次显色可获得稳定的色调，如浅红、鲜红、红、深红等系列颜色。适于制造一般的套色玻璃制品、薄壁深红色玻璃制品、深色信号灯、彩色灯泡及艺术制品，建筑上用作照明灯具或窗、门玻璃。　　　　　　　　　　（许淑惠）

铜金粉　bronze powders

又称金粉，洋金面。铜锌合金制成的小鳞片状粉末。由铜合金薄片和少量润滑剂经捣击压碎和抛光而成。按其相对含量不同，可加工出不同颜色：当铜锌比为 85:15 呈浅金色，75:25 呈浓金色，70:30 呈青金色。色泽金黄，但不耐腐蚀，在大气环境下极易变色。用于油漆、油墨等工业。为长期保持金色，涂后应在其上再罩清漆或洋干漆一道。古建筑油饰彩画工程一般不用此料。

（谯京旭　王仲杰）

铜绿　verdigris

我国发明最早的绿色系颜料。制作方法：将铜打成薄片，浸于醋中过夜，再放糠内微火薰烤即成。特点是不怕日光，久不变色。在古建彩画中主要用于花草纹饰绘制。　　　　　　（谯京旭）

铜搪瓷　copper enamel

以铜材作为基体金属的搪瓷。搪瓷用铜材的质量应属优级。在铜合金中，顿巴黄铜因其比金、银价格低廉，且质软而容易裁切和成型，作为搪瓷工艺品坯体已被广泛应用。其产品有门把手、茶桌面、茶盘、钟表壳、花盆、烟灰盒、装饰板、壁画和门厅的壁板等。　　　　　　（李世普）

铜头　copper head

搪瓷烧成时基体钢板中熔出的氧化铁在底层中处于过饱和状态而析出的红褐色斑点。其斑点大小一般约为 $\phi0.5\sim\phi1mm$，最大可达 $\phi2\sim\phi3mm$。其产生原因是金属表面个别部位氧化过度；金属表面由于酸洗后并未完全排除铁盐的污染，干燥过慢在酸洗后的表面又生成铁锈。消除铜头的措施：为防止金属表面过度氧化，可将其浸入镍盐溶液中进行

"镍洗"或用 NaCN 溶液处理；注意制品在烧成炉中分布位置，彼此不要靠得太近。　　（李世普）

统货集料　all-in aggregate

又称连槽砂石（pit-run aggregate）。采石场或轧石场中未经筛分的集料。一般含有相当数量的石屑和石粉。在河滩或湖海采挖的卵石与砂子混合在一起未经筛分的砂-砾集料（sand-gravel aggregate），含有相当数量的粉砂或泥质。统货集料可看做粗集料与细集料的混合物，使用时可抽样测定其 5.0~0.16mm 的颗粒含量，视具体情况确定增添砂子数量使达到较理想的级配。在次要的混凝土工程上也可直接与水泥、水拌制使用。

（徐家保）

统计量　statistic

随机变量的某个函数，且它本身也是个随机变量。如 n 个样本的平均值 $\bar{x} = \frac{1}{n}(x_1 + x_2 + \cdots x_n)$。在不同抽样中 $\bar{x}$ 也是随机变化的，故是个统计量。抽样的目的是推断总体的性质，常需用抽样的某个函数来推断。如一台自动包装机，已知每包重量服从正态分布 $N(\mu_0, \sigma^2)$，用 n 个抽样来判断其是否正常工作。常用 $\frac{\bar{x} - \mu_0}{\sigma\sqrt{n}}$ 作为统计量。由一组样本可以得到多个统计量，究竟用哪个，要由推断目的来确定。

（魏铭鑑）

筒瓦节　half glazed cylindrical tile

半节琉璃筒瓦。比一般筒瓦的一半略长一点，其他尺寸规格与形状同琉璃筒瓦。用于筒瓦陇的最上端与正脊的交汇处。其作用是凑足筒瓦陇的长度，而避免了从整个筒瓦上截取的工序以及因此而造成的浪费。

（李　武）

筒压强度　compressive strength in cylinder

表示轻粗集料颗粒强度的一种平均相对指标。以加荷于装填在承压筒内的轻粗集料，在一定压入深度时所承受的压力强度值来表示。标定方法较简便。集料的品种、粒型和密度对其筒压强度值有较大影响。如圆球型的粉煤灰陶粒的筒压强度最高可达 6.5MPa；而碎石型的天然轻集料最高仅为 1.8MPa。

（龚洛书）

筒子板

又称门度头板。用于较考究之建筑门洞两侧和过梁下取代粉刷层的木板。此板与贴脸板一起使用，属高标准装修，又具保护墙角之功能。

（姚时章）

瓪瓦

筒瓦之古称（宋《营造法式》）。参见布筒瓦（37 页）。　　　　　　　（李　武）

tou

头浆

又称粘麻浆。由油满、血料调和而成的古建地杖制作中粘覆麻、布的黏浆。在大木地仗中其重量配比是油满∶血料 = 1∶1.2。其状如糊。要求黏性大、防潮、防水、易干燥。用时涂于通灰之表。然后将麻或苎布黏附其上，随即用麻压子（一种专门用于使麻的木质工具，其状近似马蹄）把麻压入浆内使麻浸透粘牢。

（王仲杰）

投光灯　cast lamp

利用抛物面的反光面集中强烈光线照射的灯具。常以卤钨灯为光源。按光束的散射角可分为聚光型和泛光型。室内使用的反射型灯，光束光通在 60~1 550lm，光强为 310~5 400cd；室外则要求采用硬质玻璃，以防溅雨水而破裂，光束光通在 330~2 600lm，光强为 220~1 100cd。具有结构紧凑，使用方便等特点。适用广场、体育设施、舞台、酒吧等公共文娱场所的重点照明。

（王建明）

透光玻璃钢　transparent GRP

是用玻璃纤维及其制品和透明树脂制成的透光材料。其透光率为 50%~90%，透明度在 90% 以下。与玻璃相比，透光率相近，但强度比玻璃高，防雹、抗震、不易破碎，相对密度为玻璃的 60%，导热系数为玻璃的 1/3~1/4，透过光散射均匀，兼有采光材料和结构材料的功能，但透明度低（玻璃为 99%），易老化（一般用 10 年左右）。产品形式有各种透光墙板、夹层板、波形板及壳体采光罩等。广泛用于工业厂房、大型民用建筑、太阳能工程及农业、水产养殖业温室等。

（刘雄亚　晏石林）

透光率　transparence, light transmittance

透过光强度（I）与入射光强度（I_0）的比值：

$$T = \frac{I}{I_0} \times 100$$

式中，T 为透光率（%）。用作烟浓度的一种量度，其值越大，烟浓度越小，当大于 75% 时，人眼可以透视的距离（可见距离）约大于 9m。

（徐应麟）

透红外线玻璃　infrared transmitting glass

能透过波长为 0.76~25μm 的红外光谱中某一波段的玻璃。分不透可见光和透可见光两类。前者有硫系化合物玻璃；掺氧化锰、氧化铬的钠钙硅酸盐玻璃；掺硒化镉、碲化镉或硒化锑的钠锌硅玻璃；掺硒化镉的钠锌铅硅玻璃等。后者有不含氢氧基的光学石英玻璃、含稀土的光学玻璃，以及氟磷酸盐、锗酸盐、铝酸盐、锑酸盐、碲酸盐、亚碲酸盐、镓酸盐等氧化物玻璃和卤化物、卤氧混合玻璃等。采用真空脱水或特殊气氛工艺熔制，可减弱或消除 OH^- 基和 CO_2 等在 2.70、2.90、3.50、4.00、4.25 和 4.45（μm）等处引起的特征吸收。是制造红外仪器和装置用的透镜、棱镜、窗口、滤光片和整流罩等光学元件和红外光导纤维等的重要材料。　　　　　　　　　　　　（刘继翔）

透明釉　transparent glaze

可以透过可见光的无色或有色陶瓷釉。通过其釉层可以看到坯体的颜色以及各种雕刻、彩饰等。起到使制品表面光滑、有光泽、不吸热、不透气、保护画面、防止陶瓷颜料中有害元素溶出的作用。种类较多，如石灰釉、长石釉、铅硼釉等。
　　　　　　　　　　　　（邢　宁）

透气法　air permeability method

通常用以测定水泥或其他非多孔粉状物料比表面积的方法。主要根据一定量的空气通过具有一定空隙率、一定截面积和厚度的水泥层时，所受阻力不同而引起流速的变化来测定水泥的比表面积。水泥愈细，空气流过的阻力愈大，气流的速度就愈小，测得的比表面积也愈大。中国现行的标准测定方法有两种，一种使用 T-3 型透气仪，一种是勃氏透气法，测定结果如有争议，以后者为准。
　　　　　　　　　　　　（魏金照）

透射电子显微镜　transmission electron microscope, TEM

简称透射电镜。用电子束照射试样，利用穿透试样的电子束成像的电子光学仪器。由电子光学系统、真空系统和电器系统组成。其工作原理为：电子枪发出的高能电子束经会聚透镜聚焦后照射在厚度小于 200nm 的试样上，透过试样的电子经物镜、中间镜和投影镜三级放大，最终在荧光屏或摄影底片上获得一幅反映试样微观形貌、晶体结构的电子图像。其点分辨率高于 0.3nm，晶格分辨率达 0.1nm，放大倍数可由几百倍至 100 万倍以上连续变化。为提高电子束穿透试样的能力，通常采用提高加速电压的方法，一般透射电镜的加速电压为 50～200kV；加速电压达 300～400kV 者为高压透射电镜，1 000kV 以上者为超高压电镜，这类电镜可观察厚度为几微米至几十微米的试样，避免了薄膜制样带来的微观缺陷，可直接显示固体试样的晶格像和结构像以及重元素的原子像。是材料科学研究的重要工具。　　　　　　　　（潘素瑛）

透射率　transmissivity

见吸收率（537 页）。

透射貌相术　transmission topography

见 X 射线貌相术（464 页）。

透射系数　sound transmission coefficient

单位时间内经过隔墙的透射声能与入射声能之比，用符号 τ 表示。$\tau = E_t/E_i$，式中 E_t 为透射声能，E_i 为入射声能。τ 是声入射角的函数，无量纲，一般所指的 τ 是无规入射时各入射角透射系数的平均值。变化在 0.0～1.0 之间。当 $\tau\to 0$，表示没有或只有极少量的声能透过，构件的隔声性能极好；当 $\tau\to 1$，入射声能几乎全部透过，构件不起隔声作用。　　　　　　　　　　（陈延训）

透紫外线玻璃　UV-transmitting glass

能透过紫外线（波长 200～400nm）的玻璃。分两类：一类是在磷酸盐或硅酸盐玻璃原料中加入氧化钴和氧化镍制成透紫外不透可见光的黑色玻璃；另一类是透紫外又透可见光的无色硼硅酸盐玻璃。Fe^{3+}、Ce^{3+}、Ti^{4+}、V^{5+}、Cr^{6+}、U^{6+} 和 Pb^{2+} 等是有害杂质，含量应小于 0.01%。用于制造太阳灯、采矿灯和荧光分析仪器等。　（刘继翔）

tu

突起　relief

同一薄片在显微镜下观察时，薄片中各种矿物显得高低不平的现象。这是一种视觉反应，实际上各种矿物是在同一水平面上，由于矿物与树胶或相邻两种矿物的折射率不同而引起视觉上的高低不平。两者折射率差别愈大，突起愈高。且有正负之分，划分标准按树胶的折射率 $n = 1.54$ 而定。当矿物的折射率大于 1.54 者为正突起，若小于 1.54 者，则为负突起。区别突起的正负，需借助于贝克线移动规律或色散效应。
　　　　　　　　　　　　（潘意祥）

图案砖　patterned tile

用于建筑内墙拼装画面或图案的薄片陶瓷材料。首先将画面或图案用贴花纸或手工绘制在单片施釉后烧成的坯体上，烧成后按原设计拼铺成整幅图案。釉坯可为白地，也可为已施有单色釉的色地。在窑内不同环境下进行多次烧烤。与其他内墙砖相比主要注重其装饰的艺术效果和画面或图案的完整性。　　　　　　　　　　（邢　宁）

图像离子质谱仪　pictorial display ionic beam mass spectrometer

采用双聚焦磁式分析器的一种二次离子质谱分析法使用的仪器。可分为两种类型：①直接成像型（图示 a），二次离子光学系统以保持离子在样品面上原来的空间相对位置不变（即成像）的形式传输离子信息，由样品各点发射的离子同时投射在荧光屏上形成离子分布图像；②扫描成像型（图示 b），一次离子束在样品表面上聚焦并由栅扫描器输出两种频率的锯齿波加在一次离子束系统和显像管的两对正交偏转板上，同时控制一次束在样品上以及电子束在荧光屏上进行栅扫描。各个斑点发射的二次离子束经滤质器进行质量分离后相继到达探测器，放大后的信息用以控制显像管栅极电位从而调制电子束强度，最后在荧光屏上显示出样品扫描区内发射的二次离子分布图像。

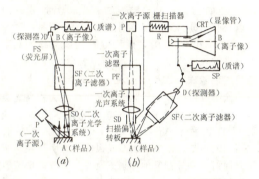

（秦力川）

图像显微镜 videomap microscope
见图像显微镜分析。

图像显微镜分析 videomap microscope analysis
将显微镜中观察到的图像反映在荧光屏上，用电子计算机按矿物在荧光屏上的黑白度进行分析和计算的方法。所用仪器是图像显微镜，由光学显微镜、电子计算机、电子控制中心、电子摄像和接收等部分组成。用于物相含量、晶粒大小、形貌及聚集状态等的快速测定。
（潘意祥）

涂-4黏度 B-4 viscosity
又称B-4黏度。用涂-4黏度计测得的涂料的条件黏度。涂-4黏度计系Brookfield黏度计的一种型号。黏度计杯体用金属或塑料，漏嘴用不锈钢制成，容量为100mL，漏嘴出口直径为4mm。以在一定的温度条件下，从黏度杯流出的全部时间（s），来衡量该试样的条件黏度，只适用于测定黏度在150s以下的产品。由于该黏度计容积大，流出孔粗短，清洗、操作方便，测试黏度范围广，所以常用来测试建筑涂料的黏度，但因其流动的稳定性差等，不宜代替毛细管黏度计用于科学研究。
（刘柏贤　邓卫国）

涂布塑料地板 seamless plastics floor, in-situ plastics floor
又称地面涂层。用液状合成树脂或合成树脂乳液与各种配合剂在现场调配成的砂浆状混合物涂抹而成的整体无接缝地面。有环氧涂布地板、不饱和聚酯涂布地板、聚醋酸乙烯涂布地板等品种。主要组成除树脂外，有固化剂、稀释剂、颜料以及适当级配的粗细填料。树脂与填料按适当的比例混合，混合料有一定的和易性和流动性，易于涂抹和表面流平。颜色和涂抹厚度可根据需要选定。具有自黏性，与混凝土基层的附着力强。耐磨性、耐污性、耐凹陷性和耐化学性优良，机械强度高，不易受损。特别是表面致密光滑、没有接缝，因而细菌不易滋长，腐蚀性液体无通道渗入基层。适用于要求耐腐蚀地面的工业建筑，如电镀车间、化学实验室等以及要求卫生、无菌的建筑，如医院手术室、食品加工厂车间等。
（顾国芳）

涂盖材料 coating
油毡生产工艺过程中涂盖工序用的沥青材料或改性沥青材料的总称。用它涂盖于油毡的外层，直接经受大气和外界的作用。因此应综合考虑它的耐热性、耐寒性、耐老化性和防水性。用于石油沥青纸胎油毡的涂盖材料，由高标号石油沥青加入25%～30%填料搅拌混合而成。其软化点90～105℃，针入度5～20（1/10mm），延伸度不小于2cm，涂盖温度160～200℃。用于煤沥青纸胎油毡的涂盖材料，其软化点不小于60℃，游离碳含量不大于25%，水分含量不大于0.5%，含萘量不大于3%。
（王海林）

涂料 coating, paint
旧称油漆。用某种特定的施工方法涂覆在物体表面，经干燥固化形成连续状涂膜，对被涂物具有保护、装饰或其他特殊功能的材料。初时是用植物油和天然漆制成的，所以就用"油"和"漆"的统称"油漆"命名。20世纪初，特别是二次大战以后，广泛地用合成树脂作主要原料，使产品的结构、质量和品种都发生了改变，"油漆"已不能科学地反映它的性质和特点，所以称此类产品为"涂覆材料"，并以"涂料"为正名，包括"油漆"的范畴。由主要成膜物质、颜料、助剂、溶剂、填料等组成。具有流动性、干燥固化性、机械性能（硬度、柔韧性、抗冲击性等）、光学性能（光泽、色彩、遮盖力等）、耐环境特性（室内、室外、严寒、湿热、高山、海洋、地下等）。不同的品种适用于各种不同的功能要求，如：①提高物体表面抵抗能力的功能（耐候、防水、耐擦伤、防腐蚀等）；②装饰功能（色彩、图案、光泽等）；③其他特殊功能（防滑、耐热、示温、绝缘、导电感光、防污、杀虫等）。广泛应用在国民经济各部门和人们日常生活之中。分类方法很多，中国的涂料产品分类是以主要成膜物质为基础的分类方法，目前分为十八大类。如按用途分类，用于建筑工业的称为建筑涂料。
（刘柏贤）

涂料沉降率 settling rate of coating
在规定静止时间里，涂料中固体粉料下沉的程度。是水性建筑涂料的一项性能指标。对内墙涂料的测试方法是将涂料搅拌均匀后，倒入100mL的量筒内，静置24h后，以颜、填料与胶液明显分界线以上的mL数为其沉降值。对于外墙涂料是将涂料放入特制硬质聚氯乙烯管集料沉降试验容器内，静置2h后，按规定的试验步骤与计算公式，求得骨料（粉料）的沉降数值，以g表示。沉降率大，易造成分层、结底，会影响施工质量，在施工前对涂料要进行适当的搅拌。

（刘柏贤　邓卫国）

涂料干燥时间　paint drying time

涂料涂刷于物体表面，从黏稠液体转化成固体涂膜所需要的时间。是测试涂料干燥速度的一个指标。它取决于涂料本身的化学性能（氧化、聚合作用）和物理性能（溶剂的挥发性）。按干燥过程，可分为表面干燥、实际干燥和完全干燥阶段。通常只测定表面干燥时间和实际干燥时间。为了缩短施工周期提高效率和避免表面沾污，要求干燥时间越短越好，但为保证涂膜的质量及受原材料的限制，对不同类型涂料必须要求有一定的干燥时间。（参见表面干燥时间，19页；实际干燥时间，449页）。

（刘柏贤）

涂料添加剂　coating admixture

又称助剂、配合剂。在涂料的生产和加工过程中添加的各种用以改善生产工艺、提高产品性能和施工效率的辅助化学品。一般加入少量就能明显改善涂料加工性及其他性能。常用的有以下几类：分散剂（为防止聚集，减少沉淀，起悬浮分散作用，如六偏磷酸钠等）、稳定剂（用以阻止或减缓涂料反乳化、快速化学反应等，如三盐基硫酸铅等）、阻燃剂（为保护涂料不着火或使火焰迟缓蔓延的药剂，如含磷树脂、氯化石蜡等）、防水剂（为保护涂料不易被水渗透或润湿的药剂，如硅油等）、防锈剂（为防止金属器件生锈的药剂，如三乙醇胺等）、防腐剂（对微生物或霉菌具有杀灭、抑止或阻止生长作用的药剂，一般对热、光、氧化等作用稳定，如五氯酚钠等）、防凝剂（能阻止或防止凝结作用的药剂，如聚氧乙烯醚）等。

（陈艾青）

涂料细度　paint fineness

涂料内颜料、填料等粉料的颗粒大小及分散的均匀程度。以微米（μm）来表示。常用刮板细度计进行测定。对于厚质涂料也可用测微计（杠杆千分尺）测定，其试验结果应按5次平均值来计量。国外对细度有用英丝（1英丝=1/1 000英寸）和海格曼等级（0～8级）来表示的。细度小的涂层，表面平整、均匀，外观、装饰性均好。粗糙的涂层不但影响外观和光亮度，还影响涂层其他物理性能。当受到气候、温度、湿度、霉菌、盐雾、酸碱等影响和变化时，粗糙部分首先遭到侵蚀、破坏。对不同品种的涂料，有不同的细度要求。

（刘柏贤　邓卫国）

涂料消泡剂　coating defoamer

又称防泡剂、去沫剂、抗泡剂。能降低空气和涂料液面的界面自由能，从而使气泡难以生成或形成后旋即消失的物质。一般中等链长（$C_6 \sim C_{10}$）的脂肪醇类，如正丁醇、环己醇、乙二醇的衍生物、磷酸酯类以及有机硅树脂等都有消泡效果。使用量一般都在$0.1\% \sim 0.5\%$。消除有害气泡，可提高施工效率及涂膜的表面质量。

（刘柏贤　陈艾青）

涂膜玻璃微珠　film-coated glass bead

涂上有机膜或金属膜的玻璃微珠。为提高光透过率，可在高折射率玻璃微珠上蒸镀厚约$2\mu m$或更薄的各种低折射率材料层，例如冰晶石（Na_3AlF_6）层，在微珠上形成很薄的透明膜层，用于光回射式幕片和其他回射式制品；玻璃微珠蒸镀铝的特殊反射材料可制成有效的反射透镜元件，适用于制造回射式薄膜；在玻璃微珠上涂有机改性膜以改变微珠表面性能（表面活性，亲水性），可制造均匀着色的彩色玻璃微珠；新型黑色玻璃微珠用反射材料如铝、铜、银、金等金属，通过化学沉积或气相沉积涂膜，用于安全标志系统、印刷艺术以及高选择电磁辐射过滤器件。

（许淑惠）

涂膜附着力　adhesive power of coating film

涂膜与被涂物表面之间或涂层之间相互粘结的能力。是判定涂料成膜后与被涂介质黏合坚牢程度的一个重要指标。直接反映涂料的保护性和装饰性的好坏。测定方法常用的有划格法、划圈法，也有用拉开法和扭开法等。附着力大小取决于成膜物对底材（介质）湿润程度和有无分子极性基因。底材的表面处理状况，底材表面的潮湿、粉化、锈蚀、有其他油脂杂质等，均会造成附着力的严重降低。

（刘柏贤　邓卫国）

涂膜耐冲击性　impact resistance of coating

涂膜抵抗外来冲击荷载的能力。以重锤的重量与其落于样板上而不引起涂膜破坏之最大高度的乘积，以N·cm来表示。用冲击试验仪进行测定。是衡量涂膜物理机械性能好坏的重要指标之一。一般耐冲击性好的涂膜，抗机械损伤的能力亦强。对于管状涂膜样品，则用摆锤式撞击器测定。

（邓卫国）

涂膜耐磨性　scuff resistance of coating

涂膜抵抗摩擦和磨损的性能。是对在使用过程中经常受到机械和外力磨损的涂膜的重要特性之一。是涂层的硬度、附着力、内聚力的综合性能反映。与基料的种类、表面处理、涂膜在干燥过程中的温度和湿度等条件有关。测试方法有砂轮法（用Taber 磨耗试验仪测定）、落砂法（用落砂试验仪测定）及喷射法等。（刘柏贤）

涂膜耐热性 heat resistance of coating film

涂料成膜后在一定时间内经受一定的高温作用，涂层仍能保持完好性能的能力。其测试方法是将涂膜样板在鼓风恒温烘箱或高温炉中加热，达到规定温度和时间后，再检测其物理机械性能和观察涂膜表面状态的变化情况（有无起层、绉皮、鼓泡、开裂和变色等现象）。以常规高分子化合物为基料的涂料，使用温度大部分均在100℃以下，温度过高，涂膜迅速老化、分解。由耐高温的树脂、添加剂组成的涂料，可达到 300～500℃，如有机硅耐高温涂料，可在 500℃温度下，连续工作 200h，保持完好的性能。（刘柏贤）

涂膜耐水性 water resistance of coating

涂膜抵抗水的浸润、渗透破坏的能力。其中包括吸水膨胀及透水性等。已实干的涂膜样板，在 $25±1℃$ 的蒸馏水中浸泡到标准规定时间以后，是否出现泛白、失光、起泡、变色、起皱、剥落等现象，按产品标准规定来进行判断。耐水性的检验，包括冷水、室温水、温水（40℃ 或 50℃）和沸水浸泡，并可在浸水过程中鼓入空气泡，作加速涂膜破坏试验。在湿热带、潮湿环境下和水下工作的设备、装置、墙地面等需用耐水性好的涂料进行涂装。为建筑防水涂料的必测指标。对复层建筑涂料尚需进行透水性试验。（刘柏贤）

涂膜柔韧性 flexibility of coating film

表示涂膜对基底变形后所反映的韧性、强度、附着力等综合性能的适应能力。与涂料所用的树脂种类、分子量、增塑剂、添加剂及颜基比等有关。试验仪器由直径为 1、2、3、4、5、10（mm）六个钢制轴棒组成。测定方法是将涂有涂膜的马口铁板在不同直径的轴棒上弯曲 180°，弯曲时间为 2～3秒，用四倍放大镜观察，以其弯曲后不引起涂膜产生网纹、裂纹、剥落等破坏现象的最小轴棒的直径表示。（刘柏贤 邓卫国）

涂膜硬度 coating film hardness

涂膜对于作用其上的另一个硬度较大的物体所表现出来的抵抗能力。是表示涂膜机械强度的一种重要性能。其高低取决于成膜物质的种类、颜料与基料的配比、催干剂的种类和用量、施工的好坏及干燥程度等因素。目前测定方法有：摆杆硬度测定法；斯华特硬度测定法；克利门硬度测定法及铅笔硬度测定法。中国国家标准规定的测试方法是用第一种方法，以一定重量的摆，置于被测涂膜上，在规定的振幅中摆动衰减的时间与在玻璃板上于同样振幅中摆动衰减的时间比值来表示。硬度小，涂膜软，易受外来撞击而破坏，硬度太大，则涂膜脆，韧性差。（刘柏贤）

涂刷（法防腐）处理 brush treatment

将防腐剂涂刷在干燥过的木材上的一种表面防腐处理。常用的木材防腐剂为煤焦杂酚油或其他油溶性防腐剂。这类防腐剂应在室温条件下呈液体状，除非是允许加温的防腐剂。油溶性防腐剂应该能在木材表面上溢流，而不仅仅限于能涂刷开来，务使材面上的坑洼都能充分地被防腐剂填满。粗糙的木材表面每 m^2 约需 490mL 的油溶性防腐剂，经过刨光的面可以少得多。（申宗圻）

涂刷性 brushability

涂料在涂刷施工过程中，刷具运行是否流畅、方便的特性。根据涂漆面的外观及涂漆情况评定。常用蒙布法测定，以试样在面上不凝结，漆膜分布均匀，无变白、斑点及气泡现象，蒙布背面无点滴为合格。其性能的好坏常影响施工质量及进度。与涂料所使用的溶剂、黏度、细度、固体含量及基料成分直接有关，刷毛的软硬、基层的粗糙程度对其亦有影响，在施工过程中常在不影响涂料性能的前提下，调整溶剂或稀释剂的比例以满足其要求。（邓卫国）

涂塑窗纱 coated window screening

以低碳钢丝或玻璃纤维为基体，外涂塑料保护膜的窗纱。特点是耐锈蚀，易清洗，强度高，不变形，使用寿命长，色泽鲜艳、多样。用途见窗纱（58页）。（姚时章）

涂塑法 coating process

用涂布设备将有流动性的塑料组成物涂在某种基材上然后加热塑化或固化而形成卷材的加工方法。工艺过程包括塑料组成物的配制、基材的开卷牵引、涂布、加热塑化或固化、压光或压花、冷却和收卷。主要设备有配制塑料组成物的搅拌机、开卷收卷装置、涂布机、加热烘箱、压花机和冷却机等。此外还有边位控制装置和张力调整装置，用来保证卷材在适当的张力和正确的位置运行。涂布的方式有刮刀涂布、递辊涂布和圆网涂布等。涂布时的涂布量、生产线运行速度、烘箱温度根据所加工的材料的组成和性质而确定。可生产各种卷材，如人造革、塑料壁纸、塑料地板、防水布等。

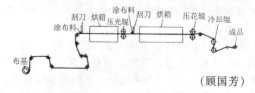

（顾国芳）

涂搪 enamelling; application of enamel

在经过表面处理的金属坯体上均匀涂覆一层或多层搪瓷釉的操作。可分湿法涂搪（将釉浆均匀涂覆于坯体表面）；干法涂搪（将釉粉均匀涂覆于赤热状态的坯体表面）。具体方法有浸渍涂搪（将坯体浸入釉浆后用手工或机械操作使釉浆均匀涂布于坯体表面）、电泳涂搪（在直流电磁场作用下使釉浆颗粒泳动，均匀沉积于坯体表面）、浇注涂搪（将釉浆淋浇于坯体表面后用手工或机械操作使釉浆均匀涂布）、流动涂搪（具有良好流动性能的釉浆涂布于坯体表面后使坯体按一定轨迹运动以排去多余釉浆）、真空涂搪（釉浆在外界压力作用下进入真空状态的坯体内腔并均匀吸附于内表面）、静电涂搪（用静电感应方法使带电荷的釉浆或釉粉均匀吸附于带异性电荷的坯体表面）。不用底釉而在金属底衬上直接搪烧面釉的搪瓷称一次搪；涂搪底釉后，仅搪一层面釉的搪瓷称单搪；在底釉上搪烧二层面釉的三层搪瓷称双搪。粉坯（参见金属坯体，247 页）表面的干燥涂层（即粉层）在坯体表面分布的厚薄不均匀程度会给制品带来某些缺陷，如裂纹、脱瓷、失光等。　　（李世普）

土粉子

又称银粉子。浅灰褐色石粉。呈微云母颗粒闪光。北京地区土产。在古建工程中用途为：①油饰工程中以其为骨料加血料和清水，调成腻子。②彩画工程中以其为骨料加胶液、光油调成沥粉。

（王仲杰）

土黄　ocher

存在于黄金石外面有臭味的，以含氧化铁成分为主的土黄色矿物，与石黄共生，色暗，遮盖力差、不易着色，在粉刷中作清水墙的刷浆。

（谯京旭）

土瓦　hand wrought clay tile

手工成型黏土瓦的泛称。中国公元前10世纪即有制造。当时由于在制坯过程中用布做垫衬，瓦面上留有布纹痕迹，又称布瓦。随着制瓦工艺的改进，现代的土瓦已没有布纹。一般在缺氧的还原气氛中烧成，呈青色，故又称青瓦、小青瓦等。其尺寸较黏土平瓦小，是中国农村广泛采用的屋面材料。　　（徐昭东　孔宪明）

土釉　clay glaze

又称泥釉。用天然易熔黏土或在其中加入必要的熔剂而制成的陶瓷釉。所用的黏土以1 280℃或低于此温度可以完全熔融为大致标准。通常使用的釉烧温度为1 140～1 160℃。制作工艺简单，成本低，可加入各种着色剂使其着色。具有耐酸碱侵蚀、机械强度比普通釉高的特点，但光泽性较差。应用于一次烧成的陶器等。　　（邢宁）

土籽　natural manganese dioxide

化学组成为二氧化锰（MnO_2）的天然矿物。因其出产于土壤之中呈粒状而得名。是传统油漆中常用的一种催干剂。在古建油饰工程中的用途是：①熬制灰油的主要添加材料。用时将其磨成粉末，加樟丹与桐油混合熬炼；②熬制光油（熟桐油）的添加材料。桐油在熬炼过程中将其投入油中煎炸，待其炸透后捞出。　　（谯京旭　王仲杰）

tuan

团(块)状模塑料　dough moulding compound, DMC

以加有填料、增稠剂、引发剂等组分的不饱和聚酯树脂糊和短切纤维（长 40～50mm）混合而成的团状混合料。用于模压成型纤维增强塑料制品，储存期3个月。分为通用型、耐燃型、电气型、耐蚀型和低收缩型等。与片状模塑料的性能和配方基本相同，区别仅在于外观形状和生产方法不同。常用于压制形状复杂的小型制品，如建筑五金、电器零件、机械部件等。　　（刘雄亚）

桁　purlin

桁条。宋称为桁，参见栋（93 页）。

（张良皋）

tui

推板式窑　pushed bat kiln

以推板作为坯体运载工具的隧道窑。许多多通道窑属于此种窑。推板由推进器间歇性地推入窑内。板与板相连，后板推前板。板由耐火材料制成，易磨损。为减少摩擦

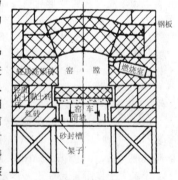

阻力，可在推板与窑底间放置瓷球或设置滑轨，也可将窑体倾斜1°～2°。其特点与多通道窑类似。

（陈晓明）

推光漆

又称退光漆。生漆过滤脱水精制的熟漆。将过滤后的生漆投入反应釜中，通入压缩空气，控制温度30～38℃，进行常温脱水、活化漆酶并促使漆酚进行一定程度的氧化聚合反应。当其含水量达到

6%~8%,漆液变成紫红或深棕色的稠厚胶状体时,加入适量溶剂稀释即为半成品漆料。漆料再加入15%左右熟亚麻仁油或熟豆油即得深透明推光漆,可用来配制彩色漆。由于漆酚能与铁盐作用而变成黑色,如在脱水过程中加入铁盐或氢氧化铁(黑料)即得黑推光漆。传统炼制漆料的方法有:①曝晒法:将生漆放在烈日下曝晒,连续三天并不断搅拌,达到不稠不黏,流动性好,水分少等要求;②炼制法:将生漆倒入热的熬漆锅内,用文火加热,保持温度30~40℃,边熬边搅拌,待漆中含水量约在8%左右,呈深褐色,应立即离火,经放烟、冷却、过滤即成。传统方法一般采用浸泡过铁屑的醋酸作为黑料,同时加入熬炼过的猪苦胆汁,以使漆液增稠,不易流挂。建筑中主要用于髹漆木器家具、屏风及内部装饰等。 (马祖铭)

退火 annealing

俗称焖火。将金属材料及其制成工件加热到高于临界点或再结晶温度,保持一定时间后缓慢地或按规定速度进行冷却,以获得接近于平衡状态组织的热处理工艺。按工艺方法分为低温、不完全、完全、等温、高温(扩散)、氢气、磁场、光亮等退火。应用于各类铸、锻、焊工件的毛坯或半成品,消除冶金及热加工过程中产生的缺陷,并为后工序的机械加工及热处理准备良好的组织状态;因此,又称作预先热处理。玻璃也可作退火处理,见玻璃退火(29页)。 (高庆全)

退火温度范围 annealing temperature range

又称退火区域。退火温度上限与下限之间的温度范围。保温3min能使应力消除95%的温度为上限(又称高退火温度、退火点);保温3min能使应力消除5%的温度为下限(又称低退火温度、应变点)。在此温度范围内,玻璃处于黏弹性状态,相应的玻璃黏度约为10^{12}~$10^{13.5}$Pa·s。玻璃制品的退火温度主要与玻璃组成有关。合理控制退火温度,是获得良好退火质量的关键,高于退火温度上限时,制品会软化变形;低于退火温度下限时,应力不能消除。 (曹文聪)

褪色 fading

材料在使用过程中,由于光、热或其他因素的作用,颜色发生减退和失去其本色的现象。通常有机材料比无机材料更容易发生,其原因是前者的化学稳定性较差。以高分子材料为基料的制品如塑料、涂料、纤维制品、壁纸等,褪色问题常常比较突出。防止和减缓的办法有选用耐候性优良的高分子材料,加入防止老化的添加剂,以及选用不易褪色的无机颜料等。 (刘柏贤)

tuo

脱附 desorption

又称解吸。被吸附的分子,当它具有足够的能量时,脱离相界面重新进入体相的现象。是吸附的逆过程。因吸附放热,故脱附吸热;升高温度不利于吸附的进行,所以吸附量减少。在一定温度下,如降低气体的压力,一定量的吸附剂吸附气体的数量也减少。工业上常用脱附的方法,以获得纯的吸附质,并可同时回收吸附剂。 (夏维邦)

脱硫 devulcanization

又称橡胶再生。通过机械和化学作用使硫化胶分子断链,分子量减小,塑性增加的过程。可以认为是硫化的逆过程,但不一定是交联键的断裂。是用废橡胶生产再生橡胶的主要工艺过程。直接决定再生橡胶性能好坏。主要控制因素是再生剂的选择、配方设计和再生条件的控制。 (刘柏贤)

脱模剂 release agent, demoulding agent

为防止制品和加工机械、器具、模具之间的摩擦及粘连而添加、涂覆的物质。涂覆于模具表面的称外脱模剂,加入到模塑料中的称内脱模剂。在高分子材料中常与润滑剂同义。常用石蜡类(液体石蜡、天然石蜡、微晶石蜡等)、硬脂酸铅、低分子聚乙烯金属皂类(聚乙烯蜡)、高级醇酯(酯蜡)、硬脂酸等,一般直接加入到模塑料中。涂覆在模具等外表面的有硅油、机油、肥皂水、植物油、聚乙烯醇溶液等。这类外脱模剂也用于混凝土、陶瓷模及其他制品的胎模。对于泡沫玻璃制品常用的脱模剂有黏土、煤矸石、石棉、高岭土、矾土、石英砂、石墨等,也有用薄膜作脱模材料的。 (刘柏贤)

脱皮 peeling

见剥落(33页)。

柁墩 hump-shaped block

清式构件名,宋称"驼峰"。《营造法式》卷五:凡屋内彻上明造者,梁头相叠处须随举势高下用驼峰。通常放在下一层梁背之上,上一层梁头之下。 (张良皋)

椭圆偏光 elliptical polarized light

见偏振光(375页)。

W

wa

瓦 tile

覆盖斜屋面的片状、刚性或半刚性防水材料。狭义的瓦一般指黏土瓦。这类瓦在公元前10世纪即有制造(见图),直到现代仍是瓦类产品中的主要品种。其主要原料是黏土。可以用旋转法、模压法、挤出法成形,经干燥焙烧而成。几千年来其形状有较大的演变:从带瓦钉、瓦当的陶瓦到各色琉璃瓦以及机制的平瓦在中国均有应用。除黏土瓦外尚有石板瓦、水泥瓦、石棉水泥波瓦、塑料瓦、金属瓦、油毡瓦等。按屋面防水工程的要求不同及科学技术的进步,用于斜屋面防水的瓦的种类还在不断增加。

带瓦钉的黏土瓦(西周)

带肩的黏土瓦残片(战国)

瓦当纹样(秦)

(徐昭东 孔宪明)

瓦当 tile end, eave tile with pattern

建筑屋面筒瓦陇下尽端檐口处为首的一块带封头的筒瓦构件。与滴水一起,形成屋面底、盖瓦陇的下端收束。瓦当是古时叫法,近代叫做勾头、勾子,仅把其前端的"烧饼盖"部分称作瓦当。瓦当始见于东周时期,当时的封头部分为半圆形,以后逐渐演变为圆形,封盖上一般都印有种类繁多的各种纹样,如兽头、双鹿、葵花、行龙、荷花等,各具时代特征,成为判断其制作年代的重要依据,同时具有很高的艺术价值和收藏价值。勾头因用于不同的部位而有"圆眼勾头"、"方眼勾头"、"螳螂勾头"、"羊蹄勾头"等不同的形式。琉璃勾头的筒背上有一圆孔以穿钉固定防其下滑,圆孔上盖钉帽不使渗水。

琉璃勾头(瓦当)尺寸表　　单位:mm

	二样	三样	四样	五样	六样	七样	八样	九样	注
长	432	400	368	352	320	304	290	272	
宽	208	192	176	160	144	128	112	96	
高	104	96	88	80	72	64	56	48	

勾头

方眼勾头

吻下勾头

螳螂勾头

战国—饕餮纹　战国—双兽树纹　秦汉—汉宫

秦汉—云纹　秦汉—蘭池宫当　秦汉—子母鹿纹

秦汉—飞龙纹　秦汉—白虎纹　唐—葵花纹

(李　武　左滯元)

瓦楞钉 corrugated sheet nail

又称石棉瓦钉。在木质屋顶或隔离壁上固定瓦楞铁皮或石棉瓦的专用钉。若用于屋面上时,尚需加羊毛毡垫圈,以免漏雨、钉裂。　　　　　　　　(姚时章)

瓦楞螺钉 corrugated sheet screw

在木质屋顶或隔墙上固定瓦楞铁皮或石棉水泥波瓦的专用螺钉。分单头和多头螺纹两种。单头螺纹为旋入式,与木螺钉相似,装拆时需用螺钉旋具配合;多头螺纹为敲击式,可用手锤钉入,拆装时仍需用螺钉旋具。若用于紧固屋面时,尚需加羊毛毡垫圈,以免漏雨、钉裂。　　　(姚时章)

瓦条

布瓦建筑屋脊上起装饰线脚作用的"△"形断面构件。将布瓦(板瓦)横向截开可得"瓦圈",纵向截开即得"瓦条"。因为上述线脚最初是用布瓦开"条"作为基本材料的,故名。有"软瓦条"与"硬瓦条"之分。软瓦条是用板瓦纵向一分为二,作为内胎、骨架,外面再用灰堆抹成型。硬瓦条是用停泥砖或开条砖纵向分成两块,再砍制加工成断面呈"△"形砖件。工匠习惯把用灰抹成的饰面相对真砖实缝的做法称为"软活",故有软、硬瓦条之说。瓦条多用于脊之下部胎子砖(软当勾)之上、混砖之下。据脊之做法及部位有用一层和两层之分。若遇三砖五瓦做法时,其通天板上下口及上层混砖上口,也须使用瓦条,但该种瓦条均不带坡楞。　　　　　　　　　(李　武　左滞元　朴学林)

wai

外标法　external standard method

又称直接强度对比法。用试样中含有的纯相样品作为比较标准测算原试样中各相含量的方法。具体做法是在同一实验条件下将被测试样中 J 相的衍射线强度与纯 J 相的同指数衍射线强度直接比较,再经计算即可得到 J 相的含量。对于两相混合试样的计算公式如下:

$$\frac{I_1}{I_{10}} = \frac{X_1 \cdot \mu_{m1}}{X_1(\mu_{m1} - \mu_{m2}) + \mu_{m2}}$$

式中 X_1 为混合样中 1 相的含量;I_1 为混合样中 1 相某衍射线强度;I_{10} 为 1 相纯样的同指数的衍射线强度;μ_{m1},μ_{m2} 分别为 1 相和 2 相的质量吸收系数。若是同质多像变体,因吸收系数相同,则可将上式简化为 $I_1/I_{10} = X_1$。此法也可用于多相系统分析。　　　　　　　　　　　(岳文海)

外分层　outer separation

混凝土中材料发生整体分层离析的现象。混凝土混合料中组成材料的固体粒子,因粒度和密度不同,在自重及外力作用下,产生沉降离析,由下而上形成较为明显的混凝土层、普通混凝土的砂浆层及水泥浆层,水分被挤上升至表面(图),造成混凝土沿着浇灌方向的结构不均匀,对硬化后混凝土的强度有明显影响。

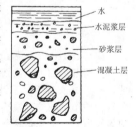

(潘介子)

外加剂防水混凝土　waterproof concrete with additive

混合料中加入微量有机质或无机盐外加剂所制成的防水混凝土。常用外加剂有三乙醇胺、氯化铁、引气剂、减水剂等。使用引气剂者抗冻性能可达 D150~D200,适用于耐久性要求较高的防水工程。使用减水剂者具有良好的工作性,适用于泵送、制造薄壁防水结构。使用三乙醇胺者早期强度高,适用于抗渗压力大于 2.5MPa 的紧急防水工程。掺氯化铁者其抗渗压力可达 2.5~4.0MPa,适用于水下、深层防水和修补堵漏工程。上述适用处所,也可适当互换。　　　　　(徐家保)

外加剂固体含量　solids content of admixture

表示混凝土外加剂中固体物的百分含量。试样于一定温度下(105±2℃)烘干后的质量占试样原质量的百分比,表示外加剂除去游离水分及可挥发性物质之后,剩余部分的含量。　(陈嫣兮)

外力　external force

见内力(356 页)。

外墙涂料　exterior wall coating

起装饰、保护、美化建筑物外墙的涂料。具有良好的耐候性、耐沾污性、装饰性、耐水和防雷等性能。传统使用的是在石灰浆或水泥浆中加入颜料配成浆料。20 世纪 60 年代以后使用将聚乙烯醇缩甲醛胶(107 胶)加入到石灰浆或水泥浆中制成的外墙涂料,价廉,但耐水、耐候性能差。近年来,发展较快的是溶剂型涂料,其涂膜致密,有一定的硬度、光泽、耐水和耐候性。但施工时有有机溶剂挥发,污染环境,潮湿基底上施工易起皮、脱落。目前,具有高弹性、耐候性、防水性较好的优质乳胶型、硅溶胶型、优质溶剂型涂料使用颇多。涂层型式由单层逐步向复层(底层,中间层,面层)发展。主要品种有丙烯酸酯及其共聚物系外墙乳液涂料、丙烯酸酯及其共聚物系外墙溶剂型涂料、氯化橡胶外墙涂料、聚氨基甲酸酯系外墙涂料、无机硅酸盐外墙涂料等。　　　　　　(陈艾青)

外墙砖　exterior wall tile

又称外墙贴面砖。用于建筑物外墙的炻质或瓷质片状饰面材料。分为有釉、无釉两种。可饰以各种釉和图案或在坯料中混入陶瓷颜料使坯体着色。要求其耐急冷急热性 100℃ 三次不裂,坯体吸水率小于 8%。通常背纹深度应不小于 0.5mm,用水泥或水泥与胶配成的黏结剂铺贴。常见规格有 75mm×75mm×8mm、150mm×75mm×12mm、100mm×200mm×12mm、100mm×100mm×15mm、200mm×200mm×12mm、300mm×300mm×12mm 等。　　　　　　　(邢　宁)

wan

弯钢化玻璃　bending tempered glass

有曲面的钢化玻璃。与无曲面钢化玻璃的生产工艺相同,所不同的在于增加玻璃热弯工序。热弯有以下几种形式:①模压式(图示),按曲面所需的形状制成阳模与阴模,模表面用玻璃纤维布包裹,由它把热塑状玻璃对压而成,常用于吊挂式生产上;②槽沉式(图示),在加热室内,热塑状玻璃在自重下弯曲并落在有曲面的模具上；③挠性弯曲辊式，按所需曲面把挠性辊弯成所需形状，热塑状玻璃靠自重沉落在曲辊上，它只能生产单曲面的钢化玻璃。

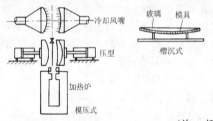

（许　超）

弯起钢筋　bent-up bar

钢筋混凝土结构构件中，钢筋在一端弯起的一种特殊形式的受拉钢筋。如钢筋混凝土梁承受荷载时，在其端部附近因受弯和受剪而产生斜向拉力，则将部分纵向受拉钢筋，根据计算在适宜的位置向上弯起，以承担部分的斜向拉力，阻止该部位混凝土的开裂。　　　　　　　　　　　（孙复强）

弯曲试验　bend test

检验材料在受弯曲载荷时变形的能力。由于材料的性质不同，测试方法也不相同，如淬硬的工具钢、灰口铸铁属脆性材料，通常测定其抗弯强度以代替拉力试验；对塑性材料如建筑或金属结构用的碳素结构钢和低合金钢的制品，板、管、扁钢、线材和型钢等，在施工过程中，材料经受冷弯、冲压和扭转的塑性变形，因而采用不同弯曲试验法测定弯曲处的表面有无裂缝、裂断或起层等现象，定性地鉴定其塑性的优劣。　　　　　　　（高庆全）

完全浸渍　full impregnation

浸渍剂浸透整个基材的浸渍处理。浸渍前基材必须进行干燥，需选用渗透力强的浸渍剂，采用真空浸渍或真空－加压浸渍。其特点是聚填率高，基材的各项性能有明显的提高。制作高强浸渍混凝土时必须采用此法。　　　　　　　　　（陈鹤云）

完全类质同像　perfect isomorphism

见类质同像（283页）。

晚材　late-wood

又称夏材。每年中生长季节后期所形成的木质部。与生长季节初期形成的早材构成一个年轮（生长轮），细胞组织较早材致密，针叶树材的晚材率（一年轮中晚材宽度和年轮总宽度之比的百分率）是评定材质的一个重要参数。　　　　　（吴悦琦）

晚材率　percentage of late-wood

见晚材。

万能材料试验机　universal materials testing machine

简称万能试验机或全能试验机。能兼做拉伸、压缩和弯曲等多种试验的材料试验机。一般由加载和测力两个基本部分构成。加载部分是对试件施加荷载的装置，利用一定的动力和传动装置强迫试件发生变形，使试件受到力的作用。可分为机械传动式、液压传动式等。测力部分是传递和指示试件所受荷载大小的装置，有杠杆式、油压式、摆锤式和电子式等多种。一般还带有自动绘图器装置，可在实验过程中自动画出试件所受荷载与变形之间的关系曲线。在试验时，把试件装在试验机的夹具1内夹紧，由机械或液压传动机构2将外力施加于试件，同时经测力机构3测定所加外力的大小，进而计算出试件内的应力。

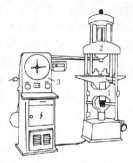

（宋显辉）

万能照相显微镜　universal camera microscope

见万能照相显微镜分析。

万能照相显微镜分析　universal camera microscope analysis

利用万能显微镜进行岩相分析的一种分析技术。主要仪器是万能照相显微镜，带有多种光源装置和照相附件。是一种具有多种用途的大型综合显微镜。可进行透射光、反射光、偏振光、相衬、干涉、显微硬度测定以及高、低温下的相变分析、材料的显微结构分析等。　　　　　　　（潘意祥）

wang

网纹面　netted dressing

在锯割表面上经凿切加工得到的具有规则网纹的石质板材表达面。表达面起伏高度 0.5～3mm，可有多种图案花纹，质感强，富有表现力。通常在中等硬度石材上加工这种表达面。适用于建筑物外装饰，如外墙面、柱面等表面。　　　　（曾瑞林）

网状裂缝　pattern cracking

见混凝土裂缝（208页）。

望兽

屋面正脊两端的面部向外作张望状兽形装饰构件。位置与功能和正吻完全相同，但其外形却与正

吻大异，而与垂兽类同。这种脊饰不用于宫殿等高级建筑，只在城关等建筑上使用，如北京正阳门、鼓楼等建筑的正脊上就用此饰件。（李武）

望砖 sheathing tile

古建筑及江南民居中铺于椽上，代替木望板之薄砖。青灰色，其宽同椽档（两根相邻椽子的中距），厚度比条砖薄，常用规格有210mm×120mm×20mm、210mm×105mm×17mm。平铺，纸筋灰嵌缝，用以堆瓦避尘，其耐腐性优于木望板。
（沈炳春）

wei

根

门枢。《说文》门枢也。《尔雅·释宫》枢谓之根。（张良皋）

微波测湿仪 microwave moisture meter

利用微波测定散状和块状材料含水率的装置。用微波发生器在材料一侧发射某一波长的微波，在另一侧用接收器接收，求得衰减值，根据已标定的某种材料含水率与衰减值之间的关系，求得被测材料的含水率。可分为空间波测湿仪、波导型波测湿仪和表面波测湿仪三类。具有测试迅速、测试范围广、精度高以及不破损被测物体等优点。
（林方辉）

微波防护玻璃 microwave shielding glass

具有屏蔽微波和具有良好能见度性能的玻璃。将经研磨抛光后的玻璃（镜片）置于高温下，喷涂四氯化锡等能提高导电率的化合物，在玻璃表面牢固形成多层导电膜而成，可制作微波操作人员用的护目镜（为防止微波绕射对人眼造成伤害，镜架也需选用具有屏蔽微波性能的材料）。（刘继翔）

微波干燥 microwave drying

利用微波的辐射加热作用，使坯体干燥的方法。微波波长：$0.001\sim1$m，频率：$3\times(10^2\sim10^5)$MHz。由于水分子具有较强极性，能强烈地吸收微波，水分较多处，产生的热量较大，使干燥均匀。微波的穿透能力较强，有利于热湿传导，适合于形状复杂的坯体干燥。此外，由于能对水选择加热，干燥器蓄热散热小，效率可达80%。微波一般由微波管产生。由于微波辐射会伤害人体，干扰电子设备，浪费能量，因此需用金属板屏蔽防护。（陈晓明）

微波养护 micro-wave curing

利用微波作用使混凝土加速硬化的养护方法。主要设备为微波发生器。微波是一种波长极短而频率很高的电磁波，除具有一般电磁波的特性外，还具有吸收、穿透和反射等独特的性能。当频率为2 450MHz、波长为12.2cm的微波照射混凝土时，混凝土中的水分子和某些极性分子在电磁场作用下产生高频振动而生热，使混凝土温度迅速升高，并具有微细搅拌作用，对水泥水化特别有利。混凝土预养1h后再以微波作用$2\sim3$h，其强度可达28d强度的40%左右。热效率高，所需加热时间短，升温均匀，混凝土强度高等。但设备昂贵，微波泄漏时对人体有害。（孙宝林）

微薄木贴面装饰板 wooden slice covered decorative board

用珍贵树种木材，经刨切或旋切加工制成厚度在$0.05\sim0.5$mm的薄片，粘贴于人造板上加工制成的装饰板。具有高级木材美丽纹理的表面装饰效果，强度较高，且有效利用了次质木材。是一种高级装饰板材，生产自动化程度高，产品可用于制作高级家具、建筑装饰，车厢船舱内装饰及家用电器外壳等。（刘柏贤）

微穿孔板吸声构造 microperforated panel sound absorbing construction

见金属微穿孔板（247页）。

微集料水泥 fine filler portland cement

以微细集料代替部分熟料而制成的水泥。中国已有微集料火山灰质硅酸盐水泥、微集料粉煤灰硅酸盐水泥标准。某些微细集料，如硅灰、石灰石、粉煤灰等微粒，代替部分水泥熟料后，既可保证水泥原有强度，又能节约熟料，增产水泥，有效地发挥水泥的潜在胶凝性能。例如，碳酸盐快硬水泥，就是微集料水泥的一种，以30%左右石灰石与硅酸盐水泥熟料分别磨细再混合而成，其比表面积为$4 000\sim5 000$cm^2/g。由于水泥熟料中小于20μm的微粉量增加，C_3A和C_4AF等矿物能与石灰石中$CaCO_3$反应，在硬化早期形成水化碳铝酸钙，使水泥具有快硬特性。（冯培植）

微晶搪瓷 ceramic-glass microcrystalline enamel

瓷釉中含有微晶化组分的搪瓷。含于瓷釉中的晶核剂，在一定温度或光的作用下，析出晶核，发育长大为晶体，可提高瓷釉的机械性能、耐磨性、硬度和乳浊程度等。微晶乳浊法，是将透明的微晶釉涂烧在底釉上，经短时热处理后即失透，出现乳浊的瓷面，然后施涂一薄层具有光泽的瓷釉。亦可在微晶瓷层上进行喷花、贴花，经烧成后，再涂一层透明釉即为搪瓷釉下彩，可制成艺术、装饰品。微晶搪瓷制品有管道、泵、阀、日用搪瓷及工艺品等。（李世普）

微孔黏土砖 porous brick

黏土中掺入成孔材料经焙烧制成的具有微孔构造的砖。在黏土内加入适量的、粒度有一定要求的锯屑、稻壳或塑料微珠等可燃性物质，经成型、干燥和焙烧而成。产品类型还有外层实壳内芯带微孔的"夹心"黏土砖和空心砖，重量轻，绝热保温性能好。 (何世全)

微孔微管结构 pore-capillary structure

混凝土中由各种孔径的凝胶孔、毛细孔、气孔，各种管径的毛细管、微裂缝所组成的管网结构。凝胶孔的孔径小于 3.2nm，毛细孔的孔径在 200nm 以上，3.2～200nm 的孔称为过渡孔。水泥石中微管的管径在 $1\sim 10\mu m$ 之间，水泥石与集料界面间的微管管径在 $5\sim 100\mu m$ 间。微孔微管中存在着水分与空气。水分与侵蚀介质可沿着开口型微孔和微管进入混凝土内部。在水压作用下，混凝土亦会因之产生渗水现象。用密实集料的普通混凝土，一般只是在水泥石中存在微孔微管。在轻集料混凝土中，由于轻集料也存在微孔和微管，所以，此种混凝土具有双微孔微管结构。这导致了轻集料混凝土在工艺上、性能上和应用上都与普通混凝土不同的特点。 (蒲心诚)

微裂纹 microcrack; Griffith flaw

又称"格里菲斯"(Griffith) 微裂纹。在脆性材料表面产生的微米级裂纹。是表面与周围介质、环境等之间力学和化学作用的结果。格里菲斯 (Griffith) 1920 年首先用微裂纹的概念总结出脆性材料的断裂理论的一种假说，认为材料（如玻璃）的实际强度与按分子结构理论所计算的理论强度相比低几个数量级的原因是：当裂纹出现后，其扩展所释放出来的变形能等于或大于扩展所需要的能量时，裂纹将扩展；当裂纹端部的应力超过材料的理论强度时，裂纹将迅速扩展而断裂。 (刘继翔)

微沫剂 micro-foaming agent

见引气剂 (577 页)。

微区定点分析 spot microanalysis

利用电子探针或能谱仪。对试样所选定的微区进行化学组分定性定量分析的方法。是微区分析中最重要的工作方式。在多相物质或夹杂物的鉴定方面有广泛的应用。考虑到空间分辨率，被分析粒子或相区的尺寸一般应大于 $1\mu m^3$。 (潘素瑛)

微热量热分析 microcalorimetric analysis

精确测定微小热效应的一种差示扫描量热分析。微热量用 Calvet 热流量计检测，其特点是许多热电偶串联成热电锥，均匀分布在试样和参比物的容器壁上，如右图所示。与温差热电偶类似，检测试

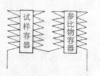

样和参比物之间的热流量差。检测信号大，检测的温度是试样各点温度的平均值，测量的差示扫描量热曲线重复性好，量热的灵敏度和精确度高，用于定量测定等温条件下和非等温条件下的各种热力学数据和动力学参数，如水泥水化热测定、水化动力学研究等。

(杨淑珍)

微商热重分析 derivative thermogravimetric analysis, DTG

又称导数热重分析或热差重量分析。记录热重曲线对温度或时间的一阶导数的分析方法。用微商热重曲线 (DTG 曲线) 表示。能测量物质在受热过程中重量变化的速率，若热天平附带有自动微分单元，可同时记录热重曲线和微商热重曲线。DTG 曲线能明显区分热失重阶段，精确显示微小质量变化的起点和起始反应的温度、达到最大反应速率的温度以及反应的终止温度。与热重分析比较，测量的精确度和重现性更好，常用于热分解过程的精确定量测定。 (杨淑珍)

微压养护 micropressure curing

微压蒸汽养护的简称。在升温同时快速升高介质压力以防止因混凝土内部出现剩余压力而造成结构破坏的养护方法。是常压湿热养护制度的一种改进。混凝土的结构破坏主要发生在升温期，因为此时混凝土的初始结构强度较低，尚不能抵抗剧热升温时发生的破坏作用。试验证明，介质工作压力为 0.02～0.04MPa 时，基本上可以限制混凝土内部剩余压力所造成的结构破坏。与常压湿热养护相比，混凝土的强度可以提高约 20%，养护周期可以缩短 2.5～4.5h。脱膜制品不经预养即可快速升温。掺塑化剂混凝土养护后的结构也有所改善。

(孙宝林)

维勃度 Vebe seconds

又称维勃稠度。测定干硬性混凝土混合料工作性的一种指标。适用于测定集料粒径最大不超过 40mm 的干硬性的混凝土。由瑞典的维勃纳 (V. Bährner) 首先提出而命名的。用维勃仪进行测定。该仪由圆筒形容器、坍落度筒、振动台、带垂直导向杆的透明圆盘、支架等组成。测试时，按标准规定方法在容器内用坍落度筒成型成混凝土截头圆锥体，然后抽出坍落度筒，再将透明圆盘置于试体顶部，开始振动，到透明圆盘下部完全与混凝土表面接触而被水泥浆布满时止，所需的时间 t 即为维勃度 (s)。 (潘介子)

维勃仪 vebe consistometer

测定混凝土混合料工作性的一种仪器。参见维勃度（526页）。 （水中和）

维卡软化点 Vicat softening point

断面积为 $1mm^2$ 的圆柱形压针头，在 9.8N 或 49N 的负载下垂直地压入试样达 1mm 时的温度。试样厚度 3～6mm，长度大于 10mm。升温速度规定为 $5±0.5℃/6min$ 或 $12±1.0℃/6min$。适于测定和表示均质的热塑性塑料，如聚氯乙烯、聚苯乙烯等的耐热性。用来控制产品质量和进行提高耐热性的研究等。 （顾国芳）

维卡仪 Vicat needle

普遍用于测定水泥标准稠度用水量和凝结时间的仪器。19世纪初由法国人 L.J.Vicat 设计，结构如图所示。用总质量为 300g，下端试杆直径 $\phi10mm$ 的滑动杆自由沉入水泥净浆中的深度以确定标准稠度。用总质量为 300g，下端试针直径 $\phi1.13mm$ 的滑动杆自由沉入水泥净浆中的深度以确定初凝和终凝时间。现经改进的维卡仪，可同时自动测试几个试样，并自动记录试饼逐渐凝固的状态变化情况。 （魏金照）

带试针的维卡仪

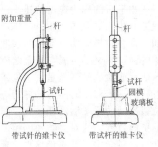
带试杆的维卡仪

维纶增强水泥 vinylon reinforced cement

又称聚乙烯醇纤维增强水泥（PVA fibre reinforced cement）。以聚乙烯醇纤维作为增强材料的纤维增强水泥。20世纪70年代后期瑞士最先研究以高模量聚乙烯醇纤维代替全部石棉，以纤维素纤维等作为辅助材料，用抄取法制造板材。中国于20世纪80年代后期用国产高模量聚乙烯醇纤维、改性聚乙烯醇纤维或此两种纤维的混合物制成板材。经加压成型的板材的表观密度为 $1.7～1.8g/cm^3$，纵横向平均抗弯强度为 14～17MPa，平均抗冲击强度为 $3～4kJ/m^2$，其韧性优于石棉水泥板，其他性能基本相同。 （沈荣熹）

维姆黏结值 Hveem cohesiometer value

由 F.N. 维姆创建的表征沥青混合料黏结能力的指标。采用维姆法设计沥青混合料组成时，除了测定沥青混合料的稳定度外，还要进行沥青混合料的黏结值试验。用试验过稳定度的试件，经保温60℃后，安装于黏聚力仪（如图）上，一端固定，另一端装于悬臂式的梁上，测定时以 1800g/min 速度加荷，直至测得试件破坏或水平梁端部低下 13mm 时的荷重，按下式求出黏结值：

$$c = L / [W(0.002H + 0.0044H^2)]$$

式中 L 为荷重，（g）；H 为试件高度（cm）；W 为试件宽度（cm）。根据维姆稳定度值和黏结值可判断沥青混合料的抗塑性变形能力和黏结力。

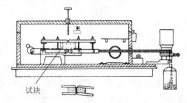

（严家伋）

维姆稳定度 Hveem stability

由 F.N. 维姆创建的沥青混合料稳定度的一种表征方法。其法是用搓揉成型的方法制成直径为 102mm、高度为 $64±3mm$ 的圆柱体试件，经保温60℃，置于维姆稳定度仪（如图）中，以 1.3mm/min 的加荷速度，在垂直方向上施加一定的荷重，测定加荷后侧向产生的水平压力和位移量。根据垂直压力及其相应的侧向压力和位移量，按下式计算稳定度值：

$$S = \frac{22.2}{(P_h \cdot D)/(P_v - P_h) + 0.222}$$

式中 S 为相对稳定度；P_v 为垂直压力（2800kPa）；P_h 为相应垂直压力的侧向压力；D 为试件位移。维姆混合料设计法除了测定相对稳定度外，还要测定维姆黏结值。

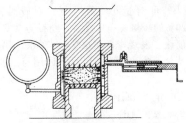

（严家伋）

维氏硬度 Vickers hardness

又称金刚石角锥体硬度。由英国科学家 G.S. 维克斯（Vickers）首先提出的表示金属材料硬度的一种指标。符号为 HV。测定方法为：将荷重 p（kgf）加在对面角为 136°的金刚石四棱锥上，压入材料表面而产生凹坑，根据凹坑对角线长度求出凹坑表面积，以凹坑单位面积上的压力来表示的硬度值。计算式为 $HV = 1.854p/d^2$，式中：HV 为维氏硬度值（kgf/mm^2）；p 为加在金刚石四棱锥上的荷重（kgf）；d 为压痕对角线长度（mm）；1.854 为维氏压痕常数。其特点是金刚石四棱锥压入头硬度极高，可视为不会变形，压入材料表面的

压痕清晰，形为正方形，能准确地测定压痕对角线的长度。　　　　　　　　　　（潘意祥）

伪延性　pseudo-ductility

纤维与脆性基体组成的复合材料由于多缝开裂而表现出的延性。参见多缝开裂（98页）。
　　　　　　　　　　（姚　琏）

尾矿　mill tailings

选矿工业的废渣。目前，铁矿选矿工业的尾矿等已用于制作建筑材料，其粒度、级配与天然砂相似，含二氧化硅较多（约60%～80%），一般用作生产硅酸盐制品（如尾矿砖、尾矿加气混凝土制品等）的硅质原料。　　　　（蒲心诚）

尾矿砖　tailings brick

以石灰和尾矿为主要原料制成的蒸汽养护砖。尾矿是选矿废渣，目前利用较多的是铁尾矿、有色金属选矿排弃的废渣如铜渣等。主要成分是SiO_2，少量的Al_2O_3，由于这些组成大多以结合状态存在于尾矿中，可溶量小，活性低，制砖时需掺入15%～20%的粉煤灰和炉渣，并经石膏激发，以利于水化硬化。表观密度$1 600～1 700kg/m^3$。可以代替烧结黏土砖，建造五层以下民用与工业建筑。
　　　　　　　　　　（崔可浩）

纬密　filling density

见织物密度（614页）。

卫生搪瓷　sanitary enamel

制作浴盆、盥器、便器等卫生器具的搪瓷制品的总称。一般用钢板或铸铁作为金属底材，上面涂搪乳白釉或彩色釉，釉的组成一般以锆釉为主，具有优良的可清洁性、耐腐蚀性、耐热震性、耐酸性和耐碱性等性能。与卫生陶瓷制品比较具有自重轻、施工方便等优点。　　（李世普）

卫生陶瓷　ceramic sanitary ware

用作卫生设施的有釉陶瓷制品。多属瓷质或炻质。按用途分为：洗面器、大便器、小便器、净身器、洗涤槽、水箱、存水弯、肥皂盒、手纸盒、化妆板、衣帽钩、毛巾托架等；按颜色分为白色和彩色。主要物理性能要求为：吸水率平均值（煮沸法）不大于3%、真空法不大于3.5%；在110℃水和氯化钙等重水溶液中，煮沸1.5h后水中急冷至3～5℃无裂纹。多属瓷质或炻质，常采用注浆法成型。具有耐腐蚀、不易污染、易清洗、经久耐用的特点。　　　　　（刘康时　邢　宁）

卫生陶瓷配件　fitting of sanitary ware

与卫生陶瓷制品配套使用的附属件。有金属质的，如各种水嘴、进水阀、放水阀、毛巾架、扶手架等。也有橡胶、塑料质的，如水塞、坐便器座圈、盖板等。卫生陶瓷制品一般须装配有适当的配件才具实用价值。　　　　（邢　宁）

未成熟混凝土　young concrete

见混凝土（204页）。

位错　dislocation

晶体内部因质点排列变形，与理想晶格有秩序的排列不同，所形成的一种线状的微观缺陷。这是由于晶体在结晶时，受到杂质、温度变化或振动的影响，或晶体受到切削、压缩等机械应力的作用，使晶体内部发生部分滑移的结果。所谓部分滑移是指晶体的一部分发生滑移，另一部分不发生滑移。晶体中已滑移部分与未滑移部分在滑移面上的分界线称为位错线。最简单的位错有两种：①滑移方向与位错线成垂直的称为刃型位错；②滑移方向与位错线相平行的称为螺型位错。位错理论是晶体缺陷理论的中心，用它可以解释晶体的某些性质。例如，存在位错的实际晶体的强度，大大低于理想晶体的强度。又如金属与合金之所以能比较容易地被压成片或拉成丝，就是由于位错线在外力作用下沿滑移面逐步移动时所需临界切应力很小的缘故。因位错区域的原子活动性较大，能加速物质在固体中的扩散过程，这对烧结和固相反应有利。位错理论在材料科学中日益显示出它的重要性。
　　　　　　　　　　（夏维邦）

位移　displacement

又称变位。当物体发生变形时，在物体中的任意一个点、线、面可能发生的位置变动。结构受到荷载作用或由于温度变化、制作装配不够精确、支座沉陷等原因，都会产生这种位置的变动。结构中点的位置改变，称为线位移。常用连接变形前后两位置的有向线段表示。梁轴线或桁架杆件倾斜程度的改变，称为角位移。　　　　（宋显辉）

位移计　deformeter

测量结构位移或构件某方向长度变化的仪器。测线位移的有挠度计、百分表和千分表，三者的原理和构造雷同，均为机械齿轮传动，只是量程和精度上有差别。测角位移一般用水泡式倾角仪。还有一类测量精度更高的电测式位移计，常用的有以应变片为传感元件的应变式位移计和以线性差动变压器为传感元件的感应式位移计。　　（宋显辉）

wen

温度场　temperature field

物体内各点瞬时温度分布的总合。它是所处空间位置和时间的函数，用数学式表示为：

$$t = f(x, y, z, \tau)$$

式中t为某点的温度，K；x, y, z为该点的坐标位置，m；τ 为时间，s。因温度是非向量而为非向量场。若场内任一点的温度不随时间而变，为稳态温度场。若场内任一点温度随时间而改变：当 $\frac{\partial t}{\partial \tau}>0$，为加热过程；当 $\frac{\partial t}{\partial \tau}<0$，为冷却过程，均属于非稳态温度场。各种连续稳定生产的热工设备的窑体内温度分布可视为稳态温度场；各种间歇生产的热工设备的窑体内温度分布属非稳态温度场。

（曹文聪）

温度传感器　temperature sensor

又称感温元件。能直接感受所测温度变化并转换成电信号传送出去的温度检测元件。常用的有热电偶、热电阻、半导体热敏元件及光电元件等。它们大都输出一个随温度变化的电信号，故便于与电子显示控制仪表相配用。

（林方辉）

温度梯度　temperature gradient

两相邻等温面的温差（Δt）与两等温面的垂直距离（Δn）之商（$\frac{\Delta t}{\Delta n}$）的极限，即

$$\lim_{\Delta n \to 0} \frac{\Delta t}{\Delta n} = \frac{\partial t}{\partial n}$$

温度梯度是向量，方向与热流相反，指向温度升高的方向。单位 K/m。温度梯度大，传热快。

（曹文聪）

温度指数　temperature index

又称可燃温度（flammability temperature）。在规定试验条件下，试样在空气中（氧体积浓度为 20.9%）刚好维持有焰燃烧（烛样）所需的最低温度（℃）。即在材料的氧指数与温度关系曲线上相应于氧指数为 20.9 的温度。常记作 Tox-21。用温度指数测定仪测定。它表示材料在室温下的大气中不能燃烧，当环境温度升高时，就可以被燃烧。火灾时因中心温度远高于温度指数值，故难燃材料可变得易燃。

（徐应麟）

温泉滓石　plombierite

又称泉石华。化学式为 $CaO \cdot SiO_2 \cdot 2H_2O$（简写为 CSH_2）的水泥水化产物。在阿利特（A矿）的水化表面有时会形成，并促使更多的 $Ca(OH)_2$ 进入溶液，这一过程使颗粒间的液体层愈益减薄，颗粒相互靠近，因而在凝结时出现收缩现象。自然界也有此矿物，常见于温泉内。曾被分类为沸石的混合物。有人测定其反光性质相当于方解石与氧化硅胶滞体的混合物，但所用标本是否受 CO_2 影响尚属疑问。

（陈志源）

文石　aragonite

又称霰石。化学式 $CaCO_3$ 的天然无水碳酸钙类矿物。与方解石为同质异晶，很容易转变为方解石。在自然界中分布极少。属斜方晶系，晶体呈柱状或尖锥状，三连晶呈假六方柱状，集合体呈棒状、放射状、钟乳状、豆状、鲕状等。白色或浅色，有玻璃光泽。莫氏硬度 3.5～4.0，相对密度 2.9～3.0，断口呈贝壳状，可作水泥生产的石灰质原料。

（冯培植）

吻合效应　coincidence effect

声波斜入射到墙上，墙受迫弯曲波速度与自由弯曲波速度吻合时的效应。出现吻合效应时，墙就失去了传声的阻力，使其隔声量在某频率附近出现低谷，隔声构件阻力较小时则尤为显著。此时隔声性能不再遵循频率增加，隔声量随之增加的规律。

（陈延训）

吻下当沟

又叫凤眼当沟、吻匣当沟。专用于庑殿屋面正吻吻嘴之下的琉璃当沟。露明部位的形状与正当沟相同，但表面饰有圆形的瓦当图案，其后部的方形透槽是为安插吻桩用的。位置在山面瓦陇正中，两侧与斜当沟相接。

吻下当沟

背兽　吻座　吻下当沟　侧立面　斜当沟

吻下当沟尺寸表　单位：mm

	二样	三样	四样	五样	六样	七样	八样	九样	注
长	480	336	336	304	272	240	210	176	
宽	270	256	240	224	210	192	176	160	
高	256	250	224	224	192	192	160	160	

（李　武　左滿元）

吻座

又称吻扣。琉璃瓦屋面正脊吻兽下的承托构件。用于正吻或正脊兽外下角的缺口处，是一"凵"字形空框体，三个看面上雕饰花纹并挂琉璃釉。作用是使正脊吻兽便于安装并增强其装饰效果。因正脊吻兽一般都较大，安装时其高低、出进位置可通过摆放吻座加以调整，以减少施工难度。用于庑殿屋面时，吻座下以滴水坐中，其下施以吻下当沟，以与屋面垂脊的斜当沟顺接；用于歇山、硬山或悬山屋面时，吻座下以勾头坐中，其下为方眼勾头，以与排山勾、滴相衔接。

琉璃吻座尺寸表　　　单位：mm

	二样	三样	四样	五样	六样	七样	八样	九样	注
长	500	460	380	340	300	290	190	190	
宽	400	320	290	260	220	200	67	61	
高	360	320	190	180	160	140	93	87	

（李　武　左濬元）

稳定　stability

又称稳定性。构件受力后，具有不发生突然改变原变形性质而破坏的能力。细长压杆、薄腹梁、拱、薄壳等构件，当荷载超过一定数值后，应力虽未达到极限强度，但变形性质突然发生变化，转变为挠曲、歪扭而毁坏的现象，称为失稳，也称压曲。保证构件不失稳，称为保证结构的稳定。设计时，对细长、薄壁的受压、受弯构件除了做强度验算外，还要验算构件的稳定性。　　　（宋显辉）

稳定传热　steady heat transfer

又称稳态热传递，定常传热。稳态温度场内的热传递过程。即传热过程中，物体内各点温度和热流量都不随时间而变。各种热工设备在持续不变的工况下运行时的传热过程属于此类。（曹文聪）

稳定度　stability

路面沥青混合料抵抗车辆荷载作用产生流动变形的能力。是沥青混合料组成设计的重要指标。多采用经验的方法来表征，并无确切的物理量。目前经常采用的稳定度有：哈－费稳定度、马歇尔稳定度和维姆稳定度以及司密斯三轴等。（严家伋）

稳定剂　stabilizer

能延缓材料变质的物质。可减缓反应速度，保持化学平衡，降低表面张力，延缓光、热老化、氧化、沉淀等作用。广泛用于塑料、橡胶、涂料、合成纤维等高分子材料及食品、医药、冶金等工业部门。在高分子材料中应用最多的，通常包括抗氧剂、光稳定剂（紫外线吸收剂），热稳定剂三大类。在高分子化合物单体的提纯、运输及贮存过程中，为防止聚合而添加的，又称阻聚剂。防止高分子材料在加工过程和使用过程中，因受热而发生降解或交联所添加的称为热稳定剂，主要有盐基性铅类、金属皂类、有机锡类和复合稳定剂等。

（刘柏贤）

稳定性白云石耐火材料　stabilized dolomite refractory

又称稳定性白云石砖。用稳定性白云石熟料制成的耐火制品。化学成分为 CaO、MgO 各占 40% 左右，SiO_2 15% 左右，R_2O_3 5% 左右。矿物组成为方镁石、$3CaO \cdot SiO_2$、$2CaO \cdot SiO_2$、$4CaO \cdot Al_2O_3 \cdot Fe_2O_3$、$2CaO \cdot Fe_2O_3$ 或 $3CaO \cdot Al_2O_3$。熟料粉碎后，按规定的颗粒配比，经混炼、成型和干燥后于 1 500℃ 左右烧成。耐水化性较普通白云石砖好，但热震稳定性较差。主要用于窑炉内衬安全层。由于制砖工艺较复杂，而使用效果与普通白云石砖相比无显著优点，所以，目前生产较少，应用不多。

（孙钦英）

WO

涡纹　swirl

节子或夹皮的周围，年轮或纤维形成局部弯曲呈旋涡状的纹理。降低了木材的顺纹抗拉、抗弯强度和冲击韧性等。但经适当加工成的板材常具有较高的装饰价值。　　　　　　　　　（吴悦琦）

沃兰　Volan

甲基丙烯酸氯化铬络合物的商品名。是最常用的铬络合物偶联剂。结构式为：

$$\begin{array}{c} \text{CH}_2 \\ \| \\ \text{C} - \text{C} \\ | \\ \text{CH}_3 \end{array} \begin{array}{c} \text{Cl}\;\;\;\text{Cl} \\ \diagdown\;\diagup \\ \text{O} \rightarrow \text{Cr} \\ \;\;\;\;\;\diagdown \\ \;\;\;\;\;\text{O} - \text{H} \\ \;\;\;\;\;\diagup \\ \text{O} \rightarrow \text{Cr} \\ \diagup\;\diagdown \\ \text{Cl}\;\;\;\text{Cl} \end{array}$$

一般为异丙醇溶液，呈暗绿色，有酒精味，略带甲基丙烯酸味，强酸性，相对密度略大于1，易溶于水，在 pH5～6 的水中水解所生成的羟基可与玻璃表面形成 Cr—O—Si 键。丙烯基可与树脂反应，从而使玻璃与树脂之间形成偶联。适用树脂有酚醛、环氧、聚酯、蜜胺等类。用于后处理时，一般配成 1%～3% 的水溶液，用氨水调节 pH 为 5～6，配好的溶液呈浅绿色。　　　　　　（刘茂榆）

握钉力　nail or screws holding power

木材抵抗钉子或螺钉拔出的能力，以 N 计。木材的握钉力除受树种、密度、含水率、硬度、纹理方向等因素的影响外，还与钉子的类型以及钉子与木材的接触面积有关。螺钉、倒刺螺钉增加了与木材的接触面和摩擦力，因而提高了握钉的能力。

（吴悦琦）

WU

污染性　staining property

又称粘污性。密封膏对所接触的基材（如砖石、混凝土等）表面的粘污和染色。这种污染可能由密封膏对基材的渗透引起，也可能由密封膏中的成分与基材的碱性成分等发生反应而引起。与基材的反应及长期的老化均可能使密封膏本身发生色调的变化，这种变化称为密封膏的色变，不称作污染。污染及色变可用颜色对比法测定。用白水泥调制砂浆试块，待终凝后，在试块的槽中刮入密封膏。然后将试块与密封膏一起进行人工加速老化，老化后的试件与原空的试件作对比，如无颜色变化且对水泥砂浆试块无污染者为合格。背补材料引起的密封膏的色变也仿此试验方法。

(徐昭东　孔宪明)

屋面木基层　wooden upper roof framing

木屋架以上的全部木构造。它分为平瓦屋面木基层与青瓦屋面木基层。平瓦屋面的木基层，一般由檩条、屋面板（望板）、油毡防水层、顺水条、挂瓦条等组成，其上铺挂平瓦。也可做成冷摊瓦（又称干挂瓦，即瓦下无屋面板），在椽子上钉挂瓦条后直接挂瓦。青瓦屋面的木基层，由檩条、椽、苇箔、麦草泥等组成，其上扣卧青瓦。也可在椽上铺置木望板或望砖以代替苇箔。还可不抹麦草泥，而用板条或网状的粗制竹席代替苇箔，在其上铺青瓦。

(姚时章)

无标样法　method of quantitative phase analysis without standards

不要纯待测相作标样，用解析方法求解试样中各相含量的方法。是 Zevin（1974年）导出的新方法。对于含有 n 相的 n 个试样，则有方程式：

$$\begin{cases} \sum_{i=1}^{n}\left(1-\dfrac{I_{ij}}{I_{is}}\right)\mu_i^* X_{is} = 0, & 1 \leqslant j \leqslant n \\ \sum_{i=1}^{n} X_{is} = 1 \end{cases}$$

式中，I_{ij}、I_{is} 分别为第 j 和 s 试样中第 i 相强度；X_{is} 为第 s 样品中第 i 相的含量；μ_i^* 为第 i 相的质量吸收系数。由第 j 和 s 两个试样中第 i 相强度 I_{ij} 和 I_{is}，由第 i 相化学组成得 μ_i^*，代入上式就可求出第 s 试样中 i 相含量 X_{is} ($i = 1, 2, \cdots n$)。显然测定 n 个相要有 n 个试样，并且各试样物相相同而含量不同。这就限制了此法适用范围。

(孙文华)

无槽垂直引上法　non-debiteuse method

又称匹兹堡法，简称无槽法。直接从成形室中的玻璃液面上垂直向上拉制板玻璃的方法（图）。1925 年首先为美国匹兹堡平板玻璃公司所采用。其工艺作业与有槽法相似，此法不用槽子砖，而在成形室把能稳定板根、能调节引上室表层玻璃液温度的耐火材料质引砖压入玻璃液面之下，玻璃原板直接从玻璃液面

用垂直引上机拉制而成，经机膛退火、冷却、切割而成玻璃原片。与有槽法相比，板玻璃表面的波筋与析晶少、抗霉性高、作业周期长、引上速度高，在产、质量上优于有槽法。是各种生产板玻璃方法中难度最大的一种。

(许　超)

无纺地毯　non-woven carpet

又称无纺织地毯。以纺织纤维为原料，经过粘合、熔化或其他化学机械方法加工而成的地毯。因不经传统的纺纱工艺过程而得名。可分化纤无纺针刺地毯、无纺织条纹地毯和纯羊毛无纺织地毯等。化纤无纺针刺地毯系丙纶纤维采用聚乙烯胶结而成，其色泽好、牢度强、不怕水；无纺织条纹地毯以黄麻布为基底，用聚氯乙烯作黏合剂黏结纯羊毛而成。无纺地毯工艺简单，价格低廉，广泛用于工业及民用建筑中。

(金笠铭)

无纺贴墙布　adhesive-bonded fabric wall cloth

天然纤维或涤纶、腈纶等合成纤维，经无纺成型、涂树脂、印刷彩色花纹而成的内墙饰面材料。具有挺刮、富有弹性、不易折断、表面光洁、色彩鲜艳、不褪色等特点。又有良好的防潮、透气性能，能用湿布擦洗，纤维不易老化、不散失、对皮肤无刺激作用。粘贴方便，适作各类建筑的室内装饰。以涤纶纤维为原料的产品具质地细洁光滑的特点，更宜作高级建筑的内装修。

(姚时章)

无缝钢管　seamless steel tubes

沿其横截面的周边上无接缝的钢管。根据生产方法不同分为热轧管、冷轧管、冷拔管、挤压管、顶管等，均有各自工艺规定。材质有普通和优质碳素结构钢（Q215-A～Q275-A 和 10～50 号钢）、低合金钢（09MnV、16Mn 等）、合金钢、不锈耐酸钢等。按用途分为一般用途的（用于输水、气管道和结构件、机械零件）和专用的（用于锅炉、地质勘探、轴承、耐酸等）两类。

(乔德庸)

无光釉　mat glaze

釉面反射能力较弱，表面无玻璃光泽而呈现柔和丝状或绒状光泽的陶瓷釉。釉层中及釉层表面均匀分布有大量微细晶体，使可见光不能直接反射，而只表现出较弱的漫反射。可分为无色或有色。其机械强度和抗开裂性均比同样组成的光泽釉（表面呈玻璃光泽的釉）要好。另外，也可用稀氢氟酸腐蚀的方法制得。主要用于陈设瓷、日用瓷和墙地砖。

(邢　宁)

无光釉面砖　mat glazed tile

表面施以直接反射光弱，呈柔和丝状或绒状光泽釉的釉面内墙砖。釉面为素色或彩色，并可饰以各种图案。用于光线充足的内墙装饰，表面柔和不刺眼。可用作内墙大面积铺贴或大面积拼花铺贴。

亦可用在白色釉面砖大面积铺贴中插入几片作为点缀。主要用于卫生间、厨房、浴室等的内墙装饰。

(邢宁)

无规入射吸声系数 random incidence sound (power) absorption coefficient

见吸声系数 (537页)。

无机非金属材料 inorganic nonmetallic materials

与金属材料和有机高分子材料并列的三大基本材料之一。传统的无机非金属材料主要是指以硅酸盐化合物为主要组分的材料，包括水泥与混凝土材料、日用玻璃与建筑玻璃、日用陶瓷与建筑陶瓷、耐火材料以及搪瓷等。随着现代科学技术的发展，在上述基础上发展了一类新型无机非金属材料，包括用高纯氧化物、氮化物、碳化物、硅化物、硼化物以及其他无机非金属化合物制成的先进陶瓷；用非氧化物，如卤化物、硫属化合物等制成的新型玻璃；以及具有独特物理功能的人工晶体，如半导体晶体、激光晶体、压电晶体以及非线性光学晶体等。这类新型无机非金属材料对当代高技术的发展具有重要的作用。

(袁润章)

无机胶凝材料 inorganic binding material

由无机化合物组成的胶凝材料。常为粉末状，加水调成浆体后有胶结性，能硬化变成有一定机械强度的固结体。按硬化条件可分为水硬性胶凝材料和非水硬性胶凝材料两大类，拌水后，前者能在空气中和水中硬化，通称为水泥；后者只能在空气中硬化，而不能在水中硬化，通称为气硬性胶凝材料。它有悠久的历史，从新石器时代到现在的4000多年中，经历着天然胶凝材料（如黏土）—石膏、石灰—石灰-火山灰—水硬性石灰、天然水泥—硅酸盐水泥—多品种水泥等各个发展阶段。其主要性能特点是具有水硬性、可塑性和胶凝性，与砂、石等材料拌合的和易性好，可以成型为各种形状、尺寸的构件，硬化后可得到较高的强度，并将其他材料牢固地胶结在一起。较之钢材它不会生锈，较之木材它不易腐蚀、变形、燃烧等，在生产中可大量利用工业废渣。广泛用于工业与民用建筑、地下、海洋、原子能工程和国防工程等。

(冯培植)

无机胶体乳化沥青 emulsified asphalt with inorganic colloid

以无机胶体为乳化剂的乳化沥青。由沥青、无机胶体乳化剂和水所组成。用搅拌法生产。掺入橡胶或树脂乳液可制得改性产品。属于水乳型厚质沥青防水涂料。黑色或黑灰色膏状悬浮体。固体含量不小于50%，其涂膜的耐热度在80℃以上，抗裂值不小于3mm（20±1℃），黏结力、不透水性、耐寒性均能满足建筑防水工程要求。例如，石灰乳化沥青，黏土乳化沥青，水性聚氯乙烯煤焦油涂料等。用于工业与民用建筑防水层，用量8kg/m² 以上，配合玻璃纤维布使用，涂刷或抹压法施工。还可用作膨胀珍珠岩保温隔热制品的胶结材料。

(刘尚乐)

无机胶粘剂 inorganic adhesives

以无机物为黏料配制的胶粘剂。硅酸盐类（水玻璃、硅酸盐水泥等）、磷酸盐、氧化物（氧化铝、氧化锌）、硫磺等在一定场合下都可用作胶粘剂。具有良好的耐腐蚀性、突出的耐热性、耐火性及较高的硬度等有机胶粘剂所不具备的特性。用于一般具有耐热要求的金属、陶瓷、刀具、工模具等粘接。特别是耐高温陶瓷胶粘剂和卤化物系胶粘剂的开发，使耐热温度提高到 1000~1450℃，并具有优良的抗热冲击性，从而开拓了导弹、宇宙飞船等新的用途。

(刘茂榆)

无机聚合物 inorganic polymers

指在主链骨架中无碳原子、侧链含有非有机基团的高分子化合物。在塑料工业中常包括侧链有有机基团的高分子。天然的无机高分子有石棉、云母和石墨等；合成的无机高分子有聚氯化磷腈、缩合磷酸盐、硼氮高分子和合成云母等。一般热稳定性较高，但分子量较低，机械强度较差。硅酮（有机硅）则是塑料工业范围内最重要的无机聚合物。

(闻荻江)

无机轻集料 inorganic lightweight aggregate

由无机硅酸盐材料组成的轻集料。按其形成条件可分为：①天然无机轻集料，如浮石、火山渣等；②人造无机轻集料，如黏土陶粒、页岩陶粒等。与有机轻集料相比，堆积密度较大，强度较高。主要用于配制结构保温轻集料混凝土和结构轻集料混凝土。

(龚洛书)

无机填料 imorganic filler

用作填料的天然和合成的无机材料。来源于天然矿物，通过机械粉碎或化学制备，一般呈粉状，其颗粒特征根据不同的矿物成分而呈球形、立方形、块状、片状、针状等。主要品种有碳酸盐类（碳酸钙等）、硫酸盐类（硫酸钙等）、含硅化合物（滑石粉、石棉、硅藻土、云母粉、高岭土等）以及也可作颜料用的金属氧化物（氧化铁、氧化镁、氧化锌等），其中用量最大的是碳酸钙。人造的玻璃纤维和中空玻璃球（珠）是具有特殊增强效果的无机填料。粉状填料对弹性体的增强效果较明显，对玻璃态和高结晶度的聚合物作用不大，且会降低某些性能（断裂伸长率、冲击强度等）。原料来源

广泛、价格便宜并能改进高分子材料的某些使用性能及加工性能，是复合材料中的一个重要组成部分。 (刘柏贤)

无机涂料 inorganic coating

以无机材料为主要成膜物质的涂料。我国传统的无机涂料是在石灰浆或水泥浆中加入颜料配成。随着石油化学工业的发展，有机高分子系的建筑涂料大量推广应用，但由于公害环保的强化及对建筑物耐久性、耐污染性、防火性要求的提高，无机涂料随之为人们所重视。它的成膜物质很多，主要有通式为 $Me_2O \cdot xSiO_2$ 的碱金属硅酸盐水溶液、胶体二氧化硅、磷酸盐以及其他无机胶凝材料等。原材料来源充沛，无毒无污染，涂膜耐磨、耐水、耐酸碱、耐热、耐老化、硬度高、价格低廉，但机械性能（耐弯曲和冲击）及附着力较差。有陶瓷涂料（是以胶态氯化硅为主要成膜物质，涂层可耐800℃，对基层渗透力、黏附力强）、磷酸盐涂料、硅酸盐涂料、硅溶胶涂料、水泥涂料等。应用于建筑物装饰及某些特殊用途。 (陈艾青)

无机纤维胎基 inorganic fiber base

又称矿物纤维胎基。由石棉纤维、矿棉纤维、岩棉纤维、玻璃纤维等无机纤维为原料制成的做油毡胎基用的布或毡。与棉、麻等有机纤维相比，它有较高的抗水性、耐腐蚀性和耐久性等，但也有矿物纤维本身的一些缺陷，如吸油量少，拉力低，耐折性差等。 (王海林)

无机颜料 inorganic pigment

对物料具有着色作用的天然或人工合成的无机化合物经加工而成的一种粉状颜料。着色力依其颗粒大小而异，颗粒愈细，着色力愈强。具有良好的对光和热的稳定性能，阻止紫外线的穿透，延缓涂膜老化，延长物体的使用寿命等作用。其遮盖力、耐光和耐热性比有机颜料好，无迁移性，且来源广，制作方便。但颜色不够鲜艳，着色力低。常用的天然无机颜料有朱砂、红土、雄黄等，人造无机颜料有钛白、铁红、铬黄、铁蓝等。主要用于油漆、油墨、塑料等工业。 (陈艾青)

无机质谱分析法 inorganic mass spectrometry

测定无机物质的原子（或分子）组分、含量和分布的一种质谱分析法。先将样品在离子源内离化并形成离子束，通过质量分析器使离子束按质荷比分离并记录质谱，根据分离的位置或时间来确定离子质量以检定物质的组分，根据质谱强度以测定各组分的含量并采用某种测量、成像或显示技术以了解其分布。对样品可进行表面、微区（$1\sim 2\mu m$）或微粒分析和整体分析，能分析周期表上从 H 到 U 的全部元素，分析速度快，样品消耗量少。分析用的仪器通常采用火花源双聚焦质谱仪和二次离子质谱仪。广泛用于金属、半导体、陶瓷、岩石、土壤等固体材料和液体样品中微量杂质元素或同位素的检测分析。 (秦力川)

无机阻燃剂 inorganic flame-retardant

以无机物为主要成分的一类阻燃剂。种类繁多，阻燃机理各异。最常用的有锑系、铝系、硼系、镁系和无机磷系阻燃剂。多数无毒、价廉、不挥发、不析出、不产生腐蚀性气体。但因物理形态和化学结构上与有机材料极不相同，对加工成型性和物理、电气性能有不良影响。常用活性剂或偶联剂作表面处理以增强与高分子材料间的结合力，提高充填度。为提高分散性，要求粒径细小均匀。适用于各种聚合物、合成纤维和配制防火涂料。 (徐应麟)

无基底塑料复合地板 laminated plastics floor without backing

无纤维质材料衬底，纯粹由几层不同组成的塑料层压复合而成的塑料地板。通常为软质的卷材，产品有均质聚氯乙烯地面卷材、印花聚氯乙烯地面卷材、印花发泡聚氯乙烯地面卷材等。面层为透明或填料很少的耐磨、耐刻划的聚氯乙烯膜，底层含较多填料。由于无纤维质基底，背面较致密，对黏合剂要求较高。 (顾国芳)

无碱玻璃纤维 alkali-free glass fiber

以 $SiO_2 - Al_2O_3 - CaO$ 三元系统为基础，碱金属氧化物重量含量为 $0\sim 2\%$ 的玻璃制成的纤维。因最初用于电绝缘，称 Electrical glass，故俗称 E 玻璃纤维。重量组成范围：$SiO_2 53\% \sim 55\%$，$Al_2O_3 13\% \sim 16\%$，$CaO 16\% \sim 22\%$，$MgO 0\sim 5\%$，$B_2O_3 7\% \sim 10\%$，$Na_2O + K_2O\ 0\sim 2\%$，$Fe_2O_3 < 0.4\%$。属铝硼硅酸盐玻璃范畴。熔化温度约为 1 600℃，拉丝温度约 1 200℃。具有电绝缘性能好、机械强度高、耐水性好等特点。主要适用于作电绝缘材料、增强材料等。国际上其产量占连续玻璃纤维 90% 以上。 (吴正明)

无空气喷涂 airless spraying

用高压泵压送密闭容器内的涂料，从喷枪口喷出时，压力突然下降溶剂急速挥发，涂料体积骤然膨胀而分散雾化，高速地涂装在被涂物表面的涂装方法。其优点是效率高（是空气喷涂的 3 倍，刷涂的 30 倍），涂料能达到各个缝隙、拐角等部位，漆雾飞散小、涂料利用率高，环境污染少，适用于高黏度涂料。其缺点是喷雾幅度及喷出量大小需更换喷嘴才能变换，不能进行薄层的装饰性涂料的施工，需要有配套的设备，包括动力源、柱塞泵、蓄压器、高压输漆管、喷枪、压力控制器和容器等。

喷涂方法有热喷型、冷喷型及静电涂装型三种。热喷型主要用于喷涂硝基漆；冷喷型主要适用于合成树脂涂料和乳胶涂料等，广泛用于建筑、造船等工业领域。　　　　　　　　　　（刘柏贤）

无捻粗纱布　woven rovings, roving cloth

俗称方格布。由玻璃纤维无捻粗纱织成的布。多织成平纹布，较少织成斜纹或缎纹。采用剑杆织机织造，省去整经、卷纬工序，效率高，成本低；布厚重，施工效率高；强度较高，铺覆性较好，能适应各种曲面；采用增强型浸润剂，易被树脂浸润，使用前无需热处理。主要用于手糊增强塑料制品，如船、车、低压容器、电绝缘制品等。
　　　　　　　　　　　　　　　（刘茂榆）

无氢火焰熔融法　non-hydrogen flame melting method

采用不含氢组分的可燃气体的火焰熔制无羟基石英玻璃的方法。常用燃气有：二硫化碳-氧、一氧化碳-氧。可用电辅助加热补充热量不足。高频感应等离子炬新工艺也属此类。　（刘继翔）

无砂大孔混凝土　no-fines hollow concrete

见大孔混凝土（65页）。

无砂混凝土　no-fines concrete

见大孔混凝土（65页）。

无声炸药　static demolition agent

又称胀裂剂、无声破碎剂、静力破碎剂。旧称静态爆破剂。不产生爆炸和爆轰、依靠静力作用来破碎物体的粉状破碎剂。以氧化钙为主要原料，加适量添加剂制成。20世纪80年代初，开始在世界各国推广应用。近年来，中国和日本等国研制成功快速型、卷装型、低温型和强力型等新品种。它通过氧化钙与水混合后发生水化反应放热和体积膨胀产生的静力来破碎混凝土、钢筋混凝土或岩石等介质。清除了工业炸药爆破时常规产生的地震波、冲击波、飞石和噪声等有害效应。用于混凝土基础、构筑物的拆除、基岩开挖、石材成型切割及孤石破碎等。　　　　　　　　　　　（刘清荣）

无石棉纤维水泥制品　non-asbestos fibre reinforced cement product, asbestos-free fibre reinforced cement product

又称非石棉纤维增强水泥制品。不含石棉的、用途与石棉水泥制品相同的各种纤维增强水泥制品的泛称。20世纪70年代后期，鉴于石棉粉尘对人体健康有害，不少工业发达国家采取措施限制或禁止生产、使用含石棉的制品，并研究用其他纤维代替石棉，绝大多数制品是在稍加改进的原有制石棉水泥制品工艺线上制造的。用纤维素纤维、抗碱玻璃纤维、维纶、芳纶、聚丙烯膜裂纤维与碳纤维等制成的纤维增强水泥制品均属之。　（沈荣熹）

无收缩快硬硅酸盐水泥　non-shrinkage and rapid hardening portland cement

又称浇筑水泥。以硅酸盐水泥熟料、适量二水石膏和膨胀剂磨制成的水泥。膨胀剂常为经特定温度煅烧的石灰，它水化生成氢氧化钙而使水泥具有微膨胀特性。其净浆水养护的膨胀率为：1d不小于0.02%，28d不大于0.3%。有快硬特性，规定了1d强度指标。标号以28d强度确定，分525、625和725三个标号。初凝时间不早于30min，终凝不超过6h。适用于配制装配式框架节点的后浇混凝土和钢筋锚固的砂浆、接缝工程、机器设备底座的灌浆，以及要求快硬高强、无收缩的混凝土工程。　　　　　　　　　　　　（王善拔）

无熟料水泥　cement without clinker

以活性混合材料为主加入适量碱性激发剂和（或）硫酸盐激发剂磨制成的水泥的统称。因完全不含或含有很少水泥熟料而得名，按不以生产工艺的差别命名水泥的原则，已不作为正式名称使用。常用活性混合材料为粒化高炉矿渣、磷渣、赤泥、化铁炉渣、火山灰、粉煤灰、烧黏土等。碱性激发剂常用石灰和硅酸盐水泥熟料，硫酸盐激发剂为石膏。该水泥通常用激发剂和活性混合材料来命名，如石膏矿渣水泥、赤泥硫酸盐水泥、石膏化铁炉渣水泥、石灰矿渣水泥、石灰火山灰水泥等。生产工艺简单、能耗低，原料可就地取材、利用工业废渣，有一定经济价值。但其标号一般较低，凝结和硬化较慢。只适用于一般砌筑砂浆或早期强度要求不高的无筋或少筋的混凝土工程。　（王善拔）

无水泥耐火浇注料　cement-free castable refractory

不含水泥的耐火浇注料。其原料和生产工艺与普通耐火浇注料相同，一般由优质生黏土或超细粉代替水泥加入配料中，严格控制颗粒级配。其高温耐火性能（如耐火度，荷重软化点，高温强度等）优于一般含水泥的耐火浇注料。应用于冶金工业（如加热炉，均热炉等）、化学工业和石油化工等。
　　　　　　　　　　　　　　（孙钦英）

无水石膏　anhydrite

又称硬石膏。不含结晶水的硫酸钙。化学式$CaSO_4$。有天然矿物，也可由二水石膏经脱水后制得。根据结构不同可分为Ⅲ型、Ⅱ型和Ⅰ型无水石膏，亦可称为硬石膏Ⅲ、硬石膏Ⅱ和硬石膏Ⅰ。天然无水石膏的结构及性能与Ⅱ型相似，莫氏硬度2.5～3.5，相对密度2.90～3.10，斜方晶系，晶体一般较小，呈柱状或厚板状，难溶于水，凝结很慢或几乎不凝结，但加入激发剂后能水化、硬化并获得较高的强度。Ⅰ型属高温型（>1180℃）产物，在常温中不可能独立存在。Ⅲ型水化能力强，存放时极易吸潮而转变为半水石膏（参见石膏变体，437页）。　　　　　　　　　　　（高琼英）

无胎油毡　non-reinforced asphalt roll roofing

又称无胎防水卷材，由橡胶和树脂改性材料与石油沥青及填料经混合后以熔融或压延成型制成的防水卷材。不含胎基。改性材料可以是生胶粉、聚乙烯、聚氯乙烯、氯磺化聚乙烯、乙烯、丙烯酸丁酯共聚体、聚乙烯醇、聚丙烯、丁苯胶乳等。其中还可用短纤维做增强材料。具有延伸性大，低温柔性好，耐腐蚀等优点，可用作屋面、地下、水利等工程的防水层，尤其适用于对防水层的延伸性和低温柔性要求高的工程。　　　　　（王海林）

无压饱和纯蒸汽养护　non-pressure saturated steam curing

利用饱和纯蒸汽湿热介质养护混凝土的方法。养护坑的上下部均设有喷气管。下部另有一与外界大气相通的排气管，它与冷凝器及控制仪表相连接。养护时，先由下部喷气管供汽，与坑内空气混合，当温度达到80～90℃时，多余混合气体由排气管排出。升温至一定温度（95℃）时，改由上部喷气管供汽，其时100℃饱和纯蒸汽布满上部并下压混合气体，使其从排气管经冷凝器排出。当坑内全部充满饱和蒸汽时，则进入冷凝器的多余蒸汽已不含空气，上部蒸汽管遂自动关闭。这种养护方法养护坑内蒸汽与混凝土制品间的热交换强烈，养护时间短。但要求养护坑具有高密闭构造，操作复杂，现较难推广应用。　　　　（孙复强）

无焰燃烧　flameless combustion

又称灼烧（glowing），俗称焦烧、阴燃、熏烧。在固相区域发光发热的燃烧。无火焰可见。如点燃的香烟、木炭的燃烧等。对可燃材料特别是难燃材料在不充分燃烧或离开火源之后常有发生，并生成较多的烟。如通风良好，可能转为有焰燃烧。
　　　　　　　　　　　　　　　（徐应麟）

无影灯　shadow less operating light

光线能均匀投射于被照区内无阴影的灯具。常以多灯或单灯作光源，并装入盘型罩内，利用反射镜片使光线从各个方向透过隔热滤光玻璃，集中于被照区上不出现阴影。其照度在10 000～50 000lx。具有调控方便、使用灵活等特点。属特殊功能的照明设备，多用于医院手术室。　　　　（王建明）

五斤砖

重约5市斤的长方形扁薄墙砖。青灰色，规格多在长275mm、宽135mm、厚30mm左右。主要用来砌墙。另有一种体量较小的"行五斤"，规格为260mm×120mm×30mm左右，实为窑厂偷工减料所致。　　　　　　　（叶玉奇　沈炳春）

五氯酚钠　sodium salt of penta chlorophenol

又称PCP钠（盐）。白色针状或鳞片状晶体，易溶于水、甲醇、乙醇和丙酮中。具有与五氯酚同样的毒性，只是流失性比用有机溶剂的五氯酚大得多。中国南方木材防腐厂采用其水溶液处理电杆、枕木、坑木等。对木腐菌、变色菌、霉菌均有毒效，但对海生钻孔动物无效。　　　　（申宗圻）

武康石　Wukang stone

学名正长斑岩、二长斑岩。主要矿物成分为正长石的偏碱性中性浅成侵入岩。属火成岩成分，以正长石为主，次要矿物成分为斜长石及少量角闪石、辉石和黑色云母斑晶。颜色有灰、深灰或浅红，成半自形粒状结构，块状或似片麻构造。产于浙江省北部，苏南地区的古建筑中，元代以前多采用此石。　　　　　　　　（叶玉奇　李洲芳）

舞台效果灯　stage effect lamp

能模拟和调控各种光线而产生特有气氛的灯具。其种类有：聚光灯以突出人物、布景、道具为主；回光灯则以射程远，照度高为特点，可突出景物轮廓线；追光灯是跟踪主要演员以显示特技效果；而柔光灯的光照柔和，光线均匀，适宜于舞台侧面和顶部照明；泛光灯常用作舞台顶排、脚光及天幕照明，有光射范围广，光线柔和均匀等特点，分固定及投光等形式。其共性功能是用于烘托环境气氛，增强舞台艺术感染力。　　　（王建明）

物理钢化法　physical tempering glass

用物理方法使玻璃表面层产生压应力、内层产生张应力的方法。有风钢化法（适用于大型平板型制品、厚壁玻璃杯等）、油

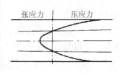

钢化法（适用于小件异形制品等）、区域钢化法（用于汽车前风挡玻璃等）、金属粉末钢化法等。其中广泛采用的风钢化法是把加热到接近软化温度（650～700℃）的玻璃用空气同时对其两面急冷而成钢化玻璃，其应力分布如图。玻璃钢化的最佳厚度为4～15mm。玻璃经风钢化后其强度提高约4～6倍，使用期30年以上。玻璃破碎后呈圆角不伤人。影响风钢化玻璃强度的因素有炉温、冷却强度（风温、风速、风量）、玻璃厚度、玻璃组成等。优点是工艺简单，成本低，使用时间长，碎片安全性好；缺点是有自爆现象，玻璃表面有可见的应力斑。　　　　　　　　　　　（许　超）

物理吸附　physical adsorption

见吸附（536页）。

物相分析 phase analysis

对材料的物相组成进行定性和定量分析的方法。物相是一种具有一定化学组成、内部结构，并且呈现一定物理性质和化学性质的均匀物质，如石英、方解石、高岭石等都各代表一个物相，所以在物相分析中常将物相和矿物视为同义词。分析所用的主要仪器有 X 射线衍射仪、热分析仪、光学显微镜、电子显微镜等。 （岳文海）

误差 error

见绝对误差（264页）。

雾点 hot end dust

浮法玻璃下表面直径几微米至几十微米的，密集的开口气泡群（灰泡）。是浮法玻璃的表面缺陷之一。肉眼观察隐约可见在玻璃表面上有一层尘雾。雾点程度较重者能降低玻璃的透明度，使物像模糊不清，严重者可使玻璃表面粗糙。是玻璃急剧冷却，使锡中溶解气体过饱和逸出所致。产生的原因：①锡槽保护气体中含氢量过高。在锡液中，氢的溶解度随着温度的升高而增大。当高温区锡液温度降低时，已溶于锡液中的氢气会成为过饱和态从锡液中逸出，在玻璃下表面形成开口泡；②锡槽内的含氧量高。氧在锡液中呈饱和状态时，一般以气泡的形式聚集在锡槽槽底材料-锡的界面上，而当其直径达到临界尺寸时，便脱离槽底，通过锡液上升以开口泡的形式留在玻璃下表面；③溶于锡液内的氢与氧相互作用形成的水蒸气从熔融锡内逸出时留在玻璃下表面。 （吴正明）

X

xi

西藏地毯 Xizang (Tibet) carpet

又称卡垫（藏语）。以西藏产土种优质羊毛，用植物和矿物染料染色，手工打结织做而成的地毯。发源于后藏江孜白朗县，已有近千年历史。编织工艺独特，系用穿签褡扣、打结排后再刀割断线，为世上仅有。从梳纺羊毛、捻线、合股、染色、编织、修剪到勾花成活全过程均为手工操作，国际上誉为"全手工地毯"。图案多用藏族喜爱的龙、凤、鹿、虎、蝶、山水、花草、八仙、八吉祥、福寿纹、藏币等为题材，浓红艳绿，热情奔放，简练生动。其产品除家用"卡垫"外，还有坐垫、靠毯（垫）、枕垫、长条形喇嘛坐垫、马鞍垫、牛额盖、马脖垫等。在国际上享有盛名。
（金笠铭）

吸尘地毯 dust arresting carpet

能自动吸附灰尘和脏物的地毯。由上下两层组成。上层为网眼状的织布，下层为具有静电性能的特种化纤织物，可自动吸附灰尘，吸附较多时，可用湿布揩擦干净。地毯四周边缘有可消除鞋底残留静电的条带，走出地毯时，鞋底残留静电自动消除。适用于家庭、饭店、宾馆，特别适于医院、实验室、计算机房等无尘环境的场所。 （金笠铭）

吸顶灯 surface mounted lamp

直接固定在顶棚上的灯具。常以白炽灯和荧光灯为光源。通常配有圆球、圆筒、橄榄、方、菱形等多种式样磨砂玻璃罩，分嵌入式、隐藏式、浮凸式及移动式等，有单、多头之别。具有防爆防脱、结构安全、安装维修方便、少占空间、光线柔和等特点。是现代各类建筑中应用最广泛的照明器具之一。 （王建明）

吸附 adsorption

物质能从体相自动地浓集到相界面上的一种界面现象。例如，将活性炭加入有色的糖水溶液中能使糖脱色。这是由于有色的杂质分子能自动地附着在活性炭的表面上，使有色杂质在相界面上的浓度大于它在体相（此处指内部溶液）中浓度的缘故。能有效地使其他物质附着在表面上的固体物质（如活性炭）称为吸附剂。被吸附的物质（如有色杂质）叫做吸附质。吸附作用可在不同的相界面（如气-固、液-固、气-液、液-液等界面）上发生。吸附的逆过程称为脱附。按吸附作用力的不同，可分为：①物理吸附，由分子间力引起的吸附，吸附热较小，约为 20~40 kJ/mol；②化学吸附，由化学键力产生的吸附，吸附热与化学反应热相近，约为 40~600 kJ/mol。吸附作用对表面结构和性质有较大的影响。例如，玻璃和陶瓷材料的表面吸附水蒸气等物质后，可形成吸附膜，它可使固体表面微裂纹内壁的表面能降低，显著降低材料的断裂强度。此外，在防毒、染色、脱色、分离回收，多相催化与色谱分析等方面，吸附都起着重要的作用。 （夏维邦）

吸附法测沥青含蜡量 absorbed method to paraffine content of bitumen

采用吸附、脱蜡的方式测定沥青含蜡量的一种方法。该法是先用正庚烷脱去沥青质，然后将软沥青质吸附在氧化铝柱上，用正庚烷和苯分别洗释饱和分和芳香分。在-20℃条件下，以丁酮-苯为脱蜡溶剂，使饱和分和芳香分中的蜡分离。含蜡量以蜡的重量占原试样重量的百分率表示。这种方法所测定的含蜡量较蒸馏法和硫酸法准确，并且可分别研究饱和分和芳香分中蜡的组成和结构。

（严家伋）

吸附水 absorbed water

固体表面上或孔隙内表面上的分子其不饱和力场所产生的剩余价力吸住的水。属可蒸发水。可用硬化水泥浆体表面形成单分子水膜时吸附水的量来确定水泥浆体的表面积。

（陈志源）

吸附指示剂 absorption indicator

见沉淀滴定法（49页）。

吸热峰 endothermic peak

在差热或差示扫描量热测量中，试样和参比物之间的温度差或能量差相对于基线为负值的峰。矿物的脱水、分解，物质的溶化、熔融及

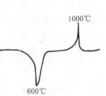

部分晶型转变等过程在热性曲线上均表现为吸热峰。若二者温度差或能量差相对于基线为正值，则是放热峰。物质的化合、凝固、重结晶等过程在热性曲线上均表现为放热峰。图中示出了高岭土的差热分析曲线，在600℃左右脱水形成吸热峰，在1 000℃左右重结晶形成放热峰。根据吸热峰或放热峰的温度、数目、形状及大小，可对物质进行定性和定量分析。

（杨淑珍）

吸热搪瓷 heat-absorbing enamel

又称红外搪瓷。瓷釉中含有能吸收红外线物质的搪瓷。主要由导热性好的铝材坯体和吸热效能高的黑色釉制成。用其制造的阳光红外吸收罩与热交换系统配合使用，可作利用太阳能建筑的供暖设备。

（李世普）

吸声材料 sound absorption material

以其多孔性、薄膜作用或共振作用而能吸收入射声能的材料及制品。通常平均吸声系数超过0.20，用于控制反射声以调整房间内部的混响，消除回声，改善房间内的听闻条件，降低噪声级；作为管道内壁衬垫或消声器材料以降低通风空调系统中的噪声；衬贴于隔声罩内表面以提高隔声量。选用时除考虑材料吸声性能外，还要注意其力学强度、传热性、耐火、吸湿及加工难易和装饰性能等。

（陈延训）

吸声量 equivalent absorption area

又称等效吸声面积，开放窗。与其表面或物体吸收本领相同而吸声系数为1的面积。一个表面的等效吸声面积等于它的面积乘以吸声系数。放在室内某处的物体所具有的等效吸声面积等于放入物体后室内总等效吸声面积的增加量，单位为 m^2。

（陈延训）

吸声毛毡 sound absorbing felt

动物毛经编织或用树脂胶结而成的吸声隔振材料。一般厚度约0.5~10cm，特殊音质或隔振处理也有用更厚的。具有较优良的高频吸声性，随着厚度的增加，低频吸声性能也随之增加。常用来调整和平衡吸声性能，改善房间音质；处理隔声门、窗的缝隙，提高门窗隔声能力。并可作为管道或轻型设备的隔振垫。

（陈延训）

吸声泡沫玻璃 sound absorbing foam glass

吸声系数高的泡沫玻璃。以玻璃粉和碳酸盐发泡剂经成型、焙烧、发泡而得。其吸声系数高达0.3~0.4（音频100~250Hz），0.37~0.48（音频250~600Hz），噪声减少率12%，隔声能量达28dB左右。开口气孔率大，约占40%~60%，吸水吸湿。抗压强度0.78~3.92MPa。是各类通风管道及消声器（降低噪声传播和危害）的良好吸声材料。作为建筑物墙面材料可改善厅堂场所的音响效果。

（许淑惠）

吸声系数 sound（power）absorption coefficient

声波入射到材料表面，被吸收的声能与入射声能之比值。随入射声波频率的不同而异，为入射声波频率的函数，一般材料在0.01~1.00之间。按入射角角度分为正入射吸声系数 α_0（驻波管法测定值）和无规入射吸声系数 α（混响室法测定值）两种，同一材料通常是 α 大于 α_0，实际上一般均为无规入射，常应用 α。

（陈延训）

吸湿膨胀 moisture expansion

陶瓷坯体吸水前后的长度变化。精陶制品（如釉面砖）产生后期龟裂的主要原因和质量指标，其值越小越好。瓷坯多孔和含有碱金属玻璃相、非稳定结晶矿物及无定形物质是产生湿膨胀的主要因素。

（陈晓明）

吸湿性 moisture absorbability

材料在潮湿环境中吸收空气中水分的性质。所吸水分大小随空气湿度而变化。而在干燥环境中，所含水分又能向空气中散发，使所含水分与空气湿度达到平衡。吸湿性的大小可用含水率来表示。与空气湿度达到平衡时的含水率称为平衡含水率。木材的吸湿性特别明显。

（孙复强）

吸收率 absorptivity

被物体吸收的辐射能与投射到物体上的辐射能之比。常用符号 A 表示。反映物体对辐射能的吸收能力的大小。与其相对应，被物体表面反射出的辐射能与投射辐射能之比，称为反射率（R）。透过物体的辐射能与投射辐射能之比，称为透射率（D）。三者之和为 1，即 $A+R+D=1$。绝对黑体 $A=1$；绝对白体（或镜体）$R=1$；绝对透热体 $D=1$。灰体 $0<A<1$。   （曹文聪）

吸收系数 absorption coefficient

又称衰减系数。当一束 X 射线通过物质后，由于散射和吸收作用使其在透射方向上的强度（I）衰减。衰减的程度与所穿过物质中的距离 dt 成正比。用微分式表示：$-dI/I=\mu dt$，比例系数 μ 称为线吸收系数。它等于 X 射线通过 1cm 厚的物质时，强度衰减的自然对数值，单位为 cm^{-1}。但通常用的是质量吸收系数 μ_m，它等于 X 射线通过在 $1cm^2$ 横截面积内含有 1g 物质的试样层后，其强度衰减的自然对数值，单位为 cm^2/g。μ 和 μ_m 的关系是 $\mu_m=\mu/\rho$，式中 ρ 为物质的密度（g/cm^3）。
（岳文海）

吸水率 water absorption

表征材料吸水的能力的指标。以质量吸水率或体积吸水率表示，即材料吸水饱和时水分的质量（或体积）占材料干燥质量（或体积）的百分数。可用下式计算：$W_质=[(G_1-G_0)/G_0]\times 100\%$；$W_体=[(G_1-G_0)/V_0]\times 100\%$。式中：$W_质$ 为材料质量吸水率（%）；$W_体$ 为材料体积吸水率（%）；G_1 为材料吸水饱和状态的质量（g）；G_0 为材料干燥状态下的质量（g）；V_0 为材料自然状态下的体积（cm^3）。在工程中多用质量吸水率。当材料孔隙中含有一部分水（未达饱和状态）时，这部分水重占材料干重的百分数称为含水率，与吸水率的涵义不同。   （潘意祥）

吸水模衬 water absorbing lining

混凝土模具内具有混凝土制品部分表面形状，用来在混凝土混合料成型时或成型后吸取其表层部分水分的衬垫。其表面为多孔纤维编织材料，中间有金属或塑料网形成的一定空间，与真空设备相连，用来除去混合料中部分多余水分，以获得较高的初始强度，便于立即脱模或进行湿热处理，常与振动设备配合使用。适用于厚度较小、形状复杂的制品，所用混凝土混合料一般流动性较大。
（丁济新）

吸水性 water absorption，water absorptivity

材料吸收水分的能力。大小由吸水率表示。各种材料的吸水率相差很大，例如花岗岩为 0.5%～0.7%；密实的重混凝土为 2%～4%；砖为 8%～20%；木材与多孔的保温材料的重量吸水率可达100% 甚至更多。吸水率的大小与材料是亲水性还是憎水性、孔隙率的大小以及孔隙的特征有关。材料吸水后会改变材料的物理力学性能，如体积膨胀、表观密度增加、保温性能降低、抗冻性变坏及强度下降等。   （潘意祥）

矽卡岩 skarn

一种钙质硅酸盐岩石。在侵入体接触带附近的碳酸盐和少数硅酸盐岩石中，由交代作用而形成。主要由石榴石（钙铝-钙铁系列）、辉石（透辉石-钙铁辉石）及一些其他的钙、铁、镁、铝硅酸盐所组成。其颜色和纹理变化较大，主要与矿物成分和粒度有关，常见为暗褐色、暗绿色等。矿物晶形较好，具不等粒粒状变晶结构及块状构造，相对密度较大（3.30～3.90）。根据主要组成矿物可分为：石榴石矽卡岩、透辉石矽卡岩、金云母镁橄榄石矽卡岩等。需要指出的是，在前寒武纪变质岩地区，当镁质大理岩遭受混合岩化作用后，也可形成与镁质矽卡岩的矿物组合相似的岩石，有人称其为镁质矽卡岩。可用作高级建筑装饰材料及石雕材料。
（郭柏林）

硒粉 selenium powder

周期表第Ⅵ类主族元素硒的粉末。分为两类：①高温型的硒粉，相对密度 4.26，熔点 217℃，沸点 688℃，无定形的红色粉末；②低温型的硒粉，六方晶体，相对密度 4.81，黑色粉末。硒粉使玻璃着成淡玫瑰红色。与硫化镉配合使用时，在玻璃熔制中形成 CdS 与 CdSe 的固溶体（CdS·nCdSe），在热处理过程中能形成连续的混晶而使玻璃着色，随 CdS:CdSe 分子比值减少，玻璃由黄转红。在熔制过程中 Se 的挥发量可高达 90%，加入硼酸盐化合物或 ZnO 能降低硒的挥发量并改善玻璃的着色。
（许　超）

硒红玻璃 selenium-ruby glass

又称硒红宝石玻璃。以硒硫化合物着色剂着色的颜色玻璃。属于硒硫化玻璃系列，随硫化镉和硒化镉的比例不同，可着成黄、橙、红、深红等系列颜色。色纯、鲜明、透光率高，光吸收曲线陡峭，但制造工艺较复杂，玻璃成型后通常需经热处理而显色。适于制造滤光玻璃、信号玻璃和艺术玻璃制品，也作为大型高级建筑物顶峰标志装饰用材料和室内装饰材料。教堂、博物馆、宾馆建筑用得较多。   （许淑惠）

硒硫化合物着色剂 selenide-sulfide colorant

以硒与硫化镉熔于玻璃中形成 CdS 或 CdS-CdSe 固溶胶体而使玻璃着色的着色剂。玻璃颜色由 CdS/CdSe 的比例所决定，随 CdSe 含量增加，颜色由黄、橙黄转为浅红、鲜红而至深红。玻璃色纯、鲜艳、透光率高，广泛应用于制造艺术玻璃、建筑玻璃、滤光玻璃和信号玻璃。　　（许淑惠）

稀释剂　thinner

用于稀释溶液的液体。与被稀释溶液不发生化学结合，但通常能改变溶液的某些物理性能（如降低浓度、黏度等）。在涂料工业中常指稀释涂料的挥发性液体。如油基漆用的松节油、二甲苯等，硝基漆、氨基清漆等需要的专用稀释剂。另一类是指本身并无溶剂的溶解能力，加入其他溶剂溶解的溶液中，溶质不发生分离、沉淀，并能使溶液达到稀释目的的液体。如乙醇可作为聚乙烯醇缩丁醛的溶剂，水不能作为溶剂，但在乙醇中可加入一定比例的水作稀释剂。苯不能作为硝酸纤维素的溶剂，但用醋酸酯作为溶剂时，将苯加到某种程度可起到稀释作用。苯可作为其他树脂、松香、油脂等的溶剂，对硝酸纤维素是稀释剂。　　（刘柏贤）

稀释沥青　fluxing asphalt

见轻制沥青（392页）。

稀土着色玻璃　rare-earth colored glass

稀土离子着色的颜色玻璃。其特点是着色稳定，色彩雍容华贵。例如，含 Ce^{3+} 的荧光玻璃；U^{6+} 着色玻璃呈黄绿色，并具有异常美丽的荧光；Nd^{3+} 着色玻璃具有柔和美丽的双色效应，在日光下为紫红色，在荧光灯下为蓝紫色；以微量 CeO_2、Nd_2O_3 和 Pr_2O_3 等稀土氧化物着色玻璃呈紫蓝色，能全部吸收 345nm 以下的紫外线，用来制造克罗克斯眼镜片，视物清晰舒适。用途广泛，除用于生产器皿、艺术玻璃制品和眼镜片外，还可制造耐辐射玻璃、激光玻璃、荧光玻璃制品，也是一种新型的建筑装饰材料。　　（许淑惠）

锡槽　tin bath

浮法生产平板玻璃的成形设备。主体结构为耐火材料构成的有顶盖的槽体，外包金属壳。槽内装锡液，熔窑熔化好的玻璃液经流槽流入锡槽，漂浮于锡液上，因表面张力而形成厚度均匀、平整、表面近于机械抛光的玻璃带。整个槽体有良好的密闭性，槽空间充以氮和氢气保护气体，以防止锡液氧化。根据成形工艺，要求横向温度均匀，纵向的分区温度调节方便并能严格控制。常采用电加热方式。　　（曹文聪）

洗涤槽　sink

又称化验槽。用以承接厨房、实验室用水和洗涤物品的槽形陶瓷器具。底部有排水口，有的有夹层溢流水道和溢水孔，表面施以透明釉或乳浊釉。　　（刘康时）

洗面器　wash basin

供洗脸、洗手用的有釉陶瓷质卫生设备。盛水部位形状多样，有长方形、椭圆形、圆形、梯形等。器壁内隐蔽有溢水道，壁上有溢水孔。按装配方式分为：安装在墙壁上的壁挂式；用陶瓷立柱承托，排水管道藏于立柱之中的立柱式；安装于托架上的托架式；镶嵌于化妆台面的台式镶嵌式等。
　　（刘康时　陈晓明）

洗砂机　sand washer

清洗砂子的设备。用于清除砂中的有机物质、泥土、云母等有害杂质，以提高混凝土集料的质量。有螺旋式和刮板式两种。前者由机架、机体、螺旋铰刀、供水管、传动装置等部分组成，后者由机架、刮板、供水系统、传动装置等部分组成。可以清洗粒径在 5mm 以下的砂子，使含泥量不超过 1.5%。清洗后的砂子需设置料仓或堆场储存，同时排除水分。在工艺设计中，应考虑废水和泥砂的处理。　　（孙宝林）

洗石机　stone washer

清洗石子的设备。用于清除石子中的有机物质、泥土、云母等有害杂质，以提高混凝土集料的质量。常用的洗石机为圆筒式洗石机，主要由机架、带有筛孔的圆筒、供水、传动等部分组成。常与筛分同时进行，边筛边洗。清洗后的石子需设置料仓或堆场储存，同时排除水分。在工艺设计时，应考虑废水和泥砂的处理。　　（孙宝林）

洗手盆　handrinse basin

专供洗手用的小型施釉陶瓷质卫生器具。通常固定安装在墙壁上。品种较多，外观形式多，根据市场要求而定。　　（刘康时）

系统　system

又称物系或体系。人为地将它从物质世界中的其他部分划出来作为研究的对象的物质总体。在其外与其密切相关的部分称为环境。按照系统与环境间的相互关系可分为三类：①敞开系统，两者之间有质量和能量的交换；②封闭系统，只有能量交换，没有质量交换；③孤立系统（或隔离物系），没有质量和能量的交换。按照相数又可分为：①单相系统，其中只含有一个相；②多相系统，含有一个以上的相。没有气相或可以不考虑气相的系统称为凝聚系统，例如硅酸盐系统。
　　（夏维邦）

细瓷　fine porcelain; fine china

使用质量好的原料，经细致加工所得到的胎体细腻、釉面光润、吸水率不大于 0.5% 的一类瓷器。白色者要求白度（漫反射的光量对入射光量的百分比）不低于 70%，带色者要求颜色纯正，光泽度（对折射率为 1.567 标准黑玻璃平板的相对反射率）不低于114度，透光度（1mm厚试样的光通量对照射在试样的光量百分比）为2～20。

（邢宁）

细度 fineness

粉状物料粗细程度的度量。同一材料的细度可有不同的表示方法。水泥的细度是表示水泥磨细的程度，是水泥重要的品质指标之一。它对于水泥的需水量、水化硬化速度、放热速度及强度等都有影响。水泥细度测定方法一般有筛析法和比表面积法两种。前者是用0.08mm方孔筛进行筛分（常用水筛法）；后者是根据常压空气穿透水泥层时所受到的阻力大小计算而得，是以1g水泥具有的表面积（cm²）来表示。水泥的比表面积一般波动在2 500～3 500cm²/g之间。

（潘意祥）

细度模数 fineness modulus

又称细度模量。除去5mm的筛筛余后各号筛上的累计筛余百分率的总和。表示细集料粗细程度的一种指标，可根据试样筛分结果按下式计算：

$$\mu_f = \frac{(A_2 + A_3 + A_4 + A_5 + A_6) - 5A_1}{100 - A_1}$$

式中 μ_f 为细度模数；A_1、A_2、A_3、A_4、A_5、A_6分别为筛孔尺寸为5.0mm、2.5mm、1.25mm、0.63mm、0.315mm、0.16mm各号筛上的累计筛余。其值愈大，表示细集料愈粗。普通混凝土用砂的细度模数范围一般为0.70～3.7，其中3.1～3.7为粗砂，2.3～3.0的为中砂，1.6～2.2的为细砂，0.70～1.5的为特细砂，小于0.70的为粉砂。

（孙宝林）

细灰

由油满、血料、光油和细砖灰等调和而成的古建地仗制作中最细的一种油灰。大木地仗中其重量配比为油满:血料:光油:清水:细砖灰 = 1:10:2:6:39。其状如膏，细腻无杂质。施于中灰之上，层厚约2～3mm。未干透时，用砂纸打磨，磨掉浆皮，扫净浮灰粉，立即擦生桐油（钻生），以防风裂。

（王仲杰）

细集料 fine aggregate

又称细骨料。粒径在5mm以下的集料。按来源可以分为天然细集料和人造细集料两种。按堆积密度，可以分为普通细集料、重细集料和轻细集料三种。常用的品种有天然砂、重晶石砂、矿渣、天然轻砂、人造轻砂等。在混凝土中可以填充粗集料的空隙，减少水泥浆的收缩，改善混凝土的性能。混凝土的品种不同，所采用的细集料也不同。配制普通砂浆和混凝土常采用天然砂。其规格、级配和质量均应符合有关标准的规定。 （孙宝林）

细粒式沥青混凝土 fine grained bituminous concrete

集料最大粒径为15（或10）mm的一种沥青混凝土。这种沥青混凝土的结构均为密实型的，孔隙率较小（2%～6%），沥青用量较多（6.0%～7.0%）。主要用于双层式沥青混凝土路面的上层，一般厚度为2.5～4.0cm。有时在交通量不大的道路上，也可采用空隙型结构，做成单层式混凝土路面。

（严家伋）

细料石 ashlar

又称细条石，旧称细凿石。由毛石经细凿加工而得的外形规则的六面体砌筑石材。截面的宽度、高度不应小于20cm，且不应小于长度的1/4。叠砌面凹入深度不应大于1cm。一般每10cm长度上有錾路8～10条。主要用作栏杆石、台阶石，铺砌广场和高级路面，砌筑涵闸的门槽等。 （宋金山）

细木工板 lumber-core board

俗称大芯板。木板条或单板经拼合或胶合成芯板，两面分别覆以1～2层单板胶压制成的厚板。芯板板条和表层单板的纹理方向应相互垂直。细木工板改善了实木板的性能，芯板胶拼的细木工板力学性能优于不胶拼的板。芯板的材质和厚度尺寸精度会影响板面的平整度。可用作室内装修、隔墙及地板等材料。

细木工板

（吴悦琦）

细泥尺七砖

简称尺七砖。用过筛后的细黄黏土制坯烧成的一尺七寸（营造尺）见方的细泥方砖。清代多产自河北及北京东郊一带。由工部和内务府承办的官窑烧制，民窑也有产出。尺寸为见方544mm，厚80mm，重35kg。该砖密实度仅次于澄浆砖，强度较好。砍磨加工后常用于大式建筑铺墁室内外地面及博缝等部位，也可作为檐料子和砖雕用砖。目前江苏、河北、山西等省均产此砖，多以粗泥为主，规格略有不同。

（朴学林）

细泥尺四砖

简称尺四砖。用过筛后的细黄黏土制坯烧成的一尺四寸（营造尺）见方的细泥方砖。清代多产自河北及北京东郊一带。由工部和内务府承办的官窑烧制，民窑也有产出。尺寸为见方448mm、厚64mm、重22.5kg。该砖密实度仅次于澄浆砖，强度较好，砍磨加工后多用于古建铺墁室内外地面及博缝等部位，也可作为砍制檐料子和杂料子用砖。现在河北、山西、江苏等省均产此砖，但以粗泥为主，规格略有不同。

（朴学林）

细腻子

由血料和土粉子调合而成的一种古建油饰腻子。其重量配比为血料:清水:土粉子＝3:1:6。其状如膏。施于细灰层之上。以修补细灰层表面的斑孔和磨痕的不平。 （王仲杰）

细砂 fine sand

见细度模数（540页）。

细石混凝土 pea gravel concrete

又称豆石混凝土。粗集料最大粒径小于10mm的混凝土。抗压强度较高，常用于制作高强混凝土、薄壁构件，以及用于混凝土灌缝。通常将粒径5～10mm的卵石称为绿豆石或豆石。

（徐家保）

xia

下垂度 droop

又称下垂值。表征嵌缝油膏和密封膏耐热性和流变性的指标。试验方法是在两端开口的金属槽内嵌填嵌缝油膏或密封膏，在规定温度下垂直、水平（密封膏）或45°（嵌缝油膏）放置一定时间，测量其下垂距离，以mm计。一般要求嵌缝油膏下垂值不大于4mm，密封膏下垂度不大于3或4mm。

（孔宪明）

夏尺 Xia scale

又称唐黍尺、唐小尺。长度为开元通宝钱平列十枚之长。开元通宝直径＝2.469cm，故1夏尺＝2.649cm×10＝24.69cm。按此数据乃清人吴大澂用开元通宝钱逆推而得，夏尺实物，尚未发现，无从考信。按，夏代理当有尺度系统，但必较原始。《史记夏本纪》言禹"声为律，身为度"，尚未进步到运用乐律知识，采取较为精密的累黍为黄钟管长，定出律尺，作为长度基准。本辞典尊重传统，维护我国尺度史的完整性，但保持信以传信，疑以传疑的科学态度。 （张良皋）

xian

仙人

又称骑鸡仙人、冥王骑鸡、真人。琉璃瓦屋面檐口上部脊端脊瓦上的装饰构件。位于一排走兽的最前部，造型为一老者骑在一只昂首前视的鸡上。关于它，有着如下的各种传说：为姜子牙骑异兽，以镇灾防邪；仙人骑凤凰，以示祥瑞；禹王治水，因屋

面多龙，易成水患，故请禹王镇之。另外，还有麒麟送子以及泯王骑鸟等不同的民间传说。

仙人尺寸表　　单位：mm

	二样	三样	四样	五样	六样	七样	八样	九样	注
长	432	400	370	352	320	304	290	272	
宽	210	192	180	160	144	130	110	64	
高	496	432	400	336	224	192	130	130	

（李　武　左濬元）

先张法 pretensioning method

制作预应力钢筋混凝土制品或构件在混凝土成型前张拉钢筋的一种工艺方法。钢筋在混凝土浇灌前张拉，达到张拉控制应力，用夹具临时锚固于台座或钢模的两端，其时，钢筋的拉力由台座或钢模承受。混凝土经养护硬化达到一定强度后（一般为不低于设计强度的70%），放松预应力钢筋，钢筋回缩时，借助它与混凝土之间的黏结力使混凝土获得预压应力。采用台座法或机组流水法进行生产。适用于制作中小型的制品或构件。 （孙复强）

纤维板 fiberboard

以木材或其他植物纤维为原材料，经纤维分离、加或不加胶粘剂，并经成型和热压等工序制成的板材。按密度分为硬质纤维板（800kg/m³以上）、半硬质纤维板（中密度纤维板，400～800kg/m³）、软质纤维板（400kg/m³以下）。结构均匀，加工性能良好。软质纤维板具有良好的隔热和吸声性。半硬质纤维板强度较高，表面光洁，抗弯和抗冲击性优于刨花板，并可进行雕刻加工。硬质和半硬质纤维板可作室内装修及地板衬等，软质纤维板可作顶棚材料。 （吴悦琦）

纤维饱和点 fiber saturation point

木材细胞腔内的自由水全部失去，而细胞壁中的吸着水处于饱和状态时的含水率。由于木材的化学组分基本相同，故各种树种的木材纤维饱和点的含水率变化不大，大致介于23%～31%，取决于木材中可抽提物的数量与成分，木材的物理-力学性质大多随纤维饱和点以下含水率的增减而变化。而木材含水率在纤维饱和点以上时，木材的许多性质近于不变。 （吴悦琦）

纤维缠绕成型 filament winding

将浸过树脂胶液的连续纤维或布带，按控制张力和设计的线型规律缠绕到芯模或模具上成型增强塑料制品的方法。根据缠绕机的种类分为定长缠绕、连续缠绕和现场缠绕三种。按缠绕时树脂的状态不同，分为干法缠绕、湿法缠绕和半干法缠绕三种，以湿法缠绕成型应用最广。缠绕成型所用的树

脂主要有环氧和不饱和聚酯，纤维为玻璃纤维、碳纤维及芳纶纤维等。优点是易实现机械化和自动化生产，质量稳定，能充分发挥纤维增强作用，制品强度比手糊成者高一倍以上，甚至超过钛合金。主要用于生产管、罐、压力容器等回转体型产品。目前最大产品直径可达 4m 以上，容积 1 000m³。缠绕非回转体的大型缠绕机已研究成功，产品有风机叶片等。 （刘雄亚）

纤维长径比　aspect ratio

又称纤维外形比。短纤维的长度与直径的比值。对非圆形截面的纤维，则取与其截面面积相等的圆的直径（当量直径）。在复合材料中纤维充分发挥增强作用所必须的最小长径比，称临界长径比。纤维长径比是影响纤维增强效果的主要因素之一。 （姚　琎）

纤维公称直径　nominal diameter of fibre

又称纤维名义直径。依据计算直径，以 $1\mu m$ 为一级，小数采用四舍五入原则确定的纤维近似直径。如计算直径为 $7.50\mu m$ 的纤维，其公称直径取 $8\mu m$。 （吴正明）

纤维计算直径　calculated diameter of fibre

根据玻璃纤维原丝公制号数（或公制支数）和漏板孔数计算出来的单纤维直径。公式如下：

$$d = K_1\sqrt{\frac{T}{n\times(1+p)}} = \frac{K_2}{\sqrt{N\times n\times(1+p)}}$$

式中 d 为纤维计算直径，μm；T 为原丝号数，号，或特（Tex），或 g/km；n 为漏板孔数；p 为浸润剂含量，%；N 为原丝公制支数，支；K_1、K_2 为依纤维密度而定的常数。如中碱玻璃纤维，其密度为 $2\,500 kg/m^3$，$K_1 = 22.58$，$K_2 = 714$；无碱玻璃纤维，其密度为 $2\,600 kg/m^3$，$K_1 = 31.62$，$K_2 = 700$。 （吴正明）

纤维间距　fibre spacing

在纤维混凝土中纤维几何中心之间的平均距离。对圆形截面的纤维，可用 $S = \frac{1}{2}\sqrt{\frac{\pi}{\beta}}\frac{d}{\sqrt{V_f}}$ 公式计算，式中 S 为纤维平均间距；d 为纤维直径；V_f 为纤维体积率；β 为纤维取向系数，该系数可表示随机取向纤维的增强效率，美国学者 J.P.Romualdi 等人提出：三维随机取向纤维的 β 值为 0.41。 （姚　琎）

纤维间距理论　fibre spacing theory

阐明纤维混凝土的初裂抗拉强度与纤维间距之间的关系的理论，是美国学者 J.P.Romualdi 在 20 世纪 60 年代中期根据纤维的阻裂作用和线弹性断裂力学概念提出的。该理论认为：采用间距紧密的纤维作为阻裂体加入混凝土中，可以减小混凝土内部裂纹尖端的应力强度因子，抑制裂纹的扩展，从而提高初裂强度。并提出纤维混凝土的初裂强度和纤维间距平方根成反比关系的结论。 （姚　琎）

纤维取向　fibre orientation

纤维在复合材料中的排列方向。全部纤维按同一方向排列者为一维定向；在平面内随机排列者为二维随机取向；在空间内随机排列者为三维随机取向。后两种随机取向纤维的利用效率不及一维定向排列。 （姚　琎）

纤维石膏板　fiber reinforced gypsum board

又称无纸石膏板。是以纤维材料增强石膏制成的轻质板材。以建筑石膏为主要原料，掺加适量无机或有机纤维材料和附加剂，制成料浆后经打浆、铺浆、脱水成型、凝固、干燥而制成，按所用纤维材料的不同，可分为无机纤维石膏板和有机纤维石膏板。与纸面石膏板比较，不用护面纸和黏结剂、抗折强度较高（大于 10MPa）、表观密度较大（$1\,000\sim1\,100 kg/m^3$）、软化系数较低（$0.3\sim0.6$）、但耐水性较差，不宜用于潮湿及可能浸水的部位。成型方式有缠绕、压滤和辊压等。作内隔墙和复合墙板的内饰面层，其应用技术与纸面石膏板相同。 （萧　愉）

纤维水泥板复合幕墙　fibre cement board curtain wall

以纤维水泥板为外表面层、薄型板材为内表面层、保温材料为填充层，经复合而成的幕墙。常见的品种有石棉水泥板复合幕墙、玻璃纤维水泥板复合幕墙、钢纤维水泥复合板幕墙等。其纤维材料有抗碱玻璃纤维、抗碱矿棉、温石棉、青石棉、铁石棉、钢纤维和不锈钢纤维等；填充层常用膨胀珍珠岩、岩棉、矿棉等；内表面层常用石膏板、硬质纤维板、胶合板等。具有重量轻、保温好、墙面装饰灵活多样，制作安装方便等优点。 （何世全）

纤维水泥瓦　fiber cement corrugated sheet

用纤维作增强材料，水泥净浆或砂浆作基材制成的轻质瓦的统称。可供选用的纤维有石棉、耐碱矿物棉、耐碱玻璃纤维、纤维素纤维与合成纤维等。成型工艺有抄取法、注浆法、喷射法、辊压法、薄毡层压法等。按断面形状，可分为波形瓦、半波瓦与异形瓦等。按颜色不同，可分为素色瓦，以及整体着色与表面涂饰的彩色瓦。优点是质量小、抗折强度高、耐候性、防火性与可加工性好、施工方便等。主要用作屋面或墙面材料。

（叶启汉）

纤维素树脂　cellulosic resin

构成植物机体的纤维素经酯化或醚化处理而得的衍生物。如醋酸纤维素、硝酸纤维素、羧甲基纤维素等。是纤维素塑料的基本成分。用于制备膜片、胶片、绝缘材料、仪表壳、柄、旋钮等。

(闻荻江)

纤维素纤维 cellulose fibre

某些植物的杆与韧皮经加工后制得的纤维。通常用针叶树、阔叶树作原料。纤维直径为 20～120μm，长度为 0.5～5mm，抗拉强度为 300～800MPa，弹性模量为 10～30GPa，有一定的抗碱性，并对水泥粒子有较好的吸附性，但湿胀性较大。可用以代替石棉制成适用于建筑物内部的纤维增强水泥板材。若与钙质材料（石灰、水泥等）、硅质材料（石英砂、硅藻土等）相混合并经压蒸养护则可制成无石棉硅钙板，有较好的防火性与尺寸稳定性，可作为建筑物的内、外墙板与船用隔仓墙板等。

(沈荣熹)

纤维素纤维增强水泥 cellulose fibre reinforced cement

以纤维素纤维作为增强材料的纤维增强水泥。第二次世界大战期间挪威、芬兰因石棉来源断绝而以纤维素纤维代替来制造纤维增强水泥板，战后则停止生产。20世纪70年代中期以来因考虑到石棉有害人体而又生产此种板材。与石棉水泥相比，它表观密度低、抗冲击性好，但抗弯强度低、干湿变形大，只适用于室内。可用磨细的石英砂代替三分之一的水泥并经蒸压养护以改善其性能。目前已有较多的国家生产此种板材。

(沈荣熹)

纤维体积率 volume fraction of fibres

纤维体积占复合材料总体积的百分数，是影响复合材料性能的主要因素之一。当基体受拉破坏时复合材料仍能保持其承载能力，或纤维对复合材料能起到增强作用所必须的最小纤维体积率，称纤维临界体积率。

(姚　琏)

纤维增强复合材料 fiber reinforced composite

见复合材料（130页）。

纤维增强混凝土 fibre reinforced concrete

由纤维与混凝土组成的纤维增强水泥复合材料。纤维在其中起阻止或延缓混凝土裂缝扩展的作用，可适度提高其抗拉、抗弯强度并显著提高其韧性。20世纪60年代中期美国最先开发钢纤维增强混凝土，嗣后又出现聚丙烯纤维增强混凝土、玻璃纤维增强混凝土、植物纤维增强混凝土等，通常均使用长度为15～25mm的短纤维（单根纤维或纤维束），纤维的体积率为0.2%～2.5%，在混凝土中的取向为二维或三维，混凝土的水泥含量与砂率一般均高于普通混凝土，粗集料的最大粒径为15mm，可用振捣、喷射等法制作，主要用于现场浇筑，如道路路面、桥面、隧道衬砌与加固岩坡等，有时也用以制造某些预制品，如墙板、筒体、桩帽等。

(沈荣熹)

纤维增强聚合物水泥混凝土 fiber reinforced polymer cement concrete

用纤维作增强材料制成的一种聚合物水泥混凝土或砂浆。所用纤维种类有钢纤维、玻璃纤维和某些化学纤维等。纤维长度一般为2～4cm。成型时使纤维均匀地分散于聚合物水泥混凝土中。其特点是有高的初裂强度（即试件出现第一条裂缝时的强度）、极限强度和延伸率。主要用作路面、桥面或隧道护坡的铺面材料，地下结构的衬里及制作特种用途的制品。

(陈鹤云)

纤维增强热固性塑料 fiber reinforced thermoset plastics (FRP)

用纤维增强材料及其制品和热固性树脂制成的增强塑料。所用的纤维有玻璃纤维、碳纤维、硼纤维、芳纶纤维及天然纤维等。所用树脂为不饱和聚酯树脂、环氧树脂、酚醛树脂、呋喃树脂等。其中产量最多、用途最广的是玻璃纤维增强热固性塑料。技术性能可根据使用要求进行设计。生产方法有：手糊成型；压制成型（热压、冷压、层压、模压）；缠绕成型；注射成型和连续成型等。广泛用于航空、宇航、建筑、化工、交通、机电等各个部门。在建筑工业中，主要用于高层建筑的围护结构（各种墙板，波形板）、展览馆、温室，全玻璃钢建筑和制作卫生洁具、管道、门窗、座椅、冷却塔、防腐地面，建筑艺术雕塑等。

(刘雄亚)

纤维增强热塑性塑料 fiber reinforced thermoplastics (FRTP)

用纤维增强材料与热塑性树脂复合而成的增强塑料。玻璃纤维增强的热塑性塑料俗称热塑性玻璃钢。分短纤维增强和连续纤维增强两类。前者先将树脂和纤维造粒，然后用挤出法或注射法成型制品；后者将树脂和纤维制成片状模塑料，用加热快速冲压法成型。常用的树脂有聚丙烯、聚乙烯、聚碳酸酯、聚氯乙烯、尼龙等。与未用纤维增强的热塑性塑料相比，力学性能提高2～3倍以上，热变形温度提高10～20°C，有些品种可提高1倍。与纤维增强热固性塑料相比，相对密度小（1.10～1.40），易实现快速机械化成型，废料可回收利用，能重复成型，其模塑料可长期贮存。广泛用于汽车、建筑、电器、机械等工业。

(刘雄亚)

纤维增强热塑性塑料粒料 FRTP pellets

用纤维增强材料和热塑性树脂制成的颗粒状混合料。根据粒料中的纤维长度分为：长纤维增强粒料，采用包覆法生产，纤维长度5mm左右；短纤维增强粒料，采用螺杆挤出法生产，纤维长0.25～

0.5mm。纤维常用玻璃纤维，也可用碳纤维；树脂为聚丙烯、聚氯乙烯、聚乙烯、聚苯乙烯、尼龙、聚碳酸酯、氯化聚醚等。主要用于挤出法生产管、棒、板及异型材等线型制品，也可用注射法生产机械零件、建筑小五金、卫生及照明器材，空调机叶片等。

(刘雄亚)

纤维增强水泥 fibre reinforced cement

又称纤维增强水泥基材料。由纤维与水泥净浆或砂浆组成的纤维增强水泥复合材料。纤维在其中起阻止或延缓基体内裂缝扩展的作用，并可提高其抗拉、抗弯强度与韧性，20世纪初奥地利人Ludwig Hatschek发明石棉水泥，40年代中北欧构成纤维素纤维增强水泥，60年代中期后出现玻璃纤维增强水泥、维纶增强水泥、聚丙烯膜裂纤维网增强水泥、芳纶增强水泥与碳纤维增强水泥等。多数使用长度为1~40mm的纤维（单丝或纤维束），但有时也使用长纤维（如玻璃纤维无捻粗纱、聚丙烯膜裂纤维、玻璃纤维网格布等）。纤维的体积率一般为5%~20%，通常使用水泥含量较多的富砂浆，砂子粒径不大于5mm。用抄取、流浆、喷射、预拌、挤出、注射、抹浆、缠绕等法制造，可根据纤维种类与性能、制品的类别及其材性要求等选用最合适的制作方法。主要用以制造轻质、薄壁的制品，如屋面瓦、墙板、吊顶板、通风道、管子等。

(沈荣熹)

纤维增强水泥复合材料 fibre reinforced cement composite

以纤维为增强材料与水泥基体所组成的复合材料。当水泥基体为水泥净浆或砂浆时称为纤维增强水泥，为混凝土时则称为纤维增强混凝土。20世纪初至50年代末世界上仅有石棉水泥一种纤维增强水泥。60年代起不断出现各种纤维增强水泥或混凝土，因而发展成为复合材料的一大类别，目前已有二十多个品种。纤维掺入水泥基体中主要起延缓与阻止基体中裂缝扩展的作用。根据纤维品种、材性、长径比、取向及与基体的界面黏结状况等可使复合材料的抗拉强度、抗弯强度、抗剪强度、抗冲击强度与断裂韧性等力学指标有不同程度的提高，并且物理性能也有所改善。所用纤维按其长度可分为非连续的短纤维与连续的长纤维，前者在水泥基体中均匀分布且取向常为二维或三维。后者与水泥基体黏结较好，取向常为一维或二维，纤维按材质可分为金属的、无机非金属的与有机的三类。用此类复合材料可制成薄壁、高强、多功能与多用途的制品与构筑物，有广阔的发展前景。

(沈荣熹)

纤维增强水泥平板 fiber reinforced cement board

又称TK板。以低碱水泥，中碱玻璃纤维和短石棉制成的薄型建筑平板。常用圆网抄取工艺制作。按抗弯强度分有100号，150号，200号三种。一般规格长度为1 220、1 500、1 800（mm），宽度820（mm），厚度4、5、6、8（mm），横向抗弯强度10~20MPa，吸水率小于28%~32%，抗冲击强度大于$0.25J/cm^2$，耐火极限9.3~9.8min，热导率（厚4mm）0.581W/（m·K）。由于采用低碱水泥和中碱玻璃纤维，提高了材料的耐久性，可用于内隔墙、吊顶板、复合外墙板。

(萧 愉)

纤维增强塑料 fiber reinforced plastics（FRP）

以纤维或其制品作增强材料，合成树脂为基体的塑料基复合材料。按所用树脂分为纤维增强热固性塑料和纤维增强热塑性塑料。成型方法一般有手糊、模压、层压、缠绕、挤拉、注射及连续成型等。制品性能随所用纤维、树脂及成型方法不同而异，一般具有比强度高、耐疲劳、耐烧蚀、减震及易成型等特点。

(刘茂榆)

氙灯 xenon lamp

在石英管内充以适当压力纯氙，通电后两端钍钨电极产生电弧而发光的灯具。近似于日光色，故俗称小太阳。具有功率大，光效高，光线集中，寿命长等特点。按弧光长度可分短弧氙灯和长弧氙灯两种：前者的光谱带在250~1 000nm，色温为5 000~6 000K，亮度为$8×10^7~9.2×10^8 cd/m^2$，光通量在1 600~32 500lm，常用于各种光学仪器、复印机以及作机场信号灯的光源；后者因具有正特性，故只用启动装置，不用镇流器便可点燃。光通量高达400~500klm，光效约为25~28lm/W，多用于广场照明和人工老化试验设备等。还有脉冲氙灯，其性能与前两种相同，区别在于属脉冲形式，一般用于固体激光器的光泵、照相制版、高速摄影等方面。

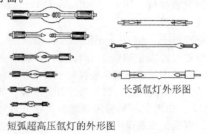

长弧氙灯外形图

短弧超高压氙灯的外形图

(王建明)

闲 fence gate, barricade

与楗柂通。会意字，以木拒门，遮拦卫护之意。《周礼·夏官·虎贲氏》舍则守王闲；注：闲，楗柂；疏：闲与楗柂，皆禁卫之物也。

(张良皋)

闲游

显 用于古建筑中可拆卸的和合窗、纱槅的中梃（中抱框）、边梃（抱框）、抹槛（楣板）之铁件，闲游形如铁搭，长15～30mm、高45mm、厚6mm，两头为尖脚，钉入木内约30mm，面透出15mm左右，高起如榫头。和合窗、纱槅的边梃、横头起槽，套于中梃、边梃之闲游，落于抹槛之闲游，以便随时卸装。

（沈炳春）

显气孔率 apparent porosity

又称开口气孔率。开口气孔的体积对材料几何体积的百分率。根据 GB/T 2997 用液体静力称量法测定。$P_a(\%) = \frac{m_3 - m_1}{m_3 - m_2} \times 100$。$m_1$、$m_2$ 和 m_3 分别为干燥试样的质量、浸液饱和试样悬挂在液体中的质量和饱和试样在空气中的质量。是最常见的重要指标。对耐火材料性能的影响与气孔率相同。但开口气孔为渣及其他物质进入砖内的通道，因而对制品的抗渣性、吸湿性、热导率及碱性耐火材料的抗水化能力有较大影响。 （李 楠）

显色 color development

金属胶体着色玻璃、硒硫化物着色玻璃加热到一定温度后产生颜色的过程。加热降低了玻璃黏度，使分散于玻璃基体中的着色离子增加扩散能力，形成晶体，从而使玻璃着色。成型过程中的显色称为一次显色；成型后重新加热显色称为二次显色。色调和纯度与显色温度、显色时间有关。

（许淑惠）

显微化学法 microscopical chemical method

利用试样与化学试剂发生化学反应，在偏光显微镜下观察和分析其反应生成物的方法。试片的制备方法与油浸法相似，但它是用与试样中某种矿物能发生化学反应的化学试剂来代替浸油。例如可用酚硝基苯试剂测定水泥熟料中游离氧化钙含量等。

（潘意祥）

显微结构 microstructrue

材料的物相组成、含量、晶粒大小、几何形态、粒度分布、晶体缺陷以及物相间的相互关系等的统称。用光学显微镜或电子显微镜进行观察和分析。材料的化学成分确定后，其物相组成及显微结构是标志材料性能最本质的因素。不同的原料及工艺制度，导致不同的显微结构，因而性能也就不同。根据材料的显微结构可用以分析工艺过程，判断材料质量的优劣，从而改进工艺、提高产品质量。 （潘意祥）

显微硬度 microhardness

一种表示矿石、陶瓷、金属或合金等材料中显微组织硬度的尺度。常用来度量材料中各个相或金属表面极薄层（如电镀层、氮化层等）的硬度。其值可用莫氏硬度 HM、维氏硬度 HV 或努普硬度 HK 来表示。测定时试样须磨平抛光制成光亮的平面，经过侵蚀，使显微组织暴露，然后在显微硬度计下进行试验和观察。 （潘意祥）

显著性检验 significance tests

又称假设检验。判断总体参量（表征总体特性的分布的量）是否变化的方法。判断的结果是指出这种变化是否显著。抽样检查的均值 $\bar{x}$，只是少量抽样的结果，与总体参量 y 总有个离差 $E = |\bar{x} - y|$。给 E 一个极大值 E_M，若 $E > E_M$ 的概率小于某个量 α，就认为总体参量无显著变化；反之为有显著变化。α 称为显著性水平。α 的取值和总体参量的分布有关，给定一个分布，可计算出 $E = E_M$ 时的概率 $P(E_M)$。从而可确定 α 的值。对正态分布，常取 $\alpha = 5\%$。

（魏铭鑑）

显著性水平 significance level

见显著性检验。

苋兰

又称苋菜。天然绿色系染料。一年生草本植物。有绿、紫二种色，取绿色小叶苋兰煎水，色甚鲜艳，在古建筑彩画中可作绿色花卉枝叶渲染。

（谯京旭）

岘山石 Xianshan stone

江苏省镇江市岘山一带产出的假山石。石形千奇百怪，有色黄和灰褐色之分，前者坚实，叩之有声，后者多穿眼相通，两者均可堆叠假山。

（谯京旭）

现场浸渍 field impregnation

对建筑物或构筑物现场进行的浸渍处理。适合于大面积整体施工。通常系表面浸渍。主要用于提高桥面、地面、路面、机场跑道面、坝面等的耐腐蚀、抗渗、耐磨等性能。需用低黏度浸渍剂。主要工艺是对被浸渍物进行干燥处理，四边围堤，放入浸渍剂浸泡，除去面上剩余的浸渍剂，然后用热水或热空气进行聚合。 （陈鹤云）

现浇混凝土 cast-in-place concrete

在结构部位就地浇灌的混凝土。实质上与整体混凝土同义。施工过程包括支模、安放钢筋、浇灌混凝土、振捣和养护。对大型结构应分段、分层进行。为保证各段或各层混凝土间的良好连接，应在前一批混凝土初凝前浇灌后一批混凝土。混凝土混合料可在工地制备，也可在集中搅拌站或预拌厂拌好运至工地浇灌，但必须考虑运输过程中因水泥水化和部分水分蒸发而引起的混合料坍落度损失。

（孙宝林）

现制水磨石 cast-in-place terrazzo

在施工现场浇筑成型就地研磨而成的水磨石。早期建筑物地面、墙面的水磨石多系现制，因其工期长，现多由预制所取代。其简单工艺过程为：①铺水泥砂浆找平层，俗称打底子，使用 32.5 等级以上的普通水泥、粗砂或中砂；②粘贴铜、铝或玻璃分格嵌条，以素水泥将其粘贴在找平层上；③铺水泥石碴面层，俗称粉石子，采用 325 号以上普通水泥或白水泥加颜料及颗粒坚韧而有棱角的石碴为原料，铺水泥石碴浆后用滚筒将其压实；④研磨，最好用磨石机，用粗、中、细磨石累计磨三遍，每遍磨后均应以擦浆法补浆；⑤抛光、打蜡，磨第三遍后的面层涂以草酸溶液，然后用细磨石磨一遍，再用草酸擦洗干净，待表面干燥发白后即可打蜡，可用自行调制的地面用蜡或合适的商品地板蜡；待蜡渗入面层后再用麻布磨盘打亮。（袁蓟生）

限制膨胀 restrained expansion, restricted expansion

膨胀水泥或自应力水泥在受约束的状态下发生的膨胀。一般可通过混凝土配筋、模具或构筑物来实现。在自应力混凝土中，钢筋因混凝土膨胀被拉伸，相应地混凝土膨胀为钢筋所限制而产生自应力（压应力）。限制越大，自应力值也越高。单向或双向限制的自应力混凝土制品在不同方向上其性能会有所差异。纵向的单向限制过大，会引起横向自由膨胀。利用限制膨胀的原理制成自应力混凝土和补偿收缩混凝土。（孙复强）

线道 thread string

玻璃中存在着的尚未均化的、黏度高、表面张力大的玻璃态夹杂物在拉制成型时所形成的明亮、细长的线条缺陷。存在于玻璃表面或玻璃内部。产生的原因有使用不同成分的碎玻璃、配合料混合不均匀、配合料成分出差错、大窑中死角处的玻璃液卷入工作流等。可通过肉眼、偏光法、油浸法等方法进行观察。对于建筑用平板玻璃，在特选品中不允许有线道；在一等品中，30mm 边部允许有宽 0.5mm 以下的线道 1 条。（吴正明）

线枋子

用大开条或停泥砖砍磨成长约 260mm，宽、厚各 65mm 左右，似木枋子的砖条。一侧（里侧）砖角作出（起）窝角线脚，用于方砖心的外圈，是北方古建黑活廊心墙、影壁墙、看面墙及落堂槛墙等干摆（磨砖对缝）作法必用砖件之一。属杂料子类。（朴学林）

线分析 line analysis

利用电子探针或能谱仪，对试样选定的直线轨迹进行成分分析的一种方法。将电子束沿试样表面选定的直线轨迹扫描，或电子束固定，试样沿直线轨迹移动，检测某一元素特征 X 射线的强度的变化，从而获得对应元素沿该直线轨迹浓度的变化情况。若要获得几个元素沿该直线的浓度分布，则需分别测量。它对研究材料的相区、界面上元素的富集或贫化、扩散或渗透十分有效。（潘素瑛）

线路瓷绝缘子 line porcelain insulator

户外架空、支持或绝缘输配电路用的瓷绝缘子。有盘形悬式、针式、棒形悬式、横担、蝶形、柱形和拉紧等形式。按电压又分为超高压（500kV以上）、高压（高于 1kV）和低压（低于 1kV）三类。除有较好的绝缘性外，还具有较高机械强度、对无线电干扰少、耐污性好等特点。通常与金属附件装配使用。悬式绝缘子还可以联合成串使用。（邢宁）

线偏光 linear polarized light

又称平面偏光。参见偏振光（375 页）。

线位移 line displacement

见位移（528 页）。

线纹 hairline; strain line

又称头发线。瓷层表面的发丝状纹路。并不损坏瓷层的完整性，是瓷层起始形成碎裂的地方经烧成后重新熔合变为可见的线纹。产生原因有：①瓷层干燥过快引起粉层裂开而在烧成时并不完全熔合；②粉层强度小、瓷浆研磨太细；③瓷浆中 B_2O_3 过剩。（李世普）

线型高分子 linear macromolecule

又称链状高分子。由单体的许多单元相互以共价键连接而成的链状结构高分子。分子间只有次价链作用（氢键或范德华力）。有直链型和支链型两类。能在适当的溶剂中溶胀并溶解；受热熔化呈可流动态；一般情况下不会分解而可反复熔化；有一定的弹性和塑性。在拉伸及剪切应力作用下（如冷延、辊压），可增加分子取向程度。大多数热塑性树脂均属此类。（闻荻江）

线性扫描示波极谱法 linear sweep oscillographic polarography

用线性脉冲进行快速电压扫描，并用示波器显示电流 i-电位 E 曲线的一种近代极谱法。其中，在一滴汞生长的后期，将一锯齿形脉冲电压加在两个电极上进行电解，电压的扫描速度很快，一般为 0.25V/s，仅在一滴汞上一次完成 i-E 曲线的方法，称为单扫描示波极谱法。优越性大，目前多用此法。从所得的 i-E 曲线可得出峰值电流 i_p 和峰值电位 E_p。在一定条件下，i_p 与电极反应离子的浓度成正比，这是定量分析的基础。E_p 是被测物质的特征数据，是定性分析的依据。与经典极谱法相比，此法优点为：①检出限可达 $5×10^{-8}$mol/L，灵敏度高；②测量峰高比测量波高容易，精确度高；③操作简便分析速度快；④此法可将半波电位相差 35～50mV 的两种离子分开，分辨率高。本法的成套分析仪器称为线性扫描示波极谱仪，如 JP-1A 型示波极谱仪。

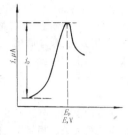

（夏维邦）

xiang

相对密度 specific density

又称比密度。旧称比重。材料在密实状态下单位体积的质量与 4℃ 水的密度之比。用 d 表示。是材料的一项基本物理性质，它与材料组成元素的原子量大小有关。 （潘意祥）

相对湿度 relative humidity

在一定温度、一定大气压力下，湿空气的绝对湿度 f 与同温同压下的饱和蒸汽量 f_{max} 之比的百分率。在工程上常写作 RH，一般用 φ（%）表示，即 $\varphi = (f/f_{max}) \times 100\%$，经换算，常用下式： $\varphi = (e/E) \times 100\%$，式中 e 为水蒸气的实际分压； E 为最大水蒸气分压。在建筑热工中用以表示空气的干湿程度。 （潘意祥）

相对误差 relative error

绝对误差和近似值的比值。绝对误差只能表示某个量的误差额，不能反映习惯上指的误差大小。如测量窑炉温度，绝对误差为 5℃；认为是很小的；而测量人体的温度，相差半度就是很大的了。一般说在比较不同量之间的误差时，须用相对误差。它是个无量纲的量，常用百分比表示。如测 1m 和 1cm 的长度，若误差额都是 1mm。则前者的相对误差为 0.1%，后者为 10%。 （魏铭镪）

相关系数 correlation coefficient

又称标准协方差。表示随机变量之间相关程度的量。对多维随机变量，除期望和方差外，还需讨论它们之间的关系，这种描述变量之间关系的数学特征称为相关系数。对二维随机变量 (x, y)，定义 $E\{[x-E(x)][y-E(y)]\}$ 为 $x、y$ 的协方差，记为 $cov(x, y)$，而将 $cov(x, y)/\sqrt{D(x)}\sqrt{D(y)}$ 称为相关系数，记为 ρ_{xy}。它是个无量纲的量，介于 $[-1, 1]$ 之间，当 $\rho_{xy} = 0$ 时，$x、y$ 线性无关；当 $\rho_{xy} = \pm 1$ 时，$x、y$ 完全线性相关。故 ρ_{xy} 是表示两个随机变量直线关系显著程度的数值。亦即表示两个随机变量线性相关程度的量。 （许曼华）

相合熔点 congruent melting point

见一致熔融（573页）。

相容性 compatibility

两种或多种物质混合时的相互亲合性，即分子级的可混性。对高分子材料而言，主要是指聚合物－增塑剂体系、聚合物－溶剂体系、聚合物－添加剂体系及聚合物之间体系的亲合性。相容性的好坏是能否形成均质体系的主要依据。尤其对聚合物－增塑剂体系更为突出。对其评价方法主要有：①观察法，混合加工之后观察其透明状况（透明薄型制品）及有无渗出物等；②溶解度参数法（又称 SP 值法），两种物质的参数越接近，则相容性越好；③介电常数（ε）法等。在测定时，以几种方法结合起来进行判断较好，任何单独一种方法，往往有偏差。 （刘柏贤）

香椿 Toona sinensis (A. Juss) Roem.

又称红椿，但不是有"中国桃花心木"之称的与香椿同属的红椿（Toona Sureni (Bl.) Merr.）。在我国是人民喜爱的特有树种，栽培悠久，是速生用材树种。嫩芽、嫩叶营养丰富，具有香味，可供食用。分布在辽宁南、甘肃、内蒙南部、广东、广西、云南等省，尤以河南、山东、河北栽植最多，但多为零星散生树木，成片很少。木材纹理直而美丽、坚重富有弹性。边材红褐色或灰褐色，心材深红褐色，心边材区别明显，有光泽，湿润后有芳香气味，结构中等，不均匀。环孔材。锯、刨等加工容易，刨面光滑，耐腐性好。气干材密度：591g/cm³；干缩系数：径向 0.115%～0.143%，弦向 0.263%～0.284%；顺纹抗压强度 40.99～43.25MPa，静曲强度 91.40～98.36MPa，抗弯弹性模量 9.91 × 10^3MPa，顺纹抗拉强度 104.64～110.43MPa，冲击韧性 7.12J/cm²；硬度：端面 45.01～50.11MPa，径面 32.95～43.64MPa，弦面 36.3～47.6MPa，为制造高级家具的良材，还可做门、窗、室内装修、手工艺品。 （申宗圻）

香蕉水 lacquer thinner

又称信那水。用以调节硝基漆的黏度和挥发速率，具有香蕉气味的一种混合溶液。主要用作喷漆的溶剂和稀释剂。无色透明，挥发性大。由酯类（如醋酸乙酯、醋酸戊酯）、酮类（如丙酮、环己酮）、醇类（如乙醇、丁醇）、醚类和芳香烃（苯、甲苯）类等按一定比例配合而成。 （陈艾青）

香色 incence color

将用胶调好的石黄、佛青和银朱混合调配的棕黄色颜色。因其色近似祭祀用"香"的颜色，故称香色。其色比褐色浅一个色阶。用于古建彩画工程的香色拶退纹饰的底色和梁头、檩头的底色涂饰。 （谯京旭 王仲杰）

香头 incense stump

祭祀的线香点燃后，用土粉子或大白粉掩灭，形成的炭状端头。画工用它在纸上或画面上草绘花纹轮廓。如需改动，可用布掸去炭痕再绘。目前已被炭条和铅笔所取代。

(王仲杰)

香型地毯 aromatic carpet

又称香味地毯。地毯纤维经香精处理过的地毯。其香精须选择散发速度慢、清香、无毒、无色，与其他化学试剂、染料等具有较好的相容性。主要原理是微胶囊香精在化学分散液剂的均匀分散下，通过黏合剂的作用使其均匀牢固地分布在纤维织物上，在使用过程中逐步释放香味。如薄荷香型、玫瑰香型、郁金香型、桂花香型等香型地毯，芳香适度，可保持一年之久。这种地毯多用在高档豪华级宾馆、别墅及特殊功用的房间中。

(金笠铭)

香樟 Cinnamomum camphora (L.) Presl

中国珍贵树种之一。木材质地致密，有香气，耐腐防虫，是造船、家具和美术品的上等用材。主要产于我国的台湾、福建、江西、安徽、广东、广西、湖南、湖北、云南、浙江等省，尤以台湾最多。边材黄褐色或灰褐色，心材红褐或紫红褐色，顺纹理方向常杂有红色或紫红褐或暗红褐色条纹，木材光泽强，新切面樟脑气味浓厚，经久不散，纹理交错或斜纹，结构细、均匀，锯、刨等加工容易，径面板上常具有材色深浅相同的条纹。气干材密度 $0.532\sim 0.580 g/cm^3$；干缩系数：径向 $0.126\%\sim 0.154\%$，弦向 $0.226\%\sim 0.245\%$；顺纹抗压强度 40.2～42.4MPa，静曲强度 73.7～80.8MPa，抗弯弹性模量 $8.1\times 10^3\sim 9.2\times 10^3$MPa，顺纹抗拉强度 92.6MPa，冲击韧性 3.1～5.4J/cm^2；硬度：端面 39.4～41.2MPa，径面 31.7～34.4MPa，弦面 31.4～36.0MPa。樟木可做家具、箱盒、码头木桩、室内装修，还可做胶合板、微薄木等。

(申宗圻)

箱式蓄热室 box-type regenerator

无垂直上升道，窑内废气沿小炉水平通道直接导入的蓄热室。与有垂直上升道的蓄热室相比，特点是：废气进入格子体前的温降较小；气流在格子体横截面上的分布较均匀；气流阻力较小；可设置较高的格子体，使受热面积加大；热效率较高，气体预热温度较高。多用于以高热值燃料为热源的窑炉，结构布置较方便。

(曹文聪)

镶玻璃门 glazed door

门芯板为玻璃的门。参见木门(345页)。

(姚时章)

镶锁 inlay door lock

镶装于防火门上的专用锁。锁壳和内在零件均选用耐高温和耐腐蚀的不锈钢材料和特制的铜质材料制成，在750℃高温条件下仍能照常开启。用三级组合锁原理制造，配有总钥匙、分总钥匙和个体钥匙，使用方便，管理简便。适用于旅馆、宾馆等左式或右式门上使用。

(姚时章)

相 phase

物系中具有相同物理性质和化学性质的完全均匀部分的总和。与物质的数量多少无关，也与物质是否连续无关。相与相之间有明显的分界面。从宏观的角度来看，在界面上性质的改变是突变的。例如，金刚石与石墨虽同由碳组成，但其晶体结构不同，物理性质不一样，故为两相。又如溶液、固溶体(如钙长石-钠长石形成的固溶体)，以及不是在高压下的气体混合物，因其内部均匀性质相同都各为一相。

(夏维邦)

相变 phase change

在一定的温度和压力下，物质从一种相变成另一种相的变化。如气化、熔化、升华和晶型转变等。在恒定温度及该温度的平衡压力下，一定量的纯物质发生相变化时，与环境交换的热称为相变热。气化热、熔化热、升华热和晶型转变热等皆属相变热。

(夏维邦)

相变热 heat of phase change

见相变。

相衬显微镜分析 phase-contrast microscope analysis

利用相衬显微镜鉴定试样微细组织的一种分析技术。借助于特殊相板的作用来改变直射光和衍射光的位相，使位相差转变为振幅差，就能观察到被测物体的明暗衬度。多数采用滞后 1/4 的相板，则物体的成像与背景间的明暗衬度最强。可鉴定表面 1～5μm 范围内高度的微小差别，常用于试样表面凸凹的检测及显微组织的观察。

(潘意祥)

相律 phase rule

相平衡定律的简称。是把多相平衡系统内的相数 p、独立组分数 c、自由度数 f 以及影响系统平衡状态的外界因素的个数 n 联系起来的定律，其数学式为 $f=c-p+n$。外界因素包括温度、压力和电磁场等。通常只考虑温度与压力的影响，则它可以表示为 $f=c-p+2$。对于由固体和液体物质组成的凝聚系统，外压对相平衡体系的影响很小，此时它可以写为 $f=c-p+1$。用它可求出平衡物系的自由度数和平衡共存的最大相数。例如 SiO_2 能以 7 种晶相、1 种液相和 1 种蒸气相存在。根据相律，平衡共存的最大相数为 3。至于具体是什么相，须由实验确定。在研究多相平衡中，相律起着重大的指导作用，在化工、冶金和硅酸盐工业等方面都有广泛的应用。

(夏维邦)

相平衡 phase equilibrium

多相平衡的简称。由物系中两个或两个以上的相所组成的平衡。达到平衡时,物系内各相的组成和数量,在给定的温度和压力下不随时间而变。它包括多相物理平衡和多相化学平衡,前者如水⇌冰⇌水蒸气间的平衡;后者如在密闭容器中,加热碳酸钙会形成多相化学平衡,其反应式为 $CaCO_3(固) \rightleftharpoons CaO(固) + CO_2(气)$。研究相平衡的理论基础是吉布斯相律,而相图是研究它的一种重要方法。要求找出多相物系的状态如何随温度、压力和组分浓度的改变而变化的规律。多相平衡的研究,对化学、冶金和硅酸盐工业等都有重大的指导意义。

(夏维邦)

相图 phase diagram

相平衡状态图的简称。多相平衡系统的状态,如何随温度、压力、浓度等变量的改变而变化的几何图形。由相平衡的实验数据绘制成的。当平衡系统由一个状态变到另一个状态所发生的各种过程如气化、升华、熔化、低共熔混合物的生成、晶型转变、固溶体的形成、化合物的生成和分解等,都可反映在相图中的点、线、面等几何体上;反过来根据其中点、线、面等几何体,就可对相平衡系统中发生的物理化学过程作出判断。是研究多相平衡的重要方法。根据系统中的独立组分数,可分为单元系统、二元系统、三元系统及四元系统等的相图。

(夏维邦)

橡胶 rubber

经过硫化或不需硫化就能在室温下用很小的应力产生相当大的变形,去除应力能迅速回复到原来状态,并且在加热及中等压力下不易再塑化成型的高分子材料。包括未经硫化的生胶和硫化橡胶。有的国家对上述变形和回复有具体的规定指标。如ASTM规定在室温下(18~19℃)拉伸到原来长度的2倍,保持1min后,能在1min内回复到原来长度的1.5倍以下。分为天然橡胶和合成橡胶两类。在建筑工程中广泛用作地毯,涂料,胶粘剂,防水密封、抗震、防振、绝缘、防腐蚀材料等。 (刘茂榆)

橡胶地面 rubber floor

以橡胶为原料加入其他添加剂制成的地面。分为单层和双层两类。双层结构的面层用含填料的合成橡胶,底层用泡沫橡胶或橡胶废料及沥青制成的块材和卷材。具有吸声、耐磨、绝缘等特点。若填料为软木,则称为橡胶软木地面,它兼有软木和橡胶的优点,有高的硬度和抗压强度,摩擦系数大,弹性好,行走舒适。适用于高级宾馆、图书馆、广播室、医院等要求防震、隔声的地面。 (彭少民)

橡胶地毯 rubber floor felt

在橡胶或胶乳中加入硫化剂等有关助剂加工成的毡类铺地材料。一般采用配料、混炼(硫化)、压延、裁切、整修等工序成型。乳胶类地毯因有织物衬底,一般采用织物整理、浸渍或刮涂、硫化、裁切、修整等工序成型。具有较好的防水、耐磨性,可作为轮船、车辆及民用建筑的室内铺地材料。

(邓卫国)

橡胶防水卷材 rubber sheets for waterproofing

以橡胶为基料加入填料、防老剂等添加剂用压延成型方法加工而成的片状防水卷材。特点是防水性好,使用温度范围广,耐腐、耐候性均好,延伸率大,对基层的伸缩、开裂适应性强,铺设方便。一般规格有宽度900~1500mm,厚度1~1.5mm多种。主要品种有氯丁橡胶、丁苯橡胶、丁基橡胶、三元乙丙橡胶以及用再生橡胶和氯磺化聚乙烯等掺入共混的防水卷材。分有胎基和无胎基的两类。可用于各种建筑物及地下工程的防水层,也可用作浴室、卫生间和蓄水池的专用防水层。 (刘柏贤)

橡胶粉沥青 waste rubber asphalt

含有再生脱硫胶粉的改性沥青。黑色。橡胶粉为废旧或磨损的橡胶制品,以及橡胶生产中的废料经机械加工而制成的。废旧橡胶制品为非耐油性橡胶,主要是天然橡胶、异戊二烯橡胶、丁苯橡胶、异丁烯橡胶、乙丙橡胶等。一般将废橡胶粉加入到熔融的石油沥青中,经再生脱硫、混熔而成,橡胶粉的细度为30~100目。一般熔融沥青温度为160~220℃,搅拌时间约为0.5~1.5h,橡胶粉的用量为20%~25%。其弹塑性、耐变形性提高。耐热性、抗裂性和低温脆性得到改善。用于道路路面和防水材料。

(刘尚乐)

橡胶改性沥青油毡 rubber modified asphalt felt

用橡胶改性沥青作为浸涂材料而制成的油毡。橡胶改性沥青是将天然或合成橡胶通过特定的工艺掺入沥青而制得的混合物。橡胶与沥青具有一定的相容性,掺入后可赋予沥青某些橡胶的特性,改善沥青性能,从而提高了油毡的耐水性、耐久性、抗裂性、耐热性和耐寒性。在沥青中掺入的橡胶主要有:天然橡胶、氯丁橡胶、丁苯橡胶、丁基橡胶、乙丙橡胶及再生胶粉和SBS橡胶等。主要用于屋面防水、地下防水和防腐保护工程,或在高寒、高温环境条件下作防水屋顶。 (王海林)

橡胶隔振垫 rubber isolation

用橡胶制成的隔振垫板。可做成厚8~20mm平板或在板上作单面单向肋、双面单向肋、双面双向肋或大小不等的圆突台。常直接置于机器底座下面,隔绝振动传递。 (陈延训)

橡胶基复合材料 elastomer composite material

以橡胶为基体与其他材料复合而成的一种复合材料。分纤维增强和粒子增强两类。常用的纤维材料有化学纤维、棉纤维、玻璃纤维、碳纤维、芳纶纤维及金属纤维等；粒子材料有炭黑、气相二氧化硅、氧化锌、活性碳酸钙、活性碳酸镁、陶土等。所用橡胶分天然橡胶和合成橡胶两大类。粒子增强橡胶，是在橡胶中加入填料（如炭黑等），提高拉伸、撕裂、耐磨和耐老化性能的复合材料。纤维增强橡胶则是把改性后的橡胶与纤维增强材料复合而成。其特点是轻质、高强、防水、柔软和富有弹性。主要用于生产轮胎、运输胶带、增强橡胶管、三角皮带、增强胶布等。在建筑工业中，主要用于制造充气结构、防雨苫布、活动房屋等。粒子增强橡胶主要用作密封材料、绝缘材料和弹性地板。（刘雄亚）

橡胶胶粘剂 rubber adhesives

以合成橡胶或天然橡胶为黏料配制的非结构型胶粘剂。分为溶液型与乳液型两大类，以前者较为重要。与合成树脂胶粘剂相比，胶接强度低，耐热性差，但具有优良弹性，适合柔软及热膨胀系数相差悬殊的材料的胶接，如橡胶与橡胶，橡胶与金属、塑料、织物、皮革、木材等粘接。主要品种有氯丁橡胶胶粘剂、丁腈橡胶胶粘剂、丁苯橡胶胶粘剂、丁基橡胶胶粘剂和聚硫橡胶胶粘剂及以天然橡胶为黏料的天然橡胶胶粘剂等。（刘茂榆）

橡胶沥青 rubber bitumen

掺加天然橡胶或合成橡胶的改性沥青。黑色，固体或半固体状态。高温稳定性、低温脆性、抗冲击性、耐磨耗性、弹性和回弹性等性能均较原始沥青有明显改善。常用的橡胶有天然橡胶、丁苯橡胶、丁基橡胶、氯丁橡胶、三元乙丙橡胶、氯磺化聚乙烯橡胶、SBS橡胶、SIS橡胶、聚硫橡胶，以及再生橡胶等。一般掺量为沥青用量的2%～8%。用于高等级公路路面，建筑防水材料。（刘尚乐）

橡胶密封带 rubber sealing tape

以橡胶为主要原料制成的密封带。其品种有丁基橡胶系、氯丁橡胶系、氯磺化聚乙烯橡胶系、三元乙丙橡胶系密封带等。具有一般橡胶制品的弹性、延伸性、防水性、耐热性、耐低温性能和耐老化性能。可根据用户要求制成各种规格与形状。适用于建筑物伸缩缝密封，一般有适应变形伸缩的功能。（洪克舜 丁振华）

橡胶涂料 rubber coating

采用天然橡胶或合成橡胶及其衍生物制成的涂料。有很好的耐腐蚀性，与合成树脂或不同橡胶的改性组合，还可得到优良的附着力、弹性、耐候性、耐磨性、耐臭氧老化等各种特性。主要有氯化橡胶涂料、环化橡胶涂料，可用于化工建筑及船舶防腐蚀；氯丁橡胶涂料，具有良好的耐臭氧老化、耐油性及耐碱性；氯磺化聚乙烯橡胶涂料，可作耐化学腐蚀、耐油涂层；丁基橡胶涂料，可用作水下建筑防腐、化工防腐等；聚硫橡胶涂料是港口水利工程设备、水下设备和构件的常用防腐涂料，也可作混凝土燃料油罐防腐涂料。此外，在建筑工程中也广泛用作防水、堵漏、嵌缝及地面涂层。（刘柏贤）

橡胶止水带 rubber waterstop tape

俗称止水橡皮。以天然橡胶与各种合成橡胶为主要原料的止水带。掺有各种助剂及填料，经塑炼、混炼、压制成型。有P型、R型、Φ型、U型、Z型、L型、J型、H型、E型、Ω型、桥型、山型等止水带。具有良好的弹性、耐磨性、耐老化性和抗撕裂性能，适应变形能力强，防水性能好。在-40～+40℃条件下，有较好的耐老化性，当作用于止水带上的温度超过50℃或止水带受强烈的氧化作用或受油类等有机溶剂侵蚀时，均不得采用。其性能为：扯断强度大于12.8MPa，伸长率大于450%，永久变形不大于30%，邵A硬度不大于70。适用于小型水坝、贮水池、地下管道、水库、输水洞等地下工程部位变形缝的防水。（洪克舜 丁振华）

橡皮头门钩

又称脚踏门钩。一种带有防振橡皮头的门定位器。分横式和立式两种。横式的底座装在墙壁或踢脚板上，立式的底座装在靠近墙壁的地板上，以定位钩来钩住开启门扇上的门钩，使之不能关闭。欲关闭门扇时，只须用脚将定位钩尾稍向下踏，两钩即可分开。橡皮头用来防止门扇与底座直接碰撞，故名。

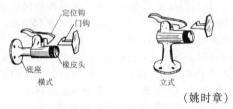

横式　　　　立式

（姚时章）

xiao

枭砖

俗称枭儿。方砖砍磨加工成一边呈凹断面的砖件。是北方古建黑活砌筑墀头（俗称"腿子"）时上部"梢子"及墙体冰盘檐子必用砖件之一。宽度同墀头，位于半混砖或炉口砖之上，以干摆（磨砖对缝）做法居多。此件也用大开条等小砖砍制，但其做法以"架灰"糙砌为多。属檐料子类。琉璃建筑该部位使用琉璃枭

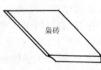

砖。　　　　　　　　　　　　（朴学林）

消光　extinction

薄片矿物在正交偏光镜下呈现黑暗的现象。矿物切片处于消光时的位置称为"消光位"。矿物切片在消光位时,其光率体椭圆半径与上、下偏光镜振动方向平行。若在正交偏光镜间的载物台上放置均质体矿物切片或非均质体垂直光轴的矿物切片,旋转载物台360°,黑暗现象均不变,称为"全消光"。若放置非均质体其他方向(除垂直光轴外)的切片,旋转载物台360°,视域有四次明亮四次黑暗,即四明四暗现象,则按不同的消光位可分为三类:①平行消光,晶体的解理缝、双晶缝、晶棱等与目镜十字丝(代表上、下偏光振动方向)平行时的消光;②斜消光,上述结晶要素与目镜十字丝斜交时的消光;③对称消光,晶体的两组解理缝或两个晶面迹线夹角的平分线与目镜十字丝平行时的消光。　　　　（潘意祥）

消光位　extinction seat

见消光。

消化仓　silo for lime slaking

生产蒸汽养护砖时,生石灰加水消化为消石灰的设备。生石灰与硅质材料按规定比例混合、加水,送入仓中混合消化,利用生石灰的消化热,提高混合料温度,产生预反应,同时,混合均匀,避免形成灰球,防止砖坯在养护过程中发生炸裂现象。有方形和圆形两种,方形仓四角不易下料,出口易起拱,故一般采用圆形仓。由直筒和锥体两部分组成,直壁部分多用钢筋混凝土结构或砖砌体,锥体部分用钢板焊制。按操作方式的不同,有间歇消化和连续消化两种。间歇消化仓进料、静置消化和出料三个阶段为周期性操作,混合料的水分和温度控制不当时,容易结仓,影响出料;仓顶进料形成锥形堆,粗颗粒流向四周,出现颗粒分离现象;出料时可能形成漏斗状,使后进的料先出,消化不完全。连续消化仓系连续作业,混合料自仓顶连续进入,自上而下逐层下移并消化,仓底由专用出料机连续出料,从入仓到出仓所需的时间,就是生石灰消化所需的时间,使进料量与出料量相等;整个混合料处于连续、均匀移动中,消除结仓和颗粒分级现象,惟对出料机要求高,持续运行电耗大。　　　　　　　　（崔可浩）

消化鼓　drum for lime slaking

单独消化生石灰的设备。由传动设备(托轮、围轮、齿轮等)和一旋转的椭圆形筒体组成,型式见图。系间歇操作,生石灰从进出料口注入后,紧闭孔口,由传动设备带动筒体旋转5min,转速为3r/min,然后加水、通入蒸汽消化。蒸汽压力为0.3~0.5MPa,温度为143~151℃,全部时间约为40~60min。消化后的石灰再与硅质材料混合,供制品成型使用。石灰消化过程所产生的热量不能充分利用,且动力消耗较大,故目前普遍采用消化仓,石灰与硅质材料混合消化。

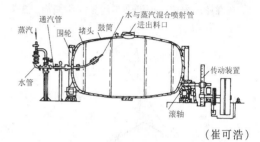

（崔可浩）

消泡剂　air detraining agent

防止拌合物料气泡产生或使原有气泡减少的外加剂。常用的消泡剂有脂肪酸酯,磷酸三丁酯,有机硅油等。广泛应用于涂料、造纸工业中。混凝土搅拌后含气量过大时会使强度降低,消泡剂可以抑制和消除混凝土拌合物中过多气泡,但会影响混凝土的工作性,因此不多用。　　　　（陈嫣兮）

消色器　compensator

又称补偿器、补色器、试板(test plate)。是已知光率体椭圆半径名称及光程差的薄片。是偏光显微镜上的附件。常用的有下列几种:石膏消色器、云母消色器、石英楔和贝瑞克消色器。根据补色法则,用它来测定薄片的光率体椭圆半径名称及干涉色级序号。　　　　　　　　　　　　（潘意祥）

消声器　silencer,muffler

在空气动力管道系统中,控制气流沿管道传播噪声或从开口向外部辐射噪声,同时不影响或很少影响气流通过的装置。按声学性质的不同,可分为阻性消声器,抗性消声器,阻抗复合式消声器,微穿孔板消声器,小孔扩散消声器及干涉消声器。阻性消声器是利用敷设在气流通道内的吸声材料吸收声能而起到消声作用,对消除中高频噪声较有效;抗性消声器是通过管道截面的突变,使某些频段声波反射回声源而起到消声作用;微穿孔板消声器则以金属微穿孔板代替吸声材料,能吸收较宽频带噪声;小孔扩散消声器用于喷注气流噪声的消除;干涉消声是声在相差半波长二管中传播后叠加的结果。

（陈延训）

消石灰粉　slaked lime powder

生石灰与水消化后所形成的含少量自由水的粉状氢氧化物。由1份生石灰与0.5~0.75份水(质量比)在消化器中消化而成。自由水分不大于2%。堆积密度400~500kg/m³。按MgO含量,可分为钙质消石灰粉(MgO≤4%)和镁质消石灰粉(24%>MgO>4%)、白云石消石灰粉(MgO≥24%)三类。按有效组分(CaO+MgO)含量及细度,各类又分别

消烟剂 smoke suppressant

在燃烧过程中能抑制烟尘产生的添加剂。主要有：①二茂铁 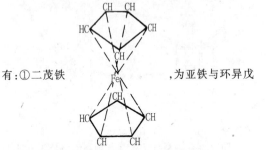，为亚铁与环异戊二烯的络合物，橙色粉末。最适用于聚氯乙烯。因燃烧转化为 $\alpha\text{-}Fe_2O_3$，催化碳灼烧（氧化）成为 CO 和 CO_2，从而减少烟尘形成的数量；②三氧化钼 MoO_3 和八钼酸铵，白色粉末。适用于软质聚氯乙烯、含卤热固性树脂和 ABS 树脂。　　　（徐应麟）

硝红

调好的银朱兑入适量铅粉配制的浅红色颜料。是介于银朱与粉红之间的一个色阶。用于古建彩画工程中的红色捋退纹饰的底色和红色花卉的衬垫。
（谯京旭　王仲杰）

硝化甘油炸药 dynamite

又称胶质炸药。由硝化甘油（丙三醇三硝酸酯）、二硝化乙二醇、硝化棉、硝酸盐和木粉等混制成的塑性炸药。20 世纪 60 年代以前，它是西欧、北美多数国家采用的主要工业炸药，有普通型及耐冻型两类。耐冻型系用凝固点为 -22℃ 的二硝化乙二醇代替部分硝化甘油而制成。威力大（爆力 600ml，猛度 23mm，爆速 8 400m/s）、抗水性强，但由于硝化甘油有毒，机械感度高，安全性差，因此除水工部门和涌水量大的竖井掘进爆破应用外，其他爆破工程已不使用这种炸药。　　　　　（刘清荣）

硝基漆 nitro lacquer

全称为硝酸纤维素漆。以硝酸纤维素为主要成膜物质加工而成的涂料。始用于 1880 年，1918 年后研究成功了降低黏度的方法而扩大了应用。1920 年初大量用于汽车工业，随后品种逐渐增多而迅速得到发展。纯硝酸纤维素漆因光泽差、附着力差、不挥发分含量低，技术上无法满足要求，常在其中加入混溶性好的树脂进行改性，如虫胶、松香树脂、醇酸树脂、氨基树脂、丙烯酸树脂、乙烯类树脂等。根据配方和工艺的不同，可制成木器清漆、用于户外的磁漆、用于铁床、玩具等内用磁漆以及涂于纸张、皮革以及织物等表面的软性漆、铅笔漆等。
（郭光玉）

硝基清漆 lacquer varnish

俗称腊克。以硝酸纤维素为主要成膜物质，与醇酸树脂、混合溶剂（如香蕉水、丙酮、醋酸丁酯）及增塑剂等组成的清漆。是挥发干燥型涂料。漆膜具有良好的光泽和耐候性，干燥迅速，坚硬耐磨，可涂蜡打光。含固量低，需多道施工。遇潮易泛白。适宜作木器、金属等表面罩光涂装。
（陈艾青）

硝酸钠 Chile niter, sodium nitrate

分子式为 $NaNO_3$ 的硝酸盐。天然产物又可称智利硝石。分子量 85，相对密度 2.25，无色或淡黄色六角形结晶体。在湿空气中吸水潮解，可溶解于水，熔点 308℃，加热到 350℃ 分解成亚硝酸钠 $NaNO_2$ 和氧气，继续加热最终分解为 Na_2O、N_2、O_2。由于它热解出氧气，所以在玻璃中是良好的强氧化剂、脱色剂，与三氧化二砷配合使用时因高温释氧所以又是良好的澄清剂。　（许　超）

硝酸银 silver nitrate

化学式 $AgNO_3$，分子量 169.89，无色透明晶体，相对密度 4.352，熔点 212℃，沸点 444℃，加热后极易分解成金属银。易溶于水与氨水，略溶于乙醇。玻璃中银原子不使玻璃着色，银胶体粒子才能使玻璃着成黄色（称银黄玻璃），所以含银玻璃都必须经二次热处理后才能显色。与光增感剂 CeO_2 合用可制得感光玻璃，与光增感剂 CuO 合用可制得光致变色玻璃，与稳定剂 SnO_2 合用可制得色彩稳定的黄色玻璃。硝酸银应贮存于深棕色瓶中，露光易分解。　　　　（许　超）

销钉拼 dowelling joint

将两块木料的接合边上分别钻出方孔或圆孔，插入相应的木、竹等榫钉进行拼接的方法。方榫加工复杂，较少应用。该法节约材料，但孔距精度要求严格。　　（吴悦琦）

小便器 urinal

专供男性小便使用的有釉陶瓷质卫生设备。由尿斗、冲水圈、排水花眼、进水口、排水口等组成。按安装方式分为壁挂式和落地式。
（刘康时）

小波纹 small ripple; small wave

浮法玻璃表面有规律的、形同水波的微小起伏不平。是浮法玻璃的缺陷之一。它能较轻地扭曲物像。产生的规律是：玻璃带的上表面比下表面重，纵向比横向重，边部比中间重，薄玻璃比厚玻璃重。产生的原因：锡液的振动，锡槽内温度不当，玻璃液化学不均匀、热不均匀等。此外也由于玻璃

的下表面吸收亚锡离子，部分转化为氧化锡使玻璃产生应力所致。　　　　　　　　（吴正明）

小脊子

北方古建黑活廊心墙中位于穿插枋下皮的一层饰件。多用两块停泥砖叠在一起砍制，看面砍成圆混形式（俗称硬活）。也可用麻刀灰推抹而成（俗称软活）。此外，在北方黑活清水脊左右两端、低坡陇之脊，也称小脊子。

（朴学林）

小脊子象鼻子

位于小脊子左右两端，做成象鼻状的砖饰件。多用两块停泥砖叠在一起砍制，其高同小脊子，看面砍成圆混形式，也可用麻刀灰推抹而成。此外，北方用青砖砌筑的如意门，在其紧挨过木下口，用砖砍制的一层檐子饰件也称象鼻子。黑活封后檐作法，其博缝头下口之山檐子砖亦称象鼻子。

（朴学林）

小麻刀灰　short hemp-fibred plaster

煮浆灰或泼灰适量加水，调制成稠浆状，加入10～15mm长的短麻刀和适当比例的红土子或青灰，调制均匀而得的灰浆。灰∶麻刀＝100∶3（重量比）。是琉璃和布筒瓦"熊头"（即接缝处）的主要用灰，同时也是脊部"打点"勾抿和捉节用灰。

（朴学林　张良皋）

肖氏硬度　shore hardness

由英国人A.F.肖尔（Shore）首先提出的表示橡胶、塑料、金属等材料硬度的一种指标。符号为HS。测定方法为：应用弹性回跳法将尖端上镶有金刚石的撞销从一定高度落到材料表面上而发生回跳，以回跳的高度来表示。这种硬度检验又称为肖氏回跳硬度试验（Shore scleroscope hardness test）。

（潘意祥）

xie

楔　cantilever；doorpost

①飞昂之异名。《说文》槷也。《营造法式·看详》列飞昂之异名有五：槷、飞昂、英昂、斜角、下昂。

②同枑，门两旁长木。　　　　（张良皋）

斜当沟

又称燕翅当沟。指用于斜屋脊，如庑殿垂脊、歇山戗脊、下檐角脊等上的琉璃当沟。其长度约为正当沟长度的一点四倍，是一斜舌片形构件。参见当沟条（71页）。

斜当沟尺寸表　　单位：mm

	二样	三样	四样	五样	六样	七样	八样	九样	注
长	560	512	480	432	384	320	290	96	
宽	272	256	240	224	210	192	176	164	
高	256	256	192	192	160	160	160	160	

（李　武　左潘元）

斜方硅钙石　foshagite

化学式为 $4CaO \cdot 3SiO_2 \cdot H_2O$（亦有以 $4CaO \cdot 3SiO_2 \cdot 1.5H_2O$ 表示）的一种碱性较强的水化硅酸钙矿物。密度 $2.7g/cm^3$。加热脱水能产生定向的硅灰石和定向的 β-C_2S。可用水热合成法制得，亦可从自然界中获得。

（陈志源）

斜硅钙石　larnite

β-硅酸二钙或它的固溶相。介稳性矿物。于1929年发现。硅酸盐水泥熟料中含量一般为20%～25%，它的强度主要在后期发挥出来，若烧成温度偏低，保温时间不够，或冷却太慢，很易转变成 γ-C_2S。

（冯修吉）

斜接　scarf joint

两块木料端部加工成斜面后用胶粘接。是接长的一种方法。斜面形式和斜率要相同，为便于两个端头的搭接，也可把斜面加工成阶梯状，此时斜接面不是连续的，这种接头称为阶梯斜接。

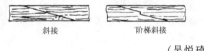

斜接　　　　　　阶梯斜接

（吴悦琦）

斜式缘石　mountable curb

又称可越式缘石。具有斜型断面，汽车可爬上驶过的路缘石。面向行车道的坡面平缓，其坡度在1∶1和2∶1之间，高度不超过15cm，上棱做成弧形。主要在较宽的中央分隔带四周或缘石出入口处采用。

（宋金山）

斜纹　cross grain，twill

①木材纤维偏离纵轴方向，呈一定角度排列所形成的木纹。在圆材中如果纤维是围绕树轴呈螺旋状扭转，外部纹理的倾斜度比内部大，其所锯成的锯材也具有斜纹。此外，通直纹理的原木当制材时下锯方法不合理，也会在锯材面上出现这种缺陷。斜纹理对顺纹抗拉、抗弯强度和冲击韧性等影响较大。

②经组织点或纬组织点成连续斜向纹路的织物

组织。一个完整的组织至少有经、纬纱各三根。常用分数表示，分子为一个组织循环中纬纱经组织点数，分母表示纬组织点数，分子分母之和为斜纹组织一个循环的完全纱线数。如 2/2↗斜纹（见图），

2/2↗斜纹

1/3↗斜纹

完全纱线数 $R = 2 + 2 = 4$，箭头表示右斜纹（纹路从左下方向右上方斜）。斜纹结构的织物的经纬交织点比平纹少，较柔软，光泽、弹性较好，渗透性好。常用于玻璃纤维织物。　（吴悦琦　刘继翔）

斜消光
见消光（551页）。

xin

心材　heart-wood
树干靠近髓心，材色往往较深，含水率较低（尤以针叶树材为甚）的木质部。系由边材逐渐转化而成的，已失去生理功能，只起机械的支撑作用。伐倒木的心材天然耐腐性较边材强，但在立木中与边材无区别或反而低。心材在横切面所占的比例及其力学性能依树种而异，如黄波罗、刺槐等树种心材部分较多，柿树则很小，刺槐的心材耐磨、耐久性也好。　　　　　　　　（吴悦琦）

锌白　zinc white
氧化锌的俗称。白色六方晶体或粉末状的碱性颜料。分子式 ZnO。熔点 1975℃。一种两性氧化物，溶于酸、氢氧化钠和氯化铵溶液，不溶于水、苯、醇、200号溶剂油。在油漆中能和微量游离脂肪酸作用生成锌皂，使漆膜柔韧、牢固、不透水，阻止金属锈蚀。在塑料中对聚烯烃及聚氯乙烯等有显著的光稳定作用。遮盖力，着色力次于钛白和锌钡白，具良好的耐光、耐热及耐候性，不易粉化，但耐酸、耐碱和耐还原性较差。和锌钡白、钛白混合使用，能改善它的粉化情况，适用于作涂料、塑料、橡胶加工中的颜料和填料。医药上用于制橡皮膏、软膏等，治疗皮肤伤口、起止血收敛作用。
　　　　　　　　　　　　　（陈艾青）

锌钡白　lithopone
又称立德粉。硫化锌（ZnS）与硫酸钡（BaSO$_4$）的共沉淀白色混合颜料。不溶于水，与硫化氢及碱溶液不起作用，遇酸液分解，释放出硫化氢。它以硫化锌的含量作为标准，标准含量为29.4%，随着硫化锌含量的提高、遮盖力提高，耐光性改善，但耐酸性下降。遮盖力强，在着色白颜料中次于钛白，高于锌白、铅白、锑白。是中性颜料。主要缺点是耐光性欠佳，在大气中易泛黄，不宜用于室外制品中。常用于涂料、橡胶、油墨等工业。
　　　　　　　　　　　　　（陈艾青）

新疆地毯　Xinjiang carpet
又称"和田地毯"。采用和田羊毛手工织造有新疆地方风格图案色调的地毯。和田，古称于阗，早在1700年前即有地毯生产，唐朝时称和田地毯为"甗㲡"，工精色美久负盛名。和田羊毛纤维长、弹性好、强度大、手感柔软丰挺。用其织成的地毯脚踏复原快，坚挺耐用，色泽经久不褪。传统和田地毯有"石榴花"式、"洪水"式、"五朵花"式等八大类图案，其颜色基调大多为暖色，四周为浓重色调花边，由植物的叶、须和连续规则的几何图形构成，中间点缀各种鲜花。全部手工织造，经线道数每米可达540道，甚至达900道，毯面严实，织工精细，图案优美，为地毯中精品。大多用作室内装饰。
　　　　　　　　　　　　　（金笠铭）

新浇混凝土　fresh concrete
见混凝土（204页）。

新鲜混凝土　fresh concrete
见混凝土（204页）。

新样城砖
清代晚期用经过风化、困存后的粗黄黏土制坯烧成的粗泥城砖。产自河北及北京东郊一带，由工部和内务府承办的官窑烧制，民窑亦有产出。规格为长480mm，宽240mm，厚128mm，重23kg。强度较好，密实度较差。多用于墙体糙砌或基础及垫层等非露明部位及修筑城墙。经砍磨加工后也有用于墙体干摆（磨砖对缝）和室外细墁地面等露明部位，但装饰效果远不及澄浆砖和细泥砖。
　　　　　　　　　　　　　（朴学林）

新样陡板城砖
清代后期用经过风化、困存后的粗黄黏土制坯烧成的粗泥城砖。因常利用其大面铺墁地面（陡板地面）而得名。产自河北及北京东郊一带。清代由工部和内务府承办的官窑烧制，民窑亦有产出。规格为长480mm，宽240mm，厚128mm，重23kg。质地坚实，强度较高，多经砍磨加工后用做室外细墁地面。此外，也用于糙砌墙体或基础等部位。
　　　　　　　　　　　　　（朴学林）

信号玻璃　signal glass
在交通运输设施中用于通信与联络的光信号的玻璃。要求能够准确无误地透过规定标准色温 T_c

光源的辐射光可分两种：①利用透光特性制成的各类聚光和散光的无色透镜；②具有对光源选择性吸收特性的有色透镜。后者多采用红、黄和绿三种颜色，最终色光取决于玻璃和光源色温，其范围按国际照明协会规定的色饱和度、主波长和透光率的标准确定。　　　　　　　　　　　　　（刘继翔）

信号灯　signal lamp

用于昼夜传递安全信息的灯具。常以短弧氙灯或氪灯为光源，多呈红、黄、绿等色。有固定式、悬挂式和携带式之分。一般道路交通信号灯的光强应大于100cd，确认距离为150m，具有近看呈大光面而不是点光源等特点，以利尽快引起视觉，使人们对其警惕注意，达到安全行驶的目的。常应用于机场、海港、江河岸边以及交通道口等处。
　　　　　　　　　　　　　　　　（王建明）

xing

型钢　section steel, shaped steel

具有一定几何形状截面和各种尺寸规格的钢材。可分为简单断面（圆钢、扁钢、方钢、六角钢、八角钢、角钢、槽钢等）和复杂断面（工字钢、H型钢、窗框钢、钢轨、钢板桩及其他异形材）两类。土木建筑中常用碳素结构钢和低合金钢，钢种有 Q235A、20MnSi、16Mn、15MnV、16MnCu 等。直径 6.5～9mm 的小圆钢也可称线材，成盘供应时又称盘条，它与各种钢筋是钢筋混凝土的主要用材。角钢、工字钢、槽钢、H型钢是钢结构的主要材料，广泛应用于各类建筑、桥梁和工程结构。　　　　　　　　　　　（乔德庸）

型砂水泥　sand casting cement

又称双快型砂水泥。用于胶结铸造型砂的水泥。主要矿物为硅酸三钙和氟铝酸钙。凝结快，但可用缓凝剂调节，水化时迅速生成钙矾石，数小时内就具有较高强度。用其代替黏土或水玻璃胶结型砂，特别是用于大中型铸件砂芯生产时，造型简单、尺寸准确。浇注铁水时钙矾石受高温作用失去结晶水而使水泥浆体强度降低，因而型砂溃散性好，清砂容易，具有提高劳动生产率、改善劳动条件、降低成本和提高铸件质量等优点。常用的有快凝快硬硅酸盐水泥和快凝快硬氟铝酸盐水泥。
　　　　　　　　　　　　　　　　（王善拔）

xiong

雄黄　red orpiment, realgar

又称鸡冠石。化学组成为 AsS 的橘红色天然矿物。单斜晶系细粒状晶体，呈粒状或土状物，半透明，密度 3.4～3.6，易熔。因受光作用即被破坏分解，变成雌黄和砷华（As_2O_3），故常与雌黄共生。生存在黄金石中。主要产自广东、云南、甘肃等地。用作玻璃和颜料原料。在古建筑彩画工程中使用范围极小，只有一种名曰"雄黄玉"彩画用它布为基调底色。　　　　　（谯京旭　王仲杰）

xiu

溴化锌　zinc bromide

$ZnBr_2$，白色潮解性粒状粉。其水溶液是一种液体 γ 辐射屏蔽材料。浓缩溴化锌溶液的密度 $2.5g/cm^3$，具有良好的透明度。受到强辐射后，由于溴化物中的溴离子变成自由的溴，溶液变色。但在 100L 溴化锌溶液中加入 $30gH_2NOH \cdot HCl$ 可防止变色，直到 $2.58 \times 10^3 C/kg$（$10^7 R$）时仍有效。添加量增加，起保护作用的时间愈长。通常与铅玻璃联合使用，夹在两层铅玻璃之间，以提高铅玻璃的透明度。　　　　　　　　　（李耀鑫　李文垵）

xu

徐变度　specific creep

又称比徐变。单位应力作用下混凝土的徐变应变。可用下式表示：$C(t)_0 = \dfrac{\varepsilon_{sh}}{\sigma_{sh}}$，式中 ε_{sh} 为混凝土的徐变应变（mm/m）；σ_{sh} 为徐变应力（N/mm^2 或 MPa）。当结构设计采用徐变度时，其值可用徐变系数和弹性模量按下式计算：

$$C(t)_0 = \dfrac{\varphi(t)_0}{E(t)}$$

式中 $C(t)_0$ 为加荷七天时的徐变度（1/MPa）；$\varphi(t)_0$ 为混凝土徐变系数；$E(t)$ 为加荷时混凝土的弹性模量（MPa）。　　　　　　（孙宝林）

徐变系数　coefficient of creep

徐变应变与加荷后的瞬时弹性应变之比值，表征混凝土徐变的特性。常应用于结构设计中。$\varphi(t)_0 = \dfrac{\varepsilon_{sh}}{\varepsilon_0}$。式中 $\varphi(t)_0$ 为徐变系数；ε_{sh} 为混凝土的徐变应变（mm/m）；ε_0 为混凝土加荷后的瞬时弹性应变，$\varepsilon_0 = \dfrac{\Delta L_0}{L}$，$\Delta L_0$ 为加荷后混凝土的瞬时变形（mm）；L 为混凝土试件的有效长度（mm）。
　　　　　　　　　　　　　　　　（龚洛书）

絮凝作用　flocculation

分散相以絮状沉淀的形式从分散介质中析出的现象。能使溶胶或悬浮液产生絮凝作用的物质称为絮凝剂。可分为无机絮凝剂和有机高分子絮凝剂。前者如明矾和硫酸亚铁等,后者如水溶性淀粉、动物胶和聚丙烯酰胺等。无机絮凝剂使胶体聚沉主要是由于与胶粒带相反电荷的离子的作用。至于有机高分子絮凝剂的作用机理,主要是高分子的"桥联"作用。当具有链状结构的有机高分子浓度较稀时,吸附在胶粒表面上的高分子长链,可能同时吸附在另一胶粒的表面上,通过"桥联"的方式,将两个或更多的分散相粒子聚集在一起而产生絮状沉淀。与无机絮凝剂相比,有机高分子絮凝剂有以下优点:①用量少,一般为无机絮凝剂的1/200到1/30;②絮块大,沉降快,便于分离。有机高分子絮凝剂多用于水处理和矿泥回收等方面。

(夏维邦)

蓄热室 regenerator

通过介质的蓄热和放热进行热交换的余热回收设备。主要结构包括墙体、格子体、底烟道、支承格子体的炉条拱等。废气和待预热气体不能同时流过一室,故必须成对使用,一个通过废气,另一个通过待预热气体,经一段时间后气流换向。在玻璃熔窑中,当高温废气从小炉排出流经池窑一侧蓄热室时,格子体升温蓄热,气流换向后,燃烧用空气(或煤气)流经此已被加热的格子体,吸收部分蓄热而升温,格子体则放热降温。池窑两侧蓄热室周而复始地轮流进行蓄热、放热过程。其中的热交换属不稳定态传热,废气温度、格子体温度、气体的预热温度都随时间周期性地变化。其内部结构形式、格子体的结构及材质是影响热回收效率和工艺特性的关键。按气体流动方向可分为立式和卧式;按结构形式可分为连通式和分隔式。 (曹文聪)

蓄热系数 thermal storage coefficient

材料层表面对谐波热作用敏感程度的特性指标。用 S 表示,单位为 $W/(m^2 \cdot K)$。通常把建筑物室内外周期波动热作用,近似视作谐波热作用。S 取决于材料的热导率 λ、比热 c 和表观密度 γ,以及热流波动周期 T,按下式计算:

$$S = \sqrt{2\pi\lambda c\gamma/T}$$

在同一周期的波动热流作用下,材料的 S 值愈大,表面温度波动愈小,其热稳定性愈好。通常,采暖房的墙、顶棚的内侧宜布置 S 值较大的材料,以减弱因供热不匀引起的围护结构表面温度和室温的波动。S 右下角的数字表示波动周期,如 S_{24} 是指波动周期24h的数据。 (林方辉)

xuan

宣石 Xuancheng stone

又称宣城石。安徽省宣城、宁国产出的盆景石。色洁白,且愈旧愈白,以洁白如玉者为上品。石质极坚硬,石形多呈结晶状,石纹细腻多变,线条硬直,常有明显棱角。宜作盆景中冰山雪景,亦可作树桩配石。 (谯京旭)

悬浮聚合 suspension polymerization

又称珠状聚合、粒状聚合。将单体或单体混合物分散于不溶解单体的液相介质中,悬浮成珠状物而进行聚合的方法。所用的聚合引发剂和催化剂通常溶于单体。在反应完成后,即析出沉淀。根据所用单体、分散剂、保护胶体以及其他改性剂的特性,聚合产物分别呈珠状、球珠状、软球状或不规则颗粒。反应易散热,产物颗粒均匀,分子量均匀,性能稳定。主要用于制造聚氯乙烯、聚甲基丙烯酸甲酯、聚四氟乙烯、聚苯乙烯等。

(闻荻江)

悬浮液 suspension

由半径大于100nm的、不溶性的固体粒子,分散在液体中所形成的分散体系。例如,混浊的泥水,就是泥土微粒悬浮在水中而成的悬浮液。其分散相粒子比溶胶的大得多,不能透过半透膜及滤纸;稳定性较差,容易发生沉降而析出;因被分散的粒子与分散介质之间有相界面存在,所以它在热力学上是不稳定的、多相粗分散体系。因分散相粒子表面积较大,能自发地吸附悬浮液中的同种离子,从而获得暂时的稳定性。如往其中加入较多量的高分子化合物,高分子物质被吸附在分散相粒子的表面,可增大其稳定性。生产陶瓷、耐火材料等制品所用的黏稠料浆也是悬浮液,要求具有良好的稳定性与合适的流动性,否则料浆粒子很快聚沉,并分离出清液。

(夏维邦)

悬辊法 suspending-roller process

又称罗克拉法。采用离心与辊压复合成型的一种制管工艺。系由澳大利亚罗克拉(Rocla)制管公司首先研制应用。用这种工艺方法制成的混凝土管也称罗克拉管。应用悬辊制管机。管模悬挂在制管机的辊轴上,通过辊轴与管模两端挡圈间的摩擦作用,使管模与辊轴作同向旋转。转速较低。成型时,管模内的混凝土混合料借离心力作用,均匀分布于管模内壁,当厚度超过挡圈高度后,辊轴即辊压混凝土,使之密实(见图)。辊压时间一般约为4~7min。其优点为:成型时间较短,适用干硬性混凝土,强度高,管内壁光滑,无水泥浆损失,操作条件好。一般可用于制作直径100~1 500mm的钢筋混凝土管、预应力钢筋混凝土管和各种直径的自应力混凝土管等。

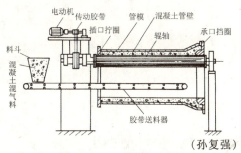

(孙复强)

旋涡虹吸式坐便器 siphon vortex W.C. pan

利用冲洗水流形成的旋涡将污物排出的虹吸式坐便器。与喷射虹吸式坐便器比较，排污能力强，噪声小，冲洗干净，卫生条件好，常用于高档卫生间。

(陈晓明)

旋制单板 rotary cut veneer

简称单板。用旋板机将蒸煮过的木段旋切成的连续单板。板面为弦向纹理，表面裂隙较大，是制造胶合板、细木工板、层积材，以及其他复合板的原材料。

(吴悦琦)

旋转薄膜烘箱试验 rolling thin-film oven test

通过转盘旋转形成的沥青薄膜置于旋转薄膜烘箱中，用加热吹风的方式测定其热老化性能的一种试验方法。其法是取沥青试样 35g，装于 1 个筒形盛样器中，然后将其插入标准烘箱（如图）的垂直

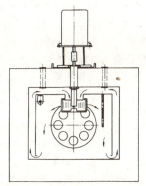

转盘，沥青在盛器中，沿转盘旋转而形成 5～10μm 的薄膜，在 163℃ 和吹入热空气的条件下，加热 75min，以加热前后的 60℃ 黏度比和加热后的 25℃ 延度值为评价指标。本试验与薄膜烘箱试验有较好的相关性，但省时、省料且精度高。

(严家伋)

xue

雪花白石 snow white stone

纯白色有雪花状结晶粗颗粒的碳酸盐类沉积岩或变质岩。稍次者白中有淡灰色，含均匀中晶及较多黄翳杂点。因产地不同，矿物成分和含量略有差异，物理性能亦有变化。河北曲阳盛产之"雪花"，为含白云石和白云母的粗粒结构白云岩。主要作须弥座、栏板、望柱、台明、石碑、石雕等，还可加工成装饰板材。

(谯京旭)

血胶 blood (albumen) glue

脱去纤维的动物血液或血粉，加入一定量的氢氧化钙、氢氧化钠、硅酸钠和水调制而成的一种蛋白质胶。为耐水性胶，可冷压或热压，色深，有异臭，易受菌类腐蚀，固化后胶层较硬，弹性和强度较差。适用于室内条件，亦用于古建筑油饰彩画等工程中。

(吴悦琦)

血料 blood adhesive

鲜猪血加工成的一种胶结料。制作方法是：用藤瓤（丝瓜瓤）或稻草搓揉初凝的血块，使其成为稀血浆。以箩筛滤去杂质，放入缸内，用生石灰水点浆（方法与点豆腐同），随点随搅拌。约三小时后呈胶冻状，即成为血料。猪血:石灰（块灰）＝100:4（重量比）。也可用血粉复溶后发制，但质量及黏结力不如鲜猪血发制的血料。特殊情况下，也可用牛羊血。是中国传统的防水、防腐胶结材料，多用作刷浆胶料和血料腻子。古建筑油饰工程用其调制油浆，各种油灰和腻子。用于木构件保护层（地杖）的制作。

(谯京旭　王仲杰)

xun

殉爆距离 sensitivity to propagation

又称殉爆度、诱爆距离。主发药卷爆炸后引爆被发药卷爆炸的最大距离，以 cm 表示。它反映了工业炸药的爆轰感度。不仅是检验产品质量的指标，也是设计炸药厂、危险品工房、库房安全距离的重要参数。

(刘清荣)

Y

ya

压刨 thicknesser

用于将方材或拼板刨成精确厚度的机床。有单面压刨和双面压刨之分。单面压刨是最常用的一种。按加工工件的宽度有用于加工方材零件宽度为250~350mm 的窄型，400~700mm 的中型以及加工板材及框式部件宽度为 800~1 200mm 的重型几种。单面压刨由位于工作台上部的水平刀轴、压紧装置、进给机构等主要部分组成。双面压刨的结构与单面压刨基本相同，但增加一个下刀轴，可同时刨削上下两个面。

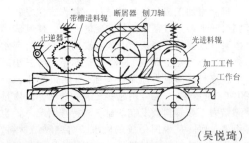

（吴悦琦）

压当条

又称压带条或押带条。边缘稍薄一侧施釉的窄长薄片。一种小型的琉璃脊件。"当"指琉璃瓦件当沟。"压当"，指安装时压在各类当沟之上的。每种琉璃屋脊都要从"当沟"做起，压当条是琉璃活中不可缺少的构件。

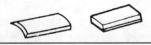

压当条尺寸表　　单位：mm

	二样	三样	四样	五样	六样	七样	八样	九样	注
长	352	320	320	290	240	224	210	192	
宽	99	93	92	80	74	64	54	45	
高	130	110	64	29	16	16	16	16	

（李　武　左潛元）

压顶 capping

自混凝土结构或岩石钻取芯样的两端用水泥砂浆做成的平整表面层。可使试样受力时作用力能均匀分布于截面，防止形成局部受力影响试验结果。美国等采用圆柱形混凝土受压试件的顶端也须在试验前作压顶处理。参见钻芯（641页）。

（徐家保）

压顶法 top pressed method

松铺压顶法的简称。按屋面尺寸将防水卷材搭接成一整幅，浮铺在屋顶基层上，四周向上折起贴在立墙或女儿墙上的施工方法。该法适用于单层铺设的、整体性较好的高分子防水卷材，如三元乙丙橡胶、聚氯乙烯卷材等。为防止光照和风揭，在卷材的上部可撒粗砂等材料压顶。此法使防水层不受基层变形的影响，保持防水层的整体性。

（西家智）

压汞测孔仪 mercury intrusion porosimeter

以汞压入多孔材料中，藉以测定其孔隙率及孔径分布的仪器。由压汞设备及测定汞压入量的装置所组成。其测定原理是汞压均匀地增加就会把汞压入样品的孔中，先粗孔后细孔，但并不润湿材料的孔壁，只须克服毛细管的阻力。所加压力与所测孔径成反比，测定的孔径越细，所需压力越大。对硬化水泥浆体来说可近似地用 $r = \dfrac{250}{P}$（nm）公式计算，式中 r 为孔径（nm），P 为压力（Pa）。测定的范围很广，上限可达 1 000μm，下限可小于 3nm。所测得数据能较好反映对硬化水泥浆体的强度、渗透性及时收缩有影响的大孔的情况。

（陈志源）

压花 kiss mark

又称压印。黏土红砖条面上呈青色或蓝色印痕的烧成缺陷。一般发生在掺有内燃料的两层花码砖坯条面接触处。该处由于缺氧形成局部还原气氛，高价铁还原成低价铁而造成不一致的颜色，影响外观质量。

（崔可浩）

压花玻璃 patterned glass figured glass

又称花纹玻璃、滚花玻璃。压延成型的、带有凹凸花纹图案的平板玻璃。在玻璃热成型时，以刻有花纹的压延辊对它进行压延而成。有无色、彩色；单面压花和双面压花。彩色压花玻璃，或由彩色玻璃液压制而成，或在无色压花玻璃表面喷涂彩色膜而成。常用的是单面压花玻璃。厚 2.2mm 的称薄压花玻璃，4mm 以上的称厚压花玻璃。是透光但不透明的玻璃，其透光率一般为 60%~70%，根据花纹大小，深浅而有不同的遮断视线的效果和艺术装饰效果。多用于办公室、会议室、接待室、

盥洗室、大型建筑物的内隔墙等。（许　超）

压口　flaw; pit

见裂子（303页）。

压力灌浆　pressure grouting

用压力将灰浆灌入孔道或空隙的制作混凝土或预应力构件施工工艺。要求灰浆黏结力大、流动性好。主要设备为砂浆泵。用于后张法大跨度或组合式预应力混凝土构件预留孔道灌浆时，对于预应力钢筋束与钢丝束采用纯水泥浆，对不成束的预应力筋及孔道较大者，可在水泥浆内掺入一定数量的细砂，以减少收缩，提高强度。灰浆用425号以上的普通硅酸盐水泥配制，并掺入为水泥质量1/10 000左右的脱脂铝粉作膨胀剂。灌浆必须连续进行，一次灌完。灌浆压力以0.5～0.6MPa为宜，压力过小不能保证孔道内浆体的密实性，压力过大容易胀裂孔壁。用于制作灌浆混凝土时，先将粗集料铺好、振实，再向其空隙中强制灌入水泥砂浆。如采用先抽去粗集料间的部分空气，使密闭模型内处于负压状态后再灌浆，砂浆容易灌入，其混凝土强度比单纯压力灌浆时高，称减压灌浆。压力灌浆适用于生产各种混凝土制品，也用于各种混凝土工程和制品的修补。（孙宝林）

压力容器钢　pressure container steel

制造承受一定压力和低温容器的低碳钢和低合金结构钢的总称。具有足够的机械强度，保证容器能承受高压并安全可靠，具有一定的韧性，良好的冷、热变形能力和焊接性能，均为低碳镇静钢。常用钢号有20R、16MnR、15MnVR、15MnVNR等，钢号尾部R表示为压力容器钢。在普通低碳钢基础上加入2%～3%的少量其他元素即可提高特定性能，如耐蚀钢有08AlMoV、09MnCuPTi；耐高温钢有12CrMo、15CrMo等；耐低温钢有06MnDR、09Mn^{2}VDR；高强度钢有18MnMoNbR等。主要用于制造石油化工，气体分离和气体贮运等设备的压力容器。（许伯藩）

压力式温度计　piezometer type thermometer

利用工质的体积或压力随温度变化的性质制成的测温仪表。工质可为液体（如汞）、气体（如氮气）和蒸气（如氯甲烷、氯乙烷等）。主要部分是由温包、毛细管和盘簧管组成的封闭系统。温度变化时，系统中工质的压力也随之变化，并传给盘簧管，通过齿轮机构带动指针，指示温度值。优点是构造简单、耐振动、能远传指示值。（林方辉）

压力试验机　compression testing machine

测定材料在受压状态下力学性能的试验机。一般用于水泥、混凝土、砖石等脆性材料。加载方式有机械和液压两种。所能施加的荷载比拉力试验机为大。为了保证压力作用线能通过试件轴心，都配有球型座。在压缩试验中，压头与试件端面存在较大的摩擦力，影响试验结果。试件越短，影响越大。为了减小摩擦力的影响，一般规定试件长度与直径或棱边的比为1～3，有时为降低试件的表面粗糙度，要涂以润滑油脂（参见万能材料试验机）。（宋显辉）

压麻灰

由油满、血料、中籽砖灰调和而成的古建地仗制作中麻层或布层之上的一种粗油灰。大木地仗中其重量配比为油满∶血料∶中籽砖灰（中籽砖灰70%，细灰30%）=1∶1.5∶2.3。其状如膏。施于麻层或布层之上，覆盖麻层或布层。层厚约1.5～2mm。（王仲杰）

压曲　buckling

见稳定（530页）。

压曲强度　buckling strength

又称屈曲强度。构件在轴向压力作用下抵抗因受压而弯曲失稳的强度。一般杆件、部件或构架达到失稳时的荷载值，称为临界荷载，此时的压应力称为临界应力。从强度方面说，临界应力值就是构件的压曲强度。（宋显辉）

压实系数　compacting factor

土压实程度的指标。是检验灰土地基的质量标准。地基的承载能力与其堆积密度有密切关系。堆积密度大，则孔隙体积小，土粒相互接触紧密，结构强度高，反之则低。灰土质量检查常用环刀取样测定其堆积密度，灰土质量标准以压实系数d_y表示。

$$d_y = \frac{r_d}{r_{dmax}}$$

式中d_y为压实系数（一般在0.93～0.95）；r_d为施工时土的实际堆积密度，g/cm³；r_{dmax}为同样土的最大堆积密度，g/cm³。（聂章矩）

压碎指标　crushing value of aggregate

表示卵石和碎石抵抗压碎能力、间接推测其相应强度的一种指标。采用压碎指标测定仪进行试验。该仪主要为一直径152mm的圆形测定筒和一150mm直径的加压头。试样取10～20mm的气干状态颗粒，剔除了针片状颗粒。按标准规定方法操作，试样装入圆筒高度为10cm左右，然后装上加压头，在3～5min内均匀加压至20t。称量试样质量（g）。用孔径为2.5mm的筛筛除被压碎的颗粒，称量剩留在筛上的试样重（g），则压碎的试样质量与原试样质量之比即为压碎指标值（%）。此法简便，可用以对经常性的石子生产作质量控制，但对粗集料强度有严格要求或对质量有争议则宜用岩石

压缩密封件 compressible sealing pieces

由高分子弹性体材料制成，在压力作用下发生密封效用的定型建筑密封材料。常用的高分子弹性体材料有三元乙丙橡胶、PVC塑料、氯丁橡胶、丁基橡胶、硅酮橡胶等。其中三元乙丙橡胶和硅酮橡胶压缩密封件具有良好的耐臭氧性、耐紫外线性、耐热性、耐酸性和抗变形性，使用寿命分别为10年和15年以上。按型式可分为O型和P型空心型材、角型或V型实体密封型材、多孔平条或脊状条。适用于建筑物接缝内嵌贴。其使用方法有基脚安装法、自粘法等。 （洪克舜　丁振华）

压延玻璃 rolled glass

用压延法生产的平板玻璃的统称。因玻璃成型时要与压延辊或压铸台接触，故表面质量低于其他方法生产的平板玻璃，主要品种有压花玻璃、夹丝玻璃、波形玻璃、槽形玻璃、玻璃锦砖、磨光玻璃毛坯、光学玻璃毛坯等，一般不用作透视用的门窗玻璃。 （许　超）

压延成型 calendering

热塑性塑料或橡胶在一定温度下在压延机的压力和剪力作用下成为规定尺寸的连续片状材料的成型方法。是生产薄膜和薄片状塑料或橡胶制品的主要生产方法。工艺过程分三个阶段。第一阶段使塑料或橡胶在一定温度下，在机械力作用下变为具有均匀而有塑性的物料，同时与各种配合剂充分混合，常用的设备有高速搅拌机、捏和机、密炼机、两辊炼塑（胶）机、挤出机等。第二阶段是塑性的混合料通过以一定速比旋转的压延机的钢辊之间的间隙形成薄膜或薄片。第三阶段是使已成型的膜或片冷却、牵引、切割或卷取。主要用来生产聚氯乙烯薄膜、硬片、硬板以及片状橡胶制品。配以必要的辅助机械，可生产人造革、塑料地面卷材、无胎防水卷材等产品。生产设备的投资较高，但生产效率高，产量大，质量好。

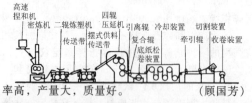

（顾国芳）

压延法 rolling process

熔融的玻璃液由料道流出后，经水冷却的相对回转的对辊（在平台上则用单辊）辗压成板玻璃的一种方法。用压延法生产的平板玻璃常称压延玻璃。按生产方法分有：连续压延法（图a）和间歇压延法（图b）两类。压延玻璃的表面质量低于其他方法生产的平板玻璃，因此常用此法生产压花玻璃、夹丝玻璃、波形玻璃、玻璃锦砖、光学玻璃毛坯、眼镜片毛坯等，不用此法生产门窗用的玻璃。

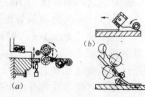

（许　超）

压延机 calender

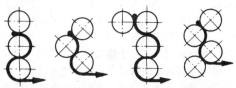

直线型三辊　三角型三辊　逆L型四辊　斜Z型四辊

熔融的塑料或塑性状态的橡胶通过相向旋转的钢辊间隙加工为薄膜或薄片的机械。辊筒的数目一般为三个和四个，排列的方式有直线型、三角形、逆L型和斜Z型等（见图）。由机架、辊筒、驱动装置、调间距装置、轴承润滑冷却装置等组成。辊筒为中空的钢辊，借蒸汽、过热水或油、煤气等加热。驱动一般为直流无级变速方式，可任意调节辊筒的转速。各辊筒的转速不同，使物料受剪切作用。速比一般固定，各个辊筒单独驱动的机型则可任意调节。有的机型还带有轴交叉装置，可调节辊筒轴线间的夹角，使膜片的厚度均匀一致。是压延成型工艺的主机。主要用来生产聚氯乙烯薄膜、硬片等制品以及片状橡胶半制品；带复合装置的可用来生产人造革、塑料壁纸、塑料地板等产品。 （顾国芳）

压蒸法 autoclave expansive test

检验水泥熟料中游离氧化钙和方镁石含量对水泥安定性影响的快速方法。用标准稠度净浆制成小梁试体经常温或沸煮养护后，再置于压蒸釜内，在一定压力（一般为0.8~1.0个MPa）的饱和水蒸气中压蒸一定时间，使游离氧化钙和方镁石迅速水化，根据压蒸前后试体长度变化，判断安定性是否良好。此法在中国用于检验由MgO引起的膨胀破坏。 （陆　平）

压制密实成型

简称压制成型。利用机械对浇灌入模的混凝土混合料施加压力使其颗粒相互挤紧的密实成型工艺。将能量集中在混凝土的局部区域内，使混合料在较高的集中应力作用下产生体积收缩，排出气体和多余的水，从而获得较好的密实成型效果。压制力的最佳值与混合料的性质、制品类型以及被密实段的体积和尺寸有关，一般为0.2~15MPa。其工艺方法有轧压成型、模压成型、挤压成型等，加振动可显著提高率。可用于成型板状、条状、管状制品及小型砌块。
（孙宝林）

压砖机 brick press

压制成型砖坯的设备。适用于含水率低、不易松散、半干法成型的物料，如蒸汽养护砖坯体。有盘转式、杠杆式和液压式数种。盘转式压砖机使用最为广泛。利用工作圆盘转动，依次完成填料、加压和顶砖动作。主要有8孔和16孔两种形式，前者每次压制一块砖坯，总压力600kN，后者每次压制两块砖坯，总压力1.2MN，均为单面一次加压，单位面积压力20MPa，生产效率高，由于单面加压且持续时间短，压制粉煤灰一类细料砖坯时，容易产生层裂。杠杆式压砖机，采用肘节式机构，三次、双面加压，两次加压之间，有短暂停休，以利排除坯体内空气，每次成型4块，总压力2.8MN，单位面积压力23MPa，砖坯密实均匀，质量好，但机构笨重，生产效率稍低。液压式压砖机采用液压系统产生压力。一般由自动液压压砖机、胶带输送机、自动取码坯机、液压系统和电气控制系统等主要部件组成压砖机组，总压力5MN，液体工作压力30MPa，采用侧压成型，一次16块砖坯，自动取码坯，砖坯质量好，生产效率高。
（崔可浩）

哑音 dumb sound

黏土制品敲击时发出不清脆声音的一种烧成缺陷。湿坯预热过快、干坯存放在潮湿的气氛中或受到窑中预热带湿烟气的不良作用而回潮、过冬坯体受到冻融作用或焙烧过程中降温过快，都会使烧成制品产生网状裂纹或内裂纹，造成哑音，严重影响强度。
（崔可浩）

yan

胭脂 rouge

又称脂脂、燕脂。虫胶类、植物类紫红水性颜料的总称。系中国传统颜料之一。古代用紫胶虫的分泌物及红花、茜草的花、根加工而成。常浸于丝绵之内。干燥后也可以成为粉状，亦称紫粉，胭脂粉，茜草茸。在古建筑彩画工程中的主要用途是花卉中红色花朵的渲染和勾勒。因使用时加工工艺较为复杂，目前已被西洋红所取代。
（谯京旭　王仲杰）

烟浓度 smoke density

又称烟密度。材料燃烧时释出烟雾多少或烟的不透明度的量度。有粒数浓度（粒/m³）、重量浓度（mg/m³）和光学浓度等。光学浓度常用透光率、减光系数、光密度、比光密度或遮光指数表示，因与火灾时安全通道可见距离直接相关而被广泛应用。
（徐应麟）

烟熏 smoke staining

俗称串烟、吸烟。陶瓷制品局部或全部呈现灰黑、褐色的缺陷。产生的原因是窑内湿度大，燃料燃烧不充分，致使坯体吸附烟尘；坯体中的碳素（包括坯体中有机物分解产物及坯体在窑内吸附的烟尘）氧化不充分；装窑过密，排烟抽力不足，致使窑内存烟等。此外，石灰釉极易吸烟。预防措施主要是严格控制装窑和烧成制度，提高燃料燃烧程度等。
（陈晓明）

烟子 pine soot

又称黑烟子，灯煤，俗称锅烟子。烟炱制成的粉末黑色颜料。有松烟、油烟两种。松烟是松材、松根、松枝在窑内进行不完全燃烧熏得的黑色烟炱，其质较粗。油烟是燃烧植物油熏得的黑色烟炱，其质细。中国主要传统颜料。在古建筑油饰彩画工程中用途：①加入胶液调制成黑色颜料用于彩画的花纹描绘。②皴擦仿大理石的主要颜料。③调制黑色油的色料。
（谯京旭　王仲杰）

烟子浆 soot paste

黑烟子放入容器内，加酒精后反复锤砸成膏状（俗称瓷烟子），然后再加入较稀的骨胶水调制成的浆状物。主要用于古建黑活筒瓦屋面上、下端部"绞脖"和屋脊当勾及眉子、铃铛排山勾滴，廊心墙小脊子、穿插当及象眼（带镂活）等部位刷色。此外，抹灰花饰的镂活也需用烟子浆刷面。古建彩画亦有用之。
（朴学林　张良皋）

延度 ductility

表示沥青变形能力的一种指标。在延度仪（如图）上测定，其法是将沥青试件制成8字形标准试

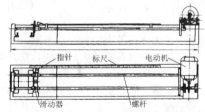

件，最小断面为1cm×1cm，在延度仪上于规定的温度（25℃）和规定的拉伸速度（5cm/min）条件下，延伸为细丝直至拉断时的长度，称为延度，以cm为单位表示。此外，根据试验需要还可在下列温度和拉伸速度进行试验：

温度（℃）	15	10	0
拉伸速度（cm/min）	5	1	1

沥青的延度取决于沥青的胶体结构和流变性质。

(严家伋)

延期电雷管　delay electric detonator

又称迟发电雷管、段发电雷管。通入足够的电流引起迟发引爆的电雷管。分秒延期电雷管与毫秒延期电雷管两类。具有 s 级或 1/2s 级多段延发时间起爆的电雷管，称为秒延期电雷管。它是在电引火药头与起爆药之间加延期装置制成的。延期装置可采用精制导火索段或在延期体壳内压装延期药并由其长度、药量和延期药配比来调节延期时间。中国产秒延期电雷管的参数如表：

段 别	延期时间，s	脚线颜色
1	<0.1	灰蓝
2	1.0+0.5	灰白
3	2.0+0.6	灰红
4	3.1+0.7	灰绿
5	4.3+0.8	灰黄
6	5.6+0.9	黑蓝
7	7.0+1.0	黑白

通入足够电流，经 ms 级延发时间起爆的电雷管称为毫秒延期电雷管，简称毫秒管。毫秒延期药头由铅丹（Pb_3O_4）、硅铁（FeSi）和硫化锑（Sb_2S_3）组成。优选配比、粒度和湿度等，可生产出短间隔和高精度的 15 段、30 段或多段别的毫秒管。广泛用于微差爆破、拆除爆破和特种爆破等工程。目前，中国已研制出居国际先进水平的微电子延期元件的等间隔毫秒管，延期时间分别可达 10ms 或 5ms，并进一步发展抗杂电、抗静电、耐高温、抗深水等系列化产品。

(刘清荣)

延性　ductility

材料在外力作用下达到断裂前可延伸的性质。延性好的材料在断裂前有较大的应变量或延伸率。有些材料还具有屈服现象，断裂前会发生较大的塑性变形。金、银、铜、沥青、塑料等具有较好的延性，一般硅酸盐材料则较差。

(宋显辉)

岩礁面　reef dressing

由剁斧或劈石机加工而得、凹凸度很大的石材表达面。表达面上无加工工具痕迹，凹凸高度可超过 50mm，具有明显的阴暗面，立体感强，给人以粗犷的坚实感。通常在花岗岩、石英岩、辉长岩等制成的建筑砌块上加工成这种表达面，用于建筑物外装饰。

(曾瑞林)

岩沥青　rock asphalt

从含有地沥青的岩石中提取的纯沥青。属于天然沥青。一般可用水熬煮或溶剂抽提的方法获得。主要用于修筑路面或水工构筑物。

(严家伋　刘尚乐)

岩棉　rock wool

用玄武岩、辉绿岩等岩石和适量助剂经高温熔融制成的蓬松状纤维材料。生产方法、性能及用途参见矿渣棉（279 页）。其性能一般优于矿渣棉。纤维细长而有弹性，化学稳定性和耐蚀性均较好。

(林方辉)

岩棉板　rock wool slab

用适量胶粘剂（树脂、水玻璃等）将岩棉粘结成型的板材。表观密度一般为 $80\sim 200kg/m^3$，常温热导率约 $0.030\sim 0.0407W/(m\cdot K)$，最高使用温度 500℃，用于平面或曲率小的罐、锅炉、换热器的绝热和建筑物的绝热与吸声。

(林方辉)

岩棉保温带　rock wool insulation belt

由岩棉与覆面材料制成的带状绝热制品。性能参见岩棉板。适于小直径管道、弯头、罐的绝热。岩棉纤维可在 700℃ 长期使用，而岩棉制品的最高使用温度还应考虑胶粘剂和覆面材料的耐热性，如用热熔胶生产的玻璃布贴面保温带，其最高使用温度为 200℃。

(林方辉)

岩棉缝毡　rock wool felt

把层状岩棉的两面用玻璃布或铁丝网加固而成的毡状制品。性能和用途参见岩棉板，尤其适于形状较复杂和工作温度较高的热工设备的绝热。

(林方辉)

岩相定量分析　petrographic quantitative analysis

在光学显微镜下测定试样中矿物含量的一种方法。主要有面积法、直线法、计点法和目测估量法等。面积法是根据薄片中各矿物所占面积百分比约等于矿物在岩石中所占体积百分比，用目镜方格网进行测量并计算。直线法是根据薄片中各矿物总长度之比约相当于各矿物面积之比，而各矿物的面积之比又与各矿物体积之比相近，用目镜测微尺进行测量并计算。计点法是根据观察到的矿物点子数与其体积成正比，用目镜方格网进行测量并计算。目测估量法是对照参比图估计各矿物在薄片中的百分含量。以上几种方法中以直线法和计点法较为常用。

(潘意祥)

岩相分析　petrographic analysis

利用光学显微镜对天然岩石或硅酸盐材料中的物相进行晶体光学性质、显微结构和物相的种类、含量、形态、聚集状态等分析的方法。常用的是偏光显微镜分析，主要有油浸法、薄片法、光片法、光薄片法和显微化学法等。还可用其他光学显微镜

（如反光显微镜等）、电子显微镜等方法进行分析。对于研究硅酸盐材料的物相、显微结构及指导生产、改进工艺和材料性能等方面具有重要作用。

（潘意祥）

盐基性铅盐稳定剂 basic lead stabilizer

简称铅稳定剂。组成中带有未成盐的一氧化铅（PbO）的无机酸铅和有机羧酸铅化合物。白色粉末。常用于含氯的聚合物中，是聚氯乙烯中最早使用的热稳定剂。具有与氯化氢很强的结合能力，对氯化氢既不产生抑制也不产生促进作用。耐热性良好，特别是长期热稳定性好，电气绝缘性优良，具有白色颜料的性能，遮盖力强，耐候性好，价格低廉。缺点是有毒，制品不透明，相容性及分散性差，无润滑性，需与润滑剂并用，容易产生硫化污染。主要品种有：三盐基硫酸铅（$3PbO \cdot PbSO_4 \cdot H_2O$）、二盐基亚磷酸铅（$2PbO \cdot PbHPO_3 \cdot 1/2H_2O$）、盐基性亚硫酸铅（$nPbO \cdot PbSO_3$）等。主要用于不透明的聚氯乙烯制品，如硬质不透明波形板，工业用硬聚氯乙烯板，地板（软、硬质），耐热电线，电缆料，泡沫塑料及硬制品。

（刘柏贤）

盐釉 salt glaze

陶瓷坯体表面在高温作用下与窑内的盐蒸气作用而生成的陶瓷釉。于 16~18 世纪在德国科洛内（Cologne）开始使用。所用盐通常为食盐。食盐在稍高于熔点（776℃）时开始挥发，含有水蒸气的空气与已熔食盐作用并分解生成盐蒸气，盐蒸气在黏土质坯体表面反应形成铝硅酸钠釉层。可加入硼砂改进其性能。由于食盐的蒸发以及和水蒸气的反应在 1 160℃ 以下不能充分进行，所以通常使用的烧成温度不低于 1 160℃。具有釉层较薄、与坯体结合紧密、耐急冷急热性和化学稳定性好等特点。过去用于日用陶瓷，如今主要用于大型容器、化学用炻器以及建筑用陶瓷制品，如耐酸容器、陶瓷导管、瓦管、排水管、有釉建筑砖等。 （邢 宁）

颜料 pigment

不溶于水和溶剂的有色粉状物质。分为天然和人造两类。天然颜料多为矿物质，如朱砂、石绿。人造颜料包括无机和有机两大类。无机颜料如氧化铁颜料、钛白、锌白、铬黄、镉红、铬绿等。有机颜料如酞菁颜料、荧光颜料、立索尔宝红等。要求具有适当的遮盖力、着色力；高的分散度；鲜明的颜色和对光的稳定性。通常用沉淀、煅烧或升华等法制成。广泛用于涂料、油墨、塑料、橡胶、搪瓷、造纸等工业，也是在建筑装饰材料中不可缺少的组成部分。 （刘柏贤）

颜料熔剂 flux for pigment

又称媒熔剂。促使颜料与陶瓷器皿表面结合的低熔点玻璃态物质。其成分根据使用时对熔融温度的要求和对颜料显色的影响而定。一般为含铅的硅酸盐玻璃或硼酸盐玻璃。 （刘康时）

颜料稳定 stability of pigment

通过高温煅烧或熔融使陶瓷颜料高温稳定的工艺过程。为了获得稳定的颜料，常将金属氧化物色剂与某些矿物粉料一起煅烧，在着色剂与矿物之间发生反应或固溶，形成高温稳定的矿物或固溶体，使着色颜料获得高温稳定性，以备高温色釉（如釉下彩）之用。最常见的高温稳定矿物有尖晶石型矿物，也有钙钛矿型、锡酸钙型、楣石型等矿物，这些矿物统称载色母体。另一种稳定颜料的方法是包覆，即用低熔点玻璃包覆色料，使其高温稳定。

（陈晓明）

颜色玻璃 colored glass

又称着色玻璃。对可见光区不同波长光透过程度不同而呈现颜色的玻璃。由基础玻璃添加着色剂而制得。使用各种着色剂可获得五彩缤纷、瑰丽绝伦的彩色玻璃。根据着色机理特点大致可以分为离子着色、金属胶体着色和硒硫化合物着色玻璃三大类。玻璃颜色的表示方法有：①光谱曲线，②CIE 系统色度图，③目前国内外常用的标准基色量系统（XYZ系统）中的 X—Y 颜色图。广泛应用于滤光、信号、激光、艺术装饰等方面，在建筑上主要作为建筑装饰材料。 （许淑惠）

颜色釉 coloured glaze

简称色釉。釉中含有适量着色剂，烧后釉面呈彩色的陶瓷釉。按烧成温度分为：高温颜色釉（高于 1 250℃）、中温颜色釉（1 000~1 250℃）和低温颜色釉（低于 1 000℃）；按烧成气氛分为：氧化焰颜色釉和还原焰颜色釉；按外观特征分为：单色釉、复色釉、裂纹色釉、无光色釉和结晶色釉；按着色机理分为：离子着色、胶体着色与晶体着色。用于各种陶瓷制品。除具有一般陶瓷釉固有的防污、不吸水等特性外，还富有装饰作用，并可以掩盖不良坯体色。 （邢 宁）

颜色釉彩 polychrome glaze painting

用多种颜色釉作彩料，画或填在坯体表面上形成完整纹饰的一种综合装饰。由于多种颜色的釉与坯体一次烧成，故须掌握各种颜色釉的性能及颜色釉相互重叠时在烧成中起的化学反应和呈色效果。所成制品具有颜色晶莹、浑厚庄重、风格明朗、朴素自然的装饰效果。 （邢 宁）

掩蔽法 masking

加入适当的试剂，使干扰离子的浓度大大减少，从而消除它们妨碍被测离子测定的一类方法。

所加的试剂称为掩蔽剂。它常与干扰离子生成稳定络合物、沉淀或使干扰离子氧化或还原。为获得良好的掩蔽效果，要求：①掩蔽剂与干扰离子生成的络合物，应比乙二胺四乙酸二钠盐（EDTA）与干扰离子生成的络合物更稳定；②掩蔽剂不与待测离子络合；③掩蔽剂与干扰离子形成无色或浅色的可溶性络合物；④应用掩蔽剂所需的pH范围应与测定所需的pH范围一致。消除干扰离子影响进行滴定以后，有时要加入某种试剂，以破坏掩蔽作用，使被掩蔽的离子再释放出来，然后再用EDTA滴定，这种方法叫解蔽（demasking）。起解蔽作用的试剂称为解蔽剂。例如KCN在碱性溶液中与Cu^{2+}、Ni^{2+}和Zn^{2+}等离子形成$M(CN)_4^{2-}$型络离子，所以KCN能掩蔽Cu^{2+}、Ni^{2+}和Zn^{2+}等离子。其中$Zn(CN)_4^{2-}$络离子可被甲醛分解，释放出的Zn^{2+}，可用EDTA滴定。在此实验中KCN是掩蔽剂，甲醛是解蔽剂。为了快速简便依次地滴定被测离子，在化学分析中常用掩蔽和解蔽的方法。

（夏维邦）

掩蔽剂 masking agent

又称隐蔽剂。参见掩蔽法（563页）。

厌氧胶粘剂 anaerobic adhesive

隔绝空气而固化的胶粘剂。由二丙烯酸酯（丙烯酸或甲基丙烯酸与多缩乙二醇的反应产物）与引发剂、促进剂、稳定剂及其他组分配制而成。无溶剂单组分室温固化胶。在接触空气条件下借助氧气的阻聚作用可长期存放。当以薄膜形式处于隔氧状态时，则由于被粘物表面的催化作用，可在室温下迅速固化。耐水、耐油、耐溶剂，并有较高的剪切强度，但抗剥离性较差。主要用于螺纹及管路的密封，也用于金属、陶瓷的粘接。多孔材料及热塑性塑料不宜使用。

（刘茂榆）

燕尾戗脊砖

又称燕尾戗脊筒。后部作燕尾状的异型戗脊砖。用于琉璃瓦重檐建筑下层屋面戗脊（角脊）最上端，围脊与角脊的交接处。因其后部作燕尾状，故能与合角吻交接紧密。琉璃瓦盝顶建筑屋面角脊也需用此一构件。

（李 武 左湻元）

燕尾榫 dovetail tenon

榫头呈梯形或半锥形，榫肩与榫颊之间夹角为75°～80°的榫。常以多榫形式出现。用于板件之间的连接。根据榫端可见程度有贯通开口燕尾榫、半隐燕尾榫和全隐燕尾榫，常用于箱盒、抽屉等构件的接合。

（吴悦琦）

yang

羊眼 screw eye

又称羊眼圈、螺丝鼻。尾部带圆圈的木螺丝。选用优质碳素钢制成，表面经镀锌钝化或镀镍处理，色泽光亮。供吊挂物件和橱、柜、抽屉等处挂锁及固定风钩用。

（姚时章）

阳极保护 anodic protection

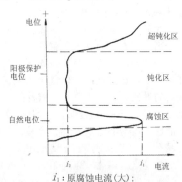

i_1：原腐蚀电流（大）；
i_2：阳极保护后腐蚀电流（小）

使金属处于阳极并以很小的电流保持这种极化状态，以使腐蚀速率显著下降的措施。只有在特定介质中，该种金属又有可能钝化时，才能实施该保护措施。如不锈钢在硝酸介质中，当施加电流进行阳极极化时，随着电位的正向推移，由"腐蚀区"进入"钝化区"（见图）合理控制电位值，可达到长期处于钝化状态的目的。常用于设备、槽罐及容器的保护。

（洪乃丰）

阳离子表面活性剂 cationic surfactant, cationic surface active agent

亲水基团能离解出阴离子而带正电荷的表面活性剂。其中应用较广的为带长链烷基的季铵盐，少数是含磷或含硫有机化合物，其水溶液一般呈酸性。通常用作杀菌剂、柔软剂、抗静电剂和防水剂等。不可与阴离子型表面活性剂共同使用，以免产生沉淀。价格较贵，在混凝土中较少应用。

（陈嫣兮）

阳离子乳化沥青 cationic emulsified asphalt

用阳离子乳化剂配制而成的乳化沥青。黑褐色或棕色液体。无毒、无味、不燃。由沥青、阳离子乳化剂、水和辅助材料所组成。可用匀化机、胶体磨等乳化机械制作。阳离子乳化剂溶于水后，亲水基团倾向离解成带正电荷的离子，在沥青微粒周围形成一层带正电荷的分子膜，由于同性电荷相斥，阻止了乳状液的聚析，提高了贮存稳定性。常用的阳离子乳化剂有季胺盐、脂肪族铵盐。可冷态施工，用于建筑防水、铺筑路面、稳定土等。（刘尚乐）

杨木 Populus spp.

杨属树种商品材的统称。杨属在中国有数十种，是中国主要发展的速生阔叶树种之一，也是世界发展速生树种之一，且常有许多杂交新种出现。各种杨树分布于全国各省。以大青杨（P. ussuriensis kom）为例，广泛分布于东北地区的长白山、小兴安岭林区，树干高大，通直，径向粗，是早期速生用材树种。边材黄白色，心材灰褐色或灰白色，略有光泽，纹理直，结构甚细，均匀。锯、刨等加工容易，刨面有绒毛，不耐腐，不抗虫蛀，浸注容易。散孔材。气干材密度 $0.390g/cm^3$；干缩系数：径向 0.140%，弦向 0.293%；顺纹抗压强度 25.3MPa，静曲强度 55.5MPa，抗弯弹性模量 9.41×10^3MPa，顺纹抗拉强度 79.8MPa，冲击韧性 $3.67J/cm^2$。宜作为纤维原料如纸浆、人造丝、纤维板、包装用木丝、食品包装以及筷子、牙签等，并可制造胶合板。　　　　　（申宗圻）

杨氏模量　Young's modulus

杨氏弹性模量的简称。参见弹性模量（493页）。

养护　curing

为使混凝土顺利进行水化或水热合成反应以获得所需的物理力学性能及耐久性而采取的工艺方法。混凝土进行正常或加速硬化时，必须建立具有所需的介质温度和湿度的养护条件。根据养护条件的不同，可以分为标准养护、自然养护和热养护三种。又可分常压湿热养护与高压湿热养护、微压养护、无压饱和纯蒸汽养护等。按所用能源的不同，热养护可以分为蒸汽养护、电热养护、太阳能养护、红外线养护、微波养护、热油养护等。按介质湿度的不同，可以分为湿热养护、干热养护和干湿热养护。对于水热合成材料，只能采用湿热养护。养护的种类很多，且各有特点。在混凝土制品生产工艺中养护工序周期最长，应根据实际情况合理选用，尽量缩短养护时间。　　　　　（孙宝林）

养护池　curing pit

见养护坑。

养护坑　curing pit

又称养护池。坑式常压湿热养护的设施。由坑体、坑盖、水封槽、蒸汽管道等部分组成。其宽度一般为 $2\sim4m$，长度为 $4\sim7m$，深度为 $1.5\sim3m$。设置在车间内或室外，有地下的，也有半地下的。为了节省蒸汽用量，各坑多相邻集中布置在一起，总长度可达100m，甚至200m。制品常用桥式或梁式吊车装入或吊出。坑内装入制品并加盖后，由蒸汽管道通入饱和蒸汽进行养护。结构简单，对不同类型的制品适应性大，但蒸汽消耗量大，操作条件差，占地面积较大。　　　　　（孙宝林）

养护窑　steam curing chamber

对混凝土制品进行常压湿热养护或无压蒸汽养护的设施。可以分为间歇式养护窑和连续式养护窑两种。前者如养护坑、养护室等，制品分批入窑养护，升温、恒温、降温由通入的蒸汽量控制，适用于流水机组法生产工艺；后者如隧道式养护窑、折线式养护窑、立式养护窑等，制品连续由一端入窑，经升温、恒温、降温三个区段后，由另一端出窑，适用于流水传送带法生产工艺。间歇式养护窑结构简单，对不同制品适应性大，但蒸汽消耗量大，操作条件差，利用率低，占地面积大。连续式养护窑可以克服间歇式养护窑的缺点，便于实现自动化，但基建投资较大。　　　　　（孙宝林）

养护窑填充系数　percentage loading of curing chamber

又称养护窑利用系数，养护窑负荷率。窑内装填的制品外观体积总和与窑的有效容积之比。表示养护窑装填制品程度的一种常用指标。与制品形状和窑形有关。其值愈大，养护窑利用率愈高。
　　　　　（孙宝林）

养护制度　curing schedule

对养护过程中的养护期的温度、湿度、压力、时间等主要工艺参数以及其他措施和条件所作的规定。常压湿热养护时，养护过程分为预养、升温、恒温、降温四个阶段，可以用温度时间曲线表示。高压湿热养护时，养护过程分为预养、升压、恒压、降压四个阶段，可以用压力时间曲线表示。其他养护方法也都各有规定。是决定混凝土性能和制品质量的重要工艺制度。应根据混凝土原材料、配合比、初始结构强度、养护方法以及制品尺寸、形状等由实验确定。　　　　　（孙宝林）

氧化釜　oxidizing kettle

制取氧化沥青的一种间歇式生产设备。由加热

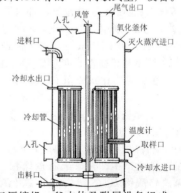

炉、空气压缩机、釜本体及附属设备组成。釜体容量一般为 $10\sim20m^3$，釜底有出料管，釜顶有尾气排放口，压缩空气由距釜底 $300\sim500mm$ 高处进入釜内后，即均匀吹入热沥青中。釜内的温度控制设施可保证空气与热沥青在相应的温度区间内反应，

以生产不同标号的氧化沥青。　　　（西家智）

氧化锆空心球耐火材料　zirconia-bubble refractory

用氧化锆空心球制成的块状轻质耐火材料。多是用具有一定颗粒级配的氧化锆空心球与适量结合剂配合，经混练后以振动法或浇注法形成不烧耐火砖。也可根据结合剂的性能，经适当的温度焙烧制成烧成制品。这类制品的耐火度大于2 000℃，气孔率高，热导率低，且具有较高的强度。是一种优质的耐高温绝热材料。在不与熔体接触的情况下，可作为直接与火焰接触的高温炉内衬，在2 200℃以下长期使用。在冶金工业、石油化工和电子工业热工设备中使用效果较好。　　　（孙钦英）

氧化锆耐火材料　zirconia refractory

又称氧化锆砖。以 ZrO_2 为原料制成的耐火材料。为了避免由 ZrO_2 的多晶转化而引起制品开裂，应预先进行稳定化处理（一般以 CaO 和 MgO 为稳定剂）。其生产工艺为 ZrO_2 与稳定剂进行共同粉磨，制成荒坯，在大于1 700℃温度下煅烧，烧后荒坯破碎成需要的颗粒，以有机或无机结合剂，用可塑或半干法成型。干燥后在1 700~2 000℃烧成。制品化学成分及性能为：CaO 4.5%~5.0%，SiO_2 0.5%~1.0%，ZrO_2 92%~94%，TiO_2 0.4%~1.0%，Fe_2O_3 0.2%~0.5% 及微量的 HfO_2。耐火度大于2 500℃，抗渣性好。主要用于炼钢连续铸锭、炉外精炼、感应炉内衬以及熔炼难熔金属的坩埚。　　　（孙钦英）

氧化铬　chromiun oxide

分子式为 Cr_2O_3 的氧化物，分子量152，暗草绿色结晶粉末，相对密度5.21，熔点1990℃，不溶于水，微溶于酸，有磁性。常用的铬化合物有：相对密度2.7的黄绿色晶体重铬酸钾 $K_2Cr_2O_7$、相对密度2.5的黄色晶体铬酸钾 K_2CrO_4、黄色晶体铬酸钠 $Na_2CrO_4·10H_2O$、黄色晶体铬酸铅 $PbCrO_4$，在还原气氛下上述铬盐都分解为 Cr_2O_3，它是绿色玻璃的着色氧化物；在强氧化条件下，高价铬 CrO_3 的生成量较多，使玻璃着成黄绿色；在强碱性玻璃中（如高铅玻璃）以 CrO_3 为主使玻璃着成黄色。Cr_2O_3 与 CuO 共用可得纯净的绿色，在瓶罐生产中常用价廉的铬矿渣（用铬铁矿制铬盐后的残渣）。在陶瓷生产中，它适于制造绿釉、红色釉（添加碱式铬酸铅 $2PbO·PbCrO_4$）、灰色釉（添加 ZnO）、黄色釉（添加 TiO_2）。是制造绿色彩色水泥的原料。　　　（许　超）

氧化钴　cobalt oxide

分子式 CoO，分子量74.93，相对密度5.7~6.7，熔点1 800℃，不溶于水，溶于酸和碱金属的氢氧化合物溶液中，绿棕色晶体。钴的化合物有：红色结晶体的 $CoSO_4·7H_2O$、$CoCl_2·6H_2O$、$Co(NO_3)_2·6H_2O$、$CoCO_3$，深紫色粉末的 Co_2O_3，灰色粉末的 Co_3O_4，所有钴的化合物在高温下都转变为 CoO。氧化钴是提炼镍矿的副产品。着色能力极强，含量低到2ppm 也可辨认。在玻璃中单独使用得蓝色，与氧化铜共用得天蓝色、蓝绿色、绿色，与氧化锰共用得深红色、紫色、黑色玻璃。是精陶彩釉、瓷彩釉、彩色水泥的着色剂。氧化钴是稳定的着色剂，不受熔制条件的影响。与硒并用还可起脱色剂作用。　　　（许　超）

氧化还原滴定法　oxidation-reduction titration

以氧化还原反应为基础的一种滴定分析法。用适当的氧化剂标准溶液滴定还原性物质；或用适当的还原剂标准溶液滴定氧化性物质，以分别测定还原性物质或氧化性物质的含量。有些元素本身没有变价的性质如 Ba^{2+} 和 Ca^{2+} 离子等，也可以用间接法测定。根据所用氧化剂的不同，可分为高锰酸钾法、重铬酸钾法、碘量法及铈量法等。　　　（夏维邦）

氧化还原指示剂　redox indicator

氧化还原滴定中用的一类指示剂。是具有氧化还原性质的复杂有机化合物。它们受到氧化或还原后，因内部结构发生改变，处于氧化态或还原态，两者的颜色不同，而且氧化与还原是可逆的。如以二苯胺磺酸钠为指示剂，用重铬酸钾标准溶液滴定 Fe^{2+} 到等物质的量点时，微过量的重铬酸钾将指示剂由无色的还原态氧化为紫红色的氧化态，指示终点的到达。　　　（夏维邦）

氧化镧　lanthanum oxide

分子式为 La_2O_3 的稀土金属氧化物。分子量325.81，白色粉末。可提高玻璃折射率、力学强度、耐水性，降低玻璃色散、热膨胀系数，熔化温度较高，易析晶与分相，是镧冕 LaK（$N_D>1.70$）、镧火石 LaF（$N_D>1.75$）、重镧火石 ZLaF（$N_D>1.80$）光学玻璃的重要组分。高折射低色散对照相机物镜的成像质量有重要意义，常用以制造广角镜头。在特种陶瓷上，是制造钛酸镧陶瓷（高频集成电路和微波集成电路基片）、锆钛酸镧铅铁陶瓷（核热闪光护目镜、图像存贮）、铬酸镧陶瓷（室温下直接通电的发热体，其表面温度可达1 900℃）的重要组分。　　　（许　超）

氧化沥青　oxidized asphalt

又称吹制沥青（blown asphalt）。是渣油或直馏沥青在氧化装置中，于一定温度条件下，吹入压缩空气（有时加入催化剂）通过脱氢氧化、缩合和聚合等化学作用，而形成的一种凝胶型沥青。在氧化过程中，由于沥青组分的转化和化学结构的改变。使其稠度增加，感温性、耐候性和耐水性提高，但其变形能力明显降低。改变氧化温度、时间和风量等工艺条件，可以得到不同标号的氧化沥青，分别用于道路工程、建筑工程及橡胶、涂料工业。

（西家智）

氧化铝 aluminum oxide

提炼原铝和作其他工业使用的原料，化学式为Al_2O_3。制取方法分碱法、酸法和电热法三种。应用最广的为碱法，又称拜耳（Bayer）法。将铝土矿，其中含有45%～60% Al_2O_3 的三水铝石（γ-$Al_2O_3 \cdot 3H_2O$）和一水铝石（γ-$Al_2O_3 \cdot H_2O$）以及铁、硅、钛等氧化物，破碎细磨后溶于苛性碱（NaOH）溶液中，形成铝酸钠 $2NaAlO_2$ 溶液，经洗涤、分离、水解析出 $Al_2O_3 \cdot 3H_2O$，再经1 100℃的高温煅烧脱水，获得氧化铝含量为99%以上的α-Al_2O_3。这是一种白色难熔的物质，是冶炼铝的原料，同时也是一种较好的耐火材料。

（高庆全）

氧化铝空心球耐火材料 alumina-bubble refractory

用氧化铝空心球制成的轻质耐火材料。常用具有一定颗粒级配的空心球与适当结合剂配合，经混合后以振动法或浇注法成型，制成不烧或烧成制品。制品的耐火度大于2 000℃，气孔率高，热导率低，热震稳定性好，且具有相当高的强度，是一种优质的耐高温隔热材料。在不与熔体接触的情况下，可作为直接与火焰接触的高温炉内衬，可在1 800℃以下长期使用，在冶金工业、石油化工和电子工业热工设备中使用效果较好。（孙钦英）

氧化铝泡沫轻质砖 alumina bubble brick

以Al_2O_3为主要成分的用泡沫法生产的块状轻质耐火材料。通常以工业氧化铝为原料，加入少量结合剂，采用泡沫法生产而成。将泥料、硫酸铝钾溶液、亚硫酸纸浆废液及泡沫剂等按比例倒入搅拌机中搅拌。搅拌好的泥浆，置于金属模内成型，在35～45℃干燥24h脱模。干燥后的砖坯，再经高温烧成。工作温度在1 500～1 700℃之间，可用于各种不与熔体接触的热工设备的内衬及绝热层。

（孙钦英）

氧化镁膨胀水泥 MgO type expansive cement

在硅酸盐水泥熟料中加入少量经700～800℃轻烧的菱镁矿（MgO）磨细而成的硅酸盐型膨胀水泥。MgO在水泥硬化过程中水化为氢氧化镁，体积增加1.49倍而膨胀。由于氧化镁的煅烧温度和粉磨细度对水泥的膨胀影响较大，必须严格控制。目前使用不多。

（王善拔）

氧化锰 manganese oxide

分子式为Mn_2O_3的氧化物。分子量157.88，棕黑色粉末。分子式为MnO_2的称过氧化锰、二氧化锰、俗称锰黑，黑色或黑棕色晶体，或无定形粉末，相对密度5.026，不溶于水和硝酸，遮盖力很强。根据炉温及炉气氛，锰离子有三种价态存在：Mn^{4+}（MnO_2）、Mn^{3+}（Mn_2O_3）、Mn^{2+}（MnO），在高温下以Mn^{3+}和Mn^{2+}存在，在氧化条件下Mn^{3+}存在较多，在还原条件下Mn^{2+}存在较多。Mn^{2+}不使玻璃着色，Mn^{3+}使玻璃着成紫色，但在不同玻璃中其色调不同，在铅钾玻璃中为紫水晶色、在钠钙玻璃中为紫红色，在酸性玻璃中很难得紫色。在陶瓷中多用来制取褐色、紫色、黑色、淡红色彩釉。在建筑工程上锰黑用作粉刷材料中黑色颜料。

（许 超）

氧化钕 neodymium oxide

分子式为Nd_2O_3的稀土金属氧化物。分子量336.48，相对密度7.24，熔点约1 900℃，不溶于水，溶于盐酸，天蓝色的结晶粉末。在钕玻璃光谱上，从红外、可见光区到紫外光区出现一系列尖峭的吸收峰，常用它作为校正分光光度计的标准玻璃；Nd^{3+}易受激辐射，在低温下有较低的激光发射阈，钕玻璃是著名的固体激光材料，在黄光586nm和绿光530nm处有强烈的吸收峰，在不同光源下具有双色性，此种玻璃又称变石玻璃。钕玻璃的光谱特性和着色十分稳定。也是激光晶体和变色釉的重要组成。

（许 超）

氧化铅 lead oxide

一氧化铅 PbO 及四氧化三铅 Pb_3O_4 的总称。可由熔融金属铅随空气流喷入炉内而得 PbO，俗称密陀僧，把熔融的 PbO 急冷而得黄色结晶，故又称黄丹，分子量223.2，相对密度9.30～9.50，熔点888℃，不溶于水，溶于氢氧化钾（KOH）的溶液中。Pb_3O_4俗称红丹，在空气中焙烧正方铅矿（PbO）或焙烧白铅矿（$PbCO_3$）而得。分子量685.6，相对密度9.0～9.1，500℃时热解出氧，不溶于水，常混有SiO_2、Al_2O_3、Fe_2O_3及Sb、Bi、Cu等杂质。PbO极易高温挥发，挥发量可达引入量的10%～14%。在玻璃中引入PbO可提高玻璃的折射率、吸收辐射系数、介电常数、光泽度等，广泛用来制造光学玻璃、防辐射玻璃、电真空玻璃、晶质玻璃等。在陶瓷生产中是精陶易熔釉、压电材料、铁电材料的重要原料，红丹与黄丹也是防锈漆的重要原料。红丹与黄丹都是有毒原料，在人体中形成不溶性磷酸三铅$Pb_3(PO_4)_2$而产生慢性中毒。

（许 超）

氧化砷 arsenic trioxide

又称白砒，砷白，砷酐，砒霜。分子式 As_2O_3。分子量197.84，相对密度3.7～4.0，熔点193℃，白色结晶粉末或无定形的玻璃状，在赤热时不待熔化便行挥发。是冶炼铜的副产品。曾是熔制玻璃常用的澄清剂之一，用量一般为配合料量的0.2%～0.6%，为加强澄清效果应与硝酸盐组合使用，其用量为氧化砷用量的4～8倍。含砷玻璃制品在还原气氛中加工时，As_2O_3 还原成元素 As 使玻璃发黑。若与铂接触，在595℃形成 Pt_3As_3 化合物使铂制品发脆，常称铂中毒。在陶瓷低温釉中作乳浊剂并增加釉的光泽度。粉状或蒸气状 As_2O_3 都是极毒物质，0.06g 即能致人死命，因此，在保存和使用中都要注意安全。

(许 超)

氧化铈 cerium oxide

分子式为 CeO_2 的稀土金属氧化物。分子量172.13，熔点1950℃，柠檬黄粉末，高温热分解产生氧：$2CeO_2 \rightleftharpoons Ce_2O_3 + 0.5O_2$，所以是强氧化剂、脱色剂、澄清剂。玻璃中引入 CeO_2 能提高光化学反应，光色效应、抗辐射能力、闪烁效应等。CeO_2 用于制造茶色平板玻璃、感光玻璃、光色玻璃、耐辐射玻璃、玻璃闪烁器、光敏微晶玻璃等。氧化铈也是玻璃的高效抛光剂。在氧化锆陶瓷中作稳定剂。氧化铈陶瓷属高温陶瓷，可作为热电偶套管、熔炼金属的坩埚等，与氧化镧组成燃料电池陶瓷 $[(CeO_2)_{0.6}(LaO)_{0.4}]$ 等。搪瓷工业中用作乳浊剂，其效果为 SnO_2 的两倍左右，若与 SiO_2 及 Al_2O_3 配合使用其乳浊效果尤为显著。

(许 超)

氧化塔 oxidizing column

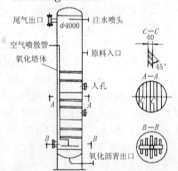

连续制取氧化沥青的一种塔式设备。由加热炉、空气压缩机、氧化塔本体及附属设备组成。塔底部有出料管，顶部有尾气排放孔、注水喷头、进料管，压缩空气由距塔底500mm的管道进入塔内，塔内装有3～4层隔板，使空气与沥青更好地接触，提高氧的利用率。这种设备可连续运行，比釜式氧化可提高生产效率2～3倍。

(西家智)

氧化锑 antimony oxide

又称锑白，锑华，亚锑酐。分子式 Sb_2O_3。分子量291.5，相对密度5.19，熔点656℃，白色结晶粉末，加热变黄，冷后呈白色，不溶于水、乙醇，溶于浓硫酸、浓盐酸、浓碱、草酸。是两性氧化物。用作澄清剂时，与硝酸盐配合使用效果尤佳。还可用于制造红外透过性能良好（$3\mu m$）的锑酸盐玻璃和电子工业中用的低熔点（软化温度270～370℃）焊接玻璃。在搪瓷及陶瓷工业中常用作低温釉的乳浊剂、釉下彩、釉上彩、本色釉的组成成分，是锑蓝、碱黄、白色、绿色釉的组分之一。一般 Sb_2O_3 仅用于生产墙面砖类的釉中而不用于日用制品的釉中。在建筑工程上用作白色的粉刷料，有良好的耐候性。在涂料中作白色颜料，抗粉化性较好，同时具有较好的防延燃性，但易泛黄。三价锑的氧化物有毒，五价锑的氧化物无毒。

(许 超)

氧化铁膨胀水泥 ferric-type expansive cement

在硅酸盐水泥中加入铁粉和氧化剂（如高锰酸盐、铬酸盐、双氧水等）混合而成的硅酸盐型膨胀水泥。金属铁氧化为氧化铁而产生体积膨胀。主要用作机器底座和地脚螺栓的固接材料。

(王善拔)

氧化铁颜料 iron oxide pigment

以天然和人造的无机铁系为原料经加工而成的颜料。主要有三种：①$Fe_2O_3 \cdot H_2O$ 或 $Fe_2O_3 \cdot nH_2O$ 呈黄色，是氧化铁黄的主要成分，通常是一水合物。水合程度以生产方法不同而异，其晶形结构和物理状态有别，从柠檬黄到橙黄。加热时脱水变色，逐渐变成氧化铁红。②Fe_3O_4 或 $FeO \cdot Fe_2O_3$ 呈黑色，是氧化铁黑主要成分。一般氧化亚铁的含量在18%～26%，三氧化二铁的含量在72%～74%，具有饱和的蓝光黑色。③Fe_2O_3 呈红色，是氧化铁红主要成分，有天然和人造两种。天然的（西红）基本上是纯粹的氧化铁。后者由硫酸亚铁、氧化铁黄或下脚铁泥经高温煅烧而得。三种颜料有效含量都在90%以上，最高能达到95%以上，320目筛余物小于0.5%，颗粒平均细度为1～$2\mu m$，其共同特点是着色力、遮盖力、耐光性均很好，耐热、耐碱，但不耐酸，色彩不够鲜明。用于涂料、油墨、塑料等工业中。

(陈艾青)

氧化铁棕 iron oxide brown

俗称哈吧粉。由氧化铁红及氧化铁黄两种成分组成的棕色氧化铁颜料。需要时可加少量的氧化铁黑，由于分散度大致相同，可以混合得均匀。有很强的着色力和遮盖力。具耐热、耐酸、耐碱等性能。在一般溶剂中较稳定。常用作涂料中的着色颜料。

(陈艾青)

氧化铜 copper oxide

分子式为 CuO 的氧化物。分子量 79.6，黑褐色粉末，熔点 1026℃，相对密度 6.40（立方晶系）或 6.54（三斜晶系），不溶于水和乙醇，溶于稀酸、碳酸铵、氰化钾溶液，在氨液中溶解缓慢。氧化铜是变价氧化物，在还原条件下将依次转为氧化亚铜 Cu_2O 及金属铜 Cu。氧化亚铜分子量 143.08，红色结晶粉末，熔点 1235℃，不溶于水，溶于氨液，与浓盐酸生成白色氯化亚铜的结晶粉末。在玻璃中 Cu^{2+} 着成天蓝色，Cu^+ 不使玻璃着色，金属胶体铜着成红色，在陶瓷彩釉中 CuO 用来制取绿色釉、牛血红、土耳其蓝。 （许 超）

氧化锡 tin oxide

分子式为 SnO_2 的氧化物。分子量 150.7。天然氧化锡矿为暗绿色或褐色结晶体，最常见的是正方晶系的六面体，也有六角形和菱形体，称锡石。相对密度 6.70～7.00，莫氏硬度 6～7，熔点约为 2000℃。金属锡 Sn 在大气中加热得无定形白色粉末的 SnO_2，相对密度 6.60～6.90。加热时显黄色，冷却后仍为白色。在玻璃熔制中 SnO_2 呈分散状的悬浮粒使玻璃乳浊，在熔制金红玻璃、银黄玻璃、铜红玻璃时必须加入 SnO_2，以防止胶体粒子因过分长大而瓷化。以氧化锡为主要原料可制成氧化锡电极，耐温 1400℃ 以下。在精陶釉中可制成白色乳浊釉、在铬酸盐的红色结晶釉中加入 SnO_2 可得均匀红色釉。在锡酸钴 $CoSnO_3$ 中加入 SnO_2 可得天蓝色颜料。它又是搪瓷釉的良好乳浊剂。 （许 超）

氧化亚镍 nickel sesqui-oxide

分子式为 NiO 的氧化物。分子量 74.7，相对密度 7.50，灰绿色粉末。镍的化合物有绿色粉末的 $Ni(OH)_2$、淡绿色晶体的 $NiCO_3$。它们在高温下都分解为 NiO，不受炉温及炉气氛性质的影响。NiO 是强烈着色剂，玻璃中含有 20ppm 就会出现颜色。在不同玻璃中其色调并不相同，在钾钙玻璃中呈浅红紫色，在钠钙玻璃中带棕色的紫色，这是由于镍在两种玻璃中的配位数不同（前者为四配位，后者为六配位）。NiO 在玻璃中的引入量为玻璃量的 0.003%～0.03%。在精陶彩釉中用来制取灰色釉、无光釉、蓝色釉、蔷薇色釉、褐色釉等。 （许 超）

氧化铀 urania

是 UO_2 及 UO_3 的总称。①氧化亚铀 UO_2，分子量 270，相对密度 10.5～10.9，黑褐色粉末，称铀黑，不溶于水，溶于硝酸与浓硫酸中；②三氧化铀 UO_3，分子量 286，相对密度 5.0～5.9，棕黄色粉末，称铀红；③铀的盐类有铀酸钠 $Na_2U_2O_7$·$3H_2O$，称铀黄。在熔制时都生成 UO_3，使玻璃着成美丽的荧光黄绿色。氧化铀有放射性，在使用中应有防护措施。氧化铀也是陶瓷的着色剂。 （许 超）

氧指数 oxygen index

极限氧指数（limiting oxygen index）的简称。在规定试验条件下，试样在温度为 23±2℃ 时的氧气和氮气的混合气流中刚好维持有焰燃烧（烛样）所需的最低氧浓度。记作 OI 或 LOI。用体积百分率表示：

$$OI = \frac{[O_2]}{[O_2] + [N_2]} \times 100$$

式中，$[O_2]$ 为混合气流中氧气的流量，cm^3/s；$[N_2]$ 为混合气流中氮气的流量，cm^3/s。用氧指数测定仪测定。是划分材料燃烧性的一个重要参数。因空气中氧浓度约为 20.9%，故 OI 在 21 以下的材料很容易在空气中被点燃。氧指数与温度有关，温度升高，氧指数降低。 （徐应麟）

氧指数测定仪 measurer for oxygen index

测定材料氧指数的试验装置。主要由耐热玻璃燃烧筒和气体测定系统组成。燃烧筒内径 75mm，高 450mm，内设试样夹具，底部充填玻璃珠。氧气和氮气流量计最小刻度 0.1L/min，混合气体在燃烧筒内的流速应控制在 4±1cm/s。用点火器的火焰点燃装设在夹具上的试样顶端。对直立试样，测定直焰燃烧时间恰好 3min 或燃烧长度恰好

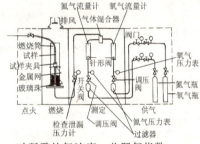

50mm 时所需的氧浓度，此即氧指数。 （徐应麟）

样本点 sample point

又称基本事件。随机现象中可能出现的每一个结果。全部样本点的集合称样本空间。例如，测量某一零件长度，结果与真值的偏差即误差为一样本点，全体实数构成样本空间。 （许曼华）

样本空间 sample space

见样本点。

yao

窑干材 kiln-dried timber

在干燥窑内，借人工控制空气温度、湿度和气流速度时，干燥到所要求含水率的木材。窑干材的含水率一般可达到 5%～7%，窑干是目前木材人工干燥工艺中最为普遍采用的方法，主要用于干燥板、方材或毛坯料。

(吴悦琦)

窑货花色

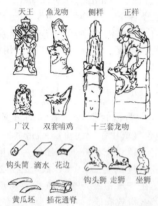

布瓦屋顶脊兽瓦件的总称（南方称谓）。如殿庭筑脊所用之龙吻、天王、坐狮、走狮、檐人、通脊等；厅堂筑脊所用之哺鸡、哺龙等。其式样大小、花纹设计，均有定制，颇似北方琉璃瓦件，但材料同普通青瓦，不施彩釉，价格较廉。烧制方法同一般砖瓦。

(马祖铭)

窑具 kiln furniture

陶瓷半成品入窑煅烧时，用以盛放、承托的耐火器具。用来盛装陶瓷坯体的耐火容器称为匣钵 (sagger)，它可以防止窑内燃烧产物对坯体的污染。用于承托坯体的耐火平板或搭架耐火板称为棚板 (refractory slab) 与支柱 (prop)。其通用材质有以下几类：硅－铝质（包括黏土质、高铝质）；硅－铝－镁质（包括莫来石－堇青石质、堇青石－莫来石质）；碳化硅质（包括黏土结合的及重结晶的）；熔融石英质（主要是黏土－熔融石英质）；其他（如刚玉质、氧化锆质等）。应有足够的高温结构强度、高的热稳定性。虽然只是陶瓷生产中的一种辅助工具，但其使用次数却影响到陶瓷产品的成本。

(刘康时)

窑炉气氛 furnace atmosphere

窑炉内火焰空间气体介质的组成和性质。分氧化、还原、中性等三类。与燃料燃烧状况、助燃空气比例、窑压、物料的化学反应及与炉内间的作用等有关。不同制品对其有不同的要求。而它对制品产、质量有显著影响，应根据工艺要求合理控制。

(曹文聪)

窑炉热平衡 heat balance of furnace

窑炉的整体或局部在单位时间内收入的总热量与支出的总热量的平衡。可用来确定燃料消耗量或评估各部位热量分配的合理性，为提高热效率，降低燃料消耗，节约能源，改进窑炉结构设计等提供依据。也可通过窑炉技术改造，采用新工艺、新技术前后的热平衡数据对比，评价其技术经济效果。连续作业窑炉的温度制度稳定，可编制全窑或某一区域的热平衡。对间歇作业窑，因熔化各阶段温度制度不同，可先分阶段再编制整个窑炉周期的热平衡。

(曹文聪)

窑压 furnace pressure

窑炉内火焰空间气体介质的静压强。单位：Pa，亦用 mmH_2O 柱。窑内气体静压强为正值时，窑内热气体通过孔口外溢；为负值时，窑外冷空气经孔口流入窑内。为减少溢流散热并减轻高温气流对窑体的冲刷侵蚀，或防止入侵冷空气影响窑内热工制度，一般要求窑内气体空间处于微正压。气体空间内的窑压分布与其所处的空间位置、窑炉结构、燃料燃烧及窑温情况等因素有关。

(曹文聪)

咬起 picking up

表层涂料将基层涂膜粘结剥起脱离，造成绉纹状张起的现象。是涂料施工中的弊病。造成原因是涂层未干透前即涂刷下道涂料，涂料中的溶剂能溶胀基底涂层或在施工时涂刷过厚。防止办法是面层涂料采用溶解力弱的溶剂，涂装时需待基层干透，涂刷不可太厚。容易产生这种现象的涂料有：硝基漆、环氧树脂涂料等含有强溶剂的涂料。

(刘柏贤)

ye

叶沸石 zeophyllite

化学式为 $4CaO \cdot 3SiO_2 \cdot 2H_2O \cdot (F,OH)_4$ 的一种天然水化硅酸钙矿物。结构式为 $Ca_4(Si_3O_8) \cdot F_2(OH)_2 \cdot 2H_2O$。结构类似白钙沸石，六方晶系。有沸石水。莫氏硬度 3，相对密度 2.76。

(王善拔)

叶蜡石 pyrophyllite

化学组成为 $Al_2(Si_4O_{10})(OH)_2$，色白或微带浅黄或浅绿。单斜晶系，常呈致密块状、片状或放射状集合体。半透明呈玻璃光泽。硬度 1～2，相对密度 2.66～2.90，熔点 1700℃。为陶瓷和耐火材料的一种原料。在玻璃工业中，用作引入氧化铝的原料。也可用于雕刻印章和工艺品。

(郭光玉)

叶蜡石耐火材料 pyrophyllite refractory

简称蜡石耐火材料。以叶蜡石 $(Al_2O_3 \cdot 4SiO_2 \cdot H_2O)$ 为原料制得的半硅质耐火材料。由于蜡石的烧失量及烧成收缩小，可不经煅烧而直接用于制砖。主晶相为脱水蜡石。在使用过程中稍有膨胀且有较好的抗渣性，主要用作盛钢桶内衬。参见半硅质耐火材料（7页）。　　　　　　　（李　楠）

页岩　shale

一种成分较复杂具薄页状或薄片状层节理的黏土岩。是弱固结的黏土经较强的压固作用、脱水作用、重结晶作用后形成。成分除黏土矿物外，尚混有石英、长石等碎屑矿物及其他化学物质。硬度低，用锤打击时，很容易分裂成薄片。有灰、绿、黄、红、黑等多种颜色。黑色页岩含有机质，红色页岩含三价铁，绿色页岩含二价铁。按所含杂质不同分为：钙质页岩、碳质页岩、铁质页岩、硅质页岩及油页岩等。可用于生产水泥、耐火材料、砖瓦或作建筑工程石材。还可生产膨胀页岩、耐酸化工容器、陶管坯体等。碳质页岩含碳量较高，可作民用燃料。油页岩可提炼石油、化工原料或作燃料。
　　　　　　　　　　　　　　　　（郭柏林）

页岩沥青　shale tar

旧称页岩柏油。油母页岩在气化或干馏过程中所得的页岩焦油，再经加工而成的沥青类物质。褐黑色。有特殊气味。密度 $1.05\sim1.10\text{g/cm}^3$。由碳氢化合物及含少量氧、硫、氮元素的有机化合物组成。主要为烷烃、烯烃类，含石炭酸很少，含蜡质和酸性化合物较多。与石油沥青性质相近，沥青质、树脂质含量较高，而油质含量较少。其酸性化合物含量较石油沥青和煤沥青为高。黏结性和延伸性较差，加热损失大，温度稳定性和气候稳定性亦差。与石油沥青和煤沥青能较好的混合。用于制造油毡、铺筑道路等。　　　　　（刘尚乐）

页岩陶粒　coarse aggregate of expanded shale

又称膨胀页岩。以块状的黏土质页岩或板岩为原料，经干法工艺或粉磨、成球、烧胀而得的一种人造轻粗集料。堆积密度为 $400\sim900\text{kg/m}^3$；筒压强度为 $0.8\sim3.0\text{MPa}$。采用粉磨成球生产的页岩陶粒密度小、强度较高。主要用以配制保温轻集料混凝土和结构保温轻集料混凝土。　　（龚洛书）

页岩陶粒混凝土　expanded shale concrete

页岩陶粒配制成的轻集料混凝土。由于生产工艺不同，页岩陶粒性能差异很大，其混凝土性能也不同。采用干法工艺生产的页岩陶粒，粒型为普通型，其混凝土性能较差，只用以配制一般用途的陶粒混凝土；采用粉磨成球工艺生产的为圆球型，其性能较好，可配制成超轻陶粒混凝土或高强陶粒混凝土。　　　　　　　　　　　　（龚洛书）

页岩渣　oil shale waste

油页岩提取石油后留下的废渣。是水泥的一种火山灰质混合材料。渣中残余有机质越多，颜色越深，活性越差。经长期自燃后呈浅黄色到棕红色者，活性较高。若经燃烧后呈灰白到淡黄色，则活性最高。经自燃或燃烧后，可用作活性混合材料。
　　　　　　　　　　　　　　　　（陆　平）

液-固吸附色谱法　liquid-solid adsorption chromatography

采用固体吸附剂作为固定相的一种高压液相色谱法。以硅胶、氧化铝、氧化镁等吸附剂为柱填料，用正己烷、乙醚、氯仿、异丙醇或它们的混合液为流动相。进样后，样品溶解在吸附剂上由于吸附能力的差别，造成它们在固定相上停留时间的差异，各种不同的溶质从柱内流出进入检测器的顺序有先有后，从而达到彼此分离。应用于分离一些能溶于有机溶剂、物质的相对分子质量约为 $300\sim1000$ 的有机化合物和一些官能团或官能团数不同的非离子型化合物以及结构异构体。　（秦力川）

液晶探伤法　liquid crystal nondestructive testing

以具有液体流动性和晶体光学性能的液晶膜作温度敏感元件，以热传导原理为基础的一种热学非破损检验方法。适于检测构件浅表面处存在的缺陷。在构件表面贴上液晶膜，并对构件加热，由于内部缺陷影响热传导，使构件表面产生温差，缺陷的形状和位置便由液晶的色彩显示出来。特点是彩色显示，对比清楚，可对构件进行动态检验。
　　　　　　　　　　　　　　　　（宋显辉）

液态聚合物　liquid polymer

室温下呈液态或黏稠态的低分子量聚合物。为无支链或有支链线型分子。往往是制备最终聚合物前的预聚物，通过加入交联剂、固化剂或加热后能进一步聚合固化成为有弹塑性的线型高聚物或不熔不溶的体型聚合物。某些 A 阶段酚醛树脂、脲醛树脂、低分子量未变定的环氧树脂或线型不饱和聚酯树脂等均属之。　　　　　　（徐亚萍）

液态渣　liguid slag

火电厂液态排渣炉和旋风炉中煤粉燃烧后所排出的熔融渣经水淬而得的煤渣。一般酸性，化学成分以氧化硅为主（约 40%），其次为氧化铝和氧化铁，还有少量氧化钙、氧化镁等。可用作钙镁磷肥或增钙后作水泥的活性混合材料。　（陆　平）

液体沥青　liquid asphalt

在常温下，呈稀软的液体状态的沥青材料。其针入度大于 300（25℃，100g，5s）（1/10mm）。包括稀释沥青、乳化沥青和残留沥青等。
　　　　　　　　　　　　　　　　（刘尚乐）

液体燃料　liquid fuel

燃烧时放出大量热能或产生动力的液态可燃性

物质。主要有石油及其加工制品（如重油、柴油、煤油、汽油等）。主要成分为碳氢化合物，并含有少量水分及杂质。与固体燃料相比，其灰分极少，热值高，便于运输和操作过程自动控制。工业窑炉中常用重油作燃料，因其常温黏度大，供油系统须采用保温、加热设备，并须设置过滤设备除去固态杂质，以免堵塞喷嘴和管路。　　　　（曹文聪）

液体水玻璃　liquid water glass

　　液体状态的水玻璃。碱金属硅酸盐溶液。由固体水玻璃加热溶解于水或直接将 SiO_2 材料加热加压溶解于苛性碱溶液而成。性能及用途参见水玻璃（456页）。　　　　　　　　　　（孙南平）

液体炸药　liquid explosives

　　又称液态炸药。在外界能量作用下，能发生爆炸反应的液态物质。中国用浓硝酸作氧化剂，配合适量的甲苯、二硝基甲苯或硝基乙苯等制成。该炸药威力大、流动性好，可在爆破现场配制，直接注入露天深孔内。由于腐蚀性强，易灼伤人、物，感度高，故应用范围受到限制。　　　（刘清荣）

液相烧结　liguid phase sintering

　　有液相参与的烧结方法。烧结温度较纯固相烧结的低。烧结物一般含多种成分，在最低共熔点附近进行烧结，烧结物中发生粘滞流动传质、溶解沉析传质，加快了烧结速度，从而可降低烧结温度。为此，在烧结纯化合物陶瓷时，常在粉料中加入少量助熔剂，使在较低的温度下实现烧结。
　　　　　　　　　　　　　　　　（陈晓明）

液相线　liquidus curve

　　在凝聚系统相图中，当固相与熔液平衡时，表示熔液的组成与温度的关系曲线。如附图中的曲线 t_ACt_B。在该线以上为液相区；以下为固、液二相共存区。在二元溶液的沸点-组成图中，表示溶液的沸点与液相组成关系的曲线也称为液相线。

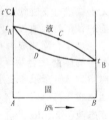

（夏维邦）

液芯玻璃纤维　liquid core glass fibre

　　以液体作芯料的光学玻璃纤维。如在空心的石英毛细管（折射率为1.457）内加压充填光吸收损耗小（衰耗为 7.3～13dB/km）的四氯乙烯液体（折射率为1.50）作芯料。主要应用于光通信。液芯的折射率随温度变化大，高压充液工艺、封口工艺困难，封口时容易污染。　　　（吴正明）

液性指数　liquidity index

　　见黏性土（361页）。

液压机　hydraulic press

　　简称压机。使塑料或橡胶在加热和加压下成型的机械。由机架、液压系统、加热系统、模板等组成。压力通常由油泵或水泵产生的液压提供。分为单层压机和多层压机。单层压机主要用于热固性塑料如酚醛、脲醛塑料和橡胶的成型，生产各种模制品，如电器开关、建筑五金等，多采用电加热方式，易于自动控制保持恒温。多层压机的加热多采用蒸汽，模板空腔内还可通冷却水，用于生产层压板，如聚氯乙烯硬板、纸质或布质酚醛层压板、纤维板、三聚氰胺塑料装饰板以及橡胶板材制品等。
　　　　　　　　　　　　　　　　（顾国芳）

液压试验　inner pressure test；hydraulic pressure test

　　又称内压试验。检验绝缘瓷套管抵抗内部压力的试验。包括耐受试验与破坏试验。试验时将试件两端按近似正常使用的情况进行密封，留出注水孔并接通液压管，将内腔注满水，使其各部位受力状态与正常使用情况相同。耐受试验时，均匀而无冲击地增加试件内腔的压力。压力和施压时间按产品标准规定。试验后绝缘瓷套管如果不破坏（包括端面的起皮剥落），法兰与绝缘套不产生明显的位移，则作为试件通过本试验。破坏试验时，均匀而无冲击地增加试样内腔压力，直至破坏为止。破坏的压力即为试件的实际破坏负荷。　　　（陈晓明）

液－液分配色谱法　liquid-liquid partition chromatography

　　流动相和固定相都是液体的一种高压液相色谱法。将固定液涂在颗粒大小一致的惰性固体载体上并紧密、均匀地装填在色谱柱内，流动相用泵加压后以一定的流速通过色谱柱。被测样品在两相之间进行连续分配，由于各溶质的分配系数不同导致在固定相上停留时间的差异和流出柱外的先后顺序不同，从而达到彼此分离。固定液和流动液不能互溶，二者极性差别要大。在实际应用时可分为两类：①正相分配色谱法，固定相为强极性物质，流动相为非极性或弱极性溶剂，用于分离极性化合物；②反相分配色谱法，流动相为极性溶剂，固定相为非极性固定液，用于分离非极性或弱极性化合物。通过对分配体系的适当选择，能分离物质的相对分子质量在2 000以下的各种混合物，特别适宜分离仅差一个碳数的一些同系物。　　　（秦力川）

yi

一般淬火　usual quenching

　　又称直接淬火。将工件加热到临界温度以上30～50℃，并保持较短时间后，迅速投入水或油中冷却的一种热处理工艺。可获得淬火马氏体组织，工件的强度、硬度显著提高，但冷却急剧，内应力较大，工件易变形、开裂，组织不稳定。由于操作简便，广泛应用于几何形状简单、外形厚薄差别不大的工件。
（高庆全）

一般用途低碳钢丝 low carbon steel wires for general uses

用 6.5～8.0mm 低碳热轧圆盘条经冷拉（拔）加工而成的钢丝。按交货状态分冷拉、退火钢丝两种。按用途分一般用途（牵拉等用，规格 $\phi 0.16$～$\phi 10$mm）、制钉用和建筑用（绑脚手架等）钢丝。经再电镀锌或热镀锌后称镀锌低碳钢丝，规格 $\phi 0.20$～$\phi 6.0$mm。建筑用冷拉钢丝的抗拉强度不得低于 65MPa。对弯曲试验和表面质量亦有要求。
（乔德庸）

一拌 batch

俗称一盘或一板。混凝土或砂浆一次拌合的数量。现场施工拌制一次也称为一拌。混凝土施工配合比常以一拌所需的水泥、砂、石子、水和外加剂的投料量表示。在一拌之内取样所制多个试件试验结果产生的变异称为拌内变异（俗称盘内变异）；而在同配合比的不同拌中分别取样制作多组试件，各组平均测值间的变异称为拌间变异（俗称盘间变异）。一般情况下，拌间变异比拌内变异要大，前者能较全面地反映混凝土的质量水平。
（徐家保）

一元相图 one-component phase diagram

单组分系统的相平衡状态图。可用压力-温度图表示。附图设为有晶型转变的某纯物质的相图。ABCD 线以下是该物质的蒸气相区。AB 线和 BC 线分别为晶型Ⅰ和晶型Ⅱ的升华曲线；CD 线是液体的蒸发曲线；EB 线为晶型Ⅰ和晶型Ⅱ的晶型转变线；FC 线是晶型Ⅱ的熔点曲线。ABE 和 BCFE 分别为晶型Ⅰ和晶型Ⅱ的相区；CDF 是液相区。B 点表示晶型Ⅰ、晶型Ⅱ和蒸气三相平衡共存点，称为三相点。C 点也是三相点，在该点晶型Ⅱ、液体和蒸气三相平衡共存。根据相律单组分系统中的三相点，其自由度数为零，是无变量点，即要保持原有的三相共存，温度和压力都不能变。一元相图是蒸发干燥、升华提纯和晶型转变等过程的重要依据。

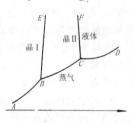

（夏维邦）

一致熔融 congruent melting

有些化合物熔化时，其固相和液相有相同组成的现象。有此现象的化合物称为一致熔融化合物，例如 $CaO \cdot SiO_2$ 和 $2CaO \cdot SiO_2$。其熔点叫相合熔点。结晶路程（××页）的附图中，C 为二元一致熔融化合物，C' 点为其相合熔点。
（夏维邦）

一致熔融化合物 congruent melting compound

见一致熔融。

一轴晶 uniaxial crystal

只具有一根光轴的晶体。如中级晶族的矿物石英、方解石等。具有二根光轴的晶体称为二轴晶，如低级晶族的矿物云母、橄榄石等。
（潘意祥）

伊利石 illite

又称水云母。化学通式为 $0.2(K, Na, Ca, Mg)O \cdot Al_2O_3 \cdot 3SiO_2 \cdot (0.5～1.5)H_2O$，似云母一类黏土矿物。晶体结构与化学组成介于白云母与蒙脱石之间，化学组成不定，与白云母相比，含钾量少，水量多，硅铝比高。晶体微细，常呈鳞片状。灰白、绿或黄棕色。无膨胀性和可塑性。自然界分布较广，常与高岭石、蒙脱石等矿物共生。以它为主的黏土，分散度低、塑性差、热稳定性不良，制成的水泥生料球因受热膨胀而粉化，不利于立波尔窑和立窑的煅烧，陶瓷工业的黏土也要求含伊利石较少。
（冯培植）

依次滴定法 stepwise titration

可以依次滴定溶液内的几种离子而不需事先分离的方法。当几种待测离子与 EDTA 生成的络合物稳定常数相差足够大，或与某种滴定剂生成的沉淀的溶度积差别相当大时，都可用本法。例如，用络合滴定法连续滴定 Fe^{3+}、Al^{3+} 和 Ti^{4+} 离子的含量。先调节溶液的 pH 为 2，以磺基水杨酸作指示剂，用 EDTA 滴定 Fe^{3+} 离子。然后将 pH 升高到 4，加入过量的 EDTA，使 Al^{3+}、Ti^{4+} 离子与 EDTA 络合完全。再用 Cu^{2+} 离子标准溶液返滴定过量的 EDTA，可测出 Al^{3+} 和 Ti^{4+} 离子的总含量。再加入苦杏仁酸，将已与 Ti^{4+} 离子络合的 EDTA 取代出来，用铜盐返滴定，测出 Ti^{4+} 离子的含量，从而算出 Al^{3+} 离子的含量。
（夏维邦）

宜兴石 Yixing stone

产于江苏省宜兴市的假山石。性坚硬，有色白质嫩和色黑质粗而略带黄色之分，也有和太湖石一样的嵌空穿眼、形状险怪者。适于堆作假山，但不宜悬空装叠，以免崩塌。
（谯京旭）

乙-丙乳液涂料 vinylite-acrylic emulsion coating

又称乙-丙乳胶漆。由醋酸乙烯-丙烯酸酯共聚乳液为主要成膜物质配制而成的乳液型涂料。涂膜光洁，光稳定性及透气性好，其耐候性优于醋酸乙烯乳胶漆，具有较好的装饰效果，可采用刷、滚、喷等涂装方法。是优质内墙涂料和中档外墙涂

料。　　　　　　　　　　　（陈艾青）

乙醇　ethanol

俗称酒精。分子式 C_2H_5OH，有酒味和刺激的辛辣味的无色透明易挥发的易燃液体。沸点78.4℃，闪点12℃，熔点-117.3℃。溶于水、甲醇、乙醚和氯仿等。具吸湿性。与水能形成共沸混合物。能溶解许多有机化合物和一些无机化合物。乙醇蒸气在空气中的爆炸极限为3.5%～18.0%。工业酒精中常含有一定量甲醇。常用作染料、涂料、药物、合成橡胶、洗涤剂等的原料。
　　　　　　　　　　　　（陈艾青）

乙二胺四乙酸　ethylenediamine tetra-acetic acid；EDTA

又称氨羧络合剂Ⅱ，写作 EDTA 或 EDTA 酸。其结构式为：

$$\text{^{-}OOCH}_2\text{C}\quad H^+ \qquad H^+\quad \text{CH}_2\text{COO}^-$$
$$\text{N-CH}_2\text{-CH}_2\text{-N}$$
$$\text{HOOCH}_2\text{C}\qquad\qquad\qquad \text{CH}_2\text{COOH}$$

该物质的相对分子质量为292.2，为方便计，常用 H_4Y 表示其分子式。络合能力很强，几乎能与所有的金属离子络合。略溶于水（22℃时溶解度为0.02g/100mL），常用其二钠盐（以 $Na_2H_2Y\cdot 2H_2O$ 表示）。它的两个羧基可接受 H^+ 形成 H_6Y^{2+}，EDTA 相当于六元酸。在水溶液中，以 H_6Y^{2+}、H_5Y^+、H_4Y、H_3Y^-、H_2Y^{2-}、HY^{3-} 和 Y^{4-} 七种形式存在，其分布与溶液的 pH 值有关。
　　　　　　　　　　　　（夏维邦）

乙二胺四乙酸二钠盐　disodium ethylene diamine tetraacetate；EDTA

又称氨羧络合剂Ⅲ或 EDTA 二钠盐，也记作 EDTA，常以 $Na_2H_2Y\cdot 2H_2O$ 表示其分子式，该物质的相对分子质量为372.26。结构式为：

$$Na_2^+\left[\begin{array}{c}\text{^{-}OOC-CH}_2\quad H^+\qquad H^+\quad \text{CH}_2\text{COO}^-\\ \text{N-CH}_2\text{-CH}_2\text{-N}\\ \text{^{-}OOC-CH}_2\qquad\qquad \text{CH}_2\text{COO}^-\end{array}\right]\cdot 2H_2O$$

22℃时100mL水中能溶解11.1g。室温下饱和水溶液的浓度约为0.3mol/L。它能与二至四价的很多金属离子生成稳定的、易溶于水的络合物。其络合比多是1:1。一般情况下，络合反应迅速。其反应式可表示为：
$$H_2Y^{2-}+M^{2+}\rightleftharpoons MY^{2-}+2H^+;$$
$$H_2Y^{2-}+M^{3+}\rightleftharpoons MY^-+2H^+;$$
$$H_2Y^{2-}+M^{4+}\rightleftharpoons MY+2H^+。$$
是络合滴定法中应用最广泛的滴定剂。
　　　　　　　　　　　　（夏维邦）

乙类钢　second type steels

按旧国家标准 GB700—79 规定，保证化学成分供应的普通碳素结构钢。现已废除（参见碳素结构钢，495页）。基本保证条件是钢的化学成分和铜的残余含量。按化学成分分 B1～B7 共7种钢号，数字越大则含碳量越高，B1 的含碳量为0.06%～0.12%，B7的含碳量则为0.50%～0.62%。其用途与数字相同的甲类钢相近，除用作工程结构构件外，还常用作日常生活用品。B1～B3 钢极软，可通过冷加工成丝、板、管等。
　　　　　　　　　　　　（许伯藩）

乙烯-醋酸乙烯共聚树脂胶　ethylene-vinyl acetate copolymer adhesive

由乙烯-醋酸乙烯为基本聚合物，加入松香酯、硫酸钡、碳酸钙等填料和抗氧剂制成的一种热熔胶。此胶在常温下呈粒状或条块状固体，加热到230℃左右熔融成液体使用，软化温度低，耐热性差，适用于小面积的封边胶合。　（吴悦琦）

乙烯-醋酸乙烯共聚物　ethylene-vinyl acetate copolymers，EVA

乙烯和醋酸乙烯共聚而得的热塑性树脂，记作 EVA。具有橡胶状弹性。随醋酸乙烯酯含量增加，弹性、柔软性、黏合性、互溶性、透明性、溶解性也提高。醋酸乙烯含量低于10%时，比聚乙烯柔软，冲击性能好，可作重包装袋、薄膜及模塑鞋底、玩具等。含量在10%～20%时，透明性、耐寒性、耐应力开裂性好，用作薄膜。含量为20%～40%时，具有良好的黏合性，可用作热熔黏合剂。含量在45%～55%时，弹性良好，用作特种橡胶，与其他橡胶互溶性好、加工性好，也可作塑料改性剂。含量为65%～95%时为乳液，作纤维、纸张、木材的胶粘剂。　　　　　　（闻荻江）

艺术搪瓷　enamel in art；artistic enamel

又称珍宝搪瓷。在铜或其他贵金属坯体上涂覆色釉制成的各种艺术品的总称。用雕刻、酸蚀、冲压、敲打、焊接等方法制成金属坯胎然后施敷各色彩釉制成。包括景泰蓝、绘画珐琅、浮雕珐琅、凹凸珐琅等。制品有人物像、风景艺术板、奖杯、灯具、耳饰、花瓶等。　　　　　（李世普）

异价类质同像　nonequivalent isomorphism

见类质同像（283页）。

异戊橡胶　isoprene rubber

以异戊二烯为单体，用立体定向聚合制得的有规立构合成橡胶。狭义指顺式-1,4聚异戊二烯橡胶。分为顺式和反式两类。顺式-1,4聚异戊二烯橡胶玻璃化温度-70℃，适用温度范围-50～80℃。分子结构和性能与天然橡胶很接近，故又称为合成天然橡胶。耐水性、电绝缘性、耐老化性比天然橡胶有所提高。可代替天然橡胶使用。主要用于制造轮胎、胶管、胶带、胶粘剂、胶鞋等橡胶制品。反式-1,4 聚异戊二烯橡胶玻璃化温度-90℃,强度大,抗撕裂性好,耐臭氧性优于天然橡胶,可在110℃连续使用1 000 小时以上。主要作胶粘剂及其他橡胶改性剂,也可用来制作轮胎、胶带、胶管等。 （邓卫国）

异形石 special shaped stone

呈曲面、曲线或形状特殊的石材。一般按设计需要加工而成。主要品种有拱石、转角石、弧形石、圆形石、槽形石、盖板石、蘑菇石、一头丁、二头丁、路缘石等。原料除满足力学要求外,还应考虑可加工性。其作用既是承重构件,又具有较强的点缀装饰效果。

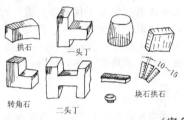

（宋金山）

异形水磨石 special-shaped terrazzo

外形为多边形或曲面的预制水磨石。如地面的镶边、带有小面磨光的镶条、柱子板、柱础、踢脚板、阳角、三角板、压顶、扶手、踏面板、踢面板、门窗套、窗台板、台面、隔断板、圆柱形板等。其优点是可按不同功能要求预先大批量制作,现场施工方便,缩短工期。 （袁蓟生）

异形砖 special shaped brick

又称奇形砖。根据需要而定做的各种大小不等、形状各异的黏土砖。其形状有棱柱、棱锥、棱台、圆柱、圆锥、圆台、球冠以及三角、五角、六角、七角、八角、扇形等,常用于建造宝塔、牌坊或门楼。 （马祖铭）

异型耐火砖 complicated shape brick

外形复杂的耐火制品。中国 GB/T 10324 标准规定,对黏土质、高铝质、硅质及镁质耐火材料,凡具有下述分型特征之一者,定名为异型制品：①重量规定为：黏土质 2～15kg,高铝质 2～10kg,硅质 2～12kg,镁质 3.5～18kg；②厚度尺寸为45～95mm；③大小尺寸比不大于 6 或 5（对硅质耐火材料）；④凹角、圆弧的总数不多于 2 个或 1 个（对硅质耐火材料）；⑤沟、舌总数不多于 4 个；⑥一个大于 50°～75°的锐角。 （李 楠）

抑气剂 gas suppressant

又称有害气体捕捉剂。能抑制燃烧过程中产生有害气体的添加剂。主要有碳酸钙 $CaCO_3$,白色粉末。在火灾温度（800～1 000℃）下,可与 HCl 反应生成稳定的 $CaCl_2$ 而残留在炭层中,故为 HCl 气体的有效捕捉剂。其作用随添加量而提高,但达某一数量即饱和,且大量掺合对材料的物理机械和电气性能有不良影响。选用 $0.05\mu m$ 以下超微粒径可使用量减少。适用于各种含氯高聚物如聚乙烯、氯丁橡胶等。 （徐应麟）

易密性 compactability

混凝土混合料在施行捣实或振动时,易于达到完全致密的性能。是表示混凝土工作性的一个方面。易于密实成型的混凝土混合料,其内聚力和内摩擦力均较小,在捣实或振动密实时易于克服其内部的和表面的（即和模板之间的）阻力,达到充分密实,保证硬化后混凝土得到应具有的各种物理力学性能。 （孙复强）

易抹性 finishability

新拌或成型后混凝土抹面难易的性能。在做混凝土坍落度试验后,以抹子刮抹表面,用目测方法评估。可分三级：①刮一二次即可使之平整；②刮五六次始可平整而不出现蜂窝；③操作困难,不易抹平,有空隙或露出石子等现象。取决于混凝土中粗集料的最大尺寸、集料级配、砂率及混凝土流动性等因素。是混凝土工作性指标之一。

（孙复强）

易燃材料 combustible material

又称燃烧材料。在大气中易被点燃并产生持续有焰燃烧的材料。氧指数小于 22。如建筑材料中常用的竹、木、油毡、沥青、油漆以及棉、麻、纸、聚烯烃、聚苯乙烯、天然橡胶、乙丙橡胶、ABS 树脂、环氧树脂、丙纶、腈纶等。通过阻燃处理可变为阻燃材料。 （徐应麟）

易熔合金 fusible alloy

由熔点较低的锡、铋、铅、镉和铟等金属组成的二元、三元和多元的共晶或非共晶。其熔点较低,如 Bi-Pb-Sn 三元共晶的熔点为 95℃；Bi-Pb-Sn-Cd 为 70℃；Bi-Pb-Sn-Cd-In 仅 46.7℃。用作保险丝、焊料,火灾警报器和自动灭火栓的易熔元件、锅炉安全栓、塑料成型模和配制铅字合金等。 （陈大凯）

逸出气分析 evolved gas analysis, EGA

测量物质所释放的挥发性物质的类别和数量随温度变化的热分析方法。与逸出气检测相比,它须测定在热分析过程中所形成的一种或多种挥发物的种类和数量。分析仪器除逸出气检测装置外,还设有采样装置、分离器和分析仪。由热解室出来的载气经采样分离后进入分析仪。用于逸出气分析的仪器有质谱仪、色谱仪、红外光谱仪及一些化学检测器。可采用间歇式或连续式分析法分析物质任一裂解和热分解过程中产物的种类和数量，特别适于测定痕量有机物的含量。多与差热分析、热重分析联用。

（杨淑珍）

逸出气检测 evolved gas detection, EGD

测量并研究物质中逸出的挥发物与温度关系的热分析方法。与逸出气分析不同的是本法只测定在热分析过程中是否形成了挥发物。一般通过检测从物质中逸出的各种气体总浓度来判断试样是否释放了挥发物。检测仪由载气净化、预热系统、热解室及温度控制系统、检测记录系统组成。试样和参比物位于加热炉内热解室中，载气经净化、预热后进入热解室分别流经试样和参比物，试样若无逸出气放出，流经二者的载气性质和数量相同。否则，流经二者的载气性质和数量都发生变化。记录逸出气体随温度的变化可得逸出气检测曲线，用以研究聚合物的热裂解和无机物的热分解，并可进行一些快速的定性分析工作。

（杨淑珍）

yin

阴极保护 cathodic protection

借助施加极化电流使金属成为阴极，从而达到减少或消除腐蚀的措施。在电化学腐蚀电池中，腐蚀过程发生在阳极，处于阴极的金属发生还原反应而不腐蚀，因此，施加电流迫使被保护金属作为阴极，并极化到适当的阴极电位，则可达到防护效果。施加电流方法有：①外加电流法，在被保护金属（阴极）与辅助极（阳极）之间外加直流电压，使阴极电位达到特定值〔对于钢铁为 -850 mV（SCE）〕；②牺牲阳极法，将锌、镁、铝或其合金制成阳极，与被保护金属连接，构成电偶电池，因阳极材料相对于被保护金属具有更低的电位（贱金属），故发生阳极腐蚀（牺牲），从而使阴极（被保护金属）不腐蚀（见图）。该类措施只能用于可导电介质中（如水、土壤等）。在埋设管线、电缆、地下建筑、船体、海洋平台等方面已广泛采用。

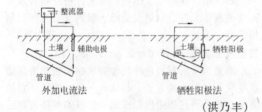

（洪乃丰）

阴离子表面活性剂 anionic surfactant, anionic surface active agent

亲水基团一端能离解出阳离子而带负电荷的表面活性剂。有羧酸盐类（如脂肪酸皂、多羧酸皂、松香酸皂）、磺酸盐类（如烷基苯磺酸盐、烷基萘磺酸盐甲醛缩合物，烷基磺酸盐）、硫酸酯盐类（如十二烷基硫酸钠）和磷酸酯盐类（如磷酸二丁酯）。在混凝土中可作为减水剂、引气剂等。价格较便宜，性能较好，因此它的产量至今仍居首位。其水溶性一般呈中性或碱性，与阳离子表面活性剂合用会产生沉淀，只可与非离子表面活性剂共同使用。

（陈嫣兮）

阴离子乳化沥青 anionic emulsified asphalt

用阴离子乳化剂配制而成的乳化沥青。褐色或棕色液体。无毒、无味、不燃。由沥青、阴离子乳化剂、水和辅助材料所组成。可用匀化机或胶体磨等乳化机械生产。阴离子乳化剂溶于水后，亲水基团离解成带负电荷的离子。在沥青微粒周围形成一层包封的带负电荷的分子保护膜。因同性电荷相斥，就阻止了乳液的聚析，从而提高了贮存稳定性。常用的乳化剂有烷基苯磺酸钠，羧酸盐类等。可冷态施工。用于建筑防水，铺筑路面，稳定土等。

（刘尚乐）

铟灯 indium lamp

利用铟卤化物放电的灯具。在壁厚小于 3mm 的玻壳内充以一定量的碘化铟和氩或氙，通电后使碘化铟蒸气放电辐射而呈现出可见光。其光效约为 $40\sim 50$ lm/W。具有点燃稳定后电弧亮度均匀，工作负载较高等特点。常用于小型便携式电影机。

（王建明）

银粉 aluminium powder

铝粉用作涂料颜料时的俗称。参见铝粉（314页）。

（陈艾青）

银朱 mercuric sulphide

又称硍砂，紫粉霜，广银朱，汞朱。组成为硫化汞（HgS）的红色粉状颜料。有毒！由汞与硫经加热升华而得。颗粒极细，遮盖力、着色力极强，耐酸，耐碱。是中国主要传统颜料之一。在古建筑油饰彩画工程中的用途：①调制银朱油的主要色料。②涂绘红色纹饰和绘制红色花朵的衬垫颜料。③彩画工自配紫色、粉紫色、硝红色的添加颜料。现产于上海、广东佛山、山东等地。使用时应徐徐加入少量胶液，随之捣拌，使二者混合，再逐渐多加，搅成糊状后加水拌匀即可。俗话说"要使银朱红，必须使胶浓"，故应多加胶液。

（谯京旭 王仲杰）

银朱漆

又称朱红漆。银朱掺入笼罩漆搅拌而成的天然漆。制作方法是：将银朱研细过绢筛，并漂洗干净，放在盆内与高粱酒混合后，进行二次研细，逐渐掺入笼罩漆中不断搅拌，直至漆表面水分溢出，此时将水分吸净即成。涂刷的漆膜略为粗糙，但久

后会泛红，色泽鲜艳，经久不褪色。配比为：银朱100份，笼罩漆100份。　　　　　（马祖铭）

银朱油

又称硍硃油。由光油和银朱、樟丹调制而成的朱红色油。传统的调制方法是：银朱中掺加经过冲漂的樟丹，一并用石磨研磨，将其磨细。待其沉淀后去其浮水。然后陆续加入光油，使油与颜料混合。混合的过程中，颜料中的水陆续排出，以毛巾吸之排净。最后用光油稀释即成。多用于古建重要殿堂的门、柱的油饰。　　　　　（王仲杰）

引气硅酸盐水泥　air-entraining portland cement

简称引气水泥。在磨制硅酸盐水泥时掺加少量引气剂而制成的水泥。常用的引气剂为松脂酸钠、松香热聚物等憎水性表面活性物质，掺量以能控制引气混凝土含有适量空气为宜。它能使混凝土产生大量微小气泡，改善工作性和保水性，提高抗渗性和抗冻性。但强度随含气量增加而降低。多用于抗渗性和抗冻性要求高的混凝土工程中。

（冯培植）

引气混凝土　air entrained concrete

外加引气剂引进气泡后的混凝土。混凝土混合料中掺有适量的具有表面活性的引气剂，如松香酸钠等，通过搅拌形成微小的均匀分布而稳定的气泡，泡孔尺寸在 0.025～0.25mm 间，可以改善混凝土混合料的工作性，减少泌水和离析，切断其中的毛细管通道，缓冲因水结冰膨胀的破坏作用，故可提高混凝土抗渗性、抗冻性和抗侵蚀性，表观密度和强度则略有降低。在普通混凝土中引进空气量一般为 3%～6%，空气量每增加 1%，抗压强度约下降 5%～6%。它与加气混凝土的组成、性质完全不同。广泛应用于水工混凝土等工程中。

（潘介子）

引气剂　air entrainer

在搅拌混凝土过程中能引入一定量均匀分布、稳定而封闭的微小气泡的混凝土外加剂。兼有减水作用的称引气减水剂。用于砂浆可增加其稠度、改善施工操作性能者，俗称微沫剂。按所用材料分，有松香树脂类、烷基苯磺酸盐类、脂肪醇磺酸盐类。引入的气泡直径在 0.01～0.25mm。在混凝土拌合物中可以阻止固体颗粒的沉降和水分上升，从而减少泌水、离析，改善工作性。在硬化混凝土中，可缓和自由水受冻结引起的膨胀压力，从而提高混凝土抗冻融耐久性。主要用于水工、港口、公路路面等有耐久性要求的工程，对水泥用量少、易泌水的混凝土或轻集料混凝土效果更为显著。

（陈嫣兮）

引上室　drawing chamber

又称成型室、引上窑。通常指垂直引上法和平拉法生产平板玻璃的玻璃熔窑的成形部。对前者指玻璃液面至引上机底座的空间；对后者指玻璃液面至转向辊上面盖板砖的空间。其结构尺寸应能保证室内温度制度稳定和玻璃液的热均匀性，两侧温差尽量小；避免产生玻璃析晶。根据玻璃原板成形需要，在其不同部位常设置冷却器、火管、拉边器等，以提高玻璃原板的产量和质量。　（曹文聪）

引伸计　extensometer

又称引伸仪。物体变形时测量其表面两点间距离微小改变的仪器。通常由传感器、放大器和记录器三部分构成。测试时，仪器紧固在试样上，当试样变形时，其变形传感机构随同伸缩，经过一系列放大机构，可在读数装置或记录机构上显示微小变形的数值。有机械式、电测式、光测式几种类型，前两种常用。机械式的有杠杆式引伸计和接触式引伸计两种。电测式有应变片式、电感式、电容式等。

（宋显辉）

檼　concealed ridge

屋脊异名。《说文》棼也。《广韵》屋脊也。《增韵》即今复屋栋，复屋（重檐）之栋不可见，故从隐省。　　　　　（张良皋）

印花发泡聚氯乙烯地面卷材　printed cushioning PVC floor sheet

以聚氯乙烯为基料制成的带有印花图案和弹性

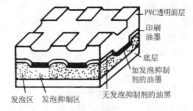

发泡层的卷状地面装饰材料。组成和结构如图所示。表面层是不含颜料和填料的透明聚氯乙烯膜，耐磨性、耐污染性好，起保护印花图案的作用。第二层为印刷层，一般为多色套印，并在其中某一色的印刷油墨内含有发泡抑制剂。第三层为发泡聚氯乙烯，它的局部由于受发泡抑制剂的影响发泡不充分，使整个发泡层表面具有凹凸的立体质感。第四层为基底（也可以没有），通常为玻璃纤维毡、化纤无纺布等。大多采用涂塑法通过化学压花工艺生产。特点是印花图案有立体感，装饰性优异；耐磨性、耐污染性好；有弹性，脚感舒适，步行时噪声小。缺点是耐凹陷性、耐燃性较差，特别是烟蒂的危害较为严重。主要应用于保养条件较好的住宅和办公室等场所。

（顾国芳）

印花聚氯乙烯地面卷材 printed PVC floor sheet

以聚氯乙烯为基料制成的有印花图案的片状成卷的地面装饰材料。组成和结构如图。面层为透明聚氯乙烯膜，厚度 0.2mm 左右，通常压有橘皮纹起消光作用。中层为印刷图案。底层为含填料较多的不发泡聚氯乙烯。一般用压延法生产，生产效率高，价格较低，耐磨性、耐刻划性和耐污染性好。缺点是无弹性，透明面层易受烟蒂损坏。适用于通行密度不高、保养条件较好的民用及公共建筑。

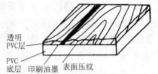

（顾国芳）

印贴花 applied relief

又称模印贴花。将含水较低的化妆土在陶质模中捶打成浮雕纹样后粘贴在坯体上施釉烧成的装饰方法。其印花纹样凸起，有浮雕效果。

（邢　宁）

ying

英石 Yingde stone

又称英德石。广东英德产出的假山石。有呈微青、间有白纹笼罩其上和呈灰黑或浅绿之分，石质坚而清润，节理天然，表面有大绉、小绉，多棱角，稍莹澈，有峰峦之状或洼孔之形，石眼婉转相连，敲之微有声。宜堆置假山或制作盆景。另有色白者，略透明，石面如镜，可以照物，且峰峦突起，叩之无声，置于几案，作石玩观赏。

（谯京旭）

荧光灯 fluorescent lamp

俗称日光灯。一种热阴极、低压汞蒸气放电灯具。在玻璃灯管两端装有电极，管内壁涂荧光粉（如钨酸镁、硅酸锌等），并抽出空气，充入少量汞蒸气和氩。使用时常须配置启辉器和镇流器，通电后启辉器首先放电使镇流器产生较高的自感电动势，由热阴极发射电子冲击灯管内汞原子，使之产生紫外线激发荧光粉而发出可见光。若管内涂不同荧光粉，可得白、蓝、绿、黄、红及玫瑰等色光。有标准型、高功率型和超高功率型之分。常有直管、环、弧、平板、椭圆、凹槽等形式。具有发光效率较高（约 25～90lm/W）、省电、寿命达 3 000h 以上等特点。适用于 10～30℃、相对湿度小于 80% 的环境，不宜过冷过热或过潮的环境照明。是工业与民用建筑中应用最广泛的灯具之一。

（王建明）

荧光塑料 fluorescent plastic

加有荧光色料，在光照下能形成闪烁辉光的塑料。常以热塑性塑料为基料。其发光原理是由于塑料中的荧光色料（无机钨酸盐、硼酸盐、硫化物或有机多环化合物，如荧光黄、荧光胺等）的电子受光激发后，由单一高能态跃迁为单一低能态时发射出偏振光。由于对日光及紫外线都有反应，故可使塑料呈现辉光，照射后的余辉时间极短，仅在 10^{-8}s 以下，且与发光体的温度无关，通常认为这类塑料在黑暗中不能发光。主要用作装饰材料、广告铭牌、工艺用品等。

（刘柏贤）

荧光搪瓷 fluorescent enamel

余辉持续时间不超过 10^{-6}～10^{-8}s 的发光搪瓷。发光体受光或其他射线照射时发出可见光，光或其他射线停止照射后从停止照射到荧光消失的时间称为余辉持续时间。要制取能够经常发光的瓷釉，必须使之含有放射性物质，但对有人群的地方因有放射性污染而不适用。常用发光剂有硫化锌或碱土金属的硫化物、硅酸锌等。

（李世普）

荧光颜料 fluorescent pigment

在紫外线激发下能发光，移去激发源后不能持续发光的颜料。是由无机钨酸盐、硼酸盐、硫化物或有机多环化合物组成，在黑暗中不发光。荧光的颜色由活化剂的性质和发光颜料的成分而定。如硫化锌荧光颜料中加入硫化镉，用银作活化剂的由蓝色转移至红色部分。用铜为活化剂的由绿色转移至红色部分。常用于制造荧光涂料及塑料。

（陈艾青）

萤石 calcium fluoride, fluorite, fluorspar

又称氟石。化学式 CaF_2。大部分形成于热液过程中，主要产于铅锌矿层中，由于降温不同，可呈白、绿、蓝、紫红等色，性脆，有玻璃光泽，显萤光性，在紫外线或阴极射线照射下，发出强烈的蓝、紫色萤光，因而得名。莫氏硬度 4，相对密度 3.18，熔点 1 360℃。含 CaF_2 98% 的优质萤石供制造氢氟酸用，含 85%～98% 的次级萤石供玻璃、陶瓷、水泥使用。在水泥生产中作矿化剂，能促进 $CaCO_3$ 分解，增加结晶 SiO_2 的反应活性，加速固相反应，降低液相生成温度，促进硅酸三钙的形成。在玻璃生产中作澄清剂、加速剂和乳浊剂。在玻璃中氟的挥发量可高达加入量的 50%，它与 SiO_2 形成气相 SiF_4 而污染大气。在陶瓷生产中作精陶釉的助熔剂和乳浊剂，并有良好的悬浮性。

（许　超　冯培植）

营造尺 building scale

通常指清营造尺。清末规定，营造尺 1 尺合米制 32cm。自汉以降，营造尺均为 10 寸尺。

（张良皋）

楹 pillar

柱（627页）的古称，《说文》柱也。《春秋庄二十三年》丹桓宫楹。后世衍为计算房屋的单位，一列排架为一楹，例如一间为两楹，三间为四楹。
（张良皋）

应变 strain

物体在外力或其他因素作用下产生的局部相对变形。物体中某一微小线段因变形而产生的长度变化量与原来长度的比值，称为线应变或正应变。物体中两个相互垂直的微小线段因变形而产生的夹角的改变，称为角应变或剪应变。变形后物体内任一微小单元体体积的改变与原单元体体积的比值，称为体积应变。应变无量纲。
（宋显辉）

应变能 strain energy

又称变形能或弹性变形能。以应力和应变的形式贮存在材料中的势能。材料受力后先产生弹性变形，然后屈服进入塑性变形阶段，在应力-应变图上，外力所做的功可分为弹性变形功和塑性变形功两部分。前者作为弹性应变能贮存在变形材料内，当材料中的裂纹产生扩展时，将提供裂纹扩展前所需的塑性变形功及产生新表面所需的能量。
（沈大荣）

应变能释放率 strain energy release rate

变形物体裂纹每扩展单位面积时，所能释放出来的应变能。有时也称裂纹扩展力，用符号 G 表示。其临界值称为临界应变能释放率，表示裂纹扩展单位面积所需要的能量，用符号 G_C 表示，量纲与 G 均为 FL^{-1}，单位都是 MPa·m。但 G_C 的意义与 G 相反，是材料对裂纹扩展的阻力，用以表征材料韧性的好坏，通常可认为是一个材料常数。
（沈大荣）

应变片 strain gage

能将工程构件的应变转换成电阻变化的变换器。应变片一般由敏感栅，引线，黏结剂，基底和盖层构成。将其粘贴于构件表面，敏感栅随构件受载后表面产生的微小变形而变形。变形后敏感栅的电阻发生变化，其变化率 $\Delta R/R$ 和粘贴应变片处构件的应变 ε 成正比，测出此电阻的变化，即可按公式算出构件表面的应变，进而算出相应的内力。大部分应变片对温度很敏感，为消除这种影响，试验时一定要加温度补偿或采用自补偿应变片。应变片增加一些附件后，还可用来测量位移和振动。
（宋显辉）

应拉木 tension wood

阔叶树在倾斜或弯曲树干或枝条的上方受拉部位的断面上，一部分年轮明显加宽的一种木材构造缺陷。一般材色较深或浅淡；髓心偏向一边或偏离不大。顺纹抗拉强度和冲击韧性比正常木大，但顺纹抗压和抗弯强度较正常木小；并增大各方向的干缩，特别是顺纹干缩；致使木材多翘曲和开裂，增加加工困难，形成毛茸和毛刺的粗糙表面。应拉木与应压木统称应力木。
（吴悦琦）

应力 stress

由外力、温度变化或其他作用等因素引起的物体内部单位截面面积上的内力。计量单位是 MPa（N/mm^2）。应力垂直于截面的分量称为正应力或法向应力；平行于截面的分量称为剪应力或切向应力。
（宋显辉）

应力斑 checker pattern; iridescence

又称应力花。当视线与钢化玻璃制品的表面成一定角度观察时，呈现有规则分布的花朵状彩色斑纹。钢化玻璃的缺陷。用高压鼓风冷却的风钢化平板玻璃上尤为明显。它影响钢化玻璃的透光性能和外观质量。生产中可以通过调节喷嘴与平板玻璃的间距、风压、风量来消除。
（许淑惠）

应力集中 stress concentration

由于承载构件的截面变化而引起局部应力增大的现象。由于工作需要，构件上常开有孔、槽或制成凸肩、阶梯截面等情况，在这些截面发生突然变化的区域，横截面上的应力不再是均匀分布。在孔、槽等附近的局部区域内，应力值显著增大，最大的往往数倍于平均应力，而在离孔或槽等的稍远处，则应力又逐渐趋于均匀。通常用最大局部应力与名义的平均应力之比值，即理论应力集中系数 K_t 来衡量应力集中的程度。工程设计时应尽量避免或减少应力集中。
（宋显辉）

应力强度因子 stress intensity factor

表示含裂纹物体在外力作用下裂纹尖端附近应力场强度的力学参量。反映脆性断裂时裂纹尖端的力学状态。与外加的荷载，裂纹的特征尺寸和含裂纹体的几何形状有关，用符号 K 表示。数学表达式为：
$$K_{\mathrm{I}} = \lim_{x \to 0} \sqrt{2\pi x} \cdot \sigma_{y \cdot 0}$$
$$K_{\mathrm{II}} = \lim_{x \to 0} \sqrt{2\pi x} \cdot \tau_{xy \cdot 0}$$
$$K_{\mathrm{III}} = \lim_{x \to 0} \sqrt{2\pi x} \cdot \tau_{yz \cdot 0}$$

式中：足标Ⅰ、Ⅱ、Ⅲ分别表示张开型、滑移型、撕裂型裂纹。$\sigma_{y \cdot 0}$，$\tau_{xy \cdot 0}$，$\tau_{yz \cdot 0}$ 为应力分量，x、y、z 为研究点的直角坐标。K 的量纲为 $FL^{-2/3}$，单位是 $MPa \cdot m^{1/2}$。可以由线弹性断裂力学的方法计算得到，也可由已有的应力强度因子手册查得。
（宋显辉）

应压木 compression wood

针叶树在倾斜或弯曲的树干和树枝的下方受压部位断面上，一部分年轮和晚材特别加宽的一种木材构造缺陷。一般其髓心偏向一边。密度、硬度、顺纹干缩率明显偏高，顺纹抗压及抗弯强度比正常木大，但横纹干缩、抗拉和抗冲击韧性比正常木小，且易产生翘曲开裂，并损害木材外观。应压木与应拉木统称应力木。 (吴悦琦)

硬度 hardness

材料抵抗其他物体刻划、压入或研磨其表面的能力。表征固体材料表面产生局部变形所需的能量（与固体内化学键的强度和配位数有关）。测定的方法有压入法和擦痕法等。像石材等非金属材料可用一定硬度的材料去刻划表面，根据刻痕和颜色的深浅来作出比较和判断（如莫氏硬度），或用磨耗试验测定的抗磨耗性能来表示。金属材料可用钢球或金刚石锥垂直压入其表面，采用压力和陷入深度或陷入面积的关系来表示，如布氏硬度、洛氏硬度和维氏硬度，或以测定下落锥的回弹高度值来表示。其值随不同的测定方法而异。 (潘意祥)

硬度试验机 hardness testing machine

用来检测材料硬度的试验机。硬度试验分两种基本类型：压入法和刻划法。压入法中根据加载速度不同，又可分为静荷载压入和动荷载压入两种，后者也称为动力硬度试验。硬度试验机多采用金刚石压头静力压入。常用来测定布氏硬度（HB）、洛氏硬度（HR）、维氏硬度（HV）。具有操作方便，检验效率高等特点，得到广泛应用。还有一种测定各种组成相的硬度的试验机称为显微硬度（HM）试验机。 (宋显辉)

硬钢 hard steel

塑性差，无明显屈服点的钢材。硬钢进行拉伸试验时，屈服阶段很不明显，甚至在应力－应变曲线图上看不出屈服点（σ_s）。抗拉强度较高。拉断时伸长率小。一般将硬钢试样标距部分内残余伸长达到原标距长度的 0.2% 时，其拉力除以钢筋试样截面积所得应力作为硬钢屈服点，以 $\sigma_{0.2}$ 表示。高强碳素钢丝、刻痕钢丝、冷拔低碳钢丝、高强热处理低合金钢筋等均属硬钢范畴。（参见软钢，415页）。 (孙复强)

硬硅钙石 xonotlite

化学式为 $6CaO·6SiO_2·H_2O$（简写为 C_6S_6H）的纤维状或针状结晶矿物。相对密度分别为 2.7 和 2.67。可人工合成：以 $CaO:SiO_2$ 为 1:1 的混合物在 150～400℃ 水热处理，经生成 C-S-H(Ⅱ)、C-S-H(Ⅰ) 和托勃莫来石等中间产物后形成；如以 $CaO:SiO_2$ 为 3:2 混合则生成硬硅钙石和 C_2SH（B）。水热处理的配比、温度和时间不同，最后产物不同。加热至 750～800℃ 以上时则脱水生成 β-硅灰石（CS）。在自然界中亦可发现此天然矿物。 (陈志源)

硬化水泥浆体 hardened cement paste

又称水泥石。由水泥经加水拌匀，凝结硬化而成的物质。通常含有：各种水化产物，主要是 C-S-H 凝胶、氢氧钙石、钙矾石和单硫型硫铝酸钙等；未水化水泥熟料；各种形态的可蒸发水和非蒸发水；以及各种孔径的孔隙。其中有水和孔隙组成网络，故是一个多相多孔体系。水蒸气吸附测定的比表面积达 $200m^2/g$ 的数量级，其固相表面的性质及比表面的大小，对其物理力学性质如强度、抗渗性、抗冻性以及与周围介质的相互作用和吸附性能有很大影响。 (陈志源)

硬化水泥浆体层间孔 interlayer pores of hardened cement paste

硬化水泥浆体中 C-S-H 凝胶层状结构中层间的孔隙。孔的水力半径波动于 0.095～0.278nm 之间，水能可逆地进入或溢出。有人认为其体积相应于水蒸气吸附的体积 V_{H_2O} 减去氮吸附的体积 V_{N_2}。硬化水泥浆体的一系列性质如徐变、收缩等与层间孔中水的交换有关。 (陈志源)

硬化水泥浆体过渡孔 transitional pores of hardened cement paste

硬化水泥浆体中原水泥矿物界线外的外部水化物之间存在的孔隙。水泥水化产物有内外之分，其外部水化物包括一部分 C-S-H 凝胶及绝大部分的 $Ca(OH)_2$ 及钙矾石晶体等，结构比较疏松。其孔隙尺寸在一个较大范围内变动（约为 3～200nm）。 (陈志源)

硬化水泥浆体孔分布 pore size distribution of hardened cement paste

表征各种孔径的孔在硬化水泥浆体中的分布情况。以不同孔径的孔体积分别占总孔体积的百分数表示。孔按孔径分类无一定标准，一般可分四级：凝胶孔、过渡孔、毛细孔和大孔。随水化龄期延长，总孔隙率减少，凝胶孔增多，毛细孔减少。但水化一定龄期后，因水化产物结晶度提高，凝胶孔的百分率会稍降，毛细孔则有增加趋势。水灰比小者不仅总孔隙率小，而且凝胶孔相对含量增多，毛细孔减少，因而强度提高。此外，它还受水泥的矿物组成、养护制度、外加剂和成型方法等因素影响。孔分布可用压汞法、（氮或水的）吸附法和低角度 X 射线散射法等方法测定。 (陈志源)

硬化水泥浆体孔结构 pore structure of hardened cement paste

孔在硬化水泥浆体中的存在情况。一般包括总孔隙率、孔径分布以及孔的形态等。其中孔的形态比较复杂不易表征，目前还停留在设想阶段。孔结构是硬化水泥浆体的一个重要特征，决定着它的一

系列性能。　　　　　　　（陈志源）

硬化水泥浆体毛细管　capillary of hardened cement paste

又称硬化水泥浆体毛细空间。水化水泥粒子间为水所填充的空间中水分蒸发后残留的空间。以毛细管的概念很难表征水泥浆体结构的实际情况，但基于其多孔性和一"束"毛细管之间的相似性故称之。实际上毛细空间以孔穴状态存在，在通常的孔隙率下，空间通过凝胶孔而相互连接。其量在新拌水泥浆中为水所占的空间；在硬化水泥浆体中为扣除凝胶孔体积后所剩余的细孔空间部分。其数量与孔径大小，主要决定于水化程度与水灰比，故在一定范围内变动。其较大者孔径在 $10 \sim 0.05 \mu m$。中等者为 $50 \sim 10 nm$，相差悬殊，从而影响浆体的强度、渗透性和收缩等一系列性能。（陈志源）

硬练胶砂强度试验法　earth-dry mortar strength test

简称硬练法。采用按规定配合比的水泥、标准砂和水所拌制的干硬性水泥胶砂来测试水泥强度的方法。其特点是胶砂的水灰比较软练法小（一般在 0.35 左右），用碾压式搅拌机搅拌，克氏锤捣实成型。用该法测得的水泥胶砂强度与干硬性混凝土的情况较接近，与塑性混凝土强度的相关性较差。中国旧水泥标准曾规定用该法测定水泥强度。
　　　　　　　　　　　　（魏金照）

硬铝　hard aluminium

又称抗拉铝。铝铜镁锰合金。是能热处理强化的铝合金中应用最广的一种。变形铝合金之一。机械性能好，但抗蚀性差和淬火温度范围很窄。按照所含合金元素数量和热处理强化效果的不同，分为三类：①低合金硬铝，强度较低，如 LY1、LY10，主要用作铆钉等；②标准硬铝，如 LY11，主要用作轧材、锻材及冲压件等半成品；③高合金硬铝，强度较高，如 LY12 等，用于制作航空模锻件，如骨架、蒙皮、肋、梁、铆钉等。　（许伯藩）

硬煤沥青　coal pitch

蒸馏煤焦油过程中，沸点在 $360 \sim 400℃$ 的残留物。为黑灰色非结晶物质，熔化时有臭味。含油质较小，黏度较大。软化点在 80℃ 以上。分为三个标号：煤硬-4 号，软化点 $81 \sim 90℃$，游离碳小于 28%；煤硬-4 甲，软化点 $81 \sim 90℃$，游离碳在 20%～28% 之间，挥发物为 60%～65%；煤硬-5，软化点 $91 \sim 105℃$，游离碳小于 30%。用于制造油毡、电极。　　　　　（刘尚乐）

硬塑挤出成型　stiff extrusion

见砖坯挤出成型（630 页）。

硬条木地面　hardwood strip floor

面层采用硬质木条板铺设的木地面。分单层和双层铺钉。对承受荷载和冲击力大的体育馆、剧院舞台、仓库等地面，宜做成双层，其中下层板称为毛板，一般毛板用普通木料，与搁栅呈 45° 方向满铺一层。面层条板则采用柞木、水曲柳、核桃木等硬质木材制成，厚约 $18 \sim 23mm$，宽约 50mm，长度大于 800mm。铺设时面板的拼缝与毛板的拼缝应成 45° 或 90° 交错。两层板之间可衬一层油纸或油毡，以减小摩擦和噪声。在实铺的粘贴式木地面中，单层铺设，可节省木材 30%～50%。由于面层板为硬质条木，耐磨性好，经久耐用。　（彭少民）

硬头黄竹　Bambusa rigida keng et keng f.

抗性强，分布较广的竹种。四川、湖南、江西、福建、广东、广西等地区都有栽培，平原、丘陵、低山都能生长，而以河流两岸冲积沙土中生长最好。与撑篙竹非常相似，但基数节有芽不分枝，节间无黄白色纵纹，节间上无毛环，箨耳为卵形，而撑篙竹分枝很低，竹秆基部第一节即有枝条，节间有黄白色纵纹，节上有黄白色毛环。箨耳椭圆形或长椭圆形。竹秆壁厚，材质坚韧。用途与撑篙竹基本相同。　　　　　　　　　（申宗圻）

硬质瓷　hard porcelain

又称硬瓷。坯料中熔剂成分少、烧成温度高、瓷坯烧结程度高和吸水率低的一类细瓷。通常，其烧成温度为 $1320 \sim 1450℃$，莫氏硬度为 $7 \sim 8$、机械强度为 $70 \sim 90MPa$、介电常数为 $6 \sim 7$，釉面显微硬度不低于 60MPa，化学稳定性好。化工瓷、电瓷及高级日用瓷均属此瓷。　　（邢　宁）

yong

永久性模板　permanent formwork

在混凝土结构浇筑成型时起模板作用，混凝土硬化后不拆除而成为结构一部分的混凝土模板。采用材料有钢丝网水泥、石棉水泥等。用于节省模板材料，减少施工工作量；经一定处理后可兼有装饰作用。
　　　　　　　　　　　　（丁济新）

用水量定则　law of the required amount of water

又称固定加水量定则，需水性定则。混凝土的单位用水量一定时，在通常范围内水泥用量的变化并不改变混合料坍落度的规律。该定则虽然不十分严密，但对混凝土配合比设计中确定参数带来很大方便。在混凝土试拌时可通过固定加水量调整水灰比的方法，获得既满足混合料工作性要求，又达到不同强度要求的混凝土配合比。
　　　　　　　　　　　　（徐家保）

you

优选法　optimum seeking method

选用最少的实验就能逼近最优解的方法。可分两类：一是间接法（解析法），把研究对象用数学方程表示，用数学方法求最优解。另一种是直接法，它无法表成数学方程，只能直接用多次实验来逼近。
（魏铭鑑）

优质碳素结构钢　quality carbon structure steel

同时保证钢的化学成分和机械性能，硫、磷杂质含量分别不大于0.035%的碳素钢。极大部分为脱氧完全的镇静钢。对其合金元素含量也有一定限制。按使用加工方法分为压力加工用和切削加工用两类。分08、10到70Mn等三十余个牌号。多轧（或锻）成圆、方、扁等型钢和钢板。一般需经正火或调质等热处理。多用作机械上的一般结构零部件。
（许伯藩）

优质碳素结构钢冷轧薄钢板（带）　cold-rolled quality carbon structural steel sheets (strips)

用优质碳素结构钢冷轧生产的厚度不大于4mm的薄钢板（带）。按表面质量分为高级的精整表面和较高级精整表面和普通的精整表面三组；按拉延级别分为最深拉延级、深拉级和普通拉延级三级。技术条件要求较高。钢带厚度为0.10～4.0mm，采用08到50号钢等14个钢号，用于制造机器零件与结构件等制品。
（乔德庸）

优质碳素结构钢热轧钢板（带）　hot-rolled quality carbon structural steel sheets and plates (strips)

用优质碳素结构钢热轧的钢板（带）。分厚板与薄板两种。厚度大于4～60mm为厚板，有26个牌号，需根据标准规定的性能选用和检验；厚度不大于4mm为薄板（带），有16个牌号。此类产品主要用于汽车、航空、机械设备和工程机械制造等，非建筑结构用钢。
（乔德庸）

优质碳素结构钢热轧圆（方）钢　hot-rolled quality carbon structural round (square) steels

由优质碳素结构钢热轧生产的条状圆（方）形型钢。材质由08F到85号、较高含锰量的由15Mn到70Mn。规格（直径或厚度）可到250mm。按用途可分供热压力加工冷顶锻、冷拔用和供冷切削用型材。主要用于机械制造，土木建筑工程中主要用于工程机械的制造。可根据需要提出化学成分、低、高倍组织，脱碳，表面质量等要求。
（乔德庸）

优质碳素结构钢丝　carbon structural quality steel wires

由优质碳素结构钢热轧盘条经冷拉制成的钢丝。材质大多为08F、10、10F～60号钢。规格$\phi 0.20\sim \phi 10mm$。按力学性能分硬状态钢丝和软状态钢丝两类；按截面形状分圆形、方形、六角形三种钢丝；按表面状态分冷拉、银亮钢丝两种，均分别规定了力学性能、尺寸偏差、表面质量等技术要求，可根据需要选用。
（乔德庸）

油分　oil component

石油沥青三组分分析法中沉淀沥青质后，经硅胶吸附、苯－甲醇抽提树脂后，最后用戊烷抽提出的一种化学组分。在常温下，呈淡黄色液体，具有荧光性。碳氢（原子）比约0.5～0.7，相对密度小于1.0。平均分子量为200～700。可溶于多种有机溶剂，但不溶于乙醇。它赋予沥青流动性。随着油分含量的增加，沥青的针入度增大，软化点降低，在一定条件下（如氧化），可转化为胶质和沥青质。
（徐昭东　孙庶）

油膏耐热度试验　heat resistance test of caulk

测定油基塑性密封膏在高温气候作用下能否正常工作的试验方法。可将试样填在100mm×25mm×10mm的长方体不锈钢槽内并置于斜度为45°的坡架上。按油膏品种不同，在不同要求的温度下放置5h，测其下垂度，该值小，则耐热度好。一般要求不大于4mm。
（徐昭东　孔宪明）

油膏黏结性　caulk adhesion

嵌缝油膏与被黏基材间在受拉应力的情况下不失去密封性、不产生裂缝的能力。可将嵌缝油膏填入8字形张拉模的砂浆试块中间，在沥青延度仪的水槽中（水温25±1℃）停放45min，然后置于沥青延伸仪的张拉器上，以每分钟50mm速度张拉，以油膏出现孔洞、裂口或油膏与砂浆试块黏结面剥离时的延伸值（mm）表示其黏结性。一般要求不小于15mm。
（孔宪明）

油膏施工度　caulk workability

又称油膏稠度。反映油基防水油膏、密封膏施工和易性的一种指标。其检测方法是：用刮刀将油膏填入$\phi 80mm$、高51mm金属罐，装满压实刮平制成试件。试件浸入25±1℃的水中45min，用装有金属落锥（锥和杆重156g，锥顶角30°）的针入度仪测定5s的沉入量，以毫米计。按一般的施工要求应不小于22mm。
（徐昭东　孔宪明）

油灰　oil putty

由面粉、熟石灰粉（要过绢箩）、烟子和生桐油调制而成的灰。是古建中细墁地面的传统材料。制作方法为：先将面粉1份、熟石灰粉3份、烟子

（用油精錾好的）半份和在一起加水调制成膏状，然后再加入生桐油5份使其成为粥状，放入木制油灰槽子内，使用时用木宝剑将油灰挂起，均匀地抹在已样好"样趟"的砖楞上，铺墁时油灰即可挤入砖缝内，使砖缝更为严实。也用于石活勾缝、防水捻缝及庭院甬路集锦图案中粘结瓦条、砾石等。

（朴学林　张良皋）

油基嵌缝膏　oil based caulking compound

以液态油脂或树脂等为主要原料，加入矿物填料制成的嵌缝材料。具有适于施工，对钢、铝等材料不发生侵蚀作用，黏附性、耐碱性好等特点。其性能合格指标为：测试温度为20±3℃时，收缩率小于7%；下垂度小于3mm；硬化率小于3%；保油性为：渗油幅度小于5mm，渗油张数小于3张。可配制不同颜色。用于建筑物接触部位、窗框周围的充填及裂缝处的修补等场合。用挤枪或刮刀施工。

（洪克舜　丁振华）

油基清漆　oleoresinous varnish

含有油、硬树脂和溶剂的一种清漆。将油和树脂熬炼成均匀液体，加溶剂和催干剂而成。油通常用氧化或聚合的干性油或半干性油。树脂可用松香酯、酚醛树脂、醇酸树脂等。其质量的好坏，取决于树脂类型和油料加工方法。根据油和树脂二者间比例的不同有长油度清漆：特点是有高弹性及大气稳定性好；短油度清漆：其特点是光泽及硬度好；中油度清漆：特点介于两者之间。涂于物体表面，溶剂挥发，油和树脂结成薄膜，与醇质清漆相比，涂膜光泽好，坚韧。但干燥较慢，耐候性较差。可用于车辆、船舶、建筑物、木器等饰面。

（陈艾青）

油浆

由油满、血料、清水调和而成的一种增强古建油灰附着力的浆液。在大木地杖中其重量配比为油满:血料:清水=1:1:20。木构件使灰之前，先涂刷一遍油浆，以利于油灰与木构件的黏合。

（王仲杰）

油浸法　oil immersion method

将欲测矿物碎屑浸没在同它不起化学反应的已知折射率值的浸油中，通过比较两者的折射率值来测定矿物折射率的方法。是测定透明矿物晶体折射率值的常用方法。在单偏光镜下进行观察，若矿物的折射率和浸油的折射率不等，则矿物就显现出明显的轮廓和突起，利用贝克线移动规律，可判断矿物和浸油折射率的相对高低。通过不断更换不同折射率的浸油后，若两者的折射率相近时，则矿物轮廓几乎看不见，而在两者的接触处出现色散效应，产生浅蓝和橙黄两条色带，利用色带移动规律即可测定矿物的折射率值。测定的精确度很高。油浸法也是观察玻璃中条纹深浅，以测定玻璃均匀性的一种方法。

（潘意祥）

油井水泥　oil well cement

又称堵塞水泥。以适当矿物组成的硅酸盐水泥熟料和石膏磨制的用于油（气）井固井工程的水泥。可在磨细时掺加适量的助磨剂或调凝剂。为满足固井工程的要求，应有合适的密度和凝结时间、良好的流动性和可泵性，进入浇灌部位后凝结硬化快，且有一定机械强度。由于井内温度和压力均随井深度增加而提高以及地质构造的复杂性，还应具有耐高温高压、抗渗和耐腐蚀性能。通过调整水泥的矿物组成和掺调凝剂可达此目的。根据抗硫酸盐性能分为普通型（O）、中抗硫酸盐型（MSR）和高抗硫酸盐型（HSR）三类，而按具体使用范围则划分为A~J九个级别。

其中G级和H级是基本水泥，因其与促凝剂或缓凝剂一起使用，能适应较大的井深和温度范围，生产最多，使用最为广泛。

（王善拔）

油类（木材）防腐剂　preservative oils

挥发性低而比较不溶于水的油质木材防腐剂或其混合物的一个通称。较常用的有：煤焦油，杂酚油、蒽油、水（煤）气杂酚油，木焦油杂酚油，水（煤）气焦油以及溶于石油或焦油中杂酚油溶液。

（申宗圻）

油满

调制古建油灰的混合黏结剂。其原料是面粉、生石灰水（浓度为1:20）、灰油。常用重量配比为面粉:石灰水:灰油=1:1.3:1.95，调制时将面粉放入桶内或和面机内，陆续加入稀薄的生石灰水，用木棒或开启机器把面粉搅成糊状，然后加入灰油调匀，即成。主要用来配制地杖材料，如油浆、捉缝灰、扫荡灰、头浆、压麻灰、中灰、细灰等。

（王仲杰）

油漆沥青　paint asphalt

用于制作油漆的石油沥青。黑色固体或半固体状态。其特点是含蜡量低，油分少，沥青质高，有一定强度和黏附力，与干性油有较好的互溶性，有良好的防水性和防腐性。一般要求软化点为125~140℃，针入度（25℃，100g，5s）为3~8（1/10mm），闪点不低于260℃，灰分不大于0.3%（重量），在苯中溶解度不小于99.5%，在亚麻仁油中溶解完全。多为减压渣油或丙烷（脱）沥青经氧化加工而制得的高软化点石油沥青。除配制油漆外，还可用作金属、木材、船用防腐材料。

（刘尚乐）

油漆抛光剂　paint polishing

涂敷于油漆表面提高光泽度的材料。有磨光剂和上光剂两类。磨光剂又称砂蜡，由硅藻土、矿物油、蜡、乳化剂、溶剂、水等组成，是一种乳浊状的膏状物。用作挥发性漆料磨平，消除涂层的结皮、发白等弊病。　　　　　　　　　（陈艾青）

油溶性木材防腐剂　oil-soluent (-type) wood preservatives

一种或几种毒性药品（如氯酚类，环烷酸铜和锌）溶解在油性溶剂中的木材防腐剂。溶剂通常为挥发性的，如石油溶剂、石油脑，但有时是较重油类，挥发性的溶剂在处理木材后大部从木材中挥发掉，木材中只剩下防腐剂，如用较重油类作溶剂，处理木材后仍存留在木材中，有利于增加防腐剂作用的持久性。　　　　　　　　　（申宗圻）

油溶性五氯酚　oil-soluent (-type) penta chlorophenol

五氯酚（C_6Cl_5OH）溶于有机溶剂而成的木材防腐剂。通常用石油产品的油类作溶剂，成本较高，对人体的皮肤及黏膜有刺激性，使用时应注意防范，以免中毒。五氯酚系白色针状晶体，不溶于水，溶于有机溶剂，化学性质稳定，高温加热不会分解，与水或酸性溶液混合后加热也不会分解而析出氯气。对木腐菌、变色菌、霉菌等有很好的毒性，有效期长短与所用溶剂和处理方法有关。
　　　　　　　　　　　　　　　（申宗圻）

油松　Pinas tabulae formis Carr.

中国北方广大地区最主要的针叶树种之一。分布范围很广，北至内蒙阴山，西至宁夏的贺兰山、青海的祁连山、大通河、湟水流域一带，南至川藏接壤地区，向东而达陕西的秦岭、黄龙山、河南的伏牛山、山西太行山、吕梁山、河北的燕山，东至山东的蒙山。陕西、山西为其分布中心。边材黄白色带红或黄褐色，心材红褐色。纹理直，结构中等，有光泽，树脂气味浓。气干材密度 0.432～0.537g/cm³；干缩系数：径向 0.112%～0.160%，弦向 0.298%～0.301%；顺纹抗压强度 34.6～41.6MPa，静曲强度 64.7～86.3MPa，抗弯弹性模量 9.32～11.28GPa，顺纹抗拉强度 72.9～118.3MPa，冲击韧性 4.22J/cm²；硬度：端面 28.2～34.9MPa，径面 22.4～27.1MPa，弦面 26.1～29.4MPa。木材坚实，富松脂，耐腐朽，是优良建筑、电杆、枕木、矿柱等用材。
　　　　　　　　　　　　　　　（申宗圻）

油毡　felt

俗称油毛毡。沥青防水卷材的总称，一般指由原纸或织物、纤维毡、金属箔为胎基，经浸涂沥青或改性沥青、改性焦油，再撒以撒布料而制成的防水卷材。按沥青及撒布料种类、胎基材质、功能特点等又可分为：石油沥青油毡、煤沥青油毡、耐低温油毡、粉面油毡、砂面油毡、彩砂面油毡、矿棉纸油毡、沥青玻璃布油毡、金属箔油毡、热熔油毡、自粘接油毡、阻燃油毡等。如果在沥青中加入较多的橡胶或塑料类改性材料，也可以去掉胎基，制成无胎油毡。　　　　　　　（王海林）

油毡标号　asphalt felt badge

表示纸胎油毡规格的系列指标。用油毡原纸的 g/m² 来表示。如：用 350g/m² 的原纸所生产出的油毡便称之为 350 号油毡。常用石油沥青油毡的标号有：200 号，350 号，500 号。原纸单位重量大，浸涂材料总量也大。如使用 200g/m² 原纸生产的 200 号油毡，浸涂材料总量为 600～800g/m²，而 350 号油毡，浸涂材料总量为 1 000～1 110g/m²，500 号油毡，浸涂材料总量为 1 400～1 500g/m²。一般 200 号油毡用于简易防水及临时建筑，防潮包装等；350 和 500 号油毡用于永久性建筑屋面及地下工程防水。　　　　　　　　　（西家智）

油毡不透水性　water impermeability of asphalt felt

油毡在一定条件下抵抗水渗透的能力。是检测油毡抗水性能的重要项目。测试方法有动水压法和静水压法。动水压法：将规定尺寸的油毡样品在不透水仪的试验台上夹紧，开启进水阀门，泵入一定压力的水，测定试样在指定压力的水的作用下样品渗水的时间，以一定时间内不渗水为合格。静水压法：以圆柱状容器盛水，用油毡封其底面而静置一段时间，观测油毡渗水情况。由于容器高度的限制，施于油毡上面的静水压头高度不可能很大，故检验时间长，现一般不常采用。　　　（孔宪明）

油毡低温柔性　low-temperature flexibility of asphalt felt

表征油毡在低温条件下抗基层变形能力的技术指标。测定方法是：截取条状油毡试样 6 块，平放在规定的低温环境中 0.5h 以上，然后在此环境中，使试样以均衡的速率弯曲 90°或 180°，弯曲半径 10mm、20mm 或 25mm，观察试样裂缝的展开情况并记录，以该批试样在该温度下不裂为合格。根据油毡的厚度、材质及使用环境的不同，各国家和地区所采取的试验方法略有不同。　　　（孔宪明）

油毡钉　asphalt felt nail

钉固油毡的专用钉。为了更好地固定油毡，免于脱落，有较大的钉帽（见图）。使用时需在钉帽下加油毡垫圈，以防钉孔处漏水。　　　　　　　　　　　　　　　（姚时章）

油毡干法生产工艺　asphalt felt dry production

采用干粉撒布料进行撒布的传统纸胎油毡生产

工艺。其过程如下：原纸展开→干燥→浸渍→涂油→撒隔离剂→冷却→成卷→包装。其全部工艺过程在一条连续的生产机组上完成。与油毡湿法生产工艺的区别是在油毡两面铺撒干粉撒布料。为避免干粉撒布料结块，撒布过程中应保持粉料干燥，干粉易造成生产线上的粉尘污染，使车间内生产环境恶劣。用油毡湿法生产工艺可改善这种情况。

（西家智）

油毡抗水性 water resistance of asphalt felt

表征油毡长期耐水程度的综合指标。实际标测时由三部分组成：①油毡浸水后的强度损失试验；②油毡不透水性试验；③油毡吸水性试验。其中以后两种指标为主。 （孔宪明）

油毡拉力试验 test of tensile strength of asphalt felt

检验油毡拉伸力学性能的试验。将 250mm×50mm 的油毡试样夹持在规定的拉力试验机上拉伸至断裂。其断裂时的荷载即油毡的拉力，以 N 表示（即每 50mm 长度的油毡的抗拉强度）。拉力试验机测量范围 0～1 000N（或 0～2 000N），最小读数 5N，无负荷情况下，夹具下降速度为 40～50mm/min。 （西家智）

油毡耐热度 heat resistance of asphalt felt

表征油毡在较高温度环境中，抗滑移和变形能力的技术指标，以温度表示。将油毡试件在 85℃ 和 90℃ 的环境中悬吊 2h，油毡表面涂盖层无滑动和集中性气泡为合格，目前大多数油毡产品以 85℃ 作为检测温度。 （孔宪明）

油毡柔度 asphalt felt flexibility

表征油毡在施工过程中大气温度不低于 10℃ 时易于展开，不发生脆裂的一个指标。测法是将油毡试件和圆棒（或弯板）同时浸泡入已定温的水中，试件经 30min 浸泡后，自水中取出试件，以 2s 的时间用均衡速度绕规定圆棒（或弯板）弯曲 180°，圆棒直径为 $\phi 25mm$、$\phi 20mm$、$\phi 10mm$。弯板的 R 为 12.5mm、10mm、5mm。测试结果以试件表面无裂纹为合格。该指标受油毡表面涂盖材料性能及其填料的掺量影响很大。 （西家智）

油毡湿法生产工艺 asphalt felt wet production

采用粉浆撒布料进行撒布的纸胎油毡生产工艺。其工艺过程同油毡干法生产工艺。其区别是采用粉浆撒布料，即先将滑石粉与水按一定比例混合，加入部分黏结剂配成石粉浆。注入生产线上的粉浆池，热油毡通过粉浆池，油毡表面所挂粉浆的水蒸发后，即留下两面均匀分布的撒布料层。该法与干法生产相比，减少了粉尘污染，改善了生产环境，但涂布工艺要求严格。 （西家智）

油毡胎基 base for asphalt felt

简称胎基。构成油毡基础的布、毡、纸、箔等材料的统称。它是油毡的骨架，使油毡具有一定的形状、强度、韧性，保证油毡生产和施工过程中的铺设性和防水层的抗裂性。胎基大致可以归为三类：抄制品类、织物类、金属箔类。胎基质量的优劣直接影响到成品油毡的防水效果，因此对各类胎基都分别确立了各种技术指标，虽然这些指标不尽相同，但在外观上都要求平整，无杂质、疙瘩、裂纹、孔洞、缺边、厚薄均匀一致。 （王海林）

油毡透水仪 pervious apparatus of asphalt felt

测定卷材不透水性的仪器。如图所示。图中试件台由透水盘（内径为 135mm，上有七个 25mm 的透水孔）、金属盖圈、胶皮垫圈和螺杆螺盘构成。

（郭光玉）

油毡瓦 felt shingle

以玻璃纤维毡为胎基，浸涂石油沥青后，一面覆以彩色矿物粒料，另一面撒以隔离材料并加防粘隔条所制成的瓦状屋面防水片材。其成型方法与油毡类似，一般在多功能油毡生产线上生产，并切成 1 000mm×333mm 的长方形片材，厚度不小于 2.8mm，叠层打包运输。使用时钉在斜屋顶的木质桁架或木板上。施工及维修方便，自重轻，防水性能好，并可制成各种颜色，耐久，并具有装饰效果。 （孔宪明）

油毡吸水性 water absorption of asphalt felt

油毡在规定水温的水中浸泡到规定时间后吸收水分的能力。检测油毡抗水性指标之一，可反映油毡的孔隙率、致密性以及浸涂效果。常用单位面积吸水量和吸水率表示。单位面积吸水量是油毡在指定水温浸泡下单位面积吸水的重量；吸水率是指吸收的水分重量与吸水前油毡重量之比，以百分数表示。测试方法有两种：常压吸水法和真空吸水法。前者是将封边试件置于 $18\pm2℃$ 的水中浸泡 24h 测其吸水量；后者是将试样置于真空度 $80\,000\pm1\,300Pa$ 的环境中 10min，再注入 $35\pm2℃$ 的水浸泡油毡，5min 后即可测吸水量。其特点是试验周期较短。

（孔宪明）

油毡真空吸水试验 test method for vacuum suction of asphalt felt

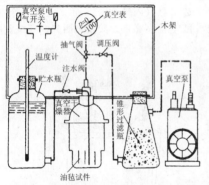

用真空吸水仪（图）测定油毡吸水性的试验。切取 $100mm\times100mm$ 试件三块，并将试件表面的撒布料清刷干净进行称重。然后将试件立放于试件架上再置于真空干燥器中，接着打开抽气阀，启动真空泵，当真空度达到 $80\,000\pm1\,300Pa$ 时，一面开始计算时间，一面用调压阀调节真空表压力，使其真空度稳定在规定的数值范围内。10min 后打开注水阀，使贮水瓶内的水注入干燥器内，保持干燥器内水温为 $35\pm2℃$。当水面超过试件顶端 20mm 以上时，关闭注水阀，注水时间控制在 $1\sim1.5min$。关闭真空泵。5min 后取出试件，迅速用干毛巾或滤纸将试件表面水拭去，立即称重。吸水率 $H_{真}$（%）按下式计算：

$$H_{真}=\frac{W_2-W_1}{W_1}\times100$$

式中 W_1 为浸水前试件重量（g）；W_2 为浸水后试件重量（g）。

（郭光玉）

油纸 asphalt paper

石油沥青油纸的简称。采用低软化点石油沥青浸渍原纸所制成的一种无涂盖层纸胎防水卷材。国产油纸分为 200 号和 350 号二种标号。幅宽分为 915mm 和 1000mm 两种规格，总面积为 $20\pm0.3m^2$。200 号油纸卷重应不小于 7.5kg，350 号油纸卷重应不小于 13kg。适用于建筑防潮和包装，也可用于多层防水层的底层。

（王海林）

柚木 Tectona grandis L. f.

落叶大乔木，原产印度及东南亚，高可达 50m，胸径 2.5m，树干挺直，材质极好，为世界上最贵重的用材之一。中国引种柚木已有较长的历史，在云南西双版纳的大勐龙，现在还有百年以上，胸径 1.2m 以上的大树。此外广东、广西、海南等地在 1936 年前也引种过。环孔材至半环孔材。边材黄褐色，心材浅褐色或褐色，久露于空气中色会变深，呈深褐色。木材有光泽，纹理直，结构粗，不均匀。锯、刨等加工容易，刨面光滑。在大气湿度变化过程中不翘，不裂。耐腐性与抗白蚁性强。气干材密度 $0.601g/cm^3$；干缩系数：径向 0.144%，弦向 0.263%；顺纹抗压强度 49.8MPa，静曲强度 103MPa，弯曲弹性模量 10.0GPa，顺纹抗拉强度 79.4MPa，冲击韧性 $4.6J/cm^2$；硬度：端面 49.0MPa，径面 46.8MPa，弦面 44.2MPa。柚木用途广，以制作甲板、船壳著称，亦适宜做桨、橹、桅杆，用于船舱修建等。在房屋建筑上主要做门、窗、地板、楼梯踏板、屋架、柱子及其他室内装修。其单板供做贴面高级家具。

（申宗圻）

游离基聚合 free radical polymerization

又称自由基聚合。利用引发剂、光、热、辐射能等的引发，使单体分子活化成游离基，单体分子连续地加成于游离基端而形成增长链的聚合反应。是一种链锁聚合反应。单体大多为含一个或两个双键的烯类化合物。如苯乙烯、丁二烯等。利用此反应可制取多种合成树脂，纤维，橡胶。

（闻荻江）

游离碳含量 free carbon content

软煤沥青中含有不溶解于苯的组分的数量，以重量百分率表示。游离碳含量对煤沥青的相对密度、黏度和温度稳定性等性能有显著的影响，但游离碳含量过高，会导致煤沥青黏性降低和脆性增加。因此，技术标准中对各种等级的煤沥青规定有不同的限制值。

（严家伋）

游离氧化钙 free lime

又称游离石灰，简写为 fCaO。水泥熟料中未化合的氧化钙。因经高温煅烧，结构致密，水化速度较慢，往往在水泥浆体硬化之后才水化。水化时生成氢氧化钙体积增大一倍左右。含量高时，使水泥石产生膨胀应力，导致水泥抗折强度下降或安定性不良。通常回转窑煅烧硅酸盐水泥熟料中 fCaO 应控制在 1.0% 以下。

（龙世宗）

游离氧化钙的测定 determination of free lime

系指水泥熟料中游离氧化钙含量的测定。通常用甘油酒精法。即在硝酸锶的催化作用下，用无水甘油与无水酒精的混合溶剂与水泥熟料试样共同加热回流。试样中的游离氧化钙与甘油所生成的甘油钙是弱碱,可溶于酒精,能使酚酞呈红色。而含钙的矿物(如 C_3S 等)却无此性质。再用苯甲酸酒精溶液滴定至溶液红色消失。根据其滴定用量,可算出试样中游离氧化钙的含量。是保证水泥熟料质量的一项重要检测项目。 (夏维邦)

有槽垂直引上法 debiteuse method

又称弗克法,简称有槽法。从玻璃液面上的槽子砖隙口中垂直向上拉制板玻璃的方法(图)。1913 年由比利时人弗克(E. Fourcault)发明。在玻璃池窑成形室的自由液面上置放耐火材料质的槽子砖,呈半浮状态,玻璃液在静压作用下从槽子砖纵向的长纺锤形隙口中涌出,依靠垂直引上机的各对旋转辊把玻璃板连续夹引向上而成玻璃原板,经切割而成平板玻璃原片。玻璃原板的退火与冷却是在引上机膛内完成。与浮法相比,波筋重、平整度差、机械化与自动化程度低、产量低、劳动强度大。在我国已属淘汰的生产方法。 (许超)

有光彩色釉面砖 gloss glazed tile

表面施以光泽色釉或光泽丝网印花釉的釉面内墙砖。可饰以各种色彩和图案。由于表面光亮,可起到突出画面,提高装饰空间亮度的作用。使用时可在内墙面大面积铺贴,亦可在白色釉面砖大面积铺贴时插入几片作为点缀。主要用于卫生间或厨房的内墙装修。 (邢宁)

有机硅建筑密封膏 silicone building sealents

又称硅酮建筑密封膏。以有机硅化合物为基料,加填料、交联剂、催化剂及其他特殊添加剂等制成的不定型建筑密封材料。分单组分与双组分两类。前者是在隔绝空气的条件下,把材料装入密闭包装筒中,施工后借助于空气中的水分进行交联反应形成的橡胶弹性体;后者是将其交联剂作为另一组分单独包装,使用时两个组分按比例混合,借助交联剂作用形成三维网状结构的弹性体。按模量大小分为高模量、中模量、低模量三类。具有优异的耐热性、耐寒性、耐候性、良好的伸缩疲劳性能和疏水性能,可与各种材料良好黏结,能配制多种颜色。其性能为:表干时间不大于 24h,适用期不小于 3h,下垂度不大于 3mm,低温 -40℃ 柔性状况良好,定伸黏结性 125%～200%,恢复率不小于 90%,拉伸-压缩循环,其黏结和内聚破坏面积不大于 25%。高模量类主要用于高层建筑的玻璃幕墙、隔热玻璃粘接密封以及建筑门窗密封等;中模量类除了具有极大伸缩性的接缝不能使用外,在其他部位可以使用;低模量类多用于预制混凝土墙板、水泥板、大理石板、花岗石的外墙接缝,混凝土与金属框架的粘接,卫生间和高速公路接缝的防水密封等。 (洪克舜 丁振华)

有机硅聚合物 silicone polysiloxane

又称聚硅氧烷,聚硅醚。含有

$$\begin{array}{c} R \quad R \quad R \\ | \quad | \quad | \\ -Si-O-Si-O-Si-O- \\ | \quad | \quad | \\ R \quad R \quad R \end{array}$$

主键,且在 Si 原子上接有碳侧链的聚合物。根据其分子量的高低而呈液态、半固态、固态。按其形态和用途,可分为硅油、硅树脂和硅橡胶三大类。硅油是由单官能团和双官能团的甲基、乙基或苯基氯硅烷等经水解缩聚而制成的线型结构的油状液体。硅树脂由双官能和三官能团单体按一定配比进行水解的预聚体生成的线型聚合物,可进行交联固化反应,成为热固性网状立体结构的硅树脂。硅橡胶是由极纯的双官能团单体经水解缩聚而成,平均分子量在 40～80 万,为线型结构。无论是液体、固体或弹性体的聚硅氧烷均有很高的电绝缘性、憎水性、耐热性、耐寒性。在工业上有广泛的应用,硅油可用作 -60～250℃ 温度内的润滑油、片材的防水处理剂、脱模剂、憎水剂等。硅树脂可制成耐热、耐老化、良好憎水性的特种涂料。硅橡胶可制成特种密封材料及医用材料。在建筑工程上根据不同的性能广泛用作防水剂、脱模剂、防水涂料、嵌缝材料、涂料消泡剂等。 (郭光玉)

有机轻集料 organic lightweight aggregate

由有机材料组成的轻集料。按其形成条件可分为:①天然有机轻集料,如木屑等;②人造有机轻集料,如碳珠、膨胀聚苯乙烯珠等。堆积密度小、保温性能好、强度较低。主要用以配制保温轻集料混凝土。 (龚洛书)

有机填料 organic filler

用作填料的天然和合成有机材料。天然的有:木粉、锯屑、木片、棉纤维、麻纤维、椰皮、竹以及各种农副产品(玉米茎、稻草、麦秆、动物毛等)。合成材料有:锦纶、涤纶、腈纶、氯纶、各种人造纤维及橡胶胶屑等。使用有机填料的优点是提高制品的物理、化学性能、电性能,降低成本,改善加工性能。在建筑工程中已广泛应用的由这类填料加工的产品有以无机胶凝材料为基料的各种复合板材以及合成树脂为基料的复合材料。

(刘柏贤)

有机涂料 organic coating

以有机物为主要成膜物质的涂料。是涂料中的主要大类。基料大部分是合成树脂,也包括油料及天然树脂。按基料中的主要成膜物质分为油脂漆类、天然树脂漆类、酚醛树脂漆类、沥青漆类、醇酸树脂漆类、氨基树脂漆类、硝基漆类、纤维素漆类、过氯乙烯漆类、烯树脂漆类、丙烯酸酯漆类、聚酯漆类、环氧树脂漆类、聚氨酯漆类、元素有机漆类、橡胶漆类及其他有机漆类等十七类。其共同的特点是具有良好的耐热性、耐磨性、电绝缘性和耐水性。合理使用不同的基料，能分别发挥其优良的柔韧性、附着性、耐化学药品和溶剂性，以及防腐、防火等特殊性能。建筑中常用作内外装饰与装修材料。　　　　　　　　　　（陈艾青）

有机物结构质谱分析法　organic matter mass spectrometry

测定有机化合物分子结构的一种质谱分析法。电子电离源在仪器的电离室中与样品分子相碰撞后会导致样品分子的电离，形成分子离子峰。当电子能量很大时，分子离子峰有较高的内能而引起分子、离子进一步断裂生成各种不同的碎片离子，它们的裂解与化合物分子的官能团密切相关。根据质谱断裂碎片离子峰和亚稳峰判断其裂解方式，最后通过综合分析确定未知化合物结构。通常鉴定步骤为：①质谱峰的强度归一化（以最强峰的丰度为100%表示）；②确定化合物的物质的相对分子质量；③确定分子式与元素组成；④未知物结构确定。由于各种质谱新技术的发展，尤其是色谱与质谱联机和多级质谱联机使用，使其不仅可用于稳定有机物样品结构分析，也可用于热不稳定的高分子样品和生物样品的结构分析。　（秦力川）

有机锡稳定剂　organotin stabilizers

烷基锡或芳基锡的氧化物、硫化物、羧酸盐、硫醇盐等锡有机化合物的统称。是塑料的高效稳定剂。工业上用作聚氯乙烯的有机锡稳定剂绝大部分是二烷基锡的衍生物，其主要特点是具有高度的透明性，突出的耐热性、耐硫化污染，但大多有毒，在加工时易引起发黏，需配以润滑剂。应避免硫的锡化物与铅化物合用以防止污染。常用的有月桂酸盐类有机锡，马来酸盐有机锡等。用于制造透明板材、制品及吹塑模塑瓶、管材、糊制品等。

（刘柏贤）

有机纤维增强塑料　organic fiber reinforced plastics

以有机纤维及其制品和合成树脂制成的纤维增强塑料。常见的有机纤维有黏胶纤维、锦纶纤维及芳纶纤维等。以芳纶纤维性能最好，其密度为$1.44\sim1.45g/cm^3$，强度最高可达2 800MPa，弹性模量约为1.3×10^5MPa，可在290℃下长期使用，耐疲劳、耐腐蚀和电绝缘性好。但价格较贵。基体材料有环氧、酚醛、聚碳酸酯、聚苯硫醚等。也有用橡胶作基体材料。芳纶增强塑料的特点是抗冲击、耐疲劳和衰减特性均比碳纤维和玻璃纤维增强塑料高很多。主要用于宇航和航天工业、造船工业、汽车工业、体育用品等。在建筑工业中，因价格贵很少使用，正在开发的有穹顶及充气结构。

（刘雄亚）

有机颜料　organic pigment

能均匀分散，赋予物体色彩的天然和人工合成的有机物。颜色鲜明，有良好透明度，着色力，耐化学腐蚀性、分散性比无机颜料好。耐热、耐光和耐有机溶剂等性能较差。按其化学结构分有偶氮系、缩合多环类、着色沉淀颜料等。其中用量最大的和常用的是酞菁颜料和偶氮颜料。如，耐晒黄、甲苯胺红、立索尔宝红、联苯胺黄、酞菁蓝、酞菁绿等。广泛用于塑料、涂料工业。　（陈艾青）

有机质谱分析法　organic mass spectrometry

对有机物质进行定性、定量鉴别和结构测定的一种质谱分析法。根据有机物质谱图中分子离子峰的位置所得到天然的、人工合成的和生物代谢的有机物（气、液、固）分子离子峰的质量数就是该物质的相对分子质量。分析用的设备称为有机质谱仪，包括高分辨和低分辨两种仪器类型，且多数与色谱联机使用并配备计算机系统，使样品的分离和检测分析同时进行。广泛应用于石油化工、化学、医药和环境科学等领域。　　（秦力川）

有基底塑料复合地板　laminated plastics floor with backing

由一层或几层组成不同的塑料和底层材料复合而成的塑料地板。通常为软质的卷材地板。面层可以是单色或有杂色条纹的均质聚氯乙烯，也可以是印花和发泡的聚氯乙烯。质地较软，步行时噪声小，脚感较舒适。由于基底为玻璃纤维布或毡、化纤无纺布、矿棉毡等纤维性材料，因而产品的强度较高，尺寸稳定性也有所提高。同时由于纤维为多孔性材料，因而较易与基层黏结。应用于客车和民用建筑等的地面。　　　　　　（顾国芳）

有色光学玻璃　coloured optical glass

又称滤光玻璃。对特定波长的光具有指定的选择性吸收或透过性能的光学玻璃。按其透过光谱曲线分为截止型、选择性吸收、中性灰三类。中国的牌号有：CB为橙色玻璃；HB为红色玻璃；LB为绿色玻璃；QB为蓝（青）色玻璃；FB为防护玻璃；AB为灰（暗）色玻璃；ZB为紫色玻璃；ZWB为透紫外线玻璃；HWB为透红外玻璃等。是照相机、电影机、摄像机和光学仪器工业以及舞台灯等重要的光学材料。　　　　　　（刘继翔）

有色广漆

广漆内加入各种颜料配制而成的天然色漆。分淡色、深色等多种色调，其配制方法颇多。栗色：加入硫化铁与灯煤；红色：加入银朱或土朱；深绿：加入石黄与石蓝；黄色：加入镉黄或石黄等等。矿物颜料须漂净研细方可掺入漆内。建筑中主要用于髹漆木器家具、木制装修及门窗、地板等。

(马祖铭)

有色金属　non-ferrous metal

又称非铁金属。通常是指元素周期表中除铁、铬和锰以外的所有金属。约有八十余种，均有适应特殊要求的性能，例如铜、铝、镍、钛较钢铁耐蚀，铜及铜锆合金导电性好。根据相对密度的大小和地壳中蕴藏量的多少分为五类：①重金属：相对密度大于5，包括铜、铅、锌、镍等；②轻金属：相对密度小于5，包括铝、镁、钛、钠等；③贵金属：包括金、银及铂族元素；④稀有金属：包括稀有轻金属（如钛、锂、铯、铍等）、稀有难熔金属（如钨、钼、钒、铌等）、稀有分散金属（如镓、铟、锗等）、稀土金属（如钪、钇和镧系元素等）和放射性金属（如镭及锕系元素等）；⑤半金属：如硅、硒、碲、砷、硼等，其物理化学性介于金属与非金属之间。

(许伯藩)

有限固溶体　limited solid solution

又称不连续固溶体。两种固体物质不能以任何比例互溶，只能以一定限量互溶。例如硅酸盐水泥熟料矿物A矿就是$3CaO \cdot SiO_2$和$MgO \cdot Al_2O_3$的有限固溶体。

(潘意祥)

有效数字位数　significant digits

用数字的位数表示一个量的精度。任何一个近似值x^*，都可写作形如$x^* = x_1.x_2x_3\cdots\cdots x_n \times 10^{m-1}$的一个数。$n$为$x^*$的位数，$m$为$x^*$整数部分的位数。如236.64，可写作$2.3664 \times 10^2$。若$x^*$的最大绝对误差$\Delta$不超过第$k$位的半个单位，即$\Delta \leq 0.5 \times 10^{m-k}$，则称$x_1x_2x_3\cdots\cdots x_k$为$k$位有效数字。其前面的$k-1$位为可靠数字。这个数只在第$k$位有误差$\Delta$。如2.3664是个五位有效数字，它表示的量，绝对误差不超过$0.5 \times 10^{1-5} = 5 \times 10^{-5}$。用有效数字表示精度，必须注意数字的位数，如一个数是6700，若绝对误差在第二位，即$\Delta = 0.5 \times 10^2$，则应写为6.7×10^3；若绝对误差在第四位，则应写为6.700×10^3。有效数字在数据运算中都规定有明确的取舍法则。

(魏铭鎏)

有效吸水量　effective water-retaining capacity

见集料含水量（218页）。

有效氧化钙　effective calcium oxide

又称活性氧化钙。能与含硅材料或火山灰质材料中的酸性氧化物发生反应生成水化硅酸钙等产物及与水反应生成$Ca(OH)_2$的氧化钙。通常也包含可发生类似反应的氧化镁。是衡量石灰活性及质量的重要指标。是硅酸盐建筑制品生产中的配料依据之一。其值以不低于60%~70%为宜。

(水中和)

有焰燃烧　flame combustion

在气相区域发光发热的燃烧。有火焰可见。如煤气、酒精、沥青、聚乙烯、木材等易燃材料和聚氯乙烯、氯丁橡胶等难燃材料的燃烧。固体材料的有焰燃烧，当火焰熄灭后，常可有无焰燃烧发生，并有"死灰复燃"的危险。

(徐应麟)

釉　glaze

陶瓷釉的简称。熔着覆盖在陶瓷制品表面的玻璃质薄层。是用矿物原料（如长石、石灰石、方解石、石英、滑石、瓷土、高岭土等）和化工原料按一定比例配合（部分原料可先熔制成熔块）经细磨制成釉浆，涂敷在坯体上经熔烧制成。釉层一般具有光泽、透明、不透水性。并能在一定程度上提高制品的机械强度、电性能以及热稳定性、化学稳定性等。按组成可分为石灰釉（钙釉）、长石釉、铅釉、铅硼釉、硼釉、盐釉、土釉等；按外观可分为透明釉、颜色釉、乳浊釉、结晶釉、金砂釉、无光釉、碎纹釉、变色釉等。按制作方法不同分为生料釉、熔块釉、挥发釉等。按成熟温度高低还可分为高温釉、低温釉或难熔釉、易熔釉等。按照制品种类，生产工艺条件来选择。在陶瓷坯体上施加釉料的过程称为上釉或施釉。

(邢　宁)

釉薄　thin glaze

陶瓷制品表面由于釉层太薄，形成局部釉面不光亮的一种缺陷。其成因为坯体过于致密，不能吸足釉料；坯体过干、过热，使坯体强烈地吸收釉料；施釉不均匀或釉浆浓度太小等。此外，烧成温度过高、保温时间过长，产生吸釉；冷却速度过慢造成釉层析晶，也会产生这种缺陷。

(陈晓明)

釉的光泽度　glossiness of glaze

釉面对可见光的反射能力。以制品表面对标准黑玻璃平板的相对镜面反射（45°角）百分数表示。其测定方法中规定标准黑玻璃平板表面光洁度12级；能通过6级精度平度尺的检验；厚度约3.0mm，在可见光区域内对所有波长的光，透过率不大于2%。釉的折射率越大，表面越光滑，镜面反射越强，因而光泽度越高。通过改变釉料组成，提高釉的折射率，调节釉的高温黏度及表面张力，可获得高的光泽度。釉面析晶或缺陷（如毛孔、桔釉等）会导致釉面粗糙无光，必须从釉料制备、施釉及烧成等工艺上采取改进措施。对于无光釉制品，为了获得柔和的视觉感，光泽度越低越好。

(陈晓明)

釉料 glaze material

经过配合加工后，用于涂布在坯体表面，经过煅烧形成釉层的物料。一般制成釉浆，通过浸釉、喷釉、甩釉等方法施釉。建筑陶瓷生产中采用压釉法时，呈粉粒状。一般由玻璃形成物（含硅、硼或磷的原料）、助熔剂（含碱金属、碱土金属氧化物的原料）、网络中间体（如 Al_2O_3、BeO）及着色剂（如过渡金属氧化物、稀土金属氧化物、CdS、CdSe）、乳浊剂（如含锆、氟、磷的化合物、SnO_2、TiO_2）等所组成。 （刘康时）

釉裂 glaze-crazing

又称炸釉或惊釉。釉面开裂而坯体未裂的缺陷。包括烧成开裂和后期龟裂。影响制品的外观质量和使用寿命。产生的原因是坯釉热膨胀系数不匹配，釉的热膨胀系数过大（一般釉的热膨胀系数应略小）及坯体吸湿膨胀。此外，釉层过厚、釉层凝固后冷却过快等也会造成开裂。克服的方法是调节坯釉组成，使其热膨胀系数相匹配并减小吸湿膨胀；提高烧成温度和延长保温时间，促使坯釉中间层发育良好，缓和坯釉应力及提高坯体烧结致密度；控制冷却速度等。利用此缺陷形成的原理，可人为生产裂纹釉产品。 （陈晓明）

釉面内墙砖 glazed interior wall tile

简称釉面砖，俗称瓷砖。用于建筑物内墙的有釉精陶质面砖。按形状分为正方形砖、长方形砖和配件砖。正方形砖的主要规格为：108mm×108mm×5mm；152mm×152mm×5mm。长方形砖的规格多为正方形砖的半砖。可施以透明釉、乳浊釉、色釉、有光釉、无光釉，并可饰以各种花色图案。其物理性能要求为：吸水率不大于22%，耐急冷急热性试验无裂纹，弯曲强度平均值不低于16.67MPa。根据其洁净、易清洗的特点，主要用于厨房及卫生间等的内墙表面。亦可用作陶瓷壁画的基材。制品可用玻璃刀刻划釉面切割成小块。使用时多用水泥砂浆铺贴。 （邢 宁）

釉面陶瓷锦砖 glazed ceramic mosaic tile; glazed ceramic mosaic tile

又称挂釉陶瓷锦砖。正面施以色釉的陶瓷锦砖。多用于内墙、台面装饰或拼装图案画。所使用的釉多为单色釉，坯体尺寸稍大。 （邢 宁）

釉面砖配件 fittings of wall tile; trimmers of wall tile

用在建筑物内墙边、角、沿处，异形的有釉配件砖。具有与相配合使用釉面砖相同的材质和性能，外形尺寸应与配合使用的釉面砖相匹配。 （邢 宁）

釉泡 glaze bubble

釉表面的小泡。釉面缺陷之一。产生的原因类似毛孔的产生，当釉层过厚、釉的高温黏度过大时，釉层中的气泡难以逸出，而停滞釉层中，形成小泡。此外，可溶性盐随水蒸发聚集制品表面，特别是边缘、凸突部位，也会使这些部位形成小泡。避免的方法是调整配方，以减少分解气体产生，降低釉的高温黏度；延长烧成或保温时间，以利于气泡的充分排出；加强中温至高温阶段的氧化性气氛，以利于有机质或碳素的充分氧化等。 （陈晓明）

釉熔融表面张力 surface tension of fused glaze

釉在高温熔融状态时的表面张力。约为 $2\times10^{-1}\sim3\times10^{-1}$N/m。其值过大时，会使釉对坯体的润湿性变差，引起缩釉；过小时则会使釉面出现毛孔。碱金属对釉的表面张力影响很大，随着釉中碱金属离子半径的减小，其值也减小，但随温度的波动较小。 （陈晓明）

釉熔融黏度 viscosity of fused glaze

釉在高温熔融状态时的黏度。常在 $10^{2.5}\sim10^{4.3}$Pa·s 范围，随着温度的升高而降低。过大时不易流动，小气泡不易排出，釉面易出现波浪纹、釉泡等缺陷；过小时会造成流釉，使釉层厚薄不匀，在多孔坯上还会造成釉面粗糙无光或形成毛孔。碱金属离子对它有显著降低作用，以 Li_2O 最显著，因为重量相等时，它引入的阳离子数最多，使断裂的玻璃网络增加。 （陈晓明）

釉上彩 over-glaze decoration

用釉上颜料在制品的釉面上彩饰，在900℃以下烤烧成的装饰方法。根据不同的装饰效果，该法生产的产品可分为五彩、粉彩、墨彩、广彩、新彩、珐琅彩、描金等等。所用的釉上颜料熔融温度较低，颜料品种丰富多样。 （邢 宁）

釉烧 glaze firing

素烧坯施釉后的焙烧工艺过程。与素烧组成二次烧成工艺。其烧成温度一般低于素烧温度，焙烧过程中坯体几乎不再发生物理化学变化，烧成成品率较一次烧成工艺高，但能耗也较高。素烧半成品必须经过此过程才能成品。采用二次烧成工艺的原因见素烧（476页）。 （陈晓明）

釉下彩 under-glaze decoration

彩饰图案置于透明釉层下的装饰方法。在生坯或素烧釉坯上进行彩绘或贴花，再施一层透明釉后釉烧而成。由于要求其颜料稳定性好，不与釉层反应，因而品种较少。常见釉下彩的颜料为：锰红、氧化铜、金红、锑黄、锌钛黄、青松绿、草绿、海蓝、氧化钴、海碧、艳黑、鲜黑、钒灰和茶色等等。此方法始于唐代长沙窑，元代在景德镇得以发展。青花和釉里红是享名中外的釉下彩。常见的还有釉下五彩等。产品具有耐磨、画面不变色和减少颜料中有害元素溶出的特点。 （邢 宁）

釉中彩 in-glaze decoration

用颜料在釉面上彩饰，高温下颜料熔合于釉中的装饰方法。要求所用颜料的烧成温度与所用釉的烧成温度相同或接近。是20世纪70年代发展起来的一种新的装饰方法。颜料渗入釉层，减少了颜料中有害元素和颜料熔剂中铅的溶出量。其制品的画面不易腐蚀、耐磨。适用于贴花、彩绘、喷釉和丝网印花工艺。 （邢 宁）

yu

余热处理低合金钢筋 remanent-heat treated low alloy steel bar

低合金钢热轧后立即穿水表面控冷、利用其心部余热自身回火处理的钢筋。归入热轧钢筋类。规定其屈服点与抗拉强度分别比同级热轧钢筋提高40MPa和30MPa，以补足焊后的强度损失，以达到同级热轧钢筋焊接性能要求。目前中国仅有Ⅲ级钢筋一种，规定其表面必须轧有"K3"字样避免混淆。 （乔德庸）

鱼胶 isinglass, fish glue

又称鳔胶，俗称黄鱼胶。由鱼鳔加工处理后制得的天然胶粘剂。白色无定形固体，加水浸泡溶胀后，隔水熬制得黏度很高的胶料。胶接强度优于一般动物胶，对木材有较好的黏附性。配制方法、成分及使用类似于皮胶、骨胶。建筑中主要用来胶接木材、玻璃、皮革等。由鱼皮、骨、鳞等加工处理制得的胶亦称鱼胶，但质量较差，其用途同鳔胶。 （刘茂榆）

鱼鳞爆 scaling

又称鱼鳞、跳脱、指甲印、结晶鱼鳞。搪瓷烧成冷却后瓷层表面出现的鱼鳞状掉瓷的缺陷。一般不是在制品烧成后立即发生，有时要隔一段时间才能出现。瓷釉以大小不同的鳞片状脱落，瓷层中残留"凹穴"（尖角的指甲形窝，像鱼鳞一样），有时凹穴尺寸极小，犹如无数闪耀的小结晶点。形成的原因主要是由金属中析出的气态氢压力引起——"氢气学说"。氢气大量积聚，既同坯体金属的本身和预处理有关，也同瓷釉的成分、熔制过程、研磨和烧成制度有关。 （李世普）

鱼鳞云杉 Picea jezoensis Carr. var. microsperma (Lindl)

又称白松，鱼鳞松。云杉属的一种。产于小兴安岭，牡丹江流域。木材浅黄褐色或黄红褐色，心边材无区别，有光泽，略有松香气味，纹理直，结构中等，均匀。锯、刨等加工容易，刨面光滑，不耐腐，浸注很困难。常见有油眼。气干材密度$0.467g/cm^3$；干缩系数：径向0.198%，弦向0.360%；顺纹抗压强度37.4MPa，静曲强度87.6MPa，抗弯弹性模量12.5GPa，顺纹抗拉强度133MPa，冲击韧性$4.44J/cm^2$；硬度：端面25.9MPa，径面18.1MPa，弦面18.8MPa。原木可做电杆、矿柱和生产胶合板。还适用于制造滑翔机、小提琴音板、运动器材如平衡木等，并且是人造丝、纸浆等的上好原材料。 （申宗圻）

浴室地毯 bathroom carpet

专门用于浴室的地毯。其纤维主要选用尼龙并经过热定型处理，无论冲洗或烘干多次也不会变形，常常比毛绒质的地毯更加光亮并有反射光的作用。且更易染色，颜色明亮清晰，多趋向于柔和色。其形状有方形、长方形、椭圆形和圆形等。图案可根据消费者心理进行设计。 （金笠铭）

预拌法 premixing process

将束状短纤维与水泥砂浆先均匀混合制成具有一定塑性的拌合物再喂入模具内制成纤维增强水泥制品的方法。所用纤维长度为$10\sim25mm$。搅拌机为无叶片的欧姆尼式（Omnimixer）。适用于制作尺寸小、壁厚的异形制品，纤维在其中呈三维分布。 （沈荣熹）

预拌混凝土 ready-mixed concrete

又称商品混凝土。在工厂搅拌好再运送至工地浇筑的混凝土。常作为商品出售。一般分两种生产形式：①在混凝土搅拌站集中配料、搅拌，然后运到工地使用；②工厂集中配料，用搅拌输送车在运输途中搅拌，到达工地后使用。其优点为：施工工地不需原材料的堆场、仓库和搅拌设施；节约原材料；质量较易控制；生产率高；有利于新技术的推广，如散装水泥、粉煤灰、外加剂的应用，泵送混凝土施工等。但混凝土运输时间较长时，将发生离析，坍落度降低，泵送时容易堵塞。故应预先估计自然耗损因素，严格控制质量，在施工现场进行检验，以确保质量的稳定。 （孙复强）

预反应镁铬质耐火材料 prereacted magnesite-chrome refractory

又称预反应镁铬砖。用预反应料制成的镁铬质耐火材料。即先按一定配比将铬矿及镁砂粉压块，通过反应烧结得预反应料，然后再制砖。由于避免了砖坯烧成过程中的松散，可降低制品的气孔率，提高高温强度和抗渣性。使用效果较普通镁铬质耐火材料好。主要用于炼钢、炉外精炼及有色冶炼炉上。 （李 楠）

预混模塑料　premix molding compound

由树脂、纤维和填料等经捏合、干燥、疏松而制成的松散状模压成型用原材料。常用树脂为酚醛或环氧酚醛，玻璃纤维含量占60%左右，纤维长度为15～30mm，呈无定向松散分布。用于压制形状复杂的小型制品。制备过程中纤维强度损失较大，不宜制造高强度制品；体积松散，装模困难。一般用于压制各种防腐阀门、泵、管件及电器零件等。
（刘雄亚）

预聚物　prepolymer

又称预聚体。单体经初步聚合后得到的分子量较低的聚合物。是聚合过程中部分聚合的中间体，分子量一般介于单体和最终聚合物分子量之间，往往指最终聚合物前一阶段的制备物。可与添加剂混合，并能进一步聚合（如在成型过程中或成型过程之后）。主要应用于为成型方便而控制物料黏度、聚合速度及降低聚合反应收缩、避免成型物中产生气泡和裂纹的场合。
（闻荻江）

预埋件　embedded parts

钢筋混凝土结构施工或制品生产中，混凝土混合料浇筑前，在模内按一定位置预先安放，并与模板或钢筋连结固定的零件。通常为金属件。脱模后，一部分露出结构或制品表面，其余锚固在混凝土内。用来与其他构件连接，如预埋钢板、螺栓；供搬运用，如吊钩等；也有作其他用途，如放电线用的管道等。
（丁济新）

预填集料混凝土　preplaced aggregate concrete, prepacked concrete

又称灌浆混凝土，简称预填混凝土。预先填满粗集料再灌注水泥砂浆而制成的混凝土。施工方法为：先将15mm以上的粗集料放置在模板中，并振捣密实，再以适当压力将水泥砂浆注入粗集料空隙中，自下而上逐渐进行。通常掺用外加剂，以改善砂浆的流动性。所用砂浆应具有较好的稠度，离析小，且能使混凝土获得所要求的强度和耐久性。可节约水泥、收缩小。但应用时需较高的施工技术和经验。适用于普通混凝土施工法难以捣实的水下混凝土、防辐射混凝土和钢筋多而配置复杂的大型基础、水工建筑物及修补增强工程。
（孙复强）

预压缩自粘性密封条　precompressed autohesion sealing tape

由软聚氨酯泡沫条浸以加填料的氯化烃与氯化橡胶混合物，覆盖胶粘层和剥离纸，压缩至聚氨酯泡沫完全膨胀厚度的15%～18%而成的密封条。厚度为1～24mm，宽度为10～40mm。具有借助自身的膨胀作用密封接缝的特性。适用于混凝土、塑料板、石棉板、金属板的接缝以及门、窗框架的密封。
（洪克舜　丁振华）

预养　precuring

混凝土制品在加热养护前先在一定温度和湿度的环境中停留一段时间的过程。可提高混凝土的初始结构强度，增强抵御湿热养护时结构破坏作用的能力，缩短加热养护时间。混凝土残余变形最小、密实度最大、强度最高的最低初始结构强度称为临界初始结构强度，而达到临界初始结构强度所需的预养时间则称为最佳预养期。凡能加速混凝土早期强度增长的各项措施，均可缩短最佳预养期。预养可以分为自然预养、湿热预养和干热预养三种。自然预养，又称静停，是在室内或露天自然条件下进行。湿热预养是在温度为60℃以下的蒸汽中进行。干热预养是在低湿介质中进行，制品的温度一般不超过60℃。应视制品种类和实际生产条件合理地加以选定。
（孙宝林）

预应力度

对受弯构件按 $\lambda = M_0/M$、对轴拉构件按 $\lambda = N_0/N$ 计算所得的值。式中 λ 为预应力度，M_0 为消压弯矩（即使构件控制截面受拉边缘混凝土应力抵消到零时的弯矩），M 为使用荷载（不包括预应力）短期组合作用下控制截面的弯矩，N_0 为消压轴向力（使构件截面混凝土应力抵消到零时的轴向力），N 为使用荷载（不包括预应力）短期组合作用下的轴向拉力。其值可从 $\lambda \geqslant 1$ 变化到 $\lambda = 0$。$\lambda \geqslant 1$ 时为全预应力混凝土，$\lambda < 1$ 时为部分预应力混凝土，$\lambda = 0$ 时为普通钢筋混凝土。此外，λ 值也可按下式计算：

$$\lambda = \frac{f_{py}A_p}{f_{py}A_p + f_y A_s}$$

式中 A_p 为控制截面处预应力筋的面积，A_s 为控制截面处普通钢筋的面积，f_{py} 为预应力筋的条件屈服强度，f_y 为普通钢筋的屈服强度。
（孙宝林）

预应力钢筋混凝土　prestressed reinforced concrete

简称预应力混凝土。受预压应力的钢筋混凝土。张拉钢筋并通过黏结力或锚具将反力传给混凝土，使其获得预压应力。其混凝土的强度等级一般不低于C30，采用高强光面钢丝、钢绞线、热处理钢筋作预应力筋时，不应低于C40。要求其钢筋高强度、低松弛，具有一定的可塑性和良好的可焊性。可充分利用高强材料，提高混凝土制品或构件的抗拉能力，防止或推迟混凝土裂缝的出现，因而可大大提高结构的抗裂度、刚度和耐久性，从本质上改善了钢筋混凝土结构的性能。按预应力度的大小，可以分为全预应力混凝土和部分预应力混凝土两种，预应力度等于零时为普通钢筋混凝土。全预应力混凝土在使用荷载最不利组合作用下不允许混凝土中出现拉应力，全预应力钢筋都必须按设计要求张足预应力。预应力的建立，按张拉钢筋的方法、可以分为机械法、电热法和化学法三种，按张拉钢筋的时间可以分为先张法、后张法和自张法三种。任何张拉方法，都应考虑钢筋应力松弛及混凝土的收缩、徐变等因素所引起的预应力损失。

（孙宝林）

预应力钢筋混凝土管 prestressed concrete pipe

又称预应力混凝土压力管，简称预应力混凝土管。配置有预应力钢筋的钢筋混凝土管。大口径、高压力的水泥压力管大都为预应力钢筋混凝土管。分平口式及承插式两种。平口式已渐淘汰。承插式管沿纵向全长分为承口段、管体与插口段三部分。管壁内配置环向与纵向预应力钢筋。内径最小到10cm，大的可达数米。管壁厚度按管径大小和内压力而定。一般多采用三阶段或一阶段制管工艺生产。具有良好的抗渗性和抗裂性，输送能力强，使用寿命长。用来代替钢管和铸铁管可节约大量金属材料。用于输水、输油、输气或输送其他物质。其缺点为自重较大、性脆、在运输安装过程中较易破损。

（孙复强）

预应力钢弦混凝土 prestressed wire reinforced concrete

简称钢弦混凝土。用分散配置的钢丝作预应力筋而制成的预应力钢筋混凝土。由于配置的钢丝形如张紧的弦，故称为"钢弦"。常用的钢丝有刻痕或压波的高强钢丝和冷拔低碳钢丝两种，采用先张法进行张拉。适用于成批生产的轨枕、桁条、楼板、板壳、门窗等中小型混凝土构件或制品。

（孙宝林）

预应力混凝土管椭圆率 ellipticity of prestressed concrete pipe

预应力钢筋混凝土管的端部呈椭圆形时，其最大内径与最小内径之差值对名义内径的比值。以百分率表示。用振动挤压法制作的预应力钢筋混凝土管，在充水加压、养护时，由于两爿外模合缝处张开，管子承口横截面变成椭圆形。其椭圆率过大将影响管子强度、管道连接安装和接头密封性。通常采用磨光或以环氧树脂砂浆修补，使成圆形，以达到规定的指标范围。

（孙复强）

预应力混凝土用低松弛钢丝 low relaxation steel wires for prestressed concrete

松弛值不大于2.5%的预应力混凝土用钢丝。其材质和力学性能与矫直回火钢丝相同。采用稳定化处理工艺生产，即钢丝在消除应力回火的同时，施加适当的拉力（一般相当于钢丝的抗拉强度的40%～50%），使钢丝在热张拉状态中产生微小应变（0.9%～1.3%），从而提高钢丝在恒应力下的抗拉位错转移能力，获得高弹性极限、低松弛性能。应力损失值，以百分比计量。标准规定也允许测定10h的松弛损失值并以另一值限量。主要用于大跨、高耸、重载或对抗裂要求高的预应力混凝土结构。

（乔德庸）

预应力混凝土用钢绞线 steel strands for prestressed concrete

以一根直径稍大的钢丝为芯、多根钢丝围绕其周围绞捻并消除应力制成的预应力混凝土专用绞线。材质为优质碳素钢盘条，符合《预应力混凝土用钢丝》中的冷拉钢丝。中国有七根钢丝捻成的钢绞线，分公称直径 9、12、15（mm）三种规格，分别由 7 根 $\phi 3$、$\phi 4$、$\phi 5$（mm）钢丝捻成，强度级别为 1 470～1 770MPa，成盘交付使用。按应力松弛性能分为Ⅰ级松弛（普通松弛级）和Ⅱ级松弛（低松弛级）两级，其 1 000h 松弛值分别不大于8.0%（70%破断强度）或12%（80%破断强度）和2.5%（70%破断强度）或4.5%（80%破断强度）。由于成股使用施工更为方便，是预应力混凝土结构的理想材料。中国已制定有关预应力钢丝、绞线的设计施工规范，和配套应用的成套张拉锚固机具体系。

（乔德庸）

预应力混凝土用钢丝 steel wire for prestressed concrete

预应力混凝土用的光面或刻痕的冷拉或矫直回火的高强度圆形钢丝。材质为优质碳素结构钢。按加工方式分为冷拉、矫直回火和矫直回火刻痕三类。光面钢丝有 $\phi 3$、$\phi 4$、$\phi 5$ 三种规格，刻痕钢丝仅 $\phi 5$ 一种规格。对力学性能分别有所规定。对冷拉和矫直回火刻痕钢丝尚按松弛值分为Ⅰ级松弛（即普通松弛，松弛值不大于8%），Ⅱ级松弛（即低松弛，松弛值不大于2.5%）两类。松弛值是在初始应力为70%公称强度下，在 20±2℃ 环境中，测定的 1 000h 的应力损失值，以百分比计。参阅预应力混凝土用普通松弛钢丝和预应力混凝土用低松弛钢丝。

（乔德庸）

预应力混凝土用普通松弛钢丝 general relaxation steel wires for prestressed concrete

松弛值不大于8%的预应力混凝土用钢丝。按交货状态分冷拉及矫直回火两种；按外形分光圆和刻痕；按用途分预应力混凝土桥梁用、电杆用及其他混凝土制品用。材质为优质碳素钢盘条。光圆钢丝的规格为 3、4、5（mm）三种（3mm 仅用于铁路轨枕，建筑工程中取消使用），强度 1470～1670MPa，其中冷拉钢丝的屈服强度、伸长率均较矫直回火钢丝低，弯曲次数则高。为满足先张法预应力混凝土结构中对黏结力的要求，还有刻痕钢丝，规格仅 5mm 一种，有两种强度指标，主要用于铁路轨枕。预应力镀锌钢丝是由光圆钢丝表面镀锌而成，适用于对耐腐蚀有要求的钢丝，如斜拉桥中的预应力束等。预应力钢丝是预应力混凝土结构用主要材料，在各领域中广泛使用。　　（乔德庸）

预应力损失　loss of prestress

预应力混凝土制品或构件在制作、安装、使用过程中，已建立的预应力随着时间而不断的降低。损失越大，预应力就越小。其主要原因有：①材料性能变化引起的，如混凝土的收缩与徐变，钢筋的应力松弛；②工艺因素造成的，如台座的位移、变形、倾角；锚具的变形、滑动；预应力钢筋和预留孔道壁之间的摩擦；环形制品螺旋式预应力钢筋对混凝土的挤压；加热养护时的温差等。其中混凝土收缩徐变引起的损失占总损失的比重最大。各种预应力损失并不全部出现，也不同时出现，而按不同张拉方式及不同的损失组合在混凝土预压前后分两批发生。设计与制作预应力制品或构件时应对预应力损失有足够的估计。　　（孙复强）

预制法外墙装饰石材构造连接　precast arrangement joints of decorative stone walls

先将外墙装饰石材组装在金属框架上，然后锚固于墙身的连接形式。用铝质或不锈钢材料制成的抗转防松锚固件将石板（30mm 厚）固定在大型金属框架（约 4.5m×1.5m）上，组装完毕后用连接件将框架固定在墙身上（见图）。　　（汪承林）

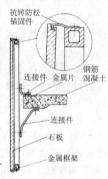

预制混凝土　precast concrete

用混凝土预制的各种构件和制品的总称。包括混凝土结构构件和混凝土的建筑构件、管子、电杆、桩、砌块等制品。可在专业工厂生产，也可在施工现场预制。与现浇混凝土相比具有几何尺寸准确、质量高、施工快等优点。多在工业与民用建筑中应用。　　（孙宝林）

预制混凝土外墙挂板　precast-concrete curtain wall

在预制厂或施工现场用混凝土制成的重型幕墙。要求具有绝热保温、隔声、抗渗等功能和满足建筑立面的艺术要求。常用普通混凝土、轻集料混凝土和其他轻混凝土等单一材料制作，也可采用多层材料复合制作，外表饰面常用玻璃锦砖、陶瓷锦砖、干粘石、水刷石和表面喷涂等，还可以用衬模制成各种造型线条或凹凸图案，表面加敷涂料，以提高防水性能和艺术效果。　　（何世全）

预制平模反打

见装饰混凝土（631 页）。

预制水磨石　prefabricated terrazzo

在工厂中用专门设备以流水作业方式大批量生产的水磨石。分普型及异形两大类。其板坯结构分面层及底层两部分，面层由不同品种、规格的天然彩色组合石碴和不同比例的颜料、水泥、白石粉配制的面灰组成，底层由水泥及河砂或人工砂配制成。大批量生产的机制板坯采用常压湿热养护以加速其硬化过程，湿热介质是温度不超过 95℃ 的水蒸气、蒸汽空气混合物或 50～80℃ 的热水。其优点是现场施工方便，工期短，可按不同功能要求预先大批量制作。　　（袁蓟生）

yuan

元明粉　anhydrous sodium sulfate

见芒硝（328 页）。

原料钙硅比　calcia-silica ratio of raw material

见钙硅比（134 页）。

原木　log

原条按树种规格和质量要求截成的木段。国家标准将原木分成支柱、支架用的《直接用原木》；适用于高级建筑装修、装饰及各种特殊需要的《优质特级原木》以及用于其他工业部门的《针叶树加工用原木》与《阔叶树加工用原木》。

　　（吴悦琦）

原生土　primary clay

又称残积土。岩石在原地风化、积累、未经搬运的土。地壳上的岩石经亿万年的变质、风化和分解，其组成矿物逐渐发生化学变化，变成今天的种类繁多的土。随着其粒径的分布、可塑性、密实度、结构和颜色的不同，性能差异很大。在建材工业中可作为水泥工业，砖瓦烧土制品工业的原料。

　　（聂章矩）

原丝系列　seriation of strands

按倍数和半倍数关系，将连续玻璃纤维以原丝号数大小排列的一定序列。在这个序列中，规定了原丝细度、漏板孔数，由此得出一组相应的单纤维直径，最后获得纤维公称直径。纤维计算直径按该条释文（542 页）中的公式计算。原丝系列化为多样化的品种规格确定了一个原丝序列，使任何纱或织物的品种规格均可还原成确定的几种原丝，提高了拉丝生产效率，有利于漏板、漏嘴制造的标准化,简化了股纱规格,可在减少变动纺织设备的情况下提供多种性能的产品,便于原丝的生产、选择使用、互换及性能对比。　　　　　　(吴正明)

原条　tree-length

伐倒并经打枝、截梢后的整根树干。除杉原条规定剥皮外,大部分原条均带树皮。　(吴悦琦)

原纸　base paper

由各种有机纤维或无机纤维经打浆、抄制、烘干而成的作油毡胎基用的纸。按原料品种不同分为普通油毡原纸、石棉油毡原纸、矿棉油毡原纸等。由于各种纤维的性质及制成品的用途不同,其具体技术指标也不同。最常见的普通油毡原纸是以破布、旧棉、麻和废纸等为原料而制成的卷筒厚纸。其宽度为 $1004±4mm$, $919±4mm$, 筒径 $750mm$; 每平米克重可分为 200、350、500 三种;水分含量应小于 8%,吸油量不小于 $125mL/100g$,吸油速度为 $50s$。　　　　　　　　(王海林)

原子发射分光光度分析　atomic-emission spectrophotometry

利用物质发射的光谱来判别化学组分的一门分析技术。试样在激发光源(光、电、热)的作用下被离解成原子态并受激跃迁,当原子的外层电子由激发态回到基态过程中发射线状光谱。根据谱线的波长、位置可进行元素的定性分析;测量谱线的强度可进行定量分析。该方法具有灵敏度高、选择性好、分析快和同时检测多种元素等优点,被广泛应用于地质普查、原料与成品分析,超纯材料的检验工作。　　　　　　　　　　　(潘素瑛)

原子发射分光光度计　atomic-emission spectrophotometer

以被测物质发射的光谱来进行成分分析的仪器。由光源、分光仪和检测系统三部分组成。其工作原理是:将试样置于激发光源中蒸发解离和原子化,并同时激发原子的外层电子跃迁产生光辐射,经棱镜或光栅分光,由检测器(目视、摄谱、光电法)检测元素的特征光谱。其谱线位置、强度与被测物质的组成、含量有关,可进行元素的定性定量分析。常用的光源有电弧、电火花、电感耦合等离子焰矩、激光等型式,这些激发光源都有很高的灵敏度、稳定性和再现性,电感耦合等离子焰炬具有很高的激发温度($6000~7000K$),能够激发一般火焰难以激发的元素,谱线自吸收小,化学干扰少,是最有发展前途的光源之一。根据激发源和检测系统的不同,这类仪器有:看谱镜、摄谱仪、光电直读光谱仪、火焰光度计和电感耦合等离子发射光谱仪等。　　　　　　　　　　(潘素瑛)

原子晶体　atomic crystal

依靠共价键将原子联结起来形成的晶体。在其晶格结点上排列的是原子。例如 SiO_2 晶体,Si 原子位于正四面体的中心,O 原子位于正四面体的顶点,每一个 O 原子和二个 Si 原子相连。晶体中没有独立存在的分子或原子。分子式 SiO_2 只代表晶体中硅和氧两种元素原子数的比例。由于原子间的共价键强度较大,所以该类晶体硬度大、熔点高(金刚石的硬度很大,熔点高达 $3570℃$);延展性很小,有脆性;不溶于一般溶剂中;由于晶体中没有离子,一般是热和电的不良导体,但原子晶体 Si 和 Ge 等却可做成很好的半导体材料。

(夏维邦)

原子能灯　atomic energy lamp

利用原子能辐射线激发荧光粉而发光的灯具。在涂有荧光粉灯泡里装入气态同位素氪$_{85}$或氚,通电后使之产生辐射线激发荧光粉发出可见光。其亮度约为 $10cd/m^2$,光通量在 $0.1lm$ 左右。具有寿命长的特点。适于作航标灯、浮标灯、信号灯及用于灯塔等。　　　　　　　　　　　(王建明)

原子吸收分光光度分析　atomic absorption spectrophotometry(AAS)

又称原子吸收光谱分析。基于物质基态原子对特征谱线的吸收而进行的定量分析法。其原理是将试样中待测元素的化合物在高温中离解为基态原子蒸气,将相应于该元素特征谱线的光源通过原子蒸气,被基态原子吸收,在一定条件下,特征谱线被吸收程度与基态原子数目成正比,从而求得试样中该元素的含量。该方法灵敏度高、选择性好、抗干扰能力强,测量元素可多达 70 多种,且仪器操作方便。被广泛应用于冶金、地质、环保、化工、建材等部门。缺点是测定一个元素,要用相应的空心灯作光源,不便于同时检测试样中的多种组分。

(潘素瑛)

原子吸收分光光度计　atomic-absorption spectrophotometer

根据原子对光的选择吸收特性对物质进行定量分析的仪器。用于原子吸收分光光度分析。主要由锐线光源、原子化器、分光系统、检测系统四部分组成。由光源(空心阴极灯)发射的待测元素锐线谱线,通过原子化装置(火焰或石墨炉)后,被试样的基态原子吸收,吸收后的谱线经分光系统分光并投射到检测系统以吸光度(对某一波长光的吸收程度,以 A 表示: $A=\lg\frac{I_0}{I_r}$,其中 I_0 和 I_r 分别为光通过试样前后的谱线强度)显示出来。根据吸收定律,吸光度与蒸气中基态原子的浓度呈线性关系,从而可进行元素的定量分析。　　(潘素瑛)

圆材　round timber

树木伐倒,砍除枝桠,截成一定长短,带树皮或剥去树皮的干材。包括原条和原木。　　（吴悦琦）

圆钉　round nail

又称普通钉,钢钉,铁钉。主要用于木质结构的钉。根据各种钉固对象不同,其适用的长度也不同,大致分为：家具、竹器等用,10～20mm；墙壁内的板条、一般民用,20～25mm；一般包装木箱用,30～50mm；地板、牲畜棚等用,50～60mm；屋面椽木及混凝土模板用,70mm；模型泥芯用,60～100mm；防汛和桥梁工程、修建木结构房屋用,100～150mm。随其长度的不同,直径也相应的有所改变。　　（姚时章）

圆管法　pipe insulation apparatus

使用圆管防护端头型装置测定高于周围环境温度的圆管绝热层稳态热传递特性的方法。测定装置由被分段加热的测定管和控制、测量测定管各段温度、试件外表面温度、环境气体温度及耗于计量段加热功率的仪器等组成。在计量段两端头处,依靠用隔缝分开个别加热的防护段使其轴向热流减到最小。在装置达稳态后测定所需数据,按相应公式计算线传热率、线热阻、表面传热系数及表观热导率等稳态热传递特性值。试件可以是刚性、半刚性、可弯曲的材料（毡类）,或是有适当包裹的松散材料；匀质、非匀质或各向同性材料均可,外形一般为圆形,与孔径同心。按试样制备和铺试情况不同,可测得两种显著不同的结果：代表实际使用性能和仅表征材料的热特性。　　（林方辉）

圆锯机　circular saw

用高速回转的圆锯片对木材或木质材料作锯切加工的木材加工机械。类型甚多,用于锯解木材的有纵解圆锯、横截圆锯和万能圆锯。用于锯解刨花板等木质材料的有立式和卧式开料圆锯等。根据安装锯片数目不同,又可分为单锯片的、双锯片的和多锯片的圆锯机。圆锯机用途广泛,使用普遍。悬臂式万能圆锯机除作纵剖和横截外,还能进行开槽、起线、钻孔、砂磨等多种加工。锯剖饰面刨花板的开料圆锯一般有上下两个锯片,下锯片是刻痕锯,先对饰面薄木作刻痕锯切,再用上锯片剖料,以保证饰面材料不被损坏。

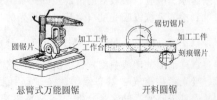

　　（吴悦琦）

圆偏光　circular polarized light

见偏振光（375页）。

圆球度　sphericity

又称浑圆度。集料颗粒的表面积与体积之比。是表示颗粒形状特征的一种指标。其值愈小愈接近于球形,愈大愈接近于长方柱体。集料粒形的形成与母岩层理和解理有关,用人工破碎的碎石,也受破碎设备型式的影响。集料单位体积的表面积过大时,将降低混凝土混合料的工作性,对混凝土的强度及耐久性也有不利影响。因此各国的标准都对集料中针、片状颗粒的含量作了限制。　　（孙复强）

圆榫　dowel tenon

形如圆棒的榫头。两端分别插入相接合零件的榫孔中使之连接。圆榫加工工艺简单,生产效率高。但普通平圆榫接合强度约比直角榫低30%,为提高接合强度,目前广泛采用表面压有各种沟纹的圆榫,常用的有螺纹状压纹圆榫、网状压纹圆榫及直线压纹圆榫等几种。

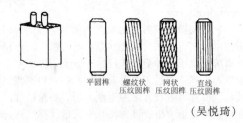

　　（吴悦琦）

yue

月白浆　lime peat putty

生石灰、青灰加水或用白灰浆掺青浆调制成的稀灰浆。其颜色深、浅可根据工程部位确定。常用于筒瓦裹陇面层"蒙头浆",民宅麻刀灰墙面下碱罩面,整砖"带刀缝"墙体"刷浆提色"。此外,布筒瓦屋顶及清水脊上的混砖、盘子、圭角、草砖等,若非全新材料,均须刷月白浆提色。

　　（朴学林　张良皋）

阅　threshold; gatepost; visible rafter under eave

①阃的异名之一。

②乌头门阀阅二柱之一。

③悬山屋面上下对正、全长连通的椽桷。《尔雅·释宫》桷直而遂谓之阅,原注：谓五架屋际椽正相当。　　（张良皋）

yun

云母含量　mica content

砂中云母的含量。云母是片状矿物，表面光滑，与水泥石的黏结力极差，如砂中含量过大，对混凝土的各种性能将有不利影响。中国标准规定，砂的云母含量按质量计不宜大于2%，对有抗冻、抗渗要求的混凝土不应大于1%。 （孙宝林）

云母消色器 mica compensator

又称云母试板、1/4λ消色器、1/4玻片。在正交偏光镜下产生一级灰白干涉色，光程差为黄光波长的1/4，即147nm左右。一般是将云母晶体薄片嵌在一块长方形的金属板中制成。快光 N_p、慢光 N_g 的方向注明在试板上。在薄片上加入云母试板后能使薄片干涉色按色谱表顺序升高或降低一个色序。它适用于干涉色较高的薄片。 （潘意祥）

云南松 Pinus yunnanensis Franch.

云贵高原的主要针叶树种。生长迅速，分布较广，东至贵州西部的毕节、水城及广西西部的百色，北至四川西部大渡河、雅砻江流域，西至西藏察偶，南抵云南文山及红河、蒙自、元江，向西至龙陵、腾冲、泸水等地。边材宽，黄褐色，心材黄褐色带红色或红褐色。心边材区别明显。树脂道多，在纵剖面上呈深色条纹。木材多出现扭转纹，容易翘曲变形，除供一般建筑及家具用材外，还用于坑木等。气干材密度 $0.576\sim0.624g/cm^3$；干缩系数：径向 $0.186\%\sim0.208\%$，弦向 $0.308\%\sim0.348\%$；顺纹抗压强度 $42.0\sim48.8MPa$，静曲强度 $80.9\sim112.1MPa$，抗弯弹性模量 $12.0\sim13.8GPa$，顺纹抗拉强度 $108\sim148MPa$，冲击韧性 $4.96\sim5.28J/cm^2$；硬度：端面 $29.3\sim43.8MPa$，径面 $24.9\sim36.3MPa$，弦面 $25.9\sim35.8MPa$。
（申宗圻）

匀质性 uniformity

混凝土外加剂产品质量的均匀性及稳定性。生产外加剂时用产品的各种物理与化学性能来控制其质量，每批量测得的性能指标应在产品质量指标的规定范围内，其波动幅度的大小表示其匀质性的程度。 （陈嫣兮）

运动场塑料地面 plastic surface of sports ground

面层由塑料、橡胶制成专用于体育运动场馆的地面。具有弹性大、耐磨、经久、抗钉刺、易清洁等特点。适于运动场跑道、篮球、排球场、体育馆等室内外地面。场地基层构造与普通场地相同，橡胶塑料面层做法根据要求不同有：①全塑型，胶层及表面防滑涂层全部用聚氨酯弹性体构成，适于高能量运动场地面；②混合型，由胶层和表面防滑涂层构成，胶层内含 $10\%\sim15\%$ 橡胶颗粒。适于高能量运动场地面；③颗粒型，用胶粘剂将橡胶颗粒粘合，表面涂以橡胶层，适于一般球场；④复合型，由上述颗粒型结构作底层，全塑型结构作中间层，表面涂以防滑层，适于田径跑道。根据不同场地要求，塑胶面层厚为：田径场 $9\sim25mm$，一般场馆 $2\sim10mm$。 （彭少民）

Z

za

杂散电流腐蚀 corrosion of stray current

又称漏散电流腐蚀，简称电腐蚀。由漏泄电流对金属材料所产生的电解破坏。直流电流直接参与电解，破坏性大；交流电流或感应电流中仅有一小部分（被整流成直流）参与电解，故破坏性小；大地中的自然电流也有一定影响。工业生产中的大功率直流设备、直流输电系统、变电站、电气火车、地铁及矿井下的直流运输系统等，都可能成为漏电源，从而对其周围的地下、水下建筑物、管道系统、电缆等造成严重腐蚀破坏。最大限度地防止漏电，是防止此类破坏的基本防护原则，也可采用引流或排流措施。 （洪乃丰）

zai

栽绒地毯 plant pile carpet

用栽绒法编织的地毯。即在编织彩色地毯时，以棉线为经纬线，用彩色毛纱沿纬线起色，以马蹄形打结法，每交织6根地纬栽绒一排，如此循环往复而成。相邻绒纬距14mm，绒长20mm。绒头完全覆盖基层组织。毯基（俗称纬板）挺实，毯背耐磨，毯面牢固，弹性好，外形美观。是手工编织地毯的主要编结法，早在中国东汉时期就已发明。广泛应用在民用建筑的室内铺垫装饰。 （金笠铭）

再结合熔融石英耐火材料 rebonded fused silica refractory

又称熔融石英制品，烧结石英玻璃制品。以熔融石英为原料、经粉碎、成型和烧成而制得的耐火材料。具有耐酸性渣侵蚀、耐冲刷、热膨胀系数低、热导率小且受温度的影响很小的特点。其热震稳定性比普通硅砖好得多。在冶金工业中常用来制造浸入式水口，还可用于化学工业及其他高温窑炉中。
（李　楠）

再结晶碳化硅耐火材料　recrystallized silicon carbide refractory

又称自结合碳化硅耐火材料。靠碳化硅晶粒的再结晶作用而制成的无结合物的碳化硅耐火材料。原料为碳化硅粉，碳和结晶硅。配料中加入1%左右的有机结合剂（如糊精、亚硫酸纸浆废液等），在30～50MPa压力下压制成型，亦可用等静压、浇注或振动法成型。坯体干燥后，在碳质加热元件的电炉内，置于石墨垫板上于2 200℃烧成。制品最高使用温度（氧化气氛中）为1 650℃，惰性气体中为2 130℃。显气孔率近于零，体积密度为3.10g/cm³左右，抗压强度约1 000MPa左右。主要用于高炉炉身下部及窑具材料。
（孙钦英）

再结晶退火　recrystallization annealing

又称软化退火。将经冷加工变形的金属加热到高于它的再结晶温度，保持一定时间后缓慢地冷却的一种热处理工艺。冷塑性变形使晶格发生歪扭，晶粒破碎，内能提高，处于不稳定状态，引起强度、硬度升高，塑性、韧性下降，称为加工硬化或形变强化。当加热到再结晶温度（与金属的成分和形变量有关）破碎和拉长的晶粒通过重新成核和长大，变为细小均匀的等轴晶粒（即再结晶），可获得没有内应力和形变的稳定组织。
（高庆全）

再生混凝土　reclaimed concrete, recycled concrete

以废旧混凝土作为集料的水泥混凝土。将因战争、自然灾害毁坏的或旧建筑物拆除后的废混凝土破碎加工后作为粗、细集料，其水泥石颗粒含量较多，吸水率大于天然集料。这种混凝土与普通混凝土相比较，其强度及弹性模量较低（水灰比越小，差别也越大），干缩值亦较大，耐久性则相近。在大量利用废混凝土前，须进行一系列必要的性能试验。利用废旧沥青混凝土路面加工而制成的混合料，则称为复拌沥青混合料（reclaimed asphaltic mixture）。
（孙复强）

再生活化剂　reclaiming activating agent

又称脱硫活化剂。能借催化的方法加速橡胶脱硫再生过程的物质。常用的有：①芳香族二硫化物，如二甲苯二硫化物、多烷基芳烃二硫化物、多烷基苯酚二硫化物等；②芳香族硫醇及其锌盐，如二萘硫酚等；③胺类化合物，如脂肪族氨化合物。芳香族二硫化合物是目前使用效果最好的再生活化剂，其活化能力高且无臭味，无污染性，能适用于高温。作用机理与塑解剂基本相同，多数塑解剂可作再生活化剂使用。在橡胶的再生过程中加入此剂后可大大缩短再生时间，提高劳动生产率及再生胶的质量，减少软化剂用量，改善工艺性能。用量一般低于1%。
（刘柏贤）

再生胶乳化沥青　emulsified asphalt with regenerated rubber

又称再生橡胶乳化沥青防水涂料。由石油沥青、再生胶浆、乳化剂及辅助材料和水所组成的改性乳化沥青。属薄质沥青防水涂料。黑色黏稠状悬浮体。多为阴离子型。将水乳型再生胶浆直接掺入乳化沥青中配制而成。具有材料来源广，价格低的优点。用涂刷法施工，用于屋面防水。冷拌法施工，用于铺筑路面。
（刘尚乐）

再生沥青　recycling asphalt

旧有路面中的沥青，经掺加再生剂后，完全（或部分）恢复其原来性能（或进一步改善其性能）的沥青。再生剂为根据旧有沥青的化学组分而专门设计的化学制剂。通常掺加一些新沥青，或用废柴油等作为再生剂，但只能起到软化和部分恢复旧沥青的性能。
（严家伋　刘尚乐）

再生塑料地板　reclaimed plastics floor

以废旧聚氯乙烯为原料，补充适量增塑剂并加入较多量填料加工而成的塑料地板。废旧塑料通常为软质聚氯乙烯制品如薄膜、鞋等以及其他产品的边角料，需经洗净、干燥、破碎或挤出造粒。因其中原来就含有增塑剂和稳定剂等助剂，只需作适当的补充就可达到性能要求。一般为软质或半硬质的块材地板，价格较低，但颜色品种少，耐磨、耐久性等性能稍差。
（顾国芳）

再生橡胶　reclaimed rubber

简称再生胶。将废橡胶粉碎、化学和物理处理，恢复其部分塑性和黏性的橡胶。制法从最早的碱法、热膨胀法，发展到广泛使用的油法、水油法、溶剂法以及机械法等多种。一般与生胶并用，能降低成本，减少混炼动力消耗，改善橡胶制品的耐老化、耐酸、碱性能。亦可单独使用，但产品质量较差。广泛用于胶鞋、鞋底、轮胎、胶板、胶管、胶垫等各种橡胶制品。在建筑工程中常用以制造防水材料、地面材料、嵌缝材料等。
（刘柏贤）

再生橡胶地板　reclaimed rubber floor

废橡胶粉脱硫并加入各种添加剂后经塑炼和混炼加工而成的地板。用再生橡胶，经热压法或压延法制成块状或卷状的地板。具备橡胶地板防滑、耐磨等优点，价格较低，并利用了工业废料废旧橡胶资源，但比橡胶地板的某些性能差。适用于车船等交通工具内的地面。　　　　　　（顾国芳）

再现性　reproducibility

又称复演性，复验性。物理量在用同型设备测量中能重复再现的性质。用同样测试条件，对同一物理量进行测量，应有相同的结果。即后来的测量应能再现原来的结果。再现性反映测量的准确程度。在产品的质量控制中常用再现法来评价一组测量结果的准确度。　　　　　　　（魏铭镪）

zan

攒档　bracket-set-spacing

斗栱相邻二攒中心之间的距离（11斗口）。是清式大式建筑的扩大模数，用于计算平面面阔、进深等主要尺寸。　　　　　　　　（张良皋）

zao

早材　early-wood

又称春材。每年生长季节初期所形成的木质部。与每年生长季节后期所形成的晚材构成了一个年轮（生长轮），早、晚材的细胞组织疏密程度不同，在针叶树中更为明显。阔叶树材中早、晚材疏密程度不明显的为散孔材，比较明显的称为环孔材。　　　　　　　　　　　　（吴悦琦）

早强剂　hardening accelerator

能提高混凝土早期强度，并对后期强度无显著影响的外加剂。与减水剂复合兼有减水作用的称为早强减水剂。有氯盐类、硫酸盐类及有机类。在合理的掺量范围内，对混凝土质量无不利的影响。氯盐类（氯化钙、氯化钠等）对钢筋有锈蚀作用，掺量过大会降低混凝土的抗化学侵蚀、抗冻融能力，并增大早期混凝土收缩。硫酸盐类（硫酸钠、硫代硫酸钠）掺量过大会产生体积膨胀，导致混凝土开裂，强度及耐久性下降。早强剂加入混凝土后，一般均缩短凝结时间，提高早期强度。主要用于低温和负温（最低气温不低于 $-5℃$）条件下施工的有早强或防冻要求的混凝土以及蒸养混凝土。　　　　　　（陈嫣兮）

皂化值　saponification number

又称皂化系数。1g 油脂完全皂化时所需氢氧化钾的毫克数。表示在 1g 油脂中，游离的和化合在酯内的脂肪酸总量。用以估计所含的游离脂肪酸数量以及化合的脂肪数性质。一般情况下，游离的脂肪酸数量较多或化合的脂肪酸分子量较小时，此值较高。在制作松香皂时，根据此值和总碱量计算其配比。　　　　　　　　　　　（陈嫣兮）

造壳　aggregate enveloped

见造壳混凝土。

造壳混凝土　aggregate enveloped concrete

又称裹砂混凝土。采用造壳工艺拌制而成的水泥混凝土。造壳是一种新的混凝土搅拌投料工艺，先将砂和部分拌合水投入搅拌机拌和，再投入水泥进行搅拌，使在砂表面造成一层低水灰比的水泥浆薄壳。完成造壳后再投入粗集料和剩余的拌合水进行搅拌形成混合料。第一次加水量的控制是能否形成优质壳层的关键，一般为总用水量的 $0.55\sim0.75$，由试验确定。此混凝土内部砂粒与水泥石界面形成有坚固的界面层，使粗集料间具有密实高强的基体（matrix）。与一般工艺制作的混凝土相比，可在相同工作性条件下降低水灰比，提高强度，或保持水灰比不变，可减小用水量、节约水泥。为提高工效，最好采用专用造壳拌合机拌制造壳砂浆。其强度高，抗渗性好，结构密实，适用于隧道、涵洞和江底、海底工程。相似地，先将粗集料和部分水投入搅拌机拌和，再投入水泥在粗集料表面造壳，最后投入砂和剩余的拌合水，称为裹石工艺，所拌制成的混合料硬化后也有优良的物理力学性能，称为裹石混凝土。　　　（徐家保）

噪声控制　noise control

研究降低高噪声以适应环境需要的科学技术。包括交通噪声、工厂噪声、建设工程噪声和社会生活噪声控制。对不同的生活和工作环境规定出容许的最高噪声级标准，然后从声源降噪；在噪声传播途径上采取隔声、吸声措施；对气流噪声采取消声措施；对以弹性波方式传播的固体声采取减振措施等降低噪声级。　　　　　　　　（陈延训）

zeng

增稠剂　thickening agent

增加砂浆和混凝土拌合物黏稠性的混凝土外加剂。主要用于泵送贫混凝土拌合物，以避免混凝土在泵送压力下离析，减少泵送过程中输送管的堵塞。常用材料有羧甲基纤维素等。　　（陈嫣兮）

增黏剂　tackifier, anchoring agent

对被粘物体具有湿润能力，通过扩散能够在一定的温度、压力、时间下产生高黏合性的物质。多添加于橡胶、塑料或胶粘剂中。始用于第二次世界大战期间，因使用合成橡胶的自黏性比天然橡胶差，为改善此种情况而加入松香、古玛隆树脂及酚醛树脂等，被称之为增黏剂。目前已扩展到其他许多应用领域，品种也大为增多。其主要品种有各种天然树脂及其衍生物，合成树脂等。主要应用于：

①改善合成橡胶的自黏性，提高加工性能；②提高橡胶胶粘剂的内聚力和对特种表面的黏结性，增加其耐热性及胶接保持时间；③增加各种胶粘剂、印刷油墨等的黏附力。　　　　　　　（刘柏贤）

增强材料　reinforcement

复合材料中起增强作用的组分。以弥补或提高基体材料的某些薄弱性能（主要在力学性能方面）。一般增强材料所占体积要小于基体的体积。按形状可分为条状、纤维状、片状、粒状等。按材质主要可分为无机非金属、有机高分子聚合物和金属材料。适当选择基体与增强材料，可复合制成各种性能优良的复合材料。钢筋混凝土、石棉水泥、钢纤维增强混凝土、聚丙烯纤维增强混凝土、玻璃纤维增强塑料等复合材料中的钢筋、石棉、钢纤维、聚丙烯纤维、玻璃纤维均属增强材料。除提高基体的强度和弹性模量外，还能降低制品的基体收缩、提高热变形温度及其他物理性能。　　（孙复强）

增强混凝土　reinforced concrete

在混凝土基材中按设计要求加入增强材料而制成的水泥基复合材料。其狭义定义即指钢筋混凝土。增强材料加入后，能改善基材的物理力学性能。按增强材料的不同，大致可分为钢筋混凝土和纤维增强混凝土两大类。前者由混凝土和各种钢筋、钢丝、钢绞线等复合而成，可大大提高混凝土的抗拉、抗弯能力，因而可以制成既能受压又能受拉的各种钢筋混凝土构件和结构。后者由混凝土和纤维状增强材料（玻璃纤维、钢纤维、聚丙烯纤维）复合而成，具有较好的抗拉、耐磨、抗爆、抗冲击等性能，因而广泛用于制造薄壁制品（管子、地板、船壳、壁板等）和现浇薄壳、路面、机场跑道等。　　　　（孙宝林）

增塑剂　plasticizer

添加到聚合物体系中能增加其塑性、改善加工性和提高制品柔韧性的物质。工业上最早使用的是1868年海厄特（Hyatt）用樟脑作为硝酸纤维素的增塑剂。按其作用方式可分为内增塑剂和外增塑剂，前者是指聚合物在聚合过程中引入第二单体或在分子链上引入支链，来降低分子链的规整性和结晶度，提高塑性。一般仅用于半硬质制品中；后者是一种高沸点的较难挥发的液体或低熔点固体。其主要作用是削弱聚合物分子间的次价力（范德华力），加强分子键的运动，降低其结晶性，从而使聚合物的硬度、模量、软化温度和脆化温度下降，而伸长率、挠曲性和柔韧性提高。按化学结构不同可分为邻苯二甲酸酯、脂肪族二元酸酯、磷酸酯、环氧化合物、多元醇酯、含氯增塑剂、低聚物、苯多酸酯、石油酯及酰胺等。品种已有1000余种，商品生产的已达200余种。　　　（刘柏贤）

憎水膨胀珍珠岩制品　hydrophobic expanded pearlite product

吸水率低的膨胀珍珠岩绝热制品。一般要求重量吸水率小于10%。吸水率高是膨胀珍珠岩及其绝热制品的主要缺陷，通常可以采用以下方法提高憎水性：经硅酮处理的膨胀珍珠岩作原料；在制品配合料中掺入防水剂；在防水剂中浸渍等。用于潮湿环境中的绝热。　　　　　　　（林方辉）

zha

渣球含量　shot content

在喷吹法制ור玻璃棉时未形成纤维的球状玻璃渣的含量。等于除渣前与除渣后的重量差除以除渣前的重量的百分数。过多时影响玻璃棉及其制品的表观密度、绝热和吸声等性能。是玻璃棉的一项重要技术指标。　　　　　　　　　　（刘继翔）

渣油　residual oil

在蒸馏石油过程中，馏出不同沸点的馏分之后，得到的一种不符合沥青标准的黑色油状残留物。其产品质量不严格控制，只控制黏度等少数几项指标。在常温下呈液体状态，属于慢凝液体沥青范畴。常用做燃料及道路路面修筑的黏层油、透层油或表面处治。可通过减压蒸馏或氧化加工工艺制成石油沥青。　　　　　　　　（刘尚乐）

渣油油膏　residuum ointment

掺有适量食用油油渣、废机油的沥青油性油膏。因食用油油渣的成膜性能较差，所以其性能较沥青鱼油油膏和沥青桐油油膏差。其性能为：65～75℃不流淌。与混凝土黏结面100%。体积收缩率在3.7%以内。常温延伸值50～60mm。低温-5℃延伸值50～58mm，-15℃延伸值16～20mm。可用于屋面工程有表面覆盖层的嵌缝。
　　　　　　　　　　（洪克舜　丁振华）

轧压成型　rolled moulding

借轧辊碾压作用使混凝土混合料密实成型的工艺方法。是压制密实成型的一种。主要设备为轧压机。混凝土混合料置于钢模中或传送带上，通过一套轧辊加以碾压，逐渐由厚变薄而密实，轧压面被轧成与轧辊相应的几何形状。轧辊的重量及数目视制品形状复杂程度和混合料的性能而定。其特点是较小的轧碾压力可使混合料受到较大的成型压力，因而制品的密实度很高，相当于30～50MPa静压力的压实效果。适于用于硬性混凝土生产构件。有些轧压机的轧辊可同时施加振动作用，称为振动轧压成型，其密实效果更佳。　　　（孙宝林）

炸药　explosives

一种能够迅速发生化学反应，生成大量气体产物并放出大量热量，并有对周围介质有做功和破坏能力的物质。中国早在公元 6~7 世纪就发明了黑火药，并且用于军事。13 世纪末黑火药传入欧洲并且得到了广泛的应用和发展。18 世纪末，由于工业技术的发展，制成了雷汞并发现了爆轰现象，从而扩大了炸药的用途，促进了猛炸药发展，开始了近代炸药的新纪元。20 世纪 40 年代，随着核武器、导弹和宇宙飞行器的出现，使炸药的研究更进一步。在军事上，被用来装填各种炮弹、火箭、鱼雷及导弹等或核武器的起爆系统，也用于许多特种军事目的；在民用方面，广泛应用于矿业、铁道等部门。 （刘清荣）

炸药安定度 explosive steadiness

又称炸药安定性。炸药在长期贮存过程中，保持原有物理、化学性质的性能。是炸药生产、使用和贮存中重要检验指标。物理指标主要指炸药吸湿性、挥发性、结块、老化和冻结等。如黑火药和硝铵类炸药易吸湿结块，使爆炸性能下降，严重时失去爆炸能力。硝化甘油类炸药的化学安定度很低，即使在常温条件下也会缓慢分解，随时间增长而加快，甚至导致自燃或自爆。温度、湿度及阳光均可加速其分解。因此，保管时必须注意库房通风，定期抽样检验。凡变质炸药必须严格遵照《爆破安全规程》处理。 （刘清荣）

zhan

沾锡 tin pick-up

浮法玻璃下表面通过锡氧化物过渡层所沾有的大小和形状不同的金属锡膜。是浮法玻璃表面缺陷之一。沾锡使玻璃成为废品，并增加锡耗。当保护气体量不足或其他原因使空气进入锡槽引起锡液氧化时会产生沾锡。在一等品、二等品中不允许有此缺陷。 （吴正明）

粘粉 stuck body

经高温烧成后粘在陶瓷制品（包括上釉和无釉制品）表面上的粉状坯料。陶瓷产品缺陷之一。避免的方法是烧成前严格吹灰或清扫工序。 （陈晓明）

粘接 adhesion

用胶粘剂将相同或不同固体表面结合为牢固的整体的方法。一般包括接头设计、胶粘剂选择和配制，被粘物的表面处理、涂胶、晾置、贴合、固化等工序。表面处理是通过溶剂、酸、碱、烘焙、喷砂及其他方式去除被粘物表面吸附的水分、油污及氧化皮膜并活化表面的过程。涂胶可采用刮涂、刷涂、喷涂、滚涂、热熔涂胶等方法，但应保证足够的涂胶量。晾置依胶粘剂性质而定：不含溶剂的胶粘剂不需要晾置；湿气固化的胶粘剂晾置时间愈短愈好；对溶剂型及乳液型胶粘剂可多晾置一段时间，以保证溶剂及水分充分挥发。固化过程是溶剂及水分挥发、熔融物冷却或黏料的化学反应过程，固化可在加压加热条件下进行。 （刘茂榆）

斩假石 axed artificial stone

见装饰砂浆（631 页）。

蘸塑 dip moulding

又称蘸浸模塑。在有制品形状的阳模上蘸取一层液状或糊状高分子材料而成型的方法。主要用来制造乳胶和软聚氯乙烯的薄壁制品。成型时将模具浸在乳胶或聚氯乙烯糊中然后逐渐提起使模具表面黏附上一定量蘸取材料，再进入加热室使乳胶凝结或使聚氯乙烯糊塑化，冷却后脱模得到薄壁制品。主要工艺参数为模具温度、蘸料的黏度、温度、蘸浸的时间等，制品的厚度可进行控制。模具可用金属、陶瓷、玻璃等制作。常用以生产柔性管子、工业手套等。 （顾国芳）

zhang

张开型扩展 propagation mode of tension

又称Ⅰ型扩展。在垂直于裂纹平面的拉应力作用下，使裂纹张开而扩展。此时裂纹表面的位移与裂纹平面垂直。这是一种最常见、最危险的裂纹扩展形式，是造成裂纹体断裂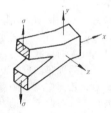
的重要原因，是断裂力学的主要研究对象。

（沈大荣）

张拉控制应力 tensioning stress

简称张拉应力。张拉预应力钢筋时所应达到的拉应力。控制应力的大小，影响预应力的效果。为发挥预应力的优点，张拉应力宜尽可能高些，以提高构件的抗裂度，节约钢材。但过高则在超张拉时可能使个别钢筋因材质不匀而超过屈服强度；高强硬钢则发生断裂。而且预应力构件在工作时，预应力钢筋处于高应力状态，将使开裂荷载接近于破坏荷载，在破坏前无明显的预兆。设计规范按不同的钢种及张拉方法，规定了最大的允许值。后张法略低于先张法；硬钢低于软钢。 （孙复强）

张拉强度 transfer strength of post-tensioning

后张法制作预应力钢筋混凝土构件或制品，张拉钢筋时要求混凝土应达到的抗压强度。应符合设计规定的要求值，如无设计规定则一般不得低于设计强度的 70%。组合式构件接缝处的混凝土或砂浆的强度也须达到设计规定的数值，如无规定，不得低于混凝土设计强度的40%，并不得低于15MPa。　　　　　　　　　　　　（孙复强）

张拉设备　tensioning apparatus

制作预应力钢筋混凝土制品或构件时用以张拉预应力钢筋的设备。种类较多。主要有：①机械式张拉设备。采用机械传动方法进行张拉。一般由夹持、张拉和测力等三部分机具组成。分手动张拉器及电动张拉机两类。手动张拉器有螺杆式张拉器及卷筒式张拉器等。电动张拉机有电动卷扬机或电动螺杆等。这类机具有吨位小、行程长、机械构造简单、使用灵活方便、造价低廉等特点。主要用于先张法台座张拉钢丝。如无液压拉伸机时，也可制作较大吨位的机械张拉机，用以张拉单根钢筋；②液压张拉设备。由液压千斤顶、高压油泵、外接油管等组成。液压千斤顶按构造有台座式、拉杆式、穿心式及锥锚式等。采用高压或超高压的动力油进行工作，具有作用力大、体积小、自重轻、操作方便等优点。可张拉粗钢筋、钢绞线、钢丝束等。适用于后张法、后张自锚法施工；③电热张拉设备。主要有电热变压器、导线、导线夹及其他仪表工具组成。利用电热张拉钢丝，适用于张拉曲线形或圆形的制品或结构，如水泥压力管、油罐、水池等。　　　　　　　　　　　　（孙复强）

樟丹　red lead oxide

又称红丹、桶丹、铅丹。组成为四氧化三铅（Pb_3O_4）的粉状橘红色颜料。色泽鲜艳，遮盖力强，耐腐蚀和高温，但不耐酸，易与硫化氢作用生成硫化铅而变黑，如暴露在空气中则生成碳酸铅而变白。如与白垩粉合用，则易变黑。主要产于广东、山东等地。中国的主要传统颜料。因内含硝质，用前应先除硝。方法是：将其放入盆内，用开水徐徐沏之，边沏边搅拌，凉后将水澄出，如此反复二三次，磨细后入胶即可使用。用于陶瓷、玻璃、搪瓷色料和防锈涂料的颜料。在古建筑油饰彩画工程中用于：①熬制灰油的主要添加材料；②调制樟丹油的色料；③以胶液调之用于彩画的底色和局部花饰点缀。　　　　　（谯京旭　王仲杰）

樟丹油

由光油和樟丹调制而成的橘红色油。传统的调制方法是：先用沸水冲漂樟丹二三次，除去盐碱硝等杂质，然后用石磨反复研磨，将其磨细。待其沉淀后去其浮水，随即陆续加入光油，使油与颜料混合，混合的过程中，颜料中的水陆续排出，以毛巾吸之排净。最后用光油稀释即成。一般不单独使用，多用于朱红色油饰的铺垫油层。　（王仲杰）

樟子松　Pinuo sylvestris L. var. mongolica Litv.

中国东北地区主要速生用材，防护和"四旁"绿化优良针叶树种之一。树干通直，材质好，用途广泛。在我国天然分布主要在大兴安岭北部，20世纪50年代以前仅有少量栽培，50年代后，人工林发展很快，先后在东北各地造林成功，长势良好，现均已蔚然成林，防风固沙作用显著。边材黄褐色或浅红褐色，易发生蓝变，心材红褐色，有光泽，纹理直，结构中等，不均匀。气干材密度0.457g/cm³；干缩系数：径向0.144%，弦向0.324%；顺纹抗压强度31.0MPa，静曲强度71.1MPa，抗弯弹性模量8.92GPa，顺纹抗拉强度78.8MPa，冲击韧性3.56J/cm²；硬度：端面24.6MPa，径面20.5MPa，弦面20.7MPa。木材经防腐处理后最适于做枕木、电杆、坑木和木桩等，并为工厂、仓库、桥梁、船坞等的结构材。房屋建筑上可做屋架、柱子、搁栅、地板等，可代替红松使用。
　　　　　　　　　　　　（申宗圻）

涨圈接头　expansion loop joint

靠流体介质本身的压力将涨圈紧压在管壁上而连接玻璃管的一种接头。属自紧式柔性接头（如图）。由于涨圈2和套管1直接与输送介质相接触，应具有抗介质侵蚀的性能。玻璃管3接口处有缝隙，不宜输送易腐蚀物质，也不宜在真空或低压管道上使用。因管端留有缝隙，可补偿管道的伸缩与变形。　　（许　超）

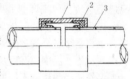

zhao

照度　illuminance

被照物体单位面积接受光通量的密度。即光通量与被照面积之比值。常以 E 表示：

$$E = F/S$$

式中 E 的单位为 lm/m^2 或 lx；F 为光通量，单位为 lm；S 为被照面，单位为 m^2。通常，一被照面上的 E 与光源的发光强度 I 和入射角的余弦 $cos\alpha$ 成正比，与光源至被照面距离平方（d^2）成反比时，符合余弦定律：$E = I cos\alpha/d^2$。一般以减小距离 d 或入射角 α 来提高工作面上的 E 值。E 值愈大，其被照面的亮度愈高，视感觉愈亮，照明效果越佳。　　　　　　　　　　　（王建明）

zhe

遮盖力　covering power, hiding power

乳浊釉、涂料覆盖坯体或物体颜色的能力。对乳浊釉用有效遮盖某一色坯的釉层的厚度表示，釉层越薄，遮盖能力越强，所用釉料越少。高性能的乳浊釉对陶瓷工业中有色劣质原料的利用尤为重要。

对于涂料，以每平方米面积所消耗涂料或颜料的最少克数（g/m^2）表示。其大小与涂料中的颜料品种、用量、颗粒大小和分散程度有关。测定方法用黑白格法，将涂料均匀地涂刷或喷涂于衬有标准黑白格纸的玻璃板上，以不再呈现底色（黑白格）时为终止，准确称记涂料用量，按计算公式求得。遮盖力的大小，反映出涂料的单位涂装面积的用量。

(陈晓明　刘柏贤)

遮光指数　shielding optical index

又称发烟系数。材料发烟性的一种量度。记作SOI。考虑到烟浓度（最大比光密度）和发烟速度（比光密度达最大值所需的时间）的综合影响：

$$SOI = \frac{D_m^2}{2000 t_{16}} \left(\frac{1}{t_{0.3} - t_{0.1}} + \frac{1}{t_{0.5} - t_{0.3}} + \frac{1}{t_{0.9} - t_{0.7}} \right)$$

式中，D_m为最大比光密度；t_{16}为比光密度到达16所需的时间（min）；$t_{0.1}$、$t_{0.3}$、$t_{0.5}$、$t_{0.7}$、$t_{0.9}$分别为比光密度到达最大值（D_m）的10%、30%、50%、70%、90%所需的时间（min）。用NBS烟箱测定。SOI值在5～10时对透视几乎没有影响；10～30时有相当妨碍；30以上有明显妨碍。

(徐应麟)

遮帘　awning

可做有效热防护的窗帘。通常由100%聚酯织物制成，织物密度不一，可从半透明到不透明，颜色花纹各异。也可在打皱织物的外侧浸附薄铝层，因铝反光而减少进热量。

(姚时章)

遮阳玻璃　sun-shading glass

又称热反射玻璃（heat reflecting glass），反射阳光玻璃（sunlight-reflecting glass）。对太阳光谱中的可见光和近红外波长部分有较高反射和吸收性能的玻璃。是平板玻璃深加工制品，尚无统一名称。玻璃表面镀有很薄的膜，它能改变对太阳辐射的反射和吸收，并保持需要的可见光透过率，膜的材质有金属、合金或氧化物。可减少太阳能辐射能量的通过，有日照遮蔽性和隔热性，根据镀膜材料、膜的厚度和层数、基板玻璃，可得到不同反射率、吸收率、透过率和颜色。主要工艺方法有：①化学沉积法；②物理沉积法。集节能、装饰等功能为一体，适用于建筑窗玻璃和玻璃幕墙等。

(刘继翔)

折叠塑料门　plastics folding door

由挤出异型材拼装而成的可以折叠的塑料门。主要用改性的硬质聚氯乙烯制造。结构形式多样，图示为典型的剖面结构。特点是轻巧灵活、用料省、价格低。色彩多样，不需涂装，折叠开启时占用空间很少。缺点是密封性差，强度较低。适用于居室特别是卫生间、淋浴室以及办公室的分隔等。

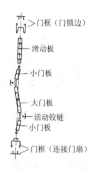

(顾国芳)

折线式养护窑　multiangular tunnel curing chamber

简称折线窑。窑体的纵轴线呈折线形的常压湿热养护设施。窑外形呈弓背形，窑内分上坡、水平和下坡三部分。上坡部分为升温段，水平部分为恒温段，下坡部分为降温段。窑的进口位置低，温度也较低。随坡向上温度升高，至水平段温度达到最高。窑内可保持满量蒸汽，克服了水平式隧道窑难以使温度分段的缺点。混凝土制品在窑车上按规定节拍从一端陆续进窑经过三个温度阶段，由另一端出窑。窑中制品可放置数层，养护效果好，节约蒸汽，适用于流水传送带法生产工艺。

(孙宝林)

折腰板瓦

纵向中部拱起的板瓦。卷棚屋面琉璃瓦构件。仰铺在卷棚式屋面正中，前后两坡瓦陇的交汇线上，上覆罗锅筒瓦，用来封护两坡交汇点。其状像普通板瓦两端起翘而得名。其下安装折度略小的板瓦，即"续折腰板瓦"，以顺接并延缓折腰板瓦陇的弧度。黑活卷棚式屋面也需要这些瓦件。

(李　武)

赭石　ochre

又称土朱。以三氧化二铁（Fe_2O_3）为主的棕褐色天然赤铁矿矿物颜料。因多产自山西代县，故又有"代赭石"之称。以手触之有滑腻感、颜色呈棕色者为上品。耐碱、耐有机酸，能吸收紫外线辐射热，从而提高了涂膜的耐光化学降解性。用时在砂底碗内注入少量胶水，手执赭石在胶水中研磨，待赭石与胶水融为一体，即成为棕色颜料。在古建筑彩画工程中的用途是：山水、人物、花卉等写生画中的线条勾勒和渲染方面。

(谯京旭　王仲杰)

蔗渣板　bagasse board

以植物纤维甘蔗渣为原料的轻质板材。用合成树脂为胶结剂或不施胶而利用蔗渣中转化成的呋喃系树脂为胶结材料，经原料加工、混合、铺装、热压成型等工序制成。一般规格长为2 000mm，宽1 000mm，厚6、8、10mm，表观密度750～850kg/m^3，静弯曲强度15～27MPa，吸水厚度膨胀率7.5%，适用于一般建筑物的内隔墙、吊顶棚和制作家具，常用作绝热、隔声、装饰与装修材料。

(萧　愉)

zhen

针刺地毯 needle-punched carpet

用三角形截面的钢质刺针,在一定厚度的纤维网上作反复升降穿刺,使其上下层纤维相互交错缠结而制成的地毯。每平方米纤维网一般须经过3～5万次针刺方能固着。纤维间连接紧密、弹性好。纤维网一般采用丙纶、锦纶或腈纶。具有化纤地毯的性能。分针刺条纹地毯、针刺六角地毯、针刺菱形地毯、针刺毛粒地毯、针刺方块地毯、针刺平绒地毯、耐用针刺地毯等品种。 (金笠铭)

针片状颗粒 elongated and flaky particles

颗粒的长度大于该颗粒所属粒级上下限粒径平均值2.4倍者称为针状颗粒,而颗粒的厚度小于该颗粒所属粒级上下限粒径平均值0.4倍则称为片状颗粒。表面积与体积之比较大,容易折断,对混凝土的工作性和强度不利。质量标准规定,对C30和C30以上的混凝土,碎石或卵石中的针、片状颗粒含量按质量计不大于15%,对小于C30的混凝土不大于25%,对C10和C10以下的混凝土可以放宽到40%。 (孙宝林)

针入度 penetration

表示黏稠沥青稠度的一种指标。通过针入度试验来确定。针入度试验是在针入度仪(如图)上进行,其法是沥青试样在规定温度、荷重和时间试验条件(常用的试验条件如表)下,标准针贯入沥青的深度(以1/10mm计)。针入度值愈小,表示沥青稠度愈大。我国现行的黏稠沥青标号即按针入度划分的。

温度 T (℃)	荷重 W (g)	时间 t (s)
25	100	5
46.1	50	5
0 (4)	200	60

(严家侃)

针入度率 penetration ratio

不同温度时的针入度值变化比率。表示沥青材料感温性的一种指标。表达式如下:

$$PR = \frac{P_{(4℃,200g,60s)}}{P_{(25℃,100g,5s)}}$$

式中 PR 为针入度率;P 为针入度值(1/10mm),下脚注为针入度值试验的温度、荷重和时间条件。沥青针入度率愈大,表示其感温性愈小。

(严家侃)

针入度-黏度数 value of penetration-viscosity

表征沥青的针入度值、黏度值和温度之间关系的指数。是表示沥青材料感温性的一种指标。表达式如下:

$$PVN = \left[\frac{(6.489 - 1.590\lg P - \lg V)}{(1.050 - 0.2234\lg P)}\right](-1.5)$$

式中 PVN 为针入度温度数;P 为25℃时的针入度(1/10mm);V 为60℃的绝对黏度(dPa·s)。沥青的 PVN 值愈大表示感温性小。 (严家侃)

针入度-温度指数 penetration-temperature index

某一温度区间针入度值的变化与常温时针入度值之比。表示沥青材料感温性的一种指标。常用表达式为:

$$PTI = \frac{P_{(46.1℃,50g,5s)} - P_{(0℃,200g,60s)}}{P_{(25℃,100g,5s)}}$$

式中 PTI 为针入度-温度指数;P 为针入度值(1/10mm);下脚注为针入度值测定时的温度、荷重和时间。PTI 值低的沥青,表示其感温性小。

(严家侃)

针入度指数 penetration index

表征沥青软化点和针入度之间关系的指数。是表示沥青材料温度感应性的一种指标。通常用 PI 表示,由沥青的针入度和软化点按下式求得:

$$PI = \frac{30}{1 - 50\left[\frac{\lg 800 - \lg P_{(25℃,100g,5s)}}{T_{R\&B} - 25}\right]} - 10$$

式中 P 为针入度(1/10mm);$T_{R\&B}$ 为环球法软化点(℃);800为设沥青在软化点时的针入度约为800。针入度指数亦可表示沥青的胶体结构,$PI < -2$ 者为溶胶型;$PI = -2 \sim +2$ 者为溶-凝胶型;$PI > +2$ 者为凝胶型。 (严家侃)

针式瓷绝缘子 pin porcelain insulator

一种针形供户外支撑和绝缘输电线路的可击穿型绝缘子。通过装在绝缘件孔内的一个脚可以刚性地安装在支持结构上。其绝缘件可以由一个或彼此永久地连接在一起的多个绝缘元件组成。用于6～35kV输配电线路。耐雷电能力较低,泄漏距离小,容易出现雷击闪络。 (邢宁)

针式支柱瓷绝缘子 pin type post porcelain insulator

一种针式用于工频交流额定电压为3～220kV的电器和配电装置上绝缘及固定电力线路的电站电

针叶树材　Softwood

裸子植物中的松杉目（coniferae）和红豆杉目（Taxales）（应用上包括银杏树种在内）可生产商品材树种的统称。在木材解剖构造上区别于阔叶树材的最大特征是没有导管，相对有孔材，针叶树材又可称无孔材（non-porous wood）。这类树种尖削度较小，故出材率较高，但材色、花纹差。在中国的针叶树分布集中，多纯林，而阔叶树分布分散，多混交林，单一树种的不多。针叶树材主要作为建筑及工程用材。　　　　（申宗圻）

针状颗粒　elongated particle

见针片状颗粒（604页）。

珍珠岩焙烧窑　pearlite calcining kiln

生产膨胀珍珠岩的高温焙烧设备。常用的有卧式焙烧窑（回转焙烧窑和固定管式窑）和立式焙烧窑两种。回转焙烧窑与水泥回转窑构造相似，有效内径约0.6m，长度一般不大于7m，正压顺流焙烧，可生产膨胀珍珠岩碎石和砂，产量较高。立窑外壳由钢板制成，内衬耐火砖（也可用耐热钢板，附设风冷或水冷系统），平均内径约0.5m，窑下部为燃烧室，中部为焙烧带。立窑结构简单，投资较少，用于生产膨胀珍珠岩砂。多采用液体或气体燃料，也有采用煤粉作燃料的。窑内气体温度和流动速度是保证产品产量和质量的主要参数。
（林方辉）

真空成型　vacuum forming

又称吸塑成型。受热软化的塑料片材在真空吸力的作用下吸附于模壁上，冷却后成为有一定形状的薄壁制品的成型方法（见图）。是差压成型的一种。用来加工各种热塑性塑料的板材、片材，如ABS板、有机玻璃板、聚氯乙烯硬片以及聚苯乙烯泡沫片材等，生产型腔深度不大的薄壁制品，如浮雕装饰板、包装盒盘、采光罩等。缺点是制品的厚度不太均匀，最后与模腔贴合的部分壁最薄，优点是设备和工艺简单。
（顾国芳　郭光玉）

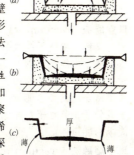

真空度　vacuum; vacuity

对气体稀薄程度的一种度量。其直接物理量应为每单位体积的气体分子数。工程上常把比大气压力低的气体状态视作真空状态，以真空度表示压力比当时的大气压力低多少。以真空压力计测量之。压强单位为Pa（帕）。早期均以汞柱高为压强单位（mmHg），至今仍尚有沿用者。气体压强越低，真空度越高。它与大气压力、绝对压力的关系为：真空度等于大气压力减绝对压力。　　　（孙复强）

真空镀膜法　vacuum coating process

金属在高真空度中加热、蒸发、凝结在材料表面形成薄膜的一种方法。在一定真空度下，加热蒸发源材料，使之气化，在近于室温的玻璃表面上凝结成薄膜。若再经热处理可形成牢固的氧化物的彩色膜。蒸发源材料有金属、卤化物、氧化物、硫化物等。这些膜或是晶态，或是非晶态。加热方法有电阻加热、辐射加热、电子束加热、激光加热、高频加热；通常真空度在$10^{-2}\sim10^{-6}$Pa范围内。此法生产的镀膜玻璃的透视率低、遮阳性能极优。可用于生产各种镀膜平板玻璃（单向透视玻璃、镜反射玻璃、导电玻璃、彩色玻璃）和镜头玻璃镀膜等。
（许　超）

真空干燥　vacuum drying

真空条件下干燥木材的方法。将木材置于密闭的干燥容器内，提高容器内的温度，使木材内部的水蒸气压力增加，同时降低容器内的空气压力，形成一定的真空度，使木材内外产生压差，木材内部水分向表面移动和从表面蒸发，从而加速干燥过程。此法干燥质量较好，比常用的窑干法效率约可提高一倍，但只限于干燥小规格材。（吴悦琦）

真空过滤机　vacuum filter

利用真空产生负压原理，对料浆悬浮液脱水的设备。通过在滤布（过滤介质）的一侧抽真空，造成两侧压强差，使在滤布另一侧的料浆中的水分由滤布上的小孔通过，而将其中固体部分截留下来，达到脱水的目的。有三种型式：脱水过程（吸附、吸干、吹松、卸料等）各环节在回转的筒中完成的称转筒真空过滤机（图）；在转动的圆盘上完成的

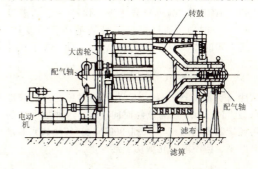

称圆盘真空过滤机；在移动的链带上完成的称链带真空过滤机。图为转筒真空过滤机，常用于经浓缩后的湿排粉煤灰的脱水，过滤后，其含水率可达35%以下。　　　　　　　　　　　（沈　琨）

真空混凝土　vacuum concrete

借助真空负压排出已成型的混凝土中水分，使之密实而制成的混凝土。其主要设备由真空泵、真空吸垫及吸水管等部分组成。按真空作业方式分为表面真空作业与内部真空作业。由于大气压与真空负压之间的压力差所产生的压力作用于混凝土，使固相颗粒排列更为紧密，自由水及空气被挤出。脱水速度与脱水量与混凝土混合料的水灰比、水泥用量、砂石比及混合料透水性能有关。设计真空混凝土配合比时，必须考虑真空处理过程中有利于混凝土的密实脱水和性能的均匀性。经真空作业后，水灰比、空隙率降低。结构均匀致密，全面地改善了各项物理力学性能。与未作真空处理的混凝土相比较，强度尤其是早期强度得到很大提高（1d强度可提高4倍左右），耐磨、抗渗、抗冻性及与钢筋的黏结力等也有明显的提高，干缩小。适用于道路、楼面、薄壳、隧道顶板、水坝、水池等结构物施工，混凝土构件及制品的生产。　（孙复强）

真空-加压浸渍　vacuum-compression impregnation

见真空浸渍。

真空浸渍　vacuum impregnation

用真空方法抽除基材内部孔隙中的空气后再进行的浸渍处理。真空度一般为0.095～0.099MPa。其目的是使浸渍剂快速渗入孔隙内且完全填满。当要求大幅度提高基材强度时，必须采用此法，有时还需同时进行加压浸渍，称为真空-加压浸渍，压力一般为0.3～0.5MPa，则效果更好。

（陈鹤云）

真空毛细管黏度试验法　test method for vacuum capillary

采用真空毛细管黏度计测定沥青材料绝对黏度的一种试验方法。该法是沥青试样在严密控制的真空度（残压为40kPa）装置下，保持一定的温度（通常为60℃），通过规定型号的毛细管黏度计，流经规定的体积所需要的时间，以s计，按下式计算沥青的绝对黏度。

$$\eta = Kt$$

式中 η 为黏度（Pa·s）；K 为所选用黏度计的校准系数（Pa·s/s）；t 为流经时间（s）。这种黏度计的可测定黏度范围（42～200 000 Pa·s）较逆流式黏度计为宽，但不能变化剪切变形速度。

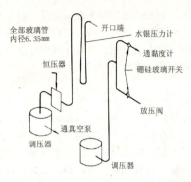

（严家佽）

真空密实法　vacuum process

又称真空作业。借助真空负压将刚成型混凝土中多余的水抽出使其密实度增加的密实成型工艺。主要设备是与真空泵相连的真空吸盘。按真空作业方式，可以分为上吸法、下吸法、侧吸法和内吸法。上吸法是将真空吸盘安放在混凝土的上表面借真空泵抽吸混凝土中部分水分进行真空脱水，适用于现浇混凝土楼板、地板、路面、机场跑道等。下吸法是将真空吸盘安置在构件的底面，从下部进行真空脱水，适用于现浇混凝土薄壳、隧道顶壁等。上吸法和下吸法也适用于生产混凝土预制构件。侧吸法是真空吸盘安装在构件的侧面进行真空脱水，适用于现浇竖直混凝土构件、水池、桥墩、水坝等。内吸法是将一组包有滤布的真空芯管埋在混凝土中进行真空脱水，适用于现浇混凝土框架、预制混凝土梁、柱以及大体积混凝土结构等。真空作业效果可用真空脱水有效系数 K 来衡量。K 愈接近于1，则效果愈好。若辅以振动，则效果更佳。主要工艺参数有真空度、真空作业时间、振动参数等。可以采用流动性稍大的混合料，既便于浇灌成型，又可在脱水后获得较高的临界初始结构强度，因而改善了混凝土的许多物理力学性能。

（孙宝林）

真空能级　vacuum level

又称自由电子能级。电子不受原子核吸引成为自由电子的能级。理论上，电子距离原子核无穷远时才不受原子核的作用。是计算自由原子或分子的电子结合能的参考能量。气体可近似地视为自由原子或分子，其电子结合能就是电子所在能级与真空能级的能量差。

（潘素瑛）

真空熔融法　vacuum melting method

真空下熔制石英玻璃的方法。分两种：①真空常压法，将经过处理的、粒度为5～25mm的纯净天然水晶料块装入炉内石墨坩埚（也是发热体）内，抽真空，真空度一般在 5×10^{-1} mmHg以下，然后通电快速熔融后断开真空源，在常压下成型。

设备简单，工艺操作容易，熔融时间短，产量大。常用于生产电光源用的普通透明石英玻璃管材或其他用途的棒材；②真空加压法，合格粉料在真空熔融后充入15～16个大气压的惰性气体，5～10min后恢复常压成型，工艺较复杂，成本高，但产品质量好，主要用于生产优质电熔管和透红外的光学石英玻璃。　　　　　　　　　　（刘继翔）

真空脱水有效系数　effective coefficient of vacuum dewatering

真空作业时混凝土的体积压缩量 ΔV 与脱水量 ΔW 之比值。以 K 表示。真空脱水密实成型是脱水与密实同步进行的过程，在理想状态下，ΔW 应等于 ΔV。但实际上 ΔW 通常大于 ΔV。即脱水后的孔隙未能被固体颗粒完全填充，$\Delta W-\Delta V$ 为混凝土遗留的孔隙体积。K 值愈接近于1，则脱水效果愈好，混凝土的物理力学性能也愈佳。
（孙宝林）

真空压力注浆系统　vacuum-pressure casting system

利用真空排除泥浆中的气体、压力送浆、真空回（空）浆的注浆成型生产线。其特点是注浆成型质量好、自动化程度高、劳动强度低、生产效率高，适合于大批量生产，是卫生陶瓷的主要生产方法。

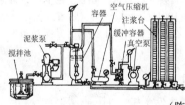
（陈晓明）

真密度　trne density

简称密度。材料在绝对密实状态下，单位体积的质量。用 ρ 表示。工程上旧称比重。按下式计算：$\rho=m/V$，式中：ρ 为密度，g/cm^3；m 为材料的质量，g；V 为材料在绝对密实状态下的体积，cm^3（不含孔隙体积）。对测定有孔隙材料的密度时，须将材料磨成细粉，干燥称重后用比重瓶测定其实体积。　　　　　　　　（潘意祥）

阵点　lattice point

见点阵（82页）。

振动传递率　vibration transmissibility

又称振动传递比或振动传递系数。振动系统在稳态受迫振动中，响应幅值与激励幅值的无量纲比值，用 T 表示。可以是力、位移、速度或加速度之比，是振动频率和振动装置阻尼系数的函数。T 值越小，表明隔振系统隔振效果越好。
（陈延训）

振动挤压制管工艺　vibrohydropressing process of pipe making

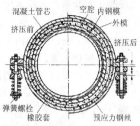

又称一阶段制管工艺，逊他布法制管工艺。为振动成型、挤压混凝土以张拉钢筋的制造预应力钢筋混凝土管的工艺方法。首先由瑞典逊他布（Sentab）制管公司实行工业生产。与三阶段制管工艺比较，这种工艺系将管芯制作、环向预应力钢丝张拉和做保护层均在同一工序阶段内完成。管模由有二片或四片模壁拼成的外模和表面套有橡胶套的内模组成。混凝土振动成型后，即向内模钢筒与橡胶套之间的空腔内注水并加压，迫使混凝土中部分水从外模的拼缝中泄出。集料被挤紧而形成骨架结构，并将压力传给钢丝使之伸长，产生拉应力（挤压前后见示意图）。管体经蒸汽养护达到规定强度后，排水降压，钢丝弹性回缩，在混凝土中建立预压应力。混凝土强度等级应不低于C50。可制造静水内压力为0.4～1.2MPa、公称直径为400～2 000mm的输水管。其优点为工艺较简，生产周期短。车间占地面积少，所制管子强度高。缺点为内模制作复杂。难于检验张拉过程中钢筋的应力状态等。（孙复强）

振动加速度　vibrating acceleration

振动物体在振动运动中的加速度。对旋转式振动器，振动加速度的计算公式为 $a=4\pi^2 f^2 A$，若换算成重力加速度单位，则上式变为：$a=\dfrac{1}{g}\cdot 4\pi^2 f^2 A$。式中 a 为振动加速度（g）；f 为振动频率（1/s）；A 为振幅（cm）；g 为重力加速度（981cm/s^2）。a 对混凝土的结构黏度 η 有决定性的影响。当 a 由小增大时 η 下降极快，继续增加则下降渐趋缓和，到一定数值后趋为常数，此时的 a 称为极限加速度。同样，a 与混凝土的强度也有类似的关系。因此对不同工作性的混凝土混合料，都有一个振实效果最好的最佳振动加速度，其值一般为 $4\sim 9g$。　　　　　　　（孙宝林）

振动加压成型　vibration plus pressure shaping

靠振动和加压作用使混凝土混合料密实成型的工艺方法。混凝土混合料装满模型后先施加振动，达到初步密实和表面平整，再用加压胶囊、压板或振动压板进行加压振动，达到最终密实成型。由于压板压力（或振动压板的振压力）和振动台的振动作用，使制品上下两面均趋于密实，因而整个制品强度均匀，表面光洁平整。压板加压的大小取决于混凝土品种、混合料的工作性和振动台的承载力

（用加压胶囊增压时，不增加振动台负荷）。可加速制品成型过程，提高混凝土密实度。适用于以干硬性混凝土和轻集料混凝土生产的混凝土制品。

（孙宝林）

振动烈度 vibration intensity

又称振动强度。振幅平方与振动频率立方的乘积。表征振器对混凝土的振动强度。用公式表示为 $L = A^2 f^3$。式中 L 为振动烈度（cm^2/s^3）；A 为振幅（cm）；f 为振动频率（1/s）。最大振动速度 $V_{max} = A\omega$，最大振动加速度 $a_{max} = A\omega^2$，得 $V_{max} \cdot a_{max} = A\omega \cdot A\omega^2 = 8\pi^3 A^2 f^3 = 8\pi^3 L$（式中 ω 为圆频率）。由于 $8\pi^3$ 为常数，可知 L 与 $V_{max} \cdot a_{max}$ 成正比。因此从理论上讲，对组成相同的混凝土混合料，不管 A 和 f 值是否相同，只要同一振动时间内的 L 值相同，则振实效果相同。一般常用的 L 值为 $80\sim300cm^2/s^3$。

（孙宝林）

振动密实成型 vibrating moulding

利用振动作用使混凝土混合料密实成型的工艺方法。混凝土混合料是一种高浓度的多相分散系统，在静止状态下近似宾汉体，在适当振动作用下其结构受到破坏，极限剪应力降为零，而成为近似具有一定结构黏度的牛顿液体，这种现象称为振动液化。混凝土混合料在振动液化过程中容易充满模型，排出空气，并在停振后形成较密实的结构。密实的效果，取决于合理选择振动设备和振动制度。应用很广，也常与加压、挤压、轧压、模压、抽真空、离心等密实成型方法结合使用。设备简单、效果好，适用于干硬性混凝土及低流动性混凝土，但耗能多，噪声大。

（孙宝林）

振动密实法 vibratory compaction

以振动机具使被振物各种颗粒间的摩擦力减小，发生相对位移，达到振捣紧密状态的方法。振捣效率决定于振动强度与振捣持续时间，振捣的强度取决于振动的频率（50~250Hz）与振幅（0.1~1mm）。常用机具有平板振动器和插入振捣器，多用于：松散的土、砂石混合料、水泥混凝土混合料。

（聂章矩）

振动抹浆法 vibrating mortar coating

制作预应力钢筋混凝土管保护层的一种工艺方法。抹浆设备由上料装置、振动料斗、高频振动器、振动压板等组成。已缠好预应力钢丝的混凝土管芯放在能使之旋转的机床上。管芯按一定速度旋转，搅拌好的水泥砂浆或细石混凝土均匀连续地加入振动料斗内，经振动器振动使之液化。砂浆借重力作用流到管芯上，由振动料斗下部的振动压板加以振压，使管芯表面形成一层均匀密实的保护层。此法生产效率高，所需设备较简单，劳动条件好，

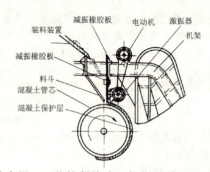

节约水泥。工艺控制恰当，保护层质量可得到保证。

（孙复强）

振动频率 vibration frequency

振动设备单位时间内振动的次数。是决定振动制度的重要参数之一，常以 Hz（赫兹）为单位表示。其值可根据混合料组成颗粒产生共振时振幅最大、衰减最小的原理合理选择。混合料中的颗粒粒级很多，按理应采用多频振动，使所有粒级的颗粒都受激振动，但实践上只能按一定粒级范围采用一种振动频率。如果集料的粒径较小，宜采用较高的频率，振幅相应减小。如果集料粒径较大，宜采用较低的频率，振幅相应增大。对于一定的混凝土混合料，选用振幅和频率的数值应能互相协调，使颗粒振动衰减小。内振动器（插入式振捣器）由振动棒施振，其频率可高达 300Hz，在生产中常用的最低频率为 100Hz。外振动器（附着式振动器和平板振动器）在混凝土表面上振捣，其振动频率通常为 50~100Hz。

（孙宝林）

振动器 vibrator

能产生激振力使其他物体发生振动而进行工作的设备。根据动力来源，

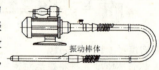

有采用电动机的电动式；内燃机式；利用电磁作用的电磁式；用压缩空气的气动式及靠液压传动的液压式。按振动频率，可分为高频（100~350Hz）、中频（50~100Hz）、低频（<50Hz）及有两种或两种以上频率作用的复频振动器。按振动原理，有：①依靠支承在轴承之间的偏心体或轴上偏心块转动而产生激振力的偏心式；②依靠滚锥绕内滚道或滚柱外圈作行星运动而产生激振力的行星式；③由电磁引力与弹簧推力交替作用的电磁式。按振动方式有：①端部有振动棒体，可插入被振动物体内部，直接施加振动力的内部作用式或称插入式；②可通过夹具固定在其他物体上的附着式；③在附着式振动器上装上平板的表面作用式或平板式；④固定在工作平台上的台式或称振动台。其中，插入式又按其与原动机的连接方式不同分为：①振动棒体

靠软管和软轴与原动机相连的软管软轴式（见图）；②振动体与电动机同时装在棒体内的内藏式。为提高振动效果，棒体可做成方形，或在圆形棒体上加焊簧片或加筋等。振动器主要用作混凝土制品或结构的密实成型设备，也可作其他用途，如安装在料仓壁上的附着式振动器用作仓内物料的破拱设备；装在筛分设备上作成振动筛；装在给料和下料设备上加快送料等。　　　　　　　　（丁济新）

振动速度　vibration velocity

指混凝土振动密实成型时混合料产生振动的运动速度。混合料受到振动后，其振动的运动速度超过某一极限速度时，就能克服混合料的极限剪应力，从原来松散的难以流动的堆聚结构变成密实的易于流动的液化状态。但振动速度超过极限速度过大，将引起混合料结构分层，粗集料显著地沉降（或浮起）。尤其是流动性混凝土混合料则更甚。而小于极限速度则不能充分液化。振动速度与振幅、频率相关，已知后二者即可求得前者。
　　　　　　　　　　　　　　　（孙复强）

振动台　vibrating table

能产生振动作用，使混凝土混合料密实的固定台式成型设备。由固定底架和支承在弹簧上的台架组成。其振源一般为安装在台架下的激振器，激振力由转轴带动其上的偏心块旋转产生，偏心块上可另加扇形块来改变振幅。也有用电磁激振装置或者在转轴上装凸轮或带活动滚轮的圆盘来产生激振力的。台架有整体式（见图）和分段式，供工作时放置模具。其载重量自 100～20 000kg 不等。

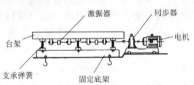

　　　　　　　　　　　　　　　（丁济新）

振动芯管　vibrating internal tube-mould

以芯管作振源的混凝土空心板密实成型并成孔的设备，由若干芯管组成。按振动方式有：①外振式，通过与芯管相连的端梁上安装振动器使芯管振动；②内振式，由装在芯管内部的激振器产生振动。　　　　　　　　　　　　　　（丁济新）

振动有效半径　effective radius of vibration

插入式振动器能使混凝土混合料振动密实的最大有效半径。用 r_0 表示。振动棒的插入部分对混合料施振时，其振动波基本上是以其轴为中心线向四周传播的表面波。由于混凝土的阻尼作用和波阵面的扩大，振动能量和振幅随传播距离的增加而减少；混合料的结构黏度愈大，阻尼愈大，振幅衰减也愈快。根据衰减系数 β，对于半径为 r_1 的振动棒，某一传播半径 r_2 处的粒子振幅 A_2 与振动棒在混合料中的振幅（即与振动棒接触的混合料的振幅）A_1 之间存在如下关系：

$$A_2 = A_1 \sqrt{\frac{r_1}{r_2}} e^{-\frac{\beta}{2}(r_2 - r_1)}$$

式中 e 为自然对数的底。若令 A_2 为能使混凝土液化的有效振幅，则此时的 r_2 即为有效作用半径 r_0。振动开始时，混合料尚未完全液化，结构黏度甚大，β 也甚大，r_0 甚小。待振动延续一段时间后，β 值下降而逐渐趋于稳定，而 r_2 也相应增加并趋于稳定。　　　　　　　　（孙宝林）

振动有效范围　effective range of vibration

振动设备能使混凝土混合料振动液化而密实成型的最大作用范围。振动作用在混合料介质中以振动波的形式传播，由于需要克服阻力及波阵面的扩大，能量不断耗散，振幅不断衰减，到离振源一定距离处已不能使该处混合料液化而密实成型。不超过前述的一定距离的区域均属振动有效范围。其大小取决于振动设备的频率、振幅以及混凝土混合料的组成和性质。振动设备不同，其表示方法也不同，对插入式振捣器和振动台，常分别以振动有效半径和有效高度表示，而对表面振动器和附着式振动器，则以有效深度表示。　　　　（孙宝林）

振动真空制管工艺　vibrating vacuum process of pipe making

预应力钢筋混凝土管振动密实成型再予以真空作业的工艺方法。采用塑性混凝土。立式浇灌，振动成型后，利用真空设备，通过真空吸垫吸除混凝土中一部分游离水分和空气。真空作业完毕后可立即脱模养护。采用这种工艺，可降低混凝土的水灰比和孔隙率，制品结构更为致密，强度，尤其是早期强度和抗渗性大为提高。常用于制造大直径的预应力钢筋混凝土管。　　　　　　（孙复强）

振动制度　vibration regime

混凝土混合料振动成型时由振动设备的频率、振幅、振动延续时间等基本参数构成的成型制度。振动速度、振动加速度和振动烈度是由参数振动频率和振幅组成的复合指标，对振动密实效果起决定作用，应根据制品外形尺寸、混凝土性质，以及集料的堆积密度和粒度等因素合理选择，以达到良好的密实成型效果。可以先选择振动烈度或振动加速度，然后再确定振幅、振动频率和振动延续时间。振动加压成型时，还应确定压强的大小。
　　　　　　　　　　　　　　　（孙宝林）

振动砖墙板　wall panel of vibrated brick-work

用普通砖和砌筑砂浆为材料，配以必要的构造钢筋，经振动成型所制成的大型墙板。其性能与普通现砌的砖砌体相同，但节省了现场砌筑用工，加快了施工速度，减轻了劳动强度，是一种对手工砌筑砖墙进行的工艺改革。但仍存在要使用烧结黏土砖、增加运输与吊装过程中的钢材用量、墙板之间连接与接缝、自重较大等问题。 (萧愉)

振幅 amplitude of vibration

物体在振动过程中偏离振动中心或平衡位置的最大位移。是决定振动制度的重要参数之一，常以mm为单位表示。适宜的振幅值与混凝土混合料的颗粒大小和工作性有关，过大或过小都会降低振动密实效果。对于一定的混凝土混合料，振幅值和频率值应选得能与之相适应，使颗粒振动衰减小。对流动性混凝土通常采用的振幅为 0.1~0.4mm，对干硬性混凝土其值可适当提高。内振动器的振幅一般较小，而外振动器的振幅一般较大。振动设备的频率愈高，其振幅愈小。 (孙宝林)

振碾混凝土 roller compacted concrete

又称碾压混凝土。采用强力振动并碾压的施工工艺浇筑的混凝土。在水工混凝土及道路混凝土中采用。需要适宜的配合比设计。水与水泥用量少，混合料较为干稠。用于筑坝的大体积混凝土，要求强度不太高；掺较多的粉煤灰 (20%~56%)，加外加剂；采用较大的砂率，水灰比常可达 0.70~0.90。混凝土浇筑后平仓，以振动碾碾压数遍。混凝土密实度随配合比、稠度、碾压厚度及次数而变化。水化热及早期强度低，需加强养护，后期强度增长率较大。温控简单，节约模板，降低成本，简化施工程序。用于建筑公路与机场的混凝土道面，其混合料需能支承振动压路机的重量。在拌和、振动过程中有足够的水泥浆分布于混凝土中。要求有适宜的工作度，它根据所用振动压路机的功率、振频、碾压速度及次数等因素而定。所用粗集料以 5~40mm 为宜，适当增加小粒料比例，以利改善和易性与密实性，得到平整的表面，比普通塑性混凝土用水量可减少 40%，水泥减少 30%，节省水泥。混凝土强度高，施工效率高，进度快。 (孙复强)

振实混凝土 vibrocast concrete

利用振动密实成型方法成型的混凝土。可使用各种型式的混凝土振动器，在混凝土内部、表面或附着在模板上施振，可以采用较干硬的混合料，提高水泥结构形成的速度。成型后混凝土的孔隙率低，强度高，节约水泥。在现浇混凝土施工工程和混凝土制品生产中应用极广。 (孙复强)

镇静钢 killed steel

脱氧完全的钢。先用锰铁，后用硅铁，最后又用铝进行脱氧。钢液在锭模内凝固时较为平静而得名。钢锭致密，偏析程度较小，其内部质量优于沸腾钢，轧材具有良好而又均匀的机械性能。优质合金钢和高、中碳钢以及部分低碳钢都属于此类。但钢材的表面质量较差，有集中缩孔，成材率较低，因而成本较高。一般作为要求承受冲击载荷及其他重要结构件用钢，如钢轨钢、工具钢和轴承钢等。其钢号后面不加任何字或字母者均是。

(许伯藩)

zheng

蒸馏残留物 distillation test residue

确定乳化沥青中沥青含量的一种指标。方法是取乳化沥青试样 200g，加热至 160℃ 使水分逐渐蒸干，冷却后称出残留物的重量。乳化沥青的残留物 (即沥青含量) 以残留物重量占原试样重量的百分率表示。必要时，残留物还可进行针入度、延度和溶解度等试验，以确定乳化沥青性质的变化。

(严家伋)

蒸馏法测沥青含蜡量 distilled method to paraffine content of bitumen

采用蒸馏、冷冻的方式测定沥青含蜡量的一种方法。该法是取沥青试样 50g，在曲颈甑中于 550℃ 的高温条件下，快速蒸馏出油蜡。以乙醚-乙醇为脱蜡溶剂，在 -20℃ 下冷冻，使油和蜡分离，而获得蜡分。沥青含蜡量以蜡的重量占沥青试样重量的百分率表示。这种试验方法由于在高温蒸馏时部分蜡的裂解，所以获得含蜡量往往较实际为低。此外，还可采用硫酸法和吸附法等测定含蜡量。 (严家伋)

蒸汽渗透 vapour penetration

水蒸气分子从水蒸气分压较高一侧通过围护结构向水蒸气分压较低一侧扩散渗透的现象。若构造设计或选材不当，水蒸气通过时，在材料孔隙中凝结成水或冷冻成冰，使材料绝热性能下降或使抗冻性差的绝热材料在冻融交替作用下破坏，危害较大。在设计围护结构时，应分析是否会产生水蒸气在结构内部的凝结，以便加以消除或限制其影响程度。通常可采取以下措施来改善围护结构内部的湿度状况：在保证材料其他性能满足使用要求同时，尽可能选用蒸汽渗透系数 μ 小的材料；合理布置围护结构的各层材料，尽量在水蒸气渗透的通路上做到"进难出易"；设置隔汽层；设置通风间层或通风沟道等。 (林方辉)

蒸汽渗透系数 vapour penetration coefficient

说明材料透过蒸气能力的物理量。当单位厚度材料两侧为单位水蒸气分压力差时，单位时间内通过单位面积的水蒸气量。常用符号 μ 表示，单位为 $g/(m \cdot s \cdot Pa)$。其数据由试验确定，可查手册。材料厚度与其 μ 值之比称为水蒸气渗透阻 R_v ($m^2 \cdot s \cdot Pa/g$)。围护结构的总蒸汽渗透阻为各层蒸汽渗透阻之和。在稳定条件下，通过围护结构的蒸汽渗透量与室内外水蒸气分压差成正比，而与总蒸汽渗透阻成反比。当其他条件相同时，μ 值越小，材料层对蒸汽渗透的阻力越大，反之亦然。是设计围护结构构造和选用材料的重要材性参数之一。

(林方辉)

蒸汽养护 steam curing

又称湿热养护。以蒸汽为热介质使混凝土加速硬化的养护方法。

(孙宝林)

蒸汽养护砖 steam cured brick

又称硅酸盐砖。钙质材料与硅质材料通过饱和蒸汽养护，在水热条件下合成水化硅酸钙而硬化的建筑用砖。除主要原材料外，必要时可加入集料和适量石膏。一般采用半干法压制成型。依蒸汽压力和温度的不同，可分为：蒸养砖，用常压饱和蒸汽（压力 0.1MPa，温度 90~100℃）养护；蒸压砖，用高压饱和蒸汽（压力 0.8~1.5MPa，温度 174.5~200.5℃）养护。根据所用硅质材料的不同，有蒸压灰砂砖、粉煤灰砖、煤渣砖和尾矿砖等。

(崔可浩)

蒸压釜 autoclave

能将建筑制品处于温度高于 100℃、压力在 0.1MPa 以上的饱和蒸汽中进行湿热处理的压力容器。由釜体、釜门、启闭装置及安全装置等组成。釜体为卧放的钢质圆筒。内设轨道，以便装有制品的蒸压车进出。尽端式蒸压釜只在一端设有釜门，贯通式蒸压釜两端均有釜门，制品从一端进入，另一端卸出。釜体直径一般为 1.65~3.6m，长度为 21~39m，工作压力一般为 0.8~1.6MPa。主要用于硅酸盐制品、多孔混凝土制品、高强混凝土制品、硅酸钙绝热材料、石棉水泥制品等的压蒸养护。

(蒲心诚)

蒸压灰砂砖 autoclaved lime-sand brick

以石灰和砂为主要原料，在高压（0.8MPa 以上）饱和蒸汽养护下硬化而成的蒸汽养护砖。视需要，原料中可加入着色剂或外加剂。表观密度 1 800~1 900kg/m^3，砖强度级别有 MU25、MU20、MU15 和 MU10 四级，颜色一般为灰白色。可用于砌筑民用与工业建筑墙体。MU15 级以上的砖可用于基础及其他建筑部位，避免使用于长期受热高于 200℃、受急冷急热或有酸性介质侵蚀的建筑部位。

(崔可浩)

蒸压空心灰砂砖 autoclaved lime-sand hollow-brick

以石灰和砂为主要原材料，在高压（0.8MPa）饱和蒸汽养护下硬化而成的空心砖。是一种新型墙体材料，与蒸压灰砂砖相比，具有质轻、块大、与砂浆粘结力好等优点。规格尺寸（mm）有 240×115×115、240×175×115 等数种，表观密度 1 450~1 650kg/m^3。有不同的孔型，如手抓贯通孔和非贯通孔。可以代替蒸压灰砂砖用于一般民用与工业建筑墙体。

(崔可浩)

蒸压养护制度 autoclave-curing schedule

蒸压养护过程中，对有关各阶段的温度（压力）、湿度、时间以及其他工艺条件的规定。加气混凝土蒸压养护制度一般包括：釜前静停、釜内抽真空、升温（压）、恒温（压）、降温（压）、出釜冷却各阶段。中间四个阶段在高压釜内进行，常用图形表示。图中标明：温度（压力）大小、各阶段所用时间、升、降温（压）的速度等。应根据原料、配比、坯体性能、制品尺寸、形状等条件，经试验确定。

(沈琨)

整模涂蜡离心制管工艺 pipe making with wax coated mould

采用涂布石蜡的整体管模，离心成型水泥管的生产方法。将一定量的石蜡在管模旋转时均匀地喷涂在模内壁，厚约 2~3mm。冷却后，蜡层具有一定的强度，然后送入混凝土，离心成型。经蒸汽养护，石蜡熔化排出，管模与混凝土管体之间形成空隙，管子即可由一端顶出脱模。石蜡可回收再用。其优点为整模的刚度大，不易变形。管模无须装拆，减轻劳动强度。管体无合缝处漏浆现象，产品质量较好。可用于制作预应力钢筋混凝土管及电杆等制品。

(孙复强)

整体地面 monolithic floor

将垫层、构造层、面层分层整浇于基层上组成的地面。面层厚度较薄，起承受磨损、撞击和化学侵蚀作用，垫层厚度按地面的整体承载能力满足设计要求。整浇面层材料有水泥砂浆、水磨石、混凝土、沥青砂浆及沥青混凝土、菱苦土等。垫层材料有三合土、混凝土等，可根据面层材料选用。为适应使用要求，有些地面还增设相应的构造层，如结合层、找平层、防水防潮层、保温层、管道敷设层等。整体地面也可由夯实的黏土、灰土、碎石（砖）三合土或砾石等直接铺筑在素土层组成，特点是不分面层、垫层，由于材料来源丰富，价格低廉，构造简单，施工方便，破坏后易修复，一般还能耐高温，可用于某些堆场或对地面要求不高的车间，如铸工车间、钢坯库等。

(彭少民)

整体混凝土　monolithic concrete

见现浇混凝土（545页）。

整体路缘　integrated curb

又称 L 型缘石。将缘石与平石合成整体的一种特殊路缘石。它铺设在路面边缘，起排水沟的作用。一般用混凝土浇制。

（宋金山）

整体耐火材料　monolithic refractory

无砖缝的大型耐火材料砌体。通常指在现场安装的大预制块，也可用不定形耐火材料在现场浇注或捣打而成。多为不烧制品。几乎所有材质都可使用。最常见的有铝镁质盛钢桶内衬，浇注的硅酸铝质加热炉顶及炉墙、硅质、镁质及刚玉耐火材料捣打感应炉衬等。和砖砌炉衬相比，砖缝少，可减少渣或熔融金属的渗透。但预制块的重量太大给生产及安装带来困难，质量也需精心控制。另一方面若采用浇注或捣打施工，则施工质量及烘烤制度对性能的影响很大。

（李　楠）

整体塑料门　injected plastics door

用大型注塑机一次注塑成半爿整体门部件再经简单拼装而制成的塑料门。由正面和反面两部分通过舌槽式的连接点结合成整体。所用材料有硬质聚氯乙烯、ABS 塑料、聚丙烯等。特点是表面有压花木纹、各种立体图案，能模仿雕花木门，装饰性优异。

（顾国芳）

正常含水率　normal moisture content

又称标准含水率。正常使用的设计优良的围护结构的材料，经过吸湿和解湿，逐步与环境温湿条件达到平衡时的含水率。通常以它为标准来确定的热工参数作为围护结构热工设计依据。

（潘意祥）

正打成型

见装饰混凝土（631页）。

正电子湮没分析　positron annihilation analysis

利用正电子湮没效应（湮没速率、湮没寿命和能量转换过程）以测定物质结构的一种核物理分析技术。由正电子源产生的高速正电子注入物质后很快被慢化，然后遇负电子即发生湮没而辐射出 γ 光子，通过正电子湮没联合谱仪对正电子注入物质后的湮没寿命（从慢化到湮没的存在时间）、湮没辐射的角关联和辐射光子能量的测量以确定物质的微观结构特征。随着核能技术的发展和仪器分辨率的提高，在固体物理、材料科学和表面分析等领域得到应用。

（秦力川）

正光性光率体　optically positive indicatrix

见光率体（166页）。

正光性晶体　optically positive crystal

具有正光性光率体的晶体。反之具有负光性光率体的晶体为负光性晶体。对于一轴晶体：只有一根光轴，当平行光轴方向的非常光折射率 N_e 大于垂直光轴方向的常光折射率 N_o 时，即 $N_e > N_o$，为正光性晶体，如石英等；对于二轴晶晶体：有两根光轴、三个主折射率（N_g、N_m、N_p），当二轴晶光率体的光轴锐角等分线 $BXA = N_g$，钝角等分线 $BXO = N_p$ 时，为正光性晶体，如橄榄石等，若 $BXA = N_p$，$BXO = N_g$ 时，则为负光性晶体，如云母等。

（潘意祥）

正火　normalizing

又称常化或正常化。将材料或工件加热到上临界温度以上 30～150℃ 并保持一定时间，然后在空气中冷却的金属材料热处理。对某些钢材正火后的空冷也可用鼓风冷却、喷雾冷却。目的在于改善材料内部组织的缺陷和不均匀性。对低碳钢（< 0.25%）尚可细化组织，提高硬度，便于切削加工。对某些中、高合金钢在高温加热后也进行空冷，但不属于正火，实质上它是空冷淬火获得马氏体或贝氏体。

（高庆全）

正脊筒子

正通脊的俗称。清代工匠多称此名。参见"正通脊"条（613页）。　（李　武）

正交试验设计　orthogonal experiment design

以正交表为工具来安排试验，进行结果分析的方法。正交表是按组合理论建立的表格，用符号 $L_a(b^c)$ 表示。参数 a 为表的行数（试验的次数）；c 为表的列数（影响的因素数）；b 为各因素取值的个数（水平数）。设计试验时，先按目的要求确定影响的因素数及每个因素的水平；再依具体条件确定可能进行的试验次数，由此选用合适的正交表安排各次试验的具体方案，试验结果也列入表内综合分析。用正交法可由最少的试验次数，找出最佳的方案。例如要确定风钻杆的热处理规程。影响钻杆质量的有淬火温度、淬火速度及回火温度三个影响因素，若每个因素取三个值，则须做 27 次试验，而用正交表只需 9 次。该法对多因素问题更优越。

（魏铭镪）

正入射吸声系数　perpendicular-incidence sound (power) absorption coefficient

见吸声系数（537页）。

正烧石灰　normally burnt lime

又称正火石灰。在适宜的煅烧条件下制成，且分解完全的生石灰。色淡，无明显烧结迹象和体积收缩。无裂缝或微裂缝，表观密度 1.80～2.50g/cm³；氧化钙晶体尺寸 2～6μm。化学活性高，应用性能好。适宜的煅烧温度因石灰石品质而异；对含少量黏土杂质的中等坚实度石灰石，以 1 000～1 200℃ 为宜，对大理石类硬质石灰石则为 1 200～1 300℃。

(水中和)

正态分布 normal distribution

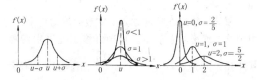

又称高斯（Gauss）分布，随机变量的密度函数为 $f(x) = \dfrac{1}{\sqrt{2\pi}\sigma} \exp\left(-\dfrac{(x-u)^2}{2\sigma^2}\right)$ 时，称为服从参数 u，σ^2 的正态分布，记作 $X \sim N(u, \sigma^2)$。其分布曲线如图。其中 u 决定它的中心位置；σ 决定分布的离散程度。σ 越小曲线越瘦高，表示分布的离散度小。当 $u = 0$；$\sigma = 1$ 时，称为标准正态分布，是概率论中最重要，最基本的一种分布。人们已将它编制成表，从中可查到正态分布的随机变量取值的概率。当生产处于正常状态时，产品的质量的指标（如强度，尺寸等）都服从正态分布。广泛用于产品质量指标的制定、成品抽检和设计，施工等的工作中。计算指出：随机变量的值落在 $u \pm 3\sigma$ 中的概率为 99.73%。即可认为全部的概率都集中在 $\pm 3\sigma$ 以内。这就是正态分布的 3σ 原理。

(许曼华)

正通脊

俗称正脊筒子。一种类似空心砖的中型琉璃脊件。是琉璃瓦屋面正脊的主要构件，两侧为一组对称的装饰线脚。多与群色条配套，适用于五样以下的屋面正脊。其功能是封护前后两坡瓦面交汇线，同时，因其所处位置显要，装饰作用也很突出。用于园林建筑时常带有花饰或行龙等图案。

正通脊　　饰莲花正通脊　　饰行龙正通脊

正通脊（正脊筒）尺寸表　单位：mm

	二样	三样	四样	五样	六样	七样	八样	九样	注
长				736	704	704	480	480	
宽				290	272	210	160	130	
高				370	290	272	180	180	

(李　武　左溓元)

正吻 dragon-head main ridge ornament

又称大吻、龙吻、吞脊兽。古建筑屋面正脊两端张口向内的兽形饰物。位于正脊与垂脊交汇处，有防水封护作用，更是屋面上最显眼、最华丽的装饰物，是与自汉代以来所称鸱尾、鸱吻、蚩吻、殿吻、螭头等脊饰一脉相承的。该件的明清制品、貌似龙形，缩头卷尾，口衔正脊，身披鳞甲，上塑小龙，背插剑把，后加背兽。有二至九样八种规格，因其体量较大，所以多为几块分件拼合而成，拼装后用扒锔相连。最大的 3 360mm 高，3 650kg 重，由十三块分件合成。相传"龙生九子，蚩吻平生好吞，今殿脊兽头，是其造像"(明李东阳《怀麓堂集》)。参见鸱吻（52 页）。

琉璃正吻尺寸表　单位：mm

	二样	三样	四样	五样	六样	七样	八样	九样	注
高	3360	2940	2560	1760	1440	1090	700	700	
宽	2910	2340	2020	1180	930	590	530	530	
厚	700	610	510	340	270	210	160	160	

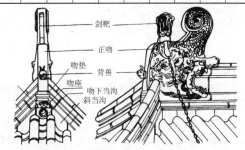

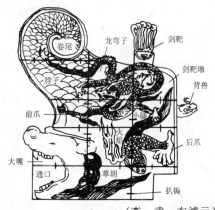

(李　武　左溓元)

正相分配色谱法 partition chromatography

见液-液分配色谱法（572 页）。

正压煅烧 positive pressure calcination

通过机械鼓风，使石灰窑窑顶气体压力高于大气压力的煅烧方法。有底部送风、腰部送风和底腰部联合送风等三种鼓风方式。多用底送风。煅烧温度可达1 300℃左右。煅烧带短，操作可靠，生产效率较高。但气流和窑温分布不均匀，易产生过烧石灰和欠烧石灰，且出料口易漏风造成粉尘污染。使用固体燃料时，多采用此工艺。　　（水中和）

正应变　normal strain

又称线应变。参见应变（579页）。

正应力　normal stress

又称法向应力（参见应力，579页）。

正釉　plus glaze

又称压缩釉。烧成后在制品表面处于压应力状态的釉。是相对坯体而言，即坯釉烧成后，釉的热膨胀系数低于坯体的热膨胀系数。反之称为负釉。釉的抗压强度远远大于其抗张强度，故负釉易出现裂纹，而正釉不仅能减少表面裂纹源，而且可抵消部分加在制品上的张应力，因而不易裂，且可提高上釉制品的机械强度、热稳定性和表面物理化学性能。一般在生产和选购陶瓷制品时应尽量避免负釉制品。　　（陈晓明）

zhi

支持膜　support film

为避免试样从透射电镜样品台的网孔中落下而在铜网上覆盖的一层膜。它适用于被观察的样品很薄（几纳米）或粉末颗粒的试样。要求膜有一定的机械强度，对电子束吸收不大，不显示自身的结构。其种类有：①塑料支持膜。如火棉胶、聚醋酸甲基乙烯酯、低氮硝酸纤维素；②塑料-碳支持膜；③碳支持膜。　　（潘素瑛）

支链型高分子　branched macromolecule

在长链上带有长短不一的支链的线型高分子。通常指具有相同于主链基本单元组成的支链。由高分子经支化作用而形成。当支链基本单元与主链不同时，常称接枝共聚物。与相同基本单元无支链的高分子比较，其分子间作用力较弱，大分子难以取向、难以形成紧密的堆砌，物理机械性能也有所不同，如其溶解度要高些，强度和溶液黏度及结晶度要低些。高压聚乙烯是典型支化的线型高分子。　　（闻荻江）

支数　count

衡量原丝和纱线粗细的单位。各国有不同表示方法，常用的定重法有：①"公制支数"，即每克重原丝或纱线米数（m/g）；②"英制支数"，即每磅原丝或纱线的百码数（百码/磅）。定长法有：①旦（尼尔）即9 000m长的原丝或纱线的重量克数（g/9 000m）；②"公制号数"，又称特（克斯），即每1 000m长的原丝或纱线重量克数（g/km）。中国以前采用"公制支数"，现规定用"公制号数"，两者的换算关系为：公制号数＝1 000/公制支数。　　（刘继翔）

支数不均率　count variation；count fluctuation

原丝或纱线在长度方向上支数的波动比率。常用均方差或平均差表示。玻璃纤维工业采用后者，其计算公式为：$H = \dfrac{2n_1(\bar{x}-\bar{x}_1)}{\Sigma x} \times 100\%$ 或 $H = \dfrac{2n_2(\bar{x}_2-\bar{x})}{\Sigma x} \times 100\%$，式中 H 为支数不均率，$\bar{x}$ 为所测试样支数的算术平均值，$\bar{x}_1$（$\bar{x}_2$）为所有小于（大于）$\bar{x}$ 值试样的平均值，n_1（n_2）为小于（大于）平均值的试样数，Σx 为所有支数测定值的总和。支数不均主要产生于拉丝工艺过程的断头和工艺参数失调。它影响玻璃纤维的强度和织物的平整度，所以必须规定一定的允许范围。　　（刘继翔）

织物厚度　fabric thickness

织物在规定压力下，上下两面间的垂直距离（以 mm 为单位表示）。用织物测厚仪测定。从最薄的0.025mm 到0.40mm 厚的之间有许多品种，并向大于0.40mm 更厚的方向发展。　　（刘继翔）

织物密度　fabric count

织物的经密和纬密的总称。经密、纬密各以经向、纬向的单位长度内纱的根数（根/cm）表示，并以"经密×纬密"式表示织物密度。用织物分析镜或往复移动式织物密度镜将织物在不受张力条件下平铺在平台上测定，按下式计算：$N_i = (n_i \times 10)/a_i$，式中 N_i 为每10mm 长度内的纱线根数，n_i 为计数的纱线总根数，a_i 为测量长度（mm）。　　（刘继翔）

织物燃烧试验　combustion test of textile

用于测定织物阻燃性的试验。方法因织物材质及用途不同而异。有垂直燃烧、水平燃烧、倾斜（一般为45°）燃烧三类。根据试验结果对织物的阻燃性分级。国外标准有美国的 AATCC33（45°倾斜）、AATCC34（垂直）、ASTMD1230、NFPANC 702 等，英国的 BS3120、BS3121、BS2963、BS3119 等，德国的 DIN53906、DIN4102、DIN51960 等。中国标准采用垂直燃烧法，用火焰在试样上燃烧到规定距离所需的时间（以 s 计）来表征织物的阻燃性。　　（徐应麟）

织物阻燃整理剂　flame-retarding finishing agent for fabric

以阻燃为目的，用于织物后整理加工的制剂。

由阻燃剂、黏合剂和溶剂等配制而成的低黏度溶液。依织物的材质和使用要求不同而使用的阻燃剂不同。耐洗濯（干洗或水洗）和耐熨烫效果较好的有三（氮丙啶基）氧化膦（APO）、四溴邻苯二甲酸酐（TBPA）、四（羟甲基）磷化氯（THPC）、四（羟甲基）磷氢氧化物（THPOH）、羟甲基（二甲基膦基）丙酰亚胺和氯茚酸酐等，主要适用于毛、棉织物。合成纤维及其混纺织物则常用卤系、磷系、锑系阻燃剂。整理方法有浸轧焙烘法、浸渍烘干法、涂布法和喷雾法等。　　（徐应麟）

织物组织　weave

又称织纹。织物的经纱和纬纱按一定规律相互浮沉交织的结构形式。交织中经纱浮于纬纱之上的交点称"经浮点"，纬纱浮于经纱之上的交点称"纬浮点"。经、纬两种浮点按照一定规律排列成不同形式构成各种织物。它的结构可用意匠纸法和直线法表示。分基本组织、变化组织、联合组织、提花组织等类别。玻璃纤维织物常采用由平纹、斜纹、缎纹构成的基本组织（一种组织每根经纱或纬纱在一个组织循环内仅与另一系统的一根纱线相交织一次）。织纹不同，织物的外观与织物性能也不相同，因而用于不同的地方。　　（刘继翔）

执手　handle

用以启闭门窗的手柄。多以铝合金、铜、不锈钢、有机玻璃、塑料等材料制成。形式多样，大小各异。除满足手感舒适和受力合理的要求外，又具有点缀性的装饰效果，故用材和造型根据建筑设计要求选用成品或另行设计。　　（姚时章）

直角榫　tenon

榫肩与榫颊之间成90°的榫头。直角榫头的尺寸和个数视接合零件的大小、接合条件等情况确定。按接合以后能否见到榫端和榫边，又可分为贯通榫或不贯通榫；开口榫或闭口榫。

（吴悦琦）

直接成像离子质谱仪

见图像离子质谱仪（516页）。

直接滴定法　direct titration

用标准溶液直接滴定被测离子的方法。该法简便快速，一般引入的误差较少。只要条件允许，应尽可能地采用此法。但在被测物质与标准溶液反应慢或反应不易完全；或无适当的方法来判断滴定终点等情况下，宜用其他方法。　　（夏维邦）

直馏沥青　straight-run asphalt

又称残留沥青。是石油经馏出不同沸点馏分后，直接得到符合有关技术标准要求的沥青。优点是，与同样软化点（或针入度）的氧化沥青相比它具有较大的延伸度。但其温度稳定性和气候稳定性较低。常用于制造改性沥青、铺设道路路面或生产油毡的浸渍材料。为提高其稠度和温度稳定性可通过轻度氧化或调配工艺改善其性能。　　（西家智）

植物纤维增强混凝土　vegetable fibre reinforced concrete

以植物纤维作为增强材料的纤维增强混凝土。要求所用纤维有一定抗拉强度与弹性模量。为提高耐久性，纤维先经必要的化学处理。已被采用的纤维有黄麻、亚麻、剑麻、椰子壳纤维与象鼻草等。纤维长度为12～25mm，体积率为2%～4%。常用砂浆，有时也用混凝土作为基体。可用振捣、挤出等法成型，某些发展中国家用以制作墙板、屋面板等建造低造价房屋。　　（沈荣熹）

止水带　waterstop tape

以橡胶、塑料或金属等材料为原料加工而成的防水定型建筑密封材料。与密封带在用途上有显著区别，只应用于地下防水工程。一般按制造材料的不同分为橡胶止水带、塑料止水带、金属止水带三类。按安装方法不同分为可卸式和预埋式两种。采用金属止水带时，密封效果不好。橡胶或塑料止水带具有较好的弹性和抗腐蚀性，且造价低廉，一般优先采用。适用于地下防水工程的变形缝的密封防水。　　（洪克舜　丁振华）

止水环　waterstop ring

以橡胶或合成橡胶为主要原材料，掺入其他辅助材料加工制成的环状止水带。具有良好的弹性、耐磨性，适应变形能力强。适用于建筑工程特殊部位的变形缝、伸缩缝处，起密封防水作用。

（洪克舜　丁振华）

纸筋灰　paper pulp fibred plaster

将草纸用水闷透捣碎，放入白灰膏内调制均匀的灰浆。只适用于室内墙面、顶棚抹饰面层或用于堆抹灯光灰线，也可用于堆补花饰、壁画打底等。室外墙面不宜使用。　　（朴学林　张良皋）

纸面石膏板　gypsum plaster board, gypsum wall board

又称有纸石膏板，简称石膏板。是以双层护面纸增强石膏的轻质板材。以建筑石膏为主要原料，加入适量附加材料和水配成料浆后，浇注在两层护面纸之间，经辊压、凝固、切割、干燥而制得，其优点为轻质、不燃、表面平整、便于装配等，但耐水性较差，不宜用于潮湿环境中。当在配料中掺入玻璃纤维、防水剂等改性材料后，可制成防水、防火品种。一般板重9～15kg/m^2，热导率0.194～0.209W/(m·K)；12mm厚板的抗弯强度纵向约为6.0MPa，横向约为3.5MPa。一般规格厚为9、12、15（mm），宽为900mm、1 200mm，长为2 400~4 000mm。多用于非承重内隔墙、复合墙板的饰面内层、吊顶棚等。　　（萧　愉）

纸胎油毡　paper base asphalt felt

以原纸为胎基，用低软化点沥青浸渍原纸，高软化点沥青涂盖油纸，两面撒布隔离材料的油毡。除普通纸胎油毡外，广义的纸胎油毡还包括石棉纸胎油毡、矿棉纸胎油毡等。中国最常见的是普通石油沥青纸胎油毡，按原纸 g/m² 分为 200 号、350 号及 500 号三种标号。200 号用于简易防水、临时建筑防水、建筑防潮及包装；350 号及 500 号粉状撒布料油毡可用于多层防水，片状撒布料油毡适用于多层防水层的面层。　　（王海林）

纸胎油毡生产机组　raw-rag reinforced asphalt felt production set

连续生产纸胎油毡的成套设备。由原纸架、接头机、储纸机、干燥机、浸渍槽、余油干燥机、涂油槽、撒料机、冷却辊、储毡架、卷毡机等组成。早期整条生产线用一台电机以天轴皮带轮或地轴伞齿轮传动，生产设备比较落后，生产过程中常发生断头停机事故。20 世纪 70 年代初开始进行较大的改革，改善了动力及传动设备，使整条生产线运行更加平衡而同步，提高了车速，产量提高约 1~1.5 倍，正品合格率由改进前 80% 提高到 98%~99%。　　（西家智）

纸张阻燃处理剂　flame-retarding treatment agent for paper

用于对纸张进行阻燃处理的制剂。用磷酸盐、硼酸盐、铵盐等水溶性无机阻燃剂配成的处理剂，适用于浸渍法；用有机卤系阻燃剂、树脂黏合剂和有机溶剂配成的处理剂，适用于表面涂覆，如辊涂、浸涂、喷涂等。　　（徐应麟）

指示灯　indicating lamp

用于暗处指明方向的灯具。常以氖灯等为光源，用蓄电池或交流电为电源。其亮度能在 30m 处容易识别文字和色彩为宜，最佳高度为 1.5m，通常装在避难口、太平门及交叉道口等处的照度约为 1lx，观众席处为 0.2lx。是公共场所常用的安全照明器。　　（王建明）

指示电极　indicator electrode

电极电位随待测离子浓度（或活度）的变化而变化的电极。能指示待测离子的浓度（或活度）。可分为下述几种类型：①金属－金属离子电极，如 Ag 与 Ag⁺ 离子组成的电极；②惰性金属电极，将 PT 片插入含 Fe^{2+} 和 Fe^{3+} 离子的溶液中；③离子选择性电极；④金属－金属难溶盐电极，如银-氯化银电极除可作参比电极外，还可指示 Cl^- 活度；⑤汞－EDTA 电极，将汞电极（或镀汞的银电极）插入含有微量 HgY^{2-} 及待测金属离子 M^{2+} 的溶液中，因其电极电位随 $[M^{2+}]/[MY^{2-}]$ 而变化，故可作为 EDTA 滴定 M^{2+} 的指示电极。
　　（夏维邦）

指示剂　indicator

在滴定分析法中能指示滴定终点的试剂。当滴定到等物质的量点附近时，待测离子的浓度发生较大的变化，相应地它能产生觉察到的变化（如颜色改变或生成沉淀等），从而达到指示滴定终点的目的。可分为①酸碱指示剂；②氧化还原指示剂；③金属指示剂；④吸附指示剂；⑤沉淀滴定指示剂。例如用 $AgNO_3$ 标准溶液滴定卤素离子时，以铬酸钾为指示剂，当出现砖红色的 Ag_2CrO_4 沉淀时指示滴定反应完成。如滴定剂或被滴定物质是有色的，可不另加指示剂。如以高锰酸钾作滴定剂时，由于 MnO_4^- 离子呈紫红色，当滴定到粉红色时，就表明滴定终点到达，高锰酸钾本身又起指示剂的作用。
　　（夏维邦）

指数分布　exponential distribution

密度函数为：$f(x) = \begin{cases} \lambda e^{-\lambda x} & x \geq 0 \\ 0 & x < 0 \end{cases}$ 的分布。记为：$X \sim E(\lambda)$。密度函数的一种分布。它常用来作为各种"寿命"的近似分布。如各种元件的使用寿命、电话的通话时间。指数分布具有无记忆性。假如将 ξ 解释为寿命，若已知寿命长于 s 年，则再活 t 年的概率与年龄 s 无关，所以有时说指数分布是"永远年青"的。　　（许曼华）

指形接　finger joint

在两块木料的端部开出互相啮合的若干个齿（指形），用胶将其胶接。指形接比斜接节约木料，但接点抗拉强度不如斜接，很大程度上取决于指形，尤其是指尖的部位（参见指形榫）。
　　（吴悦琦）

指形榫　finger tenon

又称齿形榫。两块木料端部开出的互相啮合的若干指（齿）状的榫。通常用于方材接长，也可作框架的角接合。

　　（吴悦琦）

枳瓣砖　wedge brick

俗称橘瓣砖、楔形砖。砌造拱券用的楔形砖。青灰色，纵断面呈倒梯形，两端厚度约 2:1。规格按建筑物的体型而定制。　　（叶玉奇　沈炳春）

质量定律（隔声）　mass law

墙壁的隔声量与它的面密度成正比。是决定墙体隔声量的基本定律。面密度为墙体单位面积的质量（kg/m²），在一般情况下，面密度增加一倍，隔声量增加 6dB。实际上声波是无规入射于墙壁，因而面密度增加一倍，隔声量仅提高约 4.4dB。

（陈延训）

质量分辨率　mass resolution

简称分辨率或质量分辨本领。表示质谱仪刚好能把质量为 M 的质谱峰与另一质量相差 ΔM 的相邻质谱峰分辨开的能力。它

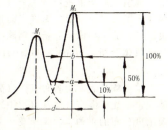

是评定仪器性能的重要指标，并以此对仪器的级别分档。由于存在象差、边缘场效应（磁场被边缘场包围，其大小和分布与场附近的物体状态及位置有关）、空间电荷效应（离子束自身电荷静电排斥）、极化效应（原子或分子表面充电现象）和电磁场电源不稳定等一系列因素影响，仪器实际的分辨率低于理论值。实际测量时并不要求两个质谱峰完全分开，通常采用 50% 峰高或 10% 峰谷作为测定分辨率的标准（图示），并按下式计算：

$$R_{10\%} = \frac{M_1 + M_2}{M_1 - M_2} \cdot \frac{d}{a}$$

式中 R 为分辨率；M 为质谱峰；d 为两峰中心距；a 为大峰 5% 高度的峰宽。　（秦力川）

质量分析器　mass analyzer

又称离子分析器。通过电磁场（高频电场、磁场、电磁场组合等）的作用将离子束中的不同离子按质荷比进行分离的装置。是质谱仪的主体，决定着仪器的类型。其离子光学系统种类很多，常用的有：①依靠离子在均匀磁场中运动进行质量分离的单聚焦分析器；②采用电磁场组合以实现方向和速度聚焦的双聚焦分析器；③采用四根圆柱状电极形成的复合电场使离子围绕其传播中心轴振动以实现质量分离的四极滤质分析器。主要用来分离具有不同质荷比的离子，能区别非常小的质量差。　（秦力川）

质量配合比　proportioning by mass

混凝土各组成材料质量之间的比例。一般不加标注的混凝土配合比均指质量配合比。常以水泥用量为 1，再依次列出砂子用量 x、石子用量 y、用水量 z 的相对比值，用连比形式 $1:x:y:z$ 表示。例如每立方米混凝土的水泥用量 300kg，砂用量 650kg，石子用量 1 300kg，水用量 150kg 时其重量配合比为 $1:2.17:4.33:0.50$。　（徐家保）

质谱　mass spectrum

带电原子、分子或分子碎片按质荷比（或质量）的大小顺序排列的图谱。在分析领域内，是用质谱仪器将组成物质的原子（分子）转化成气态离子并按质荷比分离和检测后得到的图谱。谱的形式随检测系统的不同有各种各样，无论何种形式给出的图谱，都是用质荷比 M/e 来标度。它表示单位（电子）电荷的离子质量。　（秦力川）

质谱表面分析　mass spectrographic surface analysis

研究样品表面元素组成及元素浓度横向分布的一种二次离子质谱分析法。它是在一次离子束能量始终低于 1keV 的情况下获得的样品最表面原子层信息，分析内容包括：①样品表面化合物和元素浓度分布的离子图像观察；②取样面内表层、薄膜和表面吸附层等总的化合物、元素及同位素组成检测；③元素浓度沿取样表面直线富集状态及分布的测定。目前，它属于一种定性或半定量分析，应用在表面污染、表面膜、表面吸附层和各种催化反应的表面检测。　（秦力川）

质谱定量分析　mass spectrometric quantitative analysis

通过光度仪或电测系统测量质谱峰的质量和强度并经适当校正以确定样品中各种元素浓度的方法。通常采用三种方法：①内标法，由下式计算：

$$C_i = C_s \frac{E_s}{E_i} \frac{I_s}{I_i} \frac{A_i}{A_s} \frac{S_{Rs}(M_i)^{1/2} W_i}{S_{Ri}(M_s)^{1/2} W_s}$$

式中 C 为原子浓度；E 为同位素丰度；I 为谱线强度；A 为谱线面积；S_R 为相对灵敏度；M 为质量；W 为元素的相对平均原子质量；脚标 i 为待测元素；脚标 s 为内标元素；②标样标定法，选择与某待测元素相同的、浓度已知的标准样品作标样，按下式计算：

$$C_x = C_0 \frac{h_x}{h_0}$$

式中 C_x 为待测样品某元素的原子浓度；C_0 为标准样品中该元素的已知浓度；h_0 为标样质谱中某待测元素同位素峰高；h_x 为样品质谱中该元素同位素的峰高；③同位素稀释法，在分析样品中加入已知量待测元素的某一浓缩同位素，以改变样品中待测元素的同位素丰度比值，测定混合后样品中该元素的同位素丰度比，确定出待测元素在原样品中的含量。　（秦力川）

质谱定性分析　mass spectrometric qualitative analysis

通过对质谱与样品之间的内在联系，分析和鉴定样品中各种元素组成的方法。它是利用元素同位素的已知质量和丰度（同位素在元素中的相对含

量，在质谱图中以离子峰的强度表示）来检定某种元素的存在或含有哪些元素。由于质谱中存在着多电荷离子线、多原子离子线、分子离子线和电荷转移线等，导致在一个质量数位置上多种离子线重叠，使定性解释极为复杂。一般分析步骤为：先确定谱线的标称质量；然后分析谱线是由某种元素产生的；当确认是某元素的单电荷离子线时才能最后检定该元素的存在。　　　　　　　（秦力川）

质谱分析法　mass spectrometry

用质谱仪对样品的离子质量和强度进行测定以确定物质的原子（或分子）组成、含量、结构和同位素的一种分析技术。被测样品在离子源内离化，形成快速运动的离子束，通过质量分析器使离子束按质荷比（M/e）进行分离，由检测系统记录后得到质谱，从而实现物质成分和结构等的鉴定。按分析物质不同可分为无机质谱分析法、有机质谱分析法、同位素质谱分析法和二次离子质谱分析法；按使用仪器类型不同分为火花离子质谱、电离中性粒子质谱、激光质谱、二次离子质谱以及色谱－质谱联用分析。与光谱分析法、色谱分析法和俄歇能谱分析法相比较，具有检测灵敏度高（元素检测可达 10^{-18} g）、快速、检测元素（周期表内从 H 到 U 全部元素）范围广、只需微量样品且样品可以为气体、液体和固体等优点，早已成为鉴定复杂化合物和进行分子结构分析的重要手段，广泛应用于固体物理、金属加工与冶金工业、电子工业、硅酸盐工业、环境科学和表面科学等领域。　（秦力川）

质谱界面分析　mass spectrographic interface analysis

研究样品内部某一界面（相界或晶界等）组分变化及元素分布状态的一种二次离子质谱分析法。通过高能量一次离子束对样品不断剥离达到待测界面，然后用聚焦离子束对界面进行逐点分析或离子图像观察。适用于对薄膜工艺、无机非金属材料、玻璃缺陷、微波器和集成光学器件的检测。
　　　　　　　　　　　　（秦力川）

质谱离子源　mass spectrometer ionizer

促使样品的原子或分子离化为离子并加速引出使其形成具有一定能量和几何形状的离子束的装置。其类型按离子产生方式可分为直接加热源、电子轰击源、离子轰击源、射频火花源和脉冲电弧源等。图示为直接加热源原理图，样品在坩埚内受电热丝加热蒸发，蒸发的气态分子在电离室被电子束碰撞而电离（电子束由灯丝阴极发射，受阳极吸引而加速），通过加速电极使离子束加速，经出口缝引出离子束进行质谱分析。离子源的性能不仅决定了质量分析器的型式，而且还决定了仪器的灵敏度、分辨率以及分析的精确度。　（秦力川）

质谱气体分析　mass spectrographic gas analysis

检测样品表面上各种气体（高纯气体和微量气体元素、无机混合气体和真空中残余气体等）组分及浓度分布的一种二次离子质谱分析法。大气中的气体成分不同程度地吸附在固体表面上，而离子束轰击产生的二次离子大多由固体最表面几个原子层溅射的，因而表面吸附层粒子就成为观测分析的主要成分。其分析灵敏度优于俄歇能谱分析等其他表面分析方法。　　　　　　　　（秦力川）

质谱深度分析　mass spectrographic depth analysis

从样品表层自浅而深逐层检测元素组成和浓度分布的一种二次离子质谱分析法。将仪器调定在检测特定的二次离子条件下，利用高能量一次离子束的剥蚀作用，记录二次离子强度随剥蚀时间的变化关系，通过适当校正后得到元素浓度随深度的分布。要获得精确的元素浓度与深度的分布曲线，必须实现均匀剥蚀，常用方法为：①均匀离子束法（适当选择物镜电位和会聚透镜电位实现）；②透镜控制法（改变会聚透镜中间电极电位）；③一次离子束扫描法；④扫描静止法（先用一次离子束进行大面积扫描，然后把离子束静止于样品中央区）。
　　　　　　　　　　　　　（秦力川）

质谱仪　mass spectrometer

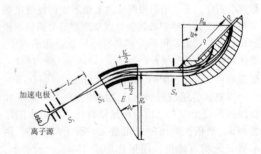

又称质谱计。能使被测物质粒子离化成离子并通过电磁场将离子按时间顺序、空间位置或轨道稳定与否实现质荷比分离和强度检测的仪器。种类繁多，按质量分析器不同分为两大类：①静态仪器，

利用稳定或变化慢的电、磁场，包括单聚焦型、双聚焦型和无聚焦型；②动态仪器，采用纯高频电场，包括磁式动态型（同步、螺旋轨迹、回旋和电磁场脉冲等）和无磁动态型（飞行时间、射频、静电和四极等）。无论何种类型，其原理和结构大同小异，通常由进样系统、离子源、质量分析器和离子检测系统组成。图示为离子光学原理装置，被分析的气态样品由进样系统进入离化室经离子源离化成离子束，在真空（$133×10^{-5}$Pa）中使离子束经窄缝 S 进入一曲形电场 E 中，调节电场电压使离子束随着电场形状弯曲进入半圆形磁场，离子束受磁场力作用发生质量分离后聚焦在不同点上，用感光板 PM 或离子收集器记录得到质谱，实现对物质组分、含量和分布的测定。 （秦力川）

蛭石 vermiculite

一种复杂的镁、铁含水铝硅酸盐矿物。产于蚀变的含黑云母和金云母的矿脉中，是黑云母和金云母变化的产物。其矿物组成及化学成分极复杂，且很不稳定。脂肪光泽，莫氏硬度 1～2，相对密度 2.10～2.70，呈薄片状结构，层间有水分存在。受热体积膨胀，形态像蠕动的水蛭，故名。最大膨胀倍数可达 18～25。按膨胀后密度、含杂率（蛭石精矿中混入的砂石、黏土、云母碴等杂质的重量百分率）、混级率（每一级规定粒度范围外的蛭石所占重量百分率）其矿石可分为六级。是生产膨胀蛭石的原料，也可用作粉刷掺料。 （林方辉）

滞弹性 delayed elasticity; elastic after-effect

又称弹性滞后或弹性后效。物体在加载和卸载后，要经过一定时间其体积和形状才能完全改变和恢复的性能。可用开尔文固体模拟。在低于弹性极限的应力范围内，应力和应变不是单值一一对应的关系，往往有一个时间上的滞后现象。玻璃、陶瓷、水泥混凝土和许多硅酸盐材料以及聚合物材料都具有这种性能。 （宋显辉）

置换滴定法 replacement titration

又称取代滴定法。利用置换反应的一种滴定分析法。当待测离子与乙二胺四乙酸二钠盐（EDTA）的络合物不稳定；或与 EDTA 虽能生成稳定的络合物，但缺少适当指示剂的情况下常用此法。例如将足够数量的 MgY^{2-} 溶液，加到待测的 Ba^{2+} 溶液中。由于 BaY^{2-} 比 MgY^{2-} 稳定得多发生置换反应。反应式为 $Ba^{2+} + MgY^{2-} \rightleftharpoons BaY^{2-} + Mg^{2+}$，置换出与 Ba^{2+} 离子相当量的 Mg^{2+} 离子。再用 EDTA 滴定 Mg^{2+} 离子，就可间接求出 Ba^{2+} 离子的含量。除上述置换出金属离子的方法外，还有置换出 EDTA 等测定法。它既扩大了络合滴定的应用范围，又提高了络合滴定的选择性。 （夏维邦）

置换固溶体 substitutional solid solution

又称取代固溶体。溶质质点置换溶剂晶格中的部分质点而成的固溶体。通常两物质的化学式相似、离子半径相近、结构相同时才能形成。可分为同价离子的置换和异价离子的置换。前者如橄榄石类矿物中的 Mg^{2+} 可被 Fe^{2+} 及 Ca^{2+} 置换而形成一系列的固溶体；后者如钠长石与钙长石（$Na[AlSi_3O_8] - Ca[Al_2Si_2O_8]$）形成的固溶体中 $Na^+ + Si^{4+} \rightleftharpoons Ca^{2+} + Al^{3+}$，置换前后的总电价相等。 （潘意祥）

椹 anvil

原义是砍木的椹（或砧 zhēn），简作质。建筑的引申义为柱下所垫用以散布应力、隔绝潮湿的构件。古代用木，称作椹、楮（zhī）、杜。演进而用石，称作碣、础、磶（xì）、礩、碱（zhú）、磉（sǎng）、承。间或用金属（铜）作为辅助材料，称为锧。 （张良皋）

柣 threshold

门限。今称门槛。《尔雅·释宫》柣谓之阈，《疏》：谓门下横木为外内之限也，俗谓之地柣，一名阈。 （张良皋）

zhong

中长纤维 middle-sized long fibre

长度和细度介于棉型短纤维和毛型短纤维之间的中等长度（51～76mm）和细度的化学短纤维。在纺织品种上，可以是纯纺，也有涤纶/黏胶纤维，涤纶/腈纶，涤纶/锦纶等混纺。常用的混纺比为 65/35，60/40，55/45 等。涤/腈混纺织物的优点是有良好的抗皱性和免烫性，缺点是布面较毛糙，染色牢度差。涤/黏混纺织物的优点是手感和弹性好，吸湿性好，缺点是免烫性差。可加工成仿毛型织物，手感好，质地丰满，布面挺括、滑爽，易洗易干。用作高级室内装饰。 （刘柏贤）

中灰

由油满、血料、小籽砖灰调和而成的古建地仗制作中的一种中等细度油灰。大木地仗中其重量配比为油满:血料:小籽砖灰 = 1:1.8:3.2。小籽砖灰也可按 7:3 加入细灰。其状如膏。施于压麻灰、捉缝灰或扫荡灰之上，作为向细灰的过渡层。层厚约 1～1.5mm。 （王仲杰）

中级玻璃纤维 medium-grade glass fibre

直径为 15～20μm 的玻璃纤维。一般使用碱金属氧化物含量在 14% 以上的高碱玻璃原料，借陶土坩埚和带毛刷的辊筒拉丝后切割成长度为 10～100mm 短纤维并制成玻璃棉薄毡。常用作无纺制

中级玻璃纤维制品 medium grade glass fiber product

以中级玻璃纤维为主要原料,掺入适量胶粘剂制成的绝热制品。常用胶粘剂有酚醛树脂、沥青及淀粉等。品种有毡、板、管套。使用温度不超过300℃,性能及用途参见沥青玻璃棉制品(291页)。
(丛 钢)

中间基沥青 intermediate base asphalt

又称混合基沥青。由中间基原油炼制而成的石油沥青。含蜡量介于2%~5%之间。
(刘尚乐)

中间物质 intermediate mass

填充于阿利特、贝利特之间的铝酸盐、铁酸盐、组成不定的玻璃体和含硫化合物的统称。还有少量游离氧化钙和方镁石。在反光显微镜下观察,含铁相的中间相,显示光亮的反光,称亮色中间相,含铝酸盐的中间相,显示暗色反光,称暗色中间相。当熟料的铝氧率大于1.38,并慢速冷却时,暗色中间相呈四方片状,快冷时则析出点滴晶体或成为玻璃,若氧化钾、钠的含量偏多时,就生成长棱状的$Na_2O·8CaO·3Al_2O_3$及粒状骨架状的$K_2O·23CaO·12SiO_2$;当熟料的铝氧率小于1.38,又慢冷时,亮色中间相以棱柱状半自形晶质状态出现;若快冷时,则为它形晶填空在阿利特和贝利特之间或成玻璃体。在还原气氛中,铁铝酸盐的三价铁,往往被还原成二价铁,则熟料的表面或内部呈黄棕色。
(冯修吉)

中碱玻璃纤维 medium-alkali glass fibre

以$SiO_2-CaO-Na_2O$三元系统为基础,碱金属氧化物重量含量为12%左右的玻璃制成的纤维。由中国黄钧等人研制成功,1962年投入工业生产。重量组成范围:$SiO_2$64%~68%,$Al_2O_3$4%~8%,CaO 9%~12%,MgO 3%~5%,Na_2O 10%~12%,B_2O_3 0~3%,Fe_2O_3<0.4%。熔化温度1 530~1 540℃,拉丝温度1 140~1 200℃。耐酸性好,有较好的耐水性和耐风化性,机械强度比无碱玻璃纤维低。适于作酸性过滤布、乳胶布基材、窗纱基材等。也可用对电性能和强度要求不很高的玻璃纤维增强塑料及橡胶制品的增强材料。成本较低,用途较广。
(吴正明)

中空玻璃 hollow glass

把两片相互平行、有一定间距的平板玻璃的周边密封

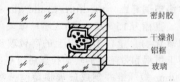

成有空腔的玻璃制品。所用的玻璃片可以是普通窗玻璃、磨光玻璃、钢化玻璃、颜色玻璃、吸热玻璃、热反射玻璃等。密封的方法有①胶接法(图示);②熔接法——把玻璃周边相互熔接;③焊接法——玻璃与铝框相互焊接。为驱除加工时在两片玻璃间带入的湿气,常在四周槽框内放入吸湿剂。胶接法工艺简单,已普遍使用。导热系数3.59~3.22W/(m·K),传热系数3.41~3.07W/(m^2·K),能使噪声降低30~40dB。主要用于有采暖和空调的建筑物中,特别是寒冷地区的建筑物中,另外也适用于室内外温湿度相差很大,又不允许在玻璃上结露、结霜的建筑物中。
(许 超)

中粒式沥青混凝土 medium grained bituminous concrete

集料最大粒径为25(或20)mm的一种沥青混凝土。这种沥青混凝土可以是空隙率较小(3%~6%)和沥青用量较多(5.0%~6.5%)的密实型结构;也可以是空隙率较大(6%~10%)和沥青用量较少(4.5%~6.0%)的空隙型结构。前者可用于双层式沥青混凝土路面的上层或单层式沥青混凝土路面;后者可用于双层式路面的下层。
(严家伋)

中裂乳化沥青 medium setting emulsified asphalt

分裂速度指标在50%~25%之间的乳化沥青。采用的乳化剂为中裂型乳化剂。采用粒料拌和稳定试验判定时,其混合料呈松散状态,粒料上沥青裹附均匀,拌完时乳化沥青已破乳。用于拌制沥青混凝土及黑色碎石铺筑路面、透层油和黏层油。
(刘尚乐)

中凝液体沥青 medium-curing liquid asphalt

用沸点为170~300℃之间的碳氢化合物作为稀释剂稀释黏稠沥青而得的液体沥青。凝结速度适中。常用的稀释剂有粗汽油、煤油等。将稀释剂掺入温度为80~140℃的熔融沥青中,搅拌均匀即成。按黏度分为A(M)-1、A(M)-2、A(M)-3、A(M)-4、A(M)-5和A(M)-6六个牌号。要求标准黏度分别为C_{25}^5<20s、C_{60}^5=5~15s、C_{60}^5=16~25s、C_{60}^5=26~40s、C_{60}^5=41~100s、C_{60}^5=101~200s,闪点不低于60℃,水分不大于0.2%。用于修筑拌和式路面或路面封层结合料。
(刘尚乐)

中强钢丝 medium strength wire

见冷拔钢丝(284页)。

中热硅酸盐水泥 moderate heat portland cement

简称中热水泥。由铝酸三钙含量较低、硅酸三

钙和游离氧化钙含量受限制的硅酸盐水泥熟料加入适量石膏磨制成的中等水化热的水泥。按中国标准规定，熟料中铝酸三钙含量不得超过6%，硅酸三钙含量不得超过55%，游离氧化钙含量不得超过1.0%；水化热3d不超过251J/g，7d不超过293J/g；当水泥在混凝土中和集料有可能发生有害的碱-集料反应时，经使用单位提出要求，碱的含量（$Na_2O + 0.658K_2O$）以 Na_2O 计不得超过0.6%。有425和525二个标号。适用于大坝溢流面的面层和水位变动区域对耐磨性和抗冻性要求较高的工程部位以及其他大体积混凝土工程。（王善拔）

中砂　medium sand

见细度模数（540页）。

中速石灰　medium rate slaking lime

见石灰消解速度（442页）。

中温回火　mid temperature tempering

将淬火工件加热到350~500℃，并保持一定时间后在空气中冷却的一种热处理工艺。淬火马氏体在此过程中转变为铁素体和细小的碳化物颗粒，组织称回火屈氏体。具有较高的硬度、强度和一定的塑性、韧性，内应力大部分得到消除。用于各种热成型的弹簧及高强度钢工件。（高庆全）

中温煤焦油　medium-temperature coal tar

用烟煤炼焦时，干馏温度范围650~800℃获得的煤焦油。褐黑色，有臭味。密度较大，含烷烃、烯烃和高级酚等较多，含芳香烃较少。性质与低温煤焦油近似。用于制造溶剂油和化学工业原料。（刘尚乐）

中温煤沥青　medium-temperature coal tar

软化点大于75~95℃的煤沥青。分为电极用和一般用两种。电极用煤沥青又称电极沥青，软化点75~90℃，甲苯不溶物含量为15%~25%；灰分不大于0.3%，水分不大于5%，挥发分为60%~70%，喹啉不溶物含量大于10%。一般用煤沥青，软化点大于75~95℃，灰分不大于0.5%，水分不大于5%，甲苯不溶物含量大于25%，挥发分为55%~75%。（刘尚乐）

中性耐火材料　neutral refractory

与酸性或碱性耐火材料都不发生明显反应的耐火材料。如铬质耐火材料、碳质耐火材料等。有人也称高铝耐火材料为偏酸性的中性耐火材料，而称铬镁质耐火材料为偏碱性的中性耐火材料。工业上常用来作为炉渣性质变化较大的炉窑的内衬，或作为酸、碱性耐火材料之间的过渡层。（李楠）

中子测湿法　neutron moisture test method

利用中子测湿仪测定物料水分的方法。其原理是利用中子源发射的快中子与水的氢原子核碰撞后所形成的热中子密度分布与物料含水量之间有良好的线性关系。仪器主要包括探头和湿度计两部分。前者内部装有中子源、中子探测器和前置放大器，后者由线性主放大器、甄别成形、计数线路、自激振荡器、直流高压电源和低压稳压电源组成。使用时，将探头放入料堆或料仓物料中，测出慢化了的热中子密度分布，就可确定物料含水量的大小。具有测量迅速、灵敏度高、不需取样即可直接连续进行测量、便于自动控制等优点。（孙宝林）

中子屏蔽材料　shielding materials of neutron

能有效衰减快中子能量，使中子慢化吸收的材料。在物质内，中子的减弱是由于散射、吸收的结果，其过程都是中子与物质原子核发生作用。对大多数物质，中子吸收截面（除共振外）与中子能量成反比，即随 $1/\sqrt{E}$ 而变。利用弹性和非弹性散射可使中子慢化。弹性散射时，其平均对数能量损失为 $\xi = \ln\dfrac{E_0}{E} = 1 + \dfrac{\alpha}{1-\alpha}\ln\alpha$。式中 E_0，E 为碰撞前后的中子能量；$\alpha = \left(\dfrac{A-1}{A+1}\right)^2$；$A$ 为散射物质的原子量。可见元素质量愈轻，中子能量损失愈大，慢化作用也愈大。弹性散射截面在1~100keV时近似地为常数，超过100keV时，截面逐渐减少。在此能量范围内的快中子弹性散射是惟一能量损失的机制。所以要屏蔽该能区内的中子，氢和含氢量多的材料特别有效，如水、石蜡、塑料和木材等。对于高能快中子的减弱，首先依靠与重元素的非弹性散射，使其能量迅速减弱，然后连续多次弹性散射，使其能量慢化到热能，最后被物质所吸收。因此屏蔽高能快中子最佳的屏蔽材料是轻重元素的混合物。（李耀鑫　李文垓）

中子衍射分析　neutron diffraction analysis

利用中子衍射分析仪检测中子流被物质中的原子散射时所产生的干涉效应以确定物质组分及结构的分析技术。中子同其他微粒一样具有波粒二象性，其波长为0.1~1nm。当热中子束与物质相遇时，以物质的原子核为散射中心辐射散射波，其散射本领和物质的原子序数无关，且在各个方向的散射强度相等。在不同角度位置测量弹性散射中子的波长或强度，根据布拉格方程求出晶面间距和其他参数，进而确定物质的组成及结构。与X射线衍射分析相比，具有三个特点：①能同时检测样品中的轻元素、重元素和原子序数相邻近的元素；②中子波不带电而具有磁矩，对磁性物质能形成磁散射；③可采用同位素替代样品以获取有用的对比数据。主要应用于各种物质晶体相变和结构、分子间距、磁性材料结构和磁矩取向以及各种材料非均匀度的研究。（秦力川）

中子衍射分析仪 neutron diffractometer

进行中子衍射分析用的仪器。仪器主要由中子源、准直系统或晶体单色器、中子辐射探测器和测量记录系统组成。根据测量原理分为单晶谱仪和飞行时间谱仪。图示为谱仪测量原理，由原子反应堆中获得的中子束经准直系统投射到样品上，产生的中子衍射束经准直器进入中子探测器进行位置或强度测量，记录获得中子衍射图谱。以此进行晶体组分、结构和原子磁矩大小、取向测定。 （秦力川）

终凝 final set

水泥可塑浆体固化的终结。即水泥浆体完全失去可塑性，凝固为具有一定结构强度的固体状态。在断面为 $1mm^2$ 的试针所施加的 300g 压力之下，仅稍变软（相当于承受 3.0MPa 的压力负荷）。中国标准规定，凝结时间测定仪试针垂直自由沉入净浆，当下沉不超过 1~0.5mm 时为终凝。由加水开始至达到终凝状态的时间为该水泥的终凝时间。普通水泥的终凝时间不得迟于 10h。水泥终凝时间太长，使施工期延长。 （魏金照）

钟乳石状凸出 stalactite

挂在混凝土表面指向下方的生成物，其形状像冰柱。参见混凝土降质（207页）。 （徐家保）

钟罩式窑 top-hat kiln

又称高帽窑（high-hat kiln）和帽罩式窑。帽罩式的窑墙和窑顶可升降的活动倒焰窑。帽罩由轻质隔热耐火材料制成，可用起重设备将其吊起来，移动并降落在另一座相邻的同类窑窑底上，实现两座窑的交替生产。窑底与一般倒焰窑类似，两座窑底共用一帽罩。其热利用率、装出窑的劳动条件都比固定式倒焰窑有较大的改善，但对炉材要求较高。 （陈晓明）

重轨 heavy rails

重量大于 24kg/m 的热轧铁路用钢轨。截面为工字形，由轨头、轨腰和轨底三部分所组成。规格以每米大致重量而定，可分为 38、43、50、60（kg/m）四种。材质大多为高碳含锰钢，从 20 世纪 70 年代起中国已生产含稀土、低锰、中硅及含钛、铜等的低合金钢轨。钢轨在使用时端部受冲击荷载，磨损亦大，要求有足够的强度、断裂韧性和耐磨、耐腐蚀性能，因此生产时轨顶两端部或全长需进行淬火处理。随着机车运载负荷增大和车速的加快，目前中国多数采用 60kg/m 型，国际上多为 70kg/m 型。 （乔德庸）

重混凝土 heavy concrete

含有高密度集料的混凝土。一般指防辐射混凝土。硅酸盐水泥混凝土价廉、有足够的强度，它是氢、轻元素及原子序数相当高的元素的混合物，既能有效地屏蔽 γ 辐射，又能屏蔽中子，所以在反应堆建筑中被广泛用作屏蔽材料。但由于密度较低（$2.3g/cm^3$），作屏蔽层时厚度大。为了减少厚度，增加对 γ 辐射的衰减，常用重晶石（含有重元素 Ba）、铁丸、赤铁矿、褐铁矿、废钢块等高密度集料来配制混凝土，以提高混凝土表观密度。重晶石混凝土，价贵，表观密度 $3.5g/cm^3$；铁丸混凝土，表观密度 $5.6g/cm^3$，价昂贵，约为硅酸盐水泥混凝土的 10~50 倍。但由于密度大，加之铁对快中子的非弹性散射，使得 γ 射线和快中子的屏蔽性能都得到改善。对 γ 射线和快中子的屏蔽能力几乎相等。下表列出三种混凝土的某些特性。

材料	表观密度 (g/cm^3)	衰减系数* (cm^{-1})	减弱 10^8 倍的厚度 (m)
硅酸盐水泥混凝土	2.3	0.067	2.78
重晶石混凝土	3.5	0.100	1.83
铁丸混凝土	5.6	0.162	1.16

* 衰减系数指 2~3MeV 的 γ 射线。

混凝土主要缺点是导热性差，屏蔽时由于吸收 γ 射线的能量后产生的热量难以导出，造成厚度方向上屏蔽层内外产生大的温差。一般认为最大温差限值为 50℃，超过此值，必须在混凝土中加钢筋。有时也把普通混凝土称为重混凝土（相对于轻混凝土），而把表观密度特别大的防辐射混凝土称为特重混凝土。 （李耀鑫 李文垓）

重集料 heavy aggregate

颗粒表观密度大于 $3200kg/m^3$ 的集料。按来源可以分为天然重集料和人造重集料两种。前者如褐铁矿石、赤铁矿石、磁铁矿石、重晶石等，后者如钢段、钢块、钢球、钢砂、铁块、铁砂、钢铁废屑等。用于配制重混凝土或重砂浆，以屏蔽 γ 射线和中子流。为了增加混凝土的表观密度和结合水含量，克服单一集料的缺点，常采用混合集料来配制重混凝土。实用中为了区别于轻集料，将普通集料习称为重集料，而将上述集料称为特重集料。
（孙宝林）

重交通道路沥青 pavement of asphalt for heavy-duty traffic

铺筑繁重交通道路用的石油沥青。常用于高等级公路（高速公路和一、二级公路）路面或城市街道路面。这类沥青在技术指标上，较一般道路石油沥青增加了 15℃ 时的延度，薄膜烘箱加热试验，含蜡量和相对密度等项目要求。根据国标（GBJ92），按针入度指标分为：AH—160、AH—120、AH—90、AH—70、AH—50等五个标号。

（严家仮 刘尚乐）

重金属 heavy metal

相对密度大于5的金属。有铜、镍、钴、铅、锌、镉、锑、汞、铌、钽、钼等。在国民经济中占有重要地位，如铜由于具有优良的导电、导热和抗蚀性能，成为电工和热能设备常用的材料；镍、钴及其合金常用作抗腐蚀、耐高温和具有特殊性能的材料；铅、锑、锌、锡等及其合金，熔点低，导热性好，广泛用于机械制造、化工、电工及其他部门；镉用于原子能工业及配制各种低熔点合金；钨、钼用于配制高性能的合金钢和硬质合金，钨用来制作灯丝材料；钽、铌用于电真空技术、无线电工业和化学工业。

（许伯藩）

重晶石 barite

主要成分为硫酸钡（$BaSO_4$）的天然矿石。斜方晶系。莫氏硬度3.3，相对密度高达4.3~4.6。可用它生产钡水泥或作重混凝土的重集料，制成的混凝土具有防辐射的作用，可用于原子能工业、γ-射线和X-射线的防护层。也可用作油井水泥的加重剂和煅烧水泥熟料的矿化剂。在塑料、造纸、橡胶、颜料生产和医学等方面也常有应用。

（冯培植）

重晶石砂浆 barite mortar

又称水泥重晶石砂浆。以相对密度3.40~3.70的重晶石粉（100目）、重晶石砂作为集料的重砂浆。其胶结材的水泥中有时掺1/10石灰，集料中有时掺入部分普通砂（粗粒）。表观密度约2 500kg/m³，对X、γ射线有屏蔽、阻隔作用，属于具有屏蔽射线功能的特种砂浆。常须分多次2~3mm薄层涂抹，竖抹与横抹交错连续施工，不得留施工缝，总厚度一般不超过40mm。

（徐家保）

重力式混合机 gravity mixer

又称转动式混合机。利用原料自身的重力来进行混合的机械设备。属这类混合机的有：箱式、抄举式、转鼓式、V式等。当把称量后的各种原料放入混合机后，原料随混合机旋转所产生的离心力贴壁而上，转至一定高度后由于原料重力而下落，藉此进行混合。其混合质量远低于强制式混合机。常用于中小型厂。

（许超）

重量分析 gravimetric analysis

又称重量法。使被测组分与其他组分分离，称其重量后，算出试样中该组分含量的定量分析方法。根据分离方法的不同，可分为：①沉淀法，往试样溶液中，加入适当过量的沉淀剂，把被测组分转变为难溶的沉淀，经过滤、洗涤、烘干或灼烧，使之成为具有确定化学组成的化合物后，准确称其重量；②气化法，常用加热或试剂处理等法使试样中被测组分以挥发性的气体逸出，从挥发前后重量之差计算该组分的含量；有时可选用吸收剂来吸收逸出的气体，再根据吸收剂增加的重量算出该组分的含量；③电解法，利用电解原理，使金属离子以单质或氧化物的形态在电极上析出，然后称重算出其含量。重量分析精确度高，相对误差约为0.1%~0.2%；耗时较长，不如滴定分析法快速简便；不适用于微量和痕量组分的测定，通常用来测定含量在1%以上的待测组分。20世纪下半叶仪器分析发展以后，该法的使用相对减少。

（夏维邦）

重量箱 weight case

中国现行平板玻璃工业用以计算原材料、燃料消耗及成本的产品计量单位。规定以2mm厚的平板玻璃10m²（公称50kg）为1重量箱。其他厚度的平板玻璃通过折算系数换算成重量箱。计算公式为：重量箱＝产量（m²）×折算系数/10（m²）。各厚度的折算系数如下表。

玻璃厚度(mm)	2	3	4	5	6	7	8	9	10	11	12
折算系数	1.0	1.5	2.0	2.5	3.0	3.5	4.0	4.5	5.0	5.5	6.0

（刘茂榆）

重溶剂油 heavy solvent oils

由重质苯提取古玛隆-茚树脂后得三甲苯、四甲苯等混合物。淡黄色透明液体，馏程140~190℃，是树脂漆和沥青的良溶剂，价廉。用作涂料溶剂和稀释剂及提取三甲苯和四甲苯等。

（陈艾青）

重砂浆 heavy mortar

表观密度大于1 500kg/m³的砂浆。一般砌筑砂浆多属于这类砂浆。

（徐家保）

重烧线变化率 permanent linear change on reheating, residual linear change, after-linear change

又称永久线变化率、残余线变化率。耐火材料在规定温度下和规定的时间内加热后冷却至常温时的残存收缩或膨胀量对原长度之百分率。试验温度由产品技术条件规定。它是高温体积稳定性的重要指标，取决于制品的组成和烧结程度。无论残存膨胀或收缩过大都会导致砌体开裂或砖缝扩大，危害炉子整体结构或使渣易于侵入，影响使用寿命。

（李楠）

重岩自然石 heavy natural stone

又称重岩天然石，简称重石。表观密度大于 1 800kg/m³ 的天然岩石。主要包括花岗岩、砂岩、石灰岩等。抗压强度在 100MPa 以上，抗冻性及抗蚀性好。广泛用于墙柱砌体、基础砌体和高级建筑外墙及地面的装饰。热导率高，不宜作采暖建筑的墙体材料。

（宋金山）

zhou

周期式干燥窑 compartment kiln

木材堆装入窑、干燥处理及干材料卸出等作业周期进行的干燥用窑。按干燥介质循环特性分为周期式自然循环干燥窑和周期式强制循环干燥窑两类。根据木料的树种、厚度和用途选用不同干燥基准，确保干燥质量。

（吴悦琦）

周期式强制循环干燥窑 forced-draught (compartment) kiln

利用通风机使加热气体加速流动，并定期变换流动方向作强制循环进行木材干燥的周期式干燥窑。气流流过材堆的速度一般为 1m/s 以上。是应用最广的一种成材干燥窑。按通风设备在窑内配置方式分为顶风机纵轴型（长轴型）；顶风机横轴型（短轴型）；侧风机型和喷气型。均能获得较好的干燥质量。长轴型动力消耗较小，维修困难。短轴型维修方便，但动力消耗较大，投资较高，侧风机型窑结构较简单，气流可逆循环，效果较差，会影响木料的均匀干燥。喷气型动力消耗和热损失较大，喷气装置技术性能不够稳定时，难以获得良好的实际效果。

（吴悦琦）

周期式自然循环干燥窑 natural-draught (compartment) kiln

利用气流作自然对流循环进行木材干燥的周期式干燥窑。在此窑内湿材中蒸发的水分被上升的气流带走，促使木材逐渐干燥。自然循环气体流过材堆的速度一般为 0.2~0.3m/s。有蒸汽干燥窑、烟气干燥窑和熏烟干燥窑三种。周期式自然循环干燥窑比周期式强制循环干燥窑投资少，易于建造，但干燥不均，且干燥周期较长。烟气和熏烟干燥窑设备简单，干燥成本低，但干燥质量不易控制，容易发生开裂、翘曲等缺陷，适用于中小型企业。

（吴悦琦）

轴承钢 bearing steel

用来制造滚珠、滚柱和轴承套圈的高碳（0.95%~1.10%）铬钢。含碳量为 0.95%~1.10%。经淬火和低温回火后，其显微组织是在回火马氏体基体上均匀分布着细小的碳化物颗粒加上少量的残余奥氏体。具有均匀的高硬度和耐磨性，接触疲劳强度好，尺寸稳定。加入 0.90%~1.65% 的铬是为了增加钢的淬透性和提高回火稳定性。对此类钢的纯度和组织均匀性要求特别严格，关键在于提高冶炼质量，尽量减少非金属夹杂物和改善碳化物的不均匀性。常用钢号有 GCr9、GCr15 等。根据特殊用途要求还有渗碳轴承钢（用于特大型轴承），不锈轴承钢和高温轴承钢。

（许伯藩）

轴承合金 bearing alloys

用于制造滑动轴承中轴瓦内衬的材料。通常是在钢质轴瓦的内侧浇铸或轧制一层耐磨合金，形成一层均匀的内衬。它具有优良的耐磨性、疲劳强度、抗压强度、磨合性和最小的摩擦系数。其组织特征是在软基体上均匀分布硬质点或硬基体上均匀分布软质点，起储油、减磨作用。常用的有锡基、铅基、铜基、铝基和锌基等合金，牌号以"Ch"（表示"承"）作冠，后面标出基本元素、主加元素及其含量。锡基与铅基为低熔点合金，又称巴氏（Babbit）合金，用于低速、低负荷轴承；铜基属承载能力大、导热性高的合金，适于制造高速重载轴承；铝基具有较高的硬度，用于高速、重载内燃机上；锌基有良好铸造性、耐磨性，可作为巴氏合金的代用品。

（陈大凯）

轴花 roller bump; roller

又称辊花。俗称蛤蟆皮。没有足够硬化的玻璃原板在垂直引上过程中经过石棉辊子挤压时呈现出的不规则花纹缺陷。产生原因是玻璃原板在引上室内没有得到足够的冷却。

（吴正明）

皱纹 wrinkle

又称起皱。涂膜在干燥过程中，由于表、里层干燥速度的差异，引起表层急剧收缩向上收拢，形成许多棱脊的现象。形成原因是涂料中挥发速度快的溶剂用量过多，过量的加入了钴锰催干剂，涂膜施工过厚，骤然高温加速干燥。在浸渍法施工物件发生"肥厚"的边缘、"流坠"等现象时均会引成皱纹。除采取针对上述原因的相应措施以外，可适量加入防止起皱剂，如醇酸树脂磁漆中，适量加入氨基树脂。容易起皱的涂料有：油基漆（特别如用桐油制作的涂料）及醇酸树脂涂料。 （刘柏贤）

zhu

朱膘

朱砂经研磨、漂洗、沉淀，浮于上层质细、色淡的部分。以胶液调之用于古建筑彩画工程中的山

朱丹 mercuric sulphide powder

又称朱华。将朱砂捣研为末，入水洗去污物杂质，再研磨成极细粉末，以水漂之，按色轻重，分别装入几个容器中，水内色淡者称朱华，色稍浅者称三朱，色更深者称二朱，最深者称深朱。红色系颜料。 （谯京旭）

朱砂 cinnabar, vermilion

又称丹砂，辰砂。主要成分为硫化汞（HgS）的红褐色天然矿物颜料。以湖南辰州（今沅陵县）产者最佳。常为结晶体，色彩发暗，介于银朱、樟丹与土红之间，用时经研磨、漂洗、沉淀取其上层以水胶调之，作为古建筑彩画工程中的山水、人物、花卉等写生画的点缀部分。用量极小，往往以相近颜色所替代。 （谯京旭 王仲杰）

珠光塑料 pearlescent plastics

具有珍珠母外观的塑料。大多在热塑性塑料中加入珠光颜料制成。珠光颜料大部分为高折射率的片、针晶状颗粒，折射率为 1.50～2.15，主要是铅的化合物，如碳酸铅、磷酸铅、砷酸铅等，还有氧氯化铋及鱼鳞的提炼物。20 世纪 60 年代初，美国杜邦公司开发的二氧化钛包覆的鳞片状云母（云母钛）是一种较好的无毒珠光颜料。主要用于制作建筑小五金包覆层，卫生洁具、灯具零部件，手柄，纽扣等小制品及建筑装饰制品。 （刘柏贤）

珠光体 pearlite

由铁素体片和渗碳体片交替排列的层状微观形貌的物体，即两相的机械混合物。是过冷奥氏体在共析温度发生共析分解的产物。因其组织在显微镜下观察时有珠母贝的光泽而得名。片层组织的粗细，随奥氏体过冷程度而不同，过冷度越大，片层越细，强度、硬度越高。较细的片层组织称为索氏体，极细的片层组织称为屈氏体，需用电子显微镜才能观察和分辨它们的层片间距。通常的片状珠光体组织用一般光学金相显微镜即可分辨其片间距。 （高庆全）

诸暨石 Zhuji stone

豆绿色的沉积砂岩。因石质纯净而松软，容易雕刻，江浙地区常用来制作牌楼的字额、插翅、雀替、厅堂铺地、露台栏板、石板、石狮、柱础及雕镂成空透的漏窗。因产于浙江省诸暨一带故名。 （马祖铭）

猪血 pig blood

制作血料的主要原料。见血料（557 页）。 （王仲杰）

竹材 bamboo (material)

有木质化地下茎的多年生植物——竹的秆。竹属禾本科（Gramineae）的竹亚科（Bambusoldeae）植物。中国约有 22 属 200 多种，主要产于长江流域以南各省。建筑上使用最广的为毛竹、淡竹和刚竹。另外还有丛生竹，如慈竹等，主要为篾用竹。竹材组织致密，材质柔韧，就一般性质而言，顺纹理的抗拉、抗压与静曲强度都较高，例如毛竹分别平均为 153.1～190.3MPa、65.1～66.3MPa 和 148.9～152.0MPa，但具有明显的各向异性。纤维通直，顺纹方向容易劈裂。竹秆多为圆柱形的有节壳体，节间中空，其整体较轻，一般使用整秆，秆身粗细受限制，规格不统一，且常有弯曲、畸形等缺陷。使用或贮存过程中会发生干缩、湿胀、腐朽、虫蛀及开裂等弊病。中国利用竹材的历史悠久，远自古代，就利用"竹简"记载文字。竹材用于建筑也很早，宋代王禹称：在《竹楼记》中载有"黄冈之地多竹，大者如椽，竹工破之，去其节，用代陶瓦，比比皆是，以其价廉而工省也。"亦有以竹做墙、门窗、梁檩的记载。足见我国很早就知道以竹代木。迄今西双版纳傣族人民尚住竹楼。现在建筑中主要用做脚手架、脚手板、竹筋混凝土、竹胶合板、竹碎料板等。我国竹林总面积约 354 多万 ta，年采伐约 800 万 t，相当 800 万 m^3 木材，可以作为第二木材资源。 （申宗圻）

竹材构造 structure of bamboo

竹子的整株分三部分：地下茎（即竹鞭）、秆茎（地上茎）和竹枝三部分。秆茎即竹竿，是竹材部分，为竹子的主体，多为圆柱形的有节壳体，不同竹种的竹秆的竹节和节间长度变异很大。节间直径与竹壁厚度也因竹种而异。竹壁可分为竹青、竹肉与竹黄三部分。竹青是竹壁的外部，组织紧密，质地坚韧，表面光滑，外有一层蜡质，表层细胞有叶绿素，老龄竹竿渐变黄，失去叶绿素。竹肉系竹壁的中部，位于竹青与竹黄之间，是竹竿壁的主体，由纤维、维管束和基本组织所构成。竹黄为竹壁的内层，组织疏松，质地脆弱，呈黄色。在其内侧尚有一层薄膜，即竹衣。在竹的空心部往往尚有层片状，近似海绵状的髓。 （申宗圻）

竹材性质 properties of bamboo

竹材的物理、力学性能的总称。竹材的含水率嫩竹比老竹大，故采伐后嫩竹干缩、变形、开裂等都多。竹青的含水率略高于竹黄，但差别不及木材的边、心材的大。竹秆下部的含水率略大于上部的。竹青的纤维素与木素含量分别约为 42%～52% 和 26%～31%，而竹黄的含量较低，分别约为 34%～42% 和 20%～26%，可抽出物则竹青（6%～7%）少于竹黄（18%～22%）。竹秆的内外层密度悬殊，介于 0.3～1.04g/cm^3 之间，平均约

为 $0.7\sim0.8\text{g/cm}^3$。干缩率，外壁弦向最大，径向和内侧弦向次之，纵向最小，尤属外壁。力学强度一般竹秆的上部比下部高。节部抗拉强度比节间约低 25%（毛竹），其他强度指标，节部略高于节间。一般顺纹抗拉强度约 $140\sim200\text{MPa}$，顺纹抗压强度 65MPa 左右，静曲强度约 $120\sim160\text{MPa}$，抗弯弹性模量 $10\sim13\times10^3\text{MPa}$。力学性质因竹龄、竹种而异。

（申宗圻）

竹筋混凝土 bamboo concrete

以竹筋作为增强材料的增强混凝土。竹材的抗拉强度及弹性模量等较低，且随品种及在竹竿中所处部位而异，差别较大。竹材用作竹筋时，应选择抗拉强度大，富于韧性及耐久性较好的优质材料；使用前须加工处理，以提高其防水、耐碱、防菌及增强与混凝土的黏结力等性能。代替钢筋混凝土，用于建造承重不大的低层房屋、挡土墙、明沟，或制作混凝土制品如竹筋混凝土管等。以节约金属材料。但目前工程上应用尚不多。配竹筋的菱镁混凝土也可归属此类，可用于制作包装箱等。

（孙复强）

主增塑剂 primary plasticizer

与聚合物的亲合力大，有足够的相容性，能单独使用的增塑剂。在合理的范围内与聚合物可完全相容且不发生离析。不同的增塑剂对不同聚合物的相容能力与温度、聚合物的分子量等有关，所以"主"、"副"之称只具有相对的意义。

（刘柏贤）

主轴面 plane of principal axis

见光学主轴（168 页）。

煮浆灰 quick-slacked lime putty

生石灰在预先砌好的"灰锅"或铁锅内加水搅成浆状，过滤、凝固而成的石灰膏。因生石灰加水消解，释放大量的热，使灰浆呈煮沸状而得名。主要用于配制各种灰浆，加入麻刀、青灰或红土子调制后，可用作墙面抹饰及瓦面挑脊和屋面修补等材料，但不宜用于室外露明处。

（朴学林　张良皋）

苎布 ramie cloth

又称粗夏布。用苎麻线织成的粗网眼麻布。主要产于四川等地。古建油饰工程用其控制地仗油灰层开裂。用时先在通灰层的表面遍涂一层头浆，然后将苎布黏附其上，苎布之上再覆以油灰。

（王仲杰）

苎麻 ramie

简称麻。荨麻科多年生草本植物纤维。古建油饰工程用其控制地杖油灰开裂。使用方法是：先将麻断成 800mm 长的段，随即用麻梳子（特制的一种梳麻工具，其状近似钢丝刷子）或梳麻机将麻梳成细软长丝状，然后掸成棉絮形。经加工后麻丝应柔软洁净无麻梗，纤维拉力强。用时在通灰层的表面遍涂一层头浆，而后把麻絮粘覆其上。麻层之上再用压麻灰覆盖。

（王仲杰）

助流剂 flow promoter; flow aid

通过改善表面张力，增进涂层形成初期和中期的流动性，以消除可能发生的皮膜弊病（如针孔、棕眼、空穴等）的一种助剂。常用的有：聚氨酯涂料中的醚化型氨基树脂、环氧酚醛型热固性涂料中的低黏度聚乙烯醇缩丁醛、醋丁纤维等。

（陈艾青）

助溶剂 cosolvent

单独使用时对涂料基料无溶解作用，当与其他溶剂混合使用时，则能增强该溶剂的溶解能力的溶剂。例如醇类溶剂对硝化纤维无溶解作用，当和酯、酮类溶剂混合使用时，则可提高酯、酮类溶剂的溶解能力，醇类即为硝化纤维的助溶剂。α-硝基丙烷和丁醇单独使用，对醋酸纤维均无溶解作用，混合后成为良溶剂，因此，两者均为助溶剂。可弥补单独溶剂所存在的溶解性能差、价格过高的不足而提高了对树脂的互溶性、储存稳定性和施工性能。在涂料工业中用途极广。

（刘柏贤）

注浆成型 casting

将泥浆注入具有吸水能力的模型内成型的方法。可分为空心注浆（单面注浆）和实心注浆（双面注浆）两种。前者适合于成型坯体厚度较均匀的空心制品，如杯、壶、花瓶等，外形取决于模型内表面形状，操作中需倒除余浆。后者可以生产较厚的制品，但需不断补充泥浆，直至形成实心坯体。要求泥浆在较小的含水率（30%～40%）时具有良好的流动性、悬浮性、渗透性及适当的触变性。通常添加稀释剂和调节 pH 值来控制。为避免泥浆含气泡造成坯体内部气泡和表面凹坑，还应采用真空搅拌，排除泥浆中的气体。为加快吸浆速度和提高坯体的致密程度，则可采用压力注浆、真空注浆、离心注浆、电泳注浆等方法。适合于成型厚薄均匀、形状复杂的制品，是部分日用瓷、陈设瓷及卫生陶瓷的主要成型方法。

（陈晓明）

注射成型 injection moulding

又称注塑成型、注射模塑成型。熔融的塑料在一定的压力下注入温度较低的闭合塑模中经冷却固化而形成一定形状的模制品的成型方法。主要工艺参数包括注塑温度、注射压力、注射速度、保压压力和时间、锁模时间等，根据所加工材料的性质和产品的厚度、形状等来确定。生产周期短，效率高，可生产形状复杂的模制品。主要用来生产各种热塑性塑料的模制品以及个别热固性塑料如酚醛塑料的模制品。主要用以生产建筑工业用各种建筑小五金、电器开关、浴缸、塑料模壳板等。工业上常用来生产各种工业配件、仪器仪表零件、壳体等。

（顾国芳）

注射法 injection process

将料浆注入模具内经脱水密实以制造某些纤维增强水泥制品的一种方法。最初用于制石棉水泥制品，后也用于制玻璃纤维增强水泥制品。用泵将固体组分含量为45%左右的纤维水泥料浆注入能透水的模型内，通过橡胶膜对模内料浆施压使之脱水密实。也可在模型内预先放入几层纤维毡，再注入水泥浆并用上述办法使之脱水密实。当使用短纤维时纤维在制品中呈三维分布，使用纤维毡时则呈二维分布。适于制造异形制品。 （沈荣熹）

注射机 injection moulding machine

又称注塑机。使塑料熔融并在高压下通过注射口注入模内硬化成模制品的加工机械。规格按一次能注射聚苯乙烯的最大重量来分。按外形分有立式、卧式和直角式等。按结构分有柱塞式和螺杆式，前者仅用于小规格机种。一般由注射系统、锁模系统、模具三部分组成。注射系统的作用是使塑料塑化均匀并达到流动状态，在很高的压力和速度下借螺杆或柱塞注入模具。注射压力和速度、物料温度和保压压力等工艺参数可按需要调节。锁模系统一般为液压和机械结合的方式，作用是保证在注射时锁紧模具，其锁模力大于注射时模腔内的压力，模具赋予塑料形状，对热塑性塑料模具温度低于塑化温度，对热固性塑料模具温度高于塑化温度。是加工热塑性塑料和个别热固性塑料模制品的重要成型机械，用来生产塑料建筑五金、电器零件、浴缸、塑料模壳板等。生产周期短，效率高。

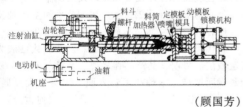

（顾国芳）

柱 column

又称楹。垂直承重木构件。《前汉·成帝纪》腐木不可以为柱。 （张良皋）

柱材 post

顺纤维方向承受载荷的直立木料。具有一定长度，断面呈圆形或矩形。用于作立柱或建筑物、围栏等的支柱。可以是整块木材，也可以由多块木料胶合而成。 （吴悦琦）

柱径 column diameter

檐柱根部的直径。与明间面阔同时用作清式小式建筑的模数单位。二者可以互相换算，例如檐柱高为檐柱径的11倍，或为明间面阔的4/5，所以明间面阔＝13¾檐柱径。 （张良皋）

柱塞泵 plunger pump

由柱塞的往复运动将材料吸入并压送出去的泵。是涂料、灰浆等材料喷涂施工的机械设备。比蛇形压送泵的压力大，适用于远距离高扬程压送，但重量大，稍有脉动。为缓和脉动，在泵喷出一侧装有储气罐。适用于建筑内、外墙装饰工程的厚质涂料的喷涂施工及用以压送及喷射砂浆作抹灰施工。 （邓卫国）

铸石 cast stone

以天然岩石或工业废渣为主要原料，经配料、熔化、浇铸、结晶、退火而制成的制品。按主要原料分为玄武岩铸石、辉绿岩铸石、粉煤灰铸石、高炉矿渣铸石及其他冶金炉渣铸石等。主要化学成分有SiO_2、Al_2O_3、FeO、Fe_2O_3、CaO、MgO。主要矿物相为辉石类、橄榄石类等。铸石的组成、结构对其机械性能影响很大，以羽毛状雏晶交织结构、球粒结构、星状结构最好。具有很高的耐磨性和机械强度。对无机酸（硝酸、盐酸、硫酸、王水）、有机酸（柠檬酸、醋酸）及氢氧化钠、碳酸钠等有很高的化学稳定性。但抗冲击强度和热稳定性较差。用以制作各种衬里、板材、管道、地板及异形部件等制品，代替金属材料。铸石粉用作耐酸混凝土及砂浆的粉料或细集料。在冶金、煤炭、石油、化工、建筑等工业中应用较广。

（孙复强 张立三）

铸铁 cast iron

用铸造生铁为原料并加入铁合金、废钢、回炉铁调整成分在冲天炉（化铁炉）内熔炼，浇铸而成含碳量大于2.0%的铁碳合金。与钢相比含碳和含硅量较高，含硫、磷等杂质元素较多。其中碳除了极少量固溶于铁素体外，根据化学成分，熔炼处理工艺和结晶条件的不同，或以游离形态（即石墨），或以化合物形态（即渗碳体）存在，也可二者共存。按石墨存在形态可分为灰口铸铁、可锻铸铁、球墨铸铁和特种性能铸铁。强度、塑性和韧性较差，不能进行锻造，但却有优良的消震性、耐磨性、铸造性和可切削性，而且生产工艺和熔化设备简单，因此在工业生产中得到普遍应用。可以铸造从几克到几十吨的铸件，也可以铸成很多复杂、精密件。如按重量比统计，汽车、拖拉机中其用量占50%～70%，机床中占60%～90%。是一种生产成本低廉并具有许多良好性能的金属材料。

(许伯藩)

铸铁金属基体 metallic matrix in cast iron

铸铁中以铁原子为主的晶格中溶有少量碳原子组成的各固溶体的统称。通常的铸铁与碳素钢的金属基体几无区别,随热处理状态不同,有奥氏体、铁素体、珠光体和马氏体等。随晶体结构的不同,其性能也不相同。也具有同素异晶转变。

(高庆全)

铸铁搪瓷 cast iron enamel

以铸铁作为基体金属的搪瓷。结构合理的铸铁件,壁厚均匀,外形的曲率半径较大,从而避免瓷釉产生裂纹、脱瓷等缺陷。其产品具有强度大,不易变形等特点,有洗涤盆、浴盆、炉灶、虹吸管、化学器械零件、阀、输送液体的管道、冷凝器等。对其瓷层的乳浊度、均匀度有较高的要求。

(李世普)

铸铁显微组织 microstructure of cast iron

铸铁中以铁金属基体为主并含有一定量的石墨和化合物所组成的微观形貌。取决于化学成分和处理工艺。常用的铁碳系铸铁中金属基体有铁素体、珠光体、铁素体加珠光体三种。石墨按其形态有片状、团絮状、球状及其他花样形态。化合物有渗碳体、磷化物、合金碳化物等。随组织组成物的类型、大小、数量和分布的不同,其机械性能、物理和化学性能也不一样。

(高庆全)

铸造性 castability

金属液体能充分填充铸型获得良好铸件的综合性能。其影响因素主要是金属的流动性、冷却过程产生的气孔、裂纹敏感性和线收缩系数等。取决于金属的物理、化学特性和铸造工艺条件。有色金属、铸铁均优于钢,钢的铸造性较差,因为熔点较高,流动性较低,氧化性和吸气性较大,易形成非金属夹杂物和气孔。

(高庆全)

筑路油 road tar

对产品质量不严格控制的一种铺路用液体沥青。是石油分馏出各种轻质馏分后残留的或经回配得到的慢凝液体沥青。可用于交通量少、要求较低的沥青路面。渣油亦属于铺路油范畴。

(严家伋 刘尚乐)

zhuan

专用水泥 cements for special use

有专门用途的水泥。为满足其专门用途,故各种水泥的矿物组成和性能差别很大。如油井水泥要求泵送性好,达到浇注部位后能很快凝结硬化,具有较高强度和抗硫酸盐性能,其矿物组成要求铝酸三钙和硅酸三钙含量随井深而降低,并掺入一定活性乃至非活性混合材料;铸造用的型砂水泥要求快凝快硬且浇铸铁水后溃散性好,硅酸三钙或氟铝酸钙含量较高或两者都高;大体积混凝土灌浆用的灌浆水泥要求颗粒细、凝结时间长、流动性好,常在硅酸盐水泥中加缓凝剂或塑化剂;道路路面和机场跑道用的道路水泥要承受车辆频繁摩擦和负载的冲击,要求铁铝酸四钙和硅酸三钙含量高而铝酸三钙含量低。

(王善拔)

砖 brick

砌筑用的人造小型块材。外形多为直角六面体,其长度不超过 365mm,宽度不超过 240mm,高度不超过 115mm,也有各种异形的。以黏土、页岩、工业废料和石灰、砂等为主要原料制成。常以所用主要原料、生产工艺、产品规格和用途命名。按生产工艺不同分为烧结砖、固结砖、蒸汽养护砖等;按构造不同分为普通砖、空心砖、多孔砖和微孔砖等;按颜色不同分为红砖、青砖和其他颜色砖;按主要原料不同分为黏土砖、灰砂砖、粉煤灰砖、矿渣砖、水泥砖等;按用途不同分为砌墙砖、饰面砖、地砖、望砖、花格砖、吸声砖、拱壳砖等。主要用于砌筑墙体、屋顶、楼面、地面、基础、拱、柱、烟囱等。由于原材料来源广泛,便于就地取材,易于加工制作,施工方便灵活和物理性能好等优点,成为土木建筑工程的重要建筑材料。中国使用历史悠久,早在周朝已有砖的记载,在考古发掘中,最早的出现在战国时期(公元前 475 年至公元前 221 年)的砖室墓中,春秋战国时期陆续创制了长方形或方形黏土砖、空心砖、花砖、凹槽砖,并且表面有各种花纹和模印几何图案。秦汉时期(公元前 221 年至 220 年)制砖技术和生产规模均有显著发展,世称"秦砖",使用范围亦逐步扩大,元代出现了全部砖砌墙房屋,及至明代已成为普遍做法。目前,其产品在轻质、节能、利废、复合和表面饰纹、施釉技术各方面,均有很大发展。

(何世全)

砖标号 strength grading of brick

根据砖的强度指标划分的级别(参见砖强度级别,630 页)。

(崔可浩)

砖大面 bedding face of brick

砖的长度与宽度所形成的面。在砖砌体中承受压力。普通砖指 240mm×115mm 的面,竖孔空心砖则指有孔洞的面。

(崔可浩)

砖顶面 end face of brick

垂直于大面的较短侧面的砖面。普通砖指 115mm×53mm 的面;竖孔空心砖则指没有孔洞的

较短侧面的面，4个侧面长度一致时，指垂直于抓孔的侧面的面。　　　　　　　　　　（崔可浩）

砖挂落

方砖经砍磨加工成上口带爪的曲尺形砖件。是北方古建黑活的五脊门和馒头门等所用饰件之一。位于冰盘檐子之下，大面向外拴挂在门口过木外皮的"脸"上。此件以干摆（磨砖对缝）做法居多。较讲究的建筑可雕花饰（砖雕）。　　（朴学林）

砖灰　brick powders

青砖经过捣碎、碾轧、过筛而成的砖粉。南方多以青瓦或碗加工成瓦灰、碗灰代替使用。是中国古建油饰基层（地杖）的主要骨料。用时加桐油、血料、面粉调成膏状，施于木构件的缝隙之中和表面。干燥后结成牢固的保护层。因其粗细的不同，又分为籽灰、中灰、细灰，分别用于地杖的底层、中层和表层。规格见下表。

名 称		规 格 孔/英寸
籽灰	大籽	16
	中籽	18
	小籽	20
中灰		24
细灰		80

（谯京旭　王仲杰）

砖抗压强度　compressive strength of brick

在压力作用下，砖大面上单位面积所能承受的最大应力。以 MPa 表示。试验方法随砖品种而异。烧结普通砖，取砖样5块，切断或锯断成两个半截砖，其边长不得小于10cm，以断口相反方向叠放，用32.5或42.5强度等级水泥净浆粘结和抹平；蒸汽养护砖，取砖样10块，断成或先作抗折试验折断成两个半截砖，以断口相反方向叠放，叠合部分边长不小于10cm；空心砖，取砖样5块，以单块整砖沿竖孔方向加压。凡抹面制作的试件，应按规定养护后试压，蒸汽养护砖可立即试压。按规定加荷速度压至破坏，计算其抗压强度。　（崔可浩）

砖抗折强度　bending strength of brick

弯曲时砖垂直向截面上单位面积所能承受的最大应力。以 MPa 表示。试样数量随砖品种而异：烧结普通砖与空心砖5块，蒸汽养护砖10块，砖样外形完整，一个砖样为一个试件，按三点受荷法进行抗折试验，计算抗折强度（普通砖）或抗折荷重（空心砖）。三点受荷法是将砖样平放在材料试验机的支座上，跨距为200mm（190mm×190mm×90mm 的空心砖，其跨距为160mm），在跨距中心以 0.1~0.2kN/s 的加荷速度均匀加荷，直至砖样破坏，记录破坏荷重，计算抗折强度（普通砖）或乘以换算系数作为抗折荷重（空心砖）。
　　　　　　　　　　（崔可浩）

砖裂纹　crack of brick

砖表面产生浅的细直状或网状裂纹的一种烧成缺陷。焙烧过程中，升温过快或入窑坯体过湿，脱水速度过快，易产生网状裂纹。冷却过急，内外温差过大，易产生较长的细直裂纹。其数量和长度是划分砖质量等级的指标之一。　　（陶有生）

砖面水　brick powder paste

砖面、胶水（也有加青水泥）加水后调成的浆状物。可用于古建干摆、丝缝墙面的打点和刷浆提色，也用于黑活屋脊的混砖、瓦条、通天板、圭角盘子和兽件等的刷浆提色。此外，还用于其他需呈现青砖色调的地方，如模制砂浆花饰涂刷砖面水，即可达到仿青砖雕刻的效果。

（朴学林　张良皋）

砖坯成型水分

砖坯成型时混合料的含水率。工厂一般以相对含水率（坯体内所含水分质量和湿坯体质量的比值）表示。对砖坯成型性能、产品质量均有很大影响。含水率过低，混合料可塑性差，成型时内摩擦力大，砖坯密度小，易产生缺棱掉角；含水率过高，成型时泌水粘模，砖坯易过压产生层裂、膨胀，养护后出现酥松、裂纹等现象，最终影响砖的强度和耐久性。因此，成型水分应适当，须与原材料的组成和成型设备特性相适应。　（崔可浩）

砖坯干燥　drying of green-brick

排除砖坯水分的工艺过程。刚成型的砖坯含水率高达20%左右，不宜直接焙烧，必须降低，以提高坯体强度，便于搬运和烧成。以太阳热能及流动空气为干燥介质，在露天或棚内进行干燥的方法，称为自然干燥，占地面积大，受自然条件限制，不易保持常年连续生产；利用各种热源和强制通风手段的干燥方法，称为人工干燥，其常用设备有室式干燥室和隧道式干燥室。前者为周期性间歇干燥，以装入湿坯、脱水干燥至运出干坯为一个周期，均在同一地点进行，室内温度和湿度随时间而改变，便于控制和改变干燥制度，适合多品种和薄壁、异形制品的干燥，惟装卸工作量大，干燥时间长，劳动强度大，热能利用率低；后者为连续干燥，沿隧道长度方向送入热介质，形成不同的温度和湿度区段，载有湿坯的运输工具，由一端送入，完成干燥后由另一端输出，干燥制度较稳定，热效率高，易于自动控制和调节，生产效率高。

（陶有生）

砖坯干燥曲线　drying curve of green-brick

干燥过程中，表示坯体平均含水率随干燥时间变化的曲线。以干燥时间为横坐标，坯体平均含水率或排出的水量的变化为纵坐标。曲线形状与坯体干燥条件如：坯体含水率、尺寸大小、码坯方式、干燥介质的温度、湿度、干燥速度以及坯体与干燥介质的接触情况等有关。以此判断坯体在干燥过程中脱水的均匀程度，是调节干燥室干燥条件、制定干燥制度的依据。在整个干燥过程中保持干燥条件不变时的干燥曲线，称为理想的干燥曲线（见图）。其中E点和D点分别为干燥开始和结束时坯体平均含水率，曲线上任一点的切线斜率即为该点的干燥速度（单位时间内坯体单位面积所蒸发的水量）；点3是由等速干燥阶段过渡到降速干燥阶段的转折点，称为临界点。

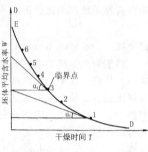

(崔可浩)

砖坯挤出成型 forming of green-brick by extrusion

将松散泥料通过挤泥机挤压成致密的、具有一定断面形状的连续泥条，以供切坯的工艺过程。在挤泥机中，泥料受到破碎、剪切、混合、输送和挤压等作用。按挤出压力和泥料成型含水率不同，分为软塑挤出成型和硬塑挤出成型两种。软塑挤出成型含水率较高（19%～27%），挤出压力较小（0.4～1.4MPa），砖坯塑性强度较低；硬塑挤出成型含水率较低（12%～16%），挤出压力较大（1.2～1.6MPa），砖坯塑性强度较高，可以加速干燥甚至不经干燥直接入窑焙烧，惟挤出机功率大，主要用于以煤矸石或页岩作为原料的砖坯生产，对于一般黏土为原料者，多采用软塑挤出成型。

(陶有生)

砖强度级别 strength grading of brick

根据砖的强度指标划分的级别。由砖试样抗压强度和抗折强度确定。以前以标号表示。如烧结普通砖 GB5101-85 规定，砖根据力学强度分为 75、100、150 和 200 四个标号，由 5 块试样和单块试样抗压、抗折强度平均值和最小值分别不小于某一规定值而定。现采取法定计量单位，以强度级别表示，如蒸压灰砂砖 GB11945 规定，根据抗压和抗折强度，强度级别分为 MU25、MU20、MU15、MU10 级，由 5 块试样和单块试样抗压、抗折强度平均值和最小值分别不小于某一规定值而定。

(崔可浩)

砖条面 side face of brick

垂直于大面的较长侧面的砖面。普通砖指 240mm×53mm 的面；竖孔空心砖则指没有孔洞的较长侧面的面，4 个侧面长度一致时，指平行于抓孔的侧面的面。

(崔可浩)

砖药 brick powder lime putty

7 份白灰膏、3 份砖面加适量青浆及水，调制而成的颜色与砖一致的修补灰浆。可酌量掺入胶粘剂。主要用于高等级墙体，如丝缝（缝子）、干摆（磨砖对缝）及细墁地面等堵抹砂眼（打点活），修补缺棱少角的面砖。此药也有用砖面加水泥调制的。

(朴学林 张良皋)

砖柱子

用城砖或方砖砍磨加工成似木制梅花柱子形的砖件。是北方古建黑活影壁墙和看面墙所用砖饰件之一。安装于墙体须弥座或下碱上面左右两侧的马蹄磉上口。此件以干摆（磨砖对缝）做法居多。属杂料子类。琉璃建筑该部位及花门用方、圆两种琉璃柱子。

(朴学林)

转炉钢 converter steel

采用转炉冶炼的碳素钢和低合金钢之总称。按冶炼炉型分为底吹、侧吹和氧气顶吹三种转炉设备。1856 年英国人 H.贝塞麦（Bessemer）首次发明空气底吹酸性转炉炼钢法，但只能采用酸性渣操作，因而不能脱磷，使用受到限制。1876 年英国人托马斯（Thomas）发明空气底吹碱性转炉炼钢法，可以精炼各种高磷生铁，但由于从底部吹入空气，使得钢中含氮量增高，磷和氧的含量也增高，因而只能冶炼普通碳素钢。当时出现的平炉炼钢法对原料适应性强，钢的冶炼品种多，质量好，底吹转炉炼钢法被取代。20 世纪 50 年代初期，试验成功空气侧吹转炉炼钢法，以后又发展成氧气侧吹转炉炼钢法（目前中国一些地方中小型钢铁企业还在使用）。直到 1952 年奥地利人成功地实现氧气顶吹转炉炼钢法（LD炼钢法），提高了生产率和产品质量，降低了成本和便于实现自动控制使之得以迅速发展。目前转炉已成为炼钢的主要设备，其产量占世界钢产量的 50% 以上。

(许伯藩)

转熔反应 peritectic reaction

见不一致熔融（36页）。

转色灯 turn colour lamp

一种周而复始旋转的彩光灯具。常以碘钨灯或白炽灯为光源。其灯体有圆球形、圆盘形和圆柱体形等，一般具有多头透光窗，并配有玻璃或塑料滤色光片，旋转照射时，呈五光十色的变换效果，能活跃舞台、舞厅、演ުm厅及酒吧等处的气氛。是文娱场所的专用灯。

(王建明)

zhuang

桩木　pile

在土木建筑工程中，为增加地基的承载能力，用作松软地基支承建筑物所使用的木料，一般使用小径级或中径级纹理直并耐久的长原木，也有使用矩形断面型式的桩木。要求木材具抗剪、抗劈、抗压和抗冲击能力，并进行防腐处理，常用的树种有落叶松、油杉、松木、杉木、冷杉、铁杉、栗木及榆木等。

（吴悦琦）

装饰灯　decoration lamp

简称饰灯。具有各色光源的彩光灯。按光源可分直接彩光和间接彩光。直接彩光是灯泡内充有不同气体或涂有各种不同荧光粉所致。如霓虹灯、彩光荧光灯等；间接彩光则是通过彩色玻壳及灯罩透射而得。如转色灯、走马灯、宫灯及水底灯等。其式样新颖，品种繁多。广泛用于装饰室内外环境。

（王建明）

装饰混凝土　decorative concrete

在预制或现浇的同时，完成自身饰面处理的混凝土。利用镶有线条花纹或图案的模板及衬模使外饰面层在浇灌结构混凝土时一次完成，或利用组成材料中的粗细集料进行表面加工成为露集料混凝土。与饰面混凝土词义相近，但饰面混凝土还指经过建筑艺术加工的混凝土饰面技术。须考虑造型、色彩、纹理三要素。多用白水泥或彩色水泥制作，也可在水泥混凝土表面喷涂涂料着色。饰面方法有反打、正打两种。预制平模反打可在钢模底面做出凹槽，或采用各种花纹衬模的工艺；平模正打常用压印与挠刮工艺。立模浇灌与预制反打的工作面，需掺用缓凝剂使其表皮水泥浆延缓硬化，待脱模后进行水洗。保证其质量的关键在于外模尺寸精确、板面平直，脱模剂应与水泥、砂石的色泽一致，上下两层接缝处要防止漏浆挂鳞。可利用升模工艺在外模内侧安置条形衬模在高层建筑外墙做成直条饰面。

（徐家保）

装饰墙布　decorative wall cloth

以纯棉平布经过前处理、印花、涂层制作而成的墙布。其特点是强度大、静电小、蠕变性小、无光、吸声、无毒、无味、对施工和用户无害、花型色泽美观大方。可作宾馆、饭店、公共建筑和较高级民用建筑的内墙饰面。适于各类墙面的粘贴或浮挂。

（姚时章）

装饰砂浆　decorative mortar

为增加建筑物美观而用作装饰的砂浆。通常将石膏灰浆、水磨石、斩假石、水刷石、干粘石、人造大理石、彩色砂浆均作为广义的装饰砂浆。彩色砂浆是将颜料加入水泥砂浆或混合砂浆、石灰砂浆中配制而成，颜料与硅酸盐水泥的比例随颜色和要求深浅变化在 5∶95 至 21∶79 之间。也可用彩色水泥与砂配制。水磨石由水泥、色石碴和水、颜料，经拌合、涂抹或浇注、成型、养护及表面磨光而成，多用于墙裙、地面、踏步、踢脚板等处。斩假石是砂浆硬化后表面不磨光，而用斧刃剁毛，状似花岗岩，又称剁假石。水刷石是在砂浆刚凝固后喷水将面层水泥浆冲去露出石碴或卵石，故又称露集料饰面，多用于外墙面、檐口、勒脚等处的装饰。干粘石是在抹灰面层的水泥净浆表面粘结彩色石碴而成，用途与水刷石相似。

（徐家保）

装饰石材　decorative stone

室内外墙面及地面贴面用的石材。有天然和人造两类。以其表面绚丽的色彩、纹理图案和光泽给人以美的感受，使建筑物增添光彩，一般也可使建筑物的耐久性得到改善。按原料不同分为大理石、花岗石及水磨石三大类，俗称"三石"。

（袁蓟生）

zhui

锥形块石　taper lump stone

底面平整形似截锥体的粗打石料。按高度分 14、16、18(cm) 三级，也有分成 16、20、25(cm) 三级的。底面积不小于 $100 cm^2$，顶部尺寸不限，但不可为尖成。高与底面积之比不得相差过大，同时不得呈斜锥形。抗压强度不低于 30MPa。主要用于路面基层。

（宋金山）

锥形膨胀螺栓固定　punch-in expander bolt joints

先在墙身上钻孔，用一有膨胀锥体的紧固件砸入墙孔内，装上吊挂件后拧紧螺栓固定。膨胀锥体砸入的深度对吊挂件固定的牢固程度影响很大。此法常用于饰面石板与墙身的安装固定。

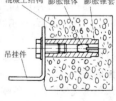

（汪承林）

zhun

准确度　accuracy

测量值接近准确值（即真值）的程度。使用精密的仪器，进行多次测量取平均，可使测量值很精确，但还可能偏离真值。即精确的量并不一定准

zhuo

捉缝灰

由油满、血料、大籽砖灰调和而成的古建地杖制作中第一遍粗油灰。在大木地杖中其重量配比为油满：血料：大籽砖灰（大籽砖灰70%，细灰30%）=1:1:1.5。其状如膏，干后密实坚固。用于木构件的缝隙和残缺部位的充填和补塑成型，干后磨平，擦净。
（王仲杰）

着色剂 colorant, coloring agent

使玻璃呈现颜色的物质。常用的有 Cr_2O_3、MnO_2、CoO、金、银、铜的化合物、CdS、$CdSe$ 等。按照它们在玻璃中呈现的状态不同，分为离子着色剂、金属胶体着色剂和硒硫化合物着色剂三类。
（许淑惠）

着色铝合金压型板 profiled sheet of colored aluminium alloy

铝合金压型板经阳极氧化着色而制成的轻型板材。曲型材质为防锈铝 LF21；阳极氧化按使用电解液不同分为草酸法、硫酸法和铝酸法。其中草酸法薄膜因无色透明，使用最广。薄膜是多孔的，当进行封孔时，使用各种染料（银白色、金色、青铜色和古铜色等）着色。具有质轻、耐蚀、耐磨、耐光和耐气候，性能良好，还可涂以坚固透明的电泳漆膜，涂后更加美观、色泽雅致。适于作室内墙面和顶棚的装修材料。
（陈大凯）

梲 post

同棳。又称侏儒柱、浮柱、上楹、蜀柱、童柱、瓜柱、骑筒。《尔雅·释宫》注：梲，侏儒柱也——梁上短柱。《甘泉赋》抗浮柱之飞榱。《鲁灵光殿赋》胡人遥集于上楹。蜀柱见《营造法式》卷一侏儒柱注。童柱、瓜柱是清代名称。骑筒是"穿斗架"上瓜柱的地方名称（土家族、苗族地区）。
（张良皋）

zi

紫粉

见胭脂（561页）。

紫红砂地砖 purple red floor tile

呈紫红色、无釉的陶瓷地砖。制品的紫红色主要为原料中赤铁矿的自然着色，根据赤铁矿的含量不同，其颜色分有暗紫色、红色多种。主要用于公共场所的地面装修。
（邢宁）

紫金砂釉外墙砖 aventurine glazed tile

紫褐色釉面，釉中带有细小晶体的陶瓷外墙砖。紫金砂釉是以 Fe_2O_3 为结晶剂的一种结晶釉（参见结晶釉面砖，241页），呈金属光泽的细小结晶是 Fe_2O_3 微晶，由于釉中富含 Fe_2O_3，故釉色呈紫褐色。常见规格为 100mm×100mm、150mm×150mm。为精陶或炻质（参见炻器，450页）外墙装饰砖。
（邢宁）

紫铆

又称紫矿、西洋红、卡密红。由紫胶虫的分泌物加工而成的虫胶类紫红色水性颜料。为多羟羧基酸和脂肪酸的酯类化合物构成的天然树脂。防潮、防腐、黏结力强、干燥快、化学稳定性好。在古建筑彩画工程中的主要用途是花卉中红色花朵的渲染、勾勒，其效果与胭脂近似，目前已取代了胭脂。
（谯京旭 王仲杰）

紫色玻璃 violet glass

透过可见光波长为 380～440nm 范围内的颜色玻璃。如：①在 $K_2O-CaO-SiO_2$ 系统玻璃中以 Ni^{2+} 离子着色呈紫色；②锰和钴混合着色，获得紫与蓝之间的系列色调；③钴和镍混合着色，可获得蓝与紫间的系列色调；④稀土元素钕着色的玻璃，呈美丽的紫色。多用来制造艺术玻璃和装饰制品，也是大型建筑物如馆、厅、堂的建筑装饰材料。
（许淑惠）

紫砂 redware; red stoneware; zisha ware

又称宜兴紫砂。用质地细腻、含铁量较高的特种黏土制成的，呈色以赤褐为主，质地坚硬的无釉陶制品。主要产于江苏宜兴。有色黏土（紫泥、红泥、绿泥）单独经过风化、粉碎、捏练直接制泥，可塑成形，经 1100～1180℃ 氧化气氛烧成。强度较高且有一定吸水率（5%～7%）和透气性。有栗色、米黄、朱砂紫、墨绿等多种颜色。主要用作日用茶具、花盆、园林装饰、工艺雕塑等。
（邢宁）

紫石 violet stone

紫红色石灰岩和大理岩的俗称。产于北京郊区马鞍山、安徽灵璧等地。其中马鞍山紫石塘即因产此类石材而得名。因质地较硬，在古建筑中多用作阶石或铺装地面，经磨光后美观华丽，宜作装饰板材。
（谯京旭）

紫檀 Pterocarpus spp. Linn

常绿乔木，系蝶形花科紫檀属，约有100种。木材在国内市场上，一般统称为紫檀或红木，乃进口材，产于印度南部迈索尔邦。散孔材，边材狭，白色，心材的新鲜面为橘红色，久之，则变成红葡萄酒色并带紫。木材含有檀香烯酸（santalin 或 santa lenic acid），木材有光泽，纹理斜，结构细。木材坚韧，极硬。静曲强度 97MPa，弯曲弹性模量 12.5GPa。干燥困难，缓慢，但极少开裂。耐腐，抗白蚁，锯、刨等加工困难，切削面光滑，容易雕刻和磨光。材质好，材色与光泽美丽，为珍贵家具用材。

（申宗圻）

紫铜 red copper

又称工业纯铜。从铜矿石中经火法、湿法或电解法提炼出含铜量达 99% 以上的铜。具有玫瑰红色表面，易形成氧化膜呈紫色，故名。熔点为 1 083℃，相对密度为 8.90，比普通钢重约 15%。具有优良的导电性、延展性和耐蚀性。为改善其性能，配入其他适量的元素，如加入硫和铅可改善切削性能，加入铬可提高强度。主要用作发电机、母线电缆、变压器等电工器材和交换器、管道等导热器材。

（许伯藩）

紫铜纱 red copper screening

又称铜布。选用紫铜丝编织成的纱布。网孔为方型。幅长：9 140mm；幅宽：910mm。性能优于镀锌窗纱，其色泽更具有装饰性，适用于高级建筑的纱门窗和作各种防护罩等。

（姚时章）

紫铜线 pure copper wires

又称纯铜线。由纯铜 T2、T3 经拉制成的线材。纯铜中含有适量的氧（0.02%～0.06%），杂质被氧化排出，有利于导电性。直径一般在 9mm 以下，在冷加工硬化状态下用作导线。随变形度增大，强度和硬度愈高，但导电率降低，如经 500～700℃退火后可恢复其塑性和导电率。广泛用于电器及电子工业作导线、电缆等。

（陈大凯）

紫外光电子能谱分析 ultraviolet photoelectron spectroscopy, UPS

以紫外光为激发源的电子能谱分析，记作 UPS。其原理是基于爱因斯坦的光电定律。用惰性气体放电产生的紫外光（常用 He I 或 He II 共振线）照射试样，使试样中原子或分子的价电子被电离而射出，成为光电子。用静电或磁场偏转型能量分析器检测其能量分布，得到以电子动能（或结合能）为横坐标，电子计数率为纵坐标的光电子能谱图。最初用来研究气体分子，测量气体分子轨道能量，确定分子结构和键合性质，鉴定化合物种类，观察分子振动的精细结构。现已越来越多地用于研究固体表面吸附作用及表面电子结构。

（郑兆佳）

紫外光显微镜 ultraviolet light microscope

见紫外光显微镜分析。

紫外光显微镜分析 ultraviolet light microscope analysis

利用紫外光显微镜进行岩相分析的一种分析技术。主要仪器是紫外光显微镜，采用紫外光作光源，用石英、萤石等材料制作物镜、聚光透镜等能透过紫外光的特种光学附件所组成。在可见光中，紫外光的波长最短，可用以提高显微镜的分辨率。一般光学显微镜的极限分辨率约为 $0.2\mu m$，放大倍数约 2 000 倍。而紫外光显微镜分辨率约为 $0.1\mu m$，放大倍数约 3 000 倍。

（潘意祥）

紫外-可见分光光度计 ultraviolet-visual spectrometer

光源波长在 200～800nm 的紫外-可见光谱分析的仪器。主要有光源、单色器、吸收池、检测器和记录装置五部分组成。常用的光源有钨丝灯和氢灯两种，前者用于可见光区（300～2 500nm），后者用于紫外区（180～375nm）。其工作原理是光源发出的连续辐射，经单色器（棱镜或光栅）色散后，投射到吸收池（放试样溶液），检测通过试样后的透射光，再由测量信号记录系统显示试样的吸光度与波长的关系曲线。根据吸收峰的数目、位置、强度和形状与标准物质相比较以进行定性和定量分析。是最有效的定量分析方法之一，可用于微量组分、超微量组分及常量组分的分析。具有快速、灵敏度高、适合多组分测定的特点。

（潘素瑛）

紫外-可见光谱分析 ultraviolet-visual spectrophotometry

利用物质对波长在 200～800nm 范围的紫外-可见光具有的吸收特性而确立的光谱分析。紫外、可见光的能量范围在 1～20eV，与物质中分子或离子的外层价电子跃迁能量相适应，导致光谱吸收，故紫外-可见光谱亦称电子光谱，其特征吸收峰的波长和吸收强度，反映了物质的信息，可对化合物进行定性与定量分析和微量组分的测定。

（潘素瑛）

紫外线灯 ultraviolet lamp

辐射电磁波长为 40～390nm 的灯具。紫外线不引起视觉，有近紫外、中紫外和极端紫外之分。通常线光谱辐射源如水银灯和电弧等，可辐射 250～390nm 波长的紫外线光源；连续光谱辐射源如重氢灯等；以上两种光谱的混合辐射源则有各种荧光灯和金属卤化物灯等。照射时具有杀菌消毒的功能。

（王建明）

紫外线吸收剂 ultraviolet absorbent

能强烈地选择吸收紫外光放出热能而本身结构最终不起变化的物质。吸收紫外光后通过能量转换，以热能形式或无害的低能辐射形式，将能量释放或消耗。是目前最普遍使用的光稳定剂。主要用以防止塑料、涂料、染料等在阳光、灯光、高能射线照射下发生的光分解作用，避免过早产生材料的变色与老化。要求能尽可能高地吸收 $290\sim400\mathrm{nm}$ 波长的紫外线及尽可能低的透过率，并要求色浅、有良好的混溶性、耐热性、低毒性。一般加量为 $0.1\%\sim2.0\%$。常用的有二苯甲酮类和苯并三唑类，其他还有芳酯类（水杨酸酯等）、取代丙烯腈类、有机镍络合物、三嗪类等。 （刘柏贤）

自洁搪瓷 self-cleaning enamel

瓷层为多孔状、在烘烤过程中表面溅污的油脂斑迹能自行氧化消失的搪瓷。其瓷釉中含有氧化铁、氧化钴等氧化触媒，为增大油污氧化接触面积，提高自洁性能，一般烧成多孔性瓷面。用于搪瓷电灶、煤气灶等灶面。 （李世普）

自聚焦玻璃纤维 selfoc glass fibre; selfoc

折射率中心最高、边部最小，沿径向呈抛物线分布的光通信玻璃纤维。是梯度型光通信纤维的一种。一段两端面为平面的自聚焦纤维就相当于一个抛物面透镜，有聚焦成像作用。一根这种纤维就相当许多个微型透镜的组合。它可以把物空间内物体的像在该纤维内经多次成像而得到传递，这是其他光学玻璃纤维不具有的。一根普通光学玻璃纤维只能传递一个像元；一根自聚焦玻璃纤维则可以传递一个物体的图像。因此，它有时也称类透镜纤维。此外，传输激光时纤维内光波的光程短，没有全反射损失，光透过率高。其材料为多组分玻璃或掺杂石英玻璃，前者用双坩埚离子交换法制造，后者用化学气相沉积法制备。可用于激光通信、微型透镜、纤维与光源的耦合等。 （吴正明）

自流密实混凝土 self-compacting concrete, fluid concrete

又称液态混凝土（liquid concrete）。指混合料坍落度大于 $200\mathrm{mm}$ 的流态混凝土。通常采用适量流化剂加入坍落度为 $50\sim90\mathrm{mm}$ 的混合料中使其流动性大幅度提高，依赖自身具有的流动性能，不必振捣即可自行填实模型。性能和应用特点，参见流态混凝土（308页）。 （徐家保）

自流平型密封膏 self-leveling sealant

又称可灌注密封膏。在 5 ± 2℃ 下，嵌涂到水平缝中时，其流动性足以形成一个光滑平整表面的密封膏。将 20mL 密封膏注入 $150\mathrm{mm}\times20\mathrm{mm}\times15\mathrm{mm}$ 的两端封口的金属槽内水平静置 1h，表面平整光滑者可视为自流平型。单组分或多组分密封膏均可做成自流平型。按施工季节可分为夏季施工型和冬季施工型。施工时为避免三面黏结，应在接缝下加以背衬材料。主要用于建筑物的水平接缝密封防水或防风尘。 （徐昭东 孔宪明）

自黏结油毡 self-adhesive asphalt felt

又称自黏结卷材。表面涂以弹性压敏胶的油毡。成卷时用带保护纸的有机硅薄膜作隔离层，以防止互粘。使用时揭去薄膜就能牢固地粘贴于欲防水部位的表面，不需用玛琋脂。压敏胶通常用橡胶改性沥青，厚 $2\sim3\mathrm{mm}$。适用于屋面及地下防水层，尤其适合立面防水部位的铺贴。施工时，基层表面必须干净、坚固、平整、保持向排水系统方向的倾斜度。基层表面应预先涂刷冷底子油。使用这种油毡可以加快屋面防水层施工速度，但因需用有机硅薄膜，成本较高。 （王海林）

自清洗法 auto-flushing method

又称绝热法或绝标法。由基体清洗法派生的方法。即选混合物中本身存在的 α 相充当清洗剂。其使用条件是 $\sum_{j=1}^{n}X_j=1$。计算各相含量 X_j 的公式为

$$X_j = \left[\frac{K_\alpha^j}{I_j}\sum_{j=1}^{n}\left(\frac{I_j}{K_\alpha^j}\right)\right]^{-1}$$

式中 I_j 为各相衍射强度；$K_\alpha^j=(I_j/I_\alpha)_{1:1}$ 为常数，可以用各相纯样按 1:1 配样测出。此法优点是省略了加内标的操作过程，避免了内标线条所引起的重叠，而且无内标的稀释作用，使微量相检测不受影响。但和 K 值法相比，因它必须同时测出样品中全部结晶相，故不适用于含非晶态的试样。

（孙文华）

自然厚度 spontaneous thickness; equilibrium thickness

又称平衡厚度。浮法玻璃生产时，在无外力作用条件下，锡槽内玻璃液的重力和表面张力达到平衡时玻璃液带的厚度。见图所示：有三个界面和相应的三个表面张力，当重力和表面张力平衡时可推导出如下的关系式：

$$H^2 = (\sigma_玻 + \sigma_{玻锡} + \sigma_锡)\frac{2\rho_锡}{g\rho_玻(\rho_锡-\rho_玻)}$$

式中 H 为自然厚度（cm）；σ 为表面张力（10^{-5} N/cm）；ρ 为密度（$\mathrm{g/cm^3}$）；g 为重力加速度（$\mathrm{cm/s^2}$）。对普通钠钙玻璃，1 000℃ 时的自然厚度为 7.0mm 左右。生产中，若玻璃液带受纵向拉力的同时添加横向拉力，则实际厚度小于自然厚度。

（刘继翔）

自然浸渍 natural impregnation

在常压条件下对基材进行的浸渍。常温不加压条件下将基材浸泡在浸渍剂中借助于毛细管作用使浸渍剂渗入基材孔隙内。此法设备简单，操作方

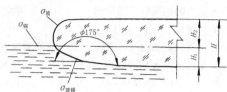

便，但较真空浸渍和真空-加压浸渍的浸渍时间长，效果较差，一般用作表面浸渍。（陈鹤云）

自然老化 natural aging

又称大气老化。材料在自然条件下受各种外界因素的作用而性能恶化的现象。聚合物材料如塑料较易老化，因而多指聚合物材料的老化。引起聚合物老化的大气条件主要是氧气、阳光、热、水和潮气。氧气使聚合物分子氧化从而发生降解或交联，是老化的主要原因。紫外光和热都能加速氧化反应。水和潮气会使分子主链上含有酰胺键、酯键等的聚合物发生水解降解。降解使聚合物分子结构破坏，分子量下降，表现为发黏、变色、粉化、机械性能下降等。交联使聚合物材料变脆、失去弹性或发生龟裂。（顾国芳）

自然养护 natural curing

混凝土制品在自然气候条件下硬化的养护方法。对制品及时覆盖、浇水，以免因水分急剧蒸发而引起干裂，甚至使水泥水化停止。气温骤降时应防止混凝土受冻。优点是不需养护设备，节约能源。但其混凝土强度增长缓慢、养护时间较长。在气温适宜和场地许可的情况下，常用于中小型混凝土制品厂或现场预制作业。一般无特别说明的混凝土养护，即指此种养护方法。（孙宝林）

自燃 spontaneous combustion

在无外来火焰或火花等火源引燃情况下，由材料受热或自身发热而引起着火燃烧。如木材加热到260℃可自燃；成堆的煤末、柴草、粮食在潮湿和通风不良情况下，因缓慢氧化发热而温度升高也可自燃。产生自燃的最低温度称自燃点（self-burning point），其值越低，火灾危险性越大。天然材料如棉、麻、纸、木的自燃点大致与燃点相同；合成聚合物材料如聚苯乙烯、有机玻璃的自燃点约比燃点高100℃；低级碳氢化合物如乙烷、丁烷在室温下可用明火点燃，但无明火时须在400~500℃才能自燃。隔热降温或干燥通风可预防之。（徐应麟）

自燃煤矸石 self combusted gangue

采煤、选煤过程中排出的矸石，在堆积过程中自燃而成的工业废渣。其质量较煤矸石轻，是一种工业废料轻集料。粒径大于5mm以上者堆积密度不大于1 100kg/m³，较一般轻粗集料略重，筒压强度不小于5.0MPa。有的硫酸盐含量较高，必需加以控制，中国标准要求不大于1%。可用以配制保温结构用或结构用轻集料混凝土。（龚洛书）

自燃煤矸石混凝土 self combusted gangue concrete

以自燃煤矸石为粗细集料配制成的混凝土。有的表观密度可能略大于轻集料混凝土规定表观密度值的上限（1 950kg/m³），抗压强度较高，可达20~30MPa，适用于制作建筑砌块，若其SO_3等有害物质含量符合有关标准的要求，也可用于配筋混凝土构件。（龚洛书）

自应力硅酸盐水泥 self-stressing portland cement

由硅酸盐水泥熟料、高铝水泥熟料和二水石膏磨制成的强膨胀性水泥。具有原料来源广、成本低、膨胀稳定期短等优点，有一定抗渗性。但自应力值低、质量不够稳定，生产工艺不易控制。用它配制的1:2砂浆的28d自应力值可达3MPa左右。适用于制作一般口径和压力的自应力混凝土输水管和城市煤气管，不宜制造大口径高压力管（参见自应力混凝土）。（王善拔）

自应力恢复 self-stress recovery

自应力混凝土因干缩引起的自应力损失，在重新吸水后逐渐自行恢复。如自应力硅酸盐水泥混凝土试件在空气中干燥，发生收缩，自应力值损失；如再浸水，则可重新膨胀，恢复损失的自应力值。3d可恢复50%~60%，以后恢复速度逐渐变慢，一般到60d时有可能全部恢复。（孙复强）

自应力混凝土 self-stressing concrete

又称化学预应力混凝土。利用水泥本身产生的膨胀能张拉钢筋以达到建立预应力目的的混凝土。应用膨胀性大的自应力水泥作胶凝材料。它在湿润养护条件下凝结硬化时，水泥中膨胀组分水化，产生膨胀能，使混凝土膨胀，早期快，以后减缓并趋于稳定。膨胀能越高，膨胀也越大。水泥中的强度组分则与膨胀相适应，使混凝土的强度不断增长。当膨胀受到钢筋的限制时，钢筋被张拉，产生预拉应力；混凝土则产生预压应力。在外力作用或干缩时所产生的拉应力能为预压应力所抵消。影响膨胀和强度的因素有水泥的组成、配比、用量；混凝土的水灰比；集料尺寸与形状；成型及养护方式等。自应力混凝土具有结构致密，抗渗性好，生产工序简单等优点。最宜用于三向限制条件下的制品或构件。可制作各种混凝土压力管、楼板、墙板、薄壳、梁、油罐、水池、矿井支架等。其缺点为预应力值较低，生产工艺控制不严，则质量不易保证稳定。（孙复强）

自应力混凝土管 self-stressing concrete pipe

用自应力水泥作胶凝材料而使管体混凝土获得预压应力的水泥压力管。分为自应力钢筋混凝土管和自应力钢丝网水泥管。采用各种自应力水泥配制混凝土或砂浆。集料最大粒径不超过20mm。管体内在纵向和环向配有钢筋或钢丝网，一般用冷拔低碳钢丝。利用自应力水泥在水化过程中产生的膨胀能张拉钢筋或钢丝网而建立起预应力，故不需要张拉设备。采用离心法、立式振动法、悬辊法等制管工艺生产。一般内径为100～800mm，长度2 500～5 000mm。能承受内水压0.4～1.0MPa。管结构致密，抗渗性好，生产工艺简便。可用于输水、输油、输气及输送其他物质。最宜在潮湿环境中使用。　　　　　　　　　　　　　　　　（孙复强）

自应力硫铝酸盐水泥　self-stressing sulphoaluminate cement

以无水硫铝酸钙和β型硅酸二钙为主要矿物组成的熟料加入适量二水石膏（一般为25%～50%）磨制成的强膨胀性水泥。标号以1:2胶砂28d抗压强度确定，定375一个标号。水化产物主要是钙矾石、氢氧化铝凝胶和CSH凝胶。低碱液相中形成的钙矾石的均匀分布加上凝胶的衬垫作用，使膨胀与强度发展配合良好，因而水泥自应力值高且膨胀稳定期短、抗渗性和气密性好。按1:2胶砂28d自应力值分为35、45和60三个等级（分别不小于3.4、4.4和5.9MPa）。适用于制作大口径或较高压力的自应力混凝土输水管和输油、输气管。　　　　　　　　　　　　　　　　（王善拔）

自应力铝酸盐水泥　self-stressing aluminate cement

由高铝水泥熟料和二水石膏加1%～2%助磨剂共同磨细或分别磨细混合而成的强膨胀性水泥。水泥水化时液相碱度低，生成的钙矾石分布均匀，又析出相当数量的氢氧化铝凝胶起塑性衬垫作用，膨胀与强度发展相互协调，因此生产工艺易控制，质量比较稳定；但自由膨胀值较大，稳定期过长。水泥的自应力值较高，配制的1:2砂浆28d自应力值大于4.5MPa。抗渗性和气密性好。适用于制作较大口径或较高压力的自应力混凝土输水管，亦可用于制作压力较高的输气管。　　（王善拔）

自应力水泥　self-stressing cement

具有强膨胀性的、用于生产自应力钢筋混凝土的膨胀水泥。按其主要矿物组成不同，可分为硅酸盐型、铝酸盐型和硫铝酸盐型和铁铝酸盐型。水泥硬化初期，由于化学反应使水泥浆体体积膨胀，钢筋受到拉应力，水泥硬化后已拉伸的钢筋又对混凝土施加压力，结果提高了钢筋混凝土构件中混凝土的抗拉强度。以此方法产生的自应力称为化学预应力。其自应力值约在3MPa以上。适用于制作各种口径和压力的输气管和输水管。（王善拔）

自应力损失　loss of self-stress

自应力混凝土由于冷缩、干缩、徐变和钢筋松弛而引起的自应力值的降低。如1:1自应力硅酸盐水泥砂浆的干缩率为0.14%～0.16%时，引起的自应力损失值可达4MPa以上；吸水后可重新膨胀而得到恢复。　　　　　　　　　（孙复强）

自应力铁铝酸盐水泥　self-stressing ferric-aluminate cement

用快硬铁铝酸盐水泥熟料外加25%～40%的二水石膏磨制成的强膨胀性水泥。水化时除了形成钙矾石膨胀相外，还生成起衬垫作用的氢氧化铝凝胶和氢氧化铁凝胶，自由膨胀值较低，膨胀稳定期短，自应力值稍低，但仍可生产直径800mm以下的输水管。产品质量易控制，生产周期短。　　　　　　　　　　　　　　　　（王善拔）

自应力值　magnitude of self-stress

又称自应力水平。自应力混凝土按规定的试验方法测得的压应力数值。用公式 $\delta = \mu E \varepsilon_r$ 计算。式中 δ 为混凝土的自应力值（MPa）；μ 为试体的配筋率（%）；E 为钢筋的弹性模量（MPa）；ε_r 为试体的限制伸长率（或限制膨胀率,%）。在一定的限制条件下，自应力值综合地表现混凝土的膨胀与强度性能。它随配筋率、水泥品种、混凝土配合比等而变化。自应力混凝土的自应力值一般为2～8MPa。制管用自应力硅酸盐水泥混凝土（或砂浆）自应力值分为2、3、4（MPa）三级。　　（孙复强）

自由度　degree of freedom

在相平衡的系统中可以独立改变的强度变量（如温度、压力或组分的浓度）。在一定范围内可以任意独立地改变，而不致引起旧相消失或新相生成的强度变量的数目，称为物系的自由度数 f。例如，要保持水与水蒸气两相平衡共存，可任意指定温度，则压力随之而定，即在一定温度下纯物质有一定的饱和蒸气压。因独立改变的强度变量只有一个，故该物系的自由度数 $f = 1$。

分子物理学中，决定物体在空间中的位置时所必须引入的独立坐标的数目也称为物体的自由度数。如一个单原子气体分子有三个自由度，因它在空间中的位置可由直角坐标系的坐标 X、Y、Z 决定。根据能量按自由度均分原则，可以估计出气体的热容。　　　　　　　　　　　　　（夏维邦）

自由膨胀　free expansion

膨胀水泥或自应力水泥在无约束状态下发生的体积膨胀。是该种水泥的一个技术指标。水泥中膨胀组分在水化过程中有相当一部分能量转变成膨胀能，膨胀能越高，可能达到的膨胀值也越大。膨胀早期较快，以后逐渐缓慢而趋于稳定。在无任何限制条件下的自由膨胀，并不能产生自应力，严重者将会引起开裂。正确利用膨胀水泥等的膨胀能可提高混凝土的密实性，补偿其收缩，在配筋条件下产生自应力等。如利用不适当，则会破坏水泥石的结构，使制品质量降低，甚至胀裂。　　（孙复强）

自由水　free water

又称游离水。存在于硬化水泥浆体中孔隙尺寸为几百 nm 至 $0.1\mu m$ 的可蒸发水，甚至更大的大孔中的水。属多余的可蒸发水，在孔中可自由移动，低温下会结冰，干燥后孔隙增多，自由水存在使水泥浆结构不致密，从而影响其强度、抗冻性和抗渗性等，故应尽量减少其数量。　　（陈志源）

自愈性　autogenous healing

水泥石裂缝自行愈合的性能。是水泥的后期水化反应所生成的水化产物，堵塞裂缝并黏结断裂的两面的结果。能否愈合及愈合速度与裂缝的新旧程度、宽度、受力状态有关。过大的或后期产生的裂缝难以愈合。裂缝愈合后，承载能力亦随之恢复。膨胀水泥和自应力水泥混凝土后期产生的膨胀有利于裂缝的愈合。　　（孙复强）

zong

综合传热　complex heat transfer

两种或两种以上基本传热方式同时存在的传热过程。可用串联热阻或并联热阻的原理进行传热计算。串联传热有前后次序；并联传热同时进行，无前后次序。如一种流体通过器壁将热量传给另一种流体的过程，包括：高温流体与器壁内表面之间的对流换热和辐射换热；器壁内部的传导传热；器壁外表面与低温流体之间的对流换热和辐射换热。其中壁与流体对流换热与辐射换热同时进行，按并联传热计算；壁内（若为多层）导热按串联传热计算。在实际生活、生产过程中，大量存在的是几种基本方式同时存在的综合传热现象。（曹文聪）

综合热分析　combined thermal analysis

将多种单一热分析技术组合在一起，从不同角度对物质进行综合比较的热分析。把两种或两种以上的热分析仪器组装成综合热分析仪，经一次测量得到两条或两条以上的热分析曲线。其特点是各条曲线的测试条件完全相同，有利于精确和快速综合分析。图为某种黏土的 DTA-TG（差热分析-热重分析）综合热分析曲线，可知其主要矿物为高岭土，DTA 曲线上 260℃ 附近的吸热对应着 TG 曲线上3.7%的失重，表明高岭土吸附水脱去；640℃ 附近的大吸热峰对应 10.31% 的失重，表明高岭土 OH^- 脱出，晶格破坏；1 005℃ 附近的大放热峰对应着质量无变化，说明无定形 Al_2O_3、SiO_2 结晶成 $\gamma\text{-}Al_2O_3$ 和微晶莫来石。综合热分析的种类和仪器很多，正在逐步的取代单功能的热分析技术。

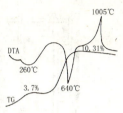

（杨淑珍）

综合装饰　combined decorations

在同一陶瓷制品上综合应用多种装饰的方法。通常是在色釉装饰的基础上，结合运用釉彩、金彩、刻花、色泥等法进行装饰。　　（邢宁）

总体　population

又称母体。研究对象的全体。总体中每一个元素称为个体。总体和个体随研究对象不同而不同。如研究一批灯泡，全体灯泡是总体，每个灯泡是个体。若研究某项指标，如灯泡寿命，则每个灯泡的寿命 x_i 是个体，它是一个随机变量，总体就是这项指标取值的全体。x_i 在总体中的分布称总体分布，是全面分析总体的基础，总体分布一般未知，可通过抽样检查进行推断得到。抽取的一部分个体称为样本。因它来自总体，在一定程度上反映总体。根据统计学原理用样本推断总体可获得精确可靠的结论。　　（许曼华）

纵向受力钢筋　principal bar

又称主筋。一种沿纵向配置在钢筋混凝土结构构件内、承受拉力或压力的钢筋。受拉钢筋主要配置在受弯、受拉、偏心拉压等构件的受拉区，以承担拉力；受压钢筋则配置在受弯构件的受压区或受压构件中与混凝土共同承担压力。所需数量均由设计计算确定。例如在钢筋混凝土梁中沿梁的纵向跨度方向布置的钢筋，承受梁中由弯矩引起的拉力。有的呈直线形，有的根据计算，在一定的位置处、在钢筋的一端弯起，成为弯起钢筋，以承受因剪力引起的拉力。　　（孙复强）

zou

走马灯　merry-go-round lamp

利用发光时产生的热能使空气受热形成热气流驱动内罩顶部叶轮带动画面旋转的装饰灯。是中国最早发明并流传至今的装饰灯具。常以烛或白炽灯为光源。有台灯式和吊灯式之分。灯罩通常用纸、纱、绸、塑料片等，制成六、八棱柱形和圆柱形，并绘有各种画面。早在宋代已有之，古时以人马画

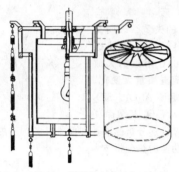

面装饰居多而故名。《荆楚岁时记》"正月上元日作灯市，采松叶结棚于通衢，下缀华灯，灯有诸品，其悬纸人马于中以火运，曰走马灯"。《燕京岁时记·走马灯》"走马灯者，剪纸为轮，以烛嘘之，则车驰马聚，团团不休，烛灭则顿止矣"。是装饰性好，趣味性强，又具有民族传统风格的饰灯。

(王建明)

走兽 animal

又称蹲脊兽、蹲兽，俗称小跑。古建筑屋面垂脊、戗脊、角脊端部，位于兽头之前、仙人之后的兽形饰件之总称。琉璃走兽和黑活走兽都是制坯烧制而成，依建筑的不同等级用三至九个，一般都取单数。仙人之后依次为龙、凤、狮子、天马、海马、狻猊、押鱼、獬豸、斗牛、行什。其中海马与天马、狻猊与押鱼位置可互换。其功能，在装饰屋面的同时，也取吉祥富贵、镇妖降恶的意思。黑活屋脊走兽前一般不置仙人，而以狮子打头，称"抱头狮子"。黑活走兽，有时因屋脊太短，如有的墙脊或牌楼脊，可只用两个。琉璃建筑中走兽用得最多的是故宫太和殿，仙人之后有十个小兽，第十个即为"行什"。

琉璃龙尺寸表　　单位：mm

	二样	三样	四样	五样	六样	七样	八样	九样	注
长	432	384	336	290	192	176	112	112	
宽	210	192	180	160	144	130	110	64	
高	432	384	336	290	192	176	112	112	

注：其他走兽尺寸除高略有差别外，其他均相同。

(李　武　左潛元)

ZU

阻聚剂 inhibitor

一般指能迅速与游离基作用而使高分子链反应终止的物质。其主要作用能由热、光和氧的作用生成的活性游离基稳定化，变成活性低的、不能传播链反应的低活性游离基，从而使链反应终止。在聚合物单体及液体树脂贮藏运输过程中加入少量阻聚剂能防止其自聚。树脂在聚合过程中需控制一定转化率，可加入阻聚剂，使链反应临时终止。常用的有多元酚类、芳胺类、醌类、硝基化合物、亚硝基化合物、有机硫化物、变价金属盐、硫磺等。

(刘柏贤)

阻力曲线 resistance curve

又称 R 曲线。是材料裂纹扩展阻力 R 与裂纹长度 a 之间的关系曲线。R 是裂纹扩展单位长度所消耗的能量。在裂纹扩展过程中，裂纹扩展力总是等于裂纹扩展的阻力，如果裂纹不扩展，R 等于零。要使裂纹开始扩展，必须加大外力。由于裂纹尖端存在塑性区，裂纹扩展时产生的塑性变形，使材料产生加工硬化现象，这样就使裂纹继续扩展所需要的塑性变形功增大，同时抵抗裂纹扩展的阻力 R 也随裂纹长度 a 的增加而增大。它可用以判别平面应力断裂韧性 K_C 的失稳点。

(宋显辉)

阻裂体 crack arrestor

阻止材料中裂纹扩展的物质。在纤维与脆性基体组成的复合材料中纤维起着阻止脆性基体裂纹扩展的作用。

(姚　珺)

阻尼材料 damping material

内阻尼高，弹性模量较大，黏附于振动体上能有效抑制振动，降低噪声辐射的材料。由性能良好的黏料加入适量增塑剂、填料及辅助剂等制成。按黏料种类不同，可分为橡胶系列、塑料系列和沥青系列。沥青系列阻尼材料取材方便，价格低廉，使用较多。损耗因数 η 值越大，阻尼性能愈好。阻尼减振还能延长在强声、强振激励下的金属结构的使用寿命。用于电子仪器线路板上的适当部位，能进一步保证仪器的稳定性和可靠性。除大量用于噪声控制工程外，还广泛用于公路交通、铁路运输、船舶航运及军用坦克和航空航天等领域。

(陈延训)

阻尼防振漆 damping vibration isolation paint

以树脂为黏合基料加多种配料配制成的耗能减振涂料。可由树脂、石墨粉、云母粉、石棉绒、偶氨二甲酸胺、氧化锌、二甲苯等配制而成。特点是质轻，粘结性能好，20℃时损耗因数 η 值为 $(6\sim7.5)\times10^{-2}$。涂于钢板隔声罩内壁，可降低中高频噪声辐射。　　　　　　　　　　（陈延训）

阻燃材料　flame-retardant material

具有阻燃性的材料，与难燃材料同义。氧指数大于 22。因材料有本身固有阻燃性和必须通过阻燃处理才能具有（或更高）阻燃性之分，故阻燃材料也用于专指经过阻燃处理的材料。如木材是易燃材料，用阻燃浸渍剂处理后即具阻燃性，称阻燃木材；又如软质聚氯乙烯，本身已具阻燃性，即为难燃材料，但经添加阻燃剂等处理后其阻燃性更高，故称阻燃聚氯乙烯。在实用上常把氧指数大于 27 的材料称为高阻燃材料。　　　　　　（徐应麟）

阻燃处理　fire-retarding treatment

用阻燃剂对木材进行处理。处理后使木材不易燃烧，或者木材着火后火焰不致沿材料表面蔓延，或者当火源移开后，材面上的火焰可立即熄灭。阻燃处理的方法通常采用涂刷法和浸注法，其原理同防腐处理。　　　　　　　　　　（申宗圻）

阻燃地毯　fire retardant carpet

具有推迟或阻挡火焰蔓延能力的地毯。以有较高极限氧指数的阻燃合成纤维为原料织成；或将地毯用高效、无毒阻燃整理剂进行处理而成。如用阻燃聚氨酯泡沫塑料或水乳性膨胀型防火涂料等处理过的地毯，用空气混合耐燃测试法其残焰时间在 20s 之内，碳化长度小于 10cm，即有较好阻燃性。这种地毯广泛用于防火要求较高的民用或工业建筑中。　　　　　　　　　　　　　　　　（金笠铭）

阻燃合成纤维　flame-retarding synthetic fiber

经阻燃处理的合成纤维。日常使用的涤纶、腈纶、锦纶、丙纶都是易燃材料，氧指数在 17～22 之间不等。需经阻燃处理方得阻燃品。主要方法有：①原丝阻燃改性：用反应型阻燃剂进行共聚或接枝，或用添加型阻燃剂加入纺丝溶液或浆液中纺制阻燃纤维；②织物阻燃整理：采用织物阻燃整理剂作后整理加工。但氯纶、氟纶、芳纶的氧指数较高，分别为 37～39、95 和 28.5～30，无须阻燃处理即有较好的阻燃性。　　　　（徐应麟）

阻燃剂　fire retardant, flame retardant

又称阻焰剂。常记作 F.R.。使材料难以着火或阻止火焰蔓延的制剂。分反应型阻燃剂和添加型阻燃剂，或分有机阻燃剂和无机阻燃剂。含有 N、P、As、Sb、Bi、F、Cl、Br、I 以及 Al、B、Zr、Sn、Mo、Mg、Ca、Ti 等元素的物质都有阻燃作用。但实用的主要是卤系阻燃剂、磷阻燃剂以及兼具填充剂作用的硼、锑、铝、镁系无机阻燃剂等。基本要求为：①与材料有良好的相容性；②不改变材料固有的优良性能；③用量少；④加工温度下不分解；⑤毒性小，燃烧时不产生有毒气体和冒烟；⑥价格便宜。用于木材上的阻燃剂多为含磷、氮、卤素或硼盐等多种无机或有机物配制而成，受热往往形成液体状或玻璃状的涂层，阻止木材热解产生的易燃体扩散，使之不与空气接触或与火源隔绝。可分为两大类：阻燃涂层和浸注木材的阻燃剂。　　　　　　　　　　（申宗圻　徐应麟）

阻燃聚合物　flame-retardant polymer

泛指具阻燃性的难燃聚合物，以与易燃聚合物相区别。一般专指通过阻燃处理的聚合物。例如，聚四氟乙烯阻燃性很高，但一般不称为阻燃聚四氟乙烯；聚乙烯是易燃聚合物，通过阻燃处理而具阻燃性则称阻燃聚乙烯；软质聚氯乙烯也具一定阻燃性，但只有经过阻燃处理使其阻燃性能进一步提高后才称阻燃聚氯乙烯。阻燃聚合物一般分为阻燃热固性塑料、阻燃热塑性塑料、阻燃橡胶、阻燃纤维材料四类。处理方法有：①与阻燃剂或高阻燃聚合物共混；②用高阻燃性单体接枝或共聚。
　　　　　　　　　　　　　　　　（徐应麟）

阻燃聚氯乙烯　flame-retarding polyvinyl chloride

经阻燃处理的软质聚氯乙烯。聚氯乙烯树脂原为高阻燃聚合物，因分子中含氯量高达 56% 而氧指数大于 45。但其软制品因加入大量增塑剂而使氧指数降至 20～24，使阻燃性达不到较高的防火要求。为此，可用磷酸酯或含卤磷酸酯类阻燃剂代替部分增塑剂，用 Sb_2O_3、$Al(OH)_3$、$Mg(OH)_2$ 或瓷土等无机阻燃剂掺混以提高阻燃性能，用低水合硼酸锌代替部分 Sb_2O_3 和添加氯化石蜡阻燃剂可降低成本。阻燃聚氯乙烯的氧指数可提高到 30～40。本品燃烧时发烟量较大，并生成腐蚀性的 HCl 气体。添加二茂铁、三氧化钼等消烟剂可降低发烟量，添加 $CaCO_3$ 抑气剂捕捉 HCl 可制得低酸气阻燃品。　　　　　　　　　　（徐应麟）

阻燃聚乙烯　flame-retarding polyethylene

经阻燃处理的聚乙烯。聚乙烯原为易燃材料，氧指数 17.4。添加卤系阻燃剂与 Sb_2O_3 协同作用，可使氧指数达 27 而具阻燃性。交联可使氧指数提高 2～3。为制得无卤低烟阻燃品，需添加大量无机阻燃剂如 $Al(OH)_3$。但因聚乙烯为结晶性较高的非极性材料，相容性较差，故要求无机阻燃剂微细化和进行表面活化处理，并常混入乙烯－醋酸乙烯共聚物以改善之。另加入硅橡胶可免生熔滴。处理得当，氧指数可达 35 以上。　　（徐应麟）

阻燃毛　flame-retarding wool

经阻燃处理的羊毛。羊毛原为难燃材料，氧指数 24~26。用织物阻燃整理剂作后整理加工，可得阻燃性更好、氧指数在 30 以上的高阻燃品。

（徐应麟）

阻燃棉 flame-retarding cotton

经阻燃处理的棉纤维或棉织物。棉纤维原为易燃材料，因其含有 90% 以上的纤维素 $(C_6H_{10}O_5)n$，故氧指数仅为 17~19。采用织物阻燃整理剂对棉织品作后整理加工可得氧指数在 26 以上的阻燃品。

（徐应麟）

阻燃木材 flame-retarding wood

经阻燃处理的木材。木材为易燃材料，氧指数 17~19。需经阻燃处理方得阻燃品。一般方法有：①用木材阻燃浸渍剂浸渍；②用防火涂料作表面涂饰；③添加阻燃剂可制得阻燃人造板（层压板、木屑板、纤维板、刨花板等）。

（徐应麟）

阻燃热固性塑料 flame-retarding thermosetting plastics

经阻燃处理的热固性塑料。主要有三种。①阻燃酚醛树脂，氧指数大于 28。阻燃处理方法是：与三聚氰胺树脂共聚或用溴代苯酚代替部分苯酚，也可引入阻燃金属离子制取含钼、硼、钡的酚醛树脂；添加磷系、卤系、铝系、镁系、硼系阻燃剂或以无机填料取代木粉之类的有机填料。②阻燃环氧树脂。方法是：引入含有阻燃元素单体如四溴双酚 A 可制得含卤量达 16%~50% 的阻燃品；使用含卤固化剂如四溴苯二甲酸酐、氯茵酸酐等；添加有机、无机阻燃剂或无机填料。③阻燃不饱和聚酯树脂。方法是：用含卤、含磷化合物反应制取或用含卤单体交联；添加阻燃剂如四溴邻苯二甲酸二烯丙酯、溴苯基甲基丙烯酸酯等；与聚氯乙烯共混。

（徐应麟）

阻燃热塑性塑料 flame-retarding thermoplastics

经阻燃处理的热塑性塑料。如阻燃聚乙烯、阻燃聚氯乙烯、阻燃聚丙烯、阻燃聚苯乙烯、阻燃 ABS 树脂、阻燃聚氨酯、阻燃聚碳酸酯等。阻燃处理的主要方法是添加阻燃剂，如卤系阻燃剂、磷系阻燃剂和无机阻燃剂。

（徐应麟）

阻燃涂层 fire-retardant coatings

用阻燃涂料涂刷在木质材料表面所形成的涂层。阻燃涂料为一种用自身不会燃烧，在火焰长时间的作用下也不会被破坏，导热性又不良的主要药剂所制成的涂料。可以隔绝热源和氧气（空气），阻碍木材分解而产生可燃气体，从而降低木材的燃烧性。阻燃涂层可分为两类：①无机涂层——多数以水玻璃（硅酸钠）为基本原料，它遇高温软化并膨胀，从而形成阻燃涂层，但易产生粉霜，可改用成本稍贵的硅酸钾，防火效率高，另外硼砂、硼酸、磷酸、磷酸铵、硫酸铵、氯化铵等也都是基本防火药剂。可掺入石棉粉等滞火填料；②有机涂层——有两种类型：一种是受热起泡沫和起膨胀作用的涂料，受热后可在木材表面形成蜂窝状木炭而滞火。其主要成分有黏结剂及产生炭的成分，如碳水化合物及含氮有机化合物；还有炭化催化剂，多为常用的滞火化合物。另一种是非起泡沫的涂料，依靠其本身的不燃性和低的热导率而滞火，主要有氯化橡胶或氯化异丁烯聚合物。

（申宗圻）

阻燃纤维材料 flame-retarding fiber materials

难于着火燃烧或能阻止火焰蔓延的纤维材料。有两种含义：①指固有阻燃性的纤维材料，如氟纶、氯纶、偏氯纶、芳纶等，以与不燃纤维材料和易燃纤维材料相区别，但一般不冠以阻燃二字；②指通过阻燃处理的纤维材料，如阻燃棉、阻燃毛、阻燃合成纤维、阻燃木材、阻燃纸等。实用上仅指第二种。

（徐应麟）

阻燃橡胶 flame-retarding rubber

经阻燃处理的橡胶。有两类：①原为易燃材料的橡胶，如天然橡胶、乙丙橡胶、丁基橡胶、丁腈橡胶等。氧指数小于 22。与含卤高聚物如氯化聚乙烯、氯磺化聚乙烯共混（天然橡胶例外）；添加阻燃剂并利用卤－锑、卤－磷的协同阻燃效应；添加无机阻燃剂或填料；提高交联度等，可得氧指数为 25~30 的阻燃品；②原为难燃材料的橡胶，如氯丁橡胶、氯磺化聚乙烯、氯化聚乙烯、硅橡胶等，添加阻燃剂可使阻燃性能进一步提高而得到高阻燃品。橡胶比塑料对阻燃剂有更好的相容性，故添加无机阻燃剂和惰性填料是制造阻燃橡胶的主要途径。

（徐应麟）

阻燃效应 flame-retardant effect

抑制或延缓材料燃烧的作用。包括①吸热效应：具结晶水材料热分解释出结晶水而吸热，抑制材料温度上升；②覆盖效应：生成稳定产物覆盖在材料表面起隔热和断绝空气补给；③稀释效应：大量产生不燃性气体使材料释出的可燃性气体被稀释到非可燃浓度范围；④转移效应：改变热分解模式，抑制可燃气体的产生；⑤抑制效应：捕捉燃烧连锁反应中的自由基，使连锁反应中止；⑥协同效应：两种或两种以上阻燃剂配合，使阻燃效果显著增强。

（徐应麟）

阻燃性 flame retardancy

阻止或延缓燃烧的特性。材料离开火源后延缓火焰的蔓延及自行熄灭的性能。其中，阻止火焰蔓延的性能又称不延燃性（non-spread burning），包括无熔滴或有熔滴而不引燃其他物质的特性；自行熄灭的性能又称自熄性（self-extinguishibility），常用残焰时间（s）表示。实际上，材料的阻燃性仅相对而言，与使用状况及环境条件密切相关。当火灾发展到猛烈燃烧阶段时，材料阻燃性会消失而变得易燃。
（徐应麟）

阻燃油毡 fire retardant asphalt felt

具有不着火或延迟着火功能的油毡。其特点是遇火时难燃，燃烧时不流淌、不使火蔓延并且离开火源自熄等。其胎基以玻璃纤维、石棉纤维、矿棉纤维等具有阻燃性的无机纤维制作。浸渍材料中加入阻燃剂，制成阻燃型改性沥青，其氧指数一般达30以上。适宜于对防火要求较高的建筑物做防水层。
（王海林）

阻燃纸 flame-retarding paper

由阻燃纤维抄造或经阻燃处理的纸。日常用纸由天然纤维制成，氧指数17～19，为易燃材料。经阻燃处理，如以纸张阻燃处理剂浸渍或涂布，在抄纸过程中添加阻燃剂等可制得阻燃品。此外，用难燃或不燃纤维为原料可以制得阻燃纸或"不燃纸"，但生产不燃纸需加入有机黏合剂，实际并非完全不燃烧。
（徐应麟）

阻锈剂 anti-corrosion admixture

又称防锈剂或缓蚀剂（rust preventer; rust inhibitor）。能抑制或减轻混凝土中钢筋或其他金属预埋件锈蚀的混凝土外加剂。金属锈蚀是金属失去电子的过程，阻锈剂为减缓这种趋势，应为比铁还原性强的离子化合物，常用的有亚硝酸钠、铬酸钾、氯化亚锡、草酸钠、苯甲酸钠等。
（陈嫣兮）

组分 component

又称组元。形成一系统的各种纯化学物质。如食盐水溶液中的氯化钠和水。足以表示平衡物系中所有各相组成需要的、最少数目独立物质称为独立组分，也叫组分。其数目称为独立组分数。如用C表示，则$C=S-R-R'$，式中S代表物系中纯化学物质种数，R为独立的化学反应数，R'是浓度限制条件数。如在$CaCO_3$（固）$\rightleftharpoons$ CaO（固）$+CO_2$（气）的相平衡中，物系的独立组分数$C=3-1-0=2$，表明任选两种物质就能把该体系平衡时的各相成分表示出来。按照独立组分数的不同，可将系统分为单元系统（如SiO_2系统）、二元系统（如$CaO-SiO_2$系统）和三元系统（如$CaO-Al_2O_3-SiO_2$系统）等。
（夏维邦）

组合熔融法 fusing method

用预加工的小块透明石英玻璃制造大块透明石英玻璃的方法。工艺步骤为：用真空电熔法将水晶熔铸成正六角柱形的透明石英玻璃块，经研磨、抛光成规定尺寸的正六角柱块，然后将若干块组合成一体（各接触面间应无空隙），置于窑内加热熔结成大块石英玻璃毛坯。可用来制造天文望远镜等大型透明石英玻璃制品。
（刘继翔）

zuan

钻井沥青 drilling asphalt

在石油钻井中用的沥青添加材料。多为磺化沥青、烷基化沥青和氧化沥青，同褐煤、丹宁、甲醛等材料配制成的水泥泥浆添加剂。用于钻井泥浆，可改善泥浆的润滑性、流变性和降失水性，使泥浆有适宜的黏度和胶体强度。随着钻井进尺的加深，泥浆温度升高，泥浆中的沥青被软化而渗透到破碎的岩石隙缝中，起到稳定岩石、封闭裂缝、防止钻井液向岩石裂缝中渗透的作用，避免因岩石水化膨胀而造成井壁坍塌和卡钻现象，保证了井壁的完好性。
（刘尚乐）

钻芯 coring

自混凝土结构或基岩中钻取芯体试样（core sample）的操作。一般用装有金刚石空心薄壁钻头的取芯机直接在结构混凝土上钻取芯体、经截去两头、磨平或加做平压顶（capping）后，作抗压试验，求得芯体强度，据以评价结构混凝土强度。利用芯体试样还可检测混凝土内部的离析、内分层或蜂窝等现象，了解结构连接处的黏结情况。
（徐家保）

zui

最低成膜温度 minimum filming temperature, minimum film-forming temperature（MFT）

乳液或水溶性涂料在一定环境湿度下形成涂膜所需要的最低温度。常写作MFT。受湿度、构成聚合物单体的种类、配比及增塑剂含量等因素影响。决定涂料的最低施工温度及一年中可施工期的期限。在涂料中添加成膜助剂、增塑剂、树脂等均可改变此温度值。通常对于油溶性涂料常以最适宜成膜温度来表示，在其中加入催干剂可加速其干燥成膜。
（刘柏贤）

最佳碳化含水率 optimal moisture content of carbonation

见碳化处理（494页）。

最适宜成膜温度 optimum film forming temperature

涂料在一定环境、湿度下能形成干燥涂膜且使涂膜达到最佳性能的温度。此值无绝对值，仅指在一定条件下的温度范围。气温在5℃以下，涂料的干燥成膜极慢，湿度在85%以上，在成膜过程中易产生泛白且性能下降，故应避免在寒冷潮湿下涂装。多液反应固化型涂料、油性漆、硝基漆、醇酸树脂漆均在10～30℃，丙烯酸涂料在10～25℃，水性乳胶涂料在15～35℃。对于高装饰性涂料，最适宜在20℃左右，湿度在75%以下涂装，以保证涂膜的光泽、平滑、厚度及颜色的均匀性，所以在冬季要加热，夏季要冷却并除湿来达到最适宜成膜温度。　　　　　　　　　　（刘柏贤）

最小二乘法　least squares method

以离差平方和最小为准则来估计真值的方法。测量值总是和真值有一定的偏离。如测一条曲线 $y = f(x)$，每次测得的 y_i 都和 $f(x_i)$ 不同，有离差 $\Delta_i = y_i - f(x_i)$。最小二乘法要求找出一个函数 $y = f(x)$，使它满足对所有的测量值有离差的平方和 $\Sigma[y_i - f(x_i)]^2$ 为最小值。用这个准则，由实测的 y_i 值，来求函数 $f(x)$。　（魏铭鑑）

最优化方法　optimization method

又称数学规化。求多元函数极值的方法。一项工作受很多因素的影响，要找出一个完成这项工作的最佳方案，即最优化法。如建造一栋房子有造价、材料、面积及施工条件等因素。设计者就要综合考虑这些因素，找出一个最佳方案来。数学上把工作对象看作函数，把影响它的因素看作变量，这样工作就成了一个多变量函数 $f(x_1; x_2; \cdots)$。最优化方法，就是求函数 $f(x_i)$ 的极值（即最佳值）。$f(x_i)$ 称为目标函数或评价函数。$f(x_i)$ 常是很复杂的，多用数值法来计算。　（魏铭鑑）

最优砂率　optimum sand percentage

又称最佳含砂率。见砂率（424页）。

ZUO

坐式便器　sitting W.C. pan

简称坐便器。使用时人体取坐势为特点的大便器。成套瓷件包括：本体、水箱、水箱盖。按水箱与其结合方式可分为分体式和连体式。上部边缘为冲洗圈，圈内下部有分配冲洗用水的小孔。
（刘康时）

柞木　Quercus mongolica Fisch. et. Turcz

麻栎属中三类商品材中的槲栎类（余为麻栎类与高山栎类）。产于东北各省。边材浅黄褐色，心材浅栗褐色或栗褐色，纹理直，结构粗，不均匀，重且硬，锯、刨等加工较难。耐腐性好，但很难防腐浸注。气干密度 0.748～0.766g/cm³；干缩系数：径向 0.181%～0.199%，弦向 0.316%～0.318%；强度：顺纹抗压强度 53.5～54.5MPa，静曲强度约 116.3MPa，抗弯弹性模量 13.0～15.2×10³MPa，顺纹抗拉强度 138～152MPa，冲击韧性 11.1～11.2J/cm²；硬度：端面 71.5～74.0MPa，径面 59.1MPa，弦面 58.8MPa。用途与麻栎木材相仿。由于导管富于侵填体，更适宜做酒桶等圆木工产品。　（申宗圻）

做盒子

石料清凿或剁斧后，在石面雕刻封闭式方框线脚等加工工艺。手工刻凿，多用于桥梁工程、陵墓建筑及民用建筑之石料加工。　（张立三）

外文字母·数字

A玻璃纤维　A glass fibre

见高碱玻璃纤维（148页）。

ABS树脂　ABS resins

丙烯腈、丁二烯、苯乙烯三种单体的接枝共聚合产物，记作ABS。亦指在丙烯腈-苯乙烯共聚物中，在一定工艺条件下加入丁苯树脂的混炼物。具有热塑性。浅象牙色或白色的、不透明无毒固体。最大特点是具有较高的抗冲击强度、良好的耐寒性、电性能等。耐磨性好，易加工。易在表面电镀。是用途极广的一种工程塑料材料，建筑中可制作管子、配件、五金等。由于具有电镀性，镀上金属后有光泽好、质轻、耐酸碱等优点，用以代替某些金属。　　　　　　　　　　　　（闻荻江）

B-相　B-phase

硅酸盐水泥、C_3S、C_2S 在常温所形成的水化硅酸钙。结晶程度很差。　（王善拔）

C-S-H凝胶　C-S-H gel

各种 CaO，SiO_2，H_2O 三元体系的凝胶的统称。是水泥中硅酸盐矿物水化后的主要产物，也是硬化水泥浆体的主要组成。无固定组成，随水固比、水化温度以及有无异离子参与水化等条件而变。通常其C/S变动于1.5～2.0之间，甚至更高。

在常温下 C/S 比随水固比增大而降低，随龄期增长而下降，H/S 比也相应减小，约比 C/S 比小 0.5。相对密度约为 $2.3\sim2.6$。产物的结晶度极差，晶体尺寸极细，接近胶体范畴，故其比表面积很大，以水吸附测定为 $250\sim450\text{m}^2/\text{g}$，以氮吸附测定则为 $10\sim100\text{m}^2/\text{g}$。因此统称这些水化硅酸钙为 C-S-H 凝胶。在各组成物间加一短线表示无固定比例，以区别于固定组成之水化硅酸钙矿物。在硬化水泥浆体的微观结构中，有人以其形貌分为：纤维状（Ⅰ型）、网络状（Ⅱ型）、小而不规则的等大粒子或扁平粒子（Ⅲ型）以及呈皱状的"内部产物"（Ⅳ型）等四种，但在水化后期不易区分各种 C-S-H 粒子的形貌。在硬化水泥浆体中其数量和形貌对其性能有较大影响。

（陈志源）

CSH（A）

$\text{CaO}/\text{SiO}_2=1.04$ 的石灰和硅胶混合物在 105℃ 经 144h 水热处理合成的一种水化硅酸钙。简写化学式为 $\text{CSH}_{1.1}$。也可将 C-S-H(Ⅰ) 在 $140\sim160$℃ 长期热处理而得。结构与 C-S-H(Ⅰ)、C-S-H(Ⅱ) 不同，X 射线衍射图有显著差别。差热曲线在 810℃ 有效热峰。平均折射率为 $n_{cp}=1.603$。含少量碳酸根。

（王善拔）

$C_2SH(C)$

又称"相 X"。$\gamma\text{-}C_2S$ 或石灰和石英混合物在 $250\sim300$℃ 经 $120\sim240$h 水热处理而得的一种水化硅酸钙。化学式为 $2\text{CaO}\cdot\text{SiO}_2\cdot0.3\sim1.0\text{H}_2\text{O}$，简写为 $C_2SH_{0.3\sim1.0}$。呈细粒状，相对密度 2.67，差热曲线上 740℃ 开始脱水并形成 $\gamma\text{-}C_2S$。酸和苏打均可使它分解。在潮湿的碳酸气作用下分解成方解石和无定形 SiO_2。

（王善拔）

D 形裂缝 D-cracking

见混凝土裂缝（208 页）。

E 玻璃纤维 E glass fibre

见无碱玻璃纤维（533 页）。

F - 检验 F-test

两个总体方差是否相同的检验法。设有两个总体，分别由其中抽取 n 个样本，样本的方差分别为 S_x^2 和 S_y^2，由此可构成一个统计量 $F=S_x^2/S_y^2$。若两个总体有相同的方差，则当 n 大时，F 趋近于 1。反之则偏离 1。由此可推断总体方差是否相同。样本数 n 总是有限的，得到的 F 值会有一定的分布，称为 F 分布。其归一化的 F 分布函数常列成表，使用时可直接查找。这种方法多用在新设备或新工艺的试用中，以判断新旧产品是否有明显差别。

（魏铭鑑）

F - 相 F-phase

石灰与硅胶在 $150\sim200$℃ 压蒸的产物。化学式 $5\text{CaO}\cdot3\text{SiO}_2\cdot2\text{H}_2\text{O}$ 或 $6\text{CaO}\cdot4\text{SiO}_2\cdot3\text{H}_2\text{O}$，简写为 $C_5S_3H_2$ 或 $C_6S_4H_3$。

（王善拔）

Ferrari 水泥 Ferrari cement

一种铝率为 0.64 的硅酸盐水泥。因意大利人 F.Ferrai 所发明而命名。为改善凝结慢的缺点，现在铝率趋近于 1。硅率为 $1.0\sim3.0$。主要矿物为 C_3S、C_2S 和 C_4AF。具有优越的抗硫酸盐性能，水化热低，干缩变形小，脆性系数（$\frac{抗压强度}{抗折强度}$）小，但凝结硬化较慢。近年，通过掺氟硫复合矿化剂和提高熟料石灰饱和系数，凝结硬化性能有较大改善。适用于修筑道路路面和机场跑道以及海工建筑物。

（王善拔）

J 积分法 method of J-integral

弹塑性断裂力学中研究平面裂纹体裂纹顶端应力 - 应变场的一种方法。J 积分是在裂纹顶端周围弹塑性区域内一种与积分线路无关的能量线积分，是理论上比较严密的应力形变场参量。测定裂纹发生扩展时 J 积分的临界值 J_{IC} 作为材料断裂韧性的度量，并把 $J=J_{IC}$ 作为大范围屈服条件下的断裂判据。在线弹性情况下可以证明 $J=G$，因此，它可以看做是线弹性理论的推广。$J=J_{IC}$ 还可以作为脆性断裂的判据。

（沈大荣）

JCPDS 卡片 JCPDS card

由粉末衍射标准联合委员会（The Joint Committee on Powder Diffraction Standards，简称 JCPDS）编辑出版的一套粉末衍射数据卡片。1942 年美国材料试验协会（ASTM）整理出版了第一组衍射数据卡片，称为 ASTM 卡片，以后逐年增加修订。1969 年起，由美国材料试验协会和英国、法国和加拿大等国家的有关单位共同组成 JCPDS 国际机构，专门负责收集、编辑、出版和发行粉末衍射数据的工作。这套卡片分为有机物质和无机物质两大类，已成为当前有权威的最完备的粉末衍射数据库，到 1982 年共有五万余张，每张卡片为一种物相，是物相鉴定的可靠依据。其形式和内容见附表：

d	$1a$	$1b$	$1c$	$1d$	7			8		
I/I_1	$2a$	$2b$	$2c$	$2d$						
Rad.	λ		Filter		d Å	I/I_1	hkl	d Å	I/I_1	hkl
Dia.		Cut off		Coll.						
I/I_1			d corr. abs?							
Ref.	3									
Sys.				S. G.						
a_0	b_0	c_0	A	C						
α	β	γ		Z						
Ref.		4				9			9	
$\varepsilon\alpha$		$n\omega\beta$	$\varepsilon\gamma$	Sign						
2V	D	mp	Color							
Ref.		5								
		6								

1栏中$1a$、$1b$、$1c$为低角度区（$2\theta<90°$）内三根最强衍射线的晶面间距d；$1d$为最大晶面间距。2栏中$2a$、$2b$、$2c$、$2d$为上列衍射线对应的相对强度值I/I_1（最强线的强度为100）。3栏为本卡片的试验条件。4栏为物相的晶体结构参数。5栏为物相的光学及其他物理常数。6栏为试样来源、制备方式、化学分析及热特性等数据资料。7栏为物相的化学式和英文名称。8栏为物相的通用名称或矿物名称，有机物则为结构式。右上角的★表示本卡片数据高度可靠；O表示可靠性低；C表示计算数据；i表示已指标化及估计强度，数据质量比无标记者好。9栏为各衍射线的晶面间距d（Å）、相对强度I/I_1及相应衍射指标hkl。10栏为卡片顺序号。

（岳文海）

K型膨胀水泥 K type expansive cement

由硅酸盐水泥、熟料加入硫铝酸钙组分磨制成的硅酸盐型膨胀水泥。由美国人A. Klein在H. Lossier研究的Lossier水泥的基础上研制而成。硫铝酸钙组分的主要矿物是无水硫铝酸钙、硫酸钙和氧化钙，它们在水泥硬化阶段形成钙矾石而产生膨胀。硫铝酸钙也可先磨细然后在施工现场加入硅酸盐水泥中。用途见膨胀水泥（371页）。

（王善拔）

kühl水泥 kühl cement

以铁矾土代替黏土生产的一种SiO_2含量低而Al_2O_3和Fe_2O_3含量高的硅酸盐水泥。因德国人H. kühl发明而得名。早期强度较高而后期强度增进不大，相当于快硬硅酸盐水泥。欧洲许多国家和日本曾生产此水泥。

（王善拔）

Lossier水泥 Lossier cement

由硅酸盐水泥熟料、硫铝酸钙水泥熟料（8%~20%）和膨胀稳定剂矿渣（15%以上）磨制成的膨胀水泥。因法国人H. Lossier发明而得名，也称法国膨胀水泥。其硫铝酸钙水泥熟料是由铁矾土（25%）、白垩（25%）和石膏（50%）配制的生料煅烧而成。此水泥曾在法、英、瑞典等国用于接缝和补强工程。但由于硫铝酸钙熟料矿物组成波动较大，膨胀难以控制，美国人A. Klein在H. Lossier的研究基础上，发明了K型膨胀水泥。

（王善拔）

MDF水泥 macro-defect free cement

全称为宏观无缺陷水泥，又称韧性水泥，俗称弹簧水泥。由水泥、水溶性聚合物和塑化剂等用极低水灰比以机械化学方法制得的一种无宏观缺陷的聚合物水泥。1981年英国伯查（Birchall）等人首先取得专利，嗣后美国、日本、中国等也相继开展研究，但至今尚未进入工业化生产与实际应用阶段。其主要性能为表观密度$2300\sim 2500kg/m^3$、抗弯强度$40\sim 150MPa$、弹性模量$25\sim 40GPa$、抗拉强度$30\sim 100MPa$、抗压强度$150\sim 250MPa$、断裂能$50\sim 1000J/m^2$。可用金属与塑料的加工工艺制作各种形状的制品。

（徐亚萍）

M型膨胀水泥 M type expansive cement

由硅酸盐水泥熟料加适量高铝水泥和石膏作为膨胀组分磨制成的硅酸盐型膨胀水泥。因前苏联人В.В.Михайлов所创制而得名。膨胀机理是在水泥硬化阶段形成钙矾石产生膨胀。这种水泥的组成和性能相当于我国的自应力硅酸盐水泥。用途见膨胀水泥（371页）。

（王善拔）

NBS烟箱 NBS smoke box

美国标准局（National Bureau of standards）规定的用以测定材料发烟浓度的试验装置（ASTM E 662）。由烟箱和控制系统上下两部分构成。烟箱尺寸为914mm×609mm×914mm，光路长度为914mm。试样尺寸为76mm×76mm（供试面为65mm×65mm）。用电热器辐射（无焰法）或喷灯火焰燃烧（有焰法）试样使发烟，用光测系统测定其比光密度或遮光指数等以表征烟浓度。同一材料的测试值将因加热方式不同而异。

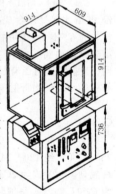

PCC-GRC复合材料 PCC-GRC composite

由聚合物水泥混凝土（记作PCC）与玻璃纤维增强水泥（GRC）相复合制得的水泥基复合材料。PCC有较好的装饰效果，GRC有较好的抗折、抗冲击强度与韧性。两者结合制作复合装饰材料。制作制品时先做成具有各种颜色和花纹，厚度为2~3mm的PCC面层，再做7~8mm厚的GRC底层。

（陈鹤云）

pH计 pH-meter

又称酸度计。利用玻璃电极测定溶液pH值的仪器。测量时将一根pH玻璃电极和一根参比电极（如甘汞电极）浸在被测溶液中组成工作电池。在一定温度下，电池的电动势与溶液的pH值成直线关系，可用晶体管毫伏计等测量之。为了正确测出试液的pH值，需先用已知pH值的缓冲溶液对仪器的pH档进行校正。pH玻璃电极不受氧化剂或还原剂的影响，可用来测定有色、浑浊或胶态溶液的pH值外，还可用于电极电位的测量。有些精密的pH计如pHS-2型精密酸度计，还能用于离子选择性电极法的分析工作。

（夏维邦）

Porsal 水泥　porsal cement

由组成为 β 型硅酸二钙（约 60%）、无水硫铝酸钙（约 15%）、七铝酸十二钙（约 9%）和铝酸一钙的熟料磨制成的水泥。由于综合了普通硅酸盐水泥、抗硫酸盐水泥和高铝水泥的性能而得名（por-s-al，由波特兰、硫和铝的英文字母组成）。用普通的原料生产。细度较细的 porsal 水泥的强度发展类似于硅酸盐水泥，抗硫酸盐性能优于硅酸盐水泥而与高铝水泥相近；耐 1% 稀硫酸和 5% 稀醋酸的性能比高铝水泥好。　　　　　　（王善拔）

PVC 发泡壁纸　PVC foamed wall paper

以纸作基材，复合一层掺有发泡剂等添加剂的 PVC 塑料，印花后再加热发泡而成的壁纸。有高发泡印花、低发泡、低发泡印花压花等多种。高发泡的发泡率较大，表面呈富有弹性的凹凸花纹，具有装饰、吸声多种功能，常用于影剧院和住房顶棚等处作装饰。低发泡的是在发泡平面印有图案的品种。低发泡印花压花（化学压花）的是用不同抑制发泡作用的油墨印花后再发泡，使表面形成具有不同色彩的凹凸花纹图案，亦称化学浮雕。该品种还有仿木纹、拼花、仿瓷砖等花色，其图样真、立体感强、装饰效果好，并有弹性，适作室内墙裙、客厅和内走廊的装饰。　　（姚时章）

S 型膨胀水泥　S-type expansive cement

由铝酸三钙含量很高的硅酸盐水泥熟料加入适量石膏磨制成的硅酸盐型膨胀水泥。膨胀机理是由于形成钙矾石，但钙矾石形成速率很不稳定。在水化早期反应非常迅速以后又减到很低，甚至在 7d 以后还遗留大量未反应的铝酸三钙。因此，性能比 K 型膨胀水泥差，不易控制，使用的局限性较大。美国曾少量生产过此水泥。　　　　　（王善拔）

SBS 橡胶沥青　SBS-asphalt

以苯乙烯-丁二烯-苯乙烯嵌段共聚物（简称 SBS）为改性材料的改性沥青。SBS 是一种兼具有树脂和橡胶二者特性的热塑性弹性体，熔入沥青后的所制成的改性沥青，可兼具有高温稳定性与低温抗裂性。在生产时掺有抗老剂（或同时掺加有炭黑组成复合改性沥青），所以也具有较好的耐久性。此外，在施工温度（160~200℃）下，具有很好的流动性，故还具有优良的施工和易性。可以用于铺筑高等级路面或制成各种防水材料。　　　　（严家伋　刘尚乐）

Secar 水泥　Secar cement

法国一种用熔融法生产的铝酸盐水泥。商品名为 ciment d'secar。化学成分为 Al_2O_3 70%~72%，CaO 26%~29%，SiO_2 0.5%~1.0%，Fe_2O_3 0.5%~1.0%。凝结时间 3~4h，硬化快。水泥石加热脱水平稳，热膨胀系数小，高温收缩不大，抗温度急变性良好。配制的耐火混凝土可用于 2 000℃ 以上的高温设备。　　　　（王善拔）

Sialon 结合碳化硅砖　sialon-bonded silicon carbidle refractory

以 Sialon（由 Si、Al、O、N 四元素构成的复杂化合物）为结合组分的块状碳化硅质耐火材料。以碳化硅、工业氧化铝、硅粉或黏土为主要原料，经配料、混合成型，在 1 350℃ 温度下氮气气氛中烧成，或采用热等静压法制成。性能与氮化硅结合碳化硅砖相似，但抗氧化能力较强。主要用于高炉内衬及水平连铸等方面。　　　　（孙钦英）

SIS 橡胶沥青　SIS-asphalt

用 SIS 橡胶作为改性材料的石油沥青。黑色，固体或半固体状态。SIS（苯乙烯-异戊二烯-苯乙烯嵌段共聚物）橡胶是一种具有橡胶和树脂特性的热塑性弹性体，与石油沥青有较好的相容性，可直接加入到熔融的石油沥青中制成热塑性弹性体橡胶沥青。这种沥青具有较好的高温稳定性、低温抗裂性、耐久性和施工和易性。用于铺筑大交通量道路路面，制造建筑防水材料。　　（刘尚乐）

t 分布　t-distribution

又称学生分布。正态总体抽样的某个统计量服从的分布。若 X 服从标准正态分布；Y 服从 χ^2 分布，则统计量 $T=X/\sqrt{Y/n}$ 服从的分布，称 t 分布。n 称为自由度。对一个正态总体，任取 n 个样本作子样，则子样的平均值服从正态分布；子样的方差服从 χ^2 分布。t 分布常用来检验正态总体均值的正确性及比较两个正态总体均值的差。用 t 分布对总体进行检验，称 t 检验。　　（魏铭镪）

t 检验　t test

见 t 分布。

U-检验　U-test

单个总体均值的假设检验。假设检验是对总体提出假设，再由抽样结果来判断这种假设是否可接受。这种检验，常是由抽样的某个函数——统计量来进行的。用抽样的平均值 $\bar{x}$ 来进行推断的称 U 检验。若总体是正态分布，已知均方差为 σ^2，则取 $U=\dfrac{\bar{x}-\mu_0}{\sigma/\sqrt{N}}$ 作统计量。μ_0 为总体的均值，N 是抽样数。这时 U 服从标准正态分布。如生产某种规格的零件，σ 是已知的，要判断生产是否正常，可定期抽查一批样品，用测得的均值来判断产品是否合格。　　　　　　　　　　　（魏铭镪）

U 形钉　U-nail

又称骑马钉。固定金属板网、丝网及刺线的专用钉。亦可用于固定捆绑木箱的钢丝或室外挂线。
　　　　　　　　　　　　　　　（姚时章）

UL94 塑料燃烧性能试验 UL94 tests of flammability for plastic materials

美国保险商实验室（Underwriters Laboratory）提出的用以测定塑料燃烧性能的美国标准试验方法（UL94）。为国际公认而广泛应用。包括：①94HB级的水平燃烧试验；②94V-0、94V-1、94V-2级的垂直燃烧试验（94V-0级阻燃性最高）；③94 5-V级的垂直燃烧试验；④用辐射板的火焰蔓延指数试验；⑤94 VTM-0、94VTM-1、94VTM-2级的极薄材料的垂直燃烧试验。用本生（Bunsen）灯或梯瑞尔（Terrill）灯供火，燃料为甲烷。试样尺寸及指标依方法及级别不同而异。 （徐应麟）

X射线定量分析 quantitative analysis by X-ray

依据某种物相产生的X射线衍射强度随该物相在混合物中的含量增加而提高的关系，对混合物中各种物相的含量进行定量测定。有外标法、内标法（含基体清洗法及自清洗法）和无标法三大类。 （岳文海）

X射线定性分析 qualitative analysis by X-ray

又称X射线物相定性分析。根据X射线衍射图以确定物质相组成的分析方法。在X射线衍射图上，各衍射线的面网间距 d 及对应的相对强度 I/I_1 是某种晶体结构的表征，故将它们与已知数据相比较，便可鉴定出未知物相。 （岳文海）

X射线光电子能谱分析 X-ray photoelectron spectroscopy, XPS

以X射线为激发源的电子能谱分析，写作XPS。是电子能谱分析中最常用的一种方法。其原理是基于爱因斯坦光电定律，在 $10^{-7} \sim 10^{-8}$ Pa 的超高真空条件下，用具有足够能量的特征X射线（常用Mg或Al的Kα射线）照射试样，使试样表面的原子或分子的内层电子受激而射出，成为光电子。用静电或磁场偏转型能量分析器检测光电子的能量分布，得到以电子的动能（或结合能）为横坐标，电子计数率为纵坐标的光电子能谱图。可检测除氢与氦以外的所有元素，能观测与原子氧化态、原子电荷和官能团有关的化学位移，从而给出有关化学键和分子结构方面的信息。可用以分析固体、液体或气体。对固体试样的分析深度约为2nm，且无破坏作用。 （郑兆佳）

X射线结构分析 structure analysis by X-ray

利用X射线仪器测定物质微观结构与晶体缺陷的方法。例如，由四圆单晶衍射仪可得到晶胞中原子坐标、原子间的键长和键角等参数；用粉晶衍射仪可测定晶系、晶胞参数、晶格畸变、相变和取向等。借助于扩展X射线吸收精细结构分析（EXAFS）和径向分布函数（RDF）分析能确定晶体或非晶体的原子种类、近邻配位和原子间平均距离等结构参量、用X射线貌相术可获知近完整晶体中位错、层错、生长带和晶界等缺陷分布信息。 （孙文华）

X射线晶体取向分析 crystal orientation analysis by X-ray

利用X射线衍射测定单晶体重要晶向相对于晶体外形方位的方法。常分两类：①劳厄（Laue）法，是以连续辐射投射到固定不动的单晶上摄取衍射斑点（劳厄斑点）的方法。将劳厄斑点和晶体外形取向进行极射赤平面投影，再用吴氏网（Wulff net）在投影图上量出晶体取向角度；②衍射仪法，是用广角测角仪测出晶体表面与某衍射晶面之间的角度。为此需要能绕相互垂直的三个轴转动的单晶样品架，以便将晶体调到所需晶面。此方法测定晶体取向，虽简便迅速，但没有底片作永久记录，而且不能直观看出晶体缺陷。 （孙文华）

X射线貌相术 X-ray topography

利用近完整晶体的完整区与缺陷区之X射线衍射束强度差异或晶体不同区域衍射方向差异，直接显示晶体内缺陷形状、分布、数量和性质的一种技术。按衍射几何分成四种：①透射貌相术，常见的有Lang法，即扫描透射投影貌相术，不仅对微观缺陷有很高分辨率，而且可观测单个缺陷的Burgers矢量、应变指向和空间组态等；②反射貌相术，具有摄照时间短等优点，宜用于表面层起重要作用的晶体缺陷研究；③反常透射貌相术，利用反常透射现象（又称Borrmann效应）显示晶体内缺陷相；④双晶貌相术，用双晶衍射仪拍摄晶体缺陷的衍衬像，具有光谱纯、准直好、发散小、图像清晰、分辨率高等优点。 （孙文华）

X射线双晶衍射仪 double crystal X-ray diffractometer

包括一对近完整晶体和其他附属设备的X射线衍射仪。特点是具有高精度和高分辨本领（角分辨率为0.1″）。工作原理是X射线经过参考晶体反射后得到近单色并偏振化的窄反射线束，作为试样晶体的入射线束。当试样晶体和探测器在衍射位置附近分别以 $\Delta\theta$ 和 $\Delta 2\theta$ 角度摆动时，就可得出反射强度按角度分布的摆动曲线。由此曲线的角位置和半高宽等可获知试样晶体反射系数和完整性（包含点阵常数和取向的微小变化）等信息。若将试样晶体固定在衍射位置上，用照相胶片摄取其衍衬像，就能获得单晶缺陷种类及分布的双晶貌相图。 （孙文华）

X射线相变分析 phase transition analysis by

X-ray
用X射线物相分析方法，测定物质随温度、压力或成分变化而引起的物相变化。例如，用高温X射线衍射装置，能观察超导陶瓷$YBa_2Cu_3O_{7-\delta}$从460℃开始由正交相向四方相转变、到600℃结束相变过程；当温度下降时，四方相又变成正交相。又如用粉晶法测定在超高压下，顽火辉石（$Mg_2Si_2O_6$）能转变成钙钛矿型结构的$MgSiO_3$。

（孙文华）

X射线小角散射分析 small angle X-ray scattering analysis
利用X射线在原光束附近（几度之内）产生的相干散射研究物质特性的方法。简记SAXS。发生这种散射的物理机制有两种：一是长周期结构，这种情况和晶体中一样，当周期长 d 大到一定程度（例如大于2nm）后，按Bragg定理其衍射极大就落到小角散射区。另一种是超细颗粒（粒径小于$0.2\mu m$）的散射，其散射花样只与粒子的形状大小有关，而与粒子内部结构无关。因此只要材料中有电子密度的起伏，就可用小角散射来研究，如超细颗粒的粒度分布、非晶材料中的原子偏聚、玻璃中的分相及水泥凝胶中的超微孔等。 （孙文华）

X射线衍射分析 X-ray diffraction analysis
简称X射线分析。根据晶态和非晶态物质在X射线照射下产生的散射、干涉和衍射现象来确定物质的相组成、含量和结构一类方法的总称。包括X射线物相分析，晶体和非晶体结构分析，织构、应力和结晶度分析，小角散射分析，扩展X射线吸收谱（EXAFS）分析及X射线貌相术等。

（岳文海）

X射线衍射花样 X-ray diffraction pattern
X射线经晶体衍射后，用不同方法记录下来的衍射斑点、环或曲线的统称。每种结晶物质都有自身独特的衍射花样。它反映测试晶体的结构特征，是X射线衍射分析的重要依据。 （岳文海）

X射线衍射群 groups of X-ray diffraction
又称衍射类型。根据X射线衍射图所显示的衍射型式划分的空间群。依X射线衍射图的消光规律及衍射强度的对称性来区分，230个空间群只表现出120种不同衍射型式，即通过衍射图能识别出120种衍射群。 （孙文华）

X射线衍射束强度 X-ray diffraction intensity
由X射线探测器记录的一定方向衍射线束的辐射总能量。与原子种类、数目和在晶胞中的位置有关。在多晶体中某种晶面所产生的衍射束强度，可用绝对强度或相对强度表示。前者表征衍射能量，一般少用。后者指同一衍射图中各衍射束强度之比，可用目测、试验或计算获得。按其强弱，常分为10级或100级，最强线为10或100，其他线强度可对比确定。强度的测量方法有两种：照相法是以弧线黑度表示，越黑强度越大；衍射仪法又分两种表示：①峰高强度，即减去背底后的峰巅高度代表整个峰的强度；②积分强度，又称累积强度，是以整个衍射峰在背底线以上部分的面积作为该峰强度。它是晶体结构、物相定量和应力测定等的重要依据。 （岳文海）

X射线衍射仪 X-ray diffractometer
用辐射探测器或计数器来测定和记录照射物质的X射线衍射线方向和强度，并以此确定物质相组成、含量和结构的仪器。它由X射线源、测角仪、探测器、检测记录装置等组成。一般还附有计算机系统及高低温装置。依所测试样状态可分为粉晶X射线衍射仪（又称多晶X射线衍射仪）和单晶衍射仪。 （岳文海）

X射线应力测定仪 X-ray stress analyzer
根据X射线衍射原理测定多晶金属材料宏观应力的专用仪器。包括X射线源、测角仪、测定位变机构和记录系统等。若用衍射晶面与试样表面法线之夹角 ψ 表示晶面方位，则由弹性理论可得应力 σ、ψ 和衍射角 2θ 之间的关系：

$$\sigma = K \cdot \partial(2\theta) / \partial(\sin^2\psi)$$

式中应力常数 $K = -E/2(1+\nu) \cdot \operatorname{ctg}\theta_0 \cdot \dfrac{\pi}{180}$，$E$ 是杨氏模量，ν 为泊松比，θ_0 为无应力时的布拉格角。在测量时，如选 $\psi = 0°、15°、30°$ 和 $45°$ 来测其对应衍射角 2θ，作 $2\theta \sim \sin^2\psi$ 图，所得直线斜率就是 σ，称为 $\sin^2\psi$ 方法。若测定的线性较好，可选 $\psi = 0°$ 和 $45°$，则称 $0°\sim 45°$ 方法。 （孙文华）

X-相 X-phase
即粒状硅钙石。有人把其化学式写成 $8CaO \cdot 3SiO_2 \cdot 8H_2O$（简写为 $C_8S_3H_8$），以与粒状硅钙石略示区别，也有人将 $C_2SH(C)$ 称为"相X"。
（王善拔）

Y-相 Y-phase
结构式为 $Ca_6(SiO_4)(Si_2O_7)(OH)_2$ 的高温型水化硅酸二钙。化学式为 $6CaO \cdot 3SiO_2 \cdot H_2O$，简写为 C_6S_3H。可由 $\beta\text{-}C_2S$ 在100MPa和800℃左右的条件下合成。也可由石灰和二氧化硅混合物在350～800℃和30～200MPa压力下制得。结晶为小片状或棱柱状。700℃时在差热分析曲线上有吸热效应，脱水生成 $\beta\text{-}C_2S$。增加 SiO_2 会形成斜方硅钙石和硬硅钙石。 （王善拔）

Z-相 Z-phase
石灰和二氧化硅在180～240℃压蒸的产物。

化学式为 $CaO \cdot 2SiO_2 \cdot 2H_2O$，简写为 CS_2H_2。组成和结构与白钙沸石相似，片状晶体，六方或假六方晶系，不过 X 射线谱与白钙沸石有差别。文献上 Z-相与相 Z 有区别，后者指 $9CaO \cdot 6SiO_2 \cdot H_2O$，用 $CaO/SiO_2 = 2$ 的 CaO 和 SiO_2 凝胶在 443℃和 994 大气压经 6 昼夜合成。光学性质与硅钙石相近。

（王善拔）

α-氰基丙烯酸酯胶粘剂 cyanoacrylate adhesives

以 α-氰基丙烯酸酯单体和少量稳定剂、增塑剂、增稠剂等配制而成的单组分快速固化胶粘剂。胶接速度极快，几分钟内即可粘住，数小时便可达到一定强度。黏度低、浸润性好，对多种材料具有较高的粘接强度，但性脆，不耐震动和冲击，耐水性和耐湿性差，不宜大面积使用。建筑中常用 α-氰基丙烯酸甲酯和 α-氰基丙烯酸乙酯为主配制的胶黏剂（KH-501 胶和 502 胶）。用于胶接金属、橡胶、硬质塑料、陶瓷、玻璃和水泥制品等。使用时应注意通风并避免与皮肤接触。

（刘茂榆）

γ射线屏蔽材料 shielding materials for γ radiation

能有效地衰减 γ 射线辐射强度的材料。γ 射线有很强的穿透力。反应堆中产生的 γ 射线其能量大约在 $0.1 \sim 10 \mathrm{MeV}$，对人体危害极其严重，必须采用屏蔽措施。利用 γ 射线通过物质时发生的相互作用，如光电效应、电子对形成效应和康普顿效应，可导致 γ 射线的减弱和吸收。表征物质对 γ 射线屏蔽能力大小是物质的质量衰减系数 μ_M 或线性衰减系数 μ_L。它是 1g 或 $1cm^3$ 物质对 γ 射线衰减的能力。

$$\mu_M = \sigma_\gamma^{原子} \cdot P_M; \quad \mu_L = \mu_M \cdot W$$

式中 P_M 为 1g 物质中的原子数；W 为物质的密度；$\sigma_\gamma^{原子}$ 为 γ 射线与物质作用的总截面，它等于上述三个效应截面之和：$\sigma_\gamma^{原子} = \sigma_光 + \sigma_电 + \sigma_康 \cdot Z \cdot f$。$Z$ 为核的电荷，f 为散射时 γ 量子传给电子的那一部分能量。在狭束情况下，γ 射线衰减强度由 $I = I_0 e^{-\mu_M X}$ 决定。I_0、I 相应为入射 γ 射线及穿过厚度为 X 屏蔽体后的 γ 射线强度。由此可知，γ 射线最好的屏蔽材料是原子序数大的重元素或密度大的材料。常用的有铅、重混凝土等材料。

（李耀鑫　李文埫）

π键 π-bond

见共价键（159 页）。

σ键 σ-bond

见共价键（159 页）。

χ^2 分布 χ^2-distribution

又称卡方分布。样本均方差满足的分布。由总体中抽取 n 个样本 $x_1; x_2; \cdots\cdots x_n$，其均方差为 $S^2 = \dfrac{1}{n-1}\sum_{i=1}^{n}(x_i - \overline{x})^2$。取 $\chi^2 = \dfrac{(n-1)S^2}{\sigma}$ 作统计量，来推断总体方差是否显著偏离均方差 σ^2，称为 χ^2 检验。当总体为正态分布时，χ^2 的概率密度满足的分布为 χ^2 分布。χ^2 检验只对大抽样有效，一般抽样数要大于 25。否则误差大。

（魏铭鑑）

χ^2 检验 chi-squared test

见 χ^2 分布。

107 胶

见聚乙烯醇缩醛胶（262 页）。

200 号溶剂油 mineral spirit; white spirit

又称 200 号油漆溶剂油、200 号石油溶剂油。馏程 $150 \sim 200$℃的无色透明作溶剂的石油分馏产物。由脂肪烃，10%～20%的芳香烃及一定量的脂环烃组成。闪点大于 33℃，爆炸极限 1.2%～6%。不溶于水，易溶于苯、二硫化碳、醇等。电阻值 500MΩ。属非极性溶剂。常在涂料生产和涂料使用中作溶剂和稀释剂等。

（陈艾青）

746 阻尼浆 746 damp pulp

以橡胶和树脂为胶料制成的阻尼防振材料。由氯丁橡胶溶液、酚醛树脂溶液、膨胀蛭石、石棉绒、磷酸三苯酯、二硫化铜、碳酸钙及适量溶剂配成。损耗因数 η 值 0.03～0.05，黏结性较强，用于装甲车车体上，以降低振动和减少噪声辐射，降噪量约 3～12dB。

（陈延训）

84 金箔 gold foil (84%)

用含金量 84%，含银量 16% 的金银合金锤成之方形薄片。规格有 93.3mm × 93.3mm，古建筑彩画中极少使用。

（谯京旭）

95 金箔 gold foil (95%)

用含金量 95%，含银量 5% 的金、银合金锤成之方型薄片。赤金色。有 100mm × 100mm 和 50mm × 50mm 两种规格，前者每万张耗金银 250 克，后者每万张耗金银 62.5 克。在古建筑彩画中很少应用。

（谯京旭）

词目汉语拼音索引

说 明

一、本索引供读者按词目汉语拼音序次查检词条。
二、词目的又称、旧称、俗称、简称等，按一般词目排列，但页码用圆括号括起，如(1)、(9)
三、外文、数字开头的词目按外文字母与数字大小列于本索引末尾。

a

阿克隆耐磨性	1
阿利尼特水泥	1
阿利特	1

ai

艾叶青	1
碍子	(61)

an

安培滴定法	(86)
安全行灯	1
氨基塑料	1
氨溶砷酸铜	1
氨羧络合剂	1
氨羧络合剂Ⅱ	(574)
氨羧络合剂Ⅲ	(574)
铵梯炸药	2
铵盐侵蚀	2
铵油炸药	2
暗场像	2
暗钉	(17)

ao

凹兜	2
凹凸珐琅	2
熬炒灰	2
螯合滴定法	(324)
螯合物	2
奥硅钙石	2
奥氏斑点	2
奥氏体	2

ba

"八级黄道"砖	(199)
八五砖	3
八字拐子	3
拔出试验	3
拔丝机	3

bai

白炽灯	3
白醇	(476)
白度	3
白度计	4
白垩	4
白垩粉	(65)
白矾	(338)
白粉单竹	(121)
白粉油	4
白钙沸石	4
白钙镁沸石	(504)
白光	4
白硅钙石	4
白化	4
白灰浆	4
白芨	4
白浆	(4)
白口铸铁	4
白粒石	4
白面	(338)
白眉竹	(50)
白砒	(568)
白乳胶	4
白色硅酸盐水泥	4
白色混凝土	5
白色釉面砖	5
白石粉	5
白水泥	(4)
白松	(591)
白陶	5
白铁砖	(412)
白铜	5
白榆	5
白玉石	(4)
白云石大理岩	5
白云岩	5

百叶窗	5			爆破冲击波安全距离	12
百叶窗帘	6			爆破地震安全距离	12
柏木	6	**bang**		爆破器材	(12)
柏油	(237)	棒法	9	爆速	12
		棒形悬式瓷绝缘子	9	爆炸材料	(12)
		棒形支柱瓷绝缘子	9	爆炸冲击波安全距离	(12)
ban				爆炸地震波安全距离	(12)
斑点	6	**bao**			
斑纹玻璃	(66)	包裹系数	9	**bei**	
斑竹	(175)	薄板共振吸声构造	9	北京式地毯	(251)
板	6	薄晶体技术	10	贝壳	12
板玻璃	(376)	薄膜共振吸声构造	10	贝壳石灰石	12
板材	6	薄膜烘箱试验	10	贝克线	12
板栗	6	薄膜养护	10	贝利特	13
板弯	6	薄片	10	贝努利分布	(102)
板岩	6	薄片增强复合材料	10	贝瑞克消色器	13
板瓦	(37)	饱和比	(439)	贝氏体	13
半吹制沥青	(8)	饱和分	10	贝塔纱	13
半导体釉	7	饱和含水率	10	贝茵体	(13)
半定量注入法	7	饱和面干含水率	10	背衬材料	13
半复明时间	(8)	饱和面干状态	10	背散射电子像	13
半干法制管机	7	饱和透过率	(376)	背兽	13
半干热养护	(136)	饱和蒸汽	10	背纹	13
半干性油	7	宝顶	10	钡硅酸盐水泥	14
半干压成型	7	保利板	(264)	钡水泥	(14)
半干硬性混凝土	7	保留值	10	被覆玻璃纤维	14
半固体沥青	7	保罗米公式	10	焙烧	14
半硅质耐火材料	7	保水性	11	焙烧曲线	14
半黄砖	7	保温轻集料混凝土	11		
半结晶水化物	7	保温吸声砂浆	11	**ben**	
半金属	7	保温性	11	本体聚合	14
半开级配沥青混凝土	8	保险门锁	11	本体着色平板玻璃	14
半水石膏	8	保险铅丝	11	苯	14
半水石膏硬化	8	保险丝	(11)	苯-丙乳胶漆	(15)
半退色时间	8	保油性	11	苯-丙乳液防锈涂料	14
半稳定白云石耐火材料	8	刨花板	(487)	苯-丙乳液涂料	14
半稳定白云石砖	(8)	刨制单板	11		
半氧化沥青	8	抱鼓石	(430)	**beng**	
半硬质聚氯乙烯块状塑料地板	8	鲍林规则	11	崩解	15
半镇静钢	8	爆点	11	泵送混凝土	15
伴峰	8	爆花	12	泵送剂	15
拌合水	9	爆力	12	泵送距离	15
拌合物	(206)	爆裂孔	12		
拌间变异	9	爆破材料	12		
拌内变异	9				

泵送性	(271)	变色玻璃	(169)	表面能	20
泵送压力	15	变位	(528)	表面起砂	20
迸发荷载	15	变形钢筋	(170),(405)	表面温度计	20
		变形铝合金	18	表面毡	20
bi		变形能	(579)	表面张力	20
		变异系数	18	鳔胶	(591)
比表面积	15	便器	(65)		
比长仪	15	匾	18	**bie**	
比长仪法	15				
比电导	(83)	**biao**		瘪	20
比光密度	16				
比例极限	16	标称粒径	(218)	**bin**	
比密度	(547)	标定	18		
比热	16	标米	(446)	宾汉塑性体	(20)
比热容	(16)	标牌搪瓷	18	宾汉体	20
比色分析法	16	标型耐火砖	18		
比徐变	(555)	标样标定法	18	**bing**	
比重	16,(547)	标张	(445)		
比浊分析	16	标志灯	18	冰花玻璃	20
笔管藤黄	(506)	标准玻璃	(41)	冰晶石	21
笔石粉	(184)	标准差	18	冰铜	21
闭口孔隙	16	标准含水率	(612)	丙-丁烷(脱)沥青	21
闭门器	16	标准溶液	18	丙纶	(257)
闭气孔率	16	标准砂	18	丙纶地毯	21
楄柲	16	标准筛	(425)	丙凝	21
壁板	(386)	标准误差	18	丙强灌浆材料	21
壁灯	16	标准箱	19	丙酮	21
壁挂	16	标准协方差	(547)	丙烷(脱)沥青	21
壁纸	17	标准养护	19	丙烯酸树脂	21
壁纸胶粘剂	17	标准砖	(380)	丙烯酸树脂胶粘剂	21
避水浆	17	标准锥	(42)	丙烯酸酯建筑密封膏	22
		表达面	19	丙烯酸酯涂料	22
bian		表干时间	(19)	并合散射效应	(281)
		表观比重	19		
边材	17	表观密度	19	**bo**	
边釉	17	表观体积	19		
边釉不齐	17	表揭	(104)	波筋	(509)
边缘场效应	17	表面处理剂	(365)	波浪边	22
扁青	(448)	表面淬火	19	波浪纹	22
扁头钉	17	表面干燥时间	19	波美计	22
变暗波长	(217)	表面光泽度	19	波斯地毯	22
变暗速率	(217)	表面含水量	19	波斯垫	(22)
变差系数	(18)	表面活性剂	19,(413)	波斯毯	(22)
变幅疲劳	17	表面金属装饰着色	20	波斯毡	(22)
变色	17	表面浸渍	20	波特兰水泥	(173)

波纹	(509)	玻璃门	27	玻璃眼	(61)
波形玻璃	22	玻璃棉	27	玻璃应力	32
波形缘石	22	玻璃幕墙	28	剥瓷	32
玻璃	22	玻璃耐热冲击强度	(28)	剥离黏结性试验	32
玻璃碴	(487)	玻璃配合料	28	剥离区	32
玻璃电极	23	玻璃气泡	28	剥落	33
玻璃发霉	23	玻璃球法拉丝	(138)	剥落试验	33
玻璃钢	(32)	玻璃热膨胀系数	28	播音室执手插锁	33
玻璃钢薄壳屋顶	23	玻璃热稳定性	28	泊松比	33
玻璃钢缠绕接头	23	玻璃熔化单位耗热量	28	勃氏法	(33)
玻璃钢窗	23	玻璃熔化理论热耗	28	勃氏透气法	33
玻璃钢地面	23	玻璃熔窑	29	铂漏板拉丝炉拉丝	33
玻璃钢防水屋面	23	玻璃态	29	博风砖	(33)
玻璃钢复合墙板	24	玻璃态夹杂物	29	博缝板	33
玻璃钢高位水箱	24	玻璃退火	29	博缝头	33
玻璃钢管	24	玻璃退火窑	29	博缝砖	33
玻璃钢化粪池	24	玻璃微珠	29	博脊连砖	34
玻璃钢混凝土模板	24	玻璃细珠	(29)	博脊筒	(34)
玻璃钢活动房屋	24	玻璃纤维	29	博脊瓦	34
玻璃钢集水槽	24	玻璃纤维表面处理	30	博通脊	34
玻璃钢集水斗	24	玻璃纤维表面化学处理	30	欂	(18),34
玻璃钢夹层结构板	25	玻璃纤维薄毡	30		
玻璃钢冷却塔	25	玻璃纤维布	30	**bu**	
玻璃钢落水管	25	玻璃纤维布布面不平度	30		
玻璃钢门	25	玻璃纤维布布面平整度	(30)	补偿器	(551)
玻璃钢穹屋顶	25	玻璃纤维单向布	30	补偿收缩混凝土	34
玻璃钢透微波建筑	25	玻璃纤维基布	30	补强剂	34
玻璃钢瓦	25	玻璃纤维膨体纱	30	补强填充剂	(34)
玻璃钢温室	26	玻璃纤维墙布	30	补色法则	34
玻璃钢屋架	26	玻璃纤维热处理	30	补色器	(551)
玻璃钢异型材	26	玻璃纤维纱	31	不饱和聚酯地面涂层	(35)
玻璃钢浴缸	26	玻璃纤维无捻粗纱	31	不饱和聚酯树脂	35
玻璃钢折板屋顶	26	玻璃纤维增强混凝土	31	不饱和聚酯涂布地板	35
玻璃钢整体卫生间	26	玻璃纤维增强混凝土管	31	不定形建筑密封材料	35
玻璃钢贮罐	26	玻璃纤维增强水泥	31	不定形耐火材料	35
玻璃管	27	玻璃纤维增强水泥半波板	31	不发火花混凝土	35
玻璃管接头	27	玻璃纤维增强水泥复合墙板	31	不干性油	35
玻璃光纤	(168)	玻璃纤维增强水泥夹芯板	(31)	不挥发分含量	(163)
玻璃化温度	(27)	玻璃纤维增强水泥温室骨架	31	不可击穿型瓷绝缘子	36
玻璃化转变温度	27	玻璃纤维增强水泥永久性模板	32	不连续固溶体	(589)
玻璃混凝土	27	玻璃纤维增强水泥制品	32	不连续晶粒长大	(101)
玻璃获得率	27	玻璃纤维增强塑料	32	不燃材料	36
玻璃锦砖	27	玻璃纤维增强毡	32	不烧耐火砖	36
玻璃抗热震性	(28)	玻璃纤维毡	32	不透水混凝土	(112)
玻璃马赛克	(27)	玻璃形成过程有效耗热量	(28)	不透水性	(270)

不完全类质同像	36	彩色砂壁状涂料	(41)	层间水	42
不稳定传热	36	彩色石英玻璃	40	层裂	42
不相合熔点	36	彩色水泥	40	层析法	(421)
不锈钢	(36)	彩色涂层钢板	41	层压成型	42
不锈钢冷轧钢板	36	彩砂涂料	41	层压塑料	43
不锈钢热轧钢板	36	彩砂涂料喷枪	41	层状结构	43
不锈钢搪瓷	36	彩陶	41		
不锈耐酸钢	36	彩釉砖	41	**cha**	
不一致熔融	36				
不一致熔融化合物	37			插捣法	43
布拉格定律	(37)			插管流动度试验	43
布拉格方程	37	参比电极	41	插锁	(43)
布拉维格子	37	参比物	41	插销	43
布料辊	37	参考玻璃	41	插芯门锁	43
布列底格石	37	残积土	(594)	插值法	43
布林肯开口杯闪火点	37	残留沥青	(615)	茶秆竹	44
布氏硬度	37	残焰	41	茶色玻璃	(188)
布筒瓦	37	残余线变化率	(623)	檫树	44
布瓦	37	残灼	41	岔兽	(387)
布瓦勾头	38	蚕丝	(508)	差分法	44
部分预应力混凝土	38			差热分析	44
				差示扫描量热分析	44
ca		**cao**			
		曹达灰	(59)	**chai**	
擦胶法	38	槽灯	41		
		槽簧拼	(381)	拆除爆破	44
cai		草垫	42	拆模强度	44
才利特	38	**ce**		**chan**	
材	38				
材料	39	侧圹石	(283)	掺合型胶粘剂	45
材料科学与工程	39	侧石	(312)	掺灰泥	45
材桨	39	测力传感器	(183)	缠绕法	45
裁口拼	39	测力元件	(183)		
彩花地毯	39	测微尺	42	**chang**	
彩画	39	测温锥	42		
彩色斑点锦砖	39	箣楠竹	(48)	长棒瓷绝缘子	(9)
彩色玻璃微珠	39			长程有序	45
彩色钢板	(41)	**cen**		长棉	(92)
彩色硅酸盐水泥	40			长期强度	(52)
彩色混凝土	40	岑溪红花岗石	42	长石	45
彩色硫铝酸盐水泥	40			长石砂	45
彩色铝酸盐水泥	40	**ceng**		长石釉	45
彩色泡沫玻璃	40			长石质电瓷	45
彩色平板玻璃	40	层积材	42	常幅疲劳	45

常光	45	沉降法	49	持久强度	52
常化	(612)	沉降收缩	49	尺七砖	(540)
常微分方程数值解法	46	沉球试验	(267)	尺四砖	(540)
常温聚合	46	沉入度	49	尺五加厚(城砖)	52
常行尺二方砖	46	陈腐	49	齿形榫	(616)
常行尺七方砖	46	陈化	49	赤脚通脊	52
常行尺四方砖	46	陈设瓷	49	赤金箔	53
常压(法木材防腐)处理	46	衬垫材料	(13)	赤磷阻燃剂	53
常压湿热养护	46	衬度	49	赤泥	53
常压碳化	46			赤泥硫酸盐水泥	53
常压蒸汽养护	(46)	**cheng**			
场离子显微镜	46			**chong**	
场致发光灯	47	称量	50		
场致发光搪瓷	47	撑臂式开关器	50	充气房屋	53
		撑篙竹	50	充气混凝土	53
chao		成材	(255)	重唇瓪瓦	53
		成对立模	50	重复性	54
抄取法	47	成孔剂	50	重复振动	(132)
抄取法制板机	47	成膜物质	50	重塑数	54
抄取法制管机	47	成熟度	50	重塑仪	54
超低膨胀石英玻璃	47	成束电线电缆燃烧试验	50	重折射	(455)
超低水泥耐火浇注料	47	成型室	(577)	冲锤试验	(203)
超硫酸盐水泥	(438)	成组立模	51	冲击电压试验	54
超轻陶粒	47	成组立模工艺	51	冲击强度	54
超轻陶粒混凝土	47	承风连	(51)	冲击韧性	54
超声活化	48	承风连砖	(51)	冲击试验机	54
超声脉冲法非破损检验	48	承奉连	(51)	冲落式坐便器	54
超塑化混凝土	(308)	承奉连砖	51	冲刷侵蚀	54
超塑化剂	(307)	承重空心砖	51	冲洗功能	54
超细玻璃纤维	48	枨	51	冲压成型	54
超硬铝	48	城市控制爆破	(44)	虫胶	55,(380)
超早强水泥	(504)	城砖	51	虫胶清漆	55
超张拉	48	程序控制温度	52	虫孔	(55)
		橙色玻璃	52	虫眼	55
che					
		chi		**chou**	
车坯成型	48				
车筒竹	48	蚩吻	(52)	抽屉窑	(489)
		鸱尾	(52)	抽芯机	55
chen		鸱吻	52	稠度试验台	(306)
		池炉	(52)	臭椿	55
辰砂	(625)	池窑	52		
沉淀	48	池窑拉丝	52	**chu**	
沉淀滴定法	49	迟发电雷管	(562)		
沉积天平	49	持久极限	(374)	出料系数	55

初步配合比	55			次生土	62
初凝	55	**chui**		次增塑剂	(132)
初期切线模量	55			刺钢丝	62
初始结构强度	56	吹塑成型	58	刺槐	62
除锈	56	吹制沥青	(566)		
除油	56	垂脊筒子	58	**cu**	
触变性	56	垂兽	58		
		垂通脊	58	粗骨料	(62)
chuan		垂直喷吹法	59	粗集料	62
		垂直下引拉管法	59	粗粒	62
穿插当	56	垂直引上拉管法	59	粗粒式沥青混凝土	62
穿孔板	56	锤击法	59	粗料石	62
穿孔金属板	56	锤纹面	59	粗砂	62
穿孔率	56			粗条石	(62)
穿孔硬质纤维板	56	**chun**		粗铜	62
传爆线	(71)			粗夏布	(626)
传导传热	56	春材	(599)	粗凿石	(62)
传热地毯	57	纯硅酸盐水泥	59	醋酸丁酯	63
传热速率	57	纯碱	59	醋酸纤维素	63
传热系数	57	纯毛地毯	59	醋酸乙酯	63
传声损失	(155)	纯铜板	60	簇绒地毯	63
船底防污漆	(113)	纯铜棒	60		
椽	57,(265)	纯铜箔	60	**cuan**	
椽条	(57)	纯铜带	60		
椽子	(57)	纯铜线	(633)	撺头	63
串烟	(561)	醇酸树脂	60		
		醇酸树脂漆	60	**cui**	
chuang					
		ci		催干剂	63
窗玻璃	(376)			催化吹制沥青	(63)
窗钩	(124)	瓷层	60	催化聚合	(289)
窗户薄膜	57	瓷层气泡	61	催化氧化沥青	63
窗帘	57	瓷绝缘子	61	榱	63,(265)
窗帘轨	57	瓷面无光	(433)	脆化温度	63
窗帘棍	57	瓷器	61	脆性	64
窗帘盒	58	瓷土	61	脆性系数	64
窗配	58	瓷相	61	脆性转变温度	64
窗纱	58	瓷釉	(500)	淬火	64
窗台板	58	瓷砖	(590)	淬透性	64
窗用绝热薄膜	58	瓷砖胶粘剂	61		
窗用平板玻璃	(376)	慈竹	61	**cun**	
床头灯	58	磁化水混凝土	61		
		磁漆	61	存水弯	64
		磁性定门器	62		
		雌黄	62		

da

搭脑	64
搭钮	64
达夫·艾布拉姆斯定则	(462)
打瓦陇	65
打眼机	65
大坝水泥	65
大白粉	65
大板	(68)
大便器	65
大叉	65
大兜	65
大枋子	65
大分子化合物	(149)
大金竹	(175)
大孔混凝土	65
大孔混凝土边角效应	65
大孔混凝土带框墙体	66
大孔混凝土墙板	66
大理石	66
大理石薄板	66
大理石规格板	66
大理石绝缘性能	66
大理石抗风化性能	66
大理石普型板材	66
大理石纹玻璃	66
大理石纹色泥装饰	66
大理石异形板材	67
大理岩	67
大流动性混凝土	67
大绿	(444)
大麻刀灰	67
大铺地砖	67
大漆	(431)
大气老化	(635)
大群色	67
大体积混凝土	67
大吻	(613)
大小头砖	67
大芯板	(540)
大新样开条砖	67
大新样砖	67
大型壁板	(68)
大型墙板	67
大叶桉	68
大叶金竹	(175)
大砖	68

dai

代铂坩埚拉丝	(33)
代铂炉拉丝	(33)
带锯机	68
带孔油毡	68
带楞油毡	68
带遮阳膜夹层玻璃	68
袋压成型	68
袋装水泥	69

dan

丹东绿大理石	69
丹砂	(625)
单板	69,(557)
单胞	(251)
单层屋面油毡	69
单根电线电缆燃烧试验	69
单硅钙石	69
单钾芒硝	69
单晶结构分析	69
单聚焦分析器	69
单控冷拉	69
单粒级	70
单模玻璃纤维	70
单色锦砖	70
单色釉	70
单体	70
单斜硅钙石	70
闰	70
淡水侵蚀	(410)
淡竹	70
弹子复锁	(70)
弹子门锁	70
弹子珠	70
蛋白石	70
氮化硅结合碳化硅耐火材料	70
氮化硅结合碳化硅砖	(70)
氮化物	71

dang

当沟	71

dao

刀压成型	71
导爆管	71
导爆索	71
导爆线	(71)
导电混凝土	71
导电膜夹层玻璃	71
导火索	72
导火线	(72)
导热	(56)
导热系数	(399)
导热性	72
导数热重分析	(526)
导温系数	72,(401)
岛状结构	72
捣实因素	(337)
倒焰窑	72
倒置路缘	72
道路硅酸盐水泥	72
道路混凝土	72
道路沥青	72
道路沥青标准黏度计	73
道路石油沥青	73
道路水泥	(72)
道路与桥梁工程石材	73
稻草板	73
稻壳板	73
稻壳灰	73
稻壳灰水泥	73

deng

灯彩	73
灯具	74
灯笼	74
灯煤	(561)
灯座	74
蹬脊瓦	(74)
蹬脚瓦	74

等当点	(75)	低温煤沥青	78		dian	
等规度	74	低温热分析	78			
等规聚合	(92)	低温柔性试验	78			
等价类质同像	75	低温退火	78	点焊机	81
等速度谱仪	75	低温颜色釉	78	点火材料	81
等温淬火	75	滴定分析法	78	点群	82
等温线	75,(75)	滴定曲线	78	点阵	82
等物质的量	75	滴定终点	78	点阵常数	82
等效吸声面积	(537)	滴珠板	79	点阵能	(251)
等压质量变化测定	75	涤纶	(264)	碘量法	82
澄浆城砖	75	涤纶地毯	79	碘钨灯	82
澄浆停泥城砖	75	底粉	(79)	碘值	82
澄浆砖	75	底脚螺栓	(79)	电瓷	82
		底漆	79	电瓷电气试验	82
	di	底瓦	(37)	电瓷抗剪切强度试验	82
		底釉	79	电瓷抗剪试验	(82)
低倍检验	(187)	地板钉	(17)	电瓷抗扭强度试验	82
低弹模纤维	(76)	地板革	(264)	电瓷抗扭试验	(82)
低共熔点	75	地板胶粘剂	(479)	电瓷釉	83
低共熔混合物	75	地板蜡	79	电磁除铁器	83
低合金钢	76	地板漆	79	电导分析法	83
低合金结构钢	76	地板石膏	(152)	电导率	83
低合金结构钢冷轧薄钢板(带)	76	地基土	79	电导仪	83
低合金结构钢热轧薄钢板(带)	76	地脚螺栓	79	电浮法着色	83
低合金结构钢热轧厚钢板(带)	76	地楞	(344)	电腐蚀	(597)
低碱性水化硅酸钙	76	地沥青	79	电负性	83
低介电损耗玻璃纤维	76	地沥青岩	79	电杆抗弯试验	84
低聚物	76	地龙	(80)	电工陶瓷	(82)
低模量纤维	76	地垅墙	79	电焊护目眼镜	84
低膨胀石英玻璃	(47)	地面爆破	(313)	电弧焊	84
低热混凝土	77	地面材料	80	电弧熔融法	84
低热矿渣硅酸盐水泥	77	地面基层材料	80	电化学保护	84
低热水泥	(77)	地面卷材	(264)	电化学变色玻璃	(88)
低热微膨胀水泥	77	地面面层材料	80	电化学分析法	84
低容重泡沫玻璃	(265)	地面涂层	(517)	电化学击穿	84
低熔点玻璃镀膜法	77	地面涂料	80	电化学效应	84
低水泥耐火浇注料	77	地面砖	(81)	电击穿	84
低水箱	(77)	地热水泥	80	电价规则	85
低塑性混凝土	77	地弹簧	80	电检	(82)
低碳热轧圆盘条	77	地毯	80	电解分析法	85
低位水箱	77	地毯性能指标	81	电解铝	85
低温煅烧石灰	77	地毯张紧器	81	电解铜	85
低温合成法	(410)	地下爆破	81	电介质	85
低温回火	77	地下自动门弓	(334)	电缆沥青	85
低温煤焦油	78	地砖	81	电缆用纯铜带	85

电雷管	85	电子显微镜	89	定型建筑密封材料	92
电离能	85,(88)	电子衍射	89	定性分析	93
电量滴定法	86	电子衍射花样	89	定域键	93
电流滴定法	86	电子自旋共振谱法	(472)	锭粉	(384)
电炉钢	86	电阻熔融法	89		
电木	86	电阻应变仪	90	**dong**	
电偶腐蚀	(246)	垫花	90	动荷载	93
电热丝夹层玻璃	86	垫木	90	动静态万能试验机	93
电热养护	86	殿吻	(52)	动态离子质谱分析	93
电热张拉法	87			动态热机械分析	93
电熔α-β-氧化铝砖	(412)	**diao**		动态热力分析	(93)
电熔β-氧化铝砖	(412)			动弹性模量	93
电熔刚玉	(412)	雕底珐琅	(2)	冻融循环	93
电熔锆刚玉	(412)	雕塑装饰	90	冻土	93
电熔铬刚玉	(412)	吊灯	90	栋	93
电熔镁铬砖	(87)	吊铁	90		
电熔莫来石	(412)			**dou**	
电熔窑	87	**die**			
电熔再结合镁铬质耐火材料	87			斗口	94,(275)
电熔再结合镁铬砖	(87)	叠层屋面油毡	90	斗栱	94
电熔铸镁铬质耐火材料	87	蝶式瓷绝缘子	90	枓	94
电熔铸耐火材料	87			枓栱	(94)
电石渣	87	**ding**		陡板	94
电视显微镜分析	87			豆蛋白胶	(94)
电位滴定法	87	丁苯胶乳石棉乳化沥青	90	豆胶	94
电位分析法	87	丁苯橡胶	90	豆石	94
电液伺服阀	88	丁苯橡胶胶粘剂	90	豆石混凝土	(541)
电液伺服控制	88	丁苯橡胶沥青	91	豆渣石	94
电液伺服试验机	(93)	丁基橡胶	91		
电泳涂装	88	丁基橡胶胶粘剂	91	**du**	
电玉	88	丁基橡胶沥青	91		
电站电器瓷绝缘子	88	丁腈橡胶	91	毒性指数	94
电致变色玻璃	88	丁腈橡胶胶粘剂	91	堵漏剂	95
电致发光搪瓷	(47)	丁酮	(227)	堵塞水泥	(583)
电重量分析法	88	钉	91	度时积	95
电子电动两用门锁	88	钉帽	91	镀铝层	95
电子结合能	88	顶棚涂料	91	镀膜平板玻璃	95
电子卡片门锁	88	顶珠	92	镀塑层	95
电子门锁	88	定长玻璃纤维	92	镀锌层	95
电子能谱分析	88	定常传热	(530)	镀锌窗纱	95
电子能谱仪	89	定量差热分析	92	镀锌钢绞线	95
电子探针	(89)	定量分析	92		
电子探针X射线微区分析仪	89	定量注入法	92		
电子通道效应	89	定向聚合	92		
电子万能试验机	(93)	定向循环养护	92		

duan

端部效应	(195)
短程有序	95
短棉	(27)
短切纤维毡	96
段发电雷管	(562)
断裂力学	96
断裂判据	96
断裂韧度	(96)
断裂韧性	96
断裂准则	(96)
缎纹	96
椴木	96
锻铝	97

dui

堆积密度	97
堆聚结构	97
堆密度	(97)
对称消光	97
对辊法	97
对焊机	97
对流干燥	97
对流换热	97
对流给热	(97)
对流换热系数	97

dun

蹲便器	(97)
蹲脊兽	(638)
蹲式便器	97
蹲兽	(638)
钝棱	97

duo

多彩涂料	98
多层涂料	(130)
多缝开裂	98
多功能油毡生产机组	98
多辊离心法	98

多晶结构分析	98
多晶莫来石纤维	98
多晶氧化铝纤维	98
多孔玻璃	(366)
多孔混凝土	98
多孔结构	99
多孔轻集料混凝土	(391)
多孔陶瓷	99
多孔吸声材料	99
多孔窑	(99)
多模玻璃纤维	99
多频振动	99
多普勒速度	99
多色性	99
多通道窑	99
多相平衡	(549)
多用喷枪	100
多组分分析法	100
剁假石	100

e

俄歇电子	100
俄歇电子能谱分析	100

en

蒽油	100

er

鲕状石灰石	100
栭	100
耳子瓦	100
二八油	100
二次重结晶	(101)
二次电子像	100
二次搅拌	101
二次离子质谱分析法	101
二次离子质谱仪	(289)
二次再结晶	101
二次振动	(132)
二矾防水剂	101
二甲苯	101
二甲苯不溶物含量	101

二甲苯改性不饱和聚酯树脂	101
二甲苯树脂	(101)
二铝酸一钙	101
二色性	102
二水石膏	102
二铁铝酸六钙	102
二项分布	102
二新样砖	102
二元相图	102
二轴晶	102
二组分分析法	102

fa

发白	(4)
发沸	102
发光强度	102
发光塑料	103
发光搪瓷	103
发光涂料	103
发裂	103
发泡倍数	103
发泡成型	103
发泡剂	103
发泡剂 N	(365)
发泡灵	103
发泡型防火涂料	(371)
发泡助剂	103
发气剂	104
发气率	104
发气曲线	104
发射率	(184)
发笑	(325)
发烟起始温度	(104)
发烟温度	104
发烟系数	(603)
发烟性	104
伐阅	(104)
阀阅	104
法向应力	(614)
珐琅	(499)

fan

翻窗插销	(507)

翻窗铰链	104	方砖	107	防霉剂	111
翻模工艺	104	方砖心	107	防霉涂料	111
翻转切割	104	芳纶	(107)	防泡剂	(518)
凡立水	(394)	芳纶增强水泥	107	防蚀内衬	111
矾水	104	芳香分	107	防水材料	111
矾土	(319)	芳香族聚酰胺纤维	107	防水灯	111
矾土水泥	(149)	枋	107	防水防潮沥青	111
反常透射貌相术	104	防X射线玻璃	107	防水粉	111
反打成型	104	防白剂	107	防水隔热沥青涂料	112
反光显微镜	104	防爆灯	108	防水混凝土	112
反光显微镜分析	104	防潮层	108	防水剂	112
反光缘石	105	防潮硅酸盐水泥	108	防水浆	112
反射率	105	防潮剂	(107),(112)	防水卷材	112
反射貌相术	105	防潮水泥	(108)	防水砂浆	112
反射阳光玻璃	(603)	防潮涂料	108	防水涂料低温柔性试验	112
反显色	105	防潮油膏	108	防水涂料耐裂试验	112
反相分配色谱法	105	防弹玻璃	(108)	防水油	113
反向溶出极谱法	(409)	防弹夹层玻璃	108	防水油膏	(385)
反应堆热屏蔽层材料	105	防冻剂	108	防污瓷绝缘子	113
反应固化型涂料	105	防风雨毛条	(329)	防污能力	113
反应型胶粘剂	105	防辐射混凝土	108	防污漆	113
反应型阻燃剂	105	防辐射涂料	108	防污条	113
反应注射成型	105	防腐剂	(111)	防雾剂	113
返滴定法	105	防腐沥青	109	防锈剂	(641)
返卤	105	防护混凝土	(108)	防锈铝	113
返水弯	(64)	防护热板法	109	防锈涂料	113
泛光灯	106	防滑包口	109	防锈油	113
泛碱	106	防滑塑料地板	109	防藻水泥	114
泛霜	106	防滑条	109	防振绝热阻尼浆	114
范德华键	106	防火材料	109	防振涂料	114
范德华力	(120)	防火浇注料	109	防中子玻璃	114
范性	(484)	防火浸渍剂	109	防紫外线玻璃	114
		防火密封料	109	防γ射线玻璃	114

fang

		防火砂浆	109	房间常数	114
		防火涂料	110	仿花岗岩瓷砖	114
方材	106	防火涂料大板燃烧试验	110	纺织玻璃纤维	(299)
方差	106	防火涂料隧道炉燃烧试验	110	纺织纤维壁纸	114
方差分析	106	防火涂料小室燃烧试验	110	放热峰	114
方地毯	106	防火装饰板	110	放射热分析	(429)
方格布	(534)	防焦剂	110	放射线阻挡玻璃	114
方解石	107	防结皮剂	110	放张强度	114
方镁石	107	防静电砖	110		
方镁石质耐火材料	(334)	防菌水泥	111		fei
方铁矿	107	防老剂	111,(270)		
方柱石	(199)	防流挂剂	111	飞昂	115

飞灰	(122)	分辨率	(617)	粉煤灰超量系数		122
飞磨石	115	分布钢筋	118	粉煤灰硅酸盐大板		122
飞石安全距离	115	分布函数	118	粉煤灰硅酸盐混凝土实心砌块		122
非铂漏板拉丝炉拉丝	115	分层	(119)	粉煤灰硅酸盐水泥		122
非常光	115	分层度	118	粉煤灰硅酸盐条板		123
非承重空心砖	115	分隔式蓄热室	118	粉煤灰混凝土		123
非煅烧粉煤灰轻集料	(337)	分光光度法	118	粉煤灰实心砌块		(122)
非定常传热	(36)	分光光度计	118	粉煤灰水泥		(122)
非发泡型防火涂料	(116)	分计筛余	118	粉煤灰陶粒		123
非合金钢	115	分计筛余百分率	(118)	粉煤灰陶粒混凝土		123
非活性混合材料	115	分离方法	119	粉煤灰脱水		123
非结构胶粘剂	115	分料	119	粉煤灰砖		123
非金属夹杂物	115	分散度	119	粉面油毡		123
非金属龙骨	116	分散辊	(37)	粉磨		123
非金属涂层	116	分散剂	119	粉磨站		124
非均匀腐蚀	(247)	分散介质	119	粉末涂料		124
非离子表面活性剂	116	分散体系	119	粉末制样		124
非离子乳化沥青	116	分散相	119	粉砂		124
非流淌型密封膏	(117)	分位值	119	粉土		124
非牛顿黏性	(240)	分析电子显微镜	119	粉油		(4)
非牛顿液体	116	分析试样	119	粉毡		(123)
非膨胀型防火涂料	116	分析天平	119	粉紫		124
非破损检验	116	分相乳浊玻璃	120			
非燃烧材料	(36)	分子间键	(106)	feng		
非烧结砖	(162)	分子间力	120			
非石棉纤维增强水泥制品	(534)	分子晶体	120	风铎		124
非弹性密封带	116	分子量分布	120	风钩		124
非铁金属	(589)	分子筛色谱	(363)	风化		124
非稳态热传递	(36)	酚含量	120	风铃		(124)
非下垂型密封膏	117	酚醛玻璃钢	120	风圈		124
非线性牛顿液体	(116)	酚醛玻璃棉制品	120	风蚀斑		124
非蒸发水	117	酚醛-丁腈胶粘剂	121	风炸		124
废料固化混凝土	117	酚醛树脂	121	枫香		125
废橡胶	117	酚醛树脂混凝土	121	枫杨		125
沸石水泥	117	酚醛树脂胶泥	121	封闭分解法		125
沸石岩	117	酚醛树脂胶粘剂	121	封闭式外墙装饰石材构造连接		125
沸腾钢	117	酚醛树脂水泥砂浆	(347)	封檐板		125
沸腾炉渣空心砌块	117	酚醛塑料	121	蜂窝		125
费德洛夫群	(273)	芬	121,(93)	蜂窝塑料		125
费勒混凝土强度公式	117	粉单竹	121			
费米能级	118	粉化	121	fo		
		粉晶X射线衍射仪	122			
fen		粉晶结构分析	(98)	佛青		125
		粉料造粒	122	佛头青		(125)
分贝	118	粉煤灰	122			

fu

呋喃树脂	126
呋喃树脂混凝土	126
呋喃树脂胶泥	126
栿	126
弗克法	(587)
弗拉斯脆点	126
扶手	126
氟硅钙石	126
氟硅化钠	(127)
氟硅酸钙	(126)
氟硅酸钾容量法	127
氟硅酸钠	127
氟磷灰石	127
氟硫硅酸钙	127
氟铝酸钙	127
氟石	(578)
氟石膏	127
氟塑料	127
氟橡胶	127
栿	127
浮雕珐琅	127
浮法	128
浮法玻璃	128
浮浆	128
浮漂度	128
浮色	128
浮石	128
浮石混凝土	128
浮柱	(632)
桴	128,(93)
辐射传热	(128)
辐射传热系数	(129)
辐射干燥	128
辐射换热	128
辐射换热系数	129
辐射角系数	129
辐射聚合	129
辐射率	(184)
辐射能力	129
辐射着色	129
斧刃砖	129
釜前静停	129

辅助络合剂	129
辅助增塑剂	(132)
腐蚀率	130
腐蚀抑制剂	(198)
腐朽	130
负光性光率体	130
负光性晶体	130
负离子配位多面体规则	130
负温混凝土	130
负徐变	130
负压煅烧	130
负压碳化	130
负釉	130
妇洗器	(253)
附着力	130
复拌沥青混合料	130
复层涂料	130
复层涂料喷枪	130
复合材料	130
复合材料理论	131
复合硅酸盐水泥	131
复合硅酸盐涂料	131
复合离子乳化沥青	131
复合流动度	131
复合墙板	131
复合热源干燥	131
复合水泥	(131)
复合稳定剂	132
复合型人造大理石	132
复合油毡	132
复频振动	(99)
复色釉	132
复型技术	132
复演性	(599)
复验性	(599)
复振	132
副增塑剂	132
富混凝土	132
富勒级配曲线	(132)
富勒最大密度曲线	132
富氏体	(107)
富氧燃烧	133

gai

改性硅酮密封膏	133
改性沥青	133
改性沥青密封带	133
改性沥青涂料	133
改性沥青油毡	133
改性乳化沥青	133
钙矾石	134
钙硅比	134
钙铝黄长石	134
钙铝石榴石	134
钙镁铝酸盐水泥	134
钙明矾	(310)
钙塑材料	134
钙塑地板	134
钙塑门窗	134
钙钛矿	(134)
钙钛矿型颜料	134
钙钛石	134
钙铁石	(511)
钙质材料	135
钙质石灰	135
盖脊瓦	135
盖斯定律	135
概率	135
概率误差	(487)

gan

干法带式制板机	135
干法制粉	135
干料	(63)
干裂	135
干热养护	135
干闪试验	(157)
干涉色	135
干涉图	135
干涉显微镜分析	136
干湿球湿度计	136
干湿热养护	136
干缩	136
干消化	136
干性	(137)

干性油	136	钢化度	141	钢弦混凝土	(593)
干压成型	136	钢化虹彩	(399)	钢显微组织	146
干硬性混凝土	136	钢化炉	141	钢屑混凝土	146
干燥	136	钢化自爆	141	钢屑水泥砂浆	(511)
干燥剂	137	钢结构防护	141	钢渣	146
干燥敏感性	137	钢结硬质合金	141	钢渣矿渣水泥	146
干燥收缩	137	钢筋	141	钢中化合物	147
干燥速率	137	钢筋镦头	141	钢中金属基体	147
干燥性	137	钢筋镦头机	142	杠杆规则	147
干燥制度	137	钢筋骨架	142		
干粘石	137	钢筋焊接	142	**gao**	
甘蔗纤维吸声板	137	钢筋混凝土	142		
杆材	137	钢筋混凝土板	(205)	高倍检验	(168)
坩埚	137	钢筋混凝土大型墙板	142	高纯硅酸铝耐火纤维	147
坩埚拉丝	138	钢筋混凝土电杆	142	高纯石英玻璃	147
坩埚炉	(138)	钢筋混凝土管	142	高低缝接合	(39)
坩埚窑	138	钢筋混凝土轨枕	143	高分辨电子显微镜	147
感度	138	钢筋混凝土桁架	143	高分子	(148)
感光玻璃	138	钢筋混凝土矿井支架	143	高分子材料添加剂	147
感光高分子材料	138	钢筋混凝土梁	143	高分子化合物	148,(149)
感光着色	138	钢筋混凝土楼板	(208)	高分子化合物黏度	148
感温性	(292)	钢筋混凝土柱	143	高分子结晶度	148
感温元件	(529)	钢筋混凝土桩	143	高钙粉煤灰水泥	148
橄榄钉	(375)	钢筋冷拔	144	高钙镁质耐火材料	(332)
		钢筋冷拉	144	高硅氧玻璃棉制品	148
gang		钢筋冷轧	144	高硅氧布	148
		钢筋屈强比	144	高硅质电瓷	148
刚度	138	钢筋酸洗	144	高级混凝土	(151)
刚性模量	139	钢筋调直切断机	141	高碱玻璃纤维	148
刚玉耐火材料	139	钢筋弯箍机	144	高碱性水化硅酸钙	148
刚竹	139	钢筋弯曲机	144	高聚物	149
缸器	(450)	钢门窗	145	高抗贯穿夹层玻璃	149
缸砖	139	钢丝	145	高丽纸	149
钢	139	钢丝菱形网	145	高岭石	149
钢板	139	钢丝绳	145	高岭土	(61)
钢板弹簧	140	钢丝网石棉水泥波瓦	145	高流动性混凝土混合料	(67)
钢板搪瓷	140	钢丝网水泥	145	高炉矿渣	(279)
钢材	140	钢丝压波	145	高炉水泥	149
钢带	140	钢丝张力测定仪	145	高铝耐火材料	149,(621)
钢钉	(596)	钢筒芯预应力压力管	145	高铝耐火纤维	149
钢管	140	钢纤维	146	高铝水泥	149
钢管混凝土	140	钢纤维混凝土地面	146	高铝纤维	(149)
钢轨附件	140	钢纤维增强混凝土	146	高铝质隔热耐火材料	(392)
钢轨钢	140	钢纤维增强耐火混凝土	146	高铝质耐火浇注料	150
钢化玻璃	141	钢纤维增强喷射混凝土	146	高帽窑	(622)

高镁硅酸盐水泥	150	高压湿热养护	153	铬质耐火材料	156
高镁水泥	(150)	高压液相色谱法	153		
高锰酸钾法	150	高压蒸汽养护	(153)	**gong**	
高密度高热导率硅质耐火材料	150	高折射率玻璃微珠	153		
高模量玻纤	(152)	高致密超细匀质材料	154	工程塑料	156
高模量纤维	150	锆刚玉耐火材料	154	工具痕	157
高能燃烧剂	(397)	锆刚玉砖	(154)	工频电干燥	157
高频电焊	(150)	锆莫来石耐火材料	154	工频干闪络电压试验	157
高频干燥	150	锆英石碳化硅耐火材料	154	工频火花电压试验	157
高频热合	150	锆英石碳化硅砖	(154)	工频击穿电压试验	157
高频振动	150	锆英石叶蜡石耐火材料	154	工频湿闪络电压试验	157
高强度玻璃纤维	151	锆英石叶蜡石砖	(154)	工业纯铝	157
高强度电瓷	151	锆英石砖	154	工业纯铜	(633)
高强混凝土	151	锆质电瓷	154	工业废料轻集料	157
高强石膏	151	锆质耐火材料	154	工业废料轻集料混凝土	158
高强陶粒	151			工业废石膏	(158)
高强陶粒混凝土	151			工业副产石膏	158
高水箱	(152)	**ge**		工业黏度计	158
高斯分布	(613)	疙瘩	(241)	工业炸药	158
高斯消去法	151	割角线枋子	154	工作灯	158
高弹模纤维	(150)	割绒地毯	154	工作度	(204)
高弹态	151	"格里菲斯"微裂纹	(526)	工作性	158
高弹性模量玻璃纤维	151	格里菲斯理论	155	功能高分子	158
高位水箱	152	格子	(251)	宫灯	158
高温煅烧石膏	152	格子体	155	汞灯	(472)
高温回火	152	隔电子	(61)	汞阴极电解分离法	159
高温抗压强度	(152)	隔离剂	(210)	汞朱	(576)
高温抗折强度	152	隔离开关锁	155	拱顶石	159
高温煤焦油	152	隔离纸	155	拱壳空心砖	(159)
高温煤沥青	152	隔汽层	155	拱壳砖	159
高温耐压强度	152	隔热性	155	拱石楔块	159
高温扭转强度	152	隔声材料	155	拱心石	(159)
高温漆	152	隔声间	(155)	栱	159
高温热分析	152	隔声量	155	共沉淀	159
高温蠕变	153	隔声屏	155	共轭双键	159
高温塑性	153	隔声室	155	共混	159
高温退火	153	隔声罩	156	共价键	159
高温弯曲强度	(152)	隔焰式退火窑	156	共聚反应	160
高温显微镜	153	隔振材料	156	共聚合反应	(160)
高温显微镜分析	153	镉红	156	共聚体	(160)
高温徐变	(153)	镉黄	(309)	共聚物	160
高温锥	(42)	铬黄	156	共振法非破损检验	160
高温锥等值	(349)	铬绿	156	共振频率	160
高效能混凝土	(153)	铬镁质耐火材料	156	共振吸声构造	160
高性能混凝土	153	铬木素灌浆材料	156		

gou

钩闸	(282)
构件刚度检验	160
构件抗裂度检验	160
构件强度检验	160
构件寿命	160
构造钢筋	161

gu

箍筋	161
柧棱	161
觚棱	(161)
古典式地毯	161
古建木构材	161
古建筑量度单位	161
古马隆树脂	161
骨灰比	(218)
骨胶	161
骨料	(218)
骨料粘接剂	161
鼓泡	162
碫磓	162
固定加水量定则	(581)
固结剂	162
固结砖	162
固结砖土料	162
固溶处理	162
固溶体	162
固溶体单一氧化物型颜料	162
固态溶液	(162)
固体分含量	163
固体沥青	163
固体燃料	163
固体溶液	(162)
固体水玻璃	163
固相线	163

gua

瓜柱	(632)
刮涂	163
挂板	163
挂钩砖	(159)
挂尖	163
挂镜线	164
挂落	164
挂毯	164
挂瓦条	164
挂釉陶瓷锦砖	(590)

guan

管道漏水量	164
管芯绕丝制管工艺	164
管子水压试验机	164
管子外压试验	164
灌浆材料	165
灌浆混凝土	(592)
灌浆水泥	165

guang

光	165
光波导玻璃纤维	(167)
光薄片	165
光测弹性仪	165
光弹仪	(165)
光导玻璃纤维	165
光电比色高温计	165
光电定律	165
光电式露点湿度计	166
光缆	166
光老化	166
光流	(167)
光率体	166
光密度	166
光敏玻璃	(138)
光片	166
光屏蔽剂	166
光谱分析	167
光强	(102)
光扫描比浊法	167
光色玻璃	167,(169)
光声光谱分析法	167
光声效应	167
光通量	167
光通信玻璃纤维	167
光稳定剂	167
光性方位	167
光性非均质体	168
光性均质体	168
光学玻璃	168
光学玻璃纤维	168
光学高温计	168
光学沥青	168
光学显微分析	168
光学主轴	168
光油	169
光源	169
光致变色	169
光致变色玻璃	169
光轴	169
光竹	(139)
广场灯	169
广东松	169
广红土子油	(169)
广红油	169
广漆	169
广义胡克定律	170
广义牛顿流体	(116)
广银朱	(576)

gui

圭角	170
规定屈服极限	170
规化聚合	(92)
规矩	(170)
规律变形钢筋	170
硅方解石	170
硅粉	(170)
硅粉混凝土	(170)
硅灰	170
硅灰混凝土	170
硅灰石粉	170
硅灰石膏	(495)
硅磷酸七钙	(347)
硅磷酸五钙	(282)
硅率	170
硅溶胶涂料	170
硅砂	171
硅酸二钡	171

硅酸二钙	171	辊底窑	175	含泥量	177
硅酸二锶	171	辊花	(624)	含硼混凝土	178
硅酸钙板	171	辊射抹浆法	175	含硼聚乙烯	178
硅酸钙结合镁质耐火材料	(332)	滚花玻璃	(558)	含硼石墨	178
硅酸钙绝热制品	171	滚花辊	175	含硼水泥	178
硅酸钙石	171	滚涂	175	含水浸渍	178
硅酸钾	(227)	滚釉	175	含水铝氧	178
硅酸铝耐火纤维	171	棍度	175	含水率	178
硅酸铝质耐火材料	171			含水湿润状态	178
硅酸率	(170)	**guo**		含糖量	178
硅酸钠防水剂	172			函数记录仪	179
硅酸三钡	172	锅炉钢	176	汉白玉	179
硅酸三钙	172	锅烟子	(561)	焊接性	179
硅酸三锶	172	国际水泥强度测定法	176	焊接用钢丝	179
硅酸盐材料	172	国漆	(431)		
硅酸盐大板	(173)	裹陇灰	176	**hang**	
硅酸盐混凝土	172	裹砂混凝土	(599)		
硅酸盐混凝土墙板	173	裹石混凝土	176	夯实法	179
硅酸盐结构	173	过火石灰	(176)		
硅酸盐矿物	173	过火砖	176	**he**	
硅酸盐墙板	(173)	过氯乙烯地面涂料	176		
硅酸盐人造大理石	(469)	过氯乙烯防腐漆	176	合成高分子化合物	179
硅酸盐水泥	173	过氯乙烯树脂	(320)	合成木材	179
硅酸盐条板	(123)	过烧石灰	176	合成石膏	(158)
硅酸盐型颜料	173			合成树脂	179
硅酸盐砖	(611)	**ha**		合成树脂胶粘剂	179
硅酮建筑密封膏	(587)			合成树脂涂层	180
硅烷偶联剂	173	哈巴-费尔德稳定度	176	合成纤维	180
硅线石耐火材料	173	哈吧粉	(568)	合成纤维地毯	180
硅橡胶	173	哈-费稳定度	(176)	合成纤维胎基	180
硅氧四面体	174	蛤蟆皮	(624)	合成橡胶	180
硅藻土	174			合成橡胶地面涂层	180
硅藻土绝热砖	(174)	**hai**		合角剑把	180
硅藻土泡沫制品	174			合角吻	180
硅藻土砖	174	海工混凝土	(177)	合金	181
硅质材料	174	海砂	177	合金钢	181
硅质耐火材料	174	海水侵蚀	177	合金钢(低合金钢)无缝钢管	181
硅质校正原料	174	海洋混凝土	177	合金工具钢	181
硅质渣	174			合金工具钢热轧圆(方)钢	181
硅砖	174	**han**		合金结构钢	181
贵金属	174			合金结构钢薄钢板	181
桂竹	175	含钡硫铝酸盐水泥	177	合金结构钢热轧圆(方)钢	181
		含铬硅酸铝耐火纤维	177	合金结构钢丝	182
gun		含碱水化铝硅酸盐	177	合金弹簧钢丝	182
		含卤磷酸酯类阻燃剂	177	合金铸铁	(504)
辊道窑	(175)				

合页	(237)	桁	185,(305)			
和田地毯	(554)	桁梧	185	**hu**		
和易性	(158)	横担瓷绝缘子	185			
河泥	182	横纹剪切强度	185	弧光灯		188
河砂	182	横纹抗拉强度	185	胡粉		(384)
核磁共振波谱法	(182)	横纹抗压强度	185	胡克定律		188
核磁共振波谱仪	(182)	横向筋	185	胡克元件		188
核磁共振分析法	182			湖(地)沥青		188
核磁共振仪	182	**hong**		湖口石		188
核辐射屏蔽材料	182			湖石		(490)
核桃楸	182	轰燃	185	糊精		188
盒子构件	182	红椿	(547)	虎克定律		(188)
荷电效应	183	红丹	185,(475),(602)	虎头枋子		(65)
荷木	183	红花饼	185	虎头找		188
荷叶墩	183	红浆	185	琥珀色玻璃		188
荷载	183	红磷阻燃剂	(53)	互穿聚合物网络		189
荷载传感器	183	红麻地毯	186	互贯聚合物网络		(189)
荷重	(183)	红平瓦	(360)	护板灰		189
荷重变形温度	(183)	红色玻璃	186	护角		189
荷重软化点	183	红松	186	护筋性		189
荷重软化温度	(183)	红土	186	护面纸		(436)
褐硫钙石	183	红土子	186			
		红外测温仪	186	**hua**		
hei		红外干燥	186			
		红外搪瓷	(537)	花斑石		189
黑度	184	红外吸收玻璃	186	花斑纹釉外墙砖		189
黑活板瓦	(37)	红外吸收分光光度计	(187)	花边滴水		(53)
黑活筒瓦	(37)	红外吸收光谱分析	186	花岗闪长岩		189
黑火药	184	红外吸收光谱仪	187	花岗石		189
黑节粉单竹	(121)	红外线灯	187	花岗石板材		189
黑色玻璃	184	红外线养护	187	花岗石粗磨板		190
黑色金属	184	红辛纸	(149)	花岗石剁斧板		190
黑石脂	184	红砖	187	花岗石机刨板		190
黑体	184	红椎	187	花岗石磨光板		190
黑头砖	184	闳	187	花岗石烧毛板		190
黑心	184	宏观对称型	(82)	花岗岩		190
黑烟子	(561)	宏观检验	187	花格空心砖		190
黑烟子油	(184)	虹吸式坐便器	187	花格砖		(190)
黑药	(184)			花弧堆垛		190
黑油	184	**hou**		花灰		190
				花篮螺丝		190
heng		后期龟裂	188	花梨		191
		后张法	188	花脸		(325)
恒温恒湿箱	185	后张自锚法	188	花眉竹		(50)
恒温室门锁	185	厚涂层喷枪	188	花纹变形		(191)

花纹玻璃	(558)	划线油毡		195	黄道砖		199
花纹伸长	191	画镜线		195,(164)	黄金石		(439)
花样辊	191	画眉石		(184)	黄连木		199
花釉	(132)	桦木		195	黄栌		199
花釉砖	191				黄麻织物胎基		199
花圆铅丝	(62)		huan		黄米灰		199
华夫板	191				黄色玻璃		199
华格纳浊度计	191	环箍效应		195	黄石		199
华蓝	(510)	环己酮		195	黄铜		200
华山松	191	环孔材		195	黄铜板		200
滑板微膜黏度计试验法	191	环球法软化点		195	黄铜棒		200
滑秸灰	192	环烷基沥青		196	黄铜薄壁管		200
滑石	192	环烷酸铜		196	黄铜箔		200
滑石电瓷	192	环向钢筋		196	黄铜带		200
滑移型扩展	192	环氧玻璃钢		196	黄铜线		200
化工石灰	192	环氧地面涂层		196,(197)	黄土		200
化工搪瓷	192	环氧酚醛树脂胶泥		196	黄鱼胶		(591)
化工陶瓷	192	环氧呋喃树脂胶泥		196	黄竹		(389)
化铁炉渣	192	环氧-聚酰胺胶粘剂		196	槐		201
化纤地毯	192	环氧煤焦油胶泥		196			
化纤混纺地毯	192	环氧乳液水泥砂浆		196		hui	
化学催化聚合	193,(46)	环氧树脂		196			
化学镀膜法	193	环氧树脂灌浆材料		197	灰板条		201
化学分析	193	环氧树脂混凝土		197	灰骨比		(201),(236)
化学钢化法	193	环氧树脂胶泥		197	灰集比		201,(236)
化学合成法	(410)	环氧树脂胶粘剂		197	灰浆		201,(422)
化学计量点	(75)	环氧(树脂)沥青		197	灰浆搅拌机		(423)
化学减缩	193	环氧树脂密封膏		197	灰口铸铁		201
化学键	193	环氧涂布地板		197	灰泥		(422)
化学结合砖	(36)	环氧增塑剂		197	灰色玻璃		201
化学热处理	193	茇		198	灰砂比		201
化学石膏	193,(158)	缓冲溶液		198	灰砂硅酸盐混凝土		201
化学涂装	193	缓凝		198	灰砂加筋构件		201
化学位移	194	缓凝剂		198	灰水比		201
化学稳定性	194	缓蚀剂		198,(641)	灰体		201
化学吸附	194	换热器		198	灰铁		(201)
化学纤维	194	换向器		198	灰土		202
化学压花	194				灰岩		(442)
化学预应力混凝土	194,(635)		huang		灰油		202
化学增塑剂	194,(477)				灰渣硅酸盐混凝土		202
化学张拉法	194	荒料		198	挥发率		202
化学转换层	194	黄波罗		199	恢复率试验		202
化验槽	(539)	黄长石		199	辉长岩		202
化妆土	195	黄丹		199	辉光灯		202
化妆土彩	195	黄道		199	辉绿岩		202

回滴法	(105)	混凝土基料	(207)	混凝土着色剂	211
回归方程	203	混凝土基体	(207)	混杂纤维增强塑料	212
回归分析	203	混凝土基相	207	混砖	212
回火	203	混凝土碱度	207		
回黏	203	混凝土降质	207	**huo**	
回青	(125)	混凝土浇灌机	207		
回弹仪	(206)	混凝土搅拌工艺	207	活动地面	212
回弹仪非破损检验	203	混凝土搅拌机	207	活化混凝土	212
回转窑	203	混凝土搅拌楼	207	活化矿渣混凝土	(433)
回转窑窑灰	203	混凝土搅拌运输车	(238)	活性混合材料	212
绘画珐琅	203	混凝土结构构件	208	活性氧化钙	(589)
绘图珐琅	(203)	混凝土抗弯强度	(209)	火电站水泥	(148)
		混凝土空心小砌块	(379)	火雷管	212
hun		混凝土离析	208	火泥	(350)
		混凝土立方体抗压强度	208	火山灰	213
浑圆度	(596)	混凝土联锁砌块	208	火山灰水泥	(213)
混合硅酸盐水泥	204	混凝土劣化	(207)	火山灰效应	213
混合基沥青	(620)	混凝土裂缝	208	火山灰性	213
混合集料	204	混凝土流动度	208	火山灰质硅酸盐水泥	213
混合沥青	204	混凝土楼板	208	火山灰质混合材料	213
混合料	(206)	混凝土露石地面	209	火山凝灰岩	213
混合料干硬度	204	混凝土模板	209	火山渣混凝土	213
混合磨细工艺	204	混凝土模具	209	火石玻璃	213
混合耐火纤维	204	混凝土模型	(209)	火箱	213
混合砂浆	204	混凝土磨损试验	209	火焰-电联合加热玻璃熔窑	(214)
混合水泥	(204)	混凝土耐久性	209	火焰电热窑	214
混合纤维	(204)	混凝土配合比	209	火焰光度分析	214
混合着色玻璃	204	混凝土破裂模量	209	火焰光度计	214
混凝土	204,(379)	混凝土强度等级	209	火焰喷吹法	214
混凝土OC曲线	(210)	混凝土切割机	210	火焰喷枪	(403)
混凝土板	205	混凝土输送泵	(205)	火焰喷涂料	214
混凝土拌合物	(206)	混凝土特性曲线	210	火药	(184)
混凝土泵	205	混凝土特征强度	210	火灾	214
混凝土比强度	205	混凝土添加剂	(210)	火灾标准时间-温度曲线	214
混凝土变质	(207)	混凝土脱模剂	210	火灾荷载	214
混凝土标号	205	混凝土外加剂	210	火灾蔓延速度	214
混凝土地面	205	混凝土喂料机	210	火灾升温曲线	(214)
混凝土断开试验	205	混凝土屋面板	210	火灾危险性	215
混凝土断裂假说	205	混凝土徐变	210	火锥	(42)
混凝土二点试验法	206	混凝土岩棉复合墙板	211	或然率	(135)
混凝土分层	206	混凝土预制构件	211		
混凝土附加剂	(210)	混凝土制品	211	**ji**	
混凝土含气量测定仪	206	混凝土中钢筋防护	211		
混凝土回弹仪	206	混凝土中心质假说	211	机电负荷试验	(215)
混凝土混合料	206	混凝土轴心抗压强度	211	机电联合试验	215

机械张拉法	215	集料坚固性	219	加气混凝土施工专用工具	224
机制瓦	(360)	集料粒级	219	加气混凝土条板	224
机组流水法	(307)	集料联锁	219	加气混凝土调节剂	224
鸡骨	(217)	集料筛分析	219	加气混凝土铣槽设备	224
鸡冠石	(555)	集料有害杂质	219	加气混凝土真空吸盘	224
基本事件	(569)	集料最大粒径	219	加气混凝土蒸压养护工艺	224
基材	215	几何分布	220	加权平均	225
基尔卓安石	215	几率	(135)	加热曲线测定	225
基料	(215),(360)	挤出法	220	加热损失	225
基体	215	挤出机	220	加热损失后针入度比	225
基体混凝土	(215)	挤出性	220	加压法(木材防腐)处理	225
基体混凝土混合料	215	挤泥机	220	加压罐式喷涂器	225
基体金属	216	挤压泵	220	加压溶解法	(125)
基体金属表面处理	216	挤压成型	220	加压消化	225
基体清洗法	216	挤压铝棒材	221	夹板拼	225
基准混凝土	216	挤压铝合金棒材	221	夹层玻璃	225
基准配合比	(290)	挤制黄铜管	221	夹杆石	225
基准水泥	216	挤制铜管	221	夹具	226
基准物	216	脊瓦	221	夹陇灰	226
畸变	216	剂量计玻璃	221	夹皮	226
激光防护玻璃	216	济南青花岗石	221	夹丝玻璃	226
激光拉曼光谱分析	216	继爆管	221	夹天线夹层玻璃	226
激光拉曼光谱仪	217			夹五砖	(226)
激光熔融法	217	jia		夹砖	226
激活波长	217			家榆	(5)
激活速率	217	加铬氯化锌	221	甲苯	226
羁骨	217	加铬砷酸铜	222	甲类钢	226
枂	217,(18)	加聚反应	222	甲凝灌浆材料	227
吉尔摩仪	217	"加"硼钢	222	甲乙酮	227
级配	(219)	加硼水泥砂浆	222	钾硅酸钙	227
极	(93)	加气混凝土	222	钾碱	(497)
极化效应	217	加气混凝土复合墙板	222	钾芒硝	(310)
极谱法	(217)	加气混凝土钢筋防锈工艺	222	钾水玻璃	227
极谱分析法	217	加气混凝土钢筋防锈涂料	223	架空木地面	227
极限拉伸值	218	加气混凝土浇注车	223	架立钢筋	227
极限强度	(386)	加气混凝土浇注成型工艺	223	架状结构	227
极限氧指数	(569)	加气混凝土抗裂性系数	223	假比重	(19)
即发电雷管	(473)	加气混凝土模具	223	假定密度法	227
槚	218,(18)	加气混凝土坯体强度	223	假定容重法	(227)
集灰比	218	加气混凝土坯体强度测定仪	223	假断裂韧性	227
集料	218	加气混凝土坯体切割工艺	223	假颗粒度	227
集料公称粒径	218	加气混凝土拼装外墙板	223	假面	(272)
集料含水量	218	加气混凝土砌块	224	假凝	227
集料级配	219	加气混凝土砌块专用砂浆	224	假设检验	(545)
集料级配曲线	219	加气混凝土切割机	224		

jian

尖晶石	228
尖晶石耐火材料	228
尖晶石型颜料	228
尖削	228
坚石	228
间断级配	228
间断级配沥青混凝土	228
间接抗拉试验	(295)
间隙固溶体	228
间歇式养护窑	228
间歇式窑	228
间歇窑	(228)
槏	228
檕栌	229
减光系数	229
减水剂	229
减水率	229
剪切强度	(268)
剪切弹性模量	(139)
剪应变	229
剪应力	229
简单化合物型颜料	229
碱-硅酸反应	229
碱-集料反应	229
碱-集料反应抑制剂	229
碱侵蚀	229
碱-碳酸盐反应	230
碱性激发剂	230
碱性耐火材料	230
碱性碳酸镁绝热制品	230
建筑玻璃	230
建筑材料	230
建筑材料可燃性试验	230
建筑材料难燃性试验	231
建筑钢	(231)
建筑工程钢	231
建筑工程石材	231
建筑构件	231
建筑构件耐火极限	231
建筑胶粘剂	231
建筑密封材料	232
建筑密封膏	(35)
建筑人造板	232
建筑砂浆	(422)
建筑石膏	232
建筑石灰	232
建筑石油沥青	232
建筑塑料	232
建筑搪瓷	232
建筑陶瓷	232
建筑涂料	232
建筑五金	233
建筑物耐火等级	233
建筑用压型钢板	233
建筑装饰材料	233
建筑装修材料	233
贱金属	233
剑把	233
剑靶	(233)
键饱和性	234
键方向性	234
键能	234

jiang

姜黄	234
浆灰	234
浆状炸药	234
降解	234
降香黄檀	(191)
降噪系数	234
绛矾	234

jiao

交换器	(198)
交联	234,(309)
交联度	235
交联高分子	235
交联剂	235
浇注成型法	235
浇注成型	(235)
浇注成型稳定性	235
浇注法	(396)
浇注稳定性	(235)
浇注自密成型	235
浇筑水泥	(534)
胶粉沥青油膏	(297)
胶骨比	(236)
胶合板	235
胶合层气泡	235
胶集比	236
胶接	236
胶结料	(236)
胶空比	236,(363)
胶岭石	(335)
胶木	(86)
胶泥	236
胶凝材料	236
胶凝效率系数	(463)
胶砂	(422)
胶体磨	236
胶粘带	236
胶粘剂	236
胶粘物	(360)
胶质	237
胶质灰浆	237
胶质混凝土	237
胶质砂浆	(237)
胶质炸药	(552)
椒图	237
焦斑	237
焦山石	237
焦烧	(535)
焦油白云石耐火材料	237
焦油白云石砖	(237)
焦油改性树脂	237
焦油沥青	237
焦油沥青玛琋脂	(402)
焦油沥青油毡	(331)
角位移	237
角应变	237
铰链	237
脚踏门钩	(550)
脚踏门制	237
脚踏弹簧门插销	(237)
搅拌车	238
搅拌均化	238
搅拌楼	(207)
搅拌强化	238
搅拌塑化	238
搅拌匀化	(238)

搅拌站	(208)	解蔽	242	金属防锈底漆	(113)
校正原料	238	解蔽剂	242	金属粉末颜料	245
校准	238	解聚	242	金属腐蚀疲劳	245
		解体爆破	(44)	金属腐蚀形态	245
		解吸	(521)	金属覆层	245
jie		介安状态	(242)	金属工业介质腐蚀	245
阶条石	239	介电损耗	242	金属管道防护	246
阶沿石	(239)	介稳态	242	金属基复合材料	246
接触点焊	239	介质损耗	(242)	金属间化合物	246
接触对焊	239	界面活性剂	(19),(413)	金属键	246
接触燃烧	(249)	阋	242	金属胶体着色剂	246
接触硬化	239			金属接触腐蚀	246
接缝黏结带	239			金属晶体	247
接缝碎裂	239	**jin**		金属局部腐蚀	247
接枝共聚	239	金箔	242	金属模	247
节瘤	(240)	金墩砖	242	金属坯胎	(247)
节能数控电子门锁	239	金粉	(514)	金属坯体	247
节拍	(308)	金刚石角锥体硬度	(527)	金属全面腐蚀	247
节子	239	金红宝石玻璃	(242)	金属水腐蚀	247
结点	239	金红玻璃	242	金属塑料壁纸	247
结构保温轻集料混凝土	239	金胶油	242	金属土壤腐蚀	247
结构黏性	240	金漆	(169)	金属瓦	247
结构强度	(56)	金山石	242	金属微穿孔板	247
结构轻集料混凝土	240	金相检验	242	金属微生物腐蚀	248
结构水	240	金相显微镜	(104)	金属应力腐蚀	248
结构型胶粘剂	240	金相显微镜分析	(104)	金属皂类稳定剂	248
结构因数	240	金星玻璃马赛克	243	金属止水带	248
结合剂	240	金属	243	金属指示剂	248
结节	240	金属表面硅酸盐涂层	243	金砖	248
结晶度	240	金属表面水泥基涂层	243	紧凑拉伸试样	248
结晶接触点	240	金属表面陶瓷涂层	243	紧固件	249
结晶结构	240	金属表面预处理	243	紧密度	(336)
结晶连生体	(240)	金属薄板幕墙	243	紧密堆积	249
结晶路程	240	金属箔油毡	243	堇青石电瓷	249
结晶水	241	金属材料	243	堇青石结合高铝质耐火材料	249
结晶水化物	241	金属材料防护	244	堇青石耐火材料	(249)
结晶釉	241	金属材料腐蚀	244	锦玻璃	(27)
结晶釉面砖	241	金属材料氢脆	244	锦川石	249
结晶鱼鳞	(591)	金属材料热处理	244	锦纶	249
结晶轴	(252)	金属材料时效	244	锦纶地毯	249
结壳	241	金属材料显微组织	244	近程有序	(95)
结皮	241	金属材料性能	245	浸没式燃烧	249
结石	241	金属槽罐防护	245	浸润剂	249
桀	241	金属大气腐蚀	245	浸涂	250
截止波长	241	金属地面	245	浸涂总量	250

浸析度	250	静电植绒地毯	254	聚醋酸乙烯乳液水泥砂浆	257
浸油	250	静荷载	254	聚醋酸乙烯涂料	257
浸渍	250	静力破碎剂	(534)	聚醋酸乙烯酯	257
浸渍材料	250	静强度	254	聚光灯	257
浸渍(法防腐)处理	250	静态爆破剂	(534)	聚硅醚	(587)
浸渍含量	250	静态离子质谱分析	254	聚硅氧烷	(587)
浸渍混凝土	250	静态热力分析	(401)	聚合度	257
浸渍剂	251			聚合反应	257
				聚合物	257
				聚合物分解温度	258

jiu

		聚合物改性混凝土	(259)
酒精	(574)	聚合物改性砂浆	(259)
旧样城砖	254	聚合物混凝土	258

jing

京式地毯	251			聚合物胶结混凝土	258
经密	251			聚合物胶结填料	258

ju

惊釉	(590)	局部钢化法	(395)	聚合物浸渍混凝土	258
晶胞	251	局部粘贴法	254	聚合物浸渍纤维混凝土	258
晶胞参数	(82)	橘瓣砖	(616)	聚合物力学状态	258
晶带	251	橘釉	254	聚合物水泥混凝土	259
晶格	251,(272)	矩	254	聚合物水泥砂浆	259
晶格常数	(82)	榉树	254	聚合制度	259
晶格能	251	拒马叉子	(16)	聚甲基丙烯酸甲酯	259
晶粒	251	锯材	254	聚甲醛	259
晶面符号	251	锯齿阴阳榫	255	聚磷酸铵阻燃剂	259
晶面间距	251	锯口缺陷	255	聚硫建筑密封膏	259
晶面指数	(251)	锯末	(346)	聚硫橡胶	260
晶体	252	锯末砂浆	255	聚硫橡胶胶粘剂	260
晶体光学	252	锯制单板	255	聚氯丁二烯橡胶	(320)
晶体化学	252	聚氨基甲酸酯	255	聚氯乙烯	260
晶体结构	252	聚氨酯	(255)	聚氯乙烯薄膜饰面板	260
晶系	252	聚氨酯建筑密封膏	255	聚氯乙烯-醋酸乙烯酯	260
晶轴	252	聚氨酯胶粘剂	255	聚氯乙烯建筑防水接缝材料	260
晶族	252	聚苯乙烯	255	聚氯乙烯胶泥	260
腈氯纶	(320)	聚苯乙烯珠混凝土	256	聚氯乙烯煤沥青	260
腈纶	(256)	聚丙烯	256	聚氯乙烯-偏氯乙烯树脂	260
腈纶地毯	252	聚丙烯腈	256	聚氯乙烯石棉塑料地板	261
精度	(252)	聚丙烯腈纤维	256	聚氯乙烯纤维	261
精确度	252	聚丙烯沥青	256	聚醚橡胶密封膏	261
精陶	252	聚丙烯膜裂纤维	256	聚碳酸酯	261
精陶锦砖	253	聚丙烯膜裂纤维增强水泥	256	聚碳酸酯密封膏	261
井下爆破	(81)	聚丙烯酸酯乳液水泥砂浆	256	聚填率	261
井字堆垛	253	聚丙烯纤维	257	聚烯烃	261
景泰蓝	253	聚丙烯纤维增强混凝土	257	聚烯烃沥青涂料	261
径向分布函数分析	253	聚醋酸乙烯胶粘剂	257	聚酰胺	261
径向挤压制管工艺	253	聚醋酸乙烯乳胶漆	(257)	聚氧亚甲基	(259)
净身器	253				
静电喷涂	253				

聚乙烯	262	绝缘瓷套	(275)	槛楯	(282)
聚乙烯醇	262	绝缘套管	(503)	看谱分析法	267
聚乙烯醇胶粘剂	262	绝缘子	(61)		
聚乙烯醇-水玻璃涂料	262	绝缘子老化	265	**kang**	
聚乙烯醇缩甲醛胶涂布地板	262	绝缘子泄漏距离	265		
聚乙烯醇缩甲醛纤维	262	桷	265,(57)	糠醇树脂	267
聚乙烯醇缩醛胶	262			抗剥剂	267
聚乙烯醇缩醛树脂	263	**jun**		抗冲击改性剂	267
聚乙烯醇缩醛涂料	263			抗冲击剂	(267)
聚乙烯醇纤维增强水泥	(527)	均方差	(106)	抗臭氧剂	268
聚乙烯沥青	263	均方根差	(18)	抗冻融耐久性指数	268
聚乙烯纤维	263	均方根声压	265	抗冻性	268
聚酯玻璃钢	263	均方误差	(18)	抗冻性比	268
聚酯(树脂)	263	均匀分布	265	抗风揭性	268
聚酯树脂混凝土	263	均匀腐蚀	(247)	抗剪强度	268
聚酯树脂胶泥	263	均值	(454)	抗碱玻璃纤维	(351)
聚酯树脂乳液水泥砂浆	263	均质聚氯乙烯地面卷材	266	抗静电剂	268
聚酯树脂贴面板	264			抗静电塑料地板	269
聚酯纤维	264	**ka**		抗拉铝	(581)
聚酯纤维油毡	264			抗拉强度	269
聚酯型人造大理石	264	卡垫	(536)	抗裂系数	269
		卡方分布	(648)	抗裂性	269
juan		卡腊腊白色大理石	266	抗硫酸盐硅酸盐水泥	269
		卡密红	(632)	抗硫酸盐水泥	(269)
卷材塑料地板	264			抗泡剂	(518)
卷帘	264	**kai**		抗劈力	269
卷帘门及钢窗用冷弯型钢	264			抗气候性	(348)
卷起	(474)	开敞式外墙装饰石材构造连接	266	抗热冲击性	(269)
卷筒瓦	264	开尔文固体	266	抗热漆	(152)
		开尔文体	(266)	抗热性	(353)
jue		开放窗	(537)	抗热震性	269
		开级配沥青混凝土	266	抗热震性测定	269
绝标法	(634)	开口孔隙	266	抗渗标号	269
绝对黑体	(184)	开口气孔率	(545)	抗渗剂	(112)
绝对灰体	(201)	开口套管式膨胀螺栓	266	抗渗膨胀水泥	269
绝对湿度	264	开裂	(302)	抗渗无收缩水泥	269
绝对体积法	264	开片釉	(302)	抗渗性	270
绝对误差	264	开榫机	266	抗生剂	(111)
绝干材	265	揩涂	267	抗蚀系数	270
绝热材料	265	凯利球贯入试验	267	抗弯强度	(270)
绝热法	(634)	凯氏测管	267	抗析晶石英玻璃	270
绝热量热计	265			抗压强度	270
绝热耐火材料	(393)	**kan**		抗压强度比	270
绝热泡沫玻璃	265			抗压强度极限	(270)
绝热性	(155)	槛	267	抗氧剂	270

抗渣性	270			苦竹	276,(44)
抗沾污地毯	270	**kong**		库赤金箔	(276)
抗张强度	(269)			库金箔	276
抗折强度	270	空鼓	272	库仑滴定法	(86)
抗振性	270	空间点阵	272		
抗震性	271	空间电荷效应	273	**kuai**	
		空间群	273		
kao		空气离析法	273	块石	(329)
		空气喷涂	273	块状聚合	(14)
烤花	271	空气热含量	273	块状塑料地板	276
		空气湿含量	273	快光	276
ke		空气弹簧	273	快裂乳化沥青	276
		空青	(448)	快凝快硬氟铝酸盐水泥	276
苛性白云石	271	空细胞法	273	快凝快硬硅酸盐水泥	276
苛性苦土	(305)	空隙率	274	快凝快硬铝酸盐水泥	(504)
科尔伯恩法	(377)	空心板	274	快凝快硬铁铝酸盐水泥	276
颗粒级配	(271)	空心玻璃微珠	274	快凝液体沥青	277
颗粒组成	271	空心玻璃纤维	274	快速石灰	277
可泵性	271	空心玻璃砖	274	快速水泥标号测定法	277
可剥性塑料层	271	空心楼板挤出机	274	快硬高强铝酸盐水泥	277
可锻铸铁	271	空心率	274,(275)	快硬硅酸盐水泥	277
可灌注密封膏	(634)	空心砌块	274	快硬混凝土	277
可焊性	(179)	空心砌块成型机	274	快硬硫铝酸盐水泥	277
可击穿型绝缘子	271	空心细木工板	(274)	快硬水泥	277
可切削性	(388)	空心支柱瓷绝缘子	275	快硬铁铝酸盐水泥	277
可燃材料	271	空心砖	275	快燥精	278
可燃温度	(529)	空心砖复合墙板	275		
可溶无水石膏	271,(437)	孔洞率	275	**kuang**	
可溶质	(415)	孔结构分析法	275		
可使用时间	272	孔雀石	(444)	矿棉	(278),(279)
可塑性	(484)	孔隙度	(275)	矿棉板	278
可压缩性	272	孔隙率	275,(382)	矿棉保温带	278
可硬性	(64)	孔隙性试验	275	矿棉管套	278
可越式缘石	(553)			矿棉绝热板	278
可蒸发水	272	**kou**		矿棉毡	278
可注射密封膏	(117)			矿棉纸	278
克利夫兰开口杯闪火点	272	口份	275	矿棉纸油毡	278
克-沙氏软化点	272	口子	(303)	矿棉装饰吸声板	278
克氏锤	272	扣吊	(489)	矿石水泥	(510)
刻痕钢丝	272			矿物光性	278
		ku		矿物棉	278
keng				矿物纤维胎基	(533)
		苦楝	(301)	矿物质掺料	278
坑木	272	苦土粉	(305)	矿渣	279
		苦槠	276	矿渣浮石	(370)

矿渣硅酸盐水泥	279			冷拔低碳钢丝	284
矿渣硫酸盐水泥	(438)	**lai**		冷拔钢丝	284
矿渣棉	279			冷拌冷铺沥青混合料	284
矿渣膨胀水泥	(370)	莱氏体	282	冷冲压钢	284
矿渣水泥	(279)			冷脆	284
矿渣质量系数	279	**lan**		冷底子油	284
矿渣砖	279			冷顶锻用碳素结构钢丝	284
矿柱	279	栏板石	(443)	冷镦钢	284
		栏干	(282)	冷混凝土	284
kun		栏式缘石	282	冷挤压钢	285
		阑	282	冷加工性	285
昆山石	279	阑额	282	冷拉率	285
困料	(49)	阑干	(282)	冷玛琋脂	(285)
阃	280	阑槛	(282)	冷黏结剂	285
		阑楯	282	冷塑性成型钢	285
kuo		蓝脆	282	冷缩	285
		蓝硅磷灰石	282	冷弯波形钢板	285
扩散场	280	蓝色玻璃	282	冷弯薄壁型钢	(286)
扩散剂	(119)			冷弯不等边槽钢	285
扩散退火	(153)	**lao**		冷弯不等边角钢	286
扩散着色	280			冷弯等边槽钢	286
扩展 X 射线吸收精细结构分析		劳克试验	(3)	冷弯等边角钢	286
	280	老浆灰	282	冷弯卷边 Z 形钢	286
阔叶树材	280	酪朊胶	(282)	冷弯空心型钢	286
		酪素胶	282	冷弯内卷边槽钢	286
la		橑	282	冷弯外卷边槽钢	286
				冷弯型钢	286
拉拔系数	280	**le**		冷弯 Z 形钢	286
拉挤成型	280			冷轧扭钢筋	286
拉力试验机	281	勒脚石	283		
拉裂	(474)			**li**	
拉曼效应	281	**lei**			
拉毛辊	281			厘竹	(44)
拉模法	281	雷管	283	离差系数	(18)
拉坯	(281)	雷氏夹法	283	离心成型工艺	287
拉坯成型	281	累计筛余	283	离心成型机	287
拉伸强度	(269)	累计筛余百分率	(283)	离心混凝土	287
拉伸强度极限	(269)	类金属	(7)	离心挤压制管工艺	287
拉伸-压缩循环试验	281	类质同晶	(283)	离心喷吹法	287
拉手	281	类质同像	283	离心时间	287
拉制黄铜管	281			离心速度	287
拉制铜管	281	**leng**		离心制度	287
腊克	(552)			离域键	288
蜡石耐火材料	(570)	棱角系数	283	离域 π 键	288
		冷拔低合金钢丝	283	离子半径	288

离子变形性	288	沥青酚醛涂料	292	沥青桐油油膏	297
离子表面活性剂	288	沥青呋喃胶泥	292	沥青相对黏度	297
离子分析器	(617)	沥青感温性	292	沥青香豆酮树脂油膏	297
离子极化	288	沥青硅酸盐防锈涂料	(442)	沥青橡胶油膏	297
离子极化力	288	沥青含蜡量	292	沥青鱼油油膏	297
离子溅射法	288	沥青合成橡胶油膏	292	沥青元素组成	297
离子键	288	沥青化学结构	292	沥青再生胶油膏	297
离子交换	289	沥青化学组分	293	沥青再生橡胶涂料	298
离子交换法	289	沥青环氧树脂油膏	293	沥青质	298
离子交换色谱法	289	沥青混合料	293	沥青蛭石板	298
离子交换树脂	289	沥青混合料抽提试验	293	沥青阻尼浆	298
离子交换树脂的再生	289	沥青混合料骨架-空隙结构	293	砾石	(323)
离子晶体	289	沥青混合料密实-骨架结构	293	粒度	298
离子聚合	289	沥青混合料密实-悬浮结构	293	粒度级配	(271)
离子刻蚀法	(289)	沥青混合料施工工作性	293	粒化高炉矿渣	298
离子刻蚀技术	289	沥青混合料施工和易性	(293)	粒化高炉钛矿渣	298
离子排斥色谱	(289)	沥青混合料组成结构	293	粒化铬铁渣	298
离子排阻分配色谱	(289)	沥青混合磨	294	粒料耐刷性	298
离子侵蚀法	(289)	沥青混凝土	294	粒状硅钙石	298
离子探针法	(101)	沥青混凝土饱水率	294	粒状聚合	(556)
离子探针分析仪	289	沥青混凝土低温抗裂性	294	粒狀棉	299
离子选择性电极	289	沥青混凝土高温稳定性	294	粒子电荷试验	299
离子选择性电极法	290	沥青混凝土抗滑性	294	粒子增强复合材料	299
离子着色剂	290	沥青混凝土耐久性	294	梱	299
理论配合比	290	沥青混凝土膨胀率	295		
理论应力集中系数	290	沥青混凝土劈裂试验	295	lian	
锂质电瓷	290	沥青基沥青	(196)		
立八字	290	沥青胶	(295)	连瓣兽座	(300)
立吹法	(59)	沥青胶体结构	295	连槽砂石	(515)
立德粉	(554)	沥青胶粘剂	295	连接件接合	299
立式养护窑	290	沥青劲度模量	295	连通式蓄热室	299
立式振动制管工艺	290	沥青聚乙烯密封膏	(295)	连续波谱仪	299
立索尔宝红	290	沥青聚乙烯油膏	295	连续玻璃纤维	299
立体彩釉砖	290	沥青绝对黏度	295	连续成型	299
立体规整度	(74)	沥青老化	296	连续固溶体	299
立体显微镜分析	291	沥青老化指数	296	连续级配	299
立窑	291	沥青氯丁橡胶防水涂料	296	连续级配沥青混凝土	299
沥青	291	沥青刨花板	296	连续聚合	299
沥青泵	291	沥青膨胀珍珠岩制品	296	连续粒级	299
沥青蓖麻油油膏	291	沥青柔性地面	296	连续熔融法	300
沥青玻璃布油毡	291	沥青树脂油膏	296	连续式干燥窑	300
沥青玻璃棉制品	291	沥青酸	296	连续式砂浆搅拌机	300
沥青剥落度	291	沥青酸酐	296	连续式养护窑	300
沥青材料	291	沥青炭	297	连续式窑	300
沥青防水涂料	292	沥青条件黏度	(297)	连续纤维毡	300

连续窑	(300)	临界含水率	303	流动极限	(395)
连座	300	临界荷载	303	流动筋	306
联合散射效应	(281)	临界水分	303	流动态	(360)
练泥	300	临界应变能释放率	303	流动性	306
链板干燥	300	临界应力	303	流动性混凝土	306
链段	300	临清城砖	303	流动性混凝土混合料	(306)
链节	300	淋涂	303	流动性试验台	(306)
链状高分子	(546)	淋子	303	流动桌	306
链状结构	301	磷氮键化合物阻燃剂	303	流挂	307
楝树	301	磷光塑料	(103)	流痕	(307)
		磷光搪瓷	304	流化剂	307

liang

		磷化物	304	流浆法	307
		磷石膏	304	流控剂	307
梁	301	磷酸铵阻燃剂	304	流平剂	307
两性离子表面活性剂	301	磷酸盐膨胀珍珠岩制品	304	流平性	307
两性离子乳化沥青	301	磷酸酯	304	流水传送带法	307
亮度	301	磷酸酯类阻燃剂	304	流水机组法	307
亮光漆	(55)	磷系阻燃剂	304	流水节拍	308
亮花筒	(264)	磷渣	304	流态混凝土	308
亮油	(169)	磷渣硅酸盐水泥	305	流值	308
		檩	305	流阻	308

liao

		檩条	(305)	琉璃	308
		檩子	(305)	琉璃板瓦	308
料浆稠化	301	膦酸酯类阻燃剂	305	琉璃底瓦	(308)
料浆发气	301			琉璃瓩瓦	(308)
料石	301			琉璃筒瓦	308

ling

				琉璃瓦	308
		灵璧石	305	硫硅酸钙	309

lie

		灵霄盘子	(417)	硫	309
		菱苦土	305	硫化促进剂	309
咧角盘子	302	菱苦土混凝土	(305)	硫化镉	309
咧角三仙盘子	(302)	菱苦土瓦	305	硫化橡胶	309
裂化沥青	302	菱镁混凝土	305	硫化延缓剂	(110)
裂纹	302	菱镁混凝土包装箱	305	硫磺混凝土	309
裂纹顶端张开位移法	302	菱镁矿	306	硫磺胶泥	309
裂纹扩展	302	棂	306	硫磺浸渍混凝土	309
裂纹扩展寿命	302	棂星门	(104)	硫磺耐酸胶砂	(310)
裂纹扩展速率	302			硫磺耐酸砂浆	310
裂纹形成寿命	302			硫沥青	310
裂纹釉	302			硫铝酸钡钙	310
裂子	303			硫铝酸钙	310

liu

		流变特性	306	硫铝酸锶钙	310

lin

		流变性	306	硫酸钾钙	310
		流垂	(307)	硫酸钾钠	310
邻苯二甲酸酯	303	流滴剂	(113)	硫酸钾石	(69)
临界初始结构强度	303	流动度	306		

硫酸镁	310	露集料混凝土	313	铝合金显微组织	317
硫酸亚铁	310	露集料饰面	313	铝合金压型板	317
硫酸盐激发剂	310	露明面	(19)	铝合金直角T字型材	317
硫酸盐侵蚀	310	露石混凝土	(313)	铝合金直角角型材	318
柳杉	311	露天爆破	313	铝及铝合金装饰板	318
六合石子	311			铝率	318
六铝酸一钡	311	**lü**		铝铆钉线材	318
六铝酸一钙	311			铝镁质耐火材料	318
		吕白钙沸石	313	铝酸三钡	318
long		铝	313	铝酸三钙	318
		铝板材	313	铝酸三锶	318
龙骨	311,(344)	铝箔绝热板	313	铝酸盐矿物	318
龙潭石	311	铝电焊丝	314	铝酸盐水泥	318
龙吻	(613)	铝电焊条	314	铝酸一钡	318
笼罩漆	311,(169)	铝矾土	(319)	铝酸一钙	319
隆凸面	311	铝方柱石	(134)	铝酸一锶	319
		铝粉	314	铝碳质耐火材料	319
lou		铝粉发气剂	314	铝碳砖	(319)
		铝粉盖水面积	314	铝搪瓷	319
楼板空心砖	311	铝粉膏	314	铝土矿	319
镂花着彩	(368)	铝粉脱脂	314	铝系阻燃剂	319
漏散电流腐蚀	(597)	铝粉脱脂剂	314	铝氧率	(318)
		铝合金	314	铝制品防护	319
lu		铝合金板材	314	铝质电瓷	319
		铝合金板网	315	铝质原料	320
炉口	(312)	铝合金波纹板	315	率定	(238)
炉口砖	312	铝合金箔	315	绿青	(444)
炉渣	(332)	铝合金槽形型材	315	绿色玻璃	320
炉渣砖	(332)	铝合金等边等壁工字型材	315	绿油	320
栌	312	铝合金等边等壁Z字型材	315	氯-丙纤维	320
栌木	(199)	铝合金电焊丝	315	氯丁-酚醛胶粘剂	320
卤代磷酸酯类阻燃剂	(177)	铝合金电焊条	315	氯丁胶乳化沥青	320
卤化银变色玻璃	312	铝合金固溶体	316	氯丁胶乳化沥青防水涂料	(320)
卤系阻燃剂	312	铝合金管材	316	氯丁橡胶	320
鲁班尺	312	铝合金花纹板	316	氯丁橡胶胶粘剂	320
路道牙	(312)	铝合金化合物	316	氯丁橡胶沥青	320
路灯	312	铝合金卷闸门	316	氯化聚氯乙烯	320
路面混合料	(72)	铝合金龙骨	316	氯化聚乙烯	321
路面混凝土	(72)	铝合金楼梯栏杆	316	氯化聚乙烯煤沥青	321
路面沥青混合料	312	铝合金铆钉线材	316	氯化锂露点湿度计	321
路缘石	312	铝合金门窗	317	氯化镁	321
露底	312	铝合金墙板	317	氯化石蜡	321
露点	312	铝合金跳板	317	氯化石蜡阻燃剂	321
露点温度	313	铝合金瓦楞板	(315)	氯化铁防水剂	321
露黑	313	铝合金微穿孔吸声板	317	氯化物金属盐类防水剂	321

氯化橡胶	322	洛氏硬度	324		
氯化橡胶水泥漆	(322)	洛氏硬度B	324	**man**	
氯化橡胶外墙涂料	322	洛氏硬度C	324		
氯化乙丙橡胶胶粘剂	322	络合滴定法	324	蛮石混凝土	328
氯磺化聚乙烯	322	络合指示剂	(248)	满面砖	328
氯磺化聚乙烯胶泥	322	落叶松	325	满细胞法	328
氯磺化聚乙烯沥青	322	落脏	(325)	慢光	328
氯纶	(261)	落渣	325	慢裂乳化沥青	328
氯-偏乳液涂料	322			慢凝液体沥青	328
氯氧镁水泥	322			慢溶硬石膏	328
氯氧镁水泥板材	322	**ma**		慢速石灰	328
氯氧镁水泥门窗	323	麻	(626)		
氯氧镁水泥木屑板	323	麻刀灰搅拌机	325	**mang**	
氯氧镁水泥刨花板	323	麻刀油灰	325		
氯茵酸酐阻燃剂	323	麻点	325	芒硝	328
滤光玻璃	(588)	麻栎	325		
		麻面	325	**mao**	
luan		麻石	326		
		麻纤维	326	猫头	(38)
孪晶	(455)	麻屑板	326	毛板	329
栾	323	麻竹	326	毛板石	329
卵石	323	马丁炉钢	(377)	毛玻璃	329
卵石大孔混凝土	323	马丁耐热温度	326	毛孔	329
乱石混凝土	(329)	马弗式退火窑	(156)	毛蓝	329
乱纹	323	马克斯韦尔体	(326)	毛料石	329
		马克斯韦尔液体	326	毛面玻璃	(329)
lun		马牌建筑油膏	326	毛面墙面砖	329
		马赛克	(501)	毛石	329
轮碾	323	马氏体	326	毛石混凝土	329
轮碾机	323	马蹄磉	327	毛体密度	(97)
轮碾造粒	324	马尾松	327	毛条密封条	329
轮窑	324	马歇尔稳定度	327	毛细管水	330
		玛钢	(271)	毛细现象	330
luo		玛琋脂	(402)	毛凿石	(329)
		码窑	327	毛竹	330
罗锅脊件	324			锚具	330
罗锅筒瓦	324	**mai**		锚栓	(79)
罗克拉法	(556)			铆钉	330
罗克拉管	324,(556)	埋大石混凝土	(328)	铆钉用黄铜线	330
罗马水泥	324	埋弧焊	327	铆钉用铜线	330
螺栓	324	麦黄竹	(175)	铆螺钢	(284)
螺丝鼻	(564)	脉冲法热导率测定仪	327	铆螺用热轧圆钢	330
螺纹钢筋	(405)	脉冲傅立叶变换谱仪	328	帽罩式窑	(501)
螺旋扣	(190)			楣	330
螺旋形钢弹簧	324				

mei

煤熔剂	(563)
楣	330
煤柏油	(331)
煤矸石	331
煤矸石空心砌块	331
煤焦油	331
煤焦杂酚油(溶液)	331
煤沥青	331
煤沥青混凝土	331
煤沥青油毡	331
煤沥青蒸馏试验	331
煤气喷嘴	(331)
煤气燃烧器	(331)
煤气烧嘴	331
煤渣	332
煤渣混凝土	332
煤渣砖	332
美术大理石	332
美术地毯	332
美术水磨石	332
镁白云石耐火材料	332
镁白云石砖	(332)
镁方柱石	(333)
镁钙碳砖	332
镁钙质耐火材料	332
镁橄榄石耐火材料	333
镁铬质耐火材料	333
镁黄长石	333
镁铝质耐火材料	333
镁碳质耐火材料	333
镁碳砖	(333)
镁系阻燃剂	333
镁盐侵蚀	333
镁质胶凝材料	333
镁质绝热材料	333
镁质耐火材料	334
镁质石灰	334
镁砖	(334)

men

门钹	334
门窗贴脸板	334
门窗用铝合金型材	334
门搭扣	(489)
门弹弓	334
门底弹簧	334
门地龙	(80)
门钉	334
门顶弹弓	(335)
门顶弹簧	335
门定位器	335
门度头板	(515)
门鼓石	(430)
门环	(334)
门扎头	335
门枕石	(430)
焖火	(521)

meng

猛度	335
蒙脱石	335
甍	93

mi

弥散增强复合材料	335
泌出	335
泌水量	335
泌水率	335
泌水率比	335
泌水容量	336
泌水速率	336
泌水性	336
密度	336,(607)
密封带	336
密封膏	336
密封膏耐热老化试验	336
密封条	(336)
密级配沥青混凝土	336
密勒符号	(251)
密实成型工艺	336
密实度	336
密实剂	337
密实砌块	(450)
密实系数	(337)
密实因素	337
密陀僧	337
密着层	337
蜜胺树脂	(417)

mian

棉纤维	337
免烧粉煤灰轻集料	337
免烧粉煤灰轻集料混凝土	337
免烧砖	(162)
冕玻璃	337
面包砖	337
面分析	337
面粉	338
面角守恒定律	338
面漆	338
面网间距	(252)
面叶	338
面釉	338

mie

篾竹	(389)

min

民用炸药	(158)
敏感度	(138)

ming

名义粒径	(218)
明场像	338
明矾	338
明矾石	338
明矾石膨胀水泥	338
明光漆	338
明瓦	338
冥王骑鸡	(541)
橓	(93)

mo

摩擦焊	339

摩尔电导	339	木材加工机械	342			
摩氏硬度	(340)	木材剪切强度	342	**na**		
磨光玻璃	339	木材锯解缺陷	342			
磨加剂	339	木材抗拉强度	342	纳盖斯密特石	347	
磨砂玻璃	339	木材抗弯强度	342	钠灯	347	
磨细生石灰	339	木材抗压强度	343	钠铝酸钙	347	
魔毯	(22)	木材密度	343			
抹浆法	339	木材缺陷	343	**nai**		
抹面灰浆	(339)	木材湿胀	343			
抹面砂浆	339	木材吸湿性	343	氖灯	347	
莫来石耐火材料	339	木材吸水性	343	耐铵砂浆	347	
莫氏硬度	340	木材硬度	343	耐崩裂性	(406)	
墨	340	木材纵切面	343	耐擦洗性	(354)	
		木材阻燃浸注剂	343	耐低温膨胀珍珠岩混凝土	347	
mu		木窗	343	耐低温油毡	348	
		木地面	344	耐辐射玻璃	348	
模壁效应	340	木捆栅	344	耐辐射光学玻璃	348	
模型石膏	340	木工尺	344	耐辐照性	348	
模压成型	340	木工砂光机	344	耐腐蚀搪瓷	(192)	
模印贴花	(578)	木工铣床	344	耐高温玻璃纤维	348	
母体	(637)	木工压机	344	耐光性	(348)	
木铵灌浆材料	340	木工钻床	345	耐候性	348	
木柏油	(345)	木构件接合	345	耐滑性	348	
木材	340	木轨枕	345	耐化学侵蚀玻璃纤维	348	
木材比强度	340	木脚手杆	345	耐化学试剂性	348	
木材冲击韧性	341	木沥青	345	耐化学性	(348)	
木材传声性	341	木螺钉	345	耐火白云石水泥	349	
木材导电性	341	木螺丝	(345)	耐火材料	349	
木材导热性	341	木门	345	耐火捣打料	349	
木材防腐处理	341	木模钉	(17)	耐火低钙铝酸盐水泥	349	
木材防腐剂	341	木射线	345	耐火电线电缆燃烧试验	349	
木材防腐油	(331)	木丝板	345	耐火度	349	
木材复合板	341	木踢脚板	345	耐火多孔混凝土	349	
木材干缩	341	木屑	346	耐火混凝土	(349)	
木材干燥	341	木屑混凝土	346	耐火浇注料	349	
木材干燥表面硬化	342	木质人造板材	346	耐火可塑料	350	
木材干燥蜂窝裂	342	木质素灌浆材料	346	耐火铝酸盐水泥	350	
木材干燥基准	342	木质纤维菱苦土	346	耐火泥	350	
木材干燥扭曲	342	木装修	346	耐火腻子	(109)	
木材干燥翘曲	342	目视分析法	(267)	耐火喷涂料	350	
木材干燥皱缩	342	幕墙	346	耐火轻集料混凝土	350	
木材构造缺陷	342	穆斯堡尔谱	346	耐火轻质混凝土	350	
木材含水率	342	穆斯堡尔谱仪	346	耐火投射料	350	
木材横断面	(342)	穆斯堡尔效应	347	耐火涂料	350	
木材横切面	342			耐火纤维	350	

耐火纤维制品	351	萘含量	355	泥料蒸汽加热处理	358
耐火压入料	351			泥釉	(520)
耐火制品	(351)	**nan**		泥釉缕	358
耐火砖	351			霓虹灯	358
耐急冷急热性	(406)	难燃材料	355	拟赤杨	358
耐碱玻璃纤维	351	难熔合金	355	拟合法	358
耐碱混凝土	351	楠木	355	逆流式毛细管黏度试验法	358
耐碱集料	351	楠竹	(330)	腻子	359
耐碱矿棉	351				
耐碱砂浆	351	**nei**		**nian**	
耐碱石油沥青胶泥	351				
耐碱陶瓷	351	内标法	355	年轮	359
耐久性	351	内部燃烧	(249)	黏稠沥青	359
耐老化性	352	内分层	355	黏度	359
耐纶	(356)	内耗	355	黏度计	359
耐磨钢	352	内聚力	355	黏附力	(130)
耐磨耗性	(352)	内力	356	黏合剂	(236)
耐磨试验机	352	内裂	(342)	黏结层	360
耐磨损性	(352)	内摩擦力	356	黏聚力	(355)
耐磨性	352	内墙涂料	356	黏料	360
耐燃乳化沥青	352	内墙砖	356	黏流态	360
耐热钢	352	内燃烧砖法	356	黏流温度	360
耐热钢板	352	内压试验	(572)	黏弹性	360
耐热耐酸浇注料	353			黏土结合碳化硅耐火材料	360
耐热性	353	**neng**		黏土结合碳化硅砖	(360)
耐热油毡	353			黏土耐火浇注料	360
耐热震性	(406)	能量色散谱仪	356	黏土膨胀珍珠岩制品	360
耐蚀系数	353	能量损失谱仪	356	黏土平瓦	360
耐水性	353	能谱仪	(356)	黏土乳化沥青	361
耐酸粉料	353			黏土陶粒	361
耐酸混凝土	353	**ni**		黏土陶粒混凝土	361
耐酸集料	353			黏土质绝热耐火材料	(393)
耐酸沥青胶泥	353	尼龙	356,(261)	黏土质耐火材料	361
耐酸率	353	尼龙地毯	(249)	黏土质原料	361
耐酸耐温砖	353	尼龙垫圈铰链	356	黏性	361
耐酸砂浆	354	尼龙垫圈无声铰链	(356)	黏性土	361
耐酸陶瓷	354	尼龙纤维	356	黏性系数	361
耐酸陶瓷容器	354	泥灰岩	357	黏滞系数	(359)
耐酸陶管	354	泥浆	357	黏滞性	(361)
耐酸填料	(353)	泥浆泵	357	捻度	361
耐酸砖	354	泥浆搅拌机	357	碾压法	362
耐污染性	354	泥浆喷雾干燥	357	碾压混凝土	(610)
耐洗刷性	354	泥浆压滤	357		
耐细菌腐蚀性	354	泥料	358		
耐油混凝土	354	泥料真空处理	358		

niao

尿素-甲醛灌浆材料	362
尿素甲醛树脂	(362)
脲-甲醛塑料	(362)
脲醛胶	(362)
脲醛树脂	362
脲醛树脂灌浆材料	362
脲醛树脂胶粘剂	362
脲醛塑料	362

nie

涅硅钙石	362
镍铬片孔板平拉法	362
闑	362

ning

宁波金漆	(311)
凝灰岩	(213)
凝胶	363
凝胶过滤色谱	(363)
凝胶空间比	363
凝胶渗透色谱法	363
凝胶水	363
凝胶型沥青	363
凝结时间差	363
凝聚沉淀	363
凝聚接触点	364
凝聚结构	364
凝聚力	(355)

niu

牛顿流体	(364)
牛顿液体	364
牛顿元件	364
牛曼	(385)
牛皮胶	(374)
牛皮纸	364
扭辫分析	364
扭转试验机	364

nu

努普硬度	364

nuo

糯米浆	364

ou

偶氮二甲酰胺	365
偶氮二异丁腈	365
偶联剂	365

pa

耙式浓缩机	365

pai

排锯	(435)
排库	365

pan

潘马氏闪火点	366
盘间变异	(9)
盘内变异	(9)
盘式离心法	366
盘头	366
盘形悬式瓷绝缘子	366
盘子	366

pao

泡沸石	(117)
泡花碱	(456)
泡界线	366
泡立水	(55)
泡沫白云石	366
泡沫倍数	(103)
泡沫玻璃	366
泡沫混凝土	367
泡沫混凝土砌块	367
泡沫剂	367
泡沫矿渣	(370)
泡沫菱苦土	367
泡沫石棉毡	367
泡沫塑料	367
泡沫稳定性	367
泡切线	(366)
泡桐	367

pei

配合剂	(147),(518)
配价键	368
配件卫生陶瓷	368
配筋分散性系数	368
配套卫生洁具	368
配位键	(368)
配位数	368

pen

喷彩	(368)
喷花	368
喷枪	368
喷砂玻璃	368
喷射成型	368
喷射法	(368)
喷射虹吸式坐便器	368
喷射混凝土	369
喷射水泥	369
喷涂	369

peng

硼铝	369
硼砂	369
硼酸	369
硼系阻燃剂	369
膨润土乳化沥青	369
膨胀倍数	369
膨胀硅酸盐水泥	370
膨胀硅酸盐水泥砂浆	370
膨胀剂	370
膨胀聚苯乙烯珠	370
膨胀矿渣	370

膨胀矿渣混凝土	370	皮胶	374	平口法兰接头	376
膨胀矿渣水泥	370	疲劳	374	平口条	377
膨胀矿渣珠	370	疲劳极限	374	平拉法	377
膨胀矿渣珠混凝土	370	疲劳强度	374	平炉钢	377
膨胀硫铝酸盐水泥	370	疲劳试验机	374	平埋缘石	377
膨胀率	370	匹兹堡法	(531)	平面偏光	(546)
膨胀黏土	(361)			平刨	377
膨胀砂浆	371	**pian**		平拼	377
膨胀水泥	371			平石	377
膨胀水泥砂浆	(371)	片硅钙石	(471)	平纹	377
膨胀铁铝酸盐水泥	371	片石混凝土	(329)	平行消光	378
膨胀稳定期	371	片毡	374	屏蔽混凝土	(108)
膨胀型防火涂料	371	片状颗粒	374	瓶耳子	378
膨胀性不透水水泥	(269)	片状模塑料	374		
膨胀页岩	(361)	偏光	(375)	**po**	
膨胀珍珠岩	371	偏光显微镜	375		
膨胀珍珠岩混凝土	371	偏光显微镜分析	375	坡垒	378
膨胀珍珠岩砂浆	372	偏振光	375	泼灰	378
膨胀珍珠岩吸声板	372	偏振光仪	(165)	泼浆灰	378
膨胀蛭石	372			破粉碎系统	378
膨胀蛭石灰浆	(372)	**piao**		破碎砂	(407)
膨胀蛭石混凝土	372				
膨胀蛭石绝热制品	372	漂石	375	**pu**	
膨胀蛭石砂浆	372	漂珠砖	375		
膨胀组分	372	缥瓦	375	铺地砖	(81)
碰珠	372			铺地瓷砖	(501)
碰珠防风门锁	372	**pin**		铺浆	378
碰珠锁	(372)			铺砌方块石	378
		拼钉	375	铺砌拳石	378
pi		拼花木地面	375	铺砌条石	378
		拼接	375	铺首	(237)
批嵌	372	拼接式地毯	375	葡萄灰	379
坯料	373,(358)	贫混凝土	375	普阿松分布	379
坯裂	373			普鲁士蓝	(510)
坯体	373	**ping**		普碳钢	(380)
坯体变形	373			普通窗纱	379
坯体硬化时间	373	平板玻璃	376	普通大孔混凝土	379
坯体中压力分布	373	平板玻璃平整度	376	普通钉	(596)
坯体皱裥	195	平衡发暗度	(376)	普通硅酸铝耐火纤维	379
坯釉适应性	373	平衡含水量	(376)	普通硅酸盐水泥	379
坯釉应力	373	平衡含水率	376	普通混凝土	379
坯釉中间层	373	平衡厚度	(634)	普通混凝土小型空心砌块	379
砒霜	(568)	平衡透过率	376	普通木地面	379
劈离砖	374	平均分子量	376	普通石油沥青	380
劈裂砖	(374)	平均误差	376	普通水磨石	380

普通水泥	(379)	气体色层分离法	(383)		
普通碳素钢	(380)	气体色谱	(383)	**qiang**	
普通碳素结构钢	380	气相色谱法	383		
普通砖	380	气相色谱仪	383	枪晶石	386
普型耐火砖	380	气硬性胶凝材料	383	强度	386
普型水磨石	380	汽灯	383	强度保证率	386
		汽油灯	(383)	强度对比法	386
		砌块	383	强度极限	386
qi		砌筑胶砂	(384)	强度组分	386
		砌筑砂浆	384	强化玻璃	(141)
七两砖	380	砌筑石材	384	强制式混合机	386
七铝酸十二钙	380	砌筑水泥	384	墙板	386
期望	(454)	槭木	384	墙搭	386
漆片	380			墙灯	(16)
奇形砖	(575)			墙地砖	387
骑鸡仙人	(541)	**qian**		墙面砖	387
骑马钉	(645)			墙裙	387
骑筒	(632)	铅	384	墙体材料	387
旗杆石	(225)	铅白	(384)	墙纸	(17)
企口空心混凝土砌块	381	铅板	384	戗根钉	387
企口拼	381	铅棒	384	戗兽	387
起爆材料	381	铅玻璃	384	戗檐	(387)
起爆药	(381)	铅丹	(475),(602)	戗檐砖	387
起爆炸药	381	铅粉	384		
起坑	381	铅铬黄	(156)		
起泡	(162)	铅管	385	**qiao**	
起泡性	381	铅硼釉	385		
起霜	381,(106)	铅锑合金板	385	敲击法非破损检验	387
起重机钢轨	381	铅锑合金棒	385	桥梁结构钢	387
起皱	(624)	铅锑合金管	385		
气垫	(273)	铅稳定剂	(563)	**qie**	
气干材	381	浅裂	385		
气干状态	381	欠火石灰	(385)	切机	(436)
气焊	381	欠火砖	385	切绒地毯	(154)
气焊护目玻璃	382	欠烧石灰	385	切线规则	387
气孔率	382,(275)	茜草	385	切向应力	(229)
气炼法	(382)	嵌段共聚	385	切削性	388
气炼熔融法	382	嵌缝材料	(385)	锲割	388
气流吹拉法	382	嵌缝条	(336)	锲裂	(388)
气密性	382	嵌缝油膏	385	锲劈	(388)
气泡间隔系数	382	嵌花地砖	386		
气泡稳定剂	382	嵌入固溶体	(228)	**qin**	
气溶胶法	382	嵌线珐琅	(253)		
气蚀	382	嵌镶珐琅	(2)	亲水性	388
气体辐射	382			琴砖	388
气体燃料	383				

qing

青白石	388
青粉	388
青灰	388
青浆	388
青龙山石	389
青皮竹	389
青铅皮	(384)
青砂石	389
青石	389,(442)
青水泥	389
青铜	389
青铜棒	389
青铜箔	389
青筒瓦	(37)
青瓦	389
青竹	(389)
青砖	390
轻板	(392)
轻粗集料	390
轻粗集料强度标号	390
轻钢龙骨	390
轻骨料	(390)
轻骨料涂料	390
轻轨	390
轻混凝土	390
轻集料	390
轻集料大孔混凝土	391
轻集料混凝土	391
轻集料混凝土复合墙板	391
轻集料混凝土砌块	391
轻集料混凝土墙板	391
轻集料粒型系数	391
轻集料铁分解重量损失	391
轻集料异类岩石颗粒含量	392
轻集料有害物质含量	392
轻集料煮沸质量损失	392
轻金属	392
轻溶剂油	392
轻砂	(392)
轻砂浆	392
轻烧白云石	(271)
轻烧菱镁矿	(305)
轻石	(392)
轻细集料	392
轻岩天然石	(392)
轻岩自然石	392
轻制沥青	392
轻质板材	392
轻质高铝质耐火材料	392
轻质硅质耐火材料	393
轻质莫来石耐火材料	393
轻质莫来石砖	(393)
轻质耐火材料	393
轻质耐火浇注料	393
轻质黏土耐火材料	393
轻质涂料	(390)
氢键	393
氢离子浓度指数	393
氢损伤	(244)
氢氧硅酸钙石	393
氢氧化钙	393
氢氧化铝	(178)
清漆	394
清晰度	394
清油	394,(169)
氰凝	394
磬石	(305)

qiu

楸木	394
球硅钙石	394
球墨铸铁	394
球形门锁	394

qu

区域钢化法	395
曲尺	395
驱水剂	395
驱避剂	395
屈服点	(395)
屈服极限	395
屈服强度	(395)
屈曲强度	(559)
取代滴定法	(619)
取代固溶体	(619)
去沫剂	(518)
去应力退火	(78)

quan

圈绒地毯	395
全代铂炉拉丝	(115)
全辐射高温计	395
全干浸渍	395
全干状态	395
全能试验机	(524)
全轻混凝土	395
全吸收法	(328)
全息摄影	395
全息照相	(395)
全消光	396
全预应力混凝土	396
全粘贴法	396
泉石华	(529)

que

缺口敏感性	396
缺釉	396

qun

群青	396,(125)
群色条	396

ran

燃点	396
燃料	396
燃烧	397
燃烧材料	(575)
燃烧分解法	397
燃烧剂	397
燃烧热	397
燃烧三要素	397
燃烧试验	397
燃烧速度	397
燃烧性	398
燃油喷嘴	398

re

热板焊接	(411)
热拌工艺	398
热拌混凝土	398
热拌冷铺沥青混合料	398
热拌热铺沥青混合料	398
热拌设备	398
热差重量分析	(526)
热处理钢筋	398
热处理虹彩	399
热传导	(56)
热磁分析	(399)
热磁学法	399
热催化聚合	399
热脆	399
热导率	399
热导率快速测定仪	(327)
热电分析	(399)
热电偶	399
热电偶温度计	399
热电学法	399
热电阻温度计	399
热镀锌薄钢板	400
热发声法	400
热发声分析	(400)
热反射玻璃	(603)
热分析	400
热固性树脂	400
热固性塑料	400
热管换热器	400
热光分析	(400)
热光学法	400
热击穿	401
热机械分析	401
热加工性	401
热交换器	(198)
热介质定向循环养护	(92)
热空气干燥	401
热扩散率	401,(72)
热老化	401
热冷槽法(防腐处理)	401
热流计	401
热流计法	401
热流密度	(57)
热喷涂着色	402
热膨胀	402
热膨胀法	402
热膨胀系数	402
热容量	402
热熔焦油沥青胶粘剂	402
热熔石油沥青胶粘剂	402
热熔油毡	403
热熔油毡施工机具	403
热声分析	(403)
热声学法	403
热湿传导	403
热室静停	403
热塑性片状模塑料	403
热塑性树脂	403
热塑性塑料	403
热塑性弹性体	404
热通量	(57)
热微粒分析	404
热稳定性	404,(269)
热性曲线	404
热养护	404
热应力	404
热油养护	404
热轧扁钢	404
热轧槽钢	405
热轧窗框钢	405
热轧带肋钢筋	405
热轧方钢	405
热轧钢板(带)	405
热轧钢板桩	405
热轧工字钢	405
热轧光圆钢筋	405
热轧花纹钢板	405
热轧角钢	406
热轧六角钢	406
热轧六角中空钢	406
热轧异形型钢	406
热轧圆钢	406
热轧 H 型钢	406
热震稳定性	406
热重分析	406
热阻	406

ren

人工加速老化	407
人工破碎砂	407
人造板	(232)
人造薄木	407
人造大理石	407
人造大理石卫生洁具	407
人造革	407
人造轻集料	407
人造轻集料混凝土	407
人造石	(407)
人造纤维	408
人造羊毛	(256)
荏油	(476)
韧性	408
韧性水泥	(644)
韧性指数	408

ri

日光灯	(578)
日用搪瓷	408
日用陶瓷	408

rong

荣	408
容量沉淀法	(49)
容量分析	408,(78)
容胀	408
容重	408
溶出伏安法	409
溶出侵蚀	(410)
溶剂	409
溶剂萃取	409
溶剂化	409
溶剂吸附法	(418)
溶剂(脱)沥青	409
溶剂型沥青防水涂料	409
溶胶	409,(410)
溶胶凝胶法	410
溶胶型沥青	410
溶-凝胶型沥青	410

溶析	410	乳化沥青贮藏稳定性试验	414	三辊磨	416
溶液聚合	410	乳化油炸药	(414)	三合土	417
溶胀	410	乳化炸药	414	三阶段制管工艺	(164)
熔滴	410	乳胶	414	三聚氰胺-甲醛树脂	417
熔点	410	乳胶漆	(414)	三聚氰胺装饰板	417
熔化率	410	乳液聚合	414	三连砖	417
熔化温度曲线	(411)	乳液涂料	414	三铝酸五钙	417
熔化温度制度	411	乳液稳定剂	414	三氯化金	417
熔剂矿物	411	乳浊	(415)	三面黏结	417
熔块	411	乳浊性能	415	三色图	(420)
熔块窑	411	乳浊釉	415	三色性	417
熔块釉	411			三仙盘子	417
熔融对接	411	**ruan**		三相点	418
熔融分解法	411			三向织物	418
熔融石英	(448)	软钢	415	三氧化二锑	(506)
熔融石英制品	(597)	软化点	415	三元相图	418
熔岩泡沫玻璃	411	软化区间	415	三元乙丙橡胶	418
熔窑热效率	411	软化退火	(598)	三轴试验机	418
熔铸α-β-氧化铝耐火材料	412	软化系数	415	三组分分析法	418
熔铸α-氧化铝耐火材料	412	软沥青质	415	散兵石	418
熔铸β-氧化铝耐火材料	412	软练法	(415)	散孔材	418
熔铸锆刚玉砖	412	软练胶砂强度试验法	415	散装水泥	418
熔铸铬刚玉耐火材料	412	软煤沥青	415	散装水泥车厢	418
熔铸镁铬砖	(87)	软木砖	415	散装水泥汽车	419
熔铸莫来石耐火材料	412	软烧灰	416	散装水泥专用船	419
熔铸耐火材料	(87)	软石	416	散状耐火材料	(35)
		软塑挤出成型	416		
rou		软质纤维板	416	**sang**	
柔度	412	**run**		桑皮纸	(149)
				桑树	419
ru		润湿剂	(430)	磉礅	(162)
				磉石	419
如意	412	**sa**			
茹芦	(385)			**sao**	
蠕变	412	撒布料	416	扫荡灰	419
蠕变及持久强度试验机	413			扫金	419
乳白色玻璃	413	**sai**		扫描超声显微镜	419
乳化剂	413			扫描成像离子质谱仪	419
乳化聚氯乙烯煤焦油涂料	413	赛璐珞	416	扫描电镜	(419)
乳化沥青	413			扫描电子显微镜	419
乳化沥青分裂速度	413	**san**		扫描隧道显微镜	420
乳化沥青混凝土	413				
乳化沥青冷底子油	414	三岔头	416		
乳化沥青水泥拌合试验	414	三点弯曲试样	416		

se

色层分析	(421)	砂浆富裕系数	(423)	上光蜡	(426)
色层分析法	(475)	砂浆过剩系数	423	上楹	(632)
色差	420	砂浆搅拌机	423	上轴铣床	426
色调	420	砂浆流动性	(423)		
色度图	420	砂浆流动性测定仪	(423)	## shao	
色灰	420	砂浆喷枪	423		
色剂	(502)	砂浆强度	424	烧成	426
色浆	420	砂浆强度等级	424	烧成曲线	(14)
色料	(502)	砂浆石	424	烧成缺陷	427
色母料	421	砂粒式沥青混凝土	424	烧成收缩	427
色木	(384)	砂粒涂料喷枪	(41)	烧成油浸镁质耐火材料	427
色泥加彩	421	砂率	424	烧结	427
色泥装饰	421	砂面油毡	424	烧结粉煤灰砖	427
色坯	421	砂磨机	424	烧结机	427
色品图	(420)	砂平均粒径	424	烧结料	427
色谱定量分析	421	砂轻混凝土	424	烧结料混凝土	427
色谱定性分析	421	砂湿胀	424	烧结煤矸石砖	427
色谱法	(421)	砂石	(425)	烧结黏土砖	428
色谱分析法	421	砂石标准筛	425	烧结普通砖	428
色谱峰	421	砂土	425	烧结石英玻璃制品	(597)
色谱-质谱联用仪	421	砂岩	425	烧结型人造大理石	428
色谱柱	421	砂质水泥	425	烧结页岩砖	428
色石碴	421			烧结砖	428
色釉	422,(563)	## shai		烧结砖泥料制备	428
色釉加彩	422	筛分曲线	425	烧黏土	428
色釉刻花	422	筛分析法	425	烧青	(253)
				烧失量	428
## sha		## shan		韶粉	(384)
				少裂混凝土	(34)
杀菌剂	(111)	山榴	425	少熟料水泥	428
沙滚子砖	422	山砂	425		
沙绿	422	杉木	425	## she	
沙青	(125),(448)	闪长岩	426	蛇纹石	428
沙松	422	闪点	(426)	蛇纹石大理岩	429
砂级配区	422	闪火点	426	蛇纹岩	429
砂浆	422	闪络距离	426	蛇形压送泵	429
砂浆标号	423	闪燃	426	射灯	429
砂浆拨开系数	423	闪烁玻璃	426	射钉	429
砂浆稠度	423			射气热分析	429
砂浆稠度仪	423	## shang		射线非破损检验	430
砂浆地面	423	商尺	426	摄谱分析法	430
砂浆分层度测定仪	423	商品混凝土	(591)		
		上光剂	426		

shen

砷白	(568)
砷石	430
砷酐	(568)
砷座	430
深蓝	(125)
深蓝靛	(329)
渗出性	430
渗水系数	430
渗透剂	430
渗透系数	430
渗吸	430

sheng

升浆混凝土	430
生材	430
生长轮	(359)
生料	431
生料釉	431
生料制备	431
生漆	431
生石膏	431
生石灰	431
生石灰工艺(峰前成型)	431
生石灰临界水灰比	431
生石灰凝结效应	431
生铁	432
生桐油	(513)
生物发霉	432
生物老化抑制剂	(395)
生油	(513)
生砖	432
声发射探伤法	432
声功率级	432
声能	432
声能密度	432
声屏风	(155)
声屏障	(155)
声桥	432
声速	432
声学材料	432
声压	432
声源	432
声阻抗	433
圣佛利斯群	(273)
圣维南元件	433
剩余水灰比	433

shi

失光	433
失黏时间	(19)
失重分析	(406)
施工配合比	433
施釉	433
湿材	433
湿法	(47)
湿法制粉	433
湿接成型	433
湿碾矿渣混凝土	433
湿球温度	433
湿热处理	(433)
湿热养护	433,(611)
湿闪试验	(157)
湿陷性土	434
湿消化	434
湿胀	434
湿胀系数	434
十二氯代环癸烷阻燃剂	434
十溴二苯醚阻燃剂	434
石板	434
石材	434
石材板材率	434
石材粗磨	435
石材荒料率	435
石材胶合板	435
石材精磨	435
石材镜面光泽度	435
石材锯切	435
石材可加工性	435
石材框架锯	435
石材耐磨率	435
石材抛光	436
石材切断机	436
石材双向切机	436
石材细磨	436
石材研磨抛光机	436
石黛	(184)
石膏	436
石膏板	(615)
石膏板复合墙板	436
石膏板护面纸	436
石膏变体	437
石膏标准稠度	437
石膏补色器	(438)
石膏炒锅	437
石膏穿孔板	437
石膏矾土膨胀水泥	437
石膏化铁炉渣水泥	437
石膏胶凝材料	437
石膏空心条板	437
石膏矿渣水泥	438
石膏模	438
石膏膨胀珍珠岩制品	438
石膏砌块	438
石膏人造大理石	438
石膏砂浆	438
石膏试板	(438)
石膏吸收法	438
石膏消色器	438
石膏珍珠岩空心条板	438
石膏装饰板	438
石膏装饰吸声板	439
石涵	439
石黑	(184)
石黄	439
石灰	439
石灰饱和系数	439
石灰饱和因数	439
石灰标准值	439
石灰产出量	(440)
石灰产浆量	440
石灰单独消化	440
石灰粉煤灰硅酸盐混凝土	440
石灰膏	440
石灰华	440
石灰混合消化	440
石灰火山灰水泥	440
石灰浆	440
石灰浆碳化	440
石灰浆硬化	440
石灰结合水	441

石灰矿渣水泥	441	石棉乳化沥青	445	石英砂	449,(171)
石灰立窑	441	石棉砂质水泥制品	445	石英砂砂浆	449
石灰炉渣硅酸盐混凝土	441	石棉水泥	445	石英楔	449
石灰煤矸石硅酸盐混凝土	441	石棉水泥板抗折试验机	445	石英岩	449
石灰耐火材料	441	石棉水泥半波瓦	445	石油磺酸苯酯	(449)
石灰黏土硅酸盐混凝土	441	石棉水泥波瓦	445	石油沥青	449
石灰膨胀珍珠岩制品	441	石棉水泥波瓦(板)翘曲	445	石油沥青混凝土	449
石灰人工竖窑	(441)	石棉水泥波瓦标准张	445	石油沥青油毡	449
石灰乳	441	石棉水泥波瓦断裂	445	石油沥青油纸	(586)
石灰乳化沥青	441	石棉水泥波瓦断面系数	445	石油酯	449
石灰乳化沥青-砂防锈涂料	442	石棉水泥穿孔板	446	石柱头	(448)
石灰砂浆	442	石棉水泥电气绝缘板	446	实干时间	(449)
石灰石	442	石棉水泥复合墙板	446	实际干燥时间	449
石灰石煅烧	442	石棉水泥管	446	实铺木地面	450
石灰石分解温度	442	石棉水泥管标准米	446	实心砌块	450
石灰熟化	(442)	石棉水泥管接头	446	实心支柱瓷绝缘子	(9)
石灰水化热	442	石棉水泥脊瓦	446	实验曲线光滑法	450
石灰消化	(442)	石棉水泥挠性板	446	实验室配合比	450
石灰消解	442	石棉水泥平板	446	炻器	450
石灰消解速度	442	石棉水泥输轻油管	447	示差极谱法	450
石灰岩	442	石棉水泥制品抗冲击性	447	示差极谱仪	450
石灰釉	443	石棉水泥制品起层	447	事件	(486)
石灰质原料	443	石棉瓦钉	(522)	饰灯	(631)
石灰蛭石浆	443	石棉维纶水泥制品	447	饰面混凝土	450
石蜡	443	石棉橡胶板	447	饰面砌块	450
石蜡基沥青	443	石棉增强效率	447	试板	(551)
石蜡浸渍混凝土	443	石棉纸	447	试饼法	450
石蜡油干燥	443	石墨	447	试剂	450
石栏板	443	石墨坩埚	447	试样	(119)
石梁	443	石墨耐火材料	448	室式干燥	451
石料	443	石墨纤维	(497)	适度膨胀轻集料混凝土	(451)
石料裹覆试验	444	石墨铸模	448	铈钛着色玻璃	451
石绿	444	石涅	(184)	释气性	451
石棉	444	石青	448		
石棉白云石	444	石笋	(249)	shou	
石棉保温板	444	石笋状凸出	448		
石棉布	444	石头青	(125)	收尘	451
石棉布油毡	444	石望柱	448	收缩	451
石棉衬垫板	444	石硪	(115)	收缩补偿轻集料混凝土	451
石棉纺织制品	444	石屑	448	手工编织地毯	451
石棉粉	444	石英	448	手工拉坯	(281)
石棉灰	(444)	石英玻璃	448	手糊成型	451
石棉苦土粉	445	石英玻璃微珠	448	手提灯	451
石棉沥青防水涂料	(445)	石英玻璃注浆法	448	受拉极限变形值	(218)
石棉绒	445	石英泡沫玻璃	448	兽皮地毯	452

兽头	(58)	刷花	454	水底灯	457
兽座	452	刷墙粉	455	水分的内扩散	457
		刷涂	455	水分的外扩散	457
				水封功能	457

shu

枢	452			水氟硅钙石	458
舒勒法	(9)	**shuai**		水工混凝土	458
疏水性	452	衰减系数	(538)	水工沥青	458
熟化	(309)			水固比	(462)
熟料	452	**shuang**		水硅钙石	(2)
熟料煅烧	452			水硅灰石	458
熟料混凝土	452	双键	455	水合氧化铝	458
熟料率值	452	双晶	455	水化钙橄榄石	(298)
熟料形成	453	双晶貌相术	455	水化硅铝酸钙	458
熟石膏	(8)	双聚焦分析器	455	水化硅酸二钙	458
熟石膏陈化	453	双控冷拉	455	水化硅酸钙	458
熟石灰	453	双快氟铝酸盐水泥	(276)	水化硅酸镁	459
熟石灰工艺(峰后成型)	453	双快硅酸盐水泥	(276)	水化硅酸三钙	459
熟桐油	(169)	双快型砂水泥	(555)	水化黄长石	459
熟橡胶	(309)	双眉单竹	(121)	水化混凝土	459
蜀柱	(632)	双色高温计	(165)	水化硫铝酸钙	459
鼠尾弹弓	(334)	双色性	455	水化硫铁酸钙	459
鼠尾弹簧	(334)	双微孔微管结构	455	水化铝酸二钙	460
束缚能	(88)	双向拉伸工艺	455	水化铝酸钙	460
树干弯曲	453	双心	455	水化铝酸三钙	460
树干形状缺陷	453	双折射	455	水化铝酸四钙	460
树瘤	453	双折射率	455	水化铝酸一钙	460
树脂	453	霜白	(106)	水化氯铝酸钙	460
树脂分	453			水化氯铁酸钙	460
树脂改性沥青	454	**shui**		水化热	460
树脂混凝土	(258)			水化热间接测定法	461
树脂囊	454	水	455	水化热直接测定法	461
树脂乳液	454	水玻璃	456	水化三铝酸四钙	461
树脂砂浆	454	水玻璃灌浆材料	456	水化石灰	(453)
树脂型人造大理石	(264)	水玻璃胶泥	456	水化速率	461
树脂注射成型	454	水玻璃矿渣砂浆	456	水化碳铝酸钙	461
竖炉燃烧法	(231)	水玻璃-铝酸钠灌浆材料	456	水化碳铁酸钙	461
数学规化	(642)	水玻璃-氯化钙灌浆材料	456	水化铁铝酸钙	461
数学期望	454	水玻璃模数	456	水化铁酸钙	461
数值孔径	454	水玻璃耐酸混凝土	456	水化硬化	462
		水玻璃耐酸砂浆	457	水灰比	462
shua		水玻璃膨胀珍珠岩制品	457	水灰比定则	462
		水玻璃涂料	457	水胶	462
		水玻璃土壤改进材料	457	水胶比	462
刷辊	454	水层	457	水胶炸药	462
刷痕	454	水淬矿渣	(298)	水力松解机	462

shun

水利工程石材	462	水泥膨胀珍珠岩制品	467	水下混凝土	471
水料比	462	水泥强度等级	467	水箱	471
水铝钙石	462	水泥砂浆	467	水性漆	(470)
水氯石	462	水泥生产方法	467	水性涂料	471
水密性混凝土	(112)	水泥生料	(431)	水银测孔仪	471
水磨石	462	水泥湿法生产	467	水银灯	471
水磨石地面	463	水泥石	(580)	水银法软化点	(272)
水泥	463	水泥-石灰-粉煤灰加气混凝土	467	水银压入法	472
水泥安定性	(468)	水泥-石灰-砂加气混凝土	467	水硬率	472
水泥比重	(466)	水泥石灰蛭石浆	467	水硬性	472
水泥标号	463	水泥石-集料界面	468	水硬性胶凝材料	472
水泥标准稠度用水量	463	水泥石抗冻性	468	水硬性石灰	472
水泥船	463	水泥石抗渗性	468	水云母	(573)
水泥等效系数	463	水泥石耐磨性	468	水中爆破	(471)
水泥堆积密度	464	水泥熟料	(452)	水嘴	472
水泥风化	464	水泥-水玻璃灌浆材料	468		
水泥干法生产	464	水泥水化	468	shun	
水泥杆菌	464	水泥水化产物	468		
水泥管	464	水泥体积安定性	468	楯	472
水泥管接头	464	水泥土	468	楯轩	(282)
水泥管异型管件	464	水泥瓦	469	顺磁共振波谱法	(472)
水泥灌浆材料	464	水泥系装饰涂料	469	顺磁共振波谱仪	(473)
水泥裹砂搅拌工艺	464	水泥细度	469	顺磁共振分析法	472
水泥裹石搅拌工艺	465	水泥型人造大理石	469	顺磁共振仪	473
水泥混合材料	465	水泥压力管	469	顺丁橡胶	473
水泥混凝土	465	水泥硬化巴依柯夫学说	469	顺式-1,4聚丁二烯橡胶	(473)
水泥基材料	(465)	水泥硬化胶体学说	469	顺水条	473
水泥基复合材料	465	水泥硬化结晶学说	469	顺纹剪切强度	473
水泥基体-纤维界面	465	水泥硬化速度	470	顺纹抗拉强度	473
水泥浆体硬化	465	水泥蛭石浆	470	顺纹抗压强度	473
水泥胶砂	(467)	水泥重晶石砂浆	(623)	瞬发电雷管	473
水泥胶砂流动度	465	水平喷吹法	470	瞬凝	473
水泥井管	465	水平式隧道窑	(488)		
水泥抗拉强度	466	水曲柳	470	si	
水泥抗压强度	466	水溶性聚合物	470		
水泥抗折强度	466	水溶性树脂	(470)	司必令锁	(70)
水泥库	466	水溶性(木材)防腐剂	470	司密斯闭式三轴法	473
水泥-矿渣-砂加气混凝土	466	水溶性涂料	470	丝网印花	474
水泥-酪素-胶乳防锈涂料	466	水乳型薄质沥青防水涂料	470	斯米特锤	(206)
水泥路面混凝土	466	水乳型改性沥青防水涂料	(133)	斯托克斯沉降速度定律	(474)
水泥密度	466	水乳型厚质沥青防水涂料	471	斯托克斯定律	474
水泥凝胶	466	水石榴石	471	锶硅酸盐水泥	474
水泥凝结	466	水刷石	471	锶水泥	(474)
水泥刨花板	466	水碳硅酸钙	471	撕裂	474
水泥配料	467	水下爆破	471	撕裂型扩展	474

"四矾"防水油	(113)	塑料采光板	478	塑料小五金	483
四极滤质分析器	474	塑料采光罩	478	塑料异型材拼装隔断	484
四面刨	474	塑料草坪	478	塑料印刷	484
四溴邻苯二甲酸酐阻燃剂	474	塑料成型温度	478	塑料油膏	484
四溴双酚A阻燃剂	475	塑料窗	478	塑料雨水系统	484
四氧化三铅	475	塑料窗纱	479	塑料止水带	484
四元相图	475	塑料导爆管	(71)	塑料装饰板	484
四圆单晶衍射仪	475	塑料地板	479	塑料着色剂	484
四组分分析法	475	塑料地板尺寸稳定性	479	塑性	484
似炭物	475	塑料地板胶	479	塑性变形	484
		塑料地板耐凹陷性	479	塑性混凝土	484
		塑料地板耐烟蒂性	479	塑性收缩	485
		塑料地面	479	塑性指数	485

song

松弛	476	塑料地砖	(276)		
松密度	(97)	塑料电镀	479		suan
松皮石	(249)	塑料防水卷材	480		
松铺压顶法	(558)	塑料复合板	480	酸度计	(644)
松散体积法	476	塑料复合门窗	480	酸度系数	485
松香水	476	塑料改性沥青油毡	480	酸分解法	485
		塑料管材	480	酸碱滴定法	485

su

		塑料管件	480	酸碱指示剂	485
		塑料焊接	480	酸侵蚀	485
苏枋	(476)	塑料焊条	480	酸效应系数	486
苏木	476	塑料护墙板	481	酸性铬酸铜	486
苏子油	476	塑料机械压花	481	酸性火山玻璃质岩石	486
素灰	476	塑料基复合材料	481	酸性耐火材料	486
素混凝土	476	塑料挤出成型	481	酸渣沥青	486
素片毯	(476)	塑料挤出异型材	481		
素烧	476	塑料浇铸成型	481		sui
素凸式地毯	476	塑料框板门	481		
速度扫描谱仪	476	塑料楼梯扶手	481	随机变量	486
速凝剂	476	塑料门	482	随机抽样	486
塑钢门窗	476	塑料门窗密封条	482	随机疲劳	486
塑化硅酸盐水泥	476	塑料面砖	482	随机事件	486
塑化水泥	(476)	塑料耐化学性	482	随机误差	487
塑化温度	477,(360)	塑料热性能	482	随机现象	487
塑解剂	477	塑料润滑剂	482	髓心	487
塑料	477	塑料套管法兰预制接头	483	碎玻璃	487
塑料百叶窗	477	塑料套管接头	483	碎料板	487
塑料壁纸	477	塑料天花板	483	碎裂	487
塑料壁纸湿强度	477	塑料贴面板	483	碎石	487
塑料波形板	477	塑料瓦楞板	(477)	碎石大孔混凝土	487
塑料波形瓦	(477)	塑料卫生洁具	483	碎石土	487
塑料薄膜	478	塑料吸水率	483	碎纹釉	(302)
塑料薄膜复合胶	478	塑料镶板门	483	碎砖	488

碎砖混凝土	488	台座法	490	碳硅钙石	493
隧道电流	488	太湖石	490	碳化	493
隧道干燥	488	太阳能干燥	490	碳化程度	493
隧道式养护窑	488	太阳能养护	490	碳化处理	494
隧道效应	488	钛白	490	碳化硅耐火材料	494
隧道窑	488	钛酸酯偶联剂	491	碳化灰砂砖	494
燧石玻璃	(213)	泰波级配公式	(491)	碳化石灰混凝土	494
		泰波级配曲线	491	碳化石灰空心条板	494
		泰勃耐磨性	491	碳化室	494
sun		酞菁颜料	491	碳化收缩	494
损耗因数	488			碳化物	495
损伤	488			碳化系数	495
损伤极限	488	**tan**		碳化窑	(494)
损失因数	(488)	坍落度	491	碳化周期	495
榫接合	489	坍落度试验筒	492	碳结合耐火材料	495
		坍落度损失	492	碳沥青质	(297)
suo		弹簧钢	492	碳硫硅钙石	495
		弹簧钢热轧薄钢板	492	碳素钢	495
梭式窑	489	弹簧钢热轧圆(方)钢	492	碳素钢无缝钢管	495
羧甲基纤维素	489	弹簧铰链	492	碳素工具钢	495
缩聚反应	489	弹簧门弓	(334)	碳素工具钢热轧圆(方)钢	495
索螺旋扣	(190)	弹簧水泥	(644)	碳素结构钢	495
锁结式集料	489	弹石	(378)	碳素结构钢焊接钢管	496
锁紧密封垫	489	弹涂	492	碳素结构钢冷轧薄钢板(带)	496
锁口灰	(199)	弹限强度	(492)	碳素结构钢热轧薄钢板(带)	496
锁扣	489	弹性	492	碳素结构钢热轧厚钢板(带)	496
		弹性变形	492	碳素弹簧钢丝	496
ta		弹性变形能	(579)	碳酸钡	496
		弹性后效	(619)	碳酸钙	496
塌落度	(491)	弹性恢复试验	(202)	碳酸钙滴定值	497
塔库	489	弹性极限	492	碳酸化	(493)
溚	(331)	弹性锚固件	492	碳酸钾	497
阘	489	弹性密封带	493	碳酸锂	497
踏步石	(490)	弹性模量	493	碳酸镁	497
踏跺石	490	弹性涂料	493	碳酸钠	(59)
楷	490	弹性系数	(493)	碳酸侵蚀	497
		弹性滞后	(619)	碳酸盐分解	497
tai		炭黑	493	碳-碳复合材料	497
		炭黑增强沥青	493	碳纤维	497
胎基	(585)	炭化	493	碳纤维增强混凝土	498
台车式窑	(489)	炭化物	(475)	碳纤维增强水泥	498
台度	(387)	炭条	493	碳纤维增强塑料	498
台竹	(139)	探照灯	493	碳质耐火材料	498
台砖	490	碳棒熔融法	(89)	碳珠	498
台座	490	碳钢	(495)	碳砖	498

tang

羰基指数	498
唐大尺	499,(426)
唐黍尺	499,(541)
唐小尺	499,(541)
唐营造尺	499,(426)
搪玻璃	499
搪玻璃容器	499
搪瓷	499
搪瓷裂纹	499
搪瓷烧成	499
搪瓷釉	500
螳螂勾头	500
揣头	500

tao

桃花浆	500
桃胶	500
陶瓷	500
陶瓷变形	500
陶瓷大板	500
陶瓷堆花	(501)
陶瓷堆雕	501
陶瓷浮雕	(501)
陶瓷基复合材料	501
陶瓷挤压成型	501
陶瓷锦砖	501
陶瓷耐磨性测定	501
陶瓷捏雕	501
陶瓷捏花	(501)
陶瓷色料	(502)
陶瓷湿敏电阻	501
陶瓷手捏	(501)
陶瓷凸雕	(501)
陶瓷纤维	(350)
陶瓷纤维制品	(351)
陶瓷显微结构	(61)
陶瓷压制成型	501
陶瓷颜料	502
陶瓷釉	(589)
陶瓷浴盆	502
陶瓷着色剂	502
陶瓷组织结构	(61)
陶管	502
陶粒	502
陶粒大孔混凝土	502
陶粒混凝土	502
陶粒混凝土实心砌块	502
陶器	502
陶土坩埚拉丝	503
陶土吸声砖	503
套管法兰接头	503
套管绝缘子	503
套管填料接头	503
套料玻璃	(503)
套色玻璃	503
套色木纹塑料装饰片材	503
套兽	503

te

特干硬性混凝土	504
特快硬调凝铝酸盐水泥	504
特快硬硅酸盐水泥	504
特快硬水泥	504
特类钢	504
特丽纶	(264)
特鲁白钙沸石	504
特殊铝合金	504
特殊性能钢	504
特殊性能铸铁	504
特细砂	505
特细砂混凝土	505
特型耐火砖	505
特性水泥	505
特种玻璃	505
特种灯	505
特种砂浆	505
特种塑料壁纸	506
特重混凝土	506

teng

藤黄	506

ti

梯沿砖	506
锑白	506,(568)
锑华	(568)
锑系阻燃剂	506
体积密度	506,(97)
体积排斥色谱	(363)
体积配合比	506
体积应变	506
体系	(539)
体型高分子	506

tian

天窗插销	(507)
天窗合页	(104)
天窗弹簧插销	506
天盘	507
天然粗骨料	(507)
天然粗集料	507
天然(地)沥青	507
天然高分子化合物	507
天然胶粘剂	507
天然漆	507
天然轻集料	507
天然轻集料混凝土	507
天然砂	507
天然树脂	508
天然水泥	508
天然丝	508
天然纤维	508
天然橡胶	508
天然橡胶沥青	508
添加型阻燃剂	508
甜竹	(326)
填充剂	(508)
填充率	508
填料	508
填土	508
填隙固溶体	(228)

tiao

条板	508
条件迸发荷载	509
条件断裂韧性	509
条纹	509

条子砖	(67)	庭园灯	512	瓪瓦	515,(37)
调合漆	509	停留剂	512		
调凝剂	509	停泥城砖	512	**tou**	
调凝水泥	509	停泥滚子砖	512		
调配沥青	509	停泥砖	(512)	头发线	(546)
跳脱	(591)			头发状裂纹	(499)
跳桌	(306)			头浆	515
		tong		投光灯	515
tie		通风算	512	透光玻璃钢	515
		通过百分率	512	透光率	515
贴层平板玻璃	509	通灰	(419)	透过界限波长	(241)
贴花	509	通体砖	(114)	透红外线玻璃	515
贴胶法	509	通用水泥	512	透明釉	516
贴金	510	同位素丰度	512	透气法	516
贴脸板	(334)	同位素稀释法	512	透射电镜	(516)
铁	510	同质多晶	(513)	透射电子显微镜	516
铁扁担	(510)	同质多像	512	透射率	516
铁点	(6)	同质二像体	513	透射貌相术	516
铁钉	(596)	同质异像	(513)	透射损失	(155)
铁锭升	510	同轴旋转黏度计试验法	513	透射系数	516
铁二铝酸六钙	510	桐油	513	透纹漆	(169)
铁袱	510	铜	513	透紫外线玻璃	516
铁骨戗挑	510	铜箔	513		
铁矿水泥	510	铜布	(633)	**tu**	
铁拉牵	(386)	铜镉变色玻璃	513		
铁蓝	510	铜焊丝	513	秃釉	(396)
铁龙	510	铜焊条	513	突起	516
铁铝酸四钡	510	铜合金棒材	513	图案砖	516
铁铝酸四钙	511	铜合金固溶体	514	图像离子质谱仪	516
铁铝酸四锶	511	铜合金焊丝	514	图像显微镜	517
铁铝酸盐矿物	511	铜合金焊条	514	图像显微镜分析	517
铁率	(318)	铜合金化合物	514	涂-4黏度	517
铁门闩	511	铜红玻璃	514	涂布塑料地板	517
铁杉	511	铜金粉	514	涂盖材料	517
铁素体	511	铜锍	(21)	涂料	517
铁酸二钙	511	铜绿	514	涂料沉降率	517
铁瓦	511	铜搪瓷	514	涂料干燥时间	518
铁屑混凝土	(146)	铜头	514	涂料添加剂	518
铁屑水泥砂浆	511	童柱	(632)	涂料细度	518
铁绣花	511	统货集料	515	涂料消泡剂	518
铁质校正原料	511	统计量	515	涂膜玻璃微珠	518
		桶丹	(602)	涂膜附着力	518
ting		筒瓦节	515	涂膜耐冲击性	518
		筒压强度	515	涂膜耐磨性	518
庭泥砖	512	筒子板	515	涂膜耐热性	519

涂膜耐水性	519	椭圆补色器	(13)	往复窑	(489)
涂膜柔韧性	519	椭圆偏光	521	望兽	524
涂膜硬度	519			望砖	525
涂刷(法防腐)处理	519	**wa**			
涂刷性	519			**wei**	
涂塑窗纱	519	瓦	522		
涂塑法	519	瓦板岩	(6)	椳	525
涂搪	519	瓦当	522,(38)	微波测湿仪	525
土粉子	520	瓦楞钉	522	微波防护玻璃	525
土黄	520	瓦楞螺钉	522	微波干燥	525
土漆	(431)	瓦条	522	微波养护	525
土瓦	520,(389)			微薄木贴面装饰板	525
土釉	520	**wai**		微穿孔板吸声构造	525
土朱	(603)			微观对称型	(273)
土籽	520	外标法	523	微集料水泥	525
		外分层	523	微晶高岭石	(335)
tuan		外加剂防水混凝土	523	微晶搪瓷	525
		外加剂固体含量	523	微孔黏土砖	525
团(块)状模塑料	520	外力	523	微孔微管结构	526
榫	520	外墙贴面砖	(523)	微裂纹	526
		外墙涂料	523	微沫剂	526
tui		外墙砖	523	微膨胀轻集料混凝土	(451)
				微区定点分析	526
推板式窑	520	**wan**		微热量热分析	526
推光漆	520			微商热重分析	526
退光漆	(520)	弯钢化玻璃	523	微压养护	526
退火	521	弯起钢筋	524	微压蒸汽养护	(526)
退火区域	(521)	弯曲强度	(270)	围脊筒	(34)
退火温度范围	521	弯曲试验	524	维勃稠度	(526)
褪色	521	完全浸渍	524	维勃度	526
		完全类质同像	524	维勃仪	527
tun		完全黏性体	(364)	维夫板	(191)
		烷基磺酸苯酯	(449)	维卡软化点	527
吞脊兽	(613)	晚材	524	维卡仪	527
		晚材率	524	维纶	(262)
tuo		万能材料试验机	524	维纶增强水泥	527
		万能试验机	(524)	维姆黏结值	527
脱瓷	(32)	万能照相显微镜	524	维姆稳定度	527
脱附	521	万能照相显微镜分析	524	维尼纶	(262)
脱硫	521			维氏硬度	527
脱硫活化剂	(598)	**wang**		伪延性	528
脱模剂	521			尾矿	528
脱皮	521	网纹面	524	尾矿砖	528
脱脂	(56)	网状高分子	(506)	纬密	528
柁墩	521	网状裂缝	524	卫生搪瓷	528

卫生陶瓷	528	屋面木基层	531	无压饱和纯蒸汽养护	535
卫生陶瓷配件	528	无标样法	531	无焰燃烧	535
未成熟混凝土	528	无槽垂直引上法	531	无影灯	535
位错	528	无槽法	(531)	无纸石膏板	(542)
位移	528	无电泳涂装	(194)	五斤砖	535
位移计	528	无纺地毯	531	五氯酚钠	535
		无纺贴墙布	531	五月季竹	(175)
		无纺织地毯	(531)	武康石	535
		无缝钢管	531	舞台效果灯	535

wen

温度场	528	无光釉	531	物理钢化法	535
温度传导率	(72)	无光釉面砖	531	物理吸附	535
温度传感器	529	无规入射吸声系数	532	物系	(539)
温度感应性	(292)	无机非金属材料	532	物相分析	536
温度钢筋	(118)	无机胶凝材料	532	误差	536
温度敏感性	(292)	无机胶体乳化沥青	532	雾点	536
温度梯度	529	无机胶粘剂	532		
温度指数	529	无机聚合物	532		

xi

温泉淬石	529	无机轻集料	532		
文石	529	无机填料	532	西洋红	(632)
纹片釉	(302)	无机涂料	533	西藏地毯	536
吻合效应	529	无机纤维胎基	533	吸尘地毯	536
吻扣	(529)	无机颜料	533	吸顶灯	536
吻下当沟	529	无机质谱分析法	533	吸附	536
吻座	529	无机阻燃剂	533	吸附法测沥青含蜡量	536
稳定	530	无基底塑料复合地板	533	吸附水	537
稳定传热	530	无碱玻璃纤维	533	吸附指示剂	537
稳定度	530	无筋混凝土	(476)	吸红试验	(275)
稳定剂	530	无空气喷涂	533	吸热峰	537
稳定性	(530)	无捻粗纱布	534	吸热搪瓷	537
稳定性白云石耐火材料	530	无氢火焰熔融法	534	吸声材料	537
稳定性白云石砖	(530)	无砂大孔混凝土	534	吸声量	537
稳泡剂	(382)	无砂混凝土	534	吸声毛毡	537
稳态热传递	(530)	无声合页	(356)	吸声泡沫玻璃	537
		无声破碎剂	(534)	吸声系数	537

wo

		无声炸药	534	吸湿膨胀	537
		无石棉纤维水泥制品	534	吸湿性	537
涡纹	530	无收缩快硬硅酸盐水泥	534	吸收率	537
沃兰	530	无收缩水泥	(270)	吸收系数	538
握钉力	530	无熟料水泥	534	吸收紫外线玻璃	(114)
		无水泥耐火浇注料	534	吸水率	538,(10)
		无水石膏	534	吸水模衬	538

wu

		无损检测	(116)	吸水性	538
乌头门	(104)	无胎防水卷材	(535)	吸塑成型	(605)
污染性	530	无胎油毡	535	吸烟	(561)
屋面板	(210)	无限固溶体	(299)	析白	(106)

析水性	(336)			显著性水平	545	
析盐	(106)		xian	苋菜	(545)	
矽卡岩	538			苋兰	545	
硒粉	538	仙人	541	岘山石	545	
硒红宝石玻璃	(538)	先张法	541	现场浸渍	545	
硒红玻璃	538	纤维板	541	现浇混凝土	545	
硒硫化合物着色剂	538	纤维饱和点	541	现制水磨石	545	
稀释剂	539	纤维缠绕成型	541	限制膨胀	546	
稀释沥青	539	纤维长径比	542	线道	546	
稀土着色玻璃	539	纤维钙硅酸石	(2)	线枋子	546	
锡槽	539	纤维公称直径	542	线分析	546	
膝撑	(81)	纤维计算直径	542	线路瓷绝缘子	546	
洗涤槽	539	纤维间距	542	线偏光	546	
洗面器	539	纤维间距理论	542	线位移	546	
洗砂机	539	纤维名义直径	(542)	线纹	546	
洗石机	539	纤维取向	542	线型高分子	546	
洗手盆	539	纤维石膏板	542	线性扫描示波极谱法	546	
系统	539	纤维水泥板复合幕墙	542	线应变	(614)	
细瓷	539	纤维水泥瓦	542	霰石	(529)	
细度	540	纤维素醋酸酯	(63)			
细度模量	(540)	纤维素树脂	542		xiang	
细度模数	540	纤维素纤维	543			
细骨料	(540)	纤维素纤维增强水泥	543	相对密度	547	
细灰	540	纤维体积率	543	相对湿度	547	
细集料	540	纤维外形比	(542)	相对误差	547	
细粒式沥青混凝土	540	纤维增强复合材料	543	相关系数	547	
细料石	540	纤维增强混凝土	543	相合熔点	547	
细木工板	540	纤维增强聚合物水泥混凝土	543	相连群色条	(67)	
细泥尺七砖	540	纤维增强热固性塑料	543	相容性	547	
细泥尺四砖	540	纤维增强热塑性塑料	543	香椿	547	
细腻子	541	纤维增强热塑性塑料粒料	543	香豆酮树脂	(161)	
细砂	541	纤维增强水泥	544	香红木	(191)	
细石混凝土	541	纤维增强水泥复合材料	544	香蕉水	547	
细条石	(540)	纤维增强水泥基材料	(544)	香色	547	
细凿石	(540)	纤维增强水泥平板	544	香头	548	
		纤维增强塑料	544	香味地毯	(548)	
	xia	氙灯	544	香型地毯	548	
		闲	544	香樟	548	
下垂度	541	闲游	544	箱扣	(489)	
下垂值	(541)	显气孔率	545	箱式蓄热室	548	
夏材	(524)	显色	545	镶玻璃门	548	
夏尺	541	显微化学法	545	镶嵌共聚	(385)	
		显微结构	545	镶色玻璃	(503)	
		显微硬度	545	镶锁	548	
		显著性检验	545	相	548	

相变	548	硝化甘油炸药	552			
相变热	548	硝基漆	552	**xing**		
相衬显微镜分析	548	硝基清漆	552			
相律	548	硝酸钠	552	行尺二砖	(46)	
相平衡	549	硝酸银	552	行尺七砖	(46)	
相平衡定律	(548)	销钉	(375)	行尺四砖	(46)	
相平衡状态图	(549)	销钉拼	552	行马	(16)	
相图	549	小便器	552	型钢	555	
橡浆	(414)	小波纹	552	型砂水泥	555	
橡胶	549	小脊子	553,(553)			
橡胶地面	549	小脊子象鼻子	553	**xiong**		
橡胶地毡	549	小麻刀灰	553			
橡胶防水卷材	549	小麦竹	(175)	雄黄	555	
橡胶粉沥青	549	小南瓦	(37)			
橡胶改性沥青油毡	549	小跑	(638)	**xiu**		
橡胶隔振垫	549	小青瓦	(37),(389)			
橡胶基复合材料	550	肖氏硬度	553	修整底材	(243)	
橡胶胶粘剂	550	笑口	(325)	溴化锌	555	
橡胶沥青	550					
橡胶密封带	550	**xie**		**xu**		
橡胶态	(151)					
橡胶涂料	550	楔	553,(51)	需水性定则	(581)	
橡胶再生	(521)	楔形砖	(616)	徐变	(412)	
橡胶止水带	550	斜当沟	553	徐变度	555	
橡皮	(309)	斜方硅钙石	553	徐变系数	555	
橡皮头门钩	550	斜硅钙石	553	旭法	(97)	
		斜接	553	续瓦	(100)	
xiao		斜式缘石	553	絮凝作用	555	
		斜纹	553	蓄热室	556	
枭儿	(550)	斜消光	554	蓄热系数	556	
枭砖	550					
消光	551	**xin**		**xuan**		
消光位	551					
消光系数	(229)	心材	554	宣城石	(556)	
消化仓	551	锌白	554	宣石	556	
消化鼓	551	锌钡白	554	悬浮聚合	556	
消泡剂	551	新拌混凝土	(207)	悬浮液	556	
消色法则	(34)	新疆地毯	554	悬挂墙	(346)	
消色器	551	新浇混凝土	554	悬辊法	556	
消声器	551	新鲜混凝土	554	旋涡虹吸式坐便器	557	
消石灰	(453)	新样城砖	554	旋压成型	(71)	
消石灰粉	551	新样陡板城砖	554	旋窑	(203)	
消烟剂	552	信号玻璃	554	旋制单板	557	
硝铵炸药	(2)	信号灯	555	旋转薄膜烘箱试验	557	
硝红	552	信那水	(547)			

xue

学生分布	(645)
雪花白石	557
血胶	557
血料	557

xun

熏烧	(535)
寻常光	(45)
殉爆度	(557)
殉爆距离	557
逊他布法制管工艺	607

ya

压刨	558
压带条	(558)
压当条	558
压顶	558
压顶法	558
压汞测孔仪	558
压汞法	(472)
压花	558
压花玻璃	558
压机	(572)
压口	559
压力灌浆	559
压力容器钢	559
压力式温度计	559
压力试验机	559
压麻灰	559
压曲	559,(530)
压曲强度	559
压实系数	559
压碎指标	559
压缩密封件	560
压缩模塑	(340)
压缩釉	(614)
压延玻璃	560
压延成型	560
压延法	560
压延机	560
压印	(558)
压毡条	(473)
压蒸法	560
压蒸养护	(153)
压制成型	(340),(560)
压制密实成型	560
压砖机	561
押带条	(558)
哑音	561
亚锑酐	(568)
亚稳状态	(242)

yan

胭脂	561
烟密度	(561)
烟浓度	561
烟熏	561
烟子	561
烟子浆	561
延度	561
延期电雷管	562
延性	562
岩礁面	562
岩沥青	562
岩棉	562
岩棉板	562
岩棉保温带	562
岩棉缝毡	562
岩石炸药	(2)
岩相定量分析	562
岩相分析	562
沿口石	(239)
盐基性铅盐稳定剂	563
盐霜	(106)
盐釉	563
颜料	563
颜料熔剂	563
颜料稳定	563
颜色玻璃	563
颜色石英玻璃	(40)
颜色釉	563
颜色釉彩	563
衍射类型	(647)
掩蔽法	563
掩蔽剂	564
厌氧胶粘剂	564
燕翅当沟	(553)
燕尾戗脊筒	(564)
燕尾戗脊砖	564
燕尾榫	564
燕脂	(561)

yang

羊眼	564
羊眼圈	(564)
阳极保护	564
阳离子表面活性剂	564
阳离子乳化沥青	564
杨木	564
杨氏模量	565,(493)
杨氏弹性模量	(565)
洋干漆	(55)
洋金面	(514)
洋槐	(62)
洋蓝	(125),(396)
养护	565
养护池	565
养护坑	565
养护窑	565
养护窑负荷率	(565)
养护窑利用系数	(565)
养护窑填充系数	565
养护制度	565
氧化釜	565
氧化锆空心球耐火材料	566
氧化锆耐火材料	566
氧化锆砖	(566)
氧化铬	566
氧化钴	566
氧化还原滴定法	566
氧化还原指示剂	566
氧化镧	566
氧化沥青	566
氧化铝	567
氧化铝空心球耐火材料	567
氧化铝泡沫轻质砖	567
氧化铝三水合物	(458)
氧化铝纤维	(98)

yao

氧化镁硅酸盐水泥	(150)
氧化镁膨胀水泥	567
氧化锰	567
氧化钕	567
氧化铅	567
氧化砷	567
氧化铈	568
氧化塔	568
氧化锑	568
氧化铁膨胀水泥	568
氧化铁颜料	568
氧化铁棕	568
氧化铜	569
氧化锡	569
氧化锌	(554)
氧化亚镍	569
氧化铀	569
氧茚树脂	(161)
氧指数	569
氧指数测定仪	569
样板刀成型	(71)
样本点	569
样本空间	569

yao

窑干材	569
窑灰	(203)
窑货花色	570
窑具	570
窑炉气氛	570
窑炉热平衡	570
窑压	570
咬起	570

ye

叶沸石	570
叶蜡石	570
叶蜡石耐火材料	570
页岩	571
页岩柏油	(571)
页岩沥青	571
页岩陶粒	571
页岩陶粒混凝土	571
页岩渣	571
液-固吸附色谱法	571
液晶探伤法	571
液态混凝土	(634)
液态聚合物	571
液态渣	571
液态炸药	(572)
液体沥青	571
液体燃料	571
液体水玻璃	572
液体炸药	572
液体着色剂	(420)
液相烧结	572
液相线	572,(572)
液芯玻璃纤维	572
液性指数	572
液压机	572
液压试验	572
液-液分配色谱法	572

yi

一般淬火	572
一般用途低碳钢丝	573
一板	(573)
一拌	573
"一级红"消色器	(438)
一阶段制管工艺	(607)
一盘	(573)
一元相图	573
一致熔融	573
一致熔融化合物	573
一轴晶	573
伊利石	573
依次滴定法	573
宜兴石	573
宜兴紫砂	(632)
乙-丙乳胶漆	(573)
乙-丙乳液涂料	573
乙醇	574
乙二胺四乙酸	574
乙二胺四乙酸二钠盐	574
乙类钢	574
乙纶	(263)
乙酸丁酯	(63)
乙酸乙酯	(63)
乙烯-醋酸乙烯共聚树脂胶	574
乙烯-醋酸乙烯共聚物	574
艺术搪瓷	574
异常晶粒长大	(101)
异丁橡胶	(91)
异价类质同像	574
异戊橡胶	574
异形石	575
异形水磨石	575
异形砖	575
异型耐火砖	575
抑气剂	575
易密性	575
易抹性	575
易燃材料	575
易熔合金	575
逸出气分析	575
逸出气检测	576

yin

阴极保护	576
阴极溅射法	(288)
阴离子表面活性剂	576
阴离子乳化沥青	576
阴燃	(535)
铟灯	576
银粉	576
银粉子	(520)
银朱	576
银朱漆	576
银朱油	577
硍硃	(576)
硍硃油	(577)
引爆药	(381)
引气硅酸盐水泥	577
引气混凝土	577
引气剂	577
引气水泥	(577)
引上室	577
引上窑	(577)
引伸计	577
檼	577,(93)
引伸仪	(577)

引信	(283)	硬煤沥青	581	油溶性木材防腐剂	584
隐蔽剂	(564)	硬石膏	(534)	油溶性五氯酚	584
印花发泡聚氯乙烯地面卷材	577	硬石膏Ⅲ	(271)	油松	584
印花聚氯乙烯地面卷材	578	硬塑挤出成型	581	油眼	(454)
印贴花	578	硬条木地面	581	油毡	584
		硬头黄竹	581	油毡标号	584
		硬质瓷	581	油毡不透水性	584
				油毡低温柔性	584

ying

英德石	(578)			油毡钉	584
英石	578			油毡干法生产工艺	584
荧光灯	578	永久线变化率	(623)	油毡抗水性	585
荧光塑料	578	永久性模板	581	油毡拉力试验	585
荧光搪瓷	578	用水量定则	581	油毡耐热度	585
荧光颜料	578			油毡柔度	585
萤石	578			油毡湿法生产工艺	585
营造尺	578			油毡胎基	585

yong

you

楹	579,(627)	优蓝	(125)	油毡透水仪	585
应变	579	优选法	582	油毡瓦	585
应变能	579	优质混凝土	(151)	油毡吸水性	585
应变能释放率	579	优质碳素结构钢	582	油毡真空吸水试验	586
应变片	579	优质碳素结构钢冷轧薄钢板(带)		油纸	586
应拉木	579		582	油竹	(50)
应力	579	优质碳素结构钢热轧钢板(带)	582	柚木	586
应力斑	579	优质碳素结构钢热轧圆(方)钢	582	游离基聚合	586
应力花	(579)	优质碳素结构钢丝	582	游离石灰	(586)
应力集中	579	油分	582	游离水	(637)
应力强度因子	579	油膏	(385)	游离碳含量	586
应力松弛	(476)	油膏稠度	(582)	游离氧化钙	586
应压木	579	油膏耐热度试验	582	游离氧化钙的测定	586
硬瓷	(581)	油膏黏结性	582	有槽垂直引上法	587
硬度	580	油膏施工度	582	有槽法	(587)
硬度试验机	580	油灰	582,(359)	有光彩色釉面砖	587
硬钢	580	油击穿试验	(157)	有害气体捕捉剂	(575)
硬硅钙石	580	油基漆稀料	(476)	有机硅建筑密封膏	587
硬化砂浆	(424)	油基嵌缝膏	583	有机硅聚合物	587
硬化水泥浆体	580	油基清漆	583	有机轻集料	587
硬化水泥浆体层间孔	580	油浆	583	有机填料	587
硬化水泥浆体过渡孔	580	油浸法	583	有机涂料	587
硬化水泥浆体孔分布	580	油井水泥	583	有机物结构质谱分析法	588
硬化水泥浆体孔结构	580	油类(木材)防腐剂	583	有机锡稳定剂	588
硬化水泥浆体毛细管	581	油满	583	有机纤维增强塑料	588
硬化水泥浆体毛细空间	(581)	油毛毡	(584)	有机颜料	588
硬练法	(581)	油漆	(517)	有机质谱分析法	588
硬练胶砂强度试验法	581	油漆沥青	583	有基底塑料复合地板	588
硬铝	581	油漆抛光剂	583	有色光学玻璃	588

有色广漆	588	预混色料	(421)	原子吸收光谱分析	(595)
有色金属	589	预聚体	(592)	圆材	595
有限固溶体	589	预聚物	592	圆钉	596
有线珐琅	(253)	预埋件	592	圆兜	(65)
有效数字位数	589	预填混凝土	(592)	圆管法	596
有效吸水量	589	预填集料混凝土	592	圆锯机	596
有效氧化钙	589	预压缩自粘性密封条	592	圆偏光	596
有焰燃烧	589	预养	592	圆球度	596
有纸石膏板	(615)	预应力度	592	圆网抄取法	(47)
诱爆距离	(557)	预应力钢筋混凝土	592	圆榫	596
釉	589	预应力钢筋混凝土管	593	远程有序	(45)
釉薄	589	预应力钢弦混凝土	593		
釉的光泽度	589	预应力混凝土	(592)	**yue**	
釉料	590	预应力混凝土管	(593)		
釉裂	590	预应力混凝土管椭圆率	593	月白浆	596
釉面内墙砖	590	预应力混凝土压力管	(593)	月黄	(506)
釉面陶瓷锦砖	590	预应力混凝土用低松弛钢丝	593	阅	596
釉面砖	(590)	预应力混凝土用钢绞线	593		
釉面砖配件	590	预应力混凝土用钢丝	593	**yun**	
釉泡	590	预应力混凝土用普通松弛钢丝	593		
釉熔融表面张力	590	预应力损失	594	云母含量	596
釉熔融黏度	590	预制法外墙装饰石材构造连接	594	云母试板	(597)
釉上彩	590	预制构件	(211)	云母消色器	597
釉烧	590	预制混凝土	594	云南松	597
釉下彩	590	预制混凝土外墙挂板	594	云青	(125),(396)
釉中彩	591	预制平模反打	594	匀饰性	(307)
		预制水磨石	594	匀质性	597
yu				运动场塑料地面	597
		yuan		运积土	(62)
余辉	(41)				
余热处理低合金钢筋	591	元明粉	594	**za**	
余焰	(41)	园林灯	(512)		
鱼胶	591	原料钙硅比	594	杂散电流腐蚀	597
鱼鳞	(591)	原木	594		
鱼鳞爆	591	原生土	594	**zai**	
鱼鳞松	(591)	原丝系列	594		
鱼鳞云杉	591	原条	595	栽绒地毯	597
鱼卵石	(100)	原纸	595	载荷	(183)
雨花石	(311)	原子发射分光光度分析	595	再结合熔融石英耐火材料	597
浴室地毯	591	原子发射分光光度计	595	再结晶碳化硅耐火材料	598
预拌法	591	原子键	(159)	再结晶退火	598
预拌混凝土	591	原子晶体	595	再熔法拉丝	(138)
预反应镁铬质耐火材料	591	原子能灯	595	再生混凝土	598
预反应镁铬砖	(591)	原子吸收分光光度分析	595	再生活化剂	598
预混模塑料	592	原子吸收分光光度计	595	再生胶	(598)

zhen

再生胶乳化沥青	598			
再生沥青	598			
再生炉渣	(427)			
再生塑料地板	598			
再生橡胶	598			
再生橡胶地板	598			
再生橡胶乳化沥青防水涂料	(598)			
再现性	599			

zan

攒档	599

zang

藏青	(448)

zao

早材	599
早强混凝土	(277)
早强剂	599
早强硫铝酸盐水泥	(277)
早强铁铝酸盐水泥	(277)
枣核钉	(375)
皂化系数	(599)
皂化值	599
造壳	599
造壳混凝土	599
噪声控制	599

zeng

曾青	(448)
增稠剂	599
增黏剂	599
增强材料	600
增强混凝土	600
增强塑料	(481)
增韧剂	(267)
增塑剂	600
增氧燃烧	(133)
憎水膨胀珍珠岩制品	600
憎水性	(452)

zha

渣球含量	600
渣油	600
渣油油膏	600
轧压成型	600
炸药	600
炸药安定度	601
炸药安定性	(601)
炸釉	(590)
榨泥	(357)

zhan

沾锡	601
粘粉	601
粘接	601
粘麻浆	(515)
粘污性	(530)
斩假石	601
展平性	(307)
蘸浸模塑	(601)
蘸塑	601

zhang

张开型扩展	601
张拉控制应力	601
张拉强度	601
张拉设备	602
张拉应力	(601)
樟丹	602
樟丹油	602
樟子松	602
胀裂剂	(534)
涨圈接头	602
障板	(155)

zhao

照度	602
罩	(164)

zhe

遮挡条	(113)
遮盖力	602
遮光指数	603
遮帘	603
遮阳玻璃	603
折叠塑料门	603
折线式养护窑	603
折线窑	(603)
折腰板瓦	603
赭石	603
蔗渣板	603

zhen

针刺地毯	604
针片状颗粒	604
针入度	604
针入度率	604
针入度-黏度数	604
针入度-温度指数	604
针入度指数	604
针式瓷绝缘子	604
针式支柱瓷绝缘子	604
针眼	(329)
针叶树材	605
针状颗粒	605
珍宝搏瓷	(574)
珍珠岩焙烧窑	605
真菌抑制剂	(111)
真空成型	605
真空度	605
真空镀膜法	605
真空干燥	605
真空过滤机	605
真空混凝土	606
真空-加压浸渍	606
真空浸渍	606
真空毛细管黏度试验法	606
真空密实法	606
真空能级	606
真空熔融法	606
真空脱水有效系数	607

真空压力注浆系统	607	蒸压养护制度	611	直接淬火	(572)
真空作业	(606)	整模涂蜡离心制管工艺	611	直接滴定法	615
真密度	607	整体地面	611	直接强度对比法	(523)
真气孔率	(382)	整体混凝土	612	直接熔化法拉丝	(52)
真人	(541)	整体聚合	(14)	直馏沥青	615
阵点	607	整体路缘	612	直形砖	(18)
振动传递比	(607)	整体耐火材料	612	植物纤维增强混凝土	615
振动传递率	607	整体塑料门	612	止水带	615
振动传递系数	(607)	正常含水率	612	止水环	615
振动挤压制管工艺	607	正常化	(612)	止水橡皮	(550)
振动加速度	607	正打成型	612	纸筋灰	615
振动加压成型	607	正电子湮没分析	612	纸面石膏板	615
振动烈度	608	正光性光率体	612	纸胎油毡	616
振动密实成型	608	正光性晶体	612	纸胎油毡生产机组	616
振动密实法	608	正火	612	纸皮砖	(501)
振动抹浆法	608	正火石灰	(612)	纸张阻燃处理剂	616
振动频率	608	正脊筒子	612,(613)	纸质装饰板	(483)
振动器	608	正交试验设计	612	指触干燥时间	(19)
振动强度	(608)	正入射吸声系数	612	指甲印	(591)
振动速度	609	正烧石灰	612	指示灯	616
振动台	609	正态分布	613	指示电极	616
振动芯管	609	正通脊	613,(612)	指示剂	616
振动有效半径	609	正吻	613	指数分布	616
振动有效范围	609	正相分配色谱法	613	指形接	616
振动真空制管工艺	609	正压煅烧	613	指形榫	616
振动制度	609	正应变	614	枳瓢砖	616
振动砖墙板	609	正应力	614	质量定律(隔声)	616
振幅	610	正釉	614	质量分辨本领	(617)
振碾混凝土	610			质量分辨率	617
振实混凝土	610	zhi		质量分析器	617
镇静钢	610			质量配合比	617
		支持膜	614	质谱	617
zheng		支链型高分子	614	质谱表面分析	617
		支数	614	质谱定量分析	617
蒸不透砖	(432)	支数不均率	614	质谱定性分析	617
蒸炼锅	(437)	织纹	(615)	质谱分析法	618
蒸馏残留物	610	织物厚度	614	质谱计	(618)
蒸馏法测沥青含蜡量	610	织物密度	614	质谱界面分析	618
蒸汽渗透	610	织物燃烧试验	614	质谱离子源	618
蒸汽渗透系数	610	织物阻燃整理剂	614	质谱气体分析	618
蒸汽养护	611,(433)	织物组织	615	质谱深度分析	618
蒸汽养护砖	611	脂脂	(561)	质谱仪	618
蒸压釜	611	执手	615	蛭石	619
蒸压灰砂砖	611	直角榫	615	蛭石灰浆	(372)
蒸压空心灰砂砖	611	直接成像离子质谱仪	615	滞弹性	619

硇	(162)	重晶石砂浆	623	煮浆灰	626	
置换滴定法	619	重力式混合机	623	苎布	626	
置换固溶体	619	重量法	(623)	苎麻	626	
栉	619	重量分析	623	助发泡剂	(103)	
秩	619	重量箱	623	助剂	(147),(518)	
		重溶剂油	623	助流剂	626	
		重砂浆	623	助溶剂	626	
		重烧线变化率	623	助塑剂	(477)	

zhong

		重石	(624)	注浆成型	626
中长纤维	619	重岩天然石	(624)	注射成型	626
中国铅粉	(384)	重岩自然石	624	注射法	627
中和法	(485)			注射机	627
中灰	619			注射模塑成型	(626)
中级玻璃纤维	619	## zhou		注塑成型	(626)
中级玻璃纤维制品	620			注塑机	(627)
中间基沥青	620	周期式干燥窑	624	柱	627
中间物质	620	周期式强制循环干燥窑	624	柱材	627
中碱玻璃纤维	620	周期式自然循环干燥窑	624	柱础	(162)
中空玻璃	620	轴承钢	624	柱顶石	(162)
中粒式沥青混凝土	620	轴承合金	624	柱径	627
中裂乳化沥青	620	轴花	624	柱塞泵	627
中凝液体沥青	620	皱纹	624	铸石	627
中强钢丝	620			铸铁	627
中热硅酸盐水泥	620	## zhu		铸铁金属基体	628
中热水泥	(620)			铸铁搪瓷	628
中砂	621	朱膘	624	铸铁显微组织	628
中速石灰	621	朱丹	625	铸造性	628
中温回火	621	朱红漆	(576)	筑路沥青	(415)
中温煤焦油	621	朱华	(625)	筑路油	628
中温煤沥青	621	朱砂	625		
中误差	(18)	侏儒柱	(632)	## zhuan	
中性(暗色)玻璃	(201)	珠光塑料	625		
中性耐火材料	621	珠光体	625	专用水泥	628
中子测湿法	621	珠状聚合	(556)	砖	628
中子屏蔽材料	621	诸暨石	625	砖标号	628
中子衍射分析	621	猪血	625	砖大面	628
中子衍射分析仪	622	竹材	625	砖顶面	628
终凝	622	竹材构造	625	砖挂落	629
钟乳石状凸出	622	竹材性质	625	砖灰	629
钟罩式窑	622	竹筋混凝土	626	砖抗压强度	629
重轨	622	主波长	(420)	砖抗折强度	629
重混凝土	622	主筋	(637)	砖裂纹	629
重集料	622	主体材料	(360)	砖面水	629
重交通道路沥青	622	主增塑剂	626	砖坯成型水分	629
重金属	623	主轴	(168)	砖坯干燥	629
重晶石	623	主轴面	626		

砖坯干燥曲线	629	紫粉霜	(576)	自应力混凝土管	635
砖坯挤出成型	630	紫梗	(55)	自应力硫铝酸盐水泥	636
砖强度级别	630	紫红砂地砖	632	自应力铝酸盐水泥	636
砖条面	630	紫胶	(55),(380)	自应力水泥	636
砖药	630	紫金砂釉外墙砖	632	自应力水平	(636)
砖柱子	630	紫矿	(632)	自应力损失	636
转动式混合机	(623)	紫铆	632	自应力铁铝酸盐水泥	636
转炉钢	630	紫色玻璃	632	自应力张拉法	(194)
转熔反应	630	紫砂	632	自应力值	636
转色灯	630	紫石	632	自由电子能级	(606)
		紫檀	632	自由度	636
zhuang		紫铜	633	自由基聚合	(586)
		紫铜板	(60)	自由膨胀	636
桩木	631	紫铜棒	(60)	自由水	637
装配式地面	(212)	紫铜箔	(60)	自愈性	637
装饰灯	631	紫铜焊条	(513)	自张法	(194)
装饰混凝土	631	紫铜纱	633		
装饰墙布	631	紫铜线	633	**zong**	
装饰砂浆	631	紫外光电子能谱分析	633		
装饰石材	631	紫外光显微镜	633	综合传热	637
		紫外光显微镜分析	633	综合热分析	637
zhui		紫外-可见分光光度计	633	综合装饰	637
		紫外-可见光谱分析	633	棕眼	(329)
锥形块石	631	紫外线灯	633	总气孔率	(382)
锥形膨胀螺栓固定	631	紫外线吸收剂	633	总体	637
		自动沉积涂装	(194)	纵向受力钢筋	637
zhun		自发气氛热重分析	(75)		
		自洁搪瓷	634	**zou**	
准确度	631	自结合碳化硅耐火材料	(598)		
		自聚焦玻璃纤维	634	走马灯	637
zhuo		自流密实混凝土	634	走兽	638
		自流平型密封膏	634		
捉缝灰	632	自黏结卷材	(634)	**zu**	
灼减量	(428)	自黏结油毡	634		
灼烧	(535)	自清洗法	634	阻聚剂	638
着火点	(396)	自然厚度	634	阻力曲线	638
着色玻璃	(563)	自然浸渍	634	阻裂体	638
着色剂	632	自然老化	635	阻尼材料	638
着色铝合金压型板	632	自然养护	635	阻尼防振漆	638
柮	632	自燃	635	阻尼涂料	(114)
		自燃煤矸石	635	阻燃材料	639
zi		自燃煤矸石混凝土	635	阻燃处理	639
		自应力硅酸盐水泥	635	阻燃地毯	639
紫草茸	(55)	自应力恢复	635	阻燃堵料	(109)
紫粉	632	自应力混凝土	635	阻燃封灌料	(109)

阻燃合成纤维	639	柞木	642	M 玻璃纤维	(152)
阻燃剂	639	做盒子	642	M 型膨胀水泥	644
阻燃聚合物	639			MDF 水泥	644
阻燃聚氯乙烯	639			NBS 烟箱	644
阻燃聚乙烯	639			PCC-GRC 复合材料	644

外文字母·数字

阻燃毛	639	A 玻璃纤维	642	PCP 钠(盐)	(535)
阻燃棉	640	A 矿	(1)	pH 计	644
阻燃木材	640	AAI	(296)	pH 值	(393)
阻燃热固性塑料	640	ABIN 发泡剂	(365)	Porsal 水泥	645
阻燃热塑性塑料	640	ABN 发泡剂	(365)	PVC 发泡壁纸	645
阻燃涂层	640	ABS 树脂	642	PVC 接缝材料	(260)
阻燃纤维材料	640	ACA 木材防腐剂	(1)	R 曲线	(638)
阻燃橡胶	640	ACC 木材防腐剂	(486)	RILEM-CEMBUREAU 法	(176)
阻燃效应	640	AC 发泡剂	(365)	S 玻璃纤维	(151)
阻燃性	640	ADCA 发泡剂	(365)	S 型膨胀水泥	645
阻燃油毡	641	B 矿	(13)	SBS 橡胶沥青	645
阻燃纸	641	B-相	642	Secar 水泥	645
阻蚀剂	(198)	B-4 黏度	(517)	Sialon 结合碳化硅砖	645
阻锈剂	641	C 玻璃纤维	(348)	SIS 橡胶沥青	645
阻焰剂	(639)	C 矿	(38)	t 分布	645
组分	641	C-S-H 凝胶	642	t 检验	645
组合地毯	(375)	CSH(A)	643	TK 板	(544)
组合熔融法	641	$C_2SH(C)$	643	U-检验	645
组元	(641)	CCA 木材防腐剂	(222)	U 形钉	645
		COD 法	(302)	UL 94 塑料燃烧性能试验	646
		CZC 木材防腐剂	(221)	X 射线定量分析	646
		D 玻璃纤维	(76)	X 射线定性分析	646

zuan

钻井沥青	641	D 形裂缝	643	X 射线分析	(647)
钻芯	641	DSP 材料	(154)	X 射线光电子能谱分析	646
		E 玻璃纤维	643	X 射线结构分析	646

zui

		EDTA 二钠盐	(574)	X 射线晶体取向分析	646
		F 玻璃	(213)	X 射线貌相术	646
最大粒径	(219)	F-检验	643	X 射线双晶衍射仪	646
最低成膜温度	641	F-相	643	X 射线物相定性分析	(646)
最佳含砂率	(642)	Ferrari 水泥	643	X 射线相变分析	646
最佳碳化含水率	641	HPR 夹层玻璃	(149)	X 射线小角散射分析	647
最适宜成膜温度	641	ISO 试验法	(176)	X 射线衍射分析	647
最小二乘法	642	J 积分法	643	X 射线衍射花样	647
最优化方法	642	JCPDS 卡片	643	X 射线衍射群	647
最优砂率	642	K 玻璃	(337)	X 射线衍射束强度	647
		K 型膨胀水泥	644	X 射线衍射仪	647

zuo

		K 值法	(216)	X 射线应力测定仪	647
		kühl 水泥	644	X-相	647
坐便器	(642)	L 型缘石	(612)	X 相	(298)
坐式便器	642	Lossier 水泥	644	X-Y 记录仪	(179)

Y-相	647	χ^2 检验	648	74 金箔	(53)
Z-相	647	1/4λ 消色器	(597)	746 阻尼浆	648
α-氰基丙烯酸酯胶粘剂	648	1/4 玻片	(597)	84 金箔	648
α-铁	(511)	106 涂料	(262)	95 金箔	648
γ 射线屏蔽材料	648	107 胶	648	98 金箔	(276)
π 键	648	200 号溶剂油	648	I 型扩展	(601)
σ 键	648	200 号石油溶剂油	(648)	II 型扩展	(192)
χ^2 分布	648	200 号油漆溶剂油	(648)	III 型扩展	(474)

词目汉字笔画索引

说 明

一、本索引供读者按词目的汉字笔画查检词条。

二、词目按首字笔画数序次排列；笔画数相同者按起笔笔形，横、竖、撇、点、折的序次排列，首字相同者按次字排列，次字相同者按第三字排列，余类推。

三、词目的又称、旧称、俗称简称等，按一般词目排列，但页码用圆括号括起，如(1)、(9)。

四、外文、数字开头的词目按外文字母与数字大小列于本索引的末尾。

一画

[一]

一元相图	573
一阶段制管工艺	(607)
"一级红"消色器	(438)
一拌	573
一板	(573)
一轴晶	573
一致熔融	573
一致熔融化合物	573
一般用途低碳钢丝	573
一般淬火	572
一盘	(573)

[乛]

乙二胺四乙酸	574
乙二胺四乙酸二钠盐	574
乙-丙乳胶漆	(573)
乙-丙乳液涂料	573
乙纶	(263)
乙类钢	574
乙烯-醋酸乙烯共聚物	574
乙烯-醋酸乙烯共聚树脂胶	574
乙酸乙酯	(63)
乙酸丁酯	(63)
乙醇	574

二画

[一]

二八油	100
二元相图	102
二水石膏	102
二甲苯	101
二甲苯不溶物含量	101
二甲苯改性不饱和聚酯树脂	101
二甲苯树脂	(101)
二色性	102
二次电子像	100
二次再结晶	101
二次重结晶	(101)
二次振动	(132)
二次离子质谱分析法	101
二次离子质谱仪	(289)
二次搅拌	101
二矾防水剂	101
二组分分析法	102
二项分布	102
二轴晶	102
二铁铝酸六钙	102
二铝酸一钙	101
二新样砖	102

十二氯代环癸烷阻燃剂	434
十溴二苯醚阻燃剂	434
丁苯胶乳石棉乳化沥青	90
丁苯橡胶	90
丁苯橡胶沥青	91
丁苯橡胶胶粘剂	90
丁基橡胶	91
丁基橡胶沥青	91
丁基橡胶胶粘剂	91
丁腈橡胶	91
丁腈橡胶胶粘剂	91
丁酮	(227)
七两砖	380
七铝酸十二钙	380

[丿]

八五砖	3
八字拐子	3
"八级黄道"砖	(199)
人工加速老化	407
人工破碎砂	407
人造大理石	407
人造大理石卫生洁具	407
人造石	(407)
人造羊毛	(256)
人造纤维	408
人造板	(232)
人造革	407

人造轻集料	407	干涉色	135	才利特	38
人造轻集料混凝土	407	干涉图	135	下垂度	541
人造薄木	407	干涉显微镜分析	136	下垂值	(541)
几何分布	220	干消化	136	大小头砖	67
几率	(135)	干粘石	137	大叉	65
		干硬性混凝土	136	大气老化	(635)
[乛]		干裂	135	大分子化合物	(149)
刀压成型	71	干湿热养护	136	大孔混凝土	65
		干湿球湿度计	136	大孔混凝土边角效应	65
三画		干缩	136	大孔混凝土带框墙体	66
		干燥	136	大孔混凝土墙板	66
[一]		干燥收缩	137	大叶金竹	(175)
		干燥制度	137	大叶桉	68
三元乙丙橡胶	418	干燥剂	137	大白粉	65
三元相图	418	干燥性	137	大坝水泥	65
三仙盘子	417	干燥速率	137	大芯板	(540)
三向织物	418	干燥敏感性	137	大吻	(613)
三合土	417	土瓦	520,(389)	大体积混凝土	67
三色图	(420)	土朱	(603)	大板	(68)
三色性	417	土籽	520	大枋子	65
三阶段制管工艺	(164)	土粉子	520	大金竹	(175)
三连砖	417	土黄	520	大型墙板	67
三岔头	416	土釉	520	大型壁板	(68)
三组分分析法	418	土漆	(431)	大砖	68
三相点	418	工业纯铜	(633)	大便器	65
三面黏结	417	工业纯铝	157	大流动性混凝土	67
三轴试验机	418	工业废石膏	(158)	大理石	66
三点弯曲试样	416	工业废料轻集料	157	大理石异形板材	67
三氧化二锑	(506)	工业废料轻集料混凝土	158	大理石抗风化性能	66
三铝酸五钙	417	工业炸药	158	大理石纹色泥装饰	66
三辊磨	416	工业副产石膏	158	大理石纹玻璃	66
三氯化金	417	工业黏度计	158	大理石规格板	66
三聚氰胺-甲醛树脂	417	工作灯	158	大理石绝缘性能	66
三聚氰胺装饰板	417	工作性	158	大理石普型板材	66
干闪试验	(157)	工作度	(204)	大理石薄板	66
干压成型	136	工具痕	157	大理岩	67
干法制粉	135	工程塑料	156	大兜	65
干法带式制板机	135	工频干闪络电压试验	157	大麻刀灰	67
干性	(137)	工频火花电压试验	157	大绿	(444)
干性油	136	工频击穿电压试验	157	大铺地砖	67
干热养护	135	工频电干燥	157	大新样开条砖	67
干料	(63)	工频湿闪络电压试验	157	大新样砖	67

大群色	67	门顶弹弓	(335)	开片釉	(302)
大漆	(431)	门顶弹簧	335	开尔文体	(266)
万能材料试验机	524	门枕石	(430)	开尔文固体	266
万能试验机	(524)	门底弹簧	334	开级配沥青混凝土	266
万能照相显微镜	524	门定位器	335	开放窗	(537)
万能照相显微镜分析	524	门度头板	(515)	开裂	(302)
		门铰	334	开敞式外墙装饰石材构造连接	266
[丨]		门弹弓	334	开榫机	266
上光剂	426	门搭扣	(489)	天盘	507
上光蜡	(426)	门窗用铝合金型材	334	天然水泥	508
上轴铣床	426	门窗贴脸板	334	天然丝	508
上槛	(632)	门鼓石	(430)	天然(地)沥青	507
小麦竹	(175)			天然纤维	508
小青瓦	(37),(389)	[乛]		天然树脂	508
小波纹	552	卫生陶瓷	528	天然砂	507
小南瓦	(37)	卫生陶瓷配件	528	天然轻集料	507
小便器	552	卫生搪瓷	528	天然轻集料混凝土	507
小脊子	553,(553)	飞石安全距离	115	天然胶粘剂	507
小脊子象鼻子	553	飞灰	(122)	天然高分子化合物	507
小麻刀灰	553	飞昂	115	天然粗骨料	(507)
小跑	(638)	飞磨石	115	天然粗集料	507
口子	(303)	马丁炉钢	(377)	天然漆	507
口份	275	马丁耐热温度	326	天然橡胶	508
山砂	425	马氏体	326	天然橡胶沥青	508
山榴	425	马弗式退火窑	(156)	天窗合页	(104)
		马克斯韦尔体	(326)	天窗弹簧插销	506
[丿]		马克斯韦尔液体	326	天窗插销	(507)
凡立水	(394)	马尾松	327	元明粉	594
		马牌建筑油膏	326	无水石膏	534
[丶]		马歇尔稳定度	327	无水泥耐火浇注料	534
广义牛顿流体	(116)	马赛克	(501)	无石棉纤维水泥制品	534
广义胡克定律	170	马蹄礓	327	无电泳涂装	(194)
广东松	169			无机纤维胎基	533
广场灯	169	四画		无机阻燃剂	533
广红土子油	(169)			无机非金属材料	532
广红油	169	[一]		无机质谱分析法	533
广银朱	(576)			无机轻集料	532
广漆	169	井下爆破	(81)	无机胶体乳化沥青	532
门扎头	335	井字堆垛	253	无机胶粘剂	532
门地龙	(80)	开口气孔率	(545)	无机胶凝材料	532
门钉	334	开口孔隙	266	无机涂料	533
门环	(334)	开口套管式膨胀螺栓	266	无机填料	532

无机聚合物	532	木工压机	344	木材横切面	342
无机颜料	533	木工砂光机	344	木材横断面	(342)
无压饱和纯蒸汽养护	535	木工钻床	345	木沥青	345
无光釉	531	木工铣床	344	木构件接合	345
无光釉面砖	531	木门	345	木质人造板材	346
无收缩水泥	(270)	木丝板	345	木质纤维菱苦土	346
无收缩快硬硅酸盐水泥	534	木地面	344	木质素灌浆材料	346
无声合页	(356)	木轨枕	345	木柏油	(345)
无声炸药	534	木材	340	木射线	345
无声破碎剂	(534)	木材干缩	341	木屑	346
无纸石膏板	(542)	木材干燥	341	木屑混凝土	346
无纺地毯	531	木材干燥扭曲	342	木铵灌浆材料	340
无纺织地毯	(531)	木材干燥表面硬化	342	木脚手杆	345
无纺贴墙布	531	木材干燥皱缩	342	木搁栅	344
无规入射吸声系数	532	木材干燥基准	342	木装修	346
无空气喷涂	533	木材干燥翘曲	342	木窗	343
无限固溶体	(299)	木材干燥蜂窝裂	342	木模钉	(17)
无标样法	531	木材比强度	340	木踢脚板	345
无砂大孔混凝土	534	木材加工机械	342	木螺丝	(345)
无砂混凝土	534	木材吸水性	343	木螺钉	345
无氢火焰熔融法	534	木材吸湿性	343	五斤砖	535
无胎防水卷材	(535)	木材传声性	341	五月季竹	(175)
无胎油毡	535	木材冲击韧性	341	五氯酚钠	535
无损检测	(116)	木材导电性	341	支持膜	614
无捻粗纱布	534	木材导热性	341	支链型高分子	614
无基底塑料复合地板	533	木材防腐处理	341	支数	614
无筋混凝土	(476)	木材防腐剂	341	支数不均率	614
无焰燃烧	535	木材防腐油	(331)	不一致熔融	36
无缝钢管	531	木材抗压强度	343	不一致熔融化合物	37
无碱玻璃纤维	533	木材抗拉强度	342	不干性油	35
无槽垂直引上法	531	木材抗弯强度	342	不可击穿型瓷绝缘子	36
无槽法	(531)	木材含水率	342	不发火花混凝土	35
无影灯	535	木材阻燃浸注剂	343	不连续固溶体	(589)
无熟料水泥	534	木材纵切面	343	不连续晶粒长大	(101)
云母含量	596	木材构造缺陷	342	不完全类质同像	36
云母试板	(597)	木材复合板	341	不饱和聚酯地面涂层	(35)
云母消色器	597	木材缺陷	343	不饱和聚酯树脂	35
云青	(125),(396)	木材剪切强度	342	不饱和聚酯涂布地板	35
云南松	597	木材密度	343	不定形建筑密封材料	35
专用水泥	628	木材硬度	343	不定形耐火材料	35
艺术搪瓷	574	木材湿胀	343	不挥发分含量	(163)
木工尺	344	木材锯解缺陷	342	不相合熔点	36

不透水性	(270)	瓦楞螺钉	522	贝克线	12
不透水混凝土	(112)			贝利特	13
不烧耐火砖	36	[丨]		贝努利分布	(102)
不锈耐酸钢	36	止水环	615	贝茵体	(13)
不锈钢	(36)	止水带	615	贝塔纱	13
不锈钢冷轧钢板	36	止水橡皮	(550)	贝瑞克消色器	13
不锈钢热轧钢板	36	少裂混凝土	(34)	内力	356
不锈钢搪瓷	36	少熟料水泥	428	内分层	355
不稳定传热	36	日用陶瓷	408	内压试验	(572)
不燃材料	36	日用搪瓷	408	内标法	355
太阳能干燥	490	日光灯	(578)	内耗	355
太阳能养护	490	中子衍射分析	621	内部燃烧	(249)
太湖石	490	中子衍射分析仪	622	内裂	(342)
区域钢化法	395	中子测湿法	621	内墙砖	356
匹兹堡法	(531)	中子屏蔽材料	621	内墙涂料	356
车坯成型	48	中长纤维	619	内聚力	355
车筒竹	48	中灰	619	内摩擦力	356
比长仪	15	中级玻璃纤维	619	内燃烧砖法	356
比长仪法	15	中级玻璃纤维制品	620	水	455
比电导	(83)	中间物质	620	水力松解机	462
比光密度	16	中间基沥青	620	水工沥青	458
比色分析法	16	中国铅粉	(384)	水工混凝土	458
比表面积	15	中和法	(485)	水下混凝土	471
比例极限	16	中性耐火材料	621	水下爆破	471
比重	16,(547)	中性(暗色)玻璃	(201)	水云母	(573)
比浊分析	16	中空玻璃	620	水中爆破	(471)
比热	16	中砂	621	水化三铝酸四钙	461
比热容	(16)	中误差	(18)	水化石灰	(453)
比徐变	(555)	中热水泥	(620)	水化钙橄榄石	(298)
比密度	(547)	中热硅酸盐水泥	620	水化热	460
互贯聚合物网络	(189)	中速石灰	621	水化热间接测定法	461
互穿聚合物网络	189	中粒式沥青混凝土	620	水化热直接测定法	461
切机	(436)	中裂乳化沥青	620	水化速率	461
切向应力	(229)	中温回火	621	水化铁铝酸钙	461
切线规则	387	中温煤沥青	621	水化铁酸钙	461
切削性	388	中温煤焦油	621	水化黄长石	459
切绒地毯	(154)	中强钢丝	620	水化硅铝酸钙	458
瓦	522	中碱玻璃纤维	620	水化硅酸二钙	458
瓦当	522,(38)	中凝液体沥青	620	水化硅酸三钙	459
瓦条	522	贝氏体	13	水化硅酸钙	458
瓦板岩	(6)	贝壳	12	水化硅酸镁	459
瓦楞钉	522	贝壳石灰石	12	水化铝酸一钙	460

四画

词条	页码	词条	页码	词条	页码	词条	页码
水化铝酸二钙	460	水泥石抗冻性	468	水泥强度等级	467
水化铝酸三钙	460	水泥石抗渗性	468	水泥-酪素-胶乳防锈涂料	466
水化铝酸四钙	460	水泥石耐磨性	468	水泥路面混凝土	466
水化铝酸钙	460	水泥石-集料界面	468	水泥管	464
水化混凝土	459	水泥生产方法	467	水泥管异型管件	464
水化硬化	462	水泥生料	(431)	水泥管接头	464
水化硫铁酸钙	459	水泥压力管	469	水泥裹石搅拌工艺	465
水化硫铝酸钙	459	水泥安定性	(468)	水泥裹砂搅拌工艺	464
水化氯铁酸钙	460	水泥抗压强度	466	水泥熟料	(452)
水化氯铝酸钙	460	水泥抗折强度	466	水泥膨胀珍珠岩制品	467
水化碳铁酸钙	461	水泥抗拉强度	466	水泥凝结	466
水化碳铝酸钙	461	水泥杆菌	464	水泥凝胶	466
水分的内扩散	457	水泥体积安定性	468	水泥灌浆材料	464
水分的外扩散	457	水泥刨花板	466	水性涂料	471
水石榴石	471	水泥系装饰涂料	469	水性漆	(470)
水平式隧道窑	(488)	水泥库	466	水刷石	471
水平喷吹法	470	水泥-矿渣-砂加气混凝土	466	水玻璃	456
水灰比	462	水泥细度	469	水玻璃土壤改进材料	457
水灰比定则	462	水泥型人造大理石	469	水玻璃矿渣砂浆	456
水曲柳	470	水泥标号	463	水玻璃耐酸砂浆	457
水合氧化铝	458	水泥标准稠度用水量	463	水玻璃耐酸混凝土	456
水利工程石材	462	水泥砂浆	467	水玻璃胶泥	456
水层	457	水泥重晶石砂浆	(623)	水玻璃涂料	457
水固比	(462)	水泥配料	467	水玻璃-铝酸钠灌浆材料	456
水乳型改性沥青防水涂料	(133)	水泥胶砂	(467)	水玻璃-氯化钙灌浆材料	456
水乳型厚质沥青防水涂料	471	水泥胶砂流动度	465	水玻璃模数	456
水乳型薄质沥青防水涂料	470	水泥浆体硬化	465	水玻璃膨胀珍珠岩制品	457
水底灯	457	水泥堆积密度	464	水玻璃灌浆材料	456
水泥	463	水泥基材料	(465)	水封功能	457
水泥干法生产	464	水泥基体-纤维界面	465	水氟硅钙石	458
水泥土	468	水泥基复合材料	465	水胶	462
水泥井管	465	水泥船	463	水胶比	462
水泥比重	(466)	水泥混合材料	465	水胶炸药	462
水泥瓦	469	水泥混凝土	465	水料比	462
水泥水化	468	水泥密度	466	水硅灰石	458
水泥水化产物	468	水泥硬化巴依柯夫学说	469	水硅钙石	(2)
水泥-水玻璃灌浆材料	468	水泥硬化结晶学说	469	水铝钙石	462
水泥风化	464	水泥硬化速度	470	水银压入法	472
水泥石	(580)	水泥硬化胶体学说	469	水银灯	471
水泥-石灰-砂加气混凝土	467	水泥蛭石浆	470	水银法软化点	(272)
水泥-石灰-粉煤灰加气混凝土	467	水泥等效系数	463	水银测孔仪	471
水泥石灰蛭石浆	467	水泥湿法生产	467	水淬矿渣	(298)

水密性混凝土	(112)	毛蓝	329	化纤混纺地毯	192
水硬性	472	气干材	381	化学分析	193
水硬性石灰	472	气干状态	381	化学计量点	(75)
水硬性胶凝材料	472	气孔率	382,(275)	化学石膏	193,(158)
水硬率	472	气体色层分离法	(383)	化学压花	194
水氯石	462	气体色谱	(383)	化学吸附	194
水溶性(木材)防腐剂	470	气体辐射	382	化学合成法	(410)
水溶性树脂	(470)	气体燃料	383	化学纤维	194
水溶性涂料	470	气泡间隔系数	382	化学位移	194
水溶性聚合物	470	气泡稳定剂	382	化学张拉法	194
水碳硅酸钙	471	气垫	(273)	化学转换层	194
水箱	471	气相色谱仪	383	化学钢化法	193
水嘴	472	气相色谱法	383	化学结合砖	(36)
水磨石	462	气蚀	382	化学热处理	193
水磨石地面	463	气炼法	(382)	化学涂装	193
		气炼熔融法	382	化学预应力混凝土	194,(635)
[丿]		气流吹拉法	382	化学减缩	193
手工拉坯	(281)	气焊	381	化学键	193
手工编织地毯	451	气焊护目玻璃	382	化学催化聚合	193,(46)
手提灯	451	气密性	382	化学镀膜法	193
手糊成型	451	气硬性胶凝材料	383	化学稳定性	194
牛皮纸	364	气溶胶法	382	化学增塑剂	194,(477)
牛皮胶	(374)	升浆混凝土	430	化铁炉渣	192
牛顿元件	364	长石	45	化验槽	(539)
牛顿流体	(364)	长石质电瓷	45	反打成型	104
牛顿液体	364	长石砂	45	反光显微镜	104
牛曼	(385)	长石釉	45	反光显微镜分析	104
毛孔	329	长期强度	(52)	反光缘石	105
毛石	329	长棒瓷绝缘子	(9)	反向溶出极谱法	(409)
毛石混凝土	329	长棉	(92)	反应固化型涂料	105
毛竹	330	长程有序	45	反应注射成型	105
毛体密度	(97)	片石混凝土	(329)	反应型阻燃剂	105
毛条密封条	329	片状模塑料	374	反应型胶粘剂	105
毛板	329	片状颗粒	374	反应堆热屏蔽层材料	105
毛板石	329	片毡	374	反相分配色谱法	105
毛细现象	330	片硅钙石	(471)	反显色	105
毛细管水	330	化工石灰	192	反射阳光玻璃	(603)
毛玻璃	329	化工陶瓷	192	反射率	105
毛面玻璃	(329)	化工搪瓷	192	反射貌相术	105
毛面墙面砖	329	化妆土	195	反常透射貌相术	104
毛料石	329	化妆土彩	195	介电损耗	242
毛凿石	(329)	化纤地毯	192	介安状态	(242)

四画　　　　　　　　　　720

介质损耗	(242)	欠烧石灰	385	火焰电热窑	214
介稳态	242	丹东绿大理石	69	火焰-电联合加热玻璃熔窑	(214)
分子间力	120	丹砂	(625)	火焰光度分析	214
分子间键	(106)	匀质性	597	火焰光度计	214
分子量分布	120	匀饰性	(307)	火焰喷吹法	214
分子晶体	120	乌头门	(104)	火焰喷枪	(403)
分子筛色谱	(363)			火焰喷涂料	214
分贝	118	[丶]		火雷管	212
分计筛余	118	六合石子	311	火锥	(42)
分计筛余百分率	(118)	六铝酸一钙	311	火箱	213
分布函数	118	六铝酸一钡	311	斗口	94,(275)
分布钢筋	118	文石	529	斗栱	94
分光光度计	118	方地毯	106	心材	554
分光光度法	118	方材	106		
分位值	119	方柱石	(199)	[乛]	
分层	(119)	方砖	107	尺七砖	(540)
分层度	118	方砖心	107	尺五加厚(城砖)	52
分析天平	119	方差	106	尺四砖	(540)
分析电子显微镜	119	方差分析	106	引上室	577
分析试样	119	方格布	(534)	引上窑	(577)
分相乳浊玻璃	120	方铁矿	107	引气水泥	(577)
分离方法	119	方解石	107	引气剂	577
分料	119	方镁石	107	引气硅酸盐水泥	577
分散介质	119	方镁石质耐火材料	(334)	引气混凝土	577
分散体系	119	火山灰	213	引伸计	577
分散剂	119	火山灰水泥	(213)	引伸仪	(577)
分散相	119	火山灰质硅酸盐水泥	213	引信	(283)
分散度	119	火山灰质混合材料	213	引爆药	(381)
分散辊	(37)	火山灰性	213	孔洞率	275
分隔式蓄热室	118	火山灰效应	213	孔结构分析法	275
分辨率	(617)	火山渣混凝土	213	孔雀石	(444)
月白浆	596	火山凝灰岩	213	孔隙性试验	275
月黄	(506)	火石玻璃	213	孔隙度	(275)
风化	124	火电站水泥	(148)	孔隙率	275,(382)
风钩	124	火灾	214	双心	455
风蚀斑	124	火灾升温曲线	(214)	双向拉伸工艺	455
风炸	124	火灾危险性	215	双色性	455
风铃	(124)	火灾标准时间-温度曲线	214	双色高温计	(165)
风铎	124	火灾荷载	214	双折射	455
风圈	124	火灾蔓延速度	214	双折射率	455
欠火石灰	(385)	火泥	(350)	双快型砂水泥	(555)
欠火砖	385	火药	(184)	双快氟铝酸盐水泥	(276)

双快硅酸盐水泥	(276)	艾叶青	1	石灰人工竖窑	(441)
双眉单竹	(121)	古马隆树脂	161	石灰水化热	442
双控冷拉	455	古典式地毯	161	石灰火山灰水泥	440
双晶	455	古建木构材	161	石灰石	442
双晶貌相术	455	古建筑量度单位	161	石灰石分解温度	442
双键	455	节子	239	石灰石煅烧	442
双微孔微管结构	455	节拍	(308)	石灰立窑	441
双聚焦分析器	455	节能数控电子门锁	239	石灰华	440
		节瘤	(240)	石灰产出量	(440)

五画

		本体着色平板玻璃	14	石灰产浆量	440
		本体聚合	14	石灰矿渣水泥	441
[一]		可切削性	(388)	石灰岩	442
		可击穿型绝缘子	271	石灰质原料	443
未成熟混凝土	528	可压缩性	272	石灰乳	441
示差极谱仪	450	可使用时间	272	石灰乳化沥青	441
示差极谱法	450	可注射密封膏	(117)	石灰乳化沥青-砂防锈涂料	442
打瓦陇	65	可泵性	271	石灰饱和因数	439
打眼机	65	可剥性塑料层	271	石灰饱和系数	439
正入射吸声系数	612	可焊性	(179)	石灰单独消化	440
正火	612	可越式缘石	(553)	石灰炉渣硅酸盐混凝土	441
正火石灰	(612)	可硬性	(64)	石灰标准值	439
正打成型	612	可蒸发水	272	石灰砂浆	442
正电子湮没分析	612	可塑性	(484)	石灰耐火材料	441
正压煅烧	613	可溶无水石膏	271,(437)	石灰结合水	441
正光性光率体	612	可溶质	(415)	石灰浆	440
正光性晶体	612	可锻铸铁	271	石灰浆硬化	440
正交试验设计	612	可燃材料	271	石灰浆碳化	440
正吻	613	可燃温度	(529)	石灰粉煤灰硅酸盐混凝土	440
正应力	614	可灌注密封膏	(634)	石灰消化	(442)
正应变	614	丙-丁烷(脱)沥青	21	石灰消解	442
正态分布	613	丙纶	(257)	石灰消解速度	442
正相分配色谱法	613	丙纶地毯	21	石灰混合消化	440
正脊筒子	612,(613)	丙烯酸树脂	21	石灰蛭石浆	443
正烧石灰	612	丙烯酸树脂胶粘剂	21	石灰釉	443
正通脊	613,(612)	丙烯酸酯建筑密封膏	22	石灰煤矸石硅酸盐混凝土	441
正常化	(612)	丙烯酸酯涂料	22	石灰膏	440
正常含水率	612	丙烷(脱)沥青	21	石灰熟化	(442)
正釉	614	丙强灌浆材料	21	石灰膨胀珍珠岩制品	441
功能高分子	158	丙酮	21	石灰黏土硅酸盐混凝土	441
去应力退火	(78)	丙凝	21	石材	434
去沫剂	(518)	石头青	(125)	石材切断机	436
甘蔗纤维吸声板	137	石灰	439	石材双向切机	436

石材可加工性	435	石绿	444	石蜡	443
石材抛光	436	石棉	444	石蜡油干燥	443
石材板材率	434	石棉瓦钉	(522)	石蜡浸渍混凝土	443
石材细磨	436	石棉水泥	445	石蜡基沥青	443
石材荒料率	435	石棉水泥平板	446	石膏	436
石材研磨抛光机	436	石棉水泥电气绝缘板	446	石膏人造大理石	438
石材耐磨率	435	石棉水泥半波瓦	445	石膏化铁炉渣水泥	437
石材框架锯	435	石棉水泥板抗折试验机	445	石膏吸收法	438
石材胶合板	435	石棉水泥制品抗冲击性	447	石膏补色器	(438)
石材粗磨	435	石棉水泥制品起层	447	石膏板	(615)
石材锯切	435	石棉水泥波瓦	445	石膏板护面纸	436
石材精磨	435	石棉水泥波瓦(板)翘曲	445	石膏板复合墙板	436
石材镜面光泽度	435	石棉水泥波瓦标准张	445	石膏矾土膨胀水泥	437
石青	448	石棉水泥波瓦断面系数	445	石膏矿渣水泥	438
石英	448	石棉水泥波瓦断裂	445	石膏变体	437
石英岩	449	石棉水泥挠性板	446	石膏炒锅	437
石英泡沫玻璃	448	石棉水泥复合墙板	446	石膏空心条板	437
石英玻璃	448	石棉水泥穿孔板	446	石膏试板	(438)
石英玻璃注浆法	448	石棉水泥脊瓦	446	石膏珍珠岩空心条板	438
石英玻璃微珠	448	石棉水泥输轻油管	447	石膏标准稠度	437
石英砂	449,(171)	石棉水泥管	446	石膏砌块	438
石英砂砂浆	449	石棉水泥管标准米	446	石膏砂浆	438
石英楔	449	石棉水泥管接头	446	石膏穿孔板	437
石板	434	石棉布	444	石膏胶凝材料	437
石油沥青	449	石棉布油毡	444	石膏消色器	438
石油沥青油纸	(586)	石棉白云石	444	石膏装饰吸声板	439
石油沥青油毡	449	石棉灰	(444)	石膏装饰板	438
石油沥青混凝土	449	石棉沥青防水涂料	(445)	石膏模	438
石油酯	449	石棉纸	447	石膏膨胀珍珠岩制品	438
石油磺酸苯酯	(449)	石棉纺织制品	444	石墨	447
石柱头	(448)	石棉苦土粉	445	石墨纤维	(497)
石栏板	443	石棉乳化沥青	445	石墨坩埚	447
石笋	(249)	石棉衬垫板	444	石墨耐火材料	448
石笋状凸出	448	石棉砂质水泥制品	445	石墨铸模	448
石料	443	石棉保温板	444	石黛	(184)
石料裹覆试验	444	石棉绒	445	布瓦	37
石涅	(184)	石棉粉	444	布瓦勾头	38
石屑	448	石棉维纶水泥制品	447	布氏硬度	37
石黄	439	石棉增强效率	447	布列底格石	37
石望柱	448	石棉橡胶板	447	布拉格方程	37
石涵	439	石碱	(115)	布拉格定律	(37)
石梁	443	石黑	(184)	布拉维格子	37

布林肯开口杯闪火点	37	甲类钢	226	电重量分析法	88
布料辊	37	甲凝灌浆材料	227	电热丝夹层玻璃	86
布筒瓦	37	电工陶瓷	(82)	电热张拉法	87
夯实法	179	电子万能试验机	(93)	电热养护	86
龙吻	(613)	电子门锁	88	电致发光搪瓷	(47)
龙骨	311,(344)	电子卡片门锁	88	电致变色玻璃	88
龙潭石	311	电子电动两用门锁	88	电离能	85,(88)
平口条	377	电子自旋共振谱法	(472)	电瓷	82
平口法兰接头	376	电子显微镜	89	电瓷电气试验	82
平石	377	电子衍射	89	电瓷抗扭试验	(82)
平行消光	378	电子衍射花样	89	电瓷抗扭强度试验	82
平均分子量	376	电子结合能	88	电瓷抗剪切强度试验	82
平均误差	376	电子通道效应	89	电瓷抗剪试验	(82)
平刨	377	电子能谱分析	88	电瓷釉	83
平纹	377	电子能谱仪	89	电站电器瓷绝缘子	88
平拉法	377	电子探针	(89)	电浮法着色	83
平板玻璃	376	电子探针X射线微区分析仪	89	电流滴定法	86
平板玻璃平整度	376	电木	86	电检	(82)
平炉钢	377	电化学分析法	84	电偶腐蚀	(246)
平拼	377	电化学击穿	84	电焊护目眼镜	84
平面偏光	(546)	电化学变色玻璃	(88)	电液伺服试验机	(93)
平埋缘石	377	电化学保护	84	电液伺服阀	88
平衡发暗度	(376)	电化学效应	84	电液伺服控制	88
平衡含水率	376	电介质	85	电量滴定法	86
平衡含水量	(376)	电玉	88	电缆用纯铜带	85
平衡厚度	(634)	电击穿	84	电缆沥青	85
平衡透过率	376	电石渣	87	电雷管	85
轧压成型	600	电价规则	85	电解分析法	85
		电负性	83	电解铜	85
		电导分析法	83	电解铝	85
[丨]		电导仪	83	电磁除铁器	83
卡方分布	(648)	电导率	83	电腐蚀	(597)
卡垫	(536)	电杆抗弯试验	84	电熔再结合镁铬质耐火材料	87
卡密红	(632)	电位分析法	87	电熔再结合镁铬砖	(87)
卡腊腊白色大理石	266	电位滴定法	87	电熔刚玉	(412)
北京式地毯	(251)	电阻应变仪	90	电熔莫来石	(412)
旧样城砖	254	电阻熔融法	89	电熔铬刚玉	(412)
目视分析法	(267)	电炉钢	86	电熔窑	87
叶沸石	570	电泳涂装	88	电熔铸耐火材料	87
叶蜡石	570	电视显微镜分析	87	电熔铸镁铬质耐火材料	87
叶蜡石耐火材料	570	电弧焊	84	电熔锆刚玉	(412)
甲乙酮	227	电弧熔融法	84	电熔镁铬砖	(87)
甲苯	226				

电熔α-β-氧化铝砖	(412)	白化	4	外墙砖	523
电熔β-氧化铝砖	(412)	白玉石	(4)	外墙贴面砖	(523)
凹凸珐琅	2	白石粉	5	外墙涂料	523
凹兜	2	白芨	4	包裹系数	9
四元相图	475	白灰浆	4		
四极滤质分析器	474	白光	4	[丶]	
"四矾"防水油	(113)	白色硅酸盐水泥	4	主体材料	(360)
四组分分析法	475	白色混凝土	5	主波长	(420)
四面刨	474	白色釉面砖	5	主轴	(168)
四圆单晶衍射仪	475	白松	(591)	主轴面	626
四氧化三铅	475	白矾	(338)	主筋	(637)
四溴双酚A阻燃剂	475	白乳胶	4	主增塑剂	626
四溴邻苯二甲酸酐阻燃剂	474	白垩	4	立八字	290
		白垩粉	(65)	立式养护窑	290
[丿]		白砒	(568)	立式振动制管工艺	290
生长轮	(359)	白面	(338)	立吹法	(59)
生石灰	431	白钙沸石	4	立体规整度	(74)
生石灰工艺(峰前成型)	431	白钙镁沸石	(504)	立体显微镜分析	291
生石灰临界水灰比	431	白度	3	立体彩釉砖	290
生石灰凝结效应	431	白度计	4	立索尔宝红	290
生石膏	431	白炽灯	3	立窑	291
生材	430	白眉竹	(50)	立德粉	(554)
生物发霉	432	白铁砖	(412)	闪长岩	426
生物老化抑制剂	(395)	白浆	(4)	闪火点	426
生油	(513)	白粉单竹	(121)	闪点	(426)
生砖	432	白粉油	4	闪烁玻璃	426
生桐油	(513)	白陶	5	闪络距离	426
生铁	432	白硅钙石	4	闪燃	426
生料	431	白铜	5	半干压成型	7
生料制备	431	白粒石	4	半干法制管机	7
生料釉	431	白榆	5	半干性油	7
生漆	431	白醇	(476)	半干热养护	(136)
失光	433	瓜柱	(632)	半干硬性混凝土	7
失重分析	(406)	用水量定则	581	半开级配沥青混凝土	8
失黏时间	(19)	印花发泡聚氯乙烯地面卷材	577	半水石膏	8
代铂坩埚拉丝	(33)	印花聚氯乙烯地面卷材	578	半水石膏硬化	8
代铂炉拉丝	(33)	印贴花	578	半导体釉	7
仙人	541	外力	523	半吹制沥青	(8)
白口铸铁	4	外分层	523	半固体沥青	7
白云石大理岩	5	外加剂防水混凝土	523	半金属	7
白云岩	5	外加剂固体含量	523	半定量注入法	7
白水泥	(4)	外标法	523	半复明时间	(8)

半退色时间	8	加气混凝土施工专用工具	224	发笑	(325)
半结晶水化物	7	加气混凝土浇注车	223	发射率	(184)
半氧化沥青	8	加气混凝土浇注成型工艺	223	发烟系数	(603)
半黄砖	7	加气混凝土真空吸盘	224	发烟性	104
半硅质耐火材料	7	加气混凝土调节剂	224	发烟起始温度	(104)
半硬质聚氯乙烯块状塑料地板	8	加气混凝土铣槽设备	224	发烟温度	104
半稳定白云石砖	(8)	加气混凝土蒸压养护工艺	224	发裂	103
半稳定白云石耐火材料	8	加气混凝土模具	223	圣佛利期群	(273)
半镇静钢	8	加权平均	225	圣维南元件	433
头发状裂纹	(499)	加压法(木材防腐)处理	225	对称消光	97
头发线	(546)	加压消化	225	对流干燥	97
头浆	515	加压溶解法	(125)	对流给热	(97)
汉白玉	179	加压罐式喷涂器	225	对流换热	97
宁波金漆	(311)	加热曲线测定	225	对流换热系数	97
永久性模板	581	加热损失	225	对焊机	97
永久线变化率	(623)	加热损失后针入度比	225	对辊法	97
		加铬砷酸铜	222	台车式窑	(489)
[フ]		加铬氯化锌	221	台竹	(139)
司必令锁	(70)	加硼水泥砂浆	222	台砖	490
司密斯闭式三轴法	473	"加"硼钢	222	台度	(387)
尼龙	356,(261)	加聚反应	222	台座	490
尼龙地毯	(249)	皮胶	374	台座法	490
尼龙纤维	356	边材	17	母体	(637)
尼龙垫圈无声铰链	(356)	边釉	17	丝网印花	474
尼龙垫圈铰链	356	边釉不齐	17		
民用炸药	(158)	边缘场效应	17	**六画**	
弗克法	(587)	发气曲线	104		
弗拉斯脆点	126	发气剂	104	[一]	
出料系数	55	发气率	104		
加气混凝土	222	发白	(4)	动态热力分析	(93)
加气混凝土切割机	224	发光涂料	103	动态热机械分析	93
加气混凝土抗裂性系数	223	发光强度	102	动态离子质谱分析	93
加气混凝土条板	224	发光搪瓷	103	动荷载	93
加气混凝土坯体切割工艺	223	发光塑料	103	动弹性模量	93
加气混凝土坯体强度	223	发泡成型	103	动静态万能试验机	93
加气混凝土坯体强度测定仪	223	发泡助剂	103	圭角	170
加气混凝土拼装外墙板	223	发泡灵	103	吉尔摩仪	217
加气混凝土砌块	224	发泡剂	103	扣吊	(489)
加气混凝土砌块专用砂浆	224	发泡剂 N	(365)	老浆灰	282
加气混凝土钢筋防锈工艺	222	发泡型防火涂料	(371)	执手	615
加气混凝土钢筋防锈涂料	223	发泡倍数	103	扩展 X 射线吸收精细结构分析	
加气混凝土复合墙板	222	发沸	102		280

扩散场	280	场离子显微镜	46	西洋红	(632)
扩散剂	(119)	耳子瓦	100	西藏地毯	536
扩散退火	(153)	共价键	159	压力式温度计	559
扩散着色	280	共沉淀	159	压力试验机	559
扫金	419	共轭双键	159	压力容器钢	559
扫荡灰	419	共振吸声构造	160	压力灌浆	559
扫描电子显微镜	419	共振法非破损检验	160	压口	559
扫描电镜	(419)	共振频率	160	压印	(558)
扫描成像离子质谱仪	419	共混	159	压机	(572)
扫描超声显微镜	419	共聚反应	160	压当条	558
扫描隧道显微镜	420	共聚合反应	(160)	压曲	559,(530)
地下自动门弓	(334)	共聚体	(160)	压曲强度	559
地下爆破	81	共聚物	160	压延机	560
地龙	(80)	芒硝	328	压延成型	560
地沥青	79	亚锑酐	(568)	压延法	560
地沥青岩	79	亚稳状态	(242)	压延玻璃	560
地垅墙	79	机电负荷试验	(215)	压汞法	(472)
地板石膏	(152)	机电联合试验	215	压汞测孔仪	558
地板钉	(17)	机制瓦	(360)	压花	558
地板革	(264)	机组流水法	(307)	压花玻璃	558
地板胶粘剂	(479)	机械张拉法	215	压刨	558
地板蜡	79	过火石灰	(176)	压顶	558
地板漆	79	过火砖	176	压顶法	558
地砖	81	过烧石灰	176	压制成型	(340),(560)
地面材料	80	过氯乙烯地面涂料	176	压制密实成型	560
地面卷材	(264)	过氯乙烯防腐漆	176	压实系数	559
地面砖	(81)	过氯乙烯树脂	(320)	压带条	(558)
地面面层材料	80	再生沥青	598	压砖机	561
地面涂层	(517)	再生炉渣	(427)	压毡条	(473)
地面涂料	80	再生活化剂	598	压麻灰	559
地面基层材料	80	再生胶	(598)	压蒸法	560
地面爆破	(313)	再生胶乳化沥青	598	压蒸养护	(153)
地热水泥	80	再生混凝土	598	压碎指标	559
地基土	79	再生塑料地板	598	压缩密封件	560
地脚螺栓	79	再生橡胶	598	压缩釉	(614)
地弹簧	80	再生橡胶地板	598	压缩模塑	(340)
地毯	80	再生橡胶乳化沥青防水涂料	(598)	厌氧胶粘剂	564
地毯张紧器	81	再现性	599	百叶窗	5
地毯性能指标	81	再结合熔融石英耐火材料	597	百叶窗帘	6
地楞	(344)	再结晶退火	598	有机纤维增强塑料	588
场致发光灯	47	再结晶碳化硅耐火材料	598	有机物结构质谱分析法	588
场致发光搪瓷	47	再熔法拉丝	(138)	有机质谱分析法	588

有机轻集料	587	灰铁	(201)	光声光谱分析法	167		
有机涂料	587	灰浆	201,(422)	光声效应	167		
有机硅建筑密封膏	587	灰浆搅拌机	(423)	光油	169		
有机硅聚合物	587	灰集比	201,(236)	光波导玻璃纤维	(167)		
有机填料	587	灰渣硅酸盐混凝土	202	光性方位	167		
有机锡稳定剂	588	达夫·艾布拉姆斯定则	(462)	光性均质体	168		
有机颜料	588	成孔剂	50	光性非均质体	168		
有光彩色釉面砖	587	成对立模	50	光学主轴	168		
有色广漆	588	成型室	(577)	光学沥青	168		
有色光学玻璃	588	成材	(255)	光学玻璃	168		
有色金属	589	成束电线电缆燃烧试验	50	光学玻璃纤维	168		
有纸石膏板	(615)	成组立模	51	光学显微分析	168		
有限固溶体	589	成组立模工艺	51	光学高温计	168		
有线珐琅	(253)	成膜物质	50	光轴	169		
有效吸水量	589	成熟度	50	光测弹性仪	165		
有效氧化钙	589	夹天线夹层玻璃	226	光屏蔽剂	166		
有效数字位数	589	夹五砖	(226)	光致变色	169		
有害气体捕捉剂	(575)	夹皮	226	光致变色玻璃	169		
有基底塑料复合地板	588	夹丝玻璃	226	光流	(167)		
有焰燃烧	589	夹杆石	225	光通信玻璃纤维	167		
有槽垂直引上法	587	夹层玻璃	225	光通量	167		
有槽法	(587)	夹陇灰	226	光敏玻璃	(138)		
存水弯	64	夹板拼	225	光率体	166		
页岩	571	夹具	226	光密度	166		
页岩沥青	571	夹砖	226	光弹仪	(165)		
页岩柏油	(571)	划线油毡	195	光强	(102)		
页岩陶粒	571			光缆	166		
页岩陶粒混凝土	571	[丨]		光源	169		
页岩渣	571	尖削	228	光稳定剂	167		
灰土	202	尖晶石	228	光谱分析	167		
灰口铸铁	201	尖晶石型颜料	228	光薄片	165		
灰水比	201	尖晶石耐火材料	228	当沟	71		
灰色玻璃	201	光	165	早材	599		
灰体	201	光片	166	早强剂	599		
灰板条	201	光电比色高温计	165	早强铁铝酸盐水泥	(277)		
灰岩	(442)	光电式露点湿度计	166	早强混凝土	(277)		
灰油	202	光电定律	165	早强硫铝酸盐水泥	(277)		
灰泥	(422)	光老化	166	虫孔	(55)		
灰砂比	201	光扫描比浊法	167	虫胶	55,(380)		
灰砂加筋构件	201	光竹	(139)	虫胶清漆	55		
灰砂硅酸盐混凝土	201	光色玻璃	167,(169)	虫眼	55		
灰骨比	(201),(236)	光导玻璃纤维	165	曲尺	395		

六画　　　　　　　　　　　　728

团(块)状模塑料	520	回弹仪非破损检验	203	延期电雷管	562
同位素丰度	512	回滴法	(105)	华山松	191
同位素稀释法	512	回黏	203	华夫板	191
同质二像体	513	刚玉耐火材料	139	华格纳浊度计	191
同质多晶	(513)	刚竹	139	华蓝	(510)
同质多像	512	刚性模量	139	仿花岗岩瓷砖	114
同质异像	(513)	刚度	138	伪延性	528
同轴旋转黏度计试验法	513	网状高分子	(506)	自由水	637
吕白钙沸石	313	网状裂缝	524	自由电子能级	(606)
吊灯	90	网纹面	524	自由度	636
吊铁	90			自由基聚合	(586)
吸水性	538	[J]		自由膨胀	636
吸水率	538,(10)	年轮	359	自发气氛热重分析	(75)
吸水模衬	538	朱丹	625	自动沉积涂装	(194)
吸尘地毯	536	朱华	(625)	自应力水平	(636)
吸收系数	538	朱红漆	(576)	自应力水泥	636
吸收率	537	朱砂	625	自应力张拉法	(194)
吸收紫外线玻璃	(114)	朱膘	624	自应力恢复	635
吸红试验	(275)	氖灯	347	自应力损失	636
吸声毛毡	537	先张法	541	自应力铁铝酸盐水泥	636
吸声材料	537	竹材	625	自应力值	636
吸声系数	537	竹材构造	625	自应力硅酸盐水泥	635
吸声泡沫玻璃	537	竹材性质	625	自应力铝酸盐水泥	636
吸声量	537	竹筋混凝土	626	自应力混凝土	635
吸附	536	传导传热	56	自应力混凝土管	635
吸附水	537	传声损失	(155)	自应力硫铝酸盐水泥	636
吸附法测沥青含蜡量	536	传热地毯	57	自张法	(194)
吸附指示剂	537	传热系数	57	自洁搪瓷	634
吸顶灯	536	传热速率	57	自结合碳化硅耐火材料	(598)
吸热峰	537	传爆线	(71)	自流平型密封膏	634
吸热搪瓷	537	优质混凝土	(151)	自流密实混凝土	634
吸烟	(561)	优质碳素结构钢	582	自清洗法	634
吸湿性	537	优质碳素结构钢丝	582	自然老化	635
吸湿膨胀	537	优质碳素结构钢冷轧薄钢板(带)		自然厚度	634
吸塑成型	(605)		582	自然养护	635
回火	203	优质碳素结构钢热轧钢板(带)	582	自然浸渍	634
回归分析	203	优质碳素结构钢热轧圆(方)钢	582	自愈性	637
回归方程	203	优选法	582	自聚焦玻璃纤维	634
回青	(125)	优蓝	(125)	自燃	635
回转窑	203	伐阅	(104)	自燃煤矸石	635
回转窑窑灰	203	延性	562	自燃煤矸石混凝土	635
回弹仪	(206)	延度	561	自黏结卷材	(634)

自黏结油毡	634	合金钢	181	多缝开裂	98
伊利石	573	合金钢(低合金钢)无缝钢管	181	多模玻璃纤维	99
血胶	557	合金结构钢	181	色木	(384)
血料	557	合金结构钢丝	182	色石碴	421
似炭物	475	合金结构钢热轧圆(方)钢	181	色母料	421
后张自锚法	188	合金结构钢薄钢板	181	色灰	420
后张法	188	合金弹簧钢丝	182	色层分析	(421)
后期龟裂	188	合金铸铁	(504)	色层分析法	(475)
行马	(16)	企口空心混凝土砌块	381	色坯	421
行尺二砖	(46)	企口拼	381	色剂	(502)
行尺七砖	(46)	杂散电流腐蚀	597	色泥加彩	421
行尺四砖	(46)	旭法	(97)	色泥装饰	421
全干状态	395	负压煅烧	130	色品图	(420)
全干浸渍	395	负压碳化	130	色度图	420
全代铂炉拉丝	(115)	负光性光率体	130	色差	420
全吸收法	(328)	负光性晶体	130	色浆	420
全轻混凝土	395	负徐变	130	色料	(502)
全息摄影	395	负离子配位多面体规则	130	色调	420
全息照相	(395)	负釉	130	色釉	422,(563)
全消光	396	负温混凝土	130	色釉加彩	422
全能试验机	(524)	名义粒径	(218)	色釉刻花	422
全预应力混凝土	396	多孔吸声材料	99	色谱分析法	421
全粘贴法	396	多孔玻璃	(366)	色谱-质谱联用仪	421
全辐射高温计	395	多孔轻集料混凝土	(391)	色谱法	(421)
杀菌剂	(111)	多孔结构	99	色谱定性分析	421
合页	(237)	多孔陶瓷	99	色谱定量分析	421
合成木材	179	多孔混凝土	98	色谱柱	421
合成石膏	(158)	多孔窑	(99)	色谱峰	421
合成纤维	180	多功能油毡生产机组	98		
合成纤维地毯	180	多用喷枪	100	[丶]	
合成纤维胎基	180	多色性	99	冲击电压试验	54
合成树脂	179	多层涂料	(130)	冲击韧性	54
合成树脂胶粘剂	179	多组分分析法	100	冲击试验机	54
合成树脂涂层	180	多相平衡	(549)	冲击强度	54
合成高分子化合物	179	多通道窑	99	冲压成型	54
合成橡胶	180	多彩涂料	98	冲刷侵蚀	54
合成橡胶地面涂层	180	多辊离心法	98	冲洗功能	54
合角吻	180	多晶结构分析	98	冲落式坐便器	54
合角剑把	180	多晶莫来石纤维	98	冲锤试验	(203)
合金	181	多晶氧化铝纤维	98	冰花玻璃	20
合金工具钢	181	多普勒速度	99	冰铜	21
合金工具钢热轧圆(方)钢	181	多频振动	99	冰晶石	21

交换器	(198)	异戊橡胶	574	防火涂料小室燃烧试验	110
交联	234,(309)	异价类质同像	574	防火涂料隧道炉燃烧试验	110
交联剂	235	异形水磨石	575	防火浸渍剂	109
交联度	235	异形石	575	防火密封料	109
交联高分子	235	异形砖	575	防火装饰板	110
次生土	62	异型耐火砖	575	防白剂	107
次增塑剂	(132)	异常晶粒长大	(101)	防老剂	111,(270)
充气房屋	53	阵点	607	防污条	113
充气混凝土	53	阳极保护	564	防污瓷绝缘子	113
闭口孔隙	16	阳离子表面活性剂	564	防污能力	113
闭门器	16	阳离子乳化沥青	564	防污漆	113
闭气孔率	16	收尘	451	防护热板法	109
羊眼	564	收缩	451	防护混凝土	(108)
羊眼圈	(564)	收缩补偿轻集料混凝土	451	防冻剂	108
并合散射效应	(281)	阶条石	239	防泡剂	(518)
灯具	74	阶沿石	(239)	防蚀内衬	111
灯座	74	阴极保护	576	防结皮剂	110
灯笼	74	阴极溅射法	(288)	防振绝热阻尼浆	114
灯彩	73	阴离子表面活性剂	576	防振涂料	114
灯煤	(561)	阴离子乳化沥青	576	防流挂剂	111
污染性	530	阴燃	(535)	防菌水泥	111
池炉	(52)	防中子玻璃	114	防弹夹层玻璃	108
池窑	52	防水灯	111	防弹玻璃	(108)
池窑拉丝	52	防水防潮沥青	111	防紫外线玻璃	114
安全行灯	1	防水材料	111	防锈剂	(641)
安培滴定法	(86)	防水剂	112	防锈油	113
		防水卷材	112	防锈涂料	113
[ㄋ]		防水油	113	防锈铝	113
寻常光	(45)	防水油膏	(385)	防焦剂	110
导火线	(72)	防水砂浆	112	防滑包口	109
导火索	72	防水浆	112	防滑条	109
导电混凝土	71	防水粉	111	防滑塑料地板	109
导电膜夹层玻璃	71	防水涂料低温柔性试验	112	防雾剂	113
导热	(56)	防水涂料耐裂试验	112	防辐射涂料	108
导热系数	(399)	防水混凝土	112	防辐射混凝土	108
导热性	72	防水隔热沥青涂料	112	防静电砖	110
导温系数	72,(401)	防风雨毛条	(329)	防腐沥青	109
导数热重分析	(526)	防火材料	109	防腐剂	(111)
导爆线	(71)	防火砂浆	109	防霉剂	111
导爆索	71	防火浇注料	109	防霉涂料	111
导爆管	71	防火涂料	110	防潮水泥	(108)
异丁橡胶	(91)	防火涂料大板燃烧试验	110	防潮层	108

防潮剂	(107),(112)	纤维间距	542	走兽	638
防潮油膏	108	纤维间距理论	542	抄取法	47
防潮涂料	108	纤维取向	542	抄取法制板机	47
防潮硅酸盐水泥	108	纤维板	541	抄取法制管机	47
防藻水泥	114	纤维饱和点	541	汞朱	(576)
防爆灯	108	纤维钙硅酸石	(2)	汞灯	(472)
防X射线玻璃	107	纤维素纤维	543	汞阴极电解分离法	159
防γ射线玻璃	114	纤维素纤维增强水泥	543	赤金箔	53
如意	412	纤维素树脂	542	赤泥	53
妇洗器	(253)	纤维素醋酸酯	(63)	赤泥硫酸盐水泥	53
红土	186	纤维缠绕成型	541	赤脚通脊	52
红土子	186	纤维增强水泥	544	赤磷阻燃剂	53
红丹	185,(475),(602)	纤维增强水泥平板	544	折线式养护窑	603
红平瓦	(360)	纤维增强水泥复合材料	544	折线窑	(603)
红外干燥	186	纤维增强水泥基材料	(544)	折腰板瓦	603
红外吸收分光光度计	(187)	纤维增强复合材料	543	折叠塑料门	603
红外吸收光谱分析	186	纤维增强热固性塑料	543	坍落度	491
红外吸收光谱仪	187	纤维增强热塑性塑料	543	坍落度试验筒	492
红外吸收玻璃	186	纤维增强热塑性塑料粒料	543	坍落度损失	492
红外线灯	187	纤维增强混凝土	543	均匀分布	265
红外线养护	187	纤维增强塑料	544	均匀腐蚀	(247)
红外测温仪	186	纤维增强聚合物水泥混凝土	543	均方差	(106)
红外搪瓷	(537)	级配	(219)	均方误差	(18)
红色玻璃	186			均方根声压	265
红花饼	185	**七画**		均方根差	(18)
红辛纸	(149)			均质聚氯乙烯地面卷材	266
红松	186	[一]		均值	(454)
红砖	187			抑气剂	575
红浆	185	麦黄竹	(175)	投光灯	515
红麻地毯	186	玛钢	(271)	坑木	272
红椎	187	玛琦脂	(402)	抗气候性	(348)
红椿	(547)	吞脊兽	(613)	抗风揭性	268
红磷阻燃剂	(53)	远程有序	(45)	抗生剂	(111)
纤维水泥瓦	542	韧性	408	抗压强度	270
纤维水泥板复合幕墙	542	韧性水泥	(644)	抗压强度比	270
纤维长径比	542	韧性指数	408	抗压强度极限	(270)
纤维公称直径	542	运动场塑料地面	597	抗冲击改性剂	267
纤维计算直径	542	运积土	(62)	抗冲击剂	(267)
纤维石膏板	542	扶手	126	抗折强度	270
纤维外形比	(542)	拒马叉子	(16)	抗冻性	268
纤维名义直径	(542)	批嵌	372	抗冻性比	268
纤维体积率	543	走马灯	637	抗冻融耐久性指数	268

抗张强度	(269)	声功率级	432	花篮螺丝	190
抗拉铝	(581)	声发射探伤法	432	芳纶	(107)
抗拉强度	269	声压	432	芳纶增强水泥	107
抗析晶石英玻璃	270	声阻抗	433	芳香分	107
抗沾污地毯	270	声学材料	432	芳香族聚酰胺纤维	107
抗泡剂	(518)	声屏风	(155)	苎布	626
抗蚀系数	270	声屏障	(155)	苎麻	626
抗弯强度	(270)	声桥	432	劳克试验	(3)
抗振性	270	声速	432	克氏锤	272
抗热冲击性	(269)	声能	432	克利夫兰开口杯闪火点	272
抗热性	(353)	声能密度	432	克-沙氏软化点	272
抗热漆	(152)	声源	432	苏子油	476
抗热震性	269	拟合法	358	苏木	476
抗热震性测定	269	拟赤杨	358	苏枋	(476)
抗氧剂	270	苋兰	545	杆材	137
抗臭氧剂	268	苋菜	(545)	杠杆规则	147
抗剥剂	267	花边滴水	(53)	材	38
抗剪强度	268	花灰	190	材栔	39
抗渗无收缩水泥	269	花岗石	189	材料	39
抗渗剂	(112)	花岗石机刨板	190	材料科学与工程	39
抗渗性	270	花岗石板材	189	杉木	425
抗渗标号	269	花岗石剁斧板	190	极	(93)
抗渗膨胀水泥	269	花岗石烧毛板	190	极化效应	217
抗硫酸盐水泥	(269)	花岗石粗磨板	190	极限拉伸值	218
抗硫酸盐硅酸盐水泥	269	花岗石磨光板	190	极限氧指数	(569)
抗裂系数	269	花岗闪长岩	189	极限强度	(386)
抗裂性	269	花岗岩	190	极谱分析法	217
抗渣性	270	花纹伸长	191	极谱法	(217)
抗静电剂	268	花纹变形	(191)	杨木	564
抗静电塑料地板	269	花纹玻璃	(558)	杨氏弹性模量	(565)
抗碱玻璃纤维	(351)	花弧堆垛	190	杨氏模量	565,(493)
抗震性	271	花眉竹	(50)	束缚能	(88)
抗劈力	269	花格空心砖	190	豆石	94
护角	189	花格砖	(190)	豆石混凝土	(541)
护板灰	189	花样辊	191	豆胶	94
护面纸	(436)	花圆铅丝	(62)	豆蛋白胶	(94)
护筋性	189	花梨	191	豆渣石	94
块石	(329)	花脸	(325)	两性离子表面活性剂	301
块状塑料地板	276	花斑石	189	两性离子乳化沥青	301
块状聚合	(14)	花斑纹釉外墙砖	189	辰砂	(625)
扭转试验机	364	花釉	(132)	连座	300
扭辫分析	364	花釉砖	191	连通式蓄热室	299

连接件接合	299	吹制沥青	(566)	低热矿渣硅酸盐水泥	77
连续式干燥窑	300	吹塑成型	58	低热混凝土	77
连续式砂浆搅拌机	300	岘山石	545	低热微膨胀水泥	77
连续式养护窑	300	岑溪红花岗石	42	低倍检验	(187)
连续式窑	300			低容重泡沫玻璃	(265)
连续成型	299	[丿]		低弹模纤维	(76)
连续纤维毡	300	钉	91	低温回火	77
连续级配	299	钉帽	91	低温合成法	(410)
连续级配沥青混凝土	299	针入度	604	低温退火	78
连续固溶体	299	针入度指数	604	低温柔性试验	78
连续波谱仪	299	针入度率	604	低温热分析	78
连续玻璃纤维	299	针入度-温度指数	604	低温煤沥青	78
连续粒级	299	针入度-黏度数	604	低温煤焦油	78
连续窑	(300)	针片状颗粒	604	低温煅烧石灰	77
连续聚合	299	针叶树材	605	低温颜色釉	78
连续熔融法	300	针式支柱瓷绝缘子	604	低塑性混凝土	77
连槽砂石	(515)	针式瓷绝缘子	604	低聚物	76
连瓣兽座	(300)	针状颗粒	605	低模量纤维	76
		针刺地毯	604	低碱性水化硅酸钙	76
[丨]		针眼	(329)	低碳热轧圆盘条	77
卤化银变色玻璃	312	氖灯	544	低熔点玻璃镀膜法	77
卤代磷酸酯类阻燃剂	(177)	乱石混凝土	(329)	低膨胀石英玻璃	(47)
卤系阻燃剂	312	乱纹	323	位移	528
坚石	228	秃釉	(396)	位移计	528
肖氏硬度	553	体系	(539)	位错	528
闲	242	体型高分子	506	伴峰	8
呋喃树脂	126	体积应变	506	皂化系数	(599)
呋喃树脂胶泥	126	体积配合比	506	皂化值	599
呋喃树脂混凝土	126	体积排斥色谱	(363)	佛头青	(125)
助发泡剂	(103)	体积密度	506,(97)	佛青	125
助剂	(147),(518)	低水泥耐火浇注料	77	近程有序	(95)
助流剂	626	低水箱	(77)	返水弯	(64)
助塑剂	(477)	低介电损耗玻璃纤维	76	返卤	105
助溶剂	626	低共熔点	75	返滴定法	105
园林灯	(512)	低共熔混合物	75	余热处理低合金钢筋	591
围脊筒	(34)	低合金钢	76	余辉	(41)
困料	(49)	低合金结构钢	76	余焰	(41)
串烟	(561)	低合金结构钢冷轧薄钢板(带)	76	坐式便器	642
吻下当沟	529	低合金结构钢热轧厚钢板(带)	76	坐便器	(642)
吻扣	(529)	低合金结构钢热轧薄钢板(带)	76	含水浸渍	178
吻合效应	529	低位水箱	77	含水铝氧	178
吻座	529	低热水泥	(77)	含水率	178

含水湿润状态	178	应力集中	579	间断级配	228
含卤磷酸酯类阻燃剂	177	应力强度因子	579	间断级配沥青混凝土	228
含泥量	177	应压木	579	间隙固溶体	228
含钡硫铝酸盐水泥	177	应拉木	579	间歇式养护窑	228
含铬硅酸铝耐火纤维	177	应变	579	间歇式窑	228
含硼水泥	178	应变片	579	间歇窑	(228)
含硼石墨	178	应变能	579	灼烧	(535)
含硼混凝土	178	应变能释放率	579	灼减量	(428)
含硼聚乙烯	178	冷轧扭钢筋	286	沥青	291
含碱水化铝硅酸盐	177	冷加工性	285	沥青元素组成	297
含糖量	178	冷冲压钢	284	沥青化学组分	293
邻苯二甲酸酯	303	冷玛琋脂	(285)	沥青化学结构	292
岔兽	(387)	冷拔低合金钢丝	283	沥青老化	296
免烧砖	(162)	冷拔低碳钢丝	284	沥青老化指数	296
免烧粉煤灰轻集料	337	冷拔钢丝	284	沥青再生胶油膏	297
免烧粉煤灰轻集料混凝土	337	冷顶锻用碳素结构钢丝	284	沥青再生橡胶涂料	298
角位移	237	冷拉率	285	沥青合成橡胶油膏	292
角应变	237	冷拌冷铺沥青混合料	284	沥青防水涂料	292
条子砖	(67)	冷底子油	284	沥青材料	291
条件迸发荷载	509	冷挤压钢	285	沥青呋喃胶泥	292
条件断裂韧性	509	冷弯不等边角钢	286	沥青含蜡量	292
条纹	509	冷弯不等边槽钢	285	沥青条件黏度	(297)
条板	508	冷弯内卷边槽钢	286	沥青刨花板	296
卵石	323	冷弯外卷边槽钢	286	沥青阻尼浆	298
卵石大孔混凝土	323	冷弯卷边Z形钢	286	沥青劲度模量	295
岛状结构	72	冷弯波形钢板	285	沥青环氧树脂油膏	293
刨花板	(487)	冷弯空心型钢	286	沥青质	298
刨制单板	11	冷弯型钢	286	沥青鱼油油膏	297
系统	539	冷弯等边角钢	286	沥青玻璃布油毡	291
		冷弯等边槽钢	286	沥青玻璃棉制品	291
[丶]		冷弯薄壁型钢	(286)	沥青相对黏度	297
		冷弯Z形钢	286	沥青树脂油膏	296
冻土	93	冷脆	284	沥青泵	291
冻融循环	93	冷混凝土	284	沥青炭	297
床头灯	58	冷塑性成型钢	285	沥青香豆酮树脂油膏	297
库仑滴定法	(86)	冷缩	285	沥青柔性地面	296
库赤金箔	(276)	冷镦钢	284	沥青绝对黏度	295
库金箔	276	冷黏结剂	285	沥青桐油油膏	297
庑	198	闲	544	沥青胶	(295)
应力	579	闲游	544	沥青胶体结构	295
应力花	(579)	闵	187	沥青胶粘剂	295
应力松弛	(476)	间接抗拉试验	(295)	沥青剥落度	291
应力斑	579				

沥青基沥青	(196)	沉降法	49	层压塑料	43
沥青酚醛涂料	292	沉积天平	49	层状结构	43
沥青硅酸盐防锈涂料	(442)	沉球试验	(267)	层间水	42
沥青混合料	293	沉淀	48	层析法	(421)
沥青混合料抽提试验	293	沉淀滴定法	49	层积材	42
沥青混合料组成结构	293	快光	276	层裂	42
沥青混合料骨架-空隙结构	293	快速水泥标号测定法	277	尿素甲醛树脂	(362)
沥青混合料施工工作性	293	快速石灰	277	尿素-甲醛灌浆材料	362
沥青混合料施工和易性	(293)	快硬水泥	277	尾矿	528
沥青混合料密实-骨架结构	293	快硬铁铝酸盐水泥	277	尾矿砖	528
沥青混合料密实-悬浮结构	293	快硬高强铝酸盐水泥	277	迟发电雷管	(562)
沥青混合磨	294	快硬硅酸盐水泥	277	局部钢化法	(395)
沥青混凝土	294	快硬混凝土	277	局部粘贴法	254
沥青混凝土抗滑性	294	快硬硫铝酸盐水泥	277	改性沥青	133
沥青混凝土低温抗裂性	294	快裂乳化沥青	276	改性沥青油毡	133
沥青混凝土饱水率	294	快凝快硬氟铝酸盐水泥	276	改性沥青涂料	133
沥青混凝土耐久性	294	快凝快硬铁铝酸盐水泥	276	改性沥青密封带	133
沥青混凝土高温稳定性	294	快凝快硬硅酸盐水泥	276	改性乳化沥青	133
沥青混凝土劈裂试验	295	快凝快硬铝酸盐水泥	(504)	改性硅酮密封膏	133
沥青混凝土膨胀率	295	快凝液体沥青	277	张开型扩展	601
沥青蛭石板	298	快燥精	278	张拉设备	602
沥青氯丁橡胶防水涂料	296	完全类质同像	524	张拉应力	(601)
沥青蓖麻油油膏	291	完全浸渍	524	张拉控制应力	601
沥青感温性	292	完全黏性体	(364)	张拉强度	601
沥青聚乙烯油膏	295	宏观对称型	(82)	阿克隆耐磨性	1
沥青聚乙烯密封膏	(295)	宏观检验	187	阿利尼特水泥	1
沥青酸	296	补色法则	34	阿利特	1
沥青酸酐	296	补色器	(551)	陈化	49
沥青橡胶油膏	297	补偿收缩混凝土	34	陈设瓷	49
沥青膨胀珍珠岩制品	296	补偿器	(551)	陈腐	49
沙青	(125),(448)	补强剂	34	阻力曲线	638
沙松	422	补强填充剂	(34)	阻尼防振漆	638
沙绿	422	初步配合比	55	阻尼材料	638
沙滚子砖	422	初始结构强度	56	阻尼涂料	(114)
汽灯	383	初期切线模量	55	阻蚀剂	(198)
汽油灯	(383)	初凝	55	阻裂体	638
沃兰	530			阻锈剂	641
泛光灯	106	[ㄱ]		阻焰剂	(639)
泛碱	106	灵霄盘子	(417)	阻聚剂	638
泛霜	106	灵璧石	305	阻燃木材	640
沉入度	49	即发电雷管	(473)	阻燃毛	639
沉降收缩	49	层压成型	42	阻燃处理	639

阻燃地毯	639	纸筋灰	615	青砂石	389
阻燃合成纤维	639	纹片釉	(302)	青铅皮	(384)
阻燃纤维材料	640	纺织纤维壁纸	114	青浆	388
阻燃材料	639	纺织玻璃纤维	(299)	青粉	388
阻燃纸	641			青铜	389
阻燃剂	639	**八画**		青铜棒	389
阻燃油毡	641			青铜箔	389
阻燃性	640			青筒瓦	(37)
阻燃封灌料	(109)	[一]		现场浸渍	545
阻燃热固性塑料	640	环己酮	195	现制水磨石	545
阻燃热塑性塑料	640	环孔材	195	现浇混凝土	545
阻燃效应	640	环向钢筋	196	表干时间	(19)
阻燃涂层	640	环氧地面涂层	196,(197)	表达面	19
阻燃堵料	(109)	环氧呋喃树脂胶泥	196	表观比重	19
阻燃棉	640	环氧乳液水泥砂浆	196	表观体积	19
阻燃聚乙烯	639	环氧玻璃钢	196	表观密度	19
阻燃聚合物	639	环氧树脂	196	表面干燥时间	19
阻燃聚氯乙烯	639	环氧(树脂)沥青	197	表面处理剂	(365)
阻燃橡胶	640	环氧树脂胶泥	197	表面光泽度	19
附着力	130	环氧树脂胶粘剂	197	表面含水量	19
努普硬度	364	环氧树脂混凝土	197	表面张力	20
鸡骨	(217)	环氧树脂密封膏	197	表面金属装饰着色	20
鸡冠石	(555)	环氧树脂灌浆材料	197	表面毡	20
纬密	528	环氧涂布地板	197	表面活性剂	19,(413)
驱水剂	395	环氧酚醛树脂胶泥	196	表面起砂	20
驱避剂	395	环氧煤焦油胶泥	196	表面浸渍	20
纯毛地毯	59	环氧-聚酰胺胶粘剂	196	表面能	20
纯硅酸盐水泥	59	环氧增塑剂	197	表面淬火	19
纯铜板	60	环球法软化点	195	表面温度计	20
纯铜线	(633)	环烷基沥青	196	表揭	(104)
纯铜带	60	环烷酸铜	196	规化聚合	(92)
纯铜棒	60	环箍效应	195	规定屈服极限	170
纯铜箔	60	武康石	535	规矩	(170)
纯碱	59	青瓦	389	规律变形钢筋	170
纳盖斯密特石	347	青水泥	389	抹面灰浆	(339)
纵向受力钢筋	637	青石	389,(442)	抹面砂浆	339
纸皮砖	(501)	青龙山石	389	抹浆法	339
纸张阻燃处理剂	616	青白石	388	抽屉窑	(489)
纸质装饰板	(483)	青皮竹	389	坩埚	137
纸面石膏板	615	青灰	388	坩埚拉丝	138
纸胎油毡	616	青竹	(389)	坩埚炉	(138)
纸胎油毡生产机组	616	青砖	390	坩埚窑	138

坯体	373	苦竹	276,(44)	枫杨	125
坯体中压力分布	373	苦楝	(301)	枫香	125
坯体变形	373	苦槠	276	构件刚度检验	160
坯体皱裥	195	苯	14	构件寿命	160
坯体硬化时间	373	苯-丙乳胶漆	(15)	构件抗裂度检验	160
坯料	373,(358)	苯-丙乳液防锈涂料	14	构件强度检验	160
坯裂	373	苯-丙乳液涂料	14	构造钢筋	161
坯釉中间层	373	苛性白云石	271	枋	107
坯釉应力	373	苛性苦土	(305)	枓	94
坯釉适应性	373	英石	578	枓栱	(94)
拔出试验	3	英德石	(578)	画眉石	(184)
拔丝机	3	范性	(484)	画镜线	195,(164)
押带条	(558)	范德华力	(120)	或然率	(135)
抽芯机	55	范德华键	106	事件	(486)
顶珠	92	直形砖	(18)	刺钢丝	62
顶棚涂料	91	直角榫	615	刺槐	62
拆除爆破	44	直接成像离子质谱仪	615	枣核钉	(375)
拆模强度	44	直接淬火	(572)	雨花石	(311)
抱鼓石	(430)	直接强度对比法	(523)	矾土	(319)
拉力试验机	281	直接熔化法拉丝	(52)	矾土水泥	(149)
拉手	281	直接滴定法	615	矾水	104
拉毛辊	281	直馏沥青	615	矽卡岩	538
拉伸-压缩循环试验	281	枅	217,(18)	矿石水泥	(510)
拉伸强度	(269)	枢	452	矿物光性	278
拉伸强度极限	(269)	枨	51	矿物纤维胎基	(533)
拉坯	(281)	析水性	(336)	矿物质掺料	278
拉坯成型	281	析白	(106)	矿物棉	278
拉拔系数	280	析盐	(106)	矿柱	279
拉制黄铜管	281	板	6	矿棉	(278),(279)
拉制铜管	281	板瓦	(37)	矿棉纸	278
拉挤成型	280	板材	6	矿棉纸油毡	278
拉曼效应	281	板岩	6	矿棉板	278
拉裂	(474)	板玻璃	(376)	矿棉毡	278
拉模法	281	板弯	6	矿棉保温带	278
拌内变异	9	板栗	6	矿棉绝热板	278
拌合水	9	松皮石	(249)	矿棉装饰吸声板	278
拌合物	(206)	松弛	476	矿棉管套	278
拌间变异	9	松香水	476	矿渣	279
坡垒	378	松密度	(97)	矿渣水泥	(279)
取代固溶体	(619)	松散体积法	476	矿渣质量系数	279
取代滴定法	(619)	松铺压顶法	(558)	矿渣砖	279
苦土粉	(305)	枪晶石	386	矿渣浮石	(370)

词条	页码	词条	页码	词条	页码
矿渣硅酸盐水泥	279	非定常传热	(36)	固体燃料	163
矿渣棉	279	非承重空心砖	115	固态溶液	(162)
矿渣硫酸盐水泥	(438)	非线性牛顿液体	(116)	固定加水量定则	(581)
矿渣膨胀水泥	(370)	非活性混合材料	115	固相线	163
码窑	327	非结构胶粘剂	115	固结剂	162
奇形砖	(575)	非破损检验	116	固结砖	162
轰燃	185	非铁金属	(589)	固结砖土料	162
转动式混合机	(623)	非铂漏板拉丝炉拉丝	115	固溶处理	162
转色灯	630	非离子表面活性剂	116	固溶体	162
转炉钢	630	非离子乳化沥青	116	固溶体单一氧化物型颜料	162
转熔反应	630	非烧结砖	(162)	岩石炸药	(2)
斩假石	601	非流淌型密封膏	(117)	岩沥青	562
轮窑	324	非常光	115	岩相分析	562
轮碾	323	非弹性密封带	116	岩相定量分析	562
轮碾机	323	非蒸发水	117	岩棉	562
轮碾造粒	324	非煅烧粉煤灰轻集料	(337)	岩棉板	562
软木砖	415	非稳态热传递	(36)	岩棉保温带	562
软化区间	415	非膨胀型防火涂料	116	岩棉缝毡	562
软化系数	415	非燃烧材料	(36)	岩礁面	562
软化点	415	齿形榫	(616)	罗马水泥	324
软化退火	(598)	虎头找	188	罗克拉法	(556)
软石	416	虎头枋子	(65)	罗克拉管	324,(556)
软沥青质	415	虎克定律	(188)	罗锅脊件	324
软质纤维板	416	闾	70	罗锅筒瓦	324
软练法	(415)	阔	18	凯氏测管	267
软练胶砂强度试验法	415	昆山石	279	凯利球贯入试验	267
软钢	415	国际水泥强度测定法	176	图案砖	516
软烧灰	416	国漆	(431)	图像显微镜	517
软塑挤出成型	416	明瓦	338	图像显微镜分析	517
软煤沥青	415	明场像	338	图像离子质谱仪	516
		明光漆	338		
		明矾	338		

[丨]

[丿]

词条	页码	词条	页码	词条	页码
非下垂型密封膏	117	明矾石	338	垂直下引拉管法	59
非牛顿液体	116	明矾石膨胀水泥	338	垂直引上拉管法	59
非牛顿黏性	(240)	易抹性	575	垂直喷吹法	59
非石棉纤维增强水泥制品	(534)	易密性	575	垂脊筒子	58
非发泡型防火涂料	(116)	易熔合金	575	垂通脊	58
非合金钢	115	易燃材料	575	垂兽	58
非均匀腐蚀	(247)	固体水玻璃	163	物系	(539)
非金属龙骨	116	固体分含量	163	物相分析	536
非金属夹杂物	115	固体沥青	163	物理吸附	535
非金属涂层	116	固体溶液	(162)	物理钢化法	535

刮涂	163	金属止水带	248	金漆	(169)
和田地毯	(554)	金属水腐蚀	247	金墩砖	242
和易性	(158)	金属地面	245	斧刃砖	129
侧石	(312)	金属全面腐蚀	247	受拉极限变形值	(218)
侧圹石	(283)	金属防锈底漆	(113)	乳化沥青	413
侏儒柱	(632)	金属材料	243	乳化沥青水泥拌合试验	414
依次滴定法	573	金属材料防护	244	乳化沥青分裂速度	413
质量分析器	617	金属材料时效	244	乳化沥青冷底子油	414
质量分辨本领	(617)	金属材料性能	245	乳化沥青贮藏稳定性试验	414
质量分辨率	617	金属材料显微组织	244	乳化沥青混凝土	413
质量定律(隔声)	616	金属材料氢脆	244	乳化剂	413
质量配合比	617	金属材料热处理	244	乳化油炸药	(414)
质谱	617	金属材料腐蚀	244	乳化炸药	414
质谱气体分析	618	金属皂类稳定剂	248	乳化聚氯乙烯煤焦油涂料	413
质谱分析法	618	金属应力腐蚀	248	乳白色玻璃	413
质谱计	(618)	金属间化合物	246	乳浊	(415)
质谱仪	618	金属局部腐蚀	247	乳浊性能	415
质谱表面分析	617	金属表面水泥基涂层	243	乳浊釉	415
质谱定性分析	617	金属表面陶瓷涂层	243	乳胶	414
质谱定量分析	617	金属表面预处理	243	乳胶漆	(414)
质谱界面分析	618	金属表面硅酸盐涂层	243	乳液涂料	414
质谱离子源	618	金属坯体	247	乳液聚合	414
质谱深度分析	618	金属坯胎	(247)	乳液稳定剂	414
往复窑	(489)	金属指示剂	248	贫混凝土	375
径向分布函数分析	253	金属胶体着色剂	246	戗根钉	387
径向挤压制管工艺	253	金属粉末颜料	245	戗兽	387
金山石	242	金属接触腐蚀	246	戗檐	(387)
金刚石角锥体硬度	(527)	金属基复合材料	246	戗檐砖	387
金红宝石玻璃	(242)	金属晶体	247	胀裂剂	(534)
金红玻璃	242	金属键	246	周期式干燥窑	624
金相显微镜	(104)	金属微生物腐蚀	248	周期式自然循环干燥窑	624
金相显微镜分析	(104)	金属微穿孔板	247	周期式强制循环干燥窑	624
金相检验	242	金属塑料壁纸	247	剁假石	100
金砖	248	金属模	247	鱼卵石	(100)
金星玻璃马赛克	243	金属箔油毡	243	鱼胶	591
金胶油	242	金属管道防护	246	鱼鳞	(591)
金粉	(514)	金属腐蚀形态	245	鱼鳞云杉	591
金属	243	金属腐蚀疲劳	245	鱼鳞松	(591)
金属土壤腐蚀	247	金属槽罐防护	245	鱼鳞爆	591
金属工业介质腐蚀	245	金属薄板幕墙	243	枭儿	(550)
金属大气腐蚀	245	金属覆层	245	枭砖	550
金属瓦	247	金箔	242	饰灯	(631)

八画

饰面砌块	450	卷筒瓦	264	油毡标号	584
饰面混凝土	450	单色釉	70	油毡耐热度	585
饱和比	(439)	单色锦砖	70	油毡胎基	585
饱和分	10	单体	70	油毡柔度	585
饱和含水率	10	单层屋面油毡	69	油毡真空吸水试验	586
饱和面干含水率	10	单板	69,(557)	油毡透水仪	585
饱和面干状态	10	单胞	(251)	油毡湿法生产工艺	585
饱和透过率	(376)	单根电线电缆燃烧试验	69	油类(木材)防腐剂	583
饱和蒸汽	10	单钾芒硝	69	油浆	583
		单控冷拉	69	油浸法	583
[、]		单硅钙石	69	油基清漆	583
变色	17	单斜硅钙石	70	油基嵌缝膏	583
变色玻璃	(169)	单粒级	70	油基漆稀料	(476)
变异系数	18	单晶结构分析	69	油眼	(454)
变形钢筋	(170),(405)	单聚焦分析器	69	油满	583
变形能	(579)	单模玻璃纤维	70	油溶性木材防腐剂	584
变形铝合金	18	炉口	(312)	油溶性五氯酚	584
变位	(528)	炉口砖	312	油膏	(385)
变差系数	(18)	炉渣	(332)	油膏耐热度试验	582
变幅疲劳	17	炉渣砖	(332)	油膏施工度	582
变暗波长	(217)	浅裂	385	油膏稠度	(582)
变暗速率	(217)	法向应力	(614)	油膏黏结性	582
京式地毯	251	河泥	182	油漆	(517)
底瓦	(37)	河砂	182	油漆抛光剂	583
底粉	(79)	沾锡	601	油漆沥青	583
底脚螺栓	(79)	油井水泥	583	泊松比	33
底釉	79	油毛毡	(584)	沿口石	(239)
底漆	79	油分	582	泡立水	(55)
疙瘩	(241)	油击穿试验	(157)	泡切线	(366)
剂量计玻璃	221	油灰	582,(359)	泡花碱	(456)
废料固化混凝土	117	油竹	(50)	泡沫石棉毡	367
废橡胶	117	油纸	586	泡沫白云石	366
净身器	253	油松	584	泡沫矿渣	(370)
放张强度	114	油毡	584	泡沫剂	367
放热峰	114	油毡干法生产工艺	584	泡沫玻璃	366
放射线阻挡玻璃	114	油毡不透水性	584	泡沫倍数	(103)
放射热分析	(429)	油毡瓦	585	泡沫菱苦土	367
刻痕钢丝	272	油毡吸水性	585	泡沫混凝土	367
卷材塑料地板	264	油毡抗水性	585	泡沫混凝土砌块	367
卷帘	264	油毡钉	584	泡沫塑料	367
卷帘门及钢窗用冷弯型钢	264	油毡低温柔性	584	泡沫稳定性	367
卷起	(474)	油毡拉力试验	585	泡沸石	(117)

泡界线	366	波筋	(509)	实心支柱瓷绝缘子	(9)
泡桐	367	泼灰	378	实心砌块	450
注射机	627	泼浆灰	378	实际干燥时间	449
注射成型	626	学生分布	(645)	实验曲线光滑法	450
注射法	627	宝顶	10	实验室配合比	450
注射模塑成型	(626)	定长玻璃纤维	92	实铺木地面	450
注浆成型	626	定向循环养护	92	试板	(551)
注塑机	(627)	定向聚合	92	试剂	450
注塑成型	(626)	定性分析	93	试饼法	450
泌水性	336	定型建筑密封材料	92	试样	(119)
泌水速率	336	定域键	93	房间常数	114
泌水容量	336	定常传热	(530)	衬垫材料	(13)
泌水率	335	定量分析	92	衬度	49
泌水率比	335	定量注入法	92		
泌水量	335	定量差热分析	92	[フ]	
泌出	335	宜兴石	573	建筑人造板	232
泥灰岩	357	宜兴紫砂	(632)	建筑工程石材	231
泥浆	357	空气热含量	273	建筑工程钢	231
泥浆压滤	357	空气离析法	273	建筑五金	233
泥浆泵	357	空气弹簧	273	建筑石灰	232
泥浆搅拌机	357	空气喷涂	273	建筑石油沥青	232
泥浆喷雾干燥	357	空气湿含量	273	建筑石膏	232
泥料	358	空心支柱瓷绝缘子	275	建筑用压型钢板	233
泥料真空处理	358	空心板	274	建筑材料	230
泥料蒸汽加热处理	358	空心细木工板	(274)	建筑材料可燃性试验	230
泥釉	(520)	空心玻璃纤维	274	建筑材料难燃性试验	231
泥釉缕	358	空心玻璃砖	274	建筑构件	231
沸石水泥	117	空心玻璃微珠	274	建筑构件耐火极限	231
沸石岩	117	空心砖	275	建筑物耐火等级	233
沸腾炉渣空心砌块	117	空心砖复合墙板	275	建筑玻璃	230
沸腾钢	117	空心砌块	274	建筑砂浆	(422)
波形玻璃	22	空心砌块成型机	274	建筑钢	(231)
波形缘石	22	空心率	274,(275)	建筑胶粘剂	231
波纹	(509)	空心楼板挤出机	274	建筑涂料	232
波美计	22	空间电荷效应	273	建筑陶瓷	232
波特兰水泥	(173)	空间点阵	272	建筑密封材料	232
波浪边	22	空间群	273	建筑密封膏	(35)
波浪纹	22	空青	(448)	建筑装饰材料	233
波斯地毯	22	空细胞法	273	建筑装修材料	233
波斯垫	(22)	空隙率	274	建筑搪瓷	232
波斯毡	(22)	空鼓	272	建筑塑料	232
波斯毯	(22)	实干时间	(449)	刷花	454

刷涂	455	细泥尺七砖	540	玻璃纤维布布面不平度	30
刷痕	454	细泥尺四砖	540	玻璃纤维布布面平整度	(30)
刷辊	454	细砂	541	玻璃纤维纱	31
刷墙粉	455	细骨料	(540)	玻璃纤维表面化学处理	30
屈曲强度	(559)	细度	540	玻璃纤维表面处理	30
屈服极限	395	细度模量	(540)	玻璃纤维单向布	30
屈服点	(395)	细度模数	540	玻璃纤维毡	32
屈服强度	(395)	细瓷	539	玻璃纤维热处理	30
弧光灯	188	细料石	540	玻璃纤维基布	30
弥散增强复合材料	335	细粒式沥青混凝土	540	玻璃纤维墙布	30
承风连	(51)	细凿石	(540)	玻璃纤维增强水泥	31
承风连砖	(51)	细集料	540	玻璃纤维增强水泥半波板	31
承奉连	(51)	细腻子	541	玻璃纤维增强水泥永久性模板	32
承奉连砖	51	织纹	(615)	玻璃纤维增强水泥夹芯板	(31)
承重空心砖	51	织物阻燃整理剂	614	玻璃纤维增强水泥制品	32
降香黄檀	(191)	织物组织	615	玻璃纤维增强水泥复合墙板	31
降解	234	织物厚度	614	玻璃纤维增强水泥温室骨架	31
降噪系数	234	织物密度	614	玻璃纤维增强毡	32
函数记录仪	179	织物燃烧试验	614	玻璃纤维增强混凝土	31
限制膨胀	546	终凝	622	玻璃纤维增强混凝土管	31
参比电极	41	经密	251	玻璃纤维增强塑料	32
参比物	41			玻璃纤维薄毡	30
参考玻璃	41			玻璃纤维膨体纱	30
线分析	546			玻璃形成过程有效耗热量	(28)
线位移	546	**九画**		玻璃抗热震性	(28)
线应变	(614)			玻璃应力	32
线纹	546	[一]		玻璃态	29
线枋子	546	春材	(599)	玻璃态夹杂物	29
线性扫描示波极谱法	546	珐琅	(499)	玻璃细珠	(29)
线型高分子	546	珍宝搪瓷	(574)	玻璃耐热冲击强度	(28)
线偏光	546	珍珠岩焙烧窑	605	玻璃钢	(32)
线道	546	玻璃	22	玻璃钢门	25
线路瓷绝缘子	546	玻璃门	27	玻璃钢瓦	25
练泥	300	玻璃马赛克	(27)	玻璃钢化粪池	24
组元	(641)	玻璃气泡	28	玻璃钢地面	23
组分	641	玻璃化转变温度	27	玻璃钢夹层结构板	25
组合地毯	(375)	玻璃化温度	(27)	玻璃钢异型材	26
组合熔融法	641	玻璃电极	23	玻璃钢防水屋面	23
细木工板	540	玻璃发霉	23	玻璃钢折板屋顶	26
细石混凝土	541	玻璃光纤	(168)	玻璃钢冷却塔	25
细灰	540	玻璃纤维	29	玻璃钢贮罐	26
细条石	(540)	玻璃纤维无捻粗纱	31	玻璃钢穹屋顶	25
		玻璃纤维布	30		

玻璃钢复合墙板	24	挂落	164	带孔油毡	68
玻璃钢活动房屋	24	挂毯	164	带楞油毡	68
玻璃钢屋架	26	挂釉陶瓷锦砖	(590)	带锯机	68
玻璃钢透微波建筑	25	挂镜线	164	带遮阳膜夹层玻璃	68
玻璃钢高位水箱	24	封闭分解法	125	草垫	42
玻璃钢浴缸	26	封闭式外墙装饰石材构造连接	125	茬油	(476)
玻璃钢混凝土模板	24	封檐板	125	茶色玻璃	(188)
玻璃钢落水管	25	持久极限	(374)	茶秆竹	44
玻璃钢集水斗	24	持久强度	52	荒料	198
玻璃钢集水槽	24	拱心石	(159)	荣	408
玻璃钢温室	26	拱石楔块	159	荧光灯	578
玻璃钢窗	23	拱壳空心砖	(159)	荧光搪瓷	578
玻璃钢缠绕接头	23	拱壳砖	159	荧光塑料	578
玻璃钢管	24	拱顶石	159	荧光颜料	578
玻璃钢薄壳屋顶	23	城市控制爆破	(44)	胡克元件	188
玻璃钢整体卫生间	26	城砖	51	胡克定律	188
玻璃退火	29	指示电极	616	胡粉	(384)
玻璃退火窑	29	指示灯	616	茹芦	(385)
玻璃热稳定性	28	指示剂	616	标米	(446)
玻璃热膨胀系数	28	指甲印	(591)	标志灯	18
玻璃获得率	27	指形接	616	标张	(445)
玻璃配合料	28	指形榫	616	标定	18
玻璃球法拉丝	(138)	指触干燥时间	(19)	标型耐火砖	18
玻璃眼	(61)	指数分布	616	标称粒径	(218)
玻璃混凝土	27	垫木	90	标样标定法	18
玻璃棉	27	垫花	90	标准协方差	(547)
玻璃幕墙	28	挤出机	220	标准含水率	(612)
玻璃锦砖	27	挤出法	220	标准玻璃	(41)
玻璃微珠	29	挤出性	220	标准砖	(380)
玻璃碴	(487)	挤压成型	220	标准砂	18
玻璃管	27	挤压泵	220	标准差	18
玻璃管接头	27	挤压铝合金棒材	221	标准养护	19
玻璃熔化单位耗热量	28	挤压铝棒材	221	标准误差	18
玻璃熔化理论热耗	28	挤制黄铜管	221	标准筛	(425)
玻璃熔窑	29	挤制铜管	221	标准锥	(42)
毒性指数	94	挤泥机	220	标准溶液	18
型砂水泥	555	拼花木地面	375	标准箱	19
型钢	555	拼钉	375	标牌搪瓷	18
挂瓦条	164	拼接	375	栋	93
挂尖	163	拼接式地毯	375	栌	312
挂板	163	挥发率	202	栌木	(199)
挂钩砖	(159)	茜草	385	相	548

相平衡	549	树脂砂浆	454	砂浆分层度测定仪	423
相平衡状态图	(549)	树脂混凝土	(258)	砂浆石	424
相平衡定律	(548)	树脂囊	454	砂浆地面	423
相对误差	547	树瘤	453	砂浆过剩系数	423
相对密度	547	勃氏法	(33)	砂浆拨开系数	423
相对湿度	547	勃氏透气法	33	砂浆标号	423
相合熔点	547	砖	628	砂浆流动性	(423)
相关系数	547	砖大面	628	砂浆流动性测定仪	(423)
相连群色条	(67)	砖灰	629	砂浆搅拌机	423
相图	549	砖抗压强度	629	砂浆喷枪	423
相变	548	砖抗折强度	629	砂浆富裕系数	(423)
相变热	548	砖条面	630	砂浆强度	424
相衬显微镜分析	548	砖坯干燥	629	砂浆强度等级	424
相律	548	砖坯干燥曲线	629	砂浆稠度	423
相容性	547	砖坯成型水分	629	砂浆稠度仪	423
柚木	586	砖坯挤出成型	630	砂率	424
枳瓢砖	616	砖顶面	628	砂粒式沥青混凝土	424
栿	619	砖挂落	629	砂粒涂料喷枪	(41)
柞木	642	砖药	630	砂湿胀	424
栐	126	砖标号	628	砂磨机	424
柏木	6	砖柱子	630	泵送压力	15
柏油	(237)	砖面水	629	泵送剂	15
枙棱	161	砖裂纹	629	泵送性	(271)
柳杉	311	砖强度级别	630	泵送距离	15
柱	627	厘竹	(44)	泵送混凝土	15
柱材	627	厚涂层喷枪	188	面分析	337
柱顶石	(162)	砒霜	(568)	面叶	338
柱径	627	砌块	383	面包砖	337
柱础	(162)	砌筑水泥	384	面网间距	(252)
柱塞泵	627	砌筑石材	384	面角守恒定律	338
栏干	(282)	砌筑砂浆	384	面粉	338
栏式缘石	282	砌筑胶砂	(384)	面釉	338
栏板石	(443)	砂土	425	面漆	338
柁墩	521	砂石	(425)	耐久性	351
树干形状缺陷	453	砂石标准筛	425	耐水性	353
树干弯曲	453	砂平均粒径	424	耐化学性	(348)
树脂	453	砂级配区	422	耐化学试剂性	348
树脂分	453	砂岩	425	耐化学侵蚀玻璃纤维	348
树脂改性沥青	454	砂质水泥	425	耐火可塑料	350
树脂乳液	454	砂面油毡	424	耐火电线电缆燃烧试验	349
树脂注射成型	454	砂轻混凝土	424	耐火白云石水泥	349
树脂型人造大理石	(264)	砂浆	422	耐火压入料	351

耐火多孔混凝土	349	耐辐射玻璃	348	轻制沥青	392
耐火纤维	350	耐辐照性	348	轻质板材	392
耐火纤维制品	351	耐酸沥青胶泥	353	轻质耐火材料	393
耐火投射料	350	耐酸砖	354	轻质耐火浇注料	393
耐火材料	349	耐酸砂浆	354	轻质莫来石砖	(393)
耐火低钙铝酸盐水泥	349	耐酸耐温砖	353	轻质莫来石耐火材料	393
耐火制品	(351)	耐酸粉料	353	轻质高铝质耐火材料	392
耐火泥	350	耐酸陶瓷	354	轻质涂料	(390)
耐火砖	351	耐酸陶瓷容器	354	轻质硅质耐火材料	393
耐火轻质混凝土	350	耐酸陶管	354	轻质黏土耐火材料	393
耐火轻集料混凝土	350	耐酸率	353	轻金属	392
耐火度	349	耐酸混凝土	353	轻细集料	392
耐火浇注料	349	耐酸集料	353	轻砂	(392)
耐火捣打料	349	耐酸填料	(353)	轻砂浆	392
耐火涂料	350	耐碱石油沥青胶泥	351	轻骨料	(390)
耐火铝酸盐水泥	350	耐碱矿棉	351	轻骨料涂料	390
耐火混凝土	(349)	耐碱玻璃纤维	351	轻钢龙骨	390
耐火喷涂料	350	耐碱砂浆	351	轻烧白云石	(271)
耐火腻子	(109)	耐碱陶瓷	351	轻烧菱镁矿	(305)
耐老化性	352	耐碱混凝土	351	轻粗集料	390
耐光性	(348)	耐碱集料	351	轻粗集料强度标号	390
耐污染性	354	耐腐蚀搪瓷	(192)	轻混凝土	390
耐低温油毡	348	耐磨性	352	轻集料	390
耐低温膨胀珍珠岩混凝土	347	耐磨试验机	352	轻集料大孔混凝土	391
耐纶	(356)	耐磨钢	352	轻集料有害物质含量	392
耐油混凝土	354	耐磨耗性	(352)	轻集料异类岩石颗粒含量	392
耐细菌腐蚀性	354	耐磨损性	(352)	轻集料铁分解重量损失	391
耐急冷急热性	(406)	耐燃乳化沥青	352	轻集料粒型系数	391
耐蚀系数	353	耐擦洗性	(354)	轻集料混凝土	391
耐洗刷性	354	残余线变化率	(623)	轻集料混凝土砌块	391
耐热油毡	353	残灼	41	轻集料混凝土复合墙板	391
耐热性	353	残积土	(594)	轻集料混凝土墙板	391
耐热耐酸浇注料	353	残留沥青	(615)	轻集料煮沸质量损失	392
耐热钢	352	残焰	41	轻溶剂油	392
耐热钢板	352	轴花	624		
耐热震性	(406)	轴承合金	624	[丨]	
耐候性	348	轴承钢	624	背纹	13
耐高温玻璃纤维	348	轻石	(392)	背衬材料	13
耐崩裂性	(406)	轻轨	390	背兽	13
耐铵砂浆	347	轻板	(392)	背散射电子像	13
耐滑性	348	轻岩天然石	(392)	点火材料	81
耐辐射光学玻璃	348	轻岩自然石	392	点阵	82

点阵能	(251)	骨灰比	(218)	钢丝网石棉水泥波瓦	145
点阵常数	82	骨胶	161	钢丝张力测定仪	145
点焊机	81	骨料	(218)	钢丝菱形网	145
点群	82	骨料粘接剂	161	钢丝绳	145
临界水分	303			钢轨附件	140
临界含水率	303	[丿]		钢轨钢	140
临界应力	303	钙矾石	134	钢纤维	146
临界应变能释放率	303	钙明矾	(310)	钢纤维混凝土地面	146
临界初始结构强度	303	钙质石灰	135	钢纤维增强耐火混凝土	146
临界荷载	303	钙质材料	135	钢纤维增强混凝土	146
临清城砖	303	钙钛石	134	钢纤维增强喷射混凝土	146
竖炉燃烧法	(231)	钙钛矿	(134)	钢材	140
哑音	561	钙钛矿型颜料	134	钢钉	(596)
显气孔率	545	钙铁石	(511)	钢板	139
显色	545	钙硅比	134	钢板弹簧	140
显著性水平	545	钙铝石榴石	134	钢板搪瓷	140
显著性检验	545	钙铝黄长石	134	钢弦混凝土	(593)
显微化学法	545	钙塑门窗	134	钢带	140
显微结构	545	钙塑地板	134	钢显微组织	146
显微硬度	545	钙塑材料	134	钢结构防护	141
咧角三仙盘子	(302)	钙镁铝酸盐水泥	134	钢结硬质合金	141
咧角盘子	302	钛白	490	钢屑水泥砂浆	(511)
贵金属	174	钛酸酯偶联剂	491	钢屑混凝土	146
界面活性剂	(19),(413)	钝棱	97	钢筒芯预应力压力管	145
虹吸式坐便器	187	钟乳石状凸出	622	钢筋	141
哈巴-费尔德稳定度	176	钟罩式窑	622	钢筋冷轧	144
哈吧粉	(568)	钡水泥	(14)	钢筋冷拔	144
哈-费稳定度	(176)	钡硅酸盐水泥	14	钢筋冷拉	144
咬起	570	钠灯	347	钢筋屈强比	144
炭化	493	钠铝酸钙	347	钢筋骨架	142
炭化物	(475)	钢	139	钢筋弯曲机	144
炭条	493	钢门窗	145	钢筋弯箍机	144
炭黑	493	钢中化合物	147	钢筋调直切断机	141
炭黑增强沥青	493	钢中金属基体	147	钢筋焊接	142
砱砵	(576)	钢化自爆	141	钢筋混凝土	142
砱砵油	(577)	钢化炉	141	钢筋混凝土大型墙板	142
贱金属	233	钢化玻璃	141	钢筋混凝土电杆	143
贴花	509	钢化虹彩	(399)	钢筋混凝土轨枕	143
贴层平板玻璃	509	钢化度	141	钢筋混凝土板	(205)
贴金	510	钢丝	145	钢筋混凝土矿井支架	143
贴胶法	509	钢丝压波	145	钢筋混凝土柱	143
贴脸板	(334)	钢丝网水泥	145	钢筋混凝土桁架	143

钢筋混凝土桩	143	香蕉水	547	复型技术	132
钢筋混凝土梁	143	香樟	548	复振	132
钢筋混凝土楼板	(208)	科尔伯恩法	(377)	复验性	(599)
钢筋混凝土管	143	重力式混合机	623	复频振动	(99)
钢筋酸洗	144	重石	(624)	复演性	(599)
钢筋镦头	142	重轨	622	段发电雷管	(562)
钢筋镦头机	142	重交通道路沥青	622	便器	(65)
钢渣	146	重折射	(455)	顺丁橡胶	473
钢渣矿渣水泥	146	重岩天然石	(624)	顺水条	473
钢管	140	重岩自然石	624	顺式-1,4聚丁二烯橡胶	(473)
钢管混凝土	140	重金属	623	顺纹抗压强度	473
钩闸	(282)	重砂浆	623	顺纹抗拉强度	473
缸砖	139	重复性	54	顺纹剪切强度	473
缸器	(450)	重复振动	(132)	顺磁共振分析法	472
看谱分析法	267	重唇瓯瓦	53	顺磁共振仪	473
矩	254	重烧线变化率	623	顺磁共振波谱仪	(473)
氟石	(578)	重混凝土	622	顺磁共振波谱法	(472)
氟石膏	127	重量分析	623	修整底材	(243)
氟硅化钠	(127)	重量法	(623)	保水性	11
氟硅钙石	126	重量箱	623	保利板	(264)
氟硅酸钙	(126)	重晶石	623	保罗米公式	10
氟硅酸钠	127	重晶石砂浆	623	保油性	11
氟硅酸钾容量法	127	重集料	622	保险门锁	11
氟铝酸钙	127	重塑仪	54	保险丝	(11)
氟硫硅酸钙	127	重塑数	54	保险铅丝	11
氟塑料	127	重溶剂油	623	保留值	10
氟橡胶	127	复合水泥	(131)	保温吸声砂浆	11
氟磷灰石	127	复合材料	130	保温性	11
氢损伤	(244)	复合材料理论	131	保温轻集料混凝土	11
氢氧化钙	393	复合油毡	132	俄歇电子	100
氢氧化铝	(178)	复合型人造大理石	132	俄歇电子能谱分析	100
氢氧硅酸钙石	393	复合热源干燥	131	信号灯	555
氢离子浓度指数	393	复合离子乳化沥青	131	信号玻璃	554
氢键	393	复合流动度	131	信那水	(547)
适度膨胀轻集料混凝土	(451)	复合硅酸盐水泥	131	泉石华	(529)
香头	548	复合硅酸盐涂料	131	衍射类型	(647)
香色	547	复合墙板	131	剑把	233
香红木	(191)	复合稳定剂	132	剑靶	(233)
香豆酮树脂	(161)	复色釉	132	脉冲法热导率测定仪	327
香味地毯	(548)	复层涂料	130	脉冲傅立叶变换谱仪	328
香型地毯	548	复层涂料喷枪	130	胎基	(585)
香椿	547	复拌沥青混合料	130		

九画

[丶]

弯曲试验	524	炸药安定性	(601)	穿孔金属板	56
弯曲强度	(270)	炸药安定度	601	穿孔率	56
弯钢化玻璃	523	炸釉	(590)	穿孔硬质纤维板	56
弯起钢筋	524	浇注成型	(235)	穿插当	56
孪晶	(455)	浇注成型法	235	扁头钉	17
亮光漆	(55)	浇注成型稳定性	235	扁青	(448)
亮花筒	(264)	浇注自密成型	235	误差	536
亮油	(169)	浇注法	(396)	诱爆距离	(557)
亮度	301	浇注稳定性	(235)		
度时积	95	浇筑水泥	(534)	[フ]	
庭园灯	512	测力元件	(183)	退火	521
庭泥砖	512	测力传感器	(183)	退火区域	(521)
亲水性	388	测温锥	42	退火温度范围	521
施工配合比	433	测微尺	42	退光漆	(520)
施釉	433	洗手盆	539	屋面木基层	531
阀阅	104	洗石机	539	屋面板	(210)
差分法	44	洗砂机	539	屏蔽混凝土	(108)
差示扫描量热分析	44	洗面器	539	费米能级	118
差热分析	44	洗涤槽	539	费勒混凝土强度公式	117
养护	565	活化矿渣混凝土	(433)	费德洛夫群	(273)
养护池	565	活化混凝土	212	陡板	94
养护坑	565	活动地面	212	逊他布法制管工艺	607
养护制度	565	活性氧化钙	(589)	除油	56
养护窑	565	活性混合材料	212	除锈	56
养护窑负荷率	(565)	洛氏硬度	324	架立钢筋	227
养护窑利用系数	(565)	洛氏硬度 B	324	架状结构	227
养护窑填充系数	565	洛氏硬度 C	324	架空木地面	227
美术大理石	332	济南青花岗石	221	柔度	412
美术水磨石	332	洋干漆	(55)	结节	240
美术地毯	332	洋金面	(514)	结石	241
姜黄	234	洋蓝	(125),(396)	结皮	241
迸发荷载	15	洋槐	(62)	结合剂	240
类质同晶	(283)	浑圆度	(596)	结壳	241
类质同像	283	恒温恒湿箱	185	结构水	240
类金属	(7)	恒温室门锁	185	结构因数	240
逆流式毛细管黏度试验法	358	恢复率试验	202	结构型胶粘剂	240
总气孔率	(382)	宣石	556	结构轻集料混凝土	240
总体	637	宣城石	(556)	结构保温轻集料混凝土	239
炻器	450	室式干燥	451	结构强度	(56)
炸药	600	宫灯	158	结构黏性	240
		突起	516	结点	239
		穿孔板	56	结晶水	241

结晶水化物	241	泰波级配曲线	491	起霜	381,(106)
结晶连生体	(240)	泰勃耐磨性	491	起爆材料	381
结晶鱼鳞	(591)	珠光体	625	起爆药	(381)
结晶轴	(252)	珠光塑料	625	起爆炸药	381
结晶度	240	珠状聚合	(556)	盐基性铅盐稳定剂	563
结晶结构	240	素片毯	(476)	盐釉	563
结晶接触点	240	素凸式地毯	476	盐霜	(106)
结晶釉	241	素灰	476	埋大石混凝土	(328)
结晶釉面砖	241	素烧	476	埋弧焊	327
结晶路程	240	素混凝土	476	捉缝灰	632
绘画珐琅	203	蚕丝	(508)	损失因数	(488)
绘图珐琅	(203)	栽绒地毯	597	损伤	488
绛矾	234	振动加压成型	607	损伤极限	488
络合指示剂	(248)	振动加速度	607	损耗因数	488
络合滴定法	324	振动台	609	换向器	198
绝干材	265	振动有效半径	609	换热器	198
绝对灰体	(201)	振动有效范围	609	热反射玻璃	(603)
绝对体积法	264	振动传递比	(607)	热介质定向循环养护	(92)
绝对误差	264	振动传递系数	(607)	热分析	400
绝对黑体	(184)	振动传递率	607	热击穿	401
绝对湿度	264	振动芯管	609	热轧工字钢	405
绝标法	(634)	振动抹浆法	608	热轧六角中空钢	406
绝热材料	265	振动制度	609	热轧六角钢	406
绝热法	(634)	振动挤压制管工艺	607	热轧方钢	405
绝热泡沫玻璃	265	振动砖墙板	609	热轧光圆钢筋	405
绝热性	(155)	振动真空制管工艺	609	热轧异形型钢	406
绝热耐火材料	(393)	振动速度	609	热轧花纹钢板	405
绝热量热计	265	振动烈度	608	热轧角钢	406
绝缘子	(61)	振动密实成型	608	热轧带肋钢筋	405
绝缘子老化	265	振动密实法	608	热轧钢板(带)	405
绝缘子泄漏距离	265	振动强度	(608)	热轧钢板桩	405
绝缘套管	(503)	振动频率	608	热轧扁钢	404
绝缘瓷套	(275)	振动器	608	热轧圆钢	406
统计量	515	振实混凝土	610	热轧窗框钢	405
统货集料	515	振幅	610	热轧槽钢	405
		振碾混凝土	610	热轧 H 型钢	406
		载荷	(183)	热电分析	(399)
		起坑	381	热电阻温度计	399
		起泡	(162)	热电学法	399
		起泡性	381	热电偶	399
耙式浓缩机	365	起重机钢轨	381	热电偶温度计	399
泰波级配公式	(491)	起皱	(624)	热处理虹彩	399

十画

[一]

热处理钢筋	398	热微粒分析	404	真空能级	606
热加工性	401	热塑性片状模塑料	403	真空脱水有效系数	607
热发声分析	(400)	热塑性树脂	403	真空混凝土	606
热发声法	400	热塑性弹性体	404	真空密实法	606
热老化	401	热塑性塑料	403	真空镀膜法	605
热扩散率	401,(72)	热磁分析	(399)	真空熔融法	606
热机械分析	401	热磁学法	399	真菌抑制剂	(111)
热光分析	(400)	热镀锌薄钢板	400	真密度	607
热光学法	400	热稳定性	404,(269)	桂竹	175
热传导	(56)	热管换热器	400	棋	159
热交换器	(198)	热熔石油沥青胶粘剂	402	栭	100
热导率	399	热熔油毡	403	桐油	513
热导率快速测定仪	(327)	热熔油毡施工机具	403	桥梁结构钢	387
热声分析	(403)	热熔焦油沥青胶粘剂	402	栿	127
热声学法	403	热震稳定性	406	桦木	195
热应力	404	热膨胀	402	桁	185,(305)
热冷槽法(防腐处理)	401	热膨胀系数	402	桁梧	185
热阻	406	热膨胀法	402	桃花浆	500
热拌工艺	398	捣实因素	(337)	桃胶	500
热拌设备	398	莱氏体	282	格子	(251)
热拌冷铺沥青混合料	398	莫氏硬度	340	格子体	155
热拌热铺沥青混合料	398	莫来石耐火材料	339	格里菲斯理论	155
热拌混凝土	398	荷木	183	"格里菲斯"微裂纹	(526)
热板焊接	(411)	荷叶墩	183	桩木	631
热固性树脂	400	荷电效应	183	校正原料	238
热固性塑料	400	荷重	(183)	校准	238
热油养护	404	荷重软化点	183	核桃楸	182
热性曲线	404	荷重软化温度	(183)	核辐射屏蔽材料	182
热空气干燥	401	荷重变形温度	(183)	核磁共振分析法	182
热重分析	406	荷载	183	核磁共振仪	182
热差重量分析	(526)	荷载传感器	183	核磁共振波谱仪	(182)
热养护	404	真人	(541)	核磁共振波谱法	(182)
热室静停	403	真气孔率	(382)	样本空间	569
热脆	399	真空干燥	605	样本点	569
热流计	401	真空毛细管黏度试验法	606	样板刀成型	(71)
热流计法	401	真空-加压浸渍	606	索螺旋扣	(190)
热流密度	(57)	真空过滤机	605	速度扫描谱仪	476
热容量	402	真空压力注浆系统	607	速凝剂	476
热通量	(57)	真空成型	605	配件卫生陶瓷	368
热喷涂着色	402	真空作业	(606)	配价键	368
热湿传导	403	真空度	605	配合剂	(147),(518)
热催化聚合	399	真空浸渍	606	配位键	(368)

配位数	368	圆网抄取法	(47)	铁酸二钙	511
配套卫生洁具	368	圆材	595	铂漏板拉丝炉拉丝	33
配筋分散性系数	368	圆钉	596	铅	384
夏尺	541	圆球度	596	铅丹	(475),(602)
夏材	(524)	圆偏光	596	铅白	(384)
砷石	430	圆兜	(65)	铅板	384
砷白	(568)	圆锯机	596	铅玻璃	384
砷酐	(568)	圆榫	596	铅粉	384
砷座	430	圆管法	596	铅铬黄	(156)
砾石	(323)			铅棒	384
破粉碎系统	378	[ㄐ]		铅锑合金板	385
破碎砂	(407)	钻井沥青	641	铅锑合金棒	385
原子发射分光光度分析	595	钻芯	641	铅锑合金管	385
原子发射分光光度计	595	钾水玻璃	227	铅硼釉	385
原子吸收分光光度分析	595	钾芒硝	(310)	铅稳定剂	(563)
原子吸收分光光度计	595	钾硅酸钙	227	铅管	385
原子吸收光谱分析	(595)	钾碱	(497)	铆钉	330
原子能灯	595	铁	510	铆钉用黄铜线	330
原子晶体	595	铁二铝酸六钙	510	铆钉用铜线	330
原子键	(159)	铁门闩	511	铆螺用热轧圆钢	330
原木	594	铁瓦	511	铆螺钢	(284)
原生土	594	铁龙	510	铈钛着色玻璃	451
原丝系列	594	铁杉	511	缺口敏感性	396
原条	595	铁钉	(596)	缺釉	396
原纸	595	铁拉牵	(386)	氧化亚镍	569
原料钙硅比	594	铁矿水泥	510	氧化还原指示剂	566
套色木纹塑料装饰片材	503	铁质校正原料	511	氧化还原滴定法	566
套色玻璃	503	铁点	(6)	氧化沥青	566
套料玻璃	(503)	铁骨饯挑	510	氧化钕	567
套兽	503	铁扁担	(510)	氧化砷	567
套管法兰接头	503	铁素体	511	氧化钴	566
套管绝缘子	503	铁屑水泥砂浆	511	氧化铀	569
套管填料接头	503	铁屑混凝土	(146)	氧化铁棕	568
殉爆度	(557)	铁绣花	511	氧化铁颜料	568
殉爆距离	557	铁铝酸四钙	511	氧化铁膨胀水泥	568
		铁铝酸四钡	510	氧化铅	567
[丨]		铁铝酸四锶	511	氧化铈	568
紧固件	249	铁铝酸盐矿物	511	氧化釜	565
紧凑拉伸试样	248	铁率	(318)	氧化铜	569
紧密度	(336)	铁袱	510	氧化铝	567
紧密堆积	249	铁蓝	510	氧化铝三水合物	(458)
阃	280	铁锭升	510	氧化铝纤维	(98)

氧化铝泡沫轻质砖	567	造壳混凝土	599	胶质灰浆	237
氧化铝空心球耐火材料	567	称量	50	胶质砂浆	(237)
氧化铬	566	透气法	516	胶质炸药	(552)
氧化塔	568	透过界限波长	(241)	胶质混凝土	237
氧化锆空心球耐火材料	566	透光玻璃钢	515	胶泥	236
氧化锆砖	(566)	透光率	515	胶空比	236,(363)
氧化锆耐火材料	566	透红外线玻璃	515	胶砂	(422)
氧化锌	(554)	透纹漆	(169)	胶骨比	(236)
氧化锑	568	透明釉	516	胶结料	(236)
氧化锡	569	透射电子显微镜	516	胶粉沥青油膏	(297)
氧化锰	567	透射电镜	(516)	胶接	236
氧化镁硅酸盐水泥	(150)	透射系数	516	胶粘物	(360)
氧化镁膨胀水泥	567	透射损失	(155)	胶粘剂	236
氧化镧	566	透射率	516	胶粘带	236
氧茚树脂	(161)	透射貌相术	516	胶集比	236
氧指数	569	透紫外线玻璃	516	胶凝材料	236
氧指数测定仪	569	笔石粉	(184)	胶凝效率系数	(463)
氨基塑料	1	笔管藤黄	(506)	鸱吻	52
氨羧络合剂	1	笑口	(325)	鸱尾	(52)
氨羧络合剂Ⅱ	(574)	倒焰窑	72	皱纹	624
氨羧络合剂Ⅲ	(574)	倒置路缘	72		
氨溶砷酸铜	1	臭椿	55	[丶]	
特干硬性混凝土	504	射气热分析	429	栾	323
特丽纶	(264)	射灯	429	浆灰	234
特快硬水泥	504	射钉	429	浆状炸药	234
特快硬调凝铝酸盐水泥	504	射线非破损检验	430	衰减系数	(538)
特快硬硅酸盐水泥	504	徐变	(412)	高水箱	(152)
特性水泥	505	徐变系数	555	高分子	(148)
特细砂	505	徐变度	555	高分子化合物	148,(149)
特细砂混凝土	505	釜前静停	129	高分子化合物黏度	148
特型耐火砖	505	胭脂	561	高分子材料添加剂	147
特种灯	505	脆化温度	63	高分子结晶度	148
特种玻璃	505	脆性	64	高分辨电子显微镜	147
特种砂浆	505	脆性系数	64	高压液相色谱法	153
特种塑料壁纸	506	脆性转变温度	64	高压湿热养护	153
特重混凝土	506	脂脂	(561)	高压蒸汽养护	(153)
特类钢	504	胶木	(86)	高级混凝土	(151)
特殊性能钢	504	胶合层气泡	235	高折射率玻璃微珠	153
特殊性能铸铁	504	胶合板	235	高抗贯穿夹层玻璃	149
特殊铝合金	504	胶体磨	236	高丽纸	149
特鲁白钙沸石	504	胶岭石	(335)	高低缝接合	(39)
造壳	599	胶质	237	高位水箱	152

高纯石英玻璃	147	高温锥等值	(349)	离子刻蚀技术	289
高纯硅酸铝耐火纤维	147	高温塑性	153	离子刻蚀法	(289)
高岭土	(61)	高温煤沥青	152	离子选择性电极	289
高岭石	149	高温煤焦油	152	离子选择性电极法	290
高炉水泥	149	高温煅烧石膏	152	离子侵蚀法	(289)
高炉矿渣	(279)	高温漆	152	离子排斥色谱	(289)
高性能混凝土	153	高温蠕变	153	离子排阻分配色谱	(289)
高钙粉煤灰水泥	148	高强石膏	151	离子探针分析仪	289
高钙镁质耐火材料	(332)	高强度电瓷	151	离子探针法	(101)
高致密超细匀质材料	154	高强度玻璃纤维	151	离子着色剂	290
高倍检验	(168)	高强陶粒	151	离子晶体	289
高效能混凝土	(153)	高强陶粒混凝土	151	离子溅射法	288
高流动性混凝土混合料	(67)	高强混凝土	151	离子键	288
高能燃烧剂	(397)	高频干燥	150	离子聚合	289
高硅质电瓷	148	高频电焊	(150)	离心成型工艺	287
高硅氧布	148	高频振动	150	离心成型机	287
高硅氧玻璃棉制品	148	高频热合	150	离心时间	287
高铝水泥	149	高锰酸钾法	150	离心制度	287
高铝纤维	(149)	高聚物	149	离心挤压制管工艺	287
高铝质耐火浇注料	150	高模量纤维	150	离心速度	287
高铝质隔热耐火材料	(392)	高模量玻纤	(152)	离心混凝土	287
高铝耐火纤维	149	高碱性水化硅酸钙	148	离心喷吹法	287
高铝耐火材料	149,(621)	高碱玻璃纤维	148	离差系数	(18)
高密度高热导率硅质耐火材料	150	高镁水泥	(150)	离域键	288
高弹态	151	高镁硅酸盐水泥	150	离域 π 键	288
高弹性模量玻璃纤维	151	准确度	631	唐大尺	499,(426)
高弹模纤维	(150)	疲劳	374	唐小尺	499,(541)
高斯分布	(613)	疲劳极限	374	唐营造尺	499,(426)
高斯消去法	151	疲劳试验机	374	唐黍尺	499,(541)
高帽窑	(622)	疲劳强度	374	瓷土	61
高温回火	152	脊瓦	221	瓷层	60
高温抗压强度	(152)	离子分析器	(617)	瓷层气泡	61
高温抗折强度	152	离子半径	288	瓷相	61
高温扭转强度	152	离子交换	289	瓷砖	(590)
高温耐压强度	152	离子交换色谱法	289	瓷砖胶粘剂	61
高温显微镜	153	离子交换法	289	瓷面无光	(433)
高温显微镜分析	153	离子交换树脂	289	瓷绝缘子	61
高温弯曲强度	(152)	离子交换树脂的再生	289	瓷釉	(500)
高温退火	153	离子极化	288	瓷器	61
高温热分析	152	离子极化力	288	部分预应力混凝土	38
高温徐变	(153)	离子表面活性剂	288	阅	596
高温锥	(42)	离子变形性	288	瓶耳子	378

粉土	124	烧结页岩砖	428	涂料细度	518
粉化	121	烧结型人造大理石	428	涂料消泡剂	518
粉末制样	124	烧结砖	428	涂料添加剂	518
粉末涂料	124	烧结砖泥料制备	428	涂盖材料	517
粉单竹	121	烧结粉煤灰砖	427	涂搪	519
粉油	(4)	烧结料	427	涂塑法	519
粉砂	124	烧结料混凝土	427	涂塑窗纱	519
粉面油毡	123	烧结普通砖	428	涂膜附着力	518
粉毡	(123)	烧结煤矸石砖	427	涂膜玻璃微珠	518
粉料造粒	122	烧结黏土砖	428	涂膜耐水性	519
粉紫	124	烧黏土	428	涂膜耐冲击性	518
粉晶结构分析	(98)	烟子	561	涂膜耐热性	519
粉晶 X 射线衍射仪	122	烟子浆	561	涂膜耐磨性	518
粉煤灰	122	烟浓度	561	涂膜柔韧性	519
粉煤灰水泥	(122)	烟密度	(561)	涂膜硬度	519
粉煤灰实心砌块	(122)	烟熏	561	浴室地毯	591
粉煤灰砖	123	酒精	(574)	浮石	128
粉煤灰陶粒	123	消化仓	551	浮石混凝土	128
粉煤灰陶粒混凝土	123	消化鼓	551	浮色	128
粉煤灰硅酸盐大板	122	消石灰	(453)	浮法	128
粉煤灰硅酸盐水泥	122	消石灰粉	551	浮法玻璃	128
粉煤灰硅酸盐条板	123	消光	551	浮柱	(632)
粉煤灰硅酸盐混凝土实心砌块	122	消光位	551	浮浆	128
粉煤灰脱水	123	消光系数	(229)	浮漂度	128
粉煤灰混凝土	123	消色法则	(34)	浮雕珐琅	127
粉煤灰超量系数	122	消色器	551	涤纶	(264)
粉磨	123	消声器	551	涤纶地毯	79
粉磨站	124	消泡剂	551	流水节拍	308
料石	301	消烟剂	552	流水机组法	307
料浆发气	301	涅硅钙石	362	流水传送带法	307
料浆稠化	301	涡纹	530	流化剂	307
烤花	271	海工混凝土	(177)	流平剂	307
烧失量	428	海水侵蚀	177	流平性	307
烧成	426	海砂	177	流动极限	(395)
烧成曲线	(14)	海洋混凝土	177	流动态	(360)
烧成收缩	427	涂-4 黏度	517	流动性	306
烧成油浸镁质耐火材料	427	涂布塑料地板	517	流动性试验台	(306)
烧成缺陷	427	涂刷(法防腐)处理	519	流动性混凝土	306
烧青	(253)	涂刷性	519	流动性混凝土混合料	(306)
烧结	427	涂料	517	流动度	306
烧结石英玻璃制品	(597)	涂料干燥时间	518	流动桌	306
烧结机	427	涂料沉降率	517	流动筋	306

流阻	308	剥离黏结性试验	32	通灰	(419)
流态混凝土	308	剥瓷	32	通体砖	(114)
流垂	(307)	剥落	33	能量色散谱仪	356
流变性	306	剥落试验	33	能量损失谱仪	356
流变特性	306	展平性	(307)	能谱仪	(356)
流挂	307	蚩吻	(52)	难熔合金	355
流值	308	陶土吸声砖	503	难燃材料	355
流浆法	307	陶土坩埚拉丝	503	预反应镁铬质耐火材料	591
流控剂	307	陶瓷	500	预反应镁铬砖	(591)
流痕	(307)	陶瓷大板	500	预压缩自粘性密封条	592
流滴剂	(113)	陶瓷手捏	(501)	预应力钢弦混凝土	593
润湿剂	(430)	陶瓷凸雕	(501)	预应力钢筋混凝土	592
浸没式燃烧	249	陶瓷压制成型	501	预应力钢筋混凝土管	593
浸析度	250	陶瓷色料	(502)	预应力度	592
浸油	250	陶瓷纤维	(350)	预应力损失	594
浸涂	250	陶瓷纤维制品	(351)	预应力混凝土	(592)
浸涂总量	250	陶瓷组织结构	(61)	预应力混凝土用低松弛钢丝	593
浸润剂	249	陶瓷变形	500	预应力混凝土用钢丝	593
浸渍	250	陶瓷挤压成型	501	预应力混凝土用钢绞线	593
浸渍材料	250	陶瓷耐磨性测定	501	预应力混凝土用普通松弛钢丝	593
浸渍含量	250	陶瓷显微结构	(61)	预应力混凝土压力管	(593)
浸渍剂	251	陶瓷捏花	(501)	预应力混凝土管	(593)
浸渍(法防腐)处理	250	陶瓷捏雕	501	预应力混凝土管椭圆率	593
浸渍混凝土	250	陶瓷浴盆	502	预拌法	591
涨圈接头	602	陶瓷浮雕	(501)	预拌混凝土	591
家榆	(5)	陶瓷堆花	(501)	预制水磨石	594
宾汉体	20	陶瓷堆雕	501	预制平模反打	594
宾汉塑性体	(20)	陶瓷基复合材料	501	预制构件	(211)
容胀	408	陶瓷着色剂	502	预制法外墙装饰石材构造连接	594
容重	408	陶瓷釉	(589)	预制混凝土	594
容量分析	408,(78)	陶瓷湿敏电阻	501	预制混凝土外墙挂板	594
容量沉淀法	(49)	陶瓷锦砖	501	预养	592
诸暨石	625	陶瓷颜料	502	预埋件	592
被覆玻璃纤维	14	陶粒	502	预混色料	(421)
冥	(541)	陶粒大孔混凝土	502	预混模塑料	592
调合漆	509	陶粒混凝土	502	预填混凝土	(592)
调配沥青	509	陶粒混凝土实心砌块	502	预填集料混凝土	592
调凝水泥	509	陶管	502	预聚体	(592)
调凝剂	509	陶器	502	预聚物	592
		通风算	512	桑皮纸	(149)
[乛]		通用水泥	512	桑树	419
剥离区	32	通过百分率	512	继爆管	221

十一画

[一]

球形门锁	394	基体	215	黄道砖	199
球硅钙石	394	基体金属	216	萘含量	355
球墨铸铁	394	基体金属表面处理	216	萤石	578
理论应力集中系数	290	基体清洗法	216	营造尺	578
理论配合比	290	基体混凝土	(215)	梱	299
琉璃	308	基体混凝土混合料	215	榉	128,(93)
琉璃瓦	308	基准水泥	216	桷	265,(57)
琉璃板瓦	308	基准物	216	楗栀	16
琉璃瓪瓦	(308)	基准配合比	(290)	梲	632
琉璃底瓦	(308)	基准混凝土	216	梯沿砖	506
琉璃筒瓦	308	基料	(215),(360)	棍	306
堵塞水泥	(583)	菱苦土	305	桶丹	(602)
堵漏剂	95	菱苦土瓦	305	梭式窑	489
掩蔽剂	564	菱苦土混凝土	(305)	曹达灰	(59)
掩蔽法	563	菱镁矿	306	副增塑剂	132
排库	365	菱镁混凝土	305	酞菁颜料	491
排锯	(435)	菱镁混凝土包装箱	305	酚含量	120
揣头	500	堇青石电瓷	249	酚醛-丁腈胶粘剂	121
推光漆	520	堇青石耐火材料	(249)	酚醛玻璃钢	120
推板式窑	520	堇青石结合高铝质耐火材料	249	酚醛玻璃棉制品	120
堆积密度	97	勒脚石	283	酚醛树脂	121
堆密度	(97)	黄土	200	酚醛树脂水泥砂浆	(347)
堆聚结构	97	黄长石	199	酚醛树脂胶泥	121
捻度	361	黄丹	199	酚醛树脂胶粘剂	121
接枝共聚	239	黄石	199	酚醛树脂混凝土	121
接触对焊	239	黄竹	(389)	酚醛塑料	121
接触点焊	239	黄色玻璃	199	硅方解石	170
接触硬化	239	黄米灰	199	硅灰	170
接触燃烧	(249)	黄连木	199	硅灰石粉	170
接缝碎裂	239	黄金石	(439)	硅灰石膏	(495)
接缝黏结带	239	黄鱼胶	(591)	硅灰混凝土	170
探照灯	493	黄波罗	199	硅质材料	174
掺灰泥	45	黄栌	199	硅质耐火材料	174
掺合型胶粘剂	45	黄铜	200	硅质校正原料	174
基本事件	(569)	黄铜板	200	硅质渣	174
基尔卓安石	215	黄铜线	200	硅线石耐火材料	173
基材	215	黄铜带	200	硅砖	174
		黄铜棒	200	硅砂	171
		黄铜箔	200	硅氧四面体	174
		黄铜薄壁管	200	硅粉	(170)
		黄麻织物胎基	199	硅粉混凝土	(170)
		黄道	199	硅率	170

硅烷偶联剂	173	辅助络合剂	129	铜红玻璃	514
硅酮建筑密封膏	(587)	辅助增塑剂	(132)	铜金粉	514
硅溶胶涂料	170			铜焊丝	513
硅酸二钙	171	[丨]		铜焊条	513
硅酸二钡	171	常化	(612)	铜绿	514
硅酸二锶	171	常压(法木材防腐)处理	46	铜锍	(21)
硅酸三钙	172	常压湿热养护	46	铜搪瓷	514
硅酸三钡	172	常压蒸汽养护	(46)	铜箔	513
硅酸三锶	172	常压碳化	46	铜镉变色玻璃	513
硅酸钙石	171	常光	45	铝	313
硅酸钙板	171	常行尺二方砖	46	铝土矿	319
硅酸钙结合镁质耐火材料	(332)	常行尺七方砖	46	铝及铝合金装饰板	318
硅酸钙绝热制品	171	常行尺四方砖	46	铝方柱石	(134)
硅酸钠防水剂	172	常幅疲劳	45	铝电焊丝	314
硅酸盐人造大理石	(469)	常温聚合	46	铝电焊条	314
硅酸盐大板	(173)	常微分方程数值解法	46	铝合金	314
硅酸盐水泥	173	悬挂墙	(346)	铝合金门窗	317
硅酸盐材料	172	悬浮液	556	铝合金瓦楞板	(315)
硅酸盐条板	(123)	悬浮聚合	556	铝合金化合物	316
硅酸盐矿物	173	悬辊法	556	铝合金龙骨	316
硅酸盐型颜料	173	晚材	524	铝合金电焊丝	315
硅酸盐砖	(611)	晚材率	524	铝合金电焊条	315
硅酸盐结构	173	冕玻璃	337	铝合金压型板	317
硅酸盐混凝土	172	蛇形压送泵	429	铝合金花纹板	316
硅酸盐混凝土墙板	173	蛇纹石	428	铝合金直角角型材	318
硅酸盐墙板	(173)	蛇纹石大理岩	429	铝合金直角T字型材	317
硅酸钾	(227)	蛇纹岩	429	铝合金板网	315
硅酸铝质耐火材料	171	累计筛余	283	铝合金板材	314
硅酸铝耐火纤维	171	累计筛余百分率	(283)	铝合金固溶体	316
硅酸率	(170)	帽罩式窑	(501)	铝合金卷闸门	316
硅橡胶	173	崩解	15	铝合金波纹板	315
硅磷酸七钙	(347)	圈绒地毯	395	铝合金显微组织	317
硅磷酸五钙	(282)			铝合金铆钉线材	316
硅藻土	174	[丿]		铝合金等边等壁工字型材	315
硅藻土泡沫制品	174	铜	513	铝合金等边等壁Z字型材	315
硅藻土砖	174	铜布	(633)	铝合金楼梯栏杆	316
硅藻土绝热砖	(174)	铜头	514	铝合金跳板	317
硒红宝石玻璃	(538)	铜合金化合物	514	铝合金微穿孔吸声板	317
硒红玻璃	538	铜合金固溶体	514	铝合金墙板	317
硒粉	538	铜合金焊丝	514	铝合金箔	315
硒硫化合物着色剂	538	铜合金焊条	514	铝合金管材	316
雪花白石	557	铜合金棒材	513	铝合金槽形型材	315

铝系阻燃剂	319	银粉子	(520)	彩色水泥	40
铝板材	313	甜竹	(326)	彩色石英玻璃	40
铝矾土	(319)	笼罩漆	311,(169)	彩色平板玻璃	40
铝制品防护	319	敏感度	(138)	彩色泡沫玻璃	40
铝质电瓷	319	做盒子	642	彩色玻璃微珠	39
铝质原料	320	袋压成型	68	彩色砂壁状涂料	(41)
铝铆钉线材	318	袋装水泥	69	彩色钢板	(41)
铝氧率	(318)	偶联剂	365	彩色涂层钢板	41
铝粉	314	偶氮二甲酰胺	365	彩色硅酸盐水泥	40
铝粉发气剂	314	偶氮二异丁腈	365	彩色铝酸盐水泥	40
铝粉脱脂	314	停泥城砖	512	彩色混凝土	40
铝粉脱脂剂	314	停泥砖	(512)	彩色斑点锦砖	39
铝粉盖水面积	314	停泥滚子砖	512	彩色硫铝酸盐水泥	40
铝粉膏	314	停留剂	512	彩花地毯	39
铝率	318	偏光	(375)	彩画	39
铝搪瓷	319	偏光显微镜	375	彩砂涂料	41
铝酸一钙	319	偏光显微镜分析	375	彩砂涂料喷枪	41
铝酸一钡	318	偏振光	375	彩陶	41
铝酸一锶	319	偏振光仪	(165)	彩釉砖	41
铝酸三钙	318	假比重	(19)	脚踏门制	237
铝酸三钡	318	假设检验	(545)	脚踏门钩	(550)
铝酸三锶	318	假定容重法	(227)	脚踏弹簧门插销	(237)
铝酸盐水泥	318	假定密度法	227	脱皮	521
铝酸盐矿物	318	假面	(272)	脱附	521
铝碳质耐火材料	319	假断裂韧性	227	脱脂	(56)
铝碳砖	(319)	假颗粒度	227	脱瓷	(32)
铝镁质耐火材料	318	假凝	227	脱硫	521
铝箔绝热板	313	盘子	366	脱硫活化剂	(598)
铟灯	576	盘内变异	(9)	脱模剂	521
铬木素灌浆材料	156	盘头	366	脲-甲醛塑料	(362)
铬质耐火材料	156	盘式离心法	366	脲醛树脂	362
铬黄	156	盘形悬式瓷绝缘子	366	脲醛树脂胶粘剂	362
铬绿	156	盘间变异	(9)	脲醛树脂灌浆材料	362
铬镁质耐火材料	156	船底防污漆	(113)	脲醛胶	(362)
铰链	237	斜方硅钙石	553	脲醛塑料	362
铵油炸药	2	斜式缘石	553	逸出气分析	575
铵盐侵蚀	2	斜当沟	553	逸出气检测	576
铵梯炸药	2	斜纹	553	猪血	625
银朱	576	斜消光	554	猫头	(38)
银朱油	577	斜接	553	猛度	335
银朱漆	576	斜硅钙石	553		
银粉	576	盒子构件	182	[丶]	
				减水剂	229

减水率	229	粒子电荷试验	299	混合着色玻璃	204
减光系数	229	粒子增强复合材料	299	混合集料	204
麻	(626)	粒化高炉矿渣	298	混合磨细工艺	204
麻刀灰搅拌机	325	粒化高炉钛矿渣	298	混杂纤维增强塑料	212
麻刀油灰	325	粒化铬铁渣	298	混砖	212
麻石	326	粒状硅钙石	298	混凝土	204,(379)
麻竹	326	粒状棉	299	混凝土二点试验法	206
麻纤维	326	粒状聚合	(556)	混凝土比强度	205
麻栎	325	粒度	298	混凝土切割机	210
麻面	325	粒度级配	(271)	混凝土中心质假说	211
麻点	325	粒料耐刷性	298	混凝土中钢筋防护	211
麻屑板	326	断裂力学	96	混凝土分层	206
商尺	426	断裂韧性	96	混凝土外加剂	210
商品混凝土	(591)	断裂韧度	(96)	混凝土立方体抗压强度	208
旋压成型	(71)	断裂判据	96	混凝土地面	205
旋转薄膜烘箱试验	557	断裂准则	(96)	混凝土劣化	(207)
旋制单板	557	剪切弹性模量	(139)	混凝土回弹仪	206
旋涡虹吸式坐便器	557	剪切强度	(268)	混凝土抗弯强度	(209)
旋窑	(203)	剪应力	229	混凝土含气量测定仪	206
望砖	525	剪应变	229	混凝土附加剂	(210)
望兽	524	兽头	(58)	混凝土拌合物	(206)
率定	(238)	兽皮地毯	452	混凝土板	205
着火点	(396)	兽座	452	混凝土岩棉复合墙板	211
着色剂	632	焊接用钢丝	179	混凝土制品	211
着色玻璃	(563)	焊接性	179	混凝土变质	(207)
着色铝合金压型板	632	焖火	(521)	混凝土空心小砌块	(379)
盖脊瓦	135	烷基磺酸苯酯	(449)	混凝土降质	207
盖斯定律	135	清油	394,(169)	混凝土标号	205
粘污性	(530)	清晰度	394	混凝土泵	205
粘粉	601	清漆	394	混凝土耐久性	209
粘接	601	添加型阻燃剂	508	混凝土轴心抗压强度	211
粘麻浆	(515)	淋子	303	混凝土浇灌机	207
粗条石	(62)	淋涂	303	混凝土屋面板	210
粗砂	62	混合水泥	(204)	混凝土结构构件	208
粗骨料	(62)	混合纤维	(204)	混凝土配合比	209
粗夏布	(626)	混合沥青	204	混凝土破裂模量	209
粗料石	62	混合砂浆	204	混凝土特征强度	210
粗铜	62	混合耐火纤维	204	混凝土特性曲线	210
粗粒	62	混合料	(206)	混凝土徐变	210
粗粒式沥青混凝土	62	混合料干硬度	204	混凝土离析	208
粗凿石	(62)	混合基沥青	(620)	混凝土流动度	208
粗集料	62	混合硅酸盐水泥	204	混凝土预制构件	211

混凝土基体	(207)	液-液分配色谱法	572	弹石	(378)
混凝土基相	207	液晶探伤法	571	弹性	492
混凝土基料	(207)	淬火	64	弹性后效	(619)
混凝土脱模剂	210	淬透性	64	弹性极限	492
混凝土着色剂	211	淡水侵蚀	(410)	弹性系数	(493)
混凝土断开试验	205	淡竹	70	弹性变形	492
混凝土断裂假说	205	深蓝	(125)	弹性变形能	(579)
混凝土添加剂	(210)	深蓝靛	(329)	弹性恢复试验	(202)
混凝土混合料	206	梁	301	弹性涂料	493
混凝土搅拌工艺	207	渗水系数	430	弹性密封带	493
混凝土搅拌机	207	渗出性	430	弹性滞后	(619)
混凝土搅拌运输车	(238)	渗吸	430	弹性锚固件	492
混凝土搅拌楼	207	渗透系数	430	弹性模量	493
混凝土联锁砌块	208	渗透剂	430	弹限强度	(492)
混凝土裂缝	208	惊釉	(590)	弹涂	492
混凝土喂料机	210	窑干材	569	弹簧门弓	(334)
混凝土强度等级	209	窑压	570	弹簧水泥	(644)
混凝土楼板	208	窑灰	(203)	弹簧钢	492
混凝土输送泵	(205)	窑具	570	弹簧钢热轧圆(方)钢	492
混凝土模板	209	窑货花色	570	弹簧钢热轧薄钢板	492
混凝土模具	209	窑炉气氛	570	弹簧铰链	492
混凝土模型	(209)	窑炉热平衡	570	随机现象	487
混凝土碱度	207	密级配沥青混凝土	336	随机抽样	486
混凝土磨损试验	209	密陀僧	337	随机事件	486
混凝土露石地面	209	密实成型工艺	336	随机变量	486
混凝土OC曲线	(210)	密实因素	337	随机误差	487
液压机	572	密实系数	(337)	随机疲劳	486
液压试验	572	密实剂	337	蛋白石	70
液芯玻璃纤维	572	密实砌块	(450)	隆凸面	311
液体水玻璃	572	密实度	336	隐蔽剂	(564)
液体沥青	571	密封条	(336)	瓿瓦	515,(37)
液体炸药	572	密封带	336	续瓦	(100)
液体着色剂	(420)	密封膏	336	骑马钉	(645)
液体燃料	571	密封膏耐热老化试验	336	骑鸡仙人	(541)
液态炸药	(572)	密度	336,(607)	骑筒	(632)
液态混凝土	(634)	密勒符号	(251)	维夫板	(191)
液态渣	571	密着层	337	维氏硬度	527
液态聚合物	571			维卡仪	527
液-固吸附色谱法	571	[ㄱ]		维卡软化点	527
液性指数	572	弹子门锁	70	维尼纶	(262)
液相线	572,(572)	弹子复锁	(70)	维纶	(262)
液相烧结	572	弹子珠	70	维纶增强水泥	527

维姆稳定度	527	博通脊	34	椒图	237
维姆黏结值	527	博缝头	33	棍度	175
维勃仪	527	博缝板	33	楮	490
维勃度	526	博缝砖	33	棉纤维	337
维勃稠度	(526)	插芯门锁	43	椆	619
综合传热	637	插捣法	43	棕眼	(329)
综合热分析	637	插值法	43	椭圆补色器	(13)
综合装饰	637	插销	43	椭圆偏光	521
绿色玻璃	320	插锁	(43)	硬化水泥浆体	580
绿青	(444)	插管流动度试验	43	硬化水泥浆体毛细空间	(581)
绿油	320	煮浆灰	626	硬化水泥浆体毛细管	581
		裁口拼	39	硬化水泥浆体孔分布	580

十二画

[一]

		搅拌车	238	硬化水泥浆体孔结构	580
		搅拌匀化	(238)	硬化水泥浆体过渡孔	580
		搅拌均化	238	硬化水泥浆体层间孔	580
		搅拌站	(208)	硬化砂浆	(424)
琴砖	388	搅拌强化	238	硬石膏	(534)
琥珀色玻璃	188	搅拌楼	(207)	硬石膏Ⅲ	(271)
斑竹	(175)	搅拌塑化	238	硬头黄竹	581
斑纹玻璃	(66)	握钉力	530	硬条木地面	581
斑点	6	斯托克斯沉降速度定律	(474)	硬质瓷	581
塔库	489	斯托克斯定律	474	硬练法	(581)
搭钮	64	斯米特锤	(206)	硬练胶砂强度试验法	581
搭脑	64	期望	(454)	硬钢	580
揩涂	267	联合散射效应	(281)	硬度	580
超早强水泥	(504)	散孔材	418	硬度试验机	580
超声脉冲法非破损检验	48	散兵石	418	硬瓷	(581)
超声活化	48	散状耐火材料	(35)	硬硅钙石	580
超低水泥耐火浇注料	47	散装水泥	418	硬铝	581
超低膨胀石英玻璃	47	散装水泥专用船	419	硬塑挤出成型	581
超张拉	48	散装水泥车厢	418	硬煤沥青	581
超细玻璃纤维	48	散装水泥汽车	419	硝化甘油炸药	552
超轻陶粒	47	葡萄灰	379	硝红	552
超轻陶粒混凝土	47	落叶松	325	硝基清漆	552
超硬铝	48	落脏	(325)	硝基漆	552
超硫酸盐水泥	(438)	落渣	325	硝铵炸药	(2)
超塑化剂	(307)	棒形支柱瓷绝缘子	9	硝酸钠	552
超塑化混凝土	(308)	棒形悬式瓷绝缘子	9	硝酸银	552
博风砖	(33)	棒法	9	硫化	309
博脊瓦	34	棱角系数	283	硫化延缓剂	(110)
博脊连砖	34	植物纤维增强混凝土	615	硫化促进剂	309
博脊筒	(34)	棻	121	硫化橡胶	309

硫化镉	309	紫色玻璃	632	晶体光学	252
硫沥青	310	紫红砂地砖	632	晶体结构	252
硫硅酸钙	309	紫矿	(632)	晶系	252
硫铝酸钙	310	紫金砂釉外墙砖	632	晶带	251
硫铝酸钡钙	310	紫草茸	(55)	晶面间距	251
硫铝酸锶钙	310	紫砂	632	晶面指数	(251)
硫酸亚铁	310	紫铆	632	晶面符号	251
硫酸盐侵蚀	310	紫胶	(55),(380)	晶轴	252
硫酸盐激发剂	310	紫粉	632	晶胞	251
硫酸钾石	(69)	紫粉霜	(576)	晶胞参数	(82)
硫酸钾钙	310	紫梗	(55)	晶格	251,(272)
硫酸钾钠	310	紫铜	633	晶格能	251
硫酸镁	310	紫铜纱	633	晶格常数	(82)
硫磺耐酸砂浆	310	紫铜板	(60)	晶族	252
硫磺耐酸胶砂	(310)	紫铜线	633	晶粒	251
硫磺胶泥	309	紫铜焊条	(513)	景泰蓝	253
硫磺浸渍混凝土	309	紫铜棒	(60)	蛭石	619
硫磺混凝土	309	紫铜箔	(60)	蛭石灰浆	(372)
裂子	303	紫檀	632	蛤蟆皮	(624)
裂化沥青	302	辉长岩	202	嵌入固溶体	(228)
裂纹	302	辉光灯	202	嵌花地砖	386
裂纹扩展	302	辉绿岩	202	嵌线珐琅	(253)
裂纹扩展寿命	302	最大粒径	(219)	嵌段共聚	385
裂纹扩展速率	302	最小二乘法	642	嵌缝材料	(385)
裂纹形成寿命	302	最优化方法	642	嵌缝条	(336)
裂纹顶端张开位移法	302	最优砂率	642	嵌缝油膏	385
裂纹釉	302	最低成膜温度	641	嵌镶珐琅	(2)
雄黄	555	最佳含砂率	(642)	黑火药	184
辊花	(624)	最佳碳化含水率	641	黑心	184
辊底窑	175	最适宜成膜温度	641	黑节粉单竹	(121)
辊射抹浆法	175	喷花	368	黑石脂	184
辊道窑	(175)	喷枪	368	黑头砖	184
		喷砂玻璃	368	黑色金属	184
		喷射水泥	369	黑色玻璃	184

[丨]

		喷射成型	368	黑体	184
紫石	632	喷射法	(368)	黑油	184
紫外-可见分光光度计	633	喷射虹吸式坐便器	368	黑药	(184)
紫外-可见光谱分析	633	喷射混凝土	369	黑度	184
紫外光电子能谱分析	633	喷涂	369	黑活板瓦	(37)
紫外光显微镜	633	喷彩	(368)	黑活筒瓦	(37)
紫外光显微镜分析	633	晶体	252	黑烟子	(561)
紫外线吸收剂	633	晶体化学	252	黑烟子油	(184)
紫外线灯	633				

十二画

[ノ]

铸石	627
铸铁	627
铸铁金属基体	628
铸铁显微组织	628
铸铁搪瓷	628
铸造性	628
铺地砖	(81)
铺地瓷砖	(501)
铺砌方块石	378
铺砌条石	378
铺砌拳石	378
铺首	(237)
铺浆	378
链节	300
链状结构	301
链状高分子	(546)
链板干燥	300
链段	300
销钉	(375)
销钉拼	552
锁口灰	(199)
锁扣	489
锁结式集料	489
锁紧密封垫	489
锂质电瓷	290
锅炉钢	176
锅烟子	(561)
锆刚玉砖	(154)
锆刚玉耐火材料	154
锆英石叶蜡石砖	(154)
锆英石叶蜡石耐火材料	154
锆英石砖	154
锆英石碳化硅砖	(154)
锆英石碳化硅耐火材料	154
锆质电瓷	154
锆质耐火材料	154
锆莫来石耐火材料	154
锌白	554
锌钡白	554
锑白	506,(568)

锑华	(568)
锑系阻燃剂	506
短切纤维毡	96
短棉	(27)
短程有序	95
氰凝	394
氮化物	71
氮化硅结合碳化硅砖	(70)
氮化硅结合碳化硅耐火材料	70
氯丁胶乳化沥青	320
氯丁胶乳化沥青防水涂料	(320)
氯丁-酚醛胶粘剂	320
氯丁橡胶	320
氯丁橡胶沥青	320
氯丁橡胶胶粘剂	320
氯化乙丙橡胶胶粘剂	322
氯化石蜡	321
氯化石蜡阻燃剂	321
氯化物金属盐类防水剂	321
氯化铁防水剂	321
氯化锂露点湿度计	321
氯化聚乙烯	321
氯化聚乙烯煤沥青	321
氯化聚氯乙烯	320
氯化镁	321
氯化橡胶	322
氯化橡胶水泥漆	(322)
氯化橡胶外墙涂料	322
氯-丙纤维	320
氯纶	(261)
氯茵酸酐阻燃剂	323
氯氧镁水泥	322
氯氧镁水泥门窗	323
氯氧镁水泥木屑板	323
氯氧镁水泥刨花板	323
氯氧镁水泥板材	322
氯-偏乳液涂料	322
氯磺化聚乙烯	322
氯磺化聚乙烯沥青	322
氯磺化聚乙烯胶泥	322
剩余水灰比	433
程序控制温度	52

稀土着色玻璃	539
稀释沥青	539
稀释剂	539
等压质量变化测定	75
等当点	(75)
等价类质同像	75
等规度	74
等规聚合	(92)
等物质的量	75
等速度谱仪	75
等效吸声面积	(537)
等温线	75,(75)
等温淬火	75
筑路沥青	(415)
筑路油	628
筛分曲线	425
筛分析法	425
筒子板	515
筒瓦节	515
筒压强度	515
集灰比	218
集料	218
集料公称粒径	218
集料有害杂质	219
集料级配	219
集料级配曲线	219
集料坚固性	219
集料含水量	218
集料粒级	219
集料联锁	219
集料最大粒径	219
集料筛分析	219
焦山石	237
焦油白云石砖	(237)
焦油白云石耐火材料	237
焦油沥青	237
焦油沥青玛琋脂	(402)
焦油沥青油毡	(331)
焦油改性树脂	237
焦烧	(535)
焦斑	237
奥氏体	2

奥氏斑点	2	普阿松分布	379	湿法制粉	433
奥硅钙石	2	普型水磨石	380	湿热处理	(433)
舒勒法	(9)	普型耐火砖	380	湿热养护	433,(611)
釉	589	普通大孔混凝土	379	湿消化	434
釉下彩	590	普通木地面	379	湿陷性土	434
釉上彩	590	普通水泥	(379)	湿球温度	433
釉中彩	591	普通水磨石	380	湿接成型	433
釉的光泽度	589	普通石油沥青	380	湿碾矿渣混凝土	433
釉泡	590	普通钉	(596)	温泉滓石	529
釉面内墙砖	590	普通砖	380	温度场	528
釉面砖	(590)	普通硅酸盐水泥	379	温度传导率	(72)
釉面砖配件	590	普通硅酸铝耐火纤维	379	温度传感器	529
釉面陶瓷锦砖	590	普通混凝土	379	温度指数	529
釉料	590	普通混凝土小型空心砌块	379	温度钢筋	(118)
釉烧	590	普通窗纱	379	温度梯度	529
釉裂	590	普通碳素钢	(380)	温度敏感性	(292)
釉熔融表面张力	590	普通碳素结构钢	380	温度感应性	(292)
釉熔融黏度	590	普鲁士蓝	(510)	滑石	192
釉薄	589	普碳钢	(380)	滑石电瓷	192
释气性	451	道路与桥梁工程石材	73	滑板微膜黏度计试验法	191
腈纶	(256)	道路水泥	(72)	滑秸灰	192
腈纶地毯	252	道路石油沥青	73	滑移型扩展	192
腈氯纶	(320)	道路沥青	72	游离水	(637)
腊克	(552)	道路沥青标准黏度计	73	游离石灰	(586)
鲁班尺	312	道路硅酸盐水泥	72	游离氧化钙	586
觚棱	(161)	道路混凝土	72	游离氧化钙的测定	586
		曾青	(448)	游离基聚合	586
		焙烧	14	游离碳含量	586
[丶]		焙烧曲线	14	割角线枋子	154
装饰石材	631	滞弹性	619	割绒地毯	154
装饰灯	631	湝	(331)	富氏体	(107)
装饰砂浆	631	湖口石	188	富氧燃烧	133
装饰混凝土	631	湖石	(490)	富勒级配曲线	(132)
装饰墙布	631	湖(地)沥青	188	富勒最大密度曲线	132
装配式地面	(212)	渣油	600	富混凝土	132
蛮石混凝土	328	渣油油膏	600	窗户薄膜	57
童柱	(632)	渣球含量	600	窗用平板玻璃	(376)
阑	282	湿闪试验	(157)	窗用绝热薄膜	58
阑干	(282)	湿材	433	窗台板	58
阑楯	282	湿胀	434	窗纱	58
阑槛	(282)	湿胀系数	434	窗帘	57
阑额	282	湿法	(47)	窗帘轨	57
阔叶树材	280				

窗帘盒	58	填土	508	楯	472	
窗帘棍	57	填充剂	(508)	楯轩	(282)	
窗玻璃	(376)	填充率	508	楼板空心砖	311	
窗钩	(124)	填料	508	榉树	254	
窗配	58	填隙固溶体	(228)	概率	135	
		塌落度	(491)	概率误差	(487)	
[丁]		鼓泡	162	楣	330	
强化玻璃	(141)	搪玻璃	499	楹	579,(627)	
强制式混合机	386	搪玻璃容器	499	椽	57,(265)	
强度	386	搪瓷	499	椽子	(57)	
强度对比法	386	搪瓷烧成	499	椽条	(57)	
强度极限	386	搪瓷裂纹	499	酪朊胶	(282)	
强度组分	386	搪瓷釉	500	酪素胶	282	
强度保证率	386	蓝色玻璃	282	感光玻璃	138	
疏水性	452	蓝脆	282	感光高分子材料	138	
隔电子	(61)	蓝硅磷灰石	282	感光着色	138	
隔声材料	155	幕墙	346	感度	138	
隔声间	(155)	蒽油	100	感温元件	(529)	
隔声室	155	蓄热系数	556	感温性	(292)	
隔声屏	155	蓄热室	556	碍子	(61)	
隔声量	155	蒙脱石	335	碘钨灯	82	
隔声罩	156	蒸不透砖	(432)	碘值	82	
隔汽层	155	蒸压灰砂砖	611	碘量法	82	
隔振材料	156	蒸压空心灰砂砖	611	硕	(162)	
隔热性	155	蒸压养护制度	611	硼系阻燃剂	369	
隔离开关锁	155	蒸压釜	611	硼砂	369	
隔离纸	155	蒸汽养护	611,(433)	硼铝	369	
隔离剂	(210)	蒸汽养护砖	611	硼酸	369	
隔焰式退火窑	156	蒸汽渗透	610	碎石	487	
媒熔剂	(563)	蒸汽渗透系数	610	碎石土	487	
絮凝作用	555	蒸炼锅	(437)	碎石大孔混凝土	487	
缎纹	96	蒸馏法测沥青含蜡量	610	碎纹釉	(302)	
缓冲溶液	198	蒸馏残留物	610	碎玻璃	487	
缓蚀剂	198,(641)	楔	553,(51)	碎砖	488	
缓凝	198	楔形砖	(616)	碎砖混凝土	488	
缓凝剂	198	楠木	355	碎料板	487	
		楠竹	(330)	碎裂	487	
十三画		楝树	301	碰珠	372	
		楣	330	碰珠防风门锁	372	
[一]		根	525	碰珠锁	(372)	
		楸木	394	雷氏夹法	283	
摄谱分析法	430	椴木	96	雷管	283	

雾点	536	锦川石	249	腻子	359
辐射干燥	128	锦纶	249	鲍林规则	11
辐射传热	(128)	锦纶地毯	249	触变性	56
辐射传热系数	(129)	锦玻璃	(27)	解吸	(521)
辐射角系数	129	锭粉	(384)	解体爆破	(44)
辐射换热	128	键方向性	234	解聚	242
辐射换热系数	129	键饱和性	234	解蔽	242
辐射能力	129	键能	234	解蔽剂	242
辐射率	(184)	锯口缺陷	255		
辐射着色	129	锯末	(346)	[丶]	
辐射聚合	129	锯末砂浆	255	新浇混凝土	554
		锯材	254	新拌混凝土	(207)
[丨]		锯齿阴阳榫	255	新样城砖	554
阗	489	锯制单板	255	新样陡板城砖	554
阘	362	稠度试验台	(306)	新鲜混凝土	554
暗场像	2	简单化合物型颜料	229	新疆地毯	554
暗钉	(17)	鼠尾弹弓	(334)	窠	241
照度	602	鼠尾弹簧	(334)	羧甲基纤维素	489
畸变	216	催干剂	63	数学规化	(642)
跳桌	(306)	催化吹制沥青	(63)	数学期望	454
跳脱	(591)	催化氧化沥青	63	数值孔径	454
路灯	312	催化聚合	(289)	塑化水泥	(476)
路面沥青混合料	312	微区定点分析	526	塑化硅酸盐水泥	476
路面混合料	(72)	微孔微管结构	526	塑化温度	477,(360)
路面混凝土	(72)	微孔黏土砖	525	塑性	484
路道牙	(312)	微压养护	526	塑性收缩	485
路缘石	312	微压蒸汽养护	(526)	塑性变形	484
蜂窝	125	微观对称型	(273)	塑性指数	485
蜂窝塑料	125	微沫剂	526	塑性混凝土	484
置换固溶体	619	微波干燥	525	塑钢门窗	476
置换滴定法	619	微波防护玻璃	525	塑料	477
罩	(164)	微波养护	525	塑料小五金	483
蜀柱	(632)	微波测湿仪	525	塑料门	482
		微穿孔板吸声构造	525	塑料门窗密封条	482
[丿]		微热量热分析	526	塑料卫生洁具	483
锚具	330	微商热重分析	526	塑料天花板	483
锚栓	(79)	微裂纹	526	塑料瓦楞板	(477)
锡槽	539	微晶高岭石	(335)	塑料止水带	484
锤击法	59	微晶搪瓷	525	塑料电镀	479
锤纹面	59	微集料水泥	525	塑料印刷	484
锥形块石	631	微薄木贴面装饰板	525	塑料地板	479
锥形膨胀螺栓固定	631	微膨胀轻集料混凝土	(451)	塑料地板尺寸稳定性	479

塑料地板耐凹陷性	479	塑料管件	480	溶胶	409,(410)
塑料地板耐烟蒂性	479	塑料管材	480	溶胶型沥青	410
塑料地板胶	479	塑料薄膜	478	溶胶凝胶法	410
塑料地砖	(276)	塑料薄膜复合胶	478	溶液聚合	410
塑料地面	479	塑料壁纸	477	溶-凝胶型沥青	410
塑料机械压花	481	塑料壁纸湿强度	477		
塑料百叶窗	477	塑料镶板门	483	[乛]	
塑料成型温度	478	塑解剂	477	群色条	396
塑料吸水率	483	慈竹	61	群青	396,(125)
塑料导爆管	(71)	煤气烧嘴	331	殿吻	(52)
塑料异型材拼装隔断	484	煤气喷嘴	(331)	障板	(155)
塑料防水卷材	480	煤气燃烧器	(331)	叠层屋面油毡	90
塑料护墙板	481	煤沥青	331	缠绕法	45
塑料改性沥青油毡	480	煤沥青油毡	331		
塑料雨水系统	484	煤沥青混凝土	331	**十四画**	
塑料采光板	478	煤沥青蒸馏试验	331		
塑料采光罩	478	煤矸石	331	[一]	
塑料油膏	484	煤矸石空心砌块	331	静力破碎剂	(534)
塑料波形瓦	(477)	煤柏油	(331)	静电植绒地毯	254
塑料波形板	477	煤焦杂酚油(溶液)	331	静电喷涂	253
塑料挤出成型	481	煤焦油	331	静态热力分析	(401)
塑料挤出异型材	481	煤渣	332	静态离子质谱分析	254
塑料草坪	478	煤渣砖	332	静态爆破剂	(534)
塑料面砖	482	煤渣混凝土	332	静荷载	254
塑料耐化学性	482	满细胞法	328	静强度	254
塑料贴面板	483	满面砖	328	熬炒灰	2
塑料复合门窗	480	滤光玻璃	(588)	墙地砖	387
塑料复合板	480	溴化锌	555	墙灯	(16)
塑料浇铸成型	481	滚花玻璃	(558)	墙体材料	387
塑料热性能	482	滚花辊	175	墙纸	(17)
塑料框板门	481	滚涂	175	墙板	386
塑料套管法兰预制接头	483	滚釉	175	墙面砖	387
塑料套管接头	483	溶出伏安法	409	墙搭	386
塑料润滑剂	482	溶出侵蚀	(410)	墙裙	387
塑料基复合材料	481	溶析	410	截止波长	241
塑料着色剂	484	溶胀	410	聚乙烯	262
塑料焊条	480	溶剂	409	聚乙烯纤维	263
塑料焊接	480	溶剂化	409	聚乙烯沥青	263
塑料装饰板	484	溶剂吸附法	(418)	聚乙烯醇	262
塑料窗	478	溶剂型沥青防水涂料	409	聚乙烯醇-水玻璃涂料	262
塑料窗纱	479	溶剂萃取	409	聚乙烯醇纤维增强水泥	(527)
塑料楼梯扶手	481	溶剂(脱)沥青	409		

聚乙烯醇胶粘剂	262	聚烯烃	261	槛楯	(282)
聚乙烯醇缩甲醛纤维	262	聚烯烃沥青涂料	261	榥	201
聚乙烯醇缩甲醛胶涂布地板	262	聚硫建筑密封膏	259	榫接合	489
聚乙烯醇缩醛树脂	263	聚硫橡胶	260	槏	63,(265)
聚乙烯醇缩醛胶	262	聚硫橡胶胶粘剂	260	栿	218,(18)
聚乙烯醇缩醛涂料	263	聚氯乙烯	260	槸	228
聚丙烯	256	聚氯乙烯石棉塑料地板	261	榨泥	(357)
聚丙烯纤维	257	聚氯乙烯纤维	261	酸分解法	485
聚丙烯纤维增强混凝土	257	聚氯乙烯建筑防水接缝材料	260	酸性火山玻璃质岩石	486
聚丙烯沥青	256	聚氯乙烯胶泥	260	酸性耐火材料	486
聚丙烯腈	256	聚氯乙烯-偏氯乙烯树脂	260	酸性铬酸铜	486
聚丙烯腈纤维	256	聚氯乙烯煤沥青	260	酸侵蚀	485
聚丙烯酸酯乳液水泥砂浆	256	聚氯乙烯-醋酸乙烯酯	260	酸度计	(644)
聚丙烯膜裂纤维	256	聚氯乙烯薄膜饰面板	260	酸度系数	485
聚丙烯膜裂纤维增强水泥	256	聚氯丁二烯橡胶	(320)	酸效应系数	486
聚甲基丙烯酸甲酯	259	聚填率	261	酸渣沥青	486
聚甲醛	259	聚酰胺	261	酸碱指示剂	485
聚光灯	257	聚酯纤维	264	酸碱滴定法	485
聚合反应	257	聚酯纤维油毡	264	碱性耐火材料	230
聚合制度	259	聚酯玻璃钢	263	碱性碳酸镁绝热制品	230
聚合物	257	聚酯型人造大理石	264	碱性激发剂	230
聚合物力学状态	258	聚酯(树脂)	263	碱侵蚀	229
聚合物水泥砂浆	259	聚酯树脂乳液水泥砂浆	263	碱-硅酸反应	229
聚合物水泥混凝土	259	聚酯树脂贴面板	264	碱-集料反应	229
聚合物分解温度	258	聚酯树脂胶泥	263	碱-集料反应抑制剂	229
聚合物改性砂浆	(259)	聚酯树脂混凝土	263	碱-碳酸盐反应	230
聚合物改性混凝土	(259)	聚碳酸酯	261	碳化	493
聚合物胶结混凝土	258	聚碳酸酯密封膏	261	碳化石灰空心条板	494
聚合物胶结填料	258	聚醋酸乙烯乳胶漆	(257)	碳化石灰混凝土	494
聚合物浸渍纤维混凝土	258	聚醋酸乙烯乳液水泥砂浆	257	碳化处理	494
聚合物浸渍混凝土	258	聚醋酸乙烯胶粘剂	257	碳化灰砂砖	494
聚合物混凝土	258	聚醋酸乙烯涂料	257	碳化收缩	494
聚合度	257	聚醋酸乙烯酯	257	碳化系数	495
聚苯乙烯	255	聚醚橡胶密封膏	261	碳化物	495
聚苯乙烯珠混凝土	256	聚磷酸铵阻燃剂	259	碳化周期	495
聚氧亚甲基	(259)	薨	93	碳化室	494
聚氨基甲酸酯	255	蔗渣板	603	碳化硅耐火材料	494
聚氨酯	(255)	模印贴花	(578)	碳化窑	(494)
聚氨酯建筑密封膏	255	模压成型	340	碳化程度	493
聚氨酯胶粘剂	255	模型石膏	340	碳纤维	497
聚硅氧烷	(587)	模壁效应	340	碳纤维增强水泥	498
聚硅醚	(587)	槛	267	碳纤维增强混凝土	498

十四画

碳纤维增强塑料	498	[丿]		稳定度	530
碳沥青质	(297)			熏烧	(535)
碳质耐火材料	498	锲裂	(388)	箍筋	161
碳砖	498	锲割	388	箣楠竹	(48)
碳钢	(495)	锲劈	(388)	管子水压试验机	164
碳结合耐火材料	495	锶水泥	(474)	管子外压试验	164
碳珠	498	锶硅酸盐水泥	474	管芯绕丝制管工艺	164
碳素工具钢	495	锻铝	97	管道漏水量	164
碳素工具钢热轧圆(方)钢	495	镀铝层	95	鲕状石灰石	100
碳素钢	495	镀锌层	95		
碳素钢无缝钢管	495	镀锌钢绞线	95	[丶]	
碳素结构钢	495	镀锌窗纱	95	裹石混凝土	176
碳素结构钢冷轧薄钢板(带)	496	镀塑层	95	裹陇灰	176
碳素结构钢热轧厚钢板(带)	496	镀膜平板玻璃	95	裹砂混凝土	(599)
碳素结构钢热轧薄钢板(带)	496	镁方柱石	(333)	敲击法非破损检验	387
碳素结构钢焊接钢管	496	镁白云石砖	(332)	遮光指数	603
碳素弹簧钢丝	496	镁白云石耐火材料	332	遮阳玻璃	603
碳硅钙石	493	镁系阻燃剂	333	遮帘	603
碳棒熔融法	(89)	镁质石灰	334	遮挡条	(113)
碳硫硅钙石	495	镁质耐火材料	334	遮盖力	602
碳酸化	(493)	镁质绝热材料	333	腐朽	130
碳酸钙	496	镁质胶凝材料	333	腐蚀抑制剂	(198)
碳酸钙滴定值	497	镁砖	(334)	腐蚀率	130
碳酸钡	496	镁钙质耐火材料	332	韶粉	(384)
碳酸钠	(59)	镁钙碳砖	332	端部效应	(195)
碳酸侵蚀	497	镁盐侵蚀	333	旗杆石	(225)
碳酸盐分解	497	镁黄长石	333	精度	(252)
碳酸钾	497	镁铝质耐火材料	333	精陶	252
碳酸锂	497	镁铬质耐火材料	333	精陶锦砖	253
碳酸镁	497	镁碳质耐火材料	333	精确度	252
碳-碳复合材料	497	镁碳砖	(333)	熔化率	410
磁化水混凝土	61	镁橄榄石耐火材料	333	熔化温度曲线	(411)
磁性定门器	62	镂花着彩	(368)	熔化温度制度	411
磁漆	61	舞台效果灯	535	熔块	411
需水性定则	(581)	稳态热传递	(530)	熔块窑	411
		稳泡剂	(382)	熔块釉	411
[丨]		稳定	530	熔岩泡沫玻璃	411
雌黄	62	稳定传热	530	熔剂矿物	411
颗粒级配	(271)	稳定剂	530	熔点	410
颗粒组成	271	稳定性	(530)	熔窑热效率	411
蜡石耐火材料	(570)	稳定性白云石砖	(530)	熔铸耐火材料	(87)
		稳定性白云石耐火材料	530	熔铸莫来石耐火材料	412

十五画					
熔铸铬刚玉耐火材料	412	撕裂型扩展	474	樟子松	602
熔铸锆刚玉砖	412	撒布料	416	樟丹	602
熔铸镁铬砖	(87)	撑篙竹	50	樟丹油	602
熔铸α-氧化铝耐火材料	412	撑臂式开关器	50	橄榄钉	(375)
熔铸α-β-氧化铝耐火材料	412	赭石	603	醋酸乙酯	63
熔铸β-氧化铝耐火材料	412	播音室执手插锁	33	醋酸丁酯	63
熔滴	410	增韧剂	(267)	醋酸纤维素	63
熔融分解法	411	增氧燃烧	(133)	醇酸树脂	60
熔融石英	(448)	增强材料	600	醇酸树脂漆	60
熔融石英制品	(597)	增强混凝土	600	碾压法	362
熔融对接	411	增强塑料	(481)	碾压混凝土	(610)
漆片	380	增稠剂	599	磙石	419
漂石	375	增塑剂	600	磙碌	(162)
漂珠砖	375	增黏剂	599		
滴定分析法	78	撺头	63	[丨]	
滴定曲线	78	横向筋	185	踏步石	(490)
滴定终点	78	横纹抗压强度	185	踏跺石	490
滴珠板	79	横纹抗拉强度	185	蝶式瓷绝缘子	90
漏散电流腐蚀	(597)	横纹剪切强度	185	墨	340
慢光	328	横担瓷绝缘子	185		
慢速石灰	328	槽灯	41	[丿]	
慢裂乳化沥青	328	槽簧拼	(381)	镇静钢	610
慢溶硬石膏	328	槫	520	镉红	156
慢凝液体沥青	328	槭木	384	镉黄	(309)
赛璐珞	416	橡皮	(309)	镍铬片孔板平拉法	362
蜜胺树脂	(417)	橡皮头门钩	550	稻壳灰	73
褐硫钙石	183	橡胶	549	稻壳灰水泥	73
褪色	521	橡胶止水带	550	稻壳板	73
		橡胶地面	549	稻草板	73
[乛]		橡胶地毡	549	箱式蓄热室	548
隧道干燥	488	橡胶再生	(521)	箱扣	(489)
隧道电流	488	橡胶防水卷材	549	膝撑	(81)
隧道式养护窑	488	橡胶沥青	550		
隧道效应	488	橡胶改性沥青油毡	549	[丶]	
隧道窑	488	橡胶态	(151)	熟化	(309)
缥瓦	375	橡胶胶粘剂	550	熟石灰	453
缩聚反应	489	橡胶粉沥青	549	熟石灰工艺(峰后成型)	453
		橡胶涂料	550	熟石膏	(8)
十五画		橡胶基复合材料	550	熟石膏陈化	453
		橡胶密封带	550	熟桐油	(169)
[一]		橡胶隔振垫	549	熟料	452
撕裂	474	橡浆	(414)	熟料形成	453

十六画

熟料率值	452	薄板共振吸声构造	9	膨胀铁铝酸盐水泥	371
熟料混凝土	452	薄晶体技术	10	膨胀倍数	369
熟料煅烧	452	薄膜共振吸声构造	10	膨胀硅酸盐水泥	370
熟橡胶	(309)	薄膜养护	10	膨胀硅酸盐水泥砂浆	370
摩氏硬度	(340)	薄膜烘箱试验	10	膨胀率	370
摩尔电导	339	橼	282	膨胀硫铝酸盐水泥	370
摩擦焊	339	橙色玻璃	52	膨胀蛭石	372
瘪	20	橘釉	254	膨胀蛭石灰浆	(372)
颜色石英玻璃	(40)	橘瓤砖	(616)	膨胀蛭石砂浆	372
颜色玻璃	563	整体地面	611	膨胀蛭石绝热制品	372
颜色釉	563	整体耐火材料	612	膨胀蛭石混凝土	372
颜色釉彩	563	整体混凝土	612	膨胀聚苯乙烯珠	370
颜料	563	整体路缘	612	膨胀稳定期	371
颜料稳定	563	整体塑料门	612	膨胀黏土	(361)
颜料熔剂	563	整体聚合	(14)	膨润土乳化沥青	369
羰基指数	498	整模涂蜡离心制管工艺	611	膦酸酯类阻燃剂	305
糊精	188	霓虹灯	358	雕底珐琅	(2)
潘马氏闪火点	366			雕塑装饰	90
澄浆城砖	75	[丨]			
澄浆砖	75	噪声控制	599	[丶]	
澄浆停泥城砖	75			磨加剂	339
憎水性	(452)	[丿]		磨光玻璃	339
憎水膨胀珍珠岩制品	600	穆斯堡尔效应	347	磨细生石灰	339
		穆斯堡尔谱	346	磨砂玻璃	339
[乛]		穆斯堡尔谱仪	346	凝灰岩	(213)
劈离砖	374	膨胀水泥	371	凝结时间差	363
劈裂砖	(374)	膨胀水泥砂浆	(371)	凝胶	363
		膨胀页岩	(361)	凝胶水	363
十六画		膨胀矿渣	370	凝胶过滤色谱	(363)
		膨胀矿渣水泥	370	凝胶空间比	363
[一]		膨胀矿渣珠	370	凝胶型沥青	363
螯合物	2	膨胀矿渣珠混凝土	370	凝胶渗透色谱法	363
螯合滴定法	(324)	膨胀矿渣混凝土	370	凝聚力	(355)
磬石	(305)	膨胀剂	370	凝聚沉淀	363
燕尾戗脊砖	564	膨胀性不透水水泥	(269)	凝聚结构	364
燕尾戗脊筒	(564)	膨胀组分	372	凝聚接触点	364
燕尾榫	564	膨胀珍珠岩	371	燃油喷嘴	398
燕翅当沟	(553)	膨胀珍珠岩吸声板	372	燃点	396
燕脂	(561)	膨胀珍珠岩砂浆	372	燃料	396
薄片	10	膨胀珍珠岩混凝土	371	燃烧	397
		膨胀型防火涂料	371	燃烧三要素	397
薄片增强复合材料	10	膨胀砂浆	371	燃烧分解法	397

燃烧材料	(575)	磷酸酯类阻燃剂	304	箧竹	(389)
燃烧剂	397	霜白	(106)	簇绒地毯	63
燃烧性	398				
燃烧试验	397	[丨]		[丶]	
燃烧热	397	瞬发电雷管	473	糠醇树脂	267
燃烧速度	397	瞬凝	473		
燧石玻璃	(213)	螳螂勾头	500	**十八画**	
激光防护玻璃	216	螺丝鼻	(564)		
激光拉曼光谱分析	216	螺纹钢筋	(405)	[一]	
激光拉曼光谱仪	217	螺栓	324		
激光熔融法	217	螺旋扣	(190)	藤黄	506
激活波长	217	螺旋形钢弹簧	324	檩	577
激活速率	217	羁骨	217	檫树	44
				礤礅	162
[フ]		[丿]			
壁灯	16	黏土平瓦	360	[丿]	
壁纸	17	黏土质耐火材料	361	翻转切割	104
壁纸胶粘剂	17	黏土质绝热耐火材料	(393)	翻窗铰链	104
壁板	(386)	黏土质原料	361	翻窗插销	(507)
壁挂	16	黏土乳化沥青	361	翻模工艺	104
避水浆	17	黏土耐火浇注料	360		
		黏土结合碳化硅砖	(360)	**十九画**	
十七画		黏土结合碳化硅耐火材料	360		
		黏土陶粒	361	[一]	
[一]		黏土陶粒混凝土	361		
		黏土膨胀珍珠岩制品	360	攒档	599
擦胶法	38	黏合剂	(236)	橹	(93)
藏青	(448)	黏附力	(130)		
檩	305	黏性	361	[丨]	
檩子	(305)	黏性土	361		
檩条	(305)	黏性系数	361	蹲式便器	97
磷化物	304	黏度	359	蹲便器	(97)
磷石膏	304	黏度计	359	蹲脊兽	(638)
磷光搪瓷	304	黏结层	360	蹲兽	(638)
磷光塑料	(103)	黏料	360	蹬脊瓦	(74)
磷系阻燃剂	304	黏流态	360	蹬脚瓦	74
磷氮键化合物阻燃剂	303	黏流温度	360		
磷渣	304	黏弹性	360	[丿]	
磷渣硅酸盐水泥	305	黏滞系数	(359)	鳔胶	(591)
磷酸盐膨胀珍珠岩制品	304	黏滞性	(361)		
磷酸铵阻燃剂	304	黏稠沥青	359	[丶]	
磷酸酯	304	黏聚力	(355)	爆力	12
				爆花	12

爆点	11	露集料饰面	313	D 形裂缝	643
爆炸地震波安全距离	(12)	露集料混凝土	313	D 玻璃纤维	(76)
爆炸冲击波安全距离	(12)	[丨]		DSP 材料	(154)
爆炸材料	(12)			E 玻璃纤维	643
爆速	12	髓心	487	EDTA 二钠盐	(574)
爆破地震安全距离	12			F 玻璃	(213)
爆破冲击安全距离	12	二十二画		F-相	643
爆破材料	12			F-检验	643
爆破器材	(12)	[一]		Ferrari 水泥	643
爆裂孔	12	蘸浸模塑	(601)	HPR 夹层玻璃	(149)
		蘸塑	601	ISO 试验法	(176)
二十画		[丨]		J 积分法	643
				JCPDS 卡片	643
[一]		镶色玻璃	(503)	K 玻璃	(337)
櫴	(18),34	镶玻璃门	548	K 型膨胀水泥	644
霰石	(529)	镶嵌共聚	(385)	K 值法	(216)
		镶锁	548	kühl 水泥	644
[丨]				L 型缘石	(612)
蠕变	412	外文字母·数字		Lossier 水泥	644
蠕变及持久强度试验机	413			M 玻璃纤维	(152)
		A 矿	(1)	M 型膨胀水泥	644
[、]		A 玻璃纤维	642	MDF 水泥	644
魔毯	(22)	AAI	(296)	NBS 烟箱	644
糯米浆	364	ABIN 发泡剂	(365)	PCC-GRC 复合材料	644
灌浆水泥	165	ABN 发泡剂	(365)	PCP 钠(盐)	(535)
灌浆材料	165	ABS 树脂	642	pH 计	644
灌浆混凝土	(592)	AC 发泡剂	(365)	pH 值	(393)
		ACA 木材防腐剂	(1)	Porsal 水泥	645
二十一画		ACC 木材防腐剂	(486)	PVC 发泡壁纸	645
		ADCA 发泡剂	(365)	PVC 接缝材料	(260)
[一]		B-4 黏度	(517)	R 曲线	(638)
櫺星门	(104)	B 矿	(13)	RILEM-CEMBUREAU 法	(176)
櫼栌	229	B-相	642	S 玻璃纤维	(151)
露天爆破	313	$C_2SH(C)$	643	S 型膨胀水泥	645
露石混凝土	(313)	C 矿	(38)	SBS 橡胶沥青	645
露明面	(19)	C 玻璃纤维	(348)	Secar 水泥	645
露底	312	CCA 木材防腐剂	(222)	Sialon 结合碳化硅砖	645
露点	312	COD 法	(302)	SIS 橡胶沥青	645
露点温度	313	C-S-H 凝胶	642	t 分布	645
露黑	313	CSH(A)	643	t 检验	645
		CZC 木材防腐剂	(221)	TK 板	(544)
				U 形钉	645

U-检验	645	X射线衍射束强度	647	σ键	648
UL94塑料燃烧性能试验	646	X射线衍射群	647	χ^2分布	648
X-相	647	X射线结构分析	646	χ^2检验	648
X相	(298)	X射线晶体取向分析	646	1/4玻片	(597)
X射线小角散射分析	647	X射线貌相术	646	$1/4\lambda$消色器	(597)
X射线分析	(647)	X-Y记录仪	(179)	74金箔	(53)
X射线双晶衍射仪	646	Y-相	647	84金箔	648
X射线光电子能谱分析	646	Z-相	647	95金箔	648
X射线应力测定仪	647	I型扩展	(601)	98金箔	(276)
X射线物相定性分析	(646)	II型扩展	(192)	106涂料	(262)
X射线定性分析	646	III型扩展	(474)	107胶	648
X射线定量分析	646	α-铁	(511)	200号石油溶剂油	(648)
X射线相变分析	646	α-氰基丙烯酸酯胶粘剂	648	200号油漆溶剂油	(648)
X射线衍射分析	647	γ射线屏蔽材料	648	200号溶剂油	648
X射线衍射仪	647	π键	648	746阻尼浆	648
X射线衍射花样	647				

词目英文索引

abacus	100
Abies holophylla maxim	422
Abrams water-cement ratio law	462
abrasion resistance	352
abrasion resistance of hardened cement paste	468
absolute error	264
absolute humidity	264
absolute viscosity of bituminous material	295
absolute-volume method	264
absorbed method to paraffine content of bitumen	536
absorbed water	537
absorption coefficient	538
absorption indicator	537
absorptivity	537
ABS resins	642
accelerated aging	407
accelerated test for cement strength	277
acceptance percentage of strength	386
accessories of rails	140
accuracy	631
Acer mono Maxim.	384
acetone	21
acid attack	485
acid-base indicator	485
acid-base titration	485
acid cleaning of steel bar	144
acid copper chromate	486
acidic volcanic glassy rock	486
acidproof asphalt daub	353
acid-proof mortar	354
acid-proof sulphuric mortar	310
acid-proof water glass mortar	457
acid ratio	485
acid refractory	486
acid-resistant aggregate	353
acid-resistant powder	353
acid-resisting brick and tile	354
acid-resisting ceramic	354
acid-resisting concrete	353
acid-resisting pottery pipe	354
acid-resisting refractory brick and tile	353
acid-resisting stoneware container	354
acid-sludge asphalt	486
acoustical conductivity of wood	341
acoustical enclosure	156
acoustic barrier	155
acoustic impedance	433
acoustics material	432
Acron's abrasion resistance	1
acrylamide grouting material	21
acrylate coating	22
acrylic fibre carpet	252
acrylic latex building sealant	22
acrylic polymer emulsion cement mortar	256
acrylic resin adhesives	21
acrylic resins	21
acrylonitrile butadiene rubber	91
acrylonitrile-vinyl chloride fiber	320
activated concrete	212
activating rate	217
activating wavelength	217
active additives	212
actual drying time	449
addition polymerization	222
additive for polymer	147
additives of cement	465
additive-type flame-retardant	508
adhesion	130
adhesion	601
adhesion-in-peel test	32
adhesive-bonded fabric wall cloth	531
adhesive for plastics film composite	478
adhesive for plastics floor	479
adhesive for porcelain file	61

adhesive for wall paper	17	air elutriation method	273
adhesive layer	337	air entrained concrete	577
adhesive power of coating film	518	air entrainer	577
adhesives	236	air-entraining portland cement	577
adhesives for building	231	air entrainment meter	206
adhesive tape	236	air-hardening binding material	383
adiabatic calorimeter	265	air-inflated concrete	53
admixture for concrete	210	airless spraying	533
adsorption	536	air lock of laminating film	235
AEM	119	air permeability method	516
aerated concrete	222	air-seasoned timber	381
aerated concrete block	224	air spraying	273
aerated concrete composite wall panel	222	air spring	273
aerated concrete slab	224	air tightness	382
aerial laminated glass	226	akermanite	333
aerial timber floor	227	alinite cement	1
AES	100	alite	1
afterflame	41	ALK	60
afterglow	41	alkali activator	230
after-linear change	623	alkali-aggregate reaction	229
after-tack	203	alkali-aggregate reaction reducing admixture	229
afwillite	171	alkali aluminosilicate hydrate	177
ageing	49	alkali attack	229
ageing	49	alkali-carbonate reaction	230
ageing of bitumen	296	alkali-fast concrete	351
ageing of plaster of paris	453	alkali-free glass fiber	533
age resister	111	alkali magnesium carbonate thermal insulating product	230
agglomerated furnace clinker	427		
agglomerated furnace clinker concrete	427	alkali-proof asphalt daub	351
aggregate	218	alkali-resistant aggregate	351
aggregate binder	161	alkali-resistant glass fibre	351
aggregate-cement ratio	218	alkali-resistant mineral wool	351
aggregate enveloped	599	alkali resistant mortar	351
aggregate enveloped concrete	599	alkali-resisting porcelain	351
aggregate gradation	219	alkali-silicate reaction	229
aggregate grading	219	alkyd resin	60
aggregate interlock	219	all bonding method	396
aging resistance	352	all-in aggregate	515
A glass fibre	642	all-lightweight concrete	395
Ailanthus altissima(Mill) Swingle	55	alloy	181
air detraining agent	551	alloy adhesive	45
air-dried condition	381	alloy (low alloy) steel seamless tubes	181

alloy spring steel wires	182	aluminium powder	576
alloy steels	181	aluminium powder gas-forming agent	314
alloy structural steel sheets	181	aluminium sheets	313
alloy structural steel wires	182	aluminium wires for rivet	318
alloy structure steel	181	aluminoferrite mineral	511
alloy tool steel	181	aluminosilicate fibre with chromium additive	177
Alniphyllum fortunei(Hemsl.)Perk	358	aluminosilicate refractory	171
alsgraffits roller	281	aluminosilicate refractory fibre	171
alum	338	aluminous cement	149
alumina bubble brick	567	aluminous raw material	320
alumina-bubble refractory	567	aluminuim alloy(right)angle	318
alumina carbon refractory	319	aluminum alloy compound	316
alumina electrical porcelain	319	aluminum alloy microstructure	317
alumina hydrate	178	aluminum alloy solid solution	316
alumina-magnesite refractory	318	aluminum coating	95
alumina modulus	318	aluminum oxide	567
aluminate cement	318	alunite	338
aluminate mineral	318	ambari hemp carpet	186
aluminium	313	amber glass	188
Aluminium alloy	314	aminoplastics	1
aluminium alloy channel	315	ammonia-resistant mortar	347
aluminium alloy corrugated sheets	315	ammonical copper arsenate	1
aluminium alloy foils	315	ammonium nitrate explosive	2
aluminium alloy gangplank	317	ammonium salt attack	2
aluminium alloy gates and windows	317	amount-of-substance point	75
aluminium alloy joists	316	amount of water leakage	164
aluminium alloy microperforated panel	317	amperometric titration	86
aluminium alloys for gate and window	334	amphiprotic emulsified asphalt	301
aluminium alloy sheets	314	amplitude of vibration	610
aluminium alloy shutter	316	anaerobic adhesive	564
aluminium alloy stair railings	316	analytical balance	119
aluminium alloy tread sheet	316	analytical electron microscope	119
aluminium alloy tubes	316	analytical method with ion-selective electrode	290
aluminium alloy wall panel	317	analytieal sample	119
aluminium alloy wires for rivet	316	anchorage	330
aluminium and aluminium alloy sheet for ornaments	318	anchoring agent	599
		ancient construction lumber	161
aluminium enamel	319	AN fuel oil explosive	2
aluminium family flame-retardant	319	angular displacement	237
aluminium foil covered insulation board	313	angularity index	283
aluminium paste	314	angularity number	283
aluminium powder	314	angular strain	237

anhydrite	534	antiscorching agent	110
anhydrous sodium sulfate	594	antiseptic asphalt	109
animal	638	antiskid lath	109
anionic coordinating polyhedron rule	130	anti-skinning agent	110
anionic emulsified asphalt	576	antistain strip	113
anionic surface active agent	576	antistatic agent	268
anionic surfactant	576	anti-static plastics floor	269
anisotropic substance	168	antistatic tile	110
annealing	521	anti-stripping agent	267
annealing kiln	29	anti-vibration coating	114
annealing of glass	29	anti-weeds cement	114
annealing temperature range	521	anti-whitening agent	107
annual ring(growth ring)	359	anvil	619
annular kiln	324	aphthalose	310
anodic protection	564	aphthitalite	310
anomalous transmission topography	104	apparatus for determining stratification of mortar	423
anthracene oil	100	apparent density	19
antiager	111	apparent porosity	545
anti-bacterial cement	111	apparent specific gravity	19
anti-corrosion admixture	641	apparent volume	19
anti-corrosion of metal	244	application life	272
anticorrosive paint for steel bar in aerated concrete	223	application of enamel	519
		applied relief	578
anticorrosive technique for steel bars in aerated concrete	222	apron board	58
		aqueous corrosion of metal	247
anti-erosion properties of marble	66	aragonite	529
antifogging agent	113	aramid fibre reinforced cement	107
anti-fouling paint	113	arcanite	69
anti-freezing admixture	108	architectural decoration material	233
antifungal agent	395	architectural element	231
antifungal property of asphalt felt	354	architectural enamel	232
antimony family flame-retardant	506	architectural finish material	233
antimony oxide	568	architectural hardware	233
antimony trioxide	506	architectural pottery	232
anti-oxidant	270	arc lamp	188
antiozidant	268	area analysis	337
antiozonant	268	argillaceous raw material	361
antipollution type porcelain insulator	113	AR-glass fibre	351
anti-rust aluminium	113	armoured laminated glass	108
anti-rust coating	113	aromatic carpet	548
anti-rust oils	113	aromatic polyamide fibre	107
anti-sag agent	111	aromatics of asphalt	107

aromid fibre	107	asphalt ageing index	296
arris	161	asphalt castor oil ointment	291
arsenic trioxide	567	asphalt cement	359
articulation	394	asphalt chip board	296
artificial fiber	408	asphalt coating for heat-insulated and waterproof	112
artificial granite porcelain tile	114	asphalt coating with phenolic resin	292
artificial leather	407	asphalt coumarone resin ointment	297
artificial marble	407	asphaltene	298
artificial marble sanitary fittings	407	asphalt epoxy resin ointment	293
artistic enamel	574	asphalt exfoliated vermiculite chip board	298
artistic marble	332	asphalt felt	449
artistic terrazzo	332	asphalt felt badge	584
asbestos	444	asphalt felt dry production	584
asbestos cement	445	asphalt felt flexibility	585
asbestos cement corrugated sheet	445	asphalt felt nail	584
asbestos cement electrical insulating board	446	asphalt felt wet production	585
asbestos-cement flat sheet	446	asphalt fish oil ointment	297
asbestos-cement flexible board	446	asphalt glass wool product	291
asbestos-cement perforated panel	446	asphaltic acid	296
asbestos-cement pipe	446	asphaltic acid anhydride	296
asbestos-cement pressure pipe for light oil	447	asphaltic damp pulp	298
asbestos-cement ridge tile	446	asphalt (-impregnated) stone	79
asbestos-cement sandwich panel	446	asphalt mixing mill	294
asbestos-cement semi-corrugated sheet	445	asphalt paper	586
asbestos compound	444	asphalt polyethylene ointment	295
asbestos emulsified asphalt	445	asphalt pump	291
asbestos fabric	444	asphalt regenerated rubber ointment	297
asbestos fabric base asphalt felt	444	asphalt resin ointment	296
asbestos-free fibre reinforced cement product	534	asphalt rubber ointment	297
asbestos insulation slab	444	asphalt synthetic rubber ointment	292
asbestos liner board	444	asphalt tung-oil ointment	297
asbestos paper	447	asphalt waterproof coating	292
asbestos-polyvinyl alcohol fibre cement product	447	asphalt waterproof paint with solvent-type	409
asbestos rubber slab	447	atmosphere corrosion of metal	245
asbestos-sand cement product	445	atmospheric carbonating	46
asbestos textile fabric	444	atomic-absorption spectrophotometer	595
asbestos wool	445	atomic absorption spectrophotometry (AAS)	595
asbetos dolomite	444	atomic crystal	595
asbetos powdered magnesite	445	atomic-emission spectrophotometer	595
ashlar	540	atomic-emission spectrophotometry	595
aspect ratio	542	atomic energy lamp	595
asphalt	79	attenuating booth	155

Auger electron	100	Bambusa pervariabilis McClure	50
Auger electron spectroscopy	100	Bambusa rigida keng et keng f.	581
austenite	2	Bambusa sinospinosa McClure	48
autoclave	611	Bambusa textilis McClure	389
autoclave-curing schedule	611	band-saw	68
autoclaved lime-sand brick	611	banks of batch bin	365
autoclaved lime-sand hollow-brick	611	barbed wires	62
autoclave expansive test	560	barge board	33
autoclaving technique of aerated concrete	224	barite	623
auto-flushing method	634	barite mortar	623
autogenous healing	637	barium carbonate	496
autogenous shringkage	193	barium hexa-aluminate	311
autogenous welding glass	382	barium silicate cement	14
auxiliary complexing agent	129	bark pocket	226
auxiliary foaming agent	103	barricade	16,544
aventurine glazed tile	632	barrier	282
aventurine mosaic	243	barrier curb	282
average molecular weight	376	bar straightening-cutting machine	141
average size of sand	424	bar upsetter	142
awning	603	base course materials	80
axed artificial stone	100,601	base for asphalt felt	585
axial compressive strength of concrete	211	base material	215
azodicarbonamide(AC)(ADCA)	365	base mix	215
azodiisobutyronitrile (ABIN)	365	base of bearing stone	430
azurite	448	base paper	595
B−4 viscosity	517	base soil	79
Backe line	12	basicity of concrete	207
back scattered image	13	basic lead stabilizer	563
back side pattern	13	basic refractory	230
back titration	105	basse-taille enamel	127
back-up materials	13	batch	573
bagasse board	603	batch segregation	119
bag cement	69	batch tower	489
bag pressing molding	68	bathroom carpet	591
Baikov's (Байков) theory for setting and hardening of cement paste	469	battery plastic wall paper	247
		Baumé meter	22
bainite	13	bauxite	319
bakelite	86	bauxite refractory	149
baluster	282	beading enamel	17
balustrade	267	beam	299,301
bamboo concrete	626	beam haunch	121
bamboo (material)	625	beam hounch	126

beandregs stone	94	black body	184
bearing alloys	624	black core	184
bearing steel	624	black glass	184
bearing stone	430	blackness	184
bedding face of brick	628	black powder	184
bed lamp	58	Blaine air permeability method	33
Beijing carpet	251	blast attenuating process	382
belite	13	blast furnace cement	149
below freezing placed concrete	130	blast furnace slag	279
belt type sheet machine for dry process	135	blasting materials	12
bend	6	bleeding	336
bending strength	270	bleeding percent	335
bending strength of brick	629	bleeding rate	336
bending strength of wood	342	bleeding rate ratio	335
bending strength under high temperature	152	blended aggregate	204
bending tempered glass	523	blended asphalt	509
bending test for pole	84	blending	159
bending test machine for asbestos-cement sheet	445	blend of aluminosilicate and polycrystalline fibre	204
bend test	524	Blenken open-cup flash point	37
bentonite emulsified asphalt	369	blister copper	62
bent-up bar	524	blistering	162
benzene	14	blister of enamel coating	61
Berek compensator	13	blister of glass	28
beta yarn	13	blister performance	381
Betula. spp.	195	bloated brick	337
biaxial extension	455	block	198,383
bicrystal	455	block copolymerization	385
bidet	253	block fram-saws	435
big size wall tile	500	block saw	436
binary system phase diagram	102	block stone	329
binder	240,360	blood adhesive	557
binding material	236	blood(albumen)glue	557
Bingham body	20	blow molding	58
binomial distribution	102	blue brick	390
birefringence	455	blue brittleness	282
birefringent index	455	blue enamel	313
biscuit firing	476	blue glass	282
bitumen	291	blue roofing tile	389
bitumen adhesive	295	bluish white stone powder	388
bitumen concrete	294	blush	4
bituminous materials	291	blushing	4
bituminous mixture	293	board	6

board joint	377	brass wires	200
body	373	Bravais lattice	37
body color plate glass	14	break stone soil	487
body colouration	421	bredigite	37
body-glaze intermediate layer	373	brick	628
body-glaze stress	373	brick fired with inner combustion	356
body materials	373	brick for guqin tabletop	388
boiled oil	394	brick for imperial road	199
boiler steel	176	brick for tabletop	490
boiling	102	brick mixed clay preparation	428
Bolomey's formula	10	brick powder lime putty	630
bolt	43, 324	brick powder paste	629
bond	240	brick powders	629
bond energy	234	brick press	561
bonding layer	360	brick with groove	226
bone glue	161	bridge structrural steel	387
boracic concrete	178	bright field image	338
boral	369	Brinell hardness	37
borated graphite	178	brisance	335
borated polyethylene	178	brittleness	64
borax	369	brittleness transtion temperature	64
boric acid	369	brittle temperature	63
boric cement mortar	222	bronze	389
boron-containing cement	178	bronze foil	389
boron family flame-retardant	369	bronze powders	514
boron steel	222	bronze rods (bars)	389
boulder	375	brownmillerite	511
bound water of quicklime	441	brushability	519
box-type regenerator	548	brushing	455
B-phase	642	brushing decoration	454
brace-switcher	50	brushing resistance of grains	298
bracket	34, 159, 323	brush marks	454
bracket set	94, 229	brush polish	426
bracket-set-spacing	599	brush roller	454
Bragg equation	37	brush treatment	519
branched macromolecule	614	brush weather strip	329
brass	200	bubble of glass	28
brass foil	200	bubble stabilizer	382
brass plates	200	buckling	559
brass rods and bars	200	buckling strength	559
brass strips	200	buffer solution	198
brass wire for riveting	330	building artificial panels	232

building coating	232
building glass	230
building lime	232
building materials	230
building plastics	232
building scale	578
building sealing materials	232
building steels	231
building stone	231
build spray gun	188
built-up asphalt felt	90
bulk cement	418
bulk cement barge	419
bulk cement car	418
bulk cement truck	419
bulk density	97,408,506
bulking coefficient	434
bulking of sand	424
bulk polymerization	14
bultfonteinite	458
bumping ball	372
bumping ball lock	372
burl	453
burl figure	323
burner blowing process	214
burning of clinker	452
burning-off	237
burnt clay	428
burr	453
bush-hammered dressing	59
bushing porcelain insulator	503
butt welder	97
butt welding	239,411
butyl acetate	63
butyl rubber	91
butyl rubber adhesives	91
CA	63
cable asphalt	85
cadmium red	156
cadmium sulfide	309
calcareous material	135
calcareous raw material	443
calcareous tufa	440
calcia-silica ratio	134
calcia-silica ratio of raw material	594
calcimine distemper	455
calcination of limestone	442
calcined gypsum	232
calcio-chondrodite	298
calcite	107
calcium aluminate hydrate	460
calcium aluminate sulphate hydrate	459
calcium alumino-ferrite hydrate	461
calcium barium alumino sulfate cement	177
calcium-barium sulphoaluminate	310
calcium carbide sludge	87
calcium carboaluminate hydrate	461
calcium carboferrite hydrate	461
calcium carbonate	496
calcium carbonate titrating value	497
calcium chloroaluminate hydrate	460
calcium chloroferrite hydrate	460
calcium dialuminate	101
calcium ferrite hydrate	461
calcium fluoride	578
calcium fluoroaluminate	127
calcium fluoro-silicate	126
calcium hydroxide	393
calcium lime	135
calcium magnesium aluminate cement	134
calcium natrium aluminate	347
calcium-plastic material	134
calcium plastics door or window	134
calcium plastics floor tile	134
calcium potash-silicate	227
calcium silicate board	171
calcium silicate hydrate	458
calcium silicate insulation	171
calcium silicoaluminate hydrate	458
calcium-strontium sulphoaluminate	310
calcium sulfo-silicate	309
calcium sulphoaluminate	310
calcium sulphoaluminate hydrate	459
calcium sulphoferrite hydrate	459

calculated diameter of fibre	542	carbon structural quality steel wires	582
calender	560	carbon structural steels	495
calendering	560	carbon structure steel wires for cold heading	284
calibration	238	carbon tool steel	495
cane fiber sound absorption panel	137	carbonyl index	498
cantilever	115, 553	carboxymethyl cellulose	489
cap	94	carpenter's scale	344
capillary of hardened cement paste	581	carpenter's square	395
capillary phenomenon	330	carpet	80
capillary water	330	carpet drawing machine	81
capital	217, 218, 241, 490	carpet with looped pile	395
capital on doorpost	18	carrara white marble	266
capping	558	casehardening	342
cap slot	94, 275	casen glue	282
carbene	297	casing glass	503
carbide	495	castability	628
carboid	475	castable refractory	349
carbonated lime concrete	494	Castanea mollissima Bluma	6
carbonated lime hollow slab	494	Castanopsis hystrix DC	187
carbonated lime-sand brick	494	Castanopsis sclerophylla(Lindl)Schott	276
carbonating	494	casting	626
carbonating chamber	494	casting bed	490
carbonating time	495	casting process	235
carbonation	493	cast-in-place concrete	545
carbonation of lime slurry	440	cast-in-place terrazzo	545
carbonation shringkage	494	cast iron	627
carbon beads	498	cast iron enamel	628
carbon black	493	cast lamp	515
carbon black reinforced asphalt	493	cast moulding of plastics	481
carbon-bonded refractory	495	cast stone	627
carbon brick	498	Catalpa bungei C. A. mey.	394
carbon-carbon composite material	497	catalytic oxidized asphalt	63
carbon fiber reinforced plastics	498	catalytic plasticizer	477
carbon fibre	497	cathodic protection	576
carbon fibre reinforced cement	498	cationic emulsified asphalt	564
carbon fibre reinforced concrete	498	cationic surface active agent	564
carbonic acid attack	497	cationic surfactant	564
carbonizel cereal grains	498	caulk adhesion	582
carbon refractory	498	caulking	372
carbon spring steel wires	496	caulking compound	385
carbon steel	495	caulk workability	582
carbon steel seamless tubes	495	caustic dolomite	271

cavitation erosion	382	cement mortar	467
ceiling	282	cement paste envelope coarse aggregate concrete	176
ceiling coating	91	cement pipe	464
celite	38	cement pipe fittings	464
cell	251	cement plain tile	469
cellular concrete	98	cement pressure pipe	469
cellular glass	366	cement-sand ratio	201
cellular plastics	367	cement series architectural coating	469
cellular structure	99	cement setting	466
celluloid	416	cements for common use	512
cellulose acetate	63	cements for special use	628
cellulose fibre	543	cement silo	466
cellulose fibre reinforced cement	543	cement-slag-sand-aerated concrete	466
cellulosic resin	542	cement-sodium silicate grouting material	468
cement	463	cement strength grade	467
cement-aggregate interface	468	cement tensile strength	466
cement-aggregate ratio	201, 236	cement-water ratio	201
cement artificial marble	469	cement well pipe	465
cement bacillus	464	cement with less portland clinker	428
cement-based composite materials	465	cement without clinker	534
cement bending strength	466	cement wood shavings board	466
cement boat	463	centra hypothesis of concrete	211
cement bulk density	464	centrallasite	4
cement compressive strength	466	centrifugal compacting process	287
cement concrete	465	centrifugal hydropressing process of pipe making	287
cement density	466	centrifugal machine for pipe making	287
cement equivalent coefficient	463	centrifugal schedule	287
cement exfoliated vermiculite mortar	470	centrifugal speed	287
cement expand pearlite product	467	centrifugal time	287
cement fineness	469	Cenxi red granite	42
cement for dam construction	65	ceramic coating	243
cement for grouting cement for injection	165	ceramic colouring agent	502
cement-free castable refractory	534	ceramic composite material	501
cement gel	466	ceramic fibre	350
cement grouting material	464	ceramic fibre product	351
cement hydration	468	ceramic-glass microcrystalline enamel	525
cement hydration product	468	ceramic moisture sensitive resistor	501
cementitious material	236	ceramic mosaic tile	501
cement-lime exfoliated vermiculite mortar	467	ceramic pigment	502
cement-lime-fly ash aerated concrete	467	ceramic piling sculpture	501
cement-lime-sand aerated concrete	467	ceramics	500
cement mixing test of bituminous emulsion	414	ceramic sanitary ware	528

ceramic sculpture	501	chemically tensioning method	194
ceramisite	502	chemical plasticizer	194
ceramisite concrete	502	chemical resistance of plastics	482
ceramisite concrete solid block	502	chemical shift	194
cerium oxide	568	chemical stability	194
cerium titanium colored glass	451	chemical structure of bitumen	292
CFRC	498	chemical tempering process	193
chain-plate drying	300	chemical treatment	193
chains	489	chemisorption	194
chain segment	300	Chile niter	552
chain structure	301	china	61
chalk	4	china clay	61
chalking	121	China ink	340
chalk powder	65	china tung oil	513
chalky	433	Chinese lacquer-tung oil blend	169
chamber drying	451	chipped marble finish	137
champlevé	2	chipped stone	301
charcoal sticks	493	chi-squared test	648
charged particle test	299	chlorinated	322
charging effect	183	chlorinated ethylenepropylene rubber adhesive	322
charring	493	chlorinated polyethylene coal tar	321
check	302	chlorinated polyethylenes CPE	321
checker pattern	579	chlorinated polyvinyl chloride	320
checker work	155	chlorinated polyvinyl chloride anti-corrosive paint	176
checking	373, 385	chlorinated rubber exterior wall coating	322
chelate compound	2	chloroparaffin	321
chemical analysis	193	chloroprene rubber	320
chemical bond	193	chloro-sulfonated polyeth ylene	322
chemical ceramic	192	chlorosulfonated polyethylene-asphalt	322
chemical coating	193	chlorosulfonated polyethylene daub	322
chemical coating process	193	chopped strand mat	96
chemical component of bitumen	293	chromated copper arsenate	222
chemical conversion coating	194	chromated zinc chloride	221
chemical durability	194	chromaticity chart	420
chemical embossing	194	chromaticity diagram	420
chemical enamel	192	chromatographic column	421
chemical fiber	194	chromatographic peak	421
chemical fibre carpet	192	chromatography	421
chemical glass fibre	348	chromatography qualitative analysis	421
chemical gypsum	158, 193	chromatography quantitative analysis	421
chemically-bonded brick	36	chromato-mass spectrome-ter	421
chemically prestressed concrete	194	chrome green	156

chrome-magnesite refractory	156	coal spoil	331
chrome refractory	156	coal-tar	331
chrome yellow	156	coal-tar-creosote(solution)	331
chromiun oxide	566	coal-tar felt	331
chuff brick	184	coarse aggregate	62
cinder	332	coarse aggregate of expanded clay	361
cinder brick	332	coarse aggregate of expanded shale	571
cinder concrete	332	coarse aggregate of sintered pulverized fuel ash	123
cinnabar	625	coarse grained bituminous concrete	62
Cinnamomum camphora (L.) Presl	548	coarse sand	62
circular kiln	324	coated electrodes for aluminium alloy	315
circular polarized light	596	coated electrodes for aluminium material	314
circular reinforcement	196	coated electrodes for copper	513
circular saw	596	coated electrodes for copper alloy	514
cis-1,4 polybutadiend rubber	473	coated glass fibre	14
cistern	471	coated plate glass	95
city gate	280	coated window screening	519
city-wall brick	51	coating	517
clamp	226	coating admixture	518
classical design carpet	161	coating defoamer	518
clay content	177	coating film hardness	519
clay emulsified asphalt	361	coating process	519
clay expended pearlite product	360	coat plate glass with glass	509
clayey soil	361	cobalt oxide	566
clay glaze	520	coefficient of acidity	485
clay plain tile	360	coefficient of brittleness	64
cleavage resistance	269	coefficient of carbonation	495
Cleveland open-cup flash point	272	coefficient of chemical resistance	353
clinker	452	coefficient of cold drawing	280
clinker concrete	452	coefficient of cold stretching	285
cloisonné	253	coefficient of creep	555
cloisonné enamel	253	coefficient of foaming	103
closed joints of decorative stone walls	125	coefficient of heat convection	97
closed porosity	16	coefficient of light reduction	229
close packing	249	coefficient of pH effect	486
coacervate precipitation	363	coefficient of sulfate resistance	270
coagulation of slurry	301	coefficient of thermal expansion	402
coagulative contact	364	coefficient of variation	18
coagulative structure	364	coefficient of water saturation	10
coal gangue	331	cohesion	355
coal gangue hollow block	331	coil metal spring	324
coal pitch	331,581	coincidence effect	529

colburn sheet process	377	color broken stone	421
cold adhesive	285	color development	545
cold brittleness	284	colored enamel glaze	422
cold concrete	284	colored foam glass	40
cold drawing low alloy steel wire	283	colored glass	563
cold drawing low carbon steel wire	284	colored glass bead	39
cold-drawing wires	284	colored plate glass	40
cold-extrusion steel	285	colorimetric analysis	16
cold forming channel steel with equal-leg	286	coloring agent	632
cold forming channel steel with unequal leg	285	coloring agent for concrete	211
cold forming corrugated sheets	285	coloring agent of plastics	484
cold forming equal angle	286	colors masterbatch	421
cold forming hollow sectional steel	286	colour difference	420
cold forming sectional steel	286	coloured aluminate cement	40
cold forming sectional steel for folding gate and sash-window	264	coloured cement	40
		coloured concrete	40
cold forming steel	285	coloured glaze	563
cold forming unequal angle	286	coloured-lantern making	73
cold forming Z-sectional steel	286	coloured mud decoration	421
cold heading steel	284	coloured optical glass	588
cold-mix(cold-laid)bituminous mixture	284	coloured paint coat steel plates (strips)	41
cold pressed steel	284	coloured portland cement	40
cold primer-oil	284	coloured silica glass	40
cold-rolled low alloy structural steel plates (strips)	76	coloured sulfo-aluminate cement	40
cold-rolled plain carbon steel sheets (strips)	496	colour-glazed terra-cotta	308
cold-rolled quality carbon structural steel sheets (strips)	582	colour glazed tile	41
		(colour)pearl paint	41
cold-rolled stainless steel sheets (plates)	36	colour sand coating spray gun	41
cold twisted bar	286	colour shade	420
cold workability	285	colour-spraying	368
collapse	342	colour tone	420
collapsible soils	434	column	627
colliery waste	331	column cap	126
colloidal concrete	237	column diameter	627
colloidal grout	237	combined carpet	375
colloidal structure of bitumen	295	combined centrifuging and gas attenuating process	287
colloid mill	236	combined decorations	637
colloid theory for setting and hardening of cement paste	469	combined mechanical and electrical strength test	215
		combined thermal analysis	637
colorant	632	combustibility	398
colorant of plastics	484	combustible material	575
coloration by radiation	129	combustion	397

combustion test	397	compound ionic emulsified asphalt	131
combustion test of textile	614	compressibility	272
combustion test on a single insulated wire or cable	69	compressible sealing pieces	560
combustion test on bunched wires or cables	50	compression moulding of plastics	340
combustion test on flame-retardant paint in board	110	compression strength of wood	343
combustion test on flame-retardant paint in small-chamber	110	compression strength parallel to grain	473
		compression strength perpendicular to grain	185
combustion test on flame-retardant paint in tunnel-furnace	110	compression testing machine	559
		compression wood	579
commercial pure aluminium	157	compressive strength	270
common brick	380	compressive strength in cylinder	515
common terrazzo	380	compressive strength of brick	629
common timber floor	379	compressive strength ratio	270
common window screening	379	concavity	20
compactability	575	concrete	204
compacting factor	337,559	concrete abrasion test	209
compacting moulding process	336	concrete break-off test	205
compact tension specimen	248	concrete characteristic strength	210
comparator	15	concrete cracks	208
compartment kiln	624	concrete cutting machine	210
compatibility	547	concrete deterioration	207
compensator	551	concrete feeder	210
complete sanitary ware	368	concrete floor	205
complexation titrations	324	concrete floor slab	208
complex heat source drying	131	concrete matrix	207
complex heat transfer	637	concrete mix	206
complexones	1	concrete mixer	207
complex stabilizer	132	concrete mixing plant	207
compliance	412	concrete mixing process	207
complicated shape brick	575	concrete mix proportion	209
component	641	concrete modulus of rupture	209
composite	130	concrete operating characteristic curve(OC curve)	210
composite material	130	concrete placer	207
composite materials mechanism	131	concrete-polymer composite	258
composite mortar	204	concrete products	211
composite portland cement	131	concrete pump	205
composite roll roofing	132	concrete rebound hammer	206
composite silicate coating	131	concrete rock-wool composite wall panel	211
composite wall panel	131	concrete roof slab	210
composite with resin matrix	481	concrete separation	206
compound artificial marble	132	concrete ship	463
compound in steel	147	concrete slab	205

concrete stratification	206	continuous strand mat	300
concrete strength grade	209	continuous wave NMR spectrometer	299
concrete strength mark	205	contraction	451
concrete structural element	208	contrast	49
conditional fracture toughness	509	control cement	216
conditional pop-in load	509	control concrete	216
conductive concrete	71	convective drying	97
conductive laminated glass	71	convective heat transfer	97
conductivity apparatus	83	converter steel	630
conductometric analysis	83	conveying distance	15
conglomerate structure	97	cooling shrinkage	285
congruent melting	573	coordination bond	368
congruent melting compound	573	coordination number	368
congruent melting point	547	copolymer	160
conjugated double bond	159	copolymerization	160
connector joint	299	copper	513
consealed ridge	577	copper alloy bars	513
consecutive machine method	307	copper alloy compound	514
conservation law of interfacial angle	338	copper alloy solid solution	514
consistency of mortar	423	copper-cadmium photochromic glass	513
consistometer of mortar	423	copper enamel	514
consolidated brick	162	copper foil	513
consolidating agent	162	copper head	514
constant amplitude fatigue	45	copper matte	21
constant temperature and humidity cabinet	185	copper naphthenate	196
constituent structure of bituminous mixture	293	copper oxide	569
construction machinery for flame-fused asphalt felt	403	copper ruby glass	514
		copper strip for cable	85
construction material	230	copper wire for rivet	330
contact hardening	239	coprecipitation	159
contact of crystals	240	cord	509
continuous convey-belt method	307	cordierite-bonded high-alumina refractory	249
continuous glass fibre	299	cordierite electrical porcelain	249
continuous grading	299	core type prestress process of pipe making	164
continuous grading bituminous concrete	299	coring	641
continuous kiln	300	cork brick	415
continuous melting method	300	corner bead	189
continuous molding	299	cornice	306
continuous mortar mixer	300	corrective raw material	238
continuous polymerization	299	correlation coefficient	547
continuous solid solution	299	corrosion fatigue of metal	245
continuous steam curing chamber	300	corrosion of metal	244

corrosion of stray current	597
corrosion resisting factor	353
corrugated asphalt felt	68
corrugated sheet glass	22
corrugated sheet nail	522
corrugated sheet screw	522
corrugating	65
corundum refractory	139
cosolvent	626
cotton fibre	337
coulometric titration	86
coumarone resin	161
count	614
count fluctuation	614
count variation	614
coupling agent	365
covalent bond	159
cover-coat enamel	338
covering area of aluminium powder	314
covering power	602
cracing resistance coefficient	269
crack	303
crack arrestor	638
cracked asphalt	302
crack formation life	302
cracking of asbestos-cement corrugated sheet	445
cracking resistance	269
crackle glaze	302
crack of brick	629
crack propagation	302
crack propagation life	302
crack propagation rate	302
crack resistance coefficient of aerated concrete	223
crack resistance test of structural member	160
crack-resistance test of waterproof coating	112
crack tip opening displacement method	302
crane rails	381
CR-asphalt waterproof paint	296
crawling	175
craze	303
crazing	103, 499
CR(chloroprene rubber)-asphalt	320
creep	412
creep and long-term strength testing machine	413
creep of concrete	210
creep rupture strength	52
CR-emulsified asphalt	320
crestmoreite	70
critical initial structure strength	303
critical load	303
critical moisture content	303
critical strain energy release rate	303
critical stress	303
critical water-lime ratio	431
crizzle	303
cross-arm porcelain insulator	185
cross grain	553
crosslinked macromolecule	235
crosslinking	234
cross-linking agent	235
cross section	342
crown glass	337
crucible	137
crushed brick concrete	488
crushed bricks	488
crushed sand	407
crushed stone	487
crushing-grinding system	378
crushing strength under high temperature	152
crushing value of aggregate	559
cryolite	21
Cryptomeria fortuicei Hooibrenk ex Otto et Dietr	311
crystal	252
crystal chemistry	252
crystal family	252
crystal lattice	251
crystalline glaze	241
crystalline grain	251
crystalline hydrate	241
crystalline structure	240
crystalline texture	240
crystalline theory for setting and hardening of cement paste	469
crystalline water	241

crystallinity	148, 240	dampproof and waterproof asphalt	111
crystallization path	240	damp-proof course	108
crystallographic axis	252	Dandong green marble	69
crystal optics	252	dark field image	2
crystal orientation analysis by X-ray	646	daub	236
crystal plane symbol	251	D-cracking	643
crystal structure	252	debiteuse method	587
crystal systems	252	decalcomania	509
crystal zone	251	decal tissue bursting	12
C-S-H gel	642	decarbonating temperature of limestone	442
cube crushing strenght of concrete	208	decay	130
cumulative percentage retained	283	decibel	118
Cunninghamia lanceolata(Lamb.)Hook.	425	decomposition of carbonates	497
cupola slag	192	decomposition temperature of polymer	258
cupola slag sulfated cement	437	decorated glazed tile	191
Cupressus funebris Endl.	6	decorated mineral wool acoustic board	278
curb	312	decorating firing	271
curb and gutter	377	decorating with engobe	195
curing	565	decoration lamp	631
curing pit	565	decorative block	450
curing schedule	565	decorative color painting	39
curing with directional medium circulation	92	decorative concrete	631
curled edge	22	decorative mortar	631
curtain wall	346	decorative plastics sheet	484
cuspidine	386	decorative stone	631
cuspidite	386	decorative wall cloth	631
cutback asphalt	392	defect on firing	427
cut-off saw	436	defects in wood	343
cut-off wavelength	241	defects of bole shape	453
cut pile carpet	154	defects of saw cut	255
cutting machine for aerated concrete	224	defects of wood sawing	342
cutting technique of aerated concrete	223	defects of wood structure	342
cyanoacrylate adhesives	648	deformation of ceramics	500
cyclohexanone	195	deformed aluminium alloy	18
cyclopean concrete	328	deformed bar	170
Dacron carpet	79	deformeter	528
dado	387	degradation	234
Dalbergia odorifera T. Chen	191	degreaser for aluminium powder	314
damage	488	degreasing	56
damaging limit	488	degreasing of aluminium powder	314
damping material	638	degree of carbonation	493
damping vibration isolation paint	638	degree of complex flow	131

degree of crosslinking	235	dew-point temperature	313
degree of crystallinity	148	dextrine	188
degree of dispersion	119	diabase	202
degree of freedom	636	diatomaceous earth	174
degree of maturity	50	diatomite	174
degree of polymerization	257	diatomite brick	174
delamination of asbestos-cement product	447	diaxial crystal	102
delayed elasticity	619	dibarium silicate	171
delay electric detonator	562	dicalcium aluminate hydrate	460
delaying curing at hot room	403	dicalcium ferrite	511
delaying curing before antoclave	129	dicalcium silicate	171
deleterious substance content in lightweight aggregate	392	dicalcium silicate hydrate	458
		dichroism	102, 455
deleterious substances in aggregate	219	dielectric	85
delivery pressure	15	dielectric loss	242
delocalized π bond	288	difference method	44
demasking	242	differential polarograph	450
demasking agent	242	differential polarography	450
demolding strength	44	differential scanning calorimetric analysis	44
demolition blasting	44	differential thermal analysis	44
demoulding agent	521	diffuse field	280
dense-frame structure of bituminous mixture	293	Diffuse-porous wood	418
dense grading bituminous concrete	336	diffusion coloration	280
denseness	336	difinition	394
dense-suspension structure of bituminous mixture	293	dihydrate gypsum	102
		dimension stability of plastics floor	479
densibier	337	dimthyl benzene modified unsaturated polyester	101
densified system containing homogeneous arranged ultrafined particles	154	diorite	426
density	336	dip coating	250
depolymerization	242	dip moulding	601
derivative thermogravimetric analysis	526	dipping	250
desiccant	137	direct-action electric detonator	473
design roller	175	direct determination of heat of hydration	461
desorption	521	directionality of bond	234
determination of free lime	586	direct melt process	52
detonating cord	71	direct titration	615
detonation power	12	disc and pin type porcelain insulator	366
detonation velocity	12	discharge coefficient	55
detonator	283	discharge pressure	15
devitrification-resistant silica glass	270	disintegration	15
devulcanization	521	disk centrifugal process	366
dew point	312	dislocation	528

disodium ethylene diamine tetraacetate	574
dispersant	119
dispersed phase	119
dispersing medium	119
dispersion coefficient of reinforcement	368
dispersion strengthened composite	335
dispersion system	119
displacement	528
distillation test of tar	331
distillation test residue	610
distilled method to paraffine content of bitumen	610
distortion	216
distribution function	118
distribution reinforcement	118
distributor roller	37
distrontium silicate	171
divided regenerator	118
DMC	520
document glass	114
dolomite	5
dolomitic marble	5
domestic ceramics	408
domestic enamel	408
door	489
door-binder	335
door bolt	70
door-bottom spring	334
door-closing device	16
door-director	335
doorjamb	51
door lock for constant temperature room	185
door lock with knobs	394
door panel	242
doorpost	228,553
door screen	282
door spring bow	334
doorstop	70,187,280,362
door-upper spring	335
Doppler speed	99
dosimeter glass	221
dosimetry glass	221
double bond	455

double coating spray gun	130
double crystal topography	455
double crystal X-ray diffractometer	646
double focusing mass analyzer	455
double-heart	455
double roll process	97
dough moulding compound	520
dovetail tenon	564
dowelling joint	552
dowel tenon	596
down draft kiln	72
down-drawing tube process	59
dragged-form method	281
dragon-head main ridge ornament	613
drawing chamber	577
drawing from rods	9
drawn brass tube	281
drawn copper tube	281
drier	63
drilling asphalt	641
drilling machine for wood	345
droop	541
dropping grog	325
drum for lime slaking	551
drum-shaped column base	162
dry body preparation	135
dry-hydrothermal curing	136
drying	136
drying curve of green-brick	629
drying of green-brick	629
drying oil	136
drying property	137
drying rate	137
drying schedule	137
drying sensitivity	137
drying shringkage	137
drying shrinkage	136
dry pressing	136
dry process of cement	464
dry slaking	136
dry state	395
dry-thermal curing	135

DSC	44
DTA	44
DTG	526
dual control for steel bar stretching	455
dual pore-capillary structure	455
ductility	561,562
dumb sound	561
dummy area	272
dunting	124
durability	351
durability of bituminous concrete	294
durability of concrete	209
dust arresting carpet	536
dust collection	451
dust free time	19
dynamic and static universal testing machine	93
dynamic elastic modulus	93
dynamic ionic beam mass spectrographic analysis	93
dynamic load	93
dynamic thermomechanical analysis	93
dynamite	552
early-wood	599
earth-dry mortar strength test	581
earthenware	502
eave	408
eave tile with pattern	522
echinus	312
edge field effect	17
edge runner	323
EDTA	574
EELS	356
effective calcium oxide	589
effective coefficient of vacuum dewatering	607
effective radius of vibration	609
effective range of vibration	609
effective water-retaining capacity	589
efflorescence	106,381
efflorescent chipping	124
EGA	575
EGD	576
E glass fibre	643
elastic after-effect	619
elastic deformation	492
elasticity	492
elasticity coating	493
elastic limit	492
elastic resurgence test	202
elastic sealing tape	493
elastomer composite material	550
elastomeric state	151
electrical arc welding	84
electric(al) conductivity of wood	341
electrical porcelain	82
electrical porcelain shearing strength test	82
electrical porcelain torsion test	82
electrical test of electrical porcelain	82
electric arc melting method	84
electric breakdown	84
electric detonator	85
electric-furnace steel	86
electric melting furnace	87
electric resistance melting method	89
electric welding glass	84
electro-cast magnesite-chrome refractory	87
electrochemical analysis	84
electrochemical breakdown	84
electrochemical protection	84
electrochemical reaction	84
electrochromic glass	88
electro-float process for coloration	83
electro-gravimetric analysis	88
electro-hydraulic servo control	88
electro-hydraulic servo valve	88
electroluminescent enamel	47
electroluminescent lamp	47
electrolytic aluminum	85
electrolytic analysis	85
electrolytic conductivity	83
electrolytic copper	85
electrolytic separation of metals with mercury cathode	159
electromagnetic separator	83
electron binding energy	88
electron-cade door lock	88

electron channel effect	89	emulsion polymerization	414
electron diffraction	89	emulsion stabilizer	414
electron diffraction pattern	89	enamal	61
electron dispersion X-ray spectrometer	356	enamel coating	60
electronegativity	83	enamel glaze	500
electron-electric door lock	88	enamel in art	574
electron energy loss spectroscope	356	enamelling	519
electronic door lock	88	end effect	195
electronic lock with energy saving control	239	end face of brick	628
electron microscope	89	endothermic peak	537
electron paramagnetic resonance spectrometer	473	end-point of titration	78
electron paramagnetic resonance spectroscopy	472	end upset of steel bar	142
electron probe X-ray microanalyser	89	engineering plastics	156
electron spectrometer	89	engobe	195
electron spectroscopy	88	engobe coating	195
electrophoretic painting	88	enveloping factor	9
electroplating of plastics	479	EP	196
electrostatic pile carpet	254	epoxy asphalt	197
electrostatic spraying	253	epoxy-coal tar daub	196
electrostatic valence rule	85	epoxy daub	197
electrothermal curing	86	epoxy floor coating	196
electrothermal tensioning method	87	epoxy-furan resin daub	196
elemental composition of bitumen	297	epoxy grouting material	197
elliptical polarized light	521	epoxy-phenolic daub	196
ellipticity of prestressed concrete pipe	593	epoxy plasticizer	197
elongated and flaky particles	604	epoxy-polyamide adhesive	196
elongated particle	605	epoxy resin	196
emanation thermal analysis	429	epoxy resin adhesive	197
embedded parts	592	epoxy resin concrete	197
emissive power	129	epoxy resin emulsion cement mortar	196
emissivity	184	epoxy resin sealants	197
empty-cell process	273	epoxy seamless floor	197
emulsified asphalt	413	equilibrium moisture content	376
emulsified asphalt crackup rate	413	equilibrium thickness	634
emulsified asphalt of cold primer-oil	414	equilibrium transmissivity	376
emulsified asphalt with inorganic colloid	532	equivalent absorption area	537
emulsified asphalt with lime paste	441	equivalent isomorphism	75
emulsified asphalt with regenerated rubber	598	erosion	54
emulsified bituminous concrete	413	error	536
emulsifier	413	esthetic design carpet	332
emulsifying explosive	414	ETA	429
emulsion paint	414	ethanol	574

ethyl acetate	63	explosion-proof lamp	108
ethylenediamine tetra-acetic acid	574	explosives	600
ethylene-vinyl acetate copolymer adhesive	574	explosive steadiness	601
ethylene-vinyl acetate copolymers	574	exponential distribution	616
ettringite	134	exposed aggregate concrete	313
Eucalyptus robusta smith	68	exposed aggregate concrete floor	209
eutectic mixture	75	exposed aggregate finish	313
eutectic point	75	exposition dressing	19
EVA	574	extended X-ray absorption fine structure analysis	280
evaporable water	272	extensometer	577
evolved gas analysis	575	extensometer test	15
evolved gas detection	576	exterior wall coating	523
excelsior board	345	exterior wall tile	523
exfoliated rermiculite concrete	372	external diffusion of water	457
exfoliated vermiculite	372	external force	523
exfoliated vermiculite mortar	372	external loading test for pipes	164
exothermic peak	114	external standard method	523
expanded aluminium alloy lath	315	extinction	551
expanded blastfurnace slag	370	extinction seat	551
expanded blastfurnace slag concrete	370	extraordinary light	115
expanded clay concrete	361	extration test of bituminous mixture	293
expanded pearlite	371	extruded aluminium-alloys rods and bars	221
expanded pearlite concrete	371	extruded aluminium rods and bars	221
expanded pearlite mortar	372	extruded brass tube	221
expanded polystyrene	370	extruded copper tube	221
expanded polystyrene concrete	256	extruded plastics profile	481
expanded shale concrete	571	extruder	220
expanded vermiculite thermal insulating product	372	extrusion	501
expanding cement	371	extrusion moulding	220
expansion component	372	extrusion of plastics	481
expansion loop joint	602	extrusion process	220
expansive agent	370	extrusion property	220
expansive alunite cement	338	extrusion pump	220
expansive cement	371	exudation	335
expansive ferro-aluminate cement	371	fabric count	614
expansive flame-retarding paint	371	fabric thickness	614
expansive mortar	371	face concrete	450
expansive portland cement	370	factor of durability to freezing and thawing test	268
expansive portland cement mortar	370	fading	521
expansive ratio	369	faience	41
expansive slag cement	370	false set	227
expansive sulphoaluminate cement	370	fancy glaze	132

fastner	249
fast rays	276
fatigue	374
fatigue limit	374
fatigue strength	374
fatigue testing machine	374
faucet	472
feldspar	45
feldspar sand	45
feldspathic electrical porcelain	45
feldspathic glaze	45
felt	584
felt shingle	585
fence gate	544
Feret expression	117
Fermi level	118
Ferrari cement	643
ferric-type expansive cement	568
ferrite	511
ferro-cement	145
ferrous metal	184
ferrous sulfate	310
fiberboard	541
fiber cement corrugated sheet	542
fiber reinforced cement board	544
fiber reinforced composite	543
fiber reinforced gypsum board	542
fiber reinforced plastics (FRP)	544
fiber reinforced polymer cement concrete	543
fiber reinforced thermoplastics (FRTP)	543
fiber reinforced thermoset plastics (FRP)	543
fiber saturation point	541
fibre cement board curtain wall	542
fibre-cement matrix interface	465
fibre glass	29
fibre orientation	542
fibre reinforced cement	544
fibre reinforced cement composite	544
fibre reinforced concrete	543
fibre spacing	542
fibre spacing theory	542
fibrillated polypropylene film reinforced cement	256
field impregnation	545
field ion microscope	46
filament winding	541
filled soil	508
filler	508
filler for polymer concrete	258
filler rod for hot-gas welding	480
filling density	528
filling percentage	508
film-coated glass bead	518
film forming	50
film forming material	50
filter pressing	357
final set	622
fine aggregate	540
fine china	539
fine cord	303
fine earthenware	252
fine filler portland cement	525
fine grained bituminous concrete	540
fine grinding of stone	435,436
fineness	540
fineness modulus	540
fine porcelain	539
fine pottery	252
fine pottery mosaic tile	253
fine ream	303
fine sand	541
fine wave	303
finger joint	616
finger tenon	616
finish	338
finishability	575
finishing mortar	339
fire	214
fire box	213
fire chamber	213
fireclay-bonded silicon carbide refractory	360
fire clay castable refractory	360
fireclay refractory	361
fired brick	428
fired common brick	428

fire load	214	flame-retarding finishing agent for fabric	614
fire material	81	flame-retarding paint	110
fireproof grade of building	233	flame-retarding paper	641
fireproof materials	109	flame-retarding polyethylene	639
fire-resistant limit of building component	231	flame-retarding polyvinyl chloride	639
fire retardant	639	flame-retarding pouring compound	109
fire retardant asphalt felt	641	flame-retarding rubber	640
fire retardant carpet	639	flame-retarding sealing	109
fire-retardant coatings	640	flame-retarding soaker	109
fire retarding decorative sheet	110	flame-retarding synthetic fiber	639
fire retarding impregnating agents for wood	343	flame-retarding thermoplastics	640
fire retarding mortar	109	flame-retarding thermosetting plastics	640
fire-retarding treatment	639	flame-retarding treatment agent for paper	616
fire risk	215	flame-retarding wood	640
firing	14, 426	flame-retarding wool	639
firing curve	14	flame spraying refractory	214
firing of vitreous enamel	499	flammable material	271
firing point	396	flange and sleeve joint	503
firing shrinkage	427	flange joint	376
first type steel	226	flash	426
fished joint	225	flashover	185
fish glue	591	flashover distance	426
fitting	358	flash point	426
fitting of sanitary ware	528	flash set	473
fittings of wall tile	590	flash setting admixture	476
flag stone	434	flat glass leveling	376
flaky particle	374	flat head nail	17
flame combustion	589	flatness of glass cloth	30
flame electric furnace	214	flat tile	37
flame-fused asphalt felt	403	flaw	559
flameless combustion	535	flax board	326
flame melting method	382	flexibility of coating film	519
flame photometer	214	flexible anchors	492
flame photometry	214	flint glass	213
flame resistant emulsified asphalt	352	float	128
flame retardancy	640	float glass	128
flame retardant	639	floating particle brick	375
flame-retardant effect	640	float process	128
flame-retardant material	355, 639	float stone	375
flame-retardant polymer	639	flocculation	555
flame-retarding cotton	640	flooding	128
flame-retarding fiber materials	640	floodlight	106

floor hollow tile	311	fly ash concrete	123
flooring material	80	flyash dewatering	123
floor paint	79	fly-ash excessive substitution coefficient	122
floor polish	79	fly ash silicate concrete large panel	122
floor quarry	67,139	fly ash silicate slab	123
floor tile	81	foam concrete	367
floral design carpet	39	foam concrete block	367
flour	338	foamed asbestos felt	367
flour-gypsum	127	foamed diatomite product	174
flow	306	foamed dolomite	366
flowability	306	foamed magnesia	367
flow aid	626	foamer	367
flow coating	303	foam factor	103
flow control agent	307	foam formation stability of slurry	235
flowing concrete	308	foam forming of slurry	301
flow-on process	307	foam glass	366
flow promoter	626	foaming	103
flow resistance	308	foaming agent	103,367
flow table	306	foam line	366
flow table spread of concrete	208	foam stability	367
flow value	308	foil crystal technigue	10
fluid concrete	306,634	foot bolt	237
fluidity	306	forced-draught (compartment) kiln	624
fluidity of cement mortar	465	forced mixer	386
fluidizing agent	307	foreign rock particle content of lightweight aggregate	392
fluorapatite	127	forged aluminium	97
fluorescent enamel	578	formation of clinker	453
fluorescent lamp	578	forming by turning	48
fluorescent pigment	578	forming of green-brick by extrusion	630
fluorescent plastic	578	form of metal corrosion	245
fluorite	578	formwork for concrete	209
fluoroplastics	127	forsterite refractory	333
fluororubber	127	foshagite	553
fluorspar	578	foshallasite	458
flush curb	377	foundation bolt	79
flute	2	four circle single crytal diffractometer	475
flux for pigment	563	four-component analytic mothod	475
fluxing asphalt	539	F-phase	643
fluxing mineral	411	Fraass brittle point	126
flworelle stadite	127	fracture criterion	96
fly ash	122	fracture mechanics	96
fly-ash brick	123		

fracture toughness	96	functional macromolecule	158
frame-void structure of bituminous mixture	293	function recorder	179
framework structure	227	fungicidal coating	111
FR. ammonium phosphate	304	fungicidefungistat	111
FR. ammonium polyphos-phate	259	furan asphalt daub	292
Fraxinus mandshurica Rupr.	470	furane resin	126
FR. chlorendic anhydride	323	furan resin concrete	126
FR. chlorinated paraffin	321	furan resin daub	126
FR. decabromodiphenyl oxide	434	furfuryl-alcohol resin	267
FR. dodecachlorocyclodecane	434	furnace atmosphere	570
free carbon content	586	furnace pressure	570
free expansion	636	fused cast chrome-corundum refractory	412
free lime	586	fused cast mullite refractory	412
free radical polymerization	586	fused cast refractory	87
free water	637	fused cast zirconia-corundum brick	412
freeze-thaw cycle	93	fused cast α-alumina refractory	412
french polish	267	fused cast α-β-alumina refractory	412
fresh concrete	554	fused cast β-alumina refractory	412
FR. halogenous phosphate ester	177	fused glass	448
friction welding	339	fused quartz	448
frit	411	fuse wire	11
frit kiln	411	fusible alloy	575
fritted glaze	411	fusing method	641
frosted glass	329	fusion-cast magnesite-chrome refractory	87
frost resistance	268	gabbro	202
frost resistance of hardened cement paste	468	gable board	33
frost resistance ratio	268	galvanic corrosion of metal	246
frozen soil	93	galvanized iron strands	95
FR. phosphate ester	304	galvanized window screening	95
FR. phosphonate ester	305	gamboge	506
FRP injection moulding with reaction	105	gap grading	228
FR. P—N bonding compound	303	gap grading bituminous concrete	228
FRP winding joint	23	Garcinia hanburyi	506
FR. red phosphorus	53	garden lamp	512
FR. tetrabromobisphenol A	475	gas burner	331
FR. tetrabromophthalic anhydride	474	gas chromatograph	383
FRTP pellets	543	gas chromatography	383
F-test	643	gaseous fuel	383
fuel	396	gaseous radiation	382
full cell processes	328	gas evolving property	451
Fuller's max. density curve	132	gas foaming curve	104
full impregnation	524	gas-forming agent	104

gas forming rate	104	glass fiber mat	30
gasified sol process	382	glass fiber reinforced epoxy plastics	196
gas lamp	383	glass fiber reinforced phenolio plastics	120
gas suppressant	575	glassfiber reinforced plastics	32
gas welding	381	glass fiber reinforced unsaturated polyester plastics	263
gatepost	596		
gateposts of merit	104	glass fiber unidirectional fabric	30
gate to a lame	187	glass fibre	29
Gauss elimination methoel	151	glass fibre reinforced cement	31
gehlenite	134	glass fibre reinforced cement framework for green house	31
gehlenite hydrate	459		
gel	363	glass fibre reinforced cement permanent formwork	32
gelled mortar intrusion concrete	237	glass fibre reinforced cement product	32
gel permeation chromatography	363	glass fibre reinforced cement sandwich panel	31
gel space ratio	236	glass fibre reinforced cement semi-corrugated sheet	31
gel-space ratio	363	glass fibre reinforced concrete	31
gel type bitumen	363	glass fibre reinforced concrete pipe	31
gel water	363	glass lehr	29
general corrosion	247	glass lining	499
generalized Hooke's law	170	glass mat	32
general relaxation steel wires for prestressed concrete	593	glass melting furnace	29
		glass pipe	27
geometric distribution	220	glass roving	31
geothermal well cement	80	glass transition temperature	27
Gillmore needle	217	glass tube	27
girder	127	glass tube joint	27
glass	22	glass wall cloth	30
glass batch	28	glass wool	27
glass bead	29	glass yarn	31
glass cloth	30	glass yield	27
glass-coated steel	499	glassy state	29
glass concrete	27	Glauber's salt	328
glass cullet	487	glaze	589
glass curtain wall	28	glaze-body fit	373
glass door	27	glaze bubble	590
glassed steel	499	glaze-crazing	590
glassed steel vessels	499	glazed ceramic mosaic tile	590
glass electrode	23	glazed cylindrical tile	308
glass eye	61	glazed door	548
glass fabric base asphalt felt	291	glazed interior wall tile	590
glass fabrics base	30	glazed plain tile	308
glassfiber bulked yarn	30	glazed tile	308

glaze firing	590	gravel	323
glaze-fit	373	gravimetric analysis	623
glaze for electrical porcelain	83	gravity mixer	623
glaze material	590	gray cast iron	201
glaze-peels	396	GRC framework for green house	31
glazing	433	GRC permanent formwork	32
gloss glazed tile	587	GRC sandwich panel	31
glossiness of glaze	589	GRC semi-corrugated sheet	31
glow lamp	202	green glass	320
glued joint	236	green wood	430
glutinous millet plaster	199	grey body	201
glutinous rice paste	364	grey cement	389
gold foil	242	grey glass	201
gold foil(74%)	53	Griffith flaw	526
gold foil(84%)	648	Griffith theory	155
gold foil (95%)	648	grinding	123
gold foil(98%)	276	grinding and polishing machine	436
gold ruby glass	242	grinding section	124
gold trichloride	417	grip	226
grade of strength of lightweight coarse aggregate	390	grooved concrete hollow block	381
grading curve of aggregate	219	grooving machine for aerated concrete slab	224
grading zone of sand	422	grossularite	134
graft copolymerization	239	grossularite garnet	134
granite	189,190	ground burnt lime	339
granite grinding and polishing slabs	190	ground-coat enamel	79
granite impact working slabs	190	ground coating	80
granite planing slabs	190	ground glass	339
granite rough grinding slabs	190	grouped standing mould	51
granite scorching slabs	190	grouped standing mould process	51
granite slabs	189	groups of X-ray diffraction	647
granitic plaster	471	grouting material	165
granodiorite	189	GRP	32
granulated blast-furnace slag	298	GRP bathtub	26
granulated blast-furnace slag containing titanium	298	GRP compound wall board	24
granulated slag containing chrom-ium	298	GRP cooling tower	25
granulated wool	299	GRP corrugated sheet	25
granulation of body	122	GRP dome	25
granulation with pan mill	324	GRP door	25
graphite	447	GRP elevated tank	24
graphite crucible	447	GRP floor	23
graphite mould	448	GRP folding roof	26
graphite refractory	448	GRP gutter	24

GRP hot house	26	hand laying method	451
GRP pipe	24	handle	281, 615
GRP prefabricated house	24	hand rail	126
GRP raindrop receiver	24	handrinse basin	539
GRP rain sprout	25	hand wrought clay tile	520
GRP roof truss	26	hanging	16
GRP sandwich constructional panel	25	hanging wall panel	163
GRP septic tank	24	hard aluminium	581
GRP shell roof	23	hardenability	64
GRP shutter for concrete	24	hardened cement paste	580
GRP tank	26	hardening accelerator	599
GRP waterproof roofing	23	hardening of cement paste	465
GRP whole toilet	26	hardening of lime slurry	440
GRP window	23	hardening of semihydrate gypsum	8
guarded hot plate apparatus	109	hardening rate of cement paste	470
gunite	423	hardening time of block	373
gunning mix	350	hardness	580
gunny-bag stone	326	hardness of wood	343
gutter board	125	hardness testing machine	580
gutter plank	125	hard perforated fiber panel	56
gypsum	436	hard porcelain	581
gypsum aluminate expansive cement	437	hard steel	580
gypsum binding material	437	hard stone	228
gypsum block	438	hardwood	280
gypsum calcining kettle	437	hardwood strip floor	581
gypsum decorative panel	438	harrow concentrator	365
gypsum decorative sound absorption panel	439	hatschek process	47
gypsum expanded pearlite hollow slab	438	hatschek sheet machine	47
gypsum expanded pearlite product	438	hazardous waste filled concrete	117
gypsum hollow slab	437	heart-wood	554
gypsum mortar	438	heat-absorbing enamel	537
gypsum perforated panel	437	heat and acid resistant castable	353
gypsum plaster board	615	heat balance of furnace	570
gypsum wall board	615	heat capacity	402
gyrolite	4	heat cleaning for glass fiber	30
hairline	546	heat conduction	56
hairline cracking	103	heat content of air	273
half-drying oil	7	heat craze	499
half fading time	8	heat efficiency of furnace	411
half glazed cylindrical tile	515	heat flow meter	401
half glazed plain tile	100	heat flow meter apparatus	401
halogenous flame-retardant	312	heating-curve determination	225

heat insulation properties	155	high early-strength portland cement	277
heat-melting asphalt adhesive	402	high fluidity concrete	67
heat-melting tar adhesive	402	high frequency electric drying	150
heat of combustion	397	high-frequency vibration	150
heat of hydration	460	high frequency welding	150
heat of phase change	548	high magnesia portland cement	150
heat pipe recuperator	400	high modulus fibre	150
heat preservation properties	11	high modulus glass fibre	151
heat resistance	353,406	high molecular compound	148
heat resistance of asphalt felt	585	high molecular polymer	149
heat resistance of coating film	519	high performance concret (HPC)	153
heat resistance test of caulk	582	high polymer	149
heat resistant asphalt felt	353	high-pressure liquid chromatography	153
heat resistant steel	352	high purity aluminosilicate fibre	147
heat-resisting steel plates (sheets)	352	high purity silica glass	147
heat transfer by conduction	56	high-refractive glass bead	153
heat transfer by radiation	128	High resolution electron microscope	147
heat transfer coefficient	57	high-silica electrical porcelain	148
heat-treated steel bar	398	high silica glass fabric	148
heavy aggregate	622	high-silica glass wool pro-duct	148
heavy concrete	622	high strength ceramisite	151
heavy metal	623	high strength ceramisite concrete	151
heavy mortar	623	high strength concrete	151
heavy natural stone	624	high strength electrical porcelain	151
heavy rails	622	high strength glass fibre	151
heavy solvent oils	623	high strength gypsum	151
hemp fibre	326	high-temperature annealing	153
hemp-fibred plaster mixer	325	high temperature burned anhydrite	152
Hess law	135	high-temperature coal pitch	152
hexacalcium aluminodiferrite	102	high-temperature coal tar	152
hexacalcium dialuminoferrite	510	high-temperature creep	153
hide glue	374	high temperature microscope	153
hiding power	602	high temperature microscope analysis	153
high-alkali glass fibre	148	high temperature stability of bituminous concrete	294
high alumina castable refractory	150	high-temperature thermal analysis	152
high alumina cement	149	high tempering	152
high alumina refractory	149	hillebrandite	393
high alumina refractory fibre	149	hinge	237
high-basic calcium silicate hydrate	148	hole forming machine	55
high bulk density and high thermal conductivity silica refractory	150	hollow block	274
		hollow block making machine	274
high calcium fly-ash cement	148	hollow brick	275

hollow brick composite wall panel	275	hot-rolled hexagonal hollow steel bars	406
hollow brick for arches or shells	159	hot-rolled hexagonal steel bars	406
hollow concrete	65	hot-rolled H-section steel	406
hollow-core board	274	hot-rolled low alloy structural steel plates (strips)	76
hollow glass	620	hot-rolled low alloy structural steel sheets (strips)	76
hollow glass bead	274	hot-rolled low carbon steel wire rods	77
hollow glass block	274	hot-rolled plain carbon steel plates (strips)	496
hollow glass fibre	274	hot-rolled plain carbon steel sheets (strips)	496
hollow post porcelain insulator	275	hot-rolled plain reinforcement bars	405
hollow slab extruder	274	hot-rolled quality carbon structural round (square) steels	582
holography	395		
honeycomb in concrete	125	hot-rolled quality carbon structural steel sheets and plates (strips)	582
honeycombing	342		
honeycomb plastic	125	hot-rolled ribbed steel bars	405
Hookean element	188	hot-rolled round steels	406
Hooke's law	188	hot-rolled round steels for rivets and screws	330
hooped reinforcement	196	hot-rolled sash steel	405
hooping	161	hot-rolled spring round (square) steels	492
Hopea hainanensis Merr. et Chun	378	hot-rolled spring steel sheets	492
horizontal blowing process	470	hot-rolled square steels	405
horizontal drawing process by nichrome alloy bushing	362	hot-rolled stainless steel sheets (plates)	36
		hot-rolled steel pile plank	405
Horse Brand building ointment	326	hot-rolled steel plates (strips)	405
hot-air drying	401	hot workability	401
hot and cold bath process	401	household ceramics	408
hot concrete	398	HPR(high penetration resistance)laminated glass	149
hot concrete mixer	398	Hubbard-Field stability	176
hot-dip zinc-coated carbon steel sheets	400	hue	420
hot end dust	536	Hukou stone	188
hot-mix cold-laid bituminous mixture	398	hump-shaped block	521
hot-mix(hot-laid)bituminous mixture	398	Hveem cohesiometer value	527
hot-mixing process	398	Hveem stability	527
hot oil curing	404	hyacinth bletilla	4
hot-rolled alloy structural round (square) steels	181	hybrid adhesive	45
hot-rolled alloy tool round (square) steels	181	hybrid fiber reinforced plastics	212
hot-rolled angle steel	406	hydrated alumina	458
hot-rolled beam steel	405	hydrated concrete	459
hot-rolled carbon tool round (square) steels	495	hydrated lime	453
hot-rolled channel steel	405	hydrating heat of lime	442
hot-rolled corrugated steel plates with lath and lenticlform	405	hydration hardening	462
		hydraulic binding material	472
hot-rolled flats steel	404	hydraulic defibring machine	462

hydraulic engineering asphalt	458	impregnation	250
hydraulicity	472	impregnation content	250
hydraulic lime	472	impregnation on dried basis	395
hydraulic modulus	472	impregnation on partially dried basis	178
hydraulic press	572	impulse voltage test	54
hydraulic pressure test	572	inactive additives	115
hydraulic pressure testing machine	164	incandescent lamp	3
hydraulic structural concrete	458	incence color	547
hydrocalumite	462	incendiary agent	397
hydrogarnet	471	incense stump	548
hydrogen bond	393	incident-light microscope	104
hydrogen embrittlement of metal	244	incident-light microscope analysis	104
hydrogen ion exponent	393	incising and painting decoration	422
hydrophilicity	388	incongruent melting	36
hydrophobic expanded pearlite product	600	incongruent melting compound	37
hydrophobicity	452	incongruent melting point	36
hydrophobic portland cement	108	incrustation	241
hydrothermal curing	433	indentation resistance of plastics floor	479
hygroscopicity	105	indented steel wire	272
hygroscopicity of wood	343	indicating lamp	616
hypothesis for concrete fracture	205	indicator	616
ice-patterned glass	20	indicator electrode	616
IIR (isobutylene-isoprene rubber)- asphalt	91	indicatrix	166
illite	573	indirect determination of heat of hydration	461
illuminance	602	indirect tensile test of bituminous concrete	295
immersion combustion	249	indium lamp	576
immersion liquid	250	industrial by-product gypsum	158
imorganic filler	532	industrial explosives	158
impact modifier	267	industrial frequency electric drying	157
impact resistance of asbestos-cement product	447	industrial medium corrosion of metal	245
impact resistance of coating	518	infiltration	430
impact strength	54	inflated pearlite sound absorption panel	372
impact testing machine	54	infrared-absorption spectrophotometry	186
impact toughness	54	infrared lamp	187
imperfect isomorphism	36	infrared ray drying	186
impermeability	270	infrared spectrometer	187
impermeability of hardened cement paste	468	infrared thermometer	186
impermeable expansive cement	269	infrared transmitting glass	515
impermeable non-shrinkage cement	269	in-glaze decoration	591
impregnant	251	inhibitor	638
impregnated burned magnesite refractory	427	inhibitors	198
impregnated concrete	250	initial explosive	381

initial set	55	interlayer pores of hardened cement paste	580
initial structural strength	56	interlayer water	42
initial tangent modulus	55	interlocking concrete block	208
initiating material	381	intermediate base asphalt	620
injected plastics door	612	intermediate mass	620
injecting mortar coating	175	intermetallic compound	246
injection moulding	626	intermittent kiln	228
injection moulding machine	627	intermittent steam curing chamber	228
injection process	627	intermolecular forces	120
inlaid floor tile	386	internal check	342
inlay door lock	548	internal force	356
inner friction force	356	internal friction	355
inner pressure test	572	internal standard method	355
inner separation	355	interpenetrating polymer network	189
inorganic adhesives	532	interplanar distance	251
inorganic binding material	532	interpolation	43
inorganic coating	533	interstitial solid solution	228
inorganic fiber base	533	inverse color development	105
inorganic flame-retardant	533	inverted curb	72
inorganic lightweight aggregate	532	iodine number	82
inorganic mass spectrometry	533	iodine tungsten lamp	82
inorganic nonmetallic materials	532	iodometric titration method	82
inorganic pigment	533	ion etching technique	289
inorganic polymers	532	ion exchange	289
insect hole	55	ion exchange chromatography	289
in-situ mix proportion	433	ion exchange process	289
in-situ plastics floor	517	ion exchange resin	289
insulating fireclay refractory	393	ionic bond	288
insulating high-alumina refractory	392	ionic colorant	290
insulating lightweight aggregate concrete	11	ionic crystal	289
insulating mullite refractory	393	ionic deformation	288
insulating properties of marble	66	ionic polarization	288
insulator ageing	265	ionic polarization force	288
insulator leakage distance	265	ionic polymerization	289
integrated curb	612	ionic radius	288
interference color	135	ionic surface active agent	288
interference figure	135	ionic surfactant	288
interference microscope analysis	136	ionization energy	85
interior combustion	249	ion probe analyser	289
interior diffusion of water	457	ion-selective electrode	289
interior wall coating	356	ion sputtering process	288
interior wall tile	356	IR-absorbing glass	186

iridescence	579	jute fabric base	199
iron	510	kaolinite	149
iron blue	510	keel	311
iron chloride water proofing admixture	321	Kelly ball penetration test	267
iron correcting material	511	Kelvin solid	266
iron ore cement	510	kerb	312
iron oxide brown	568	key stone	159
iron oxide pigment	568	kilchoanite	215
iron tile	511	killed steel	610
irradiation stability	348	kiln-dried timber	569
irregular beading	17	kiln dust	203
irrigation works stone	462	kiln furniture	570
I-shaped aluminium alloy with equal side and wall	315	kiss mark	558
isinglass	591	Klebe hammer	272
island structure	72	knife-coating	163
isobaric mass-change determination	75	knit carpet handicraft	451
isobutene-isoprene rubber	91	knoop hardness	364
ISO method for cement strength test	176	knot	239,240
isomorphism	283	Korean paper	149
isoprene rubber	574	K-probe	267
Isotactic polypropylene fibre carpet	21	K-probe test	43
isotherm	75	kraft paper	364
isothermal quenching	75	Kramer-Sarnow softening point	272
isotope abundance	512	K type expansive cement	644
isotopic dilution method	512	kühl cement	644
isotropic substance	168	Kunshan stone	279
JCPDS card	643	laboratory proportioning	450
jet cement	369	lacguer thinner	547
jet set cement	369	lacquer	431
Jiaoshan stone	237	lacquer of alkyd resin	60
Jinan black granite	221	lacquer varnish	552
Jinchuan stone	249	laitance	128
Jinshan stone	242	lake asphalt	188
joint binding tape	239	laminated glass	225
jointed aerated concrete panel	223	laminated plastics door and window	480
joint for asbestos-cement pipe	446	laminated plastics floor with backing	588
joint for cement pipe	464	laminated plastics floor without backing	533
jointing	375	laminated wood	42
joint of wooden members	345	laminating plastic	43
joint spall	239	lamination	42
Juglans mandshurica maxim.	182	lamination process	42
jump grading	228	lamp equipment	74

lamp for square	169	leakproofing agent	95
lantern	74	lean concrete	375
lanthanum oxide	566	least squares method	642
large-size brick	68	leather cloth	407
large wall panel	67	Le Chatelier soundness test	283
Larix gmelinii(Rupr.)Rupr.	325	ledeburite	282
larnite	553	less-noble metal	233
laser melting method	217	leveling property	307
laser Raman spectrometer	217	levelling agent	307
laser Raman spectroscopy analysis	216	lever rule	147
laser shielding eye glass	216	LiCl dew-point humido meter	321
laterite	186	light	165
laterite paste	185	light metal	392
late-wood	524	light natural stone	392
latex	414	light rails	390
latex paint	414	light-reflecting curb	105
lattice	82	light screening agent	166
lattice brick	190	light solvent oils	392
lattice constant	82	light source	169
latticed screen with gate	164	light stabilizer	167
lattice energy	251	light transmittance	515
lattice point	607	lightweight aggregate	390
lattice window	306	light weight aggregate coating	390
lava foam glass	411	lightweight aggregate concrete	391
law of compensation	34	lightweight aggregate concrete block	391
law of the required amount of water	581	lightweight aggregate concrete sandwich wall panel	391
layer structure	43		
lay-up process	339	lightweight aggregate concrete wall panel	391
leaching	410	lightweight aggregate made with industrial waste	157
lead	384	light weight castable refractory	393
lead antimony alloy pipes	385	lightweight coarse aggregate	390
lead antimony alloy rods and bars	385	lightweight concrete	390
lead antimony alloy sheets and plates	385	lightweight concrete with industrial waste aggregate	158
lead-boron glaze	385		
lead glass	384	lightweight fine aggregate	392
lead monooxide	199,337	lightweight fireclay refractory	393
lead oxide	567	lightweight high-alumina refractory	392
lead pipe	385	lightweight mortar	392
lead powder	384	lightweight refractory	393
lead rods and bars	384	lightweight silica refractory	393
lead sheet and plate	384	lightweight slab	392
lead tetraoxide	475	lightweight steel keel	390

liguid phase sintering	572	Liquidamber formosana Hance	125
liguid slag	571	liquid asphalt	571
lime	439	liquid core glass fibre	572
lime boiler-slag silicate concrete	441	liquid crystal nondestructive testing	571
lime-clay silicate concrete	441	liquid explosives	572
lime colliery-spoil silicate concrete	441	liquid fuel	571
lime cream	441	liquidity index	572
lime exfoliated vermiculite mortar	443	liquid-liquid partition chromatography	572
lime expanded pearlite product	441	liquid membrane curing	10
lime fly-ash silicate concrete	440	liquid polymer	571
lime-flyash solid block	122	liquid-solid adsorption chromatography	571
lime from chemical industry	192	liquidus curve	572
lime glaze	443	liquid water glass	572
lime mortar	201,442	lithia electrical porcelain	290
lime peat putty	596	lithium carbonate	497
lime pozzolanic cement	440	lithol treasure red	290
lime putty	4,440	lithopone	554
lime refractory	441	Liuhe pebble	311
lime-sand-brick concrete	417	liu li	308
lime-sand silicate concrete	201	load	183
lime saturation coefficient	439	load-bearing hollow brick	51
lime saturation factor	439	load cell	183
lime-silicate concrete	172	local corrosion of metal	247
lime-slag cement	441	localized bond	93
lime-slag silicate concrete	202	lock sealing washer	489
lime slurry	45,440	loess	200
lime-soil	202	log	594
lime standard value	439	long hemp-fibred plaster	67
limestone	442	longitudinal blowing	59
limited solid solution	589	longitudinal section	343
limoge	203	long range order	45
line analysis	546	long rod porcelain insulator	9
linear macromolecule	546	Longtan stone	311
linear polarized light	546	long-term strength	52
linear sweep oscillographic polarography	546	loss factor	488
line displacement	546	Lossier cement	644
line marked asphalt felt	195	loss of prestress	594
line porcelain insulator	546	loss of self-stress	636
Lingbi stone	305	loss on heating	225
lingnania chungii McClure	121	loss on ignition	428
lining coating protection	111	louver	5
lintel	282,330	low alloy steels	76

low alloy structural steels	76	macrographic examination	187
low-basic calcium silicate hydrate	76	macromolecular compound	148
low carbon steel wires for general uses	573	magnesia	305
low cement castable refractory	77	magnesia-alumina refractory	333
low dielectric loss glass fibre	76	magnesia-calcia carbon brick	332
lower cistern	77	magnesia carbon refractory	333
low fluidity concrete	77	magnesia cement board	322
low-heat concrete	77	magnesia cement door and window	323
low heat expansive cement	77	magnesia cement shaving board	323
low heat portland slag cement	77	magnesia cement wood chip board	323
low melting glass coating process	77	magnesite	306
low modulus fibre	76	magnesite binding material	333
low-polymerized polyurethane grouting material	394	magnesite-calcite refractory	332
low relaxation steel wires for prestressed concrete	593	magnesite-chrome refractory	333
lowry process	7	magnesite concrete	305
low temperature annealing	78	magnesite-dolomite refractory	332
low-temperature burnt lime	77	magnesite refractory	334
low temperature coal pitch	78	magnesite thermal insulating material	333
Low-temperature coal tar	78	magnesite tile	305
low temperature coloured glaze	78	magnesium carbonate	497
low temperature crack resistance of bituminous concrecte	294	magnesium chloride	321,462
low-temperature flexibility of asphalt felt	584	magnesium family flame-retardant	333
		magnesium lime	334
low-temperature flexibility of waterproof coating	112	magnesium oxychloride cement	322
low temperature flexibility test	78	magnesium salt attack	333
low temperature resistant asphalt felt	348	magnesium silicate hydrate	459
low temperature resistant expanded pearlite concrete	347	magnesium sulfate	310
		magnetic door director	62
low temperature tempering	77	magnetized water mixed concrete	61
low-temperature thermal analysis	78	magnitude of self-stress	636
Luban scale	312	malachite	444
lumber	38	malleable cast iron	271
lumber-core board	540	malthene	415
luminance	301	manganese oxide	567
luminescent enamel	103	man-made lightweight aggregate	407
luminescent plastics	103	man-made veneer	407
luminous flux	167	manufactured lightweight aggregate concrete	407
luminous intensity	102	marble	66,67
luminous paint	103	marbled glass	66
macadam aggregate	489	marbleizing mud decoration	66
machinability	388	marble melt process	138
macro-defect free cement	644	marble standard slabs	66

marbling glazed tile	189	measurer for oxygen index	569
marine(offshore)engineering concrete	177	mechanical embossing of plastics	481
mark lamp	18	mechanical prestressing method	215
marl	357	mechanical state of polymer	258
Marshall stability	327	medium-alkali glass fibre	620
martensite	326	medium-curing liquid asphalt	620
Marten's temperature	326	medium grade glass fiber product	620
masking	563	medium-grade glass fibre	619
masking agent	564	medium grained bituminous concrete	620
masking tape	113	medium rate slaking lime	621
masonry cement	384	medium sand	621
masonry mortar	384	medium setting emulsified asphalt	620
masonry stone	384	medium strength wire	620
masonry-stone culvert	439	medium-temperature coal tar	621
mass analyzer	617	melamine decorative laminate	417
mass concrete	67	melamine-formaldehyde resin	417
mass law	616	melia azedarach L.	301
mass resolution	617	melilite	199
mass spectrographic depth analysis	618	melt drip	410
mass spectrographic gas analysis	618	melting point	410
mass spectrographic interface analysis	618	melting rate	410
mass spectrographic surface analysis	617	mer	300
mass spectrometer	618	mercuric sulphide	576
mass spectrometer ionizer	618	mercuric sulphide powder	625
mass spectrometric qualitative analysis	617	mercury intrusion method	472
mass spectrometric quantitative analysis	617	mercury intrusion porosimeter	558
mass spectrometry	618	mercury porosimeter	471
mass spectrum	617	mercury vapor lamp	471
matcher	474	merry-go-round lamp	637
matching joint	381	metal	243
materials	39	metal body	247
materials of fire prevention	109	metal colloidal colorant	246
materials science and engineering	39	metal foil base (or surfaced) asphalt felt	243
mat glaze	531	metal ion indicator	248
mat glazed tile	531	metallic bond	246
mathematical expectation	454	metallic chlorinate water proofing agent	321
matrix	215	metallic coating	245
matrix-flushing method	216	metallic composite meterial	246
maximum aggregate size	219	metallic crystal	247
Maxwell liquid	326	metallic material	243
mazza pipe machine	47	metallic matrix in cast iron	628
mean error	376	metallic matrix in steel	147

metallic soap stabilizer	248	construction	525
metallographic examination	242	micropressure curing	526
metal material ageing	244	microscopical chemical method	545
metal material heat-treatment	244	microstructrue	545
metal material properties	245	microstructure of cast iron	628
metal microperforated panel	247	microstructure of metallic materials	244
metal mold	247	microstructure of steel	146
metal perforated panel	56	micro-wave curing	525
metal plank floor	245	microwave drying	525
metal powder pigment	245	microwave moisture meter	525
metal strain	373	microwave penetrable GRP building	25
metal substrate	216	microwave shielding glass	525
metal tile	247	middle-sized long fibre	619
metal waterstop tape	248	mid temperature tempering	621
metastable state	242	mildewing of glass	23
method of computation by loose volume	476	mill addition	339
method of decomposition of sample by combustion	397	mill tailings	528
method of decomposition of sample by fusion	411	mineral addition	278
method of decomposition with acid	485	mineral spirit	648
method of decomposition with acid in sealed vessel	125	mineral wool	278
		mineral wool felt	278
method of experimental-curve smoothing	450	mineral wool heat-retaining belt	278
method of gypsum absorption	438	mineral wool insulation slab	278
method of J-integral	643	mineral wool paper	278
method of quantitative phase analysis without standards	531	mineral wool paper base asphalt felt	278
		mineral wool pipe section	278
method of strength comparison	386	mineral wool slab	278
methyl ethyl ketone	227	minimum film-forming temperature(MFT)	641
methyl methacrylate grouting material	227	minimum filming temperature	641
MF	417	mixed bitumen	204
MgO type expansive cement	567	mixed clay	358
mica compensator	597	mixed portland cement	204
mica content	596	mixed refractory fibre	204
mica surfaced asphalt felt	374	mixing coloration glass	204
microbiological corrosion of metal	248	mixing plasticization	238
microcalorimetric analysis	526	mixing process with coarse aggregate enveloped in cement	465
microcrack	526		
micro-foaming agent	526	mixing process with sand enveloped in cement	464
microhardness	545	mixing strengthening	238
micrometer	42	mixing uniformization	238
microorganism corrosion	432	mixture slaking of lime	440
microperforated panel sound absorbing		mixture stiffness	204

mo	124	mortar mark number	423
mobile cord	306	mortar mixer	423
moderate heat portland cement	620	mortar stone	424
modification of gypsum	437	mortar strength	424
modified asphalt coating	133	mortar strength grade	424
modified asphalt felt	133	mortar surplus coefficient	423
modified asphalt sealing tape	133	mortar surplus coefficient	423
modified bitumen	133	mortice door lock	43
modified emulsified asphalt	133	mortice door lock for broudcasting studio	33
modified silicone sealents	133	mortising machine	65
modulus of clinker	452	morus alba L.	419
modulus of elasticity	493	mosaic glass	27
modulus of elasticity in shear	139	mosaic glass of aventurine	243
modulus of rigidity	139	Mössbauer effect	347
Mohs' hardness	340	Mössbauer spectrometer	346
moisture absorbability	537	Mössbauer spectrum	346
moisture content of aggregate	218	mouldable refractory	350
moisture content of air	273	mould for aerated concrete	223
moisture expansion	537	mould for concrete	209
moisture-proof coating	108	moulding plaster	340
moistureproof ointment	108	moulding temperature of plastics	478
molar conductivity	339	mountable curb	553
molecular crystal	120	movable aerated concrete mixer	223
molecular weight distribution	120	M type expansive cement	644
moment	254	muffle lehr	156
monobarium aluminate	318	muffler	551
monocalcium aluminate	319	mullite refractory	339
monocalcium aluminate hydrate	460	multiangular tunnel curing chamber	603
monocalcium hexa-aluminate	311	multicoloured glaze	132
monochrome glaze	70	multicolour paint	98
monochrome mosaic tile	70	multi-component analytic method	100
monolithic concrete	612	multifrequency vibration	99
monolithic floor	611	multimode glass fibre	99
monolithic refractory	612	multi-passage kiln	99
monomer	70	multiple coating	130
monomeric unit	300	multiple cracking	98
monostrontium aluminate	319	multipurpose gun	100
montmorillonite	335	multi-roller centrifugal process	98
mortar	422	nagelschmidtite	347
mortar floor	423	nail	91
mortar for coating	339	nail or screws holding power	530
mortar for laying aerated concrete block	224	naked substrate	312

naphthalene content	355	nickel sesqui-oxide	569
naphthenic base asphalt	196	nitride	71
natural aging	635	nitril rubber adhesive	91
natural asphalt	507	nitro lacquer	552
Natural cement	508	noble metal	174
natural coarse aggregate	507	node	239
natural curing	635	nodular cast iron	394
natural-draught (compartment) kiln	624	no-fines concrete	534
natural fibre	508	no-fines concrete wall panel	66
natural glue	507	no-fines concrete wall with reinforced concrete frame	66
natural impregnation	634		
natural lightweight aggregate	507	no-fines concrete with ceramisite	502
natural lightweight aggregate concrete	507	no-fines concrete with coares aggregate	379
natural macromolecular compound	507	no-fines concrete with crushed stone	487
natural manganese dioxide	520	no-fines concrete with gravel	323
natural paint	507	no-fines concrete with lightweight aggregate	391
natural red iron oxide	186	no-fines hollow concrete	534
natural resin	508	noise control	599
natural rubber	508	noise insulation factor	155
natural sand	507	noiseless hinge	356
natural silk	508	noise reduction coefficient	234
NBR	91	nominal asbestos-cement sheet	445
NBS smoke box	644	nominal diameter of fibre	542
needle-punched carpet	604	nominal meter of asbestos-cement pipe	446
negative creep	130	nominal size of aggregate	218,219
negative glaze	130	non-alloy steels	115
negative pressure calcination	130	non-asbestos fibre reinforced cement product	534
nekoite	362	non-debiteuse method	531
neodymium oxide	567	non-destruction test by rebound hammer	203
neon lamp	347	nondestructive inspection	116
neon tubing	358	nondestructive test by beating	387
Neoprene adhesive	320	nondestructive test by ray	430
net paste	476	nondestructive test by resonance	160
netted dressing	524	nondestructive test by ultrasonic method	48
neutral refractory	621	nondestructive testing	116
neutron diffraction analysis	621	non-drying oil	35
neutron diffractometer	622	nonelastic sealing tape	116
neutron moisture test method	621	nonel tube	71
neutron protective glass	114	nonequivalent isomorphism	574
neutron shielding glass	114	non-evaporable water	117
Newtonian element	364	non-expansive flame-retarding paint	116
Newtonian liquid	364	non-ferrous metal	589

non-flammable material	36	numerical aperture	454
non-hydrogen flame melting method	534	numerical method for ordinary differential equations	46
non-ionic emulsified asphalt	116	nylon	356
nonionic surface active agent	116	Nylon carpet	249
nonionic surfactant	116	Nylon-fiber	356
non load-bearing hollow brick	115	ocher	520
nonlocalized bond	288	ochre	603
non-metal keel	116	octagon	161
non-metallic coating	116	octagonal post	161
nonmetallic inclusions	115	oil based caulking compound	583
non-Newtonian liquid	116	oil burner	398
non-pressure saturated steam curing	535	oil component	582
non-pressure(wood preservative)treatments	46	oil immersion method	583
non-reinforced asphalt roll roofing	535	oil proof concrete	354
non-sag sealing caulk	117	oil putty	582
non-shrinkage and rapid hardening portland cement	534	oil putty with oakum	325
non-sintered fly-ash lightweight aggregate	337	oil retentivity	11
non-sintered fly ash lightweight aggregate concrete	337	oil shale waste	571
		oil-soluent(-type)penta chlorophenol	584
non-slip plastics floor	109	oil-soluent(-type)wood preservatives	584
non-staining concrete	5	oil well cement	583
non-structural adhesive	115	okenite	2
non-woven carpet	531	oldhamite	183
normal concrete	379	oleoresinous varnish	583
normal concrete small hollow block	379	Oliensis spot	2
normal consistency of gypsum	437	oligomer	76
normal consistency water demand for cement	463	one-component phase diagram	573
normal distribution	613	oölitic limestone	100
normalizing	612	opacifying property	415
normally burnt lime	612	opal	70
normal moisture content	612	opal glass	413
normal pressure hydrothermal curing	46	opaque glass	413
normal shape brick	380	opaque glaze	415
normal shape slabs of marble	66	open grading bituminous concrete	266
normal strain	614	open-hearth steel	377
normal stress	614	open joints of decorative stone walls	266
notched joint	39	ophicalcite	429
notch sensitivity	396	optical asphalt	168
NR(natural rubber)-asphalt	508	optical axis	169
nuclear magnetic resonance spectrometer	182	optical communication glass fibre	167
nuclear magnetic resonance spectroscopy	182	optical density	166

optical fibre cable	166
optical glass	168
optical glass fibre	165, 168
optically negative crystal	130
optically negative indicatrix	130
optically positive crystal	612
optically positive indicatrix	612
optical orientation	167
optical properties of minerals	278
optical pyrometer	168
optimal moisture content of carbonation	641
optimization method	642
optimum film forming temperature	641
optimum sand percentage	642
optimum seeking method	582
orange glass	52
orange peel	254
ordinary aluminosilicate fibre	379
ordinary light	45
ordinary petroleum asphalt	380
ordinary portland cement	379
ordinary terrazzo	380
organic coating	587
organic fiber reinforced plastics	588
organic filler	587
organic lightweight aggregate	587
organic mass spectrometry	588
organic matter mass spectrometry	588
organic pigment	588
organotin stabilizers	588
ornamental porcelain	49
orpiment	62
orthogonal experiment design	612
outer separation	523
oven-dry wood	265
overburnt lime	176
overfire brick	176
over-glaze decoration	590
over-tensioning	48
owl-tail ridge ornament	52
oxidation-reduction titration	566
oxidized asphalt	566
oxidizing column	568
oxidizing kettle	565
oxygen-enriched combustion	133
oxygen index	569
PA	261
packer-head process of pipe making	253
packing case form magnesium oxygen	305
paint	517
paint asphalt	583
paint drying time	518
painted enamel	203
painted pottery	41
paint fineness	518
painting on coloured body	421
painting on glazed body	422
paint polishing	583
paired standing mould	50
palace lantern	158
PAN	256
panel absorber	9
paper base asphalt felt	616
paper for gypsum plaster board	436
paper plastic overlay board	483
paper pulp fibred plaster	615
paraffin	443
paraffin base asphalt	443
paraffin content of bitumen	292
paraffin drying	443
parquet floor	375
part bonding method	254
partial prestressed concrete	38
partial tempering process	395
particleboard	487
particle shape index of lightweight aggregate	391
particle size	298
particle size composition	271
particle size-distribution	271
particulate composite	299
partition assembled with plastics profiles	484
partition chromatography	613
partitioned regenerator	118
passing percentage	512

paste color	420	percentage of expansion	370
paste gold foil	510	percentage of expension of bituminous concrete	295
pasty building sealing materials	35	percentage of hole	274,275
pattern cracking	524	percentage of late-wood	524
patterned glass figured glass	558	percentage of moisture content	178
patterned tile	516	percentage of polymer loading	261
pattern roller	191	percentage of saturation of bituminous concrete	294
pat test	450	percentage of wood moisture content	342
Pauling's rules	11	perchlorovinyl ground coating	176
Paulownia sieb. et Zucc.	367	perfect isomorphism	524
pavement concrete	72	perforated asphalt felt	68
pavement of asphalt	73	perforated panel	56
pavement of asphalt for heavy-duty traffic	622	perforation percentage	56
paving bitumen	72	performance index of carpet	81
paving plaster	378	periclase	107
PC	261	perilla oil	476
PCC-GRC composite	644	periodic kiln	228
PE	262	peritectic reaction	630
peach blossom putty	500	permanent formwork	581
pea gravel	94	permanent linear change on reheating	623
pea gravel concrete	541	permeability	430
pearlescent plastics	625	permeability coefficient	430
pearlite	625	permeate agent	430
pearlite calcining kiln	605	perofskite	134
pea stone	94	perovskite	134
peat powder	388	perpendicular-incidence sound(power)absorption coefficient	612
peat putty	388		
peat putty with quick-slacked lime	282	Persian rug	22
peeling	521	pervious apparatus of asphalt felt	585
pelletized slag	370	petrographic analysis	562
pelletized slag concrete	370	petrographic quantitative analysis	562
pendent lamp	90	petroleum asphalt	449
penetration	49,604	petroleum asphalt concrete	449
penetration index	604	petroleum bitumens for architecture	232
penetration ratio	604	petroleum ester	449
penetration ratio after loss-on-heating test	225	PF	121
penetration-temperature index	604	phase	548
pentacalcium trialuminate	417	phase analysis	536
peptizer	477	phase change	548
peptizing agent	477	phase-contrast microscope analysis	548
percentage loading of curing chamber	565	phase diagram	549
percentage of equilibrium moisture content	376	phase equilibrium	549

phase rule	548	Phyllostachys viridis(Young)McClure	139
phase separated opal glass	120	physical adsorption	535
phase transition analysis by X-ray	646	physical tempering glass	535
Phellodendron amurense Rupr.	199	Picea jezoensis Carr. var. microsperma(Lindl)	591
phenol content	120	picking up	570
phenol-formaldehyde resin	121	pictorial display ionic beam mass spectrometer	516
phenolic daub	121	piezometer type thermometer	559
phenolic-Neoprene adhesive	320	pig blood	625
phenolic-nitril adhesive	121	pig iron	432
phenolic plastics	121	pigment	563
phenolic resin adhesives	121	pigmented plaster	420
phenolic resin concrete	121	pigment of perovskite type	134
phenolic resin glass wool product	120	pigment of silicate type	173
phenoxy resins	121	pigment of simple compound	229
pH-meter	644	pigment of solid solution	162
Phoebe bournei(Hemsl.)Yang	355	pigment of spinel type	228
phosphate	304	pile	631
phosphate expanded pearlite product	304	pile up carpet	63
phosphide	304	pillar	579
phosphogypsum	304	Pinas tabulae formis Carr.	584
phosphorated flame-retardant	304	pine soot	561
phosphorescent enamel	304	pin-hole	329
phosphorous slag	304	pin porcelain insulator	604
photoacoustic effect	167	pin type post porcelain insulator	604
photoacoustic spectrometry	167	Pinuo sylvestris L. var. mongolica Litv.	602
photoaging	166	Pinus armandi Franch.	191
photochromic glass	169	Pinus koraiensis sieb. et zucc.	186
photochromism	169	Pinus kwangtungensis chun et Tsiang	169
photoelasticity polariscope	165	Pinus massoniana Lamb.	327
photoelectric colorimetric pyrometer	165	Pinus yunnanensis Franch.	597
photoelectric dew-point humidometer	166	pipe insulation apparatus	596
photoelectric law	165	pipe machine for semi-dry process	7
photo-micro analysis	168	pipe making with wax coated mould	611
photosensitive coloration	138	Pistacia chinensis Bunge	199
photosensitive glass	138	pit	559
photosensitive polymer	138	pitching blockage	378
phthalate	303	pitching block stone	378
phthalic ester	303	pitching square stone	378
phthalocyanine pigment	491	pitch pocket	454
Phyllostachys bambusoides sieb. et. zucc	175	pith	487
Phyllostachys glauca McClure	70	pit prop	279
Phyllostachys pubescens Mazel ex H de Lahaie	330	pitting	325,381

pitwood	272	plastics floor	479
pivot	452	plastics floor sheet	264
plain carbon steel welded pipe	496	plastics floor tile	276
plain-carbon structural steels	380	plastics folding door	603
plain concrete	476	plastics frame door	481
plain fuse detonator	212	plastics glazing sheet	478
plain lime putty	476	plastic sheets for waterproofing	480
plain paste	476	plastic shrinkage	485
plain tile	37	plastics ointment	484
plain weave	377	plastics panel door	483
plane of principal axis	626	plastics pipe fittings	480
planer	377	plastics pipes	480
plank floor	329	plastics rainwater system	484
plant pile carpet	597	plastics roof lighting hood	478
plaster artificial mable	438	plastics sandwich hoard	480
plaster board composite wall panel	436	plastics sanitary ware	483
plaster compensator	438	plastics shutter	477
plaster mold	438	plastics sleeve joint	483
plaster of paris	8,232	plastics stair handrail	481
plastication temperature	477	plastics tile	482
plastic coating	95	plastic surface of sports ground	597
plastic coating of peeling	271	plastics welding	480
plastic concrete	484	plastics window	478
plastic deformation	484	plastic wall paper	477
plastic extrusion	416	plastic waterstop tape	484
plastic floor	479	plastic window screening	479
plastic grass	478	plate curtain wall	243
plastic hardware	483	plate glass	376
plasticity	484	plate spring	140
plasticity index	485	Pleioblastus amarus Keng f.	276
plasticized portland cement	476	pleochroism	99
plasticizer	600	plinth stone	283
plastic lubricant	482	plombierite	529
plastic modified asphalt felt	480	plunger pump	627
plastic mortar strength test	415	plus glaze	614
plastic refractory	350	plywood	235
plastics	477	PMMA	259
plastics and steel door or window	476	pneumatic architecture	53
plastics ceiling board	483	PO-asphalt coating	261
plastics corrugated sheet	477	pocking mark	325
plastics door	482	pock mark	325
plastics film	478	pock-marked surface	325

point group	82	polymer cement concrete	259
Poisson distribution	379	polymer cement mortar	259
Poisson's ratio	33	polymer concrete	258
polarization effect	217	polymer impregnated concrete	258
polarized light	375	polymer impregnated fiber reinforced concrete	258
polarizing microscope	375	polymerization	257, 489
polarizing microscope analysis	375	polymerization at ambient temperature	46
polarographic analysis	217	polymerization with chemical catalyst	193
pole	137	polymethyl methacrylate	259
polish	55	polymorphism	512
polished plate glass	339	polyolefin	261
polished section	166	polyoxymethylene	259
polished thin section	165	polypropylene	256
polishing of stone	436	polypropylene fiber (PPF)	257
polishing wax	426	polypropylene fibre reinforced concrete	257
pollution proof capacity	113	polypropylene fibrillated film fibre	256
pollution proof insulator	113	polypropylene(PP)-asphalt	256
polyacrylonitlrile	256	polystyrene	255
polyacrylonitrile fiber	256	polysulfide adhesives	260
polyamide	261	polysulfide rubber	260
polyamide fiber	249	polysulfide sealants for building	259
polycarbonate	261	polythylene	262
polycarbonate sealants	261	polyurethane	255
polychloroprene adhesive	320	polyurethane adhesive	255
polychroism	99	polyurethane sealants for building	255
polychrome glaze painting	563	polyvinyl acetal adhesives	262
polycondensation condensation	489	polyvinyl acetal coating	263
polycrystalline alumina fibre	98	polyvinyl acetate	257
polycrystalline mullite fibre	98	polyvinyl acetate adhesive	257
polycrystal structure analysis	98	polyvinyl acetate coating	257
polyester artificial marble	264	polyvinyl acetate emulsion cement mortar	257
polyester decorative sheet	264	polyvinyl alcohol adhesive	262
polyester fiber	264	polyvinyl alcohols	262
polyester fiber base asphalt felt	264	polyvinyl alcohol-water-glass coating	262
polyester(resin)	263	polyvinyl aldehyde	263
polyester resin emulsion cement mortar	263	polyvinyl chloride	260
polyether rubber sealants	261	polyvinyl-chloride-acetate	260
polyethylene fiber	263	polyvinyl chloride daub	260
polyethylene (PE)-asphalt	263	polyvinyl chloride fiber	261
polyformaldehyde	259	polyvinyl chloride membrane decorative sheet	260
polygon	161	polyvinyl formal fiber	262
polymer	257	polyvinyl formal seamless floor	262

polyvinyl-vinylidene chloride	260	pot furnace	138
POM	259	pottery	502
pop-in load	15	pottery pipe	502
pop-off	11	pour self-compacting moulding	235
popout	12	powder coating	124
population	637	powdered wollastonite	170
Populus spp.	564	powder surfaced asphalt felt	123
porcelain	61	power frequency dry flashover voltage test	157
porcelain bath	502	power frequency puncture voltage test	157
porcelain enamel	499	power frequency sparking test	157
porcelain insulator	61	power frequency wet flashover voltage test	157
porcelainous phase	61	pozzolana	213
pore-capillary structure	526	pozzolan effect	213
pore forming agent	50	pozzolanic additives	213
pore size distribution of hardened cement paste	580	pozzolanicity	213
pore structure analysis	275	PP	256
pore structure of hardened cement paste	580	precast arrangement joints of decorative stone walls	594
porosity	275,382	precast concrete	594
porosity test	275	precast-concrete curtain wall	594
porous absorbing material	99	precast concrete member	211
porous brick	525	precipitation	48
porous ceramics	99	precipitation titration	49
porsal cement	645	precision	252
portable lamp	451	precompressed autohesion sealing tape	592
portland blastfurnace-slag cement	279	precuring	592
portland cement	173	prefabricated terrazzo	594
portland cement base coating	243	preliminary proportioning	55
portland cement for road	72	premixing process	591
portland fly-ash cement	122	premix molding compound	592
portland phosphorous slag cement	305	prepacked concrete	592
portland pozzolan cement	213	preparation of powder specimen	124
positive pressure calcination	613	preparation of raw meal	431
positron annihilation analysis	612	preplaced aggregate concrete	592
post	627,632	preplaced-mortar concrete	430
post crazing	188	prepolymer	592
post-tensioning method	188	prereacted magnesite-chrome refractory	591
potassium carbonate	497	preservative oils	583
potassium permanganate method	150	preservative treatment of wood	341
potassium water glass	227	Presky-Martens flash point	366
pot clay sound-absorbing brick	503	press forming of ceramic	501
potentiometric titration	87	press for woodworking	344
potentiometry	87		

pressue-grouted refractory	351	proportioning by volume	506
pressure container spreader	225	proportioning on estimated unit weight basis	227
pressure container steel	559	protection of aluminum products	319
pressure distribution in body	373	protection of metal pilelines	246
pressure grouting	559	protection of metal tanks	245
pressure process	225	protection of reinforcement in concrete	189, 211
pressure slaking	225	protection of steel structures	141
pressure sodium lamp	347	PS	255
pre-straining glass	141	pseudo-ductility	528
prestressed concrete cylinder pipe	145	pseudo-fracture toughness	227
prestressed concrete pipe	593	pseudo-grain size	227
prestressed reinforced concrete	592	pseudo-granularity	227
prestressed wire reinforced concrete	593	Pseudosasa amabilis(McClure)Keng f.	44
pretensioning method	541	psychrometer	136
primary clay	594	Pterocarpus spp. Linn	632
primary plasticizer	626	Pterocarya stenoplera C. DC.	125
primary standard substance	216	PU	255
primer	79	pugging	300
principal bar	637	pulled pattern	191
principal optical axis	168	pull-out test	3
printed cushioning PVC floor sheet	577	pulsed Fourier transform NMR spectrometer	328
printed PVC floor sheet	578	pultrusion	280
printing of plastics	484	pumice	128
probability	135	pumice concrete	128
processing properties	435	pumicite	128
process of cement	467	pumpability	271
produced slab rate of stone	434	pumped concrete	15
production beat	308	pumping admixture	15
product of temperature and time	95	punch-in expander bolt joints	631
profiled GRP	26	puncturable porcelain insulator	271
profiled sheet of colored aluminium alloy	632	pure copper foil	60
profiling sheets of aluminium alloy	317	pure copper plate	60
program-controlled temperature	52	pure copper rod	60
progressive kiln	300	pure copper strip	60
propagation mode of anti-planeslide	474	pure copper wires	633
propagation mode of plane-slide	192	pure portland cement	59
propagation mode of tension	601	purlin	121, 185, 305, 330, 520
propane-butane deasphalt	21	purple red floor file	632
propane deasphalt	21	pushed bat kiln	520
properties of bamboo	625	puttogether nail	375
proportional limit	16	putty	359
proportioning by mass	617	PVA	262

PVAC	257	radiation drying	128
PVC	260	radiation heat transfer coefficient	129
PVC-coal tar	260	radiation polymerization	129
PVC foamed wall paper	645	radiation resistant glass	114, 348
PVC homogeneous floor sheet	266	radiation resistant optical glass	348
pyrometric cone	42	radiation shielding coating	108
pyrophyllite	570	radiation shielding concrete	108
pyrophyllite refractory	570	radiation shielding materials	182
pyroplasticity	153	radiophyllite	394
Qinglongshan stone	389	rafter	57
quadrupole mass analyzer	474	railing	282, 472
qualitative analysis	93	rail steel	140
qualitative analysis by X-ray	646	railway tie	345
quality carbon structure steel	582	rain-water lath	473
quality coefficient of slag	279	raised style enamel	2
quantitative analysis	92	Raman effect	281
quantitative analysis by X-ray	646	ramie	626
quantitative differential thermal analysis	92	ramie cloth	626
quarrying rate of block	435	ramming method	179
quarry tile	67	ramming refractory	349
quartz	448	random error	487
quartz foam glass	448	random event	486
quartz glass	448	random fatigue	486
quartz glass beads	448	random incidence sound (power) absorption	
quartzite	449	coefficient	532
quartz sand	449	random phenomenon	487
quartz wedge	449	random sampling	486
quaternary system phase diagram	475	random variable	486
quenching	64	rapid-curing liquid asphalt	277
Quercus accutissima Carruth	325	rapid hardening and high early strength	
Quercus mongolica Fisch. et. Turcz	642	aluminate cement	277
quick lime	431	rapid hardening cement	277
quick lime putty	416	rapid-hardening concrete	277
quick setting and rapid hardening cement	276	rapid hardening ferroaluminate cement	277
quick setting and rapid hardening ferroaluminate		rapid hardening portland cement	277
cement	276	rapid hardening sulphoaluminate cement	277
quick setting and rapid hardening fluoaluminate		rapid setting emulsified asphalt	276
cement	276	rare-earth colored glass	539
quick-slacked lime putty	626	rate of combustion	397
radial distribution function analysis	253	rate of corrosion	130
radiation angle factor	129	rate of heat transfer	57
radiation angular coefficient	129	rate of hydration	461

ratio of acid-resistance	353	reef dressing	562
ratio of yield to tensile strength	144	reference	41
raw glaze	431	reference electrode	41
raw gypsum	431	reference glass	41
raw meal	431	reference proportioning	290
raw mix proportioning of cement	467	reflecting curb	105
raw-rag reinforced asphalt felt production set	616	reflecting microscope	104
reaction curing coating	105	reflecting microscope analysis	104
reaction type adhesive	105	reflection topography	105
reactive-type flame-retardant	105	reflectivity	105
ready-mixed concrete	591	refractoriness	349
ready-mixed paint	509	refractoriness under load	183
reagent	450	refractory	349
realgar	555	refractory alloys	355
ream	509	refractory aluminate cement	350
rebonded fused magnesite-chrome refractory	87	refractory brick	351
rebonded fused silica refractory	597	refractory cellular concrete	349
reclaimed asphaltic mixture	130	refractory coating	350
reclaimed concrete	598	refractory concrete with lightweight aggregate	350
reclaimed plastics floor	598	refractory dolomite cement	349
reclaimed rubber	598	refractory fibre	350
reclaimed rubber floor	598	refractory fibre product	351
reclaiming activating agent	598	refractory glass fibre	348
recrystallization annealing	598	refractory lightweight concrete	350
recrystallized silicon carbide refractory	598	refractory low calcium aluminate cement	349
rectangular ston slab	239	refractory material refractory product	349
recuperator	198	refractory mortar refractory cement	350
recycled concrete	598	refractory product	351
recycling asphalt	598	regenerated rubber asphalt paint	298
red brick	187	regeneration of ion exchange resin	289
red brittleness	399	regenerator	556
red copper	633	regression analysis	203
red copper screening	633	regression equation	203
Red glass	186	regulated set cement	509
red hemp-fibred plaster	379	regulator for gas concrete	224
red lead oxide	602	reinforced concrete	142,600
red mud	53	reinforced concrete beam	143
red-mud sulfate cement	53	reinforced concrete column	143
red orpiment	555	reinforced concrete large wall panel	142
redox indicator	566	reinforced concrete mine support	143
red stoneware	632	reinforced concrete pile	143
redware	632	reinforced concrete pipe	143

reinforced concrete pole	143	resin modified bitumen	454
reinforced concrete sleeper	143	resin mortar	454
reinforced concrete truss	143	resinoid	400
reinforced lime-sand concrete element	201	resin pocket	454
reinforcement	600	resistance curve	638
reinforcement cage	142	resistance strain indicator	90
reinforcer	34	resistance thermometer	399
reinforcing agent	34	resistance to chemicals	348
reinforcing efficiency of asbestos	447	resistance to cigarette burns of plastics floor	479
reinforcing glass fiber mat	32	resistance to fouling	354
relative error	547	resistance to slag corrosion	270
relative humidity	547	resistance wire laminated glass	86
relative viscosity of bituminous material	297	resonance frequency	160
relaxation	476	resonant sound-absorbing construction	160
relay primacord tube	221	restrained expansion	546
release agent	521	restricted expansion	546
release agent for concrete form	210	retarder	198
release paper	155	retention	10
releasing strength of prestressed concrete	114	reversal device	198
relief	516	reversal valve	198
relief enamel	127	reversed phase partition chromatography	105
relief plain colour rug	476	revibration	132
remaining water-cement ratio	433	reyerite	313
remanent-heat treated low alloy steel bar	591	rheological behavior	306
remelt process	138	rheological property	306
remelt process by nonplatinum bushing	115	rhombus steel wire grid	145
remelt process by platinum bushing	33	rice husk ash	73
remelt process by pottery clay crucible	503	rice husk ash cement	73
remolding apparatus	54	rice husk board	73
remolding jigs	54	rich concrete	132
remove-rust	56	ridgepole	93
repeatability	54	ridge tile	221
repeated vibration	132	rimming steel	117
replacement titration	619	ring and ball softening point	195
replica technique	132	ring porous wood	195
reproducibility	599	ripple glaze	22
residual linear change	623	river mud	182
residual oil	600	river sand	182
residuum ointment	600	riversideite	69
resin	453	rivet	330
resin emulsion	454	road concrete	72
resin injection molding	454	road lamp	312

road tar	628	round nail	596
Robinia pseudoacacia L.	62	round timber	595
rock asphalt	562	router	426
rock weathering sand	425	roving cloth	534
Rockwell hardness	324	rubber	322,549
Rockwell hardness B	324	rubber adhesives	550
Rockwell hardness C	324	rubber bitumen	550
rock wool	562	rubber coating	550
rock wool felt	562	rubber floor	549
rock wool insulation belt	562	rubber floor felt	549
rock wool slab	562	rubber isolation	549
Rocla pipe	324	rubber modified asphalt felt	549
rodability	175	rubber sealing tape	550
rodding compaction cast	43	rubber sheets for waterproofing	549
rod(drawing)process	9	rubber waterstop tape	550
rolled curb	22	rubble	329
rolled glass	560	rubble concrete	329
rolled moulding	600	rubble flag	329
rolled-on method	362	rubia cordifolia	385
roller	264,624	rueping process	92
roller bump	624	rug	106
roller coating	175	rule of tagent line	387
roller compacted concrete	610	safe distance of the explosion earthquake	12
roller-hearth kiln	175	safe distance of the explosion wave	12
roller mill	416	safe distance of the flying stone	115
rolling	323	safety fuse	72
rolling process	560	safety lamp	1
rolling thin-film oven test	557	safflower cake	185
roll-profiled steel sheet for building	233	sagging	307
roll shutter	6	salt cake	328
Roman cement	324	salt glaze	563
roof board filler	189	sample point	569
roof frame	185	sample space	569
room constant	114	Sanbing stone	418
root-mean-square sound pressure	265	sand-blast glass	368
rotary cut veneer	557	sand casting cement	555
rotary kiln	203	sand grained bituminous concrete	424
rotating cylinder viscometer test method	513	sand grinder	424
rouge	561	sand-lightweight concrete	424
rough ashlar	62	sand-lime-emulsified asphalt anticorrosive paint	442
rough grinding of stone	435	sand percentage	424
rough surfaced tile	329	sandstone	425

sand surfaced asphalt felt	424	screw eye	564
sand washer	539	scrub resistance	354
sandy cement	425	scuff resistance of coating	518
sandy soil	425	sculpture decoration	90
sanitary assembly articles	368	scuttle hinge	104
sanitary enamel	528	scuttle-night bolt	506
saponification number	599	sealants	336
sap-wood	17	sealed porosity	16
Sassafras tzumu(Hemsl)	44	sealing strip for plastics door and window	482
satellite	8	sealing tape	336
satin weave	96	seamless plastics floor	517
saturant	250	seamless steel tubes	531
saturated surface-dried condition	10	search light	493
saturated water vapor	10	sea sand	177
saturate property of bond	234	seasoning check	135
saturates	10	sea water attack	177
saw-dust mortar	255	Secar cement	645
sawing and cutting of stone	435	secondary clay	62
saw-lumber	254	secondary electron image	100
sawn veneer	255	secondary ionic mass spectrometry	101
sawtooth tenan and mortise	255	secondary mixing	101
SBR	90	secondary plasticizer	132
SBR-asbestos emulsified asphalt	90	secondary recrystallization	101
SBR(styrene-butadiene rubber)-asphalt	91	second type steels	574
SBS-asphalt	645	sectional floor	212
scabbed dressing	311	section modulus of asbestos-cement corrugated sheet	445
scaffolding pole	345		
scale system of ancient construction	161	section steel	555
scaling	33,591	security door lock	11
scanning electron microscope (SEM)	419	sedimentating contraction	49
scanning tunnel microscope	420	sedimentation analysis	49
scanning turbidimetry	167	sedimentation balance	49
scanning ultrasonic microscope	419	seeding	62
scarf joint	553	seeds of glass	28
scawtite	471,493	segregation	119
Schima superba Gardn.	183	segregation of concrete	208
scintillating glass	426	selenide-sulfide colorant	538
scoria concrete	213	selenium powder	538
scrap rubber	117	selenium-ruby glass	538
screen	267	self-adhesive asphalt felt	634
screen analysis curve	425	self-anchoring method of post-tensioning	188
screen printing decoration	474	self-cleaning enamel	634

self combusted gangue	635	settling rate of coating	517
self combusted gangue concrete	635	severe heat resistant paint	152
self-compacting concrete	634	shackle porcelain insulator	90
self cracking	141	shade laminated glass	68
self-leveling sealant	634	shadow less operating light	535
selfoc	634	shaft kiln	291
selfoc glass fibre	634	shale	571
self-stressing aluminate cement	636	shale tar	571
self-stressing cement	636	Shang scale	426
self-stressing concrete	635	shaped building sealing materials	92
self-stressing concrete pipe	635	shaped steel	555
self-stressing ferric-aluminate cement	636	shearing strain	229
self-stressing portland cement	635	shearing stress	229
self-stressing sulphoaluminate cement	636	shear strength	268
self-stress recovery	635	shear strength of wood	342
semiconducting glaze	7	shear strength parallel to grain	473
semi-crystalline hydrate	7	shear strength perpendicular to grain	185
semi-dry pressing	7	sheathing tile	525
semikilled steel	8	sheet brass tube	200
semilhydrate gypsum	8	sheet molding compound	374
semimetal	7	sheet reinforced composite	10
semi-open grading bituminous concrete	8	sheet steel enamel	140
semi-oxidized asphalt	8	shell	12
semi-rigid PVC plastics floor tiles	8	shellac	55
semi-silica refractory	7	shellac sheet	380
semi-solid asphalt	7	shell limestone	12
semistable dolomite refractory	8	shielding materials for γ radiation	648
semi-stiff concrete	7	shielding materials of neutron	621
sensitiveness	138	shielding optical index	603
sensitivity to propagation	557	shivering	32
separated slaking of lime	440	shock resistance	271
separation methods	119	shoot-coating	492
separative percentage retained	118	shoot lamp	429
seriation of strands	594	shoot nail	429
serpentine	428	shore hardness	553
serpentinite	429	short hemp-fibred plaster	553
service life of structural element	160	short range order	95
set controlling admixture	509	shot content	600
set retarding	198	shotcrete	369
setting effect of lime	431	shoulder curb	377
setting time difference	363	shrinkage	451
setting-up agent	512	shrinkage compensating concrete	34

shrinkage-compensating lightweight aggregate concrete	451	silicone building sealants	587
shrinkage of wood	341	silicone polysiloxane	587
shutter	5	silicone rubber	173
shuttle kiln	489	silicon-oxygen tetrahedron	174
Si_3N_4-bonded silicon carbide refractory	70	silk screen printing	474
sialon-bonded silicon carbidle refractory	645	silk window	201
side effect of no-fines concrete	65	sillimanite refractory	173
side face of brick	630	silo for lime slaking	551
sieve analysis	425	silt	124
sieve-analysis curve	425	silty sand	124
sieve analysis of aggregate	219	silver halides sensitized photochromic glass	312
signal glass	554	silver nitrate	552
signal lamp	555	single colour glaze	70
sign enamel	18	single colour mosaic tile	70
significance level	545	single control for steel bar stretching	69
significance tests	545	single crystal structure analysis	69
significant digits	589	single focusing mass analyzer	69
silane coupling agent	173	single grading	70
silane finish	173	single mode glass fibre	70
silencer	551	single-ply asphalt felt	69
silica fume	170	sink	539
silica fume concrete	170	Sinocalamus affinis(Rendle)McClure	61
silica gel coating	170	Sinocalamus latiflorus(munro)McClure	326
silica glass	448	sintered artificial marble	428
silica glass beads	448	sintered brick of colliery waste	427
silica glass slip casting	448	sintered clay brick	428
silica modulus	170	sintered fly ash brick	427
silica refractory	174	sintered pulverized fly ash concrete	123
silica sand	171	sintered shale brick	428
silica sand mortar	449	sintering	427
silicate-base coating	243	sinter strand	427
silicate concrete wall panel	173	siphonic W.C.pan	187
silicate materials	172	siphon jet W.C.pan	368
silicate mineral	173	siphon vortex W.C.pan	557
siliceous correcting material	174	SIS-asphalt	645
siliceous material	174	sitting W.C.pan	642
siliceous refractory	174	size	249
siliceous refractory brick	174	skarn	538
siliceous waste	174	skid-resisting capability of bituminous concrete	294
silicocarnotite	282	skin carpet	452
silicon carbide refractory	494	skinning	241
		slag brick	279

slag resistance	270	snake take away pump	429
slag wool	279	snow white stone	557
slaked lime	2,378	soda ash	59
slaked lime powder	551	sodium carbonate	59
slaked lime with clay	500	sodium nitrate	552
slaked lime with peat putty	378	sodium salt of penta chlorophenol	535
slaked lime with peat putty not fully mixed	190	sodium silicate-calcium chloride grouting material	456
slaking fast lime	277	sodium silicate daub	456
slaking of quicklime	442	sodium silicate grouting material	456
slaking rate of quicklime	442	sodium silicate-sodium aluminate grouting material	456
slaking slowly lime	328	sodium silicofluoride	127
slate	6,434	sodium sulfate	328
sleeper	345	soft bitumen floor	296
sleeper spring	80	soft coal pitch	415
sleeper wall	79	softening coefficient	415
sleeve and fill joint	503	softening interval	415
sliced veneer	11	softening point	415
slide resistance	348	soft fibre board	416
slip	357	soft steer	415
slip agitating machine	357	soft stone	416
slow-curing liquid asphalt	328	Softwood	605
slowly soluble anhydrite	328	soil cement	468
slow rays	328	soil corrosion of metal	247
slow setting emulsified asphalt	328	soil for consolidated brick	162
slump	491	sol	409
slump cone	492	solar drying	490
slump loss	492	solar energy curing	490
slurry explosive	234	sol-gel process	410
slurry pump	357	sol-gel type bitumen	410
small angle X-ray scattering analysis	647	solid asphalt	163
small gauge semicylindrical tile	264	solid block	450
small ripple	552	solid content	163
small wave	552	solid-core post porcelain insulator	9
SMC	374	solid fuel	163
smearproof carpet	270	solids content of admixture	523
Smith closed system triaxial method	473	solid solution	162
smoke density	561	solidus curve	163
smoke staining	561	solid water glass	163
smoke suppressant	552	solid wood floor	450
Smoke tree (Cotinus coggygria)	199	sol type bitumen	410
smoking property	104	soluble anhydrite	271
smoking temperature	104		

solution polymerization	410	special steel	504
solution treatment	162	special type lamp	505
solvation	409	special type plastic wall paper	506
solvent	409	specific creep	555
solvent deasphalt	409	specific density	547
solvent extraction	409	specific gravity	16
soot paste	561	specific heat	16
sound absorbing felt	537	specific heat consumption for glass-melting	28
sound absorbing foam glass	537	specific melting efficiency	410
sound absorption material	537	specific optical density	16
sound bridge	432	specific strength	340
sound emission nondestructive testing	432	specific surface area	15
sound energy	432	specific type steel	504
sound energy density	432	specified yield limit	170
sound insulation material	155	speck	6
soundness of aggregate	219	spectral analysis	167
soundness of cement	468	spectrograph analysis method	430
sound(power)absorption coefficient	537	spectrophotometer	118
sound power level	432	spectrophotometry	118
sound pressure	432	specular gloss of stone	435
sound source	432	sphericity	596
sound transmission coefficient	516	spinel	228
sound velocity	432	spinel refractory	228
soybean glue	94	split ring-type expander bolt	266
space-charge effect	273	split tile	374
space group	273	split-tube tile	198
space lattice	272	spontaneous combustion	635
space network macromolecule	506	spontaneous cracking	141
space-unit element	182	spontaneous thickness	634
spacing factor	382	spotlight	257
spall	487	spot microanalysis	526
spark-proof concrete	35	spotted-colour mosaic	39
special aluminium alloy	504	spot welder	81
special cast iron	504	spot welding	239
special cement	505	spray decoration	368
special glasses	505	spray drying of slip	357
special mortar	505	spray gun	368
special shape brick	505	spraying pistol	368
special shaped brick	575	spraying refractory	350
special-shaped marble slab	67	spray moulding	368
special shaped stone	575	spray painting	369
special-shaped terrazzo	575	spread coating	163

spread speed of fire	214	stand method	490
spring ball	70	staple glass fibre	92
spring hinge	492	static demolition agent	534
spring lock	70	static ionic beam mass spectrometry analysis	254
spring steel	492	static load	254
spun concrete	287	static strength	254
spurrite	170	station and apparatus porcelain insulator	88
square	18, 106	station of grinding	124
squared stone	301	statistic	515
square paving brick	107	steady heat transfer	530
square rafter	265	steam cured brick	611
square-shaped column base	419	steam curing	611
squatting W.C. pan	97	steam curing chamber	565
stability	530	steam-heating of mixed clay	358
stability of pigment	563	steatite electrical porcelain	192
stabilized dolomite refractory	530	steel	139
stabilizer	530	steel and iron slag cement	146
stable stage of expansion	371	steel bar	141
stacking in a kiln	327	steel bar bending machine	144
stage effect lamp	535	steel bar cold drawing	144
stain	17	steel bar cold rolling	144
staining	280	steel bar cold stretching	144
staining property	530	steel bar welding	142
stainless steel	36	steel chips concrete	146
stainless steel enamel	36	steel chips mortar	511
staircase edge tile	506	steel doors and windows	145
stalactite	622	steel fiber reinforced concrete floor	146
stalagmite	448	steel fibre	146
standard case	19	steel fibre reinforced concrete	146
standard curing	19	steel fibre reinforced refractory concrete	146
standard deviation	18	steel fibre reinforced shotcrete	146
standard error	18	steel plates	139
standardization	18	steels	140
standard pyrometric cone	42	steel slag	146
standard sample standardization method	18	steel strands for prestressed concrete	593
standard sand	18	steel strips	140
standard sectional dimension of lumber	39	steel tubes	140
standard sieves of sand-stone	425	steel tubular concrete	140
standard solution	18	steel wire corrugating	145
standard square	18	steel wire dynamometer	145
standard time-temperature curve of fire	214	steel wire for prestressed concrete	593
standard viscometer of paving bitumen	73	steel wire ropes (steel cables)	145

steel wires for welding	179	stratified depth	118
steelwork hard alloy	141	straw plaster	192
step stone	490	straw rug	42
stepwise titration	573	straw slab	73
stereogram glazed-colour tile	290	strength	386
stereomicroscope analysis	291	strength component	386
stereoregular polymerization	92	strength-density ratio of concrete	205
stereospecific polymerization	92	strengthened degree	141
stereotactic polymerization	92	strength grading of brick	628, 630
stgrene-acrylic emulsion anticorrosive paint	14	strength grading of cement	463
stiff concrete	136	strength test of structural member	160
stiff extrusion	581	stress	579
stiffness	138	stress concentration	579
stiffness modulus of asphalt	295	stress corrosion of metal	248
stiffness test of structural member	160	stress in glass	32
stile edging board	334	stress intensity factor	579
stirrup	161	stretching-comprasion cyclic test	281
stirrup bender	144	stripping area	32
stoke's law	474	stripping of asphalt	291
stone	241	stripping test	33
stone baluster column	448	stripping voltammetry	409
stone beam	443	strip plank	508
stone chip	448	strontium silicate cement	474
stone coating test	444	structural adhesive	240
stone materials	434	structural bar	161
stone of clamping column	225	structural insulating lightweight aggregate concrete	239
stone railing panel	443	structural lightweight aggregate concrete	240
stone rammer	115	structural viscosity	240
stones	443	structure analysis by X-ray	646
stones for road and bridge	73	structure factor	240
stoneware	450	structure of bamboo	625
stoneware pipe	502	structure of silicates	173
stoneware tile	139	structure water	240
stone washer	539	stuck body	601
storage stability test of bituminous emulsion	414	St. Venant element	433
straight-run asphalt	615	S-type expansive cement	645
strain	579	styrene-acrylic emulsion coating	14
strain energy	579	styrene butadiene rubber	90
strain energy release rate	579	styrene-butadiene rubber adhesives	90
strain gage	579	submerged arc welding	327
strain line	546	substitutional solid solution	619
stratification	118		

sugar content	178	suspension polymerization	556
sulfurized asphalt	310	swabbing	267
sulphate activator	310	sweep	453
sulphate attack	310	swell-butted	65
sulphate-resisting portland cement	269	swelling	410, 434
sulphide daub	309	swelling of wood	343
sulphur concrete	309	swirl	530
sulphur impregnated concrete	309	synthetic fiber base	180
sun-shading glass	603	synthetic-fibers(synthon)	180
superfine glass fibre	48	synthetic fibre carpet	180
superfine sand	505	synthetic macromolecular compound	179
superfine sand concrete	505	synthetic resin	179
super-hard aluminium	48	synthetic resin adhesives	179
superheavy concrete	506	synthetic resins coating	180
super-lightweight ceramisite	47	synthetic rubber	180
super pure silica glass	147	synthetic rubber floor coat	180
supersulfated cement	438	synthetic timber	179
support film	614	system	539
supporting reinforcement	227	system of polymerization	259
surface active agent	19	Taber's abrasion resistance	491
surface blasting	313	tack free time	19
surface chemical treatment for glass fiber	30	tackifier	599
surface dusting	20	tacticity	74
surface energy	20	Taihu stone	490
surface glossiness	19	tailings brick	528
surface hardening	19	Talbol grading curve	491
surface impregnation	20	talc	192
surface metal decorative coloration	20	tamping method	59
surface moisture content	19	Tang building scale	499
surface mounted lamp	536	Tang major scale	499
surface preparation of metal	243	Tang millet scale	499
surface tension	20	Tang minor scale	499
surface tension of fused glaze	590	tank furnace	52
surface thermometer	20	tap	472
surface treatment of the metal substrate	216	taper	228
surface treatments for glass fiber	30	taper lump stone	631
surfacing	416	tapestry	164
surfacing mat	20	tar	237
surfacing material of floor	80	tar-bonded dolomite refractory	237
surfactant	19	tar concrete	331
suspending-roller process	556	tar modified resin	237
suspension	556	t-distribution	645

tearing	474	test method for vacuum capillary	606
technical viscometer	158	test method for vacuum suction of asphalt felt	586
technique of foaming for aerated concrete	223	test of flame-retardant for building materials	231
technology of mixed grinding	204	test of flammability for building materials	230
technology with hydrated lime(forming after temperature peak)	453	test of heat aging of sealing caulk	336
technology with quick lime(forming before temperature peak)	431	test of tensile strength of asphalt felt	585
		test on fire-resisting characteristics of wire or cable	349
Tectona grandis L.f.	586	tetrabarium aluminoferrite	510
tee	10	tetracalcium aluminate hydrate	460
tee aluminium alloy	317	tetracalcium aluminoferrite	511
television microscope analysis	87	tetracalcium trialuminate hydrate	461
TEL process	287	tetrastrontium aluminoferrite	511
TEM	516	TG	406
temperature curve of melting	411	thaumasite	495
temperature field	528	theoretical heat consumption for glass-melting	28
temperature gradient	529	theoretical stressconcentration factor	290
temperature index	529	thermal aging	401
temperature program for glass-melting	411	thermal breakdown	401
temperature sensor	529	thermal conductivity	72,399
temperature susceptbility of asphalt	292	thermal conductivity measuring apparatus by pulse method	327
tempered glass	141	thermal conductivity of wood	341
tempering	203	thermal curing	404
tempering bloom	399	thermal diffusivity	72,401
tempering colors	399	thermal expansion	402
template jiggering	71	thermal expansion coefficient of glass	28
tenon	615	thermal insulating foam glass	265
tenon(and mortise)joint	489	thermal insulating material	265
tenoner	266	thermal properties of plastics	482
tensile strength	269	thermal resistance	406
tensile strength of wood	342	thermal shielding material of reactor	105
tensile strength parallel to grain	473	thermal shock resistance	269,406
tensile strength perpendicular to grain	185	thermal shock resistance determination	269
tensioning apparatus	602	thermal shock resistance of glass	28
tensioning stress	601	thermal spraying coloration	402
tension testing machine	281	thermal stability of glass	28
tension wood	579	thermal storage coefficient	556
ternary system phase diagram	418	thermal stress	404
terrazzo	462	thermoacoustimetry	403
terrazzo floor	463	thermoanalysis	400
test method for reverse-flow viscometer	358	thermo-catalytic polymerization	399
test method for sliding-plate microviscometer	191		

thermocouple	399
thermocouple thermometer	399
thermodilatometry	402
thermoelectrometry	399
thermogravimetric analysis	406
thermo-hydro conduction	403
thermomagnetometry	399
thermomechanical analysis	401
thermoparticulate analysis	404
thermophotometry	400
thermoplastic elastomer	404
thermoplastic resin	403
thermoplastics	403
thermoplastics sheet molding compound (TSMC)	403
thermoproperty curve	404
thermo-retaining acoustic absorbing mortar	11
thermosetting plastics	400
thermosonimetry	400
thermostability	404
thickening agent	599
thicknesser	558
thin film absorber	10
thin-film oven test	10
thin glaze	589
thin marble slab	66
thinner	539
thinner for oleoresinous paint	476
thin section	10
thixotropy	56
thread-like surface flaw	358
thread string	546
three-component analytic method	418
three dimensional weave	418
three essentials of combustion	397
three-point bending specimen	416
three-surface adhesion	417
threshold	280, 596, 619
throwing forming	281
tie beam	107
tile	522
tile end	522
tile imitating plaster	176
tile joint caulking	226
tile with crystalline glaze	241
Tilia spp.	96
tiling batten	164
timber floor	344
timber skirting	345
tin bath	539
tin oxide	569
tin pick-up	601
titanate coupling agent	491
titanium dioxide	490
titration curve	78
titrimetric analysis	78
TMA	401
to bar	282
toluene	226
tool mark	157
tools for laying aerated concrete product	224
Toona sinensis (A. Juss) Roem.	547
top coat	338
top-hat kiln	622
top pressed method	558
torsional braid analysis	364
torsional strength under high temperature	152
torsion testing machine	364
total bitumen content	250
total radiation pyrometer	395
toughening furnace	141
toughness	408
toughness index	408
toughness or shock resistance of wood	341
toxicity index	94
transfer strength of post-tensioning	601
transitional pores of hardened cement paste	580
translucent clam shell tile	338
transmission electron microscope	516
transmission topography	516
transmissive carpet	57
transmissivity	516
transparence	515
transparent glaze	516
transparent GRP	515

transverse cord	185	two vitriol waterproof agent	101
transverse section	342	UF	362
trap	64	UL94 tests of flammability for plastic materials	646
tree-length	595	ulmus pumila L	5
triaxial testing machine	418	ultimate elongation	218
tribarium aluminate	318	ultimate strength	386
tribarium silicate	172	ultra lightweight ceramisite concrete	47
tribasic ethylene-propylene rubber	418	ultra-low cement castable refractory	47
tricalcium aluminate	318	ultralow-expansion silica glass	47
tricalcium aluminate hydrate	460	ultramarine	396
tricalcium silicate	172	ultramarine blue	125
tricalcium silicate hydrate	459	ultra rapid hardening cement	504
trichroism	417	ultra-rapid hardening porHand cement	504
trilead tetroxide	185	ultra-rapid hardening regulated set aluminate cement	504
trimmers of wall tile	590		
triple point	418	ultrared curing	187
tristronitium aluminate	318	ultrasonic activation	48
tristrontium silicate	172	ultraviolet absorbent	633
trne density	607	ultraviolet lamp	633
trough lamp	41	ultraviolet light microscope	633
truck mixer	238	ultraviolet light microscope analysis	633
true porosity	382	ultraviolet photoelectron spectroscopy	633
truscottite	504	ultraviolet-visual spectrometer	633
TSMC stamping	54	ultraviolet-visual spectrophotometry	633
Tsuga chinensis(Franch.)Pritz.	511	U-nail	645
t test	645	unburned brick	36
tuff	213	underburnt lime	385
tunnel curing chamber	488	underfired brick	385
tunnel drying	488	under-glaze decoration	590
tunnel kiln	488	underground blasting	81
tunnelling current	488	underwater blasting	471
tunnelling effect	488	underwater concrete	471
turbidimetry	16	underwater lamp	457
turmeric	234	uniaxial crystal	573
turn buckle screw	190	uniform distribution	265
turn colour lamp	630	uniformity	597
turnover form process	104	united regenerator	299
twill	553	universal asphalt felt prodution set	98
twist	361	universal camera microscope	524
twisting	342	universal camera microscope analysis	524
two-component analytic method(of asphalt)	102	universal materials testing machine	524
two-point test	206	un-puncturable porcelain insulator	36

unsaturated polyester daub	263
unsaturated polyester resin	35
unsaturated polyester resin concrete	263
unsaturated polyester seamless floor	35
unshaped refractory	35
unsteady heat transfer	36
UP	35
up-drawing tube process	59
upper cistern	152
UPS	633
urania	569
urea-formaldehyde-acrylamide grouting material	21
urea-formaldehyde grouting material	362
ureaformaldehyde plastics	362
urea-formaldehyde resin	362
urea formaldehyde resin grouting material	362
urea resin adhesive	362
urethane adhesive	255
urinal	552
usual quenching	572
U-test	645
UV-absorbing glass	114
UV-transmitting glass	516
vacuity	605
vacuum	605
vacuum carbonating	130
vacuum coating process	605
vacuum-compression impregnation	606
vacuum concrete	606
vacuum degasification of mixed clay	358
vacuum drying	605
vacuum filter	605
vacuum forming	605
vacuum impregnation	606
vacuum level	606
vacuum melting method	606
vacuum-pressure casting system	607
vacuum process	606
value of penetration-viscosity	604
van der waals bond	106
vapour barrier	155
vapour penetration	610
vapour penetration coefficient	610
variance	106
variance analysis	106
variation between batch	9
variation in batch	9
varnish	394
varying-amplitude fatigue	17
VC-VA	260
vebe consistometer	527
Vebe seconds	526
vegetable fibre reinforced concrete	615
veneer	69
veneer of concrete	450
veneer stone slab	435
ventilating grate of floor	512
verdigris	514
vermiculite	619
vermilion	625
vertical blowing process	59
vertical curing chamber	290
vertical lime kiln	441
vertical vibrating process of pipe making	290
veryfine sand	505
very stiff concrete	504
vibrating acceleration	607
vibrating internal tube-mould	609
vibrating mortar coating	608
vibrating moulding	608
vibrating table	609
vibrating vacuum process of pipe making	609
vibration frequency	608
vibration intensity	608
vibration isolation and thermal insulation damp pulp	114
vibration isolation material	156
vibration plus pressure shaping	607
vibration regime	609
vibration resistance	270
vibration transmissibility	607
vibration velocity	609
vibrator	608
vibratory compaction	608

vibrocast concrete	610
vibrohydropressing process of pipe making	607
Vicat needle	527
Vicat softening point	527
Vickers hardness	527
videomap microscope	517
videomap microscope analysis	517
vinyl asbestos tile	261
vinyl chloride-vinylidene chloride emulsion coating	322
vinylite-acrylic emulsion coating	573
vinylon reinforced cement	527
violet glass	632
violet stone	632
viscoelasticity	360
viscometer	359
viscosity	359, 361
viscosity factor	361
viscosity of fused glaze	590
viscosity of macromolecule compound	148
viscous flow temperature	360
viscous state	360
visible rafter under eave	596
visual spectroscopy analysis	267
vitreous enamel	499
vitreous inclusion	29
vitreous silica fabric	148
vitrified clay pipe	502
void content	274
Volan	530
volatility	202
volume density	408
volume fraction of fibres	543
volumetric potassium fluorosilicate method	127
volumetrie analysis	408
volume weight	408
volumtric strain	506
voussoir	159
vulcanization	309
vulcanization accelerator	309
vulcanized rubber	309
waffle sheet	191
Wagner turbidimeter	191
wainscot of plastics	481
wall and floor tile	387
wall effect	340
wall lamp	16
wall materials	387
wall panel	386
wall panel of vibrated brick-work	609
wall paper	17
wall tile	387
wall wooden moulding	164, 195
wane	97
warp	342
warpage of ceramics	500
warp density	251
warping of asbestos-cement corrugated sheet	445
wash basin	539
washdown W.C. pan	54
washing function	54
waste rubber	117
waste rubber asphalt	549
water	455
water absorbing lining	538
water absorption	538
water absorption of asphalt felt	585
water absorption of plastics	483
water absorption of wood	343
water absorptivity	538
water-binder ratio	462
waterborne(-type) preservatives	470
water-cement ratio	462
water closet pan	65
water-dispersed PVC-tar coating	413
water-dispersed thick asphalt waterproof coating	471
water-dispersed thin asphalt waterproof coating	470
water for concret	9
water-gel explosive	462
water glass	456
water glass acid-resisting concrete	456
water glass coating	457
water glass expanded pearlite product	457
water glass modulus	456
water glass slag mortar	456

water glass soil modifier for consolidating	457	wedge away	388
water impermeability of asphalt felt	584	wedge brick	616
water paint	471	weighing	50
waterproof concrete	112	weight case	623
waterproof concrete with additive	523	weighted means	225
water proofing additive	112	weight loss on boiling of lightweight aggregate	392
water proofing liquid	113	weight loss on decomposition of ferrous compounds in lightweight aggregate	391
water proofing paste	112		
waterproofing polyvingl chloride building jointing material	260	weldability	179
		welding wire for copper	513
water proofing powder	111	welding wires for aluminium	314
waterproofing roll-roofing	112	welding wires for aluminium alloy	315
water-proof lamp	111	welding wires for copper alloys	514
waterproof materials	111	wet-ball temperature	433
water-proof mortar	112	wet body preparation	433
water ratio at saturated surface-dried condition	10	wet process of cement	467
		wet rolled granulated slag concrete	433
water-reducing admixture	229	wet slaking	434
water reduction ratio	229	wet sticking process	433
water-repellent	17, 395	wet strength of plastics wallpaper	477
water resistance	353	wet wood	433
water resistance of asphalt felt	585	wheat flour	338
water resistance of coating	519	white cast iron	4
water retentivity	11	white concrete	5
water seal function	457	white copper	5
water-solid ratio	462	white marble	179
water soluble coating	470	whiteness	3
water-soluble polymer	470	whiteness meter	4
water stain	457	white portland cement	4
waterstop ring	615	white pottery	5
waterstop tape	615	white pottery glazed tile	5
wave	509	white spirit	648
waviness of metal body	195	white stone powder	5
wax impregnated concrete	443	whitewere	5
wear resistance determination of ceramics	501	winding process	45
wear resistance testing machine	352	window catch	124
wear-resistant steel	352	window curtains	57
wear-resisting rate of stone	435	window frame	58
weatherability	348	window membrane	57
weathering	124	window on upper story	489
weathering of cement	464	window screening	58
weathering of glass	23	window strap rail track	57
weave	615		

window strap-rod	57	Xia scale	541
wind resistance	268	Xinjiang carpet	554
wire-drawing machine	3	Xizang(Tibet)carpet	536
wire-mesh reinforced asbestos cement corrugated sheet	145	xonotlite	580
		X-phase	647
wires	145	XPS	646
wood	340	X-ray diffraction analysis	647
wood-based panels	346	X-ray diffraction intensity	647
woodchip	346	X-ray diffraction pattern	647
woodchip aggregate concrete	346	X-ray diffractometer	647
wood composite board	341	X-ray photoelectron spectroscopy	646
wood density	343	X-ray powder diffractometer	122
wood door	345	X-ray protective glass	107
wood drying	341	X-ray shielding glass	107
wood drying schedule	342	X-ray stress analyzer	647
wooden decoration	346	X-ray topography	646
wooden slice covered decorative board	525	Xuancheng stone	556
wooden upper roof framing	531	xylem ray	345
wood fibre magnesia	346	xylene	101
wood joist	344	xylene insoluble content(of coal pitch)	101
wood lath	201	yarn wall paper	114
woodlike rigid plastics sheet	503	yellow glass	199
wood milling machine	344	yellow stone	199
wood preservatives	341	yield limit	395
wood-ray	345	yield of lime putty	440
wood sanding machine	344	Yingde stone	578
wood screw	345	Yixing stone	573
wood tar	345	young concrete	528
wood tie	90	Young's modulus	565
wood window	343	Y-phase	647
woodworking machinery	342	Zelkova schneideziana Hand.-Mazz.	254
woollen carpet	59	zeolite	117
workability	158	zeolite cement	117
workability of bituminous mixture	293	zeophyllite	570
work lamp	158	Zhuji stone	625
woven glass fabric	30	zinc coating	95
woven rovings	534	zine bromide	555
wrinkle	624	zine white	554
Wukang stone	535	zircon brick	154
wüstite	107	zirconia-bubble refractory	566
xenon lamp	544	zirconia-corundum refractory	154
Xianshan stone	545	zirconia-mullite refractory	154

zirconia refractory	566	zwitterionic surfactant	301
zirconic electric porcelain	154	π-bond	648
zirconic refractory	154	σ-bond	648
zircon-pyrophyllite refractory	154	χ^2-distribution	648
zircon-silicon carbide refractory	154	γ-ray protective glass	114
zisha ware	632	8½″ brick	3
Z-phase	647	"12:7" calcium aluminate	380
Z shaped aluminium alloy with equal side and wall	315	746 damp pulp	648